BROCKHAUS
abc

Biologie

Band 2/Me–Z

VEB F. A. Brockhaus Verlag
Leipzig

Herausgeber:
Friedrich W. Stöcker, Nauen
Gerhard Dietrich, Berlin/Leipzig (verst.)

Fachlexikon ABC Biologie

Verlag Harri Deutsch
Thun • Frankfurt am Main
ISBN 3-8171-1228-9

(Nur oben genannte ISBN gilt für das Gesamtwerk. Alle weiter im Buch angegebenen ISBN-Nummern sind nicht mehr gültig.)

7. Auflage (unveränderter Nachdruck der 6. überarbeiteten und erweiterten Auflage)
© VEB F. A. Brockhaus Verlag Leipzig, DDR, 1986
Lizenz-Nr. 455/150/57/90 · LSV 1307
Redaktionelle Bearbeitung: Lektorat Enzyklopädie
Verantwortliche Redakteure: Roselore Exner (verst.), Dr. Eberhard Leibnitz
Bildredaktion: Helga Röser, Edeltraut Keller
Einband: Rolf Kunze
Typografie: Bernhard Dietze, Peter Mauksch
Printed in the German Democratic Republic
Gesamtherstellung: INTERDRUCK
Graphischer Großbetrieb Leipzig,
Betrieb der ausgezeichneten Qualitätsarbeit, III/18/97
Redaktionsschluß: 30. 6. 1983
Bestell-Nr. 588 872 8 (Normalausgabe)
Bd. 1/2 03400 (Normalausgabe)
Bestell-Nr. 588 876 0 (Halbleder)
Bd. 1/2 12000 (Halbleder)

Medinawurm, *Guineawurm, Dracunculus medinensis,* ein im Unterhautbindegewebe des Menschen und der Haustiere in den Tropen der Alten Welt schmarotzender, über 1 m langer Fadenwurm, der schmerzhafte Geschwüre hervorruft. Seine Larven leben in Ruderfußkrebsen, die die Würmer übertragen, wenn sie mit dem Trinkwasser verschluckt werden.

mediterrane Vegetation, → Hartlaubvegetation.

medizinische Genetik, → Humangenetik.

medizinischer Blutegel, *Hirudo medicinalis,* ein 10 bis 15 cm langer Egel aus der Ordnung der Kieferegel mit brauner bis olivgrüner Grundfärbung und 6 rotbraunen, schwarz eingefaßten Längsbändern auf der Rückenseite. Der m. B. lebt in Sümpfen oder pflanzenreichen Teichen. Er wird in der Medizin zur Blutentnahme (Schröpfen) benutzt, wobei er 3 bis 6 g Blut saugt; beim Biß in die Wunde gespritztes Hirudin hemmt die Blutgerinnung, so daß nach dem Saugen noch weiteres Blut aus der Wunde fließt.

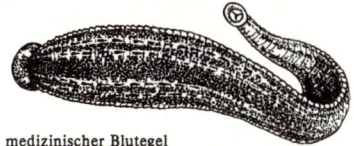

medizinischer Blutegel

Der medizinische B. war schon im Altertum in Indien und Griechenland als Heilmittel im Gebrauch.

Lit.: K. Herter: Der medizinische B. (Wittenberg 1968).

Medulla, Mark, z. B. Medulla oblongata (verlängertes Mark oder Nachhirn, → Gehirn) und Medulla spinalis (→ Rückenmark).

Medullarrohr, → Gehirn.

Medusen, *Quallen,* eine der beiden Habitusformen der → Nesseltiere. Die M. sind planktische Lebewesen, nur wenige Arten sitzen fest. Ihr Körper ist glocken- oder schirmförmig. Dabei ist zwischen einer Schirmoberseite (Exumbrella) und einer Schirmunterseite (Subumbrella) zu unterscheiden. Am Schirmrand entspringen dicht mit Nesselkapseln besetzte Tentakel. Ein zentral an der Subumbrella herabhängendes Mundrohr enthält den Hauptteil des Gastralraumes, dessen übrige Teile mehrere Radiärkanäle und einen Ringkanal im Innern des Schirmes bilden. Die M. bewegen sich durch pulsierende Kontraktionen des Schirmes; dabei wird durch Verengung der Schirmunterseite ein Wasserstrahl ausgestoßen (Rückstoßschwimmen). Die M. sind Einzeltiere, die meist durch Knospung aus → Polypen entstehen; sie selbst pflanzen sich geschlechtlich fort und erzeugen Polypen (→ Generationswechsel). Nur ganz selten entstehen auf geschlechtlichem Wege aus M. wieder neue M., wobei also die Polypengeneration wegfällt. Bei den Korallentieren und bei der → *Hydra* ist dagegen die Medusengeneration ausgefallen.

Die M. sind meist Räuber, die mit den Tentakeln große Beutetiere fangen und in das Mundrohr schlingen. Wenige Formen fressen kleine Partikeln. Der Körper der M. besteht nur zu 3 bis 4% aus fester Substanz, im übrigen aber aus Wasser. Die Tiere haben also fast dieselbe Dichte wie das umgebende Medium. Sie können daher mühelos schweben und sich von Strömungen treiben lassen.

Sammeln und Konservieren. M. läßt man im Meereswasser schwimmen und fixiert sie durch langsames Zusetzen von 10%iger Formaldehydlösung. Falls möglich, empfiehlt es sich, vorher zum Betäuben der Tiere CO_2 durch das Wasser zu leiten.

Medusenhaupt, *Gorgonocephalus,* Gattung der Schlangensterne. Die zahlreichen Arme wirken als Netz, in dem Planktontiere hängenbleiben.

Meer, *Weltmeer, Ozean,* zusammenhängende, salzhaltige Wassermasse der Erde. Mit 361,1 Mio. km² bedeckt das M. 70,8% der Erdoberfläche. Die mittlere Tiefe liegt bei 3795 m, die Maximaltiefe bei 11034 m (Marianengraben). Der Salzgehalt beträgt im Mittel 35‰, schwankt aber in den Nebenmeeren beträchtlich (nördliche Ostsee 2‰, Rotes Meer 41‰). Die Gliederung des M. erfolgt nach der Entfernung von der Küste und nach der Tiefe. Der Küstenstreifen mit maximal 200 m Tiefe bildet die *Flachsee (Schelfmeer),* die den *Schelf* bedeckt. Wo der Schelf in den Kontinentalabhang, die *bathyale Zone,* übergeht, beginnt die küstenferne *Hochsee.* Der Kontinentalabhang senkt sich bis in 3000 m Tiefe und geht in die – sich zwischen 3000 und 6000 m erstreckende – *Tiefseetafel* oder *abyssale Zone* über. Die Tiefseetafel nimmt 75,9% der Gesamtfläche des Meeres ein und wird stellenweise von Tiefseegräben durchzogen. Diese mehr als 6000 m tiefen Gräben bilden die *ultraabyssalen Zonen.*

Die Meeresflora besteht vorwiegend aus Lagerpflanzen, vor allem aus Rot- und Braunalgen. Blütenpflanzen,

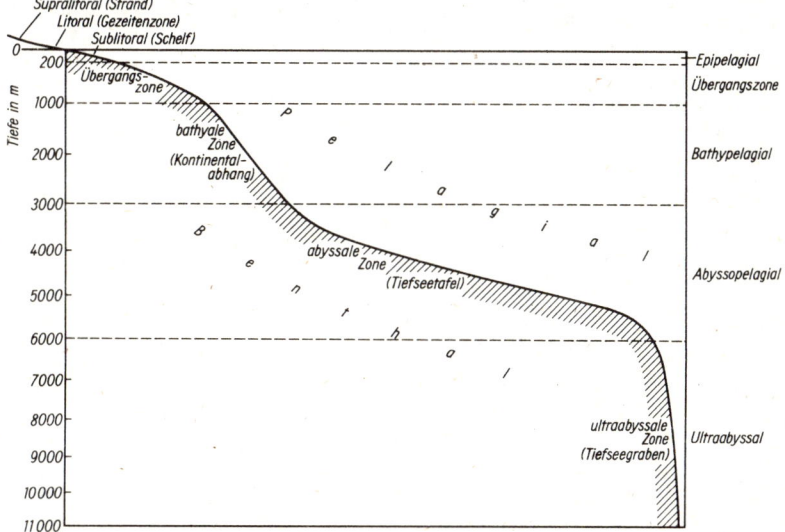

Vertikale Gliederung des Meeres

Meeraale

wie Mangrove, Queller und Seegras, sind entweder auf den Strand, das *Supralitoral*, oder auf die Gezeitenzone, das → *Litoral*, und auf die oberen Teile des *Sublitorals* (Schelf) beschränkt. Das Phytoplankton entwickelt sich im durchleuchteten *Epipelagial* (→ Pelagial). Die Meeresfauna besteht aus Vertretern aller Tierstämme und besiedelt alle Regionen des M. Die tierischen Bewohner des freien Wassers oder → *Pelagials* bilden das Zooplankton und das Nekton, die Tiere des Grundes oder → *Benthals* bilden das Zoobenthos. Pelagisch und benthisch lebende Tiere sind bis in die größten Tiefen verbreitet, die größte Artenfülle findet sich aber im Sublitoral bzw. im Epipelagial. Mit zunehmender Tiefe nimmt die Arten- und Individuenzahl ab.

Lit.: F. Gessner: M. und Strand (Berlin 1957); E. Rosenkranz: Das M. und seine Nutzung (Gotha 1977); Autorenkollektiv: Das M. (Leipzig 1969).

Meeraale, *Congridae*, Familie der Aalartigen. Unserem Flußaal sehr ähnlich gestaltete Fische mit völlig nackter Haut. M. leben ausschließlich im Meer. Im nördlichen Ostatlantik und in seinen Nebenmeeren kommt über felsigem Grund der bis 2 m lange *Meeraal, Conger conger,* vor. Er ernährt sich von Fischen und bevorzugt Tiefen von 40 bis 100 m. Er hat regional große fischereiwirtschaftliche Bedeutung und wird meist als *Seeaal* angeboten.

Meeräschen, *Mugilidae*, zu den Barschartigen gehörende, meist mittelgroße Schwarmfische wärmerer Meere. Sie bevorzugen die Küstenregionen und steigen auch in die Flüsse auf. Viele M. sind wertvolle Speisefische.

Meerbarben, *Mullidae*, zu den Barschartigen gehörende, Barteln tragende, marine Grundfische mit schmackhaftem Fleisch.

Meerbrassen, *Sparidae*, zu den Barschartigen gehörende, hochrückige Fische, die überwiegend in wärmeren Meeren vorkommen. M. sind regional wichtige Nutzfische, das Fleisch ist wohlschmeckend.

Meerechse, *Amblyrhynchus cristatus*, in mehreren Unterarten die Felsküsten der Galapagosinseln bewohnender, bis 1,70 m langer → Leguan mit hohem Rückenkamm, der sich fast ausschließlich von Seetang ernährt. Die M. schwimmt und taucht ausgezeichnet. Die Männchen zeigen ein ausgesprochenes Revierverhalten; sie versammeln zur Fortpflanzungszeit mehrere Weibchen um sich und schieben in einem spezifischen »Kommentkampf« Konkurrenten aus ihrem Territorium. Die M. steht unter strengem Naturschutz.

Meeresleuchten, → Biolumineszenz.

Meeresschildkröten, svw. Seeschildkröten.

Meerkatzen, *Cercopithecus*, verhältnismäßig kleine, langschwänzige Altweltaffen mit oft auffallend bunten Gesichts- und Fellfärbungen. Sie leben in größeren Trupps in den Urwäldern Afrikas.

Meerkohl, → Kreuzblütler.

Meerquappe, *Bonellia viridis*, eine im Mittelmeer lebende Art der Igelwürmer mit langem, vorn zweigeteiltem Rüssel.

Meerquappe (*Bonellia viridis*)

Die winzigen Männchen halten sich in den Eileitern der Weibchen auf. Die M. ist bekannt durch die eigentümliche Form der Geschlechtsbestimmung. Gelingt es der Larve, sich an dem Rüssel eines Weibchens anzuheften, entwickelt sie sich zum Männchen, andernfalls wird sie zum Intersex oder zum Weibchen (→ Geschlechtsbestimmung). *Bonellia viridis* ist im gesamten Tierreich das Tier mit dem extremsten Geschlechtsdimorphismus. Längenverhältnis zwischen Männchen und Weibchen beträgt etwa 1:800.

Meerrettich, → Kreuzblütler.

Meersalat, → Grünalgen.

Meersau, *Scorpaena scrofa*, **Großer Drachenkopf**, zu den Drachenköpfen gehörender, dickköpfiger Grundfisch des Atlantiks und des Mittelmeeres. An den ersten Stacheln der Rückenflosse befinden sich kleine Giftdrüsen. Die M. häutet sich mehrere Male im Monat.

Meerschwein, → Schweinswale.

Meerschweinchen, *Cavioidae*, eine in Südamerika vorkommende Familie der → Nagetiere. Zu dieser Familie gehören die *Echten M., Cavia,* von deren peruanischer Form, *Cavia aperea,* die zu Versuchszwecken und als Heimtier gehaltene domestizierte Form abstammt, und die *Maras, Dolichotis,* die wie hochbeinige Hasen mit zu kurzen Ohren erscheinen und die Steppen Argentiniens bewohnen (*Pampashasen*).

Meerträubel, → Gnetatae.

Meerzwiebel, → Liliengewächse.

Megachiroptera, → Fledermäuse.

Megafauna, → Bodenorganismen.

Megalodon [griech. megas 'groß', odontes 'Zähne'], eine Gattung sehr großer Muscheln mit gleichklappiger, stark gewölbter, glatter oder konzentrisch gestreifter und dicker Schale. Typisch ist ein vorragender, stark eingekrümmter Wirbel, der Schloßrand ist sehr breit.
Verbreitung: Trias (alpin).

Megaloptera, → Großflügler.

Meganeura [griech. megas 'groß', neura 'Muskelband'], fossile, räuberische Urlibelle, die zu den größten bisher bekannten Insekten zählt. Sie war mit beißenden Mundwerkzeugen versehen und erreichte eine Flügelspannweite von 75 cm.
Verbreitung: Oberkarbon (Stephan).

Schematische Skizze einer *Meganeura monyi* aus dem Oberkarbon

Megaphanerophyten, svw. Makrophanerophyten. → Lebensform.

Megasporangium, svw. Makrosporangium.

Megasporogenese, svw. Makrosporogenese.

Mehlmilbe, *Tyroglyphus farinae* Z., ein zu den Milben gehörender Schädling, der nur etwa 0,5 mm lang ist und in Getreidevorräten und -produkten lebt. Das Tier tritt in Mühlen, Speichern, Vorratslagern und Speisekammern auf und vermehrt sich unter günstigen Verhältnissen (hohe Feuchtigkeit) ganz gewaltig. Bei zu trockener Umgebung sterben die Tiere ab. Die Jugendform kann dann allerdings ein Dauerstadium bilden und in dieser Form zwei Jahre lang leben.

Mehlmotte, *Ephestia kuehniella,* ein grauer Schmetterling aus der Familie der Zünsler. Die Spannweite beträgt etwa 20 mm. Die rotgelbe Raupe der M. wird an Getreideprodukten, Sämereien, Hülsenfrüchten u. a. m. schädlich. Wegen der anspruchslosen Haltung und der schnellen Vermehrung gehört die M. zu den bevorzugten Versuchstieren, besonders für genetische Untersuchungen.
Mehltaupilze, → Schlauchpilze.
Mehrfachaustausch, → Crossing-over.
Mehrfingrigkeit, svw. Polydaktylie.
Mehrjährigkeit, bei Pflanzen mehr- bis vieljährige Lebensdauer. Unter den *mehrjährigen Pflanzen* gibt es solche, die ihre Blühreife erst innerhalb von zwei oder mehreren Jahren erreichen, nach einmaligem Blühen und Fruchten jedoch absterben und sich anschließend aus Samen erneuern. Wird die Blühreife innerhalb von zwei Jahren erreicht und vollzieht sich somit der gesamte Lebenszyklus in dieser Zeit, wie das z. B. bei Rübe, Rettich und Kohl der Fall ist, so spricht man von *bizyklisch-hapaxanthen Pflanzen.* Pflanzen, die mehr als zwei Jahre bis zur einmaligen Blüte benötigen, z. B. Agaven und verschiedene Palmen, gehören zu den *pleiozyklisch-hapaxanthen Pflanzen.*

Pflanzen, bei denen die Lebensdauer nicht durch das Erreichen der Blühreife begrenzt wird, die vielmehr mehrere oder viele Jahre hintereinander blühen und fruchten können, z. B. Stauden, Bäume, Sträucher, bezeichnet man als *pollakanthe Pflanzen.* Diese *ausdauernden* oder *perennierenden Pflanzen* erneuern sich jährlich. Das botanische Zeichen für diese Pflanzen ist ♃. Für die ausdauernde Lebensweise sind insbesondere zwei Eigenschaften erforderlich: die Speicherung von Reservestoffen und der Besitz von Winterknospen (→ Knospe, → Hibernakeln). Entsprechend der Lage dieser Winterknospen, z. B. über oder in der Erde, faßt man die ausdauernden Landpflanzen in verschiedene Gruppen (→ Lebensform) zusammen.
Mehrlingsgeburten, die Ausstoßung mehrerer gleichzeitig im Mutterleib herangereifter Keimlinge, bei vielen Tieren eine regelmäßige, beim Menschen eine relativ seltene Erscheinung. Auf 80 Geburten entfällt beim Menschen etwa eine Zwillingsgeburt; Drillinge, Vierlinge usw. (bis Siebenlinge) sind wesentlich seltener. *Eineiige (monozygotische)* Mehrlinge gehen aus einer einzigen befruchteten Eizelle hervor, die sich im Verlauf der Frühentwicklung in zwei oder mehr Teile spaltet, aus denen sich dann jeweils ein Individuum entwickelt; bei *mehreiigen (polyzygotischen)* Mehrlingen sind mehrere Eizellen befruchtet worden. Das erklärt, daß sich z. B. zweieiige Zwillinge nicht mehr ähneln als andere Geschwister, während eineiige erbgleich sind. Durch unvollständige Spaltung eines Keimes entstehen »Siamesische Zwillinge«, die an einzelnen Körperteilen miteinander verwachsen sind. Gegenüber den Frauen unter 20 Jahren kommen bei Frauen zwischen 35 und 40 Jahren 3- bis 4mal öfter zweieiige Zwillingsgeburten vor, während die Häufigkeit der eineiigen Zwillingsgeburten in allen Altersklassen der Mütter etwa gleich bleibt. Mütter von Zwillingen haben nach einer Zwillingsgeburt im Durchschnitt wieder 3 bis 6% Zwillingsgeburten, wie auch unter Blutsverwandten gehäuft M. auftreten, ohne daß bisher sicher geklärt werden konnte, ob es besondere Erbanlagen für M. gibt. Zahlreiche Mehrlingsschwangerschaften enden mit der Geburt nur eines Kindes, da die anderen Früchte häufig auf frühembryonaler Entwicklungsstufe absterben.
Mehrzehigkeit, svw. Polydaktylie.
Meiofauna, → Bodenorganismen.
Meiogameten, → Fortpflanzung.
Meiose, *Reifungsteilung,* in zwei Teilungsschritten ablaufende Kernteilung, die durch Reduktion der Chromosomenzahl von 2n auf n zur Ausbildung von 4 haploiden Zellen (*Gonen*) führt: *Gameten* oder *Gonosporen* oder *Gonozoosporen,* sowie eine Umordnung des Genoms durch zufallsgemäße Verteilung der homologen Chromosomen und häufig auch einen Chromosomenumbau durch Crossing-over bewirkt.

In der Meiose I werden homologe Chromosomen getrennt (*Reduktionsteilung*), in der Meiose II Chromatiden (*Äquationsteilung,* → Mitose). In der Prophase I, die viel länger dauert als eine Prophase der Mitose (Stunden bis Monate), erfolgt die für den Meioseablauf wesentliche Paarung der homologen Chromosomen (je 1 mütterliches Chromosom des einen haploiden Satzes mit dem entsprechenden väterlichen Chromosom des anderen haploiden Satzes).

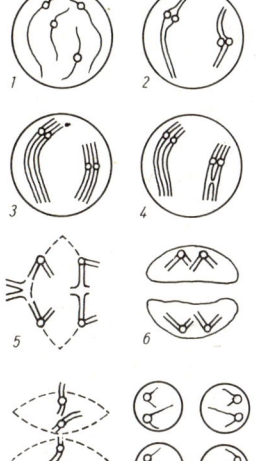

Wichtigste Stadien der Meiose. *1* Leptotän (4 ungepaarte Chromosomen), *2* Pachytän (2 Bivalente), *3* Diplotän, *4* Diplotän mit Crossing-over und Chiasmabildung, *5* Metaphase I, *6* Telophase I, *7* Metaphase II, *8* Telophase II mit 4 haploiden Zellkernen

Folgende Stadien können unterschieden werden: *Leptotän:* Die Aufschraubung der Chromosomen beginnt und setzt sich bis zur Metaphase I fort. Die Chromosomen erscheinen als dünne Fäden (Abb.). *Zygotän:* Die Parallelkonjugation (*Synapsis, Syndese*) homologer Chromosomen beginnt, dabei paaren sich homologe Bereiche. Noch ungeklärt ist die Frage, welche Faktoren zu dieser Paarung führen. Die Chromosomen haben sich weiter verkürzt. *Pachytän:* Die Paarung ist auf der gesamten Länge der homologen Chromosomen vollendet. Die stark verkürzten Chromosomen lassen sich jetzt morphologisch gut charakterisieren (Pachytän-Analyse). In ihnen sind Längsspalten sichtbar. In jedem *Bivalent* (Paarungsverband aus zwei homologen Chromosomen) sind vier Chromatiden zu erkennen (Chromatiden-Tetrade). *Diplotän:* Die Paarung der Chromosomen wird allmählich gelockert. Nur stellenweise bleibt die Verbindung bestehen, und zwar in der Regel zwischen je einer Chromatide des einen und des anderen Chromosoms. Dabei entsteht der Eindruck einer Überkreuzung dieser Chromatiden (*Chiasma*). Einem Chiasma liegt je 1 Bruch in 2 Nicht-Schwesterchromatiden an gleichen Stellen und die Vereinigung dieser Bruchenden ›über Kreuz‹ zugrunde. Lage und Zahl der Chiasmata sind für die Form der Tetraden entscheidend (z. B. Kreuze, Ringe). *Diakinese:* Die Paarlinge rücken weiter auseinander. Die Chiasmata werden dabei oft nach den Chromatidenenden auseinandergezogen (*Terminalisation*). Die Verbindungsstellen reißen jetzt oder spätestens in der Metaphase I ab. *Metaphase I:* Die Kernhülle ist zerfallen. Die Spindelpole bilden sich aus. Die Bivalente ordnen sich in der Äquatorialebene an, jedoch liegen im Gegensatz zur Mitose-Metaphase die Zentromeren nicht in der Äquatorialplatte, sondern die Zentromeren der Chromosomen eines Bivalents sind nach einem der Spindelpole orientiert (Abb.). Diese Ausrichtung auf die Pole erfolgt zufallsgemäß. In der Anaphase I gelangen entsprechend der in der Metaphase I erfolgten zufallsgemäßen Orientierung der Zentromeren die mütterlichen bzw. väterlichen Chromosomen ungeteilt zum einen oder anderen Pol.

Interkinese (Interphase): In dieser sehr kurzen Phase sind die nun auf 2 haploide Tochterkerne verteilten Chromosomen nur schwer zu sehen. Diese Chromosomen bestehen noch aus je 2 Chromatiden. Im Gegensatz zur mitotischen Interphase findet keine Replikation der DNS statt, sie erfolgte vor Beginn der Prophase I.

Die Meiose II ist eine → Mitose; die Chromatiden jedes Chromosoms werden auf insgesamt 4 haploide Kerne und durch Zytokinese auf 4 haploide Zellen verteilt. Wenn in der Prophase I ein Crossing-over erfolgte, sind sie genetisch unterschiedlich, es hat eine Neuverteilung der Gene und eine Reduktion der Chromosomenzahl auf die Hälfte stattgefunden.

Bei einigen Einzellern (z. B. Gregarinen, einige Flagellaten, einige Algen und Pilze) erfolgt die M. bereits in der Zygote, daher sind alle Zellen außer der Zygote haploid (→ Haplonten). Bei → Diplonten (alle Metazoen, Ziliaten, einige Heliozoen, Flagellaten, Algen, Pilze) geht die M. der Befruchtung voraus, nur die reifen Gameten sind haploid.

Meisen, *Paridae,* fast weltweit verbreitete Familie der → Singvögel mit über 50 Arten. Sie fressen Spinnen und Insekten, auch zwischen Rindenspalten versteckt lebende. Ölhaltige Samen hämmern sie auf, sie mit den Füßen festhaltend. Als Höhlenbrüter nehmen sie gern Nistkästen an. Im Winter bilden sie gemischte Schwärme. *Kohl-, Blau-, Hauben-, Tannen-, Sumpf-, Weiden-, Lasurmeise* gehören zur Gattung *Parus*. Die *Bartmeise* ist eine → Timalie.

Meissnersche Tastkörper, → Tastsinn.

Mekonsäure, *Mohnsäure,* eine vom γ-Pyron abgeleitete heterozyklische Dikarbonsäure, die im Milchsaft des Schlafmohnes, *Papaver somniferum*, an Opiumalkaloide gebunden vorkommt.

Melanine, stickstoffhaltige höhermolekulare braune bis schwarze Pigmente, die bei Menschen und Wirbeltieren in einer Zellschicht unter der Epidermis gebildet werden und die Färbung von Haut, Haaren und Augen bestimmen. Bei Leberflecken und Sommersprossen ist die Konzentration von M. erhöht. M. sind auch in den Chitinpanzern von Insekten enthalten. Massenhafte Ablagerung von M. wird beim Tier als *Melanismus* bezeichnet. M. absorbieren die UV-Strahlung des Sonnenlichts, das eine vermehrte Pigmentierung (Sonnenbräune) hervorruft. Die Biosynthese dieser Farbstoffe erfolgt aus der Aminosäure Tyrosin unter dem Einfluß von Polyphenol-Oxidasen. Bei Pflanzen rufen M. die Dunkelfärbung mancher Früchte (z. B. Äpfel) und der Kartoffeln beim Zerschneiden oder beim Lagern hervor. Auch bei der Bräunung der Laubblätter im Herbst sind M. beteiligt.

Melanotropin, *Melanozyten-stimulierendes Hormon,* Abk. *MSH*, ein Polypeptidhormon des Hypophysenmittellappens. Die Funktion von M. ist beim Menschen noch nicht ganz klar; bei Amphibien und Fischen stimuliert M. die Pigmentierung der Haut durch Melaninablagerung in den Melanozyten und ist für den Farbwechsel mitverantwortlich.

M. liegt als α- und β-Form vor. *α-MSH* ist aus 13 Aminosäureresten aufgebaut und trägt eine Azetylgruppe. Die Sequenz ist mit den Aminosäuren 1 bis 13 des Hormons Kortikotropin identisch. *β-MSH* des Menschen besteht aus 22 Aminosäureresten.

Melatonin, ein Hormon der Epiphyse, das zur Gruppe der Gewebshormone gehört und durch N-Azetylierung und O-Methylierung aus Serotonin gebildet wird. M. spielt im Pigmentstoffwechsel der Amphibien eine Rolle und ist ein Gegenspieler des → Melanotropins. Bei Säugetieren hemmt es die Gonadotropinausschüttung. Der Abbau erfolgt in der Leber durch Hydroxylierung und nachfolgende Konjugatbildung mit Sulfat und Glukuronat.

Melde, → Gänsefußgewächse.
Melioration, → Landeskultur.
Melisse, → Lippenblütler.
Melitopalynologie, *Honig-Pollenanalyse,* Spezialrichtung der Palynologie, die vor allem die Ermittlung der Honigsorte und ihrer Herkunft aufgrund der im Honig vorhandenen Pollen zum Gegenstand hat.
Melitose, svw. Raffinose.
Melolontha, → Blatthornkäfer.
Melone, → Kürbisgewächse.
Melonenbaumgewächse, *Caricaceae,* eine Familie der Zweikeimblättrigen Pflanzen mit 45 Arten, deren Verbreitung auf die Tropen beschränkt ist. Es sind ausschließlich kleinere, wenig verzweigte, milchsaftführende Bäume mit langgestielten, einfachen oder gefingerten Blättern. Die meist eingeschlechtigen, regelmäßigen, 5zähligen Blüten sind ein- oder zweihäusig verteilt. Der in der Regel 5fächerige Fruchtknoten entwickelt sich zu einer großen, fleischigen Beere. In den Tropen weit verbreitet ist der **Melonenbaum**, *Carica papaya*, dessen reife Früchte als Obst gegessen, die unreifen Früchte wie Kürbis konserviert werden. Die Samen gelten als Wurmmittel. Aus dem Milchsaft

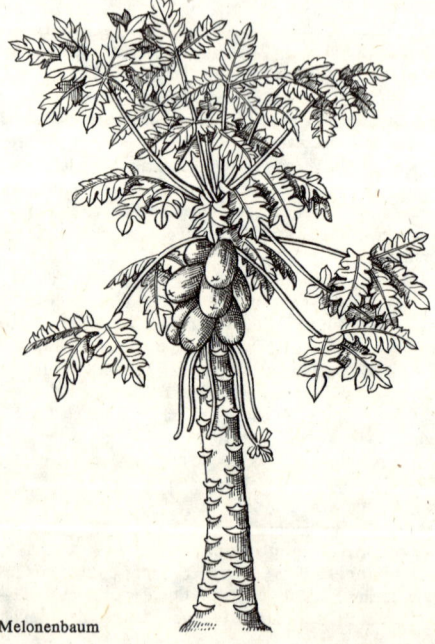

Melonenbaum

des Melonenbaumes gewinnt man Papain, ein eiweißspaltendes Enzym das pharmazeutisch als Bestandteil verdauungsfördernder Mittel, aber auch industriell in Gerbereien, zur Käseherstellung u. a. verwendet wird. Der Melonenbaum ist nur in Kultur bekannt. Er wird in den Tropen überall gepflanzt und verwildert oft. Seine Heimat ist wahrscheinlich Zentralamerika.

Die verwandten Arten *Carica pubescens*, *Carica pentagona* und *Carica chrysopetala* werden ebenfalls wegen ihrer Früchte kultiviert.

Membran, *Biomembran*, *Elementarmembran*, vorwiegend aus Lipiden und Proteinen bestehendes, nur elektronenmikroskopisch sichtbares Bau- und Funktionselement aller Zellen und Bestandteil einer Reihe von Zellorganellen. Biomembranen sind komplexe, dynamische Strukturen mit sehr vielfältigen Funktionen. Sie stellen Permeationsschranken dar, sind aber zugleich Regulatoren und Vermittler für einen spezifischen Stoffaustausch zwischen Zelle und Umgebung und zwischen verschiedenen Reaktionsräumen der Zelle. Wegen ihrer zentralen Bedeutung für Lebensprozesse ist die Membranforschung gegenwärtig eines der Hauptgebiete der Zellbiologie.

Aufbau und Funktion von M. Das Zellinnere unterscheidet sich hinsichtlich chemischer Zusammensetzung und Ionenmilieu grundlegend von der Zellumgebung. Beispielsweise wird in der Zelle eine hohe Konzentration an K^+-Ionen (90 bis 100 µmol/ml), aber eine geringe Na^+-Ionenkonzentration (10 bis 20 µmol/ml) aufrechterhalten, in der extrazellulären Flüssigkeit ist das Verhältnis meist umgekehrt. Diese unterschiedliche Verteilung von Ladungsträgern zwischen Membraninnen- und -außenflächen wird als *Membranpotential* (*Ruhepotential*) bezeichnet. Solche Potentialdifferenzen von einigen mV bis 100 mV treten bei allen lebenden Zellen auf. Der pH-Wert wird durch M. relativ konstant gehalten (etwa pH 7,5). Biomembranen arbeiten selektiv. Sie regulieren den Stoffein- und -austritt. Die Plasmamembran läßt nur solche Ionen und Moleküle in die Zelle eintreten, die für die Aufrechterhaltung der Lebensprozesse erforderlich sind. Viele prokaryotische Zellen weisen nur an ihrer Zellgrenzschicht eine M. auf, die *Plasmamembran*. Bei eukaryotischen Zellen sind außerdem zahlreiche intrazelluläre M. (*Zytomembranen*) vorhanden, die die Zelle in eine Vielzahl von Reaktions- bzw. Speicherräumen (*Kompartimente*) unterteilen. In ihnen können jeweils spezifische chemisch-physikalische Bedingungen und bestimmte Stoffwechselprozesse aufrechterhalten werden. Diese *Kompartimentierung* ermöglicht unter anderem, daß in einer Zelle zur gleichen Zeit gegenläufige chemische Prozesse stattfinden können.

Der Grundbauplan aller 5 bis 10 nm dicken Biomembranen ist relativ einheitlich. Sie werden deshalb auch als *Elementarmembranen* (engl. unit membrane) zusammengefaßt. Aufgrund der Struktureigenschaften von Membranlipiden haben schon 1925 Gorter und Grendel eine Doppelschichtstruktur der M. vermutet. Davson und Danielli bauten auf dieser Grundlage in den dreißiger Jahren ihr Modell auf und ergänzten es später. Auch gegenwärtig gelten bimolekulare Lipidschichten als Grundstruktur der Biomembranen. Sie bilden insbesondere die Permeationsschranke. Alle M. erscheinen elektronenmikroskopisch dreischichtig. Die mittlere Schicht ist elektronendurchlässig, daher hell, weil sie kaum Osmium aus dem wäßrigen Fixationsmittel eingelagert hat (osmiophobe und hydrophobe Schicht). Beiderseits der hellen Schicht ist eine elektronenoptisch dichte, daher dunkle, osmio- und hydrophile Schicht erkennbar. Bei sehr hoher elektronenoptischer Vergrößerung (Endvergrößerung etwa 500000- bis 800000fach) werden in der M. größere rundliche Partikeln in ungleichmäßiger Größe und Verteilung erkennbar, die Proteine darstellen. Die Röntgenstrukturanalyse ermöglicht genauere Strukturaufklärungen der M. Anhand der Beugungsbilder sind z. B. Unregelmäßigkeiten der Lipidschichten festzustellen. Strukturunterschiede sind durch Unterschiede in der Elektronendichte zu erkennen.

Die Membranlipide sind vorwiegend Phospholipide, z. B. Lezithin. Diese Moleküle bestehen aus einem hydrophoben Kohlenwasserstoffanteil (Fettsäurereste) und einem hydrophilen Teil (z. B. Phosphatrest, Cholin). Die Kohlenwasserstoffanteile weisen Konformationswechsel auf, sie sind bei niedrigen Temperaturen kristallgitterartig angeordnet, und die M. ist dann gelartig. Bei physiologischen Temperaturen sind die M. – bedingt durch die intensiven Molekülbewegungen der Kohlenwasserstoffreste – flüssigkristallin. Innerhalb einer Lipidschicht wechselt ein Lipidmolekül seinen Nachbarn durchschnittlich 10^6 mal je Sekunde. Höherer Gehalt der M. an ungesättigten Fettsäureresten bedingt tiefer liegenden Schmelzpunkt und damit »flüssigere« M. und umgekehrt. Das 1972 von Singer und Nicholson vorgestellte *Flüssig-Mosaik-Modell der Membranstruktur* basiert auf den wichtigsten Ergebnissen der modernen Membranforschung (Abb. 1). Die bimolekulare Lipidschicht soll danach ein bei physiologischen Temperaturen zähflüs-

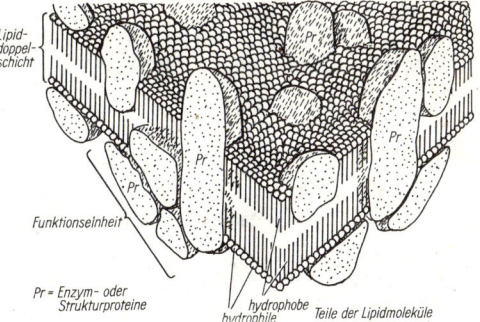

1 Aufbau einer Biomembran (Flüssig-Mosaik-Modell nach Singer und Nicholson 1972)

siges Lösungsmittel bilden, und die Proteine sollen in ihm verankert sein und mehr oder weniger darin »eintauchen«. Manche dieser als *integrale Membranproteine* bezeichneten Membranbestandteile sollen die M. durchsetzen (penetrierende Proteine) oder auch Aggregate bilden. Eine Kanal- bzw. Porenbildung innerhalb der M. erscheint daher möglich. Diese integralen Membranproteine sind mit den Lipiden durch hydrophobe Wechselwirkungen verbunden, daher nur schwer abtrennbar. Solche Proteine sind insbesondere Enzyme, z. B. »Permeasen«, die aktiven Transport und katalysierte Permeation vermitteln. Außerdem sind oberflächlich haftende Proteine vorhanden (*periphere Membranproteine*), die sich leicht ablösen lassen. Lipide und Proteine können sich in der Membranebene seitlich frei bewegen, das ist im Flüssig-Mosaik-Modell berücksichtigt. Die Kappenbildung bei Lymphozyten und die gleichmäßige Verteilung der Oberflächenantigene des Heterokaryons nach Zellhybridisierung sind Beweise für eine laterale Beweglichkeit von Membranbausteinen.

Das Gewichtsverhältnis Proteine zu Lipiden beträgt in M. 1:4 bis 4:1. Insbesondere die Proteine sind es, die den scheinbar einheitlich aufgebauten M. ihre Spezifität verleihen: Plasmamembranen, M. des endoplasmatischen Retikulums, der Golgi-Elemente, der Lysosomen und andere M. unterscheiden sich insbesondere durch eine ganz bestimmte Enzymausstattung. Das → Gefrierätzverfahren ermöglicht, elektronenmikroskopisch nicht nur die Mem-

Membran

branoberflächen (äußere und innere Membranoberflächen) dreidimensional abzubilden, sondern auch die Membraninnenflächen. Die Gefrierbruchfläche verläuft vorzugsweise innerhalb der M., so daß die bimolekulare Lipidschicht gespalten wird (Abb. 2). Sollen dagegen Membranoberflächen abgebildet werden, muß das darüberliegende Eis weggeätzt werden. Duch die Membranspaltung entstehen zwei sich ergänzende (komplementäre) Bruchflächen, z. B. im Fall der Plasmamembranen eine mit dem Zytoplasma (Protoplasma) verbundene P-Fläche und eine mit dem Extrazellularraum verbundene E-Fläche. Diese im allgemeinen glatt erscheinenden, im wesentlichen aus Strukturlipiden bestehenden Membranspaltflächen P und E weisen unterschiedliche Mengen kleiner Partikeln (Durchmesser 6 bis 18 nm) auf. Bei ihnen handelt es sich sehr wahrscheinlich um integrale Membranproteine, besonders Enzyme. Die Bruchfläche P hat gewöhnlich mehr Partikeln als Bruchfläche E. Die Partikelanzahl ist bei den verschiedenen Membrantypen unterschiedlich. Sie variiert in Abhängigkeit von der jeweiligen Stoffwechselaktivität der M. zwischen einigen hundert und mehreren tausend je µm². M., die vorwiegend isolierende Funktion haben, z. B. die M. der Myelinscheide, weisen nur etwa 20% Membranproteine und dementsprechend sehr wenige Partikeln auf. Dagegen ist die Mikrovillimembran der Zellen der proximalen Nierentubulus extrem reich an Partikeln: etwa 3 500 je µm² in der P-Fläche. Partikelarme M. werden daher auch als *Strukturmembranen*, partikelreiche als *Funktionsmembranen* (z. B. innere Mitochondrienmembran) bezeichnet. Die meisten Biomembranen sind jedoch nicht über ihre gesamte Fläche einheitlich ausgebildet, sondern entsprechend den unterschiedlichen Funktionen der einzelnen Membranbereiche sind Proteine oft ungleich verteilt. Das Flüssig-Mosaik-Modell berücksichtigt diese Fakten und stellt die Biomembranen als ein dynamisches Mosaik funktioneller Einheiten dar.

Dynamik der M., Membranfluß. Verschiedene Membrantypen sind ineinander umwandelbar (*Membranflußtheorie*). Dabei ändern sich schrittweise auch die Enzymausstattung und vermutlich ebenfalls die Lipidzusammensetzung. Aus Golgi-Vesikelmembranen entstehen z. B. bei der Zellplattenbildung der Pflanzenzelle die neuen Plasmamembranen der beiden Tochterzellen. Endo- und Exozytoseprozesse sind ebenfalls mit Membranumbau verbunden. Manche Bakterien und Fische können die Zusammensetzung ihrer M. an die Umgebungstemperatur anpassen. Diese Beispiele zeigen, daß M. keine starren Gebilde sondern dynamische, in ständigem Auf- und Umbau befindliche Strukturen sind.

Stofftransport durch M. Stoffe können Biomembranen durch Permeation, durch katalysierte (erleichterte) Permeation oder mit Hilfe aktiven Transports durchdringen. Permeation setzt Kanäle oder »Lecks« in den M. und ein Konzentrationsgefälle bzw. elektrochemische Potentialdifferenz voraus. Besonders Teilchengröße und Hydro- bzw. Lipophilie sowie die Anzahl von Wasserstoffbrücken sind dabei wesentlich. Da Lipide wesentliche Membranbestandteile sind, durchdringen Stoffe die M. desto rascher, je stärker lipophil sie sind. Elektrisch geladene Teilchen, besonders Ionen, permeieren wegen ihrer Hydrophilie schwerer. Organische Moleküle können nur bis zu einer Molekülmasse von etwa 70 die M. durch Permeation durchdringen. Viele Moleküle durchdringen eine M. rascher, als es nach Molekülgröße, Hydrophiliegrad und Zahl der H-Brücken anzunehmen ist. Zum Beispiel wird Glukose etwa 10000 mal schneller durch die Plasmamembran der Erythrozyten transportiert, als dies bei Permeation zu erwarten wäre. Man bezeichnet diese Erscheinung als *katalysierte Permeation*. Es gibt Hinweise darauf, daß spezifische Transportproteine (Carrier) Ionen und wasserlösliche Moleküle durch die M. ohne Verbrauch von Stoffwechselenergie hindurchschleusen. Bestimmte Ionen und Moleküle werden entgegen dem Konzentrations- und elektrochemischen Potentialgefälle unter ATP-Verbrauch durch die M. »gepumpt« (→ aktiver Transport).

Künstliche M. Aus Phospholipidlösung lassen sich leicht künstliche M. herstellen, die als *Modellmembranen* dienen: In Wasser bildet sich aufgrund der Oberflächenspannung eine bimolekulare Lipidschicht. Proteine können auch eingelagert werden. Künstliche M. eignen sich z. B. zur Untersuchung des Ionentransports durch M. In einer Suspension von Phospholipiden in einer wäßrigen Lösung entstehen nach Ultraschallbehandlung Lipidvesikel von 20 bis 50 nm Durchmesser, die *Liposomen*. Diese Lipiddoppelschicht-Vesikel spielen eine Rolle als Modelle für Biomembranen und als Transportvesikel. Enzyme, Antikörper, Medikamente, Hormone u. a. können in sie eingeschlossen und z.T. in Organismen zielgerichtet eingesetzt werden.

Membrantypen. Biomembranen können hinsichtlich Struktur und Funktion eingeteilt werden in Plasmamembranen, M. des endoplasmatischen Retikulums und der Kernhülle, M. des Golgi-Apparats, M. der Mitochondrien und der Plastiden, M. der Myelinscheide, erregbare M., Bakterienmembranen, Virusmembranen.

Die *Plasmamembran* (Durchmesser 9 bis 10 nm) umgibt jede Zelle. Neben der Stoffaustauschregelung bewirkt sie Kontaktaufnahme mit anderen Zellen bzw. verhindert den Kontakt, sie kann spezifische Signale empfangen, verarbeiten und weiterleiten, und sie bietet der Zelle Schutz. Leitenzyme der Plasmamembran sind 5′-Nukleotidase, Na-K-Transport-ATPase.

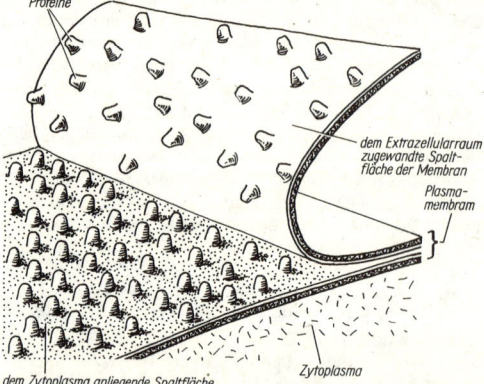

2 Plasmamembran (gespalten und ›aufgeklappt‹, Schema nach Gefrierätzverfahren). Die sich ergänzenden Membraninnenflächen weisen ›Partikel‹ auf, die Membranproteine darstellen

Die nur 5 nm dicken *M. des endoplasmatischen Retikulums* und der Kernhülle sind die einzigen, die → Ribosomen anlagern können. Leitenzym dieser M. ist die Glukose-6-phosphatase. Die M. des ER sind wesentlich an der Unterteilung des Zytoplasmas in verschiedene Reaktionsräume beteiligt. Proteine werden schon während ihrer Synthese im granulären ER durch die M. hindurch in das Lumen des ER geschleust: Nach der ›Signalhypothese‹ von Blobel und Dobberstein 1975, die durch experimentelle Befunde gut abgesichert ist, wird zunächst an freiliegenden Ribosomen eine Membranerkennungssequenz synthetisiert. Die Sequenz ermöglicht sowohl die Bindung der großen Untereinheit des Ribosoms an die M. des ER als auch eine Kanalbildung in der M. durch Aggregation von Membranproteinen. Anschließend gelangt die wachsende Polypeptidkette durch diesen Kanal in das Lumen, und die Signalsequenz wird abgebaut durch Proteasen. M. des agranulären ER enthalten Enzyme des Phospholipid- und Steroidstoffwechsels, ferner Hydroxylasen und Zytochrom P 450.

Die *M. der Kernhülle* regulieren den Stoffaustausch zwischen Zellkern und Zytoplasma. Mikrosomenfraktionen bestehen vorwiegend aus Bruchstücken von M. des endoplasmatischen Retikulums, die sich zu Vesikeln geschlossen haben. Eine solche Vesikelbildung aus Membranfragmenten findet bei allen Biomembranen statt.

Leitenzyme der etwa 7 nm dicken *M. des → Golgi-Apparats* sind Glykosyltransferasen für die Polysaccharidsynthese, ferner Thiaminpyrophosphatase und saure Phosphatase. Erscheinungen des Membranflusses lassen sich beobachten: Kleine Vesikel werden mit Inhalt vom ER abgeschnürt und gelangen an die proximale Seite des Golgi-Apparats. Diese Vesikelmembranen sind wie alle M. des ER nur 5 nm dick. Die Vesikel verschmelzen mit Golgi-Zisternen. Im Golgi-Apparat werden außer dem Vesikelinhalt die Vesikelmembranen hinsichtlich Lipidzusammensetzung und Enzymausstattung verändert. Der Membranumbau kommt unter anderem darin zum Ausdruck, daß auf der distalen Seite des Golgi-Apparats die Vesikelmembranen in Dicke (9 bis 10 nm) und Dichte (Kontrastierbarkeit) der Plasmamembran entsprechen, in die sie nach der Exozytose eingebaut werden.

Die *äußeren Plastiden- und Mitochondrienmembranen* weisen zu etwa gleichen Teilen Lipide und Proteine auf. Ionen, gelöste Stoffe und auch Proteinmoleküle können die M. relativ leicht passieren. Die *innere Mitochondrienmembran* dagegen, die aus etwa 20% Lipiden (unter anderem Cardiolipin, ein komplex gebautes Phospholipid, das sonst nur bei Bakterien vorkommt) und etwa 80% Proteinen besteht, ist praktisch für alle Stoffe, auch für kleine Ionen, nahezu unpassierbar. Diese M. gilt hinsichtlich Struktur und Funktion als der komplexeste Membrantyp. An ihr laufen die Prozesse der oxidativen Phosphorylierung ab. Etwa 60 verschiedene Proteine sind in der inneren Mitochondrienmembran festgestellt worden. 40% davon sind Enzyme der Atmungskette. Die meisten dieser Enzyme liegen an der Außenseite dieser M., das Zytochrom c durchdringt die M. Außerdem sind Proteine für die Regelung des Energiestoffwechsels und andere für spezifischen Transport aus dem Zytoplasma in die Mitochondrienmatrix und umgekehrt vorhanden.

Das *innere Membransystem der Chloroplasten,* die *Thylakoide,* hat im ausdifferenzierten Zustand keinen Kontakt zu den Hüllmembranen. Die Thylakoide entsprechen funktionell den inneren Mitochondrienmembranen. An ihnen erfolgen die lichtabhängigen Reaktionen der Photosynthese. Mehrere chlorophyllbindende Proteine konnten aus Thylakoidmembranen isoliert werden, z. B. das P 700-Chlorophyll a-Protein und das lichtsammelnde Chlorophyll a/b-Protein. Beide sind stark hydrophobe integrale Membranproteine.

In den *M. der Myelinscheiden* liegen mehrere Lipidschichten in regelmäßigen Abständen übereinander. Diese isolierende Myelinscheide besteht im wesentlichen aus den Plasmamembranen von Schwann-Zellen bzw. Oligodendrozyten, die durch wiederholte Umwachsung dieser Zellen um eine Nervenfaser gebildet wird. M. der Myelinscheide weisen einen sehr hohen Cholesterinanteil (etwa 25% der Lipide) auf. Er gewährleistet den flüssigkristallinen Zustand dieser M. *Erregbare M.* sind die der Nerven-, Sinnes- und Muskelzelle. Die M. der Nervenfasern, das Axolemm (→ Neuron), ist besonders spezialisiert für Aufnahme, Leitung und Übertragung von Erregungen. Die Plasmamembran wird auf einen Reiz hin (z. B. Transmittersubstanz) für wenige Millisekunden für Na^+-Ionen durchlässig. Durch den folgenden Einstrom der Na^+-Ionen in die Zelle wird das Membranpotential verändert, es entsteht ein Aktionspotential oder Nervenimpuls (Potentialänderung von etwa 0,1 V Amplitude und einigen Millisekunden Dauer).

Die *Plasmamembran der Bakterien* ist hinsichtlich ihrer Struktur mit den komplex gebauten inneren M. der Mitochondrien und Chloroplasten vergleichbar. Proteine sind maximal dicht gepackt. Die Funktion dieser Bakterienmembran ist jedoch durch das Fehlen intrazellulärer M. weitaus vielfältiger: Sie enthält die Enzyme der Atmungskette und der oxidativen Phosphorylierung sowie des aktiven Transports. Außerdem sind zahlreiche Enzyme vorhanden, die entsprechend den jeweiligen, oft wechselnden Umgebungsbedingungen der Bakterienzelle bestimmte Biosynthesewege ermöglichen durch Bildung der jeweils erforderlichen Membrankomponenten (z. B. Proteine des aktiven Transports). Für den Einbau aller Membranproteine, für die genetische Informationen in der Bakterienzelle vorhanden sind, fehlt der Raum in der Plasmamembran. Die Bakterienzelle muß somit über Mechanismen verfügen, die die jeweilige Zusammensetzung der Plasmamembran in Abhängigkeit von den Außenbedingungen steuern. Die äußere lipoproteinreiche M. gramnegativer Bakterien weist weniger Phospholipide und weniger verschiedene Proteine auf als die Plasmamembran. Die Proteine bilden ein regelmäßiges Muster in der M. Neben verschiedenen Enzymen und Rezeptoren enthält sie porenbildende Proteine (Porine) für niedermolekulare Stoffe. Die Poren sollen sich entsprechend der Ladungsverteilung an der Membranoberfläche öffnen bzw. schließen. Die äußere M. hat nach experimentellen Befunden unter anderem wesentliche Funktionen bei der Erhaltung der Zellform.

Virusmembranen. Das Nukleokapsid einer Anzahl Virusarten wird von einer M. (einer Hülle) umgeben. Ihre Struktur entspricht im wesentlichen der von Eukaryotenmembranen. Die Lipide stammen aus der Wirtszelle, die Proteine aus eigener Produktion. Oligosaccharide sind an Proteine und Lipide gebunden, ihre Synthese erfolgt vorwiegend mit Hilfe wirtsspezifischer Enzyme.

Membrana granulosa, → Oogenese.

Membrana vitellina, → Ei.

Membranbiophysik, Teilgebiet der Biophysik, das sich mit der Untersuchung der Struktur und der Funktion biologischer Membranen beschäftigt. Stoffaustausch, Energieumwandlung und Informationstransformationen in biologischen Systemen sind an die Existenz von Membranen gebunden. Die M. beinhaltet so z. B. die Erforschung des → Transports von Ionen und neutralen Molekülen durch Membranen, der → elektrischen Potentialdifferenzen an Membranen, der Struktur und der Stabilität von Membranen u. dgl. Die M. schafft damit die Grundlagen für das Verständnis der Wechselwirkung von Zellen mit ihrer Umgebung, der Photo- und oxidativen Phosphorylierung, der Erregung und der Informationsrezeption.

Membranellen, kleine Zilienplättchen der Ziliaten; gewöhnlich in Doppelreihe stehende verklebte Zilien, die, in großer Zahl hintereinander angeordnet, eine zum Munde führende (adorale) *Membranellenzone* bilden. Abb. → Ziliaten (*Stentor*).

Membranfilter, für mikrobiologische Arbeiten verwendete bakteriendichte Filter aus Zelluloseazetat oder ähnlichen Materialien mit genau festgelegter Porengröße. M. werden benutzt zur Kaltsterilisation von Flüssigkeiten und zur Entkeimung von Gasen (→ Sterilfiltration) sowie zur Keimzahlbestimmung in Flüssigkeiten, z. B. Trinkwasser. In die-

Membranfluß, → Membran.
Membranflußtheorie, → Membran.
Membrankörper, svw. Mesosom.
Membranmodelle, Vorstellungen über den strukturellen Aufbau von biologischen Membranen. Durch eine Vielzahl von Experimenten wurde bewiesen, daß alle biologischen Membranen eine gemeinsame Grundstruktur haben, unabhängig davon, ob pflanzlichen oder tierischen Ursprungs, ob Plasmamembran oder Membran von Zellorganellen. M. erklären die Anordnung und Dynamik der Grundbausteine der Membranen und dienen als Grundlage für das Verständnis der funktionellen Eigenschaften.

Geschichtliches. 1855 wurde von K. Nägeli der Begriff der *Plasmamembran* geprägt, um die osmotische Empfindlichkeit von Pflanzenzellen zu deuten. 1881 führte W. Pfeffer eine Vielzahl osmotischer Experimente durch, die die Existenz der Plasmamembran als Grenzschicht, die den Durchtritt von Wasser und gelösten Stoffen behindert, nachwiesen. 1899 schlußfolgerte Ch. Overton aus Permeabilitätsuntersuchungen, daß die Plasmamembran apolaren Charakter hat. Dieser Zeitpunkt kann als Beginn der Membranforschung angesehen werden. 1925 wurde der Doppelschichtcharakter der Membran erstmals von Gorter und Grendel vermutet. Danielli und Davson (1935) bezogen das Membranprotein in ihre Vorstellungen ein.

Mit dem Einsatz der Elektronenmikroskopie wurden um 1950 erstmalig Membranen sichtbar. Gleichzeitig stellte man fest, daß Zellen aus einer Vielzahl von Membranen bestehen. Mitochondrien, Chloroplasten, endoplasmatisches Retikulum, Golgi-Apparat, Lysosomen u. dgl. sind durch Membranen abgegrenzt. Diese Entdeckungen stimulierten die funktionelle Verbesserung der M.

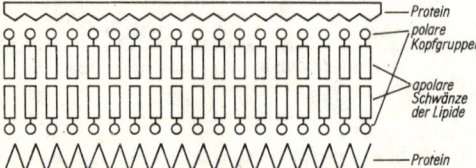

1 Danielli-Davson-Robertson-Modell

Das *Danielli-Davson-Robertson-Modell* (Abb. 1) basiert auf der Zusammensetzung der Membran aus Lipiden und Proteinen. Gestützt durch physikochemische Experimente und Argumente schlugen Davson und Danielli als erste ein vollständiges M. vor. Beidseitig sind die Membranproteine auf eine Lipiddoppelschicht aufgelagert, wobei die apolaren Anteile der Lipide (»Schwänze«) nach innen orientiert sind. Die polaren Kopfgruppen der Lipide bilden Verbindungen mit polaren Gruppen aufgelagerter Proteine. Robertson prägte das Konzept der unit-membrane, ausgehend von der trilaminaren Struktur elektronenmikroskopischer Bilder.

Flüssig-Mosaik-Modell (Abb. 2). Singer und Nicholson vereinigten die experimentellen Befunde über die Dynamik der Membrankomponenten und über Transportvorstellungen, indem sie die angenommenen aufgelagerten Proteinschichten durch Proteine in der Membran und auf der Membran schwimmend – »Eisbergen« vergleichbar – ersetzten. Die Proteine können die Lipiddoppelschicht durchdringen oder in die Lipidschicht eingelagert sein.

Beim *Modell der peripheren und integralen Proteine* (Abb. 3)

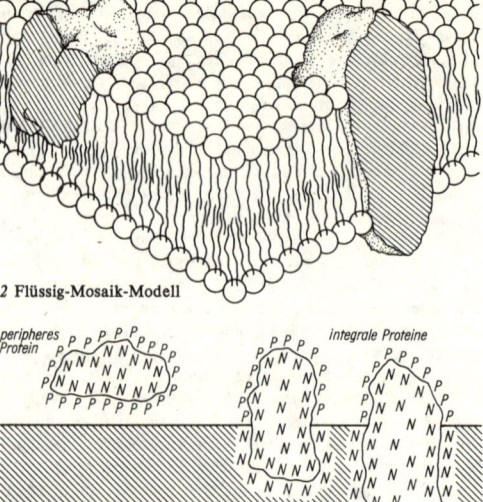

2 Flüssig-Mosaik-Modell

3 Modell der peripheren und integralen Proteine

sind in der Lipiddoppelschicht apolare, außerhalb polare Aminosäuren in Wechselwirkung mit den Lipiden.

Im *funktionellen Modell der Humanerythrozytenmembran* (Abb. 4) sind die K^+-Na^+-ATPase (6) und das Anionentransportprotein (3) integrale Proteine. Glyzerinaldehyddehydrogenase (5) und Azetylcholinesterase (4) sowie die Proteine des Zytoskeletts sind peripher angeordnet.

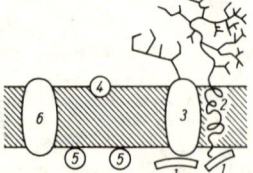

4 funktionelles Modell der Humanerythrozytenmembran

Neueste Befunde deuten darauf hin, daß in speziellen Fällen auch nichtlamellare Lipidanordnungen auftreten können.

Lit.: R. Harrison u. G. G. Lunt: Biologische Membranen (Jena 1977); Lockwood: Membranen tierischer Zellen (Stuttgart 1980).

Membranpotential, Differenz des elektrischen Potentials zwischen Zytoplasma und dem Umgebungsmilieu. M. treten an allen biologischen Membranen auf. Sie können mit Hilfe von → Mikroelektroden oder der Verteilung permeabler Ionen gemessen werden. Die Ursache des M. ist die

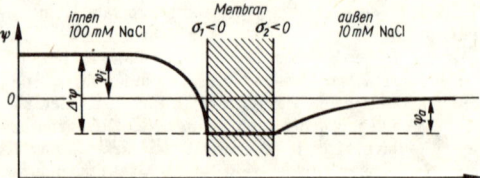

Membranpotential $\Delta\psi$ und Oberflächenpotentiale ψ_i und ψ_a an einer Zellmembran mit unterschiedlichen Oberflächenladungsdichten ($\sigma_1 / > / \sigma_2$) auf beiden Seiten. Die Membran grenzt Natriumchloridlösungen unterschiedlicher Konzentration voneinander ab und ist für Chlorionen permeabel

asymmetrische Ionenverteilung, bedingt durch den aktiven Transport oder die Impermeabilität für Polyionen. Entsprechend wird zwischen Diffusions- und Donnan-Potential unterschieden. Das M. ist entscheidende Voraussetzung für Erregungsprozesse und Energieumsetzung an Mitochondrien und Chloroplasten.

Lit.: Adam, Läuger, Stark: Physikalische Chemie und Biophysik (Berlin, Heidelberg, New York 1977); R. Glaser: Einführung in die Biophysik (Jena 1976).

Membrantheorie, in der Neurophysiologie ältere Bezeichnung für Ionentheorie der → Erregung.

Menachinon, svw. Vitamin K_2, → Vitamine.

Menadion, Grundkörper und Provitamin des Vitamins K, → Vitamine.

Menarche, das Eintreten der ersten Menstruation, → Menarchealter.

Menarchealter, *Menstruationsalter,* das Alter beim Eintritt der ersten Menstruation (Regel). Das M. ist von Erbfaktoren, vom Klima, von der Lebenshaltung und vom Gesundheitszustand abhängig. In Mitteleuropa setzt die Menarche im Durchschnitt in einem Alter von 12 Jahren und 10 Monaten ein. Im Zusammenhang mit der Akzeleration ist das M. heute um 1 bis 3 Jahre niedriger als bei vorausgegangenen Generationen. Frühzeitiger Eintritt der Menarche hat kein frühzeitiges Klimakterium zur Folge.

Mendelgesetze, die von Gregor Mendel (1865) nachgewiesenen und von Correns, Tschermak und de Vries (1900) unabhängig voneinander wiederentdeckten Gesetzmäßigkeiten der Verteilung der in den Chromosomen lokalisierten Gene (→ Allele).

Das *1. Mendelgesetz, Uniformitäts- und Reziprozitätsgesetz,* bezieht sich auf die erste Nachkommenschaft (F_1) aus der Kreuzung reinerbiger (homozygoter) Eltern, die sich in einem oder mehreren Allelenpaaren und damit Merkmalen unterscheiden. Es besagt, daß die aus einer solchen Kreuzung hervorgehenden Individuen untereinander *uniform,* d. h. in ihrem Aussehen einheitlich sind, wobei es gleichgültig ist, welcher Elter als Vater oder als Mutter verwendet wurde. Reziproke Kreuzungen (A♀ × B♂ oder B♀ × A♂) ergeben also die gleiche einheitliche Nachkommenschaft. Die einzelnen Individuen sind gemischterbig (heterozygot), d. h., sie besitzen von jedem Elter ein Allel. Überwiegt das Allel eines Elters in seiner Wirkung, d. h., ist es *dominant,* wird die Nachkommenschaft das Merkmal dieses Elters besitzen; das andere Allel ist *rezessiv.* Stehen die Allele beider Eltern nicht in einem Dominanz-Rezessivitätsverhältnis, wird das Merkmal in seiner Ausprägung eine Mittelstellung einnehmen, es ist *intermediär* (→ Dominanz).

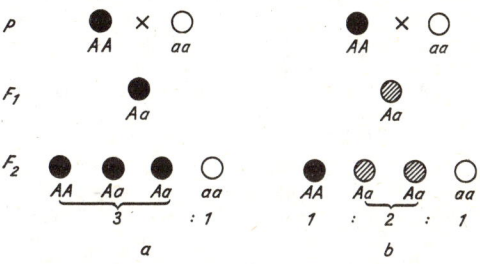

1 Erbgang, Genotypen und Phänotypen nach dem 1. und dem 2. Mendelgesetz: *a* bei Dominanz für *A*, *b* bei unvollständiger Dominanz für *A* (intermediäres Verhalten)

2 Dihybride Kreuzung einer schwarz-weiß-gescheckten und einer einfarbig roten Rinderrasse

Das *2. Mendelgesetz, Spaltungsgesetz,* betrifft die Aufspaltung heterozygoter Allelenpaare von Genen, die verschiedenen Koppelungsgruppen zugehören, und besagt, daß die aus Selbstung oder Geschwisterkreuzung von F_1-Bastarden hervorgehende 2. Generation (F_2) in bestimmten Zahlenverhältnissen in genotypisch und phänotypisch verschiedene Individuenklassen aufspaltet ($\rightarrow$ Mendelspaltung). Der Grund für die Aufspaltung liegt in der unabhängigen Verteilung der jeweiligen Allele auf die Gameten in der Meiose des F_1-Bastards und der zufallsgemäßen Kombination der genetisch unterschiedlichen Gametentypen bei der Befruchtung. Die Allelenpaare folgen dabei den meiotischen Verteilungsformen der Chromosomen. Ist für die Ausbildung eines Merkmalspaares ein Allelenpaar mit einem dominanten Allel A und dem rezessiven Allel a verantwortlich (monohybrider Erbgang), so wird die Selbstung des F_1-Bastardes mit der genetischen Konstitution Aa ein Genotypen-Verhältnis in der F_2 von 1 AA:2 Aa ergeben. Da bei vollständiger Dominanz von A über a Individuen mit der Konstitution AA und Aa phänotypisch nicht zu unterscheiden sind, ergibt sich im Phänotypen-Verhältnis von 3:1 (Abb. 1a). Ist die Dominanz unvollständig, und kommt es zu einer intermediären Merkmalsausbildung, wird auch das Phänotypen-Verhältnis 1:2:1 betragen (Abb. 1).

Das *3. Mendelgesetz, Gesetz der unabhängigen Kombi-*

mendeln, Bezeichnung für ein den Mendelgesetzen entsprechendes Verhalten von Genen als Merkmalsdeterminanten.

Mendel-Population, $\rightarrow$ Population.

Mendelspaltung, die nach dem zweiten $\rightarrow$ Mendelgesetz erfolgende Aufspaltung heterozygoter Allelenpaare. Die M. unterliegt mathematischen Gesetzmäßigkeiten, die sich für ein Allelenpaar stets auf das genotypische Spaltungsverhältnis von 1 AA:2Aa:1aa bzw. auf das phänotypische Verhältnis von 3 A.:1aa zurückführen lassen, wobei der Punkt für A oder a stehen kann und bedeutet, daß phänotypisch im Falle vollständiger Dominanz keine Unterschiede zu erwarten sind. Werden Vererbungsvorgänge untersucht, denen ein heterozygotes Allelenpaar zugrunde liegt, so werden sie als *monohybrid* bezeichnet, sind 2, 3 oder mehr Allelenpaare beteiligt, als *di-, tri-* oder *polyhybrid.* In den letzten Fällen treten in der F_2 nach dem dritten Mendelgesetz Neukombinationen auf.

Die Aufspaltungsverhältnisse der Di-, Tri- oder Polyhybriden lassen sich im allgemeinen aus der Überlegung ableiten, daß sie durch freie Kombination der monohybriden Spaltung der einzelnen Allelenpaare im Verhältnis 3:1 zustande kommen müssen. Die sich daraus ergebenden mathematischen Konsequenzen sind in der folgenden Tabelle zusammengestellt:

Zahl der unabhängig erblichen Allelenpaare	Gametensorten des F_1-Bastards	Gametenkombinationen in F_2	Homozygote Kombinationen	Heterozygote Kombinationen	Verschiedene Genotypen in F_2	Verschiedene Phänotypen in F_2	Häufigkeit der F_2-Phänotypen
1	2	4	2	2	3	2	$(3+1)^1 = 3+1$
2	4	16	4	12	9	4	$(3+1)^2 = 9+3+3+1$
3	8	64	8	56	27	8	$(3+1)^3 = 27+9+9+9+3+3+3+1$
n	2^n	4^n	2^n	$4^n - 2^n$	3^n	2^n	$(3+1)^n = 3^n + 3^{n-1} + 3^{n-2} + 3^{n-(n-1)} + 1$

nation oder der Neukombination der Erbfaktoren* besagt, daß bei Heterozygotie des F_1-Bastardes in mehreren, in verschiedenen Kopplungsgruppen lokalisierten Allelenpaaren jedes Allelenpaar unabhängig von den anderen dem Spaltungsgesetz unterliegt, so daß neue, bei den Eltern nicht vorhandene Gen- und damit Merkmalskombinationen (Neukombinationen) entstehen können.

Als Beispiel sei die Kreuzung einer schwarz-gescheckten mit einer roten einfarbigen Rinderrasse angeführt. Bei Rindern ist das Allel für schwarze Fellfarbe (A) dominant über das für rotbraunes Fell (a) und das für Ganzfarbigkeit (B) dominant über das für Scheckung (b). Eine solche Kreuzung führt theoretisch zu dem in der Abb. 2 dargestellten Ergebnis. Es sind 4 Phänotypen zu erwarten: schwarze einfarbige, schwarzgescheckte, rotbraune einfarbige und rotbraungescheckte Rinder im Verhältnis 9:3:3:1, wobei die Genotypen AABB (Feld 1) und aabb (Feld 16) reinerbige (homozygote) Neukombinationen darstellen.

Würde bei beiden Allelenpaaren intermediäres Verhalten vorliegen, so wären 9 (genotypische und phänotypische) Gruppen zu erwarten; läge nur in einem Allelenpaar vollständige Dominanz vor, würden die folgenden 6 Phänotypengruppen auftreten:

```
AA   Aa   aa   AA   Aa   aa   AA   Aa   aa
BB   BB   BB   Bb   Bb   Bb   bb   bb   bb
 1 :  2 :  1 :  2 :  4 :  2 :  1 :  2 :  1
      3            1            6            2            3            1
```

Diese normalen Aufspaltungsverhältnisse können durch unterschiedliche Dominanz-Rezessivitäts-Verhältnisse oder durch die wechselseitige Beeinflussung mehrerer Gene (*Wechselwirkung nichtalleler Gene*) modifiziert werden. Im folgenden sind die bekanntesten Modifikationen aufgeführt, wobei die dihybride (phänotypische) Normalaufspaltung 9A.B.:3A.bb:3aaB.:1aabb bei Dominanz von A über a und B über b (I in Abb. 1) zugrunde gelegt wurde:

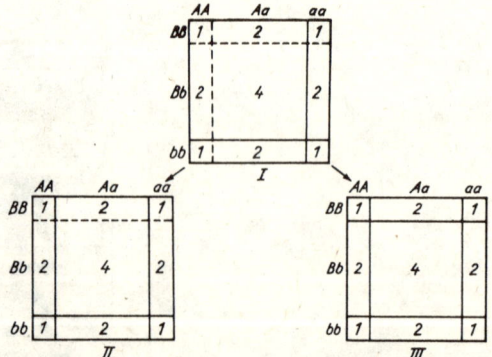

1 Modifikationen des dihybriden phänotypischen Aufspaltungsverhältnisses: Normalaufspaltung (*I*); Aufspaltung bei intermediärem Verhalten eines (*II*) oder beider (*III*) Merkmalspaare

Bei intermediärem Verhalten eines oder beider Allelenpaare ergeben sich entsprechende Verschiebungen im phänotypischen Aufspaltungsverhältnis (II und III in Abb. 1), → Mendelgesetze.

Die → Epistasis führt zu einem phänotypischen Aufspaltungsverhältnis von 9A.B. : 3A.bb : 4aa. (1aaBb : 2aaBB : 1aabb), wenn aa epistatisch über B und b ist (rezessive Epistasis; I in Abb. 2) und zu einem Verhältnis von 12A(9A.B. : 3A.bb) : 3aaB. : 1aabb. wenn A epistatisch über B und b ist und Genotyp A.B. phänotypisch wie A aussieht (dominante Epistasis; II in Abb. 2).

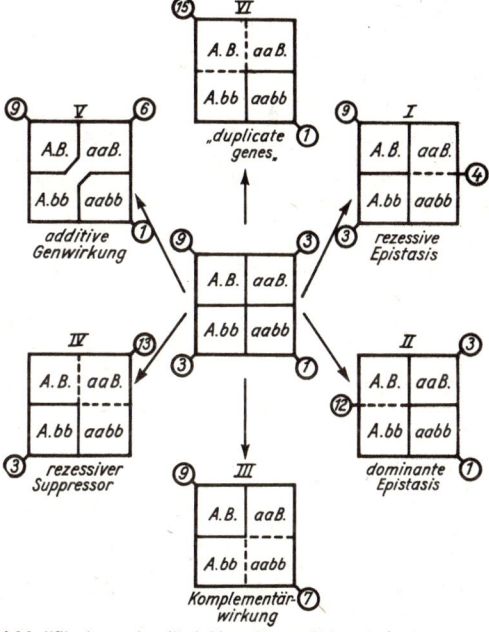

2 Modifikationen des dihybriden phänotypischen Aufspaltungsverhältnisses durch Wechselwirkung nichtalleler Gene

Doppeltrezessive Epistasis, wobei aa epistatisch über B, b und bb epistatisch über A, a ist, hat ein Aufspaltungsverhältnis von 9A.B. : 7(33A.bb : 3aaB. : 1aabb) zur Folge. Das gleiche Verhältnis tritt als Folge von Komplementärwirkung von A und B auf (III in Abb. 2), → Komplementärgene.

Ein phänotypisches Aufspaltungsverhältnis von 13(9A.B. : 3aaB. : 1aabb) : 3(2Aabb : 1AAbb) wird gefunden, wenn B ein Suppressor (Unterdrücker) von A ist, ohne selbst phänotypisch in Erscheinung zu treten, oder es liegt dominante und rezessive Epistasis vor, wobei A epistatisch über B und b bzw. bb epistatisch über A und a sind (IV in Abb. 2).

Sind A und B Polymergene, die beide die gleiche Wirkung zeigen und sich bei gleichzeitiger Gegenwart im Genotyp in ihrer Wirkung gegenseitig verstärken, ist ein phänotypisches Aufspaltungsverhältnis von 9A.B. : 6(3aaB. : 3A.bb) : 1aabb (V in Abb. 2) zu erwarten. Dieser Fall kann auch als unvollständige, doppelte Epistasis interpretiert werden, wobei A.bb und aaB. phänotypisch übereinstimmen, während A.B. und aabb voneinander zu unterscheiden sind.

Wirken A und B gleichsinnig, ohne daß sie sich gegenseitig in ihrer Wirkung intensivieren (duplivate genes), tritt ein phänotypisches Aufspaltungsverhältnis von 15(9A.B. : 3A.bb : 3aaB.) : 1aabb auf (VI in Abb. 2). Die gleiche Folge könnte doppelt dominante Epistasis haben, wobei A epistatisch über B, b und B epistatisch über A, a ist.

Sind die an den Aufspaltungen beteiligten Allelenpaare miteinander gekoppelt und damit nicht frei kombinierbar, werden die Aufspaltungsverhältnisse ebenfalls modifiziert (→ Koppelungsgruppe).

Meninges, → Rückenmark.

Meningokokken, → Neisseria.

Menotaxis, taxische Körpereinstellung in einem Winkel zur Einfallrichtung des wahrgenommenen Reizes (Winkelorientierung). Dazu gehören die Sonnenkompaßorientierungen (→ Orientierung) und die bei Insekten, z. B. bei Mistkäfern, vorkommende Körperachseneinstellung beim Flug nach der Windrichtung: *Anemo-Menotaxis.*

Mensch (Tafeln 8 und 9), *Anthropos, Homo,* das höchstentwickelte Lebewesen der Erde. Zoologisch gehört der M. zu den Säugetieren, von denen er sich vor allem durch den aufrechten Gang, den Gebrauch der Hände und durch das hochdifferenzierte Gehirn unterscheidet. Damit sind die ihn vor allen anderen Lebewesen auszeichnenden und für sein gesellschaftliches Dasein grundlegenden Fähigkeiten zu arbeiten, zu sprechen und zu denken verbunden. Er ist das einzige Lebewesen der Erde, das die Natur bewußt verändert und zur Befriedigung seiner Bedürfnisse materielle und geistige Güter produziert. Von allen Tieren stehen dem

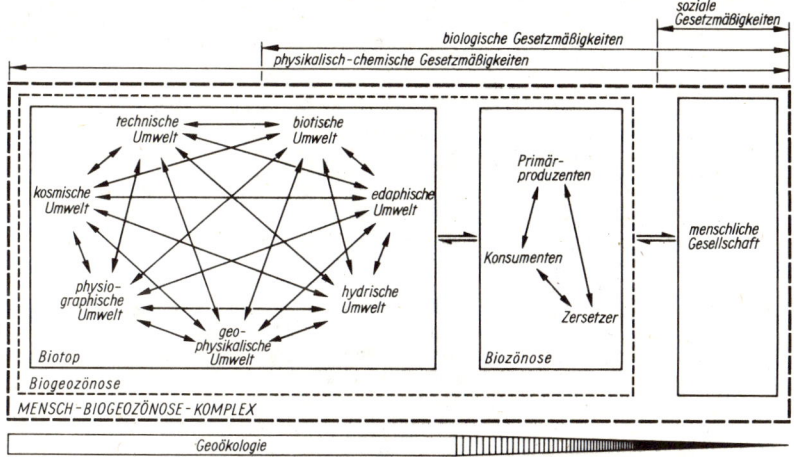

Mensch-Biogeozönose-Komplex und Hauptarbeitsgebiete einiger Teildisziplinen der Ökologie (nach Schubert)

Mensch-Biogeozönose-Komplex

M. die Menschenaffen am nächsten; beide haben sich stammesgeschichtlich aus einer Wurzel entwickelt (→ Anthropogenese). Unter biologischem Aspekt ist der M. Gegenstand der Anthropologie (Anthropobiologie), unter dem Aspekt von Gesundheit und Krankheit Objekt der medizinischen Wissenschaften; sein Verhalten ist Gegenstand der Psychologie, soweit es sich um dessen biologische Grundlagen handelt, auch der Verhaltensforschung (→ Ethologie); die sich aus dem gesellschaftlichen Zusammenleben ergebenden Aspekte erforschen die Gesellschaftswissenschaften.

Mensch-Biogeozönose-Komplex, Beziehungsgefüge, in dessen Wirkungsnetz der Mensch, als biotisches und soziales Wesen außerhalb der tierischen und pflanzlichen Lebensgemeinschaften stehend, mit diesen in einem engen Wechselverhältnis steht. Der Mensch nimmt dabei im Laufe seiner phylogenetischen Entwicklung als bewußter Gestalter von Ökosystemen eine von den anderen Organismen abweichende Funktion ein und stellt damit eine neue Organisationshöhe der lebenden Materie in seinen Wechselwirkungen zum → Ökosystem dar (Abb. S. 547).

Menschenaffen, *Pongidae*, Familie der → Altweltaffen. Die rezenten M. sind große, schwanzlose Säugetiere mit verhältnismäßig kurzen Beinen und langen Armen. Die Schnauze ist vorgezogen, das Gebiß kräftig. Aufgrund ihres Körperbaus und ihrer geistigen Leistungen sind sie die nächsten Verwandten des Menschen im Tierreich. Die M. ernähren sich von Blättern, Früchten, jungen und kleinen Antilopen und kleinen Hundsaffen. Zum Schlafen bauen sie sich Nester. Zu den M. gehören → Gorilla, → Schimpanse, → Zwergschimpanse (Bonobo) und → Orang-Utan. → Hominoiden

Über das Vorkommen der M. → Altweltaffen. Über die geologische Verbreitung → Primaten.

Köpfe von *a* Gorilla, *b* Schimpanse, *c* Zwergschimpanse, *d* Orang-Utan ♂

Menschenartige, svw. Hominoiden.
Menschenbandwurm, → Taenia.
Menschenlaus, → Tierläuse.
Menschenrassen, → Rassenkunde des Menschen.
Menschwerdung, die Entwicklung des Menschen während der Phylogenese. → Anthropogenese.
Menstruationsalter, svw. Menarchealter.
Menstruationszyklus, → Plazenta, → Uterus.
Menstruum, → Plazenta.
Menthen, Δ^3-**Menthen**, ein ungesättigter zyklischer Kohlenwasserstoff aus der Gruppe der Monoterpene, die wichtigste Verbindung der sechs möglichen Menthene. M. kommt in manchen ätherischen Ölen vor, z. B. im Pfefferminz- und Thymianöl.

Menthol, ein zyklischer Alkohol aus der Gruppe der Monoterpene. M. bildet stark pfefferminzartig riechende Prismen und kommt in der linksdrehenden Form als Hauptbestandteil des ätherischen Öls der Pfefferminze, *Mentha piperita*, und in noch größeren Mengen (bis zu 90%) in der japanischen *Mentha arvensis* vor. M. wirkt antiseptisch, auf Magen, Darm und Galle krampflösend, stillt Juckreize und verursacht auf der Haut ein angenehmes Kältegefühl. Die Verbindung ist die wirksame Substanz des Pfefferminztees und wird in der Medizin und Kosmetik vielfältig verwendet, z. B. für Salben, Tabletten und Zahnpasta.

Menthon, das dem Menthol entsprechende Keton, das neben diesem in Pfefferminzöl vorkommt.
Meridianpflanzen, svw. Kompaßpflanzen.
Merismopedia, → Chroococcales.
Meristem, svw. Bildungsgewebe.
Meristemkultur, → Zellzüchtung, → Viruskrankheiten.
Meristemoide, → Bildungsgewebe.
Meristemzone, → Sproßachse.
Merkelsche Tastscheiben, → Tastsinn.
Merkmal, 1) im genetischen Sinne eine gengesteuerte morphologische, physiologische oder biochemische Eigenschaft, die als Endprodukt von Genwirkketten ausgebildet wird (→ Genwirkung). Die Merkmalsausbildung ist abhängig vom Zusammenspiel eines oder mehrerer Gene mit dem genotypischen Milieu und den Umweltfaktoren, wobei meist keine einfache Zuordnung von Gen und M. besteht. Das M. als solches wird nicht vererbt, sondern die genetisch festgelegte → Reaktionsnorm des Organismus auf die wirksame Umwelt. Die Bedeutung von Genotyp und Umwelt ist für verschiedene M. stark unterschiedlich (→ Heritabilität). Es werden unterschieden:

1) *qualitative* oder *oligogene* M. Sie werden nur von wenigen Genen kontrolliert, wobei jedes der beteiligten Gene eine ausgeprägte Wirkung besitzt (→ Oligogene).

2) *quantitative* oder *polygene* M. Sie werden durch das gemeinsame Wirken einer Vielzahl von Genen (→ Polygene) bestimmt, die nur eine geringe individuelle Wirkung haben und meist kumulativ wirken.

Ferner gibt es stark durch Umwelteinflüsse beeinflußbare, *umweltlabile*, und wenig durch sie modifizierbare, *umweltstabile*, M.

2) → Biometrie.
Merkmalspaare, mehr oder weniger deutlich unterschie-

dene Merkmale, deren Entstehung im einfachsten Falle die Wirkung zweier verschiedener Allele eines Gens zugrunde liegt.

Merkmalsüberlagerung, Erscheinung, daß bei 2 durch unabhängige Gene determinierten Merkmalen nur eines phänotypisch in Erscheinung tritt und die Ausbildung des anderen unterdrückt. Man bezeichnet in diesem Fall das Gen, das die Manifestierung des anderen verhindert, als epistatisch (→ Epistasis). Die F_2-Aufspaltung (→ Mendelspaltung) wird in diesem Fall von 9:3:3:1 nach 12:3:1 verschoben.

Merlan, svw. Wittling.

Merogamie, → Fortpflanzung.

Merogonie, die Entstehung eines tierischen Organismus aus einem kernlosen, von Spermatozoen »befruchteten« Teilstück eines Eies. Die M. ist gewissermaßen das Gegenstück zur → Parthenogenese. Letztere zeigt, daß die Eizelle allein bereits alle Entwicklungsfaktoren besitzt, um die Ausbildung eines normalen Organismus zu gewährleisten. Durch die Merogonieversuche wurde dasselbe für die Samenzelle erwiesen. Um jedoch aus der Samenzelle einen Embryo ziehen zu können, ist ein Kunstgriff erforderlich: Der Samenzelle, die fast nur aus Kernsubstanz besteht, muß eine gewisse Plasmamenge beigegeben werden. Erstmalig gelang das dem Würzburger Zoologen Theodor Boveri (1889). Er stellte durch Schütteln unbefruchteter Seeigeleier Eifragmente her; in einigen davon war kein Eikern enthalten. Wurden diese Bruchstücke besamt, so konnten sie sich normal entwickeln. Diese aus Eiplasma und Samenzelle hervorgegangenen Embryonen heißen *Merogone*. Genauer müßte sie als *Andromerogone* bezeichnet werden, da die Entwicklung mit dem männlichen Chromosomensatz geleistet wird. Entsprechend müßte man von *Gynomerogonen* sprechen, wenn sich ein Keim aus einem Eifragment mit nur mütterlichem Kern entwickelt.

Vom Molchei (*Triton taeniatus*) stellte F. Baltzer in Bern Andromerogone her. Er schnürte das Ei nach dem Vorbild von Spemann mit einer feinen Haarschlinge kurz nach der Besamung in zwei Hälften, von denen nur die eine den mütterlichen Eikern besaß. Da jedoch in das Molchei regelmäßig mehrere Spermazellen eindringen (Polyspermie), konnte sowohl die eikernhaltige als auch die eikernlose Hälfte Spermien enthalten. Im letzteren Falle entstand ein Merogon, dessen weitere Entwicklung bis zur Metamorphose gelang.

Selbstverständlich sind die Merogone stets haploid. Vielleicht ist das der Grund dafür, daß die Mehrzahl der gezüchteten Molch-Merogone pathologische Erscheinungen zeigte und früher oder später während der Larvalentwicklung einging. Hierbei ist zu bedenken, daß im Falle der Haploidie die in jedem Genbestand vorhandenen ungünstigen Erbanlagen nicht von den entsprechenden »gesunden« Partnern ausgeglichen werden können, sondern voll zur Auswirkung kommen. Im Normalfall wirken sich solche subvitalen oder gar letalen Faktoren nur bei Homozygoten aus. Inzwischen wurden Merogone auch von Weichtieren, Ringelwürmern und Fröschen gezüchtet. Von besonderem Interesse sind die *Bastardmerogone*, bei denen das Eiplasma einerseits und der Spermakern andererseits nicht von derselben Tierart stammen. Solche Bastardmerogone sind um so lebensfähiger, je näher die beiden Partner verwandt sind (siehe Tab.).

Diese Versuche zeigen, daß die in den Chromosomen des Kerns verankerten Entwicklungsfaktoren gewissermaßen zum Plasma, in dem sie ihre Wirkung entfalten sollen, »passen« müssen. Je fremder sich Plasma und Kern in der Bastardkombination sind, desto früher treten in der Entwicklung Schäden auf, die zum vorzeitigen Absterben des Bastardmerogons führen.

meromiktisch, → See.

Meromixis, in der Bakteriengenetik die Bildung einer Merozygote durch die Übertragung nur eines Teiles des genetischen Materials einer Donorzelle im Verlauf von Transformation, Transduktion und Konjugation auf die Rezeptorzelle.

Merospermie, → Parthenogenese.

Merostathmokinese, *partielle C-Mitose,* eine Mitose, deren Spindelmechanismus (→ Spindelapparat) durch Einwirkung schwächerer Dosen C-mitotischer Stoffe (→ C-Mitose) beeinträchtigt, aber nicht vollständig blockiert wird, so daß multipolare Anaphasen ausgebildet werden.

Merostomata, eine Klasse der Gliederfüßer mit nur fünf bekannten, im Meer lebenden Arten. Die Mehrzahl der M. ist ausgestorben. Der Vorderkörper (Prosoma) ist auf dem Rücken nicht gegliedert, der Hinterleib (Opisthosoma) trägt einen großen Schwanzstachel (Telson).

System. Die M. werden in die zwei Ordnungen → Schwertschwänze (*Xiphosura*) und Seeskorpione (→ Gigantostraken), unterteilt.

Geologische Bedeutung und Verbreitung. Kambrium bis Gegenwart. Die Mehrzahl der Formen findet sich im Paläozoikum.

Merotop, → Lebensstätte.

Merozoiten, → Telosporidien.

Merozönose, → Biozönose.

Merozygote, eine → Zygote, die diploid für einen Teil des genetischen Materials und haploid für den übrigen Teil ist. Der Prozeß der Entstehung wird als → Meromixis bezeichnet. M. sind häufig das Ergebnis von → Transformationen bei Bakterien.

Mesaxon, → Neuron.

Mesenchym, → Bindegewebe, → Mesoblast.

Mesenterialfilamente, bei → Korallentieren dicke, gefaltete Epithelwülste, die reich an einzelligen Verdauungsdrüsen und Nesselzellen sind. Sie sitzen im Gastrovaskularraum an den freien Innenkanten der Gastralsepten. Die M. entsprechen den Gastralfilamenten der Skyphomedusen und übernehmen die Verdauung durch allseitiges Umschließen der Nahrungskörper.

Mesenterium, *Gekröse,* eine Falte des Bauchfells, die zur Befestigung des Darms und seiner Anhangsorgane dient. In ihr verlaufen die den Darm versorgenden Gefäße und Nerven.

Mesenteron, → Verdauungssystem.

Mesenzephalon, → Gehirn.

Kombination		
Eiplasma	Spermakern	erreichtes Entwicklungsstadium
Wassermolch	Kröte oder Salamander	nur erste Entwicklungsschritte
Triturus taeniatus oder *palmatus*	*Triturus cristatus*	Embryo mit Neuralrohranlage und Augenblase
Triturus taeniatus	*Triturus alpestris*	Embryo mit ausgebildetem Augenbecher, mit Labyrinthblase und Somiten
Triturus taeniatus	*Triturus palmatus*	Embryo bereits mit Extremitätenbildungen, funktionierendem Kreislauf u. a.

Meskalin

Meskalin, *Mezkalin,* ein biogenes Amin aus der mexikanischen Kakteenart *Anhalonium lewinii,* gehört zu den Rauschgiften. M. ist der Hauptwirkstoff der mexikanischen Zauberdroge Peyotl oder Peyote. Es verursacht Sinnestäuschungen, Farbvisionen und Euphorie (Meskalinrausch).

$$CH_3O-C_6H_2(OCH_3)_2-CH_2-CH_2-NH_2$$

Mesobilirubin, → Gallenfarbstoffe.

Mesoblast, *Mesoblastem,* das mittlere oder dritte Keimblatt, eine Zellmasse, die auf unterschiedlich frühen Embryonalstadien durch Zellvermehrungen mit verschiedener Ausgangsbasis entsteht, durch Zellbewegungen zwischen Ektoderm und Entoderm zu liegen kommt, entweder als lockeres, parenchymatisches (Füll-)Gewebe (*Mesenchym*) oder als fester epithelialer Verband (*Mesoderm*), also als echtes Keimblatt auftritt und im Verlauf der weiteren Entwicklung die Grundlage für die Herausbildung bestimmter Organe bildet. Das M. ist von der nichtorganbildenden Mesogloea der Hohltiere eindeutig abzutrennen und stellt eines der bestimmenden Merkmale der *Bilateria* dar. Die niedersten Bilaterier, z. B. Plattwürmer und Schlauchwürmer, entwickeln ausschließlich Mesenchym, werden deshalb *Acoelomata* genannt, während die übrigen Tierstämme, die *Coelomata,* die Stufe der Mesodermentwicklung und damit die Bildung der sekundären Leibeshöhle oder des Zöloms erreichen, daneben jedoch vereinzelt außerdem auch Mesenchym zu bilden vermögen.

A) ***Die Formen der Mesenchymbildung.*** Das Mesenchym wird bereits auf frühen Blastomerenstadien determiniert. So heben sich bei den Plattwürmern, deren Eier normalerweise einer Zelltrennungsfurchung mit Blastomerenanarchie (→ Gastrulation) unterliegen, aus der Klasse der *Turbellaria* die *Polycladida* und *Acoela* dadurch heraus, daß sie nach dem auch für die Ringelwürmer und Weichtiere charakteristischen Spiralfurchungsverlauf (→ Furchung) mit Blastomerendetermination ihre Entwicklung beginnen. In zwei Zellteilungsschritten entstehen 4 Makromeren A, B, C, D (Abb. 1). Jeder derselben erzeugt in jeder der vier aufeinanderfolgenden Teilungen eine *Makromere* und eine *Mikromere*. Die Mikromeren, die aus jeder Teilung der 4 Makromeren hervorgehen, bilden zusammen jeweils ein Mikromerenquartett (1a bis 1d, 2a bis 2d, 3a bis 3d, 4a bis 4d), wobei die zuerst entstandenen Mikromeren mit der Bildung der folgenden Quartette sich ebenfalls gleichzeitig in weitere Mikromeren furchen. Mit der 4. Mikromerengeneration (64-Zellenstadium) ist die Furchung beendet. Die Quartette 1 bis 3 liefern Ektoderm (Epidermis, Sinnesorgane, Nervensystem, Stomodaeum) und larvales Mesenchym der Müllerschen Larve oder der Protrochula. Die Zellen 4a bis 4c lösen sich mit den Makromeren A bis C zu einer Nährsubstanz auf, während aus der Zelle 4d der Mitteldarm und das definitive Mesenchym (Parenchym) hervorgehen. Die Mesenchymzellen werden ins Keiminnere verlagert, während gleichzeitig Vorder- und Mitteldarm entstehen. Später bilden die 4d-Abkömmlinge die Parenchymmasse als Stütz- und Füllgewebe und Glykogenspeicher sowie den Hautmuskelschlauch aus Ring-, Längs-, Diagonal- und Dorsoventralmuskeln.

Die Schnurwürmer lassen entweder auf dem 32-Zellenstadium eine Urmesenchymzelle erkennen oder scheiden im Stadium der Gastrulation Entomesenchymzellen ab. Aus dem Mesenchym bildet sich im Proze der Rhynchozölom- und Blutgefäßsystembildung ein zartes epitheliales Mesoderm.

Bei den Schlauchwürmern entwickeln einige Klassen kein Mesenchym (*Gastrotricha, Kinorhyncha*); von anderen ist die Herkunft des wenigen mesenchymatischen Materials noch unbekannt oder strittig (Rädertiere, Kratzer). Wie bei *Ascaris* leitet sich das schwach entwickelte Mesenchym der Nematoden zu einem Teil aus einer im 2. Teilungsschritt entstehenden Entomesenchym-Stomodaeum-Stammzelle her, aus der sich mit zwei weiteren Teilschritten die Urmesoblastzelle verselbständigt, so daß schon auf dem 32-Zellenstadium das Mesenchymausgangsmaterial bereitgestellt ist. Dieses wird durch Invagination des Stomodaeums zusammen mit den Entoderm- und Urgeschlechtszellen nach innen verlagert, wo es zwei zunächst wenigzellige, später größere Mesenchymzellbänder bildet. Die Saitenwürmer endlich weichen von allen dargestellten mesenchymatösen Entwicklungsvorgängen insofern ab, als ihre Mesenchymentstehung entweder erst kurz vor der Invagination, z. B. bei *Gordius* durch ektomesenchymale Einwanderung aus dem Blastoderm, oder erst nach derselben, z. B. bei *Paragordius* aus dem Urdarm als Entomesenchym, nachweisbar wird.

Bei einigen Stachelhäutern (*Echinoidea* und *Ophiuroidea*) entsteht das Mesenchym sogar in zwei Phasen: als primäres Mesenchym aus dem Blastoderm des Invaginationspoles und als sekundäres Mesenchym, das auch den übrigen Klassen der Stachelhäuter eigen ist, etwas später aus dem Urdarmgipfel. Das erstere scheidet das larvale Skelett ab, das zweite dient der Bildung des imaginalen Skeletts, der Muskulatur und des Bindegewebes.

B) ***Die Formen der Mesodermbildung.*** Die nahezu vollständige Einheitlichkeit, wie sie in der Ableitung und Entstehung des Mesenchyms vorliegt, ist für das Mesoderm nicht gegeben. Hier liegen im Gegenteil recht vielseitige Verhältnisse vor.

1 Zellabstammungsschema der Spiralia (Plathelminthes, Annelida, Mollusca)

bei Plathelminthen: definitives Mesenchym (Parenchym)
bei Anneliden und Mollusken: Ausgangszellen für Zölombildung

E,T larvales Ektoderm, E Ektoderm, En Entoderm, E+EM Ektoderm+larvales Mesenchym

1) Mesodermdetermination auf frühen Furchungsstadien aus Urmesodermzellen. Bei den sich spiralig furchenden Mollusken und Ringelwürmern leitet sich das Mesoderm vom 2. Somatoblasten des 4. Mikromerenquartettes ab, der nichts anderes darstellt als die Zelle 4d, die als Urmesodermzelle bezeichnet wird und sich sehr bald in zwei Zellen teilt, die im Prozeß der Invagination nach innen verlagert werden (Abb. 1).

Die Ringelwürmer entwickeln aus der auf unterschiedliche Weise entstehenden Gastrula die *Trochophoralarve*

Blatt oder *Somatopleura* und das sich an den Darm anlegende Epithel viszerales Blatt oder *Splanchnopleura* genannt. Indem sich die Zölomhöhlen jedes Segmentes über und unter dem Darm ausbreiten, treffen ihre Epithelien dorsal und ventral aufeinander und bilden die dorsalen und ventralen zwischenliegende Mesenterien und Aufhängebänder. Die Gesamtheit dieser und der bald darauf noch entstandenen Zölomhöhlen bildet das *Zölom* oder die sekundäre Leibeshöhle. Die zuerst synchron entstehenden Somiten werden als Deutometameren bezeichnet. Zwi-

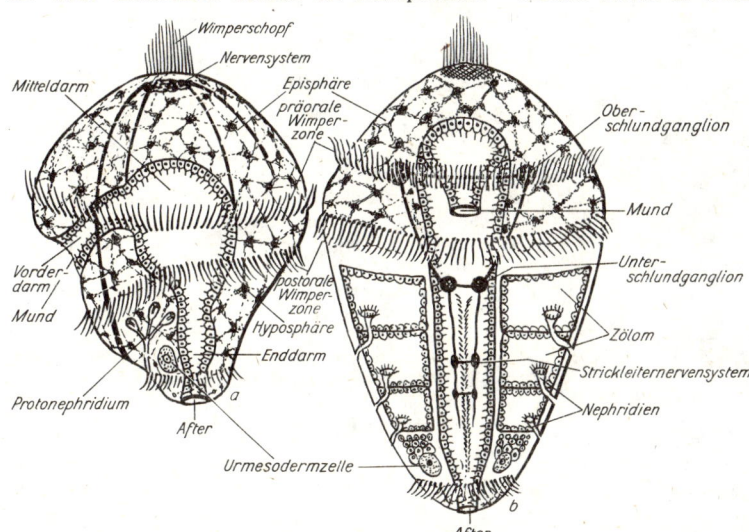

2 Trochophora (*a*) und Metatrochophora (*b*) der Polychäten: *a* von links gesehen, *b* Ventralansicht

(Abb. 2a und b), die eine von Muskel- und Mesenchymsträngen durchzogene, flüssigkeitsgefüllte primäre Leibeshöhle mit einem Protonephridienpaar (Derivate der ersten 3 Mikromerenquartette) besitzt. Zu beiden Seiten des Darmes liegen in Afternähe die beiden Urmesodermzellen. Nach einer planktischen Lebensweise von einigen Tagen bis mehreren Wochen beginnt die Metamorphose zum Wurm. Durch Sprossung entwickeln sich ventral in Richtung auf die Mundöffnung zwei Urmesodermstreifen, die jedoch niemals in die vor dem Prototroch oder der präoralen Wimperzone gelegene Episphäre der Larve eintreten, sondern dort ihr Ende finden. Diese Streifen zerfallen annähernd synchron in eine Anzahl von Abschnitten, Segmente, *Metameren* oder *Somiten* (*Segmentation* oder *Metamerie*, Abb. 3a und b). In diesen entstehen durch Auseinanderweichen der Zellen zunächst kleine, später sich jedoch erweiternde Höhlen, die *Zölomhöhlen*, die schließlich aus einem einschichtigen mesodermalen Epithel, dem *Zölomepithel*, *Zölothel* oder *Mesothel* ausgekleidet sind und gegeneinander durch zweischichtige Wände, die *Dissepimente*, abgegrenzt werden. Das gegen das Ektoderm zu gelegene und mit diesem später verbundene Mesothel wird parietales

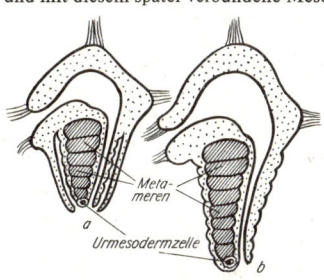

3 Segmentation und Mesodermdifferenzierung bei Polychäten

schen ihnen und dem After liegen noch immer die beiden Urmesodermzellen, die nach einer kurzen oder längeren Pause als Segmentbildungszone weitere Somiten gegen das letzte Deutometamer zu hervorwuchern lassen, die ebenfalls in entsprechende Zölomsackpaare umgewandelt werden. Diesen Wachstumsprozeß des Wurm- bzw. Gliedertierkörpers bezeichnet man als teloblastische Somitenbildung oder kurz *Teloblastie*, die auf diese Weise erzeugten Somiten als *Tritometameren*. Gelegentlich erschöpft sich die Teilungsfähigkeit der Abkömmlinge der 4d-Zelle. In solchen Fällen kann Zellmaterial aus dem Ektoderm über der Sprossungszone einwandern und weitere teloblastische Zölomsäcke aufbauen (*Ektomesoderm*), die sich in nichts von jenen unterscheiden. Stets entsteht also der Wurmkörper zwischen der präoralen Episphäre, die das Prostomium bildet, und der Afterzone, dem späteren Pygidium. Anfang und Ende des Polychäten bleiben mesenchymatös und unsegmentiert. Die Muskeln und das Bindegewebe sind ektomesodermalen Ursprungs, leiten sich also von den drei ersten Mikromerenquartetten ab.

Die Zölomhöhlenbildung ist nicht unbedingt an die Metamerie gebunden, z.B. bei Weichtieren und Stachelhäutern. Sofern aber Metamerie vorliegt, beeinflussen die Zölomsäcke die ektodermalen Organe, wie Integument, Borstengebilde, Nervensystem, Gliedmaßen.

Das Zölothel gibt in der bald anschließenden Organogenese bestimmten Organen den Ursprung: das parietale Blatt der Längsmuskulatur des Hautmuskelschlauches, das viszerale Blatt den Muskeln des Darmes und des Peritoneums, die Dissepimente bestimmten Muskeln und den Ringgefäßen, die Mesenterien den dorsalen und ventralen Blutgefäßwänden, während die Gefäßlumina aus Lücken zwischen den Zölomsäcken hervorgehen, also der primären Leibeshöhle entsprechen.

Mesoblast

Obgleich unter den Ringelwürmern die Wenigborster keine Trochophora ausbilden, stimmt ihr Mesodermbildungsprozeß völlig mit dem der Vielborster überein.

Mit Ausnahme der Kopffüßer leitet sich auch das Mesoderm der Weichtiere von der 4d-Zelle her, die zur Mesodermstreifenbildung führt. Viele Weichtiere entwickeln eine Schwärmlarve (Abb. 4), die der Trochophora der Ringelwürmer ähnelt, ohne daß es zur Segmentierung oder Teloblastie kommt. Die Entwicklung des Zöloms tritt stark zurück; es liegt nur noch als Perikard vor, das durch Verschmelzung aus einem Paar Zölomsäcken hervorgeht; bei einigen Weichtierklassen entwickeln sich daraus die Gonadenhöhlen oder die Gonadenanlagen.

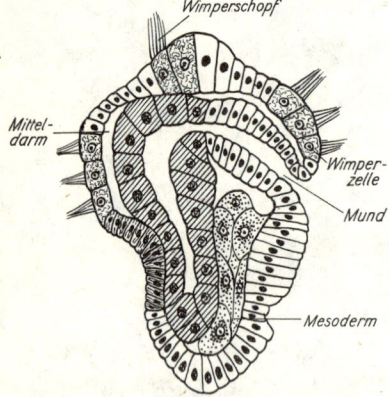

4 Schwärmlarve von *Dentalium* mit Mesodermstreifen

Auch die sich total-äqual furchenden Moostierchen weisen eine frühzeitige Mesodermzellendetermination auf. Innerhalb der unteren 16zelligen Platte des 32-Zellenstadiums sind 4 etwas größere Blastomeren, die Entomesodermzellen, vorhanden, aus denen Zellmaterial hervorgeht, das sich später auf einem noch nicht aufgeklärten Wege in Entoderm und Mesoderm sondert.

Eine Blastomerendetermination ähnlich der der Ringelwürmer gibt es auch bei einigen Krebsen, z.B. *Cladocera, Ostracoda*, die sich völlig abweichend von der für Gliederfüßer typischen superfiziellen Furchung rein total, allerdings nicht spiralig furchen, oder ihre Entwicklung mit einer totalen Furchung beginnen, aber mit einer superfiziellen beenden, wie *Daphnia*. Die sich total-äqual entwickelnden Eier von *Polyphemus pediculus* lassen bereits auf dem 16-Zellenstadium 6 kleine Ektomesodermzellen erkennen, die im nächsten Teilungsschnitt in 6 Ekto- und 6 Mesodermzellen gesondert werden. Am Ende der Furchung werden 12 Mesodermzellen zusammen mit Entoderm- und Urkeimzellen ohne besondere Einbuchtung der Oberfläche in das Keiminnere gedrängt. Ähnliche Ableitungen sind von den sich total-äqual furchenden Eiern der Gattungen *Lepas, Balanus* u.a. bekannt. Bei diesen Krebsen kann die Einwärtsbewegung durch Invagination oder Epibolie vor sich gehen. Das mesodermale Ausgangsmaterial wuchert unter dem Ektoderm zu Mesodermstreifen. In diesen Fällen entsteht nicht wie bei allen anderen Gliederfüßern einschließlich der Mehrzahl der Krebse ein ventraler Keimstreifen als Anlage des späteren Körpers, sondern wie bei den Ringelwürmern ein embryonaler Körper, entweder als oligomere Naupliuslarve, wie bei *Cyclops*, oder als definitiver Krebskörper, wie bei *Daphnia*.

2) *Mesodermbildung aus der Blastula und während der Gastrulation.* Bei den Stummelfüßern entsteht das Mesoderm durch Einwachsen von Blastodermzellen in das Blastozöl, in dem sich durch Zellvermehrungen allmählich zwei Mesodermstreifen herausbilden, die in der weiteren Entwicklung in Segmente mit einer der späteren Gliedmaßenzahl entsprechenden Anzahl von Zölomsackpaaren zerfallen (Antennen-, Mandibel-, Oralpapillen- und Laufbeinsegment). Wie bei den Ringelwürmern wachsen die Säcke dorsal zusammen. Aus ihren Wänden entstehen Herz, Muskeln, Peritonealhüllen, Bindegewebe u.a. Dadurch werden die Zölomhöhlen wieder aufgelöst; sie verschmelzen mit der primären Leibeshöhle zum *Mixozöl*. Zölomreste in Form von besonderen Abschnürungen der ursprünglichen Zölomhöhlen sind nur noch in den blasenförmigen Sacculi der Nephridien und in den Gonadenräumen vorhanden, die von einem echten Zölothel ausgekleidet werden, das außerdem die peritonealen Hüllen um die Organe, z.B. Darm, bildet. Bei den Asselspinnen unter den Fühlerlosen besteht die Invagination in der Einsenkung von 8 bis 10 Mesodermzellen und einer Urentodermzelle aus dem Blastoderm heraus in eine meist sehr kleine Furchungshöhle hinein, ohne daß es zur Ausbildung einer besonderen Gastralhöhle kommt (Abb. 5a und b). Die Mesodermzellen liefern ein unregelmäßiges Mesodermband, das jedoch keine Zölomhöhlen bildet, sondern zum Aufbau der Extremitätenmuskulatur dient. Die Vertreter der Priapuliden entwickeln zwei Zellstränge vom Blastoporusgebiet der Invaginationsgastrula aus in das Blastozöl hinein, aus denen sich einzelne Zellen ablösen, zu Mesoderm werden und die primäre Leibeshöhle füllen. Von einer Zölombildung ist bisher nichts bekannt.

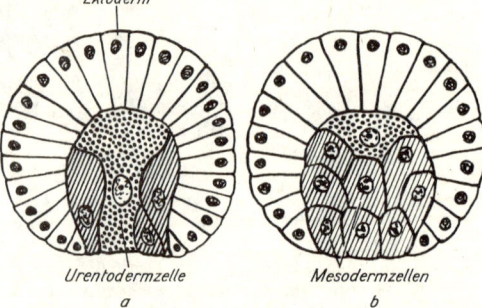

5 Entoderm- und Mesodermbildung bei Asselspinnen

3) *Bildung eines Entomesodermstreifens oder des unteren Blattes.* Bei den Insekten, deren Ontogenie gründlich erforscht und relativ gut überschaubar ist, führen grundlegende Differenzierungsprozesse an der im Hinblick auf den späteren Organismus ventral gelegenen Keimanlage mit dem Differenzierungszentrum über eine Mittelplatte und zwei Seitenplatten zum Ektoderm und zum unteren Blatt. Letzteres gliedert sich wiederum in den Mittelstrang und zwei mesodermale Seitenstreifen. Die gesamte ventrale Keimanlage führt nunmehr die Bezeichnung *Keimstreif*.

In gleichem Sinne wie diese ersten Umbildungsvorgänge vom Differenzierungszentrum aus wellenartig kopf- und abdominalwärts voranschreiten, laufen auch die folgenden Prozesse ab: Verdickung und Mehrschichtigwerden der mesodermalen Seitenstreifen, ihre segmentale Gliederung in Metameren oder Somiten und das Auseinanderweichen der innersten und äußersten Zellschichten in jedem Segment unter Bildung von je einem Paar mit Mesothel ausgekleideter Zölomhöhlen. Nach Weber werden die Insekten mit großer Wahrscheinlichkeit sechs Segmente kopfwärts synchron abgegliedert, von denen je drei den Vorderkopf (*Protozephalon*), in den auch das Acron – das Homologon des Annelidenprostomiums – mit eingeht, und das *Gnathozephalon*

(*Deutozephalon*) bilden. Diese Segmente sind demnach als den Deutometameren der Ringelwürmer homolog anzusprechen, während die Thorakal- und Abdominalsegmente den Tritometameren entsprechen. Jedoch verhalten sich die Insektenkeime hinsichtlich dieser Körperabschnitte je nach der Lage des Differenzierungszentrums verschieden. Bei den **Kurz-** oder **Kopfkeimen** liegt das Differenzierungszentrum sehr nahe am hinteren Eipol, d. h., der gesamte Rumpf wird teloblastisch nach und nach durch Sprossung aus einer am Hinterende der Deutometameren gelegenen Segmentbildungszone, ähnlich den Vorgängen an der Ringelwurmtrochophora, entwickelt (z. B. Heuschrecken). Im **Lang-** oder **Kopfrumpfkeim** dagegen befindet sich das Differenzierungszentrum sehr weit vorn, d. h., mit der Mesodermstreifenbildung sind zugleich auch die Rumpfsegmente der künftigen Larve vorbereitet und werden durch das Differenzierungszentrum abgegliedert; eine Segmentbildungszone fehlt (z. B. Biene, Fliegen, Schmetterlinge). **Halblang-** oder **Kopfthoraxkeime** entwickeln nur das Abdomen oder Teile desselben aus einer Segmentbildungszone heraus (z. B. Forficula).

Zölomhöhlen sind im allgemeinen nur auf dem Stadium der ventralen Keimscheibe vorhanden. Nachdem aus dem Ektoderm die Extremitätenknospen und die embryonalen Ganglienpaare je Segment herausgebildet wurden und während sich nunmehr die Keimscheibe beidseitig lateral bis zum Rückenschluß aufwärts bewegt, beginnt die fortschreitende Auflösung des Zöloms, indem das parietale oder somatische Blatt sich verdickt und zu Skelettmuskulatur differenziert, das viszerale oder splanchnische Blatt sich zu Darmmuskulatur umbildet, die an der lateralen Übergangsstelle beider Blätter gelegenen Mesodermzellen als Kardioblasten zum Rückengefäß werden und aus dem medialen Endabschnitt des parietalen Blattes der Fettkörper hervorsproßt. Die sekundäre Leibeshöhle verschmilzt auf diese Weise mit dem zwischen Mittelstrang und dem Dotter gelegenen Spaltraum, dem Epineuralsinus, einem Anteil der primären Leibeshöhle, zum *Mixozöl* (Abb. 6).

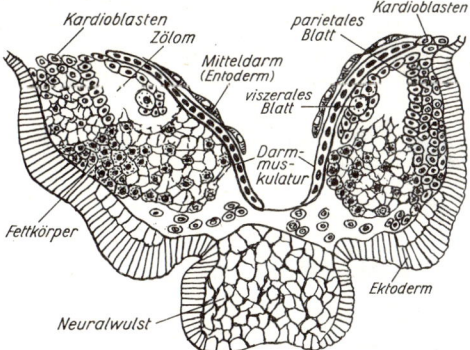

6 Querschnitt durch den Hinterleib (Ventralseite) eines älteren Embryos der Schabe im Zustand der Auflösung der Zölomhöhlenwände

Eine Keimstreifenbildung mit Mesodermdifferenzierung liegt auch bei den Fühllerlosen (*Chelicerata*) vor. Das Blastoderm der Spinnen z. B. wird auf der Ventralseite des Keimes zellenreicher und zusammengedrängt zur Ventralplatte, auf der eine Einwucherungsstelle das Entomesoderm nach innen drängt. Sehr bald sondert sich das Mesoderm vom Entoderm; es entstehen zwei Mesodermstreifen, in welchen eine regelmäßige Segmentation auch dann erkennbar wird, wenn die Tiere später keine Gliederung mehr zeigen. Vier Deutometameren werden synchron abgegliedert, während die restlichen Segmente aus einer zwischen Pygidium und dem letzten Deutometamer gelegenen Bildungszone erzeugt werden. Beim Rückenschluß der Keimanlage dehnen sich die Zölomhöhlen im Gegensatz zu den Insekten ähnlich umfangreich aus wie bei den Ringelwürmern, erreichen den Rücken, sind jedoch infolge der großen Dottermassen seitlich erheblich zusammengedrückt. Die somatischen Zölomhöhlenwände und die Dissepimente liefern die dorsalen und ventralen Längsmuskeln, die Dorsoventralmuskeln, das Herzrohr sowie die Bauch- und Seitenarterien; aus dem splanchnischen Blatt gehen Darmmuskeln und Peritonealepithel hervor; andere Teile erzeugen die Gonadenausführgänge und den Fettkörper. Damit wird das Zölom wieder aufgelöst und mit der primären Leibeshöhle zum Mixozöl vereinigt.

Bei den Krebsen sind einige Formen bekannt geworden, die ihre Entwicklung nicht mit einer ventralen Keimstreifenbildung, sondern wie die Ringelwürmer unmittelbar mit einem Embryonalkörper beginnen. Die Mehrzahl der Krebse jedoch legt einen Keimstreifen an. Die Entstehung seines mesodermalen Anteils kann sehr verschiedenartig erfolgen. Das Mesoderm der drei ersten Segmente (*larvales* oder *Naupliusmesoderm*) ist kaum gegliedert, aber den Deutometameren gleichzusetzen, da das imaginale Mesoderm durch eine präanale Sprossungszone hinter dem Mandibularsegment teloblastisch gebildet wird, also den Tritometameren entspricht. In den Somiten treten bei Krebsen nur kleine Zölomhöhlen auf, die am Rückenschluß wohl niemals beteiligt sind. Ihre Lebensdauer ist nur kurz; ihr Schicksal entspricht dem der übrigen Gliederfüßer.

4) *Mesodermbildung durch Enterozölbildung*. Bis auf die Manteltiere und Wirbeltiere ist sie typisch für alle Deuterostomier, kommt jedoch ganz vereinzelt auch bei Protostomiern vor, z. B. bei Armfüßern und Bärtierchen.

Als Ausgangsfall der Betrachtung seien die Stachelhäuter gewählt. Ihre freischwimmende, bewimperte Blastula stülpt sich zur Gastrula ein, wobei gelegentlich auch Umwachsungen erfolgen. Nachdem in dem stets in erheblichem Umfange verbleibenden Blastozölanteil das primäre und sekundäre Mesenchym abgeschieden wurde, bläht sich der Urdarmgipfel auf und schnürt eine rechte und linke Vasoperitonealblase ab (Abb. 7a bis c), die nichts anderes darstellen als zwei vom Mesoderm umhüllte Zölomhöhlen. Diese teilen sich sehr rasch in drei hintereinandergelegene Abschnitte, indem zunächst durch eine Querfalte auf beiden Seiten ein vorderer von einem hinteren Abschnitt abge-

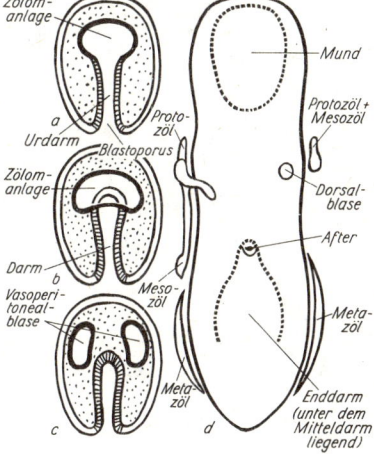

7 Enterozölbildung beim Seeigel (*a* bis *c*) und Zölomblasenbildung eines älteren Pluteus (*d*), dessen Haut nicht eingezeichnet ist

Mesoblast

teilt wird (*Meta-* oder *Somatozöl,* Abb. 7d). Von den vorderen Abschnitten zerfällt der linke durch eine nochmalige Einschnürung in ein *Proto-* oder *Axozöl* und ein *Meso-* oder *Hydrozöl,* die beide durch einen Kanal miteinander verbunden bleiben, während beim rechten diese Aufteilung unterbleibt. Er verkümmert bis auf einen kleinen Rest, die pulsierende Dorsalblase, die als Fragment des Protozöls aufgefaßt wird. So stellen also alle auf diese Weise entstandenen Zölomhöhlen Ausstülpungen des Archenterons dar. Man spricht oft auch von *Urdarmdivertikeln.* Das linke Proto- oder Axozöl liefert das unpaare Axialorgan, das aus der Axialdrüse und der auf der Madreporenplatte mündenden Protozölampulle besteht. Aus dem linken Meso- oder Hydrozöl geht das Ambulakralsystem hervor, dessen Ringkanal durch komplizierte Wachstumsprozesse entsteht und über den aus dem Verbindungskanal zwischen Proto- und Mesozöl entstandenen Steinkanal mit der Protozölampulle und damit mit der Außenwelt verbunden ist. Die Radiär- und Seitenkanäle stellen nichts anderes dar als Ausstülpungen dieses Zöloms. Das paarige Somatozöl endlich wird zur definitiven Leibeshöhle, zum Hyponeural- oder Perihämalkanal und zu dem mit fünf Gonadenhöhlen ausgestatteten Genitalkanal.

Bei manchen Enteropneusten und einigen Echinodermaten entsteht das Zölom nicht durch Enterozölbildung, sondern durch Spaltenbildung in einem soliden Mesoblastem, das entweder durch Wucherungen aus dem hinteren seitlichen Urdarm, z. B. bei Eichelwürmern, oder aus Mesenchymzellenanhäufungen hervorgeht.

Die Zölombildungsprozesse im Stamme der Pfeilwürmer, z. B. bei *Sagitta,* weichen von den behandelten Fällen der Enterozölbildung erheblich ab. Die durch Totalfurchung entstandene Zöloblastula invaginiert unter völligem Blastozölschwund. Der Urdarmgipfel enthält zwei Urkeimzellen und entwickelt zwei seitliche Falten, die in den Gastralraum hinein gegen den sich allmählich schließenden Blastoporus vorwachsen, während gleichzeitig die Urkeimzellen aus dem Epithelverband herausgedrängt werden. Dadurch wird das Archenteron in drei Lumina aufgeteilt, in das eigentliche Darmlumen (Mitteldarm) und zwei seitliche Zölomhöhlen. Durch eine ringförmige Querfalte wird das Kopf- vom Rumpfzölom getrennt. Eine echte Trimerie liegt also nicht vor.

Bei den Schädellosen wird durch die Invagination ihrer weiträumigen Zöloblastula zuerst das Entoblastemmaterial nach innen bewegt; am Ende folgt Zellmaterial für einen Chordamesodermanlage, das nach einer gewissen Längsstreckung des Keimes als Zellstreifen unter das Ektoderm der späteren Rückenseite zu liegen kommt (Abb. 8a bis d). Während der Neurulationsprozesse (Abb. 8e und f) wölbt sich der mediane Teil dieses Zellstreifens aus dem Archenterondach dem aus dem Ektoderm entstehenden Neuralrohr als Anfangsstadium der Chordabildung entgegen, während gleichzeitig die beiden restlichen lateralen Streifen des Urdarmdaches sich in Form zweier Längsfalten, *Mesodermfalten,* oder *-rinnen,* abgliedern, die sich ebenso wie das Chordamaterial aus dem Archenteronverband lösen und durch Querfalten in eine Reihe von Metameren mit Zölomhöhlen aufteilen. Das restliche Archenteronmaterial tritt zum Darmrohr zusammen. Es liegt also hier eine Enterozölbildung vor, die nach der Bildung einiger Zölomsäckchen zunächst aufhört, später jedoch fortgesetzt wird; von einer ausgesprochenen Trimerie kann nicht mehr gesprochen werden. Die Vielzahl der Metameren (Polymerie) erinnert eher an die Verhältnisse bei den Anneliden. Abgesehen von Chordabesitz kommen noch weitere Besonderheiten hinzu. Die Ursegmente (*Archimetameren*) werden sehr rasch durch mesodermale Querfalten in dorsale Myotome

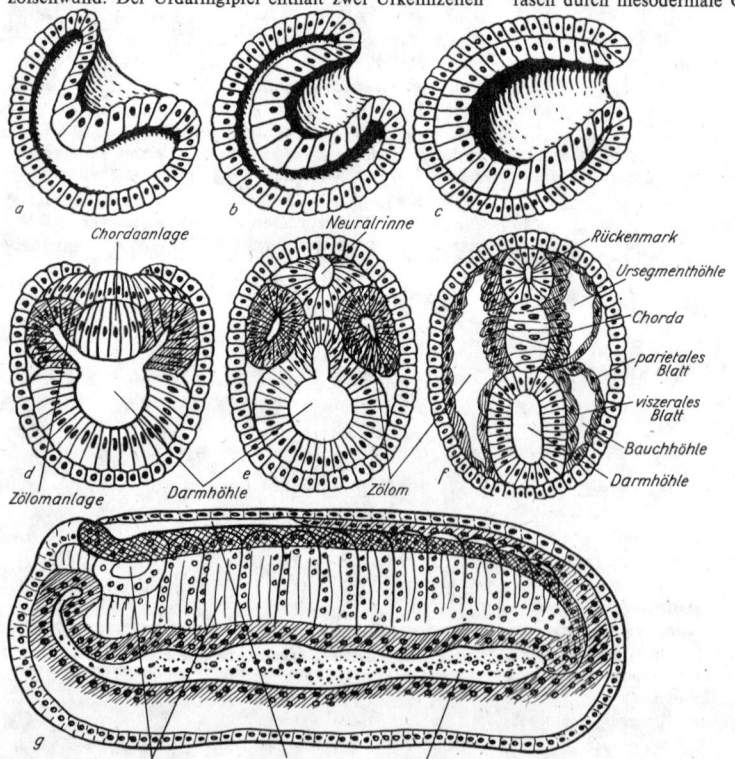

8 Gastrulation (*a* bis *c*), Bildung der Zölomsäckchen (*d* bis *f*) und Neurulation (*g*) beim Lanzetttierchen

oder Urwirbel mit Myozölen oder Urwirbelhöhlen und in ventrale Splanchnotome oder Seitenplatten mit Splanchnozölen gegliedert (Abb. 8g). Die eingangs eingeleitete vollständige Metamerie wird nunmehr teilweise dadurch wieder aufgehoben, daß die Dissepimente zwischen den aufeinanderfolgenden Splanchnozölen und auch die ventralen Mesenterien aufgelöst werden, so daß ein einheitliches ventrales Splanchnozöl entsteht.

Die Metamerie bleibt also nur in den Myotomen erhalten, die aus ihrem ventralen Bezirk eine Falte in mediodorsaler Richtung entwickeln und damit vier mesodermale Blätter erhalten: das Dermal- oder Corium-, das Myotom- oder Muskelblatt, das Faszien- und das skeletogene oder sklerale Blatt, deren Bezeichnungen sich aus ihrem späteren Schicksal herleiten (Abb. 9a und b). Mit der Differenzierung der Kutis, der mächtigen Muskulatur, der Faszien und der die Chorda und das Rückenmark umhüllenden Scheiden wird zugleich das Myozöl restlos ausgefüllt (Abb. 9c). Eine mit den Schädellosen fast übereinstimmende Mesodermbildung besitzen die Neunaugen unter den Rundmäulern. Nur entsteht bei ihnen aus dem Urdarm zunächst jederseits eine massive Mesodermplatte, an der erst sehr viel später das Myotom vom Splanchnotom getrennt und durch Spaltenbildung das Zölom mit *Somato-* und *Splanchnopleura* erzeugt wird.

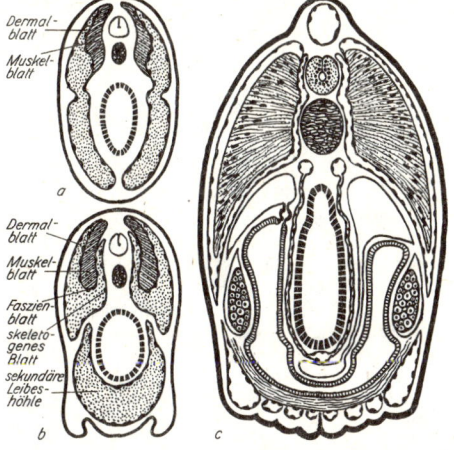

9 Mesodermbildung bei Schädellosen: *a* und *b* Gliederung der Zölombläschen, *c* Querschnitt durch die Kiemenregion eines ausdifferenzierten Tieres

5) **Chordamesodermbildung.** Die Mesodermbildung bei *Branchiostoma* auf dem Wege über Urdarmdivertikel leitet zur letzten Form der Bildung des dritten Keimblattes über. Durch Invagination gelangt bei den Lanzettfischchen eine Chordamesodermanlage, allerdings noch in engerem Verband mit dem späteren Entoderm, in das Keiminnere. Bei den Wirbeltieren wird diese Verbindung mehr und mehr völlig gelöst. Dieser Prozeß ist bei den Lurchen bereits ziemlich weit fortgeschritten. Chorda und Mesoderm liegen in einer zwischen präsumptivem Ektoderm und Entoderm gelagerten Randzone, die bei Betrachtung von der ventralen Seite des Keimes eine halbmondförmige Ausdehnung hat (grauer Halbmond). Nachdem die Makromeren des Entodermbezirkes durch epibolische Umwachsung auf der Ventralseite in das Blastozöl hineingedrängt wurden und nunmehr in dasselbe als unförmige Zellmasse hineinragen, beginnt an der Übergangsstelle zwischen Mikro- und Makromeren die Invagination, d. h., der Blastoporus ist aus seiner ursprünglichen Lage am vegetativen Pol an die Grenze zum Halbmond hin verschoben. Um einen zunächst sichelförmigen, später hufeisenförmigen Spalt wird nunmehr das gesamte Zellmaterial für die spätere Chorda und das Mesoderm nach innen bewegt und in Form einer epithelialen Zellenplatte auf der späteren Dorsalseite des Keimes unter dessen Ektoderm nach vorn geschoben. Sie drückt dabei das Entodermmaterial beständig vor sich her und gleitet seitlich an diesem vorüber. Dadurch entstehen zwischen der Chorda-Mesoderm-Zellplatte und dem Entodermmaterial zwei laterale Spalten, an denen sich das Material der Zellplatte seitlich zwischen Ektoderm und Entoderm ausbreitet. Zwischen der Chordamesodermanlage und dem Entoderm besteht nur noch eine bedeutungslose Verbindung am Vorderende des Keimes. Von einer Abfaltung oder Auswucherung des Mesoderms aus dem Archenteron oder gar von einer Enterozölbildung kann dabei nicht gesprochen werden. Die Chordamesodermanlage ist bereits eine selbständige Bildung geworden. Sie gliedert sich anschließend in fünf nebeneinanderliegende Streifen, deren mittlerer zur Chorda wird. Die beiden ihr benachbarten Streifen geben den Myotomen, Urwirbeln oder Somiten und die beiden äußeren den mesodermalen Seitenplatten den Ursprung. Durch Spaltenbildung treten die Seitenplatten auseinander und geben zwischen sich das Zölom frei.

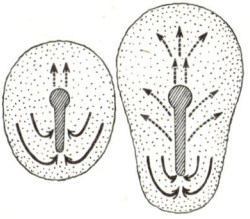

10 Primitivstreifenbildung (schwarze Pfeile = Zellwanderung zum Primitivstreifen, gestrichelte Pfeile = Wachstum von Kopffortsatz und Mesoderm unter der Körperoberfläche, schraffiert = Primitivknoten und Primitivstreifen)

Bei den höchsten Klassen der Vertebraten, den Sauropsiden und Säugetieren, ist die Verselbständigung der Chordamesodermanlage vollständig geworden. Nach Delamination des Entoderms aus dem Blastodiskus bei Reptilien und Vögeln oder aus dem Embryonalknoten der Blastozyste bei Säugetieren bzw. nach Ausbildung des Keimschildes beim Menschen finden lebhafte Ektodermzellenbewegungen statt, wie sie in Abb. 10a und b veranschaulicht werden. Lateral liegende Zellen wandern erst gegen das Keimhinterende, biegen sodann gegen die Mittellinie des Keimes um und wandern auf dieser nach vorn. Dadurch kommt es zu einer erheblichen ektodermalen Zellhäufung, dem *Primitivstreifen*, mit einer Anschwellung an seinem Vorderende, dem *Primitivknoten* (Hensenscher Knoten). Ihre Gipfel sinken schließlich ein, wodurch die *Primitivrinne* und die *Primitivgrube* entstehen (z. B. bei Vögeln bereits am Ende des ersten Bebrütungstages). Primitivstreifen und -knoten stellen bedeutsame Organisations- und Differenzierungszentren dar. Aus dem Primitivknoten wuchert nach vorn und unter dem Ektoderm im Kopffortsatz das Chordamaterial hervor (Abb. 11a). Außerdem wird im Ektoderm vor dem Gebiet des Primitivknotens und durch diesen die Neuralrohrbildung induziert (Abb. 11b). Aus dem Primitivstreifen endlich tritt zuerst seitlich und später auch kranial das Mesoderm hervor (Abb. 11a, c bis h). Diese Vorgänge berechtigen zu der Deutung der Primitivrinne als langgestreckten Urmund und des Primitivknotens als obere Urmundlippe. Sie stellen keine bleibenden Bildungen dar; sie verschwinden wieder, sobald die Zellbewegungen abgeschlossen sind und die Chorda- bzw. Mesodermzellen an ihren definitiven Platz befördert wurden. Die weiteren Vorgänge am Mesoderm stimmen mit denen bei den Amphibien überein. Es ist nur zu ergänzen, daß bei allen Amnio-

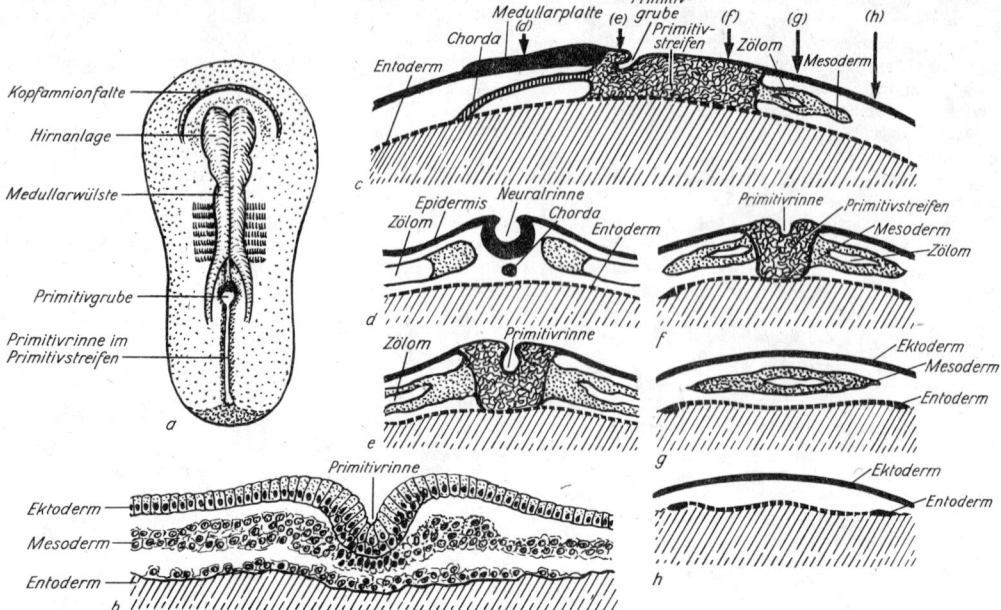

11 Primitivstreifenbildung, Mesodermbildung und Neurulation bei Vögeln (halbschematisch)

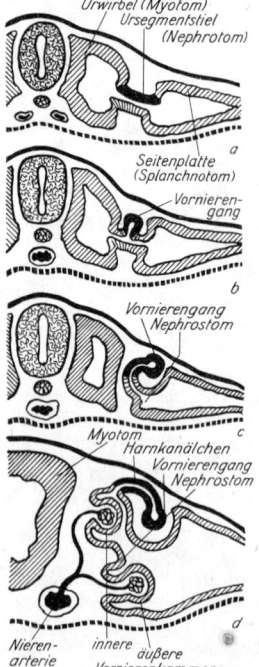

12 Nephrotombildung bei Vögeln

ten die Ursegmente nach ihrer Abtrennung von den mesodermalen Seitenplatten mit diesen durch einen dünnen mesodermalen Zellstrang verbunden bleiben, durch den *Ursegmentstiel* oder das *Nephrotom*, das die Bildungsstätte der drei bei den Amnioten ontogenetisch aufeinanderfolgenden Nierenapparate (Pro-, Meso- und Metanephros) darstellt (Abb. 12a bis d).

Mesoblastem, svw. Mesoblast.
Mesobranchier, svw. Anisomyarier.
Mesodaeum, → Verdauungssystem.
Mesoderm → Mesoblast.
Mesofauna, → Bodenorganismen.
Mesogaster, → Verdauungssystem.
Mesogastropoda, → Monotocardia.
Mesogloea, die zwischen Ekto- und Entoderm liegende, zellhaltige Stützlamelle vieler Hohltiere. Die M. entsteht durch Einwanderung von Zellen, besonders aus dem Ektoderm, in die gallertige Zwischenschicht. Ein 3. Keimblatt (Mesoderm) stellt die M. nicht dar; sie wird weder als solches angelegt, noch nimmt sie an der Organbildung teil. In Aufbau und Funktion ähnelt die M. dem Bindegewebe der Wirbeltiere.
mesohalin, → Brackwasser.
Mesokarp, → Frucht.
Mesoklima, svw. Topoklima.
mesolezithal, → Ei.
Mesom, → Telomtheorie.
mesomorph, → Konstitutionstypus.
Mesonephros, → Exkretionsorgane.
mesophil, Bezeichnung für Organismen, deren Wachstumsoptimum bei mittleren Temperaturen und bei mittlerem Feuchtigkeitsgehalt liegt.
Mesophyll, → Blatt.
Mesophyten, Pflanzen, die bevorzugt auf mäßig feuchten Standorten und gut durchlüfteten Böden wachsen. Sie nehmen eine Mittelstellung zwischen Hygrophyten und Xerophyten ein. Die M. haben meist relativ große Blätter mit normalem dorsiventralem Blattbau. Die meisten unserer Kulturpflanzen sind M., z. B. Ackerbohne, Erbse, Tomate, Sonnenblume.
Mesophytikum, Gymnospermenzeit, Florenmittelalter, Zeitabschnitt der Florengeschichte, der auf das Paläophytikum folgt. Das M. reicht vom Zechstein bis zur unteren Unterkreide (→ Erdzeitalter, Tab.). Die Bezeichnung Gymnospermenzeit bezieht sich vor allem auf die Nordhemi-

sphäre, da hier die Grenze zwischen Paläophytikum und M. recht scharf ist. Von wenigen Ausläufern abgesehen, sind im M. die baumförmigen Farnpflanzen erloschen. An ihre Stelle treten die verschiedenen Klassen der Nacktsamer (Gymnospermen) wie Nadelbäume, Ginkgogewächse, Palmenfarne, wobei die karbonischen Formen, wie die Samenfarne und die Cordaiten, nur noch Nachzügler haben.

In der unteren Trias sind Funde selten, da das Klima wohl extrem trocken war. Es treten nur Formen wie *Pleuromeia* auf. Erst im Keuper wird die Vegetation wieder reicher infolge feuchteren Klimas. Neben einer beträchtlichen Entfaltung von *Equisetites*-Arten und Neokalamiten spielen Farne aus der Gruppe der Marattiales eine große Rolle, ebenso verschiedene Nacktsamer, z. B. die → Bennettitatae.

Im Bereich der Südhemisphäre (Gondwana-Gebiet) ist ein Florengegensatz an der Wende vom Rotliegenden zum Zechstein nicht zu bemerken. Die *Glossopteris*-Flora geht unverändert weiter; erst im Verlauf der Trias tritt sie allmählich zurück, bis sie im oberen Keuper (Rhät) erlischt.

Im Jura ist die Vegetation auf der ganzen Erde wieder einheitlich; pflanzengeographische Differenzierungen sind nicht zu erkennen. Die Ursachen dafür sind unbekannt. Auch die Kontinentalverschiebungshypothese kann diese Erscheinung nicht befriedigend erklären. Im Jura erreichen die Palmfarne und Ginkgogewächse ihren Höhepunkt, auch die Bennettitatae sind reich entfaltet. Der Ursprung der Angiospermen dürfte im Jura zu suchen sein. Diese Juraflora ist auch noch in der untersten Kreide (Neokom) vorherrschend. Auch aus dieser Zeit zeigen die Fossilfunde eine auffallende geographische Uniformität. Mit dem Apt bzw. Gault (obere Unterkreide) ändert sich dann der Gesamtcharakter der Vegetation sehr erheblich: Der größte Teil der Nacktsamer, besonders die Bennettitatae, Ginkgogewächse und Palmfarne, verschwinden völlig oder weitgehend; an ihre Stelle treten schlagartig die Bedecktsamer. Nur die Nadelhölzer vermögen sich z. T. noch zu halten. Damit endet das M. Es wird abgelöst von der letzten florengeschichtlichen Epoche, dem → Känophytikum.

mesosaprobe Organismen, → Saprobiensysteme.
mesosaprobe Zone, → Saprobiensysteme.
Mesosaprobität, → Saprobiensysteme.
Mesosom, *Membrankörper, Chondrioid,* Komplex tubulärer Einstülpungen der Plasmamembran grampositiver Bakterien. Elektronentransport wurde in ihnen nachgewiesen; M. sollen Orte besonders intensiver Zellatmung sein. Bei gramnegativen Bakterien kommen mesosomähnliche Strukturen vor. In jüngster Zeit wurden bei einigen Arten grampositiver Bakterien nach Gefrierfixation und -trocknung keine M. festgestellt. Die chemisch fixierten Bakterien der gleichen Arten wiesen dagegen M. auf. Die endgültige Klärung steht noch aus, ob M. real existierende Strukturen mit bestimmter Funktion oder methodenabhängige Artefakte sind.
Mesosoma, der kurze, mittlere Körperabschnitt der Kranzfühler, Hemichordaten und Bartwürmer. Er enthält das paarige Mesozöl und trägt bei den Kranzfühlern und den Hemichordaten die Tentakeln.
Mesotardiagrada, → Bärtierchen.
Mesothel, → Mesoblast.
mesotroph, Bezeichnung für eine Lebensgemeinschaft mittleren Nährstoffangebots und entsprechender Produktivität; zwischen oligotroph und eutroph stehend.
mesotrophe Seen, → Seetypen.
Mesozephalie, *Mittellangschädligkeit,* Schädel mit einem mittleren → Längen-Breiten-Index.
Mesozoa, → Morulatiere.
Mesozoikum [griech. *mesos* 'mitten', *zoon* 'Lebewesen'],

Erdmittelalter, Zeitabschnitt in der Entwicklung der tierischen Lebewesen, der etwa 160 Mill. Jahre (Trias, Jura und Kreide) dauerte. Im M. hatten Belemniten, Mesoammoniten (Ceratiten) und Neoammoniten besondere biostratigraphische Bedeutung. Im jüngeren M. stellen auch einzelne Muschelgruppen wichtige Leitfossilien, z. B. die Rudisten und die Inoceramen. Neu erscheinen im M. die Scleractinien (Hexakorallen) und höheren Krebse (Decapoda). Die Armfüßer waren individuenreich, aber artenarm. In das M. fällt die Entwicklung der großen Reptilien (→ Saurier). Erstmalig treten primitive, kleine Säugetiere auf. Sie waren von großer stammesgeschichtlicher, aber infolge ihrer Seltenheit geringer stratigraphischer Bedeutung. Mit dem Ende des M. starben die Belemniten, Ammoniten, einzelne Muschelfamilien sowie vor allem die zahlreichen Saurier aus, ein Ereignis, das den bezeichnendsten Einschnitt in der gesamten Entwicklungsgeschichte des Lebens darstellt. Die Flora zeigte eine kontinuierliche Fortentwicklung der Nacktsamer. In der Unterkreide erschienen die Bedecktsamer. Erste Laubpflanzen kündigten den Beginn des Känophytikums an.

Mesozöl, → Mesoblast.
Mesquitebaum, → Mimosengewächse.
Meßdatenaufbereitung, → Biometrie.
Messen, → Biometrie.
Messenger-RNS, Abk. *mRNS, Boten-RNS,* entlang der DNS-Sequenz eines → Gens gebildete RNS-Moleküle, deren Nukleotidsequenz komplementär ist zu der des DNS-Stranges, an dem sie synthetisiert wurde. M. der Eukaryoten wird als heterogene *Kern-RNS* bezeichnet, da sie sich in vielen Fällen aus kodierenden und nicht-kodierenden Sequenzen, den Exonen und Introns, zusammensetzt. In einem Aufbereitungsschritt, dem »Processing«, werden die Exonen zur endgültigen mRNS zusammengefügt (gesplisst), die die für die Bildung des Genproduktes notwendige genetische Information des → Operons vom Kern in das Zytoplasma überträgt. Zur Vorbereitung der → Translation wird das mRNS-Molekül im Zytoplasma mit dem Ribosom verbunden (→ Adaptorhypothese).
Messeraalverwandte, *Gymnotoidei,* zu den Karpfenartigen gehörende aal- bis messerklingenförmige Fische der Binnengewässer Mittel- und Südamerikas. Die M. können bei Sauerstoffmangel atmosphärische Luft atmen. Einige Arten haben elektrische Organe. Bekannt ist der bis 2 m lange *Zitteraal, Electrophorus electricus.* Bei Reizung oder bei der Nahrungsjagd setzt er Serien von Einzelentladungen bis zu 600 V frei.
Meßpunkte, → Anthropometrie.
Meßwerte, → Biometrie.
Meßwertserie, → Biometrie.
Met, Abk. für L-Methionin.
Metabolie, bei Tieren die Veränderung der Körperform als Antwort auf äußere Reize (bei bestimmten Protozoen) oder als obligatorischer Bestandteil der Embryonalentwicklung, z. B. der Insekten. → Metamorphose 2).
metabolische Absorption, → Mineralstoffwechsel 1).
Metabolismus, svw. Stoffwechsel.
Metagenese, *Ammenzeugung,* eine Form des homophasischen → Generationswechsels bei vielzelligen Tieren, bei der mindestens 2, oft sehr verschiedengestaltige Generationen abwechselnd auftreten, von denen die eine sich nur ungeschlechtlich, die andere in der Regel nur geschlechtlich vermehrt. Die ungeschlechtliche oder Ammengeneration vermehrt sich vielfach durch Teilung oder Knospung, während die geschlechtliche Generation männliche und weibliche Fortpflanzungszellen bildet. Zum Beispiel werden bei vielen Hohltieren von den Polypen auf ungeschlechtlichem Wege als Ammengeneration Quallen erzeugt, die auf ge-

schlechtlichem Wege wieder Polypen entstehen lassen (→ Strobilation). Auch Salpen pflanzen sich in Form einer M. fort.

Manchmal folgen 2 ungeschlechtliche Generationen aufeinander, bevor wieder eine geschlechtliche Fortpflanzung stattfindet.

Metalimnion, → See.

Metallproteine, Proteine mit komplexgebundenen Metallen, vor allem Eisen, Zink, Mangan und Kupfer, die z. T. lebenswichtige Funktionen ausüben, wie den Metalltransport und die -speicherung. Wichtigste Vertreter sind das eisenhaltige Hämoglobin, das zinkhaltige Insulin, die kupferhaltige Oxidoreduktase, die manganhaltigen Glykolyse- und Proteolyseenzyme sowie das magnesiumhaltige Chlorophyll.

Metamer, → Mesoblast, → Metamerie.

Metamerie, Zusammensetzung des Tierkörpers aus aufeinanderfolgenden Abschnitten oder *Metameren*, die bei *homonomer M.* einander gleichwertig und bei *heteronomer M.* einander ungleichwertig sind. Das erstere gilt als ursprüngliches, das letztere als abgeleitetes Merkmal. Tiere mit homonomer M. sind z. B. die Ringelwürmer, heteronome M. zeigen alle Insekten, bei denen Kopf, Brust und Hinterleib als Metamerengruppen oder Tagmata verschieden gestaltet sind. Die *Heteronomie* ist Ausdruck einer Arbeitsteilung.

Metamorphose, Gestaltwandel, Verwandlung, 1) in der Botanik die im Verlauf der Stammesgeschichte erfolgte Umbildung der typischen pflanzlichen Vegetationsorgane (→ Wurzel, → Sproß, → Blatt) als Ergebnis der Anpassung an Lebensweise und Umweltbedingungen. Charakteristische Beispiele sind die Wandlung des Laubblattes zum Haftorgan (Ranke), Speicherorgan (Zwiebel) oder zum Teil der Blüte. 2) *Metabolie,* in der Zoologie die Entwicklung eines Tieres über ein oder mehrere Larvenstadien, wobei neben dem Größenwachstum noch ein mehr oder weniger starker Formwechsel erfolgt.

Eine M. tritt bei allen Tierstämmen auf, die → Larven besitzen. Stehen die erwachsenen Tiere auf einer höheren Organisationsstufe als die Larven, so spricht man von *fortschreitender M.*, ist die Organisationsstufe der Larven höher als die der Adulten (z. B. bei den freibeweglichen Larven festsitzender oder parasitischer Organismen), dann liegt *rückschreitende M.* vor. Die M. der Insekten ist wohl am bekanntesten. Bei diesen unterscheidet man je nach der Ausbildung der Entwicklungsstadien (Larve, Nymphe, Puppe) verschiedene Metamorphosetypen. I) *Heterometabolie,* häufig auch *Hemimetabolie* im weiteren Sinne (*unvollkommene Verwandlung*), bei der die frischgeschlüpfte Larve äußerlich schon weitgehend dem elterlichen Tier gleicht. Von Häutung zu Häutung entwickeln sich schrittweise die Geschlechtsorgane bis zur vollen Geschlechtsreife und bei geflügelten Tieren auch die Flügelanlagen. Ein Puppenstadium fehlt.

a) *Paläometabolie,* die ursprünglichste Form der M. Die Ähnlichkeit der Larven mit den Vollkerfen ist sehr groß; auch bei den Vollkerfen können noch Häutungen vorkommen. Eine Paläometabolie tritt bei Urinsekten und Eintagsfliegen auf.

b) *Hemimetabolie.* Neben den gleichen Merkmalen, die auch die Imagines haben, treten bei den wasserbewohnenden Larven noch sekundäre Merkmale als Neubildungen auf, z. B. die Tracheenkiemen und die Fangmaske bei den Libellen. Die Hemimetabolie kommt bei Libellen und Steinfliegen vor.

c) *Paurometabolie.* Die landbewohnenden Larven unterscheiden sich von den Vollkerfen nur durch die verschiedene Größenentwicklung der Körperabschnitte, insbesondere des Kopfes, und durch die unterschiedliche Gestaltung der Beine und Fühler. Sekundäre Larvenmerkmale fehlen fast stets. Paurometabolie findet man bei Ohrwürmern, Fangschrecken, Schaben, Termiten, Gespenstheuschrecken, Springheuschrecken, Staubläusen, Tierläusen, Wanzen und bei einigen Gleichflüglern.

d) *Neometabolie,* eine Form der M., die eine starke Annäherung an die Holometabolie zeigt. Neben den flügellosen Larven treten als letztes oder vorletztes, z. T. unbewegliches Larvenstadium die Nymphen bzw. Pronymphen mit Flügelansätzen auf. Die Neometabolie kommt bei Blasenfüßern, Schildläusen und Mottenläusen vor.

II) *Holometabolie (vollkommene Verwandlung)* ist durch das Auftreten eines Puppenstadiums gekennzeichnet, das in den meisten Fällen ein Ruhestadium darstellt und zur Nahrungsaufnahme nicht befähigt ist. Die Puppe vermittelt zwischen der völlig anders gearteten Larve (z. B. Raupe, Made) und dem Vollinsekt (Imago). Zu den holometabolen Insekten gehören Großflügler, Kamelhalsfliegen, Landhafte, Käfer, Hautflügler, Flöhe, Schnabelfliegen, Zweiflügler, Köcherfliegen und Schmetterlinge.

Bei den Ölkäfern und Fächerkäfern tritt außer dem Puppenstadium noch ein ruhendes Larvenstadium auf (*Hypermetamorphose* oder *Hypermetabolie*).

Lit.: J. O. Hüsing: Die M. der Insekten (2. Aufl., Wittenberg 1963); W. Jacobs u. F. Seidel: Systematische Zoologie. Insekten (Jena 1975); O. Pflugfelder: Lehrbuch der Entwicklungsgeschichte und Entwicklungsphysiologie der Tiere (2. Aufl., Jena 1970); H. Weber: Grundriß der Insektenkunde (5. Aufl., Stuttgart 1974).

Metanauplius, → Nauplius.

Metanephridien, svw. Nephridien.

Metaphase, → Meiose, → Mitose.

Metapleuralfalten, → Peribranchialraum.

Metasaprobität, → Saprobiensysteme.

Metasoma, der hinterste und bei weitem längste Körperabschnitt der Kranzfühler, Hemichordaten und Bartwürmer. Er enthält das paarige Metazöl.

Metastasen, → Krebszelle.

metazentrisch, → Chromosomen.

Metazoen, svw. Vielzeller.

Metazöl, → Mesoblast.

Metazonit, → Diplosegment.

Metenzephalon, → Gehirn.

Methämoglobin, → Hämoglobin.

Methamphetamin, *Pervitin®*, ein Weckamin mit starker anregender Wirkung auf das Zentralnervensystem. P. kann durch euphorisierende Wirkung Sucht hervorrufen und zählt deshalb zu den Rauschgiften.

Methanal, svw. Formaldehyd.

Methanbakterien, streng anaerobe, stäbchenförmige oder runde, grampositive oder -negative Bakterien, die unter Energiegewinn Methan bilden. Bestimmte Arten der M. sind autotroph. Das Methan entsteht entweder durch Reduktion von CO_2 unter gleichzeitiger Oxydation von Wasserstoff bzw. Formiat oder durch Vergärung von Azetat oder Methanol. In Mischkulturen mit anderen Mikroorganismen können M. zur Herstellung von Biogas verwendet werden. M. treten im Schlamm von Gewässern und Abwasser auf, *Methanobacterium ruminantium* kommt im Pansen des Rindes vor.

Methanol, Methylalkohol, Karbinol, CH_3OH, der einfachste primäre Alkohol, der in manchen Pflanzen und Gräsern frei, in Form von Estern in ätherischen Ölen und als Methyläther in zahlreichen Pflanzenstoffen vorkommt. Der beim trockenen Erhitzen von Holz entstehende Holzessig enthält bis zu 3% M., der den Metoxygruppen des Lignins entstammt. M. ist eine giftige farblose Flüssigkeit, deren Genuß zu Erblindung und Tod führt.

Methansäure, svw. Ameisensäure.
L-Methionin, Abk. *Met*, $H_3C-S-CH_2-CH_2-CH(NH_2)-COOH$, eine schwefelhaltige, proteinogene, essentielle Aminosäure, deren Synthese aus L-Homoserin, L-Zystein und 5-Methyltetrahydrofolsäure erfolgt. L-M. dient im intermediären Stoffwechsel bei Transmethylierungsreaktionen als Methylgruppenlieferant. L-M. begrenzt die biologische Wertigkeit in vielen Pflanzenproteinen.
Methode der kleinsten Quadrate, → biomathematische Modellierung.
Methylalkohol, svw. Methanol.
Methylmorphin, svw. Kodein.
Methylrotprobe, zur Identifikation von Bakterien verwendete Nachweisreaktion. Bestimmte Bakterien bilden aus Zuckern Säure, die in der Nährlösung durch den Indikator Methylrot angezeigt wird. Die M. dient insbesondere zur Unterscheidung des Kolibakteriums von anderen Bakterien.
Metridium, → Aktinien.
Metula, Zweig eines Sporenträgers bei bestimmten Schlauchpilzen, z. B. *Penicillium*.
Mevalonsäure, eine wichtige Zwischenverbindung bei der Biosynthese der Terpene, Karotinoide, Steroide und des Kautschuks. M. entsteht in der Zelle aus 3 Molekülen Azetyl-Koenzym A und geht durch Phosphorylierung, Dekarboxylierung und Wasserabspaltung über in das »aktive Isopren«, Isopentenylpyrophosphat.

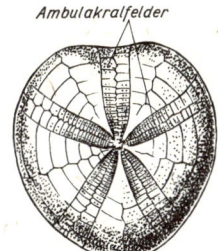

Mexikanische Distel, → Mohngewächse.
Mezkalin, svw. Meskalin.
MH, → Maleinsäurehydrazid.
Michelinoceras, → Orthoceras.
Micraster [griech. mikros 'klein', aster, 'Stern'], Gattung der irregulären Seeigel (*Euechinoidea*) mit herzförmigem bis ovalem Umriß und sternförmig angeordneten 5 Ambulakralfeldern. Apikal verläuft vom Scheitel bis zum Vorderrand eine flache Rinne.

Micraster cortestudinarium; Vergr. 0,5:1

Verbreitung: mit mehreren wichtigen Leitformen von der Oberkreide bis Tertiär.
Microchiroptera, → Fledermäuse.
Microcoryphia, → Felsenspringer.
Microlepidoptera, svw. Kleinschmetterlinge.
Microtinae, → Wühlmäuse.
Miesmuschel, *Mytilus*, 60 bis 80 mm lange blauschwarze, in allen Meeren verbreitete Muscheln mit länglich-dreieckigen Schalen, die mit Byssus an allen festen Unterlagen festgeklebt sind. Die Größe schwankt erheblich nach den Standortbedingungen; so werden sie in der Ostsee mit abnehmendem Salzgehalt von West nach Ost immer kleiner. *Mytilus edulis*, die eßbare M., ist ein begehrtes Nahrungsmittel, sie wird an den europäischen Küsten vielfach auch in Kultur genommen. Die M. an Flußmündungen sind durch Abwässer häufig vergiftet oder durch Krankheitserreger infiziert.
Migration, → Tierwanderungen.
Migrationstheorie, ein Teilgebiet der Populationstheorie, das sich mit der mathematischen Beschreibung der Ausbreitungsvorgänge von Populationen beschäftigt und neben anderen vor allem die ungeordnete Ausbreitung von Individuen statistisch erfaßt. Als Grundlage dienen Beobachtungen an Einzellern und anderen Lebewesen, deren ungeordnete Verteilung sich mit demselben mathematischen Ansatz behandeln läßt wie Diffusionsvorgänge. Die numerische Auswertung der mathematischen Ansätze ist schwierig und erfordert den Einsatz elektronischer Rechner.
Migrationsverhalten, *Wanderverhalten*, gerichteter Ortswechsel über größere Strecken hinweg, meist mit einem vorgegebenen Ziel. Wanderungen werden durch komplexe Ursachengefüge ausgelöst, für sie besteht eine eigene Bereitschaft oder Motivation. Bei *passiven Wanderungen* wird die Wanderbereitschaft über Transportmedien wie Wasser oder Luft verwirklicht, wenn die entsprechenden Voraussetzungen der Strömungsstärke und -richtung gegeben sind. *Aktive Wanderungen* erfolgen mittels Eigenbewegung des Tierkörpers, je nach Tierart laufend, fliegend oder schwimmend. *Saisonwanderer* sind Arten, die in einer bestimmten Jahreszeit ihre Ursprungsgebiete verlassen. In einer anderen Jahreszeit kehren sie oder ihre Nachkommen (bei manchen Insekten oder Fischen) in diese Gebiete zurück. Der Vogelzug ist eine typische Saisonwanderung. Es gibt *aperiodische Wanderungen*, die einseitig gerichtet sind und bei manchen Arten eine Erscheinung der Populationsdynamik darstellen (z. B. Lemmingwanderungen, Wanderheuschrecken). *Binnenwanderer 1. Ordnung* vollziehen innerhalb ihres Verbreitungsgebietes Wanderungen, *Binnenwanderer 2. Ordnung* können bei solchen Wanderungen diese Grenzen überschreiten und in neuen Gebieten ansässig werden, unabhängig davon, ob die Nachkommen dort weiter bestehen können. Das Wanderverhalten ist durch verschiedene Besonderheiten gekennzeichnet; sie betreffen die Orientierungsleistungen, die Fortbewegungsart, das Gruppenverhalten, das Aufsuchen von »Rastplätzen« und das Verhalten an diesen, die Nahrungsaufnahme, die Aktivitätsrhythmik und andere Umweltansprüche und ihre Umsetzung. Dabei gibt es viele artliche Besonderheiten, die erst teilweise bekannt sind.
Migroelemente, → Florenelement.
mikroaerophil, am besten wachsend bei einer Sauerstoffkonzentration, die geringer ist als die der Luft. M. Mikroorganismen benötigen im Gegensatz zu den anaeroben den Sauerstoff. Die Knöllchenbakterien z. B. sind m. Organismen.
Mikroanalyse, Methode zur quantitativen Messung von Elementen im Raster- oder Transmissionselektronenmikroskop. Bei der Wechselwirkung von Elektronen mit Materie werden Röntgenstrahlen emittiert, die in ihrer Wellenlänge und ihrer Energie charakteristisch sind für das Element, von dem sie ausgesandt werden. In der *wellenlängendispersiven* M. wird das Gemisch von Röntgenstrahlen durch spezielle Kristalle getrennt. Die bei bestimmten Wellenlängen auftretenden Peaks können den entsprechenden Elementen zugeordnet werden. Bei der *energiedispersiven* M. werden die Röntgenstrahlen durch einen Halbleiterdetektor entsprechend ihrer Energie getrennt und in einem Vielkanalanalysator gespeichert. Die dort können die Daten nach einer mathematischen Bearbeitung und Korrektur in einem angeschlossenen Rechner über Bildschirm, Schreiber oder Drucker abgerufen werden. Wellenlängendispersive M. und energiedispersive M. werden nebeneinander oder gemein-

Mikroarthropoden

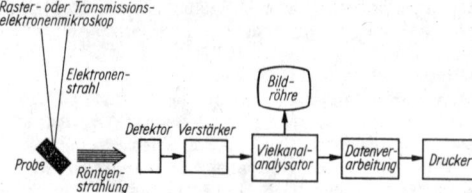

energiedispersive Mikroanalyse, schematisch

sam an Raster- oder Transmissionselektronenmikroskopen betrieben. Sie gestatten Aussagen über die Konzentration von Elementen in Geweben, Zellen und Zellorganellen.

Mikroarthropoden, svw. Kleinarthropoden.

Mikroben, svw. Mikroorganismen.

Mikrobengenetik, *mikrobielle Genetik,* Zweig der Genetik, der sich mit den Vererbungsvorgängen bei Mikroorganismen, insbesondere bei Bakterien, Viren einschließlich Bakteriophagen und Pilzen beschäftigt. Mikroorganismen zeigen höheren Lebewesen verwandte Erscheinungen im Vererbungsgeschehen, sie enthalten wie diese DNS, ihre genetische Substanz besitzt die Fähigkeit zur Autoreduplikation, sie sind kreuzbar und rekombinieren, enthalten das genetische Material in linearer Anordnung und können spontan oder induziert mutieren. Bei Vererbungsversuchen von Vorteil sind die rasche Vermehrung, die leichte Kultivierbarkeit auf kleinem Raum unter gut kontrollierbaren Bedingungen und der relativ unkomplizierte Aufbau der Mikroorganismen.

Besonders geeignet sind die Bakteriophagen, die Bakterien befallenden Viren. Als Erbsubstanz enthalten sie entweder wie die höheren Lebewesen DNS oder RNS.

Geschichtliches. Die ersten Versuche, niedere Lebewesen für genetische Studien zu verwenden, wurden mit Pilzen in den USA kurz vor dem zweiten Weltkrieg gemacht. Bakterien dagegen galten lange Zeit als ungeeignet für die Lösung genetischer Fragen. Erst nach Entdeckung des Erbfaktorenaustausches bei *Escherichia coli* K 12 durch Lederberg und Tatum 1947 und dem Nachweis von Mutationen durch Braun und Kaplan im gleichen Jahr gewannen die Bakterien als Versuchsobjekte in der Genetik schnell an Bedeutung.

Mikrobiologie (Tafeln 16 und 17), die Wissenschaft von den Mikroorganismen und Viren. Die Objekte der M. sind gekennzeichnet durch ihre geringe Größe, ihre Struktur, ihre unermeßliche Anzahl an Individuen, ihre allgemeine Verbreitung und ihre besondere Stellung im Stoffumsatz der Natur. Die M. bedient sich, vor allem durch die Kleinheit ihrer Objekte bedingt, besonderer Arbeitsmethoden, um die Mikroorganismen und Viren zu isolieren, zu unterscheiden und zu untersuchen. Solche sind z. B. das Anlegen und Halten von Kulturen in Nährlösungen oder auf Nährböden, das Färben, mikroskopische und elektronenmikroskopische Untersuchungen, serologische Techniken. Da Mikroorganismen praktisch überall vorkommen, muß mikrobiologisches Arbeiten immer unter sterilen Bedingungen erfolgen, so daß die Methoden der Sterilisation für die M. von besonderer Bedeutung sind.

Nach den verschiedenen Organismengruppen gliedert sich die M. in *Virologie* (Viren), → *Bakteriologie* (Bakterien), → *Mykologie* (Pilze), *Algologie* (Algen) und *Protozoologie* (Urtierchen). Die Algologie ist zugleich ein Zweig der Botanik und entsprechend die Protozoologie ein Zweig der Zoologie.

Die allgemeine M. befaßt sich mit grundsätzlichen Problemen der Morphologie und Zytologie, der Physiologie, Genetik, Biochemie, Systematik und Taxonomie, der Phylogenie und Ökologie der Mikroorganismen. Zur angewandten M. gehören folgende Gebiete: 1) Die *medizinische M.* beschäftigt sich mit krankheitserregenden Mikroorganismen und Viren. Sie untersucht deren Eigenschaften, ihre Wirkung auf den Menschen, die Nachweismethoden und die Möglichkeiten zur Bekämpfung der Krankheitserreger. 2) Die *veterinärmedizinische M.* hat viele Gemeinsamkeiten mit der medizinischen M. Sie erforscht die Krankheitserreger der Tiere, insbesondere der Haustiere, 3) Die Aufgaben der → *technischen M.* liegen vor allem auf produktivem Gebiet. 4) Die *landwirtschaftliche M.* umfaßt die Lehre von den im Boden lebenden Mikroorganismen (→ Bodenmikrobiologie) und von den an Pflanzen vorkommenden Krankheitserregern (→ Phytopathologie). Weiterhin untersucht sie z. B. die Anwendung von Mikroorganismen bei der Silageherstellung.

Die Anfänge der M. reichen zurück bis zur Erfindung des Mikroskops im 17. Jh. Als selbständiges Wissenschaftsgebiet bildete sie sich Mitte des 19. bis Anfang des 20. Jh. durch das Wirken L. Pasteurs, R. Kochs und anderer Forscher heraus. In dieser Zeit wurden wesentliche mikrobiologische Methoden eingeführt (Nährbodentechnik, Reinkultur, Färben für die mikroskopische Untersuchung, Sterilisation), physiologische Zusammenhänge in den Grundzügen erkannt (Gärung, Anaerobiose, Symbiose, Stickstoffbindung) und die Erreger verschiedener Infektionskrankheiten entdeckt (Lepra, Milzbrand, Malaria, Tuberkulose, Cholera u. a.) sowie erste Erfolge bei deren Bekämpfung erzielt (aktive und passive Immunisierung, Chemotherapie). Wichtige Schritte in der folgenden Entwicklung der M. waren z. B. die Entdeckung der Viren und Antibiotika, die Einführung der Elektronenmikroskopie, die grundlegenden Erkenntnisse über den Zellstoffwechsel und insbesondere auf dem Gebiet der Molekulargenetik.

Lit.: W. Köhler u. H. Mochmann: Grundriß der Medizinischen M. (5. Aufl. Jena 1980); H.-G. Schlegel: Allgemeine M. (4. Aufl. Stuttgart 1976); Schröder: Mikrobiologisches Praktikum (Berlin 1977).

mikrobizid, svw. germizid.

Mikroelektroden, mit Salzlösung gefüllte Glaskapillare zur Ableitung elektrischer Potentialdifferenzen an einzelnen Zellen. M. erreichen Spitzendurchmesser bis zu 0,1 μm und können somit ohne wesentliche Schäden mit Hilfe von Mikromanipulatoren in Zellen eingeführt werden. Mit Hilfe einer Bezugselektrode wird dann das Membranpotential über einen Spannungsmesser mit hochohmigem Innenwiderstand registriert.

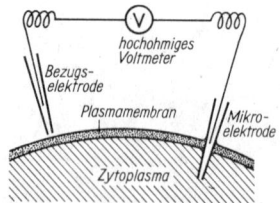

Meßprinzip des Membranpotentials mit Mikroelektroden

Mikroevolution, *intraspezifische Evolution,* evolutionäre Veränderungen innerhalb des Artrahmens bis zur Artbildung durch die bekannten Evolutionsfaktoren. Die M. läßt sich in gewissem Umfang beobachten und ist dem genetischen Experiment zugänglich. Sie bildet auch die Grundlage für das Entstehen der höheren systematischen Einheiten der Organismenwelt.

Gegensatz: → Makroevolution.

Mikrofauna, → Bodenorganismen.

Mikrofibrillen, → Zellwand.

Mikrofilamente, → Aktin, → Mikrotubuli.

Mikrogamet, → Fortpflanzung.

β-Mikroglobulin, kleinstes bekanntes Plasmaprotein mit einer Molekülmasse von 11 820.

Mikrokapsel, → Kapsel 2).

Mikroklima, → Klima.

Mikrokokken, im weiteren Sinne Bezeichnung für eine Familie kugelförmiger, unregelmäßig oder paketförmig angeordneter, unbeweglicher, grampositiver Bakterien. Zu ihnen gehören z. B. die → Staphylokokken und die Gattung *Micrococcus,* die M. im engeren Sinne. Letztere sind aerob, bis 3,5 μm groß und im Boden und Süßwasser verbreitet.

Mikromanipulator, Gerät, das chirurgische Eingriffe an der lebenden Zelle unter mikroskopischer Kontrolle erlaubt. Der M. besteht aus einem leistungsstarken Lichtmikroskop und zwei seitlichen justierbaren Stativen, die die Arbeitswerkzeuge (Nadeln, Haken, Injektionsspritzen, Elektroden) tragen. Die Bewegung der Werkzeuge erfolgt durch Feintriebe ähnlich wie beim Mikroskop. Mit Hilfe eines M. können Zellen geteilt, Kerne entfernt und implantiert und mit Mikroelektroden Potentiale abgeleitet werden.

Mikromeren, → Mesoblast.

Mikronährelemente, → Pflanzennährelemente.

Mikronukleus, → Zellkern.

Mikroorganismen, *Mikroben, Kleinlebewesen,* die kleinsten, gewöhnlich nur mit dem Mikroskop sichtbaren und meist einzelligen Lebewesen. Nach ihrer Zellstruktur lassen sich die M. in zwei große Gruppen unterteilen: Die ***eukaryotischen M.*** sind Organismen mit einem Zellaufbau, der prinzipiell dem von Pflanzen und Tieren gleicht; hierher gehören Algen, Pilze und Urtierchen. Die ***prokaryotischen M.*** (→ Prokaryoten) sind die Bakterien und die Blaualgen. Die Viren haben keine zelluläre Struktur und sind insofern keine M.

M. sind in der Natur weit verbreitet. Sie kommen im Boden, im Wasser, in der Luft und in oder auf anderen Organismen vor. Bezüglich ihres Stoffwechsels sind die M. durch außerordentlich vielfältige physiologische Leistungen gekennzeichnet. Die meisten M. leben *heterotroph* als Saprophyten von abgestorbenen organischen Materialien, andere M. ernähren sich **autotroph** durch CO_2-Assimilation, und zwar die Algen, Blaualgen und einige Bakterien unter Verwendung von Lichtenergie (→ Photosynthese), während manche Bakterien dafür Energie aus der Oxidation anorganischer Verbindungen nutzen (→ Chemosynthese). Verschiedene M. können *anaerob,* d. h. unter Sauerstoffabschluß, leben, indem sie → Gärungen oder eine anaerobe Atmung durchführen (→ Anaerobier). Bedeutsam ist die Fähigkeit vieler M., molekularen Stickstoff zu binden. Die M. spielen eine sehr wichtige Rolle im Stoffkreislauf der Natur, indem sie organische Materie zu anorganischen Verbindungen abbauen (→ Mineralisation), die anderen Organismen wieder als Nährstoffe dienen.

Durch den Menschen werden Leistungen der M. in zunehmendem Maße ausgenutzt (→ technische Mikrobiologie). Andererseits sind parasitische M. die Erreger zahlreicher Infektionskrankheiten bei Mensch, Tier und Pflanze, und andere M. können Schäden an Nahrungsmitteln und Materialien verursachen.

Die M. sind Gegenstand der → Mikrobiologie.

Lit.: → Mikrobiologie.

Mikrophotographie, Methode zur Dokumentation mikroskopischer Präparate. Über entsprechende Adapter können Kleinbildkameras oder spezielle Ansetzkameras auch größerer Negativformate fest mit dem Mikroskop verbunden werden. Anstelle der Okulare werden speziell korrigierte *Projektive* verwendet. Die Abbildungsfehler der Mikroskopobjekte sollten korrigiert sein (*Planachromate* oder *Planapochromate*). Für die Messung der Belichtungszeit werden entsprechende Geräte von den Mikroskopherstellern geliefert. Die Auswahl des Filmmaterials richtet sich nach den Aufnahmebedingungen. Im allgemeinen wird hart arbeitender, feinstkörniger Film verwendet. Für die Erhöhung des Kontrastes bestimmter Farben können Filter im Beleuchtungsstrahlengang verwendet werden. So kann z. B. rot durch ein Grünfilter verstärkt werden. Die Auswahl von Farbmaterial richtet sich nach der Farbtemperatur der verwendeten Beleuchtungseinrichtung.

Mikropyle, → Blüte, Abschnitt Samenanlage, → Befruchtung, → Ei, → Samen.

Mikroskop, optisches Gerät zur Vergrößerung kleiner Objekte. Das Prinzip mikroskopischer Abbildung besteht in einer Vergrößerung des Sehwinkels. Dadurch erhöht sich das → Auflösungsvermögen, das durch die Wellenlänge des Lichtes begrenzt ist und für das Lichtmikroskop etwa 0,2 μm beträgt.

Das M. gliedert sich in das Stativ und die Optik. Das Stativ dient der mechanischen Verbindung der einzelnen Teile des M. und trägt Beleuchtungsapparat, Objekttisch, Objektiv, Tubus mit Okular und die mechanischen Vorrichtungen zum Bewegen und Fokussieren des Präparates.

Der *Beleuchtungsapparat* besteht aus einer justierbaren Lichtquelle, Kollektor, Blenden und Kondensor. Geräte ohne eingebaute Leuchte besitzen außerdem einen beweglichen Spiegel. Als Lichtquellen dienen Niedervoltlampen, Halogenlampen und für besondere Zwecke Quecksilber-Höchstdrucklampen und Xenonlampen. Der *Kollektor,* der aus einer Linse und einer Blende (Leuchtfeldblende) besteht, dient dazu, die Lichtquelle scharf auf der Kondensorblende abzubilden (Köhlersche Beleuchtung). Auf diese Weise wird das Objekt von parallelen Bündeln durchstrahlt, die Lichtquelle liegt für das Objekt scheinbar im Unendlichen und Inhomogenitäten der Lichtquelle machen sich nicht bemerkbar.

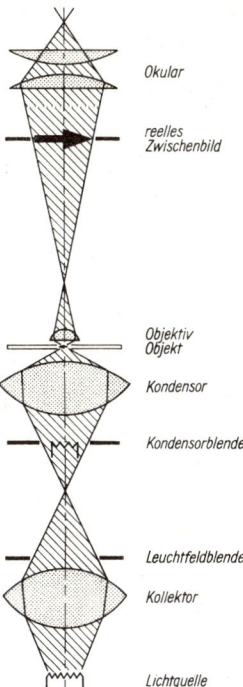

Strahlengang im Lichtmikroskop, schematisch

mikroskopische Meßmethoden

Der *Objekttisch* dient zur Aufnahme und Bewegung des Objektes. In der Routinemikroskopie werden Kreuztische mit Noniuseinteilung benutzt, mit denen bestimmte Präparatestellen schnell wiedergefunden werden können. Für Spezialzwecke gibt es drehbare und heizbare Objekttische. Im modernen M. werden die Präparate in Kassetten untergebracht und bewegt, was die Fokussierung bei wechselnder Objektträgerdicke erspart.

Das *Objektiv* erzeugt ein reelles, vergrößertes und umgekehrtes Bild in der unteren Brennebene des Okulars. Es ist entscheidend für die Auflösung eines M. Alle Abbildungsfehler des Objektives wirken sich auf Qualität des Bildes aus. Für unterschiedliche Anwendungszwecke werden verschieden korrigierte Objektivtypen gebaut. Achromate sind Objektive für die visuelle Beobachtung, die für den gelbgrünen Bereich des Spektrums korrigiert sind. Apochromate sind für blau, grün und rot korrigiert, sie eignen sich für Mikrophotographie mit panchromatischem Film und Farbfilm. Für höchste Ansprüche in der Mikrophotographie gibt es Planobjektive, bei denen die Bildfeldwölbung korrigiert ist.

Das *Okular* dient bei visueller Beobachtung als Lupe zum Betrachten des vom Objektiv entworfenen Zwischenbildes. In der Mikrophotographie wirkt es als Projektiv, das vom Zwischenbild ein vergrößertes, umgekehrtes, reelles Bild auf den Film projiziert.

mikroskopische Meßmethoden, Verfahren zur Messung und Zählung in licht- und elektronenmikroskopischen Präparaten. Längenmessungen können direkt im Lichtmikroskop mit einem geeichten *Okularmikrometer* vorgenommen werden. Okularmikrometer sind Glasplättchen mit Skaleneinteilung, die in der Ebene der Sehfeldblende des Okulars angebracht werden und daher gleichzeitig mit dem Bild scharf erscheinen. Zur Eichung werden Skalen bekannter Länge, die *Objektmikrometer,* benutzt, die mit dem Okularmikrometer zur Deckung gebracht werden. Die absolute Länge des Okularmikrometers läßt sich so am Objektmikrometer bestimmen. Mit diesem geeichten Okularmikrometer lassen sich mikroskopische Strukturen direkt ausmessen.

Flächenmessungen können an Mikrophotographien planimetrisch durchgeführt werden. Wenn die Kontrastunterschiede der zu bestimmenden Flächen groß genug sind, können elektronisch registrierende Geräte verwendet werden, die durch Abrastern der Photos mit einer Fernsehkamera oder direkt im Rasterelektronenmikroskop Flächenmessungen sehr rasch und genau ermöglichen.

Zählungen, z. B. von Blutkörperchen, werden in Zählkammern mit bekanntem Volumen direkt unter dem Mikroskop vorgenommen. Bei der Zählung von Partikeln in Schnitten bekannter Dicke ist die Berechnung der Partikelanzahl je Zelle oder je mm^3 Gewebe möglich.

Die *Morphometrie* ermöglicht die Erfassung und Berechnung einer Reihe von Parametern, die zur quantitativen Beschreibung einer Zelle notwendig sind, wie z. B. Anteil einzelner Organellen am Gesamtvolumen der Zelle, Anzahl der Organellen, Länge von Membranen, Größe der Membranoberfläche u. a. Dieses statistische Verfahren beruht auf Trefferzählung an einfachen Linien- oder Punktgittern.

mikroskopische Präparate, tierische und pflanzliche Objekte, die für lichtmikroskopische Untersuchungen vorbereitet worden sind. Für den kurzzeitigen Gebrauch lassen sich von vielen Organen, Geweben oder Einzelzellen *Frischpräparate* herstellen. Werden die Objekte fixiert, eingebettet und gefärbt, erhält man *Dauerpräparate,* an denen Untersuchungen nach Jahren noch möglich sind. Von flüssigen Geweben, z. B. Blut, lassen sich durch dünnes Ausstreichen auf einem Objektträger *Ausstriche* herstellen, die bei Bedarf auch fixiert und gefärbt werden können. Manche Gewebe lassen sich durch leichten Druck auf das Deckglas oder Vorbehandlung mit mazerierenden Lösungen zu *Quetschpräparaten* verarbeiten, während von faserigen Objekten durch Zerrupfen *Zupfpräparate* hergestellt werden können. Kompakte Objekte können nach Zerstörung des Zellinhaltes durch *Aufhellen* mikroskopiert werden.

mikroskopisches Zeichnen, zeichnerische Wiedergabe mikroskopischer Bilder. Das m. Z. ist durch die Mikrophotographie stark in den Hintergrund getreten, hat aber in der Ausbildung und für spezielle Aufgaben noch Bedeutung. Die Zeichnung hat gegenüber dem Mikrophoto den Vorteil, daß Wesentliches von Unwesentlichem getrennt werden kann.

Das m. Z. kann ohne Hilfsmittel geschehen, indem mit dem linken Auge das mikroskopische Bild beobachtet und mit dem rechten Auge die Zeichnung kontrolliert wird. Maßstabsgetreue Zeichnungen erhält man mit dem *Projektionszeichenspiegel,* der über dem Okular befestigt das Bild auf die Unterlage projiziert. Das projizierte Bild ist seitenverkehrt. Durch den Einbau von Prismen, z. B. im *Abbeschen Zeichenapparat,* kann dieser Nachteil beseitigt werden.

Mikrosomenfraktion, → endoplasmatisches Retikulum, → Membran.

Mikrospektrophotometrie, Methode zur quantitativen Bestimmung von Nukleinsäuren, Proteinen, Chlorophyll, Hämoglobin u. a. in einzelnen Zellen oder Zellorganellen durch mikroskopische Spektroskopie. Die M. beruht auf der konzentrationsabhängigen Absorption der zu messenden Substanz. Verbindungen, die keine spezifischen Absorptionsmaxima enthalten, werden durch chemische Reaktionen in meist farbige Verbindungen umgewandelt, die dann gemessen werden können. Die M. gestattet Rückschlüsse auf die quantitative chemische Zusammensetzung von Zellen oder Zellorganellen.

Mikrosporangium, ein Sporangium, in dem → Mikrosporen entstehen. Bei Blütenpflanzen entspricht der Pollensack einem M.

Mikrospore, die kleinere der beiden von den heterosporen Farnen gebildeten Sporenformen. Sie liefert bei der Keimung den männlichen Gametophyten. Bei Samenpflanzen entspricht das Pollenkorn einer M.

Mikrosporogenese, die Pollenbildung in den Pollensäcken (*Mikrosporangien*) der Bedecktsamer. Im Archespor der beiden Pollensäcke einer Anthere führen wiederholte Teilungen der Archesporzellen zur Bildung eines sporogenen Gewebes, dessen Zellen sich unter Isolierung und Abrundung in *Pollenmutterzellen* verwandeln (Abb.). Aus diesen entstehen durch Meiose und anschließende Wandbildung je 4 Pollenkörner (Meiosporen) mit haploiden Kernen. Bleiben diese aneinander haften, spricht man von *Pollentetraden.* In der Regel lösen sie sich jedoch voneinander, und es

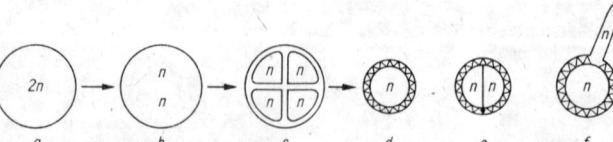

Schema der Mikrosporogenese: *a* diploide Pollenmutterzelle, *b* erste meiotische Teilung, *c* zweite meiotische Teilung, *d* Pollen, *e* erste Pollenkornmitose, *f* keimendes Pollenkorn mit dem vegetativen Kern und den beiden generativen Kernen

entstehen einzelne Pollenkörner. In jedem Pollenkorn läuft dann eine *Pollenkornmitose* ab, die zur Entstehung einer kleinen haploiden generativen und einer großen haploiden vegetativen Zelle (*Pollenschlauchzelle*) Anlaß gibt. Die generative Zelle teilt sich in zwei männliche Gameten, von denen in der Regel einer die Eizelle befruchtet und der andere zusammen mit dem diploiden sekundären Embryosackkern Anlaß zur Bildung des meist triploiden Endospermgewebes wird. → Makrosporogenese.

Mikrotom, Gerät zur Herstellung dünner Schnitte von eingebettetem Material für die Licht- und Elektronenmikroskopie. Je nach Konstruktion unterscheidet man *Schlittenmikrotome, Mikrotome nach Minot, Hebelmikrotome* und *Radialschnittmikrotome.* Bei diesen Geräten wird das Objekt an einem feststehenden Stahlmesser vorbeigeführt, wobei bei jedem Zyklus ein Schnitt in der vorgewählten Schnittdicke entsteht. Die Schnitte werden als Schnittbänder vom Messer abgenommen. Je nach Einbettung und Härte des Gewebes werden Messer mit unterschiedlicher Schliffart verwendet. Von paraffineingebettetem Gewebe können auf diese Weise Schnitte von 5 bis 20 μm Dicke erreicht werden, wesentlich dünnere Schnitte (0,5 bis 2 μm) erhält man von in Kunstharz eingebettetem Gewebe. Die meisten M. sind mit Gefriertischen und Einrichtungen zum Kühlen der Messer ausgestattet, so daß Gefrierschnitte angefertigt werden können. Für die Elektronenmikroskopie sind noch wesentlich dünnere Schnitte – 50 bis 70 nm – notwendig. Diese erhält man von in Epoxidharz oder in Polyester eingebettetem Material mit *Ultramikrotomen* und Glas- oder Diamantmessern. Bei diesen M. steht das Messer fest, und das Objekt wird am Messer vorbeibewegt. Die Geräte sind mit einem thermischen oder mechanischen Vorschub ausgerüstet. Mit speziellen Zusatzeinrichtungen sind auch Gefrierschnitte möglich.

Mikrotubuli, röhrenförmige, nur elektronenmikroskopisch sichtbare Strukturelemente aller eukaryotischen Zellen, die vorwiegend aus dem Protein Tubulin bestehen und besonders beim Aufbau eines *Zytoskeletts* sowie bei intrazellulären Bewegungsvorgängen beteiligt sind.

Die Struktur der M. konnte erst 1963 durch Slautterback, Ledbeter und Porter nach Anwendung von Glutaraldehyd als Fixationsmittel aufgeklärt werden. Seitdem sind M. als Bau- und Funktionselemente des → Spindelapparates, der → Zilien und Geißeln, des → Zytoskeletts und anderer Zellstrukturen Gegenstand intensiver Forschung. M. haben einen Außendurchmesser von etwa 25 nm. Ihre Länge ist verschieden, da M. nicht limitierte Quartärstrukturen des Proteins *Tubulin* sind, d. h., unterschiedlich viele Tubulin-Untereinheiten bauen die M. nach dem Baukastenprinzip auf. Es können Untereinheiten hinzugefügt oder abgebaut werden (Polymerisation bzw. Depolymerisation). Die Untereinheiten haben durch bestimmte Struktur- und Ladungsmuster an ihrer Oberfläche die Tendenz, sich zusammenzufügen (Selbstorganisation, selfassembly). Bei der Aneinanderlagerung wirken jedoch auch bestimmte Proteine mit. Untereinheiten der M. sind Doppelpartikeln, dimere Einheiten mit Molekülmassen 100000 bis 120000, die aus je 2 globulären Tubulineinheiten (α- und β-Tubulin) bestehen (Abb.). Sie lagern sich spiralig (helical) so aneinander, daß die Mikrotubuluswand meist aus 13 *Protofilamenten* aufgebaut wird. α- und β-Tubulin unterscheiden sich unter anderem in der Aminosäurezusammensetzung und durch unterschiedliche seitliche Bindungen.

In den Zellen existiert ein Vorrat an Tubulindimeren. Dieser ›pool‹ steht im Gleichgewicht mit polymerisiertem Tubulin. Eine Ausnahme bildet das Tubulin der Zilien und Geißeln, das nur in polymerisierter Form vorliegt. Durch GTP und D_2O wird das Gleichgewicht in Richtung Polyme-

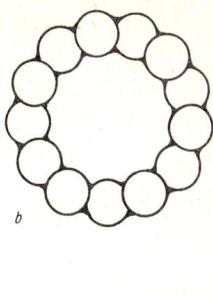
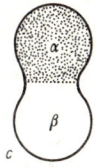

a Aufbau der Mikrotubuluswand aus Tubulin-Doppelpartikeln, *b* Mikrotubulus quer, *c* Tubulin-Doppelpartikel bestehend aus je einer α- und β-Tubulineinheit

risation verschoben, dagegen durch Kolchizin, niedrige Temperatur, Ca^{++} und erhöhten hydrostatischen Druck in Richtung Depolymerisation.

M. binden Kolchizin, ein → Mitosegift, und zerfallen dabei in die dimeren Untereinheiten, auch die M. des Spindelapparates. Dadurch wird die Verteilung der Chromatiden auf die Tochterzellen unterbunden. Da M. hinsichtlich ihrer Länge, Anzahl und Verteilung während des Zellzyklus variieren, wird die Existenz von Mechanismen vermutet, die den Beginn der Mikrotubulibildung, die Polymerisation und Depolymerisation regulieren. Die Polymerisation kann in vitro biochemisch und elektronenmikroskopisch verfolgt werden. Dabei wurden auch Mikrotubulizwischenstufen (z. B. Ringe) beobachtet. Die verschiedenen Proteine, die die M. umhüllen und sie dadurch stabilisieren, haben sich als Faktoren bzw. Signale für den Beginn der Polymerisation und für die Verlängerung von M. erwiesen. Diese Proteine werden als *MAP-Proteine* (*m*icrotubule-*a*ssociated-*p*rotein) zusammengefaßt. Durch Zugabe von MAP wird unter anderem das Gleichgewicht in Richtung Polymerisation verschoben. Weitere mit den M. verbundene Proteine sind die *Dyneine.* Sie übertragen Energie bei Bewegungen. Ferner dient das aus Zilien und Geißeln isolierte *Nexin* dem Zusammenhalt der M. untereinander sowie der Ausbildung der Strukturen von Zilien und Geißeln. Durch immunfluoreszenzmikroskopische Untersuchungen wurde festgestellt, daß M. in tierischen Zellen während der Interphase fein verteilt im Zytoplasma vorliegen, die meisten in Zellkernnähe. Zu Beginn der Mitose konzentrieren sie sich zwischen den Spindelpolen und bilden den Spindelapparat aus. Im übrigen Zytoplasma sind in dieser Phase keine M. vorhanden.

Funktionen der M. M. dienen der Versteifung von Plasmapartien, z. B. liegen sie parallel und dichtgepackt in den Axopodien der Heliozoen. In wandlosen, von der Kugelform abweichenden Zellen wirken M. wesentlich bei der Ausbildung eines Zytoskeletts mit, das die Zellform aufrechterhält, z. B. bei Blutplättchen (Thrombozyten), Erythrozyten, Fibrozyten. Kolchizingabe bzw. Kälteeinwirkung oder hoher Druck bzw. hohe Kalziumkonzentration führen durch Depolymerisation der M. zur Abkugelung dieser Zellen und zum Einziehen der Axopodien der Heliozoen. Einige Zeit nach Wiederherstellung normaler Bedingungen und Polymerisation der Mikrotubulidimere zu neuen M. erlangen die Zellen ihre typischen Formen wieder, und die Axopodien der Heliozoen werden wieder ausgestreckt. M. beeinflussen anscheinend die Formbildung der Zellen nicht direkt, aber sie folgen den Formen der Zellen und stützen sie. Durch immunfluoreszenzmikroskopische Untersuchungen unter Verwendung monospezifischer Antikörper gegen Tubulin konnte z. B. bei Fibroblasten die Ausbildung des zytoplasmatischen Netzwerkes der M. verfolgt werden: Während der Anheftung an eine Unterlage sind M. in der Zellkernumgebung massiert und beginnen, sich nach der Zellperipherie hin auszubreiten. Später konzentrieren sie sich in senkrecht zur Plasmamembran angeordneten Strängen. Wenn die Zelle ihre endgültige Form angenommen hat, ist im gesamten Zytoplasma ein Netzwerk von M. ausgebildet. M. sind – der Zellform folgend – z. T. gebogen, erstrecken sich in die meisten Zellfortsätze hinein und stützen sie offensichtlich. Bei den durch eine Zellwand gestützten Pflanzenzellen ist die Plasmamatrix häufig im Sol-Zustand. M. sind bei ihnen in der Interphase an der Innenseite der Plasmamembran konzentriert. Bei Beginn der Prophase der Mitose sammeln sie sich als ›Präprophaseband‹ im Äquatorialbereich der Zelle und bilden anschließend den Spindelapparat. In der späten Telophase sind M. im Bereich des → Phragmoplasten an der Zellplattenbildung beteiligt.

M. sind selbst nicht kontraktil, sie sind jedoch indirekt an intrazellulären Bewegungsprozessen beteiligt, z. B. bei der Zilien- und Geißelbewegung, beim Transport von Stoffen in Axonen und Dendriten (→ Neuron), bei der Verlagerung von Chromatiden bzw. Chromosomen während der Mitose und Meiose, beim Transport von Vesikeln und Granula in verschiedenen Zellen und von Melaningranula in Pigmentzellen. Die M. dienen bei den Bewegungsabläufen als Widerlager für das kontraktile System (z. B. das zentrale Paar der M. in Zilien und Geißeln) oder als eine Art Leitbahnen zur Festlegung der Bewegungsrichtung für Vesikel- und Granula-Verlagerungen und auch als kraftübertragende Elemente (Chromosomenbewegungen). M. werden in Neuronen als *Neurotubuli* bezeichnet. Vermutlich sind sie für den schnellen Transport (10^2 bis 10^3 mm je Tag) von Stoffen im Axon und in den Dendriten verantwortlich, die *Mikrofilamente* dagegen für den langsamen Transport (einige mm je Tag). In sich entwickelnden Neuriten beträgt der Anteil von Tubulin am Gesamtzellprotein 10 bis 20%.

Mikrovilli, *Mikrozotten,* dünne, fingerförmige Ausstülpungen mancher tierischer und menschlicher Zellen, die die Zelloberfläche wesentlich vergrößern. M. (Durchmesser etwa 100 nm) sind z. B. an leistungsfähigen Resorptionsorten ausgebildet (Epithelzellen von Dünndarm, Gallenblase, Hauptstück der Harnkanälchen). Die Größe der resorbierenden Oberfläche bestimmt die Substanzmenge, die je Zeiteinheit aufgenommen wird. Die Dünndarmepithelzelle enthält je mm² etwa 50 Mill. der nur elektronenmikroskopisch genau erkennbaren M. (Tafel 21). Im Lichtmikroskop erscheint der Mikrovillibesatz als *Stäbchen-* oder *Bürstensaum.* Die durch M. erreichte Oberflächenvergrößerung beträgt beim Dünndarmepithel bis etwa das 50fache. Die M. können, z. B. beim Dünndarmepithel, Bündel von längs verlaufenden Aktinfilamenten und Myosin-Oligomere enthalten. Die Aktinfilamente werden vermutlich unter Beteiligung des α-Aktinins an der Plasmamembran der M. verankert. Die kontraktilen Proteine dienen vermutlich der Formveränderung der M. und auch ihrer Stabilisierung. Im Innern der M. sind Enzyme vorhanden, z. B. Lipase und Esterase. An die Mikrovillimembran gebundene Enzyme sind z. B. Maltase und Laktase. Die Plasmamembran der M. weist eine besonders dicke Glykokalyx auf. In ihr sind ebenfalls unter anderem Verdauungsenzyme nachzuweisen. An der Mikrovillibasis werden meist einzelne Mikropinozytosevesikel beobachtet.

Auch bei anderen Zellen, z. B. bei Leber-, Ependym- und Eizellen, auch bei Sinneszellen verschiedener Tiere sind M. ausgebildet. M. spielen nicht nur bei der Resorption von Stoffen eine Rolle, sondern auch z. B. bei den Wechselbeziehungen zwischen Zellen und bei der Herstellung von Zellkontakten: Benachbart liegende, zunächst abgerundete Leberzellen in Zellkultur verzahnen sich an den Berührungsstellen durch M. Die M. verschwinden, sobald der Zellkontakt vollständig ist. Eine Agglutination von Zellen untereinander wird durch Vorhandensein zahlreicher M. gefördert und führt zur Verflechtung benachbarter Zellen. An der Zellfusion sind M. wesentlich beteiligt: Die virusbehandelten Zellen weisen zahlreiche M. auf. Bei Berührung zweier oder mehrerer Zellen verschmelzen die Mikrovillispitzen. Die Fusion dehnt sich schließlich auf den gesamten Membranbereich der Fusionspartner aus. M. vergrößern auch die Membranflächen von Photorezeptorzellen verschiedener wirbelloser Tiere. Dadurch wird die Einlagerung großer Mengen membrangebundener Sehfarbstoffe erreicht und damit eine Steigerung der Empfindlichkeit der Rezeptoren. Die mit ihren Achsenrichtungen zueinander senkrecht stehenden M. in den Photorezeptorzellen des Tintenfisches *Octopus* sind die Grundlage für die Fähigkeit, die Polarisationsrichtung des Lichts wahrzunehmen.

Viele Krebszellen haben in der Regel mehr M. als vergleichbare Normalzellen.

Mikrozirkulation, die Durchblutung des Kapillarsystems. In der Skelettmuskulatur (Abb.) verzweigen sich Arteriolen zu Metarteriolen, aber sie besitzen über Anastomosen auch eine direkte Querverbindung zu den Venolen. Metarteriolen gehen teils in Venolen über, teils splittern sie sich in Kapillaren auf. Arteriolen, Metarteriolen und Venolen haben in ihrer Wand eine geschlossene Muskelschicht, während die Kapillaren nur am Anfangsteil einen Ringmuskel, den Präkapillarsphinkter, besitzen. Stets münden sowohl Metarteriolen als auch Kapillaren in die Venolen.

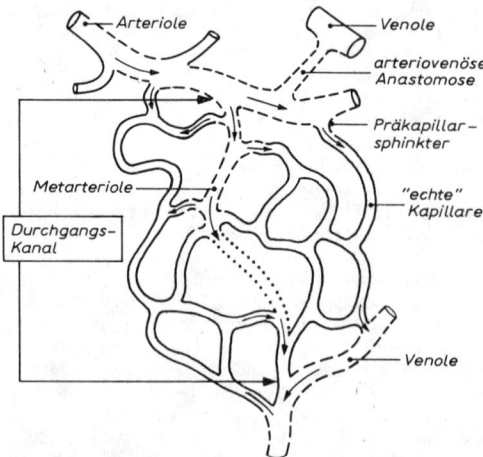

Gefäßstrukturen im Dienst der Mikrozirkulation

Gewöhnlich fließt das Blut über die Arteriolen und Kapillaren in die Venolen. Ziehen sich die Ringmuskeln der Kapillaren zusammen, strömt das Blut über die Metarteriolen in die Venolen. Werden selbst die Metarteriolen versperrt, gelangt das Blut über die Anastomosen direkt von den Arteriolen in die Venolen.

Die Steuerprozesse der M. sind klar getrennt: An den Arteriolen stellen sympathische Nervenfasern die Gefäßweite ein; die Ringmuskeln der Kapillaren werden von Stoffwechselprodukten betätigt. So kommt es, daß bei Muskelarbeit 20- bis 50mal mehr Kapillaren geöffnet werden als bei Muskelruhe.

Am arteriellen Beginn einer Kapillare herrscht ein Blutdruck von rund 4 kPa, am venösen Ende von annähernd 2 kPa. Der kolloidosmotische Druck hingegen beträgt im Blut etwa 3,3 kPa und im Gewebe 0,3 kPa. Am Beginn der Kapillare sorgt der Blutdruck für eine Filtration von Gewebsflüssigkeit, an ihrem Ende resorbiert der kolloidosmotische Druck sie wieder zurück. Im Filtrat werden Sauerstoff und Nahrungsstoffe gelöst und zu den Organzellen transportiert. Dort nimmt die interstitielle Flüssigkeit Stoffwechselprodukte auf, schafft sie zu den Kapillaren, wo sie wieder vom Blut resorbiert werden.

Mikrozotten, svw. Mikrovilli.

Miktion, die Harnentleerung. Aus den Sammelrohren der Niere gelangt der Harn in die Ureteren (Harnleiter). An deren Anfangsteil befindet sich eine Schrittmacherzone, die peristaltische Ureterkontraktionen entstehen läßt. Dehnung der Schrittmacherzellen durch anströmenden Harn beschleunigt die Kontraktionsfolge. Unter Drucksteigerung wird der Urin in die Harnblase gespritzt.

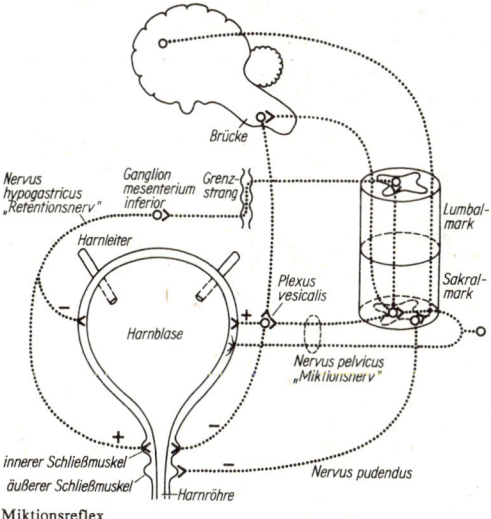

Miktionsreflex

Die M. ist ein Reflex (Abb.). Dehnungsrezeptoren in der Blasenwand erregen sensible Fasern des Nervus pelvicus. Im Sakralmark werden die Erregungen auf motorische Fasern des gleichen Nerven umgeschaltet und gelangen zum Plexus vesicalis. Von dort ziehen einige Fasern zum inneren Sphinkter (Ringmuskel) und heben dessen Tonus auf; andere gelangen zur Blasenwand und steigern deren Spannung. Dadurch wird die Blase entleert. Nervenfasern aus dem Lumbalmark ziehen zum Ganglion mesentericum inferior und von dort über den Nervus hypogastricus zur Blasenwand sowie zum inneren Sphinkter. Der Nervus hypogastricus senkt den Tonus der Blasenwand und erhöht die Spannung des inneren Sphinkters. Auf diese Weise wird er als Retentions- oder Verhaltensnerv zum Gegenspieler des Nervus pelvicus, des eigentlichen Miktionsnervens. Der äußere, quergestreifte Blasensphinkter wird vom Nervus pudendus innerviert. Von zentralnervösen Bahnen gesteuert, ermöglicht er die willkürliche M.

MIK-Werte, *m*aximal zulässige *I*mmissions*k*onzentrationen, maximal zulässige Konzentration von Schadstoffen in der Luft. Die M. unterliegen für zahlreiche Substanzen gesetzlichen Regelungen, die den höchsten Anforderungen der Weltgesundheitsorganisation an die Luftgüte entsprechen.

Milane, → Habichtartige.

Milben, *Acari,* eine Ordnung der zu den Gliederfüßern gehörenden Spinnentiere. Die Tiere sind meist nur wenige Millimeter lang mit einer von den übrigen Spinnentieren sehr abweichenden Körpergliederung. Die vier Paar Laufbeine des Prosomas teilen sich zu je zwei in eine vordere und eine hintere Gruppe. Die Segmente der beiden hinteren Paare verschmelzen mit dem sehr stark verkürzten Hinterleib zu dem Hysterosoma. Die beiden vorderen Paare bilden zusammen mit den Cheliceren und Pedipalpen das auch von anderen Spinnentieren her bekannte Proterosoma, das hier allerdings wieder in einen vorderen Teil mit den Mundwerkzeugen (*Gnathosoma*) und einen hinteren Teil mit den beiden Laufbeinen (*Propodosoma*) zerfällt. Die Cheliceren enden meist in Scheren, sind aber oft auch zu nadelförmigen Stechorganen umgebildet. Die Pedipalpen sind bei räuberischen Formen groß, sonst meist kleiner als die Laufbeine. Ganz selten fehlen die beiden hintersten Laufbeine.

Die Begattung kann auf sehr unterschiedliche Weise erfolgen. Bei manchen Arten führen die Männchen dem Weibchen einen Penis in die Geschlechtsöffnung ein, bei anderen wird erst eine speziell abgewandelte Gliedmaße (Chelizere oder Laufbein) mit Sperma gefüllt und dann dem Weibchen eingeführt. Schließlich setzen manche Männchen eine Spermatophore auf den Boden ab, die dann von der weiblichen Genitalöffnung aufgeschnappt wird. Oftmals kitten sich die Männchen während der Begattung mit Hilfe von Sekreten am Weibchen an oder halten sich mit Saugnäpfen an diesem fest.

Die postembryonale Entwicklung verläuft über vier Stadien, die als Larve, Protonymphe, Deutonymphe und Tritonymphe bezeichnet werden. Das eine oder andere Nymphenstadium kann übersprungen werden. Die Larven haben stets nur drei Beinpaare.

Es sind bisher rund 10000 Arten bekannt, die in den verschiedensten Lebensräumen vorkommen: vom Erdboden bis in die Baumwipfel, in Nestern von Insekten, Vögeln und Säugern, in Gebäuden und Vorratslagern, im Süßwasser und im Meer. Viele Arten leben parasitisch an Tieren und Pflanzen und können dabei durch ihre Fraß- und Saugfähigkeit z. T. großen Schaden anrichten und außerdem gefährliche Krankheiten übertragen.

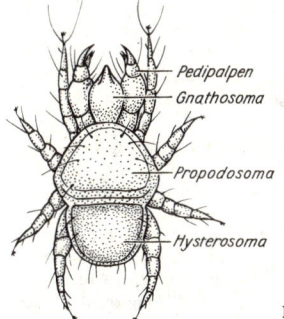

Raubmilbe

Wichtige Formen sind Zecken, Hornmilben, Spinnmilben, Wassermilben, Krätzmilben, Gallmilben und Mehlmilben.

Milchbrustgang, → Lymphgefäßsystem.

Milchdrüsen, *Mammae, Mammaorgane,* nur bei Säuge-

Milchgebiß

tierweibchen vollentwickelte Hautdrüsen, deren Produkt der Ernährung der Jungtiere dient. Bei den Kloakentieren münden die Drüsen auf einem *Milchfeld* auf der Bauchseite, bei Beuteltieren in den Beutel aus; Beuteltiere und plazentale Säuger besitzen stets *Zitzen* oder *Brustwarzen* (Mammilae). Bei höheren Säugetieren schwankt die Zahl der M. zwischen 2 und über 20. Ihre Lage ist unterschiedlich; sie sind bruststängig bei Affen, Fledermäusen und Elefanten, leistenständig bei Wiederkäuern und bei Walen. In zwei Reihen angeordnete M., die sich von der Brust- bis in die Leistengegend erstrecken, finden sich bei Insektenfressern, Nagetieren, Raubtieren und beim Schwein.

Die Gesamtheit der Zitzen wird als *Gesäuge,* bei den Wiederkäuern als *Euter* bezeichnet. Bei einigen Säugetieren und beim Menschen ist die Brustwarze von einem pigmentierten Hof umgeben.

Milchgebiß, → Dentition.
Milchlinge, → Ständerpilze.
Milchproteine, in der Milch vorkommende, leicht lösliche Proteine aus der Gruppe der → Kaseine und Molkenproteine. Wichtigste Vertreter sind α-, β- und κ-Kasein, Laktoglobulin und -ferrin sowie α-Laktalbumin.
Milchröhren, → Ausscheidungsgewebe.
Milchsäure, CH_3—CHOH—COOH, eine aliphatische Hydroxykarbonsäure (→ Karbonsäuren), die in der rechtsdrehenden L-Form, der linksdrehenden D-Form und als optisch inaktives Razemat (DL-Form) auftreten kann. M. stellt eine wasserklare, sirupartige Flüssigkeit dar, in reinstem Zustand ist die Verbindung kristallin. Die gewöhnliche, optisch inaktive *Gärungsmilchsäure* entsteht unter dem Einfluß von Milchsäurebakterien aus Kohlenhydraten, z. B. aus Laktose, Glukose oder auch Stärke. Sie findet sich in vielen durch Gärung sauer gewordenen Stoffen, z. B. in Gärfutter (Silage), saurer Milch, Sauerkraut, sauren Gurken. Magensäure enthält ebenfalls M. Im arbeitenden Muskel entsteht die rechtsdrehende *Fleischmilchsäure* als wichtiges Endprodukt der Glykolyse beim anaeroben Abbau der Kohlenhydrate. M. wird unter anderem in der Nahrungs- und Genußmittelindustrie, in der Gerb- und Textilindustrie verwendet.

Milchsäurebakterien, Bakterien, die aus Milchzucker und anderen Kohlenhydraten Milchsäure bilden (Milchsäuregärung, → Gärung). M. sind in der Natur weit verbreitet und kommen vor allem auf Pflanzen oder abgestorbenen Pflanzenteilen vor. Einige Arten sind häufig auf Schleimhäuten und im Darmkanal von Mensch und Tier zu finden, andere siedeln sich gern auf und in Lebensmitteln an. Die M. gehören verschiedenen systematischen Gruppen an. Es kommen sowohl Stäbchen als auch Kugelbakterien vor. Alle M. sind grampositiv und bilden keine Sporen. Physiologisch werden die M. in zwei Gruppen eingeteilt: die **homofermentativen M.,** z. B. → Streptokokken und → Laktobazillen, bilden überwiegend Milchsäure, die **heterofermentativen M.,** z. B. *Leuconostoc* und → Bifidusbakterien, bilden außer Milchsäure auch andere organische Verbindungen.

Verschiedene M. haben wirtschaftliche Bedeutung für die Produktion von Milchsäure und die Herstellung von Milchprodukten, z. B. Joghurt, Kumiss, Quark, Käse und Butter, wo sie meist als Starterkulturen eingesetzt werden. Die Wirkung des Sauerteiges ist auf die darin enthaltenen M. zurückzuführen. Unter ihrer Beteiligung werden auch Sauerkraut und anderes Sauergemüse hergestellt. In der Landwirtschaft sind die M. wichtig für die Erzeugung und Konservierung von → Silage.

Milchschimmel, → Unvollständige Pilze.
Milchzucker, svw. Laktose.
Milieu, svw. Umwelt.
Millepora, → Feuerkorallen.
Millionenfisch, svw. Guppy.
Milu, svw. Davidshirsch.
Milz, *Lien, Splen,* in Magennähe liegendes, gefäßreiches Organ der Wirbeltiere. Bei Rundmäulern den Darm netzartig umschließendes Gewebe, bei den übrigen Wirbeltieren ein in das Blutgefäßsystem eingeschaltetes selbständiges Organ. Im Innern unterscheidet man zwischen *weißer Pulpa,* d. s. mit weißen Blutkörperchen ausgefüllte Bezirke, und *roter Pulpa,* die ihren Namen von der Anhäufung roter Blutkörperchen erhalten hat. Funktionell ist die M. eine wichtige Bildungsstätte für Blutzellen. Während beim Embryo und bei den Nichtsäugern sowohl rote als auch weiße Blutkörperchen gebildet werden, dient die M. bei den Säugern als Produktionsstätte von Lymphozyten. Außerdem baut sie überalterte rote Blutkörperchen ab. Die M. dient auch als Speicher für rote Blutkörperchen, die bei Bedarf in die Blutbahn abgegeben werden.

Milzbrandbazillus, *Bacillus anthracis,* der Erreger des Milzbrandes (Anthrax). Der M. ist ein sporen- und kapselbildender, unbeweglicher, bis 5 μm langer, stäbchenförmiger Bazillus. Seine Sporen können im Boden jahrzehntelang überleben. Robert Koch, der Entdecker dieses Bakteriums, erbrachte mit dem M. zum ersten Mal den Beweis, daß Bakterien Ursache einer Krankheit sein können.

Mimese, → Schutzanpassungen.
Mimik, Signalverhalten auf der Grundlage der Muskelsysteme der Kopf-Hals-Region (bei Säugetieren). Dieses Signalsystem leitet sich aus den Gebrauchsfunktionen der entsprechenden Muskulatur ab: a) Bewegungen im orofaszialen Bereich mit der elementaren Funktion des Kauens, *Mastikationsbewegung* genannt. Dazu gehören auch die Zungen- und Lippenbewegungen. b) Bewegungen der Augenregion, ursprünglich als Schutz der Augen oder zur Unterstützung der Sehfunktionen. c) Bewegungen in der Ohrregion, vor allem des äußeren Ohrs zur Schallortung, d) im Stirn-Scheitelbereich, wahrscheinlich ursprünglich als Parasitenabwehr, e) Kopfbewegungen, Spannungsänderungen in der Hals- und Nackenregion. In unterschiedlicher Weise haben sich daraus mimische *Ausdrucksbewegungen* als Sekundärfunktionen entwickelt, bei Primaten durch zusätzliche Muskeldifferenzierungen gefördert, beim Menschen durch den »Lachmuskel« erweitert. Eine besondere Bedeutung hat die M. als »parakustisches« (beim Menschen paralinguistisches) Element erhalten. Die zur Lautgebung erforderlichen Bewegungsverläufe erhielten zusätzlichen visuellen Signalwert. Das ist eine Tertiärfunktion, da die Lautgebung selbst bereits abgeleitet ist.

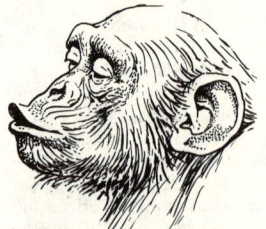

Mimik des sozialen Kontaktes beim Schimpansen (nach Wolf)

Mimikry, → Schutzanpassungen.
mimische Muskulatur, svw. Gesichtsmuskeln.
Mimosengewächse, *Mimosaceae,* eine Familie der Zweikeimblättrigen Pflanzen mit etwa 2000 Arten, die überwiegend in den Tropen und Subtropen vorkommen. Es sind holzige oder krautige Pflanzen mit meist doppelt und paarig gefiederten Blättern mit Nebenblättern und kleinen, regelmäßigen, meist 4zähligen Blüten, deren Staubfäden oft auffällig gefärbt und zu köpfchenförmigen oder ährigen

Blütenständen vereint sind. Die Bestäubung der Blüten erfolgt durch Insekten oder Vögel; der oberständige Fruchtknoten entwickelt sich zu einer Hülse.

Artenreichste Gattung der Familie ist **Akazie**, *Acacia*, deren Vertreter besonders zahlreich in Australien und Südafrika als Savannenbäume vorkommen. Die australischen Arten haben Phyllodien (→ Blatt). Viele Akazien sind mit hohlen Dornen bewaffnet, in denen Ameisen leben können. Einige Arten, besonders die nordafrikanische *Acacia senegal*, liefern Gummiarabikum, südasiatische Arten Katechu, ein Färbe- und Gerbemittel.

Sinnpflanze
(*Mimosa pudica*)

Reizbare Blätter hat die **Mimose** oder **Sinnpflanze**, *Mimosa pudica*, die heute in den gesamten Tropen, meist als Ruderalpflanze, vorkommt. Der in tropischen und subtropischen Gebieten beheimatete **Mesquite-** oder **Algarrobobaum**, *Prosopis juliflorae*, liefert sehr hartes Nutzholz und eßbare, vor allem von den Indianern vielfältig verwendete Früchte.

Mineralisation, vollständiger Abbau toter organischer Substanzen zu anorganischen Stoffen (→ Dekomposition).

Mineralisierung, → Stickstoff.

Mineralokortikoide, eine Gruppe von Nebennierenrindenhormonen mit Steroidstruktur und stark ausgeprägter Wirkung auf den Mineralsalzhaushalt des Organismus (mineralotrope Wirkung). Die M. steuern insbesondere die Retention von Natrium- und Kaliumionen sowie die Wasser- und Kaliumausscheidung. Unter den Nebennierenrindenhormonen weist → Aldosteron die höchste mineralotrope Aktivität auf, ein weiteres M. ist → Kortexon.

Mineralsalze, → Pflanzennährelemente.

Mineralsalzernährung, svw. Mineralstoffwechsel.

Mineralstaukultur, → Wasserkultur.

Mineralstoffe, → Pflanzennährelemente.

Mineralstoffwechsel, *Mineralsalzernährung*, 1) bei **Pflanzen** die Aufnahme, Leitung und Verarbeitung der als Makronährstoffe oder Mikronährstoffe benötigten Mineralstoffe. Die einzelnen Nährstoffe werden von den Pflanzenwurzeln vorwiegend als Ionen – Schwermetalle möglicherweise als Chelatmoleküle – aus dem Boden aufgenommen. Im Gesamtvorgang der *Ionenaufnahme* lassen sich einige grundsätzlich wichtige Erscheinungen feststellen: 1) Es findet eine mit Energieaufwand verbundene Ionenanreicherung (*Akkumulation*) statt. Die meisten Ionen liegen im Zellsaft in höherer Konzentration als in der Nährlösung vor. 2) Die Pflanze besitzt ein Wahlvermögen (*Elektion*); d. h., die Akkumulation betrifft nicht alle Ionen gleichmäßig, sondern es kann sogar zwischen chemisch nahe verwandten Ionen, wie K^+ und Na^+, eine gewisse Auswahl getroffen werden. Jedoch geht das Wahlvermögen nicht so weit, daß die für den Stoffwechsel nicht erforderlichen Ionen gänzlich ausgeschlossen werden können. 3) Aus der Tagesrhythmik der Ionenaufnahme – sie erfolgt besonders während der Lichtperiode – u. a. physiologischen Phänomenen lassen sich enge Beziehungen zur gesamten Stoffwechselintensität der Pflanzen ableiten.

Beim eigentlichen Aufnahmeprozeß (*Nährstoffaufnahme*) unterscheidet man 2 Phasen: 1) das reversible, nicht energiebedürftige, nicht selektive Eindringen und die Anhäufung der Ionen im →»Freien Raum« der Wurzel. Dieser umfaßt vor allem die Interfibrillar- und Intermizellarräume der Zellwände von Wurzelhaaren, der Rhizodermis und der Wurzelrinde. In ihnen können sich die Ionen durch Diffusion, entsprechend dem elektro-chemischen Potential der Zellwände (s. u.) und besonders von dem die Zellwände durchziehenden Transpirationsstrom mitgerissen, bewegen. Durch die Einlagerung von Lignin und fettartigen Substanzen in den Endodermiszellen (→ Casparyscher Streifen) werden sie jedoch gezwungen, vor dem Eintritt in den Zentralzylinder der Wurzel in das Zellinnere, den Symplasten, überzutreten. Die Zellwandoberfläche des »Freien Raumes« wie auch das an die Zellwand angrenzende Plasmalemma sind mit indiffusiblen Anionen besetzt, z. B. von Karboxylgruppen der Polygalakturonsäuren (Pektinsäuren) sowie der Proteine und von Phosphatgruppen der Phosphatide. Diese indiffusiblen Anionen bewirken an einzelnen Stellen ein elektrisches Kraftfeld, das sich auf die *Ionenverteilung* auswirkt: Kationen werden in dieses Kraftfeld hineingezogen und Anionen herausgedrängt. Es liegt dann eine *Donnan-Verteilung* vor. Wegen des Überwiegens anionischer Ladungsträger im »Freien Raum« werden durch Adsorption vorwiegend Kationen erfaßt. Da die negativen Ladungen durch adsorbierte Ionen besetzt sind, spielt die *Austauschadsorption* eine große Rolle, d. h., die im Überschuß vorhandenen Ionen verdrängen andere aus ihrer adsorptiven Bindung. So verliert z. B. eine in Ca^{2+}-Lösung gehaltene Wurzel das adsorbierte Ca^{2+}, wenn sie in K^+-Lösung übertragen wird. Die Wurzel verhält sich also wie ein Ionenaustauscher. Donnan-Verteilung und Austauschadsorption spielen bei der Ionenaufnahme in das Zytoplasma allerdings kaum eine Rolle. Sie stellen eher eine Sackgasse der Ionenaufnahme dar. Demgegenüber ist die Austauschadsorption, bei der an Kolloide des Erdbodens adsorbierte Kationen durch von der Wurzel abgegebene Ionen, besonders H^+-Ionen, aus dem Sorptionskomplex des Bodens herausgelöst und somit für die Pflanze verfügbar werden, von erheblicher Bedeutung.

2) Die zweite, irreversible Phase der Ionenaufnahme wird oft als *metabolische Absorption* oder *Akkumulation* bezeichnet. Sie führt auch durch das Plasmalemma ins Zytoplasma, in dem die Nährstoffe in weit höherer Konzentration als in der Bodenlösung und im »Freien Raum« vorliegen. Die dementsprechend erforderliche Konzentrationsarbeit ist energiebedürftig. Die Energie stammt aus der Atmung. Einsetzende Ionenaufnahme ist dementsprechend stets von einer Atmungssteigerung begleitet, der *Salzatmung*. Die Energie ist erforderlich, um Carrier-Systeme zu betreiben, die die Ionen durch das weniger durchlässige Plasmalemma »pumpen«. Der Carrier-Transport erklärt die Selektivität der Ionenaufnahme sowie die Konkurrenz (Kompetition) bei der Aufnahme chemisch ähnlicher Ionen, z. B. von K^+ und Rb^+. Da Carrier-Systeme nur für Nährstoffionen existieren, werden diese oder ihnen chemisch ähnliche Ionen bevorzugt aufgenommen. Die übri-

gen Ionen können, wenn sie in Bodenlösung in hoher Konzentration vorliegen, entsprechend dem Konzentrationsgefälle passiv eindringen. Aus diesem Grunde kann die Pflanze kein in hoher Konzentration vorliegendes Ion vollständig von der Aufnahme ausschließen. Das Selektionsvermögen ist dementsprechend begrenzt.

Für den Übertritt der Ionen aus dem »Freien Raum« in das Zytoplasma, also aus dem Apoplasten in den Symplasten, gibt es keine bevorzugten Stellen. Das Plasmalemma aller Zellen der Wurzelrinde vollzieht mit Carrier-Systemen die metabolische Absorption. Aber auch die Tonoplastenmembran ist reichlich mit Carriern besetzt, die den Ionentransport in die Vakuole ermöglichen. Dieser ebenfalls energiebedürftige Vorgang ist eher eine Sackgasse des Ionentransports. Diese wird allerdings oft für eine Zwischenspeicherung genutzt.

Nach ihrer Aufnahme in das Zytoplasma werden verschiedene Ionen in mehr oder weniger großem Umfang rasch im Stoffwechsel umgesetzt. Beispielsweise werden NH_4^+-, NO_3^-- und SO_4^{2-}-Ionen für den Aufbau von Aminosäuren, PO_4^{3-} von ATP, Ca^{2+} von Phytin oder Fe^{2+} von Porphyrinen genutzt. Die umgesetzten Ionen scheiden aus dem Konzentrationsgefälle aus, was sicherlich auch den Carrier-Transport stimuliert.

Der sich anschließende *symplastische Transport von Nährsalzen* oder deren Metabolisierungsprodukten von Zelle zu Zelle verläuft in erster Linie durch die Plasmodesmen und Tüpfel. Er erfolgt mit einer Geschwindigkeit von 1 bis 6 cm/Std. schneller als die Diffusion. Er ist offenbar, besonders für anorganische Ionen, nicht energiebedürftig. Die Transportmechanismen sind noch unklar. Diffusionsvorgänge sind beteiligt. Daneben spielen auch Konvektionsvorgänge eine Rolle. Diese sind offensichtlich nicht auf die Protoplasmaströmung angewiesen, denn deren Stillstand bringt sie nicht zum Erliegen. Es liegt nahe, daß das endoplasmatische Retikulum und möglicherweise Mikrotubuli an diesen unbekannten submikroskopischen Rühreffekten beteiligt sind. Ebenfalls unbekannt ist der Mechanismus der Ionensekretion aus dem Symplasten in die Gefäße. Es wird erwogen, daß hieran die gleichen Carrier-Systeme beteiligt sind, die die Aufnahme der Ionen aus dem Apoplasten in den Symplasten bewirken, nur daß die Transportrichtung umgekehrt ist.

Weiteres über den Transport von Nährsalzen → Stofftransport.

2) bei Tier und Mensch die Mechanismen, die der Aufnahme, dem Transport, der Wirkung und der Ausscheidung von Mineralstoffen dienen. Die *Mineralstoffe* gelangen aus dem Darm in gelöster Form ins Blut und im Körper in verschiedener Weise wirksam: 1) als Bestandteile des Blutes und der anderen Körperflüssigkeiten, 2) zum Aufbau der Knochen und Zähne, 3) für die Aufrechterhaltung eines bestimmten osmotischen Druckes in den Zellen, 4) zur Entstehung elektrischer Potentiale an jeder Zelle, 5) sie stehen in enger Beziehung zum Wasserhaushalt und Säure-Basen-Gleichgewicht des Tierkörpers, 6) sie sind für den Baustoffwechsel und den Eiweiß- sowie Glykogenumsatz von besonderer Bedeutung. Der M. bei Tier und Mensch wird durch Hormone, insbesondere das Parathormon der Epithelkörperchen und die Kortikosteroide der Nebennierenrinde, reguliert. Die Mineralstoffe werden durch Niere und Dickdarm wieder ausgeschieden. Im Gegensatz zu den organischen Stoffen verlassen sie den Tierkörper in den gleichen chemischen Zusammensetzung, wie sie aufgenommen wurden, und müssen dem Körper in entsprechender Menge und richtigem Verhältnis immer erneut mit der Nahrung zugeführt werden. Wichtig dabei ist das Verhältnis von Kalzium zu Phosphor, das von Kalium zu Natrium sowie das Säure-Basen-Verhältnis. *Mineralstoffmangel* über längere Zeit führt bei Tier und Mensch zu schweren Schädigungen, völliger Entzug der Mineralstoffe hat den baldigen Tod des Organismus zur Folge.

Die einzelnen Nährsalzionen haben im tierischen Körper ganz bestimmte Aufgaben zu erfüllen. Ihrer Wichtigkeit nach kann man die Mineralstoffe in zwei Gruppen einteilen: 1) solche, die als Bausteine von Bedeutung sind und im tierischen Organismus stets in größeren Mengen vorgefunden werden, 2) solche, die nur in Spuren vorkommen und als Katalysatoren wirken. Zur ersten Gruppe gehören Natrium, Kalium, Kalzium, Magnesium, Phosphor, Schwefel, Chlor. Die zweite Gruppe umfaßt Iod, Fluor, Brom, Kupfer, Mangan, Eisen, Kobalt, Zink, Silizium. Sie sind keine Energieträger und haben im Körper die Funktion von Schutzstoffen.

Natrium und Kalium sind im Blut und in den Körperflüssigkeiten als Chloride, Sulfate, Phosphate und Karbonate enthalten und physiologisch für die Erregbarkeit von Muskeln und Nerven sowie die Regulierung des osmotischen Drucks im Körper von Bedeutung. Von der Bindungsform hängt die Geschwindigkeit ihrer Resorption ab; Chloride z. B. werden schnell aufgenommen, Sulfate dagegen diffundieren nur langsam. Natrium ist vorwiegend in den Körperflüssigkeiten enthalten, Kalium hauptsächlich in den Zellen. Kalzium und Magnesium, insbesondere ihre Phosphate, spielen beim Aufbau der Knochen eine wesentliche Rolle. Einen sehr hohen Magnesiumgehalt haben Gehirn und Muskeln. Knochen und Blut enthalten dagegen mehr Kalzium, das zudem in der Herz-, Skelett- und Eingeweidemuskulatur für die »Ankopplung« der Kontraktion an die Erregung sorgt. Der größte Teil des Kaliums ist im Skelett enthalten. Phosphor findet sich als Kalzium- und Magnesiumphosphat in den Knochen, als Alkaliphosphat in Blut, in den Körperflüssigkeiten und den Muskeln. In organischer Form kommt Phosphor in den Nukleoproteiden, den Phosphoproteiden und den Phosphatiden vor. Schwefel ist in fast allen Eiweißkörpern enthalten, besonders in Form einiger Aminosäuren. Haare sowie alle Horngebilde sind schwefelreich. Von den Halogenen haben Chlor und Iod die größte Bedeutung. Chlor ist Bestandteil der Salzsäure des Magens. Reich an Chlor ist auch die Haut; Natriumchlorid und Kaliumchlorid sind in Lymphe, Harn und Schweiß enthalten. Iod ist in Schilddrüsenhormonen, im Blut und in allen Körperflüssigkeiten enthalten. Fluor findet sich in organischer Bindung in Muskeln, Nerven u. a. In anorganischer Form ist es ein normaler Bestandteil von Knochen und Zähnen.

Von den Spurenelementen sind für die tierische Ernährung besonders Kupfer, Eisen, Kobalt und Zink wichtig. *Kupfer* findet man im Organismus besonders reichlich in der Leber. Auch im Blut, in verschiedenen Sekreten und im Gehirn ist es enthalten. Mit Eisen und Mangan zusammen ist es an der Bildung des Hämoglobins beteiligt. *Mangan* kommt außerdem im Blut, in der Galle, im Harn und in Haaren und Knochen vor. *Eisen* spielt als Baustein des roten Blutfarbstoffs und als Atmungsferment eine wichtige Rolle im Stoffwechsel. Gespeichert wird es in der Leber und der Milz. *Kobalt* ist für die Tätigkeit der Pansenbakterien notwendig. *Zink* ist im Pankreas in größeren Mengen vorhanden. *Silizium* ist in Form der Kieselsäure in der Haut und ihren Anhangsgebilden sowie im Blut, im Pankreas, in der Milch und den Eiern, ferner auch im Skelett mancher Tiere, z. B. der Radiolarien und Schwämme, enthalten.

Minierer, Tiere, die sich im Substrat fressend-bohrend fortbewegen, also dem Bewegungstyp der Bohrgräber (→ Bewegung) angehören. Sie nehmen dabei gleichzeitig Nahrung auf.

M. sind meist phytophage Tiere (→ Ernährungsweisen), die in Pflanzenteilen bohren und fressen. Zu ihnen gehören wichtige Schädlinge der Land- und Forstwirtschaft. Die gefressenen Hohlräume werden als *Minen* bezeichnet, wobei man langgestreckte Gangminen und flächenförmige Platzminen unterscheidet.

Als *Blattminierer* sind z. B. die Larven der Rübenfliege, als *Stengelminierer* die Larven des Kohltriebrüßlers oder der Halmwespe, als *Frucht-* und *Samenminierer* die Larven des Apfelwicklers, der Apfelsägewespe und die Larven der Samenkäfer zu nennen. Bisweilen sind die M. gleichzeitig Gallenerzeuger.

Kirschblatt mit zwei Gangminen der Apfelblattminiermotte

Auch in Bast und Holz treten M. auf: Borkenkäfer und ihre Larven, die Larven des Hausbocks und der Holzwespen.

Auch parasitische Fliegenlarven, die in der Haut von Säugetieren leben (Hautmaulwurf), leben als M.

Lit.: Hering: Blattminen (Leipzig 1953).

Miniersackmotten, → Schmetterlinge.

Minimalareal, kleinste, den Pflanzen- bzw. Tierbestand eines Gebietes im wesentlichen repräsentierende Fläche. Das M. einer Art gibt die kleinste Flächen- oder Raumgröße an, in der diese Art konstant angetroffen wird (*Konstanz-Minimalareal*). Die kleinste Flächen- oder Raumgröße, von der die charakteristische Artenkombination des Gesamtbestandes noch repräsentiert wird (*Konstanten-Minimalareal*), wird durch die *Arten-Areal-Kurve* beschrieben. Diese erhält man aus der Relation der in gleichgroßen Parallelproben enthaltenen Artenzahl zur Anzahl der Proben. In einem genügend großen homogenen Bestand nähert sich die Arten-Areal-Kurve asymptotisch einem Grenzwert (Abb.).

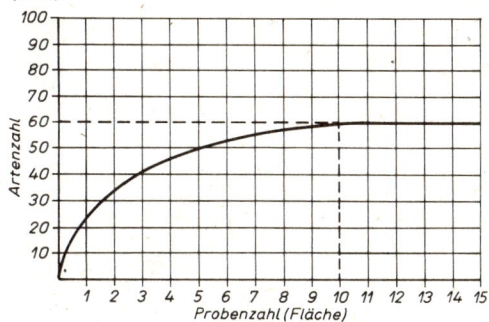

Arten-Areal-Kurve. Um genügend sichere Aussagen über die Zusammensetzung des untersuchten Tier- oder Pflanzenbestandes machen zu können, muß die minimale Probenzahl (bzw. das Minimalareal) ermittelt und der Untersuchung zugrunde gelegt werden. Im obigen Beispiel würde die im Untersuchungsgebiet nachgewiesene Artenzahl (60 Arten) erst mit mindestens 10 Proben erreicht werden können

Minimumgesetz, in der Ökologie ein Gesetz, das das Zusammenwirken von Umweltfaktoren beschreibt. Das Ergebnis des Zusammenwirkens verschiedener Umweltfaktoren ist, gemessen an der jeweiligen Lebensleistung (z. B. Ertrag, Verbreitung, Aktivität u. a.) des Organismus, immer durch den Faktor begrenzt, der im Minimum (besser: Pessimum, → ökologische Valenz) vorliegt.

Mink, → Nerz.

Minus-Gameten, → Fortpflanzung.

Minze, → Lippenblütler.

Miombo, → Savanne.

Miozän [griech. meion, ‚kleiner, geringer, weniger'], zweitjüngste Stufe des → Neogens.

Mirazidium, → Larve, → Leberegel, → Pärchenegel.

Mirounga, → Seehunde.

mischfunktionelle Oxidasen, → Oxigenasen.

Mischinvasion, gleichzeitiges Vorhandensein mehrerer Parasitenarten in einem Wirtsorganismus.

Mischkultur, → Kultur 2).

Mispel, → Rosengewächse.

Mißbildungen, *Fehlbildungen,* bei Pflanzen, Tieren und Menschen erbliche oder umweltbedingte Entwicklungsstörungen, die zu abnormen Veränderungen an Organen, Organteilen oder Organsystemen führen.

1) Bei Pflanzen können sich M. als einfache Organverunstaltungen, Wachstums- und Entwicklungsdepressionen bzw. -progressionen, Organumbildungen und Organvermehrungen äußern. M. treten bei blütenlosen Pflanzen, mehr noch bei Blütenpflanzen auf. Betroffen werden vor allem Wurzel, Sproß, Laubblätter und Blütenstände, aber auch Keimblätter, Blütenorgane, Früchte und Samen. Bekannte pflanzliche M. sind Verbänderungen, Verlaubungen, Proliferation, Zwangsdrehungen u. a.

2) Bei Tieren unterscheidet man zwischen Einzel-, Doppel- und Mehrfachmißbildungen. Zu den *Einzelmißbildungen* gehören a) Exzeßmißbildungen, wie doppelte Organanlagen; b) Defekt- oder Hemmungsmißbildungen, z. B. Fehlen von Gliedmaßen oder Organen. Hemmungsmißbildungen sind auch die *Teratome,* d. s. unentwickelt gebliebene einzelne Organteile; c) Fremdbildungen, die durch Verlagerung von Organen entstehen, z. B. Rechtslagerung des Herzens. Die *Doppelmißbildungen* werden eingeteilt in freie und zusammenlaufende und jede dieser zwei Gruppen in symmetrische oder äquale und asymmetrische oder inäquale. Die zusammenhängenden symmetrischen Doppelmißbildungen lassen sich dann nochmals gliedern in vollständige und unvollständige M. Bekanntes Beispiel einer freien symmetrischen Doppelbildung sind eineiige Zwillinge; eine zusammenhängende symmetrische vollständige Doppelmißbildung sind die »Siamesischen« Zwillinge. Als zusammenhängende symmetrische unvollständige M. gelten z. B. Tiere mit zwei Köpfen, aber nur einem Rumpf. *Mehrfachmißbildungen* sind bei Tieren verhältnismäßig selten.

3) Beim Menschen erfolgt die Einteilung der M. in ähnlicher Form wie bei den Tieren.

Die Lehre von den M. wird → Teratologie genannt.

Lit.: K. A. Rosenbauer: Entwicklung, Wachstum, M. und Altern bei Mensch und Tier (Stuttgart 1969); R. Witkowski u. O. Prokop: Genetik erblicher Syndrome und M. Wörterbuch für die Familienberatung (2. Aufl. Berlin 1976).

missing link, → connecting link.

Mississippialligator, *Hechtalligator, Alligator mississippiensis,* in Flüssen und Sümpfen der südöstlichen USA verbreiteter, durchschnittlich 3 m, höchstens 6 m langer → Alligator. Seine Hauptnahrung sind Fische, daneben Wasservögel und Säugetiere bis zur Größe eines Kalbes, die durch plötzlichen Überfall ins Wasser gezogen werden. Zur Eiablage werden bis 1 m hohe Nisthügel aus Pflanzenmaterial gebaut, in deren Mitte das aus 40 bis 60 Eiern bestehende Gelege eingebettet wird. Das Weibchen bewacht das Nest, aus dem nach etwa 10 Wochen die 30 cm langen Jungen kriechen, die bereits vorher im Ei laut quäken. Aus der Haut des M. wurden in großem Umfang Luxuslederartikel hergestellt; seine Bestände sind deshalb gebietsweise so stark zurückgegangen, daß Schutzmaßnahmen ergriffen wurden. Heute deckt die Lederwarenindustrie zum Teil ihren Bedarf in Krokodilfarmen, in denen Alligatoren und vor allem auch → Echte Krokodile gezüchtet werden.

Mistelfresser, *Dicaeidae,* Familie der → Singvögel mit mehr als 50 Arten. Es sind kleine Vögel der tropischen Regenwälder der Alten Welt. Sie fressen Insekten, Früchte und Blüten. Ihr Nest ist meist ein Beutel.

Mistelgewächse, Riemenblumengewächse, *Loranthaceae,* eine Familie der Zweikeimblättrigen Pflanzen mit etwa 1400 Arten, die überwiegend in den Tropen vorkommen. Es sind strauchförmige Halbschmarotzer, die auf Holzpflanzen parasitieren, mit einfachen, meist lanzettlichen oder linealischen, gegenständigen Blättern, die in der Regel nur wenig Chlorophyll enthalten und deshalb gelbgrün gefärbt sind. Die 4 bis 6zähligen Blüten sind zwittrig oder eingeschlechtig und werden von Insekten bestäubt. Die Frucht ist eine verschleimende, beerenartige Scheinfrucht. Die einheimischen Mistelarten wachsen als dichte, immergrüne Büsche auf den verschiedensten Arten unserer Laubbäume (**Laubholzmistel,** *Viscum album,* Abb.) oder auf Kiefern und Tannen (**Nadelholzmistel,** *Viscum laxum*), während die südeuropäische **Riemenblume** oder **Eichenmistel,** *Loranthus europaeus,* nur auf Eichen und Echten Kastanien schmarotzt.

Extrakte der Laubholzmistel können krebshemmend wirken, wie Tierversuche gezeigt haben. Diese Wirkung beruht wahrscheinlich auf basischen Glykoproteiden und dem Peptid Viscotoxin.

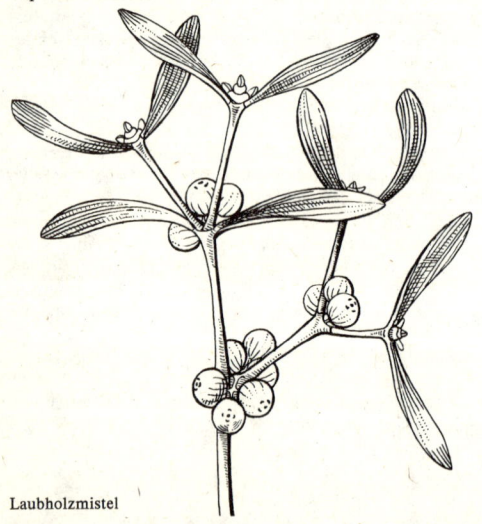

Laubholzmistel

Mistkäfer, → Blatthornkäfer.

Mitochondrien, *Chondriosomen,* Doppelmembranhüllen und ein eigenes genetisches System aufweisende Organellen, die im Zytoplasma der eukaryotischen Zellen in großer Anzahl vorhanden sind und die vorwiegend der Energiegewinnung durch Zellatmung (Endoxidation) dienen. M. sind »Kraftwerke« der Zellen. Die Energie wird durch Oxidation von Kohlenhydraten, Lipiden und Aminosäuren zu CO_2 und Wasser durch molekularen Sauerstoff gewonnen. Sie wird in ATP umgewandelt.

Aufbau, Vorkommen. M. haben einen mittleren Durchmesser von etwa 0,5 bis 1 µm und eine mittlere Länge von etwa 1 bis 5 µm, sind daher lichtmikroskopisch erkennbar, nach Vitalfärbung oder phasenkontrastmikroskopisch auch in der lebenden Zelle. Je nach Zelltyp und physiologischem Zustand der Zellen sind M. kugel-, stab- oder fadenförmig, auch verzweigt-fädige M. kommen vor. Filmaufnahmen lebender Zellen zeigten, daß M. ihre Form rasch verändern und ständig in Bewegung sind. Da nur M. Succinodehydrogenase in der inneren Hüllmembran aufweisen, können sie durch histochemischen Nachweis dieses Enzyms selektiv dargestellt werden.

Eine Leberzelle von Säugetieren weist mindestens 1000 bis 1500 M. auf, Oozyten von Amphibien etwa 300000. Zellen mit hohem O_2-Verbrauch, z. B. Herzmuskelzellen, sind besonders reich an M. In Hefezellen, die in einem glukosehaltigen, O_2-freien Medium wachsen, sind nur kleinere und einfacher gebaute *Promitochondrien* (von einer Doppelmembran umhüllte Vesikel ohne Innenstruktur) vorhanden. Unter O_2-Ausschluß ist Zellatmung nicht möglich, die notwendige Energie wird durch Gärung gewonnen. Den Promitochondrien fehlen die für M. typischen Enzyme, unter anderem die Zytochrome der Atmungskette. Wird der Hefezellenkultur O_2 zugeführt, entwickeln sich die Promitochondrien wieder zu typischen M., und die Zellatmung setzt wieder ein. In den reifen Erythrozyten der Säuger sind keine M. mehr vorhanden. Die Spermien der Säuger weisen im Mittelstück 4 lange, gewundene M. auf, die Verschmelzungsprodukte von sehr vielen M. sind. Krebszellen besitzen gewöhnlich weniger M. als die entsprechenden Normalzellen, die Zellatmung ist oft beeinträchtigt. Bei Prokaryoten sind keine M. vorhanden. Die für die Energiegewinnung notwendigen Enzyme sind in der Plasmamembran bzw. deren Einfaltungen enthalten. Bei vielen Bakterien sind → Mesosomen ausgebildet, deren Funktion ungeklärt ist. Nach neuesten Befunden könnte es sich bei ihnen um methodenabhängige Artefakte handeln.

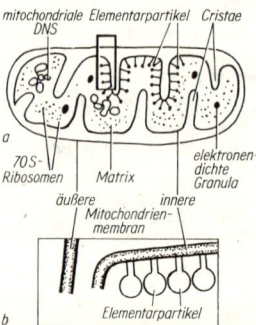

1 a Mitochondrium (Schema, Crista-Typ), *b* Ausschnitt von *a*. Die Membranen sind in *b* zu einer dreischichtigen Struktur aufgelöst

Feinstruktur und Funktion. Elektronenmikroskopisch sind die beiden Hüllmembranen der M. und die von der inneren Membran ausgehenden Einfaltungen erkennbar (Abb.). M. weisen daher 2 Kompartimente auf: einen nicht-plasmatischen äußeren Raum zwischen den Hüllmembranen und den plasmatischen Innenraum, die *Mitochondrienmatrix*. Diese Matrix stellt den eigentlichen Organellkörper dar. Ihr Plasma mischt sich nicht mit dem das M. umgebenden Zytoplasma. Diese Tatsache ist ein wesentliches Argument für die → Symbionten-Hypothese, nach der M. und → Plastiden, die als *Plasten* zusammengefaßt werden, phylogenetisch aus prokaryotischen intrazellulären Symbionten entstanden sind. Ein weiterer Fakt zugunsten dieser Hypothese ist die Verschiedenheit der chemischen Zusammensetzung und der Funktion der beiden Membranen, z. B. enthält die äußere Hüllmembran an Lipiden besonders Cholesterol, die innere Cardiolipin. Die Einfaltungen bzw. Einstülpungen der inneren Hüllmembran vergrößern die Membranoberfläche wesentlich. Sie sind leisten- bzw. röhrenförmig (*Cristae* bzw. *Tubuli mitochondriales*). In Zellen hoher Stoffwechselaktivität weisen die M. dichtliegende, lange Einstülpungen auf und umgekehrt. Der *Crista-Typ* der M. ist der am häufigsten vorkommende, der *Tubulus-Typ* ist bei vielen Protozoen, aber auch in manchen Metazoenzellen ausgebildet (z. B. in Zellen der Nebennierenrinde).

Diese innere Mitochondrienmembran (→ Membran) enthält die Enzyme der Elektronentransportkette (Atmungskette), unter anderem Zytochromoxidase, und der oxidativen Phosphorylierung sowie wichtige Enzyme des Zitratzyklus (unter anderem Succinatdehydrogenase). Die der Matrix anliegende Seite dieser Membran weist kugelförmige, mit einem Stielchen der Membran ansitzende Körperchen (Elementarpartikeln, Durchmesser des Köpfchens 9 nm) auf. Sie enthalten ATPase, lassen sich von der Membran ablösen und vermitteln zusammen mit einem membrangebundenen Anteil die Energiespeicherung durch ATP-Bildung. Im Gegensatz zur äußeren, hochpermeablen Mitochondrienmembran ist die innere fast undurchlässig. Nur bestimmte Stoffe (z. B. Pyruvat, Malat, Succinat, Zitrat) werden an bestimmten Stellen transportiert. Elektronendichte Granula in der Matrix (Abb.) bestehen aus Kalzium-, Magnesium- und Phosphationen (Kalzium- und Magnesiumpräzipitate, *intramitochondriale Granula*). Diese Ionen werden aktiv aufgenommen.

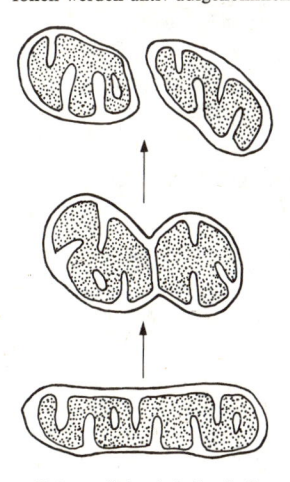

2 Teilung von Mitochondrien

Gelegentlich wird die äußere Mitochondrienmembran in Verbindung mit ER-Zisternen beobachtet. An wichtigen Enzymen sind in der äußeren Mitochondrienmembran Monoaminoxidase und NADH-Zytochrom c-Reduktase vorhanden. Die gallertige Mitochondrienmatrix enthält außer Enzymen des Zitratzyklus (Malatdehydrogenase, Isozitratdehydrogenase, Zitratsynthase) auch Fettsäurenoxidierende Enzyme. M. können auch Stoffe speichern, z. B. Dotterlipoproteine in Eizellen. M. wirken auch bei der Bildung von Steroidhormonen in Zellen der Nebennierenrinde mit.

In verschiedenen Zelltypen ist in Bereichen besonders hohen ATP-Verbrauchs eine charakteristische Anordnung bzw. Anhäufung von M. erkennbar, die Ausdruck der funktionellen Kooperation ist, z. B. in Muskelzellen bzw. -fasern (Kontraktion), im Mittelstück von Spermien der Säuger (Geißelbewegung), basales Labyrinth der Epithelzellen von Nierentubuli (aktiver Ionentransport, Resorption).

Vermehrung, genetisches System, Mitochondriom. M. vermehren sich durch Teilung (Abb.). Sie können nicht aus anderen Zellstrukturen (»de novo«), sondern nur aus ihresgleichen hervorgehen, sie sind autoreduplikativ. M. besitzen genetische Informationen und ein eigenes, spezifisches RNS- und Proteinbiosynthese-System zu ihrer Realisierung. Jedoch decken diese Informationen nur einen relativ geringen Teil des Bedarfs, die meisten mitochondrialen Proteine werden in Kerngenen kodiert und außerhalb der M. an Ribosomen des Zytoplasmas synthetisiert. M. sind daher genetisch semiautonome Zellorganellen. Die Erbfaktoren aller M. einer Zelle werden als *Mitochrondriom (Chondriom)* zusammengefaßt. Diese extrachromosomalen Erbfaktoren wirken mit den chromosomalen zusammen. In aufgelockerten Bereichen der Matrix ist mitochondriale DNS (mt DNS) vorhanden. Sie ist wie bei Bakterien ringförmig und histonfrei, doppelsträngig, außerdem unterscheidet sie sich im Basenverhältnis von der Kern-DNS (nc DNS). Die mt DNS repliziert sich semikonservativ. Die DNS-Menge je Mitochondrium ist sehr gering, die DNS-Moleküle sind etwa 5 bis 35 µm lang, und meist sind mehrere Kopien dieser DNS vorhanden. Die Gesamtmenge der mt DNS je Zelle bleibt bei den meisten Zelltypen unter 1% der nc DNS. In extrem mitochondrienreichen oder relativ wenig nc DNS aufweisenden Zellen kann der Anteil der mt DNS an der DNS-Menge der Zelle wesentlich größer sein (*Trypanosoma* über 20%, *Physarum* etwa 30%, manche Eizellen über 50%). Die mt DNS enthält Informationen für die mitochondrienspezifische rRNS und tRNS und für einen Teil der Proteine der inneren Hüllmembran. Transkription von etwa 15000 Basenpaaren wurde nachgewiesen, das entspricht etwa höchstens 15 Proteinen mit je 330 Aminosäuren. Ebenso konnte festgestellt werden, daß die mitochondrialen RNS- und DNS-Polymerasen und Teile der Zytochromoxidase nicht in den M., sondern im Zytoplasma nach Informationen aus dem Zellkern synthetisiert werden. Die in der Mitochondrienmatrix vorhandenen → Ribosomen sind die kleineren 70S-Ribosomen. Dieser Typ kommt auch in Plastiden und Prokaryoten vor, aber nicht im Zytoplasma der Eukaryotenzelle.

Mitogameten, → Fortpflanzung.
Mitogene, → Zellzyklus.
Mitose, *indirekte Kernteilung, Karyokinese,* häufigste Form der Kernteilung der Eukaryoten, in deren Verlauf 2 Tochterzellen mit der gleichen Chromosomenzahl und mit der gleichen genetischen Information wie die Ausgangszelle entstehen. Das wird dadurch erreicht, daß jeder Tochterzellkern von jedem Chromosom eine Spalthälfte (Chromatide) erhält. Bei Mitosebeginn liegt das Chromosom bereits repliziert vor. Die M. ist ein komplizierter, meist 30 bis 180 Minuten dauernder Prozeß, er kann in 4 Phasen unterteilt werden (Abb.). Die *Prophase* beginnt mit der Einstellung der spezifischen Zellfunktionen und oft auch mit Abkugelung der Zelle, Auflösung des Golgi-Apparats in

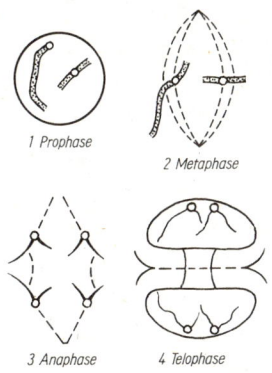

1 Prophase
2 Metaphase
3 Anaphase
4 Telophase

Wichtigste Stadien der Mitose in einer Zelle mit 2 Chromosomen

Mitosegifte

kleinere Vesikel und z. T. Rückbildung des endoplasmatischen Retikulums und anderer Organellen des Zytoplasmas. Aus dem *Arbeitskern* der Interphase entsteht der *Teilungskern*: Das Chromatin formt sich durch zunehmende Schraubung und Faltung der Nukleohistonstränge zu Chromosomen um. Sie bilden zunächst ein Knäuel. Das Zentrosom teilt sich, die Tochterzentrosomen mit je einem Zentriolenpaar gelangen an die Zellpole, dazwischen entsteht der → Spindelapparat. Er bildet sich in zentriolenlosen Zellen auch ohne Vermittlung dieser Zellorganellen. Der Spindelbereich ist frei von größeren Zellorganellen. Die Kernkörperchen lösen sich auf. Von den Spindelpolen gelangen zahlreiche Spindelmikrotubuli zur Kernhülle. Sie zerfällt am Ende der Prophase in Vesikel, die in die Nähe der Polbereiche verlagert werden. Damit ist ein einheitlicher Teilungsraum der Zelle entstanden. Die Chromosomen liegen am Ende der Prophase in ihrer Transportform vor, sie sind klar umgrenzt, und z. T. ist bereits ein Längsspalt erkennbar. Bei Beginn der **Metaphase** (Dauer 2 bis 20 Minuten) verkürzen sich die Chromosomen weiter. Spindelfasern (Mikrotubulibündel) haben Kontakt mit den Spindelansatzstellen (→ Zentromeren) der Chromosomen hergestellt. In wenigen Minuten wird die Spindelansatzstelle jedes Chromosoms in die Äquatorebene der Spindel verlagert. Die Chromatiden sind deutlich sichtbar. Nur am Zentromer findet zunächst noch keine Längsspaltung statt. Die Chromosomenarme sind nun polwärts gerichtet. Die jetzt maximal verkürzten Chromosomen sind in dieser Phase am besten zu zählen und morphologisch zu kennzeichnen. Am Ende der Metaphase trennen sich die Chromatiden auch in der Zentromeren-Region. In der **Anaphase** (Dauer 2 bis 20 Minuten) gelangen die Chromatiden durch Vermittlung der Spindelfasern mit dem Zentromer voran zu den Spindelpolen. Die vorher in der Äquatorebene erreichte Anordnung der Chromosomen ermöglicht nun, daß die Chromatiden jedes Chromosoms nach verschiedenen Polen verlagert werden. Während des Transports zu den Polen verkürzen sich beim Zentralspindeltyp die Chromosomenfasern (Zugfasern) und verlängern sich die Zentralfasern. Die Zugfasern orientieren sich nach der Polstrahlung. Die Verkürzung der Zugfasern wird wahrscheinlich durch Zugkräfte bedingt, die durch das Aktomyosinsystem zustande kommen und vermutlich zu einer Verschiebung der Spindelmikrotubuli führen. Es ist anzunehmen, daß sich die kontraktilen Proteine an den Mikrotubuli der Spindelfasern verankern. Diese Mikrotubuli dürften Gleitbahn für den Chromatidentransport sein und auch die Geschwindigkeit bestimmen. An den Polen bilden die Tochterchromosomen in der **Telophase** (sehr unterschiedlicher Dauer) ein dichtes Knäuel, und die Mikrotubuli der Spindel werden abgebaut. Gleichzeitig beginnt die Zellteilung (Zytokinese). Die Kerne der Tochterzellen nehmen die Struktur von Interphase-(Arbeits-)Kernen an: Die Chromosomen verlängern sich durch Entfaltung und Entschraubung der Nukleohistonstränge und bilden in ihrer Gesamtheit das → Chromatin. Anteile des endoplasmatischen Retikulums treten zu neuen Kernhüllen zusammen, und Kernkörperchen bilden sich wieder am Nukleolus-Organisator. Zur Vorbereitung der *Zytokinese* bildet sich zwischen den Tochterkernen ein Zytoplasmabereich aus, in dem zahlreiche Mikrotubuli vorhanden sind und der bei Pflanzenzellen als → Phragmoplast bezeichnet wird. Bei vielen tierischen Zellen wird ein vergleichbarer Bereich im wesentlichen durch einen zunehmend enger werdenden Ring kontraktiler Proteine (Aktin- und Myosinfilamente) zum dichten 'Flemming-Körper' zusammengeschnürt und dann getrennt. Die neue Plasmamembran entsteht bei pflanzlichen und oft auch bei tierischen Zellen unter Beteiligung zahlreicher kleiner Vesikel.

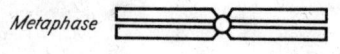

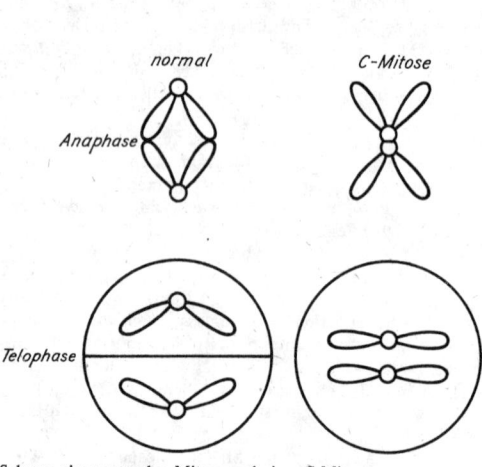

Schema einer normalen Mitose und einer C-Mitose

Sie stammen aus dem Golgi-Apparat und verschmelzen in der Teilungsebene miteinander.

Mitosegifte, Substanzen, die die Mikrotubuli des Spindelapparates auflösen und daher den Mitoseablauf blockieren. Auch der Neuaufbau der Spindelmikrotubuli wird durch M. verhindert, er setzt erst nach Abklingen der Wirkung der M. wieder ein. Das bekannteste M. ist das Alkaloid der Herbstzeitlose (*Colchicum autumnale*), das Kolchizin. M. binden das Tubulin der Mikrotubuli. Dabei zerfallen sie in die Tubulin-Untereinheiten. Nur die Mikrotubuli der Zilien und Geißeln sind resistent gegen Kolchizin. Da es nicht die Trennung der Chromatiden während der → Mitose verhindert, verbleiben alle Chromatiden wegen Ausfalls des → Spindelapparats und damit der Anaphasebewegungen in einem Zellkern. Kolchizin wird daher zur Polyploidisierung eingesetzt. Das Alkaloid Vinblastin (aus *Vinca*, dem Immergrün) verursacht Fällung der Tubuline. Als M. wirken auch Arsenpräparate.

Mitraria, → Ringelwürmer.

Mitscherlichsches Wirkungsgesetz, svw. Wirkungsgesetz der Wachstumsfaktoren.

Mittagsblumengewächse, *Eiskrautgewächse*, Aizoaceae, eine Familie der Zweikeimblättrigen Pflanzen mit etwa 2500 Arten, die ihren Verbreitungsschwerpunkt in den Trockengebieten Südafrikas und Australiens haben, einige kommen auch in Amerika und Asien vor. Es handelt sich fast ausschließlich um blattsukkulente Kräuter mit meist

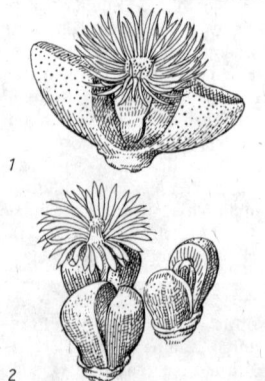

Mittagsblumengewächse: »Lebende Steine«: *1 Pleiospilos bolusii, 2 Pleiospilos hilmarii*

großen, auffällig gefärbten Blüten, die von Insekten bestäubt werden. Als Früchte sind 2- bis vielfächerige, verholzende Kapseln ausgebildet. Die M. sind vielfältig an das Leben auf extrem trockenen Standorten angepaßt, z. B. durch Wachsüberzüge oder verstärkte Behaarung als Transpirationsschutz. Bei den »*Lebenden Steinen*«, vor allem Arten der Gattung *Lithops*, ist der Vegetationskörper zum Schutz gegen Verdunstung bis auf zwei fleischige, z. T. verwachsene Blätter reduziert, die zudem als Schutz vor Tierfraß der Umgebung täuschend ähnlich sehen. Beliebte Gartenpflanzen an sonnigen Standorten sind die **Mittagsblumen**, Gattung *Mesembryanthemum*, die ihre leuchtend gefärbten Blüten nur bei Sonne (am Mittag!) öffnen. Das *Eiskraut*, *Mesembryanthemum cristallinum*, dessen gesamter Vegetationskörper durch wassergefüllte Papillen in der Oberhaut wie mit Eisperlen übersät aussieht, wird sowohl als Zierpflanze als auch als spinatartiges Gemüse kultiviert.
Mitteldarm, → Verdauungssystem.
Mitteleuropäische Region, → Holarktis.
Mittelgebirgsstufe, → Höhenstufung.
Mittelhirn, → Gehirn.
Mittellamelle, → Zellwand.
Mittelohr, → Gehörorgan.
Mitteltagpflanzen, Gruppe photoperiodisch empfindlicher Pflanzen (→ Photoperiodismus), die nur bei mittleren Tageslängen, nicht jedoch unter Langtag- oder Kurztagbedingungen (→ Langtagpflanzen, → Kurztagpflanzen) blühen. Als Beispiele für M. werden einige nichteinheimische Pflanzen angegeben. Das Problem der M. ist noch nicht eindeutig geklärt.
Mittelwert, → Biostatistik.
mixohalin, → Brackwasser.
Mixoploidie, Erscheinung, daß innerhalb von Geweben, Organen oder Organismen unterschiedliche Chromosomenzahlen auftreten, → Endomitose, → Polyploidie.
Mixopterygium, → Gonopodium.
Mixozöl, → Leibeshöhle.
Mizellen, → Zellwand.
Mnemotaxis, Wegfinden nach der Erinnerung; dieser Begriff wird heute durch »idiothetische Orientierung« ersetzt (→ Kinästhetik).
Mniumtyp, → Spaltöffnungen.
MN-System, → Blutgruppen.
Moas, *Dinornithidae*, artenreiche Gruppe ausgestorbener flugunfähiger Laufvögel Neuseelands. Die größten wurden über 3 m hoch und übertrafen somit die → Madagaskarstrauße. Die kleinsten Arten erreichten eine Höhe von etwa 1 m. Die letzten M. sind im 17. Jh. auf der Nordinsel Neuseelands, im 19. Jh. auf der Südinsel ausgerottet worden.
Moder, Humusform der Hartlaubwälder und schwer zersetzlichen Gräser gemäßigter Klimate; gekennzeichnet durch mäßige Abbaugeschwindigkeit, meist schwach saure Reaktion, vorherrschend pilzlichen Abbau unter Beteiligung größerer Arthropoden und geringe Einmischung des Humus in den Mineralboden; → Humus.
Moderlieschen, *Leucaspius delineatus*, kleiner silbriger Karpfenfisch stehender, pflanzenreicher Gewässer Europas.
Modifikabilität, das Vermögen eines Organismus bzw. eines Genotyps, auf variierende Entwicklungsbedingungen mit unterschiedlicher Merkmalsausbildung oder in unterschiedlicher Verhaltensweise zu reagieren. Die unter diesen Umständen auftretenden und beim Vergleich mit einem Standardtyp erkennbar werdenden Unterschiede in der Merkmalsgestaltung oder Verhaltensweise finden ihre Begrenzung in der jeweiligen genotypischen Reaktionsnorm, sind nicht erblich und werden als → Modifikationen bezeichnet.

Modifikation, *1)* durch spezielle Entwicklungsbedingungen (→ Umweltfaktoren) hervorgerufene Veränderung des Erscheinungsbildes (→ Phänotyp) eines Lebewesens, die aber nicht auf die Nachkommen vererbbar ist. Umweltfaktoren können physiologische Prozesse in sensiblen Phasen vom Normalverlauf abweichen lassen, wodurch Änderungen in der Merkmalsausprägung entstehen. Die verschiedenen Merkmale zeigen dabei unterschiedlich starke Abhängigkeit von Umwelteinflüssen: umweltstabile Merkmale – umweltlabile Merkmale. Bildet eine Art unter unterschiedlichen Existenzbedingungen (z. B. in Feuchtwiesen, an Trockenhängen, in Hochgebirgen oder auf Salzböden) in charakteristischer Weise unterscheidbare Existenzformen, so wird dies als *Polyphänismus* bezeichnet. Kann bei Wegfall der die M. auslösenden Bedingungen die Gestaltsänderung nicht rückgängig gemacht werden, so spricht man von *Dauermodifikation*. So können Arthropoden Veränderungen der Gestalt erst bei der nächsten Häutung korrigieren.
2) → Restriktion.
Modifikationsbreite, der durch die extremsten Abweichungen gekennzeichnete, modifikativ bedingte Veränderungsbereich eines Merkmals oder des ganzen Organismus.
Modifikationsgene, **Modifikatoren**, nichtallele Gene, die die phänotypische Wirkung der → Hauptgene verstärken oder abschwächen, ohne daß sie im allgemeinen selbst auf andere Weise phänotypisch in Erscheinung treten.
Man unterscheidet: 1) *nichtspezifische M.*, die in gleicher Weise im Normalgenotyp und in der Mutante wirken und die Manifestation des betreffenden Merkmals modifizieren. 2) *spezifische M.*, deren Wirkung auf einen bestimmten Genotyp begrenzt ist. Sie werden entweder in der Normalform oder der Mutante oder in beiden, aber jeweils unterschiedlich wirksam.
Modifikatoren, svw. Modifikationsgene.
modifizierende Wirkungen, → Umweltfaktoren.
Mohngewächse, *Papaveraceae*, eine Familie der Zweikeimblättrigen Pflanzen mit etwa 200 Arten, die überwiegend in außertropischen Gebieten der nördlichen Erdhalbkugel vorkommen. Es sind meist Kräuter, selten Sträucher oder Bäume, mit Milchsaft. Die Blätter sind gewöhnlich wechselständig, oft gefiedert oder tief geteilt. Die zwittrigen, regelmäßigen Blüten bestehen meist aus 2 häufig früh abfallenden Kelchblättern, 4 Kronblättern, zahlreichen Staubblättern und einem meist aus 2 bis vielen Fruchtblättern verwachsenen, oberständigen Fruchtknoten. Die Bestäubung erfolgt durch Insekten; die Frucht ist eine Kapsel, die sich mit Poren oder Klappen öffnet. Die Samen haben ein ölhaltiges Nährgewebe und oft häutige oder fleischige Anhängsel zur Anlockung der sie verbreitenden Ameisen.
Die wichtigste Nutzpflanze ist der **Schlafmohn**, *Papaver somniferum*, eine alte Öl- und Heilpflanze, dessen Samen etwa 50% Öl enthalten, das als Speiseöl, aber auch technisch und medizinisch verwendet wird. Der Milchsaft enthält mehrere beruhigend und schmerzstillend wirkende Alkaloide, die Opiumalkaloide, wie Morphin, Kodein, Narkotin und Thebain. Der Milchsaft der übrigen M. enthält ebenfalls Alkaloide, so z. B. auch der orangefarbene Milchsaft des auf Schuttplätzen häufigen **Schöllkrautes**, *Chelidonium majus*. Viele Arten der M. sind Zierpflanzen. So der **Kalifornische Klappenmohn**, *Eschscholzia californica*, dessen leuchtend gelbe Blüten sich nur in der Sonne öffnen, weiterhin der bis zu 3 m hoch werdende **Federmohn**, *Maclaya cordata*, dessen Blüten keine Kronblätter, aber 24 bis 30 reinweiße, wie Federn wirkende Staubblätter haben, und schließlich Arten der Gattung *Papaver*, z. B. der etwa 1 m hoch werdende **Staudenmohn**, *Papaver bracteatum*

Mohngewächse: *a* Schöllkraut, blühend und fruchtend; *b* Schlafmohn, blühend; *c* Sandmohn, blühend mit junger Frucht

und *Papaver orientale*, mit meist dunkel-, scharlach-, blut- oder ziegelroten Blüten.

Auffällige Ackerunkräuter sind der **Klatschmohn**, *Papaver rhoeas*, mit kahlen und der **Sandmohn**, *Papaver argemone*, mit borstigen Kapseln. Ein vor allem in den Küstengebieten tropischer Länder weit verbreitetes Unkraut ist die **Mexikanische »Distel«**, *Argemone mexicana*, aus deren Samen das überwiegend technisch gebrauchte Distelöl gewonnen wird.

Mohnsäure, svw. Mekonsäure.
Möhre, → Doldengewächse.
Möhrenfliege, *Psila rosae* F., eine etwa 5 mm große Art der Nacktfliegen, deren Larve in Möhren, Sellerie oder Petersilie rostbraune Gänge frißt (Eisenmadigkeit, Rostfleckenkrankheit).

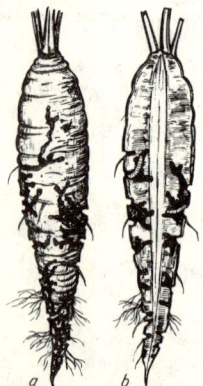

Möhrenfliege (*Psila rosae* F.): *a* von den Larven befallene Möhrenwurzel, *b* Längsschnitt durch *a*

Molares, → Gebiß.
Molche, zumindest zur Fortpflanzungszeit ans Wasserleben angepaßte Arten der Familie → Salamander.
Molekularbiologie, ein sich stürmisch entwickelnder Zweig der Biologie, der sich mit den molekularen Grundlagen der Lebensprozesse befaßt. Die M. hat in den vergangenen drei Jahrzehnten erkenntnistheoretisch so bedeutsame und praktisch relevante Ergebnisse erzielt, daß sie von M. W. Keldysch als die »Wissenschaft des Jahrhunderts« bezeichnet wurde. Den Begriff M. soll J. E. Purkinje bereits vor mehr als hundert Jahren verwendet haben. 1938 benutzte ihn dann W. Weaver für »jene Grenzgebiete, in denen sich Physik und Chemie mit Biologie berühren«. Weaver bemerkte, daß »ein neuer Wissenschaftszweig, die M., allmählich Gestalt annimmt, der damit beginnt, viele Geheimnisse der letzten Einheiten der lebenden Zelle zu entschlüsseln«.

Die eigentliche Herausbildung der M. erfolgte ab Mitte der 40er Jahre parallel zur Entwicklung der → Molekulargenetik. Dies hat im wesentlichen drei Gründe. Erstens begannen sich Physiker, Chemiker und weitere Nichtbiologen für die Grundlagen der Lebensvorgänge, speziell für die Genetik, zu interessieren. Sie waren entweder, motiviert vor allem durch N. W. Timofeeff-Ressovsky, M. Delbrück und E. Schrödinger, auf der Suche nach »neuen physikalischen Gesetzen in der Biologie« oder verließen, entsetzt über den Mißbrauch der Ergebnisse der modernen Physik durch den Einsatz der Atombombe in Japan, demonstrativ die Physik. Zweitens nahmen die Begründer der M. eine wissenschaftlich berechtigte Reduktion vor, indem sie biologische Versuchsobjekte einführten, die viel einfacher gebaut waren als *Drosophila*, Mehlmotte oder gar Maus und Nachtkerze: Mit der Verwendung von Pilzen, Bakterien und Bakteriophagen begründeten sie zugleich die → Mikrobengenetik. Drittens spielten bedeutsame methodische Entwicklungen eine Rolle bei der Begründung der M.: Ultrazentrifuge, Elektronenmikroskop, Röntgenstrukturanalyse, stabile Isotope und Radioisotope, Trenntechniken u. a. erlaubten detaillierte Untersuchungen von Makromolekülen. Der eigentliche Siegeszug der M. begann dann in den 50er Jahren, wie äußerlich unter anderem in der Gründung und der raschen Entwicklung der Zeitschrift »Journal of Molecular Biology« 1959 zum Ausdruck kommt.

Bezüglich des Forschungsgegenstandes der M. gibt es keine allgemein akzeptierte Definition. M. ist – vergleichbar dem genetischen Ingenieurwesen (→ Molekulargenetik) – im wesentlichen durch einen Methodenkomplex charakterisiert und nicht primär durch ihren Inhalt. Insofern ist auch der weitgehende Begriffswandel zu verstehen, der sich hinsichtlich der M. seit den 50er Jahren vollzogen hat und der z. B. deutlich in den Inhaltsverzeichnissen der Jahrgänge des »Journal of Molecular Biology« zum Ausdruck kommt.

Zunächst war die M. weitgehend mit der Molekulargenetik identisch und beschäftigte sich im wesentlichen mit Struktur und Funktion der Nukleinsäuren und Proteine. Heute können auch Teilbereiche von Immunologie, Membranbiologie, Virologie, Zellbiologie und anderen biowissenschaftlichen Disziplinen zur M. gezählt werden oder überlappen sich mit dieser. In diesem Sinne ist dann all das M., was sich mit den molekularen Strukturen und Funktionen des Lebendigen beschäftigt.

Charakteristisch für die M. ist in jedem Falle, wie W. A. Engelhard 1971 hervorhob, »ihre Dreidimensionalität. Genau diese Besonderheit bildet den grundlegenden Unterschied zwischen der M. und der vor ihr entstandenen Biochemie. Letzterer ist das dreidimensionale Denken völlig fremd«.

Außerdem ist nach Engelhardt für die Entwicklung und Kennzeichnung der M. die notwendiger Einbeziehung des Informationsbegriffes wesentlich. Dieser trete dabei in der unterschiedlichsten Form und in den verschiedensten Bereichen auf: »Ausgangspunkt ist die lineare Primärstruktur der Makromoleküle, die in sich die Information – im einen Falle für die Herausbildung der Sekundär- und Tertiärstruktur, d. h. der Volumenkonfiguration der Eiweißmoleküle, im anderen Falle für die Fixierung des genetischen Kodes – trägt. Hinzu kommen neue Formen der Verzweigtheit und der Komplizierung. Sie treten in Konformationsänderungen der Eiweißmoleküle in Erscheinung, die vielfältige Wirkungen von großer Tragweite auf die Eigenschaften und biologischen Funktionen ausüben ... Besondere Formen der Information, die ebenfalls stets durch Struktur bedingt sind, sind in Form einer integrierenden Information bei den gesetzmäßig sich komplizierenden Erscheinungen der biologischen Integration beteiligt, d. h. beim Übergang von den niederen zu den höheren Stufen der strukturellen und funktionellen Ordnung«.

Zusammenfassend meint W. A. Engelhardt: »Die Dreidimensionalität, die strukturelle Bedingtheit der Funktionen, die Prinzipien der Information – das sind die bestimmenden Züge der M.«.

Allgemein könnte man feststellen, daß sich die M. im wesentlichen mit der Realisierung der impliziten genetischen Informationen beschäftigt, mit den epigenetischen Prozessen und den ihnen zugrunde liegenden Strukturen, während der Forschungsgegenstand der → Molekulargenetik die expliziten genetischen Informationen, ihre Träger und ihre Expression sind.

Lit.: H. Aurich: Laboratorium des Lebens (2. Aufl. Leipzig 1979); H. Bielka: Molekulare Biologie der Zelle (2. Aufl. Jena 1973); Cairns, Stent, Watson: Phagen und die Entwicklung der M. (Berlin 1972); E. Geissler: Meyers Taschenlexikon M. (2. Aufl. Leipzig 1974); L. Nover, M. Luckner, B. Parthier: Zelldifferenzierung – Molekulare Grundlagen und Probleme (Jena 1978); L. Träger: Einführung in die M. (2. Aufl. Jena 1975).

Molekularbiophysik, Teilgebiet der Biophysik, das sich mit der Untersuchung der Physik der molekularen Bausteine der lebenden Materie beschäftigt. Ausgehend von den physikalischen und chemischen Eigenschaften der niedermolekularen Bausteine versucht die M. Struktur und Funktion biologischer Makromoleküle aufzuklären. Damit werden die Voraussetzungen für das Verständnis der Übertragung und Verarbeitung der genetischen Information, der enzymatischen Katalyse, der Informations-, Stoff- und Energietransformation an Membranen, der Selbstorganisation u. a. geschaffen. Die M. bedient sich dabei unter anderem quantenphysikalischer und spektroskopischer Methoden, die außerordentlich differenzierte Aussagen zulassen, wie → ESR-Spektroskopie, → NMR-Spektroskopie, → Fluoreszenzspektroskopie, Röntgenbeugungsmethoden u. a. Die Analyse experimenteller Daten erfordert fast immer den Einsatz von Großrechenanlagen.

Die M. hat in den letzten Jahren umfangreiche Beiträge zur Erforschung der Struktur der Proteine und Nukleinsäuren geliefert. Die Dynamik der Makromoleküle ist aber noch weitgehend ungeklärt.

Lit.: Blumenfeld: Probleme der molekularen Biophysik (Berlin 1977); Hoppe, Lohmann, Markl, Ziegler (Hrsg.): Biophysik (Berlin, Heidelberg, New York 1982).

molekulare Klonierung, → Gentechnologie.

molekulare Uhr, Hypothese, nach der homologe Proteine ihre Aminosäurezusammensetzung im Verlauf der Stammesgeschichte mit nahezu konstanter Geschwindigkeit verändern. Weiß man, wieviele Aminosäuren in einem bestimmten Protein – z. B. im Zytochrom c – während einer bestimmten Zeit durch andere ersetzt werden, dann läßt sich nach der Hypothese aus den Unterschieden in den Zytochromen zweier Organismen erkennen, vor wieviel Mill. Jahren sich ihre Entwicklungslinien vom letzten gemeinsamen Vorfahren getrennt haben.

Die Hypothese wird durch die Ergebnisse von Protein- und neuerdings auch DNS-Sequenzanalysen nicht gestützt. Vielmehr ergibt sich, daß die m. U. »unterschiedlich schnell« gehen, in Abhängigkeit davon, wie stark die Funktion eines Proteins von dessen Aminosäuresequenz bzw. von der Basensequenz des betreffenden Gens abhängt. Die m. U. der Histone und ihrer Gene gehen extrem langsam, die von Fibrinopeptiden dagegen relativ schnell. Trotzdem könnten die betreffenden Gene durchaus ähnliche Mutationsraten je Nukleotidpaar haben, nur sind Mutationen in einem Histon-Gen häufiger letal (und führen zu Eliminierung der Mutanten) als in einem Fibrinopeptid-Gen.

Molekulargenetik, ein Zweig der Genetik, der sich mit der Struktur, Funktion und Veränderlichkeit der Gene beschäftigt. Die M. wurde in den 40er Jahren als → Mikrobengenetik begründet, entwickelte sich zunächst parallel mit der → Molekularbiologie und kulminierte in den 70er Jahren in der Herausbildung der Gentechnik.

Voraussetzung für die Entwicklung der M. war unter anderem die Einführung von Bakterien (insbesondere *Escherichia coli*), Bakteriophagen (insbesondere die Coliphagen der T-Serie sowie Lambda-Phagen) und einigen Pilzen durch Delbrück, Demerec, Hershey, Jacob, Lederberg, Luria, Lwoff, Monod und andere Forscher als genetischen Versuchsobjekten. Dadurch gelang die Formulierung der Ein-Gen-Ein-Enzym-Theorie (Lederberg und Tatum, etwa 1945), der Nachweis der Erbträgernatur der Desoxyribonukleinsäure (DNS) (Avery u. a., 1944; Hershey und Chase, 1952) und die Aufklärung ihrer Struktur (Watson und Crick sowie Franklin und Wilkins, 1953), der Nachweis der Erbträgernatur der Virus-Ribonukleinsäure (RNS) (Fraenkel-Conrat; Gierer und Schramm, 1956), die Entdeckung der Messenger-RNS (Brenner, Jacob und Meselson, 1961), die entsprechend dem »Zentralen Dogma der Molekularbiologie« (Crick, 1957) als Matrize der gengesteuerten Proteinsynthese dient, die Aufklärung des Aminosäure-Kodes (1961 bis 1966 durch Crick, Khorana, Matthaei, Nirenberg, Ochoa, Wittmann u. a.), sowie, beginnend etwa mit dem Jahre 1970, die Einführung der Gentechnik (vor allem durch Arber, Berg, Boyer, Nathans, Smith u. a.).

Wesentliche Erkenntnisse der M. sind:
1) Als genetisches Material können nur solche biogenen Moleküle dienen, die sowohl zur *Informationsspeicherung* als auch zur *identischen Reduplikation* (Muller, 1922), d. h. zur originalgetreuen Verdopplung, befähigt sind. Das ist nur der DNS und – ausnahmsweise – der RNS der RNS-Viren möglich. Dagegen stellen die RNS-Moleküle der Normalzelle, Messenger-, Transfer- und Ribosomen-RNS kein genetisches Material dar, da sie nicht identisch redupliziert, sondern in der Regel an DNS-Matrizen synthetisiert werden (s. Punkt 4). Die Informationsverschlüsselung erfolgt durch eine unterschiedliche Folge der verschiedenen DNS- bzw. RNS-Bausteine (Nukleotide), die mit A, C, G und T bzw. U bezeichnet werden (s. Punkt 4). Die identische Reduplikation wird durch die spezifische Paarung komplementärer Nukleotide ermöglicht, wobei jeweils A mit T bzw. U und C mit G durch Wasserstoffbrücken verbunden werden. Die identische Reduplikation wird durch Polymerasen im Komplex mit zahlreichen anderen (Enzym-)Proteinen katalysiert. Dabei wird am elterlichen Polynukleotidstrang jeweils ein komplementärer Nachkommenstrang aufgebaut, was man als semikonservative Replikation bezeichnet.

Bei den Bakterien (Prokaryoten) liegt das genetische Material mehr oder weniger »nackt« vor oder bildet – im Fall der DNS-Viren der Eukaryoten – DNS-Histon-Komplexe, die als »Minichromosomen« bezeichnet werden. Bei Bakterien können neben dem DNS-Molekül des Kernäquivalentes (Nukleoid), das man wegen seiner funktionellen Homologie mit »echten« Chromosomen auch als Bakterienchromosom bezeichnet, kleinere extrachromosomale DNS-Moleküle vorkommen, die Plasmide genannt werden. Plas-

Molekulargenetik

mide, die reversibel in das Bakterienchromosom eingebaut werden können, bezeichnet man als Episomen. Jedes dieser DNS-Moleküle stellt eine autonome Replikationseinheit, ein Replikon, dar.

Bei den Eukaryoten, die unter anderem durch den Besitz eines Zellkernes ausgezeichnet sind, werden jeweils zahlreiche Replikonen zu sehr langen DNS-Molekülen zusammengeschlossen. Mit Histonen und sauren Strukturproteinen bilden sie das Chromatingrundgerüst des Zellkernes. Durch regelmäßige Spiralisierungen und Entspiralisierungen ermöglicht es den auch lichtmikroskopisch zu verfolgenden Chromosomenformwechsel während des Zellzyklus. Bei stärkster Spiralisierung liegen die Chromosomen als »Transportform« vor und bilden die für Mitose und Meiose typischen »Kernschleifen«, die gleich Containern eine geregelte Verteilung der in ihnen gespeicherten genetischen Informationen ermöglichen.

Neben dem im Zellkern lokalisierten genetischen Material, das das Genom bildet, gibt es bei Eukaryoten mindestens in den Mitochondrien (Chondrom) und bei grünen Pflanzen in den Plastiden (Plaston) extranukleäres genetisches Material. Es besteht wie das der Prokaryoten aus nackten DNS-Molekülen.

2) Im genetischen Material sind die expliziten genetischen Informationen gespeichert. Mit diesen werden die spezifischen Bausteinfolgen jeweils unikaler Genprodukte kodiert, die Aminosäuresequenzen der Polypeptide sowie die Nukleotidsequenzen von Transport- und Ribosomen-RNS. Der Inhalt der expliziten genetischen Information kann direkt aus der jeweiligen Nukleotidsequenz des kodierenden DNS- bzw. Virus-RNS-Moleküls (Molekülabschnitt) erschlossen werden. Das ist bezüglich des Inhaltes der impliziten genetischen Information, die Funktion und Wechselwirkung der Genprodukte bestimmt, nicht möglich.

3) Gene sind solche Abschnitte des genetischen Materials, in denen jeweils eine unikale explizite genetische Information verschlüsselt ist. Auf ihre Existenz war erstmals Mendel in seinen Kreuzungsexperimenten 1865 aufmerksam geworden; benannt wurden sie 1909 durch Johannsen. Bei Prokaryoten und ihren Viren bestehen die Gene aus ununterbrochenen Aufeinanderfolgen von etwa 1000 Nukleotiden, die von »Interpunktionssequenzen« (Start- und Stoppkodonen, s. Punkt 4) begrenzt sind (Abb. 1). Durch Veränderungen der Nukleotidsequenz entstehen unterschiedliche Zustandsformen der Gene mit mehr oder weniger abweichendem Informationsgehalt, die man als Allele bezeichnet. Sie nehmen jeweils einen bestimmten Ort auf einem Chromosom ein, den Genlocus.

Die Gene der Eukaryoten und ihrer Viren sind meist diskontinuierlich und können aus mehreren Zehntausend Nukleotiden (Nukleotidpaare) bestehen (Abb. 1). Die Abschnitte, in denen jeweils Anteile der betreffenden genetischen Information verschlüsselt sind, werden als Exonen bezeichnet. Diese werden durch Intronen voneinander getrennt.

Gene der Viren können einander überlappen, so daß dann in einem bestimmten Abschnitt genetischen Materials jeweils mehrere unterschiedliche explizite genetische Informationen verschlüsselt sein können.

Viren besitzen einige wenige bis einige hundert Gene, Bakterien einige tausend, Drosophila etwa 5000, der Mensch etwa 50000 Gene. Höherentwicklung ist also nicht direkt mit Genomvergrößerung korreliert, sondern – auf der genetischen Ebene – mit zunehmender Vernetzung der genetischen Informationen, d. h. mit Vergrößerung des Gehaltes an impliziter genetischer Information.

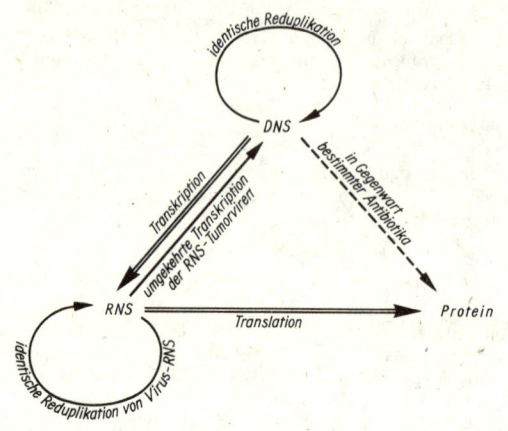

2 Zentrales Dogma der Molekularbiologie

4) Die Abgabe der expliziten genetischen Informationen erfolgt, wie im »Zentralen Dogma der Molekularbiologie« beschrieben, unidirektional immer nur vom Informationsspeicher DNS bzw. Virus-RNS auf Proteine, und nie umgekehrt (Abb. 2). Dadurch wird die Stabilität der genetischen Information weitgehend gewahrt und eine »Vererbung erworbener Eigenschaften« von vornherein ausgeschlossen. Die einzelnen Schritte der genetischen Informationsabgabe und ihrer Regulation werden vor allem im Rahmen der Molekularbiologie untersucht und konnten im Prinzip aufgeklärt werden. Sie erfolgen unter anderem nach den Regeln des *Aminosäure-Kodes*, der die Übersetzung der in einer 4-Symbol-Schrift, den aus vier verschiedenen Nukleotid-Sorten bestehenden Molekülen des genetischen Materials, in eine 20-Symbol-Schrift der aus 20 Aminosäuren zusammengesetzten Proteine ermöglicht. Dabei werden die einzelnen Aminosäuren durch jeweils drei Nukleotide, durch Tripletts, verschlüsselt, die spezifische Kodonen bilden. Der Aminosäure-Kode ist hochgradig degeneriert, indem für die Verschlüsselung der 20 Aminosäuren 61 Kodonen zur Verfügung stehen: 18 Aminosäuren (außer Methionin und Tryptophan) werden durch zwei oder mehr synonyme Kodonen spezifiziert. Von einem »Startkodon« an werden die Kodonen eines Gens in einem festgelegten Leseraster jeweils kommafrei und nicht überlappend bis zu einem »Stoppkodon« abgelesen. Bei Eukaryoten sichern

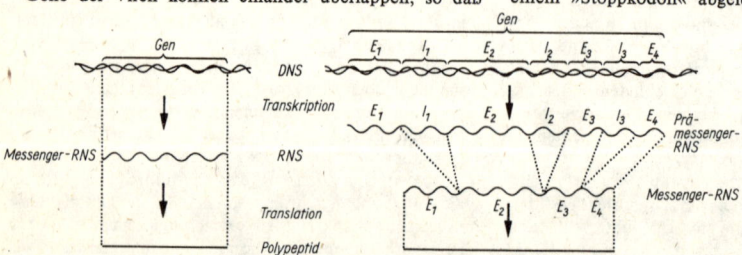

1 Gene der Prokaryoten und Eukaryoten und ihre Expression. Die meisten eukaryotischen Gene sind gespalten und bestehen aus kodierenden Exonen (*E*) und nichtkodierenden Intronen (*I*)

komplizierte Mechanismen der »Reifung« der Messenger-RNS, daß nur die Nukleotidsequenzen der Exonen übersetzt werden.

Der genomische Aminosäure-Kode, der für Verschlüsselung und Entschlüsselung der expliziten genetischen Informationen des Zellkernes, des Plastoms, sowie der Prokaryoten und aller Viren gilt, ist universell, seine Regeln gelten also für Mensch, Tier, Pflanze und Mikrobe. Dies ist – zusammen mit der Allgemeingültigkeit des Zentralen Dogmas der Molekularbiologie und der Einheitlichkeit des genetischen Materials – einer der wichtigsten Beweise für die Einheitlichkeit der lebenden Materie, für die Richtigkeit von Evolutions- und Deszendenztheorie und deutet den monophyletischen, nur einmal erfolgten Ursprung des uns heute bekannten Lebens an (was nicht ausschließt, daß es während der präbiotischen Phase der Evolution auch andere, aber erfolglose Versuche zur Selbstorganisation belebter Moleküle gegeben hat). Lediglich beim Aminosäure-Kode der Mitochondrien verschiedener Organismen konnten drei charakteristische Unterschiede zum genomischen Aminosäure-Kode festgestellt werden.

5) Essentielle Eigenschaften des genetischen Materials sind seine Fähigkeiten, durch Mutationen und/oder Rekombinationen verändert zu werden: *Genetische Variabilität* ist eine der entscheidenden Voraussetzungen für biotische Evolution.

Mutationen sind mehr oder weniger drastische Veränderungen des genetischen Materials, die durch Temperatur, Strahlen, chemische Substanzen, manche Viren u.a. ausgelöst werden, aber auch »spontan« auftreten können, z.B. infolge von Fehlern während der identischen Reduplikation. Viele Mutagene wirken indirekt, indem sie DNS- oder Virus-RNS-Schäden verursachen, die durch zelluläre Reparaturmechanismen beseitigt werden, wobei Mutationen auftreten können.

Punktmutationen entstehen durch Nukleotid(paar)austausche oder als »Rastermutationen« durch Verschiebung des Leserasters (s. Punkt 4) infolge des Einbaues oder Ausfalles einzelner Nukleotide. In jedem Falle entstehen Mutantenallele. Wegen der Degeneration des Aminosäure-Kodes müssen sie nicht immer eine merkliche Veränderung der betreffenden genetischen Information zur Folge haben, wenn z.B. durch eine »Gleichsinn-Mutation« synonyme Kodonen gegeneinander ausgetauscht werden, die die gleiche Aminosäure kodieren, oder wenn durch eine »erlaubte Fehlsinn-Mutation« ein Mutanten-Kodon entsteht, das eine verwandte Aminosäure kodiert. Die meisten Mutantenallele sind zudem rezessiv und kommen im heterozygoten Zustand in Gegenwart eines entsprechenden Wildtyp- oder Normalallels nicht zur Ausprägung, sondern nur im homozygoten Zustand oder bei Hemizygotie, d.h., wenn in einem männlichen Organismus ein auf dem X-Chromosom lokalisiertes Gen betroffen ist.

Chromosomenmutationen sind Umbauten von Chromosomenabschnitten. Zumindest bei Prokaryoten werden diese unter anderem durch »springende Gene« (»bewegliche DNS-Elemente«) verursacht. Das sind bei Prokaryoten und Eukaryoten vorkommende DNS-Sequenzen mit gemeinsamen strukturellen Charakteristika, die an beliebigen Stellen in Chromosomen eingebaut werden können und dadurch Genspaltungen sowie – zumindest bei Prokaryoten – Chromosomenmutationen unterschiedlichsten Typs verursachen: Deletionen, d.h. Stückverluste, Duplikationen und weitere Amplifikationen, d.h. Vervielfachungen, Translokationen bzw. Transpositionen, d.h. Ortsverlagerungen, sowie Inversionen, d.h. Verdrehungen um 180°. Die Auswirkungen derartiger Chromosomenmutationen sind sehr unterschiedlich und hängen von Art und Umfang des Umbaues

ab. Amplifikationen und Translokationen spielen für die Evolution eine sehr große Rolle. Chromosomenmutationen in somatischen Zellen sind für die Ontogenese bedeutsam; beispielsweise erfolgt die Entwicklung der genetischen Basis des Immunsystems im wesentlichen durch Chromosomenumbauten, wobei aus einigen hundert Vorläufer-Genen Hunderttausende von unterschiedlichen Immunglobulin-Genen entstehen, die die Bildung verschiedenartiger Antikörper determinieren.

Genommutationen (numerische Chromosomenmutationen) repräsentieren die dritte Gruppe von Mutationstypen. Sie waren bisher kaum Objekt der M., sondern wurden vor allem im Rahmen von Zytogenetik und medizinischer Genetik untersucht, da sie für zahlreiche genetisch bedingte Erkrankungen verantwortlich sind. Die zugrunde liegenden molekularen Prozesse sind noch weitgehend unverstanden; diskutiert werden in erster Linie Regulationsstörungen.

6) Neben Mutationen tragen Rekombinationen zur genetischen Variabilität bei. Auf *interchromosomaler* Rekombination beruht die bereits von Mendel beobachtete unabhängige Aufspaltung von Allelenpaaren bei dihybrider Kreuzung. Sie erfolgt aber auch schon bei Viren, wenn deren Genom aus mehreren Nukleinsäuremolekülen besteht. Beispielsweise können bei Mischinfektion von Zellen mit zwei unterschiedlichen Influenzavirusstämmen durch interchromosomale Rekombination völlig neuartige Virustypen entstehen. Auf *intrachromosomaler* Rekombination ist die Durchbrechung der »Kopplung« von Genen zurückzuführen, die auf dem gleichen Chromosom lokalisiert sind. Ihre Entdeckung ermöglichte nach 1910 die Aufstellung von Chromosomenkarten, wobei aus der Rekombinationsfrequenz auf den Abstand der ausgetauschten Gene geschlossen werden kann.

Die Einführung der M. erlaubte eine molekulare Analyse der Rekombinationsprozesse und führte zur Entdeckung zahlreicher »Rekombinasen«, zur Rekombination katalysierender Enzyme. Diese Rekombinasen bewirken entweder homologe Rekombinationen, wobei homologe Chromosomenabschnitte gepaart und gegeneinander ausgetauscht werden, oder nichthomologe (»illegitime«) Rekombinationen, die zwischen nichthomologen Chromosomen stattfinden. Durch nichthomologe Rekombination erfolgt der Einbau springender Gene, die auch die Ursache für die Mehrzahl der von diesen induzierten Chromosomenumbauten ist.

7) Auf »in-vitro-Rekombination« beruht vor allem die in den 70er Jahren eingeführte Gentechnik, das »genetische Ingenieurwesen« (engl. genetic engineering). Interessanterweise wurde die Entwicklung des genetic engineering bereits 1934 von Timoféef-Ressovsky, einem der geistigen Väter der M., vorhergesagt. Einführung und praktische Nutzung der in-vitro-Rekombination wurde in erster Linie nach der Entdeckung und Anwendung der *Restriktasen* (Restriktions-Endonukleasen) möglich. Restriktasen sind vorwiegend aus Bakterien isolierte Enzyme, die DNS-Moleküle sequenzspezifisch spalten und deshalb zur reproduzierbaren Fragmentierung von DNS eingesetzt werden können. Durch Behandlung mit unterschiedlichen Restriktasen kann ermittelt werden, welche Restriktase-Erkennungssequenzen in einem DNS-Molekül verteilt sind und wie. Dies erlaubt die Aufstellung von »physikalischen Chromosomenkarten«, was beispielsweise für die Charakterisierung von Genen und für die Differentialdiagnose von Viren praktisch bedeutsam ist. Z.B. können durch physikalische Kartierung krebserregende Typen von Warzenviren von nicht onkogenen Typen unterschieden werden. Auch RNS-Moleküle, die von Restriktasen nicht gespalten werden, sind physikalisch zu kartieren oder mit anderen gentechni-

schen Methoden zu bearbeiten, wenn man von ihnen vorher entsprechend komplementäre DNS-Kopien herstellt. Das ist mittels des Enzyms Revertase (Umkehrtranskriptase) möglich, das aus RNS-Tumorviren isoliert werden kann.

Restriktasen erlauben auch eine reproduzierbare Zerlegung von DNS-Molekülen in solche Fragmente, die für eine DNS-*Sequenzanalyse* klein genug sind. Dadurch wurde die komplette Sequenzaufklärung zahlreicher Gene und Virus-Genome möglich. Dies ist wiederum eine Voraussetzung für die *in-vitro-Totalsynthese von Genen* und anderen DNS-Sequenzen, die ebenfalls erstmals zu Beginn der 70er Jahre gelungen ist. Die Gensynthese in vitro, bei der Blöcke aus jeweils einigen Nukleotiden nach dem Prinzip des Dominospiels zusammengefügt werden, kann aber auch bei Kenntnis der Aminosäuresequenzen der entsprechenden Genprodukte betrieben werden. Hierbei kann sich allerdings die Degeneration des Aminosäure-Kodes erschwerend auswirken.

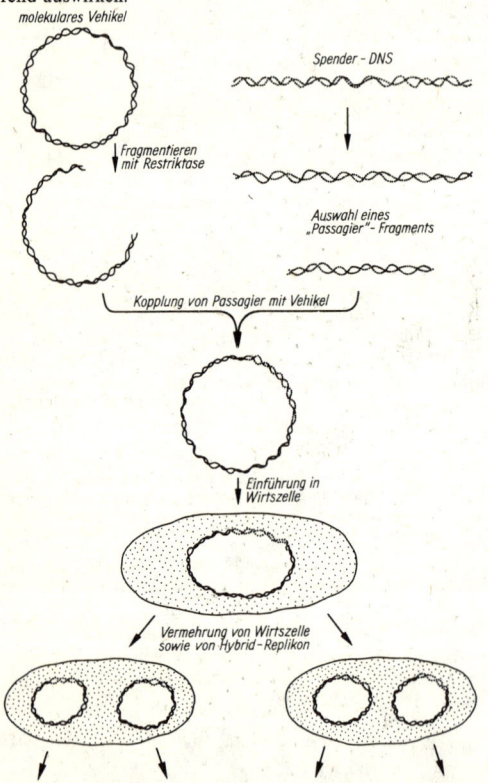

3 in-vitro-Rekombination und Gentransfer (stark schematisiert)

Die *in-vitro-Rekombination* selbst (Abb. 3) beruht darauf, daß man fragmentierte oder synthetisierte DNS-Sequenzen miteinander fusioniert, wobei durch das Enzym Polynukleotidligase kovalente Bindungen hergestellt werden. Dabei werden bestimmte DNS-Sequenzen, die z. B. einen Genlocus einschließen, als »Passagier« in ein – zuvor mit Restriktase aufgeschnittenes – Replikon (s. Punkt 1) eingebaut, das als »molekulares Vehikel« dient. Als Vehikel verwendet man entsprechend bearbeitete Plasmide oder Virus-DNS-Moleküle. Mit den durch die in-vitro-Rekombination entstandenen Hybrid-DNS-Molekülen werden dann geeignete Empfängerzellen transformiert. In diesen erfolgt entweder eine Vermehrung des Vehikels zusammen mit der eingebauten Passagier-DNS, wodurch diese vervielfältigt werden kann, und/oder ein Einbau des Hybrid-Replikons in das Wirtsgenom. Dadurch kann die Empfängerzelle genetisch umprogrammiert und bei entsprechender Versuchsdurchführung veranlaßt werden, die genetische Information des Passagier-Gens auszuprägen. Auf diese Weise konnten z. B. *Escherichia coli*-Bakterien oder Hefezellen konstruiert werden, die zur Synthese menschlicher Genprodukte befähigt sind, z. B. von Insulin. Andererseits konnten so in vitro kultivierte menschliche Zellen veranlaßt werden, bakterielle Enzyme zu synthetisieren, wodurch zumindest im Labormaßstab eine Korrektur bestimmter genetischer Defekte möglich ist, allerdings vorerst nur an der isolierten Zelle.

Lit. E. Geißler: M. – Beiträge zu ihrer Entwicklung (Leipzig 1975); Piechocki: Genmanipulation – Frevel oder Fortschritt? (Leipzig 1983); weiteres → Molekularbiologie.

Mollusken, svw. Weichtiere.

Molluskizide, Pflanzenschutzmittel zur Bekämpfung von Mollusken (Schnecken).

Moloch, *Dornteufel, Moloch horridus,* kleine, braun und orange gefärbte, sandbewohnende, ameisenfressende → Agame Australiens, deren Kopf und Rücken mit großen spitzen Dornen besetzt sind.

Molossidae, → Bulldoggfledermäuse.

Molybdän, Mo, ein Schwermetall. Für die Pflanze ist M. ein lebensnotwendiger Mikronährstoff, der als Molybdatanion von den Wurzeln aus dem Boden aufgenommen wird. Ähnlich wie Phosphat wird Molybdat von den Sorptionskomplexen des Bodens sorbiert, und zwar um so stärker, je niedriger der pH-Wert ist. Die Molybdänaufnahme kann durch Sulfationen behindert, durch Phosphat begünstigt werden.

M. ist für den pflanzlichen und mikrobiellen Stickstoff-Stoffwechsel als Bestandteil bestimmter Metalloflavinenzyme, die für einen verlustarmen Elektronenfluß vom Reduktanten zum Oxidanten sorgen, von großer Bedeutung. So ist die *Nitratreduktase,* die Nitrat NO_3^- zu Nitrit NO_2^- reduziert und hierdurch die Überführung des von der Pflanze inkorporierten Nitrats zu Ammonium-Ionen NH_4^+ einleitet, molybdänhaltig. Für die Funktion des Enzyms kommt dem Valenzwechsel des M., d. h. dem Übergang von der fünfwertigen zur sechswertigen Stufe und umgekehrt, große Bedeutung zu. Auch die *Nitrogenase,* das den Luftstickstoff oxidierende Multienzym luftstickstoffbindender Mikroorganismen, enthält M. Daher ist M. ein essentielles Spurenelement für die symbiontische Luftstickstoffbindung durch Leguminosen. Diese bzw. deren Symbionten haben dementsprechend einen hohen Molybdänbedarf. Darüber hinaus dürfte M. in weiteren pflanzlichen Enzymsystemen, besonders in Oxidoreduktasen, eine Rolle spielen. Bei ungenügender Molybdänversorgung sind z. B. die Photosynthese und die Askorbinsäuresynthese beeinträchtigt, während die Atmung teilweise verstärkt ist. Teilweise besteht ein Antagonismus zwischen M. und Kupfer. So hemmt M. die Zytochromoxidase und die saure Phosphatase, während Kupfer deren Tätigkeit begünstigt.

Die meisten Böden enthalten genügend M. in pflanzenverfügbarer Form. Lediglich auf sauren Böden kann es unter Umständen aufgrund einer starken Molybdänfestlegung zu Molybdänmangel kommen. Dieser wirkt sich bei stärker molybdänbedürftigen Kulturpflanzen, z. B. bei Leguminosen (s. o.) und Kreuzblütlern, insbesondere Blumen- und Rosenkohl, stärker aus als bei anderen. Charakteristische Molybdänmangelerscheinungen ergeben bei Blumenkohl das Krankheitsbild der *Klemmherzigkeit.* Dieses ist durch Mißbildung der Blattspreiten gekennzeichnet. Letztere sind schwach entwickelt, bleiben schmal und zeigen gelbe

Flecke zwischen den Adern. Vom Rand her werden sie graugrün und schlaff. In extremen Fällen sind die Blattspreiten weitgehend reduziert, und die Blattstielstümpfe sind häufig abnorm verdreht. Meist können die Schäden durch eine Kalkung behoben werden; gelegentlich ist jedoch eine Molybdändüngung erforderlich. Dabei wird meist Natriummolybdat in den Boden oder auf die Blätter gegeben. Allerdings ist dabei Vorsicht geboten, da ein zu hoher Molybdängehalt des Futters bei Wiederkäuern Erkrankungen hervorrufen kann.

Auch im tierischen und menschlichen Organismus kommen molybdänhaltige Enzyme vor. Solche Molybdänenzyme sind z. B. die Xanthinoxidase, ein Enzym des Purinabbaus, das Hypoxanthin und Xanthin zu Harnsäure oxidiert und z. B. besonders reichlich in der Milch vorhanden ist, wo dessen Aktivität zur Unterscheidung zwischen nicht erhitzter und erhitzter Milch dient. Als weitere molybdänhaltige Fermente sind die Sulfitoxidase, die aus der Säuger- und Vogelleber isoliert wurde, und die Aldehydoxydase anzuführen.

Monade, durch Ausfall der Zellteilung im Verlauf der Meiose statt der → Tetrade entstandene polyploide Einzelzelle.

monarch, → Wurzel.

Monarchen, → Fliegenschnäpper.

Monascidiae, *Ascidiae simplices,* einzeln lebende Seescheiden, die, obwohl sie Ausläufer hervorbringen können, niemals in gemeinsamer Hülle sitzen.

Mondfisch, *Mola mola,* zu den Kugelfischverwandten gehörender großer, scheibenförmiger Hochseefisch ohne eigentliche Schwanzflosse. Der M. wird bis 2 m lang und 1000 kg schwer. Fleisch minderwertig (Tafel 2).

Mondraute, → Farne.

Mongolenfalte, *Nasenlidfalte,* weit herabgezogene Deckfalte des Augenoberlides beim Menschen, die sogar den eigentlichen Lidrand und teilweise die Wimpern verdecken kann. Im inneren Augenwinkel verschmilzt die Deckfalte in einem sichelförmigen Bogen mit der Nasenhaut. Die Lidspalte ist dabei etwas verengt und oft schräg stehend. Durch die nasenseitige Verkürzung der Lidspalte entsteht beim Seitwärtsblick das mongoloide Scheinschielen (Pseudostrabismus). Die M. kommt vor allem bei mongoliden Rassen vor, ist aber nicht auf diese beschränkt.

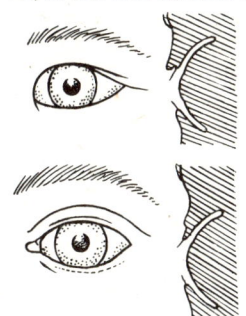

menschliches Auge mit Mongolenfalte (*oben*), verglichen mit Europäerauge (*unten*).
Links: Frontalansicht, *rechts:* Schnitt durch Augenmitte

Mongolenfleck, svw. Steißfleck.
Mongolide, → Rassenkunde des Menschen.
Mongoloidismus, → Chromosomenaberrationen.
Monimolimnion, → See.
Monobryozoon, → Moostierchen.
Monochasium, → Sproßachse, → Blüte.
Monochromasie, → Farbsinnstörungen.
Monocotyledonneae, → Einkeimblättrige Pflanzen.
Monodelphia, *Plazentatiere, Placentalia,* eine Unterklasse der Säugetiere, zu der außer den Kloakentieren und den Beuteltieren alle rezenten Säugetiere gehören. Im Gegensatz zu den → *Didelphia* sind bei den M. die Vaginen zu einer einzigen Vagina verschmolzen, und dementsprechend ist auch der Penis am Ende nicht gespalten. Die beiden Uteri können ebenfalls mehr oder weniger verschmelzen (→ Uterus). Die Harn- und Geschlechtswege sind völlig voneinander getrennt, eine Kloake fehlt. Als Verbindungsorgan zwischen Embryo und Mutter wird eine Plazenta gebildet. Darauf beruht der Name Plazentatiere, der jedoch vermieden werden sollte, da eine Plazenta auch bei Beuteltieren und in primitiver Form sogar schon bei Haien und Kriechtieren vorkommen kann (→ Plazenta).

Monodontidae, → Gründelwale.
Monogamie, → Fortpflanzung.
Monogenea, → Saugwürmer.
Monogenie, Determinierung eines Merkmals durch ein einziges Gen bzw. Allelenpaar.
Monogonanta, → Rädertiere.
Monogonie, → Fortpflanzung.
Monograptus [griech. *monos* 'einzig', *graptos* 'geschrieben'], eine Graptolithengattung mit geraden bis gebogenen, unverzweigten Rhabdosomen, die einseitig mit Theken besetzt sind. Die Theken stehen dicht gedrängt mit einem mehr oder minder spitzen Winkel zur Achse und besitzen eine rüsselförmig ausgezogene Gestalt.

Verbreitung: Silur bis Unterdevon, hier wichtige Leitfossilien.

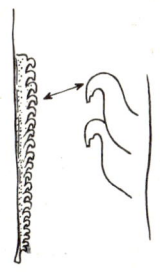

Rhabdosom von *Monograptus priodon* Bronn; natürliche Größe und vergrößerter Ausschnitt

Monohaploidie, Form der Haploidie. Der Begriff M. dient zur Unterscheidung der Haploiden, die aus rein diploiden Formen entstanden sind und nur einen Chromosomensatz besitzen, von den Polyhaploiden, die parthenogenetisch aus Polyploiden hervorgehen können und mehr als einen Chromosomensatz führen. Beide Formen unterscheiden sich in der Meiose dadurch voneinander, daß bei der M. homologe Chromosomenpaarungen im allgemeinen fehlen, während sie bei den Polyhaploiden auftreten können.

monohybrid, Bezeichnung für eine Kreuzung, bei der die Eltern Unterschiede in einem Allelen- bzw. Merkmalspaar zeigen (AA × aa), und das daraus entstehende Kreuzungsprodukt (Bastard), das in diesem Allelenpaar heterozygot ist (Aa). Sind Unterschiede in 2, 3 oder vielen Allelenpaaren vorhanden, wird entsprechend von einer di-, tri- oder polyhybriden Kreuzung bzw. von einem di-, tri- oder polyhybriden Bastard gesprochen. → Mendelspaltung.

Monohydroxybernsteinsäure, svw. Äpfelsäure.
monoklin, → Blüte.
monoklonale Antikörper, Antikörper, die das Produkt eines Zellklons, also der Tochterzellen von einer einzigen Ausgangszelle sind. → Hybridomtechnik.
Monokotyle, svw. Einkeimblättrige Pflanzen.
monokulares Sehen, → räumliches Sehen.
Monolayer, → Krebszelle.
monomiktisch, → See.
Monooxigenasen, → Oxigenasen.
monophag, → Nahrungsbeziehungen.

monophyletisch, → Taxonomie.
Monophylie, Abstammung der Angehörigen eines Taxons von e i n e m gemeinsamen Vorfahren. Die Kriterien für M. sind unterschiedlich streng. Meist gelten Taxa als monophyletisch, deren Vorfahren alle demselben Taxon angehören, das entweder den gleichen oder einen niederen systematischen Rang hat als die betreffende monophyletische Gruppe. In der phylogenetischen oder kladistischen Systematik enthalten monophyletische Gruppen alle bekannten rezenten und fossilen Nachkommen einer einzigen Stammart.
Monoplacophora [griech. monos 'ein', plax 'Platte', phoreus 'Träger'], *Einplatter, Urschaltiere,* Klasse der Weichtiere, von denen primitive Vertreter (50 Arten) bis vor einigen Jahren nur fossil aus dem Kambrium und Devon bekannt waren. 1952 wurde die erste der vier bis heute bekannten rezenten Arten, die zur einzigen Gattung *Neopilina* zusammengefaßt werden, westlich der Küste von Kosta-rica im Pazifik in 3 570 m Tiefe gefunden. Die Untersuchung wies sie als zoologische Sensation aus, da die M. auf Grund metamerer Merkmale die lange gesuchte Brücke zu den »Würmern« darstellen.
  Morphologie. Die M. sind mit flachen, unscheinbaren, nur wenige Zentimeter langen Schalen überdeckt, die an niedere Schnecken erinnern. Der Fuß ist rundlich breit, davor liegen tentakelähnliche Anhänge, in der Mitte die Mundöffnung. Rund um den Fuß sind 5 bis 6 Kiemenpaare (Ktenidien) in einer breiten Mantelfurche angeordnet, in der hinten auch der After auf einer Papille liegt. Außer der paarigen Anordnung der Kiemen weisen die paarigen Muskeln, Nieren, Geschlechtsorgane und Herzvorhöfe auf eine segmentale Gliederung der M. hin.

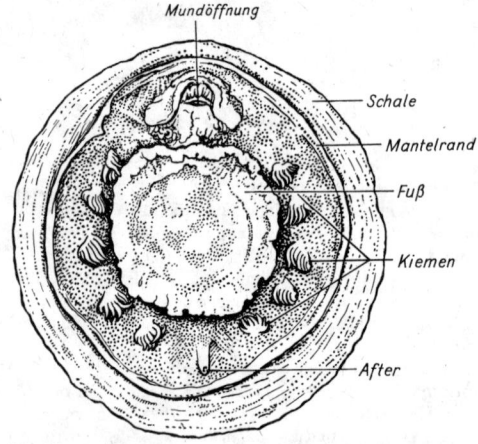

Neopilina, Bauchansicht

Von der Biologie ist wenig bekannt; als Nahrung kennt man aus dem Darminhalt Radiolarien und Diatomeen.
  Die systematische Stellung der M. innerhalb der Weichtiere ist noch umstritten. Sie zeigen morphologische und anatomische Beziehungen zu allen Klassen. Ihre segmentale Gliederung schließt jedoch ihre Einbeziehung in jede dieser Weichtierklassen aus.
  Durch die M. ist der Beweis erbracht, daß die Weichtiere von segmentierten Tieren abstammen; sie haben wahrscheinlich mit den Gliedertieren eine gemeinsame Ausgangsform.
Monoploidie, Bezeichnung für das Vorliegen eines Chromosomensatzes mit der niedrigsten, tatsächlich gefundenen oder theoretisch erwarteten, haploiden Chromosomenzahl, die auch als Grundzahl oder Basiszahl bezeichnet und mit x symbolisiert wird, → Monohaploidie, → Diploidie.
Monopodium, → Sproßachse.
Monosaccharide, → Kohlenhydrate.
Monosomie, eine Form der → Aneuploidie, die durch das Fehlen eines Chromosoms im diploiden Chromosomenbestand $(2n-1)$ gekennzeichnet ist.
Monostyrol, svw. Styrol.
monosymmetrisch, svw. dorsiventral.
Monotocardia, zahlenmäßig größte Ordnung der Vorderkiemer (Schnecken) mit etwa 53 000 Arten, deren Schalenlänge zwischen 0,1 und 60 cm liegt. Es sind jeweils nur ein Herzvorhof, eine Niere und eine Kieme, die an der Mantelhöhlendecke festgewachsen und nur einzeilig ist, vorhanden. Die innere Schalenschicht weist niemals Perlmutterstruktur auf. Die M. umfassen Meeresschnecken aller Größenordnungen, und zwar sowohl parasitische, freischwimmende und pelagische als auch am Boden lebende Arten mit zarten oder aber mächtigen und dicken Schalen.
  Die M. werden zwei Unterordnungen zugeordnet: *Mesogastropoda* (Altschnecken) und *Neogastropoda* (Neuschnecken). Zu den M. gehören unter anderem Kielfüßer, Kaurischnecke, Pantoffelschnecke, Tonnenschnecke, Strandschnecke und Sumpfdeckelschnecke.
Monotomie, → Fortpflanzung.
Monotremata, → Kloakentiere.
monotrich, → Zilien.
Monotrysia, → Schmetterlinge (System).
monotypisch, → Art.
monözisch, → Blüte.
monozyklisch-hapaxanthe Pflanzen, svw. annuelle Pflanzen.
Monozyten, im Blut enthaltene Zellen, die sich in die → Makrophagen umwandeln.
Monsunwald, nur während der regenfeuchten Monsunzeit belaubter, in der Trockenzeit entlaubter Wald der Tropen (*Trockenwald*). Die meisten Bäume verlieren mit Beginn der Trockenzeit ihr Laub und treiben mit Beginn der Regenzeit wieder aus. Regengrüne M. sind besonders im indomalayischen Gebiet verbreitet. Sie werden vor allem vom Teakholzbaum (*Tectona grandis*) und Holzarten der *Burseraceae, Sapindaceae, Anacardiaceae* u. a. aufgebaut und enthalten Lianen und krautige Epiphyten.
montane Stufe, → Höhenstufung.
Monura, → Felsenspringer.
Moor (Tafel 47), *Bruch, Luch, Ried,* Gebiet mit einer torfbildenden Vegetation auf feuchten bis nassen Standorten. Erfolgt die Torfbildung im Bereich des Grundwassers, z. B. über versumpfenden Mineralböden oder bei der Verlandung von Gewässern, entstehen *Flachmoore* (*Nieder-, Niederungs-* oder *Wiesenmoore*), da ihre Oberfläche in der Regel völlig eben ist. Flachmoore sind nach der Zusammensetzung des Grundwassers mehr oder weniger nährstoffreich und tragen eine sehr artenreiche Vegetation besonders von Kräutern und Sträuchern, die der Bodennässe gut angepaßt sind. Nach der Vegetation unterscheidet man *Schilf-, Seggen-, Wiesen-* oder *Waldmoore* (z. B. Erlenbrüche). In niederschlagsreichen Gebieten können sich auf ständig durchfeuchteten Standorten, auch auf Flachmooren, Torfmoose, *Sphagnum*-Arten, ansiedeln, die große Mengen Wasser zu speichern vermögen und allmählich höher wachsen. Da das Niederschlagswasser und allenfalls Flugstaub zur Ernährung der Torfmoose ausreichen, wachsen sie unabhängig vom Grundwasser. Sie können die alte Vegetation, selbst Wälder, überwachsen und bilden die sehr nährstoffarmen, baumlosen oder baumarmen, sich über ihre Umgebung uhrglasförmig erhebenden *Hochmoore*. Die zentrale Hochmoor-

fläche wird von einem steileren, oft bewaldeten Randgehänge umgeben, an das sich außen meist ein Randsumpf (*Lagg*) anschließt. Das eigentliche Hochmoor besteht meist aus einem charakteristischen Mosaik aus kleinen, oft mit Erikazeen und Zyperazeen, auch *Drosera*-Arten besiedelten Hügeln, den *Bulten,* und nassen dazwischenliegenden Senken, den *Schlenken.*

Zur Besiedlung des Hochmoors sind nur die Blütenpflanzen geeignet, die gleich geringe Nährstoffansprüche wie die Torfmoose stellen und transpirationshemmende (xeromorphe) Merkmale aufweisen oder wie die *Drosera*-Arten durch Tierfang (→ fleischfressende Pflanzen) zusätzliche Nährstoffe gewinnen.

Das Wachstum der Torfmoose erfolgt vor allem in den Schlenken. Im Laufe der Zeit wechseln Bulte und Schlenken miteinander ab, da alte, nicht mehr wachsende Bulte von den benachbarten Schlenken überwachsen werden und so selbst wieder zu Schlenken werden. In niederschlagsärmeren Zeiten gewinnt auf dem Hochmoor die Erikazeenvegetation schnell die Oberhand, und das Moor verheidet und bewaldet sich; dieses Stadium wird meist als *Zwischenmoor* bezeichnet. Die nur vom Niederschlagswasser abhängigen Hochmoore werden auch als echte oder ombrogene Hochmoore bezeichnet, im Gegensatz zu den in der Vegetation ganz ähnlichen *Verlandungsmooren,* die nicht uhrglasförmig aufgewölbt sind und die bei der Verlandung nährstoffarmer Seen entstehen können. Diese wachsen kaum über das Niveau des Sees hinaus und kommen auch in weniger niederschlagsreichen Gebieten vor.

Moorfrosch, *Rana arvalis,* schlanker, brauner, spitzköpfiger, bis 7 cm langer Frosch der Tiefländer Mittel- und Nordeuropas mit großem dunklem Ohrfleck, hellem Rückenstreifen, ungeflecktem Bauch und schwach ausgebildeten Schwimmhäuten. Das Männchen hat innere, nicht ausstülpbare Schallblasen und ist zur Paarungszeit oft auffallend himmelblau gefärbt. Der M. bevorzugt feuchte Wiesen und Moore. Die Paarung der Frösche erfolgt in den Monaten März bis April; der Laich wird in Klumpen mit 1 000 bis 2 000 Eiern abgelegt. Wie alle Braunfrösche lebt der M. nur zur Fortpflanzungszeit im Wasser und überwintert an Land.

Moorgewässer, durch sehr saures Wasser und die Armut an Elektrolyten gekennzeichnete Gewässer. Das führt einerseits zu einer drastischen Reduzierung der Fauna und Flora und andererseits zur Auslese typischer Moorbewohner. M. haben meist durch Huminstoffe braun gefärbtes Wasser. → Moor.

Moorkarpfen, svw. Karausche.

Moose, → Moospflanzen.

Moosfarne, → Bärlappartige.

Moosgesellschaften, → Moospflanzen.

Moosglöckchen, → Geißblattgewächse.

Moosmilben, svw. Hornmilben.

Moospflanzen (Tafel 32), *Bryophyta,* eine Abteilung des Pflanzenreiches mit etwa 26 000 Arten. Es sind autotrophe Landpflanzen, deren Vegetationskörper bei primitiven Vertretern noch thallös ist, bei allen anderen aus einem in Achse und Blätter gegliederten Sproß besteht. Ihre Stengel enthalten nur primitive Leitelemente, die Blätter sind fast immer einschichtig. M. haben niemals echte Wurzeln, nur Rhizoide, die vorwiegend zur Verankerung der Pflanzen im Boden dienen. Die Sporangien und Gametangien der M. sind stets vielzellig und von einer Hülle aus sterilen Zellen umgeben. M. haben einen Generationswechsel, der mit einem Kernphasenwechsel gekoppelt ist. Der haploide Gametophyt ist die eigentliche grüne M. Sie entsteht an einem meist fadenförmigen, grünen Vorkeim, dem *Protonema,* der direkt aus der Spore hervorgeht. Auf diesen M. werden die *Gametangien* gebildet. Die weiblichen, die *Archegonien,* sind ganz charakteristisch gestaltet und treten hier im Pflanzenreich zum ersten Mal auf. Sie kommen außerdem in gleicher Form noch bei Farnpflanzen vor, weshalb die M. und Farnpflanzen auch als **Archegoniaten** zusammengefaßt werden, und in reduzierter Form auch bei den primitiven Samenpflanzen. Es sind flaschenförmige Organe, die aus einem Hals- und einem Bauchteil bestehen. Im Bauchteil entwickelt sich die Eizelle; neben einer Bauchkanalzelle, im Halsteil, entstehen die Halskanalzellen. Die männlichen Gametangien, die *Antheridien,* sind meist kugelige oder keulige, kurzgestielte Organe, in deren Inneren meist eine große Anzahl von zweigeißligen, schraubenförmig gewundenen Spermatozoiden entstehen.

Die Befruchtung kann nur bei Anwesenheit von Wasser erfolgen, da die Spermatozoiden zu den Archegonien schwimmen müssen. Sie werden durch bestimmte Stoffe, die von den verschleimenden Halskanalzellen ausströmen, chemotaktisch angelockt.

Nach der Befruchtung entwickelt sich sofort der diploide *Sporophyt.* Er ist bei den M. ein unselbständiges Gebilde, das gewissermaßen auf dem Gametophyten parasitiert und aus einer mehr oder weniger gestielten, ovalen oder rundlichen Sporenkapsel besteht. Diese wird bei den Laubmoosen von einer Haube, *Kalyptra,* bedeckt, die aus den Resten des haploiden Archegoniumgewebes hervorgegangen ist. Der gesamte Sporophyt einschließlich des haustorienartigen Fußes wird als *Sporogon* bezeichnet.

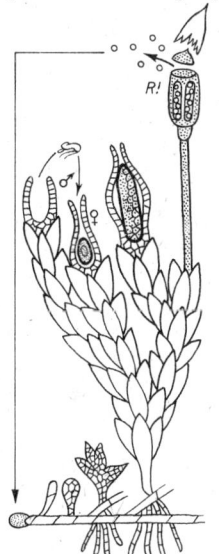

Entwicklung eines synözischen Laubmooses (schematisch). *R!* Reduktionsteilung. Haploide Phase (Protonema, Moospflanze) hell; diploide Phase (Sporogon) dunkel

Die Sporen entstehen im *Archespor,* dem inneren Gewebe der Kapsel, in Tetraden aus zwei Teilungsschritten der Sporenmutterzellen. Sie werden nach außen von zwei Wänden abgeschlossen, dem inneren dünneren Endospor und dem äußeren festen Exospor.

Die vegetative Vermehrung erfolgt bei den M. durch verschiedenartige Brutkörper, die sich von den Mutterpflanzen ablösen.

Die M. sind überwiegend Landbewohner. Da ihre Kutikula jedoch sehr zart ist, können sie aber fast nur feuchte Standorte besiedeln und sich auch nur wenig über die Erdoberfläche erheben, sonst würden sie schnell vertrocknen. Auch das Wachstum in Polstern schützt gegen zu starke Verdunstung. Einige Arten sind sekundär wieder Wasserpflanzen geworden. Die einzelnen Arten sind meist sehr

Moostierchen

gute Standortanzeiger und Bioindikatoren und oft zu charakteristischen *Moosgesellschaften* vereinigt. Fossile Reste von M. finden sich seit dem Mittelkarbon. Sie geben aber keinen Aufschluß über die Abstammung der M. Trotzdem dürfte es als sicher gelten, daß sie sich aus grünalgenartigen Organismen, die einen Generationswechsel hatten, herleiten. Das Moosprotonema ist ursprünglich auch als Grünalgengattung beschrieben worden.

Während bei den M. der stärker vom Wasser abhängige Gametophyt weiterentwickelt wurde, ist bei den Farnpflanzen der Sporophyt gefördert worden. Dieser ist vom Wasser unabhängiger, so daß eine Höherentwicklung möglich war, während die M. nur einen Seitenzweig im Stammbaum der Pflanzen darstellen.

Die Abteilung der M. wird in zwei gut unterscheidbare Klassen, die → Lebermoose und die → Laubmoose, gegliedert.

Moostierchen, *Bryozoa, Polyzoa,* eine etwa 4000 Arten umfassende Klasse der Kranzfühler.

Morphologie. Bäumchenförmige oder moosähnliche festsitzende Kolonie (*Zooarium*) aus unabhängigen Einzeltieren (*Zooide*), bei denen die trimere Gliederung durch eine Zweiteilung in den weichhäutigen Vorderkörper (Polypid) und in den von einer gallertigen, chitinigen oder kalkigen Hülle (*Zoözium*) umschlossenen Hinterkörper (*Zystid*) überlagert wird. Der Vorderkörper mit der geschlossenen oder halbkreisförmigen Tentakelkrone kann durch Muskelzüge und hydraulische Einrichtungen in die Hülle zurückgezogen werden. Der Darmtrakt ist U-förmig, der blindsackartige Magendarm ist durch einen Zellstrang (Funikulus) mit der Leibeswand verbunden. Ein Blutgefäßsystem fehlt immer, Nephridien sind nur selten vorhanden.

Biologie. Die M. sind meist Zwitter, häufig tritt Selbstbefruchtung auf. Einige Arten betreiben Brutpflege, wobei benachbarte Individuen mit ihren Wandungen gemeinsame Brutkammern, die *Oözien* oder *Ovizellen,* bilden können. Bei den *Cyclostomata* wird das Elterntier oder dessen Darm zum Embryonenträger. Dort können aus dem befruchteten Ei durch Teilung mehrere Embryonen entstehen (Polyembryonie). Die Verbreitung der M. erfolgt durch schwimmende trochophoraähnliche Wimperlarven, die *Cyphonautes,* mit zwei dreieckigen Schalenklappen und dazwischenliegendem Scheitelorgan. Die Kolonie entsteht aus dem ersten Zooid durch fortgesetzte Knospung neuer sich festsetzender Einzeltiere, die durch Teile der Gehäusewandungen (Rosettenplatten) verbunden bleiben und gegenseitig Nährstoffe austauschen können. Bei vielen Kolonien (*Cheilostomata*) kommt es zu einer Arbeitsteilung; neben normalen *Nährzooiden* gibt es *Avikularien* mit besonderem Zangenapparat, um das Überwachsen der Kolonie durch fremde Larven zu verhindern, *Vibrakularien* mit beweglicher Geißel, um das Überdecken der Kolonie mit organischen Sinkstoffen zu vermeiden, *Kenozooide* und *Caularien,* die die Befestigung der Kolonie am Untergrund sichern, sowie *Gonozooide,* die Eier produzieren und danach zum Brutbehälter werden.

Diese spezialisierten Zooide werden von den Nährzooiden mitversorgt. Die Ernährung ähnelt der anderer Kranzfühler; Plankton und Detritus werden mittels der Tentakeln in die Mundöffnung gestrudelt.

Mit einer Ausnahme (Gattung *Monobryozoon*) leben alle Arten in bis zu 30 cm langen Kolonien, die meisten im Süßwasser und in den Küstengebieten der Meere; einige Arten kommen auch noch in 6000 m Tiefe vor. Die im Süßwasser lebenden M. bilden ähnlich wie die Süßwasserschwämme zur Überwinterung Dauerknospen (*Statoblasten*) mit Fortsätzen und einem chitinigen, aus lufthaltigen Zellen gebildeten Schwimmring, die am Funikulus entstehen. Die Dauerknospen dienen zugleich der ungeschlechtlichen Fortpflanzung.

System. Zu den M. gehören zwei Ordnungen, die nach der Form des Tentakelkranzes und der Existenz des Prosomas zu trennen sind: die → Armwirbler (phylaktoläme M., *Phylactolaemata*) im Süßwasser und die → Kreiswirbler (gymnoläme M., *Gymnolaemata*) mit den *Ctenostomata, Cheilostomata* und *Cyclostomata* vorwiegend im Meer.

Geologische Verbreitung und Bedeutung. Kambrium bis zur Gegenwart. Blütezeiten bestanden zwischen Ordovizium und Perm sowie zwischen Kreide und Gegenwart. Nur die Formen mit kalkigen Skeletten sind fossil überliefert. Sie haben Bedeutung als Leitfossilien und Gesteinsbildner; eine Reihe von Arten ist am Aufbau der Riffkalke im deutschen Zechstein beteiligt.

Sammeln und Konservieren: → Kranzfühler.

Lit.: S. Hoc: Die Moostierchen (Bryozoa) der deutschen Süß-, Brack- und Küstengewässer (Wittenberg 1963).

Mor, der. Rohhumus.

Moraceae, → Maulbeergewächse.

Morbus Langdon-Down, → Chromosomenaberrationen.

Morchel, → Schlauchpilze.

Mörderwal, → Delphine.

Morgan-Einheit, der lineare Abstand zweier Punkte (Gene) auf den homologen Chromosomen, in dessen Bereich im Durchschnitt ein Crossing-over je 100 Gameten eintritt.

Morgentyp, → Tageszeitenkonstitution.

Morphaktine, eine Gruppe von synthetischen Wachstumsregulatoren, die sich strukturell vom Fluorenol (9'-Hydroxy-fluoren-(9)-carbonsäure) herleitet, vor allem durch Veresterung der Karboxylgruppe und/oder Substitution im Ringsystem. M. verursachen bei Pflanzen starke Wuchshemmungen, wobei sie vor allem als Gibberellinantagonisten wirken. Ferner hemmen M. den Mitoseablauf reversibel. Die apikale Dominanz wird durch M. gebrochen.

Fluorenol

Morphin, Morphium, der Hauptvertreter der Opiumalkaloide, ist im Opium zu etwa 12 % enthalten und wird aus ihm gewonnen. M. ist ein linksdrehendes tertiäres Amin und bildet weiße, bitter schmeckende Kristalle. Es ist ein narkotisierendes Gift, das in kleinen Dosen einschläfernd und stark schmerzlindernd, in größeren Dosen schließlich durch Lähmung des Atemzentrums tödlich wirkt. M. findet in der Medizin bei stärksten, auf andere Analgetika nicht mehr

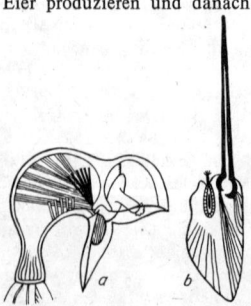

Moostierchen: *a* Avikularie, *b* Vibrakularie

ansprechenden Schmerzzuständen Anwendung. Der wiederholte Gebrauch kann rasch zur Gewöhnung und Sucht führen (Morphinismus), M. gehört deshalb zu den Rauschgiften. Die Verbindung wurde von Sertürner 1806 als erstes Alkaloid in kristalliner Form isoliert. Die Synthese gelang 1952.
Morphium, svw. Morphin.
Morphogenese, → Ontogenese, → Entwicklung.
morphogenetische Reaktionen, svw. Morphosen.
Morpholaxis, → Regeneration.
Morphologie, *Gestaltlehre,* die Lehre von der äußeren Körpergestalt, dem Aufbau der Organismen und der Lagebeziehungen ihrer Organe.

Die *vergleichende M.* erforscht Körpergestalt, Aufbau und Lageverhältnisse der Organe innerhalb systematischer Einheiten (z. B. vergleichende M. der Wirbeltiere), wobei sie die Mannigfaltigkeit der Erscheinungen unter Berücksichtigung von stammesgeschichtlichen bzw. evolutionsbiologischen Gegebenheiten auf wenige Grundtypen (→ Bauplan) zurückzuführen sucht und dabei Beziehungen zwischen Bau und Funktion der untersuchten Organe herstellt.
morphologischer Ähnlichkeitsvergleich, → gerichtliche Anthropologie.
morphologische Unreife, → Samen, → Samenruhe.
Morphometrie, → mikroskopische Meßmethoden.
Morphosen, *morphogenetische Reaktionen,* bei Pflanzen durch äußere Einflüsse, zumeist physikalische Signale, bedingte Abwandlungen der Pflanzengestalt. Die meisten formbildenden Signale, z. B. Licht, Temperatur, Erdbeschleunigung oder Luftfeuchtigkeit, treffen die gesamte Pflanze oder viele Pflanzenteile gleichzeitig. Deshalb kann praktisch jede Zelle unmittelbar auf das Signal reagieren. Die Einbeziehung transportabler formbildender Substanzen in die Reaktionen ist deshalb wenig wahrscheinlich und wurde auch nur in Ausnahmefällen nachgewiesen. Der Kausalablauf der meisten M. ist noch nicht bekannt. Außer *komplexen M.,* an denen zahlreiche Außenfaktoren in mehr oder weniger gleichem Maße beteiligt sind, kennt man Gestaltbildungen, die vorwiegend durch einen Faktor bedingt sind, wie *Photomorphosen* (→ Photomorphogenese), → Thermomorphosen, → Geomorphosen, → Hygromorphosen, → Chemomorphosen und Thigmomorphosen (→ Mechanomorphosen).
Mortalität, *Sterblichkeit,* der Populationsanteil, der in einer bestimmten Zeit durch den Tod vernichtet wird. Die *Sterberate (Sterbeziffer)* kennzeichnet den Anteil Gestorbener, bezogen auf die gesamte Individuenzahl und Zeiteinheit. Die M. beeinflußt zusammen mit der Natalität die Populationsdynamik entscheidend. Die M. wird durch individuengebundene (natürliche Alterung, funktionelle Fehlleistungen) und äußere Ursachen (innerartliche Konkurrenz, Antibiose, Nahrungsmangel, abiotische Einwirkungen) verursacht.
Morula, → Furchung.
Morulatiere, *Mesozoa,* sehr kleine, etwa 50 Arten umfassende Gruppe der Vielzeller. Ihre Vertreter schmarotzen während einer ungeschlechtlichen Fortpflanzungsphase entweder (*Dicyemida*) in der Niere von Kopffüßern oder (*Orthonectida*) in der Leibeshöhle oder den Geschlechtsorganen von Strudel-, Schnur- und Ringelwürmern sowie Schlangensternen. Die Geschlechtsgeneration lebt frei im Meer, z. T. vielleicht auch parasitisch in anderen Tieren. Bei den *Dicyemida* besteht der Körper der ungeschlechtlichen Generation aus einer bis drei großen Axialzellen, die von einer Schicht aus etwa 25 bewimperten Zellen umgeben sind. In den Axialzellen bilden sich Fortpflanzungszellen, die wieder zu Tieren der ungeschlechtlichen Generation werden. Wird jedoch der Kopffüßer geschlechtsreif, so

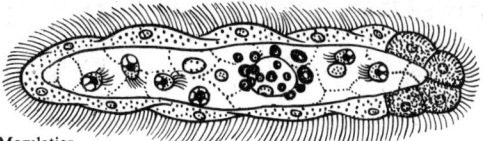

Morulatier

entstehen aus ihnen infusorienähnliche, ebenfalls bewimperte Tiere, die den Wirt verlassen. Ihre weitere Entwicklung ist unbekannt.

Die *Orthonectida* sind vielzellige amöbenartige Gebilde, die sich durch Abschnürung einzelner Stücke vermehren. Außerdem können sie aus Keimzellen den *Dicyemida* ähnliche Männchen und Weibchen hervorbringen, die den Wirt verlassen. Im Weibchen entstehen bewimperte Larven, die schwimmend ein neues Wirtstier aufsuchen, wo sie zur ungeschlechtlichen Generation heranwachsen.
Mosaikeier, → Regulation.
Mosaikevolution, Bezeichnung für die Tatsache, daß sich die Evolution verschiedener Merkmale unterschiedlich rasch vollzieht (*Watsonsche Regel*). Als Folge der M. gibt es Organismen, die Eigenschaften verschiedener Taxa in sich vereinen. Beispielsweise finden sich beim Urvogel *Archaeopteryx* sowohl typische Reptil- (Zähne, freie Mittelhandknochen u. a.) als auch Vogelmerkmale (Federn, verwachsene Mittelfußknochen u. a.).
Mosaikformen, Individuen mit genetisch von der Norm abweichenden Gewebesektoren, hervorgerufen durch Änderungen in der Chromosomenzahl (Chromosomenmosaike), durch Gen-, Chromosomen- und Plastidenmutationen, → Positionseffekte oder durch somatisches Crossing-over. Von phänotypischem Geschlechtsmosaik wird gesprochen, wenn M. als Ergebnis einer zunächst in Richtung des einen, später in Richtung des anderen Geschlechts laufenden Entwicklung entstehen.
Mosaikgen, ein Gen, dessen Kodesequenz durch → Insertionen unterbrochen wird, die in der fertigen Messenger-RNS und damit auch im Protein nicht mehr vorhanden sind.
Mosaikkomplex, → Biozönose.
Mosasaurus [lat. Mosa 'Maas', niederländ. meuse 'Fluß', griech. sauros 'Eidechse'], ausgestorbene Gattung der Lepidosaurier, fleischfressendes Meeresreptil. Der bis zu 12 m messende Körper hatte einen 1 m langen Schädel auf kurzem Hals. Die Gliedmaßen waren paddelartig. Sie dienten als Ruder, während der sehr lange, schlängelnde Schwanz das Hauptbewegungsorgan darstellte.

Verbreitung: Oberkreide auf allen Kontinenten, außer Antarktis und Neuseeland.
Moschus, Duftstoff aus den Geschlechtsdrüsen der männlichen Moschustiere, *Moschus moschiferus,* einer vorwiegend in China lebenden Hirschart, findet sich in geringerer Menge auch bei einigen anderen Tieren, z. B. beim Moschusochsen oder bei Bisamratten. Das Sekret wurde früher vielfach als Riechstoff und Parfümbestandteil verwendet, ist heute jedoch durch ähnlich riechende synthetische Stoffe verdrängt. Geruchsbestimmende Bestandteile des M. sind zyklische Ketone und Alkohole mit 14 bis 18 Ringliedern, vor allem → Muskon.
Moschusochse, *Ovibos moschatus,* ein etwa 1 m hoher Paarhufer aus der Familie der → Horntäger. Der M. hat abwärts geschwungene Hörner und einfarbig dunkles, sehr langes Fell. Er bewohnt die arktischen Gebiete Nordamerikas und wurde auch auf Spitzbergen, in Norwegen und auf der Wrangelinsel ausgesetzt. Die Rudel bilden bei Gefahr einen »Igel«, d. h., sie stellen sich in einem Kreis mit den Köpfen nach außen auf.

Lit.: A. Pedersen: Der M. (Wittenberg 1958).

Moschusschildkröten, → Schlammschildkröten.
Moschustier, *Moschus moschiferus,* ein kleiner Hirsch der zentral- und ostasiatischen Gebirge. Die Böcke haben zu Hauern umgewandelte obere Eckzähne, ein Geweih fehlt. Die Duftdrüsen der Männchen liefern den Moschus.
Moskitos, → Stechmücken.
Mößbauer-Spektroskopie, Untersuchung der Energieabsorption von Eisen 57 (^{57}Fe) im Gammastrahlenbereich. Der Kern des Isotops ^{57}Fe hat einen angeregten Zustand, der etwa 14,4 keV über dem Grundzustand liegt und durch Strahlung einer ^{57}Co-Quelle angeregt wird. Das Absorptionsspektrum selbst wird durch Nutzung des Doppler-Effektes bestimmt. Die Quelle wird bewegt und damit die Frequenz der monochromatischen Gammastrahlung verschoben. Aus solchen Untersuchungen lassen sich Einblicke in die Elektronenstruktur des Eisens in Hämoproteinen gewinnen. Man nutzt die auftretende Hyperfeinaufspaltung. Durch die M.-S. gewinnt man direkten Zugang zur Struktur des katalytischen Zentrums von Proteinen.
Motivation, Verhaltensbereitschaft, die arttypische Verhaltensmuster umsetzt, deren Ausführung lebenswichtige Funktionen sichert. In diesem Sinne ist die »Nahrungsbereitschaft« als M. eine Bereitschaft zum Nahrungserwerb, die mit der Nahrungsaufnahme endet. Beim Menschen spricht man von Sekundärmotivationen, wenn es sich um Bereitschaften handelt, die ausschließlich erlerntes Verhalten umsetzen (z. B. Radfahren), obwohl auch hier primäre M. in veränderter Form eingeschlossen sind (Beispiel: Ortswechsel, eventuell auf ein Funktionsziel orientiert). Im einzelnen wird jedoch wegen der noch lückenhaften Kenntnisse über das Ursachengefüge der Motivationsbegriff unterschiedlich definiert.
motiviertes Verhalten, Umsetzung einer Verhaltensbereitschaft (→ Motivation) in ein im Normalfall bei höheren

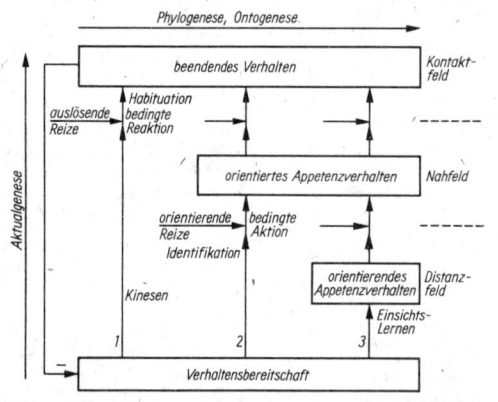

Schematische Darstellung der Umsetzung eines motivierten Verhaltens unter Berücksichtigung der dabei möglichen Lernprozesse und der drei Ereignisfelder des Verhaltens

Tieren dreiphasiges Verhaltensmuster. Es beginnt mit einem orientierenden Appetenzverhalten als Suchphase im *Distanzfeld.* Treffen Reize ein, die eine Identifikation des Suchzieles und seiner Raumlage über richtende Reize zulassen, dann besteht ein *Nahfeld,* und die zweite Phase, das orientierte Appetenzverhalten, setzt ein. Dieses wird beendet, wenn auslösende Reize gegeben sind, durch die das beendende Verhalten aktiviert wird, beispielsweise die Aufnahme von Nahrung. In der Evolution entwickelte sich das m. V. »von hinten her«; das ist auch in der Ontogenese der Regelfall.

Lit. G. Tembrock: Grundriß der Verhaltenswissenschaften (3. Aufl. Jena 1980)

Motoneuron, Nervenzelle, deren Zellkörper sich im Rückenmark oder Hirnstamm befindet, während die Axonterminale die Präsynapsen der neuromuskulären Endplatte darstellen. M. sind vor allem die motorischen Vorderhornzellen.
motorische Endplatte, → neuromuskuläre Synapse.
motorische Vorderhornzellen, im Bereich der Vorderhörner des Rückenmarks liegende große Ganglienzellen (*somatomotorische Zellen*), deren Neuriten über die Vorderwurzeln zur Skelettmuskulatur ziehen. An die m. V. treten zahlreiche Nervenfasern heran, deren Ganglienzellen in jenen höheren Abschnitten des Zentralnervensystems liegen, die an der Willkürmotorik beteiligt sind. Die m. V. mit ihren Neuriten stellen daher die »gemeinsamen nervösen Endstrecken« der Willkürmotorik dar.
Motten, *1)* volkstümliche Bezeichnung für viele Schmetterlinge, besonders für nachts fliegende → Kleinschmetterlinge.

2) Echte Motten, Tineidae, eine Schmetterlingsfamilie mit etwa 60 mitteleuropäischen Arten von 4 bis 45 mm Spannweite, zu der bekannte Schädlinge, wie → Kornmotte, → Kleidermotte und → Pelzmotte gehören.
Mottenläuse, → Gleichflügler.
Mottenschildläuse, → Gleichflügler.
Möwen, *Laridae,* Unterfamilie der → Regenpfeifervögel. Die M., eine weit verbreitete Gruppe, sind sehr anpassungsfähig. Sie können gut fliegen, schwimmen und laufen. Sie vermögen Abfälle zu nutzen und brüten nicht nur im Schilf, am Strand, auf Felsen, sondern z. T. auch auf den Dächern der Häuser. Die Bestände müssen oftmals reguliert werden, weil sie andere Vogelarten verdrängen. Die Jungen sind Platzhocker. Die meisten Arten gehören zur Gattung *Larus.* Ihre nächsten Verwandten sind die → Seeschwalben und Raubmöwen.

Silbermöwe
(*Larus argentatus*)

Möwenvögel, → Regenpfeifervögel.
M-Phase, → Zellzyklus.
M-Realisator, → Geschlechtsbestimmung.
mRNS, Abk. für → Messenger-RNS.
MSH, → Melanotropin.
Mücken, → Zweiflügler.
Mückenfänger, → Grasmücken.
Mückenfresser, *Conopophagidae,* Familie der → Sperlingsvögel mit 11 Arten, die in Südamerika beheimatet sind.
Mückenhafte, → Schnabelfliegen.
Mucosa, → Verdauungssystem.
Mufflon, → Schafe.
Mukoide, → Mukoproteine.
Mukopolysaccharide, durch glykosidische Verknüpfung von Aminozuckern und Uronsäuren aufgebaute Polysaccharide, die zusätzlich N-Azetyl- bzw. O-Sulfatgruppen ent-

halten. M. haben als Stütz-, Schutz- und Gleitsubstanzen im menschlichen und tierischen Organismus große Bedeutung. Wichtigste Vertreter sind Mukoitinsulfat, Chondroitinsulfat sowie Heparin und Hyaluronsäure.

Mukoproteine, aus Polysacchariden und Proteinen aufgebaute Verbindungen, die in *Glykoproteide* mit neutralen Polysacchariden und *Mukoide* mit aminozuckerreichen Mukopolysacchariden unterteilt werden.

Mukro, ein- oder mehrspitziges, oft hakenartiges Endstück der Sprunggabel bei Springschwänzen.

Mull, Humusform biologisch stark tätiger Böden (→ Humus). M. entsteht in annähernd neutralen Böden aus biologisch leicht und rasch zersetzbarer Streu unter vorrangiger Beteiligung von Bakterien und Strahlenpilzen im mikrobiotischen, von Regenwürmern im zootischen Bereich. Hierdurch wird die schnelle Einarbeitung des Auflage-(Streu-)Humus in den Mineralboden und der Aufbau strukturbildender Huminstoffe gefördert.

Muller-Methode, Kreuzungsschema zum Erkennen nachteiliger rezessiver Erbfaktoren eines bestimmten Chromosoms von *Drosophila*. Die Methode erfaßt nicht einzelne Faktoren, sondern den Gesamteffekt des Chromosoms. Das Prinzip besteht darin, ein Chromosom zu isolieren und zu vermehren. Dann vereinigt man zwei Kopien dieses Chromosoms in einem Individuum. Dadurch werden seine rezessiven nachteiligen Erbfaktoren homozygot. Die geringere Lebenstauglichkeit für dieses Chromosom homozygoter Fliegen wird durch Vergleich mit heterozygoten Trägern des Chromosoms ermittelt.

Für die M. benötigt man einen Markierungsstamm. Beispielsweise trägt in einem dieser Stämme eins der II. Chromosomen die dominante und homozygot letale Mutation Curly und das andere die ebenfalls dominante und homozygot letale Mutation Plum. Alle Fliegen mit einem Curly-Chromosom haben aufgerollte Flügel, alle Fliegen mit einem Plum-Chromosom eine abnorme Augenfarbe. Außerdem tragen die II. Chromosomen des Markierungsstamms lange Inversionen, die bei der Reduktionsteilung den Chromosomenstückaustausch unterdrücken. Das Kreuzungsschema zeigt die Abb. In der oberen Reihe wird eine Wildfliege mit einem Tier des Markierungsstamms gekreuzt. Jede Fliege der Nachkommenschaft trägt nun eins der beiden II. Chromosomen. Das in der Abb. willkürlich mit X gekennzeichnete Wildchromosom wird nun durch abermaliges Kreuzen einer Fliege dieser 1. Nachkommengeneration mit einem Individuum des Markierungsstamms vermehrt. Die Curly-Fliegen der in der 3. Reihe dargestellten Nachkommen dieser Kreuzung tragen alle Kopien desselben Wildchromosoms. Kreuzt man zwei dieser Tiere, so bestehen die in der unteren Reihe dargestellten Nachkommen, gemäß der 3. Mendelregel, zu einem Viertel aus homozygoten Curly-Fliegen, zur Hälfte aus Curly-Fliegen, die heterozygot für das Wildchromosom sind, und zu einem Viertel aus Fliegen mit dem homozygoten Wildchromosom. Da alle homozygoten Curly-Fliegen sterben, müßten die beiden überlebenden Genotypen im Verhältnis 2 : 1 vorhanden sein. Gewöhnlich findet man aber zu wenig Wildfliegen, ein Anzeichen für nachteilige rezessive Faktoren im II. Chromosom. Trägt es einen oder mehrere Letalfaktoren, dann erscheinen überhaupt keine Wildtypfliegen.

Diese Methode wurde von H. J. Muller entwickelt. Mit ihrer Hilfe konnte er erstmalig nachweisen, daß Röntgenstrahlen Mutationen auslösen.

Müllersche Larve, *Protrochula,* freischwimmendes Larvenstadium vieler Strudelwürmer der Ordnung *Polycladida*. Der spindelförmige Körper ist in der Mitte von acht lappigen Fortsätzen umgeben, deren Außenrand mit einer fortlaufenden Wimpernschnur besetzt ist. Eine Sonderform der M. L. mit nur vier Fortsätzen ist die *Goettesche Larve*.

Müllersche Larve

Müllerscher Gang, → Eileiter, → Uterus.

Mulmbock, → Bockkäfer.

Multienzymkomplexe, aus mehreren Enzymen unterschiedlicher Funktion und Struktur zusammengesetzte Aggregate, die in geordneter Reihenfolge aufeinanderfolgende Reaktionsschritte katalysieren. Zu ihnen gehören z. B. der *Fettsäuresynthetasekomplex,* der aus 7 unterschiedlichen Enzymen aufgebaut ist, der *α-Ketosäuredehydrogenasekomplex* und die *Tryptophansynthetase*.

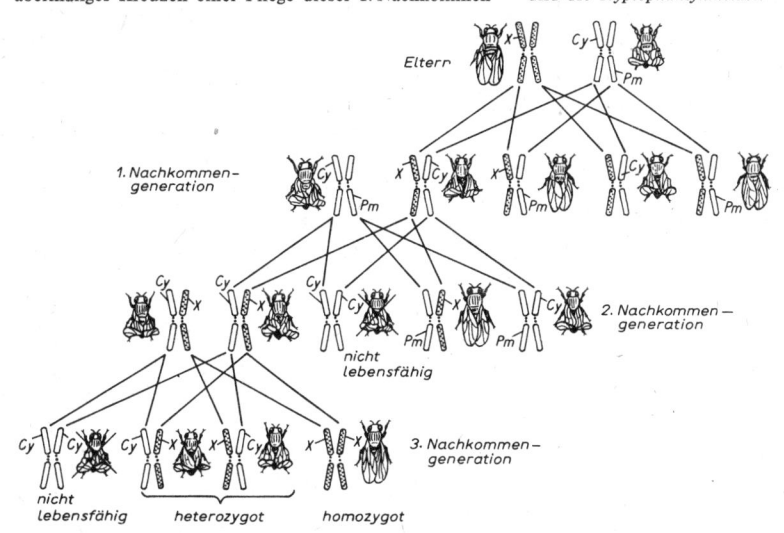

Kreuzungsschema der Muller-Methode

Multikomponentenviren

Multikomponentenviren, svw. Koviren.
Multilayer, → Krebszelle.
multimodale Orientierungssysteme, → Orientierungsverhalten.
Multinetzwachstum, → Streckungswachstum.
Multituberkulaten [lat. multi 'viele', tuberculatus 'höckerig'], *Multituberculata*, ausgestorbene Ordnung primitiver Säugetiere. Ihre vielhöckerigen Backenzähne lassen vermuten, daß es Pflanzenfresser waren. Ihr Körper war etwa maus- bis murmeltiergroß.
   Verbreitung: Obere Trias bis Tertiär (Eozän).
multivariable Verfahren, → Biostatistik.
multivariate Verfahren, → Biostatistik.
multivesicular body, → Bläschenkörper.
multivesikulärer Körper, svw. Bläschenkörper.
Mund, → Verdauungssystem.
Mundbucht, → Verdauungssystem.
Mundgliedmaßen, svw. Mundwerkzeuge.
Mundgräber, → Bewegung.
Mundklappe, svw. Gnathochilarium.
Mundschließmuskel, → Kaumuskeln.
Mundwarze, → Samen.
Mundwerkzeuge, *Mundgliedmaßen,* der Nahrungsaufnahme dienende, meist stark abgewandelte Gliedmaßen der Gliederfüßer. Sie können das 2. bis 6. Kopfsegment umfassen. Die M. der Krebstiere sind die ursprünglichsten, sie zeigen oft noch den Spaltfußcharakter, meist aber werden auf Kosten des Endo- und Exopodits der Protopodit und seine Enditen (Laden) stark entwickelt. Die paarigen *Oberkiefer* oder *Mandibeln,* die im Naupliusstadium und bei einigen Ruderfußkrebsen noch zweiästig sind, bestehen meist aus einer bezahnten Kauplatte mit oder ohne Taster. Zwei Paar *Unterkiefer,* die 1. und 2. *Maxillen,* liegen dicht hinter dem Oberkiefer und besitzen meist gut ausgebildete *Kauplatten.* Bei den höheren Krebsen dienen die ebenfalls umgebildeten 1. bis 3. Brustbeinpaare, die *Kieferfüße, Gnathopoden* oder *Maxillipeden,* der Nahrungsaufnahme. Bei den räuberischen Hundertfüßern findet man außer einem Paar Mandibeln, einem Paar 1. Maxillen mit rudimentären oder fehlenden Tastern und einem Paar beinähn-

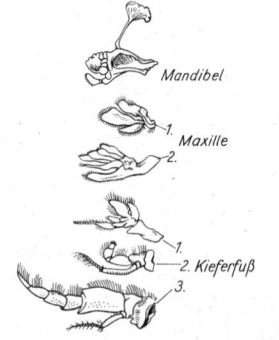

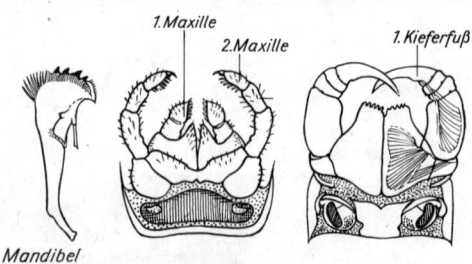

1 Linke Mundwerkzeuge des Flußkrebses

2 Mundwerkzeuge der Hundertfüßer

lichen 2. Maxillen nur noch ein Brust- oder Rumpfbeinpaar, die 1. Maxillipeden, die mit dem mittleren verschmolzenen Teil den Kopf von unten bedecken und deren beide Füße mit je einer Giftklaue enden, in deren Spitze die Giftdrüse ausmündet.

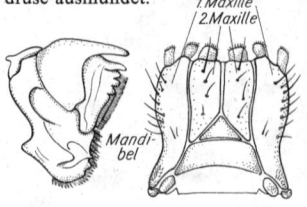

3 Mundwerkzeuge eines Doppelfüßers

Während bei den pflanzenfressenden Doppelfüßern die Mandibeln mehrgliedrig sind, verschmelzen die 1. Maxillen median zu einer Platte, dem *Gnathochilarium* und schließen zugleich die verkümmerten 2. Maxillen mit ein. Das Gnathochilarium hat die Funktion einer Unterlippe, ist aber nicht mit der Unterlippe der Insekten vergleichbar.
   Die ursprünglichsten M., die **beißend-kauenden M.** (orthopteroider Typ) der Insekten bestehen aus der unpaaren *Oberlippe* oder *Labrum,* den paarigen, ungegliederten *Oberkiefern,* den gegliederten, mit Tastern (Palpen) versehenen *Unterkiefern* und der ebenfalls gegliederten, basal verwachsenen und die Mundhöhle nach unten verschließenden *Unterlippe, 2. Maxille* oder *Labium.*
   Jede Unterkieferhälfte besteht aus einem Grundglied, einem langgestreckten Hauptglied mit Kiefer- oder Maxillartaster bzw. -palpen und zwei Kauladen, der Außenlade (Galea) und der Innenlade (Lacinia). Die Unterlippe besteht aus einem basalen, flachen Mittelteil, der durch die Labialnaht in ein Postlabium oder Postmentum (Submentum + Mentum) und ein Prälabium oder Prämentum unterteilt ist. Das Prämentum trägt seitlich die Lippen- oder Labialtaster bzw. -palpen und distal die Zungen (Glossae) und die Nebenzungen (Paraglossae). Zungen und Nebenzungen können zu einer Ligula verschmelzen. Von den beißendkauenden M. der Geradflügler, Käfer, Netzflügler, Libellen, Steinfliegen, Termiten und vieler Insektenlarven lassen sich alle anderen Typen der Insektenmundwerkzeuge ableiten. Der Typus der **leckend-saugenden M.** besteht bei den höheren Hautflüglern aus einem komplizierten, vorstreckbaren *Saugrüssel,* der von den stark verlängerten Außenladen der Unterkiefer und den zu einer langen behaarten Zunge verwachsenen Glossae der Unterlippe gebildet wird. Während die Oberlippe wie die Oberkiefer normal ausgebildet sind, erfahren die Innenladen und die Nebenzungen eine starke Rückbildung. Die höchstentwickelte Form der leckend-saugenden M. besitzen die höheren Schmetterlinge. Der in Ruhe aufgerollte Saugrüssel besteht aus den gewaltig verlängerten Außenladen, die auf der Innenseite rinnenförmig ausgehöhlt sind und zusammengelegt ein Rohr ergeben. Ihre Labialtaster sind meist nicht zurückgebildet.
   Den Typ der **stechend-saugenden M.** findet man bei den Tierläusen, den Schnabelkerfen, den Blasenfüßen, vielen Zweiflüglern und den Flöhen. An der Rüsselbildung der Schnabelkerfe beteiligen sich außer den M. die stark verlängerte Oberlippe und als weitere Teile des Kopfes die Mandibular- und Maxillarplatten. Den größten Teil des Rüssels nimmt die röhrenförmige, vorn offene Unterlippe ein, die die zu *Stechborsten* umgewandelten Ober- und Unterkiefer umschließt. Während die mandibularen Stechborsten an der Spitze gezähnt sind, endigen die maxillaren Stechborsten mit glatter Spitze und tragen auf der Innenseite je zwei Rinnen, die zusammengelegt das größere dorsale *Saugrohr* und das kleinere ventrale *Speichelrohr* ergeben. Alle Taster fehlen.

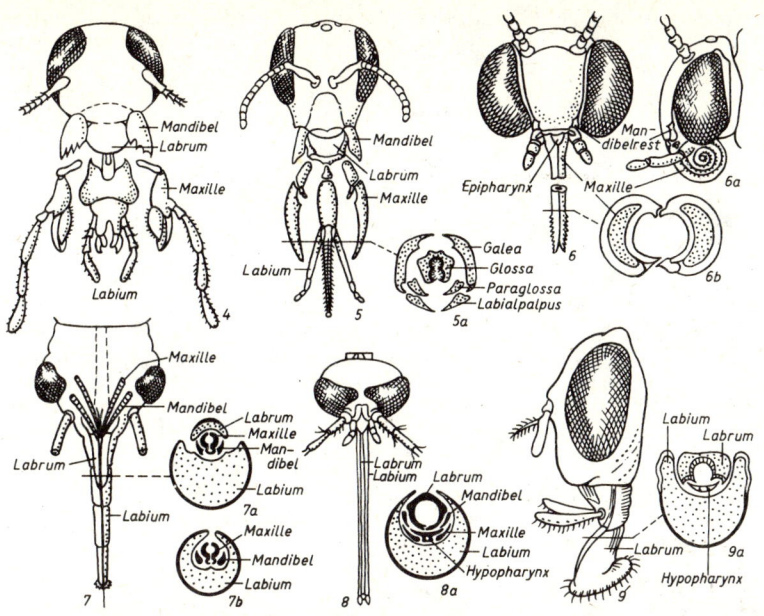

Mundwerkzeuge *4* bis *9: 4* beißend-kauende Mundwerkzeuge der Schabe, *5* leckend-saugende Mundwerkzeuge der Honigbiene, *6* leckend-saugende Mundwerkzeuge eines Schmetterlings, *6a* Seitenansicht, *7* stechend-saugende Mundwerkzeuge einer Wanze, *8* stechend-saugende Mundwerkzeuge einer Stechmücke, *9* Fliegenrüssel. (*5a, 6b, 7a, 7b, 8a* und *9a* Querschnitt durch die angegebene Stelle des jeweiligen Rüssels)

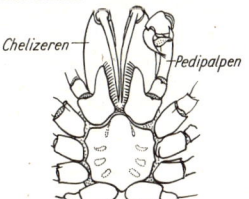

10 Mundwerkzeuge einer Spinne, Bauchseite

Bei den stechend-saugenden M. der Stechmücken liegen die Stechborsten ebenfalls in der Gleitrinne der Unterlippe. Das Saugrohr wird hier jedoch aus der unten rinnenförmig ausgehöhlten und langgestreckten Oberlippe gebildet, und das Speichelrohr liegt im Innern des ebenfalls stark verlängerten *Hypopharynx,* einer zungenförmigen Vorstülpung des weichhäutigen Mundfeldes. Die Maxillarpalpen sind gut entwickelt. Den höheren Fliegen, z. B. der Stubenfliege, fehlen die Mandibeln und 1. Maxillen. Der Rüssel wird von der stark entwickelten Unterlippe gebildet, die in einer oberen Rinne das aus der Oberlippe gebildete Saugrohr und das im Hypopharynx liegende Speichelrohr trägt und spitzenwärts in ein mächtig entwickeltes weichhäutiges Gebilde, das *Haustellum,* ausläuft. Die Maxillartaster sind gut entwickelt.

Sehr einfache M. besitzen die Spinnen. Das 1. Paar, die *Chelizeren,* bestehen aus einem Grundglied und einer zum Grundglied einschlagbaren Klaue, an deren Spitze die Giftdrüse ausmündet. Das 2. Paar, die *Pedipalpen,* sind bei manchen Spinnen noch beinartig entwickelt, bei den höheren Spinnen tasterartig klein und dienen bei männlichen Tieren als komplizierter Kopulationsapparat.

Mungo, Vertreter der Schleichkatzen (*Viverridae*). Als M. werden zahlreiche Schleichkatzen, vor allem Angehörige der Herpestinae bezeichnet. Der gelegentlich angeführte wissenschaftliche Name *Mungos mungo* gehört der afrikanischen Zebramanguste. Der Indische M. (*Herpestes edwardsi*) wurde durch R. Kiplings Dschungelbuch berühmt. Seiner Darstellung liegen exakte Verhaltensbeobachtungen zugrunde, sie ließ andererseits die irrtümliche Meinung aufkommen, M. ernährten sich überwiegend von Schlangen oder würden diese gar aus Haß verfolgen. Trotz fehlender Giftfestigkeit können sie dank ihrer Reaktionsschnelle zwar Kobras überwältigen, als vielseitige Raubtiere und Pflanzenfresser ziehen sie aber leichtere Beute vor. M. wurden an vielen Stellen (karibische Inseln, Hawaii) zur Rattenbekämpfung eingeführt, meist mit verheerenden Folgen für die heimische Fauna. Die Angaben darüber, ob es sich dabei um *Herpestes edwarsi* oder *Herpestes javanicus* (Hinterindien bis Java) handelte, sind widersprüchlich.

Muntjak, *Muntiacus muntjak,* ein kleiner, von China bis nach Süd- und Südostasien verbreiteter Hirsch. Die Männchen besitzen verlängerte obere Eckzähne sowie ein relativ kleines Geweih auf auffällig langen Rosenstöcken.

Muntjak ♂

Muramidasen, svw. Lysozyme.

Muränen, *Muraenidae,* aalartige Knochenfische der Hartbodenküsten wärmerer Meere. Die M. sind schuppenlose Tiere mit stark bezahntem tiefgespaltenem Maul. Die nachtaktiven Tiere verbergen sich in Röhren und Spalten. Manche M. haben Giftdrüsen im Gaumen. Einige Arten sind gute Speisefische. Abb. S. 588.

Muridae, → Mäuse.

muriform, mit Längs- und Querwänden versehen; dreidimensional septiert, z. B. bei Pilzsporen der Gattung *Alternaria.*

Murmeltiere, *Marmota,* Nagetiere aus der Familie der → Hörnchen von gedrungenem Körperbau. M. kommen in verschiedenen Arten in Europa, Asien und Nordamerika vor. Das *Alpenmurmeltier, Marmota marmota,* lebt kolonieweise im Gebiet der Alpen, der Niederen und Hohen Tatra

Musaceae

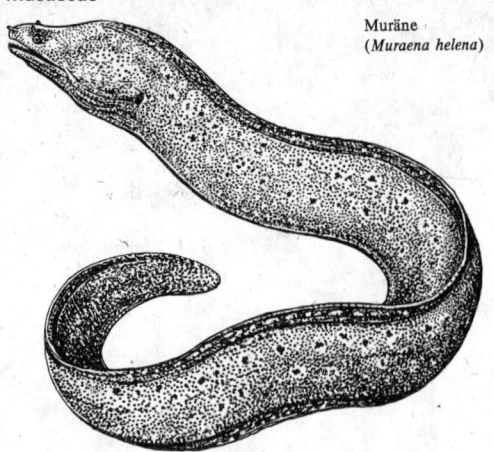

Muräne
(*Muraena helena*)

und stellenweise der asiatischen Hochgebirge. Es legt unterirdische Baue an, in denen es auch Winterschlaf hält. Das *Steppenmurmeltier* oder *Bobak, Marmota bobak,* kommt in den osteuropäischen und asiatischen Steppen vor. Sein Fell (Murmel) wird gefärbt verarbeitet.
Lit.: D. I. Bibikow: Die M. (Wittenberg 1963).

Musaceae, → Bananengewächse.

Musangs, *Paradoxurus,* bräunlichgraue, z. T. gefleckte → Schleichkatzen aus Süd- und Südostasien, die in drei Arten vorkommen. Sie verzehren neben tierischer Nahrung und Obst besonders gern Kaffeebeeren, deren unverdaut ausgeschiedene Kerne angeblich einen besonders schmackhaften Kaffee liefern sollen.

Muschelkalk, mittlere Abteilung der Trias im Germanischen Becken. → Erdzeitalter.

Muschelkrebse, *Ostracoda,* eine Unterklasse der Krebse. Sie sind im Durchschnitt 1 bis 2 mm lang und von einer zweiklappigen Schale (Carapax) völlig eingehüllt (Abb.). Außer den Kopfgliedmaßen sind höchstens zwei Paar Rumpfbeine vorhanden. Alle Gliedmaßen sind sehr spezialisiert und je nach Lebensweise und Ernährungsweise verschieden ausgebildet. Es sind etwa 2000 lebende Arten bekannt, die im Meer und im Süßwasser auftreten. Die M. leben meist am oder im Untergrund oder auf Pflanzen. Sie schwimmen nur kurze Strecken, indem sie mit Hilfe der Antennulae und Antennen oder der Antennen allein gleichmäßig dahingleiten. Man kann Räuber, Aas-, Pflanzen- und Partikelfresser unterscheiden; verschiedene Arten sind ausschließlich Filtrierer.

System.
1. Ordnung: *Myodocopa (Cypridina, Conchoecia* u. a.)
2. Ordnung: *Cladocopa (Polycope* u. a.)
3. Ordnung: *Platycopa (Cytherella)*
4. Ordnung: *Podocopa (Candona, Notodromas, Cypris, Cythere* u. a.)

Geologische Verbreitung und Bedeutung. Ordovizium bis Gegenwart, fossil sehr häufig und weit verbreitet. Die M. sind Untersuchungsobjekt der Mikropaläontologie und neben den Foraminiferen der besten Leitfossilien. Sie treten schon im tieferen Paläozoikum mit großer Formenmannigfaltigkeit in Erscheinung und erreichen dort im mittleren Devon einen Höhepunkt ihrer Entwicklung. Von gleicher Bedeutung sind sie dann seit dem Jura in allen jüngeren Formationen.

Muscheln, *Bivalvia, Lamellibranchiata, Pelecypoda,* Klasse der Weichtiere (Unterstamm Konchiferen) mit zweiklappiger Schale. Die bisher bekannten etwa 20000 Arten sind in allen Meeren und weltweit im Süßwasser verbreitet.

Morphologie und Anatomie. Die M. sind bilateralsymmetrische, seitlich zusammengedrückte Tiere ohne Kopf, deren Körper vollkommen von den beiden Schalenklappen umgeben wird. Diese sind auf dem Rücken durch ein elastisches Ligament miteinander verbunden und können durch einen oder zwei Schließmuskeln fest geschlossen werden. Die Schalenbildung erfolgt durch zwei Mantellappen, deren Ränder bis auf drei Öffnungen (für den Fuß und die Wasserein- und -ausströmöffnungen) miteinander verwachsen können. Der geräumige Mantelraum ist gewöhnlich durch die Anordnung der Kiemen quergeteilt. Die Kiemen entwickeln sich innerhalb der Klasse von Kammkiemen über Fadenkiemen zu Blattkiemen. Der Körper der M. liegt als kompakte Masse im oberen Teil des Schalenraumes. Das Nervensystem besteht aus drei Ganglienpaaren und deren Verbindungen ohne Schlundring. Als Sinnesorgane sind allgemein Statozysten und Osphradien bekannt, in einigen Fällen auch Mantelaugen, sonst nur Sinnesepithelien. Der Magen enthält den typischen, für die Verdauung wichtigen → Kristallstiel. Die M. haben ein offenes Blutgefäßsystem mit einem Herzen aus zwei Vorkammern und einer Hauptkammer, die gewöhnlich den Darm umschließt. Die paarigen Nieren sind mit dem Perikard verbunden und münden in den oberen Kiemenraum. Der Fuß, meist beil- oder wurmförmig und oft mit einer Byssusdrüse versehen, ist nur zu langsamen Bewegungen und zum Einbohren in den Untergrund geeignet. Manche Arten können damit springen. Bauplan der M. s. S. 589.

Biologie. Die M. sind in der Regel getrenntgeschlechtlich; die Befruchtung erfolgt entweder außerhalb der Tiere, indem die paarigen Geschlechtsorgane die Eier oder Spermien ins Wasser ausstoßen, oder innerhalb der Tiere (bei M. mit Brutpflege), indem die abgegebenen Spermien von den weiblichen M. mit dem Atemwasser eingestrudelt werden. Die Entwicklung läuft über eine → Veligerlarve, bei den Unioniden zusätzlich über ein parasitierendes Glochidium-Stadium.

Atmung und Nahrungsaufnahme laufen parallel. Ein von der Kiemen- und Mantelbewimperung erzeugter Wasserstrom führt an den Kiemen vorbei, von denen die mitgeführten Nahrungspartikeln ausgefiltert und auf Wimpernbahnen dem Mund zugeleitet werden. Die Exkretstoffe und

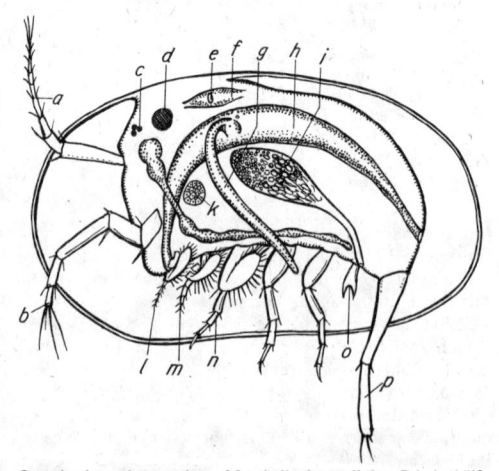

Organisationsschema eines Muschelkrebses, linke Schalenhälfte entfernt: *a* erste Antenne, *b* zweite Antenne, *c* Naupliusauge, *d* Facettenauge, *e* Ostium, *f* Herz, *g* Mitteldarmdrüsenschlauch, *h* Darm, *i* Hoden mit den großen Spermien, *k* Adduktormuskel, *l* Mandibel, *m* erste Maxille, *n* Rumpfbein (zweite Maxille), *o* Penis, *p* Furka

das genutzte Wasser werden durch die obere Mantelöffnung ausgestoßen.

Die meisten Arten leben im Meer am oder im Boden freibeweglich oder festsitzend. Einige Arten können durch Zusammenklappen der Schalen schwimmen, andere bohren sich durch Säureausscheidung oder Raspelbewegungen der vorderen Schalenränder in Steine oder Holz ein.

Wirtschaftliche Bedeutung. M. sind vielfach als Nahrungsmittel (z. B. Austern) und von der Schmuckwarenindustrie (z. B. wegen der Perlen) begehrt, können aber auch erheblichen Schaden bringen, unter anderem durch Zerstören der Holzteile in Hafenanlagen oder an Schiffen durch die Bohrmuscheln oder durch Verstopfen industrieller Filteranlagen.

System. Nach bisheriger Kenntnis gliedert man die M. in 4 Ordnungen:
1. Ordnung: *Protobranchiata* (→ Kammkiemer oder Fiederkiemer)
2. Ordnung: *Filibranchiata* (→ Fadenkiemer)
3. Ordnung: *Eulamellibranchiata* (→ Blattkiemer)
4. Ordnung: → *Septibranchiata*

Geologische Verbreitung und Bedeutung: Kambrium bis Gegenwart. Die M. sind fossil außerordentlich häufig und besitzen große biostratigraphische Bedeutung. Das Maximum ihrer Entwicklung liegt im Mesozoikum, aber auch in den Meeresablagerungen des Tertiärs spielen sie neben den Schnecken eine wichtige Rolle bei der zeitlichen Gliederung der Schichten.

Lit.: S. H. Jaeckel: Die M. und Schnecken der deutschen Meeresküsten (Wittenberg 1965).

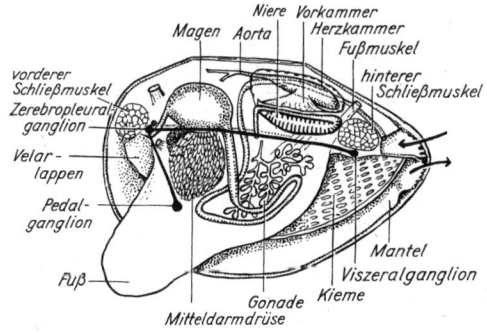

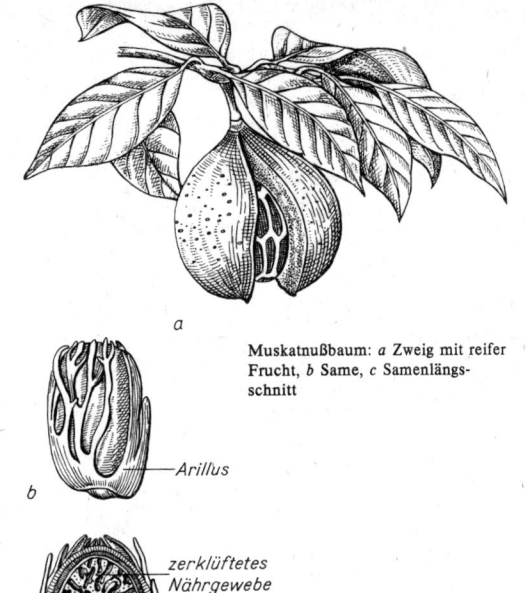

Muskatnußbaum: *a* Zweig mit reifer Frucht, *b* Same, *c* Samenlängsschnitt

Bauplan einer Muschel

Muschelseide, svw. Byssus.
Musci, → Laubmoose.
Muscidae, → Zweiflügler.
musivisches Sehen, → Lichtsinnesorgane.
Muskarin, eine quartäre Ammoniumbase, kommt als Giftstoff im Fliegenpilz, *Amanita muscaria*, und in Arten der Pilzgattungen *Inocybe* und *Clitocybe* vor. Beim Fliegenpilz ist M. vorwiegend in der roten Haut zu finden. M. verlangsamt die Herztätigkeit, ruft Steigerung der Speichel-, Schweiß-, Schleim- und Tränenabsonderung hervor und führt zu Pupillenerweiterung und Magen-Darm-Krämpfen. Die Muskarinwirkung wird durch Atropin aufgehoben. Die Giftwirkung beim Fliegenpilz beruht auf der Kombination von M. mit anderen zentralaktiven Giften wie *Ibotensäure*, *Muszimol* und *Muskazon*.

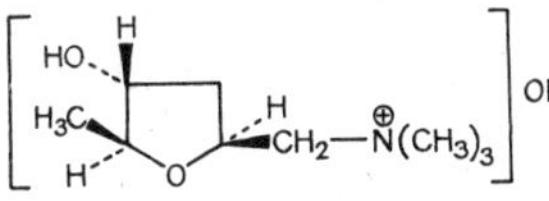

Muskatnußgewächse, *Myristicaceae*, eine Familie der Zweikeimblättrigen Pflanzen mit etwa 260 Arten, die ausschließlich in tropischen Gebieten vorkommen. Es sind immergrüne Holzpflanzen mit wechselständigen, einfachen Blättern ohne Nebenblätter und eingeschlechtigen, dreilappigen Blüten, die zweihäusig sind. Die Frucht ist eine an Rücken- und Bauchnaht aufspringende Kapsel, die einen Samen mit stark zerklüftetem Nährgewebe und mit einem großen, meist rot gefärbten Samenmantel enthält.

Am bekanntesten sind die Samen des überall in den Tropen kultivierten **Muskatnußbaumes**, *Myristica fragrans*, die als Muskatnüsse in den Handel kommen; außerdem wird der Samenmantel als Muskatblüte oder Macis als Gewürz genutzt. Eine Bedeutung in verschiedenen Industriezweigen haben weiterhin das in den Samen enthaltene Öl und vor allem ätherische Öle, denen unter anderem auch die toxische und rauscherzeugende Wirkung der Muskatnuß zugeschrieben wird.

Muskel, Organ des Tierkörpers, das durch Kontraktion die Bewegungen des Körpers oder seiner Teile sowie die Zusammenziehung von Hohlorganen bewirkt. → Muskelgewebe, → Muskulatur.
Muskelbänder, → Muskelgewebe.
Muskelelastizität, → Ruhedehnungskurve.
Muskelerschlaffung, Phase der → Muskelkontraktion, meist länger als die Anstiegsphase, bei Herzmuskeln gleich der Anstiegsphase. M. tritt physiologisch ein, wenn die Konzentration der Kalziumionen im Sarkoplasma kleiner als 10^{-8} Mol wird. Dann erlöschen die Querbrückenbildung und die ATPase-Aktivität (→ Myosinfilamente, → Muskelkontraktion). Das in der Kontraktionsphase etwa in einer Konzentration von 10^{-5} bis 10^{-6} Mol vorhandene molare Ca^{++} wird aus dem Sarkoplasma durch eine Kalziumpumpe, die sich in den Membranen der longitudinalen Kanälchen des Retikulums befindet, zu Beginn der M. in die Tubuli gepumpt. Bei Ca^{++}-Verlust löst sich Troponin von den Tropomyosinfäden, die dadurch aus der Aktinrinne gleiten und die Anheftungsstelle von Myosinköpfchen am

Muskelfaser

Aktin blockieren. Damit ist die ATPase-Aktivität gehemmt und der Muskel im erschlafften Ruhestadium.
Muskelfaser, → Muskelspindeln, → Muskelzelle, → Muskelgewebe.
Muskelflosser, → Knochenfische.
Muskelgewebe, der Bewegung der einzelnen Körperteile und der Ortsbewegung dienendes kontraktiles Gewebe der vielzelligen Tiere, das morphologisch durch den Besitz von Myofibrillen, funktionell durch die Eigenschaft der Kontraktilität und chemisch durch den relativ hohen Gehalt an Aktomyosin gekennzeichnet ist. Nach morphologischen und funktionellen Gesichtspunkten unterscheidet man *glattes, quergestreiftes* oder *Skelettmuskelgewebe* und *Herzmuskelgewebe.* Das M. entstammt als Tiefengewebe in den meisten Fällen dem mittleren Keimblatt, d. h., es ist mesenchymaler oder mesodermaler Herkunft. Eine Ausnahme bilden die Hohltiere, bei denen Epithelzellen kontraktile Fasern aufweisen (→ Epithelmuskelzellen). Die Muskelelemente sind teils einkernige → *Muskelzellen,* teils vielkernige *Muskelfasern*; sie sind entweder glatt oder quergestreift.

Bei Urtieren finden sich dem M. entsprechende Organellen in Gestalt der *Myoneme,* das sind faserige Plasmabildungen im Zelleib der Einzeller, die sich ähnlich wie Muskelfasern rasch in Längsrichtung zusammenziehen können. Schwämme haben ein primitives M. in der Umgebung der Poren in Gestalt spindelförmiger Zellen mit oberflächlich gelegenen glatten Fasern. Nesseltiere weisen als Sonderform M. aus umgebildeten Epithelzellen des äußeren und inneren Keimblatts (→ Epithelmuskelzellen) auf. Die am Zellgrund quer zur Längsachse der Zelle liegenden langen Fibrillen verlaufen im Ektoderm in Körperlängsrichtung, im Entoderm quer zu ihr. Meist sind diese Epithelmuskelzellen glatt, bei Quallen treten aber z. B. am Glockenrand auch quergestreifte Elemente auf. Bei Rippenquallen entstehen dagegen verästelte, oft vielkernige Muskelzellen, ähnlich wie das M. der meisten Vielzeller, aus Muskelbildungszellen oder Myoblasten im mittleren Keimblatt. Das M. der Würmer besteht aus langgestreckten Zellen mit kontraktilen Fasern an einer Seite, den kontraktilen Faserzellen. In manchen Fällen liegen die Fibrillen wie eine Röhre am Rande der Muskelzelle, z. B. bei Blutegeln. Die Schlundkopfmuskeln der Ringelwürmer sind bereits quergestreift. Gliederfüßer haben überwiegend quergestreiftes M. Lediglich die Muskeln der Darmwand und der Eierstöcke sind glatt. Das quergestreifte M. der Gliederfüßer ist im Aufbau dem der Wirbeltiere sehr ähnlich. Die Fasern bestehen aus körnigem *Sarkoplasma (Myoplasma)* mit einer strukturlosen, dünnen Hülle, dem *Sarkolemm* oder *Myolemm.* Hinzu tritt manchmal außen noch eine dünne Bindegewebshülle, das → *Perimysium.* Die Myofibrillen sind entweder über den ganzen Querschnitt der Faser verteilt oder

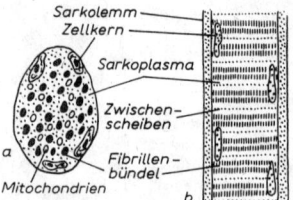

1 Muskelfaser mit über die Fläche verstreuten Fibrillen und peripher liegenden Kernen: *a* Querschnitt, *b* Längsschnitt

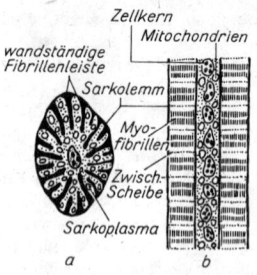

2 Muskelfaser mit in Septen angeordneten Fibrillen und zentralliegenden Kernen: *a* Querschnitt, *b* Längsschnitt

in Längsbändern, den *Septen,* angeordnet. Die Zellkerne liegen im ersten Falle am Rande der Faser, im zweiten Falle zentral. Die Anheftung des M. am Chitinskelett erfolgt durch besondere Plasmafasern, die → Tonofibrillen, oder durch Einbeziehung von Fortsätzen der Epidermis oder auch der Kutikula. Bei den Weichtieren findet sich quergestreiftes M. nur in besonders beanspruchten Organen, z. B. im Herzen, manchmal im Schlundkopf und in den Flossen. Bei schnell schwimmenden Kopffüßern tritt quergestreiftes M. auch in bestimmten Körpermuskeln auf. Der größte Teil des M. der Weichtiere besteht jedoch aus glatten, zur Haut hin aufgezweigten Muskelzellen. Ebenso besteht das M. der Stachelhäuter aus glatten Fasern mit seitlich gelegenen Kernen. Bei den Wirbeltieren treten die langgestreckten, spindelförmigen glatten Muskelzellen der Eingeweidemuskulatur und die quergestreiften Muskelfasern der Skelett- und Herzmuskulatur auf (→ Muskelzelle). Die glatten Muskelzellen liegen entweder einzeln im Bindegewebe oder sind zu Bündeln vereinigt; von manchen, besonders von frei endigenden glatten Muskelzellen, gehen elastische Sehnen ab. Die Anzahl der Fibrillen in den quergestreiften Muskelfasern bedingt die unterschiedliche Färbung der Skelettmuskulatur. Fibrillenarme, wasserreiche Fasern erscheinen weiß; fibrillenreiche, rot erscheinende Fasern kontrahieren sich schneller, aber ermüden auch eher. In der Herzmuskulatur sind die zarten Fasern raumgitterartig angeordnet und durch Anastomosen miteinander verbunden. Die Myofibrillen der quergestreiften Muskulatur lassen im mikroskopischen Präparat helle und dunkle Bänder erkennen, die meist in einer Höhe orientiert sind (daher die Querstreifung). Im Polarisationsmikroskop erweisen sich die dunklen Bänder als stärker doppelbrechend oder anisotrop. Sie werden daher *A-Bänder* genannt. Die hellen Bänder sind isotrop. Man bezeichnet sie als *I-Bänder.* Im I-Band befindet sich eine stärker lichtbrechende, feine anisotrope Linie, der *Z-Streifen.* Die Myofibrillenabschnitte zwischen zwei aufeinanderfolgenden Z-Streifen heißen *Sarkomeren.*

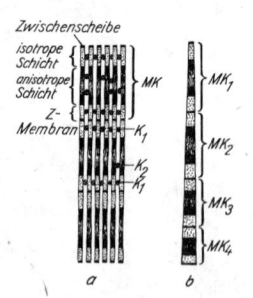

3 Schema der Schichten der Fibrillen: *a* unverkürzt, *b* bei von oben nach unten zunehmender Kontraktion

In der quergestreiften Muskulatur bildet das endoplasmatische Retikulum ein netzförmiges System von Röhren, das um die Myofibrillen ausgebreitet ist. Die längs orientierten Maschen des Retikulums (*L-Tubuli*) gehen in jedem Sarkomer in zwei parallele, quer zur Myofibrille angeordnete terminale Zisternen über. Als drittes tubuläres System ziehen Einstülpungen vom Sarkolemm (*T-Tubuli*) in das Innere der Muskelfaser. Kontaktstellen von L- und T-Tubuli nennt man *Triaden.* Bei Amphibien liegen die Triaden in Höhe der Z-Linie, bei Säugern an der Grenze zwischen dem A- und I-Segment. T-Tubuli dienen der Erregungsleitung von der Oberfläche ins Innere der Muskelfasern, die Kanäle des sarkoplasmatischen Retikulums der Aufnahme, Speicherung, dem Transport und der Freisetzung von Ca^{++} während der Erschlaffungsphase.

Muskelkontraktion, durch Nervenimpulse oder experimentell durch Reize ausgelöste reversible mechanische Zustandsänderung eines Muskels. Eine M. heißt *isotonisch,* wenn sie die Länge des Muskels bei gleichbleibender Kraftgegenwirkung (Spannung) ändert, *isometrisch,* falls dies nicht geschieht. Im letzten Falle entwickelt sich *Muskelkraft* als isometrische Spannung. An den meisten Bewegungen sind isotonische und isometrische Vorgänge beteiligt. Muskelfasern kontrahieren phasisch (*schnelle* oder *Zuckungsfasern*), andere, weniger häufige, tonisch. Diese werden auch *langsame Fasern* genannt. Die Membran der phasischen Fasern bildet Aktionspotentiale, bei den tonischen Fasern erfolgt eine elektrotonische Ausbreitung lokaler Depolarisationen. Die Extremitätenmuskeln der Säuger bestehen fast ausschließlich aus Zuckungsfasern, manche enthalten auch, wie viele Muskeln der Evertebraten, langsame Fasern, deren Kontraktion im Minutenbereich abklingt. Die Einzelzuckung eines Muskels wird in *Latenzzeit, Anstiegszeit* und *Erschlaffungszeit* (*Entspannungszeit, Relaxationszeit*) untergliedert. Die einzelnen Phasen sind von Muskel zu Muskel und von Tiergruppe zu Tiergruppe verschieden, dabei ist die Latenzzeit die kürzeste, die Erschlaffungszeit bei Skelettmuskeln die längste Phase. Die gesamte Einzelzuckung vollzieht sich bei vielen Skelettmuskeln von Säugern im unteren Millisekundenbereich, die Anstiegszeit der glatten Muskulatur dagegen dauert mehrere bis viele Sekunden (→ Zuckungsdauer). Einzelzuckungen sind unter natürlichen Gegebenheiten bei wenigen reflektorischen Reaktionen beobachtbar (Sehnenreflexe). Zumeist werden Muskelfasern in der Erschlaffungsphase erneut erregt, so daß eine neue Anstiegsphase einsetzt. Verkürzen sich die Zeitstände zwischen Erregungen, treten keine Erschlaffungsphasen mehr auf. Es ist eine Dauerverkürzung des Muskels, der *Tetanus,* erreicht. Tetanische M. führen zu einer stärkeren Verkürzung eines Muskels, weil eine nachfolgende Kontraktion auf der vorherigen aufsetzt (Superposition), bis ein Maximalwert nicht mehr überschritten wird. Die Reizfrequenz, die notwendig ist, um einen vollkommenen Tetanus zu erreichen, heißt *Fusionsfrequenz.* Die Fusionsfrequenz beträgt bei nicht quergestreiften Muskeln, etwa den Schließmuskeln von Muscheln, wenige Reize je Sekunde, bei den Augenmuskeln von Säugern mit ihren geringen Zuckungsdauern sind bis zu über 300 Reize je Sekunde notwendig. Die tetanische M. setzt kurze Refraktärzeiten voraus. Beim Herzmuskel der Wirbeltiere reicht die Refraktärzeit bis in das letzte Drittel der Erschlaffungsphase, so daß kein Tetanus eintreten kann. Viele Muskeln halten im Organismus langzeitig eine Grundspannung, den → Muskeltonus. In Muskelzellen wird chemische Energie in mechanische Arbeit umgesetzt. Die chemische Energie wird optimal zu etwa einem Drittel oder mehr in Arbeit transformiert, was einem hohen Wirkungsgrad des Muskels entspricht, zwei Drittel bzw. weniger treten als Wärme auf. Die unmittelbare Energiequelle für die M. ist Adenosintriphosphat (ATP). ATP wird durch das Enzym ATPase als integrativer Bestandteil des globulären Kopfteiles der → Myosinfilamente gespalten und dadurch Energie freigesetzt. Sie wird benötigt, um den Gleitvorgang zwischen dem F-Aktin und dem Myosin, der den molekularen Einzelmechanismus der Kontraktion darstellt, zu gewährleisten. Die ATP-Spaltung erfolgt nur, wenn die Konzentration der Kalziumionen größer als etwa 10^{-6} Mol ist. Der ATP-Bedarf für Muskelarbeit ist groß. Deshalb werden die etwa 1 bis 5 µMol je Gramm Muskelgewebe fortlaufend aus Kreatininphosphat (Vertebraten) bzw. Argininphosphat (Arthropoden) und Adenosindiphosphat (ADP), dem ersten Spaltprodukt der ATPase bzw. auch durch andere Reaktionen anaerob regeneriert. ATP-Neubildung erfolgt aerob in den Mitochondrien durch oxidative Phosphorylierung im Verlaufe der Verbrennung von Fetten und Kohlenhydraten (Glukose, Glykogen). Weiterhin kann ATP auf anaerobem Wege durch Glykolyse entstehen. Dabei werden unter Umständen größere Laktatmengen gebildet. Anaerobe Energiegewinnung erfolgt vielfach in der ersten Phase angestrengter Muskeltätigkeit, in der der Kreislauf ungenügend O_2 für die aerobe Energiegewinnung liefert. Dann geht der Muskel eine »Sauerstoffschuld« ein, das reichlich gebildete Laktat wird später durch erhöhte Sauerstoffaufnahme abgebaut.

Muskelkontraktur, eine reversible Dauerkontraktion eines Muskels, die nicht durch den wiederholten natürlichen Erregungsprozeß ausgelöst wird. M. können beispielsweise durch Gifte, wie Koffein, durch Azetylcholin, durch Säuren und Basen sowie durch mechanische Schädigungen ausgelöst werden. Es gibt einen fließenden Übergang zur irreversiblen Muskelstarre, in der ATP fehlt.

Muskelkraft, → Muskulatur.

Muskeln, → Muskulatur.

Muskelplastizität, → Muskeltonus, → Ruhedehnungskurve.

Muskelproteine, *Muskeleiweiße,* zu 20% im Muskelgewebe enthaltene Proteine, die in unlösliche und lösliche Proteine unterteilt werden: 1) Die *unlöslichen Proteine* (*kontraktile Proteine*) der Myofibrillen sind alle am Kontraktionsvorgang beteiligt. Zu ihnen gehören etwa 60% der M. Wichtigste Vertreter sind das die dicken Filamente bildende → Myosin und der zu einem Doppelstrang angeordnete Hauptbestandteil der dünnen Filamente → Aktin. Beide im Muskelstrang nebeneinanderliegenden M. bilden den Aktomyosinkomplex (→ Aktomyosin).

2) Zu den *löslichen Proteinen* gehören Enzyme der Glykolyse, des Trikarbonsäurezyklus, der Atmungskette sowie der Muskelfarbstoff Myoglobin.

Muskelrelaxantien, natürliche oder synthetisch hergestellte Substanzen, die durch Unterbrechung der Erregungsübertragung vom Nerven auf den Muskel zur Muskelerschlaffung führen. Ein bekanntes Muskelrelaxans ist Kurare, ein aus Wurzeln und Rindenstücken verschiedener *Strychnos*-Arten gewonnenes Pfeilgift südamerikanischer Indianer. M. finden in der klinischen Medizin breite Anwendung, → Endplattenpotential.

Muskelspindeln, in der Skelettmuskulatur ausgebildete Rezeptoren (Propriorezeptoren), die dünne, quergestreifte Muskelfasern enthalten, die mit der Arbeitsmuskulatur parallel verlaufen, von dieser aber unabhängig sind, da sie am intramuskulären Bindegewebe enden. Außen sind die M. von einer bindegewebigen Kapsel umgeben. Im Inneren befinden sich sensible und motorische Nervenfasern. Nach der Zellkernanordnung werden zwei Typen von *intrafusalen Muskelfasern* unterschieden. Der erste Fasertyp besitzt eine mittelständige Anschwellung mit einer Gruppe von Zellkernen. Beim zweiten Typ sind die Kerne im Faserinneren reihenhaft in der Längsrichtung angeordnet. M. können in erster Linie Bewegungsreize wahrnehmen.

Muskelsystem, svw. Muskulatur.

Muskelton, Geräusch, das bei tetanischen Muskelkontraktionen entsteht und auf mechanische Schwingungen der kontraktilen Filamente bei fortlaufender Erregung zurückgeht.

Muskeltonus, Grundspannung der Muskulatur für bestimmte Funktionen. Der »kontraktile Tonus« ist mäßiger Dauertetanus (→ Muskelkontraktion), bewirkt durch repetitive Erregungsauslösung. Bei der »Haltetätigkeit« der Ske-

Muskelzelle

lettmuskeln, die Körperstellung und Haltung garantiert, sorgen efferente Nervenfasern über die motorischen Endplatten für den *kontraktilen M.* Der »plastische Tonus« ist im Gegensatz zum kontraktilen nicht energieaufwendig. Die Schließmuskeln der Muscheln besitzen Faseranteile, die durch tonische Dauerkontraktion die Schalen zupressen und diesen Zustand auch gegen Zugkraft Tage halten können. Dieser »Sperrtonus«, nachgewiesen auch für andere Haltemuskeln von Evertebraten, wird vermutlich durch Filamente eines besonderen kontraktilen Eiweißes, Paramyosin, ermöglicht. Paramyosin soll kontrahierte Zustandsänderungen im Sinne einer »Kristallisation« eingehen. Der *plastische M.* wird durch Azetylcholin ausgelöst und durch Serotonin behoben. Über die molekularen Mechanismen der kontraktilen Proteine beim Tonus der glatten Muskulatur von Wirbeltieren, z. B. im Gastrointestinalsystem und von Blutgefäßwandungen, ist wenig bekannt.

Muskelzelle, Bauelement der glatten und der Herzmuskulatur, während die Skelettmuskulatur aus vielkernigen Muskelfasern zusammengesetzt ist. Glatte M. sind im Tierreich weit verbreitet, konzentrieren sich aber besonders auf

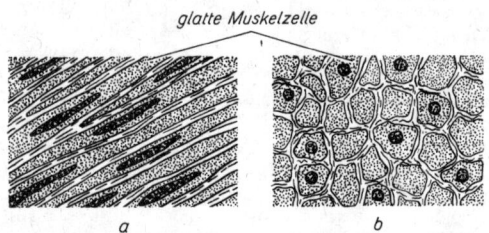

1 Glatte Muskulatur: a Längsschnitt, b Querschnitt

die Wand von Eingeweiden und Gefäßen sowie auf die Haut. Die spindelförmigen Zellen besitzen zentral gelegene ovale Zellkerne, das Zytoplasma (Sarkoplasma) enthält im Gegensatz zur Skelett- und Herzmuskulatur Myofibrillen ohne Querstreifung. Die M. sind aus Aktin- und Myosinlamenten aufgebaut, wobei sich bis zu 10 Aktinfilamente um 1 Myosinfilament anordnen. Kontraktion und Erschlaffung der glatten M. erfolgen wesentlich langsamer als die der quergestreiften Muskelfaser. Herzmuskelzellen sind

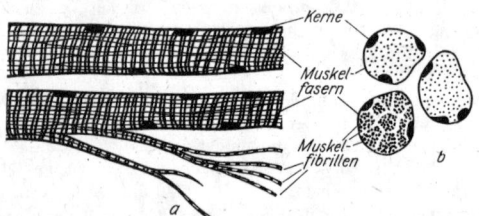

2 Quergestreifte Muskulatur: a Längsschnitt, b Querschnitt

verzweigt, anastomosieren miteinander und bilden so im Herzmuskelgewebe ein Netzwerk. Die zentral gelegenen Kerne werden von einer fibrillenfreien Sarkoplasmaregion umgeben. Charakteristisch für die Herzmuskelzellen ist das Vorkommen von Kontaktstellen (*Glanzstreifen, Disci intercalares*), die sich im gefärbten Präparat (besonders nach Eisenhämatoxylinfärbung) als farbdichte Querbänder, im elektronenmikroskopischen Bild als Zellgrenzen mit einem Interzellularspalt herausstellen. Die Myofibrillen mit Aktin- und Myosinfilamenten sind ähnlich angeordnet wie in der quergestreiften Muskelfaser. Zwischen benachbarten Herzmuskelzellen ausgebildete Nexen (→ Plasmamembran) stellen zytoplasmatische Verbindungen her.

Muskon, ein zyklisches, aus 15 Ringgliedern bestehendes, öliges Keton von stark moschusartigem Geruch. M. ist der wichtigste Riechstoff des → Moschus.

$$H_3C-CH\underset{(CH_2)_{12}}{\overset{CH_2}{\diagdown}}C=O$$

Muskulatur, *Muskelsystem,* die Gesamtheit der Muskeln eines Lebewesens. Die M. bewirkt aufgrund ihrer Leistung, d. h. ihrer Formveränderlichkeit, Bewegungen des Körpers oder seiner Teile sowie die Blutzirkulation (Herzmuskel). Auch für die Erzeugung der Körperwärme ist die M. von großer Bedeutung.

Urtiere haben in den Myonemen Organellen, die der Bewegung dienen. Bereits bei niederen Wirbellosen finden sich Vorstufen einer M. für bestimmte Lebensfunktionen. Schwämme können ihre Poren mit Hilfe bestimmter spindelförmiger Zellen öffnen und schließen. Bei Nesseltieren sind die Fasern von → Epithelmuskelzellen im inneren

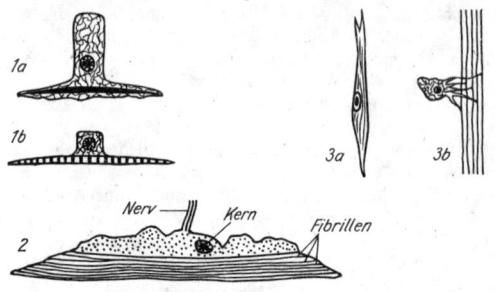

1 bis 3 Muskelzelltypen: 1a Epithelmuskelzelle von Hydra, 1b Epithelmuskelzelle einer Qualle mit Querstreifung der Fibrillen; 2 einkernige Muskelzelle eines Spulwurmes; 3a glatte Muskelzelle, 3b Muskelzelle eines Saugwurmes mit Trennung der Zelle von den Muskelfibrillen

und äußeren Keimblatt kreuzförmig angeordnet. Das erlaubt den Polypen sowohl eine starke Verkürzung als auch die rückläufige Streckung des Körpers. Eine von anderen Gewebeformen klar unterscheidbare M. tritt erst bei den Plattwürmern und Rundwürmern auf. Sie haben einen *Hautmuskelschlauch* aus einer äußeren Ring- und einer inneren Längsmuskelschicht. Hinzu kommen den Körper quer durchziehende Transversalmuskeln in wechselnder Anordnung. Die Muskeln wirken gegen die Flüssigkeitssäule in der Leibeshöhle als Gegenkraft. Bei den Ringelwürmern ist zusätzlich der Darm mit Ring- und Längsmuskulatur versehen. Bei den Gliederfüßern zeigt die

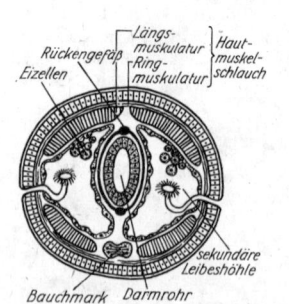

Querschnitt durch einen Ringelwurm mit Hautmuskelschlauch

M. entsprechend der Untergliederung des Außenskeletts eine starke Zerteilung des nur aus Längsmuskeln bestehenden Hautmuskelschlauches. Die längsverlaufende Rumpfmuskulatur bildet sehr häufig 2 dorsale und 2 ventrale Muskelbündel. Mundwerkzeuge, Beine, Flügel, das Herz und andere Organe werden mit eigener M. versorgt, die oft von der Transversalmuskulatur ableitbar ist. Der Darm hat bei Insekten eine spezifische Ring- und Längsmuskulatur, bei Krebstieren nur eine Ringmuskellage. Stark abweichend und uneinheitlich ist die M. der Weichtiere. Niedere Formen, wie die Käferschnecken, haben noch einen Hautmuskelschlauch. Von diesem ist bei Schnecken nur noch der Rückziehmuskel erhalten, der sich in einzelne Stränge teilt, die den Fuß sowie den Kopf mit den Fühlern in die Schale zurückziehen. Bei den Muscheln entstammen die Fuß- und Mantelrandmuskeln dem Hautmuskelschlauch. Stachelhäuter haben eine überwiegend aus Längsmuskeln bestehende M. Von ihr werden z. B. bei den Seesternen die Arme mit den Ambulakralfüßchen, bei den Seeigeln die Stacheln, Pedizellarien und andere Körperteile versorgt.

Die M. der Wirbeltiere und des Menschen kann entsprechend ihrer Herkunft in *somatische* M. (*Skelettmuskulatur*), wie Rumpf-, Schwanz-, Gliedmaßen-, Augenmuskulatur, und *viszerale* M. (*Eingeweidemuskulatur*), wie Kiemenbogenmuskulatur (Hals-, Gesichts-, Kau-, Kehlkopfmuskulatur), aus der allerdings später Skelettmuskulatur wird, sowie Eingeweidemuskulatur im engeren Sinne, z. B. Darmmuskulatur, unterteilt werden.

Die Benennung der einzelnen Muskeln richtet sich unter anderem nach den Anheftungsstellen am Skelett, z. B. Oberarmspeichenmuskel, nach der Lage, z. B. Brustmuskel, nach der Form, z. B. Trapezmuskel, oder nach der Funktion, z. B. Fingerbeuger. Eine vergleichende Darstellung der M. bereitet insofern Schwierigkeiten, als sie bei den einzelnen Wirbeltiergruppen starke Abwandlungen erfahren kann. Trotz dieser Veränderungen bleibt jedoch die Nervenversorgung konstant, so daß diese zur Feststellung der Identität herangezogen werden kann.

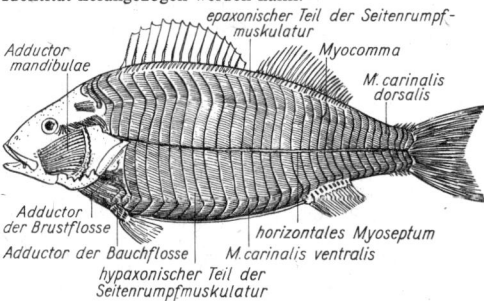

Oberflächenmuskulatur eines Barsches

Bei Fischen ist eine mächtige Seitenrumpfmuskulatur (Abb.) entwickelt, die durch eine horizontale Scheidewand in einen dorsalen und einen ventralen Anteil gegliedert wird. Außerdem sind noch Muskeln zur Bewegung der Flossen ausgebildet. Im Bereich des Kopfes und der Kiemen liegt ein senkrecht zur Körperachse verlaufender Schließmuskel, der als Mundschließer und als Verenger der Kiemen wirkt. Bei einigen Fischen, z. B. bei Zitteraal und Zitterwels, erfahren Teile der Rumpfmuskulatur eine Umwandlung in ein elektrizitätserzeugendes Organ. Bei Landwirbeltieren gliedert sich der einheitliche Kopf-Hals-Muskel in selbständige Muskeln auf: Anzieher des Unterkiefers (→ Kaumuskeln), der die Verbindung Achsenskelett – Schultergürtel herstellende Trapezius und der vom Hinterkopf zum Brustbein ziehende Kopfwender. Aus dem oberflächlichen Kiemendeckelschließer der Fische wird bei Sauropsiden der Halsschnürer. Dieser erfährt bei Säugern eine Ausweitung zum Gesicht (→ Gesichtsmuskeln). Die Seitenrumpfmuskulatur differenziert sich bei Vierfüßern in *Rücken-, Brust-* und *Bauchmuskeln.* Die *Gliedmaßen-*

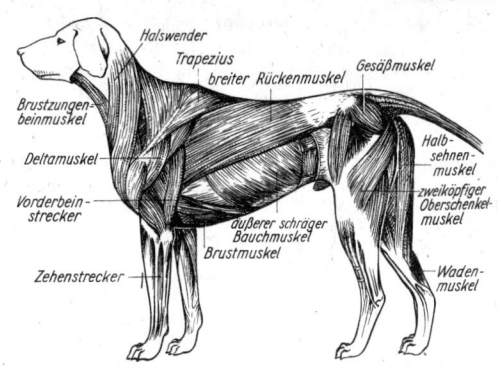

Oberflächenmuskulatur eines Hundes

muskulatur geht aus dem ventralen Abschnitt der Seitenmuskulatur hervor. Die Extremitätenmuskulatur erfährt bei den einzelnen Tiergruppen starke Spezialisierungen, z. B. die → Flugmuskulatur der Vögel. Die wichtigsten Muskeln des Säugetierkörpers gehen aus der Abb. hervor. Von den Bewegern des Unterarmes gegen den Oberarm sollen hier nur der zweiköpfige Armmuskel (*Musculus biceps*) und der Oberarmspeichenmuskel (*Musculus brachioradialis*) als Beuger und der dreiköpfige Armmuskel (*Musculus triceps*) als Strecker genannt werden. An der Hinterextremität wirkt der über das Kniegelenk ziehende vierköpfige Oberschenkelmuskel (*Musculus quadriceps*), in dessen Endsehne die Kniescheibe eingeschaltet ist, als Strecker des Unterschenkels.

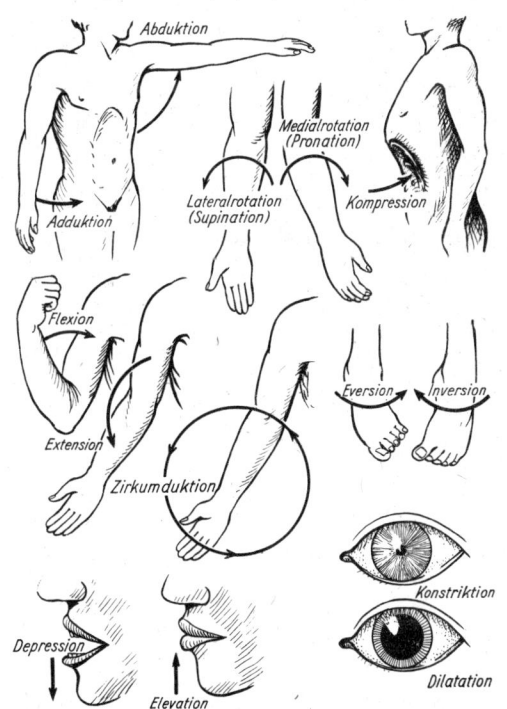

Typen von Gelenk- und Muskelbewegungen

Die Gesäßmuskeln (*Glutaeus*gruppe) verursachen die Rückwärtsbewegung des Oberschenkels. Als Heber der Ferse fungiert der Wadenmuskel (*Musculus gastrocnemius*), der mittels der Achillessehne am Fersenbein ansetzt. Ein nur den Säugern eigener Muskel ist das → Zwerchfell.

Mussurana, *Clelia clelia*, blauschwarz glänzende, bodenlebende südamerikanische → Trugnatter, die sich hauptsächlich von Schlangen (auch giftigen) ernährt und in ihrer Heimat von den Einwohnern deshalb als nützliches Tier geschützt wird.

Mustelidae, → Marder.

Mutabilitätsmodifikatoren, die Mutationsrate beeinflussende Modifikationsgene.

Mutagene, chemische und physikalische Agenzien mit dem Vermögen, Gen- und Chromosomenmutationen auszulösen und die spontane Mutationsrate zu steigern. Zu den chemischen M. zählt eine Vielzahl von Verbindungen unterschiedlicher chemischer Konstitution und Effektivität, z. B. Nitrite, Urethan, Formaldehyd, Peroxide. Zu den wichtigsten physikalischen M. gehören die ionisierenden Strahlenarten (Röntgenstrahlen, β-Strahlen, γ-Strahlen, Neutronen), das UV-Licht und Temperaturschocks, → Mutatorgene.

Mutante, ein Individuum, in dessen Genotyp mindestens ein Nukleotid durch Mutation verändert wurde, so daß Merkmalsunterschiede gegenüber dem Normaltyp sichtbar oder meßbar sind.

Mutarotation, → Kohlenhydrate.

Mutation, eine spontan entstehende oder durch → Mutagene experimentell induzierte qualitative oder quantitative Veränderung des genetischen Materials.

Man unterscheidet folgende Arten von Mutationen: → Genmutationen, → Chromosomenmutationen, → Genommutationen, → Plasmonmutationen und → Plastidenmutationen.

Mutationsbürde: → genetische Bürde.

Mutationsdruck, auf unterschiedliche Mutationsraten der Allele eines Gens zurückzuführende Steigerung der Häufigkeit eines Allels in einer Population. Ist die Häufigkeit der Mutationen von A nach a größer als die von a nach A, besteht ein M. für das a-Allel. Da die meisten Mutationen einen negativen Selektionswert besitzen, wirkt dem M. ein → Selektionsdruck entgegen.

Mutationsisoallele, Allele mit sehr ähnlicher genetischer Wirkung, aber unterschiedlicher Mutationsrate.

Mutationsrate, der relative Anteil von Gameten mit neu entstandenen Gen- (Genmutationsrate) oder Chromosomenmutationen (Aberrationsrate), bezogen auf die Gesamtzahl der geprüften Gameten einer Generation. Wie Untersuchungen an der Taufliege, *Drosophila,* ergeben haben, ist die natürliche M. sehr niedrig. Nach Timofeeff-Ressovsky sind in jeder Generation von *Drosophila* 2 bis 3% der Tiere Träger eines oder mehrerer neumutierter Gene. Nach Muller sind beim Menschen in jeder Generation 10 bis 40% der

M. als labil bezeichnet. Bei Temperaturerhöhung steigt die M. an, außerdem kann die M. durch ionisierende Strahlung und mutagene Substanzen künstlich um ein Vielfaches gesteigert werden. Die niedrige natürliche M. wurde oft als Argument gegen die Mutations-Selektionstheorie benutzt; statistische Berechnungen haben jedoch ergeben, daß die natürliche M. in Verbindung mit den sehr langen geologischen Zeiträumen und den übrigen Evolutionsfaktoren für die Erklärung der Evolution ausreicht. Neben der *Gesamtmutationsrate* eines Organismus kann auch die M. für ein bestimmtes Chromosom oder die Genmutationsrate für einen Locus oder ein Allel getestet werden. Verschiedene Organismen, Genotypen, Gene und Allele weisen eine z. T. sehr stark unterschiedliche M. auf. Man rechnet je Gen mit durchschnittlichen M. von 10^{-5} bis 10^{-7}. Bei *Drosophila* schätzt man die durchschnittliche M. eines normalen Allels auf 0,0005% der Keimzellen. Bisweilen kommen auch wesentlich höhere M. bis zu 10^{-2} vor.

Entstehen die Mutationen ohne experimentelle Einflußnahme, wird die M. auch *Spontanrate* genannt, gehen sie auf experimentelle Eingriffe mit Hilfe von Mutationen zurück, wird sie als *Experimentalrate* bezeichnet.

Mutations-Selektions-Gleichgewicht, konstante Häufigkeit nachteiliger Erbfaktoren, die in einer Population durch wiederholte Mutationen entstehen und durch Auslese ständig beseitigt werden. Die Häufigkeit eines rezessiven nachteiligen Faktors im M.-S.-G. ist $q = \sqrt{\dfrac{u}{s}}$.

Hierbei ist u die Mutationsrate und s der Selektionskoeffizient (→ Fitness). Die *Eliminationsrate,* der Anteil der je Generation beseitigten nachteiligen Faktoren an der Gesamtheit aller Faktoren des betreffenden Genorts, ist $E = u = sq^2$. Der Selektionskoeffizient eines Letalfaktors ist 1. Bei einer Mutationsrate von $u = 10^{-5}$, wo je Generation von 100000 Genen eins zu einem Letalfaktor mutiert, ergibt sich $q = \sqrt{10^{-5}} \approx 0{,}00316$. Die Häufigkeit rezessiver Letalfaktoren im M.-S.-G. ist also etwa 0,3%. Die Häufigkeit eines dominanten nachteiligen Faktors im M.-S.-G. ist $q = \dfrac{u}{hs}$. Der Wert von h, dem Dominanzgrad, liegt zwischen 0 bei vollständiger Rezessivität und 1 bei vollständiger Dominanz. Für ein vollständig dominantes Letalallel sind sowohl h als auch $s = 1$. Daher ist die Häufigkeit eines solchen Erbfaktors im Gleichgewicht $= u$.

Die Eliminationsrate dominanter nachteiliger Faktoren im M.-S.-G. ist $E = u = qhs$. Der Anteil der je Generation durch diesen Faktor eliminierten Individuen an der Gesamtpopulation beträgt hingegen $2u$.

Häufigkeit spontaner Genmutationen bei Mais (nach Stadler)

Gene	Merkmale des Samens	Überprüfte Geschlechtszellen	Beobachtete Mutationen	Mutationshäufigkeit in 1 Million Geschlechtszellen
R	(Farbgrundfaktor)	554 768	273	492
J	(Farbhemmfaktor)	265 391	28	106
Pr	Rote Aleuronschicht	647 102	7	11
su	Zuckerhaltiges Endosperm	1 678 736	4	2,4
Y	Gelbes Endosperm	1 745 280	4	2,2
Sh	Geschrumpftes Korn	2 469 285	3	1,2
Wx	Wachsartiges Endosperm	1 503 744	0	0

Geschlechtszellen Träger einer neu aufgetretenen Mutation.

Für einzelne Gene kann die M. sehr verschieden sein; Gene mit niedriger M. werden als stabil, Gene mit hoher

Mutations-Selektionstheorie, vereinfachende Bezeichnung für die → synthetische Theorie der Evolution.

Mutationsverzögerung, die zeitlich verzögerte Manifestierung induzierter Genmutationen, die sich in der Mikro-

bengenetik als unabhängig von dem zur Anwendung gebrachten Mutagen und seiner Dosis erwiesen hat.
Mutatorgene, Gene, die die Mutationsrate anderer Gene des Genoms in verschiedenem Grade (bis auf das Zehnfache) steigern können.
Mutillidae, → Hautflügler.
Muton, kaum gebräuchliche, historisch bedingte Bezeichnung für die Einheit der Mutation, d. h. das kleinste Element des genetischen Materials (1 Nukleotid), dessen Veränderung zur Entstehung einer Genmutation führt. → Cistron, → Recon.
Mutterkorn, → Schlauchpilze.
Mutterkornalkaloide, *Klavizepsalkaloide, Ergotalkaloide, Ergolinalkaloide,* eine Gruppe von Alkaloiden des Indoltyps, die sich im Mutterkorn, den Sklerotien (1 bis 3 cm lange, dunkelviolette Körner in Getreideähren) des Mutterkornpilzes, *Claviceps purpurea,* und in denen weiterer Spezies finden. M. wurden auch in verschiedenen Windengewächsen (*Ipomea*) nachgewiesen. Charakteristischer Bestandteil der M. ist die *Lysergsäure,* die mit verschiedenen

D-Lysergsäure

Aminen oder zyklischen Tripeptiden (Zyklolstrukturen) verknüpft ist (M. vom Peptidtyp). Zu den Hauptvertretern der M. gehören z. B. *Ergotamin, Ergokryptin* und *Ergokornin.* Eine andere Gruppe von M. sind die *Klavine,* die sich vom 6,8-Dimethylergolin ableiten, z. B. *Agro-* und *Elymoklavin.*

Die meisten M. sind physiologisch hochwirksam und verursachen Uteruskontraktion, Gefäßverengung und Dämpfung des vegetativen Nervensystems. Gegenwärtig wird ein Teil der M. bereits durch Fermentation erzeugt.

Lit.: E. Mühle u. K. Breuel: Das Mutterkorn (Wittenberg 1977).
Mutterkuchen, svw. Plazenta.
Mutualismus, → Beziehungen der Organismen untereinander.
mutuelle Attraktion, *wechselseitige Anziehung,* Kennzeichen eines biosozialen Verhaltens. Es drückt aus, daß unter solchen Bedingungen die Raumordnung nicht nur durch das generelle Faktorengefüge im Ökosystem, sondern auch von der speziellen Verteilung bestimmter Individuen (Artgenossen) beeinflußt wird. Die m. A. wird als Ausdruck einer biosozialen Appetenz angesehen; sie verwirklicht ein biosoziales Nahfeld, eine Orientiertheit zwischen bestimmten Artgenossen, die eine Biosozialeinheit (Gruppe u. a.) bilden.
Mya, → Klaffmuschel.
Mycetophilidae, → Zweiflügler.
Mycophyta, → Pilze.
Myelenzephalon, → Gehirn.
Myelin, → Membran.
Myelinscheide, → Nervenfasern, → Neuron.
Myelomazelle, → Hybridoma.
Myelomproteine, bei bestimmten Krebspatienten im Blut enthaltene Eiweiße. Sie werden von krebsartig veränderten Plasmazellen, den *Plasmozytomen,* gebildet. Die M. sind Immunglobuline. Da sie eine völlig einheitliche Struktur aufweisen und relativ leicht aus dem Blut isoliert werden können, sind M. vielfach als Modell bei Strukturuntersuchungen von Immunglobulinen verwendet worden.

Mykobakterien, zu den Aktinomyzeten zählende, bis 10 μm lange, zuweilen in Fäden wachsende, unbewegliche, säurefeste, aerobe Bakterien. Sie leben im Boden oder parasitisch in Mensch und Tier. *Mycobacterium tuberculosis,* das *Tuberkelbakterium,* ist der Erreger der Tuberkulose. Der BCG-Stamm (Bacille Calmette-Guérin) von *Mycobacterium bovis* ist nicht pathogen und wird zur Herstellung von Impfstoff gegen Tuberkulose verwendet. *Mycobacterium leprae,* der Erreger der Lepra, ist ein obligater Parasit, d. h., das Bakterium kann nicht im Labor auf künstlichen Nährböden gehalten werden.
Mykoine, eine Gruppe von Antibiotika, die das Wachstum von *Brucella* hemmen. M. werden von verschiedenen Pilzen der Gattungen *Penicillium, Aspergillus, Fusarium, Cephalosporium, Microsporum* u. a. gebildet.
Mykologie, *Pilzkunde,* die Lehre von den → Pilzen.
Mykophenolsäure, ein von verschiedenen Pilzarten der Gattung *Penicillium* gebildetes Antibiotikum mit breitem, insbesondere antifungalem Wirkungsspektrum.
Mykoplasmen, *PPLO* (Abk. von engl. *p*leuro*p*neumonia-*l*ike *o*rganisms), eine zu den → Prokaryoten gehörende Gruppe bakterienähnlicher Mikroorganismen. Die M. besitzen kleine, unregelmäßig gestaltete Zellen ohne echte Zellwand, die sich durch Zerfall in kleine Körperchen, durch Teilung oder Knospung vermehren. M. leben vorwiegend parasitisch, verschiedene Arten sind Krankheitserreger bei Mensch, Tier oder Pflanze. *Mycoplasma mycoides* z. B. verursacht die kontagiöse Pleuropneumonie (Lungenseuche) beim Rind.
Mykorrhiza, *Pilzwurzel,* symbiontisches bzw. durch wechselseitigen Parasitismus gekennzeichnetes Zusammenleben der Wurzeln höherer Landpflanzen mit Pilzen. M. kann bei fast allen Landpflanzen mit Ausnahme der *Cyperaceae, Brassicaceae* und vieler *Centrospermae* vorkommen. Für manche Baumarten (z. B. Kiefer) ist sie obligatorisch. Wesentlich für die M. ist der wechselseitige Stoffaustausch der Mykorrhizapartner. Dabei erhalten die Pilze von den höheren Pflanzen vor allem Kohlenhydrate, während die höheren Pflanzen wahrscheinlich vor allem mit Wasser und Mineralsalzen, wie Stickstoff- und Phosphorverbindungen, und z. T. auch Wirkstoffen versorgt werden.

Auf Grund morphologisch-anatomischer Unterschiede werden drei Formen der M. unterschieden: 1) die *ektotrophe (epiphytische)* M. Sie ist die typische M. der Waldbäume mit Basidiomyzeten, z. B. zwischen Birke und Birkenpilz. Dabei umspinnt das Pilzmyzel die kurz und dick bleibenden Saugwurzeln mit einem dichten Geflecht. Die Wurzelhaare werden verdrängt, und ihre Funktion wird durch Hyphen übernommen, die die Verbindung zwischen dem Pilzmantel und dem Myzel des Bodens herstellen. Teilweise wachsen die Hyphen bei der ektotrophen M. in die Interzellularräume der äußeren Wurzelschichten und bilden hier das *Hartigsche Netz.* 2) Die *endotrophe* M. ist unter anderem bei Heidekrautgewächsen und Orchideen zu finden. Sie ist dadurch gekennzeichnet, daß die Hyphen in das Wurzelgewebe und in das Innere der Rindenzellen eindringen. Zwischen ektotropher und endotropher M. gibt es zahlreiche Übergänge, die auch als 3) *ektendotrophe M.* bezeichnet werden. Abb. S. 596.
Mykostatin, svw. Fungizidin.
Mykosterine, in Pilzen vorkommende Sterine, deren wichtigster Vertreter das aus Hefe gewonnene → Ergosterin ist. Ein weiteres M. ist → Zymosterin.
Mykotoxine, giftige, meist niedermolekulare Stoffwechselprodukte von Pilzen. M. wirken gegen andere Organismen, nicht gegen den sie produzierenden Pilz. Da sie auch einige Mikroorganismen schädigen, ist die Abgrenzung zu den → Antibiotika nicht eindeutig. Zu den M. werden häufig

Mykotrophie

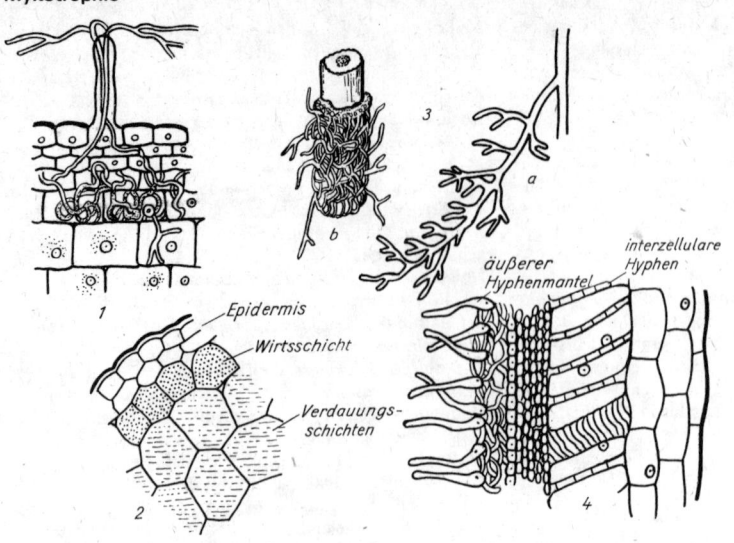

Endotrophe und ektotrophe Mykorrhiza: *1* Schnitt durch Orchideenwurzel (*Platanthera*) mit endotropher Mykorrhiza; *2* Pilzwurzel der Orchidee Nestwurz (*Neottia*) im Querschnitt; *3* Pilzwurzel der Rotbuche mit korallenartigen Kurzwurzeln (*a*) und Wurzelspitze mit Pilzgeflecht (*b*); *4* ektotrophe Mykorrhiza der Eiche, verpilzte Wurzel im Längsschnitt

auch die bakteriellen Toxine gezählt. Es sind bereits weit über 100 M. bekannt; wichtige Vertreter sind z. B. die → Aflatoxine, → Mutterkornalkaloide und Sporidesmin. Häufig werden M. auf Lebensmitteln gebildet; sie können die Ursache von Lebensmittelvergiftungen sein.

Mykotrophie, besondere Ernährungsform der Pflanzen, die mit Hilfe der Pilzwurzel (→ Mykorrhiza) erfolgt.

Mykoviren, Pilze befallende Viren. M. wurden sowohl in Urpilzen als auch in Algenpilzen, Schlauchpilzen und Ständerpilzen nachgewiesen. In Champignonkulturen können beispielsweise durch Virusinfektionen, die schwachen Wuchs des Myzels, wäßrige, verlängerte Stiele, abnormale kleine Hüte sowie Mumifizierung der Fruchtkörper hervorrufen, beträchtliche Schäden verursacht werden.

Myocastoridae, → Biberratte.

Myodocopa, → Muschelkrebse.

Myofilamente, → Aktin, → Myosinfilamente.

Myoglobin, *Myohämoglobin,* roter Farbstoff des Muskels, der zu den Chromoproteinen bzw. Metallproteinen gehört. M. ist dem Hämoglobin ähnlich gebaut und enthält 153 Aminosäuren. Es hat eine Molekülmasse von etwa 17200. M. bindet wie Hämoglobin reversibel Sauerstoff, jedoch viel fester. Aufgrund dieser Eigenschaft wirkt es im Muskel als Sauerstoffträger und sorgt für den Übergang des Sauerstoffs vom Blut in den Muskel. Stark arbeitende Muskeln sind besonders reich an M. So enthält der Herzmuskel von Walen und Robben bis zu 8% M., verglichen mit 0,5% M. im Herzmuskel des Hundes. Von M. wird der Sauerstoff an die Zytochrome weitergegeben.

Myohämoglobin, svw. Myoglobin.

myo-Inosit, ein sechswertiger Alkohol aus der Gruppe der → Zyklite, der im Tier- und Pflanzenreich weit verbreitet ist. I. ist frei in Muskeln, Gehirn und Leber sowie gebunden als Bestandteil vieler Phosphatide anzutreffen. Der Hexaphosphorsäureester des I. wird als *Phytinsäure,* die gemischten Ca- und Mg-Salze als *Phytin* bezeichnet.

Myolemm, → Muskelgewebe.

Myometrium, peripher gelegene Muskelschicht der Ute-

ruswand der Säuger, die aus eng durchflochtenen Bündeln glatter Muskelzellen aufgebaut ist, die von gefäßhaltigem Bindegewebe durchsetzt werden. Im M. lassen sich außerdem zahlreiche elastische Fasern und feinste Nervenplexus nachweisen.

Myoneme, → Muskelgewebe.

Myophoria [griech. mys 'Muskel', phoros 'Träger'], z. T. auch *Costatoria* genannt, eine fossile Gattung der Muscheln mit schief-ovaler, auch dreieckiger Schale, die oft mit einer oder mehreren Kanten versehen ist. Die Oberfläche ist glatt oder gerippt, das Schloß zeigt einen Dreieckszahn und leistenartige Seitenzähne.

Verbreitung: Devon bis Trias, sehr häufig mit sehr wichtigen Leitarten in der germanischen Trias.

Schematische Skizze einer *Myophoria* aus dem Oberen Muschelkalk; Vergr. 0,5:1

Myoplasma, → Muskelgewebe.

Myosin, ein Muskelprotein, das zu $2/3$ Bestandteil der kontraktilen Muskelproteine ist. M. besteht aus zwei Polypeptidketten von etwa 135 nm Länge, was etwa 2000 Aminosäuren entspricht, und einem globulären Endstück, das das energieliefernde Enzym ATPase enthält. Durch Quervernetzung der Endstücke mit den dünnen Aktin-Filamenten entsteht temporär der Aktomyosinkomplex (→ Aktomyosin). M. läßt sich leicht durch Extraktion mit Kaliumchloridlösung aus Muskelbrei gewinnen.

Myosinfilamente, die »dicken« Myofilamente, die zusammen mit den »dünnen« Aktinfilamenten (→ Aktin) die Hauptbestandteile des Muskelgewebes darstellen. M. (Durchmesser etwa 10 nm) setzen sich aus golfschlägerförmigen Myosinmolekülen zusammen. Das Protein Myosin besteht aus 2 schweren und 2 bis 4 leichten Ketten. Durch Trypsin wird die schwere, 1800 Aminosäuren enthaltende Kette in einen schweren Teil (*HMM, heavy meromyosin*) und einen leichten (*LMM, light meromyosin*) zerlegt. Das schwere Meromyosin-Fragment weist einen spezifischen Bindungsort für Aktin auf, hat Adenosin-5'-triphosphatase-Aktivität für die Energiegewinnung und entspricht den abgewinkelten Köpfen der Myosinmoleküle. Myosin und Aktin verbinden sich reversibel zum kontraktilen *Aktomyosinkomplex*, indem die Kopfabschnitte der Myosinmoleküle Querbrücken zwischen M. und Aktinfilamenten bilden. Die Kontraktion erfolgt nach dem Gleitfasermodell dadurch, daß sich Aktin- und Myosinfilamente durch Vermittlung der in den M. enthaltenen Adenosin-5'-triphosphatase aneinander entlangziehen. Die Kontraktion wird durch Ca^{++} und durch den Sperrproteinkomplex, das *Troponin-Tropomyosin-System*, reguliert.

In Nichtmuskelzellen kommt Myosin im Gegensatz zu Aktin in oligomerer Form vor, daher können in diesen Zellen keine M. nachgewiesen werden.

Myriapoden, → Tausendfüßer.
Myricaceae, → Gagelgewächse.
Myrientomata, → Beintaster.
Myrizylalkohol, ein geradkettiger Alkohol der Summenformel $C_{30}H_{61}OH$, der verestert mit Palmitinsäure im Bienenwachs und im Carnaubawachs vorkommt.
Myrmecophagidae, → Ameisenbären.
Myrmekochorie, Verbreitung der Samen und Früchte durch Ameisen, → Samenverbreitung.
Myrmekophilie, Bindung anderer Tierarten an Ameisen oder an ihre Nester. Die M. kann durch Aufsuchen des günstigen Kleinklimas in Ameisennestern, durch Ausnutzung von Nahrungs- oder Schutzvorteilen bestimmt sein.

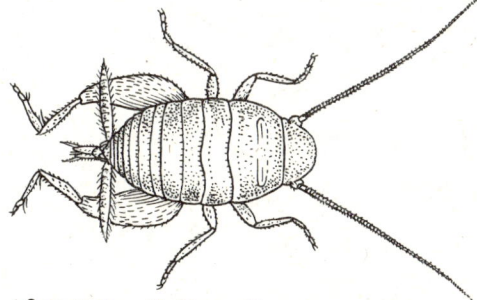

1 ♀ der Ameisengrille Myrmecophila acervorum

Dementsprechend ist die Stellung der myrmekophilen Arten zu den Ameisen unterschiedlich: Verfolgen sie die Ameisen und ihre Entwicklungsstadien, so werden sie als *Synechthren* bezeichnet. Nachbarschaftsansiedlung, *Parökie*, und Einmietung, *Synökie*, ist häufig und erstreckt sich im allgemeinen nur auf räumliches Beieinander. *Symphile, Ameisengäste,* stehen in einem mutualistischen Verhältnis zu den Ameisen. Durch Abscheidung des zuckerhaltigen Kotes bei Blattläusen oder Abgabe von Sekreten, die den Ameisen als Futter dienen, finden die Symphilen Duldung, Pflege und Schutz durch die Ameisen, selbst dann noch, wenn die Gäste Ameisenbrut verzehren.

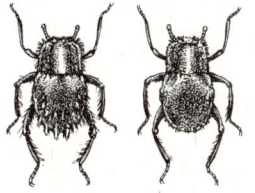

2 Der Käfer Symphilister pilosus als Gast von Wanderameisen; das rechte Tier mit abgeschleckten Sekrethaaren

M. zeigen z. B. die Ameisengrille, Kurzflügler, Blatt-, Schild- und Wurzelläuse und einige Schmetterlingslarven, wie die Raupe des Bläulings. Insgesamt sind mehr als 2 000 Arten mit M. bekannt.
Mysidacea, eine Ordnung der Krebse (Unterklasse *Malacostraca*) mit einem schlanken, garnelenartigen Körper. Der Thorax ist fast vollständig von einem Carapax bedeckt. Die Thorakopoden sind Spaltbeine und dienen bei den meisten Arten zum Schwimmen. Es sind etwa 500 Arten bekannt, die vorwiegend im Meer leben. Die Tiere schwimmen dicht über dem Grund, klammern sich auch an Pflanzen fest oder graben im Untergrund; andere sind Dauerschwimmer. Hierher gehören z. B. *Boreomysis arctica* (Abb.) und der *Reliktenkrebs, Mysis relicta,* der im Süßwasser Nordeuropas und Nordamerikas lebt und als Eiszeitrelikt gilt.

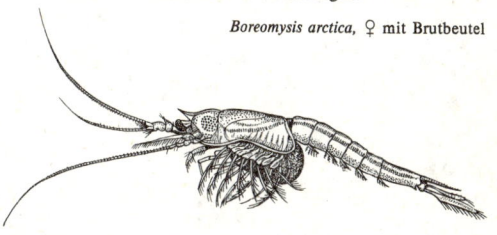

Boreomysis arctica, ♀ mit Brutbeutel

Mystacocarida, eine Unterklasse der Krebse, die erst 1943 entdeckt wurde und von der bisher drei Arten bekannt sind. Die Tiere sind nur 0,5 mm lang, zylindrisch langgestreckt und bestehen aus dem Kopf und elf fast gleichförmigen Rumpfsegmenten, von denen höchstens die fünf vordersten Gliedmaßen tragen. Die Tiere bewohnen das Sandlückensystem im Grundwasser einiger Meeresküsten. Die einzige Gattung ist *Derocheilocaris*.

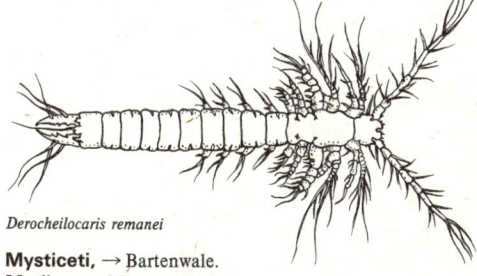

Derocheilocaris remanei

Mysticeti, → Bartenwale.
Mytilus, → Miesmuschel.
Myxamöben, → Schleimpilze.
Myxobakterien, svw. Schleimbakterien.
Myxoflagellaten, → Schleimpilze.
Myxogastrales, → Schleimpilze.
Myxomycetes, → Schleimpilze.
Myxotesta, → Samen, Abschnitt Samenschale.
Myzel, Vegetationskörper der Pilze, der entweder aus *Hyphen,* d. h. aus septierten oder unseptierten fädigen Gebilden (*Fadenmyzel*) oder aus kugeligen bis zylindrischen, wenig verzweigten Sproßketten mit oft scharf voneinander abgesetzten Zellen (*Sproßmyzel, Pseudomyzel*) besteht. Das Sproßmyzel kann, wie z. B. bei einigen Hefearten, bis zu einer einzelligen Sproßform reduziert sein und somit gleichzeitig ein Fruktifikationsorgan darstellen. Weitere Myzelformen sind Dauermyzel (→ Sklerotium), → Kugelmyzel, → Luftmyzel, → Promyzel, → Substratmyzel. Durch enge Verflechtung von Pilzhyphen entstehen → Scheingewebe.
Myzelversporung, der Zerfall von Hyphen in Einzelzellen, die dann den Charakter von Sporen (Arthrosporen) haben, z. B. bei der Pilzgattung *Geotrichum*.
Myzetome, Anhangsorgane des Darms oder der Geschlechtsorgane von Insekten, in denen Bakterien oder Pilze als Symbionten leben und für den Wirtsorganismus bestimmte wichtige Stoffe (z. B. Enzyme für den Aufschluß von Holz oder Zellulose) liefern. Das M. wird in un-

Myzetophage

terschiedlicher Weise auf die Nachkommenschaft übertragen.
Myzetophage, → Ernährungsweisen.
Myzetozyten, → Symbiose.
Myzostomida, eine Klasse der Ringelwürmer mit etwa 130 Arten, die als Kommensalen oder Parasiten an Stachelhäutern, besonders Haarsternen, leben. Die scheibenförmigen, 0,3 bis 3 cm langen Tiere tragen an den Körperrändern fingerförmige Tentakel; ihre Bauchseite ist mit fünf Paar

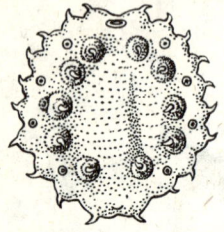

Myzostomida
(Unterseite)

kleinen Stummelfüßen versehen, die je eine derbe Hakenborste aufweisen. Aus einer Öffnung am Vorderende kann der rüsselartige, den Schlund und das Gehirn enthaltende Vorderkörper ausgestreckt werden. Die M. entnehmen ihre Nahrung den Ambulakralfurchen der Mundhöhle, dem Darm oder der Leibeshöhle der Wirtstiere. Ihre Entwicklung geht über ein der Trochophora ähnliches, freischwimmendes Larvenstadium vor sich. Auf einem einzigen Haarstern wurden schon öfters 300 bis 400 Parasiten angetroffen.

System: Die M. werden in zwei Ordnungen mit sieben Familien gegliedert.

N

Nabel, 1) → Dottersack. 2) → Samen.
Nabelschnur, → Dottersack.
Nabelschweine, *Pekaris, Tayassuidae,* eine Familie der → Paarhufer, die in zwei Arten vorkommt. Die eine Höhe von etwa 45 cm erreichenden N. haben einen kurzen Rüssel und einen rückgebildeten Schwanz. Am Rückenende weisen sie eine Drüsenöffnung auf, aus der eine nach Bisam riechende Flüssigkeit abgesondert wird. Beim Umherlaufen durch das Unterholz werden damit die Pfade geruchlich markiert. Häufig reiben sich die in Rudeln lebenden N. auch gegenseitig mit dem Drüsensekret ein. Die N. sind vom südlichen Nordamerika bis Patagonien verbreitet.
Nabelstrang, 1) → Samen. 2) → Allantois, → Plazenta.
Nachahmung, svw. Imitation.
Nacheiszeit, svw. Holozän.
Nachgeburt, Plazenta.
Nachhirn, → Gehirn.
Nachkommenschaft, eine Gruppe von Individuen, die entweder im Verlauf der sexuellen Reproduktion entsteht (*generative N.*) oder durch nichtsexuelle Vorgänge, z. B. Apomixis, Ablegerbildung, Verklonung u. a., hervorgebracht wird (*vegetative N.*).
Nachkommenschaftsprüfung, die genetische Analyse eines ausgelesenen Individuums an Hand seiner Nachkommenschaft und deren Leistungsvermögen, → Mendelgesetze.
Nachniere, → Exkretionsorgane.
Nachpotential, → Aktionspotential.

Nachreifung, → Samen, → Samenruhe.
Nachtaffe, *Aotes trivirgatus,* einziger auf das Nachtleben spezialisierter → Neuweltaffe (Familie der Kapuzinerartigen) mit übergroßen Augen. Er bewohnt paarweise Tropenwälder vom Amazonas bis ins südliche Mittelamerika und ernährt sich von Früchten, Insekten und anderem Kleingetier sowie Vogeleiern.
Nachtbaumnattern, *Boiga,* baumbewohnende große → Trugnattern Süd- und Südostasiens, die schwach giftig sind und deren Hauptbeute aus Vögeln und Baumeidechsen besteht. Die bis 2,50 m lange *Mangrove-Nachtbaumschlange, Boiga dendrophila,* ist blauschwarz mit leuchtend gelben Querbinden.
Nachtechsen, *Xantusiidae,* in nur 8 Arten zerstreut über Nord- und Mittelamerika sowie die Antillen verbreitete Familie der → Echsen. Die N. sind 10 bis 15 cm lange, unscheinbar gefärbte Kriechtiere von normaler Eidechsengestalt. Ihre Augenlider sind zu einer durchsichtigen Kapsel über der senkrechten Schlitzpupille verwachsen. Sie fressen Insekten, einige Vertreter auch Pflanzenteile. Die N. sind »echt« lebendgebärend (vivipar), d. h. der Embryo wird über eine Plazenta ernährt. Die *Granitnachtechse, Xantusia henshawi,* Kaliforniens verbirgt sich am Tag in Felsspalten, andere Arten leben in Baumhöhlen.
Nachtfalter, volkstümliche Bezeichnung für alle abends und nachts fliegenden Schmetterlinge, keine systematische Gruppe.
Nachtigall, → Drosseln.
Nachtkerzengewächse, *Onagraceae, Oenotheraceae,* eine Familie der Zweikeimblättrigen Pflanzen mit etwa 650 Arten, die über die ganze Erde verbreitet sind. Es handelt sich um Kräuter, selten Sträucher, mit meist gegenständigen Blättern ohne Nebenblätter und mit regelmäßigen, fast immer 4zähligen Blüten. Die Blütenachse ist bei vielen Arten über den unterständigen Fruchtknoten hinaus stark verlängert, die Blütenblätter sind lebhaft gefärbt. Die Bestäubung erfolgt durch Insekten, z. T. durch Vögel, auch Selbstbestäubung ist bei einigen Sippen verbreitet. Die Frucht ist eine vielsamige Kapsel, Steinfrucht oder Nuß.

Bekannte Zierpflanzen dieser Familie sind die **Fuchsien**, *Fuchsia,* die aus Südamerika stammen und wegen ihrer schön gefärbten, hängenden Blüten gezogen und in vielen Sorten angeboten werden. Auch die **Nachtkerzen**, *Oenothera,* stammen aus Amerika. Sie sind vor allem an ruderalen Standorten verbreitet und entfalten ihre großen, meist gelben Blüten nur nachts. Nachtkerzenarten dienten in der Vererbungslehre häufig als Versuchspflanzen.

Ebenfalls zu dieser Familie gehören die **Weidenröschen**, *Epilobium,* und die als einjährige Sommerblumen häufig angepflanzten *Godetien* und *Clarkien*. Abb. S. 599.

Wegen ihrer Atemwurzeln sind die Vertreter der tropischen Gattung *Ludwigia (Jussiaea)* von Interesse. Es sind ausschließlich Wasser- oder Sumpfpflanzen, z. T. Unkräuter in Reiskulturen.
Nachtpfauenauge, → Pfauenauge.
Nachtschattengewächse, *Solanaceae,* eine Familie der Zweikeimblättrigen Pflanzen mit etwa 2300 Arten, deren Hauptverbreitungsgebiete in den Tropen und Subtropen liegen. Es sind Kräuter, seltener Holzpflanzen, mit einfachen oder gefiederten, wechselständigen Blättern und 5zähligen, schwach asymmetrischen Blüten, die von Insekten bestäubt werden. Der aus zwei Fruchtblättern gebildete oberständige Fruchtknoten entwickelt sich zu einer vielsamigen Kapsel oder Beere.

Chemisch sind die N. eine typische »Alkaloidfamilie«, denn sie sind durch Alkaloide verschiedener Struktur, vor allem durch Tropan-Alkaloide, Nikotin und Steroidalkaloide, gut charakterisiert. Viele ihrer Vertreter sind deshalb

Nachtschattengewächse

Nachtkerzengewächse: *a Clarkia pulchella*, *b* Fuchsie, *c* Gemeine Nachtkerze, *d* Schmalblättriges Weidenröschen

1 Nachtschattengewächse: *a* Tollkirsche, *b* Bilsenkraut, *c* Stechapfel, *c1* Frucht aufgesprungen, *d* Blasenkirsche, *d1* Frucht mit geöffnetem Kelch, *e* Petunie

2 Nachtschattengewächse: Eierfrucht

Arznei- oder Giftpflanzen, so z. B. der **Bittersüße Nachtschatten**, *Solanum dulcamara,* mit violetten Blüten und roten Beeren und der **Schwarze Nachtschatten**, *Solanum nigrum,* mit weißen Blüten und schwarzen Beeren, ferner die **Tollkirsche**, *Atropa belladonna,* die auf kalkhaltigen Böden wächst und deren schwarze Beeren stark giftig sind, sowie die ebenfalls giftigen, auf ruderalen Standorten vorkommenden Arten **Bilsenkraut**, *Hyoscyamus niger*, und **Stechapfel**, *Datura stramonium*.

Eines der wichtigsten Nahrungsmittel der Europäer sind die Sproßknollen der **Kartoffel**, *Solanum tuberosum,* deren Heimat wahrscheinlich die Zentralanden Südamerikas sind und die schon im 16. Jh. nach Europa kam. Man kennt an die 160 knollenbildende *Solanum*-Arten und versucht die zumeist gegen Krankheiten und Schädlinge resistenten Wildarten in unsere Kulturkartoffel einzukreuzen, da diese durch eine große Zahl von Pilz-, Bakterien- und Viruskrankheiten in Ertrag und Lagerfähigkeit oft stark beeinträchtigt sind.

Ebenfalls süd- bzw. mittelamerikanischen Ursprungs sind **Tomate**, *Lycopersicum esculentum,* und **Paprika**, *Capsi-*

cum annuum. Während die Tomate nur als Gemüsepflanze genutzt wird, unterscheidet man nach der Menge des scharf schmeckenden Inhaltsstoffes Kapsaizin in den Paprikafrüchten zwischen dem meist großfrüchtigen **Gemüsepaprika** mit wenig Kapsaizin und dem kleinfrüchtigen **Gewürzpaprika** mit viel Kapsaizin. Besonders kapsaizinreich sind die Früchte des **Cayenne-Pfeffers (Chillie)**, *Capsicum frutescens*, der in den Tropen angebaut wird.

Die Frucht der in Indien heimischen **Eierfrucht** oder **Aubergine**, *Solanum melongena*, wird ebenfalls als Gemüse verwendet. Der **Tabak**, von dem bei uns heute unter anderem zur Nikotingewinnung für die Herstellung von Schädlingsbekämpfungsmitteln die zwei Arten *Nicotiana rustica* und *Nicotiana tabacum* angebaut werden, ist ebenfalls in Mittel- und Südamerika beheimatet.

Als Zierpflanzen werden die aus Ostasien stammende **Blasenkirsche**, *Physalis alkekengi*, deren Kelch zur Fruchtzeit blasenartig erweitert und lebhaft gefärbt ist, und die in Südamerika heimische **Petunie**, *Petunia hybrida*, von der es viele Sorten gibt, in Gärten oder Balkonkästen gezogen.

Den einer menschlichen Gestalt ähnelnden Wurzeln der im Mittelmeergebiet beheimateten **Alraune**, *Mandragora officinarum*, wurden im Mittelalter übernatürliche Kräfte zugeschrieben.

Nachtschwalben, *Caprimulgiformes*, Ordnung der Vögel mit nahezu 100 Arten. Ihr Gefieder ist grau, braun, schwarz und weiß gefärbt und hat Rindenmuster. Der *Fettschwalm* (1 Art, Familie *Steatornithidae*) ist in Südamerika zu Hause. Die Früchte, die ihm als Nahrung dienen, reißt er im Fluge ab. Er brütet in großen Kolonien in Höhlen. Die *Tagschläfer* (Familie *Nyctibiidae*, 5 Arten, Mittel- und Südamerika) fangen fliegende Insekten. Die Familie der *Schwalme*, *Podargidae*, besteht aus 13 Arten, 10 davon gehören zur Gattung *Froschmaul*, *Batrachostomus*. Nur 8 Arten bilden die Familie *Höhlenschwalme*, *Aegothelidae*, etwa 70 dagegen die Familie *Nachtschwalben*, *Caprimulgidae*. Diese Bodenbrüter bauen keine Nester. Bei den Männchen einiger Arten sind bestimmte Schwungfedern zu Schmuckfedern umgebildet.

Nachwärmezeit, svw. Subatlantikum.

Nacktfarne, → Urfarne.

Nacktfliegen, → Zweiflügler.

Nacktkiemer, **Nudibranchier**, *Nudibranchia*, artenreichste Ordnung der Hinterkiemer (Schnecken) ohne Schale und mit reduzierten oder durch sekundäre Kiemen ersetzten Kammkiemen. Viele Arten sind prächtig gefärbt, meist in Anpassung an das sie umgebende Substrat, und häufig mit bizarren Anhängen an der Körperoberfläche versehen. Die Bewegung der N. entspricht der anderer Schnecken, manche können aber mit Hilfe von seitlichen Fortsätzen (Parapodien) schwimmen oder planktisch schweben. Ihre Nahrung bilden Hohltiere, Moostiere und Manteltiere.

Nacktsamer, *Gymnospermae*, zusammenfassende Bezeichnung für zwei Unterabteilungen der Samenpflanzen, die auf der gleichen Entwicklungsstufe stehen, nämlich als Hauptmerkmal nackte Samenanlagen haben, die aber keine einheitliche, natürliche Verwandtschaftsgruppe sind, denn sie haben sich wahrscheinlich parallel aus sporentragenden Vorläufern, den *Progymnospermae*, entwickelt. Die Vertreter der beiden Unterabteilungen weisen folgende gemeinsame Merkmale auf: Es handelt sich ausschließlich um Holzpflanzen, deren Sprosse entweder unverzweigt oder mit großer Regelmäßigkeit meist monopodial verzweigt sind. Ihr Holzkörper besteht aus ringförmig angeordneten, offenen kollateralen Leitbündeln, deren wasserleitende Zellen Tracheiden mit großen Hoftüpfeln sind. Dem Siebteil fehlen die Geleitzellen. Mittels eines Kambiums findet sekundäres Dickenwachstum statt. Schleim- oder harzführende Sekretbehälter sind häufig. Die Laubblätter sind bei den heute lebenden Vertretern meist ledrig, derb, oft nadelförmig, auch gefiedert oder fächerig verbreitet, teilweise sind sie nur noch schuppenförmig. Fast stets überdauern sie mehrere Vegetationsperioden. Die Leitbündel in den Blättern sind unverzweigt oder gabelig verzweigt. Die Blüten sind außer bei einigen fossilen Arten immer eingeschlechtig und meist von einfachem Bau. Die Staub- oder Fruchtblätter sind entweder je an einer Achse zu mehreren als Zapfenblüten vereinigt, die den Achseln von Deckblättern entspringen (z. B. Fichte, Lärche), oder sie sitzen einzeln in den Achseln von Deckblättern (z. B. Eibe). Bei den männlichen Blüten sind die Staubblätter an der Achse meist quirlig oder schraubig angeordnet. Sie haben an der Unterseite fast immer eine größere Zahl von Pollensäcken, die sich mit Hilfe ihrer durch einen Kohäsionsmechanismus wirksamen Epidermis öffnen und den Pollen entlassen. Dieser wird fast ausschließlich vom Wind auf die weiblichen Blüten übertragen. Bei der Bildung der männlichen Gametophyten, die schon vor dem Ausstäuben erfolgt, werden in dem vorerst einzelligen Pollenkorn mehrere Zellen, die Prothalliumzellen, gegen eine bestimmte Stelle der Wand hin abgegliedert. Die übrige Zelle teilt sich in eine große vegetative

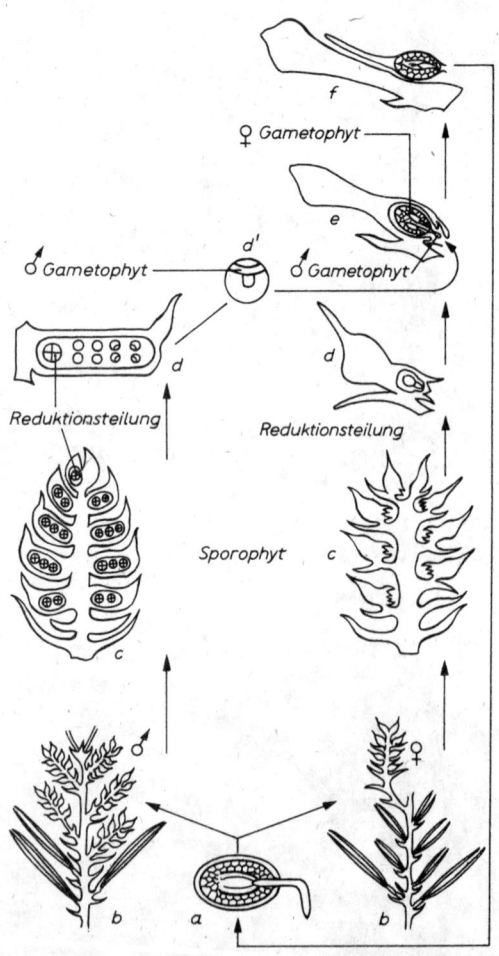

Entwicklungsschema eines Nacktsamers (Kiefer): *a* keimender Samen, *b* ♂ und ♀ blühender Sproß, *c* ♂ und ♀ Blüte, *d* Staubblatt und *d'* Pollenkorn, *e d* und *d'* zur Zeit der Befruchtung, *f* mit reifem Samen

Zelle, die Pollenschlauchzelle, und eine kleinere generative Zelle (einem Antheridium gleichzusetzen), die sich weiter in eine Stielzelle und eine spermatogene Zelle teilt. Aus dieser entstehen zwei Spermazellen, die sich vereinzelt noch zu Spermatozoiden mit zahlreichen Geißeln umbilden, ansonsten aber ohne Umwandlung bei der Befruchtung durch die zum Pollenschlauch ausgewachsene vegetative Zelle zur Eizelle geleitet werden. Die weiblichen Blüten bestehen aus einem oder mehreren Fruchtblättern, die die Samenanlagen offen tragen. Narben sind nicht vorhanden. Die Samenanlagen bestehen aus dem Embryosack, dem mächtig entwickelten Nuzellus und einem Integument, an der Spitze mit Mikropyle, die zur Blütezeit einen Bestäubungstropfen ausscheidet. Die Bildung des weiblichen Gametophyten erfolgt innerhalb der Samenanlage im Embryosack, der zwar noch eine in Exo- und Endospor gegliederte Membran aufweist, aber völlig im Nuzellusgewebe eingeschlossen ist. In ihm entsteht durch freie Zellbildung ein vielzelliges Megaprothallium, das eine unterschiedliche Anzahl von Archegonien entwickelt, die die Eizellen enthalten. Das Megaprothallium wird auch als primäres Endosperm bezeichnet, da es Nährstoffe speichert und dem Embryo als Nährgewebe dient. Die befruchtete Eizelle entwickelt sich zu einem Embryo mit mindestens zwei Keimblättern. Das Integument wird zur Samenschale. Die weiblichen Blüten oder Blütenstände verwandeln sich dabei meist zu verholzenden Zapfen, zwischen deren Schuppen sich die Samen befinden.

Die N. hatten ihre Hauptentfaltung im Mesozoikum. Von den heute noch lebenden rund 800 Arten sind die meisten Nadelhölzer.

Gliederung:
Unterabteilung *Coniferophytina*, **Gabel- und Nadelblättrige Nacktsamer**
Klasse *Ginkgoatae* mit nur 1 Familie (→ Ginkgogewächse)
Klasse *Pinatae*
Unterklasse *Pinidae, Coniferae*, → Nadelhölzer
Unterklasse *Taxidae* mit nur 1 Familie (→ Eibengewächse)
Unterabteilung *Cycadophytina*, **Fiederblättrige Nacktsamer**
Klasse *Lyginopteridatae*, → Samenfarne
Klasse *Cycadatae*, → Palmfarne
Klasse → *Bennettitatae*
Klasse → *Gnetatae*

Nacktschnecken, Landlungenschnecken ohne äußere, sichtbare Schale. Die Schale ist entweder stark reduziert und als dünnes Plättchen fast vom Mantel überdeckt, oder sie fehlt ganz. Auf dem vorderen Teil des Rückens bildet der reduzierte Mantel einen Mantelschild mit seitlichem Atemloch. Die N. leben meist an feuchten Orten, sie sind fast ausschließlich Pflanzenfresser und vielfach bedeutende Kulturpflanzen- und Vorratsschädlinge.

NAD+, Abk. für Nikotinsäureamid-adenin-dinukleotid.
Nadelhölzer (Tafel 35), **Koniferen,** *Pinidae, Coniferae,* wichtigste und größte Unterklasse der Gabel- und Nadelblättrigen Nacktsamer. Es sind über die ganze Erde verbreitete Holzgewächse, Bäume, seltener Sträucher, mit stets reichverzweigtem Stamm und gesetzmäßig angeordneten Seitenzweigen, die oft eine deutliche Gliederung in Lang- und Kurztriebe aufweisen. Ihr aus Tracheiden bestehender Holzkörper ist meist stark entwickelt, die Rinde hat oft eine kräftige Borkenbildung. Harzkanäle sind in Rinde und Laubblättern, teilweise auch im Holz häufig. Die fast immer mehrjährigen derben Laubblätter von geringer Größe sind nadel- oder schuppenförmig und an den Zweigen spiralig, gegenständig oder quirlig angeordnet. Die stets eingeschlechtigen, meist typischen Zapfenblüten können ein- oder zweihäusig sein. Die männlichen Blüten sitzen oft in der Achsel später abfallender Schuppenblätter und bestehen aus zahlreichen schuppenförmigen Staubblättern, die an ihrer Unterseite 2 bis 20 Pollensäcke tragen. Spermatozoide werden bei der Befruchtung nicht mehr ausgebildet. Die weiblichen Blüten sind zu Zapfen vereinigt und bestehen meist aus Deckschuppen, in deren Achseln sich die Fruchtblätter mit den Samenanlagen, die Samenschuppen, befinden. Diese weiblichen Zapfen entsprechen einem umgewandelten Blütenstand, bei dem jede Samenschuppe eine reduzierte Blüte ist. Bei der Reife werden die Samenschuppen allein oder die verwachsenen Deck- und Samenschuppen als Komplex zusammen holzig, seltener fleischig, und bilden dann den Samenzapfen. Die Embryonen haben mindestens zwei wirtelig gestellte Keimblätter.

Die Entwicklung der N. zu ihrer heutigen Mannigfaltigkeit begann bereits im Oberkarbon, also vor rund 250 Millionen Jahren, wie Fossilfunde beweisen. Die zur Zeit lebenden N. werden nach der Art ihrer Zapfen und Blätter und anderer Merkmale in mehrere Familien eingeteilt. Die wichtigsten sind → Araukariengewächse, → Kieferngewächse, → Sumpfzypressengewächse, → Zypressengewächse, → Stieleibengewächse und → Kopfeibengewächse.

Nadelwaldgesellschaften, → Charakterartenlehre.
NADH, reduzierte Form des → Nikotinsäureadenin-dinukleotids.
NADP+, Abk. für Nikotinsäureamid-adenin-dinukleotidphosphat.
NADPH, reduzierte Form von → Nikotinsäureamid-adenin-dinukleotidphosphat.
Naganaseuche, → Trypanosomen.
Nagel, 1) in der Botanik der lange, stielartige untere Teil eines Blütenblattes, z. B. bei den Nelken.
2) in der Zoologie durch Verdickung der Hornschicht

Nacktschnecken: *a* Ackerschnecke (*Deroceras agreste*) und ihr Schadbild (½ nat. Gr.), *b* Große Wegschnecke (*Arion rufus*; ⅖ nat. Gr.)

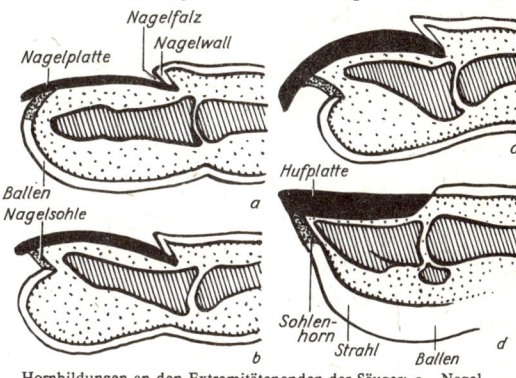

Hornbildungen an den Extremitätenenden der Säuger: *a* Nagel (Mensch), *b* Nagel (Affe), *c* Kralle (Katze), *d* Huf (Pferd)

der Haut entstandene Bedeckung der Finger- und Zehenendglieder bei Affen und Menschen. Der N. ist eine durchscheinende, mäßig gebogene Hornplatte (*Nagelplatte*). Er liegt auf dem *Nagelbett* und wird seitlich vom *Nagelwall* begrenzt. Als *Nagelfalz* bezeichnet man die den *Nagelrand* überdeckende Hauteinsenkung. Die Entstehung der weißen »Möndchens« beruht auf der Dicke des Nagelbettes, daher können auch die Blutgefäße hier nicht durchschimmern. Dem N. entsprechende Hornbildungen bei anderen Tieren sind die → Kralle und der → Huf.

Nagerreflex, → Kaureflexe.

Nagetiere (Tafel 38), *Rodentia*, eine vielgestaltige und sehr artenreiche Ordnung der Säugetiere. Kennzeichen der N. sind das Fehlen von Eckzähnen und das Vorhandensein je eines Paares oberer und unterer meißelförmiger Schneidezähne, die nur auf der Vorderseite mit Schmelz überzogen sind und ständig nachwachsen. Die N. sind vorwiegend Pflanzenfresser. Zu ihnen gehören die Familien der → Hörnchen, → Biber, → Wühler, → Mäuse, → Bilche, → Hüpfmäuse, → Springmäuse, → Stachelschweine, → Baumstachler, → Meerschweinchen, → Riesennager, → Agutis, → Chinchillas, → Trugratten, → Biberratte und → Baumratten.

Lit.: R. Gerber: N. Deutschlands (2. Aufl. Leipzig 1952); E. Mohr: Die freilebenden N. Deutschlands und der Nachbarländer (3. Aufl. Jena 1954).

Nahfeld, Ereignisfeld des motivierten Verhaltens. Es setzt ein Zielobjekt voraus (oder einen Zielort) und liegt vor, wenn dieses identifiziert und geortet wurde. Im N. befindet sich das Tier in bezug auf das Verhaltensobjekt oder den Funktionsbereich seines motivierten Verhaltens im Zustand der Orientiertheit, ohne daß bereits ein Kontakt zum Funktionsobjekt hergestellt ist.

Beispiel: Der Falke rüttelt, eine Feldmaus suchend: Distanzfeld; er sieht die Maus und lokalisiert sie: Nahfeld; er stößt auf sie herab: Verhalten im Nahfeld; er ergreift sie mit den Krallen: Das Kontaktfeld ist hergestellt, die zur Nahrungsaufnahme erforderlichen auslösenden Reize sind gegeben.

Nähragar, Nährboden zum Kultivieren von Mikroorganismen, vor allem Bakterien. N. hat folgende Zusammensetzung: 1 l Bouillon (Fleischsaft), 10 g Pepton, 5 g Kochsalz, 25 g Agar-Agar.

Nährböden, feste oder flüssige Nährsubstrate, die zum Vermehren und Halten von Mikroorganismen verwendet werden. Im engeren Sinne und als Gegensatz zu den flüssigen Nährmedien (→ Nährlösungen) werden oft nur die festen → Nährmedien als N. bezeichnet. N. enthalten Wasser, eine anorganische oder organische Stickstoffquelle und Mineralstoffe. Für die Kultur heterotropher Mikroorganismen sind außerdem organische Verbindungen, z. B. Zucker, als Energie- und Kohlenstoffquelle erforderlich. Vielen N. wird Kochsalz zur Gewährleistung eines bestimmten osmotischen Wertes zugesetzt. Wichtig ist die Einstellung eines geeigneten *p*H-Wertes der N., z. B. bevorzugen Pilze meist saure, Bakterien neutrale bis leicht alkalische Medien. Eine Verfestigung flüssiger Medien wird erreicht durch Zusatz von → Agar-Agar, seltener von Gelatine. Entsprechend dem Verwendungszweck der N. sind oft weitere, spezielle Bestandteile notwendig, z. B. *p*H-Farbindikatoren, Pufferlösungen, Spurenelemente, Hemmstoffe gegen unerwünschte Begleitorganismen (→ Selektivnährmedium). Alle N. werden nach der Herstellung sterilisiert.

Natürliche N. bestehen aus Substraten, wie sie in der Natur vorkommen und die meist ohne weitere Zusätze verwendet werden, z. B. Kartoffelscheiben, Möhrenstücke, Milch. *Künstliche N.* werden nach bestimmten Rezepturen aus verschiedenen Stoffen zusammengestellt, z. B. der → Nähragar. Sie enthalten oft komplexe Zusätze, z. B. Fleischsaft, Biomalz, Hefeextrakt, Blut. Teilweise kommen solche N. als bereits vorgefertigtes Produkt in Form von → Trockennährböden in den Handel. Künstliche N. sind auch die *synthetischen N.*, das sind in ihrer chemischen Zusammensetzung genau bekannte N. Sie werden z. B. verwendet, um die Bedeutung einzelner Nährstoffe für bestimmte Mikroorganismen zu untersuchen.

Nährbouillon, ein flüssiges Nährmedium zum Kultivieren von Bakterien. N. besteht aus Fleischsaft, dem 10% Pepton und 5% Kochsalz zugesetzt werden.

Nährei, *Nährzelle*, *Trophozyt*, umgebildete, häufig als Dotterzellen bezeichnete Eizellen, die Reserve- und Baustoffe an die sich entwickelnden Eizellen abgeben, wobei sie aufgebraucht werden (*nutrimentäre Eibildung*). Die N. werden entweder einzeln oder zu mehreren mit der Eizelle zusammen in die Eihülle eingeschlossen (Plattwürmer) oder in besonderen Nährkammern oder -fächern den Eiern im → Eierstock zugeordnet (z. B. Insekten), wo sie ihre Nährstoffe an die heranwachsenden Eizellen direkt oder über plasmatische Ausläufer (*Nährstränge*) abgeben.

Nährelemente, → Pflanzennährelemente.

Nährgewebe, → Samen.

Nährhefen, → Futterhefen.

Nährlösungen, in der Mikrobiologie zum Kultivieren von Mikroorganismen verwendete wäßrige Lösungen organischer und anorganischer Nährstoffe, z. B. die → Nährbouillon.

Nährmedium, *Kulturmedium*, ein für die Kultur von lebenden Organismen geeignetes Substrat. Natürliche N. für Pflanzen sind der Boden, das Süßwasser der Binnengewässer und das Meereswasser. *Künstliche N.* sind z. B. die zur erdelosen Kultur von höheren Landpflanzen verwendeten → Nährlösungen und die Substrate für Gewebekulturen. N. für Mikroorganismen werden meist als → Nährböden bezeichnet.

Nährsalze, → Pflanzennährelemente, → Pflanzennährstoffe, → Mineralstoffwechsel.

Nährstoffaufnahme, → Mineralstoffwechsel.

Nährstoffe, → Ernährung.

Nährstofftransport, → Stofftransport, → Mineralstoffwechsel.

Nährstoffverhältnis, in der Pflanzenernährung das für die Produktionsleistung entscheidende Mengenverhältnis der Pflanzennährstoffe Stickstoff (N), Phosphor (P), Kalium (K) und Kalzium (Ca). Für die Ertragsbildung ist weniger die absolute Menge der zugeführten Nährstoffe maßgebend als vielmehr das Verhältnis, in dem die Nährstoffe zueinander stehen. Ein hoher Überschuß eines einzelnen Nährstoffes wird der Pflanze eher schaden als nützen. Die Kulturpflanzen beanspruchen im allgemeinen ein N. etwa folgender Größenordnung: N:P:K:Ca = 1:0,2:1,0 bis 1,8:0,2 bis 0,8. Das optimale N. schwankt jedoch von Pflanzenart zu Pflanzenart, denn die einzelnen Kulturpflanzenarten stellen unterschiedliche Nährstoffansprüche. So haben z. B. Wurzel- und Knollenfrüchte einen hohen Bedarf an Kalium, Kreuzblütler an Stickstoff und Hülsenfrüchtler an Kalzium. Kartoffeln benötigen außerdem viel Phosphorsäure. Neben Artdifferenzen beeinflussen auch Sorteneigentümlichkeiten, Entwicklungszustand, Umweltbedingungen und absolute Düngungshöhe das für eine optimale Produktionsleistung günstige N. Erwähnenswert sei weiterhin, daß als Maßstab nicht nur die Ertragsmenge, sondern auch Qualitätsmerkmale eine entscheidende Rolle spielen.

Ein vorwiegend für praktische Belange etwas vereinfachtes N. ist das *N-P-K-Verhältnis*, das nur Stickstoff (N), Phosphor (P) und Kalium (K) berücksichtigt und Anhaltspunkte für die Düngung liefert. Das für die Pflanze günstigste N. ist jedoch nicht grundsätzlich gleichzusetzen mit dem *Düngerverhältnis*, für das unter anderem die Vorfrucht und der Nährstoffgehalt des Bodens eine Rolle spielen.

Nährstränge, → Nährei.

Nahrungsaufnahme, → Ernährungsweisen.

Nahrungsbeziehungen, *trophische Beziehungen,* System von Beziehungen zwischen Organismen, in dem der eine Partner Nahrung des anderen ist. Über die N. wird der Stoff- und Energiefluß in → Ökosystemen realisiert. Hinsichtlich ihrer Fähigkeit, aus anorganischen Stoffen mit Hilfe von Fremdenergie körpereigene organische Stoffe zu produzieren, unterscheiden sich die *autotrophen* Organismen (photoautotrophe Grünpflanzen, einige chemoautotrophe Mikroorganismen) von den *heterotrophen* Organismen (Pilze, Tiere, Mehrzahl der Mikroorganismen), die ohne die Aufnahme organischer Verbindungen nicht existieren können.

Die autotrophen Organismen (Pflanzen) bilden die trophische Stufe der *Produzenten*, von diesen ernähren sich die *Konsumenten* (Tiere), deren Leichen und Abfälle dann durch *Destruenten* (*Reduzenten*; Mikroorganismen) wieder remineralisiert, also den Produzenten wieder als anorganisches Material zugeführt werden.

Die realen N. sind dadurch, daß Konsumenten ganz unterschiedliche trophische Niveaus repräsentieren können, sehr kompliziert. Im einfachsten Fall werden die N. als *Nahrungskette* dargestellt, z. B. Grünpflanze – pflanzenfressendes Insekt (Phytophager), – Raubinsekt (Prädator I), – Insektenfresser (Prädator II), – mittelgroßer Raubsäuger (Prädator III), – Großraubtier (Prädator IV). Charakteristisch ist für diese lineare Aufreihung trophischer Ebenen, daß die Gesamtzahl der in der jeweiligen Ebene vorhandenen Individuen von der Basis bis zum Endglied der Nahrungskette abnimmt, während die durchschnittliche Größe der einzelnen Prädatoren zunimmt (letzteres gilt aber nur für Prädatoren, die landlebenden autotrophen Produzenten und teilweise auch die Phytophagen unterliegen nicht dieser Regel!). Die Trophieebenen werden in der *Nahrungspyramide* dargestellt (Abb.). Die einzelnen Ebenen, aber auch die einzelnen Glieder innerhalb einer Ebene können untereinander zu einem komplizierten *Nahrungsnetz* verknüpft sein, das z. B. als → biozönotischer Konnex dargestellt wird. In dieses Netz sind neben Pflanzen, pflanzenfressenden Räubern noch Parasiten und Hyperparasiten auf jeder Ebene eingeschaltet; Aasfresser (*Nekrophage*), Kotfresser (*Koprophage*), Primär- und Sekundärzersetzer sorgen in jeder Ebene für die Verwertung organischer Substanzen, sind selbst wieder Grundlage der Existenz von entsprechenden Parasiten und Räubern, so daß der Grad der Verknüpfung innerhalb des Nahrungsnetzes sehr hoch ist. Während die an der Basis von Nahrungsketten liegenden *Schlüsselgruppen* sehr leicht Verluste ausgleichen können, reagieren die Endglieder der Nahrungskette (z. B. Großraubtiere) auf Störungen innerhalb der Kette sehr empfindlich.

Organismen, die sich zumindest in irgendeinem Stadium nur von Teilen einer ganz bestimmten Futter- oder Wirtsart ernähren, werden als *Monophage* bezeichnet. *Oligophage* Organismen bevorzugen eine relativ eng umrissene Gruppe von Nahrungsobjekten (z. B. ernährt sich der Wolfsmilchschwärmer von verschiedenen *Euphorbia*-Arten). Solche engen Bindungen zwischen Futterpflanze und Monophagen bzw. Wirt und Parasit führen zur Koevolution, d. h., mit der Aufspaltung der Wirtsart in getrennte Fortpflanzungsgemeinschaften ist oft die gleichlaufende Aufspaltung der Parasitenart verbunden, so daß damit die Monophagie erhalten bleibt. Unterbleibt die Artbildung beim Parasiten, so wird dieser durch die Aufspaltung der Wirtsart automatisch zum Oligophagen. *Polyphage* ernähren sich von einem breiten Spektrum an Arten, bevorzugen dabei aber meist ganz bestimmte Teile (z. B. Blattfresser, Holzminierer, Darmparasiten u. a.). *Panthophage* (*omnivore*) Organismen sind die Allesfresser im umfassenden Sinn (Schwein, Mensch, Bär). Extreme Allesfresser wie das Schwein sind in der Lage, sich von lebenden Pflanzen, Pilzen, Tieren zu ernähren, aber auch deren tote Reste (z. B. Küchenabfälle, Aas) zu verwerten.

Die spezielle Bindung einiger Pflanzenfresser an bestimmte Futterpflanzen ist ein komplizierter Anpassungsprozeß. So sind die Senfölglykoside der Brassikazeen für viele Tiere schon Gifte, aber beim Kohlweißling wirken sie als Lock- bzw. die Eiablage auslösende Stoffe. Einige Wanzenarten der Familie Lygaenidae sind in der Lage, die hochtoxischen herzwirksamen und hämolytischen Glykoside des Fingerhuts zu speichern bzw. zu spalten. Die Produktion giftiger Inhaltsstoffe bringt den betreffenden Pflanzen Selektionsvorteile. So sind in der Regel Pflanzensamen reich an toxischen Inhaltsstoffen, da sie dann in geringerem Maße von entsprechenden Pflanzenfressern geschädigt werden können. Für einen *Phytophagen*, der in der Lage ist, solch eine chemisch weitgehend geschützte Nahrungsquelle doch zu nutzen, bietet das den Vorteil der Ausschaltung der Konkurrenten, so daß die Anpassungsstrategien von Pflanzen und Phytophagen gegenläufig sind. Innerhalb des Nahrungsspektrums einer Art wird hinsichtlich der → Präferenz zwischen *Vorzugs-*, *Verlegenheits-* und *Notnahrung*, hinsichtlich der Menge *Haupt-* und *Nebennahrung* unterschieden.

Nahrungsfaktoren, → Umweltfaktoren.

Nahrungskette, → Nahrungsbeziehungen.

Nahrungsmangel, zeitweiliges oder völliges Fehlen geeigneter, d. h. qualitativ richtig zusammengesetzter und quantitativ ausreichender Nahrung, das die Tiere zum *Hungern* zwingt und ihr Leben bedrohlich gefährden kann.

Viele Organismen sind auf zeitweiligen N. eingestellt und beugen diesem durch *Vorratsfraß* vor. Einige Arten sind in der Lage, sehr große Nahrungsmengen aufzunehmen und damit den Bedarf für lange Zeit zu decken (z. B. Blut-

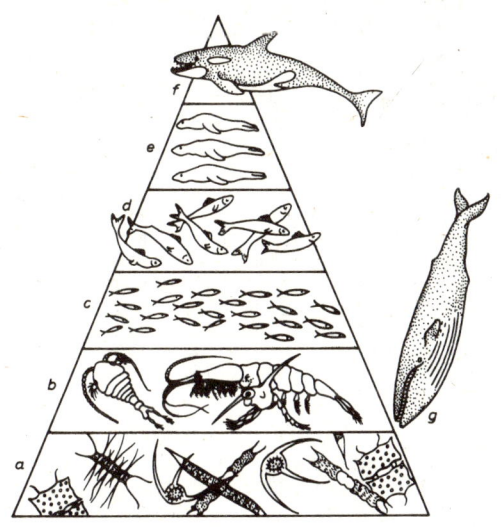

Nahrungspyramide im Meer. *a* Primärproduzenten (Phytoplankton), *b* Zooplankton, *c* Planktonfresser, *d* Raubfische, *e* Robben, *f* Schwertwal, *g* Bartenwal

Nahrungsnetz

egel das 4- bis 10fache der Körpermasse). Andere Arten legen sich Vorräte an, indem Nahrung in den Bau eingetragen wird (z. B. Hamster), bzw. schaffen sich körpereigene Fettreserven an, um die nahrungsarme Zeit zu überdauern. Extreme Fälle gibt es bei staatenbildenden Insekten, so mästen bestimmte Ameisenarten junge Arbeiterinnen zu sogenannten Honigtöpfen, die dann als lebende Nahrungs- und Wasserspeicher dienen.

Die Wirkung des N. hängt vom *Hungervermögen* des Organismus ab, dieses weist in Abhängigkeit vom physiologischen Zustand des Individuums, von seinem Entwicklungsstadium und auch von Art zu Art große Unterschiede auf. Extremes Hungervermögen besitzen Dauerstadien, die ihren Stoffwechsel total reduzieren; aber auch Bettwanzen (6 Monate), Flöhe (12 Monate), Zecken (24 Monate) und Schlangen (12 Monate) können lange *Hungerzeiten* vertragen. Kleinsäuger und Vögel mit hohen Stoffwechselleistungen (z. B. Meisen und Spitzmäuse) benötigen täglich Nahrung.

Neben dem Ernährungszustand des Organismus selbst wirkt sich besonders die Umgebungstemperatur auf die Wirkung des N. aus. Bei wechselwarmen Tieren wird im Sinne der → RGT-Regel bei niedrigen Temperaturen der Stoffwechsel und damit der Nahrungsbedarf reduziert. Umgekehrt verhalten sich Warmblüter, die zur Aufrechterhaltung ihrer konstanten Körpertemperatur bei niedriger Umgebungstemperatur mehr Eigenwärme produzieren müssen, also den Stoffwechsel erhöhen müssen und dadurch einen erhöhten Nahrungsbedarf haben.

Der N. ist ein wichtiger Faktor bei der Regulation des Populationswachstums (→ Populationsökologie). Vom N. zu trennen ist das *Fasten*, das Einlegen von regulären Ernährungspausen. So nehmen Insekten während des Puppenstadiums keine Nahrung auf, auch einige kurzlebige Insektenimagines kommen ohne jegliche Nahrung aus. Auch während der Umwandlung von der Kaulquappe zum Frosch wird keine Nahrung aufgenommen.

Nahrungsnetz, → Nahrungsbeziehungen.
Nahrungspyramide, → Nahrungsbeziehungen.
Nahrungsumstellung, → Nahrungswechsel.
Nahrungsvakuole, → Verdauungssystem.
Nahrungswechsel, Nutzung einer anderen Nahrungsquelle aufgrund entwicklungs-, wachstums- oder jahreszeitlich bedingter Veränderungen. So kann durch Wachstum des speziellen Ernährungsapparates oder des gesamten Körpers der N. von kleineren zu immer größeren Beutetieren erfolgen oder durch völlige Veränderung der Ernährungsweise der einzelnen Entwicklungsstadien bedingt sein. Dieser *ontogenetische* N. ist typisch für den Übergang von der pflanzenfressenden Kaulquappe zum räuberisch lebenden Frosch oder von den blattfressenden Raupen zu den nektarleckenden Schmetterlingen. Eine spezielle Form ist der → Wirtswechsel, dieser kann mit Generationswechsel gekoppelt sein, wie er häufig bei Parasiten und Schaderregern auftritt (z. B. Rostpilze, Trematoden, Blattläuse u. a.). Jahreszeitlich bedingter N. ist weit verbreitet bei Vögeln und Säugern und richtet sich nach dem jahreszeitlich bedingten Angebot an geeigneten Futterpflanzen oder -tieren und ist besonders bei Allesfressern sehr stark entwickelt.

Der dauerhafte Übergang zu einer anderen Nahrung wird als *Nahrungsumstellung* bezeichnet und hat besonders bei Neueinbürgerung von Kulturpflanzen schon erhebliche Probleme aufgeworfen; so stellte sich der an wildwachsenden Solanazeen Amerikas vorkommende Kolorado-Käfer nach Einschleppung in Europa auf die Kartoffel um und ist als Kartoffelkäfer zu einem unserer Hauptschädlinge geworden. Andererseits erhöht sich die sich vollziehende Nahrungsumstellung der sonst nur aus alten Eichenwäldern bekannten Hirschkäfer, dessen Larven zunehmend auch an Obstbäumen und sogar Koppelpfählen gefunden werden, die Überlebenschancen dieser bei uns vom Aussterben bedrohten Art.

Als *phylogenetischer* N. wird der Übergang zu einer anderen Nahrung bei sich differenzierenden Rassen oder Arten bezeichnet (→ Nahrungsbeziehungen).

Nahrungswettbewerb, Form der → Konkurrenz, bei der das Nahrungsangebot der limitierende Faktor ist. Der N. gehört zum dichteabhängigen Konkurrenzgeschehen.
Nährzelle, svw. Nährei.
Nährzooid, → Moostierchen.
Nahtknochen, svw. Wormsche Knöchelchen.
Nahtlinie, svw. Lobenlinie.
Nahur, svw. Blauschaf.
Najaden, gebräuchliche Bezeichnung für die großen Fluß- und Teichmuscheln aus der Familie *Unionidae*.
(Na^+ + K^+)-aktivierte Adenosin-5′-triphosphatase, → Ionenpumpen.
Na^+-, K^+-Ionenpumpe, → Ionenpumpen.
Na^+-Kanal, lokalisierter Membranzustand, der die selektive, steuerbare Na^+-Permeabilität in erregbaren Membranen erklärt (Abb.). Für den Na^+-K. liegen bisher die meisten spezifischen Informationen vor. Der Na^+-K. kann durch Tetrodotoxin, das Gift eines Kugelfisches, blockiert werden. Aus der Anzahl der Tetrodotoxinmoleküle wurde die Dichte der Na^+-K. zu 100/μm^2 bestimmt, d. h., der mittlere Abstand zwischen den einzelnen Na^+-K. beträgt etwa 100 nm. Der Eingang des Na^+-K. ist negativ geladen und hat eine Größe von etwa $0{,}3 \cdot 0{,}5$ nm. Die Selektivität des Kanals ist durch eine spezifische Anordnung von Sauerstoffatomen realisiert, die mit der Hydrathülle des Natriumions in Wechselwirkung treten. Die Einzelkanalleitfähigkeit beträgt etwa 5 bis 8 pS. Daraus ergibt sich ein Fluß von 10^7 Ionen/Sekunde. Im Ruhezustand ist der Na^+-K. von einem → Tor geschlossen. Das Tormolekül steht mit einem Feldstärkesensor in Verbindung. Erreicht die Depolarisation im Verlaufe eines Aktionspotentiales einen kritischen Wert, so öffnet sich das Tor. Für das Schließen des Tores scheint ein unabhängiger Mechanismus zu existieren.

Nandus, *Rheiformes,* Ordnung der Vögel mit 2 Arten, dem *Nandu, Rhea americana,* und dem *Darwin-Strauß, Rhea pennata.* Die Männchen brüten und führen die Jungen.
Nanismus, svw. Zwergwuchs.
Nanophanerophyten, strauchartige Pflanzen, deren Knospen etwa zwischen 25 bis 30 cm und 2 m über dem Erdboden liegen. → Lebensform.
Nanoplankton, Planktonorganismen, die nicht größer als 50 μm und nicht kleiner als 5 μm sind.

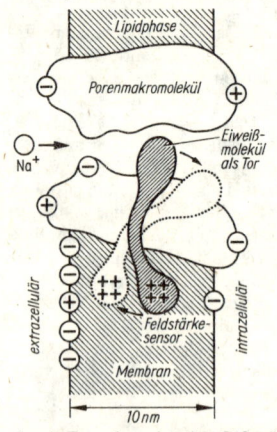

Modell eines Na^+-Kanals

Nanosomie, svw. Zwergwuchs.
Napfschnecke, *Ancylus,* Gattung der Lungenschnecken, deren dünne, napfförmige Schale eine kleine, dem Hinterrand genäherte Spitze besitzt. Die Oberfläche ist mit konzentrischer und radialer Streifung versehen.
Geologische Verbreitung: Miozän bis Gegenwart im Brack- und Süßwasser. Die Art *Ancylus fluviatilis* ist wichtig für die nacheiszeitliche Entwicklung der Ostsee. Sie charakterisiert die Ablagerungen eines Stadiums, das aus dem Yoldiameer hervorgegangen ist.
Narbe, → Blüte.
Narbenbewegungen, → Blütenbewegungen.
Narkose, bei Pflanzen reversible Verminderung oder Aufhebung der Erregbarkeit durch chemische Agenzien, z. B. Ethanol, Chloroform oder Ether. Bei N. treten in der Zelle Permeabilitätsänderungen der Plasmagrenzschichten ein. Auch die Membranen des endoplasmatischen Retikulums werden bei N. reversibel beeinflußt. Daher hemmen die Narkotika besonders den Ablauf verschiedener membrangebundener biochemischer Prozesse. Sehr empfindlich reagiert z. B. die Photosynthese.
Narkotin, ein Opiumalkaloid, das zu etwa 5% im Opium enthalten ist. N. zeigt geringe narkotische Wirkung, vermag aber die physiologischen Wirkungen des Morphins zu steigern.
Narwal, → Gründelwale.
Narzissengewächse, → Amaryllisgewächse.
Nase, 1) *Chondrostoma nasus,* Karpfenfisch der Flüsse Mitteleuropas. Die N. hat ein unterständiges Maul und eine verdickte vorspringende Oberlippe. 2) → Geruchsorgan.
Nasenaffe, *Nasalis larvatus,* ein → Schlankaffe, bei dem das Männchen Paviangröße erreicht und eine fleischige, bis 10 cm lange, gurkenförmige Nase ausbildet. Das Weibchen bleibt kleiner und behält auch eine wesentlich kürzere Nase. Die N. kommen auf Kalimantan vor.

Nasenaffe ♂

Nasenbären, *Nasua,* sehr langschnäuzige Kleinbären Mittel- und Südamerikas.

Nasenbär

Nasenbein, → Schädel.
Nasenbeutler, svw. Beuteldachse.
Nasenfrösche, *Rhinodermatinae,* hochspezialisierte, nur wenige Arten umfassende Unterfamilie der → Südfrösche. Der wichtigste Vertreter ist der von Darwin entdeckte, in Wäldern Argentiniens und Chiles lebende *Nasenfrosch, Rhinoderma darwini.* Die nur 3 cm langen Tiere tragen ein rüsselartigen Schnauzenfortsatz und zeichnen sich durch eine unter Froschlurchen einmalige Brutpflege aus: Wenn die Weibchen ihre aus 20 bis 30 Eiern bestehenden Gelege an Land abgesetzt haben, versammeln sich mehrere Männchen, bewachen das Laich und nehmen die nach Tagen geschlüpften Larven mit der Zunge ins Maul auf, wo sie bis zur Verwandlung im stark vergrößerten Kehlsack bleiben (Maulbrutpflege).
Nasenkröten, *Rhinophrynidae,* altertümliche Froschlurchfamilie des mexikanischen Tieflandes. Die Zunge ist im Gegensatz zu fast allen anderen Froschlurchen vorn frei und nach Säugetierart vorstreckbar. Die Familie enthält nur eine Art, die *Nasenkröte, Rhinophrynus dorsalis,* ein im Boden wühlendes, 6 cm großes, kurzbeiniges Nachttier, das Termiten frißt und nur zur Paarung und Eiablage das Wasser aufsucht.
Nasenlidfalte, svw. Mongolenfalte.
Nasenwurm, → Zungenwürmer.
Nashörner, *Rhinocerotidae,* eine Familie der → Unpaarhufer. Die N. sind große, plumpe, dreizehige Säugetiere mit einem oder zwei hintereinanderstehenden Hörnern auf dem Nasenrücken und dicker, kaum behaarter Haut. Sie kommen in Nepal, Hinterindien, auf den Großen Sundainseln und in offenen Landschaften Afrikas vor. N. sind Einzelgänger, sie ernähren sich von Zweigen oder Gräsern. Nach 1½jähriger Tragzeit wird ein einziges Junges geboren, das zwei Jahre lang gesäugt wird. Die bekanntesten Vertreter sind Spitzmaul-, Breitmaul- und Panzernashorn. Das zweihornige *Spitzmaulnashorn, Diceros bicornis,* zupft mit der zipfelförmigen verlängerten Oberlippe Blätter und Zweige als Nahrung ab. Es bewohnt Steppengebiete Afrikas. Das zweihornige *Breitmaulnashorn, Ceratotherium simum,* hat ein plattgedrücktes, breites Maul, mit dem es seine vorwiegend aus Gräsern bestehende Nahrung vom Boden abweidet. Mit einer Schulterhöhe bis zu 2 m und einer Körpermasse von 2 t ist es das zweitgrößte lebende Landtier. Von ihm gibt es eine Population im Gebiet des oberen Nils und in Südafrika. Das einhornige *Panzernashorn, Rhinoceros unicornis,* hat einen mit starken Hautplatten gepanzerten Körper. Es ist in seiner Heimat Nepal, Bhutan und Assam vom Aussterben bedroht.
Geologische Verbreitung: Obereozän bis zur Gegenwart. Im Gegensatz zu den wenigen heute in den Tropen lebenden Formen standen die N. im jüngeren Tertiär in voller Blüte und bevölkerten die nördlichen Kontinente. Auch aus dem europäischen Pleistozän ist noch das wollhaarige, doppelhörnige N., Coelodonta antiquitatis, bekannt.
Nashornleguan, → Wirtelschwanzleguane.
Nashornviper, → Puffottern.
Nashornvögel, → Rackenvögel.
Nastie, *nastische Bewegung,* bei festgewachsenen Pflanzen von außen induzierte Bewegung einzelner Organe, die unabhängig von der Reizrichtung in einer stets gleichen, durch den Bau des Organs bedingten Weise erfolgt. Nach kurzer Reizung kehrt die Pflanze von selbst wieder in die Ausgangslage zurück (*Autonastie*).
Nach der Art des Reizes unterscheidet man → Elektronastien, → Thermonastien, → Photonastien, → Nyktinastien, → Haptonastien, → Hygronastien, → Chemonastien, → Traumatonastien, und → Seismonastien. Die Spaltöffnungsbewegungen sind gleichfalls N.
N. sind entweder durch unterschiedliches Wachstum ver-

nastische Bewegung

schiedener Organseiten (→ Epinastien, → Hyponastien, → Zyklonastien) bedingt, z. B. die Nutationsbewegungen, oder sie kommen durch reversible Turgorschwankungen zustande, wie z. B. die Variationsbewegungen. Gegensatz: Tropismus.

nastische Bewegung, svw. Nastie.

Nasua, → Nasenbären.

Natalität, *Geburtsziffer,* die Anzahl der durch Fortpflanzung neu zu einer Population hinzukommenden Individuen je Zeiteinheit. Sie wird von zahlreichen inneren und äußeren Faktoren beeinflußt und bestimmt mit der Mortalität wesentlich das Populationswachstum. Als *Natalitätsrate* bezeichnet man die Nachkommenzahl je Individuum. Man unterscheidet zwischen *idealer N.* (größtmögliche N. unter optimalen Bedingungen) und *realer N.,* wie sie unter den limitierenden Umweltbedingungen tatsächlich gegeben ist.

Natantia, → Garnelen.

Nathorstiana, fossiles Brachsenkraut, → Bärlappartige.

Natrium, Na, ein Alkalimetall. N. gilt im allgemeinen als Mikronährstoff für Pflanzen und dürfte auch zur Aufrechterhaltung des Ionengleichgewichts beitragen. N. ist Bestandteil der Feldspäte und kommt durch deren Verwitterung gelöst in den Boden. Verschiedene Mineraldünger enthalten N. als Ballaststoffe in Form von Kochsalz. Auf die Bodenstruktur wirken Na$^+$-Ionen verschlämmend und verkrustend, so daß kochsalzhaltige Dünger auf schweren Böden mit Vorsicht anzuwenden sind. Im Gegensatz zum Kalium wird N. von den Pflanzen in der Regel nicht aktiv (→ Carrier, → Ionenpumpen) aufgenommen, doch können die Pflanzen die Natriumaufnahme nicht verhindern. Eine Anzahl von Pflanzen toleriert höhere Natriumkonzentrationen und reagiert dementsprechend auch günstig auf natriumhaltige Mineraldünger, z. B. Rhenaniaphosphat, Natronsalpeter und Chilesalpeter. Die entsprechenden, als *natrophil* (natriumliebend) bezeichneten Pflanzen, zu denen Spinat, Beta-Rüben, Gerste, Sellerie und verschiedene Kohlarten gehören, haben oft einen hohen Natriumgehalt von etwa 15 bis 25 mg/g Trockenmasse. Demgegenüber enthalten die *natrophoben* Pflanzen, z. B. Bohnen, Sonnenblumen und Mais, in ihren oberirdischen Teilen meist weniger als 1 mg/g Trockensubstanz, in den Wurzeln jedoch häufig relativ viel N. Wahrscheinlich ist der Natriumtransport gehemmt.

Im menschlichen und tierischen Körper ist N. vor allem im Blutplasma enthalten. In Verbindung mit Chlor (als NaCl) regelt es den osmotischen Wert der Blutflüssigkeit. Mit Kalium zusammen ist es an den Erregungsvorgängen im Muskel- und Nervengewebe beteiligt. N. wird in Form von NaCl mit der Nahrung aufgenommen.

Natrium-Kalium-Pumpe, → Ionenpumpe.

Natriumpumpe, → Ionenpumpe, → Erregung.

Nattern, *Colubridae,* in allen Erdteilen verbreitete arten- und formenreichste Familie der Schlangen (mehr als 1 800 Arten in etwa 280 Gattungen), deren Vertreter sich umweltbedingt an die verschiedensten Lebensräume angepaßt haben. Neben wasserbewohnenden Arten und bodenlebenden Tieren gibt es in der Erde wühlende Vertreter sowie zahlreiche busch- und baumwohnende Formen, die häufig grün gefärbt sind und durch hervorspringende Längsleisten an den Bauchseiten Sonderanpassungen an das Klettern zeigen. Einige wenige Arten können sich sogar von Ästen abschnellen und in einem kurzen Gleitflug abwärts schweben. Am häufigsten sind die N. in den Tropen, doch gibt es Arten, die sogar 65° nördlicher Breite erreichen, z. B. in Europa die Ringelnatter. Die N. sind im allgemeinen schlank gebaut und langschwänzig, der Kopf ist nicht stark vom Hals abgesetzt, es sind keine Reste der Beckenknochen vorhanden. Der mit zahlreichen Zähnen besetzte Kieferapparat (nur der Zwischenkiefer ist unbezahnt) ist sehr spezialisiert. Neben Formen, deren Zähne aglyph, d. h. solid und ungefurcht sind und nicht mit den (fehlenden oder vorhandenen) Giftdrüsen in Verbindung stehen, gibt es Arten, deren Zähne opisthoglyph sind, d. h. die hinteren Oberkieferzähne haben Furchen und sind durch eine Verbindung mit den Giftdrüsen zum Giftbiß befähigt, indem sie auf dem Beuteobjekt »kauen«. Diese Arten, die → Trugnattern vor allem, sind infolge der verborgenen Lage der Giftzähne für den Menschen meist ungefährlich, mit Ausnahme der → Boomslang und der → Grauen Baumnatter, deren Biß zum Tode führen kann. Giftzähne vorn im Oberkiefer, wie bei den → Giftnattern, → Seeschlangen, → Vipern und → Grubenottern, kommen bei den N. niemals vor. Einige wenige Formen zeigen Rückbildungen der Zähne und sind auf das Fressen von Vogeleiern spezialisiert; alle anderen N. ernähren sich je nach ihrer ökologischen Anpassung von kleinen Nagetieren, Vögeln, Vogeleiern, Eidechsen, Fröschen, Kröten, Fischen, Krabben, Gehäuseschnecken, Regenwürmern usw. Die N. sind meist eierlegend (ovipar), z. T. auch lebendgebärend (vivi-ovipar) oder – selten – echt lebendgebärend (vivipar).

Die frühere systematische Einteilung der N. nach dem Bau ihrer Zähne ist heute aufgegeben, da sich gezeigt hat, daß die Ausbildung von Furchenzähnen bei mehreren nicht nahe verwandten Gattungen unabhängig voneinander stattgefunden hat und andererseits furchenlose und gefurchte Zähne bei verwandten Arten in einer Gattung auftreten können. Auch aglyphe, ungiftige Schlangen können funktionierende Giftdrüsen besitzen (z. B. Ringelnatter), die sich aber erst entleeren, wenn das Beutetier den Schlund passiert hat und nicht mit den Zähnen in Verbindung stehen.

Es werden 11 Unterfamilien der N. unterschieden. Die wichtigsten sind: *Ungleichzähnige N.* (*Xenodontidae*, Vertreter → Hakennattern); *Wassernattern* (*Natricinae*, Vertreter → Strumpfbandnattern, → Ringelnatter, → Würfelnatter → Fischnatter); *Echte Land- und Baumnattern* (*Colubrinae*, Vertreter → Kletternattern, → Schlingnatter, → Rattenschlangen, → Königsnattern, → Zornnattern [artenreichste Unterfamilie]); → Eierschlangen (*Dasypeltinae*); → Schneckennattern (*Dipsadinae*) Trugnattern (*Boiginae*, Vertreter → Nachtbaumnattern, → Mussurana, → Eidechsennatter, → Bananenschlange, → Schmuckbaumschlangen, → Baumschnüffler, → Graue Baumnatter, → Boomslang). Heimisch sind 2 Natternarten, → Ringelnatter und → Schlingnatter.

Natternzunge, → Farne.

Naturdenkmal, → Naturschutz.

Naturhaushaltslehre, svw. Ökologie.

Naturherdinfektion, die Infektion von Menschen und Tieren vorwiegend durch Überträger (Insekten, Milben), die in meist noch urtümlichen, ihnen zusagenden Biotopen nach längeren Zeiträumen gegenseitige Beziehungen mit Krankheitserregern eingegangen sind und diese von Tier zu Tier übertragen. Die N. setzt voraus, daß in einem geeigneten Biotop der Erreger, seine Überträger (Vektoren) und natürliche Wirte als Reservoire des Erregers gemeinsam auftreten. Werden biotopfremde potentielle Wirte, etwa der Mensch oder Haustiere, von den Übertragern infiziert, so werden erstere zu Erregerempfängern (Rezipienten), wie bei der Zeckenenzephalitis des Menschen.

Naturlehrpfad, → Naturschutz.

natürliche Antikörper, *Normalantikörper,* Antikörper, die bei jedem Menschen zu finden sind. Die Entstehung der n. A. beruht darauf, daß jeder Mensch bereits in den ersten Lebensmonaten mit Sicherheit Kontakt mit den entsprechenden Antigenen bekommt. Derartige Antigene sind

z. B. verschiedene Kohlenhydrate, die auf zahlreichen Bakterien, tierischen und pflanzlichen Zellen vorkommen. Dazu gehören auch einige Blutgruppensubstanzen.

natürliches System, → Taxonomie.

Naturschutz (Tafel 47 und Tafel 48), Gesamtheit der rechtlichen, administrativen, wissenschaftlichen und praktischen Maßnahmen zur Sicherung und Pflege von geschützten Gebieten und Objekten, die wissenschaftlich oder kulturell bedeutsam sind und durch staatliche Schutzerklärung einen entsprechenden Status erhalten haben. N. dient der Erhaltung und Pflege von Landschaftsteilen, wie Naturschutzgebieten, Landschaftsschutzgebieten, Flächennaturdenkmalen und geschützten Parks mit einzelnen Gebilden der Natur, wie Naturdenkmalen und geschützten Gehölzen sowie der Erhaltung gefährdeter oder vom Aussterben bedrohter Tier- und Pflanzenarten.

Die Notwendigkeit des N. ergibt sich aus der wirtschaftlichen Tätigkeit des Menschen, wodurch zahlreiche natürliche → Ökosysteme verändert wurden und sich die Vielfalt der Naturkomponenten, der Pflanzen- und Tierarten verringerte. Diese Tendenz der Verarmung und Uniformierung der heimatlichen Natur wurde bereits im vorigen Jahrhundert von verantwortungsbewußten Naturwissenschaftlern erkannt. Sie forderten gesellschaftliche und staatliche Maßnahmen, um die negative Entwicklung in der Natur aufzuhalten. Das führte um die Jahrhundertwende zur Gründung der ersten *Naturschutzvereinigungen*, die ihre Aufgabe vor allem in der Erhaltung hervorragender Einzelbildungen der Natur und in ihrem Schutz vor mutwilliger Zerstörung und Ausrottung sahen. 1904 wurde nach Vorarbeiten von E. Rudorff in Dresden der »Deutsche Bund Heimatschutz« gegründet. 1906 richtete Preußen eine »Staatliche Stelle für Naturdenkmalspflege« unter der Leitung von H. Conwentz ein. Ähnliche Einrichtungen nahmen um diese Zeit auch in anderen deutschen Ländern ihre Arbeit auf. Gesetzliche Grundlagen für den N. gab es jedoch kaum.

Wenn in den ersten Jahrzehnten unseres Jahrhunderts trotzdem große Erfolge in der Naturschutzarbeit erzielt wurden und sich der Naturschutzgedanke weit ausbreitete, so ist das vor allem der unermüdlichen Arbeit von zahllosen Natur- und Heimatfreunden zu danken. Der Naturschutzgedanke erstreckte sich damals vorwiegend auf den *erhaltenden, konservierenden N.* Durch Banngebiete zum Schutz der ursprünglichen Pflanzen- und Tierwelt und zur Erhaltung charakteristischer Landschaftsformen wie auch durch Schutzverordnungen wurde versucht, die Verarmung der Tier- und Pflanzenwelt aufzuhalten.

Ein wesentlicher Mangel dieser ersten Naturschutzbestrebungen bestand darin, daß die Zusammenhänge zwischen Natur und Gesellschaft nicht oder nur ungenügend erkannt wurden. N. wurde in Gegensatz zur wirtschaftlichen Tätigkeit des Menschen gestellt. Die Natur sollte vor dem Zugriff des Menschen geschützt, noch nicht Zerstörtes oder Verändertes im ursprünglichen Zustand erhalten werden.

Der moderne N. geht von folgenden Prinzipien aus: Wie alle anderen Bereiche des gesellschaftlichen Lebens bedarf auch der zielgerichtete Schutz der Natur der wissenschaftlichen Grundlagen aus Natur- und Gesellschaftswissenschaften. Nutzung und Schutz der Natur bilden eine Einheit und können nur in dieser Verbindung dauerhaft betrieben werden. Gesamtgesellschaftliche und regionale Interessen haben stets den Vorrang gegenüber lokalen oder individuellen Interessen. Anforderungen und Ansprüche der Gegenwart sollen stets den zukünftigen Interessen untergeordnet werden. N. darf sich keinesfalls auf das Erhalten oder Konstatieren von Sachverhalten beschränken, er sollte sich auf die gezielte Veränderung der Umwelt des Menschen durch aktives Eingreifen konzentrieren.

Naturschutzgebiet, NSG, Reservat. Ein Landschaftsteil, der sich durch eine wissenschaftlich oder kulturell wertvolle Naturausstattung auszeichnet oder einen Lebensraum für seltene oder vom Aussterben bedrohte Pflanzen- und Tierarten darstellt. Der Zustand des Gebietes darf nicht verändert oder beeinträchtigt werden; Baumaßnahmen sind nicht gestattet. Auch Biozide dürfen nicht angewendet werden. Es ist außerdem verboten, die Wege zu verlassen, zu lärmen, Feuer anzumachen, zu zelten oder das Gebiet zu verunreinigen. Um diesen Schutz zu gewährleisten, sind an den Zugängen zu den NSG entsprechende Naturschutztafeln angebracht, die den Besucher auf den besonderen Status des Gebietes hinweisen.

1 Tafel an den Hauptzugängen zu Naturschutzgebieten

NSG erfüllen im wesentlichen drei Funktionen. *Dokumentationsfunktion* haben NSG, die vorhandene oder neu geschaffene Sachverhalte und Erscheinungen der Natur bewahren, z. B. Zeugnisse der Erdgeschichte, Einflüsse der Tätigkeit des Menschen auf die Landschaft, Vergleichsmöglichkeiten zu stärker vom Menschen veränderten Objekten und Gebieten, Darstellung von Gesetzmäßigkeiten in der Naturentwicklung für Erziehung und Ausbildung. NSG mit *Refugialfunktion* bieten Pflanzen- und Tierarten sowie Biogeozönosen eine Heimstatt, die sie in der intensiv genutzten Landschaft nicht mehr finden. Sie dienen damit vorwiegend der Erhaltung der Artenmannigfaltigkeit in der heimatlichen Natur. *Wissenschaftsfunktionen* erfüllen NSG, die besonders als Beobachtungs- und Forschungsobjekte bereitgestellt werden. Man bezeichnet sie deshalb auch als *Freilandlaboratorien*. In ihnen werden Naturabläufe und die Möglichkeiten der Steuerung durch den Menschen, die Reaktionen von Ökosystemen auf gezielte Eingriffe und Veränderungen von Naturobjekten unter dem Einfluß der Umweltbedingungen erforscht. Diese drei Funktionen sind in der Praxis nicht streng voneinander zu trennen, und die meisten NSG erfüllen zwei oder auch alle drei dieser Funktionen gleichzeitig. Eine besondere Funktion haben die *Totalreservate,* zu denen NSG oder Teile von ihnen erklärt werden können. In ihnen wird jede direkte Einwirkung des Menschen ausgeschlossen. Dadurch können in ihnen die natürlichen Entwicklungsabläufe über eine längere Zeit beobachtet werden.

Naturschutz

Abhängig von der Naturausstattung und vom Schutzziel werden mehrere Typen von NSG unterschieden. *Waldbestandene NSG* dienen der Erhaltung von natürlichen Waldbeständen, z. B. von Laubwaldteilen in Nadelholzforsten, von Restwäldern in der offenen Ackerlandschaft oder von Zeugnissen früherer Methoden der Waldnutzung und -bewirtschaftung. Dem Schutz vom Aussterben bedrohter, seltener oder aus bestimmten Gründen wissenschaftlich oder wirtschaftlich wertvoller Pflanzenarten sowie der Erhaltung gefährdeter oder besonders interessanter Pflanzengemeinschaften dienen *botanische NSG*. Auch Pflanzenvorkommen an den Grenzen des Verbreitungsgebietes der Art werden auf diese Weise geschützt. In den botanischen NSG kommt es vor allem darauf an, die Standortfaktoren so zu regulieren, daß die Bestände der zu schützenden Pflanzen oder Pflanzengemeinschaften erhalten bleiben. Als *zoologische NSG* werden Gebiete ausgewählt, die Lebensräume für gefährdete Tierarten darstellen. Dazu gehören sowohl Gebiete, in denen diese Tierarten ständig leben und z. B. Brutkolonien bilden, als auch bedeutende Sammel-, Rast- und Überwinterungsplätze für Zugvögel. Spezielle und interessante Gewässer und Naßflächen, aber auch Moore, die wichtige Funktionen im Wasserhaushalt der Landschaft zu erfüllen haben, werden als *hydrologische NSG* zusammengefaßt. In den *geologischen NSG* werden Zeugnisse der Erdgeschichte, charakteristische Gesteine und ähnliche Bildungen der Natur geschützt. Die bisher genannten fünf Typen von NSG sind allerdings nur selten in reiner und eindeutiger Form zu finden. Meist treffen zwei oder mehr Merkmale der Naturausstattung und der Schutzziele zusammen. Diese NSG werden als *komplexe NSG* bezeichnet.

Da unsere gesamte Landschaft einschließlich der NSG durch die Tätigkeit des Menschen geformt und beeinflußt ist, kann in den meisten Fällen die Entwicklung der Natur in den NSG nicht dem Selbstlauf überlassen werden, da dann die Erfüllung des Schutzzieles nicht mehr gewährleistet wäre. Ein typisches Beispiel dafür sind die Gebirgswiesen, die, in früheren Zeiten meist als Weideplätze und zur Heugewinnung dem Wald entzogen, sich ohne Einflußnahme des Menschen in relativ kurzer Zeit wieder in Wald umwandeln würden, womit die charakteristische, schützenswerte Wiesenflora zugrunde ginge. Deshalb wird festgelegt, in welchem Zeitraum Pflegeeingriffe vorzunehmen sind, die der Erfüllung des Schutzzieles dienen. Solche Pflegeeingriffe sind z. B. Mahd und Entbuschung auf Bergwiesen.

Landschaftsschutzgebiete, LSG. Landschaften oder Landschaftsteile, die wegen ihrer Schönheit für die Erholung der Bevölkerung besonders geeignet, wegen ihrer Eigenart erhaltungswürdig oder bereits Beispiele vorbildlicher Landschaftspflege sind, können zu Landschaftsschutzgebieten erklärt werden. In LSG dürfen landschaftsverändernde Maßnahmen, insbesondere Hoch- und Tiefbauten, Reliefveränderungen, Abbaumaßnahmen, Neuanlagen der landwirtschaftlichen Melioration u. a. nur mit Zustimmung staatlicher Stellen durchgeführt werden. Die LSG werden in erster Linie für die Erholung der Bevölkerung und den Tourismus gestaltet und erschlossen. Voraussetzung für die Ausweisung als LSG sind demzufolge eine mannigfaltige Naturausstattung, bewegte Reliefformen, viel Wald, der mit offenen Landschaftsteilen wechselt, sowie zahlreiche Gewässer oder doch wenigstens mehrere dieser Komponenten. Darüber hinaus zeichnen sich die LSG durch günstige Umweltbedingungen für den erholungsuchenden Menschen aus, wie geringe Luft- und Wasserverunreinigung, wenig Lärm und vielfältige Möglichkeiten für Touristik und Wandern.

Naturdenkmale sind Einzelgebilde der Natur, die Zeu-

2 Tafel an sonstigen Zugängen zu Landschaftsschutzgebieten und Tafel an Naturdenkmalen

gen der Erd- und Landschaftsgeschichte sind, wissenschaftliche oder heimatkundliche Bedeutung haben, sich durch besondere Schönheit oder ihren Wert für Erziehung und Bildung auszeichnen. Naturdenkmale dürfen nicht beschädigt, zerstört und nur im Ausnahmefall verändert werden. Sie unterliegen besonderen Schutz- und Pflegemaßnahmen und sind mit *Naturschutztafeln* zu kennzeichnen.

Naturdenkmale sind z. B. Baumgruppen, Quellen, Naßstellen, kleine Seen und Teiche sowie Bachläufe mit speziellen Tier- und Pflanzengemeinschaften, Höhlen, geologische Aufschlüsse, Findlinge, andere geologische Besonderheiten, kleinere Vorkommen von bedrohten oder seltenen Tier- und Pflanzenarten, Brutkolonien von Vögeln, Fledermausquartiere, aber auch einzelne Bäume mit hohem Alter, Seltenheitswert oder außergewöhnlichem Wuchs.

Geschützte Pflanzen. Wildwachsende Pflanzen, die besonderen Wert für Forschung und Lehre oder wirtschaftlichen Nutzen haben, die selten oder in ihrem Bestand gefährdet sind, werden unter Schutz gestellt. Es ist nicht gestattet, diese Pflanzen auszugraben oder auszureißen oder Teile von ihnen abzutrennen sowie ihre Standorte so zu verändern, daß der Fortbestand gefährdet wäre. Die Notwendigkeit des Schutzes ergibt sich aus der Intensivierung der Landnutzung, die mit einer gewissen Verarmung der heimischen Flora verbunden ist, so daß zahlreiche Pflanzenarten in ihrem Bestand zurückgehen oder vom Aussterben bedroht sind. Zu den vom Aussterben bedrohten Pflanzenarten gehören unter anderem die Orchideen Holunder-Knabenkraut, *Dactylorhiza sambucina*, und die Weißzunge, *Leucorchis albida*. Es kommt darauf an, die Artenmannigfaltigkeit und damit das genetische Potential für die Pflanzenzüchtung und andere wirtschaftliche Zwecke zu erhalten. Außerdem sind verschiedene Zweige der biologischen Wissenschaften, z. B. Ökologie, Geobotanik, Taxonomie und andere, in hohem Maße davon abhängig, daß ein vollständiges Artenspektrum für Forschungszwecke zur Verfügung steht. Nicht zuletzt sind viele Pflanzenarten aus ethisch-ästhetischen Gründen geschützt, da sie auf Grund ihrer Schönheit und Attraktivität Zierden der heimatlichen Natur darstellen.

Zu den geschützten Pflanzen gehören z. B. alle heimischen Orchideen, *Orchidaceae*, die Enzian-, *Gentiana, Gentianella*, Primel-, *Primula*, und Sonnentau- *Drosera*- Arten; die Trollblume, *Trollius europaeus*, Akelei, *Aquilegia vulgaris*, Arnika, *Arnica montana*, Seidelbast, *Daphne mezereum*, Geißbart, *Aruncus dioicus*, Leberblümchen, *Hepatica nobilis*, Gelber Fingerhut, *Digitalis grandiflora*, Diptam, *Dictamnus albus*, und Silberdistel, *Carlina acaulis*.

Geschützte Tiere. Tiere, deren Schutzbedürftigkeit sich aus ihrem wirtschaftlichen Nutzen, ihrer Seltenheit und ihrem Wert für Forschung und Lehre ergibt oder deren Art vom Aussterben bedroht ist, können unter Schutz gestellt werden, sofern es sich nicht um jagdbare Tiere handelt, für die spezielle Jagdgesetze gelten. Es ist nicht nur verboten, diese Tiere zu töten, sie dürfen auch nicht beunruhigt, gefangen oder in Gewahrsam genommen werden. Geschützt sind auch ihre Eier, Larven und Puppen sowie ihre Brut- und Wohnstätten.

Die Notwendigkeit des Schutzes ergibt sich daraus, daß zahlreiche Tierarten im Zuge der Veränderungen im Haushalt der Natur, aber auch durch ungerechtfertigtes Nachstellen wegen angeblicher Schädlichkeit in ihrem Bestand immer weiter zurückgehen, manche sogar vom → Aussterben bedroht sind. Gegenwärtig steigen diese Zahlen im allgemeinen noch an. Zu den vom Aussterben bedrohten und deshalb unter besonderen Schutz gestellten Tierarten gehören u. a. Elbebiber, *Castor fiber albicus*, Wildkatze, *Felis silvestris*, Korn- und Wiesenweihe, *Circus cyaneus* und *C. pygargus*, Schwarzstorch, *Ciconia nigra*, Uhu, *Bubo bubo*, Großtrappe, *Otis tarda*, Kranich, *Grus grus*, und alle Adler-Arten der Gattungen *Haliaeëtus*, *Pandion*, *Aquila* und *Circaëtus*. Weitere geschützte Tierarten sind beispielsweise Igel, *Erinaceus europaeus*, alle Fledermäuse, *Chiroptera*, Weinbergschnecke, *Helix pomatia*, Flußperlmuschel, *Margaritana margaritifera*, Hirschkäfer, *Lucanus cervus*, zahlreiche Schmetterlingsarten, die meisten Lurche und Kriechtiere sowie mit wenigen Ausnahmen alle Vögel.

In ihrem Bestand gefährdete jagdbare Tiere werden geschützt, indem für sie ganzjährig Schonzeiten festgelegt sind. Dazu gehören unter anderem Fischotter, *Lutra lutra*, Dachs, *Meles meles*, Sperber, *Accipiter nisus*, Habicht, *Accipiter gentilis*, Mäusebussard, *Buteo buteo*, und Auerhahn, *Tetrao urogallus*.

Die Schutzmaßnahmen für die gefährdeten Tierarten beschränken sich nicht auf den Schutz des einzelnen Tieres, sondern beinhalten auch die bewußte Förderung der Bestände durch Anbringen von Nistkästen oder anderen Bruthilfen, den Schutz von Fledermauswohnstätten, die Anlage und Pflege von Feldgehölzen sowie die Ausweisung von Flächennaturdenkmalen und Naturschutzgebieten zur Arterhaltung. Ein Beispiel dafür ist der Schutz von Kleingewässern als Laichplatz für Lurche.

Eine besondere Schutzmaßnahme ist die Ausweisung von Horstschutzzonen und Schongebieten. Horstschutzzonen können für die Horste bestimmter Vogelarten angelegt werden. In diesen Fällen werden forstwirtschaftliche Maßnahmen im Umkreis von 100 m um den Horst überhaupt nicht, im Umkreis von 300 m nur in sehr beschränktem Maße durchgeführt, um die Aufzucht der Jungvögel zu sichern. Schongebiete gibt es z. B. für den Elbebiber und die Großtrappe. In diesen Gebieten wird die land- und forstwirtschaftliche Produktion so gesteuert, daß für die Tierarten geeignete Lebensbedingungen vorhanden sind und ein weiterer Rückgang der Populationen aufgehalten wird. Spezielle Schongebiete gibt es auch für einheimische und durchziehende Wasservögel (Wasservogelschongebiete).

Geschützter Park. Vor allem in gehölzarmen Agrarlandschaften und in Ballungsgebieten können städtische oder ländliche Parkanlagen (sofern sie nicht bereits unter Denkmalsschutz stehen) zu geschützten Parks erklärt werden. Weil sie nicht selten zahlreichen Pflanzen und Tieren geeignete Lebensbedingungen bieten und durch Staubfilterung, Lärmdämpfung zur Verbesserung des Standortklimas beitragen, haben sie eine gewisse landeskulturelle Schutzfunktion.

Geschützte Gehölze. Auch außerhalb des Waldes erfüllen Hecken, Gehölze und Baumreihen wichtige landeskulturelle Funktionen. Sie können deshalb unter Schutz gestellt werden. Diese Gehölze dienen der Einschränkung der Wind- und Wassererosion und damit der Erhaltung der Bodenfruchtbarkeit, dem Uferschutz, der Verringerung der Austrocknungsgefahr von Böden, der Staubfilterung und Lärmdämpfung in der Nähe von Wohngebieten und Produktionsstätten, der Verschönerung der Landschaft sowie als Brut-, Nahrungs- und Rückzugsgebiete für zahlreiche wildlebende Tierarten.

Naturlehrpfade sind zwar keine geschützten Gebiete und Objekte, haben aber eine große Bedeutung für die Verbreitung des Naturschutzgedankens. Sie können sowohl innerhalb von geschützten Gebieten, NSG und LSG, als auch außerhalb derselben angelegt werden und dienen dazu, Wissen über die heimatliche Natur zu vermitteln und die Besucher gleichzeitig mit geschützten Objekten bekanntzumachen. In Schutzgebieten lenken sie gleichzeitig den Besucherstrom und halten ihn von Orten fern, die aus Gründen des Artenschutzes nicht oder nur wenig begangen werden sollten.

Internationaler N. Obwohl er auf nationalen Bedingungen beruht und durch nationale Gesetze und Verordnungen geregelt ist, hat der N. auch Aufgaben, die über die Grenzen eines Landes hinausgehen. Dazu gehören beispielsweise der Schutz von Naturobjekten, die in der Welt oder der Region einmalig sind, der Schutz von im Welt- oder europäischen Maßstab vom Aussterben bedrohten Tier- und Pflanzenarten sowie der Schutz der Zugvögel, die bei ihren Wanderungen keine Ländergrenzen kennen.

Dem Anliegen des internationalen N. dient die 1948 gegründete *Internationale Union für den Schutz der Natur und der natürlichen Ressourcen, IUCN*. Sie wirkt als internationales Dokumentations- und Koordinierungszentrum für N. und hat gegenüber der UNESCO und anderen Einrichtungen der UNO eine beratende Funktion. Ein weiteres internationales Projekt, das *Projekt MAR*, bemüht sich um die Erhaltung von Flachgewässern und Sumpfgebieten in Europa und Nordafrika sowie um ihren Schutz gegen Trockenlegung, Verschmutzung und Verbauung. Der *Weltnaturschutzfonds, WWF*, unterstützt durch finanzielle Mittel in einzelnen Ländern die Erhaltung bedrohter Arten, die Einrichtung von Reservaten sowie die Erziehung zum N. und die Ausbildung von Fachkräften. Für den Schutz von Wasservögeln, besonders migrierender Arten, besteht die internationale Konvention zum Schutz der Wasservogelgebiete.

1970 wurde von der UNESCO das *Programm »Mensch und Biosphäre«, MAB*, ins Leben gerufen. Es ist darauf gerichtet, die Ressourcen der Biosphäre rationell zu nutzen und zu erhalten sowie die Beziehungen zwischen Mensch und Umwelt zu verbessern. Ein Bestandteil des Programms MAB ist die Einrichtung von *Biosphärereservaten*. Diese unterscheiden sich von anderen Schutzgebieten dadurch, daß sie Bausteine eines alle Regionen der Erde einschließenden Reservatnetzes der UNESCO sind, daß in ihnen die Erfassung und Erhaltung charakteristischer Ökosysteme und Pflanzengemeinschaften den Vorrang gegenüber der Erfassung von Besonderheiten haben, daß sie eindeutig definierte und abgegrenzte spezifische Schutzzonen besitzen und eine Basis für internationale Forschungs- und Umweltüberwachungsprogramme bilden.

Naturschutzgebiet, → Naturschutz.

Naturstoffchemie, → Biochemie.

Nauplius, ursprüngliche, planktische Larve niederer Krebse (*Entomostraca*), die ein unpaares Punktauge (Naupliusauge) und lediglich 3 Gliedmaßenpaare (Antennula, Antenne und Mandibel) besitzt. Die Gliedmaßen dienen dem N. sowohl zum Rudern als auch zum Nahrungserwerb und zur Nahrungsaufnahme. Werden noch weitere Segmente abgegliedert, ohne daß deren Extremitäten funktionsfähig werden, so spricht man von einem *Metanauplius*.

Naupliusauge

Bei den Ruderfußkrebsen folgt auf den Metanauplius das Kopepodit-Stadium, bei den Rankenfußkrebsen die Cyprislarve (Abb.).

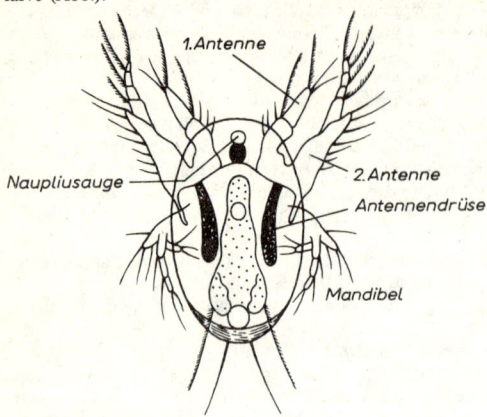

Nauplius-Larve von Cyclops

Naupliusauge, *Medianauge,* das bei den meisten Krebsen auftretende, sehr einfache Mittelauge. Beim Nauplius ist es das einzige Sehorgan.
Naupliusmesoderm, → Mesoblast.
Nautiliden, → Vierkiemer.
Nautiloidea, → Vierkiemer.
Nautilus, → Vierkiemer.
Navigation, zielorientierte Steuerung in einem unbekannten Gebiet. Ein solches → Orientierungsverhalten erfordert eine jeweilige Bestimmung des Ortes, an der sich der Organismus gerade befindet. Bei der *Vektornavigation* werden Richtung und Entfernung zum Ziel bestimmt. Dabei können auch Zeitbestimmungen und -messungen mit genutzt werden. Über Navigationsmechanismen bei Tieren ist gegenwärtig nur wenig bekannt. Im Falle einer *Trägheitsnavigation* wird von der Hypothese ausgegangen, daß der Organismus die Raumverlagerungen seines Körpers auf dem Weg zu dem Ort, der ihm eine Navigationsleistung abfordert, abspeichert und daraus die Raumlage rekonstruieren kann (unbewußt natürlich). Im Falle einer *Bikoordinatennavigation* wird angenommen, daß ein Tier den geographischen Ort, an dem es sich befindet, bestimmen und daraus die Richtung zum Zielort ableiten kann. Das Tier müßte dann ein Koordinatennetz etwa mittels zweier sich schneidender Gradientenfelder nutzen und daraus die Kompaßrichtung ableiten können. Diese Vorstellung wird heute meist angenommen, doch ist über die bei den betreffenden Tierarten tatsächlich genutzten Koordinaten noch wenig bekannt.

Lit. H. Schöne: Orientierung im Raum (Stuttgart 1980).

Neandertaler, → Anthropogenese, → Homo.
Neanthropinen, *Neanthropinae,* → Anthropogenese, → Homo.
Nearktis, *nearktische Subregion,* tiergeographisches Gebiet, das früher als eigenständige Region galt, heute aber im allgemeinen mit der → Paläarktis zur → Holarktis zusammengefaßt wird und Nordamerika mit Ausnahme des tropischen Südens umfaßt. Bei enger Umgrenzung wird der arktische Teil jedoch abgetrennt und zusammen mit dem nördlichsten Eurasien und den arktischen Inseln zu einer eigenen Subregion → Arktis zusammengefaßt. Die Abgrenzung nach Süden wird in neuerer Zeit meist einheitlich vollzogen (s. Karte S. 899), doch ist das ein Kompromiß. Es gibt ein breites → Übergangsgebiet und darüber hinaus eine weite Ausstrahlung in die Nachbarregionen. Die N. hat von der Neotropis z. B. Opossum (*Didelphis*), Jaguar (*Panthera*), Nasenbär (*Nasua*) und Baumstachelschwein (*Erethizon*), vor allem aber Vögel empfangen: Kolibris (*Trochilidae*), Neuweltgeier (*Cathartidae*), Tangaren (*Thraupidae*), Stärlinge (*Icteridae*) und mit einer ausgestorbenen Art, dem Karolinasittich (*Conuropsis carolinensis*), auch Papageien. Da andererseits viele nearktische Tiere, vor allem Säugetiere, nach Süden vordrangen, ist es verständlich, daß ältere Autoren bei regionalen Gliederungen den Nord-Süd-Beziehungen teilweise größerer Bedeutung als den zur Paläarktis bestehenden beimaßen.

Im Norden gibt es aber zahlreiche holarktische Gattungen und Arten sowie einige endemische Familien (→ Holarktis). Neben Taxa, die in beiden Subregionen weit verbreitet sind (z. B. Wolf und Braunbär) haben andere, namentlich viele Insekten, in der Paläarktis entweder in Ostasien oder in Europa nur relativ kleine Areale, also ausgesprochen transpazifische oder transatlantische Beziehungen, wobei eine atlantische Landverbindung im Gegensatz zur Beringbrücke noch hypothetisch ist.

Die Eiszeit hat die Fauna der N. weniger hart getroffen als die Paläarktis, da sich die Gebirge den klimatisch bedingten Arealverschiebungen nicht in den Weg stellten. Auffallend ist das Fehlen der in der Paläarktis dominierenden Eigentlichen Mäuse (*Muridae*). Insgesamt ist die N. trotz Einwanderung südlicher Elemente säugetierärmer als die Paläarktis, denn ihr fehlen auch Primaten, Pferde, Schleichkatzen, Hyänen und von den Hornträgern Antilopen und Gazellen. Bei den Reptilien der N. ist ein neotropischer Einfluß sehr deutlich; hoch ist die Zahl der Urodelenarten.

Nebelkrähe, → Rabenvögel.
Nebelmittel, Pflanzenschutzmittel zur Ausbringung im Nebelverfahren → Nebeln.
Nebeln, Ausbringen von → Pflanzenschutzmitteln (reinem Wirkstoff oder Wirkstoffen in Lösungsmitteln) mit hohem Dampfdruck, Teilchengröße unter 50 μm. Man unterscheidet verschiedene Ausbringungsverfahren: Warm- oder Heißnebeln, Kaltnebeln.
Nebelparder, *Neofelis nebulosa,* ein zwischen den Klein- und Großkatzen stehender, großfleckig gezeichneter Baumbewohner in Süd- und Südostasien. Der N. erbeutet geschickt Affen, Nager und Vögel.
Nebenauge, → Lichtsinnesorgane.
Nebenblätter, → Blatt.
Nebendarm, bei den Seeigeln ein dem Mitteldarmabschnitt parallellaufendes Darmrohr. Er entsteht durch Abschnürung aus einer mit Wimpern ausgestatteten Längsrinne des Darmes. Der N. ist stets nahrungsfrei. Bei nichtfressenden Seeigeln erzeugt er einen von vorn nach hinten verlaufenden Wasserstrom (z. T. durch schnelle Kontraktionswellen), der der Atmung dient.
Nebengene, Modifikationsgene, die die Wirkung eines Hauptgens verstärken oder abschwächen.
Nebenhoden, → Hoden.
Nebenniere, *Glandula suprarenalis,* endokrine Drüse der Wirbeltiere. Stammesgeschichtlich aus zwei Organen (Fische), dem *Inter-* und *Adrenalorgan* hervorgegangen, die sich von den Landwirbeltieren an zu einheitlichen Körpern vereinigen und bei den Säugern den Nieren kappenförmig aufliegen. Die N. bestehen aus Rinde und Mark. Die in der Rinde gebildeten Kortikosteroide ergänzen die Funktion der Keimdrüsen und nehmen Einfluß auf die Regulation des Wasserhaushaltes und der Salzkonzentration in den Körperflüssigkeiten. Die Neurohormone des Nebennierenmarkes, Adrenalin und Noradrenalin, wirken anregend auf die Körperaktivität.

Nebennierenrindenhormone, *Kortikosteroide, Kortikoide, Kortine,* lebenswichtige Steroidhormone mit Wirkung auf den Kohlenhydrat- und Mineralsalzstoffwechsel. Den N. liegt das Pregnangerüst zugrunde. Sie sind alle aus 21 C-Atomen aufgebaut und enthalten eine 3-Oxogruppe, eine Doppelbindung in 4,5-Stellung und am C-Atom 17 eine aus zwei C-Atomen bestehende Seitenkette mit Ketolfunktion.

Die N. werden in der Nebennierenrinde unter Einfluß des Peptidhormons Kortikotropin gebildet und ohne Speicherung an das Blut abgegeben. Wie die Steroidhormone werden auch die N. in der Targetzelle des Empfängerorgans von einem im Zytosol befindlichen Rezeptorprotein gebunden.

Die Biosynthese der N. geht vom Cholesterin aus und verläuft über Pregnenolon und Progesteron, das stufenweise in den Positionen 17, 21 und 11 zu den einzelnen N. hydroxyliert wird. Von den etwa 50 bekannten N. sind Menschen Kortisol, Kortikosteron und Kortison sowie Aldosteron und Kortexon die wichtigsten Vertreter.

Die N. bewirken die Steuerung des Kohlenhydrat- und Mineralsalzstoffwechsels, d. h., sie haben glukokortikoide oder glukotrope bzw. mineralokortikoide oder mineralotrope Wirkung. Je nach Überwiegen der biologischen Hauptwirkung unterscheidet man → Glukokortikoide und → Mineralokortikoide.

N. werden bei Ausfallserscheinungen der Nebenniere als Substitutionstherapeutika eingesetzt. Wichtig sind einige strukturmodifizierte N., die wegen ihrer hohen entzündungshemmenden und antiallergischen Wirkung bei Rheuma, Asthma, Allergien, Entzündungen u. ä. als Arzneimittel eingesetzt werden, z. B. Prednisolon, Prednison, Dexamethason und Triamcinolon.

Nebenschilddrüse, *Beischilddrüse, Epithelkörperchen, Glandula parathyreoidea,* aus dem Epithel einiger Schlundtaschen hervorgegangenes endokrines Organ, das bei allen Vierfüßern meist in der Mehrzahl in enger Nachbarschaft zur Schilddrüse zu finden ist, keine funktionelle Beziehung zu ihr aufweist. Das von den N. gebildete Parathormon erhöht den Blutkalziumspiegel und beeinflußt die Kalkablagerung im Knochen.

Nebenwirt, eine von Parasiten weniger häufig befallene Wirtsart, die aber die Entwicklung des Parasiten durchaus noch ermöglicht. N. dienen häufig als Parasitenreservoir, wenn der Hauptwirt nicht zur Verfügung steht.

Nebenzellen, → Spaltöffnungen.

Nectonematoidea, → Saitenwürmer.

Needhamsche Schläuche, die oft kompliziert gebauten Spermatophoren vieler Kopffüßer.

Negativkontrastierung, Methode zur Darstellung feiner Strukturen im Elektronenmikroskop. Das Objekt – Viren, Zellpartikeln, Proteinkristalle – wird von einem Kontrastmittel umschlossen, das nicht in die Objekte eindringen kann. Die Strukturen erscheinen daher hell auf dunklem Grund im Negativkontrast. Als Kontrastierungsmittel werden Uranylazetat, Phosphorwolframsäure und Phosphormolybdänsäure verwendet (s. Tafel 18, Abb. 4).

Negride, → Rassenkunde des Menschen.

Neisseria, eine Gattung kugelförmiger, bis 1 μm großer, einzeln oder in Paaren liegender, gramnegativer Bakterien, die Parasiten der Schleimhäute von Mensch und Säugetieren sind. Die *Neisseria*-Arten sind aerob oder fakultativ anaerob und können Kapseln und Pili ausbilden. Die **Gonokokken,** *N. gonorrhoeae,* wurden als Erreger der Geschlechtskrankheit Gonorrhoe von dem Arzt A. Neisser entdeckt. Die **Meningokokken,** *N. meningitidis,* verursachen die epidemische Gehirnhautentzündung.

Nekrohormone, svw. Wundhormone.

Nekrophage, → Ernährungsweisen, → Nahrungsbeziehungen.

Nekrophyten, Pflanzen, die von totem organischen Substrat leben. Zu den N. gehören auch die → Saprophyten.

Nekrose, lokaler Zell- oder Gewebetod als Folge einer Einwirkung von Krankheitserregern, Giften und physikalischen Faktoren (z. B. Temperatur) sowie unzureichender oder ausgefallener Versorgung (z. B. Blutzufuhr) im pflanzlichen und tierischen Organismus. N. mehr oder weniger großen Ausmaßes treten als Schadmerkmale (Symptome) bei vielen Pflanzenkrankheiten auf.

Nektar, eine zuckerhaltige Flüssigkeit, die von den Honigdrüsen (Nektarien) an bestimmten Stellen der Pflanzen abgeschieden wird. Hauptbestandteile des N. sind Glukose, Fruktose und Saccharose. Die sehr verschiedenartig gebauten Nektarien liegen überwiegend im Bereich der Blüten (florale Nektarien). Ihre Exkrete dienen durch Insektenlockung der Bestäubung. Daneben gibt es extra-florale Nektarien, z. B. an den Blattstielen der Traubenkirsche, *Prunus padus,* oder an Nebenblättern der Pferdebohne, *Vicia faba,* die keine derartige Bedeutung besitzen und meist nur während der Wachstumsperiode funktionsfähig sind.

Nektarien, → Ausscheidungsgewebe, → Nektar.

Nektarvögel, *Nectariniidae,* Familie der → Singvögel mit über 100 farbenprächtigen Arten. Ihr Schnabel ist meist lang und gebogen. Die Zunge kann röhrenförmig zusammengerollt werden, eine Anpassung an das Saugen von Nektar.

Nekton, das Pelagial bewohnende Organismen mit starker Eigenbewegung. Im Gegensatz zum Plankton vermag das N. Wasserströmungen aktiv schwimmend zu überwinden. Im Süßwasser gehören nur Fische zum N., im Meer vor allem Fische, aber auch Kopffüßer, Robben und Wale. Die Grenze zwischen N. und Plankton ist durch viele Übergangsstufen verwischt.

Nelkengewächse, *Caryophyllaceae,* eine Familie der Zweikeimblättrigen Pflanzen mit etwa 2 000 Arten, die über die ganze Erde verbreitet sind, hauptsächlich jedoch in der gemäßigten Zone der nördlichen Erdhälfte vorkommen. Es sind Kräuter mit stets ungeteilten, gegenständigen Blättern und 4- oder 5zähligen zwittrigen Blüten, die meist von Insekten bestäubt werden. Die Frucht ist eine vielsamige Kapsel, selten eine Nuß. Die bekanntesten Vertreter sind die verschiedenen Arten der Gattung **Nelke,** *Dianthus,* so die häufig angepflanzte, verschiedenfarbige, aus Südeuropa stammende **Gartennelke,** *Dianthus caryophyllus,* von der schon 1671 mehr als 100 Sorten vorhanden waren. Ebenfalls oft kultiviert wird die **Bartnelke,** *Dianthus barbatus,* deren Blüten in dichten Büscheln am Stengelende stehen und die durch ihre sehr spitzen, lineal-lanzettlichen Kelchschuppen gekennzeichnet ist.

Verschiedene Vertreter der Familie sind wegen ihres Saponingehaltes als Gift- oder Arzneipflanzen von Interesse. So bildet die früher häufig als Ackerunkraut verbreitete **Kornrade,** *Agrostemma githago,* giftige Samen. Das **Seifenkraut,** *Saponaria officinalis,* verschiedene **Gipskraut-,** *Gypsophila-* und **Bruchkraut-,** *Herniaria*-Arten werden als Heilpflanzen verwendet. Eines der verbreitetsten Unkräuter überhaupt ist die von März bis Dezember blühende **Vogelmiere,** *Stellaria media.* Ein weiteres, fast kosmopolitisch verbreitetes Ackerunkraut ist das auf sandigen Äckern auch als Futterpflanze und zur Gründüngung angebaute **Spörgel,** *Spergula arvensis.*

Nelkenwürmer, *Caryophyllidea,* eine Ordnung der Bandwürmer aus der Unterklasse *Eucestoda,* deren nur bis zu 3 cm lange Arten im Darm von Süßwasserfischen oder in der Leibeshöhle von Röhrenwürmchen leben. Ihr keulenförmiger Körper ist nicht gegliedert. Er trägt auf dem verbrei-

Nemathelminthes

terten Vorderende einige flache Haftgruben und enthält nur einen zwittrigen Geschlechtsapparat. Die N. werden als neotene, d. h. geschlechtsreif gewordene Bandwurmlarven angesehen.

Nemathelminthes, → Rundwürmer.

Nematizide, Pflanzenschutzmittel zur Bekämpfung von Nematoden. Wichtige nematizide Wirkstoffe sind Dazomet, Metham-Natrium, Aldicarb, Oxamyl.

Nematocera, → Zweiflügler.

Nematoden, svw. Fadenwürmer.

Nematomorpha, → Saitenwürmer.

Nematozysten, svw. Nesselkapseln.

Nemertini, → Schnurwürmer.

Nemesie, → Braunwurzgewächse.

Nemichthyidae, → Schnepfenaale.

Neoblasten, → Regeneration.

Neodarwinismus, 1) Bezeichnung für die evolutionistischen Auffassungen August Weismanns (1834–1914). **2)** → synthetische Theorie der Evolution.

Neoflavane, → Flavonoide.

Neogäa, Faunenreich, das nur die → Neotropis umfaßt und gelegentlich auch als *Dendrogäa* bezeichnet wurde. → tiergeographische Regionengliederung.

Neogastropoda, → Monotocardia.

Neogen, Jungtertiär, obere Abteilung des Tertiärs mit den Stufen → Miozän und → Pliozän. → Erdzeitalter.

Neolamarckismus, heute aufgegebene, auf den Ansichten Lamarcks (1744–1829) fußende Theorie zur Erklärung der Evolution. Der N. lehnt die Selektionstheorie teilweise oder gänzlich ab und versucht die Evolution als Folge einer → Vererbung erworbener Eigenschaften oder psycholamarckistisch zu deuten. Der N. war besonders unter den Paläontologen verbreitet. Prominente Neolamarckisten waren E. D. Cope (1840–1897) und O. Abel (1875–1946). → Psycholamarckismus.

Neometabolie, → Metamorphose.

neomorph, Bezeichnung für durch Mutation entstehende Allele, deren Wirkung sich von der des Ausgangsallels qualitativ unterscheidet; → amorph, isomorph → antimorph, → hypermorph.

Neomyzine, Sammelbezeichnung für eine Gruppe von Antibiotika, die von *Streptomyces fradiae* gebildet werden. Sie hemmen die Entwicklung von bestimmten aeroben grampositiven und gramnegativen Bakterien sowie von Streptomyzeten. Die medizinische Anwendung der N. ist wegen unangenehmer Nebenwirkungen begrenzt.

Neoophora, → Strudelwürmer.

Neopallium, → Gehirn.

Neophyt, → Adventivpflanze.

Neophytikum, svw. Känophytikum.

Neopilina, → Monoplacophora.

Neoptera, → Insekten (Stammbaum).

Neorhabdocoela, → Strudelwürmer.

Neotenie, Verkürzung der Individualentwicklung (Ontogenese) durch Erlangung der Geschlechtsreife auf larvalen oder jugendlichen Entwicklungsstadien. Unter den Schwanzlurchen gibt es Arten mit ständiger N., die sich niemals zur Landform umwandeln (→ Olme), daneben Arten, die sich normalerweise neotenisch fortpflanzen, durch bestimmte äußere Einflüsse aber zur Umwandlung gebracht werden (→ Axolotl), und schließlich Arten, bei denen nur ausnahmsweise N. beobachtet wird (→ Teichmolch, → Bergmolch).

Neotropis, 1) pflanzengeographische Bezeichnung für ein Florenreich. Die N. umfaßt die tropische und subtropische sowie die australe Florenzone der Neuen Welt (südwestliches Nordamerika, Mittelamerika und der größte Teil Südamerikas). Besonders kennzeichnende Familien sind Kaktusgewächse, Ananasgewächse, Blumenrohrgewächse, Kapuzinerkressengewächse u. a. Hauptvegetationsformen sind tropische Regenwälder, Trockenwälder und Savannen.

2) neotropische Region, tiergeographische Region, die Südamerika, Mittelamerika, das südlichste Nordamerika, die Karibischen und die Galapagos-Inseln einschließt (s. Karte S. 899). Die Abgrenzung im Norden ist unsicher, da es hier eine Übergangszone gibt. Die Festlandsfauna dieser Gebiete ist mit Ausnahme der von Chile sehr artenreich.

Ein Teil der Tiergruppen, namentlich bei den Wirbellosen, geht auf die Fauna des Gondwana-Kontinents zurück. Über die Antarktis hinweg bestanden Beziehungen zur Australis und nach Neuseeland. Der Zusammenhang mit Afrika ist offenbar viel früher abgerissen. Zur Nearktis bestand wiederholt eine für Landtiere passierbare Verbindung. Bei den schon aus der Kreidezeit nachgewiesenen Säugetieren läßt sich eine eozäne und eine viel jüngere Besiedlungswelle nachweisen; letztere wurde durch das Entstehen der mittelamerikanischen Landbrücke am Ende der Pliozäns vor etwa 3 bis 4 Mio Jahren ermöglicht. Diese wurde z. B. von Säugern mehr von Nord nach Süd, von Vögeln mehr in umgekehrter Richtung genutzt.

Bei den Säugetieren sind die Beuteltiere (2 endemische Familien) meist nur mäuse- bis rattengroß. Insektivoren fehlen fast vollständig. Artenreich sind die Fledermäuse, unter denen es zahlreiche Blütenausbeuter und Fruchtfresser sowie einige Blutlecker gibt; Großfledermäuse fehlen jedoch. Die Neuweltaffen sind ausschließlich (z. T. greifschwänzige) Baumbewohner, manche Krallenäffchen eichhörnchenähnlich. Als Charakteristikem können die, von einer geringfügigen Grenzüberschreitung zur Nearktis abgesehen, endemischen Edentaten (Faultiere, Ameisenbären, Gürteltiere) angesehen werden. Außerordentlich reich ist die Nagetierfauna, von der Meerschweinchenverwandte, Chinchillas, Baumstachler und Wasserschweine erwähnenswert sind. Viel weniger eigentümlich sind die Raubtiere (z. B. Mähnenwolf, Jaguar, Puma, Brillenbär, Riesenotter); Schleichkatzen und Hyänen fehlen der N. Auffallend artenarm sind die Huftiere. Es gibt keine Pferde, Rinder, Schafe, Ziegen, Antilopen, Giraffen, Nashörner und eigentlichen Schweine, aber Tapire, Kleinkamele und einige Hirscharten.

Mit etwa 2 500 Arten ist die N. die vogelreichste Region; etwa 90 % der Arten und etwa die Hälfte der Familien sind endemisch. Daneben sind auch weit verbreitete Familien gut vertreten, z. B. Papageien. Auf die N. beschränkt sind unter anderem Steißhühner (*Tinamidae*), Nandus (*Rheidae*), Hockohühner (*Cracidae*), Wehrvögel (*Anhimidae*), Tukane (*Ramphastidae*), Töpfervögel (*Furnariidae*) und Schmuckvögel (*Cotingidae*). Artenreich sind die auch in der Nearktis vertretenen Kolibris (*Trochilidae*), Tyrannen (*Tyrannidae*) und Tangaren (*Thraupidae*).

Die Schildkröten sind artenarm, die Krokodile mit 9 Arten überdurchschnittlich gut vertreten. Bei den Eidechsen dominieren die auch in der Nearktis vertretenen Tejus (*Teiidae*) und die Leguane (*Iguanidae*). Artenreich sind auch die Schlangen; es gibt unter anderem etwa 20 zu den *Boinae* gehörende Riesenschlangen, zahlreiche Nattern (*Colubridae*), Giftnattern (*Elapidae*) und Grubenottern (*Crotalinae*). Bei den Amphibien sind etwa 40 Blindwühlenarten (*Gymnophiona*) bemerkenswert. Die Schwanzlurche sind von Norden nur bis ins Amazonasbecken vorgedrungen. Sehr formenreich sind die Frösche, namentlich Farbfrösche (*Dendrobatidae*), Pfeiffrösche (*Leptodactylidae*) und Laubfrösche (*Hylidae*). Die altertümlichen Zungenlosen (*Pipidae*) treten beiderseits des Atlantik auf.

Mit 2 400 bis 2 700 Arten ist die N. auch die fischreichste Region; etwa 28 Familien sind endemisch. Mit dem Schuppenmolch (*Lepidosiren*) hat sie ebenso wie Äthiopis und Australis einen altertümlichen Vertreter der Lungenfische. Dominant sind die Welse (*Siluriformes*) und die Salmler (*Characoidei*, sonst nur in Afrika!), artenreich sind auch die Zahnkärpflinge (*Cyprinodontiformes*) und Buntbarsche (*Cichlidae*, sonst hauptsächlich in Afrika!). Obwohl die Anden seit dem Alttertiär eine kaum zu überwindende Ausbreitungsschranke bilden, haben die Gebiete zu beiden Seiten zahlreiche gemeinsame Arten.

Zahlreiche Insektenordnungen sind in der N. außerordentlich artenreich und durch große farbenprächtige Arten vertreten. Artenreich ist z. B. auch die Ameisenfauna (unter anderem Blattschneider- und Treiberameisen). Neotropische Vogelspinnen dürften die größten Spinnen der Erde sein. Schließlich übertrifft die N. in der Zahl der Schneckenarten alle anderen Regionen. Transantarktische Beziehungen zur → Australis und nach Neuseeland, die auch für die Beuteltiere diskutiert werden, gibt es bei zahlreichen Insekten, Krebsen, den Onychophoren und in einigen Molluskengruppen. Durch Waldrodung sind zahlreiche Tiere der N. vom Aussterben bedroht.

Neovitalismus, → Vitalismus.

Neo-Zentromeren, zusätzlich zu den normalen Zentromeren in der Nähe oder an den Chromosomenenden lokalisierte Regionen, an denen Spindelfasern angreifen, so daß die Chromosomenenden bei den Bewegungsvorgängen während der Kernteilung vorauseilen.

Neozoikum, svw. Känozoikum.

Nephridien, *Metanephridien*, *Segmentalorgane*, paarige, segmental angeordnete Ausscheidungsorgane bei Ringelwürmern, Kelchwürmern, Hufeisenwürmern, Weichtieren und in abgewandelter Form bei Krebsen. Die N. beginnen im Zölom mit einem schlitzförmig offenen *Flimmertrichter* (*Nephrostom*), der sich in ein aus einschichtigem Flimmerepithel bestehendes Nierenkanälchen fortsetzt. Während der Flimmertrichter sich in das eine Segment öffnet, durchbricht das Nierenkanälchen die Scheidewand, das Dissepiment, und mündet nach gewundenem Verlauf im Zölom des nächsten Segmentes durch den *Nephroporus* (*Uroporus*) nach außen. Neben den N. kommen bei vielen Ringelwürmern oft in den gleichen Segmenten auch noch andere exkretorisch tätige Flimmertrichter, die *Zölomodukte*, vor, die sich im Unterschied zu den N. weit und nicht schlitzförmig in das Zölom öffnen und die ontogenetisch aus Mesoderm abzuleiten sind. N. sind ektodermaler Herkunft. Bei vielen polychäten Ringelwürmern treten die N. und die Zölomodukte in mannigfache Beziehung: Sind die Zölomodukte und die N. nicht vollständig vereinigt und noch gut zu unterscheiden, so liegt eine *Nephromixie* vor; bei vollkommener Vereinigung spricht man von *Mixonephridien*, d. h. von N. gemischter Natur. Der Trichter und der Kanal dienen zur Ausführung der Geschlechtsprodukte. Der Kanal besitzt aber auch exkretorische Funktion.

Als die primitivsten N. gelten die bei manchen Ringelwürmern vorkommenden, terminal durch *Solenozyten* besetzten und geschlossenen N. Man kann sie daher auch als abnorme → Protonephridien auffassen.

Nephromixie, → Nephridien.

Nephron, → Exkretionsorgane.

Nephroporus, → Nephridien.

Nephrostom, → Nephridien.

Nephrotom, → Mesoblast.

Nephrozöl, → Leibeshöhle.

Nephrozyte, svw. Perikardialzelle.

Nepovirusgruppe, → Virusgruppen.

Nernst-Gleichung, → Erregung, → Ruhepotential.

Nerol, ein zweifach ungesättigter azyklischer Monoterpenalkohol, Bestandteil des Neroli- und des Bergamotteöls. N. wird beim Erhitzen des stereoisomeren Geraniol in Gegenwart von Alkoholaten durch cis-trans-Umlagerung erhalten. N. ist der wertvollste Riechstoff der azyklischen Monoterpene.

Nervatur, 1) bei Pflanzen → Blatt.

2) bei Tieren, insbesondere Insekten, die Aderung der Flügel, das *Flügelgeäder*. Es handelt sich dabei um längs- und querverlaufende, z. T. von Tracheen durchzogene Gefäße, die der Ernährung der Flügel während der Entwicklung des Insekts dienen und nach dem Schlüpfen die Entfaltung ermöglichen. Systematisch sind sie von großer Bedeutung.

Nerve growth factor, Abk. *NGF*, *Nervenwachstumsfaktor*, ein Protein, das in verschiedenen Geweben nachgewiesen ist, dessen Bedeutung aber nur teilweise geklärt ist. → neuronaler Stofftransport.

Nerven, 1) bei Pflanzen die Blattadern oder -rippen, → Blatt.

2) bei Tieren und Menschen die aus einer wechselnden Anzahl von Nervenfaserbündeln zusammengesetzten, außen von einer konzentrisch geschichteten Bindegewebshülle, dem *Perineurium*, umgebenen weißlichen Stränge des Nervensystems. Die vom Perineurium begrenzten Faserbündel werden durch ein *Epineurium* miteinander verbunden, das die Oberfläche des N. überzieht und sich zwischen die Faserbündel erstreckt. Es enthält Fettzellen sowie Blut- und Lymphgefäße.

Nervenfasern, die der Erregungsleitung dienenden, von Hüllen umgebenen langen Fortsätze der Nervenzellen. Die N. erreichen beim Menschen eine Länge bis zu 1 m (Rückenmark bis Fuß). Das Mark der N. wird als *Achsenzylinder, Axon* oder *Neurit* bezeichnet und von einer aus Gliazellen hervorgegangenen *Gliascheide* umhüllt. Bei den *weißen* oder *markreichen* N. in den peripheren Rückenmark- und Hirnnerven der Wirbeltiere gliedert sich die Gliascheide in eine äußere kernhaltige *Schwannsche Scheide* (*Neurilemma*, richtiger *Neurolemma*) und eine von ihr abzuleitende innere lipoidhaltige *Mark-* oder *Myelinscheide*. Diese zeigt eine spiralig-lamelläre Schichtung, die während der Embryonalentwicklung dadurch entsteht, daß sich als Schwannsche Zellen bezeichnete Gliazellen um den Achsenzylinder legen und ihn dann umwickeln. Die Markscheide wird in regelmäßigen Abständen von etwa 1 mm von den *Ranvierschen Schnürringen* ringförmig unterbrochen, so daß der Achsenzylinder nur von der Schwannschen Scheide bedeckt wird. Den zentralen markreichen N. in der weißen Substanz des Rückenmarks und des Gehirns fehlt die Schwannsche Scheide, und die Lamellenstruktur der Markscheide entsteht bei ihnen nicht durch einen Umwicklungsvorgang, sondern durch eine einfache Abscheidung der Membranen durch bestimmte Gliazellen. Früher bezeichnete man die markreichen N. als markhaltige und stellte ihnen die grauen, marklosen N. gegenüber. Es erwies sich aber, daß ein Teil der „marklosen" N. eine zwar nicht lichtmikroskopisch, aber polarisations- und elektronenmikroskopisch sichtbare, dünne Markscheide besitzt. Neben diesen *markarmen* N. gibt es im vegetativen Nervensystem echte *marklose* N., bei denen Bündel von Achsenzylindern im Plasma von Schwannschen Zellen eingebettet liegen, also nicht schlauchförmig von ihnen umschlossen werden.

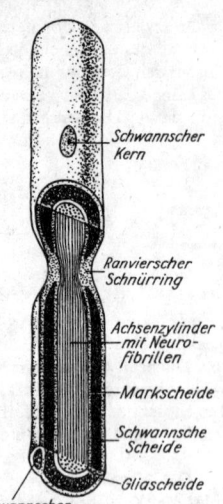

Bau einer markreichen Nervenfaser (lichtmikroskopisches Bild)

- Schwannscher Kern
- Ranvierscher Schnürring
- Achsenzylinder mit Neurofibrillen
- Markscheide
- Schwannsche Scheide
- Gliascheide
- Schwannscher Kern

Bezeichnung der N. und freigesetzte Substanz	Gruppen der N.
cholinerge N. Azetylcholin	motorische N., sämtliche präganglionären N. des vegetativen Nervensystems, fast alle postganglionären N. des Parasympathikus, wenige postganglionäre N. des Sympathikus (z. B. die Schweißdrüsen innervierenden Fasern); vermutlich die sensiblen N.
adrenerge N. Noradrenalin und z. T. Adrenalin	die meisten postganglionären N. des Sympathikus
»histaminerge« N. Histamin oder eine verwandte Substanz	gefäßerweiternde Nerven der Haut
peptiderge N. Neuropeptide	Fortsätze peptiderger Zellen

Selten sind die *nackten N.,* bei denen bloße Achsenzylinder ohne jede Gliahülle vorliegen. Die N. lassen sich nach ihren funktionellen, physikalischen und chemischen Eigenschaften in Gruppen einteilen.

1) Der funktionellen Gruppierung wurden zwei Merkmale der N. zugrunde gelegt: a) die Leitungsrichtung und b) die Zugehörigkeit zum animalen oder vegetativen Nervensystem. Danach lassen sich folgende Gruppen für die peripheren N. aufstellen:

Die *afferenten* oder *zentripetalen N.* leiten die Erregung von der Peripherie zum animalen Teil des Zentralnervensystems (ZNS). Sie werden auch als *sensible N.* bezeichnet. Die *efferenten* oder *zentrifugalen* oder *effektorischen N.* übermitteln den peripheren Erfolgsorganen (Effektoren) aus dem ZNS stammende Erregungen.

Die *motorischen N.* ziehen zu den quergestreiften Fasern der Skelettmuskulatur und gehören zum animalen Teil des Nervensystems.

Die *vegetativen efferenten N.* innervieren die inneren Organe, wie die Drüsen, die glatte Muskulatur der Gefäße und des Magen-Darm-Kanals, das Herz u. a., und steuern deren Tätigkeit.

2) Für die physikalische Charakterisierung der N. sind folgende Eigenschaften verwendet worden: Geschwindigkeit der Erregungsleitung, Größe und Zeitdauer der verschiedenen Anteile des Aktionspotentials, Dauer des Refraktärstadiums und Einfluß des Sauerstoffmangels. Bei Wirbeltieren ließen sich drei Hauptgruppen von N. feststellen, welche die Bezeichnung A, B, C erhielten. Jede dieser Hauptgruppen weist noch eine Reihe von Untergruppen auf. Zur Hauptgruppe A gehören die am schnellsten leitenden motorischen N., welche die Skelettmuskulatur innervieren. Die B-Gruppe wird fast ausschließlich von Fasern des vegetativen Nervensystems gebildet. Die C-Fasern sind durch sehr geringe Leitungsgeschwindigkeiten ausgezeichnet. Es sind zum größten Teil die marklosen postganglionären Fasern des sympathischen und parasympathischen Nervensystems.

3) Die chemische Einteilung stützt sich darauf, daß in den Nervenfaserendigungen chemische Substanzen gebildet werden, die als chemische Überträgerstoffe der Erregung (*»Transmitter«*) fungieren. Obwohl bisher noch nicht von allen zentralen und peripheren nervösen Leitungsbahnen bekannt ist, zu welcher Gruppe sie gehören, lassen sich die meisten N. in folgender Weise einteilen:

Die Zugehörigkeit der sensiblen Nerven zur cholinergen Gruppe steht noch nicht völlig fest. Manche Autoren sehen in der Substanz P, einem aus den Dorsalwurzeln des Rückenmarks extrahierbaren Polypeptid, die eigentliche Erregersubstanz dieser Nerven. Weitgehend ungeklärt sind die Verhältnisse auch noch bei den N., die die Ganglienzellen im ZNS untereinander verbinden. Je nachdem, ob eine solche N. eine Erregung oder eine Hemmung der nachgeschalteten Ganglienzelle auslöst, soll die Erregungsübertragung entweder durch eine erregende oder durch eine hemmende Transmittersubstanz erfolgen, deren chemische Zusammensetzungen noch unbekannt sind.

Die mathematische Grundlage für das elektrische Modell der Stromleitung in einer N. oder Muskelzelle bildet die *Kabeltheorie.* Man nimmt an, daß das Innere der Zelle einen von einer durchlässigen Membran umgebenen Leiter darstellt. Das elektrische Ersatzschaltbild bildet dann eine Widerstandskette, die über Querströme mit einer zweiten in Verbindung steht. Mit diesem Modell lassen sich Gleichungen für den Widerstand des Zytoplasmas, der äußeren Elektrolythaut und der Membran einer einzelnen N. aufstellen.

Nervengeflecht, → Nervensystem.

Nervengewebe, das am höchsten entwickelte Gewebe, aus dem das von den Hohltieren an aufwärts bei allen Tierstämmen vorkommende Nervensystem aufgebaut ist. Das N. leitet sich vom ektodermalen Epithelgewebe ab; bei den Wirbeltieren entsteht es während der Embryonalentwicklung aus der dorsal gelegenen ektodermalen Neuralplatte, die sich über die Neuralrinne zum Neuralrohr entwickelt. In enger Beziehung zum N. steht ein mit ihm verbundenes, aus Gliazellen bestehendes, bindegewebeähnliches Stützgewebe, die *Neuroglia* oder *Glia.* Man unterscheidet eine Glia des zentralen und des peripheren Nervensystems. Zur zentralen Glia gehören Ependymzellen, die der Auskleidung der Hirnventrikel und des Rückenmarkskanals dienen (*epitheliale Glia*), ferner Astrozyten (*Makroglia*), Oligodendrozyten und Hortega-Zellen (*Mikroglia*). Die Astrozyten sind die Stützzellen des Nervengewebes, Oligodendrozyten beteiligen sich an der Markscheidenbildung im Zentralnervensystem, während die Hortegazellen als mesenchymale Abkömmlinge besonders zur Stoffspeicherung, zum Stofftransport und zur Phagozytose befähigt sind.

Die periphere Glia besteht aus den Schwannschen Zellen der Nervenfasern und den Mantelzellen (Satellitenzellen) der Perikarya der peripheren Ganglienzellen. Hauptbestandteil des N. sind die Nervenzellen (→ Neuron). Nach der Neuronentheorie stellen die Nervenzellen morphologisch und funktionell selbständige Einheiten dar, die innerhalb des N. zu erregungsleitenden Ketten verknüpft sind, ohne untereinander oder mit den Erfolgsorganen in direkter Verbindung zu stehen, da an den Berührungspunkten, den *Synapsen,* Membranen ausgebildet sind. Bestimmte Nervenzellen (neurosekretorische Zellen) sondern Sekrete (Neurohormone) ab.

Nervenimpuls, → Neuron.
Nervenknoten, svw. Ganglion.
Nervennetze, → Schaltung.
Nervenphysiologie (Tafel 25), *Neurophysiologie,* Teilgebiet der → Physiologie, das sich mit den allgemeinen Gesetzmäßigkeiten des Erregungsablaufes im menschlichen und tierischen Körper befaßt *(Erregungsphysiologie)* und alle mit der Auslösung, Weiterleitung und Übertragung von Erregungen in ursächlichem Zusammenhang stehenden Vorgänge untersucht. Die N. hat enge Beziehungen zur Sinnes- und Bewegungsphysiologie und zur Informationstheorie bzw. Kybernetik.
Nervenplexi, → Schaltung.
Nervenringe, → Nervensystem.
Nervensystem, *Reizleitungssystem,* ein aus Nervenzellen oder nervösen Organzellen und aus bestimmten Stützzellen (Neuroglia und Bindegewebe) aufgebautes koordinierendes Organsystem, das durch bestimmte Aufnahmeorganellen oder -organe, z. B. Tastzilien und freie Nervenendigungen (→ Sinnesorgane), Reize des Körperinneren und der Außenwelt aufnimmt und an die Erfolgsorgane, z. B. Muskeln und Drüsen, weiterleitet, wodurch eine bestimmte zweckentsprechende Körperreaktion ausgelöst wird. Bezüglich der Lage und Struktur des N. besteht innerhalb der wirbellosen Tiere eine große Mannigfaltigkeit: Bei den Einzellern dient oft die ganze Körperoberfläche der Reizaufnahme. Es können aber auch sensorische Organellen, wie Tastzilien, Geißeln und Augenflecken, ausgebildet sein. Als Reizleitungssysteme bei Flagellaten und Ziliaten dienen fibrilläre Netze und Stränge des Entoplasmas (*neuromotorische Apparate*) oder des Ektoplasmas (*Silberliniensysteme*).

Die Schwämme besitzen kein N. Hier erfolgt die Reizleitung von Zelle zu Zelle selbst, wobei jede Zelle Rezeptor und Effektor zugleich ist. Den Hohltieren ist das einfachste N. eigen; es besteht aus einem einheitlichen Geflecht von Nervenzellen im Entoderm und im Ektoderm. Beide *Nervengeflechte* umfassen den ganzen Tierkörper und gehen im Bereich des Mundes ineinander über. Die Reizleitung erfolgt gleichmäßig nach allen Seiten *(diffuses N.).*

Bei den Korallentieren vereinigen sich das ekto- und entodermale Nervengeflecht nicht nur im Bereich des Mundes, sondern auch durch die Mesoglöa hindurch. Bei Medusen findet schon eine Nervennetzverdichtung in Form von Ringen im Schirmrand statt. Außerdem führen radial von den *Nervenringen* Nervenstränge zu den Sinnesorganen, oft kommt es an der Basis eines jeden Sinnesorgans zur Ganglionbildung.

Die Strudelwürmer und fast alle nachfolgenden Tiergruppen haben rein ektodermale Nervenelemente. Das N. niederer Strudelwürmer (*Acoela* u. a.) besteht aus einem diffusen subepithelialen Nervengeflecht ohne Stränge und Längsverdichtungen, aber mit Verstärkung am vorderen Körperende, wo meist eine Statozyste liegt. Diese Statozyste gibt Anlaß zur Bildung eines zerebralen Ganglions (→ Gehirn). Bei höheren Strudelwürmern kommt es zur Zentralisation des N., indem sich die Assoziations- und motorischen Zellen mit ihren Fortsätzen zu Längssträngen (*Konnektive*) vereinigen, die durch viele Querstränge (*Kommissuren*) verbunden werden. Die Zentralisation geht weiter, indem die Konnektive und die Kommissuren vermindert werden und das *Hautnervengeflecht,* das *Orthogon,* in das Körperinnere absinkt. Zugleich aber erfolgt über die Konnektive, die vom Gehirn (*Endon*) ausgehen, ein morphologischer und damit auch physiologischer Zusammenschluß zwischen dem Gehirn und dem Hautnervengeflecht (1. Integrationsphase des Zentralnervensystems). Das N. der Saugwürmer besteht aus einem Gehirn und drei paarigen Längsnervenstämmen, während bei den Bandwürmern ein zweistrahlig-symmetrisches N. vorherrscht. Aber bei den Bandwürmern kann ebenso wie bei den Schnurwürmern das Orthogon mehrstrahlig sein. Die Rundwürmer besitzen einen unpaaren, mit zwei Wurzeln am Gehirn beginnenden dorsalen und einen unpaaren ventralen Nervenstamm, die beide durch Ringkommissuren verbunden sind. Bei freilebenden Rundwürmern sind auch mehr Längsstämme (5 bis 6 Paar) ausgebildet.

Das einfachste N. der Weichtiere besitzen die Käferschnecken. Von dem schwach entwickelten Gehirn gehen pedale und pleuroviszerale Nervenstränge ab, die unter sich durch viele Kommissuren verbunden sind. Neben dem zentralen N. haben alle Weichtiere ein peripheres Hautnetz, das sich aus allen Nervenzelltypen zusammensetzt und zu selbständigen Reflexen befähigt ist. Bei den meisten höherentwickelten Weichtieren sammeln sich alle Zellen des Zentralnervensystems in Ganglien, die zentral aus einem Geflecht von Nervenfortsätzen (*Neuropil, Neuropilem*) bestehen. Dadurch entstehen im Gegensatz zu den Marksträngen der niederen Vielzeller zellfreie Nervenstränge, die aus parallel verlaufenden Nervenfasern bestehen. Die wichtigsten Ganglien der Weichtiere sind das *Zerebral-* oder *Oberschlundganglion,* das *Pleural-, Pedal-, Buccal-, Viszeral-* und *Parietalganglion.* Für die Vorderkiemer und einige Hinterkiemer sind die → Chiastoneurie und lange Konnektive kennzeichnend. Bei höherentwickelten Hinterkiemern und Lungenschnecken verkürzen sich die Konnektive, außerdem kommt es zur Rückdrehung und damit zum Verschwinden der Chiastoneurie. Den Muscheln fehlen die Chiastoneurie und das Buccalganglion.

Bei den Kopffüßern verkürzen sich die Konnektive und Kommissuren noch stärker, die Hauptganglien (Zerebral-, Pedal- und Viszeralganglien) sind zu einer Masse vereinigt. Aus den peripheren Nervennetz bilden sich noch zusätzliche Ganglien (*Brachial-, Labial-* und *Sternganglien*), die den anderen Weichtieren fehlen.

Bei den Ringelwürmern setzt sich das N. aus Gehirn, einem Paar Ventralstämmen und einem Schlundabschnitt (*stomatogastrisches N.*) zusammen. Bei niederen Formen liegen die Ventralstämme als Markstränge vor, die bei den meisten Ringelwürmern vollständig zu Bauchganglienketten umgewandelt sind (*Bauchmark*). Im typischen Fall ist in jedem Körpersegment je ein Ganglienpaar ausgebildet. Ein diffuses Hautnervengeflecht fehlt den Ringelwürmern wie auch allen Gliederfüßern.

Das Zentralnervensystem der Gliederfüßer und der Stummelfüßer besteht aus dem Gehirn, den Schlundkonnektiven und den ventralen Stämmen (*Strickleiternervensystem*). Als Sonderbildung der Gliederfüßer ist zu bemerken, daß das 1. ventrale Ganglienpaar als Tritozerebrum mit dem Gehirn verschmilzt. Während die Ventralstämme der Stummelfüßer keine Ganglien besitzen, sind die der Gliederfüßer fast immer mit Ganglien und deutlichen Kommissuren (doppelt nur bei Blattfußkrebsen) versehen. Bei vielen Krebsen, Insekten und allen terrestrischen Füh-

Nervenwachstumsfaktor

lerlosen erfolgt eine Verschmelzung der Ganglien und Konnektive zu einer unpaaren Kette. Eine Zentralisierung der Bauchganglienkette kann aber auch durch Verkürzung der Konnektive zustande kommen: Bildung von Unterschlundganglien bei vielen Krebsen, Insekten u. a. Gliederfüßern (Mandibular- und Maxillarganglien I und II), Abdominalganglienbildung bei allen Insekten, Hundertfüßern und einigen Krebsen (8. bis 11. Segment bei Insekten). In eine weitere Verschmelzung können Ganglien aller Brustsegmente oder alle Ganglien des Bauchmarks einbegriffen sein (bei Krabben, manchen Ruderfußkrebsen, Rankenfüßern, vielen Insekten, Spinnentieren, Asselspinnen).

Bei niederen Deuterostomiern (Eichelwürmer, Flügelkiemer und Bartwürmer) ist ein dichtes subepitheliales Nervengeflecht ausgebildet, das sich auch auf die Mundhöhle erstreckt. Eine unpaare Nervenstrangbildung ist in geringem Maße vorhanden.

Das N. der Stachelhäuter ist in seiner primitiven Form (Seesterne) nicht höher organisiert als bei den Eichelwürmern (ektodermales, entodermales und mesodermales Nervengeflecht). An bestimmten Stellen (Ambulakralrinnen, um Dornen und Pedizellarien) kommt es zu Strang- und zu Knotenbildungen im Nervengeflecht.

Bei den Manteltieren besteht das N. aus einem dorsal gelegenen Ganglion, von dem 5 Nerven abgehen: 1 Paar Mund- und Schlundnerven, 1 Paar Egestionsnerven und 1 unpaarer Eingeweidenerv.

Lit.: W. N. Beklemischew: Grundlagen der vergleichenden Anatomie der Wirbellosen, Bd. 2 (Berlin 1960).

Das N. der Wirbeltiere ist gekennzeichnet durch Verlagerung der nervösen Zentralorgane ins Körperinnere (*Internation*) und die Zusammenlagerung vieler komplexer Gruppen von Neuronen zu einem Zentralorgan (*Zentralisation*). Beides ist von erheblichem Selektionsvorteil: bessere Zusammenarbeit der Teile, hierarchischer Aufbau der Kontroll- und Steuerungssysteme und, dadurch bedingt, schnellere Reaktions- und günstigere Handlungsfähigkeit des Organismus. Das N. kann unterteilt werden in das *Zentralnervensystem* (ZNS), das aus → Gehirn und → Rückenmark und aus dem *peripheren N.* besteht, das die Gesamtheit aller Hirn- und Rückenmarksnerven samt ihren Verzweigungen umfaßt, sowie in das → vegetative Nervensystem, das nicht dem Willen unterworfen ist.

Nervenwachstumsfaktor, → Nerve growth factor.

Nervenzelle, → Neuron.

Nervon, → Zerebroside.

nervöse Atmungsregulation, svw. physikalische Atmungsregulation.

Nerz, *Mustela* (*Lutreola*) *lutreola*, ein zu den Mardern gehörendes Raubtier mit einförmig tiefbraunem Fell und weißer Unter- und Oberlippe. Der N. lebt in Gewässernähe amphibisch und ist ein hervorragender Taucher und Schwimmer. Er ernährt sich vorwiegend von Fröschen und Fischen und wird mancherorts wegen der Ähnlichkeit seiner Lebensweise mit der des Fischotters auch als *Sumpfotter* bezeichnet. Der in Farmen wegen seines hochwertigen Fells gehaltene und in zahlreichen Farbspielarten gezüchtete amerikanische N. oder *Mink, Mustela* (*Lutreola*) *vison*, ist hier und dort aus den Gehegen entwichen, z. T. aber auch ausgesetzt worden. Ihm fehlt die weiße Oberlippe.

Nesselkapseln, *Kniden, Nematozysten*, die der Abwehr von Feinden und dem Fang von Beute dienenden Organe der Nesseltiere, die meist über den ganzen Körper verstreut liegen, auf den Tentakeln aber gehäuft auftreten. Sie werden vom Ektoderm gebildet. Die N. stellen die kompliziertesten Sekretionsorgane im Tierreich dar. Jede Kapsel besteht aus einer doppelwandigen Blase, in der ein aufgerollter hohler Faden liegt. Wird der ins Wasser ra-

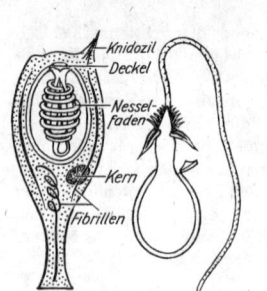

Ruhende und ausgestülpte Nesselkapsel

gende Fortsatz (*Knidozil*) von einem Lebewesen berührt, so explodiert die Kapsel, der Faden stülpt sich aus und dringt in die Beute ein, wobei gleichzeitig ein lähmendes Gift injiziert wird. N. dieses Typs heißen *Penetranten*. Daneben gibt es *Volventen*, deren Faden sich lediglich um Borsten und Haare des Opfers wickelt, sowie *Glutinanten*, deren Faden mittels eines klebrigen Sekrets an der Beute haftet.

Nesseltiere, *Cnidaria*, Stamm der Hohltiere (*Coelenterata*), dessen Angehörige sich durch den Besitz von → Nesselkapseln auszeichnen (im Gegensatz zu den *Ctenophora*). Die N. leben im Meer, nur wenige Formen treten im Süßwasser auf. Die N. kommen in zwei Habitusformen vor, als → Polypen und als → Medusen. Beide sind radiärsymmetrisch gebaut.

Bei der geschlechtlichen Fortpflanzung geht aus dem Ei eine Blastula hervor, aus der eine frei schwimmende, zweischichtige Larve, die → Planula, entsteht. Sie setzt sich später fest und läßt am freien Ende einen Mund durchbrechen und Tentakel knospen. Durch diesen einfachen Vorgang entsteht der Polyp. Bei manchen Formen kann aus der Planula auch eine Meduse hervorgehen. Die Polypen pflanzen sich in der Regel nur ungeschlechtlich fort. Zum einen können sie durch Knospung wieder Polypen entstehen lassen, wobei es dann oft zur Stockbildung kommt, zum anderen können aber aus den Polypen auch Medusen knospen, die sich dann ablösen, frei umherschwimmen und geschlechtlich vermehren. Auf diese Weise kommt der für viele N. kennzeichnende Generationswechsel zwischen der festsitzenden, ungeschlechtlichen Polypengeneration und der planktischen, geschlechtlichen Medusengeneration zustande. Es handelt sich also um eine Metagenese. In einigen Fällen (z. B. bei *Hydra* und den Korallentieren) ist aber die Medusengeneration weggefallen, dann pflanzen sich die Polypen auch geschlechtlich fort. Bei anderen Arten wieder fehlt die Polypengeneration, dann entsteht aus der Planula sofort eine Meduse.

Die N. umfassen etwa 10 000 Arten.

System. Es werden drei Klassen unterschieden: die → Hydrozoen, *Hydrozoa*, die → Skyphozoen, *Scyphozoa*, und die → Korallentiere, *Anthozoa*.

Nestbau, → Tierbauten.

Nestflüchter, Tiere, die unmittelbar oder doch kurze Zeit nach der Geburt den Geburtsort verlassen können. Bei den Säugetieren werden die N. auch »Laufsäuglinge« genannt. Das Verhalten setzt voraus, daß zu diesem Zeitpunkt die Organsysteme, die am Verhalten notwendig beteiligt sind (Sinnesorgane, Zentralnervensystem, Motorik) bei Geburt bereits voll funktionsfähig sind, was nicht weitere Reifungsvorgänge ausschließt. Den N. gegenübergestellt werden die → Nesthocker und die → Platzhocker.

Nesthocker, Tiere, die bei Geburt sich noch in einem so unreifen Entwicklungszustand befinden, daß Ortswechsel und selbständige Wahrnehmung der Umweltsprüche nicht möglich sind. N. sind daher auf → Brutpflege angewiesen. Den N. gegenübergestellt werden die → Nestflüchter und die → Platzhocker.

Nestwurz, → Orchideen.
Nettoassimilation, svw. Nettophotosynthese.
Nettophotosynthese, *apparente Photosynthese, Nettoassimilation, Primärproduktion,* Anteil der durch Photosynthese erzeugten Bruttoproduktion, der nach Abzug der durch Atmung und besonders → Lichtatmung verlorengehenden Assimilate verbleibt. Wird von der N. weiterhin der durch abgestoßene Pflanzenteile bedingte Stoffverlust abgezogen, erhält man die *Nettoproduktion.* → Produktionsbiologie.
Nettoproduktion, → Nettophotosynthese.
Netzflügler, *Neuropteria,* eine Überordnung der Insekten, die die Ordnungen Großflügler, Kamelhalsfliegen und Landhafte umfaßt. Charakteristisch für ihre Vertreter sind zwei Paar netzartig geäderte, durchsichtige Flügel von etwa gleicher Größe, die in der Ruhe dachförmig über dem Hinterleib zusammengelegt werden. Früher wurden auch die Schnabelfliegen den N. zugeordnet.
Lit.: H. u. U. Aspöck, H. Hölzel: Die Neuropteren Europas, 2 Bde (Krefeld 1980).
Netzhaut, → Lichtsinnesorgane.
netznervig, → Blatt.
Netzphyton, *Python reticulatus,* mit einer verbürgten Maximallänge von etwa 9 m die zweitgrößte → Riesenschlange der Erde nach der Anakonda. Er trägt ein dunkelbraunes Netzmuster auf hellbraunem Grund. Der N. bewohnt ganz Südostasien und große Teile Indoaustraliens, klettert wenig, schwimmt gut und dringt in seiner Heimat auch in menschliche Ansiedlungen ein. Neben Ratten und anderen Nagern werden auch kleine Haussäugetiere und Geflügel gefressen. Die bis 100 Eier werden in einem Haufen abgelegt, um den sich das Weibchen ringelt. Es handelt sich dabei um ein echtes »Brüten« mit Thermoregulation: Die Temperaturen zwischen den Windungen der Schlange sind bis zu 7°C höher als die der Umgebung. Nach etwa 3 Monaten schlüpfen die 50 bis 70 cm langen Jungtiere, die heute infolge starker Bejagung zur »Schlangenleder«-Gewinnung wie viele andere Riesenschlangen auch stellenweise schon sehr selten geworden.
Neubürger, → Adventivpflanze.
Neuguinea-Weichschildkröten, *Carettochelyidae,* in nur einer Art, *Carettochelys insculpta,* die Gewässer Neuguineas bewohnende Schildkrötenfamilie. Der knöcherne Rückenpanzer ist an Stelle der Hornschilder von einer lederartigen Haut bedeckt, die N.-W. nehmen damit eine Übergangsstellung zwischen → Sumpfschildkröten und → Weichschildkröten ein. Die Beine der bis 0,5 m langen Tiere sind zu breiten Flossen umgestaltet, die Schnauze ist rüsselartig verlängert. Das Wasser wird nur zur Eiablage verlassen.
Neumenschen, → Homo.
Neumundtiere, svw. Deuterostomier.
Neunaugen, *Petromyzonidae,* Familie der Rundmäuler. Körper aalförmig, paarige Flossen fehlen, Maul mit Hornzähnen besetzt. Die N. ernähren sich parasitisch von Muskelbrei und Blut. Sie heften sich dazu mit ihrem großen Saugmaul an Fische an und raspeln mit der fräserartig arbeitenden Zunge Löcher in deren Körperwand, z. B. *Flußneunauge, Lamprete (Lampetra fluviatilis), Meerneunauge (Petromyzon marinus).*
Die als *Querder* bezeichneten Larven der N. leben 3 bis 5 Jahre im Bodengrund von Fließgewässern. Sie sind blind und ernähren sich von eingestrudeltem Mikroplankton und Detritus; das Maul ist von Lappen umgeben, Hornzähne werden erst im Metamorphose ausgebildet. Nach der Umwandlung ziehen die Jungtiere in das Meer, ernähren sich dort parasitisch und wandern dann zum Laichen flußaufwärts bis in die Larvengebiete. Einige nichtparasitäre Arten verbleiben zeitlebens im Süßwasser, z. B. *Bachneunauge (Lampetra planeri).* Die 9 Öffnungen (Nasenloch, Auge, 7 Kiemenöffnungen) gaben den Neunaugen ihren Namen.
Lit.: G. Sterba: Die N. (Wittenberg 1952).
Neuntöter, → Würger.
Neuralbogen, Neuralkanal, → Achsenskelett.
Neuralrohr, → Gehirn.
Neuraminidase, ein zu den Hydrolasen gehörendes Enzym, das N-Azetylneuraminsäure von Glykoproteinen und Gangliosiden abspaltet.
Neuraminsäure, Polyhydroxyaminokarbonsäure (→ Karbonsäuren), die als Bestandteil der Ganglioside im Tierreich weit verbreitet ist. Sie kommt in den Zellmembranen und in der Frauenmilch vor. N. zyklisiert leicht.

$$HOH_2C-\overset{H}{\underset{OH}{C}}-\overset{H}{\underset{OH}{C}}-\overset{OH}{\underset{H}{C}}-\overset{NH_2}{\underset{H}{C}}-\overset{H}{\underset{H}{C}}-CH_2-CO-COOH$$

Neurilemma, → Nervenfasern.
Neurin, sehr giftige, organische Base, die bei Fäulnisprozessen durch Wasserabspaltung aus Cholin entsteht und zu den → Leichengiften gerechnet wird.

$$\left[\begin{array}{c}H_3C\\H_3C-\overset{\oplus}{N}-CH=CH_2\\H_3C\end{array}\right] OH^-$$

Neurit, → Neuron.
neuroaktive Peptide, pharmakologische Bezeichnung für Peptide, die Reaktionen im Nervensystem oder in Nervenzellen auslösen. Dazu zählen unter anderem → Neuropeptide.
Neurobiophysik, Teilgebiet der Biophysik, das Erregung, Erregungsleitung und sensorische Mechanismen untersucht. Die N. steht in enger Beziehung zur Membranbiophysik, da alle Informationsübertragungsmechanismen an membranöse Strukturen gebunden sind.
Biologische Systeme haben im Zuge der Evolution außerordentlich zuverlässige und empfindliche Mechanismen der Informationsrezeption und -übertragung entwickelt, deren molekulare Mechanismen noch weitgehend unaufgeklärt sind.
Neurodynamik, Sammelbezeichnung für eine Teildisziplin der Neurobiologie, die trophische Komponenten der Nervenzellfunktion untersucht. Im Vordergrund der Analysen stehen → Degeneration und → Regeneration sowie → neuronaler Stofftransport.
Neuroethologie, → Verhaltensphysiologie.
Neurofibrillen, Neurofilamente, → Neuron.
Neuroglia, → Nervengewebe.
Neurohämalorgan, das Speicherorgan des Neurosekretes, das in den meisten Fällen an Blutlakunen oder Blutgefäßen angrenzt. Bei den verschiedensten Tierstämmen findet man verschiedene Formen des N. Das einfachst gebaute N. besitzen die Saugwürmer, bei denen das Neurosekret in Spalträumen des Bauchmarks gespeichert wird. Eine höhere Form des N. besteht darin, daß sekrethaltige Nervenfasern sich im Bereich der Bindegewebehülle aufweisen und in ihren mehr oder weniger stark erweiterten Endigungen Sekret speichern. Hierher sind vor allem die → Sinusdrüse und das Pars-distalis-X-Organ der Krebse (→ X-Organ) zu rechnen, aber auch die N. der Schnurwürmer, Vielborster, Wenigborster, Egel, Schnecken, Kopffüßer und einiger anderer Gruppen. Ein hochdifferenziertes N. besitzen die Insekten in Form der *Corpora cardiaca,* die als kleine paarige Knoten unmittelbar hinter dem Gehirn liegen und mit diesem durch Nerven in Verbindung stehen. Neben der ur-

sprünglichen Speicherfunktion für Neurosekrete scheinen die Corpora cardiaca auch aktiv Sekrete mit Hormoncharakter zu produzieren.

Lit.: M. Gersch: Vergleichende Endokrinologie der wirbellosen Tiere (Leipzig 1964).

Neurohormone, svw. neurosekretorische Hormone.

Neurokranium, → Schädel.

Neurokrinie, die Bildung und Freisetzung von Substanzen aus Neuronen, im engeren Sinne die Freisetzung in das Blut, in Analogie zu den endokrinen Drüsen im Körper (→ Gehirn, → Neuropeptide).

Neurolemma, → Nervenfasern.

Neuromasten, → Tastsinn.

neuromuskuläre Endplatte, plattenförmig ausgedehnte, besonders strukturierte Verbindungszone zwischen Nerven- und Muskelfaser, die der Erregungsübertragung dient. Die n. E. ist eine besondere Form der Synapse, wobei die präsynaptische Membran von der kolbig aufgetriebenen Nervenendigung herstammt, die postsynaptische Membran dagegen vom Sarkolemm der quergestreiften Muskulatur gebildet wird. Trifft eine über die Nerven fortgeleitete Erregung in der n. E. ein, dann werden bestimmte chemische Reaktionen ausgelöst, die zur Entstehung eines Endplattenpotentials führen. Dieses löst seinerseits bei entsprechender Größe und Dauer ein Aktionspotential an der Muskelfaser aus, an das sich eine Kontraktion anschließt.

Bei der *motorischen Endplatte* (d. i. die Endplatte zwischen motorischer Nervenfaser und Muskelfaser) wird infolge der chemischen Reaktionen Azetylcholin freigesetzt, das als neuromuskulärer Überträgerstoff (»Transmitter«) wirkt.

Die Funktion der n. E. läßt sich durch Muskelrelaxantien blockieren.

neuromuskuläre Synapse, eine → Synapse, deren präsynaptischer Anteil die Endigung einer motorischen Nervenfaser, der postsynaptische Anteil hingegen die Membran einer quergestreiften Muskelfaser darstellt. Daher werden die n. S. auch als *motorische Endplatten* bezeichnet. Die elektrischen Organe von Knochenfischen, z. B. Zitteraal, und Knorpelfischen, z. B. Rochen, sind als abgewandelte n. S. zu verstehen. Als → Transmitter in n. S. fungiert → Azetylcholin.

Neuron (Tafeln 21 und 25), die hochdifferenzierte tierische und menschliche *Nervenzelle* einschließlich ihrer Fortsätze, die auf die Übernahme, Verarbeitung, Weiterleitung und Übertragung von Informationen spezialisiert ist. Bereits Protozoen sind fähig, Reize wahrzunehmen und darauf zu reagieren, Erregungen zu bilden und zu leiten. Bei den Metazoen haben sich für diese Funktionen besondere Zellen, die N. aus dem Ektoderm differenziert. Diese relativ großen Zellen sind strukturell und funktionell selbständige Einheiten des Nervensystems, wie insbesondere der spanische Neurohistologe R. Cajal (1852–1934) erkannte. Er war der namhafteste Vertreter und Begründer der Neuronentheorie. Die für N. typischen Zellfortsätze ermöglichen die Kontaktaufnahme zu anderen N. oder zu Muskel-, Drüsen- oder Sinneszellen über spezifisch differenzierte Kontaktzonen (*Synapsen*). Elektronenmikroskopisch ist zwischen den kontaktaufnehmenden Zellen ein Zwischenraum von etwa 20 bis 30 nm, der *synaptische Spalt*, sichtbar. Die meisten N. der Wirbeltiere setzen sich aus dem eigentlichen Zellkörper (*Perikaryon* oder *Soma*) und den von ihm ausgehenden Fortsätzen zusammen (Abb.). Letztere wachsen während der Embryonalentwicklung der betreffenden Organismen aus: kurze, meist baumartig verzweigte *Dendriten* und ein längeres, meist dünneres *Axon* (*Neurit*). Das Axon kann seitlich Äste (Kollateralen) ausbilden, die synaptische Kontakte mit Fortsätzen anderer N. bilden. Zusammen mit den begleitenden *Gliazellen* stellt das Axon die *Nervenfaser* dar. Das Axon zweigt sich in größerer oder geringerer Entfernung vom Perikaryon mehr oder weniger auf und bildet dort meist keulenförmig verdickte Endigungen (Terminalen) aus. Die meisten N. der Wirbeltiere und des Menschen sind multipolar, sie weisen mehrere Dendriten und je N. meist nur ein Axon auf. Bei unipolaren N. ist nur ein Fortsatz (Axon) vorhanden, bei bipolaren N. ein Axon und ein Dendrit. Die meisten N. von wirbellosen Tieren weisen keine somatischen Dendriten auf, sie sind unipolar. Dieser einzige baumartig verzweigte Fortsatz (Axon) entspricht funktionell sowohl dem Axon als auch den Dendriten der Wirbeltierneuronen. Bei den höheren Metazoen werden N. stets von Gliazellen begleitet. Diese in verschiedenen Typen ausgebildeten Zellen (z. B. Schwann-Zellen, Oligodendrozyten, Astrozyten) umhüllen N. und ihre Fortsätze und sind vermutlich für den Stoffwechsel der N. und für die Regulation der Ionenkonzentration im extrazellulären Raum bedeutungsvoll.

Funktion und Feinstruktur. Jedes N. übernimmt und sammelt sehr zahlreiche Informationen von anderen N. oder von Sinneszellen, verarbeitet (integriert, »verrechnet«) sie zu einem zelleigenen Erregungsmuster, leitet die entsprechenden Impulse weiter und überträgt sie auf viele andere N. oder auf Erfolgsorgane. Dieses *Konvergenz-Divergenz-Prinzip* ist wesentlich für die Ausbildung der neuronalen Netzwerke. Die N. der höheren Wirbeltiere und des Menschen sind so hoch differenziert, daß sie ihre Teilungsfähigkeit eingebüßt haben. Sie sind jedoch in dem als G_0-Phase bezeichneten Abschnitt des → Zellzyklus bis zu mehreren Jahrzehnten lebensfähig.

N. sind funktionell bipolar: Reize werden am *Rezeptorpol*

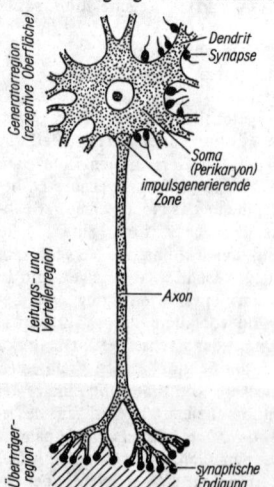

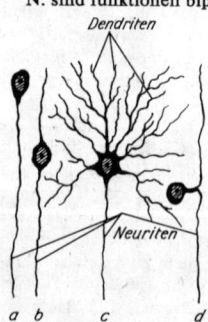

1 Funktionelle Gliederung eines Neurons

2 Typen der Nervenzellen: *a* unipolar, *b* bipolar, *c* multipolar, *d* pseudounipolar

aufgenommen, und Erregungen werden am *Effektorpol* auf benachbarte N. übertragen. Morphologisch kommt diese Polarität bes. bei den bipolaren, pseudo-unipolaren und multipolaren N. (Abb. 2, S. 618) zum Ausdruck. Dendriten nehmen Informationen (Reize) über Synapsen von anderen N. oder von Sinneszellen (Rezeptoren) auf. Diese rezeptive Oberfläche der Dendriten bildet zusammen mit der rezeptiven Oberfläche eines größeren oder kleineren Teils des Perikaryons die *Generatorregion* des N. (Abb. 1, S. 618). Sie ist bei Wirbeltieren und beim Menschen mit Hunderten bis Tausenden synaptischer Endigungen mehr oder weniger besetzt. Bei Wirbellosen bleiben die Perikaryen frei davon, synaptische Kontakte sind an den verzweigten Fortsätzen dieser N. ausgebildet.

Die → Plasmamembran der Generatorregion von Wirbeltierneuronen nimmt die eintreffenden Informationen (Nervenimpulse) auf. Ein *Nervenimpuls* (→ Aktionspotential) stellt eine sehr kurzfristige (einige Millisekunden) Potentialänderung von etwa 0,1 V Amplitude über der Plasmamembran dar. An den Orten dieses Informationseingangs entstehen ionenspezifische Permeabilitätsänderungen, die das Membran-Ruhepotential verändern und somit Depolarisierung oder Hyperpolarisierung bewirken. Die Plasmamembran der Generatorregion des N. ist jedoch keine erregbare Membran (nicht konduktil), d. h., sie kann keine Impulse bilden und fortleiten. Die lokal entstehenden Potentialänderungen können sich daher nur passiv und mit abnehmender Intensität (elektrotonisch) ausbreiten. Impulse werden erst außerhalb der rezeptiven Oberfläche am Ursprungskegel des Axons (*impulsgenerierende Zone*) gebildet, sofern nach ›Verrechnung‹ (Integration) von Depolarisation und Hyperpolarisation eine Depolarisierung resultiert.

Die Weiterleitung der Impulse erfolgt durch das Axon, und zwar bei Wirbeltierneuronen stets nur in Richtung Axonendigungen. Das *Axolemm*, die Plasmamembran im Axonbereich, ist konduktil. Die Plasmamembran der verzweigten Fortsätze von N. wirbelloser Tiere ist auch konduktil, jedoch werden die Impulse nicht nur in peripherer Richtung geleitet, sondern jeweils auch in Richtung Perikaryon. Allerdings kann ein Impuls gewöhnlich nicht von einem dünneren Ast auf einen stärkeren übertreten.

Perikaryon und Dendriten sind Orte intensiver Eiweißproduktion, daher reich an granulärem → endoplasmatischen Retikulum (Tafel 21). Diese Ergastoplasmabereiche färben sich stark mit basischen Farbstoffen an und sind gewöhnlich schollig verteilt (*Tigroidsubstanz* oder nach dem Entdecker *Nissel-Substanz*). Im Axonursprung (Ursprungskegel) und im Axon selbst ist kein granuläres endoplasmatisches Retikulum vorhanden. Der im Perikaryon liegende Zellkern weist einen relativ großen Nukleolus auf und ist von mehreren Diktyosomen des Golgi-Apparats umgeben. Außerdem sind zahlreiche Mitochondrien und auch → Lysosomen im Perikaryon vorhanden. N. sind reich an → Mikrotubuli, die hier als *Neurotubuli* bezeichnet werden. Besonders in Axonen und Dendriten sind Neurotubuli, aber auch unterschiedliche Filamente ausgebildet. In auswachsenden Axonen beträgt der Anteil des Tubulins am Gesamtzellprotein 10 bis 20 %. »*Neurofibrillen*« sind lichtmikroskopisch, Mikrofilamente (5 bis 10 nm Durchmesser) elektronenmikroskopisch erkennbar. Wahrscheinlich sind Neurotubuli beim schnellen, energiefordernden Transport (0,2 bis 5,8 µm je Sekunde) von Stoffen in den Axonen, Mikrofilamente dagegen beim langsamen Transport bestimmter Axonbestandteile (2,3 bis 46 nm je Sekunde) beteiligt. Bei einem Teil der Mikrofilamente handelt es sich nachweislich um Aktinfilamente (HMM-dekorierbare Filamente). Auch Myosin wurde in N. nachgewiesen (0,5 % des Gesamtproteins), es liegt jedoch in Nichtmuskelzellen nicht in Form von Filamenten, sondern oligomer vor. Außerdem wurden in jüngster Zeit aus N. und anderen Zellen Mikrofilamente von etwa 10 nm Durchmesser isoliert, die aus einem dem Keratin ähnlichen Strukturprotein bestehen und als intermediäre Filamente oder »10-nm-Filamente« bezeichnet wurden. Solche aus N. stammenden intermediären Filamente werden *Neurofilamente* genannt. Ihre Oberfläche läßt nach jüngsten elektronenmikroskopischen Befunden periodisch angeordnete Struktureinheiten von etwa 21 nm erkennen (wie bei Keratinfilamenten). Mit dem → Gefrierätzverfahren wurden in rasch tiefgefrorenen Axonen Neurofilamentbündel festgestellt, bei denen die parallel in Längsrichtung des Axons verlaufenden Einzelfilamente durch ein Querbrücken bildendes Netzwerk feiner Fasern verbunden sind. Solche Orte dichter Packung von Neurofilamenten und/oder von Neurotubuli erscheinen lichtmikroskopisch als »Neurofibrillen«. Der relativ hohe Tubulingehalt der N. ermöglicht ihre Darstellung durch indirekte Immunfluoreszenz mit Antikörpern gegen Tubulin.

Dendriten können an ihrer Oberfläche etwa 0,2 µm lange Fortsätze, »Dornen« (*Spinae*, engl. spines) ausbilden. An ihnen oder an den Dendriten direkt enden zahlreiche Axonen synaptisch. Synapsen dienen der Kontaktaufnahme zu anderen N. oder zu Muskel-, Drüsen- oder Sinneszellen. Entsprechend ihrer speziellen Funktion sind sie unterschiedlich aufgebaut. Die informationsabgebenden Neuronenteile (im allgemeinen Axonterminalen) werden als *präsynaptischer* Zellbereich, die informationsaufnehmenden Zellen als *postsynaptische* Zellen bezeichnet. Insbesondere weisen die prä- und postsynaptischen Membranbezirke charakteristische Differenzierungen auf, z. B. Verdickung dieser Membranen durch Substanzanlagerung von innen. Nur bei einem kleinen Teil der Synapsen kann durch engen Kontakt der prä- und postsynaptischen Membran und zusätzliche Spezialisierungen die postsynaptische Zelle auf elektrischem Weg depolarisiert werden. Solche elektrischen Synapsen sind z. B. im Bauchmark von Anneliden ausgebildet. Über »Gap junctions« (Nexus, → Plasmamembran) stehen die N. direkt in Verbindung. Da bei den meisten Synapsen prä- und postsynaptische Membran durch den 20 bis 30 nm breiten synaptischen Spalt getrennt sind, dient eine Überträger- oder Transmittersubstanz als funktionelles Bindeglied: chemische Synapsen (Abb. 3). Die *Transmitter* (z. B.

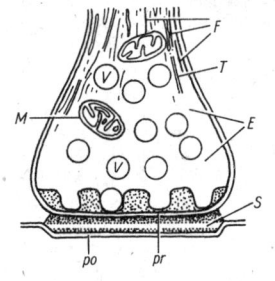

3 Chemische Synapse, Schema der Feinstruktur. E Nervenendigung (präsynaptischer Zellbereich), *F* Mikrofilamente, *M* Mitochondrien, *po* postsynaptische Membran, *pr* präsynaptische Membran, *S* synaptischer Spalt, *V* synaptische Vesikel, *T* Mikrotubuli

Azetylcholin, Noradrenalin, Dopamin) sind im präsynaptischen Zellbereich in kleinen *synaptischen Vesikeln* (mittlerer Durchmesser 30 nm) enthalten und werden im Perikaryon synthetisiert. Durch Depolarisation der präsynaptischen Membran wird der Transmitter aus den Vesikeln freigesetzt. Er gelangt in den synaptischen Spalt und wird an Rezeptormolekülen der postsynaptischen Membran gebunden. Diese Bindung führt zur Konformationsänderung des Rezeptors und zur Öffnung von Ionenkanälen in der postsynaptischen Membran. Im allgemeinen wird von einem N.

neuronale Netzwerke

nur ein bestimmter Transmitter gebildet. N. produzieren und sezernieren nicht nur Transmitter, sondern in fast allen Tierstämmen und beim Menschen sind an bestimmten Stellen auch *neurosekretorische Zellen* ausgebildet. Diese *peptidergen N.* sind endokrine Drüsen, sie synthetisieren im Perikaryon *Neurosekrete* und setzen sie an Axonendigungen frei. Diese Sekrete gelangen insbesondere in das Blut und sind daher *Neurohormone* (bei Wirbeltieren und beim Menschen Oxytozin und Vasopressin). Im Zytoplasma des Axons, dem *Axoplasma,* sind außer den Elementen des axonalen Zytoskeletts (Neurotubuli und Mikrofilamente) auch agranuläres endoplasmatisches Retikulum (*axoplasmatisches Retikulum*), Mitochondrien, Lysosomen, multivesicular bodies, Vesikel und Lipidgranula vorhanden. Ein großer Teil der Axonen von Neuronen der Wirbeltiere und des Menschen ist von einer *Markscheide* (*Myelinscheide*) umgeben. Auch bei manchen Krebsen sind markhaltige Nervenfasern ausgebildet. Bei den peripheren Nervenfasern der Wirbeltiere beginnt die Markscheidenbildung, indem das sich entwickelnde, auswachsende Axon von *Schwann-Zellen* umfaßt

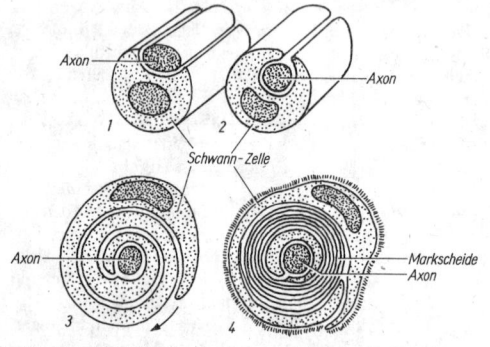

4 Markscheidenbildung bei peripheren Nervenfasern (Schema)

wird (Abb.). Dabei lagern sich das Axolemm und die Plasmamembran der Schwann-Zelle aneinander. Diese Membranduplikatur wird als *Mesaxon* bezeichnet. Bei der nachfolgenden wiederholten Rotation der Schwann-Zelle um das Axon wird das Mesaxon stark verlängert, und es bildet sich eine vielschichtige, noch unreife Markscheide. Sie reift durch Verlagerung des Zytoplasmas der Schwann-Zelle nach außen. Die reife Markscheide besteht daher im wesentlichen aus Plasmamembranstapeln der Schwann-Zellen (Abb. 4). Sie hat vor allem isolierende Funktion, da sie zwischen Axoninnerem und dem extrazellulären Raum einen hohen elektrischen Widerstand bildet. Die Markscheide wird von mehreren bis vielen (einigen Hundert) Schwann-Zellen aufgebaut. An diesen Zellgrenzen schnürt sich die Markscheide ein (*Ranviersche Schnürringe*, Nodien), und das Axolemm wird hier nur teilweise von den fingerförmigen Fortsätzen der Schwann-Zellen bedeckt. Ein von zwei Schnürringen begrenzter Nervenfaserabschnitt wird als *Internodium* bezeichnet und ist 0,2 bis 1,5 mm lang. Markhaltige Nervenfasern leiten Nervenimpulse wesentlich schneller (bis 130 m je Sekunde) als marklose (0,5 bis 2,5 m je Sekunde), da die Erregung von Schnürring zu Schnürring springt (*saltatorische Erregungsleitung*). Für die Leitungsgeschwindigkeit sind Durchmesser des Axons, Dicke der Markscheide und Länge der Internodiums entscheidend: Je dicker Axon und Markscheide und je länger die Internodien sind, um so rascher erfolgt die Impulsleitung.

Die Markscheidenbildung der Nervenfasern des Zentralnervensystems übernehmen Oligodendrozyten. Bei marklosen Nervenfasern bleibt das Mesaxon kurz, ein bis mehrere Axone werden in eine Schwann-Zelle eingebettet.

Neuronale Netzwerke. N. kommen niemals einzeln vor. Ihre synaptische Verschaltung zu Netzwerken, die ungefähre Anzahl der N. und ihre Lage im Gewebe sind weitgehend genetisch bestimmt. In diesen Netzwerken werden Informationen komplex verarbeitet und gespeichert. Im Gegensatz zu einfacheren, relativ stereotyp funktionierenden Netzwerken können Lernvorgänge im wesentlichen durch Aktivierung der vorhandenen und Herstellung neuer synaptischer Verbindungen auf der Grundlage von Sinneseindrücken erklärt werden: Im Lauf der Evolution haben die Netzwerke offensichtlich auch eine gewisse Plastizität erhalten. Relativ einfache Neuronenschaltpläne einiger niederer Wirbelloser konnten weitgehend aufgeklärt werden (z. B. beim Nematoden *Caenorhabditis elegans,* der insgesamt 300 N. besitzt). Bei höheren Wirbellosen und besonders bei Wirbeltieren und beim Menschen ist die Analyse kompletter Neuronennetzwerke wegen der großen Neuronenanzahl und des komplizierten Aufbaus der Nervensysteme außerordentlich schwierig, sie wird aber angestrebt (die Taufliege *Drosophila* enthält etwa 10^5 N., der Mensch dagegen etwa 10^{12}).

Manche N. können zu *primären Sinneszellen* oder zu *Sinnesnervenzellen* spezialisiert sein. Erstere wandeln die aufgenommenen Reize in Erregungen um und leiten die Nervenimpulse über ihr Axon direkt an das Zentralnervensystem. Das Perikaryon der Sinnesnervenzelle liegt tief im Gewebe bzw. im Zentralnervensystem. Ihre reizaufnehmenden Fortsätze zweigen sich an der Oberfläche (z. B. Haut) zur freien Nervenendigung auf. Bei den *sekundären Sinneszellen* handelt es sich nicht um N., sondern um spezialisierte Epithelzellen. Sie übertragen die aufgenommenen Informationen auf zugeordnete N., mit deren Axonen sie Synapsen ausbilden.

Motoneuronen sind N., deren Axone die quergestreifte Muskulatur innervieren. *Zwischenneuronen* (Interneuronen, Schaltneuronen) stellen zwischen N. Verbindung her und besitzen meist kurze Axone.

neuronale Netzwerke, → Neuron.

neuronaler Stofftransport, von Weiss und Hiscoe 1948 mittels Schnürungen (Ligaturen) bewiesene Erscheinung, daß ein Materialtransport in Nervenzellfortsätze stattfindet. Der *anterograde n. S.* leitet Material in das Axon bis zum Terminale, seine langsame Komponente (1 bis 3 mm/Tag) transportiert z. B. Proteine und dient der Erneuerung von Bestandteilen der Nervenzelle. Die schnelle Komponente (> 100 mm/Tag) bewegt sich an den Neurotubuli als Leitstrukturen und transportiert Substanzen, die im Zusammenhang mit der synaptischen Erregungsübertragung stehen, z. B. synaptische Vesikel (→ Synapse). Weiterhin werden auch solche Substanzen in der schnellen Komponente befördert, die die Terminale verlassen, in eine nachgeschaltete Zelle gelangen und dort keine Erregung auslösen, jedoch notwendig für Stoffwechselfunktionen der nachgeschalteten Zelle sind. Diese Überleitung solcher Stoffe wird *transneuronaler Transport* genannt und stellt die → trophische Funktion im engeren Sinne dar. Beispielsweise atrophieren Muskelfasern, wenn sie nicht durch Nervenendigungen trophisch versorgt werden, was durch Durchschneidungen von Nerven, *Denervierungen,* nachweisbar wird. Der *retrograde,* d. h. von den Endigungen einer Nervenzelle auf den Zellkörper gerichtete Transport von Substanzen ist geringer als der ihm entgegengesetzte anterograde n. S. und in seiner Bedeutung nicht hinreichend geklärt. Retrograd werden aber Substanzen transportiert, die aus der Umgebung oder benachbarten Zellen (transneuronal) in das Neuron gelangen. Beispielsweise wird der *nerve growth factor* (*NGF*), ein Protein, das Wachstum und Differenzierung unter anderem des peripheren sympathischen

Nervensystems fördert, retrograd mit einer Rate von 2 bis 3 mm/Stunde transportiert.

Neuronenketten, → Schaltung.

Neuropeptide, in insbesondere peptidergen Neuronen gebildete und aus diesen freigesetzte Peptide mit Signalcharakter. Werden N. in den synaptischen Spalt freigesetzt, gelten sie als Transmitter oder Modulatoren, nach Freisetzung in Verteilungssysteme sind sie als Hormone zu betrachten. Es sind etwa 50 N. isoliert, chemisch charakterisiert und biologisch getestet worden.

Neurophysiologie, svw. Nervenphysiologie.

Neuropilem, → Nervensystem.

Neuroptera, → Landhafte.

Neuropteria, svw. Netzflügler.

Neurosekrete, → Neuron.

Neurosekretion, → Gehirn.

neurosekretorische Hormone, *Neurohormone,* eine Gruppe von Peptidhormonen mit 3 bis 12 Aminosäureresten, die als chemische Signalstoffe in bestimmten Kommunikationsketten der Säugetiere von großer Bedeutung sind. Die n. H. werden im proteinsynthetisierenden System eines Neurons gebildet und über das Blutgefäßsystem transportiert und verteilt. Empfänger sind bestimmte Zellpopulationen mit neurohormonspezifischen Rezeptoren, z. B. des Gehirns. Die n. H. beeinflussen Informationsprozesse und Stoffwechselprozesse. Die wichtigsten n. H. der Säugetiere sind Oxytozin und Vasopressin sowie die im Hypothalamus gebildeten Liberine.

neurosekretorische Zellen, → Neuron.

Neurotubuli, → Mikrotubuli, → Neuron.

Neuschnecken, → Monotocardia.

Neuseelandflachs, → Agavengewächse.

Neuston, Lebensgemeinschaft des Oberflächenhäutchens der Gewässer. Die zum *Epineuston* gehörenden Mikroorganismen, z. B. *Chromophyton rosanoffi, Botrydiopsis arhiza* und *Nautococcus emersus,* sitzen mit einer nicht benetzbaren Scheibe dem Oberflächenhäutchen auf und sind dem Leben an der Luft angepaßt. Das *Hyponeuston* besiedelt die Unterseite des Oberflächenhäutchens, und die zu ihm gehörenden Organismen, z. B. *Codonosiga botrytis, Navicula* und *Arcella,* ragen ins Wasser (Abb.).

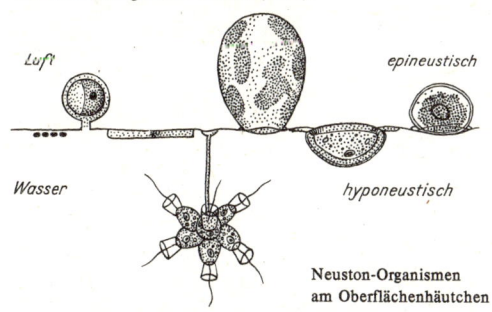

Neuston-Organismen am Oberflächenhäutchen

Auf kleinen, stillen Gewässern kann das N. eine geschlossene Schicht von meist auffallender Färbung bilden (→ Wasserblüte).

Neutralisation, Rückbildung geschlechtsdimorpher Sekundärmerkmale, z. B. auffälliger Borstenform bei Springschwänzen, unter extremen Umweltbedingungen (→ Ökomorphologie).

Neuweltaffen, (Tafel 40) *Breitnasen, Platyrrhina,* eine auf Amerika beschränkte Teilordnung der Affen. Die N. haben eine breite, knorpelige Nasenscheidewand, wodurch die Nasenlöcher seitlich stehen. Der Schwanz ist häufig als Greiforgan ausgebildet. Zu den N. gehören → Kapuzinerartige und → Krallenäffchen.

Nexin, → Zilien, → Mikrotubuli.

Nexus, → Plasmamembran.

Ngai-Kampfer, → Borneol.

NGF, Abk. für → Nerve growth factor.

Niazin, ein → Vitamin des Vitamin-B₂-Komplexes.

Nichtanfälligkeit, → Resistenz.

Nichtblätterpilze, → Ständerpilze.

nicht-Darwinsche Evolution, Hypothese, nach der die meisten evolutionären Wandlungen auf molekularem Niveau nicht durch Selektion, sondern durch Mutationsdruck und genetische Drift zustande kommen. Hiernach ist die Mehrheit der Nukleotide bzw. Aminosäuren, die im Verlauf der Evolution einander ersetzen, funktionell gleichwertig und daher selektiv neutral. Entsprechende Vorstellungen waren – natürlich ohne molekulare Details – schon von Charles Darwin selbst geäußert worden. Schon deshalb ist die Bezeichnung n.-D. E. nicht gerechtfertigt. Außerdem fügt sich diese Auffassung durchaus in den Rahmen der → synthetischen Theorie der Evolution. Sie verschiebt nur einige Akzente gegenüber bisher verbreiteten Ansichten über die relative Rolle der verschiedenen Evolutionsfaktoren. Ihre Anhänger bestreiten keineswegs, daß funktionell bedeutsame Eigenschaften durch natürliche Auslese hervorgebracht wurden.

Die Hypothese stützt sich unter anderem auf folgende Argumente: Die ungeheure innerartliche genetische Variabilität auf molekularem Niveau müßte, wäre sie selektiv bedeutsam, eine unträgbare genetische Bürde darstellen. Ebenso können die enormen zwischenartlichen Unterschiede wegen der hierbei auftretenden hohen Substitutionsbürde kaum durch Selektion entstanden sein. Im Verlauf der Stammesgeschichte wandelt sich die DNS rascher als die Proteine. Das läßt sich – durchaus im Sinne der Hypothese – dadurch erklären, daß viele Mutationen Gleichsinn- oder erlaubte Fehlsinn-Mutationen sind und zu gleichsinnigen oder ähnlichen Kodonen erfolgen. Da sich solche Mutationen nicht an der Struktur des Proteins auswirken, sollten sie selektiv neutral sein. Verschiedene Eiweiße scheinen sich mit unterschiedlicher, aber konstanter Geschwindigkeit zu verändern, also nicht wechselnden Selektionseinflüssen zu unterliegen (→ molekulare Uhr). Eiweiße, deren Struktur in hohem Maße durch funktionelle Erfordernisse bestimmt ist – z. B. Zytochrom c – verändern sich evolutionär langsamer als solche, deren Funktion es zuläßt, daß viele Positionen von verschiedenen Aminosäuren besetzt sind – z. B. Fibrinopeptid A. Wäre die Entwicklung der Proteine vorwiegend durch Selektion verursacht, dann müßte es sich umgekehrt verhalten.

Die Diskussion um die Hypothese von der n.-D. E. ist die *Selektionisten-Neutralisten-Kontroverse.*

Verschiedene populationsgenetische Voraussagen aus der Hypothese treffen nicht zu, beispielsweise ist der Heterozygotiegrad großer natürlicher Populationen wesentlich geringer, als es aus den Grundannahmen der Hypothese folgt. Andererseits bestätigte die Sequenzanalyse von DNS die Voraussage aus der Hypothese, daß Nukleotide an der 3. Position der Kodons, die keinen Einfluß auf die Aminosäuresequenz haben, rascher ausgetauscht werden als Nukleotide an den funktionell bedeutsamen ersten beiden Positionen der Kode-Tripletts.

Der Ausgang der Selektionisten-Neutralisten-Kontroverse ist noch offen, dürfte aber sicher nicht in einem »entweder – oder«, sondern in einem »sowohl – als auch« enden.

Nichthuminstoffe, → Humus.

nichtkompetitive Hemmung, → Hemmstoffe.

nichtparametrische Tests, → Biostatistik.

nichtpersistente Viren, → Virusvektoren.

Nichtwiederkäuer, → Paarhufer.
Nickbewegungen, bei Pflanzen Bewegungen von Blütenschäften, die zum Heben und Senken (Nicken) von Blüten oder Blütenständen führen. Tagesperiodische N. sind z. B. von Seerosen und anderen Pflanzenarten bekannt.
Nickel, Ni, ein Schwermetall, das nur in Spuren im Organismus vorkommt, und zwar vor allem in Ribonukleinsäure. N. ähnelt in seiner pflanzenphysiologischen Wirksamkeit dem Kobalt. Gleich diesem neigt es dazu, Chelatverbindungen einzugehen. Es kann hierdurch andere Schwermetalle aus ihren physiologisch wichtigen Zentren verdrängen. Hohe Nickelkonzentrationen im Nährmedium behindern darüber hinaus die Nährstoffaufnahme infolge Wurzelschädigung. An oberirdischen Pflanzenteilen äußern sich Nickelschäden häufig in Form von Chlorosen. Die meisten Böden haben einen sehr geringen Nickelgehalt, so daß toxische Auswirkungen nicht zu befürchten sind. Dagegen enthalten serpentinreiche Böden N. in größeren Mengen. Ein hohes Nickelangebot vertragen von den Kulturpflanzen vor allem die Getreidearten mit Ausnahme des Hafers relativ gut. Durch verstärkte Kalidüngung und Kalkung kann einer Schädigung durch N. entgegengewirkt werden. Im tierischen Organismus ist N. unter anderem in der Leber, in der Bauchspeicheldrüse und im Eidotter enthalten.
Nidation, → Plazenta.
Nidikolie, die Eigenart von Tieren, meist von Gliederfüßern, vorzugsweise in den Nestern von Warmblütern zu leben. Nidikole Tiere sind Nutznießer und profitieren von den ausgeglicheneren Temperaturverhältnissen im Nest. Sie finden hier auch Nahrung und Schutz. Unter den Nestgästen befinden sich viele Ektoparasiten.
   Der Kurzflügler *Quedius ochripennis* tritt sowohl in Säugetier- und Vogelnestern als auch in den Bauten staatenbildender Insekten auf. In Hamsternestern findet sich der Glanzflügler *Cryptophagus schmidti,* in den Erdhöhlen der Uferschwalbe der Kurzflügler *Microglossa nidicola.* Auch Milben gehören zu den regelmäßigen Nestbewohnern.
→ Myrmekophilie.
Niederdrucksystem, → Blutkreislauf.
Niederenergiereaktion, → Phytochrom.
Niedere Pilze, ehemals als *Phycomycetes, Algenpilze,* eine Klasse der Pilze, heute zusammenfassender Begriff für die drei Pilzklassen *Chytridiomycetes, Oomycetes* und *Zygomycetes,* die sich in verschiedenen Merkmalen so wesentlich unterscheiden, daß ihre Trennung gerechtfertigt ist. Gemeinsam ist den Vertretern ein meist mehrzelliger, immer von einer Chitin- oder Zellulosemembran umschlossener Vegetationskörper. Die Hyphen sind in der Regel schlauchförmig, verzweigt und wenigstens im Jugendzustand ohne Querwände. Charakteristisch für die N. P. ist der Übergang vom Wasser- zum Landleben, was besonders in der verschiedenartigen Sporenbildung zum Ausdruck kommt. Niedere Formen bilden freibewegliche Schwärmsporen, höhere dagegen Sporangiosporen und Konidien. Bei der geschlechtlichen Fortpflanzung findet sich ein Übergang von der Iso-, Aniso- und Oogamie zur Gametangiogamie. Es zeigen sich bereits Ansätze zur Bildung von Fruchtkörpern. Die Vegetationskörper sind meist haploid; die diploide Phase ist nur auf die Zygote beschränkt. Taxonomische Gliederung:
   1. Klasse *Chytridiomycetes.* Die hierher gehörenden N. P. sind entweder Einzeller oder haben einen vielkernigen, querwandlosen Thallus mit Chitinmembran. Gameten und Zoosporen haben eine nach hinten gerichtete Geißel.
   1. Ordnung *Chytridiales,* Parasiten in oder an Wasserpflanzen und -tieren, z. T. im Erdboden vorhanden und Parasiten an Landpflanzen. Einige Vertreter fangen mit Hilfe feiner Hyphen Einzeller und saugen sie aus, können also zu den fleischfressenden Pflanzen gerechnet werden. Hierher gehört auch der Erreger des Kartoffelkrebses, *Synchytrium endobioticum.*
   2. Ordnung *Blastocladiales.* Sie bilden reichverzweigte, vielkernige Hyphen; die geschlechtliche Vermehrung erfolgt durch Iso- oder Anisogamie, z. T. mit Generationswechsel; die meisten leben als Bodenpilze.
   3. Ordnung *Monoblepharidales.* Sie leben an Pflanzenresten im Wasser; die geschlechtliche Vermehrung erfolgt durch Oogamie.
   2. Klasse *Oomycetes.* Die hierher gehörenden Arten haben stets ein schlauchförmiges Myzel, dessen Hyphenwände Zellulosereaktion zeigen. Die geschlechtliche Vermehrung erfolgt immer durch Oogamie, die Zoosporen haben zwei Geißeln.
   1. Ordnung *Saprolegniales,* meist saprophytische Wasserpilze, z. T. Parasiten an Fischen; sie haben keulenförmige Sporangien.

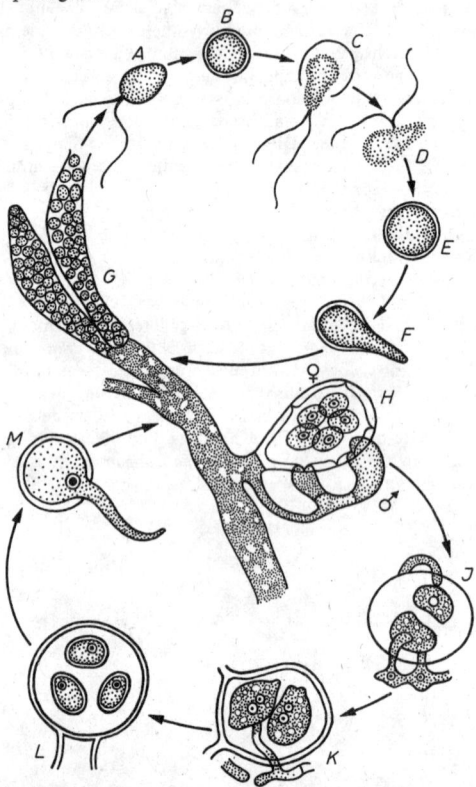

1 Niedere Pilze: Lebenszyklus einer *Saprolegnia*-Art. *A* bis *G* ungeschlechtliche, *H* bis *M* geschlechtliche Fortpflanzung. *A* primäre Zoosporen, *B* eingekapselte Zoospore, *C* Keimung, *D* sekundäre Zoospore, *E* eingekapselte Zoospore, *F* Keimung, *G* Thallus mit Zoosporangien, *H* Oogonium und Antheridium, *I* Eindringen der Befruchtungsschläuche, *K* Plasmogamie, *L* Oosporen, *M* Keimung

   2. Ordnung *Peronosporales,* parasitische Pilze, die in Landpflanzen leben. Ihr Myzel dringt in das pflanzliche Gewebe ein, an der Oberfläche der Wirtspflanzen werden die Sporangien auf charakteristischen Sporangienträgern gebildet, die erst die Zoosporen entlassen, wenn sie auf neue Wirtspflanzen gelangt sind, z. T. keimen sie auch in Anpassung an das Landleben mit einem Keimschlauch aus.

Die Oogonien und Antheridien werden im Innern der Wirtspflanzen gebildet. Zahlreiche Erreger wirtschaftlich bedeutender, z. T. über die ganze Erde verbreiteter Pflanzenkrankheiten gehören zu den *Peronosporales*. Bei der Gattung *Plasmopara*, zu welcher der Erreger des falschen Mehltaus des Weins, *Plasmopara viticola*, gehört, werden die Sporangien verbreitet, die dann unter günstigen Bedingungen Zoosporen entlassen. Bei den Vertretern der Gattung *Peronospora* wachsen die Sporangien mit einem Keimschlauch aus, sie sind also zu Konidien geworden. *Peronospora*-Arten verursachen ebenfalls Falschen Mehltau an verschiedenen Kulturpflanzen. Beide Möglichkeiten der Verbreitung zeigt *Phytophthora infestans*, der Erreger der Braun- und Knollenfäule der Kartoffel. Bei hoher Luftfeuchtigkeit entläßt das Sporangium Schwärmer, unter anderen Bedingungen kann es mit einem Keimschlauch keimen. Am primitivsten ist die Gattung *Pythium*, bei der die noch am Myzel befindlichen Sporangien die Zoosporen entlassen.

3. Klasse *Zygomycetes*, meist saprophytisch lebende Pilze, deren stets reichlich vorhandene Hyphen eine Chitinmembran haben. Sie sind noch besser als die *Oomycetes* an das Landleben angepaßt, sowohl bei der ungeschlechtlichen Vermehrung, bei der keine Zoosporen mehr ausgebildet werden, sondern Endosporen, die bei ihrer Verbreitung unabhängig von Feuchtigkeit sind, als auch bei der geschlechtlichen Fortpflanzung, die durch Gametangiogamie (→ Fortpflanzung) erfolgt.

1. Ordnung *Mucorales*, weit verbreitete Schimmelpilze, die auf pflanzlichen und tierischen Substraten vorkommen, z. B. *Mucor mucedo*, der **Köpfchenschimmel**, oder *Rhizopus stolonifer* auf Mist, Brot, Speiseresten u. a. Auf Mist finden sich auch Vertreter der Gattung *Pilobolus*, die ihre Sporangien bis zu 2 m weit wegschleudern können.

2. Ordnung *Entomophthorales*, Parasiten in Insekten und verschiedenen Grünalgen. Sie haben z. T. Hyphen mit Querwänden und vermehren sich ungeschlechtlich durch zu Konidien umgewandelte Sporangien. Bekanntester Vertreter ist der Erreger des Fliegenschimmels, *Empusa* (*Entomophthora*) *muscae*.

Niederkunft, → Geburt.
Niere, → Exkretionsorgane.
Nierenbaum, → Sumachgewächse.
Nierenkörperchen, → Exkretionsorgane.
Nierenpfortaderkreislauf, → Blutkreislauf.
Nierentätigkeit, die Funktionen, vor allem die Exkretionsleistung der Niere. Die Niere der Säugetiere ist kein einfaches Exkretionsorgan wie Lunge, Haut und Darm, sondern dient durch selektive und bedarfsgerechte Ausscheidung der Konstanterhaltung des inneren Milieus (Homöostase). Sie wird dadurch zum Zentralorgan der Osmo-, Volumen- und pH-Regulation. Darüber hinaus ist sie maßgeblich an der Kreislaufregulation (Renin-Angiotensin-Mechanismus) und der Blutbildung (→ Hämatopoese) beteiligt.

Im Längsschnitt der Niere sind zwei Schichten erkennbar: die dunklere Rinde und das hellere Mark. Das Grundbauelement der Niere ist das **Nephron**. Es besteht aus dem Glomerulum oder Nierenkörperchen, dem proximalen Tubulus, dem dünnen Segment und dem distalen

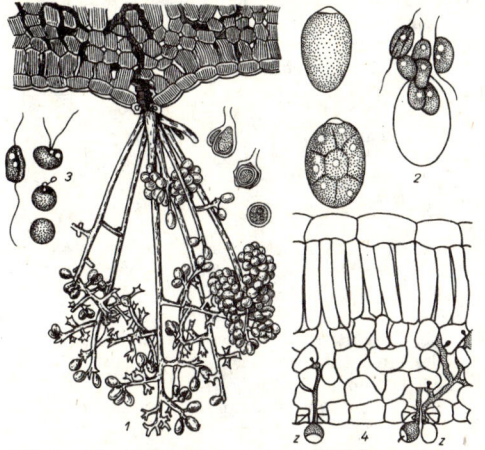

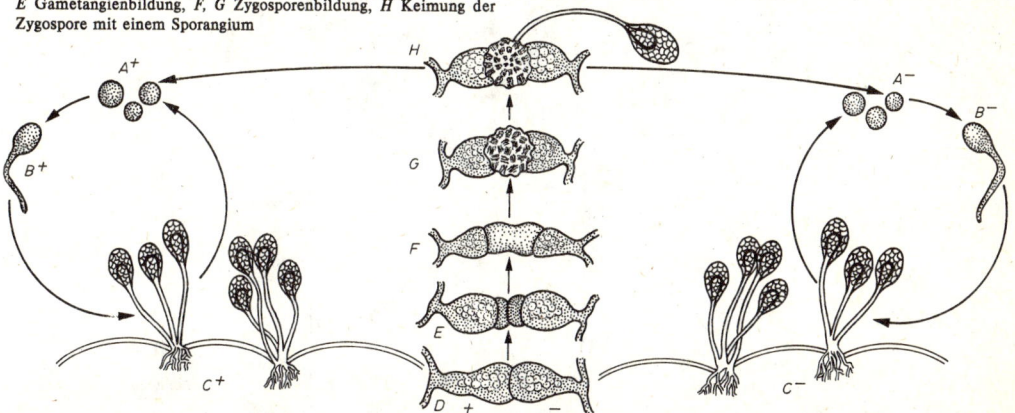

2 Niedere Pilze: Falscher Mehltaupilz des Weinstocks, Plasmopara viticola. 1 Sporangienträger aus einer Spaltöffnung hervortretend; rechts davon Oogonien (mit Antheridium) und Zygoten (100fach). *2* Bildung und Ausschlüpfen der Zoosporen (600fach). *3* Einziehen der Geißeln (600fach). *4* Keimung der Zoosporen (z) durch die Stomata in die Interzellularen (250fach). (*1* nach Millardet, *2* bis *4* nach Arens)

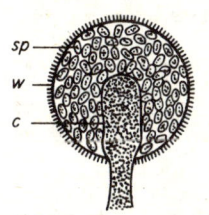

3 Niedere Pilze: Köpfchenschimmel (Mucor mucedo). Sporangium im optischen Längsschnitt. c Columella, w Wand, sp Sporen

4 Niedere Pilze: Lebenszyklus des Gemeinen Brotschimmels (Rhizopus stolonifer). A bis *C* ungeschlechtliche, *D* bis *H* geschlechtliche Fortpflanzung. *A* Sporen, *B* Keimung, *C* Thallus mit Sporangien, *D*, *E* Gametangienbildung, *F*, *G* Zygosporenbildung, *H* Keimung der Zygospore mit einem Sporangium

Nierentätigkeit

Tubulus. Das Ende des proximalen Tubulus, das dünne Segment und der Anfang des distalen Tubulus bilden die *Henlesche Schleife*. Die Nierenkörperchen liegen in der Rinde, die Henleschen Schleifen im Mark. Eine menschliche Niere enthält etwa 1 Mio Nephrone. Mehrere Nephrone münden in ein Sammelrohr; Sammelrohre vereinigen sich im Harnleiter (Ureter). Die Ureteren enden in der Harnblase. Der mit zwei Ringmuskeln versehene Blasenausgang setzt sich in der Harnröhre (Urethra) fort.

Auch die Gefäßanordnung ist klar gegliedert. Aus der Nierenarterie gehen die afferenten Arteriolen ab, die sich im Nierenkörperchen in ein Kapillarnetz aufzweigen, zur efferenten Arteriole vereinigen, in das zweite Kapillarsystem der peritubulären Kapillaren aufsplittern, welches die Tubuli umspannt und sich im Mark in haarnadelförmig gebogene Gefäße, die *Vasa recta*, fortsetzen. Peritubuläre Kapillaren und Vasa recta münden in die Nierenvene.

Die Säugerniere wird ungewöhnlich stark durchblutet. Trotz ihres geringen Anteils an der Körpermasse, beim Menschen beträgt er 0,5 %, erhält sie einen großen Anteil des Herzminutenvolumens, beim Menschen sind es 20 %. 90 % des Nierenblutes fließen durch die Rinde, 10 % durch das Mark. Auch kreislaufregulatorisch unterscheiden sich Mark- und Rindenzone. Rindengefäße verfügen über eine Autoregulation, Markgefäße zeigen ein druckpassives Verhalten. *Autoregulation* ist die Fähigkeit der Gefäßwand, im mittleren Blutdruckbereich von 12 bis 27 kPa die Durchblutung trotz Blutdruckanstiegs konstant zu halten. Der Dehnungsreiz des Blutdrucks bewirkt über eine Depolarisation eine Kontraktion und damit eine Verengung der Gefäßwand. Da den Markgefäßen diese Eigenschaft fehlt, wird das Nierenmark bei steigendem Blutdruck stärker durchblutet.

Die Harnbildung erfolgt durch Ultrafiltration, Resorption und Sekretion. Im Nierenkörperchen wird durch Ultrafiltration ein Primärharn ausgeschieden, der außer hochmolekularen Eiweißen und Fetten alle Bestandteile des Blutplasmas enthält. Erst in den Tubuli, in denen die Resorptions- und Sekretionsprozesse stattfinden, wird der endgültige Harn gebildet. Seine Zusammensetzung unterscheidet sich wesentlich vom Blutplasma, da je nach Art des auszuscheidenden Stoffes, entweder Resorptions- oder Sekretionsvorgänge ablaufen (Abb.). Die Ultrafiltration erfolgt im Glomerulum. Da die Arteriola efferens stets enger ist als die Arteriola afferens, entsteht im Kapillarnetz der beträchtlich hohe Druck von etwa 10 kPa. Das Ultrafilter ist die Basalmembran der Kapillaren. Ihr Porendurchmesser von annähernd 10 nm läßt nur niedrigmolekulare Stoffe mit einer Molekülmasse unter 70 000 Dalton durch und hält die hochmolekularen Plasmaalbumine und -globuline zurück. Die Ultrafiltratmenge hängt nicht nur vom abpressenden Kapillardruck (10 kPa) ab. Ihm entgegen wirken der kolloidosmotische Druck der Plasmaeiweiße (3 kPa) in den Glomerulumkapillaren und der hydrostatische Druck der Harnsäule im Tubulusapparat (0,7 kPa). Der daraus errechenbare *effektive Filtrationsdruck* von 6,3 kPa ist deutlich niedriger als der Blutdruck in den Kapillaren des Nierenkörperchens. Sinkt der Blutdruck unter die Hälfte, hört die Harnbildung wegen Beendigung der Ultrafiltration auf.

Ein interner Mechanismus steuert die Primärharnmenge. Bei hohem Kapillardruck sind die Ultrafiltration und die Na^+-Konzentration im distalen Tubulus erhöht. Bei einigen Nephronen bildet der enge Kontakt von afferenter Arteriole und distalem Tubulus einen optisch dichten Gewebsbezirk, die Macula densa. Bei Erhöhung der Na^+-Konzentration im distalen Tubulus wird in der afferenten Arteriole das Nierenenzym Renin gebildet, das aus dem von der Leber bereitgestellten Angiotensinogen das Angiotensin II herstellt, welches die afferenten Arteriolen verengt und damit die ursprüngliche Störgröße, die hohe Ultrafiltratmenge, beseitigt.

In den Nierenkörperchen beider Nieren des Menschen werden in der Minute 120 ml *Primärharn* abfiltriert. Das sind 170 l am Tag, also mehr als das Doppelte der Körpermasse. Von dieser Flüssigkeitsmenge werden aber normalerweise je Tag nur etwa 2 l ausgeschieden, d. h. 168 l oder 99 % des Primärharns werden in der Niere resorbiert, 1 % wird als Harn ausgeschieden.

Die Wasserrückresorption, d. h. die Rückgewinnung von Wasser im Rahmen der N., erfolgt in zwei Stufen. 80 % des vorher abfiltrierten Wassers werden im proximalen Tubulus rückgewonnen. Da diese Menge stets konstant ist, wird sie *obligatorische Wasserrückresorption* genannt. Je nach den volumenregulatorischen Bedürfnissen des Körpers kann von den restlichen 20 % des Primärharns eine variable Wassermenge resorbiert werden (fakultative Wasserrückresorption). An der *obligatorischen, isotonen Wasserrückresorption* sind der hohe kolloidosmotische Druck der peritubulären Kapillaren sowie ein aldosterongesteuerter intrazellulärer Na^+-Sekretionsmechanismus beteiligt. Am Ende werden die Na^+-Ionen aktiv resorbiert. Ihnen folgen elektrisch gebunden die negativen Cl^--Ionen, und jedes NaCl-Molekül nimmt seinerseits aufgrund der osmotischen Wirkung 300 Moleküle Wasser mit.

Die *fakultative* Wasserrückresorption beruht auf dem → Haarnadelgegenstromprinzip der Henleschen Schleifen. In ihnen findet beim Menschen eine vierfache Konzentrierung statt. Parallel zu den Henleschen Schleifen sind die Sammelrohre angeordnet. Das antidiuretische Hormon (ADH) oder Adiuretin steigert die Wasserpermeabilität der Membran zwischen Sammelrohr und Henlescher Schleife, so daß Wasser aus den Sammelrohren rückresorbiert wird.

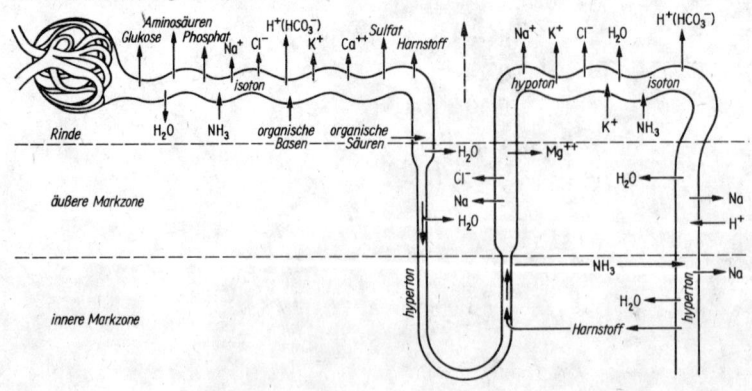

1 Harnbereitung in der Niere

Durch Steuerung der ADH-Sekretion im Dienst der Osmo- und Volumenregulation wird je nach Bedarf ein verdünnter oder konzentrierter Harn hergestellt. Es existieren Nephrone mit kurzen und langen Henleschen Schleifen. In kurzen ist der Konzentrierungseffekt gering, in langen hoch. Wüstenbewohnende Säuger verfügen über extrem lange Henlesche Schleifen und damit über eine starke Wassereinsparung.

Die Veränderungen des Ultrafiltrats im Tubulus durch aktive Resorption und Sekretion werden mit der *Mikropunktionstechnik* festgestellt. Zu diesem Zweck werden feine Glaskapillaren in das Tubuluslumen eingeführt, Flüssigkeit entnommen und ihre Zusammensetzung durch Mikroanalysen bestimmt. Hierfür eignen sich besonders Amphibien, da ihre Nierenkörperchen dicht unter der Oberfläche liegen und Nagetiere, deren Tubuli bis zur Rindenoberseite ziehen. Glukose und Aminosäuren werden im proximalen Tubulus vollständig resorbiert; Wasser und Mineralstoffe, mit Ausnahme des Kaliums, nehmen bis auf die Henlesche Schleife in allen Tubulusabschnitten ab. Inulin bleibt unverändert, die Menge des Kreatinins und der p-Aminohippursäure erhöht sich durch Sekretion im proximalen Tubulus. Sekretionsvorgänge besitzen bei Säugern, auch beim Menschen, eine geringe Bedeutung. Bei solchen Knochenfischen, denen das Nierenkörperchen fehlt, ist die tubuläre Sekretion die einzige Möglichkeit der Harnbereitung.

Von großer Bedeutung ist die aktive Resorption der Glukose im proximalen Tubulus. Wie jeder aktive Transportvorgang kann er durch Stoffwechselgifte, in diesem Fall durch Phlorrhizin, einem Glukosid der Wurzeln und Stammrinde in Apfel-, Birnen- und Pflaumenbäumen blockiert werden. Es kommt zur experimentellen Zuckerkrankheit, der Ausscheidung von Glukose im Harn. Das Transportsystem der Glukose hat außerdem eine Sättigungsgrenze. Bei zu reichlicher Kohlenhydratnahrung oder wegen Insulinmangels bei der Zuckerkrankheit (Diabetes mellitus) wird Glukose im Harn ausgeschieden.

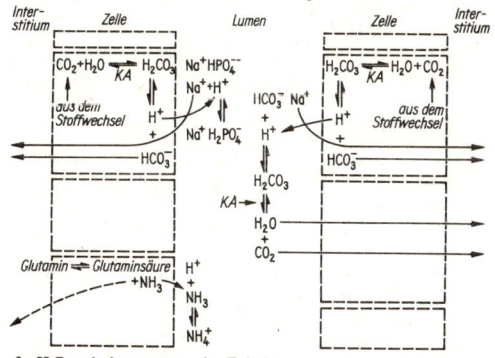

2 pH-Regulationsprozesse im Tubulus

Die Niere greift durch Ausscheidung eines je nach Bedarf sauren oder alkalischen Harns entscheidend in die pH-Regulation des Körpers ein (Abb. 2). Durch den Stoffwechsel entstehen ständig beträchtliche Mengen an Kohlen-, Schwefel-, Phosphor- und Milchsäure sowie anderen organischen Säuren. Sie werden von den Puffersystemen des Blutes neutralisiert, können aber so nicht ausgeschieden werden, da sie die Alkalireserven des Blutes erschöpfen würden. Die Ausscheidung der Säurekationen unter Einsparung der Alkaliionen erfolgt auf drei Wegen: 1) Sekretion von H⁺-Ionen im Austausch gegen Na⁺-Ionen in den Tubuli. Die für den Austausch nötigen H⁺-Ionen stammen aus der Kohlensäure, die in den Tubuluszellen aus CO_2 und Wasser entstehen. Dabei beschleunigt das Enzym Karboanhydrase den Ablauf. Auf diese Weise kann eine 1000fache Konzentrierung der H⁺-Ionen zwischen Primär- und Endharn stattfinden. 2) durch Rückgewinnung von Hydrogenkarbonat im Tubulus. Durch den Austausch von H⁺-Ionen gegen Na⁺-Ionen entsteht im Tubulus Kohlensäure, die in CO_2 und Wasser zerfällt. Das CO_2 diffundiert in die Tubuluszellen und wird erneut in Hydrogenkarbonat umgewandelt. So können 99% des filtrierten Hydrogenkarbonats dem Organismus erhalten werden. 3) durch Ausscheidung von Ammoniumionen. Ammoniak entsteht in den Tubuluszellen durch Desaminierung von Aminosäuren, vor allem von Glutaminsäure, und wird passiv in den Harn abgegeben. Es bildet dort mit einem H⁺-Ion Ammonium, welches meist als Ammoniumchlorid ausgeschieden wird. Durch den Entzug von H⁺-Ionen wird deren weitere Sekretion durch die Tubuluszellen ermöglicht und auch so eine Übersäuerung des Blutes verhindert. Die Harnabgabe (Miktion) erfolgt reflektorisch.

Niesen, → Atemschutzreflexe.

Nikotin, ein Alkaloid vom Pyridintyp, eine tabakähnlich riechende, sich an der Luft bräunlich verfärbende linksdrehende Flüssigkeit. N. ist das Hauptalkaloid des Tabaks, *Nicotiana tabacum*, wo es zusammen mit anderen Tabakalkaloiden vorkommt. Frische Tabakblätter enthalten je nach der Art 0,06 bis 8% N.

N. stellt ein starkes pflanzliches Gift dar. In kleinen Dosen erregt es die vegetativen Nervenendigungen und ruft Übelkeit, Schweiß- und Speichelfluß sowie Verengung der Pupillen hervor. Größere Dosen lähmen das Gefäß- und Atemzentrum im verlängerten Rückenmark. Beim Rauchen wird der größte Teil des N. durch Verbrennung zerstört; bei fortgesetztem Rauchen kann Gewöhnung eintreten. N. wird als Insektizid zur Schädlingsbekämpfung verwendet.

Nikotinsäure, ein → Vitamin des Vitamin-B₂-Komplexes.

Nikotinsäureamid, ein → Vitamin des Vitamin-B₂-Komplexes.

Nikotinsäureamid-adenin-dinukleotid, Abk. *NAD⁺*, früher auch *Diphosphopyridinnukleotid*, Abk. *DPN*, *Kodehydrase I*, *Koenzym I* oder *Kozymase*, ein Pyridinnukleotid, das als wasserstoffübertragendes Koenzym zahlreicher Dehydrogenasen und Reduktasen wirkt und für viele biochemische Oxidations- und Reduktionsprozesse von Bedeutung ist. Im N. ist als Pyridiniumkation vorliegendes Nikotinsäureamid (→ Vitamine) N-glykosidisch mit Ribose

NAD⁺: R = H
NADP⁺: R = Ⓟ

zu einem Nikotinsäuremidribosid verknüpft, das über eine Pyrophosphatbrücke mit Adenosin verbunden ist.

N. kann reversibel Wasserstoff von einem geeigneten Substrat aufnehmen und ihn auf einen spezifischen Wasserstoffakzeptor übertragen. Dabei nimmt N. ein Wasserstoffatom zusätzlich auf und lagert es stereospezifisch in Position 4 des Pyridinringes an. Dieser verliert bei dieser Reduktion seinen aromatischen Charakter und die positive Ladung am Heterostickstoff. Die reduzierte Form des N. wird als **NADH** bezeichnet. Die Wasserstoffabgabe erfolgt unter Rückbildung des Pyridiniumkations. Der Übergang $NAD^+ \leftrightarrow NADH$ kann spektroskopisch verfolgt werden, da sich die Lichtabsorption bei 340 nm charakteristisch ändert. Der durch N. übertragene Wasserstoff wird vorrangig für Biosynthesen verwendet.

Wegen seiner großen Bedeutung im Stoffwechsel ist N. in allen Zellen vorhanden und liegt zum Teil in freier Form oder mehr oder weniger fest an Enzymproteine gebunden vor. Die Biosynthese des N. geht von Chinolinsäure aus und verläuft über den Pyridinnukleotidzyklus. N. wurde von O. Warburg entdeckt.

Nikotinsäureamid-adenin-dinukleotidphosphat, Abk. **NADP⁺**, früher auch *Triphosphopyridinnukleotid,* Abk. **TPN, Kodehydrase II, Koenzym II,** ein Pyridinnukleotid, das wie → Nikotinsäureamid-adenin-dinukleotid (NAD^+) als Koenzym zahlreicher Dehydrogenasen und Reduktasen für viele reduktive Prozesse im Stoffwechsel der Zelle von großer Bedeutung ist. N. spielt z. B. in der Atmungskette, bei Gärungen, der Glykolyse und anderen biochemischen Reaktionen als »Reduktionsmittel« eine Rolle. Es ist in seinem chemischen Aufbau dem NAD^+ sehr ähnlich und unterscheidet sich von diesem durch einen zusätzlichen Phosphatrest in 2'-Stellung des Adenosinanteils. Auch im Mechanismus der Wasserstoffübertragung sind NAD^+ und N. sehr ähnlich, da in beiden Verbindungen Nikotinsäureamid (→ Vitamine) das reaktive Strukturelement ist. Die reduzierte Form des N. wird als **NADPH** bezeichnet. Im Gegensatz zu NAD^+ gibt N. seinen Wasserstoff meist an Enzyme der Atmungskette, z. B. Flavinmononukleotide, ab. NAD^+ fungiert als biosynthetische Vorstufe von N.

Nilgauantilope, *Boselaphus tragocamelus,* eine in Vorderindien vorkommende, große Antilope, deren Männchen eine blaugraue Färbung annimmt. Nur das Männchen besitzt kurze Hörner.

Nilhechte, *Mormyridae,* Süßwasserfische Afrikas mit großem Kleinhirn und elektrischen Organen. Das Maul ist bei einigen Arten rüsselartig verlängert. Größere Arten haben fischereiwirtschaftliche Bedeutung.

Nilkrokodil, *Crocodylus niloticus,* 4 bis 6 m Länge erreichendes, früher über große Teile des tropischen Afrikas sowie auf Madagaskar verbreitetes → Echtes Krokodil. Noch in historischer Zeit bewohnte es auch den Unterlauf des Nils und die Mittelmeerküste Nordafrikas. Heute gibt es gesicherte Bestände nur noch in afrikanischen Nationalparks. Die N. liegen meist in größeren Gruppen auf Sandbänken in den Flüssen. Neben Fischen werden auch kleinere Haustiere gefressen, auch Überfälle auf Menschen sind bekannt. Die 40 bis 50 Eier werden in Sandgruben in Wassernähe abgelegt und vom Weibchen bewacht.

Nilpferd, → Flußpferde.

Nilwaran, *Varanus niloticus,* über große Teile Afrikas verbreiteter, stellenweise, vor allem im Norden, aber bereits ausgerotteter, etwa 2 m Länge erreichende Waran. Der N. kommt sowohl in trockenen Gebieten als auch in Wassernähe vor, er schwimmt und klettert gut und legt seine Eier in Termitenbaue ab.

Nische, ökologische N., Wirkungsbereich (Stellung) einer Art im Ökosystem, also nicht die Stelle, an der eine Art vorkommt, sondern der »Beruf«, den diese Art ausübt. Das Lizenzangebot einer speziellen Umwelt wird durch die konkreten N. der einzelnen Arten ausgefüllt. Die Vertreter einer Art können im Verlauf ihrer Entwicklung unterschiedliche (semaphoront – spezifische) N. einnehmen, d. h., die von einer Art eingenommene Stellung im Ökosystem hat eine Zeitstruktur. Der evolutionäre Prozeß der Eingliederung einer Art in eine spezielle Umwelt wird als *Einnischung (Innidation)* bezeichnet. Für diesen Prozeß ist die → Konkurrenz die entscheidende Triebkraft, die eine weitgehende Ausnutzung aller »freien Umwelt-Lizenzen« garantiert. Größte Konkurrenz herrscht zwischen Angehörigen einer Art, da deren N. in allen Dimensionen weitgehend übereinstimmen. Artbildung führt zur *Nischentrennung* und wirkt daher konkurrenzmindernd. Je größer die *Nischenbreite* und je geringer der spezifische Abstand der Nutzungsoptima zweier Arten, um so größer ist ihre *Nischenüberlappung.* Diese Aussagen beziehen sich aber immer nur auf eine oder wenige *Nischendimensionen* (Abb.).

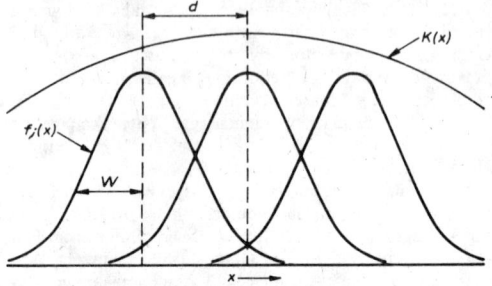

Nutzung eines Ressourcenkontinuums, dargestellt durch die Kurve $K(x)$, (z. B. die Nahrungsmenge K als Funktion der Größe der Nahrungsobjekte x) durch 3 Arten. Die Funktion $f_i(x)$ beschreibt die Art und Weise, in der eine Art i diese Ressource nutzt. Die Relation zwischen dem Abstand der Nutzungsoptima (d) und dem Halbmesser der durchschnittlichen Nutzungsbreite (w) ist ein Maß für die Nischentrennung der betreffenden Arten.

Durch ähnlich verlaufende Einnischung entstanden innerhalb der Lebensformentypen ganze Spektren spezifischer *Nutzungsgilden.* So sind pflanzensaftsaugende Zikaden z. B. an Pflanzengesellschaften, Jahreszeiten und Klima angepaßt, und damit ist die »ökologische Berufsgruppe« (Lebensformtyp) in eine Reihe von »Spezialberufen« aufgegliedert.

Weitgehende Übereinstimmung der N. zweier Arten führt zu ökologischer → Vikarianz. → Konkurrenz-Ausschluß-Prinzip.

Nischenblätter, → Epiphyten.

Nisin, ein von Milchsäurebakterien, z. B. *Streptococcus lactis,* gebildetes Antibiotikum. Chemisch gehört N. zu den Polypeptiden. Es hemmt die Entwicklung verschiedener Bakterienarten und wird in der Nahrungsmittelindustrie als Konservierungsmittel eingesetzt.

Nissen, → Tierläuse.

Nissl-Schollen, → Neuron.

Nissl-Substanz, → Neuron.

Nitratatmung, die Atmung bestimmter Bakterien ohne Luftsauerstoff unter Reduktion von Nitraten. Bei der N. ist der Akzeptor für den beim Abbau der organischen Verbindungen entstehenden Wasserstoff nicht der freie Sauerstoff, sondern Nitrat. Dieses wird dabei zu molekularem Stickstoff reduziert (**Denitrifikation**). Einige Bakterien reduzieren das Nitrat bis zum Ammoniak (→ **Ammonifikation**). In der Landwirtschaft kann die N. zu Ertragsminderungen führen, da in schlecht durchlüfteten und nassen Böden das als Pflanzennährstoff wichtige Nitrat verlorengeht.

Nitratbakterien, → Stickstoff.
Nitratbildner, → Chemosynthese.
Nitratreduktase, → Stickstoff.
Nitratreduktion, → Stickstoff.
Nitrifikation, → Stickstoff.
nitrifizierende Bakterien, die zur Nitrifikation befähigten Bakterien.
Nitritbakterien, → Stickstoff.
Nitritbildner, → Chemosynthese.
Nitritreduktase, → Stickstoff.
Nitrobacter, eine Gattung nitratbildender, stäbchenförmiger, unbeweglicher, gramnegativer, aerober Bakterien. N. ernährt sich autotroph unter Ausnutzung von Energie, die durch Nitrifikation gewonnen wird. N. vermehrt sich durch Knospung und lebt im Boden und im Wasser.
Nitrosomonas, eine Gattung nitritbildender, ovaler bis stäbchenförmiger, einzeln oder in Ketten liegender, gramnegativer, aerober Bakterien. Die Zellen enthalten zahlreiche bläschenförmige Membranstrukturen. N. ernährt sich autotroph unter Verwendung von Energie, die durch Nitrifikation gewonnen wird. N. kommt im Boden, Süß- und Meereswasser vor.
nivale Stufe, → Höhenstufung.
NMR-Spektroskopie, Abk. von engl. *n*uclear *m*agnetic *r*esonance, *Kernresonanzspektroskopie,* spektroskopisches Untersuchungsverfahren für Kerne mit von Null verschiedenem Kernspin. Das Wesen der NMR-S. besteht analog zur ESR-Spektroskopie in der Wechselwirkung des magnetischen Momentes des Kernspins mit einem äußeren Magnetfeld. Dadurch erfolgt eine Aufspaltung der Energieniveaus. Die Übergänge zwischen den Energieniveaus können durch Absorption von Mikrowellen induziert werden. Ein NMR-Spektrum besteht aus der Gesamtanzahl der entsprechenden Resonanzfrequenzen.

Die NMR-S. ist eine der wichtigsten Techniken zur Strukturaufklärung von Molekülen. Die Elektronen der Atome und Moleküle erzeugen am Ort des zu untersuchenden Kerns durch Wechselwirkung mit dem äußeren Feld ein Zusatzfeld, das das äußere Feld abschirmt. Deshalb ist die Resonanzfrequenz des abgeschirmten Kerns geringer als die des freien Kerns. Dieser Effekt, hervorgerufen durch die chemische Umgebung des Kerns, wird als *chemische Verschiebung* bezeichnet. Diese ist sehr charakteristisch für die einzelnen chemischen Gruppen, so daß mit der NMR-S. die Umgebung eines Kerns erkannt werden kann. Elektronische, strukturelle und dynamische Eigenschaften von Makromolekülen können bestimmt werden.

π-Elektronensysteme von aromatischen Ringen werden im äußeren Feld zu einem Ringstrom angeregt, dessen magnetisches Moment das äußere Feld je nach Ort des zu untersuchenden Kerns verstärkt oder abschwächt. Hiermit können Wechselwirkungen der Nukleobasen untersucht werden. Analog kann man Konformationsänderungen von Proteinen anhand der Änderung der chemischen Verschiebung aromatischer und aliphatischer Gruppen gut verfolgen. Ebenfalls kann mit der NMR-S. der Phasenzustand der Lipide in Membranen untersucht werden. Auch der Ordnungsgrad der Lipidpackung äußert sich in veränderter Linienform. In letzter Zeit wurden NMR-Spektrometer konstruiert, die eine ortsauflösende NMR-S. gestatten. Für diagnostische Zwecke können damit ohne Strahlenbelastung Schnittbilder mit Hilfe von Computersteuerung und -auswertung ermittelt werden. Dieses Verfahren wird als *Computertomographie* oder *Zeugmatographie* bezeichnet.

Lit.: W. Hoppe, W. Lohmann, H. Markl, H. Ziegler (Hrsg.): Biophysik (Berlin, Heidelberg, New York 1982).

Nocardia, zu den Aktinomyzeten gehörende Gattung aerober, säurefester Bakterien. Sie bilden zeitweise Zellfäden aus, die durch Fragmentation wieder in kleine Einzelzellen zerfallen können. Die meisten Arten leben im Boden, einige sind Krankheitserreger des Menschen.
Nociceptoren, → Schmerzsinn.
Noctuidae, → Eulenfalter.
Nodium, → Sproßachse.
Nodosarien, *Nodosaria,* Gattung der perforierten, kalkschaligen Foraminiferen, deren langgestrecktes, aus einer geraden Reihe kugeliger bis zylindrischer Kammern zusammengesetztes Gehäuse ein perlschnurartiges Aussehen hat. Die Schalenoberfläche kann durch Rippen oder Stacheln verziert sein, die eine Länge bis zu 16 mm erreichen.

Verbreitung: Jüngeres Paläozoikum (?), Trias bis Gegenwart.

'**Nodulus**', → Sexchromatin.
nokturnal, → Aktivitätsrhythmus.
Nomadismus, → Tierwanderungen.
Nomenklatur, Begriff für die wissenschaftliche Benennung von Organismensippen nach festgelegten internationalen Regeln. Wissenschaftliche Namen sind im Unterschied zu den → Volksnamen international gültig und die Voraussetzung für eine Verständigungsmöglichkeit auf allen Gebieten der Biologie. Die *Nomenklaturregeln* bzw. deren Änderungen werden auf internationalen Kongressen beschlossen, für Botanik und Zoologie getrennt, deren Regeln z. T. wesentliche Unterschiede aufweisen. Für beide gilt, daß jede Pflanzen- und Tierart durch zwei Wörter, den voranstehenden, großgeschriebenen Gattungsnamen und den nachgestellten, kleingeschriebenen Artnamen (*Art-Epitheton*), benannt wird, z. B. *Pinus nigra,* Schwarzkiefer, *Gonopterix rhamni,* Zitronenfalter. Diese binäre N. für Arten begründete der schwedische Botaniker Carl von Linné (1707–1778). Dabei müssen in der botanischen N. Gattungs- und Artnamen verschieden sein, in der Zoologie sind Tautonyme zugelassen, d. h., Gattungs- und Artnamen können gleich sein, z. B. *Bufo bufo,* Erdkröte. Vollständig benannt ist eine Art erst dann, wenn hinter dem Artnamen noch der Name des Autors steht (*Autorzitat*), der die Art unter diesem Namen beschrieben hat, z. B. *Carlina acaulis* Linné, Silberdistel. In der Zoologie wird darüber hinaus noch das Jahr der Veröffentlichung angegeben, z. B. *Canis lupus* Linné *1758,* Wolf. Die Autorennamen können ausgeschrieben oder abgekürzt werden.

Wird eine Art aufgrund neuer Erkenntnisse in eine andere Gattung überführt, so wird der Name des Erstbeschreibers in Klammern gesetzt, und zwar in der Botanik folgt dahinter der Name des revidierenden Autors, in der Zoologie nicht, z. B. *Melilotus officinalis* (L.) Pallas, Steinklee; *Dama dama* (Linné *1758*), Damhirsch.

Die Sippen oberhalb des Artbereiches (→ Taxonomie) werden wissenschaftlich nur mit einem lateinischen oder latinisierten Wort benannt. International festgelegt sind hier bestimmte Endungen für bestimmte Taxa, z. B. für Pflanzenfamilien – *aceae* (*Lilaceae* – Liliengewächse), für Tierfamilien *idae* (*Canidae* – Hunde).

Sippen unterhalb des Artbereiches wie Unterarten werden in der Zoologie durch einfaches Hinzufügen eines dritten Namens benannt und als Rassen bezeichnet (z. B. *Mus musculus musculus* – Hausmaus, typische Rasse), in der Botanik wird zwischen Artnamen und Unterartnamen die Bezeichnung *subspecies,* abg. subsp. eingefügt (z. B. *Trifolium pratense* subsp. *sativum,* Saat-Rotklee). Ebenso wird bei der nur in der Botanik gebräuchlichen weiteren systematischen Untergliederung in *Varietät* (var.) und *Form* (f.) verfahren.

Ein wissenschaftlicher Name gilt erst dann als verfügbar, wenn er gleichzeitig mit der Beschreibung (Diagnose) des benannten Taxons und der Angabe eines *Typus,* auf den

Nominalskale

sich die Beschreibung bezieht, gültig, d. h. gedruckt in der jeweiligen Fachliteratur veröffentlicht wird. In der Botanik muß die Diagnose in lateinischer Sprache geschrieben werden. Typusexemplare sollen in wissenschaftlichen Institutionen aufbewahrt werden, um für weitere wissenschaftliche Untersuchungen zur Verfügung zu stehen.

Ist ein Taxon mehrfach benannt worden, so ist nach der *Prioritätsregel* der Name gültig, der als erster veröffentlicht wurde. Dabei geht man in der Botanik bei höheren Pflanzen bis auf Linnés *Species plantarum*, 1753, und in der Zoologie bis zu Linnés *Systema naturae*, 10. Aufl., 1758 zurück.

Jüngere anderslautende Namen für das gleiche Taxon werden zu *Synonymen*, als *Homonyme* bezeichnet man dagegen gleichlautende Namen für verschiedene Taxa.

Nominalskale, → Biometrie.

nomina vernacularia, svw. Volksnamen.

Non-Disjunktion, das Nichttrennen gepaarter Chromosomen in der Meiose, ihre Verteilung auf den gleichen Zellpol und die Bildung hyper- und hypoploider Tochterzellkerne, die zur Entstehung aneuploider (→ Aneuploidie) Organismen oder Gewebe führen können (Abb.). Ein derartiges Nichttrennen tritt oft bei B-Chromosomen auf. Man spricht in solchen Fällen von einer gerichteten N.-D. Gerichtete N.-D. hat eine Anreicherung von B-Chromosomen zur Folge, der Eliminationen in der Meiose und somatischen Mitose, Herabsetzung der Vitalität und Fertilität, die sich oft in Zellen mit akzessorischen Chromosomen zeigt, entgegenwirken.

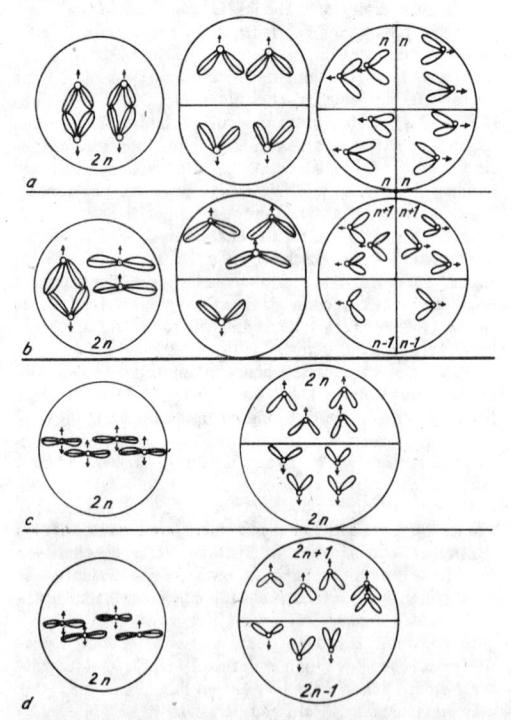

Schematische Darstellung des Non-Disjunktion: *a* normale Meiose, Bildung von vier haploiden Gonen; *b* Non-Disjunktion in der Meiose I, Entstehung von Gonen mit abweichender Chromosomenzahl; *c* normale Mitose; *d* Non-Disjunktion in der Mitose, Entstehung von Zellen mit unterschiedlicher Chromosomenzahl

Nonne, *Lymantria monacha* L., ein Forstschädling aus der Schmetterlingsfamilie der Trägspinner. Ihre Raupe (Tafel 46) frißt die jungen Maitriebe und auch die älteren Nadeln von Kiefern und Fichten, gelegentlich auch an Laubbäumen.

Nonruminantia, → Paarhufer.

Noosphäre, Teil der Biosphäre, die als Sphäre der Vernunft durch die vernünftige Tätigkeit des Menschen bei optimaler Nutzung der natürlichen Ressourcen und bei Gestaltung gesunder, nachhaltig produktiver Kulturlandschaften geschaffen werden kann.

Noradrenalin, 3,4-Dihydroxyphenylethanolamin, ein Hormon des Nebennierenmarks und gleichzeitig eine Neurotransmittersubstanz des Nervengewebes. N. ähnelt in seiner biologischen Wirkung dem → Adrenalin, von dem es sich durch die fehlende N-Methylgruppe unterscheidet. N. ist die direkte biosynthetische Vorstufe von Adrenalin.

nordhemisphärisches Florenreich, → Paläophytikum.

Nordluchs, → Luchse.

Normalantikörper, svw. natürliche Antikörper.

Normalisierungsfaktor, Substanz, die im Pfropfexperiment die phänotypische Normalisierung einer Mutante bewirkt. → Siderophore.

Normalverteilung, *Gaußsche Verteilung,* theoretischer Verteilungstyp, der die Wahrscheinlichkeitsverteilung von Ergebnissen zufälliger Versuche angibt, bei denen eine Vielzahl einzelner zufälliger Faktoren wirken. Für die Biostatistik ist die N. von besonderer Bedeutung, da viele biologisch relevante → Zufallsgrößen als zumindest angenähert normalverteilt gelten können. Über die Kurve der Verteilungsfunktion und der Verteilungsdichte → Biostatistik.

Normogenese, → Entwicklungsphysiologie.

Nornikotin, ein Alkaloid vom Pyridintyp, das im Tabak, *Nicotiana tabacum*, als Nebenalkaloid auftritt.

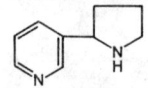

Nostoc, → Hormogonales.

Notaspidea, → Hinterkiemer.

Nothosaurus [griech. nothos 'unecht', sauros 'Eidechse'], Gattung der Sauropterygier (Flossensaurier), die noch nicht vollständig an das Leben im Wasser angepaßt war. Die etwa 3 m großen Tiere besaßen einen langen, schmalen Schädel mit großen Schläfendurchbrüchen und spitz-konischen, gerieften Fangzähnen auf einem aus 22 Wirbeln bestehendem langen Hals. Am relativ schlanken, biegsamen Rumpf hatten die nur wenig veränderten Gliedmaßen Schwimmhäute zwischen den Zehen. N. konnte gut schwimmen, doch waren die Extremitäten an Landleben angepaßt, vermutlich war er ein Strandbewohner.

Verbreitung: Trias Europas, Südostasiens und Nordamerikas. In der germanischen Trias besonders durch Zähne und Rippen aus dem Muschelkalk bekannt.

Notochord, svw. Stomochord.

Notogäa, Faunenreich, das heute meist auf die → Australis im weiteren Sinne begrenzt wird, dem man teilweise aber auch die Hawaii-Inseln und die Antarktis zurechnet. In der Vergangenheit wurde der Begriff zum Teil noch weiter gefaßt, so rechnete Huxley (1868) der N. auch die → Neotropis zu. Sie stand damit als Südwelt der → Arktogäa oder Nordwelt gegenüber. → tiergeographische Regionengliederung. Nach einem neueren Vorschlag (Schmidt 1954) wird die N. untergliedert in → Australis und → Ozeanis.

Notoneuralia, → Deuterostomier.
Notoptera, *Grylloblattoidea,* eine Ordnung der Insekten, die erst 1914 von Walker in Kanada entdeckt wurde. Gegenwärtig sind 16 Arten bekannt, und zwar aus Kanada (9), Japan (6) und Sibirien (1). Die Vollkerfe sind bis 30 mm lang und ähneln unseren Ohrwürmern. Flügel fehlen ganz, die Augen sind stark oder vollständig rückgebildet, der Hinterleib beider Geschlechter trägt zwei achtgliedrige Schwanzborsten (Cerci). N. leben in der alpinen Bergregion zwischen Fels und Moos oder in Höhlen und ernähren sich von pflanzlichen und tierischen Abfallstoffen. Ihre Entwicklung, eine unvollkommene Verwandlung (Paurometabolie), ist noch weitgehend unbekannt, sie beträgt bei einer Art mit acht Larvenstadien insgesamt fünf Jahre.
Notoryctidae, → Beutelmulle.
Notostigmophora, → Hundertfüßer.
Notostraca, → Blattfußkrebse.
Noxen, *Umweltnoxen,* chemische Schadursachen, schädigende Wirkungen von Umweltfaktoren auf Organismen.
N-P-K-Verhältnis, in der Pflanzenernährung das für Produktionsleistung und Ertragsbildung entscheidende Mengenverhältnis der Pflanzennährstoffe Stickstoff N, Phosphor als P_2O_5 und Kalium als K_2O, → Nährstoffverhältnis.
NSG, → Naturschutz.
Nucellus, → Blüte.
Nudibranchier, svw. Nacktkiemer.
Nukleasen, Sammelbezeichnung für Enzyme, die den hydrolytischen Abbau von Nukleinsäuren katalysieren. Sie gehören zu den Phosphodiesterasen und spalten die Bindungen zwischen den Nukleotiden. Wichtige N. sind die → Ribonukleasen und die → Desoxyribonukleasen.
Nukleinsäuren, Polynukleotide mit einer Molekülmasse von 20000 bis zu mehreren Millionen. Die Monomereinheiten sind durch Verknüpfung eines Mols einer Purin- oder Pyrimidinbase, wie Adenin, Guanin, Zytosin oder Thymin, mit einem Mol eines Monosaccharides, wie D-Ribose, 2-Desoxy-D-ribose oder Glukose, und Phosphorsäure gebildet worden. Nach der unterschiedlichen Kohlenhydratkomponente teilt man die N. in → Desoxyribonukleinsäuren (DNS) und → Ribonukleinsäuren (RNS) ein, die zu den wichtigsten Bestandteilen aller lebenden Zellen, Viren und Bakteriophagen gehören. Die DNS sind dabei Träger der genetischen Informationen, die durch identische Replikation der DNS-Moleküle bei der Zellteilung an Tochterzellen übermittelt werden. Die RNS tragen in den Zellen die Verantwortung für die Übertragung und Realisierung der genetischen Information.

N. wurden 1869 erstmals von Miescher aus Eiterzellen und Fischspermien dargestellt.
Nukleoarsubstanz, → Zellkern.
Nukleobionten, → Zellkern.
Nukleofilament, → Chromatin, → Chromosomen.
Nukleohistonstrang, → Chromatin, → Chromosomen.
Nukleoid, → Zellkern.
Nukleokapsel, das von Protein umhüllte Virusgenom, das aus DNS oder RNS bestehen kann. → Viren.
Nukleolareinschnürung, → Chromosomen.
Nukleolonema, → Zellkern.
Nukleolus, → Zellkern.
Nukleolus-Organisator, → Chromosomen, → Zellkern.
Nukleoplasma, → Zellkern.
Nukleoproteine, aus Nukleinsäuren und Proteinen bestehende heteropolare Komplexe, die vor allem Bestandteil im Chromatin des Zellkerns sind und bei der Verdopplung der Vererbungssubstanz DNS sowie der Kontrolle der Genfunktion während der Proteinbiosynthese wirksam werden.

Bei den Proteinkomponenten handelt es sich einerseits um basische, säurelösliche Proteine, wie Histone und Prolamine, andererseits um saure Nicht-Histon-Chromatinproteine. N. sind reichlich in reifen Spermatozoen vorhanden, deren Trockenmasse bis zu 80 % N. enthält.
Nukleoside, Verbindungen, bei denen heterozyklische Stickstoffbasen, wie Purin und Pyrimidin, N-glykosidisch mit Pentosen, wie D-Ribose oder 2-Desoxyribose, verknüpft sind und die bei der alkalischen Hydrolyse der → Nukleotide entstehen. Wichtigste Vertreter sind Adenosin, Guanosin und Uridin.
Nukleosomen, kugelförmige, DNS und Histone enthaltende Bestandteile des Chromatins. Elektronenmikroskopisch sind im isolierten Chromatin nach Anwendung bestimmter Präparationsmethoden (unter anderem Spreizung) außer glatten Strängen (Durchmesser 20 bis 30 nm) und den in geringer Menge vorhandenen, nur 3 nm dicken Filamenten auch »Perlenketten«-Strukturen erkennbar. Die »Perlen« (Nukleosomen) haben einen Durchmesser von etwa 10 nm und bestehen aus 8 Molekülen Histon (je 2 Moleküle Histon 2A, Histon 2B, Histon 3, Histon 4), um die sich die DNS-Doppelhelix 1 bis 2,5mal herumwindet (Schema). Histon H1 bewirkt die Aneinanderlagerung mehrerer N. unter Bildung von Supernukleosomen. Die Histon-Oktamere (Durchmesser knapp 10 nm) können sich auch ohne DNS bilden. Die Nukleosomenstrukturen entstehen durch Bindung dieser Histon-Komplexe an den Doppelstrang-DNS in Abständen von etwa 200 Nukleotidpaaren (objektabhängig etwa 170 bis 207 Paare). Verschiedene Befunde lassen darauf schließen, daß jeweils 140 Nukleotidpaare zusammen mit den Histonen den Grundbestand der N. bilden (Nukleosomen-core-Partikeln). Die restlichen Nukleosomenpaare sollen in den Verbindungsstücken liegen. N. hemmen vermutlich die Transkription, jedoch nicht die Replikation.

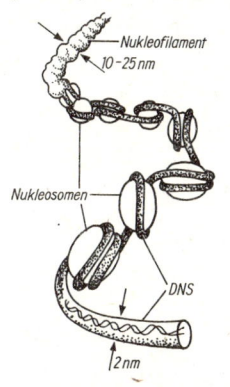

Molekularer Bau eines Chromatinstranges (Nukleofilament): kugelförmige Histonkomplexe (Nukleosomen) werden von der DNS-Doppelhelix umgeben

Nukleotide, Phosphorsäureester der Nukleoside, die die monomeren Bausteine der Oligo- und Polynukleotide darstellen und durch deren milde Hydrolyse verfügbar werden.

N. üben im Stoffwechsel regulatorische Funktionen aus. Sie dienen als Energiespeicher und -überträger, wie Adenosin-5'-triphosphat, und sind Bestandteil bestimmter Koenzyme, wie im Koenzym A.
Nukleus, svw. Zellkern.
Nullhypothese, → Biostatistik.
nulliplex, Bezeichnung für den im Falle von Autopolyploidie für einen Locus vollständig rezessiven Genotyp (aaa bei Triploidie, aaaa bei Tetraploidie usw.). Treten an Stelle der rezessiven dominante Allele auf, werden die entsprechenden Genotypen als simplex (Aaa bzw. Aaaa), duplex (AAa bzw. AAaa), triplex (AAA bzw. AAAa) und quadriplex (AAAA) bezeichnet, wenn der betreffende Genotyp triploid bzw. tetraploid ist.
Nullosomie, eine Form der Aneuploidie, die dadurch ge-

kennzeichnet ist, daß im Chromosomensatz diploider Zellen oder Organismen ein homologes Chromosomenpaar fehlt (2n−2). Entsprechendes gilt für polyploide Formen. Nullosome Formen, deren fehlendes Chromosomenpaar identifiziert werden kann, werden jeweils mit der Nummer des betreffenden Paares als »Nullo-I«, »Nullo-II« usw. charakterisiert, → Monosomie.

Nummuliten [lat. nummulus 'kleine Münze'], Großforaminiferen (*Riesenkammerlinge*) mit kalkiger linsen- oder scheibenförmiger Schale, daher auch als »versteinerte Linsen« oder »Münzsteine« bezeichnet. Sie erreichen Durchmesser bis zu 12 cm. Bedeutsam ist ein kompliziertes Innenskelett mit zahlreichen spiralig angeordneten Kämmerchen und Kanälchen.

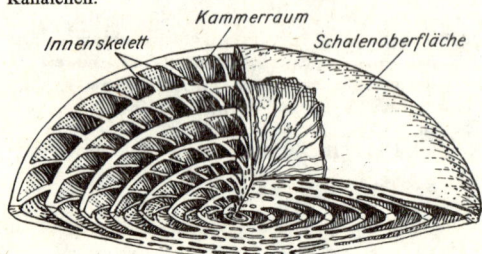

Schematischer Gehäuseaufbau der Gattung *Nummulites*; Vergr. 3:1

Verbreitung: wichtige Leitformen des Tertiärs (Paläozän bis Oligozän), vor allem im Bereich subtropischer Meere, Zentrum der Entwicklung war die Tethys. Dort waren die N. gesteinsbildend (*Nummulitenkalke*).

Nuß, → Frucht.
Nußeibe, → Eibengewächse.
Nutationsbewegungen, *Wachstumsbewegungen*, Bewegungen von Organen festgewachsener Pflanzen, z. B. von Ranken oder von Sproßenden windender Gewächse, die durch verschieden starkes Wachstum einzelner Organseiten (→ Zirkumnutation) zustande kommen. N. können entweder von außen induzierte oder autonome Bewegungen sein. Gegensatz: → Variationsbewegungen.
Nutria, → Biberratte.
nutrimentäre Eibildung, → Oogenese.
Nützlinge, Bezeichnung für frei lebende Tiere, die dem Menschen in irgendeiner Weise nützlich sind, z. B. im Rahmen der biologischen Schädlingsbekämpfung. Gegensatz: → Schädlinge.
Nutzpflanzen, Pflanzen, die ganz oder deren verschiedene Teile in irgendeiner Weise vom Menschen genutzt werden. Dazu gehören alle Kulturpflanzen mit Ausnahme der Zierpflanzen sowie zahlreiche Wildpflanzen. Die N. dienen als Nahrungs- und Futterpflanzen, zur Gewinnung von Arznei- und Genußmitteln und zu technischen Zwecken.
Nutzzeit, diejenige Zeit, die ein elektrischer Reizstrom fließen muß, um → Aktionspotentiale auszulösen. Die N. ist der Reizstärke annähernd umgekehrt proportional. Die N. zur → Rheobase wird *Hauptnutzzeit* genannt. → Chronaxie.
Nuzellus, → Blüte.
Nyala, *Tragelaphus angasi*, eine südostafrikanische größere Antilope, deren erwachsene Männchen einen längeren Haarbehang am Hals, an den Körperseiten und an den Hinterkeulen tragen.
Nyktinastien, *nyktinastische Bewegungen, Schlafbewegungen*, mit dem Wechsel von Tag und Nacht zusammenfallende Hebe- und Senkbewegungen der Blätter und Blüten vieler Pflanzen, die durch ein kompliziertes Wechselspiel zwischen endogener Rhythmik und äußeren Reizen, vor allem Belichtungs- und Temperaturreizen, gesteuert werden. Die N. haben mit dem Erholungs- und Ermüdungsschlaf der Tiere nichts zu tun.

Die nyktinastischen Blattbewegungen bestehen meist darin, daß Blattspreiten oder -stiele mit Hilfe von Gelenken am Abend gesenkt und am Morgen wieder gehoben werden. Viele Pflanzen, z. B. die Bohne, *Phaseolus* sp., die Robinie, *Robinia pseudo-acacia*, und der Sauerklee, *Oxalis acetosella*, können sich jedoch auch einem kürzeren oder längeren Licht-Dunkel-Wechsel anpassen. Beim Rotklee, *Trifolium pratense*, richten sich die Endfiederblättchen abends steil

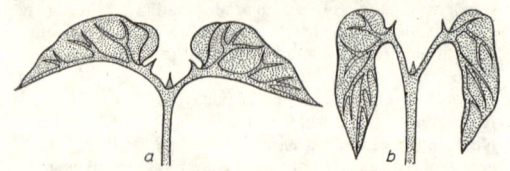

Nyktinastie der Primärblätter der Bohne: *a* Tagstellung, *b* Nachtstellung. Die Nachtstellung ist durch eine Senkung der Blattspreiten und eine Hebung der Blattstiele gekennzeichnet

auf und senken sich früh. Die Mimosen nehmen eine Schlafstellung ein, die der Blattstellung nach seismonastischer Reaktion (→ Seismonastie) ähnelt, bleiben aber dabei empfindlich gegenüber Erschütterungsreizen. Die nyktinastischen Blattbewegungen sind überwiegend durch periodische Turgorschwankungen bedingt (→ Variationsbewegungen). Daneben kennt man, vor allem bei Blütenbewegungen, auch auf Wachstumsänderungen beruhende nyktinastische Bewegungen.

Im Dauerlicht oder bei konstanter Dunkelheit hören die N. nach einer autonomen Nachschwingungsperiode allmählich auf.

Nymphaeaceae, → Seerosengewächse.
Nymphalidae, → Fleckenfalter.
Nymphe, → Metamorphose 2).
Nystagmus, periodische, in der Regel hin- und herpendelnde Bewegungen der Augen von Wirbeltieren oder Augenstielen von Krebsen. N. kann durch Bogengang- bzw. Statozystenreizung bedingt sein (→ Labyrinthreflexe). Als *optischer* oder *optokinetischer* bzw. *optomotorischer* N. werden die Augenbewegungen bezeichnet, die durch Sehreize, Bildverschiebungen, d. h. insgesamt durch die sich optisch verschiebende Umwelt auszulösen sind. Von diesen physiologischen Reaktionen grenzt die Medizin als N. noch bestimmte Zitterbewegungen der Augen ab, die von der Norm abweichen und Folge von Erkrankungen darstellen.
Nystatin, svw. Fungizidin.

O

Obelia, → Hydroidea.
Oberarm, → Extremitäten.
Oberflächenkultur, → Kultur.
Oberflächenpflanzen, svw. Chamaephyten, → Lebensform.
Oberflächenpotential, elektrische Potentialdifferenz zwischen Oberfläche und Volumen einer angrenzenden wäßrigen Lösung. An biologischen Membranen sind häufig dissoziierbare Gruppen lokalisiert, so daß die Membranoberfläche eine Nettoladung trägt. Die Gegenionen befinden sich in der Lösung und unterliegen der Wärmebewegung.

Dadurch kommt es zu einer partiellen Ladungstrennung, in deren Folge eine Potentialdifferenz zwischen Oberfläche und Volumen entsteht. Es hat sich eine → elektrische Doppelschicht aufgebaut. Die Konzentration der Gegenionen ist erhöht, die der Koionen erniedrigt, was bei Untersuchungen des Transportes beachtet werden muß. Auch bei der → Zell-Zell-Wechselwirkung muß der Einfluß des O. berücksichtigt werden.

Oberflächenregel, die Annahme einer linearen Beziehung zwischen Energieumsatz und Körperoberfläche. Für Säugetiere wird der Richtwert $4000 \, kJ/Tag \cdot m^2$ angegeben. Tatsächlich besteht aber für sämtliche Wirbeltiere eine lineare Beziehung zwischen dem Logarithmus des Energieumsatzes und dem Logarithmus der Körpermasse.

Oberhefen, → Bierhefen.
oberirdische Keimung, → Samenkeimung.
Oberkiefer, → Mundwerkzeuge.
Oberschenkel, → Extremitäten.
Oberschlundganglion, → Gehirn.
Ober-Unterarm-Index, svw. Brachialindex.
Objektmikrometer, → mikroskopische Meßmethoden.
Objektträger, 1,2 bis 1,5 mm dicke Glas- oder Kunststoffscheiben (76 x 26 mm) zum Aufbringen biologischer Präparate oder Schnitte für die Mikroskopie. In der Elektronenmikrokospie werden als O. feine Netze aus Kupfer, Nickel, Gold oder Platin von 2,3 oder 3 mm Durchmesser verwendet.
Objektübertragung, → fehlgerichtete Bewegungen.
obligatorisches Lernen, notwendige Lernvorgänge zum Vollzug arteigenen Verhaltens. Obligatorische Lernprozesse sind auf orientierende und/oder auslösende Reize angelegt, in Raum und Zeit fixiert und in einen vorgegebenen Verhaltensrahmen eingepaßt. Sie treten zu bestimmten Zeiten auf, die als »sensible Phasen« bezeichnet werden. Längere Lernphasen sind nicht erforderlich, es besteht eine innere Bereitschaft für das zu Erlernende. Ein bekanntes Beispiel für diesen Lerntyp ist die → Prägung. Die »Einprägung« der Lage eines Nestes, sich periodisch in jeder Brutzeit wiederholend, gehört ebenfalls hierher, ähnlich das Erlernen von Merkmalen der eigenen Jungen durch Mutter- oder Elterntiere bei vielen höheren Wirbeltieren und damit deren Unterscheidung von fremden Jungtieren, besonders bei in Gruppen lebenden Arten. Beim Menschen stellt das Erlernen der Muttersprache ein Beispiel für o. L., während der Erwerb von Fremdsprachen dem → fakultativen Lernen zuzuordnen ist.
Obolus [griech. obolos 'attische Münze'] vom Kambrium bis zum Ordovizium (Obolen-Sandstein) verbreitete primitive Gattung der Armfüßer. Der Umriß der hornig-phosphatischen Schale ist rundlich, länglich-oval oder linsenförmig. Kalkiges Armgerüst und Zahnanlage fehlen. Die Schalen werden durch sechs Muskelpaare zusammengehalten; der Stielaustritt erfolgt am Hinterende der Schalen durch eine Stielfurche.
Obstbaumgespinstmotten, mottenartige Schmetterlinge der Gattung *Yponomeuta* (Gespinstmotten). Die O. sind Obstbaumschädlinge. Ihre Raupen leben gesellschaftlich in florartigen, oft über faustgroßen Gespinsten und fressen Knospen und Blätter kahl.
Obstbaumspinnmilbe, »Rote Spinne«, *Metatetranychus ulmi* oder *Paratetranychus pilosus*, ein zu den Spinnmilben gehörender, zunächst bräunlicher, dann roter, saugender Schädling mit mehreren Generationen im Jahr. Bei der durch Trockenheit geförderten Massenvermehrung werden auf der Blattunterseite feine Gespinste mit darin lebenden Tieren, Eiern, Larvenhäuten und Exkrementen sichtbar. Die Blätter zeigen infolge der Saugfähigkeit der O. helle Flecke, verfärben sich und vertrocknen schließlich.

Natürliche Feinde der O. sind z. B. Marienkäfer, Raubwanzen und -milben. Bekämpft wird durch entsprechende Präparate.
Obstbaumspritzung, Pflanzenschutzmaßnahme im Obstbau zur direkten oder vorbeugenden Bekämpfung tierischer Schädlinge sowie krankheitserregender Bakterien und Pilze. O. werden zu bestimmten festgelegten Terminen durchgeführt. Gesetzlich vorgeschrieben ist die *Winterspritzung*, z. B. mit Gelbspritzmitteln (→ Insektizide), durch die an Bäumen überwinternde Stadien der Schädlinge (vor allem Eier, Larven) vernichtet werden. Die außerdem üblichen *Austrieb-*, *Vorblüte-* und *Nachblütespritzungen* sowie bei Kernobst auch *Spätsommerspritzungen* richten sich jeweils nur gegen bestimmte Schädlinge oder Krankheitserreger.

Bei allen O., besonders aber bei Anwendung auch für den Menschen giftiger Spritzmittel, sind entsprechende Vorsichtsmaßnahmen zu treffen: z. B. hat das Spritzpersonal Schutzkleidung zu tragen; Weidetiere sind bis nach einem Regen von gespritztem Gelände fernzuhalten; es darf nicht in offene Blüten gespritzt werden und Blühtermine von als Bienenweide dienenden Unterkulturen sind zu berücksichtigen, um Bienenschäden zu vermeiden; die → Karenzzeiten sind einzuhalten. → Spritzen.
Obstmaden, → Apfelwickler, Pflaumenwickler.
Ochotonidae, → Pfeifhasen.
Ochrea, → Blatt.
Ochsenfrosch, *Rana catesbeiana*, einer der größten nordamerikanischen → Echten Frösche. Der O. wird bis 20 cm lang, ist dunkelgrün und hat mächtige Schenkel. Das Männchen hat eine laut schallende, dumpfe, brüllende Stimme. Der O. wird in Amerika vielerorts als Nahrungsmittel verwendet und auch in Farmen gezüchtet. Auf einigen Antilleninseln, z. B. Kuba, ist er eingeführt und verwildert. Aus der Haut werden Lederwaren hergestellt.
Octobrachia, → Achtfüßer.
Octocorallia, Unterklasse der → Korallentiere mit achtstrahligem Bau. Ihr Gastralraum ist stets von acht Septen in acht Gastraltaschen geteilt. Außerdem sind immer acht Tentakel vorhanden, die stets gefiedert sind. Die immer nur als Polyp auftretenden Tiere bilden fast ausnahmslos Stöcke. Sie scheiden ein Skelett ab, das sich aus einzelnen kleinen Teilchen (Skleriten) zusammensetzt. Es sind etwa 2000 Arten bekannt, die alle im Meer leben.

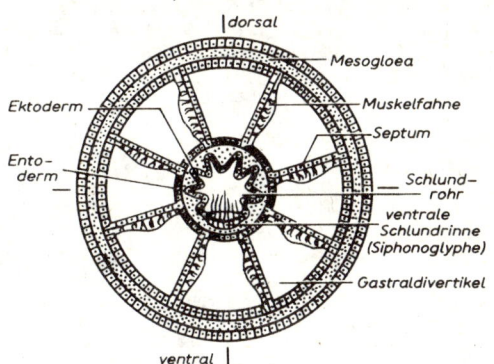

Schematischer Querschnitt durch *Octocorallia* im Bereich des Schlundrohres

Zu den O. gehören die Ordnungen → Lederkorallen (*Alcyonaria*), → Hornkorallen (*Gorgonaria*), → Blaue Korallen (*Helioporida*) und → Seefedern (*Pennatularia*).
Octodontidae, → Trugratten.
Octopoda, → Achtfüßer.
Octopus, → Krake.

Odentoblasten, → Knochenbildung.
Odobenidae, → Walrosse.
Odonata, → Libellen.
Odonatoptera, → Libellen.
Odontoceti, → Zahnwale.
Odontognathae, → Vögel.
Oedogoniales, → Grünalgen.
Oenotheraceae, → Nachtkerzengewächse.
Oestridae, → Zweiflügler.
off-center field, → Aus-Zentrum-Feld.
Off-Elemente, → Aus-Elemente.
Offenfeld-Test, svw. open-field-Test.
Öffnungsbewegungen, bei Blüten zumeist durch thermo- oder photonastisches Wachstum der Unterseite der Blütenblätter bedingte Bewegungen (→ Blütenbewegungen); bei Samenkapseln und Sporenbehältern → hygroskopische Bewegungen, → Kohäsionsmechanismen.
Ohr, → Gehörorgan.
Ohr-Augen-Ebene, *Frankfurter Horizontale,* durch die Mittelpunkte der Oberränder der äußeren Gehöröffnungen und den tiefsten Punkt des Unterrandes der linken Augenhöhle verlaufende Schädelebene. Bei anthropologischen Untersuchungen und Abbildungen wird der Schädel bzw. der Kopf in die horizontal eingestellte O.-A.-E. orientiert, um die Vergleichbarkeit der Winkelmaße und der Abbildungen zu gewährleisten. Die O.-A.-E. wurde 1884 in Frankfurt/M. als allgemeinverbindliche Orientierungsebene vereinbart. Abb. → Schädelebenen.
Ohrenkriecher, svw. Ohrwürmer.
Ohrenqualle, *Aurelia aurita,* eine zu den → Fahnenquallen gehörende Skyphomeduse (→ Skyphozoen), die auch in der Ostsee zahlreich auftritt. Sie hat einen Durchmesser von 20 bis 40 cm und ernährt sich von Plankton, aber auch von Flohkrebsen, Polychaeten u. ä. Ihre Nesselkapseln sind für den Menschen ungefährlich. Der Polyp der O. ist nur wenige Millimeter lang.
Ohrenrobben, *Otariidae,* eine Familie der Robben. Die O. haben im Gegensatz zu den übrigen Robbenfamilien noch kleine Ohrmuscheln und können sich auf den kurzen Vorderbeinen vorwärts bewegen. Sie sind über die Meere der südlichen Halbkugel und im nördlichen Pazifik verbreitet. Zu ihnen gehören die *Seebären, Callorhinus* und *Arctocephalus,* die in mehreren Arten vorkommen und ein besonders dichtes Haarkleid (»Seal«-Pelz) aufweisen, und die *Seelöwen,* die in mehreren Gattungen (z. B. *Zalophus*) auftreten und denen Flossenfüße ein watschelndes Gehen auf dem Lande ermöglichen.
Lit. S. W. Makarow: Der nördliche Seebär (Wittenberg 1969).
Ohrentaucher, → Lappentaucher.
Ohrlappenpilze, → Ständerpilze.
Ohrtrompete, → Gehörorgan.
Ohrwürmer, *Ohrenkriecher, Dermaptera,* eine Ordnung der Insekten mit nur 7 Arten in Mitteleuropa (Weltfauna: etwa 1250, vorwiegend in den Tropen verbreitet). Fossil sind O. erst aus dem unteren Miozän nachgewiesen.
Vollkerfe. Die Körperlänge beträgt 1 bis 3 cm, maximal 5 cm. Der Kopf ist mit langen fadenförmigen Fühlern und beißenden Mundwerkzeugen versehen. Die kurzen schuppenförmigen Vorderflügel (Deckflügel) sind derb; darunter liegen längs und quer zusammengefaltet die größeren halbkreisförmigen Hinterflügel. Heimische O. fliegen nur selten, manche Arten sind völlig flügellos. Die Schwanzborsten am Hinterleibsende sind zu einer Zange (beim Männchen länger und kräftiger als beim Weibchen) umgebildet, die als Verteidigungswaffe und bei einigen Arten auch zum Ergreifen von Beutetieren dient. Die O. ernähren sich sowohl von tierischer als auch von pflanzlicher Kost. Sie sind lichtscheu und halten sich vorzugsweise an feuchten Orten auf. Ihre Entwicklung ist eine Form der unvollkommenen Verwandlung (Paurometabolie).

Eier. Bei dem Gemeinen Ohrwurm, *Forficula auricularia* L., z. B. legt ein Weibchen durchschnittlich 40 bis 50 (maximal 80) Eier ab, die 1,3 bis 1,4 mm groß sind und die, wie auch später die Junglarven, vom Weibchen betreut werden (Brutpflege).

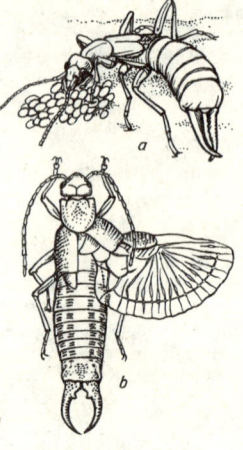

Ohrwürmer: *a* Sandohrwurm (*Labidura riparia* Pall.) ♀ beim Betreuen seiner Eier, *b* Gemeiner Ohrwurm (*Forficula auricularia* L.) ♂, rechte Flügelseite ausgebreitet

Larven. Sie sind den Vollkerfen ähnlich, aber flügellos und z. B. beim Gemeinen Ohrwurm nach etwa 8 Wochen erwachsen.
Wirtschaftliche Bedeutung. O. schädigen durch ihren Fraß besonders Knospen, Blüten und Früchte der Obstbäume; bei Mais und Gemüse kann es zu erheblichen Ernteausfällen kommen. Ferner übertragen O. Pflanzenkrankheiten, z. B. den Maisbeulenbrand.
System. Man unterscheidet drei Unterordnungen. Unsere heimischen Arten gehören zur Unterordnung *Forficulinea,* die sechs Familien umfaßt, von denen aber nur drei in Mitteleuropa vertreten sind: *Labiduridae, Labiidae* und *Forficulidae.*
Lit.: M. Beier: O. und Tarsenspinner (Wittenberg 1959); K. Harz: Dermaptera, Die Tierwelt Deutschlands, Tl 46 (Jena 1960).
Oidien, zylindrische Gliedersporen (→ Arthrosporen), die von niederen, selten von höheren Pilzen durch Zerfall gekammerter Hyphen in Eizellen gebildet werden, z. B. beim Milchschimmel.
Okapi, → Giraffen.
Ökoelement, Baustein eines → Ökosystems. Diese Bausteine werden entsprechend der betrachteten Systemebene definiert und festgelegt. Ö. gleicher Funktion bilden ein → Compartment.
Öko-Ethologie, svw. Ethökologie.
Ökologie, *Naturhaushaltslehre,* auf Haeckel (1866) zurückgehende Bezeichnung für »die gesamte Wissenschaft von den Beziehungen des Organismus zur umgebenden Außenwelt«.
Die Aufgabe der Ö. als Teildisziplin der → Biologie ist es, die Wechselwirkungen zwischen den Organismen und ihrer → Umwelt zu untersuchen und die dort auftretenden Gesetzmäßigkeiten zu erfassen. Dabei kann der Einzelorganismus in den Mittelpunkt der Untersuchungen gestellt und dessen Abhängigkeit von konkreten Umweltfaktoren untersucht werden; dieses Teilgebiet wird als *Autökologie (physiologische* Ö.) bezeichnet. Die Reaktion homotypischer Populationen, ihre Entwicklung und Veränderung in Abhängigkeit von den Umweltbedingungen untersucht die *Dem-*

ökologie (→ Populationsökologie). Die → Synökologie befaßt sich mit den Lebensgemeinschaften (→ Biozönosen), untersucht deren Struktur und Dynamik, die Möglichkeiten ihrer Abgrenzung und Klassifizierung (→ Biozönologie) sowie die theoretischen Grundlagen für die Schaffung funktionsfähiger Ökosystemmodelle, mit deren Hilfe die Menschheit in die Lage versetzt werden soll, steuernd in die natürlichen Ökosysteme einzugreifen.

Als allgemeine »Naturhaushaltslehre« ragt die höchste ökologische Integrationsstufe weit über den Rahmen der Biologie hinaus, bis in den Bereich der Gesellschaftswissenschaften, während ihre Basis vor allem durch das Wirken geophysikalischer Gesetzmäßigkeiten geprägt ist.

Derzeit lassen sich im wesentlichen zwei getrennte ökologische Richtungen erkennen: eine mehr theoretisch und eine mehr empirisch orientierte Schule. In beiden Schulen ist der Durchdringungsgrad der Ö. mit Ergebnissen der Kybernetik und Mathematik sehr hoch.

Neben der klassischen Einteilung der Ö. in *marine Ö.* (Meere), *limnische Ö.* (Süßgewässer) und *terrestrische Ö.* (Festland) ist noch die nur aus der institutionellen Tradition zu verstehende Trennung in → *Pflanzenökologie und* → *Tierökologie* anzutreffen.

Spezialgebiete der Ö. sind die Ö. der Mikroorganismen (*mikrobielle Ö.*), die sich mit der Stellung der Mikroorganismen im Haushalt der Natur befaßt und die Wechselwirkungen der Mikroorganismen mit anderen Lebewesen und der unbelebten Umwelt untersucht, ferner die → Humanökologie, die → urbane Ökologie, die → Paläoökologie und die → Zytoökologie.

Große Bedeutung hat die *angewandte Ö.* vor allem für die Land- und Forstwirtschaft (*Agrar-, Forstökologie*), Schädlingsbekämpfung, Fischereiwirtschaft, Landschaftsgestaltung und den Naturschutz.

Das Erkennen der wesentlichen Systemzusammenhänge, deren Darstellung in entsprechenden Modellen, mit dem Ziel der Steuerung der Ökosysteme, sowie die Erhaltung und planvolle Nutzung aller verfügbaren natürlichen Ressourcen (z. B. Boden, Wasser, Luft, Lebewesen) sind wichtige Aufgaben der modernen Ö.

Lit.: Kühnelt, W.: Grundriß der Ö., 2. Aufl. (Jena 1970); Schubert, R. (Hrsg.): Lehrbuch der Ö. (Jena 1984); Schwerdtfeger, F.: Ö. der Tiere. Bd. 1. Autökologie, Bd. 2. Demökologie (Hamburg u. Berlin 1963 u. 1968); Stugren, B.: Grundlagen der allgemeinen Ö. (Jena 1972).

ökologische Artengruppe, eine Gruppe von Pflanzenarten, die in ihren Beziehungen zu den wichtigsten Standortfaktoren annähernd übereinstimmen.

ökologische Charakteristika, svw. biozönologische Charakteristika.

ökologische Faktoren, svw. Umweltfaktoren.

ökologische Morphologie, svw. Ökomorphologie.

ökologische Nische, svw. Nische.

ökologische Potenz, → ökologische Valenz.

ökologische Rassen, svw. Ökotypen.

ökologische Regeln, Prinzipien und Gesetze, durch vergleichende Untersuchungen in allen Teilbereichen der Ökologie im Freiland und gezielte Laborexperimente festgestellte Regelhaftigkeiten in den Beziehungen zwischen Organismus und Umwelt von allgemeiner Bedeutung. Nach dem diesen Zusammenhängen beizumessenden statistischen Verallgemeinerungsgrad werden sie als Prinzipien, Regeln oder Gesetze bezeichnet:

1. Autökologie
1.1. Wirkungsgesetz der Umweltfaktoren (→ Minimumgesetz)
1.2. van t'Hoffsche Regel (→ RGT-Regel)
1.3. → Klimaregeln

2. Demökologie (→ Populationsökologie)
2.1. Wachstumsgesetz nach Verhulst/Pearl (Populationswachstum, → Populationsökologie)
2.2. Fluktuationsgesetze (→ Volterrasche Regeln)
3. Synökologie
3.1. Biozönotische Grundregeln (Thienemannsche Regeln). Sie besagen: a) Je verschiedengestaltiger der Lebensraum, desto größer die Artenzahl. b) Je mehr sich die Bedingungen vom Optimum der meisten Arten entfernen, um so artenärmer ist die Lebensgemeinschaft, die dann vorkommenden Arten treten aber in großer Individuenzahl auf. c) Je kontinuierlicher sich die Milieubedingungen entwickeln, je länger ein Standort gleiche Bedingungen aufweist, um so artenreicher, ausgeglichener und stabiler ist er.
3.2. Biogeographische Regeln. a) Synanthropieregel: Tiere und Pflanzen begeben sich zur Nordgrenze ihrer Verbreitung hin aus klimatischen (bzw. Nahrungs-) Gründen immer mehr in die Nähe des Menschen, die Anzahl der synanthropen Organismen nimmt zum Norden hin zu. b) Phytophagenregel (Remmertsche Regel): Ozeanische Gebiete des gemäßigten Klimabereichs sind relativ artenarm, da der Aufschluß pflanzlicher und saprober Kost im Winter nicht möglich ist, die Tiere aber im ozeanischen Bereich im Winter länger aktiv sind und dadurch hohe Energieverluste erleiden. c) Ozeanitätsregel (Heydemannsche Regel): Mit der Ozeanität eines Gebietes nimmt die Zahl der Laufkäferarten mit Larvenüberwinterung zu.
3.3. Evolutionsstrategische Regeln. a) Abundanzregel: In vielseitigen Lebensräumen erreichen Arten mit großer Reaktionsbreite (Ubiquisten), in einseitigen und extrem gelagerten Biotopen dagegen die Arten mit geringer, aber spezifischer Reaktionsbreite (Spezialisten) die höchste Abundanz. b) → Konkurrenz-Ausschluß-Prinzip. c) Copesche Regel: Die Endglieder phylogenetischer Reihen nehmen, bevor sie aussterben, an Größe zu (→ K-Selektion).

ökologisches Gleichgewicht, langfristig stabiler Zustand eines Ökosystems, in dem sich auf- und abbauende Prozesse durch das Selbstregulierungsvermögen des Systems ausgleichen. (→ Fließgleichgewicht). Die Häufigkeitsverteilung und die Kombination der das System aufbauenden Organismenarten ist charakteristisch und unterliegt nur geringen Schwankungen. Überschreiten die auf das System einwirkenden Kräfte das Selbstregulierungsvermögen des Ökosystems, dann kommt es zu gerichteten Veränderungen (→ Sukzession), in deren Verlauf sich auf der Basis anderer Artenkombination erneut ein Fließgleichgewicht einstellt (→ Klimax).

ökologisches Optimum, Bereich der günstigsten Wirkung von Umweltfaktoren auf den Organismus.

Gegensatz: Pessimum (→ ökologische Valenz).

ökologische Valenz, der für den betreffenden Organismus wirksame Intensitätsbereich (*Reaktionsbreite*) eines Faktors. Dieser Bereich ist der objektbezogene Ausschnitt aus der Gesamtschwankungsbreite (Amplitude) der Intensität des Faktors. Die Wirkung auf den Organismus reicht vom *Minimum* der wirksamen Intensität bis zum höchsten noch wirksamen Intensitätswert (*Maximum*). Bezogen auf die meßbare Lebensäußerung des Organismus, läßt sich der Bereich der günstigsten Wirkung (*Optimum*) von dem der ungünstigsten Wirkung (*Pessimum*) unterscheiden. Zwischen Optimum und Pessimum liegt der Bereich des *Pejus*. Minimum – Optimum – Maximum gelten als die Kardinalpunkte des Lebens. Der Valenz des Faktors entspricht die *Potenz* des Organismus, das ist die spezifische Verträglichkeit (*Toleranz*) des Organismus gegenüber der Intensität

Ökomorphologie

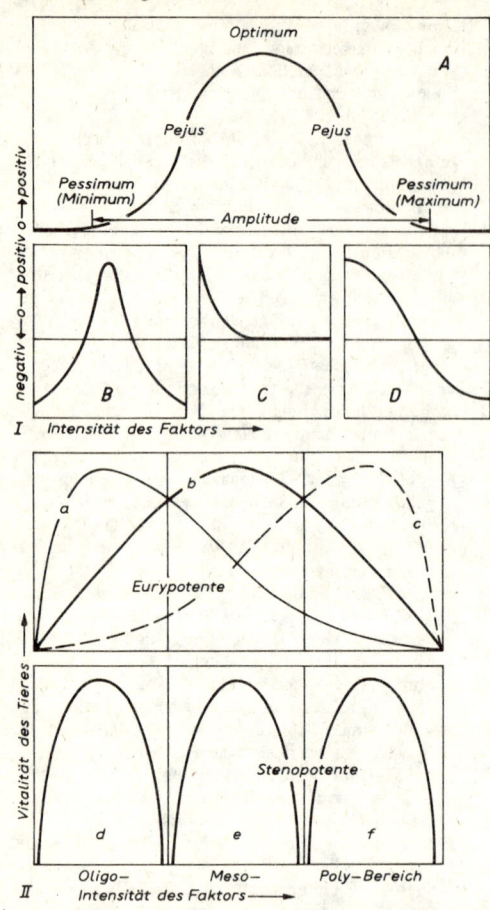

I Valenztypen: A Faktor hat nur positive Wirkung auf den Organismus; *B* hohe und niedrige Intensitäten haben negative Wirkung auf den Organismus; *C* nur niedrige Intensitäten des Faktors haben eine positive Wirkung auf den Organismus; *D* mit zunehmender Intensität des Faktors nimmt seine negative Wirkung auf den Organismus zu. *II Potenztypen:* Die Eurypotenten lassen sich nach der Lage des Optimums in (*a*) oligoeurypotente, (*b*) mesoeurypotente und (*c*) polyeurypotente Typen aufgliedern, die Stenopotenten entsprechend in (*d*) oligostenopotente, (*e*) mesostenopotente und (*f*) polystenopotente Typen einteilen

Umweltgröße	Bezeichnung der spezifischen Potenz des Organismus
Wasser (flüssig)	– hydr
Luftfeuchte	– hygr
Wasserdruck	– bath
Salzgehalt	– halin
Luftdruck	– bar
Temperatur	– therm
Licht	– phot
Nahrung	– phag (-troph)

des Faktors. Organismen können gegenüber der Fülle konkreter Umweltfaktoren entweder sehr tolerant sein, also ein relativ breites Intensitätsspektrum nutzen, sie sind dann *euryök, eurypotent,* oder sie sind auf einen sehr engen Intensitätsbereich festgelegt (*stenök, stenopotent*). Je nach Lage der Wirkungsoptima innerhalb der Amplitude des Faktors unterscheidet man einen unteren (oligo-), mittleren (meso-) und oberen (poly-) Bereich der Potenz. Mit Hilfe dieser Begriffe lassen sich die ökischen Ansprüche der Organismen grob charakterisieren, dies ist aber nur in bezug auf konkrete Faktoren (Tab.) sinnvoll, z. B. wäre ein an hohen Salzgehalt gebundener Organismus, der keine großen Schwankungen dieses Faktors verträgt, als stenopolyhalin einzustufen (Abb.).

Ökomorphologie, *ökologische Morphologie,* Lehre vom Einfluß der Umwelt auf Form und Gestalt von Organismen, wird als eigenständiges Wissensgebiet vor allem im Bereich der Botanik betrieben. Die Ö. erfaßt alle das äußere Erscheinungsbild betreffenden modifizierenden Wirkungen der Faktoren und die damit zusammenhängenden Anpassungserscheinungen (*Ökomorphosen*). (→ Epitokie, → Klimaregeln, → Konvergenz).

Innerhalb einer Art kann die umweltrelevante Vielgestaltigkeit auf unterschiedliche Ursachen zurückgeführt werden: a) auf → Modifikationen: Polyphänismus, b) auf genetische Unterschiede: genetischer → Polymorphismus.

In der Regel sind die unter Normalbedingungen ökologisch überlegenen Morphen im Erbgang rezedent, während die an Spezialbedingungen angepaßten Morphen im Erbgang dominant sind. Dadurch kann die Art den Veränderungen der Umwelt mit einer Verschiebung des Anteils der jeweiligen ökologischen »Top-Varianten« an der Gesamtpopulation begegnen. Diese Arten halten für eine Vielfalt möglicher Umweltbedingungen ein vorgefertigtes Spektrum von ökologischen Spezialmorphen bereit.

Bei einer Reihe von Organismen (*Daphnia, Cyclops*) kommt es zu ökologisch bedingten Veränderungen zwischen den einzelnen Generationen innerhalb eines Jahres, die sich jährlich in ähnlicher Folge wiederholen (→ Zyklomorphose). Andere Arten zeigen in Anpassung an die Jahreszeiten Saisondimorphismus (z. B. Regen- und Trockenzeitformen bei Schmetterlingen).

ökonomischer Koeffizient, Richtzahl, bei Pflanzen das Verhältnis der Photosynthese zur Atmung. Je größer der ö. K. ist, desto höher ist der Assimilationsüberschuß.

Ökosphäre, → Biosphäre, → Lebensstätte.

Ökosystem, ursprünglich für eine aus → Biotop und → Biozönose bestehende Einheit geprägter Begriff, der oft auf die empirisch abgrenzbare Biogeozönose (→ Holozön) bezogen wird. Um die bisherigen Schwierigkeiten bei der Festlegung der Systemgrenzen zu umgehen und den Begriff vor allem für die Systemanalyse und Modellbildung nutzen zu können, haben Knijenburg, Mattäus und Stöcker (1979) das Ö. neu definiert. Das Ö. wird danach gebildet durch die Wechselwirkung seiner Elemente (→ Compartment) untereinander und mit ihrer Umgebung. Die Dimension des so definierten Ö. ergibt sich demzufolge 1) aus der Zielstel-

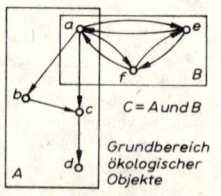

Vom gleichen ökologischen Objekt mit den Elementen *a* bis *f* können bei unterschiedlicher Fragestellung verschiedene Ökosysteme abgeleitet werden. *A* umfaßt die trophischen Beziehungen zwischen den Primärproduzenten (*a*), den Phytophagen (*b*), den Omnivoren (*c*) und übergeordneten Prädatoren (*d*). *B* umfaßt andere wesentliche Beziehungen (z. B. Konkurrenz) zwischen den Primärproduzenten, *a, e* und *f* der gleichen Systemebene. *C* umfaßt die Systembezüge beider Teilsysteme *A* und *B*

lung der Systemanalyse und der davon abzuleitenden Begrenzung und Detaillierung, 2) aus der zu untersuchenden System- bzw. Hierarchieebene und der davon abhängigen Festlegung über Compartments und Umwelt, 3) der natürlichen Komplexität ökologischer Sachverhalte und der Zerlegbarkeit an Stellen minimaler Kopplung. Nach dieser Vorstellung können vom gleichen ökologischen Objekt unterschiedliche Ö. abgeleitet werden (Abb. S. 634).

Ökotop, 1) svw. Biotop, 2) Landschaft.

Ökotypen, ökologische Rassen, Sippen einer Art, die eine ererbte Anpassung an bestimmte klimatische oder edaphische Bedingungen zeigen. Oft sind es nur geringe physiologische Unterschiede, die es diesen Ö. ermöglichen, ihre Art unter anderen klimatischen Bedingungen zu vertreten oder eine neue Nahrungsquelle zu erschließen. Die genaue Kenntnis der Ö. ist vor allem in der Land- und Forstwirtschaft von großer praktischer Bedeutung.

Okra, → Malvengewächse.

Oktopoden, svw. Achtfüßer.

Okularmikrometer, → mikroskopische Meßmethoden.

Ölbaumgewächse, *Oleaceae,* eine Familie der Zweikeimblättrigen Pflanzen mit etwa 600 Arten, die auf der ganzen Erde, besonders jedoch in wärmeren Gebieten verbreitet sind. Es sind Bäume oder Sträucher mit einfachen oder gefiederten, gegenständigen Blättern ohne Nebenblätter und regelmäßigen, meist 4zähligen Blüten, die von Insekten oder durch den Wind bestäubt werden. Der oberständige Fruchtknoten entwickelt sich zu sehr verschieden gestalteten Früchten.

Öle, flüssige, in Wasser unlösliche, in organischen Lösungsmitteln lösliche Stoffe meist pflanzlichen Ursprungs. Man unterscheidet ätherische Ö. und fette Ö. (→ Fette und fette Öle).

Oleaceae, → Ölbaumgewächse.

Oleander, → Hundsgiftgewächse.

Oleine, Glyzeride der ungesättigten Fettsäuren.

Oleinsäure, svw. Ölsäure.

Oleosomen, *Sphärosomen,* lipidreiche, von einer Membran umgrenzte, kugelförmige Organellen der Pflanzenzelle. Sie haben einen Durchmesser von 0,8 bis 1 μm und kommen besonders in den Kotyledonen von lipidspeichernden Samen vor. Dort liegen sie den Glyoxysomen (→ Peroxysomen) zwecks Abbau der Lipidreserven dicht an. Die Hüllmembran der O. enthält wie die der Glyoxysomen Lipase. In den O. wurde auch das lysosomale Leitenzym saure Phosphatase nachgewiesen. O. schnüren sich vermutlich vom endoplasmatischen Retikulum ab. Sie enthalten wahrscheinlich während ihrer Bildungsphase Enzyme für die Öl- und Fettsynthese und können später vermutlich zu Öltröpfchen degenerieren.

olfaktorisches Organ, svw. Geruchsorgan.

Ölfrüchte, svw. Ölpflanzen.

Oligochaeta, → Wenigborster.

Oligodendrozyten, → Neuron.

Oligogene, den → Polygenen gegenübergestellter Gentyp, für den die Ausbildung qualitativer Merkmalsunterschiede charakteristisch ist. O. verursachen deutlich ausgeprägte

Ölbaumgewächse: *1* Früchte der Ölbaumgewächse: *a* Esche, *b* Ölbaum, *c* Flieder; *2* Ölbaum: *d* blühender Zweig, *e* Blüte

Die einheimische *Esche, Fraxinus excelsior,* hat als Frucht eine geflügelte Nuß; ihre zwittrigen oder eingeschlechtigen kelch- und kronenlosen Blüten stehen noch vor den Blättern ausgebildet. Das relativ harte, elastische Holz wird unter anderem in der Möbelindustrie verwendet. Die im östlichen Mittelmeergebiet heimische **Blumen-** oder **Mannaesche,** *Fraxinus ornus,* hat im Gegensatz zur heimischen Esche Blüten mit Kelch und weißen Kronblättern. Sie wird bis 8 m hoch, dient als Zierbaum und ist offizinell, da aus dem Wundsaft ihrer Rinde Manna gewonnen wird, das hauptsächlich aus Mannit besteht. Eßbare Steinfrüchte, die Oliven, bildet der ebenfalls im Mittelmeerraum heimische **Ölbaum,** *Olea europaea.* Oliven enthalten im Fruchtfleisch bis zu 22 % Öl, das als Nahrungsmittel, zu technischen Zwecken und in der Medizin genutzt wird.

Eine weite Verbreitung als Ziersträucher haben der südosteuropäische **Flieder,** *Syringa vulgaris,* und die ostasiatische **Forsythie,** *Forsythia suspensa,* deren Früchte aufspringende Kapseln sind. Beerenfrüchte dagegen bilden die ebenfalls als Ziersträucher häufigen Vertreter der Gattung **Liguster,** *Ligustrum,* und **Jasmin,** *Jasminum.* Jasminblüten werden wegen ihres hohen Gehalts an wohlriechenden ätherischen Ölen in der Parfümindustrie verarbeitet.

Wirkungen, sind im Kreuzungsexperiment leicht nachweisbar und zeigen nach den Mendelgesetzen klare Spaltungsergebnisse.

oligohalin, → Brackwasser.

oligolezithal, → Ei.

Oligomerisation, → Blüte.

oligomiktisch, → See.

Oligopause, → Dormanz.

Oligopeptide, → Peptide.

Oligophage, → Nahrungsbeziehungen.

Oligosaccharide, → Kohlenhydrate.

oligosaprobe Organismen, → Saprobiensysteme.

Oligosaprobität, → Saprobiensysteme.

Oligotricha, → Ziliaten.

oligotroph, nährstoffarm und wenig organische Substanz produzierend.

oligotrophe Seen, → Seetypen.

Oligotrophierung, Wiederherstellung der ursprünglichen Wasserbeschaffenheit eines Gewässers hauptsächlich durch Sanierungsmaßnahmen (Nährstoffelimination), z. B. chemische Fällung, Abwasserumleitung, Tiefenwasserabzug.

Oligozän, oberste Stufe des Paläogen.

Olive, → Ölbaumgewächse.

Olivenöl, ein fettes Öl aus den Früchten (Oliven) des Ölbaumes, *Olea europaea,* in denen es bis zu 14%, im Fruchtfleisch sogar bis zu 22% enthalten ist. O. findet als Speiseöl, in der Seifenindustrie sowie für technische und medizinische Zwecke Verwendung.

Ölkäfer, → Käfer.

Olme, *Proteidae,* nur 2 Gattungen umfassende Familie der → Schwanzlurche, deren Vertreter zeitlebens äußere Kiemen tragen, aber zusätzlich noch durch Lungen atmen. Der Schädel ist weitgehend knorpelig, die Gliedmaßen sind stark rückgebildet. Die O. sind als »Dauerlarven« anzusehen, die sich – im Gegensatz zum → Axolotl – niemals umwandeln können. Zu den O. gehören → Grottenolm und → Furchenmolch.

Ölpflanzen, Ölfrüchte, Pflanzen, aus deren Früchten oder Samen Öl gewonnen wird. Zu den im gemäßigten Klima angebauten Ö. gehören Raps, Rübsen, Senf, Ölrettich, Ölrauke, Leindotter, Krambe, Lein, Mohn, Sonnenblume, Ölkürbis u. a. Ö. des tropischen und subtropischen Klimas sind Ölpalme, Kokospalme, Erdnuß, Baumwolle, Soja, Rizinus, Mandelbaum, Ölbaum u. a.

Viele Ö. sind zugleich Fettlieferanten, z. B. die Kokospalme. Pflanzliche Fette und Öle sind wegen ihres Gehalts an ungesättigten Fettsäuren eine wertvolle Ergänzung zu den tierischen Fetten.

Ölrauke, → Kreuzblütler.

Ölsäure, *Oleinsäure, Elainsäure,* eine ungesättigte höhere Fettsäure, farb- und geruchlose ölige Flüssigkeit, die sich an der Luft unter Oxidation braun färbt. Ö. findet sich, mit Glyzerin verestert, in vielen pflanzlichen und tierischen Ölen, z. B. im Olivenöl, Mandelöl und Fischtran. Die Ö. liegt in der cis-Form vor; die trans-Form heißt *Elaidinsäure.*

Ölsäure   Elaidinsäure

Durch Hydrierung kann Ö. in die feste Stearinsäure überführt werden (Fetthärtung). Ö. wird zur Seifenfabrikation und in der Textilindustrie verwendet.

Ölweidengewächse, *Elaeagnaceae,* eine Familie der Zweikeimblättrigen Pflanzen mit 65 Arten, die in der nördlichen gemäßigten Zone, in Südasien und Australien verbreitet sind. Es handelt sich fast ausschließlich um Sträucher mit ganzrandigen Blättern ohne Nebenblätter und 4zähligen Blüten ohne Kronblätter. Nach Insekten- oder Windbestäubung entwickelt sich aus dem mittelständigen Fruchtknoten eine Nuß, die von der fleischigen Kelchröhre umschlossen wird. Wegen der Stern- oder Schuppenhaare auf der Blattoberfläche erhalten die Pflanzen oft ein silbriges Aussehen.

Einheimisch ist der in Schotterauen und auf Küstendünen wachsende, unter Naturschutz stehende *Sanddorn, Hippophaë rhamnoides,* dessen leuchtend rote Früchte reich an Askorbinsäure sind. Als Ziersträucher werden verschiedene *Ölweiden, Elaeagnus*-Arten, häufig in Anlagen gepflanzt.

Olymp-Querzahnmolch, svw. Gebirgssalamander.

Omipotenz, svw. Totipotenz.

Ommatidium, → Lichtsinnesorgane.

Ommatine, Ommine, → Ommochrome.

Ommochrome, eine Klasse von im Tierreich verbreiteten Farbstoffen, zu denen die bei Insekten, Krebsen, Spinnen, Kopffüßern u. a. auftretenden gelben, braunen, organgefarbenen und schwarzen Pigmente der Augen, Flügel, Haut und Exkrete gehören. Chemisch handelt es sich um Phenoxazonderivate, die im Stoffwechsel aus Tryptophan über Kynurenin entstehen. In den Zellen liegen die O. gewöhnlich an Eiweißstoffe gebunden als Chromoproteine vor. Von den niedermolekularen, nicht alkalibeständigen *Ommatinen* sind die höhermolekularen, alkalibeständigen *Ommine* zu unterscheiden. Das erste kristallisierte O., das *Xanthommatin,* wurde 1954 aus Schmetterlingsflügeln dargestellt.

Omnivoren, → Ernährungsweisen.

Onager, → Halbesel.

Onagraceae, → Nachtkerzengewächse.

Oncornaviren, → Virusfamilien.

Oncovirinae, → Virusfamilien.

On-Elemente, → Ein-Elemente.

Oniscoidea, svw. Landasseln → Asseln.

onkogene RNS-Viren, → Virusfamilien.

onkogene Viren, svw. Tumorviren.

Onkosphäre, → Bandwürmer.

Önozyten, bei Insekten aus der Epidermis des Hinterleibes stammende umgewandelte Zellen, die aus dem Verband der Epidermiszellen heraustreten können. Bleiben sie mit der Epidermis in Verbindung, behalten sie ihre ursprünglich segmentale Anordnung bei und haben die Form von gewöhnlichen, vergrößerten oder nach innen versenkten Epidermiszellen. Sehr häufig wird aber diese Verbindung aufgegeben. Sie nehmen dann stets eine rundliche Form an und bilden segmental angeordnete Zellhaufen, die durch Tracheen in ihrer Lage gehalten werden. Einzelne Ö. finden sich zwischen den Fettzellen oder als freie Zellen, als *Önozytoide* in der Hämolymphe. Die Funktion der Ö. ist nicht in allen Einzelheiten bekannt. Unter anderem beteiligen sich am Aufbau der wasserundurchlässigen Wachsschicht (Epikutikula) der Kutikula und der Eischale sowie an der Bildung des Wachsdrüsensekretes bei Bienen. Die Ö. haben einen sich periodisch wiederholenden Gestaltwechsel, der mit dem Häutungsrhythmus gekoppelt ist. Bei Insekten mit unvollkommener Verwandlung entsteht z. B. nach jeder Häutung eine neue Önozytengeneration. Weiter werden den Ö. regulatorische Aufgaben bei der Aufrechterhaltung des chemophysikalischen Gleichgewichtes im Blut und eine Beteiligung am intermediären Stoffwechsel zugesprochen. Bei den Blattläusen, denen Malpighische Gefäße fehlen, dienen die Ö. außerdem als Exkretspeicher.

Ontogenese, die Gesamtheit aller Formbildungsprozesse von der befruchteten Eizelle (Zygote) oder (im Falle der Parthenogenese) unbefruchteten Eizelle über den ge-

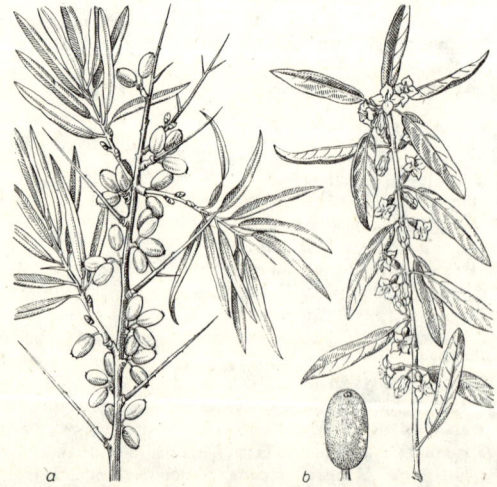

Ölweidengewächse: *a* Sanddorn, Sproß mit Früchten; *b* Ölweide, blühender Zweig, *links:* einzelne Frucht

schlechtsreifen und fortpflanzungsfähigen Organismus und die allmähliche Rückbildung seiner Organe bis zum natürlichen Tod. Die O. bildet einen Teil der → Biogenese, beschreibt als formale O. die Entwicklungsabläufe in Raum und Zeit und erforscht als kausale O., Entwicklungsmechanik oder -physiologie, deren Ursachen. Der O. geht die *Proontogenese* oder *Progenese* voraus, zu der die mit der Meiose und Befruchtung verbundenen Vorgänge sowie die in einigen Fällen beobachtbare Sonderung oder *Segregation* des plasmatischen Materials des Eies oder der Zygote zählen. Die O. wird allgemein in vier Perioden gegliedert: 1) Die Periode der *Embryogenese*, Keimesentwicklung oder Embryonalentwicklung, umfaßt die Vorgänge der Herausbildung eines selbständig lebensfähigen Jungtieres, das die Eihüllen verläßt oder geboren wird. Sie schließt ein: a) die Furchung oder *Blastogenese,* b) die Keimblätterbildung mit ihren beiden Phasen der Gastrulation und Mesenchym-Mesodermbildung, c) die Sonderung der Organanlagen und der Organbildung oder *Morphogenese* und *Organogenese* sowie d) die histologische Differenzierung oder *Histogenese* der Organe, ferner e) die Gesamtheit aller Wachstumsprozesse der Embryonen bzw. des Foetus, f) die Ausbildung der Embryonalorgane, insbesondere die der Embryonalhüllen und g) das Schlüpfen oder die Geburtsprozesse.

2) die Periode der *postembryonalen* oder *Jugendentwicklung* reicht vom Jugendstadium bis zur adulten Phase: Sie besteht bei der direkten Entwicklung im Wachstum und in der fortschreitenden Ausbildung der Organe (besonders des Genitalapparates und der sekundären Geschlechtsmerkmale) des in seinem Bau mit dem des ausgewachsenen Tieres im wesentlichen übereinstimmenden Jugendstadiums und durchläuft bei der indirekten Entwicklung die komplizierten Vorgänge der Metamorphose einer oder mehrerer Larven.

3) Als *adulte Periode* wird die Zeit der größten Kraftentfaltung, der Geschlechtsreife oder *Adoleszenz* und der Erzeugung neuer Individuen durch Fortpflanzung abgegrenzt, die unmerklich in die 4) Periode übergeht, in die Periode des Alterns oder der Seneszenz.

Ontogenie, *Keimesgeschichte, Entwicklungsgeschichte,* Keimesentwicklung; die Entwicklung der Individuen von der befruchteten Eizelle bis zur Erreichung der Fortpflanzungsfähigkeit. Als O. wird auch die Fachrichtung bezeichnet, die die mit der Keimesgeschichte verbundenen Fragen untersucht.

Onychophora, → Stummelfüßer.
Onychura, → Blattfußkrebse.
Oogamie, → Fortpflanzung, → Befruchtung.
Oogenese, *Eibildung,* die Entwicklung der weiblichen Geschlechtszellen aus den Oogonien. Die O. nimmt ihren Ausgang von den Urkeimzellen. Sie vollzieht sich in mehreren Phasen. In der *Vermehrungsphase,* die bei Säugern und Menschen nur bis zum Augenblick der Geburt dauert, entstehen durch mehr oder minder zahlreiche Teilungen aus den Urkeimzellen die *Ureizellen* oder *Oogonien.* In der Wachstumsphase werden die Zellteilungen eingestellt; die Dottermaterialien werden eingelagert, dadurch kommt es zu einer oft beträchtlichen Volumenvergrößerung. Relativ selten entnehmen die Oogonien die dazu notwendigen Nährstoffe aus den umgebenden Körpersäften oder Geweben. Diese *solitäre Eibildung* ist bekannt von einigen Strudelwürmern, Hohltieren, Weichtieren und Stachelhäutern. Die große Mehrzahl der Eizellen entsteht durch *alimentäres* oder *auxiliäres Wachstum.* Dazu werden bestimmte Einzelzellen oder Gewebe unmittelbar in den Dienst der Eibildung gestellt. Von *nutrimentärer Eibildung* spricht man, wenn einzelne Zellen vom Oogonium aufgezehrt werden. Zumeist handelt es sich dabei um abortive Eizellen, die als

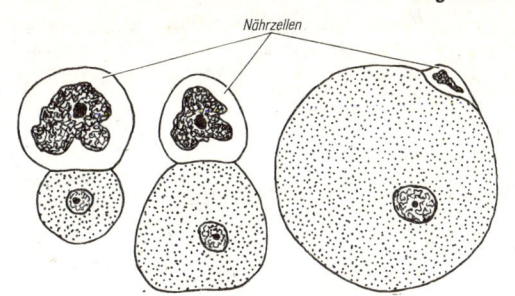

1 Drei Wachstumsstadien der Eizellen des Ringelwurmes *Ophryotrocha* mit Nährzelle, die sich bei dem Eiwachstum völlig erschöpft

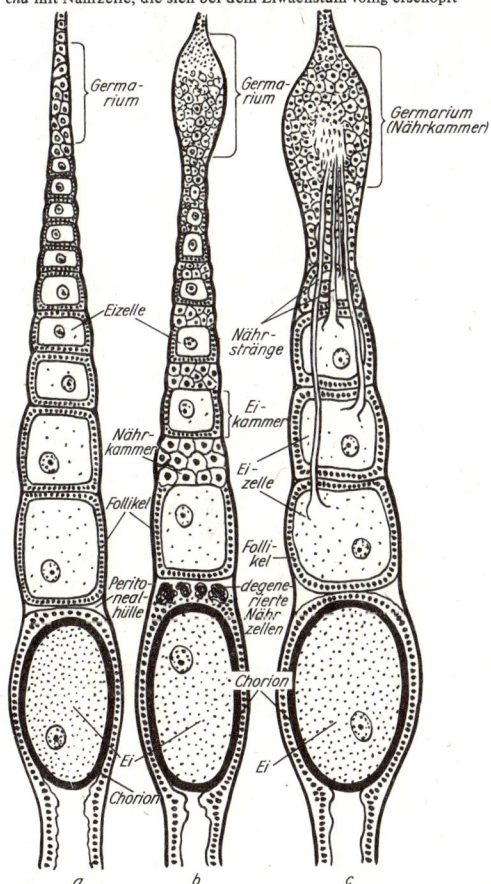

2 Die drei wichtigsten Ovariolentypen bei Insekten im Längsschnitt: *a* panoistische (Schabe), *b* polytrophe (Biene), *c* telotrophe Ovariole (Wanze), *b* und *c* meroistische Ovariole

Nährzellen bezeichnet werden (z. B. bei Hohltieren, Insekten, Schnecken). Die Zahl der Nährzellen schwankt zwischen wenigen (1 bei *Ophryotrocha,* Abb. 1, *Forficula, Chironomus,* 3 bei niederen Krebsen) und vielen (bis 50 bei *Piscicola* und *Apis mellifica*). Das nutrimentäre Eiwachstum wird bei Wirbellosen oft unterstützt durch die gleichzeitig wirkende follikuläre Eibildung, d. h. durch eine das Urei umgebende einschichtige epitheliale Lage somatischer Zellen, durch die die Stoffzufuhr vermittelt wird. Besonders typische Beispiele einer solchen kombinierten Ernährung liefern die Insekten (Abb. 2) mit meroistischen Ovariolen, die als polytrophe (z. B. Schmetterlinge, viele Käfer, Zweiflüg-

Oogonien

ler, Geradflügler, Läuse, Federlinge) oder telotrophe *Ovariolen* mit Nährzellsträngen (einige Käfer, Schnabelkerfe) auftreten. Schließlich kann die Eibildung über Nährzellen wegfallen und rein follikulär werden, wie das bei einigen Insekten und den Wirbeltieren (außer Vögeln) der Fall ist.

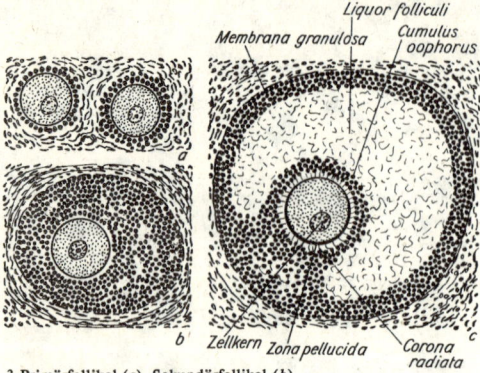

3 Primärfollikel (*a*), Sekundärfollikel (*b*) und Tertiärfollikel (*c*) des Menschen

Bei den Wirbeltieren (Abb. 3) ist das Follikelepithel bindegewebiger Herkunft und zunächst ebenfalls einschichtig (Primärfollikel), wird später jedoch mehrschichtig (Sekundärfollikel), wobei seine ursprünglich platten Zellen kubisch und schließlich zylindrisch werden und beim Menschen das *Granulosaepithel* (*Membrana granulosa*) bilden, das durch eine besondere Bindegewebehülle, die *Theca folliculi*, eingehüllt wird. In einem besonderen Reifungsprozeß entwickelt sich ein Teil der Sekundärfollikel zu Tertiärfollikeln (*Graafsche Follikel* oder *Bläschenfollikel*) weiter, indem in ihrem Innern allmählich eine mit Follikelflüssigkeit gefüllte Höhle (*Graafsches Bläschen*) entsteht, in die ein Follikelpfropf hineinragt, der die von strahlenförmig angeordneten prismatischen Granulosazellen umgebene Eizelle beherbergt. Die Theca folliculi wird zweischichtig: Eine *Theca externa* aus verflochtenem Bindegewebe umgibt eine *Theca interna* aus Thekaluteinzellen, die ihrerseits einer wahrscheinlich vom Granulosaepithel abgeschiedenen Glashaut anliegt.

Die aus der Wachstumsphase hervorgehenden Eier werden als *Oozyten* 1. Ordnung bezeichnet. An ihnen vollzieht sich die 3. Oogenesephase, die Reifephase (→ Meiose), die zu haploiden reifen Eiern führt. Sie beginnt bei den Wirbeltieren noch im sprungreifen Follikel, wird jedoch erst nach dem *Follikelsprung* (*Ovulation*) abgeschlossen, durch das das Ei mit der *Zona pellucida* und der als *Corona radiata* bezeichneten innersten Lage der Granulosazellen des *Cumulus oophorus* (oder *oviger*) ausgestoßen wird. Diese *Follikelreifung* läuft bei den meisten Säugetieren genauso ab wie beim Menschen; nur ist die Zahl der jeweils vorhandenen Graafschen Follikel unterschiedlich (beim Menschen 1 bis 2, bei Nagetieren, Hunden, Schweinen u. a. entsprechend mehr). Mit der ersten Ovulation ist die Geschlechtsreife des weiblichen Organismus erreicht.

Follikelreifung und Ovulation werden hormonal gesteuert. Als inkretorische Drüse fungiert die bei allen Wirbeltieren vorkommende meist sehr kleine (beim Menschen 0,5 g schwere) ektodermale *Hypophyse*. Für die Follikelreifung, Ovulation und die sich anschließend am Follikel vollziehenden Vorgänge sind drei der Hypophysenvorderlappenhormone von großer Bedeutung, die als *gonadotrope Hormone* oder *Gonadotropine* zusammengefaßt werden: 1) Das *follikelstimulierende Hormon* (→ Follitropin) bewirkt die Auslösung der Follikelreifung, das Heranreifen des Follikels, das Wachstum der Granulosazellen und des Thekagewebes. 2) das luteinisierende Hormon (→ Lutropin) setzt die Follikelreifung fort und führt sie zum Abschluß, leitet die Follikelhormonsekretion ein (→ Plazenta), bewirkt die Ovulation und bringt die Granulosazellen unmittelbar nach der Ovulation zur Luteinisierung, d. h., durch Ablagerung von Fett und eines gelben, *Lutein* genannten Farbstoffes werden sie in Luteinzellen übergeführt. Damit wird der Follikel in den Gelbkörper umgewandelt. 3) Das → Prolaktin veranlaßt die Gelbkörperhormonsekretion und unterhält den Gelbkörper im Blütestadium; dieser ist beim Menschen 3 bis 4 Tage nach der Ovulation in seiner Ausbildung abgeschlossen und hat bei Nichtbefruchtung eine Lebensdauer von 12 Tagen.

Die Mengen der ausgeschiedenen Hormone werden durch Mäusetests ermittelt und in *Mäuseeinheiten* (M. E.) ausgedrückt. In allen Fällen handelt es sich um artspezifische und nicht geschlechtsspezifische, die Keimdrüsen anregende Stoffe, denn sie veranlassen wahrscheinlich den → Deszensus des Hodens, das FSH regt ferner die Keimgewebe und LH das interstitielle Gewebe des Hodens an.

Follikel und Gelbkörper stellen ihrerseits selbst wieder inkretorische Drüsen dar, deren spezifische Hormonwirkung im Abschnitt → Plazenta behandelt wird. Hier ist jedoch bereits darauf hinzuweisen, daß diese *Ovarialhormone* in den Bildungsprozeß der gonadotropen Hormone in bestimmter Weise steuernd eingreifen.

Oogonien, 1) → Fortpflanzung. 2) → Oogenese.

Oolemma, → Ei, → Gameten.

Oologie, *Eierschalenkunde,* Teilgebiet der Ornithologie.

Oomycetes, → Niedere Pilze.

Oophagie, besondere Form des Kannibalismus, bei der abgelegte Eier durch das Muttertier oder andere Artangehörige gefressen werden. O. kann im Gefolge von Übervölkerungserscheinungen (→ Massenwechsel) auftreten. Auch bei der Neugründung von Insektenstaaten (→ Staatenbildung) bestreiten die Königinnen oft zunächst ihren Nahrungsbedarf durch einen Teil der abgelegten Eier, wie in den Ameisengattungen *Myrmica* oder *Atta,* weil die Muttertiere zu anderweitiger Futterbeschaffung nicht fähig sind.

Ooplasma, → Ei, → Gameten.

Oostegite, bei einigen weiblichen Krebsen (z. B. Asseln, Flohkrebsen) vorkommende, nach innen gerichtete Anhänge der Beinhüften, die einen ventralen Brutraum, ein → Marsupium bilden.

Oözien, → Moostierchen.

Oozyten, → Gameten, → Oogenese.

Opalinen, ziliatenähnliche parasitische Flagellaten, die vorzugsweise im Darm von Froschlurchen leben. Die Geißeln sind zilienähnlich in Schräg- oder Längsreihen gleichmäßig angeordnet. Wegen dieser Eigenschaft wurden die O. vielfach als *Protoziliaten* zu den Ziliaten gestellt. Sie unterscheiden sich jedoch von diesen durch den Besitz von zwei oder vielen gleichartigen Kernen und eine flagellatenähnliche Vermehrungs- und Entwicklungsweise. Die Ernährung erfolgt osmotisch durch gelöste organische Substanzen.

open-field-Test, *Offenfeld-Test,* definierter Verhaltens-Test zur qualitativen und quantitativen Erfassung bestimmter Reizreaktions-Beziehungen und anderer Verhaltens-Interaktionen mit der Umwelt. Die Versuchstiere werden in einen umwandeten Raum gesetzt: *erzwungenes open-field-Verhalten,* oder sie können aus einer Box, deren Schieber geöffnet wird, nach eigener Maßgabe dieses Feld betreten: *freiwilliges open-field-Verhalten.* Dabei können registriert werden: bestimmte Verhaltensweisen und ihre Abfolge, die Raumverteilung, bezogen auf Eckfelder, Randfelder und

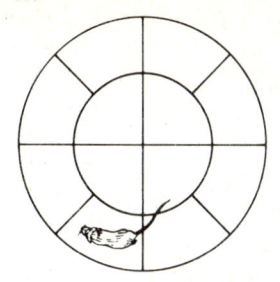

Schematische Darstellung der elementaren Form eines open fields mit 12 flächengleichen Feldern

Innenfelder, aber auch bestimmte Zeitverläufe des Verhaltens. Variationen der Versuchsbedingungen erlauben Einflußgrößen über diese Verhaltensdaten in ihrer Wirkung zu erfassen. Das Verfahren wird auch für toxikologische und pharmakologische Studien eingesetzt. Zu den Variablen kann auch die Ausgestaltung des Offenfeldes selbst gehören.

operant box, → Skinnerbox.

operantes Lernen, *bedingte Aktion, instrumentelles Lernen, bedingter Reflex II*, ein kreisrelationales Lernverhalten (→ Lernformen), bei welchem die Reihenfolge Reiz – Reaktion – Verstärkung gegeben ist, wobei der Lernprozeß bei der Reaktion ansetzt. Der Lernprozeß ist mit einer systematischen Veränderung der Auftrittshäufigkeiten jener Verhaltensweisen verbunden, die mit negativen oder positiven verstärkenden unbedingten Reflexen verknüpft sind. So lernen Ratten das Drücken einer Taste, um sich den Reizen auszusetzen, die Fressen oder Trinken auslösen.

Operator, *Operatorgen*, eine Basensequenz, an die sich spezifische Repressoren binden und dadurch den Anlauf oder die Abschaltung der Messenger-RNS-Synthese eines → Operons kontrollieren.

Operkulum, 1), Deckel, der bei einem Teil der zu den Schlauchpilzen gehörenden Becherpilze den Sporenschlauch (Askus) verschließt. Er löst sich bei der Sporenreife längs einer präformierten Linie und wird, wie von einem Scharnier geführt, seitlich aufgeklappt, so daß die Schlauchsporen herausgeschleudert werden können.

2) plattenförmiger Deckel der meisten Vorderkiemer, der den Schaleneingang verschließen kann.

3) Bedeckung der Kiemenspalten bei Fischen und Amphibien.

Operon, reguliertes → Skripton, als genetische Steuer- und Regeleinheit funktionierende Gruppe von Genen, die aus einem oder mehreren meist funktionell miteinander in Beziehung stehenden Strukturgenen und einem Operator besteht. Der Operator ist für das Anlaufen oder Abschalten der Strukturgenfunktion in der Weise verantwortlich, daß er die Messenger-RNS-Synthese, also die Transkription der genetischen Information, einleitet oder abstoppt. Die Bindungsart für die RNS-Polymerase liegt vor dem Operator und wird als *Promotor* bezeichnet. Für die Beendigung der RNS-Synthese ist eine spezielle Basensequenz der DNS verantwortlich, die als *Terminator* bezeichnet wird. Die Funktion des Operators selbst hängt von Repressoren ab, die Produkte eines Regulatorgens sind, das mit dem O. gekoppelt oder an anderer Stelle des genetischen Materials lokalisiert sein kann. Der vom Regulatorgen produzierte Repressor blockiert durch eine Verbindung mit dem Operator dessen Funktion, wird aber selbst durch Effektoren (Induktor) aktiviert oder inaktiviert.

Als Effektoren können Produkte der Strukturgene selbst Einfluß nehmen und den Repressor aktivieren, der seinerseits durch Blockierung des Operators die Strukturfunktion abstoppt. In anderen Systemen bewirken niedrigmolekulare plasmatische Substanzen die Inaktivierung des Repressors,

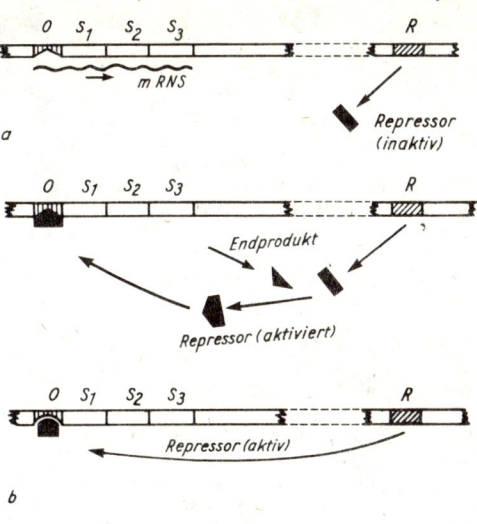

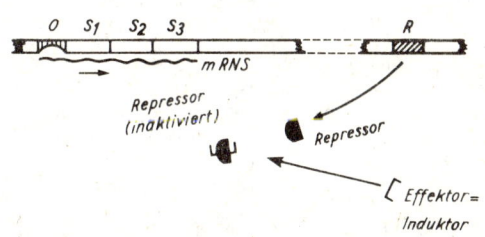

Hypothetische Vorstellungen zur Messenger-RNS- und Enzym-Synthese-Steuerung innerhalb eines Operons: Repression und Induktion der Enzymsynthese. O Operator, R Regulatorgen, S_1 bis S_3 Strukturgene

der den Operator und damit die Strukturgenfunktion freigibt. In diesem Fall wird der Effektor zum Induktor (die Operonaktivität wird induziert). Der Repressor nimmt somit an der Induktion (Aktivierung der Strukturgene durch Inaktivierung des Repressors) und an der Repression (Abstoppen der Strukturgenwirksamkeit durch Aktivierung des Repressors) teil. Sein Reaktionspartner ist der Effektor, der bei der Induktion als Induktor funktioniert und bei der Repression gleich dem Endprodukt sein kann.

Ophidia, → Schlangen.
Ophioglossales, → Farne.
Ophiopluteus, die Larve der Schlangensterne.
Ophiotoxine, svw. Schlangengifte.
Ophisthogoneata, → Hundertfüßer.
Ophiuroidea, → Schlangensterne.
Ophthalmoskop, svw. Augenspiegel.
Opiatpeptide, → Endorphine.
Opiliones, → Weberknechte.
Opisthobranchier, → Hinterkiemer.
Opisthopora, → Wenigborster.
Opisthosoma, der Hinterleib der → Fühlerlosen, der bei den Schwertschwänzen echte Gliedmaßen trägt, bei den Spinnentieren aber nur selten deren Rudimente in Form von Kämmen oder Spinnwarzen aufweist. Häufig ist das O. deutlich gegliedert. Manchmal trägt es einen Telsonanhang, z. B. den Schwanzstachel der Schwertschwänze, die Giftblase der Skorpione oder das Flagellum der Geißelskorpione.
opisthozöle Wirbel, → Achsenskelett.
Opium, der eingetrocknete Milchsaft der unreifen Fruchtkapseln des Schlafmohns, *Papaver sonniferum*. Das braune,

Opossum

sauer reagierende Pulver stellt ein kompliziertes Gemisch aus etwa 25 Opiumalkaloiden dar, die sich hauptsächlich vom Isochinolin ableiten (Hauptalkaloid Morphin etwa 12%, Narkotin etwa 5%, Kodein etwa 0,5%, Papaverin etwa 0,1%), ferner aus Wasser, Mineralstoffen, Mekonsäure, Harzen, Wachsen u. a. Die Alkaloide sind an organische Säuren, z. B. Mekonsäure Milchsäure, Äpfelsäure, gebunden. O. wird als Rauschgift im Orient geraucht, verspeist oder als Opiumtinktur getrunken. Die Wirkung entspricht einer Morphinvergiftung (→ Morphin) und führt zur Sucht, nach längerem Gebrauch zu körperlichem und seelischem Verfall. In der Medizin werden O. und seine Zubereitungen bei starken Schmerzen und anhaltenden Darmkatarrhen verwendet.

Opossum, → Beutelratten.

Opponenz, das antagonistische Wirken der Widersacher (Räuber, Parasiten, Krankheitserreger) auf ihre Beute- oder Wirtstierpopulationen. Multiple O. liegt vor, wenn dasselbe Tier von mehreren Widersachern angegriffen wird (→ Beziehungen der Organismen untereinander).

Opponierbarkeit, Gegenüberstellvermögen des Daumens zu den übrigen Fingern. Bei vielen Beuteltieren, Nagern, Affen und beim Menschen entsteht dadurch die Greifhand. Bei vielen Affen kann auch die große Zehe opponiert werden (Greiffuß).

Opsin, → Rhodopsin.

Opsonine, phagozytosefördernde Antikörper. Die O. bewirken nach der Bindung des Antigens dessen schnellere Aufnahme durch phagozytierende Zellen, vor allem durch → Makrophagen. Einige Bakterien, z. B. kapseltragende Pneumokokken, können nur nach Bindung der O. phagozytiert werden.

optimale Periode, Phase obligatorischer Lernvorgänge, bezogen auf sensorische Lernprozesse. Hierher gehören Lernvorgänge, bei denen individuelle Eigenschaften von Artgenossen (z. B. Elterntiere) als Unterscheidungshilfe gegenüber fremden Artgenossen erlernt werden. Auch andere lebensnotwendige Umweltbeziehungen, die Lernvorgänge im Sinnesbereich voraussetzen, werden in dieser Phase hergestellt, etwa die Unterscheidung verschiedener Qualitäten von Nahrungsobjekten.

Optimalitätsmodelle, → Ethökologie.

optische Rotation, Drehung der Polarisationsebene nach Durchgang durch eine optisch aktive Substanz. Die o. R. wird durch unterschiedliche Brechungsindizes für rechts- und linkszirkularpolarisiertes Licht hervorgerufen. Sie wird zur Analyse der Makromolekülkonformation angewendet.

Opuntia, → Kakteengewächse.

Orange, → Rautengewächse.

Orang-Utan, *Pongo pygmaeus*, ein → Menschenaffe mit langem, zottigem rötlichem Fell. Das Männchen hat im Alter dicke Backenwülste. Die O.-U. sind friedliche, in Familien lebende Baumbewohner, die sich hangelnd durchs Geäst bewegen. Sie sind in ihrer Heimat auf Kalimantan und Sumatera vom Aussterben bedroht. Der O.-U. ist auch fossil bekannt. → Hominoiden. Abb. → Menschenaffen.

Orchideen, *Knabenkrautgewächse*, *Orchidaceae*, über die gesamte Erde verbreitete Familie Einkeimblättriger Pflanzen mit etwa 20 000 Arten und damit eine der artenreichsten unter den Samenpflanzen überhaupt. Es handelt sich um epiphytische oder erdbewohnende Stauden. Charakteristisch ist ihre → Mykorrhiza mit bestimmten Pilzen, deren Anwesenheit bei der Keimung unerläßlich ist. Später leben sie in Mehrzahl autotroph, nur einige, zur saprophytischen Lebensweise übergegangenen Arten sind dauernd auf Mykorrhiza angewiesen. Häufig sind Speicherorgane ausgebildet, bei den Erdorchideen meist Wurzelknollen oder Rhizome, bei den Epiophyten fleischige Blätter oder Sproßknollen. Die epiphytischen O. haben außerdem um die Luftwurzeln einen Mantel toter Zellen (Velamen), mit deren Hilfe sie das nötige Wasser und die darin gelösten Nährstoffe aufnehmen. Die Blüten sind unregelmäßig und häufig zu traubigen Blütenständen vereinigt. Durch eine Drehung des unterständigen Fruchtknotens um 180° (Resupination) werden die einzelnen Blütenglieder zumeist in eine der Ausgangslage entgegengesetzte Richtung gebracht. Es sind 6 Perigonblätter vorhanden, wobei das nach der Drehung zuunterst stehende innere Blatt sich zu einer Lippe (Labellum) entwickelt, die oft am hinteren Ende noch einen Nektar oder Futtergewebe enthaltenen Sporn aufweist. Diese Lippe dient als Anflugstelle für die verschiedenartigen bestäubenden Insekten. Vielfach ist eine starke Anpassung bestimmter Orchideen- und Insektenar-

1 Orchideen: *a* Frauenschuh, *b* Purpurknabenkraut, *c* Rotes Waldvöglein, *d* Nestwurz

ten aneinander zu verzeichnen. Der Pollen wird nicht verstäubt, sondern bleibt in Form von Pollenpaketen (Pollinien) an den Insekten kleben. Meist ist nur noch 1 Staubblatt, selten 2, fruchtbar. Dieses ist mit dem Griffel oder den Narben zu einem Säulchen, dem Gynostemium, verwachsen, das sich in der Mitte der Blüte befindet. Von den drei Narben haben nur noch zwei ihre eigentliche Funktion, die dritte ist zu einem Haftorgan (Rostellum) für die Pollinien umgewandelt. Das Rostellum bildet Klebscheiben aus, auf denen die gestielten Pollinien stehen. Als Früchte werden Kapseln mit einer großen Zahl winziger Samen ausgebildet, die vom Wind weit verbreitet werden können.

Die O. sind wegen ihrer auffallenden, schönen Blüten sehr geschätzt. Alle einheimischen Arten stehen unter Naturschutz.

Von den Arten mit zwei Staubblättern ist nur der **Frauenschuh**, Cypripedium calceolus, auf kalkreichen Böden in unseren Laubwäldern heimisch. Er hat braunrote Perigonblätter und eine pantoffelförmige gelbe Lippe. Ähnlich im Blütenbau ist die im tropischen Asien vorkommenden Gattung **Venusschuh**, Paphiopedilum, die in vielen Arten und Hybridformen als kostbare Schnittblume in Orchideengärtnereien gezogen wird.

Alle übrigen bekannten O. gehören zur Gruppe mit nur einem Staubblatt. Von den heimischen Formen sind am bekanntesten die meist auf extensiv bewirtschafteten Grünflächen vorkommenden **Knabenkräuter**, Orchis, die in ihrer Lippenbezeichnung bestimmten Insekten ähnlichen **Ragwurzarten**, Ophrys, die in Wäldern vorkommenden weißblühenden **Waldhyazinthen**, Platanthera, die an gleicher Stelle wachsenden **Waldvögleinarten**, Cephalanthera, und die meist unscheinbare, braunrote oder grünliche Blüten aufweisenden **Sitterarten**, Epipactis. Saprophytisch lebt die in humosen Wäldern auftretende braune **Nestwurz**, Neottia nidus-avis.

Die wichtigsten als Zierpflanzen kultivierten Orchideenarten und Zuchtformen entstammen den Gattungen *Cattleya, Laelia, Brassavola, Stanhopea, Odontoglossum, Miltonia* und *Oncidium* aus dem tropischen Asien und Australien.

Als Nutzpflanze dieser Familie ist die in Mexiko beheimatete **Vanille**, Vanilla planifolia, zu nennen, deren unreife, lange Kapselfrüchte nach Fermentation als Gewürz verwendet werden. Sie enthalten besonders reichlich den Geruchsstoff Vanillin, der aber auch bei anderen Vertretern der O. zu finden ist.

Die Knollen verschiedener Orchideenarten werden wegen ihres Gehaltes an Schleimen auch als Schleimdrogen verwendet.

Orchinol, *2-Hydroxy-5,7-dimethoxy-9,10-dihydrophenanthren*, in einer Orchideenart, dem Helmknabenkraut (*Orchis militaris*), gegen Infektion durch den Pilz *Rhizoctonia repens* gebildeter Abwehrstoff. Er hemmt das Myzelwachstum des eingedrungenen Pilzes und verhindert weitere Infektionen, → Phytoalexine.

Orchis, 1) svw. Hoden. 2) → Orchideen.

Ordensband, Bezeichnung für einige große Eulenfalter mit farbig gebänderten Hinterflügeln, z. B. *Blaues O.* (*Catocala fraxini* L.), mit 10 cm Spannweite die größte heimische Art dieser Familie, und *Rotes O.* (*C. nupta* L.). Alle heimischen O. stehen unter Naturschutz!

Ordinalskale, → Biometrie.

Ordnung, 1) systematische Einheit, → Taxonomie. 2) Pflanzensoziologische Einheit höheren Ranges, zu der nahestehende Verbände zusammengefaßt werden. Die O. werden durch eine charakteristische Artengruppenkombination gekennzeichnet. Die → Charakterartenlehre nennt für die O. *Ordnungscharakterarten.*

Ordovizium [nach einem keltischen Volksstamm, den Ordoviziern], System des Paläozoikums zwischen Kambrium und Silur mit einer Zeitdauer von 70 Mio. Jahren. Die Pflanzenwelt des O. gehört noch dem Eophytikum an und ist durch eine auffällige Entfaltung der Kalkalgen charakterisiert. Die Tierwelt des O. entfaltet einen größeren Formenreichtum als die des Kambriums. Wichtige Leitfossilien in den uferfernen Meeresregionen waren die Graptolithen. Trilobiten und Brachiopoden beherrschen die Flachwasserfazies und sind Leitformen. Unter den Kopffüßern ist die kalkschaligen Nautiliden bezeichnend. Schnecken sind individuen- und artenreicher. Auch die Muscheln treten in größerer Mannigfaltigkeit auf. Armfüßer entwickeln sich von schloßlosen, hornschaligen Formen weiter zu schloßtragenden, kalkschaligen Formen. Unter den Korallen erscheinen erste sichere Tabulaten (Bödenkorallen) und Rugosen. Stellenweise leitend sind die Beutelstrahler, z. B. im Echinosphäritenkalk sog. ›Kristalläpfel‹ des Baltikums. Besonders wichtig ist das Auftreten erster Wirbeltiere, primitiver kiefer- und flossenloser ›Fischartiger‹, der Agnathen. Floristisch gehört das O. zur Thallophytenzeit. Erste Gefäßsporenpflanzen leben bereits in den Flachmeeren.

oreale Stufe, → Höhenstufung.

Oreophitheziden, *Oreopithecidae,* ausgestorbene Familie der *Hominoidea* aus dem oberen Miozän bis unteren Pliozän (Europa, Afrika); offenbar blind endender Entwicklungszweig. Als Vorfahren kommen primitive Primaten vom Typ *Apidium* aus dem unteren Oligozän in Betracht. Nach absoluter Datierung lebten die O. etwa vor 12 bis 14 Mio. Jahren → Abb. 1 Anthropogenese, → Hominoiden.

Orfe, svw. Aland.

Organ, bei mehrzelligen Lebewesen ein aus vielen Zellen und meistens aus verschiedenen Geweben zusammengesetzter Körperteil von einheitlicher Bauart und bestimmter Funktion (z. B. Auge, Niere). Die Gesamtheit der unterein-

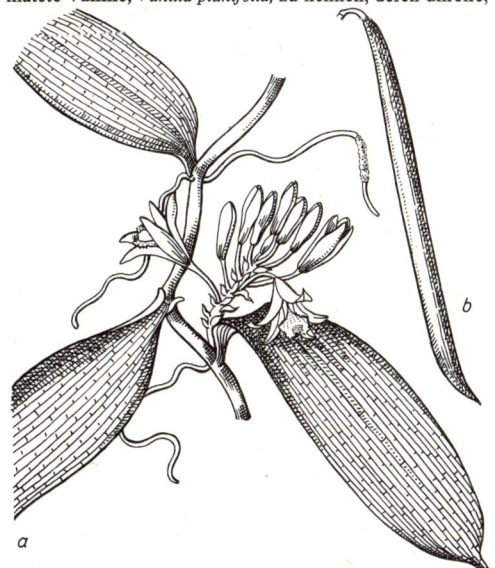

2 Orchideen: Vanille: *a* Sproßabschnitt mit Blütentrieb, *b* Frucht

Organart

ander in Wechselbeziehung stehenden O. bildet den → Organismus. Man unterscheidet *vegetative* O. (Ernährungs-, Ausscheidungs-, Fortpflanzungsorgane) und *animalische* O. (Sinnes- und Bewegungsorgane, Nervensystem). *Transitorische* sind nur während eines bestimmten Entwicklungsstadiuims tätig (z. B. Mutterkuchen; Kiemen der Kaulquappen). *Rudimentäre* O. sind angelegt, aber nicht weiter entwickelt (z. B. Wurmfortsatz des Blinddarmes beim Menschen, rudimentäre Flügel des Straußes). Wirkt eine Anzahl von O. funktionell zusammen, so bildet sie einen *Apparat* (z. B. Bewegungsapparat). Verstreut im Körper liegende Teile eines O. mit gemeinsamer Funktion bilden ein *Organsystem* (z. B. Muskel-, Nerven-, Blutgefäßsystem).

Organart, *Organspezies*, behelfsmäßige, pseudosystematische, künstliche Einheit bei fossilen Pflanzenresten, die einer Familie zugewiesen werden kann. → Formart.

Organbildung, → Entwicklung.

Organell, → Zelle.

Organgattung, *Organgenus*, behelfsmäßige, pseudosystematische, künstliche Einheit bei fossilen Pflanzenresten, die einer Familie zugewiesen werden kann. → Formart.

Organisationshöhe, → Charakterartenlehre.

Organisator, bestimmter Teil eines tierischen Embryos, der die Entwicklung eines anderen Keimbezirkes steuert, in dem er ihm seine Entwicklungstendenz auferlegt. Durch eine eigene Technik gelang es Spemann erstmalig, Stücke der Blastula und Gastrula des Frosches zu transplantieren (→ Transplantation). Diese Methode gestattete es, die Frage nach dem Zeitpunkt der Determination der Keimteile experimentell zu untersuchen.

Wurde auf dem Stadium der frühen Gastrula präsumtives Medullarplattengewebe in die präsumtive Bauchregion verpflanzt, so fügte es sich am neuen Ort harmonisch ein und wurde ebenfalls zu Bauchepidermis (ortsgemäße Entwicklung). Wurde dasselbe Experiment auf dem Stadium der beendeten Gastrulation durchgeführt, so war das Ergebnis ein ganz anderes: Das Transplantat entwickelte sich nicht mehr orts-, sondern herkunftsgemäß. Das bedeutet, daß z. B. eine Augenblase in der Bauchregion entstand, wenn man das Transplantat der präsumtiven Zwischenhirnregion, aus der sich die Augenblase später ausstülpt, entnommen hatte. Während der Gastrulation muß die Determination der Medullarplattenregion zu ihrer eigentlichen Bestimmung, Neuralgewebe zu bilden, erfolgt sein.

Ein überraschendes Resultat, das zu einer der größten Entdeckungen auf dem Gebiet der Entwicklungsphysiologie führen sollte, erhielten Spemann und seine Schülerin Mangold (1921), als sie Stücke aus dem Gebiet der dorsalen Urmundlippe (die Region der präsumptiven Chorda und der Ursegmente) auf dem Stadium der frühen Gastrula in die präsumptive Bauchregion eines anderen, gleichaltrigen Keimes transplantierten. Das Transplantat entwickelte sich herkunftsgemäß weiter zu Chorda und Ursegmenten. Es setzte außerdem seine Gestaltungsbewegungen am fremden Ort fort, indem es sich um einen sekundär entstandenen Urmund autonom einstülpte und unter Streckung unter dem Ektoderm ausbreitete. Am überraschendsten war jedoch, daß das vom Transplantat unterlagerte Ektoderm zu einer sekundären Medullarplatte wurde, die sich später zu einem bauchständigen Neuralrohr schloß. In seltenen Fällen konnte auf der Bauchseite infolge der Transplantation ein vollständiger sekundärer Embryo mit Kopf, Kiemen, Augen, Extremitäten, Rumpf und Schwanz, mit Muskelsegmenten, Chorda und Darmlumen entstehen. Häufiger sind jedoch unvollständige sekundäre Embryonalanlagen.

Spemann nannte das Stück der dorsalen Urmundlippe O., da von ihm die »Organisierung« einer vollständigen sekundären Embryoanlage ausgehen kann. Das gesamte Gebiet mit diesen Fähigkeiten wird als *Organisationszentrum* bezeichnet. Es deckt sich im wesentlichen mit dem »grauen Halbmond« des Froschkeims, mit der Region des präsumptiven Chorda-Mesoderms, die nach der Gastrulation das Urdarmdach liefert, und aus der später Chorda und Ursegmente werden.

Durch heteroplastische Transplantationen zwischen unterschiedlich stark pigmentierten Molcharten, z. B. *Triturus cristatus* (pigmentiert) und *Triturus taeniatus*, konnte gezeigt werden, daß sich das Transplantat aus der dorsalen Urmundlippe nicht nur selbständig einrollt und in Chorda und Ursegmente differenziert (*Fähigkeit zur Selbstdifferenzierung*) und im unterlagerten Ektoderm die Bildung der sekundären Medullarplatte induziert (*Fähigkeit zur konstituierenden Induktion*), sondern darüber hinaus auch noch undifferenziertes mesodermales Wirtsgewebe in seine eigene Bildung von Chorda und Ursegmenten mit einbezieht (*Fähigkeit zur assimlierenden Induktion*). Diese Versuche zeigen weiterhin, daß die Organisationswirkung nicht artspezifisch ist. Im *taeniatus*-Keim kann durch ein Stück aus dem Organisationszentrum einer anderen Molchart oder gar eines Frosches die gleiche Wirkung erzielt werden wie durch ein arteigenes Organisationstransplantat. Man kann wohl sagen, daß bei allen Wirbeltieren einschließlich des Menschen das Prinzip der Organisatorwirkung gleich ist. Es gelingt z. B. auch beim Hühnchen, durch Implantation eines Amphibienorganisators eine sekundäre Embryoanlage zu induzieren.

Durch diese Experimente wurde weitgehend die Kausalität des Entwicklungsablaufes bei der Normalentwicklung geklärt. Durch die Unterlagerung des Ektoderms durch das Urdarmdach während des Gastrulationsvorganges kommt es zu einem engen Kontakt zwischen den beiden Geweben, was zur Folge hat, daß sich die Medullarplatte vom restlichen Ektoderm, das zur Epidermis wird, abgliedert. Ohne diese Unterlagerung kommt es nicht zu einer Ausbildung von Neuralgewebe. Deshalb entwickeln sich Explantate der frühen Gastrula aus der Region der präsumptiven Medullarplatte vom restlichen Ektoderm, das zur Epidermis wird, abgliedert. Ohne diese Unterlagerung kommt es nicht zu einer Ausbildung von Neuralgewebe. Deshalb entwickeln sich Explantate der frühen Gastrula aus der Region der präsumptiven Medullarplatte nur zu atypischem Epithel, nie aber zu Nervengewebe.

Durch Übertragung einer enthüllten Axolotl-Blastula in eine hypertonische Salzlösung kann man erreichen, daß das Endoderm und das Chorda-Mesoderm nicht durch einen Gastrulationsvorgang ins Innere des Keims eingerollt werden, sondern außen liegen bleiben *Exogastrulation*). Das Ektoderm wird folglich nicht unterlagert und bildet deshalb einen leeren, faltigen Beutel, der sich nur wenig differenziert. Später treten Schleimzellen in ihm auf; jedoch unterbleibt sowohl die Abgliederung einer Medullarplatte als auch die Differenzierung zur typischen Epidermis. Demgegenüber werden im restlichen Teil der Exogastrula eine Chorda gebildet und Ursegmente abgegliedert, es treten Zölomsäckchen, Vornierenkanälchen und Blutgefäße auf. Das oberflächlich gelegene, nach außen gekehrte Entoderm zeigt histologische Differenzierungen in Mundhöhlen-, Speiseröhren-, Magen-, Dünndarm- und Enddarmepithel. Kiementaschen werden statt nach außen nach innen vorgestülpt, ebenso die Leber- und Pankreasanlagen. Das Endoderm und das Chorda-Mesoderm differenzieren sich also in typischer Weise.

Halbkeime bilden auch nur dann einen vollständigen Embryo, wenn ihnen bei der Durchschnürung des Keimes ein genügend großer Teil des Organisationszentrums zugeteilt wird (→ Regulation).

Untersuchungen zur genaueren Analyse der Organisatorwirkung haben zunächst erbracht, daß es sich – wie es zu vermuten war – um eine stoffliche Wirkung des O. auf das Reaktionsgewebe handelt. Sie ist nicht an die Voraussetzung geknüpft, daß der O. noch lebt. Die Transplantate aus der dorsalen Urmundlippe können gekocht, getrocknet oder mit verschiedenen Substanzen, wie Alkohol, Xylol oder Paraffin, durchtränkt werden, ohne ihre Induktionswirkung zu verlieren. Das Einschieben einer undurchlässigen Platte zwischen Ektoderm und Urdarmdach verhindert dagegen die Medullarplatteninduktion. Bis heute ist es jedoch noch nicht gelungen, den Induktionsstoff oder die Induktionsstoffe chemisch zu definieren. Man hat aus den verschiedensten Geweben z. B. Niere, Nebenniere, Thymus, Hirn, Stoffe extrahiert, die – nachdem man mit ihnen kleine Agarstückchen durchtränkt und diese in einen jungen Amphibienkeim eingeführt hat – eine Organisatorwirkung ausübten. Es ist weiter bekannt geworden, daß präsumptives Medullarplattengewebe auch ohne Anwesenheit eines O. durch vorsichtige Schädigung zur Bildung von Nervengewebe veranlaßt werden kann. Holttreter erzielte diesen Effekt an Explantaten durch kurzfristige Erhöhung bzw. Erniedrigung des pH-Wertes in der Kulturflüssigkeit. Ebenso wirkt eine kalziumfreie oder hypertonische Zuchtlösung. Es ist deshalb zu erwägen, ob auch einige der extrahierten wirksamen Substanzen ebenfalls unspezifisch über eine gewissen Schädigung des Reaktionsgewebes wirksam sind.

Schließlich muß erwähnt werden, daß das Urdarmdach hinsichtlich seiner induktiven Eigenschaften nicht gleichartig, sondern bereits in seiner Längsrichtung differenziert ist. Der vordere, kopfwärtige Abschnitt läßt nach seiner Transplantation außer Gehirnteilen Kopforgane, wie Auge, Hörbläschen und Haftfaden, entstehen, der hintere Rumpfabschnitt des Urdarmdaches dagegen vornehmlich Rückenmark und Rumpf- bzw. Schwanzdifferenzierungen. Man ist also berechtigt, von einem *Kopforganisator* und von einem *Rumpforganisator* zu sprechen. Die Gliederung der Medullarplatte in Gehirn und Rückenmark ist also keine Leistung des Reaktionsgewebes, nachdem ein unspezifischer Induktionsreiz lediglich die Bildung von Neuralgewebe veranlaßt sondern sie ist bereits vom Induktor selbst mitbestimmt.

Auch in der Entwicklung der Insekten gibt es ein Organisationszentrum, von dem aus die wichtigsten Schritte der Differenzierung des Keimstreifens anlaufen. Es liegt im Bereich der späteren Kopf-Thorax-Grenze und wird dort als Differenzierungszentrum bezeichnet (→ Mesoblast).

Organismenkollektiv, Gemeinschaft von Lebewesen, die einer Art (homotypisches O.) oder mehreren Arten (heterotypisches O.) angehören können.

1) Homotypische O., einfachste Formen des Zusammenlebens existieren bei festsitzenden Organismen, *Stockbildung (Kormus),* hierbei stehen die einzelnen Organismen noch in direkter körperlicher Verbindung (z. B. über Stolonen). Bei tierischen Organismen entwickeln sich über die Brutpflege teilweise komplizierte Formen sozialen Zusammenlebens bis hin zur Bildung von Tierstaaten. Neben diesen echten *Sozietäten* werden andere Formen des Zusammenlebens unterscheiden, z. B. *Konglobationen,* das sind Konzentrationen von Organismen an Nahrungsquellen oder aufgrund anderer optimaler Umweltbedingungen, oder *Aggregationen,* passive Anhäufungen von Organismen durch Wasser- und Luftbewegung.

Als *Population* (Bevölkerung) werden alle Individuen eines Gebietes bezeichnet, die einer Art angehören (homotypische Population). Dabei kann die Gebietsgrenze willkürlich, sollte aber an Stellen minimaler Kopplung zu Nachbarpopulationen festgelegt werden. Dies gilt sowohl für die Populationen von Mikroorganismen in Kulturgefäßen als auch für die Megafauna ganzer Kontinente. Größte homotypische Population ist die bisexuelle Art im Sinne der umfassenden potentiellen Fortpflanzungsgemeinschaft.

2) Heterotypische O., setzen sich in der Regel aus → Semaphoronten zusammen. Sie bilden in ihrer Gesamtheit die heterotypische Population, das ist die Organismengemeinschaft (→ Biozönose) eines Gebietes oder dessen Pflanzen- bzw. Tierbestand (Phyto-, Zoozönose).

In der Pflanzensoziologie wird die floristisch definierte → Assoziation zur Charakterisierung der Gliederung der Vegetation benutzt. Gruppen von Arten mit ähnlicher Lebensweise und Stellung im Ökosystem werden als *Synusie* bezeichnet. (Z. B. semiedaphische *Coleoptera.*) Größere Einheiten sind das Epedaphon, Atmobios u. a.

Organismus, 1) die Gesamtheit einzelner miteinander und aufeinander wirkender Organe (→ Organ) 2) im allgemeinsten Sinne jedes Lebewesen. Jeder O. ist ein zur Selbstproduktion fähiges individuelles System, das die Eigenschaften des Stoffwechsels, der Regeneration, des Wachstums, der Entwicklung, der Vermehrung und der Reizbarkeit besitzt. O. werden seit der erdgeschichtlich frühen abiogenen Entstehung des Lebens durch Fortpflanzung von gleichartigen Vorgängern erzeugt. Im einfachsten Falle ist ein O. eine Zelle. Bei den mehrzelligen Lebewesen bilden Zellen, Gewebe, Organe und Organsysteme mögliche Strukturebenen einer organischen Hierarchie. Durch das in der molekularen Struktur der Nukleinsäuren (DNS, RNS) enthaltene genetische Programm wird die individuelle Entwicklung eines jeden O. determiniert.

Organkultur, → Zellzüchtung.

organogene Gesteine, *biogene Gesteine, Biolithe,* Sedimente, die unter Beteiligung anorganischer Bestandteile von Organismen entstanden sind. Unterschieden werden *zoogene Gesteine* (*Zoolithe*), die auf tierische Lebewesen zurückgehen, z. B. Radiolarienschlamm, Korallenkalk, Muschelkalk, Echinosphäritenkalk und *phytogene Gesteine* (*Phytolithe*), die pflanzlichen Ursprungs sind, z. B. Kohle, Ölschiefer (Kuckersit), Algenkalk.

Organogenese, → Ontogenese, → Entwicklung.

Organspezies, svw. Organart.

Organumbildung, svw. Anaplasie.

Oribatei, → Hornmilben.

Oribatiden, svw. Hornmilben.

Orientalis, *orientalische Region,* relativ kleine, aber stark gegliederte und artenreiche tiergeographische Region, die Vorder- und Hinterindien, West- und Südchina einschließlich Taiwan und einen Teil der indomalaiischen Inseln umfaßt (s. Karte S. 899). Die Abgrenzung gegenüber der → Paläarktis ist weder in Nordwestindien noch in China eindeutig. Vom Himalaja gehören die mit tropischer Vegetation bedeckten Südhänge zur O. In den Tälern ist die Grenze durch Höhe und Exposition teilweise sehr scharf. Zwischen O. und → Australis gibt es ein insuläres Übergangsgebiet, dem heute meist ein Sonderstatus als → indoaustralisches Zwischengebiet zuerkannt wird.

Die O. war wenigstens teilweise (Vorderindien) Bestandteil des Gondwanakontinents. Sie besitzt zwar weniger primitive Taxa als die → Äthiopis, hat aber wie diese zahlreiche in der Paläarktis im Pleistozän ausgestorbene Tiere bewahrt. Der gemeinsame Besitz zahlreicher Familien, Gattungen und sogar Arten veranlaßte manche Autoren, beide Regionen unter dem Begriff der → Paläotropis zusammenzufassen.

Das Klima der O. ist überwiegend tropisch. Das Gebiet war ursprünglich zum größten Teil bewaldet, doch ist der Wald infolge der in weiten Gebieten sehr hohen Bevölkerungsdichte stark zurückgedrängt. Zahlreiche Arten haben bedeutende Arealeinbußen erlitten oder sind überhaupt ausgestorben, z. B. Siamkrokodil, Gangesgavial, Orang-Utan, Wolf, Löwe, Tiger, Gepard, Leopard, Panzer-, Java- und Sumatranashorn sowie Kerabau.

Da die O. Ursprungsgebiet zahlreicher Taxa und vor allem vor Auffaltung des Himalaja Durchgangsgebiet war, ist das Ausmaß des → Endemismus gering. Endemische Säugerfamilien sind Pelzflatterer (*Cynocephalidae*), Spitzhörnchen (*Tupaiidae*) und Bambusbären (*Ailuropodidae*) Auf O. und das indoaustralische Zwischengebiet beschränkt sind die Koboldmakis (*Tarsiidae*). Die Affen sind artenreich, für die O. charakteristisch sind die Gibbons (*Hylobatinae*). Ebenso wie in der Äthiopis gibt es Schuppentiere (*Manidae*). Sehr artenreich sind die Nagetiere (1 endemische Familie) und die Raubtiere (zahlreiche Schleichkatzen, 3 Bärenarten!). Bei den Huftieren überwiegen Waldbewohner. Das Vorkommen von 3 Nashornarten ist ebenso bemerkenswert wie das des Schabrackentapirs (*Tapirus indicus*) und der Hirschferkel (*Tragulidae*). An Rindern ist O. reicher als alle anderen Regionen.

Die meisten der etwa 66 Vogelfamilien (ohne Seevögel) sind weit verbreitet. Die sehr engen Beziehungen zur Äthiopis sind auch auf Gattungs- und Artniveau deutlich. Gut vertreten sind die Fasanenvögel (*Phasianidae*), Kuckucke (*Cuculidae*), Bülbüls (*Pycnonotidae*), Timalien (*Timaliidae*) und Stare (*Sturnidae*). Endemisch sind nur Blatt- und Elfenblauvögel (*Irenidae*, oft aber anders eingeordnet).

Die O. ist reptilienreich; es gibt z. B. 6 Krokodilarten, mehr als 30 Sumpfschildkröten- (*Emydidae*), etwa ein Dutzend Weichschildkröten-Arten (*Trionychidae*). Für die Agamen ist die O. Verbreitungsschwerpunkt. 2 Eidechsenfamilien und die Schildschwänze (*Uropeltidae*) sind endemisch. Ebenso wie in der Äthiopis dominieren unter den Schlangen die Nattern (*Colubridae*). Sehr bekannt sind die Giftnattern (*Elapidae*) der O. (Brillenschlange, Königskobra, Kraits). Blindwühlen sind vertreten, Urodelen nur in Hinterindien eingewandert. Bemerkenswert ist der Artenreichtum der Ruderfrösche (*Rhacophoridae*) un der Engmaulfrösche (*Microhylidae*). Bei den Fischen treten nicht weniger als 12 endemische Familien primärer Süßwasserfische auf; Karpfen- und Welsähnliche dominieren.

Infolge ihres höheren Alters ist die Eigenständigkeit bei den Wirbellosen noch geringer als bei den Wirbeltieren. Bei einigen Taxa (namentlich gewissen *Diplopoda* und *Lepidoptera*) wird auf Grund des Verbreitungsbildes ein Ursprung auf dem Gondwanakontinent vermutet.

Die Fauna der Großen Sundainseln belegt einen lange anhaltenden ehemaligen Zusammenhang mit dem Festland. Auffallend ist – wenigstens für die Säugetiere – die relative Artenarmut Javas.

Orientalisch-Turanische Region, → Holarktis.

Orientierung, Fähigkeiten zum gerichteten Reagieren in Raum und/oder Zeit. Die *räumliche* O. erfolgt durch Körperbewegungen die in → Tropismen und → Taxien unterteilt werden. Die *zeitliche* O. kann durch exogene Zeitgeber (→ Biorhythmen) oder/und → physiologische Uhren sowie durch Abstandsermittlung zeitlicher Ereignisse auf der Grundlage von Gedächtnisleistungen gegeben sein. Räumliche und zeitliche O. wirken im Verhalten von Tieren zusammen. Damit sind an der O. fast immer mehrere Sinnessysteme beteiligt, z. B. bei der Lageorientierung des Schweresinn und der Helligkeitssinn. Beute wird von Tieren meist durch alle vorhandenen Sinne geortet. Als besondere Orientierungsleistungen werden solche betrachtet, die auf einer besonders niedrigen Schwelle bestimmter Sinnessysteme oder auf Sinnesleistungen beruhen, die bei Menschen nicht vorkommen. *Echo-Orientierung* kommt bei einigen Vögeln, Wa-

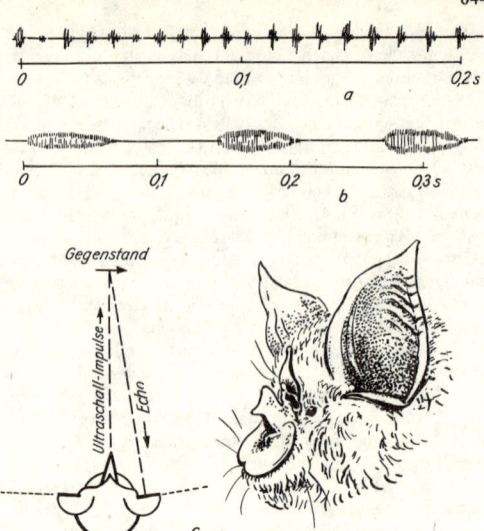

1 Orientierung bei Fledermäusen: *a* oszillographische Darstellung einer Serie von Ultraschall-Orientierungslauten des Mausohrs, *b* oszillographische Aufnahme von drei Ultraschall-Peillauten von Hufeisennasen, *c* Funktionsschema und Kopfbild zu *b* (verändert nach Kulzer 1957)

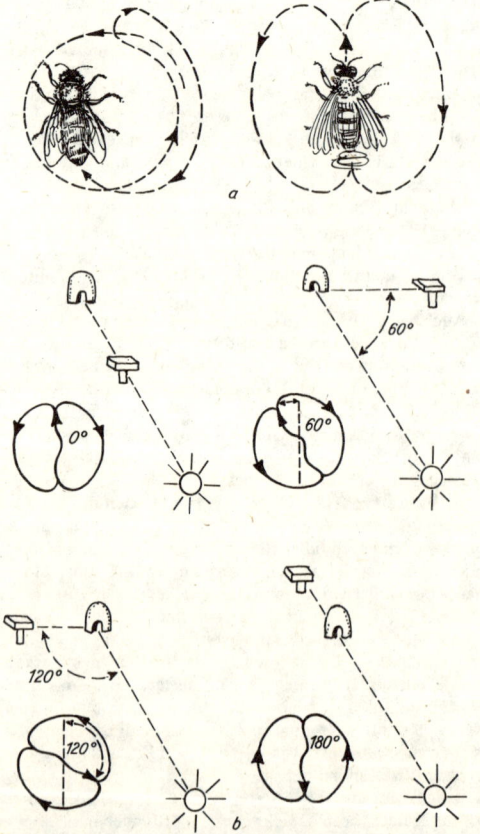

2 Richtungsweisung bei der Honigbiene (nach v. Frisch 1950): *a* Richttanz und Schwänzeltanz, *b* Richtungsweisung durch Schwänzeltanz auf der vertikalen Wabe im Stock

len und Fledermäusen (Abb. 1) vor, *Elektroortung*, bei Fischen, die mit Hilfe elektrischer Impulse niedere Spannung (beim Nilhecht, *Gymnarchus niloticus*, 300 Impulse/s, Spannung 3 bis 7 Volt) erzeugen und mit Hilfe eines elektrischen Sinnesorganes Differenzen messen, die Gegenstände in dem elektrischen Feld bewirken, welches sich bei ihnen zwischen Kopf- und Schwanzregion aufbaut. Stark verschränkt sind Sinnesleistungen zur räumlichen und zeitlichen O. sowie Gedächtnisleistungen bei komplexen Orientierungsweisen, wie der *Sonnen-Kompaß-Orientierung* von Bienen, dem Heimfindevermögen wandernder Fische und Vögel. Bei Bienen erfolgt sogar eine innerartliche Information über Richtung und Entfernung von der Tracht durch den »*Bienentanz*«. Die Richtungs- und Entfernugsanweisung beginnt bei der Honigbiene mit Rund- und Schwänzeltanz eine Tieres auf der Wabe. Bei guter Tracht tanzen die Bienen auf der vertikalen Wabe den Schwänzeltanz, der andere Bienen zum Nachlaufen veranlaßt. Die Schwänzelstrecke weist die Himmelsrichtung, in der die Tracht zu suchen ist: Befindet sich die Tracht in einer Richtung, die 0° vom Sonnenstand abweicht, also in Richtung Sonne, tanzt die Biene senkrecht nach oben. Abweichungen werden durch auf die Senkrechte bezogene Winkelabweichungen der Schwänzelstrecke angezeigt. Ist die Tracht entgegengesetzt dem realen Sonnenstand, weist die Biene die Richtung nach unten. Die Anzahl der Schwänzeltänze je Zeiteinheit übermittelt Informationen über die Entfernung der Tracht (Abb. 2). Das *Heimfindungsvermögen* wandernder Fische, z. B. Lachse, ist wesentlich durch eine Prägung des Geruchssinnes der Jungtiere auf die Duftstoffe des »Heimatgewässers« in einer sensiblen Periode erfolgt, die für Jahre erfolgt und bei der Rückwanderung Wiedererkennen ermöglichst. Weiterhin soll die Wanderungsrichtung im Meer durch O. an der Sonne erfolgen, wobei der wechselnde Sonnenstand richtig zu verrechnen ist. In den Flüssen soll eine O. an mechanischen Reizen der Wasserströmung zusätzlich das Einschwimmen in den Duft des Heimatstromes erlauben.

Orientierungsbewegungen, bei Pflanzen Bewegungen, die in einer direkten positiven oder negativen Richtungsbeziehung zu einer äußeren Reizquelle stehen und der gesamten Pflanze oder ihren Teilen eine räumliche Orientierung ermöglichen. O. treten entweder als freie Ortsbewegungen (→ Taxis) oder bei festgewachsenen Pflanzen als Bewegungen von Organen (→ Tropismus) in Erscheinung.

Orientierungsverhalten, Verhalten im Dienst der Orientierung im Raum. Im weiteren Sinne ist auch die Orientierung in der Zeit eingeschlossen. Bei der *Raumorientierung* sind Grundvorgänge mit der Bestimmung der Richtung (Taxiskomponente), sowie der Bestimmung der Entfernung (Elasiskomponente) gegeben; bei der *Zeitorientierung* entsprechen diesen die Bestimmung der Phase (z. B. Tageszeit, Phasenbeziehung zum Hell-Dunkel-Wechsel) sowie die Messung einer Zeitdauer. Bei der Orientierung im Raum lassen sich unterscheiden: *Kontaktorientierung* als orientierende Einstellung im physischen Kontakt mit dem eigenen Körper, einem Raum, Objekt oder Partner; *Nahorientierung* auf Raumgegebenheiten, Objekte oder Partner im Sinnesbereich; *Fernorientierung*, bezogen auf Raumgegebenheit, Objekte oder Partner, die sich nicht im unmittelbaren Sinnesbereich befinden. In diesem Zusammenhang wird auch von einer *Zielorientierung* gesprochen. Bei der *Richtungsorientierung* mittels bestimmter Orientierungshilfen kann entweder die Einfallsrichtung des Reizes bestimmt werden, oder es wird ein Reizgefälle ermittelt. Werden dabei mehr als eine Sinnesmodalität eingesetzt, so spricht man von *multimodalen Orientierungssystemen*. Bei der Fernorientierung sind wichtige Mechanismen die *Kompaß-Kursorientierung*, oft nach den Gestirnen oder den Erdmagnetfeldern, die → Navigation und das Finden des Zielbereiches. Bei der Nahorientierung hat sich bei verschiedenen Tiergruppen als Sondertyp die *Echo-Ortung* herausgebildet, bei der Schallsignale zur Ortung gesendet werden.
Lit. H. S c h ö n e: Orientierung im Raum (Stuttgart 1980).

Orn, Abk. für L-Ornithin.

L-Ornithin, Abk. *Orn*, $H_2N—CH_2—(CH_2)_2—CH(NH_2)—COOH$, eine nichtproteinogene Aminosäure, die ein Glied des Harnstoffzyklus und Baustein verschiedener Antibiotika, wie Gramizidin S, ist. L-O. wird aus L-Glutaminsäure oder L-Arginin gebildet. Durch Dekarboxylierung entsteht das biogene Amin Putreszin.

Ornithinzyklus, svw. Harnstoffzyklus.

Ornithischier, → Dinosaurier.

Ornithogamie, → Bestäubung.

Ornithologie, *Vogelkunde*, Teilgebiete der Zoologie, dessen Aufgabe die allseitige Erforschung der Vögel ist.

Ornithorynchus anatinus, → Schnabeltier.

Orseillefarbstoff, → Orzein.

Orthis [griech. orthos ›gerade‹], schloßtragender Armfüßer ohne kalkiges Armgerüst. Die Arm- und Stielklappe sind konvex mit annähernd halbkreisförmigem Umriß. Die Klappen sind kräftig radial berippt.
V e r b r e i t u n g : Kambrium bis Perm, weltweit, besonders artenreich im Ordovizium.

Orthoceras [griech. keras ›Horn‹]. *Michelinoceras*, Gattung der Nautilidon mit glattem und langgestrecktem geradem Gehäuse (das Geradhorn). Der Gehäusequerschnitt ist rund mit dünnem, engen, zentralen Sipho. Die Gehäuselänge kann bis zu 3 m erreichen.
V e r b r e i t u n g : Ordovizium bis Trias.

Orthodontie, → Gebiß.

Orthogenese, *Orthoevolution, rektilineare Evolution*, stammesgeschichtliche Entwicklung, die über längere Zeiträume hinweg kontinuierlich in gleicher Richtung verläuft. Parallele O. in mehreren Linien verwandter Organismen sind nicht selten. Gut untersuchte Beispiele von O. sind kontinuierliche Veränderungen der Gehäuseformen von Kammertieren während der Kreidezeit und die Entwicklung des einzehigen Fußes aus einem fünfzehigen, das Hochkronigwerden der Zähne sowie die Zunahme der Körpergröße der Pferde im Tertiär.

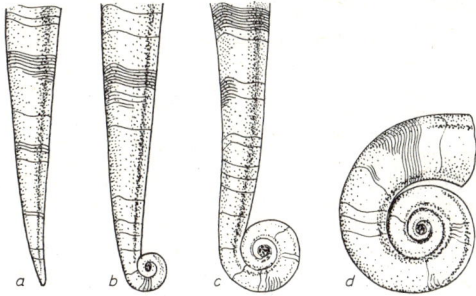

Gehäuseeinrollung bei den Lituiten als Beispiel einer Orthogenese. *a* Rhynchorthoceras, *b* Ancistroceras, *c* Lituites, *d* Cyclolituites

Der Begriff O. implizierte ursprünglich, daß die geradlinigen Veränderungen durch innere, zielgerichtete Faktoren erfolgen. Heute wird er meist rein beschreibend gebraucht. Es gibt keine begründete Vorstellung darüber, wodurch das innere Entwicklungsprogramm einer phylogenetischen Linie festgelegt sein und wie es sich verwirklichen könnte. O. läßt sich ebenso wie andere Evolutionsvorgänge durch natürliche Auslese erklären.

Orthognathie, eine in der Anthropologie übliche Bezeichnung für das Gesichtsprofil (Profilwinkel), wenn die Gerade von der Nasenwurzel (Nasion) zu dem vordersten Punkt des Alveolarrandes des Oberkiefers (Prosthion) nahezu senkrecht zur Ohr-Augen-Ebene steht (Abb. → Prognathie). Ergibt sich ein Winkel unter 80°, bezeichnet man das Gesichtsprofil als prognath.
Orthogon, → Gehirn, → Nervensystem.
Orthomyxoviren, → Virusfamilien.
Orthomyxoviridae, → Virusfamilien.
Orthonectida, → Morulatiere.
Orthophosphat, → Phosphor.
Orthoploidie, im Gegensatz zur Anortho- oder Aneuploidie das mehrfachen Vorliegen eines kompletten Chromosomensatzes in der Zelle. Zur O. gehören Diploidie und Polyploidie.
Orthopteren, svw. Geradflügler.
Orthorrhapha, → Zweiflügler.
Orthostichen, → Blatt, Abschnitt Blattstellung.
Ortstreue, → Heimrevier.
Oryktozönose, [giech. oryktos ›ausgegraben‹, koinoo ›Gemeinschaft‹], fossile Grabgemeinschaft, das, was aus einer → Traphozönose wirklich fossil geworden ist, d. h. erhalten geblieben ist.
Oryx, → Spießböcke.
Oryzenin, ein → Glutelin.
Orzein, ein Gemisch kompliziert aufgebauter, braunroter Flechtenfarbstoffe, das aus den fast farblosen *Roccella-, Lecanora-* und *Variolaria*-Flechten durch Behandeln mit Ammoniak gewonnen wird. O. entsteht hierbei aus dem in den Flechten vorliegenden → Orzin. O. wurde früher als Textilfarbstoff benutzt (*Orseillefarbstoff*).
Orzin, ein Phenolderivat, das in einigen Flechten (*Roccella-, Lecanora-* und *Variolaria*-Arten) vorkommt und aus dem sich durch Luftsauerstoff und alkalische Behandlung die Flechtenfarbstoffe Lackmus und Orzein bilden.

Os, 1) → Verdauungssystem, 2) → Knochen.
Oscillatoria, → Hormogonales.
Oscillatoriales, svw. Hormogonales.
Oscines, → Singvögel.
Osculum, → Verdauungssystem.
Osmotaxis, durch Veränderungen des osmotischen Wertes (→ Osmose) bedingte Taxis, die als Sonderform einer Chemotaxis oder Hydrotaxis bezeichnet werden kann. In Pflanzenzellen bewirkt z. B. einseitiger Wasserentzug eine negative O. oder positive Hydrotaxis der Chloroplasten (→ Chloroplastenbewegungen).
Osmometer, → Osmose.
Osmophile, Mikroorganismen, die bei hohem osmotischen Druck, z. B. in stark konzentrierten Zucker- oder Salzlösungen, wachsen können. O. können Ursache von Nahrungsmittelverderb sein; z. B. wird die Gärung von Honig durch osmophile Hefen verursacht.
Osmoregulation, die Konstanthaltung des Gleichgewichtes zwischen Wasser und Salzen im tierischen Organismus in Beziehung zu seiner Umwelt. Zwei spezielle Osmoregulationsmechanismen haben sich entwickelt: 1) Bei den Wassertieren besteht das Problem hauptsächlich in einer Verhinderung des Wasserentzugs bei marinen Tieren und des Wassereinstroms bei Süßwassertieren. Der osmotische Druck der Körperflüssigkeit mariner Wirbelloser und Haie ist dem der Umgebung isotonisch. Während bei den Haien die Isotonie durch eine Steigerung des Harnstoffgehaltes des Blutes hervorgerufen wird, entspricht der Salzgehalt der Körperflüssigkeit mariner Wirbelloser dem des umgebenden Meerwassers. Diese Organismen sind in Brack- und Süßwasser nicht lebensfähig, nur marine Knochenfische bilden eine Ausnahme. Ihre Körperflüssigkeit ist dem Meerwasser gegenüber hypotonisch, wobei der osmotische Druck der Meer- und Süßwasserfische annähernd gleich ist. Die Meeresfische decken ihren Wasserbedarf durch Trinken und scheiden den Salzüberschuß durch die Nieren und durch besondere Kiemenzellen aus. Die Süßwasserfische brauchen nicht zu trinken. Der bei ihnen auftretende Salzbedarf wird durch die Aufnahme der entsprechenden Ionen aus der Umgebung gedeckt. Die Haut der Fische ist nahezu wasserundurchlässig. Die im Süßwasser lebenden Wirbellosen haben gut ausgebildete Exkretionsorgane, die das durch die Körperoberfläche eindringende Wasser wieder entfernen. 2) Bei Landtieren ist kein direkter Austausch von Wasser und Salzen mit der Umgebung möglich. Der Hauptaspekt der O. ist hier die Verhinderung eines Wasserverlustes, deshalb geht bei ihnen die O. häufig mit einer → Volumenregulation einher. Neben arteriellen Kreislaufrezeptoren* messen vor allem die *Osmorezeptoren* des Hypothalamus ständig den osmotischen Druck. Auslösender Reiz für die O. ist eine Erhöhung der *Serumosmolarität*, die zum Zellwasserverlust der Osmorezeptoren führt. Die Folgen sind neben der Entstehung von → Durst die vermehrte Bildung von antidiuretischem Hormon (ADH) in den beiden Hypothalamuskernen Nucleus paraventricularis und Nucleus supraopticus, das als Neurosekret in den Hypophysenhinterlappen gelangt, dort gespeichert oder gleich ausgeschüttet werden kann. Auf dem Blutweg erreicht das ADH die Niere, verstärkt dort eine fakultative Wasserrückresorption, und das rückgewonnene Wasser senkt die Serumosmolarität. An einer fein abgestimmten O. sind noch andere Mechanismen beteiligt, wie eine Erregung des Nierensympathikus, die Produktion und Wirkung des Nierenenzyms Renin, die Steigerung der ADH-Sekretion durch emotionale Reize – beispielsweise Schmerz – oder einzelne Stoffe, zu denen Nikotin, Azetylcholin, Histamin, Insulin und viele bekannte Narkosemittel zählen. Östrogene verstärken die ADH-Wirkung am Nephron. Bei sinkender Serumosmolarität kehren sich die Verhältnisse um (Abb.).

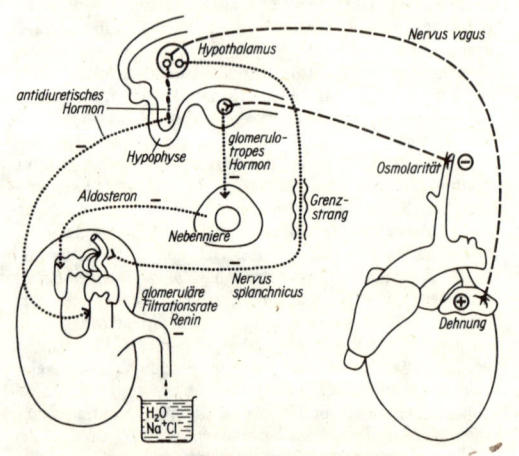

Hauptmechanismen der Osmo- und Volumenregulation

Die osmoregulatorischen Funktionen werden neben den Nieren bei den Säugetieren zum geringen Teil auch von der Haut in Form der Schweißabsonderung und der Hautverdunstung übernommen. Marine Vögel und Kriechtiere, die

Meerwasser trinken, besitzen zusätzliche Regulationsmechanismen, z. B. Nasendrüsen, die ein konzentriertes Salzsekret absondern können.

Osmorezeptoren, → Osmoregulation.

Osmose, Konzentrationsausgleich zwischen ungleich konzentrierten Lösungen oder einer Lösung und dem reinen Lösungsmittel auf dem Wege der Diffusion durch eine feinporige Membran. Von besonderer physiologischer Bedeutung ist die *einseitige* O., bei der Membranen mit sehr feinen Poren, semipermeable oder halbdurchlässige Membranen, nur das Lösungsmittel, aber nicht oder nur in beschränktem Umfang die gelösten Substanzen diffundieren lassen. Das hat zur Folge, daß eine Diffusion des Lösungsmittels aus der schwächeren, hypotonischen Lösung in die stärkere, hypertonische Lösung erfolgt. Wenn innerhalb des von semipermeablen Membranen begrenzten Raumes eine höhere Stoffkonzentration vorhanden ist und das Lösungsmittel, z. B. Wasser, in diesen Bezirk hineinwandert, spricht man von *Endosmose,* im umgekehrten Fall von *Exosmose.* Natürliche semipermeable Membranen sind in Pflanzenzellen unter anderem die Plasmagrenzschichten Plasmalemma und Tonoplast. Für Modellversuche eignen sich Schweineblasen, Kollodiummembranen oder Niederschlagshäutchen aus Kalziumphosphat, Berliner Blau u. a. Ideale semipermeable Membranen aus Kupferhexazyanoferrat(II) $Cu_2[Fe(CN)_6]$ hat der Pflanzenphysiologe C. Pfeffer bereits 1877 hergestellt. Er erzielte ausreichende Festigkeit, indem er einen porösen Tonzylinder mit Kupfersulfatlösung füllte und in eine Kaliumhexazyanoferrat-Lösung einbrachte. Dabei bildete sich im Tonzylinder die semipermeable Membran. Ein derartiger, oben abgeschlossener und mit einem Steigrohr oder einem anderweitigen Manometer versehener Tonzylinder wird als *Pffersche Zelle* bezeichnet. Wird diese mit einer Zuckerlösung gefüllt und in ein größeres äußeres Gefäß, das Wasser enthält, gestellt, dann strömt so lange Wasser ein, bis der hydrostatische Gegendruck, den die Flüssigkeitssäule im Steigrohr erzeugt, den Wassereinstrom zum Stillstand bringt. Das ist dann der Fall, wenn der Gegendruck gleich dem osmotischen Druck im Inneren der Pfefferchen Zelle ist. Daher kann man anhand der Flüssigkeitssäule im Steigrohr oder eines eingesetzten Manometers den osmotischen Druck der Lösung bestimmen. Die Pffersche Zelle dient in diesem Falle als *Osmometer.* Welcher osmotische Druck erreicht wird, d. h. der *osmotische Wert,* der *potentielle osmotische Druck* oder der *Saugwert* der Lösung, ist bei gleichbleibender Temperatur von der Zahl der je Volumeneinheit gelösten Teilen abhängig. Es gilt daher für die nicht dissoziierenden Stoffe die Gleichung $\pi^* = c \cdot R \cdot T$.

Dabei verkörpern π^* den osmotischen Wert in bar (1 atm = bar · 0,987), c die Konzentration des gelösten Stoffes in Mol/l, T die absolute Temperatur und R die Gaskonstante. Eine einmolare Lösung hat bei 0°C einen osmotischen Wert von 22,7 bar (= 22,4 atm). Lösungen verschiedener, nicht dissoziierender Substanzen kommt bei gleicher molarer Konzentration der gleiche osmotische Wert zu. Sie sind *isosmotisch* oder *isotonisch*. Die in Ionen dissoziierenden Salzlösungen haben entsprechend der größeren Teilchenzahl höhere Saugwerte. So ist z. B. der osmotische Wert einer verdünnten, völlig ionisierten Kaliumnitratlösung 1,69mal größer als derjenige einer äquimolaren, nicht ionisierenden Rohrzuckerlösung. Kaliumnitrat hat dementsprechend einen *osmotischen Koeffizienten* von 1,69. Daß letzterer nicht den Wert 2 erreicht, beruht auf einer ihre freie Beweglichkeit herabsetzenden Wechselwirkung zwischen den Ionen.

Da die Pffersche Zelle als Modell einer Pflanzenzelle konstruiert worden ist, wobei die poröse Tonwand der Pfferschen Zelle der leicht durchlässigen pflanzlichen Zellwand, die semipermeable Kupferhexazyanoferrat(II)-Membran dem wandständigen Plasmabelag mit den beiden semipermeablen Grenzschichten, dem Plasmalemma und dem Tonoplasten, und die Füllung der Pfferschen Zelle dem Zellsaft und den darin gelösten Stoffen entsprechen, gelten die angeführten Gesetzmäßigkeiten auch für die Pflanzenzelle. Infolge der osmotisch wirksamen Substanzen der Vakuole strömt Wasser in diese ein. Hierdurch entsteht in ihr ein hydrostatischer Druck, der als *Turgordruck* (P) bezeichnet wird. Er trägt zur Festigung der Pflanzenzelle bzw. des Pflanzenkörpers bei, indem er den Plasmaschlauch bzw. das Plasmalemma gegen die Zellwand preßt und diese bis zu einem gewissen Betrag elastisch dehnt, bis schließlich der Gegendruck der gedehnten Zellwand den Zutritt weiterer Wassermoleküle verhindert bzw. ein Gleichgewicht zwischen Wassereinstrom und -ausstrom erreicht ist. Die *Saugkraft* (S) der Pflanzenzelle, d. h. ihr Vermögen, auf osmotischem Wege Wasser aufzunehmen, ist also nicht nur vom osmotischen Wert π^*, sondern auch vom Turgordruck abhängig. Der Zusammenhang zwischen diesen 3 Werten wird durch die *osmotische Zustandsgleichung* der Pflanzenzelle wiedergegeben: $S = \pi^* - P$.

Befindet sich die Zelle nicht isoliert, sondern im Geweberverband, so wirkt der Dehnung der Einzelzelle zusätzlich der als *Außendruck* bezeichnete Druck des gespannten, z. B. durch die Epidermis an der weiteren Ausdehnung gehinderten Gewebes entgegen. Hierdurch wird die Saugkraft weiter vermindert, und die Saugkraftgleichung nimmt folgende Form an: $S = \pi^* - (P + A)$.

Bringt man lebende Pflanzenzellen, z. B. abgezogene Epidermisstückchen, in eine hypertonische Lösung, z. B. eine entsprechende Zuckerlösung, dann tritt Wasser aus der Zelle in die Zuckerlösung aus. Die Zellsaftvakuole verkleinert sich, und das sie umschließende Protoplasma löst sich von der Zellwand ab. Dieser Vorgang, der als → Plasmolyse bezeichnet wird, ist unter dem Mikroskop leicht zu beobachten. Überführt man plasmolysierte, aber noch lebende Zellen in Wasser oder andere hypotonische Medien, dann wird die Plasmolyse rückgängig gemacht, es erfolgt *Deplasmolyse*. Die Bestimmung der *Grenzplasmolyse,* d. i. eine bei nahezu isotonischer Außenlösung nur ganz geringfügig eintretende Plasmolyse, kann zur Ermittlung des osmotischen Wertes von Einzelzellen dienen. Saugwertbestimmungen für ganze Gewebe oder Organe werden häufig durchgeführt, indem in abgepreßtem Zellsaft die molare Konzentration an gelösten Stoffen festgestellt wird, z. B. mit Hilfe der → kryoskopischen Methode.

Die Höhe des osmotischen Wertes ist nicht nur bei verschiedenen Pflanzenarten, sondern auch in den Geweben und Organen derselben Pflanze sehr unterschiedlich. Darüber hinaus vermögen die einzelnen Zellen ihren Saugwert den Erfordernissen der Umwelt in gewissen Grenzen anzupassen. Im Allgemeinen liegen die osmotischen Werte in den Parenchymzellen der Wurzelrinde zwischen 5 und 15 bar, steigen im Sproß mit zunehmender Entfernung von der Wurzel etwas an und erreichen im Blattgewebe Maximalwerte von 30 bis 40 bar. In den Wurzeln von Salzpflanzen (Halophyten) und bestimmten Wüstenpflanzen können Saugwerte von über 100 bar vorkommen.

Über O. bei Tieren → Osmoregulation.

osmotischer Druck, durch die Zahl der gelösten Moleküle je Volumeneinheit hervorgerufener hydrostatischer Druck. Der o. D. einer stark verdünnten Lösung gehorcht den Gesetzen, die für ideale Gase gelten. Er steigt proportional zur Konzentration der Lösung ab, nimmt proportional zur Temperatur zu und kann mit Hilfe eines Osmometers experimentell bestimmt werden. Aus dem o. D. lassen

sich Rückschlüsse auf die relative Masse der gelösten Moleküle ziehen. → Osmose.
osmotischer Koeffizient, → Osmose.
osmotischer Wert, → Osmose.
osmotische Zustandsgleichung, → Osmose.
Osmundales, → Farne.
Ösophagus, → Verdauungssystem.
Osphradium, *Spengels Organ,* bei Weichtieren verbreitetes Sinnesorgan in Form einer mit Flimmern bedeckten Hautverdickung am Eingang der Mantelhöhle, das nach Lage und Struktur als Geruchsorgan gedeutet wird.
Ossa, svw. Knochen.
Ossein, → Knochen.
Ossifikation, svw. Knochenbildung.
Ossifikationsalter, die Altersfeststellung auf Grund der in gesetzmäßiger Reihenfolge auftretenden Knochenkerne, der Verknöcherung der knorpeligen Anlagen, insbesondere der Epiphysenscheiben sowie des Verschlusses der Schädelnähte. Das O. spielt bei der Beurteilung des biologischen Alters von Kindern und Jugendlichen eine Rolle und ermöglicht eine Altersdiagnose menschlicher Skelettfunde.

Von diagnostischer Bedeutung sind vor allem die Verknöcherung der Extremitätenknochen, die erst mit dem Abschluß des Körperhöhenwachstums beendet ist, und die Verwachsung der Hirnschädelfontanellen, von denen die kleinen schon bei und kurz nach der Geburt verschlossen sind, während die große Scheitelfontanelle erst mit 9 bis 16 Monaten vollständig verknöchert; gegen Ende des dritten Lebensjahrzehnts setzt dann der Verschluß der Schädeldachnähte ein, der bis in das Greisenalter fortschreitet. Sowohl die Reihenfolge als auch die Geschwindigkeit der Schädel- und Skelettverknöcherung unterliegen bei aller Gesetzmäßigkeit einer deutlichen individuellen Variabilität. Abb.

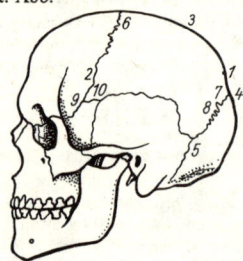

Reihenfolge der Verknöcherung der Hirnschädelnähte (nach H. Bach). Die Zahlen neben den Schädelnähten geben die normale Reihenfolge an, in der die einzelnen Nahtabschnitte verknöchern. Abschnitt 1 verknöchert zwischen dem 20. und 30. Lebensjahr, die Abschnitte 2 bis 4 zwischen dem 30. und 40. Lebensjahr, die übrigen Abschnitte nach dem 40. Lebensjahr. Die nicht bezeichneten Nähte oder Nahtabschnitte zeigen meist nur eine geringe Tendenz zur Verknöcherung.

Osteichthyes, → Knochenfische.
Osteoblasten, → Knochenbildung.
Osteogenese, svw. Knochenbildung.
Osteoid, → Knochen, → Knochenbildung.
Osteoklasten, → Knochenbildung, → Phagozyten.
Osteolepiformes, → Quastenflosser.
Osteolepis, [griech. osteon 'Knochen', lepis 'Schuppe'], Gattung der → Quastenflosser mit dicken, rundlichen bis rhombischen Schuppen, paarigen und unpaarigen Flossen und einem asymmetrischen (heterozerken) Schwanz.
Vorkommen: Devon.
Osteologie, *Knochenlehre, Knochenkunde,* ein Teilgebiet der Anatomie. Die O. betrachtet als beschreibende Wissenschaft die Knochenbildung, die Organstruktur sowie die Lagebeziehungen der Knochen zueinander.

Osteometrie, die Messung an menschlichen und tierischen Skeletten. → Anthropometrie.
Osteon, → Knochen.
Osteostraken, [griech. osteon 'Knochen', ostrakon 'Schale'], *Osteostraci,* Ordnung der Kieferlosen, bei denen Kopf und Vorderrumpf mit einem Panzer aus Knochenplatten oder Schuppen bedeckt waren. Der Panzer wurde durch Nasen- und Augenöffnungen durchbrochen und besaß Seitenflossen. Der Mund lag an der Unterseite des Kopf-Rumpf-Panzers. Der Schwanz war asymmetrisch (heterozerk) gebaut.
Verbreitung: Obersilur bis Oberdevon.
Osteozyten, → Knochen, → Knochenbildung.
Ostien, 1) Spalten oder Öffnungen in der Herzwand, durch die das Blut bei geschlossenem Blutgefäßsystem aus den Blutgefäßen oder bei offenem Blutgefäßsystem aus der Leibeshöhle direkt in das Herz fließt (→ Blutkreislauf). Bei den Gliederfüßern stellen die O. segmental angeordnete Öffnungspaare in der Herzwand dar, die mit ihren in das Herzlumen hineinragenden Rändern Ventilklappen bilden und das Blut nur in eine Richtung fließen lassen. Die Anzahl der Ostienpaare kann entsprechend der Länge des Herzschlauches sehr verschieden sein. Die höchste Zahl beträgt z. B. bei den Insekten 13 Paare, von denen 2 Paare in den Brustsegmenten liegen.

Bei Wirbeltieren werden speziell die Öffnungen zwischen Herzvorhof und Herzkammer (Ostium atrioventriculare) und die Öffnungen der Herzkammern in die Aorta und Lungenarterie (Ostium arteriosum) als O. bezeichnet.

2) Im weiteren Sinne werden auch Mündungen anderer Organe als O. bezeichnet.
Ostiolum, papillenförmige Fruchtkörpermündung, die sich an den Fruchtkörpern (→ Perithezium) höher entwickelter Schlauchpilze (Ascomycetes) am Scheitel durch Auseinanderweichen von Hyphen (schizogen) bildet. Durch das O. können die im Inneren der Fruchtkörper gebildeten Askosporen ins Freie gelangen, ohne daß, wie z. B. bei den Schimmelpilzen *(Aspergillacea),* der Fruchtkörper zuvor zerfallen muß.
Ostium tubae, → Eileiter.
Ostracoda, → Muschelkrebse.
Ostracum, die Schale oder das Gehäuse der Weichtiere.
Östradiol, *Estradiol, 17β-Östradiol,* Östra-1,3,5(10)-trien-3,17β-diol, ein zu den Östrogenen gehörendes Steroidhormon mit 18 C-Atomen; F- 178°C.

Ö. entsteht biosynthetisch aus Östron und findet sich im Schwangerenharn sowie den Follikeln und der Plazenta. Es ist das wirksamste natürliche Östrogen und bewirkt die Proliferation der Uterusschleimheit und die Entwicklung der Brustdrüse. Zusammen mit den Gestagenen, vor allem Progestron, und den Hypophysenhormonen Follitropin und Lutropin ist es bei der Frau für den geregelten Ablauf des Menstruationszyklus verantwortlich.
Östran, *Estran,* zu den Steroiden gehörender Stammkohlenwasserstoff, von dem sich die → Östrogene ableiten.
Ostrea, → Austern.
Ostreiden, svw. Austern.
Östriol, *Estriol,* Östra-1,3,5(10)-trien-3,16α, 17β-triol, ein zu den Östrogenen gehörendes Steroidhormon, das aus 18 C-Atomen aufgebaut ist; F. 280°C. Ö. kommt im Schwange-

renharn und in der Plazenta vor und entsteht biogenetisch aus Östron und Östradiol.

Östrogene, *Estrogene,* weibliche Keimdrüsenhormone mit Steroidstruktur, die sich chemisch vom Östran ableiten. Ö. sind C_{18}-Steroide mit einem aromatischen A-Ring mit phenolischer Hydroxygruppe am C-Atom 3 sowie einer Sauerstoffunktion am C-Atom 17. Zu den Ö. gehören → Östron, → Östradiol und → Östriol sowie → Equilenin und → Equilin.

Ö. werden in den Graafschen Follikeln des Ovars sowie in geringer Menge in den Testes und in der Nebennierenrinde gebildet. Während der Schwangerschaft werden Ö. auch in der Plazenta produziert. Die Biosynthese der Ö. erfolgt aus Testosteron, dessen C-Atom 19 hydroxyliert, dann zum Aldehyd oxidiert und schließlich abgespalten wird. Nachfolgend wird der Ring A aromatisiert. Für den Transport über die Blutbahn werden die Ö. an Trägerproteine gebunden. Die Inaktivierung der Ö. erfolgt in der Leber, wo die Ö. und ihre Metabolite an Glukuronsäure und Schwefelsäure gebunden und in dieser konjugierten Form im Harn ausgeschieden werden.

Die Ö. bewirken als feminisierende Hormone im weiblichen Organismus den normalen Ablauf des Genitalzyklus, d. s. der Menstruationszyklus bei Mensch und Affen und der Brunstzyklus bei vielen Tieren. Dabei besteht eine enge Wechselwirkung mit den gonadotropen Hormonen Follitropin und Lutropin sowie den Steroidhormonen Östron und Progesteron. Die Ö. sind auch für die Ausbildung und Aufrechterhaltung der weiblichen Geschlechtsmerkmale verantwortlich.

Die Bestimmung der Ö. geschieht biologisch durch den Allen-Doisy-Test und neuerdings biochemisch durch radioimmunologische Methoden.

Ö. werden therapeutisch angewandt, z. B. bei Menstruationsstörungen, und sind Bestandteil von Ovulationshemmern bei der → hormonalen Konzeptionsverhütung. Die synthetische Ö., wie Ethinylöstradiol und das strukturell nicht zu den Steroiden gehörende Diethylstilböstrol, sind wesentlich wirksamer als natürliche Ö., da sie von der Leber nur verzögert abgebaut werden.

Östron, *Estron,* 3-Hydroxy-östra-1,3,5(10)-trien-17-on, ein zu den Östrogenen gehörendes Steroidhormon mit 18 C-Atomen; F. 259°C. Ö. ist ein Stoffwechselprodukt des Östradiols und kommt im menschlichen Harn, in Ovarien und Plazenta vor. Es wird heute großtechnisch synthetisiert und therapeutisch angewandt. Außerdem wird es zur Herstellung von Östradiol und dem besonders östrogenwirksamen Ethinylöstradiol eingesetzt.

Oszillationen, 1) svw. Schwingen. 2) → Massenwechsel.
Otariidae, → Ohrenrobben.
Ottern, svw. Vipern.
Otterspitzmäuse, *Potamogalidae,* eine Familie der Insektenfresser. Die O. sind schwimmgewandte Säugetiere mit einem langen, seitlich abgeplatteten Ruderschwanz. Sie kommen in Westafrika vor und ernähren sich von Krebsen.

Ouabagenin, → Strophanthine.
Ouabain, → Strophanthine.
Output, Ausgangsgrößen informationsverarbeitender Systeme, insbesondere des ZNS und seiner Anteile. O. des ZNS wird im Verhalten kenntlich.
Oval, → Schwimmblase.
Ovarialhormone, → Oogenese.
Ovariolen, → Oogenese, → Eierstock.
Ovariotestis, svw. Zwitterdrüse.
Ovarium, → Eierstock, → Gametogenese.
Ovidukt, → Eierstock, → Eileiter.
Oviparie, die Ablage von Eiern, die zum Zeitpunkt des Austritts aus dem Körper des Tieres noch aus einer einzigen Zelle bestehen. Die Befruchtung erfolgt entweder später außerhalb des Mutterkörpers (bei Fischen und Lurchen) oder während des Ablegens (bei Insekten und Spinnen). Ovipar sind viele Stachelhäuter, Weichtiere, Insekten, Spinnen, Fische und Lurche. → Ovoviviparie, → Viviparie.
Ovis, → Schafe.
Ovizellen, → Moostierchen.
Ovizide, Pflanzenschutzmittel zur Bekämpfung von Insekten- und Milbeneiern.
Ovotransferrin, → Siderophiline.
Ovoviviparie, die Ablage von Eiern, in denen bereits ein mehr oder weniger weit entwickelter Keim vorhanden ist. O. zeigen z. B. viele Kriechtiere, manche Insekten und Würmer sowie in gewissem Sinne Vögel, deren Eier auf frühen Keimscheiben-Furchungsstadium abgelegt werden. Die Eihüllen werden manchmal schon kurze Zeit nach der Geburt gesprengt. → Viviparie, → Oviparie.
Ovulation, → Oogenese, → Uterus.
Ovulationshemmer, eine Gruppe von Steroiden mit gestagener bzw. östrogener Wirkung. Durch Hemmung der Ausschüttung des Hormons Lutropin unterdrücken sie im weiblichen Organismus die Ovulation und besitzen daher als oral wirksame Konzeptiva (→ hormonale Konzeptionsverhütung) Bedeutung.
Ovum, svw. Ei.
Oxalessigsäure, HOOC—CO—CH₂—COOH, eine in höheren Pflanzen (z. B. Rotklee, Erbsen) nachgewiesene Ketokarbonsäure (→ Karbonsäuren), die im Stoffwechsel eine wichtige Rolle spielt und insbesondere im → Zitronensäurezyklus als Zwischenprodukt auftritt.
Oxalildaceae, → Sauerkleegewächse.
Oxalsäure, *Kleesäure,* HOOC—COOH, die einfachste Dikarbonsäure (→ Karbonsäuren), die farblose Kristalle bildet und im Pflanzenreich weit verbreitet auftritt. Sie findet sich in Salzform besonders in Sauerklee, Sauerampfer, Rüben- und Spinatblättern, Rhabarber u. a. Größere Mengen O. sind wegen ihrer kalziumbindenden Wirkung giftig. Das saure Kaliumsalz der Zusammensetzung (COOH)₂ · HOOC—COOK · 2H₂O wurde 1773 durch Eindampfen von Sauerkleesaft erstmalig dargestellt und heißt deshalb *Kleesalz.*
Oxidasen, zu den Oxidoreduktasen gehörende Enzyme, die mit Sauerstoff als Wasserstoffakzeptor reagieren und zwei oder vier Elektronen übertragen können. Als Wirkgruppe liegt ihnen FMN oder FAD oder das Porphyrinsystem zugrunde. Zu den zweielektronenübertragenden O., die die Substrate unter Bildung von Wasserstoffperoxid oxidieren, gehören die → Aminosäureoxidasen und → Xanthinoxidase. Die Zytochromoxidase (→ Zytochrome) → Lakkasen und Askorbinsäureoxidase übertragen vier Elektronen.
Oxidation, Entzug von Elektronen, z. B. $Fe^{2+} \rightarrow Fe^{3+} + e$, durch ein Oxidationsmittel und damit Erhöhung der elek-

Oxidationsgraben

tropositiven Wertigkeit des zu oxidierenden Stoffes. Ein spezieller Fall der O. ist die Dehydrierung. Jede O. ist mit einer → Reduktion gekoppelt. Durch Oxidoreduktasen enzymatisch katalysierte Redoxvorgänge spielen im Zellstoffwechsel eine wichtige Rolle (→ Atmungskette).

Oxidationsgraben, → biologische Abwasserreinigung.
Oxidationsteich, → biologische Abwasserreinigung.
Oxidationswasser, → Wasserhaushalt.

oxidative Dekarboxylierung, wichtige enzymatisch katalysierte Reaktionsfolge, in der eine α-Ketosäure wie Brenztraubensäure oder α-Oxoglutarsäure unter Bildung des entsprechenden Aldehyds dekarboxyliert wird, der weiter zur Karbonsäure oxidiert wird. Besonders wichtig ist die o. D. von Brenztraubensäure, die durch Transaminierung aus der Aminosäure Alanin hervorgeht und zu Azetyl-Koenzym A umgesetzt wird:

$$CH_3\text{—}CH\text{—}COOH \rightarrow CH_3\text{—}CO\text{—}COOH \rightarrow CH_3\text{—}CHO$$
$$|\phantom{CH_3\text{—}CH\text{—}COOH}$$
$$NH_2 \rightarrow CH_3\text{—}COSCoA.$$

Diese Reaktion spielt im Zitronensäurezyklus eine wichtige Rolle und wird durch die Pyruvat-Dehydrogenase katalysiert, d. i. ein Multienzymkomplex, der Thiaminpyrophosphat, Liponsäure und Koenzym A als Wirkungsgruppen sowie FAD/FADH und NAD/NADH als Redoxsysteme enthält.

oxidative Desaminierung, in zwei Stufen verlaufende Umwandlung von α-Aminosäuren in α-Ketosäuren nach dem Schema

$$R\text{—}CH\text{—}COOH \rightarrow R\text{—}C\text{—}COOH \rightarrow R\text{—}C\text{—}COOH + NH_3.$$
$$|\|\|$$
$$NH_2 NH O$$

Die Reaktion spielt im Stoffwechsel beim Abbau von Aminosäuren eine Rolle, z. B. bei der Umwandlung von Glutaminsäure in 2-Oxoglutarsäure. Im ersten Reaktionsschritt erfolgt unter dem Einfluß von Aminosäureoxidasen eine Dehydrierung zur Iminosäure, die weiter zur α-Ketosäure und Ammoniak hydrolysiert wird. Letzteres geht im Harnstoffzyklus in Harnstoff über.

oxidative Phosphorylierung, Atmungskettenphosphorylierung, in den Mitochondrien in enger Kopplung zur Atmungskette stattfindende Bildung von Adenosintriphosphat (ATP) aus Adenosindiphosphat (ADP) und anorganischem Phosphat. Katalysierendes Enzym ist der mitochondriale ATP-Synthetase-Komplex. Bei diesem für den Stoffwechsel äußerst wichtigen Vorgang wird die in der Atmungskette freiwerdende Energie in Form von ATP gespeichert. Der Mechanismus der o. P. ist noch nicht in allen Einzelheiten geklärt.

Oxidoreduktasen, Hauptklasse von wasserstoff- und elektronenübertragenden Enzymen, die den Ablauf von biologischen Oxidationen und Reduktionen katalysieren und für die Energiegewinnung in heterotrophen Zellen notwendig sind. Charakteristisch sind ihre spezifischen Koenzyme, wie NAD^+ und $NADP^+$ sowie FMN und FAD. Bei den stufenweise ablaufenden Redoxreaktionen wird organische Substanz oxidativ zu Wasser und Kohlendioxid abgebaut. Die an diesen Redoxreaktionen beteiligten Enzyme bezeichnet man als → Oxidasen. Die O. katalysieren die Oxidoreduktion zwischen zwei Substraten S und S':

S reduziert + S' oxidiert ⇌ S oxidiert + S' reduziert.

O. sind eine äußerst umfangreiche Gruppe von Enzymen. Ihre Unterteilung erfolgt nach der funktionellen Gruppe im Substrat, die dehydriert wird, z. B. eine primäre Alkohol- oder Aminogruppe. Eine weitere Untergliederung wird nach den beteiligten Wasserstoffakzeptoren vorgenommen. Zu den O. gehören → Oxidasen, → Dehydrogenasen, → Peroxidasen, → Hydroperoxidasen, → Oxygenasen und die → Alkoholdehydrogenase.

2-Oxoglutarsäure, svw. α-Ketoglutarsäure.
Oxosäuren, svw. Ketosäuren.

Oxygenasen, zu den Oxidoreduktasen gehörende Enzyme, die die Übertragung von Sauerstoff auf ein als Substrat dienendes organisches Molekül bewirken. Bei den von O. katalysierten Reaktionen werden C—C—, C=C—, C—O—, C—N—, N—H— und vor allem C—H-Bindungen gelöst, und es entstehen als Reaktionsprodukte Verbindungen mit C— oder N—Hydroxygruppen, N—Oxide, Epoxide oder Verbindungen mit Ketogruppen. Man unterscheidet 1) *Dioxygenasen*. Sie bringen zwei Sauerstoffatome in ein Molekül Substrat S ein: $S + O_{21} \rightarrow SO_2$. Dabei wird meist eine C—C—Doppelbindung aufgespalten und der Sauerstoff angelagert. Beispiele sind die unter Ringspaltung verlaufenden Oxidationen von 3—Hydroxyanthranilsäure und von Tryptophan.

2) *Monooxygenasen* übertragen nur ein Atom des Sauerstoffmoleküls O_2 auf das Substrat S, während das zweite mit Hilfe einer Wasserstoffdonators DH_2 zu Wasser reduziert wird: $S + O_2 \xrightarrow{DH} SO + D + H_2O$.

Monooxygenasen sind vor allem für Hydroxylierungen wichtig und werden oft als *Hydroxylasen* oder *mischfunktionelle Oxidasen* bezeichnet. Ihre weitere Unterteilung erfolgt nach Art des Wasserstoffdonators. Hydroxylasen sind vor allem für die Hydroxylierung von Fremdstoffen, wie Pharmaka, von Bedeutung, die dadurch über die Niere ausscheidbar gemacht werden, jedoch auch von körpereigenen Verbindungen, z. B. für die Bildung von Hydroxyprolin, aromatischen Verbindungen und Steroiden. Zu den Hydroxylasen gehört der *Phenoloxidasekomplex* (→ Phenoloxidasen).

Oxygenation, → Sauerstoffbindung des Blutes.
Oxyhämoglobin, → Hämoglobin.
Oxytetrazyklin, Terramycin®, ein von *Streptomyces rimosus* produziertes Antibiotikum aus der Gruppe der → Tetrazykline. Es weist ein ähnliches Wirkungsspektrum wie das verwandte Chlortetrazyklin auf und wird z. B. bei Blutvergiftung, Lungenentzündung, Harnweginfektionen, Typhus erfolgreich angewendet. Als Futtermittelzusatz fördert O. die Mast von Haustieren.

Oxytozin, ein neurosekretorisches Peptidhormon des Hypothalamus. O. ist strukturverwandt zu dem Hormon Vasopressin und unterscheidet sich von diesem durch Isoleuzin anstelle von Phenylalanin in Position 3 sowie in Position 8 durch Leuzin anstelle von Arginin: Cys-Tyr-Ileu-Glu-Asp-Cys-Pro-Leu-Gly-NH_2. O. wird im Hypothalamus gebildet, an das Trägerprotein Neurophysin I gebunden und auf neuralem Weg zum Hypophysenhinterlappen transportiert, wo es gespeichert und bei physiologischem Bedarf an das Blut abgegeben wird. O. wirkt über das Adenylat-Zyklase-System (→ Hormone) und regt die glatte Muskulatur des Uterus und der Brustdrüse zur Kontraktion an. Es spielt somit eine wichtige Rolle beim Geburtsvorgang bzw. bei der Milchexkretion und wird therapeutisch in der Geburtshilfe angewendet. Synthetische Analoga zeigen eine z. T. höhere biologische Wirksamkeit.

Ozean, svw. Meer.
Ozeanis, ozeanische Region, in neuerer Zeit ausgeschiedene tiergeographische Region, die Bestandteil der → Notogäa ist, und 3 Subregionen: Neuseeland, die poly- und mikronesischen Inseln sowie Hawaii (ozeanische Subregion) und die Antarktis umfaßt. Damit ist die O. klimatisch sehr heterogen. Der größte Teil der O. wurde früher als Bestandteil der → Australis angesehen, zu der ebenso wie zur → Orientalis enge Beziehungen bestehen. Aus der Zeit des

Gondwanakontinentes gibt es ferner Gemeinsamkeiten zwischen der neuseeländischen und der neotropischen Wirbellosenfauna, und schließlich sind die Hawaii-Inseln stark von der Nearktis beeinflußt.

Von einigen Fledermausarten abgesehen, fehlen der O. Landsäugetiere. Auch sonst ist die Fauna infolge insularer Isolation oder aus klimatischen Gründen arm. Die → Endemitenrate ist relativ hoch. Als endemische Vogelfamilien sind die Kiwis *(Apterygida)* und die ausgestorbenen Moas *(Dinornithidae)* von Neuseeland und die durch Anpassung an zahlreiche freie ökologische Nischen reich entfalteten Kleidervögel *(Drepanidae)* der Hawaii-Inseln zu nennen. Bemerkenswert sind auch die Nestorpapageien *(Nestorinae)* und der Eulenpapagei *(Strigops habroptilus)* Neuseelands. Trotz seiner Größe und günstiger klimatischer Bedingungen hat Neuseeland nur 65 Landvogelarten, auf Hawaii waren es vor dem Aussterben einiger Kleidervögel 41 oder 42.

Die insgesamt arme Reptilien- und Amphibienfauna weist einige Besonderheiten auf. In der Brückenechse *(Sphenodon punctatus)* Neuseelands besitzt die O. ein in eine eigene (endemische) Ordnung gestelltes »lebendes Fossil«. Auf den Fidschi- und Tonga-Inseln gibt es einen Vertreter der sonst amerikanischen, in einigen Arten auch madagassischen Leguane *(Iguanidae)*. Auf den gleichen Inseln und in mehreren Arten auch auf weiteren Inseln bis nach Neuguinea und ins → indoaustralische Zwischengebiet lebt auch die Pazifikboa *(Candoia* spp.), Vertreter einer neutropischen Verwandtschaftsgruppe. Neuseeland beherbergt einige Gecko- und Skinkarten, aber keine Schlangen. Auf seiner Nordinsel leben die urtümlichsten Frösche *(Leipolelma* spp.). Die Hawaii-Inseln wurden weder von Reptilien noch von Amphibien besiedelt. Dort ist noch die → adaptive Radiation gewisser Schnecken bemerkenswert, von denen die endemischen *Achatindellidae* nicht weniger als 300 Arten zählen.

Die vorstehenden Angaben beziehen sich auf die bodenständige Fauna des Gebietes, die auf vielen Inseln, nicht zuletzt in Neuseeland und auf den Hawaii-Inseln, in ungewöhnlich starkem Maße durch → Einbürgerung fremder Arten bereichert oder geschädigt wurde. Zahlreiche heimische Arten mußten den neuen weichen und sind heute vom Aussterben bedroht oder schon verschwunden.

Außerordentlich artenarm ist die Fauna der antarktischen Subregion. Sie besteht aus wenigen marinen Säugern und Vögeln und einer geringen Zahl wirbelloser Tiere, namentlich Insekten (darunter Parasiten der Wirbeltiere), Milben, Fadenwürmern, Rädertieren, Bärtierchen und limnischen Kleinkrebsen.

Ozeanitätsregel, → ökologische Regeln, Prinzipien und Gesetze.
Ozeanologie, Lehre von den marinen Gewässern, einschließlich der Binnenmeere.
Ozellen, → Lichtsinnesorgane.
Ozelot, *Leopardus pardalis,* eine gefleckte Kleinkatze, die vom südlichen Nordamerika bis nach Südamerika häufig ist und Tiere bis zur Größe von Affen und Junghirschen erbeutet.
Ozimen, ein zur Gruppe der Monoterpene gehörender, offenkettiger, ungesättigter Kohlenwasserstoff, eine angenehm riechende ölige Flüssigkeit. O. kommt in verschiedenen ätherischen Ölen vor.

P

Paarbindung, → Sexualansprüche.
Paarhufer, *Artiodactyla,* eine artenreiche Ordnung der Säugetiere. Die P. sind vorwiegend große Tiere mit gerader Zehenanzahl. Meist sind neben den huftragenden, stark entwickelten dritten und vierten Zehen die zweiten und fünften Zehen als schwächer ausgebildete »Afterzehen« vorhanden; die erste Zehe fehlt. Man unterteilt die P. in die Unterordnungen der *Nichtwiederkäuer, Nonruminantia* (mit den Familien der → Schweine, → Nabelschweine und → Flußpferde), *Schwielensohler, Tylopoda* (mit der Familie der → Kamele) und *Wiederkäuer, Ruminantia* (mit den Familien der Zwergböckchen, → Hirsche, → Giraffen, → Gabelhorntiere und → Hornträger). Auf dem Kopf tragen viele Wiederkäuer, besonders die Männchen, Waffen in Form von Geweihen oder Hörnern.
Paarkernphase, → Pilze.
Paarung, → Fortpflanzung.
Paarungsorgane, *Begattungsorgane, Kopulationsorgane,* die mannigfach gestalteten äußeren Fortpflanzungsorgane, die während der Begattung der Übertragung des Samens in die weiblichen Geschlechtswege dienen.

P. sind besonders beim männlichen Geschlecht entwickelt. Sie bestehen meistens aus dem ausstülpbaren oder über die Körperoberfläche verlängerten letzten unpaaren Abschnitt des männlichen ausführenden Geschlechtsapparates (→ Zirrus, → Penis), der vielfach in besondere Schwellkörper eingeschlossen ist (Penis der Wirbeltiere). Neben diesen in unmittelbarem Zusammenhang mit den inneren Fortpflanzungsorganen ausgebildeten P. besitzen viele wirbellose Tiere sekundäre männliche P., die unabhängig vom inneren Geschlechtsapparat an den verschiedensten Körperstellen entwickelt sein können. Bei den Kopffüßern übernehmen besonders umgebildete (hektokotylisierte) Fangarme die Rolle eines Begattungsgliedes, indem sie zusammen mit einer Spermatophore in die Mantelhöhle des Weibchens eingeführt werden. Bei *Argonauta*

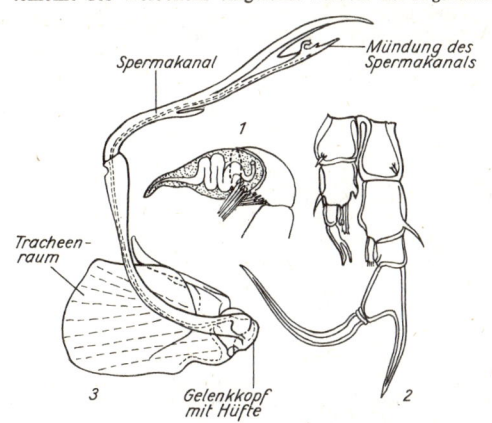

Paarungsorgane einiger Gliederfüßer: *1* Pedipalpus einer Spinne *(Philistata testacea)* mit dem zum männlichen Kopulationsorgan umgebildeten Tarsus; *2 5.* Spaltbein des Männchens eines Ruderfußkrebses *(Diaptomus gracilis),* der rechte Spaltast dient als Klammerorgan, der linke der Übertragung der Spermatophore; *3* das zu einem Gonopodium umgebildete Bein des 7. Doppelsegments eines männlichen Doppelfüßers *(Bollmannia nodifrons)*

Paarungstypen

und verwandten Formen löst sich der → Hektokotylus während der Begattung vom Männchen und bleibt, noch lange Zeit beweglich, in der weiblichen Mantelhöhle zurück.

Bei den Krebsen können die verschiedensten Beinpaare zu → Gonopoden umgebildet sein. Bei den höheren Krebsen (*Malacostraca*) legen sich z. B. das 1. und 2. Beinpaar des Hinterleibes zu einer Röhre (*Petasma*) zusammen, die an die weibliche Geschlechtsöffnung angelegt wird oder in diese eingeführt werden kann. Bei den Ruderfußkrebsen ist das 5. oder 6. Brustbein zu einer kleinen Zange umgebildet, mit der eine Spermatophore in die weibliche Geschlechtsöffnung übertragen wird.

Bei den *Doppelfüßern* haben sich die Beinpaare des 7. Körpersegementes ebenfalls zu komplizierten Gonopoden umgebildet, die direkt in die weibliche Geschlechtsöffnung eingeführt werden.

Bei den Webspinnen ist das letzte Glied der Kiefertaster (Pedipalpen) zu einem Paarungsorgan entwickelt worden, das mit der Samenflüssigkeit gefüllt und bei der Begattung in die weibliche Geschlechtsöffnung eingeführt wird. Bei den Milben dienen häufig die Cheliceren als P., indem die Spermatophore mit ihrer Hilfe in die Geschlechtsöffnung des Weibchens übertragen wird. Vielfach sind neben den echten P. Körperanhänge z. B. bei den Gliederfüßern die Beine, Fühler u. a., zu Klammerorganen umgebildet, mit deren Hilfe sich das Männchen während der Begattung am Weibchen festklammert.

Paarungstypen, Individuengruppen (Klone) der Ziliaten von bestimmtem Paarungsverhalten. Die Arten der Ziliaten können sich in verschiedene Varietäten aufspalten. Innerhalb der Varietäten konjugieren nur Individuen miteinander, die verschiedenen P. angehören. Konjugationen zwischen den P. verschiedener Varietäten finden nicht statt, oder sie verlaufen unvollständig und ergeben keine lebensfähigen Nachkommen. Die Varietäten der Ziliaten sind somit genetisch gegeneinander isoliert wie die Arten der höheren Tiere. Es gibt Arten, z. B. *Paramecium aurelia*, bei denen in einer Varietät zwei P. vorkommen, und solche, z. B. *Paramecium bursaria*, die eine unterschiedlich große Anzahl P. je Varietät besitzen.

Paarungsverhalten, Fortpflanzungsverhalten bei getrenntgeschlechtlichen Tierarten, das mit der Begattung, auch Paarung im engeren Sinne genannt, endet. Es hat das Ziel der Gametenkopulation, also die Bildung einer Zygote. Der letztgenannte Vorgang wird als Befruchtung bezeichnet und kann als äußere oder innere Befruchtung vollzogen werden.

Das P. ist bei voller Ausbildung in drei Phasen gegliedert: Partnersuche, Partnerwahl und Paarung als Partnerkontakt. Die beiden ersten Phasen können durch ein kompliziertes Balzverhalten ausgestaltet sein.

PAB, Abk. für p-Aminobenzoesäure.

pacemaker, svw. Schrittmacher.

Pachytän, → Meiose.

Pacini-Körperchen, → Tastsinn.

Pädogamie, → Befruchtung, → Fortpflanzung.

Pädogenese, → Parthenogenese.

Pädomorphose, Erhaltenbleiben jugendlicher Merkmale von Vorfahren bei späteren ontogenetischen Stadien stammesgeschichtlicher Nachfahren. Der Begriff der P. deckt sich weitgehend mit dem der → Neotenie.

Paeoniaceae, → Pfingstrosengewächse.

Paguridae, → Einsiedlerkrebse.

Paläanthropinen, *Paläanthropinae*, → Anthropogenese, → Homo.

Paläanthropologie, Zweig der Anthropologie, der die Erforschung der Abstammung (→ Anthropogenese) und biologischen Entwicklung des Menschen bis zur Gegenwart in iher ganzen Komplexität und in ihren Wechselbeziehungen zu abiotischen, biotischen und gesellschaftlichen Faktoren zum Gegenstand hat.

Die P. stützt sich dabei auf die Analyse von Skelettfunden des rezenten Menschen und dessen Vorfahren bis hin zur stammesgeschichtlichen Wurzel der Hominiden. In die Betrachtungen werden Fossilfunde von verwandten Formen und vergleichende Untersuchungen an genetisch nahestehenden nichthominiden lebenden Primaten sowie die Ergebnisse zahlreicher Nachbardisziplinen, insbesondere im Hinblick auf gesellschaftliche und kulturell-technische Entwicklungen einbezogen.

Für die Perioden, aus denen relativ repräsentative Skelettserien vorliegen (in Europa die letzten 6000 bis 8000 Jahre), ist die P. zunehmend in der Lage, fundierte Aussagen über die populationsspezifische morphologische und metrische Variabilität und ethnogenetische Prozesse, über die Dynamik demographischer Parameter (→ Palädemographie), wie Sterblichkeit, Geschlechterrelation, Populationsgröße u. a., aber auch über den Stand der medizinischen Betreuung und das epidemische Auftreten von Krankheiten, wie Zahnkaries, Periodontopathien, degenerative Skelettveränderungen u. ä. zu machen. Die Erkenntnisse der P. stellen nicht nur eine wesentliche Ergänzung des Geschichtsbildes dar, sie leisten auch einen wichtigen Beitrag zum Verständnis der biologischen Situation der heutigen Menschen.

Paläarktis, *paläarktische Subregion*, tiergeographisches Gebiet, das früher als eigenständige Region behandelt, heute im allgemeinen als Teil der → Holarktis angesehen wird. Die P. umfaßt das außertropische Eurasien, Nordafrika und den größten Teil Arabiens. Hinsichtlich der arktischen Gebiete, die auch mit denen der Nearktis zu einer eigenen Subregion zusammengefaßt werden, gibt es keine einheitliche Auffassung.

Die P. ist Entwicklungszentrum vieler Tiergruppen gewesen und hat selbst zahlreiche Arten und höhere Taxa vor allem aus der → Orientalis empfangen. Paläarktische Tiere sind bis in die → Neotropis und → Australis vorgedrungen, während sich kein Einfluß dieser Gebiete auf die Fauna der P. nachweisen läßt. Nacheiszeitlich ging die zweifellos noch nicht abgeschlossene Wiederbesiedlung der nördlichen Gebiete von bestimmten Glazialrefugien aus, die zu → Ausbreitungszentren wurden. Eine Besonderheit der P. ist die → arktisch-alpine Verbreitung vieler Sippen.

Im Vergleich zur → Nearktis ist die P. ärmer an charakteristischen Taxa. Unter den Wirbeltieren sind diese, wohl nicht nur des größeren Gebietes wegen, bei den Säugetieren am zahlreichsten, die eine höhere Zahl endemischer Gattungen aufweisen. Folgende der Nearktis fehlende Ordnungen und Familien kommen vor: Primaten, Schleichkatzen, Hyänen, Eigentliche Mäuse, Pferde, Kamele und unter den Hornträgern Antilopen und Gazellen. Außer den unter Holarktis genannten endemischen Familien sind die Eigentlichen Schläfer (*Glirinae*) und die Gemsen (*Rupicaprini*) auf die P. beschränkt.

Die Vogelwelt setzt sich fast ausschließlich aus weit verbreiteten Familien zusammen. Die Artenzahl des riesigen Gebietes liegt mit etwa 1100 niedriger als die Kolumbiens (> 1500), des vogelreichsten Landes der Erde. In Anbetracht der guten Ausbreitungsfähigkeit der Vögel und der Nutzung der Nachbarregionen als Überwinterungsgebiet sind enge Beziehungen zu Äthiopis und Orientalis selbstverständlich. Andererseits ist die Zusammensetzung der Arten bei etwa gleicher Zahl zwischen Ost- und Westpaläarktis sehr unterschiedlich.

Reptilien- und Amphibienfauna sind relativ arm. Welche großen Verluste gegenüber dem Tertiär auch die

Wirbellosen erlitten haben, belegt der baltische Bernstein, der viele Arten heute nur viel weiter südlich verbreiteter Gruppen bewahrt hat.

Palädemographie, ein Spezialgebiet der → Paläanthropologie, das sich mit bevölkerungsbiologischen Verhältnissen (→ Bevölkerungskunde) in der Ur- und Frühgeschichte des Menschen befaßt. Die P. fußt in erster Linie auf der Untersuchung menschlicher Skelette, aber auch von Leichenbrandüberresten. Alters- und Geschlechtsdiagnosen sowie die Feststellung krankhafter Veränderungen am Skelett erlauben Aussagen über Alterszusammensetzung, Sterblichkeit, Geschlechterverhältnis, Größe und Entwicklung der Bevölkerungszahl und auch über die Krankheitsbelastung von Bevölkerungen, über die keine schriftlichen Quellen vorliegen. Zur Ergänzung werden Zahl, Dichte und Art von Kulturfunden herangezogen, die ebenfalls bis zu einem gewissen Grade Aufschluß über die Größe der Bevölkerung und des Lebensraumes, darüber hinaus über Wirtschaftsform und -verhältnisse geben.

Palaeacanthocephala, → Kratzer.

Palaeechinoidea [griech. palaios 'alt', chinos 'Igel', eidos 'ähnlich'], *Melonechinoida,* ausgestorbene Ordnung der Seeigel mit kugeligem bis melonenförmigem Körper. Die Interambulakralfelder bauen sich aus einer oder mehr Plattenreihen, die Ambulakralfelder aus zwei oder mehr Plattenreihen auf. Auf kleinen Stachelwarzen sitzen einander ähnliche Stacheln. Die P. bilden eine verhältnismäßig isolierte Gruppe paläozoischer *Echinoidea,* die vom Silur bis Perm verbreitet sind.

Palaeoniscum [griech. palaios, 'alt', oniskos 'Eselchen'], Gattung der Schmelzschupper (Ganoiden) von torpedoartiger Gestalt mit großem Kopf. P. hatte kleine, spitz-konische, etwas ungleiche Zähne und eine heterozerke Schwanzflosse, der ganze Körper war dicht mit rhombischen, auch runden Schuppen besetzt.

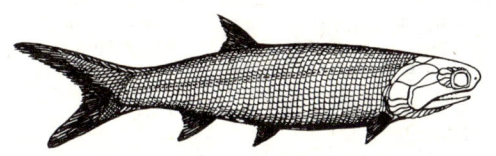

Schematische Skizze des Ganoidfisches *Palaeoniscum* aus dem unteren Zechstein; Vergr. 0,25:1

Verbreitung: Perm, häufig als vererztes Leitfossil im germanischen Kupferschiefer (»Kupferschieferhering«).

Paläobiogeographie, → Paläontologie.

Paläobiologie, → Paläontologie.

Paläobotanik (Tafel 30), *Paläophytologie, Phytopaläontologie, Pflanzenpaläontologie,* Wissenschaft, die sich mit der Erforschung der Pflanzenwelt früherer erdgeschichtlicher Zeitabschnitte beschäftigt, ein Teilgebiet der Paläontologie. Die Untersuchungen der P. beziehen sich üblicherweise auf makroskopische pflanzliche Fossilien, d. h. auf Großreste, auch wenn dabei mikroskopische Arbeitsmethoden angewendet werden. Die Bearbeitung fossiler Pollen und Sporen gehört dagegen zum Aufgabenbereich der → Sporenpaläontologie.

Durch die P. wurden besonders die Kenntnisse über die stammesgeschichtliche Entwicklung der Pflanzenwelt wesentlich erweitert. Für bestimmte geologische Zeitabschnitte, vor allem für das Karbon, liefert die P. auch der praktischen Geologie unentbehrliche Grundlagen.

Geschichtliches: Die ältesten Überlieferungen von fossilen Pflanzen stammen aus dem griechischen Altertum. Während das Mittelalter keine Bereicherung der Kenntnisse brachte, setzten nach 1630 Fundermittlungen ein. Da auch später noch die Beschäfigung mit fossilen Pflanzenresten zufälligen Charakter trug, bezeichnet man die Zeit bis etwa 1820 als vorwissenschaftliche Periode. Die wissenschaftliche Periode begann mit den Arbeiten von Schlotheim (1765–1832), dem bald Arbeiten anderer Forscher folgten, vor allem von Brongniart (1801–1876), Sternberg (1761–1838) und Göppert (1800–1884).

Lit.: E. Boureau: Traité de Paléobotanique (Paris 1966ff.); L. Emberger: Les Plantes fossiles (Paris 1968); T. Delevoryas: Morphology and Evolution of Fossil plants (London 1963); W. Gothan u. H. Weyland: Lehrbuch der P. 3. Aufl. (Berlin 1973); M. Hirmer: Handb. d. P. (München u. Berlin 1927); K. Mägdefrau: Paläobiologie der Pflanzen 4. Aufl. (Jena 1968); W. u. R. Remy: Pflanzenfossilien (Berlin 1959), Die Floren des Erdaltertums (Essen 1977); F. Schaarschmidt: Paläobotanik, Bd. 1 u. 2 (Mannheim u. Zürich 1968); W. Zimmermann: Die Phylogenie der Pflanzen 2. Aufl. (Stuttgart 1959).

Paläogen, *Alttertiär,* untere Abteilung des Tertiärs mit den Stufen → Paläozän, → Eozän und → Oligozän, → Erdzeitalter.

Paläogeographie, Wissenschaft von den geographisch-geomorphologischen Verhältnissen der geologischen Vergangenheit. Die P. stützt sich bei der Erforschung der ehemaligen Kontinentumrisse neben der marinen oder terrestrischen Prägung der Sedimentgesteine besonders auf den Fossilinhalt.

Paläoklimatologie, Wissenschaft von der Klimageschichte in der geologischen Vergangenheit der Erde. Da das Klima für die Verbreitung zahlreicher Tier- und Pflanzenarten von Bedeutung ist, gestatten Fossilfunde Rückschlüsse auf den ehemaligen Verlauf von Klimagrenzen.

Paläolimnologie, Arbeitsrichtung der → Limnologie, die sich mit der Geschichte der Seen befaßt.

Paläometabolie, → Metamorphose.

Paläontologie *Versteinerungskunde,* Wissenschaft von den pflanzlichen und tierischen Organismen der erdgeschichtlichen Vergangenheit. Ihre Studienobjekte sind Fossilien. Sie gliedert sich danach in → *Paläobotanik* und → *Paläozoologie,* beide mit selbständigen Spezialforschungszweigen. Weitere, z. T. ebenfalls selbständige Teilgebiete der P. sind → Paläanthropologie, → Paläogeographie, → Paläoklimatologie und → Paläopathologie sowie → Sporenpaläontologie.

Durch ihr Beobachtungsmaterial und die historische Betrachtungsweise ist die P. mit den Geowissenschaften und Biowissenschaften eng verknüpft. In der *Fossilisationslehre* finden alle geologischen Faktoren, die zur Entstehung von Fossilien führen, ihre Auswertung. Sie umfaßt vor allem die → *Biostratinomie* und die *Fossildiagenese* (→ Fossilisation).

Als biologische Wissenschaft (*Paläobiologie*) hat die P. ihr Material systematisch geordnet. Sie untersucht daran 1) den individuellen Werdegang der Organismen (Ontogenie), 2) ihre Lebensweise und Lebensbedingungen (→ *Paläoökologie*), 3) ihre Verbreitung auf den ehemaligen Festländern und in den Meeren (*Paläobiogeographie*), 4) die Entwicklung des Lebens im Laufe der Erdgeschichte (Phylogenie).

Für die stratigraphische Deutung vieler geologischer Ablagerungen hat die *Mikropaläontologie* große praktische Bedeutung. Unter Anwendung besonderer Untersuchungsmethoden befaßt sie sich mit mikroskopisch kleinen Tier- und Pflanzenresten (im allgemeinen etwa unter 2 mm Größe), die besonders für Bohrproben eine schnelle und sichere relative zeitliche Einstufung erlauben (*angewandte P.*).

Paläoökologie, spezielle Forschungsrichtung in der → Paläontologie. Sie versucht die Beziehungen fossiler Organismen zueinander und zu ihrer Umwelt aufzudecken. Sie rekonstruiert Funktionsweisen und Vergesellschaftungen ausgestorbener Organismen und erschließt damit indirekt deren einstige Umwelt.
Paläopallium, → Gehirn.
Paläopalynologie, svw. Sporenpaläontologie.
Paläopathologie, ein Forschungsgebiet der Paläontologie und der Anthropologie, das sich mit pathologischen Veränderungen an fossilen und subfossilen tierischen und menschlichen Skeletten befaßt.
Paläophytikum, *Pteridophytenzeit*, *Florenaltertum*, Zeitabschnitt der Florengeschichte, der auf das Eophytikum folgt. Das P. begann etwa im oberen Silur und endete mit dem Rotliegenden (→ Erdzeitalter). Das P. wird meist unterteilt in das *ältere P.* oder die *Psilophytenzeit* (oberes Silur bis Mitteldevon) und das *jüngere P.* oder die *Pteridophytenzeit* im engeren Sinn (Oberdevon bis Rotliegendes). Der Beginn der Psilophytenzeit ist gekennzeichnet durch das Auftreten einer Landvegetation in bedeutendem Ausmaß. Vorherrschend waren in dieser ersten Landflora die Nacktpflanzen (Psilophyten) und die primitivsten Formen der verschiedenen Klassen der Farnpflanzen (Pteridophyten), wie *Archaeolepidophytales*, *Hyeniales*, *Primopteridae*. Im älteren P. zeigt die Vegetation noch keine geographischen Verschiedenheiten; sie scheint auf der ganzen Welt einheitlich gewesen zu sein. Im Oberdevon sind die Nacktpflanzen nahezu verschwunden, die einzelnen Klassen der Farnpflanzen zeigen schon hoch differenzierte, z. T. baumartige Formen. Damit beginnt die Pteridophytenzeit im engeren Sinne, in der diese Pflanzengruppen vorherrschen. Im Unterkarbon treten in starkem Maße Lepidodendren, Asterocalamiten, Spenophyllen, Calamiten, zahlreiche Farne und → Samenfarne, auch die Cordaiten auf. Eine geographische Differenzierung ist weder im Oberdevon noch im Unterkarbon zu erkennen. Diese Flora erfährt im Oberkarbon eine starke Entfaltung. Hier tritt zum erstenmal eine pflanzengeographische Differenzierung auf. Man kann 2 Florenreiche unterscheiden, ein *nordhemisphärisches* oder *arktokarbonisches* und ein *südhemisphärisches* oder *antarktokarbonisches*. Die Grenze zwischen beiden verläuft nicht an unserem derzeitigen Äquator; während das südliche Südamerika, das mittlere und südliche Afrika mit Madagaskar, Indien, Australien und die Antarktis zum antarktokarbonischen Florenreich gehören, zählen alle anderen Gebiete zum arktokarbonischen Florenreich. Dies gliedert sich in die *euramerische Flora*, zu der auch Nordafrika gehört und für die die hohen Pteridophytenbäume (Lepidodendren, Sigillarien, Calamiten), die Cordaiten und die großlaubigen, reich gefiederten Pteridophyllen kennzeichnend sind, die *Angara-Flora*, die Nordwest- und Mittelasien etwa vom Ural bis zur Petschora umfaßt und eine artenarme Mischflora beherbergt, sowie die südostasiatische *Cathaysia-Flora*, die nach dem charakteristischen Vorkommen von *Gigantopteris* auch als *Gigantopteris-Flora* bezeichnet wird.
Die Flora des antarktokarbonen Florenreichs war dagegen einheitlich. Kennzeichnend sind vor allem *Glossopteris*, *Gangamopteris*, *Schizoneura* und *Phyllotheca*. Man bezeichnet diese Flora, die insgesamt außerordentlich artenarm gewesen zu sein scheint, danach auch oft als *Glossopteris-Flora* oder *Gondwana-Flora*.
Eine befriedigende Erklärung für diese paläopflanzengeographischen Verhältnisse bietet vom paläobotanischen Gesichtspunkt bisher nur die Wegenersche → Kontinentalverschiebungshypothese. Im Rotliegenden, mit dem das P. ausklingt, erfolgte im südhemisphärischen Florenreich fast keine Änderung gegenüber dem Oberkarbon. Auf der Nordhemisphäre verarmte dagegen die Karbonflora zunehmend, was wohl auf einen Klimawechsel zurückgeht. Mehr und mehr verschiebt sich hier das Schwergewicht von den Farnpflanzen zu den Nacktsamern, die dann im → Mesophytikum vorherrschend werden. In dieser Hinsicht ist das Rotliegende eine Zeit des Überganges.
Paläophytologie, svw. Paläobotanik.
Paläotropis, 1) pflanzengeographische Bezeichnung für ein Florenreich. Die P. umfaßt die tropischen und subtropischen Florenzonen der Alten Welt (Afrika, Vorder- und Hinterindien, indomalayische und polynesische Inseln). Besonders kennzeichnende Familien sind Flügelnußgewächse (*Dipterocarpaceae*), Schraubenpalmengewächse (*Pandanaceae*), Kannenstrauchgewächse (*Nepenthaceae*), viele Maulbeergewächse, besonders *Ficus*-Arten, Wolfsmilchgewächse mit vielen Stammsukkulenten u. a. Die Hauptvegetationsformen sind tropische Regenwälder, Monsun- und Trockenwälder, Savannen und Wüsten.
2) tiergeographische Region, die das tropische Asien und Afrika südlich der Sahara vereint. Meist werden diese Gebiete jedoch als eigene Regionen aufgefaßt. → Orientalis und → Äthiopis.
Paläozän, unterste Stufe des → Paläogens.
Paläozoikum, *Erdaltertum*, *Erdaltzeit*, in der Entwicklung der tierischen Lebewesen der Zeitabschnitt, der etwa 350 Mio. Jahre dauerte und die Systeme Kambrium, Ordovizium, Silur, Devon, Karbon und Perm umfaßt. Zu Beginn trat erstmalig eine reiche tierische Fauna auf, die sich bereits aus Vertretern von 11 Tierstämmen zusammensetzte und sich explosiv weiterentwickelte. Gegen Ende des P. starben bereits eine Anzahl dieser Tiergruppen aus, z. B. die rugosen Korallen (Tetrakorallen), Tabulaten, Goniatiten, Trilobiten, Beutelstrahler, Knospenstrahler, Graptolithen, Panzerfische sowie primitive Lurche und Kriechtiere. Andere Tiergruppen, so z. B. die Brachiopoden, Nautiloiden, Gigantostraken (Riesenkrebse) und die Crossopterygier (Quastenflosser) besitzen im P. eine in der späteren Erdgeschichte nicht wieder erreichte Formen- und Individuenmannigfaltigkeit. Die Ammoniten, Seeigel, höheren Fische, Vögel und Säugetiere erschienen erst im Anschluß an das P.
Paläozoologie (Tafel 31), Wissenschaft, die sich mit der Erforschung der Tierwelt in der erdgeschichtlichen Vergangenheit beschäftigt. Die P. ist ein Teilgebiet der → Paläontologie.
Palatoquadratum, → Schädel.
Palindrom, 1) Wort oder Text, die beide von links nach rechts gelesen den gleichen Sinn ergeben wie umgekehrt (z. B. Lagerregal).
2) In der Molekularbiologie Basensequenz mit 180° Rotationssymmetrie $\begin{pmatrix} GAATTC \\ CTTAAG \end{pmatrix}$. P. sind Erkennungssequenzen für Restriktionsendonukleasen, Repressoren und andere in der Regel multimere Proteine, die spezifische DNS-Bereiche binden.
Palingenese, Bildungen bei Embryonal- oder Jugendstadien einer Tierform, die einem erwachsenen Ahnenzustand entsprechen und deshalb für die Rekonstruktion der Phylogenese von Bedeutung sein können. Zum Beispiel haben viele blinde Höhlentiere Jugendformen mit funktionstüchtigen Augen. Das läßt den Schluß zu, daß die erwachsenen Vorfahren funktionsfähige Lichtsinnesorgane besessen haben.
Palingeniidae, → Eintagsfliegen.
Palinura, → Zehnfüßer.
Palinuridae, → Langusten.
Palisadenparenchym, → Blatt, → Parenchym.
Pallialkomplex, *Pallialorgane*, die Organe oder Organ-

teile der Mantelhöhle bei Weichtieren, wie Kiemen oder »Lungen«, die Osphradien, die Hypobranchialdrüsen, der Enddarm mit After, die Ausführgänge der Geschlechtsorgane und Nieren, mitunter auch das Perikard mit dem Herzen.

Palmae, → Palmen.

Palmellen, → Flagellaten.

Palmen, *Arecaceae, Palmae,* eine Familie der Einkeimblättrigen Pflanzen mit etwa 3500 Arten, die nur in den Tropen und Subtropen verbreitet sind. Es handelt sich überwiegend um hohe, baumförmige Pflanzen, deren Stämme unverzweigt sind und an der Spitze einen Schopf von großen Blättern tragen, die entweder gefiedert oder fächerartig gestaltet sind (*Fieder-* und *Fächerpalmen*). Der Stamm erhält noch vor Beginn des Längenwachstums fast seine endgültige Dicke. Die meist eingeschlechtigen Blüten stehen in Blütenständen, die von großen, festen Hochblättern umgeben werden. Die 6teilige Blütenhülle ist unscheinbar.

Die Bestäubung geschieht durch Insekten oder den Wind. Als Früchte treten Steinfrüchte, Nüsse und Beeren auf.

Chemische Inhaltsstoffe sind vor allem Gerbstoffe, Kohlenhydrate, wie »Reservezellulose«, und fette Öle. Zu den P. gehört eine große Anzahl wichtiger Nutzpflanzen. Am bedeutendsten ist die an allen tropischen Meeresküsten angepflanzte **Kokospalme,** *Cocos nucifera,* deren schlanke Stämme eine Höhe von 30 m erreichen können. Die Blätter sind gefiedert. Wirtschaftlich bedeutungsvoll sind die großen, einsamigen Steinfrüchte, deren faseriges Mesokarp als Kokosfaser verwendet wird. Aus dem festen Nährgewebe des Samens, das getrocknet als Kopra in den Handel kommt, gewinnt man Öl. Ein zweiter wichtiger Öllieferant ist die *Ölpalme, Elais guineensis,* aus Westafrika, die 10 bis 15 m hoch wird und ebenfalls gefiederte Blätter hat. Ihre Samen enthalten bis zu 37% Öl, das zur Herstellung von Kerzen, Seifen und auch zu Speisezwecken genutzt wird. Beerenartige Früchte hat die wild nicht bekannte *Dattelpalme, Phoenix dactylifera,* die einen dicken, bis 22 m hohen Stamm ausbildet. Sie ist die wichtigste Nahrungspflanze in den Oasen der Wüstengebiete Nordafrikas und Südwestasiens. Der Samen im zuckerhaltigen Fruchtfleisch speichert Reservezellulose und wird dadurch hart. Die Samen der **Betelpalme,** *Areca catechu,* haben ebenfalls ein hartes, braunes Endosperm und kommen als Betelnüsse in den Handel. Die Betelpalmen enthalten als einzige Vertreter der Familie Alkaloide. Das Hauptalkaloid Arekolin wird beim Kauen der Nüsse mit Kalkzusatz in das anregend wirkende Arekaidin verwandelt. Aus dem stärkereichen Mark der von Indonesien bis zu den Fidschiinseln vorkommenden **Sagopalmen,** *Metroxylon rumphii* und *Metroxylon sagu,* wird der echte Sago gewonnen. Europäische Arten der Familie sind die im westlichen Mittelmeergebiet vorkommende **Zwergpalme,** *Chamaerops humilis,* und *Phoenix theophrasti,* die auf Kreta beheimatet ist.

Palmendieb, *Kokosräuber, Birgus latro,* ein zur Ordnung der Zehnfüßer gehörender Landkrebs, der auf verschiedenen Inseln des Indischen und Pazifischen Ozeans lebt. Er ernährt sich unter anderem auch von Baumfrüchten, wobei er Palmen von 20 m Höhe erklettern kann. Seine Jugendstadien leben im Meer. Der P. ist mit den Einsiedlerkrebsen verwandt.

Palmfarne, *Cycadatae,* eine überwiegend durch fossile Formen vertretene Klasse der Fiederblättrigen Nacktsamer, von denen heute noch 10 Gattungen mit wenigen Arten in tropischen und subtropischen Gebieten vorkommen. Ihr Habitus erinnert an Palmen, denn ihr Stamm ist meist unverzweigt und trägt an seinem Ende schraubig gestellte, gefiederte, große Laubblätter. Die Blüten sind zweihäusig verteilt, die männlichen sind meist zapfenförmig, wobei die Staubblätter meist an einer Achse schraubig angeordnet sind und auf ihrer Unterseite eine große Zahl von Pollensackgruppen tragen. Der Endabschnitt eines jeden Staubblattes ist steril. Größere sterile, oft gefiederte Endabschnitte haben z. T. die Fruchtblätter, wodurch die Homologie der Fruchtblätter mit den Laubblättern ganz deutlich ersichtlich wird. Sie tragen am unteren Teil rand-

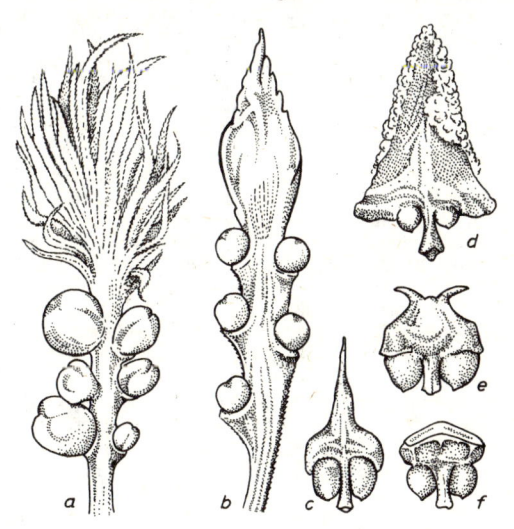

Fruchtblätter von Zykadeen – Reduzierung der Zahl der Samenanlagen. – *a* Cycas revoluta, *b* Cycas circinalis, *c* Macrozamia spec., *d* Dioon edule, *e* Ceratozamia mexicana, *f* Zamia skinneri

Wuchsform einiger Palmen: *a* Dattelpalme, *b* Kokospalme, *c* Washingtonia, *d* Sabal

ständig mehrere Samenanlagen. Im Laufe der Entwicklung haben sich bei den P. der sterile Endteil der Fruchtblätter und die Zahl der Samenanlagen immer mehr zurückgebildet, so daß bei einigen Vertretern nur noch zwei Samenanlagen an einem schuppenförmigen Fruchtblatt stehen, die, spiralig an einer Achse angeordnet, schließlich Zapfenblüten ergeben. Die Befruchtung erfolgt noch mittels auffallend großer Spermatozoiden. Sie sind mit 0,3 mm Durchmesser die größten im Pflanzen- und Tierreich. Fossile Fragmente von Pflanzen, die zu den P. gestellt werden, sind aus verschiedenen Epochen des Mesozoikums bekannt.

Die wichtigsten Vertreter sind die von Madagaskar bis Ostasien verbreitete Gattung *Cycas*, die Gattung *Encephalartos* aus Afrika, die australischen Gattungen *Lepidozamia*, *Macrozamia* und *Bowenia* und die amerikanischen Gattungen *Dioon*, *Microcycas*, *Ceratozamia* und *Zamia*. Aus dem stärkereichen Mark einiger Arten wird Sago gewonnen, die Blätter, vor allem der *Cycas*-Arten, werden gern als Grabschmuck verarbeitet.

Palmitinsäure, *Zetylsäure*, *n-Hexadekansäure*, $CH_3-(CH_2)_{14}-COOH$, eine höhere Fettsäure, eine farblose, wasserunlösliche Substanz. P. kommt in Form von Glyzerinestern (Glyzeriden) als wesentlicher Bestandteil von Fetten und fetten Ölen vor; besonders die festen tierischen Fette sind reich an Palmitinsäureglyzeriden. Im Bienenwachs ist P. mit Myrizylalkohol, im Walrat mit Zetylalkohol verestert.

Palmitylalkohol, *Zetylalkohol*, *n-Hexadekanol*, *Zetanol*, $C_{16}H_{33}OH$, kommt als Ester mit höheren Fettsäuren in vielen Wachsen und als Hauptbestandteil des Walrats in der Natur vor.

Palmlilie, → Agavengewächse.

Palolowurm, *Eunice viridis*, ein in der Südsee lebender, bis 40 cm langer Vielborster (Ordnung *Errantia*). Er stößt sein mit reifen Fortpflanzungsprodukten angefülltes Hinterende periodisch im Oktober oder November während einer bestimmten Mondphase ab. Die umherschwärmenden Hinterenden werden von den Bewohnern verschiedener Inseln mit Netzen gefischt und gebraten oder gebacken als Delikatesse verspeist.

Palpenmotten, → Schmetterlinge (System).

Palpigradi, eine Ordnung der zu den Gliederfüßern gehörenden Spinnentiere, die aus bisher 46 bekannten, winzig kleinen Arten (0,6 bis 2,8 mm) besteht und sehr weit verbreitet ist. Der Körper ist sehr schlank und trägt am Ende des Opisthosomas einen vielgliedrigen Telsonanhang. Die Pedipalpen sind beinförmig, das erste Laufbein ist dagegen als Taster ausgebildet. Die sehr zarten Tiere leben in feuchter Umgebung, unter Steinen oder in Bodenspalten.

Paludina, → Viviparus.

Palynologie [griech. palynein 'Staub streuen'], zusammenfassende Bezeichnung für alle Arbeitsrichtungen, die sich mit der Untersuchung von Pollen oder Sporen befassen. Spezialgebiete der P. sind die → Pollenmorphologie, die → Pollenanalyse, die → Sporenpaläontologie, die → Melitopalynologie u. a.

Palynomorphologie, → Pollenmorphologie.

Pampa, ebene Horstgrassteppe des südlichen Südamerika. → Steppe.

Pampashase, → Meerschweinchen.

Pampelmuse, → Rautengewächse.

Panaschierung [frz. panache 'buntstreifiger Helmbusch'], *Panaschüre*, *Weißbuntscheckung*, *Buntblättrigkeit*, durch Mangel oder Fehlen von Chlorophyll hervorgerufene partielle Ausbleichung von Laubblättern. Man unterscheidet: 1) *randliche (marginale) P.* Hierbei ist nur der Rand der Blätter oder die Innenfläche weiß gefärbt. Bekannt ist diese Form der P. vom Efeu, von der Esche, vom Schwarzen Holunder u. a.; 2) *sektoriale P.* Von der Mittelrippe bis zum Blattrand ziehen sich weiße und grüne Streifen hin, die sich bei parallelnervigen Blättern von der Ansatzstelle bis zur Blattspitze erstrecken können. Sektoriale P. ist sehr häufig und kommt unter anderem bei Herbstzeitlose, Schwertlilie, Ahorn, Buche, Klee, Brombeeren, Rosen und Nadelhölzern vor; 3) *marmorierte P.* Auf den Blättern treten mehr oder weniger große grün-weiße Flecken auf, die Blätter erscheinen gesprenkelt. Ist die P. weniger ausgedehnt und sind die Flecken kleiner, spricht man von 4) *pulverulenter P.* Die letzten beiden Formen der P. trifft man bei Ulmen, Holunder, Rosen, Klee und Knöterichararten an. Vielfach treten an ein und demselben Blatt mehrere Arten von P. auf. Die P. kann durch Viruskrankheiten und andere zu partiellen Chloroplastendefekten führende Noxen zustande kommen, in manchen Fällen ist sie aber auch erblicher Natur und dann die Folge von Gen- oder Plastidenmutationen. Viele Zierpflanzen, z. B. die Gartenpelargonien, zeigen P.

Pancarida, → Malacostraca.

Panda, → Katzenbär (Kleiner Panda), → Bambusbär (Riesenpanda).

Pandanaceae, → Schraubenbaumgewächse.

Pankreas, svw. Bauchspeicheldrüse.

Pankreozymin, *Cholezystokinin*, ein Gewebshormon des Dünndarms, das chemisch zu den Polypeptidhormonen gehört und aus 33 Aminosäuren aufgebaut ist (Molekülmasse 3838). P. weist strukturelle Ähnlichkeit mit dem Hormon Gastrin auf. Es wird in den E-Zellen des Dünndarms produziert; seine Freisetzung wird durch den sauren pH-Wert des Speisebreies, besonders durch Fettsäuren, Aminosäuren und Peptide stimuliert. P. gelangt über die Blutbahn zu Gallenblase und Bauchspeicheldrüse. Es bewirkt die rhythmischen Kontraktionen zur Entleerung der Gallenblase und die Sekretion des enzymreichen Pankreassaftes. Das 1943 aufgefundene P. erwies sich mit dem bereits 1928 entdeckten Cholezystokinin identisch.

Panmixie, uneingeschränkte Paarung zwischen allen geschlechtsreifen Angehörigen einer Population.

Panmixieindex, Komplementärwert zum → Inzuchtkoeffizienten.

Pansen, → Verdauungssystem.

Panther, svw. Leopard.

Panthergecko, svw. Tokeh.

Pantherkröte, *Bufo regularis*, eine der häufigsten afrikanischen → Eigentlichen Kröten, die von Kairo bis Kapstadt verbreitet ist. Die P. wird bis 14 cm lang, ihre Oberseite hat große, quadratische dunkle Flecken. Die Eier werden von August bis Januar abgelegt; ein Gelege enthält über 24 000 Eier.

Pantherpilz, → Ständerpilze.

Pantoffelblume, → Braunwurzgewächse.

Pantoffelkoralle, → Calceola.

Pantoffelschnecke, *Crepidula fornicata*, Kiemenschnecke der Ordnung *Monotocardia* mit pantoffelförmiger Schale. Die P. wurde mit Austernbrut von der nordamerikanischen Küste nach Europa eingeschleppt und ist auf den Austernbänken als Nahrungskonkurrent ein bedeutender Schädling geworden. Die P. bilden Paarungsketten, bei denen die Tiere fest miteinander verbunden übereinander sitzen und in ihrem Leben eine Geschlechtsumstimmung vom Männchen über Zwitter bis zum Weibchen durchlaufen.

Pantoffeltierchen, → Paramecium.

Pantophage, → Nahrungsbeziehungen.

Pantopoda, → Asselspinnen.

Pantothensäure, ein → Vitamin des Vitamin-B$_2$-Komplexes.

Panzerechsen, svw. Krokodile.

Panzerfische, *Placodermi*, ausgestorbene Klasse der Kieferlosen (*Agnathi*), diese Bezeichnung ist heute auf die Ordnung der *Arthrodira* (Panzer- oder Nackengelenkfische) beschränkt. Es sind Fische mit einem plattigen Hautknochenskelett und kleinen rhombischen Schuppen. Systematisch bilden sie eine heterogene Gruppe und keine genetische Einheit. Die P. waren überwiegend Bodenbewohner.

Verbreitung: Silur bis Unterperm in Binnengewässern und Meeren. Blütezeit lag im Devon. Es gab 102 mittelvonische und 201 oberdevonische Arten.

Panzerkopffrösche, *Aparasphenodon*, mittel- und südamerikanische → Laubfrösche, deren Kopfoberseite zu einer mit der Haut verwachsenen Platte verknöchert ist. Die P. sind Baumbewohner und verbergen sich gern in Bromelientrichtern.

Panzerlurche, → Stegozephalen.
Panzermilben, → Hornmilben.
Panzernashorn, → Nashörner.
Panzerwangen, → Drachenkopfartige.
Papageien, *Psittaciformes*, Ordnung der Vögel mit über 300 Arten. P. sind Bewohner aller wärmeren Gebiete der Erde. Mit dem großen gebogenen Schnabel zerkleinern sie die pflanzliche Nahrung. Er dient auch zum Festhalten beim Klettern. Ihre Füße sind Greiffüße, mit denen sie auch die Nahrung erfassen und zum Schnabel führen können. Die Systematik ist kompliziert. Verwandtschaftsgruppen sind: *Nestorpapageien* (2 Arten), *Borstenköpfe* (1 Art), *Loris* (61 Arten), *Spechtpapageien* (6 Arten), *Kakadus* (17 Arten) und *Eulenpapageien* (1 Art). Alle übrigen Arten (Sittiche, Aras, Sperlingspapageien, Amazonen, Unzertrennliche, Fledermauspapageien u. a.) gehören zur Gruppe der Eigentlichen. P. bei den P. haben im Unterschied zu anderen Vögeln Fluoreszenz-Farbstoffe Anteil an der Gefiederfärbung.

Papageienblume, → Bananengewächse.
Papageifische, *Scaridae*, zu den Barschartigen gehörende, lebhaft gefärbte tropische Meeresfische, deren Ober- und Unterkieferzähne so untereinander verwachsen sind, daß sie eine scharfe Kante (»Papageienschnabel«) bilden. Sie ernähren sich vorwiegend von Schalentieren, die sie mit ihrem Schnabel aufknacken. Die P. können Farbe und Zeichnung ändern. Viele sind begehrte Objekte der Meeresaquaristik.

Papageitaucher, zu den Alken gehörende → Regenpfeiferwögel.

Papain, pflanzliche Protease aus dem Milchsaft des Melonenbaumes, *Carica papaya*. P. ist ein gegen erhöhte Temperaturen stabiles Einkettenprotein mit einer Molekülmasse von 23 500, das aus 215 Aminosäuren aufgebaut ist und bei einem pH-Optimum von 5 bis 5,5 Proteine über Polypeptide zu Aminosäuren spaltet. Neben der Endopeptidasewirkung hat P. auch Amidase- und Esterase-Aktivität. Für die Wirkung ist die freie SH-Gruppe notwendig (Thiolprotease).

Papaveraceae, → Mohngewächse.
Papaverin, ein Opiumalkaloid, das zu 0,1 % im Opium enthalten ist. Es findet in der Medizin Anwendung als Schlaf- und krampflösendes Mittel, wobei im Gegensatz zu Morphin keine Suchtgefahr besteht.

Papez-Kreis, → Schaltung.
Papierboot, *Argonauta argo*, ein achtarmiger, meist kriechender Kopffüßer im Mittelmeer, bei dem nur die sonst unbeachtete Weibchen mit Hilfe umgeformter Arme eine sekundäre Schale als Brutbehälter (bis 20 cm lang) bilden können. Die Zwergmännchen sind nur etwa 1 cm lang und können zur Befruchtung einen Arm abstoßen (→ Hektokotylus).

Papiermaulbeerbaum, → Maulbeergewächse.

Papilionaceae, → Schmetterlingsblütler.
Papilionoidea, → Tagfalter.
Papillarleistenmuster, svw. Fingerbeerenmuster.
Papillen, → Pflanzenhaare.
Papillomviren, → Virusfamilien.
Papillom-Virus Typ 5, → Tumorviren, → Virusfamilien.
Papio, → Paviane.
Papovaviren, → Virusfamilien.
Pappel, → Weidengewächse.
Pappus, → Frucht, → Korbblütler.
Paprika, → Nachtschattengewächse.
PAPS, → Schwefel.
Papyrusstaude, → Riedgräser.
Parabasalapparat, *Parabasale*, bei Flagellaten, besonders bei Polymastiginen, in Nähe des Basalkörpers vorkommende Organelle mit sekretorischer Funktion. Im elektronenmikroskopischen Bild lassen sich am P. geschichtete sackartige Doppelmembranen erkennen, die dem Golgiapparat der Metazoenzellen auffallend ähneln.

Parabiose, enge Vereinigung zweier Organismen, z. B. durch Verknüpfung ihrer Blutkreisläufe. Die P. spielt vor allem in der experimentellen Immunologie eine Rolle, um die Beeinflussung der Abwehrreaktionen der Parabiosepartner zu studieren.

Parabronchien, → Lunge.
Paradiesschnäpper, → Fliegenschnäpper.
Paradiesvögel, *Paradisaeidae*, Familie der → Singvögel mit etwa 40 Arten, die auf Neuguinea und den benachbarten Inseln leben, nur wenige in Ostaustralien. Das prächtige Federkleid der Männchen wurde und wird als Schmuck verwendet. Flügel, Schwanz- und Halsfedern können zu Schmuckfedern umgebildet sein. Sie werden bei der Balz voll zur Geltung gebracht.

Paradoxides [griech. paradoxos ,Sonderling', ,auffällig'], Trilobitengattung mit großem Kopfschild, mit langen Wangenstacheln, kugelförmig aufgebläht, durch 3 bis 4 Einschnürungen gegliederte Glabella. Die Gesichtsnaht verläuft vom Hinterrand des Kopfschildes über die halbmondförmigen großen Augen zum Stirnrand. Der Rumpf besteht aus 16 bis 21 Segmenten. Das kleine, lappige Schwanzschild ist kaum gegliedert und unbestachelt.

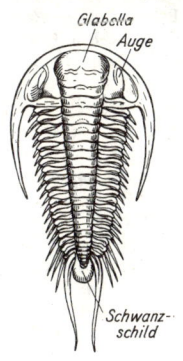

Paradoxides gracilis Boeck aus dem Mittelkambrium Böhmens/ČSSR; Vergr. 0,3:1

Verbreitung: Mittelkambrium der Atlantischen Provinz.

Paradoxurus, → Musangs.
Paraffinkarbonsäuren, → Fettsäuren.
parainfektionelle Abwehrstoffe, → Phytoalexine.
Parallelentwicklung, gleichartige Entwicklung in mehreren Linien verwandter Organismen. Während der Evolution der Ammonoideen erfolgte in verschiedenen Linien eine allmähliche Zerschlitzung der Lobenlinie. Unter den plazentalen Säugern und den Beuteltieren entwickelten sich sehr ähnliche Formen.

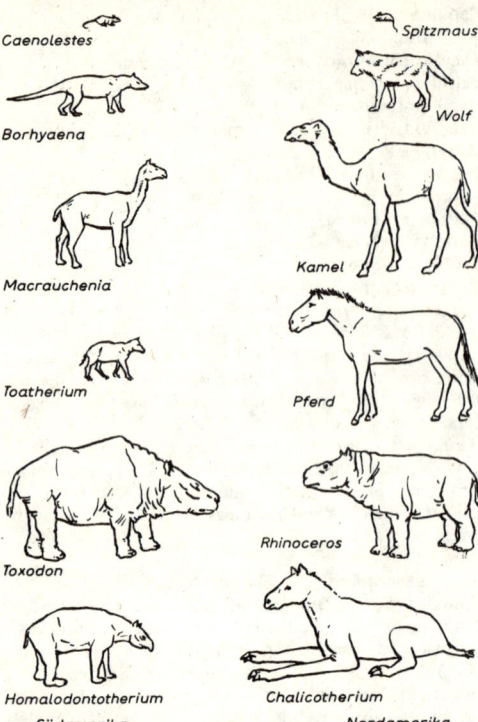

Parallelmutationen

Parallelentwicklung von süd- und nordamerikanischen Säugetieren (Caenolestes, Spitzmaus, Borhyaena, Wolf, Macrauchenia, Kamel, Toatherium, Pferd, Toxodon, Rhinoceros, Homalodontotherium, Chalicotherium; Südamerika – Nordamerika)

Die Ursachen für P. sind gewöhnlich der Einfluß ähnlicher Umweltfaktoren auf Organismen, die in der Lage sind, sich diesen Einflüssen auf eine ähnliche Weise anzupassen.

Parallelmutationen, *Parallelvariationen,* gleichartige erblich bedingte Abänderungen bei Arten unterschiedlichsten Verwandtschaftsgrades. P. sind im Pflanzen- und Tierreich weit verbreitet. Bekannte P. bei den **Pflanzen** sind z. B. die »Trauerformen« verschiedener Bäume, die Kräuselung der Blätter bei Kohl, Petersilie, Sellerie u. a., ferner die Ausbildung fleischiger Wurzeln bei *Beta-* und *Brassica-*Rüben sowie Möhre und Pastinake. In großer Zahl sind P. von den Getreidearten bekannt. So gibt es sowohl bei Roggen als auch bei Weizen, Gerste und Hafer bepelzte und nackte Formen. Häufig sind P. auch bei Zierpflanzen. Sie betreffen hier vor allem die Blütenorgane. Bei **Tieren** fallen P. besonders bei domestizierten Formen auf. So findet man Angorahaar z. B. bei Kaninchen, Meerschweinchen und Katzen, Hornlosigkeit bei Rindern, Schafen und Ziegen. Kräuselung des Haarkleides trifft man bei Schafen, Schweinen, Pferden und Hunden an.

Züchterisch sind die P. insofern von Bedeutung, als sie dem Züchter Anhaltspunkte für das Auffinden neuer, von ihm gesuchter Formen geben. Nach dem von N. J. Wavilow formulierten *Gesetz der homologen Reihen* kann man aus dem Auftreten bestimmter Merkmale bei einer Pflanzenart darauf schließen, daß Abänderungen in ähnlicher Form auch bei anderen, mit dieser Art nahe verwandten Arten vorkommen werden. Auf diese Weise ist es z. B. gelungen, aus Beständen von *Lupinus luteus* und *Lupinus angustifolius* weichhälsige, nicht platzende Formen zu isolieren, die bisher nur von *Lupinus albus* bekannt waren. Auch die Auffindung bitterstoffreier süßer Lupinen ist dieser Gesetzmäßigkeit zuzuschreiben.

Die Ursachen für P. sind, daß bei nahe verwandten Arten in entsprechenden Genen gleichartige Allele entstehen. Da verschiedene Stoffwechselketten auch bei sehr verschiedenartigen Organismen identisch sind, lassen auch bei systematisch weit entfernt stehenden Arten Mutationen, die diese Prozesse an gleicher Stelle stören, ähnliche Phänotypen entstehen.

parallelnervig, → Blatt.
Paralleltextur, → Zellwand.
Parallelvariationen, svw. Parallelmutationen.
Paramecium, *Pantoffeltierchen,* Gattung der Ziliaten, deren wichtigste Vertreter, z. B. *P. caudatum,* ein pantoffelähnliches Aussehen haben. Da sich *Paramecium-*Arten im Aufguß stark entwickeln und vermehren, werden sie gern zu Versuchen und Demonstrationen verwendet. Sie sind daher wohl die bestbekannten Ziliaten.

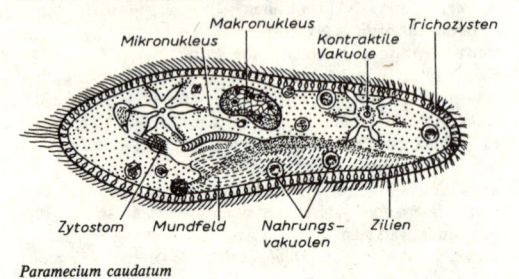

Paramecium caudatum (Mikronukleus, Makronukleus, Kontraktile Vakuole, Trichozysten, Zytostom, Mundfeld, Nahrungsvakuolen, Zilien)

Paramer, paariger, als Klammerorgan dienender Anhang an der Basis des männlichen Begattungsapparates bei Insekten.
Parametabola, → Insekten (Stammbaum).
Parameteridentifikation, → biomathematische Modellierung.
Paramo, *m.* tropische Hochgebirgsvegetation Afrikas, Indonesiens, besonders der südamerikanischen Anden, die als alpine Stufe zwischen der oberen Waldgrenze und der Grenze geschlossener Vegetationsdecke ausgebildet ist. Ihre Böden sind auch zur Trockenzeit feucht. Es herrscht täglicher Frostwechsel, warmer Tag und kalte Nacht. Die P. werden durch Gräser, Zwerg- und Kriechgehölze, vor allem durch einzelne hohe Pflanzen, Schopfbaumformen (*Espeletia* in Südamerika, oberwärts verzweigte Baum-*Senecio-*Arten in Ostafrika, strauchige *Anaphalis* in Indonesien) und Riesenrosettenstauden oder Wollkerzenblütler (*Lobelia* in Ostafrika, *Puya* in Südamerika) gekennzeichnet.
Paramone, → Hormonsystem.
Paramonsystem, → Hormonsystem.
Paramutation, eine gerichtete Veränderung der Wirkung eines bestimmten (paramutablen) Allels unter dem Einfluß anderer (paramutagener) Allele des gleichen Locus, deren Eintreten an den heterozygoten Zustand gebunden ist. Das Erhaltenbleiben der P. ist nicht von der Gegenwart des paramutablen Allels abhängig. Eine Überführung des paramutierten Allels in den homozygoten Zustand kann aber zu einer Abschwächung seiner Wirkung führen.
Paramyxoviren, → Virusfamilien.
Parapause, → Dormanz.
Parapithezinen-Radiation, → Anthropogenese.
paraphyletisch, → Taxonomie.
Paraphylie, Begriff aus der phylogenetischen oder kladistischen Systematik. Eine paraphyletische Gruppe enthält im Gegensatz zu monophyletischen Taxa (→ Monophylie) nicht alle rezenten Nachkommen einer einzigen Stammart. Die aus der paraphyletischen Gruppe ausgeschlossenen Arten sind Nachkommen einer jüngeren Art dieser Gruppe. Ein paraphyletisches Taxon sind beispielsweise die Land-

raubtiere, *Fissipedia;* denn die von ihnen abgetrennten Robben oder *Pinnipedia* stammen von vollentwickelten Landraubtieren ab.

Paraphyse, → Gehirn, → Parietalorgane.

Paraphysen, 1) sterile, haploide, verzweigte oder unverzweigte Hyphen, die im Fruchtkörper der Schlauchpilze zwischen den Sporenschläuchen (Asci) stehen und mit diesen das Sporenlager (Hymenium) bilden können, 2) sterile Haare in den → Konzeptakeln der Braunalgengattung *Fucus,* 3) bei den Moosen zwischen den Sexualorganen stehende, mehrzellige, oft mit kugeligen Endzellen versehene Safthaare, 4) bei den Farnen Haargebilde, die aus dem Stiel der Sporangien oder zwischen diesen aus dem Rezeptakulum entstehen können.

Parapinealorgan, → Parietalorgane.

paraplasmatische Einschlüsse, Stoffe unterschiedlicher Art und Menge, die im Zytoplasma verschiedener Zellen abgelagert sein können und dem Stoffwechsel zeitweilig oder vollständig entzogen sind. Die meisten p. E. sind Produkte der betreffenden Zellen, z. B. Sekrete, Inkrete, Reservestoffe (Glykogen, Lipidtröpfchen u. a.), Pigmente (unter anderem Melanin, von Melanozyten gebildet, Lipofuszin, in → Lysosomen nicht abbaufähige lipidreiche Stoffe).

Parapodien, 1) die mit Borsten besetzten Stummelfüße der Vielborster. 2) seitliche Fortsätze der Nacktkiemer.

Parapophyse, → Achsenskelett.

Paraproteine, in ungewöhnlicher Menge im Blutserum von Patienten auftretende Eiweiße. Die P. sind häufig das Produkt von Krebszellen, → Myelomproteine.

parasitäre Kastration, durch Befall mit Parasiten erfolgende Beeinträchtigung oder Zerstörung der Gonaden des Wirtes, z. B. bei Schnecken, die als Zwischenwirte von Saugwurmlarven stark befallen sind. Durch den Krebs *Sacculina carcini* werden Krabben als Wirte ebenfalls kastriert.

Parasiten (Tafeln 42 und 43), *Schmarotzer,* Organismen, die lebensnotwendige Bedürfnisse (z. B. Nahrung, Fortpflanzung, Aufenthalt) auf Kosten eines anderen (meist größeren) Organismus, des Wirtes, befriedigen müssen. Sie sind damit von ihrem Wirt physiologisch abhängig, ökologisch dient er ihnen als Lebensraum. In diesem durch Ko-Evolution entstandenen Beziehungsgefüge erfährt der Wirt Nachteile, wird aber normalerweise vom P. nicht getötet. *Fakultative P.* können zeitweilig parasitisch leben (z. B. Bakterien, Pilze), *obligate P.* müssen infolge fortgeschrittener Abhängigkeit stets parasitieren. Für pflanzliche P. werden *Holoparasiten* **(Vollschmarotzer)** und *Hemiparasiten* **(Halbschmarotzer)** unterschieden. Erstere sind für alle Nährstoffe auf den Wirt angewiesen (z. B. Sommerwurz), letztere nur für einen Teil (z. B. Mistel). Je nach Besiedlung der Körperoberfläche des Wirtes oder seines Körperinneren trennt man in → *Ektoparasiten* und → *Endoparasiten.* – Werden alle Entwicklungsstadien als Schmarotzer durchlaufen, spricht man von *permanenten P.,* sind es nur bestimmte Stadien, handelt es sich um *periodische P.* (z. B. Larval- oder Imaginalparasiten). – Nach der Verweildauer am Wirt trennt man in *stationäre P.,* die ständig oder längere Zeit am Wirt bleiben (z. B. Läuse) und *temporäre P.,* die den Wirt nur kurzzeitig, meist zur Nahrungsaufnahme, aufsuchen (z. B. Stechmücken). – Nach der Art der Wirte können *Humanparasiten* (P. des Menschen), *Zooparasiten* (P. von Tieren) und *Phytoparasiten* (P. der Pflanzen) unterschieden werden. Schließlich lassen sich die P. nach ihren Ansiedlungsarten trennen: Darmparasiten, Gewebeparasiten, Blutparasiten u. a., bei Phytoparasiten entsprechend Wurzelparasiten, Blattparasiten, Blütenparasiten. – Von P. ausgelöste Erkrankungen sind **Parasitosen.** Vom Parasitismus führen gleitende Übergänge zum Kommensa-

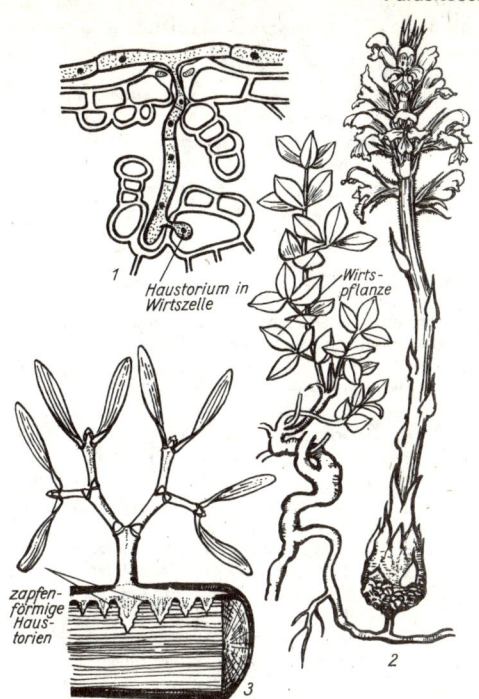

Parasitäre Pflanzen: *1* Mehltaupilz, eine Seitenhyphe ist in die Wirtspflanze durch deren Spaltöffnung eingedrungen; *2* Sommerwurz, auf der Wurzel einer Wirtspflanze parasitierend; *3* Jungpflanze der Mistel auf Wirtsast

lismus, Mutualismus und Räubertum (→ Beziehungen der Organismen untereinander).

Lit.: Hüsing: Parasitismus im Tierreich (Wittenberg 1953); Odening: Parasitismus (Berlin 1974); Osche: Die Welt der P. (Berlin, Heidelberg, New York 1966).

Parasitidae, → Käfermilben.

Parasitismus, *Schmarotzertum,* eine Form der Wechselbeziehung und des Zusammenlebens verschiedener Organismen zu einseitigem Vorteil des einen Partners auf Kosten des anderen. → Parasiten.

Parasitoide, *Raubparasiten,* endoparasitisch lebende Insekten (meist Schlupfwespen), durch deren Entwicklung im Wirt (meist andere Insekten oder Spinnentiere) schließlich dessen Tod hervorgerufen wird.

Parasitologie, Lehre von den Parasiten, ihrer Lebensweise und Bekämpfung. Sie besitzt sowohl enge Beziehungen zur Ökologie, liefert Beiträge zum Verständnis der Phylogenese und hat andererseits eine stark praxisorientierte Komponente zur Medizin, Veterinärmedizin und Landwirtschaft.

Lit. Dönges: P. (Stuttgart 1980); Th. Hiepe (Hrsg.): Lehrbuch der P., Bd 1 u. folgende (Jena ab 1981); Piekarski: Medizinische P. (2. Aufl. Berlin, Heidelberg, New York 1975).

parasitophyletische Regeln, Regeln, nach denen man aus der systematischen Zugehörigkeit und Vielfalt der Parasiten sowie aus ihrer Entwicklungshöhe auch Schlüsse auf die phylogenetische Stellung ihrer Wirte ziehen kann. Die Aussagen sind Ausdruck einer weitgehenden Parallelentwicklung von Parasit und Wirt. So treten in phylogenetisch alten Wirtsgruppen vorwiegend auch ursprüngliche Parasitenformen auf.

Parasitosen, → Parasiten.

Parasitozönose, Lebensgemeinschaft von Wirtstier und Parasiten.

Parasol, → Ständerpilze.

Parasorbinsäure, eine zweifach ungesättigte Monokarbonsäure, die als Bestandteil in Früchten, Samen und pflanzlichen Ölen vorkommt. P. hemmt die Samenkeimung sowie das Wurzelwachstum und wirkt als Abwehrstoff gegenüber Bakterien. Die Isolierung erfolgt am besten aus Vogelbeeren.

Parastichen, → Blatt, Abschn. Blattstellung.

Parasympathikotonus, → vegetatives Nervensystem.

Parasympathikus, → vegetatives Nervensystem.

Parasympatholytika, → Azetylcholin.

Parathormon, svw. Parathyrin.

Parathyrin, *Parathormon*, Abk. *PTH*, ein Proteohormon der Nebenschilddrüse (Epithelkörperchen), das in diesen kontinuierlich gebildet und ohne Speicherung ausgeschieden wird. Die Regulierung erfolgt dabei durch den Kalziumspiegel im Blutplasma. P. ist ein einkettig aus 84 Aminosäureresten aufgebautes Polypeptid (Molekülmasse 9 500), wobei die einzelnen Spezies geringe Unterschiede in der Aminosäurezusammensetzung aufweisen. Für die biologische Aktivität ist die N-terminale Sequenz von etwa 30 Aminosäuren von Bedeutung. P. ist ein wichtiger Regulator des Kalziumspiegels, wirkt aktivierend auf die Knochen abbauenden Zellen (Osteoklasten) und bewirkt damit Demineralisierung der Knochen. Es ist zusammen mit seinem direkten Gegenspieler Kalzitonin und 1,25-Dihydroxycholecalciferol vor allem für die Konstanz an ionisiertem Kalzium und Phosphat im Blut und Gewebe verantwortlich. Der Abbau von P. in Blut und Leber führt zu kleineren Bruchstücken (Halbwertszeit etwa 20 Minuten), die im Harn ausgeschieden werden.

Paratop, Bezeichnung für die Antigenbindungsstelle des Antikörpers. Das P. ist das strukturelle Gegenstück zum Epitop am Antigen.

Parazoa, → Schwämme.

Pärchenegel, in den Blutgefäßen von Wirbeltieren schmarotzende Saugwürmer der Ordnung *Digenea*, bei deren stets getrenntgeschlechtlichen Arten das Weibchen ständig in der röhrenartig eingeschlagenen Unterseite des Männchens lebt. Eine tropische und subtropische Art, die *Bilharzie*, *Schistosoma haematobium* (Tafel 42), schmarotzt in den Darm- und Blasenvenen des Menschen und verursacht Blutharnen. Aus den Eiern der P., die ins Wasser gelangen müssen, schlüpfen die Mirazidien, die sich in Schnecken zu Sporozysten umwandeln; aus ihnen entstehen Zerkarien (→ Leberegel). Die Zerkarien gelangen wieder ins Wasser und befallen Säugetiere und Menschen, die sich im Wasser aufhalten, z. B. Reisbauern.

Parenchym, 1) pflanzliches Grundgewebe. Es besteht aus meist regelmäßigen, noch lebenden Zellen mit nur wenig verdickten Zellwänden aus Zellulose. Das Zytoplasma der Parenchymzellen kann Chloro-, Leuko- oder Chromoplasten enthalten. Der Protoplast umschließt in der Regel als dünner Plasmaschlauch große, zentrale Vakuolen, in denen reichlich Nährstoffe gespeichert sein können.

Auf Grund ihrer Funktion lassen sich bei Pflanzen folgende Grundgewebearten unterscheiden: a) *Assimilationsparenchyme* (*Assimilationsgewebe*) sind chlorophyllhaltige Gewebe der Blätter und der Sproßachse. Ihre Aufgabe ist die Assimilation des Kohlenstoffes. Sie enthalten zum besseren Gasaustausch meist große Interzellularen und dünne, für Gase durchlässige Zellwände. Zu den Assimilationsparenchymen gehören Palisadenparenchym, Rindenparenchym und Schwammparenchym. Palisadenparenchym und Schwammparenchym bilden zusammen das *Mesophyll*. b) *Speicherparenchyme* sind vorwiegend in Speicherorganen (Rüben, Knollen, Samen), aber auch in Sprossen und Wurzeln der Pflanzen zu finden. Ihre Zellen enthalten reichlich Nährstoffe, häufig Stärke. Auch Holzparenchym, Rindenparenchym, soweit es der Speicherung von Nährstoffen dient, und Wasserspeichergewebe gehören hierher. Markstrahlenparenchym und Bastparenchym sind sowohl Speicher- als auch Leitparenchyme. c) *Leitparenchym* umfaßt in der Hauptleitungsrichtung gestreckte Parenchymzellen, die die Leitung organischer Stoffe sowie von Wasser erleichtern. d) *Durchlüftungsparenchym* (*Durchlüftungsgewebe*, *Aerenchym*) ist in den meisten Wasser- und Sumpfpflanzen enthalten und erleichtert ihnen aufgrund seiner großen Interzellularräume den Gasaustausch. 2) bei den Plattwürmern das zwischen den Organen liegende mesenchymatische Füllgewebe; 3) bei den Wirbeltieren das eigentliche Organgewebe der kompakten Organe, z. B. das Leber-, Nieren- und Pankreasparenchym, im Gegensatz zum interstitiellen Bindegewebe und der Haut dieser Organe.

Parenchymula, Larve der → Schwämme.

Parentalgeneration, svw. P-Generation.

Parietalganglion, → Nervensystem.

Parietalorgane, *Scheitelorgane*, dorsalwärts gerichtete Ausstülpungen des Zwischenhirns bei Wirbeltieren. Von vorn nach hinten sind dies die Paraphyse, der Dorsalsack, das Parietalauge und das Pinealorgan mit der Epiphyse.

Die *Paraphyse* ist bei Fischen und Schwanzlurchen gut entwickelt, bei Vögeln und Säugern nur embryonal vorhanden. Die Epithelzellen der Paraphyse speichern Glykogen und zeigen Sekretionserscheinungen. Der *Dorsalsack* (»Parenzephalon«) bleibt als blasiges Gebilde erhalten und wird oft von der Epiphyse überlagert (»Epiphysenpolster«).

Die beiden folgenden P. sind ursprünglich als Lichtsinnesorgane ausgebildet (»Scheitelaugen«). Im Gegensatz zu den Seitenaugen sind es stets Blasenaugen mit Sinneszellen, dem einfallenden Licht zugewendet sind (evertierte Retina). Das hintere *Pinealorgan* schiebt sich häufig über das *Parietalauge* (*Parapinealorgan*) vorwärts. Aus dem hinteren Organ bildet sich unter allmählicher Umwandlung zu drüsiger Struktur die → Epiphyse. Unter den Reptilien besitzen viele Eidechsen und die Brückenechse (*Sphenodon*) noch ein hochdifferenziertes Auge. Das Pinealorgan hat nach neueren Erkenntnissen Steuerfunktionen für die »innere Uhr« und damit für die endogenen Rhythmen der Wirbeltiere.

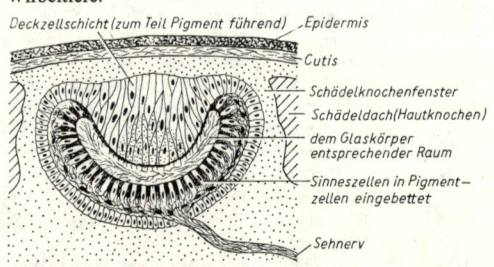

Parietalorgan (Scheitelauge) einer Eidechse im Längsschnitt

Parodontium, → Zähne.

Parökie, → Beziehungen der Organismen untereinander, → Myrmekophilie.

Parrot-Syndrom, svw. Chondrodystrophie.

Pars fibrosa, → Zellkern.

Pars granulosa, → Zellkern.

Partheniten, → Leberegel.

Parthenogenese, *Jungfernzeugung,* die Entstehung von Nachkommen aus unbefruchteten Eiern. Die P. stellt eine eingeschlechtige Fortpflanzung dar. **Natürliche** P. tritt in wenigen Wirbellosenstämmen auf: unter den Plattwürmern bei einigen Saugwürmern, unter den Schlauchwürmern bei mehreren Rundwürmern und Rädertieren, im Stamm der Gliederfüßer bei einigen Milben und Spinnen und mehreren Insektengruppen (Stabheuschrecken, Blatt-, Reb- und Schildläusen, Gallwespen, Gallmücken, Bienen, Wespen, Hummeln, Ameisen, einigen Rüsselkäfern und Schmetterlingen u. a.). Nach dem Grad der Regelmäßigkeit ihres Auftretens ist die *exzeptionelle P.,* bei der sich unbefruchtete Eier nur gelegentlich weiterentwickeln, normalerweise jedoch zugrunde gehen (z. B. einige Spinnen und Schwärmer), von der *normalen* oder *physiologischen P.* zu unterscheiden. Zur letzteren zählen zumeist die Fälle der *fakultativen P.,* bei der die Eier entweder befruchtet oder unbefruchtet zur Entwicklung kommen können, wobei das Geschlecht der parthenogenetischen Nachkommen sehr oft determiniert ist. So entstehen bei der Honigbiene, *Apis mellifica,* und anderen Hautflüglern aus unbefruchteten Eiern stets Männchen, die Drohnen *(Arrhenotokie),* aus befruchteten Eiern je nach der Ernährung der sich daraus entwickelnden Larven entweder Vollweibchen (Königinnen) oder Arbeiterinnen. Ein Honigbienenvolk kann bei Ausfall der Eibefruchtung infolge Erschöpfung des Spermavorrats oder durch Nichtbegattung einer Königin »drohnenbrütig« werden, was zum Untergang des Volkes führt. Das gleiche geschieht, wenn nach Ausfall der Königin eine Arbeiterin Eier legt. Bei der Schildlaus *Lecanium hesperidum* gehen nur Weibchen aus unbefruchteten Eiern hervor *(Thelytokie),* und bei manchen Schmetterlingen entwickeln sich Nachkommen beiderlei Geschlechts *(Amphitokie).* Sehr vielseitig sind die Fälle der *obligatorischen P.,* bei der die Eier entweder stets unbefruchtet bleiben oder zumindest in bestimmten Generationen sich parthenogenetisch entwickeln. Im ersten Fall treten parthenogenetische Weibchen über sehr viele Generationen hinweg auf, und die Männchen sind sehr selten (z. B. einige Rädertiere, Muschelkrebse, die Stabheuschrecke *Carausius morosus*), oder es liegt eine reine Thelytokie vor (z. B. einige Vertreter der Steinfliegen, Blasenfüßa, Gleichflügler, Käfer und der Schlupfwespen unter den Hautflüglern). *Zyklische P.* oder → Heterogonie stellt eine besondere Form des Generationswechsels dar, bei dem nach mehreren parthenogenetischen Generationen eine zweigeschlechtliche Fortpflanzung erfolgt. Dabei ist gelegentlich ein Eidimorphismus zu beobachten. So lassen sich z. B. bei Rädertieren und Wasserflöhen die befruchtungsfähigen größeren, dotterreicheren und sich langsamer entwickelnden Dauer- oder Wintereier sehr deutlich von den kleineren, dotterärmeren, sich sehr rasch entwickelnden und stets in großer Zahl abgelegten Sommer- oder Subitaneiern unterscheiden. Besonders komplizierte Fälle von Heterogonie sind bei den Aphiden (Blattläuse) und Cynipiden (Gallwespen) aufgeklärt worden. Die parthenogenetisch entstandenen Weibchen der verschiedenen Generationen lassen sich hier zuweilen durch einen ausgesprochenen Polymorphismus auseinanderhalten und führen oft auch eine unterschiedliche Lebensweise. Fällt aus diesem Zyklus die geschlechtliche Fortpflanzung weg, wie das z. B. infolge klimatischer Besonderheiten bei der einheimischen Reblaus *Viteus (Phylloxera)* der Fall ist, dann entsteht konstante Thelytokie. Schließlich sind zur obligatorischen P. auch die Fälle einer thelytoken P. von Larvenzuständen zu stellen, d. h. Larvenfolgen durch parthenogenetische Larvenvermehrung, die *Pädogenese.* Sie wurde zuerst bei einer Gallmückenlarve *(Miastor)* beobachtet, später auch bei einigen weiteren Arten nachgewiesen *(Oligarces-*Larve, Zuckmückenpuppen, Larven des Käfers *Micromalthus debilis* und einige Blattläuse). Hierher zählen wahrscheinlich auch die Larvenfolgen des Großen Leberegels, *Fasciola hepatica:* Redienentwicklung aus unbefruchteten Eiern der Sporozyste und Zerkarienentwicklung aus unbefruchteten Eiern der Redien. Dabei läuft die Entwicklung jedoch oft so schnell ab, daß schwer zu entscheiden ist, ob P. oder ungeschlechtliche vegetative Fortpflanzung vorliegt. Das entscheidende Kriterium ist das Auftreten von Reifeteilungen. Im Hinblick auf die Frage der Chromosomenverhältnisse sind abermals verschiedene Formen der P. zu unterscheiden. Finden trotz Wegfalls der Befruchtung die Reduktionsteilungen statt, dann sind die parthenogenetischen Nachkommen haploid. Diese *generative* oder *haploide P.* scheint selten zu sein. So sind die Drohnen der Honigbiene haploid, die Arbeiterinnen und Königinnen diploid, die gleichen Verhältnisse liegen bei Wespen, Hummeln und Ameisen vor; bei der Wollschildlaus *Icerya,* der Mottenschildlaus *Trialeurodes,* einigen Milben und Rädertieren sind die Nachkommen gleichfalls haploid. Auch bei einer Reihe von Blütenpflanzen, z. B. Stechapfel, Tabak, Reis, Mais und Weizen, wurde generative P. beobachtet. Die *diploide* oder *somatische P.,* bei der die Nachkommen also diploid sind, kann verschiedene Ursachen haben: nachträgliche Verschmelzung des haploiden Eikerns mit dem zweiten Richtungskörperchen, Verschmelzung zweier Furchungskerne oder Meioseausfall. Sie ist bekannt bei der Gallwespe *Neuroterus lenticularis,* von Blattläusen, Gallmücken, einigen Käfern, Rundwürmern und Saugwürmern sowie verschiedenen Blütenpflanzen, z. B. Löwenzahn, Kürbis, Tabak, Hopfen. Auch bei Protozoen kann es Fälle von natürlicher P. geben, wenn sich Gameten oder Gametenkerne zu einem neuen Individuum entwickeln, z. B. bei Sporozoen. P. liegt vor bei *Paramecium,* wenn in einem der Konjuganten der Mikronukleus fehlt und aus den haploiden Produkten des Mikronukleus des anderen Konjuganten der Kernbesatz beider Tiere wieder aufgebaut wird. Andererseits werden heute Kernneubildungsprozesse, die vom Mikronukleus eines an der Konjugation verhinderten Ziliaten ausgehen, nicht mehr als P. (mit Endomixis), sondern als Fälle automiktischer Befruchtung aufgefaßt. Neben der natürlichen kann eine *künstliche* oder *artifizielle P.* erzwungen werden. Sie ist bereits an Vertretern nahezu sämtlicher Tierstämme ausgeführt worden und auch bei Wirbeltieren (Lurchen) sogar bei Säugern (Kaninchen und Mäusen) gelungen. Sie kann durch die verschiedensten Mittel ausgelöst werden: **chemisch** durch hyper- und hypotonische Lösungen von Natriumchlorid, Kaliumchlorid, Magnesiumchlorid, Kalziumchlorid, Salzsäure, Kohlensäure, Fettsäuren, Laugen, durch Gifte, Narkotika, Rohrzucker, Äther, Azeton, Zitrat, kurzes Eintauchen der Eier in konzentrierte Schwefelsäure; **physikalisch** durch Ultraviolett- und Radiumbestrahlung, kurze elektrische Behandlungen; **mechanisch** durch Bürsten, Anstich mit Glas- oder Platinnadel, Schütteln; **thermisch** durch Temperaturänderungen des Mediums. Zu der künstlichen P. können auch die Fälle von *Merospermie* gerechnet werden. Darunter wird die Weiterentwicklung eines an sich befruchteten Eies verstanden, dessen Spermakern jedoch zugrunde geht, z. B. bei den Rundwürmern oder experimentell bei Seeigel- und Amphibieneiern nach Besamung mit arteigenem Sperma und nachträglicher Zerstörung der Spermakerne durch Radiumstrahlen oder nach Besamung mit artfremdem Sperma. Die eindringenden Spermien wirken im letzten Fall nur entwicklungsanregend. Ebenso ist die *Gynogenese,* bei der der männliche Gamet zwar in die Eizelle eindringt, sein inaktivierter Kern jedoch an deren Entwicklung keinen Anteil nimmt, in den meisten Fällen eine künstliche P.

Das Gegenstück zur P. bzw. eine männliche P. oder *Androgenese*, d. h. der Entwicklungsanlauf einer männlichen Gamete, ist in der Natur von niederen Pflanzen bekannt (*Chlamydomonas, Ectocarpus*). Bei Tieren gelang G. und P. Hertwig eine künstliche Androgenese bei Seeigeln und Lurchen, indem sie kernlos gemachte Eifragmente mit arteigenem Sperma besamten oder die Eikerne normal befruchteter Eier durch Radiumstrahlen schädigten. Auch bei Mäusen ist in neuester Zeit künstliche Androgenese erzielt worden, indem der weibliche Vorkern nach dem Eindringen des Spermienkerns abgesaugt wurde. Diese androgenetischen Entwicklungsprozesse werden als → Merogonie bezeichnet.

Parthenokarpie, *Jungfernfrüchtigkeit,* Fruchtbildung ohne Befruchtung. *Natürliche P.* finden wir unter anderem bei Banane, Ananas und verschiedenen Zitrusgewächsen, die infolge der P. samenlose Früchte oder Früchte mit verkümmertem Samen ausbilden. Voraussetzung für natürliche P. ist ein hoher Phytohormongehalt im Nuzellusgewebe. Bei Vorliegen von → Inkompatibilität oder gametischer Sterilität kann bei hohem Phytohormongehalt des Nuzellusgewebes Auxin aus den Pollenkörnern P. auslösen. *Künstliche* oder *stimulative P.* kann man in verschiedenen Fällen durch Behandlung mit Phytohormonen erreichen, z. B. bei Tomate, Tabak, Gurke oder Feige mit Auxin, bei Rose, Kirsche, Apfel und Wein mit Gibberellin.

Partialdruck, Teildruck eines Gases in einem Gasgemisch. Der P. wird nach der Beziehung berechnet: Luftdruck · Gasvolumen/100. Unter Normalbedingungen beträgt der Luftdruck rund 100 kPa. Von diesem Gesamtdruck nimmt beispielsweise der Luftsauerstoff mit seinen 21 Volumenprozent einen P. von 21,3 kPa ein. In den Lungenalveolen ist der P. des Sauerstoffs kleiner als in der atmosphärischen Luft, da vom Luftdruck die alveoläre Wasserdampfspannung (6,2 kPa bei 37°C) abgezogen und der alveoläre Sauerstoffgehalt von 14 Volumenprozent eingesetzt werden muß. Es ergibt sich daraus ein P. von 13,3 kPa.

Die Volumenanteile samt zugehörigem P. der beiden Gase Sauerstoff und Kohlendioxid in der Atemluft des Menschen gibt die folgende Tabelle wieder.

		Inspirationsluft	Exspirationsluft	Alveolarluft
Sauerstoff	Vol %	21	16	14
	kPa	21,3	15,2	13,3
Kohlendioxid	Vol %	0,03	4	6
	kPa	0,03	3,8	5,7

partielle C-Mitose, svw. Merostathmokinese.
partielle Ruhe, → Ruheperioden.
Partneransprüche, Umweltansprüche, die auf einen Partner gerichtet sind. Man kann unterscheiden zwischen innerartlichen und zwischenartlichen P. Ein *zwischenartlicher P.* ist im Fall der Symbiose gegeben. Beim *innerartlichen P.* gibt es folgende grundsätzliche Möglichkeiten: Sexualpartneranspruch, Alterspartneranspruch, etwa im Fall der Brutpflege, Biosozialpartneranspruch als Partnerschaft, die nicht auf Fortpflanzung und Jungenaufzucht beschränkt ist. Dabei kann es Einzel- und Gruppenpartneransprüche geben, also Partnerschaft mit mehr als einem Individuum. Eine weitere Möglichkeit wäre Anspruch auf ein bestimmtes Individuum oder auf eine bestimmte Gruppe als Partner.
Partnerbindung, Zusammenhalt von Fortpflanzungspartnern über einen Fortpflanzungszyklus hinaus. Bei manchen Tierarten besteht nach der Paarbildung eine lebenslange P. Dieser geht ein längeres komplexes Balzverhalten voraus.
Partnereffekt, → Stimmungsübertragung.
Partnerwechsel, in der Genetik der zur Bildung von Multivalenten erforderliche Wechsel der Paarungspartner eines Paarungsverbandes, der eintreten muß, weil an einer Stelle stets nur zwei Chromosomen miteinander paaren können.

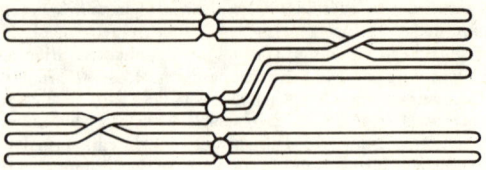

Partnerwechsel bei der Multivalentbildung in der Prophase der Meiose

Passage, die Übertragung von Mikroorganismen auf neues Nährmedium, in ein Tier o. dgl. einschließlich des Zeitraumes bis zur nächsten Übertragung. Auch in der Zell- und Gewebekultur werden P. durchgeführt. Die P. kann mit einem Wechsel der Umweltbedingungen verbunden sein. So werden bei einer Tierpassage z. B. pathogene Bakterien von einem künstlichen Nährboden auf ein Versuchstier übertragen und später aus dem Tier wieder rückisoliert. P. dienen z. B. zur Abschwächung von Krankheitserregern, vor allem aber zur Erhaltung der Lebensfähigkeit von Mikroorganismenkulturen.

Passanten, → Adventivpflanze.
Passeriformes, → Sperlingsvögel.
Passivatoren, svw. Hemmstoffe.
passive Immunisierung, → Immunität.
passive Resistenz, in der Phytopathologie Bezeichnung für eine Form der → Resistenz, die auf Abwehrmechanismen beruht, die bereits vor dem Angriff des Pathogens im Wirt vorhanden sind. Zur p. R. gehört auch die → Axenie.

Pasteurisation, ein von L. Pasteur eingeführtes Verfahren, durch schonende Hitzebehandlung in empfindlichen Lebensmitteln, insbesondere Getränken, die Hauptmenge der darin enthaltenen Mikroorganismen abzutöten. Durch die P. wird sowohl die Haltbarkeit der Lebensmittel verlängert als auch die Abtötung von krankheitserregenden Mikroorganismen gewährleistet, ohne daß dabei Geschmack, Vitamingehalt u. ä. wesentlich beeinträchtigt werden. Das Verfahren wird vor allem für Milch, aber z. B. auch für Obstsäfte, Wein und Bier angewendet. Man läßt Temperaturen zwischen 64 und 85°C höchstens bis zu 30 Minuten lang einwirken; bei Milch z. B. 71 bis 74°C für 15 bis 40 Sekunden oder 85°C für 3 Sekunden. Da durch die P. Sporen von Bakterien und besonders widerstandsfähige Mikroorganismen nicht abgetötet werden, sind die pasteurisierten Lebensmittel nicht steril, sondern nur keimarm. → Sterilisation.

Pastinak, → Doldengewächse.
Pastorvogel, → Honigfresser.
Pathodem, in der Phytopathologie eine Population von Wirtsarten, wobei alle Individuen eine bestimmte → Resistenz repräsentieren.
Pathogen, in der Phytopathologie Bezeichnung für Erreger von Pflanzenkrankheiten, z. B. Viren, Mykoplasmen, Bakterien, Pilze.
Pathogenese, in der Phytopathologie der Verlauf einer Erkrankung vom Beginn der Infektion bis zum Abschluß des Krankheitsprozesses (Heilung oder Tod des Organismus bzw. spezieller Gewebebereiche). Sie kann monozyklisch oder polyzyklisch verlaufen.
Pathogenie, → Beziehungen der Organismen untereinander.

Pathogenität, in der Phytopathologie der Grad der Fähigkeit eines Pathogens, in seinem Wirt Krankheitserscheinungen zu verursachen.

Pathosystem, ein Subsystem eines Ökosystems, das Parasitismus einschließt. Es gibt natürliche oder »Wild«-Pathosysteme und künstliche »Kultur«-Pathosysteme.

Pathotoxine, *phytopathogene Toxine,* nichtenzymatische Stoffwechselprodukte, die von phytopathogenen Mikroorganismen gebildet werden und in relativ geringer Konzentration die Zellen höherer Pflanzen schädigen oder deren Stoffwechsel stören. Sie können wirtsspezifisch oder -unspezifisch wirken.

Pathotyp, in der Phytopathologie Bezeichnung für Angehörige einer Art, die sich in ihren Virulenzgenen unterscheiden. Der Begriff wird häufig auch als Synonym für → physiologische Rasse verwendet.

Patschuli, → Lippenblütler.

Paukenhöhle, → Schädel, → Gehörorgan.

Paurometabola, → Insekten (Stammbaum).

Paurometabolie, → Metamorphose.

Pauropoden, → Wenigfüßer.

Paviane, *Papio,* kräftige → Altweltaffen mit hundeartig vorgezogener, mit starkem Gebiß bewehrter Schnauze. Sie bewohnen in größeren Gruppen vorwiegend offene Gelände Afrikas und Arabiens und fürchten selbst Menschen und Leoparden nicht. Zu den P. gehören der *Mantelpavian, Papio hamadryas,* dessen Männchen einen langen, pelerinenartigen Behang trägt, der *Drill, Mandrillus leucophaeus,* und der *Mandrill, Mandrillus sphinx,* ein starker Pavian mit blauroter Gesichts- und Gesäßfärbung, der in Wäldern Westafrikas beheimatet ist.

Pecannuß, → Walnußgewächse.

Pecten, → Kammuscheln.

Pectiniden, swv. Kammuscheln.

Pedalganglion, → Nervensystem.

Pedicellus, *Wendeglied,* zweites Glied der Geißelantenne der Insekten, Träger des Johnstonschen Organs.

Pedipalpen, → Mundwerkzeuge.

Pedipalpi, eine Ordnung der zu den Gliederfüßern gehörenden Spinnentiere. Der Körper ist entweder langgestreckt wie bei den Skorpionen oder kompakt wie bei den Spinnen. Die Pedipalpen sind entweder mit großen Scheren ausgerüstet oder bilden einen Fangkorb. Das erste Laufbein dagegen hat einen vielgliedrigen, geißelförmigen Tarsus und dient als Taster. Die etwa 190 Arten besiedeln die Tropen und Subtropen und dringen nur in Asien weit nach Norden vor. Die Körperlänge schwankt zwischen 0,7 cm und 7,5 cm.

Bei den P. unterscheidet man die beiden Unterordnungen → Geißelskorpione und → Geißelspinnen.

Pedizellarien, kleine Anhänge des Kalkskeletts bei den Seeigeln und Seesternen, die aus gestielten, dreiteiligen oder zweiteiligen Greifzangen oder aus fangeisenähnlichen Doppelklappen bestehen. Sie dienen der Abwehr von Feinden und sind oft mit Giftdrüsen bewehrt.

Pedobiologie, swv. Bodenbiologie.

Pedozoologie, → Bodenbiologie.

Pedunculus, → Pilzkörper.

Peireskia, → Kakteengewächse.

Pejus, → ökologische Valenz.

Pekaris, → Nabelschweine.

Pektase, *Pektinesterase,* zu den Esterasen gehörendes Enzym, das die hydrolytische Spaltung von Pektinen in Pektinsäuren und Methanol katalysiert. P. tritt in pflanzlichen Geweben weit verbreitet auf.

Pektinase, zur Gruppe der Glykosidasen zählendes Enzym, das die hydrolytische Spaltung von Pektinsäuren in die Galakturonsäurebausteine bewirkt. P. kommt in Samen und verschiedenen Schimmelpilzen vor. Sie ist beim Rösten von Flachs und Hanf, bei der Fermentation von Tabak und Tee wirksam.

Pektine, durch α-1,4-glykosidische Verknüpfung von D-Galakturonsäure aufgebaute hochmolekulare Polyuronide. Teilweise methylveresterte Karboxylgruppen der *Pektinsäuren* bedingen eine Vielzahl von Pektinstrukturen. P. treten als Begleitsubstanzen der Zellulose, als inkrustierende Kittsubstanzen der Mittellamellen in Form des unlöslichen Kalziumpektinates sowie als Begleitsubstanzen der Primärwände der Pflanzenzellen in Form des unlöslichen Protopektins auf.

$$R = -H \text{ oder } -CH_3$$

Eine hohe Konzentration von P. wird in fleischigen Früchten, Wurzeln, Blättern und Stengeln gefunden. Die Gewinnung der P. erfolgt aus Zuckerrübenschnitzeln und Preßrückständen der Apfel- und Zitrussaftherstellung durch schonende Extraktion, z. B. mit Salz-, Milch- oder Zitronensäure. P. weisen ein hohes Wasserbindungsvermögen auf und eignen sich vorzüglich als Gelierungsmittel.

Pektinesterase, swv. Pektase.

Pektinsäuren, → Pektine.

Pelagial *n* [griech. pelagos 'die hohe See'], Region des freien Wassers im Meer und in Binnengewässern. Bewohner des P. sind das Plankton, das Nekton, das Neuston und das Pleuston. Der oberste, durchlichtete Teil des P. ist das *Epipelagial,* der untere, lichtlose Teil das *Bathypelagial.* Der Bereich zwischen 3000 und 6000 m im Meer wird als *Abyssopelagial* bezeichnet. Abb. → See.

Pelagia noctiluca, → Fahnenquallen.

Pelargonidin, ein Aglykon zahlreicher → Anthozyane. Es ist als Glykosid in höheren Pflanzen weit verbreitet. P. bewirkt die rote Färbung vieler Blütenblätter und Früchte. Das 3,5-Diglukosid *Pelargonin* kommt z. B. in der Gürtelpelargonie, *Pelargonium zonale,* der scharlachroten Dahlie und der roten Mohnblüte vor. Das 3-Monoglukosid *Callistephin* ist in roten Nelken, Sommerastern und Erdbeeren enthalten.

Pelargonie, → Storchschnabelgewächse.

Pelargonin, → Pelargonidin.

Pelecaniformes, → Ruderfüßer.

Pelecypoda, → Muscheln.

Pelikanaal, *Eurypharynx pelecanoides,* großer, aalförmiger, tiefseebewohnender Knochenfisch mit großem Rachen, nach hinten verlagerten Kiemen und Leuchtorganen.

Pelikanaalverwandte, *Saccopharyngoidei,* aalförmige Tiefseebewohner mit riesigen Kiefern und langen fadenförmigen Schwänzen.

Pelikane, *Pelecanidae,* Familie der → Ruderfüßer mit 7 Arten. Die Haut zwischen den Unterkieferleisten ist weit dehnbar. Ihre Nahrung schöpfen sie aus dem Wasser. Der *Meer-* oder *Braunpelikan* stürzt aus einigen Metern Höhe auf die Beute. P. brüten in Kolonien. Abb. S. 664

Pellagraschutzstoff, ein →Vitamin des Vitamin-B_2-Komplexes.

Pellikula, feste, formbeständige, jedoch meist Metabolie zulassende plasmatische Zellmembran der Protozoen. Im elektronenmikroskopischen Bild sind bei der P. meist drei Schichten zu erkennen.

Pelomedusenschildkröten, *Pelomedusidae,* über Südamerika, Afrika und Madagaskar verbreitete Familie wasserbewohnender Schildkröten, die ihren Hals seitlich unter den Panzer einschlagen können und denen das Nackenschild

Krauskopfpelikan (*Pelecanus crispus*)

am Vorderrand des Rückenpanzers stets fehlt. Bei einigen Arten weist der Bauchpanzer ein Quergelenk auf. Das Fleisch und die Eier mehrerer Vertreter spielen vor allem in Südamerika eine große wirtschaftliche Rolle. Zu den etwa 18 Arten (in 3 Gattungen) der P. gehören → Klappbrustschildkröten und → Schienenschildkröten.

Pelorien, → Blüte.
Pelykosaurier, → Theromorphen.
Pelzflatterer, svw. Riesengleitflieger.
Pelzmotte, *Tinea pellionella* L., ein Schmetterling aus der Familie der Echten Motten. Die Falter haben glänzend lehmgelbe Vorderflügel mit drei dunklen Punkten und eine Spannweite von etwa 12 mm. Die P. ist ein Textilschädling, ihre Raupen fressen Pelze, Federn, Wolle, Teppiche und andere Materialien.
Pendelbewegungen, bei Pflanzen verschiedenartige Bewegungserscheinungen, bei denen Organe oder Organteile pendelartig in einer Ebene hin und her schwingen. P. sind überwiegend autonom, d. h. durch innere Faktoren bedingt, können jedoch durch gewisse Umweltfaktoren, z. B. Licht oder Schwerkraft, beeinflußt werden. P. kommen entweder durch rhythmische Turgorschwankungen zustande (→ Variationsbewegungen), z. B. die autonome Bewegung der Rotkleeblättchen im Dunkeln, oder durch zeitweilig ungleiches Wachstum gegenüberliegender Organseiten, z. B. bei den autonomen → Nutationsbewegungen. Die Blütenschäfte der Küchenzwiebel führen so starke P. aus, daß die Schaftspitze zeitweise den Erdboden berührt. Schwingungen geringeren Ausmaßes zeigen die Koleoptilen vieler Gräser. Weitere Beispiele für P. liefern die relativ komplizierten → Nyktinastien und die oft pendelartig erfolgenden Rückkrümmungen infolge des → Autotropismus.
Penetranten, → Nesselkapseln.
Penetranz, die Manifestationshäufigkeit eines Allels, d. h. die prozentuale Häufigkeit, mit der Genotypen, die ihrer genotypischen Konstitution nach ein bestimmtes Merkmal zeigen müßten, dieses Merkmal tatsächlich ausbilden. *Vollständige P.* liegt vor, wenn Genotypen mit einem bestimmten dominanten Allel oder mit bestimmten, homozygot rezessiven Allelen regelmäßig die zugehörige Merkmalsbildung aufweisen; *unvollständige P.* ist gegeben, wenn ein im Einzelfall unterschiedlicher Anteil der Genotypen mit dem betreffenden Allel das Merkmal nicht ausbildet. Die P. eines Allels kann in beiden Geschlechtern gleich oder deutlich unterschieden sein (im Extremfall ist sie auf ein Geschlecht begrenzt) und wird durch zahlreiche Umwelteinflüsse sowie durch andere Gene des Genotyps, die als *Penetranzmodifikatoren* wirken, beeinflußt.
Penetrationsphase, → Phagen.
Penis, männliches Begattungsorgan der Tiere. Ein P. fehlt den meisten niederen Wirbeltieren (→ Gonopodium). Der P. der Kriechtiere und einiger Vögel (die meisten Vögel besitzen keinen P.) entwickelt sich aus Teilen der Kloake. Schlangen und Eidechsen haben paarige P., das sind Kloakentaschen, die sich bei der Kopula nach außen umstülpen und z. T. eine starke Bewehrung mit dornenartigen Stacheln tragen. Denen der Säuger analoge Penisbildungen haben Schildkröten und Krokodile, deren P. aus zwei schwellbaren Längsleisten, die ventral in der Kloake liegen, gebildet wird. Bei der Erektion schließt sich die Rinne zwischen den Schwellkörpern zu einem Samenrohr. Der P. der Säuger differenziert sich dagegen aus dem Geschlechtshöcker (*Phallus*). Er enthält ebenfalls *Schwellkörper* (*Corpora cavernosa*). Sein Vorderende bildet die *Glans penis* (*Eichel*), die von der *Vorhaut* (*Präputium*) umgeben ist. In den P. zahlreicher Säuger, z. B. Nager, Raubtiere, Wale, liegt ein meist stabförmiger *Penisknochen*.
Penizillin, ein wichtiges Antibiotikum, das von den Schimmelpilzen *Penicillium notatum* und *P. chrysogenum* produziert und aus deren Kulturflüssigkeit großtechnisch gewonnen wird. Andere P. werden auch bei anderen *Penicillium*- und *Aspergillus*-Arten gefunden. Allen P. gemeinsam ist die 6-Aminopenizillinsäure. Sie ist über ihre Aminogruppe säureamidartig mit verschiedenen Azylresten verknüpft. Bei der Fermentation entstehen verschiedene P. in wechselnden Mengen in Abhängigkeit von dem verwendeten Pilz und der eingesetzten Nährlösung. Durch Spaltung fermentativ gewonnener P. entsteht die 6-Aminopenizillinsäure, die dann mit verschiedenen Säurechloriden zu halbsynthetischen P. umgesetzt werden kann.

Die antibiotische Wirksamkeit des P. wurde 1928 von Fleming entdeckt. P. hemmt Kokken und grampositive Bakterien, darunter viele pathogene Keime. Es besitzt eine geringe Toxizität. *Penizillin G* zählt heute noch zu den wichtigsten Antibiotika. Es wird unter anderem bei Gonorrhoe, Lungenentzündung, Meningitis und Sepsis angewendet. Die anfänglichen großen Heilerfolge mit P. werden durch das immer häufigere Auftreten von penizillinresistenten Bakterienstämmen beeinträchtigt.

Penizillin G

Penizillinasen, von zahlreichen Mikroorganismen, besonders Bakterien, gebildete Enzyme, die die β-Laktamringstruktur der Penizilline hydrolytisch aufspalten, wobei als Spaltprodukte die biologisch unwirksamen Penizilloidsäuren entstehen. Dabei wird die antibiotische Wirkung der Penizilline aufgehoben.
Pennales, → Kieselalgen.
Pennatularia, → Seefedern.
Pentacrinus [griech. pente 'fünf', krinos 'Lilie'], fossile Gattung langgestielter Seelilien (→ Haarsterne); einige Vertreter erreichen eine Länge von 18 m. Am relativ kleinen Kelch entspringen breite, vielfach verzweigte Arme, und der fünfkantige Stiele ist dicht mit langen Seitenranken (Cirren) besetzt. Die Stielglieder zeigen charakteristische fünflappige Rosetten.
Verbreitung: Trias bis Malm; besonders schöne und große Formen sind aus dem Lias ε von Holzmaden bekannt.
Pentaen-Antibiotika, → Polyen-Antibiotika.

Pentamethylendiamin, svw. Kadaverin.
Pentansäure, svw. n-Valeriansäure.
Pentaploidie, eine Form der Polyploidie, bei der Zellen, Gewebe oder Individuen 5 Chromosomensätze besitzen, d. h. pentaploid sind.
Pentastomida, → Zungenwürmer.
pentazyklisch, → Blüte.
Pentite, zu den Zuckeralkoholen gehörende C_5-Verbindungen, von denen D- und L-Arabit, Ribit und Xylit natürlich vorkommen.
Pentosen, Monosaccharide, zu denen sowohl die aus fünf C-Atomen aufgebauten Aldosen, z. B. die natürlich vorkommenden D- und L-Arabinose, L-Lyxose, D-Xylose, D-Ribose und 2-Desoxy-D-Ribose, als auch die Ketopentosen D-Xylulose und D-Ribulose gehören. P. sind von gewöhnlichen Hefen nicht vergärbar.
Peplos, → Viren, Abschn. Gestalt und Feinbau.
Pepsin, zu den Proteinasen (→ Proteasen) gehörendes Enzym, das im Magen aller Wirbeltiere vorkommt und ein wichtiges Verdauungsenzym darstellt. P. wird aus seiner Vorstufe **Pepsinogen** gebildet, die bei Einwirkung von Säure oder autokatalytisch durch P. in das eigentliche aktive proteolytisch wirkende Enzym übergeht. P. spaltet Nahrungsproteine zu Peptiden, wobei vor allem Peptidbindungen hydrolysiert werden, die von den Aminosäurepaaren Phenylalanin – Leuzin, Phenylalanin – Phenylalanin und Phenylalanin – Tyrosin gebildet werden. Das pH-Optimum des P. liegt bei pH 1 bis 2. Endprodukt der Pepsinverdauung ist ein Gemisch von Polypeptiden mit Molekülmassen zwischen 600 und 3000, das früher auch als **Peptone** bezeichnet wurde.
P. besteht aus 327 Aminosäuren, ist einkettig aufgebaut, seine Molekülmasse beträgt 34 500. Es enthält eine Serin gebundene Phosphatgruppe. P. verschiedener Tierarten zeigen in Struktur und Wirkung große Ähnlichkeit. P. wird in der Medizin bei Magenleiden, z. B. mangelhafter Pepsinproduktion, angewandt.
Peptidasen, → Proteasen.
Peptide, weitverbreitete organische Verbindungen, die unter Ausbildung einer Säureamidgruppierung bei der Reaktion einer Karboxygruppe mit einer Aminosäure gebildet werden. Je nach Anzahl der zusammengetretenen Aminosäurebausteine unterscheidet man Di-, Tri-, Tetrapeptide usw. Wenn nicht mehr als 10 Aminosäuren verknüpft sind, spricht man von **Oligopeptiden,** bei über 10 Aminosäuren von **Polypeptiden.** Die Grenze zwischen P. und Proteinen liegt bei etwa 100 Aminosäurebausteinen. Nach der Bindungsart unterscheidet man **homodete P.,** bei denen nur Peptidbindungen vorkommen, und **heterodete P.,** in denen außerdem Ester-, Disulfid-, Thioetherbindungen o. ä. enthalten sind.
Natürlich vorkommende P. sind z. B. das Glutathion, das Phalloidin und die Peptidhormone.
peptiderg, Sammelbezeichnung für Neuronen, Nervenfasern, Nervenendigungen bzw. Synapsen, die Peptide freisetzen.
Peptidhormone, eine Gruppe wichtiger Hormone, die peptidartig aus Aminosäuren (AS) aufgebaut sind. Sie unterscheiden sich in ihrer Primärstruktur durch Art, Anzahl und Sequenz der in ihnen verknüpften AS. Für die verschiedenartigen biologischen Wirkungen der P. sind bestimmte Sequenzbereiche und die Peptidkonformation entscheidend.
Bei den P. der Wirbeltiere kann man je nach Anzahl der enthaltenen AS unterscheiden zwischen 1) **Oligopeptidhormonen** (bis zu 10 AS), wie → Oxytozin, → Vasopressin, → Bradykinin, → Liberine; 2) **Polypeptidhormonen** (mehr als 10 AS, Molekülmasse der Monomeren bis 5000), wie → Melanotropin, → Gastrin, → Sekretin, → gastritisches Inhibitorpolypeptid, → Glukagon, → Kalzitonin, → Pankreozymin, → Kortikotropin, → Lipotropine; 3) **Proteohormonen** (Molekülmasse der Monomeren zwischen 5000 und 30000), z. B. → Insulin, → Parathyrin, → Relaxin, → Somatotropin, → Prolaktin, → Lutropin, → Choriongonadotropin, → Thyreotropin und → Follitropin. Die P. können einsträngig wie z. B. Glukagon oder mehrsträngig wie z. B. Insulin gebaut sein. Außerdem können Kohlenhydratanteile vorhanden sein wie in Lutropin und Follitropin.

Die P. werden in den innersekretorischen Drüsen der Wirbeltiere (Nebenschilddrüse, Schilddrüse, Bauchspeicheldrüse, Hypothalamus, Hypophysenvorderlappen) gebildet. Einige P. gehören auch zu den Gewebshormonen, z. B. Gastrin, Sekretin, Pankreozymin und Bradykinin. Die Biosynthese der P. erfolgt entweder direkt aus den entsprechenden AS oder durch gezielte enzymatische Proteolyse von proteinogenen Vorstufen (Prohormonen), die eine längere Peptidkette als die eigentlichen P. haben. Die P. entfalten ihre Wirkung meist über das Adenylat-Zyklase-System (→ Hormone). Ihre Inaktivierung erfolgt durch proteolytischen Abbau. Ihre biologische Halbwertszeit beträgt bis zu 30 Minuten.
Peptone, → Pepsin.
Peptonisierung, 1) von Pepsin bewirkter enzymatischer Abbau von Eiweiß zu Peptonen.
2) in der Mikrobiologie die Auflösung von geronnenem Milcheiweiß durch die Enzyme von Bakterien, wobei eine gelbliche, klare Flüssigkeit entsteht. Die P. dient als Merkmal in der Bakteriensystematik.
Peracarida, → Malacostraca.
Peraeon, Gesamtheit der freien, nicht mit dem Kopf verwachsenen Thoraxsegmente (Thorakomere) der Krebse. Die einzelnen Segmente des P. werden *Peraeomere* genannt.
Peraeopoden, Peräopoden, die der Fortbewegung dienenden Beine (Lauf- oder Schwimmbeine) der *Malacostraca* (Klasse Krebse) im Gegensatz zu den in den Freßakt einbezogenen Kieferfüßen.
Peramelidae, → Beuteldachse.
Perciformes, → Barschartige.
Percopsiformes, → Barschlachsartige.
perennierende Pflanzen, → Mehrjährigkeit.
Perforata, Gruppe der → Foraminiferen.
Perforatorium, → Spermatogenese.
Perianth, → Blüte.
Periblast, → Furchung.
Periblem, → Histogene.
Peribranchialraum, ein weiter Hohlraum, der bei den Lanzettierchen und den Seescheiden als Kiemenkorb umgebildeten Kiemendarm umhüllt und das durch die Kiemendarmspalten hindurchtretende Atemwasser aufnimmt und nach außen leitet. Der P. entsteht bei den Lanzettierchen durch die Vergrößerung und ventrale Vereinigung zweier seitlicher Körperfalten (*Metapleuralfalten*), die sich als schützende Hülle um den empfindlichen Kiemendarm legen. An seinem hinteren Ende mündet der P. auf der Bauchseite mit einem besonderen Atemporus (Porus branchialis) nach außen. Bei den Seescheiden liegt der P. innerhalb des Mantels und des Hautmuskelschlauches. Gleichzeitig münden der Darm und die Geschlechtsorgane in seinen letzten Abschnitt, so daß eine Kloake gebildet wird.
Perichondrium, → Knorpel.
Periderm, 1) *Perisark,* eine feste, chitinartige, seltener kalkige Röhre, die vom Ektoderm der stockbildenden *Hydrozoa* gebildet wird und den Polypenköpfen und -stielen als Stütze und Schutz dient. 2) → Abschlußgewebe, → Sproßachse.

Peridie, 1) Hülle des Sporangiums der Schleimpilze; 2) die äußere, meist aus derben Hyphen bestehende Schicht der Fruchtkörper der Eigentlichen Pilze.
Perigon, → Blüte.
perigyn, → Blüte.
Perikambium, → Wurzel.
Perikard, *Herzbeutel,* aus einem inneren, mit der Herzoberfläche verwachsenen, und einem äußeren Blatt bestehender Beutel, der einen serösen kapillären Spaltraum, die *Herzbeutelhöhle* oder *Perikardialhöhle* umschließt, in dem das Herz bei seiner Pulsation reibungslos gleiten kann. Bei Säugern ist das P. mit dem Zwerchfell verwachsen.
Perikardialhöhle, *Herzbeutelhöhle,* ein aus einem Teil der sekundären → Leibeshöhle hervorgegangener Hohlraum, in den das Herz eingebettet ist.
Perikardialmembran, → Blutkreislauf.
Perikardialzelle, *Nephrozyte,* im Dienst der Stoffausscheidung stehende Zelle bei Insekten und Weichtieren. Die P. ist rundlich, hat zwei oder mehr kleine Kerne und kann dem Blut Ausscheidungsstoffe entziehen, die sie speichert.
Perikarp, → Frucht.
Perikaryon, → Neuron.
perikline Zellwände, parallel zur Oberfläche des Vegetationspunktes angeordnete Zellwände, → Sproßachse.
Periphysen, sterile Hyphen in den Öffnungen (Ostioli) verschiedener Perithezien der Schlauchpilze.
Perilla, → Lippenblütler.
Perilymphe, → Gehörorgan.
Perimetrium, Peritonealüberzug (*Tunica serosa*) des Corpus uteri und der Portio supravaginalis cervicis der Säugetiere und des Menschen. → Uterus.
Perimysium, eine feine Bindegewebshülle, die eine Anzahl von Muskelfasern umhüllt und zu einem Muskelbündel vereinigt.
Perineurium, → Nerven.
perinukleäre Zisterne, → Zellkern.
Periode, die Bildungszeit eines stratigraphischen Systems. → Erdzeitalter.
periodische Gewässer, svw. temporäre Gewässer.
Periodizität, 1) bei Pflanzen insbesondere Schwankungen in der Intensität von Stoffwechsel-, Wachstums-, Entwicklungs- und Bewegungsprozessen, die sich häufig, aber nicht immer, entweder in den Tagesgang oder in den Jahresgang des äußeren Geschehens einordnen.
Eine *Tagesperiodizität* (→ zirkadiane Rhythmik) zeigen z. B. viele Bewegungen (Blüten-, Schlaf-, Spaltöffnungsbewegungen) und zahlreiche weitere Prozesse, wie Photosynthese, Stofftransport, Transpiration u. a. Manche dieser Vorgänge werden ausschließlich durch den Wechsel der Außenbedingungen, insbesondere Licht und Temperatur gesteuert, bei anderen ist eine endogene Rhythmik beteiligt.
Eine *Jahresperiodizität* (*Jahresrhythmik*) im Wechsel zwischen Ruhe und Wachstum weisen vielfach mehrjährige Pflanzen in wechselfeuchten bzw. wechselwarmen Klimazonen auf, z. B. die einheimischen Laubgehölze. Bei diesen verharren nach dem herbstlichen Laubfall die Knospen im Ruhestand und treiben erst im Frühjahr wieder aus. Auch im Holzzuwachs gibt es jahresperiodische Schwankungen (Jahresringbildung mit Früh- und Spätholz). Ebenso zeigen die Samenentwicklung und Samenkeimung eine ausgeprägte Rhythmik. Eine besondere Stellung im Entwicklungsgang der ausdauernden Pflanzen nimmt die periodisch wiederkehrende Blütenbildung ein.
Die mannigfaltigen jahresperiodischen Schwankungen und Änderungen im Wachstum und in der Entwicklung der Pflanzen werden zweifellos durch den Wechsel der Klimafaktoren zeitlich gesteuert und synchronisiert. Allerdings liegen von seiten der Pflanze zumindest eine autonome Bereitschaft und eine allgemeine Tendenz zum ungleichförmigen Ablauf der Lebensvorgänge vor; außerdem ist vielfach eine mehr oder weniger ausgeprägte *endogene Rhythmik* vorhanden. So zeigen z. B. auch die Bäume in den Tropen einen Laubwechsel, der jedoch nicht streng an Jahreszeiten gebunden ist, sondern oft die einzelnen Äste eines Baumes zu verschiedenen Zeiten erfaßt. Offensichtlich fehlt hier eine Synchronisation durch Außenfaktoren.
Auch der jahreszeitlich bedingte Wechsel der Aspekte in einer Pflanzengemeinschaft wird als P. bezeichnet.
2) Über P. bei Tieren → Biorhythmen.
Periodomorphose, eine Besonderheit in der Entwicklung der Doppelfüßer, bei der sexuelle Ruheperioden zwischen sexuell tätige Stadien eingeschoben werden. Bei Juliden können sich die Männchen auch nach der Kopulation durch eine Häutung (die mit Vermehrung der Segment- und Beinzahl verbunden ist) in ein sexuell unreifes Stadium (Schaltstadium) zurückverwandeln; eine weitere Häutung führt ein solches Schaltmännchen wieder zu einem Reifemännchen. Das Auftreten der P. ist von Klima und Meereshöhe abhängig, sie wird besonders in den Alpen beobachtet. Die P. führt zur Verlängerung des Lebens; *Tachypodoiulus albipes* lebt ohne P. 2 Jahre, mit P. (3 Schaltstadien) 6½ Jahre.
Periost, → Knochen.
Perisark, svw. Periderm.
Perisperm, Nährgewebe in den → Samen von Nelkengewächsen u. a., das im Gegensatz zum Endosperm aus dem Nuzellus entsteht und sich daher außerhalb des Embryosacks befindet.
Perisphinctes [griech. peri 'um herum', sphingein 'umschließen'], leitender Ammonit (Gabelripper) des Malms β. Die alte Sammelgattung wird heute in zahlreiche Gattungen untergliedert. Als P. im engeren Sinne werden jetzt groß- bis riesenwüchsige, weit genabelte Formen mit einem quadratischen Windungsquerschnitt und zwei- oder mehrfachen Gabelrippen bezeichnet. Die Mündung der Wohnkammer ist einfach.
Perispor, äußere Zellschicht, die die Oosporen mancher Pilze, z. B. der *Peronosporaceae,* bzw. die Meiosporen von Farnpflanzen umgibt. Im letzteren Fall besteht das P. aus mehreren Zellagen, und die äußerste Schicht bildet 2 schmale, parallel laufende, schraubig um die Spore gewundene Bänder, die → Hapteren.
Perissodactyla, → Unpaarhufer.
Peristaltik, wellenförmig fortschreitende Kontraktionsvorgänge, z. B. der Wandmuskulatur von Verdauungssystemen, aber auch bei Einzelzellen, z. B. peristaltische Wellen von Nervenfasern, die neuronalen Stofftransport bewirken.
peristaltische Welle, → Magenmotorik.
Peristom, 1) Mundfeld, Mundscheibe, die Umgebung des Mundes bei vielen Tieren, so bei spirotrichen Ziliaten, Nesseltieren (Polypen), bei den Seeigeln, 2) → Laubmoose.
Perithezium, birnen- oder kugelförmiger Pilzfruchtkörper, der im Inneren die zwischen sterilen Hyphen, den Paraphysen, eingebetteten Sporenschläuche, die Asci, enthält. Die Sporen gelangen durch eine besondere Öffnung (Ostiolum) oder durch den Zerfall des P. ins Freie.
Peritonealhöhle, Peritoneum → Leibeshöhle.
peritrich, → Zilien.
Peritricha, → Ziliaten.
peritrophische Membran, → Verdauungssystem.
Periviszeralsinus, → Blutkreislauf.
perivitelliner Raum, → Befruchtung.
Perizykel, → Wurzel, → Sproßachse.

Perlboot, → Vierkiemer.

Perleidechse, *Lacerta (Gallotia) lepida,* bis 80 cm Gesamtlänge erreichende größte Art der → Halsbandeidechsen, die Südfrankreich, Spanien und Nordwestafrika bewohnt. Der Rücken ist grüngelb gesprenkelt, die Flanken sind mit blauen Fleckenreihen versehen. Die P. frißt neben großen Insekten vor allem kleinere Echsen und junge Mäuse (Tafel 5).

Perlen, von Mantelepithelien abgeschiedene Kalkgebilde bei Muscheln, z. B. Seeperlmuschel und Flußperlmuschel, seltener bei Schnecken, z. B. Seeohr, und bei Kopffüßern, z. B. Nautilus. Besonders wertvoll sind perms, um einen Kern konzentrisch geschichtete P. mit äußerer Perlmuttersubstanz. Der Kern besteht aus verschiedenen Fremdkörpern, wie Sandkörnern oder eingedrungenen Parasiten, die zum Schutz abgekapselt werden. In Japan und China wird die Perlenbildung durch künstlich zwischen Schale und Mantel gebrachte Fremdkörper angeregt *(Zuchtperlen).* Natürliche Vorkommen gibt es vor allem im Indopazifik.

P. können innen an der Schale festgewachsen sein *(Schalenperlen)* oder frei zwischen Mantel und Schale liegen *(Mantelperlen).* Ihr Wert wird durch Größe, Ebenmäßigkeit, Form, Farbe und Glanz bestimmt.

Perlfisch, *Rutilus meidingeri,* Karpfenfisch tiefer Voralpenseen. Männchen zur Laichzeit mit perligem Laichausschlag und rotem Bauch; bis 70 cm; Sportfisch.

Perlhühner, → Fasanenvögel.

Perlmutter, *Perlmutt,* innere Schalenschicht (Hypostracum) bei verschiedenen Schnecken und Muscheln, bei denen die feinen Kalklamellen dieser Schicht parallel zur Innenfläche der Schale liegen und daher durch Interferenz ein irisierendes Farbenspiel und eigentümlicher Glanz entstehen. P. wird vor allem für Schmuck- und Modewaren verwendet. Einheimische → Muscheln mit P. sind die Flußperlmuscheln.

Perlpilz, → Ständerpilze.

Perm [nach der Stadt Perm im westlichen mittleren Uralvorland], *Dyas,* jüngstes System des Paläozoikums. Im Germanischen Becken (nördliches Mitteleuropa) findet eine Zweigliederung des P. in eine untere überwiegend festländische Abteilung (→ Rotliegendes) und eine obere marine Abteilung (→ Zechstein) statt. Das P. umfaßt einen Zeitraum von 60 Mio. Jahren. In den auf dem Festland gebildeten Gesteinsserien ist eine Abtrennung des P. von den älteren Karbon und der jüngeren Trias vielfach nicht einwandfrei möglich. In den im Meer gebildeten Gesteinsserien läßt die Entwicklung der Foraminiferen (Fusuliniden) und Ammoniten eine Grenzziehung und eine Feingliederung innerhalb des P. zu. Die Grenze zwischen P. und Trias ist einer der wesentlichen Schritte in der Entwicklung des tierischen Lebens. Die rugosen Korallen, Trilobiten, Goniatiten, Knospenstrahler und primitiven Lurche sowie Kriechtiere starben aus. Von großer Bedeutung ist das erste Auftreten von Mesoammoniten, bei denen die Wellen der Lobenlinie in zahlreiche großblättrige Elemente zerlegt sind (makrophylle zweite Verfaltung). Als Riffbildner erlangen die Moostierchen im P. besondere Bedeutung. Die Entwicklung der Armfüßer zeigt sich an der Grenze vom P. zur Trias ebenfalls als ein deutlicher Schritt, eine Anzahl paläozoische Gruppen, z. B. *Horridonia,* starben aus.

Muscheln zeigen Anklänge an das folgende Mesozoikum. Schnecken bewahrten ihr paläozoisches Gepräge, sie treten gesteinsbildend in den Alpen auf. Stachelhäuter erlebten im P. nochmals ihre bedeutende Blüte. Von den Lurchen bildeten die Labyrinthodonten die Stammgruppe der Reptilien. Dagegen besaßen sämtliche Kriechtiere noch primitive Merkmale.

In der Entwicklung der Pflanzenwelt stellt das P. eine Übergangszeit vom → Paläophytikum zum → Mesophytikum dar. Erstmalig zeichnet sich in der Erdgeschichte eine deutliche Differenzierung von Florenprovinzen ab. Im Rotliegenden erlebten die Farnpflanzen und Pteridospermen große Mannigfaltigkeit und wurden von den Nacktsamern (Ginkgogewächse und Nadelbäume) abgelöst.

permeabel, Eigenschaft einer Membran, einen Stoff passieren *(permeieren)* zu lassen. Kann ein Stoff eine Membran nicht permeieren, so ist diese Membran in bezug auf den betreffenden Stoff *impermeabel*.

Permeabilität, das Durchlässigkeitsvermögen von Membranen für Lösungsmittel (z. B. Wasser, Alkohol) und gelöste Stoffe. Die Plasmagrenzschichten lebender Zellen sind für die einzelnen Stoffe je nach deren Beschaffenheit und je nach den Außenfaktoren verschieden durchlässig (→ Semipermeabilität). Die P. ist wichtig für die Stoffaufnahme und den Stofftransport in den Organismen. Man mißt die P. häufig mit Hilfe radioaktiver Isotope, wobei zu beachten ist, daß die gemessene P. des radioaktiven Isotops nicht unbedingt gleich der P. des zu untersuchenden Stoffes sein muß. Es darf keine Flußkopplung auftreten.

Permeabilitätskonstante, → Permeation.

Permeasen, → Carrier.

Permeation, Diffusion von Stoffen durch Membranen entlang dem Konzentrationsgefälle. Sie kann als *behinderte Diffusion* aufgefaßt werden. Der Durchtritt eines Anelektrolyten (mit Ausnahme von Wasser) durch Membranen ist z. B. 100- bis 10000mal langsamer als seine Diffusion durch eine Wasserschicht gleicher Dicke. Die P. umfaßt die Teilschritte: Eintritt in die Membran, Wanderung in der Membran und Austritt aus der Membran. Der geschwindigkeitsbegrenzende Teilschritt ist der Eintritt in die Membran. Die *Permeabilitätskonstante* K gibt die Stoffmenge dn an, die beim Konzentrationsunterschied $dc = 1$ zu beiden Seiten der Membran in der Zeiteinheit $dt = 1$ durch die Membranfläche $A = 1$ hindurchtritt. Über *erleichterte (katalysierte)* P. → Carrier.

Peroxidasen, zu den Oxidoreduktasen gehörende, in pflanzlichen und tierischen Zellen weit verbreitete Enzyme. Sie wirken als Hydroperoxidasen und oxidieren bestimmte organische Substrate unter Verwendung des giftigen Wasserstoffperoxids, das dabei zu Wasser reduziert wird. Als Wasserstoffdonatoren fungieren vor allem Askorbinsäure, Chinone und Zytochrom c. P. enthalten als prosthetische Gruppe Porphyrine. Bekanntester Vertreter ist die kristallin zugängliche P. aus Meerrettich.

Peroxysomen, *Microbodies,* strukturell ähnliche, aber funktionell nicht ganz einheitliche zytoplasmatische Organellen, in denen oxidative Stoffwechselreaktionen erfolgen und die das Leitenzym Katalase enthalten. In den P. entsteht bei der Oxidation bestimmter Verbindungen Wasserstoffsuperoxid, das durch die Katalase in Wasser und Sauerstoff gespalten wird. Die verschiedenen oxidativen Reaktionen führen n i c h t zur ATP-Bildung, da P. keinen Phosphorylierungsmechanismus besitzen. Die entstehende Energie geht als Wärmeenergie verloren. Die Katalase verhindert eine Anreicherung des für die Zellen giftigen Wasserstoffsuperoxids.

Die von einer einfachen Membran umgebenen, meist annähernd kugelförmigen P. haben einen mittleren Durchmesser von etwa 0,5 bis 2 µm und wurden erstmals 1954 in Harnkanälchen-Epithelzellen festgestellt. Oft sind in den P. Kristalloide erkennbar, die aus Enzymen bestehen. P. werden am → endoplasmatischen Retikulum gebildet und von ihm abgeschnürt. Entsprechend ihren Funktionen und den außer Katalase vorkommenden Enzymen werden einige Typen der P. unterschieden: im engeren Sinn Blattperoxysomen und Glyoxysomen. P. (im engeren Sinn) kommen besonders häufig in Zellen der Leber und Niere vor (Abb., Tafel 21). Die Leberzelle der Ratte weist 350 bis 400 P. auf, die Halbwertzeit der P. ist nur kurz (1,5 bis 2 Tage). In anderen Zelltypen sind meist kleinere P. mit homogenem Inhalt zu beobachten (*Mikroperoxysomen*).

Außer Katalase enthalten P. unter anderem D-Aminosäureoxidase, α-Hydroxysäureoxidase und Urat-Oxidase. Letztere bildet in P. ein relativ großes Kristalloid, das in der sonst homogenen Matrix liegt. Die funktionelle Bedeutung dieser P. liegt besonders im oxidativen Abbau von Stoffwechselzwischenprodukten, z. B. Purinbasen und in der Bildung von Kohlenhydraten aus Aminosäuren und anderen Stoffen.

Blattperoxysomen kommen in Chloroplasten enthaltenden Pflanzenzellen vor. Diese P. beteiligen sich an der Lichtatmung, die einen oxidativen Nebenweg der Photosynthese darstellt. Das Enzym Katalase wurde besonders in Kristalloiden nachgewiesen. Die Blattperoxysomen liegen den Chloroplasten dicht an. Sie übernehmen die von den Chloroplasten gebildete Glykolsäure und wandeln sie enzymatisch durch Glykolatoxidase und Katalase zu CO_2 und anderen Substanzen um. Die ebenfalls an Katalase reichen *Glyoxysomen* kommen in solchen Pflanzenzellen vor, die Fettsäuren in Zucker umwandeln können, z. B. in den Kotyledonen von lipidspeichernden Samen. Auch in Hefen u. a. Pilzen, Algen und bei *Euglena* und *Tetrahymena* wurden sie beobachtet. Die Glyoxysomen liegen den Fettkörpern (→ Oleosomen) dicht an. Diese Lipidreserven werden abgebaut; die Hüllmembran der Oleosomen und der Glyoxysomen enthalten unter anderem Lipase. Die durch die Fetthydrolyse entstehenden Fettsäuren gelangen in Glyoxysomen und werden dort abgebaut. Das dabei gebildete Azetyl-Koenzym A wird im Glyoxylatzyklus in Suzkinat umgewandelt, das in → Mitochondrien überführt und dort in Oxalazetat umgeformt wird. Außerhalb der Mitochondrien kann vom Oxalazetat aus die Zuckersynthese (Glukoneogenese) erfolgen. Nach dem Ergrünen der Kotyledonen sind die Lipidreserven fast aufgebraucht, Chloroplasten haben sich entwickelt, und die Glyoxysomen sind durch Blattperoxysomen ersetzt worden.

persistente Viren, → Virusvektoren.

Persistenz, die durchschnittliche Zahl der Generationen, über die eine neuentstandene Mutation weitergegeben wird, ehe sie wegen des Todes eines Trägers vor seiner Fortpflanzung oder wegen seiner Nachkommenlosigkeit wieder aus der betreffenden Organismengruppe ausscheidet.

persönliche Bindung, Bindung eines oder mehrerer tierischer Individuen an ein oder mehrere andere Individuen. Die p. B. ist unabhängig von allgemeinen Signalmerkmalen, die nicht individuengebunden sind, wie etwa ein gemeinsamer Nestgeruch. Sie setzt vielmehr voraus, daß die Einzeltiere unterscheidbar sind und die Partner die individuellen Unterschiede erkennen können. Damit es zu p. B. zwischen Tieren kommt, muß wechselseitige Anziehung (→ mutuelle Attraktion) vorhanden sein.

Für Wirbellose sind keine p. B. bekannt, aber für Fische und vor allem für Vögel und Säugetiere. Besonders ausgeprägt sind sie zwischen den Geschlechtspartnern mancher Tiere, z. B. bei Gänsen, und zwischen Eltern und Jungtieren. Die p. B. kann relativ kurzfristig durch Prägung in einer sensiblen Phase oder durch allmähliche Gewöhnung entstehen. Auf diese Weise kann es auch zu zwischenartlichen »Tierfreundschaften« kommen. Für Hühner ist das persönliche Kennen von bis zu 27 anderen Hühnern im Experiment nachgewiesen. Wie Unterschiebeversuche bei Vögeln zeigen, werden fremde Junge gleichen Alters wie die eigenen in den ersten Tagen angenommen; jedoch kennen die Glucken die erbrüteten Jungen nach 3 bis 5 Tagen persönlich. Auch viele Huftiere haben eine individuelle Bindung zu den Jungen. Das allmähliche Kennenlernen ermöglicht andererseits die Annahme fremder Jungtiere.

Perspiratio, Wasserverdunstung an Hautflächen der Säugetiere im Dienst der → Temperaturregulation. 1) Die *P. insensibilis* ist die Wasserdampfdiffusion durch die obersten Hautschichten. 2) Die *P. sensibilis,* das → Schwitzen, setzt bei hohen Umgebungstemperaturen ein und ist nur bei Huftieren, Menschenaffen und Menschen zu beobachten. Durch Erregung cholinerger Fasern des Nervus sympathikus sondern Schweißdrüsen den → Schweiß ab. Die Schweißsekretion kann mittels Pharmaka gesteuert werden: Azetylcholin und Parasympathikomimetika verstärken, Atropin hemmt sie. Bei der Verdunstung von 1 l Wasser werden dem Organismus 2400 kJ, von 1 l Schweiß 2240 kJ entzogen. Vögel und die Karnivoren (z. B. der Hund) erzeugen Verdunstungskälte durch Hecheln. Der Hund steigert dabei das Atemminutenvolumen (→ Ventilationsgröße) um das 25- bis 40fache.

Perthophyten, → Saprophyten.

Perubalsam, ein aromatisch riechender, dunkelbraun gefärbter, dickflüssiger Balsam aus *Myroxylon balsamum,* der zu etwa 60% aus *Zinnamein,* einem Benzylestergemisch der Benzoe- und Zimtsäure, besteht. Der P. wird in der Medizin bei Hautkrankheiten, in der Parfümindustrie und in der mikroskopischen Technik benutzt.

Perubalsambaum, → Schmetterlingsblütler.

Perückenstrauch, → Sumachgewächse.

Pervitin®, → Methamphetamin.

Peryphyton, pflanzlicher → Aufwuchs auf Steinen, Pflanzen und anderen Substraten im Gewässer, vorwiegend Algen und Bakterien.

Perzeption, *Rezeption, Induktion, Erregung,* 1) in der Reizphysiologie der Pflanzen der auf die → Suszeption folgende Teilvorgang der → Reizaufnahme. Jetzt wird P. häufig auch im Sinne des Gesamtprozesses der Reizaufnahme angewendet, schließt in diesem Fall also auch die Suszeption ein.

2) Wahrnehmung, in der Sinnesphysiologie des Menschen und der Tiere der Vorgang, durch den von → Rezeptoren stammende Signale im Gehirn weiterverarbeitet werden und zur Abbildung von Tatbeständen führen. Häufig gleichsinnig mit → Empfindung gebraucht und wie diese im Zusammenhang mit Sinnesorganen betrachtet, z. B. *visuelle* P. (Sehen), *auditive* P. (Hören), *noscitive* P. (Schmerz-Wahrnehmung). P. kann von Empfindung abgegrenzt werden, wenn sie als aktiver Vorgang der Informationsaufnahme und -verarbeitung betrachtet wird, d. h. wenn statt der Sinnesempfindung »Helligkeit« ein bestimmtes »Bild«, z. B. durch »Spähen«, entsteht.

Perzipient, *Rezipient,* Nachrichtenempfänger bei der organismischen Kommunikation. Wenn die Nachricht an einen bestimmten Empfänger gerichtet ist, wird dieser als *Adressat* bezeichnet. Dabei ist zu berücksichtigen, daß der P. im Sinne der Nachrichtenübertragung als Empfänger und Informationssender fungiert, er wandelt die übertragenen Signale in die Information und nutzt sie, Speicherung einschließend.

Pessimum, → ökologische Valenz.

Pestbakterium, *Yersinia pestis,* der Erreger der Pest. Es ist unbeweglich, stäbchenförmig bis oval und gehört zu den Enterobakterien. Das P. kommt in Ratten und anderen Nagern vor und wird durch den Rattenfloh auf den Menschen übertragen. Es hat in der Vergangenheit verheerende Seuchen verursacht, denen z. B. im 14. Jh. ein Viertel der Einwohner Europas zum Opfer fiel. Das P. wurde 1894 erstmals von A. J. E. Yersin und S. Kitasato isoliert.

Pestivirus, → Virusfamilien.
Petalen, → Blüte.
Petasma, → Paarungsorgane.
Petermännchen, *Trachinus draco,* im Mittelmeer und im angrenzenden Atlantik bis Norwegen verbreiteter, zu den Drachenfischen gehörender, langgestreckter Grundfisch, der etwa 30 cm lang wird und sich tagsüber meist in den Bodengrund einbuddelt. Die kurze erste Rückenflosse hat ebenso wie der Kiemendeckel scharfe Giftstacheln.
Petersilie, → Doldengewächse.
Petrischale, eine nach dem Bakteriologen R. J. Petri benannte zweiteilige runde Schale mit senkrechten Wänden, bei der die Wandung des Deckels die der Unterschale übergreift. P. haben meist einen Durchmesser von 10 cm und werden aus Glas oder durchsichtigem Plast hergestellt. Sie dienen zum Kultivieren von Mikroorganismen, z. B. auf Agarnährböden, als Plattenkultur (→ Kultur).
Petrophyten, → Epiphyten.
Petunie, → Nachtschattengewächse.
Peyersche Platten, in der Darmwand vorkommende Ansammlung von Lymphknötchen. In den P. P. vollziehen sich Immunreaktionen, die für die Abwehr von Infekten große Bedeutung besitzen.
Pezizales, → Schlauchpilze.
Pfaffenhütchen, → Spindelbaumgewächse.
Pfahlwurzler, → Wurzel.
Pfau, → Fasanenvögel.
Pfauenauge, Bezeichnung für mehrere Arten der Schmetterlinge mit großen, pfauenaugenähnlichen Flecken auf den Flügeln, z. B. das *Tagpfauenauge* (*Inachis io* L.), ein Tagfalter aus der Familie der Fleckenfalter; das *Abendpfauenauge* (*Smerinthus ocellatus* L.), eine Art der → Schwärmer; das *Kleine* und das *Große Nachtpfauenauge* (*Saturnia pavonia* L. und *pyri* D. u. S.), zwei Arten aus der Familie der Augenspinner; letztgenannte Art ist mit 12 cm Spannweite der größte Schmetterling in Europa.
Pfefferfresser, → Spechtvögel.

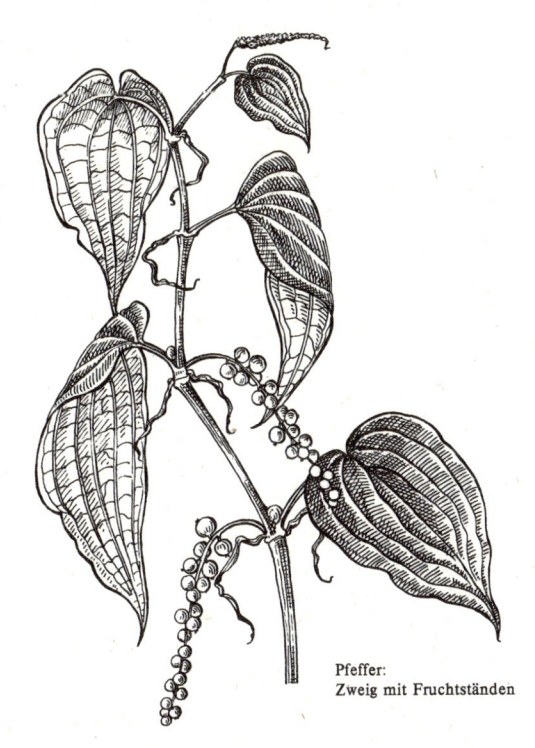

Pfeffer:
Zweig mit Fruchtständen

Pfeffergewächse, *Piperaceae,* eine Familie der Zweikeimblättrigen Pflanzen mit etwa 1 400 Arten, die ausschließlich in den Tropen verbreitet sind. Es handelt sich um Kräuter oder Holzpflanzen mit wirtelig oder schraubig gestellten einfachen Blättern und in dichten Ähren angeordneten eingeschlechtigen oder zwittrigen Blüten ohne Blütenhülle, die wahrscheinlich von Insekten bestäubt werden. Als Früchte werden Beeren oder Steinfrüchte ausgebildet. Bekannteste Art ist der in den Tropen überall angebaute *Echte Pfeffer, Piper nigrum.* Als schwarzer Pfeffer werden die unreif getrockneten Steinfrüchte gehandelt, zur Gewinnung des weißen Pfeffers werden die reifen Früchte geschält. Der scharfe Geschmack ist durch das Alkaloid Piperin, der Geruch durch das ätherische Pfefferöl bedingt. Die Wurzel des vor allem auf den pazifischen Inseln verbreiteten *Kawapfeffers, Piper methysticum,* enthält ein Harz, Kawalin, das anregend, schweiß- und harntreibend und berauschend wirkt. Die Blätter des südostasiatischen *Betelpfeffers, Chavica (Piper) betle,* werden zusammen mit dem Samen der Betelpalme und Kalk vermischt als Genußmittel gekaut. Einige der aus Südamerika stammenden *Peperomia*-Arten sind durch ihre meist etwas sukkulenten, vielfach weißbunten Blätter beliebte Zierpflanzen.
Pfefferkraut, Pfefferminze → Lippenblütler.
Pfeffersche Zelle, → Osmose.
Pfeiffrösche, → Südfrösche.
Pfeilgiftfrösche, svw. Farbfrösche.
Pfeilhasen, *Ochotonidae,* eine Familie der Hasentiere. Die P. sind kleine, schwanzlose, kurzhaarige Säugetiere mit auffällig hoher, pfeifender Stimme. Sie bewohnen Steppen und Gebirge Südosteuropas, Asiens und Nordamerikas.

Daurischer Pfeifhase

Pfeilhechte, *Sphyraenidae,* räuberische, extrem schlanke Knochenfische der warmen Meere mit sehr scharfem Gebiß. Die P. jagen meist in Schwärmen, sie können auch dem Menschen gefährlich werden, z. B. der 2 bis 3 m lange *Große Barracuda, Sphyraena barracuda;* P. sind angriffslustiger als Haie.

Pfeilhecht (*Sphyraena sphyraena*)

Pfeilnatter, → Zornnattern.
Pfeilwürmer, *Borstenkiefer, Chaetognatha,* ein Stamm der Deuterostomier. Die Tiere kommen nur im Meer vor und leben fast ausschließlich rein planktisch. Der meist pfeilartig langgestreckte durchsichtige Körper trägt ein oder zwei Paar Seitenflossen und eine Schwanzflosse. Er gliedert sich in Kopf, Rumpf und einen hinter dem After liegenden Schwanzabschnitt. Jeder Körperabschnitt hat, zumindest in der Entwicklung, eine eigene Zölomhöhle. Am Kopf stehen vier bis vierzehn sensenförmige, chitinige Greifhaken, die nach außen und innen geschlagen werden können und dem Beutefang dienen; beim Schwimmen werden sie unter einer kapuzenartigen Hautfalte verborgen. Als Sinnesorgane treten ein Paar kleine Augen auf. Gefäßsystem, Atem- und Exkretionsorgane fehlen. Alle Arten sind Zwitter, bei denen die Ovarien im mittleren, die Hoden im hintersten Körperabschnitt liegen. Die Eier werden meist frei ins Wasser ab-

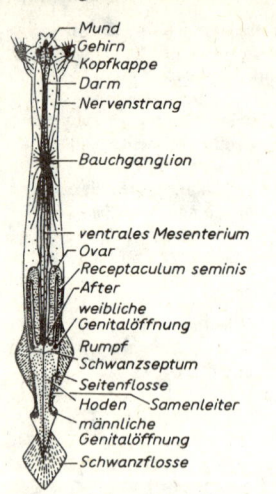

Pfeilwürmer, *Chaetognatha*, Ventralansicht

(Labels on figure:)
- Mund
- Gehirn
- Kopfkappe
- Darm
- Nervenstrang
- Bauchganglion
- ventrales Mesenterium
- Ovar
- Receptaculum seminis
- After
- weibliche Genitalöffnung
- Rumpf
- Schwanzseptum
- Seitenflosse
- Hoden
- Samenleiter
- männliche Genitalöffnung
- Schwanzflosse

gelegt. Bei der totalen Furchung entsteht eine Invaginationsgastrula, deren Urmund sich schließt und zum Körperende wird.

Die Abstammung der P. ist völlig rätselhaft, fest steht nur, daß sie zu den Deuterostomiern gehören. Es sind rund 80 Arten bekannt, die meist in größeren Schwärmen an der Meeresoberfläche leben. Sie sind in erster Linie Schweber, können aber auch durch ruckartiges Auf- und Abschnellen des Schwanzabschnittes kurze Strecken aktiv schwimmen. Die Ernährung ist rein räuberisch, es werden vor allem kleine Krebse und Fischlarven gefangen. Die bekannteste Gattung ist *Sagitta* mit reichlich zwanzig Arten, deren größte bis zu 10 cm lang werden kann und die in allen Ozeanen vorkommen.

Sammeln und Konservieren. P. werden mit großen Planktonnetzen gefangen. Zum Betäuben werden auf das Seewasser einige Mentholkristalle gestreut. Die betäubten P. glättet man mit einem Pinsel in einer Schale und fixiert mit Bouins Gemisch. Nach dem Auswaschen in 50%igem Alkohol werden die P. in 2%igem Formaldehyd-Seewasser aufbewahrt.

Pfeilzüngler, → Radula.
Pfennigkraut, → Primelgewächse.
Pferd, → Wildpferd, → Einhufer.
Pferdeböcke, *Hippotragus*, in zwei Arten vorkommende, kräftige, afrikanische Antilopen mit aufsteigend nach hinten gebogenen Hörnern.
Pferdebohne, → Schmetterlingsblütler.
Pferdehirsch, *Sambar, Cervus equinus,* ein großer schwarzbrauner Hirsch mit auffällig großer Voraugendrüse. Er ist von Vorderindien bis Südostasien verbreitet.
Pferdeschweif, → Rückenmark.
Pferdespringer, → Springmäuse.
Pfifferling, → Ständerpilze.
Pfingstrosengewächse, *Paeoniaceae*, eine kleine Familie der Zweikeimblättrigen Pflanzen mit der einzigen Gattung **Pfingstrose,** *Paeonia,* und etwa 33 Arten, die hauptsächlich in der nördlichen gemäßigten Zone vorkommen. Es handelt sich um Stauden oder Halbsträucher mit wechselständigen, geteilten Blättern und meist einzeln stehenden, großen, lebhaft gefärbten Blüten. Die 5 bis 10 Kronblätter werden von einer gleichen Anzahl kelchartiger Hochblätter umgeben. Nach Insektenbestäubung bildet der oberständige Fruchtknoten mehrsamige Balgfrüchte aus.

Viele Arten werden als Zierpflanzen, oft mit gefüllten Blüten, gezogen, so die meist rotblühende **Gartenpfingstrose,** *Paeonia officinalis,* aus Südeuropa, die **Chinesische Pfingstrose,** *Paeonia lactiflora,* aus China und Sibirien mit weißen oder rosa Blüten und die **Strauchpfingstrose,** *Paeonia suffruticosa,* aus China mit rosa bis weißen, am Grund dunkel gefleckten Kronblättern und verholzenden Stengeln.

Pfingstrose: blühender Zweig

Pfirsich, → Rosengewächse.
Pfirsichblattlaus, → Gleichflügler.
Pflanzen, Lebewesen, die im Gegensatz zu den → Tieren im allgemeinen autotroph leben, d. h. ihre organischen Substanzen auf dem Wege der → Photosynthese oder → Chemosynthese mit Hilfe der Energie des Sonnenlichts bzw. der exothermen chemischen Umsetzungen entnommenen Energie aus Kohlendioxid und Wasser aufbauen. Dementsprechend stellen aus heutiger Sicht P. und Tiere vorwiegend ernährungsphysiologische und weniger verwandtschaftliche Gruppen dar, während früher die Begriffe P. und Tiere allgemein auch als grundlegende systematisch-taxonomische Einheiten aufgefaßt wurden.

Die Befähigung zur Photosynthese erhalten die P. durch Chlorophylle und andere assimilatorische Farbstoffe, die in spezifischer Weise in Membranen, bei den kernhaltigen P. in den Thylakoiden der Chloroplasten (→ Plastiden) angeordnet sind und Elektronen aus stark negativem Potential ($E'_0 \approx -0{,}60$ V) in die mit Multienzymkomplexen verbundenen photochemischen Zentren einspeisen. In diesen werden chemisch gebundene Energie (ATP) und reduzierte Pyridinnukleotide gebildet, wobei gleichzeitig Protonengradienten entstehen (→ Photosynthese). Die auf dem angeführten Weg geschaffenen Energiereserven sind die Grundlage für Erhaltung und Fortpflanzung des Lebens. Ohne P. ist jedes tierische Leben auf der Erde undenkbar.

Da die grünen P. die zur Photosynthese und zur Aufrechterhaltung aller Lebensvorgänge erforderliche Energie dem Sonnenlicht entnehmen, brauchen sie im Gegensatz zu den Tieren, die sich ihre Nahrung in der Regel suchen müssen, nicht beweglich zu sein. Die typischen höher organisierten P., insbesondere die Gefäßpflanzen, sind daher ortsfest eingewurzelt. Dabei entwickeln die P. große äußere Oberflächen, um möglichst viele Lichtquanten einfangen zu können. Diese Entwicklung setzt sich bis zum Tode der Individuen fort. Demgegenüber ist die Entwicklung der Tiere durch Einstülpung eines Teils ihrer Oberfläche und damit durch die Schaffung großer innerer Reaktionsräume gekennzeichnet, und das Wachstum wird nach Abschluß einer gewissen Jugendperiode eingestellt. Dementsprechend haben die P. eine »offene«, die Tiere eine »geschlossene« Form. Die offene Form der P. hat den Schutz der Zellen durch die Entwicklung starker, vorwiegend zellulosehaltiger Zellwände zur Voraussetzung. Hierdurch wiederum wird bei P. im Gegensatz zu den Tieren die Zellteilung auf Zellen, die noch keine stärkeren Zellwände ausgebildet haben, und zwar vorwiegend auf terminale, z. T. auch auf interkalare Wachstumszonen, die Vegetationspunkte, begrenzt.

Das offene System hat auch zur Ausbildung eines Festigungsgewebes geführt, das sich stark von dem der Tiere unterscheidet. Der Stofftransport erfolgt bei P. nicht in einem humoralen Zirkulationssystem. Hierdurch sind schlechte Voraussetzungen für ausgeprägte funktionelle Differenzierungen der Zellen gegeben. Aus diesem Grund und durch die Standortgebundenheit stellt auch die Koordinierung der Leistungen verschiedener Gewebebezirke keine zwingende Notwendigkeit dar. Spezifische, anatomisch definierte Reizleitungsbahnen und charakteristische Organe für die Reizperzeption (Sinnesorgane) sind wenig ausgeprägt bzw. selten entwickelt.

Bei niederen Entwicklungsstufen, besonders bei den *Schizophyta* und innerhalb der *Eukaryota* bei den *Protobionta*, ist oft keine klare Differenzierung zwischen P. und Tieren möglich, was insbesondere darauf zurückzuführen ist, daß die entsprechenden Formen als gemeinsamer Ausgangspunkt der beiden großen Entwicklungsreihen noch sehr nahestehen. Auch haben manche P. die Befähigung zur autotrophen Lebensweise im Laufe der stammesgeschichtlichen Entwicklung verloren.

Pflanzenasche, der feste Rückstand eines Pflanzenkörpers nach vollständiger Verbrennung. Die P. enthält vorwiegend nichtflüchtige Oxide bzw. Karbonate, und zwar als wasserlösliche Bestandteile Kalium- und Natriumkarbonat, -sulfat und -chlorid, als unlösliche Bestandteile Karbonate, Phosphate und Silikate des Kalziums, Magnesiums und Eisens sowie deren Oxide, ferner in geringeren Mengen die entsprechenden Verbindungen von Aluminium, Mangan, Bor, Kupfer und Zink sowie Spuren zahlreicher weiterer chemischer Elemente. Die *Aschenanalyse* gibt keinen Aufschluß darüber, ob die jeweils angetroffenen Stoffe für die Pflanze Makronährstoffe, Mikronährstoffe, nicht lebensnotwendige Spurenelemente oder sogar Ballaststoffe darstellen.

Der *Aschengehalt* der verschiedenen Pflanzenarten und einzelner Pflanzenteile ist sehr unterschiedlich. Bei Blättern, z. B. des Tabaks, kann er 10 bis 20% der Trockensubstanz betragen; Samen und Früchte enthalten dagegen nur 1 bis 5% Aschenbestandteile in der Trockensubstanz. Mit zunehmendem Alter steigt der Aschengehalt der Pflanzen bzw. Pflanzenteile gewöhnlich an. Er ist auch abhängig vom Mineralstoffgehalt des Bodens und von den Düngergaben. Die Zusammensetzung der P. unterliegt ebenfalls großen Schwankungen.

Pflanzenbeschreibung, → Taxonomie.
Pflanzenfarbstoffe, *1)* Farbstoffe, die die Färbung der Pflanzen oder deren Teile bewirken. Die grüne Färbung der Pflanzen kommt zustande durch eine Kombination von grünen Farbstoffen (→ Chlorophyll a und b), gelben Farbstoffen (→ Xanthophyll) und orangegelben Farbstoffen (→ Karotinoide), die gemeinsam in den Chlorophyllkörpern oder Chloroplasten (→ Plastiden) in bestimmten Mischungsverhältnissen vorkommen. Als Photosynthesefarbstoffe sind sie z. B. an der Lichtausnutzung bei der Photosynthese entscheidend beteiligt. Bestimmte Meeresalgen besitzen neben Chlorophyll verschiedene andere Pigmente, z. B. → Fukoxanthin.

Die z. T. sehr lebhafte Blütenfärbung wird von verschiedenen Farbstoffen hervorgerufen. Gelbfärbung kann bedingt sein durch Karotinoide, die in bestimmten Farbstoffträgern (z. B. den Chromoplasten) lokalisiert sind, oder durch im Zellsaft gelöste Flavonoide (→ Flavone). Die roten und blauen Blütenfarben werden durch → Anthozyane hervorgerufen, die ebenfalls im Zellsaft gelöst sind. Auch rote Blätter, z. B. von Blutbuche oder Bluthasel, verdanken ihre Färbung diesen Farbstoffen. Weiße Blüten sind im allgemeinen farbstofffrei; die mit Luft gefüllten Zellzwischenräume bewirken eine totale Lichtreflexion.

Bei der herbstlichen Laubfärbung, die dem Laubfall vorausgeht, werden die Chlorophylle abgebaut, so daß die gelben Farbstoffe überwiegen. Zusätzlich können Anthozyane gebildet werden, die vor allem in Kombination mit Karotinoiden lebhafte gelbrote Tönungen ergeben. Die meist später einsetzende Braunfärbung beruht auf der Einlagerung von → Phlobaphenen in die Zellwände.

Auf das Wachstum der Pflanzen, verschiedene Entwicklungsprozesse, z. B. Samenkeimung, und bestimmte Bewegungserscheinungen übt Licht einen entscheidenden Einfluß aus. Zur Wahrnehmung solcher Lichtreize besitzen die Pflanzen verschiedene lichtabsorbierende Farbstoffe, von denen z. B. das → Phytochrom große Bedeutung hat. P. haben auch als Lockfarbe Bedeutung für die Existenz und Arterhaltung des betreffenden Individuums; andere P. fungieren als Schutzfaktoren oder sind stoffwechselregulatorisch wirksam. Zahlreiche P. scheinen Stoffwechselendprodukte ohne sichtbare andere Funktion zu sein.

2) aus Pflanzen gewonnene, technisch verwertbare Farbstoffe. Zu den Farbstoffe enthaltenden Pflanzen gehören Färberröte, Färberwaid, Indigo, Saflor u. a. Die Bedeutung der P. hat seit der Einführung der synthetischen Farbstoffe drastisch abgenommen.
Pflanzenformation, → Formation.
Pflanzengallen, → Gallen.
Pflanzengemeinschaft, svw. Pflanzengesellschaft.
Pflanzengeographie, *Phytogeographie, Geobotanik,* die Lehre von der Verbreitung der Pflanzen auf der Erde. Sie gliedert sich in die *floristische P.* (→ Arealkunde), die das Studium der Verbreitung der einzelnen Pflanzensippen (Arten, Unterarten u. a.) zum Inhalt hat (→ Areal), die *ökologische P.,* die sich vor allem mit den ökologischen Grundlagen der Pflanzenverbreitung beschäftigt, die *historische (genetische) P.,* die die Erforschung der Floren- und Vegetationsgeschichte zum Ziel hat, die *soziologische P.* (→ Soziologie der Pflanzen), die sich mit dem Studium der Pflanzengesellschaften befaßt.

Lit.: Diels u. Mattick: Pflanzengeographie (5. Aufl. Berlin 1958); Meusel, Jäger, Weinert: Vergleichende Chorologie der zentraleuropäischen Flora (Jena ab 1965); Rikli, Schroeter, Rübel: Geographie der Pflanzen, Handwörterbuch der Naturwissenschaften (2. Aufl. Jena 1934); Schimper u. Faber: P. auf physiologischer Grundlage (3. Aufl. Jena 1935); Schubert: Pflanzengeographie (2. Aufl. Berlin 1979); Walter: Die Vegetation der Erde, Bd. 1: Die tropischen und subtropischen Zonen (2. Aufl. Jena 1964), Die Vegetation der Erde, Bd. II: Die gemäßigten und arktischen Zonen (2. Aufl. Jena 1968), Vegetationszonen und Klima (Jena 1970); Walter u. Straka: Arealkunde. Einführung in die Phytologie Bd. III, 2 (2. Aufl. Stuttgart 1970).
Pflanzengesellschaft (Tafel 11), *Phytozönose, Pflanzengemeinschaft,* eine sich aus verschiedenen Arten zusammensetzende Gruppe von Pflanzen mit gleichen oder ähnlichen ökologischen Ansprüchen. P. sind in erster Linie durch regelmäßige Artenverbindungen ausgezeichnet. Sie entstehen nicht zufällig, sondern durch Auslese unter zahl-

reichen Wettbewerbsteilnehmern. Da sie die Gesamtheit der auf sie einwirkenden Umweltbedingungen widerspiegeln, sind sie meist ausgezeichnete Standortanzeiger (→ Indikatorpflanzen) und besitzen damit eine Eigenschaft, die sich gerade in der Praxis vorteilhaft auswerten läßt.

Die Bezeichnung P. wird meist sowohl im Sinne eines allgemeinen, durch Abstraktion gewonnenen Typenbegriffes als auch im Sinne des konkreten Einzelbestandes (Siedlung) verstanden.

Die Untersuchung der P. kann durch verschiedene analytische Methoden (→ Vegetationsaufnahme), ihre Anordnung und Gruppierung nach verschiedenen Gesichtspunkten erfolgen (→ Soziologie der Pflanzen).

Über die wichtigsten zentraleuropäischen P. → Charakterartenlehre.

Lit.: Oberdorfer: Süddeutsche P. (2. Aufl. Jena 1977); Passarge: P. des nordosteuropäischen Flachlandes I (Jena 1968); Passarge u. Hofmann: P. des nordosteuropäischen Flachlandes II (Jena 1968).

Pflanzengummi, in Pflanzen verbreitet auftretende, zu den Polysacchariden gehörende Stoffe. Die bekanntesten Vertreter sind → *Gummiarabikum,* der aus Kirsch-, Pflaumen- und anderen Obstbäumen ausfließende *Kirschgummi,* bestehend aus Galaktan und Araban, sowie *Hefegummi* aus Hefearten, der aus D-Glukose und D-Mannose besteht.

Pflanzenhaare, *Trichome,* Anhangsgebilde der Epidermis, die ausschließlich aus Epidermiszellen hervorgehen, und zwar in der Regel aus einer einzigen Zelle, der Initialzelle. P. können ein- oder vielzellig sein. Einzellige Haare sind z. B. die *Papillen,* die den Samtglanz vieler Laub- und Blütenblätter bei verschiedenen Pflanzen (Stiefmütterchen, Lupine) bewirken, die *Wurzelhaare* (→ Wurzel) sowie andere Schlauchhaare, z. B. auf dem Blatt der Fuchsie oder der Samenschale der Baumwollpflanze (Baumwolle!), die *Borstenhaare* (z. B. bei den Borretschgewächsen) und die *Brennhaare* (z. B. bei der Brennessel). Borstenhaare sind starre, dickwandige, mit Kieselsäure oder Kalk durchsetzte P. Die Brennhaare bestehen aus einem dünnwandigen, angeschwollenen Fuß, der becherförmig von Epidermiszellen umwachsen ist, und einem langgestreckten Zellenteil, der mit einem kleinen, schräggestellten Köpfchen endet. Bei Berührung bricht das Köpfchen ab, und die verkieselten Haarenden dringen gleich einer Kanüle in die Haut ein; der Haarinhalt, bestehend aus Natriumformiat, Azetylcholin, Histamin und anderen Stoffen, verursacht einen brennenden Schmerz. Die Brennhaare schützen die Pflanzen vor allem gegen Tierfraß. Als verzweigte einzellige Haare sind unter anderem die Haare auf dem Blatt der Gänsekresse oder die *Sternhaare* auf dem Blatt des Hirtentäschelkrautes zu nennen.

Mehrzellige Haare bestehen entweder aus Zellreihen oder aus gestielten bzw. ungestielten Zellflächen. Meist überziehen diese Haare die Pflanzen sehr dicht, z. B. die verzweigten *Wollhaare* der Königskerzen, die *Schuppenhaare* des Sanddorns. Sind die Haare abgestorben, so erscheinen sie infolge ihrer Luftfüllung weiß. Diese *toten Haare* dienen den Pflanzen in den meisten Fällen zur Herabsetzung der Transpiration und schützen sie gegen zu starke Sonneneinstrahlung. Dagegen können *lebende Haare,* z. B. an jungen Blättern, zur Oberflächenvergrößerung und damit zur Steigerung der Transpiration beitragen. Wichtige Funktionen üben die *Absorptionshaare* aus, z. B. Schuppenhaare auf der Blattoberseite tropischer Epiphyten oder Wurzelhaare, die der Aufnahme von Wasser und darin gelösten Substanzen dienen. *Drüsenhaare* sind an ihrem oberen Ende kugelförmig verdickte Haare. Sie scheiden Stoffe verschiedener Art aus. Sie dienen als Schutz gegen Tierfraß, bei → fleischfressenden Pflanzen dem Tierfang. *Sinnes-* oder *Fühlhaare* erleichtern bei gewissen berührungsempfindlichen Pflanzenteilen, z. B. bei *Dionaea,* die Wahrnehmung des Reizes. *Kletterhaare* (z. B. beim Hopfen) vermehren den Reibungswiderstand zwischen einem Klettersproß und seiner Stütze. *Flughaare* verringern die Fallgeschwindigkeit bei Früchten und Samen.

Haare können auch an den Wänden von Hohlräumen des Pflanzenkörpers vorkommen, z. B. die sternförmigen, kalkigen Zellen im Stengelinneren der Seerosen (*innere Haare, Interzellularhaare*). Manchen Wasserpflanzen fehlen Haare ganz.

Haarähnliche Gebilde, an denen auch tiefer liegende Zellschichten beteiligt sind, nennt man → Emergenzen.

Pflanzenhormone, svw. Phytohormone.

Pflanzenhygiene, eine Maßnahme des → Pflanzenschutzes. Ihr Ziel ist es, die Umweltfaktoren (z. B. Standortwahl, Fruchtfolge, Düngung, Sortenwahl, Pflege, Ernte und Lagerung u. a.) durch gezielte Maßnahmen so zu steuerrn, daß die Schäden an den Kulturpflanzen durch Krankheiten und Schädlinge sowie abiotische Faktoren gemindert oder weitgehend unterbunden werden.

Lit.: D. Seidel, T. Wetzel, K. Schumann: Grundlagen der Phytopathologie und des Pflanzenschutzes (Berlin 1981).

Pflanzenkrankheit, → Krankheit.

Pflanzenkunde, svw. Botanik.

Pflanzenläuse, → Gleichflügler.

Pflanzennährelemente, alle chemischen Elemente, die für das Wachstum und die normale Entwicklung der

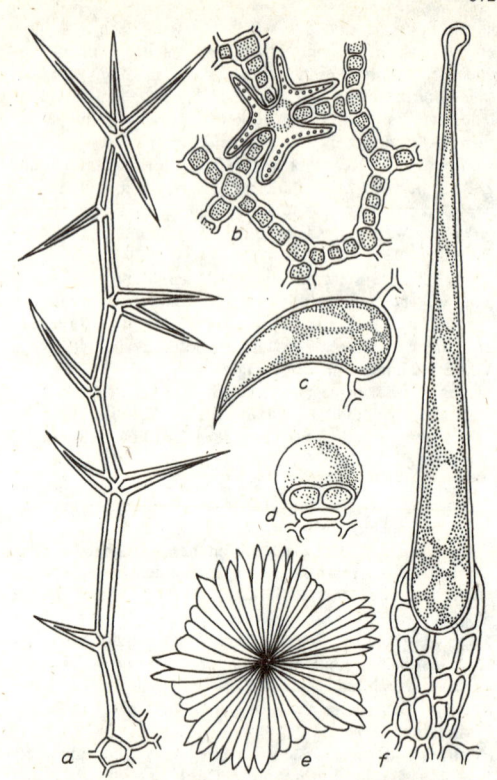

Haare bei Pflanzen: *a* verzweigtes Wollhaar (Königskerze), *b* inneres Haar (gelbe Seerose), *c* Kletterhaar (kletterndes Labkraut), *d* mehrzelliges Drüsenhaar (Salbei), *e* Schuppenhaar (Sanddorn), *f* Brennhaar (Brennessel). – 50 bis 300fach vergrößert

Pflanze notwendig sind und die in ihrer physiologischen Funktion nicht von einem anderen Element vollständig ersetzt werden können. P., die in relativ großer Menge benötigt werden, *Makronährelemente* oder *Hauptnährelemente*, sind: Kohlenstoff C, Wasserstoff H, Sauerstoff O, Stickstoff N, Phosphor P, Schwefel S, Kalium K, Kalzium Ca, Magnesium Mg und Eisen Fe. Weitere in geringerer Menge erforderliche P. sind die *Mikronährelemente* oder *Spurenelemente*: Mangan Mn, Kupfer Cu, Zink Zn, Molybdän Mo, Bor B, Natrium Na sowie mit gewissen Einschränkungen Chlor Cl und Silizium Si. Verschiedene Mikroorganismen benötigen ferner Kobalt Co, andere Vanadin V und einige Algen Iod I für ihren Stoffwechsel. Eisen und Mangan stehen an der Grenze zwischen Makro- und Mikronährelementen.

Die Nichtmetalle Kohlenstoff, Wasserstoff, Sauerstoff sind Grundbausteine aller organischen Verbindungen. Kohlenstoff wird von den autotrophen grünen Pflanzen (→ Autotrophie) als Kohlendioxid CO_2 aus der Luft aufgenommen und im Zuge der Photosynthese zusammen mit Wasser H_2O, das die Elemente Wasserstoff und Sauerstoff liefert, zu pflanzeneigener Substanz assimiliert (→ Assimilation). C-heterotrophe Pflanzen benötigen organische Verbindungen, z. B. Kohlenhydrate, als Kohlenstoff- und Energiequelle (→ Heterotrophie).

Die übrigen Nichtmetalle Stickstoff, Phosphor, Schwefel und Bor, die Alkalimetalle Kalium und Natrium, die Erdalkalimetalle Kalzium und Magnesium sowie die Schwermetalle Eisen, Mangan, Kupfer, Zink und Molybdän stehen der höheren Pflanze als *Mineralstoffe* (*Mineralsalze*) normalerweise im Boden zur Verfügung oder müssen als *Nährsalze* in den für Wasserkulturen und Sandkulturen verwendeten Nährlösungen enthalten sein. Aufnahme, Transport und biochemische Umwandlungen dieser Mineralstoffe in der Pflanze können als → Mineralstoffwechsel zusammengefaßt werden. Ihre spezielle physiologische Funktion sind für die einzelnen Elemente gesondert dargestellt.

Pflanzennährstoffe, Verbindungen, in denen die Pflanzennährelemente enthalten und für die Pflanzen verfügbar sind. Je nachdem, in welchen Mengen sie benötigt werden, erfolgt vielfach eine Einteilung in Makro- und Mikronährstoffe (→ Pflanzennährelemente). Häufig verhalten sich jedoch ein Makro- und ein Mikronährstoff physiologisch ein ähnlicher als zwei Makro- bzw. Mikronährstoffe. Unter biologischen Aspekten dürfte daher eine Einteilung der P. nach ihren biochemischen Eigenschaften und physiologischen Wirkungen zweckmäßiger sein.

Pflanzenökologie, die Lehre von den Beziehungen zwischen Pflanze und Umwelt. Die P. gliedert sich in die pflanzliche *Autökologie,* die Lehre vom Haushalt der einzelnen Pflanzen, welche die Einpassung der einzelnen Pflanzenindividuen in ihre Umwelt untersucht, und in die pflanzliche *Synökologie,* die Lehre vom Pflanzengesellschaftshaushalt, die die Wechselbeziehungen innerhalb der Pflanzengesellschaft, zwischen den Pflanzengesellschaften und zwischen der Pflanzengesellschaft und dem Standort erforscht.

Lit.: Kh. Kreeb: Ökophysiologie der Pflanzen (Stuttgart 1974), Methoden der P. (Jena 1977); W. Larcher: Ökologie der Pflanzen (2. Aufl. Stuttgart 1976); G. Lerch: Pflanzenökologie (2. Aufl. Berlin 1972); Winkler, S.: Einführung in die P. (Stuttgart 1973).

Pflanzenquarantäne, die Gesamtheit aller staatlichen Maßnahmen zur Verhinderung der Ein- oder Verschleppung oder Einbürgerung von Pflanzenschädlingen und -krankheiten sowie Unkräutern als wirksamer Schutz der Kultur- und Nutzpflanzen eines Landes. Die Schaderreger, die durch die P. erfaßt werden, werden als *Quarantäneobjekte* bezeichnet.

Pflanzensauger, svw. Gleichflügler.
Pflanzenschädlinge, → Schädlinge.
Pflanzenschutz, 1) Gesamtheit aller Maßnahmen der Vorbeugung (→ Pflanzenhygiene) und Bekämpfung eines Befalls der Kultur- und Nutzpflanzen durch Schaderreger (→ Schädlingsbekämpfung) sowie abiotischer Faktoren mit dem Ziel, hohe Erträge in guter Qualität zu sichern und Lagerverluste (→ Vorratsschutz) und Wertminderungen zu verhindern.

Lit.: D. Seidel, T. Wetzel, K. Schumann: Grundlagen der Phytopathologie und des P. (Berlin 1981).

2) Maßnahmen zur Erhaltung der vom Aussterben bedrohten Pflanzen sowie zur Erhaltung der natürlichen Biotope. → Naturschutz.

Pflanzenschutzmittel, Abk. *PSM,* Substanzen zur Bekämpfung von Schädlingen (*Schädlingsbekämpfungsmittel*) und Krankheitserregern der Pflanzen und unerwünschtem Pflanzenwuchs. Hierzu gehören unter anderem → Akarizide, → Algizide, → Antifeedants, → Aphizide, → Arborizide, → Atemgifte, → Attractants, → Bakterizide, → Beizmittel, → Fraßgifte, → Fungizide, → Graminizide, → Herbizide, → Insektizide, → Ködermittel, → Larvizide, → Molluskizide, → Nebelmittel, → Nematizide, → Ovizide, → Repellents, → Rodentizide, → Stäubemittel, → systemische Mittel, → Vorratsschutzmittel, → Wildabwehrmittel.

Pflanzensoziologie, svw. Soziologie der Pflanzen.
Pflanzenverbreitung, → Pflanzengeographie.
Pflanzenviren, → Virusgruppen.
Pflanzenvirosen, → Viruskrankheiten.
Pflanzenwespen, → Hautflügler; → Blattwespen.
Pflaume, → Rosengewächse.
Pflaumenwickler, *Cydia* (*Grapholita*) *funebrana* Tr., ein Schmetterling aus der Familie der Wickler, der seine Eier an junge Früchte ablegt. Die Raupe (Obstmade) bohrt sich in die Frucht ein, die bald abfällt. Die Raupen der 2. Generation findet man zur Ernte in den zerfressenen Früchten.

Pflegeverhalten, Verhaltensform, die einschließt die Sicherung der körperlichen Existenz des Individuums, an dem das P. ausgeübt wird, die Gewährung seiner Verhaltensentwicklung und seine Einbindung in die Population. Nur selten wird bei Tieren P. an erwachsenen Individuen ausgeübt, wenn diese die genannten Umweltbeziehungen aus eigener Kraft nicht vollständig wahrnehmen können. Daher ist die mit Abstand häufigste Form dieses Verhaltens die → Brutpflege.

Pfortader, → Blutkreislauf, → Leber.
Pfortaderkreislauf, → Blutkreislauf.
Pförtner, → Verdauungssystem.
Pfropfbastarde, bei der Pfropfung von Pflanzen gelegentlich entstehende Doppelwesen, die meist den Charakter von → Chimären tragen und nur in Ausnahmefällen als echte vegetative Bastarde (→ Burdonen) anzusprechen sind.
Pfropfung, → Transplantation.
P-Generation, *Parentalgeneration,* die Elterngeneration im genetischen Experiment, deren unmittelbare Nachkommen die 1. Filialgeneration darstellen.
Phacidiales, → Schlauchpilze.
Phacops [griech. phakos 'Linse', ops 'Auge'], vom Silur bis

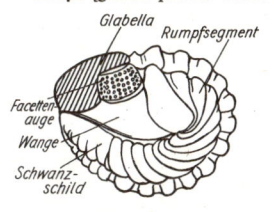

Eingerolltes Exemplar von *Phacops schlotheimi* Bronn aus dem Mitteldevon; Vergr. 2:1

Phaeophyceae

zum Devon verbreitete Trilobitengattung. Der Kopfschild zeigt eine keulenförmig nach vorn verbreiterte, punktierte Glabella ohne Einschnürungen. Die Wangen tragen zwei große Facettenaugen. Der Rumpf besteht aus 8 bis 19 Segmenten. Der Schwanzschild ist etwas kleiner als der Kopfschild, halbkreisförmig mit deutlicher Dreigliederung. Die Phacopiden konnten sich vermutlich zum Schutz der nicht gepanzerten Unterseite igelartig einrollen.

Phaeophyceae, → Braunalgen.

Phagen [griech. phagein 'fressen'] (Tafel 19), Bezeichnung für Viren der Prokaryoten (Schizophyta). Oft wird zwischen den *Bakterienviren*, den *Bakteriophagen*, und den Viren der Blaugrünen Algen, den *Cyanophagen*, unterschieden. Die Viren der Bakterien aus der Ordnung der Strahlenpilze (*Actinomycetales*) werden auch *Aktinophagen* genannt. Die Bezeichnung Bakteriophagen wurde von D'Hérelle (1914) im Hinblick auf die bakterienzerstörende Tätigkeit der entsprechenden Formen zu einer Zeit gewählt, als über die Viren noch sehr wenig bekannt war.

Die Mehrzahl der Phagenpartikeln enthält DNS, und zwar in der Regel Doppelstrang-DNS, einzelne Formen auch Einstrang-DNS. Andere P. haben RNS als genetisches Material. Bei den P. sind Nukleokapseln aller Symmetrieformen (→ Viren) vertreten. Die umfangreichen Untersuchungen an Coliphagen, besonders an den das Bakterium *Escherichia coli* befallenden P. der T-Reihe, haben wesentlich zur Entwicklung von Molekularbiologie und moderner Virologie beigetragen. Die Vermehrung der geradzahligen T-Phagen, z. B. der Phagen T_2 oder T_4 (Tafel 19) beginnt mit der *Adsorption* des Phagenschwanzes an Rezeptoren der Bakterienwand. Die Schwanzscheide kontrahiert sich und stößt die Schwanzröhre durch die weichen Schichten der Zellwand. Nachdem hiermit die *Penetrationsphase* eingeleitet worden ist, werden möglicherweise mit Hilfe des die Bakterienmembran auflösenden Phagen-Lysozyms nachfolgend die inneren, härteren Zellwandschichten durchdrungen. Anschließend wird der im Kopfteil befindliche DNS-Strang der P., dem eine Länge von 50 000 nm zukommt, durch die Röhre des Schwanzteils (Abb. 1), die einen inneren Durchmesser von 2,5 bis 3,5 nm aufweist, hindurch in das Innere des Bakteriums injiziert. Der gesamte Vorgang der Adsorption und Penetration dauert etwa eine Minute. Im Anschluß hieran werden innerhalb von 8 Minuten in einer beträchtlichen Anzahl von Transkriptions- und Translationsschritten *Frühproteine* synthetisiert. Hierunter werden phagenspezifische Enzyme verstanden, die zur Synthese der Phagen-DNS oder entsprechender phagenspezifischer Vorstufen notwendig sind, z. B. Enzyme, die für die Synthese des in der Phagen-DNS enthaltenen atypischen Nukleotids Desoxy-5-hydroxymethylcytidinphosphat gebraucht werden, sowie eine phagenspezifische DNS-Polymerase. Ferner zählen *regulatorische Proteine*, die die Ausschaltung der Synthese von Wirtsnukleinsäure und -proteinen bewirken, zu den Frühproteinen. In diesem Zusammenhang ist ein thermosensibler Faktor bedeutsam, der sich an die Ribosomen assoziiert und diesen nur noch die Ablesung (Translation) von Phagen-m-RNS erlaubt. Wenn die frühen Proteine in ausreichendem Umfang gebildet worden sind, beginnt die Phase der Replikation der Virus-DNS. Sobald sich größere Mengen an Nukleinsäure angesammelt haben, etwa 10 Minuten nach der Infektion, hört die Synthese von mehreren frühen Proteinen auf, und diejenige anderer wird eingeschränkt. Gleichzeitig beginnt die Synthese von *Kapsidproteinen*. Noch später wird eine die Bakterienzellwand zerstörende Substanz, das Lysozym, synthetisiert. In der *Phase der Morphogenese* werden DNS, Kopf und Schwanzteile zusammengefügt. Beim Zusammenbau des Phagen T-4D wurde nachgewiesen, daß mindestens 45 Gene an der Synthese des Kapsids beteiligt sind (Abb. 2). Mit Hilfe des Lysozyms wird nunmehr die Zellwand des Wirtes aufgelöst. Die *Lyse* des Wirtes setzt ein, und die neu gebildeten infektiösen Phagenpartikeln werden frei. Zwischen Adsorption und Lyse sind etwa 30 Minuten vergangen.

P., deren Nukleokapseln durch Lyse des Wirtsorganismus freigesetzt werden, nennt man *lytische* oder *virulente* P. Neben diesen gibt es P., die, wie z. B. der fadenförmige (filamentöse) Phage M 13, die gebildeten Partikeln kontinuierlich aus dem Wirtsorganismus ausschleusen, ohne daß es zur Lyse kommt (Tafel 19). Andere P. bilden, nachdem sie

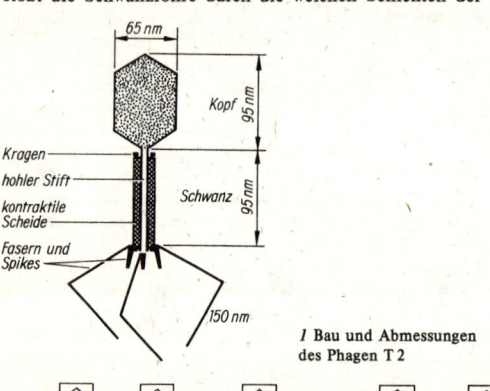

1 Bau und Abmessungen des Phagen T 2

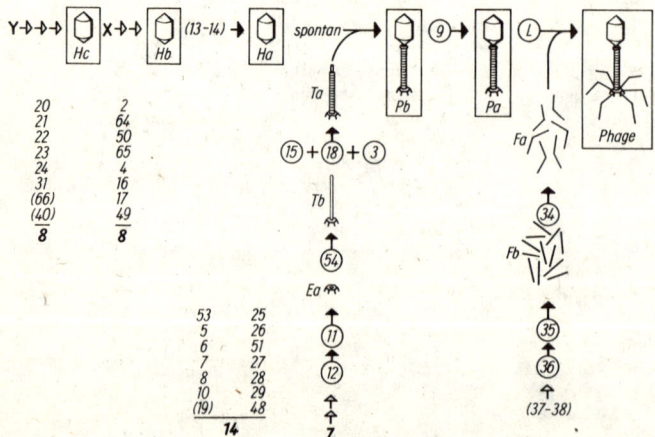

2 Der Zusammenbau des Bakteriophagen T-4D. Die Nummern bezeichnen die Gene, die beim Aufbau des Phagen eine Rolle spielen. Zwei Reihen von Genen (Z) sind notwendig, um den Vorläufer der Endplatte des Phagenschwanzes zu produzieren

einen Wirt infiziert haben, in der Regel zunächst überhaupt keine neuen Partikeln. Die Information zur Phagenbildung wird vielmehr ins Wirtsgenom eingebaut und mit diesem auf die Nachkommen weitergegeben, bis es, oft erst nach mehreren 100 Wirtsgenerationen, wieder zur Bildung von P. kommen kann. Derartige P. werden als → *temperente P.* bezeichnet.

Phagolysom, → Endozytose.
Phagosom, → Endozytose.
Phagostimulantien, → biotechnische Bekämpfungs- und Überwachungsverfahren.
Phagozyten, *Freßzellen,* frei im Blut oder in den Geweben enthaltene Zellen, die die Aufgabe haben, schädliche Stoffe abzuwehren, Fremdkörper durch Fressen (→ Endozytose) unschädlich zu machen oder aufgenommene Nahrungsteilchen zu verdauen.

Nahezu bei allen mehrzelligen Tieren, besonders bei solchen, die eine lymphatische Körperflüssigkeit aufweisen, finden sich *Amöbozyten* als wandernde P. Die P. stammen z. T. aus dem Blut (Blutwanderzellen), das sie durch die Blut- und Lymphgefäßwandungen hindurch verlassen können, z. T. aus den Geweben selbst (Gewebswanderzellen, *Histiozyten*). Im Blut der Wirbeltiere funktionieren z. B. die *Monozyten* unter den weißen Blutzellen als P. Sie nehmen Fremdkörper, Bakterien und eigene Körperzerfallsprodukte auf und verdauen sie mit eigenen Enzymen. Gewebswanderzellen finden sich außerhalb der Blut- und Lymphgefäße regelmäßig im Gewebe verteilt. Sie wandern auf den Reiz der Gewebszerfallsprodukte hin zu den Wund- und Infektionsstellen und beteiligen sich durch Phagozytose an ihrer Reinigung. Diese als *Makrophagen* bezeichneten Wanderzellen liegen besonders zahlreich in der Umgebung der Gefäße. Auch Bindegewebszellen (*Fibrozyten*) können sich zu P. umformen und zu Makrophagen werden. Anhäufungen von P. finden sich darüber hinaus besonders in den lymphatischen Organen. Sie bilden in einem Netzwerk von Retikulumzellen, die Gifte und Bakterien aus den Lymphbahnen abfangen. Die Phagozytoseaktivität erfährt in Gegenwart von → Opsoninen und Komplement (→ Komplementsystem) eine Steigerung. Über zytophile Rezeptoren auf der Zelloberfläche binden die P. komplementunabhängig Antigene und leiten daraufhin phagozytenabhängige Immunreaktionen ein. Die P. spielen aber auch beim normalen Um- und Aufbau von Geweben und Organen eine sehr wichtige Rolle. So werden z. B. bei den Insekten und Lurchen die Larvenorgane während der Metamorphose von amöboiden Zellen zerstört, ihre Bestandteile aufgenommen und als Reserve- oder Baustoffe bei der Neubildung von Geweben und Organen wieder zur Verfügung gestellt. Bei Wirbeltieren beteiligen sich besondere P., die *Osteoklasten* und *Chondroklasten*, an den Bildungsvorgängen von Knochen- und Knorpelgewebe, indem alte, nicht mehr benötigte Gewebeteile abgebaut werden. Die P. übernehmen, außer bei Insekten und Wirbeltieren, sehr häufig Aufgaben der Nahrungsverdauung. So wird bei Schwämmen, Hohltieren und Plattwürmern ein großer Teil der Nahrung durch amöboide Zellen des Verdauungssystems aufgenommen (phagozytiert) und im Zellkörper (intrazellulär) verdaut. Bei Muscheln und Stachelhäutern treten amöboide Zellen in das Lumen des Magens oder Darmes über, nehmen dort Nahrung auf, bringen sie in die Gewebe und verdauen sie dort.

Phagozytose, → Endozytose.
Phalangeridae, → Kletterbeutler.
Phalloidin, ein hochtoxisches Peptid, als Vertreter der Phallatoxine neben den Amatoxinen verantwortlich für die Giftigkeit des Grünen Knollenblätterpilzes *Amanita phalloides.* P. ist ein zyklisches → Peptid, an dessen Aufbau sieben Aminosäuren beteiligt sind.

Phallus, → Penis.
Phanerogamen, svw. Samenpflanzen.
Phanerophyten, → Lebensform.
Phänogenese, die Ausbildung von Erbmerkmalen im Verlauf der Ontogenese durch das Zusammenspiel von Genotyp und Umweltbedingungen.
Phänogenetik, Teilgebiet der Genetik, das sich mit der Wirkungsweise genetischer Faktoren bei der Merkmalsentwicklung während der Ontogenese (*Phänogenese*) befaßt.
Phänokopie, durch äußere Faktoren entstandenes, nicht erbliches Merkmal, das in seinem Erscheinungsbild mit einem auf einer Mutation beruhenden entsprechenden Erbmerkmal weitgehend übereinstimmt.
phänokritische Phase, der spezifische Zeitraum im Verlauf der Phänogenese, in der sich die Entwicklungsrichtungen unterschiedlicher Genotypen (z. B. Wildform und Mutante) voneinander trennen und verschiedene Merkmalsbildungen erkennbar werden.
Phänopathie, durch Umwelteinwirkung entstandene Mißbildung, im Gegensatz zu der erblich bedingten → Genopathie.
Phänotyp, die Summe aller Merkmale eines Individuums, d. h. sein *Erscheinungsbild,* das im weitesten Sinne alle äußeren und inneren Strukturen und Funktionen des Organismus umfaßt und mit morphologischen, anatomischen und physiologischen Methoden untersucht und beschrieben wird. Der P. als das Ergebnis des Zusammenspiels zwischen Genotyp und Umwelt ist keine konstante Eigenschaft des Organismus, sondern kann im Rahmen der genetisch festgelegten Reaktionsnorm durch innere und äußere Einflüsse im Verlauf der Individualentwicklung Veränderungen unterliegen. Die Umweltkomponente umfaßt in diesem Zusammenhang die extrachromosomalen Einflüsse, die vom Zytoplasma der Zygote, von den Wirkungen der mütterlichen Umwelt, unter der sich Ei und Embryo entwickeln, von der Zygote von außen zugeführten Stoffen und von allen anderen inneren und äußeren Faktoren während des Lebensablaufes des Individuums ausgehen und in der Lage sind, die Ausbildung der genotypisch determinierten Merkmale zu beeinflussen.
Pharetronida, → Kalkschwämme.
Pharyngobdellae, → Egel.
Pharynx, *Schlund, Schlundkopf,* 1) bei vielen Wirbellosen der vorderste Abschnitt des Vorderdarmes zwischen der Mundöffnung (Schlundöffnung) und dem Ösophagus. Der P. ist durch besondere Muskelanordnungen und oft durch zusätzliche zahnförmig ausgebildete Hartsubstanzen (Schlundzähne, Reibplatten u. a.) als Organ der Nahrungsaufnahme und -zerkleinerung entwickelt.

2) bei Wirbeltieren gemeinsamer Verbindungsschlauch zwischen Mundhöhle und Speiseröhre einerseits und zwischen Nasenhöhle und Kehlkopf andererseits. Im P. kreuzen sich daher Luft- und Speiseweg.
Phascogalinae, → Raubbeutler.
Phascolomidae, → Plumpbeutler.
Phase, → Sukzession.
Phase der Prägung, svw. kritische Phase.
Phasenkontrastmikroskopie, mikroskopisches Verfahren zur Abbildung ungefärbter, kontrastarmer lebender und fixierter biologischer Objekte. Beim Durchgang von Licht durch ein ungefärbtes Objekt kommt es zur Änderung der Schwingungsphase des Lichtes. Durch geeignete Eingriffe im Strahlengang des Mikroskopes kann diese Phasendifferenz in eine sichtbare Amplitudendifferenz umgewandelt werden. Dazu befinden sich eine Ringblende im Kondensor und eine Phasenplatte im Objektiv, die um eine Viertelwellenlänge dicker oder dünner ist als der umgebende Bereich. Neben der Untersuchung lebender Einzel-

zellen oder ungefärbter Gewebeschnitte eignet sich die P. zur Bestimmung des Protein- und Wassergehaltes einzelner Zellen.

Phaseolin, nach Infektion durch phytopathogene Mikroorganismen, z. B. *Phytophthora,* von Bohnenarten als Pilzabwehrstoff gebildete Substanz, → Phytoalexine.

Phasianidae, → Fasanenvögel.

Phasmida, → Gespenstheuschrecken.

Phe, Abk. für L-Phenylalanin.

Phelloderm, → Abschlußgewebe.

Phellogen, → Abschlußgewebe, → Sproßachse.

Phenoloxidase, *Tyrosinase, Phenolase,* zu den Oxygenasen gehörender Enzymkomplex, der als mischfunktionelle Oxygenase wirkt und Monophenole zu den entsprechenden Diphenolen oxidiert, z. B. die Aminosäure Tyrosin zu 3,4-Dihydroxyphenylalanin (Dopa). Weitere durch P. bewirkte Oxidation führt zu Chinonen, im Falle von Dopa zu Dopachinon und Dopachrom, aus denen braune bis schwarze Melanine entstehen. P. ist im Pflanzenreich weit verbreitet und verursacht das Nachdunkeln der Schnittflächen von Pflanzenteilen oder Früchten, z. B. bei Kartoffeln oder Bananen. Bei Insekten ist sie außer zur Melaninbildung für die Sklerotisierung der Kutikula wichtig.

L-Phenylalanin, Abk. *Phe,* eine aromatische, proteinogene, essentielle und sowohl glukoplastisch als auch ketoplastisch wirkende Aminosäure, die über L-Tyrosin zu Azetessigsäure abgebaut wird. Mangel an L-Phenylalaninhydroxylase ist die Ursache der → *Phenylketonurie,* einer zu Schwachsinn sowie Haut- und Haarpigmentdefekten führenden Krankheit. Phenylpyruvat und Phenylessigsäure im Harn ermöglichen bereits im Säuglingsalter die Erkennung der Krankheit und deren Behandlung.

⌬—CH₂—CH(NH₂)—COOH

Phenylbrenztraubensäure-Schwachsinn, svw. Phenylketonurie.

Phenylessigsäure, → Auxine.

Phenylketonurie, *Fölling-Syndrom, Phenylbrenztraubensäure-Schwachsinn,* erbliche Stoffwechselstörung auf der Grundlage eines Gendefektes, der zu einer Verminderung der Phenylhydroxylase-Aktivität und dementsprechend zu einer Störung der Hydroxylierung des Phenylalanins zu Tyrosin in der Leber führt. Dadurch kommt es in den Körperflüssigkeiten und Geweben zur Ansammlung von Phenylalanin und zu dessen unphysiologischen Abbau zu Phenylbrenztraubensäure. Der zugrunde liegende genetische Defekt wird autosomal-rezessiv vererbt und äußert sich in Schwachsinn bis zu Idiotie, Krampfanfällen, geringer Pigmentation von Haut, Haar und Augen, Hautekzemen und einer herabgesetzten Lebenserwartung. Die Früherkennung der P. erfolgt durch einen Suchtest bei allen Neugeborenen, der die frühzeitige Therapie in Form einer phenylalaninarmen Diät bis zum 8. bis 10. Lebensjahr ermöglicht. Betroffene Familien sollten in jedem Fall eine → humangenetische Beratung in Anspruch nehmen.

Pheromone, chemische Signalstoffe zur Biokommunikation innerhalb einer Tierart, vor allem von Insekten. Sie werden von einem Individuum einer Spezies nach außen abgegeben, von einem anderen derselben Art empfangen und lösen ein Verhalten aus. Es sind meist niedermolekulare Verbindungen sehr unterschiedlicher chemischer Struktur. Sie sind als Einzelverbindung, bevorzugt aber als Mehrkomponentengemische artspezifischer Mengenzusammensetzung wirksam. Aufgrund ihrer außergewöhnlich hohen biologischen Aktivität wirken sie in äußerst geringen Konzentrationen. P. bewirken im Empfängerindividuum eine Verhaltensauslösung (releaser pheromones) oder greifen in dessen Individualentwicklung ein (primer pheromones). Die Hauptfunktionen der P. sind Orientierung des Insekts von oder zu einem bestimmten Ort, Alarmierung vor Gefahr und Vermittlung von Information bei Sozialinsekten.

Man unterteilt die P. in

1) *Sexualpheromone,* d. s. meistens Mehrkomponentengemische, die von einem Geschlecht einer Art sezerniert werden und das Anlocken des anderen Geschlechts bewirken und damit das Paarungsverhalten steuern. Gut untersucht sind bisher die Sexuallockstoffe der weiblichen Falter, die in Nanogramm-Mengen in der Duftdrüse produziert, an die Luft abgegeben und durch die Luftströmung verbreitet werden. Sie werden von der Antenne des Männchens aufgenommen und lösen dort in einem komplizierten Mechanismus einen Reiz aus, durch den es zu einem orientierten Flug zu dem betreffenden Weibchen kommt. Es sind über 200 derartige Sexuallockstoffe in ihrer chemischen Struktur bekannt, meist handelt es sich um mono- oder polyolefinische Alkohole, deren Ester oder Aldehyde. Ein bekannter Vertreter ist das → Bombykol.

2) *Aggregationspheromone* sind für Insekten wichtig, die in Populationen leben, und dienen der Informationsübertragung. Sie regeln die Besiedlung von Wirtspflanzen durch Anlockung (Populationslockstoffe) oder Abweisung (Ablenkstoffe), wobei meistens beide Geschlechter angesprochen werden.

3) *Spurpheromone* werden vom Insekt abgegeben, um eine bestimmte Spur anzulegen, die von den Artgenossen aufgefunden wird.

4) *Alarmpheromone* werden von vielen Sozialinsekten im Gefahrenfall zur Alarmierung anderer Artmitglieder sekretiert. Sie beeinflussen das Verhalten der Insektenkolonie oder im Insektenstaat, z. B. bei Ameisen oder Termiten.

Verhaltensauslösende Sexuallockstoffe werden im biologischen Pflanzenschutz zur Bekämpfung von Schadinsekten, z. B. Borkenkäfern, eingesetzt. Man verwendet P. bzw. deren Gemische, um Insektenmännchen in Köderfallen zu locken und abzufangen oder durch ein Überangebot von Sexualpheromonen in ihrer Flugrichtung zu verwirren. Durch gezielte Strukturmodifikationen der Sexualpheromone versucht man, die Biokommunikation zwischen den Geschlechtern zu unterdrücken und damit die Fortpflanzung zu verhindern.

Phialide, konidienbildende Zelle bei Schlauchpilzen. Oft schnüren die P. ganze Ketten von Konidien *(Phialosporen)* ab, z. B. beim Pinselschimmel *(Penicillium).* Hier sind sie Teile des Konidienträgers. In anderen Fällen, z. B. in der Familie der *Sordariaceae,* werden in den P. Endokonidien gebildet.

Phialosporen, von einer → Phialide gebildete Sporen.

Phlebobranchiata, → Seescheiden.

Phlobaphene, wasserunlösliche polymere Oxidationsprodukte der Gerbstoffe. Sie verursachen, in das Membransystem der Blätter als Farbstoff eingelagert, die braune Herbstfärbung des Laubes.

Phloem, → Leitgewebe.

Phloretin, → Phlorizin.

Phlorizin, *Phloridzin, Phlorrhizin,* ein giftiges Glukosid, das süß schmeckende Kristallnadeln bildet und in den Wurzeln und der Stammrinde von Apfel-, Birnen- und Pflaumenbäumen enthalten ist. Hydrolytische Spaltung liefert D-Glukose und das Aglykon *Phloretin.* P. ruft im tierischen Organismus Glukosurie hervor, d. h. Ausscheidung von Traubenzucker im Harn, und wird zur experimentellen Erzeugung von Zuckerkrankheit verwendet.

Phlox, → Himmelsleitergewächse.
Phobotaxis, → Taxis.
phobische Reaktion, → Taxis.
Phocaenidae, → Schweinswale.
Phocidae, → Seehunde.
Phodopus, → Zwerghamster.
Phoenicopteriformes, → Flamingos.
Pholadiden, Familie der Muscheln (Bohrmuscheln), deren meist seitlich verlängerte Schalen vorn und hinten klaffen und rauhe Verzierungen der Oberfläche aufweisen. Durch Drehung der Schale oder mit Hilfe ihres Fußes bohren sie Höhlungen in Holz, Stein oder auch Korallen und kleiden die geraden oder gebogenen Bohrlöcher häufig mit kalkigen Wandungen aus. Fossile Bohrspuren sind oft wichtig zum Nachweis alter Strandlinien.
  Geologische Verbreitung: Jura bis Gegenwart.
Pholidota, → Schuppentiere.
Phonotaxis, taxische Körpereinstellung nach der Schallrichtung.
Phoresie, → Beziehungen der Organismen untereinander.
Phoridae, → Zweiflügler.
Phoronida, → Hufeisenwürmer.
Phorozooide, auf dem Rückenfortsatz von *Cyclomyaria* (Tunikaten) festgesetzte, vom Stolo prolifer gebildete Medianknospen, die ungeschlechtlich Eier und Spermien erzeugende Geschlechtsknospen bilden.
Phosphatasen, zu den Hydrolasen gehörende Enzyme, die als phosphomonoesterspaltende Esterasen in der Natur weit verbreitet sind und bei vielen Stoffwechselvorgängen eine wichtige Rolle spielen. Sie spalten aus Phosphorsäureestern Phosphorsäure ab; als Substrate fungieren meist Ester von Kohlenhydraten, besonders Hexosen. Sie sind auch an der Bildung der anorganischen Knochensubstanz beteiligt. Je nach ihrem *p*H-Optimum werden die P. in **saure P.** (*p*H-Optimum um 5) und **alkalische P.** (*p*H-Optimum 7 bis 8) unterteilt.
Phosphatide, *Phospholipide, Phospholipoide,* Phosphorsäurediester, bei denen die Phosphorsäure einerseits mit Glyzerin oder Sphingosin, andererseits mit Cholin, Ethanolamin, Serin oder Inosit verestert ist. Bestandteile der P. sind weiterhin gesättigte und ungesättigte Fettsäuren, die esterartig an Glyzerin oder Sphingosin gebunden sind.
  Zur Gruppe der *Glyzerinphosphatide* mit einem Stickstoff-Phosphor-Verhältnis von 1:1 gehören z. B. die *Lezithine* und *Kephaline.* Bei den Sphingosinphosphatiden beträgt das Stickstoff-Phosphor-Verhältnis 2:1.
  Besonders angereichert sind P. im Gehirn (30%), in der Leber (10%), im Herz (7%), im Eigelb (20%) und in Sojabohnen (2,5%).
  P. haben beim Bau der Zellmembran aufgrund ihrer lipophilen und hydrophilen Bereiche besondere Bedeutung. Lezithine dienen als Emulgatoren und Lösungsmittel.
Phosphatidsäuren, stickstofffreie Phosphatide, die durch Veresterung der *sn*-Glyzerin-3-phosphorsäure am Glyzerin mit einer gesättigten Fettsäure am C-Atom 1 und einer ungesättigten Fettsäure am C-Atom 2 entstehen. P. kommen in geringer Menge im Säugetierorganismus, verbreiteter in Pflanzen, z. B. im Kohl, vor.
Phosphoadenosinphosphosulfat, → Schwefel, Abschnitt Assimilation.
Phosphodiesterasen, zu den Esterasen gehörende Enzyme, die Phosphorsäurediester spalten und zu denen die wichtigen → Desoxyribonukleasen und → Ribonukleasen gehören.
Phosphokinase, → Transferase.
Phospholipasen, Karbonsäureesterasen und Phosphodiesterasen, die in Phosphatiden spezifisch Karbonsäureesterbindungen und Phosphorsäureesterbindungen hydrolytisch spalten. Die P. gehören zu den Esterasen und sind in Leber, Pankreas, Bienen- und Schlangengift sowie in höheren Pflanzen und in Mikroorganismen verbreitet. Man unterscheidet die P. A und B, die als Karbonsäureesterasen wirken und in Lezithinen und Kephalinen den Fettsäurerest am C-Atom 1 bzw. 1 und 2 des Glyzerins lipolytisch abspalten. P. C spaltet Phosphocholin ab, während P. D Cholin abspaltet. Als Endprodukt entsteht 1-Glyzerinphosphat.
Phospholipide, svw. Phosphatide.
Phospholipoide, svw. Phosphatide.
Phosphoproteine, zusammengesetzte Proteine, die als prosthetische Gruppe Phosphorsäure enthalten, die meist an die Hydroxygruppe von Serin gebunden ist. P. kommen vor allem in Milch und Eigelb vor und sind als hochwertige Eiweißstoffe von großer Bedeutung, da sie essentielle Aminosäuren enthalten. Wichtigste Vertreter der P. sind → Kaseine und → Vitellin.
Phosphor, P, ein Nichtmetall, für die Pflanze ein lebensnotwendiger und in großer Menge erforderlicher Nährstoff (→ Pflanzennährstoffe).
  Im Boden liegt P. in seiner höchsten Oxidationsstufe, vorwiegend als *Orthophosphat* und teilweise als *Pyrophosphat* vor. Dabei überwiegen die nicht in Wasser löslichen unbeweglichen und somit für Pflanzen nicht ohne weiteres verfügbaren tertiären Kalziumsalze. Die wichtigsten Phosphormineralien sind die Trikalziumphosphate Apatit und Phosphorit. Daneben kommen Magnesiumphosphate vor. Auch Kalium und Natrium sind in den entsprechenden Mineralien bisweilen vertreten. In sauren Böden werden viel Magnesium- und Eisenphosphate vorgefunden. Daneben findet sich ein mehr oder weniger großer Teil des P. im Boden in organischer Bindung in Form der Reste von Rückständen abgestorbener Pflanzen und Mikroorganismen. Dieser ist ebenfalls für die Pflanze nicht ohne weiteres ausnutzbar. Nur der verhältnismäßig geringe Anteil an primären und sekundären Phosphaten, der im Verlauf der Verwitterungsprozesse unter dem Einfluß kohlensäurehaltigen Bodenwassers aus den überall im Erdboden in mehr oder weniger hohen Anteilen vorhandenen phosphorsäurehaltigen Mineralien bzw. beim (rascheren) Abbau organischer Substanz (Mineralisierung) frei wird, ist für die Kulturpflanzen verfügbar. Daher sind die meisten unserer Böden durch intensiven Pflanzenbau an pflanzenverfügbaren Phosphaten verarmt. Neben der Zufuhr organischer Substanz, aus der bei deren Abbau verhältnismäßig rasch Phosphorsäure frei wird, muß daher ausreichend phosphorsäurehaltiger *Mineraldünger* zugeführt werden. Dieser muß P. in Form wasserlöslicher bzw. in schwachen Säuren, z. B. in Zitronensäure, löslicher primärer bzw. sekundärer Phosphate enthalten. Als solche Dünger sind unter anderen Superphosphat, Rhenaniaphosphat, Thomasphosphat und Hyperphos bekannt. Daneben werden phosphorsäurehaltige Mehrnährstoffdünger angeboten. Auf stark alkalischen Böden, besonders auf Kalkböden bzw. frisch gekalkten Böden, wird ein Teil des pflanzenverfügbaren Phosphats rasch in tertiäre Phosphate umgewandelt und somit festgelegt. Auf stark sauren Böden, in denen Aluminium- und Eisenionen frei werden, kann es zur Bildung von unlöslichen Aluminium- und Eisenphosphaten kommen. Am effektivsten ist Phosphorsäuredüngung in Böden mit pH-Werten zwischen 6 und 7.
  Von den Wurzeln der Pflanzen wird P. als anorganisches Anion ($H_2PO_4^-$ bzw. HPO_4^{2-}) aufgenommen. Dabei machen die von den Pflanzenwurzeln abgegebenen Wasserstoffionen (Protonen) bzw. organischen Säuren, z. B. Zitronensäure und Äpfelsäure, z. T. schwerer auflösbare sekundäre Phosphate pflanzenverfügbar. Das offensichtlich aktiv,

d. h. unter Energieverbrauch sowie unter Mitwirkung von Carrierstrukturen inkorporierte Phosphat wird rasch in organische Verbindungen eingebaut. Eine Anzahl von ihnen kann gut akropetal und z. T. auch basipetal transportiert werden. Phosphorverteilung und -gehalt in der Pflanze hängen in starkem Maße vom Entwicklungszustand der Pflanzen ab. Der durchschnittliche Phosphorgehalt in der Trockensubstanz beträgt im allgemeinen etwa 0,1 bis 0,4%. Die generativen Organe sind phosphorreicher als die vegetativen; junge Blätter enthalten verhältnismäßig viel organisch gebundenen P., alte Blätter dagegen relativ mehr anorganische Phosphorverbindungen.

P. besitzt eine zentrale Bedeutung für den Stoffwechsel der Pflanzen. So ist Phosphorsäure ein wesentlicher Bestandteil der Nukleinsäuren (→ Ribonukleinsäure, → Desoxyribonukleinsäure) und der am Aufbau von Zellmembranen beteiligten Phospholipoide (→ Phosphatide), z. B. Lezithine und Kephaline. Phosphoproteine enthalten anorganisches Phosphat esterartig an Serin- und seltener an Threoninreste gebunden. Im Phytin, das besonders in den Globoiden der Aleuronkörner zahlreicher Samen und Früchte als Phosphorreserveform vorkommt, ist Phosphorsäure an Inosit gebunden. Viele Koenzyme, z. B. die Flavinnukleotide, Pyridinnukleotidkoenzyme, Thiaminpyrophosphat, Cytidinphosphat und Koenzym A, enthalten ein oder mehrere Moleküle Phosphorsäure. Adenosintriphosphat (ATP) und anderen phosphorylierten Nukleotiden kommt eine zentrale Stellung im Energiestoffwechsel zu. Sie beladen viele Biomoleküle, z. B. Zucker und deren Spaltprodukte, mit Phosphorsäure, übertragen dabei gleichzeitig die in der Phosphorsäurebindung gespeicherte Energie und aktivieren die Biomoleküle hierdurch, d. h., sie machen diese reaktionsfähig. Entsprechende Phosphorsäureester treten als Zwischenprodukte in zahlreichen Stoffwechselprozessen auf. Somit ist P. praktisch an allen wichtigen biologischen Vorgängen wesentlich beteiligt.

Phosphormangel kann die Stoffwechselprozesse erheblich beeinträchtigen. Phosphormangelpflanzen zeigen eine »Starrtracht«. Sie sind klein, mit aufrechtem, dünnem Stengel und steifen, schmutziggrünen Blättern, die häufig rot oder bronzefarben getönt sind. Ältere Blätter werden oft vorzeitig abgeworfen. Bei Getreide ist außerdem die Bestockung eingeschränkt. Besonders negativ wirkt sich Phosphormangel auf die Ausbildung der Samen und Früchte aus. Phosphorsäuremangel wird durch Einstellung von pH-Werten im Boden, die zwischen pH 6 und 7 liegen, besonders aber durch Phosphorsäuredüngung (s. o.) abgeholfen. Am stärksten reagieren Kartoffeln auf eine Phosphorsäuredüngung. Hohen Phosphorbedarf haben außerdem Zuckerrüben, Rotklee und Luzerne.

Die physiologische Rolle, die der P. im tierischen Körper spielt, ist im wesentlichen die gleiche wie die in der Pflanze. P. ist außerdem am Aufbau der Knochensubstanz und der Zähne mit beteiligt (→ Mineralstoffwechsel).

Phosphoreszenz, Lichtabstrahlung beim Elektronenübergang mit Spinumkehr, → Absorption.

Phosphorolyse, Abbau der Reservekohlenhydrate Stärke und Glykogen durch Spaltung der Glukosidbindungen unter Anlagerung von Phosphorsäure. Durch Einwirkung von Phosphorylasen wird hierbei der endständige Glukoserest unter Bildung von Glukose-1-phosphat abgelöst und das um eine Einheit verkürzte Polysaccharid schrittweise weiter abgebaut.

photoakustische Spektroskopie, Methode zur Bestimmung der Absorptionsspektren in Suspensionen und Gelen sowie in Festkörpern mit Hilfe der Registrierung von Schallschwingungen. Können Proben nicht mit Hilfe von Absorptionsspektralphotometrie untersucht werden, z. B. Teile biologischer Objekte, wie Blätter und ganze Zellen, strahlt man moduliertes Licht ein. Die Absorption des modulierten Lichtes führt nun zu modulationsfrequenzabhängigen Temperatur- und Dichteänderungen in der Probe. Diese äußern sich als Schallschwingungen, deren Intensität als Maß für die wellenlängenabhängige Absorption über Mikrophon, Filter und Verstärker registriert wird.

Photobiophysik, Teilgebiet der Biophysik, das die Prozesse der Lichtabsorption und Energieleitung in biologischen Systemen auf molekularer Ebene untersucht. Hauptaufgaben der P. sind die Untersuchung der physikalischen Grundlagen der Photosynthese und der Photorezeption. Die Energieübertragungsmechanismen in den Chloroplasten sind durch hohe Kooperativität und einen großen Wirkungsgrad ausgezeichnet. Viele Einzelprobleme sind aber z. Z. noch ungelöst. Außerdem werden in der P. noch Photomorphogenese und Biolumineszenz untersucht.

Lit.: Clayton: Photobiologie (Weinheim 1975).

photochemische Reaktion, chemische Reaktion, die durch eine Lichtabsorption ausgelöst wird. Der angeregte Zustand eines Moleküls unterscheidet sich in seiner Elektronenkonfiguration, in seiner Symmetrie o. dgl. vom Grundzustand. Daraus folgt, daß im allgemeinen der Reaktionsweg einer chemischen Reaktion durch thermische Anregung im Grundzustand nicht gleich dem Reaktionsweg eines Moleküls im angeregten Zustand ist.

Die p. R. sind von großer biologischer Bedeutung, z. B. das Auslösen von Energieübertragungsprozessen in kondensierten Phasen, die Photosynthese, aber auch in der Atmosphäre die Bildung gesundheitsschädlicher Stoffe. Eine wichtige monomolekulare p. R. ist die cis-trans-Isomerisierung des Retinals beim Primärprozeß des Sehvorgangs. Katalysatoren von p. R. bezeichnet man als *Sensibilisatoren*. Als solche können Farbstoffe aus der Nahrung, wie Chlorophyll, aber auch durch Fehlsteuerung nichtabgebaute körpereigene Stoffe, wie Hämoglobin, wirken. Durch Sensibilisatoren angeregte O_2-Moleküle scheinen eine wichtige Rolle bei der Hautkrebsentstehung zu spielen. Es wird intensiv geforscht, um den *photodynamischen Effekt*, d. i. eine p. R., die über einen stabilen Sensibilisator in biologischen Objekten zu lichtinduzierten Oxidationen führt, zur Krebstherapie nutzbar zu machen.

Photodinese, durch Licht ausgelöste → Dinese.

photodynamischer Effekt, → photochemische Reaktion.

Photoinduktion, die der Lichtaufnahme folgende Auslösung lichtabhängiger Prozesse (→ Lichtfaktor). Von P. spricht man vor allem im Zusammenhang mit Photoperiodismus, Blütenbildung, gewissen Formen der Samenkeimung u. a.

Photokinese, → Lichtfaktor.

Photolyse des Wassers, → Photosynthese.

Photomorphogenese, Steuerung von Formveränderungen durch Licht im Verlauf der pflanzlichen Differenzierung und Entwicklung, unabhängig von der Photosynthese. Die Bedeutung des Lichtes wird besonders deutlich, wenn man die bei Lichtmangel auftretenden Abweichungen vom normalen Wachstums- und Differenzierungsverlauf betrachtet (→ Vergeilen). Diese Lichtwirkungen betreffen bei zweikeimblättrigen Pflanzen vor allem das Längenwachstum des Sprosses (durch Licht gehemmt), die Anzahl und Größe der Blätter (durch Licht stark gefördert), Chloroplastendifferenzierung sowie Chlorophyllbildung und Anthozyanbiosynthese (nur im Licht möglich), Ausdifferenzierung von Gefäßen und Festigungselementen (durch Licht stark gefördert) und viele andere Vorgänge. Die meisten dieser lichtabhängigen Gestaltungsprozesse (*Photomorphosen*) sind *positiv*, d. h., sie werden durch Licht gefördert. Es vergehen mehrere Stunden zwischen dem Einsetzen der Belichtung und dem Beginn der Reaktion. Daher ist denkbar, daß Licht in diesen Fällen über Genaktivierungen wirkt. Die Hemmung des Streckungswachstums durch Licht, eine negative Photomorphose, tritt demgegenüber innerhalb von wenigen Minuten auf. Das spricht gegen eine Genrepression bei der Hemmung des Streckungswachstums.

Die Lichteinflüsse werden durch verschiedene *Photoreaktionssysteme* vermittelt bzw. gesteuert, besonders durch das Phytochrom- oder Hellrot-Dunkelrot-Pigmentsystem. Ein Pigmentsystem mit Absorptionsmaxima im blauen und im dunkelroten Spektralbereich, das nur auf relativ hohe Energieeinstrahlung, d. h. lange oder intensive Belichtung, anspricht, wird für die Hochenergiereaktion verantwortlich gemacht. Es braucht jedoch nicht jede der vielen Photomorphosen unmittelbar durch derartige *Pigmentsysteme* induziert zu sein. P. kann auch als Folge vorangegangener Photomorphosen auftreten. Es sind Rückkopplungen und Korrelationen möglich.

Neben den morphogenetischen Prozessen, die im Zusammenhang mit der Verhinderung der Vergeilung angeführt worden sind, beeinflußt Licht die Polarität bei Eizellen und Gonosporen bei *Fucus*-Arten, Moosen, Farnen und Schachtelhalmen. Ferner induziert Licht bei den Brutkörpern des Lebermooses *Marchantia* und bei Farnprothallien die Dorsiventralität. Bei vielen Bäumen wird durch Licht der Verzweigungsmodus beeinflußt, indem belichtete Knospen bevorzugt austreiben. Während ihrer Entwicklung gut belichtete Blattknospen werden bei vielen Gewächsen, z. B. bei der Buche, zu Lichtblättern, die übrigen zu Schattenblättern. Bei der Opuntie werden radiäre Sprosse im Starklicht zu Flachsprossen umgebildet. Auch bei Pilzen sind zahlreiche Photomorphosen bekannt. So wird häufig die Bildung von Sporangien, Sporangiophoren, Konidien sowie die Geschlechtsausbildung von Gametangien durch Licht induziert, wobei als wirksame Spektralbereiche vor allem Blau und Ultraviolett anzuführen sind. Auch die bei Pilzen auftretende Vergeilung, d. h. die Ausbildung langer Stiele und kleiner Hüte, wird durch Blau und Ultraviolett verhindert.

Photomorphosen, → Photomorphogenese.

Photonastie, durch Änderung der Lichtintensität induzierte Reizbewegung, die unabhängig von der Richtung des auslösenden Reizes verläuft. Weit verbreitet sind photonastische Öffnungs- und Schließbewegungen bei Blüten und Blättern. So öffnen sich viele Blüten, z. B. des Enzians, der Seerose oder der Nachtkerze, ebenso wie Blütenstände von Korbblütlern, z. B. des Löwenzahns, bei Belichtung und schließen sich bei Dunkelheit bzw. trübem Wetter. Nachtblüher, z. B. die Nachtlichtnelke, verhalten sich umgekehrt. Auch manche Blattspreiten, z. B. des Springkrautes oder des Sauerklees, werden bei Belichtung gehoben und bei Verdunkelung gesenkt. Diese P. sind vielfach Wachstumsbewegungen. So wird z. B. bei Tagblühern das Wachstum an der Oberseite der Basis der Blütenblätter durch Licht gefördert, durch Dunkelheit gehemmt. Bisweilen, z. B. bei den ausgewachsenen, mit Gelenkpolstern versehenen Blättern des Sauerklees, handelt es sich bei den photonastischen Bewegungen auch um Turgorbewegungen.

Photoperiodismus, die Regulation von Wachstums- und Entwicklungsprozessen durch die tägliche Beleuchtungsdauer, die *Tageslänge* oder *Photoperiode.*

Photoperiodisch beeinflußbar sind bei zahlreichen Pflanzen die Wachstumsrate und Internodienlänge, die Aktivität des Kambiums, die Ausbildung der Blattgestalt, die Bildung von Knollen, Zwiebeln und anderen Speicherorganen, das Abwerfen von Blättern, der Eintritt der Knospenruhe, die Frostresistenz, die Samenkeimung, beim Veilchen die Bildung normaler Blüten (Kurztag) bzw. kleistogamer Blüten (Langtag) und anderes. Am bekanntesten ist die photoperiodische Regulation der Induktion von Blüten (→ Blütenbildung). Neben den **tagneutralen Pflanzen** (z. B. Tomate, Kreuzkraut, Sternmiere), deren Blütenbildung nicht photoperiodisch beeinflußt wird, gibt es Langtags- und Kurztagspflanzen sowie → Kurzlangtagpflanzen und → Langkurztagpflanzen. **Langtagpflanzen (LTP),** z. B. Roggen, Weizen, Gerste, Hafer und Spinat, benötigen zur Induktion von Blüten lange Lichtperioden und blühen erst oberhalb einer *kritischen Tageslänge.* Demgegenüber benötigen **Kurztagpflanzen (KTP),** zu denen unter anderem Reis, Hirse, Hanf und Soja gehören, eine verhältnismäßig kurze Licht- und eine lange Dunkelphase und kommen erst unterhalb einer bestimmten kritischen Tageslänge zum Blühen. Über amphiphotoperiodische Pflanzen → Blütenbildung. Die meisten LTP sind unter nicht induktiven Bedingungen, also im Kurztag, rosettig entwickelt und strecken sich erst nach der Induktion von Blüten. Demgegenüber bilden die meisten KTP im Langtag bereits Sprosse mit gestreckten Internodien aus und sind üppig entwickelt. Da die tägliche Belichtungsdauer sich im Freiland jahreszeitlich ändert, kommen die Pflanzen einer photoperiodisch induzierbaren Art zu einer bestimmten Jahreszeit etwa gleichzeitig zur Blüte, und zwar dann, wenn die kritische Tageslänge erreicht worden ist.

Die photoperiodische Reaktion wird bereits bei geringen Beleuchtungsstärken (0,1 bis 1 Lux) induziert. Die Zahl der zur Induktion von Blüten notwendigen induktiven Zyklen ist artspezifisch sehr verschieden. Sie schwankt zwischen einem Zyklus (KTP *Xanthium* 1 Kurztag, LTP *Lolium temulentum* 1 Langtag) und sehr vielen Zyklen (KTP *Salvia occidentalis,* 17 Kurztage, LTP *Plantago lanceolata* 25 Langtage). Das photoperiodische Signal wird von den Laubblättern aufgenommen, und zwar in der Regel durch das → Phytochrom, bisweilen, z. B. bei *Hyoscyamus* (Nachtschatten), ist auch das → Hochenergiesystem beteiligt. Es wird in ein chemisches Signal umgewandelt (→ Blütenbildung) und zum Empfängerorgan transportiert.

KTP gelangen auch im Kurztag nicht zur Blüte, wenn die sich daran anschließende Dunkelperiode durch kurzdauernde Beleuchtung von wenigen Minuten, im Extremfall von einer Minute, dem *Störlicht,* unterbrochen wird. LTP blühen auch im Kurztag, wenn die *Dunkelperiode* durch – allerdings länger anhaltendes – Störlicht unterbrochen

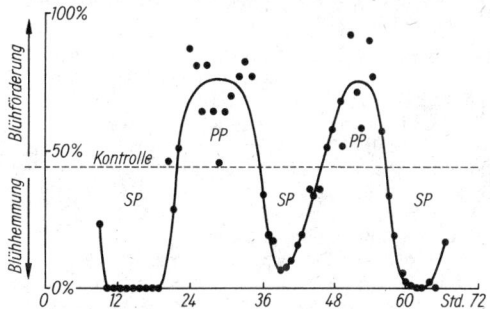

1 Zirkadianer Rhythmus der Störlichtempfindlichkeit bei der Blütenbildung der Sojabohne (Kurztagpflanze) während einer 64stündigen Dunkelphase. Die Pflanzen haben 7mal hintereinander jeweils 8 Std. Licht und 64 Std. Dunkelheit erhalten. In den Kontrollen, die kein Störlicht erhalten haben, wurde eine mittlere Blütenzahl induziert. Bei den anderen Pflanzen wurde die Dunkelphase zu verschiedenen Zeiten durch 4stündiges Störlicht unterbrochen. Abszisse: Beginn des Störlichts in Stunden nach Belichtungsbeginn; Ordinate: Blütenbildung (%). *SP* = skotophile Phase, *PP* = photophile Phase

Photoperzeption

wird. Demnach ist für den photoperiodischen Effekt die Nachtlänge von entscheidender Bedeutung. Störlicht von gleicher Intensität und Länge ist jedoch nicht zu jeder Zeit der Dunkelphase gleich wirksam. Wenn bei KTP, beispielsweise bei Sojabohnen, die sich an eine Lichtphase von etwa 10 Stunden anschließende Dunkelphase 16, 40 (= 16 + 24) oder 64 (= 16 + 24 + 24) Stunden nach Beginn der Lichtphase durch Störlicht unterbrochen wird, dann ist das Störlicht am wirksamsten (Abb. 1). In anderen zeitlichen Abständen (und 24 Stunden danach) ist die Wirkung geringer, in wieder anderen Abständen, z. B. 28 und 52 Stunden nach Beginn der letzten Lichtphase, wird durch das Störlicht sogar die Blütenbildung gefördert. Dementsprechend erfolgt im zirkadianen (= 24stündigen) Rhythmus ein Wechsel zwischen *skotophilen*, d. h. dunkelheitsfreundlichen Phasen, in denen Licht die Blütenbildung hemmt, und *photophilen*, d. h. lichtfreundlichen Phasen, in denen Licht Blütenbildung fördert bzw. auslöst. Letztere haben 4, 28 und 52 Std. nach Beginn der Belichtung ihren Höhepunkt. Bei LTP ist oft nur eine in 24stündigem Rhythmus wiederkehrende photophile Phase erkennbar, deren Lage aber im Vergleich zu derjenigen von Kurztagpflanzen um 12 Stunden versetzt ist. Im Blickpunkt dieser Befunde sind KTP Pflanzen, bei denen die photophile Phase bereits etwa 4 Stunden nach Lichtbeginn ihren Höhepunkt hat, während die skotophile Phase etwa 12 Stunden danach ihr Maximum hat. Demgegenüber sind Pflanzen, bei denen der Höhepunkt der photophilen Phase etwa 16 Stunden nach dem Lichtbeginn erreicht wird, LTP. Bei LTP sind die ersten Lichtstunden unwirksam, und erst die späteren lösen Blütenbildung aus. Der Lichtbeginn wirkt somit bei photoperiodisch empfindlichen Pflanzen als Zeitgeber für die Zeitmessung (Abb. 2), die mittels der → physiologischen Uhr erfolgt.

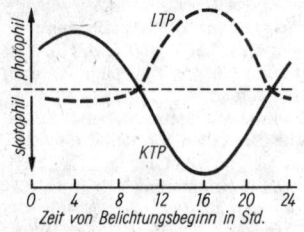

2 Phasenlage der zirkadianen Rhythmik bei Kurztagpflanzen (KTP) und Langtagpflanzen (LTP)

Über P. bei Tieren → Biorhythmen, → Lichtfaktor.
Photoperzeption, → Blütenbildung.
photophile Phase, → Photoperiodismus.
Photophoren, svw. Leuchtorgane.
Photophosphorylierung, → Photosynthese.
photopisches System, → Duplizitätstheorie des Sehens.
Photoreaktionssysteme, → Photomorphogenese.
Photorespiration, svw. Lichtatmung.
Photorezeption, Erzeugung einer primären elektrischen Antwort in Lichtsinneszellen bei der Absorption von Lichtquanten. Eine Lichtsinneszelle kann durch einen einzigen Lichtquant erregt werden. Der Lichtreiz steuert den Energiefluß durch die Membranstapel der Außensegmente. Dabei wird die im elektrischen Potentialgradienten gespeicherte Stoffwechselenergie freigesetzt. Es werden Verstärkungen von 10^6 erreicht.

Rhodopsin, ein membrangebundenes Chromoprotein, durchläuft nach Absorption eines Lichtquants mehrere Konformationsveränderungen, die zur Abspaltung des Pigmentes Retinal führen. Die eigentliche lichtempfindliche photochemische Reaktion ist eine cis-trans-Isomerisierung des Retinals im Rhodopsin. Der Mechanismus der Leitfähigkeitsänderung der Membran durch die Rhodopsinveränderung ist noch weitgehend ungeklärt. Bindungsunterschiede von Kalzium- und Natriumionen scheinen eine Rolle zu spielen.
Photorezeptoren, → Phototropismus.
Photosynthese, die Assimilation des Kohlendioxids in grünen Pflanzen und farbigen, photosynthetisch aktiven Prokaryoten mit Hilfe des Sonnenlichtes unter Aufbau von Kohlenhydraten nach der Bruttogleichung:

$$6\,CO_2 + 12\,H_2O + E \longrightarrow C_6H_{12}O_6 + 6\,O_2 + 6\,H_2O.$$

Bedeutung der P. Die P. ist der allerwichtigste biochemische Vorgang auf der Erde. Sie ermöglicht nicht nur den autotrophen Pflanzen, sondern indirekt auch den heterotrophen Organismen das Leben, da letztere die in der P. erzeugten energiereichen pflanzlichen Assimilate als Nahrung aufnehmen. Nach Schätzungen entziehen die zur P. befähigten Pflanzen einschließlich der Meeresalgen der Erdatmosphäre jährlich 150 Milliarden Tonnen Kohlenstoff in Form von CO_2. Davon verbrauchen Landpflanzen 20 Milliarden Tonnen. Jährlich werden etwa 3 % des Kohlendioxids der Atmosphäre und 0,3 % desjenigen im Meerwasser umgesetzt. Über den Anteil der durch P. erzeugten Bruttoproduktion → Nettophotosynthese.

Ablauf der P.: Die P. verläuft in zwei funktionell und räumlich getrennten Teilreaktionen: in der Lichtreaktion (*Energieumwandlung*), die in den Thylakoiden der Chloroplasten vor sich geht, und in der Dunkelreaktion, die in der Grundsubstanz der Chloroplasten, der Matrix, erfolgt.

1) Die **Lichtreaktion** beginnt nach der Absorption von Lichtquanten (Photonen) durch die Photosynthesepigmente. Sie liefert ein Reduktionsmittel, und zwar ein an Koenzym, das Nicotinsäureamid-adenin-dinukleotidphosphat ($NADP^+$), gebundenen Wasserstoff ($NADPH + H^+$), sowie an den Energieüberträger Adenosin-5'-triphosphat (ATP) gebundene Energie. Die Lichtreaktion kann, wie folgt, formuliert werden:

$$12\,H_2O + 12\,(NADP^+) + n(ADP + P) \xrightarrow{\text{Licht}\,(h\cdot v)} 6\,O_2 + 12\,(NADPH + H^+) + n(ATP).$$

Der erste Schritt der Lichtreaktion ist die *Lichtabsorption* (Absorption von Lichtquanten). Sie erfolgt durch Chlorophylle, Karotinoide (Karotine und Xanthophylle) und bei den Rot- und Blaualgen zusätzlich durch Phycobiliproteide. Chlorophylle absorbieren im blauen und roten Spektralbereich, Karotine im blauen und blaugrünen. Im grünen und gelben Bereich wird, abgesehen von den Rot- und Blaualgen, die zusätzliche Phycobiliproteide besitzen, weder in nennenswertem Umfang absorbiert noch P. betrieben. Durch Absorption eines Lichtquantes werden die Pigmentmoleküle in einen kurzlebigen, energiereichen Zustand, den *Anregungszustand*, versetzt, indem ein Elektron oder ein Elektronenpaar auf ein höheres Energieniveau gehoben wird. Beim Rücksprung in energieärmere Zustände wird die absorbierte Energie wieder frei. Sie wird entweder wieder als Lichtquant, und zwar als Fluoreszenz, oder als Wärme abgegeben, oder sie wird auf andere Moleküle übertragen, bzw. sie leistet im photochemischen Zentrum 1 und 2 (s. u.) unter Mitwirkung der phytochemisch aktiven Pigmente Chlorophyll $a_{I\,700}$ (Pigment 700, s. u.) bzw. Chlorophyll $a_{II\,680}$ (Pigment 680) photochemische Arbeit. Die Übergänge zwischen Anregungszuständen des Chlorophylls nach Absorption von Blau- bzw. Rotlichtquanten sind aus Abb. 3 ersichtlich. Pigmente, die keine photochemische Arbeit leisten, sondern nur die absorbierte Energie mehr oder weni-

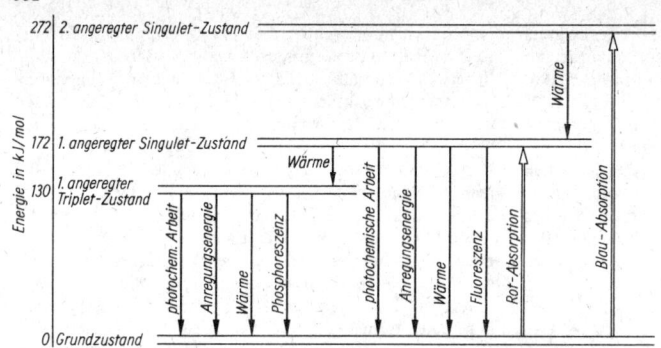

1 Übergänge zwischen Anregungszuständen des Chlorophylls nach Absorption von Blau- bzw. Rotlichtquanten

ger verlustreich auf die photosynthetisch aktiven Pigmente übertragen, werden als → akzessorische Pigmente bezeichnet.

Die Übertragung der Elektronenanregungsenergie zum photochemischen Zentrum erfolgt im wesentlichen durch *induktive Resonanz*: Wenn das Elektron eines Pigmentmoleküls, das nach Aufnahme eines Lichtquants auf ein höheres Energieniveau versetzt worden war, in den energieärmeren Zustand zurückfällt, kann das benachbarte Pigmentmolekül strahlungslos über eine Dipol-Dipol-Wechselwirkung angeregt werden, d. h., es wird ein Elektron dieses Nachbarmoleküls auf die höhere Energieniveau gehoben. Wenn auch dieses wieder in einen energieärmeren Zustand zurückfällt, wird ein weiteres benachbartes Chlorophyllmolekül angeregt. Voraussetzung hierfür ist, daß sich das Fluoreszenz-Emissionsspektrum des primär angeregten Moleküls und das Absorptionsspektrum des anschließend angeregten zweiten Moleküls überlappen. Je breiter der Überlappungsbereich, desto besser ist die Übertragung. Daher kann die Elektronenanregungsenergie ohne große Verluste von einem Chlorophyll-a- oder -b-Molekül auf ein anderes übertragen werden, mit größeren Verlusten dagegen von Karotin auf Chlorophyll. Diese Energieübertragung ist allerdings nur zwischen Molekülen möglich, bei denen der Übergang in den Anregungszustand die gleiche oder aber geringere Energie erfordert. Obwohl die Richtung der Energieleitung an sich zufällig ist, erfolgt sie im Endeffekt deshalb doch von Pigmenten mit energiereicheren zu Pigmenten mit energieärmeren Anregungszuständen. Im Photosystem 1 (s. u.) ist z. B. folgendes Elektronentransportschema denkbar:
Karotin → Chlorophyll b → Chlorophyll a_{660} → Chlorophyll a_{670} → Chlorophyll a_{678} → Chlorophyll a_{685} → Chlorophyll a_{690} → Chlorophyll a_{700}.

Chlorophyll a_{700}, das in diesem Schema das Pigment mit dem langwelligsten Absorptionsband, d. h. mit den energieärmsten Anregungszuständen, darstellt, dient dabei als *Energiesammler* (*Energiefalle, energy sink*), zu dem schließlich alle Elektronen gelangen. Wichtiger Energiesammler ist neben dem Chlorophyll a_{700} (= Pigment 700 = P_{700}) im Photosystem 1 das Chlorophyll a_{680} (= Pigment 680 = P_{680}) im Photosystem 2. Diese entsprechenden Chlorophyll-a-Moleküle sind Bestandteil einer quasikristallinen Struktur, die einerseits deren Anregung bereits bei sehr langwelligem Licht, bei 700 bzw. 680 nm, ermöglicht und andererseits die angeregten Elektronen der einzelnen Moleküle zu einem breiten Leitfähigkeitsband verschmelzen läßt, in dem sie ungerichtet, wie in einem Halbleiter, sehr rasch wandern können.

Zur photochemischen Arbeit (photochemischen Nutzung) sind allerdings nur wenige Moleküle des Chlorophylls a_I (P_{100}) bzw. des Chlorophylls a_{II} (P_{680}), vielleicht jeweils nur ein Molekül je Photosystem, imstande. Die entsprechenden Moleküle sind in besonderer Weise in den Thylakoiden der Chloroplasten verankert und gleichzeitig mit vielen anderen Chlorophyll-a- sowie Karotinoidmolekülen und gegebenenfalls Phycobiliproteidmolekülen (Rot- und Blaualgen) verbunden, die die absorbierte Energie zu diesen übertragen. Chlorophyll a_I bildet zusammen mit diesen Molekülen das Photosystem 1, Chlorophyll a_{II} das Photosystem 2. Je ein Photosystem 1 tritt mit einem Photosystem 2 zu einer photosynthetischen Einheit zusammen, die etwa 200 Chlorophyll-a-, 70 Chlorophyll-b- und 50 Karotinoid- sowie viele Protein- und andere Moleküle umfaßt. Sie enthält je ein kleineres Photosystem-1-Partikel und je ein größeres, aus 3 bis 4 Untereinheiten zusammengesetztes Photosystem-2-Partikel, das oft auch als *Quantasom* bezeichnet wird. Die photosynthetische Einheit muß unzerstört erhalten bleiben, um die Lichtreaktion ablaufen zu lassen. Die zur photochemischen Arbeit befähigten P_{700}- bzw. P_{680}-Moleküle sind ihrerseits wieder mit einem Elektronenakzeptor, d. h. mit einer Verbindung mit stark negativem Redoxpotential, z. B. Ferredoxin bzw. Plastozyanin, verbunden, können im angeregten, also energiereichen Zustand Elektronen abgeben und den so dadurch reduzieren. Gleichzeitig entsteht ein Pigmentkation (Chl^+), das wiederum einem Elektronendonator mit positivem Redoxpotential ein Elektron abfordert.

In den grünen Pflanzen sind 2 Lichtreaktionen hintereinander geschaltet, während bei Photosynthesebakterien nur eine Lichtreaktion besteht. Die 1. Lichtreaktion, die auch bei den Photosynthesebakterien vorkommt, ist an das *Photosystem 1* gebunden. In diesem werden Elektronen von P_{700}, dem Fallenpigment des Photosystems 1, das im Grundzustand ein Redoxpotential von etwa $+0,45$ V hat, auf ein Potential von etwa $-0,60$ V gebracht. Diesem Potentialhub entspricht eine Energiedifferenz von 96 J. Die in dieser Weise angeregten, außerordentlich energiereichen Elektronen gehen über eine nicht näher bekannte Substanz X zum Ferredoxin, einem rötlichbraunen Eisen-Schwefelproteid, das das stärkste bisher bekannte biologische Reduktionsmittel mit dem niedrigsten Redoxpotential ($-0,43$ V) darstellt, und reduzieren dieses (Abb. 2). Vom Ferredoxin können die Elektronen dann zum Cytochrom b_{564} (Cyt. b_6) und weiter über Plastochinon und Cytochrom f (Cyt. f) zurück zum Photosystem 1 fließen. Dabei entsteht aus ADP und anorganischem Phosphat ATP. Diese ATP-Bildung, bei der die Elektronen zu ihrem Ausgangspunkt zurückkehren und die entstandenen P_{700}^+-Moleküle wieder reduzieren, wird als *zyklische Photophosphorylierung* bezeichnet.

Der Hauptweg des Elektronentransports im Photosystem 1 verläuft jedoch vom Ferredoxin über ein Flavoproteid-Enzym, die Ferredoxin-NADP$^+$-Oxidoreduktase, zum NADP$^+$, das zu NADPH + H$^+$ reduziert wird. Hierfür wer-

Photosynthese

den zwei Elektronen und zwei Protonen benötigt. Letztere werden aus dem Wasser aufgenommen, das bekanntlich zu einem bestimmten Teil (10^{-7}) in H^+ und OH^- dissoziiert ist.

Durch den Abfluß der Elektronen entsteht im Pigmentsystem 1 ein Elektronendefizit. Um dieses aufzufüllen, ist ein Elektronenspender erforderlich. Als solcher dient letztlich das Wasser. Aus diesem werden Elektronen vom Chlorophyll a_{II}^+ (P_{680}) des Photosystems 2 aufgenommen. Wie das im einzelnen erfolgt, ist noch ungeklärt. Es bestehen Hinweise darauf, daß vier P_{680}^+-Moleküle vier Elektronen von einem Redoxsystem Z beziehen und daß dieses dann bei gleichzeitiger Oxidation von Wasser wieder reduziert wird. Dieser Vorgang kann etwa wie folgt beschrieben werden:

$4 H_2O \rightarrow 4 OH^- + 4 H^+$
$4 OH^- \rightarrow 2 H_2O + O_2 + 4 e^-$

Bei den entsprechenden Umsetzungen ist Mangan beteiligt, vielleicht als Bestandteil des Redoxsystems Z. Eventuell spielt auch Chlorid eine Rolle. Der entstehende Sauerstoff ist gewissermaßen ein Abfallprodukt der P. Die ebenfalls anfallenden Protonen decken formal den Bedarf an Protonen bei der $NADP^+$-Reduktion. Der pH-Wert des wäßrigen Mediums wird deshalb durch die »Wasserspaltung« (Photolyse des Wassers) nicht verändert.

Wenn Chlorophyll a_{II} (P_{680}) durch Absorption von Lichtquanten angeregt wird, werden die letztlich aus dem Wasser übernommenen Elektronen vom Redoxpotential 0,81 V auf einen noch unbekannten Akzeptor Q übertragen, dem ein Redoxpotential zukommt, das negativer als 0,00 V ist. Möglicherweise handelt es sich bei dem Akzeptor Q um ein gebundenes Plastochinon. Von diesem fließen die Elektronen über eine Kaskade von Redoxsystemen, unter anderem über Cytochrom f und Plastocyanin zum P_{700} des Photosystems 1 und beheben dessen Elektronendefizit (Abb. 2). Bei dem Übergang vom Plastochinon zum Cytochrom f wird eine Redoxpotentialdifferenz von 0,32 V überwunden. Diese Potentialdifferenz reicht aus, um beim Durchlaufen eines Elektronenpaares ein oder zwei Moleküle ATP zu bilden. Der Vorgang wird als *nichtzyklische Photophosphorylierung* bezeichnet. Letztere ist bei grünen Pflanzen wesentlich bedeutsamer als die zyklische Photophosphorylierung.

Wie die beiden in Abb. 2 in der Übersicht dargestellten Photosynthesesysteme bzw. Umsetzungen in der Thylakoidmembran lokalisiert sind, konnte mit biophysikalischen Methoden, unter anderem mit der Technik der repetitierenden Lichtimpulse (Laser) im Nano- bis Picosekundenbe-

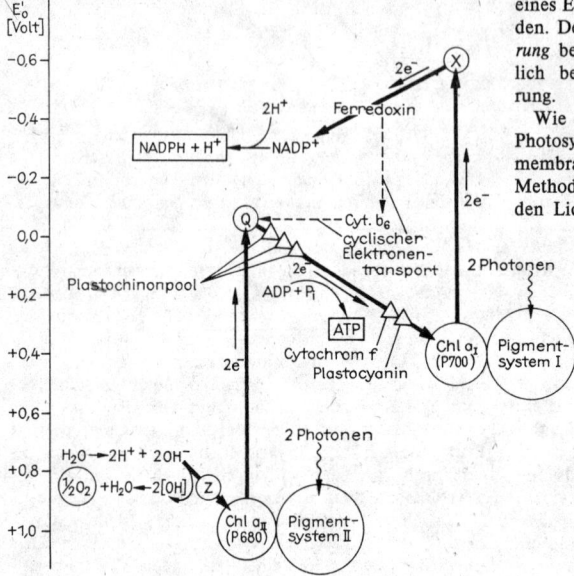

2 Die beiden Photosynthesesysteme

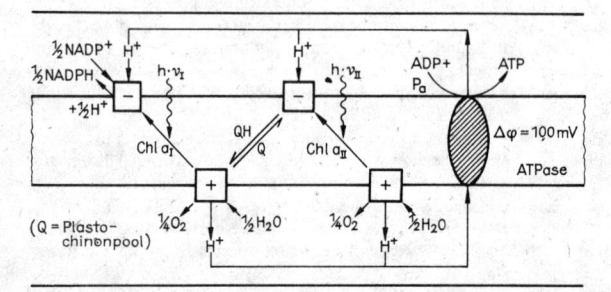

3 Anordnung der beiden Photosynthesesysteme in der Thylakoidmembran (nach Witt, 1978)

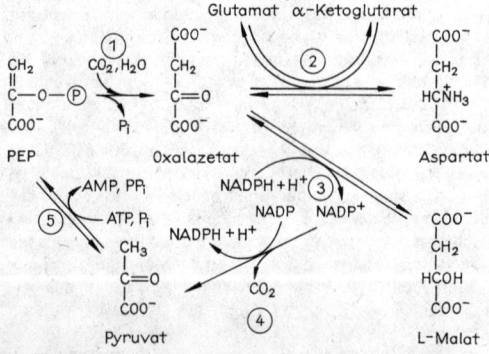

4 Reaktionen bei der Phosphoenolpyruvat(PEP)-Karboxylierung durch C_4-Pflanzen. *1* bis *3* Erklärungen s. S. 180, *4* Malatenzym, *5* Pyruvat-Phosphat-Dikinase

Photosynthese

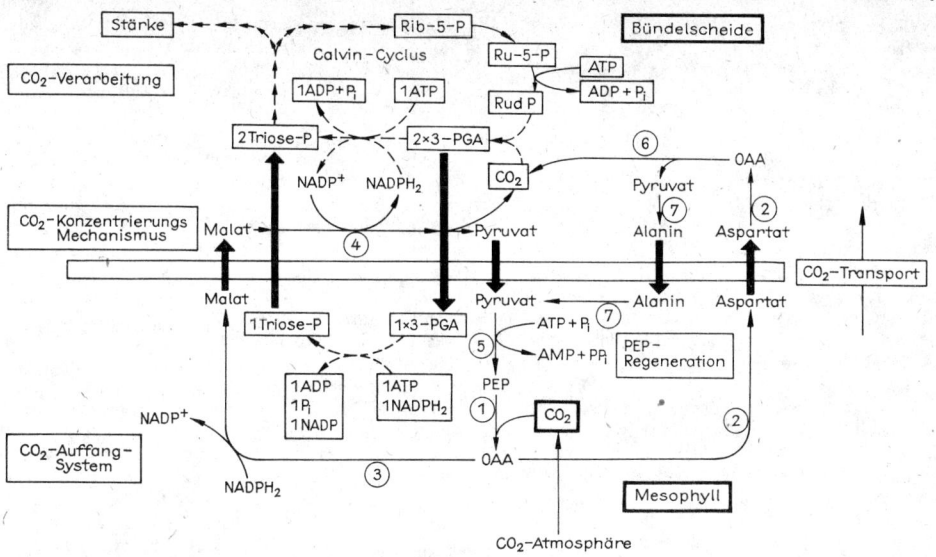

5 Umsetzungen in den Mesophyll- und Bündelscheidenzellen des Blattes einer C₄-Pflanze. 1 bis 3 Erklärungen s. S. 180, 4 Malatenzym, 5 Pyruvat-Phosphat-Dikinase, 6 Enzym, das Oxalazetat decarboxyliert, 7 Pyruvat-Alanin-Transaminase

reich, teilweise geklärt werden. Der hierbei bis 1978 erreichte Stand der Kenntnisse ist aus Abb. 3 ersichtlich.

Die Produkte der Lichtreaktion, NADPH + H⁺ sowie ATP, gelangen aus den Thylakoiden in die Grundsubstanz, die Matrix, der Chloroplasten, in der die Dunkelreaktion abläuft.

2) In der Dunkelreaktion werden aus CO_2 in reduktiven Prozessen Kohlenhydrate gebildet. Diese Umsetzungen können wie folgt formuliert werden:

$$6\,CO_2 + 12\,(NADPH + H^+) + 18\,ATP$$
$$\longrightarrow C_6H_{12}O_6 + 12\,NADP^+ + 6\,H_2O + 18\,(ADP + P).$$

Der Weg vom CO_2 zum Kohlenhydrat ist ein Kreisprozeß, in den CO_2 eingeführt und aus dem Kohlenhydrat entnommen wird. Dieser wurde von Calvin und Mitarbeitern unter Verwendung von radioaktiv markiertem CO_2 aufgeklärt. Er wird deshalb als *Calvin-Zyklus* bezeichnet. Zunächst wird in der *Karboxylierungsphase* das CO_2 in einen vorgebildeten Akzeptor, und zwar eine infolge zweifacher Phosphorylierung sehr energiereiche Verbindung, das Ribulose-1,5-diphosphat (→ D-Ribulose), eingebaut. Diese geht dabei über ein instabiles Zwischenprodukt in 2 Moleküle 3-Phospho-

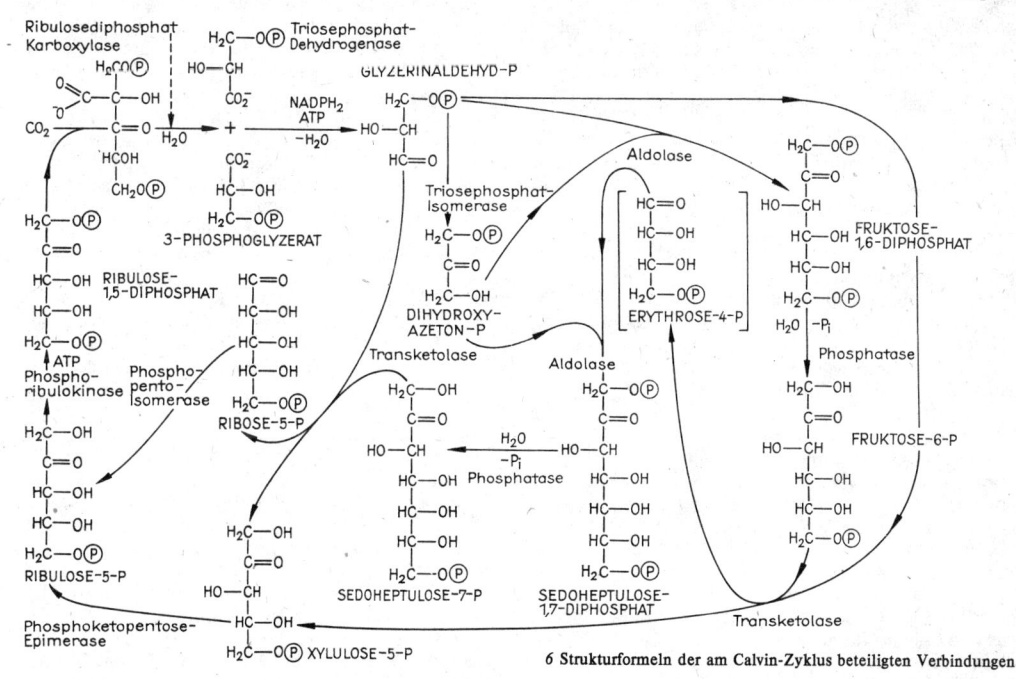

6 Strukturformeln der am Calvin-Zyklus beteiligten Verbindungen

glyzerinsäure (→ Glyzerinsäure) über. Als erstes faßbares Produkt tritt demnach nach der Inkorporation des CO_2 in der 3-Phosphoglyzerinsäure eine Verbindung auf, die 3 C-Atome enthält. Deshalb wird der Calvin-Zyklus auch als C_3-Weg der P. bezeichnet, und Pflanzen, die nur diesen Weg der CO_2-Inkorporation besitzen, heißen C_3-Pflanzen (im Gegensatz zu den →C_4-Pflanzen und den CAM-Pflanzen, die bei der CO_2-Inkorporation auch andere Wege beschreiten können, s. hierzu Abb. 4 und 5). Die gebildete 3-Phosphoglyzerinsäure wird nunmehr in der Reduktionsphase des Calvinzyklus unter Verwendung von in der Lichtreaktion gebildetem ATP bzw. NADPH + H^+ zu Glyzerinaldehyd-3-phosphat reduziert. Aus dieser Triose entsteht durch Zusammentritt von zwei Molekülen schließlich die Hexose Fruktose, die zu Glukose umgewandelt werden kann. Schließlich kann auch Stärke entstehen. In der akzeptorregenerierenden Phase wird schließlich in Reaktionen, an denen Phosphorsäureester der Seduheptulose sowie von Tetrosen und Pentosen beteiligt sind, Ribulose-1,5-diphosphat zurückgebildet, das erneut mit Kohlendioxid reagieren kann. Der Calvin-Zyklus ist im einzelnen in Abb. 6 dargestellt, wobei auch die wichtigsten Enzyme genannt sind, die wirksam werden.

Im Gegensatz zu den Pflanzen und Blaualgen verläuft die P. bei den phototrophen Bakterien, z. B. Purpurbakterien und Grüne Bakterien, anders. Sie sind nicht zur Photolyse des Wassers befähigt und verwenden Schwefelwasserstoff oder einfache organische Verbindungen als Wasserstoffquelle für die CO_2-Reduktion. Für die Schwefelpurpurbakterien ergibt sich z. B. folgende Summengleichung für die P.:

$$6 CO_2 + 12 H_2S \xrightarrow{Licht} C_6H_{12}O_6 + 6 H_2O + 12 S.$$

Die bakteriellen Photosynthesepigmente sind ebenfalls Chlorophylle, die sich jedoch in ihrer Struktur von denen der Pflanzen und Blaualgen unterscheiden. Sie werden als *Bakteriochlorophylle* bezeichnet.

Photosystem, → Photosynthese.

Phototaxis, durch Unterschiede in der Lichtintensität gerichtete Bewegung freibeweglicher Organismen oder Zellorganellen (→ Taxis). Von den freibeweglichen niederen Pflanzen reagieren vor allem die zur Photosynthese befähigten Organismen phototaktisch. Im allgemeinen zeigen die grünen Flagellaten und Algen *positive P.*, bei zu starker Beleuchtung kann sich jedoch die Reaktion umkehren. Die ebenfalls photosynthetisch assimilierenden Purpurbakterien reagieren besonders auf den langwelligen roten und infraroten Spektralbereich positiv phototaktisch, und zwar ausgeprägt phobisch. Man kann sie in einem kleinen Lichtfleck wie in einer Falle gefangenhalten, da sie vor Zonen geringerer Lichtintensität zurückschrecken. Unter den farblosen, heterotrophen niederen Pflanzen lassen z. B. die Plasmodien von Schleimpilzen normalerweise *negative P.* erkennen; sobald jedoch Fruchtkörper ausgebildet werden, reagieren sie positiv phototaktisch. Bei den höheren Pflanzen zeigen die Chloroplasten ausgeprägte P. (→ Chloroplastenbewegungen). P. kommt in Form von Photophobotaxis, Photomenotaxis, Phototelotaxis und Phototropotaxis auch bei Tieren vor. → Orientierung.

Phototropismus, *Heliotropismus*, nach der Lichtrichtung orientierte Krümmungsbewegung von Pflanzenteilen (→ Tropismus). Diese Reaktion auf Lichtreize ist bei Pflanzen stark ausgeprägt und bildet neben der Reaktion auf die Schwerkraft, dem Geotropismus, die wichtigste Orientierungsgrundlage. Entsprechend der Reaktionsweise der verschiedenen Organe unterscheidet man: 1) *positiven P.*, der ein zur Lichtquelle hin gerichtetes Wachstum zeigt, z. B. der oberirdischen Sproßachsen vieler höherer Pflanzen, der Fruchtkörper und Sporangienträger von Schimmelpilzen zur Folge hat; 2) *negativen P.*, der ein von der Lichtquelle abgewendetes Wachstum bewirkt. Er findet sich relativ selten, z. B. bei Haftwurzeln, verschiedenen Luftwurzeln, dem Hypokotyl der Mistel, den mit Haftscheiben versehenen Ranken des wilden Weins, den Keimwurzeln von Senf und Sonnenblume. Die Bodenwurzeln der meisten Pflanzen sind dagegen phototropisch unempfindlich; 3) *Transversalphototropismus*, der eine Schrägeinstellung zur Lichtquelle bewirkt und vorwiegend bei dorsiventralen Organen vorgefunden wird. Senkrecht zum Lichteinfall gerichtete Orientierung heißt *Diaphototropismus*. Dadurch wird eine direkte Bestrahlung der Blattflächen zur Zeit der stärksten Sonneneinstrahlung vermieden. Bei Laubblättern z. B. ist im allgemeinen die Oberseite dem Licht zu-, die Unterseite abgewendet. Auch bei anderen dorsiventralen Organen findet sich Transversalphototropismus. Ebenso reagieren die Thalli einiger Moose transversal phototropisch. Abweichende, panphotometrische, Blattstellungen zeigen unter anderem die Kompaßpflanzen und bestimmte *Eucalyptus*-Arten, die »schattenlose« Wälder bilden. Bei bestimmten Pflanzenorganen ist die Art der phototropischen Reaktion in Abhängigkeit von inneren und/oder äußeren Bedingungen wandelbar. Die Blütenstiele mehrerer Pflanzenarten, z. B. des efeublättrigen Leinkrautes, *Linaria cymbalaria*, reagieren zunächst positiv phototropisch, nach der Befruchtung jedoch negativ. Bei Haferkoleoptilen wechseln positiv und negativ phototropische Reaktionen in Abhängigkeit von der eingestrahlten Lichtmenge, d. i. das Produkt Beleuchtungsstärke (Lux) · Zeit (s). Zwischen einer ersten positiven Reaktion zwischen 10 und 10000 lx · s und einer zweiten positiven Reaktion bei 100000 lx · s liegt bei der Haferkoleoptile ein Bereich mit negativer Reaktion, bei anderen Keimpflanzen ein Indifferenzbereich. Nach längerer Lichteinwirkung kommt es bei vielen Pflanzen zu einer Abstumpfung, bei extremen Temperaturen zu einer Verminderung bzw. Aufhebung der Reizempfindlichkeit (Hitzestarre und Kältestarre).

Die phototropische Empfindlichkeit der Pflanzen ist im allgemeinen außerordentlich groß. Bei Haferkoleoptilen z. B. genügt ein einziger kurzer Lichtblitz, um eine positive Krümmungsbewegung auszulösen. Sie entsteht, von seltenen phototropen Turgorbewegungen abgesehen, in der Regel durch Wachstumshemmung an der Lichtflanke und -förderung an der Schattenflanke. Die Aufnahme des Lichtreizes erfolgt oberhalb der Krümmungszone. Es wird nicht die Lichtrichtung, sondern der Helligkeitsunterschied zwischen Licht- und Schattenflanke wahrgenommen. Dabei führt nur kurzwelliges Licht zu phototropen Reaktionen. Das Aktionsspektrum der phototropen Krümmung weist einen Gipfel im Ultraviolett und drei im Blau auf. Entsprechend dieser spektralen Abhängigkeit der Reaktion kommen Karotinoide und Flavine als *Photorezeptoren* in Betracht. Unmittelbar an die Aufnahme des Lichtreizes schließt sich eine energiebedürftige Veränderung der Zellpolarität an, die zu einem verstärkten Quertransport von Substanzen führt und deshalb als *Querpolarisierung* bezeichnet wird. Es nehmen die Zuckerkonzentration, die Katalaseaktivität, die Azidität und insbesondere die Auxinkonzentration an der belichteten Seite ab und an der Schattenseite zu. Gleichzeitig wird der basipetale Auxintransport auf der belichteten Seite gehemmt. Vielleicht führt auch diese einseitige Hemmung des Transportes zu einem Stoffstau und somit zu einem Quertransport auf die Gegenflanke. Infolge des Quertransportes wird an der Schattenseite mehr Auxin abwärts transportiert als an der Lichtseite. Daher wächst die Schattenseite stärker und wird konvex. Nur Gewebe dicht unterhalb der Sproßspitzen ist zum lichtinduzierten Quertransport befähigt. In den Haferkoleoptilen und in anderen Pflanzen ist auch die phototrope Empfindlichkeit auf diese Gewebezonen beschränkt. Deckt man sie mit Stanniol ab, gibt es keine phototrope Reaktion.

Phragmobasidie, *Heterobasidie, Protobasidie*, mehrzelliger, durch Querwände geteilter Sporenträger (Basidie) der → Ständerpilze. P. sind für die *Phragmobasidiomycetes* typisch. Beim *Tremella*-Typus stehen die Wände senkrecht, axial, und die Basidiosporen werden am Scheitel abgeschnürt. Beim *Auricularia*-Typus liegen die Wände quer, und die Basidiosporen werden an der Längsseite der Basidie abgegliedert.

Phragmobasidiomycetidae, → Ständerpilze.

Phragmokon, gekammerter Teil des Gehäuses von Kopffüßern, insbesondere der Belemniten. Zum P. gehören auch die Siphonalbildungen.

Phragmoplast, bei Pflanzenzellen während der Zellteilung (in der späten Telophase) zwischen den neuentstandenen Tochterkernen sich bildender Zytoplasmabereich, in dem zahlreiche, parallel liegende Mikrotubuli vorhanden sind. Zusammen mit Golgi-Vesikeln ist der P. an der Zellplattenbildung beteiligt. Nach beendeter Zellplattenbildung verschwindet er. Bei vielen tierischen Zellen wird ein dem P. vergleichbarer Zytoplasmabereich zum dichten »Flemming-Körper« zusammengeschnürt und dann geteilt.

Phreatoicoidea, → Asseln.

Phrygana, von Zwergsträuchern, Geophyten und Gräsern aufgebaute Strauchformation des östlichen Mittelmeergebietes. → Hartlaubvegetation.

Phthiraptera, → Tierläuse.

pH-Wert, negativer dekadischer Logarithmus der → Wasserstoffionenkonzentration.

Phycoerythrine, → akzessorische Pigmente.

Phycomycetes, veraltete Bezeichnung für → Niedere Pilze.

Phycophyta, → Algen.

Phykobiliproteine, → Gallenfarbstoffe.

Phykoden, Ausfüllungen besen- bis büschelförmig verzweigter Freß- oder Wohnbauten; Liegespuren von Trilobiten, möglicherweise auch von Ringelwürmern.
Verbreitung: Kambrium bis Jura, P. treten in den Quarzit-Schiefer-Wechsellagerungen des Kambriums und Ordoviziums auf (Phykoden-Schichten). Sie sind auch aus den Lias- und Dogger-Sandsteinen Württembergs bekannt.

Phylactolaemata, → Armwirbler.

phyletische Evolution, → Quantenevolution.

Phyllocarida, → Malacostraca.

Phylloceratiden [griech. phyllon 'Blatt', kera 'Horn'], von Unterlias bis Oberkreide verbreitete Ammonitenordnung. Das Gehäuse ist planspiral eingerollt, flach, scheibenförmig und eng genabelt. Die Oberfläche ist glatt oder trägt eine feine Anwachsstreifung. Für die Gattung ist die blattförmige Zerschlitzung der Lobenlinie typisch.

Phyllochinon, svw. Vitamin K$_1$, → Vitamine.

Phyllodie, svw. Verlaubung.

Phyllodien, → Blatt, → heteroblastische Entwicklung.

Phyllograptus [griech. phyllon 'Blatt', graptos 'geschrieben'], leitende Graptolithengattung des Ordoviziums. Das Rhabdosom besteht aus zwei blattförmigen Teilen, die einander unter einem Winkel von 90° kreuzen. Sie sind auf ihrer gesamten Länge miteinander verwachsen.

Phylloide, blattartige Assimilatoren niederer Pflanzen, → Telomtheorie, → Thallus.

Phylloidie, → Vergrünung.

Phyllokakteen, → Kakteengewächse.

Phyllokaline, spezifische blattbildende Substanzen, deren Existenz und Bedeutung nur unzureichend geklärt sind.

Phyllokladium, → Sproßachse, Abschnitt Metamorphosen.

Phyllomanie, svw. Vergrünung.

Phyllomorphie, svw. Verlaubung.

Phyllopoda, → Blattfußkrebse.

Phyllopodien, svw. Blattbeine.

Phyllosoma, → Langusten.

Phyllostomatidae, → Blattnasen.

Phyllotaxis, → Blatt.

Phyllotracheen, svw. Tracheenlungen.

Phylogenese, svw. Phylogenie.

phylogenetischer Trend, Bezeichnung für eine länger anhaltende, ständig in gleicher Richtung verlaufende stammesgeschichtliche Entwicklung. Oft beobachtet man bei verwandten Organismen ähnliche p. T. Beispielsweise wurden die charakteristischen Eigenschaften der Säugetiere, wie das heterodonte Gebiß und das für sie typische Kiefergelenk in verschiedenen Entwicklungslinien innerhalb der

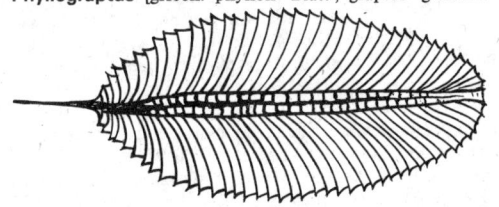

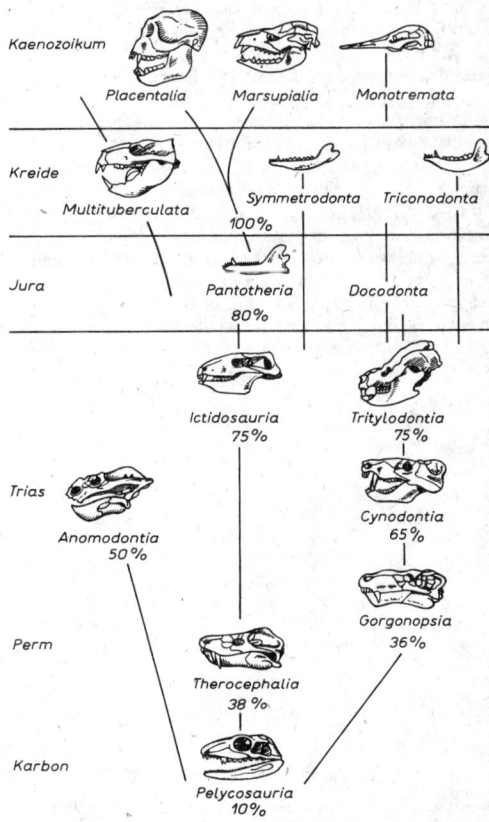

Rhabdosom von *Phyllograptus*; Vergr. 2:1

Innerhalb der Reptilienanordnung *Therapsida* entwickelten sich in mehreren unabhängigen Linien Säugetiermerkmale. Die Prozentzahlen bezeichnen den jeweiligen Anteil der Säugereigenschaften

Reptilienordnung *Therapsida* mehr oder weniger vollkommen erreicht. → Orthogenese.

phylogenetisches System, → Taxonomie.

Phylogenie, *Phylogenese, Stammesgeschichte,* Veränderung der Arten im Laufe der Generationen. Im Verlaufe der P. entstanden aus ersten einfachsten Urorganismen alle heute und in der erdgeschichtlichen Vergangenheit lebenden Mikroorganismen, Pflanzen und Tiere sowie der Mensch. Im Gesamtverlauf der P. wird wiederholt eine Tendenz zur Höherentwicklung beobachtet. Einige Organismengruppen entwickelten sich langsamer als andere, so daß auch heute noch Arten vorkommen, die präkambrischen Organismen relativ ähnlich sind.

Der Verlauf der P. läßt sich aus der Kenntnis der Fossilien und deren zeitlicher Aufeinanderfolge rekonstruieren. Ergänzt werden derartige Erkenntnisse durch die Bewertung morphologischer, biochemischer, physiologischer, ethologischer sowie biogeographischer Eigentümlichkeiten heutiger Arten. Mit den Triebkräften der P. befaßt sich die → synthetische Theorie der Evolution.

Physalia physalis, → Portugiesische Galeere.

Physalin, → Zeaxanthin.

Physeteridae, → Pottwale.

physikalische Atmungsregulation, *nervöse Atmungsregulation,* von physikalischen Reizen ausgelöste Veränderungen des Atemminutenvolumens. Wichtigster Teil der p. A. ist der *Hering-Breuer-Reflex,* der die Selbststeuerung eines jeden Atemzuges erlaubt. Während einer Einatmung wird die Lunge gebläht, und dadurch werden die in der Wand der Luftwege gelegenen Dehnungsrezeptoren erregt. Zum Einsatz gelangen rasch leitende Fasern des Nervus vagus mit einer hohen Aktionsstromrate. Die Fasern adaptieren nur langsam, ihre Entladungsfrequenz steigt linear mit dem Lungenvolumen an, und bei stärkerer Dehnung werden zusätzliche Nervenfasern aktiviert. Die Erregung hemmt das Inspirationszentrum und beendet damit rasch die Einatmung (Abb.); umgekehrt wird das Inspirationszentrum erregt, wenn während des Ausatmens eine Entdehnung der Lunge erfolgt. Durch diesen reflektorischen Wechsel von Hemmung und Erregung am Inspirationszentrum wird dessen automatische Grundaktivität den Bedürfnissen der äußeren Atmung angepaßt. Die Zeit, die vom Beginn der Einatmung bis zu ihrer Hemmung vergeht, ist verstellbar. Bei Steigerung der Kohlendioxidkonzentration im Blut wird sie länger, wodurch die Atemtiefe ansteigt und Kohlendioxid verstärkt abgeatmet wird.

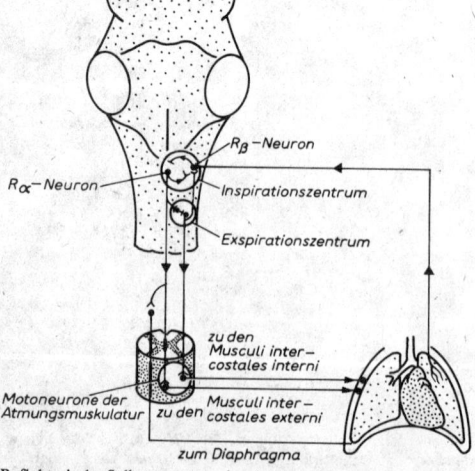

Reflektorische Selbststeuerung der Atmung

Es existieren noch weitere Vagusreflexe im Dienst der p. A. 1) Bei zu geringem Atemzugvolumen wird die Einatmung verstärkt. 2) Nach einer starken willkürlichen Mehratmung tritt eine längere Atempause ein. 3) In größeren Abständen, beim Menschen etwa nach jeder Viertelstunde, wird übermäßig tief eingeatmet, wodurch eine bessere Lungenentfaltung erreicht wird.

Starkes Zusammenpressen des Brustraumes oder gar seine Öffnung, die die Lungen zusammenfallen läßt (Pneumothorax), beschleunigen die Atmung und verstärken intensiv die Inspiration, so daß bei stark gedehntem Brustkorb hechelnd ein- und ausgeatmet wird.

physikalische Karten, svw. Restriktionskarten.

physiographische Faktoren, → Umweltfaktoren.

Physiologie, Teilgebiet der Biologie, das sich mit den Funktionen und Leistungen des Pflanzen- und Tierkörpers und seiner Zellen, Gewebe und Organe befaßt, mit der Zielsetzung, die allgemeinen Typen der Kausalzusammenhänge der Lebensvorgänge aufzuklären. Die Methoden physiologischer Forschung werden dabei weitgehend der Physik, Chemie und anderen Naturwissenschaften entnommen. Die P. umfaßt die Richtungen allgemeine P., spezielle P. und vergleichende P. Anliegen der *allgemeinen P.* ist es, die für alle Lebewesen – Pflanzen, Tiere wie Menschen – gleichermaßen gültigen Gesetzmäßigkeiten zu erforschen. Zur *speziellen P.* zählen die Tierphysiologie und die Pflanzenphysiologie sowie die P. der Mikroorganismen. Nach den Leistungen des lebenden Organismus und seiner Teile werden unter anderen folgende Disziplinen der P. benannt: Stoffwechselphysiologie, Sinnesphysiologie, Nervenphysiologie, Keimungsphysiologie, Entwicklungsphysiologie. Aufgabe der *vergleichenden P.* ist der Funktionsvergleich bestimmter Organe in den einzelnen Organismengruppen.

Lit.: E. Libbert: Lehrb. der Pflanzenphysiologie (Jena 1979); H. Penzlin: Lehrb. der Tierphysiologie (Jena 1980).

Physiologie der Formbildung, → Entwicklungsphysiologie.

Physiologie des Formwechsels, → Entwicklungsphysiologie.

physiologische Chemie, → Biochemie.

physiologische Form, svw. physiologische Rasse.

physiologische Rasse, *physiologische Form, Biotyp,* in der Mikrobiologie und der Botanik gebräuchliche Bezeichnung für eine Rasse, die sich von anderen nicht durch morphologische, sondern nur durch physiologische, biochemische, pathologische oder kulturelle Eigenschaften unterscheidet.

physiologische Uhr, *biologische Uhr, innere Uhr, endogene Tagesrhythmik,* physiologische Zeitmessung der Tiere und Pflanzen mit Hilfe physiologischer Eigenschwingungen. Bei Pflanzen dürfte die wichtigste Funktion der p. U. die Registrierung der Tageslänge und damit der Jahreszeit sein. Hierdurch wird ermöglicht, daß Pflanzen bei einer bestimmten Tageslänge (Jahreszeit) blühen (→ Photoperiodismus) bzw. in die Winterruhe übergehen. Weiterhin werden durch die p. U. die Mitosehäufigkeit, der Wechsel der Zellkernvolumina und der Chloroplastengestalt, die Photosyntheseintensität, die Atmungsintensität, Enzymaktivitäten, der → Thermoperiodismus sowie bei manchen Pilzen die Häufigkeit des Entleerens von Gametangien und Sporangien gesteuert.

Die p. U. stellt offensichtlich einen Oszillator dar, der mit konstanter Geschwindigkeit zwischen zwei Extremzuständen hin- und herschwingt. Dabei dürfte es sich um eine komplizierte Folge von Reaktionen handeln, die weitgehend temperaturunabhängig ist. Da eine temperaturunabhängig oszillierende biologische Reaktionsfolge schwer vorstellbar ist, gibt es noch kein brauchbares molekulares Modell der p. U. Verschiedene Befunde deuten jedoch darauf hin, daß die p. U. durch Vorgänge im Nukleinsäurebereich gesteuert werden könnte. So ließ sich bei *Acetabularia* und *Gonyaulax* durch das Antibiotikum Aktinomyzin, das unter anderem als Inhibitor der Transkription wirkt, die endogene Tagesrhythmik aufheben. Ferner wurde von einer entkernten *Acetabularia* die von einem implantierten Zellkern mitgebrachte Photosyntheserhythmik auch dann übernommen, wenn sie der Rhythmik des kernlosen Teils entgegengesetzt war. Andererseits lief die eingefahrene Rhythmik auch nach der Entkernung weiter, wenn kein neuer Zellkern eingepflanzt wurde.

Unter konstanten Bedingungen mit Dauerdunkelheit oder Dauerlicht halten endogen gesteuerte Blüten- und Blattbewegungen oder bei Säugern die Aktivität von N-Azetyltransferase in der Epiphyse noch Tage an, klingen aber aus, wenn die sogenannte p. U. nicht durch äußere Zeitgeber justiert wird. Insbesondere bei mehrzelligen Tieren ist nach einem zentralen Synchronisator aller Typen p. U., nach einer »Hauptuhr«, gesucht worden, ohne daß bisher übereinstimmende Auffassungen vorliegen. Wenn endogene Tagesrhythmik Beziehungen zur → Aktivität von Tieren in der Umwelt besitzt, kommt bei Mehrzellern neuronalen p. U. große Bedeutung zu. Bei Küchenschaben scheint der Schrittmacher für die Laufaktivität in optischen Zentren des Gehirns lokalisiert zu sein. Bei Wirbeltieren sind Neuronenpopulationen im Hypothalamus, bei Säugern der Nucleus suprachiasmaticus zentrale Taktgeber unter anderem für zahlreiche Rhythmen, die von der Epiphyse ausgehen.

Lit.: E. Bünning: Die p. U. (3. Aufl. Berlin, Heidelberg, New York 1977).

physiologische Unreife, → Samen.

Physostigmin, *Eserin,* ein giftiges Alkaloid vom Indoltyp, das in Kalabarbohnen, den Samen des in Westafrika heimischen Schmetterlingsblütlers *Physostigma venenosum,* vorkommt. P. ruft zunächst Erregung, dann Lähmung des Zentralnervensystems, Steigerung der Drüsensekretion und Pupillenverengung hervor. Das Alkaloid hemmt die Cholinesterase und wird medizinisch unter anderem bei Kurare-, Strychnin- und Atropinvergiftungen sowie in der Augenheilkunde verwendet.

Phythämagglutinin, aus Pflanzen stammende Verbindung, die rote Blutzellen agglutiniert. Das P. wirkt außerdem als Mitogen auf bestimmte Lymphozyten, d. h., es regt sie zur Zellteilung an. Dabei verändert sich die Struktur der Zellen, und es entstehen aus den kleinen Lymphozyten die Lymphoblasten. Diese Umwandlung erfolgt nur bei normal reaktiven Lymphozyten. Daher ist die Stimulierung mit P. ein wichtiger Test der klinischen Diagnostik. Er wird *Lymphozyten-Transformationstest* genannt.

Phytin, → myo-Inosit.

Phytinsäure, → myo-Inosit.

Phytoalexine, Abwehrstoffe mit antimikrobiellen Eigenschaften, die nach einer Infektion oder Inokulation mit Pilzen, Bakterien oder Viren von der Pflanze in wirksamer Menge entweder de novo synthetisiert oder verstärkt akkumuliert werden. In der gesunden Pflanze kommen P. nicht oder in nur geringsten Konzentrationen vor. P. gehören verschiedenen Naturstoffgruppen an, z. B. Isoflavonoide, Terpenoide, Polyazetylene und Dihydrophenanthrene. Bisher sind etwa 60 P. strukturell aufgeklärt. Die Induktion der Phytoalexinbildung kann auch durch Produkte mikrobiellen Ursprungs (→ Elicitor) bewirkt werden. Neuerdings werden die durch Streßeinwirkung (Kälte, UV-Licht, Kupferoder Quecksilberchlorid o. a. Faktoren) bewirkten Abwehrreaktionen von der Phytoalexinwirkung abgetrennt, obwohl die durch diese Einflüsse gebildeten Abwehrstoffe häufig mit P. strukturell identisch sind. Unter *parainfektionellen Abwehrstoffen* werden fungitoxische Verbindungen verstanden, die bereits in der nicht infizierten Pflanze in ausreichender Konzentration vorliegen, um eine Infektion zu verhindern. Mit den P. verfügt die Pflanze über ein Abwehrsystem, das Ähnlichkeit mit dem Immunsystem höherer Tiere aufweist. Der gezielte Einsatz von Phytoalexin-Induktoren eröffnet prinzipiell neue Möglichkeiten des Pflanzenschutzes. Beispiele für P. sind → Orchinol, → Phaseolin, → Pisatin.

Phytobenthos, pflanzliche Organismen des → Benthos.

Phytochrom, in Algen, Moosen, Farnen und Samenpflanzen allgemein verbreitetes, wasserlösliches, bläuliches Chromoprotein mit einer zu den Gallenfarbstoffen gehörenden prosthetischen Gruppe (Bilitrien). Die Isolierung und Strukturaufklärung von P. ist gelungen. P. ist ein wichtiger Lichtrezeptor, der in zwei verschiedenen Formen vorkommt, die sich bei Bestrahlung ineinander umwandeln:

P. 660 absorbiert vorwiegend hellrotes Licht (Absorptionsmaximum bei 660 nm) und wird dabei in P. 730 umgewandelt, dessen maximale Lichtabsorption im dunkelroten Bereich bei 730 nm liegt. P. 730 stellt die physiologisch wirksame Form dar, P. 660 ist physiologisch inaktiv. Hellrot-Bestrahlung führt also zur Bildung von P. 730 und damit zur Reaktionsauslösung; nachfolgende Dunkelrot-Bestrahlung wirkt dagegen hemmend, weil P. 730 in P. 660 zurückverwandelt wird. Man nennt dieses Phytochromsystem häufig *reversibles Hellrot-Dunkelrot-Pigmentsystem* und den damit zusammenhängenden Mechanismus *reversibles Hellrot-Dunkelrot-Reaktionssystem.* Da das Pigmentsystem bereits auf sehr geringe Energiemengen, d. h. schwache Lichtintensitäten, anspricht, wird die ausgelöste Reaktion gelegentlich als Niederenergiereaktion bezeichnet im Gegensatz zu der Hochenergiereaktion, für die z. T. ein anderes Pigmentsystem verantwortlich gemacht wird. Die bisherigen Kenntnisse über weitere Photoreaktionssysteme der Pflanze sind gering. Auch beim P. ist die komplizierte und im einzelnen offensichtlich unterschiedliche Reaktionskette zwischen der Bildung von P. 730 und den unmittelbar faßbaren Reaktionen, z. B. Längenwachstum, Samenkeimung, noch weitgehend unbekannt. Das P. besitzt grundlegende Bedeutung für das normale Wachstum der grünen Pflanzen und ist in vielen Fällen für die Regulierung wichtiger Entwicklungs-, Stoffwechsel- und Bewegungsprozesse verantwortlich, z. B. für Samenkeimung und Blühinduktion. Die Untersuchung der zur Keimungsförderung benötigten Lichtqualität bei Salatfrüchten führte zur Entdeckung des P. Die untersuchten Salatachänen keimten nur, wenn sie, im Dunkeln angezogen, während einer Minute oder länger mit hellrotem Licht bestrahlt wurden, dessen Wirkungsmaximum bei einer Wellenlänge von 660 nm lag. Erfolgte kurz darauf eine erneute Belichtung, jedoch mit dunkelrotem Licht mit einer Wellenlänge von 730 nm, wurde der Induktionseffekt ausgelöst. Bei wiederholtem Lichtwechsel entschied immer die Art des zuletzt eingestrahlten Lichtes über Keimung und Nichtkeimung.

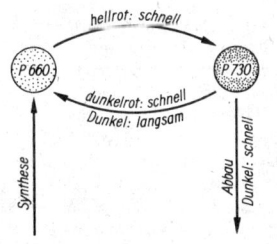

Phytochromsystem: Die Pfeile geben die schnellen bzw. langsamen Umsetzungen von Phytochrom 660 (P 660) und Phytochrom 730 (P 730) im hellroten oder dunkelroten Licht bzw. im Dunkeln an

Phytoepisiten, → Ernährungsweisen.
Phytoflagellaten, → Geißelalgen.
phytogene Gesteine, → organogene Gesteine.
Phytogeographie, svw. Pflanzengeographie.
Phytohämagglutinine, → Lektine.
Phytohormone, *Pflanzenhormone,* eine wichtige Gruppe pflanzeneigener organischer Verbindungen, die als endogene Wachstumsregulatoren wirken und auf hormonellem Wege Wachstum und Entwicklung der höheren Pflanze steuern und koordinieren. P. kommen ubiquitär in allen höheren Pflanzen vor, der Gehalt an den einzelnen P. hängt jedoch vom jeweiligen Pflanzenorgan und dessen Entwicklungszustand ab. Die P. werden im Pflanzengewebe in sehr geringer Menge gebildet, unterliegen einem Transport von Zelle zu Zelle oder von Organ zu Organ und werden durch verschiedenartige enzymatisch katalysierte Abbaureaktionen entweder irreversibel inaktiviert oder durch Konjugation mit Monosacchariden oder Aminosäuren in biologisch inaktive Formen übergeführt. Diese Konjugate haben als reversible Desaktivierungsprodukte eine wichtige Funktion im Stoffwechsel der P.

P. sind chemisch keine einheitliche Stoffklasse. Sie werden unterteilt in die vorwiegend wachstumsfördernden → Auxine, → Zytokinine und → Gibberelline sowie in die mehr hemmenden P. → Abszisinsäure und → Ethylen. P. sind in niedrigen Konzentrationen physiologisch wirksam. Häufig ist nicht die absolute Konzentration entscheidend, sondern das Mengenverhältnis der P. zueinander. P. regulieren im engen wechselseitigen Zusammenspiel die pflanzlichen Wachstums- und Entwicklungsprozesse und können diese auslösen, fördern oder hemmen. Sie steuern vor allem das Wachstum von Wurzel, Sproß und Blatt, die Entwicklung von Samen und Frucht, die Seneszenz und Abszission, die Apikaldominanz, Ruhephasen von Pflanzen oder Pflanzenteilen bzw. Organen, den Geotropismus und Phototropismus und andere Prozesse. Der auf einer chemischen Wechselwirkung beruhende Wirkungsmechanismus und der Angriffsort mit den vermutlich hormonspezifischen Rezeptorproteinen sind noch weitgehend unbekannt. Im Gegensatz zu den tierischen Hormonen haben P. ein sehr breites Wirkungsspektrum bei geringer Wirkungsspezifität, und außerdem sind Bildungsort und Wirkungsort nicht immer eindeutig voneinander getrennt.

Nachweis und Bestimmung von P. erfolgen durch verschiedenartige empfindliche Biotestverfahren, durch moderne physikalisch-chemische Methoden und Analysenverfahren sowie neuerdings verstärkt durch immunologische Bestimmungsmethoden.

P. und wirkungsverwandte Wachstumsregulatoren finden in der Land- und Forstwirtschaft sowie im Gartenbau eine breite Anwendung.

Neben den ubiquitär in höheren Pflanzen vorkommenden P. gibt es zahlreiche weitere Pflanzeninhaltsstoffe, die bei exogener Applikation wachstumsregulatorische Aktivität haben, z.B. einige phenolische Verbindungen und Steroide, definitionsgemäß jedoch nicht zu den P. gehören.

Lit.: K. Dörffling: Das Hormonsystem der Pflanzen (Stuttgart, New York 1982).
Phytokinine, svw. Zytokinine.
Phytol, ein zu den Diterpenen gehörender einfach ungesättigter, primärer Alkohol. Als Bestandteil des Chlorophylls kommt er in allen grünen Pflanzen vor. P. ist auch in den Vitaminen E und K_1 enthalten. P. wurde von Willstätter 1907 entdeckt.
Phytolithe, → organogene Gesteine.
Phytologie, svw. Botanik.
Phytometermethode, Methode, bei der die Pflanze selbst als »Meßinstrument« für die am Wuchsort wirksamen Faktoren benutzt wird. So wird etwa die gleiche Sorte einer Kulturpflanze unter verschiedenen Klimabedingungen kultiviert und aus ihrem Verhalten auf die jeweiligen Standortverhältnisse geschlossen.
Phytomonadinen, kleine, z. T. kugelförmige Flagellaten.
Phytonzide, Abwehrstoffe der höheren Pflanzen gegen Mikroorganismen. Die Abgrenzung gegenüber den → Antibiotika ist teilweise schwierig und unklar. Andererseits sind begriffliche Überschneidungen auch mit den allelopathisch wirksamen Kolinen möglich (→ Allelopathie).

P. sind im Pflanzenreich allgemein verbreitet; besonders ausgeprägt und daher näher untersucht sind sie z. B. bei Gewürzen. P. werden entweder als gasförmige bzw. flüssige Substanzen von oberirdischen Pflanzenorganen bzw. Wurzeln ausgeschieden (*exkretorische P.*), oder sie sind als *nichtexkretorische P.* in der lebenden Zelle wirksam bzw. werden erst durch Verletzung frei. Ihr Wirkungsspektrum ist im allgemeinen groß. Man kennt P. gegen Protozoen, Bakterien und Pilze. Chemisch gehören die P. unterschiedlichen Stoffgruppen an (Alkaloide, Gerbstoffe, Alkane, Alkohole u. a.). Teilweise liegen sie als Glykoside vor und werden erst durch enzymatische Spaltung frei.
Phytopaläontologie, svw. Paläobotanik.
Phytoparasiten, → Ernährungsweisen.
phytopathogene Toxine, svw. Pathotoxine.
Phytopathologie, die Lehre von den Pflanzenkrankheiten und Pflanzenschädigungen sowie von den in den einzelnen Fällen zu treffenden prophylaktischen und therapeutischen Maßnahmen.

Ähnlich wie in der Human- und Veterinärmedizin unterscheidet man 1) *nichtparasitäre* oder *physiologische* Krankheiten, die auf innere oder äußere Störungen oder ungünstige Einwirkungen der Umwelt zurückzuführen sind; 2) *Infektionskrankheiten,* bei denen parasitische Pilze, Bakterien oder Viren als Erreger in Frage kommen; 3) *Beschädigungen* durch Fraßtätigkeit von Tieren, Hagelschlag u. a.

Die P. als selbständige Wissenschaft ist erst Mitte des 19. Jh. von J. Kühn begründet worden.

Lit.: G. Fröhlich (Hrsg.): P. und Pflanzenschutz (Jena 1979); M. Klinkowski, E. Mühle, E. Reinmuth u. H. Bochow: P. und Pflanzenschutz, 3 Bde. (Berlin 1974–1976); D. Seidel, T. Wetzel u. K. Schumann: Grundlagen der P. und des Pflanzenschutzes (Berlin 1981).
Phytophage, → Ernährungsweisen. → Nahrungsbeziehungen.
Phytophagenregel, → ökologische Regeln, Prinzipien und Gesetze.
Phytoplankton, pflanzliche Organismen des → Planktons.
Phytosterine, Sterine, die in Pflanzen gebildet werden. Wichtige Vertreter sind → Stigmasterin, → Brassikasterin, → Kampesterin, → Fukosterin, → Sitosterine.
Phytotomie, → Anatomie.
Phytotoxizität, die weitgehend konzentrationsabhängige Schädlichkeit bestimmter Stoffe für Pflanzen.
Phytozezidien, → Gallen.
Phytozönologie, svw. Soziologie der Pflanzen.
Phytozönose, → Pflanzengesellschaft.
Pl, → temperente Phagen.
Piciformes, → Spechtvögel.
Picornaviren, → Virusfamilien.
Pieper, → Stelzen.
Pierwurm, *Köderwurm, Arenicola marina,* ein bis 30 cm langer Vielborster (Ordnung Sedentaria), der im Sand der Meeresküsten in selbstgegrabenen Gängen lebt. Der P. wird von den Fischern als Angelköder benutzt.
Pigment, → Färbung, → Pflanzenfarbstoffe.
Pigmentbecherozellen, → Lichtsinnesorgane.

Pigmentierung, → Hautfarbe.
Pigmentschicht, → Kutikula.
Pigmentsysteme, → Photomorphogenese.
Pikrokrozin, *Safranbitter*, ein zu den Bitterstoffen gehörendes Glukosid, das in Krokusarten, z. B. *Crocus sativus*, vorkommt und bei der Hydrolyse D-Glukose und Safranal liefert.
Pikrotoxin, *Kokkulin*, ein Bitterstoff aus Kokkelskörnern, den Samen der in Indien wachsenden Pflanze *Anamirta cocculus*. Hauptwirkstoff des P. ist das kompliziert aufgebaute, sehr giftige *Pikrotoxinin*. P. wird in der Medizin zur Kreislaufbelebung verwendet.
Pilchard, *Sardina pilchardus*, kleiner, schwarmbildender, heringsartiger Meeresfisch, die fingerlangen Jungfische werden als *Sardinen* bezeichnet. Der P. ist einer der wichtigsten Nutzfische des Mittelmeeres und der küstennahen Bereiche des Atlantiks bis Norwegen.
Pileus, *Hut*, hutartiger Teil der Fruchtkörper höherer Pilze, der das Sporenlager, Hymenium, trägt.
Pilgermuschel, *Pecten maximus*, in europäischen Meeren häufig vorkommende eßbare Kammuschel. Die bis handtellergroßen Schalenhälften werden vielfach als Eß- und Trinkgefäße benutzt.
Pili, *Fimbrien*, fädige Anhangsgebilde mancher gramnegativer Bakterien. Die P. sind nur 25 nm dick, bestehen aus Protein und kommen z. T. in großer Anzahl auf einer Zelle vor. Im Gegensatz zu den Geißeln haben die P. keine Bedeutung für die Beweglichkeit, sie dienen der Anheftung der Bakterien an andere Zellen oder Oberflächen. Es werden verschiedene Typen von P. unterschieden. Die F-Pili oder Geschlechtspili sind röhrenförmig und ermöglichen die Konjugation und Übertragung von Erbfaktoren der Bakterien.
Pilidium → Schnurwürmer.
Pilotfisch, svw. Lotsenfisch.
Pilze, *Mycophyta*, eine Abteilung des Pflanzenreiches. Die P. sind eine vielgestaltige und umfangreiche, polyphyletische Gruppe von Thallophyten, zu der etwa 55 000 Arten gehören. P. haben niemals Plastiden, sind nicht zur Photosynthese fähig und leben deshalb heterotroph, entweder als Parasiten, Symbionten oder Saprophyten, die meisten auf dem Land, nur weniger als 2 % sind Wasserbewohner, und zwar überwiegend im Süßwasser. Die meisten der saprophytisch lebenden P. kann man künstlich kultivieren. Zahlreiche Gruppen sind von wirtschaftlicher Bedeutung, im positiven Sinne unter anderem als Nahrungsmittel und als Antibiotikabildner, im negativen Sinne unter anderem als Pflanzenkrankheitserreger oder Holzzerstörer.

Als Reservestoffe kommen ähnlich wie bei Tieren Polyglykane, die strukturell dem Glykogen fast entsprechen, auch lösliche Kohlenhydrate, wie Trehalose und Mannit, z. T. Fette, vor, Stärke und Saccharose werden niemals gebildet. Neben Triterpenen und Sterinen werden von den P. auch eine große Anzahl phenolischer Verbindungen und außerdem oft organische Säuren gebildet.

Der Thallus der P. ist ein- oder vielzellig, bei den einfachsten Gruppen ist er nackt, amöboid beweglich, bei den anderen von einer Chitin-, selten auch von einer Zellulosemembran umgeben. Meist ist der Vegetationskörper fädig, der einzelne, verzweigte, selten einfache Faden wird als *Hyphe*, die Gesamtheit der Hyphen als *Myzel* bezeichnet.

Bei der vielfach vorkommenden ungeschlechtlichen Vermehrung werden verschiedene Arten von Sporen gebildet, die häufigsten sind die nackten, begeißelten Zoosporen und die unbeweglichen, endogen gebildeten Endosporen bzw. exogen durch Abschnürung gebildeten **Konidien**. Einzelne Zellen, Zellverbände oder das gesamte Myzel können sich in Dauerzustände umwandeln.

Die geschlechtliche Fortpflanzung ist bei den P. sehr vielfältig entwickelt. Es können sowohl gleich große, bewegliche Gameten (Isogamie) als auch verschieden große, bewegliche Gameten (Anisogamie) miteinander verschmelzen. Verliert der weibliche Gamet die Geißeln, so wird er zur Eizelle, die Fortpflanzungsform ist dann die Oogamie. Bei den höheren Formen verschmelzen die gesamten Geschlechtsorgane, ohne daß Gameten ausgebildet werden (Gametangiogamie), bzw. die Ausbildung von Geschlechtsorganen unterbleibt, und es verschmelzen einfache Hyphenzellen (Somatogamie). Die Geschlechtsverteilung kann diözisch oder monözisch sein, dabei kann eine genetisch bedingte Unverträglichkeit (Inkompatibilität) bewirken, daß Hyphen desselben Myzels weder fusionieren noch ihre Kerne verschmelzen können. Der eigentlichen Kernverschmelzung (Karyogamie) kann eine mehr oder minder lange Phase vorausgehen, in der die beiden Kerne nebeneinander in der Zelle liegen und sich unabhängig voneinander teilen. Diese Paarkernphase (Dikaryophase), die der Plasmaverschmelzung (Plasmogamie) folgt, kommt nur bei P. vor. Der Kernphasenwechsel der P. ist einem Generationswechsel gleichzusetzen, wobei die Einkernphase den Gametophyten, die Paarkernphase den Sporophyten darstellt. Je fortgeschrittener die Entwicklungshöhe der P. ist, desto mehr wird der Gametophyt zugunsten des Sporophyten reduziert. Bei den primitiven P. werden die gesamten Vegetationskörper zu Fruchtkörpern bzw. Sporen umgewandelt. Die höher entwickelten Formen bilden die Fruchtkörper und Sporen nur aus einem Teil des Organismus. Die im Volksmund als Schwämme bezeichneten Pilzkörper sind die hochdifferenzierten Fruchtkörper von Schlauch- und Ständerpilzen.

Die P. haben offensichtlich ein hohes stammesgeschichtliches Alter. Die ältesten Funde reichen bis in das Kambrium zurück. Während die zellwandlosen, primitiven Formen Beziehungen zu den Flagellaten aufweisen, können die höheren Pilze unter Umständen mit höheren Algen in Verbindung gebracht werden.

Die Stellung der P. innerhalb der Organismenwelt und auch ihre systematische Gliederung sind umstritten. Nach dem synthetischen System in Strasburger, Lehrbuch der Botanik (1983), das aus praktischen Gesichtspunkten hier zugrunde gelegt wird, werden von der Abteilung *Mycophyta*, unter Berücksichtigung der jeweiligen Entwicklungsganges und der Art der Fortpflanzungsorgane der P., 6 Klassen unterschieden: die *Myxomycetes* (→ Schleimpilze), *Chytridiomycetes*, *Oomycetes* und die als → Niedere Pilze zusammengefaßten *Zygomycetes*, die *Ascomycetes* (→ Schlauchpilze) und die *Basidiomycetes* (→ Ständerpilze).

Außerdem kennt man eine große Gruppe von P., von denen nur die vegetative Vermehrungsform vorhanden bzw. bis jetzt bekannt ist. Sie werden als → Unvollständige Pilze, *Fungi imperfecti* oder *Deuteromycetes*, als Anhang an das Pilzsystem gestellt.

Pilzkörper, *pilzhutförmige Körper, Corpora pedunculata*, die bedeutendsten Lern- und Assoziationszentren der Insekten im Protozerebrum. Gut ausgebildete P., jederseits in Einzahl vorhanden, findet man z. B. bei den Käferlarven. Jederseits in Zweizahl kommen die P. bei der Amerikanischen Schabe und in höchster Entwicklungsstufe bei den sozialen Hautflüglern (Bienen, Wespen und Ameisen) vor. Ein hochentwickelter P. besteht aus jederseits 2 Bechern (Kelche oder Calices), die nach der Peripherie hin offen und von kleinen Globulizellen ausgefüllt und umhüllt sind. Jeder Becher entsendet nach innen einen Stiel (Pedunculus). Beide Stiele einer Seite verschmelzen zu einem Stiel, der medialwärts umbiegt und eine gewisse Strecke dem Stiel der Gegenseite zuläuft. An der Biegungsstelle entsen-

Pilzkunde

den die Stiele jederseits einen rücklaufenden Stiel (Radix), der an die Peripherie des Protozerebrums läuft.
Pilzkunde, svw. Mykologie.
Pilzmoder, → Humus.
Pilzmücken, → Zweiflügler.
Pilztreiben, Massenentwicklung von Fadenbakterien der Gattung *Sphaerotilus,* oft fälschlich als »Abwasserpilz« bezeichnet. Das P. wird durch stark sauerstoffzehrende Substanzen im Gewässer hervorgerufen.
Pilzwurzel, Symbiose zwischen Pilzen und Wurzeln höherer Pflanzen, → Mykorrhiza.
Pinaceae, → Kieferngewächse.
Pinealorgan, → Parietalorgane.
Pinen, ein ungesättigter bizyklischer Kohlenwasserstoff aus der Gruppe der Monoterpene, eine farblose, optisch aktive Flüssigkeit von charakteristischem Geruch. P. ist Hauptbestandteil des Terpentinöls (→ Terpentin) und Bestandteil vieler anderer ätherischer Öle, z. B. des Wacholderbeer-, Eukalyptus- und Salbeiöls. Je nach Lage der Doppelbindung unterscheidet man α- und β-Pinen. P. dient als Ausgangsmaterial für die Herstellung von synthetischem Kampfer.

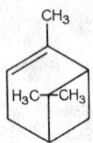

α-Pinen

Pinguine, *Spheniciformes,* Ordnung der Vögel mit 16 Arten. Ihre Flügel sind zu Flossen umgebildet. Sie fliegen unter Wasser und können dabei eine Geschwindigkeit bis zu 36 km/h erreichen. Ihr Flügelskelett ist verbreitert, die Flügelfedern sind stark abgewandelt, so daß sie wie Schuppen wirken. P. sind auf der Südhalbkugel von der Antarktis bis zum Äquator (Galapagos) verbreitet. Sie brüten in großen Kolonien. Die kleinste Art ist 40 cm, die größte 150 cm hoch (*Zwerg-* und *Kaiserpinguin*).

Kaiserpinguin (*Aptenodytes forsteri*)

Pinidae, → Nadelhölzer.
Pinie, → Kieferngewächse.
Pinit, svw. → Abietit.
Pinnipedia, → Robben.
Pinozytose, → Endozytose.
Pinseläffchen, *Callithrix,* zu den → Krallenäffchen gehörende Neuweltaffen, bei denen die Ohren durch auffällige Haarbüschel verdeckt werden. Die P. sind Baumbewohner des östlichen Brasiliens, sie fressen Früchte und Insekten.
Pinselfüßer, → Doppelfüßer.
Pinselohrschwein, svw. Buschschwein.
Pinselschimmel, → Schlauchpilze.
Pioniervegetation, → Charakterartenlehre.
Pionnotes, schleimige Massen, in die die Mikro- oder Makrokonidien der Gattungen *Fusarium* und *Cylindrocarpon* (*Fungi imperfecti*; nach der Hauptfruchtform zu den Ascomycetes, Reihe Sphaeriales zu stellen) eingebettet sind.

Piopio, → Lappenvögel.
Pipekolinsäure, eine heterozyklische nichtproteinogene Aminosäure, die in zahlreichen Pflanzen aufgefunden wurde.

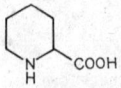

Piperaceae, → Pfeffergewächse.
Piperidin, eine flüssige, stark nach Ammoniak riechende heterozyklische Base, von der sich zahlreiche Alkaloide (*Piperidinalkaloide*) ableiten, z. B. Koniin, Piperin, Tropanalkaloide (→ Tropan).
Piperin, ein Alkaloid vom Piperidin-Typ, das sich zu 5 bis 9 % im schwarzen Pfeffer, *Piper nigrum,* findet und den Hauptträger des scharfen Pfeffergeschmacks darstellt. P. ist das Säureamid aus Piperinsäure und Piperidin.
Pipras, → Sperlingsvögel.
Piranhas, *Pirayas,* Bezeichnung für solche Arten der Sägesalmler, die in riesigen Schwärmen größere Bodentiere, meist Säuger, überfallen und mit ihrem ungewöhnlich scharfen Gebiß kurzfristig skelettieren, z. B. Natterer's Sägesalmler, *Serrasalmus nattereri,* Piranha, *Serrasalmus piraya.* Für den Menschen besteht in der Regel nur dann Gefahr, wenn er mit offenen Wunden ins Wasser geht oder sich im Wasser verletzt.
Pirayas, svw. Piranhas.
Pirole, *Oriolidae,* Familie der → Singvögel mit nahezu 30 Arten. Die Männchen haben ein leuchtend gelbschwarzes Gefieder. Dennoch sind sie in den Kronen der Bäume nur schwer zu erkennen. Sie sind in Afrika, Europa, Asien und Australien beheimatet. Sie fressen Insekten und Beeren.
Piroplasmen, svw. Babesien.
Piroplasmida, → Sporozoen.
Pisatin, fungitoxische Substanz aus mit *Monilina fructicola* infiziertem endokarpem Hülsengewebe von *Pisum sativum,* → Phytoalexine.
Pisces, → Fische.
Pistazie, → Sumachgewächse.
Pistillum, → Blüte.
Pithecanthropus, *Homo erectus erectus,* Bezeichnung für die 1891/92 von dem Niederländer Eugen Dubois bei Trinil auf Djawa entdeckten fossilen Menschenreste. Der Name P. wurde schon 1866 von Ernst Haeckel für eine Übergangsform zwischen Affe und Mensch geprägt. → Anthropogenese, → Homo.
Pittas, → Sperlingsvögel.
Pl, Abk. für Prolaktin.
Placenta, → Plazenta.
Placentalia, → Monodelphia.
Placodermi, → Panzerfische.
Placodus [griech. plax, placos 'Platte', odus 'Zahn'], **Pflasterzahnsaurier,** Gattung der Placodontier, mit einem Knochenpanzer und paddelförmigen Gliedmaßen. Der lange Schädel enthielt in den Kiefern und Gaumen ein sehr leistungsfähiges Brech- und Quetschgebiß in Form schwarzer Pflasterzähne. Die P. ernährten sich von schalentragenden Invertebraten (Muscheln, Brachiopoden, Krustazeen).
Verbreitung: Trias von Europa, Palästina, Tunesien.
Placophora, → Käferschnecken.
Placozoa, ein Stamm der Metazoen (→ Vielzeller). Die P. leben in warmen Meeren auf Algen. Die nur 2 mm großen Tiere sind dorsoventral abgeplattet, ohne Symmetrie, ihr Umriß ist veränderlich. Es sind keine Organe, keine Nerven und Muskelzellen vorhanden. Die äußere Begrenzung wird von einer begeißelten Zellschicht gebildet. Es gibt wahrscheinlich zwei Arten. Die näher bekannte Art *Trichoplax*

adhaerens kann sich auf ungeschlechtlichem und geschlechtlichem Wege fortpflanzen. *Trichoplax* kann lebhafte Formveränderungen vollführen und erinnert damit an die einer Amöbe.

Lit.: Lehrb. der Speziellen Zoologie. Begr. von A. Kaestner. Hrsg. von H.-E. Gruner. Bd I, Wirbellose Tiere, T1, 4. Aufl. (Jena 1980).

Plakoidorgane, → Schuppen. 2).
planare Stufe, → Höhenstufung.
Planarien, die bekanntesten Vertreter der → Strudelwürmer, bei denen der blind endende Darm in drei Äste gespalten ist. 1 bis 4 cm lange, lanzettförmige Arten leben in Süß- und Brackwasser, bis über 50 cm lange, schnurförmige Landplanarien bewohnen feuchtes Erdreich, besonders in den Tropen.
Planation, → Telomtheorie.
Planipennia, → Landhafte.

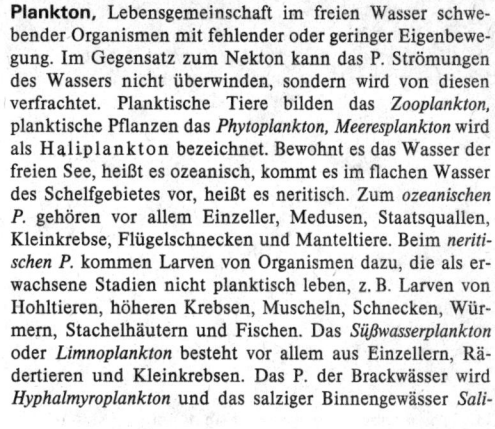

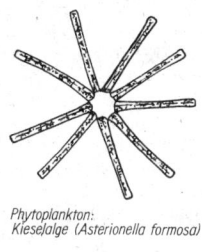

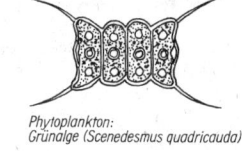

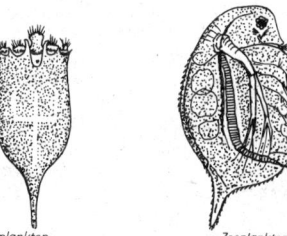

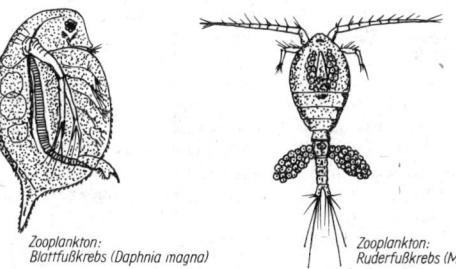

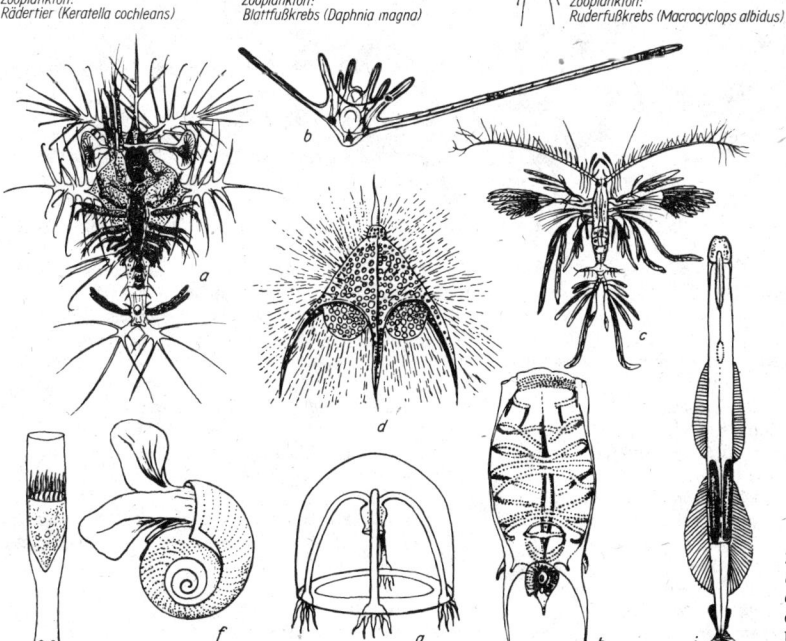

Plankton, Lebensgemeinschaft im freien Wasser schwebender Organismen mit fehlender oder geringer Eigenbewegung. Im Gegensatz zum Nekton kann das P. Strömungen des Wassers nicht überwinden, sondern wird von diesen verfrachtet. Planktische Tiere bilden das *Zooplankton,* planktische Pflanzen das *Phytoplankton, Meeresplankton* wird als Haliplankton bezeichnet. Bewohnt es das Wasser der freien See, heißt es ozeanisch, kommt es im flachen Wasser des Schelfgebietes vor, heißt es neritisch. Zum ozeanischen P. gehören vor allem Einzeller, Medusen, Staatsquallen, Kleinkrebse, Flügelschnecken und Manteltiere. Beim *neritischen* P. kommen Larven von Organismen dazu, die als erwachsene Stadien nicht planktisch leben, z. B. Larven von Hohltieren, höheren Krebsen, Muscheln, Schnecken, Würmern, Stachelhäutern und Fischen. Das *Süßwasserplankton* oder *Limnoplankton* besteht vor allem aus Einzellern, Rädertieren und Kleinkrebsen. Das P. der Brackwässer wird *Hyphalmyroplankton* und das salziger Binnengewässer *Sali-*

Phytoplankton:
Kieselalge (Asterionella formosa)

Phytoplankton:
Grünalge (Scenedesmus quadricauda)

Phytoplankton:
Jochalge (Closterium leibleinii)

Zooplankton:
Rädertier (Keratella cochleans)

Zooplankton:
Blattfußkrebs (Daphnia magna)

Zooplankton:
Ruderfußkrebs (Macrocyclops albidus)

Plankton der Binnengewässer

Zooplankton des Meeres: *a* Garnelenlarve, *b* Larve eines Schlangensternes, *c* Ruderfußkrebs, *d* Radiolar, *e* Ziliat, *f* Flügelschnecke, *g* Meduse, *h* Salpe, *i* Pfeilwurm

noplankton genannt. Das Limnoplankton wird in Eulimno-, Heleo-, Telmato-, Kreno- und Potamoplankton unterteilt. Das *Eulimnoplankton* oder *Seenplankton* bevölkert die freien Wasserräume der Seen. Es ist dem planktischen Leben am besten angepaßt. Neben einer Reihe von Einzellern gehören hierzu die Kleinkrebse *Bosmina coregoni* und *Eudiaptomus graciloides,* das Rädertier *Notholca longispina* u. a. Zum *Heleoplankton* oder *Teichplankton* gehören Formen, die teils benthisch, teils planktisch leben, z. B. die Arten der Rädertiergattung *Brachionus* oder der Kleinkrebs *Eudiaptomus coeruleus.* Die Organismen des *Telmatoplanktons* sind ebenfalls fakultativ planktisch. Als Tümpelbewohner müssen sie starke tägliche Temperaturschwankungen ertragen können. Bei Austrocknung ihrer Wohngewässer vergraben sie sich im Schlamm oder bilden Dauerstadien. Spezifisches *Krenoplankton* oder *Quellplankton* und echtes *Potamoplankton* oder *Flußplankton* ist unbekannt. *Perennierendes P.* tritt während des ganzen Jahres auf, *periodisches P.* nur zu bestimmten Jahreszeiten. Die meisten Planktonorganismen zählen zum *Euplankton* und können nur im freien Wasser leben. Planktisch lebende Entwicklungsstadien sonst nicht planktischer Organismen werden als *Meroplankton* bezeichnet. Zum *Tychoplankton* werden diejenigen Organismen gerechnet, die durch Wasserbewegungen in die freien Wasserräume getragen werden, aber zu anderen Lebensgemeinschaften gehören. In den Teichen und Tümpeln finden sich besonders häufig Boden- und Pflanzenbewohner, wie beschalte Amöben (→ Testazeen), benthische Rädertiere, Fadenwürmer und Zuckmückenlarven, als tychoplanktische Formen im freien Wasser. Sind planktische Organismen größer als 5 mm, so gehören sie dem *Makroplankton* an. Es ist auf das Meer beschränkt und umfaßt vor allem Medusen, viele höhere Krebse und Manteltiere. Sind diese Formen größer als 1 m, wie die Meduse *Cyanea arctica,* die einen Durchmesser von 2 m bei einer Tentakellänge von mehr als 30 m erreicht, so werden sie zum seltenen *Megaloplankton* gezählt. Formen von 1 bis 5 mm Größe bilden das *Mesoplankton.* Die meisten Kleinkrebse gehören hierher. Mit unbewaffnetem Auge kaum sichtbar ist das *Mikroplankton.* Es umfaßt alle planktischen Organismen zwischen 0,05 und 1 mm Größe. Der größte Teil der planktischen Pflanzen, von den Tieren die meisten Einzeller, alle Rädertiere und ein Teil der Kleinkrebse sind Mikroplankton. Kleiner als 50 µm ist das *Nanoplankton,* dessen Vertreter die Maschen des feinsten Planktonnetzes passieren und deshalb nur durch Zentrifugieren, Filtrieren oder durch Absetzen gewonnen werden können. Kleine Algen und Ziliaten, vor allem aber Geißelalgen (im Meer *Silicoflagellatae, Coccolithophoridae* und *Dinoflagellatae*), bilden die Hauptmasse des Nanoplanktons.

Bedingung für das Leben im freien Wasser ist die Verminderung der Sinkgeschwindigkeit auf ein Minimum. Möglichkeiten dazu bieten sich 1) durch Verringerung der Dichte nach Einlagerung leichter Stoffe, wie Fette, Öle oder Gase, in den Organismen, 2) durch Erhöhung des Wassergehalts der Gewebe und 3) durch Vergrößerung der relativen Oberfläche des Organismus. Fetteinschlüsse sind bei Organismen des Wassers sehr häufig. Kiesel-, Blau- und Grünalgen speichern vielfach Fett anstatt der schwereren Stärke. Besonders fettreich sind viele Kleinkrebse. Gase als Einschlüsse sind, außer in den Schwimmblasen der Fische, bei Staatsquallen (*Physalia, Velella*), bei den Kopffüßern (*Nautilus* und *Argonauta*) und bei Insektenlarven (*Corethra*) verbreitet. Eine Verringerung der Dichte des Körpers durch Einlagerung von Wasser ist im Tierreich häufig. So besteht der Körper des Medusen zu 98% aus Wasser; seine Dichte ist somit der des umgebenden Wassers annähernd gleich. Die Vergrößerung der relativen Oberfläche und die damit verbundene Erhöhung des Formwiderstandes wird auf zwei Wegen erreicht: einmal durch günstige Gestaltung des Verhältnisses der Körperoberfläche zum Körpervolumen (je kleiner ein Körper ist, um so größer ist seine relative Oberfläche) und zum anderen durch die Ausbildung von Körperfortsätzen. Letztere finden sich besonders bei Radiolarien und Krebsen und verleihen ihren Trägern oft ein bizarres Aussehen. Die Veränderung der Gestalt des P. im Laufe eines Jahres nennt man → *Zyklomorphose,* die einzelnen Stadien der Veränderung *Temporalvariationen.* Zyklomorphosen sind besonders bei Wasserflöhen und Rädertieren verbreitet. Beziehungen der Variationen zur Temperatur und zum Chemismus des Wassers ließen sich nicht feststellen, die Variationen sind genetisch bedingt.

Trotz aller Einrichtungen zur Herabsetzung der Sinkgeschwindigkeit ist dem überwiegenden Teil des P. echtes Schweben nur mit Unterstützung der Turbulenz des Wassers möglich.

Die Nahrung des heterotrophen P. besteht aus Detritus, Bakterien oder aus tierischen und pflanzlichen Organismen. In den meisten Fällen wird durch Filtereinrichtungen das umgebende Wasser wahllos filtriert und der Rückstand insgesamt oder nach Sortierung der Mundöffnung zugeführt.

Die horizontale Verteilung des P. ist, abgesehen von Wolkenbildung der Krebse und der Erscheinung der Uferflucht euplanktischer Formen, annähernd homogen. Dagegen ist seine Tiefenverteilung, entsprechend den sich ändernden Lebensbedingungen mit zunehmender Tiefe, sehr heterogen. Es bilden sich vertikale *Planktonschichtungen,* die von der Tages- und Jahreszeit abhängig sind. Wichtigste Ursache für die Vertikalwanderungen der Zooplankter ist der Wechsel der Lichtintensität im Laufe eines Tages. Die negativ phototaktischen Organismen meiden am Tage die durchlichteten Wasserschichten und halten sich in einer bestimmten Tiefe auf, während sie nachts zur Oberfläche emporsteigen. Süßwasserkrebse oligotropher Seen (wie *Daphnia hyalina*) steigen z. B. abends aus 60 m Tiefe zur Oberfläche auf und ziehen sich morgens wieder dorthin zurück. Meeresformen (z. B. *Mysidaceae*) durchwandern auf die gleiche Weise einen Wasserkörper von 250 bis 350 m Mächtigkeit. Außer durch das Licht kann die Vertikalverteilung des P. von der Temperatur und vom Chemismus des Wassers beeinflußt werden.

Das P. hat direkt oder indirekt über eine längere Nahrungskette große Bedeutung für die Ernährung der Fische. Viele Fische, ja selbst Wale, sind ausschließlich Planktonfresser. Ein großer Teil der Tiefseetiere ist auf die dauernde Zufuhr von abgestorbenen Planktonlebewesen aus höheren Schichten angewiesen. Die Ölverschmutzung des Meeres bedeutet eine Gefahr für das P. und damit zugleich eine Bedrohung des Fisch- und Walbestandes.

Des weiteren spielt das P. eine nicht zu unterschätzende Rolle bei der → biologischen Abwasserreinigung, z. B. in Oxidationsteichen. Eine Massenentwicklung von pflanzlichem P. (z. B. Blaualgen), als → Wasserblüte bezeichnet, seltener von tierischem P., oder mitunter das Auftreten von *Scheinplankton* (Pollen) führt zu Wassertrübung.

Schließlich ist das P. wichtig als Sauerstofflieferant. Die Weltproduktion wird auf $3,5 - 4,1 \cdot 10^{10}$ Tonnen im Jahr geschätzt.

Lit.: G. Drebes: Marines Phytoplankton (Stuttgart 1974); G. Huber-Pestalozzi: Das Phytoplankton des Süßwassers, 7 Bde (Stuttgart 1955–1969); W. M. Rylov: Das Zooplankton der Binnengewässer (Stuttgart 1935); A. Steuer: Planktonkunde (Leipzig 1910).

Planorbiden, svw. Tellerschnecken.
Planozygote, eine begeißelte, freibewegliche Zygote bei

bestimmten Algen und Algenpilzen, die später zur Hypnozygote wird.

Plantaginaceae, → Wegerichgewächse.

Planula, eine länglich-ovale, bewimperte Larve vieler Hohltiere. Sie geht aus der Blastula hervor und hat einen zweischichtigen Körper. Das Entoderm entsteht durch Einwanderung oder Delamination von Zellen, seltener durch Invagination. Die frei schwimmende oder auf dem Boden kriechende P. setzt sich nach einiger Zeit mit ihrem aboralen Pol fest. Am gegenüberliegenden Pol entstehen ein Mund sowie kurze Knospen, aus denen Tentakel hervorgehen. Auf diese Weise entsteht bei der geschlechtlichen Vermehrung der Polyp der Hohltiere. Bei manchen Arten kann sich die P. aber auch direkt über eine tentakeltragende, bewimperte und frei schwimmende → Actinula in eine Meduse umwandeln.

Plaques, auf z. B. durch Agar versteiften Nährböden in einem geschlossenen Bakterien- oder Zellrasen auftretende, mehr oder weniger große Löcher, die jeweils von der Nachkommenschaft eines infizierenden Virusteilchens durch Auflösung der zuerst infizierten Zelle sowie der Nachbarzellen gebildet worden sind. Viele Tierviren und Phagen bilden typisch gestaltete P. und können hieran unterschieden werden. Das Auszählen der P. stellt eine einfache, genaue Methode zur Bestimmung des Titers von Virussuspensionen dar.

Plasma, 1) svw. Protoplasma, 2) → Blutplasma.

Plasmagene, → Plasmavererbung, → Zellkern.

Plasmakinine, Oligopeptide, die stark blutgefäßerweiternd wirken, die Gefäßpermeabilität erhöhen und die Kontraktion der glatten Muskulatur beeinflussen. Zu den P. zählen z. B. Kallidin und Bradykinin, die sich in ihrer biologischen Aktivität nur quantitativ unterscheiden.

Plasmalemm, svw. Plasmamembran.

Plasmalogene, Phosphatide, in denen langkettige, der Stearin- bzw. Palmitinsäure entsprechende Aldehyde als Enolether an die CH$_2$OH-Gruppe von Glyzerinphosphorsäure gebunden sind, während die sekundäre Alkoholgruppe normal mit einer höheren Fettsäure verestert ist. Als stickstoffhaltiger Bestandteil treten Cholin oder Kolamin auf. P. sind in Muskeln, Gehirn, Mammagewebe sowie in einigen Schwämmen und der Seeanemone enthalten.

Plasmamatrix, svw. Grundplasma.

Plasmamembran, *Plasmalemm, äußere Zellmembran,* komplexes Oberflächensystem (*Zellgrenzschicht*) jeder Zelle, das zwecks Stoff- und Energieaustauschregelung, Herstellung bzw. Verhinderung von Zellkontakten, Empfang, Verarbeitung und Weiterleitung bzw. Abgabe spezifischer Informationen mit der Zellumgebung in Beziehung tritt und auch Schutz- und Stützfunktion hat (Tafel 22). Die Fähigkeit der P., den Stoffein- und -austritt zu regulieren, ermöglicht der lebenden Zelle, ihren spezifischen Stoffbestand gegenüber der Umgebung aufrechtzuerhalten. Alle Zellen stehen in Wechselbeziehung zu ihrer Umgebung. Sie sind an ihrer Oberfläche mit einer Vielzahl verschiedenartiger 'Empfänger'-Moleküle oder Molekülkomplexe (Rezeptoren) ausgestattet, die andere Zellen oder spezifische Stoffe (Liganden) erkennen, sie binden und danach ein Signal in das Zellinnere senden (z. B. Aktivierung einer membrangebundenen Adenylatzyklase, das bestimmte Reaktionen auslöst (z. B. Bildung von cAMP wird katalysiert, das weitere Reaktionen verursacht). Die meist aus Glykoproteinen oder Gangliosiden bestehenden Rezeptormoleküle der Zelloberfläche sind an die P. gebunden, z. B. Insulinrezeptoren und Azetylcholinrezeptoren. Letztere liegen in der postsynaptischen Membran (→ Neuron) in regelmäßiger Anordnung. Die Durchlässigkeit dieser Membran wird durch den Neurotransmitter Azetylcholin in Wechselwirkung mit den Rezeptoren sehr kurze Zeit durch Öffnung von Ionenkanälen erhöht. Etwa 10000 Insulinrezeptoren enthält eine Fettzelle an der Außenseite ihrer P., daneben noch zahlreiche Rezeptoren von 7 anderen Hormonen. Alle beeinflussen die Adenylatzyklase.

Auch → Antikörper gehören zu den membrangebundenen Rezeptormolekülen. Außer im Serum und anderen Körperflüssigkeiten kommen Antikörper in der P. von → Lymphzellen und Plasmazellen vor. Die konstanten Teile ihrer H-Kette sind in der P. von B-Lymphozyten verankert, während die spezifischen Bindungsstellen nach außen ragen und auf spezifische Fremdkörper – das Antigen – »warten«.

Die Aufnahme bzw. Abgabe makromolekularer Stoffe und größerer Partikeln erfolgt durch Endozytose bzw. Exozytose.

Elektronenmikroskopisch ist erkennbar, daß die P. tierischer und menschlicher Zellen asymmetrisch aufgebaut ist. Die bimolekulare Lipidschicht besteht aus Phospholipiden, Glykolipiden und Cholesterin, jedoch sind die innere und äußere Lipidlamelle unterschiedlich zusammengesetzt. Glykoproteine sind nur von außen in die Lipidschicht eingelassen, Proteine von innen oder außen. Die apolaren Teile ihrer Polypeptidketten durchdringen die Lipidschicht vollständig oder teilweise. Die Funktionen verschiedener Proteine der P. wurden z. T. mit zytochemischen und immunologischen Methoden erschlossen, z. B. konnten ATPase (für den aktiven, ATP verbrauchenden Transport) und Immunglobuline (Antikörper) festgestellt werden.

Die P. eukaryotischer tierischer und menschlicher Zellen weist im Gegensatz zu anderen → Membranen an ihrer Außenseite 2 bis 10% Kohlenhydrate in Form von Glykoproteinen und Glykolipiden auf. Die hydrophilen Teile der Glykoproteinmoleküle bilden zusammen mit den Saccharidketten der Glykolipide die kohlenhydratreiche *Glykoka-*

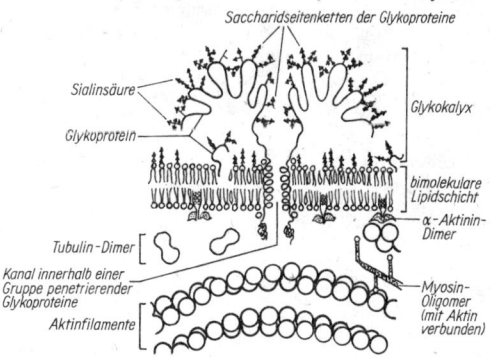

1 Aufbau der Plasmamembran

lyx (Abb. 1). Endständig tragen viele Oligosaccharidseitenketten Sialinsäure. Die P. hat daher an ihrer Außenseite eine stark negative Ladung. Bei pflanzlichen → Protoplasten wurde ebenfalls eine stark negative Oberflächenladung festgestellt. Sie ist durch Phosphatgruppen bedingt. Die Glykokalyx der tierischen Zelle unterscheidet sich unter anderem durch Besonderheiten in der Ionenkonzentration und im Bestand an anderen gelösten Stoffen wesentlich vom Extrazellularraum. Die Oligosaccharide der Glykokalyx sind bedeutungsvoll für die Wechselbeziehungen zwischen Zellen und mitverantwortlich für Antigen-Eigenschaften der Zellen (z. B. die A, B, 0-Alloantigene der Erythrozyten), außerdem stellen sie Rezeptoren für Steroide, Hormone und Viren dar.

Die Innenseite der P. eukaryotischer Zellen ist von einem *Zytoskelett* unterlagert. Es besteht aus kontraktilen

Plasmaproteine

Proteinen (→ Aktin, → Myosin), intermediären Filamenten und/oder → Mikrotubuli. Letztere haben offensichtlich keinen direkten Kontakt mit der P., vermutlich liegen noch Mikrofilamente dazwischen. Bei Prokaryoten und den meisten Pflanzen und Pilzen ist der P. außen eine Zellwand aufgelagert. In ihr wurden bei Bakterien unter anderem Antigene und Phagenrezeptoren festgestellt. Benachbarte Pflanzenzellen werden durch dünne Zytoplasmakanäle, *Plasmodesmen* (Durchmesser 60 nm), die von der P. umgeben sind, durch die Zellwand hindurch verbunden. Die Plasmodesmen dienen dem direkten Stoffaustausch benachbarter Zellen. Ihr röhrenförmiges Lumen ist fast stets mit Zisternen des endoplasmatischen Retikulums verbunden. Alle lebenden Zellen einer Pflanze stehen miteinander durch Plasmodesmen in Verbindung.

Bei manchen tierischen und menschlichen Zellen sind dünne Zellausstülpungen (→ Mikrovilli) ausgebildet, die die Zelloberfläche stark vergrößern. Tiefe Einfaltungen der basalen P. bei wassertransportierenden Zellen (z. B. Epithel im Haupt- und Mittelstück der Harnkanälchen) bewirken eine starke Oberflächenvergrößerung (*basales Labyrinth*) für den aktiven Ionentransport. Durch diesen Transport entsteht ein Konzentrationsgefälle zwischen Zytoplasma und Extrazellularraum und damit passiv ein Wassertransport in den Extrazellularraum.

Bei den *Transferzellen* der Pflanzen (z. B. modifizierte Xylemparenchymzellen oder Nachbarzellen des Xylems) wird eine starke Oberflächenvergrößerung der P. durch Zellwandeinstülpungen in das lebende Zytoplasma erzielt. Durch Einsatz radioaktiv markierter Stoffe wurde z. B. festgestellt, daß Transferzellen gelöste Stoffe aus dem Xylemsaft aufnehmen können. Die zahlreichen Mitochondrien dieser Zellen liefern dafür die Energie.

Differenzierungen der P. benachbarter tierischer und menschlicher Epithelzellen sind unter anderem *Schlußleisten* (Abb. 2). Sie umfassen ringförmig die apikalen Zellbereiche und ermöglichen besonders festen Zellkontakt. Sie beeinflussen aber auch den Stoffdurchtritt zwischen den Epithelzellen: An besonderen *Kontaktzonen* (*Nexus*, »gap junction«) ist der Interzellularspalt, der meist 15 bis 20 nm beträgt, bis auf etwa 2 nm verengt. Beide Zellen werden durch feine Röhrchen (Durchmesser etwa 1 nm) verbunden, die den Transport von Ionen und Molekülen bis zu etwa 600 Dalton zwischen den benachbarten Zellen ermöglichen. Es können auch die Außenflächen der P. benachbarter Zellen leistenartig verschmelzen, so daß eine *Verschlußzone* (*Zonula occludens*) den Interzellularspalt nach außen völlig abdichtet.

Eine *Haftzone* (*Zonula adhaerens*) ist meist in der Nähe einer Verschlußzone ausgebildet. Der erweiterte Interzellularspalt enthält eine Kittsubstanz, die beide Zellen verbindet, aber den Stofftransport auch für Makromoleküle nicht behindert. Nichtkontraktile Filamente (*Tonofilamente*) ziehen beidseits tief ins Zytoplasma und weisen auf die Bedeutung der Haftzonen für den Zusammenhalt des Zellverbandes hin. Gleiche Funktion haben vermutlich die *Haftplatten* (*Maculae adhaerentes*, *Desmosomen*), die jedoch im Gegensatz zu den ringförmig die apikalen Zellbereiche umfassenden Verschluß- und Haftzonen nur lokale, »pflasterartige« Zellverbindungen sind.

Plasmaproteine, ein komplexes Gemisch vorwiegend zusammengesetzter Proteine des Blutplasmas der Wirbeltiere. Aufgabe der P. ist vor allem die Regulierung des *p*H-Wertes des Blutes, der Transport von Ionen, Hormonen oder Vitaminen und die Abwehr von Fremdproteinen bzw. Mikroorganismen. Bis auf wenige Ausnahmen, wie Albumine, sind P. an Kohlenhydrate gebunden. Mit Ausnahme der Immunglobuline werden die P. in der Leber gebildet.

Plasmaströmung, → Grundplasma.

Plasmavererbung, *plasmatische Vererbung, zytoplasmatische Vererbung, extrachromosomale Vererbung, extranukleäre Vererbung*, Vererbungsvorgänge, an denen im Zytoplasma lokalisierte, also extrachromosomale Erbträger beteiligt sind. Der Nachweis der P. basiert hauptsächlich auf drei Kriterien: 1) Der Erbgang der betreffenden Merkmale folgt nicht den Mendelgesetzen; 2) Reziproke Kreuzungen ergeben unterschiedliche Nachkommen, da das Plasma im wesentlichen über die mütterliche Seite weitergegeben wird; 3) durch unregelmäßige Verteilung unterschiedlicher Plasmafaktoren im Verlauf der Zellteilungen kann es zu einer Entmischung der Erbträger im Laufe der Ontogenese kommen. Entsprechend dem Genotyp bei der Kernvererbung werden die Gesamtheit der plasmatischen Erbfaktoren als *Plasmotyp* oder *Plasmon*, der Einzelfaktor als *Plasmagen* bezeichnet. *Plastom* heißen die Erbträger, wenn sie in den Plastiden, *Chondriom*, wenn sie in den Mitochondrien lokalisiert werden können. Umstritten ist, ob außerdem noch submikroskopische Partikeln als Träger der P. in Frage kommen. Alle bisher gefundenen plasmatischen Erbträger vermehren sich autoreduplikativ und können auf den DNS-Molekülen der Mitochondrien bzw. Plastiden lokalisiert werden, die man deshalb heute meist als Mitochondrien-»Chromosomen« bezeichnet.

Lit.: R. Hagemann: Plasmatische Vererbung (Jena 1964).

Plasmawachstum, *plasmatisches Wachstum, embryonales Wachstum*, Vermehrung des Protoplasmas und der lebenswichtigen Strukturbestandteile der Zelle. Dabei nimmt das Zellvolumen im Gegensatz zum → Streckungswachstum nur unbedeutend zu. Ein sich durch Zellteilung vermehrender Einzeller muß zwischen zwei Zellteilungen sein plasmatisches Material etwa verdoppeln. Im Vegetationskegel der Samenpflanzen währt das P. zwischen zwei Zellteilungen etwa 15 bis 20 Std. Dabei werden dauernd, wenn auch nicht gleichförmig, Ribonukleinsäure, Proteine, Lipide u. a. gebildet. Die DNS-Synthese ist demgegenüber auf die Synthesephase des Mitosezyklus beschränkt.

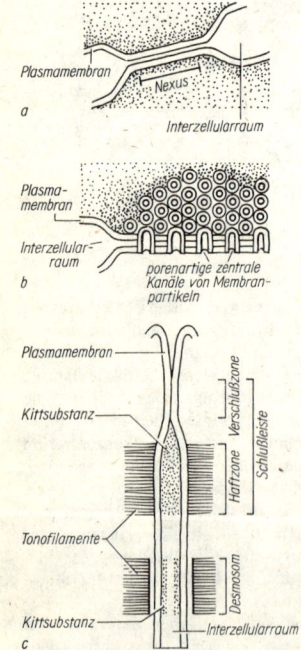

2 Zellkontakte. a Kontaktzone, b Ausschnitt aus a: hypothetische Darstellung der Nexusstruktur, c Zellkontakte zwischen Epithelzellen

Regulatorische Bedeutung für das P. besitzen gewisse Wirkstoffe, auf deren Zufuhr viele heterotrophe Pflanzen angewiesen sind. Kulturhefen z. B. benötigen zum normalen Wachstum Spuren von Biotin (→ Vitamine), → myo-Inosit und Pantothensäure. Für andere Pilze ist Vitamin B_1 erforderlich und für viele Bakterien p-Aminobenzoesäure. Bei höheren autotrophen Pflanzen ist die Bedeutung derartiger Wirkstoffe für das P. nur schwer aufzuklären, da die Substanzen offensichtlich im eigenen Stoffwechsel erzeugt werden können. Gewisse Hinweise liefern die Gewebekulturen (→ Zellzüchtung), denen oft bestimmte Vitamine oder Pflanzenhormone zugesetzt werden müssen.

Plasmazelle, hochdifferenzierter Zelltyp mit der Fähigkeit zur Bildung von Antikörpern. Die P. entwickelt sich aus einem kleinen Lymphozyten nach dem Kontakt mit dem Antigen. Sie besitzt im Zytoplasma zahlreiche Organellen, die für eiweißsynthetisierende Zellen typisch sind, z. B. Ribosomen an den intrazellulären Membranen. Von den produzierten Antikörpern ist ein erheblicher Anteil längere Zeit in der P. nachweisbar.

Plasmid, ein extrachromosomales genetisches Element, das in der Regel mehrere Gene enthält und bei Bakterien entweder frei im Zytoplasma oder in das Chromosom integriert auftreten kann. Zur Integration fähige P. werden auch als *Episomen* bezeichnet. P. bestehen aus ringförmiger DNS und stellen zytoplasmatische Replikons (→ DNS Replikation) dar, d. h. genetische Elemente, deren Replikation und Segregation im Verlauf der Teilung unabhängig vom Bakterienchromosom erfolgt, wenn sie nicht in dieses integriert sind. P. sind manipulierbar und wichtige Elemente der → Gentechnologie.

Plasmin, ein zu den Proteasen gehörendes Enzym, das als Endopeptidase im Prozeß der Blutgerinnung eine wichtige Rolle spielt. Es spaltet Fibrin proteolytisch in lösliche Peptide. Diese wirken als Hemmstoffe des Thrombins und unterdrücken die Polymerisation des Fibrinmonomeren. P. entsteht im Blut durch hydrolytische Spaltung der enzymatisch inaktiven Vorstufe Plasminogen und ist ein aus zwei Ketten aufgebautes Protein.

Plasmodesmen, → Plasmamembran, → Zellwand.

Plasmodium, 1) vielkernige Zelle, die durch Kernteilungen ohne nachfolgende Zellteilungen entsteht. Das Fusionsplasmodium der Schleimpilze ist eine vielkernige Protoplasmamasse, die durch Verschmelzung zahlreicher Amöbozygoten gebildet wird. Dieses amöboid bewegliche Fusionsplasmodium wächst unter synchroner Kernteilung.
2) → Telosporidien.

Plasmogamie, → Befruchtung.

Plasmolyse, bei lebenden Pflanzenzellen die Ablösung der Protoplasten von der Zellwand, die eintritt, wenn den Zellsaftvakuolen osmotisch Wasser entzogen wird, indem die Zellen in eine hypertonische Lösung, ein *Plasmolytikum*, eingelegt werden. Der elastisch gespannte Protoplast zieht sich dabei um die sich ständig verkleinernde Vakuole zusammen. Löst sich der Protoplast vollständig von der Zellwand ab, ergibt sich das Bild einer *Konvex-Plasmolyse*. Bleiben Teile des Protoplasten an der Zellwand haften, dann ziehen sich nur die dazwischen liegenden, abgelösten Teile zusammen. Sie ergeben das Bild der *Konkav-Plasmolyse*. Eine extrem ausgebildete Konvex-Plasmolyse ist die *Kappenplasmolyse*, die durch eine kappenförmige Aufquellung des Zytoplasmas gekennzeichnet ist. Sie tritt ein, wenn das Plasmolytikum quellungsfördernde Lithium-, Natrium- oder Kaliumsalze, insbesondere Kaliumrhodanid, enthält, die ins Protoplasma eindringen können.

Werden plasmolysierte Zellen in eine hypotonische Lösung überführt, so vergrößert sich die Vakuole wieder, und der Protoplast wird erneut gegen die Zellwand gepreßt. Dieser rückläufige Vorgang wird als *Deplasmolyse* bezeichnet.

Plasmon, → Plasmotyp, → Plasmavererbung.

Plasmonmutationen, *Plasmonalterationen*, spontan oder unter dem Einfluß von Mutagenen entstehende Abänderungen von zytoplasmatischen Erbanlagen (→ Plasmavererbung). P. unterscheiden sich in vieler Hinsicht von den Mutationen des Genoms. Einer der Hauptunterschiede liegt darin, daß bei der vermutlichen Vielzahl gleicher Plasmonkonstituenten (Plasmide) theoretisch zu erwarten ist, daß die Mutation eines einzelnen Elementes erst nach Umkombination, d. h. nach selektiver Anreicherung der abgeänderten Einheit nachgewiesen werden kann. Voraussetzung einer derartigen Anreicherung ist ein positiver Selektionswert der mutierten Einheit, so daß es nicht verwunderlich ist, wenn P. schwer auffindbar sind.

Plasmonsegregation, die Aufspaltung oder Entmischung genetisch verschiedener Plasmonkonstituenten, die zur Entstehung unterschiedlicher Plasmotypen führt. Während die Aufspaltung heterozygoter Allelenpaare des Genoms in der Regel während der Meiose erfolgt, kann die P. im Verlauf der Zellteilung auch innerhalb eines Organismus stattfinden, wobei die Verteilung der verschiedenen Plasmide im allgemeinen ungleichmäßig sein wird, da es keinen Mechanismus gibt, der in Analogie zur Kerngenverteilung im Verlauf der Mitose für eine gleichmäßige Verteilung sorgt.

Plasmonkombination, im Verlauf der Plasmonsegregation erfolgende Um- und Neukombination plasmatischer Erbträger.

Plasmoptyse, *Protoplasmaausstoßung*, Zerplatzen lebender Pflanzenzellen infolge zu starker Wasseraufnahme. Dabei wird der Zellinhalt oft explosionsartig entleert. P. erfolgt leicht, wenn dünnhäutige Zellen mit hohem osmotischem Wert (→ Osmose) in Wasser gelegt werden.

Plasmotyp, *Plasmon*, die Gesamtheit der im Zytoplasma und seinen Organellen lokalisierten Erbanlagen (Plasmide). → Zytoplasmon, → Plastidotyp.

Plasmozytom, → Myelomproteine.

Plasten, → Mitochondrien.

Plastiden, Doppelmembranhüllen und ein eigenes genetisches System besitzende Zellorganellen, die im Zytoplasma von Zellen grüner Pflanzen vorhanden sind, in verschiedenen Strukturtypen auftreten und in Form von Chloroplasten Organellen der Photosynthese sind.

1) Chloroplasten. Diese etwa halbkugel- oder eiförmigen, relativ großen Organellen (mittlere Größe 3 bis 4 μm × 5 μm) wirken als Rezeptoren der Lichtenergie und verwandeln sie im Prozeß der Photophosphorylierung in chemische Energie (ATP). Die gespeicherte Energie wird zur Synthese von Glukose und weiteren organischen Stoffen aus CO_2, Wasser und anderen Stoffen verwendet. Während der Photosynthese wird Sauerstoff freigesetzt. Die Chlorophyll und Karotinoide enthaltenden P. sind als typische *granulare* Chloroplasten in Zellen von Laubblättern und äußerem Stengelgewebe der höheren Pflanzen einschließlich der meisten Farne und Moose ausgebildet. Granuläre Chloroplasten kommen außerdem in Grünalgen vor, alle anderen Algen weisen *homogene* Chloroplasten auf. Granuläre Chloroplasten sind in Grana- und Stromabereiche gegliedert (Abb. S. 696). Die Chloroplastenmatrix wird als *Stroma* bezeichnet. Lichtmikroskopisch sind in jedem Chloroplasten viele dunkel erscheinende Körnchen, die *Grana*, erkennbar. Im Elektronenmikroskop wird sichtbar, daß diese an der Aufsicht nahezu runden Grana Stapel von Membranen (*Granathylakoide*) sind.

Äußere und innere Hüllmembranen der P. sind wie bei den → Mitochondrien strukturell und funktionell unterschiedlich. Die äußere Plastidenmembran weist zu etwa

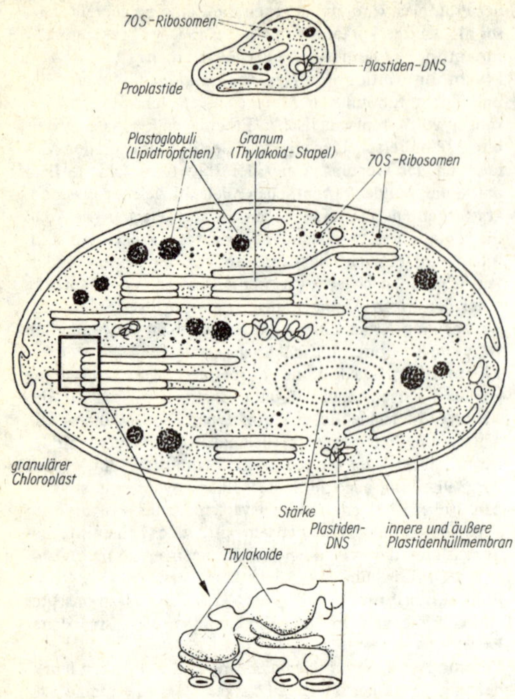

gleichen Teilen Lipide und Proteine auf. Im Gegensatz zur inneren Membran können Ionen, gelöste Stoffe und auch Proteinmoleküle diese Hüllmembran relativ leicht passieren. Die innere Hüllmembran vergrößert ihre Oberfläche bei den granulären Chloroplasten noch stärker als die innere Mitochondrienmembran durch die Ausbildung von photosynthesepigmenthaltigen Membransystemen in das Chloroplasteninnere hinein. Diese Doppelmembranen bzw. abgeplatteten Vesikel (Thylakoide) haben bei voll entwickelten Chloroplasten keine Verbindung mehr zur inneren Hüllmembran. Die Thylakoidmembranen enthalten zu je 50% Lipide (Phospholipide und die für P. charakteristischen Mono- und Digalaktosyldiglyzeride) und Proteine. In die Membranlipide sind die stets an Proteine gebundenen Pigmente (Chlorophylle a und b sowie Karotinoide) in Form von größeren und kleineren Komplexen eingelassen. Diese Protein-Pigment-Komplexe entsprechen wahrscheinlich den Photosystemen I und II, die unterschiedliche Absorptionsspektren haben. Chlorophyll a ist in beiden Systemen das eigentliche lichtabsorbierende Pigment, aber auch die anderen Pigmente sind an der Absorption beteiligt. Die einzelnen Grana setzen sich aus einer unterschiedlichen Anzahl Thylakoidscheiben zusammen. *Stromathylakoide* verbinden die Grana untereinander, d. h., die einzelnen Thylakoide stehen besonders in den Grana untereinander in Verbindung (Abb. s. o.). Die Thylakoide weisen auf ihrer der Matrix (dem Stroma) zugewandten Seite Partikel der ATP-Synthase (CF_1-ATPase) auf. Dieses komplex aufgebaute Enzym ist bei der Photophosphorylierung, der lichtgetriebenen ATP-Synthese, beteiligt. Isolierte Thylakoide sind auch zur Photophosphorylierung fähig. In den Thylakoiden kommt ferner das Plastochinon (Redoxsystem) vor. In der feingranulären Matrix wurden große Mengen des Enzyms Ribulosebisphosphatkarboxylase und zahlreiche weitere Enzyme der photosynthetischen CO_2-Fixierung (Calvin-Zyklus) nachgewiesen. Die Ribulosebiphosphatkarboxylase katalysiert erste Reaktionen des Einbaus von CO_2 in organische Substanz. Lipidtröpfchen (*Plastoglobuli*), meist auch Stärkekörnchen, Stärke synthetisierende Enzyme und Speicherproteine (z. T. in Kristallform, z. B. Phytoferritin) kommen nicht nur in Chloroplasten, sondern auch in der Matrix anderer Plastidentypen vor. Dasselbe gilt für Bestandteile des genetischen Systems.

Chloroplasten arbeiten im Gegensatz zu den Mitochondrien relativ unabhängig vom übrigen Zellstoffwechsel. Werden sie schonend isoliert, läuft der gesamte Photosyntheseprozeß auch außerhalb der Zelle – in vitro – ab. Chloroplasten sind daher außer mit Pigmenten und Enzymen der Lichtreaktion auch mit Enzymen für die Kohlenhydratsynthese ausgestattet. Die Lichtreaktion läuft in den Thylakoiden ab, die Dunkelreaktion in der Matrix (im Stroma), wie die Untersuchungen von Thylakoid- und Matrixfraktionen ergaben. Unter geeigneten Bedingungen können sich die pigmentlosen, einfacher gebauten Vorstufen der Chloroplasten, die *Proplastiden*, in Chloro- und Leukoplasten, z. T. auch in Chromoplasten umwandeln. Proplastiden und auch voll entwickelte Chloroplasten können sich rasch teilen. Homogene Chloroplasten sind bei allen Algen, außer bei Grünalgen, ausgebildet. Die gleichartig aufgebauten Thylakoide durchziehen die Chloroplasten in ganzer Länge. Bei Rotalgen liegen die Chlorophyll a, Karotinoide und Phykobiline aufweisenden Thylakoide einzeln, bei Kryptophyten paarweise und bei den übrigen Algen (einschließlich *Euglena*) in Tripletts. Allen Thylakoiden der homogenen Chloroplasten fehlt Chlorophyll b. Die der Stärke ähnlichen Speicherpolysaccharide werden nicht in den P., sondern im Grundplasma abgelagert.

Prokaryoten haben keine typischen, membranumgrenzten P. Bei photosynthetisch aktiven Bakterien, bei denen wegen Fehlens von Chlorophyll a nur Teilschritte der Photosynthese möglich sind, stülpt sich die Plasmamembran stellenweise ins Zellinnere ein und weist dort Pigmente (Bakterienchlorophylle bzw. Bakteriorhodopsin und Karotin) auf. Diese Membraneinstülpungen werden auch als Thylakoide bezeichnet. Bei Blaualgen bilden sich ebenfalls Plasmamembraneinstülpungen zu Thylakoiden aus. Sie durchziehen locker das peripher gelegene *Chromatoplasma* und lösen sich nach ihrer Ausbildung weitgehend von der Plasmamembran. Diese Thylakoide weisen neben Karotinoiden und Phykobilinen auch Clorophyll a auf, daher kann bei Blaualgen der gesamte Photosyntheseprozeß erfolgen.

2) Genetisches System. P. aller Strukturtypen sind semiautonome Organellen. Sie sind wie die → Mitochondrien Träger von Erbfaktoren. Die Gesamtheit dieser in P. lokalisierten Gene wird als *Plastom* bezeichnet. Die Matrix enthält in mehreren aufgelockerten Bereichen doppelsträngige, histonfreie, ringförmige DNS (Plastiden-DNS, ptDNS). Sie unterscheidet sich von der Kern-DNS unter anderem im Methylierungsgrad des Zytosins. Die DNS-Menge je Plastide ist größer als im Mitochondrium. Der Anteil der ptDNS am Gesamt-DNS-Gehalt der Zelle beträgt 1% (*Euglena*) bis 25% (Tabak). Es sind mehrere DNS-Ringe je P. ausgebildet, bei Chloroplasten bis über 50 (Länge bis fast 50 µm). Die DNS-Polymerase für die Replikation und die RNS-Polymerase für die Transkription der ptDNS, die kleinere Untereinheit der Ribulosebisphosphatkarboxylase und andere plastidenspezifische Proteine werden von der Kern-DNS kodiert und außerhalb der P. im Zytoplasma synthetisiert; der Informationsgehalt der ptDNS reicht nicht aus, um die Synthese aller plastidenspezifischen Proteine zu kodieren. Die in der Plastidenmatrix enthaltenen Ribosomen sind wie bei den Mitochondrien die kleineren 70S-Ribosomen. P. können stets nur aus P. durch Teilung hervorgehen. Das Plasma der P. mischt sich nicht mit dem außerhalb der P. befindlichen Zytoplasma. Diese

und andere Tatsachen sprechen für die → Symbionten-Hypothese der Entwicklung der P. und Mitochondrien aus prokaryotischen intrazellulären Symbionten.

3) Bewegung der P.: Chloroplasten können in Zellen nicht nur passiv durch die Plasmaströmung (→ Grundplasma) bewegt werden, sondern sie können ihre Lage auch aktiv auf einen Reiz hin verändern. Blaulicht absorbierende Photorezeptoren steuern die Bewegungen gewöhnlich. Zum Beispiel orientieren sich die Chloroplasten der Grünalge *Mougeotia* und des Mooses *Funaria hygrometrica* je nach der Lichtstärke senkrecht zum Lichteinfall (Schwachlicht) oder parallel dazu (Starklicht). Wahrscheinlich werden die P. von Aktomyosinfibrillen (→ Aktin, → Myosin) um ihre Längsachse gedreht (bei *Mougeotia* innerhalb von 30 Minuten nach Änderung der Beleuchtungsstärke).

4) Entwicklung und Strukturtypen: *Proplastiden* (Abb. S. 696) sind besonders bei den meisten höheren Pflanzen Vorstufen der Chloroplasten und Leukoplasten. Die innere Hüllmembran dieser formveränderlichen Proplastiden ist bereits stellenweise eingestülpt, jedoch sind noch keine Pigmente vorhanden. Für die Entwicklung von Chloroplasten aus diesen Vorstufen ist bei Angiospermen, besonders bei den Monokotylen, Licht erforderlich. Steht kein Licht zur Verfügung, entstehen Hemmformen, *Etioplasten*. Sie weisen Prolamellarkörper auf, die Vorstufen des Chlorophylls a enthalten: Protochlorophyllid und Protochlorophyll a. Dieser parakristalline, aus verzweigten Tubuli bestehende Prolamellarkörper bildet durch geringe Lichtenergien erste, oft perforierte Thylakoide (*Primärthylakoide*) aus, und die Vorstufen des Chlorophylls a werden zum Chlorophyll(id) a oxidiert. Steht anschließend energiereiches Blaulicht zur Verfügung, erfolgen weitere Chlorophyllsynthesen und Bildung von Grana- und Stromathylakoiden des typischen Chloroplasten höherer Pflanzen. In Wurzel- und Epidermiszellen bilden sich aus Proplastiden die nichtpigmentierten *Leukoplasten*. Sie können als *Amyloplasten* Stärke oder als *Elaioplasten* Öl speichern.

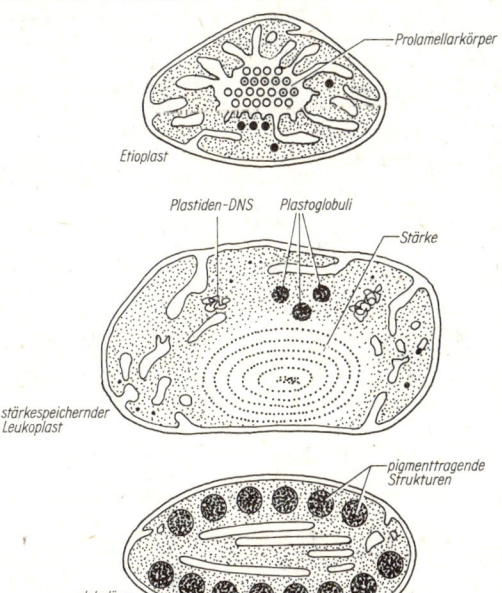

Aus blaßgrünen, meist noch nicht voll ausgebildeten Chloroplasten oder aus Proplastiden bzw. Leukoplasten entstehen *Chromoplasten*. Sie kommen besonders in Blüten und Früchten vor. Im voll ausgebildeten Zustand enthalten sie kein Chlorophyll und relativ wenige Membranen. Durch Karotine und Karotinoide, die oft in Plastoglobuli oder Tubuli konzentriert sind (globulöser bzw. tubulärer Chromoplast) sind sie gelb, orange oder rot gefärbt und dienen gewöhnlich der Tieranlockung (Pollen- und Samenverbreitung). Außerdem sind für Chromoplasten Xanthophyllester (Farbwachse) typisch, die sich aus der Veresterung von Xanthophyllen (Karotinoide mit OH-Gruppen) mit Fettsäuren bilden. Die Farbwachse sind gleichermaßen charakteristisch für *Gerontoplasten*. Durch Abbau von Chlorophyll, Proteinen, Stärke und anderen Stoffen wandeln sich im Herbst Chloroplasten zu diesen funktionslosen Plastiden um. Ein Teil der Chloroplasten-Karotinoide bleibt erhalten.

Plastidenbewegungen, Sammelbezeichnung für die verschiedenartigen Lage-, Orts- und Gestaltsveränderungen von Plastiden. Besonders ausgeprägt und eingehend untersucht sind gerichtete lokomotorische Bewegungen bei Chloroplasten, → Chloroplastenbewegungen.

Plastidenentmischung, → Plastidenvererbung.

Plastidenmutationen, spontan oder induziert auftretende Veränderungen der in Plastiden lokalisierten Erbanlagen, die zu Abänderungen von Plastidenmerkmalen Anlaß geben. Die durch P. veränderten Merkmale folgen dem Modus der Plastidenvererbung. In mehreren Fällen konnten Kerngene nachgewiesen werden, die in der Lage sind, die spontane Rate von P. stark zu erhöhen.

Plastidenvererbung, jener Teil der Plasmavererbung, der auf genetisch unterschiedlichen Plastiden beruht und zur Vererbung von Plastidenmerkmalen führt. Plastiden mit neuen Merkmalen können durch Plastidenmutationen entstehen. Plastidenmerkmale werden durch eigene genetische Faktoren bestimmt. Außerdem sind Fälle bekannt, bei denen die Merkmalsbildung durch Kerngene kontrolliert wird oder eine Wechselwirkung zwischen Plastom und Plasmon besteht. Die in den Plastiden lokalisierten Erbanlagen werden in ihrer Gesamtheit als *Plastom*, *Plastidom* oder *Plastidotyp* bezeichnet. Für den Vererbungsvorgang selbst ist die Tatsache von Bedeutung, daß die Plastiden entweder nur durch die Eizelle oder durch Eizelle und Pollen weitergegeben werden. Eine wesentliche Rolle spielt bei der P. die *Plastidenentmischung*, d. h. die Trennung verschiedener Plastidentypen im Verlauf der Zellteilungen während der Ontogenese oder bei der Makro- bzw. Mikrosporogenese. Unterscheiden sich die Plastiden (Chloroplasten) in ihrer Ausfärbung, d. h., sind sie z. B. bedingt durch die genetische Determination plastidaler Erbanlagen grün oder weiß, führt die Plastidenentmischung im Verlauf der Ontogenese zu Pflanzen mit Scheckungsmustern (→ Panaschierung). Es entstehen rein grüne, rein weiße und hellgrüne Sektoren. Letztere werden aus Mischzellen gebildet, die sowohl grüne als auch weiße Plastiden enthalten. Im Verlauf der Geschlechtszellenbildung können Gonen entstehen, die entweder nur den grünen Typ enthalten, wenn sie in grünen Sektoren oder nur den weißen, wenn sie in Mischzellbezirken entstehen. Werden die Plastiden nur über die Eizelle weitergegeben, wird die Nachkommenschaft derartiger Pflanzen aus rein grünen, infolge Chlorophyllmangels nicht lebensfähigen rein weißen und gescheckten Pflanzen bestehen, wobei diese Aufspaltung nicht den Mendelgesetzen folgt.

Plastidom, → Plastiden, → Plastidotyp.

Plastidotyp, *Plastom*, *Plastidom,* die Gesamtheit der in den Plastiden vorhandenen Erbanlagen, die bei den grünen Pflanzen neben dem Genotyp und Plasmotyp auftretende dritte Komponente des genetischen Systems.

Plastochron, → Bildungsgewebe.

Plastoglobuli, → Plastiden.
Plastom, → Plastiden, → Plastidotyp.
Plastron, der flache, knöcherne Bauchpanzer der Schildkröten.

Platanengewächse, *Platanaceae,* eine Familie der Zweikeimblättrigen Pflanzen mit 7 Arten, die in Nordamerika und von Südeuropa bis Indien beheimatet sind. Es handelt sich ausschließlich um große Bäume mit wechselständigen, gelappten Blättern mit Nebenblättern und unscheinbaren, in kugeligen Köpfen angeordneten, eingeschlechtigen, einhäusigen Blüten, die durch den Wind bestäubt werden. Die Früchte sind kleine Nüsse. Die Borke der Bäume löst sich in größeren oder kleineren, plattenförmigen Stücken ab, so daß der Stamm gefleckt aussieht.

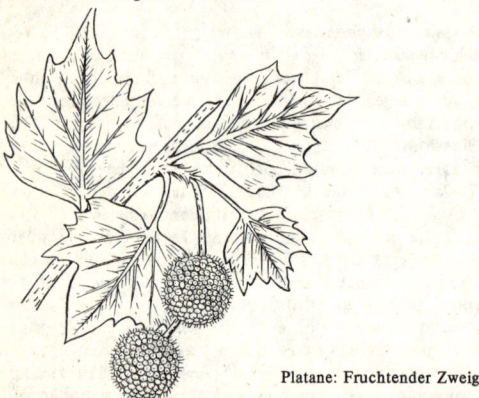

Platane: Fruchtender Zweig

Einer der häufigsten Allee- und Straßenbäume, vor allem der Großstädte, ist die Bastardplatane, *Platanus hybrida,* ein Bastard aus *Platanus occidentalis* (Nordamerika) und *Platanus orientalis* (östliches Mittelmeergebiet). Sie gedeiht überall und wird bis 40 m hoch.

Platanistidae, → Flußdelphine.
Plateosaurus [griech. platys 'platt', sauros 'Eidechse'], Gattung der aufrechtschreitenden allesfressenden Prosauropoden, bis zu 8 m Länge und 3 m Höhe. Der plumpe, schwerfällige Körper trug auf muskulärem Hals einen sehr kleinen Kopf mit kräftigem Gebiß. Der lange Schwanz diente als Körperstütze, von den mit Krallen bewehrten Gliedmaßen waren die hinteren vierzehigen wohl entwickelt, die vorderen fünfzehigen wesentlich kleiner.
Verbreitung: Obere Trias, z. B. Oberer Keuper von Halberstadt und Trossingen.

Plathelminthes, → Plattwürmer.
Plättchenschlange, → Seeschlangen.
Plattenepithel, → Deckepithel, → Epithelgewebe.
Plattengußverfahren, *Kochsches Plattenverfahren,* eine von R. Koch entwickelte mikrobiologische Arbeitsmethode zur Gewinnung von Reinkulturen und zur Keimzahlbestimmung. Das Prinzip des P. besteht darin, daß bestimmte Mengen von Mikroorganismen, meist als Suspension, in immer stärkeren Verdünnungsstufen verflüssigten Agarnährböden bei 45°C zugesetzt werden, die nach gutem Vermischen in sterile Petrischalen ausgegossen werden. Nach dem Erstarren werden diese Agarplatten bebrütet, worauf sich in der geeigneten Verdünnungsstufe aus jeder lebenden Zelle eine Kolonie entwickelt. Die Anzahl der Kolonien ist somit ein Maß für die Anzahl lebender Mikroorganismenzellen in der Ausgangssuspension. Wegen der räumlichen Trennung der Zellen im Agarnährboden bilden sich Kolonien, die aus nur einer Zelle hervorgegangen sind und demzufolge auch nur unter sich gleiche Mikroorganismen enthalten. Durch Abimpfung von solchen Kolonien, gegebenenfalls nach Wiederholung des P., können Reinkulturen gewonnen werden.

Als Methode zur Keimzahlbestimmung hat das P. den Vorteil, daß es nur die lebenden Mikroorganismen erfaßt. Allerdings geht es von zwei Voraussetzungen aus, die nicht immer vollständig zutreffen: Jede Kolonie geht aus nur einer lebenden Zelle hervor, und jede lebende Zelle entwickelt sich zu einer Kolonie.

Plattenkiemer, svw. Elasmobranchier.
Plattenkultur, → Kultur.
Plattenmoose, → Laubmoose.
Platterbse, → Schmetterlingsblütler.
Plattfische, → Schollenartige.
Plattschwänze, → Seeschlangen.
Plattwürmer, *Plathelminthes,* ein Tierstamm der Protostomier, dessen sehr unterschiedlich gestaltete Arten teils frei im Wasser oder im feuchten Erdreich, teils parasitisch an oder in anderen Tieren leben. Die weniger als 1 mm bis über 10 m langen P. sind vielfach stark abgeplattet, seltener haben sie einen ovalen Querschnitt. Ihr Körperhohlraum wird von einem lockeren Mesenchym erfüllt, in dem sich Spalträume befinden, die als Schizozöl die primäre Leibeshöhle darstellen. Der Darm ist blind geschlossen, also afterlos, er kann bei den parasitisch lebenden Arten völlig oder teilweise zurückgebildet sein. Ein Blutgefäßsystem ist nicht vorhanden. Die Exkretionsorgane sind in Form von Protonephridien ausgebildet. Die in der Regel zwittrigen Geschlechtsorgane sind sehr kompliziert gebaut; insbesondere sind den Eierstöcken vielfach Dotterstöcke und Schalendrüsen angelagert, die bei der Eibildung mitwirken. Die Eier furchen sich nach dem Spiraltyp oder unregelmäßig, total und inäqual. Die Entwicklung erfolgt teils direkt, teils indirekt, oft über mehrere Larvenstadien oder über sich noch ungeschlechtlich vermehrende Generationen.

Der Stamm umfaßt die Klassen → Strudelwürmer (*Turbellaria*), → Saugwürmer (*Trematoda*) und → Bandwürmer (*Cestoda*).

Sammeln und Konservieren. Größere *Strudelwürmer* werden manuell aus Wasserpflanzen, von Steinen und durch Auslese vom Gewässergrund gesammelt. Manche Arten lassen sich auch mit Fleischwürfeln ködern. Kleinere Formen findet man am besten in Wasserproben, wenn die P. bei Sauerstoffmangel an die Oberfläche wandern. Man läßt die P. sich in wenig Wasser strecken und übergießt sie mit 2%iger heißer Salpetersäure. Die Aufbewahrung erfolgt in 70%igem Alkohol.

Saugwürmer findet man an der Haut oder an Kiemen von Fischen, meist aber im Darm oder anderen inneren Organen von Wirbeltieren. Sie werden in physiologischer Kochsalzlösung abgespült, in 10%igem Alkohol sowie in 1%iger Chloralhydrat- oder Urethanlösung betäubt und in einem Gemisch von 40%iger Formaldehydlösung und Alkohol oder für histologische Zwecke in Bouinschem Gemisch fixiert. Um das übliche Einrollen der Tiere zu verhüten, werden sie zwischen zwei Glasstreifen gequetscht. Als Aufbewahrungsflüssigkeit ist 70%iger Alkohol oder 2%ige Formaldehydlösung geeignet, der einige Tropfen Glyzerin zugesetzt werden.

Bandwürmer sind im Dünndarm von Wirbeltieren zu finden. Sie werden in physiologischer Kochsalzlösung gründlich ausgewaschen, in einer 1%igen wäßrigen Chromsäurelösung getötet und in einem Gemisch von 40%iger Formaldehydlösung und Alkohol unter Zusatz von Eisessig fixiert. Die Aufbewahrung erfolgt ebenfalls in einem Formaldehyd-Alkohol-Gemisch ohne Eisessigzusatz.

Lit.: B. Löliger-Müller: Die parasitischen Würmer, Tl II, Plattwürmer (Wittenberg 1957).

Platybasie, kranial eingebogene Schädelbasis.

Platycopa, → Muschelkrebse.
Platykladium, → Sproßachse, Abschnitt Metamorphosen.
Platyrrhina, → Neuweltaffen.
Platysma, bei Säugern und Mensch im Halsbereich gelegener dünner, platter Hautmuskel.
Platysomus [griech. platys 'breit, flach', soma 'Körper'], Gattung der Schmelzschupper (Ganoiden) von platter, sehr hoher, rhombischer, karpfenähnlicher Gestalt. P. besaß stumpfkegelige Zähne, bevorzugte als Riffbewohner hartschalige Nahrung.
Verbreitung: Karbon, Perm, Trias (?), relativ häufig im germanischen Kupferschiefer.
Platzhocker, Jungtiere, die nach der Geburt noch gefüttert werden müssen, das Nest aber bereits verlassen können. Sie halten sich an bestimmten Orten auf; unter den Vögeln sind Möwen, Seeschwalben oder Pinguine Beispiele für P. Einen Sonderfall der P. stellen die Tragsäuglinge bei den Primaten dar, die sich beim Ortswechsel an das Muttertier anklammern. In bezug auf den Reifungsgrad des Verhaltens stehen die P. etwa zwischen den Nesthockern und den Nestflüchtern.
Plazenta, 1) *Mutterkuchen,* ein gefäßreiches Verbindungsorgan zwischen Embryo und mütterlichem Organismus bei höheren Säugetieren (*Monodelphia*), das der Nährstoffzufuhr zum Embryo, dem Abtransport von Stoffwechselendprodukten zur Mutter und dem Gasaustausch zwischen beiden dient. Die P. gewährleistet dem Embryo einen langen intrauterinen Aufenthalt, der notwendig ist, da die Säugetiereier ihren Dotter verloren haben. Sie ist in vielen Fällen auch als hormonproduzierendes und vitaminspeicherndes Organ nachgewiesen. Trotz der Mannigfaltigkeit ihrer Formen ist sie von einheitlichem Bau. Ihr embryonaler Anteil (*Placenta foetalis*) geht aus Divertikeln (Zotten) des Allanto- bzw. Amniochorions (→ Embryonalhüllen), ihr mütterlicher Anteil (*Placenta materna* oder *uterina*) aus entsprechenden Umbildungen der Uterusschleimhaut hervor.
Plazentabildungen kommen schon bei lebendgebärenden Haien in Form einer *Dottersackplazenta* vor; einige Kriechtiere und unter den Beuteltieren der Beutelmarder weisen gleichfalls eine primitive P. auf. Beim Beuteldachs kommt es bereits zur Ausbildung einer einfachen *Chorionplazenta*.

Der Plazentationsprozeß bei Säugern und beim Menschen beginnt mit der *Implantation* (Einpflanzung) oder der *Nidation* (Einnistung) des Keimes bzw. des Trophoblasten in die Uterusschleimhaut, in der Regel sofort nach Eintritt desselben in die Uterushöhle und nur ausnahmsweise erst nach einiger Zeit (z. B. bei Bären, Mardern, Robben, bei Rehen erst nach 4 Monaten). Die Verbindung zwischen Uterusschleimhaut und Trophoblast (→ Furchung) kann locker sein, indem der Keim entweder im zentralen Uteruslumen sich festsetzt (*zentrale Implantation* bei Kaninchen, Raubtieren, Huftieren) oder in einer Wandeinbuchtung der Uterusschleimhaut seinen Platz findet (*exzentrische Implantation* bei Maus und Ratte). Dringt das Ei unter Auflösung der Oberfläche in die Uterusschleimhaut ein, spricht man von einer *intradezidualen* oder *interstitiellen Implantation* (Insektenfresser, Primaten, Mensch u. a.). Voraussetzung für das Implantationsgeschehen ist die dafür vorbereitete Uterusschleimhaut. Dazu durchläuft diese einen durch die Ovarialhormone des Follikels und des Gelbkörpers gesteuerten Umwandlungsprozeß (Abb. 2, S. 700). Die Thekazellen der reifenden Follikel produzieren mehrere Follikelhormone, so beim Menschen z. B. das Östron, das bei Tieren die Brunst (Östrus) auslösen kann und zyklische Erscheinungen im Uterus und in der Vagina verursacht. Die eine Auflockerung der Funktionalis (→ Uterus) veranlassende Sekretionsphase ist für die Implantation des Eies bestimmt.
Das luteinisierende Hormon des Hypophysenvorderlappens löst die Ovulation aus und leitet unmittelbar nach dem Verschluß der Follikelhöhle im Eierstock mit Blutgerinnseln zum *Corpus rubrum* die Luteinisierung der Granulosazellen ein, wodurch der inkretorisch tätige *Gelbkörper* (*Corpus luteum*) entsteht, der das Hormon Progesteron produziert. Die Sekretionsanregung erfolgt durch das luteotrope Hormon des Hypophysenvorderlappens. Das Progesteron erhält das Ei auf seinem Wege zum Uterus am Leben, verhindert die Entstehung weiterer Graafscher Follikel in beiden Ovarien durch Hemmung des follikelstimulierenden Hormons des Hypophysenvorderlappens und wirkt gefäßerweiternd im Uterus. Seine wichtigste Wirkung ist jedoch die Fortsetzung der von den Follikelhormonen begonnenen Eibettbildung, die Transformation der Uterusschleimhaut, die damit in die 13 Tage währende Sekretions-

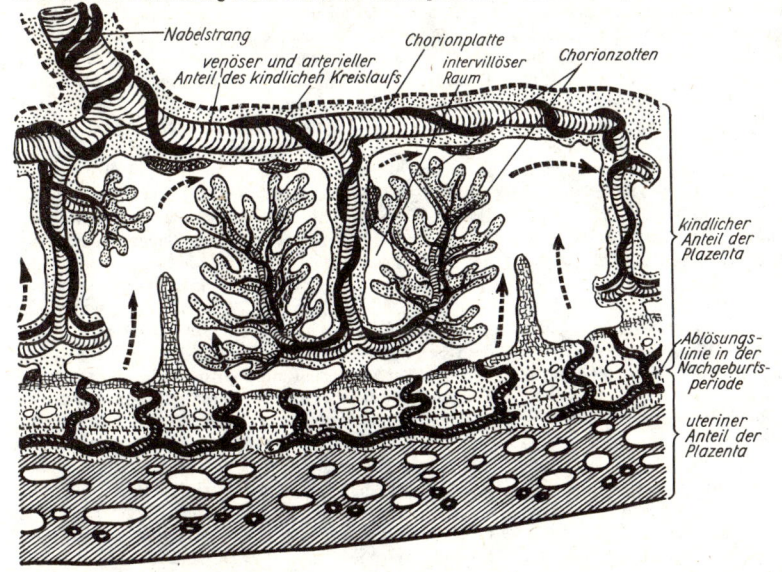

1 Aufbau der Plazenta (halbschematisch)

Plazenta

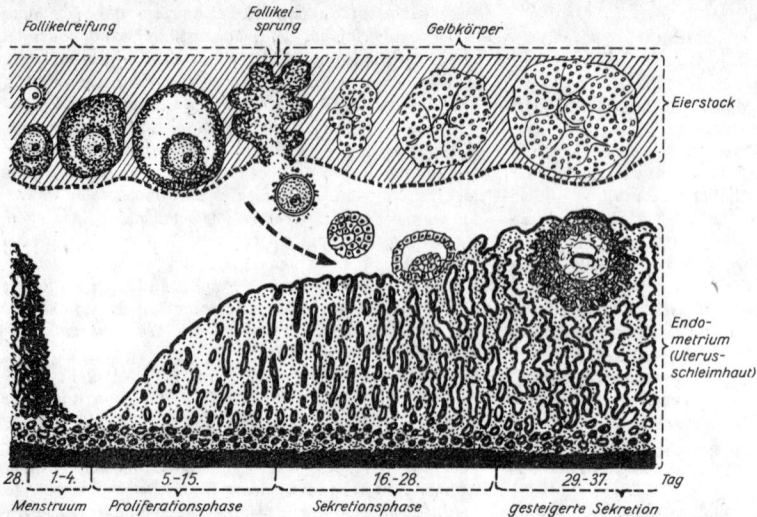

2 Plazenta, oben: Follikelreifung und anschließende Gelbkörperbildung im Eierstock; *unten*: Einnistung des Eies in der Uterusschleimhaut

phase oder das *Praemenstruum* eintritt: ihre Zellen speichern für die Ernährung des implantierten Keimes Glykogen und werden nunmehr Deziduazellen genannt; die Drüsen erweitern sich stark und füllen sich mit Sekret an; das Gewebe wird von Blutgefäßen stärker durchsetzt; die Funktionalis wird zur *Dezidua*.

Die Progesteronsekretion erreicht am 3. bis 6. Tag ihren Höhepunkt, läßt jedoch mit dem 7. Tag nach. Proliferations- und Sekretionsphase bilden zusammen das 24tägige *Intermenstruum*. Die weiteren Veränderungen sowohl des Gelbkörpers als auch der Dezidua hängen davon ab, ob das gesprungene Ei befruchtet wird oder nicht.

Bei eingetretener Befruchtung und nach Transport durch den Eileiter (insgesamt 5 bis 9 Tage), der noch während der Sekretionsphase vor sich geht, ändern sich die Verhältnisse. Der Keim kommt am 10. Tag im Stadium des mehrschichtigen Trophoblasten (→ Furchung) in der Uterushöhle an. Er ist zunächst inkretorisch tätig und scheidet große Mengen des Hormons Choriongonadotropin aus, dessen Hauptwirkung die Verhinderung des Gelbkörperzusammenbruchs, die Verlängerung seines Blütestadiums (jetzt *Corpus luteum graviditatis* genannt) und die Anregung zur weiteren Sekretion von Follikel- und Gelbkörperhormon ist, wodurch die Desquamation der Dezidua unterbunden wird, die damit in die *Decidua graviditatis* übergeht, und außerdem weitere Follikelreifungen eingestellt werden. Diese Wirkung erstreckt sich auf die ersten 3 Schwangerschaftsmonate (manchmal länger) und wird unterstützt durch das Prolan B und das luteotrope Hormon des Hypophysenvorderlappens. Die Follikel- und Gelbkörperhormone leiten die Entwicklung der mütterlichen Milchdrüsen ein, indem sie ihre Vergrößerung veranlassen und für die Laktationsbereitschaft sorgen.

Die Produktion der drei Gonadotropine und des Choriongonadotropins ist gleich zu Beginn der Schwangerschaft so lebhaft, daß ihr Überschuß im Harn der Schwangeren ausgeschieden wird. Darauf beruhen Graviditätsnachweise.

Beim Menschen ist die Implantation an jeder Stelle der Uterusinnenwand möglich. Im Augenblick des Aufsetzens auf die Uterusschleimhaut erweist der Trophoblast seine enzymatische Fähigkeit an der Berührungsstelle; durch Histolyse und Phagozytose löst er die oberen Schichten durch proteolytische Enzyme auf und schafft damit das Nest (*Implantationshöhle, Eibett, Brut-* oder *Eikammer*). Im Falle der intradezidualen Implantation, wie sie beim Menschen vorliegt, senkt sich der Keim so tief ein, daß die Eintrittsstelle zunächst durch Blutgerinnsel (Verschlußkoagulum, Gewebepilz, Operculum) abgeschlossen wird, unter welchem sich das Uterusepithel schließt, so daß der Keim nun allseitig von Uterusgewebe umschlossen ist (Abb. 2). Damit ist der erste Abschnitt der *Placenta foetalis* abgeschlossen. Der Trophoblast nimmt die aus dem mütterlichen Gewebe gebildete Keimlingsnahrung oder Embryotrophe auf und leitet sie dem Keim zu. Dazu verwandelt er seinen zunächst massiven Zellmantel in ein schwammiges Gewebe (Lakunensystem) um. Die Auflösung der Uterusschleimhaut erfaßt auch die Spiralarterien. Das arterielle mütterliche Blut tritt ohne zu gerinnen in die Lakunen über und wird durch einige Uterusvenen wieder aufgenommen. So wird der histotrophische allmählich durch den hämotrophischen Abschnitt der Entwicklung der kindlichen P. abgelöst, der während der gesamten Schwangerschaft in Funktion bleibt. Am 15 Tage alten Keim verwandelt sich der Trophoblast in einen zellig bleibenden *Zytotrophoblasten* (→ Gastrulation). Während die Basalis (→ Uterus) die mütterliche Seite der P. darstellt, wird der foetale Anteil von der Chorionplatte, bestehend aus Amnion- und Trophoblastepithel, gebildet. Diese bildet die Grundlage für die Ausbildung der für alle Säugetiere charakteristischen Zotten, d. h. fingerförmigen Divertikeln, und wird *Zottenhaut* oder *Chorion* genannt (Abb. 1, S. 699). Sie ist der Serosa der übrigen Amnioten homolog (→ Embryonalhüllen). Die *Chorionzotten* (*Plazentarzotten*), die sich weiter differenzieren, ragen in den mütterlichen Blutraum hinein, der dadurch zum intervillösen Raum (villi = Zotten) wird. Bei den Säugern wachsen in der Regel die Gefäße der Allantois, die sich unter dem Chorion ausbreitet und mit dieser zum Allantochorion verschmilzt (z. B. Pferd), in die Zotten ein. Diese senken sich in die zum Blutsinus gewordene Eikammer hinein, vergrößern sich und werden zu gefäßtragenden, verzweigten Pfeilern, die den kindlichen mit dem mütterlichen Anteil verbinden. Außerdem wird die P. durch gefäßlose Septen, die von der Trophoblasthülle ausgehen, in Bezirke untergliedert, die *Kotyledonen*. Das Chorion ist nur an bestimmten Stellen zottentragend (*Chorion frondosum*). Die Zottengefäße sind über den Nabelstrang durch Nabelgefäße (Umbilikalgefäße) mit dem Embryo verbunden. Embryo und Mutter stehen auf diese Weise in engem Stoffaustausch, wobei folgende Aufgaben hervorzuheben sind: Filtration und aktive Umarbeitung der resorbierten Stoffe, Ausscheidung der Abfallstoffe, Gaswechsel, Vitamin- und Hormonübernahme. Während der ersten drei Schwangerschaftsmonate entwickelt sich die P. zu einer inkretorischen Drüse, die etwa vom vierten Monat ab die Produktion von Follikel- und Gelbkörperhormonen übernimmt und damit die ursprünglichen Bildungsstätten derselben ablöst. Gegen Ende der Schwangerschaft sensibilisieren Follikelhormone das Oxytozin, das die Kontraktion der glatten Uterusmuskulatur beschleunigt und verstärkt und damit die Wehentätigkeit auslöst.

Aufgrund der Anordnung der von Zotten besetzten Regionen unterscheidet man folgende Plazentatypen (Abb): Ist die gesamte Chorionoberfläche von kleinen Zottenfeldern besetzt, spricht man von einer *Placenta diffusa* (Schwein, Wale, Unpaarhufer, viele Paarhufer). Ihr steht die *Placenta cotyledonaria*, auch *Büschelplazenta* (*Placenta multiplex*) genannt, nahe, deren Zottenbesatz auf eine mehr oder weniger große Anzahl kleinerer Plazentarstellen, Kotyledonen, eingeschränkt wird (z. B. beim Reh 5 bis 6, bei Schaf und Rind 60 bis 100). Diese beiden P. haben nur einen losen Zusammenhang zwischen Mutter und Embryo.

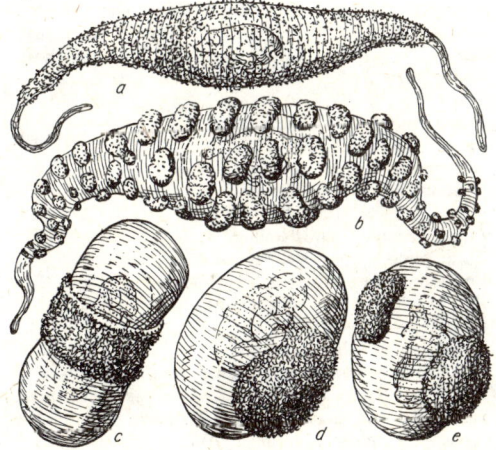

3 Plazentatypen (äußere Gestalt): *a* Placenta diffusa, *b* Placenta cotyledonaria, *c* Placenta zonaria, *d* Placenta discoidalis, *e* Placenta bidiscoidalis

Ist dagegen foetaler und uteriner Anteil sehr eng verwachsen, kommt es beim Geburtsakt zu starken Blutungen, wobei ein Teil der Uterusschleimhaut (Dezidua) abgestoßen wird. Dies gilt für folgende Plazentartypen: *Gürtelplazenta* (*Placenta zonaria*) der Raubtiere, *Scheibenplazenta* (*Placenta discoidalis*) der Insektivoren, Rodentia, Primates, Menschen sowie die *Placenta bidiscoidalis* mancher Halbaffen. In einem gewissen Abstand nach der Geburt wird die *Nachgeburt*, die aus P. mit Eihäuten und der Dezidua besteht, ausgestoßen und von vielen Tieren gleich aufgefressen.

2) → Blüte, → Samen.

Plazentagonadotropin, svw. Choriongonadotropin.

Plazentarkreislauf, → Allantois.

Plazentatiere, → Monodelphia.

Plazentation, → Blüte.

Plecoptera, → Steinfliegen.

Plectascales, → Schlauchpilze.

Plectognathi, Haftkiefer, alte Bezeichnung für → Kugelfischartige.

Pleiochasium, → Sproßachse, → Blüte.

Pleiotropie, *Polyphänie*, Beeinflussung verschiedener Merkmale durch ein Genpaar, z. B. bei der Phenylketonurie, wo der durch eine Genmutation bedingte Ausfall des Enzyms Phenylalaninhydroxylase die Umwandlung von Phenylalanin zu Tyrosin verhindert. Dadurch kommt es einerseits zu einer Anhäufung unphysiologischer Stoffwechselprodukte und Aminosäuremangelerscheinungen, die letztlich zu einer geistigen Retardation führen. Da Tyrosin aber auch eine Vorstufe für die Melaninbildung darstellt, kommt es andererseits auch zu einem Pigmentmangel in der Haut, dem Haar und den Augen.

pleiozyklisch-hapaxanthe Pflanzen, → Mehrjährigkeit.

Pleistozän [griech. pleistos 'am meisten', kainos 'neu'], *Diluvium, Eiszeitalter,* untere Abteilung des Quartärs. Durch mehrfache Verschiebung der Klimagürtel äquator- und polwärts kam es besonders im Bereich der Nordhalbkugel zu mehreren Inlandvereisungen der Gebirgssysteme (→ Eiszeit), die von wärmeren *Zwischenwarmzeiten* (*Interglazialzeiten*) abgelöst wurden. Auf die Vegetation hatten vor allem in Europa die Inlandvereisungen stärksten Einfluß. Die Vereisungen führten jeweils zum Verschwinden der Wälder und vieler Pflanzengruppen, während in den Zwischenwarmzeiten eine Wiederbesiedelung der eisfreien Räume einsetzte. Nach dem Ende der letzten Vereisung bildeten sich allmählich die heutigen Pflanzengesellschaften heraus (→ Pollenanalyse).

Die Tierwelt zeigt ebenfalls eine weitgehende Abhängigkeit von den klimatischen Bedingungen und starke Beziehungen zu den gegenwärtig lebenden Tieren. Eine durchlaufende tierische Entwicklung läßt sich im P. nur in den Gebieten beobachten, in die ein ungehindertes Abwandern bei der Verschlechterung der klimatischen Bedingungen möglich war. Von den wirbellosen Tieren haben im P. nur die Muschel- und Schneckengemeinschaften eine Bedeutung als Leitfossilien und für die Beantwortung ökologisch-klimatologischer Fragen. Die Land- und Süßwasserschnecken gewannen im P. wesentlich an Bedeutung für Untersuchungen der Periglazialräume und ehemaligen Vereisungsgebiete. Von den Wirbeltieren sind die Fische, Lurche, Kriechtiere und Vögel wenig bezeichnend. Die wichtigste Stellung nehmen die Säugetiere ein, bei denen sich deutlich mehrere tiergeographische Provinzen unterscheiden lassen. In Südamerika lebte beispielsweise eine vor allem aus Faultieren, Gürteltieren und Ameisenbären bestehende Tierwelt, die im auffallenden Gegensatz zu der in Nordamerika, Europa und Asien vorkommenden Tierwelt stand. In besonderen ist die Entwicklung der Elefanten mit Wald- und Steppenformen von wesentlicher Bedeutung für die Feingliederung der Schichten. Das wollhaarige Mammut hat sich in Sibirien bis in die Nacheiszeit erhalten. In das P. fällt die Entwicklung des Menschen vom Frühmenschen zum Jetztmenschen. Eine Feingliederung des jüngsten P. erfolgt nach der Entwicklungshöhe der Steinwerkzeuge des Menschen.

Plektenchym, svw. Flechtgewebe.

Plektridiumform, → Sporenbildner.

Pleomere, → Pleon.

Pleomorphismus, vor allem in der Bakteriologie verwendete Bezeichnung für Vielgestaltigkeit, das Auftreten verschiedengestaltiger Formen innerhalb bestimmter Arten von Bakterien oder anderen Mikroorganismen. Dabei spielen Alter, Umweltbedingungen (z. B. das Nährmedium) u. a. eine große Rolle.

In den Anfängen der Bakteriologie war der P. eine Theorie, derzufolge die verschiedenen Bakterienarten nicht Arten, sondern nur Entwicklungsstadien von Bakterien sein sollten.

Pleon, *Abdomen, Hinterleib,* der hinterste Körperabschnitt der zu den Krebsen gehörenden *Malacostraca*. Die einzelnen Segmente des P. werden *Pleomere* genannt.

Pleopoden, die Gliedmaßen des Hinterleibes (Pleon) der *Malacostraca* (→ Krebse).

Pleotelson, der hinterste Körperteil vieler *Malacostraca* (→ Krebse), der durch Verschmelzung der Schwanzplatte (Telson) mit einem oder mehreren Hinterleibssegmenten (Pleomeren) entsteht.

Plerone, → Histogene.

Plerozerkoid, → Bandwürmer.

Plesiomorphie, Ursprünglichkeit eines Merkmals. Beispielsweise sind die Reptilienschuppe gegenüber der Vogelfeder und die bezahnten Kiefer der Reptilien gegenüber den zahnlosen der Vögel ursprüngliche Zustände. Gemeinsame plesiomorphe Merkmale, *Symplesiomorphien,* besagen nichts über die Zusammengehörigkeit im natürlichen System. Ein Merkmal kann bei einem bestimmten Organismus gegenüber seinen Nachfahren plesiomorph, gegenüber seinen Vorfahren apomorph ausgeprägt sein.

Plesiopora, → Wenigborster.

Plesiosaurus [griech. plesios 'nahestehend', sauros 'Eidechse'], *Schlangenhalssaurier, Schwanendrachen,* Gattung mariner Sauropterygier, die selbst eine Größe von etwa 3 m erreichten, deren nähere Verwandte, die Pliosaurier, jedoch bis 15 m lang wurden. Morphologisch auffallend sind der lange Hals mit Tendenz zur Wirbelzunahme, der kleine Kopf mit scharfem Gebiß und der gedrungene Körper. Die paarigen, zu Flossen umgestalteten Gliedmaßen wirkten wie Ruder eines Bootes.

Verbreitung: Obertrias bis Kreide. Bedeutende Funde (z. T. vollständige Skelette) stammen aus dem Lias von Europa.

Pleurahöhle, → Lunge, → Leibeshöhle.

Pleuralganglion, → Nervensystem.

Pleurite, → Sklerite.

pleurodont, → Zähne.

Pleuronectiformes, → Schollenartige.

Pleurostigmophora, → Hundertfüßer.

Pleurotomaria [griech. pleura 'Seite', tomos 'Schnitt'], Gattung der Vorderkiemer (Archaeogastropoda). P. dürfte die Wurzelform sämtlicher rezenter Schnecken sein. Gehäuse kegel- bis kreiselförmig. Schale ist glatt oder in der Längsrichtung verziert und besitzt ein Schlitzband. Der Außenrand der Gehäusemündung trägt einen mehr oder weniger langen Schlitz. P. ist von der Trias bis zur Gegenwart verbreitet, jedoch leben heute nur noch wenige Arten bei Japan und Westindien in 100 bis 300 m Wassertiefe. P. wurde wegen ihrer großen Seltenheit zu hohen Preisen gehandelt und daher als Milliardärsschnecke bezeichnet.

Pleuston, Lebensgemeinschaft der auf der Wasseroberfläche treibenden Organismen. Im Süßwasser gehören dem P. nur Pflanzen an, z. B. die Wasserlinse, *Lemna,* die Wasserfeder, *Hottonia, Eichhornia* u. a. Die Wurzeln ragen ins freie Wasser, die Blätter und Blüten überragen die Wasseroberfläche. Dem marinen P. gehören vor allem die Staatsquallen *Velella* und *Physalia* an.

Pliozän, jüngste Stufe des Neogens.

Plötze, *Rotauge, Rutilus rutilus,* zu den Weißfischen gehörender, häufiger Karpfenfisch der Binnengewässer Mittel- und Nordeuropas. Die bis 40 cm lange P. hat eine fast waagerechte Mundspalte, Bauchflossen und Afterflossen häufig rot, die übrigen Flossen meist grau. Regional Nutzfisch, beliebter Sportfisch.

Plumpbeutler, *Wombats, Phascolomidae,* eine Familie der Beuteltiere. Die P. sind niedrig gebaute, dicke, bis 1 m lange Säugetiere. Sie haben ein nagetierartiges Gebiß und ernähren sich von Gräsern, Wurzeln und Pilzen. Mit Hilfe ihrer sichelförmigen Krallen legen sich die Tiere große, unterirdische Baue an. Man trifft die P. stellenweise in Australien und Tasmanien an.

Lit.: A. Wünschmann: Die P. (Wittenberg 1970).

Plumplori, → Loris 1).

Plumula [lat. plumula 'kleine Flaumfeder'], Sproßknospe des Embryos, die besonders im → Samen von Windepflanzen ein federartiges Aussehen gewinnt, indem die Blattanlagen und Blättchen durch Internodienstreckung etwas voneinander abgerückt sind.

plurienne Pflanzen, Bezeichnung für → hapaxanthe Pflanzen, die bis zum Blühen und Fruchten mehrere bis viele Jahre benötigen und nach der ersten Blüte und Fruchtreife absterben, wie das z. B. bei verschiedenen Palmenarten und der Agave der Fall ist.

Plus(+)-Gameten, → Fortpflanzung.

Pluteus, Larve der Seeigel, *Echinopluteus,* und der Schlangensterne, *Ophiopluteus.*

Pluviale [lat. pluvialis 'zum Regen gehörig'], den Kaltzeiten der Vereisungsgebiete zeitgleiche Niederschlagszeiten (Regenzeiten) in den nichtvereisten, subtropischen Gebieten während des Pleistozäns.

Pneumatophor, bei vielen Staatsquallen eine am obersten Ende des Stockes liegende, mit selbsterzeugtem Gas gefüllte Blase, die dem Auftrieb im Wasser dient. Das Gas kann aus dem Behälter entweichen, wenn der Stock absinken soll. In besonderen Gasdrüsen kann das Gas rasch wieder ergänzt werden. Der P. ist eine umgewandelte Meduse.

Pneumogaster, svw. Kiemendarm.

pneumotaktisches Zentrum, → Atemzentrum.

Pneumothorax, → Atemmechanik.

Pneustenteron, svw. Kiemendarm.

Poaceae, → Süßgräser.

Pockenviren, → Virusfamilien.

Podicipediformes, → Lappentaucher.

Podocarpaceae, → Steineibengewächse.

Podocopa, → Muschelkrebse.

Pogonophora, → Bartwürmer.

poikilohalin, → Brackwasser.

poikilohydrisch, wechselhaft feucht, mit stark veränderlichem Dampfdruck, der von der Dampfspannung der umgebenden Luft abhängt. P. oder poikilohydre Pflanzen, wie Moose, Flechten und an der Luft lebende Algen, können ohne Schaden zeitweise austrocknen. Gegensatz: → homoiohydrisch.

poikilosmotisch, → halobiont.

poikilotherm, wechselwarm, oft als »kaltblütig« bezeichnet, → Temperaturfaktor.

Polarfuchs, → Füchse.

Polarisation, 1) die Ausbildung einer elektrischen Kontaktspannung an der Grenze zwischen verschiedenartigen Leitern. Die Reizung biologischer Objekte bringt es mit sich, daß der Strom aus Elektronenleitern in Ionenleiter übergehen muß. Infolge der dadurch veränderten Wanderungsgeschwindigkeit der Ionen entstehen Potentialdifferenzen, die eine endliche Zeit bis zu ihrer vollen Ausbildung benötigen. P. können am Übergang Metall/Elektrolyt, an sämtlichen Gewebemembranen zwischen Elektrode und Reizobjekt und in der reizbaren Substanz des Organs selbst eintreten.

Bei Verwendung von kurzen Reizströmen spielt die P. an den Elektroden keine Rolle, da die Reizung erfolgt, bevor sich die P. an den Elektroden ausgebildet hat. Bei Verwendung von Gleichströmen müssen unpolarisierbare Elektroden benutzt werden.

2) im zytologischen Sinne die auf die Bewegungsvorgänge der vorangegangenen Anaphase zurückzuführende Ausrichtung der Zentromere und zentromernahen (proxi-

malen) Abschnitte der Chromosomen auf einer Seite (Polseite) des mitotischen Telophase-, Interphase- und frühen Prophasekernes, bzw. die Ausrichtung der Chromosomenenden im Zygotän-Pachytän der Meiose auf einen Teil der Kernoberfläche, in dessen Nähe in der Regel das Zentrosom lokalisiert ist (Bukettstadium).

Polarisationsmikroskopie, mikroskopisches Verfahren zur Beobachtung im polarisierten Licht. Polarisationsmikroskope besitzen unterhalb des Kondensors einen drehbaren *Polarisator,* der nur das Licht einer bestimmten Schwingungsrichtung passieren läßt. Zwischen Objektiv und Okular befindet sich ein zweites Polarisationsfilter, der *Analysator.* Stehen die Schwingungsrichtungen des Lichtes von Analysator und Polarisator senkrecht zueinander, erscheint das Gesichtsfeld dunkel. Doppelbrechende (anisotrope) Strukturen in biologischen Objekten sind in der Lage, die Schwingungsrichtung des polarisierten Lichtes zu drehen. Sie leuchten zwischen gekreuzten Polarisationsfiltern hell auf dunklem Grund. Die P. wird zur Untersuchung regelmäßig gebauter Strukturen (Speicherstoffe, Membranen u. a.) und in der Histochemie verwendet.

Polarität, die physiologische und morphologische Ungleichwertigkeit zweier Pole oder zweier Oberflächen in einem lebenden System, z. B. einer Zelle, eines Organs oder einer Pflanze. *Morphologische* P. kann schon bei einzelligen Lebewesen, z. B. einzelligen Algen, auftreten. Die meisten Thalluspflanzen haben zumindest einen Rhizoid- und einen wachsenden Vegetationspol. Bei den in Wurzel und Sproß gegliederten Kormuspflanzen ist P. die Regel. Die *Organpolarität* setzt sich aus *Zellpolaritäten* zusammen. An isolierten Organteilen, ja sogar Zellen, werden apikal stets Sprosse, basal stets Wurzeln regeneriert, auch wenn diese Organteile invers zur Erdbeschleunigung orientiert werden (*P. der Regeneration*). So treiben z. B. bei Zweigstecklingen stets am oberen, apikalen Ende Sproßknospen aus, und am basalen Ende bilden sich Wurzeln, unabhängig davon, ob der Steckling in normaler oder umgekehrter Lage gehalten wird. Pfropfpartner verwachsen nur dann ungestört miteinander, wenn ihre Polaritätsachsen gleiche Orientierung haben. Jeder morphologischen P. liegt *physiologische* P. zugrunde, wie sie uns z. B. im gerichteten Elektronen- und Protonentransport durch die Thylakoidmembran, in dem Stofftransport durch die Wurzelhaarzellen von der Spitze zur Basis oder in dem basipetalen Auxintransport entgegentritt. Auch die inäquale Zellteilung, die ein entscheidender Schritt der Differenzierung ist, setzt bereits eine physiologische P. der Eizelle voraus, die durch die Teilung nur sichtbar wird.

Die Induktion der P. erfolgt bei Eizellen und Sporen, die die Mutterpflanzen verlassen, in der Regel durch Außeneinflüsse, z. B. durch Licht (unter anderem bei Zygoten und *Fucus* und bei den Meiosporen von Moosen und Farnen). Wird der induzierende Einfluß der Belichtung ausgeschaltet, so wird oft die Schwerkraft wirksam. Wird die sensible Phase, in der nach der Befruchtung die Eizelle die P. induziert werden kann, unter völlig homogenen Bedingungen verbracht, d. h. unter völliger Ausschaltung aller einseitigen Einflüsse, dann tritt eine richtungszufällige Polarisierung ein. Offensichtlich befindet sich die P. zunächst in einem labilen Gleichgewichtszustand (*latente P.*), aus dem sie durch Anstöße unterschiedlicher Art in eine stabile Lage »gekippt« werden kann. Ist das erfolgt, ist die P. in der Regel sehr stabil. Bei Sporen und Eizellen, die in der Mutterpflanze auskeimen, wird der labile Gleichgewichtszustand im Sinne einer homoiogenetischen Induktion von den umgebenden Zellen beeinflußt und dementsprechend die P. sehr bald induziert. So beginnt die befruchtete Eizelle im Embryosack der Angiospermen mit einer inäqualen Zellteilung, wobei die kleinere Zelle, die den Sproß-

scheitel und die Keimblätter liefert, der Mikropyle zugekehrt ist, während aus der größeren, der Mikropyle abgewandten Zelle Primärwurzeln und Suspensor entstehen.

Über die strukturellen Grundlagen der P. ist noch wenig Sicheres bekannt. Es deutet jedoch vieles darauf hin, daß die der P. zugrunde liegenden Strukturasymmetrien ihren Sitz im randständigen Plasma haben, denn die Zellpolarität bleibt durch die Plasmaströmung unbeeinflußt, und diese erfaßt einzig das Ektoplasma nicht. Es wird erwogen, daß in den äußeren Plasmabezirken polar gebaute Makromoleküle, z. B. langgestreckte Proteinketten mit unterschiedlichen Enden, angeordnet sein könnten, wobei letztere bei Induktion der P. ausgerichtet werden.

Polemoniaceae, → Himmelsleitergewächse.
Polkappen, → Spindelapparat.
Polkörper, → Gameten.
Pollack, *Pollachius pollachius,* zu den Dorschartigen gehörender Raubfisch des Nordatlantiks, der über 1 m lang werden kann und sich vorwiegend von Heringen ernährt; wichtiger Nutzfisch.

pollakanthe Pflanzen, → Mehrjährigkeit.
Pollen, → Blüte.
Pollenanalyse, Arbeitsrichtung der → Palynologie, die die Untersuchung des Pollengehaltes jüngerer geologischer Schichten zum Gegenstand hat und deren Ziel die Ermittlung früherer Vegetationsverhältnisse ist.

Eine planmäßige P. begann um 1893. Um 1930 wurden die pollenanalytischen Arbeitsmethoden auch auf vorquartäre Schichten ausgedehnt.

Die Voraussetzung für die P. wie auch für die Sporenpaläontologie ist die Erhaltungsfähigkeit der Pollen- und Sporenhäute, insbesondere der Außenschicht (Exine bzw. das Exospor).

Zur Sedimentation kommen vor allem diejenigen Pollen, die durch den Wind verbreitet werden. Während die Sporenpflanzen und die Nacktsamer, von wenigen Ausnahmen abgesehen, durchweg windblütig sind, sind dies unter den Bedecktsamern nur wenige Pflanzen. Windblütig sind jedoch die wichtigsten Bäume Mitteleuropas, z. B. Buche, Eiche, Hainbuche, Birke, Ulme, Esche, die Gräser und die Heidekrautgewächse u. a. (Abb. S. 704). Pollen von insektenblütigen Arten werden nur selten fossil angetroffen. Deshalb wird von der P. nur ein geringer Teil der in einem Gebiet vorkommenden Arten erfaßt. Da die Pollenproduktion je nach Art und Umweltbedingungen verschieden ist, entsprechen die ermittelten Pollenprozentwerte der Arten nicht deren wahren Mengenverhältnissen. Die Prozentzahlen der verschiedenen Pollenarten bilden in ihrer Gesamtheit das *Pollenspektrum* einer Probe. Die Pollenspektren eines Profils werden nach ihrer Tiefenlage angeordnet und ergeben bei graphischer Darstellung das *Pollendiagramm.*

Für die nacheiszeitliche Vegetationsentwicklung ergibt sich für die vielerorts durchgeführten P. ein sehr detailliertes Bild. Besonders die Ermittlung der nacheiszeitlichen Vegetationsverhältnisse stellt eines der wichtigsten Ergebnisse der P. dar. Die nacheiszeitliche Vegetationsentwicklung verlief in großen Zügen wie folgt (Zeitabschnitte nach Firbas und Overbeck):

1) Älteste Tundren- oder Dryaszeit
1a) Älteste Tundrenzeit (Pollenzone I)
1B) Böllingschwankung (Pollenzone II an der Basis)
1b) Ältere Parktundren- oder Dryaszeit (Pollenzone II)
II) Allerödzeit-Wärmeschwankung (Pollenzone III an der Basis)
III) Jüngere Parktundrenzeit (Pollenzone IV)

Die Abschnitte I bis III, die vor allem durch die Waldlosigkeit gekennzeichnet sind, werden im pollenanalytischen

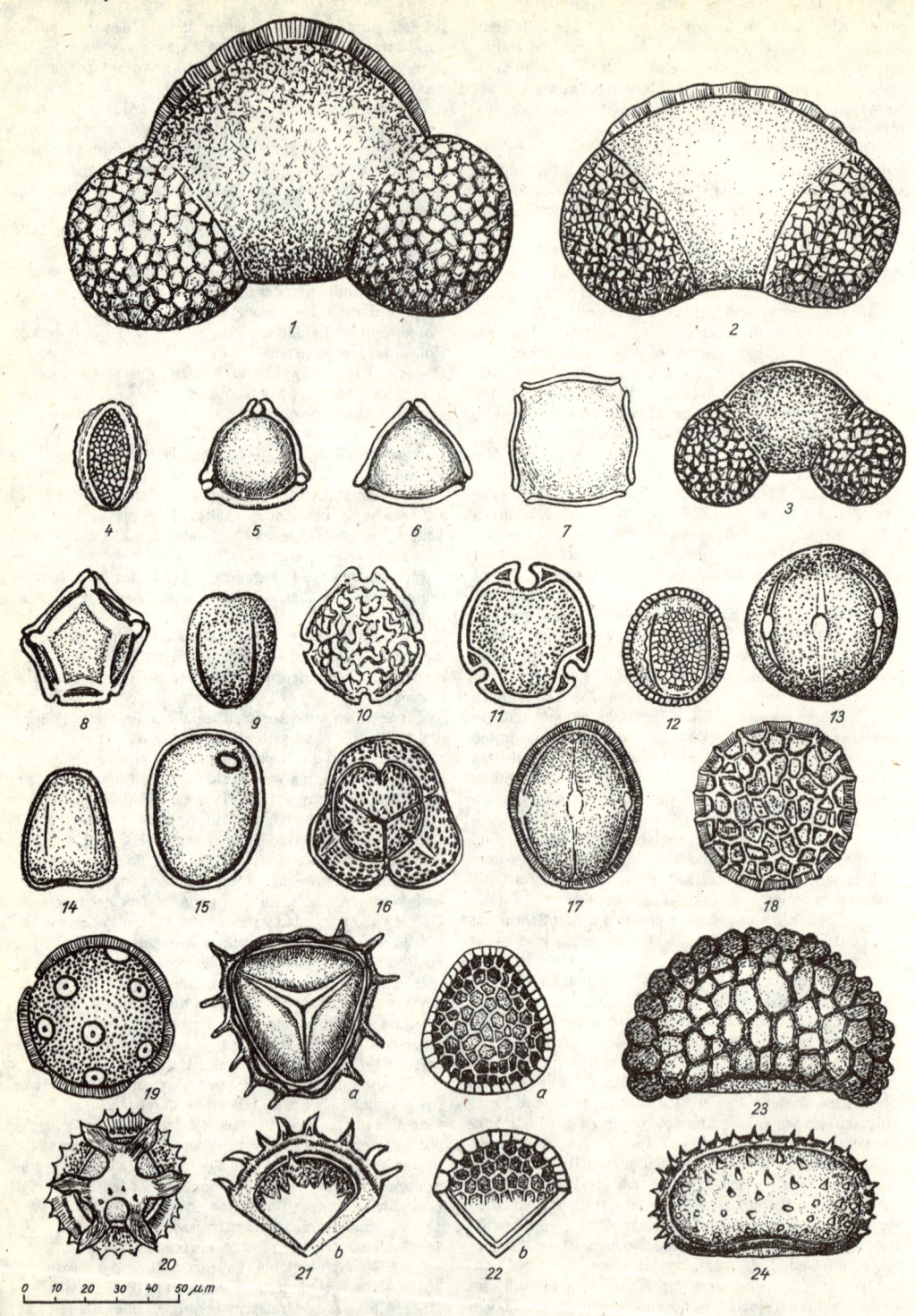

Pollenanalyse: Pollen und Sporen mitteleuropäischer Arten (nach Overbeck): *1* Tanne, *2* Fichte, *3* Kiefer, *4* Salweide, *5* Hängebirke, *6* Hasel, *7* Hainbuche, *8* Schwarzerle, *9* Stieleiche, *10* Flatterulme, *11* Winterlinde, *12* Esche, *13* Rotbuche, *14* Rasensimse, *15* Roggen, *16* Glockenheide, *17* Sonnenröschen, *18* Pfefferknöterich, *19* Rote Lichtnelke, *20* Sumpfpippau, *21* Moosfarn (*a* Unterseite, *b* Seitenansicht), *22* Keulenbärlapp (*a* Oberseite, *b* Seitenansicht), *23* Engelsüßfarn, *24* Sumpfschildfarn

Sinn auch als Späteiszeit oder Spätglazial, die folgenden Abschnitte als Nacheiszeit und Postglazial bezeichnet.

- IV) Vorwärmezeit (Pollenzone V) (Präboreal, Birken-, Kiefern- bzw. Kiefern-Birken-Zeit)
- V) Frühe Wärmezeit 1. u. 2. Teil Boreal; Kiefern-Hasel-Zeit (Pollenzone VI) und Hasel-Eichenmischwald-Kiefern-Zeit (Pollenzone VII)
- VI) Älterer Teil der mittleren Wärmezeit (Pollenzone VIIIa) (älteres Atlantikum, ältere Eichenmischwald-Zeit)
- VII) Jüngerer Teil der mittleren Wärmezeit (Pollenzone VIIIb) (jüngeres Atlantikum, jüngere Eichenmischwald-Zeit)
- VIII) Späte Wärmezeit 1. und 2. Teil (Pollenzonen IX und X) (Subboreal, Eichenmischwald-Erlenzeit)
- IX) Ältere Nachwärmezeit (Pollenzone XI) (älteres Subatlantikum, Buchenzeit)
- X) Jüngere Nachwärmezeit (Pollenzone XII) (jüngeres Subatlantikum, Zeit der stark genutzten Wälder und Forste – Kulturforstenzeit).

Lit.: K. Bertsch: Lehrbuch der P. (Stuttgart 1942); F. Firbas: Spät- und nacheiszeitliche Waldgeschichte Mitteleuropas nördlich der Alpen, 2 Bde (Jena 1949 u. 1953); H. D. Kahlke: Das Eiszeitalter (Leipzig 1981); F. Overbeck: P. quartärer Bildungen. In Freund: Handb. d. Mikroskopie in der Technik, Bd II, Tl. 3 (Frankfurt/M. 1958); H. Straka: P. und Vegetationsgeschichte (2. Aufl. Wittenberg 1970).

Pollendiagramm, → Pollenanalyse.
Pollenine, kompliziert gebaute Polyterpene, die in der Wand von Pollenkörnern und Sporen vorkommen und diesen hohe Widerstandsfähigkeit gegen Zersetzung verleihen.
Pollenkeimung, → Befruchtung.
Pollenkitt, → Blüte.
Pollenkornmitose, → Mikrosporogenese.
Pollenmorphologie, Teilgebiet der → Palynologie, das sich mit der Beschreibung und anderen damit zusammenhängenden Fragen, z. B. der Typisierung rezenten und fossilen Pollens, beschäftigt. Vielfach wird auch für entsprechende Untersuchungen von Sporen und Sporomorphen die Bezeichnung P. verwendet, obwohl es sich eigentlich um *Sporenmorphologie* handelt. Für morphologische Untersuchungen von Pollen und Sporen gibt es auch die zusammenfassende korrekte Bezeichnung *Palynomorphologie*. Die P. entwickelte sich besonders seit etwa 1940, als man erkannte, daß für genauere Pollenanalysen auch die Kenntnis der Nichtbaumpollen erforderlich ist. Die P. hatte daher zunächst den Charakter einer Hilfswissenschaft für die Pollenanalyse. In neuerer Zeit entwickelte sich die P. weitgehend als eigene Spezialrichtung und verwendet z. T. Untersuchungsmethoden, die in der üblichen Pollenanalyse kaum anwendbar sind, wie Schnittuntersuchungen und Elektronenmikroskopie.
Die P. hat zunehmende Bedeutung auch für die Taxonomie gewonnen.
Pollenmutterzelle, → Blüte, → Mikrosporogenese.
Pollenreifung, → Blüte.
Pollenschlauch, → Befruchtung.
Pollenschlauchwachstum, → Befruchtung.
Pollenschlauchzelle, → Mikrosporogenese.
Pollenspektrum, → Pollenanalyse.
Pollentetraden, → Mikrosporogenese.
Pollenzonen, → Pollenanalyse.
Pollinium, → Blüte.
Polstrahlung, → Spindelapparat.
Polverlagerung, *Polwanderung,* durch paläomagnetische Messungen in Gesteinen (Remanenz) nachgewiesene Erscheinung, daß sich das erdmagnetische Feld im Laufe der erdgeschichtlichen Vergangenheit verändert hat, so daß die Lage der magnetischen Pole und damit wohl auch der geographischen nicht gleich geblieben ist. → Kontinentalverschiebungshypothese.
Polwanderung, svw. Polverlagerung.
Polyandrie, → Eheformen.
polyarch, → Wurzel.
Polychaeta, → Vielborster.
Polycladida, → Strudelwürmer.
Polydaktylie, *Mehrfingrigkeit, Mehrzehigkeit,* das Vorhandensein überzähliger Finger und Zehen. P. stellt eine beim Menschen und vielen Haustieren (Hunden, Hühnern, Pferden und Schweinen) vorkommende erbliche Fehlbildung dar.
Polyederviren, → Insektenviren.
Polyembryonie, 1) bei Pflanzen das Vorkommen mehrerer Embryonen in einem Samen. P. entsteht z. B. in *Citrus-*Samen durch → Adventivembryonie. 2) bei Tieren die Entstehung von mehreren Embryonen aus einer Eizelle. → Fortpflanzung.
Polyen-Antibiotika, besonders von Aktinomyzeten gebildete Antibiotika, die vor allem gegen Pilze wirksam und chemisch durch konjugierte Doppelbindungen charakterisiert sind. Nach der Zahl der Doppelbindungen unterscheidet man *Tetraen-Antibiotika,* die 4 Doppelbindungen enthalten, z. B. Fungizidin, Fumagillin; *Pentaen-Antibiotika* mit 5 Doppelbindungen, z. B. Eurozidin; *Hexaen-Antibiotika* mit 6 Doppelbindungen, *Heptaen-Antibiotika* mit 7 Doppelbindungen usw. Es sind etwa 100 Vertreter dieser Substanzklasse bekannt.
polyenergide Zellen, → Zelle.
Polyenfarbstoffe, → Karotinoide.
polygam, → Blüte.
Polygamie, → Eheformen.
Polygene, den Oligogenen gegenübergestellte Gene, die quantitative Merkmale kontrollieren und individuell kleine Wirkungen ausüben. Die P. sind häufig zu sogenannten Polygenkombinationen gekoppelt und wirken in Form von Systemen meist kumulativ zusammen, d. h., sie steigern sich gegenseitig in ihrer Wirkung.
Polygenie, Beeinflussung der Entwicklung eines Merkmals durch mehrere nichtallele Gene. Bei *komplementärer* P. (*Kryptomerie*) wird das Merkmal nur dann ausgebildet, wenn bei den beteiligten Genen mindestens je ein dominant wirkendes Allel vorhanden ist. *Additive* P. (*Polymerie*) liegt vor, wenn mehrere Allelenpaare ein und dasselbe Merkmal beeinflussen, sich in ihren Wirkungen aber summieren. Bei gleicher quantitativer Wirkung der Allele wird von *Homomerie,* bei unterschiedlicher qualitativer Wirkung von *Heteromerie* gesprochen.
Polygonaceae, → Knöterichgewächse.
Polygynie, → Eheformen.
Polyhaploidie, Bezeichnung für das Vorliegen der halben ursprünglichen Chromosomenzahl. P. kommt bei parthenogenetisch aus Polyploiden entstandenen Formen vor. → Haploidie, → Monohaploidie, → Pseudohaploidie.
polyhybrid, → monohybrid, → Mendelspaltung.
polylezithal, → Ei.
Polymastiginen, mittelgroße bis große Flagellaten mit einem Geißelapparat (→ Mastigont) von meist 4 Geißeln, Achsenstab und Parabasale (Abb. S. 706). Der Geißelapparat kann sich vervielfachen, wodurch große ziliatenähnliche Arten entstehen. Die meisten P. leben als Symbionten im Enddarm von Termiten. Sie sind zur Zelluloseverdauung befähigt und ermöglichen dadurch dem Wirt die Ausnutzung der Holznahrung. Die übrigen P. sind vorzugsweise Darmparasiten von Gliederfüßern und Wirbeltieren und

Polymerie

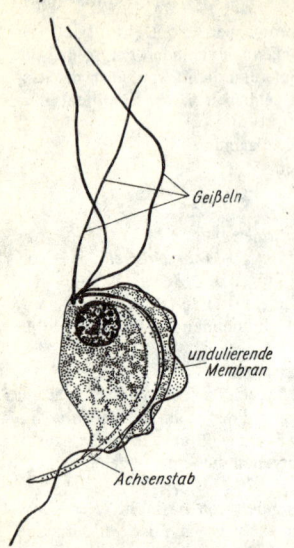

Trichomonas fecalis aus dem Darm des Menschen — Geißeln, undulierende Membran, Achsenstab

nehmen Bakterien und organische Partikeln, z. B. Stärkekörner, als Nahrung auf.
Polymerie, → Polygenie.
polymiktisch, → See.
Polymitarcidae, → Eintagsfliegen.
Polymorphismus, das gleichzeitige Auftreten von zwei oder mehr erblich bedingten diskontinuierlichen Formen einer Art im gleichen Lebensraum in solchen Proportionen, daß die seltenste von ihnen nicht durch ständige Neumutationen anwesend ist. P. gibt es sowohl auf der Ebene des Phänotyps als auf der des genetischen Materials. Die Gehäuse der Hainschnecke, *Cepaea nemoralis*, sind entweder gelb, rosa oder braun und tragen von 0 bis 5 dunkle Bänder. Die Flügeldecken des Marienkäfers *Adalia bipunctata* sind entweder schwarz und rotgefleckt oder rot und schwarzgefleckt. Während die Männchen der Schlankjungfer *Enallagma cyathigerum* monomorph blau erscheinen, gibt es graue, grüne und rötliche Weibchen. Auch von den Weibchen des afrikanischen Schwalbenschwanzes *Papilio machaon* kennen wir mehrere durch ihr Flügelmuster unterschiedliche Morphen. Einige Menschen empfinden Phenylthioharnstoff als geschmacklos, anderen schmeckt er bitter. Menschen mit verschiedener Blutgruppe leben nebeneinander in derselben Population.

Durch Gel-Elektrophorese von Proteinen findet man in fast allen Populationen einen → *Enzympolymorphismus*. Die Zahl der Chromosomen in den Zellkernen der Individuen einer Population kann schwanken. Zwischen homologen Chromosomen gibt es Strukturunterschiede. Viele Populationen verschiedener Arten der Taufliege, *Drosophila*, zeigen einen *Inversionspolymorphismus* (→ Inversion). Die relativen Häufigkeiten der Inversionen verschiedener Populationen der nordamerikanischen Art *Drosophila pseudoobscura* schwanken im Laufe eines Jahres in regelmäßiger Weise. Außerdem beobachtete man langfristige Frequenzänderungen.

Beeinflussen polymorphe Merkmale die Fitness, dann verursachen sie eine → genetische Bürde. Daß polymorphe Populationen durch Auslese gegen die suboptimalen Genotypen monomorph werden, verhindern vor allem Heterozygotenvorteile und gelegentlich → häufigkeitsabhängige Selektion.

Vom echten genetisch bedingten P. muß der durch Umweltfaktoren auslösbare *Polyphänismus* klar geschieden werden (z. B. sozialer Polyphänismus bei staatenbildenden Insekten). Bei bisexuellen Arten verbreitet ist der *Sexualdimorphismus* zwischen ♂ und ♀ als spezielle Form des P.

P. ermöglichen es den Individuen einer Population, unterschiedliche Ressourcen ihrer Umwelt zu nutzen. Polymorphe Populationen sind anpassungsfähiger als monomorphe.
Polymyzine, Sammelbezeichnung für eine Gruppe von Antibiotika, die von sporenbildenden Bakterien, wie *Bacillus polymyxa*, gebildet werden. Chemisch gehören die P. zu den Polypeptiden. Es werden die Polymyzine A, B_1, B_2, C, D, E und M unterschieden. Sie sind gegen gramnegative Bakterien wirksam.
Polyomavirus, → Tumorviren, → Virusfamilien.
Polypen, eine der beiden Habitusformen der → Nesseltiere. Die P. sitzen fast immer auf einer Unterlage fest. Sie haben einen schlauch- oder zylinderförmigen Körper, der eine Fußscheibe, einen Rumpf (Stiel, Mauerblatt) und eine Mundscheibe (Peristom) erkennen läßt. Im Innern befindet sich ein einheitlicher oder durch Septen geteilter Gastralraum. Zwischen Rumpf und Mundscheibe entspringen schlauchförmige Tentakeln, auf denen dichte Batterien von Nesselkapseln stehen. Der Körper kann gestreckt und zusammengezogen, meist auch nach allen Seiten gebeugt werden; besonders beweglich sind die Tentakeln.

Die P. leben entweder einzeln oder bilden durch Knospung Stöcke. Innerhalb eines Stockes tritt dann meist Polymorphismus auf, indem neben *Nährpolypen* auch *Wehrpolypen* und *Blastozoide* (zur Medusenknospung) vorkommen. Viele P. sind Räuber. Sie fangen mit den Tentakeln ihre Beute und schlingen sie dann in den Gastralraum; dort findet die Verdauung statt. Andere Arten fressen kleine Partikeln.

Die P. entstehen aus befruchteten Eiern über die → Planula. Die P. können entweder selber wieder Geschlechtszellen hervorbringen (z. B. *Hydra* und Korallentiere), oder aber sie lassen durch Knospung frei schwimmende Medusen entstehen, die dann als Geschlechtstiere fungieren. Es kommt also zu einem Generationswechsel zwischen der festsitzenden, ungeschlechtlichen Polypengeneration und der planktischen, geschlechtlichen Medusengeneration (→ Metagenese).

Sammeln und Konservieren. Kleinere P. trägt man zusammen mit dem Material ein, an dem sie haften, und sammelt sie unter dem Binokular ab. Größere Arten werden vorzugsweise unter Zuhilfenahme von Maske und Schnorchel gesammelt. Durch Zutropfen von 10%iger Magnesiumchlorid- oder Magnesiumsulfatlösung werden die P. betäubt und in 4%iger Formaldehydlösung oder in 80%igem Alkohol konserviert.
Polypeptide, → Peptide.
Polypeptidhormone, eine Gruppe von → Peptidhormonen.
Polyphage, → Nahrungsbeziehungen.
Polyphänie, svw. Pleiotropie.
Polyphänismus, → Modifikation, → Ökomorphologie, → Polymorphismus.
polyphyletisch, → Taxonomie.
Polyphylie, Abstammung der Angehörigen eines Taxons von verschiedenen Vorfahren. Ähnlichkeiten zwischen den stammesgeschichtlichen Nachfahren verschiedener Taxa, die dazu führten, daß sie in einem Taxon vereinigt wurden, beruhen auf → Konvergenz oder → Parallelentwicklung.
Polypid, der Vorderkörper der → Moostierchen.
Polyplacophora, → Käferschnecken.
Polyploidie, Form der Heteroploidie, die dann vorliegt, wenn Zellen, Gewebe oder Organismen mehr als 2 Chromosomensätze besitzen (→ Endomitose). Die P. entsteht

durch → Genommutationen und kommt in der Organismenwelt weit verbreitet vor. Das Auftreten von polyploiden Reihen in systematischen Einheiten, z. B. den Arten einer Gattung, spricht unter anderem dafür, daß die P. eine der Grundlagen für die Artbildung darstellt.

Sind im Einzelfall drei, vier oder fünf usw. Chromosomensätze vorhanden, wird von Triploidie (3n), Tetraploidie (4n), Pentaploidie (5n) usw. gesprochen (→ Orthoploidie, → Aneuploidie). Je nachdem, ob arteigene Chromosomensätze vermehrt bzw. strukturell verschiedene (artfremde) Chromosomensätze vereinigt und vervielfacht wurden, liegt Autopolyploidie bzw. Allopolyploidie (→ Genomallopoloidie, → Segmentallopolyploidie) vor. Treten Auto- und Allopolyploidie kombiniert auf, liegt der Spezialfall der Autoallopolyploidie vor.

Polyploidiegrad, 1) die Höhe der polyploiden Valenzstufe einer Zelle bzw. eines Organismus, ausgedrückt in der Anzahl der je Zellkern vorhandenen Chromosomensätze; 2) der prozentuale Anteil polyploider Arten in einer systematischen Kategorie, z. B. in einer Gattung.

Polypodie, das Vorkommen mehrerer Gliedmaßenpaare an einem Körperring, z. B. bei den *Notostraca* (Blattfußkrebse), bei denen bis zu den hinteren Segmenten bis zu 6 Beinpaare tragen können.

Polyribosomen, → Ribosomen.
Polysaccharide, → Kohlenhydrate.
polysaprobe Organismen, → Saprobiensysteme.
Polysaprobität, → Saprobiensysteme.
Polysomatie, das Vorkommen von diploiden und polyploiden Zellen in einem Gewebe oder Individuum. P. kann z. B. das Ergebnis von → Endomitosen sein.
Polysomen, → Ribosomen.
Polysomie, eine Form der → Aneuploidie, die dann vorliegt, wenn Zellen, Gewebe oder Organismen diploide Chromosomensätze besitzen, in denen ein oder mehrere Chromosomen mehr als zweimal auftreten. Ist ein Chromosom drei- oder viermal vorhanden, wird von *Tri*- oder *Tetrasomie*, sind zwei verschiedene Chromosomen dreimal vertreten, von *doppelter Trisomie* usw. gesprochen.

Das Vorhandensein von mehr als zwei gleichen Chromosomen und damit Allelen in einem Zellkern führt zu charakteristischen Veränderungen in den genetischen Aufspaltungsverhältnissen (→ Mendelspaltung) polysomer oder polyploider Organismen; ein derartiger Vererbungsmodus wird als *polysome Vererbung* bezeichnet.

Polyspermie, das Eindringen mehrerer Samenfäden in eine Eizelle. P. kann unter anomalen Verhältnissen gelegentlich eintreten, z. B. bei Seeigeln bei Eiüberreife, bei extremem Spermienangebot u. a. Sie führt zu defekten Larven. *Physiologische P.* ist von Moostierchen, Insekten, manchen Spinnen, Selachiern, Lurchen, Kriechtieren und Vögeln bekannt. Stets findet dabei jedoch nur eine Karyogamie statt. Die übrigen Spermien gehen im Ei zugrunde oder nehmen als Mesozyten an der Dotterresorption teil.

Polystele, → Sproßachse.
polysymptomatische Ähnlichkeitsanalyse, → Eiigkeitsdiagnose, → gerichtliche Anthropologie.
Polytänchromosomen, svw. Riesenchromosomen.
Polytänie, Spezialform der Endopolyploidie, die in typischer Form in bestimmten Geweben der Zweiflügler (Dipteren), aber auch bei einer Vielzahl anderer Tier- und Pflanzenarten auftritt. Im Verlauf von Endomitosen entstehen nach Paarung der homologen, weitgehend dekondensierten Chromosomen durch Zusammenbleiben der Teilungsabkömmlinge Fibrillenbündel, die Polytänchromosomen oder → Riesenchromosomen. Sie besitzen eine querscheibenartige Längsdifferenzierung in Abschnitte, die als das Ergebnis der exakten Bündelung der Längselemente und der damit verbundenen Gegenüberordnung der Chromomeren angesehen wird. Die stärker färbbaren Querstreifen werden als Querscheiben oder »bands« bezeichnet (→ puffs).

polytrich, → Bakteriengeißeln.
Polytrichales, → Laubmoose.
polytypisch, → Art.
Polyzoa, → Moostierchen.
Pomeranze, → Rautengewächse.
Pompilidae, → Hautflügler.
Pongidae, → Menschenaffen.
Pongiden, → Hominoiden.
Pongidentheorie, von der Annahme ausgehende Theorie, daß die zum Menschen führende Entwicklungslinie erst vom Pongidenstamm an ihre phylogenetische Selbständigkeit erlangt hat. → Anthropogenese.

pontisch, 1) geographische Bezeichnung für das Gebiet am Schwarzen Meer. 2) pflanzengeographische Bezeichnung für das Florengebiet nördlich des Schwarzen Meeres und dessen Florenelemente, die bis in die Xerothermrasen der Trockengebiete Mitteleuropas verbreitet sind. → Holarktis.

Pontisch-Südsibirische Region, → Holarktis.
Population, Gesamtheit der Individuen einer Art in einem mehr oder weniger von anderen Artangehörigen isolierten Gebiet. Eine P. bilden beispielsweise die Hausratten auf einer Insel oder die Rothirsche in einem isolierten Wald. Besonders interessieren *Mendel-Populationen*, deren Individuen diploid sind, sich sexuell fortpflanzen und uneingeschränkt miteinander paaren. Die Erbanlagen in einer Mendel-Population werden in jeder Generation neu miteinander kombiniert und können deshalb mehr oder weniger unabhängig davon, wie sie sich in einem gegebenen Augenblick auf die Individuen verteilen, als zu einem gemeinsamen Genpool gehörend betrachtet werden. Die Allele vieler Gene verteilen sich in Mendel-Populationen nach der Hardy-Weinberg-Regel. Die Anlagen verschiedener Genorte befinden sich entweder im Kopplungsgleichgewicht oder in Kopplungsungleichgewichten.

Die P. ist die Einheit des Evolutionsgeschehens. Die Evolutionsfaktoren Selektion, Rekombination und genetische Drift wirken nicht an vereinzelten Individuen, sondern erst innerhalb von P. Andererseits können sich verschiedene P. einer Art in unterschiedliche oder gar entgegengesetzte Richtungen entwickeln.

Sind P. einer Art nicht vollständig voneinander isoliert, so erfolgt zwischen ihnen ein → Genfluß. Grundsätzlich anders als Mendel-Populationen verhalten sich P. von Organismen, die sich ausschließlich ungeschlechtlich fortpflanzen. Ihre Entwicklungsmöglichkeiten sind vermutlich beschränkt.

Populationsdichte, → Abundanz.
Populationsfitness, arithmetisches Mittel aus der Individualfitness (→ Fitness) aller Angehörigen einer Population. Die P. hängt von der relativen Häufigkeit der koexistierenden Genotypen ab und ändert sich mit ihr. Natürliche Auslese erhöht die P. Die so definierte P. bezieht sich auf den optimalen Genotyp innerhalb der Population. Unterscheiden sich die optimalen Genotypen zweier Populationen, dann läßt sich an der P. nicht erkennen, welche Population die lebenstauglichere ist.

Alle Kriterien für eine absolute Bewertung der P., beispielsweise die Populationsgröße unter bestimmten Umweltbedingungen oder ihre angeborene Zuwachsrate, sind mehr oder weniger unzulänglich.

Populationsgenetik, Wissenschaft von der Verteilung und der Häufigkeitsänderung von Erbfaktoren in Populationen. Die P. behandelt vorwiegend natürliche Populationen mit natürlicher Auslese. Einige ihrer Resultate sind auch

Populationsgleichgewicht

für die gleichfalls an Populationen erfolgende Tier- und Pflanzenzüchtung wichtig.

Da sich alle Evolutionsprozesse an Populationen vollziehen, ist die P. das Kernstück der Evolutionstheorie. Während sich Probleme der Mikroevolution durch populationsgenetische Methoden sinnvoll untersuchen lassen, gelingt es bisher nur ausnahmsweise, populationsgenetische Erkenntnisse zum Entscheiden von Fragen der Makroevolution zu nutzen.

1908 fanden Hardy und Weinberg unabhängig voneinander die für die P. bedeutungsvolle Hardy-Weinberg-Regel. Um 1930 entwickelte sich die P. zu einem selbständigen Zweig der Biologie. Ihre Begründer sind S. S. Četverikov, R. A. Fisher, J. B. S. Haldane und S. Wright. Die drei letztgenannten legten das Fundament für ein entwickeltes System mathematischer Modelle zum Untersuchen populationsgenetischer Fragen. An natürlichen Populationen oder an Experimentalkulturen lassen sich die an Modellen gefundenen Aussagen oft verifizieren oder widerlegen. Dennoch bleibt es immer wieder schwierig zu erkennen, wie weit die an den gegenüber den natürlichen Verhältnissen stark vereinfachten mathematischen Modellen gewonnenen und aus oft sehr ungenau bestimmten Parametern abgeleiteten Ergebnisse für die Wirklichkeit bedeutsam sind (→ genetische Bürde).

Lit.: D. Sperlich: Populationsgenetik (Jena 1973)

Populationsgleichgewicht, Gleichgewichtszustand in den Häufigkeitsverhältnissen der verschiedenen Allele jedes genetischen Locus einer Population, auf den sich alle Populationen relativ schnell einstellen und wobei der → Mutationsdruck und der → Selektionsdruck gegenseitig ausbalanciert sind. Das P. ist so lange konstant, wie die Populationsgröße unendlich ist, die Paarung zufallsmäßig erfolgt, kein Genotyp selektiv begünstigt wird und keine Mutationen eintreten oder die Mutationsraten der jeweiligen Allele gleich sind.

Populationsgröße, → effektive Populationsstärke.

Populationsmodelle, mathematisch formulierte Systeme vereinfachender Annahmen über wesentliche Eigenschaften von Populationen. An P. lassen sich Gesetzmäßigkeiten des Verhaltens von Erbfaktoren in Populationen ableiten. Beispielsweise kann man berechnen, wieviel Generationen ein Allel, das seinen Trägern einen bestimmten Selektionsvorteil verleiht, benötigt, um von einer bestimmten Anfangshäufigkeit aus das alternative Allel vollständig zu verdrängen. P. werden dadurch der jeweiligen Fragestellung angepaßt und mathematisch handhabbar, daß man alle für den untersuchten Zusammenhang unwesentlichen oder nebensächlichen Faktoren vernachlässigt; z. B. werden gewöhnlich nur 2 Allele betrachtet, obwohl tatsächlich oft mehr als 2 Allele an einem Genort in der Population vorhanden sind; die Generationenfolge betrachtet man oft als diskret, obzwar sich die Generationen vieler Organismen überlappen.

Populationsökologie, *Demökologie,* Wissenschaft von den Beziehungen zwischen homotypischen Organismenkollektiven (Populationen im engeren Sinn) und ihrer Umwelt. Die P. bildet zusammen mit der Populationsgenetik die Grundlage der Allgemeinen Populationstheorie.

Wichtige Charakteristika der Population sind die *Populationsdichte* (→ Abundanz), die Verteilung der Individuen im Raum (→ Dispersion), *Sexualindex* (→ Geschlechterverhältnis), *reproduktive Sexilität, Fertilität, Natalität, Morbidität,* und *Mortalität.*

Das Wachstum einer Population ist abhängig von deren spezifischer Reproduktionsrate und verläuft zunächst exponentiell (Gesetz von Malthus), Abb. Ein exponentielles Wachstum ist aber nicht unbegrenzt möglich, da die Umwelt für jede Art nur eine spezifische Menge von Ressourcen bereitstellen kann. Demzufolge nimmt die negative Wirkung dichteabhängiger Faktoren (Konkurrenz, Interferenz) bei Näherung an diese Kapazitätsgrenze enorm zu. Daraus resultiert die typische sigmoide Wachstumskurve von Verhulst-Pearl (Abb.).

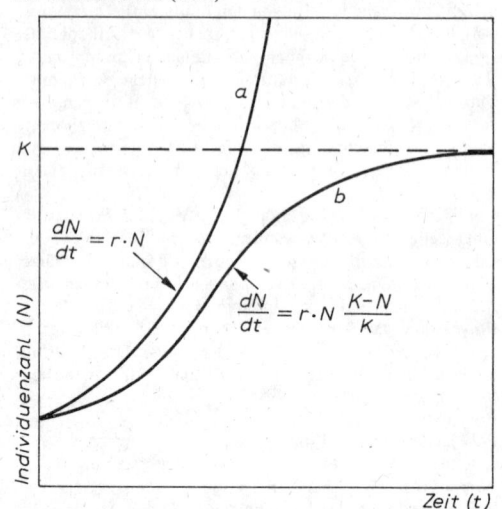

Wachstumskurve einer Population. *a* exponentielles Wachstum, nur abhängig von der Reproduktionsrate (*r*); *b* Wachstum bei begrenzter Umweltkapazität (*K*)

Hinsichtlich der Auseinandersetzung mit anderen um das begrenzte Ressourcenangebot der Umwelt konkurrierenden Populationen kann die Population unterschiedlichen »strategischen Konzeptionen« folgen (r- und K-Strategie), je nachdem ob durch Konkurrenzhärte die Kapazitätsgrenze der Umwelt voll ausgeschöpft wird oder durch hohe Reproduktionsrate sehr schnell auf günstige Umweltbedingungen reagiert werden kann.

Die Beziehungen zwischen den Populationen von Räubern und Beute (Parasit und Wirt) werden durch die → Volterraschen Regeln der Populationskinetik beschrieben. Auftretende Massenvermehrungen (*Gradationen*) von Schadorganismen als extreme Fälle von Abundanz-Dynamik lassen sich im Sinne der *Gradozön-Theorie* aus der spezifischen Relation zwischen Vermehrungsrate und Umweltkapazität erklären.

Die biologischen und sozialen Grundlagen des Wachstums menschlicher Populationen sind derzeit ein ständig an Bedeutung zunehmendes Forschungsgebiet. Zur Zeit befindet sich die Weltbevölkerung noch in der logarithmischen Wachstumsphase, die äußerste Kapazitätsgrenze der Erde dürfte aber bei 15 Mrd. Menschen liegen. Unter Beibehaltung der derzeitigen Wachstumsrate würde die Kapazitätsgrenze bereits in 125 Jahren erreicht.

Populationsstruktur, 1) Form der Untergliederung einer Art in ihre Populationen. Besteht eine Art nur aus einer einzigen oder wenigen großen panmiktischen Populationen, dann sind ihre evolutionären Möglichkeiten beschränkt. Die Populationen befinden sich in einem Gleichgewichtszustand. Neue vorteilhafte Erbanlagen breiten sich nur langsam aus. Neue günstige Genkombinationen entstehen sehr selten. Große Populationen können keinen neuen adaptiven Gipfel (→ Fitnessdiagramm) erreichen.

Nach einer Hypothese von Wright hat ein System kleiner, teilweise voneinander isolierter Populationen die günstigsten Entwicklungsaussichten. In den einzelnen Populationen entstehen durch Drift und Selektion neue vorteilhafte Kombinationen von Erbanlagen. Damit erreichen einige Einzelpopulationen neue adaptive Gipfel. Die überlegenen Genotypen breiten sich dann in andere Populationen aus.

Nach Mayr muß eine Population, soll sie sich erfolgreich in eine neue Richtung entwickeln, vollständig isoliert sein (→ genetische Revolution). Nach dieser Auffassung hat eine Art, die in viele vollkommen isolierte Populationen gegliedert ist, die größte Aussicht, sich erfolgreich zu entwickeln.

2) Untergliederung innerhalb einer Population. Während manche Populationen auch über größere Räume hinweg panmiktische Einheiten sind, untergliedern sich andere in mehr oder weniger selbständige reproduktive Einheiten. Selbst unter den Mäusen in einer Scheune herrscht keine Panmixie.

Populationswachstum, die Zunahme der Größe einer Population. Populationen, die sich völlig ungehindert vermehren, steigern ihre Individuenzahlen anfangs sehr rasch. Das Tempo dieses exponentiellen Wachstums hängt von der *angeborenen Zuwachsrate r* ab. Da in einem bestimmten Lebensraum nur eine begrenzte Individuenzahl leben kann, verlangsamt sich das Wachstum, je mehr sich die Population dieser Trägerkapazität K der Umwelt annähert (Abb.).

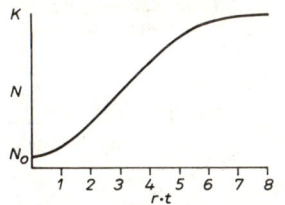

Kurve des Populationswachstums. Das Wachstum natürlicher Populationen weicht mehr oder weniger von dieser theoretischen Kurve ab

Bei ungehindertem Wachstum würde eine Population, um von der Populationsstärke N_0 die Populationsstärke N_t zu erreichen,

$$t = \frac{1}{r} \ln \frac{N_t}{N_0}$$

Jahre benötigen, falls r die Zuwachsrate je Jahr bedeutet. Bei gehemmtem Wachstum ist

$$t = \frac{1}{r} \ln \frac{N_t(K - N_0)}{N_0(K - N_t)}.$$

Betrüge beispielsweise die angeborene Zuwachsrate je Jahr 1% ($r = 0,01$) und die Trägerkapazität K 5000, dann würde die Population, um von der Populationsstärke $N_0 = 1000$ aus die Stärke $N_t = 2000$ zu erreichen,

$$t = \frac{1}{0,01} \ln \frac{2000 \cdot 4000}{1000 \cdot 3000} = 98 \text{ Jahre}$$

benötigen. Bei ungehemmtem Wachstum hätte die Population hierfür nur 69 Jahre gebraucht. Die Anzahl der Individuen in der Population nach einer gewissen Zeit ergibt sich aus

$$N_t = \frac{K}{1 + C_0^{-rt}}. \text{ Hierbei ist } C_0 = \frac{K - N_0}{N_0}.$$

Porcellio, → Asseln.
Porenkapseln, → Frucht.
Porenkomplexe, → Zellkern.
Poriales, → Ständerpilze.
Porifasterin, *Porifasterol,* ein marines Zoosterin, das vor allem in Schwämmen vorkommt und sich vom → Stigmasterin durch umgekehrte Konfiguration am C-Atom 24 unterscheidet.
Porifasterol, svw. Porifasterin.
Porifera, → Schwämme.
Porlinge, → Ständerpilze.
Porocephalida, → Zungenwürmer.
Porogamie, → Befruchtung.
Porphyrine, konjugiert ungesättigte, farbige zyklische Verbindungen, von denen sich zahlreiche wichtige Pigmente des Tier- und Pflanzenreichs ableiten. Die P. bestehen aus vier Pyrrolringen (→ Pyrrol), die in α-Stellung durch Methingruppen (=CH—) miteinander verbunden sind. Der unsubstituierte Grundkörper heißt *Porphyrin*; bei Substitution der Wasserstoffatome 2 bis 18 durch Alkylreste, Propionsäuregruppen, Vinylgruppen u. a. entstehen die verschiedenen P. Eine charakteristische Eigenschaft der P. ist ihre große Neigung, mit Metallen, z. B. Eisen, Magnesium, Kupfer, Komplexe zu bilden, die oft hohe katalytische Wirksamkeit aufweisen. Der Komplex des *Protoporphyrins* mit zweiwertigem Eisen, das Häm, tritt in Verbindung mit Eiweiß im Hämoglobin auf. Ist dreiwertiges Eisen an Protoporphyrin gebunden, so liegt das *Hämin* vor, das in Katalase, pflanzlicher Peroxidase und Zytochromen als prosthetische Gruppe (→ Enzyme) auftritt. In → Chlorophyll findet man ein gesättigteres Porphyrin, das Dihydroporphyrin, in → Bakteriochlorophyll ein Tetrahydroporphyrin. Abkömmlinge der P. sind auch die → Gallenfarbstoffe.
Porree, → Liliengewächse.
Portugiesische Galeere, *Physalia physalis,* zur Ordnung der Staatsquallen (*Siphonophora*) gehörender, in warmen Meeren an der Oberfläche treibender Polypenstock. Er weist einen bis 20 cm langen Pneumatophor auf, der kammförmig aufgerichtet werden kann und dann aus dem Wasser ragt, so daß die Qualle vom Wind getrieben wird. Die langen Fangfäden können bis zu 50 m tief ins Wasser gestreckt werden, sie durchkämmen wie ein Vorhang aus Angeln das Wasser nach Beute (kleine Fische, Ruderfußkrebse).
Portunidae, → Schwimmkrabben.
Porus, → Tüpfel.
Porzellanblümchen, → Steinbrechgewächse.
Porzellanblume, → Schwalbenwurzgewächse.
Porzellanschnecken, svw. Kaurischnecken.
Posidonia [griech. Poseidon 'Name des Meeresgottes'], *Posidonomya,* fossile Gattung der zu den Muscheln gehörenden Anisomyarier mit flacher, gleichklappiger, konzen-

Schematische Skizze einer *Posidonia becheri* Bronn aus dem Unterkarbon; Vergr. 0,5:1

Positionseffekt

trisch gerippter oder gefalteter Schale. Der Schloßrand ist gerade und zahnlos.

Verbreitung: Silur bis Jura. Einige Arten sind Leitfossilien, im Unterkarbon (Kulmfazies) *Posidonia becheri* und im Lias ε (Posidonienschiefer) *Steinmannia bronni*.

Positionseffekt, ein an die Anordnung innerhalb der Koppelungsgruppe oder des Chromosomensatzes gebundener Einfluß auf die Wirkungsweise bestimmter Gene, deren normale Wirkung verändert wird, wenn sie, z. B. durch Chromosomenmutationen, in eine neue Position gebracht werden und dadurch die Relation zu anderen Genen gestört wird. Die Veränderung ist reversibel, d. h., wenn das betreffende Gen wieder in seine alte Lage zurückgebracht wird, läßt sich in der Regel die Wirkungsveränderung wieder rückgängig machen. Nicht jede Chromosomenmutation muß einen P. zur Folge haben, und eine Trennung zweier benachbarter Gene kann einen P. beider oder nur eines von beiden nach sich ziehen.

Postantennalorgan, an der Antennenbasis gelegenes, meist ring- oder rosettenförmiges Sinnesorgan bei Springschwänzen und Beintastern (Abb.), das wohl dem Pseudoculus oder dem Tömösvarýschen Organ anderer primitiver Mandibulaten entspricht. Seine Funktion wird als hygroskopisch, thermoskopisch oder olfaktorisch angenommen. Das P. ist bei austrocknungsgefährdeten Bewohnern des Bodeninneren besonders kompliziert gebaut.

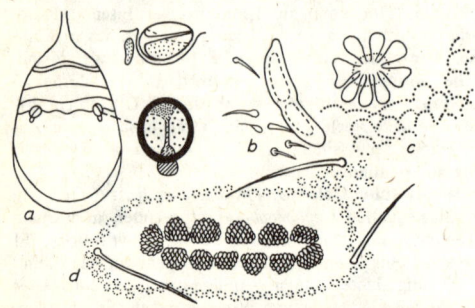

a Kopf eines Beintasters mit Postantennalorgan vergrößert in Aufsicht und Querschnitt, *b* bis *d* Postantennalorgane bei Springschwänzen (*b* Isotomide, *c* Neanuride, *d* Onychiuride)

Postglazial, svw. Holozän.
Posthornschnecke, → Tellerschnecken.
Postmenstruum, → Plazenta.
postsynaptisch, 1) → Neuron, 2) → synaptisches Potential.
Potamal, die sommerwarme, sandig-schlammige Zone eines → Fließgewässers.
Potamogalidae, → Otternspitzmäuse.
Potamonidae, → Süßwasserkrabben.
Potamoplankton, Plankton in Flüssen (*Flußplankton*). Ein arteigenes P. gibt es nicht. Es wird aus Stillwasserbezirken eingeschwemmt, kann aber in größeren Flüssen, wo es sich auch vermehren kann, eine große Rolle bei der → biologischen Selbstreinigung des Gewässers spielen.
Potentialdifferenz, → Erregung.
potentielle Mikroflora, → autochthone Mikroflora, → Bodenorganismen.

Potexvirusgruppe, → Virusgruppen.
Potometer, *Potetometer*, einfaches Gerät zur Messung der Transpiration von Pflanzen. Der transpirierende Zweig steckt luftdicht in einem mit Wasser gefüllten Gefäß, das mit einer seitlich angesetzten horizontalen Meßröhre versehen ist. An dieser kann man die von dem Zweig nachgesaugte Wassermenge ablesen.

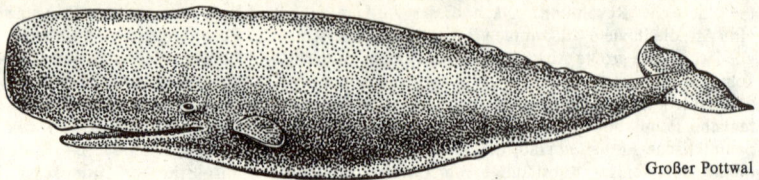

Großer Pottwal

Pottwale, *Physeteridae*, eine Familie der Zahnwale. Der etwa ein Drittel des Körpers einnehmende Kopf weist große Hohlräume auf, die mit einer öligen Masse, dem Walrat, ausgefüllt sind. Die P. bewohnen in einer bis 25 m Länge erreichenden Art und in einer viel kleineren Art alle wärmeren Meere. Sie stellen Kopffüßern nach.
Potyvirusgruppe, → Virusgruppen.
Poxviridae, → Virusfamilien.
PPLO, → Mykoplasmen.
Präadaptation, Eigenschaft eines Organismus, die sich auch unter neuen Lebensverhältnissen oder nach der Annahme einer neuen Lebensweise als vorteilhaft erweist. Beispielsweise waren die im Gegensatz zu den meisten anderen Fischflossen durch ein Knochenskelett gestützten paarigen Flossen der Crossopterygier, die ursprünglich zum Schwimmen dienten, eine gute Grundlage zur Entwicklung von Laufbeinen. Sie waren daher für das Landleben präadaptiert.
Präboreal, *Vorwärmezeit*, ältester Zeitabschnitt des Postglazials, in dem es zur endgültigen Ausbreitung von Wäldern kam. Im P., das etwa von 8300 bis 6800 v. u. Z. reichte, herrschten Kiefern-Birken- oder Birken-Kiefern-Wälder vor. → Pollenanalyse.
Prachtfinken, → Webervögel.
Prachtkäfer, → Käfer.
Prachtkleid, → Färbung.
Prädetermination, eine direkte Einwirkung des mütterlichen Organismus auf die nächste Generation. Die P. kann sich z. B. darin ausdrücken, daß genkontrollierte Merkmale der Nachkommengeneration bereits vor der Befruchtung durch den mütterlichen Genotyp determiniert werden und bezüglich dieser Merkmale der Mutter stark ähnelnde, *matrokline Bastarde* entstehen. Besäß z. B. eine prämeiotische Oozyte den Genotyp Aa, und entstünde aus ihr eine haploide Eizelle mit dem Allel a, so führt im Falle der P. die Befruchtung mit einem väterlichen Gameten mit dem Allel a nicht zu einer der genotypischen Konstitution (aa) entsprechenden rezessiven Merkmalsausbildung, sondern es manifestiert sich das dominante Allel A, das vor der Meiose das Eiplasma so modifiziert (prädeterminiert) hat, daß seine Wirkung auch in der folgenden Generation erhalten bleibt.
Prädisposition, in der Phytopathologie die aktuelle spezifische Lage der Reaktionsnorm eines Wirtes auf den Angriff eines Pathogens.
Praemenstruum, → Plazenta.
Praemolares, → Gebiß.
Präferenz, Bevorzugung eines bestimmten Valenzbereiches eines ökologischen Faktors durch den Organismus (Vorzugsbereich, Behaglichkeitszone).
Präformationstheorie, → Biologie, Abschn. Geschichtliches.

Prägung, Form des obligatorischen Lernens, bei welchem die auslösenden Reizsituationen in einer bestimmten Lebensphase erlernt werden müssen und ein späteres Umlernen kaum oder gar nicht möglich ist. Bekannt ist die *Nachfolgeprägung* bei Nestflüchtern. Die sensible Phase ist bei Gänseküken auf etwa 24 Stunden beschränkt, das Lernergebnis ist irreversibel, und bei Ausfall der P. treten schwere Verhaltensstörungen auf. Es gibt verschiedene *Prägungsphänomene*: a) Ein vorgegebenes motorisches Programm wird auf eine Reizsituation geprägt, wie im genannten Beispiel der Nachfolgeprägung; b) ein motorisches Programm wird im Kontakt mit einem Objekt fixiert und justiert, wie das bei manchen Arten für das Kopulationsverhalten oder das Töten von Beuteobjekten nachgewiesen ist; c) es werden Reizkonstellationen in sensiblen Phasen erlernt, die Identifikations- und Orientierungsleistungen in Raum und Zeit und damit prinzipielle Einstellungen gegenüber Umweltkonstellationen determinieren.

Prähomininen, → Anthropogenese.

Präimago, der Imaginalhäutung voraufgehendes, der Imago (Vollkerf) bereits sehr ähnliches Entwicklungsstadium bei Insekten (→ Subimago).

Präimmunität, svw. Prämunität.

Präinfektion, → Virusinterferenz.

Präkambrium, *Vorkambrium,* gesamter Zeitraum der Erdgeschichte zwischen der astralen Ära (etwa vor 4 Mrd. Jahren) und dem Kambrium. »Zeit des verborgenen Lebens«, etwa $7/8$ des Gesamterdalters umfassend. Aus dem P. stammen älteste, primitive Organismen, die asporogenen Hefepilzen (?) nahestehen (3,75 Mrd. Jahre alt). → Archäozoikum, → Erdzeitalter, Tab.

Präkursor, *Vorstufe,* eine chemische Substanz, die als Zusatz bei mikrobiologischen Fermentationsprozessen für die Synthese des Endproduktes mit verwendet wird und damit die Ausbeute erhöht. Bei der Gewinnung von Penizillin mit *Penicillium*-Arten wird z. B. Phenylessigsäure zugegeben, um die Ausbeute an Penizillin G zu steigern.

Prälarve, das erste postembryonale Entwicklungsstadium mancher Insekten (z. B. Beintaster, *Protura*), das sich von den übrigen Larvenstadien noch unterscheidet.

Prämunität, *Präimmunität, infektionsgebundene Immunität,* die bei Infektionskrankheiten z. T. zu beobachtende Erscheinung, daß ein bereits infizierter Organismus nicht durch einen zweiten Infekt, z. B. einen verwandten Erregerstamm, superinfiziert werden kann, solange der erste Infekt anhält. P. kennt man nicht nur von Tier und Mensch, P. kommt auch bei verschiedenen Pilzkrankheiten und Virosen von Pflanzen (→ Virusinterferenz) vor. Die P. hat mit der spezifischen Immunität, die nur bei Wirbeltieren ausgebildet wird, nichts zu tun.

pränatale Diagnose, der Nachweis von Krankheitserscheinungen bei dem noch ungeborenen Kind. Die p. D. gewinnt insbesondere beim Verdacht auf genetische Störungen eine zunehmende Bedeutung. Sie beruht hier in erster Linie auf dem Nachweis von Veränderungen der Chromosomen und auf biochemischen Untersuchungen an den im Fruchtwasser (→ Amniozentese) befindlichen kindlichen Zellen. Zur Verhinderung von X-chromosomal rezessiv bedingten Krankheiten ist zumeist der chromosomale Nachweis des Geschlechts der Feten notwendig, da in der Regel nur Mädchen nicht betroffen sind. Fehlbildungen des Kindes können auch durch → Fetographie, → Fetoskopie oder Untersuchungen mit Ultraschall sichtbar gemacht werden. Eine p. D. ist aus genetischer Indikation nur dann gerechtfertigt, wenn ein entsprechendes Risiko vorliegt, und wenn sie so rechtzeitig durchgeführt werden kann, daß beim Nachweis einer gestörten Entwicklung des Kindes therapeutische Maßnahmen möglich sind oder die Mutter noch eine Entscheidung über den Abbruch der Schwangerschaft fällen kann.

Präneandertaler, *Homo sapiens praeneanderthalensis,* eine pleistozäne Menschengruppe aus dem Riß-Würm-Interglazial, bei der die typischen Merkmale des würmeiszeitlichen Neandertalers in weniger markanter Form entwickelt waren. → Anthropogenese.

Prankenbär, svw. Bambusbär.

Pränuklearkörper, → Zellkern.

Präpatentperiode, die Zeit zwischen Befall des Wirtes und der Nachweisbarkeit des Parasiten durch seine Vermehrungsprodukte (Eier, Larven).

Präputium, → Penis.

Prärie, Steppenformation der kontinentalen Gebiete Nordamerikas. Die P. entspricht den südsibirisch-pontisch-pannonischen Steppen.

Präriehund, *Cynomys ludovicianus,* ein Nagetier aus der Familie der → Hörnchen von 30 cm Länge mit verhältnismäßig kurzem Schwanz, das nach Art des Murmeltieres lebt. Die Stimme klingt hell bellend. Der P. bevölkerte in großer Zahl die nordamerikanischen Prärien; der Bestand wurde durch Bekämpfungsmaßnahmen der Farmer stark verringert. Tafel 38.

Präriläufer, → Schnepfen.

Präriewolf, svw. Kojote.

Präsapiens, *Homo sapiens praesapiens,* der unmittelbare phylogenetische Vorfahre des *Homo sapiens sapiens.* → Anthropogenese.

Präsentationszeit, in der Reizphysiologie der Pflanzen die minimale Einwirkungsdauer eines Reizes, die zur Erzielung einer eben wahrnehmbaren Reaktion erforderlich ist. Die P. ist von der Stärke des einwirkenden Reizes abhängig. Je stärker der Reiz, desto kürzer ist die P. Die P. kann wesentlich kürzer sein als die Reaktionszeit, z. B. beim → Geotropismus.

Präsenz, *Stetigkeit,* prozentuale Häufigkeit des Auftretens einer Art in einer Anzahl von Vergleichsproben oder -flächen, wenn dies aus unterschiedlich großen Flächen bzw. im Vergleich unterschiedlicher Biozönosen erfolgt, damit also lediglich das Vorhandensein der entsprechenden Art dokumentiert werden soll. Die *Konstanz* [c] wird aus dem Vergleich verschiedener Bestände innerhalb eines Biozönosetyps ermittelt, während die → *Frequenz* [f] durch den Vergleich gleich großer Proben bzw. Flächen innerhalb eines einheitlichen Bestandes berechnet wird.

Alle drei Stetigkeitscharakteristika sind im wesentlichen durch die Individuendichte (→ Abundanz) und die → Dispersion der Art sowie die Größe der Vergleichsprobe bzw. -fläche gekennzeichnet. Dabei ist der ermittelte Stetigkeitswert mit zunehmender Größe der Probefläche immer weniger von der Individuendichte der Art abhängig.

Man unterscheidet die folgenden Konstanz- und Frequenzgrade:

Konstanz		Frequenz
akzidentell	0...25%	vereinzelt
akzessorisch	25...50%	zerstreut
konstant	50...75%	dicht
eukonstant	75...100%	sehr dicht

präsumptiv, *präsumtiv,* in der Entwicklungsphysiologie die unter normalen Bedingungen aus einem bestimmten, noch undifferenzierten Keimteil sich entwickelnde Bildung. Zum Beispiel ist präsumptives Chordagewebe derjenige Keimabschnitt des Urdarmdaches einer frühen Gastrula, aus dem später der Chordastrang hervorgehen würde.

präsynaptisch, → Neuron.

präsynaptische Hemmung, → Schaltung.

Präzipitation, die Ausflockung eines in Lösung vorliegenden Antigens durch spezifische Antikörper. Präzipitationsreaktionen werden vielfach zum Nachweis von Antigenen mittels Antiseren eingesetzt, z. B. der Nachweis menschlicher Eiweiße aus Blut, Speichel u. a. in der Gerichtsmedizin. Da eine P. auch im Gel zustande kommt, bevorzugt man in den letzten Jahren als Medium für die P. Agargele. Diese Immundiffusions- oder Geldiffusionstechniken ermöglichen die P. in mehreren spezifischen Systemen nebeneinander. Eine Weiterentwicklung ist die Immunelektrophorese. Hier wird das Antigengemisch zunächst elektrophoretisch aufgetrennt, und die entstandenen Fraktionen werden anschließend durch ein Antiserum, das spezifische Antikörper gegen die Komponenten enthält, präzipitiert.

Präzipitine, Antikörper, die mit dem entsprechenden Antigen spezifisch unter Ausflockung (→ Präzipitation) reagieren. Die P. müssen mindestens bivalent sein, d. h. wenigstens zwei Bindungsstellen für das Antigen besitzen.

Pregnan, zu den Steroiden zählender Stammkohlenwasserstoff, von dem sich das Hormon Progesteron und die Nebennierenrindenhormone ableiten.

Preiselbeere, → Heidekrautgewächse.

Presbyopie, svw. Alterssichtigkeit.

Priapulida, ein Tierstamm der Protostomier mit bisher neun bekannten Arten, von denen zwei in der Nord- und Ostsee vorkommen. Oft werden die P. auch als Klasse der Rundwürmer aufgefaßt.

Morphologie. Die P. sind 1,5 bis 18 cm lange Tiere, deren walzenförmiger Körper in einen einstülpbaren, als Rüssel bezeichneten Vorderkörper, einen quergeringelten und mit Warzen und Stacheln besetzten Rumpf und einen Schwanzanhang gegliedert ist. Der walzen- bis birnenförmige Rüssel trägt vor die von mehreren Kränzen derber Hakenzähne umstellte Mundöffnung und weist fünfundzwanzig hakenbewehrte Längsleisten auf. Der Schwanz wird von einem oder zwei Körperfortsätzen gebildet, die zahlreiche fingerförmige Ausstülpungen tragen. Die Leibeshöhle ist ein flüssigkeitsgefülltes Pseudozöl. Die Hoden und Eierstöcke der getrenntgeschlechtlichen P. sind mit den der Exkretion dienenden Protonephridien zu einem einfachen Urogenitalsystem gekoppelt.

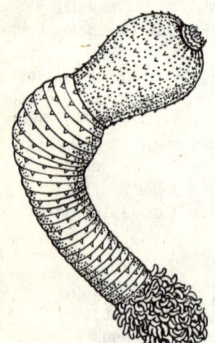

Priapulus caudatus

Biologie. Die P. leben im Küstenschlamm der kälteren Meere. Sie bewegen sich durch Kontraktion und Streckung des Körpers fort. Ihre Nahrung besteht aus langsamen Meerestieren, selten werden auch Pflanzenteile gefressen. Die P. entwickeln sich über ein den erwachsenen Tieren ähnliches Larvenstadium, das von acht harten Platten umgeben ist und unter mehreren Häutungen heranwächst.

Sammeln und Konservieren. Die P. werden mit dem Bodengreifer oder der Dredge gefangen, durch tropfenweise Zugabe von 70%igem Alkohol oder salzsaurem Kokain vorsichtig betäubt und im ausgestreckten Zustand in einem Gemisch von 40%iger Formaldehydlösung und Alkohol abgetötet und aufbewahrt.

Primäreinschnürung, → Chromosomen.

primäre Lysosomen, → Lysosom.

Primärharn, → Nierentätigkeit.

Primärproduktion, svw. Nettophotosynthese.

Primärstruktur, → Proteine.

Primärthylakoide, → Plastiden.

Primärwand, → Zellwand.

Primärwurzel, → Wurzelbildung.

Primärzersetzer, → Dekomposition.

Primaten (Tafeln 40 und 41), **Herrentiere,** *Primates,* eine Ordnung der Säugetiere mit den Unterordnungen → Halbaffen und → Affen. Im weiteren Sinne gehört zu den P. auch der Mensch. Die P. haben sehr bewegliche Gliedmaßen, deren fünffingerige Hände und Füße zu vorzüglichen Greiforganen ausgebildet sind. Die Augen sind nach vorn gerichtet. Infolge des großen, reich entwickelten Gehirns zeigen die P. z. T. ein erstaunlich hoch differenziertes Verhalten.

Geologische Verbreitung: Tertiär bis Gegenwart. Fossile Reste von P. sind selten und daher geologisch ohne jede Bedeutung. Da die Stammesgeschichte der P. in der des Menschen gipfelt, verdienen die wenigen Urkunden besonderes Interesse. Die Halbaffen waren im Eozän Eurasiens und Nordamerikas weit verbreitet, aus dem jüngeren Tertiär sind sie unbekannt; erst im Pleistozän und in der Jetztzeit finden sie sich wieder, jedoch beschränkt auf die tropischen Regionen der Alten Welt. Die einzigen rezenten Vertreter der Tarsioiden, einer Tiergruppe, die von den Halbaffen zu den Affen überleitet, sind die Koboldmakis. Die Tarsioiden waren im Paläozän und Eozän Europas und Nordamerikas relativ häufig. Die echten Affen sind in gleicher geographischer Verbreitung seit dem Oligozän bekannt.

Primelgewächse, *Primulaceae,* eine Familie der Zweikeimblättrigen Pflanzen mit etwa 800 Arten, die hauptsächlich in den nördlichen außertropischen Gebieten verbreitet sind. Die meist krautigen Pflanzen mit einfachen, verschieden angeordneten Blättern und regelmäßigen, zwittrigen, 5zähligen Blüten, werden in der Regel von Insekten bestäubt. Bei einigen P. ist Heterostylie zu beobachten. Der oberständige Fruchtknoten entwickelt sich zu einer Kapsel.

Die größte Gruppe ist die mit etwa 500 Arten in der nördlichen kalten und gemäßigten Zone, besonders in den Gebirgen, verbreitete Gattung *Primula,* deren wild wachsende Arten bei uns alle unter Naturschutz stehen und von der eine Anzahl Arten als Zierpflanzen kultiviert werden. Am bekanntesten sind die großblütigen, weiß, gelb, rot oder blau-violett blühenden Kreuzungen unserer einheimischen **Hohen Schlüsselblume,** *Primula elatior,* mit der ebenfalls wild vorkommenden **Kissenprimel,** *Primula vulgaris.* Letztere wurde auch mit der rot blühenden, kaukasischen *Primula juliae* gekreuzt und ergab die bekannten Sorten »Ostergruß«, »Gartenglück« u. a., die im Frühjahr schon sehr zeitig blühen. Während sich diese Arten wie auch die einheimische **Echte Schlüsselblume,** *Primula veris,* durch ihre runzligen, leicht vergilbten Blätter auszeichnen, hat die Gruppe der als Steingartenpflanzen beliebten **Aurikeln** glatte und fleischige, meist ausdauernde Blätter. Die **Gartenaurikel,** *Primula x hortensis,* ist eine Hybride zwischen der in den Alpen vorkommenden *Primula auricula* und *Primula hirsuta.* Eine weitere häufige Zierprimel der Gärten ist die rosa und weiß blühende **Ballprimel,** *Primula denticulata,* aus dem Himalaja. Die bekannteste Zimmerprimel ist die aus Südwestchina stammende **Becherprimel,**

Primelgewächse: *a* Becherprimel (*Primula obconica*), *b* Alpenveilchen (*Cyclamen europaeum*), *c* Hohe Schlüsselblume (*Primula elatior*), *d* Wiesenschlüsselblume (*Primula officinalis*), *e* Kugelprimel (*Primula denticulata*)

Primula obconica, deren Drüsenhaare das giftige, stark hautreizende Benzochinonderivat Primin enthalten, das die Primelkrankheit hervorrufen kann. Ebenfalls aus Südwestchina kommt die kleinblütigere **Flieder-** oder **Brautprimel**, *Primula malacoides*, die in den letzten Jahrzehnten *Primula obconica* etwas verdrängt hat, da sie keine Primelkrankheit hervorruft. Eine alte chinesische Gartenpflanze, die bei uns zeitweise als Zimmerpflanze sehr beliebt war, ist *Primula sinensis*, die **Chinesische Primel**. Sie zeigt eine große Variabilität in der Blütenfarbe. Eine sehr bekannte Zierpflanze unter den P. ist das **Alpenveilchen**, *Cyclamen persicum*, aus dem östlichen Mittelmeergebiet. Typisch sind die Hypokotylknolle sowie die 5 zurückgebogenen Abschnitte der Blumenkrone und die nickende Blüte. Einzige in Mitteleuropa heimische Art ist das in den Alpen vorkommende *Cyclamen purpurascens*.

Ein verbreiteter Lehmzeiger auf Äckern ist der einjährige, rotblühende **Ackergauchheil**, *Anagallis arvensis*. An feuchten Standorten finden sich häufig Arten der meist gelbblühenden Gattung *Lysimachia*, so der quirlständige Blätter aufweisende **Gilbweiderich**, *Lysimachia vulgaris*, und das kriechende **Pfennigkraut**, *Lysimachia nummularia*. Eine 7zählige, weiße Blütenkrone hat der **Europäische Siebenstern**, *Trientalis europaea*, der überwiegend in Fichtenwäldern der nördlichen gemäßigten Zone zu finden ist. Meist typische Hochgebirgspflanzen sind die Arten der Gattungen **Mannsschild**, *Androsace*, und **Alpenglöckchen** oder **Troddelblume**, *Soldanella*.

Primer-Effekt, Beladungs-Effekt, Reizwirkung auf das zentrale Nervensystem, die Veränderungen im endokrinen und zugeordneten Stoffwechselstatus zur Folge hat, so daß der betreffende Organismus eine veränderte Einstellung gegenüber der Umwelt zeigt. Formal handelt es sich daher um eine mittelbare Reizwirkung. Sie wurde ursprünglich für chemische Reize, speziell → Pheromone definiert, der Begriff wird aber auch verallgemeinert für alle entsprechenden Reizwirkungen verwendet.

Primin, goldgelbes hautreizendes p-Benzochinonderivat der Becherprimel, *Primula obconica*.

Primitivgrube, → Mesoblast.
Primitivknoten, → Mesoblast.
Primitivrinne, → Mesoblast.
Primitivstreifen, → Mesoblast.
Primofilices, → Farne, → Urfarne.
Primordialknochen, → Knochenbildung.
Primordialskelett, die embryonale Vorstufe des knöchernen Skeletts der Wirbeltiere. Aus seinen Knorpelelementen (Primordialknorpel) entstehen durch → Knochenbildung die Ersatzknochen (Primordialknochen) des knöchernen Skeletts.
Primordialwand, → Zellwand.
Prioritätsregel, → Nomenklatur.
Proamnionfalte, → Embryonalhüllen.
Proband, svw. Propositus.
Probasidie, Hypobasidie, Hyphenanschwellung, aus der sich der Sporenständer (Basidie) entwickelt. In der P. findet die Verschmelzung der Paarkerne statt.
Probefläche, → Vegetationsaufnahme.
Probiose, → Beziehungen der Organismen untereinander.
Problematika [griech. problema 'Streitfrage'], Bezeichnung für Fossilien, deren Deutung noch unsicher ist. Hierzu gehören vor allem fragliche Spurenfossilien, z. B. Grab-, Kriech- und Fraßspuren.
Proboscidea, → Rüsseltiere.
Prochlorophyten, eine Gruppe von grünen → Prokaryoten, die erst seit wenigen Jahren bekannt ist. Die P. unterscheiden sich von allen anderen Prokaryoten durch den Besitz von Chlorophyll b, das bisher nur aus Eukaryoten bekannt war, sowie durch das Fehlen von Phykobilinen, den roten und blauen Farbstoffen der Blaualgen. Die P. leben als Symbionten auf verschiedenen Manteltieren, sie konnten bisher noch nicht in Laborkulturen gehalten werden.
Proconsul, → Anthropogenese.
Proctodaeum, → Verdauungssystem.
Procyonidae, → Kleinbären.
Productus [lat. productus 'ausgedehnt, ausgestreckt'], eine vom Oberen Devon bis zum Perm verbreitete schloßtragende Gattung der Armfüßer ohne Armgerüst. Die Stielklappe ist hochgewölbt mit eingekrümmtem Wirbel. Die Armklappe ist ausgesprochen konkav. Beide Schalen sind punktiert und mit hohlen Stacheln oder Fortsätzen bedeckt, die als Verankerung dienten. Zu den P. gehören wichtige stratigraphische Leitformen des Karbons (Kohlenkalk) und Perms (*Productus*-Kalke).

Produkt-Gesetz, svw. Reizmengengesetz.
Produktionsbiologie, Teilgebiet der Synökologie, das den Stoff- und Energieumsatz im Ökosystem untersucht. Die Gesamtheit der im betrachteten System zu einem bestimmten Zeitpunkt vorhandenen organischen Substanz (bezogen auf eine Fläche oder im Volumen) wird als → Biomasse bezeichnet. Die Veränderung der Biomasse ist die *Produktion* oder *effektive Produktionsgröße*. Wird die Produktion auf eine Zeit bezogen, so erhält man die *Produktionsgeschwindigkeit* oder *Produktivität*. Grundlage der Existenz aller Ökosysteme ist die *Primärproduktion* der autotrophen Pflanzen, die in der Lage sind, mit Hilfe von Sonnenenergie organische Verbindungen aufzubauen. Auf der Grundlage dieser Primärproduktion kommt es dann zu einer an ein kompliziertes trophisches Gefüge gebundenen *Sekundärproduktion* durch die heterotrophen Konsumenten. Unter Abzug der für die Aufrechterhaltung des Stoffwechsels veratmeten Menge an organischer Substanz erhält man die *Nettoproduktion*. Diese ist bei den langlebigen Landpflanzen relativ leicht quantitativ zu erfassen (*Erntemethode*), da die gebildete organische Substanz akkumuliert wird. In aquatischen Ökosystemen ist die Erfassung der Primärproduktion mit Hilfe der Erntemethode nicht möglich, da die Lebenszeiten der entsprechenden Produzenten des Phytoplanktons zu gering sind und der Auf- und Abbau der organischen Substanz (*turnover*) zu schnell vonstatten geht. Die Erfassung der Nettoproduktion erfolgt hier über die mit Hilfe der ^{14}C-Methode bestimmbare *Assimilationsrate*. Die Gesamtheit der organischen Substanz auf der Erde wird mit 10^{20} g geschätzt, diese entfallen zu 99,99% auf die autotrophen Produzenten. Die jährliche Nettoproduktion der Ozeane beträgt 58 Mrd. t, die des Festlandes 50 Mrd. t Glukoseäquivalente.
Produktivität, → Produktionsbiologie.
Produkt-Moment-Korrelationskoeffizient, → Biostatistik.
Produzenten, → Nahrungsbeziehungen.
Proembryo, → Samen.
Profitabilität, Ertragswahrscheinlichkeit bei der Beutesuche von Raubtieren. Es handelt sich um den Quotienten aus Beutemenge und Jagdaufwand.
Profundal, Tiefenregion der Seen unterhalb der unteren Grenze des Pflanzengürtels (Abb. → See). Die Lebensgemeinschaft des P. besteht nur aus Konsumenten, d. h., sie ist ernährungsphysiologisch abhängig vom oberen → Pelagial und vom → Litoral. Ihr gehören Formen an, die auch in anderen Regionen vorkommen, hier aber besonders gut gedeihen (bathyphile Arten), und solche, die sich hier herausgebildet haben und nur hier leben (bathybionte Arten). *Bathyphile Arten* sind 1) *eurybathe* Formen, deren Vorkommen nicht an eine bestimmte Tiefe gebunden ist und die befähigt sind, auch flache Gewässer zu besiedeln; hierher gehört die Hauptmasse der Bathyphilen; 2) aus dem Grundwasser in das P. eingedrungene Grundwasserarten; zu ihnen rechnen die blinden Höhlenkrebse *Niphargus puteanus* und *Asellus cavaticus*, die in manchen oligotrophen Seen der Alpen in großen Mengen das P. besiedeln; 3) Eiszeitrelikte, wie die Reliktenkrebse *Mysis relicta*, *Pontoporeia affinis* und *Pallasea quadrispinosa*; als Reste einer kälteliebenden Eiszeitfauna haben sie sich im kalten Wasser des P. einiger tiefer Seen in Nordeuropa und Nordamerika bis heute gehalten.

Die Existenz *bathybionter Arten* ist, abgesehen von Formen der Tiefenregion des Baikal- und Tanganjikasees, nicht erwiesen. Wahrscheinlich ist jedoch der Tiefseesaibling, *Salmo salvelinus profundus*, bathybiont. Sein Vorkommen beschränkt sich auf das P. einiger tiefer Alpenseen, wo er sich herausgebildet hat.

Progenese, → Ontogenese, → Gametogenese.
Progesteron, *Schwangerschaftshormon*, *Corpus-luteum-Hormon*, *Gelbkörperhormon*, Pregn-4-en-3,20-dion, wichtiges weibliches Keimdrüsenhormon aus der Gruppe der Gestagene. P. leitet sich chemisch vom Pregnan ab und gehört zu den Steroidhormonen; F. 128°C. Es wird in bestimmten Phasen des Menstruationszyklus im Gelbkörper und während der Schwangerschaft in der Plazenta gebildet.

In der Nebennierenrinde produziertes P. fungiert als Zwischenstufe in der Biosynthesekette der Nebennierenrindenhormone sowie für die androgenen C_{19}-Steroidhormone. Der Transport von P. erfolgt in der Blutbahn, und zwar gebunden an ein Trägerprotein. Cholesterin und Pregnenolon dienen als biosynthetische Vorstufen.

P. bewirkt im weiblichen Organismus die Uterustätigkeit und ist für die Einbettung und Entwicklung des befruchteten Eies in der Uterusschleimhaut sowie für die Aufrechterhaltung der Schwangerschaft verantwortlich. Außerdem stimuliert P. den Aufbau sekretionsfähiger Milchdrüsenkanäle. Die Produktion von P. in der zweiten Hälfte des Menstruationszyklus wird durch das hypophysäre Hormon → Lutropin gesteuert. Die hormonale Steuerung des Menstruationszyklus erfolgt durch ein enges Zusammenspiel mit den Hypophysenhormonen Follitropin und Lutropin sowie den Steroidhormonen P. und Östradiol. Dabei wirkt P. als Antagonist der Östrogene.

P. wurde 1934 erstmals von Butenandt und Mitarbeitern aus Gelbkörpern isoliert. P. und strukturell veränderte Derivate werden z. B. bei Zyklusstörungen und habituellem Abort therapeutisch angewandt.

Proglottide, → Bandwürmer.
Prognathie, beim Menschen ein Gesichtsprofil mit einem Profilwinkel unter 80°. Das Vorragen der ganzen Ober- und Unterkieferpartie wird als *Ganzgesichts-Prognathie*, das des Alveolarbereichs der Kiefer als *alveolare P.* bezeichnet, während die *nasale* oder die *Mittelgesichts-Prognathie* nur die Nasenregion betrifft. Eine leichte P. des ganzen Gesichts ist bei den Mongoliden vorhanden, während die Negriden und Australiden ausgesprochen prognath sind. Am häufigsten ist die alveolare P., besonders bei den Negriden; sie kommt aber auch in schwacher Form nicht selten bei den Europiden vor. Eine ausgeprägte nasale P. ist meist eine individuelle Variante, die beim Menschen mit leptosomem Körperbau auftritt. Gegensatz: → Orthognathie. Abb.

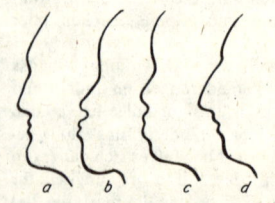

Gesichtsprofile (nach H. Bach): *a* orthognath, *b* Ganzgesichts-Prognathie, *c* alveolare Prognathie, *d* Mittelgesichts-Prognathie

Prognose, Vorhersage eines zur Zeit der Aussage noch nicht eingetretenen Ereignisses; im Pflanzenschutz die Vorhersage des Auftretens eines bestimmten Schaderregers sowie des hierdurch zu erwartenden Schadens. Es wird zwischen *Befalls-* und *Schadensprognose* unterschieden.
Progoneata, → Tausendfüßer.

Progradation, → Massenwechsel.
Progressionsindex, ein grobes Maß für die Fähigkeit des Gehirnes zu bestimmten Leistungen, z. B. Informationsspeicherung, (→ Engramm). Bei nahe verwandten Säugern mit ähnlicher Lebensweise, z. B. Insektivoren, besteht ein Zusammenhang zwischen Hirn- und Körpermasse. Ist eine solche Relation ermittelt, kann für andere Arten festgestellt werden, ob die tatsächliche Hirnmasse dem Wert entspricht, der aus der Muskelmasse erwartet werden müßte. Abweichungen vom Basiswert in Richtung auf höhere Hirnmassen werden als progressiv betrachtet. Die P. einzelner Hirnregionen bei Säugern zeigen, daß bei höher entwickelten insbesondere der Neocortex an Masse gewinnt.
Projektionsbahnen, → Rückenmark.
Projektionsfelder des Großhirns, Bereiche der Großhirnrinde, die vorwiegend die Ursprungsorte der motorischen Leitungsbahnen darstellen (*motorische P. d. G.*) oder in denen die meisten sensorischen Bahnen enden (*sensorische P. d. G.*).
Projektionszeichenspiegel, → mikroskopisches Zeichnen.
Projektiv, → Mikrophotographie.
Prokaryo(n)ten, *Prokaryota,* die → Bakterien und die → Blaualgen umfassende Gruppe von Mikroorganismen, die durch einen charakteristischen, von allen anderen Organismen (*Eukaryo(n)ten*) abweichenden Zellaufbau gekennzeichnet sind. Bei den P. ist das Kernplasma vom Zytoplasma nicht durch eine Kernmembran getrennt, ein Kernkörperchen kommt nicht vor und die Erbsubstanz (DNS) ist nicht mit basischen Proteinen verknüpft. Während der Zellteilung treten nicht die für Eukaryoten typischen Chromosomen und Plasmaspindelbildungen auf. Ebenso fehlen den P. Mitochondrien und Plastiden; deren Funktionen werden in der Prokaryotenzelle von der Zytoplasmamembran, von Einstülpungen dieser Membran und einfachen Chromatophoren ausgeführt. Vakuolen kommen nur selten vor, ein endoplasmatisches Retikulum tritt nicht auf. Die Ribosomen der P. sind kleiner als die im Zytoplasma der Eukaryoten vorkommenden, sie sind ebenso groß wie die Ribosomen der Mitochondrien und Plastiden der Eukaryoten. Die Zellwand der P. ist meist starr, sie enthält neben anderen Substanzen immer Murein. Soweit vorhanden, bestehen die der Bewegung dienenden Geißeln aus einigen umeinander gewundenen Proteinfibrillen.

Die P. sind einzellig oder bilden Zellverbände, besonders in Fadenform, aus gewöhnlich untereinander gleichen Zellen. Differenzierungen von Zellen treten wenig auf, z. T. werden Dauerzellen (Sporen, Zysten), Haftzellen u. a. ausgebildet. Die Zellgröße beträgt etwa 0,2 bis 10 µm.

Die Lebens- und Ernährungsweise der P. ist sehr vielfältig. Es gibt autotrophe und heterotrophe, aerobe und anaerobe, freilebende, parasitische und symbiontische Formen. Die Nährstoffaufnahme erfolgt in allen Fällen in molekularer Form über die Zelloberfläche.

P. sind auf der Erde weit verbreitet, sie kommen im Wasser und Boden, in der Luft und auf oder in anderen Organismen vor. Verschiedene P. können auch unter extrem ungünstigen Bedingungen leben. Die P. gelten als sehr ursprüngliche Lebewesen, die heute noch auf sehr frühen Stufen der Entwicklung des Lebens stehen.
Prolaktin, *laktotropes Hormon, Laktotropin, luteotropes Hormon,* Abk. *PL, LTH,* ein Proteohormon des Hypophysenvorderlappens, das zu den Gonadotropinen gehört. P. besteht aus 198 Aminosäureresten (Molekülmasse 23 000) und weist in seiner Primärstruktur strukturelle Verwandtschaft zum Somatotropin auf. Es wird in den azidophilen Zellen des Hypophysenvorderlappens gebildet und an die Blutbahn abgegeben. Bildung und Sekretion werden durch das Prolaktin-Releasing-Hormon, Abk. PRH (Prolaktoliberin), und das Prolaktin-Releasing-inhibierende Hormon, Abk. PIH (Prolaktostatin), reguliert.

P. wirkt über das Adenylat-Zyklase-System (→ Hormone) und fördert während der Schwangerschaft die Entwicklung der Brustdrüse und die Milchsekretion. Außerdem aktiviert P. bei Nagetieren das Corpus luteum und stimuliert die Ausscheidung von Progesteron.
Prolamellarkörper, → Plastiden.
Prolamine, Gruppe einfacher Proteine, die in 50- bis 90%igem Alkohol löslich sind. P. enthalten bis 45% Glutaminsäure und bis zu 15% Prolin. Die Hauptvertreter sind das Gliadin des Weizens und Roggens, das Hordein der Gerste und das Zein im Mais. Hafer und Reis enthalten keine P.
Prolecithophora, → Strudelwürmer.
Proliferation, *Prolifikation,* 1) Zellwucherung, von einem bestimmten Ausgangspunkt fortschreitende Bildung neuer Zellen, z. B. die Bildung neuer Sporenbehälter (Sporangien) innerhalb der alten Zellwand bei Algenpilzen.

2) → Plazenta.

3) zentrale oder seitliche Durchwachsung von Blüten, Blütenständen oder Früchten. → Mißbildungen.
Proliferationsphase, → Uterus.
L-Prolin, Abk. *Pro,* eine proteinogene, glukoplastisch wirkende Aminosäure, die in Wasser und Ethanol sehr leicht löslich ist. Sie ist vor allem Bestandteil von Kollagen, Gliadin und Zein. Die Synthese erfolgt aus L-Glutaminsäure und exogen zugeführtem L-Ornithin.

$$\begin{array}{c} H_2C\!-\!CH_2 \\ H_2CCH\!-\!COOH \\ N \end{array}$$

Prolongation, phylogenetische Verlängerung der Individualentwicklung durch das Hinzufügen weiterer Stadien. Meist ist es eine Verlängerung über das Endstadium der Vorfahren hinaus. In diesem Fall handelt es sich um Anabolie (→ biometabolische Modi).
Promeristeme, → Bildungsgewebe.
Prometaphase, → Mitose.
Promiskuität, → Eheformen.
Promitochondrien, → Mitochondrien.
Promoter, → Skripton.
Promyzel, schlauchförmige, septierte (gekammerte), oft rudimentäre Basidie der Brandpilze, deren vier Zellen seitlich Basidiosporen abschnüren.
Pronephros, → Exkretionsorgane.
Pronymphe, → Metamorphose 2).
Propansäure, svw. Propionsäure.
Propantriol-1,2,3, svw. Glyzerin.
Prophage, → temperente Phagen.
Prophageninduktion, → temperente Phagen.
Prophase, → Meiose, → Mitose.
Propionsäure, *Propansäure,* $CH_3\!-\!CH_2\!-\!COOH$, eine einfache Fettsäure, eine farblose, stechend riechende Flüssigkeit. P. kommt in manchen Pflanzen vor, z. B. als Ester in Äpfeln.
Propionsäurebakterien, unregelmäßig geformte, unbewegliche, anaerobe, grampositive Bakterien, die aus Glukose oder anderen Substraten Propionsäure bilden (Propionsäuregärung, → Gärung). Sie kommen im Magen und Darm von Tieren und in Milchprodukten vor. Bedeutsam sind die P. für die Käseherstellung.
Proplastiden, → Plastiden.
Propodosoma, → Milben.
Proportionalitätsregel, → Klimaregeln.
Propositus, *Proband, Index-Person,* in der Humangenetik die Person, die als erste Anlaß zur eingehenden genetischen

propriorezeptive Organe
Analyse der übrigen Familie gibt. Im Stammbaum wird der P. meist durch einen Pfeil gekennzeichnet.

propriorezeptive Organe, → Proprirezeptoren

Proprirezeptoren, *Interozeptoren,* im weiteren Sinne Rezeptoren, die auf Reize innerhalb des Körpers Erregungen bilden. Zu den P. gehören unter anderem solche zur Kontrolle von Kreislauf, Atmung, Bewegungsapparat. Im engeren Sinne Mechanorezeptoren (→ Tastsinn) des Bewegungsapparates und der Körperdecke, bei Arthropoden z. B. Haarsensillen an Gelenken, die die Verlagerungen von Körperteilen zueinander registrieren, bei Wirbeltieren unter anderem Muskel- und Sehnenspindeln, Gelenkrezeptoren und Pacinische Körperchen.

prosenchymatische Zellen, → Sproßachse.

Prosenzephalon, → Gehirn.

Prosimii, → Halbaffen.

Prosobranchia, → Vorderkiemer.

Prosoma, der Vorderkörper der → Fühlerlosen, der sich aus 6 Segmenten und dem Kopflappen (Acron) zusammensetzt. Er trägt stets 6 Paar Gliedmaßen, nämlich die Chelizeren, die Pedipalpen und 4 Paar Laufbeine. Meist ist das P. von einer einheitlichen Rückenplatte überdeckt. Oftmals ist aber auch noch das → Proterosoma zu unterscheiden.

Prosopora, → Wenigborster.

prospektive Bedeutung, → Determination, → prospektive Potenz.

prospektive Potenz, nach Driesch die überhaupt möglichen Entwicklungsleistungen eines Keimteils. Die p. P. eines Keimteils ist umfangreicher als seine tatsächliche Leistung im normalen Keim, die als *prospektive Bedeutung* bezeichnet wird. Aussagen einer p. P. einzelner Teile von Furchungsstadien hat man beispielsweise am Seeigel-Keim des 32-Zellen-Stadiums gewonnen. Halbiert man diesen längs eines Meridians, so bilden sich aus beiden Keimhälften normale, kleine Ganzlarven. Zerlegt man jedoch einen derartigen Keim in seine animale und vegetative Hälfte, so kann erstere nur gemäß ihrer prospektiven Bedeutung animale Organe, z. B. Mundfeld und Wimpernschopf, bilden, während sich aus der vegetativen Zellgruppe Skelett- und Darmteil sowie etwas umhüllendes Ektoderm entwickelt. → Determination.

Prostaglandine, eine Gruppe ungesättigter hydroxylierter Fettsäuren, die im Säugetierorganismus weit verbreitet sind und hormonähnliche Wirkung haben. Chemisch sind P. Derivate der Prostansäure, wobei sich die einzelnen P. durch unterschiedliche Anordnung der Doppelbindungen sowie Stellung der Hydroxy- und Ketogruppen unterscheiden. Man unterteilt die P. in A bis H (Abk. z. B. PGA, PGF) und gibt die Anzahl der Doppelbindungen der Seitenkette durch einen tiefgestellten Index an, z. B. PGE_2.

Prostansäure

Prostaglandin E_2

Prostaglandin $F_{2\alpha}$

Der Gehalt an P. ist bei tierischen Geweben sehr niedrig und beträgt etwa 1 µg P. je g Frischmasse. Besonders reich an P. ist das Samenblasensekret des Mannes mit etwa 300 µg/ml. Die quantitative Bestimmung der P. erfolgt daher durch empfindliche Methoden, wie Biotest, Radioimmunoassay oder kombinierte Gaschromatographie/Massenspektrometrie.

P. entstehen biosynthetisch durch mehrstufige enzymatische Oxidation langkettiger polyungesättigter Fettsäuren, wobei insbesondere Arachidonsäure eine wichtige Vorstufe darstellt. Gemeinsam mit den P. entstehen aus Arachidonsäure die strukturverwandten *Thromboxane, Prostazykline* und *Leukotriene,* die zur Gruppe der *Eikosanoide* zusammengefaßt werden und sich durch vielfältige pharmakologische Eigenschaften und außergewöhnlich hohe Wirkung auszeichnen.

Die P. wirken als Vermittler mannigfaltiger physiologischer Reaktionen und beeinflussen z. B. die Blutdruckregulation, stimulieren die Uteruskontraktion und sind am Prozeß der Entzündungshemmung beteiligt. Sie nehmen dabei eine Zwischenstellung zwischen den Gewebshormonen und den Transmittern ein. P. sind biologisch äußerst hochwirksame Substanzen, z. B. führt schon 1 ng P./ml zur Kontraktion der glatten Muskulatur. Die Wirkung der P. ist jedoch meist nur kurz. Über die genaue Funktion der P. und ihre Wirkungsweise ist noch wenig bekannt.

Die P. wurden 1934 von Euler entdeckt. Als erste Vertreter wurden 1957 PGE_1 und $PGF_{1\alpha}$ in kristalliner Form isoliert und 1962 in ihrer Struktur aufgeklärt. P. und einige Analoga befinden sich in breiter pharmakologischer Testung bzw. werden bereits als Arzneimittel in der Human- und Tiermedizin eingesetzt.

Prostata, *Vorsteherdrüse,* bei männlichen Säugern an der Basis der Harnröhre gelegene Drüse, deren Sekret einen beträchtlichen Teil des Spermas ausmacht. Die P. neigt bei Männern im höheren Lebensalter zur Vergrößerung und behindert dadurch den Urinabfluß.

prosthetische Gruppe, an → Proteine gebundene Nichteiweißkomponente. Wegen der katalytischen Wirkung sind besonders die p. G. der → Enzyme von Bedeutung.

Prostoma, → Gastrulation.

Prostomium, Kopflappen vieler Ringelwürmer, der die im ersten Segment befindliche Mundöffnung überragt.

Protactinium-Thorium-Test, → Datierungsmethoden.

Protamine, stark basische Proteine, die mit DNS assoziiert vorkommen. Der Hauptbestandteil mit 80 bis 85 % ist Arginin. Zu den P. gehört z. B. Salmin. Die Isolierung der P. erfolgte aus Fisch- und Vogelsperma. Sie wirken wie Genrepressoren.

Protandrie, svw. Proterandrie.

Protanopie, → Farbsinnstörungen.

Proteasen, zu den Hydrolasen gehörende proteolytische Enzyme, die in tierischen und pflanzlichen Organismen den enzymatischen Abbau von Proteinen und Peptiden bis zu den Aminosäuren durch hydrolytische Spaltung von Peptidbindungen R–NH–CO–R katalysieren. Sie spalten die Kohlenstoff-Stickstoff-Bindung und sind für den intermediären Ab- und Umbau von Proteinen von zentraler Bedeutung und daher weit verbreitet. Als Verdauungsenzyme finden sich P. vor allem im Magen-Darm-Trakt und bewirken dort den vollständigen Abbau der Nahrungsproteine. Zu ihnen gehören → Trypsin, → Chymotrypsin, → Pepsin, → Rennin u. a., die meist schon lange bekannt und untersucht sind. Die im Blut vorhandenen P. sind für die Blutgerinnung verantwortlich, während die intrazellulär in den Lysosomen lokalisierten P. den Abbau zelleigener Proteine katalysieren. P. sind entweder reine Proteine oder enthalten Metalle wie Zink. Sie werden aus enzymatisch inaktiven, höhermolekularen Vorstufen (→ Zymogene) durch gezielte enzymatische Proteolyse, die enzymatisch katalysiert oder als Autokatalyse abläuft, in das eigentlich proteolytisch wirksame Enzym überführt. Manche P. haben eine hohe Substratspezifität, z. B. das spezifisch auf Kasein eingestellte Rennin, während andere, z. B. Pepsin oder Chymotrypsin, praktisch alle Nahrungsproteine angreifen. Einige P. spalten nur bestimmte Peptidbindungen (Trypsin z. B. nur Lysyl- und Arginylbindungen), während andere P., z. B. Pepsin, keine derartig hohe Spezifität bezüglich der an der Peptidbindung beteiligten Aminosäuren aufweisen.

P. werden nach ihrem Angriffsort in zwei Gruppen unterteilt: 1) Die *Endopeptidasen* (*Proteinasen*) spalten Proteine und höhere Polypeptide an Peptidbindungen, die sich in der Mitte der Peptidkette befinden. Dabei entstehen unterschiedlich große Spaltprodukte. Diese P. werden weiter unterteilt in *Serinproteasen* mit Serin im aktiven Zentrum (z. B. Trypsin oder Chymotrypsin), *Thiolproteasen* mit Zystein im aktiven Zentrum (z. B. Papain), *saure Proteinasen* mit einem Wirkungsoptimum im sauren Bereich, wie Pepsin, und *Metalloproteinasen* mit einem Metallion im Molekül. 2) *Exopeptidasen* (*Peptidasen*) spalten jeweils nur eine Aminosäure vom Ende der Peptidkette her ab. Man unterscheidet hier *Karboxypeptidasen*, die vom C-terminalen Ende her die Peptidkette angreifen, und *Aminopeptidasen*, die vom Aminoende her angreifen. Bei dem schrittweise verlaufenden Abbau entsteht letztlich ein Dipeptid, das durch Dipeptidasen in zwei Aminosäuren zerlegt wird.

Proteide, → Proteine.
Proteinasen, → Proteasen.
Proteinbiosynthese, ein zyklischer, energieverbrauchender Mehrschrittprozeß, in dem freie Aminosäuren der Zellen zu Polypeptiden mit genetisch determinierter Sequenz polymerisiert werden. Beteiligt an der P. sind mRNS und rRNS in Form von Polyribosomen, tRNS sowie eine Reihe von Enzymen und Proteinfaktoren, die meist mehr oder weniger fest integrierte Bestandteile der → Ribosomen sind. Außerdem sind als niedermolekulare Kofaktoren Kationen und als Energielieferanten Adenosin-5'-triphosphat und Guanosin-5'-triphosphat notwendig.

Proteine, Eiweiße, Eiweißstoffe, hochmolekulare Naturstoffe, die vorwiegend aus Aminosäuren aufgebaut sind. Sie sind notwendige Bestandteile aller pflanzlichen und tierischen Zellen und nehmen in ihnen sowohl mengenmäßig (50%) als auch funktionsbedingt eine bevorzugte Stellung ein. P. sind z. B. als Enzyme bei der Regulierung biochemischer Reaktionen, als Hormone bei der Reaktionsübermittlung, als Gerüstsubstanzen beim Zellaufbau, als Reserve- und Transportverbindungen unentbehrlich. Sie spielen weiterhin eine wesentliche Rolle bei der Gerinnung des Blutes und der Milch, bei der Blutgruppenspezifität und der Gedächtnisbildung.

Eine systematische Klassifizierung der P. ist zum gegenwärtigen Zeitpunkt noch nicht möglich, da trotz großer Fortschritte die strukturelle Aufklärung erst in den Anfängen steckt. Zu den in wesentlichen angewendeten Einteilungsprinzipien gehören z. B. das Vorkommen in Organismen, in Organen und Zellorganellen, sowie biologische Funktionen (Tab. 1). Älteren Einteilungsprinzipien liegen unterschiedliche Lösungseigenschaften, Ladungszustände und Aminosäurezusammensetzungen zugrunde. Danach existieren als Hauptgruppen *globuläre P.*, die in Wasser und verdünnten Salzlösungen löslich und von kugelförmiger Gestalt sind, sowie *fibrilläre P.*, zu denen die praktisch in Wasser und Salzlösungen unlöslichen Faserproteine mit parallel zueinander angeordneten Polypeptidketten zählen (Tab. 2).

Tab. 1 Einteilung der Proteine nach Vorkommen und biologischer Funktion

Proteine in Organismen	Proteine in Organen	biologische Funktion
Pflanzliche Proteine	Plasmaproteine	Enzymproteine
Tierische Proteine	Muskelproteine	Strukturproteine
Bakterienproteine	Milchproteine	Transportproteine
Virusproteine	Eiproteine	Speicherproteine
	Ribosomenproteine	Rezeptorproteine
	Zellkernproteine	
	Membranproteine	
	Mikrosomenproteine	

Tab. 2 Einteilung der Proteine in globuläre und fibrilläre Proteine

Globuläre Proteine	Fibrilläre Proteine
Albumine	Kollagene
Globuline	Keratine
Histone	Elastine
Protamine	
Gluteline	
Prolamine	

Von diesen einfachen (reinen) P. unterscheiden sich zusammengesetzte (konjugierte) P., die auch als *Proteide* bezeichnet werden, durch das Vorhandensein einer essentiellen Nichteiweißkomponente, der *prosthetischen Gruppe*. Letztere kann mit der Eiweißkomponente kovalent, heteropolar oder koordinativ verbunden sein (Tab. 3).

Tab. 3 Zusammengesetzte Proteine

Proteide	prosthetische Gruppe
Glykoproteine	Galaktose, Mannose, Fukose
Lipoproteine	Triglyzeride, Cholesterin
Metallproteine	Metallionen
Phosphoproteine	Phosphorsäure
Nukleoproteine	Nukleinsäuren
Chromoproteine	Farbstoffkomponente

Die Molekülmasse für Einkettenproteine liegt zwischen 10 000 und 100 000, die der Mehrkettenproteine reicht bis zu mehreren Millionen. P. lassen sich auf Grund unterschiedlicher Sedimentationsgeschwindigkeiten mit Ultrazentrifugen trennen. Weitere Methoden basieren auf der Molekularsiebchromatographie oder auf Elektrophoreseverfahren.

Mittels der *Sequenzanalyse* können Aufeinanderfolge und Anzahl der genetisch determiniert verknüpften Aminosäuren bestimmt werden. Man bedient sich dabei chemischer, enzymatischer und physikalischer Abbaumethoden, die zur Charakterisierung der Gesamtkette bzw. ihrer Bruchstücke führen. Aneinanderfügen der so erhaltenen Sequenzen ergibt die *Primärstruktur* der P., die z. Z. von mehr als 1 000 P. bekannt ist.

Aussagen zur Konformation und biologischen Wirksamkeit der P. erfordern die Kenntnis der Sekundär- und Tertiärstruktur. Die *Sekundärstruktur* beschreibt die Kettenkonformation, die durch Wasserstoffbrückenbindungen zwischen den Karboxylsauerstoff- und den Amidstickstoffatomen entstehen. Die bekanntesten Formen sind die *Schraubenstruktur* (*Helix*), die bei Ausbildung von Wasserstoffbrücken innerhalb der Peptidkette entsteht, sowie die *Faltblattstruktur* (*β-Struktur*) mit Wasserstoffbrücken zwischen den Peptidketten. Die *Tertiärstruktur* beschreibt die räumliche Anordnung, die Faltung der Polypeptidkette, die durch intramolekulare Wechselwirkung entsteht. Sie gibt wesentliche Informationen über die Lage reaktiver Zentren. Bei nichtkovalenten, intermolekularen Wechselwirkungen zwischen zwei oder mehr Polypeptidketten assoziieren oder aggregieren diese zu stabilen oligomeren P. Diese Oligomeren stellen die *Quartärstruktur* dar und sind von mehr als 650 P. bekannt. Die Bestimmung der Sekundär-, Tertiär- und Quartärstruktur ist nur mittels Röntgenstrukturanalyse möglich.

Eigenschaften. P. haben sowohl basische als auch saure funktionelle Gruppen und sind typische Ampholyte, die wichtige Pufferwirkungen zeigen. In Abhängigkeit vom pH-Wert des Lösungsmittels überwiegen saure oder basische Eigenschaften. Am isoelektrischen Punkt, an dem das P. als Zwitterion vorliegt, erreichen Löslichkeit und Hydratation einen Minimalwert. Die Löslichkeit der P. wird weiterhin von der Elektrolytkonzentration, der Art des Lösungsmittels und der Aminosäurezusammensetzung bestimmt. Dabei begünstigt die Verteilung polarer und apolarer Aminosäuren auf der Moleküloberfläche eine Einhüllung der P. mit einem Wassermantel und schützt sie vor dem Ausflocken. Der Zusatz wenig polarer Lösungsmittel oder hohe Neutralsalzkonzentrationen führen zum Ausflocken, einem Prozeß, der zielgerichtet bei der Grobtrennung der P. angewendet wird. Bei P. mit asymmetrischer Ladungsverteilung, z. B. bei Serumglobulinen, ist dagegen eine bestimmte Salzkonzentration zur Stabilisierung der Löslichkeit unter Zurückdrängung von Assoziation und Aggregation der Proteinmoleküle notwendig (Einsalzeffekt).

Erhitzen, Bestrahlung, Rühren als physikalische Methoden, Säure- und Basenbehandlung sowie die Einwirkung von Detergenzien als chemische Methoden führen zur Bindungsspaltung zwischen den Peptidketten. Dieser als *Denaturierung* bezeichnete Prozeß ist reversibel, falls nur Nebenvalenzbindungen gespalten werden. Die meisten Denaturierungsreaktionen sind jedoch durch Thiol-Disulfid-Austausch, unspezifische Oxidationsreaktionen oder die Bildung neuer Kovalenzen gekennzeichnet, die zu irreversibler Zerstörung der Struktur führen und einen Verlust der biologischen Aktivität bedingen.

Der ständig wachsende Bedarf an P. für die Ernährung führte zur Entwicklung großtechnischer Anlagen, in denen mittels bestimmter Mikroorganismen aus Erdöl, Alkohol oder Zellulose Futtereiweiße gewonnen werden.

Proteinkörner, → Reservestoffe.
Proteinoide, synthetisch hergestellte Polypeptide, die als Modelle für erste Informationsmoleküle anzusehen sind, da sie gemeinsame Eigenschaften, wie Semipermeabilität, Vermehrung durch Knospung, mit lebenden Zellen aufweisen.
protektive Ansprüche, svw. Schutzansprüche.
Protenor-Typ, → Geschlechtsbestimmung.
Protentoderm, → Gastrulation.
Proteohormone, eine Gruppe von → Peptidhormonen.
Proteolyse, hydrolytische Spaltung von Peptidbindungen der Eiweißstoffe durch Enzyme (→ Proteasen) oder Säuren.
Proteolyten, *Eiweißzersetzer*, allgemeine Bezeichnung für Mikroorganismen, die eiweißabbauende Enzyme (Proteasen, Peptidasen) bilden. Die Eiweiße werden dabei über Peptide bis zu Aminosäuren abgebaut, die in den Zellstoffwechsel eingeschleust werden. Als Erreger von Fäulnis und Verwesung spielen die P. eine wichtige Rolle im Stoffkreislauf. P. finden sich sowohl unter den Pilzen wie auch unter den Bakterien, z. B. *Proteus vulgaris*, *Clostridium*-Arten und Streptomyzeten.
proteolytische Enzyme, → Proteasen.
Proterandrie, *Protandrie*, 1) die Erscheinung, daß bei vielen zwittrigen Tierarten die männlichen Fortpflanzungszellen früher als die weiblichen reifen, z. B. bei vielen parasitären Würmern oder manchen Lungenschnecken. Die P. verhindert ebenso wie die Proterogynie weitgehend die Selbstbefruchtung.

2) bei Insekten das Auftreten der Männchen im Jahresablauf vor den Weibchen.

3) → Bestäubung.

Proterogenese, → biometabolische Modi.
Proterogynie, *Protogynie*, 1) die Erscheinung, daß bei zwittrigen Tierarten die weiblichen Keimzellen vor den männlichen reifen, z. B. bei Manteltieren. P. sichert die Fremdbefruchtung. 2) → Bestäubung.
Proterosoma, der ursprünglich vorderste Körperabschnitt der → Fühlerlosen, der sich aus dem Kopflappen (Acron) und den 4 vorderen Segmenten zusammensetzt. Das P. ist manchmal noch deutlich erkennbar, oft aber mit den beiden folgenden Segmenten zu einem → Prosoma verschmolzen. Bei den Schwertschwänzen ist das P. beim adulten Tier völlig verdeckt, tritt aber während der Embryonalentwicklung noch deutlich hervor. Auch die *Trilobitomorpha* besaßen ein P., das also einen uralten Körperabschnitt der *Amandibulata* darstellt.
Proterozoikum, die erdgeschichtliche Frühzeit der Entwicklung des tierischen Lebens; umfaßt etwa die Zeit zwischen 2,6 und 0,57 Mrd. Jahren. Es ist die Hauptentwicklungszeit der Eukaryoten (→ Ediacara-Fauna).
Proteus, eine Gattung stäbchenförmiger, manchmal vielgestaltiger, einzeln, in Paaren oder Ketten auftretender Enterobakterien, die durch z. T. sehr zahlreiche Geißeln beweglich sind. Sie sind Fäulniserreger und kommen in Fäkalien, Abwasser u. ä. vor. Manche Arten, z. B. *P. vulgaris*, neigen zum Schwärmen, einem sehr raschen Ausbreiten auf festen Nährböden.
Prothallium, der Gametophyt der → Farnpflanzen.
Prothorakaldrüsen, paarige, selbständige Häutungsdrüsen bei holometabolen Insekten, die den Ventraldrüsen der hemimetabolen Insekten homolog sind. Sie stellen in den einzelnen Ordnungen sehr verschieden geformte, meist aber langgestreckte, oft verästelte Gebilde dar, die im lateralen Bereich zwischen Kopf und Thorax liegen. Die Zellen der P. bilden und sezernieren das für jede Häutung nötige Häutungshormon (→ Ekdyson), so daß ein zyklisches Verhalten für sie charakteristisch ist. Die größte Aktivität erreichen die P. unmittelbar vor der Imaginalhäutung, um in der Imago schließlich zu degenerieren.
Prothrombin, → Blut.
Prothrombinkomplex, → Blutgerinnung.
Protisten, *Einzeller*, zusammenfassende Bezeichnung aller einzelligen Organismen (Protozoen und Protophyten). Haeckel stellte die P. als drittes, neutrales Reich zwischen Tier- und Pflanzenreich, da bei diesen niederen Organismen die Grenze zwischen beiden oft unsicher ist. Die Einzelligkeit bleibt gewahrt bei der Bildung von Zellverbänden (Kolonien), da es sich dabei um gleichartige Zellen handelt. Es kann zu einer Differenzierung in generative und somatische Zellen kommen, aber nie zur Bildung verschiedenartiger Gewebe.
Protoascomycetidae, → Schlauchpilze.

Protobasidie, svw. Phragmobasidie.
Protobranchiata, → Kammkiemer.
Protocephalopoda, → Vierkiemer.
Protoderm, → Bildungsgewebe, → Histogene.
Protofilamente, → Mikrotubuli.
Protoklon, ein aus einem Protoplasten entwickelter Zellklon. → somaklonale Variation.
Protonema, → Moospflanzen.
Protonephridien, Ausscheidungsorgane aller Parenchymtiere, d. h. aller Tiere, bei denen der Raum zwischen Darm und Körperwand von einem festen Parenchym ausgefüllt ist (Gegensatz: Tiere mit Leibeshöhle), besonders typisch bei Plattwürmern und Rundwürmern. Die P. sind paarige, oft stark verzweigte Kanälchen, die durch Exkretionsporen nach außen münden. Die Kanälchen beginnen im Parenchym mit einer keulenförmigen Exkretionszelle, der *Terminalzelle,* die in das Kanallumen eine in dauernder Bewegung befindliche Wimpernflamme hineinragt.

P. besonderer Art findet man bei einigen Ringelwürmern und bei den Lanzettfischchen. Sie bestehen aus einem Kanal, der in die Leibeshöhle hineinragt und mit vielen Endkölbchen besetzt ist. Die Endkölbchen sind röhrenförmige Zellen, *Solenozyten,* die mit einer den Kern enthaltenden Verdickung enden. An Stelle der Wimpernflamme haben sie eine einzige, lange Geißel.

Protophyten, einzellige autotrophe Organismen im Gegensatz zu den heterotrophen Protozoen (→ Protisten). Zu den P. zählen vor allem Geißelalgen, Kieselalgen, einzellige Grünalgen, im weiteren Sinne auch Bakterien und Blaualgen.

Protoplasma, *Plasma,* die lebende Substanz der Zelle. Weiteres → Grundplasma, → Zellkern, → Zytoplasma.
Protoplasmaausstoßung, svw. Plasmoptyse.
Protoplasmawachstum, svw. Plasmawachstum.
Protoplasten, nackte, kugelförmige, durch geeignete Enzyme ihrer Zellwand entkleidete, nur vom Plasmalemma begrenzte Pflanzen- oder Mikroorganismenzellen. Sie können in speziellen Nährmedien kultiviert werden (*Protoplastenkultur*) und kommen dabei auch zur Teilung. P. können auch miteinander fusionieren (*Protoplastenfusion*). Oft erfolgt sogar die Fusion von P. verschiedener, nicht miteinander sexuell kreuzbarer Pflanzen. Aus den *Fusionsprotoplasten* bilden sich unter geeigneten Versuchsbedingungen wieder Pflanzen. Es bestehen Hoffnungen, hierauf völlig neue züchterische Prinziplösungen entwickeln und Kreuzungen unter Überwindung der Art- und Gattungsbarriere durchführen zu können. Bisher war es unter anderem möglich, P. von *Nicotiana glauca* und *Nicotiana langsdorffii* miteinander zu verschmelzen und die Hybridzellen zur Sproßbildung anzuregen. Diese Sprosse kamen, auf geeignete Unterlagen gepfropft, zur Blüte und Samenbildung. Die aus diesen Samen angezogenen Pflanzen waren mit auf sexuellem Wege erzeugten Hybriden völlig identisch.

Protoplastenfusion, → Protoplasten.
Protoplastenkultur, → Protoplasten, → Tabakmosaikvirus.
Protopodit, → Spaltbein.
Protopteridiales, → Farne.
Protosoma, der kurze, vorderste Körperabschnitt der Kranzfühler, Hemichordaten und Bartwürmer. Bei den Kranzfühlern ist das P. zu einem kleinen Epistom ohne Zölomhöhle reduziert, bei den anderen Stämmen enthält es das unpaare Protozöl. Bei den Bartwürmern trägt es außerdem die Tentakel.
Protostele, → Sproßachse.
Protostomier, *Protostomia, Gastroneuralia, Urmundtiere, Erstmünder, Bauchmarktiere,* Serie oder Stammgruppe der → *Bilateria.* Bei ihnen geht der Urmund der Gastrula in den endgültigen Mund über und bildet sich an der Stelle, wo sich der Urmund geschlossen hat, während der After als Neubildung entsteht. Der zentrale Strang des Nervensystems liegt auf der Bauchseite. Zu den P. gehören die meisten Tierstämme: Plattwürmer, Kelchwürmer, Schnurwürmer, Rundwürmer, *Priapulida,* Weichtiere, Spritzwürmer, Igelwürmer, Ringelwürmer, Stummelfüßer, Bärtierchen, Zungenwürmer, Gliederfüßer, Kranzfühler.
Prototroch, → Trochophora.
prototroph, → Heterotrophie.
Protozephalon, → Mesoblast.
Protoziliaten, → Opalinen.
Protozoen, *Urtierchen, Protozoa,* kleine, tierische, einzellige Lebewesen. Der an der Wurzel des Tierreiches stehende Stamm der P. besteht aus meist mikroskopisch kleinen Organismen, deren Körper sich aus einer einzigen Zelle aufbaut. Diese eine Zelle muß alle Lebensfunktionen ausführen, für die die Vielzeller verschiedene Gewebe oder Organe haben. In der Protozoenzelle treten daher häufig Strukturen zu komplexen Gebilden zusammen, *Organellen* genannt, die in ihrer Funktion an Organe höherer Tiere erinnern und ihren hohen Differenzierungsgrad bedingen.

System. Es werden 4 morphologische Haupttypen unterschieden und zur Grundlage der systematischen Einteilung erhoben, und zwar die mit Geißeln versehenen → *Flagellaten,* die Pseudopodien besitzenden → *Wurzelfüßer,* die parasitischen, sich durch Sporen vermehrenden → *Sporozoen* und die ein Wimperkleid tragenden → *Ziliaten.* Während letztere auch nach heutigem Wissen eine natürliche systematische Gruppe darstellen, sind die Sporozoen uneinheitlich, die Flagellaten mit einem Teil der Wurzelfüßer vielfältig verwandt.

Geologische Verbreitung. Kambrium bis Gegenwart. Paläontologisch von Bedeutung sind nur die Formen, die erhaltungsfähige Hartteile ausscheiden. Besonders unter den Wurzelfüßern finden sich Gruppen, die in großer Formenmannigfaltigkeit überliefert sind und zum Teil gesteinsbildend wurden.

Protozoentheorie, veraltete Vorstellung von der Wirksamkeit der Bodenprotozoen, wonach diese durch Vertilgen von Bodenbakterien die Fruchtbarkeit des Bodens schädigen sollen. Heute ist nachgewiesen, daß von Protozoen beweidete Populationen von Mikroorganismen physiologisch intensiver und ökologisch effektiver an der → Dekomposition teilnehmen.
Protozöl, → Leibeshöhle, → Mesoblast.
Protozoologie, Lehre von den einzelligen tierischen Lebewesen (→ Protozoen). Da in diesem Tierstamm viele Arten bedeutende Parasiten sind, bildet die P. ein wichtiges Teilgebiet der Parasitologie.
Protozyanin, → Zyanidin.
Protozyt, → Zelle.
Protrochula, → Müllersche Larve.
Protura, → Beintaster.
Proventriculus, → Verdauungssystem.
Provirus, → Tumorviren.
Provitamin D₂, svw. Ergosterin.
Provitamin D₃, svw. 7-Dehydrocholesterin.
Provitamine, → Vitamine.
Prozerkoid, → Bandwürmer.
Prozessionsspinner, → Schmetterlinge.
prozöle Wirbel, → Achsenskelett.
Prozonit, → Diplosegment.
Prüfgröße, → Biostatistik.
Psalidontie, → Gebiß.
Psammechinus, → Strandigel.
Psammon, *n,* Gesamtheit der Bewohner von Sandböden in

marinen oder limnischen Lebensstätten. Das *Epipsammon* umfaßt die relativ arme Fauna der Sandoberfläche; hingegen ist das *Mesopsammon* als Lebewelt des Sandlückensystems arten- und individuenreich. Ziliaten, Knidarier, Fadenwürmer, Borstenwürmer und Ruderfußkrebse (*Harpacticoidea*) sowie Mollusken sind mit speziellen Formen, die meist sehr klein und länglich gestaltet sind, vertreten. Das *Endopsammon* umfaßt die im Sand wühlenden und eingegrabenen Tiere, z. B. den Sandwurm *Arenicola marina*.

Psammophyten, Pflanzen, die für sandige Standorte typisch und an diese angepaßt sind.

Psaronius [griech. psar, psaros 'Star'], im Volksmund »Starstein«; es sind mit Zellstrukturen erhaltene verkieselte Farnstämme (Intuskrustationen), in denen die ehemaligen Lumina (Hohlräume) des Gewebes mit bunten Achaten (SiO_2) ausgefüllt sind.
  Verbreitung: Rotliegendes

Pselaphognatha, → Doppelfüßer.

Pseudoallele, eng gekoppelte Gene (Cistronen), die untereinander in Beziehung stehende Funktionen ausüben, eine bestimmte Region der Koppelungsgruppe einnehmen und in seltenen Fällen durch Crossing-over rekombiniert werden. P. werden im allgemeinen als Einheit (Komplexlocus) weitergegeben und zeigen im heterozygoten Zustand je nach ihrer Anordnung einen Positionseffekt, d. h., sie geben in Cis- und Trans-Konfiguration zur Entstehung unterschiedlicher Phänotypen Anlaß. Stellen z. B. A und B die Normalallele zweier benachbarter pseudoalleler Loci dar und führt die Cis-Konfiguration AB/ab zum Wildphänotyp, dann zeigt die korrespondierende Trans-Konfiguration aB/Ab den Mutantenphänotyp, und die Mutationen a und b erscheinen als Allele. Zeigt bei unvollständiger Dominanz von A und B die Konfiguration AB/ab Mutantenphänotyp, dann ist der Mutantencharakter von aB/Ab stets stärker ausgeprägt.

Pseudobranchien, → Tracheenkiemen.

Pseudochrysalis, Scheinpuppe, → Puppe.

Pseudogen, ein DNS-Segment, dessen Nukleotid-Sequenz der eines funktionierenden Gens ähnelt, selbst aber keine mRNS bzw. keine funktionsfähigen Polypeptide bildet.

Pseudohaploidie, Bezeichnung für solche haploide Formen, die aus Autopolyploiden (→ Polyploidie) entstanden sind und mehr als einen Chromosomensatz besitzen (→ Monohaploidie).

Pseudolamellibranchier, morphologische Bezeichnung für diejenigen Muscheln, bei denen sich die Kiemen soweit entwickelt haben, daß sie den Eindruck von Lamellenkiemen machen. Die einzelnen Kiemenfäden, die Filamente, sind noch nicht (wie bei den Eulamellibranchiern) miteinander verbunden. Hierzu gehören Auster, *Ostrea*, Perlmuschel, *Meleagrina*, und Pilgermuschel, *Pecten*.

Pseudomonas, eine artenreiche Gattung stäbchenförmiger, gramnegativer Bakterien, die an einem Zellende eine oder mehrere Geißeln tragen. *Pseudomonas*-Arten kommen im Boden und in Gewässern vor oder leben parasitisch in Mensch, Tier oder Pflanze. Sie haben in der Natur große Bedeutung für die Mineralisation organischer Stoffe. *P. aeruginosa* ruft bei Wundinfektionen den Blauen Eiter hervor, so benannt nach den von Bakterien gebildeten Farbstoffen.

Pseudomonotis [griech. pseudos 'fälschlich', monos 'einzig', ous, otos 'Ohr'], eine Gattung der anisomyaren Muscheln mit ovaler, nahezu gleichklappiger, radial berippter Schale. Der lange geradlinige Schloßrand läuft vorn in ein kleines, hinten in ein größeres »Ohr« aus.
  Verbreitung: Unterkarbon bis Kreide, besonders häufig in der alpinen Trias und als Leitfossil wichtig.

Pseudomykorrhiza, Form einer → Mykorrhiza, bei der der Pilz als Parasit lebt.

Pseudomyzel, → Myzel.

Pseudoparaphysen, sterile Hyphen mit degenerierten Kernpaaren, die im Sporenlager (Hymenium) der Ständerpilze neben den ebenfalls sterilen → Zystiden zu finden sind.

Pseudoparenchym, svw. Scheingewebe.

Pseudoperidie, zu einer festen Hülle verklebte Sporen der Rostpilze. Die P. bildet die Außenschicht des Sporenlagers, → Äzidium.

Pseudophyllidea, → Bandwürmer.

Pseudopodien, *Scheinfüßchen,* bei Wurzelfüßern vorübergehend gebildete Fortsätze des Zytoplasmas, die der Fortbewegung und der Nahrungsaufnahme dienen. Sie entstehen, indem Teile des Zytoplasmas in eine bestimmte Richtung fließen. Sie werden auf die gleiche Weise wieder eingezogen, oder der Körper fließt in das P. nach. Das letztere ist besonders bei breiten, lappenförmigen P., den *Lobopodien,* der Fall, die aus Ekto- und Endoplasma bestehen. Bei einem Teil der Testazeen findet man die *Filopodien,* dünne, fadenförmige, meist zugespitzte P. aus hyalinem Ektoplasma. Sie entspringen oft in Büscheln. Die *Retikulopodien* oder *Rhizopodien* sind ebenfalls dünn und fadenförmig, jedoch untereinander durch zahlreiche Anastomosen netzartig verbunden. Sie enthalten zahlreiche stark lichtbrechende Körnchen, die der Plasmaströmung folgen.

Pseudopolyploidie, Erscheinung, daß eine Verdopplung oder Vervielfachung der Chromosomengrundzahl (→ Polyploidie) nicht mit einer quantitativen Vermehrung des genetischen Materials verbunden ist. P. tritt z. B. als *Bruch-Pseudopolyploidie* bei Organismen auf, die in den somatischen Zellen eine größere Zahl kleinerer Chromosomen besitzen, während jene der Keimbahn nur wenige große aufweisen. Andere Formen der P. sind die *Agmatoploidie* und die *Fusions-Pseudopolyploidie*. Im letztgenannten Fall kann es zu Fusionen zahlreicher kleiner monozentrischer zu größeren polyzentrischen Chromosomen kommen, so daß innerhalb einer systematischen Einheit Formen mit vielen kleinen Chromosomen, solche mit wenigen großen und Zwischenstufen vorkommen können. Auf diese Weise kann das Auftreten einer Polyploidiereihe vorgetäuscht werden.

Pseudoscorpiones, → Afterskorpione.

Pseudosphaeriales, → Schlauchpilze.

pseudostigmatisches Organ, besonders die Hornmilben kennzeichnendes Organ, das aus einem Paar auffälliger, großer, auf dem vorderen Rückenabschnitt gelegener Bothriotrichen mit langen, gewimperten, gekeulten oder ähnlich geformten Borstenenden besteht. Sie dienen wahrscheinlich der Wahrnehmung von (Luft-) Erschütterungen.

Pseudostom, → Testazeen.

Pseudothezium, → Schlauchpilze.

Pseudozellen, rundliche, nur durch eine dünne Chitinmembran verschlossene Hautporen bei Onychiuriden (Springschwänze), aus denen mit Abschreckstoffen versehene, klebrige Hämolymphe zur Abwehr von Feinden (z. B. Raubmilben) austreten kann (Reflexbluten).

Pseudozöl, → Leibeshöhle.

Psilidae, → Zweiflügler.

Psilophytenzeit, → Paläophytikum.

Psilopsida, → Urfarne.

Psilotales, → Urfarne.

Psittaciformes, → Papageien.

PSM, Abk. für → Pflanzenschutzmittel.

Psocoptera, → Staubläuse.

Psycholamarckismus, eine Richtung der lamarckisti-

schen Entwicklungslehre, nach der ein den Tieren innewohnender »Vervollkommnungstrieb« als Evolutionsfaktor wirken soll. Der P. hat heute kaum noch Anhänger.
psychrophil, kälteliebend, Bezeichnung für Organismen, die niedrige Temperaturen bevorzugen.
Psychrophile, Mikroorganismen, deren optimale Wachstumstemperatur unter 20 °C liegt. Sie können sich z. T. noch bei Temperaturen von 0 °C oder darunter vermehren. P. kommen z. B. häufig im Meer und gelegentlich als Schädlinge in Kühlhäusern vor.
Psylloidea, → Gleichflügler.
Ptenoglossa, → Radula.
Pteranodon [griech. pteron 'Flügel', an 'ohne', odontes 'Zähne'], Gattung der Pterosaurier, mit mehr als 10 m, maximal 21 m Flügelspannweite das größte Flugtier aller Zeiten. Der etwa 1 m lange Schädel hatte spitze, zahnlose Kiefer; nach hinten war ein langer Knochenkamm entwickelt, der wohl als Steuerorgan diente. Die Knochen waren zum großen Teil hohl und besaßen nur eine geringe Masse.
Verbreitung: Oberkreide Nordamerikas (Kansas, Texas).
Pteraspis [griech. pteron 'Flügel', aspis 'Schild'], Gattung der Kieferlosen (Agnathi), deren Kopf und Vorderrumpf mit einem geschlossenen Panzer aus Knochenplatten versehen war. Der Schwanz und Hinterrumpf waren mit Schuppen bedeckt und deutlich heterozerk.
Verbreitung: Kambrium bis Unterdevon.
Pterichthys [griech. pteron 'Flügel', ichthys 'Fisch'], *Flügelfisch,* Gattung der Panzerfische. Untereinander fest verbundene Knochenplatten bildeten einen geschlossenen Panzer um Kopf und Rumpf. Zwei gepanzerte ruderartige Vorderextremitäten waren vorhanden.
Verbreitung: Mitteldevon Europas.
Pteridine, svw. Pterine.
Pteridophyta, → Farnpflanzen.
Pteridophytenzeit, Zeitabschnitt in der Florengeschichte. → Paläophytikum.
Pteridospermae, → Samenfarne.
Pterine [griech. pteron 'Flügel'], *Pteridine,* eine Gruppe von natürlichen Farbpigmenten, die den Purinen nahestehen und meist in kleinen Konzentrationen ubiquitär in biologischem Material verbreitet sind. Sie leiten sich chemisch vom Grundkörper *Pteridin* ab. Bekannteste Vertreter sind das weiße *Leukopterin* aus den Flügeln des Kohlweißlings und das gelbe *Xanthopterin* oder *Uropterin* aus den Flügeln

Leukopterin   Xanthopterin

des Zitronenfalters und den gelben Hinterleibsegmenten von Wespen und Hornissen. P. kommen auch in den Imagines anderer Schmetterlinge, Hautflügler, Netzflügler und Schnabelkerfe vor. P. sind wahrscheinlich Endprodukte im Stickstoffwechsel. Xanthopterin tritt in geringer Menge regelmäßig als Bestandteil des menschlichen Harns auf. Das *Biopterin* ist ebenfalls in kleinsten Mengen weit verbreitet und wurde in Fliegenextrakten, im Futtersaft der Bienenköniginnen-Larven, im Urin als Wuchsstoff für den Einzeller *Crithidia fasciculata* aufgefunden. Das Pteringerüst tritt auch in den biologisch sehr wichtigen Derivaten der Folsäure (→ Vitamine), im → Leukovorin und als Baustein der → Flavine auf.
Pteriomorpha, → Fadenkiemer.
Pterobranchia, → Flügelkiemer.
Pterodactylus [griech. pteron 'Flügel', dactylos 'Finger'], Gattung der → Pterosaurier von Sperlings- bis Habichtsgröße mit langem Hals und kurzem, fast völlig reduziertem Schwanz. Die Vordergliedmaßen waren unter starker Verlängerung des fünften Fingers zu Flugorganen umgestaltet. Die Tiere bewegten sich im Flatterflug oder als Hängekletterer im Geäst. An den Hinterextremitäten unterblieb die Entwicklung des 5. Fingers. Die spitzkonischen Zähne saßen nur noch im vorderen Teil des langen Kiefers.
Verbreitung: Malm, besonders gut erhaltene Exemplare wurden aus dem Solnhofener Plattenkalk (Bayern) bekannt. Nahe verwandte Formen stammen aus der Unterkreide Ostafrikas.
Pterogasterina, *Flügelmilben,* eine Gruppe meist sehr stark gepanzerter und dunkelbraun gefärbter → Hornmilben. Als Hautduplikaturen (Pteromorphen) sind vom Rücken seitlich herabhängende flügelartige Chitinanhänge entstanden, die den Schutz der Beine übernehmen und eine annähernde Kugelgestalt verursachen. Zu den P. gehört z. B. die Gattung *Galumna.*
Pteromorphen, → Pterogasterina.
Pteropoden, → Flügelschnecken.
Pterosaurier [griech. pteron 'Flügel', sauros 'Eidechse'], *Pterosauria,* **Flugsaurier,** ausgestorbene Ordnung flugfähiger, vogelähnlicher Kriechtiere, deren vordere Gliedmaßen durch Ausspannen einer Flughaut zwischen Körper und stark verlängertem 4. Finger zu Flügeln umgestaltet waren. Die drei ersten Finger waren freibeweglich und bekrallt, der 5. Finger war nicht bei allen Formen ausgebildet. Das Skelett bestand aus Hohlknochen. Der langschnabelige Kriechtierschädel, zumeist mit spitzkonischen Zähnen, saß rechtwinklig auf einem langen kräftigen Hals. Stammgruppe der P. sind vermutlich die triassischen Thecodontia.
Verbreitung: Obertrias bis Oberkreide.
Pterostigma, → Stigma 2).
Pteroylglutaminsäure, ein → Vitamin des Vitamin-B_2-Komplexes.
Pterygota, geflügelte Insekten. Zu ihnen gehören alle → Insekten außer den → Urinsekten.
PTH, → Parathyrin.
Ptomaine, svw. Leichengifte.
Ptychites [griech. ptyche 'Falte'], in der mittleren Trias (Anis bis Ladin) leitende Gattung der Ammoniten. Das Gehäuse ist dick-scheibenförmig, eng genabelt und planspiral eingerollt. Die Außenseite ist gerundet, die Oberfläche mit undeutlichen radialen Falten bedeckt. Die Lobenlinie ist schwach gezähnelt.
Ptyctima, → Hornmilben.
Ptyophagie, Form der Verdauung bei endotropher Mykorrhiza, vor allem bei Orchideen. Bei der P. platzen die Pilzhyphen in den Wirtszellen auf. Das frei werdende Protoplasma umgibt sich mit einer Membran, die durch Ausscheidungen des pflanzlichen und des pilzlichen Protoplasmas gebildet wird. Die als *Ptyosom* bezeichneten selbständigen freien Pilzkörper werden allmählich von Verdauungszellen (Phagozyten) abgebaut.
Ptyosom, → Ptyophagie.
Pubertät, → Geschlechtsreife.
Pubeszenztypus, → Konstitutionstypus.
Pudu, *Pudu,* bis reichlich hasengroße Hirsche aus Südamerika. Das Männchen bildet nur winzige Geweihspieße aus.
Puffer, eine Lösung, deren pH-Wert sich auch bei Zugabe von Wasserstoff- (H^+) oder Hydroxyl-(OH^-)-Ionen nicht wesentlich ändert. Die Pufferwirkung beruht darauf, daß zugefügte H^+- bzw. OH^--Ionen unter Bildung schwacher Säure bzw. Basen abgefangen werden. Als *Puffergemische* gegen eine Zunahme des Säuregrads sind vor allem Salze aus schwachen Säuren und starken Basen wirksam, z. B.

Puffottern

Natriumazetat oder Natriumphosphat. Dagegen eignen sich zum Abpuffern von OH^--Ionen Salze einer starken Säure oder einer schwachen Base, z. B. Ammoniumchlorid. Die bei biochemischen Arbeiten praktisch angewendeten P. sind meist Mischungen verschiedener Puffersubstanzen.

Die Pufferung spielt bei allen Lebensvorgängen eine entscheidende Rolle, denn sämtliche Stoffwechselprozesse sind an bestimmte, oft begrenzte *pH*-Bereiche gebunden. Besonders auffallend ist z. B. die *p*H-Abhängigkeit der Enzymreaktionen. In der Pflanze stellt z. B. der Zellsaft jeder Zelle ein ausgeprägtes *Puffersystem* dar. Bei den Tieren besitzen das Blut und andere Körperflüssigkeiten starke Pufferwirkung.

Puffottern, *Bitis*, über Afrika südlich der Sahara verbreitete, plumpe, breitköpfige → Vipern mit senkrechter Pupille und langen Giftzähnen. Sie bewegen sich nur selten schlängelnd, sondern mit Hilfe der großen, durch Rippenbewegungen aufgestemmten Bauchschilder langsam »laufend« vorwärts. Wüstenformen sind im allgemeinen hell, Regenwaldbewohner dunkel gezeichnet. In Erregung blasen sich die P. auf, beim Ausatmen zischen sie laut fauchend. Die P. sind lebendgebärend (vivi-ovipar). Man unterscheidet etwa 10 Arten. Die *Gewöhnliche P.*, *Bitis arietans*, gehört zu den weitestverbreiteten Giftschlangen Afrikas. Sie ist kurzschwänzig und trägt halbmondförmige, helle Flecken auf graubraunem Grund, bevorzugt offenes Gelände und frißt Mäuse und Ratten. Das Gift der bis 1,50 m langen, trägen, aber blitzschnell zustoßenden Schlange ist hochwirksam und ohne schnelle Hilfe für den Menschen lebensgefährlich. Die *Gabunviper*, *Bitis gabonica*, trägt ein lebhaft buntes, purpurbraun-gelb-blau-dunkelbraunes Teppichmuster. Die über 2 m lange Schlange ist die größte Vipernart der Erde, sie hat bis 3,8 cm lange Giftzähne und bewohnt die west- und zentralafrikanischen Regenwälder. Die etwas kleinere, ebenso lebhaft gefärbte und gezeichnete *Nashornviper*, *Bitis nasicornis*, hat 2 bis 3 spitze Schuppenhörnchen über jedem Nasenloch. In den südafrikanischen Trockengebieten leben noch mehrere kleinere, meist sandbraune Arten von P.

puffs, Aufblähungen einzelner Querscheiben an → Riesenchromosomen durch teilweise Auflockerung der Chromomeren und damit verbundener Genaktivierung (Funktionsform des genetischen Materials).

Pulicoidea, → Flöhe.
Pulmo, → Lunge.
Pulmonalklappen, → Herzklappen.
Pulmonaten, → Lungenschnecken.
Pulpahöhle, → Zähne.
Pulque, ein in Mexiko verbreitetes alkoholisches Getränk, das durch die spontane Vergärung von Agavensaft bereitet wird. Am Gärprozeß sind außer Hefen auch Bakterien, vor allem *Zymomonas mobilis*, beteiligt.

Puls, die Auswirkungen der Herzkontraktion auf die Bluttransportgeschwindigkeit (Strömungspuls), die Wandspannung (Druckpuls) und die Gefäßweite (Volumenpuls).

1) *Strömungspuls:* In der Aorta steigt mit Beginn der Austreibungszeit die *Strömungsgeschwindigkeit des Blutes* rasch auf den Spitzenwert an, der beim Menschen bis zu 100 cm/s beträgt, fällt dann ab, und in der Diastole steht das Blut fast still. 2) *Druckpuls.* Die Herzkontraktion löst im Arteriensystem eine Drucksteigerung bis zum systolischen Gipfelwert aus, der in der menschlichen Aorta etwa 17 kPa erreicht. Am Ende der Systole tritt in herznahen Arterien ein kurzer, steiler Druckabfall, die *Inzisur*, auf. Danach sinkt der Blutdruck weiter ab, und sein diastolischer Endwert liegt bei knapp 11 kPa. Den völligen Druckabfall bis auf den Wert in der linken Herzkammer verhindern der Schluß der Aortenklappe, die Windkesseleigenschaften (→ Windkesselfunktion) der Aorta, die noch Druck in der Diastole entwickeln, und der Widerstand der peripheren Gefäße, der einen Blut- und damit auch einen Druckstau erzeugt. Da jede Herzkontraktion einen Druckpuls verursacht, entspricht die Pulsfrequenz der Herzfrequenz. Die *Pulswellengeschwindigkeit* beträgt beim jugendlichen Menschen etwa 6 m/s. Sie steigt in den peripheren Arterien an und nimmt allgemein mit dem Alter zu. Die Pulswellengeschwindigkeit ist somit immer wesentlich höher als die Strömungsgeschwindigkeit des Blutes. 3) *Volumenpuls.* In der Systole dehnt der Blutdruck die Gefäßwand. Wie sich der Druck ändert, ändert sich auch der Gefäßquerschnitt, und diese Änderungen werden als Volumenpuls bezeichnet.

pulsierende Vakuole, svw. kontraktile Vakuole.
Puma, *Silberlöwe*, *Puma concolor*, eine große, silbergraue bis dunkelbraune oder gelbrote Katze, die ganz Amerika mit Ausnahme des östlichen Teiles von Nordamerika bewohnt und sich von kleinen Säugetieren und Vögeln ernährt.
Punicaceae, → Granatapfelgewächse.
Punktauge, → Lichtsinnesorgane.
Punktmutationen, → Genmutationen.
Pupa coarctata, → Puppe.
Pupa libera, → Puppe.
Puparium, Tönnchen, → Puppe.
Pupa obtecta, → Puppe.
Pupille, → Lichtsinnesorgane.
Puppe, *Chrysalis*, *Chrysalide*, während der Metamorphose auftretendes Ruhestadium bei holometabolen und einigen hemimetabolen Insekten. Nach der äußeren Form lassen sich 4 verschiedene Typen unterscheiden:

1) die *freie P.* (gemeißelte P., Pupa libera), bei der die Anlagen der Extremitäten und Flügel frei vom Körper abstehen. Sie kommt vor allem bei Käfern und Hautflüglern vor.

2) die *Mumienpuppe* (bedeckte P., Pupa obtecta), bei der die Körperanhänge durch erhärtende Exuvialflüssigkeit mit dem Körper verklebt sind. Sie kommt bei den Schmetterlingen, Marienkäfern und Faltenmücken vor.

3) die *Scheinpuppe* (Pseudochrysalis, Larva coarctata), eine ruhende Larvenform, die in der erhärteten Haut des vorangegangenen Larvenstadiums liegt. Sie kommt bei den Ölkäfern vor.

4) die *Tönnchenpuppe* (Pupa coarctata) ist die freie P. der höheren Fliegen (Cyclorrhapha), die in einem Tönnchen (Puparium) verborgen liegt. Das Puparium besteht aus der stark erhärteten vorletzten und der feineren letzten Larvenhaut.

Puppenräuber, → Laufkäfer.
Puppenwiege, → Käfer.
Purin, ein bizyklisches heterozyklisches Ringsystem, von dem sich zahlreiche physiologisch wichtige Derivate (Adenin, Guanin, Harnsäure, Hypoxanthin, Kinetine, Koffein, Xanthin u. v. a.) ableiten. P. wurde erstmals von E. Fischer 1898 aus Harnsäure dargestellt.

Purpur, *antiker Purpur*, ein aus dem Farbdrüsensekret der Purpurschnecken, *Murex brandaris*, und aus *Nucella*-Arten gewonnener Farbstoff. 12 000 Schnecken liefern etwa 1,5 g Farbstoff. P. war schon im Altertum bekannt und besaß noch im Mittelalter eine große Bedeutung.
Purpura, → Purpurschnecken.
Purpurbakterien, *Rhodobakterien*, zur Photosynthese befähigte Bakterien, die durch die enthaltenen Farbstoffe pur-

pur, rot oder braun gefärbt sind. Die meist im Wasser vorkommenden P. assimilieren CO_2 unter Ausnutzung von Lichtenergie, wobei im Gegensatz zu den Blaualgen und grünen Pflanzen die erforderliche Reduktionskraft für die Photosynthese nicht aus dem Wasser, sondern aus reduzierten Schwefelverbindungen, molekularem Wasserstoff oder einfachen organischen Verbindungen stammt. Diese Photosynthese erfolgt unter anaeroben Verhältnissen und führt auch nicht zur Freisetzung von Sauerstoff. Die in den Chromatophoren enthaltenen Farbstoffe sind Bakteriochlorophylle und Karotinoide.

Man unterscheidet die **Schwefelfreien P.** (*Rhodospirillaceae*) von den **Schwefel-Purpurbakterien** (*Chromatiaceae*), die Sulfide und Schwefel verwerten und in den Zellen Tröpfchen von elementarem Schwefel enthalten können, weshalb sie den → Schwefelbakterien zugeordnet werden.

Purpurin, ein orangefarbener Pflanzenfarbstoff, der als Begleiter des Alizarins in Krapp, *Rubia tinctorum*, vorkommt.

Purpurogallin, ein gelber Farbstoff, der sich in Form von Glukosiden in den Gallen an Zweigen und Blättern findet.

Purpurschnecken, *Purpura*, in wärmeren Meeren lebende Stachelschnecken mit einer Farbdrüse. Das Drüsensekret ist farblos, färbt sich aber im Licht violett zu Purpur und diente im Altertum als geschätzter und kostbarer Farbstoff. Meist wurde dieser Farbstoff jedoch nicht aus *Purpura*-Arten, sondern vorwiegend aus den Stachelschnecken *Murex brandaris* und *Murex trunculus* gewonnen.

Putreszin, Tetramethylendiamin, $H_2N-(CH_2)_4-NH_2$, ein biogenes Amin, das bei der enzymatischen Dekarboxylierung der Aminosäure Ornithin, z. B. bei Eiweißfäulnis, entsteht und früher zusammen mit Kadaverin zu den Leichengiften zählte. P. ist jedoch relativ harmlos. Es wurde auch in Ribosomen, manchen Bakterien und zahlreichen Pflanzen festgestellt.

Putzen, → Komfortverhalten.

Putzverhalten, Verhalten der Körperpflege, Komfortverhalten, das als Umsetzung von Schutzansprüchen angesehen werden kann. Beim *P. 1. Ordnung* werden Organe des Körpers für die Ausführung eingesetzt, die in bestimmten Putzbereichen wirksam werden. *P. 2. Ordnung* ist gegeben, wenn Bedingungen der Umgebung einbezogen sind, wie beim Sichreiben, Wälzen, Sand-, Staub- oder Wasserbaden. Ein *P. 3. Ordnung* liegt vor, wenn es im biosozialen Kontext als »Fremdputzen« (*allogrooming* oder *allopreening*) ausgeführt wird. Das Fremdputzen kann einseitig sein, wie beim Rind und bei Primaten, oder beidseitig, wie gewöhnlich beim Pferd, bei dem ein wechselseitiges *Beknabbern* kennzeichnend ist.

Pycnogonida, → Asselspinnen.

Pygidium, 1) bei den Ringelwürmern das letzte Körpersegment, das meist den After enthält. 2) das Schwanzschild der Trilobiten.

Pygostyl, → Achsenskelett.

Pyknidie, der krug- oder birnenförmige Fruchtkörper der Rostpilze, in dem die sehr kleinen, haploiden → Pyknosporen konidienartig abgeschnürt werden. Die P. sitzen gewöhnlich pustelartig auf der Blattoberseite der Wirtspflanzen und durchbrechen die Epidermis.

Pykniker, → Konstitutionstypus.

Pyknosporen, *Spermatien*, ungeschlechtliche, sehr kleine, haploide Keimzellen der Rostpilze, die in besonderen Fruchtkörpern (→ Pyknidie) gebildet werden. P. können gewöhnlich gesunde Pflanzen nicht anstecken.

Pylorus, → Verdauungssystem.

Pyozyanase, Stoffwechselprodukt von *Pseudomonas aeruginosa* mit antibiotischer Wirkung. Chemisch ist P. keine einheitliche Substanz. Sie enthält unter anderem das *Pyozyanin*, einen blauen, wasserlöslichen Farbstoff.

Pyralididae, → Zünsler.

Pyramidenbahnen, Leitungsbahnen im Rückenmark der Säugetiere und des Menschen, die in der Großhirnrinde beginnen und an den motorischen Vorderhornzellen des Rückenmarks enden. Alle P. stehen im Dienst der Willkürmotorik. Durch sie werden die außerordentlich fein abstufbaren, dem Willen unterworfenen Bewegungen ermöglicht.

Pyranosen, → Kohlenhydrate.

Pyrenoid, bei Phytoflagellaten, Algen, Moosen und manchen Farnen in → Plastiden vorkommender verdichteter Plasmabereich. P. sind fast frei von Thylakoiden und stellen Bildungsorte von Stärkekörnchen (bei *Euglena* Paramylon) dar.

Pyrenomycetidae, → Schlauchpilze.

Pyridinnukleotide, Gruppenbezeichnung für Verbindungen wie → Nikotinsäureamid-adenin-dinukleotid und → Nikotinsäureamid-adenin-dinukleotidphosphat.

Pyridinnukleotidzyklus, in der Natur sehr weit verbreiteter Biosynthesezyklus zur Bildung der Pyridinnukleotide, wie → Nikotinsäureamid-adenin-dinukleotid und → Nikotinsäureamid-adenin-dinukleotidphosphat, sowie von Naturstoffen, die sich biogenetisch von der Nikotinsäure ableiten, z. B. die Alkaloide Trigonellin, Rizinin und die *Nicotiana*-Alkaloide. Als Schlüsselprodukt wird Chinolinsäure in diesen Zyklus eingeschleust und stellt damit eine wichtige Vorstufe für Naturstoffe mit einem Pyridinring dar.

Pyridoxal, ein → Vitamin des Vitamin-B_6-Komplexes.

Pyridoxamin, ein → Vitamin des Vitamin-B_6-Komplexes.

Pyridoxin, ein → Vitamin des Vitamin-B_6-Komplexes.

Pyridoxol, ein → Vitamin des Vitamin-B_6-Komplexes.

Pyrolaceae, → Wintergrüngewächse.

Pyrophosphate, → Phosphor.

Pyrosomida, → Feuerwalzen.

Pyrrhophyceae, → Geißelalgen.

Pyrrol, Grundkörper zahlreicher biologisch wichtiger Derivate, z. B. Gallenfarbstoffe, Porphyrine, vieler Alkaloide sowie der Aminosäuren Prolin und Hydroxyprolin. Die Dämpfe von P. färben einen mit Salzsäure befeuchteten Fichtenspan feuerrot; die Verbindung wurde nach dieser Reaktion benannt.

Pythonschlangen, → Riesenschlangen.

Q

Q_{10}, → Temperaturkoeffizient.
Quadratum, → Schädel.
quadriplex, → nulliplex.
Quadrivalent, ein aus 4 homologen Chromosomen in der Meiose bei Polyploiden bestehender Paarungsverband, der durch Chiasmen vom Diplotän bis zur frühen Anaphase I zusammengehalten wird.

Quadrupedie, *Vierfüßigkeit*, im engeren Sinne die vierfüßige Fortbewegungsweise und ein altes taxonomes Kennzeichen der vierfüßigen Wirbeltiere (*Tetrapoda*), d. h. der Lurche, Kriechtiere, Vögel und Säugetiere. Von Linné wurde die Bezeichnung *Quadrupeda* nur für die Säugetiere verwendet. Starke Abweichungen in der Q. zeigen die Vögel, bei denen die Vorderextremitäten zu Flügeln umgewandelt sind.

Quagga, → Zebras.
Qualle, svw. Medusen.
Quantasom, → Photosynthese.
Quantenevolution, von G. G. Simpson begründete Hypothese über das Entstehen höherer systematischer Einheiten. Während die Entwicklung innerhalb einer adaptiven Zone, die Simpson als *phyletische Evolution* bezeichnet, relativ stetig verläuft, sollen neue adaptive Zonen durch kleine Populationen in »Quantensprüngen« erreicht werden. Dieser Vorgang beginnt gewöhnlich mit einer Störung des Organismus-Umwelt-Verhältnisses, das zu einer 1) instabilen Phase führt, die nur von wenigen Populationen überlebt wird. Q. ist also ein »alles-oder-nichts-Ereignis«. Danach wird in einer 2) präadaptiven Phase unter hohem Selektionsdruck ein neues Gleichgewicht mit der Umwelt angestrebt, das in der 3) adaptiven Phase erreicht wird. Ein Beispiel für Q. ist nach Simpson die Entwicklung von Grasfressern aus Laubfressern während der stammesgeschichtlichen Entwicklung der Pferde. Obwohl neue Organisationsformen sicher wiederholt relativ rasch entstanden sind, ist diese Hypothese einerseits umstritten, andererseits recht unbestimmt formuliert.

Quappe, *Lota lota, Aalraupe,* zu den Dorschartigen gehörender, langgestreckter, räuberischer Grundfisch der europäischen Fließgewässer. Die Q. ist der einzige Vertreter der Dorschartigen, der im Süßwasser lebt.

Quartär, jüngstes geologisches System mit einer Dauer von 1,8 bis 2 Mill. Jahren. Es wird in das → Pleistozän und das → Holozän gegliedert. Für das Q. ist besonders die Entwicklung des Menschen kennzeichnend. → Erdzeitalter.

Quartärstruktur, → Proteine.

Quastenflosser, *Crossopterygii, Krossopterygier,* Gruppe sehr ursprünglicher, plumper Knochenfische mit pinselartigen, mehr oder weniger gestielten Flossen.

Geologische Verbreitung: Unteres Devon bis Gegenwart. Die Blütezeit der Q. lag im Devon, für diese Zeit haben sie auch Bedeutung als Leitfossilien (England, Skandinavien, Nordamerika). Einige Q., die *Osteolepiformes,* sind vermutlich die Vorfahren der Lurche und damit der Landwirbeltiere.

Die Q. galten lange Zeit als ausgestorben, bis 1938 erstmals ein lebender Vertreter vor der ostafrikanischen Küste gefangen und als *Latimeria chalumnae* beschrieben wurde. Er wird etwa 150 cm lang und lebt räuberisch in 70 bis 400 m Tiefe. Die paarigen Flossen werden zur Fortbewegung auf dem Bodengrund benutzt (Tafel 4).

Quelle, Austrittsstelle von Grundwasser. Bezüglich des Austritts von Wasser aus dem Boden unterscheidet man: *Limnokrenen* oder *Tümpelquellen.* Sie bestehen aus einem Becken, das vom Grund her mit Grundwasser gespeist wird und durch Überlauf den Quellbach bildet. Ihr Untergrund ist meist sandig und mit höheren Pflanzen bewachsen. *Rheokrenen* oder *Sturzquellen.* Sie treten aus einem geneigten Hang; ihr Wasser fließt, ohne ein Becken zu bilden, mit meist großem Gefälle zu Tal. *Helokrenen, Sicker-* oder *Sumpfquellen.* Sie verwandeln das Quellgebiet in einen Sumpf, der den Quellbach speist.

Nach der Temperatur und den chemischen Eigenschaften des Wassers unterscheidet man Akratopegen, Thermen und Mineralquellen.

Die Wassertemperatur der *Akratopegen* ist konstant niedrig und entspricht etwa der Jahresdurchschnittstemperatur des Quellortes. Im Sommer ist das Wasser kälter, im Winter wärmer als die Lufttemperatur. Der Sauerstoffgehalt ist bei Austritt des Grundwassers gering, nimmt aber durch den Kontakt mit der Atmosphäre schnell zu. Der Gehalt an Mineralsalzen wird durch den geologischen Charakter der Umgebung des Quellortes bestimmt.

Die Besonderheiten des Temperaturregimes haben zur Folge, daß die Wasserpflanzen der Q. im Winter nicht absterben. Sie vermehren sich vegetativ, da sie der niedrigen Sommertemperatur wegen nicht zum Blühen kommen. Im schwach bewegten Wasser der Tümpelquellen finden sich häufig Bestände höherer Pflanzen, wie Brunnenkresse, *Nasturtium officinale,* und Haarblättriger Hahnenfuß, *Ranunculus trichophyllus;* in Sturzquellen siedeln sich vor allem Algen und Moose an, wie Brunnenlebermoos, *Marchantia polymorpha,* und Quellmoos, *Fontinalis antipyretica.* Die Tierwelt der Q. besteht aus echten Quelltieren, den Krenobionten, aus Arten, die die Q. als Lebensort wählen, jedoch aus benachbarten Lebensräumen stammen, den Krenophilen, und aus Arten, die nur zufällig in Q. anzutreffen sind, den Krenoxenen. Krenobionten (*Krenon*) sind meist kälteliebende Reinwasserformen ohne hohen Sauerstoffbedarf, z. B. der Strudelwurm *Polyclades alba,* die Ruderfußkrebse *Canthocamptus echinatus* und *Canthocamptus zschokkei,* mehrere Muschelkrebse, die meisten Arten der Schneckengattung *Bythinella* (vor allem *Bythinella dunkeri* und *Bythinella alta*) sowie viele Wassermilben- und Insektenarten. *Krenophile* Arten stammen aus der obersten Region des ableitenden Baches, wie *Planaria alpina* und der Bachflohkrebs *Gammarus pulex,* aus dem Grundwasser, wie der Brunnenkrebs, *Niphargus puteanus,* der Brunnendrahtwurm, *Haplotaxis gordioides,* und die weiße *Planaria vitta.*

Liegt das Jahresmittel der Temperatur des Quellwassers über dem des Quellortes, werden die Q. als *Thermen* bezeichnet. Sie sind meist vulkanischen Ursprungs und der Temperatur nach unterteilt in Hypothermen unter 18°C, Hilarothermen 18 bis 30°C, Euthermen 30 bis 50°C, Akrothermen 50 bis 70°C und Hyperthermen über 70°C. Bis 40°C sind die Fauna und Flora der Thermen noch vielgestaltig und reich an Formen des normalen Wassers. Zwischen 40 und 45°C nimmt die Artenzahl stark ab, und nur wenige echte thermale Formen vermögen in noch wärmerem Wasser zu leben; sie erreichen dabei folgende obere Temperaturgrenzen:

Bakterien	88,0°C
Blaualgen	85,2°C
Kieselalgen	40,0°C
Grünalgen	38,0°C
Protozoen	55,0°C
Rädertierchen	45,0°C
Schnecken	53,0°C
Insekten	50,0°C
Fische	37,5°C
Blütenpflanzen	40,0°C

Das Wasser der *Mineralquellen* enthält wenigstens 1 g je 1 kg Wasser gelöste feste Bestandteile bzw. unabhängig von ihrer Zusammensetzung einzelne Spurenelemente oberhalb festgelegter Grenzen bzw. Gase. Nach der chemischen Zusammensetzung des Quellwassers unterscheidet man Säuerlinge, Eisen-, Arsen-, Salz-, Jod-, Schwefel-, radioaktive und andere Q.

Lit.: F. Gessner: Hydrobotanik, Bd. 1 (Berlin 1955); A. Thienemann: Die Binnengewässer Mitteleuropas. In: Die Binnengewässer, Bd. 1 (Stuttgart 1925).

Queller, → Gänsefußgewächse.

Quellhyphen, → Flechten.

Quellung, mit Volumenvergrößerung gekoppelte reversible Wassereinlagerung in eine hochmolekulare Substanz, den *Quellkörper.* Die Q. ist ein rein physikalisch-chemischer Prozeß, der in gleicher Weise von lebenden wie nichtlebenden Quellkörpern, z. B. Gelatine, wiederholt vollzogen und wieder rückgängig (*Entquellung*) gemacht werden kann. Der Vorgang der Q. besteht darin, daß sich Wassermoleküle im Quellkörper zwischen die makromolekularen Bausteine drängen. Das ist möglich, da Wassermoleküle infolge ungleicher Ladungsverteilung den Charakter von Dipolen haben und daher sowohl von positiv als auch von negativ geladenen Gruppen des Quellkörpers elektrostatisch angezogen werden. Bei der Anlagerung an die hydrophilen Gruppen des Quellkörpers verlieren die Wassermoleküle einen Teil ihrer kinetischen Energie. Dieser wird in Wärme umgewandelt, die als *Quellungswärme* bezeichnet wird. Sie ist an quellenden Samen gut meßbar. Im Protoplasma überwiegen die angeführten Hydratationsphänomene. In der Zellwand tritt neben die Hydratation, die dort vor allem an geladenen Gruppen der Protopektine und der Hemizellulosen erfolgt, auch kapillare Wassereinlagerung zwischen die Mikrofibrillen und in die Intermizellarräume.

Sowohl durch die elektrostatische Anziehung der Dipole des Wassers durch geladene Gruppen der Makromoleküle als auch durch Kapillarkräfte wird das Wasserpotential im Quellkörper herabgesetzt, und es entsteht ein Wasserpotentialgradient zur Umgebung. Die Kräfte, mit denen ein Quellkörper Wasser anzieht, können, besonders zu Beginn der Q., außerordentlich groß sein und viele hundert bar betragen. Darauf beruht die Anwendung quellbarer Körper, z. B. trockener Samen, zur vorsichtigen Sprengung der Schädelknochennähte bei der Präparation von Schädeln. Durch quellendes Holz können sogar Felsen gesprengt werden. Der Wassereinstrom in einen Quellkörper wird durch einen dem Quellungsdruck entgegengesetzten Druck gleicher Größe verhindert.

Man unterscheidet begrenzt und unbegrenzt quellbare Körper. Bei den begrenzt quellbaren Körpern, zu denen z. B. Zellulose und Stärke gehören, werden die Makromoleküle oder die Molekülaggregate, die Mizellen, des Quellkörpers durch die Wassermoleküle zwar auseinandergedrängt, sie bleiben aber durch verschiedene Bindungskräfte miteinander zu einem Netzwerk verbunden, dessen zusammenhängende Zwischenräume mit Wasser gefüllt sind. Dagegen werden bei unbegrenzt quellbaren Körpern, zu denen Gummiarabikum, Hühnereiweiß oder auch die Zytoplasmaproteine zählen, die einzelnen Teilchen durch das Wasser völlig auseinandergedrängt und bilden dann eine kolloidale Lösung im Solzustand. In ihr sind Wassermoleküle als Haft- oder Hydratationswasser bzw. »gebundenes Wasser« an die Teilchen der dispergierten Phase gebunden. Diese *Hydratisierungs-* oder *Solvathüllen* halten die Teilchen in der Schwebe. Die dispergierten, hydrophilen Kolloide können durch Beseitigung ihrer Ladung oder durch Wasserentzug verfestigt oder ausgefällt werden. Sie gehen dann in den Gelzustand über.

Die Q. wird durch anorganische Ionen stark beeinflußt. Letztere vermögen selbst Wasser an sich zu binden und hierdurch dem Quellkörper Wasser zu entziehen. Hierauf beruht das Aussalzen von Eiweiß aus Lösungen, z. B. durch Ammoniumsulfat. Darüber hinaus können anorganische Ionen die Ladung von Quellkörpern abschwächen oder, nach Absorption an diesen, verstärken und hierdurch deren Befähigung zur Wasserbindung beträchtlich verändern. Dabei spielen Stärke und Vorzeichen der Eigenladung, Ionendurchmesser und Dicke der Ionenhydratisierungshülle eine entscheidende Rolle. Da die wichtigsten quellungsfähigen Zellbestandteile, die Eiweiße des Protoplasmas, überwiegend negative Eigenladungen tragen, wirken die positiv geladenen Kationen im allgemeinen entladend, d. h., unter ihrer Einwirkung ist die Q. schwächer als in reinem Wasser. Anionen begünstigen dagegen die Q. Zweiwertige Ionen wirken stärker entquellend als einwertige. Demzufolge hemmt z. B. Ca^{2+} (→ Kalzium) die q. stärker als K^+ (→ Kalium). Liegen beide Ionen gemeinsam vor, dann beeinflussen sie die Q. gleichsam in entgegengesetztem Sinne. Ca^{2+} wirkt stark entquellend, K^+ demgegenüber gewissermaßen quellend, zumal durch große Hydrathüllen mit den K^+-Ionen Wasser in den Quellkörper diffundiert. Das ist ein Beispiel für Ionenantagonismus. Eine entsprechend ihrer Quellungswirkung geordnete Reihe von Ionen nennt man eine → lyotrope Reihe.

Da die Funktion der Plasmaproteine, z. B. der Enzyme und der Membranproteine, wesentlich durch deren Hydratation bestimmt wird, ist der *Quellungszustand* des Protoplasmas von ausschlaggebender Bedeutung für den Zellstoffwechsel. So wird beispielsweise bei der Sporen- und Samenreife der Stoffwechsel durch Entquellung des Protoplasten reversibel nahezu vollständig unterbunden.

Quellungsbewegungen, → hygroskopische Bewegungen.
Quellungsreihe, svw. lyotrope Reihe.
Quenching, svw. Fluoreszenzlöschung.
Querbandenmuster, → Chromosomen.
Querder, → Neunaugen.
Querpolarisierung, → Phototropismus, → Geotropismus.
Querscheiben, → Riesenchromosomen.
Querwand, svw. Septum.
Querzahnmolche, *Ambystomatidae,* amerikanische Familie der → Schwanzlurche, deren Gaumenzähne in Querreihen angeordnet sind. Die meist gedrungen gebauten Tiere werden 8 bis 30 cm lang, haben breite Köpfe, meist deutliche Rippenfurchen und einen seitlich zusammengedrückten Schwanz. Die Q. bewohnen feuchte Wälder (oft im Boden wühlend), doch auch Teiche und Bergbäche. Viele Arten suchen das Wasser nur zur Balz, Spermaabgabe und Eiablage auf (innere Befruchtung; die Weibchen nehmen die vom Männchen abgesetzte Spermatophore mit der Kloake auf). Die Eier werden einzeln oder in Klumpen ins Wasser gelegt. Einige Q. zeigen gelegentlich, der → Axolotl regelmäßig → Neotenie und pflanzen sich im Larvenstadium fort. Weitere Vertreter der mehr als 30 Arten umfassenden, von Südalaska bis Mexiko verbreiteten Familie der Q. sind → Tigersalamander und → Gebirgssalamander.
Querzetin, ein zur Gruppe der Flavonole gehörender, sehr verbreiteter gelber Pflanzenfarbstoff. Er kommt teils frei, teils als Glykosid an verschiedene Zucker gebunden unter anderem in Baumwollblüten, im Goldlack, im Hopfen, in Kastanien, gelben Stiefmütterchen, Zwiebelschalen und im chinesischen Tee vor.

Ein wichtiges Glykosid des Q. ist das *Rutin.* Bereits 1892 aus der Weinraute, *Ruta graveolens,* isoliert, hat es von diesem Vorkommen seinen Namen erhalten. Rutin tritt oft als Begleiter der Askorbinsäure auf und wirkt gegen die Brüchigkeit der Blutgefäße (→ Vitamine). Die Verbindung ist auch als Strahlenschutzmittel von Bedeutung und ermöglicht z. B. bei Krebsbehandlung die Anwendung einer stärkeren Strahlendosis ohne gesundheitliche Schädigung.
Quesal, → Trogons.
Quesenbandwurm, *Taenia multiceps,* ein im Darm von Hunden schmarotzender, bis 60 cm langer Bandwurm. Seine Finne, der *Zönurus,* lebt im Gehirn von Schafen, Rindern und Pferden und verursacht die Drehkrankheit. Die Finne ist eine ei- bis faustgroße, flüssigkeitserfüllte Blase, die zahlreiche eingestülpte Bandwurmköpfe enthält.
Quetschpräparat, → mikroskopische Präparate.
Quieszenz, → Dormanz, → Überwinterung.
Quitte, → Rosengewächse.

Quotient of similarity

Quotient of similarity, → QS-Wert.

QS-Wert, *Quotient of similarity, Ähnlichkeitsquotient nach Sörensen*, drückt die Relation zwischen den in zwei verglichenen Beständen gemeinsamen Arten (c) und der durchschnittlichen Gesamtartenzahl beider Bestände (a + b) nach folgender Formel aus: $\frac{200c}{a+b}$ = QS [%].

R

R, in der Genetik Symbol für eine Rückkreuzungsgeneration, entstanden durch Kreuzung eines Bastards mit einer seiner Elternformen.

Rabenkrähe, → Rabenvögel.

Rabenschnabelbein, → Schultergürtel.

Rabenvögel, *Corvidae*, Familie der → Singvögel mit etwa 100 Arten. Sie sind Allesfresser, verstecken gern Gegenstände und untersuchen ihre Umwelt. Die kleineren Vertreter sind drosselgroß. Vertreter sind Kolkrabe, Raben-, Saat- und Nebelkrähe, Elster und Blauelster, Häher, Dohle, Alpendohle, Alpenkrähe, Kittas u. a.

Rachenblütler, → Braunwurzgewächse.

Racken, → Rackenvögel.

Rackenvögel, *Coraciiformes*, weltweit verbreitete Ordnung der Vögel mit nahezu 200 Arten. Diese bilden 8 Verwandtschaftsgruppen, die im System als Familien geführt werden. Sie unterscheiden sich nach der Gestalt und dem Schnabel. Die Jungen sind Nesthocker, sie sperren. Zu den *Racken, Coraciidae*, zählen *Kurol, Blauracken, Erdracken, Roller*, zu den *Eisvögeln, Alcedinidae, Lieste* und *Fischer*. Weitere Familien sind die *Todis, Todidae, Sägeracken, Momotidae, Bienenfresser, Meropidae, Hopfe, Upupidae, Baumhopfe, Phoeniculidae*, und die *Nashornvögel, Bucerotidae*. Zu dieser Familie gehört der *Hornrabe*.

Racquet-Formen, Hyphen, die an den Enden oder an den Querwänden in der Form eines Tennisschlägers angeschwollen und vor allem bei Hautpilzen verbreitet sind.

Radekrankheit, eine durch den Weizennematoden (Weizenälchen), *Anguina tritici*, einen Fadenwurm, hervorgerufene Krankheit des Weizens, die durch gestauchten Wuchs, geknickte oder leicht gedrehte Blätter und gespreizte Ähren kenntlich ist. Die Spelzen enthalten die Radekörner, d. s. kleine harte Gallbildungen, die dem Samen der Kornrade ähneln und einen weißlichen Inhalt haben, der aus Älchen, Larven und Eiern besteht.

Die R. kann durch Fruchtwechsel, Saatgutreinigung sowie den Anbau von Grünweizen als Fangpflanze bekämpft werden.

Räderorgan, von meist zwei Wimperngürteln (Trochus und Cingulum) gebildetes, der Fortbewegung und Nahrungsaufnahme dienendes Organ am Vorderende der Rädertiere.

Rädertiere, *Rotatoria*, eine Klasse der Rundwürmer mit etwa 1 500 Arten, von denen über 600 in Mitteleuropa vorkommen.

Morphologie. Die R. sind 0,4 bis 2,5 mm lange, spindel- oder sackförmige, manchmal auch kugelige oder bizarr geformte Tiere. Ihr in den Rumpf einziehbares Vorderende ist in der Regel von zwei Wimperngürteln (Trochus und Cingulum) umgeben, die ein sehr unterschiedlich gebautes Räderorgan bilden, das zur Fortbewegung und Nahrungsaufnahme dient. Der Rumpf ist z. T. in mehrere fernrohrartig einziehbare Abschnitte gegliedert oder von einem vielgestaltigen Panzer umgeben. Das Hinterende bildet einen zurückziehbaren Fuß, der eine bis vier Zehen mit einer Mündung von Klebdrüsen oder eine drüsige Haftscheibe trägt. Der Vorderarm enthält einen für diese Klasse typischen, mit Zähnen ausgestatteten Schlundsack, den Mastax, der als Greif- und Kauapparat dient. Die R. sind meist getrenntgeschlechtliche Tiere mit einem oder zwei Hoden bzw. Eierstöcken; von den *Bdelloidea* kennt man nur sich parthenogenetisch fortpflanzende Weibchen. Alle R. sind zellkonstante Tiere, d. h., die für jede Art bestimmte Zahl der Zellen und ihre Lagerung werden bereits während der Furchung festgelegt.

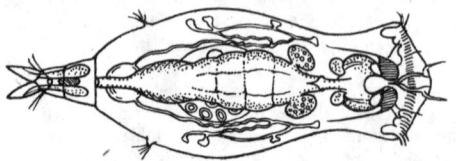

Rädertier (Rückenansicht)

Biologie. Die R. leben festsitzend oder schwimmend am Grunde oder im Pflanzenbewuchs von Süßgewässern und Meeresküsten, selbst in kleinsten Wasseransammlungen, selten auch als Parasiten anderer Wassertiere. Ihre Nahrung besteht aus Mikroorganismen, die eingestrudelt oder abgefiltert werden, bei räuberischen Arten aus kleinen Tieren. Die Entwicklung erfolgt ohne Verwandlung. Bei den *Monogononta* findet regelmäßig ein Wechsel zwischen mehreren Generationen sich parthenogenetisch fortpflanzender Weibchen und einer Geschlechtsgeneration statt. Die verschiedenen parthenogenetischen Generationen bepanzerter Arten zeigen oft eine rhythmische Veränderung der Panzergestalt (Zyklomorphose). Einige R. können zeitweilige Austrocknung durch Trockenstarre (Anabiose) überdauern.

System. Nach dem Bau der Geschlechtsorgane, des Schlundsackes und des Hinterendes werden die drei Ordnungen *Seisonidea, Bdelloidea* und *Monogononta* unterschieden.

Sammeln und Konservieren. Parasitische Formen findet man in Nacktschnecken, Regenwürmern und auf Krebsen. Planktische Arten fischt man mit dem Planktonnetz mittlerer Maschenweite. In Pflanzenbeständen lebende R. erhält man durch Ausdrücken des Krautes in ein Planktonnetz, viele R. leben auch in feuchtem Moos. Die Betäubung von R. ist sehr schwierig. Vielfach bringt folgende Lösung gute Ergebnisse: sechs Teile Wasser, ein Teil 96%iger Alkohol und drei Teile 2%iges Kokain. Das Material wird mit 1%iger Formaldehydlösung fixiert und darin aufbewahrt.

radiäre Symmetrie, eine Symmetrieform mit mehreren durch die Längsachse verlaufenden Symmetrieebenen. R. S. ist typisch für Tiere, die mit dem hinteren Körperende festsitzen und deren Mundöffnung sich am vorderen Körperende befindet, z. B. für die meisten Hohltiere und sessile erwachsene Stachelhäuter. Über r. S. bei Pflanzen → Blüte.

Radiärkanal, → Verdauungssystem.

Radieschen, → Kreuzblütler.

Radikante, → Lebensform.

Radikula, → Samen.

radioaktives Isotop, Isotop, das unter Strahlenemission zerfällt. Dabei entsteht ein neues Element oder ein neues Isotop des gleichen Elementes. Die Maßeinheit der *Radioaktivität*, des radioaktiven Zerfalls, ist das Becquerel [Bq]. 1 Bq entspricht einem Zerfall je Sekunde. Die Radioaktivität wird mit geeigneten Zählern registriert: *Zählrohre* beruhen auf dem Prinzip der Ionisation von Gasen und nachfolgender Registrierung eines Spannungsimpulses. *Szintillationszähler* registrieren Lichtblitze, die von geeigneten Molekülen ausgesendet werden, wenn ein geladenes Teilchen auf diese trifft. Die Methode der *Autoradiographie* registriert die Schwärzung eines Filmes durch radioaktive Strahlen und gestattet Auflösungen bis in den elektronenmikroskopischen Bereich. Man zählt einzelne Silberkörner und Bahnspuren. R. I. sind aus der biologischen Forschung, der medizinischen Anwendung und der Nutzung in der Industrie nicht mehr wegzudenken. Die biologische Anwendung reicht von Altersbestimmungen über Verteilungsstudien, Transportuntersuchungen bis hin zur Aufklärung von biochemischen Reaktionsketten. Der Vorteil r. I. ist der mögliche Nachweis schon äußerst geringer Substanzmengen.

Radioaktivität, → radioaktives Isotop.

Radio-Karbon-Test, → Datierungsmethoden.

Radiolarien, *Strahlentierchen, Radiolaria,* Ordnung der Wurzelfüßer, meist kugelige Protozoen mit einem Skelett aus Kieselsäure und einem schaumigen, durch farbige Einschlüsse bunt erscheinenden Protoplasma. Sie leben als Plankter im Meer und wurden von Haeckel wegen ihrer außerordentlichen Formenmannigfaltigkeit und Schönheit als »Kunstformen des Meeres« bezeichnet. Neben einzelligen Formen kommen auch Kolonien vor. Einige R. sind skelettlos oder besitzen primitive Stachelskelette. Die Mehrzahl aber besitzt Gitterkugeln – oft mehrere ineinandergeschachtelt – oder feine filigrane Skelettbildungen.

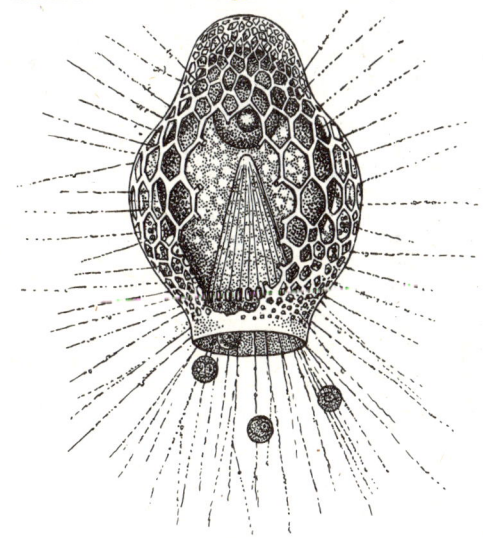

Cyrtocalpis urceolus; in der Gitterschale die Zentralkapsel mit Kern, unten siebplattenförmige Öffnung mit pyramidenförmigem Fadenkegel (nach Haeckel)

Charakteristisch für die R. ist der Besitz einer Zentralkapselmembran, eine plasmatische Bildung, die das Ekto- vom Endoplasma trennt. Sie wird von Poren in einer für die einzelnen Ordnungen charakteristischen Anordnung durchbrochen. Das extrakapsuläre Ektoplasma lockert sich zu einem Netzwerk auf, in dem sich die Gallerte (*Calymma*) befindet. Sie ist oft sehr stark entwickelt, so daß einzelne R. bis zu 3 cm, Kolonien bis zu 25 cm groß werden. Durch zahlreiche Alveolen und Vakuolen erhält sie ein schaumiges Aussehen, wird die Dichte der Zelle erniedrigt und das Schweben im Wasser ermöglicht.

Die Vermehrung erfolgt durch Zweiteilung. Bei Formen mit fester Schale schlüpft ein Tochterindividuum aus dieser aus und bildet an seiner Oberfläche eine neue Schale. Zeitweise werden Isosporen, wohl Gameten, erzeugt, deren Entwicklung sich in großen Meerestiefen vollzieht und noch nicht sicher und vollständig beobachtet wurde.

Geologische Verbreitung und Bedeutung. Kambrium bis Gegenwart. Die Anhäufung der Gehäuse abgestorbener R. führte in vergangenen Erdzeitaltern und auch heute noch zur Gesteinsbildung. So findet sich in sehr großen Tiefen des Indischen und Stillen Ozeans (etwa zwischen 4000 bis 8000 m) eine rote tonige, radiolarienreiche Meeresablagerung, der *Radiolarienschlamm*. Aus der geologischen Vergangenheit sind ähnliche Bildungen, die *Radiolarite*, bekannt, die durch Verfestigung aus Radiolarienschlamm entstanden sind. Ihre Entstehung in vergangenen Zeiträumen ist jedoch nicht auf den Bereich der Tiefsee beschränkt.

radiomimetisch, Bezeichnung für chemische Agenzien (*Radiomimetika*), deren Einwirkung auf Zellen und Gewebe zu ähnlichen Effekten führt wie jene mutagener Strahlenarten (→ Mutagene), unter anderem zur Auslösung von Gen- und Chromosomenmutationen.

Radiosaprobität, → Saprobiensysteme.

Radix, → Pilzkörper.

Radula, 1) *Reibplatte, Reibzunge,* typischer Zungenapparat bei Weichtieren (außer Muscheln) im Pharynx, mit dessen Hilfe die Nahrung aufgenommen wird. Die R. besteht aus einer Chitinmembran, die über ein Zungenpolster läuft und wie ein Reibeisen mit wenigen bis zu 750000 Zähnchen besetzt ist. Sie wird von den dorsalen und ventralen Epithelzellen der Radulatasche (ein Blindsack des Pharynx) gebildet und wächst entsprechend der Abnutzung von hinten aus stetig nach. Zur Nahrungsaufnahme wird die R. nach vorn geschoben, die Nahrung mit den nach hinten gerichteten Zähnchen angehakt und durch Andrücken an einen oberhalb der Mundöffnung liegenden Kiefer abgebissen. Durch Rückbiegung des Radulapolsters gelangt die Nahrung in den Ösophagus. Bei den Schnecken hat die Ausbildung der R. eine wichtige taxonomische Bedeutung.

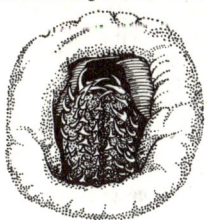

Rüsselöffnung einer Vorderkiemer-Schnecke mit Radula

Man unterscheidet z. B. bei ihnen nach der Zahl, der Form und der Anordnung der Zähnchen folgende Gruppen: Bandzüngler, *Taenioglossa;* Schmalzüngler, *Rhachiglossa;* Fächerzüngler, *Rhipidoglossa;* Pfeilzüngler, *Toxoglossa;* Federzüngler, *Ptenoglossa* und Balkenzüngler, *Docoglossa*.

2) Hyphe, die nachträglich seitliche Verzweigungen (→ Sterigma) mit Radulasporen bildet.

Radulasporen, von einer → Radula (2) gebildete Sporen. R. gehören zu den Konidien.

Raffinose, *Melitose,* ein nichtreduzierendes Trisaccharid, das aus je einem Molekül D-Galaktose, D-Glukose und D-Fruktose aufgebaut ist. Neben der Saccharose ist R. der am häufigsten in Blütenpflanzen vorkommende Zucker. Einen besonders hohen Gehalt an R. weisen Zuckerrüben, Melasse sowie einige Samen auf. R. ist durch Hefe leicht vergärbar.

Ragwurz, → Orchideen.

Rahmenkoordination, → Grundkoordination.

Rallen, *Rallidae*, Familie der → Kranichvögel mit etwa 140 Arten. Sie sind weit verbreitet und kommen auch auf vielen Inseln vor. Viele dieser Wasser- und Sumpfvögel sind dämmerungsaktiv. Die Jungen haben ein schwarzes Dunenkleid und sind Nestflüchter, die sofort schwimmen können. Viele Inselformen sind bereits ausgestorben, weitere dem Aussterben nahe. Zur Familie gehören auch die *Sultans-* und *Bleßhühner*.

Rallenkranich, → Kranichvögel.

Rama, → Malvengewächse.

Ramapithezinen, *Ramapithecinae*, ausgestorbene Unterfamilie der *Hominidae*, die etwa vor 14 bis 9 Mill. Jahren in Südasien, Ostafrika und Südeuropa verbreitet war. Der Hominiden-Status der R. ist nach dem derzeitigen Stand der Fossildokumentation jedoch noch nicht völlig gesichert. → Anthropogenese.

Ramie, → Brennesselgewächse.

Ramtil, → Korbblütler.

Randeffekt, → Transpiration.

Randkörper, svw. Rhopalium.

Rang-Korrelationskoeffizient, → Biostatistik.

Rangordnung, Rollenverhalten bei biosozialen Tierarten auf der Grundlage des Dominanzwertes. Individuen mit höchstem Dominanzwert werden als *Alpha-Individuen* bezeichnet, solche mit niedrigstem als *Omega-Individuen*. Da es sich um ein Rollenverhalten handelt, ist die jeweilige R. funktionsspezifisch.

Ranken, fadenförmige, für Berührungsreize empfindliche, unverzweigte oder verzweigte, als Kletterorgane dienende Umbildungen von Seitensprossen, Blättern oder (seltener) Wurzeln. *Sproßranken* finden sich bei der Weinrebe und Verwandten, *Blattranken* bei Kürbisgewächsen, Erbsen u. a., *Wurzelranken* z. B. bei der Vanillepflanze. Bei der Kapuzinerkresse dient der Blattstiel als rankenartiges Kletterorgan.

Rankenbewegungen, zum Umfassen einer Stütze führende Bewegungen von → Ranken. Viele Ranken führen zunächst autonome, kreisende Suchbewegungen (→ Zyklonastie) aus. Sobald eine Ranke hierbei an eine Stütze anstößt, setzt eine haptonastische Krümmungsbewegung (→ Haptonastie) ein. An der Rankenseite, an der die Berührung erfolgt, sinkt der Turgor, offensichtlich unter Verlust der Semipermeabilität der entsprechenden Zellen. Gleichzeitig nimmt der Turgor an der gegenüberliegenden Seite zu. Diese zu einer ersten Krümmung führenden Veränderungen verlaufen z. B. bei den Ranken der Erbse unter Verbrauch von Adenosin-5'-triphosphat (ATP), und die Beteiligung bewegungsfähiger Proteine ist wahrscheinlich. Gleichzeitig nimmt bei den Berührungsstellen gegenüberliegenden Stellen unter Mitwirkung von Auxin die plastische Dehnbarkeit der Zellen zu. Hiermit wird die zweite Phase der Krümmung, die auxinbedürftige, einseitige Wachstumsbewegung, eingeleitet. Diese führt zu einem oft mehrmaligen Umfassen der Stütze.

Rankenfüßer, *Rankenfußkrebse*, *Cirripedia*, Unterklasse der Krebse. Sie sind als erwachsene Tiere stets auf einer Unterlage festgewachsen oder parasitieren an anderen Tieren. Ihr Körper ist kurz und gedrungen, der Hinterleib stark verkürzt und immer ohne Gliedmaßen. Der Thorax besteht ursprünglich aus sechs Segmenten, die je ein Paar Spaltbeine tragen. Diese Beine sind aus vielen beborsteten Gliedern zusammengesetzt und zur Fortbewegung ungeeignet; sie dienen als Strudelapparat und werden Zirren genannt. Bei den Parasiten sind sie zurückgebildet oder völlig verschwunden. Der Körper ist eingehüllt von einem zweiklappigen Carapax, der hier Mantel genannt wird. Auf ihm bilden sich bei den Nichtparasiten charakteristische Kalkplatten, die zu einem festen Gehäuse (Mauerkrone) zusammentreten können. Den Parasiten fehlen die Kalkplatten. Die Tiere sind meistenteils Zwitter. Bei den getrenntgeschlechtlichen Arten sind die Männchen ausgesprochen klein (Zwergmännchen) und sitzen am Mantel des Weibchens.

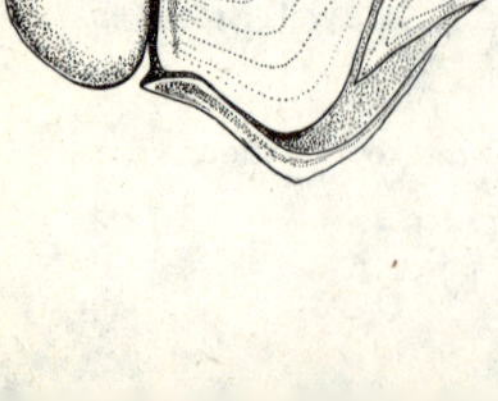

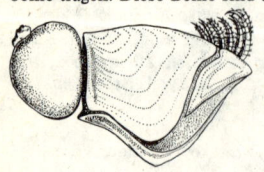

1 Entenmuschel (Lepas), aus dem Mantelspalt gestreckte Zirren

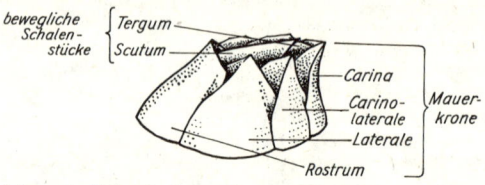

2 Seepocke (Balanus) mit geschlossenem Mantelspalt

Aus dem Ei schlüpft eine Naupliuslarve (→ Nauplius), die einige Zeit in der Mantelhöhle der Mutter verbleibt, dann ausschwärmt und über den Metanauplius in die → Cyprislarve übergeht. Diese hat einen zweiklappigen Carapax und ähnelt äußerlich sehr einem Muschelkrebs. Die Cypris setzt sich stets mit dem Vorderkopf an der Unterlage fest und wandelt sich in das adulte Tier um.

Es sind etwa 800 Arten bekannt, die fast alle im Meer leben. Die *Thoracica* sitzen an Steinen, Molen, Schiffen, auch auf Krabben, Schildkröten und Walen. Die *Acrothoracica* bohren sich in Schneckenschalen ein. Die *Rhizocephala* leben als Entoparasiten in anderen Krebsen.

System.
1. Ordnung: *Thoracica* (mit Entenmuschel und Seepocken)
2. Ordnung: *Acrothoracica* mit der Gattung *Trypetesa*
3. Ordnung: *Rhizocephala* (= Wurzelkrebse) mit den Gattungen *Peltogaster* und *Sacculina*

Rankenkletterer, → Kletterpflanzen.

Ranunculaceae, → Hahnenfußgewächse.

Ranviersche Schnürringe, → Nervenfasern, → Neuron.

Rapfen, *Aspius aspius*, bis 100 cm langer, räuberischer Karpfenfisch Ost- und Mitteleuropas. Der R. kommt in Flüssen und Seen sowie in der Ostsee vor und ernährt sich von Fischen, aber auch von Fröschen und kleineren Säugern, z. B. Wasserspitzmäusen. Beliebter Sportfisch.

Raphe, 1) → Kieselalgen, 2) → Samen.

Raphidides, svw. Kamelhalsfliegen.

Raphidioptera, svw. Kamelhalsfliegen.

Raps, → Kreuzblütler.

Rapünzchen, → Baldriangewächse.

Rapunzel, 1) → Glockenblumengewächse. 2) → Baldriangewächse.

Rasengesellschaften, → Charakterartenlehre.

Rasse, durch gemeinsamen Besitz von Erbmerkmalen ausgezeichnete Gruppe von Lebewesen, die sich in Aussehen, physiologischen Eigenschaften und/oder Ansprüchen an die Umwelt von anderen Gruppen der gleichen Art unterscheidet. Ein gutes Beispiel für *biologische* R. bietet der Kuckuck mit seiner erblich festgelegten Bindung an bestimmte Wirtsvögel und unterschiedlich gefärbten und gemusterten Eiern. *Ökologische* R. werden heute meist als → Ökotypen bezeichnet. Wegen der Unschärfe des Begriffes R. wird auch weniger von *geographischen* R. gesprochen als von → Unterarten, jedoch läßt sich die hohe Zahl der in ihrer Abgrenzung und Gliederung problematischen menschlichen R. infolge vielfältiger Durchmischungen und Wanderbewegungen nicht in dieser Weise ersetzen. Auch in der Tier- und Pflanzenzüchtung ist der Rassenbegriff noch üblich.

Rassenkreis, → Art, → Rassenkunde des Menschen.

Rassenkunde des Menschen, Teilgebiet der Anthropologie, das sich mit der Beschreibung, der Klassifizierung und Entstehung der Menschenrassen befaßt.

Alle heute lebenden Menschenrassen gehören zur Art *Homo sapiens sapiens*. Auf Grund der außerordentlichen Formenmannigfaltigkeit der Menschheit wird eine verhältnismäßig große Zahl verschiedener Rassen unterschieden. Es gibt jedoch noch kein allgemein anerkanntes System der Menschenrassen; das ist begründet in den unterschiedlichen Auffassungen über den Rassebegriff bei verschiedenen Autoren und den teilweise beträchtlichen Überschneidungen einzelner Rassenmerkmale. Weitgehende Übereinstimmung besteht aber in der Zusammenfassung mehrerer Rassen zu drei Rassenkreisen: Europide, Mongolide und Negride.

Die Rassen des *europiden Rassenkreises* sind entsprechend ihrer weiten Verbreitung in morphologischer Hinsicht sehr vielgestaltig. Zu den Merkmalen oder Merkmalskombinationen, die bei allen Europiden mehr oder weniger gehäuft auftreten, gehören: Schlankwüchsigkeit, reliefreiches Gesicht mit hoher, schmaler Nase, schlichtes bis engwelliges Haar, Neigung zu relativ starker Körperbehaarung, Tendenz zur Farbaufhellung von Haut und Augen (Depigmentierung). Zum europiden Rassenkreis zählen: Nordide (1, Zahlen vgl. Karte), Osteuropide (2), Dinaride (3), Alpine (4), Mediterranide (5), Orientalide (6), Indide (7), Polyneside (8), Weddide (9), Ainuide (10), Armenide (11), Turanide (12) und Lappide (13).

Die Rassen des *mongoliden Rassenkreises* sind in ihren kennzeichnenden Merkmalen verhältnismäßig einheitlich, obwohl es wesentlich mehr mongolide als europide oder negride Menschen gibt. Im allgemeinen sind für die Mongoliden ein untersetzter Körperbau mit langem Rumpf, ein flaches Mittelgesicht mit niedriger Nasenwurzel, vorgeschobene Wangenbeine, dunkle Augen, schmale Lidöffnung, Nasenlidfalte (→ Mongolenfalte), dickes, straffes, schwarzes Haar, sehr schwache Körperbehaarung, Gelbton der Haut bei nur geringen Unterschieden im Pigmentierungsgrad charakteristisch. Zum mongoliden Rassenkreis zählen die Rassen: Tungide (14), Sinide (15), Palämongolide (16), Sibiride (17), Eskimide (18), Pazifide (19), Silvide (20), Margide (21), Zentralide (22), Andide (23), Patagonide (24), Brasilide (25) und Lagide (26).

Innerhalb des *negriden Rassenkreises* ist eine Abgrenzung nach bestimmten Merkmalen am unsichersten; als mehr oder weniger kennzeichnend gelten folgende Merkmale: mittel- bis übermittelgroße Körperhöhe, mäßig scharfes Gesichtsrelief mit breiter Nase, Vorkiefrigkeit, dicke Lippen, krauses bis spiraliges Kopfhaar, sehr geringe Körperbehaarung, sehr starke Pigmentierung von Haut, Haar und Auge. Zum negriden Rassenkreis zählen folgende Rassen: Sudanide (27), Kafride (28), Nilotide (29), Äthiopide (30), Berberide (31), Palänegride (32), Bambutide (33), Khoisanide (34) und Melaneside (35).

Die *Australiden* (36) werden allgemein als eine Altform der Menschheit keinem Rassenkreis direkt zugeordnet, da sie Beziehungen zu allen drei Formengruppen erkennen lassen. Auch befinden sich unter den obengenannten Rassen verschiedene, die als Kontaktrassen morphologisch und meist auch räumlich zwischen den Rassenkreisen stehen, z. B. die Äthiopiden (negrideuropid) oder die Sibiriden (mongolid-europid).

In neuerer Zeit wurde versucht, auf Grund von Blutmerkmalen, deren Erbverhalten genau bekannt ist, zu einer Rassengliederung der Menschheit zu gelangen. Dabei haben sich hinsichtlich der Großgliederung weitgehende Übereinstimmungen mit den morphologischen Hauptrassen ergeben.

Auf Fossilfunden beruhende rassengeschichtliche Untersuchungen lassen als wahrscheinlich annehmen, daß die Differenzierung in Europide, Mongolide und Negride der Effekt eines räumlichen Isolierungsvorganges während der Würmvereisung gewesen ist. Durch große Eisbarrieren war Eurasien in drei große Lebensräume gegliedert, in denen unterschiedliche Evolutionsbedingungen herrschten. Es ist anzunehmen, daß sich im westlichen Isolat die Europiden, im Osten die Mongoliden und im Süden die Negriden herausdifferenziert haben. Die Skelette der Altformen des *Homo sapiens sapiens* aus der Würmeiszeit lassen zwar eine große Formenvielfalt, aber noch keine eindeutige Speziali-

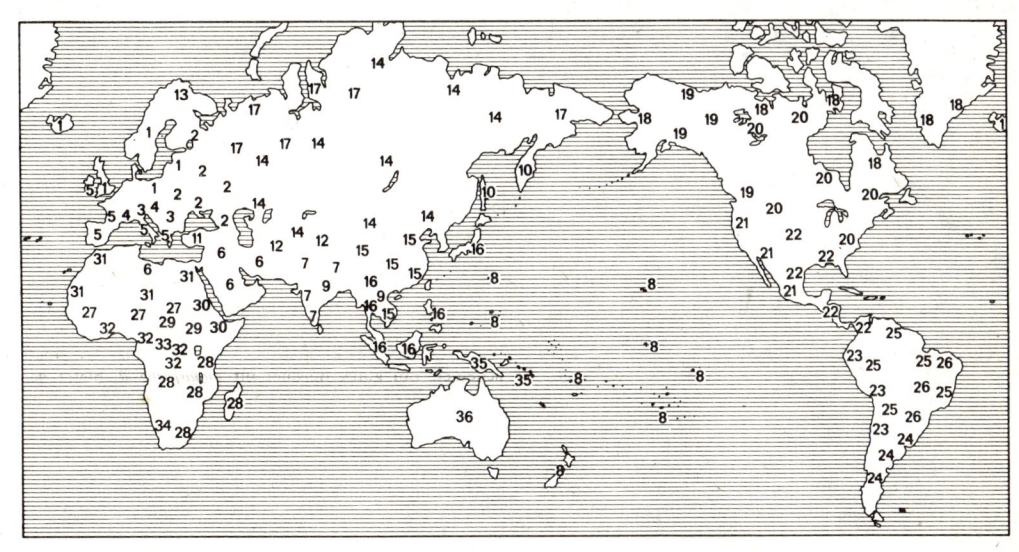

Geographische Verteilung der Menschenrassen vor der Ausbreitung der Europäer. Erklärung der Zahlen im Text (nach A. u. H. Bach)

sierung in Richtung auf die drei Rassenkreise erkennen. Erst in der unmittelbaren Nacheiszeit werden entsprechende Differenzierungen an den Skeletten faßbar. Obwohl anzunehmen ist, daß die charakteristischen Skelettmerkmale gegenüber den physiologischen und den weichteilmorphologischen Rassenmerkmalen im Evolutionsprozeß erst mit einer gewissen Verzögerung auftraten, so beweisen die Fossilfunde auf jeden Fall, daß sich die heute faßbare Rassengliederung der Menschheit erst in relativ junger Vergangenheit vollzogen hat.

Wie alle biologischen Gruppen sind auch die Menschenrassen einem ständigen Wandel unterworfen. Sog. »reine Rassen«, die in den Rassenideologien eine große Rolle spielen, hat es nie gegeben. Die gegenwärtige Entwicklung läßt erwarten, daß in Zukunft durch den progressiven Abbau alter Isolationsschranken die für bestimmte Menschengruppen kennzeichnende Häufung typischer Merkmale weitgehend verlorengehen wird und die noch bestehenden Rassenunterschiede nach und nach nivelliert werden. Dagegen werden sich die Unterschiede von einem Individuum zum anderen vergrößern, und die schon vorhandene große Variabilität der Menschheit wird weiter zunehmen.

Zahlreiche Untersuchungen zeigen, daß sich die unaufhaltsam vollziehende Rassenverschmelzung für die Menschheit nicht nachteilig auswirkt, zumal sich die einzelnen Menschenrassen in Merkmalen unterscheiden, die für das Menschsein völlig belanglos sind. Die einzigen Komplikationen, die bei Rassenmischungen auftreten können, beruhen auf völlig unbegründeten ideologischen und gesellschaftlichen Vorurteilen.

Der Rassenbegriff ist ein Einteilungsprinzip und drückt keine Wertigkeit aus; deshalb kann man auf keinen Fall von biologisch »minderwertigen« oder besonders »wertvollen« Rassen sprechen. Die heute noch auf der Erde bestehenden Unterschiede in der Zivilisationshöhe haben nicht biologische, sondern gesellschaftliche Ursachen.

Rasterelektronenmikroskop, *Scanningelektronenmikroskop,* Gerät zur Abbildung von Oberflächenstrukturen. Der von einer Katode erzeugte Elektronenstrahl wird mit 2 bis 3 elektromagnetischen Linsen auf 5 bis 20 mm Durchmesser verkleinert auf der Probe abgebildet. Ein Ablenkgenerator sorgt für ein zeilenförmiges Abrastern des Objektes. Beim Auftreffen des Elektronenstrahles auf die Probe werden Sekundärelektronen emittiert, die von einem geeigneten Detektor erfaßt und nach Passieren eines Videoverstärkers zur Helligkeitssteuerung einer Bildröhre verwendet werden. Es wird eine Auflösung von 5 mm erreicht. Der große Vorteil des R. liegt in der sehr hohen Tiefenschärfe auch bei starken Vergrößerungen. In der Biologie findet die Methode Anwendung zur Abbildung von Foraminiferen, Diatomeen, Insekten, Pollen, Zellkulturen u. a. Das *Transmissionsrasterelektronenmikroskop* arbeitet nach dem gleichen Prinzip wie das R., nur werden zur Abbildung von einem Detektor die Elektronen erfaßt, die das Objekt durchdringen. Auf diese Weise können dickere Objekte (~1 μm) mit besserer Auflösung abgebildet werden.

Rastermutationen, → Genmutationen.

Rastrites [lat. rastrum 'Harke'], leitende Gattung der Graptolithen des Untersilurs. Das Rhabdosom ist hakenartig oder gekrümmt mit zahlreichen geraden und getrennt voneinander stehenden Theken.

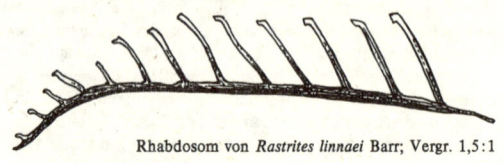

Rhabdosom von *Rastrites linnaei* Barr; Vergr. 1,5:1

Ratitae, → Flachbrustvögel.

Ratte, → Mäuse.

Rattenschlangen, *Ptyas,* bis 2,50 m lange, kräftige, graubraune bis schwarze → Nattern Südchinas und Hinterindiens, die stellenweise als »Haustier« zur Vernichtung von Ratten und Mäusen geduldet werden.

Raubbeutler, *Dasyuridae,* eine vielgestaltige Familie der Beuteltiere. Die R. sind auf Australien und einigen benachbarten Inseln beheimatete Fleischfresser. Zu ihnen gehören die maus- bis eichhörnchengroßen *Beutelmäuse* oder *Beutelspitzhörnchen, Phascogalinae,* von denen einige Bäume und Felsen bewohnen; andere an das Leben in der Wüste angepaßte Formen haben durch stark verlängerte Hinterbeine ein gutes Sprungvermögen. Bei einigen Arten dient der Schwanz als Fettspeicher. Größere Vertreter der R. sind → Beutelmarder und → Beutelwolf.

Räuber-Beute-Beziehung, → Beziehungen der Organismen untereinander.

Räubertum, → Beziehungen der Organismen untereinander.

Raubfliegen, → Zweiflügler.

Raubparasiten, svw. Parasitoide.

Raubtiere (Tafel 39), *Carnivora,* eine Ordnung der Säugetiere. Die R. sind meist Fleischfresser, ihr Gebiß weist kleine Schneidezähne, große Eckzähne und zum Schneiden eingerichtete Backenzähne auf. Rezente Unterordnungen sind → Landraubtiere und → Robben.

Geologische Verbreitung: Tertiär bis Gegenwart. So gibt es z. B. Hunde und Katzen seit dem Eozän, Bären und Hyänen seit dem Miozän. Das Gebiß der Urraubtiere im Alttertiär ähnelte noch weitgehend dem der Insektenfresser. Erst allmählich bildete sich das typische Raubtiergebiß heraus.

Lit.: R. Gerber: Die wildlebenden R. Deutschlands (2. Aufl. Wittenberg 1960).

Raubwanzen, → Wanzen.

Rauchschäden, Schäden an Pflanzen und Tieren sowie am Boden, die durch Luftverunreinigungen infolge industrieller oder in geringerem Maße auch kommunaler Rauch- und Abgase sowie Stäube auftreten. Die hauptsächlichen Schadstoffe sind Schwefeldioxid und -trioxid, Fluorwasserstoff, Chlorwasserstoff, nitrose Gase, niedere Kohlenwasserstoffe, Ammoniak, Schwermetalle und verschiedene Stäube.

Bei Pflanzen zeigen sich R. in einer verminderten Intensität der Photosynthese und damit zurückbleibendem Wachstum, in Schadstoffanreicherungen und schließlich im Absterben von Pflanzenteilen oder der gesamten

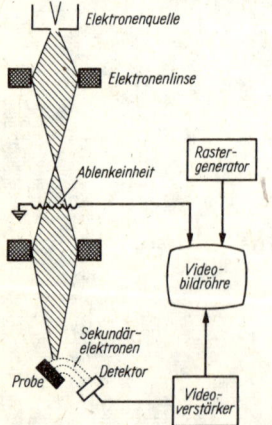

Rasterelektronenmikroskop, schematisch

Pflanze. Besonders gefährdet sind Nadelgehölze. Tiere reagieren auf solche Luftverunreinigungen unter anderem mit geringerem Wachstum und niedrigerer Leistungsfähigkeit, z. B. in der Milchproduktion, Schäden im Skelettaufbau und Unfruchtbarkeit. Die Auswirkungen auf den Boden sind z. B. Verschiebungen des pH-Wertes, Anreicherung von Schwermetallen und Versalzung.

Rauhblattgewächse, → Borretschgewächse.
Rauhfußbussard, → Habichtartige.
Rauhfußhühner, → Fasanenvögel.
Rauhfußkauz, → Eulen.
Rauhlinge, svw. Rudisten.
Rauke, → Kreuzblütler.
Raumansprüche, *topische Ansprüche,* elementare Umweltansprüche, die jedes Lebewesen stellen muß. Diese Ansprüche können in drei Stufen ausgebildet sein: *R. 1. Ordnung* werden durch die Körperdimensionierung bestimmt und drücken sich beispielsweise im Durchmesser des Laufganges im Erdbau einer Maus aus. *R. 2. Ordnung* sind durch die Umsetzung des Verhaltens gegeben, wenn es sich um freibewegliche Organismen handelt. Das Gangsystem einer Maus, aber natürlich auch die außerhalb liegenden Wegstrecken manifestieren diese R. *R. 3. Ordnung* leiten sich aus den Wechselbeziehungen zwischen Artgenossen ab; ein bekanntes Beispiel sind die Reviere (→ Heimreviere) als Folge dieser R. Gemeinsam mit den Zeitansprüchen bauen sie das Raum-Zeit-System das Verhaltens auf.
Raumgeber, räumliche Bezugsgrößen, die bei der Orientierung im Raum einen Richtungsbezug herzustellen ermöglichen. Die Sonne ist ein typischer R., der es ermöglicht, bestimmte Himmelsrichtungen einzuhalten, wenn durch eine Zeitbestimmung zugleich die relative Stellung zur Erde mit verrechnet wird. Auch der Mond und die Sterne sowie Erdmagnetfelder werden in diesem Sinne als R. benutzt. Der Begriff ist analog zu dem Ausdruck → Zeitgeber anwendbar.
räumliches Sehen, eine mögliche Leistung des Gesichtssinnes, die ausgeprägt auftritt, wenn sich durch binokulares, d. h. zweiäugiges Sehen, die Gesichtsfelder beider Augen überdecken. Beim *binokularen Sehen* fallen Bilder von in der Nähe liegenden Gegenständen in jedem Auge nicht auf durch Koordinaten beschreibbare identische Stellen der Netzhaut, sondern auf seitlich verschobene, disparate Netzhautstellen. Dadurch entstehen Doppelbilder, die räumlich wahrgenommen werden. Binokulares Sehen verbessert auch die bei *einäugigem monokularem Sehen* sehr geringe *Tiefenwahrnehmung* entscheidend. Binokulares Sehen ist von der Divergenz der optischen Achsen abhängig und bei Primaten sowie Carnivoren ausgeprägt. Manche Vertebratenarten können wegen der starken Divergenz beide Augen nur noch nach konvergenten Augenbewegungen oder nicht mehr gleichzeitig auf einen Gegenstand richten. Zyklostomen, Hammerhaie, auch manche Vögel, z. B. Brillenpinguine, sowie große Wale erreichen kein binokulares Gesichtsfeld.
Raumorientierung, → Orientierungsverhalten.
Raumwedel, nicht in einer Ebene liegende Fiederabschnitte an den Wedeln der → Farne.
Raumwiderstand, der dem sich aktiv fortbewegenden Organismus entgegengebrachte, den Bewegungsradius einschränkende Widerstand. Feste Medien haben höheren R. im Vergleich zum freien Wasser oder Luftkörper. Für Vertreter der epedaphischen Makrofauna erhöht sich mit der Dichte der Vegetation (z. B. Grünland) der R., daraus ergeben sich Verschiebungen im Größenklassenspektrum und Veränderungen der → Aktivitätsdichte.
Raum-Zeit-Katalog, → Topochronogramm.
Raum-Zeit-System, → Zeitansprüche.

Raupe, Trivialname für die mit Brustbeinen und Afterfüßen ausgestatteten Larven der Schmetterlinge und der Blattwespen (Afterraupe).
Raupenfliegen, → Zweiflügler.
Rauschgifte, Stoffe, die, in geeigneter Dosierung eingenommen, ein rauschartig erhöhtes Wohlbefinden hervorrufen. Dabei unterscheidet man Verbindungen mit betäubender und mit anregender Wirkung. Zu den R. gehören manche Alkaloide oder Drogen, z. B. Kokain, Morphin, Meskalin, Opium, sowie bestimmte synthetische Stoffe, wie Benzedrin® und Pervitin®. Einige R. werden als Arzneimittel angewandt. Früher wurden R. bei manchen religiösen Zeremonien eingesetzt. R. können zur Sucht führen (*Suchtmittel*).

Die mißbräuchliche Verwendung von R. ist ein aktuelles Problem zahlreicher Staaten. In verschiedenen Ländern ist die Leitung, Sicherung und Überwachung des Rausch- und Suchtmittelverkehrs gesetzlich geregelt.

Rautengewächse, *Rutaceae,* eine Familie der Zweikeimblättrigen Pflanzen mit etwa 1 600 Arten, die überwiegend in den Tropen, Subtropen und den wärmeren gemäßigten Gebieten der Erde vorkommen. Es sind meist Holzpflanzen, selten Kräuter mit wechsel- oder gegenständigen Blättern ohne Nebenblätter, die häufig durch schizolysogene Sekretbehälter, die ätherische Öle enthalten, durchscheinend punktiert sind. Die meist regelmäßigen Blüten sind 4- oder 5zählig und werden von Insekten bestäubt. Als Früchte können Beeren, Kapseln, Steinfrüchte oder Spaltfrüchte ausgebildet sein.

Viele Arten sind wichtige Heil- und Obstpflanzen. Die bekannteste und wirtschaftlich bedeutungsvollste Gattung ist *Citrus,* die ursprünglich in Südasien heimisch ist und deren verschiedene Arten in zahlreichen Kultursorten heute in den meisten wärmeren Ländern angebaut werden. Die wohl weiteste Verbreitung unter den *Citrus*-Arten hat die **Orange** oder **Apfelsine,** *Citrus sinensis,* eine der beliebtesten Südfruchtarten überhaupt. Andere wichtige Arten sind die **Pampelmuse,** *Citrus maxima,* die **Grapefruit,** *Citrus paradisi,* die **Zitrone,** *Citrus limon,* die **Zitronat-Zitrone,** *Citrus medica* var. *bajoura,* die **Mandarine,** *Citrus reticulata,* die **Bergamotte,** *Citrus aurantium* ssp. *bergamia* und die **Pome-**

a *b*

Rautengewächse: *a* Diptam, *b* Weinraute

ranze, Citrus aurantium ssp. *aurantium.* Als Obstkonserve kommt auch die den *Citrus*-Arten nahestehende, aus Ostasien stammende **Kumquat,** *Fortunella japonica,* in den Handel, deren Früchte wie kleine, 2 bis 3 cm große Orangen aussehen und eine sehr aromatisch schmeckende Schale haben. Einzige einheimische Art ist der unter Naturschutz stehende, kalk- und wärmeliebende **Diptam,** *Dictamnus albus.*

Als Arzneipflanze wurde die **Weinraute,** *Ruta graveolens,* früher häufiger angebaut.

Rautengehirn, → Gehirn.
Rautenhirn, → Gehirn.
RAV, → defekte Viren.
Raygras, → Süßgräser.
Razemasen, → Isomerasen.
Razemat-Methode, → Datierungsmethoden.
razemös, → Blüte.
Reafferenz, eine Afferenz, die durch eine Efferenz ausgelöst wird, → Reafferenzprinzip.
Reafferenzprinzip, von v. Holst und Mittelstaedt 1950 beschriebenes Regelungsprinzip für umweltbezogenes Verhalten, wie aktive Einstellung der Glieder, Beziehung der Körperteile zueinander, Orientierungen im Raum, Wahrnehmungen. Von einem Zentrum im Nervensystem (Z 1)

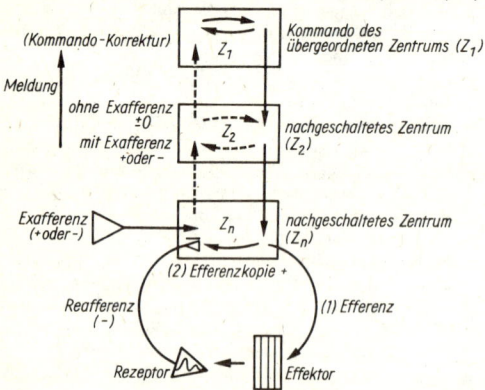

Reafferenzprinzip (nach v. Holst und Mittelstaedt sowie Trincker). Erklärungen im Text

(Abb.) geht ein Kommando aus, das Erregung in nachgeschalteten Zentren (Z 1, Zn) bewirkt. Die Impulsfolge wird von Zn zweifach verteilt. Sie erreicht (1) als Efferenz den Effektor und wird (2) als Efferenzkopie in neuronalen Anteilen von Zn gespeichert. Die Reaktion des Effektors wird sensorisch registriert und erreicht Zn. Hier werden Efferenzkopie und Reafferenz »verrechnet«, d. h., mit Symbolen wie Plus (»+«) und Minus (»–«) bezeichnet. Sie können sich dem Betrag nach genau decken, sich aufheben, oder einen positiven bzw. negativen Restbetrag hinterlassen. Besteht ein Restbetrag, erfolgt eine Meldung an die übergeordneten Zentren (Z 2, Z 1). Die Zentren können das Kommando und damit die Efferenz korrigieren, und zwar so, daß der Erwartungswert der Reafferenz und ihr realer Betrag ±0 erreichen. Allerdings können nicht systemeigene, zusätzliche äußere Afferenzen, Exafferenzen, stören. Die Zentren (Z 2, Z 1) vermögen auf Exafferenzen mit einer Korrektur der Efferenz zu antworten, wenn der zusätzliche Betrag in der Norm bleibt. Unabhängig von der Korrektur werden aber Exafferenzen in anderer Weise registriert, z. B. indem sie vom Gesamtsystem wahrgenommen werden, unter Umständen als Sinnestäuschungen. → Bewegungssehen. Das R. ist ein Mechanismus, mit dem das Nervensystem Leistungen vollbringt. Mit dem Erwartungswert der Reafferenz wird eine phylogenetisch entstandene Zielfunktion der Nervensysteme deutlich. Daher ist das R. von ebenso grundsätzlicher Bedeutung zur Erklärung von Leistungen von Nervensystemen wie, vergleichsweise, Reflexe.

Reagine, ältere Bezeichnung für Antikörper, die allergische Reaktionen, z. B. die → Anaphylaxie, auslösen. Sie gehören zur Klasse der → Immunglobuline.
Reaktionsblastem, → Induktion.
Reaktionsbreite, → ökologische Valenz.
Reaktionsnorm, 1) in der Genetik die erblichen, im Idiotyp festgelegten Potenzen, die in Wechselwirkung mit den jeweiligen Umweltbedingungen die Entwicklung des Organismus steuern und regulieren. Sie drücken sich in der Gesamtheit der Phänotypen aus, die ein bestimmter Idiotyp unter allen möglichen Umweltverhältnissen hervorzubringen vermag.

2) in der Verhaltensforschung die Norm des Reagierens eines Tieres auf richtunggebende Reize, wobei die Form der Bewegung, die Bewegungsnorm, infolge der Erbkoordination unabhängig vom jeweiligen Reizangebot bleibt.

reaktionsspezifische Energie, *spezifisches Aktionspotential,* Intensität einer inneren Bereitschaft zur Ausführung eines bestimmten Verhaltens. Genau genommen handelt es sich bei diesem Phänomen um eine »aktionsspezifische« Energie, heute vorzugsweise als Verhaltensbereitschaft oder Motivation bezeichnet.

Reaktionszeit, in der Reizphysiologie der Pflanzen die Zeit vom Beginn der Reizeinwirkung bis zum Einsetzen der Reaktion. Bei bestimmten Bewegungstypen, z. B. Seismonastie, wird die R. auch → Latenzzeit genannt. Die R. beträgt bei der Auslösung der Klappbewegung des Mimosenblattes 0,08 s, bei der phototropen Krümmung der Gramineen-Koeloptile 25 bis 60 Minuten.

Rebenblattgallmilbe, svw. Rebenpockenmilbe.
Rebenpockenmilbe, *Rebenblattgallmilbe, Eriophyes vitis,* eine Blattgallmilbe (→ Gallmilbe), die auf der Blattoberseite der Rebenblätter blasige, sortentypisch verfärbte Auftreibungen (Pocken) verursacht. Bei starkem Befall tritt auf den Blattunterseiten ein schmutzigweißer bis rötlicher Filz auf. Man bekämpft die R. durch scharfen Rückschnitt und durch entsprechende Präparate.

Rebhuhn, *Perdix perdix,* zu den Fasanenvögeln gehörender kurzschwänziger Bodenvogel. Die Männchen sind durch ein auffallendes hufeisenförmiges, dunkelbraunes Schild auf der Brust gekennzeichnet. Das R. drückt sich bei Gefahr. Es spielte als Jagdwild eine große Rolle.

Reblaus, → Gleichflügler.
Receptaculum seminis, *Samenbehälter,* blasen- oder sackförmiges Organ weiblicher oder zwittriger Tiere, das zur Aufbewahrung des bei der Begattung übertragenen Samens dient. R. s. kommen z. B. bei Weichtieren, Ringelwürmern und Gliederfüßern vor.

Recon, 1) kaum gebrauchte, historisch bedingte Bezeichnung für die kleinste durch intragene → Rekombination nachweisbare genetische Einheit, die einem individuellen Basenpaar der DNS (oder RNS) entspricht, → Cistron, → Muton.

2) die kleinste im klassischen Crossing-over-Test nachweisbare Einheit der intergenischen → Rekombination, die möglicherweise einem Funktionsgen, Cistron, mit der genetischen Information zur Determinierung eines Polypeptids entspricht.

Recovery-Phänomen, → Virusgruppen, Abschnitt Nepovirusgruppe.
Red data book, → Rotes Buch.
Redie, → Larve, → Leberegel.

Redoxpotential, unter Standardbedingungen gegen eine Wasserstoffzelle als Bezugselektrode gemessene elektrische Potentialdifferenz E_0 [V], die als Maß für die oxidierende bzw. reduzierende Wirkung eines Redoxsystems von Bedeutung ist. In der Biochemie wird meist das auf pH 7 bezogene Normalpotential E_0 verwendet. Auf Grund des R. ergibt sich z. B. für die biochemischen Redoxsysteme der Atmungskette eine festgelegte Reihenfolge, wobei das Redoxpaar NAD^+/NADH das negativste R. aufweist und damit am Anfang steht, während Zytochrom a das positivste R. besitzt und das Endglied darstellt.

Reduktion, *1)* Aufnahme von Elektronen durch ein Reduktionsmittel unter Verminderung der elektropositiven Wertigkeitsstufe des zu reduzierenden Stoffes. Jede R. ist mit einer → Oxidation gekoppelt. Wichtig ist die Anlagerung von Wasserstoff bzw. der Entzug von Sauerstoff aus einer chemischen Verbindung. Im Stoffwechsel werden R. durch Oxidoreduktasen katalysiert.

2) Genetik: die im Verlauf der Meiose erfolgende Herabsetzung der somatischen Chromosomenzahl auf die Hälfte. Im Gegensatz zur meiotischen wird von einer *somatischen* oder *mitotischen* R. dann gesprochen, wenn in Sonderfällen die Chromosomen von somatischen Zellen während der Mitose in zwei oder mehr zahlenmäßig gleiche oder ungleiche Gruppen getrennt und Zellen mit herabgesetzter Chromosomenzahl gebildet werden (Präreduktion). *Doppelte* R. liegt bei autopolyploiden Formen (→ Polyploidie) dann vor, wenn im Meioseverlauf zwei Schwesterchromatidensegmente und damit völlig identische Allele eines Gens durch Crossing-over und entsprechende Verteilung der Chromosomen in eines der Meioseprodukte (Gonen, Gameten) gelangen. Voraussetzung für eine doppelte R. sind Multivalentbildung, Heterozygotie und Crossing-over zwischen dem Zentromer und den betreffenden Genen.

Reduktionsphase, → Photosynthese, Abschnitt Calvin-Zyklus.

Reduktionsteilung, → Meiose.

reduktive Aminierung, → Stickstoff.

redundante Gene, → Zellkern.

Reduzenten, svw. Destruenten.

Reflex, stereotypisierte Reaktion auf einen Reiz, der eine weitgehend festgelegte Schaltung, der *Reflexbogen,* zugrunde liegt. Der Reflexbogen besteht aus dem → Rezeptor (1), der afferenten Leitungsbahn (2), die Erregungen in das ZNS leitet, und der efferenten Bahn (3), deren Erregungsimpulse zum *Effektor* (4) laufen, durch den die Antwortreaktion erfolgt. Nach morphofunktionellen Gesichtspunkten unterteilt man R. in monosynaptische und polysynaptische. *Monosynaptische* R. besitzen im Reflexbogen nur eine Synapse in der Leitungsstrecke, beispielsweise befindet sich diese beim Patellar- (Kniesehnen)reflex im Rückenmark, wobei der präsynaptische Anteil vom sensiblen afferenten Neuron, der postsynaptische Anteil vom motorischen efferenten Neuron gebildet wird. Bei *polysynaptischen* R. befinden sich zwischen afferenter und efferenter Bahn verschieden viele → Interneuronen, so daß zwei oder mehrere Synapsen in der Schaltung liegen. Zu den polysynaptischen R. gehören z. B. Putz-, Schutz- und Fluchtreflexe. Aus der unterschiedlichen Anzahl der Schaltelemente ergeben sich verschiedene Eigenschaften der *Reflextypen.* Die für den Ablauf eines R. notwendige Zeit, die *Reflexzeit,* ist kurz, wenn nur eine, lang, wenn zahlreiche Synapsen passiert werden. Monosynaptische R. zeigen deshalb auch keine, polysynaptische hingegen ausgeprägte → Bahnung und → Adaptation. *Eigenreflexe* sind solche R., bei denen Rezeptor und Effektor im gleichen Organ liegen. Sie können monosynaptisch sein. Bei *Fremdreflexen* befinden sich Rezeptor und Effektor in verschiedenen Organen. Fremdreflexe sind polysynaptisch.

Nach genetischen Gesichtspunkten werden R. in unbedingte, d. h. angeborene, und bedingte, d. h. nach der Geburt erworbene, antrainierte, unterteilt. *Unbedingte* R. dienen meist der Beseitigung von Störungen, das reflektorische Rückziehen der Hand von der heißen Herdplatte ist ein Beispiel. Solche R. beseitigen für den Organismus den Reiz (heiße Herdplatte). Dies registriert der Organismus. Was der Effektor bewirkt, stellt somit eine neue Reizsituation für den Organismus dar, der Reflexbogen wird dadurch insgesamt zum Regelkreis erweitert. In diesem Sinne entspricht der Begriff des → angeborenen Auslösemechanismus dem Begriff des angeborenen R. Die → *bedingten* R. sind eine Klasse von Lernvorgängen.

Der R. ist ein Funktionselement des Nervensystems. Reflexüberprüfungen sind in der Medizin wichtige diagnostische Verfahren. Die Bedeutung der R. zur Erklärung von Hirnleistungen wurde von der *Reflextheorie* überschätzt. Das ZNS ist kein »Bündel von Reflexbögen«, seine Leistungen sind nicht auf der Grundlage eines Funktionselementes erklärbar.

Reflexbogen, → Reflex.

Reflexzeit, → Reflex.

Refraktärstadium, Periode von Unerregbarkeit nach einem → Aktionspotential in einem erregbaren System. Das heißt, im R. kann ein überschwelliger Reiz kein Aktionspotential auslösen. Nach der Ionentheorie der → Erregung entsteht das R., weil in der zweiten Phase des Aktionspotentials ein K^+-Ausstrom durch eine Aktivierung der K^+-Kanäle einsetzt und dabei die Na^+-Kanäle geschlossen werden. Die Na^+-Kanäle verbleiben eine kurze Zeit im inaktivierten Zustand. In dieser Zeit kann kein Reiz bewirken, daß der Na^+-Einstrom den K^+-Ausstrom übertrifft. Das R. wird in eine *absolute Refraktärphase,* in der keine, und in eine *relative Refraktärphase,* in der eine verminderte Depolarisation auf einen Reiz erreicht werden kann, unterteilt. Die relative Refraktärphase ist meist kürzer als die absolute, beide zusammen drücken aus, mit welcher Geschwindigkeit eine Repolarisation der Membran erfolgt.

Refugium, *Refugialgebiet, Residualgebiet, Erhaltungszentrum,* Rückzugs- oder Erhaltungsgebiet, in dem Tier- und Pflanzenarten ungünstige Klimaperioden überdauern, → Glazialrefugien.

Regelkreis, zusammengesetztes System, bei dem ein Ausgangssignal fortwährend mit dem Sollwert verglichen und angepaßt wird. Die zu regelnde Größe, die Regelgröße, wird entweder konstant gehalten oder einer vorgegebenen Zeitfunktion verglichen. Man unterscheidet dementsprechend zwischen Halte- und Folgeregelkreis. Die Einflüsse der Umwelt und der Fehler des R. werden als Störgrößen zusammengefaßt. Die Verstärkung oder Dämpfung bestimmt das Regelverhalten. In einem linearen R. treten dabei bei einer Verstärkung größer als 0,3679 Schwingungen auf, die bei einer Verstärkung größer als 1,57 ungedämpft anwachsen.

Biologische Beispiele für R. sind die Regelung der Atmung, der Körpertemperatur, der Glukosekonzentration im Blut, der Handbewegung u. a.

Regenbogenboa, → Schlankboas.

Regenbogenfische, → Ährenfische.

Regenbogenhaut, → Lichtsinesorgane.

Regenbogenschlangen, *Erdschlangen, Xenopeltidae,* bis 1 m lange, bräunliche, den → Riesenschlangen verwandte Schlangen Südostasiens mit braunglänzendem, regenbogenartig irisierendem Schuppenkleid. Die *Regenbogenerdschlange, Xenopeltis unicolor,* frißt Schlangen, Frösche und Nagetiere.

Regeneration

Regeneration, die Fähigkeit eines Organismus, verletzte, abgestorbene oder verlorengegangene Körperteile wieder mehr oder weniger vollständig zu ersetzen, im weiteren Sinne auch ihren Verlust zu kompensieren. Regenerationserscheinungen treten bei Pflanzen und Tieren auf.

Bei Pflanzen ist die Regenerationsfähigkeit im allgemeinen sehr stark ausgeprägt. Als *direkte R.* bezeichnet man die Neuentfaltung von Organen, z. B. bei der Stecklingsvermehrung, und die unmittelbare Organbildung aus embryonalen Geweben, z. B. bei der Wurzelregeneration und Adventivkeimbildung. Auf ähnliche Weise können an Wurzeln Sproßknospen entstehen; dazu befähigte Pflanzen, wie Himbeere, Brombeere, Kirsche und Pflaume, lassen sich durch Wurzelstecklinge vermehren. Entsprechende Sprossungserscheinungen an Laubblättern sind von *Bryophyllum*-Arten bekannt. Die Fähigkeit zur direkten R. wird in der gärtnerischen Praxis zur vegetativen Vermehrung vieler Pflanzen ausgenutzt. Der jährliche Neuaustrieb der ausdauernden Pflanzen ist bis zu einem gewissen Grad als *spontane R.* anzusehen.

Indirekte R. ist eine Neubildung von Organen auf der Grundlage von Wundkallus (→ Wundheilung). Diese parenchymatischen Wucherungen dienen in erster Linie zum Wundverschluß; später entstehen in vielen Fällen endogene Sproß- und Wurzelanlagen.

Die Stockausschläge an Stammstümpfen von Laubbäumen entstehen durch direkte (Eiche, Linde) oder indirekte R. (Pappel, Buche). An Blattstecklingen erfolgt häufig nur eine *partielle R.,* d. h. Wurzelbildung aus einem mehr oder weniger umfangreichen Kallus, z. B. Efeu, Apfelsine, Kamelie. Bei anderen Pflanzenarten sind die Blätter zu *totaler R.* befähigt, bilden also Wurzeln und Sproßknospen, z. B. *Sedum* (Mauerpfeffer) und *Sansevieria* (Bajonettpflanze) sowie besonders leicht bei *Begonia.* Der Mechanismus der R. ist im einzelnen noch ungeklärt. Zweifellos wird das Regenerat durch den verletzten Organismus korrelativ beeinflußt. Es wirken dieselben Faktoren, die die Organbildung bei Pflanzen steuern.

Bei Tieren kann der Verlust eines Körperteils durch einen Unfall (etwa durch den Biß eines Feindes) eintreten, er kann aber auch aktiv auf einen Reiz hin verursacht werden (Selbstverstümmelung oder → Autotomie). Im Gegensatz zu der als in solchen Fällen anschließenden *reparativen R.* kennt man Fälle, in denen ein solcher Ersatz im normalen Leben des Tieres periodisch oder ständig geleistet werden muß. Diese *physiologische R.* läuft z. B. in unserer Haut ab; hier werden die oberflächlichen, verhornten Zellen ständig abgetragen, während von der Basis her immer neue Zellschichten nachrücken. Ein anderes bekanntes Beispiel ist die ununterbrochene Erneuerung des Blutes. Alte Erythrozyten werden abgebaut und kontinuierlich durch neue ersetzt. Die physiologische R. reicht bis in den molekularen Bereich des Lebens hinab. Ein ununterbrochener Prozeß des Zerfalls und Ersatzes der den Organismus aufbauenden Substanzen ist für alle Lebewesen charakteristisch (dynamischer Zustand der Organismen). In diesem Sinne besitzt jedes Lebewesen ein Regenerationsvermögen.

Die Fähigkeit zur reparativen R. ist dagegen im Tierreich nicht allgemein verbreitet. Zu den Tieren mit dem größten Regenerationsvermögen gehören Vertreter der Hydrozoen unter den Hohltieren und der Turbellarien (Strudelwürmer) unter den Plattwürmern. Ein Stück des grünen Süßwasserpolypen, *Chlorohydra viridissima,* das etwa $\frac{1}{200}$ der Masse des Ausgangstieres entspricht, kann sich noch zu einem kleinen neuen Polypen ergänzen. Bei *Planaria maculata* beobachtete man noch an Fragmenten von nur $\frac{1}{279}$ der Ausgangsgröße eine vollständige R.

Selbst nahe Verwandte dieser Tiere weisen dagegen ein sehr beschränktes oder gar kein Regenerationsvermögen auf. So scheint es den Staatsquallen unter den Hydrozoen trotz der häufigen Autotomie zu fehlen. Im Verhältnis zu den Süßwasserplanarien, deren verschiedene Arten unterschiedlich gut regenerieren, besitzen die marinen Trikladen und die Polykladen ein weit weniger ausgeprägtes Regenerationsvermögen. Der Strudelwurm *Lecitophora* regeneriert überhaupt nicht. Man kennt Fälle, in denen das Regenerationsvermögen bei Vertretern derselben Gattung, selbst bei Rassen derselben Art, sehr verschieden ist. Vom Schnurwurm *Lineus* beispielsweise gibt es zwei Arten, die sich morphologisch kaum unterscheiden und deshalb früher als zwei Rassen derselben Art beschrieben wurden. Während die eine Art, *Lineus ruber,* sehr umfangreiche Verluste ersetzen kann, besitzt *Lineus viridis* die Fähigkeit fast überhaupt nicht.

Die Regenerationsfähigkeit ist eine Eigenschaft, die im Tierreich sehr eigenartig verteilt ist. Es gibt niedere Tiergruppen, die kein Regenerationsvermögen besitzen, z. B. Sporozoen, Rädertiere, Fadenwürmer, und es gibt hochdifferenzierte Tiergruppen, die zu umfangreichen Ersatzleistungen befähigt sind, z. B. Schwanzlurche und Froschlurchlarven. Die Regenerationsfähigkeit ist auch keine unveränderliche Eigenschaft des betreffenden Tieres. Sie kann in den Jugendstadien vorhanden sein, aber mit der Metamorphose verschwinden, z. B. bei Insekten, Froschlurchen. Bei den Seesternen ist es umgekehrt; die Larven regenerieren verlorengegangene Körperteile nicht, ein abgeschnittener Arm der Adultform kann sich dagegen bei der Gattung *Linkia* zu einem vollständigen Tier mit fünf Armen ergänzen. Bei Fischen und Amphibien ist, im Gegensatz zu Säugern, eine R. von Nervenzellen in bestimmten Hirnbereichen möglich. Bei diesen Tiergruppen gibt es Matrixzonen im Bereich des Ependyms der Hirnventrikel, die mitotische Aktivität behalten.

Man kann den Regenerationsvorgang in drei Phasen einteilen: 1) die Bildung des Regenerationsblastems, 2) das Wachstum und 3) die Differenzierung des Regenerats. Diese drei Phasen lösen einander nicht ab, sondern überlappen sich etwas. Während die Blastembildung noch nicht vollkommen abgeschlossen ist, beginnt schon das Wachstum, und das Wachstum läuft noch weiter, wenn die Differenzierung schon beginnt.

Die Blastembildung vollzieht sich unterhalb des Wundverschlusses. Dabei kommt es zur Anhäufung undifferenzierter Zellen. Diese können entweder am Wundort selbst und in seiner unmittelbaren Nachbarschaft durch Entdifferenzierung aus Gewebszellen entstanden sein (z. B. Lurche, Extremitätenregeneration), oder sie sind aus entfernteren Körperteilen zugewandert (z. B. bei Planarien). Im Blastem findet man eine erhöhte Kathepsin- und Dipeptidaseaktivität, gleichzeitig steigt die Menge der nachweisbaren SH-Gruppen an. Der pH-Wert ist erniedrigt.

In dem auf diese Weise entstandenen Blastem beginnt bald eine erhöhte mitotische Aktivität. Es entsteht ein Regenerationskegel, der rasch heranwächst. Anschließend setzt die Differenzierung ein. Es ist bis heute eine umstrittene Frage von hohem theoretischen Interesse, ob die Entdifferenzierung der Gewebszellen zur mesenchymatischen Blastemzelle so vollkommen ist, daß anschließend jede andere Zelle aus ihr entstehen kann; das würde bedeuten, daß die Differenzierung reversibel ist. Oder die Entdifferenzierung ist nur ein vorübergehender Verlust aller morphologischen Besonderheiten der Gewebszellen, später erfolgt die Rückdifferenzierung jeweils nur wieder zur Ausgangsform. In manchen Fällen (z. B. Einwachsen des Neuralrohrs im Schwanz des Froschlurchs) entsteht das neue Gewebe auch einfach durch Sprossung aus dem stehengebliebenen Stumpf.

Die omnipotenten Ersatzzellen der Planarien, die im Parenchym verstreut vorliegen und die in großer Zahl am Regenerationsort vorhanden sind, bezeichnet man als *Neoblasten.* Entsprechende Zellen kommen auch bei den Hydrozoen vor. Es sind die *interstitiellen Zellen* (I-Zellen), die in der Regel zu mehreren zusammen zwischen den Epithelmuskelzellen der Stützlamelle anliegend vorkommen. Die Neoblasten sowie die I-Zellen sind verhältnismäßig klein und von spindelförmiger bis ovaler Gestalt, sie zeichnen sich wie alle embryonalen Zellen durch einen hohen Gehalt an RNS aus. Aus ihnen können alle anderen Zelltypen des Tierkörpers hervorgehen. Sie können durch Röntgenstrahlen selektiv abgetötet werden. Damit erlischt auch das Regenerationsvermögen.

Neben der als *Epimorphose* bekannten Art der R., bei der der verlorengegangene Körperteil direkt am Ort des Verlustes neu hervorsproßt, gibt es bei einigen niederen Tieren nach dem Verlust großer Körperteile den als *Morpholaxis* bezeichneten Fall, daß das übriggebliebene Körperstück sich als ganzes völlig umorganisiert und so die Ganzheit in verkleinerter Form wieder herstellt. Einige Protozoen regenerieren durch Epimorphose, z. B. *Paramecium,* andere durch Morpholaxis, z. B. *Stentor,* noch andere kombinieren beide Möglichkeiten. Letzteres ist auch bei den meisten Hydrozoen, Strudelwürmern und Ringelwürmern der Fall.

Nicht in jedem Falle entsteht genau das wieder, was verlorengegangen ist; oft bleibt die Neubildung unvollkommen. So weist z. B. das Tarsusregenerat bei verschiedenen Insekten regelmäßig anstelle der ursprünglichen 5 nur 4 Glieder auf. Der leicht durch Autotomie in Verlust geratende Eidechsenschwanz erhält bei seinem Ersatz niemals wieder sein typisches Achsenskelett. An seiner Stelle durchzieht eine knorpelige Röhre, die sehr unregelmäßig verknöchert, das Regenerat.

Auch der umgekehrte Fall kann eintreten, daß mehr regeneriert wird, als verlorengegangen ist (*Superregenerate*). Hierher gehören die in der Natur oft gefundenen Mehrfachbildungen, bei denen bestimmte Körperteile statt in der Einzahl doppelt, dreifach oder noch häufiger auftreten. Ein Teil dieser → Mißbildungen ist sicher auf Schäden zurückzuführen, die bereits während der Embryonalentwicklung die Anlage des betreffenden Organs spalteten. Ein anderer Teil ist aber ebenso sicher durch Regenerationsvorgänge entstanden. Das zeigen die vielen Untersuchungen, in denen derartige Mißbildungen experimentell hervorgerufen wurden. Eine besondere Bedeutung haben in diesem Zusammenhang die *Bruchdreifachbildungen.* Wird z. B. eine Extremität von der Seite her tief eingeschnitten, ohne das distale Stück ganz abzutrennen, so kann das Bein an der Wundstelle im stumpfen Winkel abknicken. Anschließend setzt dann eine R. des distalen Beinstückes sowohl von dem proximalen wie auch von der distalen Wundfläche her ein. Die beiden Regenerate bilden dann zusammen mit dem stehengebliebenen distalen Beinabschnitt eine Dreifachbildung. Die mittlere Komponente dieser Mißbildung ist spiegelbildlich zu den beiden anderen Komponenten aufgebaut (Batesonsches Gesetz).

Wenn schließlich etwas ganz anderes als das, was verlorenging, an der Amputationsstelle entsteht, eine Struktur, die normal niemals an der betreffenden Stelle auftritt, so liegt eine *Heteromorphose* vor. Bekannt ist die Bildung einer antennenähnlichen Struktur des amputierten Augenstiels bei dekapoden Krebsen, wenn dieser so weit basal abgeschnitten wurde, daß das Ganglion opticum mit entfernt wurde. Bei der Stabheuschrecke *Carausius morosus*

kann anstelle der amputierten Antenne eine beinähnliche Bildung regeneriert werden.

Die R. ist von vielen äußeren und inneren Faktoren abhängig. Viel ist z. B. über den Einfluß des Nervensystems gearbeitet worden. Während bei den Insekten die R. auch unabhängig von einer Nervenversorgung abläuft, weiß man von den Lurchen seit langem, daß die R. der Extremität unterbleibt, wenn man zuvor alle in den Stumpf ziehenden Nerven durchtrennt. Dann bleibt schon die Blastembildung aus. Es ist eine bestimmte Mindestzahl von Nervenfasern – gleichgültig, ob motorische, sensible oder sympathische – am Amputationsniveau notwendig. Sie beträgt ungefähr $\frac{1}{2}$ bis $\frac{1}{3}$ der normalen Faserzahl. Bis heute ist die physiologische Grundlage der Wirkung des Nervensystems auf die R. noch nicht restlos geklärt. Etwa vom siebten bis neunten Tag der R. an hat eine Durchtrennung der Nerven keinen Einfluß mehr auf die weitere R. Wachstum und Differenzierung des Regenerats laufen offenbar im Gegensatz zur Blastembildung auch ohne Nervenversorgung ab.

Auch bestimmte Hormone üben einen Einfluß auf die R. aus. Bei den adulten Molchen (nicht bei den Larven) ist die R. vom Vorhandensein der Hypophyse abhängig (Wachstumshormon). Hypophysektomierte Molche regenerieren nicht mehr. Auch das Thyroxin der Schilddrüse ist für die normale R. von Bedeutung. Bei den niederen Tieren (Hydrozoen, Planarien, Ringelwürmer, Krebse und Insekten) sind Beziehungen zwischen dem neurokrinen System und der R. aufgedeckt worden.

Regenfrosch, *Breviceps gibbosus,* südafrikanischer → Engmaulfrosch mit rundem Körper und ganz kurzer Schnauze, der nur nach Regengüssen die Wohnhöhle verläßt. Die Larven entwickeln sich unabhängig vom Wasser in Erdhöhlen aus dem dort abgesetzten Gelege.

Regenpfeifervögel, *Charadriiformes, Laro-Limicolae,* Ordnung der Vögel mit über 300 Arten, die 11 Familien bilden. Zu den R. gehören die Wat- und Möwenvögel, unter ihnen

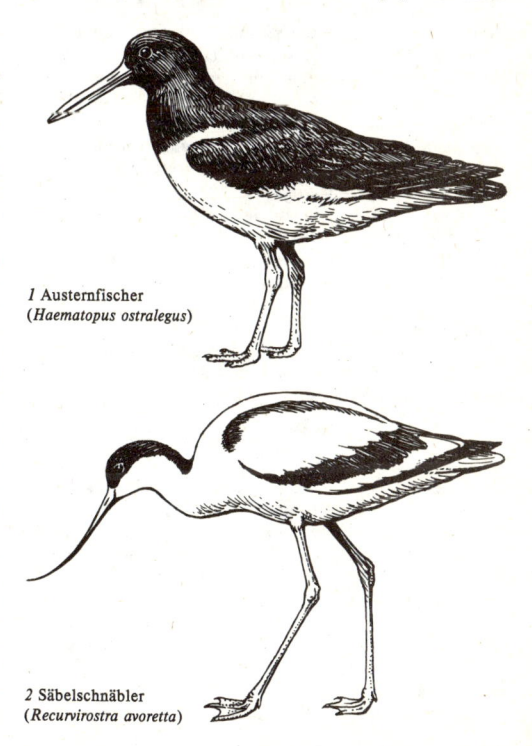

1 Austernfischer
(*Haematopus ostralegus*)

2 Säbelschnäbler
(*Recurvirostra avoretta*)

die → Möwen, Raubmöwen, → Seeschwalben, Scherenschnäbel und → Schnepfen, ferner Blatthühnchen, *Jacanidae* (mit Wasserfasan und Jassana), Regenpfeifer, *Charadriidae* (mit Kiebitzen, Säbelschnäbler, Stelzenläufer), Austernfischer, *Haematopidae*, Scheidenschnäbel, *Chionidae*, Höhenläufer, *Thinocoridae*, Brachschwalben, *Glareolidae*, Triele, *Burhinidae*, → Alken und Lummen, *Alcidae*.

Regenwald, tropische, immergrüne Vegetationsformation von üppiger Wuchsleistung. Sein Vorkommen ist auf Gebiete mit gleichbleibender hoher Temperatur (kein Monat unter +18 °C) und regelmäßiger hoher Feuchtigkeit (jährliche Niederschläge von 2000 bis 4000 mm), die nicht durch ausgeprägte Trockenheit unterbrochen wird, beschränkt. Der R. ist sehr artenreich. Am Aufbau der Baumschicht ist oft eine große Zahl meist immergrüner, derbblättriger Holzarten beteiligt (40 bis über 100 Arten je ha). Aus der oberen meist nicht geschlossenen Baumschicht, die bis 55 m Höhe erreichen kann, ragen einzelne Bäume heraus. Zahlreiche Kletterpflanzen und Epiphyten bedecken oft dicht die Äste.

Das größte Regenwaldgebiet ist das südamerikanische Amazonasgebiet, das auch als *Hyläa* bezeichnet wird. Tiefer gelegene und oft überschwemmte Bereiche werden von einem besonderen R., dem *Igapo-Wald*, besiedelt, die höheren, nicht überschwemmten Teile tragen den *Eté-Wald*. In höher gelegenen meist nebelreichen Lagen, in denen die Temperatur abnimmt, geht der R. in den *Gebirgsregenwald* über, der besonders reich an epiphytischen Farnen und Moosen ist.

Regenwürmer, *Lumbricidae*, eine Familie der Wenigborster mit vielen, wenige Zentimeter bis zu 3 m langen Arten, die in röhrenförmigen Gängen in der Erde oder in verwesenden organischen Substanzen leben. Ein Teil der erdbewohnenden R. ist in der Landwirtschaft nützlich, indem der Ackerboden durch die Lebenstätigkeit dieser Würmer verbessert wird (Lockerung, Durchlüftung, Humusbildung).

Lit.: H. Füller: Die R. (Wittenberg 1954).

Region, biogeographisches Gebiet, dessen Fauna bzw. Flora sich mehr oder weniger deutlich von der benachbarter R. unterscheidet. Pflanzen- und tiergeographische R. stimmen nicht überein. Abgesehen von unterschiedlichen Grenzziehungen sind die tiergeographischen R. umfangreicher, so daß sie weitgehend den Florenreichen und Unterreichen der Pflanzengeographie entsprechen. → tiergeographische Regionengliederung.

Regler, → Temperaturregulation.

Regression, → Biostatistik.

Regressionsrechnung, → Biostatistik.

regressive Entwicklung, Abnahme der Organisationshöhe gegenüber den stammesgeschichtlichen Vorfahren; r. E. ist vor allem bei Parasiten verbreitet; sie geht mit der Vereinfachung bestimmter Organsysteme einher. So ist bei manchen parasitischen Würmern der Darmkanal rückgebildet und bei vielen Binnenparasiten das Nervensystem vereinfacht.

Regulation, die Erscheinung, daß ein Organismus nach Störung seines normalen Zustandes bestrebt ist, diesen wiederherzustellen oder wenigstens eine Annäherung an ihn herbeizuführen. Trennt man z. B. beim Seeigelkeim durch Schütteln die beiden Blastomeren des 2-Zellen-Stadiums (als ½-Blastomeren bezeichnet) voneinander, so hat das keineswegs immer den Tod oder zumindest die Entstehung unvollständiger Embryonen zur Folge. Driesch gelang es auf diese Weise um die Jahrhundertwende nachzuweisen, daß die ½-Blastomeren und auch noch die ¼-Blastomeren für sich allein einen vollständigen, nur entsprechend verkleinerten Pluteus (Larve der Seeigel) bilden können. Es sind also experimentell Zwillinge oder Vierlinge erzeugt worden. Die Entwicklung der Blastomeren, die im Verband nur die eine Hälfte bzw. ein Viertel des Embryos gebildet hätten, wird offenbar nach der Isolierung völlig neu orientiert, so daß wiederum eine vollständige Larve entsteht. Die genannten Versuche am Seeigelkeim regten eine große Zahl weiterer Untersuchungen an, die dann auch bei der Diskussion um den Neovitalismus von Driesch eine große Rolle spielten.

Die Regulationsfähigkeit des Seeigelkeims ist begrenzt. Trennt man auf dem 8- oder 16-Zellen-Stadium die animale und vegetative Keimeshälfte voneinander, so werden zwar aus beiden Hälften Blastulen, von denen aber nur die aus der vegetativen Hälfte hervorgegangene gastruliert und eine Larve bildet. Aber auch diese Larve bleibt in den meisten Fällen unvollständig, es fehlen ihr mehr oder weniger diejenigen Bildungen, die in der Normogenese aus der animalen Keimhälfte entstehen, z. B. die Armfortsätze (*vegetative Anormogenesen* nach F. E. Lehmann).

Dieser Mangel an Regulationsfähigkeit in animalen Keimhälften ist bereits im unbefruchteten Ei gegeben. Mit feinen Glasnadeln abgeschnittene und anschließend befruchtete animale Eihälften können weder gastrulieren noch ein Skelett entwickeln, im Gegensatz zu den vegetativen Eihälften, aus denen wiederum mehr oder weniger vollständige Plutei entstehen können. Es besteht also bereits in der Oozyte des Seeigels entlang der animal-vegetativen Hauptachse eine Verschiedenheit hinsichtlich der Verteilung der Entwicklungsfaktoren. Nur in der vegetativen Hälfte befinden sich noch alle zur Entwicklung eines vollständigen Pluteus notwendigen Entwicklungsfaktoren.

Beim Froschei sind in der dorsalen Region, im »grauen Halbmond«, besondere Entwicklungsfaktoren verankert (→ Organisator). Die erste Furchungsebene verläuft zwar stets meridional, sie steht aber nicht in einem festen Winkel zur späteren Dorsoventralachse des Keimes. Sie kann den Keim sagittal (median) durchschnüren, dann bekommen beide Blastomeren je die Hälfte des grauen Halbmondes. Sie kann aber auch frontal verlaufen, dann bekommt nur die eine (dorsale) Blastomere das gesamte Material des grauen Halbmondes, oder in jedem beliebigen anderen Winkel dazu.

Trennt man die ½-Blastomeren vorsichtig mit Hilfe einer Haarschlinge voneinander, so erhält man nur aus den Zellen, die einen genügend großen Teil des grauen Halbmondes mitbekommen haben, eine vollständige Larve. In den anderen Fällen entsteht ein »Bauchstück« ohne Organdifferenzierungen. Zwillingsbildungen sind also nur dann zu erwarten, wenn die erste Furchungsebene genau oder angenähert sagittal verlaufen ist, sonst erhält man eine Normalbildung und ein Bauchstück.

Die zweite Furchungsebene verläuft beim Amphibienkeim ebenfalls meridional, senkrecht zur ersten. Aus ¼-Blastomeren kann man dann entweder zwei Normalbildungen und zwei Bauchstücke oder eine Normalbildung und drei Bauchstücke erhalten.

R. zur Zwillingsbildung ist auch noch auf dem Stadium der späten Blastula möglich, wenn man diese vorsichtig sagittal durchtrennt. Die Regulationsfähigkeit verschwindet erst nach der Gastrulation. Aus den Hälften entstehen dann nur noch Halbembryonen, die nur mit einem Auge, mit nur einem Vorder- und einem Hinterbein auf derselben Körperseite u. a.

Nach dem Vorschlag von Heider (1900) bezeichnet man diejenigen Keime, die eine gewisse Regulationsfähigkeit besitzen, als *Regulationseier* und stellt sie den kaum oder gar nicht regulierenden *Mosaikeiern* gegenüber.

Das Säugetierei einschließlich des menschlichen Eies gehört wie das Froschei und das Seeigelei zu den Regulationseiern. Das wird durch das Vorkommen monozygotischer (eineiiger) Zwillinge demonstriert. Bei einem Gürteltier (*Dasypus novemcinctus*) gehört es zur Regel, daß der Keim frühzeitig in vier Stücke zerfällt und eineiige Vierlinge geboren werden.

Im Gegensatz zu den Regulationseiern gehen aus den ½-Blastomeren eines Mosaikeies unvollständige Embryonen hervor. Im Extremfall kommt es zur Ausbildung exakter Halbkeime. Als Beispiel sei zunächst die Rippenqualle *Beroe* angeführt. Diese disymmetrische Tierform des Mittelmeeres zeigt – wie alle Rippenquallen – an ihrer Oberfläche in acht Längsreihen (Rippen) angeordnete Ruderplättchen. Aus einer ½-Blastomere entwickelt sich nach einer typischen Halbfurchung eine Larve, die statt der acht nur noch vier Rippen besitzt. Entsprechend liefern ¼- bzw. ⅛-Blastomeren Larven mit 2 Rippen bzw. einer einzigen Rippe. Eine gewisse R. tritt insofern noch auf, als die ½- und ¼-Larven noch einen vollständigen Magen und ein vollständiges statisches Organ am aboralen Körperpol ausbilden. Typische Halblarven entwickeln sich aus der ½-Blastomere der Seescheide *Styela*. Auch die Nematoden und in gewissem Sinne ein Teil der Insekten (z. B. Fliegen) bilden Mosaikeier aus.

Gerade auch bei Insekten ist die eindeutige Zuweisung eines Keimes zum Regulations- oder Mosaiktyp problematisch. Beide Begriffe stellen Extreme einer durch viele Zwischenformen miteinander verbundenen kontinuierlichen Reihe dar.

Regulatorgene, von den Strukturgenen unterschiedene Gene, die keinen Einfluß auf die Konstitution von Enzymen nehmen, sondern darüber entscheiden, ob ein Strukturgen aktiv oder inaktiv im Sinne der Realisierung der in ihm enthaltenen genetischen Information ist. Die R. üben ihre Kontrollfunktion über die Transkriptions- oder Translationsrate (→ Transkription, → Translation) anderer Gene durch die Synthese von Produkten aus, die als Repressoren oder Aktivatoren bezeichnet werden, spezifische Affinität für einen bestimmten Operator oder analoge Basensequenzen haben und die Produktion oder Ablesung der Messenger-RNS blockieren.

regulatorische Proteine, → Phagen.

Reh, *Capreolus capreolus*, eine kleine, einfarbig braune bis schwarzbraune Hirschart Europas und Asiens. Das kleine Stangengeweih des Männchens hat nur drei, höchstens vier Enden.

Lit.: C. Stubbe u. H. Passarge: Rehwild (Berlin 1979).

Reibplatte, → Pharynx, → Radula 1).
Reibzunge, → Radula 1).
Reifeentwicklung, → Konstitutionstypus.
Reifephase, → Lebensdauer.
Reifeteilung, svw. Meiose.
Reifezeichen, → Konstitutionstypus.
Reifungsalter, → Konstitutionstypus.
Reiher, *Ardeidae,* Familie der → Schreitvögel mit 65 Arten. Sie horsten kolonieweise auf Bäumen und im Schilf und suchen ihre tierische Nahrung im seichten Wasser. Beim Fliegen legen sie den Hals S-förmig zurück. Die *Rohrdommeln* nehmen bei Gefahr Pfahlstellung ein und sind so im Schilf gut getarnt. Die meisten R. haben einen langen, spitzen Schnabel. Der Schnabel des *Kahnschnabels* ist breit.

Reiherschnabel, → Storchschnabelgewächse.
Reinkultur, eine Mikroorganismenkultur, die nur Organismen einer Art oder eines Stammes enthält. R. sind eine unabdingbare Voraussetzung für exakte mikrobiologische Arbeiten sowohl in der Forschung als auch in der Praxis. In den einzelnen Zweigen der technischen Mikrobiologie werden z. B. R. besonders geeigneter Stämme zur Herstellung vieler Produkte verwendet. R. werden durch verschiedene Techniken gewonnen, z. B. mit dem → Plattengußverfahren oder dem fraktionierten → Ausstrich.

Reinvasion, wiederholter Befall desselben Wirtsorganismus mit der gleichen Parasitenart.

Reis, → Süßgräser.

Reisfrosch, *Rana limnocharis,* 5 bis 6 cm langer häufigster → Echter Frosch der südostasiatischen Reissümpfe.

Reismelde, → Gänsefußgewächse.

Reiz, Ereignis in der Umgebung eines lebenden Systems, das eine Zustandsänderung desselben hervorruft. In Nervenzellen wird durch R. Erregung ausgelöst bzw. bestehende verändert. Traditionell können Ereignisse, die R. darstellen, in *Reizarten* unterteilt werden: chemische, osmotische, thermische, mechanische, elektrische, akustische, optische R. Die → Rezeptoren sind im allgemeinen auf den Empfang eines bestimmten, des jeweils adäquaten R. spezialisiert (→ Signale, → Kennreiz). Spezialisierte Rezeptoren (z. B. Lichtrezeptoren im Auge) können u. U. auch durch inadäquate R. (Druck) erregt werden. Kenngrößen des R., die für die Erregungsauslösung bedeutsam sind, werden in der *Reizcharakteristik* zusammengefaßt: Intensität, Dauer, Anstiegssteilheit, zeitliche Intensitätsveränderung während der Reizdauer, die Polarität bei elektrischen R. Ist z. B. der Wert für die Intensität zu gering, wird die *Reizschwelle* nicht erreicht, die Erregung bleibt aus. Langsam ansteigender Gleichstrom wirkt erst bei viel höheren Intensitäten erregungsauslösend als ein Stromstoß (»Einschleichen des Reizes«).

Reizaufnahme, 1) in der → Reizphysiologie der Pflanzen die Anfangsreaktionen der Reizkette. Diese pflegt man in die *Reizsuszeption,* die einen physikalischen Prozeß darstellt, z. B. die Absorption von Licht durch → Phytochrom, und in die *Reizperzeption,* die der erste sich anschließende physiologische Prozeß ist, zu unterteilen. Jetzt verwendet man die Bezeichnung Reizperzeption oft im Sinne des Gesamtprozesses (also von Suszeption zuzüglich Perzeption). In vielen Fällen geht mit der Reizperzeption eine → Erregung einher.

2) über R. bei Tieren → Rezeptor, → Sinnesorgane.

Reizaufnahmeorgane, svw. Sinnesorgane.
Reizbarkeit, svw. Erregbarkeit.
Reizbewegungen, durch äußere → Reize veranlaßte bzw. ausgerichtete Ortsbewegungen freier Organismen bzw. Krümmungsbewegungen von Organen bzw. Organteilen festgewachsener Pflanzen. Unterschieden werden → Taxien, → Tropismen und → Nastien.

Reiz-Erregungsumsetzung, svw. sensorische Transduktion.

Reizintensität, svw. Reizstärke.

Zwergrohrdommel
(*Ixobrychus minutus*)

Reizker

Reizker, → Ständerpilze.

Reizleitung, *1)* in der Reizphysiologie der Pflanzen eine Weitergabe des Reizimpulses vom Ort der Reizaufnahme zum Ort der Reaktion. Die R. kann durch die Weitergabe eines →Aktionspotentials erfolgen, die jedoch im Gegensatz zum Tier nicht in spezialisierten Nervenzellen, sondern häufig in langgestreckten Parenchymzellen des Phloems und Protoxylems vor sich geht. Das Aktionspotential einer gereizten Pflanzenzelle pflanzt sich verhältnismäßig langsam fort, z. B. bei der Mimose mit einer Geschwindigkeit von 2 bis 5 cm/s. Es kann keine toten Gewebepartien überqueren. Häufig erfolgt bei Pflanzen auch eine chemische R. Dabei übernehmen den Transport entweder spezifische »Erregungssubstanzen«, bei der Mimose z. B. eine stickstoffhaltige Oxysäure, die neben den Aktionspotentialen wirksam wird und auch tote Gewebezonen oder ein wassergefülltes Glasrohr passieren kann, oder in vielen Fällen Phytohormone, besonders Auxin.

2) R. bei Tieren, → Nervensystem, → Erregung, → Erregungsleitung.

Reizmengengesetz, *Produktgesetz,* eine Regel, nach der der Reizerfolg eine Funktion der *Reizmenge,* also des Produkts aus Reizintensität und Reizdauer, ist. Verminderte Reizintensität kann durch längere Reizdauer kompensiert werden und umgekehrt. Dementsprechend kann man z. B. zur Erzielung einer eben sichtbaren Krümmung von Wickenkeimlingen entweder mit höherer Lichtintensität kurz oder mit sehr geringer Intensität entsprechend länger belichten. Dabei können aufeinanderfolgende unterschwellige Reize addiert werden, falls die Zeitabstände zwischen diesen nicht zu groß sind. Die Gültigkeit des R. wurde in zahlreichen Untersuchungen bezüglich des Phototropismus und Geotropismus geprüft und bestätigt. Dabei erwies sich das R. allerdings nur in der Nähe der Reizschwelle als gültig. Darüber hinaus hat es nur beschränkte Gültigkeit, einmal deshalb, weil langanhaltende, stärkere Reize abstumpfend wirken, und zum anderen, weil oberhalb der Reizschwelle die volle Reaktion oft entsprechend dem Alles-oder-Nichts-Prinzip (z. B. → Seismonastie) erfolgt, und zwar unabhängig davon, wie weit die Reizschwelle überschritten wird.

Reizperzeption, → Reizaufnahme.

Reizphysiologie, ein Teilgebiet der Physiologie. Die R. der Pflanzen gehört zur Physiologie der →Bewegung und wird dieser meist begrifflich eingeordnet, denn viele Bewegungen (→ Reizbewegungen) sind das Endglied einer komplizierten Reizkette, die von der Reizaufnahme über Erregung und Reizleitung bis zur Bewegungsreaktion führt. *Reizbarkeit* ist eine ganz allgemeine und charakteristische Eigenschaft des lebenden Plasmas. Der *Reizvorgang* stellt stets eine Auslösungserscheinung dar, d. h., durch einen chemischen oder physikalischen Einfluß, z. B. Licht oder Erschütterung, wird eine Reaktion induziert, ohne für den Bewegungsablauf notwendige Energie bereitzustellen. Diese muß zelleigenen Energiequellen entnommen werden.

Pflanzen registrieren und beantworten vor allem Lichtreiz und mechanische Reize, z. B. Schwerkraftreize, Berührungsreize, Erschütterungsreize, daneben Temperatur- und chemische, bisweilen auch elektrische Reize, ohne daß sie Sinnesorgane besitzen. Vielfach sind jedoch einzelne Organteile bevorzugt reizbar. So erfolgt die Suszeption der Schwerkraft bei Wurzeln vor allem in der äußersten Spitze. Einige Pflanzen besitzen sogar besondere anatomische Einrichtungen für die Aufnahme von Reizen, beispielsweise bestimmte Flagellaten die bekannten »Licht-Sinnesorgane« oder der Pilz *Pilobolus* als Sammellinse wirkende Teile auf dem Sporangienträger. Verhältnismäßig weit verbreitet sind Einrichtungen zur Aufnahme mechanischer Reize, z. B. Fühlborsten bei Mimosen und verschiedenen fleischfressenden Pflanzen (→ Seismonastie) sowie Fühltüpfel oder Fühlpapillen an Ranken (→ Rankenbewegungen) und reizbare Staubfäden (→ Blütenbewegungen). Diese den Tangorezeptoren der Tiere analogen Gebilde sind so gebaut, daß das Plasma an einzelnen Stellen besonders leicht Deformationen und Zerrungen erleiden kann.

Die R. der Tiere ist ein Teilgebiet der →Sinnesphysiologie und Nervenphysiologie und beschäftigt sich mit den verschiedenen Arten von →Reizen, ihrer Aufnahme und Weiterleitung.

Reizschwelle, Mindestintensität eines Reizes, die einer Empfangsstruktur zugeführt werden muß, um Erregung auszulösen. Die R. ist von der Reizcharakteristik (→ Reiz) abhängig. Die *absolute R.* (*Schwellenintensität*) ist jene Schwellenintensität je Zeiteinheit, die im Mindestfall zugeführt werden muß, um Erregung auszulösen. Die absolute R. beträgt beim dunkeladaptierten menschlichen Auge für blaugrünes Licht von 507 nm Wellenlänge $5,6 \times 10^{-17}$ J/s. Diese Schwellenintensität muß eine Mindestdauer, die *Nutzzeit,* wirken. Die Nutzzeit beträgt für das genannte Beispiel ungefähr 0,5 s. Damit kann die *Schwellenenergie* des Reizes mit etwa 3×10^{-17} J berechnet werden. Werden die Schwellenenergien für einzelne Sinneszellen berechnet, ergibt sich, daß die absolute R. die Grenze des physikalisch Möglichen erreichen können. So reichen ein einziges Lichtquant aus, um in einem Stäbchen, ein Duftmolekül, um in einer Riechsinneszelle Erregung auszulösen.

Reizstärke, *Reizintensität,* der Umfang der Umweltveränderung, der zu einer Erregung führt, ausgedrückt in der Amplitude des Reizes, wichtige Größe der Reizcharakteristik, → Reiz, → Reizschwelle.

Reiz-Summen-Regel, in der Verhaltensbiologie formulierte Regel, nach der im allgemeinen die Wirkungen von → Kennreizen bei der Auslösung artspezifischer Verhaltens sich summieren. Dabei kann im einfachsten Falle eine Wirkungsaddition vorliegen, häufiger ergibt sich die Reiz-Wirkungs-Summe jedoch aus einer komplexeren Operation. Bei Wühlmäusen wurde eine annähernd additive Hemmwirkung auf das Erkundungsverhalten bei Angebot visueller und akustischer Reize nachgewiesen.

Reizsusception, → Reizaufnahme.

Reizwirkungen, → Umweltfaktoren.

Rekauleszenz, → Sproßachse.

Rekelsyndrom, Komplex von Bewegungsformen, die durch körpereigene (propriozeptive) Reize ausgelöst werden und den Muskelstoffwechsel aktivieren. Typische Komponenten dieses Syndroms sind: Strecken, Rekeln, Gähnen. Die Bewegungsmuster werden durch die konstitutionellen Eigenschaften der betreffenden Tierarten bestimmt.

Rekelsyndrom beim Rotfuchs: *a* und *b* Sukzessivstrecken (*a* Vornstrecken, *b* Hintenstrecken), *c* Simultanstrecken (nach Tembrock)

Rekombinante, eine durch genetische Rekombination entstehende neue Genkombination.
rekombinante DNS, → Gentechnologie.
Rekombination, die Gesamtheit der Vorgänge, in deren Verlauf es zur Bildung neuer Genkombinationen entweder während der Meiose (meiotische oder sexuelle R.) in den Gonenmutterzellen oder während der Mitose in den somatischen Zellen (somatische oder parasexuelle R.) kommt. Die an der R. beteiligten Gene können auf verschiedenen Chromosomen lokalisiert sein (ungekoppelte Gene) oder der gleichen Koppelungsgruppe (gekoppelte Gene) angehören.
1) *Meiotische (sexuelle) R.*
a) ungekoppelter Gene: Die Allelenpaare der betreffenden verschiedenen Koppelungsgruppen zugehörigen Gene werden aufgrund der zufallsgemäßen Orientierung der Paarungsverbände und Verteilung der Chromosomen in der Meiose und der zufallsgemäßen Gametenvereinigung bei der Befruchtung frei rekombiniert und verhalten sich entsprechend den Mendelgesetzen.
b) gekoppelter Gene: Die Allele der betreffenden Gene gehören zur gleichen Koppelungsgruppe und folgen deren meiotischer Verteilung, d. h. sind nicht frei rekombinierbar. Die meiotische R. erfolgt zwischen den gepaarten Chromosomen. Dabei sind intergene (oder nichtallele) und intragene (oder allele) R. zu unterscheiden. Bei *intergener* oder *nichtalleler R.* tritt ein reziproker Segmentaustausch zwischen den Chromatiden der gepaarten Chromosomen ein. Der Austausch erfolgt zwischen den Funktionsgenen (Cistronen). Er ist reziprok und symmetrisch, d. h., im Verlauf der Meiose entstehen durch jedes → Crossing-over Zelltetraden, die aus zwei Zellen mit Austauschchromatiden und zwei Zellen mit Nicht-Austausch-Chromatiden bestehen. Im Falle der *intragenen R.* erfolgt die R. zwischen den Untereinheiten (Recon) eines Funktionsgens (Cistron), das in den homologen Chromosomen in zwei verschiedenen allelen Zuständen vorliegt. Hierbei ist im Gegensatz zum klassischen Crossing-over die R. nichtreziprok (asymmetrisch), was folgendes bedeutet:
Bei *reziproker R.* entstehen aus den Elterntypen a+ und +b als Rekombinationsergebnis Tetradenzellen (Gonen) mit den Genotypen a+, +b (Elternkombinationen) und ab sowie ++ (Rekombinanten) in gleicher Häufigkeit, wenn zwischen den beiden Genen Crossing-over eintrat. Im Falle der *nichtreziproken, intragenen R.* sind demgegenüber die vier Genotypen nicht gleich häufig, d. h., viele Zellen enthalten etwa die Wildtyprekombinante, aber die durch R. zu erwartende Doppelmutante fehlt (bzw. umgekehrt). Ein weiterer Unterschied besteht darin, daß bei intergener R. im allgemeinen positive, bei intragener R. meist negative Interferenz vorliegt.
2) *Somatische* oder *parasexuelle R.* Dieser Rekombinationsvorgang erfolgt nicht während der Meiose, sondern in somatischen Zellen und kann in gleicher Weise und auf der gleichen Grundlage wie die meiotische R. in intergene und intragene R. unterteilt werden. Die rekombinationsfähigen Koppelungsstrukturen befinden sich entweder in diploiden (→ Diploidie), heterokaryotischen (→ Heterokaryose) oder heterogenoten (→ Heterogenote) Zellen. Parasexuelle R. ist bei höheren Organismen ein Ausnahmeprozeß, bei bestimmten Pilzen, bei Bakterien und Viren der normale Rekombinationsvorgang. Der Aufbau des heterogenoten Zustandes bei Bakterien als Voraussetzung zur genetischen R. erfolgt durch Konjugation, Transduktion oder Transformation.
Auf dem Gebiet der → Gentechnologie werden Rekombinationsvorgänge in vitro genutzt, um über rekombinante DNS neue Genkombinationen herzustellen.

Ob den inter- oder intragenen R. im Prinzip gleiche oder grundsätzlich verschiedene Mechanismen zugrunde liegen, ist noch unklar. Die Gesamtheit aller Faktoren, die im spezifischen Fall eine genetische R. verursachen, ist das Rekombinationssystem eines bestimmten Objektes.
Rekombinationsanalyse, → Koppelungsgruppe.
Rekombinationswert, Rekombinationsprozentsatz, die prozentuale Häufigkeit, in der durch Crossing-over und genetische Rekombination in der Meiose Austauschgameten entstehen. Der R. ist in Abhängigkeit vom Abstand der gekoppelten Gene unterschiedlich groß und wird um so höher, je weiter die betreffenden Gene voneinander entfernt im Chromosom lokalisiert sind. Er überschreitet nie 50% der gebildeten Gameten, da Mehrfach-Crossing-over zwischen weit entfernten Genen eintreten, nur einfache und ungeradzahlige Mehrfach-Crossing-over zu Rekombinationen führen und immer nur zwei Chromatiden an einer Stelle ein Crossing-over eingehen.
Rekrete, → Ballaststoffe.
Rekretion, → Stoffausscheidung.
Rektalampulle, → Verdauungssystem.
Rektalblase, → Verdauungssystem.
Rektaldivertikel, → Verdauungssystem.
Rektalpapillen, bei den meisten Insekten im letzten Abschnitt des Enddarmes, im Rektum, nach innen vorspringende, ein- oder zweischichtige Epithelverdickungen. Die Zahl der R. ist verschieden, am häufigsten werden 4 oder 6 angetroffen. Sämtliche R. sind reich mit Tracheen versorgt. Sie werden als Bezirke besonders starker Wasserresorption angesehen und sind damit für die Regulierung des Wasserhaushaltes des Insektenkörpers von besonderer Bedeutung.
Rektalsack, → Verdauungssystem.
Rektaltasche, → Verdauungssystem.
rektilineare Evolution, svw. Orthogenese.
Rektum, → Verdauungssystem.
Rekultivierung, → Landeskultur.
Relation, → Umweltbeziehungen.
relative Häufigkeit, → Biostatistik.
relative Resistenz, svw. Feldresistenz.
Relaxationsdruckkurve, → Atemschleife.
Relaxationszeit, 1) in der Reizphysiologie der Pflanzen die Zeitspanne bis zum völligen Abklingen einer »Erregung«.
2) → Muskelkontraktion.
Relaxin, ein zu den Proteohormonen gehörendes weibliches Sexualhormon, das bei Säugetieren während der Schwangerschaft in den Ovarien und in der Plazenta gebildet wird. R. hat eine Molekülmasse von etwa 6000 und ist homolog dem Insulin aufgebaut. Es bewirkt während des Geburtsvorganges die Auflockerung des Bindegewebes der Schamfuge (Symphyse) und damit die Erweiterung des Beckenringes.
Releasinghormone, svw. Liberine.
Relikt, Form, deren Verbreitungsgebiet in zurückliegender Zeit ausgedehnter war, und die sich durch Klimaänderungen, Konkurrenz anderer Arten oder Ausrottung in → Refugialgebiete zurückgezogen hat. Als *Glazialrelikte* bezeichnet man Arten, die sich an bestimmten Stellen seit der Eiszeit erhalten haben, z. B. die Zwergbirke auf dem Brocken. *Tertiärrelikte* sind Arten meist subtropischen Charakters, die während des Tertiärs (→ Erdzeitalter, Tab.) in Europa verbreitet waren und sich bis jetzt an einigen Stellen, weit von den derzeitigen Verbreitungsbereichen der Sippen entfernt, gehalten haben (z. B. *Pterocarya* oder *Celtis* in der Kolchis).
Reliktenkrebs, → Mysidacea.
Remeristemisierung, svw. Dedifferenzierung.

Remmertsche Regel

Remmertsche Regel, → ökologische Regeln, Prinzipien und Gesetze.

Ren, *1) Rentier, Rangifer tarandus,* ein in zahlreichen Unterarten über die arktischen Gebiete Eurasiens und Amerikas verbreiteter Hirsch, bei dem auch das Weibchen ein Geweih besitzt. Die verhältnismäßig großen, weit spreizbaren Hufe ermöglichen ein sicheres Laufen auf sumpfigen und vereisten Flächen. Das R. ernährt sich vorwiegend von Flechten und Moosen. Die europäische Form wird in großen Herden als Haustier gehalten.

Lit.: W. Herre: Rentiere (Wittenberg 1956).

2) → Exkretionsorgane.

Renin-Angiotensinmechanismus, → Nierentätigkeit.

Renke, → Koregonen.

Renkonen-Index, svw. Dominantenidentität.

Rennechsen, *Cnemidophorus,* 20 bis 40 cm lange, spitzköpfige, meist bräunlichgraue und längsgestreifte mittel- und südamerikanische → Schienenechsen, die als flinke Tagtiere offenes Gelände bewohnen. Die Männchen weisen oft eine leuchtend bunte Kehl- und Bauchfärbung auf. Die *Sechsstreifen-Rennechse, Cnemidophorus sexlineatus,* kommt bis ins mittlere Nordamerika vor. Mehrere Arten der R. sind nur als weibliche Tiere bekannt und vermehren sich durch Jungfernzeugung (Parthenogenese).

Rennin, *Labferment, Chymosin,* ein zu den Proteinasen (→ Proteasen) gehörendes Enzym, das im Labmagen junger Wiederkäuer vorkommt und als Milchgerinnungsenzym von Bedeutung ist. R. wird aus dem proteolytisch unwirksamen *Prorennin* durch Autokatalyse und Einwirkung von Pepsin gebildet und spaltet in Gegenwart von Kalziumionen spezifisch eine L-Phenylalanin-L-Methionin-Bindung des löslichen Kaseins (Kaseinogen) der Milch, das dadurch in das unslösliche Kasein (Parakäsein) und ein Glykoproteid zerfällt. Dem R. entspricht beim Menschen das → Gastrizsin.

Rennmäuse, *Gerbillinae,* rattengroße Nagetiere aus der Familie der Wühler, die in zahlreichen Arten Wüsten und Steppen Afrikas und Asiens besiedeln.

Rennvögel, mehrere Arten, die verschiedenen Brachvogel-Gattungen angehören, → Schnepfen.

Renshaw-Zelle, → Schaltung.

Rentier, svw. Ren 1).

Reoviren, → Virusfamilien.

Reoviridae, → Virusfamilien.

Reparation, eine besondere Form der Restitution, bei der die Wiederherstellung des verletzten Organs von der Wundfläche aus durch neu angeregte Teilungstätigkeit der verletzten Zellen erfolgt. R. tritt bevorzugt bei Tieren auf. Bei Pflanzen sind R. selten. Gewisse Pilze sind in der Lage, ihre Fruchtkörper durch R. zu ersetzen. Bekannt ist auch die Reparationsfähigkeit der Schlauchalge *Acetabularia.* Bei höheren Pflanzen kennt man echte R. von Wurzelvegetationspunkten.

Repellents, *Abschreckstoffe,* chemische Verbindungen, die angewendet werden, um tierische Schaderreger abzuschrecken, aber ohne diese zu vernichten, wie sie z. B. in einigen Textilschutzmitteln enthalten sind. Gegensatz: → Attraktants.

repetitive DNS, in eukaryotischen Organismen kurze Nukleotid-Sequenzen, die vielfach wiederholt in der chromosomalen DNS auftreten und durch die Anzahl von Nukleotidpaaren in der Sequenz, durch die spezifische Anordnung der Basenpaare und die Anzahl der Kopien einer Sequenz im Genom charakterisiert sind. Man unterscheidet *hochrepetitive* mit einer Wiederholungszahl von etwa 10^6 Kopien und *mittelrepetitive* (10^2 bis 10^4 Kopien) DNS. In den meisten Fällen dienen die repetitiven DNS-Sequenzen der Bildung ribosomaler DNS, Transfer DNS u. a.

repetitive Gene, → Zellkern.

Replica-Technik, in der Mikrobiologie angewendetes Verfahren, bei dem mit einem stempelartigen Gerät Abdrücke von Bakterienkolonien im gleichen Muster auf andere Nährböden übertragen werden. Die R. spielt eine große Rolle bei der Isolierung von Mutanten.

Replikation, Bildung einer genauen Kopie, einer »replica«, z. B. bei der Virusvermehrung (→ Viren), bei der in Nukleinsäure- und Proteinbiosyntheseprozessen sowie in Prozessen, die zum Zusammenbau der einzelnen Viruskomponenten führen, Nachkommenpartikeln gebildet werden, die mit den infizierenden Viruspartikeln identisch sind.

Replikon, → DNS-Replikation.

Repli(ko)somen-Komplex, → DNS-Replikation.

Repolarisation, Wiederherstellung des Ruhepotentials im Verlaufe eines → Aktionspotentials.

Repressor, ein vom Regulatorgen gebildetes Produkt, das mit dem Operator in Kontakt tritt und die Realisation der in einem Operon gespeicherten genetischen Information blockiert.

Reproduktion, svw. Fortpflanzung.

Reproduktionsmyzel, → Luftmyzel.

Reproduktionsstrategie, → K-Stratege.

reproduktive Isolierung, → Art.

reproduktive Phase, der Entwicklungsabschnitt, in dem die Fortpflanzung erfolgt, bei höheren Pflanzen die Periode der Blüten- und Fruchtbildung.

Reptantia, → Zehnfüßer.

Reptilien, svw. Kriechtiere.

Requienia, Muschelgattung mit sehr ungleichklappiger Schale, die mit dem stark verlängerten und spiralig gedrehten Wirbel der linken größeren Klappe auf dem Meeresboden aufgewachsen war. Die rechte Klappe ist flach, deckelförmig, jedoch ebenfalls mit spiralem Wirbel.

Verbreitung: Kreide (Valendis bis Senon), besonders im alpinen Bereich.

RES, Abk. für → retikulo-endotheliales System.

Reserpin, ein kompliziert gebautes Alkaloid vom Indol- bzw. Isochinolin-Typ, das in den Wurzeln von *Rauwolfia*-Arten, z. B. *Rauwolfia serpentina* und der mexikanischen *Rauwolfia heterophylla,* vorkommt und deren Hauptwirkstoff darstellt. R. hat beruhigende und blutdrucksenkende Wirkung und wird medizinisch verwendet.

Reservat, → Naturschutz.

Reserveeiweiße, → Reservestoffe.

Reservestärke, → Reservestoffe.

Reservestoffe, *Speicherstoffe,* an verschiedenen Orten im Pflanzen- und Tierreich gespeicherte Substanzen, die vorübergehend aus dem Fließgleichgewicht des Stoffwechsels ausgeschaltet sind, um bei späterer Gelegenheit, etwa nach einer zeitlich begrenzten Latenz- oder Ruheperiode oder bei ungenügender bzw. längere Zeit ausbleibender Nährstoffzufuhr, erneut als Bau- oder Betriebsmittel in den Stoffwechsel einbezogen zu werden.

Bei Pflanzen dienen in der Hauptsache Kohlenhydrate, Eiweißstoffe und Fette als R. Wichtigstes Reservekohlenhydrat ist die → Stärke, ein aus Glukose durch $\alpha(1\rightarrow 4)$-Bindung (α-Amylose) bzw. durch $\alpha(1\rightarrow 4)$- und zusätzlich durch $\alpha(1\rightarrow 6)$-Bindung (Amylopektin) aufgebautes Polysaccharid, das als Hauptbestandteil aller wesentlichen Grundnahrungsmittel, wie Brot, Kartoffeln, Reis, Hirse, Bataten, große Bedeutung für die menschliche Ernährung besitzt. Stärke entsteht bei der Photosynthese in den Chloroplasten in Form kleiner linsenförmiger Stärkekörner (*primäre* oder *Assimilationsstärke*). Diese wird nachts wieder in ihre Zuckerbestandteile zerlegt und so in die Speicherorgane transportiert. Dort erfolgt in den Stärkebildnern der

Zellen, den farblosen Amyloplasten, ein erneuter Aufbau zu viel größeren Stärkekörnern, der *Reservestärke*. Größe und Form der Stärkekörner sind bei den einzelnen Pflanzenarten sehr verschieden: Reis 3 bis 10 µm, Mais 10 bis 15 µm, Bohne 25 bis 60 µm, Kartoffel 50 bis 100 µm. Unter dem Mikroskop läßt sich häufig eine deutliche Schichtung erkennen. Das bei Tieren sehr verbreitete → *Glykogen*, das ähnlich dem Amylopektin aufgebaut ist, jedoch noch mehr α(1 → 6)-Verzweigungen der Glukoseketten enthält, kommt auch in Pilzen, Bakterien und Blaualgen vor. Das wasserlösliche → *Inulin*, ein vorwiegend aus Fruktose in β(2 → 1)-Bindung aufgebautes Polysaccharid, ist der Reservestoff in Topinamburknollen, *Helianthus tuberosus*, u. a. Korbblütlern. *Reservezellulosen*, und zwar Arabane, Xylane, Mannane und Galaktoaraban, werden im Gegensatz zur Stärke in Form von Zellwandverdickungen vor allem in Samen und Früchten abgelagert, in besonders großem Ausmaß z. B. im Steinendosperm der Palme *Phytelephas macrocarpa*, aus dem das »pflanzliche Elfenbein« gewonnen wird. Auch die Dattelkerne (Samen) bestehen aus Reservezellulose. Das Disaccharid → *Saccharose* (Rohrzucker) wird in der Zuckerrübe und im Stengel des Zuckerrohrs gespeichert. Die Monosaccharide → *Glukose* und → *D-Fruktose* sind bei Pflanzen weit verbreitet und besonders reichlich in vielen Früchten enthalten. *Reserveeiweiße*, die sich konstitutionell von den plasmatischen oder Gerüsteiweißen unterscheiden, kommen im Zellsaft gelöst oder als feste Protein- oder *Aleuronkörner* vor. Diese entstehen durch Austrocknung und Erstarrung eiweißhaltiger Vakuolen. Die rundlichen Aleuronkörner enthalten neben Eiweißen, die z. T. in kristallähnlicher Form vorliegen, oft ein bis mehrere Globoide, die aus Phytin bestehen. In den Getreidekörnern sind die Zellen der Aleuronschicht (die äußerste Zellage des Nährgewebes) völlig mit kleinen Aleuronkörnern angefüllt. Diese eiweißhaltige Schicht gelangt bei der Herstellung sehr weißer Mehle überwiegend in die Kleie. Sehr reich an Aleuronkörnern sind die Samen der Hülsenfrüchtler, bei denen die Keimblätter als Reservestoffbehälter fungieren. *Fette* öliger Konsistenz werden von sehr vielen Pflanzen als energiereiche R. in den Nährgewebszellen der Samen gespeichert, meist in nur geringer Menge, bei den Ölpflanzen jedoch in außerordentlich großem Umfang. Die → *Öle* bilden im Plasma eine Emulsion aus winzigen Tröpfchen oder fließen zu größeren Fettvakuolen zusammen.

Bei der Keimung der reservestoffreichen Samen und vegetativen Überdauerungsorgane, wie Knollen, Rhizome, Knospen u. a., werden die R. mobilisiert, d. h. zur Gewinnung von Baustoffen und Energie enzymatisch gespalten und z. T. veratmet.

Bei Tieren werden R. in großem Umfang im Unterhautfettgewebe, im Gekröse, in der Leber und in den Muskeln abgelagert.

Reservevolumen, → Lungenvolumen.
Reservewirt, außerhalb des engeren Wirtskreises stehende Wirtsarten (→ Nebenwirt), die oft die Bekämpfung des Parasiten erschweren, weil sie als Reservoire für erneute Ausbreitung dienen.
Reservezellulose, → Reservestoffe.
Residualgebiet, svw. Refugium.
Residualkörper, → Lysosom.
Residualvolumen, → Lungenvolumen.
Residualwirkung, *Rückstandswirkung*, Bezeichnung für die Wirkung, die chemische → Pflanzenschutzmittel ausüben, die nicht von der Pflanze aufgenommen und in ihr transportiert werden, sondern als Belag auf der Pflanzenoberfläche verbleiben. Sie wirken nur dann auf die betreffenden Schaderreger, wenn sie mit ihnen in Kontakt kommen.

Resistenz, *allgemein* die Widerstandsfähigkeit eines Organismus gegenüber Schaderregern, aber auch gegenüber natürlichen Einwirkungen, z. B. Kälte, Hitze, Gifte, → Immunität; in der Phytopathologie 1) die Nichtanfälligkeit, das Abwehrverhalten, die Widerstandsfähigkeit eines (höheren) Organismus gegenüber einem Parasiten. Formen und Ursachen können sehr unterschiedlich sein, sind jedoch immer genetisch bedingt. R. wird durch Züchtung gezielt in Kulturpflanzensorten eingelagert. Bei der R. kann es sich um → aktive Resistenz, → passive Resistenz, → Scheinresistenz odr → induzierte Resistenz handeln. In epidemiologischer Hinsicht unterscheidet man → horizontale R. von → vertikaler R. Weitgehend identisch mit horizontaler R. ist der Begriff → Feldresistenz. Je nach Wirkung ist *Infektionsresistenz* (die Infektion der Wirtspflanze wird verhindert, indem der Erreger am Eindringen in den Wirtsorganismus gehindert wird), von *Ausbreitungsresistenz* (das Pathogen infiziert, kann sich aber im Wirt nicht ausbreiten) zu differenzieren.

Sind in einem Feldbestand keinerlei Infektionen nachweisbar, spricht man auch von → extremer Resistenz.

R. kann auf ein bestimmtes Stadium der Pflanzenentwicklung beschränkt sein, z. B. *Altersresistenz*, wobei die Pflanze erst in einem späteren Entwicklungsstadium resistent ist.

2) die Widerstandsfähigkeit eines Organismus (einer Pflanze) gegen schädigende Umwelteinflüsse (z. B. *Frostresistenz, Trockenresistenz, Rauchresistenz*).

3) die Widerstandsfähigkeit von Schaderregern bzw. Pathogenen gegen Wirkstoffe, die zur Bekämpfung eingesetzt werden. Bei Verwendung immer des gleichen Wirkstoffes (z. B. DDT) werden DDT-resistente Insektenpopulationen selektiert, die mit diesem Wirkstoff nicht mehr zu bekämpfen sind. Die gleiche Erscheinung kann bei pflanzenpathogenen Pilzen (gegen systemische Fungizide) und Bakterien (gegen Antibiotika) auftreten. → Akarizidresistenz, → Fungizidresistenz, → Gruppenresistenz, → Insektizidresistenz, → Kreuzresistenz.

Resistenzmechanismen, in der Phytopathologie die spezifischen Eigenschaften, durch die bestimmte Pflanzenarten oder -sorten den Angriffen von Parasiten widerstehen. R. können mechanischer Art (verdickte Kutikula, dichte Blattbehaarung) oder auch chemisch-physiologisch bedingt sein.

Resonanztransfer, svw. Exzitonentransfer.
Resorption, die Aufnahme gelöster Substanzen durch die Zellmembran hindurch in das Zellinnere. In engerem Sinne ist R. die nach Ablauf der Verdauungsvorgänge erfolgende Aufnahme vorbereiteter löslicher Nahrungsstoffe durch die Darmwand hindurch ins Blut. Kohlenhydrate werden in Form löslicher Monosaccharide, Fette als wasserlösliche Komplexverbindungen aus Fettsäuren in Verbindung mit Gallensäuren und Eiweiße als gelöste Aminosäuren resorbiert. Die R. ist ein komplexer Vorgang, an dem sowohl physikalische als auch elektrochemische Prozesse wie Filtration, Diffusion, Osmose und auch aktive Transportvorgänge beteiligt sind.

Respiration, svw. Atmung.
Respirationsorgane, svw. Atmungsorgane.
Respirationssystem, svw. Atmungsorgane.
respiratorischer Quotient, Abk. *RQ*, das Verhältnis der Kohlendioxidproduktion zum Sauerstoffverbrauch. Die Größe des RQ ist abhängig von der Art der aufgenommenen Nahrung. Insofern besteht auch eine Beziehung zwischen dem RQ und der Größe des »Kalorischen Äquivalents« (Wärmebildung) beim Verbrauch von 1 l Sauerstoff (Tab. S. 742).

Restitution, 1) Ergänzung oder Wiederherstellung des Or-

Restitutionskern

1 g	Sauerstoff-verbrauch in ml	Kohlendioxid-produktion in ml	RQ	Wärmebildung in kJ	
				je 1 g	je 1 l Sauerstoff
Kohlenhydrate	828	828	1,0	17,5	21
Fett	2019	1427	0,7	38,5	19,6
Eiweiß ohne Harnstoff	966	774	0,8	18	18,8

ganismus nach Verletzung. Die Fähigkeit zur R. ist im Pflanzenreich im allgemeinen stärker ausgeprägt und weiter verbreitet als bei Tieren. Eine Grundlage des Restitutionsvermögens bildet die → Totipotenz. R. kann in Form von → Regeneration oder → Reparation erfolgen. R. besonderer Art spielen auch bei der Pfropfung und anderen Transplantationen eine Rolle.

2) eine Form der Wiedervereinigung von chromosomalen Bruchstücken, in deren Verlauf im Gegensatz zur Reunion die normale Chromosomenstruktur (Vorbruchstruktur) wiederhergestellt wird und keine Chromosomenmutationen entstehen.

Restitutionskern, ein durch Fehlgehen der ersten oder zweiten meiotischen Teilung bzw. der Mitose entstehender Kern mit diploider bzw. polyploider Chromosomenzahl. Der Restitutionskernbildung liegen meist Spindelstörungen zugrunde, die die Verteilung der Chromosomen bzw. Chromatiden auf die Zellpole und Tochterzellen verhindern.

Restmeristem, → Bildungsgewebe.

Restriktion, Wechselwirkung zwischen Phagen und ihren Wirten, die zur Hemmung von Phagen mit fremder Wirtsspezifität führt. Die DNS entsprechender Phagen wird durch bestimmte Wirtsfermente, die → Restriktionsenzyme, im Bereich fermentspezifischer Nukleotidsequenzen gespalten und damit inaktiviert. Einige wenige Phagen entgehen jedoch der Inaktivierung, indem durch spezifische Methylierung von ein oder zwei Basen, die als *Modifikation* bezeichnet wird, der Angriff der Restriktasen verhindert wird. Die wirtsspezifischen Restriktionsenzyme werden in der Gentechnologie für die Isolierung zu übertragender Gene verwendet.

Restriktionsendonukleasen, aus Mikroorganismen isolierte Nukleasen, die den Doppelstrang von Desoxyribonukleinsäuren an definierten Stellen hydrolytisch spalten und charakteristische Bruchstücke ergeben, die zur Sequenzanalyse der Desoxynukleinsäuren verwendet werden können.

Restriktionsenzyme, meist aus niederen Organismen gewonnene Enzyme (Endonukleasen), die die sequenzspezifischen Schnittstellen im doppelsträngigen DNS-Molekül hervorrufen. Unterschiedliche R. schneiden in spezifischen Nukleotid-Sequenzen, die Palindrome darstellen, und hinterlassen einsträngige definierte Schnittenden bestimmter Nukleotidkonfiguration, die mit Hilfe von Ligasen mit passenden Schnittenden verbunden werden können. R. sind die unbedingt notwendigen Werkzeuge der → Gentechnologie zum Aufbau rekombinanter DNS-Moleküle, zur Analyse von Gensequenzen, der Genstruktur sowie der Genomorganisation. Mit ihrer Hilfe lassen sich detaillierte → Restriktionskarten des Genoms herstellen.

Restriktionskarten, *physikalische Karten,* mit Hilfe von → Restriktionsenzymen aufzustellende Karten, die im Gegensatz zu den durch Koppelungsanalyse (→ Koppelung) gewonnenen Erkenntnissen nicht die Lokalisation der Gene innerhalb des Chromosoms oder der Mutationsarten innerhalb eines Gens wiedergeben, sondern anzeigen, wie die Erkennungssequenzen für Restriktosen (→ Palindrome) auf einem DNS-Molekül angeordnet sind. Die Aufstellung von R. spielt vor allem bei der Differentialdiagnose von Viren sowie bei der Charakterisierung des Eukaryotengenoms eine Rolle.

Restvolumen, → Schlagvolumen.

Resultantengesetz, eine Regel, nach der sich ein Organ, das von zwei gleichgearteten tropistischen Reizen (→ Tropismus) aus unterschiedlicher Richtung getroffen wird, in einer Richtung krümmt, die bei vektorieller Darstellung der beiden Reize im Kräfteparallelogramm dessen Resultante darstellt.

Resupination, → Orchideen.

Retardanzien, *Wachstumsretardanzien, Wachstumsverzögerer,* zur Gruppe der Wachstumsregulatoren gestellte synthetische Hemmstoffe mit wachstumsverzögernder, insbesondere internodienverkürzender Wirkung. R. haben unter anderem als Halmstabilisatoren im Getreidebau praktische Bedeutung. Dabei wirken CCC, Amo 1618, Phosphon D und andere über eine Hemmung der Gibberellinbiosynthese. B-995 (Alar) hat ähnliche physiologische Effekte, hemmt aber die Gibberellinsynthese nicht. Das Präparat Camposan mit dem Wirkstoff Chlorethylphosphonsäure bewirkt Halmstabilisierung über Freisetzung von Ethylen. Weitere wichtige R. sind → Maleinsäurehydrazid und Bernsteinsäuremono-N-dimethylhydrazid.

Retardation, Entwicklungshemmung, die sich in einer Verlangsamung des Wachstums einzelner Organe und Körperteile oder des ganzen Organismus äußert. R. ist eine der Ursachen für phylogenetische Veränderungen.

Retikulinfasern, *retikuläre Fasern, Gitterfasern, argyrophile Fasern,* im tierischen Stützgewebe vorkommende, zur geformten Interzellularsubstanz gehörende Fasern, die sich durch eine hohe Zug- und Biegungselastizität auszeichnen. In Form feiner, zugleich dichter Netze und Gitter liegen sie besonders an den Grenzflächen zwischen Epithelgewebe und Bindegewebe, Bindegewebe und Muskulatur und zwischen Bindegewebe und Kapillarendothel.

Retikuloendothel, svw. retikulo-endotheliales System.

retikulo-endotheliales System, *RES, Retikuloendothel,* von L. Aschoff geprägter Begriff für einen Komplex verschiedener Zellen, die neben ihrer Leistung im Stoffwechselgeschehen noch eine wichtige Rolle bei Abwehrvorgängen im menschlichen Körper spielen. Zellen des r.-e. S. befinden sich in der Leber, dem Knochenmark, der Lymphe, dem Bindegewebe, der Milz und dem Hirn. Sie haben dort die Aufgabe, blutfremde Stoffe, wie Bakterien u. a., aus dem Blut abzufangen, zu speichern, zu vernichten und aus dem Körper zu entfernen. Das r.-e. S. ist ferner an der Antikörperbildung und in der Leber am Aufbau der Gallenfarbstoffe und an der Speicherung von Vitaminen beteiligt. Beziehungen bestehen ebenfalls zum Eisenstoffwechsel.

Retikulopodien, → Pseudopodien.

Retikulum, → endoplasmatisches Retikulum.

Retina, → Lichtsinnesorgane.

Retinaculum, *Tenaculum,* ein wahrscheinlich aus Beinan-

lagen hervorgegangener, mit Zähnchen bewehrter Zapfen ventral am 3. Abdominalsegment der Springschwänze, der die Sprunggabel in der Ruhe hält.
Retinal, 1) → Rhodopsin. 2) → Vitamine.
Retinol, svw. Vitamin A_1, → Vitamine.
Retinula, → Lichtsinnesorgane.
Retraktor, *Rückzieher,* Muskel, der ausgestülpte Organe oder Körperteile in die ursprüngliche Lage zurückzieht.
Retrogradation, → Massenwechsel.
Retroviridae, → Virusfamilien.
Retrozerebralkomplex, paarig angelegte Bildungen ektodermaler Herkunft mit enger Beziehung zum Gehirn, die bei Insekten aus zwei Anteilen bestehen: den → Corpora cardiaca und den → Corpora allata.
Rettich, → Kreuzblütler.
Reunion, die zur Entstehung von Chromosomenmutationen führende Wiedervereinigung von chromosomalen Bruchstücken in neuer Ordnung, → Restitution 2).
Revernalisation, → Devernalisation.
reversible Hemmung, → Hemmstoffe.
Revertase, → Tumorviren.
Revier, → Heimrevier.
Reynolds-Zahl, eine dimensionslose Größe der Strömungsmechanik. Die R.-Z. drückt das Verhältnis zwischen Trägheits- und Zähigkeitskräften bei umströmten Körpern aus. Sie berechnet sich wie folgt: $Re = vl/v$. Dabei ist v die Geschwindigkeit, l die geometrische Abmessung und v die kinematische Viskosität.
Die R.-Z. charakterisiert beim Schwimmen und auch beim Fliegen ungefähr den Zusammenhang zwischen Widerstand und Geschwindigkeit. Bei R.-Z. < 1 treten ausschließlich Zähigkeitseinflüsse auf. Der Widerstand ist proportional der Geschwindigkeit. Bei sehr großen R.-Z. ($>10^3$) müssen vorwiegend Trägheitseinflüsse des Mediums berücksichtigt werden. Der Widerstand steigt mit dem Quadrat der Geschwindigkeit an. Man kann den Widerstand in zwei Teile zerlegen, einen Reibungs- und einen Druckanteil. Der Reibungsanteil hängt von der gesamten Oberfläche ab und ist auf die Zähigkeit des Mediums zurückzuführen. Der Druckwiderstand dagegen ist hauptsächlich formabhängig. Die beim Schwimmen auftretenden R.-Z. erstrecken sich über 13 Größenordnungen. Flagellaten schwimmen mit $Re \approx 10^{-5}$, große Wale mit $Re \approx 10^8$. Deshalb sind die Umströmungsverhältnisse und alle daraus resultierenden Anpassungen völlig unterschiedlich.
Rezeptakulum, → Blüte.
Rezeption, svw. Perzeption.
Rezeptionsorgane, svw. Sinnesorgane.
rezeptives Feld, Inputregion für ein nachgeschaltetes individuelles Neuron, d. h. → Konvergenz von Erregungen auf ein Neuron. Die Bezeichnung ergab sich aus sinnes- und wahrnehmungsphysiologischen Untersuchungen, die zeigten, daß die Information aus Sinnesorganen in aufeinanderfolgenden Strukturebenen verarbeitet wird. Visuelle Informationsverarbeitung von Wirbeltieren beginnt mit den neuronalen Antworten in → Rezeptoren, setzt sich durch aufeinanderfolgende Schichten von Neuronen der Retina fort, erreicht eine Umschaltregion im Zwischenhirn und erfolgt dann in einer Serie von Stadien in der Großhirnrinde. Transformation und Integration von Information auf jeder dieser durch Strukturen verdeutlichten Ebenen läßt sich mit Erscheinungen beschreiben, die durch die Beziehung r. F. wiedergegeben wird. Das r. F. eines individuellen Neurons im visuellen System ist derjenige mit → Rezeptoren besetzte Bereich der Retina, von dem aus die → Erregung dieses Neurons beeinflußt werden kann. Damit werden r. F. zu Baublöcken für die Synthese und → Perzeption komplexer Außenwelt. Durch r. F. werden vor allem Kontraste in der Außenwelt perzipiert. → Aus-Zentrum-Feld, → Ein-Zentrum-Feld.

Rezeptor, im allgemeinen Sinne Meßglieder von einzelligen und vielzelligen Individuen, die bei Reizeinwirkung bzw. Signalkontakt Reaktionen auslösen; in diesem Sinne Anteile des Empfängers in Kommunikationsketten. Unterschiede bestehen in der Definition von R. auf (1) molekularer (biochemische Definition) und (2) zellulärer Ebene (physiologische Definition). Nach (1) wird unter R. ein Molekül verstanden, das Reaktionspartner für ein anderes Molekül oder Ion (Ligand) ist und durch den Kontakt Folgeerscheinungen (Reaktionen oder Effekte) auslöst. R. sind eine Paßform für einen bestimmten Liganden (Agonisten), vorstellbar nach dem Schloß (Rezeptor)-Schlüssel (Ligand)- oder Handschuh-Hand-Prinzip. Antagonisten blocken bzw. hemmen den R. (→ Blocker). Beispielsweise ist → Azetylcholin der Ligand für den Azetylcholinrezeptor. Der postganglionäre Azetylcholinrezeptor wird durch Atropin blockiert. Während der Kontakt Azetylcholin – Rezeptor die Ionenpermeabilität (→ Erregung) der Zellmembran erhöht, unterbindet Atropin diesen Vorgang. Rezeptormoleküle werden zunehmend isoliert und chemisch charakterisiert, aber auch sichtbar gemacht (visualisiert) und ihre Reaktion mit Liganden untersucht. Ligand-Rezeptor-Beziehungen sind grundsätzliche Fragen für zelluläre Reaktionen, damit aber auch für Arzneimittelwirkungen.
Nach (2) sind R. Zellen, in denen durch innere oder äußere Reize bzw. Signale Rezeptorpotentiale sowie in der Folge Aktionspotentiale ausgelöst und diese fortgeleitet werden können. R. werden nach der Reizart, für die sie besonders empfindlich sind (→ Reiz), eingeteilt. In anderer Gruppierung wird zwischen *Exterorezeptoren,* die an der Peripherie eines Individuums liegen und auf Reize bzw. Signale aus der äußeren Umwelt reagieren, und *Enterorezeptoren,* die im Körperinneren liegen und auf innere Zustandsänderungen reagieren (z. B. R. der Blutdruckregulation, R., die zu Schmerzempfindungen führen), unterschieden. Von diesen werden jene als *Propriorezeptoren* bezeichnet, die sich in demselben Organ befinden, in dem sich auch die Antwortreaktion vollzieht (z. B. die Muskelspindeln in Skelettmuskeln).
Rezeptorzellen zeigen eine funktionelle Polarität. Der eine Pol ist eine spezialisierte (sensible) Endstruktur, die Inputregion, z. B. Membranstapel in Lichtsinneszellen, in der ein Rezeptorpotential als Folge von Reizeinwirkung entsteht und sich elektrotonisch ausbreitet. Die Prozesse zwischen Reizkontakten und Rezeptorpotential (Transduktion) sind in den Anfangsreaktionen bei den einzelnen Rezeptorarten verschieden. Starke Rezeptorpotentiale depolarisieren größere Membranbereiche von Zellen und erreichen den Anfangsteil des Axons (Axonhügel). Sie wirken dann als elektrischer Reiz (Generatorpotential) und lösen → Aktionspotentiale aus. Das *Generatorpotential* liegt über dem kritischen Membranpotential (*Schwellenpotential*) von etwa -40 bis -60 mV und führt zur rhythmischen Bildung von Aktionspotentialen (→ Frequenzmodulation der Erregung). Die Impulse werden über die Membran des Axons, die die Eigenschaft besitzt, Aktionspotentiale zu bilden und fortzuleiten (konduktile Membran), bis zum Ende der Rezeptorzelle, d. h. in die präsynaptische oder Outputregion geleitet. R. besitzen die Fähigkeit zur → Adaptation.
Rezeptorareal, → Viren.
Rezeptorpol, → Neuron.
Rezeptorzelle, *Empfängerzelle, Rezipient,* eine Zelle, die durch Transformation oder andere Parasexualprozesse im Verlauf des Gentransfers (→ Gentechnologie) genetisches Material übertragen wird.

Rezessivität, vollständige oder nahezu vollständige Verhinderung der Manifestierung eines als rezessiv bezeichneten Allels eines Gens durch ein anderes, dominantes Allel (→ Dominanz). Rezessive Allele werden in Genformeln durch Kleinschreibung, dominante Allele durch Großschreibung des Gensymbols kenntlich gemacht (etwa A$^+$a, Ert ert).
Rezipient, *1)* svw. Rezeptorzelle. *2)* svw. Perzipient.
R-Form, → Kolonie, → Kapsel 2).
RGT-Regel, *van't Hoffsche Regel,* eine Regel, die besagt, daß Stoffwechselprozesse bei einer Temperaturerhöhung um 10 °C doppelt bis dreimal so schnell ablaufen; dies gilt aber nur für den Bereich des Temperaturoptimums der jeweiligen Art.
Rhabarber, → Knöterichgewächse.
Rhabditida, → Fadenwürmer.
Rhabdoide, → Strudelwürmer.
Rhabdom, → Lichtsinnesorgane.
Rhabdosom [griech. rhabdos 'Stab', soma 'Körper'], chitiniges Außenskelett; Kolonie der Graptolithen.
Rhabdoviren, → Virusfamilien.
Rhachiglossa, → Radula 1).
Rhachis, Achse des Rumpfes der Trilobiten.
L-Rhamnose, *6-Desoxy-L-mannose,* eine zu den Desoxyzuckern gehörende Hexose, die als Kohlenhydratkomponente Bestandteil zahlreicher → Glykoside ist sowie als Baustein einiger Polysaccharide anzutreffen ist.
Rhamphorhynchus [griech. rhamphos 'Schnabel', rhynchos 'Schnauze'], primitive kleine Gattung der Pterosaurier mit langem Schwanz mit einem Hautlappen (Schwanz- oder Schleppsegel) als Steuerorgan. Die Kiefer hatten spitze Zähne. Die Hinterextremitäten waren schwächer als die Vordergliedmaßen, deren ausgedehnte Flughaut vermutlich eine kletternd-flatternde Fortbewegung ermöglichte (Spannweiten maximal 175 cm).
Verbreitung: Malm (Oberjura) Europas, Ostafrikas, Indiens.
Rheiformes, → Nandus.
Rheobase, diejenige Intensität eines langdauernden Reizes mit Gleichstrom, die Schwellencharakter besitzt, d. h., die gerade ein → Aktionspotential auslöst.
Rheokrene, → Quelle.
Rheotaxis, eine taxische Körpereinstellung in Richtung der Wasserströmung.
Rheotropismus, nach der Richtung strömenden Wassers orientierte Krümmungsbewegung von Pflanzenteilen, besonders Wurzeln mancher Arten. → Tropismus.
Rhesusaffe, *Macaca mulatta,* ein kräftiger, mittelgroßer → Makak mit nur halbkörperlangem Schwanz. Der R. bewohnt Vorder- und Hinterindien und China; er geht bis ins Gebirge. Als Versuchstier ist er für die medizinische Forschung von großer Wichtigkeit.
Rhesus-System, → Blutgruppen.
rhexigen, durch Zerreißung entstanden. So bilden sich z. B. im Innern von Pflanzenstengeln häufig r. Hohlräume durch Zerreißung von Zellen infolge ungleichen Wachstums.
Rhinenzephalon, svw. Riechhirn.
Rhinocerotidae, → Nashörner.
Rhinolophidae, → Hufeisennasen.
Rhinovirus, → Virusfamilien.
Rhipidoglossa, → Radula 1).
Rhipophor, ein wahrscheinlich zur Aufnahme chemischer Reize dienendes Sinnesorgan bei Weichtieren. Als R. werden 1) die hinteren Fühler der Hinterkiemer und 2) ein Organ unter dem Auge von *Nautilus* bezeichnet.
Rhithral, die sommerkalte, steinig-sandige Zone eines → Fließgewässers. Die hier lebenden Organismen bilden das *Rhithron.* Das R. entspricht im wesentlichen der Salmonidenregion.
Rhithron, → Rhithral.
Rhizobium, → Knöllchenbakterien.
Rhizocephala, → Wurzelkrebse.
Rhizodermis, → Absorptionsgewebe, → Wurzel.
Rhizogenese, svw. Wurzelbildung.
Rhizoide, 1) wurzelähnliche Thallusglieder, die in der Regel als Haftorgan ausgebildet sind und oft auch der Aufnahme von Wasser und Nährstoffen dienen. R. kommen bei Grün-, Braun- und anderen Algen, Moosen und selbständig lebenden Prothallien von Farnpflanzen vor. 2) Wurzelartig verzweigte Hyphen, die bei der Pilzgattung *Rhizopus* sowie anderen Pilzen als Haftkörper *(Haftscheibe)* bzw. zur Wasser- und Nahrungsaufnahme dienen. Sie werden auch als *Appressorien* (Sing. Appressorium) bezeichnet.
Rhizokalin, hypothetische Wurzelbildungsfaktor, der in oberirdischen Pflanzenorganen entsteht und neben Auxinen und eventuell weiteren Wirkstoffen wahrscheinlich an der Wurzelbildung beteiligt ist. Die chemische Natur ist noch ungeklärt.
Rhizom, → Sproßachse.
Rhizomorph, *Pl.* Rhizomorphe oder Rhizomorphen, Bezeichnung für die Verflechtung von Pilzhyphen zu z. T. meterlangen, bindfadenähnlichen Myzelsträngen, die an ihrer Außenseite stark kutinisiert und daher sehr dauerhaft sein können. R. dienen dem Transport von Wasser und Nährstoffen über längere Strecken sowie der Ausbreitung des Pilzes. R. kommen unter anderem beim Hallimasch, beim Hausschwamm und anderen holzbewohnenden Pilzen vor.
Rhizopoden, svw. Wurzelfüßer.
Rhizopodien, → Pseudopodien.
Rhizosphäre, Zone hoher biologischer Aktivität, die sich an der Oberfläche von Wurzeln und im unmittelbar umgebenden Boden bildet. Primär sind absterbende Zellen und Teile sowie Ausscheidungen der Wurzeln als Nahrungsquelle für Mikroorganismen und saprotrophe Tiere, z. B. Nematoden, Ursache für die gegenüber dem freien Boden vielfach erhöhte Organismendichte in der R. Sekundär bilden sich vielgestaltige Wechselwirkungen zwischen Pflanzenwurzeln und Rhizosphärenbewohnern sowie zwischen den Mikroorganismen, saprotrophen und räuberischen Tieren der R. Die Qualität der Wurzelausscheidungen, unter anderem von Wirkstoffen, bestimmt weitgehend den Charakter der R.; andererseits können Organismen der R. positiv oder negativ auf die Lebenstätigkeit der Pflanzenwurzel einwirken (→ Mykorrhiza).
Rhizostomae, → Skyphozoen.
Rhizothamnien, → Wurzelknöllchen.
Rhodanwasserstoffsäure, *Thiozyansäure,* HSCN, eine stechend riechende Säure, die sich unter anderem im Speichel findet und dort desinfizierend wirkt.
Rhodobakterien, svw. Purpurbakterien.
Rhododendron, → Heidekrautgewächse.
Rhodophyceae, → Rotalgen.
Rhodopsin, *Sehpurpur,* rotes, labiles Chromoprotein der Netzhaut, das beim Sehvorgang eine wichtige Rolle spielt und dem Dämmerungssehen dient. R. besteht aus dem Karotinoidfarbstoff *Retinal* und dem Protein *Opsin.* Auch ein weiteres Protein (Skotopsin) und ein Dehydroretinal-Derivat können am Aufbau des R. beteiligt sein. Durch verschiedene Kombinationen entstehen vier Sehfarbstoffe. Bei Belichtung, d. h. beim Sehvorgang, zerfällt R. in seine Bestandteile, im Dunkeln wird es aus diesen regeneriert.
Rhodospirillum, eine Gattung der Purpurbakterien. Die *Rhodospirillum*-Arten haben spiralförmige, rot bis bräunlich gefärbte Zellen und kommen in Gewässern vor. Sie ernäh-

ren sich im Licht autotroph durch Photosynthese, im Dunkeln bei Anwesenheit von Sauerstoff heterotroph.

Rhodoxanthin, *3,3'-Diketo-β-karotin,* ein zu den → Karotinoiden gehörender roter Farbstoff. R. ist unter anderem in Eibensamen enthalten und bewirkt die Rotfärbung des Gefieders mancher Vögel.

Rhombenzephalon, → Gehirn.

Rhopalium, *Sinneskölbchen, Randkörper,* ein Sinnesorgan am Schirmrand vieler Medusen. Das R. ist ein statisches Organ von verschiedener Gestalt, mit dem häufig einfache Lichtsinnesorgane zusammengelagert sind.

Rh-System, → Blutgruppen.

Rhynchobdellae, → Egel.

Rhynchocephalia, → Brückenechsen.

Rhynchonella [lat. Verkleinerungsform von griech. rhynchos 'Rüssel'], eine Gattung der Armfüßer mit bikonvexer, rundlicher bis dreieckiger kalkiger Schale, deren Oberfläche radial gerippt und am Stirnrand gefaltet ist. Unter dem spitzen Winkel befindet sich das einfache Stielloch.

Verbreitung: Die Rhynchonellida sind mit zahlreichen Leitarten bis zur Gegenwart bekannt, im Mesozoikum besonders artenreich. Die Gattung R. beschränkt sich auf die Jurazeit.

Rhynchophthirina, → Tierläuse.

Rhynchota, svw. Schnabelkerfe.

Rhynchozöl, über den Vorderdarm der Schnurwürmer liegender, flüssigkeitserfüllter Hohlraum, in den der Fangrüssel eingestülpt werden kann; er wird als Leibeshöhlenrest gedeutet.

Rhynia, → Urfarne.

Rhyniaceae, → Urfarne.

Rhyniella praecursor, → Springschwänze.

Rhyssa, → Schlupfwespen.

Rhythmik, → Biorhythmen.

Rhythmusbildung, → Biorhythmen.

Rhythmustypen, → Tageszeitenkonstitution, → Konstitution.

Riboflavin, ein → Vitamin des Vitamin-B$_2$-Komplexes.

Riboflavinadenosindiphosphat, → Flavin-adenin-dinukleotid.

Riboflavin-5'-phosphat, svw. Flavinmononukleotid.

Ribonuklease, Phosphodiesterasen aus der Bauchspeicheldrüse, die die Phosphorsäurediesterbindung von Ribonukleinsäuren spalten. Spaltprodukte sind 3-Ribonukleosidmonophosphate und Oligonukleotide. *Ribonuklease A* aus Rinderpankreas ist aus 124 Aminosäuren aufgebaut und hat eine Molekülmasse von 13 700. Das pH-Optimum liegt bei 7 bis 7,5. Ihre Struktur und ihr Wirkungsmechanismus sind bekannt. Aus Pilzen und Bakterien wurden weitere R. isoliert.

Ribonukleinsäure, Abk. *RNS, RNA,* ein hochmolekulares Polynukleotid (→ Nukleinsäuren), das in allen lebenden Zellen und einigen Viren vorkommt. Die Mononukleotide der RNS bestehen aus Phosphorsäure und Ribose, die mit einer der vier Basen Adenin, Guanin, Zytosin oder Urazil verknüpft ist. Die Verknüpfung der Mononukleotide zu einer linearen Kette erfolgt wie bei der DNS über die 3'- und 5'-Phosphordiesterbindung. RNS bildet keine doppelsträngige Helixstruktur wie die DNS. Die einfachen Ketten können sich aber teilweise, durch Ausbildung von Wasserstoffbrücken zwischen komplementären Basen, zu einer Helix zusammenfalten. Je nach Funktion werden 3 Haupttypen von RNS unterschieden: Messenger-RNS, ribosomale RNS (→ Ribosomen) und → Transfer-RNS, die sich aber auch in der Sekundär- und Tertiärstruktur voneinander unterscheiden. In eukaryotischen Zellen ist RNS im Zellkern, im Zytoplasma sowie in den zytoplasmatischen Organellen (Ribosomen, Mitochondrien, Chloroplasten) enthalten.

Hauptsyntheseort für RNS, auch für die zytoplasmatische RNS, ist der Zellkern. Das Zytoplasma enthält neben tRNS vor allem rRNS in Form der Ribosomen und polysomengebundene mRNS. Mitochondrien und Plastiden enthalten gleichfalls mRNS, tRNS und rRNS die aber an der DNS der Organellen selbst synthetisiert werden.

Die Bedeutung der RNS für alle lebenden Zellen liegt in der Übertragung der genetischen Information von der DNS zu den Orten der Synthese von Proteinen (mRNS) und der Realisierung der Information bei dieser Synthese (mRNS, rRNS und tRNS).

Ribonukleo-Protein-Granula, svw. Ribosomen.

D-Ribose, eine zur Gruppe der Monosaccharide gehörende Pentose, die vor allem als Baustein in Ribonukleinsäure, Koenzymen, im Vitamin B$_{12}$ sowie in pflanzlichen Glykosiden vorkommt. D-Ribose ist durch Kulturhefe nicht vergärbar.

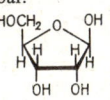

β-D-Ribose

Ribosomen, *Ribonukleo-Protein-Granula, RNP-Granula,* aus *Ribo*nukleoproteinen bestehende, nur elektronenmikroskopisch sichtbare Zellorganellen, an denen die → Proteinbiosynthese abläuft. Dabei werden am Ribosom in einem komplizierten Prozeß entsprechend den Kodons der mRNS Aminoazyl-tRNS (Antikodons) gebunden, die Aminosäuren in spezifischer Reihenfolge zu einer Peptidkette verknüpft und damit die genetische Information realisiert. Die Funktion der R. besteht im wesentlichen darin, diese Kodons und Antikodons zueinander so anzuordnen, daß stereochemisch die Möglichkeit der kodongerichteten Verknüpfung der Aminosäuren gegeben ist. R. setzen sich aus zwei unterschiedlich großen Untereinheiten zusammen. Beide enthalten rRNS und viele verschiedene Proteine. Aufgrund elektronenmikroskopischer Befunde (insbesondere Immunelektronenmikroskopie) konnten ein Modell der Feinstruktur von R. erarbeitet werden (Abb.).

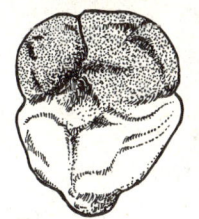

1 Modell eines tierischen Ribosoms

Bei Prokaryoten sowie in → Mitochondrien und → Plastiden sind die kleineren 60S-Ribosomen (20 × 15 nm) vorhanden, in Eukaryoten-Zellen die größeren 80S-Ribosomen (25 × 16 nm). Die 80S-Ribosomen liegen im Zytoplasma frei oder an das → endoplasmatische Retikulum gebunden vor. Die Vorstufen ihrer großen 60S- und kleinen 40S-Untereinheiten werden im Nukleolus (→ Zellkern) gebildet, gelangen in das Zytoplasma und können sich mit mRNS zu

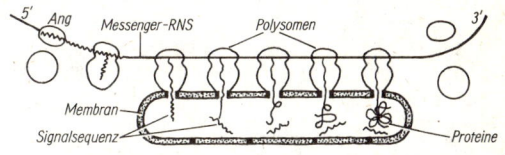

2 Signalhypothesen-Modell: Proteine gelangen während ihrer Synthese durch die Membran des endoplasmatischen Retikulums in dessen Lumen

Polysomen (Polyribosomen) vereinen (Tafel 21). Die Anzahl der R. in den Polysomen ist sehr unterschiedlich. Die Ribosomenanzahl je Zelle hängt vom Zelltyp, Funktionszustand und der Wachstumsphase der Zellen ab. In der Leberzelle der Ratte sind unter Normalbedingungen etwa $6 \cdot 10^8$ R. vorhanden.

Im granulären endoplasmatischen Retikulum sitzen die R. der Membran mit der größeren Untereinheit an (Abb.). Nur die Membranen des endoplasmatischen Retikulums und der Kernhülle können R. anlagern: An zunächst frei liegenden R. wird eine 'Erkennungssequenz' synthetisiert, die die Bindung der großen Untereinheit des R. an die Membran des endoplasmatischen Retikulums und eine Kanalbildung in dieser Membran bewirkt. Die Polypeptidkette gelangt schon während ihrer Synthese durch einen Kanal in der größeren Untereinheit und der Membran des endoplasmatischen Retikulums in das Lumen der Zisterne des endoplasmatischen Retikulums. In der Regel sind die an membrangebundenen Polysomen synthetisierten Proteine für den 'Export' (Sekretion) bestimmt, sie werden aus der Zelle gewöhnlich durch Exozytose entlassen (z. B. bei Zellen des exokrinen Pankreas). Andererseits weisen die meisten embryonalen, noch nicht differenzierten Zellen einen hohen Anteil an freiliegenden Polysomen bzw. R. auf. Diese Zellen haben einen besonders hohen Eigenbedarf an Proteinen.

Die mRNS wird zu Beginn der Proteinbiosynthese mit der kleinen 40S-Ribosomen-Untereinheit verbunden, danach tritt zur Bildung eines kompletten R. auch die 60S-Untereinheit hinzu. Die in der mRNS enthaltene genetische Information stammt aus einem Transkriptionsprozeß, also aus der DNS. Die große Untereinheit des R. enthält unter anderem die Aminoazyl-tRNS-Bindungsstelle und die Peptidylbindungsstelle.

Nach beendeter Translation zerfallen die R. in ihre Untereinheiten und können dann erneut in Translationsprozesse einbezogen werden. Bei Polysomen wird eine mRNS gleichzeitig von mehreren oder vielen R. unabhängig von den benachbarten R. abgelesen (Abb.), daher entstehen in der Zeiteinheit mehr Polypeptide als an einem einzelnen R. Die Synthese der α-Kette des Hämoglobins, die 146 Aminosäurereste besitzt, ist bei 37 °C in 180 Sekunden beendet.

In den 80S-Ribosomen sind mindestens vier verschiedene Typen rRNS vorhanden: 28S-RNS, 18S-RNS, 5S-RNS und 5,8S-RNS.

Die R. von Bakterien (Prokaryoten) sind bisher am besten untersucht. *Escherichia coli* weist etwa 10 000 bis 50 000 R. auf. Diese 70S-Ribosomen setzen sich aus einer größeren 50S- und einer kleineren 30S-Untereinheit zusammen. Die 30S-Untereinheit enthält 21 unterschiedliche Proteine und eine 16S-rRNS, die 50S-Untereinheit setzt sich aus 34 verschiedenen Proteinen und 2 rRNS-Molekülen: 5S- und 23S-RNS zusammen. Von vielen dieser an basischen Aminosäuren reichen Proteine sind die Primärstrukturen (Aminosäuresequenzen) bekannt.

Die Basensequenz der RNS ist bis auf die 23S-RNS (bestehend aus 3 200 Nukleotiden) vollständig aufgeklärt, von der 23S-RNS teilweise. Die Kenntnis der Primärstruktur der ribosomalen Proteine ist wichtig, z. B. für die Aufklärung der Wechselwirkung und spezifischen Erkennung zwischen der rRNS und den Proteinen sowie für einen möglichen Aminosäureaustausch, um Ursachen für Antibiotikaresistenzen zu ergründen und um Rückschlüsse über die Evolution der R. zu erhalten.

Für den Zusammenhalt der beiden Untereinheiten sind bei allen R. Mg^{++}-Ionen erforderlich. Bei zu niedrigen Konzentrationen oder Abwesenheit dieser Ionen zerfallen die R. in ihre Untereinheiten. Alle Bestandteile der 70S-Ribosomen können in reiner Form gewonnen werden. Es gelang auch, die 30S- und auch die 50S-Untereinheit von *Escherichia coli* aus den bekannten Proteinen und den betreffenden RNS-Komponenten zu rekonstituieren, und zwar in einem Zweistufenprozeß, bei dem bestimmte Mg^{++}-Konzentrationen und bestimmte Temperaturen vorhanden sein müssen. Da keine energiereichen Verbindungen dazu erforderlich sind, handelt es sich bei der Zusammenlagerung um eine Selbstorganisation (*Self-Assembly-Prozeß*).

D-Ribulose, eine zur Gruppe der Monosaccharide gehörende Pentose, deren 5-Phosphat und 1,5-Diphosphat im Kohlenhydratstoffwechsel sowie als Kohlendioxidakzeptor bei der Photosynthese eine wichtige Rolle spielen.

Richtungskörper, → Gameten.

Rickettsien, sehr kleine, 0,2 bis höchstens 2 µm große, vielgestaltige, unbewegliche, gramnegative Bakterien, die sich nur in lebenden Wirtszellen vermehren. Sie leben meist als Parasiten oder Symbionten in Gliederfüßern. Durch Läuse, Flöhe, Zecken u. a. können R. auf Wirbeltiere übertragen werden, wo sie Krankheiten hervorrufen können. *Rickettsia prowazekii* ist der Erreger des epidemischen Fleckfiebers, *Coxiella burneti* ruft das Q-Fieber hervor. Die R. sind nach dem amerikanischen Pathologen H. T. Ricketts benannt, der bei der Untersuchung der Erreger an Fleckfieber starb.

Riechhirn, *Rhinenzephalon*, Zentrum im vorderen Endhirn, in dem die primären Riechfaktoren enden. Dem Riechsystem, das sich aus Bulbus, Tractus und Lobus olfactorius zusammensetzt, kommt stammesgeschichtlich primär bei der Herausbildung eines Endhirnes (Telenzephalon) eine große Bedeutung zu. Das R. wird bei den Säugetieren weitgehend verdrängt, ein Lobus olfactorius findet sich nur noch bei makrosmatischen Formen.

Riechnerv, Nervus olfactorius, Sinnesnerv, der mit Ausnahme der Vögel bei Vertretern aller Wirbeltierklassen von einem Nervus terminalis begleitet wird, → Hirnnerven.

Riechorgan, svw. Geruchsorgan.

Riechschläuche, svw. Ästhetasken.

Riechstoffe, svw. Duftstoffe.

Ried, svw. Moor.

Riedfrösche, *Hyperolius*, kleine (2 bis 4 cm), sehr bunte afrikanische → Ruderfrösche mit waagerechter Pupille, die in über 200 Arten die feuchten Urwaldgebiete in Wassernähe bewohnen. Die Eier werden – ohne Schaumnest – in Häufchen an Pflanzenstengeln über oder auch unter dem Wasserspiegel abgelegt.

Riedgräser, *Sauergräser,* Cyperaceae, eine Familie der Einkeimblättrigen Pflanzen mit etwa 3 7000 Arten, die über die ganze Erde verbreitet sind, in der Mehrzahl jedoch in den kalten und gemäßigten Zonen vorkommen. Es handelt sich um krautige, grasähnliche Pflanzen, deren dreikantige Stengel nicht knotig verdickt und nicht hohl sind. Die Blätter sind schmal linealisch und 3zeilig angeordnet, die Blattscheiden geschlossen. Die Blüten sind eingeschlechtig oder zwittrig und überwiegend zu rispen- köpfchen- oder ährenähnlichen Blütenständen vereinigt. Das Perianth ist stark reduziert und besteht aus Borsten oder Schuppen oder fehlt ganz. Es sind meist 1 bis 3 Staubblätter und 2 bis 3 Fruchtblätter vorhanden. Es findet Windbestäubung statt. Als Früchte werden dreikantige oder linsenförmige Nüßchen ausgebildet.

Chemisch ist die Familie unter anderem durch das häufige Vorkommen von Kieselkörpern in Form sogenannter Kegelzellen in den Epidermiszellen, durch ätherische Öle, verschiedene Polyphenole und davon abgeleitete Gerbstoffe gekennzeichnet.

Man unterscheidet zwei Unterfamilien, die sich vor allem durch den Bau ihrer Teilblütenstände unterscheiden. Die Vertreter der ersten Unterfamilie, Cyperoideae, haben meist zwittrige Teilblütenstände. Umfangreichste, vor allem in tropischen und subtropischen Gebieten verbreitete Gattung ist mit etwa 600 Arten *Cyperus*, von der besonders die **Papyrusstaude,** *Cyperus papyrus*, aus Zentralafrika bekannt ist. Aus dem Mark dieser Pflanzen wurde früher Schreibmaterial, der Papyrus, hergestellt. Ebenfalls eine ehemalige Nutzpflanze ist die **Erdmandel,** *Cyperus esculentus*, von der die stärke- und ölreichen Ausläuferknollen zu Nahrungszwecken und zur Ölgewinnung genutzt wurden. Heute spielt sie kaum noch eine Rolle. Weitere wichtige Gattungen mit z. T. auch bei uns heimischen Arten, die hier überwiegend in Mooren und Sümpfen wachsen, sind **Wollgras,** *Eriophorum*, durch dichte weiße Haare im Blütenbereich gekennzeichnet, **Sumpfried,** *Eleocharis*, durch nur eine endständige Ähre charakterisiert, und **Simse,** *Scirpus*, deren Perianth in der Regel aus Borsten besteht und von der verschiedene Nutzpflanzen bekannt sind. Am weitgehendsten genutzt wird aus dieser Gattung wohl die in großen Beständen am Titicacasee vorkommende **Tatora-Simse,** *Scirpus californicus* ssp. *tatora*, die die totale Lebensgrundlage verschiedener Indianerstämme dieses Gebietes bildet. Sie dient als Baumaterial, zur Herstellung von Booten und vielen anderen Dingen, als Viehfutter und z. T. auch als menschliche Nahrung.

langes, breit bandförmiges, undeutlich gegliedertes Plerozerkoid in der Leibeshöhle von Karpfen, Hechten und Barschen.

Riesenchromosomen, *Polytänchromosomen*, bis 0,5 mm lange und 25 µm dicke Chromosomen, die aus Hunderten bis über 30000 homologen Chromatiden bestehen und in hochdifferenzierten Zellen, besonders in Speicheldrüsen- und Spinndrüsenzellen sowie in anderen Zellen von Fliegen, Mücken, Schmetterlingen, Schnecken, aber auch in manchen Pflanzengeweben vorkommen. Dieser Sondertyp der Chromosomen entsteht durch vielfach wiederholte Endomitose. Die Chromosomensubstanz wird wie in der S-Phase repliziert, aber die Chromatiden, die hier auch als *Endochromosomen* bezeichnet werden, bleiben vereinigt. So entstehen kabelartige Bündel sehr vieler Chromatiden (→ Polytänie). Entsprechend der sehr stark vermehrten DNS-Menge in R. vergrößern sich der Zellkern und auch die gesamte Zelle.

Die Chromatiden sind weitgehend entschraubt, und die lichtmikroskopisch sichtbaren, dicht in gleicher Höhe nebeneinanderliegenden Verdickungen (→ Chromomeren) erscheinen als dunkle Querscheiben (Banden). Diese Querscheiben enthalten 95 % der DNS. Einzelne Querscheiben können entsprechend der jeweiligen Zellaktivität reversibel ›aufgefasert‹ sein, die Chromatiden weichen auseinander zu → puffs oder noch stärker zu → Balbiani-Ringen. Diese Strukturen sind Orte hoher Gen- und damit Transkriptions-

Riedgräser: *a* Behaarte Segge, *b* Scheidiges Wollgras, *c* Teichsimse, *d* Gemeines Sumpfried, *e* Erdmandel, Pflanze mit Mutterknolle und Ausläuferknollen

Die Vertreter der zweiten Unterfamilie, Caricoideae, haben eingeschlechtige Blüten, die innerhalb der Teilblütenstände getrennt stehen. Größte Gattung ist **Segge,** *Carex*, mit etwa 1100 Arten, die alle dadurch gekennzeichnet sind, daß die Tragblätter der weiblichen Blüten einen oben offenen Schlauch (Utriculus) bilden, aus dem Griffel und Narbe herausragen. Von den etwa 90 heimischen Seggenarten ist eine der häufigsten die auf Wiesen, an Wegrändern und Böschungen wachsende **Behaarte Segge,** *Carex hirta*.

Riemenblumengewächse, → Mistelgewächse.

Riemenwurm, *Ligula intestinalis*, ein im Darm von fischfressenden Vögeln schmarotzender bis 75 cm langer Bandwurm aus der Ordnung *Pseudophyllidea*. Das letzte Larvenstadium des R., die Hechtfinne, lebt als ein bis 40 cm

aktivität, an denen Gesetzmäßigkeiten über Prozesse der Genaktivierung und -reprimierung erkannt werden konnten. Bei *Drosophila melanogaster* wurden bisher etwa 5000 Querscheiben identifiziert. Das entspricht etwa der Anzahl der aktiven Gene bei dieser Art.

R. besitzen keine funktionsfähigen Spindelansatzstellen, daher haben sie ihre Teilungsfähigkeit verloren.

Riesengleitbeutler, → Flugbeutler.

Riesengleitflieger, *Pelzflatterer, Flattermakis, Dermoptera*, eine Ordnung der Säugetiere mit nur zwei Arten. Die R. sind halbaffenähnliche, etwa 50 cm große Tiere mit einer sich zwischen den Beinen und Schwanz ausspannenden bepelzten Flughaut. Sie können bis 70 m weite Gleitflüge ausführen. Die R. sind Baumbewohner und kommen in Süd-

Riesenhutschlange

Riesengleitflieger

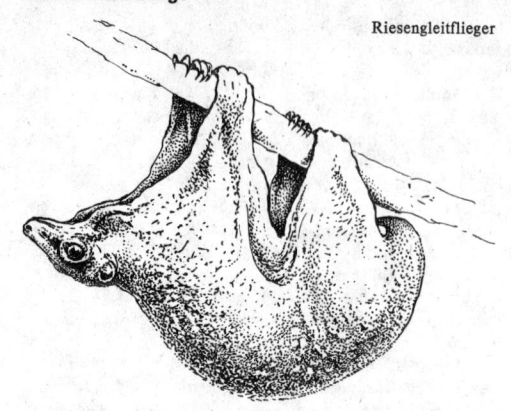

ostasien vor. Sie verzehren Blätter und Früchte von Eukalyptusbäumen.

Riesenhutschlange, svw. Königskobra.

Riesenkammerlinge, → Nummuliten.

Riesenkänguruhs, → Känguruhs.

Riesenkolonie, Kolonie eines Mikroorganismenstammes, die man auf einem festen Nährmedium gewöhnlich bis zu einem Durchmesser von einigen Zentimetern heranwachsen läßt. Zur Gewinnung einer R. wird meist eine Nährbodenplatte im Zentrum beimpft. Nach Bebrütung kommt es im Verlauf von einigen Tagen oder Wochen zur Bildung der R. Ihr Koloniebild ist für bestimmte Mikroorganismen, z. B. Hefearten, typisch und wird daher als Merkmal zu ihrer Unterscheidung und Bestimmung herangezogen.

Riesenkratzer, *Macracanthorhynchus hirudinaceus,* ein bis über 60 cm langer → Kratzer (Rundwurm) mit kugeligem Rüssel, der im Darm von Schweinen, ausnahmsweise auch von Mensch und Hund lebt. Er kann bei starkem Befall durch Nahrungsentzug oder Darmverstopfung schädlich werden.

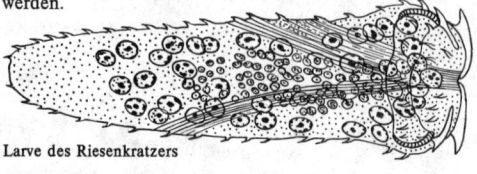

Larve des Riesenkratzers

Riesenkrebse, svw. Gigantostraken.

Riesenkröte, *Aga, Bufo marinus,* bis 25 cm lange, dunkelbraune, schwarzgefleckte → Eigentliche Kröte Mittel- und Südamerikas mit sehr großen Ohrdrüsenwülsten. Die sehr anpassungsfähige R. wurde in viele Gebiete außerhalb ihres Areals eingeschleppt und hat sich dort angesiedelt, z. B. in Florida, auf den Salomonen und Hawaii.

Riesenkugler, → Doppelfüßer.

Riesenläufer, → Hundertfüßer.

Riesenmuscheln, *Tridacna,* eine im Indopazifik heimische Muschelgattung. Bei der *Mördermuschel, Tridacna gigas,* der größten lebenden Muschelart, können die Schalenklappen bis zu 135 cm lang und 200 kg schwer werden; sie wurden früher vielfach als Weihwasserbecken benutzt. Der etwa 10 kg schwere Weichkörper der Tiere ist eine geschätzte Nahrung.

Riesennager, *Wasserschweine, Hydrochoeridae,* eine Familie der → Nagetiere. Mit etwa 1 m Körperlänge sind sie die größten Vertreter dieser Ordnung. Die R. sind schwanzlose, plumpe Säugetiere mit kurzen Ohren und Schwimmhäuten. Sie leben an Gewässern des tropischen Südamerikas.

Riesenpanda, svw. Bambusbär.

Riesensalamander, *Cryptobranchidae,* ausschließlich wasserlebende, größte Vertreter der heutigen → Schwanzlurche mit abgeplattetem Körper und breitem, flachem Kopf mit großem Maul. Die Körperseiten tragen Hautsäume. R. sind »Dauerlarven« (→ Neotenie) mit einer Teilumwandlung: es bilden sich bei der → Metamorphose nur die Kiemen zurück, andere Larvenmerkmale (Bezahnung, Lidlosigkeit der Augen) bleiben erhalten. Die R. kommen in Asien (zwei Arten) und Nordamerika (eine Art) vor. Sie lauern am Grund der Gewässer auf Beute (Fische, Wassernagetiere, Würmer u. a.) und kommen nur zum Atmen an die Oberfläche. Der Laich wird in rosenkranzähnlichen Schnüren in Gruben im Flußbett abgelegt und außerhalb des mütterlichen Körpers befruchtet.

Chinesischer Riesensalamander (*Andrias davidianus*)

Der *Japanische R., Andrias japonicus,* wird über 1,5 m, der *Chinesische R., Andrias davidianus,* über 1 m lang. Beide Arten bewohnen kalte Gebirgsflüsse und -bäche. Das Männchen treibt Brutpflege durch Bewachen der Laichschnüre. Amerikanischer Vertreter der R. ist der → Schlammteufel.

Riesensaurier, svw. Dinosaurier.

Riesenschildkröte, *Testudo (Aldabrachelys) gigantea,* früher auf den Seychellen und benachbarten Inselgruppen des Indischen Ozeans weitverbreitete größte rezente → Landschildkröte mit einem bis 1,30 m langen, schwarzen Rückenpanzer, der im Gegensatz zu sehr ähnlichen → Elefantenschildkröte ein kleines Nackenschild am Vorderrand trägt. Heute kommt die R. nur noch auf Aldabra in größerer Zahl vor. Das nachgewiesene Höchstalter beträgt 180 Jahre (bisherige Maximallebensdauer eines rezenten Kriechtieres).

Riesenschlangen, *Boidae,* etwa 65 Arten umfassende Familie vorwiegend tropischer Schlangen von meist sehr beträchtlicher Größe und erheblicher Körperkraft, die ihre vor allem aus Säugetieren und Vögeln bestehende Beute vor dem Verschlingen mit dem Körper umwinden und erdrosseln. Beide Kiefer tragen zahlreiche lange Zähne, die jedoch nicht mit Giftdrüsen verbunden sind. Sämtliche R. sind ungiftig und töten ihre Beute nur durch Muskelkraft. Die Knochen des Vorderschädels sind sehr beweglich und durch elastische Bänder verbunden. Die R. können dadurch Nagetiere, Wildschweine, junge Hirsche und Antilopen sowie kleinere Haustiere im Ganzen verschlingen, die erheblich breiter sind als ihr eigener Kopf. Charakteristisch für die Familie, die eine Basisgruppe aller heute lebenden Schlangen darstellt, ist das Vorhandensein von Beckenresten am Skelett (meist noch aus 3 Knochenelementen bestehend), oft sind auch noch Rudimente der Hintergliedmaßen in Form von »Aftersporen« zu beiden Seiten der Kloake sichtbar, die sogar noch beweglich sein können und eine taktile Rolle im Paarungsverhalten spielen. Ein weiterer Beweis dafür, daß es sich bei R. um die urtümlichsten der rezenten Schlangen handelt, sind die paarigen Lungen. Bei den höherentwickelten Schlangengruppen ist nicht nur der Beckengürtel völlig verschwunden, sondern auch der linke Lungenflügel. In die Familie der R. gehören auf Grund dieser und anderer anatomischer Merkmale deshalb neben den großen baum-, wasser- oder landbewohnenden Formen auch kleine, versteckt lebende oder unterdisch grabende Arten (→ Sandboas). Die längste bisher bekannt gewordene R., eine Anakonda, soll 11,28 m gemessen haben. Nur 6 Arten der R. werden länger als 5 m.

Es werden mehrere (meist 4) Unterfamilien unterschieden, doch ist die systematische Gliederung noch umstritten. Die beiden Hauptgruppen sind: *Pythonschlangen, Pythoninae,* mit Augenbrauenknochen, Zwischenkieferzähnen und zweireihigen Schwanzschildern. Sie sind die typischen R. der Alten Welt und legen Eier, die bei mehreren Arten vom Weibchen bewacht und sogar bebrütet werden. Zu ihnen gehören → Netzpython, → Felsenpython und → Tigerschlangen. Die *Boaschlangen, Boinae,* haben dagegen keine Augenbrauenknochen und Zwischenkieferzähne, und ihre Schwanzschilder sind einreihig. Mit Ausnahme der Sandboas sind sie nur in der Neuen Welt verbreitet. Alle bringen lebende Junge zur Welt. Zu ihnen gehören → Anakonda, → Abgottschlange, → Hundskopfschlinger, → Schlankboas und → Sandboas.

Riesentang, → Braunalgen.
Riesenwuchs, *Makrosomie, Gigantismus,* das anormal gesteigerte Wachstum des ganzen Körpers oder bestimmter Körperteile. Beim Menschen werden über 200 cm Körperhöhe als R. bezeichnet. → Körperhöhe. Bei Mäusen konnte R. durch gentechnische Methoden (Einführung zusätzlicher Wachstumshormon-Gene mit stark erhöhter Genexpression) erreicht werden. → Molekulargenetik. Über R. bei Pflanzen → Hypertrophie.
Rifamyzine, zu den Ansamyzinen zählende → Antibiotika, gewonnen aus verschiedenen *Streptomyces-* und *Nocardia-*Stämmen. R. sind z. B. gegen Mykobakterien wirksam und werden in der Tuberkulosetherapie eingesetzt.
Riff, → Korallenriffe.
Riffische, → Korallenbarsche.
Rinde, 1) in der Anatomie die äußere Schicht von Organen, deren zentraler Gewebsaufbau sich vom peripheren unterscheidet, z. B. Nierenrinde, Nebennierenrinde, Hirnrinde.
2) → Sproßachse, → Wurzel.
Rindenläuse, svw. Staubläuse.
Rinder, *Bovinae,* große, massige Paarhufer aus der Familie der → Hornträger mit klobigem Schädel und breiter, mit einer feuchten Muffel versehener Schnauze. Beide Geschlechter haben mehr oder weniger runde, glatte Hörner. Vertreter der R. sind → Auerochse, → Zebu, → Banteng, Balirind, → Gaur, → Gayal, → Yak, → Büffel, → Wisent und → Bison. Vom Auerochsen leitet sich das Hausrind, *Bos primigenius* f. *taurus,* her.
Rinderbandwurm, → Taenia.
Ringdrüse, → Weismannscher Ring.
Ringelblume, → Korbblütler.
Ringelechsen, *Anniellidae,* den → Schleichen verwandte Familie der → Echsen. Die R. sind gliedmaßenlose, im Boden wühlende, wurmartige Kriechtiere mit kompaktem, verfestigtem Schädel und ohne äußere Ohröffnungen. Sie bewohnen in nur 2 Arten Kalifornien und vorgelagerte Inseln. Die bis 25 cm lange *Kalifornische R., Anniella pulchra,* lebt unterirdisch und ist lebendgebärend.
Ringelnatter, *Natrix natrix,* häufigste mitteleuropäische → Natter, meist grau mit schwarzen Pünktchen. Zu beiden Seiten des Hinterkopfes befindet sich ein auffallender weißer oder gelblicher Halbmondfleck. Das Weibchen wird bis 1,80 m, das Männchen nur 1 m lang. Die R. bewohnt als wasserliebendes Tagtier Ebene und Gebirge bis 2000 m, sie ist auch in der Kulturlandschaft vertreten und kommt in mehreren Unterarten von Nordwestafrika über ganz Europa bis Westasien vor. Sie frißt hauptsächlich Frösche, daneben Kröten und Fische. Die R. flieht bei Gefahr ins Wasser, sie schwimmt und taucht gewandt. Die Paarung erfolgt April bis Mai; die 20 bis 50 Eier werden oft von mehreren Weibchen gemeinsam am gleichen Ort, gern in Komposthaufen, faulendem Laub oder lockerer Erde, abgelegt. Die nach 10 Wochen schlüpfenden Jungen sind 20 cm lang. Die Monate Oktober bis März verbringt die R. in Kältestarre im Boden vergraben. Sie steht als nützliches Tier unter Naturschutz wie alle einheimischen Kriechtiere.
Ringelrobbe, → Seehunde.
Ringelspieße, → Fruchtholz.
Ringelspinner, *Malacosoma neustria* L., ein ockergelber bis rotbrauner Schmetterling aus der Familie Glucken, dessen Raupen durch Knospen- und Blattfraß an Obst- und Laubgehölzen schädigen. Die in ringartigen Gelegen um schwächere Zweige abgelegten Eier überwintern; die Raupen schlüpfen im Frühjahr und bilden ein festes Gemeinschaftsgespinst, von dem aus sie die jungen Triebe befressen.
Ringelwürmer, *Gliederwürmer, Annelida,* ein artenreicher Tierstamm der Protostomier mit etwa 17000 Arten, bei dessen in der Regel gestreckt wurmförmigen Vertretern der Körper aus vielen innerlich und oft auch äußerlich gleichartig gebauten Ringen, den Segmenten, besteht. Äußerlich sind die Segmente voneinander durch Ringfurchen getrennt, innerlich durch häutige Scheidewände, die Dissepimente. Vielfach tragen die Segmente seitliche, z. T. auf Stummelfüßen sitzende Borstenbündel. Jedes Segment enthält ein Paar Zölomsäckchen. In diesen beginnen die der Exkretion dienenden Segmentalorgane, meist Metanephridien, mit ihren Wimpertrichtern, deren Ausführgänge im folgenden Segment ausmünden. Der durchgehende Darmkanal ist in Schlund, Speiseröhre, Mitteldarm und Enddarm gegliedert. Der Mund liegt in der Regel im ersten Segment und wird von einem Kopflappen, dem Prostomium, überragt; der After mündet in dem als Pygidium bezeichneten Endsegment. Das → Nervensystem (Strickleiternervensystem) besteht aus einem über dem Schlund liegenden Gehirn und einer Bauchganglienkette, die sich aus zwei in jedem Segment miteinander verschmolzenen Ganglien und längsverlaufenden Nervenfasern (Konnektiven) zusammensetzt. Das meist geschlossene Blutgefäßsystem wird von einem längs verlaufenden Rückengefäß und einem Bauchgefäß gebildet, die durch seitliche Gefäßschlingen miteinander verbunden sind. Die Atmung erfolgt durch die Haut oder mittels Kiemen.

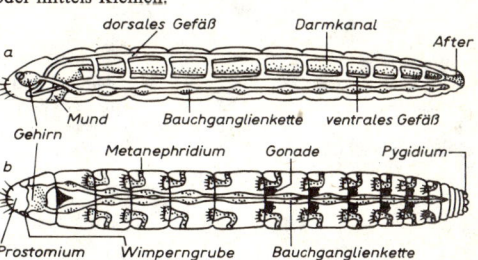

Bauplan der Ringelwürmer: a Lateralansicht, b Ventralansicht

Die R. sind ursprünglich Wassertiere, jedoch sind viele Arten zum Leben in feuchten Landbiotopen übergegangen. Die Ernährung der R. ist sehr unterschiedlich; neben Räubern, Pflanzenfressern und Strudlern kommen auch blutsaugende Parasiten vor. Die Entwicklung erfolgt bei den Vielborstern und den *Myzostomida* über die freischwimmende → Trochophora oder deren Sonderform, die Mitraria, mit zwei Borstenbüscheln und einem großen, äquatorial verlaufenden Wimpernkranz, bei den anderen R. ohne Verwandlung.

Es werden drei Klassen unterschieden: → Vielborster (*Polychaeta*), → *Myzostomida* sowie → Gürtelwürmer (*Clitellata*) mit den Unterklassen → Wenigborster (*Oligochaeta*) und → Egel (*Hirudinea*).

Geologische Verbreitung und Bedeutung: Algonkium, Kambrium bis Gegenwart. Fossil überliefert sind vor allem Kiefer (→ Skolekodonten), Deckschuppen, Borsten, Wohnröhren, Bohrgänge und Kriechspuren. Eine biostratigraphisch wichtige Gruppe bilden die Serpuliden der oberen Kreide und des Tertiärs.

Sammeln und Konservieren. *Vielborster* findet man nach dem Auswaschen von Bodenproben. Bei nächtlichen Fängen unter starkem Licht erhält man vor allem geschlechtsreife Tiere. Sie werden durch tropfenweise Zugabe von 70%igem Alkohol oder 2%iger Formaldehydlösung bis zur Reaktionslosigkeit betäubt, auf eine Glasplatte gelegt und nach Auflage einer Deckplatte mit einem Gemisch von 40%iger Formaldehydlösung und Alkohol fixiert. Die Aufbewahrung erfolgt in demselben Gemisch.

Gürtelwürmer werden wie oben beschrieben gesammelt. Die Erdformen werden mit Chloroform, die Wasserformen durch Abtropfen von Chloralhydrat- oder Magnesiumlösung getötet. Die reaktionslosen Tiere werden gestreckt und durch Übergießen mit warmer 4%iger Formaldehydlösung fixiert. Als Aufbewahrungsflüssigkeit dient ein Gemisch von 40%iger Formaldehydlösung und Alkohol.

Lit.: Lehrb. der Speziellen Zoologie, begr. von A. Kaestner, hrsg. von H.-E. Gruner, Bd I Wirbellose Tiere, Tl 3, 4. Aufl. (Jena 1982).

Ringherzen, → Blutkreislauf.
Ringkanal, → Verdauungssystem.
Ringknorpel, → Kehlkopf.
Ringkragen, svw. Anulus.
Rippe, → Brustkorb.
Rippenatmung, → Atemmechanik.
Rippenfell, → Lunge.
Rippenmolch, *Pleurodeles waltl*, in Zisternen und Tümpeln der südlichen Pyrenäenhalbinsel lebender wasserbewohnender → Salamander, bei dem die spitzen Enden der freien Rippen an den Körperseiten vorgebildete Hautlöcher durchbrechen können, wenn er sich dreht.
Rippenquallen, *Kammquallen*, *Ctenophora*, einzige Klasse des Stammes *Ctenophora* der Hohltiere. Es sind nur 80 Arten bekannt. Der Körper der R. ist disymmetrisch; er kann durch zwei senkrecht aufeinanderstehende Ebenen in jeweils zwei symmetrische Hälften geteilt werden. Die Gestalt, ursprünglich kugel- bis birnenförmig, ist bei den einzelnen Arten zum Teil ganz extrem abgewandelt. Die Unterseite trägt den querovalen Mund, am oberen Pol liegt ein Schweresinnesorgan, die Statozyste. Über die Oberfläche laufen acht Längsreihen (»Rippen«) von Wimperplättchen, die der Fortbewegung dienen. Bei den *Tentaculifera* sind zwei lange Tentakeln vorhanden, die in tiefe Taschen eingesenkt sind und die Nahrung fangen; sie haben keine Nesselkapseln, sondern Klebzellen (Kolloblasten). Die Tentakel fehlen bei den *Atentaculata*; diese Tiere verschlingen die Beute unter starker Erweiterung der Mundöffnung. Der Gastralraum besteht aus einem senkrecht aufsteigenden Schlundrohr, dem Zentralmagen, und acht Meridionalgefäßen unter den Wimperrippen. Gefäße und Zentralmagen sind durch verzweigte Kanäle miteinander verbunden. Zwischen Ektoderm und Entoderm liegt eine mächtige, zellhaltige Stützsubstanz (Mesogloea).

Die Fortpflanzung erfolgt ausschließlich auf geschlechtlichem Wege. Die Tiere sind Zwitter und legen die Geschlechtszellen in der Wand der Meridionalgefäße an. Viele Arten werden bereits kurz nach dem Schlüpfen aus dem Ei geschlechtsreif und pflanzen sich zum erstenmal fort. Dann bilden sie die Geschlechtsorgane zurück und wachsen zu ihrer endgültigen Größe heran, um sich zum zweiten Mal zu vermehren. Dieser Vorgang heißt Dissogonie.

Alle Arten leben im Meer, entweder frei im Wasser schwimmend oder auf einer Unterlage kriechend. Bei ruhiger See erscheinen sie im Frühjahr und Sommer meist in Schwärmen nahe der Oberfläche, bei stürmischem Wetter schwimmen sie in die Tiefe. Meist sind R. völlig durchsichtig. Der Wassergehalt beträgt über 99%. Die meisten Arten sind 1 bis 10 cm lang. Die größte Art, der *Venusgürtel*, hat eine Länge bis 1,5 m. Viele Arten können leuchten.

System: Es werden zwei Unterklassen unterschieden, *Tentaculifera* und *Atentaculata*.

Sammeln und Konservieren. Wegen ihres großen Wassergehaltes zerplatzen die Körper durch äußere Einwirkungen sehr leicht. Man schöpft deshalb R. am besten mit Gläsern aus dem Meer und betäubt sie durch Zugabe von Magnesiumchlorid. Sie werden in einer 4%igen Lösung von Formaldehyd in Seewasser konserviert und zur Aufbewahrung über 30%igen in 70%igen Alkohol überführt.

Risikoziffern, → Erbprognose.
Rispe, → Blüte, Abschn. Blütenstände.
Rist, Fußrücken, Oberseite der Handwurzel.
Ritter, → Schmetterlinge (System).
Rittersporn, → Hahnenfußgewächse.
Ritterstern, → Amaryllisgewächse.
Ritualisierung, Umwandlung von Gebrauchssystemen des Verhaltens zu Signalsystemen. Beispiel: Aus der mechanischen Bearbeitung des Substrates zur Nahrungsaufnahme oder zur Herstellung von Nisthöhlen hat sich bei Spechten das Trommeln als ein Signalverhalten entwickelt. Es handelt sich dann im allgemeinen um biosoziale Auslöser, die beim Artgenossen bestimmte auf das »Sender« orientierte Verhaltensweisen hervorrufen. Verhaltensweisen der Körperpflege, des Ortswechsels, der Nahrungsaufnahme oder des Schutzes oder des Nestbaus können im Verlauf der Stammesgeschichte durch den als R. bezeichneten Vorgang

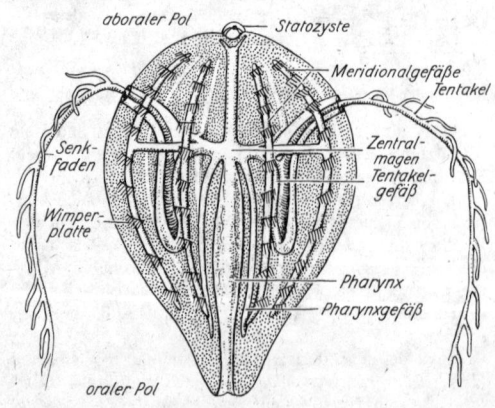

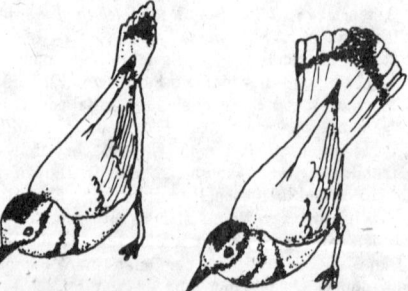

Schema einer Rippenqualle

Beugehaltung mit Schwanzfächern beim Schreiregenpfeifer (*Charadrius vociferus*) mit Drohfunktion, abgeleitet von Nestbauverhaltenselementen

solche Signalbewegungen bilden. Kennzeichnend ist bei diesem Prozeß das Auftreten typischer Intensitäten im Verhaltensablauf: Wenn ein Fuchs einen Bau gräbt und damit ein Gebrauchsverhalten ausführt, so passen sich Ablauf und Intensität in bestimmten Grenzen den jeweiligen Bedingungen an; zeigt er aber ein Scharren mit den Vorderbeinen gegenüber einem Rivalen, dann ist der Bewegungsablauf weitgehend stereotyp, und darin liegt die Signalwirkung. Eine weitere Möglichkeit besteht in der »Emanzipation« solcher Verhaltensmuster, sie lösen sich aus dem ursprünglichen Motivationszusammenhang, verselbständigen sich und werden in ein anderes Antriebsgefüge eingebaut, oft in die sexuelle Motivation, nun als Balzverhalten eingesetzt. Man kann heute etwa 20 verschiedene Typen von Änderungen im Verhalten unterscheiden, die bei der R. auftreten.

Lit. G. Tembrock: Grundriß der Verhaltenswissenschaften (Jena 1980).

Rivularia, → Hormogonales.
Rizinolsäure, *Rizinoleinsäure, Rizinusölsäure,* $CH_3-(CH_2)_5-CHOH-CH_2-CH=CH-(CH_2)_7-COOH$, eine Fettsäure, die als Glyzerinester den charakteristischen Bestandteil des Rizinusöls darstellt.
Rizinus, → Wolfsmilchgewächse.
Rizinusöl, ein fettes Öl (→ Fette und fette Öle) aus den Samen des in tropischen und subtropischen Ländern wachsenden Wolfsmilchgewächses *Ricinus communis.* R. ist eine blaßgelbe, ölige Flüssigkeit, die aus Glyzerinestern hauptsächlich der → Rizinolsäure, daneben auch der → Ölsäure, der → Stearinsäure und der → Linolsäure besteht. R. wird in der Medizin als Abführmittel verwendet, technisch in der Textilindustrie (Imprägnieren, Beizen), der Seifen- und der Farbenindustrie sowie als wertvoller Schmierstoff.
Rizinusölsäure, svw. Rizinolsäure.
r-K-Kontinuum, → K-Strategie.
RNA, Abk. für → Ribonukleinsäure.
RNP-Granula, svw. Ribosomen.
RNS, Abk. für → Ribonukleinsäure.
Robben, *Pinnipedia,* eine Unterordnung der Raubtiere. Die R. sind an das Wasserleben angepaßte Säugetiere von spindelförmiger Körpergestalt. Die kurzen Gliedmaßen sind zu Ruderflossen umgestaltet, mit denen sie sich im Wasser sehr geschickt, auf dem Lande jedoch nur unbeholfen fortbewegen können. Ohr- und Nasenöffnungen sind verschließbar. Der Schwanz ist sehr kurz. Die R. sind an den Küsten aller Meere zu finden, in der Mehrzahl bewohnen sie jedoch die kühleren und polaren Gebiete. Einige Arten kommen in großen Binnengewässern vor. Die Nahrung besteht aus Fischen, Krebsen, Muscheln, Kopffüßern und Wasservögeln. Die Geburt erfolgt nur auf dem Lande. Zu den R. gehören die Familien der → Ohrenrobben, → Walrosse und → Seehunde.

Lit.: A. Pedersen: Die nordpolaren R. (Wittenberg 1974).

Robinie, → Schmetterlingsblütler.
Rochenähnliche, *Batoidea,* (*Hypotremata*), scheibenförmige Knorpelfische. Nasenöffnungen, Maul und Kiemenspalten liegen auf der hellen Unterseite. Die Haut ist meist mit mehr oder weniger dicht stehenden Plakoidschuppen besetzt. Manche R. tragen Stacheln im peitschenähnlichen Schwanz, mit denen Angreifer erheblich verletzt werden können. Die meisten R. sind Grundfische wärmerer Meere. Zu den R. gehören z. B. die lebendgebärenden Sägefische oder Sägerochen, *Pristidae,* die am Grunde tropischer und subtropischer Meere leben und einen langen, bezahnten, sägeförmigen Schnauzenfortsatz haben; die Stechrochen, *Dasyatidae,* deren Schwanz einen mit Giftdrüsen versehenen Stachel besitzt, mit der auch in der Nordsee vorkommenden Art Stechrochen oder Feuerflunder, *Dasyatis pastinaca*; die in wärmeren Meeren lebenden, lebendgebärenden Adlerrochen, *Myliobatidae,* und die Teufelsrochen, *Mobulidae,* zu denen die riesige, bis zu 5000 kg wiegende Manta, *Manta birostris,* zählt; die lebendgebärenden Zitterrochen, *Torpedinidae,* mit elektrischen Organen, die im Mittelmeer und im Atlantik verbreitet sind, und die Rochen im engeren Sinne, *Rajidae,* zu denen folgende in nördlichen Meeren verbreitete Arten gehören: Glattrochen, *Raja batis,* regional ein Nutzfisch, Nagelrochen oder Keulenrochen, *Raja clavata,* und Sternrochen, *Raja radiata.*

Rodentia, → Nagetiere.
Rodentizide, Pflanzenschutzmittel zur Bekämpfung von Nagetieren, z. B. Chlorphacinon, Camphechlor, Aluminiumphosphid, Zinkphosphid u. a. Für ihre Anwendung ist in bestimmten Fällen eine besondere Erlaubnis erforderlich.
Roggen, → Süßgräser.
Rohfaser, Sammelbegriff für alle stickstofffreien Bestandteile der Pflanzen, die bei je $\frac{1}{2}$stündigem Kochen mit 1,25%iger Schwefelsäure und 1,25%iger Kalilauge und anschließendem Auswaschen in warmem Wasser ungelöst zurückbleiben. Bei dieser Prozedur sind Eiweiße und mobilisierbare Kohlenhydrate, wie Stärke, Zucker, Pektine u. a., abgetrennt worden. Zurückgeblieben sind die Gerüstsubstanzen Zellulose, Lignin und Pentosane. Der *Rohfasergehalt* wird häufig an Stelle der Trockenmasse als geeignete Bezugsgröße bei physiologischen und biochemischen Untersuchungen, z. B. an Speicherorganen oder ausgewachsenen Blättern, benutzt. Auch bei der Strohanalyse und zur Beurteilung des Futterwertes landwirtschaftlicher Produkte spielt der Rohfasergehalt eine Rolle.
Rohhumus, *Mor,* durch geringe Abbaugeschwindigkeit, vorwiegend pilzliche Zersetzung, niedrige pH-Werte und eine starke Humusauflage auf dem Mineralboden gekennzeichnete Humusform, vorrangig in Nadelwäldern der kühlen und kalten Klimate; → Humus.
Rohrdommeln, → Reiher.
Röhrenkassie, → Johannisbrotbaumgewächse.
Röhrennasen, *Procellariiformes,* Ordnung der Vögel mit nahezu 90 Arten von Meeresvögeln. Der Name deutet auf die Nasenröhren hin. Von den *Albatrossen,* Familie *Diomedeidae,* mit 13 Arten erreicht der Königsalbatros über 3 m Spannweite. Albatrosse segeln wie die *Sturmvögel* (Familie *Procellariidae,* etwa 50 Arten) im Aufwind über dem Wasser. Die kleinsten Vertreter sind die *Sturmschwalben,* Familie *Hydrobatidae.* Die *Tauchsturmvögel* (Familie *Pelecanoididae,* 4 Arten) sind Flügeltaucher.

Eissturmvogel (*Fulmarus glacialis*)

Röhrenpilze, → Ständerpilze.
Röhrenschaler, svw. Grabfüßer.
Röhrenwürmchen, *Tubificidae,* eine Familie der Wenigborster, deren 2 bis 20 cm lange Arten im Schlamm von Süßgewässern in Schleimröhren leben. Einige Arten, beson-

Röhrenzähner

ders der rötliche *Tubifex tubifex*, finden als Futter für Aquarienfische Verwendung.

Röhrenzähner, *Tubulidentata,* eine Ordnung der Säugetiere, die nur durch eine Art, das → Erdferkel, vertreten wird.

Rohrer-Index, svw. Körperfülle-Index.

Rohrkatze, Sumpfluchs, *Felis chaus,* eine von Vorder- bis Südostasien verbreitete, relativ kurzschwänzige Kleinkatze.

Rohrsänger, → Grasmücken.

Rohrsumpf, → Seenalterung.

Rohrzucker, svw. Saccharose.

Rollasseln, Kugelasseln, *Armadillidiidae,* Vertreter der Landasseln (→ Asseln). Sie können sich zu einer geschlossenen Kugel einrollen, in der auch die Antennen geborgen werden. Die R. bewohnen im Gegensatz zu den meisten anderen Landasseln trockene Lebensräume.

Rollenverhalten, kasten- oder individualtypisches Verhalten innerhalb einer biosozialen Einheit. Bei den eubiosozialen Insekten, wie Ameisen, Wespen, oder Honigbienen oder Termiten (als Auswahl), sind die Rollen kastenspezifisch: Die Rolle der »Königin« bei der Honigbiene wird durch ein befruchtungsfähiges Weibchen wahrgenommen, die Rolle von »Soldaten« bei Termiten durch eine auch im Körperbau gekennzeichnete Kaste von Individuen mit bestimmten Eigenschaften. Bei eubiosozialen höheren Wirbeltieren können die Rollen geschlechts-, alters- und individualspezifisch verteilt sein. Bekannt ist in diesem Zusammenhang die Rolle der relativen Dominanz, deren Ergebnis als → Rangordnung bezeichnet wird. Bei solchen Arten muß es in der Gruppe Individuen verschiedenen Dominanzwertes geben, also unterschiedlicher »Ranghöhe« – hier ganz wertfrei gemeint –, sonst wird die Gruppe instabil. Auch die Rolle des »Leittieres« beim Ortswechsel einer Gruppe ist an bestimmte Eigenschaften gebunden, und dies wieder unabhängig vom Dominanzwert.

Roller, → Rackenvögel.

Rollnerv, Nervus trochlearis, Augenmuskelnerv, → Hirnnerven.

Rollschlangen, *Aniliidae,* kleine, kurzschwänzige, bodenlebende oder in der Erde grabende Schlangen mit nicht abgesetztem Kopf, kleinen Augen und glatten, glänzenden Schuppen. Meist sind noch Reste des Beckens und der Hintergliedmaßen (als krallenartige Sporne) erkennbar. Die in den Tropen verbreitete Familie steht anatomisch und stammesgeschichtlich den → Riesenschlangen nahe. Die 80 cm lange südamerikanische *Korallenrollschlange, Anilius scytale,* ist leuchtend rot mit schwarzen Querringen.

Rollschwanzleguan, → Glattkopfleguane.

Rosengewächse, *Rosaceae,* eine Familie der Zweikeimblättrigen Pflanzen mit etwa 3 000 Arten, die besonders in den kalten und gemäßigten Zonen verbreitet sind. Es handelt sich um Holzgewächse oder krautige Pflanzen mit meist 5zähligen Blüten, wechselständigen, einfachen oder geteilten Blättern und stets vorhandenen Nebenblättern. Charakteristisch ist die oft große Anzahl von Staubblättern und die Beteiligung der Blütenachse am Blüten- und Fruchtbau. Als Früchte treten bei den primitiveren Formen vielsamige Balgfrüchte, bei den höher entwickelten Arten Nüßchen oder Steinfrüchte auf, die häufig zu Sammelfrüchten verbunden sind. Innerhalb dieser umfangreichen Familie unterscheidet man vornehmlich nach dem Bau der weiblichen Blütenteile bzw. der Früchte 4 Unterfamilien, die manchmal auch als eigene Familien aufgefaßt werden.

Zur ersten Unterfamilie, den *Spiraeoideae,* die durch vielsamige Balgfrüchte gekennzeichnet ist, gehören unter anderem die in Gärten und Parkanlagen häufig gepflanzten Ziersträucher der Gattung *Spiraea,* **Spierstrauch,** und *Sorbaria,* **Fiederspiere,** deren Heimat das gemäßigte Asien ist. Auch das einzige unter Naturschutz stehende R., der **Waldgeißbart,** *Aruncus dioicus,* gehört hierher. Er ist überwiegend in Schlucht- und Hangwäldern des Berglandes zu finden.

In der zweiten Unterfamilie, den *Rosoideae,* sind krautige und strauchige Pflanzen, die durch einsamige Schließfrüchte charakterisiert sind, vereint. Es sind eine Anzahl Nutz- und Zierpflanzen darunter, so z. B. die Sammelsteinfrüchte auf einem erhöhten Grund ausbildenden Vertreter der Gattung *Rubus,* wie die **Himbeere,** *Rubus idaeus,* und die vielen Arten der **Brombeere,** *Rubus fruticosus coll. spec.* Sammelnüßchen bilden die **Erdbeere,** *Fragaria,* deren fleischiger Blütenboden gegessen wird. Die in den Gärten gezogene Kulturform, *Fragaria ananassa,* ist ein Kreuzungsprodukt mehrerer südamerikanischer Wildarten. In manche Sorten ist auch die heimische **Walderdbeere,** *Fragaria vesca,* eingekreuzt worden, die außerdem als Wildfrucht gesammelt wird. Auch die Früchte der **Rosen,** die Hagebutten, werden zur Bereitung von Marmeladen, Wein und Tee genutzt. Es handelt sich hier ebenfalls um Nüßchen, die in einen krugförmigen, fleischigen Blütenboden eingesenkt sind. Wesentlich wichtiger ist die Rose als Zierpflanze. Aus der großen Zahl von etwa 150 Arten sind durch Kreuzung und Auslese unzählige Kultursorten entstanden. Die wichtigsten Stammarten unserer Gartenrosen sind die **Teerose,** *Rosa odorata,* die **Bengal-** oder **Chinarose,** *Rosa chinensis,* aus China, die **Damaszener Rose,** *Rosa damascena,* aus Vorderasien, die **Zentifolie,** *Rosa centifolia,* aus dem Kaukasus und die **Essigrose,** *Rosa gallica,* aus Europa und Westasien. Die gelben Blütenfarben brachte die gelbblühende **Fuchsrose,** *Rosa foetida,* in die Züchtung. Für die Entstehung der **Polyantha-** und **Floribundarosen** war die Einkreuzung der ostasiatischen *Rosa multiflora* wichtig. Die neueren Kletterrosensorten gehen meist auf die **Wichurarose,** *Rosa wichuraiana,* aus Ostasien zurück, während bei der Strauchrosen überwiegend die **Moschusrose,** *Rosa moschata,* aus dem Mittelmeergebiet und Westasien und die **Kartoffelrose,** *Rosa rugosa,* aus Ostasien wichtige Stammarten sind. Aus den Kronblättern mancher in den Balkanländern angebauter Arten, besonders der *Rosa centifolia* und *Rosa damascena,* wird Rosenöl gewonnen. Die häufigste heimische Rosenart ist die **Hundsrose,** *Rosa ca-*

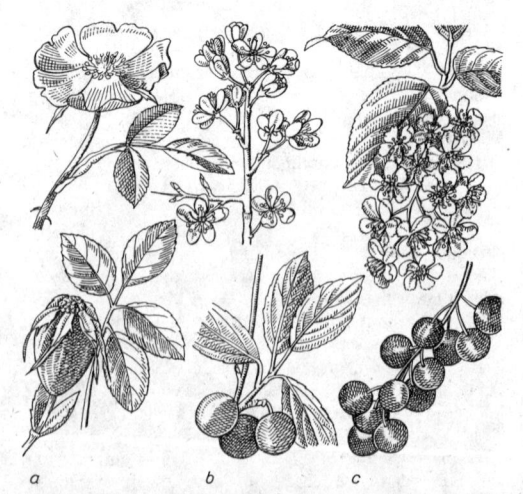

a   b   c

1 Rosengewächse: *a* Hundsrose, blühender und fruchtender Zweig; *b* Schlehe, blühender und fruchtender Zweig; *c* Traubenkirsche, Blüten- und Fruchtstand

nina, die als Veredlungsunterlage für viele Kulturrosen verwendet wird.

Einige Arten der zweiten Unterfamilie sind offizinell, z. B. aus der etwa 300 Arten enthaltenden Gattung **Fingerkraut,** *Potentilla,* die heimische **Blutwurz,** *Potentilla erecta,* und das **Große Mädesüß,** *Filipendula ulmaria,* das bei uns verbreitet auf feuchten Wiesen und an Ufern vorkommt.

Einige Gattungen zeigen auch Blütenrückbildungen, wie der windblütige **Wiesenknopf,** *Sanguisorba,* mit zwei einheimischen Arten und die große Gattung **Frauenmantel,** *Alchemilla,* in der Apogamie vorherrscht.

Zur dritten Unterfamilie, den *Maloideae,* gehören ausschließlich Holzgewächse. Ihre Blüten sitzen einem becherartig ausgehöhlten Blütengrund auf, in dem sich der unterständige Fruchtknoten befindet, der z. T. mit der Blütenachse verwachsen ist. Während bei manchen Vertretern (Weißdorn, Mispel) noch Steinfrüchte ausgebildet werden, die vom Fruchtfleisch der Blütenachse umhüllt werden, bilden sich bei den meisten Gattungen die Fruchtblätter nur noch zu einem pergamentartigen Gehäuse um (Apfelfrüchte). Hierher gehören unsere wichtigsten Kernobstpflanzen, wie der **Apfel,** *Malus sylvestris* var. *domestica,* eine der beliebtesten Obstarten der gemäßigten Breiten und der Subtropen. Die Ursprungsformen unserer Kulturäpfel stammen wahrscheinlich aus Transkaukasien; sie sind in der Römerzeit über Griechenland, Italien nach Mitteleuropa gekommen. Vorher wurden in Mitteleuropa mit dem einheimischen, dornigen, saure Früchte tragenden **Holzapfel** ähnliche Kulturformen angebaut. Die kultivierte **Birne,** *Pyrus domestica,* ist wahrscheinlich im wesentlichen eine Züchtung aus der einheimischen **Holzbirne,** *Pyrus communis.* Weitere Kulturpflanzen sind die aus Vorderasien stammende **Quitte,** *Cydonia oblonga,* die ebenfalls dort einheimische **Mispel,** *Mespilus germanica,* und die eßbare **Eberesche** oder **Vogelbeere,** *Sorbus aucuparia* var. *edulis,* deren Stammform ein Waldbaum auf sauren Böden, besonders in den Gebirgsgegenden, ist. Die aus China stammende **Chinesische Mispel** oder **Loquate,** *Eriobotrya japonica,* wird vor allem in subtropischen Gebieten wegen der aprikosenähnlich schmeckenden, sehr zeitig reifenden Früchte angebaut.

Auch viele Arten dieser dritten Unterfamilie sind beliebte Ziersträucher und -bäume in Parkanlagen und Gärten. Häufig findet man die in Ostasien heimische **Japanische Zierquitte,** *Chaenomeles speciosa,* mit scharlachroten

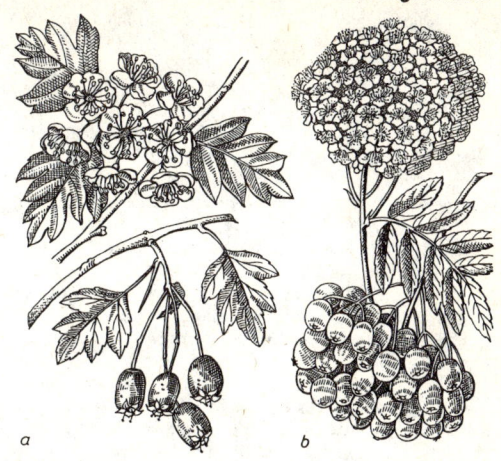

2 Rosengewächse: *a* Weißdorn, blühender und fruchtender Zweig; *b* Eberesche, blühender und fruchtender Zweig

Blüten und gelbgrünen, wohlriechenden Früchten, den südeuropäischen **Feuerdorn,** *Pyracantha coccinea,* mit sehr schönen scharlachroten Früchten, die meist in großer Zahl zusammenstehen, und verschiedene Arten der überwiegend in Asien vorkommenden **Zwergmispeln,** *Cotoneaster* div. spec., die ebenfalls wegen der schmückenden Früchte gezogen werden.

Die umfangreichste Gattung dieser Unterfamilie ist **Weißdorn,** *Crataegus,* mit etwa 1000 Arten. Sie sind besonders zahlreich in Nordamerika verbreitet. Einige Arten, so der **Zweigriffelige Weißdorn,** *Crataegus oxyacantha,* werden auch als Arzneipflanzen genutzt.

Die vierte Unterfamilie, *Prunoideae,* ist überwiegend durch das Vorhandensein von nur einem Fruchtblatt gekennzeichnet, das frei am Grund des Blütenbechers steht und eine Steinfrucht ausbildet. Hierher gehören unsere

3 Rosengewächse: *a* Zwergmispel, fruchtender Zweig; *b* Japanische Zierquitte, blühender Zweig und Frucht; *c* Birnenquitte, Blüte und Frucht; *d* Waldgeißbart: *links* männlicher Blütenzweig und Einzelblüte, *rechts oben* weiblicher Blütenzweig und Einzelblüte, *rechts unten* Zweig mit Früchten und Einzelfrucht

Steinobstarten, die fast alle unter der Gattung *Prunus* zusammengefaßt werden. Die wichtigsten sind **Pflaume** oder **Zwetsche**, *Prunus domestica*, mit vielen Kultursorten ursprünglich in Südosteuropa und Westasien beheimatet, dann die aus Mittelasien stammende **Aprikose** oder **Marille**, *Prunus armeniaca*, die in wärmeren Gegenden kultiviert wird, der **Pfirsich**, *Prunus persica*, der in China beheimatet ist und große, fleischige Früchte hat, während die nah verwandte **Mandel**, *Prunus amygdalus*, harte, nicht fleischige Früchte ausbildet. Der Mandelbaum wird wegen seiner Samen, den Mandeln angebaut. Pfirsich und Mandelbaum sind miteinander kreuzbar, es entstehen fruchtbare Nachkommen mit mandelähnlichen Früchten. Das in den Gärten häufig kultivierte, im zeitigen Frühjahr rosa blühende **Mandelbäumchen**, *Prunus triloba*, stammt aus China.

Von den Steinobstarten sind noch die **Kirschen** zu nennen, so die von Südosteuropa bis Westasien verbreitete **Sauerkirsche**, *Prunus cerasus*, mit säuerlich schmeckenden Früchten, die in zahlreichen Sorten kultiviert werden, genau wie die **Süßkirsche**, *Prunus avium*, die von der in Europa und Vorderasien wild vorkommenden **Vogelkirsche**, *Prunus avium* var. *silvestris*, abstammt und große, süß schmeckende Früchte hat. Ihr Holz wird wegen seiner schönen Maserung vielfach als Furnierholz verwendet. Auch das einen angenehmen Duft ausstrahlende Holz der **Weichselkirsche**, *Prunus mahaleb*, wird genutzt, allerdings zu Spazierstöcken, Pfeifenrohren u. a.

Beliebte Ziergehölze sind die rosablühende **Japanische Zierkirsche**, *Prunus serrulata*, und die immergrüne **Lorbeerkirsche**, *Prunus laurocerasus*.

Ein bei uns häufig an Waldrändern und in Hecken vorkommender erdorniger Strauch ist die **Schlehe**, *Prunus spinosa*, deren kugelige Früchte erst nach dem ersten Frost genießbar sind.

Rosmarin, → Lippenblütler.

Roßkastaniengewächse, *Hippocastanaceae*, eine Familie der Zweikeimblättrigen Pflanzen mit etwa 15 Arten, die überwiegend in den außertropischen Gebieten der nördlichen Erdhalbkugel vorkommen. Es sind Bäume oder Sträucher mit gegenständigen, gefingerten Blättern ohne Nebenblätter und unregelmäßig zygomorphen Blüten, die von Insekten bestäubt werden. Der dreiteilige Fruchtknoten entwickelt sich zu einer ein- bis dreifächerigen, glatten oder bestachelten Kapsel, deren große Samen Kastanien genannt werden. Die Gemeine **Roßkastanie**, *Aesculus hippocastanum*, ist ein bis zu 25 m hoch werdender Baum, dessen weiße, gelbrot gefleckte Blüten in langen, aufrecht stehenden Rispen angeordnet sind. Sie kommt in den Gebirgen des Balkans vor und wird in Mitteleuropa sehr häufig als Zierbaum angepflanzt. Aus ihrer Rinde, ihren Blättern, vor allem aber ihren Samen wird Aescin gewonnen, ein Saponin, das medizinisch gegen Gefäßerkrankungen eingesetzt wird. Ebenfalls als Zierbaum sehr beliebt ist die **Rote Roßkastanie**, *Aesculus × carnea*, ein Bastard aus *Aesculus hippocastanum* und *Aesculus pavia*, die aus Nordamerika stammt.

Rostellum, → Orchideen.

Rostpilze, eine Ordnung der → Ständerpilze.

Rostrum, ein meist spitzer, nach vorn gerichteter Fortsatz am Kopf oder Carapax vieler Krebse.

Rotalgen, *Rottange*, *Rhodophyceae*, eine Klasse der Algen mit etwa 4000 Arten, die überwiegend im Meer (bis 200 m Tiefe), seltener im Süßwasser vorkommen. Der durch Phykoerythrin oder Phykozyan rot bis violett gefärbte Thallus enthält außerdem Chlorophyll a und verschiedene Karotinoide. Er ist fast immer vielzellig und haftet stets mit Haftfäden oder Haftscheiben am Untergrund fest. Echtes Gewebe ist niemals vorhanden. Assimilationsprodukte sind fette Öle und eine besondere Stärke, die Florideenstärke, das sind 1,4-Polyglukane, die strukturell dem Amylopektin ähneln. Die ungeschlechtliche Vermehrung erfolgt stets durch unbewegliche Sporen; auch bei der geschlechtlichen Fortpflanzung treten hier niemals bewegliche Gameten auf. Es kommt nur Oogamie vor. Die Eizelle wird in dem als **Karpogon** bezeichneten Gametangium von den passiv durch Wasserströmung verbreiteten männlichen Gameten befruchtet. Die Zygote keimt innerhalb des Gametangiums aus und wächst zum **Karposporophyten** (diploid) heran, dessen sporogene Fäden vegetative Sporen, Karposporen, erzeugen, die in der Mehrzahl zu dem diploiden **Tetrasporophyten** auswachsen. Bei der Bildung der Tetrasporen erfolgt die Reduktionsteilung, die haploiden Sporen bilden wieder den haploiden Gametophyten. Generationswechsel und Fortpflanzungsweise sind hier also durch das Einschalten einer dritten Generation gekennzeichnet, die bei anderen Algen niemals auftritt. Von diesem Entwicklungsgang sind mannigfache Abweichungen bekannt. Fossile R. wur-

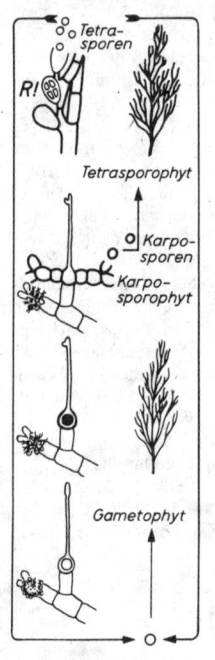

1 Generations- und Kernphasenwechsel der Rotalgen. Dünne Linien: Haplophase; dicke Linien: Diplophase. *R!* Reduktionsteilung (nach Harder)

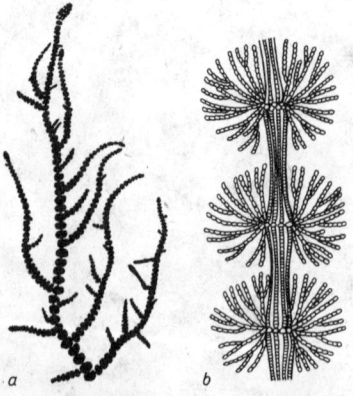

2 Froschlaichalge: *a* Habitus, *b* vergrößerter Ausschnitt den im Jura und in der Kreide gefunden. Unsicher ist die Abstammung dieser völlig isoliert stehenden Algengruppe. Unter Umständen kommen wegen der ähnlichen Farbstoffzusammensetzung Blaualgen als Vorfahren in Betracht, möglich ist auch eine engere Verwandtschaft mit rotgefärbten *Cryptophyceae* (→ Geißelalgen).

Man unterscheidet bei den R. mehrere Ordnungen. Hier seien nur einige wirtschaftlich genutzte Meeresarten der R. genannt. So liefern verschiedene *Gelidium*- und *Gracilaria*-Arten die vielfältig verwendete, gelierfähige Substanz Agar-Agar. Die beiden an der Nordseeküste vorkommenden Arten des **Knorpeltangs**, *Chondrus crispus* und *Gigartina mamillosa*, werden als »**Irländisches Moos**« zu medizinisch und technisch genutzten Mitteln verarbeitet.

In sauberem Süßwasser ist die **Froschlaichalge**, *Batrachospermum*, weit verbreitet. Ihr in Stengel und Kurztriebe gegliederter Thallus ist von Gallerte umgeben, so daß er im Wasser wie Froschlaich aussieht.

Rotator, *Dreher*, Muskel, der eine Drehbewegung um die Längsachse (Rotation) einer Gliedmaße veranlaßt, und zwar eine Einwärtsdrehung (Innenrotation) oder eine Auswärtsdrehung (Außenrotation).

Rotatoria, → Rädertiere.

Rotauge, svw. Plötze.

Rotbarsche, zu den Drachenkopfartigen gehörende rote, lebendgebärende Meeresfische. Auf den europäischen Markt gelangt *Sebastes marinus* aus tieferen Horizonten (300 bis 600 m) des Nordatlantiks; wertvoller Nutzfisch.

Rotblindheit, → Farbsinnstörungen.

Rotbüffel, Kaffernbüffel.

Rötegewächse, *Krappgewächse*, *Labkrautgewächse*, *Rubiaceae*, eine umfangreiche Familie der Zweikeimblättrigen Pflanzen mit etwa 7000 Arten, die überwiegend in tropischen und subtropischen Gebieten verbreitet sind, einige kommen auch in der gemäßigten Zone vor. Es sind krautige oder holzige Pflanzen mit gegenständigen oder scheinquirligen Blättern, da die Nebenblätter oft den Laubblättern gleichen, und 4- bis 5zähligen Blüten, die von Insekten bestäubt werden. Der unterständige Fruchtknoten entwickelt sich zu einer Kapsel, Spaltfrucht oder Beere.

Die wichtigste tropische Kulturpflanze der Familie ist

Rötegewächse: *1* Klebkraut (*Galium aparine*); *2* Kaffeestrauch: Zweig mit Früchten, *a* Kaffeekirsche, *b* Kaffeekirsche quer aufgeschnitten mit zwei Bohnen

der **Kaffeestrauch**, *Coffea arabica*, dessen Samen nach bestimmter Behandlung als Kaffeebohnen in den Handel kommen und die ihr Aroma erst durch Rösten bei Temperaturen zwischen 200 und 250 °C entfalten. Die anregende Wirkung des Kaffees beruht auf dem Gehalt an Koffein (1 bis 2,5 %) sowie auf Theobromin und Theophyllin. Da *Coffea arabica* sehr anfällig gegen Krankheiten und Schädlinge ist, werden in vielen Gebieten jetzt andere, widerstandsfähigere *Coffea*-Arten angebaut, wie *Coffea robusta*, *Coffea liberica* u. a..

Aus der Rinde des südamerikanischen **Chinarindenbaumes**, *Cinchona succirubra*, und anderer Arten, wird das stark bitter schmeckende Alkaloid Chinin gewonnen, das früher vor allem bei der Malariabekämpfung eine Rolle gespielt hat und heute auch bei anderen fiebrigen Erkrankungen sowie als Herzmittel angewandt wird. Ein anderer Vertreter der R. ist die **Färberröte** oder der **Krapp**, *Rubia tinctorum*, aus dessen Wurzeln früher auch der rote Farbstoff Alizarin gewonnen wurde. Bekannteste einheimische Art der R. ist wegen seines im gewelkten bzw. getrockneten Zustand sehr hohen Kumaringehaltes als Gewürzpflanze für Weine und Süßspeisen verwendete **Waldmeister**, *Galium odoratum*, der auf schattigen Standorten, vor allem in Buchenwäldern, wächst und quirlständige, stachelspitzige Blätter und reinweiße, in Trugdolden stehende Blüten hat. Andere *Galium*-Arten sind z. B. das als Ackerunkraut und in Laubwäldern und Gebüschen verbreitete **Klebkraut**, *Galium aparine*, dessen hakigborstige Stengel und Früchte überall leicht haften bleiben, und das gelbblühende, überwiegend auf Halbtrockenrasen verbreitete **Echte Labkraut**, *Galium verum*. Interesante Pflanzen sind die als **Ameisenpflanzen** bekannten *Myrmecodia*- und *Hydnophytum*-Arten tropischer Gebiete. Es sind meist epiphytisch lebende Halbsträucher mit dornigen oder warzigen, gekammerten Hypokotylknollen, deren Hohlräume von Ameisen bewohnt werden.

Rote Liste, svw. Rotes Buch.

Rötelmaus, *Waldwühlmaus*, *Clethrionomys glareolus*, eine einheimische → Wühlmaus von rötlichbrauner Färbung. Die R. ist 8 bis 12 cm lang (ohne Schwanz). Sie kommt in den Laub- und Nadelholzwäldern Nord- und Mitteleuropas vor, benagt Wurzeln und Zweige und wird daher als Forstschädling durch Giftgetreide oder Räuchermittel bekämpft.
– (Tafel 7).

Rotes Buch, *Rote Liste*, Katalog der in einem bestimmten Gebiet vom Aussterben bedrohten Tier- und Pflanzenarten. Vorbild ist das erstmals 1970 von der → IUCN herausgegebene und laufend aktualisierte *Red data book* der in ihrem gesamten Areal gefährdeten Wirbeltiere und Blütenpflanzen, in dem die Liste der am stärksten bedrohten Arten auf rotem Papier gedruckt ist. In der Folge erschien eine Reihe ähnlicher Verzeichnisse für einzelne Länder oder kleinere Regionen. Manche davon berücksichtigen auch einen Teil der wirbellosen Tiere und niederen Pflanzen, insgesamt bleiben sie aber fragmentarisch, da es für viele Gruppen (z. B. Insekten) zu wenige Spezialisten gibt, um die Bestandsentwicklung verfolgen zu können.

Rote Spinne, → Spinnmilben, → Obstbaumspinnmilbe.

Rotfeder, *Scardinius erythrophthalmus*, zu den Weißfischen gehörender, bis 40 cm langer Karpfenfisch stehender Gewässer Europas und Asiens. Die R. hat leuchtend blutrote Flossen.

Rotfuchs, → Füchse.

Rotgesichtsmakak, svw. Japanmakak.

Rothaarigkeit, → Haarfarbe.

Rothalstaucher, → Lappentaucher.

Rothirsch, *Cervus elaphus*, ein großer, im Sommer rotbrauner, im Winter graubrauner Hirsch mit stark ausgebildetem Stangengeweih. Die Jungen sind hell getüpfelt. Der R. besiedelt in zahlreichen Unterarten die Wälder Eurasiens, Nordafrikas und Amerikas. Die nordamerikanische Unterart des R. ist der *Wapiti, Cervus elaphus canadensis.* Die sibirische Unterart, der *Altai-Maral, Cervus elaphus sibiricus,* wird stellenweise in Farmen gehalten, um die Bastgeweihe (Panten) zu gewinnen, die in der Arzneimittelindustrie Verwendung finden.

Lit.: E. Wagenknecht: Der R. (Wittenberg 1980).

Rothuhn, → Fasanenvögel.
Rotkehlchen, → Drosseln.
Rotliegendes, ältere Abteilung des → Perms in der festländischen Ausbildung im Germanischen Becken (nördlicher Teil der BRD, der DDR und der VR Polen). → Erdzeitalter, Tab.
Rotluchs, → Luchse.
Rotrind, svw. Banteng.
Rotschwänze, → Drosseln.
Rotstengelmoos, → Laubmoose.
Rottange, → Rotalgen.
Rous-assoziierte Viren, → defekte Viren.
Rous-Sarkom-Virus, → Tumorviren.
RQ, Abk. für → respiratorischer Quotient.
r-Selektion, Auslese unter Bedingungen, die eine hohe angeborene Zuwachsrate r begünstigen. Die Individuenzahlen der Populationen vieler Organismen werden durch ständig wechselnde Umweltverhältnisse wiederholt stark reduziert. Verbessern sich nach einer solchen Katastrophe die Lebensbedingungen wieder, dann sind diejenigen Genotypen mit der größten angeborenen Zuwachsrate bevorteilt; denn sie können die jetzt im Überfluß vorhandenen Ressourcen am besten für die Produktion zahlreicher Nachkommen ausnutzen. r-S. führt also zur Fähigkeit, sich rascher zu vermehren.
r-Stratege, → K-Stratege.
RSV, → Tumorviren.
Rübe, → Gänsefußgewächse.
Rübenaaskäfer, → Aaskäfer.
Rübenälchen, → Rübennematode.
Rübenblattwanze, → Wanzen.
Rübenderbrüßler, → Rüsselkäfer.
Rübenfliege, → Blumenfliegen.
Rübennematode, *Rübenälchen, Heterodera schachtii,* ein zu den Älchen gehörender Fadenwurm, schädigt besonders Zuckerrüben. Der 0,4 bis 1,6 mm große R. ruft durch Besaugen junger Wurzeln ein Zurückbleiben der Rüben im Wuchs, ein starkes Wurzelwachstum (Wurzelbärtigkeit) und ein Erschlaffen der Blätter hervor, was fälschlicherweise als Rübenmüdigkeit bezeichnet wird. Der Zuckergehalt sinkt. Gegen Ende der Vegetationszeit bilden sich aus den Wurzeln der Wirtspflanze die bräunlichen, stecknadelkopfgroßen Vermehrungsorgane der R., die Zysten, aus denen sich die Junglarven entwickeln.

Die Bekämpfung erfolgt vor allem durch Fruchtfolgemaßnahmen.

Lit.: L. Kämpfe: Rüben- und Kartoffelälchen (Wittenberg 1952).

Rübenvergilbungsvirusgruppe, → Virusgruppen.
Rübenwanzen, → Wanzen.
Rübenzucker, svw. Saccharose.
Rubiaceae, → Rötegewächse.
Rubidium, Rb, ein Alkalimetall, das in allen untersuchten Pflanzen in Mengen zwischen 1 und 100 mg/kg Trockensubstanz gefunden wurde. Es ist nicht lebensnotwendig. Bei Pilzen, verschiedenen Algen und niederen Pflanzen vermag R. das Kalium bis zu einem gewissen Grad vertreten.
Rubijervin, → Veratrumalkaloide.
Rubinkehlchen, → Drosseln.
Rubiovirus, → Virusfamilien.
Rübsen, → Kreuzblütler.
Rückbildungsalter, → Konstitutionstypus.
Rückbildungserscheinungen, → Rudimentärorgane.
Rückenmark, Medulla spinalis, im Wirbelkanal liegender Teil des Zentralnervensystems der Wirbeltiere, das kranial in das verlängerte Mark und kaudal hinter dem Markkegel (Conus medullaris) in den Endfaden (Filum terminale) übergeht. Sein Querschnitt ist bestimmt durch die typische H-Form bzw. Schmetterlingsfigur der *grauen Substanz,* die hauptsächlich aus den Ganglienzellen besteht und von der *weißen Substanz,* deren Farbe auf die markhaltigen Nervenfasern zurückzuführen ist, umgeben wird.

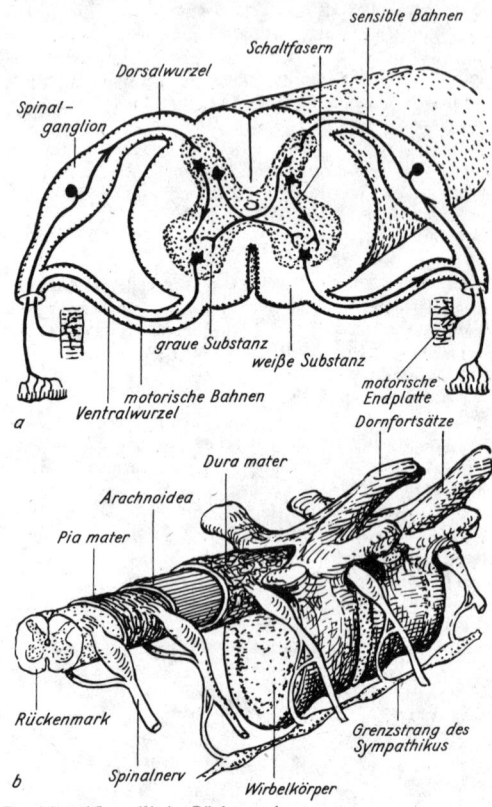

Bau (*a*) und Lage (*b*) des Rückenmarks

Das R. bleibt bei *Anura* und *Mammalia* im Wachstum bald hinter der Wirbelsäule zurück, so daß die Austrittsstellen der über je eine dorsale und ventrale Wurzel mit ihm in Verbindung stehenden Spinalnerven kaudal verlagert werden und demzufolge in der Lenden- und Kreuzbeinregion innerhalb des Wirbelkanals zur Ausbildung des »Pferdeschweifes« führen. Bei extremitätenlosen Wirbeltieren ist das R. in seiner ganzen Länge etwa gleich dick. Bei Tetrapoden sind die Regionen ihres R., die den Extremitätennerven zugeordnet sind, deutlich angeschwollen (*Intumeszenzen*). Kurz vor der Vereinigung der Wurzeln zum gemischten Nerv befindet sich dorsal ein *Spinalganglion,* das die Ganglienzellen der sensiblen Neuronen enthält. Die ventralen Wurzeln enthalten hauptsächlich motorische Fasern. Das R. wird von einer (bei Fischen) oder mehreren (bei Vierfüßern) Hüllen, den *Meninges,* umscheidet. Innen wird es vom Zentralkanal durchzogen, der die Cerebrospinalflüssigkeit (Liquor cerebrospinalis) enthält, die außerdem die Hirnventrikel und bei Säugetieren den Subarachnoidealraum ausfüllt, zu dem eine Verbindung über seitliche Fortsätze des Daches der Rautengrube besteht.

Das R. der Wirbeltiere erfüllt zwei Aufgaben. In der grauen Substanz liegen die Zentren für die Rückenmarkreflexe. Die gesamte Reflextätigkeit wird als **Eigenfunktion** des R. bezeichnet. Darüber hinaus verlaufen im R. Nervenbahnen, die die Verbindung zwischen Peripherie und Gehirn in beiden Richtungen herstellen. Das R. hat somit auch eine Leitungsfunktion. Innerhalb der Wirbeltierreihe verschiebt sich das Verhältnis beider Funktionen zugunsten der Leitungsfunktion. Im Verlauf der Entwicklung wird das R. immer mehr vom Gehirn abhängig, während seine Eigenleistung reduziert wird.

Die Leitungsfunktion des R. ist an seine weiße Substanz gebunden. Bei den Säugetieren sind hier im Gegensatz zu den übrigen Tetrapoden zahlreiche auf- und absteigende Verbindungsbahnen eingebaut. Alle Fasern gleicher funktioneller Bedeutung laufen zumeist gemeinsam in den Leitungsbahnen durch das R. Die *aufsteigenden* oder *afferenten Bahnen* ziehen zu höheren Abschnitten des Zentralnervensystems. Die *absteigenden* oder *efferenten Bahnen* leiten die Erregungen verschiedener Gehirnbereiche in das R. *Lange Bahnen* oder *Projektionsbahnen* stellen die Verbindung zwischen Gehirn und R. her, während die *kurzen* oder *Intersegmentalbahnen* die einzelnen Segmente des R. untereinander verbinden. Gekreuzte Bahnen wechseln in ihrem Verlauf entweder im R. oder im Hirnstamm bzw. Zwischenhirn auf die andere Seite, ungekreuzte Bahnen verbleiben auf derselben Seite.

1) Die wichtigsten *afferenten Bahnen* sind die Vorderseitenstrangbahnen, die Hinterstrangbahnen und die Kleinhirnseitenstrangbahnen.

a) Die *Vorderseitenstrangbahnen* übermitteln hauptsächlich jene Erregungen, die von den Schmerz- und Temperaturrezeptoren stammen. Sie ziehen bei Säugetieren bis in das Zwischenhirn. Dort erfolgt die Umschaltung auf weitere Neuronen, deren Neuriten unter anderem bis in die Hirnrinde ziehen.

b) Die *Hinterstrangbahnen* stehen mit wenigen Ausnahmen im Dienste der Druck- und Berührungsempfindungen der Haut sowie der Tiefensensibilität (Muskelsinn). Sie verlaufen ungekreuzt bis in den Hirnstamm. Nach Umschaltung auf andere Ganglienzellen kreuzen sie auf die Gegenseite und erreichen das Zwischenhirn und dann die Hirnrinde. Während Vorderseitenstrangbahnen schon bei den Fischen auftreten, ist das Hinterstrangsystem phylogenetisch jünger. Es ist erstmals bei den Kriechtieren zu finden. Seine spätere starke Entwicklung kommt darin zum Ausdruck, daß es bei Kriechtieren nur 12 %, beim Kaninchen dagegen 21 % und beim Menschen sogar 39 % der weißen Substanz ausmacht.

c) Die *Kleinhirnseitenstrangbahnen* leiten Erregungsimpulse von Rezeptoren der Skelettmuskeln, der Sehnen und Gelenke zum Kleinhirn und vermitteln damit Informationen über den Muskeltonus und die Lage der Glieder.

2) Das efferente (motorische) Leitungssystem unterteilt man in die Pyramidenbahnen und die extrapyramidalen Bahnen.

a) Die → *Pyramidenbahnen* sind nur bei Säugetieren zu finden. Im menschlichen R. ist das Leitungssystem besonders stark entwickelt; es macht 20 % der weißen Substanz aus. Der größte Anteil der Fasern, etwa 80 bis 90 %, kreuzt im untersten Abschnitt des Hirnstammes auf die andere Seite und bildet die Pyramidenseitenstrangbahnen. Der restliche Anteil der Fasern verläuft ungekreuzt in den Pyramidenvorderstrangbahnen.

b) Die *extrapyramidalen Bahnen* haben verschiedene Ursprungsorte. Nur ein Teil entspringt in der Großhirnrinde, andere stammen aus dem Kleinhirn und dem Hirnstamm. Bei den höheren Warmblütern und beim Menschen sind diese Bahnen oft durch *Synapsen* unterbrochen. Ihre funktionelle Bedeutung ist hauptsächlich in der Auslösung und Koordination der unwillkürlichen »automatisierten« Bewegungen und in der Beeinflussung des Muskeltonus zu sehen. Außerdem gelangen durch sie Erregungen aus den verschiedenen Gehirnbereichen zu den motorischen Vorderhornzellen, wodurch deren Tätigkeit beeinflußt wird. Das extrapyramidale System findet sich bereits bei den Fischen. Es erfuhr eine besonders starke Ausbildung bei den Vögeln.

Rückenmarktiere, → Deuterostomier.
Rückensaite, → Achsenskelett.
Rückenschwimmer, → Wanzen.
Rückfangmethode, *Wiederfang-Methode, Lincoln-Index,* Methode zur Ermittlung der Individuenzahl von Populationen vagiler Organismen. Mit Hilfe geeigneter Fangmethoden wird eine Anzahl von Individuen lebend gefangen, markiert und wieder freigelassen. Bei dem nach einiger Zeit erfolgenden erneuten Fang werden in einem charakteristischen Verhältnis markierte Tiere wiedergefunden: $N = \frac{m \cdot n}{r}$; N = Populationsgröße, m = Anzahl der markierten Tiere, n = Gesamtzahl der Tiere des 2. Fanges, r = Anzahl der wiedergefangenen markierten Tiere. Der Lincoln-Index berücksichtigt keinerlei Populationsdynamik zwischen dem 1. Fang und dem Wiederfang. Andere, kompliziertere Berechnungsverfahren (Jolly-Methode, Bailey's-triple-catch-method) liefern für spezielle Migrationsbedingungen bessere Werte.

Rückgrat, → Achsenskelett.
Rückkopplung, Wechselwirkung des Ausgangssignals mit dem Eingangssignal. Das Ausgangssignal wird mit einem Sollwert verglichen. Die Differenz stellt ein Fehlersignal dar. Dieses Fehlersignal dient wiederum als Eingang des Systems und soll zur Korrektur dieses Fehlers führen. Man bezeichnet ein solches System mit R. als → Regelkreis.

Rückmutation, spontan oder nach Einwirkung mutagener Agenzien eintretende Genmutation, in deren Verlauf die Wildtypfunktion eines mutierten Genotyps ($a^+ \rightarrow a$) wiederhergestellt wird. Zu unterscheiden sind echte und funktionelle R. Im ersten Fall wird die durch eine Genmutation veränderte Basensequenz der DNS durch die R. in der ursprünglichen Form wiederhergestellt ($a \rightarrow a^+$). Im zweiten Fall tritt eine als Suppressor bezeichnete Mutation im gleichen Gen oder an anderer Stelle des Genoms ein, deren Wirkung funktionell den Wildtyp simuliert. Dabei bleibt das mutierte Allel als solches unverändert erhalten, und der Wildtyp wird genetisch nicht wiederhergestellt.

Rückregulierung, die Herabregulierung polyploider Chromosomenbestände auf die Diploidiestufe. Der Rückregulierungsmechanismus ist noch weitgehend ungeklärt. Möglicherweise liegen ihm abnorme (multipolare) Spindelbildungen während der Mitose und Meiose zugrunde, die dazu führen, daß Gameten mit Chromosomenzahlen entstehen, die kleiner als die Haploidenzahl des betreffenden Objektes sind und im Verlauf der Befruchtung zu Nachkommen mit niedrigerem Ploidiegrad führen.

Rückstand, im → Pflanzenschutz, die Menge eines → Pflanzenschutzmittels oder seines Wirkstoffes bzw. Umwandlungsprodukte, welche nach der Anwendung zu einer bestimmten Zeit auf oder in der Pflanze bzw. in den Ernteprodukten vorhanden ist.

Rückstandswirkung, svw. Residualwirkung.
Rückstoßschwimmen, eine stoßartige Schwimmbewegung, die meist durch Kontraktion von Muskeln erfolgt, die einen Hohlraum umgeben. Dabei wird Wasser ausgepreßt,

Rückzieher

und der Vortrieb erfolgt in die entgegengesetzte Richtung. Beispiele sind Quallen, Kopffüßer, Pilgermuscheln. Bei manchen Krebsen kommt R. durch schnelles Einschlagen des Hinterleibes zustande.
Rückzieher, svw. Retraktor.
Rückzugsgebiet, → Refugium.
Rudbeckien, → Korbblütler.
Ruderalbiozönosen, svw. Ruderalzönosen.
Ruderalgesellschaften, → Charakterartenlehre.
Ruderalpflanzen, Pflanzen der Schuttplätze und Wegränder, besonders nahe menschlicher Siedlungen, die sich meist durch nährstoffreiche Böden mit anorganischen Stickstoffverbindungen und anderen Mineralsalzen auszeichnen. Die R. sind unterschiedlich salzertragend und speichern häufig beträchtliche Nitratmengen in ihren Blättern. Bekannte R. sind Brennesseln, Gänsefußarten, Melden (Tafel 11).
Ruderalzönosen, *Ruderalbiozönosen,* durch stetigen Einfluß des Menschen geprägte Lebensgemeinschaften, meist auf nährstoffreichen Standorten, aber großen Schwankungen des hydrothermischen Regimes unterliegend, in der Regel ohne typische Horizontbildung. Typische Ruderalplätze sind Mülldeponien, Abfallhaufen, Trümmerberge u. a.
Ruderfrösche, *Rhacophoridae,* in Afrika, Madagaskar und vor allem in Süd- und Ostasien verbreitete Familie der → Froschlurche, deren Vertreter stark an das Baumleben angepaßt sind und große Haftscheiben an Fingern und Zehen besitzen, deren Beweglichkeit durch einen zwischen dem letzten und vorletzten Glied eingeschalteten Zwischenknorpel erhöht wird. Bei einigen Formen sind die Schwimmhäute an allen 4 Gliedmaßen so riesig entwickelt, daß sie beim Herabspringen von Bäumen als Fallschirme dienen. Die Färbung ist meist sehr variabel, grüne und braune Töne herrschen vor. Viele Arten treiben Brutpflege durch Anlage von Schaumnestern meist im Gezweig über Wasser. Das Weibchen sondert eine Flüssigkeit ab, die mit den Hinterfüßen zu einem Schaumballen geschlagen wird, in den die Eier gelegt und dabei von dem auf dem Rücken des Weibchens sitzenden Männchen befruchtet werden. Sind die Larven schlupfreif, verflüssigt sich der Schaum, und sie fallen als Kaulquappen ins Wasser. Zu den R. gehören unter anderem → Riedfrösche, → Baumfrosch, → Waldsteigerfrösche, → Flugfrösche, → Japanischer Ruderfrosch, → Weißbartruderfrosch.
Ruderfüßer, *Pelecaniformes,* 1) Ordnung der Vögel mit 55 Arten. Sie ernähren sich von Wassertieren, die sie selbst erbeuten oder wie die *Fregattvögel,* Familie *Fregatidae,* anderen Vögeln abjagen. Alle vier Zehen sind durch Schwimmhäute verbunden. Die *Tropikvögel,* Familie *Phaëtonidae,* 3 Arten, haben verlängerte mittlere Schwanzfedern. Zur Ordnung gehören ferner die → Pelikane und → Kormorane sowie die *Tölpel,* Familie *Sulidae,* und die *Schlangenhalsvögel,* Familie *Anhingidae,* 4 Arten. 2) svw. Ruderfußkrebse.
Ruderfußkrebse, *Ruderfüßer, Hüpferlinge, Kopepoden, Copepoda,* eine Unterklasse der Krebse mit etwa 4500 Arten, die zum größeren Teil im Meer, aber auch in allen möglichen Binnengewässern wie im Grundwasser und in Moospolstern leben. Viele Arten sind Plankter und kommen oft in außerordentlich großer Individuenzahl vor. Die R. der Gattung *Calanus* haben Bedeutung als Nahrung von Fischen und Bartenwalen (→ Krill). Sehr zahlreich sind aber auch Ekto- und Entoparasiten, die vor allem an Fischen, aber auch an Walen sowie an Weichtieren und anderen marinen Wirbellosen schmarotzen. Die Parasiten sind manchmal bis zum völligen Verlust der charakteristischen Krebsgestalt umgebildet und reduziert, stets aber bilden ihre Weibchen die typischen Eisäckchen der R. aus, und immer tritt das typische Kopepodit-Stadium auf. Der Körper ist bei den frei lebenden Arten nur 1 bis 2 mm lang, bei den Weibchen der Parasiten kann er jedoch bis 32 cm Länge erreichen. Der Körper besteht aus dem Kopf, sechs Thoraxsegmenten mit Spaltbeinen und fünf Hinterleibssegmenten ohne Gliedmaßen. Die Spaltbeine rufen die typischen hüpfenden Schwimmbewegungen hervor. Das Telson trägt eine Furka. Ein Carapax fehlt stets. Die Mundwerkzeuge sind bei den Planktern oft zum Filtern geeignet, bei vielen Parasiten sind sie zu Stechborsten umgebildet. Die Geschlechter sind immer getrennt; die Geschlechtsöffnungen befinden sich bei Männchen und Weibchen auf dem ersten Hinterleibssegment. Meist sind – besonders bei den Parasiten – Männchen und Weibchen deutlich zu unterscheiden. Die Begattung erfolgt stets mittels Spermatophoren. Das Weibchen trägt die abgelegten Eier in Eischnüren oder Eisäckchen am ersten Hinterleibssegment. Es schlüpft ein Nauplius, der in den Metanauplius übergeht, auf den dann das Kopepodit-Stadium folgt. Aus diesem geht das adulte Tier hervor. Alle Larven leben frei im Wasser, die Parasiten setzen sich während des Kopepodit-Stadiums fest.

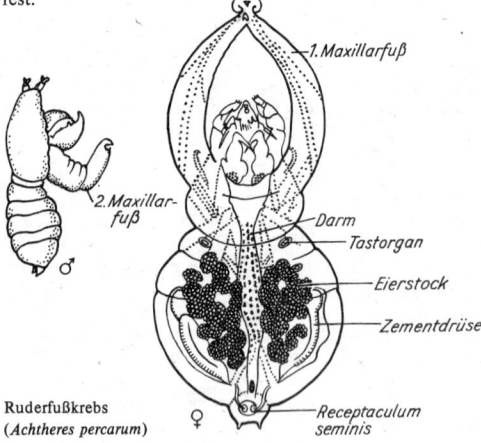

Ruderfußkrebs
(*Achtheres percarum*)

Das System ist noch recht ungeklärt. Die wichtigsten Gattungen sind *Calanus, Diaptomus, Cyclops, Ergasilus, Harpacticus, Caligus, Lernaeopoda.*
Ruderschlangen, → Seeschlangen.
Ruderwanzen, → Wanzen.
Rudimentärorgane, Organe, die ihre Funktion teilweise oder gänzlich verloren haben und deshalb *Rückbildungserscheinungen* verschiedenen Ausmaßes zeigen. Formen mit R. leiten sich von Stammformen ab, die das Organ in voll entwickeltem, funktionstüchtigem Zustand besessen haben. R. sind z. B. die stummelförmigen Hinterextremitäten der Riesenschlangen und die verkümmerten Augen vieler höhlenbewohnender Tiere.
Rudisten [lat. rudis 'grob, rauh'], *Rauhlinge,* eine Unterordnung der Muscheln mit dicker ungleichklappiger Schale. Die rechte kegel- oder hornförmige Klappe ist mit der Spitze auf dem Meeresboden festgewachsen, von der linken deckelförmigen Schale ragen mächtige, zapfenartige Zähne in entsprechende Gruben der Unterklappe. Die R. sind wichtige Leitfossilien der Kreide, besonders im alpinen Raum (Urgon-Fazies).
Ruhedehnungskurve, in der Muskelphysiologie die graphische Darstellung der Beziehung von Muskellänge und einer Dehnungskraft, bei einem isolierten Muskel z. B. wirkt als Dehnungskraft ein angehängtes Gewicht. Bei Entfall der Kraft wird durch elastische Eigenschaften des Muskels Entdehnung eintreten, jedoch verbleibt ein Dehnungs-

rückstand, der plastische Eigenschaften des Muskels kennzeichnet.

Ruhekerngifte, → Zytostatika.

Ruheperioden, *Ruhezustände,* bei Pflanzen Zeiträume stark verminderter Stoffwechselaktivität (→ Dormanz), in denen das Wachstum vorübergehend eingestellt ist. Die R. sind meist mit bestimmten morphologischen und anatomischen Ausgestaltungen der ruhenden Organe und Gewebe verknüpft, d. h. mit der Bildung besonderer *Ruhestadien.* Bei den höheren Pflanzen kommen R. in meristematischen Geweben (→ Bildungsgewebe) besonders deutlich zum Ausdruck, z. B. im embryonalen Gewebe (Embryo) des Samens (→ Samenruhe), bei Spitzenmeristemen von Sprossen (*Knospenruhe*) sowie bei sekundären Meristemen, insbesondere Kambien. Die im Ruhezustand befindlichen Meristeme sind im Samen durch die Samenschale und in den Knospen durch die Knospenschuppen gegen die Unbilden ungünstiger Klimaperioden geschützt. Der Grad der Ruhe kann verschieden sein: 1) *Teilweise* (*partielle*) *Ruhe* oder *Wachstumsruhe,* bei der nur das Wachstum unterbrochen ist, jedoch die Stoffwechselprozesse, wie Atmung, Stoffumwandlungen, noch bis zu einem gewissen Grade weiterlaufen, z. B. in Winterknospen. 2) *Völlige* oder *totale Ruhe,* gelegentlich *Anabiose* (*latentes Leben, Scheintod*) genannt, bei der alle Lebenstätigkeit durch weitgehenden Wasserverlust auf ein Minimum herabgesetzt ist, z. B. in ruhenden Samen und Sporen.

Es werden vielfach mehrere Formen von **Wachstumsruhe** unterschieden: a) *Aufgezwungene Wachstumsruhe* (*aitionome Ruhe, Quieszenz, erzwungene Ruhe*) oder *Zwangsruhe.* Das ruhende Organ wird infolge Fehlens geeigneter äußerer Wachstumsbedingungen, durch Einwirkung hemmender Außenfaktoren (*exogene Ruhe*), durch bestimmte Organstrukturen, z. B. undurchlässige Samenschalen, oder durch korrelative Hemmung (→ Korrelationen) am Wachstum gehindert. Durch Beseitigung des entsprechenden Hinderungsgrundes kann das Wachstum zu jeder beliebigen Zeit in Gang gebracht werden. b) *Wahre* oder *wirkliche Wachstumsruhe,* auch *endonome, echte, autonome, innere Ruhe, Dormanz* genannt, die nur unter spezifischen Bedingungen, z. B. besonderen Temperaturen, spezifischen Belichtungszeiten beendet werden kann. Dabei wird in der Regel eine lokale Genaktivierung induziert, die es gestattet, auch bei unverändertem Phytohormonspiegel die R. zu beenden. c) Die *relative Wachstumsruhe* bildet einen Übergang zwischen der Zwangsruhe und der wahren Wachstumsruhe. Die Organe besitzen verminderte Wachstumsbereitschaft, sind jedoch prinzipiell noch fähig, innerhalb bestimmter, meist sehr enger Grenzen von Außenbedingungen zu wachsen.

Die verschiedenen Arten von R. gehen in einer bestimmten zeitlichen Folge in einer Anzahl von Fällen kontinuierlich ineinander über. Dabei kann sich folgender Ablauf ergeben: Zwangsruhe – relative Ruhe – wahre Wachstumsruhe – relative Ruhe – Zwangsruhe.

An der physiologischen Regulierung von Ruhe und Aktivität sind Hemmstoffe, vor allem der β-Inhibitor-Komplex, maßgeblich beteiligt. Daneben dürften Gehalts- und Aktivitätsänderungen bestimmter Phytohormone (z. B. Auxine, Gibberelline und Phytokinine) einen entscheidenden Einfluß ausüben. Weiterhin bestehen enge Beziehungen zur Atmung sowie zu zahlreichen Stoffwechselprozessen und den dabei gebildeten Stoffen. Darüber hinaus spielen der Wassergehalt und der Mineralstoffwechsel eine Rolle. Eine künstliche Aufhebung oder Verkürzung von R. ist durch zahlreiche physikalische oder chemische Behandlungsmethoden möglich.

R. bei Tieren → Überwinterung.

Ruhepotential, das elektrische Potential zwischen den durch eine Zellmembran getrennten Flüssigkeitsschichten. Das *Membran-Ruhepotential* wird gemessen, indem eine sehr dünne Elektrode, eine Glaskapillare mit einem Durchmesser der ausgezogenen Spitze von 0,1 μm oder weniger, die eine Elektrolytlösung, z. B. 3 Mol Kaliumchloridlösung enthält, in eine Zelle eingeführt wird. Eine zweite nicht notwendigerweise spitz ausgezogene Mikroelektrode taucht in die Flüssigkeitsumgebung außerhalb der Zellmembran.

R. sind für viele Zelltypen nachgewiesen worden, in Strukturen, die zur Erregungsleitung befähigt sind, liegen sie in der Größenordnung von 70 bis 100 mV, wobei die Membraninnenseite negativ gegenüber der Membranaußenseite ist.

Ruhe- und Aktionspotential erregbarer Zellen (nach Penzlin):

Objekt	Ruhe-potential (mV)	Aktions-potential (mV)
Loligo (Riesenaxon)	73	112
Carcinus (marklose Faser)	82	134
Periplaneta (50-μm-Axon)	77	99
Rana (markhaltige Faser)	71	116
Katze (motorische Vorderhornzelle)	70	90–100
Locusta (Beinmuskel)	60	60
Rana (Skelettmuskel)	85	112
Hund (Herzventrikel)	82	102
Elektrophorus (elektrisches Organ)	84	151

Das Membran-Ruhepotential entsteht durch die Verteilung von Ladungsträgern (Ionen) und wird durch die Ionentheorie der → Erregung beschrieben. In Ruhe befinden sich an der Membraninnenseite hohe Kalium-, aber niedrige Natriumkonzentrationen. Das Zellinnere enthält Sulfat- und Protein-Anionen im Überschuß, während in der Flüssigkeitsumgebung der Zelle Chloridionen überwiegen (Tab.).

Konzentrationen einiger Ionen innerhalb und außerhalb frisch isolierter Axone von *Loligo* und errechnete Gleichgewichtspotentiale:

Ion	Konzentration (mMol/l)		errechnetes Gleich-gewichtspotential
	Axo-plasma	Blut	
K^+	400	20	$E_K = 75$ mV (Innenseite neg.)
Na^+	50	440	$E_{Na} = 55$ mV (Innenseite pos.)
Cl^-	108	560	$E_{Cl} = 41,5$ mV (Innenseite neg.)

Die Menge der Ionen im Bereiche der Zellmembran ist innen etwa so groß wie außen. Die Ladungen gleichen sich innen sowie auch außen etwa aus. Erscheinungen, die man an der Membran beobachtet, können daher in erster Linie auf die Konzentrationen von Substanzen und auf die elektrischen Ladungen, konkret auf das Verhältnis von Substanzen, die gleichzeitig Kationen und solche, die gleichzeitig Anionen sind, zurückgeführt werden. Die Zellmembran ist für die verschiedenen Substanzen (Ionen) unterschiedlich

Ruhestadien

permeabel. K^+ permeiert leichter als Cl^- und Na^+. Infolgedessen werden Kaliumionen die Zelle verlassen. Dies erklärt sich aus den Konzentrationsdifferenzen. Ein Konzentrationsausgleich, der möglich wäre, kann aber nicht erreicht werden, weil sich nicht die Gesamtmenge des Kaliums, da Ladungsträger (K^+), von den zugeordneten Anionen der Innenseite fortzubewegen vermag. Aus diesen unterschiedlichen Kräften wird sich ein thermodynamisches Gleichgewicht ergeben. Die Höhe des Gleichgewichtspotentials läßt sich nach der *Nernst-Gleichung* berechnen:

$$E_K = \frac{RT}{F} \cdot \ln \frac{[K^+]_a}{[K^+]_i} = k \cdot \log_{10} \frac{[K^+]_a}{[K^+]_i}$$

($K \approx 58$ mV bei 20 °C),
wobei $[K^+]_a$, $[K^+]_i$ die K^+-Konzentrationen außerhalb und innerhalb der Zelle, R die allgemeine Gaskonstante, T die Temperatur und F die Faraday-Konstante darstellen.

Da außer K^+ auch andere Ionen permeieren, stellt das R. ein Mischpotential dar, welches durch eine Gleichung besser berechnet werden kann, die Goldman aus der Nernst-Gleichung verallgemeinerte.

Formal Ähnlichkeit mit R. haben *Verletzungspotentiale (Demarkationspotentiale)*. Die Verletzungsstelle eines Nerven oder Muskels ist ebenfalls negativ gegenüber der unverletzten Oberfläche. Demarkationspotentiale sind niedriger als normale R., da z. B. die Verletzung zu einem gewissen Vermischen von Zellinnen- und -außenflüssigkeit führt, → Erregung, → Aktionspotential.

Ruhestadien, → Ruheperioden.

Ruhezustände, svw. Ruheperioden.

Ruhrbakterien, *Shigellen,* unbewegliche, stäbchenförmige Enterobakterien, die im Darmtrakt des Menschen und der Menschenaffen vorkommen und Durchfallerkrankungen hervorrufen. Diese als Bakterienruhr bezeichnete Erkrankung beruht auf der Wirkung der von den R. gebildeten Toxine. Die R. wurden von dem japanischen Bakteriologen U. Shiga entdeckt.

Ruminantia, → Paarhufer.

Rumpfdarm, → Verdauungssystem.

Rundkopf, → Längen-Breiten-Index.

Rundmäuler, *Cyclostomata,* im Wasser lebende primitive, aalähnliche Tiere, die zu den Agnathen gehören. Skelett knorpelig, Wirbelkörper reduziert, der Schädel besteht nur aus einem Gehirnschädel, ein Kieferschädel ist noch nicht ausgebildet. Der Mund der R. ist mit Hornzähnen besetzt, auf der Kopfoberseite befindet sich nur eine Nasenöffnung. In den europäischen Binnengewässern und Meeren kommen → Neunaugen und → Inger vor.

Über Sammeln und Konservieren → Fische.

Rundwürmer, *Schlauchwürmer, Nemathelminthes, Aschelminthes,* ein Tierstamm der Protostomier, deren Vertreter, die teils frei im Wasser oder auf dem Lande, teils als Parasiten in Tieren und Pflanzen leben, im inneren und äußeren Bau, in der Entwicklung und in der Biologie große Unterschiede aufweisen. Allen R. gemeinsam ist eine meist umfangreiche, flüssigkeitserfüllte Leibeshöhle, die sich zwischen dem Darmkanal und der Körperdecke erstreckt; sie hat keine epitheliale Auskleidung und wird deshalb als Pseudozöl bezeichnet. Außerdem haben alle R. kein Blutgefäßsystem. Ihre Körperdecke ist ein Hautmuskelschlauch, der aus der von einer Kutikula überzogenen Epidermis und einer sich nach innen anschließenden Lage von Längsmuskelzellen besteht. Die R. sind in der Regel getrenntgeschlechtlich, jedoch gibt es auch Zwitter und Arten, von denen nur sich parthenogenetisch fortpflanzende Weibchen bekannt sind. Die Eier furchen sich total nach dem Bilateral- oder Spiraltyp. Die Postembryonalentwicklung verläuft teils direkt, teils über mehrere durch Häutungen voneinander getrennte Jugendstadien; selten findet eine ausgesprochene Verwandlung statt.

System, Zu den R. werden folgende Klassen gezählt: Rädertiere, Kratzer, Bauchhärlinge, Fadenwürmer, Saitenwürmer und Kinorhyncha.

Rüsselkäfer, *Rüßler, Curculionidae,* mit rund 45 000 Arten (davon 1 000 in Mitteleuropa) die größte Familie der → Käfer. Die hochgewölbten und oft dicht beschuppten Käfer haben einen rüsselartig verlängerten Kopf mit geknieten Fühlern, die in einer Furche des Rüssels entspringen; heimische Arten sind vorwiegend unter 20 mm lang. Die meisten R. haben keine häutigen Unterflügel und können nicht fliegen. Die fußlosen, madenförmigen Larven fressen im Innern verschiedenster (auch verholzter) Pflanzenteile, einige sind Blattminierer oder Gallenerzeuger. Bekannte Schädlinge sind z. B. der Rübenderbrüßler (*Bothynoderes punctiventris* Germ.), der Apfelblütenstecher (*Anthonomus pomorum* L., Abb. *1*) und der Kornkäfer (*Calandra granaria* L., Abb. *2*).

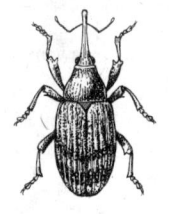

1 Apfelblütenstecher (*Anthonomus pomorum* L.)

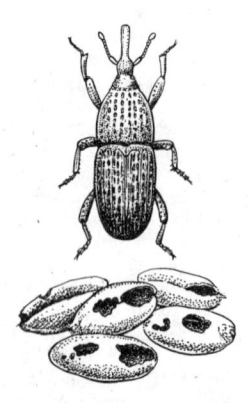

2 Kornkäfer (*Calandra granaria* L.) und beschädigte Weizenkörner

Rüsselspringer, *Macroscelidae,* eine Familie der Insektenfresser. Die R. sind Säugetiere mit rüsselartig ausgezogener Schnauze und verlängerten Hinterbeinen. Sie sind in trokkenen Gebieten Afrikas beheimatet.

Rüsseltiere, *Proboscidea,* eine isoliert stehende Ordnung der Säugetiere, die heute nur noch durch die → Elefanten vertreten ist. Ihre geologische Verbreitung erstreckt sich auf das Tertiär bis zur Gegenwart. Mit Ausnahme der verhältnismäßig kleinen ältesten Vertreter aus dem Obereozän sind die R. außerordentlich großwüchsige Tiere. Kennzeichnend für ihre Entwicklung im Laufe der geologischen Epochen ist eine Umformung und Reduzierung des Gebisses, so daß ihre Backenzähne an Größe zunehmen, an Zahl sich verringern und nacheinander in Gebrauch kommen. Ausgestorbene Vertreter der R. sind Dinotherium, → Mastodon und → Mammut.

Rüßler, svw. Rüsselkäfer.

Rußtau, → Schlauchpilze.

Rüster, → Ulmengewächse.

Rutaceae, → Rautengewächse.

Rutensprosse, → Sproßachse.

Rutensträucher, → Sproßachse.

Rutilismus, Rothaarigkeit, → Haarfarbe.

Rutin, → Querzetin.

S

Saatgutbeizung, → Beizen.
Saatkrähe, → Rabenvögel.
Säbelschnäbler, → Regenpfeifervögel.
Säbelschrecken, → Springheuschrecken.
Saccharase, *β-Fruktofuranosidase*, eine in Hefe und Pflanzen vorkommende Glykosidase, die Saccharose in Fruktose und Glukose spaltet. Diese enzymatisch katalysierte Spaltung ist mit einer Umkehr des Drehsinnes (Inversion) verbunden, weshalb das Enzym auch *Invertase* genannt wird.
Saccharate, → Saccharose.
Saccharomycetales, → Schlauchpilze.
Saccharose, *Rohrzucker, Rübenzucker,* ein nichtreduzierendes Disaccharid, das bei β-1,4-glykosidischer Verknüpfung aus D-Glukose und D-Fruktose entsteht. Man gewinnt S. in großen Mengen aus Zuckerrohr mit einem Saccharosegehalt von 14 bis 21%, aus Zuckerrüben mit einem Saccharosegehalt von 12 bis 20% und in geringerem Maße auch aus Zuckerhirse und Zuckerahorn.

S. ist direkt nicht vergärbar. Hydrolytische Spaltung durch verdünnte Säuren oder entsprechende Enzyme wie Maltase oder Invertase liefert zu gleichen Teilen D-Glukose und D-Fruktose, ein als → Invertzucker bezeichnetes Gemisch.

S. findet als Nahrungs- und Genußmittel, aber auch als Konservierungsmittel Verwendung; mit letzterem wird die wachstumshemmende Wirkung höherer Saccharosekonzentrationen bei einigen Mikroben ausgenutzt. Salze der S., die *Saccharate,* stellen für Pflanzen die wichtigste Transportform von Kohlenhydraten dar. S. gehört zu den wichtigsten Stoffwechselprodukten chlorophyllhaltiger Pflanzen und ist vom tierischen Organismus nicht synthetisierbar.

Saccocoma [griech. sakkos 'Sack', lat. coma 'Haar'], eine Gattung der freischwimmenden Seelilien ohne Stil mit kleinem kugeligen Kelch und fünf langen, zweigeteilten, spiralig eingerollten Armen, von denen ungeteilte Seitenäste ausgehen.

Verbreitung: Malm bis Oberkreide, besonders häufig im Solnhofener Plattenkalk (Württemberg).
Saccoglossa, → Hinterkiemer.
Saccopharyngoidei, → Pelikanaalverwandte.
Sacculus, → Gehörorgan.
Saccus vitellinus, svw. Dottersack.
Sackmotten, → Schmetterlinge (System).
Sackträger, → Schmetterlinge.
Sadebaum, → Zypressengewächse.
Saflor, → Korbblütler.
Safran, → Schwertliliengewächse.
Safranal, → Pikrokrozin.
Safranbitter, svw. Pikrokrozin.
Saftfluß, bei Pflanzen der Austritt wäßriger Flüssigkeit aus Wunden, → Blutung.
Safthaare, → Paraphysen 3).
Saftkugler, → Doppelfüßer.
Saftresorption, svw. Chylophagie.

Sagartia, → Aktinien.
Sägebarsche, svw. Zackenbarsche.
Sägefische, → Rochenähnliche.
Säger, → Gänsevögel.
Sägesalmler, *Serrasalmidae,* zu den Salmlerverwandten gehörende, in Seitenansicht scheibenförmige Süßwasserfische des mittleren und nördlichen Südamerika. Die oft sehr farbenprächtigen S. haben ein außerordentlich scharfes Gebiß. Sie ernähren sich hauptsächlich von kranken oder verwundeten Tieren, einige als → Piranhas bezeichnete Arten können auch dem Menschen gefährlich werden.
Sagitta, → Pfeilwürmer.
Sagittozysten, → Strudelwürmer.
Saiblinge, *Salvelinus,* zu den Lachsartigen gehörende Gattung bunt gepunkteter Raubfische von wirtschaftlicher Bedeutung, besonders der *Seesaibling, Salvelinus alpinus,* der in Alpenseen, skandinavischen Seen und im Eismeer vorkommt. Der *Bachsaibling, Salvelinus fontinalis,* wurde aus Nordamerika eingebürgert.
Saiga, *Saiga tatarica,* eine graugelbe Antilope mit aufgetriebener, schwach rüsselartiger Nase. Das Männchen hat geringelte, blaß durchscheinende Hörner. Die eigenartige Nasenbildung wird als Anpassung an die häufigen Sandstürme gedeutet, denen die S. in den Steppen Zentralasiens ausgesetzt sind.

Lit.: A. H. Bannikow: Die Saiga-Antilope (Wittenberg 1963).
Saisondimorphismus, → Färbung, → Lichtfaktor, → Temperaturfaktor.
Saitenwürmer, *Nematomorpha,* eine Klasse der Rundwürmer mit über 200 Arten, von denen etwa 70 in Mitteleuropa vorkommen.

Morphologie. Die S. sind fadenförmige, 2 bis 160 cm lange, selten mehr als 2,5 mm breite Würmer. Der gelbliche oder grau bis schwarzbraune Körper ist vorn abgerundet, hinten teils ebenfalls abgerundet, teils mit zwei oder drei plumpen Schwanzlappen versehen. Der zwischen der Körperdecke und dem oft stark zurückgebildeten Darm liegende Körperhohlraum ist entweder von Parenchym ausgefüllt, das eine primäre Leibeshöhle in Form von Spalträumen enthält, oder er ist als typisches Pseudozöl ausgebildet. Die S. sind getrenntgeschlechtlich; ihre Hoden bzw. Eierstöcke bilden ein Paar seitlich den Körper durchziehende Schläuche, die gemeinsam mit dem Enddarm in einer Kloake ausmünden.

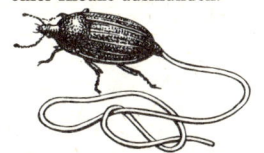

Saitenwurm, aus einem Käfer auswandernd

Biologie. Die erwachsenen S. leben im Süßwasser, seltener in feuchter Erde oder im Meer. Den größten Teil ihres Lebens verbringen sie während ihrer Jugendentwicklung in Gliederfüßern, besonders in Käfern, Geradflüglern, Tausendfüßern, Krabben und Einsiedlerkrebsen. Die aus den im Freien abgelegten Eiern geschlüpften Larven dringen in diese Wirtstiere ein, wachsen in deren Leibeshöhle zu Geschlechtstieren heran und verlassen sie erst zur Begattung und Eiablage. Die S. nehmen nur während der parasitischen Lebensweisen Nahrung auf, die den Wirten vielfach auf osmotischem Wege entzogen wird.

System. Es werden zwei Ordnungen unterschieden, die *Gordioidea* (im Süßwasser) und die *Nectonematoidea* (im Meer).

Sammeln und Konservieren. Die meist dunkel gefärbten S. finden sich zuweilen in größeren Knäueln in fla-

Sakralfleck

chen Gewässern. Für Demonstrationspräparate genügt es, die S. in 70%igem Alkohol zu fixieren. Für histologische Zwecke müssen sie in heiß gesättigter Quecksilberchloridlösung unter Zusatz von 5% Eisessig fixiert werden. Die Aufbewahrung erfolgt in 70%igem Alkohol.
Sakralfleck, svw. Steißfleck.
Sakralwirbel, → Achsenskelett, → Beckengürtel.
Saksaul, → Gänsefußgewächse.
Salamander, *Salamandridae,* in ganz Europa, Asien, Nordwestafrika und Nordamerika verbreitete, artenreiche Familie der → Schwanzlurche mit in 2 häufig S-förmig geschwungenen Längsreihen stehenden Gaumenzähnen. Die S. sind wasser- oder landlebend, erwachsene Tiere stets lungenatmend mit Ausnahme vereinzelter Fälle von → Neotenie. Die Fortpflanzung erfolgt meist im Wasser durch innere Befruchtung mit nach Liebesspielen vom Männchen abgegebenen Spermatophoren, die das Weibchen mit seiner Kloake aufnimmt. Der Laich wird dann meist einzeln an Wasserpflanzen abgelegt. Aus ihm schlüpfen Kiemenlarven, die im allgemeinen nach der Metamorphose das Wasser verlassen. Als S. im engeren Sinn werden nur die landbewohnenden, durch einen drehrunden Schwanz gekennzeichneten Arten (→ Feuersalamander, → Alpensalamander) bezeichnet. Die mehr ans Wasserleben angepaßten Arten mit seitlich zusammengedrücktem Schwanz werden → Molche genannt. Zu ihnen gehören unter anderem → Echte Wassermolche, → Rippenmolch, → Amerikanische Wassermolche, → Gebirgsmolche.
Salamandergifte, von den Hautdrüsen verschiedener Salamanderarten abgeschiedene Wehrsekrete. Neben Alkaloiden und biogenen Aminen enthalten die S. auch höhermolekulare Substanzen, die Hautreizungen verursachen.
Salanganen, → Seglerartige.
Salat, → Korbblütler.
Salbei, → Lippenblütler.
Salicaceae, → Weidengewächse.
Salinenkrebs, → Kiemenfußkrebse.
Salizylsäure, *o-Hydroxybenzoesäure,* eine Phenolkarbonsäure, die frei oder gebunden sehr häufig in Pflanzen auftritt. Freie S. findet sich z. B. in Kamillenblüten und Senega-Wurzeln. In Form von Glykosiden bzw. Estern kommt S. in vielen ätherischen Ölen vor, z. B. Birkenrinden-, Veilchen- und Nelkenöl. S. und davon abgeleitete Verbindungen werden wegen ihrer schmerzlindernden, entzündungshemmenden, fiebersenkenden und spezifisch antirheumatischen Wirkung in der Medizin vielfältig angewendet. Ein wichtiges Derivat ist z. B. Azetyl-S. (Aspirin). S. dient ferner im begrenzten Maße als Konservierungsmittel.

Salmlerverwandte, *Characoidei,* zu den Karpfenartigen gehörende tropische Süßwasserfische, die in der Regel eine Fettflosse haben. Die meisten Arten sind klein und z. T. prächtig gefärbt. Sie eignen sich deshalb besonders gut für das Süßwasseraquarium. Einige größere, räuberisch lebende Arten sind regional wichtige Nutzfische. Bekannte Familien: Echte Salmler, Sägesalmler, Beilbauchfische, Geradsalmler, Raubsalmler.
Salmonellen, stäbchenförmige, meist bewegliche, in Mensch und Tier parasitierende und Krankheiten verursachende Enterobakterien. Durch die von den S. gebildeten Toxine kommt es zu fieberhaften Darm- und Allgemeinerkrankungen. *Salmonella typhi* ist der Erreger des Typhus, *Salmonella typhimurium* die häufigste Ursache von Lebensmittelvergiftungen. Mehr als 1000 verschiedene Typen der S. können nach ihren Antigenen unterschieden werden. Benannt wurden die S. nach dem amerikanischen Bakteriologen D. E. Salmon.
Salmonidenregion, → Fließgewässer.
Salmoniformes, → Lachsfischartige.
Salpen, *Thaliaceae,* Klasse pelagischer Manteltiere mit etwa 40 Arten. Die Größe der Einzeltiere schwankt zwischen wenigen Millimetern und Armlänge. Die S. wachsen in zusammenhängenden Ketten (Salpenketten), die viele Meter lang werden. Die S. kommen in den oberen Schichten wärmerer Meere vor und sind von faßchenförmiger Gestalt mit großem, mehr als die Hälfte des Körpers einnehmendem Kiemendarm und weiter Mundöffnung. Die Kiemenspalten und der After münden in einen großen, kaudal gelegenen Kloakalraum. Alle S. werden unter dem Mantel von breiten, ganz oder teilweise geschlossenen, wie Faßreifen verlaufenden Muskelringen umspannt. Der Darm mit einem sackförmigen Magenteil ist allgemein kurz; der Blutkreislauf erfolgt in mitunter schwach entwickelten Gefäßen. Am Ganglion sind in der Regel drei Augen ausgebildet. Nur die *Cyclomyaria* entwickeln sich über eine Schwanzlarve. Bei allen S. ist ein Generationswechsel zwischen einer ungeschlechtlichen Einzelform und einer geschlechtlichen Kettenform ausgebildet.

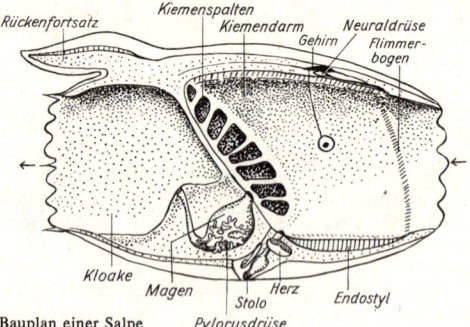

Bauplan einer Salpe

Zu den S. gehören die 3 Ordnungen *Pyrosomida* (→ Feuerwalzen), → *Cyclomyaria* und → *Desmomyaria*.
Über das Sammeln und Konservieren → Manteltiere.
Saltatoptera, → Springheuschrecken.
Saltatoria, → Springheuschrecken.
saltatorische Erregungsleitung, → Neuron.
Salticidae, → Springspinnen.
Salviniales, → Farne.
Salzatmung, → Mineralstoffwechsel, Teil Pflanze.
Salzbodengesellschaft, → Charakterartenlehre.
Salzgewässer, Binnengewässer mit salzhaltigem Wasser. In Trockengebieten sind es meist abflußlose Seen, deren Wasserhaushalt durch Zufluß und Verdunstung geregelt wird. Dabei kommt es zur Anreicherung von gelösten Salzen, insbesondere von Kochsalz, Soda oder Sulfaten. In humiden Gebieten sind S. meist Mineralquellen oder werden von solchen gespeist. Der Salzgehalt ist je nach Wasserführung der S. großen Schwankungen unterworfen und kann 300 g/l übersteigen: Großer Salzsee in Nordamerika (Kochsalz) 150 bis 300 ‰, Totes Meer (Kochsalz) 268,4 ‰ an der Oberfläche, 326,6 ‰ in 50 m Tiefe, Güsgundag am Kleinen Ararat im Nordosten der Türkei (Soda) 386 ‰, Tambukaner See im Kaukasus (Glaubersalz) 347 ‰. Die Tier- und Pflanzenwelt verarmt mit zunehmendem Salzgehalt. Bis 25 ‰ besteht ein großer Teil der Bewohner aus Süßwasserorganismen, die keine Vorliebe für Salzwasser zeigen (*Haloxene*). Zwischen 25 und 100 ‰ finden sich nur noch salzwasserliebende Arten, die *Halophilen*, und echte Salzwasser-

arten, die *Halobionten*. Während die Halophilen, zu denen z. B. die Stichlinge *Gasterosteus aculeatus* und *Gasterosteus pungitius*, der Ruderfußkrebs, *Cyclops bicuspidatus* und die Zuckmückenlarve *Chironomus halophilus* gehören, auch im Süßwasser weit verbreitet sind, bewohnen Halobionten nur salzhaltige Binnengewässer. Steigt der Salzgehalt über 100 ‰, vermögen nur Halobionte zu überdauern und erreichen oft sehr hohe Individuenzahlen. Sie entwickeln sich optimal bei 120 ‰ und können Salzkonzentrationen bis 200 ‰ ertragen. Zu ihnen gehören das Salzkrebschen *Artemia salina*, die Salzfliege *Ephydra riparia* u. a. Halobionte Flagellaten, wie *Dunaliella salina* und *Asteromonas gracilis*, sind im Elton bis 280 ‰ nachgewiesen worden.

Lit.: F. Gessner: Hydrobotanik, Bd 2 (Berlin 1959); A. Thienemann: Die Binnengewässer Mitteleuropas. In: Die Binnengewässer, Bd 1 (Stuttgart 1926).

Salzpflanzen, *Halophyten,* Pflanzen, die auf Standorten mit einem Salzgehalt über etwa 0,5 % eine Förderung ihrer Entwicklung und Verbreitung erfahren. Solche Standorte sind das Meer, die Brackwässer, die Meeresküsten und im Binnenland versalzte Senken an Salzquellen und grundwassernahe, versalzte Niederungen und Salzpfannen in Trockengebieten mit starker Verdunstung. Der Salzgehalt dieser Standorte wird meist durch Chloride, aber auch Sulfate und Karbonate bedingt. S. können im Gegensatz zu den Nichtsalzpflanzen (→ Glykophyten) in ihren Organen größere Mengen von Salzen, z. B. Chloride, Sulfate, anreichern und bei sich extrem hohen Konzentrationen z. T. sogar durch sie gefördert werden. Wegen des osmotischen Gleichgewichtes und des Wasserhaushaltes nehmen S. soviel Salz auf, bis in ihren Zellen die gleiche oder meist eine höhere Ionen-Konzentration vorliegt als im Außenmedium. S. speichern die Salze, bis ihre meist sukkulenten Organe einen letalen Grenzwert erreichen (*Salzakkumulatoren*, z. B. Queller, *Salicornia*), absterben oder abgeworfen werden, oder sie regeln den Salzgehalt in ihren Organen durch Salzausscheidung mittels Salzdrüsen oder Salzhaaren (*Salzregulatoren,* z. B. Tamariske, *Tamarix, Atriplex halimus*). Die *stenohalinen* Arten kommen auf nur schwach versalzten Böden, die *euryhalinen* Arten dagegen auf sehr stark versalzten Böden (bis 10 % und mehr Salzgehalt) gedeihen.

Salzwassergesellschaften, → Charakterartenlehre.
Salz-Wasser-Verhältnis, → Wasserhaushalt.
Sambar, svw. Pferdehirsch.
Samen, *Semen,* ein aus einer Samenanlage (→ Blüte) entstandenes Verbreitungsorgan der höheren Pflanzen, das aus einem vorübergehend ruhenden *Embryo* (*Keimling*) besteht, von einer *Samenschale* (*Testa*) umschlossen ist und meist noch ein besonderes *Nährgewebe* (*Endosperm*) enthält. Die Größe der S. schwankt sehr stark und bewegt sich zwischen dem mehrere Kilogramm schweren S. der Seychellennuß (*Lodoicea,* Familie *Aceraceae*) und den winzigen S. der Orchideen, die nur wenige tausendstel Milligramm wiegen.

Der Embryo läßt bereits auf den frühen Entwicklungsstadien die Anlage der drei Grundorgane des → Kormus erkennen. Er besteht aus der *Keimwurzel* oder *Radikula,* der *Keimachse* oder dem *Hypokotyl* und den *Keimblättern* oder *Kotyledonen.* Diese umschließen in der Regel die *Plumula,* d. h. die Keim- oder *Stammknospe* des Embryos, aus der später Sproß hervorgeht. Bei manchen Embryonen schiebt sich zwischen die Keimblätter und die ersten Laubblätter noch ein Stengelglied, das *Epikotyl.* Nach der Zahl der Keimblätter unterscheidet man zwischen Einkeimblättrigen (Monokotyledonen) und Zweikeimblättrigen Pflanzen (Dikotyledonen).

Das Nährgewebe umfaßt Zellen, die mit Reservestoffen, besonders mit Stärke oder anderen Speicherkohlenhydraten, Reserveeiweiß, besonders Aleuronkörnern, oder Fetten sowie oft mit phosphathaltigen Substanzen, z. B. Phytin, angefüllt sind und bei der Keimung des S. die erste Ernährung der jungen Pflanzen übernehmen. Das Nährgewebe umgibt den Keimling oder liegt ihm seitlich an. Die nacktsamigen Pflanzen, *Gymnospermae,* besitzen als Nährgewebe ein haploides primäres Endosperm, das bereits vor der Befruchtung im Embryosack als Makroprothallium vorhanden ist. Die S. der Angiospermen zeichnen sich durch ein triploides sekundäres Endosperm aus, das aus der Verschmelzung von zwei Embryosackzellen und einer Spermazelle entstanden ist. Es kann aber auch diploides Nuzellusgewebe als Nährgewebe ausgebildet werden (*Perisperm*). Bei vielen Pflanzen wird das sekundäre Endosperm im Verlauf des Embryowachstums völlig resorbiert. Es kommt hierdurch zu S. ohne Nährgewebe. In diesen Fällen werden vielfach Speichergewebe im Embryo selbst gebildet, z. B. in den Kotyledonen (bei den Hülsenfrüchtlern, Walnuß, Roßkastanie) oder im Hypokotyl (Paranuß). Nach dem Vorherrschen einzelner Nährstoffe kann man die S. in stärkereiche (z. B. Getreide, Buchweizen), ölhaltige (z. B. Raps, Sonnenblume, Mohn, Erdnuß) und eiweißreiche (z. B. Hülsenfrüchte) einteilen. Die winzigen S. der Orchideen speichern keine Nährstoffe, sie sind bei der Keimung auf Pilze angewiesen.

Die Samenschale geht aus den Integumenten der Samenanlage hervor. Sie ist bei Öffnungsfrüchten derb und hart und schützt den Embryo. Bei Schließfrüchten ist sie dagegen dünn und häutig. In besonderen Fällen, z. B. bei einigen Parasiten, kann sie auch fehlen. Die Samenschale ist oft durch Netzleisten, Warzen u. a. skulpturiert. Oft trägt sie auch Anhangsorgane, die der Verbreitung dienen, so z. B. Haare oder häutige Flugsäume (Baumwolle, Weide) oder eiweißreiche Gewebeteile, die z. B. gern von Ameisen gefressen werden (Veilchen), die die S. aus diesem Grund in ihren Bau eintragen wollen und auf diese Weise verbreiten.

Vielfach verschleimt die Samenschale in einem gut durchfeuchteten Medium, z. B. bei Lein, Quitte, Tomate. Sie wird dann als *Myxotesta* bezeichnet. Auf der Samenschale zeichnet sich oft der *Nabel* (*Hilum*) deutlich ab, der die Stelle kennzeichnet, an der sich der S. vom *Funikulus* (*Nabelstrang*) oder, wenn dieser fehlt, von der *Samenleiste* (*Plazenta*) löst. Oft ist auch noch die *Mikropyle* (*Keimmund*), d. h. der Zugang zur Samenanlage, der von den Integumenten frei gelassen wird und durch den oft der Pollenschlauch eindringt, erkennbar. Bei manchen Samenarten ist über der Mikropyle noch eine warzenartige Deckschicht zu erkennen, die als *Mundwarze* (*Karunkula*) bezeichnet wird. Bei S., die aus einer anatropen Samenanlage (→ Blüte) hervorgegangen sind, zeichnet sich die als *Samennaht* (*Raphe*) bezeichnete Verwachsungsnaht des Funikulus mit dem Integument als ein dünner Streifen ab. Am Ende der Samennaht befindet sich bei manchen S. ein Höcker oder eine rinnenartige Vertiefung, die *Samenschwiele.* Mitunter kommen auch Wucherungen auf der Samenschale vor, die als *Strophiolum* bezeichnet werden. Manche S. werden durch ein Gewebe mehr oder weniger umhüllt, das nach der Befruchtung vom Integument, vom Nabel, von der Mikropyle oder von der Raphe entstehen kann und als *Samenmantel* oder *Arillus* bezeichnet wird (z. B. bei Eibe und Seerose).

Samenentwicklung. Sie beginnt unmittelbar nach der Befruchtung der Eizelle. Zunächst vergrößert sich die Zygote (I in Abb.) und teilt sich in eine kleinere Zelle, die Embryoanlage (E), und eine größere Suspensorzelle (SZ in II). Aus letzterer gehen durch weitere Zellteilungen, die zunächst nur in einer Teilungsebene erfolgen, weitere Suspensorzellen (S in III und IV) hervor, die mit einer stark ver-

Samenanlage

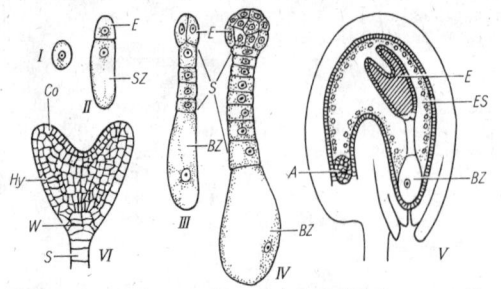

Embryonalentwicklung von Hirtentäschel (*Capsella bursa pastoris*). *ES* Embryosack mit Kerntapete, *A* Antipoden. Weitere Erklärungen im Text

größerten, der Mikropyle der Samenanlage zugekehrten Zelle, der *Basalzelle* (BZ in Abb.), abschließen. Basalzelle und Suspensorzellen bilden zusamen den *Suspensor*, der wiederum zusammen mit der Embryoanlage (E) den *Proembryo* ergibt, der zunächst ein fädiges Gebilde darstellt. Der Suspensor schiebt den sich entwickelnden Embryo in den Embryosack hinein und gewährleistet dessen Ernährung. Bald treten in der Embryoanlage auch Zellteilungen in den beiden anderen Richtungen des Raumes auf. Es entsteht hierdurch zunächst ein kugeliges Gebilde (Kugelstadium), an dessen freiem Ende sich schließlich die Keimblätter ausgliedern (Co; VI), die dem Embryo vorübergehend ein herzförmiges Aussehen verleihen (Herzstadium). Die rückwärtigen Teile werden zum Hypokotyl (Hy) und zur Wurzelanlage (W; VI). Gleichzeitig mit der Embryonalentwicklung vollzieht sich auch die Bildung des Endosperms. Diese nimmt ihren Ausgang vom *Endospermkern*, der sofort nach der Befruchtung zu lebhafter Teilung angeregt wird. Die hierbei entstehenden triploiden Kerne ordnen sich unter weiterer Vermehrung an der Wand des sich zunächst ständig streckenden Embryosacks an und bilden eine *Kerntapete*. Durch Ausbildung von Querwänden (in freier Zellbildung) entsteht hieraus dann eine *Zelltapete*. Aus dieser geht dann durch weitere Zellteilungen das Endosperm hervor, das schließlich in der Regel den gesamten Embryosack erfüllt. Bei der Kokosnuß und einigen anderen Pflanzen wird jedoch die Endospermbildung vorzeitig abgebrochen, und es verbleibt im Inneren des mächtig gedehnten Embryosacks eine riesige Vakuole, deren Zellsaft mit emulgierten Fetten u. a. angereichert ist (Kokosmilch). Verschiedentlich wird das angelegte Endosperm wieder abgebaut, und die dort eingelagerten Nährstoffe werden vom Embryo resorbiert und z. T. auch gespeichert. Hiermit entstehen nährgewebslose S., z. B. bei Kreuzblütlern. Bei manchen nährgewebslosen S., z. B. bei Bohne und Erbse, unterbleibt aber auch die Ausbildung eines Endosperms von vornherein. Der Nuzellus der Samenanlage geht während der Endospermbildung in der Regel zugrunde. In einer Anzahl von Fällen, z. B. bei den Pfeffergewächsen und bei den Nelkenartigen, dient der Nuzellus jedoch zur Speicherung der Nährstoffe und wird hierdurch zum Perisperm. Während der Embryogenese und Endospermbildung entsteht aus den Integumenten die Samenschale.

Manche Pflanzen bilden in ihren Samenanlagen Embryonen auch ohne Befruchtung. Bei ihnen ist die geschlechtliche Fortpflanzung verlorengegangen und durch eine ungeschlechtliche ersetzt worden, → Apomixis. S. ohne Keime heißen taub. Sind mehrere Keime in einem S. vorhanden, spricht man von → Polyembryonie.

Samenreifung. Sie ist der Abschluß der Samenentwicklung. Im Zuge der Samenreifung werden die Wachstumsprozesse im Inneren des S. beendet, und der S. geht unter Wasserverlust aller Zellen vom aktiven in den ruhenden Lebenszustand über (→ Samenruhe). In gewissen Fällen kann die Samenruhe auch vor Abschluß der Embryoentwicklung eintreten. Die mehr oder weniger kontinuierlich ablaufende Samenreifung wird nach praktischen Gesichtspunkten mitunter in verschiedene Stadien unterteilt, z. B. »Milchreife«, »Mehlreife« bei Getreide u. a. Nach Abschluß der Samenreife und Beginn der Samenruhe sind die S. zahlreicher Pflanzenarten potentiell keimfähig, d. h., es erfolgt Samenkeimung, sobald die erforderlichen günstigen Keimungsbedingungen geboten werden. Bei einer Reihe von Arten werden S. jedoch erst nach einer Periode der *Nachreifung* keimfähig und liegen daher oft lange ruhend im Boden. Die S. von Apfel, Birne und Kirsche z. B. benötigen eine etwa 90tägige Nachreifung bei relativ niedrigen Temperaturen. Die S. der Hainbuche, Esche und Zirbelkiefer erlangen ihre Keimfähigkeit erst nach einer Nachreifeperiode von mindestens einem Jahr. Auch bei vielen Frühlingspflanzen, z. B. Lerchensporn, Winterling u. a., ist eine Nachreifung der S. nötig. Die Notwendigkeit der Nachreifung, die spontan, ohne äußeren Entwicklungsanreiz, abläuft, ist durch unterschiedliche Ursachen begründet. Bei manchen S., z. B. des Scharbockskrauts, mancher Eschenarten und der Orchideen, ist sie durch *morphologische Unreife*, d. h. durch unvollständige Entwicklung des Embryos, bedingt, und die Entwicklung muß nun vollendet werden. Bei anderen S., z. B. Kiefer, Kirsche oder Wacholder, wird die Nachreife durch *physiologische Unreife* erforderlich. Hierunter wird verstanden, daß aus dem S. herauspräparierte Embryonen trotz morphologischer Vollentwicklung nicht keimen. Die Ursachen hierfür sind nicht vollständig bekannt, doch kommt häufig eine Blockade verschiedener Gene in Betracht, deren Produkte zur Keimung nötig sind. In anderen Fällen ist es dadurch bedingt, daß vorhandene Keimungshemmstoffe (→ Hemmstoffe) abgebaut bzw. ausgelaugt werden müssen. Möglicherweise ist auch ein allmählicher Aufbau oder eine Aktivierung von keimungsfördernden Stoffen beteiligt. Oft sind auch die Samenschale oder andere den Embryo umschließende Schichten sehr hart und undurchlässig (*Hartschaligkeit*). Das macht bestimmte chemische Veränderungen oder teilweisen Abbau durch Bodenmikroorganismen erforderlich. Ablauf und Dauer der Nachreife können durch Umweltfaktoren, vor allem Temperatur- und Lichtbedingungen, entscheidend beeinflußt werden. Auch durch verschiedene chemische Einflüsse ist eine Abkürzung der Nachreifung möglich. → Samenkeimung, → Keimung.

Samenanlage, → Blüte.
Samenbärlappe, paläozoische Gruppe hochentwickelter Bärlappgewächse, → Bärlappartige.
Samenbehälter, svw. Receptaculum seminis.
Samenblätter, svw. Lichtblätter.
Samenentwicklung, → Samen.
Samenfäden, svw. Spermien.
Samenfarne, *Lyginopteridatae, Pteridospermae*, eine Klasse der Fiederblättrigen Nacktsamer, zu der nur ausgestorbene, farnähnliche Pflanzen gehören, die noch keine Blüten haben, deren Pollensackgruppen bzw. Samenanlagen also noch nicht zu Kurzsprossen mit begrenztem Wachstum zusammengefaßt sind, sondern an einzelnen Abschnitten reich gegliederter Wedel sitzen. Übergänge und Entwicklungstendenzen lassen sich für die einzelnen Pflanzenteile feststellen. So verläuft unter anderem die Blattentwicklung von wedelartigen, reich gegliederten Formen über weniger geteilte bis zu einfachen Blättern. Die Mikrosporophylle, die Pollensackträger, werden ebenfalls flächig und blattartig und die aus Megasporangien mit nur einer fertilen Megaspore hervorgegangenen Samenanlagen werden von einem

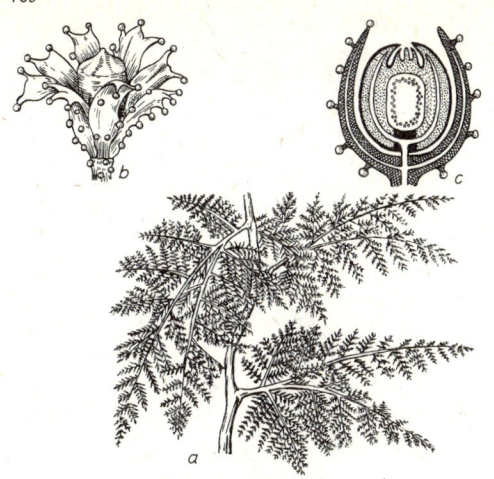

Lyginopteris oldhamia aus dem Oberkarbon: *a* Rekonstruktion des Stammes mit Laubblättern, *b* Samen mit Hüllbecher, *c* Samen im Längsschnitt

Integument umhüllt, z. T. entstehen becherartige Gebilde (Cupula) um eine oder mehrere Samenanlagen. Ihre Hauptentfaltung hatten die S. besonders im Karbon und Rotliegenden, in der Kreide starben sie aus.

Man unterscheidet zwei Ordnungen, die *Lyginopteridales* mit Pollensäcken an räumlich verzweigten Trägern, die ein Teil der Laubblätter sind, und die *Caytoniales* mit verzweigten Staubblättern, die verwachsene Pollensackgruppen aus je vier Pollensäcken tragen.

Samenhaare, über 4 cm lang werdende, der Samenverbreitung dienende → Pflanzenhaare.

Samenkeimung, bei Samenpflanzen die Wiederaufnahme der bei der Samenreife unterbrochenen Entwicklung des Embryos. Bei der S. werden die in den Kotyledonen und im Endosperm gelagerten Speicherstoffe des Samens abgebaut und in lösliche, diffusionsfähige Stoffe umgewandelt, die dem Aufbau des Keimlings dienen. Speicherstärke, Speicherzellulose und andere feste Kohlenhydrate werden durch Diastase oder ähnliche Enzyme in lösliches, diffusionsfähiges Dextrin oder Zucker überführt. Aus fettem Öl als Speicherstoff bilden sich erst Kohlenhydrate. Feste Eiweiße (Aleuron, Klebermehl) werden in lösliche Albumine umgewandelt. Die S. beginnt nach Beendigung der Keimruhe, sobald Wasser zur Verfügung steht, mit der Quellung des Samens und ist abgeschlossen, wenn der Keimling von den Reservestoffen des Samens unabhängig wird. Für die Praxis sind leicht feststellbare **Kriterien für die Keimung** bzw. ihren Abschluß erforderlich; als solche gelten: a) Sichtbarwerden der Radikula (Keimwurzel) außerhalb der Samenschale, b) Entfaltung derjenigen Teile des Embryos, die zur Bildung einer normalen Pflanze wichtig sind, c) Erscheinen der oberirdischen Pflanzenteile an der Erdoberfläche, d. i. der Zeitpunkt des »Auflaufens«, der in der Gärtnerei und Landwirtschaft von Bedeutung ist. Vom Vorgang der S. sind zu unterscheiden die Begriffe *Keimfähigkeit*, d. i. der Prozentsatz der keimbereiten Samen, die unter günstigen Bedingungen keimen, sowie *Keimschnelligkeit* und *Keimrate*, die den Zeitfaktor mit einbeziehen.

Wenn sich im Verlauf der S. das Hypokotyl so stark verlängert, daß die Keimblätter aus der Erde herausgehoben werden und ergrünen, spricht man von *epigäischer* oder *oberirdischer Keimung* (Abb.). Bleibt das Hypokotyl kurz, so verbleiben die Keimblätter in der Erde. Durch Streckung des Epikotyls gelangen in diesem Fall die ersten Laubblätter über die Erde und ergrünen. Man spricht von *hypogäischer* oder *unterirdischer Keimung* (Abb.). Eine Sonderstellung nehmen die Einkeimblättrigen Pflanzen ein. Ihr Keimblatt ist meist zu einem Saugorgan (*Scutellum*) umgewandelt, und Sproß- und Wurzelvegetationspunkt sind von Scheiden (*Koleoptile* und *Koleorhiza*) umschlossen, die bei der Keimung durchstoßen werden.

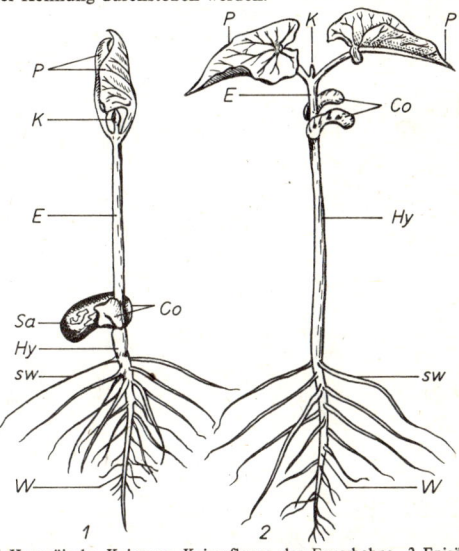

1 Hypogäische Keimung. Keimpflanze der Feuerbohne. *2* Epigäische Keimung. Keimpflanze der Gartenbohne. *Sa* Samenschale, *Co* Kotyledonen, *E* Epikotyl, *P* Primärblätter, *K* Sproßknospe, *Hy* Hypokotyl, *W* Hauptwurzel, *Sw* Seitenwurzeln

Als natürliche Regulatoren der S. sind eine Reihe von → Hemmstoffen (Blastokoline) und bestimmte *Phytohormone*, vor allem Gibberelline und Phytokinine, bekannt. Bei Gerstenkaryopsen u. a. stärkereichen Samen beruht die keimungsfördernde Wirkung der Gibberelline auf einer Aktivierung und Neubildung der stärkeabbauenden Enzyme. Beschleunigung und allgemeine Stimulierung der Keimung durch Gibberelline ist von vielen Pflanzen bekannt. Bestimmte Arten reagieren besonders auffallend; diese Gibberellineffekte lassen deutlich Beziehungen zu den jeweiligen *Temperatur-* und *Lichtbedingungen* erkennen. Die S. ist in mannigfacher Weise durch diese Außenfaktoren beeinflußbar; andererseits hängen Temperatur- und Lichtwirkung in entscheidendem Maße vom Grad und der Art der Samenruhe ab.

Durch Einwirkung des Sonnenlichtes wird die Keimung bei bestimmten Pflanzenarten gefördert. (*Lichtkeimer*), bei anderen dagegen gehemmt (*Dunkelkeimer*). Dabei ist nicht das gesamte Spektrum des Sonnenlichts wirksam, sondern nur einzelne Spektralbereiche, und zwar verursacht »Hellrot« (630 bis 680 nm) eine Förderung und »Dunkelrot« (720 bis 750 nm) eine Hemmung der Keimung. Bei den Lichtkeimern, z. B. der Gartenkresse, *Lepidium sativum*, und Tabak *Nicotiana tabacum*, überwiegt im »weißen Licht« der fördernde Anteil des hellroten Bereiches; Dunkelkeimer, wie Fuchsschwanz, *Amaranthus*, Phazelie, *Phacelia*, und die Stengelumfassende Taubnessel, *Lamium amplexicaule*, reagieren dagegen empfindlicher auf den dunkelroten Anteil und werden demzufolge durch Sonnenlicht gehemmt. Diese Lichtwirkung beruht auf einer reversiblen Photoreaktion, die durch das Phytochromsystem (→ Phytochrom) gesteuert wird, das in gleicher Weise bei weiteren lichtabhän-

Samenleiter

gigen Wachstums- und Entwicklungsprozessen beteiligt ist. Neben dieser Hellrot-Dunkelrot-Reaktion (Niederenergie-Reaktion) besitzt auch der blaue Spektralbereich (400 bis 500 nm) eine gewisse Wirkung auf die Keimung, die im einzelnen noch nicht restlos aufgeklärt ist (Hochenergie-Reaktion). Die Lichtempfindlichkeit hängt stark vom Quellungszustand der Samen ab; im lufttrockenen, ruhenden Zustand ist das Licht wirkungslos. Mit fortschreitender Quellungsdauer kann sich die relative Empfindlichkeit gegenüber den verschiedenen Spektralbereichen ändern. Für viele Lichtkeimer genügt eine einmalige kurze Belichtung zur Induktion der Keimung, die dann auch in völliger Dunkelheit weiterläuft; bei Tabaksamen z. B. ist 15 Minuten Mondlicht ausreichend. Für bestimmte Arten ist jedoch ein mehrfacher Wechsel von Licht- und Dunkelperioden optimal; man unterscheidet *Kurztagkeimer*, z. B. Kresse, *Lepidium*, und Hemlocktanne, *Tsuga*, und *Langtagkeimer*, z. B. Birke, *Betula*, sowie *Kalanchoë* und *Begonia*. Die Lichtwirkungen auf die Keimung können in unterschiedlicher Weise durch die Temperaturbedingungen modifiziert werden; so reagieren z. B. bestimmte Arten vom Fuchsschwanz, *Amaranthus*, und von der Blasenkirsche, *Physalis*, bei höheren Temperaturen wie Lichtkeimer, bei tiefen dagegen wie Dunkelkeimer. Auch der Reifungs- und Nachreifungsgrad ist von großem Einfluß. Vielfach verlieren die Samen von Lichtkeimern mit fortdauernder Lagerung allmählich ihre Lichtbedürftigkeit und werden indifferent gegenüber Licht. Viele Lichtkeimer können durch Gibberellinbehandlung auch in Dunkelheit zur Keimung angeregt werden. Kinetin wirkt in gewissen Fällen ähnlich. Eine Keimungsförderung kann bei bestimmten lichtbedürftigen Samen auch durch Nitrate, vor allem KNO$_3$, und Thioharnstoff bewirkt werden.

Samenleiter, in die Harnröhre mündender Gang, → Hoden.

Samenpaket, svw. Spermatophore.

Samenpflanzen, *Spermatophyta*, **Blütenpflanzen,** *Anthophyta, Phanerogamen,* eine Abteilung des Pflanzenreiches mit etwa 227000 Arten, die die höchstentwickelte pflanzliche Gruppe bilden. Sie sind Sproßpflanzen und besonders durch die Bildung von Samen und das Auftreten von Blüten charakterisiert. Die S. haben einen heteromorphen Generationswechsel, gekoppelt mit einem Kernphasenwechsel. Der haploide Gametophyt, der stets von Sporophyten umschlossen bleibt, wird immer stärker reduziert; nur bei den ursprünglichen S. kommen Archegonien vor, bei den höheren Vertretern besteht der Gametophyt nur noch aus wenigen Zellen, aus denen die weiblichen und männlichen Geschlechtszellen, die Ei- und Spermazellen, hervorgehen. Der Sporophyt hat seinen Ausgangspunkt in der diploiden Zygote, die sich zum Embryo im Samen, der Verbreitungseinheit der S., entwickelt. Nach der Keimung der Samen entsteht schließlich die diploide Pflanze, an ihr bilden sich die Blüten mit Mega- und Mikrosporophyllen, hier Frucht- und Staubblätter genannt, die die Samenanlagen (Megasporangien) und Pollensäcke (Mikrosporangien) tragen. Die Samenanlagen können frei auf den Fruchtblättern liegen (Nacktsamer), sie können aber auch von den verwachsenen Fruchtblättern eingehüllt sein (Decksamer).

Die Bestäubung, d. h. die Übertragung des Pollens auf die weiblichen Blütenteile, geschieht meist durch Insekten, seltener durch Vögel oder andere Tiere, häufig auch durch den Wind, in speziellen Fällen auch durch das Wasser. Bei

Vermutliche stammesgeschichtliche Zusammenhänge zwischen den Verwandtschaftsgruppen der Samenpflanzen und ihre Entfaltung in den Zeitaltern der Erde (die Zahlen am Beginn der Formationen stehen für Jahrmillionen). Unsichere, durch Fossilfunde nicht dokumentierte Verbindungen gestrichelt bzw. weiß belassen. B *Bennettitidae*, P *Pentoxylidae*, E *Ephedridae*, G *Gnetidae*, W *Welwitschiidae*

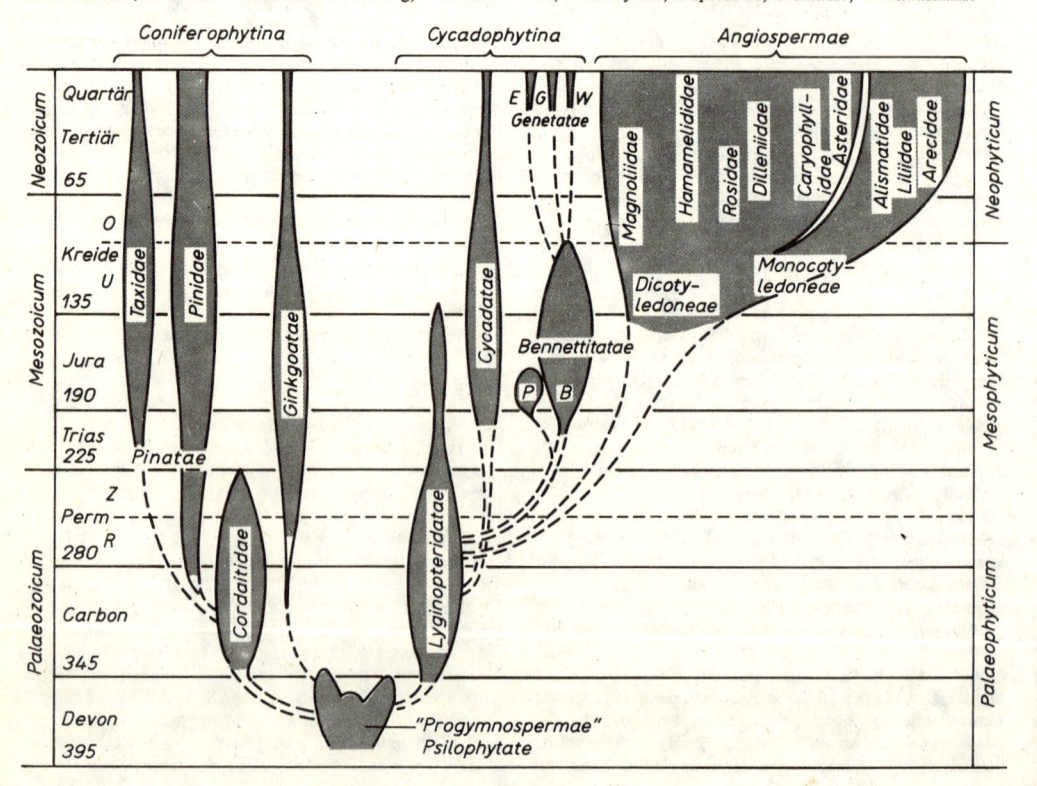

der Befruchtung vereinigen sich schließlich Sperma- und Eizelle zur Zygote. Zwischen Bestäubung und Befruchtung kann ein Zeitraum von mehr als einem Jahr liegen (Nacktsamer), es können aber auch nur Tage oder Stunden sein (Decksamer).

Durch diese Entwicklung der S., nämlich die Übertragung des Pollens durch die Luft und Wegfall der Abhängigkeit von Feuchtigkeit beim Befruchtungsvorgang sowie die Verbreitung der sich im Ruhezustand befindlichen jungen Pflanze im Samen, sind sie gegenüber den Farnpflanzen wesentlich besser an das Landleben angepaßt und konnten hier fast alle Lebensräume erobern. Die ältesten Fossilfunde von S. wurden aus dem Oberdevon bekannt. Sie entwickelten sich wahrscheinlich aus den *Progymnospermae*, einer Gruppe iso- oder heterosporer → Farne, die ein Bindeglied zwischen den Nacktfarnen und den primitiven S. sind. Dabei ist der Übergang von sporenstreuenden zu samentragenden Formen wahrscheinlich mehrfach parallel erfolgt. Diese Erkenntnis wird heute bei der systematischen Gliederung der S. berücksichtigt, und man unterscheidet innerhalb der Abteilung S. nicht mehr nur zwischen den beiden Gruppen Nacktsamer (*Gymnospermae*), die, wie man heute weiß, eine frühe Entwicklungsstufe, aber keine natürliche Verwandtschaftsgruppe der S. bilden, und Decksamer (*Angiospermae*), sondern gliedert S. in die drei Unterabteilungen Gabel- und Nadelblättrige → Nacktsamer (*Coniferophytina*) Fiederblättrige → Nacktsamer (*Cycadophytina*) und → Decksamer (*Angiospermae, Magnoliophytina*).

Samenreifung, → Samen.

Samenruhe, bei den einzelnen Pflanzenarten unterschiedlich ausgeprägte Keimruhe der Samen (→ Ruheperioden), die den Zeitraum zwischen Reife und Beginn der Keimfähigkeit der Samen umfaßt. Bei der Mehrzahl der Pflanzen tritt nach weitgehendem Wasserverlust des Samengewebe eine *totale Ruhe* ein. In diesem Zustand der Latenz ist der Samen sehr widerstandsfähig gegenüber ungünstigen Außenbedingungen, wie Kälte, Hitze oder chemischen Einflüssen. Die Lebensdauer der ruhenden Samen ist bei den einzelnen Pflanzenarten sehr unterschiedlich. Sie beträgt bei Pappeln und Weiden z. B. nur wenige Wochen, bei Leguminosen oft 50 bis 150 Jahre. Bei Samen der Indischen Lotosblume soll sie mindestens 400 Jahre betragen.

Dauer, Ursachen und Lokalisierung der S. können sehr verschieden sein. Bei bestimmten Pflanzen, vor allem Kulturpflanzen, sind die Samen sofort nach der Reife keimfähig, d. h. sie befinden sich lediglich in einer *Zwangsruhe*, die durch günstige Außenbedingungen jederzeit aufhebbar ist. Bei vielen anderen Arten ist die S. jedoch endonom (*echte Keimruhe*) und kann auch durch günstige Außenbedingungen nicht unterbrochen werden. Während der *endonomen S.* kann die Quellung oder der Gaswechsel blockiert sein. Die S. ist in diesen Fällen durch die Samenschale bedingt. In anderen Fällen sind im Embryo die folgenden Wachstums- und Entwicklungsprozesse blockiert. Erst nach einer mehr oder weniger langen Nachreifung, die meist spezifische Außenbedingungen erfordert, werden die fehlende oder verminderte Keimfähigkeit verursachenden Faktoren (*Keimungssperren*) allmählich aufgehoben. Ist nach beendeter endonomer S. kein flüssiges oder dampfförmiges Wasser verfügbar, so bleibt die Keimung aus. Die nunmehr keimfähigen Samen ruhen *aitionom*.

Die Ursachen für eine im Embryo lokalisierte S. können sehr verschieden sein. *Morphologische Unreife*, d. h. unvollständige Entwicklung des Embryos, bewirkt die S. z. B. beim Scharbockskraut, bei manchen Arten der Esche sowie Orchideen. *Physiologische Unreife* liegt vor, wenn ein aus dem Samenkorn herauspräparierter Embryo, z. B. bei Kiefer, Kirsche oder Wacholder, trotz morphologisch vollständiger Entwicklung nicht keimt. Die Ursachen hierfür sind noch unvollständig bekannt. In erster Linie kommt die Blockade verschiedener Gene in Betracht, deren Produkte zur Keimung nötig sind. Nach verschiedenen Befunden sind in physiologisch unreifen Embryonen wohl alle Enzyme der Proteinsynthese vorhanden, doch fände keine mRNS- und somit keine Proteinsynthese statt. Demgegenüber befände sich in trockenen Samen auch beendeter S. mRNS. Weiterhin wird die Ruhe des Embryos durch *Keimungshemmstoffe* erzwungen. Diese können im Embryo selbst, im Endosperm, in der Samenschale, im Fruchtfleisch oder in der Fruchtschale vorliegen. Dabei handelt es sich meist um Benzoesäure-, Zimtsäure- oder Kumarinderivate bzw. um Abszisinsäure. Diese Keimungshemmstoffe werden durch Hemmung enzymatischer Reaktionen wirksam. Ein quantitativer Zusammenhang zwischen der Abszisinsäurekonzentration in Samen und Früchten und der S. wurde festgestellt.

Beendigung der S. Noch vielfältiger als die Ursachen der S. sind die Wege zu ihrer Beendigung. Als *Nachreifung* wird die Weiterentwicklung der morphologisch oder physiologisch unreifen Embryonen zu voll ausgebildeten, keimbereiten Embryonen bezeichnet. Sie läuft spontan, d. h. ohne äußeren Entwicklungsanreiz ab. Im Verlauf der physiologischen Nachreifung wurde wiederholt eine zunehmende Verringerung des Histongehalts der DNS der entsprechenden Embryonen, mit der eine Aufhebung von Genblockierungen verbunden sein kann, beobachtet. Die Beseitigung von Keimungshemmstoffen kann erfolgen, indem diese durch Wasser eluiert werden, z. B. bei manchen Wüstenpflanzen im Anschluß an Niederschläge. Durch Erde oder, im künstlichen Keimbett, durch Aktivkohle oder Filterpapier werden eluierte Keimhemmstoffe vielfach adsorbiert. Legt man entsprechende Samen zu dicht aus, bleibt die Keimung durch Überkonzentration der Keimhemmstoffe gehemmt, da sie nur unvollständig adsorbiert werden können. In anderen Fällen werden Keimhemmstoffe offenbar durch Luftsauerstoff oxidiert. Auch enzymatischer Abbau kommt vor. Schließlich können Belichtung und Kälte zum Verschwinden von Hemmstoffen führen. Auch Gibberelline und in wenigen Fällen Zytokinine, die oft bei Beendigung der S. synthetisiert oder aktiviert werden, können den Hemmstoffgehalt ändern oder auch Hemmstoffen entgegenwirken. Bei manchen Pflanzen unterbrechen Ethylen, Thioharnstoff, Kaliumnitrat und andere Stoffe die S. Die Ruhe des Samens bestimmter Parasiten, z. B. der Gattung *Orobanche*, erfordert die Anwesenheit einer Wirtspflanze. Ebenso ist bei bestimmten Symbiosepflanzen, z. B. Orchideen, die Anwesenheit des Symbiosepartners, also eines geeigneten Pilzes, erforderlich. In diesen Fällen wird die Keimung durch exkretierte Substanzen ausgelöst, zu denen bei Orchideen z. B. Nikotinsäureamid gehört. Der Samen mancher Pflanzen, z. B. von *Nicotiana tabacum* oder *Lactuca sativa*, muß in gequollenem Zustand belichtet werden, um die S. zu brechen. Entsprechende Pflanzen werden als **Lichtkeimer** bezeichnet. Demgegenüber keimen die **Dunkelkeimer**, z. B. *Phacelia tanacetifolia*, nur im Dauerdunkel. Bei den **Lang-** und **Kurztagkeimern** wird die Beendigung der S. photoperiodisch kontrolliert. Derartige Lichtwirkungen auf Induktion und Beendigung der S. basieren auf ähnlichen Kontrollmechanismen wie bei den zahlreichen weiteren lichtabhängigen Wachstums-, Entwicklungs- und Bewegungsvorgängen der Pflanzen. In sehr vielen Fällen führt Kälte zur Beendigung der S., z. B. bei Samen von Linde, Ahorn, Eiche oder Apfel. In der Regel genügen kürzere oder längere Kälteperioden von etwa 0 °C, bisweilen bereits von +10 °C. Temperaturen unter 0 °C benötigen die **Frostkeimer**, die vor allem unter Hochgebirgspflanzen zu finden

Samenträger

sind. In manchen Fällen wird die S. auch durch hohe Temperaturen gebrochen, z. B. bei Samen von Soja, Baumwolle und Hirse.

Experimentell kann die durch die Ausbildung der Samenschale bedingte S. besonders leicht aufgehoben werden, z. B. durch vollständige oder partielle Belichtung der Samenschale, Anritzen, Schwefelsäurebehandlung u. a. Aber auch Kälte- bzw. Hitzebehandlung und Hell- oder Dunkelstellung werden bei Bedarf durchgeführt.

Samenträger, svw. Spermatophore.

Samenverbreitung, im Dienste der Vermehrung und Ausbreitung einer Pflanzenart stehender Vorgang des Transportes reifer Samen. Soweit diese wie bei den bedecktsamigen Pflanzen in Früchten gebildet werden, öffnet sich entweder die Fruchtwand und gibt die Samen frei, oder sie werden zusammen mit der Fruchtwand als Schließfrüchte verbreitet.

färbte und dunkel gefleckte, sandbewohnende und im Boden wühlende → Riesenschlangen Afrikas und Asiens mit nicht vom Rumpf abgesetztem Kopf, stumpfem Schwanz und glatten Schuppen. Ihre Hauptnahrung sind kleine Nager und Eidechsen, die wie bei den großen Riesenschlangen durch Umschlingen getötet werden. Zu den S. gehören auch die beiden einzigen Europa erreichenden Riesenschlangen, die bis auf die Balkanhalbinsel verbreitete *Westliche S., Eryx jaculus,* sowie die nur 40 cm lange *Zwergsandboa, Eryx miliaris,* die von der Nordküste des Kaspischen Meeres bis Zentralasien verbreitet ist. Alle S. sind lebendgebärend.

Sanddorn, → Ölweidengewächse.
Sandfisch, → Apothekerskink.
Sandfuchs, → Füchse.
Sandheuschrecken, → Springheuschrecken.

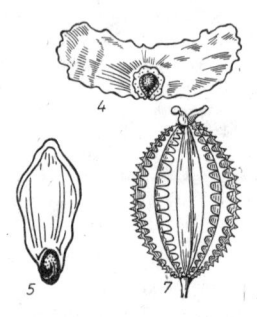

Einrichtungen zur Samenverbreitung: *1* Turgorspritzmechanismus (Spritzgurke); *2* Turgorschleudermechanismus (Springkraut), Frucht geschlossen (*a*) und explodierend (*b*); *3* Streufrucht (Rittersporn); *4* Flugsamen (*Macrozanonia,* Kürbisgewächs); *5* Flugsamen (Fichte); *6* Samen mit Flughaaren (Weidenröschen); *7* Häkelfrucht oder Klettfrucht (Möhre)

Nur in wenigen Fällen ist die S., von der Pflanze aus gesehen, ein aktiver Vorgang (*Selbstverbreitung, Autochorie*), indem die Samen durch Turgor- und Quellungsmechanismus ab- oder herausgeschleudert werden. Der Regelfall der S. ist passive Verbreitung durch Außenkräfte (*Fremdverbreitung, Allochorie*), wie Wind, Wasser und Tiere. Bei der *Windverbreitung (Anemochorie)* schüttelt der Wind die Samen aus den geöffneten Kapseln heraus (Schüttelfrüchte) und nimmt sie mit. Besonders leicht ist dies bei den staubfeinen Orchideensamen möglich. Meist bilden windverbreitete Samen und Früchte aber Haare, Auswüchse der Samenschale oder Fruchtwand als oberflächenvergrößernde Schwebeeinrichtungen aus. Bei der *Tierverbreitung (Zoochorie)* werden Samen und Früchte den Tieren angeklebt (Mistel) oder angeheftet (Klettfrüchte, *epizoische* S.). Ebenso häufig ist, daß Früchte durch Farbe oder Geschmack zum Fressen anlocken und die durch harte Schalen gegen Verdauungssäfte weitgehend geschützten Samen mit dem Kot der Tiere ausgeschieden werden (*endozoische* S.). Im Zuge des Nahrungserwerbes verschleppen Nagetiere, Vögel und Ameisen (*Myrmekochorie*) auch Samen, die vielfach unterwegs liegenbleiben und dort keimen. Unter *Anthropochorie* versteht man die Verbreitung von Früchten und Samen durch den Menschen. *Wasserverbreitung (Hydrochorie)* gibt es bei Wasser- und Strandpflanzen, deren Früchte oder Samen durch luftführende Gewebe z. T. über längere Zeit schwimmend gehalten werden.

Samenzellen, svw. Spermien.
Samenzellenbildung, svw. Spermatogenese.
Sammelfrüchte, → Frucht.
Sammler, → Ernährungsweisen.
Sandaale, *Ammodytidae, Tobiasfische,* kleine, langgestreckte, zu den Barschartigen gehörende Knochenfische, die in Schwärmen an den Sandküsten der Meere vorkommen. Die S. können blitzschnell im Bodensand verschwinden. Sie dienen vor allem Raubfischen als Nahrung.
Sandboas, *Eryx,* kleine, kaum meterlange, bräunlich ge-

Sandkultur, Anzucht von höheren Pflanzen in Quarzsand unter Zusatz von Makro- und Mikronährstoffen. Die Nährsalze werden dem Sand entweder vor Kulturbeginn insgesamt beigemischt oder in Form von Nährlösungen periodisch oder kontinuierlich zugegeben. Diese Kombination von S. und Wasserkultur wird gelegentlich als *Sand-Wasserkultur* bezeichnet. Die S., um deren methodische Entwicklung sich Hellriegel (1883) besondere Verdienste erworben hat, dient ebenso wie die reine Wasserkultur häufig als exakt reproduzierbare Pflanzenanzuchtmethode für verschiedenartige pflanzenphysiologische Untersuchungen, insbesondere im Zusammenhang mit dem Mineralstoffwechsel. Die spezielle Methodik, z. B. Gefäßgröße und -form, Bewässerung u. a., wechselt je nach Versuchsziel und sonstigen Gegebenheiten. Auch die Art und Vorbehandlung des Sandes, z. B. Waschen mit Säure und Glühen, ist unterschiedlich und richtet sich nach den übrigen Bedingungen. Von der S. bzw. Sand-Wasserkultur abgeleitet sind bestimmte, in der gärtnerischen Praxis angewendete Mineralkulturverfahren, die man als Hydroponik (→ Wasserkultur) zusammenfassen kann.

Sandläufer, *Psammodromus,* im westeuropäischen und afrikanischen Mittelmeergebiet beheimatete → Eidechsen mit großen, gekielten Rückenschuppen.

Sandlaufkäfer, → Käfer.

Sandotter, *Vipera ammodytes,* in mehreren Unterarten über Südosteuropa bis Vorderasien (Kaukasus) verbreitete, besonders in steinigen und verstrüppten Gebieten Jugoslawiens und Bulgariens stellenweise noch häufige, plumpe → Viper. Die S. wird bis 90 cm lang, hat ein beschupptes Hörnchen auf der Schnauzenspitze und ein breites, dunkles Zickzackband auf dem Rücken. Sie bringt 5 bis 18 lebende Junge zur Welt. Der Biß der S. ist gefährlicher als der der Kreuzotter. Das Gift wird von der Pharmazie zur Herstellung von Rheumamitteln verwandt, da es durchblutungsfördernd wirkt.

Sandrasselotter, *Echis carinatus,* von Nordafrika bis Vorderindien und Sri Lanka verbreitete, schlanke → Viper mit schief angeordneten, mit gesägten Kielen versehenen Seitenschuppen, die bei der schlängelnden Fortbewegung durch Aneinanderreiben ein schwirrend-rasselndes Geräusch erzeugen. Trotz ihrer geringen Größe von nur 60 cm ist die S. eine gefährliche Giftschlangenart. Sie bringt 10 bis 15 lebende Junge zur Welt.

Sandwespen, → Grabwespen.

Sanguis, svw. Blut.

Sansevieria, → Agavengewächse.

Santonin, ein bizyklisches Sesquiterpenlakton, das in den Blüten des Zitwerwermuts, *Artemisia cina*, vorkommt und als Wurmmittel angewendet wird.

Sapogenine, → Saponine.

Saponine, eine Gruppe von sekundären Pflanzenstoffen, die mit Wasser schäumende, seifenähnliche Lösungen bilden. Chemisch handelt es sich um Glykoside, deren Aglyka, die *Sapogenine*, teils zu den Steroiden und Steroidalkaloiden, teils zu den Triterpenen gehören. Als Zuckerkomponenten treten vor allem D-Glukose, D-Galaktose, D-Glukuronsäure, D-Galakturonsäure, D-Xylose, sowie L-Arabinose und L-Rhamnose auf. Aufgrund ihrer oberflächenaktiven Wirkung sind die meisten S. giftig und werden z. T. seit langer Zeit als pflanzliche Fischgifte verwendet. Sie bilden mit Cholesterin häufig schwer lösliche Molekülverbindungen und verursachen Hämolyse der roten Blutkörperchen. S. wurden in sehr vielen Pflanzenfamilien gefunden und kommen z. B. in Seifenkraut, Rübe, Sojabohne, Kastanie und Ahorn vor. Der bekannteste Vertreter ist das → Digitonin.

Saprobie, → Saprobiont.

Saprobieindex, bei der biologischen Wasseruntersuchung aus der Häufigkeit der Organismen und ihrem Indikationsgewicht ermittelter Wert zur Beurteilung der Wassergüte, → Saprobiensystem.

Saprobiensystem, Einteilung der Süßwasserorganismen nach ihrer unterschiedlichen Widerstandsfähigkeit gegen Verunreinigungen ihres Wohngewässers, speziell gegen Sauerstoffmangel und Giftwirkung der Fäulnisstoffe. Das S. ermöglicht die Bestimmung des Verschmutzungsgrades der Gewässer ohne eine mit großem Zeit- und Geräteaufwand verbundene chemische Wasseranalyse aufgrund der vorhandenen Organismen (→ biologische Wasseranalyse). Es stützt sich dabei entweder auf die Massenentwicklung einzelner Leitformen oder auf die Analyse der gesamten Lebensgemeinschaft des zu untersuchenden Gewässers. → Saprobieindex.

Polysaprobe Organismen leben in Gewässern, die stark mit fäulnisfähigen Stoffen angereichert sind, z. B. in Abwässern. Sie sind die ersten in der Kette der Organismen, die bei der Selbstreinigung der Gewässer mitwirken. An ihrem Lebensort ist Sauerstoff nur in Spuren vorhanden oder fehlt ganz. Der Abbau der organischen Substanz erfolgt vorwiegend durch Reduktion (Fäulnis). Der Boden ist mit schwarzem Faulschlamm bedeckt; Schwefelwasserstoff ist meist vorhanden. Den extremen Lebensbedingungen haben sich nur wenige Organismenarten angepaßt. Fehlende Konkurrenz und hohes Nahrungsangebot haben sehr große Individuenzahlen zur Folge. Charakteristisch sind Massenentwicklungen von Bakterien (über eine Mio. Keime/cm^3), von denen die meisten fakultativ anaerob sind. Die Fauna besteht aus bakterienfressenden Einzellern, einigen Rädertieren, Würmern und Insektenlarven. Leitformen sind vor allem Bakterienarten wie der »Abwasserpilz« *Sphaerotilus natans*, die Bäumchenbakterie *Zoogloea ramigera*, die Weiße Schwefelbakterie, *Beggiatoa alba*, u. a. Dazu kommt eine lange Reihe von Flagellaten und Ziliaten, wie *Euglena, Paramecium, Colpidium*. Von den Vielzellern leben der Schlammröhrenwurm, *Tubifex rivulorum*, und die Larven der Schlammfliege *Eristalis tenax* in polysaproben Gewässern. *α-mesosaprobe Organismen* lösen im Verlauf der Selbstreinigung des Gewässers die polysaproben ab. α-mesosaprobe Gewässer sind viele Dorfteiche, Tümpel, gedüngte Karpfenteiche u. a. An die Stelle der reduzierenden sind oxidierende Abbauprozesse getreten. Der Sauerstoffgehalt des Wassers kann hoch sein. Organische Substanzen sind noch immer in größerer Menge vorhanden. Schwefelwasserstoff tritt nicht mehr auf. Neben Bakterien sind besonders Algen oft massenhaft entwickelt. Außerdem kommen bereits einige Schnecken, Muscheln, niedere Krebse und Insektenlarven, von den Fischen Karpfen, Schleie, Karausche und Aal vor. Durch die Atmung (Dissimilation) der großen Algenmengen während der Nacht kann der Sauerstoff so weit verbraucht werden, daß es zu Fischsterben kommen kann. Tags ist das Wasser dagegen durch Assimilationsprozesse der chlorophyllhaltigen Algen mit Sauerstoff übersättigt. Leitformen der α-mesosaproben Zone sind mehrere Blaualgenarten der Gattung *Oscillatoria*, die Kieselalgen *Navicula cryptocephala* und *Nitzschia palea*, die Jochalge *Closterium acerosum*, der Echte Abwasserpilz *Leptomitus lacteus*, die Flagellaten *Chilomonas paramecium* und *Anthophysa vegetans*, die Ziliaten *Stentor coeruleus* und *Spirostomum ambiguum*, der Schlammegel *Herpobdella atomaria*, die Larve der Waffenfliege *Stratiomys chamaeleon* und die Kugelmuschel *Sphaerium corneum*.

Im Lebensraum der *β-mesosaproben Organismen* ist die organische Substanz schon weitgehend mineralisiert. Der Sauerstoffgehalt ist hoch und keinen starken Schwankungen mehr unterworfen. Die Zahl der Bakterien hat sich weiter abgenommen. Eine reiche Tier- und Pflanzenwelt hat sich eingestellt. Es kommen viele Arten von Kiesel-, Grün-, Joch- und Blaualgen, höhere Pflanzen, Schwämme, Moostierchen, Würmer, Krebse, Schnecken, Muscheln, Insektenlarven, Lurche und Fische vor. Alle Bewohner sind gegen Schwankungen des Sauerstoffgehaltes und gegen Fäulnisgifte, wie Schwefelwasserstoff, sehr empfindlich. β-mesosaprobe Gewässer sind viele großen Seen, z. B. einige Havelseen, und die Abflüsse gut arbeitender Kläranlagen. Leitformen sind die Blaualgen *Microcystis flos-aquae, Aphanizomenon flos-aquae*, die Kieselalgen *Asterionella formosa* und *Fragillaria crotonensis*, die Jochalgen *Spirogyra crassa* und *Closterium moniliferum*, die Grünalgen *Scenedesmus quadricauda, Pediastrum boryanum* und *Cladophora crispata*, die Sonnentierchen *Actinosphaerium eichhorni*, die Flagellaten *Synura uvella* und *Uroglena volvox*, die Ziliaten *Vorticella campanula* und *Didinium nasutum*, der Borstenwurm *Stylaria lacustris*, die Larve der Eintagsfliege *Cloëon dipterum*.

Im klaren Wasser der Bergseen und -bäche leben die *oligosaproben Organismen*. Die Oxidation der organischen Stoffe im Schlamm und Wasser ist vollendet. Der Sauerstoffgehalt des Wassers ist konstant hoch. Die Zahl der Bakterien hat bis unter 100 Keime je cm^3 abgenommen. Gleichzeitig ist die Zahl der Flagellaten und Ziliaten und auch die der Algen kleiner geworden. Häufig finden sich Larven von Wasserinsekten. Alle Bewohner sind sehr empfindlich gegen organische Verunreinigungen, Fäulnisgifte und gegen Schwankungen des Sauerstoffgehaltes des Wassers. Leitformen sind die Kieselalge *Cyclotella bodanica*, die Jochalge *Closterium dianae*, die Grünalgen *Ulothrix zonata* und *Cladophora glomerata*, die Rotalgen *Lemanea annulata* und *Batrachiospermum vagum*, das Quellmoos *Fontinalis antipyretica*, der Flagellat *Diplosiga socialis*, der Ziliat *Halteria cirrifera*, das Rädertier *Notholca longispina*, der Strudelwurm *Planaria alpina*, die Flußperlmuschel *Margaritana margaritifera*, der Kleinkrebs *Holopedium gibberum*, die Larve der

Saprobiont

Steinfliege *Perla bipunctata*, die Larve der Eintagsfliege *Rhitrogena semicolorata* und die Larve der Köcherfliege *Molanna angustata*.

Die Einteilung in Oligo-, Meso- und Polysaprobität wird nach dem System von Kolkwitz und Marsson (1909), das von Liebmann (1947, 1969) erweitert wurde, vorgenommen. Heute gibt es noch eine Reihe anderer S. Das von Sladeček (1973) entwickelte System umfaßt folgende Stufen:

Katharosaprobität (nicht verunreinigtes Wasser)		
Limnosaprobität verunreinigtes Oberflächen- und Grundwasser	Oligosaprobität β-Mesosaprobität α-Mesosaprobität Polysaprobität	analog dem System Kolkwitz/ Marsson
Eusaprobität häusliche und industrielle Abwässer mit bakterieller Destruktion	Isosaprobität Metasaprobität Hypersaprobität Ultrasaprobität	– Zone der Ziliaten – Zone farbloser Flagellaten – Zone der Bakterien – Abiotische Zone, doch nicht toxisch
Transsaprobität ohne bakterielle Destruktion	Antisaprobität Radiosaprobität	– Toxische Zone – Radioaktive Zone

Lit.: H. Liebmann: Handb. der Frischwasser und Abwasserbiologie, Bd 1 (München 1951); J. Schwoerbel: Einführung in die Limnologie (Jena 1980).

Saprobiont, *Saprobie*, Bewohner faulender Stoffe, insbesondere stark verschmutzter, faulender Abwässer.

Saprobitätsklassen, Bezeichnung für die einzelnen Abteilungen des → Saprobiensystems, z. B. Oligo- und Polysaprobität.

saprogen, fäulniserregend.

Sapropel, *n*, *Faulschlamm*, durch Eisensulfid tiefschwarz gefärbtes, unangenehm riechendes Sediment. S. findet sich in hochgradig nährstoffreichen Gewässern, vor allem in stabil geschichteten meromiktischen Seen. Der Abbau der organischen Substanz erfolgt bakteriell unter anaeroben Bedingungen bis zu organischen Zwischenstufen, wie Methan u. a. Eine Bodenfauna ist im Gegensatz zur → Gyttja nicht oder nur spärlich entwickelt.

Saprophage, → Dekomposition, → Ernährungsweisen.

Saprophyten, *Fäulnisbewohner*, *Fäulnispflanzen*, heterotrophe Organismen, die die erforderlichen organischen Nahrungsstoffe toten Substraten entnehmen (→ Heterotrophie). Saprophytisch leben viele Bakterien und Pilze und einige Blütenpflanzen, z. B. der Fichtenspargel.

Die Ansprüche der verschiedenen S. an das Nährsubstrat sind sehr unterschiedlich. Neben anorganischen Stoffen ist sehr oft eine Kohlenstoffquelle erforderlich, z. B. Kohlenhydrate, in bestimmten Fällen auch Alkohole, Fette, organische Säuren oder Kohlenwasserstoffe, wie Paraffin. Selbst Eiweiße können als Kohlenstoffquellen genutzt werden. Vielfach dienen die Kohlenstoffquellen nicht allein der Gewinnung von Baustoffen, sondern auch der Erlangung von Energie. Oft werden von den S. Exoenzyme abgeschieden, die hochmolekulare Substrate wie Lignin, Zellulose oder Proteine außerhalb der Zelle zu resorbierbaren Spaltprodukten abbauen, welche dann aufgenommen und in den normalen Grundstoffwechsel eingeschleust werden.

Hinsichtlich der Stickstoffquellen der S. besteht ebenfalls große Mannigfaltigkeit. Einige Schimmelpilze und Hefen vermögen anorganische Stickstoffverbindungen, wie Nitrate oder Ammoniumsalze, auszunutzen, d. h., sie sind N-autotroph. Gewisse Bodenbakterien assimilieren sogar den molekularen Stickstoff der Luft. Andere S. benötigen organische Stickstoffverbindungen, wie Aminosäuren, Peptone oder Eiweiße.

S. zeigen in ihren Ernährungsansprüchen unterschiedliche Spezialisierung. Omnivore Formen sind wenig wählerisch; extreme Spezialisten verwenden nur ganz bestimmte Verbindungen. Der Schimmelpilz *Penicillium glaucum* z. B. entnimmt aus razemischer Weinsäure lediglich die (+)-Form, während die (−)-Form vorerst nicht angegriffen wird. Andere S. sind streng auf einzelne Vitamine oder Aminosäuren angewiesen und können daher zur mikrobiologischen Bestimmung der betreffenden Verbindung herangezogen werden.

Durch die Lebenstätigkeit von S. kommen die in der Natur äußerst wichtigen Vorgänge der Fäulnis und Verwesung zustande. Dabei arbeiten meist ganze Gruppen verschiedener Organismen zusammen, indem die eine Art die Spalt- und Abfallprodukte der anderen aufnimmt und sich von diesen ernährt. Ihre Abscheidungen dienen wieder anderen als Nährsubstrat usw., bis schließlich das organische Material aus abgestorbenen Tieren oder Pflanzen bzw. Pflanzenteilen, z. B. Fallaub, wieder in anorganische Verbindungen überführt, d. h. remineralisiert worden ist. Damit stellen die S. ein wichtiges Glied im Stoffkreislauf dar. Auch die biologische Selbstreinigung verschmutzten Wassers beruht auf der Tätigkeit von S., und bei der technischen Abwasserreinigung im Belebtschlammverfahren werden Saprophytengemeinschaften zur Aufbereitung der organischen Abfallstoffe verwendet.

Von der saprophytischen Lebensweise gibt es zahlreiche Übergänge zum Parasitismus. Während *Holosaprophyten* ihren gesamten Kohlenstoff aus abgestorbener organischer Substanz beziehen, vermögen die *Hemisaprophyten* einen Teil ihrer Nahrung selbst aus anorganischen Bausteinen zu synthetisieren. Manche Hemisaprophyten durchlaufen ein holosaprophytisches Jugendstadium. *Fakultative S.* sind Parasiten, die eine gewisse Zeit saprophytisch leben können. Umgekehrt nennt man solche S., die unter Umständen auf lebendes Gewebe übergehen, fakultative → Parasiten. Die *Perthophyten* bringen die von ihnen besiedelten Gewebe und Zellen zum Absterben und leben dann von der toten organischen Substanz.

Saprotrophe, → Dekomposition.

Sar, Abk. für Sarkosin.

Sarcopterygia, → Knochenfische.

Sardellen, *Engraulidae*, *Anchovis*, mehrere Arten kleiner, heringsartiger Schwarmfische mit gestrecktem, fast drehrundem Körper. S. sind Planktonfiltrierer. Die *Europäische Sardelle*, *Engraulis encrasicholus*, kommt an der westafrikanischen Küste, an den europäischen Küsten, aber auch im Schwarzen und Asowschen Meer vor. Die S. gehören zu den wichtigsten Nutzfischen.

Sardine, → Pilchard.

Sareptasenf, → Kreuzblütler.

Sarkolemm, 1) → endoplasmatisches Retikulum, 2) → Muskelgewebe.

Sarkomer, → Muskelgewebe.

Sarkoplasma, → Muskelgewebe.

sarkoplasmatisches Retikulum, → endoplasmatisches Retikulum.

Sarkosin, Abk. *Sar*, $CH_3-NH-CH_2-COOH$, eine nicht proteinogene Aminosäure, die durch Methylierung von Glyzin am Stickstoffatom gebildet wird und als Zwischenstufe im Aminosäurestoffwechsel auftritt. S. kommt im Säugetiermuskel und in manchen Peptiden vor.

Sarkosom, svw. Zönosark.
Sarkossporidien, kleine, zu den Kokzidien gehörende, in Säugetieren und Vögeln parasitierende Urtierchen, deren vegetative Stadien bananen- bis halbmondförmig gekrümmt sind. Das Vorderende ist zugespitzt, das Hinterende gerundet. Die Vermehrung erfolgt intrazellulär oder in Zysten durch Zweiteilung. Die sich in der Muskulatur entwickelnden Zysten von *Sarcocystis* können über 1 cm groß werden. *Toxoplasma gondii* kann beim Menschen über die Plazenta den Fötus infizieren, wodurch bei Neugeborenen das Krankheitsbild der *Toxoplasmose* (Wasserkopf, Ader- und Netzhautentzündung) entsteht oder Tot- bzw. Fehlgeburten verursacht werden.
Sarmatische Provinz, → Holarktis.
Sarzinen, *Sarcina*, eine Gattung kugelförmiger, paketförmig zusammenlagernder, unbeweglicher, anaerober, grampositiver Bakterien. Viele früher zu den S. gerechnete Bakterienarten werden jetzt anderen Gattungen zugeordnet.
Im morphologischen Sinne wird der Begriff S. auch weiterhin für alle paketartig angeordneten → Kokken verwendet, unabhängig von ihrer Zugehörigkeit zu verschiedenen systematischen Gruppen. Abb. → Kokken.
Satanspilz, → Ständerpilze.
SAT-Chromosomen, durch sekundäre, nichtfärbbare Einschnürung im Bereich der Kernkörperchenbildung gekennzeichnete Chromosomen, deren kleinerer distaler Abschnitt Satellit genannt wird; deshalb auch *Satellitenchromosomen*.
Sättigung, → Hunger.
Sättigungsgrad, → Sorption.
Saubohne, → Schmetterlingsblütler.
Sauerampfer, → Knöterichgewächse.
Sauerdorn, → Berberitzengewächse.
Sauerfutter, svw. Silage.
Sauergräser, → Riedgräser.
Sauerkleegewächse, *Oxalidaceae*, eine Familie der Zweikeimblättrigen Pflanzen mit etwa 950 Arten, die ihre Hauptverbreitung in tropischen und subtropischen Gebieten der Südhalbkugel haben; einige dringen bis in gemäßigte Gebiete vor. Es sind Kräuter, seltener Holzpflanzen, mit wechselständigen, zusammengesetzten Blättern und 5zähligen, regelmäßigen Blüten, die 10 Staubgefäße und 5 Griffel haben und von Insekten bestäubt werden. Der 5fächerige Fruchtknoten entwickelt sich zu einer Kapsel oder Beere. Chemisch ist die Familie durch eine Anhäufung von Oxalaten charakterisiert.
In feuchten, schattigen Laubwäldern Eurasiens und Nordamerikas weit verbreitet ist der **Waldsauerklee**, *Oxalis acetosella*, dessen 3zählige Blätter auch eine schöne Bodendecke für schattige Stellen in Gärten und Parkanlagen abgeben. Seine Blüten sind weiß.

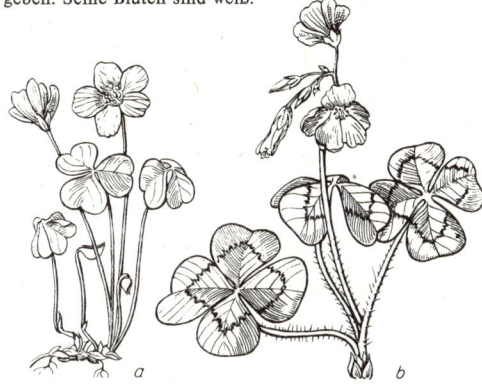

Sauerkleegewächse: *a* Waldsauerklee, *b* Glücksklee

Verschiedene andere, meist amerikanische *Oxalis*-Arten, werden als »Glücksklee« in Blumenhandlungen angeboten.
Eßbare Knollen hat der in den Anden von Kolumbien bis Chile verbreitete *Oxalis tuberosa*.
Aus der Gattung *Averrhoa*, **Gurkenbaum**, wird die **Karambole**, *Averrhoa carambola*, wegen ihrer eßbaren sauren Früchte in den Tropen angepflanzt.
Sauerstoffbindung des Blutes, die Prozesse der Aufnahme und der Abgabe des Blutsauerstoffs. In der Lunge werden in 1 l Säugerplasma nur 3 ml Sauerstoff gelöst; viel zu wenig für den Sauerstoffbedarf der Gewebe. Für einen ausreichenden Antransport sorgt das hohe Sauerstoffbindungsvermögen des Hämoglobins: 1 g Hämoglobin vermag 1,34 ml Sauerstoff zu binden. Wird die *Sauerstoffkapazität* oder *-sättigung* des Blutes erreicht, enthält z. B. 1 l Blut eines Mannes mit seinen rund 160 g Hämoglobin etwa 210 ml Sauerstoff.
Die S. d. B. wird durch vier Faktoren beeinflußt: 1) den Sauerstoff selbst (Häm-Häm-Effekt), 2) die Protonen, 3) das Diphosphoglyzerat, 4) die Bluttemperatur (Abb.).

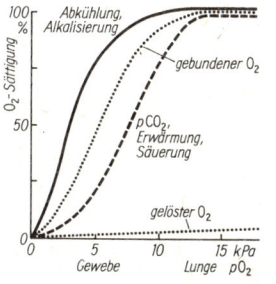

Sauerstoffbindungsvermögen des Blutes

1) Die S-förmige Sauerstoffbindungskurve des Hämoglobins ist Ausdruck des *Häm-Häm-Effektes*. Durch Bindung eines Sauerstoffmoleküls an eine der vier Untereinheiten des Hämoglobins wird die Affinität an den drei freien durch Konformationsänderung erhöht. Die mit dem Partialdruck steigende S. d. B. wird *Oxygenation* genannt. Bei 13 kPa, dem Sauerstoffpartialdruck in den Lungenalveolen, ist das Hämoglobin praktisch zu 100% gesättigt. Wird das Blut von der Lunge in die Gewebe transportiert, sinkt der Partialdruck auf etwa 4 kPa und dabei entbindet Hämoglobin einen Teil Sauerstoff, der der Gewebeatmung zur Verfügung steht. 2) Fällt der *p*H-Wert ab, so wird die Sauerstoffabgabe erleichtert (→ Bohr-Effekt), oder umgekehrt: wird Hämoglobin oxygeniert, so werden Protonen frei. 3) Fetales Blut entreißt dem mütterlichen Blut stets Sauerstoff, aber nicht wegen eines besseren Sauerstoffbindungsvermögens des fetalen gegenüber dem adulten Hämoglobin, sondern wegen der geringeren Diphosphoglyzeratkonzentration in den Erythrozyten. 4) Erwärmungen verstärken die Sauerstoffabgabe, Abkühlungen die -aufnahme.
In der kräftig arbeitenden Skelettmuskulatur spielen drei der genannten Faktoren für die Sauerstoffbereitstellung aus dem Blut an die Gewebe eine wichtige Rolle: zum ersten wird bei Muskelarbeit vermehrt Kohlendioxid produziert, zum zweiten fällt Milchsäure an, und zum dritten steigt lokal die Temperatur an.
Sauerstoffkapazität, → Sauerstoffbindung des Blutes.
Sauerstoffmangel, unter der Norm liegendes Sauerstoffangebot in den Geweben. Bei Wirbeltieren ist im Normalzustand und unter Ruhebedingungen im Gewebe eine Sauerstoffreserve vorhanden, wodurch geringe Senkungen des Sauerstoffangebots abgefangen werden können. Eine starke Drosselung der Sauerstoffzufuhr bewirkt vorüberge-

Sauerstoffrezeptoren

hende oder bleibende Schädigungen, wenn die angetriebenen Mechanismen der Atmungs- und der Kreislaufregulation den S. nicht beseitigen können.

Am empfindlichsten reagiert beim Menschen das Gehirn auf einen S. Zunächst werden die Merkfähigkeit und die Konzentrationsfähigkeit beeinträchtigt. Bei stärkerem Abfall erlischt das Bewußtsein. Andere innere Organe wie Leber und Herz schränken ihre Funktion ebenfalls stark ein. Generell werden mit ansteigendem S. vier Schädigungsphasen durchlaufen: Störung der Organfunktion, Ausfall der Organfunktion, durch das Absterben der Zellen bedingte irreversible Schädigungen im Organ und schließlich Gewebezerfall.

Sauerstoffrezeptoren, → Chemorezeptoren.
Sauerstoffsättigung, → Sauerstoffbindung des Blutes.
Sauerwurm, → Traubenwickler.
Säugen, die Ernährung der Säugetierjungen in der ersten Lebenszeit mit Muttermilch, die von den Jungen durch Saugen am Gesäuge des Muttertieres, bei Kloakentieren noch durch Ablecken aufgenommen wird. Die Länge des Zeitraumes, in dem die Jungtiere gesäugt werden, die *Säugezeit* oder *Säugeperiode,* ist bei den einzelnen Arten unterschiedlich. Sie wird bei den landwirtschaftlichen Nutztieren durch das Absetzen der Jungtiere, bei Wildtieren durch natürliches Versiegen der Milchbildung, durch neue Trächtigkeit oder Geburt oder durch Verlust des Jungtieres beendet. Die Milchproduktion unterliegt hormonaler Steuerung.

Sauger, → Ernährungsweisen.
Säugetiere (Tafeln 7, 38, 39, 40, 41), *Mammalia,* eine Klasse der Wirbeltiere. Die S. sind warmblütige, in der Regel lebendgebärende Tiere, die ihre Jungen mittels des Sekrets von Milchdrüsen aufziehen. Gegenwärtig leben etwa 6000 Arten, davon in Mitteleuropa etwa 90. Im weiteren Sinne gehört zu den S. auch der Mensch.

Morphologie. Die Gesamtkörperlänge liegt zwischen 6 cm und mehr als 30 m, die Masse zwischen 1,5 g und mehr als 130 t (die größten S. sind die Blauwale). Die vier in ursprünglichem Zustand mit je fünf Zehen versehenen Gliedmaßen sind bei vielen Arten durch Umwandlung, Verschmelzung oder Verminderung von Teilen zu ganz speziellen Lauf-, Sprung-, Kletter-, Ruder-, Flug- oder Grabwerkzeugen ausgebildet. Bei Walen und Seekühen sind die Hintergliedmaßen stark rückgebildet zu zwei nur noch lose mit der Wirbelsäule verbundenen, aus dem Körper nicht mehr herausragenden Knochen. Die meist mit Zähnen besetzten Kiefer und der mit einer sehr beweglichen Zunge versehene und durch Wangenbildung seitlich geschlossene Mundraum ermöglichen ein gutes Zerkleinern der Nahrung. Bei manchen Arten kann Nahrung vorübergehend in Backentaschen aufbewahrt werden. Die Körperoberfläche ist mit Haaren bekleidet, bei denen man längere und steifere Grannenhaare, weichere und gekräuselte Wollhaare und vereinzelt stehende, sehr lange und steife Leithaare unterscheiden kann. Letztere stehen besonders am Kopf und dienen dem Tastsinn. Bei manchen S. sind die Haare zu Borsten, Stacheln oder Schuppen umgebildet. Weitere Bildungen der Haut sind die Hornscheiden der Rinder sowie Nägel, Krallen und Hufe an den Zehen. Die Haut ist im allgemeinen reich mit Talg- und Schweißdrüsen versehen; Milch-, Duft- und Brunstdrüsen sind als abgewandelte Hautdrüsen anzusehen. Brust- und Bauchhöhle sind durch das Zwerchfell getrennt. Durch die vollständige Teilung des Herzens in eine rechte venöse und eine linke arterielle Seite wurde den S. wie auch den Vögeln eine Intensivierung des Stoffwechsels möglich, die die Voraussetzung dafür bildet, die Körpertemperatur innerhalb gewisser Grenzen konstant halten zu können. Leistungsfähige Sinnesorgane und das große hochentwickelte Gehirn ermöglichen zahlreiche komplizierte Verhaltensweisen.

Fortpflanzung. Der sich nach der Begattung aus dem befruchteten Ei in der Gebärmutter entwickelnde Embryo wird durch Plazenta und Nabelschnur vom mütterlichen Körper mit Nährstoffen und Sauerstoff versorgt. Eine Ausnahme bilden die Kloakentiere und die Beuteltiere. Bei der Geburt reißt diese Verbindung ab, und das Junge wird in der ersten Zeit mit dem Sekret der meist auf dem Bauche ausmündenden Milchdrüsen ernährt. Die Trächtigkeitsdauer und damit im Zusammenhang die Entwicklungsstufe der Jungen bei der Geburt ist bei den einzelnen Arten verschieden. Während z. B. die Jungen der Landraubtiere nackt und blind geboren werden, sind sie bei den Huftieren und Walen weit entwickelt und können oft schon gleich nach der Geburt der Mutter folgen.

Lebensweise. Infolge des Vermögens, die Körpertemperatur konstant zu halten, können die S. alle Klimazonen bewohnen. Speziell angepaßte Formen leben im Wasser, auf dem Land, im Boden oder auf Sträuchern und Bäumen. Die Fledermäuse haben sogar den Luftraum erobert, einige andere Arten beherrschen den Gleitflug. Als Nahrung dienen Pflanzenteile verschiedener Art und andere Tiere, die überwältigt oder gelegentlich auch als Aas aufgenommen werden. Vom Allesfresser bis zum Nahrungsspezialisten gibt es alle Übergänge. Manche S. sind Einzelgänger und finden sich nur zur Fortpflanzung paarweise zusammen; andere S. leben in Rudeln oder Herden, die von einem starken Leittier angeführt werden. Oft dienen neben Gesten und Gerüchen auch Lautäußerungen der Verständigung. Viele Arten sind im Hellen aktiv, andere mehr in der Dunkelheit. Zur Ruhe und zur Aufzucht der Jungen suchen die S. vielfach Höhlen oder selbstgefertigte Baue und Nester auf. Die Fortpflanzung zeigt in den gemäßigten und kalten Gebieten eine Abhängigkeit vom Jahresrhythmus. Nahrungs- und Witterungsfaktoren können bei manchen Paarhufern, Robben, Walen, Fledermäusen und Lemmingen zu größeren Wanderungen Anlaß geben (→ Tierwanderungen). Die ungünstige Jahreszeit verbringen manche S. in Unterschlupfen; Fledermäuse, Igel, Murmeltiere, Schläfer, Hamster und andere S. verfallen dabei in Starre und halten bei gedrosseltem Stoffwechsel einen längeren Winterschlaf.

System.
1. Ordnung: Kloakentiere (*Monotremata*)
2. Ordnung: Beuteltiere (*Marsupialia*)
3. Ordnung: Insektenfresser (*Insectivora*)
4. Ordnung: Riesengleitflieger (*Dermoptera*)
5. Ordnung: Fledermäuse (*Chiroptera*)
6. Ordnung: Primaten oder Herrentiere (*Primates*)
7. Ordnung: Zahnarme (*Edentata*)
8. Ordnung: Schuppentiere (*Pholidota*)
9. Ordnung: Hasentiere (*Lagomorpha*)
10. Ordnung: Nagetiere (*Rodentia*)
11. Ordnung: Wale (*Cetacea*)
12. Ordnung: Raubtiere (*Carnivora*)
13. Ordnung: Röhrenzähner (*Tubulidentata*)
14. Ordnung: Rüsseltiere (*Proboscidea*)
15. Ordnung: Schliefer (*Hyracoidea*)
16. Ordnung: Seekühe (*Sirenia*)
17. Ordnung: Unpaarhufer (*Perissodactyla*)
18. Ordnung: Paarhufer (*Artiodactyla*)

Wirtschaftliche Bedeutung. Infolge ihrer Größe gehören zu den S. die wichtigsten Nutztiere, die dem Menschen als Haustiere und jagdbare Wildtiere Nahrung, Rohstoffe und Arbeitskraft liefern. Daneben sind einige S. unentbehrlich als Versuchstiere für die medizinische Forschung. Manche S. erlangen Bedeutung als Krankheitsüber-

träger, z. B. der Tollwut, andere als Schädlinge an Vorräten, in Ställen, auf Feldern oder an Deichbauten.
Geologische Verbreitung. Obere Trias bis zur Gegenwart. Die ältesten Überreste sind Zähne von Multituberkulaten. Diese Beuteltiere gehen auf eine besondere Gruppe der Saurier, die Iktidosaurier, zurück. Die meisten mesozoischen S. sind primitive Formen; erst in der oberen Kreide entwickeln sich höher organisierte Vertreter. Eine explosive Entwicklung der S. bahnt sich dann im Tertiär an, besonders Eozän und Pliozän sind Zeiten stärkster Entfaltung. Fossil wichtige Ordnungen, unter denen sich auch tertiäre und quartäre Leitformen befinden, sind Beuteltiere, Insektenfresser, Raubtiere, Huftiere und Primaten.
Sammeln und Konservieren. Sehr verbreitet ist der Fang von Kleinsäugern, wie Mäuse und Ratten, mit Schlagfallen. Für größere, z. B. Marder, Biber, Fuchs, sollten statt Fangeisen, Schlingen o. ä. Kastenfallen verwendet werden. Getötet werden S. mit Chloroform, Ether, Stadtgas oder durch Injektion. Für anatomische Zwecke konserviert man sie nach Injektion der Körperhöhle mit 4%iger Formaldehydlösung in 1,5%iger Formaldehydlösung.
Lit.: F. H. van den Brink: Die S. Europas westlich des 30. Längengrades 2. Aufl. (dtsch. Hamburg u. Berlin 1972); G. Gaffrey: Merkmale der wildlebenden S. Mitteleuropas (Leipzig 1961); Grzimeks Tierleben, Bd X-XIII (Zürich 1968); I. Krumbiegel: Biologie der S., 2 Bde (Krefeld 1953/55); S. I. Ognew: S. und ihre Welt (dtsch. Berlin 1959); G. Olberg: Die Fährten der S., 2. Aufl. (Wittenberg 1973); W. Puschmann: Wildtiere in Menschenhand, Bd 2 (Berlin 1975); I. T. Sanderson: S. (dtsch. München u. Zürich 1956); H. Stubbe: Buch der Hege, Bd I: Haarwild (Berlin 1973); M. Weber: Die S., 2 Bde (Jena 1927/28); Säugetiere, Urania Tierreich, Bd 6 (Leipzig, Jena, Berlin 1966); Die S. der Sowjetunion, Bd I–III (Jena 1966–1980).
Saugfortsätze, svw. Haustorien.
Saugfüßer, → Doppelfüßer.
Saugkraft, Größe des Wasseraufnahmevermögens von Pflanzenzellen durch → Osmose.
Säuglingstypus, → Konstitutionstypus.
Saugmagen, → Verdauungssystem.
Saugnäpfe, Haftorgane bei Tieren zur Anheftung an andere Tiere oder unbelebte Gegenstände. Die S. haben in der Regel napf- oder schalen-, auch scheibenförmige Gestalt. Durch aktives Zusammenziehen von Muskeln wird ein luftverdünnter Raum gebildet. S. treten bei Saug- und Bandwürmern, Egeln, Stachelhäutern, Karpfenläusen, Neunaugen und Fischen (Schiffshalter) auf. Besonders wirksam sind die S. der Kopffüßer. Diese sind gestielt oder sitzen den Armen direkt auf und bestehen aus einem festen, muskulösen Ring und einem darin steckenden Pfropf aus Längsmuskeln, die so miteinander verbunden sind, daß sie ein halbkugeliges Gebilde ergeben. Kontrahieren sich bei angepreßtem Ring die Pfropfmuskeln, entsteht ein Unterdruck, der so groß ist, daß man eher einen Arm abreißt, als daß der Saugnapf sich löst. Bei den Achtfüßern ist der Ring dick und stark muskulös, bei den Zehnfüßern meist mit einem Keratochitinring am äußeren Rand versehen, der mit Zähnchen oder Haken zum Ergreifen weichhäutiger Beutetiere besetzt ist.
Saugordnung, → Saugverhalten.
Saugschuppen, → Epiphyten.
Saugverhalten, typisches Verhalten von Säugetieren nach der Geburt, wobei die auslösenden Reize vom Muttertier oder der Mutter (Mensch) ausgehen und kontaktmechanische chemische Signalparameter aufweisen. Das S. ist durch einen arttypischen Rhythmus gekennzeichnet (Abb.). Bei Jungen, die in Würfen aufwachsen, kann es zu einer Zitzenkonstanz kommen und sich damit eine *Saugordnung* ergeben, so beispielsweise bei Katzen oder Schweinen. Zum S. gehören bei manchen Arten in der Suchphase das Kopfpendeln, beim Saugen selbst Kopfstoßen gegen das Gesäuge, bei Nesthockern der Milchtritt.

Ziege
Löwe
Kalb(Rind)
Orang
Mensch
5 Sekunden
Typische Saugrhythmen bei Säugetieren und beim Menschen

Saugwert, → Osmose.
Saugwürmer, *Trematoden, Trematodes,* eine Klasse der Plattwürmer mit in erwachsenem Zustand stets parasitisch an oder meist in Wirbeltieren lebenden Arten, die oft eine komplizierte Entwicklung durchmachen. Von den über 6000 bekannten Arten kommen etwa 500 in Mitteleuropa vor.

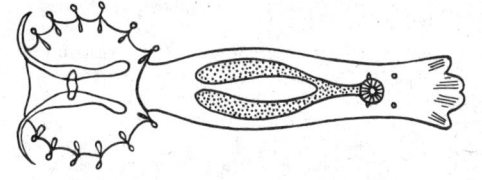

Saugwurm (*Dactylogyrus anchoratus*) der Ordnung *Monogenea*

Morphologie. Die meist weniger als 1 mm bis 10 cm, selten bis zu 1 m langen, immer ungegliederten S. haben einen ovalen bis lanzettlich, mehr oder weniger abgeplatteten Körper, daneben kommen auch walzen- oder schnurförmige Arten vor. Bei den *Monogenea* trägt das Vorderende meist paarige Haftorgane (Drüsen oder Saugnäpfe) und das Hinterende eine große, oft mit Häkchen bewaffnete Haftscheibe. Die *Digenea* haben am Vorderende einen Mundsaugnapf und einen Bauch- oder Endsaugnapf. Bei den *Aspidobothriae* ist die gesamte Bauchseite von einer großen, durch Längs- und Querleisten gegliederten Haftscheibe bedeckt. Die S. sind fast durchweg farblos, seltener haben sie eine gelbliche, rötliche oder auch bräunliche Färbung. Die Haut trägt oft Stacheln oder Haken, besonders am Vorderende. Viele *Monogenea* und ein Teil der freilebenden Larvenstadien der *Digenea* weisen ein bis vier Paar einfache Augen, Pigmentflecke oder Becheraugen auf. Der Darm ist blind geschlossen und in zwei seitliche Zweige geteilt. Die Mundöffnung liegt am Vorderende, am Grunde des Mundsaugnapfes oder in einer trichterartigen Vertiefung. Die S. sind in der Regel Zwitter, eine Ausnahme bilden z. B. die → Pärchenegel. Dem aus einem bis zwei, bei den *Monogenea* aus vielen Hoden und stets einem Eierstock bestehenden zwittrigen Geschlechtsapparat sind noch Dotterstöcke und eine Schalendrüse angelagert, die der Eibildung dienen.

Biologie. Alle S. haben eine ausschließlich parasitische Lebensweise. Die *Monogenea* leben hauptsächlich in der Haut und in den Kiemen von Fischen, Lurchen, Kriechtieren, Krebsen und Kopffüßern, seltener auch in der Nasen- und Rachenhöhle und in der Harnblase von Fischen, Lurchen und Kriechtieren. Die *Aspidobothriae* kommen vor allem in verschiedenen inneren Organen von Fi-

Saumbiozönosen

schen, Schildkröten, Schnecken oder Muscheln vor. Die Geschlechtsgeneration der *Digenea* lebt in den inneren Organen, wie Darm, Leber, Lunge und Blutgefäßen, von Wirbeltieren aller Klassen, während die ungeschlechtliche Generation von Schnecken, manchmal auch von Muscheln beherbergt wird. Die Nahrung der S. besteht aus Gewebeteilchen, Blut, Lymphe oder Darmsaft ihrer Wirtstiere.

Entwicklung. Bei den meisten *Monogenea* und den *Aspidobothriae* verläuft die Entwicklung direkt, d. h., aus den Eiern schlüpfen Jungtiere, die den erwachsenen Würmern ähnlich sind und sich gleich an einem Wirtstier festheften oder in dieses eindringen. Die übrigen S. machen eine meist mehrfache Verwandlung durch, die bei den *Digenea* gleichzeitig mit einem Wechsel zwischen einer ungeschlechtlichen, sich parthenogenetisch fortpflanzenden Generation und einer geschlechtlichen Generation verbunden ist, wobei noch ein ein- bis mehrfacher Wirtswechsel stattfindet (→ Leberegel, → Pärchenegel).

Wirtschaftliche Bedeutung. Viele S. sind wichtige Parasiten des Menschen oder von Haus- und Nutztieren und verursachen z. T. erheblichen Schaden, z. B. der Große Leberegel als Erreger der Leberfäule der Wiederkäuer oder der Pärchenegel als Erreger seuchenhafter Erkrankungen des Menschen. An der Haut und an den Kiemen der Fische parasitieren die Arten der Gattungen *Dactylogyrus* und *Diplozoon*, die Brutsterben bzw. Blutarmut der Fische hervorrufen können.

System. Nach der Lage und dem Bau der Haftorgane sowie nach dem Entwicklungsmodus werden folgende zwei Ordnungen unterschieden: 1) *Monogenea* mit den Gattungen *Dactylogyrus* und *Diplozoon*, 2) *Digenea* mit dem Großen und Kleinen Leberegel, dem Pärchenegel und den *Aspidobothriae* (es sind nur die wichtigsten Gattungen erwähnt).

Lit.: B. Löliger-Müller: Die parasitischen Würmer, Tl II, Plattwürmer (Wittenberg 1957).

Saumbiozönosen, svw. Saumzönosen.

Saumgesellschaft, nitrophile Pflanzengesellschaft, die meist am Fuß von → Mantelgesellschaften, z. B. an Waldrändern u. dgl., entwickelt ist.

Saumriff, → Korallenriffe.

Saumzönosen, *Saumbiozönosen,* Biozönosen, die sich mehr oder weniger linienartig an der Grenze von benachbarten Beständen bilden. Sie sind im Gegensatz zu echten Biozönosen nicht autoregulativ, sondern werden immer von den benachbarten Flächen geprägt, aber sie weisen neben den typischen Arten der angrenzenden Bestände eine Reihe charakteristischer Arten auf, die nur im Saumbiotop siedeln. Typische S. sind Waldränder, Bachgehölze u. a.

Säureamide, organische Verbindungen, bei denen die Hydroxylgruppe einer Karbonsäure durch die Gruppierung —NH_2, —NHR oder —NR_2 ersetzt ist.

säurefeste Bakterien, Bakterien, die auf Grund ihres hohen Gehaltes an Wachsen Farbstoffe nur schwer aufnehmen und einmal aufgenommene Farbstoffe nur schwer abgeben. Der Nachweis der s. B. erfolgt meist durch die Färbung nach Ziehl-Neelsen mit Phenolfuchsin. Bei der anschließenden Behandlung mit Ethylalkohol, der 5% Salzsäure enthält, geben nur nichtsäurefeste Bakterien den Farbstoff wieder ab, während s. B. rot erscheinen. Zu den s. B. gehört z. B. das Tuberkelbakterium, *Mycobacterium tuberculosis*.

Säurerhythmus, → diurnaler Säurerhythmus.

Säurewecker, svw. Starterkulturen.

Saurier [griech. sauros 'Echse, Eidechse'], *Sauria,* im engeren Sinne die → Echsen, in der Paläontologie Sammelbegriff für bestimmte fossile Lurche und Kriechtiere.

Saurischier, → Dinosaurier.

Sauropoden [griech. sauros 'Eidechse', podes 'Füße'], *Sauropoda,* Unterordnung zu den Saurischia gehörender Dinosaurier, unter denen sich die größten vierbeinigen Landwirbeltiere aller Zeiten befanden. Die plumpen, fünfzehigen, in Sümpfen lebenden Tiere mit kleinem Schädel und sehr langem Hals waren Pflanzenfresser.

Verbreitung: Jura bis Kreide.

Sauropsida, aus den Reptilien und Vögeln bestehende Verwandtschaftsgruppe der Wirbeltiere.

Sauropterygier [griech. sauros 'Eidechse', pterygion 'Flosse'], *Sauropterygia, Flossensaurier,* ausgestorbene Ordnung meeresbewohnender Kriechtiere. Ihr plumper, eidechsenähnlicher Körper zeigte einen kleinen Schädel auf langem Hals und flossenartige Gliedmaßen. Der Grad der sekundären Anpassung an das Leben im Wasser war bei den einzelnen Familien unterschiedlich.

Verbreitung: Trias bis Oberkreide.

Savanne, Vegetationsformation der semiariden Tropen und Subtropen, bei der Grasfluren von einzelnen Bäumen oder Baumgruppen durchsetzt sind. Mit Zunahme der Niederschläge erhöht sich der Anteil an Gehölzen. Die Holzarten der S. haben den Standortbedingungen angepaßte Wuchsformen, wie die Schirmbaumform mit den flachen Kronen der Schirmakazien und die dicken, wasserspeichernden Stämme des Affenbrotbaumes (*Adansonia*). Dem Wasserhaushalt entsprechend werden Trocken- und Feuchtsavannen unterschieden. In den afrikanischen (*Miombo*) und asiatischen S. sind die Bäume meist laubwerfend (*Acacia*), in den Llanos des Orinokogebietes und Campos cerrados von Brasilien herrschen immergrüne Holzarten mit einem weit- und tiefreichenden Wurzelsystem (*Curatella, Byrsonima, Caseria*) vor. Auf Lehmböden mit für das Gehölzwachstum günstigen Termitenhügeln entwickelt sich die *Termitensavanne*. In zeitweilig überschwemmten Niederungen wird die *Überschwemmungssavanne* ausgebildet. Überweidung begünstigt die Savannenverbuschung mit Dornsträuchern.

Saxifragaceae, → Steinbrechgewächse.

Scanningelektronenmikroskop, svw. Rasterelektronenmikroskop.

Scaphites [griech. skaphis 'Kahn, Wanne, Napf'], von der Unter- bis zur Oberkreide (Campan) verbreiteter Ammonit. Das Gehäuse ist im Anfangsteil planspiral eingerollt. Die Wohnkammer ist aufgerollt und hakenförmig gekrümmt, nicht über den Anfangsteil greifend. Die Mündung des Anfangsteils ist kragenartig eingeschnürt. Es handelt sich dabei um eine Abbauform der Berippung und Gehäuseausbildung.

Scaphopoda, → Grabfüßer.

Scapus, svw. Schaftglied.

Scarabaeidae, → Blatthornkäfer.

Scatophagidae, → Argusfische.

Schaben, *Blattoptera, Blattariae,* eine Ordnung der Insekten mit 12 Arten in Mitteleuropa (Weltfauna: etwa 3 500, überwiegend in den Tropen verbreitet). S. sind fossil seit dem Karbon nachgewiesen.

Vollkerfe. Die Körperlänge beträgt 0,2 bis 11 cm, bei heimischen Arten bis 3 cm. Der Körper ist flach, der Kopf liegt unter dem vergrößerten Halsschild, die Fühler sind dünn fadenförmig und etwa körperlang, die Mundwerkzeuge beißend. Die derb lederartigen Vorderflügel (Deckflügel) überdecken in der Ruhe die häutigen Hinterflügel, die dicht am Körper anliegen. Flügelverkürzungen und Flügellosigkeit kommen vor. Das Körperende trägt zwei kurze Schwanzfäden (Cerci). Die S. lieben Dunkelheit, Wärme und Feuchtigkeit, weshalb man sie besonders unter Laub, Steinen, in Höhlen oder Gebäuden findet. Ihre Entwicklung ist eine Form der unvollkommenen Verwandlung (Paurometabolie).

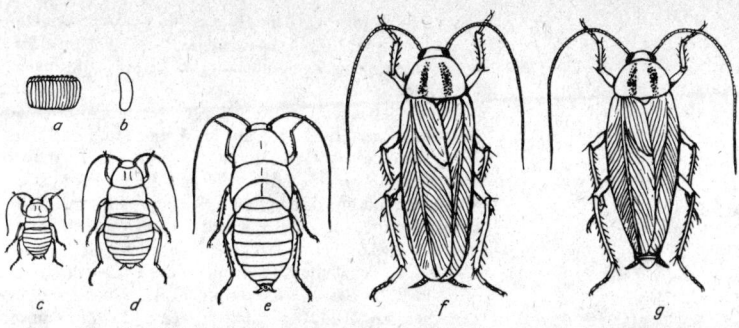

Schachtelhalmartige

Verwandlung der Hausschabe (*Blatella germanica* L.): *a* Eikokon, *b* einzelnes Ei, *c* bis *e* 2., 4. und 6. Larvenstadium, *f* ♂, *g* ♀

Eier. Die etwa 20 bis 50 Eier werden in einer Eikapsel (Oothek, durch Sekret der Kittdrüse gebildet) vereinigt und vom Weibchen eine Zeitlang oder sogar bis zum Ausschlüpfen der Junglarven mit herumgetragen.

Larven. Den Vollkerfen im Bau wie auch in der Lebensweise sehr ähnlich; nach fünf bis sechs Häutungen schlüpfen die Imagines.

Wirtschaftliche Bedeutung. Mehrere Arten sind Pflanzen- oder Vorratsschädlinge; letzteres trifft z. B. für die Küchenschabe (*Blatta orientalis* L.) und für die Hausschabe (*Blattella germanica* L.) zu. Die S. befressen und verschmutzen nachts Lebensmittel, Textilien, Leder- und Papierwaren. Sie sind auch Überträger von Krankheiten (Milzbrand, Tuberkulose) und als Zwischenwirte von Rundwürmern von medizinischer Bedeutung.

System. Die S. werden in zehn Familien eingeteilt, heimisch sind aber nur die Familien *Blattidae* und *Ectobiidae*.

Lit.: K. Harz: Blattodea, Die Tierwelt Deutschlands, Tl 46 (Jena 1960).

Schabrackentapir, → Tapire.
Schachblume, → Liliengewächse.
Schachtelhalmartige, *Equisetatae, Articulatae, Sphenopsida,* eine Klasse der Farnpflanzen. Es sind krautige oder baumförmige (fossil) Pflanzen mit hohlem, deutlich in Nodien und Internodien gegliedertem Sproß, der wirtelförmig verzweigt sein kann. Die kleinen, meist schuppenartigen Blätter stehen in Quirlen. Sie sind an der Basis verwachsen und umschließen den Stengel als Scheide. Am Ende des Stengels stehen die zapfenförmigen Sporophyllstände, deren tischchenförmige Sporophylle sich immer von den grünen Blättern unterscheiden. Die Sporangien sitzen an der Unterseite der Sporophylle. Der Gametophyt ist ein oberirdisches, grünes, gelapptes Prothallium, das sich immer außerhalb der Sporen entwickelt.

1. Ordnung: *Sphenopsidales,* **Keilblattgewächse,** fossile Pflanzen aus dem Paläozoikum mit gabelteiligen oder keilförmig verwachsenen Blättern.

2. Ordnung: *Equisetales,* **Schachtelhalme,** eine bereits aus dem Karbon bekannte Pflanzengruppe, die heute nur noch mit einer Gattung, *Equisetum,* **Schachtelhalm,** vertreten ist, deren 32 Arten weit verbreitet sind. Einige Arten sind nur sommergrün und bilden knollige Rhizome aus. Bei manchen Arten ist ein auffälliger Dimorphismus zwischen sterilen und fertilen Sprossen vorhanden. Am bekanntesten ist der als Ackerunkraut auftretende, weitverbreitete **Ackerschachtelhalm,** *Equisetum arvense,* der wegen seines Gehalts an Kieselsäure früher zum Putzen des Zinngeschirrs verwendet wurde und daher auch den Namen **Zinnkraut** trägt. Giftig ist der **Sumpfschachtelhalm** oder **Duwock,** *Equisetum palustre.*

Den rezenten Schachtelhalmen sind die fossilen *Equisetites* ähnlich. Sie sind schon aus dem Oberkarbon bekannt und im Mesozoikum z. T. recht häufig. Der aus dem Buntsandstein und dem Keuper bekannte *Equisetites arenaceus* wurde 6 bis 10 m hoch und hatte armdicke Sprosse. Wichtig ist die im Karbon häufige Gattung *Calamites* mit baumförmigen Vertretern, die sekundäres Dickenwachstum aufwiesen (s. Abb. 3, S. 776).

1 Sphenophyllum cuneifolium mit Sporophyllähren und Heterophyllie (Rekonstruktion)

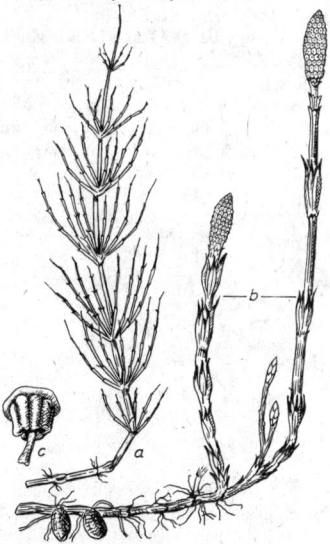

2 Ackerschachtelhalm: *a* steriler Sproß, *b* fertiler Sproß, *c* Sporophyll mit Sporangien

Schadbild

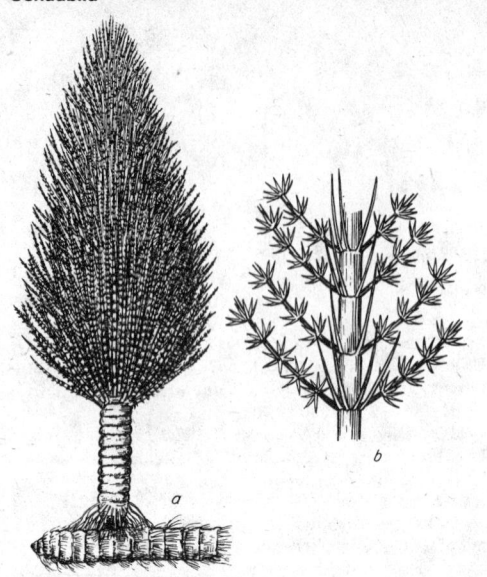

3 Calamiten: a Rekonstruktion eines *Eucalamites,* b Calamiten-Beblätterung *(Annularia)*

Schadbild, Krankheitsbild, äußerlich sichtbare Veränderungen einer erkrankten bzw. beschädigten Pflanze. Sie umfassen alle → Symptome und → Begleiterscheinungen.

Schädel, Kranium, Gesamtheit des Kopfskelettes der Wirbeltiere. Am Aufbau des S. lassen sich von vornherein ein neuraler Teil (*Neurokranium,* Kapsel für Hirn und Sinnesorgane) und ein viszeraler Teil (*Splanchnokranium,* zugeordnet der Mundöffnung und dem Darmtrakt) unterscheiden. Als aufbauende Elemente sind grundsätzlich ein *Deckknochenpanzer (Dermatokranium, Exokranium),* der ohne knorpelige Vorläufer entsteht, und ein neurales und viszerales *Endokranium* beteiligt. Knorpelfische (Haie, Rochen) besitzen kein Dermatokranium, Knochengewebe kommt bei ihnen durch sekundäre Rückbildung nicht vor. Bei den Altfischen (Lungenfische, Quastenflosser) ist der Knorpel fast völlig durch Knochengewebe ersetzt. Knochenfische und Tetrapoden zeichnen sich dadurch aus, daß stets ausgedehnte Partien ihres Dermatokraniums mit Teilen des Endokraniums zu einer neuen Einheit verbunden sind. Das Neurokranium umfaßt vier Regionen: Nasenkapsel, Augengrubenregion, Ohrregion und Hinterhauptsregion. Das Splanchnokranium

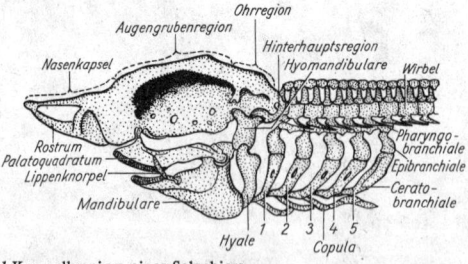

1 Knorpelkranium eines Selachiers

ist ursprünglich ein Kiemenskelett, das spangenartig angeordnet den Kiemenöffnungen als Stütze dient. Es besteht aus dem primären, zahntragenden *Kieferbogen* mit dorsalem *Palatoquadratum* und ventralem *Mandibulare,* die das ursprüngliche Kiefergelenk bilden, dem *Zungenbeinbogen* (*Hyoidbogen*) mit dorsalem *Hyomandibulare* und zentralem *Hyale* und meist fünf *Kiemenbögen* (*Viszeralbögen*). Zwischen Kiefer und Zungenbeinbogen ist ein → Spritzloch ausgebildet.

. Durch vielfachen Umbau und teilweisen Funktionswechsel wird dieser Grundbauplan des S. im Laufe der Stammesgeschichte weitgehend abgeändert. Ein besonders wandlungsfähiger Abschnitt in Form und Funktion ist das Splanchnokranium. Das primäre Kiefergelenk wird bei Fischen, Lurchen, Kriechtieren und Vögeln von den Ersatzknochen *Quadratum* und *Articulare* gebildet. Das Hyomandibulare ist schalleitender Gehörknochen (*Columella*), das Spritzloch die *Paukenhöhle* geworden. Bei Säugetieren rücken Quadratum und Articulare in den Mittelohrraum ein und bilden als *Hammer* und *Amboß* die Gehörknöchelchenkette mit der zum *Steigbügel* umgestalteten Columella. Die Kiemenbögen werden bei den Tetrapoden zu knorpeligen Elementen des *Zungenbeins* und des Kehlkopfes. Im knöchernen Neurokranium ist bei erwachsenen Wirbeltieren durch starke Ossifikation des Primordialknorpels und Einbau von Deckknochen eine erste *Schädelkapsel* entwickelt, bei der die Abgrenzung der Einzelelemente mitunter schwierig ist. Im Innern birgt die Schädelkapsel in der *Schädelhöhle* das Gehirn. Den Boden der Schädelhöhle bildet die *Schädelbasis;* über der von Basis und Seitenwänden geformten *Schädelwanne* befindet sich das *Schädeldach (Calvaria),* das aus Deckknochen (Hautknochen) besteht, und zwar aus den paarigen Knochen *Nasen-, Stirn-* und *Scheitelbein* und dem unpaaren *Supraoccipitale.* Das Schädeldach bedeckt die Stirn- und Scheitelregion und reicht bis zum Kieferrand. Die Verbindung von Neuro- und Splanchnokranium ist bei primitiven Wirbeltieren noch sehr locker, bei höheren wird sie zunehmend fester.

Am S. der Fische fällt die relativ kleine Gehirnkapsel auf. Hinter dem Kiefergelenk ist ein aus 4 Hauptstücken zusammengesetzter Kiemendeckel entwickelt. Das 5. Paar der Kiemenbögen trägt selten Kiemen, oft ist es bezahnt (Schlundzähne), z. B. bei Karpfenartigen. Mit der Wirbelsäule ist der S. starr verbunden. Der S. der Lurche hat 2 *Hinterhauptshöcker,* die gegenüber der Wirbelsäule Nickbewegungen des S. ermöglichen. Der S. der Kriechtiere weist stammesgeschichtlich erstmals einen sekundären, knöchernen Gaumen auf. Die hinteren, inneren Nasenöffnungen (*Choanen*) werden von den Flügelbeinen begrenzt. Der Oberkiefer-Gaumen-Apparat ist bei Schlangen und Eidechsen beweglich. Ein Gelenkhöcker unter dem großen Hinterhauptsloch, das dem Eintritt des Rückenmarkes in die Schädelhöhle dient, stellt die Verbindung mit dem Achsenskelett her. Auch beim S. der Vögel ist nur ein Hinterhauptshöcker vorhanden. Rezente Vögel haben keine Zähne. Insgesamt ist der Vogelschädel schon in juvenilem Zustand durch die feste, nahtlose Verwachsung aller seiner Knochenstücke gekennzeichnet. Beim S. der Säugetiere wird der Unterkiefer nur noch vom *Zahnknochen* geformt,

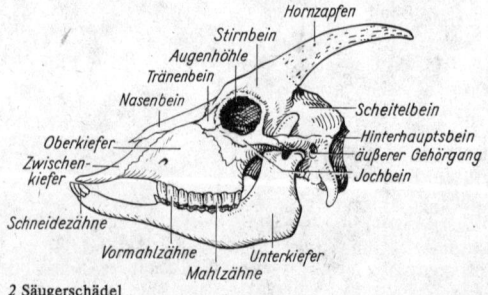

2 Säugerschädel

ein *Siebbein* trennt Nasen- und Hirnhöhle, zwei Hinterhauptshöcker verbinden den S. mit der Wirbelsäule. Die Mächtigkeit des Kauapparates, Lage und Größe der Sinnesorgane sowie die Entwicklung des Gehirns bestimmen gleichermaßen die gattungstypische Gesamtform des S.

Schädelebenen, durch bestimmte Punkte am Schädel genau definierte Orientierungsebenen, die den exakten Vergleich verschiedener Schädel miteinander erlauben und auf die insbesondere Winkel- und Höhenmaße bezogen werden. Besonders wichtig ist die *Median-Sagittal-Ebene,* die den Schädel in zwei spiegelbildliche Hälften zerlegt und zu der beliebig viele parallel verlaufende Sagittalebenen gelegt werden können. Von den zahlreichen möglichen Horizontalebenen ist in der Anthropologie die → Ohr-Augen-Ebene die gebräuchlichste, da sie der natürlichen Kopfhaltung des Menschen am ehesten entspricht.

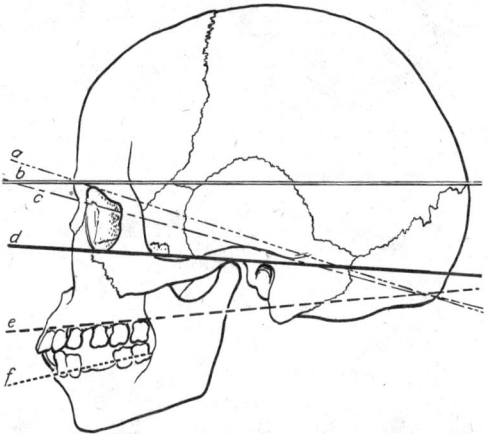

Menschlicher Schädel in Seitenansicht (Norma lateralis) mit eingezeichneten Schädelebenen (nach Martin): *a* Glabello-Inion-Linie, *b* Glabello-Lambda-Linie, *c* Nasion-Inion-Linie, *d* Ohr-Augen-Ebene, *e* Alveolo-Condylen-Ebene, *f* Alveolarrand-Linie

Schädelkapazität, Maßzahl der Anthropologie, die dem Volumen des Hirnschädelinnenraumes entspricht. Das Volumen kann mit Hilfe eines körnigen Füllmaterials gemessen (kubiziert) oder auf Grund bestimmter Abmessungen berechnet werden. Das Gehirnvolumen ist etwas geringer als die S. Beim Menschen entsprechen 100 cm³ S. 91 bis 95 g Gehirnmasse. Die Menschenaffen haben eine mittlere S. von 450 cm³ und Minimalwerte bei weiblichen Orang-Utans von 290 cm³ und Maximalwerte bei männlichen Gorillas von 685 cm³. Beim *Homo sapiens sapiens* beträgt das europäische Mittel für Frauen 1 300 cm³, für Männer 1 450 cm³. Einige Neandertaler hatten eine auffallend große S. (z. B. Spy II 1723 cm³).

Für die Leistungsfähigkeit des Gehirns sind aber nicht allein die Größe, sondern auch die Größenverhältnisse der einzelnen Gehirnabschnitte und die Feinstrukturen von Bedeutung.

Schädellose, *Akranier, Acrania,* zu den Chordatieren gehörende getrenntgeschlechtliche Tiere. Sie kommen vorwiegend in der indopazifischen Region vor und werden bis zu 7 cm lang. Es sind etwa 30 Arten bekannt. In der Jugend sind die Tiere glasig durchsichtig, erwachsen weißlich bis fleischfarben mit seitlich abgeflachtem, gestrecktem Körper ohne deutlich erkennbaren Kopfabschnitt. Chorda und Rückenmark sind ständig vorhanden; die Muskulatur ist segmentiert, die Haut einschichtig. Das Blutkreislaufsystem ist geschlossen, der Darm mit Kiemenspalten versehen. Bekanntester Vertreter der S. ist das → Lanzettfischchen.

Schädeltiere, svw. Wirbeltiere.

Schaden, Werturteil des Menschen, bezogen auf bestimmte wirtschaftliche Verluste, wie sie z. B. in der Pflanzenproduktion durch Schaderreger und abiotische Faktoren verursacht werden, den angestrebten Nutzen herabsetzen und somit seine Lebensmöglichkeiten und Existenzbedingungen beeinträchtigen.

Lit.: G. Fröhlich: Wörterbücher der Biologie; Phytopathologie und Pflanzenschutz (Jena 1979).

Schaderreger, Organismus, der die Ertragsmenge oder Qualität senkt. Sammelbegriff für Faktoren, die den Nutzpflanzen Schaden zufügen bzw. sie in ihrer Existenz bedrohen und zu wirtschaftlichen Nachteilen für den Menschen beitragen. Sie sind abiotischer (Witterungseinflüsse u. a.) oder biotischer Natur (Viren, Mikroorganismen, Tiere).

Schaderregerüberwachung, ein Verfahren des → Pflanzenschutzes zur laufenden Kontrolle des Massenwechsels aktueller und potentieller Schaderreger sowie zur Erfassung des Einflusses der Intensivierungsfaktoren auf das Schadgeschehen. Sie dient der Gewinnung einer aktuellen, exakten Übersicht über die großräumige Befallssituation in einem Gebiet und erfolgt auf EDV-Basis.

Lit.: K. Seidel, D. Wetzel, T. Schumann: Grundlagen der Phytopathologie und des Pflanzenschutzes (Berlin 1981).

Schädlinge (Tafeln 45 und 46), Organismen, deren Lebensäußerungen den Absichten des Menschen zuwiderlaufen, indem sie seine oder seiner Nutztiere und Nutzpflanzen normale Entwicklung und Leistungsfähigkeit beeinträchtigen, volkswirtschaftlich wichtige Güter im Wert mindern oder zerstören oder auch nur als Lästlinge unangenehm oder hinderlich sind.

Das angegriffene Objekt erleidet meist eine Schädigung, wie bei Blattfraß, Wurzelzerstörung, Saft- oder Blutentnahme. Bewirken die S. eine deutliche Abweichung von den normalen Lebensprozessen, so lösen sie eine Krankheit aus, z. B. durch Entzündungen oder Abwehrreaktionen und andere gesundheitliche Beeinträchtigungen oder bei Pflanzen durch Mißbildungen, Vergilbungen, Kümmern u. a. Die Begriffe »gesund« und »krank« werden auf ganze Bestände von Pflanzen, aber auch auf geschlagenes und verarbeitetes (also totes) Holz übertragen.

Tierische S. sind insbesondere Insekten, aber auch Rundwürmer, Milben, Asseln, Schnecken, Vögel, Nagetiere und Wild.

Pflanzliche S. sind Schmarotzerpflanzen und die Unkräuter sowie zahlreiche Pilze, die zu den *mikrobiellen S.* mit Viren, Bakterien und Mykoplasmen überleiten. Den S. fallen etwa 30 % der pflanzlichen Produktion jährlich zum Opfer.

Man gliedert S. nach ihrem Auftreten in Feld-, Garten-, Obst-, Forstschädlinge, S. der Haustiere, Gesundheitsschädlinge und Vorratsschädlinge.

Aus der Fülle der Organismen, die als S. in Frage kommen können, sind jedoch nur diejenigen wichtig, die mit Regelmäßigkeit und durch ihre Häufigkeit den menschlichen Belangen Schaden zufügen.

In natürlichen und vom Menschen nicht genutzten Ökosystemen kann man ökologisch keine Einteilung in nützlich oder schädlich vornehmen. Erst die ökonomischen Gesichtspunkte berechtigen dazu und verlangen eine Bekämpfung der S., wenn sie die ökonomische Schadensschwelle überschreiten. Gegensatz: → Nützlinge.

Lit.: R. Keilbach: Die tierischen S. Mitteleuropas (Jena 1966); M. Klinkowski: Phytopathologie und Pflanzenschutz, 3 Bde (Berlin 1969 bis 1976); T. Wetzel: Pflanzenschädlinge, Bekämpfung, Probleme, Lösungen (4. Aufl. Leipzig, Jena, Berlin 1984).

Schädlingsbekämpfung

Schädlingsbekämpfung, Maßnahmen zur Niederhaltung und Vernichtung von Schädlingen an Pflanzen, Tieren und dem Menschen einschließlich seiner Wohnstätten sowie an gelagerten Gütern durch physikalische, chemische und biologische Verfahren. Es wird ein integriertes Vorgehen gegen Schädlinge unter Nutzung aller bestehenden Möglichkeiten einschließlich Optimierung der Lebensbedingungen für die zu schützenden Organismen (*integrierte S.*) angestrebt, um die Ökosysteme so wenig wie möglich zu belasten.

Lit.: U. Sedlag: Biologische S. (2. Aufl. Berlin 1980).

Schädlingsbekämpfungsmittel, → Pflanzenschutzmittel.

Schadschwellenwert, *ökonomischer S.*, Populationsdichte eines Schaderregers, deren Schadausmaß einen Umfang erreicht, bei dem Schutzmaßnahmen zweckmäßig sind bzw. bei deren Überschreitung mit spürbaren Schäden an den Kulturpflanzen zu rechnen ist.

Schafe, *Ovis,* mittelgroße Paarhufer mit gebogenen, oft schneckenartig gewundenen Hörnern. Alle S. besitzen Tränengruben und Klauendrüsen, die den Ziegen fehlen. Sie bewohnen als Wildformen in verschiedenen Arten und Unterarten Hügel- und Gebirgslandschaften in Eurasien und Nordamerika. An der Entstehung der *Hausschafe, Ovis ammon* f. *aries,* sind hauptsächlich die vorderasiatischen Wildschafe beteiligt; der *Mufflon* (Muffeltier), *Ovis ammon musimon,* der auf Sardinien und Korsika wild lebt und auch in Mitteleuropa stellenweise wieder eingebürgert wurde, scheidet nach neueren Erkenntnissen als Vorfahr unserer Hausschafe aus

Schafgarbe, → Korbblütler.

Schafhaut, svw. Amnion.

Schafkamele, *Lama,* zusammenfassende Bezeichnung für die kleinen höckerlosen Kamelformen → Guanako, → Lama, → Alpaka und → Vicugna.

Schafstelze, → Stelzen.

Schaftglied, *Scapus,* Grundglied der Geißelantennen der Insekten.

Schakale, mittelgroße Vertreter der Hunde, die sich als Aasfresser an Luderplätzen einfinden, in Rudeln aber zuweilen auch meist krankes Wild erbeuten. Am bekanntesten ist der in Südosteuropa, Nordafrika und Südasien vorkommende *Goldschakal, Canis aureus.*

Schale, 1) Samenschale. **2)** Bezeichnung für Tiere einhüllende Hartgebilde aus Chitin oder Kalk, z. B. die S. der Muscheln.

Schalenauge, → Ästheten.

Schalendrüse, 1) svw. Maxillardrüse. **2)** Drüse der weiblichen Geschlechtsausführgänge, die an der Bildung der Eihüllen beteiligt sind (z. B. bei Plattwürmern und Knorpelfischen).

Schalentemperatur, → Körpertemperatur.

Schalen-Weichtiere, → Konchiferen.

Schallblasen, paarige oder unpaare Einstülpungen der äußeren Haut und der Mundhöhlenschleimhaut vieler männlicher Froschlurche, die durch Längsschlitze hinter den Mundwinkeln beim Quaken ausgestülpt werden und als Resonanzapparat dienen. Bei Unken liegen sie als innere S. unter der Kehlhaut.

Schallsignale, → Bioakustik.

Schalotte, → Liliengewächse.

Schaltlamellen, → Knochen.

Schaltmännchen, → Periodomorphose.

Schaltneuron, → Interneuron.

Schaltstadium, → Periodomorphose.

Schaltung, Zuordnung von Nervenzellen zu neuronalen Schalteinheiten durch synaptischen (→ Synapse) Kontakt. Wichtige S. sind unter anderem: Neuronenkette, Konver-

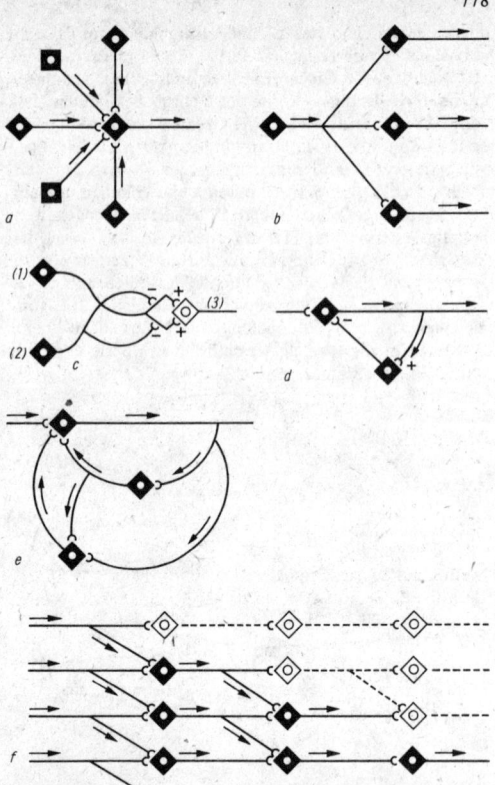

Schaltungen (Beispiele): *a* Konvergenz, *b* Divergenz, *c* präsynaptische Hemmung, *d* rekurente Hemmung, *e* Erregungsbreite, *f* seitliche Hemmung. Zeichen »+« bedeutet Erzeugung postsynaptischer Erregungen, Zeichen »–« postsynaptische Hemmung, erregte Neuronen schwarz und ausgezogene Linien, nicht erregte hell und gestrichelte Linien; in *c* hängt die Erregung des Neurons (3), gestreift, davon ab, ob Neuron (2) aktiv ist, geschieht dies, ist (3) nicht erregt

genz, Divergenz, präsynaptische Hemmung, Erregungskreise, Erregungsbegrenzung (Abb.). *Neuronenketten* aus einem afferenten und einem efferenten Neuron liegen in einem monosynaptischen Reflexbogen vor. *Konvergenz* ist für viele Sinneszellen und Neuronen in Sinnesorganen typisch. Im menschlichen Auge beträgt die Anzahl der Zapfen etwa 3 bis 6 Mill., die der Stäbchen etwa 125 Mill. Die Erregungen dieser Sinneszellen konvergieren auf nur etwa 1 Mill. Neuronen des Sehnerven (→ rezeptives Feld). *Divergenz* besteht ebenfalls bei Neuronen in Sinnesorganen, aber auch in vielen Strukturen zentralnervaler Anteile. Beispielsweise divergieren Kollateralen einer Moosfaser im Kleinhirn von Säugern zu etwa 400 Körperzellen. Durch Konvergenz bzw. Divergenz entsteht Erregungskonzentrierung oder -ausbreitung. Die Erregungsfrequenz (→ Frequenzmodulation der Erregung) kann durch → Transmitter in bestimmten S. und damit für ganze nachgeschaltete Systeme maßgeblich beeinflußt werden. *Präsynaptische Hemmung* bedeutet Freisetzung eines Transmitters durch eine Präsynapse, deren postsynaptisches Element aber den präsynaptischen Bereich einer anderen Nervenzelle darstellt. Wirkt der von der ersten Nervenzelle freigesetzte Transmitter hemmend auf die zweite Nervenzelle, wird letztere selbst keinen Transmitter freisetzen, so daß eine nachgeschaltete Zelle ihren Erregungszustand und den ihr nachgeschalteter Systeme nicht ändert. Präsynaptische Hemmungen unter-

liegen zahlreichen zentralnervalen Vorgängen. Ein Beispiel für rekurrente Hemmungen liegt bei → Motoneuronen im Rückenmark vor, wenn eine Kollaterale ihres Axons eine *Renshaw-Zelle* erregt, die ihr Axon »rückläufig« zum Soma des Motoneurons sendet. Der von Renshaw-Zellen freigesetzte Transmitter löst inhibitorische postsynaptische Potentiale aus. *Erregungskreise* sind die Grundlage zahlreicher Dauererregungen von Neuronenverbänden und werden auch im Zusammenhang mit der Informationsspeicherung (→ Gedächtnis) diskutiert. Als Erregungskreise gelten nicht nur zu Kreisen verschaltete Einzelneuronen (Abb.), sondern auch Bündel von verschalteten Nervenzellen und -fasern, die insgesamt einen *Schaltungskreis* darstellen, selbst wenn am Gesamtkreis im einzelnen andere S. beteiligt sind. Eine solche S. stellt der Papez-Kreis des limbischen Systems von Säugern dar. S. sind die Grundlage für die Funktionen des Nervensystems, zahlreiche S. sind noch unbekannt. Eine phylogenetisch frühe Form der S. scheint die netzförmige Verknüpfung multipolarer Nervenzellen bei Nesseltieren zu sein. Die Zellen bilden ein diffuses Nervensystem. In diesem Netz geschieht die Erregungsausbreitung mit Dekrement. *Nervennetze*, als *Nervenplexus* bezeichnet, sind auch für weitere Wirbellose nachgewiesen, d.h. konzentrierte Ansammlungen von Nervenzellen, in denen S. auf engstem Raum stattfinden, sind nicht ursprünglich. Nervennetze bestehen aber auch noch bei Säugern, z. B. in Form des Plexus myentericus (Auerbach) zwischen den Muskelschichten der Darmwand. Die Bezeichnung Nervennetz wird aber unscharf auch dann verwendet, wenn die vielfältigen S. eines Anteils des zentralen Nervensystems unbekannt sind. Dies ist in vielen Kernen und Schichten auch des ZNS von Wirbeltieren und Säugern der Fall und nicht überraschend, wenn die große Anzahl verschalteter Nervenzellen, im menschlichen Gehirn etwa 10^{11}, aber mikroskopisch kleiner Neuronen in Betracht gezogen wird. Am besten bekannt sind die S. im Kleinhirn, Hippocampus und in Anteilen des visuellen Systems von Säugern.
Schambein, → Beckengürtel.
Schamkrabben, zur Familie *Calappidae* gehörende Krabben mit sehr eigentümlichem Aussehen. Die plumpen S. verhüllen ihr »Gesicht« mit ihren großen, kammartig erhobenen Scherenfüßen.
Schamlaus, → Tierläuse.
Schamlippen, → Vulva.
Schamspalte, svw. Vulva.
Scharbe, svw. Kliesche.
Scharben, svw. Kormorane.
Schardinger-Enzym, svw. Xanthinoxidase.
Scharrgräber, → Bewegung.
Schattenblätter, Laubblätter an der schattigen Nordseite und im Inneren der Krone von Bäumen, z.B. der Rotbuche. S. sind im allgemeinen sehr viel dünner und weniger differenziert als die Sonnenblätter (→ Lichtblätter) der Pflanze und besitzen meist kein typisches Palisadenparenchym. Diese unterschiedliche anatomische Ausgestaltung ist eine Folge der unterschiedlichen Beleuchtungsstärke (→ Lichtfaktor) sowie der dadurch bedingten Veränderungen der Transpirationsbedingungen, der Nährstoffversorgung und des Ionenverhältnisses von Kalium und Kalzium. Dabei erfolgt die Festlegung des Blattyps oft bereits in der vorhergehenden Vegetationsperiode, nämlich durch die Lichtverhältnisse, unter denen sich die Knospen mit den Blattanlagen entwickeln.
Schattenpflanzen, → Starklichtpflanzen.
Schattenvögel, → Schreitvögel.
Schaufelfüße, *Scaphiopus,* nordamerikanische Gattung der → Krötenfrösche mit stark ausgebildeter Hornschaufel an den Hinterbeinen, die den nachtaktiven Tieren zum Eingraben in festem Boden dient. Die Kaulquappen können große Schwärme im Wasser bilden.
Schaufelgräber, → Bewegung.
Schaufelnasenfrösche, svw. Ferkelfrösche.
Schaum, → kolloide Lösungen.
Scheibenzüngler, *Discoglossidae,* in Europa, Asien und Afrika verbreitete Familie der → Froschlurche mit runder, fast völlig am Mundboden festgewachsener Zunge. Freie Rippen bleiben auch nach der Metamorphose erhalten. Bei den Kaulquappen liegt das Kiemenloch in der Mitte der Brust. Zu den S. gehören unter anderem die → Unken und die → Geburtshelferkröte.
Scheide, svw. Vagina.
Scheidenbakterien, *Chlamydobakterien,* stäbchenförmige, Ketten bildende Bakterien, die in eine Hülle oder Scheide aus Schleimstoffen eingebettet sind. Aus den Fäden können bewegliche oder unbewegliche Einzelzellen entlassen werden. Bei manchen Formen, z. B. in der Gattung *Leptothrix,* sind in die Scheide Eisenverbindungen (→ Eisenbakterien) oder Manganverbindungen eingelagert. Es ist fraglich, ob es sich um autotrophe, die Chemosynthese durchführende Organismen handelt. Die S. sind Wasserbewohner. In Kläranlagen kann *Sphaerotilus natans* als sogenannter Abwasserpilz den Reinigungsprozeß erschweren. Der Brunnenfaden, *Crenothrix polyspora,* führt mitunter in Wasserleitungen zu Verstopfungen.

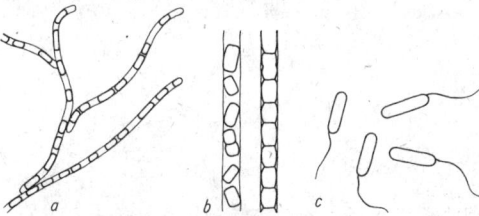

Scheidenbakterien (*Sphaerotilus natans*): *a* zusammenhängende Bakterienfäden, *b* Zellen in den Scheiden, *c* frei bewegliche Zellen

Scheidenschnäbel, → Regenpfeifervögel.
Scheidenvorhof, svw. Vulva.
Scheidewand, svw. Septum.
scheinbar Freier Raum, svw. Freier Raum.
Scheinfrüchte, → Frucht.
Scheinfüßchen, svw. Pseudopodien.
Scheingewebe, *Pseudoparenchym,* gewebeartige Zellverbände, die z. B. bei den Rotalgen durch Aneinanderlagerung von Zellfäden und deren Verbindung durch Gallerte oder, wie z. B. bei den Fruchtkörpern vieler Pilze, durch enge Verflechtung von Pilzhyphen (→ Flechtgewebe) entstehen. Quer- oder Längsschnitte durch S. ergeben mikroskopisch ein den echten pflanzlichen Geweben täuschend ähnliches Bild.
Scheinresistenz, in der Phytopathologie eine Form der → Resistenz, die dadurch gekennzeichnet ist, daß ein effektives Zusammentreffen von Wirt und Parasit verhindert wird (*Inkoinzidenz*). Die S. bedingenden Faktoren können zeitlicher, räumlicher oder biologischer Art sein. Das zeitliche *Entwachsen* eines Wirtes bezeichnet man auch als »escape«.
Scheinstamm, → Sproßachse.
Scheintod, → Ruheperioden.
Scheitelauge, → Lichtsinnesorgane.
Scheitelbein, → Schädel.
Scheitelgrube, → Sproßachse.
Scheitelkamm, → Crista.
Scheitelorgane, svw. Parietalorgane.
Scheitelzellen, durch besondere Gestalt und Größe ge-

Schelf

kennzeichnete Zellen an den Polen der Vegetationskörper vieler Thallophyten bzw. den Spitzen der Sprosse und Wurzeln der Mehrzahl der Archegoniaten, z. B. vieler Farnpflanzen. Aus ihnen gehen alle Zellen der Urmeristeme und damit des gesamten Pflanzenkörpers hervor. → Bildungsgewebe.

Schelf, → Meer.

Schelfmeer, svw. Flachsee, → Meer.

Schellack, ein in der chemischen Zusammensetzung den Harzen ähnelndes, in Farbe und Form unterschiedliches Produkt, wird in Indien, Indonesien und anderen Ländern Ostasiens aus den Ausscheidungen tropischer Lackschildläuse an verschiedenen Bäumen gewonnen. S. findet vor allem in der Lackindustrie Verwendung.

Schellfisch, *Melanogrammus aeglefinus,* zu den Dorschartigen gehörender, bis über 1 m langer Fisch, der im Nordatlantik und in seinen Nebenmeeren vorkommt. Der S. hat einen schwarzen Fleck über der Brustflosse und eine schwarze, gerade Seitenlinie. Er ernährt sich vor allem von Stachelhäutern; sehr wichtiger Nutzfisch.

Scheltopusik [slawisch 'Gelbbauch'], *Ophisaurus apodus,* größter Vertreter der → Schleichen. Der bis 1,25 m lange, kinderarmstarke, kastanienbraune S. ist fußlos, nur winzige, schuppenförmige Stummel sind als Rudimente der Hinterbeine vorhanden. Der Rumpf hat seitlich eine tiefe Furche. Der tagaktive S. bewohnt warme, trockene Gebiete Südosteuropas und Westasiens. Neben Schnecken frißt er auch kleine Eidechsen, Mäuse und Jungvögel. Das Weibchen legt 6 bis 10 längliche weiße Eier.

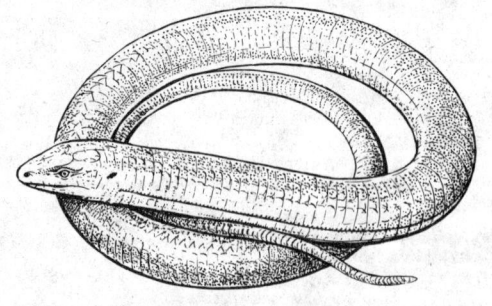

Scheltopusik (*Ophisaurus apodus*)

Scherenasseln, *Tanaidacea,* eine Ordnung der Krebse (Unterklasse *Malacostraca*) mit einem langgestreckten Körper und einem sehr kurzen Carapax. Das erste Laufbein ist stets groß und trägt eine Schere. Die Eier entwickeln sich in einem Brutbeutel des Weibchens. Die 250 bekannten Arten leben fast alle im Meer und sind Grundbewohner.

Scherenfüße, die zu Scheren umgewandelten Endglieder der Beine bei vielen Gliederfüßern. Besonders auffällig sind die S. bei den Zehnfüßern (Krebse).

Scherenschnäbel, → Regenpfeifervögel.

Schermäuse, svw. Wasserratten.

Schicht, svw. Stratum.

Schicht-Deckungsgrad, analytisches Merkmal zur Kennzeichnung eines Pflanzenbestandes. Die Blatt- und Sproßfläche einer Vegetationsschicht wird dabei auf den Boden projiziert gedacht. → Vegetationsaufnahme.

Schichtpilze, → Ständerpilze.

Schichtung, *1)* Aufbau einer Pflanzengesellschaft aus übereinander befindlichen Schichten (→ Synusie), die zum Teil von der Lebensform der Arten abhängig ist. → Vegetationsaufnahme. *2)* See.

Schiefblattgewächse, *Begoniaceae,* einen Familie der Zweikeimblättrigen Pflanzen mit etwa 800 Arten, die außer in Australien in allen tropischen und subtropischen Gebieten der Erde vorkommen. Es sind meist krautige Pflanzen mit asymmetrischen Blättern und eingeschlechtigen, einhäusigen Blüten, die 2- bis 5zählig sein können. Die weiblichen Blüten enthalten einen 2- bis 5fächerigen Fruchtknoten, der sich zu einer Kapsel entwickelt; die männlichen Blüten haben eine größere Anzahl Staubblätter, deren Filamente oft untereinander verbunden sind.

Von Bedeutung ist nur die artenreiche Gattung **Begonie** oder *Schiefblatt, Begonia.* Viele ihrer Arten und Zuchtformen sind als Zierpflanzen für Zimmer und Freiland weit verbreitet. Man unterscheidet mehrere gärtnerisch wichtige Gruppen, so z. B. die **Knollenbegonien,** *Begonia* × *tuberhybrida,* feuchtigkeitsliebende, im Sommer blühende Freilandarten, die teils pastellfarbige, teils kräftig gefärbte, auch gefüllte Blüten haben. Sie sind Kreuzungsprodukte einiger in den südamerikanischen Anden vorkommender Wildarten. Die **Lorraine-Begonien** sind Hybriden von *Begonia dregei* aus dem Kapland und *Begonia socotrana* von der Insel Sokotra, die im Winter reichlich blühen. Die aus mehreren indischen Arten entstandenen **Rex-Begonien,** *Begonia* × *rexcultorum* werden nur wegen ihres farbigen Laubes

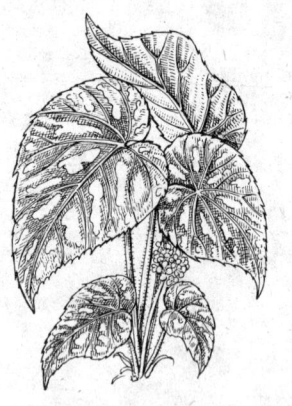

Schiefblattgewächse: Königs-Begonie

gehalten. Am bekanntesten sind die **Semperflorens-Begonien,** *Begonia* × *semperflorens cultorum,* deren wichtigste Stammart die brasilianische *Begonia semperflorens* ist, die während des ganzes Jahres blüht.

Schienbein, → Extremitäten.

Schienenechsen, *Tejus, Teiidae,* formenreiche, etwa 200 Arten (in etwa 45 Gattungen) umfassende Familie süd- und mittelamerikanischer → Echsen, von denen eine Gattung auch Nordamerika erreicht. Neben großen räuberischen Arten umfaßt die Familie auch kleine Formen von normaler Eidechsengestalt, die weitgehend den altweltlichen → Eidechsen entsprechen, sowie bodenwühlende, schlangenförmige Vertreter mit rückgebildeten Gliedmaßen. Der Rücken ist mit Rundschuppen, der Bauch mit großen schienenartigen Schuppen bedeckt. Zu den S. gehören unter anderem → Rennechsen, → Ameiven, → Teju und → Schlangentejus.

Schienenschildkröten, *Podocnemis,* über Südamerika verbreitete, in einer Art auch auf Madagaskar vorkommende → Pelomedusenschildkröten, die fast ausschließlich im Wasser leben und neben Fischen und kleinen Wassertieren auch pflanzliche Nahrung aufnehmen. Die bis 90 cm lange *Arrauschildkröte, Podocnemis expansa,* legt ihre Eier in den Sand kleiner Inseln des Amazonas und Orinokos, wo sie in so großen Mengen (jährlich über 40 Millionen) zur Ölgewinnung gesammelt wurden, daß die Art vom Aussterben bedroht ist.

Schierling, → Doldengewächse.

Schierlingtanne, → Kieferngewächse.

Schiffchen, Teil der Blüte der → Schmetterlingsblütler.

Schiffsbohrwurm, *Teredo,* mit vielen Arten in warmen und gemäßigten Meeren verbreitete Muschel. Durch den S. entsteht großer volkswirtschaftlicher Schaden, da sich die Tiere in hölzerne Hafen- und Brückenbauten und Schiffe einbohren und diese dadurch unbrauchbar machen. Das Einbohren geschieht mit Hilfe der feilenartigen Ränder der Muschelschalen, die das Holz abraspeln. Die Holzteilchen dienen dem S. als hauptsächlichste Nahrung, da die Tiere in der Lage sind, die Holzzellulose enzymatisch in Traubenzucker umzuwandeln. An den europäischen Küsten lebt die Art *Teredo navalis* mit 7 bis 8 mm langen Schalen; das wurmförmige Tier wird bis zu 20 cm lang.

Schiffsboot, → Vierkiemer.

Schiffshalter, *Echeneidae,* zu den Barschartigen gehörende, bis 60 cm lange Meeresfische mit einer Saugscheibe im Nacken, die sich aus der 1. Rückenflosse entwickelt. Die S. heften sich damit an größere Fische und auch Schiffe an und lassen sich so über weite Strecken transportieren. Regional werden S. zum Fang von Seeschildkröten verwendet. Die Fischer befestigen dazu lange Leinen am Schwanz der S. und ziehen die Fische, nachdem sie sich am Panzer angesaugt haben, mit der Schildkröte zurück.

Schild, → Schuppen 2).

Schildchen, 1) → Epithezium, 2) S. der Gräser (*Scutellum*) → Samenkeimung.

Schilddrüse, *Glandula thyreoidea,* in unterschiedlicher Ausbildung bei allen Wirbeltieren vorkommendes endokrines Organ. Stammesgeschichtlich läßt sich die S. vom Endostyl primitiver Chordatiere ableiten. Ontogenetisch entsteht sie aus einer Ausstülpung des Kiemendarmbodens. Die bei Lurchen und Vögeln paarige, bei Kriechtieren und Säugern meist unpaare S. liegt im Halsbereich der Luftröhre an. Im Innern der S. ist ein Kammersystem (Follikel) ausgebildet, dessen Wandzellen die Schilddrüsenhormone produzieren. Thyroxin, eine iodhaltige organische Verbindung, spielt eine bedeutende Rolle bei der Metamorphose. So veranlaßt es z. B. die Verwandlung von Aalarven oder Kaulquappen in die adulte Form. Auch zwischen der Leistung der S. einerseits und Sexualzyklus, Schwangerschaft sowie Geburtsakt andererseits lassen sich Beziehungen erkennen. Thyroxin und Triiodthyronin steigern Stoffwechselprozesse, Thyreocalcitonin bewirkt eine Senkung der Kalziumkonzentration im Blut. Überfunktion der S. führt zu *Basedowscher Krankheit.*

Schilddrüsengewebe, das außerhalb der eigentlichen S. anzutreffen ist, wird als *akzessorische* S. bezeichnet.

Schildechsen, → Gürtelechsen.

Schildfüßer, *Caudofoveata,* Unterklasse der → Wurmmollusken mit etwa 60 Arten, die Kiemen aufweisen.

Schildkäfer, → Blattkäfer.

Schildknorpel, → Kehlkopf.

Schildkröten, *Testudines,* auf allen Kontinenten (außer Antarktika) und vielen Inseln sowie in den wärmeren Teilen der Weltmeere verbreitete, in den Tropen an Artenzahl zunehmende Ordnung der Kriechtiere mit gedrungenem Körper und knöchernem Rücken- und Bauchpanzer, die seitlich durch eine Brücke verbunden und meist von Hornschildern, bei einigen Formen auch von einer lederartigen Haut bedeckt sind. Kopf und Gliedmaßen können unter den Panzer zurückgezogen werden, bei vielen Arten sind zusätzlich besondere Panzergelenke vorhanden, durch die dieser völlig verschlossen werden kann. Die Knochenplatten des Rückenpanzers sind Hautverknöcherungen, die mit den darunter liegenden Dornfortsätzen der Rückenwirbel sowie mit den verbreiterten Rippen fest verwachsen sind. Die Anordnung der Hornschilder entspricht nicht der der darunterliegenden Knochenplatten. Die Schädelknochen sind fest miteinander verwachsen, Schläfenfenster wie bei den übrigen Reptilien sind nicht vorhanden. Die zahnlosen Kiefer tragen scharfe Hornscheiden. Gliedmaßen und Schwanz sind beschuppt. Die Augen besitzen 2 Lider und eine Nickhaut, die Pupille ist rund. Die 4 Gliedmaßen sind stets wohlausgebildet, bei den Landschildkröten als plumpe Klumpfüße, bei den Süßwasserschildkröten als seitlich abgeflachte Ruderfüße, meist mit Schwimmhäuten, und bei den Seeschildkröten als große, segelartige Flossen. Die Lungen wasserlebender S. haben gleichzeitig »Schwimmblasenfunktion« und ermöglichen Gewichtsverlagerungen im Wasser. Bei Wasserschildkröten findet außerdem ein zusätzlicher Gasaustausch über die Haut, besonders die Mundschleimhaut statt. Gesichts- und Geruchssinn sind gut entwickelt, das Hörvermögen fehlt wahrscheinlich, doch werden Erschütterungsreize wahrgenommen.

Der Kloakenspalt ist längsgerichtet, der Penis unpaar. Alle S., auch die Meeresbewohner, legen ihre hartschaligen oder pergamentschaligen weißen Eier in selbstgegrabene Gruben im Boden. Sumpf-, Wasser- und Meeresschildkröten, letztere mit Ausnahme der rein vegetarisch lebenden Suppenschildkröte, sind meist räuberisch und fressen Fische und niedere Wassertiere, auch Würmer und Schnecken an Land; die Landschildkröten dagegen ernähren sich vorwiegend von Pflanzenteilen.

System: Die etwa 220 Schildkrötenarten aus 65 Gattungen lassen sich in 2 Unterordnungen einteilen: bei den *Halsbergern, Cryptodira,* wird der Kopf durch S-förmiges vertikales Einbiegen der Wirbelsäule unter den Panzer gezogen, das Becken ist nicht mit dem Panzer verwachsen. Zu ihnen gehören die Familien der → Alligatorschildkröten, → Schlammschildkröten, → Tabascoschildkröten, → Großkopfschildkröten, → Sumpfschildkröten (mit einer heimischen Art), → Landschildkröten, → Seeschildkröten, → Lederschildkröten, → Neuguinea-Weichschildkröten und → Weichschildkröten. Bei den *Halswendern, Pleurodira,* wird der Hals seitlich unter den Panzer eingeschlagen, das Becken ist mit Rücken- und Bauchpanzer verwachsen. Zu ihnen gehören die Familien der → Pelomedusenschildkröten und → Schlangenhalsschildkröten.

Schildläuse, → Gleichflügler.

Schildschwänze, *Uropeltidae,* im Boden grabende, urtümliche, den → Riesenschlangen verwandte Schlangen Vorderindiens und Sri Lankas mit großen, abgeflachten, kielartigen Schuppen am Schwanzende.

Schildwanzen, → Wanzen.

Schimmelpilze, allgemein gebräuchliche Bezeichnung für saprophytisch lebende, verschiedenen systematischen Gruppen zugehörige Pilze, die feste, seltener flüssige Substrate mit einem als *Schimmel* bezeichneten Belag überziehen.

Als S. werden z. B. der *Köpfchenschimmel* (→ Niedere Pilze, Klasse *Zygomycetes*) oder die zu den → Schlauchpilzen gehörenden *Gießkannen-, Pinsel-* und *Grauschimmel* bezeichnet.

Schimpanse, *Pan troglodytes,* ein lebhafter, durch besondere Intelligenzleistungen ausgezeichneter schwarzbraun behaarter → Menschenaffe, der in Trupps von 10 bis 20 Tieren der afrikanischen Regenwälder bewohnt. → Hominoiden. Abb. → Menschenaffen.

Schirmrispe, → Blüte, Abschnitt Blütenstände.

Schirmvogel, → Schmuckvögel.

Schistoceras [griech. *schistos* 'geschlitzt', *keras* 'Horn'], ein leitender Goniatit (Ammonit) des Oberkarbons und Perms. Das Gehäuse ist im allgemeinen scheibenförmig und planspiral eingerollt. Die Gehäuseoberfläche ist gitterartig gestreift. Die Lobenlinie ist einfach verfaltet, sie besitzt 10 bis 16 lanzettförmige Loben.

Schistostegales

Schistostegales, → Laubmoose.

Schizodus [griech. schizein 'spalten', odus 'Zahn'], Gattung der Muscheln von dreieckigem oder trapezförmigem Umriß ohne Skulpturen. Das Schloß zeigt einen tiefausgeschnittenen Dreieckszahn und glatte Seitenzähne.
Verbreitung: Karbon bis Perm; *Schizodus obscurus* ist Leitfossil im deutschen Zechstein.

schizogen, durch lokale Lostrennung, Spaltung oder Auseinanderweichen entstanden. Im Zellgewebe der Pflanzen bilden sich z. B. die Interzellularen s., d. h. durch lokale Trennung der Zellwände.

schizogene Sekretbehälter, → Ausscheidungsgewebe.

Schizogonie, bei Protozoen die ungeschlechtliche Vermehrung durch Zerfall in viele Teilstücke. Vorher entsteht in der Zelle eine entsprechende Anzahl von Kernen, → Fortpflanzung.

Schizogregarinen, → Telosporidien.

Schizomyzeten, → Bakterien.

Schizophora, → Zweiflügler.

Schizophyta, → Bakterien.

Schizozöl, eine primäre Leibeshöhle, die durch zahlreiche Spaltraumbildungen im Mesenchym zwischen Haut (Ektoderm) und Darm (Entoderm) auftritt. Das S. bildet ein mit Flüssigkeit und Wanderzellen gefülltes, netzartig verzweigtes Hohlraumsystem. Ein S. besitzen z. B. Plattwürmer und Schnurwürmer.

Schlaf, Zustand verminderter Aktivität bei stark herabgesetzter Empfindlichkeit gegenüber Außenreizen und motorischer Ruhe. Beim S. sind mit Ausnahme der vegetativen Regulation die nervösen Prozesse gehemmt. Die Phasen des S. sind oft durch exogene Zeitgeber bestimmt (z. B. Tag/Nacht-Rhythmus). → Schlafverhalten, → Überwinterung, Abschn. Winterschlaf.

Schlafbewegungen, svw. Nyktinastien.

Schläfe, am Kopf von Menschen und Wirbeltieren zwischen Auge und Ohr über der Wange gelegene Region.

schlafende Augen, → Apikaldominanz, → Knospe.

schlafende Knospen, → Apikaldominanz.

Schläfenmuskel, → Kaumuskeln.

Schläfer, svw. Bilche.

Schlafkrankheit, → Trypanosomen.

Schlafmohn, → Mohngewächse.

Schlafmoose, → Laubmoose.

Schlafstellung, → Schlafverhalten.

Schlafverbände, → Soziologie der Tiere.

Schlafverhalten, Verhalten zur Sicherung des physiologischen Körperzustandes, der als Schlaf bezeichnet wird. Damit gehört dieses Verhalten zum Funktionskreis des stoffwechselbedingten Verhaltens. Bei Tierarten, die typische Schlafphasen im Wechsel des täglichen Aktivitätsverlaufes aufweisen, wird das S. über eine Verhaltensbereitschaft umgesetzt. Im orientierenden Appetenzverhalten wird ein geeigneter Ruhe- bzw. Schlafplatz gesucht; ist ein Ort mit entsprechenden Eigenschaften gefunden, setzt das orientierte Appetenzverhalten ein, innerhalb dessen die Auswahl des endgültigen Ruheortes sowie gegebenenfalls seine Zubereitung vollzogen werden, wie bei Schimpansen jeweils durch Bau eines einfachen Schlafnestes; schließlich folgt das beendende Verhalten, gekennzeichnet durch die Einnahme der arttypischen *Schlafstellung*, wobei die Ausführung im Verlauf des Schlafes variiert werden kann, beispielsweise durch Wechsel der Körperseite, die der Unterlage zugewandt ist. Mit dem Vollzug dieser Phase tritt nach Ablauf einer art- und situationsspezifischen Zeit eine Hemmung der Bereitschaft auf, die nach Überschreitung einer »Weckschwelle« den Übergang in eine motorisch aktive Phase einleitet.

Schlagadern, → Blutkreislauf.

Schlagvolumen, das von einem Herzschlag ausgeworfene Blutvolumen. In der Diastole füllt sich eine Herzkammer mit Blut. Dieses Kammervolumen wird in der ersten → Aktionsphase des Herzens, der Anspannungszeit, unter Druck gesetzt, und in der Austreibungszeit teilweise als S., ausgeworfen. Ein anderer Teil, das *Restvolumen*, bleibt als enddiastolische Blutmenge in der Kammer zurück (Abb.). Am ruhig schlagenden Menschenherzen mißt man ein S. von 70 ml und ein Restvolumen von 50 ml Blut.

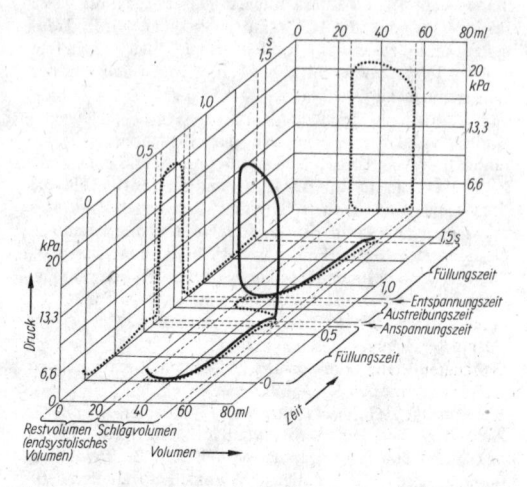

Änderung des Drucks und Volumens in der linken Herzkammer eines Hundes während eines Herzschlages

Schlammbelebungsverfahren, → biologische Abwasserreinigung.

Schlammfliegen, svw. Großflügler.

Schlammpeitzger, *Misgurnus fossilis*, zu den Schmerlen gehörender, bis 30 cm langer, sehr gestreckter Grundfisch schlammiger, europäischer Binnengewässer und der Ostseehaffe. An den Maulrändern befinden sich 10 Barteln. Der S. hat zusätzliche Darmatmung, er schluckt dazu Luft. Bei Wassermangel kann er sich in den Schlamm einwühlen.

Schlammschildkröten, Kinosternidae, in Nord-, Mittel- und Südamerika beheimatete Familie der Schildkröten, bei der als urtümliches Merkmal die Schilder des Rückenpanzers von denen des Bauchpanzers durch eine Reihe von Zwischenschildern getrennt sind. Die S. werden 12 bis 20 cm lang. Sie bewohnen in 4 Gattungen mit insgesamt 23 Arten Seen und Altwässer, fressen kleine Wassertiere, tote Fische und auch Pflanzliches. Die *Moschusschildkröten*, *Sternotherus*, des Südostens der USA haben einen rückgebildeten Bauchpanzer und strömen in Erregung aus den Analdrüsen einen starken Duftstoff aus. Bei den in Gewässern Nord-, Mittel- und Südamerikas verbreiteten *Klappschildkröten*, *Kinosternon*, sind sowohl Vorder- als auch Hinterteil des Bauchpanzers durch bindegewebige Scharniere beweglich und können hochgeklappt die Weichteile der Tiere fest abschließen.

Schlammschnecken, *Lymnaeiden*, Lymnaeidae, weltweit verbreitete Lungenschnecken des Süßwassers mit dünnen zugespitzten Gehäusen. Die Mündung kann bei manchen Arten durch den Einfluß der Wasserbewegung vor allem in den Brandungsseen stark erweitert werden. Die heimischen S. sind in jedem Gewässer ziemlich zahlreich und wichtige Zwischenwirte parasitischer Saugwürmer.

Schlammspringer, *Periophthalmidae*, zu den Grundeln gehörende, kleinere Fische Ostafrikas und Südasiens, die in den Tümpeln und Gräben der Gezeitenzonen leben. Der

Kopf wird meist so weit angehoben, daß sich die hochstehenden Augen über dem Wasserspiegel befinden. Mit ihren muskulösen Brustflossen können die S. über das Land robben, bei Gefahr schnellen sie sich mit dem Schwanz vom Boden ab und flüchten in großen Sprüngen (Tafel 4).

Schlammtaucher, *Pelodytidae,* mit den → Krötenfröschen verwandte, nur 2 Arten umfassende eurasiatische Familie der Froschlurche mit langen Hinterbeinen. Der grünlich gefleckte, 4 cm lange *Westliche S., Pelodytes punctatus,* kommt von Spanien bis Belgien vor.

Schlammteufel, *Hellbender, Cryptobranchus alleganiensis,* bis 70 cm langer nordamerikanischer Vertreter der → Riesensalamander. Der S. bewohnt schnellfließende Gewässer des Mississippi- und Missourigebietes. Das Männchen gräbt eine schüsselartige Vertiefung im Flußbett, in die das Weibchen lange Eischnüre ablegt, worauf das Männchen eine Spermienwolke ausstößt (äußere Befruchtung). In einem Nest laichen oft mehrere Weibchen. Das Männchen bewacht das Nest, bis nach 60 bis 80 Tagen die 3 cm großen Larven schlüpfen.

Schlangen, *Ophidia, Serpentes,* spezialisierteste und jüngste Unterordnung der → Schuppenkriechtiere. Die S. stammen von eidechsenähnlichen Vorfahren ab und nehmen zu Beginn des Tertiärs, gleichzeitig mit dem Auftreten der bevorzugten Beute (kleine Nagetiere) an Artenreichtum stark zu. Das auffälligste Merkmal der S. ist die mit der besonderen Fortbewegungsweise, dem waagerechten Vorwärtsschlängeln (eventuell auch der schwimmenden Lebensweise der ursprünglichsten, vom amphibisch lebenden Echsenvorfahren abgeleiteten Vertreter), zusammenhängende starke Verlängerung des Körpers, der bei den größten Arten mehr als 10 m lang werden kann, und die entsprechende Umbildung der inneren Organe. Die Anzahl der Wirbel ist stark erhöht, sie beträgt im Durchschnitt 200, maximal 435. Mit Ausnahme der ersten Halswirbel tragen die Wirbel Rippen, die nicht durch ein Brustbein verbunden und durch spezielle Gelenke beweglich sind, so daß den Tieren außer den Schlängelbewegungen auch ein langsames Kriechen »auf den Rippen« möglich ist. Der Schultergürtel ist verschwunden, Reste des Beckengürtels sind nur noch bei einigen urtümlichen Familien vorhanden; die → Riesenschlangen besitzen außerdem winzige Reste der Hintergliedmaßen, die »Aftersporne«. Alle inneren Organe sind langgestreckt, der rechte Lungenflügel ist zugunsten des linken rückgebildet oder völlig verschwunden. Eine Harnblase fehlt. Der Schädel ist hoch spezialisiert; Kiefer- und Gaumenknochen haben zusätzliche Gelenke, sind nur durch Bänder verbunden und dadurch stark verschiebbar und spreizbar, so daß ein Verschlingen großer Beutetiere möglich ist. Das untere Augenlid ist mit dem rückgebildeten oberen Lid fest verwachsen und bedeckt als durchsichtige Kapsel, die mit gehäutet wird, das Auge. Äußere Ohröffnungen sind nicht vorhanden. Unter den Sinnesorganen spielt das → Jacobsonsche Organ die Hauptrolle (Schlangen »züngeln« noch intensiver als Echsen). Bei den → Grubenottern ist ein zusätzliches Temperatursinnesorgan entwickelt.

Bei etwa 12% aller Schlangenarten sind die Speicheldrüsen zu Giftdrüsen umgewandelt (→ Schlangengifte). Der Zahnapparat zeigt große Spezialisierungen. Die Vorderzähne des Oberkiefers sind meist verlängert. Die Oberkieferzähne können entweder solid und ungefurcht (*aglyph*) sein, oder die hinteren Oberkieferzähne sind gefurcht (*opisthoglyph*), oder die vorderen Oberkieferzähne sind gefurcht (*proteroglyph*), oder weisen einen geschlossenen Längskanal auf (*solenoglyph*). Durch die Furche bzw. den Kanal wird bei denjenigen Schlangen, deren auf diese Weise modifizierte Zähne mit den Giftdrüsen verbunden sind, Gift in die Bißwunde des Beutetieres geleitet. Zu den aglyphen Vertretern gehören z. B. die Riesenschlangen; die Nattern können aglyph oder opisthoglyph sein; die Giftnattern und Seeschlangen sind proteroglyph; die Vipern und Grubenottern solenoglyph. – Die Nahrung der S. besteht ausschließlich aus lebenden Tieren, die unzerstückelt hinuntergewürgt werden; der Magen hat ein entsprechend großes Fassungsvermögen. Große S. können über 1 Jahr lang hungern. Die meisten S. legen längliche, pergamentschalige Eier, einige Arten, wie die Pythons und die Königskobra, treiben Brutpflege, andere Arten, z. B. die Boas, die meisten Vipern, Klapperschlangen und manche Seeschlangen, bringen lebende Junge zur Welt, die noch vor oder ganz kurz nach der Geburt die in diesem Fall gallertige Eihülle durchbrechen (Vivi-Oviparität).

Die Unterordnung der S. enthält etwa 2700 Arten und umfaßt 3 Zwischenordnungen mit 12 Familien: Blindschlangenartige (Familien → Blindschlangen, → Schlankblindschlangen), Wühl- und Riesenschlangenartige (Familien → Rollschlangen, → Schildschwänze, → Regenbogenschlangen, → Warzenschlangen, → Riesenschlangen) sowie Nattern- und Vipernartige (Familien → Nattern, → Giftnattern, → Seeschlangen, → Vipern, → Grubenottern).

Schlangengifte, *Ophiotoxine,* chemisch sehr komplizierte und bei den einzelnen Schlangengattungen und -arten verschieden zusammengesetzte Substanzen, die aus makromolekularen Eiweißstoffen und verschiedenen hochwirksamen Enzymen bestehen. Die S. werden in zu Giftdrüsen umgewandelten Oberkieferspeicheldrüsen der Schlangen gebildet. Auch »ungiftige« aglyphe Schlangen können Giftdrüsen besitzen, deren Sekret hier der schnelleren Eiweißverdauung dient. Bei den opisthoglyphen, proteroglyphen und solenoglyphen Schlangen steht die Giftdrüse mit gefurchten oder mit einem Kanal durchzogenen Zähnen in Verbindung. Bisher sind drei Gruppen von Schlangengifttoxinen bekannt: 1) *Neurotoxine*: Sie wirken kurareartig lähmend, der Tod tritt durch Atemstillstand ein. Dazu gehört z. B. Cobrotoxin aus dem Gift der auf Taiwan lebenden Kobra. 2) *Kardiotoxine*: Durch Kontraktur der glatten, quergestreiften und Herzmuskelzellen kommt es bei hohen Dosen zum Herzstillstand. 3) *Die Proteaseinhibitoren* entfalten ihre toxische Wirkung durch Hemmung der bei der Erregungsleitung und -übertragung beteiligten Enzyme. Auch besitzen einige S. koagulierende, nekrotisierende bzw. hämolysierende Eigenschaften. Bis jetzt ist die Struktur von über 40 Schlangengifttoxinen aufgeklärt. Bei den Neurotoxinen handelt es sich um lineare Peptide mit etwa 60 bis 62 oder 71 bis 74 Aminosäureresten. Die Kardiotoxine sind ähnlich gebaut. Chemisch verwandt mit diesen sind die Gifte der Skorpione. Die spezifischen Symptome nach dem Biß sowie die tödlichen Giftdosen sind je nach der Schlangenart und anderen Umständen verschieden. Die einzigen einigermaßen sicheren Heilmittel gegen die Folgen eines Giftschlangenbisses sind die aus den Giften selbst durch Immunisierung des Blutes von Großtieren, vor allem von Pferden, hergestellten Seren. Monovalente Seren wirken spezifisch gegen ein bestimmtes S., polyvalente Seren gegen mehrere Arten von S. Darüber hinaus werden verschiedene S. in großer Verdünnung für pharmazeutische Zwecke, z. B. Rheumaeinreibungen und Blutstillungsmittel, verwandt. Toxine und Enzyme aus S. werden als wertvolle Hilfsmittel in der pharmakologischen Forschung eingesetzt.

Schlangenhalssaurier, → Plesiosaurus.

Schlangenhalsschildkröten, *Chelidae,* in Südamerika, Australien und Neuguinea (Irian) beheimatete, 30 Arten in 8 Gattungen umfassende Familie wasserbewohnender Schildkröten mit meist sehr langem und beweglichem Hals. Das Land wird im allgemeinen nur zur Eiablage aufgesucht. Die S. leben räuberisch und sind meist Fischfresser.

Schlangenhalsvögel

Der Kopf kann durch seitliches S-förmiges Einbiegen des Halses vollständig unter den Rückenpanzer geklappt werden. Zu den S. gehören → Argentinische Schlangenhalsschildkröte und → Australische Schlangenhalsschildkröte, → Matamata und → Spitzkopfschildkröten.

Argentinische Schlangenhalsschildkröte (*Hydromedusa tectifera*)

Schlangenhalsvögel, → Ruderfüßer.
Schlangennadeln, zu den Seenadeln gehörende wurmförmige Knochenfische. Die abgelegten Eier werden bei den meisten Arten frei in einer Doppelreihe am Bauch des Männchens angeheftet. An den europäischen Küsten einschließlich der Ostsee ist die *Kleine Schlangennadel, Nerophis ophidion*, häufig.
Schlangensalamander, svw. Wurmsalamander.
Schlangenschleichen, *Dibamidae*, von Südostasien über den Indoaustralischen Archipel bis Neuguinea verbreitete kleine Familie der → Echsen (nur 3 Arten der Gattung *Dibamus*). Die S. sind 15 bis 30 cm lange, wurmförmige, kurzschwänzige Kriechtiere ohne Augen und äußere Ohröffnungen. Nur die Männchen haben noch flossenförmige kleine Unterbeinreste. Die S. leben in morschem Holz oder wühlen im Boden, ihr Schädel ist zu einem kompakten »Graborgan« umgestaltet. Ihre Hauptnahrung sind Ameisen und Termiten. Soweit bekannt, legen die S. Eier.
Schlangensterne, *Ophiuroidea*, Klasse der Stachelhäuter, deren Körper aus einer flachen Scheibe besteht, an der fünf schlanke und meist lange, sehr bewegliche Arme scharf abgesetzt sind. Die Skelettplatten bilden an den Armen kleine »Wirbel«. Dem Darmkanal fehlen Enddarm und After. Die Tiere leben auf dem Meeresboden, oft in großer Individuenzahl bei meist geringer Größe. Die größte Art mit unverzweigten Armen hat einen Scheibendurchmesser von 5 cm und eine Armlänge von 23 cm. Unter den Arten mit verzweigten Armen erreicht der größte Vertreter einen Scheibendurchmesser von 14 cm und eine Armlänge bis 70 cm.

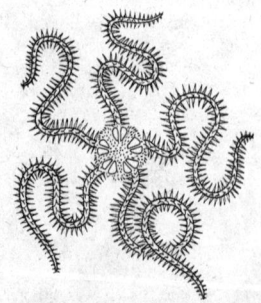

Schlangensternform (*Ophiocomina*)

Die S. besiedeln das Meer in allen Regionen. In das Brackwasser und in die Tiefsee dringen jedoch nur wenige Arten vor. Viele Arten graben sich in den Boden ein. Die Nahrung besteht hauptsächlich aus kleinen und kleinsten Tieren. Die Larvenform sind der planktische *Ophiopluteus* (aus dotterarmen Eiern) oder die *Tonnenlarve* (aus dotterreichen Eiern), die als reduzierter Ophiopluteus aufzufassen ist. Es sind 1900 Arten beschrieben. Die bekanntesten Gattungen sind *Amphiura, Ophiothrix, Ophiura* und *Gorgonocephalus* (→ Medusenhaupt).

Geologische Verbreitung. Ordovizium bis zur Gegenwart. Die selten erhaltenen fossilen S. – es sind nur etwa 180 Arten bekannt geworden – haben als Leitfossilien keinerlei Bedeutung. Ihre relative Formenvielfalt ist am größten im Altpaläozoikum, dagegen schließen sich die Vertreter des Mesozoikums bereits eng an die heute lebenden Formen an.

Sammeln und Konservieren. S. sammelt man auf steinigem Grund mit der Hand oder mit Hilfe einer Dredge von Substratoberflächen. Den größten Erfolg bringt der Fang mit Licht bei Nacht in der Uferzone. Da S. sofort den Arm abwerfen, an dem sie gepackt werden, ergreift man die Tiere im Bereich der Körperscheibe. Zur Narkotisierung legt man die S. in Süßwasser und tropft langsam Alkohol hinzu. Dann werden sie auf ein Brett gespannt und in 85%igem Alkohol konserviert.
Schlangenstörche, → Kranichvögel.
Schlangentejus, *Ophiognomon*, tropisch-südamerikanische → Schienenechsen mit grabender Lebensweise und rückgebildeten Gliedmaßen.
Schlankaffen, *Colobidae*, eine Familie der → Altweltaffen. Die mittelgroßen, schlanken und meist langschwänzigen Tiere sind ausgesprochene Laubfresser, ihr großer dreiteiliger Magen funktioniert ähnlich wie bei den Wiederkäuern. Die S. kommen in Afrika und im südlichen Asien vor. Zu ihnen zählen unter anderem → Guerezas, → Hulman, → Kleideraffe und → Nasenaffe.
Schlankblindschlangen, *Leptotyphlopidae*, den → Blindschlangen nahe verwandte Familie der Schlangen, die in den Tropen Afrikas und Amerikas vorkommt. Die 15 bis 30 cm langen S. graben im Boden. Die Reste des Beckengürtels bestehen aus 2 oder 3 kleinen Knochen, im Gegensatz zu den Blindschlangen sind auch noch Reste des ursprünglichen Oberschenkelknochens erhalten; der Oberkiefer ist zahnlos, der Unterkiefer hat kräftige Zähne. Die Hauptnahrung der etwa 40 Arten bilden Termiten.
Schlankboas, *Epicrates*, in Mittel- und Südamerika sowie auf den Antillen beheimatete, meist 2 bis 4 m lange → Riesenschlangen mit farbig irisierendem Schuppenkleid, die hauptsächlich auf Bäumen leben und sich bevorzugt von Vögeln ernähren. Die *Regenbogenboa, Epicrates cenchria*, bewohnt das mittelamerikanische Festland. Die größte Art, die *Kuba-Schlankboa, Epicrates angulifer*, wird bis 4,50 m lang. Die S. bringen 10 bis 30 lebende Junge zur Welt.
Schlankjungfern, → Libellen.
Schlauchalgen, → Grünalgen.
Schlauchbefruchtung, svw. Siphonogamie.
Schlauchpilze, *Ascomycetes*, eine Klasse der Pilze, deren charakteristisches Organ das schlauchförmige Sporangium, der *Askus*, ist und die stets septierte Hyphen mit ein- oder mehrkernigen Zellen aufweisen. Ihre Querwände sind von einem einfachen Porus durchbrochen, ihre Zellmembranen zeigen Chitinreaktion. Die S. vermehren sich ungeschlechtlich durch Konidien, die besonders bei den niederen Formen sehr reichlich ausgebildet werden, oder geschlechtlich durch Verschmelzung der Gametangien. Das rundliche, vielkernige weibliche Gametangium wird *Askogon* und das keulenförmige, vielkernige männliche Gametangium *Antheridium* genannt. Das Askogon besitzt ein Empfängnisorgan, die *Trichogyne*, die aus dem Antheridium das Plasma und die Kerne aufnimmt und in das Askogon weiterleitet (Plasmogamie). Bei den typischen S. entwachsen danach

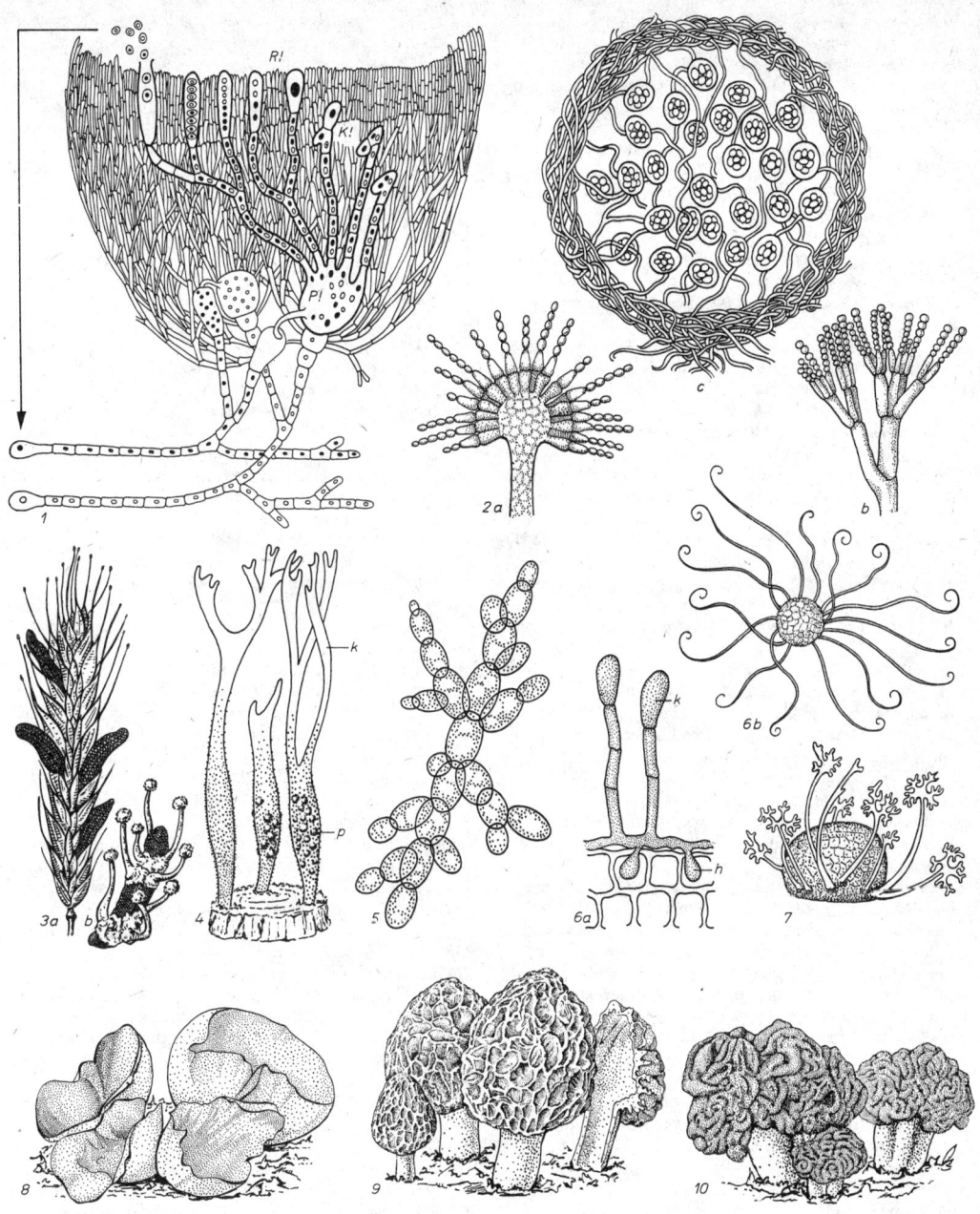

Schlauchpilze: *1* Entwicklungszyklus eines diözischen Schlauchpilzes; *P!* Plasmogamie, *K!* Karyogamie, *R!* Reduktionsteilung. *2a* Konidienträger von *Aspergillus*, *2b* Konidienträger von *Penicillium*, *2c* Kleistothezium eines Vertreters der Plectascales. *3* Mutterkorn: *a* Roggenähre · mit Mutterkörnern, *b* auskeimendes Mutterkorn (vergr.). *4 Xylaria hypoxylon*, geweihartiges Stroma; *k* Konidienbereich, *p* Perithezienbereich. *5* Sproßkette der Bierhefe. *6a* Konidienbildung bei *Uncinula necator*; *h* Haustorium, *k* Konidie, *6b* Kleistothezium des Pilzes. *7 Mikrosphaera alphitoides*; Kleistothezium mit Anhängseln. *8* Becherling: Fruchtkörper (Apothezium). *9* Speisemorchel (eßbar). *10* Frühjahrslorchel (giftig)

dem Askogon die askogenen Hyphen, die den Sporophyten darstellen und an deren Enden sich die Aszi bilden. Erst im Askus findet die Kernverschmelzung (Karyogamie) statt. Plasmogamie und Karyogamie liegen räumlich und zeitlich auseinander, dazwischen ist die Paarkernphase (Dikaryophase) eingeschaltet, die als diploides Stadium mit noch individualisierten Kernen anzusehen ist. Im Askus erfolgt dann bei der ersten Teilung der diploiden Kerne die Reduktion, die entstehenden Askosporen sind haploid. Bei höher entwickelten Formen werden die Askosporen durch osmotischen Druck aus dem Askus herausgeschleudert. Die Aszi sind meist zusammen mit sterilen Hyphen, den **Paraphy-**

Schlauchpilze

sen, zu *Hymenien* vereinigt, die sich in oder z. T. auf hochdifferenzierten Fruchtkörpern befinden. Das Plektenchym der Fruchtkörper besteht aus haploidem Gametophytenmyzel, der Sporophyt ist hier auf das befruchtete Askogon, die askogenen Hyphen sowie die Askusvorstufen beschränkt.

Nach der Ausbildung ihrer Fruchtkörper und anderer Merkmale teilt man die S. in fünf Unterklassen ein:

1. Unterklasse *Protoascomycetidae*: Den Vertretern dieser Unterklasse fehlt die Fruchtkörperbildung, die Aszi gehen nicht aus askogenen Hyphen, sondern unmittelbar aus der Zygote hervor.

1. Ordnung *Saccharomycetales*: Hierher gehören die **Hefepilze**, deren vegetative Zellen nur selten Hyphen bilden. Sie sind meist einzellig oder in losen Sproßverbänden angeordnet, ihre Zellwand besteht in der Hauptsache aus Kohlenhydraten, Reservestoffe sind Glykogene. Am bekanntesten sind → **Bierhefe** und → **Backhefe**, die *Saccharomyces cerevisiae* und *Saccharomyces carlsbergensis* mit zahlreichen Rassen. Sie sind nur in Kultur bekannt, während von der → **Weinhefe**, *Saccharomyces ellipsoideus*, auch wilde Formen bekannt sind, die im Boden überwintern und von dort aus auf Früchte gelangen können. Einige Hefen sind als Erreger von Hautkrankheiten des Menschen bekannt, so besonders *Candida*-Arten.

2. Ordnung *Taphrinales*: Diese S. haben Aszi, die ein Hymenium ohne Paraphysen bilden. Einige Vertreter der Gattung *Taphrina* sind Pflanzenschädlinge, so z. B. *Taphrina pruni*, die Narrentaschen bei Pflaumen verursacht. Auch die Hexenbesen mancher Baumarten werden durch *Taphrina*-Arten hervorgerufen.

2. Unterklasse *Plectomycetidae*: Bei diesen S. entwickeln sich die Aszi meist in geschlossenen Fruchtkörpern, den **Kleistothezien**, die Askosporen werden erst nach dem Zerfall der Fruchtkörper frei. Sie vermehren sich überwiegend durch Konidien, die sich in großer Anzahl kettenförmig an besonderen Konidienträgern abschnüren.

1. Ordnung *Plectascales*: Hierher gehören so wichtige Schimmelpilze wie **Gießkannenschimmel**, *Aspergillus*, und **Pinselschimmel**, *Penicillium*, die in der Natur weit verbreitet sind.

Aspergillus-Arten kommen als Saprophyten auf Lebensmitteln, Früchten und toten organischen Substanzen vor. *Aspergillus oryzae* wird zur Herstellung von Sake, Pilzkleie u. a. verwendet. Mit Hilfe von *Aspergillus niger* wird aus Melasse Zitronensäure gewonnen. *Aspergillus fumigatus* befällt neben anderen Organen die Lunge und ruft tuberkuloseähnliche Erkrankungen hervor. *Aspergillus flavus* und andere Arten bilden → Aflatoxine.

Penicillium-Arten kommen als Saprophyten auf fast allen toten organischen Substanzen vor. Aus besonderen Stämmen von *Penicillium notatum*, *Penicillium chrysogenum* u. a. wird das Antibiotikum Penizillin gewonnen. *Penicillium camemberti* und *Penicillium roqueforti* spielen eine große Rolle bei der Käsebereitung.

2. Ordnung *Erysiphales*: Hierher gehören die **Echten Mehltaupilze**, die als Ektoparasiten auf verschiedenen Kulturpflanzen vorkommen und z. T. großen Schaden verursachen, so z. B. *Erysiphe graminis* auf Gräsern und Getreide, *Sphaerotheca pannosa* auf Rosen und Pfirsich, *Uncinula necator* auf Wein, *Microsphaera quercina* auf Eichen, Buchen und Kastanie. Ihre spinnwebartigen, abwischbaren Lufthyphen überziehen die Oberfläche der Pflanzen, um von dort in deren Epidermiszellen Haustorien zu senden. Die Vermehrung erfolgt im Sommer durch Konidien, die Aszi werden im Kleistothezien gebildet, die auch die Überwinterungsorgane sind.

3. Unterklasse *Loculomycetidae*: Bei diesen S. werden die Gametangien in den bereits vorher gebildeten Fruchtkörpern, den *Pseudothezien*, gebildet. Die Askuswand besteht aus zwei Schichten, die Askosporen werden durch eine Öffnung der inneren Wand ins Freie gepreßt. Von den drei Ordnungen sind vor allem die *Pseudosphaeriales* wichtig, da zu ihnen bedeutende Pflanzenkrankheitserreger gehören. So verursacht z. B. *Venturia* (Nebenfruchtform *Fusicladium*) den Schorf der Äpfel und Birnen. Auch der Rußtau auf den Blättern verschiedener Pflanzen wird von Vertretern dieser Ordnung hervorgerufen.

4. Unterklasse *Pyrenomycetidae*: Hier ist die typische Fruchtkörperform das *Perithezium*, ein mehr oder weniger flaschenförmiger Körper mit einer von vornherein angelegten Öffnung. Die Fruchtkörper enthalten ein aus Aszi und Paraphysen gebildetes Hymenium.

1. Ordnung *Sphaeriales*: Wichtige Vertreter sind die zu genetischen und biochemischen Versuchen herangezogenen *Neurospora*-Arten und der Erreger einer in Japan vorkommenden Reiskrankheit, *Gibberella fujikuroi*, der den zu pflanzenphysiologischen Versuchen verwendeten Wuchsstoff Gibberellin liefert. Auf meist abgestorbenen Ästen und Zweigen verschiedener Bäume und Sträucher findet man die roten Perithezien verschiedener *Nectria*-Arten. *Nectria galligena* verursacht den Krebs der Obstbäume. Auch der Erreger des Ulmensterbens, *Ceratocystis ulmi*, gehört hierher, ebenso die auf Laubholzstubben häufig zu findende Geweih-Kernkeule, *Xylaria hypoxylon*. Bei den *Xylaria*-Arten sind die Perithezien in ein keulenartiges Stroma eingesenkt (Abb. 4, S. 785).

2. Ordnung *Clavicipitales*: Auch die Perithezien dieser Gruppe sind immer in ein gut entwickeltes plektenchymatisches Gebilde, das Stroma, eingesenkt. Sie enthalten langgestreckte Schläuche mit fädigen Akosporen. Hierher gehört der **Mutterkornpilz**, *Claviceps purpurea*, der als Parasit auf Gräsern und Getreide, besonders Roggen, auftritt und das Mutterkorn (Abb. 3, S. 785) verursacht, ein vom Pilz in sein Dauerstadium, das Sklerotium, umgewandeltes Getreidekorn. Die Sklerotien enthalten stark giftige Alkaloide, Ergotamin und Ergotoxin, die vor allem in der Frauenheilkunde verwendet werden. Bei gehäuftem Vorkommen und schlechter Reinigung derart verseuchten Getreides traten früher Erkrankungen auf (Kriebelkrankheit). *Cordyceps*-Arten sind auf Insekten parasitierende Pilze dieser Gruppe.

5. Unterklasse *Discomycetidae*: Die Fruchtkörperart ist hier das → *Apothezium*, das verschieden gestaltet sein kann und auf seiner Oberfläche das Hymenium trägt.

1. Ordnung *Pezizales*: Hierher gehören saprophytisch lebende Pilze, deren Aszi sich mit einem Deckel öffnen und die scheiben- oder becherförmige bzw. schüsselförmige, z. T. auch hut- oder keulenförmige Fruchtkörper haben. Zur ersten Gruppe gehören z. B. die **Becherlinge**, auf Waldwegen oder Brachstellen häufig zu findende, oft lebhaft gefärbte Pilze mit meist schüsselförmigen Fruchtkörpern, zur zweiten Gruppe zählen die Morcheln und Lorcheln. Am bekanntesten sind die im Frühjahr in Laubwäldern und unter Gebüsch vorkommende **Speisemorchel**, *Morchella esculenta*, ein vorzüglicher Speisepilz mit wabenartiger Hutstruktur, und die ebenfalls im Frühjahr auftretende, besonders in sandigen Kiefernwäldern wachsende giftige **Frühjahrslorchel**, *Gyromitra esculenta*, mit einer an Gehirnwindungen erinnernden Hutstruktur (Abb. 10, S. 785).

2. Ordnung *Helotiales*: Die Aszi dieser Pilze öffnen sich nicht mit einem Deckel, sondern durch einen Porus. Hierher gehören einige saprophytisch, z. T. auch parasitisch lebende kleine S. Bekannt ist der Erreger der Moniliafäule an Äpfeln und Birnen, *Sclerotinia fructigena*, und der Erreger des Grauschimmels verschiedener Früchte bzw. der Edelfäule des Weins, *Sclerotinia fuckeliana* (Nebenfruchtform *Botrytis cinerea*).

3. Ordnung *Phacidiales*: Hierher gehören überwiegend parasitisch lebende Pilze, z. B. *Rhytisma acerinum*, der Erreger der Teerfleckenkrankheit auf Ahornblättern.

4. Ordnung *Tuberales*: Diese S. haben knollige Fruchtkörper, die sich meist unter der Erdoberfläche befinden. Sie sind im Innern von Hohlräumen durchzogen, die an den Windungen das Hymenium tragen. Eine ungeschlechtliche Vermehrung ist nicht bekannt. Einige Formen bilden Mykorrhiza. Geschätzte Speisepilze finden sich in der Gattung *Tuber*, so z. B. die **Wintertrüffel**, *Tuber brumale*, eine unter Eichen und Buchen noch bis in den Süden der BRD vorkommende Art, und die **Perigordtrüffel**, *Tuber melanosporum*, die überwiegend in Frankreich und Italien beheimatet ist.

Schlauchwürmer, svw. Rundwürmer.

Schlehe, → Rosengewächse.

Schleichen, *Anguinidae*, mit Ausnahme Australiens in allen Erdteilen (Afrika nur im äußersten Norden) verbreitete Familie meist bodenlebender → Echsen, die ihre größte Formenfülle in Amerika erreicht. Unter den S. gibt es sowohl Vertreter mit wohlausgebildeten 4 Gliedmaßen als auch langgestreckte, schlangenförmige, fußlose Arten: Die von Südkanada bis Mittelamerika verbreiteten *Krokodilschleichen*, *Gerrhonotus*, haben 4 Beine mit je 5 Zehen, die südamerikanischen *Schlangenschleichen*, *Ophiodes*, besitzen keine Vorderbeine und als Reste der Hintergliedmaßen kleine, zehenartige Anhängsel; die schlangenähnlichen *Panzer-* und *Glasschleichen*, *Ophisaurus*, Eurasiens, Afrikas und Amerikas haben nur winzige Sporne an Stelle der Hintergliedmaßen, die → **Blindschleiche**, *Anguis fragilis*, ist völlig gliedmaßlos, obwohl Teile des Schulter- und Beckengürtels am Skelett noch erkennbar sind. Einige Arten der S. haben eine dehnbare Längsfalte an den Körperseiten. Im Unterschied zu den Schlangen sind – neben Schädelmerkmalen – Rumpf und Bauch mit Rundschuppen bedeckt, die von Knochenplättchen (Osteodermen) unterlegt sind; die Augenlider sind getrennt und frei beweglich. Als Nahrung dienen meist Schnecken oder Würmer, schnell bewegliche Tiere werden kaum erbeutet. Unter den etwa 75 Arten (in 8 Gattungen) der S. gibt es eierlegende (ovipare) und lebendgebärende (vivi-ovipare) Vertreter, letztere vor allem in klimatisch ungünstigen Gebieten wie Hochgebirgen und nördlichen Breiten. Bei den Krokodilschleichen können beide Fortpflanzungsweisen in der gleichen Gattung vorhanden sein. Zu den eierlegenden Arten gehört der → **Scheltopusik**, zu den lebendgebärenden die Blindschleiche.

Schleichenlurche, svw. Blindwühlen.

Schleichkatzen, *Viverridae*, eine Familie der Landraubtiere. Die S. sind kleine bis fuchsgroße, langgestreckte Säugetiere mit langem Schwanz und spitzer Schnauze, die im Aussehen sowohl an Marder als auch an Katzen erinnern. Als gewandte, nächtliche Räuber ernähren sich die S. von kleinen Wirbeltieren, Insekten und Eiern und nebenher auch von Früchten. Die S. sind in Südwesteuropa, Afrika und Asien verbreitet. Zu ihnen gehören unter anderem → Zibetkatzen, → Ginsterkatzen, → Musangs, → Larvenroller, → Binturong und → Mungo.

Schleie, *Schleihe*, *Schlei*, *Schleierkarpfen*, *Tinca tinca* (*vulgaris*), ein bis 60 cm lang und bis 5 kg schwer werdender, in Europa und Nordasien verbreiteter Karpfenfisch, der in schlammigen Gewässern lebt und wegen seines wohlschmeckenden Fleisches in der Fischereiwirtschaft sehr geschätzt wird. Die S. besitzt kleine, tief in der Haut sitzende Schuppen und ist oberseits blaugrün, unterseits gelblich gefärbt. Die Laichzeit fällt in die Monate Mai bis Juli. Eine Abart der S. ist die **Goldschleie**.

Schleier, svw. Indusium.

Schleiergesellschaft, allgemeine Bezeichnung für Pflanzengesellschaften, die häufig innerhalb anderer Pflanzengesellschaften auftreten und diese »schleierartig« durchweben. Die sind zum großen Teil aus klimmenden und windenden Arten zusammengesetzt und kommen vor allem in flußbegleitenden Röhrichten, Spülsäumen, zwischen Weidengebüschen u. a. vor.

Schleierkarpfen, svw. Schleie.

Schleierschwanz, → Goldfisch.

Schleife, → Fingerbeerenmuster.

Schleifenblume, → Kreuzblütler.

Schleimbakterien, *Myxobakterien*, stäbchenförmige, Schleim bildende und sich durch gleitende Bewegung auszeichnende Bakterien. Typisch für die S. ist ihre Fähigkeit, sich zu Fruchtkörpern zusammenzuschließen, die wegen ihrer Größe und Farbe mit bloßem Auge erkennbar sind. Die Zellen bilden sich darin zu sporenartigen Dauerzellen um, die unter günstigen Bedingungen wieder zu vegetativen Zellen auskeimen. Die S. leben aerob und kommen im Boden, auf Dung oder sich zersetzenden Pflanzenteilen vor. Unterschieden werden die S. vor allem nach dem Aussehen ihrer Fruchtkörper.

Schleimfischverwandte, *Blennioidei*, meist kleine, vor allem im Küstenbereich warmer Meere, seltener im Süßwasser weltweit verbreitete Grundfische ohne Schwimmblase; Bauchflossen sehr klein oder fehlend. Wichtige Familien: Seewölfe, Beschuppte Schleimfische, Butterfische.

Schleimpilze, *Myxomycetes*, eine Klasse der Pilze, zu der stammesgeschichtlich tief stehende Organismen gerechnet werden, die in ihrer vegetativen Entwicklungsphase als amöboid bewegliche, nackte Zellen leben, die entweder zu einer vielkernigen Protoplasmamasse, dem *Plasmodium*, verschmelzen oder einfach zusammenkriechen, ohne zu verschmelzen (*Aggregationsplasmodium*). S. vermehren sich durch Sporen, die in Sporangien – hier als Fruchtkörper bezeichnet – gebildet werden.

Man unterscheidet bei den S. vier Ordnungen, deren Verwandtschaft allerdings fraglich ist und die sich wahrscheinlich parallel aus verschiedenen Ausgangsformen entwickelt haben.

1. Ordnung *Myxogastrales*. Hierher gehören die meisten Vertreter der S., etwa 500 Arten. Ihr Entwicklungsgang ist im Gegensatz zu dem der anderen Ordnungen gut bekannt: Ihre Sporen keimen bei Anwesenheit von Feuchtigkeit zu begeißelten Schwärmern aus (*Myxoflagellaten*), die sich entweder paarweise vereinigen, sich durch Teilung vermehren oder ihre Geißel verlieren und zu **Myxamöben** werden, die sich ebenfalls teilen können oder auch paarweise zu **Amöbozygoten** verschmelzen können. Diese diploiden Amöbozygoten verschmelzen zu vielkernigen Plasmodien, die sich saprophytisch oder animalisch ernähren. Schließlich bildet sich das Plasmodium durch Kriechen zum Licht und unter Wasserverlust zu Fruchtkörpern um, die eine starre, kalkhaltige Hülle – *Peridie* – besitzen und in deren Innerem, wahrscheinlich nach Reduktionsteilung, haploide Sporen gebildet werden.

Bei einigen Vertretern entsteht aus dem übrigen Plasma innerhalb des Fruchtkörpers ein netzartiges System von feinen Röhren oder Fasern, das *Capillitium*. Es kann durch hygroskopische Bewegungen der Verbreitung der Sporen dienen. Die bekannteste, hierher gehörende Art ist die **Lohblüte**, *Fuligo varians*, deren gelbe, von mehreren vereinigten Sporangien gebildete Fruchtkörper auf feuchtem Waldlaub und der Gerberlohe zu finden sind.

2. Ordnung *Ceratiomyxales*. Vertreter dieser Gruppe leben meist auf morschem Holz und haben gestielte Sporen an der Oberfläche eines säulenförmigen Fruchtkörpers.

3. Ordnung *Acrasiales*. Den Vertretern dieser Gruppe feh-

Schleimsäure

len die begeißelten Stadien, ihre Sporen keimen gleich zu Myxamöben aus.

4. Ordnung *Plasmodiophorales*. Hierher gehören parasitisch lebende S., z. B. der Erreger der Kohlhernie, *Plasmodiophora brassicae*, der seinen Entwicklungsgang zum größten Teil in den Wurzeln der Wirtspflanzen absolviert und kropfartiges Anschwellen der Wurzeln hervorruft.

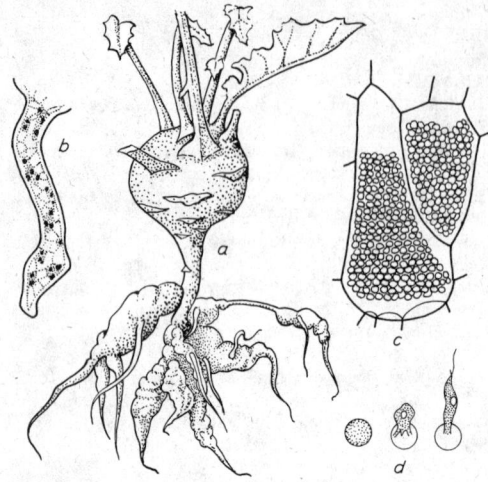

Schleimpilze: *Plasmodiophora brassicae*: *a* Kohlhernie an den Wurzeln einer Kohlrabipflanze, *b* Plasmodien in Wurzelhaar, *c* Zellen der Wurzelrinde mit Sporen, *d* Sporenkeimung

Schleimsäure, eine Zuckersäure, die bei der Oxidation von Galaktose entsteht.

Schlenke, → Moor.

Schleppensylphe, → Kolibris.

Schleuderbewegungen, bei Pflanzen durch plötzlichen Ausgleich von Turgordifferenzen zwischen verschiedenen Gewebeschichten hervorgerufene, explosionsartig rasche Bewegungen (→ Explosionsmechanismen), die zum Abschleudern und somit zur Verbreitung von Samen, Pollen und Sporen dienen. Sie sind nicht reversibel und treten meist als Ergebnis natürlicher Entwicklungs- und Reifungsvorgänge ein. In deren Verlauf können z. B. die Mittellamellen bestimmter Trennschichten aufgelöst werden, so daß die zwischen den Geweben herrschende Gewebespannung plötzlich zur Auswirkung kommt. Sehr bekannt sind die S. der Früchte von Springkrautarten, z. B. *Impatiens noli-tangere.* Bei der leisesten Berührung zerfällt die reife Frucht explosionsartig, wobei sich die einzelnen Fruchtblätter mit einem Ruck uhrfederartig nach innen zusammenrollen und dabei die noch anklebenden Samen wegschleudern. Ein ähnlicher Explosionsmechanismus, der normalerweise durch Insekten ausgelöst wird, liegt der Pollenausschleuderung in Orchideenblüten zugrunde. S. besonderer Art sind die → Spritzbewegungen.

Schleuderzungensalamander, *Hydromantes,* schlanke, 10 bis 12 cm lange → Lungenlose Molche mit langem Zungenstiel, der ein Herausschleudern der Zunge zum Beutefang ermöglicht. Neben einigen kalifornischen Arten gibt es – als Ausnahmen unter allen Lungenlosen Molchen – auch 2 europäische, den *Italienischen S.* oder *Höhlensalamander* (*Hydromantes italicus*) aus feuchten Felsgebieten der französischen und italienischen Alpen und den *Sardischen Höhlensalamander* (*Hydromantes genei*) vor Sardinien. Die S. legen Eier mit Direktentwicklung der Jungen.

Schliefer, *Hyracoidea,* eine Ordnung der Säugetiere. Die S. sind kaninchengroß und stummelschwänzig, ihre Zehen tragen mit Ausnahme einer Hinterzehe hufartige Nägel. Auf der Unterseite der Füße befinden sich Schwielenpolster, mit deren Hilfe die Tiere an senkrechten Flächen klettern können. Obwohl die S. etwas an Nagetiere erinnern, stellt man sie heute auf Grund der Hufbildungen und gewisser Gebißeigentümlichkeiten als eigene Ordnung in die Nähe der Elefanten. Die S. kommen in Afrika und Südwestasien vor. Einige Arten leben gesellig auf Bäumen, andere Arten bewohnen felsiges Gelände, z. B. der *Klippschliefer.*

Klippschliefer

Lit.: H. Hahn: Von Baum-, Busch- und Klippschliefern, den kleinen Verwandten der Seekühe und Elefanten (Wittenberg 1959).

Schließbeutelmeise, → Beutelmeisen.

Schließbewegungen, bei Blüten zumeist durch thermo- oder photonastisches Wachstum der Oberseite der Blütenblätter bedingte Bewegungen (→ Blütenbewegungen, → hygroskopische Bewegungen).

Schließfrüchte, → Frucht, → Samenverbreitung.

Schließhaut, → Tüpfel.

Schließmuskel, *Sphinkter,* ringförmig angeordneter Muskel zum Verschließen von Hohlorganen, z. B. Blasensphinkter.

Schließzellen, → Spaltöffnungen.

Schließzellenbewegungen, svw. Spaltöffnungsbewegungen.

Schlingnatter, *Glattnatter, Haselnatter, Coronella austriaca,* bis 75 cm lange, graubraune → Natter mit 2 bis 4 Reihen dunkler Rückenflecke, die manchmal zu einem Zickzackband verschmelzen. Die tagaktive S. bewohnt trockene Gebiete im Flachland und Gebirge Mittel- und Südeuropas. Sie klettert sehr gut und frißt hauptsächlich Eidechsen und Blindschleichen, die nach Art der Riesenschlangen umschlungen und erdrückt werden. Die S. ist vivi-ovipar (Jungtiere verlassen die gallertige Eihülle während oder kurz nach der Geburt). Die S. wird häufig mit der Kreuzotter verwechselt.

Schlingpflanzen, → Kletterpflanzen.

Schlitzrüßler, *Solenodontidae,* eine Familie der Insektenfresser, rattenähnlich aussehende, ausgesprochen spitzschnäuzige Säugetiere. Sie sind auf Kuba und Haiti beheimatet, dort aber vom Aussterben bedroht.

Schlitzrüßler

Schloß, *Cardo,* scharnierartige Einrichtung zum Öffnen und Schließen zweiklappiger Gehäuse. Schloßbildungen treten an den Schalen vieler Armfüßer und Muscheln auf. Bei den Muscheln liegen sie an den inneren Dorsalrändern der Schalen. An beiden Schalenklappen sind dort Vorsprünge (*Schloßzähne*) und Vertiefungen vorhanden, die so ineinanderpassen, daß ein Verschieben der Klappen nach der Seite hin nicht möglich ist. Form, Zahl und Anordnung der Schloßzähne sind wichtige Bestimmungsmerkmale.

Schlotheimia [nach dem Paläontologen E. v. Schlotheim (1764–1832)], eine leitende Ammonitengattung des Lias α_2 (Schlotheimien-Schichten). Das Gehäuse ist planspiral eingerollt und weit genabelt mit gerundeter Außenseite. Die einfachen Rippen sind auf der Außenseite unterbrochen (Außenfurche) und nach vorn gebogen. Die Lobenlinie ist schwach gezähnelt.

Schluckvorgang, der reflektorische Nahrungstransport vom Mundraum in den Magen. Am s. sind der Nervus glossopharyngeus als sensibler Nerv und vier motorische Nerven (Hypoglossus, Trigeminus, Glossopharyngeus, Vagus) beteiligt, deren Reflexzentrum sich in der Medulla oblongata befindet. Beim S. wird der Mund geschlossen und die Atmung angehalten. Unter Heben des weichen Gaumens werden die Nasenhöhlen, und durch Hochziehen des Kehlkopfes und Darüberlegen des Kehldeckels wird die Luftröhre geschlossen. Gleichzeitig öffnet sich der obere Sphinkter der Speiseröhre. Berührt der Bissen ihre Schleimhaut, transportiert ihn eine Kontraktionswelle zum Magen. Über den reflektorisch erschlafften Mageneingang (Kardia) gelangt die Nahrung in den Magen.

Schlund, svw. Pharynx.
Schlunddarm, → Verdauungssystem.
Schlundgeißler, → Geißelalgen.
Schlundkopf, svw. Pharynx.
Schlundzähne, → Pharynx.

Schlupfwespen, *Ichneumonidae,* eine Familie der Hautflügler mit über 3000 Arten in Mitteleuropa. Die Vollkerfe sind schlanke und flinke Tiere, die man neben anderen Merkmalen (Geäder und dunkles Stigma der Vorderflügel) oft schon an den zitternden oder trillernden Fühlerbewegungen erkennt. Die Weibchen haben einen z. T. überkörperlangen Legebohrer, den sie auch zur Abwehr als Stechwaffe benutzen. Sie durchbohren damit die Haut lebender Insektenlarven, um darin ihre Eier abzulegen (Tafel 1); die großen Holzschlupfwespen (*Rhyssa*) spüren Holzwespenlarven bis zu 4 cm tief im Holz auf und durchbohren sie zielsicher, bevor sie auf die Wirtslarve treffen. Die Wirtstiere bleiben bis zur Verpuppungsreife der Parasitenlarven am Leben und sterben erst dann ab. Da die S. in vielen Schadinsekten parasitieren, sind sie außerordentlich nützlich, besonders indem sie Massenvermehrungen von Schädlingen verhindern oder zum Abklingen bringen.

Schlüsselbein, → Schultergürtel.
Schlüsselblume, → Primelgewächse.
Schlüsselreiz, → Kennreiz.
Schlußgesellschaft, Bezeichnung für eine Pflanzengesellschaft, die auf einem bestimmten Standort ein natürliches Endstadium der Vegetationsentwicklung darstellt, → Sukzession, → Klimax.
Schlußleisten, → Plasmamembran.
Schmalnasen, svw. Altweltaffen.
Schmalzüngler, → Vorderkiemer, → Radula.
Schmarotzer, svw. Parasiten.
Schmarotzertum, svw. Parasitismus.
Schmelzschupper, *Knochenganoiden, Holostei,* Gruppe von Fischen, die durch den besonderen Aufbau ihrer rhombischen Schuppen ausgezeichnet ist. Diese bestehen aus 3 Lagen, deren äußere aus Ganoin, einer zahnschmelzartigen Substanz, gebildet wird. Skelett mehr oder weniger verknöchert.

Verbreitung: Devon bis Gegenwart; rezent nur noch 2 Ordnungen im Süßwasser: Schlammfischartige und Knochenfischartige. Die älteren Vertreter bis zur Kreide waren vorwiegend Meeresbewohner.

Schmerlen, *Cobitidae,* zu den Karpfenartigen gehörende Bodenfische der Binnengewässer Eurasiens und Afrikas, die teilweise mit Hilfe des Darms atmosphärische Luft atmen können. Der Mund ist mit Barteln besetzt, viele Arten haben Augendornen. Zu den S. gehören z. B. Bartgrundel, Schlammpeitzger und Steinbeißer. Tropische S. werden häufig in Aquarien gehalten.

Schmerzempfindung, → Schmerzsinn.
Schmerzleitungsbahn, → Schmerzsinn.
Schmerzreflex, → Schmerzsinn.
Schmerzrezeptoren, → Schmerzsinn.
Schmerzsinn, durch gewebeschädigende Veränderung ausgelöste Reaktion in Rezeptoren, deren Erregungen, bei Säugern nach Umschaltung im Rückenmark über die *Schmerzleitungsbahn,* den Thalamus erreichen und dort die Empfindung auslösen. Durch mechanische, chemische und thermische Einwirkung, aber auch durch pathologische Veränderungen, z. B. Entzündungen, kommt es zu Zellveränderungen bzw. Zellzerstörungen. Dabei werden z. B. Ionen, Kinine und Prostaglandine freigesetzt, die *Schmerzrezeptoren* (*Nociceptoren*), freie Endigungen bestimmter Nervenfasern, erregen. Die Erregung wird über marklose, langsam leitende C-Fasern und markhaltige, schneller leitende Aδ-Fasern in das Rückenmark geleitet. Die Fasern werden über Interneuronen zu Motoneuronen, aber auch über den Tractus spinothalamicus umgeschaltet, der zum Thalamus aufsteigt. Die Umschaltung auf Motoneurone ermöglicht den *Schmerzreflex* (*Fluchtreflex*).

Substanzen, die Schmerzempfindung unterdrücken, heißen *Analgetika.* Dazu gehören z. B. Substanzen vom Typ des Morphins. Sie wirken über verschiedene Typen molekularer Rezeptoren in verschiedenen Bereichen des Zentralnervensystems. Neuerdings sind Peptide insbesondere aus dem Gehirn isoliert worden, die von den molekularen Rezeptoren gebunden werden und analgetisch wirken. Die Peptide gehören zu den Endorphinen.

Man kann annehmen, daß alle Wirbeltiere Schmerz empfinden, bei Wirbellosen sind keine sicheren Aussagen möglich.

Schmetterlinge, *Falter, Lepidoptera,* eine hochentwickelte Insektenordnung mit über 3000 mitteleuropäischen Arten (Weltfauna: über 150 000 Arten). Die ältesten Fossilien stammen aus dem baltischen Bernstein (Alttertiär), ihre Entwicklung begann jedoch bereits im Mesozoikum.

Vollkerfe. Die Körperlänge beträgt 1 bis 60 mm, die Flügelspanne 3 mm bis 30 cm. Die Vollinsekten haben relativ große Facettenaugen und sehr verschieden gestaltete Fühler. Die Mundwerkzeuge sind bei einigen ursprünglichen Formen (Kaufalter) zum Kauen eingerichtet, in der Regel ist aber ein mehr oder weniger langer Saugrüssel ausgebildet. Die drei Brustsegmente sind fest miteinander verbunden und stark chitinisiert; das zweite und dritte Segment tragen je ein Paar Flügel, die ober- und unterseits dicht mit dachziegelartig angeordneten Schuppen bedeckt sind. Die Schuppen sind Träger von Pigmentfarben oder erzeugen infolge ihrer Lamellenstruktur und der Interferenz von Lichtstrahlen Schillerfarben, z. B. beim Schillerfalter. Im Fluge werden Vorder- und Hinterflügel durch verschiedene Kopplungseinrichtungen zusammengehalten. Bei den Weibchen einiger Arten, z. B. bei einigen Spannern (Frostspanner) und Sackträgern, sind die Flügel teilweise oder vollständig zurückgebildet. An dem fast immer mit Schuppen und Haaren bedeckten Hinterleib sind zehn Segmente nachweisbar, äußerlich jedoch bei den Männchen nur acht und bei den Weibchen nur sieben erkennbar; die letzten Segmente sind an der Bildung der Genitalorgane beteiligt. Die Falter leben größtenteils nur kurze Zeit; sie saugen Nektar oder kommen ohne Nahrungsaufnahme aus. Viele Arten haben mehrere Generationen im Jahr. Ihre Entwicklung ist eine vollkommene Verwandlung (Holometabolie).

Schmetterlingsblütler

Eier. In Form, Größe, Oberflächenstruktur und Färbung sind die Eier außerordentlich unterschiedlich, bei heimischen Arten bis zu 2,6 mm lang (liegender Typ) und 1,2 mm hoch (stehender Typ). Ein befruchtetes Weibchen kann bis zu mehrere tausend Eier ablegen. Die Ablage erfolgt im allgemeinen am Nahrungssubstrat der Raupen oder in dessen unmittelbarer Nähe einzeln, in Reihen, Ringen oder Häufchen (»Schwamm«).

Raupen. Sie sind meist walzenförmig und gegliedert in einen stark chitinisierten Kopf sowie drei Brust- und elf Hinterleibssegmente, deren letzte drei verschmolzen sind. Die Haut der Raupen ist glatt oder körnig und entweder nackt (z. B. bei subterrestrisch oder endophag lebenden Raupen), behaart (z. B. Prozessions-, Träg- und Bärenspinner) oder besetzt mit Warzen (z. B. Augenspinner) oder mit Dornen (z. B. Fleckenfalter). Die Brustsegmente tragen drei Paar gegliederte echte Beine. Die Hinterleibssegmente besitzen ungegliederte Bauchfüße (unechte Beine); ihre Zahl schwankt zwischen acht Paar (Kaufalter) und einem Paar (Spanner), bei den Sackträgern können sie sogar ganz fehlen. Meist sind jedoch vier Paar Bauchfüße am dritten bis sechsten Hinterleibssegment vorhanden. Das vorletzte Segment trägt ein Paar Afterfüße oder Nachschieber. Minierende Raupen haben oft überhaupt keine Füße. Die meisten Raupen sind Pflanzenfresser, nur wenige leben von tierischen Produkten, z. B. die Raupen der Echten Motten von Wolle, Keratin u. a. Sie leben einzeln oder in Gruppen (bei Jungraupen Spiegel genannt), frei oder in Gespinsten (Raupennest) meist ektophag an äußeren Pflanzenteilen, seltener endophag in Stengeln, Zweigen, verholzten Stämmen, Wurzeln, Früchten, Blättern (Minenbildung) oder Gallen. Das Raupenstadium dauert oft nur wenige Wochen, bei einigen Arten aber auch mehrere Jahre. Sie häuten sich in der Regel vier- bis fünfmal.

Puppen. Nach der Beweglichkeit der Gliedmaßen und Körpersegmente unterscheidet man drei Typen: 1) Freie Puppe (Pupa libera), z. B. Kaufalter und Trugmotten; 2) Freigegliederte Puppe (Pupa incompleta), z. B. Wurzelbohrer, Holzbohrer, Glasflügler, Widderchen, Echte Motten, Sackträger; 3) Mumienpuppe (Pupa obtecta) bei allen höher entwickelten Schmetterlingsfamilien. Die meisten Puppen besitzen am Hinterleibsende einen Hakenkranz (Kremaster). Zur Verpuppung verfertigen viele Raupen ein lockeres Gespinst oder einen festen Kokon. Die Raupen der Tagfalter spinnen entweder nur ihr Hinterende an einer Unterlage fest, so daß die Puppe mit dem Kopf nach unten zu hängen kommt (Stürzpuppe), oder sie befestigen sie aufrecht noch zusätzlich mit einem Gürtelfaden (Gürtelpuppe). Viele Raupen verpuppen sich in der Erde.

Wirtschaftliche Bedeutung. Die Raupen einer Reihe von Arten sind Schädlinge der Landwirtschaft (z. B. Maiszünsler, Weizeneule, Kohlweißling), des Obst- und Gartenbaues (z. B. Gespinstmotten, Wickler, Frostspanner, Ringelspinner), der Forstwirtschaft (z. B. Kiefernspanner, Forleule, Nonne), der Vorratswirtschaft (z. B. Kornmotte, Mehlmotte) oder Materialschädlinge (z. B. Kleidermotte, Pelzmotte, Wachszünsler). Andererseits spielen zahlreiche Falter eine wichtige Rolle als Blütenbestäuber. Ein ausgesprochenes Nutztier ist der Seidenspinner.

System. Die S. werden aus praktischen Gründen meist in → Großschmetterlinge und → Kleinschmetterlinge unterteilt, obwohl dies wissenschaftlich unhaltbar ist. Es gibt noch kein allgemein anerkanntes System. Nach neueren Forschungen erfolgt die Großgruppierung der S. nach der Anzahl und Lage der weiblichen Geschlechtsöffnungen, wobei man drei Typen unterscheidet: 1. *Exoporia*: getrennte Öffnung für Begattung und Eiablage im verschmolzenen 9./10. Hinterleibssegment. 2. *Monotrysia*: Darm und Geschlechtswege münden gemeinsam in einer Öffnung (Kloake) im 9./10. Segment. 3. *Ditrysia*: getrennte Öffnungen für Begattung im 8. und Eiablage im 9./10. Segment. Die systematische Stellung der Exoporia ist noch umstritten, auf jeden Fall stellt man sie heute vor die große Gruppe der Ditrysia.

Familiengruppen	Familien (Auswahl)
Exoporia	Wurzelbohrer (*Hepialidae*)
Monotrysia	Kaufalter (*Micropterigidae*)
	Trugmotten (*Eriocraniidae*)
	Zwergmotten (*Nepticulidae*)
	Miniersackmotten (*Incurvariidae*)
	Langhornmotten (*Adelidae*)
Ditrysia	
Mottenartige i. w. S.	Holzbohrer (*Cossidae*)
(*Tineiformes*)	Widderchen (*Zygaenidae*)
	Glasflügler (*Aegeriidae*)
	Echte Motten (*Tineidae*)
	Sackträger (*Psychidae*)
	Gespinstmotten (*Yponomeutidae*)
	Palpenmotten (*Gelechiidae*)
	Sackmotten (*Coleophoridae*)
Wicklerartige	Wickler (*Tortricidae*)
(*Tortriciformes*)	Blütenwickler (*Phaloniidae*)
Zünslerartige	Geistchen (*Pterophoridae*)
(*Pyralidiformes*)	→ Zünsler ((*Pyralidiidae*))
	→ Spanner (*Geometridae*)
	Sichelflügler (*Drepanidae*)
Eulenartige	→ Bärenspinner (*Arctiidae*)
(*Noctuiformes*)	→ Trägspinner (*Lymantriidae*)
	→ Eulenfalter (*Noctuidae*)
	Zahnspinner (*Notodontidae*)
	Prozessionsspinner
	(*Thaumetopoeidae*)
Spinnerartige	Glucken (*Lasiocampidae*)
(*Bombyciformes*)	Augenspinner (*Saturniidae*)
	→ Seidenspinner (*Bombycidae*)
Schwärmerartige	→ Schwärmer (*Sphingidae*)
(*Sphingiformes*)	
Tagfalter (*Diurna*)	Dickkopffalter (*Hesperiidae*)
	Bläulinge (*Lycaenidae*)
	→ Fleckenfalter (*Nymphalidae*)
	Augenfalter (*Satyridae*)
	→ Weißlinge (*Pieridae*)
	Ritter (*Papilionidae*)

Lit.: E. Döring: Zur Morphologie der Schmetterlingseier (Berlin 1955); W. Forster und T. Wohlfahrt: Die S. Mitteleuropas, 5 Bde (Stuttgart 1954–1981); H. J. Hannemann: Kleinschmetterlinge oder Microlepidoptera, Die Tierwelt Deutschlands, Tl 48, 50, 63 (Jena 1961, 1964, 1977); M. Hering: Die Biologie der S. (Berlin 1926); M. Koch: Wir bestimmen S., 4 Bde (Radebeul und Berlin 1955–1961); K. Lampert: Die Großschmetterlinge und Raupen Mitteleuropas, 2. Aufl. (Eßlingen a. N. 1923); A. Pagenstecher: Die geographische Verbreitung der S. (Jena 1909); A. Seitz: Die Großschmetterlinge der Erde, 16 Bde (z. T. noch unvollständig) und 4 Suppl. (Stuttgart 1906ff.); A. Spuler: Die S. Europas, 4 Bde (Stuttgart 1908–1910).

Schmetterlingsblütler, *Papilionaceae*, *Fabaceae*, eine Familie der Zweikeimblättrigen Pflanzen, deren Artenzahl auf 9000 bis 12 000 geschätzt wird. Die S. leben stets in Symbiose mit stickstoffbindenden, Wurzelknöllchenbildung auslösenden Bakterien und können deshalb als Bodenverbesserer eingesetzt werden. Bäume und Sträucher der Familie haben ihr Hauptverbreitungsgebiet in den Tropen, die krautigen Sippen überwiegen in den klimatisch gemäßigten Zonen. S.

Schmetterlingsblütler

Schmetterlingsblütler: *1* Gartenerbse: *a* Blüte, *b* Fahne, *c* Flügel, *d* Schiffchen, *e* Kelch, *f* Narbe, *g* Fruchtknoten, *h* Staubblätter. *2* Linse: *a* blühende und fruchtende Pflanze, *b* Hülse, *c* Samen. *3* Erdnuß: *a* Pflanze mit Blüten und Früchten in verschiedenen Entwicklungsstadien, *b* Hülse im Längsschnitt

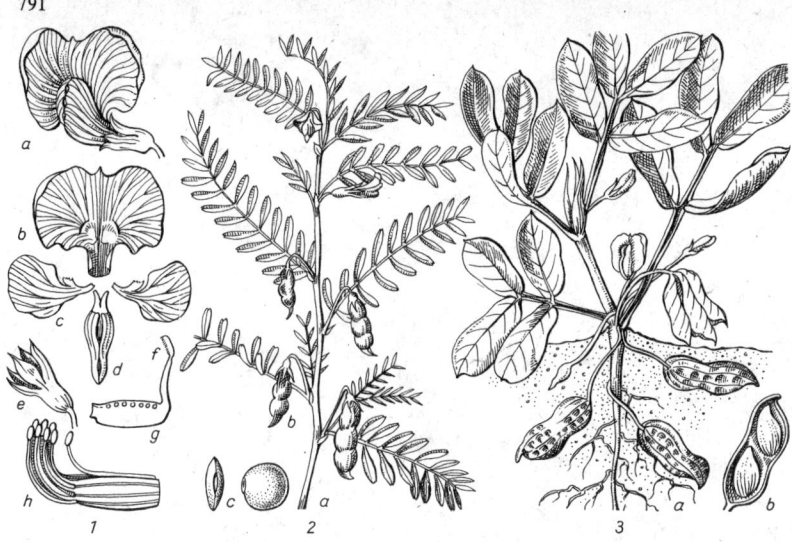

haben wechselständige, gefiederte oder 3zählige Blätter mit Nebenblättern und unregelmäßige, schmetterlingsförmige Blüten, die aus einem 5blättrigen, meist verwachsenen Kelch und 5 verschieden gestalteten Kronblättern bestehen, von denen das größte als Fahne, die beiden seitlichen als Flügel und die beiden vorderen als Schiffchen bezeichnet werden. Es sind immer 10 Staubgefäße vorhanden, die selten frei stehen, fast immer sind alle oder oft nur neun zu einer Röhre verwachsen, die den Fruchtknoten umgibt. Die Blüten werden durch Insekten oder Vögel bestäubt. Die Frucht ist in der Regel eine vielsamige Hülse, deren Samen eine harte, schwer quellbare Schale haben. Die chemischen Inhaltsstoffe der S. sind vielfältig und z. T. charakteristisch für einzelne Sippen, z. B. das Vorkommen bestimmter Alkaloide, toxischer Eiweißkörper, Saponine und Isoflavone. Auch nichtproteinogene Aminosäuren konnten in größerem Umfang nachgewiesen werden.

In den Keimblättern des Embryos werden Fette, Stärke und Eiweiß gespeichert. Die Samen vieler Arten sind deshalb wichtige Nahrungsmittel, z. T. werden diese Arten auch als Futterpflanzen gebaut, so z. B. **Erbse**, *Pisum sativum*, **Linse**, *Lens culinaris*, **Acker-**, **Pferde-** oder **Saubohne**, *Vicia faba*, und die **Kichererbse**, *Cicer arietinum*, die alte Kulturpflanzen mit großer wirtschaftlicher Bedeutung und die z. T. schon aus der jüngeren Steinzeit Südwestasiens bekannt sind.

Die **Platterbse**, *Lathyrus sativus*, und die **Straucherbse**, *Cajanus cajan*, werden vor allem von den Einheimischen tropischer Gebiete als Gemüse-, Futter- oder Gründüngungspflanzen genutzt. Die in Südamerika beheimateten Bohnen, wie die **Gartenbohne**, *Phaseolus vulgaris*, oder die **Feuerbohne**, *Phaseolus coccineus*, werden vielfach kultiviert und sind wichtige Gemüsepflanzen. Andere wichtige, auch auf stickstoffarmen Böden mit Erfolg zu bauende Futterpflanzen sind die verschiedenen Arten des **Klees**, *Trifolium* div. spec., die aus Mittelasien stammende **Luzerne**, *Medicago sativa*, die eine der wichtigsten und zugleich die älteste aller Grün- und Trockenfutterpflanzen außertropischer, kontinentaler Länder ist, weiter die kalkliebende **Espar-**

Schmetterlingsblütler: *4 a* Garten-Erbse, blühend, *rechts* Hülse; *4 b* Ackerbohne, blühend, *rechts* Hülse

Schmetterlingsblütler: *5 a* Luzerne, blühende Pflanze mit Samen; *5 b* Esparsette, blühende Pflanze mit Samen

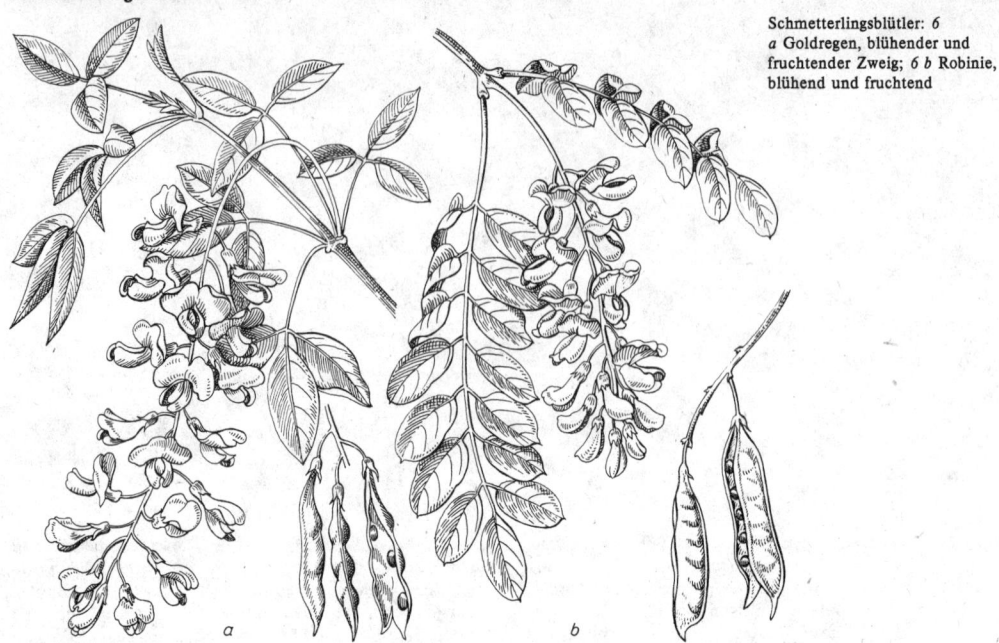

Schmetterlingshafte

Schmetterlingsblütler: 6 a Goldregen, blühender und fruchtender Zweig; 6 b Robinie, blühend und fruchtend

sette, *Onobrychis viciifolia*, die auch auf armen Sandböden gut gedeihende **Serradella**, *Ornithopus sativus*, und verschiedene Arten von **Wicke**, *Vicia*, sowie die aus dem Mittelmeerraum bzw. Vorderasien stammenden **Lupinen**, *Lupinus* div. spec., die ihre große Bedeutung als Futterpflanzen erst nach Züchtung bitterstofffreier Formen, der Süßlupinen, erlangt haben. Als Zierpflanze ist vor allem die **Staudenlupine**, *Lupinus polyphyllus*, beliebt. Die **Sojabohne**, *Glycine soja*, wird als Futterpflanze und zur Fett- und Eiweißgewinnung angebaut. Sie ist vor allem in Ostasien ein sehr wichtiges Nahrungsmittel; das aus den Samen gewonnene Öl wird als Speiseöl und zur Margarineherstellung verwendet. Die Sojabohne gehörte in China schon 2800 v. u. Z. zu den 5 heiligen Nahrungspflanzen.

Eine interessante Pflanze ist die aus Südamerika stammende, vor allem wegen ihrer ölhaltigen, unterirdisch reifenden Früchte in wärmeren Gebieten vielfach kultivierte **Erdnuß**, *Arachis hypogaea*. Sie ist eine der wichtigsten Ölpflanzen der Erde; ihre Samen haben einen Ölgehalt zwischen 40 und 50%. Der **Indigo**, *Indigofera tinctoria*, ist eine der ältesten Färbepflanzen. Als Pionierpflanze auf Halden, Kippen und sonstigem Ödland hat die aus Nordamerika stammende **Robinie**, *Robinia pseudoacacia*, auch bei uns Bedeutung erlangt. Sie wurde um 1600 aus Nordamerika in Europa eingeführt, ihr sehr dauerhaftes Holz wird technisch genutzt.

Bekannte Ziersträucher aus der Familie S. sind der giftige, südeuropäische **Goldregen**, *Laburnum anagyroides*, und die **Glyzine** oder der **Blauregen**, *Wistaria sinensis*, deren Heimat Ostasien ist. Viele Arten der S. sind Heilpflanzen, z. B. das **Süßholz**, *Glycyrrhiza glabra*, aus dessen Wurzeln die Lakritze hergestellt wird, und der für die Medizin und Parfümerie wichtige **Perubalsambaum**, *Myroxylon balsamum*, der in vielen tropischen Ländern zur Gewinnung des Harzes kultiviert wird. Die Gattung *Astragalus*, **Tragant**, ist mit etwa 1600 Arten die artenreichste der höheren Pflanzen überhaupt.

Schmetterlingshafte, → Landhafte.
Schmied, svw. Kolbenfuß.
Schmuckbaumschlangen, *Chrysopelea*, schlanke, bunt gezeichnete, baumlebende → Nattern Südostasiens und der indoaustralischen Inselwelt, die unter Abplattung des Körpers einen kurzen Gleit»flug« ausführen können. Ihre Hauptbeute besteht aus Eidechsen und Kleinvögeln, die durch das schwache Gift dieser opisthoglyphen Trugnattern gelähmt werden.

Schmuckkleid, → Färbung 2).
Schmuckschildkröten, sehr vielgestaltige, in zahlreichen Arten und Unterarten über Nord-, Mittel- und Südamerika verbreitete Gruppe hauptsächlich wasserlebender → Sumpfschildkröten mit großer geographischer Variabilität. Ihre Systematik ist noch umstritten. Die S. sind z.T. noch häufig in stehenden und langsam fließenden Gewässern. Vor allem die Jungtiere sind sehr auffallend gefärbt und oft mit Augenflecken auf dem Panzer und gelben oder roten Abzeichen am Kopf versehen. Die in Nordamerika häufige *Rotwangen-Schmuckschildkröte*, *Pseudemys scripta elegans*, trägt beiderseits einen leuchtend roten Schläfenstreifen. Die *Zierschildkröte*, *Chrysemys picta*, hat leuchtend rote Flecke auf den Randschildern und gelbe Kopfzeichnung. Bei den *Höcker-Schmuckschildkröten*, *Graptemys*, trägt der Rückenpanzer einen Höckerkiel und ein verschnörkeltes Linienmuster (»Landkartenschildkröten«). Die S. werfen zur Eiablage in Wassernähe eine Erdgrube aus.

Schmuckvögel, *Kotingas*, *Cotingidae*, Familie der → Sperlingsvögel mit nahezu 100 Arten. Frucht- und Insektenfresser der Neuen Welt. Die meisten Arten bauen offene Nester. Ihre Eier sind deshalb gefleckt. S. sind meist prächtig gefärbte Vögel, einige mit besonderen Bildungen. So wirkt der mit Federn besetzte Kehlsack, den der zapfentragende *Schirmvogel*, *Cephalopterus ornatus*, bei der Balz aufbläst, wie ein Zapfen. Eine ähnliche Bildung kommt beim *Zapfenglöckner*, *Procnias alba*, vor. Der *Hämmerling*, *Procnias tricarunculatus*, hat an der Schnabelwurzel 3 Fäden, die 3- bis 4mal so lang wie der Schnabel sind. Der Balzruf der *Glockenvögel* ähnelt einem Glockenton.

Schnabelechsen, svw. Brückenechsen.
Schnabelfliegen, *Schnabelhafte*, *Mecoptera*, eine Ordnung der Insekten mit nur 9 Arten in Mitteleuropa (Weltfauna: etwa 350 Arten); seit dem Perm fossil.

Vollkerfe. Die Körperlänge beträgt 3 bis 30 mm. Am Kopf fallen besonders die schnabelartig verlängerten, kauenden Mundwerkzeuge auf. Kopf und Brust sind durch einen häutigen Hals verbunden. Die vier schmalen, durchsichtigen, netzartig geäderten Flügel werden in der Ruhe meist flach zusammengelegt auf dem Körper getragen, sie können aber auch weitgehend rückgebildet sein, z. B. bei den Schneeflöhen. Die schlanken Beine sind in der Regel gleichartig, nur bei den Schneeflöhen ist das hintere Beinpaar länger als die beiden anderen und zu Sprungbeinen umgebildet. S. leben von Aas und Kleintieren. Ihre Entwicklung ist eine vollkommene Verwandlung (Holometabolie).

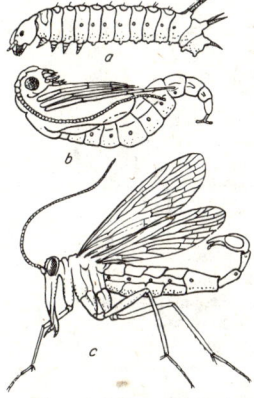

Skorpionsfliege: *a* Larve, *b* Puppe, *c* Vollkerf (♂); *a* und *c Panorpa* spec., *b Chorista* spec.

Eier. Alle Arten sind eierlegend. Die Weibchen versenken die Eier in den Boden.

Larven. Sie sind raupenähnlich und haben je drei Paar Brustfüße und stummelförmige Bauchfüße. Die Larven leben am oder im Boden, ernähren sich von pflanzlichen und tierischen Abfallstoffen und sind nach drei bis sechs Häutungen verpuppungsreif.

Puppen. Sie gehören zum Typ der Freien Puppe (Pupa libera) und ruhen ohne Kokon in der Erde.

System. Früher wurden die S. zu den Netzflüglern gerechnet, sie sind jedoch sicher mit den Köcherfliegen, Schmetterlingen und Zweiflüglern näher verwandt. Unsere heimischen Arten gehören zu drei Familien: Skorpionsfliegen (*Panorpidae*), Mückenhafte (*Bittacidae*) und Schneeflöhe (*Boreidae*).

Lit.: → Netzflügler.

Schnabelhafte, svw. Schnabelfliegen.
Schnabeligel, svw. Ameisenigel.
Schnabelkerfe, *Hemiptera, Rhynchota,* eine Insektengruppe, die die Ordnungen → Gleichflügler oder Pflanzensauger (*Homoptera*) und Ungleichflügler oder → Wanzen (*Heteroptera* umfaßt. Gemeinsame Merkmale finden sich im Bau der stechend-saugenden Mundwerkzeuge (»Schnabel«): Unter- und Oberlippe bilden eine Rüsselscheide, in der vier aus den Oberkiefer- und Unterkieferinnenladen hervorgegangene Stechborsten so aneinandergelegt sind, daß zwei voneinander getrennte Kanäle entstehen, eine Saug- und eine Speichelrinne. Die S. gehören zur höchstentwickelten Gruppe der Insekten mit unvollkommener Verwandlung (Parametabola, → Insekten, Stammbaum), deren Vollkerfe höchstens dreigliedrige Tarsen besitzen und denen die Schwanzfäden (Cerci) fehlen.

Lit.: C. Börner: S., Rhynchota (Hemiptera), Die Tierwelt Deutschlands, Bd IV, Lief. 3 (Leipzig 1935); H. Weber: Biologie der Hemipteren (Berlin 1930).

Schnabeltier, *Ornithorhynchus anatinus,* ein zu den Kloakentieren gehörendes Säugetier mit Hornschnabel, abge-

Schnabeltier

flachtem Schwanz und Schwimmhäuten zwischen den Zehen. Das Männchen hat scharfe, bewegliche Fersensporen, durch die Giftdrüsen ausmünden. Das S. lebt im Osten Australiens und auf Tasmanien an den Ufern von Flüssen und Seen. Es sucht im Wasser gründelnd seine aus Insektenlarven, Würmern, Schnecken und Muscheln bestehende Nahrung. Zähne sind nur im Milchgebiß vorhanden; später dienen Hornplatten zum Zerquetschen der Nahrung. Das Weibchen legt in einem Nest in einer Erdhöhle am Ufer zwei Eier ab und brütet sie aus. Saugwarzen sind nicht vorhanden; von zwei Drüsenfeldern wird Milch ausgeschieden, die die Jungen ablecken.

Schnaken, → Zweiflügler.
Schnalle, hakenförmiger seitlicher Hyphenauswuchs des paarkernigen Schnallmyzels der Ständerpilze, in dem sich in der wachsenden Hyphe bei der Zellteilung der eine Kern teilt. Einer der hierbei entstehenden Tochterkerne wandert in die neu gebildete Spitzenzelle neben den zweiten Tochterkern des Paarkernmyzels. Der andere Tochterkern tritt durch eine sich neu bildende Öffnung in die darunterliegende Zelle über, wodurch auch diese subterminale Zelle wieder zur Paarkernphase, zum Dikaryon, kommt.
Schnäpel, → Koregonen.
Schnappatmung, → Atemzentrum.
Schnappatmungszentrum, → Atemzentrum.
Schnappschildkröte, *Chelydra serpentina,* bis 50 cm lange und 30 kg schwere süßwasserbewohnende → Alligatorschildkröte Nordamerikas mit großem Kopf, Hakenkiefern und kräftigen Beinen, die nicht unter den Panzer zurückgezogen werden können. Die S. lauert am Grund der Gewässer auf Beute und frißt neben Wasserwirbeltieren auch Pflanzenteile und Aas.
Schnarrschrecke, → Springheuschrecken.
Schnecke, → Gehörorgan.
Schnecken, *Bauchfüßer, Gastropoden, Gastropoda,* sehr formenreiche, rund 110000 Arten umfassende Klasse der Weichtiere (Unterstamm Konchiferen). Die S. zeigen in der Form der Fortbewegung, des Nahrungserwerbs und der besiedelten Lebensräume eine Fülle von Verschiedenheiten, ähnlich jenen innerhalb der Gruppe der Insekten und Wirbeltiere.

Morphologie. Der Körper besteht aus dem Kopfteil mit Tentakel, Augen und Mundöffnung, dem Rumpf mit an der Bauchseite plattem, gestrecktem oder scheibenförmigem Kriechfuß und einem an der Rückenseite vom Mantel

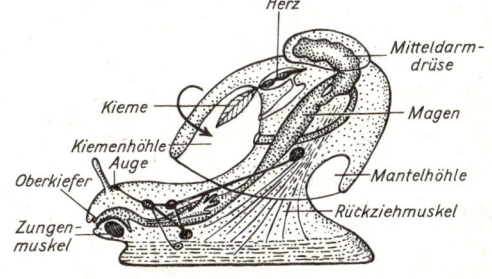

Bauplan einer Kiemenschnecke

Schneckennattern

überkleideten, spiraligen Eingeweidesack. Dieser wird von einer meist spiraligen, aus mehreren Schichten bestehenden Kalkschale (aus Konchiolin und Aragonit), die vom Mantel gebildet wird, überdeckt. Sie kann verschiedentlich auch von flacher Form oder völlig reduziert sein (z. B. bei Nacktschnecken). Die inneren Organe (→ Weichtiere) folgen im Eingeweidesack der spiraligen Aufwindung und sind daher kompliziert verdreht. Variabelster Teil der S. ist die vielfach prächtig gefärbte und skulpturierte Schale, die zudem mit Spitzen, Graten oder Rippen besetzt sein kann. Bei Vorderkiemern wird die Schalenmündung meist mit einem festen Deckel (Operculum) verschlossen.

Biologie. Die S. sind getrenntgeschlechtlich (Vorderkiemer) oder zwittrig (Hinterkiemer und Lungenschnecken). Bei den Zwittern werden Eier und Spermien in der gleichen Drüse erzeugt; die Befruchtung erfolgt gegenseitig, einseitig oder durch Selbstbefruchtung. Bis auf wenige Ausnahmen legen die S. Eier. Die Entwicklung im Meer verläuft über eine freischwimmende Larve (→ Veligerlarve), auf dem Lande und im Süßwasser direkt. Die Atmung erfolgt durch Kiemen, Sekundärkiemen oder durch respiratorische Gefäßnetze in der Mantelhöhle und durch die Haut. Die Nahrung besteht vorwiegend aus Pflanzen, einige Arten leben räuberisch, wenige Arten parasitisch. Die Nahrungsaufnahme erfolgt mit Hilfe der Radula, die die S. zur Nutzung vieler Nahrungsquellen befähigt; die Zahnzahl ist sehr variabel, ihre Anordnung und Ausbildung taxonomisch wichtig. Die Fortbewegung der S. auf dem Untergrund erfolgt durch wellenförmige Bewegung der Fußsohle. Meist wird dadurch von einer vorderen Fußdrüse ein Schleimfilm abgeschieden, auf dem das Tier gleitet. Manche Wasserbewohner können schwimmen (z. B. Seehase) oder treiben pelagisch im Meer (z. B. einige Flügelschnecken).

Die S. bewohnen das Salz- und Süßwasser vom Ufer bis zu großen Tiefen, viele Arten sind zum Landleben übergegangen und leben hier nicht nur im Feuchten, sondern auch in trockenen Gebieten. Sie haben sich durch ihre große Anpassungsfähigkeit fast alle Biotope erobert.

Wirtschaftliche Bedeutung. Früher waren die S., bzw. ihre Schalen als Zahlungsmittel, Gebrauchsgegenstände, Färbemittel und als Nahrung sehr geschätzt. Heute sind sie als Nahrungsmittel sehr wichtig, die Schalen finden oft noch als Schmuck und Ziergegenstände Verwendung. Viele S. sind bedeutende Kulturpflanzen- und Vorratsschädlinge, andere sind Zwischenwirte für verschiedene Helminthen der Wirbeltiere.

System. Die S. gehören zwei Unterklassen an, den überwiegend marinen *Streptoneura* (*Prosobranchia*) und den *Euthyneura* (früher *Opisthobranchia* und *Pulmonata*). Gebräuchlich ist oft noch die Einteilung der S. in die drei Unterklassen → Vorderkiemer, → Hinterkiemer und → Lungenschnecken.

Geologische Bedeutung und Verbreitung. Kambrium bis Gegenwart. Im Paläozoikum und in der Trias ist die Bedeutung der S. noch relativ gering, dann aber beginnt sich eine breite Entwicklung anzubahnen, die ihren Höhepunkt im Eozän und dann noch einmal im jüngeren Tertiär erreicht.

Schneckennattern, *Dipsadinae*, nächtlich lebende, baumbewohnende → Nattern aus dem tropischen Amerika, die sich nur von Schnecken ernähren. Der Unterkiefer wird in die Öffnung des Schneckengehäuses eingeführt, und seine verlängerten Vorderzähne werden durch seitliches Drehen in das Fleisch der Schnecke eingeschlagen.

Schneckenweihe, → Greifvögel.
Schneeball, → Geißblattgewächse.
Schneebeere, → Geißblattgewächse.
Schneeflöhe, → Schnabelfliegen.
Schneeglöckchen, → Amaryllisgewächse.
Schneehase, → Hasen.
Schneehuhn, → Fasanenvögel.
Schneeleopard, *Irbis, Uncia uncia*, eine besonders kurzköpfige und dichtbehaarte, gefleckte Großkatze aus den Gebirgen Mittelasiens.
Schneemensch, *Yeti*, angeblich menschenähnliches Wesen im Himalajagebiet; bisher konnte noch kein gesicherter Nachweis seiner Existenz erbracht werden.
Schneerose, → Hahnenfußgewächse.
Schneestufe, → Höhenstufung.
Schneeziege, → Gemsen.
Schnegel, svw. Egelschnecken.
Schneider, → Ukelei.
Schneidervogel, *Orthotomus sutorius*, eine von Sri Lanka bis Südchina und Djawa verbreitete Vogelart, die zu den → Grasmücken gehört. Der S. heftet die Ränder großer Blätter zusammen und baut in die so entstandene tiefe Tasche sein napfförmiges Nest.
Schneidezähne, → Gebiß.
Schnelläuferedechsen, *Takydromus*, sehr langschwänzige, das offene Grasland bewohnende → Eidechsen Ostasiens und einiger indoaustralischer Inseln.
Schnellkäfer, *Elateridae*, eine Familie der → Käfer mit schlanken, abgeflachten, meist braun oder schwarz gefärbten Arten, deren Halsschild dornenartig verlängert ist. Mit Hilfe eines komplizierten Schnellapparates können sie emporschnellen bzw. aus der Rückenlage wieder auf die Beine kommen. Ihre mehrjährigen Larven (*Drahtwürmer*) sind als Mulmfresser nützlich, andere als Wurzelfresser schädlich, z. B. die Larven der Saatschnellkäfer (*Agriotes*).
Schnepfen, *Scolopacidae*, Familie der → Regenpfeifervögel mit etwa 75 Arten: *Präriläufer, Brachvögel, Wasserläufer, Schnepfen, Strandläufer, Kampfläufer, Grasläufer, Sumpfläufer, Uferläufer* u. a. Die *Bekassinen* haben zur Lauterzeugung umgebildete Schwanzfedern, die beim Sturzflug (Teil des Balzfluges) meckernde Laute erzeugen, daher der Name *Himmelsziege*.
Schnepfenaale, *Nemichthyidae*, mit den Aalen verwandte, bizarre Tiefseefische mit sehr langen Kiefern.
Schnippe, ein Abzeichen bei Tieren in Form eines weißen mehr oder weniger großen Fleckes an der Oberlippe.
Schnirkelschnecken, *Heliziden, Helicidae*, artenreiche Familie beschalter Lungenschnecken. S. leben überall im Gebüsch und in lichten Wäldern, an Gräben, Wiesenrainen, in Gärten und Kulturlandschaften. Das Gehäuse ist verschiedentlich mit dunkleren Spiralbändern gefärbt. Zu den S. gehören die Gartenschnirkelschnecke und die Hainschnirkelschnecke sowie die → Weinbergschnecke.
Schnittlauch, → Liliengewächse.
Schnüffeln, → Atemschutzreflexe.
Schnurfüßer, → Doppelfüßer.
Schnurwürmer, *Nemertini*, ein Tierstamm der Protostomier mit etwa 800 Arten, vornehmlich wasserlebende Tiere, die den Plattwürmern nahe stehen, sich von diesen aber durch den Besitz eines Blutgefäßsystems und eines durchgehenden Darmkanales unterscheiden.

Morphologie. Die S. sind wenige Millimeter bis zu 30 m (!) lang, meist fadenförmig und auffällig gefärbt oder gemustert. Ihr Körperepithel ist vollständig bewimpert. Das Vorderende trägt einen langen, in einen über dem Vorder-

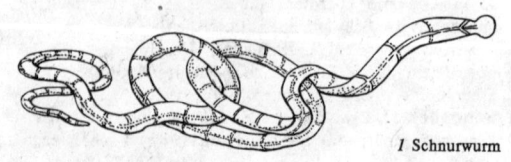

1 Schnurwurm

darm liegenden Hohlraum (Rhynchozöl) einziehbaren Fangrüssel und weist 2 bis etwa 250 Pigmentbecheraugen auf. Das Zirkulationssystem, das aus seitlich im Körper längs verlaufenden, durch Lakunen verbundenen Blutgefäßen besteht, enthält farbloses, z. T. auch gelbes, rotes oder grünes Blut, in dem oft ovale Blutkörperchen enthalten sind. Die S. sind größtenteils getrenntgeschlechtlich, ihre zahlreichen Hoden bzw. Eierstöcke liegen an den Körperseiten hintereinander und münden einzeln nach außen. Die Befruchtung der Eier erfolgt erst nach ihrer Ablage im Wasser.

Biologie. Die S. sind überwiegend Bewohner der Meeresküsten, seltener des Süßwassers oder feuchter Erde. Ihre Fortbewegung ist kriechend; einige Arten können jedoch gut schwimmen und kommen bis in Tiefen von 3 000 m vor. Sie ernähren sich räuberisch von Wassertieren, die ausgesaugt oder ganz verschlungen werden. Die Entwicklung erfolgt direkt oder über ein schwimmendes Larvenstadium, z. B. das *Pilidium*. Dieses ist helm- oder glockenförmig, trägt am Scheitelpol einen Wimpernschopf und zwischen Ober- und Unterseite eine Wimpernschnur. Andere Arten haben eine sich in der Eihülle entwickelnde, wurmförmige *Desorsche Larve*.

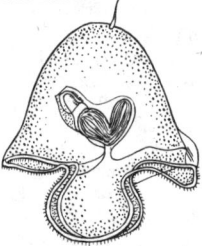

2 Pilidium-Larve eines Schnurwurms

System. Nach der Lage der Mundöffnung hinter oder vor dem Gehirn und dem Fehlen oder Vorhandensein eines Stiletts am Fangrüssel werden zwei Klassen unterschieden, die *Anopla* und die *Enopla*.

Sammeln und Konservieren. Die marin lebenden S. sind in Mengen nur durch die sog. Klimaverschlechterung zu erbeuten. Dazu schüttet man größere Materialproben, mindestens 5 bis 10 Liter umfassend, in Glaswannen. Aus einer zum Tageslicht weisenden Ecke kann man die infolge Verschlechterung des Wasserklimas hervortretenden S. sammeln. Da S. sehr kontraktil sind, müssen sie vor dem Fixieren je nach Größe mit entsprechenden Dosen von Chloralhydrat, Urethan oder Azetonchloroform betäubt werden. Das Abtöten und Aufbewahren erfolgt in Bouinschem Gemisch oder in 80%igem Alkohol.

Schockorgan, das bei der → Anaphylaxie am stärksten betroffene Organ. Bei den verschiedenen Säugetieren wirken sich die bei der Anaphylaxie freigesetzten pharmakologisch aktiven Substanzen unterschiedlich aus. So stirbt das Meerschweinchen im anaphylaktischen Schock durch Erstickung, das Kaninchen dagegen infolge Herzversagen.

Scholle, *Pleuronectes platessa,* wirtschaftlich wichtiger, gut schmeckender Plattfisch der Atlantikküsten, der Nordsee und der westlichen Ostsee. Die S. wird wegen der orangefarbenen Flecken auf der Oberseite auch als *Goldbutt* bezeichnet.

Schollenartige, *Pleuronectiformes,* **Plattfische,** zu den Knochenfischen gehörende, seitlich stark abgeflachte, unsymmetrische Grundfische, bei denen sich eine Körperseite zur hellen Unterseite, die andere zu einer pigmentierten Oberseite umgewandelt hat. Das Auge der Unterseite ist auf die Oberseite verlagert, das Maul schräggestellt. Die freischwimmenden Larven sind zunächst symmetrisch, werden aber beim Übergang zum Leben auf dem Bodengrund unsymmetrisch. Viele S. können sich durch Farbwechsel dem Bodengrund völlig anpassen, die meisten buddeln sich in den weichen Sand so weit ein, daß nur die Augen herausragen. Viele S. sind wichtige Nutzfische, z. B. Scholle, Flunder, Seezunge, Heilbutt.

Schöllkraut, → Mohngewächse.
Schönaugengeißler, → Geißelalgen.
Schönechsen, *Calotes,* tropisch-asiatische Gattung der → Agamen mit seitlich zusammengedrücktem Körper und von meist grüner Färbung. Die S. sind völlig an das Baumleben angepaßt. Sie sind durch einen ausgeprägten, vom Erregungszustand abhängigen physiologischen Farbwechsel gekennzeichnet. So zeigt z. B. der *Blutsauger, Calotes versicolor,* eine der häufigsten vorderindischen Echsen, eine leuchtend rote Kopffärbung.
Schopfalgen, → Grünalgen.
Schopfhühner, *Opisthocomiformes,* oft zu den Hühnervögeln gestellte Gruppe mit nur noch einer neotropischen Art, dem *Hoatzin.* Das Nest steht im Geäst über dem Wasser. Das Gelege besteht aus 2 bis 3 Eiern. Die Jungen können schwimmen und klettern ins Nest zurück, wenn sie es bei Gefahr verlassen haben. Auch die Altvögel können schwimmen. S. haben einen sehr großen Kropf. Sie fressen harte Blätter.
Schossen, plötzlich einsetzender Übergang einer gestauchten Wuchsform in eine gestreckte, an den sich meist die Blütenbildung anschließt. In der Hauptsache liegt dem S. intensives Streckungswachstum der Zellen zugrunde; außerdem können zusätzliche Zellteilungen eintreten, z. B. beim S. des Getreides in den interkalaren Meristemen der Halmknoten. Beim Wintergetreide und bei anderen Pflanzen wird das S. durch winterliche Kälteeinwirkung auf den Vegetationskegel ermöglicht (→ Vernalisation). Im gleichbleibend warmen Gewächshaus kann man entsprechende Pflanzen mehrere Jahre im Rosettenstadium kultivieren. Bei anderen Pflanzenarten hängt das S. von der täglichen Beleuchtungsdauer ab, z. B. bei einigen Langtagpflanzen (→ Photoperiodismus). An der Auslösung dieser Sproßstreckung sind offensichtlich Gibberelline maßgeblich beteiligt, denn eine Reihe von Pflanzenarten kann durch Gibberellingabe unter nichtinduktiven Umweltbedingungen zum S. und meist auch zum Blühen gebracht werden.
Schoßfuge, → Beckengürtel.
Schote, → Frucht.
Schrägbiß, → Gebiß.
Schrägröhrchen, ein Kulturröhrchen mit Agar-, seltener Gelatinenährboden, dessen Oberfläche eine schiefe Ebene bildet. Zur Herstellung von S. werden die mit Nährboden gefüllte Kulturröhrchen nach der Hitzesterilisation schräg gelegt. Nach dem Erkalten hat der erstarrte Nährboden in den wieder senkrecht gestellten Röhrchen eine schräge und damit große Oberfläche, die sich gut zum Anlegen von Oberflächenkulturen (Schrägagarkulturen) eignet. S. werden unter anderem zur Aufbewahrung lebender Mikroorganismen über längere Zeiträume verwendet.
Schrätzer, *Acerina schraetzer,* kleiner Barsch von spindelförmiger Gestalt, der im Donaugebiet vorkommt.
Schraubel, → Blüte.
Schraubenalge, → Grünalgen.
Schraubenbaumgewächse, *Pandanaceae,* eine Familie der Einkeimblättrigen Pflanzen mit etwa 880 Arten, die ausschließlich in tropischen und subtropischen Gebieten an feuchten Standorten vorkommen.

Es sind Lianen, Sträucher oder Bäume mit großen, am Ende der Hauptachse schraubig angeordneten, schopfig stehenden Blättern und eingeschlechtigen Blüten, die zweihäusig verteilt sind und keine Blütenhülle aufweisen. Die Blüten sind in kugeligen oder kolbigen Blütenständen ange-

Schraubenziege

ordnet. Eine Vielzahl von Staub- bzw. Fruchtblättern ist die Regel, Reduktionen kommen vor. Es werden Steinfrüchte, beerenartige Früchte u. a. ausgebildet, die von einigen Vertretern der Familie eßbar sind.

Vielfältig genutzt werden einige Arten der Gattung *Pandanus*, **Schraubenbaum**, z. B. der südostasiatische *Pandanus tectorius*, aus dessen Blüten man durch Destillation vor allem in der Parfümindustrie verwendete Duftstoffe gewinnt, dessen Blätter als Flechtmaterial dienen und der auch medizinische Bedeutung hat. Auch als Zierpflanzen werden die dekorativen S. gern kultiviert.

Schraubenziege, *Markhor, Capra falconeri*, eine Wildziege mit korkenzieherartigen Hörnern. Sie lebt in den asiatischen Hochgebirgen.

schraubige Blattstellung, → Blatt.

Schrecklaute, → Schutzanpassungen.

Schreckreaktion, → Taxis.

Schreckstellungen, → Schutzanpassungen.

Schreckstoffe, → soziale Verständigung.

Schrecktrachten, → Schutzanpassungen.

Schreiter, → Bewegung.

Schreitvögel, *Ciconiiformes*, Ordnung der Vögel mit mehr als 100 Arten. Die Jungen sind Nesthocker. Viele Arten brüten in Kolonien auf Bäumen oder Felsen. Neben den → Störchen und → Reihern gehören zur Verwandtschaftsgruppe die *Ibise*, Familie *Threskiornithidae* (30 Arten, mit Waldrapp, Löfflern und Sichlern), der *Schuhschnabel*, Familie *Balaenicipitidae*, und der *Schattenvogel*, Familie *Scopidae*. Sie alle ernähren sich von Tieren.

Schreivögel, → Sperlingsvögel.

Schriftbarsch, → Zackenbarsche.

Schrittmacher, engl. *pacemaker*, derjenige Funktionsteil eines autorhythmisch tätigen biologischen Systems, von dem der Anstoß ausgeht, z. B. der Sinusknoten des Wirbeltierherzens oder der Nucleus suprachiasmaticus im Säugergehirn für verschiedene → Biorhythmen.

Schrittmacherzentrum, → Herzerregung.

Schrödinger-Brilloun-Satz, → Entropie.

Schröter, → Blatthornkäfer.

Schuhschnabel, → Schreitvögel.

Schulkindtypus, → Konstitutionstypus.

Schulp, innere Rückenschale der Kopffüßergattung *Sepia*, kommt als *Ossa Sepia*, Sepienknochen, oder »weißes Fischbein« in den Handel, dient als sehr feines Schleifmittel für Metalle, Holz, Lack- und Politurüberzüge und wird auch als Ingredien von Zahnpulvern verwendet. Am Mittelmeer werden diese Schalen massenhaft angetrieben oder aus gefangenen Tieren herausgelöst. Früher wurden S. auch pharmazeutisch verwendet.

Schulterblatt, → Schultergürtel.

Schultergürtel, der Aufhängung der vorderen Extremitäten dienendes Stützgerüst der Wirbeltiere. Im Gegensatz zum Beckengürtel ist der S. nur indirekt über den Brustkorb mit dem Achsenskelett verbunden. In voller Ausbildung setzt sich der S. aus drei Knochenpaaren zusammen: Vorn dorsal liegt das *Schulterblatt*, vorn ventral das *Schlüsselbein*, hinten ventral das *Rabenschnabelbein*. Bei den Vögeln sind die Schlüsselbeine an ihrem unteren Ende zu dem V-förmigen *Gabelbein* verschmolzen; die Rabenschnabelbeine verbinden sich mit dem *Brustbein*, die Schulterblätter sind lang und schmal und liegen auf dem Brustkorb parallel zur Wirbelsäule. Bei den Säugetieren – außer bei den Kloakentieren – fehlt das Rabenschnabelbein; der Processus coracoides als Fortsatz des Schulterblattes wird als Rudiment des Rabenschnabelbeines gedeutet. Das zwischen Oberarm und Brustbein eingelenkte, beim Menschen flach S-förmig gekrümmte Schlüsselbein kann ebenfalls rückgebildet sein, z. B. bei Raubtieren, oder es fehlt vollständig, z. B. bei Walen und Huftieren. Das Schulterblatt ist immer vorhanden. Es ist bei den Säugetieren meist dreieckig, hat eine Leiste auf der äußeren Fläche, trägt in der Regel die Gelenkfläche für den Oberarm und liegt in der Rückenmuskulatur. Bei den Fischen ist der S. mit dem Kopf verbunden. Seine Elemente sind mehr oder minder breite Platten; zu den genannten Grundstrukturen kommen außer dem beständigen *Cleithrum*, ein Deckknochen, der bei den Amnioten verschwindet, in wechselnder Zahl noch weitere Hautknochen, die Reste des Hautpanzers der urtümlichen fossilen Panzerfische, hinzu.

Schuppen, in Botanik und Zoologie gebräuchliche Bezeichnung für morphologisch sehr verschiedenartige Bildungen.

1) Botanik: a) flächig ausgebreitete Anhangsgebilde der Epidermis (umgewandelte Pflanzenhaare); b) farblose oder grüne, schuppenartig gestaltete Niederblätter bei einigen Keimpflanzen, an den Jahrestrieben vieler Gehölze (*Knospenschuppen*) und an den Erneuerungssprossen perennierender Kräuter, auch die Niederblätter der Erdsprosse; c) die *Deckschuppen* und *Samenschuppen* der Zapfenblüten sowie die verhärteten *Zapfenschuppen* der zu Zapfen umgewandelten Blüten der Nadelhölzer.

2) Zoologie: a) Die Körperoberfläche von Tieren ganz oder teilweise bedeckende Hautbildungen unterschiedlicher Struktur und Funktion. Die S. der Insekten sind abgeplattete, aus Chitin bestehende, nach abgeschlossener Entwicklung hohle und luftgefüllte echte Haare. Zum Schuppenkleid der Schmetterlinge vereinigt, bestimmen sie wesentlich den Habitus dieser Insektenordnung, treten aber auch bei Borstenschwänzen, einigen Käferarten und Zweiflüglern auf. *Schillerschuppen* bewirken Interferenzfarben, wie sie gerade bei Schmetterlingen häufig sind. *Drüsenschuppen* kommen bei den Männchen einiger Schmetterlinge vor, auch *Sinnesschuppen* sind verbreitet. Die S. der Wirbeltiere können von verschiedenen Schichten der Haut gebildet werden. Die *Plakoidorgane* der Haie und Rochen (*Hautzähne*) ähneln in ihrem Bau den Zähnen höherer Wirbeltiere, als deren Vorläufer sie auch gelten; sie können als

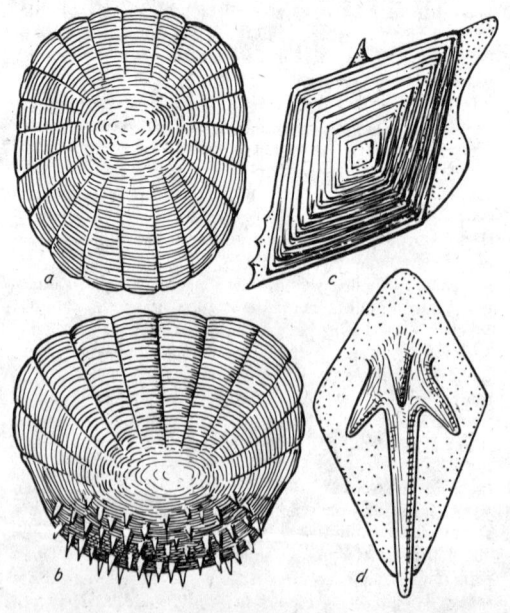

Schuppenformen der Fische: *a* Zykloidschuppe, *b* Ktenoidschuppe, *c* Ganoidschuppe, *d* Plakoidschuppe

Reste eines altertümlichen Hautpanzers aufgefaßt werden. Von einer im Corium verankerten rhombischen Basalplatte erhebt sich zentral ein kegelförmiger Dorn aus Zahnbein, das von einer Schmelzschicht überzogen ist; letztere kann als Bildung der Oberhaut angesehen werden. Derartige Hautbedeckungen verleihen dem Tier ein genarbtes, an Chagrinleder erinnerndes Aussehen. Die S. der höheren Fische sind aus Knochengewebe bestehende Bildungen der Lederhaut (Corium), die die Epidermis aufstülpen und sich dachziegelartig übereinanderlegen, so daß zwischen benachbarten S. eine Tasche entsteht. Sie gehen durch Rückbildung aus der Ganoidschuppe hervor. Die konzentrischen Zuwachsstreifen dienen der Altersbestimmung der Fische. Rhombische *Ganoidschuppen* treten bei den Flösselhechten und Knochenhechten auf, während die Knochenfische entweder rundliche *Zykloidschuppen* oder am Hinterrand kammartig gestaltete *Ktenoidschuppen* aufweisen. Die *Hornschuppen* der Vierfüßer sind Bildungen der Oberhaut, die den Papillen der Lederhaut aufsitzen. Bei manchen Kriechtieren, z. B. bei der Blindschleiche, sind dünne Knochenplatten in der Lederhaut unterhalb der Hornschuppen entwickelt. Für die Echsen und Schlangen haben die dachziegelartig übereinandergreifenden S. eine wichtige Schutzfunktion; besonders im Bereich des Kopfes sind sie zu *Schilden* umgebildet. Auch der Panzer der Schildkröten ist gleichen Ursprungs. Unter den Säugetieren sind die Schuppentiere und die Gürteltiere ganz mit S. bedeckt. Bei Beuteltieren, Insektenfressern und Nagetieren tragen die Schwänze kleine Hornschuppen; wie die S. an den Läufen der Vögel sind auch diese Bildungen auf die Hornschuppen der Kriechtiere zurückzuführen. b) Besonders im medizinischen Sprachgebrauch die durch laufende Abnutzung kontinuierlich abgelösten äußeren verhornten Zellschichten der Haut der Säugetiere.
Schuppenbäume, → Bärlappartige.
Schuppenechsen, svw. Lepidosaurier.
Schuppenhaare, → Pflanzenhaare.
Schuppenkriechtiere, *Squamata,* land- oder wasserbewohnende Kriechtiere von Echsen- oder Schlangengestalt mit wohlentwickelten, rückgebildeten oder völlig verschwundenen Gliedmaßen und beschuppter oder beschilderter Haut, deren oberste verhornte Schichten in Abständen abgestreift (gehäutet) werden. Die Zähne sitzen den Kiefern nur lose auf, sie sind mitunter funktionell stark modifiziert. Mit wenigen Ausnahmen nehmen die S. durch Züngeln, d. h. ständiges Herausstrecken und Einziehen der gespaltenen Zunge, Duftstoffe aus der Luft auf und überführen sie an ein im Dach der Mundhöhle liegendes Sinnesorgan, das →Jacobsonsche Organ. Sie »riechen« also mit Hilfe der Zunge. Der Kloakenspalt ist quergestellt, das Begattungsorgan paarig. Die S. legen entweder weiche »pergamentschalige« Eier oder sind vivi-ovipar (»ei-lebendgebärend«, die Eier bleiben bis zum Abschluß der Embryonalentwicklung im Körper des Weibchens, die Jungen verlassen die gallertige Hülle kurz vor oder nach dem Ausstoßen), sehr wenige sind »echt vivipar« (»lebendgebärend« mit zusätzlicher Ernährung des Keimes durch ein plazentaähnliches Organ).
In der Ordnung der S. werden die →Echsen, die →Doppelschleichen und die →Schlangen als 3 Unterordnungen zusammengefaßt. Insgesamt enthält sie etwa 5 700 Arten (etwa 95 % aller rezenten Reptilien). Grundlage sind die großen Übereinstimmungen im Schädelbau (der ursprüngliche Bauplan mit 2 Schläfen-Knochenbrücken, wie er bei den →Brückenechsen noch erhalten, wurde bei den S. unterschiedlich durch Rückbildungen modifiziert) und andere anatomische Verhältnisse (Bauchrippen fehlen ausnahmslos) sowie die engen stammesgeschichtlichen Verwandt-schaftsbeziehungen. Die S. befinden sich noch in voller Evolution, sie haben fast sämtliche Lebensräume erobert. Sie sind in allen Zonen der Erde mit Ausnahme der Polargebiete vertreten.
Schuppenporling, → Ständerpilze.
Schuppentiere, *Pholidota,* eine Ordnung der Säugetiere. Die Körperoberfläche der S. ist mit großen, dachziegelartig angeordneten Hornplatten bedeckt. Die kräftigen Grabkrallen der Vorderfüße dienen zum Aufreißen von Ameisen- und Termitenbauten, deren Bewohner an der langen, wurmförmigen, klebrigen Zunge haften bleiben. Die S. sind in Afrika, Süd- und Südostasien beheimatet.
Lit.: E. Mohr: Schuppentiere (Wittenberg 1961).

Steppenschuppentier

Schuppenwurz, → Braunwurzgewächse.
Schüsselrückenfrosch, *Hyla goeldii,* gelbbrauner südamerikanischer → Laubfrosch, dessen Weibchen das aus wenigen Eiern bestehende Gelege in einer vertieften Rückengrube trägt. Die Kaulquappen haben beim Schlüpfen bereits voll ausgebildete Hinterbeine und werden in wassergefüllten Bromelientrichtern abgesetzt.
Schüttelfrost, → Fieber.
Schüttelfrüchte, Kapselfrüchte, aus denen die Samen durch den Wind herausgeschüttelt werden, → Samenverbreitung.
Schüttelkultur, → Kultur.
Schüttelreize, svw. Erschütterungsreize.
Schütteltisch, ein durch Motorkraft in ständige horizontale schwingende oder kreisförmige Bewegung versetztes tisch- oder regalartiges Gestell, auf dem Kulturgefäße befestigt werden können. S. dienen in der Mikrobiologie zur Vermehrung von Mikroorganismen in Schüttelkulturen.
Schutzanpassungen (Tafel 2), in Körperform, Körperhaltung, Färbung, Zeichnung oder Bewegungsweisen sich äußernde Anpassungen bei Tieren, die ihre Träger vor ungünstigen Einwirkungen durch andere Organismen, meist Räuber, schützen.
Die S. kommen durch Handlungen der Tiere, also aktiv zur Geltung oder sind passiv durch das dauernde Vorhandensein entsprechender Eigenschaften wirksam.
Gegen pathogene Organismen und Parasiten werden → Resistenz und → Immunität wirksam.
Passive S. liegen in Form von festen Hüllen oder Gehäusen, von Chitin- und Kalkbedeckungen, auch Stachelbildungen vor.
Weniger scharf in passive und aktive S. trennbar sind die chemischen S., die im allgemeinen von vornherein vorhanden sind, aber auch aktiv eingesetzt werden können (→ Gifttiere).
Ähnliche Übergänge bestehen beim Farbwechsel und den *Farbanpassungen* (Schutzfärbung), die oft mit entsprechenden Anpassungen der Körperformen verbunden sind. Diese S. bewirken in den meisten Fällen eine *Tarnung.* So sind die Weißfärbung des Haar- oder Federkleides arktischer Tiere (Polarfuchs, Schneehase, Schnee-Eule), die gelbe oder braune Tönung der Bewohner von Wüsten und Trockensteppen (Löwe, Fennek, Antilopen) oder die grüne Farbe der Bewohner grüner Pflanzen (Laubheuschrecke, Laubfrosch, Baumschlangen) eine Einpassung in die Umgebung (*Homochromie*). Hierzu zählen auch das unterschied-

Schutzansprüche

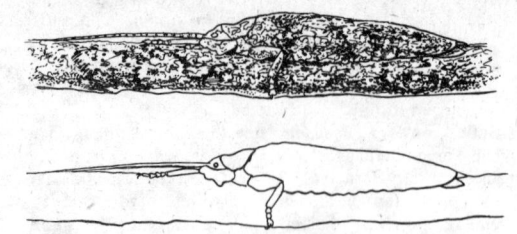

1 Heuschrecke *Satrophyllia femorata* auf einem flechtenbewachsenen Zweig sitzend; unten Umrißzeichnung (nach Hesse-Doflein 1943)

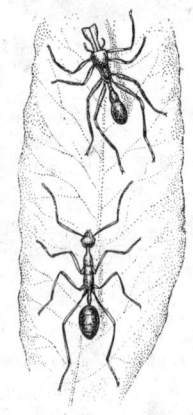

2 Arbeiterin einer Weberameise (unten) als Schutzspender und die Spinne *Myrmarachne* als Nachahmer (nach Hesse-Doflein 1943)

lich gefärbte Sommer- und Winterkleid der Vögel und Säugetiere (Hermelin, Reh) sowie die unauffällige Färbung weiblicher Tiere (hauptsächlich bei Vögeln). Eine noch bessere Tarnung wird erreicht, wenn durch Farbe und Form andere Objekte nachgeahmt werden. Dies bezeichnet man als *Mimese*. Zoomimese liegt vor, wenn die Ähnlichkeit sich auf ein anderes Tier bezieht, Phytomimese bei Ähnlichkeit mit einer Pflanze oder ihren Teilen und Allomimese bei Übereinstimmung mit unbelebten Gegenständen, etwa Steinen oder Kot. Beispiele sind das »Wandelnde Blatt« unter den Geradflüglern, verschiedene Spannerraupen und Schmetterlinge, weiter flechtenbewohnende Käfer und Spinnen sowie der tangbewohnende Fetzenfisch.

Diese Anpassungen werden in ihrer Wirksamkeit durch unauffällige Körperhaltung erhöht. Hierher gehört die Bewegungslosigkeit oder *Akinese*. So drücken sich Jungvögel, vor allem bei Bodenbrütern, ebenso wie Hasen auf den Boden. Andere Tiere verfallen in Erstarrung (*Katalepsie*) bei herabgesetzter Reizbeantwortung, wie die halmartig gestreckten Stabheuschrecken. Rohrdommeln nehmen im Schilf stehend Pfahlstellung ein. Viele Gliederfüßer lassen sich bei Gefahr fallen und verharren wie leblos (Sichtotstellen oder *Thanatose*), z. B. Schnellkäfer und Pillenkäfer.

Tritt zu einer Farbanpassung noch eine geeignete Fleckung, Streifung oder Gegenschattierung zur Milderung der Licht-Schattenwirkung, so verschwimmt das Tier völlig in seiner Umgebung (*Somatolyse*).

Zur Erhöhung der Unauffälligkeit kann auch das *Maskieren* dienen. Viele Krabben, aber auch Seeigel, bedecken sich mit Gegenständen ihrer Umgebung; Kotwanzenlarven benutzen Schmutz und Staub, die Larven vom Lilienhähnchen ihren eigenen Kot.

S., die ein Abschrecken des Angreifers bewirken sollen, sind die *Droh-*, *Schreck-* und *Warntrachten*, die auch als aposematische Tracht bezeichnet werden und oft mit *Schrecklauten* und *Schreckstellungen* verbunden sind. Diese Trachten wirken durch ungewöhnliche, meist auffällige Färbung, wie bei der Feuerwanze, oder durch plötzliches Vorweisen von auffälligen Farbmustern, wie Augenflecken vieler Falter oder rote Hinterflügel der Schnarrheuschrecken, meist abschreckend auf Feinde. Warntrachten treten bei wehrhaften, ungenießbaren oder übelschmeckenden Tieren auf, z. B. bei Feuersalamandern und Korallenschlangen.

Einen Sonderfall der S. stellen die Erscheinungen der *Mimikry* dar. Hier wird ein gut geschütztes Tier, das über eine Warntracht verfügt, von einem ungeschützten Tier anderer Artzugehörigkeit so gut imitiert, daß ersteres durch die Ähnlichkeit profitieren kann. So ähnelt der Hornissenschwärmer, *Trochilium apiforme*, einer Hornisse. Die auffällig gefärbten und giftigen Korallennattern werden von verschiedenen harmlosen Schlangen imitiert.

Kollektivmimese liegt vor, wenn mehrere Tiere gemeinsam ein Objekt nachahmen (kleine Zikaden z.B. einen Blütenstand). Ethomimikry ist das Nachahmen von Verhaltensweisen anderer Tierarten (z. B. Putzerfisch-Nachahmer). Automimikry beruht auf dem Nachahmen des anderen Geschlechts innerhalb einer Art.

S. sind auch solche Verhaltensweisen wie das Eingraben oder Anlegen und Aufsuchen von Schlupfwinkeln und allgemein die Fähigkeit zur Flucht. Sie können durch akustische, mechanische oder auch chemische Signale unter den Artgenossen, bisweilen auch bei artfremden Tieren (z. B. »Warnen« des Eichelhähers), ausgelöst werden. Termiten alarmieren durch Klopfsignale; Schreckstoffe der Schwarmfische und Alarmpheromone sozialer Insekten sind Beispiele für chemische Signale.

Zu den S. gehören auch die mechanischen Waffen (Gehörne, Geweihe, Extremitäten, Mundwerkzeuge), die elektrischen Organe einiger Fische (Zitterrochen, Zitteraal, Zitterwels) und die Vielfalt der chemischen Waffen (Sekrete, Blut, Leibeshöhlenflüssigkeit, Nesselkapseln u. a.).

Alle S. stellen keine absolute, sondern immer nur eine relative Verbesserung der Selbstbehauptung ihrer Träger dar.

Lit.: H. Bruns: Schutztrachten im Tierreich (Wittenberg 1958). F. Heikertinger: Das Rätsel der Mimikry und seine Lösung (Jena 1954). A. Portmann: Tarnung im Tierreich (Berlin, Göttingen, Heidelberg 1956).

Schutzansprüche, *protektive Ansprüche*, Umweltansprüche, die ein Organismus zur Sicherung seiner Existenz und der damit verbundenen Lebensvorgänge und Umweltbeziehungen stellen muß. Dafür stehen ihm je nach Artzugehörigkeit verschiedene Verhaltensmechanismen zur Verfügung: Bei den *S. 1. Ordnung* geht es um die Sicherung der Unversehrtheit seines Körpers; *S. 2. Ordnung* sind auf die Störfreiheit des Verhaltens im Ökosystem gerichtet, während *S. 3. Ordnung* im Populationssystem wirksam werden bis zu den *kollektiven S.* von Tiergruppen. Die Umsetzung im Verhalten kann auf vielfältige Weise erfolgen, so durch »Verbergen«, sei es als Aufsuchen von »Verstecken« oder als Angleichen an die Umgebung, dann als *Defensivverhalten*, das in mannigfacher Weise ausgebildet sein kann, oder schließlich als *Fluchtverhalten*, bei dem eine gegenüber der Gefahrenquelle überlegene Fähigkeit zum Ortswechsel genutzt wird. Einen Sonderfall stellt das *Komfortverhalten* dar, die Körperpflege, wenn sich damit der Schutz vor Parasiten und Fremdkörpern verbindet.

Schützenfische, *Toxotidae*, zu den Barschartigen gehörende, hochrückige, kleine Oberflächenfische der Küstenzonen (Mangrove) Südostasiens und des Malaiischen Archipels. Mit dem spitzen Maul können die S. einen Wasserstrahl sehr zielsicher nach Insekten spucken, die auf Zweigen über dem Wasser sitzen. Diese werden dadurch heruntergespült und damit auch zur sicheren Beute der S.

Eine Art, *Toxotes jaculatrix*, wird gelegentlich in Aquarien gehalten.
Schutzepithel, svw. Deckepithel.
Schutzfärbung, → Schutzanpassungen.
Schutzimpfung, → Immunität.
Schutzreflexe, Gruppe von → Reflexen, die der Abwehr einer Umwelteinwirkung dienen. Beispiele sind *Totstellreflexe* bei Insekten (→ Akinese), der *Wischreflex* beim Frosch, der *Bauchdeckenreflex, Hustenreflex, Niesreflex* (→ Atemschutzreflexe) und *Lidschlußreflex* bei Säugern bzw. Menschen. Schaltzentren sind bei Säugern das Rückenmark oder der Hirnstamm.
Schutzverhalten, Verhalten zum Schutz gegen einen Feind: als vorbeugende Aktivität »Sichern« und ähnliche Verhaltensweisen, als aktive Vermeidung von Gefahr Flucht oder auch Akinese, ferner als Wehrreaktion oder durch Abgabe abschreckender Stoffe (→ Pheromone). Freßfeinde können auch durch plötzliche Veränderungen des Beutetieres (z. B. Aufblähen) irritiert werden. Das »Verleiten« vom Nest dient bei Vögeln zum Schutz der Nachkommen. Besondere Bewegungen bei Schwarmtieren führen beim Angreifer zum »Konfusionseffekt«. Bei der Autotomie schließlich werden bei Gefahr bestimmte Körperteile oder -anhänge an präformierten Stellen abgeworfen, so bei Eidechsen der Schwanz, bei manchen Vögeln das Großgefieder (Schreckmauser). → Schutzanpassungen.
Schwachlichtpflanzen, → Starklichtpflanzen.
Schwalben, *Hirundinidae*, Familie der → Singvögel mit 74 Arten. Meistens jagen sie fliegende Insekten. Sie trinken und baden im Fliegen. Für den Nestbau brauchen sie unter anderem auch feuchte Erde. Sie brüten in lockeren Kolonien. Einige brüten in Erdgängen, andere in Baumhöhlen. Wieder andere bauen an Fels- und Hauswänden oder im Innern von Gebäuden auf Balken und Simsen.
Schwalbenwurzgewächse, *Seidenpflanzengewächse, Asclepiadaceae*, eine Familie der zweikeimblättrigen Pflanzen mit etwa 2000 Arten, die überwiegend in den Tropen vorkommen. Es sind krautige oder holzige Pflanzen, teilweise auch sukkulente Formen, mit Milchröhren, gegenständigen, einfachen Blättern und zwittrigen, regelmäßigen 5zähligen Blüten, oft mit Nebenkrone und Pollen, der zu Pollinien verwachsen ist, die wiederum zu zweit durch Anhängsel und Klemmkörper verbunden sind. Durch den Klemmkörper bleiben die Pollinien an Insekten haften und werden auf andere Blüten übertragen. Der oberständige Fruchtknoten entwickelt sich zu balgartigen, vielsamigen Früchten, deren Samen einen Haarschopf tragen.

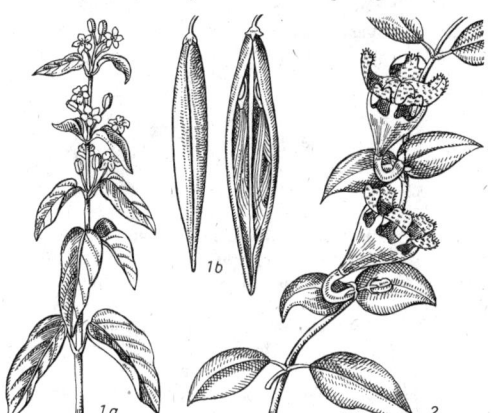

Zu den S. gehören aufgrund ihrer herzwirksamen Glykoside und der Asklepiadazeen-Bitterstoffe mehrere Gift- und Arzneipflanzen, so die einheimische, in lichten Wäldern vorkommende **Schwalbenwurz**, *Cynanchum vincotoxicum*, deren Wurzel früher als Gegenmittel bei Vergiftungen benutzt wurde. Als seltene Zier- und Bienenfutterpflanze wird in Gärten die aus Nordamerika stammende **Seidenpflanze**, *Asclepias syriaca*, gezogen, deren deutscher Name vom seidigen Glanz ihrer Samenhaare herrührt. Als Zimmerpflanze wird die **Wachs-** oder **Porzellanblume**, *Hoya carnosa*, gehalten, die in China und Australien beheimatet ist und deren weiße oder fleischfarbene Blütendolden wie aus Wachs gegossen aussehen. Die großen Blüten der afrikanischen sukkulenten *Stapelia*-Arten strömen Aasgeruch aus und werden deshalb nur selten als Zierpflanzen verwendet. Die **Urnenpflanze**, *Dischidia rafflesiana*, bildet einen Teil ihrer Blätter durch verstärktes Flächen- und gleichzeitig gehemmtes Randwachstum in Urnen oder Schläuche um. In ihrem Inneren befinden sich ganze Kolonien von Ameisen, die Erde und Humusteile einschleppen. In jede Urne wächst dann eine stengelbürtige Wurzel hinein. Unter den *Ceropegia*-Arten befinden sich Gleitfallenblumen.
Schwalme, → Nachtschwalben.
Schwämme, *Porifera, Parazoa*, ein Tierstamm mit etwa 5000 im Wasser lebenden Arten, von denen 25 an der Nord- und Ostseeküste und 6 in einheimischen Binnengewässern vorkommen.

Morphologie. Die stets festsitzenden S. weisen äußerlich wie innerlich eine große Mannigfaltigkeit im Bau auf. Neben krusten- oder klumpenförmigen Arten gibt es viele Arten mit pflanzen- oder netzartig verzweigtem oder röhren- bis trichterförmigem Körper, wobei die Größe zwischen wenigen Millimetern und 2 m Länge bzw. Durchmesser schwankt. Die Gestalt ist oft von den Ernährungs- und Umweltbedingungen abhängig. Die S. sind teils unscheinbar weißlich bis grau, teils leuchtend gelb, grün, rot oder violett gefärbt.

Die S. bestehen aus einem Dermal- und einem Gastrallager. Im *Dermallager* liegen in einer nichtzelligen Grundsubstanz am Maschenwerk aus Faserzellen und ein aus Kalk- oder Kieselnadeln (Sklerite) oder einer hornartigen Substanz (Spongin) bestehendes Stützgerüst. Ferner enthält das Dermallager neben freien Wanderzellen, die der Nahrungsaufnahme und dem Stofftransport dienen, noch solche, aus denen je nach Bedarf alle Zellarten neu gebildet werden können, und schließlich die Geschlechtszellen. Das *Gastrallager* besteht aus den Kragengeißelzellen, die dem vorbeiströmenden Wasser die Nahrungspartikeln entnehmen.

Nach dem Kanalsystem, d. h. nach der Anordnung der Kragengeißelzellen, unterscheidet man drei Typen (Abb.

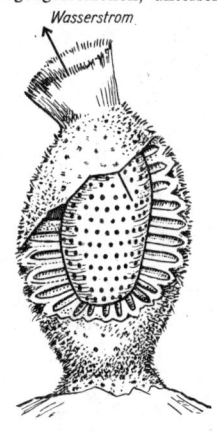

Schwalbenwurzgewächse: *1 Cynanchum*-Art: *a* Blütenzweig, *b* Früchte, rechts geöffnet. *2* Blütenformen der Gattung *Ceropegia*

Kalkschwamm (Körperwand teilweise entfernt)

→ Verdauungssystem). 1) Ascontyp. Das Gastrallager liegt schichtförmig dem Dermallager an und kleidet den zentralen Hohlraum aus, der durch die Poren direkt mit der Außenwelt in Verbindung steht. 2) Sycontyp. Das Gastrallager ist taschenförmig in das Dermallager eingebettet; die Kragengeißelzellen bilden röhrenförmige, radiär angeordnete Geißelkammern (Radialtuben), die zum Zentralraum hin offen sind und durch die Dermalporen über zuführende Kanäle das Wasser einströmen lassen. 3) Leucontyp. Das Gastrallager ist bläschenförmig in das Dermallager eingebettet, und die Geißelkammern sind durch zuführende Kanäle mit der Außenwelt und durch abführende Kanäle mit dem Zentralraum verbunden.

Biologie. Die S. leben vorwiegend im Meer, vor allem in der Küstenregion bis in etwa 50 m Tiefe. Es leben aber auch Arten in Regionen bis in Tiefen über 5000 m; nur wenige Arten kommen im Süßwasser vor. Die S. ernähren sich von Einzellern und Detrituspartikelchen; diese werden mittels Geißelschlags durch die Poren der Wand, die *Dermalporen*, in die Geißelkammern oder den Zentralraum eingestrudelt und hier abfiltriert, wonach das Wasser aus einer Öffnung (Osculum) des Zentralraumes wieder ausgestoßen wird. Die Fortpflanzung kann sowohl geschlechtlich vor sich gehen, durch Bildung von Eiern und Spermien aus Wanderzellen, als auch ungeschlechtlich, durch Knospung oder Bildung von Brutknospen (Gemmulae), die sich ablösen und das Überleben ungünstiger Umweltbedingungen ermöglichen. Die Entwicklung erfolgt über ein der Blastula ähnliches Larvenstadium (*Amphiblastula*). Die Larve setzt sich nach Verlassen des Muttertieres entweder sofort fest und wächst zu einem neuen Schwamm heran, oder sie schwimmt zuvor als *Parenchymula* mittels einer Bewimperung frei umher und verbreitet so die Art. Die S. sind in hohem Maße zur Regeneration befähigt; selbst wenn bestimmte Schwammarten durch Müllergaze gepreßt werden, können sich ihre so isolierten Zellen zu einem neuen Individuum vereinigen.

Wirtschaftliche Bedeutung. Naturschwämme haben auch heute noch große Bedeutung. Ihre Saugfähigkeit kann bisher mit keinem synthetischen Produkt erreicht werden. Bekannt ist der → Badeschwamm, *Spongia officinalis*.

System. Hauptsächlich nach der Art des Skeletts werden folgende Klassen unterschieden:
1. Klasse: *Calcarea* → (Kalkschwämme)
2. Klasse: *Demospongiae*
3. Klasse: *Hexactinellida* → (Glasschwämme)

Geologische Verbreitung und Bedeutung. Präkambrium (?), Kambrium bis Gegenwart mit Höhepunkten der Entwicklung im Malm, in der Oberen Kreide und im Alttertiär. Fossil überliefert sind fast ausnahmslos nur die Formen mit kalkigen oder kieseligen Skeletten. Ihre Elemente findet man häufig als einzige Überreste in den geologischen Schichten, daneben sind aber auch vollständige Formen mit widerstandsfähigeren Skeletten in den verschiedensten Gestalten und als Überzüge auf Fremdkörpern erhalten. In bestimmten Zeiträumen waren die S. auch Riffbildner. Biostratigraphisch spielen sie nur im Oberen Jura und in der Oberen Kreide eine Rolle.

Sammeln und Konservieren. Die auf den verschiedensten Substraten festsitzenden S. werden je nach Art und Beschaffenheit mit der Hand oder mit Werkzeugen vom Untergrund abgelöst. Große S. trocknet man an einem warmen, aber schattigen Ort. Schwammstücke fixiert man in 75%igem Alkohol, der danach auszuwechseln ist. Lediglich Kieselschwämme vertragen eine Aufbewahrung in 4%igem Formaldehyd-Seewasser.

Lit.: Lehrb. der Speziellen Zoologie. Begr. von A. Kaestner, Hrsg. von H.-E. Gruner, Bd I, Wirbellose Tiere, Tl I, 4. Aufl. (Jena 1980).

Schwammparenchym, → Blatt.

Schwammspinner, *Lymantria dispar* L., ein nach seinem schwammartigen Gelege benannter, zu den Trägspinnern gehöriger Schmetterling. Die Raupen (Tafel 1) werden an verschiedenen Laubgehölzen, bes. Eiche) schädlich. Die Eigelege fallen dadurch auf, daß sie von der gelblich-braunen Afterwolle der Weibchen (Tafel 46) bedeckt werden.

Schwäne, → Gänsevögel.

Schwanendrachen, → Plesiosaurus.

Schwangerschaft, → Trächtigkeit.

Schwangerschaftshormon, svw. Progesteron.

Schwannsche Scheide, → Nervenfasern.

Schwann-Zellen, → Neuron.

Schwanz, bei den Wirbeltieren – mit Ausnahme der schwanzlosen Lurche, der Menschenaffen und des Menschen – vorkommender Fortsatz des Rumpfes mit wechselnder Zahl von Schwanzwirbeln. Bei Wassertieren fungiert der S. als Fortbewegungsorgan, bei Vögeln trägt er die Steuerfedern. Sehr mannigfaltig gestaltet ist er bei den Säugetieren.

Schwanzdarm, → Verdauungssystem.

Schwanzfächer, bei vielen Krebsen ein aus der Schwanzplatte (Telson) und dem abgeplatteten letzten Beinpaar (Uropoden) gebildetes fächerförmiges Organ, das vor allem als Ruder beim Rückstoßschwimmen dient.

Schwanzfaden, *Terminalfilament*, unpaarer Fortsatz des 11. Abdominalsegmentes vorwiegend niederer Insekten (z. B. Felsenspringer, Fischchen); z. T. blattförmig zu einer Tracheenkieme erweitert (Libellenlarven).

Schwanzfrösche, *Ascaphidae*, urtümliche Familie der Schwanzlurche, die mit nur einer Art (*Ascaphus truei*) in kühlen Gebirgen des Nordwestens der USA beheimatet. Sie sind mit den → Urfröschen nahe verwandt. Die Männchen besitzen eine etwa 1 cm lange, röhrenförmige Kloakenausstülpung, die als Begattungsorgan dient (innere Befruchtung). Die Eier werden in Schnüren ins Wasser abgelegt, das Kaulquappenstadium dauert 2 bis 3 Jahre.

Schwanzlarven, → Leberegel.

Schwanzlurche, *Urodela*, *Caudata*, langgestreckte Lurche mit wohlentwickeltem, rundem oder seitlich zusammengedrücktem Schwanz, der nach der Metamorphose erhalten bleibt (Name!). Meist sind 4 wenig kräftige Gliedmaßen ausgebildet (bei den → Armmolchen fehlen die Hintergliedmaßen), die in der Regel 4 Finger und 5 Zehen tragen. Der je nach Art 5 bis 150 cm lange Körper ist stets nackt, den wasserlebenden Arten sowie den Kiemenlarven haftet ein Seitenliniensystem (→ Fische) zur Wahrnehmung von Druckschwankungen und chemischen Reizen. Es bildet sich beim Landleben zurück. Die Kiefer sind bezahnt, ein Trommelfell fehlt. Die Augen sind klein, mitunter rückgebildet, der Geruchssinn ist dagegen gut entwickelt. Die S. leben entweder ständig im feuchten Land oder ständig im Wasser oder suchen das Wasser nur zur Fortpflanzung auf. Bei den meisten Arten setzt das Männchen im Wasser oder an Land einen Samenträger ab, den das Weibchen mit der Kloake aufnimmt (innere Befruchtung), nur bei den 2 Familien der Niederen Schwanzlurche (→ Winkelzahnmolche, → Riesensalamander) findet eine äußere Befruchtung der Eier durch das Männchen statt. Der Grad der Anpassung an das Wasserleben drückt sich auch in der Entwicklung der Jungtiere aus. Es gibt alle Übergänge zwischen Arten, die im Wasser laichen und deren kiementragende Kaulquappen erst nach dem Übergang zur Lungenatmung das Wasser verlassen (z. B. → Echte Wassermolche), und Arten, die voll entwickelte, bereits lungenatmende Jungtiere lebend an Land gebären (→ Alpensalamander). Bei den wasserlebenden Kaulquappen erscheinen im Gegensatz zu denen der Froschlurche zuerst die Vorderbeine. Unter diesen Wasserlarven gibt es die verschiedensten Anpassungen an den Lebensraum, z. B. unterschiedlich ausgebildete Kiemen, Flossensäume und Haftorgane (unabhängig von der Familie). Bei manchen Arten treiben die Weibchen, bei ganz wenigen anderen auch die Männchen Brutpflege. Bestimmte Arten verharren dauernd in → Neotenie (z. B. die → Olme), bei anderen werden einzelne neotene Individuen beobachtet.

Die etwa 300 Arten der S. bewohnen mit wenigen Ausnahmen nur die feuchten Gebiete der gemäßigten nördlichen Halbkugel, nur in Südamerika überschreiten sie den Äquator. Hauptsächlich nach anatomischen Merkmalen, nach dem Bau der Wirbelsäule und der Anordnung der Zähne werden 8 Familien unterschieden: → Winkelzahnmolche, → Riesensalamander, → Querzahnmolche, Echte Salamander und Molche, → Aalmolche, → Olme, → Lungenlose Molche, → Armmolche. Die beiden erstgenannten Familien werden aus schädelanatomischen Gründen und wegen ihrer ursprünglicheren Fortpflanzungsweise (äußere Befruchtung) auch als »Niedere S.« den 6 übrigen Familien der »Höheren S.« gegenübergestellt.

Geologische Verbreitung: Kreide bis Gegenwart; besonders aus tertiären Schichten sind gut erhaltene Reste von S. bekannt. Die Abspaltung der S. wird bei primitiven Lurchen der Permzeit vermutet, es liegen jedoch keine Ahnenformen aus der Trias oder dem Jura vor. Die heutigen S. zeigen ihren Vorfahren gegenüber sowohl vielfältige Anpassungs- als auch Rückbildungsmerkmale. Es ist anzunehmen, daß ihre Ahnen ausschließlich wasserlebend waren.

Schwanzscheide, → Embryonalhüllen.
Schwarmbildung, → Biosozialverhalten, → Soziotomie.
Schwärmer, *Sphingidae*, eine Familie der Schmetterlinge mit rund 1000 Arten, davon 21 in Mitteleuropa. Die Falter haben lange, schmale Vorderflügel (Spannweite bis 19 cm) und kurze Hinterflügel, ihr Leib ist dick und spindelförmig. Die S. fliegen überwiegend nachts und saugen ähnlich einem Kolibri im Schwirrflug mit ihrem langen Rüssel Nektar. Einige Arten sind → Wanderfalter und gehören zu den schnellsten Fliegern unter den Insekten. Ihre Raupen sind nackt und tragen am Hinterleibsende ein gebogenes Horn. Bekannte heimische Arten sind Abendpfauenauge, Lindenschwärmer, Wolfsmilchschwärmer, Ligusterschwärmer; zu den selteneren Einwanderern gehören Windenschwärmer, Totenkopf und Taubenschwänzchen. Alle S. mit Ausnahme des Kiefernschwärmers stehen unter Naturschutz.

Schwärmsporen, svw. Zoosporen.
Schwarmverhalten, Verhaltensweisen, die zur Bildung und Aufrechterhaltung lockerer Verbände einer größeren Anzahl von Individuen führen, die als *Schwärme* bezeichnet werden. Man spricht in diesem Zusammenhang von einem semibiosozialen Verhalten, das durch eine wechselseitige Anziehung zu besonderen Formen der Koordination des Verhaltens der Schwarmangehörigen führen kann, wie es die Bewegungen von Fisch- oder Vogelschwärmen zeigen. Beim *polarisierten Schwarm* sind die Körper achsenparallel geordnet, beim *unpolarisierten Schwarm* stehen sie in verschiedenen Richtungen. Die großen Huftierherden stellen eine vergleichbare Bildung dar. Das S. ist eine besondere Form der Umweltanpassung und mit Erfordernissen wie größeren oder häufigeren Ortswechsel verbunden. Eine besondere Bedeutung liegt in der gesteigerten Schutzvalenz gegenüber Raubfeinden.

Schwarzbär, svw. Baribal.
Schwarze Fliege, → Fransenflügler.
Schwarzhalstaucher, → Lappentaucher.
Schwarzkäfer, → Käfer.
Schwarzkehlchen, → Drosseln.
Schwarzkümmel, → Hahnenfußgewächse.
Schwarznarbenkröte, *Bufo melanosticta*, häufigster vorder- und hinterindischer Vertreter der → Eigentlichen Kröten. Die S. ist braun, hat schwarze Warzenspitzen und sehr große Ohrdrüsenwülste. Die Lebensweise gleicht der der einheimischen → Erdkröte.
Schwarznatter, → Zornnattern.
Schwarzsche Regel, → Klimaregeln.
Schwarzwedelhirsch, svw. Maultierhirsch.
Schwarzwurzel, → Korbblütler.
Schweben, → Bewegung.
Schwebfliegen, → Zweiflügler.
Schwefel, S, ein Baustoff vieler Biomoleküle, z. B. der Aminosäuren Zystein und Methionin und damit von Proteinen, ferner von Vitaminen, z. B. Biotin und Thiamin, verschiedener komplexer Lipide u. a.

Im Boden liegt S. in Sulfatform, vornehmlich als Gips $CaSO_4 \cdot 2 H_2O$ oder Anhydrit $CaSO_4$ sowie in Sulfidform als Pyrit FeS_2 und als Eisen(II)-sulfid FeS vor. Weiterhin ist eine beträchtliche Menge S. im Boden organisch gebunden. Hauptquelle für die Schwefelernährung der meisten Pflanzen sind die anorganischen Sulfate, vor allem Gips. Dieser ist genügend wasserlöslich, um die für die Pflanzen erfor-

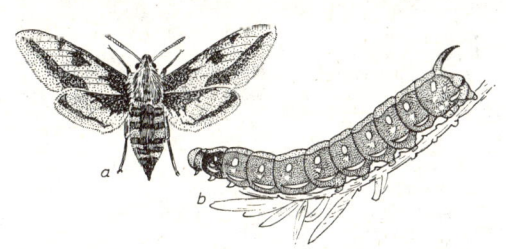

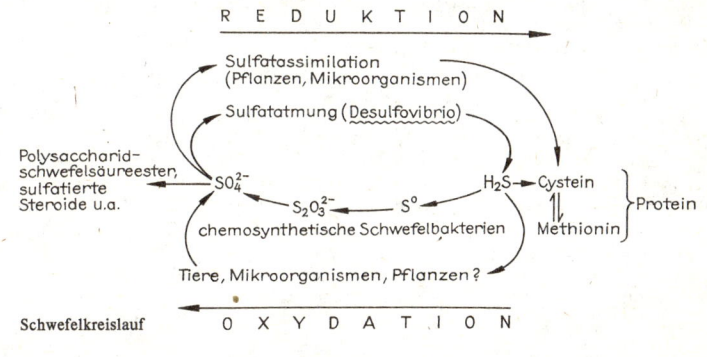

Wolfsmilchschwärmer (*Celerio euphorbiae*): *a* Falter, *b* Raupe

Schwefelkreislauf

Schwefelbakterien

derlichen Sulfatmengen freizusetzen. Die Sulfide des Bodens können durch rein chemische Prozesse zu elementarem Schwefel oxidiert werden, der von *Schwefelbakterien* zu Sulfat umgesetzt wird. Farblose Schwefelbakterien, besonders aus den Gattungen *Beggiatoa, Thiobacillus, Thiothrix*, oxidieren den durch Mineralisation organischer Schwefelverbindungen in reduzierter Form (S⁻⁻) frei werdenden S. zuerst zu elementarem S. und weiter zu Sulfat und spielen deshalb im Schwefelkreislauf (Abb. S. 801) der Biosphäre eine wichtige Rolle. In stehenden Gewässern, auf Rieselfeldern u. a. durch Abbau organischer Substanzen angereicherter Schwefelwasserstoff (H_2S) wird von grünen Schwefelbakterien zu elementarem S. und von Purpurbakterien zu Sulfat oxidiert.

Unter anaeroben Bedingungen, z. B. in dichten, unbelüfteten Böden, kann es zu einer Reduktion von Sulfat zu H_2S und damit zu einer Verminderung von pflanzenaufnehmbarem S. kommen (*Desulfurikation*). Hieran sind vor allem Bakterien der Gattungen *Desulfovibrio* und *Desulfotomaculatum* beteiligt, bei denen an die Stelle von molekularem Sauerstoff das Sulfatanion als Akzeptor für die während der Atmung frei werdenden Elektronen tritt (*Sulfatatmung*). Der frei werdende Schwefelwasserstoff schränkt die Verfügbarkeit von Eisen ein, indem Eisen(II)-sulfid FeS und Eisen(II)-disulfid FeS_2 gebildet werden.

Für die Pflanze ist S. in relativ großer Menge erforderlicher Nährstoff (→ Pflanzennährstoffe). Die höheren Pflanzen nehmen S. durch die Wurzeln als Sulfatanion auf. Aber auch Schwefeldioxid SO_2 kann von ihnen durch die Blätter in gewissem Umfang aus der Atmosphäre aufgenommen werden. Allerdings kann der Schwefelbedarf hierdurch nicht gedeckt werden, zumal höhere SO_2-Konzentrationen in der Luft zu Schäden führen, die als *Rauchschäden* bezeichnet werden. Letztere treten besonders bei Verbrennung von stark schwefelhaltiger Kohle, ferner in der Nähe chemischer Industriebetriebe mit SO_2-Emissionen u. a. gehäuft auf. Das von den Blättern aufgenommene SO_2 wird im Blatt zu Sulfat oxidiert.

Bei der Assimilation (*Sulfatassimilation*) wird der S. wie der Stickstoff in der Regel in der Zelle in reduzierter Form in die organischen Verbindungen eingebaut. Zur Reduktion von Sulfat zu Sulfid sind nur Bakterien, Pilze und grüne Pflanzen befähigt. Tiere müssen demgegenüber reduzierte Schwefelverbindungen mit der Nahrung aufnehmen. Die Reduktion des Sulfats, die in grünen Pflanzen vor allem in den Chloroplasten geschieht, aber auch in den Wurzeln vor sich gehen kann, erfolgt wie diejenige des Nitrats in zwei Schritten:

$$SO_4^{2-} \xrightarrow{2e^-} SO_3^{2-} \xrightarrow{6e^-} S^{2-}.$$

Sie beginnt mit der Bildung (Sulfataktivierung) von *aktivem Sulfat*, dem *Phosphoadenosinphosphosulfat (PAPS)*. Dieses wird auf ein niedermolekulares Protein mit einem Molekulargewicht von etwa 5000 übertragen und, ohne daß Zwischenstufen frei werden, über proteingebundenes Sulfit bis zur Stufe des Schwefelwasserstoffs reduziert, wobei reduziertes Ferredoxin als Reduktionsmittel dient. Der entstehende Schwefelwasserstoff wird auf O-Azetylserin übertragen, und es entsteht Cystein. Von diesem kann die SH-Gruppe in andere Verbindungen überführt werden, wodurch unter anderem Methionin, ferner die in Kreuzblütlern vorkommenden Senföle und deren Glykoside sowie die Lauchöle der Zwiebeln gebildet werden können.

In seiner spezifischen physiologischen Wirksamkeit ist S. durch kein anderes Element zu ersetzen. Auch → Selen, das zwar anstelle von S. in organische Strukturen eingebaut werden kann, vermag dessen Funktionen nicht voll zu erfüllen.

Bei ungenügender Versorgung mit S. wird besonders der Eiweißstoffwechsel gestört. *Schwefelmangelsymptome*, die zuerst an den jüngsten Blättern auftreten, ähneln jenen des Stickstoffmangels. Die Blätter werden hellgrün bis gelb und sind teilweise rötlich getönt. Kreuzblütler bleiben bei Schwefelmangel klein und kümmerlich mit schmalen Blättchen. In Europa hat Schwefelmangel praktisch keine Bedeutung, da die Böden ausreichend mit schwefelhaltigen Mineraldüngern, wie Ammoniumsulfat, Kaliumsulfat, Patentkali und Superphosphat, versorgt werden und außerdem erhebliche Mengen SO_2 mit dem Regen aus der Luft erhalten. Daneben wird bei der Verwitterung von Mineralien Sulfat frei. Wirtschaftlich bedeutungsvoll ist Schwefelmangel im Teeanbau.

Über die Bedeutung des S. bei Tieren → Mineralstoffwechsel.

Schwefelbakterien, Sammelbezeichnung für autotroph lebende Bakterien, die Schwefelwasserstoff (H_2S) oder andere reduzierte Schwefelverbindungen zu Schwefel oxidieren. Dieser wird entweder in den Zellen abgelagert oder nach außen abgegeben. Die *farblosen S.*, z. B. → *Beggiatoa*, verwenden H_2S als Energiequelle für die CO_2-Assimilation (→ Chemosynthese). Die *Schwefel-Purpurbakterien* (→ Purpurbakterien) und die → *Chlorobakterien* nutzen H_2S als Wasserstoffquelle für die CO_2-Assimilation, die sie mit Hilfe von Lichtenergie durchführen (→ Photosynthese).

Schwefelkohlenstoff, CS_2, unangenehm riechende, giftige, stark lichtbrechende Flüssigkeit, die leicht entzündlich ist und bei Zimmertemperatur verdunstet. S. ist Lösungsmittel für Phosphor, Fette und Iod und wird zur Vergiftung trocken konservierter Pflanzen benutzt.

Schwefelkreislauf, → Schwefel.

Schweine, *Suidae*, eine Familie der → Paarhufer. Die S. haben verhältnismäßig gut entwickelte Afterzehen, einen gedrungenen Körper und eine rüsselartig verlängerte Schnauze. Die Eckzähne des Männchens sind im Unter- und Oberkiefer nach oben gerichtet und stellen eine gefährliche Waffe dar. Die S. nehmen hauptsächlich pflanzliche Nahrung zu sich; sie bevorzugen Wurzeln und Knollen, die sie mit der Schnauze aus der Erde hervorwühlen. Daneben fressen sie auch Kleingetier und Aas. Die S. leben in kleineren Rudeln in feuchten Wäldern Europas, Asiens und Afrikas.

Zu den S. gehören → Wildschwein, → Buschschwein, → Warzenschwein und → Hirscheber; das Hausschwein *Sus scrofa* f. *domestica*, ist die domestizierte Form des Wildschweines.

Lit.: E. Mohr: Wilde S. (Wittenberg 1960).

Schweinebandwurm, → Taenia.

Schweinswale, *Phocaenidae*, eine Familie der Zahnwale. Die nur bis etwa 2 m langen S. sind in Küstengewässern häufig und steigen stellenweise auch in die Flüsse auf. Zu ihnen gehört der bis in die Ostsee verbreitete *Kleine Tümmler, Phocaena phocaena*, auch *Braunfisch* oder *Meerschwein* genannt.

Schweiß, eine trübe, farblose Flüssigkeit, die von den Schweißdrüsen aktiv sezerniert wird. Die durchschnittliche Schweißabsonderung des Menschen beträgt 0,5 bis 0,7 l je Tag, kann aber auf 4, in den Tropen auf 10 bis 15 l bei körperlicher Arbeit ansteigen. S. besteht überwiegend aus Wasser, in dem anorganische Salze (Natriumchlorid, Kaliumchlorid, Kalzium- und Magnesiumphosphat, Sulfate), Eiweiß, Harnstoff, Harnsäure, Kreatin, Aminosäuren, Ammoniak, Fettsäuren, Azeton und Milchsäure enthalten sind. Die flüchtigen Fettsäuren verursachen den Geruch des S. Seine wichtigste Funktion besteht in der → Wärmeabgabe, indem zum einen die Durchfeuchtung der Haut ihre Wärmeleitfähigkeit wesentlich verbessert und zum anderen bei der Schweißverdunstung eine erhebliche Wärmeabfuhr erfolgt (→ Perspiratio).

Neben dem Menschen zeigen Pferd und Esel eine intensive Schweißabsonderung, eine geringe Bedeutung besitzt sie auch noch bei Rind und Schaf. Viele Tiere, wie Vögel, Kloakentiere und viele Nager, besitzen überhaupt keine Schweißdrüsen.

Schwellenenergie, → Reizschwelle.
Schwellenintensität, → Reizschwelle.
Schwellenpotential, → Rezeptor.
Schwellenstoffe, → Exkretion.
Schwellenwert, → Erregung, → Rezeptor.
Schwellkörper, → Penis.
Schwemmverfahren, → Bodenorganismen.
Schwertfisch, *Xiphias gladius*, zu den Makrelenverwandten gehörender, wirtschaftlich wertvoller, weltweit verbreiteter, bis 4 m langer Meeresfisch, dessen Oberkiefer in einen schwertförmigen, langen Fortsatz ausläuft. Der S. verfolgt Fischschwärme und kann auch dem Menschen gefährlich werden. Sehr begehrter Sportfisch.
Schwertliliengewächse, *Iridaceae*, eine Familie der einkeimblättrigen Pflanzen mit etwa 1500 Arten, die ihre Hauptverbreitung in tropischen und subtropischen Gebieten haben, aber überall auch bis in die gemäßigten Zonen vordringen. Es sind krautige Pflanzen mit schwertförmigen Blättern, die als unterirdische Speicherorgane Knollen, Zwiebeln oder Wurzelstöcke haben. Die Blüten sind regelmäßig oder unregelmäßig, 6zählig, enthalten 3 Staubblätter und einen 3fächerigen, unterständigen Fruchtknoten. Als Früchte werden Kapseln ausgebildet.

Viele S. sind beliebte Zierpflanzen, so die Arten der besonders im Mittelmeergebiet verbreiteten Gattung **Krokus**, *Crocus*. Als Frühjahrsblüher kommen in den Gärten Formen des weiß oder violett blühenden *Crocus vernus* und des gelb blühenden *Crocus flavus* (*aureus*) vor, als Herbstblüher der aus Kleinasien und Iran stammende *Crocus neopolitanus* (*speciosus.*) Die Narben von *Crocus sativus* liefern den als Safran bekannten gelben Farbstoff, der Karotinoide, ätherisches Öl und das Glykosid Pikrokrozin enthält.

In der nördlichen gemäßigten Zone sind die **Schwertlilien**, *Iris*, verbreitet. Sie sind durch die schwertförmigen Blätter, die zurückgeschlagenen äußeren und die aufgerichteten inneren Blütenhüllblätter gekennzeichnet. Sehr beliebt sind die unzähligen Züchtungen der *Iris germanica*. Als Wildarten in Gärten findet man unter anderem die schon im März blühende *Iris reticulata* mit blauen Blüten und die gelbblühende *Iris danfordiae*. Die vor allem auf Moorwiesen Mitteleuropas vorkommende *Iris sibirica* steht unter Naturschutz.

Unregelmäßige Blüten, die in einseitswendigen Ähren angeordnet sind, haben die Arten der Gattung **Gladiole** oder **Siegwurz**, *Gladiolus*. Die in den Gärten gezogenen oder als Schnittblumen angebotenen unzähligen Sorten sind überwiegend Kreuzungen einiger südafrikanischer Arten. Ihre Knollen sind deshalb in unserem Klima nicht winterhart. Auch die als Schnittblume häufig gezogene **Freesie**, *Freesia refracta*, stammt aus Südafrika.

Schwertpflanze, → Agavengewächse.
Schwertschwänze, *Xiphosura*, eine Ordnung der zu den Gliederfüßern gehörenden *Merostomata*. Der große schaufelförmige Rumpf setzt sich aus zwei ungegliederten Abschnitten zusammen, dem breit ausladenden Vorderkörper (Prosoma) und dem schmaleren Hinterkörper (Opisthosoma); dazu kommt ein langer Schwanzstachel, der dem Telson entspricht. Alle drei Teile sind gelenkig miteinander verbunden. Am Prosoma stehen sechs Paar Gliedmaßen, ein Paar Chelizeren und fünf Paar stabförmige Laufbeine. Das Opisthosoma trägt sieben Paar Extremitäten, von denen das erste Paar zu flachen, eingliedrigen Gebilden reduziert ist und Chilaria genannt wird; ihm folgen sechs Paar breite Blattbeine, die außer dem vordersten Paar jederseits zahlreiche Kiemenblätter tragen. Die Tiere besitzen ein Paar kleine, einfache Medianaugen und ein Paar große Facettenaugen als Seitenaugen. Der Darmkanal zeichnet sich durch ein Paar sehr große Mitteldarmdrüsen aus, die das gesamte Prosoma ausfüllen. Auch die paarigen Gonaden liegen im Vorderkörper.

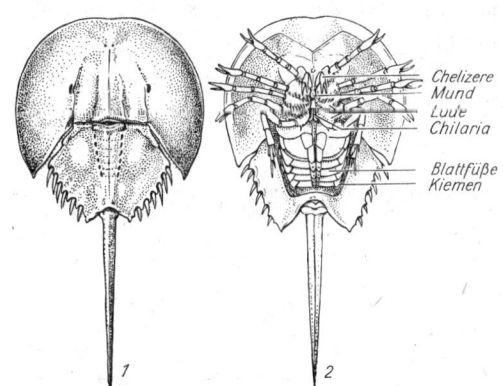

Schwertschwänze: *1* von der Rückenseite, *2* von der Bauchseite

Es sind nur noch fünf lebende Arten bekannt, die im flachen Küstenwasser Ostasiens und Nordamerikas (Atlantik) auftreten. Die Tiere wühlen im Schlamm oder Sand und suchen dort Würmer und Weichtiere. Zur Fortpflanzungszeit steigen die Männchen auf den Rücken der Weibchen und lassen sich von diesen oft wochenlang herumtragen. Das Weibchen gräbt dann ein etwa 15 cm tiefes Loch in den Sand und legt zahlreiche Eier hinein, die vom Männchen anschließend mit Sperma übergossen werden. Trotz der Reiterstellung des Männchens findet also keine Kopulation statt. Aus den Eiern schlüpfen vollsegmentierte, freischwimmende, etwa 6 mm lange Jugendstadien (Trilobitenstadium) mit kurzem Schwanzstachel und nur zwei Paar

Schwertliliengewächse: *1 Crocus sativus, 2 Iris sibirica*

Plattbeinen am Hinterkörper. Im ersten Jahr erfolgen fünf bis sechs Häutungen, später nur zwei oder eine im Jahr. Erst mit zehn Jahren wird Geschlechtsreife erreicht. Die größten Vertreter sind 60 cm lang.

Die bekannteste Gattung ist *Limulus*.

Sammeln und Konservieren. S. sind besonders im Frühling anzutreffen und werden in der Gezeitenzone mit Reusen gefangen. Man tötet S. durch Chloroformdämpfe, injiziert ihnen 4%ige Formaldehydlösung und bewahrt sie entweder in 2%iger Formaldehydlösung oder aber als Trockenpräparate auf (vor allem erwachsene S.)

Schwertwal, → Delphine.

Schwester-Chromatiden, die beiden genetisch identischen Chromatiden, aus denen jedes Chromosom nach Abschluß der Mitose und nach Abschluß der Reduplikation im Interphasekern bis zur Anaphase der nächsten Mitose besteht. Genetisch nichtidentische S.-C. können bei Rekombinationsereignissen (→ Rekombination) vorübergehend zwischen zwei Mitosen und nach der Meiose I vorliegen. Den S.-C. werden die Nicht-Schwester-Chromatiden homologer Chromosomen gegenübergestellt, die sich von den erstgenannten durch andere Allele der gleichen Gene unterscheiden können (Heterozygotie), aber nicht müssen (Homozygotie).

Schwielensohler, → Paarhufer.

Schwimmbeutler, → Beutelratten.

Schwimmblase, hydrostatisches mit Luft oder ähnlichem Gasgemisch gefülltes Organ der meisten Strahlenflosser, das aus einem dorsalen Auswuchs des Vorderdarmes hervorgegangen ist; es fehlt den Knorpelfischen. Man nimmt heute an, daß die S. ein abgeleitetes Organ ist, im Gegensatz zur Lunge, die als ursprüngliches Organ angesehen wird. Die S. kann bei den Physostomen über den *Schwimmblasengang* mit dem Vorderdarm in Verbindung stehen. Fische, bei denen dieser Gang zurückgebildet ist, werden als Physoklysten zusammengefaßt. Ihre S. enthält eine blutgefäßreiche *Schwimmblasendrüse*, den *Roten Körper*, die als Mittler für die Gasproduktion dient. Die Gasresorption erfolgt über das *Oval*. Bei Fischen mit → Weberschen Knöchelchen dient die S. als Resonanzverstärker bei der Wahrnehmung von Schallwellen.

Schwimmblätter, → heteroblastische Entwicklung.

Schwimmen, aktive Fortbewegung von Lebewesen in flüssigen Medien (→ Bewegung). Die durch die Tätigkeit der Fortbewegungsorgane erzeugten Vortriebskräfte werden im stationären Zustand durch Widerstandskräfte kompensiert. Biomechanisch muß unterschieden werden zwischen Organismen, bei denen Vortriebserzeugung und Widerstandserzeugung getrennt werden können, und Organismen, bei denen Vortriebsapparat und Widerstandserzeugung eine Einheit bilden. Erstgenannte Organismen sind solche mit starren Rümpfen, wie Wasserschildkröten und Wasserkäfer. Bei Fischen, Walen, Flagellaten, Spermatozoen und Pinguinen ist eine solche Trennung nicht möglich. Wesentlichen Einfluß auf das S. hat die Dichte der schwimmenden Organismen im Vergleich mit der Dichte des Umgebungsmilieus. In den meisten Fällen wird durch hydrostatische Einrichtungen, wie Schwimmblase und Schulp, ein Dichteausgleich erreicht. Einige Formen, z. B. Haie, müssen aber dynamischen Auftrieb durch ständiges S. und geeignete Körperform erzielen.

Eine charakteristische Größe für den Zusammenhang zwischen Widerstand und Geschwindigkeit beim S. ist die → Reynolds-Zahl. Schwimmende Organismen optimieren durch vielfältige Anpassungen ihre Widerstandswerte. So ist der Rumpf des Gelbrandkäfers durch seine Form ein Kompromiß zwischen sehr geringem Widerstand und erhöhter Schwimmstabilität. Hochseeschwimmer realisieren durch eine relativ dicke Spindelform ein Optimum des Massetransportes bei gegebener Geschwindigkeit durch einen möglichst kleinen Reibungswiderstand. Dieses Beispiel ist für die Konstruktion von technischen Körpern, z. B. von Flugzeugen, von Bedeutung. Viele Fische erreichen durch besondere Schuppen, die als Wirbelgeneratoren wirken, ein Abreißen der Strömung an einer kleinen Querschnittsstelle, was den Druckwiderstand vermindert.

Sehr günstig ist es, Wirbelbildungen im vorderen Teil des Körpers zu unterdrücken. Delphine erreichen dieses durch elastische Hautstrukturen, die entstehende Schwingungen, die sich zu Wirbeln entwickeln würden, dämpfen. In geringen Mengen gelöster Fischschleim kann die Zähigkeit des Mediums drastisch verringern. In extremen Situationen, etwa Flucht oder Beutefang, wo größere Geschwindigkeiten notwendig sind, führen Schwingungen der Strömung zur Ablösung von Schleim und verringern damit den erforderlichen Kraftaufwand.

Schwimmenten, → Gänsevögel.

Schwimmglocke, → Staatsquallen.

Schwimmkäfer, → Käfer.

Schwimmkrabben, *Portunidae*, zur Ordnung der Zehnfüßer gehörende Familie der Krabben. Ihr letztes Beinpaar hat ein abgeflachtes, breites Endglied und dient als Schwimmruder. Die S. leben in den Küstenregionen aller Meere.

Zu den S. gehört auch die *Strandkrabbe*, *Carcinus maenas*, die häufigste Krabbe der Nordsee, die auch in die westliche Ostsee eindringt und – sich bei Ebbe in den Sand eingrabend – in der Gezeitenzone lebt.

Schwimmkröten, *Pseudobufo*, vorwiegend wasserlebende → Kröten Südostasiens mit großen Schwimmhäuten und aufwärts gerichteten Nasenlöchern. Die *Rauhe S.*, *Pseudobufo subasper*, wird bis 15 cm lang.

Schwimmpflanzen, Pflanzen, die auf der Wasseroberfläche, seltener im Wasser frei schwimmen. → Hydrophyten.

Schwimmschlängeln, → Bewegung.

Schwimmwühlen, *Typhlonectidae*, südamerikanische Familie der → Blindwühlen mit etwa 20 Arten. Die S. sind Wasserbewohner in Flüssen und Teichen und bringen lebende Junge zur Welt, die schon vor der Geburt ihre Kiemen verlieren.

Schwingel, → Süßgräser.

Schwingungen, *Oszillationen*, periodische Änderungen von physikalischen, chemischen und biologischen Parametern. Im Bereich der Biologie treten S. mit Perioden im Bereich von Sekundenbruchteilen bis hin zu Jahren auf. Sehr schnelle S. sind rhythmische Änderungen von Nervenpotentialen, sehr langsame S. werden bei der Individuenanzahl ganzer Populationen beobachtet. In einem System werden oft mehrere S. mit unterschiedlichen Perioden beobachtet. Es scheint gesetzmäßig zu sein, daß diese verschiedenen Perioden sehr weit voneinander getrennt sind. Am Beispiel des Menschen wären hier die Neuronenschwingungen im Millisekundenbereich, die Herztätigkeit im Sekundenbereich, Änderungen der physiologischen Funktionen im Stundenbereich und monatliche Perioden in der hormonellen Regelung zu nennen. Die Theorie der S. im Rahmen der → Systemtheorie liefert die Grundlagen der → Chronobiologie. S. werden mit Hilfe nichtlinearer Differentialgleichungen beschrieben. Damit kann man die → Rückkopplung darstellen. Hat ein System einen hohen Verstärkungsgrad, so treten gesetzmäßig S. auf. Solche S. wurden an vielen biologischen Systemen, z. B. Regulierung des Wasserhaushaltes bei Pflanzen, Änderung des Pupillendurchmessers, nachgewiesen. Über Kopplung von vielen Schwingungssystemen sind wahrscheinlich die verschiede-

nen Perioden in einem Gesamtsystem stabilisiert und gesteuert.
Schwirle, → Grasmücken.
Schwirrer, → Bewegung.
Schwitzen, die Transpiration oder die → Perspiratio sensibilis. Das S. dient neben der Wärmeabgabe der Exkretion.
Sciuridae, → Hörnchen.
Scolopendromorpha, → Hundertfüßer.
Scolytidae, → Borkenkäfer.
Scombroidei, → Makrelenverwandte.
Scorpaeniformes, → Drachenkopfartige.
Scorpiones, → Skorpione.
Screening, *Siebtest,* Methode zur Prüfung einer größeren Anzahl von Substanzen in kurzer Frist und mit geringem Aufwand hinsichtlich ihrer Wirkung bzw. Eignung, z. B. als → Pflanzenschutzmittel zur Bekämpfung bestimmter Schaderreger.
Scrophulariaceae, → Braunwurzgewächse.
Scrotum, → Hoden.
Scutellum, → Samenkeimung.
Scyllaridae, → Zehnfüßer.
Scyphozoa, → Skyphozoen.
Seal, das Fell der Robben, die unter den Grannenhaaren eine weiche, seidige Unterwolle haben (Pelzrobben).
Secchi-Scheibe, → Sichttiefe.
Sedentaria, → Vielborster.
Sediment, Bodenablagerungen eines Gewässers. → Dy. → Gyttja. → Sapropel.
Sedimentation, Bewegung von Teilchen im Schwerefeld. Die S. ist eine wichtige Methode zur Charakterisierung von Makromolekülen. Durch genügend große Zentrifugalbeschleunigungen in Ultrazentrifugen können optisch die Geschwindigkeiten der Teilchen gemessen werden. Der Quotient aus Sedimentationsgeschwindigkeit und Zentrifugalbeschleunigung wird als *Sedimentationsgeschwindigkeit* bezeichnet und in Svedberg (S) gemessen. $1 S = 10^{-13}$ s.

Kennt man den Reibungskoeffizienten, so kann sofort die relative Molekülmasse bestimmt werden. Für kugelförmige Teilchen wird der Reibungskoeffizient nach Stokes berechnet, anderenfalls muß man den Diffusionskoeffizienten bestimmen und kann dann ebenfalls daraus die relative Molekülmasse berechnen. Stellt man einen Dichtegradienten durch Zusatz von Salz- oder Zuckerlösungen her, lassen sich Gemische aus Zellen, Zellorganellen oder Makromolekülen im Schwerefeld bequem trennen. Diese Methode wird als *Dichtegradientenzentrifugation* bezeichnet.
D-Sedoheptulose, ein Monosaccharid, dessen 7-Phosphat als Intermediärprodukt des Kohlenhydratstoffwechsels auftritt. Es stellt eine biogenetische Vorstufe der Shikimisäure und anderer aromatischer Naturstoffe dar. D-Sedoheptulose wurde in Fetthennenarten, z. B. *Sedum spectabile,* gefunden.
See, allseitig geschlossene, in einer Vertiefung des Bodens befindliche, mit dem Meer nicht in direkter Verbindung stehende Wassermasse. Hat sich in einer Bodenwanne Wasser angesammelt, beginnen verschiedene Kräfte, das Bodenrelief zu verändern. Durch Brandungswirkung werden Teile des Ufers abgebaut. Das Material wird in Ufernähe abgelagert und bildet eine flache, zunächst schmale, dann breiter werdende Uferbank (Schar). Hier siedelt sich bald eine höhere Flora an. Dieser Flachwassergürtel rings um den S. wird → *Litoral* genannt. Dort, wo sich wegen des Lichtmangels keine Pflanzen mehr ansiedeln können, beginnt die Tiefenzone des S., das → *Profundal.* Zwischen Litoral und Profundal befindet sich das *Sublitoral.* Es reicht von der unteren Grenze des Pflanzengürtels bis zur oberen Sedimentationsgrenze. Der freie Wasserraum über dem Litoral und

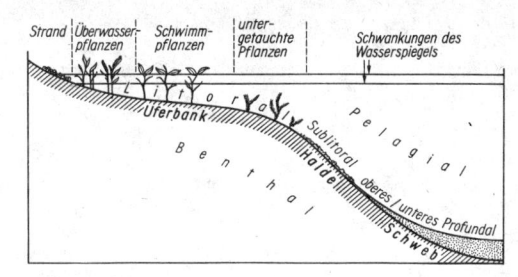

Uferprofil aus einem See

Profundal heißt → *Pelagial.* Die Gesamtheit der Bewohner des Seebodens, des → *Benthals,* wird → *Benthos,* die des freien Wassers → *Plankton* oder → *Nekton* genannt.

Das Wasser des S. stammt aus Niederschlägen. Diese gelangen direkt oder indirekt durch ober- oder unterirdische Zuflüsse in den S. und sind maßgebend für die Gestaltung seines Mineralstoffhaushaltes. Der Gehalt des Wassers an Pflanzennährstoffen (Phosphat, Nitrat u. a.) und die Dynamik des Wasserkörpers sind die wichtigsten Voraussetzungen für die Aufrechterhaltung der Lebensprozesse im S. Die trophogenen Prozesse sind nur in der oberen, durchlichteten (photischen) Wasserschicht möglich. Phytoplankter und litorale Pflanzen bauen aus anorganischen Stoffen durch Assimilation organische Materie auf. Dabei werden die Pflanzennährstoffe allmählich aufgebraucht. In die Organismen eingebaut, sinken sie nach deren Tod mit in die Tiefe und werden dort durch tropholytische Prozesse wieder freigesetzt. Da in der aphotischen Tiefenregion keine Assimilation stattfinden kann, wäre der Kreislauf der Stoffe unterbrochen, wenn nicht durch Austauschvorgänge Teile des nährstoffreichen Tiefenwassers in die trophogene Oberflächenschicht transportiert würden. Das geschieht durch Vertikalströmungen, die als Folge der Besonderheiten des Wärmehaushaltes der S. auftreten und in der physikalischen Anomalie des Wassers, das seine größte Dichte bei 4°C erreicht, begründet sind. Im Winter ist der Wasserkörper stabil geschichtet. Das Tiefenwasser zeigt eine Temperatur von etwa 4°C, die Oberflächentemperatur liegt bei 0°C, d. h., das Wasser mit der größeren Dichte liegt am Seeboden, das mit der geringeren Dichte an der Oberfläche. Der S. befindet sich in der Periode der *Winterstagnation.* Erwärmt sich im Frühjahr das Oberflächenwasser, so beginnt es bis zum Horizont gleicher Temperatur abzusinken. Während dieser *Frühjahrsteilzirkulation* werden zunächst die oberen, auch die unteren Schichten durchmischt. Hat die gesamte Wassersäule die Temperatur von 4°C erreicht, zirkuliert der ganze Wasserkörper. Während dieser *Frühjahrsvollzirkulation* gelangen die Nährstoffe wieder in die trophogene Oberschicht und stehen dem Phytoplankton zur Verfügung. Die Tiefenregionen werden durch den gleichen Vorgang mit sauerstoffreichem Wasser versorgt. Erwärmt sich das Oberflächenwasser über 4°C, nimmt seine Dichte ab, es entsteht wieder eine stabile Schichtung mit leichterem Wasser an der Oberfläche und schwererem in der Tiefe. Der S. befindet sich in der *Sommerstagnation.* Durch Temperaturunterschiede zwischen Tag und Nacht, Wärmestrahlung und Windeinwirkung entstehen in der oberen Wasserschicht Vertikalströmungen, die einen Temperaturausgleich innerhalb der Deckschicht zur Folge haben. Den gleichtemperierten oberen Teil des Pelagials nennt man *Epilimnion.* Dort, wo die ausgleichenden Vertikalströmungen aufhören, beginnt in tieferen S. die *Sprungschicht* oder das *Metalimnion.* Die Temperatur sinkt hier plötzlich um 1 bis 3°C und mehr je Meter. Unterhalb der Sprungschicht

Seeaal

bleibt die Temperatur bis zum Grund annähernd gleich. Jene, meist tropholytische Region, heißt *Hypolimnion*.

Im Herbst sinkt die Temperatur des Oberflächenwassers, es beginnt die *Herbstteilzirkulation*, die schließlich in die *Herbstvollzirkulation* übergeht und von der Winterstagnation abgelöst wird. Die Winterschichtung wird auch als *inverse Schichtung* bezeichnet.

S. mit obengenannter periodisch erfolgender Umschichtung des Wassers bis zum Grund sind *holo-* und *dimiktisch*. Ist der S. sehr tief, so ist die Temperatur des Tiefenwassers während des ganzen Jahres konstant, und es nimmt nicht an der Umschichtung teil. Das gleiche ist der Fall, wenn am Grund Salzwasser mit großer Dichte liegt. Das Tiefenwasser solcher *meromiktischer S.* ist meist sauerstofffrei und sein Gehalt an Nährstoffen sehr hoch. Die Sprungschicht wird durch starke Konzentrationsunterschiede von Wasserinhaltsstoffen, z. B. Salzen oder Schwefelwasserstoff, hervorgerufen und heißt → *Chemokline*. Schwefelwasserstoff ist fast immer vorhanden, oft in großen Mengen (300 mg/l). Der Grund ist mit schwarzem Faulschlamm bedeckt. Die gesamte stagnierende Tiefenschicht wird *Monimolimnion* genannt und ist unbewohnt. Seen der kalten Klimazonen, die das ganze Jahr von Eis bedeckt sind und deren Wasser sich deshalb nicht durchmischen kann, nennt man *amiktisch*. *Monomiktische S.* (z. B. im Hochgebirge) zirkulieren nur im Sommer. S. in den Tropen, wo die Umgebungstemperatur und daher auch die Wassertemperatur das ganze Jahr relativ konstant ist, zirkulieren nur bei starker Windwirkung o. ä. Sie heißen *oligomiktisch*. *Polymiktische S.*, deren Wasser sehr oft durchmischt wird, findet man in den tropischen Gebirgen. Hier wird die Zirkulation z. B. durch die Temperaturunterschiede zwischen Tag und Nacht hervorgerufen.

Lit.: F. Ruttner: Grundriß der Limnologie (Berlin 1962); J. Schwoerbel: Einführung in die Limnologie (Jena 1980); A. Thienemann: Die Binnengewässer, Bd. 1 (Stuttgart 1925); D. Uhlmann: Hydrobiologie (2. Aufl. Jena 1981).

Seeaal, → Meeraale.
Seeadler, → Habichtartige.
Seebären, → Ohrenrobben.
Seedrachen, *Holocephali,* langgestreckte Knorpelfische mit großem Kopf und peitschenförmigem Schwanz. Zu den S. gehört z. B. die *Spöke, Chimaera monstrosa,* ein bis 150 cm langer Fisch, der im Atlantik von Norwegen bis Südafrika verbreitet ist.

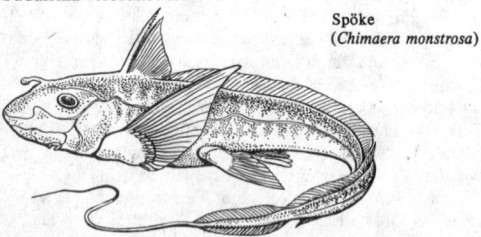

Spöke
(*Chimaera monstrosa*)

See-Elefanten, → Seehunde.
Seefedern, *Pennatularia,* zu den → *Octocorallia* gehörende Ordnung der Korallentiere. Ihre Stöcke bestehen aus einer losen, im Boden sitzenden, großen Hauptachse, dem Gründungs- oder Primärpolypen, von dem wie bei Vogelfedern Fiedern abgehen, auf denen die einzelnen Tochter- oder Sekundärpolypen sitzen. Es gibt 300 Arten, manche davon haben Leuchtvermögen.
Seefrosch, *Rana ridibunda,* bis 15 cm langer größter einheimischer Frosch. Der Rücken ist olivgrün oder olivbraun mit großen, unregelmäßigen dunklen Flecken. Der Oberschenkel zeigt im Gegensatz zu den Wasserfröschen niemals Gelbfärbung. Der innere Fersenhöcker ist flach und klein, das Verhältnis Zehen- zu Fersenhöckerlänge ist größer als 2,5. Die Schallblasen sind rauchgrau bis schwärzlich. Der S. schwimmt, taucht und springt ausgezeichnet, er frißt neben Insekten, Schnecken und Würmern auch kleine Frösche, Vögel und Mäuse. Er bewohnt größere, pflanzenreiche Seen, Teiche und Altwässer von Flüssen Mittel- und Osteuropas. Die Paarung erfolgt April bis Mai, etwas früher als bei den → Wasserfröschen. Die Laichklumpen enthalten bis 10 000 Eier.
Seegurken, → Seewalzen.
Seehasen, 1) *Cyclopteridae,* zu den Drachenkopfartigen gehörende, schuppenlose Fische mit einem von den Bauchflossen gebildeten Saugnapf. Der Rogen des bis 50 cm langen *Seehasen* oder *Lumpfisches, Cyclopterus lumpus,* wird zu Ersatzkaviar verarbeitet.
2) → Schnecken.
Seehunde, *Phocidae,* eine Familie der → Robben. Die S. können sich auf dem Lande nur durch Vorstrecken und Zusammenziehen des Körpers fortbewegen (»robben«), da die Flossenfüße nicht mehr zum Laufen geeignet sind. Die S. bewohnen alle Meere, wandern zuweilen die Flüsse aufwärts und kommen auch in einigen großen Binnengewässern vor. Zu ihnen gehören außer dem *Gemeinen Seehund, Phoca vitulina,* unter anderem folgende S.: Der *Seeleopard, Hydrurga leptonyx,* ist ein großer, schlanker, leopardenhaft gezeichneter S. der Südpolarmeere, der sich vorwiegend von Kopffüßern und Pinguinen ernährt. Die riesigen, sehr selten gewordenen *See-Elefanten, Mirounga,* sind in der Antarktis sowie an den Galapagosinseln und an wenigen Stellen der nordamerikanischen Pazifikküste zu finden. Die etwa 6,5 m Länge erreichenden Männchen haben einen kurzen Rüssel, den sie bei Erregung zu einem Wulst aufblasen. Die *Klappmütze, Cystophora cristata,* ist eine große arktische Robbe, die einen aufblasbaren kurzen Rüssel besitzt.

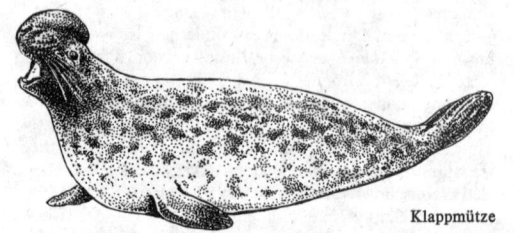

Klappmütze

Die *Ringelrobbe, Pusa hispida,* ist mit weißen Ringflecken gezeichnet, sie kommt in der Arktis sowie im Baikalsee und im Kaspischen Meer vor. Zu den S. gehört ferner die langschnäuzige *Kegelrobbe, Halichoerus grypus.*

Lit.: E. Mohr: Der Seehund (Wittenberg 1955).
Seeigel, *Echinoidea,* Klasse der Stachelhäuter mit 860 heute lebenden Arten. Sie sind von abgeplattet kugel-, herz- oder scheibenförmiger Gestalt. Der Körper ist von großen Skelettplatten völlig eingehüllt. Auf den Platten sitzen bewegliche Stacheln und als Abwehrwaffen dienende → Pedizellarien. An der starren Schale lassen sich in jedem Radius eine Doppelreihe von Ambulakralplatten, durch deren Poren die Füßchen des Wassergefäßsystems gestreckt werden, und zwischen den Radien zwei Reihen von Interambulakralplatten unterscheiden. Der aborale Körperabschnitt mit dem After ist sehr klein. Den Vorderdarm umgibt ein Kieferapparat (die Laterne des Aristoteles) mit fünf Kiefern, die mit einem Zahn enden. Diese Zähne umschließen wie ein Kegel die Mundöffnungen und können durch Muskulatur gespreizt und geschlossen werden; mit ihrer Hilfe beißen die S. Nahrungsteile ab oder benagen den Un-

tergrund. Die Tiere besiedeln das Meer von der Gezeitenzone bis in die Tiefsee und kommen sowohl auf harten als auch auf weichen Meeresböden vor. Die größte Form erreicht einen Durchmesser von 32 cm. Die Ernährungsweise ist sehr unterschiedlich, es gibt Allesfresser, Räuber, Pflanzenfresser, Weidegänger und Mikrophage. Die Larvenform ist der *Echinopluteus*. Die Gonaden der S. sind mancherorts ein beliebtes Nahrungsmittel; Schalen und Stacheln werden oft als Schmuck und Gerät verwendet.

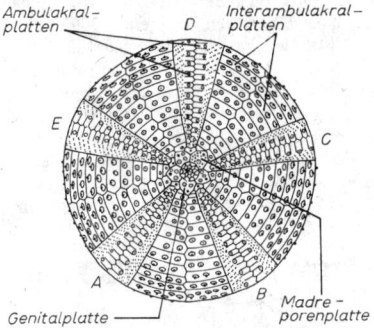

Aboralansicht eines regulären Seeigels (*Echinus*). A–E: Radien (= Ambulakren), dazwischen Interradien (= Interambulakren); die Madreporenplatte liegt im Interradius CD

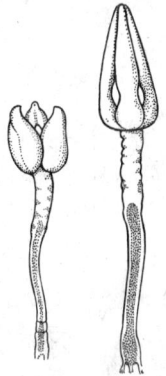

Gestielte, dreiteilige Pedizellarien eines Seeigels

Bei den S. unterscheidet man nach der Lage von Mund und After reguläre und irreguläre S. Bei den *regulären S.* liegen Mund und After einander gegenüber an den Enden der Hauptachse, ihr Umriß ist kreisförmig. Hierzu gehören die bekannten Gattungen *Echinus*, *Psammechinus* (→ Strandigel), *Strongylocentrotus* und *Cidaris* (→ Turbanigel). Bei den *irregulären S.* ist der Körper abgeplattet mit meist ovalem Umriß. Der After ist seitlich verschoben. Zu den irregulären S. gehören die Gattungen *Spatangus*, *Echinocardium* (→ Herzigel) und → *Clypeaster*.

Geologische Verbreitung und Bedeutung. Ordovizium bis Gegenwart. Die in großer Formenmannigfaltigkeit auftretenden fossilen S. übertreffen an Artenzahl die rezenten bei weitem. Den ausschließlich paläozoischen Palechinoiden stehen die ab Perm auftretenden jüngeren Formen als Euechinoiden gegenüber. Das Kalkskelett der S. begünstigt eine vorzügliche und lückenlose paläontologische Überlieferung durch vollständig erhaltene Formen aus allen geologischen Systemen. Aber auch die häufig auftretenden Fragmente und Stachelreste gestatten durch die im Bauplan begründete Wiederholung gleicher Teile meist eine sichere systematische Aussage.

Seejungfern, → Libellen.
Seekühe, *Sirenia*, eine Ordnung der Säugetiere. Die S. sind plumpe Wasserbewohner mit spindelförmigem, fast unbehaartem Körper, zu Flossen umgestalteten Vordergliedmaßen und einer horizontalen Schwanzflosse; die Hintergliedmaßen fehlen. Der Bau des Schädels und das verkümmerte Gebiß erinnern an Huftiere. Die S. leben in den Küstengewässern des Atlantischen und Indischen Ozeans und steigen auch in große Flüsse auf. Sie weiden Unterwasserpflanzen ab. Zu den rezenten Vertretern der S. gehören unter anderem → Manatis und → Dugong.

Lit.: E. Mohr: Sirenen oder S. (Wittenberg 1957).

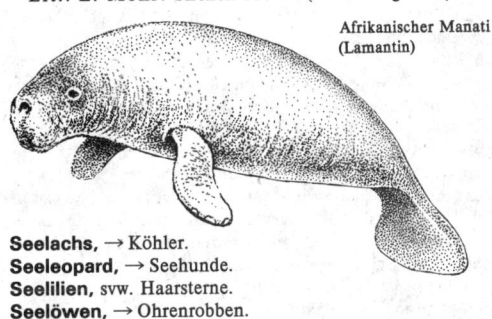

Afrikanischer Manati (Lamantin)

Seelachs, → Köhler.
Seeleopard, → Seehunde.
Seelilien, svw. Haarsterne.
Seelöwen, → Ohrenrobben.
Seemäuse, 1) *Seeraupen*, *Aphroditidae*, eine Familie der marinen Vielborster (Ordnung *Errantia*). Die S. leben räuberisch auf weichem Grund und weisen neben den gewöhnlichen Borsten einen fellartigen Besatz weicher Borsten auf, die oft – besonders an den Seiten – metallisch schillern. Die *Gemeine Seemaus*, *Aphrodite aculeata*, wird 10 bis 20 cm lang und kommt auch in der Nordsee vor.

2) die mit einer hornigen Kapsel versehenen Eier von Knorpelfischen.

Seemoos, *Sertularia cupressina*, zur Ordnung *Hydroida* gehörende Art der Nesseltiere, die in der Nordsee und westlichen Ostsee lebt. Sie bildet bis 45 cm hohe, meist spiralig gedrehte Polypenstöcke, die wie zarte Zweige aussehen. Die getrockneten und grün gefärbten Stöcke werden als Zimmerschmuck gehandelt.

Seenadeln, *Syngnathidae*, zu den Büschelkiemern gehörende Fische mit langem, steifem, griffelförmigem Körper ohne Bauchflossen und mit einer Röhrenschnauze. Die Bewegungen sind unbeholfen, doch passen sich die S. dem Pflanzengewirr des Meeres vorzüglich an. Bei den Männchen vieler Arten bildet sich zur Laichzeit auf der Bauchseite eine Bruttasche aus, in die die Weibchen ihre Eier ablegen. In der Nord- und Ostsee kommen z. B. *Syngnathus acus* und *Syngnathus typhle* vor. Zu den S. gehören auch die Schlangennadeln und Seepferdchen.

Seenalterung, langsame Verlandung eines → Sees. Die S. wird normalerweise durch Schlammbildung mittels Plankton und höhere Wasserpflanzen hervorgerufen. Wenn der Seeboden so weit aufgehöht ist, daß das Licht bis zum Grund eindringen kann, können sich die wurzelnden höheren Wasserpflanzen über den gesamten Seeboden ausbreiten. Dies führt wiederum zu einer Beschleunigung der Verlandung. So entsteht aus dem See ein → *Weiher*, der allmählich zum *Rohrsumpf* wird, sobald auch die Überwasserpflanzen den Seeboden besiedeln. Ist der Wasserkörper bis auf geringe Reste verschwunden, spricht man vom *Flachmoor* (→ Moor). Als letztes Verlandungsstadium kann sich noch der *Erlenbruch* anschließen.

Seenkunde, svw. Limnologie.
Seeotter, *Kalan*, *Enhydra lutris*, ein großes zu den Mardern gehörendes Raubtier, das an das Leben im Wasser angepaßt ist und in den Küstengebieten des nördlichen Pazifik vorkommt. Der S. ist durch starke Verfolgung wegen seines Pelzes fast ausgerottet worden.

Seeperlmuschel

Lit.: I. I. Barabasch-Nikiforow: Der S. oder Kalan (Wittenberg 1962).

Seeperlmuschel, *Pteria margaritifera,* in warmen Meeren lebende, mit Byssus am Untergrund festgewachsene, flache Muschel mit dicken, innen perlmuttrigen Schalen. Die S. liefert die regelmäßigsten und schönsten → Perlen. In Ostasien, der Südsee und an den Küsten des Indischen Ozeans werden diese Muscheln von Tauchern gesammelt.

Seepferdchen, *Hippocampus,* zu den → Seenadeln gehörende, meist senkrecht im Wasser stehende und schwimmende, kleine Fische, deren abgewinkelter Kopf im Profil an einen Pferdekopf erinnert. Der Schwanz ist einrollbar und dient zum Festhalten an Algen und anderen Substraten. S. sind Bewohner wärmerer Meere. Die Männchen bilden eine Bruttasche am Bauch. Einige Arten lassen sich im Aquarium gut hältern (Tafel 4).

Seepocken, *Balanomorpha,* Vertreter der zu den Krebsen gehörenden Rankenfüßer (Ordnung *Thoracica*), deren Körper von einem Plattenring, der Mauerkrone, eingeschlossen ist. Der Ring sitzt auf einer Unterlage fest und wird oben von zwei beweglichen Plattenpaaren verschlossen. Die S. können als Schiffsbewuchs sehr schädlich werden. Die bekannteste Gattung ist *Balanus*.

Seeraupen, → Seemäuse 1).

Seerosen, 1) svw. Aktinien, 2) → Seerosengewächse.

Seerosengewächse, *Nymphaeaceae,* eine Familie der Zweikeimblättrigen Pflanzen mit etwa 80 Arten, die überwiegend in tropischen Gebieten verbreitet sind; einige sind Kosmopoliten. Es handelt sich ausschließlich um Wasserpflanzen mit teilweise untergetauchten, schwimmenden oder über das Wasser herausragenden, meist sehr großen Blättern. Ihre zwittrigen Blüten stehen fast immer einzeln über dem Wasser. Sie haben entweder eine doppelte Blütenhülle aus zwei 3zähligen Wirteln oder einen 3- bis mehrgliedrigen Kelch, der ursprünglich der Blütenhülle entspricht, wobei die trotzdem vorhandenen Kronblätter nachweislich aus Staubblättern entstanden sind. In jeder Blüte sind 3 bis viele Staubblätter und ebenso viele freie oder verwachsene Fruchtknoten vorhanden. Die Pollenübertragung erfolgt durch Insekten, die Fruchtknoten entwickeln sich zu Schließ- oder beerenartigen Früchten, die mitunter Schwimmeinrichtungen aufweisen. Die S. sind eine sehr alte, ursprüngliche Familie; viele ihrer Merkmale weisen auf eine nahe Verwandtschaft mit Einkeimblättrigen Pflanzen hin. So sind z. B. die Leitbündel in den Stengeln ähnlich regellos angeordnet wie bei den Einkeimblättrigen Pflanzen.

Einheimisch sind Vertreter der Gattungen **Seerose,** *Nymphaea,* wie die in stehenden oder langsam fließenden sauberen Gewässern vorkommende **Weiße Seerose,** *Nymphaea alba,* mit weißen Blüten, und **Teichrose** oder **Mummel,** *Nuphar,* z. B. *Nuphar lutea,* mit gelben, stark duftenden Blüten.

Seerosengewächse: Lotosblume: *a* Blüte, *b* Längsschnitt durch die Blütenachse

Die *Lotosblume* oder *Indische Seerose, Nelumbo nucifera,* wird wegen ihrer stärkereichen Rhizome in Japan und China angebaut, außerdem spielt sie in der Mythologie eine Rolle. Wegen ihrer großen Blätter (bis 2 m Durchmesser) und ihres raschen Wachstums sind die südamerikanischen *Victoria*-Arten, *Victoria cruciana* und *Victoria amazonica,* berühmt und werden als Besonderheiten in Gewächshäusern botanischer Gärten gehalten. Die kleinere *Euryale ferox* wird in China wegen ihrer eßbaren Samen angebaut.

Seescheiden, *Aszidien, Ascidiaceae,* Klasse festsitzender, häufig stockbildender Manteltiere mit etwa 2000 Arten. Ihre Länge schwankt zwischen 0,1 und mehr als 30 cm Länge. Ihre Gestalt ist so zu erklären, daß die freischwimmende Larve den Schwanz verliert und der Körper beim Festsetzen eine derartige Drehung macht, daß Mund- und Kloakenöffnung, dem Untergrund abgewandt, nahe zueinander zu liegen kommen. Am Boden entstehen indessen wurzelähnliche Auswüchse. Der Körper ist von einem kräftigen Mantel aus Tunizin mit eingewanderten Mesenchymzellen und Blutgefäßen und mit einem darunterliegenden

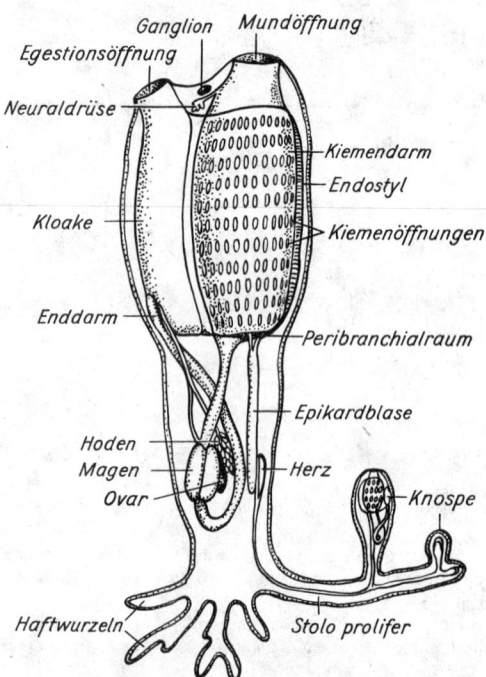

Bauplan einer Seescheide (*Clavelina*)

Hautmuskelschlauch umhüllt. Der als Kiemenkorb bezeichnete Kiemendarm öffnet sich in vielen Spalten zum Kloakenraum, in den Enddarm und Gonodukte münden und der auch als Brutraum dient. Bei stockbildenden S. besitzen die Individuen eine gemeinsame Kloake. Das Herz wechselt ständig die Schlagrichtung und treibt das rote oder blaue Blut alternierend zu den Kiemen und Organen. Neben der geschlechtlichen Vermehrung ist auch eine Knospung an einem am Boden kriechenden → Stolo prolifer häufig. In Mittelmeerländern werden die Eingeweide größerer Arten als Leckerbissen verzehrt.

Die systematische Einteilung erfolgt in drei Ordnungen: *Aplousiobranchiata, Phlebobranchiata* und *Stolidobranchiata.* Über das Sammeln und Konservieren → Manteltiere.

Seeschildkröten, *Meeresschildkröten, Cheloniidae,* große, meeresbewohnende Schildkröten mit zu Ruderflossen umgestalteten Gliedmaßen, die nur zur Eiablage an Land kommen. Dazu unternehmen sie lange Meereswanderungen zu bestimmten Nistplätzen an tropischen Küsten von Inseln oder Kontinenten. Die Knochenplatten des flachen Rückenpanzers sind von großen Hornschildern bedeckt, als urtümliches Merkmal sind Rücken- und Bauchschilder durch eine vollständige Reihe von Zwischenschildern getrennt. S. bewohnen die wärmeren Gebiete aller großen Ozeane und ihrer Nebenmeere. Sie fressen Fische, niedere Meerestiere sowie Seegras und Tang. Das Fleisch und die Eier der S. gelten als wertvolle Nahrungsmittel, die Tiere sind deshalb bereits so selten geworden, daß sie bzw. ihre Eiablageplätze an Küsten unter Schutz gestellt werden mußten. Zu den 6 Arten der S. gehören → Suppenschildkröte und → Karettschildkröten.

Seeschlangen, *Hydrophiidae*, in etwa 50 Arten in allen tropischen Meeren verbreitete Familie völlig ans Wasserleben angepaßter Schlangen. Der Schwanz ist seitlich zusammengedrückt und dient als Ruder beim Schwimmen. Der Körper ist meist auffallend gefärbt und quergebändert. Die durch Hautfalten verschließbaren Nasenlöcher liegen auf der Oberseite des Kopfes. Das Zahnfleisch enthält ein dichtes Blutgefäßnetz, das eine kiemenähnliche Funktion erfüllt; die S. können dadurch lange unter Wasser bleiben. Das proteroglyphe Gebiß (→ Schlangen) hat gefürchtete Giftzähne im Unterkiefer derbe Fangzähne. Das Gift der Seeschlangen hat neurotoxische, d. h. das Nervensystem schädigende Wirkung, es ähnelt dem Kobragift. Die S. lähmen damit ihre aus Fischen, besonders Aalartigen, bestehende Beute. Todesfälle durch Biß bei Menschen sind bekannt, besonders gefährdet sind Perlentaucher. In Südostasien werden die S. sowohl als Nahrungsmittel als auch zur Verwertung der Häute gefangen. Sie erreichen eine Länge bis 2,75 m; alle Berichte über angeblich größere, riesige S. sind Fabeln oder beruhen auf Verwechslungen mit Delphinen und großen Fischen; eine Täuschung kann auch durch die oft kilometerlangen Ansammlungen von S. an der Meeresoberfläche zum Sonnenbad entstehen. Die S. halten sich bevorzugt in flacheren Küstengewässern auf.

Von den beiden Unterfamilien ist die der *Plattschwänze*, *Laticaudinae*, die ursprünglichere. Ihre Vertreter haben noch deutlich geschindelte Rückenschuppen und suchen noch das Land (Inseln, Korallenstrände) zur Eiablage auf. Die häufige *Zeilenschlange*, *Laticauda semifasciata*, der Küstengewässer des Stillen Ozeans wird 1,90 m lang.

Die *Ruderschlangen*, *Hydrophiinae*, haben dagegen eine glatte, einheitliche Beschuppung; sie gehen nie an Land und bringen wahrscheinlich sämtlich lebende Junge im Wasser zur Welt. Ihr ruderartiger Hinterleib ist meist viel breiter als der Vorderkörper. Die *Streifenruderschlange*, *Hydrophis cyanocinctus*, bewohnt die asiatischen und indoaustralischen Küsten, die schwarz-weiße *Plättchenschlange*, *Pelamis platurus*, lebt in der Hochsee, ihr Verbreitungsgebiet reicht von der amerikanischen Westküste durch den Stillen und Indischen Ozean bis Ostafrika.

Seeschwalben, *Sterninae*, Unterfamilie der → Regenpfeifervögel mit 40 Arten. Ihre nächsten Verwandten sind die → Möwen. Sie haben relativ lange Flügel und kurze Läufe. Die Nahrung gewinnen sie stoßtauchend aus dem Suchflug heraus.

Seeskorpione, *1)* svw. Gigantostraken. *2)* → Groppen.

Seespinnen, *Dreieckskrabben*, *Majidae*, zur Ordnung der Zehnfüßer gehörende Familie der Krabben, die ausschließlich im Meer lebt. An den langen Beinen und auf dem dreieckigen Rückenschild stehen meist gekrümmte Haare, an die zur Maskierung des Körpers Fremdkörper angeheftet werden können.

Seesterne, *Asteroidea*, Klasse der Stachelhäuter mit abgeplattet sternförmigem Körper. Der größte S. erreicht bei einer Armlänge von 45 cm fast 1 m Spannweite. Von einer zentralen Scheibe gehen fünf Arme aus, die sich allmählich verjüngen; selten sind vier oder mehr als fünf Arme vorhanden. Auf der Unterseite der Arme werden aus offenen Furchen die mit Saugscheiben versehenen Füßchen des Wassergefäßsystems gestreckt. Das Skelett besteht aus beweglichen Platten, die Stacheln und → Pedizellarien ausbilden können. Die Tiere besiedeln den Meeresboden von der flachen Küste bis in die Tiefsee. Sogar in den Polarmeeren treten sie noch in großer Individuenfülle auf. Die S. sind meist Räuber. Die Larvenform ist die *Bipinnaria*, die sich direkt in ein erwachsenes Tier umwandelt oder aber zunächst drei Haftarme ausbildet und dann *Brachiolaria* genannt wird. Bisher sind 1500 Arten bekannt. Die bekanntesten Gattungen sind *Astropecten*, *Solaster* (→ Sonnenstern) und *Asterias*.

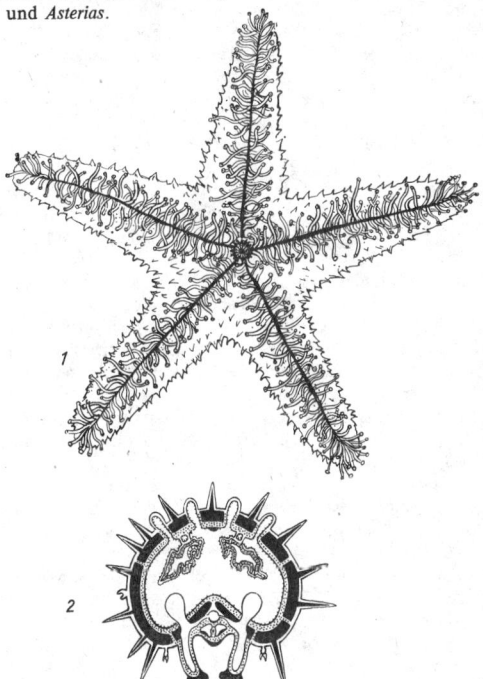

Seesterne: *1* Seestern (*Echinaster*) von der oralen Seite; *2* Armquerschnitt, Skelettelemente schwarz

Geologische Verbreitung und Bedeutung. Ordovizium bis Gegenwart. Die S. haben im allgemeinen nur geringe paläontologische Bedeutung; relativ häufiger treten sie nur im Altpaläozoikum auf. Insgesamt sind nur etwa 310 fossile Arten bekannt.

Sammeln und Konservieren. S. sammelt man bei Ebbe in der Uferzone oder aus den Zugnetzen der Fischer. Sehr erfolgreich lassen sich S. auch an der Reihenangel fangen, indem man mit Fischköpfen ködert. Für museale Zwecke genügt Konservierung in 85%igem Alkohol; Trockenpräparate lassen sich durch Entwässern der S. in Azeton herstellen.

Seetaucher, *Gaviiformes*, Ordnung der Vögel mit 5 Arten, die an Binnengewässern der nördlichen Gebiete Eurasiens und Amerikas brüten. Den Winter verbringen sie auf dem Meer und auf eisfreien Küstengewässern.

Seeteufel, → Anglerfische.

Seeteufelartige, *Lophiiformes*, *Armflosser*, plumpe bis monströse Knochenfische mit übergroßem Kopf und sehr

Seetypen

großem Maul. Die weit nachgerückten Bauchflossen haben oft einen muskulösen Stumpf (Armflosser). Bekannte Familien: Anglerfische, Seeteufel, Seefledermäuse.

Seetypen, limnologische Einheiten, die auf der Einordnung der Seen in ein System nach ihren Lebensbedingungen und Lebenserscheinungen beruhen. Maßstab für die Unterteilung ist der Gehalt des Wassers und des Seebodens an Pflanzennährstoffen und Humussubstanzen bzw. die Produktivität. Seen mit geringem Gehalt an Humusstoffen werden *Klarwasserseen* genannt, im Gegensatz zu den *Braunwasserseen,* deren Wasser durch Humusstoffe gelb bis braun gefärbt ist.

Zu den Klarwasserseen zählen der oligotrophe, der mesotrophe und der eutrophe See. Sie unterscheiden sich durch den Gehalt des Wassers an Pflanzennährstoffen.

Oligotrophe Seen (z. B. subalpine Seen) sind tief und nährstoffarm bzw. geringproduktiv. Die Uferbank ist schmal, die litorale Pflanzenwelt wenig entwickelt. Bedingt durch die Nährstoffarmut unterbleibt eine Massenentwicklung des Phytoplanktons. Die Wasserfarbe ist blau oder grün, die Sichttiefe groß. Die Sedimentation ist gering und das Sediment arm an organischen Stoffen. Faulschlamm fehlt. Der Sauerstoffgehalt nimmt während des ganzen Jahres von der Oberfläche bis zum Grund gleichmäßig ab, jedoch werden auch am Grund noch Sättigungswerte um 60% erreicht. Das Plankton besteht in der Hauptsache aus Grünalgen; zur Wasserblüte kommt es selten. Die Bodenfauna ist artenreich, aber individuenarm (200 bis 2000 Tiere/m²). Leitformen sind Larven der Zuckmückengattung *Tanytarsus,* die, wie die meisten Bodenbewohner des oligotrophen Sees, hohe Ansprüche an den Sauerstoffgehalt des Wassers stellen. (Es sind Stenoxybionten). Charakterfische sind Renken, Felchen und Maränen. Die Reifung des oligotrophen Sees führt durch Nährstoffanhäufung zum eutrophen See. *Mesotrophe Seen* bilden die Übergangsform. Oft wird dieser Reifungsprozeß durch Einleitung industrieller oder häuslicher Abwässer beschleunigt.

Eutrophe Seen (z. B. baltische Seen) sind reich an Pflanzennährstoffen bzw. hochproduktiv. Das Litoral ist breit und meist dicht mit Pflanzen bewachsen. Das Pelagial ist planktonreich, durch massenhafte Entwicklung von Algen kommt es zu häufigen Wasserblüten. Die Farbe des Wassers schwankt zwischen grün und braungrün; die Sichttiefe ist gering. Der Sauerstoffgehalt nimmt im Sommer unterhalb der Sprungschicht stark ab, das Hypolimnion ist dann oft frei von Sauerstoff. Oberhalb der Sprungschicht, im Epilimnion, herrscht Sauerstoffübersättigung. Während der Vollzirkulation sinkt sauerstoffreiches Wasser bis zum Boden. Die Sauerstoffverhältnisse sind dann denen des oligotrophen Sees ähnlich. Das Sediment besteht vor allem aus abgestorbenem Plankton und ist reich an organischen Stoffen (→ Gyttja). Die Bodenfauna ist artenarm und individuenreich (bis 10000 Individuen/m²). Wegen der ungünstigen Sauerstoffverhältnisse setzt sie sich aus euryoxybionten Organismen zusammen. Charakterformen sind Larven der Zuckmückengattung *Chironomus.* Der Alterungsprozeß läßt den eutrophen See zum Weiher werden, an den sich nach Verlandung der Sumpf und schließlich das Flachmoor anschließen (→ Seenalterung).

Einziger Seetyp der Braunwasserseen ist der *dystrophe See.* Sein Wasser ist kalk- und nährstoffarm, aber besonders reich an Humusstoffen. Diese sind in den See eingeschwemmt und stammen aus der – in jedem Falle moorreichen – Umgebung des Sees. Gehäuft tritt der dystrophe See in den skandinavischen Moorgegenden auf. Das Litoral ist arm an Wasserpflanzen, das Phytoplankton wenig entwickelt. Zooplankton ist dagegen oft reichlich vorhanden. Die Sichttiefe ist sehr gering; wie auch die gelbe bis braune Farbe ist sie abhängig vom Gehalt des Wassers an Humusstoffen. Der Sauerstoffgehalt des Tiefenwassers ist ständig sehr gering. Das Sediment besteht aus Torfschlamm (Dy). Die Bodenfauna ist stets arm (0 bis 20 Tiere/m²) und setzt sich in der Hauptsache aus Larven der Zuckmückengattung *Chironomus* zusammen. Der alternde dystrophe See wird zum Hochmoor.

Lit.: E. Naumann: Grundzüge der regionalen Limnologie. In: Die Binnengewässer, Bd 11 (Stuttgart 1932); A. Thienemann: Die Binnengewässer Mitteleuropas. In: Die Binnengewässer, Bd 1 (Stuttgart 1925); Die Binnengewässer in Natur und Kultur (Berlin, Göttingen, Heidelberg 1955).

Seewalzen, Seegurken, *Holothuroidea,* Klasse der Stachelhäuter mit walzenförmigem, in der Hauptsache langgestrecktem Körper, der im Durchschnitt 10 bis 20 cm lang ist. Die größten Vertreter sind im gestreckten Zustand bis zu 2 m lang bei einem Durchmesser von 5 cm. Mund und After befinden sich an den beiden Enden der Walze. Die Haut ist lederartig und biegsam, da das Skelett nur aus winzigen, sehr charakteristischen Kalkkörperchen besteht. Der Mund ist von rückziehbaren Tentakeln umgeben. Das Axialorgan (Protozöl) ist zurückgebildet, es tritt nur eine Gonade auf. Der Enddarm ist oft mit → Wasserlungen versehen. Die S. sind in allen Meeren verbreitet. Sie bevorzugen ruhiges Wasser. Fast alle Arten halten sich auf dem Meeresboden auf, nur wenige können schwimmen oder schweben. Einige Formen sind pelagisch. Die Nahrung besteht aus Kleintieren, die zusammen mit Bodenmaterial aufgenommen werden; einige Arten fangen mit Hilfe der Tentakeln Plankton. Die Larven werden als *Auricularia* bezeichnet und gehen durch eine Metamorphose in das Doliolaria-Stadium und anschließend in das Pentactula-Stadium über. Es sind 1100 Arten bekannt, von denen verschiedene wirtschaftlich genutzt werden (→ Trepang). Die bekanntesten Gattungen sind *Cucumaria, Holothuria* und *Stichopus.*

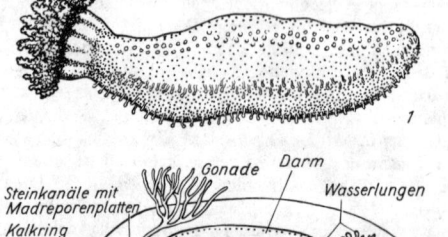

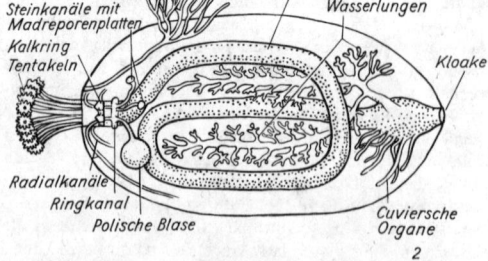

Seewalzen: *1* Seewalze (*Cucumaria*); *2* Organisationsschema

Geologische Verbreitung und Bedeutung. Kambrium bis Gegenwart. Da die S. kein geschlossenes Skelett besitzen, sind sie fossil von geringer Bedeutung. Abdrücke vollständiger Tiere sind sehr selten; seit dem Unterkarbon finden sich jedoch die mikroskopisch kleinen Skelettelemente der Haut. Besonders in mesozoischen Schichten werden diese von der Mikropaläontologie zu stratigraphischen Aussagen herangezogen.

Sammeln und Konservieren. S. fängt man am besten mit der Dredge oder mit Hilfe eines Bodengreifers. Sie müssen grundsätzlich narkotisiert werden, anderenfalls werfen sie den Verdauungstrakt durch den Enddarm aus. Zur Betäubung streut man vorsichtig Mentholkristalle auf die Oberfläche des Seewassers oder legt Urethankristalle vor die Kloake. Abgetötet werden die S. in 30%igem Alkohol und konserviert in 75%igem Alkohol, der nach einigen Tagen durch 85%igen Alkohol ersetzt werden muß.

Seezungen, *Solea,* Plattfische sandiger und schlickiger Böden der europäischen Festlandsockel. Wichtige Nutzfische mit besonders schmackhaftem Fleisch.

Segelechse, *Hydrosaurus amboinensis,* bis 1 m lange → Agame Indonesiens mit hohem, gezacktem Schwanz- und niedrigem Rückenkamm. Die S. bewohnt die Ufer der Urwaldflüsse und ähnelt im Aussehen und vor allem der Lebensweise weitgehend den südamerikanischen Basilisken, die aber zu den Leguanen gehören (ökologische Konvergenzerscheinung).

Segelflosser, *Pterophyllum,* zu den Buntbarschen gehörende, in Seitenansicht scheibenförmige Fische mit sehr langer Rücken- und Afterflosse; Bauchflossen fädig. Die Vertreter der Gattung S. sind beliebte Aquarienfische.

Segelklappen, → Herzklappen.

Segelqualle, *Velella velella,* zur Ordnung der Staatsquallen (*Siphonophora*) gehörende, an der Oberfläche treibende Tierstöcke mit einem kielförmigen, aus dem Wasser ragenden Luftbehälter, der den Stock regelrecht segeln lassen kann. An dem Behälter hängen mehrere Tentakelkränze, ein großer Nährpolyp und zahlreiche Blastozoide, aus denen Fortpflanzungspolypen sprossen. S. kommen im Mittelmeer und im Atlantik vor.

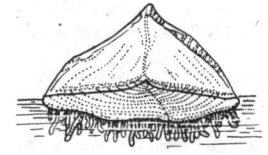

Segelqualle (*Velella velella*)

Segetalgesellschaften, → Charakterartenlehre.

Segetalpflanzen, Ackerunkräuter und Ackerungräser, die gegen den Willen, aber durch die unbeabsichtigte Mitwirkung des Menschen auf landwirtschaftlichen und anderen Nutzflächen wachsen. S. können auch Kulturpflanzen sein, wenn sie in andersartigen Kulturpflanzenbeständen auftreten, z. B. Roggen in Wintergerste.

Segge, → Riedgräser.

Seglerartige, *Apodiformes,* Ordnung der Vögel mit nahezu 400 Arten, über 300 davon sind Kolibris, die anderen Segler. Die *Baumsegler* kleben für das einzige Ei des Geleges ein kleines Nest an einen Zweig. Die *Salanganen* bauen die eßbaren Schwalbennester. Für 2 Arten ist die Orientierung mittels Echo nachgewiesen. Die *Stachelschwanzsegler* stützen sich auf die harten Schäfte ihrer Schwanzfedern. Der zu den Eigentlichen Seglern gehörende *Steigrohrsegler* erhielt seinen Namen nach seinem Nest. Es ist eine lange, an Bäume, Felsen oder Hauswände geklebte, unten offene Röhre, die über 60 cm lang sein kann. In ihrem oberen Abschnitt befindet sich ein Vorsprung für die 2 bis 3 Eier. Ein einheimischer Vertreter der S. ist der *Mauersegler* mit rußschwärzlichem Gefieder und großen, sichelförmigen Flügeln.

Segmentallopolyploidie, eine Form der Allopolyploidie (→ Polyploidie), bei der die kombinierten Chromosomensätze im Gegensatz zur Genomallopolyploidie in einer beachtlichen Anzahl von Segmenten übereinstimmen und in begrenztem Umfang in der Meiose Multivalente gebildet werden.

Segmentalorgane, svw. Nephridien.

Segmentation, → Mesoblast.

Segmentaustausch, svw. Crossing-over.

Segregation, die Trennung homologer Paare ungleicher Allele und ihre Verteilung auf verschiedene Zellen. Die S. erfolgt in der Regel als Ergebnis der Meiose, kann aber durch parasexuelle Rekombination in heterozygoten Zellen auch während der somatischen Kern- und Zellteilungen auftreten.

Segregationsbürde, → genetische Bürde.

Sehkeil, → Lichtsinnesorgane.

Sehnen, → Bindegewebe.

Sehnerv, *Nervus opticus,* Sinnesnerv, der der Hirnbasis anliegt und ventral des Hypothalamus die Sehnervenkreuzung, *Chiasma opticum,* bildet, → Hirnnerven.

Sehorgane, → Lichtsinnesorgane.

Sehpurpur, → Rhodopsin.

Seidelbastgewächse, *Thymelaeaceae,* eine Familie der Zweikeimblättrigen Pflanzen mit etwa 650 Arten, die eine weltweite Verbreitung haben. Es sind meist Sträucher, selten Bäume oder Kräuter, mit ganzrandigen, meist wechselständigen Blättern ohne Nebenblätter und 4- bis 6zähligen Blüten, denen meist die Kronblätter fehlen, deren Kelchblätter dafür kronartig gefärbt sind. Der oberständige Fruchtknoten entwickelt sich nach Bestäubung durch Insekten zu Kapseln, Nüssen oder Steinfrüchten. In der heimischen Flora vertreten ist der *Gemeine Seidelbast* oder *Kellerhals, Daphne mezereum,* ein im zeitigen Frühjahr violettblühender, giftiger Strauch, der unter Naturschutz steht.

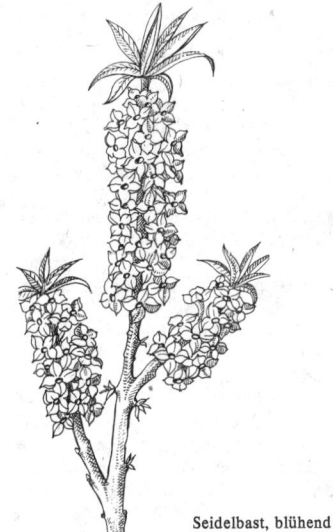

Seidelbast, blühend

Seidenfibroin, → Keratine.

Seidengewächse, *Cuscutaceae,* eine Familie der Zweikeimblättrigen Pflanzen mit nur einer Gattung und etwa 170 Arten, die über die ganze Erde verbreitet sind. Es handelt sich ausschließlich um chlorophyllarme, wurzel- und blattlose Schmarotzerpflanzen, die mit ihren dünnen Stengeln ihre Wirtspflanzen umwinden und ihnen mit Hilfe von Saugorganen, den Haustorien, die Nahrung entnehmen. Die zwittrigen, regelmäßigen, 4- bis 5zähligen Blüten stehen meist in Knäueln und werden von Insekten bestäubt. Der zweifächerige Fruchtknoten entwickelt sich zu einer kapsel- oder beerenartigen Frucht. Die verschiedenen Arten der einzigen Gattung *Seide* oder *Teufelszwirn, Cuscuta,* parasitieren auf vielen Kulturpflanzen, besonders häufig

Seidenpflanzengewächse

auf Hopfen, Schmetterlingsblütlern, Lein und Weiden. Die häufigste Art der heimischen Flora ist die *Hopfenseide, Cuscuta europaea,* die außer auf Hopfen auf den verschiedensten Pflanzenarten vorkommt.

Seidenpflanzengewächse, → Schwalbenwurzgewächse.
Seidenraupen, → Seidenspinner.
Seidenschwänze, *Bombycillidae,* Familie der → Singvögel mit 8 Arten, die von Früchten und Insekten leben.
Seidenspinner, *Bombycidae,* eine hauptsächlich in Ost- und Südasien beheimatete Schmetterlingsfamilie, deren Raupen, die *Seidenraupen,* zur Verpuppung einen Kokon aus einem einzigen Seidenfaden herstellen. Aus einer ostasiatischen olivbraunen Art (*Bombyx mori* L.) wurde lange v. u. Z. in China zum Zwecke der Seidenherstellung eine weiße Zuchtform domestiziert. Das Geheimnis der Seidenraupenzucht (seit 2630 v. u. Z. bekannt) kam über Indien und Turkestan erst 552 u. Z. nach Europa. In Deutschland wird der *Maulbeerseidenspinner* erst seit dem 18. Jahrhundert gehalten. Die Brutgewinnung erfolgt in dafür besonders eingerichteten Instituten. Die Eier (ein Weibchen legt 600 bis 800) werden vom Herbst bis Mai in Kühlschränken gelagert und dann an die Züchter verschickt. Die Zucht der Raupen erfolgt in Hürden in gut lüftbaren Räumen. Für die Aufzucht von 1 g Eier (etwa 1 500 Stück) benötigt man eine Fläche von 3 m^2 und etwa 40 kg Maulbeerblätter. Nach durchschnittlich 35 Tagen beginnen sich die Raupen einzuspinnen. Ein Kokon liefert einen abhaspelbaren Seidenfaden von 1 000 bis 4 000 m Länge.

In Asien werden in geringerem Maße auch andere Arten (z. B. auch aus der Familie der Augenspinner) zur Seidengewinnung gezüchtet; diese Seide kommt als Wild- oder Tussahseide in den Handel.

Lit.: R. Mell: Der S. (2. Aufl., Wittenberg 1955).

Seifenkraut, → Nelkengewächse.
seismische Reize, svw. Erschütterungsreize.
Seismonastie, *seismonastische Bewegung,* bei Pflanzen durch Erschütterungsreize ausgelöste Bewegung, die unabhängig von der Reizrichtung abläuft (→ Nastie). Sie wird durch reversible plötzliche Turgorveränderungen in bestimmten Gewebezonen (→ Variationsbewegungen) hervorgerufen. Dabei kontrahieren nur die Zellen an einer Flanke eines Organs, z. B. eines Gelenkpolsters, unter Turgorverlust. Hierdurch kommt es zu scharnierartigen Krümmungen.

Seismonastische Bewegungen stellen in der Regel → Alles-oder-Nichts-Reaktionen dar. Bekannt sind z. B. bestimmte Staubblatt- und Narbenbewegungen (→ Blütenbewegungen) sowie die Blattbewegungen bei einigen fleischfressenden Pflanzen, z. B. der Venusfliegenfalle, *Dionaea muscipula,* und besonders die S. tropischer Mimosen, z. B. *Mimosa pudica.* Bei dieser »Sinnpflanze« lassen mechanische Reize verschiedenster Art und sogar Verwundung oder elektrische Reize die kleinen Fiederblättchen paarweise nacheinander schräg nach oben klappen (*Klappbewegungen*). Die Fiederblattstiele nähern sich einander, und letztlich klappt das ganze Blatt nach unten. Diese Bewegungen werden durch an allen beweglichen Stellen vorhandene Gelenkpolster ermöglicht. Bei starker Reizung pflanzt sich die Erregung sogar auf benachbarte Blätter fort, die in gleicher Weise zusammenklappen. Dabei erfolgt die Reizleitung mit einer Geschwindigkeit von 4 bis 30 mm/s und nähert sich in Extremfällen, besonders nach Verletzung der Blätter, mit Werten von 100 mm/s der langsamsten Reizleitung in tierischen Nerven. Der Reiz kann sich von Zelle zu Zelle fortpflanzen, indem das Aktionspotential der einen Zelle die Nachbarzelle veranlaßt, ein eigenes Aktionspotential aufzubauen usw. Daneben wird aus gereizten Geweben eine »Erregungssubstanz«, und zwar offenbar eine N-haltige Oxysäure, abgegeben, die durch das Phloem, das Parenchym und offenbar auch durch das Xylem in die gesamte Pflanze transportiert werden kann. Nach vollzogener Bewegung beginnt die Restitution. Diese geht in den durch Reizung bzw. Reizleitung erregten Zellen verhältnismäßig rasch vor sich. In den Bewegungsgeweben wird dagegen mehr Zeit benötigt, so daß die Blätter erst nach 10 bis 20 Minuten in ihre normale Stellung zurückkehren.

Seismoreaktionen, Reaktionen auf Erschütterungsreize; bei Pflanzen auffallende Bewegungserscheinungen, bei denen es sich überwiegend um Nastien handelt (→ Seismonastie). Daher werden in der Pflanzenphysiologie häufig die Begriffe S. und seismonastische Reaktionen gleichgesetzt.

Seisonidea, → Rädertiere.
Seitenknospen, → Sproßachse.
Seitensprosse, → Fortpflanzung, → Stolonen, → Sproßachse.
Seitenwurzeln, → Wurzelbildung.
Sekretär, → Greifvögel.
Sekrete, → Sekretion.
Sekretenzyme, → Enzyme.
Sekretgewebe, → Ausscheidungsgewebe.
Sekretin, ein zu den Polypeptidhormonen gehörendes Gewebshormon des Dünndarms, das aus 27 Aminosäureresten aufgebaut ist (Molekülmasse 3050). S. zeigt in seiner Aminosäuresequenz strukturelle Verwandtschaft zum Glukagon und stimmt mit diesem in 14 Positionen überein.

Die Bildung von S. erfolgt in den S-Zellen des Dünndarmes; die Sekretion wird durch den Säurereiz des sauren Speisebreies des Magens (pH < 4) ausgelöst. Das sezernierte S. gelangt auf dem Blutweg zur Bauchspeicheldrüse, wo es die Bildung und Abgabe eines natriumhydrogenkarbonatreichen Pankreassaftes bewirkt. Außerdem stimuliert S. die Insulinsekretion.

S. ist 1902 als erstes Proteohormon von Baylis und Starling aufgefunden worden und hat zur Prägung des Hormonbegriffes geführt.

Sekretion, die Fähigkeit von Zellen, Substanzen mit spezifischen Eigenschaften und Funktionen zu bilden und an die Umgebung abzugeben. Die *Sekrete* werden bei Tieren in den meisten Fällen in Drüsen gebildet und nach außen abgegeben. Gelangen die Sekrete an die Körperoberfläche oder in Körperhöhlen, z. B. Abwehrstoffe bzw. Verdauungsenzyme, so handelt es sich um eine *äußere S. Innere S.* liegt vor, wenn die in Drüsen ohne Ausführgänge gebildeten Produkte das Blut oder in die Hämolymphe abgegeben werden, wie die Hormone. Die Hormone werden deshalb auch als Inkrete bezeichnet. Neben den Drüsenzellen können aber auch andere Zellen sekretorisch tätig sein, z. B. Epidermiszellen vieler Tiere, die eine Kutikula absondern, und neurosekretorische Zellen. Den Sekreten kommt im Tierreich eine mannigfaltige biologische Bedeutung aus als Skelett-, Stütz- und Schutzsubstanzen, Nährstoffe, Lock-, Duft-, Schreck- und Abwehrstoffe, Gifte, Farbstoffe, Verdauungsenzyme und Hormone.

Über S. bei Pflanzen → Stoffausscheidung.
Sekretionsphase, → Uterus.
Sekretor, ein Mensch mit der erblich bedingten Eigenschaft, Blutgruppensubstanzen in Sekreten, z. B. im Speichel, auszuscheiden. Diese Erscheinung spielt bei der Spurenanalyse in der Gerichtsmedizin eine Rolle.
sekundäre Assoziationsrinde, → Assoziationsfelder des Großhirns.
Sekundäreinschnürung, → Chromosomen.
sekundäre Lysosomen, → Lysosom.
sekundäre Naturstoffe, Sammelbegriff für Inhaltsstoffe (von Mikroorganismen, Pflanzen und Tieren), die durch

den *Sekundärstoffwechsel* gebildet werden. S. N. zeichnen sich häufig durch Farbe, Geruch, Geschmack oder auffallende physiologische Wirkungen aus. S. N. sind bei Tieren z. B. → Krötengifte und → Ommochrome, pflanzliche s. N. sind z. B. → Alkaloide und → Karotinoide, mikrobielle s. N. sind z. B. die → Antibiotika. S. N. leiten sich von den Verbindungen des *Grundstoffwechsels* (Zucker, Aminosäuren, Essigsäure, Malonsäure, Isopren u. a.) ab. Der Aufbau vieler s. N. ist ohne erkennbaren Nutzen für den sie bildenden Organismus. Manche s. N. dienen zur Abwehr oder zum Angriff (z. B. Gifte).

S. N. werden bevorzugt von Pflanzen gebildet. Ein Grund dafür scheint die bei Pflanzen nicht mögliche Ausscheidung von Endprodukten zu sein. Die Pflanze nutzt die Bildung von s. N., um schädliche oder nutzlose Endprodukte in eine für sie unproblematische Form zu bringen. Meist werden die s. N. in bestimmten Speicherorganen (abseits der Hauptstoffwechselwege) angehäuft, z. B. in Vakuolen und Harzgängen.

sekundärer Embryosackkern, → Makrosporogenese, → Blüte.
sekundäres Dickenwachstum, → Sproßachse, → Wurzel.
sekundäres Meristem, → Bildungsgewebe.
Sekundärpaarung, eine lockere gegenseitige Zuordnung bestimmter Bivalente in der Prometaphase der ersten meiotischen Teilung. Die S. äußert sich in einer Parallellagerung bestimmter Bivalente, ohne daß eine echte Verbindung zwischen diesen auftritt. Sie kann als Hinweis auf eine ehemals vollständige Homologie der beteiligten Paarungsverbände gewertet werden.
Sekundärparasiten, svw. Hyperparasiten.
Sekundärstoffwechsel, → sekundäre Naturstoffe.
Sekundärstruktur, → Proteine.
Sekundärwand, → Zellwand.
Sekundärzersetzer, → Dekomposition.
Selaginellales, → Bärlappartige.
Selbstauflösung, svw. Autolyse.
Selbstbefruchter, Pflanzen, bei denen die Bestäubung der Narbe mit Pollen der eigenen Blüte oder einer anderen Blüte derselben Pflanze zur Befruchtung und Samenbildung führt. Strenge S. (**obligate S.**) sind: Erbse, Sojabohne, Busch- und Stangenbohne, Kartoffel. Vorwiegend tritt Selbstbefruchtung ein (**fakultative S.**) bei Weizen, Hafer, zwei- und vierzeiliger Gerste, Reis, Saatwicke, Linse, Serradella, Lein, schmalblättriger und weißer Lupine, Gelbklee, Tomate, Salat, Tabak, Walnuß sowie den europäischen Rebensorten.
Selbstbefruchtung, svw. Automixis.
Selbstbestäubung, svw. Autogamie.
Selbstdifferenzierung, → Determination.
Selbstdomestikation, durch eigenes Verhalten (z. B. Werkzeugherstellung, Seßhaftwerdung, Übergang zu Bodenbau und Viehhaltung) ausgelösten biologischen Veränderungen des Menschen. Die Ähnlichkeit in der Lebensweise und ihren biologischen Folgen zwischen dem domestizierten Haustier und dem Menschen veranlaßte manche Autoren, die Menschwerdung im wesentlichen als einen Selbstdomestikationsprozeß aufzufassen. Bei allen vorhandenen Unterschieden leben Mensch und Haustier unter Bedingungen, die von den in freier Natur bestehenden beträchtlich verschieden sind, indem unter anderem die Bewegungsfreiheit eingeengt ist, die Einwirkung der klimatischen Faktoren künstlich beeinflußt wird und Ernährung und Fortpflanzung willkürlichen Veränderungen oder Beschränkungen unterworfen sind. Veränderungen der Selektionsbedingungen haben beim Haustier und auch beim Menschen zu einer außergewöhnlich großen Abwandlung vieler Merkmale geführt. Die bei Haustieren zu beobachtende Lockerung des Instinktgefüges ist als eine wesentliche Voraussetzung für die Handlungsfreiheit ein wichtiger Faktor im Verlauf der Menschwerdung gewesen. Es ist allerdings schwer nachzuweisen, ob hier nur Parallelerscheinungen vorliegen oder ob die Domestikation als Kausalfaktor tatsächlich eine entscheidende Rolle gespielt hat.

Selbsterhitzung, durch den Stoffwechsel von Mikroorganismen bewirkte Erwärmung dicht lagernder, feuchter organischer Massen, wie Heu, Tabak, Stallmist. Die S. verläuft in mehreren Stufen. Durch mesophile Mikroorganismen wird ein Temperaturanstieg bis auf etwa 40 °C bewirkt, einen weiteren Anstieg bis auf etwa 80 °C verursachen thermophile Organismen, wie *Bacillus stearothermophilus* und thermophile Aktinomyzeten. Die S. kann durch plötzliche Sauerstoffzufuhr zur *Selbstentzündung* führen, wobei es sich jedoch um einen rein chemischen Vorgang handelt. Die S. und anschließende Selbstentzündung können vor allem in der Landwirtschaft große Schäden verursachen. Sie sind durch ausreichende Trocknung von Heu und Stroh vermeidbar.

Selbstfertilität, *Selbstfruchtbarkeit, Selbstkompatibilität,* die Erscheinung, daß der Pollen einer Pflanze auf der eigenen Narbe auskeimen und normale Samen- und Fruchtbildung bewirken kann.
Selbstinkompatibilität, svw. Selbststerilität.
Selbstorganisation, *self assembly,* Eigenschaft von komplizierten biologischen Strukturen, sich aus ihren makromolekularen Bausteinen »von selbst« zusammenzusetzen. Die Fähigkeit zur S. bedeutet, daß bereits in den Makromolekülen die Information ausreicht, um die richtige Struktur der zu bildenden Organelle festzulegen. Beispiele für die S. sind die Bildung von Aktinfilamenten, von Mikrotubuli, von Ribosomen, von Phagen, aber auch von ganzen Transportsystemen. Das Prinzip der S. hat große Bedeutung für Teilschritte der Morphogenese. Bisher kann man noch nicht entscheiden, ob die gebildete Struktur thermodynamisch bestimmt ist oder ob sie kinetisch determiniert ist, d. h. vom Reaktionsweg abhängig ist.

Das Phänomen der S. ist faszinierend und grundverschieden von Bauprinzipien in der Technik. Für experimentelle in-vitro-Untersuchungen erlaubt die S. eine *Rekonstitution* wichtiger Strukturen.

Selbstreizung, *Selbststimulation,* hirnphysiologische, 1954 von Olds und Milner eingeführte Methode, bei der dünne Reiz-(Draht-)Elektroden in bestimmte Bereiche des Gehirns von Tieren implantiert werden, so daß für diese die Möglichkeit besteht, durch z. B. Hebeldruck mit der Pfote einen Stromkreis zu schließen und dadurch Neuronenpopulationen elektrisch zu reizen. Besteht Möglichkeit zur S., dann vollziehen Versuchsratten S. bis zur physischen Erschöpfung, d. h. sie reizen sich bis zu tausendmal in der Stunde. Bei allen untersuchten Säugerarten wird S. vollzogen, wenn sich die Reizelektroden in bestimmten Positionen, vorwiegend Bereichen des limbischen Systems und hier insbesondere im medialen Vorderhornbündel, befinden. Die S. ist bei Ratten bereits drei Tage nach der Geburt nachweisbar. S. scheint nicht absättigbar, die Selbstreizungsrate ist dennoch von Parametern, z. B. Blutdruck, abhängig. Bestimmte Substanzen, z. B. Morphin, in die Strukturen des Selbstreizungssystems injiziert, steigern, andere, z. B. Vasopressin, senken die Selbstreizungsrate. Versuchstieren kann auch die Selbstzuführung von Substanzen über besondere Kanülen in das Gehirn ermöglicht werden. In solchen Selbstinjektionsexperimenten verabreichen sich die Tiere bevorzugt Lösungen von Enkephalin oder Morphin. Die S. wird so gedeutet, daß durch die Reizung bestimmter

Selbststerilität

Neuronenpopulationen die Versuchstiere positive Emotionen erfahren. Das Selbstreizungssystem gilt daher als *Belohnungssystem* im Säugergehirn. Dem Belohnungssystem entgegengesetzt wird ein Bestrafungssystem, über das jedoch weniger Daten vorliegen, insbesondere ist auch die Abgrenzung von zentralen Anteilen des → Schmerzsinnes schwierig. Das Belohnungssystem ist Bestandteil des menschlichen Gehirns.

Selbststerilität, *Selbstunfruchtbarkeit, Selbstkompatibilität,* die Erscheinung, daß die Bestäubung einer Pflanze mit dem eigenen Pollen oder dem Pollen genotypisch gleicher Individuen nicht zur Samenbildung führt. Erstreckt sich die S. auf verschiedene Sorten der gleichen Art, spricht man von → Intersterilität. Die S. ist genetisch bedingt. → Inkompatibilität.

Selbstung, erzwungene Selbstbestäubung. S. wird zuweilen bei Fremdbefruchtern angewandt, indem man die Pflanzen durch Isolierung gegen fremden Blütenstaub schützt und sie auf diese Weise zwingt, sich selbst zu bestäuben. S. führt zur → Inzucht.

Selbstverdoppelung, svw. Autoreduplikation.

Selbstvernichtungsverfahren, → biologische Bekämpfung.

Selbstverstümmelung, svw. Autotomie.

Selektion, *Auslese, Zuchtwahl,* unterschiedlicher Beitrag verschiedener Genotypen zur folgenden Generation durch ihre unterschiedliche → Fitness oder die bewußte Auswahl eines Züchters.

Die *natürliche Auslese* erhält oder verbessert die Lebensfähigkeit und die Anpassung von freilebenden Populationen. Sie ist eine notwendige Folge davon, daß gewöhnlich viel mehr Nachkommen entstehen, als unter den gegebenen Umständen heranwachsen können. Unter den überlebenden und sich erfolgreich fortpflanzenden Individuen befinden sich bevorzugt Genotypen, die besonders lebenstüchtig oder ihrer speziellen Umwelt überdurchschnittlich gut angepaßt sind. Ihre vorteilhaften Eigenschaften breiten sich allmählich aus und verdrängen die Merkmale weniger geeigneter Genotypen.

Wir unterscheiden verschiedene Formen der natürlichen Auslese: 1) *stabilisierende Auslese* eliminiert vom Populationsdurchschnitt abweichende Individuen. Dabei werden nicht nur erbkranke Organismen, sondern auch gesunde, aber in dieser oder jener Hinsicht extrem ausgebildete Angehörige der Population beseitigt. Stabilisierende Auslese erhält das einmal erreichte Anpassungsniveau der Population, 2) *gerichtete Auslese* eliminiert die Individuen eines Extrems, so daß sich der Mittelwert des betreffenden Merkmals in der Population verschiebt. Gerichtete S. verbessert die Anpassung oder die Lebenstüchtigkeit einer Population oder adaptiert sie nach einer Umweltänderung an die neuen Bedingungen. Sie ist ein wesentlicher Evolutionsfaktor (→ Selektionstheorie). Ihr Wirken läßt sich in natürlichen Populationen nachweisen. Gut untersuchte Beispiele sind die Resistenzentwicklung gegen Insektizide und Antibiotika sowie der → Industriemelanismus. Auch in Laborpopulationen kann man gerichtete S. beobachten. 3) *Disruptive Auslese* eliminiert die durchschnittlichen Individuen der Population. Sie führt entweder zu einer größeren Variabilität von Merkmalen oder zu einem → Polymorphismus. 4) → häufigkeitsabhängige Selektion.

Eine besondere Form der Auslese in natürlichen Populationen ist die *sexuelle* oder *geschlechtliche Zuchtwahl* zwischen Individuen mit ungleichen Erfolgsaussichten bei der Paarung. Durch diesen Vorgang wurden unter anderem Farben, Formen, Ornamente und Laute hervorgebracht, die den Männchen beim Werben um die Weibchen oder Verdrängen der Nebenbuhler einen Vorteil verleihen.

Die leistungsfähigen Sorten oder Rassen von Kulturpflanzen und Haustieren erzielten die Züchter durch planmäßige *künstliche S.*

Über weitere Formen der S. → Gruppenselektion, → häufigkeitsabhängige Selektion, → k-Selektion, → Sippenselektion, → r-Selektion.

Selektionisten-Neutralisten-Kontroverse, → nicht-Darwinsche Evolution.

Selektionsdruck, die in der Regel an dem Ausmaß der Veränderungen in der Genhäufigkeit je Generation gemessene Intensität der natürlichen Selektion in einer Population, die unter bestimmten Umweltbedingungen lebt (→ Mutationsdruck).

Selektionskoeffizient, Maß für den selektiven Vor- oder Nachteil eines Genotyps als Träger eines bestimmten Gens oder einer bestimmten Genkombination; Symbol: s. Er wird in den Bereichen ±1 ausgedrückt, wobei +1 eine vollständig positive Selektion, 0 Selektierungsneutralität und −1 eine vollständige Kontraselektion charakterisieren. Bleiben z. B. nur 999 Gameten mit dem Allel a, aber 1000 Gameten mit a^+ je Generation erhalten, dann hat der S. von a^+ den Wert für s = +0,001.

Selektionsnachteil, → Fitness.

Selektionstheorie, durch Charles Robert Darwin (1809–1882) und Alfred Russel Wallace (1823–1913) unabhängig voneinander begründete Theorie über die Ursache der Evolution. In natürlichen Populationen besteht ein erheblicher Nachkommenüberschuß. Da Individuen erblich bedingt variieren, sollen sich nach Darwin und Wallace unter den wenigen im »Kampf ums Dasein« überlebenden bevorzugt solche befinden, die ihrer Umwelt auf Grund erblicher Eigenschaften besser angepaßt sind als ihre Konkurrenten. Dadurch breiten sich vorteilhafte Merkmale allmählich aus. Diese natürliche Auslese (→ Selektion) ließ von einer oder wenigen Urformen ausgehend alle heute und in vergangenen Erdzeitaltern lebenden Organismen entstehen. Auch der Mensch ist ein Produkt dieses Vorgangs. Die Überzeugungskraft der S. trug wesentlich dazu bei, daß nach 1859, dem Erscheinungsjahr von Darwins Hauptwerk »Die Entstehung der Arten durch natürliche Zuchtwahl«, die Deszendenztheorie rasch durchsetzte.

Die S. ist ein wesentlicher Bestandteil der modernen → synthetischen Theorie der Evolution.

Selektionswert, svw. Fitness.

Selektivität der Ionenaufnahme, → Mineralstoffwechsel, Teil Pflanze.

Selektivnährmedium, ein → Nährmedium, das auf Grund seiner Zusammensetzung nur bestimmte Mikroorganismen zur Vermehrung kommen läßt. Es dient zur Anreicherung oder Isolierung dieser Organismenarten. Ein S. kann spezielle Nährstoffe enthalten, die nur von wenigen Organismen verwertet werden können; z. B. werden chitinhaltige Nährböden zur selektiven Anzucht von Streptomyzeten verwendet. Anderen S. werden Hemmstoffe zugesetzt, die unerwünschte Keime unterdrücken. Zum Nachweis des Tuberkelbakteriums z. B. verwendet man einen Nährboden, der Malachitgrün enthält, das andere Bakterien hemmt.

Selen, Se, ein dem Schwefel nahestehendes Nichtmetall. Bei der Nährstoffaufnahme der Pflanzen vermögen Selenanionen mit den Sulfatanionen zu konkurrieren, und selbst in die Eiweißverbindungen kann S. anstelle von Schwefel eingebaut werden. In geringen Konzentrationen hat S. einen günstigen Einfluß auf manche Pflanzen; größere Mengen bewirken demgegenüber unter anderem Chlorosen und gedrungenen Wuchs. Hohe Selenverträglichkeit besitzen Sonnenblumen, Mais, Weizen, Roggen und Gerste. Selenreiche Standorte finden sich vorwiegend in ariden Klimazonen. Hohe Selengehalte im Futter von entspre-

den Feldern können bei Tieren Ausfall von Haaren und Federn, Zahnerkrankungen und Mißbildungen an den Hufen hervorrufen. Dem kann vorgebeugt werden, indem durch Sulfatdüngung die Selenaufnahme der Pflanzen eingeschränkt wird.
self assembly, svw. Selbstorganisation.
Sellerie, → Doldengewächse.
Selleriefliege, → Bohrfliegen.
Semaeostomae, → Fahnenquallen.
Semaphoront, *Stadium,* zeitlich begrenzter Merkmalsträger eines Biozyklus, bei Insekten z. B. Ei, Larve, Puppe, Imago. Die verschiedenen S. eines Individualzyklus können ganz unterschiedlichen Biozönosen angehören bzw. unterschiedliche Funktionen im Ökosystem ausüben. Gleiche S. einer Art bilden die Semaphorontenpopulation, wie z. B. die Kaulquappen von *Rana temporaria* in einem Tümpel.
Semen, svw. Samen.
semikonservative Replikation, → DNS-Replikation.
Semilunarklappen, → Herzklappen.
Semipermeabilität, *Halbdurchlässigkeit,* die Erscheinung, daß Membranen mit kleinen Porengrößen gelöste Substanzen nicht in gleicher Weise wie das Lösungsmittel durchtreten lassen. Die semipermeablen Membranen spielen bei der → Osmose eine große Rolle.
Semispecies, → Art.
Semisterilität, Bezeichnung für die bei heterozygoten Bastarden auftretende Erscheinung, daß nur annähernd die Hälfte aller gebildeten Gameten funktionsfähig ist und diese partielle Sterilität an den heterozygoten Zustand gebunden ist.
Seneszenz, der Alterungsprozeß bei Organismen. → Lebensdauer, → Ontogenese, → Entwicklung.
Seneszenzfaktoren, → Lebensdauer, → Abszission, → Korrelationen.
Senf, → Kreuzblütler.
Senföle, eine Gruppe von schwefel- und stickstoffhaltigen sekundären Pflanzenstoffen, die vor allem aus Kreuzblütlern isoliert wurden. Chemisch handelt es sich um Isothiozyanate der allgemeinen Formel R—N=C=S. Die S. sind farblose Flüssigkeiten von stechendem, zu Tränen reizendem Geruch, die auf die Haut blasenziehend wirken. Sie bedingen häufig den scharfen Geruch und Geschmack der betreffenden Pflanzen, in denen sie als β-Glukoside (Glukosinolate) vorliegen und durch das Enzym Myrosinase hydrolytisch in Freiheit gesetzt werden. Zu der einige Dutzend umfassenden Gruppe der S. gehören unter anderem *Allylsenföl* bzw. sein Glukosid *Sinigrin* aus Meerrettich und Schwarzem Senf, *Benzylsenföl* aus Garten- und Kapuzinerkresse sowie *Butylkrotonylsenföl* aus Rettich und *Krotonylsenföl* aus Raps. Die biologische Bedeutung der S. besteht wahrscheinlich in der Ausübung einer Schutzfunktion gegenüber pflanzlichen Parasiten. Bei der Hydrolyse der S. entsteht eine Reihe biologisch hochwirksamer Spaltprodukte mit z. T. wachstumsregulatorischen Eigenschaften.
senile Altersstufe, beim Menschen die Altersstufe vom etwa 60. Lebensjahr bis zum Tod. → Altersdiagnose.
Sennesblätter, → Johannisbrotbaumgewächse.
Sensibilisator, → photochemische Reaktion.
Sensibilisierung, ein Vorgang der Immunisierung, der entweder zu einer zellvermittelten Immunität führt oder die Voraussetzung für eine Allergie darstellt.
sensible Periode, zeitlich begrenzte Phase, innerhalb derer obligatorische Lernvorgänge zur Sicherung umweltbezogenen Verhaltens vollzogen werden. Ein bekanntes Beispiel ist die kritische Periode für die Nachfolgeprägung bei Nestflüchtern. Damit ist die kritische Periode ein Sonderfall einer s. P. oder Phase. Beim Menschenkind darf man eine

s. P. für den Spracherwerb zwischen dem 9. und etwa 36. Lebensmonat annehmen.
sensible Phasen, → obligatorisches Lernen.
Sensilli, svw. Sinneszellen.
sensorische Transduktion, *Reiz-Erregungsumsetzung,* Umformung eines äußeren physikalisch-chemischen Reizes in die elektrische Antwort einer Sinneszelle. Im Prozeß der s. T. wird die äußere Reizwirkung in ein elektrisches Signal umgesetzt, das die weitere Übertragung und »Verrechnung« der Information ermöglicht. Die primäre elektrische Antwort wird als *Rezeptorstrom* oder *Rezeptorpotential* bezeichnet. Die Intensität des Reizes ist in diesem Potential und in diesem Strom analog kodiert. Der Rezeptorstrom entspricht einer Änderung des → Ruhepotentials der Sinneszelle und kann ein → Aktionspotential auslösen. Eine synaptische Weiterleitung kommt ebenfalls vor. Die Umsetzung des Reizes in den Rezeptorstrom ist ein *Steuerungsvorgang.* Die relativ geringe Energie des Reizes steuert durch die Auslösung eines Rezeptorstromes die gesamte durch den Stoffwechsel der Zelle bereitgestellte Energie. So beinhaltet z. B. die Absorption eines Lichtquants die Zuführung einer Energie von etwa $5 \cdot 10^{-19}$ J. Der Energieinhalt der dadurch ausgelösten Reaktion beträgt aber das 1000- bis 100000fache.
Beispiele für s. T. sind → Mechanorezeption, → Chemorezeption, → Photorezeption und → Elektrorezeption.
Lit.: W. Hoppe, W. Lohmann, H. Markl, H. Ziegler (Hrsg.): Biophysik (Berlin, Heidelberg, New York 1982); Zerbst u. Dittberner: Analyse der Informationsaufnahme und -verarbeitung durch biologische Rezeptoren (Leipzig 1973).
Sepalen, → Blüte.
Sepia, *Sepie, Kuttelfisch,* Gattung der zehnarmigen Kopffüßer (Zehnfüßer) mit innerer, etwa körperlanger Schale (→ Schulp). Zwei retraktile Arme sind für den Nahrungsfang (Fische und Krebse) besonders lang ausgebildet. Die S. lebt an den Küsten wärmerer Meere und kann mit Hilfe des Trichters (durch Rückstoß) oder mit seitlichen Flossensäumen schwimmen. Das schwarzbraune Sekret des Tintenbeutels wurde früher mit Natronlauge verkocht und als braune Malerfarbe (Sepiafarbe) verwendet.

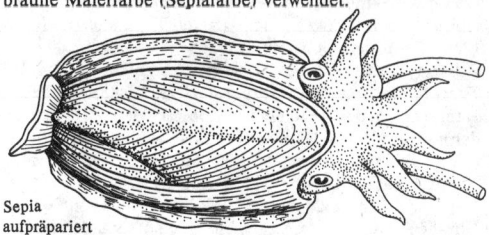

Sepia
aufpräpariert

Septibranchiata, Ordnung der Muscheln mit etwa 250 Arten, deren Atemapparat und Ernährungsweise von allen übrigen Muscheln abweicht. Anstelle von Kiemen befindet sich in der Mantelhöhle ein durchbrochenes, waagerechtes Septum. Durch rhythmisches Heben und Senken dieses Septums werden mit dem Atemwasser Tiere bis zu 2 mm Größe eingesogen und den muskulösen Mundlappen zugeleitet.
septiert, geteilt, mit Scheidewänden.
Septum, *Septe, Querwand, Scheidewand,* Zellwand, die zwei benachbarte Zellen voneinander trennt, vor allem bei Pilzen, oder Scheidewand in Körperhöhlen, wie bei Koralentieren und in Früchten.
Sequenz, Reihenfolge, Aufeinanderfolge; Aminosäuresequenz, → Proteine.
Sequenzanalyse, → Proteine.
Sequenzhypothese, eine experimentell gut begründete

Hypothese, wonach bei der Realisierung der in den Chromosomen oder funktionsanalogen Strukturen (→ Genophoren) enthaltenen genetischen Information an der DNS abschnittsweise eine Messenger-RNS gebildet wird, die die Basensequenz der DNS kopiert und die Geninformation ins Zellplasma überträgt. Die Messenger-RNS assoziiert sich im Plasma mit den Ribosomen, und ihre Basensequenz determiniert die Sequenz der Aminosäuren in dem Polypeptid, für dessen Synthese der jeweilige DNS-Abschnitt als primärer Informationsträger zuständig ist. → Adaptorhypothese.

Ser, Abk. für L-Serin.
Seriata, → Strudelwürmer.
Serie, *1)* pflanzensoziologische Bezeichnung für eine Reihe von zeitlich aufeinanderfolgenden, entwicklungsbedingten Pflanzengesellschaften einer → Sukzession. *2)* in der Paläontologie Bezeichnung für einen stratigraphischen Abschnitt der Erdgeschichte.
Seriema, → Kranichvögel.
L-Serin, Abk. *Ser*, $HO-CH_2-CH(NH_2)-COOH$, eine proteinogene, glukoplastisch wirkende Aminosäure, die wichtiger Bestandteil des Seidenfibroins ist. Das β-C-Atom ist die wichtigste Quelle aktiver Einkohlenstoffkörper. Die Synthese des L-S. erfolgt im Körper aus Glyzin oder 3-Phosphoserin, in Pflanzen durch Transaminierung von Hydroxypyruvat mit L-Alanin.
Serologie, ein Teilgebiet der → Immunologie. Die S. befaßt sich mit den Antigen-Antikörper-Reaktionen in vitro. Sie untersucht die physikochemischen Grundlagen dieser Reaktionen und entwickelt Testsysteme zum spezifischen Nachweis von Antigenen oder Antikörpern. Die serologischen Methoden sind extrem spezifisch und empfindlich; sie ermöglichen den Nachweis von Antigenen bis zu wenigen ng oder sogar pg. Bei den empfindlichsten Techniken koppelt man an die zum Nachweis des Antigens zu verwendenden spezifischen Antikörper *Marker*. Diese, z. B. radioaktive Isotope, Fluoreszenzfarbstoffe oder Enzyme, ermöglichen das Erkennen des Antikörpers noch in geringsten Mengen nach seiner Bindung an das Antigen (→ Immunfluoreszenztechnik).

Radioimmuntests und Enzymimmuntests dienen vor allem dem quantitativen Nachweis von Hormonen, z. B. im Blut oder im Liquor cerebrospinalis.
Serosa, *1) amniogenes Chorion*, *Serolemma*, *äußere Fruchthülle*, eine dünne, durchsichtige, leicht zerreißende Haut, die in das außerembryonale Ektoderm und Mesoderm übergeht und den Darmdottersack und das Exozölom, soweit dieses nicht von der sich beständig vergrößernden Allantois ausgefüllt wird, umschließt. Zwischen ihr und der Allantoisaußenwand kann es zur teilweisen Verschmelzung kommen, zum *Allantochorion*, einem embryonalen Respirationsorgan. → Embryonalorgane. *2)* Plattenepithel mesodermaler Herkunft, das seröse Höhlen auskleidet.
Serpentes, → Schlangen.
Serpuliden, eine Familie der Ringelwürmer, die durch Ausbildung einer meist angehefteten Wohnröhre aus Kalziumkarbonat fossil überliefert ist. Die Schale kann gebogen, knäuelförmig verschlungen, spiralig gewunden und im Querschnitt rund oder oval sein. S. können z. T. gesteinsbildend werden, so im Serpulit des deutschen Malms oder in den Serpelsanden des Grenzbereiches Cenoman/Turon in Sachsen.

Verbreitung: Ordovizium bis Gegenwart mit zahlreichen Leitarten im Tertiär.
Serradella, → Schmetterlingsblütler.
Serratia, eine Gattung der Enterobakterien mit der Art *S. marcescens*. S. hat kleine, peritrich begeißelte Zellen. Die meisten Stämme bilden rote Kolonien, da die Bakterien den Farbstoff Prodigiosin enthalten. S. ist weitverbreitet in Wasser, Boden und Nahrungsmitteln. Im bakteriologischen Labor wird S. als Sauerstoffzehrer in verschlossenen Kulturgefäßen verwendet, um für die Kultivierung von Anaerobiern die notwendigen sauerstofffreien Verhältnisse zu schaffen.
Serum, *Blutserum*, Blutflüssigkeit, die nach Gerinnung des Blutes neben dem Blutkuchen übrigbleibt. Sie enthält alle Stoffe des → Blutplasmas mit Ausnahme des Fibrinogens, das sich in Fibrin umgewandelt hat. → Antiserum.
Serumkrankheit, Erkrankung nach Injektion großer Mengen von Fremdserum, z. B. antitoxischer Antiseren. Sie beruht auf einer → Allergie. Die im Körper entstehenden Antikörper gegen die injizierten Fremdeiweiße verbinden sich mit den noch vorhandenen Antigenen. Die entstehenden löslichen Antigen-Antikörper-Komplexe lösen über die Aktivierung des → Komplementsystems entzündliche Reaktionen aus.
Serumosmolarität, → Osmoregulation.
Serval, *Felis* (*Leptailurus*) *serval*, eine langbeinige, gefleckte, mittelgroße → Katze, die in weiten Teilen Afrikas zu finden ist. Tafel 39.
Sesambeine, kleine, rundliche Knöchelchen in den Sehnen und Bändern der freien Extremität der Säuger. Die bestausgebildeten S. kommen in Hand und Fuß niederer Säugetiere vor. Sie entstehen aus einer hyalinknorpeligen Anlage. Auch die Kniescheibe ist ein »übergroßes« S.
Sesquiterpene, Terpene mit einem Grundgerüst aus 15 Kohlenstoffatomen (3 Isopren-Einheiten). Zu den S. gehören offenkettige und zyklische Vertreter, die meist als leicht flüchtige Bestandteile ätherischer Öle auftreten.
sessil, seßhaft, festsitzend, auf einer Unterlage festgewachsen; in der Mikrobiologie auch ungestielt, ohne Stiel ansitzend.
Sessilität, Bezeichnung für festsitzende Lebensweise von Tieren, besonders in aquatischen Lebensräumen. Sessilen Tieren fehlt im Gegensatz zu vagilen Arten die Fähigkeit zur aktiven Ortsveränderung, z. B. zur Nahrungssuche, Fortpflanzung und in der Feindabwehr. S. zeigen die Poriferen, die meisten Polypenformen der Knidarier, Moostierchen, röhrenbauende Vielborster, die Seepocken unter den Krebsen, Seelilien und Aszidien. Sie besitzen zum Nahrungserwerb Fang- oder Filtereinrichtungen, sind oft mit Haftflächen, Haftsekreten oder wurzelartigen Ausläufern versehen und weisen vielfach einen U-förmigen Darm auf.

Hemisessile Tiere vermitteln zwischen S. und Vagilität. Diese sind zu aktiver Ortsveränderung fähig, verbleiben aber längere Zeit am gleichen Ort und besitzen auch Haftorgane oder bewohnen Röhren. Zahlreiche Muscheln, Vielborster, Amphipoden, Käfer- und Mützenschnecken sind hemisessil.
Seston *n*, die Gesamtheit der im Wasser suspendierten Teile. Belebter Anteil des S. oder *Bioseston* sind das Plankton, Neuston, Pleuston und Nekton; unbelebter Anteil oder *Abioseston* ist der Detritus.
Seta, → Laubmoose.
Seuche, svw. Epidemie.
Seuchenlehre, svw. Epidemiologie 1).
Sewall-Wright-Verteilung, → Wright-Verteilung.

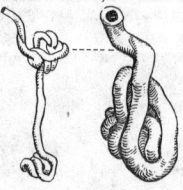

Gehäuse eines Serpuliden (*Glomerula gordialis* Schloth.) aus dem Cenoman von Sachsen; natürliche Größe und vergrößerter Ausschnitt

Sexagene, svw. Keimdrüsenhormone.
Sexchromatin, *Geschlechtschromatin,* mit basischen bzw. bestimmten Fluoreszenzfarbstoffen darstellbare Geschlechtschromosomen in Interphasezellen von Säugern. Eines der beiden X-Chromosomen (→ Geschlechtschromosomen) der Frau und weiblicher Säugetiere ist im Interphasekern heterochromatisch und an der Kernhülle oder am Kernkörperchen vieler Zellen (z. B. Leukozyten) mit basischen Farbstoffen darstellbar als *Barr-Körper,* in Granulozyten oft als »*drumstick*« (trommelschlegelförmiges Kernanhängsel) oder in Knotenform als »*Nodulus*« (fakultatives → Heterochromatin). In Zellen männlicher Personen wird ein Teil des dem Y-Chromosom entsprechenden Chromatins fluoreszenzmikroskopisch nach Fluorochromierung mit Quinacrin erkennbar. Das S. kann beim Menschen für die Frühdiagnose des Geschlechts oder bei der Ermittlung des chromosomalen Geschlechts (z. B. bei Hermaphroditen) wesentlich sein.
Sex-Duktion, → F-Plasmid.
Sexualansprüche, spezielle Form der → Partneransprüche, orientiert auf einen Fortpflanzungspartner. Im Normalfall handelt es sich um getrenntgeschlechtliche Arten, die in den Fortpflanzungszeiten über entsprechende Verhaltensbereitschaften diese Ansprüche umsetzen, seltener finden sich auch bei zwittrigen Arten, wenn die Begattung ein- oder wechselseitig vorgenommen wird. Das durch sie aktivierte Verhalten wird entsprechend als *Sexualverhalten* bezeichnet. *S. 1. Ordnung* sichern die Kopulation der Gameten und Gametenträger. *S. 2. Ordnung* sichern über entsprechende Verhaltensmechanismen eine Partnerwahl; *S. 3. Ordnung* sind auf die Herstellung einer *Paarbindung* als länger andauerhde sexuelle Partnerschaft gerichtet. Hier ist eine Suchphase Voraussetzung.
Sexualdimorphismus, svw. Geschlechtsunterschiede.
Sexualhormone, unterschiedlich gebaute Naturstoffe, die bei Tieren und niederen Pflanzen die Entwicklung und Funktion der Sexualorgane steuern. Bei den tierischen S. sind vor allem die → Keimdrüsenhormone von Bedeutung. Zu den S. der niederen Pflanzen (Algen, Pilze, Farne) gehören die 7-Ketosteroide *Antheridiol* und *Oogoniol* des Wasserpilzes *Achlya,* die *Trisporsäuren* des Schimmelpilzes *Mucor* und das *Antheridogen* des Farnes *Anemia phyllitidis,* bei dem es sich um eine gibberellinähnliche Verbindung handelt.
Sexualindex, svw. Geschlechterverhältnis.
Sexualität, Geschlechtlichkeit; im weitesten Sinne die Gesamtheit aller mit der Existenz zweier unterschiedlicher Geschlechter verbundenen morphologischen und physiologischen Erscheinungen, Funktionen und Beziehungen. Im engeren Sinne bezeichnet S. die mit der sexuellen Reproduktion verknüpften Vorgänge.
Sexualorgane, svw. Fortpflanzungsorgane.
Sexualsystem, → Taxonomie.
Sexualverhalten, → Sexualansprüche.
sexuell, geschlechtlich. Gegensatz asexuell, ungeschlechtlich.
sexuelle Selektion, verhaltensgesteuerte Selektion, bei der Eigenschaften der Partnersuche, der Partnerwahl und der Paarungswahrscheinlichkeit selektioniert werden.
Seychellenfrösche, *Sooglossinae,* nur 3 winzige, 2 bis 4 cm lange krötenähnliche Arten umfassende Unterfamilie der → Echten Frösche. Sie leben – vom Aussterben bedroht – auf kleinen Inseln der Seychellengruppe unabhängig vom Wasser. Der Laich wird in Häufchen auf feuchtem Boden abgelegt, die Kaulquappen kriechen auf den Rücken des Männchens und entwickeln sich dort zum fertigen Frosch.
S-Form, → Kolonie, → Kapsel 2).

Shift, *1)* in der Mikrobiologie angewendetes Verfahren der Übertragung von Mikroorganismen von Mangelbedingungen in optimale Bedingungen (Shift up) oder umgekehrt (Shift down). Der S. wird genutzt, um z. B. Bakterien in einen bestimmten physiologischen Zustand zu versetzen.
2) → Translokation.
Shigellen, svw. Ruhrbakterien.
Shikimisäure, eine hydroxylierte alizyklische Karbonsäure, die unter anderem im Japanischen Sternanis, *Illicium anisatum (religiosum),* in Ginkgoblättern, Fichten- und Kiefernnadeln gefunden wurde. S. besitzt eine zentrale Bedeutung bei der Aromatenbiosynthese.

$$\text{Structure: shikimic acid with COOH, OH, OH, OH groups on cyclohexene ring}$$

Sialidae, → Großflügler.
Siamang, *Symphalangus syndactylus,* der größte → Langarmaffe, der durch die Resonanz des stark aufgeblähten Kehlsackes zu recht lauten Reviergesängen fähig ist.
siamesische Zwillinge, → Mehrlingsgeburten.
Sibirischer Froschzahnmolch, *Ranodon sibiricus,* bis 25 cm langer, olivbrauner, schwarzgepunkteter → Winkelzahnmolch des Ala-Tau-Gebirges. Seine Lungen sind rückgebildet.
Sibirischer Winkelzahnmolch, *Hynobius keyserlingii,* von Kamtschatka über Sibirien und die Mongolei bis zum Ural verbreiteter, bis 13 cm langer, schlanker, brauner → Winkelzahnmolch mit bronzeglänzender Rückenlängsbinde. Der S. W. überschreitet als einziger Schwanzlurch den 66. Grad nördlicher Breite und kommt noch bei Werchojansk (Kältepol) vor.
Sichelflügler, → Schmetterlinge (System).
Sichelkonidie, eine sichelförmige, paarkernige Spore (Konidie), die bei einigen Brandpilzen, z. B. bei *Tilletia tritici,* dem Stinkbrand (Steinbrand) des Weizens, nach der Kopulation von → Sporidien gebildet wird.
Sichelzellenanämie, *Hämoglobin-S-Krankheit,* erblicher Strukturproteindefekt auf der Grundlage einer Punktmutation, der im Einbau von Valin anstelle von Glutaminsäure in Position 6 der β-Kette des Hämoglobins besteht. Das veränderte Hämoglobin weist eine herabgesetzte Löslichkeit auf, die Erythrozyten neigen in Kapillaren und dünnen Venen zur Sichelform und durch Blockierungen zur Thrombenbildung, wodurch insgesamt der Sauerstofftransport gehemmt wird und eine chronische hämolytische Anämie mit einer Reihe von charakteristischen Begleiterscheinungen entsteht. Der Tod tritt meistens noch im Kindesalter ein.
Die S. wird autosomal-rezessiv vererbt. Das defekte Allel verhält sich zu dem Normalallel kodominant. Die S. ist in Malariagebieten sehr häufig. In einigen Regionen Afrikas beträgt die Heterozygotenfrequenz bis 44%. Diese außerordentlich hohe Frequenz wird durch einen Selektionsvorteil der Heterozygoten gegenüber der Malaria erklärt. Heterozygotennachweis und pränatale Diagnostik sind möglich.
Sicherheitsbereich, → Biostatistik.
Sicherheitswahrscheinlichkeit, → Biostatistik.
Sichler, → Schreitvögel.
Sichttiefe, die in Gewässern mittels einer weißen Scheibe von 20 bis 30 cm Durchmesser (*Secchi-Scheibe*) festgestellte Tiefe, bei der die Umrisse der Scheibe gerade verschwinden. Die S. ist abhängig von der Lichtabsorption des Wassers und den in ihm gelösten Substanzen und von der Streuung des Lichts durch die Trübung. Die größte S. wird im Gebiet der Sargassosee mit 66,5 m gemessen. Oligotro-

Sideromyzine

phe Seen haben S. zwischen 16 und 20 m. In eutrophen Seen ist die S. besonders stark abhängig von den Jahreszeiten. Im Winter kann sie 10 m erreichen, um im Sommer während der Wasserblüten bis auf wenige cm abzusinken. Die höchste in Süßwasserseen gemessene S. wurde im Baikalsee mit 40 m ermittelt.

Sideromyzine, Sammelbezeichnung für eine Gruppe von Antibiotika. Zu den S. gehören unter anderem Grisein und Albomyzin.

Siderophiline, einkettige tierische Glykoproteine, die nach ihrer Herkunft in *Laktoferrin* der Säugetiermilch, *Transferrin* des Wirbeltierblutes und *Ovotransferrin* (*Konalbumin*) des Hühnereiweißes eingeteilt werden. S. sind in der Lage, Eisen(III)-ionen zu binden und im Körper zu transportieren.

Siderophore, Sammelname für Substanzen, die von Mikroorganismen in das Medium abgegeben werden, Eisen mit großer Intensität komplex binden und über spezifische Rezeptoren ins Zellinnere schleusen. Verbindungen mit analoger Funktion bei Pflanzen werden als *Phytosiderophore* bezeichnet. Ob der in Pflanzen gefundene Normalisierungsfaktor Nicotianamin eine derartige Rolle spielt, ist noch unklar. Sicher ist aber, daß Nicotianamin ein wichtiges Glied in einer Eisentransportkette bei Pflanzen darstellt.

Nicotianamin

Siebbein, → Schädel.

Siebenschläfer, *Glis glis,* ein eichhörnchengroßer, grauer → Bilch. Er kann zum Herbst sehr fett werden und hält z. T. zu mehreren in Baumhöhlen oder Nistkästen einen bis über 7 Monate dauernden Winterschlaf. Der S. ist über weite Teile Europas oder Kleinasiens verbreitet.

Siebenstern, → Primelgewächse.

Siebplatte, → Leitgewebe.

Siebröhren, → Leitgewebe.

Siebteil, → Leitgewebe.

Siebtest, svw. Screening.

Siedleragame, *Agama agama,* in mehreren Unterarten über große Teile der afrikanischen Busch- und Steppengebiete (oft als Kulturfolger) verbreitete, bis 30 cm lange Agame mit stachligen Schuppen, graublauem Körper und rötlichem Kopf, die sich gern in menschlichen Ansiedlungen aufhält und als Insektenvertilger nützlich ist. Die S. vergräbt ihre Eier im Sand. Sie ist die häufigste afrikanische Echse. Andere Arten der Gattung *Agama* bewohnen Vorder- und Mittelasien, darunter die steingraue *Kaukasusagame, Agama caucasica.*

Siedlungsdichte, → Abundanz.

Siedlungsdichte der Brutvögel, svw. Brutdichte.

Siegelbäume, → Bärlappartige.

Siegwurz, → Schwertliliengewächse.

Signal, → Biokommunikation, → Signalverhalten.

Signalhypothese, → Membran.

Signalisation, Information über Beginn und Ende optimaler Überwachungs- und Bekämpfungstermine (Warnungen) bei Schaderregern an Kulturpflanzen.

Signalreiz, → Kennreiz.

Signalverhalten, Abgabe von Signalen im Dienst der → Biokommunikation. Dieses Verhalten leitet sich im allgemeinen aus dem → Gebrauchsverhalten ab; der Vorgang, der zur Herausbildung von Verhaltenssignalen geführt hat, wird als → Ritualisierung bezeichnet. Die Modalität des S. wird durch die jeweiligen *Signale* bestimmt, die dabei gesendet werden: chemische, mechanische, akustische, elektrische, visuelle Signale. Der Wirkungsweise nach lassen sich unterscheiden: Kontaktsignale, Nahfeldsignale, d. s. auf den Empfänger orientierte Signale, und Distanzfeldsignale, die gesendet werden, wenn kein informationeller Zusammenhang zum möglichen Empfänger oder zum Adressaten besteht.

Signifikanzniveau, → Biostatistik.

Sikahirsch, *Cervus nippon,* ein von Ostasien bis nach Vietnam verbreiteter, mittelgroßer Hirsch, dessen Fell im Sommer eine verwaschene helle Fleckung trägt.

Sikkant, Mittel, das zur Vorerntetrocknung der Pflanzen bestimmt ist, mit dem Ziel der Mechanisierung der Arbeiten und zur Senkung der Verluste bei der Ernteeinbringung.

Silage, *Sauerfutter,* Gärfutter, das durch eine Milchsäuregärung haltbar gemacht wurde. Zu seiner Bereitung werden kohlenhydratreiche Futterpflanzen, wie gehäckselter Mais oder Rübenblätter, gedämpfte Kartoffeln u.a., dicht in Silos eingelagert und verschlossen. Unter den anaeroben Bedingungen kommt es zu einer spontanen Anreicherung von Milchsäurebakterien und zur Milchsäuregärung. Bei nicht sachgemäßer Einlagerung können sich auch andere, unerwünschte Mikroorganismen, z. B. Buttersäurebakterien oder Schimmelpilze, entwickeln. Der Milchsäuregehalt guter S. muß mindestens 1 % betragen, damit die Entwicklung von Fäulniserregern unterdrückt wird.

Silberdachs, *Taxidea taxus,* ein etwas kleinerer nordamerikanischer Verwandter des Dachses.

Silberfuchs, → Füchse.

Silberliniensystem, in der Pellikula verschiedener Protozoen, vor allem der Ziliaten, durch Versilberung darstellbare Linien- oder Netzstruktur.

Silberlöwe, svw. Puma.

Silizium, Si, ein Nichtmetall. Der Gehalt an S. in Pflanzen kann in Abhängigkeit von Pflanzenart, Organ, Entwicklungszustand und Standort stark schwanken. Besonders siliziumreich sind Farne, Schachtelhalme, die Nadeln von Nadelbäumen und Gräser. Schachtelhalme, deren Asche zu mehr als 90 % aus S. bestehen kann, wurden aufgrund ihres hohen SiO_2-Gehaltes früher als »Zinnkraut« zum Putzen von Metallgefäßen verwendet. Bei diesen Schachtelhalmen und noch ausgeprägter bei Kieselalgen, die komplizierte Schalen aus Kieselsäure aufbauen, besitzt S. eindeutig eine Gerüstfunktion. Einkeimblättrige Pflanzen, wie Gräser, lagern SiO_2 meist amorph in die Zellwände ein. Die Standfestigkeit von Getreide soll dadurch nicht beeinflußt sein, jedoch wird ihm S. eine gewisse Schutzfunktion, z. B. gegen Mehltau, zugeschrieben.

S. tritt in den Pflanzen offensichtlich vor allem als Ballaststoff auf. Nährstoffmangelversuche deuten jedoch darauf hin, daß S. als Mikronährstoff Bedeutung haben könnte. So übt S. auf eine Reihe von Pflanzen, wie Gerste, Mais, Tabak, Buschbohnen und Gurken, eine wachstumsfördernde Wirkung aus, und bei Hafer und Reis konnten sogar Siliziummangelerscheinungen experimentell induziert werden. Welche Funktion S. im Stoffwechsel der Pflanzen zukommen könnte, ist jedoch kaum geklärt. Stoffwechselphysiologisch bestehen Ähnlichkeiten und in einzelnen Fällen offensichtlich auch eine gewisse Vertretbarkeit zwischen S. und Phosphor. Auch im Boden wird durch S. die Phosphatverfügbarkeit erhöht. Aufgenommen und transportiert wird S. vorwiegend als Silikatanion. Silikate sind Salze der Kieselsäuren. Organische Kieselsäureverbindungen kommen ebenfalls in Pflanzen vor, z. B. Galaktose-Kieselsäureester. Über die Bedeutung von S. bei Tieren → Mineralstoffwechsel.

Silphidae, → Aaskäfer.

Silur [nach dem keltischen Volksstamm der Silurer], System des Paläozoikums zwischen Ordovizium und Devon

(→ Erdzeitalter, Tab.). Es dauerte 35 Mill. Jahre. Das S. gliedert sich in die vier Stufen: Llandovery, Wenlock, Ludlow, Přidoli. Für die biostratigraphische Gliederung des S. haben in der Stillwasserfazies Graptolithen und in den Litoralgebieten (Schelfmeere) Korallen, Armfüßer, Nautiliden und Trilobiten die wesentlichste Bedeutung. Die Feingliederung in 21 Zonen beruht auf der Entwicklung der Graptolithen zu immer einfacher gebauten Formen (Blütezeit der Monograptiden). Die Trilobiten, Nautiliden, Armfüßer und riffbildenden Korallen ermöglichen eine Gliederung der sandigen bis kalkigen Ablagerungen. Die Küstenzonen der warmen Silurmeere sind durch Riffkomplexe gekennzeichnet mit Schwämmen, Korallen, Bryozoen, Brachiopoden und Echinodermen. Erstmalig treten im S. die Fische mit über 100 Arten recht häufig auf. Es handelt sich vorwiegend um kieferlose Panzerfische. Im Gegensatz zur übrigen Fauna lebten die Fische vorwiegend in lagunären und limnischen Wasserbereichen. Das S. wird noch zum → Eophytikum gerechnet, obwohl am Ende des Oberen S. erste Nacktpflanzen in den küstennahen Überflutungsgebieten, Sümpfen und Mooren auftreten.

Siluriformes, → Welsartige.
Simse, → Riedgräser.
Simuliidae, → Zweiflügler.
Singvögel, *Oscines,* Unterordnung der → Sperlingsvögel. Sie haben mehr als drei Paar Singmuskeln, aber nicht alle können singen. Die Jungen sind Nesthocker. Zu dieser Gruppe gehören etwa 4000 Arten, also nahezu die Hälfte aller Vogelarten. Die wichtigsten Familien der S. sind → Baumläufer, → Beutelmeisen, → Blattvögel, → Brillenvögel, → Bülbüls, → Drongos, → Drosseln, → Finkenvögel, → Grasmücken, → Honigfresser, → Kleiber, → Kleidervögel, → Lappenvögel, → Laubenvögel, → Lerchen, → Meisen, → Mistelfresser, → Nektarvögel, → Paradiesvögel, → Pirole, → Rabenvögel, → Schwalben, → Seidenschwänze, → Spottdrosseln, → Stare, → Stärlinge, → Stelzen, → Timalien, → Vangawürger, → Waldsänger, → Wasseramseln, → Webervögel, → Würger, → Zuckervögel.
Sinigrin, → Senföle.
Sinnesepithel, eine von → Sinneszellen gebildete Sonderform des tierischen Epithelgewebes.
Sinneshaare, → Pflanzenhaare.
Sinneskölbchen, svw. Rhopalium.
Sinnesnervenzellen, → Sinneszellen.
Sinnesorgane, *Rezeptionsorgane, Reizaufnahmeorgane,* zur Aufnahme von Reizen fähige, mit sensiblen Nerven in Verbindung stehende Einrichtungen im Körper der Vielzeller.

Im tierischen Organismus werden durch bestimmte als Reize wirkende Energieformen bestimmte Erregungszustände hervorgerufen. Diese Erregbarkeit ist an die → Sinneszellen geknüpft.

Im einfachsten Falle dienen der Reizaufnahme die in der Außenhaut über die Körperoberfläche verstreuten, einzelnen Sinneszellen oder freie Nervenendigungen. Diese können als *indifferente* S. verschiedene Reize wahrnehmen. Durch Zusammenlagerung von Sinneszellen entstehen mehr oder weniger kompliziert aufgebaute S. in Form von Sinnesknospen, Sinnesepithelien u. a. Zu diesen treten meist Hilfsstrukturen, die die S. zur Wahrnehmung nur ganz bestimmter (adäquater) Reize befähigen, indem sie inadäquate, d. h. nicht entsprechende Reize, abschirmen. Nach der Natur des Reizes und den von ihm ausgelösten Empfindungen oder Reaktionen werden folgende Gruppen von S. unterschieden: bei chemischen Reizen *Geruchs-* und *Geschmacksorgane;* bei optischen Reizen *Lichtsinnesorgane;* bei Wärmereizen *Temperatursinnesorgane;* bei mechanischen Reizen *Tastsinnesorgane, Strömungssinnesorgane, Gleichge-* wichts- und *Gehörorgane.* Bei Gliederfüßern treten Organe des propriorezeptiven Sinnes in Gestalt der → Chordotonalorgane auf.

Auch bei Pflanzen kommen besondere anatomische Einrichtungen zur Reizaufnahme vor, z. B. Fühlborsten, Fühlpapillen oder »Lichtsinnesorgane« (→ Reizphysiologie). Diese vorwiegend reizverstärkend wirkenden S. oder Sinneszellen der Pflanzen sind im allgemeinen sehr viel einfacher gebaut als die der Tiere. Die Reizaufnahme der Pflanzen ist nicht auf die S. beschränkt.

Sinnespapillen-X-Organ, → X-Organ.
Sinnesphysiologie, Teilgebiet der → Physiologie, das sich mit der Erforschung der Funktionen und Leistungen der Sinnesorgane bei Tieren und beim Menschen befaßt.
Sinnesspalten, → Tastsinn.
Sinnesstift, → Skolopidium.
Sinneszellen, *Sensilli,* für die Reizaufnahme spezialisierte Zellen des ektodermalen Epithelgewebes, die einzeln oder zu *Sinnesepithelien* angeordnet auftreten und in den Sinnesorganen die eigentlichen Träger der Sinnesfunktion darstellen. Nach der Gestalt kann man drei Typen von S. unterscheiden: 1) *Primäre S.,* die den Reiz durch einen eigenen Fortsatz an den Fortsatz von Nervenzellen weiterleiten. 2) *Sekundäre S.,* die den Reiz nur aufnehmen, während die Ableitung durch die Endfasern einer Nervenzelle, die die S. umspinnt, erfolgt. 3) *Sinnesnervenzellen,* auch als freie Nervenendigungen bezeichnet, sind reizempfindliche, stark verzweigte Endfasern von Nervenzellen; besondere S. sind nicht ausgebildet. Die Sinnesnervenzellen können als apikale Pole in die Tiefe verlagerter S. aufgefaßt werden.

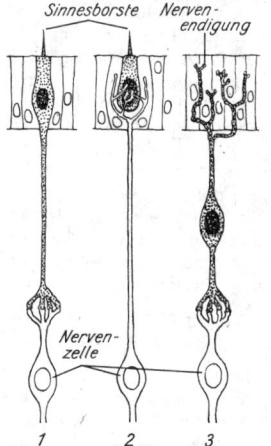

Sinneszellentypen und ihre Verbindung mit Nervenzellen: *1* primäre Sinneszelle, *2* sekundäre Sinneszelle, *3* Sinnesnervenzelle

Die S. haben oft haarartige Fortsätze, die als Sehstäbchen, Hör-, Riech- und Tasthaare oder anders bezeichnet werden und der Aufnahme der Reize dienen. Nach der Funktion der S. unterscheidet man Seh-, Hör-, Riech-, Schmeck-, Tastzellen u. a.

Sino-Japonische Region, → Holarktis.
Sinus, in der Anatomie 1) Höhlungen, Vertiefungen oder Erweiterungen von Organen oder Körperteilen. 2) Venöse Gehirnblutleiter.
Sinusdrüse, das wichtigste → Neurohämalorgan der Krebse. Sie liegt meist am Augenstiel zwischen der Medulla interna und der Lamina ganglionaris (→ Gehirn 1) in enger Nachbarschaft zu einem Blutsinus. Im einfachsten Falle (z. B. bei *Mysidacea* und Leuchtkrebsen) stellt sie eine Verdickung des Neuropilems der Medulla terminalis dar; bei den Dekapoden ist die S. becherförmig (z. B. bei den Palaemoniden) oder verzweigt (z. B. bei den Krabben), und bei den Asseln hängt sie mehr oder weniger kugelförmig an

Sinusknoten
der Ventralseite des Lobus opticus. Histologisch gesehen besteht die S. bei den höheren Krebsen aus verzweigten, aufgetriebenen Nervenendigungen, die von einer Bindegewebshülle umgeben sind. Die S. erhält aus verschiedenen Bereichen des Lobus opticus und des Gehirns über bestimmte Nervenbahnen Neurosekrete, die sowohl basophil als auch azidophil sind und von hier aus in die Blutbahn abgegeben werden.
Sinusknoten, → Herzerregung.
Sinus venosus, → Blutkreislauf.
Sipho, röhrenförmiges Organ verschiedener Weichtiergruppen insbes. Bezeichnung für eine strangförmige, verkalkte Röhre, die sich durch den gekammerten Teil der Kopffüßer erstreckt. Lediglich bei den Nautiloiden treten im Aufbau des S. stärkere Differenzierungen auf, die für eine Bestimmung der verschiedenen Gattungen bedeutend sind.
Siphonales, → Grünalgen.
Siphonaptera, → Flöhe.
Siphonen, → Stigmen.
Siphonogamie, *Schlauchbefruchtung,* die Beförderung der Spermazellen zu den Archegonien (bei Koniferen) bzw. zum Embryosack (bei Angiospermen) mit Hilfe des Pollenschlauches. Die S. entwickelte sich bei den Gymnospermen, als die selbstbeweglichen Spermien (Spermatozoiden), die z. B. noch bei Cycadeen angetroffen werden, die Geißeln verloren und zu unbeweglichen Spermazellen wurden.
Siphonophora, → Staatsquallen.
Sippenbildung, → Soziologie der Tiere.
Sippenselektion, *Verwandtschaftsselektion, kin selection,* Selektion von Genen, die bei einem oder mehreren Individuen das Überleben und die Fortpflanzung von Verwandten fördern oder benachteiligen, die dieselben Gene auf Grund gemeinsamer Abstammung aufweisen. Damit wird eine Gruppe verwandter Individuen zur Selektionseinheit, wobei die Selektionsstärke von der Gesamtfitness abhängig ist. Danach können auch solche Merkmale in der Evolution herausgebildet werden, die der individuellen Fitness abträglich sind, die Gesamtfitness aber steigern, wie beim Entstehen von »Helfern« aus der Brutpflege, die Verwandte bei der Jungenaufzucht unterstützen, selbst aber keine Jungen aufziehen. Das ist besonders eindrucksvoll bei den eubiosozialen Insekten ausgebildet.
Sipunculida, → Spritzwürmer.
Sirenia, → Seekühe.
Siricidae, → Hautflügler.
Sisalagave, → Agavengewächse.
Sitosterine, *Sitosterole,* Phytosterine, die als schwer trennbares Gemisch anfallen und z. B. aus Kartoffeln, Baumwollsamen, Roggen- und Weizenkeimen sowie aus Tabak isoliert wurden. Sie leiten sich strukturell vom Stammkohlenwasserstoff Stigmastan ab. Der wichtigste Vertreter ist β-Sitosterin.

Sitosterole, svw. Sitosterine.
Sitter, → Orchideen.
Sittiche, → Papageien.
Sitzbein, → Beckengürtel.
Skalierungsstufen, → Biometrie.
Skatol, *3-Methylindol,* Substanz mit sehr unangenehmem Geruch, die bei Fäulnis von Eiweißstoffen aus der Aminosäure Tryptophan entsteht und den Geruch der Fäkalien mit bedingt.
Skelett, → Knochen.
Skinke, svw. Glattechsen.
Skinnerbox, *operant box,* Typ einer Problembox, die der Untersuchung des Lernens am Erfolg, dem → operanten Lernen dient. Diese Versuchsanlage wird vor allem für Ratten eingesetzt. Sie stellt im Prinzip eine Box dar, in der das Tier lernen muß, auf bestimmte Signale (oder ihr Ausbleiben) hin eine Taste zu drücken, wodurch ein Trinkgefäß einen Wassertropfen abgibt oder Futter freigegeben wird. Es gibt in der Einzelausführung je nach Fragestellung zahlreiche Varianten, elektronisch ausgelegte Steuer- und Registriergeräte können den ganzen Vorgang und die Datenaufbereitung automatisieren.
Sklera, → Lichtsinnesorgane.
Skleren, → Sklerite.
Sklerenchym, → Festigungsgewebe.
Sklerite, 1) bei Gliederfüßern die sklerotisierten (verhärteten) Abschnitte der Segmente des Außenskeletts. Die S. der Dorsalseite heißen *Tergite,* die der Ventralseite *Sternite* und die der Seiten *Pleurite.* Die einzelnen S. sind durch eine membranöse und nachträglich gehärtete Naht voneinander abgegrenzt. 2) *Skleren,* bei Schwämmen Skelettelemente, die als große Gerüstnadeln (*Spiculae*) das Stützskelett bilden oder als meist sehr kleine Fleischnadeln im ganzen Organismus vorkommen. 3) Skelettelemente in der Mesogloea der *Octocorallia.*
Sklerophylle, Hartlaubgewächse, Pflanzen mit steifen, ledrigen Blättern, z. B. Lorbeer, Myrte, Ölbaum. → Trockenpflanzen.
Sklerotium, *Pl.* Sklerotien, *Dauermyzel,* gewöhnlich kugel- oder eiförmiges Dauerorgan bestimmter Ständerpilze, das aus dichtem, dicht verflochtenem, paarkernigem Myzel besteht. Aus dem S. entstehen nach längeren Ruheperioden die Fruchtkörper, wie beim Mutterkorn.
Sklerotom, → Achsenskelett.
Skolekodonten [griech. skolex 'Wurm', odons 'Zahn'], meist isolierte fossile Kieferteile der Kieferapparate von Borstenwürmern. Die vollständigen Kieferapparate setzten sich aus sechs verschieden geformten Elementen, den Mandibeln, den Maxillen, Trägern, Zangen, Zahnplatten und einer unpaaren Sägeplatte zusammen. Die S. sind schwarz und bestehen überwiegend aus Kieselsäure sowie untergeordnet aus Chitin und Kalziumkarbonat. Sie sind etwa zwischen 0,1 und 5 mm groß.
Verbreitung: S. sind seit dem Kambrium bekannt, vom Ordovizium bis zum Devon besonders häufig (mit wenigen Ausnahmen: Jura, Kreide). Für eine stratigraphische Gliederung finden sie keine Verwendung.
Skolex, → Bandwürmer.
Skolithos [griech. skolos 'Pfahl, Palisade', lithos 'Stein'], Ausfüllungen von eng gestellten und parallel zueinander das Gestein vertikal durchsetzenden Röhren von 0,2 bis 1 cm Durchmesser. Es handelt sich vermutlich um Grabgänge (Wohnbauten) von Würmern. Sie sind vor allem in den altpaläozoischen Sandsteinen und Quarziten des Kambriums und Ordoviziums verbreitet (Skolithos-Quarzit).
Skolopalorgan, *Skoloparium, stiftführendes Sinnesorgan,* zusammengesetztes Sinnesorgan der Insekten. Das S. besteht aus stiftführenden Sensillen (→ Skolopidium). Es kann als Tympanalorgan mit einem Trommelfell in Verbindung stehen oder in der Form eines Chordotonalorgans auftreten.
Skolopidium, *stiftführender Sensillus,* ein bei Insekten verbreiteter Typ von Sinneszellen. Ein S. besteht aus einer saitenartig ausgespannten Sinneszelle, die nach außen mit ihrem reizaufnehmenden Fortsatz eine Hüllzelle durchsetzt

und mit dem *Sinnesstift* (*Skolops*) in einer Kappenzelle endet. Ist der Sinnesstift, ein geripptes Kutikulargebilde, durch einen Terminalstrang innerhalb der Kappenzelle mit der Chitinkutikula verbunden, liegt ein *amphinematisches S.* vor. Neben dieser ursprünglichen Form des S. gibt es das *mononematische S.*, bei dem der Terminalstrang verschwindet und auch die Kappenzelle die Verbindung mit der Kutikula verlieren kann. Damit schwindet auch die saitenartige Spannung, die bei den ursprünglichen S. durch Ligamentzellen erreicht wird. Diese Zellen verlaufen von der Hüllzelle zu einer anderen Stelle der Kutikula. S. des amphinematischen Typs bilden, zu Bündeln vereinigt, viele Chordotonalorgane. Das mononematische S. ist oft die reizaufnehmende Sinneseinheit der Tympanalorgane.

Skopolamin, *Hyoszin, Atroszin,* ein sehr giftiges Alkaloid mit Tropangrundgerüst, das sich in verschiedenen Nachtschattengewächsen findet, z. B. in Stechapfel, Bilsenkraut und in der Tollkirsche. S. ist linksdrehend und mit Atropin strukturell nahe verwandt, von dem es sich lediglich durch das Vorliegen einer Epoxygruppe unterscheidet. S. lähmt wie Atropin Magensaft- und Schweißabsonderung und wirkt pupillenerweiternd. Darüber hinaus greift es das Zentralnervensystem an und hat eine narkotisierende und berauschende Wirkung. S. wird in der Medizin als leicht lösliches Hydrobromid unter anderem zur Erzielung von Dämmerschlaf und zur Beruhigung verwendet.

Skopoletin, ein Derivat des Kumarins, das in höheren Pflanzen weit verbreitet auftritt und z. B. in Tollkirsche, Tabak und Haferkeimlingen gefunden wurde. S. hemmt das Pflanzenwachstum.

Skorpione, *Scorpiones,* eine Ordnung der zu den Gliederfüßern gehörenden Spinnentiere. Der Körper ist langgestreckt, im Durchschnitt 4 bis 9 cm lang und besteht aus einem kurzen Prosoma mit sechs Paar Extremitäten und einem langen Opisthosoma, dessen hinterer Teil (Segmente 15 bis 19) nach allen Richtungen beweglich ist und am Ende eine Giftblase mit Stachel trägt. Die kleinen Cheliceren sind mit Scheren bewaffnet, ebenso die darauf folgenden großen Pedipalpen, die waagerecht vor dem Körper getragen werden. Die Pedipalpen erfassen die Beute (meist andere Gliederfüßer) und quetschen sie tot. Ist das Beutetier zu kräftig, so biegen die S. den Hinterleib nach vorn und stechen mit dem Giftstachel zu. Das Gift wirkt meist augenblicklich. Die Cheliceren zerzupfen dann die Nahrung. An Sinnesorganen sind ein Paar Mittelaugen und zwei bis fünf Paar Seitenaugen sowie ein Paar Kämme am neunten Segment, die aus Gliedmaßenanlagen hervorgehen und offenbar mechanische Reize aufnehmen, vorhanden. Der Atmung dienen zwei Paar Fächertracheen am 10. bis 13. Segment. Die Geschlechter sind oft auch äußerlich zu unterscheiden. Die Begattung beginnt mit einem längeren Vorspiel, bei dem das Männchen rückwärtsschreitend das Weibchen mit sich zieht. Zum Schluß setzt das Männchen eine Spermatophore auf den Boden und zerrt das Weibchen darüber. Dieses schnappt mit der Geschlechtsöffnung die Samenkapsel auf. Viele Arten sind lebendgebärend. Die neugeborenen Skorpione besteigen die Mutter und nehmen an deren Mahlzeiten teil.

Es sind reichlich 600 Arten bekannt, die in den Tropen und Subtropen, besonders in Steppen und Wüsten, manche auch in Wäldern und Häusern leben. In das südliche Mitteleuropa sind nur wenige Formen vorgedrungen. Die S. sind ausgesprochene Nachttiere, die sich am Tage in Spalten oder unter Steinen verbergen oder auch in den Sand eingraben. Viele Arten können stridulieren, indem sie geriefte Leisten über starre Borsten ziehen. Die Wirkung des Giftes auf den Menschen ist je nach Art sehr unterschiedlich. Besonders der Stich von Wüstenformen ruft meist heftige Schmerzen und länger anhaltende Vergiftungserscheinungen hervor. Niemals aber greifen die Tiere den Menschen an, sondern stechen nur, wenn sie angegriffen werden oder sich bedroht fühlen.

Die bekanntesten Gattungen sind *Buthus, Scorpio* und *Euscorpius.*

Skorpionsfliegen, → Schnabelfliegen.

skotophile Phase, → Photoperiodismus.

skotopisches System, → Duplizitätstheorie des Sehens.

Skripton, Transkriptionseinheit der DNS, die von Promoter und Terminator begrenzt ist. Der *Promoter* enthält Erkennungs- und Bindungssequenzen für die RNA-Polymerase (Transkriptase) und legt die Transkriptionsrichtung auf der doppelsträngigen DNS fest, da jedes S. asymmetrisch, nur in einer Orientierung transkribiert wird. Ein S. der Prokaryoten kann ein oder mehrere Gene enthalten und entsprechend in mono- oder polycistronische mRNS übersetzt werden. S. der Eukaryoten sind offenbar nur monocistronisch, da polycistronische Messenger in der Eukaryotenzelle nicht in diskrete Genprodukte übersetzt werden können (so daß für die Translation polycistronischer mRNS-Moleküle von RNS-Viren spezielle Mechanismen entwickelt werden mußten). Durch Einschaltung eines zusätzlichen Kontrollbereiches, des → *Operators,* in Transkriptionsrichtung hinter dem Promoter, wird das S. zum *regulierten S.,* dem → Operon. In jüngster Zeit werden häufig auch operatorfreie, *unregulierte S.* fälschlicherweise als »Operon« bezeichnet.

Skunk, *Stinktier,* ein zu den Mardern gehörendes, in meh-

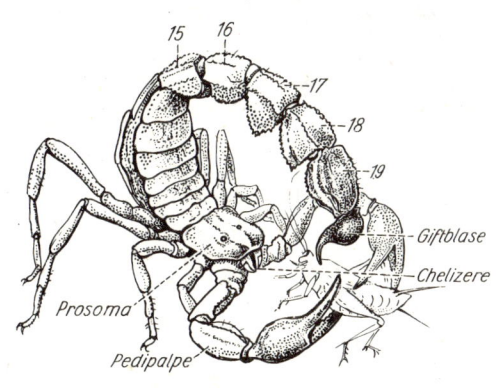

Skorpion beim Töten einer Beute

Skunk

Skyphomeduse

reren Gattungen, z. B. *Mephitis*, in Amerika auftretendes Raubtier. Der S. ist auffällig schwarzweiß gezeichnet. Aus den am After liegenden Stinkdrüsen spritzt er einem Angreifer eine sehr übel riechende Flüssigkeit mehrere Meter weit entgegen. Die S. sind wertvolle Pelztiere.

Skyphomeduse, → Skyphozoen.

Skyphopolyp, → Skyphozoen.

Skyphozoen, *Scyphozoa*, Klasse des Stammes *Cnidaria* (Nesseltiere). Die S. treten in zwei Hauptformen auf, als Polyp und als Meduse.

Der *Skyphopolyp* kommt nur als Einzeltier vor und ist nur 1 bis 7 Millimeter lang. Er besteht aus dem Rumpf und einer Mundscheibe, die zentral ein Mundrohr und außen einen Tentakelkranz trägt. Der Gastralraum ist stets von vier Septen in vier Taschen geteilt. In jedes Septum senkt sich das Ektoderm trichterförmig ein und setzt sich durch die zellhaltige Stützlamelle (Mesogloea) als Muskel bis zur Fußscheibe fort. Die Polypen leben im Litoral und Sublitoral des Meeres.

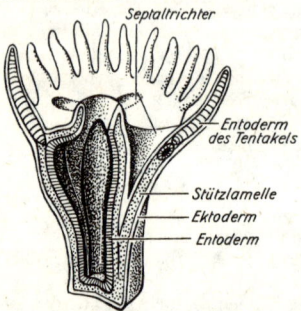

1 Schema eines Skyphopolypen

Die *Skyphomeduse* ist im Gegensatz zum Polypen sehr groß und erreicht bei manchen Arten 1 m Durchmesser. Sie hat meist die Gestalt eines flachen Schirmes. Am Schirmrand stehen oft sehr zahlreich Tentakel und Sinneskolben. Ein Velum ist im Gegensatz zur Hydromeduse nicht vorhanden. Zwischen Ektoderm und Entoderm liegt eine Mesogloea. An der Schirmunterseite hängt ein vierkantiges Mundrohr, das stark gefältelte Lappen verlängert sein kann. Der zentrale Gastralraum über dem Mundrohr ist stark gefaltet und bildet so die fingerförmigen Gastralfilamente, die den Mesenterialfilamenten der Korallentiere (*Anthozoa*) entsprechen und Fermente für die Außenverdauung abscheiden. Vom Gastralraum gehen vier Radiärkanäle aus, die am Schirmrand durch einen Ringkanal verbunden sind. Sekundär können auch zahlreiche verästelte

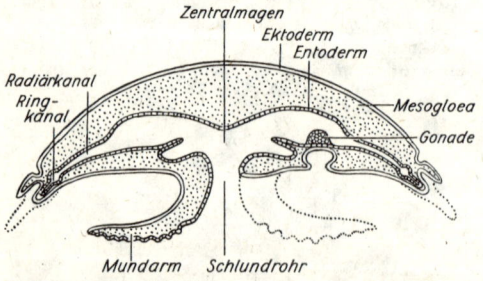

2 Schema einer Skyphomeduse

Radiärkanäle entstehen. Die Nesselkapseln der Medusen sind oft sogar für den Menschen gefährlich. Die Geschlechtszellen der meist getrenntgeschlechtlichen Skyphomedusen entstehen entodermal in der Wand des Gastralraumes.

Die Fortpflanzung erfolgt in der Regel durch einen Generationswechsel. Aus dem Ei entsteht über eine → Planula ein Polyp. Dieser kann sich durch Knospung ungeschlechtlich vermehren, wobei sich die Polypenknospen aber immer vom Mutterpolypen ablösen. Außerdem können sich die Polypen nach Rückbildung der Tentakel aber auch quer zur Längsachse teilen, indem durch Ringfurchen mehrere schüsselartige Gebilde abgeschnürt werden. Dieser Vorgang heißt Strobilation. Die abgeschnürten Teile schwimmen als → Ephyra frei umher und wandeln sich in eine Meduse um.

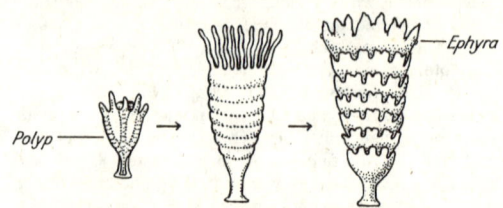

3 Strobilation eines Skyphopolypen

Diese pflanzt sich dann geschlechtlich fort. Manchmal wandelt sich der Polyp direkt in eine Meduse um, während bei wenigen Arten die Polypengeneration ausfällt und aus der Planulalarve direkt eine Meduse hervorgeht.

Zu den S. gehören 200 Arten, die alle im Meer leben. Die Tiere ernähren sich räuberisch, manche Formen können mit Hilfe von Wimpern auch winziges Plankton in den Mund strudeln. Zu den S. gehören die Ordnungen Stielquallen (*Stauromedusae*), → Würfelquallen (*Cubomedusae*), Wurzelmundquallen (*Rhizostomae*), Tiefseequallen (*Coronata*) sowie → Fahnenquallen (*Semaeostomae*) mit der auch in der Ostsee zahlreich auftretenden → Ohrenqualle.

Smaragdeidechse, *Lacerta viridis*, bis 40 cm lange, stattliche → Halsbandeidechse Mittel-, Süd- und Südosteuropas. Die S. ist die größte mitteleuropäische Eidechse. Die Oberseite ist grün und fein dunkelgepunktet, bei Weibchen auch längsgestreift, die Kehle der Männchen zur Paarungszeit himmelblau. Die S. bewohnt sonniges, bebuschtes, nicht zu trockenes Gelände und ist besonders häufig auf dem Balkan. In der DDR kommt sie nur noch an wenigen Stellen vor. Die S. frißt alle größeren Insekten, mitunter auch Obst (Weinbeeren). Die Paarung erfolgt April bis Juni, die Eier werden im Boden verscharrt.

Smaragdracken, → Sperlingsvögel.

Sojabohne, → Schmetterlingsblütler.

Solanaceae, → Nachtschattengewächse.

Solanidin, → Solanin.

Solanin, ein giftiges Alkaloid, das in verschiedenen Nachtschattengewächsen vorkommt, z. B. in der Kartoffel, *Solanum tuberosum*. Der Solaningehalt von gewöhnlichen Kartoffelknollen beträgt maximal 0,01% und ist in dieser Menge unschädlich; hingegen sind Kartoffelkeime besonders reich an S. (bis 0,5%) und dürfen deshalb nicht für Fütterungszwecke verwendet werden. S. ist ein Glykosid (Glykoalkaloid) und wird durch saure Hydrolyse in das Aglykon *Solanidin*, ein zu den Steroiden gehörendes tertiäres Amin, und den Zuckeranteil gespalten. Je nach Art der Zucker sind verschiedene Solanine bekannt. Das wichtigste ist α-Solanin, in dem ein verzweigtes Trisaccharid aus L-Rhamnose, D-Glukose und D-Galaktose an das Aglykon gebunden ist.

Solasodin, → Solasonin.

Solasonin, in verschiedenen Nachtschattengewächsen, wie *Solanum sodomaeum, Solanum aviculare, Solanum laciniatum, Solanum nigrum,* vorkommendes Alkaloid. S. ist ein Glykosid (Glykoalkaloid), das bei saurer Hydrolyse das Aglykon *Solasodin* und einen aus D-Galaktose, D-Glukose und L-Rhamnose bestehenden Zuckeranteil liefert. Solasodin ist ähnlich wie Tomatidin (→ Tomatin) ein Steroid mit sekundärer Aminogruppe (→ Amine) und besitzt Bedeutung als Ausgangsmaterial zur Herstellung pharmakologisch wichtiger anderer Steroide, z. B. der Nebennierenrinden- und Keimdrüsenhormone.

D-Glucose
|
D-Galaktose—O
|
L-Rhamnose   α-Solanin

Solaster, → Sonnenstern.
Sole, → kolloide Lösungen.
Solenoconcha, → Grabfüßer.
Solenodontidae, → Schlitzrüßler.
Solenogastres, → Furchenfüßer.
Solenozyten, → Protonephridien, → Nephridien.
Solifugae, → Walzenspinnen.
solitäre Eibildung, → Oogenese.
Solvathüllen, → Quellung.
Soma, → Neuron.
somaklonale Variation, durch Karyotypveränderungen, Chromosomenneuarrangierung sowie Veränderungen im genetischen Milieu des Zytoplasmas in *Protoklonen*, d. h. aus Protoplasten entwickelte Klone, auftretende genetische Variabilität.
somatisch, körperlich, jene Teile des Organismus bzw. die Vorgänge und Prozesse, die mit der sexuellen Fortpflanzung unmittelbar nichts zu tun haben.
somatische Inkonstanz, die in Ausnahmefällen auftretende Erscheinung, daß die Chromosomenzahl somatischer Zellen eines Organismus Schwankungen unterliegt und von Zelle zu Zelle mehr oder weniger stark variiert. S. I., die eine somatische Aneupolidie darstellt, ist bei pathologischen Zellen (z. B. Krebszellen) beobachtet worden.
Somatogamie, → Fortpflanzung.
Somatologie, in der Anthropologie übliche Bezeichnung für die Lehre vom Körper des lebenden Menschen, die sich in Somatometrie und Somatoskopie gliedert.
Somatolyse, → Schutzanpassungen.
Somatometrie, die Messung am lebenden menschlichen oder tierischen Körper. → Anthropometrie.
somatomotorische Zellen, → motorische Vorderhornzellen.
Somatopleura, → Mesoblast, → Embryonalhüllen.
Somatoskopie, die morphologische Beschreibung des lebenden menschlichen oder tierischen Körpers.
somatotropes Hormon, svw. Somatotropin.
Somatotropin, *somatotropes Hormon, Wachstumshormon,* Abk. *STH,* für Wachstum und Entwicklung wichtiges Proteohormon. S. wird in den azidophilen Zellen der Hypophyse gebildet und weist in seiner Aminosäuresequenz ausgesprochene Speziesspezifität auf. Das S. des Menschen besteht aus einer aus 188 Aminosäureresten aufgebauten Peptidkette mit zwei Disulfidbrücken (Molekülmasse 21 500) und liegt wie das S. der Primaten in monomerer Form vor. Beim Menschen sind nur Human- bzw. Primatensomatotropine wirksam. Die Sekretion von S. wird durch die im Hypothalamus gebildeten Peptidhormone Somatostatin und Somatoliberin (→ Liberine) gesteuert.

S. ist gemeinsam mit anderen Hormonen, wie Insulin und Thyroxin, für das Längenwachstum des Skeletts verantwortlich, indem es die Bildung wachstumsfördernder Peptide, z. B. die in der Leber produzierten *Somatomedine,* induziert. Außerdem stimuliert S. den zellulären Kohlenhydrat- und Fettstoffwechsel sowie die Nukleinsäure- und Proteinsynthese.
Somatozöl, der hintere, dritte Abschnitt der paarigen sekundären Leibeshöhlenanlage der Stachelhäuter. Das S. bleibt im Gegensatz zu den beiden vorderen Abschnitten des Zöloms paarig und bildet die Leibeshöhle der erwachsenen Stachelhäuter sowie 2 Kanalsysteme, einen aboralen, ringförmigen Genitalkanal und einen oralen Hyponeuralkanal, der aus einem den Vorderdarm umschließenden Ring und 5 radiären Kanälen besteht, die dem Wassergefäßsystem parallel laufen. → Mesoblast.
Somazellen, → Zelltod.
Somit, → Mesoblast.
sommerannuelle Pflanzen, → annuelle Pflanzen.
Sommereier, → Ei.
sommergrüne Gewächse, → Blatt.
Sommersporen, → Uredosporen.
Sommerstagnation, → See.
Sommerwurzgewächse, *Orobanchaceae,* eine Familie der Zweikeimblättrigen Pflanzen, mit etwa 150 Arten, die ihr Hauptverbreitungsgebiet in der nördlichen gemäßigten Zone haben. Es sind ausschließlich auf anderen Pflanzen parasitierende Kräuter ohne Blattgrün mit wechselständigen, schuppenförmigen Blättern und zweilippigen Blüten, die meist in endständigen Trauben oder Ähren angeordnet sind. Als Früchte werden Kapseln mit vielen mikroskopisch kleinen Samen ausgebildet, die erst dann zu keimen scheinen, wenn die richtigen Wirtswurzeln in der Nähe sind. Die Arten der umfangreichen Gattung *Sommerwurz, Oroban-che,* sind z. T. auf wenige Wirtsarten spezialisiert, z. T. können sie auf vielen Arten parasitieren und bei Nutzpflanzen größeren Schaden anrichten, wie z. B. die *Ästige Sommerwurz, Orobanche ramosa,* die sowohl in Hanf- als auch in Tabak-, Kartoffel- und Tomatenkulturen als arger Schädling auftreten kann.

Ästige Sommerwurz, auf einer Hanfwurzel schmarotzend

Sommerzypresse, → Gänsefußgewächse.
Sonde, svw. Label.
Sonnenbarsche, *Centrarchidae,* zu den Barschartigen gehörende, z. T. schön gefärbte Süßwasserfische Nordamerikas, die Brutpflege treiben. Einige Arten sind beliebte Aquarienfische, z. B. der Sonnenbarsch, *Lepomis gibbosus.*
Sonnenblume, → Korbblütler.

Sonnenbraut, → Korbblütler.

Sonnenkompaß-Orientierung, Orientierung im Raum nach der Sonne als Bezugsgröße. Dabei muß die relative Bewegung des Himmelskörpers kompensiert werden; Honigbienen können wie auch andere Tierarten den Tagesgang der Sonne mittels eines inneren Zeitprogrammes verrechnen. Dieses ist weitgehend der örtlichen Azimutbewegung der Sonne angepaßt, die horizontale und die vertikale Azimutkomponente nutzend.

Sonnenpflanzen, svw. Starklichtpflanzen.

Sonnenrallen, → Kranichvögel.

Sonnenstern, *Solaster papposus,* Seestern mit 8 bis 14 Armen, der in den nördlichen Meeren lebt und auch in der Nordsee und in der Kieler Bucht vorkommt.

Sonnentaugewächse, *Droseraceae,* eine kosmopolitisch verbreitete Familie von Zweikeimblättrigen Pflanzen mit etwa 90 Arten. Es sind krautige, → fleischfressende Pflanzen, deren Blätter verschiedene Einrichtungen zum Fangen und Verdauen von kleinen Tieren haben.

Ihre Blüten sind meist 5zählig, sie haben einen oberständigen Fruchtknoten, der sich zu einer Kapsel mit zahlreichen Samen entwickelt. Die in Nordamerika heimische *Venusfliegenfalle, Dionaea muscipula,* hat zweiklappige, borstig bewimperte Blätter, die bei Berührung zuklappen. Die *Wasserfalle, Aldrovanda vesiculosa,* ist eine kleine, wurzellose, freischwimmende Wasserpflanze, deren Blattfläche blasig aufgetrieben und mit langen Wimpern zum Fangen von Wasserinsekten besetzt ist. Sie kommt außer in Amerika auf allen Kontinenten vor. Von der Gattung **Sonnentau,** *Drosera,* sind 3 Arten einheimisch, der **Rundblättrige Sonnentau** *Drosera rotundifolia,* der **Langblättrige Sonnentau,** *Drosera anglica,* und der **Mittlere Sonnentau,** *Drosera intermedia.* Sie haben grundständige, rosettenförmig angeordnete Blätter mit zahlreichen reizbaren Tentakeln, die ein klebriges Sekret ausscheiden. Alle drei Arten kommen mit unterschiedlicher Häufigkeit überwiegend auf Mooren vor und stehen unter Naturschutz.

Sonnentierchen, svw. Heliozoen.

Sonnenvögel, → Timalien.

D-Sorbit, ein süßschmeckender C_6-Zuckeralkohol, der Bestandteil vieler Früchte ist, z.B. der Vogelbeere, der Pflaume, der Birne und des Apfels. Die Darstellung erfolgt durch katalytische oder elektrochemische Reduktion von D-Glukose, D-Fruktose bzw. L-Sorbose. Technische Bedeutung besitzt die katalytische Hydrierung von D-Glukose.

$$\begin{array}{c} CH_2OH \\ | \\ H-C-OH \\ | \\ HO-C-H \\ | \\ H-C-OH \\ | \\ H-C-OH \\ | \\ CH_2OH \end{array}$$

D-Sorbit findet als Süßmittel für Diabetiker, als Ausgangsstoff der Askorbinsäuregewinnung, als Frischhaltemittel und als Weichmacher für Süßwaren Verwendung.

L-Sorbose, ein zu den Hexulosen zählendes Monosaccharid, das Bestandteil des Vogelbeersaftes ist. L-Sorbose entsteht bei der Dehydrierung von D-Sorbit und ist ein Zwischenprodukt der Askorbinsäuresynthese.

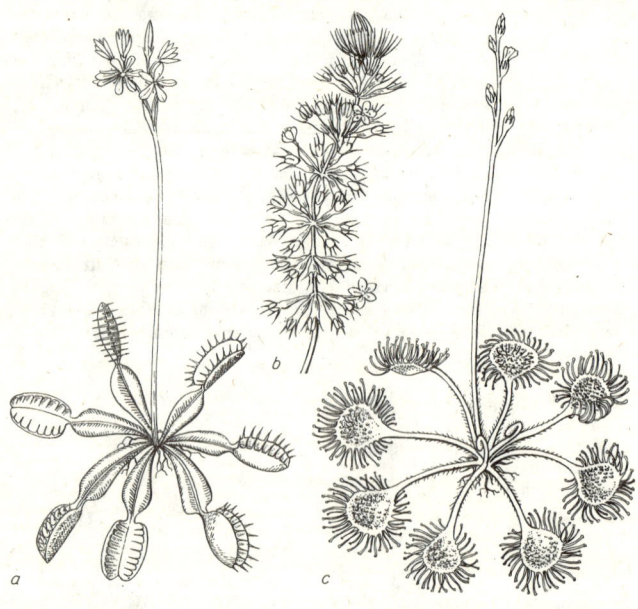

Sonnentaugewächse: *a* Venusfliegenfalle, *b* Wasserfalle, *c* Rundblättriger Sonnentau

Soredium, Pl. Soredien, → Flechten.

Sori, → Farne.

Soricidae, → Spitzmäuse.

Sorption, die Eigenschaft kleiner Bodenteilchen, insbesondere der Kolloide, an ihren Grenzflächen Moleküle und Ionen anzulagern (zu sorbieren). Auf diese Weise werden zahlreiche sich im Bodenwasser bewegende Stoffe festgehalten, und sie entgehen der Auswaschung. Je größer der Ton- und Humusgehalt eines Bodens ist, desto mehr Pflanzennährstoffe kann er binden. So hat z.B. Montmorillonit ein sehr hohes Sorptionsvermögen, während reiner Quarzsand keinerlei und Sandboden nur ein geringes Bindungsvermögen aufweisen. Die verschiedenen Ionen werden von den Sorptionskomplexen des Bodens nicht gleichmäßig festgehalten. Auch kann ein Ion ein anderes aus dem Sorptionskomplex verdrängen. Es erfolgt dann ein *Ionenumtausch.* Bedeutungsvoller als der Anionenumtausch ist der *Kationenumtausch* (früher *Basenaustausch* genannt). Die Summe aller austauschbaren Kationen wird als *Umtauschkapazität* (früher *Sorptionskapazität* oder *T-Wert*) bezeichnet. Ihre Höhe wird in Milliäquivalenten (mval), bezogen auf bei 105°C getrockneten Boden oder Kolloidsubstanz, angegeben. Die Menge der austauschbaren Alkali- und Erdalkali-Ionen (austauschbare Basen) wird als *S-Wert* erfaßt. Ihr prozentualer Anteil an der gesamten Umtauschkapazität heißt *Sättigungsgrad* oder *V-Wert*. Befindet sich der Boden in einem Gleichgewicht mit einem Überschuß an Kalziumkarbonat bei mittlerem CO_2-Gehalt des Bodens, so nennt man ihn gesättigt (V = 100 %). Neben der S. ist die Erscheinung der biologischen Festlegung bestimmter Stoffe, z. B. Stickstoff, im Körper von Bodenorganismen wichtig für den Verbleib dieser Stoffe im Oberboden.

Sorus, *Pl.* Sori, Gruppen zusammenstehender Sporangien (Sporangienhäufchen) der → Farne.

source-sink-Verhältnis, → Druckströmungstheorie.

Soziabilität, *Geselligkeit*, analytisches Merkmal zur Kennzeichnung der Häufungsweise und Verteilung der Individuen einer Art in einem Pflanzenbestand. Die S. wird nach Braun-Blanquet in einer 5teiligen Skala ausgedrückt. Darin bedeuten »1« einzeln wachsend, »2« gruppen- oder horstweise wachsend, »3« truppweise wachsend (kleine Flecke oder Polster), »4« größere Flecke bildend, »5« in großen Herden wachsend. Die *Soziabilitätszahlen* werden hinter der Artmächtigkeitszahlen angegeben.

Sozialanthropologie, ein Zweig der Anthropologie, der die Wechselbeziehungen zwischen der biologischen Struktur des Menschen und sozialen Prozessen untersucht. Standen früher die anthropologischen Unterschiede der verschiedenen Sozialgruppen im Vordergrund des Interesses, so beschäftigt sich die S. in jüngster Zeit vor allem mit den sozialen Auslese- und Siebungsfaktoren, die sich in biologischer Hinsicht auswirken.

Eine reaktionäre Richtung der S. stellte der *Sozialdarwinismus* dar, der in unwissenschaftlicher Weise das Prinzip des Kampfes ums Dasein auf die menschliche Gesellschaft übertrug und dadurch unter anderem dem Nationalsozialismus wesentliche pseudowissenschaftliche Argumente für seine menschenfeindliche Rassentheorien und die damit verbundenen Praktiken geliefert hat.

Sozialdarwinismus, → Sozialanthropologie.

soziale Verständigung, *soziale Kommunikation*, Form des Informationswechsel zwischen den Individuen eines Sozialsystems (→ Soziologie der Tiere). Sie dient dem Erkennen der Partner, der raum-zeitlichen Koordination von Handlungen und der Herbeiführung und Aufrechterhaltung der jeweiligen sozialen Struktur. Besonders häufig benutzt werden optische, akustische, chemische und taktile Signale, oft auch in Kombination. Die entsprechenden Verhaltensweisen werden als → Ausdrucksverhalten zusammengefaßt und haben oft auslösenden Charakter. Ausdrucksverhalten ist im wesentlichen angeboren, kann jedoch durch erlernte Elemente erweitert werden. Beispiele für Ausdrucksverhalten, das der s. V. dient, sind: 1) Körperbewegungen, z. B. die Bettelbewegungen vieler Vögel und Säugetiere, die Imponier-, Droh-, Angriffs- und Unterlegenheitsgebärden gesellig lebender Wirbeltiere zur Wahrung der Rangordnung, Revierkennzeichnung oder zur Paarung. Auch der Tanz der Honigbienen (→ Staatenbildung) nutzt Bewegungsabläufe zur Information über Trachtquellen. 2) Bewegungen von Körperteilen, z. B. des Schwanzes, der Ohren oder der Extremitäten, haben vielfach Signalcharakter. Besonders differenziert ist die Mimik, die für das Sozialverhalten der Primaten einen hohen Stellenwert besitzt. 3) Bewegungen zur Farb- und Formdemonstration sind im Paarungsgeschehen der Vögel häufig, wie das Radschlagen der Pfauhähne oder das Vorweisen auffallend gefärbter Gefiederteile bei Trappen. 4) Bewegungen zur Aufnahme körperlicher Kontakte, wie das gegenseitige Beknabbern bei Pferden oder die soziale Körperpflege der Primaten, der naso-genitale oder naso-anale Kontakt vieler Karnivoren sowie Schnauzen-und Schnabelkontakte. Die Kontaktnahme ist oft mit der Aufnahme von chemischen Signalen verbunden. 5) Verwendung chemischer Signale, meist von Duft-, weniger Geschmacksstoffen, ist vor allem bei staatenbildenden Insekten (→ Pheromone) und Säugern weit verbreitet. Die Wirksubstanzen verbleiben am Körper oder werden in der Umgebung abgesetzt. Sie dienen dem gegenseitigen Erkennen, dem sozialen Zusammenhalt, der Reviermarkierung, Orientierung, Fortpflanzung und Brutpflege. Als Schreck- und Alarmstoffe lösen sie Flucht und Abwehr aus und haben Schutzfunktion. 6) Akustische Signale finden sich bei den zu Lautäußerungen befähigten Insekten, besonders aber bei Vögeln und Säugetieren. Nach ihrer speziellen Funktion werden Such-, Bettel-, Warn-, Droh-, Lock-, Demutslaute u. a. unterschieden.

Im Rahmen der s. V. werden auch Stimmungen übertragen, z. B. die Wanderstimmung (→ Stimmungsübertragung).

Lit.: D. Blume: Ausdrucksformen unserer Vögel (3. Aufl., Wittenberg 1973). I. Eibl-Eibesfeldt: Ausdrucksformen der Säugetiere. In Kükenthal: Handb. der Zoologie, Bd 8 (Berlin 1957). M. Lindauer: Verständigung im Bienenstaat (Stuttgart 1975). G. Tembrock: Biokommunikation, Tl I u. II (Berlin 1971).

Sozialgenetik, → Eugenik.

Sozialstimulation, svw. Stimmungsübertragung.

Sozialverhalten, → Biosozialverhalten.

Soziation, Vegetationseinheit, die durch eine oder einige wenige vorherrschende (dominierende) Arten in jeder Schicht gekennzeichnet ist. Findet sich in einer mehrschichtigen Vegetationseinheit nur in einer Schicht eine Dominante, wird diese Einheit als *Konsoziation* bezeichnet. Bei komplizierter aufgebauten, vor allem artenreichen Pflanzengesellschaften lassen sich fast nur Konsoziationen ausscheiden. Die Ermittlung der S. und Konsoziationen wird meist mit der Frequenzmethode (→ Frequenz) vorgenommen. S. werden nur von der Skandinavischen pflanzensoziologischen Schule verwendet; sie gelten dort als die grundlegenden Vegetationseinheiten. Mit Hilfe der S. lassen sich gut die feineren Mengenverschiedenheiten der Vegetation erfassen, vor allem bei artenarmen Pflanzengesellschaften oder in Gebieten, die floristisch arm sind, wie in den nordeuropäischen Ländern mit ihrer über weite Strecken gleichförmigen Vegetation. → Soziologie der Pflanzen.

Sozietät, → Organismenkollektiv, → Soziologie der Tiere.

Soziobiologie, neue biowissenschaftliche Disziplin. Nach ihrem Begründer E. O. Wilson erforscht sie »die biologischen Grundlagen jeglicher Formen des Sozialverhaltens bei allen Arten von sozialen Organismen einschließlich des Menschen ... Das wirklich Neue an dieser Disziplin ist die Art und Weise, wie ihre Adepten den älteren Disziplinen der Ethologie und der Psychologie eine Vielfalt an Fakten und Ideen entnommen, neue Resultate aus Feldstudien und Laborversuchen hinzugefügt und das Ganze auf der Grundlage der modernen Genetik, der Ökologie und der Populationsbiologie gedeutet haben«.

Die S. ist geeignet, neuartige Erklärungsmöglichkeiten für die Evolution zahlreicher tierischer und gewiß auch mancher menschlichen Verhaltensweisen zu liefern, mit der synthetischen Theorie der Evolution allein nicht zu verstehen sind. Die S. beruht aber auch auf zahlreichen unbewiesenen, z. T. sogar unrealistischen Hypothesen (wie z. B. der Existenz von »Verhaltensgenen«) und unterliegt da, wo sie menschliches Verhalten untersucht, oft eindeutigen Biologismen.

Lit.: E. O. Wilson: Biologie als Schicksal (Frankfurt/Main, Wien 1980).

Soziologie der Pflanzen, *Pflanzensoziologie*, *Phytozö-*

nologie, *Vegetationskunde,* die Lehre von den Pflanzengesellschaften und ihren Beziehungen zur Umwelt. Die S. d. P. ist ein Teilgebiet der Pflanzengeographie und untersucht die Gesetzmäßigkeiten und Ursachen der immer wiederkehrenden Gruppierungen bestimmter Pflanzenarten zu bestimmten Pflanzengesellschaften. Da die Pflanzendecke viele Eigenschaften besitzt (floristische Zusammensetzung, Aussehen, Standortansprüche u. a.), kann die Ausscheidung von Pflanzengesellschaften und deren Anordnung nach verschiedenen Gesichtspunkten erfolgen:

1) Vegetationsgliederungen nach floristischen Kriterien. Sie können nach der → charakteristischen Artenkombination bzw. der → charakteristischen Artengruppenkombination (*Hallesche Schule*), nach einer oder wenigen Arten (*Nordische* oder *Skandinavische Schule*) oder nach statistisch gewonnenen Artengruppen, deren Arten als Charakter- und Differentialarten bezeichnet werden (*Alpine Schule*) vorgenommen werden (→ Charakterartenlehre). Die Gliederung kann außerdem nach Arten gleicher geographischer Verbreitung (→ Areal bzw. → chorologische Artengruppe), nach Arten gleichen ökologischen Verhaltens (→ ökologische Artengruppe) und nach Arten gleichen dynamischen Verhaltens (→ Sukzession) erfolgen. Sukzessionen werden jedoch auch in anderen pflanzensoziologischen Arbeiten beachtet.

2) Vegetationsgliederungen nach physiognomischen Kriterien. Hierbei spielen Lebensform, Wuchsform u. a. der Pflanzen, oft vermischt mit floristischen Kriterien, eine Rolle. Nicht selten werden Kombinationen der angeführten Gliederungen verwendet.

In Teilen Süd-, West- und Mitteleuropas wird nach den Methoden der Alpinen Schule gearbeitet, die jedoch gegenüber der ursprünglichen Fassung verändert werden mußte.

Teilgebiete der S. d. P. sind die *beschreibende S. d. P.*, die sich mit der Untersuchung der Zusammensetzung der Pflanzengesellschaften, d. h. der Ausscheidung klar umgrenzter pflanzensoziologischer Einheiten befaßt; die *Synökologie,* die den Lebenshaushalt der Pflanzengesellschaften, die gesellschaftsbedingten Umweltfaktoren untersucht; die *Syndynamik,* die sich mit der Entwicklung der Pflanzengesellschaften in zeitlicher Hinsicht beschäftigt; die *Synchorologie,* die die Verbreitung der Pflanzengesellschaften untersucht; die *Syntaxonomie* (*Gesellschaftssystematik*), die sich mit der Erarbeitung einer übersichtlichen und möglichst der Natur entsprechenden Gliederung der Pflanzengesellschaften beschäftigt, und die *Synsoziologie,* die sich den Gesellschaftskomplexen für die Vegetationskartierung in einzelnen Landschaften widmet.

Geschichtliches: Die S. d. P. hat sich seit den 20er Jahren dieses Jahrhunderts im wesentlichen aus der Formationskunde entwickelt. Um die Jahrhundertwende war in großen Zügen die Vegetation Mitteleuropas als physiognomisch gefaßte Pflanzenformation bekannt. Für die Erfassung der Vegetationsvielfalt in kleineren Gebieten erwies sich jedoch die Formation als Vegetationseinheit als wenig geeignet. Es entwickelte sich eine Arbeitsrichtung, die S. d. P., die mit möglichst objektiven Methoden die kleineren Vegetationseinheiten, Assoziationen (Gesellschaften) genannt, untersucht.

Lit.: J. Braun-Blanquet: Pflanzensoziologie, (3. Aufl. Wien, New York 1964); T. Ellenberg: Aufgaben und Methoden der Vegetationskunde, Einführung in die Phytologie von H. Walter, Bd IV 1 (Stuttgart 1956); Vegetation Mitteleuropas mit den Alpen, Einführung in die Phytologie von H. Walter, Bd IV 2 (2. Aufl. Stuttgart 1974); F. Fukarek: Pflanzensoziologie, Wiss. Taschenbücher Bd 14 (Berlin 1964); R. Knapp: Einführung in die Pflanzensoziologie (Stuttgart 1971); A. Scamoni: Einführung in die praktische Vegetationskunde (2. Aufl. Jena 1963); R. Schubert: Die zwergstrauchreichen azidiphilen Pflanzengesellschaften Mitteldeutschlands. Pflanzensoziologie Bd 11 (Jena 1960); R. Tüxen: Pflanzensoziologie und Landschaftsökologie (Den Haag 1968), Pflanzensoziologische Systematik (Den Haag 1968); Assoziationskomplexe (Sigmeten) und ihre praktische Anwendung (Vaduz 1978); Wilmanns: Ökologische Pflanzensoziologie (Heidelberg 1973).

Soziologie der Tiere, *Tiersoziologie,* ein wesentlicher Bereich der Ökologie, der sich mit den Sozialsystemen (Sozietäten) im Tierreich befaßt. Dabei treten Tiere zu Verbänden zusammen, in denen die auf verschiedene Funktionskreise ausgerichteten Partnerbeziehungen überindividuelle Erhaltungsstrategien darstellen. Für die Sozietäten sind ihre Strukturen (wie Verteilung, Gruppengröße, Synchronisation, Rangordnung), ihre Funktion (Hemmung, Aktivierung, Nahrungsaufnahme, Fortpflanzung, Schutz, Wanderungen, Ruhe) und der Informationsaustausch (→ soziale Verständigung) wichtige Kriterien. Die gebildeten Verbände können zeitweiligen oder dauernden Charakter haben. Soziale Verbände sind durch das Zusammenstreben verschiedener Individuen (Sozialattraktion) und gemeinsame Ausführung bestimmter Tätigkeiten gekennzeichnet. Die wichtigsten Aspekte der S. d. T. sind auch Gegenstand ethologischer Forschung

1) Treten Individuen einer Art zu Verbänden zusammen, spricht man von **homotypischen Sozietäten** (intraspezifische Tierkollektive). Diese werden als homomorph bezeichnet, wenn sie nur aus einer Elementklasse (gleichem Geschlecht, gleichem Entwicklungsstadium) bestehen, als heteromorph, wenn mehrere Elementklassen zusammentreten, wie in Tierstaaten. In Schlafverbänden finden sich die Artgenossen, z. T. nur eines Geschlechts, zu gemeinsamer Ruhe zusammen (Hautflügler, manche Fliegen, Krähen, Stare, Fledermäuse und Flughunde). Überwinterungsgesellschaften trifft man bei solitären Bienen, vielen Lurchen und Kriechtieren oder Fledermäusen. Homomorphe Verbände sind die Häutungs- und manche Fraßgesellschaften (die »Häutungsspiegel« der Nonnenraupen, Fraßgemeinschaften von Schmetterlingsraupen). Vielfach tritt dabei ein Artgenosseneffekt (→ Stimmungsübertragung) mit höheren individuellen Freßleistungen auf. Der gemeinsame Beuteerwerb liegt den Jagdgesellschaften einiger Vögel (Kormorane, Pelikane) und Säugetiere (Jagdtrupps der Wölfe, Hyänenhunde und Löwen) zugrunde. Wandergesellschaften (→ Tierwanderungen) treten bei Heuschrecken, Larven der Pilzmücken (»Heerwurm«) und Wanderfaltern, bei Invasions- und Zugvögeln, Lemmingen und vielen Huftieren auf. Die Siedlungsverbände lassen sich nicht immer von den Familienverbänden abgrenzen. Als *Brutverband* führen sie zu einer Anhäufung von Einzelnestern (Kormorane), als Siedlungsverband zu ständigem Zusammenwohnen mehrerer Familien (Murmeltiere). Die Fortpflanzungsgesellschaften sind zeitweilige Ansammlungen in bestimmten Räumen zur Paarung (Pelzrobben, Rudelbildung bei vielen Huftieren, Laichansammlungen wirbelloser Meerestiere, Fische und Lurche).

Alle bisher besprochenen homotypischen Gesellungen zeigen einen hohen Grad von Anonymität ihrer Glieder, die Individuen sind beliebig auswechselbar. Bei den Familienverbänden entwickeln sich über die Paarung hinaus länger anhaltende Gemeinschaftsbeziehungen bis zu engen persönlichen Bindungen und Rangordnung. Dabei treten Elternfamilien (Buntbarsche, Sing- und Greifvögel), Mutterfamilien (Skorpione, Kampfläufer) und Vaterfamilien (Stichlinge, Großfußhühner) auf. Wenn die Jungtiere im

Familienverband bleiben und sich dort selbst wieder fortpflanzen, entsteht eine Sippe (Großfamilie), wie bei Wanderratten und einigen Spinnen. Individualisierte, geschlossene Verbände, die aus mehreren Männchen, Weibchen und Jungtieren bestehen, stellen die Gruppen (Herden, Rudel) vieler Affen, Menschenaffen und mancher Raubtiere (Hyänenhunde) dar. Die Tierstaaten repräsentieren die höchste Stufe homotypischer Sozietäten (→ Staatenbildung).

2) *Heterotypische Sozietäten* (interspezifische Tierkollektive). Die Gesellung von Tieren unterschiedlicher Artzugehörigkeit zeigt ebenfalls Übergänge von lockeren, vorübergehenden zu sehr dauerhaften gegenseitigen Beziehungen. Gemischte Wander- und Fraßgesellschaften finden sich bei Insekten (Libellen, Schmetterlingen), Vögeln (Limikolen, Meisen) oder Huftieren. Besonders vielseitig sind die Beziehungen zwischen Arten im Rahmen der Probiose und Symbiose (→ Beziehungen der Organismen untereinander).

Lit.: R. Hesse u. F. Dorflein: Tierbau und Tierleben (Jena 1943). K. Immelmann: Einführung in die Verhaltensforschung (2. Aufl. Berlin, Hamburg 1979). A. Portmann: Das Tier als soziales Wesen (Zürich 1953). A. Remane: Sozialleben der Tiere (3. Aufl. Stuttgart 1976).

soziologische Artengruppe, eine Gruppe von Pflanzenarten, die in einem begrenzten Gebiet vorwiegend gemeinsam wachsen und aus pflanzensoziologischer Sicht ähnlich erscheinen. Die s. A. können in verschiedenen Pflanzengesellschaften (Assoziationen u. a.) vorkommen. Sie werden auf statistischem Wege durch Vergleich vieler Vegetationsaufnahmen gewonnen. Ihre Gültigkeit ist auf eine Formation, z. B. Wald, Wiese, Acker, und meist auf ein Gebiet begrenzt, wo sie aufgestellt wurden. Ihre Pflanzenarten zeigen oft ähnliches ökologisches Verhalten (ökologisch-soziologische A.). → Soziologie der Pflanzen.

soziologische Progression, Kriterium der → Charakterartenlehre zur Anordnung der höchsten Einheiten dieses pflanzensoziologischen Systems.

Soziotomie, bei staatenbildenden Insekten die Abtrennung von Teilen eines bestehenden Staates zur Neugründung eines Sozialwesens.

Das bekannteste Beispiel einer S. ist das *Schwärmen* der Honigbienen, wobei die Königin in organisierter Form mit etwa der Hälfte der flugfähigen Staatsangehörigen den Stock verläßt und es zur Bildung einer Schwarmtraube kommt.

Wenn der Imker nicht eingreift, sucht der Schwarm eine von den Spurbienen ausgemachte geeignete Wohnstätte zur Neugründung eines Staates auf.

Spaltamnion, → Embryonalhüllen.

Spaltamnionbildung, → Gastrulation.

Spaltbein, die typische Extremität der Krebse. Es besteht aus einem mit ursprünglich 3 Gliedern versehenen basalen *Protopoditen*, dem ein Außenast, der *Exopodit*, und ein Innenast, der *Endopodit*, aufsitzen. Am Protopoditen können noch äußere Anhänge, die *Exite* und *Epipodite*, die meist als Kiemen dienen, sowie innere Anhänge, die *Endite*, die meist Kauladen sind, auftreten. Der vielgliedrige Außenast ist in der Regel ein Schwimmbein, der wenigstgliedrige Innenast ein Laufbein. Je nach der Fortbewegungsart ist der eine oder andere Ast zurückgebildet.

Spaltenschildkröte, *Malacochersus tornieri,* ostafrikanische → Landschildkröte mit stark abgeflachtem, brettartigem, nur wenig verknöchertem Panzer, die sich gern in Gesteinspalten versteckt.

Spaltfrüchte, → Frucht.

Spaltöffnungen, *Stomata,* verschließbare Öffnungsstellen (Zentralspalten) in der Epidermis der Pflanzen, die von zwei besonders gestalteten, Chloroplasten führenden Epidermiszellen, den *Schließzellen,* umgeben sind. Sie stellen die Verbindung zwischen der Außenluft und dem Interzellularsystem der Pflanze her und dienen dem Gasaustausch sowie der Abgabe von Wasserdampf (→ Transpiration). Oft sind die Schließzellen von besonders gestalteten Epidermiszellen mit nur schwach verdickten Wänden, den Nebenzellen, umgeben, mit denen sie durch besonders dünne Wandzonen, die Hautgelenke, scharnierartig verbunden sind. S. und Nebenzellen bilden zusammen den Spaltöffnungsapparat.

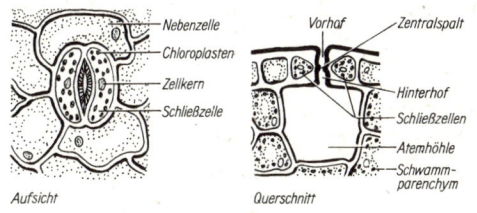

Spaltöffnungsapparat (*oben*) und Spaltöffnungstypen (*unten*)

Nach der Form der Schließzellen unterscheidet man verschiedene Typen von Spaltöffnungsapparaten. Wichtige Typen sind: a) der *Amaryllideentyp,* der bei sehr vielen ein- und zweikeimblättrigen Pflanzen vorkommt. Bei diesem besitzen die Schließzellen an der gegen den Spalt gerichteten Seite, der *Bauchwand,* zwei Verdickungsleisten, während die gegenüberliegende, gegen die Nebenzellen gerichtete Wand, die *Rückenwand,* unverdickt ist. Infolge dieses Baus kann nur die dünne Rückenwand einer Erhöhung des Turgors (s. u.) nachgeben. Dabei wird auch die verdickte Bauchwand in die gleiche Richtung gezogen, und der Zentralspalt öffnet sich. b) den *Gramineentyp,* der vor allem bei Süß- und Riedgräsern vorkommt. Hier sind die Schließzellen hantelförmig gestaltet; ihre Mitte ist stark verdickt, ihre köpfchenförmigen Enden sind dünnwandig. Bei starkem Turgor dehnen sich die Enden aus, und die Mitte der Schließzellen rückt etwas auseinander; c) den *Mniumtyp,* nach dem vor allem die Spaltöffnungsapparate verschiedener Moose und Farne gestaltet sind. Hier ist die Bauchwand dünn, während die übrigen Wände verdickt sind. Bei Turgorzunahme wird die Zelle höher, die Konvexkrümmung gegen den Spalt wird schwächer, und dieser öffnet sich. Nimmt der Turgordruck ab, schließt sich der Spalt wieder.

Die zur Öffnung bzw. zum Schließen der S. führenden Turgorveränderungen (→ Spaltöffnungsbewegung) werden von mehreren, miteinander in Wechselwirkung stehenden *Regelkreisen* kontrolliert, in welchen die Schließzellen als Stellglieder fungieren. Dabei reagieren die S. entsprechend ihrer Aufgabe, den Diffusionswiderstand so zu regulieren, daß der Wasserverlust durch Transpiration und die CO_2-Aufnahme für die Photosynthese in einem den jeweiligen Bedürfnissen angepaßten günstigen Verhältnis stehen, vorwiegend *photonastisch* und *hydronastisch.* Der ausschlaggebende Faktor bei der Steuerung der Photonastie der S. durch Licht wirkt über die insbesondere durch die Photosynthese im Mesophyll hervorgerufene Erniedrigung der CO_2-Konzentration, die offensichtlich in den Schließzellen selbst gemessen wird, wobei über die Mechanismen der CO_2-Messung noch keine Klarheit besteht. Die Erniedrigung der CO_2-Konzentration führt in den Schließzellen über eine komplizierte, nicht nicht in allen Einzelheiten bekannte Reaktionsfolge zu einer Erhöhung ihres osmotischen Wertes. Dabei spielt die Aufnahme von K^+-Ionen – oft im Austausch gegen Protonen – aus den Nebenzellen eine entscheidende Rolle. Durch Abszisinsäure wird offenbar die Protonenpumpe und damit der K^+-Eintritt in die Schließzellen und somit die Öffnung der S. blockiert. Hydronastische Spaltöffnungsbewegungen führen auch im Licht zum Schließen der S., wenn diese zu viel Wasserdampf abgeben, so daß das Wasserpotential der Schließzellen einen bestimmten Schwellenwert unterschreitet und der Turgor, u. U. auch bei gleichbleibendem osmotischen Wert, entsprechend sinkt. Derartige Spaltöffnungsbewegungen ohne Änderung des Gehalts der Schließzellen an gelösten Stoffen werden als *hydropassiv* bezeichnet. Meist liegt aber auch den hydronastischen Spaltöffnungsbewegungen eine Änderung des Gehalts an gelösten Stoffen zugrunde. Eine entsprechende *hydroaktive* Bewegung der S. wird z. B. bei Dürrebelastung dadurch erreicht, daß sich der Abszisinsäuregehalt im Gewebe rasch erhöht und in den Schließzellen zum Spaltenschluß führt. Eine ähnliche Wirkung wie Abszisinsäure sollen auch Phaseinsäure, all-trans-Farnesol und andere Substanzen ausüben, wobei diese möglicherweise erst nach Umwandlung in Abszisinsäure wirken.

Spaltöffnungsapparate, → Spaltöffnungen.

Spaltöffnungsbewegungen, *Schließzellenbewegungen, Stomabewegungen*, durch nastische Turgorschwankungen hervorgerufene Variationsbewegungen, die für den Gaswechsel und somit für die Transpiration und die Photosynthese außerordentlich bedeutsame Öffnen und Schließen der Spaltöffnungen bewirken. Zunahme des Turgors in den Schließzellen führt zum Öffnen, Abnahme dagegen zum Schließen der Spalten. Die Auslösung der S. kann durch verschiedene Reize erfolgen: 1) Licht; photonastische Öffnung bei mäßig starker Beleuchtung, Spaltenschluß bei Dunkelheit (*photonastische S.*). 2) Wasserversorgung; bereits ein geringes Wasserdefizit des Blattes verursacht hygronastisches Schließen, Wassersättigung dagegen Öffnung der Spalten (*hygronastische S.*). 3) Temperatur und 4) chemische Reize. Diese thermonastischen und chemonastischen Reaktionen sind von untergeordneter Bedeutung. Unter natürlichen Verhältnissen bestimmen meist die Licht- und Feuchtigkeitsunterschiede in einem verwickelten Zusammenspiel gemeinsam die Öffnungsweite der Spaltöffnungen. Nach klassischen Vorstellungen ist die Verminderung der CO_2-*Konzentration* in den assimilierenden Parenchym- und Schließzellen sowie in den Interzellularen, die nach Belichtung infolge der beginnenden Photosynthese erfolgt, bzw. die hierdurch bedingte Erhöhung des *pH*-Wertes der Schließzellen der unmittelbare Anlaß der Öffnungsbewegung. Bei höheren *pH*-Werten soll der Abbau von Stärke zu Glukose-1-Phosphat und somit der Turgor erhöht werden, da sich die Gleichgewichtslage der zwischen pH 6,4 und 7,3 sehr *pH*-abhängigen Stärkephosphorylase entsprechend verändert. Tatsächlich verschwinden die sich nachts in Schließzellen anreichernden Stärkekörner, wenn sich die Spaltöffnungen nach Belichtung öffnen. Es ist jedoch zweifelhaft, ob durch CO_2-Entzug der *pH*-Wert der gut gepufferten Zellen tatsächlich in erforderlichem Umfang verändert werden kann. Da geöffnete Schließzellen viel reicher an Kaliumionen sind als geschlossene, zieht man jetzt vielfach eine lichtinduzierte Erhöhung der Aktivität von Kalium-Ionenpumpen als Ursache für die Turgoränderung in Betracht. Da der Transport von Kaliumionen aus den Nachbarzellen in die Schließzellen gleichzeitig deren Konzentration in den benachbarten Zellen verringert, könnten auf diese Weise die Turgordifferenzen rasch zustande kommen, die für die Öffnung der Schließzellen erforderlich sind. Beim Fortfall der Belichtung gelten die umgekehrten Verhältnisse. Daneben gibt es die Vorstellung, daß die Schließzellen den CO_2-Gehalt des angrenzenden Interzellularraumes testen und sich oberhalb eines bestimmten Soll-Wertes (etwa 0,05% CO_2) schließen, darunter öffnen. In der Tat kann man im Experiment Spaltöffnungen im Dunkeln durch CO_2-Entzug öffnen und im Licht durch starke CO_2-Zufuhr schließen. Von den Phytohormonen beeinflußt *Abszisinsäure* die S. Bei Zunahme der Abszisinsäurekonzentration schließen sich die Stomata.

Die neben den photonastischen S. ablaufenden hygronastischen S. werden nicht durch einen Wasser- oder Turgorverlust schlechthin verursacht, sondern durch Turgordifferenz zwischen den Schließzellen und den benachbarten Zellen der Epidermis. Sicherlich trägt die große Zahl von Ektodesmen in der Außenwandung der Schließzellen zur Ausbildung entsprechender Differenzen bei.

Spaltpilze, → Bakterien.

Spaltschlüpfer, → Zweiflügler.

Spaltungsgeneration, die Nachkommenschaft (F_2) einer als Bastardierungsergebnis entstandenen F_1-Generation, in der die Mendelspaltung heterozygoter Allelenpaare an Hand der geno- und phänotypisch verschiedenen Individuenklassen erkennbar wird.

Spaltungsgesetz, → Mendelgesetze.

Spanner, *Geometridae*, eine Familie der Schmetterlinge mit rund 12 000 Arten, davon etwa 400 in Mitteleuropa. Die Falter sind überwiegend mittelgroß, die Flügel breit und zart, der Leib ist meist dünn. Wie die → Zünsler besitzen die S. Tympanalorgane im Hinterleib. Die Raupen sind ohne Bauchfüße am 6. und 7. (vielfach auch am 8.) Segment, woraus die »spannende« Art der Fortbewegung resultiert (Abb.). Zu den S. gehören auch einige Schädlinge, z. B. → Frostspanner, → Kiefernspanner.

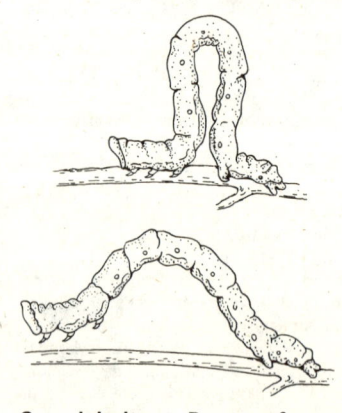

Fortbewegung einer Spannerraupe

Spannkriecher, → Bewegungsformen.
Spannläufer, → Bewegungsformen.
Spannungsklemme, *voltage clamp*, Methode zur Bestimmung von Strömen an Membranen erregbarer Zellen mit Hilfe einer Fixierung des Membranpotentials. Da das Membranpotential sich im Verlaufe eines Aktionspotentials zeitlich stark ändert, ist eine Analyse der Strom-Spannungs-Charakteristik nicht möglich. Mit Hilfe eines Potentiostaten und von Mikroelektroden wird das Membranpotential deshalb fest eingestellt und parallel der zeitabhängige Strom gemessen. Durch Einsatz von Hemmstoffen der

einzelnen Ionenflüsse kann man getrennt die den verschiedenen Ionenarten zuzuordnenden Ströme messen. Moderne Elektronik gestattet die Messung des Stromes durch einen einzigen Ionenkanal.

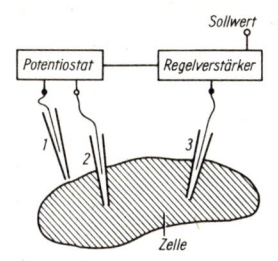

Zwischen den Elektroden 1 und 2 wird das Membranpotential gemessen und mit einem Sollwert verglichen. Der Regelverstärker kompensiert durch einen Stromfluß über Elektrode 3 eine auftretende Differenz. Dieser Strom ist gleichzeitig der negative Wert des Membranionenstroms und wird registriert

Spannweite, → Biostatistik.
Spargel, → Liliengewächse.
Spargelfliege, → Bohrfliegen.
Späteiszeit, *Spätglazial,* Zeitabschnitt, in dem eine Vereisungszeit ausklingt, die jedoch noch deutliche Auswirkungen auf die Tierwelt und Vegetation besitzt. In der S. herrschen waldlose, tundrenartige Vegetationstypen vor. → Pollenanalyse.
späte Proteine, → Viren.
Späte Wärmezeit, svw. Subboreal.
Spätglazial, svw. Späteiszeit.
Spechte, → Spechtvögel.
Spechtfink, *Cactospiza pallida,* ein → Galapagosfink. Er wird auch *Stocherfink* genannt, denn er macht sich einen Opuntienstachel, einen Blattstiel oder einen Zweig zurecht und stochert damit in den Rindenspalten und Löchern im Holz, um so zu den Insekten zu gelangen. Das ist ein schönes Beispiel für Werkzeuggebrauch bei Tieren.
Spechtmeise, → Kleiber.
Spechtvögel, *Piciformes,* Ordnung der Vögel mit nahezu 400 Arten, von denen einige eher wie Sperlingsvögel aussehen. Zur Ordnung gehören die *Glanzvögel,* Familie *Galbulidae, Faulvögel, Bucconidae, Bartvögel, Capitonidae, Honiganzeiger, Indicatoridae, Pfefferfresser* oder *Tukane, Ramphastidae,* und die *Spechte, Picidae,* mit über 200 Arten. Die S. brüten in Höhlen. Ihre Jungen sind Nesthocker.
Species, → Art.
Speckkäfer, → Käfer.
Speiche, → Extremitäten.
Speichel, das Sekret der Speicheldrüsen. Der S. ist eine geschmack- und geruchlose Flüssigkeit. Seine Menge und Zusammensetzung schwankt mit der Art der aufgenommenen Nahrung. Die Tagesmenge beträgt beim Menschen 1 bis 1,5 l. Die Sekretion des S. wird von Zungenrezeptoren ausgelöst. Deren Erregungen werden über Fasern des Nervus facialis und Nervus glossopharyngeus dem Reflexzentrum in der Medulla oblongata zugeleitet, und von dort her wird über spezifische Nervenbahnen die Sekretion in den einzelnen Speicheldrüsen gesteuert (Abb.).

Die Aufgabe des S. besteht im Schlüpfrigmachen der Nahrung und in der Kohlenhydratverdauung durch Ptyalin. Er hat außerdem eine Schutzfunktion, indem Fremdstoffe oder reizend wirkende Chemikalien durch einen fermentarmen Spülspeichel ausgeschwemmt bzw. verdünnt werden. Die Pufferwirkung kann durch Erhöhung des Eiweißgehaltes gesteigert werden.
Speicheldrüsen, → Verdauungssystem.
Speichergewebe, bei Pflanzen der Ablagerung von Reservestoffen oder der Speicherung von Wasser und darin gelöster Stoffe dienendes parenchymatöses Gewebe (→ Parenchym). S. besitzen die Blätter, die Sproßachsen und die Wurzeln vieler Pflanzen. S. ist auch in den Samen enthalten.

Bei Tieren sind das Fettgewebe und die Leber als S. ausgebildet. Auch die viskose Bindegewebsgrundsubstanz kann mit Hilfe ihrer Proteoglykane Wasser binden und so als Flüssigkeitsspeicher dienen.
Speicherniere, *Exkretspeicher,* Organ, Zellgruppe oder Einzelzelle, die im Dienste der Ausscheidung steht. Da die S. keinen Ausführgang hat, häufen sich in ihr Stoffwechselendprodukte an. S. kommen unter anderem bei Gliederfüßern, Weichtieren und Stachelhäutern vor. Als S. ist z. B. auch der Fettkörper vieler Insekten aufzufassen.
Speicherstoffe, svw. Reservestoffe.
Speiseröhre, → Verdauungssystem.
Spelaeographacea, → Malacostraca.
Spenderzelle, → Konjugation.
Spengels Organ, svw. Osphradium.
Sperber, → Habichtartige.
Sperlinge, → Webervögel.
Sperlingsvögel, *Passeriformes,* weit verbreitete Ordnung der Vögel, zu der mehr als die Hälfte aller Vogelarten gehört. Die Jungen sind Nesthocker. Sie sperren. Viele Arten bauen ihre Nester in Höhlen.

Die → Breitmäuler und die *Smaragdracken* bilden die Gruppe der *Zehenkoppler.* Bei ihnen ist die Beugesehne der Hinterzehe mit der der Mittelzehe verbunden. Ferner sind die Grundglieder der 2. und der 4. Zehe an die 3. Zehe angewachsen. Bei den anderen S. sind die Beugesehnen der Zehen nicht gekoppelt.

Die → Töpfervögel, → Baumsteiger, → Ameisenvögel, → Mückenfresser, → Tyrannen, Pipras, → Schmuckvögel, Pittas, u. a. bilden die Gruppe der *Schreivögel.* Sie haben nur 1 bis 2 Paar Stimmuskeln. Die → Leierschwänze gehören zur Gruppe der Suboscines, alle übrigen zu den Oscines, den → Singvögeln. die Suboscines haben 2 bis 3 Paar, die Oscines mehr als 3 Paar Stimmuskeln.
Sperlingsweber, → Webervögel.
Spermarium, svw. Hoden.
Spermatiden, → Gameten.
Spermatien, svw. Pyknosporen.
Spermatogenese, *Samenzellenbildung,* die Entwicklung der männlichen Geschlechtszellen aus den Spermatogonien. Aus Urgeschlechtszellen geht durch lebhafte Zellteilungen eine große Anzahl von *Ursamenzellen* oder *Spermatogonien* hervor (Vermehrungsphase). Die anschließende Wachstumsphase ist von untergeordneter Bedeutung; sie führt die Spermatogonien unmittelbar in *Spermatozyten* 1. Ordnung über. Nur bei Säugetieren und beim Menschen folgt mit der beginnenden Geschlechtsreife eine zweite lebhafte mitotische Vermehrungsphase, die bis ins Alter hin-

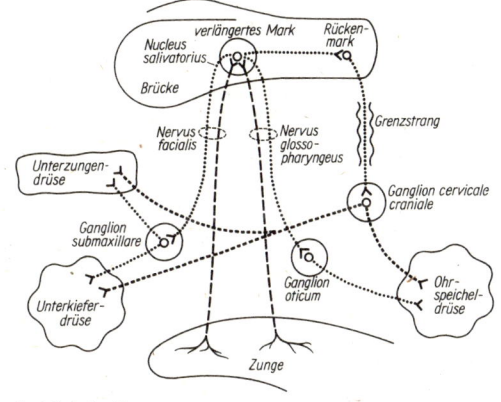

Speichelsekretion

Spermatogenese

ein anhält. Jede Spermatogonie teilt sich dabei in eine Spermatogonienstammzelle und in eine durch abermaliges Wachstum geförderte Spermatozyte 1. Ordnung. All diese Vorgänge vollziehen sich wie in der Oogenese entweder diffus oder lokalisiert in den Hoden. Neben der häufigeren solitären kennt man auch die alimentäre Samenzellenbildung. Als Hilfseinrichtungen dienen z. B. die Zytophoren bei Strudel- und Ringelwürmern, Schnecken und Kopffüßern, die Versonschen Terminalzellen bei Schmetterlingen und Spinnen, die Basalzellen in der Zwitterdrüse bei *Helix*, die Spermatozystenzellen bei Amphibien, die Fuß- oder Sertolizellen bei Säugern. An gleicher Stelle läuft auch die 3. Spermatogenesephase ab, die Reife- oder Reduktionsteilung (→ Meiose), die zu haploiden Spermatiden führt. Ihre Umgestaltung zu befruchtungsfähigen Spermatozoen wird Spermiohistogenese genannt. Diese verläuft entsprechend der Vielgestalt der Spermienformen (→ Spermium) verschiedenartig.

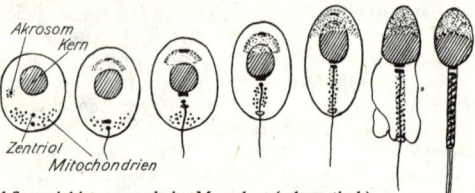

1 Spermiohistogenese beim Menschen (schematisch)

Bei dem in Kopf, Mittelstück und Schwanzfaden gegliederten Haupttyp, dem *Flagellospermium*, geht der Kopf aus dem Spermatidenkern durch Entquellung, Verkleinerung, Streckung und Umformung unter Mitwirkung von Fibrillen hervor. Seine definitive Form ist sehr unterschiedlich: kugelig (Weißfische), langgestreckt (Chamäleon), hakig gebogen (Ratten, Mäuse), säbelartig (Hühner), schraubenförmig gewunden (Schnecken, Selachier, Knoblauchkröte, Vögel), ellipsoidisch (Stier, Hengst), birnenförmig (Mensch) schaufelförmig (Meerschweinchen). Sein hinterer Teil ist reicher an DNS, sein vorderer enthält mehr Eiweiß, bei Säugern außerdem das Enzym *Hyaluronidase*. Er trägt auf seiner distalen Kappe ein Spitzenstück (*Akrosom, Perforatorium*) von verschiedener Größe und Gestalt, das sich mit großer Wahrscheinlichkeit aus der Zentrosphäre, vielleicht aber auch aus dem Golgiapparat der Spermatide herleitet, eine innere und äußere Hülle (vermutlich Mukopolysaccharide) besitzt und sich nach Behandlung mit Akridinlösung im Fluoreszenzmikroskop leuchtend rot vom grün erscheinenden Kopf abhebt.

Das meist kurze, kugelige bis stäbchenförmige, nur selten längere, im Querschnitt 1 µm starke Mittelstück setzt sich aus dem Hals- und Verbindungsstück zusammen und entsteht aus dem Zentriol und einem Teil der Mitochondrien der Spermatide, indem ersteres in ein oder mehrere Stücke zerfällt, die durch eine Desmose miteinander verbunden bleiben, Schlüssel-, Ring- oder Stabform annehmen und in einer Grundmasse liegen, während sich die Mitochondrien als Ring, Kugel oder Spirale (bei menschlichen Spermien mit 8 bis 9 Windungen) um die zentral gelegene *Desmose* anordnen.

Der kürzere oder längere Schwanzfaden (Verhältnis Kopf zu Schwanzfaden meist etwa 1 : 10) besteht aus einer Plasmahülle (Proteinscheide), die den Achsenfaden, die Fortsetzung der Mittelstückdesmose, enthält, der aus dem Hauptstück des Schwanzfadens als nacktes Endstück herausragt. Im Elektronenmikroskop erweist sich der Achsenfaden als sehr kompliziert aufgebaut aus 9 ringartig angeordneten, mit je zwei kurzen seitlichen »Armen« ausgestatteten Doppelfibrillen, deren einzelne Subfibrille einen Hohlzylinder aus osmiophiler Wandsubstanz darstellt. Diese Doppelfibrillen sind in eine von einer Doppelhülle umgebenen Grundmasse eingebettet, in deren Mitte eine weitere zentrale Doppelfibrille mit einer dünnen Zentralhülle liegt, die von einem Ring dünner Sekundärfibrillen umgeben ist.

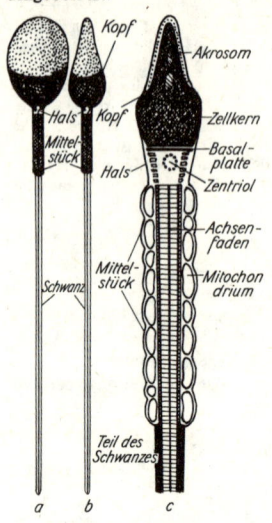

2 Spermien des Menschen (schematisch): a Vorderansicht, b Seitenansicht, c elektronenmikroskopisch

Während der Spermiohistogenese wird ein Teil des Spermatidenplasmas abgestoßen. Der Rest überzieht als dünner Belag Kopf und Mittelstück und geht in das Hauptstück des Schwanzfadens ein.

Solche Flagellospermien entwickeln die Hohltiere, Ringelwürmer, Insekten, Stachelhäuter und Chordatiere. Sie stellen stets die kleinsten Zellen des Körpers dar, erreichen beim Menschen eine Länge von 0,05 bis 0,06 mm, können jedoch auch Riesendimensionen annehmen (7 mm bei Muschelkrebsen). In der Regel sind sie bei einer Tierart uniform, so daß Abweichungen als pathologisch zu werten sind. Gelegentlich wird jedoch auch konstanter Spermiendimorphismus beobachtet (→ Spermium). Bei Insekten und Säugern erweisen sich die Kleinformen als Männchen erzeugende, die Großformen als Weibchen bedingende Spermien.

Die Spermiohistogenesen einiger Tiere führen zu von den Flagellospermien völlig abweichenden Spermatozoenformen (→ Spermium).

Die Abgabe der Spermien erfolgt stets in großen Mengen in Sperma, das neben den Samenzellen aus Sekreten der Hodenausgangskanäle und deren Anhangsdrüsen besteht und bei Säugetier und Mensch Lymphkörperchen, Pigmentkörner, Fetttröpfchen, Lezithinkörper und Spermakristalle enthält. Ein menschliches Ejakulat führt 200 bis 300 Millionen, ein Pferdeejakulat 22 Milliarden Samenzellen mit sich, die ihre Beweglichkeit erst durch das alkalische Sekret erhalten. Zahlreiche Wirbellose, aber auch Molche, entwickeln verschieden geformte Samenträger oder -kapseln, die → Spermatophoren, die entweder in die weibliche Genitalöffnung eingeführt oder durch diese vom Boden aufgenommen werden (»Samenstifte« von *Triturus*).

Die Lebensdauer der Samenfäden kann wenige bis viele Tage betragen, z. B. die menschlicher Spermien bei kühler Aufbewahrung etwa 9 Tage. Ihre Unterbringung in besonderen Samenbehältern (*Recentaculum seminis*) des weiblichen Organismus kann ihre Erhaltungszeit auf Jahre ausdehnen (z. B. bei Lungenschnecken und bei der Bienenkönigin).

Spermatogonien, → Spermatogenese, → Gameten.
Spermatophore, *Samenträger, Samenpaket,* durch Kittsubstanz zusammengefügter Haufen von Samenzellen, der bei der Begattung in den weiblichen Körper eingeführt oder an ihn angeheftet wird. Die Kittmasse wird von Anhangsdrüsen der männlichen Geschlechtsorgane ausgeschieden.

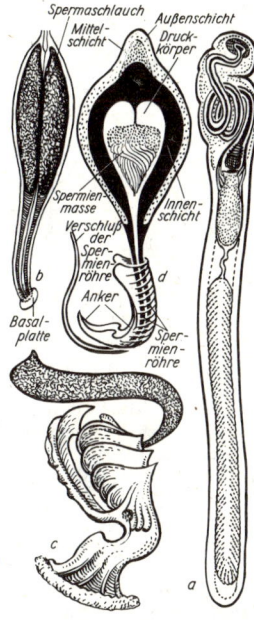

Verschiedene Formen der Spermatophoren: *a* von *Sepia* mit Spermienbehälter und Explosionsapparat, *b* von *Glossiphonia complanata,* *c* von *Triturus vulgaris* mit Spermatophorenträger, *d* von *Liogryllus campestris*

S. dienen bei vielen Würmern, Gliederfüßern, Weichtieren und Molchen der Samenübertragung. Ihre Form ist sehr verschieden; flaschenförmig, schlauchig, rundlich und anders geformt. Vielfach, z. B. bei vielen Gliederfüßern und Molchen, werden die S. auf einem sehr komplizierten Träger auf den Boden abgesetzt und später vom darüberkriechenden Weibchen aufgenommen. Bei Kopffüßern haben die S. einen komplizierten Entleerungsapparat. Zur Übertragung der S. bei der Begattung dienen bei diesen Tieren besonders umgestaltete Arme (→ Hektokotylus).
Spermatophyta, → Samenpflanzen.
Spermatozoen, svw. Spermien.
Spermatozoid, → Fortpflanzung, → Gameten.
Spermatozyten, → Spermatogenese, → Gameten.
Spermidien, svw. Spermien.
Spermidin, $H_2N-(CH_2)_3-NH-(CH_2)_4-NH_2$, ein aliphatisches Triamin (→ Amine), das zusammen mit Spermin die Alkalität des Spermas bedingt. S.-Derivate wurden auch in zahlreichen Pflanzen gefunden.
Spermien (Tafeln 22 und 23), *Spermatozoen, Spermidien, Samenzellen, Samenfäden,* die in den Hoden der Tiere entstandenen (→ Spermatogenese) reifen männlichen Keimzellen (→ Gameten) mit einfacher (haploider) Chromosomenzahl.
Die S. der einzelnen Tierarten besitzen jeweils eine ganz charakteristische Gestalt. In den meisten Fällen sind es Flagellospermien, fadenförmige Zellen, die sich aus einem plasmaarmen Kopf mit dem Zellkern, einem Mittelstück, das aus einem Hals mit Zentrosom und einem Verbindungsstück (zuweilen als Mittelstück im engeren Sinne bezeichnet) besteht, und einem als Bewegungsorganell dienenden Schwanz zusammensetzen. In vielen Fällen kann die Kopfspitze Sonderbildungen in Form der Perforatorien besitzen, die das Eindringen des S. in das Ei erleichtern sollen. Sie können z. B. dolchartig (Frosch), hakenförmig (Maus) oder bohrerförmig (Knoblauchkröte) gestaltet sein. In Analogie zu gewissen Flagellaten kann am Schwanz eine undulierende Membran entwickelt sein (z. B. Molche). Bei einzelnen Tiergruppen kommen von der Fadenform abweichende S. vor. Kugelige S. weisen z. B. viele niedere Krebse und zahlreiche Spinnentiere auf, nagelförmige S. mit einem Glanzkörper aus spezifischen Eiweißkörpern haben Garnelen und *Ascaris.* Amöboid bewegliche S. besitzen niedere Krebse, Milben und Rundwürmer. Die Zehnfüßer (*Astacus fluviatilis, Pagurus striatus, Galathea strigosa*) bilden Explosionsspermien mit starren Schwebefortsätzen und einer doppelwandigen Chitinkapsel, in der ein Derivat des Zentriols zu einem »Sprungfedermechanismus« umgebildet wurde, der die Kapsel absprengt und dabei das eigentliche S. in die Eizelle hineintreibt.
Gelegentlich kommen zwei verschiedene Spermienformen bei einer Tierart nebeneinander vor (*Spermiendimorphismus*). Dies ist z. B. bei einigen Schnecken und Schmetterlingen der Fall. Hier finden sich neben typischen (eupyrenen) S. atypische (oligo- und apyrene) ohne vollwertigen Chromosomensatz und mit meist abweichender Morphologie. Die atypischen S. werden als Träger besonderer Wirkstoffe (→ Gamone) zur Aktivierung der typischen S. angesehen.
Die Größe der S. schwankt in erheblichen Grenzen. Beim Menschen besitzen sie z. B. eine Länge von 0,05 mm, bei den Muschelkrebsen von 7 mm.
Spermiendimorphismus, → Spermien.
Spermin,
$H_2N-(CH_2)_3-NH-(CH_2)_4-NH-(CH_2)_3-NH_2$, ein stark alkalisch reagierendes, aliphatisches Tetramin (→ Amine), das in Hefe und Sperma vorkommt und zusammen mit Spermidin die Alkalität des Spermas verursacht. S.-Derivate wurden auch in zahlreichen Pflanzen gefunden.
Spermiohistogenese, → Spermatogenese.
Spermovidukt, → Zwitterdrüse.
Sperreffekt, die Unterdrückung von Differenzierungsvorgängen durch gleichartige, bereits differenzierte Zellen, d. h. die Erscheinung, daß eine Zelle in ihrer nächsten Umgebung keine weiteren Zellen der gleichen Art duldet. So bilden beispielsweise die bei der Differenzierung der Epidermis angelegten Schließzellenmutterzellen in ihrer näheren Umgebung ein *Hemmfeld,* in dessen Bereich benachbarte Initialzellen zu Epidermiszellen determiniert werden. Dieser S. dauert so lange, bis die Spaltöffnungsapparate durch das Flächenwachstum des Blattes weit auseinandergerückt sind. In den Lücken zwischen den Hemmfeldern können sich nun neue Spaltöffnungsapparate bilden. Ähnliche Verhältnisse liegen der Verteilung von Haaren auf der Blattepidermis zugrunde. Auch bei der Determination der Gewebeanordnung im Bereich des Vegetationskegels, z. B. bei der Differenzierung von Blattanlagen oder Leitbündelinitialen, scheinen S. eine Rolle zu spielen. Die Ursache für S. ist noch nicht sicher bekannt. Vielleicht entstehen sie durch Abgabe hemmender Substanzen, wahrscheinlicher jedoch durch Entzug von Stoffen, die zunächst homogen verteilt sind, aber bei einer speziellen Determination bzw. Differenzierung verbraucht werden. Auch die Bildung eines spezifischen Repressors in der S. auslösenden Zelle ist denkbar.
Sperren, das weite Öffnen des Schnabels der Jungen von → Nesthockern (Sperlingsvögel, Kuckucke u. a.). In den ersten Tagen nach dem Schlüpfen schnellen auf einen äußeren Reiz (Schatten, leichte Erschütterung des Nestes, Stimme der Eltern) die Hälse der noch nackten und blinden Jungen steil nach oben. Später dann recken die Jungen ihre geöffneten Schnäbel dem futterbringenden Altvogel

entgegen. Die *Sperrachen* sind grell gefärbt und haben oftmals ein kontrastreiches artspezifisches Muster. Die Rachenzeichnung der Brutschmarotzer stimmt mit derjenigen der Wirtsjungen überein.

Sperrtonus, → Muskeltonus.

Spezialisation, zunehmende Anpassung an einen Lebensraum oder eine Lebensweise innerhalb einer Entwicklungslinie. S. bedeutet unter den gegebenen Existenzbedingungen einen Vorteil, ist jedoch meist mit einer Einschränkung der Evolutionsfähigkeit verbunden. Aus diesem Grund sind stark spezialisierte Formen meist relativ anfällig gegen Milieuänderungen und sterben daher leichter aus als weniger spezialisierte.

Spezialisationskreuzung, die Spezialisierung von zwei Entwicklungslinien verwandter Organismen in gleicher Richtung. Es kommt dann häufig vor, daß Merkmale, die bei Angehörigen der einen Linie schon spezialisiert sind, bei Angehörigen der anderen noch ursprünglich ausgebildet werden, während gleichzeitig schon spezialisierte Merkmale dieser zweiten Linie in der ersteren noch ursprünglich bleiben.

Häufig wird angenommen, daß von zwei Formen, die miteinander S. zeigen, keine der direkte oder indirekte Vorfahr der anderen sein kann. Das trifft aber nicht ausnahmslos zu, weil es vorkommt, daß einmal erreichte Spezialisierungen wieder rückgängig gemacht werden.

Speziation, svw. Artbildung.

Spezies, svw. Art.

spezifisch-dynamische Wirkung der Nahrungsstoffe, die für einen Grundnahrungsstoff während seines Um- und Abbaues spezifische Steigerung der Wärmebildung über den → Brennwert der Nahrungsstoffe hinaus.

Es erhöht eine Eiweißkost den Stoffwechsel um 30%, Kohlenhydratnahrung um 6%, Fettverbrennung um 4%. Wichtigste Ursache der s.-d. W. d. N. ist, daß zur Resynthese von 1 Mol ATP beim Abbau der Nahrungsstoffe mehr Eiweiß- als Kohlenhydrat- oder Fettjoule benötigt werden. Theoretisch wäre eine ständige Eiweißkost mit einem Gewichtsverlust verknüpft. Tatsächlich ist die Ernährung so eingestellt, daß ein Ausgleich über einen Zuschuß von Stoffen mit niedriger s.-d. W. d. N., den Kohlenhydraten und Fetten, oder durch ein Überangebot von Eiweißen erfolgt.

spezifisches Aktionspotential, svw. reaktionsspezifische Energie.

Spezifität, typische Eigenschaft von Immunreaktionen. Das Antigen wird nur von Lymphozyten, die dafür spezifisch passende Rezeptoren besitzen, gebunden und löst deren weitere Differenzierung und Vermehrung aus. Die von diesen Zellen gebildeten Antikörper zeigen die gleiche spezifische Bindungseigenschaft für das auslösende Antigen. Die große S. der Antigen-Antikörper-Reaktion wird in vielen immunologischen Techniken ausgenutzt (→ Serologie).

Sphaeriales, → Schlauchpilze.

Sphaerocarpales, → Lebermoose.

Sphaeromatidae, → Asseln.

Sphaerotilus, → Scheidenbakterien.

Sphagnidae, → Laubmoose.

Sphäridium, in der Umgebung des Mundfeldes der Seeigel liegendes kugelförmiges Sinnesorgan. Das S. besteht aus einer Kalkmasse, die wie die Stacheln auf einer Warze des Kalkskeletts gelenkig angebracht ist und an ihrer Basis ein Nervenpolster hat. Die zu mehreren auf der Mundseite in weitgehend geschlossenen Gruben der Schale stehenden S. hängen stets senkrecht nach unten. Das S. ist als statisches Organ aufzufassen. Bei Lageänderungen des Tieres üben die Kalkkörper einen Druck auf das basale Nervenpolster aus und signalisieren auf diese Weise die Veränderung der Körperlage.

Sphäroplasten, kugelige Bakterienzellen, bei denen die Zellwand noch teilweise vorhanden ist, z. B. nach Penizillineinwirkung.

Sphärosomen, → Oleosomen, → Lysosom.

S-Phase, → Zellzyklus.

Sphecidae, → Grabwespen.

Sphenisciformes, → Pinguine.

Sphenopsida, → Schachtelhalmartige.

Sphingidae, → Schwärmer.

Sphingomyeline, eine Gruppe von Phosphatiden, die aus Sphingosin, einer höheren Fettsäure, Phosphorsäure und Cholin bestehen und die ihren Namen nach dem Vorkommen in den Myelinscheiden der Nerven erhalten haben. Da auf ein Phosphoratom zwei Stickstoffatome entfallen, spricht man im Gegensatz zu den Glyzerin enthaltenden Lezithinen und Kephalinen auch von *Diaminophosphatiden*. Als Fettsäureanteil tritt oft Nervonsäure auf. S. wurden unter anderem aus Hirn, Milz, Leber und Lunge isoliert.

Sphingosin, ein ungesättigter zweiwertiger C_{18}-Aminoalkohol, der Grundbaustein vieler polarer Lipide ist.

Sphinkter, svw. Schließmuskel.

Spiculae, → Sklerite.

Spiculum, in Ein- oder Zweizahl im Endabschnitt des Samenleiters der Rundwürmer liegendes sichel- bis stäbchenförmiges Hartgebilde, das aus der Kloake ausgestreckt werden kann und als Hilfsorgan bei der Kopulation dient.

Spielverhalten, Verhaltensmuster, die keinem Funktionsdruck im Kontext der Funktionskreise unterliegen, sondern der fakultativen Erfahrungserweiterung im Wahrnehmungs- und motorischen Aktionsbereich dienen. Die Bereitschaft zu diesem Verhalten ist artlich vorgegeben und tritt nur bei Arten auf, die auch ein stark ausgeprägtes eigenmotiviertes Erkundungsverhalten zeigen, also besonders bei höheren

Spielphasen beim Polarfuchs (nach Tembrock)

Säugetieren. Es lassen sich unterscheiden: a) *Solitärspielverhalten* mit dem eigenen Körper oder durch Körperbewegungen, oder als *Objektspielverhalten* (mit Objekten und mit Hilfe von Objekten); b) *Biosozialspielverhalten* mit einem oder mehreren Partnern, also Kontaktspiele, Nahfeldspiele (meist Verfolgungsspiele) und Distanzfeldspiele (Suchspiele). Außerdem treten Kombinationen von Solitär- und Biosozialspielen auf.

Spierstrauch, → Rosengewächse.

Spießböcke, *Oryx,* mehrere Arten großer afrikanischer Antilopen mit relativ dünnen, langen Hörnern. Zu ihnen gehört auch die fast ausgerottete *Arabische Oryx.*

Spike, Stift, 1) aufgezeichnetes → Aktionspotential oder aufgezeichnetes, auslaufendes → Summenpotential.

2) Virus-kodiertes Glykoprotein, das auch als Peplomer bezeichnet wird und in die Hülle der umhüllten Viren eingebaut ist. Influenza-Virionen enthalten beispielsweise 2 Sorten S. bzw. Peplomeren, Hämagglutinin und Neuraminidase.

Spinae, → Neuron.
Spinalganglion, → Rückenmark.
Spinalkanal, → Achsenskelett.
Spinasterin, ein Phytosterin, das in mehreren isomeren Formen (α-, β-, γ-Spinasterin) vorkommt und unter anderem aus Spinat und Luzerne isoliert wurde.
Spinat, → Gänsefußgewächse.
Spindelansatzstelle, svw. Zentromer.
Spindelapparat, *Teilungsspindel,* bei Eukaryoten zu Beginn der Mitose und Meiose sich ausbildende, aus → Mikrotubuli bestehende Struktur, die in Zusammenwirkung mit den Zentromeren die Einordnung der Chromosomen in die Äquatorebene der Spindel bewirkt und die Chromatiden bzw. Chromosomen unter Beteiligung des Aktomyosin-Systems zu den Kernpolen transportiert. Die Ausbildung des S. erfolgt mit oder ohne Vermittlung von → Zentriolen. Die im Lichtmikroskop sichtbaren »Spindelfasern« stellen Bündel von Mikrotubulin dar. Der Aufbau des S. ist unterschiedlich und hängt unter anderem vom Fehlen oder Vorhandensein von Zentriolen ab. Beim häufigen *Zentralspindeltyp* verlaufen Zentral- oder Polfasern von Pol zu Pol, während die Chromosomenfasern (Zugfasern) vom Pol ausgehend an den → Zentromeren ansetzen. Sind Zentriolen in der Zelle vorhanden, dann weist jeder der beiden Pole ein Paar auf. Die Zentriolenpaare bewirken die Ausbildung der *Polstrahlung (Asterstrahlung),* nach der sich Chromosomenfasern orientieren sollen *(Amphiastral-Typ).* Beim Fehlen von Zentriolen (bei den meisten Samenpflanzen, vielen Pilzen, bei den vegetativen Zellen mancher Farnpflanzen, Moose und Algen) ist keine Polstrahlung zu beobachten, diese Spindeln enden stumpf *(Anastral-Typ).* Der S. läßt im Verlauf der → Mitose charakteristische Veränderungen erkennen. Sie erfordern raschen Auf- und Abbau der → Mikrotubuli. Möglicherweise werden die Chromosomenfasern von den → Zentromeren aus gebildet. Es wird vermutet, daß Zentriolen bzw. Polkappen einerseits und Zentromeren andererseits den Aufbau von Spindelmikrotubuli und ihre Organisation zum S. vermitteln. Durch das Alkaloid Kolchizin wird die Ausbildung eines S. und damit die Verteilung der Chromatiden bzw. Chromosomen auf die Tochterkerne verhindert: die Mikrotubuli binden Kolchizin. Dabei zerfallen die Mikrotubuli in die Tubulin-Untereinheiten *(Tubulin-Dimere),* nur die Mikrotubuli der Zilien und Geißeln sind resistent gegen Kolchizin. Auch die Polymerisation von Tubulin-Untereinheiten zu neuen Mikrotubuli wird gehemmt. Dagegen erfolgt keine Behinderung der Chromatidentrennung durch Kolchizin, daher kann durch Kolchizinbehandlung Polyploidie erzielt werden. Bei der intranuklearen Mitose vieler Einzeller und bestimmter Pilze (z. B. Schleimpilz *Physarum polycephalum*), bei der die Kernhülle nicht aufgelöst wird, liegen die Spindelmikrotubuli der Kernhülle innen an (intranukleäre Spindel). »Primitive« extranukleäre S. wurden bei Dinoflagellaten festgestellt. Sie bilden sich außerhalb der Kernhülle aus, die Kernhülle wird während der Teilung nicht aufgelöst.

Spindelbaumgewächse, *Baumwürgergewächse, Celastraceae,* eine Familie der Zweikeimblättrigen Pflanzen mit etwa 850 Arten, die ihr Hauptverbreitungsgebiet in den Tropen und Subtropen haben. Es sind Sträucher oder Bäume mit ungeteilten, gegen- oder wechselständigen Blättern mit kleinen Nebenblättern und regelmäßigen, 4- bis 5zähligen Blüten. Als Früchte werden Kapseln, Steinfrüchte oder Beeren ausgebildet. Die Samen haben oft einen leuchtend gefärbten Samenmantel.

Umfangreichste Gattung mit überwiegend südostasiatischer Verbreitung, von der aber auch einige Vertreter im europäischen Bereich vorkommen, ist der *Spindelstrauch, Euonymus.* Dazu gehört auch unser einheimisches *Pfaffenhütchen, Euonymus europaea,* ein bis zu 7 m hoher Strauch mit vierkantigen, grünen Zweigen und dunkelroten Kapseln, deren Samen von einem orangefarbenen Samenmantel völlig umschlossen sind.

Spindelbaumgewächse: *a* Pfaffenhütchen, Früchte; *b* Kathstrauch, Zweig mit Blüte und geöffneten Früchten

Die stets sich windenden Arten der Gattung *Celastrus,* des *Baumwürgers,* haben ihren Namen deshalb, weil sie durch festes Umschlingen ihre Stützpflanzen zum Absterben bringen können. In vielen Vertretern dieser Familie kommen verschiedene Alkaloide vor, so in den Blättern des arabisch-afrikanischen *Kathstrauches, Catha edulis,* das anregend wirkende Cathin u. a., die deshalb von den Einheimischen gekaut und zur Teebereitung genutzt werden.

Spindelfasern, → Spindelapparat.
Spindelgifte, zu den Mitosegiften zählende chemische Substanzen mit dem Vermögen, die Bildung und Funktion der Spindel zu stören und damit die Chromosomenbewegung während der Kernteilung zu beeinträchtigen. Mit Hilfe von S. lassen sich experimentell Genomutationen (vor allem Polyploidie) induzieren. Das bekannteste Spindelgift ist das Kolchizin.
Spindelpol, → Spindelapparat.
Spindelsporen, spindelförmige Pilzsporen (→ Konidien), die unter anderem bei Hautpilzen der Gattungen *Achorion* und *Trichophyton* vorkommen. S. sind gewöhnlich dickwandig, gekammert und oft gefärbt.
Spines, → Neuron.
Spinnen, Webspinnen, *Araneae* (Tafel 44), eine Ordnung der zu den Gliederfüßern gehörenden Spinnentiere. Mit etwa 21 000 Arten ist sie die formenreichste Gruppe der Spinnentiere, die über die ganze Erde verbreitet ist und die verschiedensten Lebensräume besiedelt. Der Körper gliedert sich in ein Prosoma, das von einer einheitlichen Rückenplatte bedeckt ist und auch eine ungegliederte Bauchplatte aufweist, sowie in ein fast immer ungegliedertes, sackförmiges Opisthosoma, das stielartig dem Prosoma ansitzt und nach allen Richtungen bewegt werden kann. Am Prosoma stehen die kräftigen, mit einer Subchela versehenen Cheliceren, die bein- oder tasterförmigen Pedipalpen und 4 Paar Laufbeine. Der Hinterleib trägt keine Gliedmaßen, lediglich Reste derselben in Form von zwei Paar Spinnwarzen, die am 10. und 11. Körpersegment entstehen,

jedoch im Laufe der Entwicklung ans Körperende rücken. Als Sinnesorgane treten meist acht Augen auf, deren Achsen nach allen Richtungen weisen; daneben sind zahlreiche Sinneshaare und -borsten vorhanden. Nahe der Spitze der Chelizere mündet eine Giftdrüse, deren Sekret die Beute tötet. Auf den Spinnwarzen münden die Spinndrüsen, deren Sekret zu den bekannten elastischen Spinnfäden ausgezogen wird. Als Atmungsorgane dienen ursprünglich zwei Paar Fächertracheen, die aber sehr oft durch Röhrentracheen ersetzt sind. Die Männchen sind meist schlanker und kleiner als die Weibchen und lassen sich oft an ihren eigenen Spinnfäden vom Wind vertreiben.

Die Begattung ist sehr eigenartig. Das Männchen füllt vor der Paarung einen an der Spitze der Pedipalpen stehenden, kompliziert gebauten Anhang mit einem Spermatropfen, der aus der Geschlechtsöffnung am Hinterleib austritt. Dann nähert es sich dem Weibchen, wobei es je nach Art und Familie sehr unterschiedliche, aber immer genau festgelegte Bewegungen und Riten einhalten muß, um nicht vom Weibchen als Beute behandelt zu werden. Dem paarungsbereiten Weibchen werden dann die Tasterspitzen in die Geschlechtsöffnung eingeführt und das Sperma eingespritzt. Nach der Kopulation wird das Männchen oft, bei einigen Arten sogar regelmäßig aufgefressen. Die Eier werden bei der Ablage befruchtet und fast immer in einen Kokon eingesponnen, der dann oft noch von der Mutter bewacht wird.

Die S. sind ausgesprochene Landbewohner, nur eine Art, die Wasserspinne, lebt im Wasser. Alle Arten bauen sich aus Spinnfäden eine Wohnung, die meist röhren- oder trichterförmig ist und in der verschiedensten Weise am Boden, zwischen loser Borke, in Gängen und Ritzen aufgehängt und befestigt sein kann. Bei vielen Arten ist die Wohnung mit einem Fangnetz verbunden (z. B. bei Kreuzspinnen). Alle Formen sind Räuber, ihre Beute sind meist Insekten. Diese werden durch blitzschnelles Zupacken mit den Chelizeren direkt gefangen oder aber mit Hilfe von Spinnfäden, die als Fallen mit Klapptüren, als Fußangeln, als Radnetz u. a. angelegt werden. Oft sind dabei besondere Fangfäden mit Leimtröpfchen besetzt. Die Lassospinnen schleudern lediglich einen geleimten Faden gegen die Beute. Das getötete Insekt wird in seiner eigenen Hülle weitgehend vorverdaut. Der Nahrungsbrei wird dann durch die enge Mundöffnung eingesaugt. Gröbere Teile gelangen gar nicht erst in den Darm.

Die bekanntesten Vertreter der S. sind die → Vogelspinnen, → Kreuzspinnen, Wolfsspinnen, → Springspinnen und die → Wasserspinne.

Spinnenameisen, → Hautflügler.

Spinnenasseln, → Hundertfüßer.

Spinnengifte, eiweißartige toxische Substanzen, die den Schlangen- und Skorpiongiften nahestehen und in den Giftdrüsen mancher Spinnen produziert werden.

Spinnentiere, *Arachnida,* eine Klasse der Gliederfüßer. Die S. sind eine fast ausschließlich auf dem Land lebende Tiergruppe mit recht verschiedenartiger Gestalt. Der Körper läßt sich aber immer auf dasselbe Grundschema zurückführen. Der Vorderrumpf, das Prosoma, setzt sich aus dem Akron und sechs Segmenten mit sechs Paar Gliedmaßen zusammen. Er hat meist eine einheitliche Rückendecke. Nur selten sind das fünfte und sechste Segment abgegliedert, so daß ein Proterosoma aus dem Akron und den vier vordersten Segmenten entsteht. Der Hinterleib, das Opisthosoma, setzt sich maximal aus dreizehn Segmenten zusammen, deren Zahl durch Rückbildung am Hinterende aber meist reduziert ist; oft sind die Segmentgrenzen ganz verschwunden, der Hinterleib bildet dann einen einheitlichen Sack (z. B. Spinnen). Manchmal ist noch ein Telson

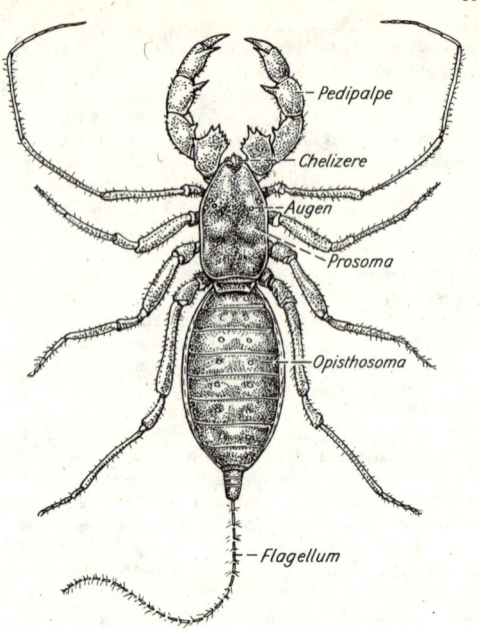

1 Bau eines Spinnentieres (Geißelskorpion)

vorhanden, wie die Giftblase der Skorpione und das Flagellum der Geißelskorpione. Das erste Gliedmaßenpaar sind die kurzen und höchstens dreigliedrigen Chelizeren, die meist mit einer Schere enden; bei vielen parasitierenden Milben sind sie zu Stechborsten umgewandelt. Die zweiten Gliedmaßen, die Pedipalpen, sind entweder wie Laufbeine oder Taster gestaltet, und zwar bei Formen mit großen Chelizeren, oder aber sie sind als große, meist mit Scheren bewaffnete Werkzeuge ausgebildet, wenn die Chelizeren klein sind. Diese beiden vordersten Extremitäten dienen zum Packen und Töten der Beute, zum Zerquetschen der Nahrung, als Abwehrwaffe oder zum Graben. Dabei können entweder die Chelizeren oder die Pedipalpen die Hauptfunktion übernehmen. Die folgenden vier Gliedmaßenpaare sind Laufbeine, haben aber auch Tastfunktion, dienen zum Spannen von Spinnfäden, zum Graben oder Schwimmen; nur selten fehlen die hintersten Paare. Am Hinterleib fehlen im Gegensatz zu den verwandten Schwertschwänzen die Extremitäten. Sie werden aber embryonal angelegt und sind als Rudimente bei den Skorpionen in Form von Kämmen und bei den Spinnen in Form von Spinnwarzen noch zu erkennen.

Die Augen sind immer einfache Zellen, oft aber sehr leistungsfähig; meist treten sie gleichzeitig als Mittel- und Seitenaugen auf. Der Darmkanal enthält paarige Mitteldarmdrüsen, deren Hauptmasse im Hinterleib liegt. Der Exkretion dienen Malpighische Gefäße, die vom Mitteldarm ausgehen (nicht vom Enddarm wie bei den *Tracheata*) und sich zwischen den Mitteldarmdrüsen verzweigen. Sie scheiden vor allem Guanin und daneben auch Harnsäure aus. Außerdem treten im Vorderkörper eine oder zwei Koxaldrüsen auf, die Nephridien anderer Gliederfüßer entsprechen. Die Atmungsorgane sind stets Tracheen. Sehr auffällig sind die Fächertracheen, jedoch kommen öfter Röhrentracheen vor. Die Geschlechter sind getrennt, die Genitalorgane münden auf dem Hinterleib aus. Viele Arten treiben Brutpflege, indem sie die Eier in einem Kokon oder Sekretbeutel mit sich herumtragen.

Es sind etwa 37000 Arten bekannt, die fast alle auf dem

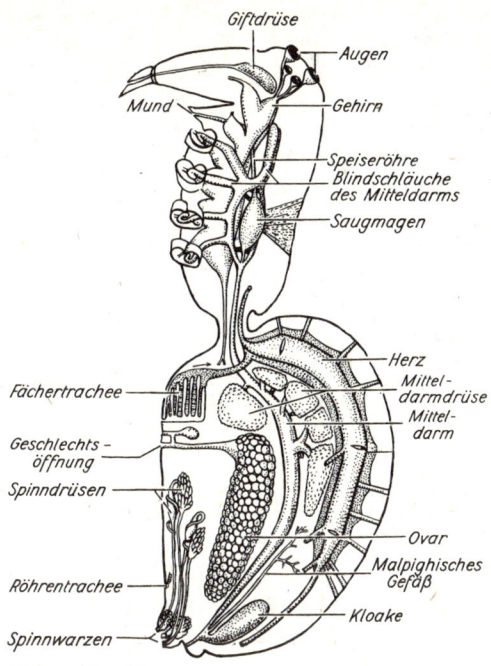

2 Schema einer Spinne (Bildbeschriftungen: Giftdrüse, Augen, Mund, Gehirn, Speiseröhre, Blindschläuche des Mitteldarms, Saugmagen, Fächertrachee, Herz, Mitteldarmdrüse, Mitteldarm, Geschlechtsöffnung, Spinndrüsen, Ovar, Malpighisches Gefäß, Röhrentrachee, Kloake, Spinnwarzen)

Lande leben. Nur wenige Arten sind sekundär zu Wasserbewohnern geworden (z. B. die Wasserspinne und die Wassermilbe). Die meisten Formen sind Räuber.
System:
1. Ordnung: *Scorpiones* (Skorpione)
2. Ordnung: *Pedipalpi*
3. Ordnung: *Palpigradi*
4. Ordnung: *Araneae* (Spinnen)
5. Ordnung: *Ricinulei* (Kapuzenspinnen)
6. Ordnung: *Pseudoscorpiones* (Afterskorpione)
7. Ordnung: Walzenspinnen *(Solifugae)*
8. Ordnung: *Opiliones* (Weberknechte)
9. Ordnung: Milben *(Acari)*

Geologische Verbreitung und Bedeutung: Silur bis Gegenwart. Wegen der ungünstigen Erhaltungsbedingungen gehören ihre Überreste zu den Seltenheiten, jedoch ist die Formenmannigfaltigkeit bei den fossilen Vertretern wesentlich größer als heute. Von vierzehn bisher aufgestellten Ordnungen sind heute nur noch neun vorhanden, fünf starben bereits im Paläozoikum aus.

Sammeln und Konservieren. S. kann man nahezu überall mit der Hand oder in als Bodenfalle dienenden eingegrabenen Gläsern fangen. Ektoparasiten (Milben und Zecken) kann man von den Wirtstieren ablesen. Man tötet S. mit Essigesterdämpfen und bewahrt sie dann in 75%igem Alkohol auf. Von vielen Arten lassen sich Trockenpräparate herstellen, indem die Tiere im gespannten Zustand in einer steigenden Alkoholreihe oder in Azeton entwässert und getrocknet werden.

Spinner, *Bombyces,* noch heute gebräuchliche, aber wissenschaftlich unhaltbare Bezeichnung für teilweise nicht näher verwandte Schmetterlingsfamilien, wie Wurzelbohrer, Sackträger (nur zum Teil), Holzbohrer, Glasflügler, Widderchen, Sichelflügler, Bärenspinner, Trägspinner, Prozessionsspinner, Augenspinner, Seidenspinner u. a. → Schmetterlinge (System).

Spinnfüßer, svw. Tarsenspinner.

Spinnmilben, *Tetranychidae,* zu den Spinnentieren gehörende Familie der Milben, die parasitisch an Pflanzen lebt. Die Tiere besitzen Spinndrüsen, die am Vorderende münden und deren Sekret zu einem Faden ausgezogen werden kann. Da die S. oft in größeren Kolonien leben, entsteht so auf der Unterseite von Blättern ein filzartiges Gewebe, in dem die Tiere gegen Witterungseinflüsse weitgehend geschützt sind. Die S. stechen die Blätter an und saugen die Zellen aus. Da die Blätter bei starkem Befall vertrocknen, können die Tiere großen Schaden an Obstbäumen und Beerensträuchern anrichten.

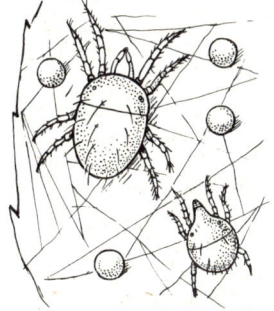

Gemeine Spinnmilbe (*Tetranychus urticae*): ausgewachsenes Tier, Larve, Eier und Gespinst auf der Unterseite eines Blattes (vergr.)

Als »Rote Spinne« sind die → Obstbaumspinnmilbe, *Metatetranychus ulmi* oder *Paratetranychus pilosus,* und die Gemeine Spinnmilbe, *Tetranychus urticae,* bekannt.

Spinochrome, Abkömmlinge des 1,4-Naphthochinons (→ Benzochinone). S. sind für die Rot- bzw. Orangefärbung des Seeigelskeletts verantwortlich.

Spiraculum, svw. Spritzloch.

Spiralier, *Spiralia,* eine Gruppe von Tierstämmen der Protostomier, deren Vertreter sich durch einen sehr charakteristischen Modus der frühen Embryonalentwicklung, die Spiralfurchung, auszeichnen. Dieser Furchungstyp kann bei verschiedenen Formen stark abgewandelt sein. Tritt bei diesen Tierstämmen eine Larve auf, dann gehört sie stets dem Trochophora-Typ an. Zu den S. zählen die Stämme Plattwürmer, Schnurwürmer, Kelchwürmer, Weichtiere, Spritzwürmer, Igelwürmer und Ringelwürmer.

Spiriferida [lat. spira ,Windung', ferre ,tragen'], eine schloßtragende Ordnung der Armfüßer von wechselnder Gestalt, die überwiegend deutlich geflügelt und radial berippt sind. Die Armklappe trägt ein spiraliges kalkiges Armgerüst. Die Spitzen des Armgerüstes zeigen in die äußeren Ecken des geraden Schloßrandes. Die S. sind weltweit vom Mittel-Ordovizium bis zum Perm, vereinzelt bis Lias, verbreitet. Verschiedene Arten sind wichtige Leitformen des Devons und Unterkarbons.

Aufgebrochene Schale eines Spiriferen (*Spirifer striatus*) mit spiral aufgerolltem Armgerüst; Vergr. 0,75:1

Spirillen, *Spirillum,* eine Gattung von Bakterien mit schraubenförmigen, bis 60 μm langen Zellen. S. sind sehr schnell beweglich und kommen in Süß- oder Meereswasser vor. Sie tragen Geißelbüschel an meist beiden Zellenden und enthalten häufig Polyhydroxybutyrat als Reservestoff. S. sind schwer im Labor zu vermehren.

Spirochäten, schlanke, bewegliche, bis 0,5 mm lange Bakterien mit flexibler Zelle mit starrer Zellwand und Geißeln. Das Bewegungsorganell ist ein unter der äußeren Zellhülle liegender Achsenfaden (Axialfilament), um den die Zelle schraubenförmig gewunden ist. Zu den S. gehören freile-

Spirographishämin

bende und parasitische Bakterien. Parasitische S. sind z. B. der Erreger der Geschlechtskrankheit Syphilis, *Treponema pallidum* (→ Treponema), und Erreger fieberhafter Erkrankungen aus der Gattung → *Borrelia* und aus der Gruppe der → Leptospiren.

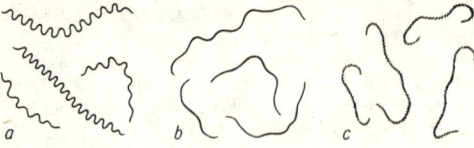

Spirochäten: *a* Treponema, *b* Borrelia, *c* Leptospiren

Spirographishämin, → Blut.
Spirometrie, die Messung von Teilgrößen des → Lungenvolumens.
Spiroplasma, zu den → Mykoplasmen gehörende Genus mit Arten, die Pflanzenkrankheiten verursachen. Typische Spezies ist *Spiroplasma citri*, der Erreger der Eichelfrüchtigkeit bei Zitrusgewächsen. Charakteristisch für S. sind die spiralförmigen Strukturen der Mikroorganismen.
Spirotricha, → Ziliaten.
Spirre, → Blüte, Abschnitt Blütenstände.
Spirurida, → Fadenwürmer.
Spitzenwachstum, *1)* von den Organspitzen ausgehendes Wachstum pflanzlicher Organe *(apikales Wachstum)*. Besonders ausgeprägtes S. zeigen die Wurzeln der höheren Pflanzen, bei denen das Streckungswachstum auf eine schmale Zone direkt hinter der Wurzelspitze beschränkt ist. Beim Sproß kann sich die apikale Streckungszone demgegenüber wesentlich verlängern. Außerdem liegen z. B. bei Gräsern in den Halmknoten zusätzlich interkalare Wachstumszonen vor. Ein sehr lang ausgeprägtes S. zeigen im Gegensatz zu den meisten Blättern von Samenpflanzen die Farnblätter. Dieses geht von einer Scheitelzelle aus, die allerdings später von einer Initialengruppe ersetzt wird. Bei niederen Pflanzen, z. B. fadenförmigen Algen u. a., kommt S. dadurch zustande, daß die Zellteilungen ausschließlich oder weitgehend auf die Spitzenzelle, die *Scheitelzelle*, beschränkt sind.
2) bevorzugtes Wachstum mancher Zellen, z. B. Wurzelhaarzellen, Holzfasern, Pollenschläuche oder Pilzhyphen, an den Enden.
Spitzhörnchen, *Tupaiidae*, eichhörnchenähnliche, zu den Halbaffen gehörende Baumbewohner, die von manchen auch zu den Insektenfressern gerechnet werden. Die S. sind in Indien und Südostasien beheimatet.

Tupaja

Spitzkopfschildkröten, *Emydura*, auf Neuguinea (Irian) beheimatete, relativ kurzhalsige → Schlangenhalsschildkröten, die sich neben kleinen Wassertieren auch von Pflanzenteilen ernähren.
Spitzmaulnashorn, → Nashörner.
Spitzmäuse (Tafel 7), *Soricidae*, eine Familie der Insektenfresser. Die S. sind kleine, mäuseartig aussehende Säugetiere mit rüsselförmiger Schnauze und spitzzahnigem Gebiß. Sie haben einen großen Nahrungsbedarf und fressen alles, was sie überwältigen können. Strenger Moschusgeruch dient zur Territoriumsmarkierung und zur Abwehr von Feinden.

Lit.: L. Spannhof: Spitzmäuse (Leipzig 1952).
Spitzwegerich, → Wegerichgewächse.
Splanchnokranium, → Schädel.
Splanchnopleura, → Mesoblast.
Splanchnozöl, → Mesoblast.
Splen, → Milz.
Splint, → Holz.
split-brain, engl. für Hirnspaltung, → Lateralität.
Spöke, → Seedrachen.
Spondylus, → Achsenskelett.
Spongia officinalis, → Badeschwamm.
Spongiozöl, → Verdauungssystem.
Spontanaktivität, spontane, nicht durch Input von außen entstehende Erregung in Nervenzellen. Ein wesentliches Merkmal von Nervensystemen, durch das z. B. verschiedene → Biorhythmen bedingt sind. – → Schrittmacher.
Spontanrate, → Mutationsrate.
Spontanverhalten, *freies Zustandsverhalten*, Verhalten, das ausschließlich durch den inneren Status des betreffenden Organismus in Gang gesetzt wird. Das schließt aber durchaus im weiteren Verlauf eine Umwelt-Kontrolle mit ein. Es gibt im einzelnen dazu unterschiedliche Auffassungen. So sprechen manche Forscher nicht mehr von einem S. der Nahrungssuche, wenn nachweislich ein physiologischer Mangelzustand (»Hunger«) die Ursache war. Im weiteren Sinne wird aber dann ein S. angenommen, wenn ausschließlich ein »innerer Antrieb«, eine Verhaltensbereitschaft, den Ablauf einleitet.
Sporangiolen, kleine Tochtersporangien, die sich beim Köpfchenschimmel in der Unterfamilie *Cephalideae* (unter anderem in der Gattung *Mucor*) am Muttersporangium bilden. In ihnen kommt es zur verspäteten Bildung verhältnismäßig weniger Sporen.
Sporangiosporen, → Sporen.
Sporangium, die Bildungsstätten der Endosporen. Sie sind bei Algen und Pilzen Einzelzellen, die sich nur in der Form von den Körperzellen unterscheiden. Bei den Moosen und Farnen sind die S. demgegenüber in der Regel vielzellige Gebilde, in denen äußere, sterile Zellschichten das sporenbildende (sporogene) Gewebe umschließen. Oft enthalten sie im Inneren einen als *Columella* bezeichneten, säulenförmigen, sterilen Fortsatz.
Sporen, *Agameten*, ein- oder seltener mehrzellige Fortpflanzungskörper, die sich vom Organismus ablösen und ohne Befruchtung direkt oder indirekt ein neues Individuum hervorbringen. Dabei ist zu beachten, daß, historisch entstanden, unter der Bezeichnung S. eine Anzahl ihrer Bedeutung nach recht ungleichwertiger Fortpflanzungszellen zusammengefaßt werden.

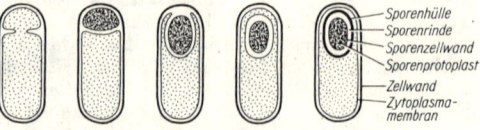

Sporenhülle
Sporenrinde
Sporenzellwand
Sporenprotoplast
Zellwand
Zytoplasmamembran

Sporenbildung bei Bakterien (schematisch)

S., die am Ende von Zellfäden, z. B. Pilzhyphen, abgeschnürt werden, bezeichnet man als *Konidien*. S., die im Inneren spezifischer Zellen oder Organe, den → Sporangien, gebildet werden, heißen *Endosporen* oder *Sporangiosporen*. Hierzu gehören z. B. die → Askosporen und die → Bakteriensporen. Sie sind entweder als begeißelte und somit bewegliche → *Zoosporen* ausgebildet oder als unbewegliche

Aplanosporen (Akineten). Letztere werden nach Aufplatzen der Sporangienwandung in der Luft verbreitet, manche auch durch Ausscheiden von Flüssigkeit abgeschleudert (→ Ballistosporen). Derartige S. werden in der Regel von Pflanzen gebildet, die an das Landleben angepaßt sind. Meistens besitzen sie eine derbe Zellwand, die ihnen Widerstandsfähigkeit gegen Beschädigung und Austrocknung verleiht (→ Dauersporen). Zylindrische Gliedersporen (→ Arthrosporen), die von niederen Pilzen gebildet werden, sind die → Oidien.

S., die im Zuge der vegetativen Fortpflanzung ihre Entstehung normalen Mitosen verdanken, werden als *Mitosporen* bezeichnet. Sie können sowohl in der Haplophase als auch in der Diplophase gebildet werden und heißen dann *Haplo-Mitosporen* bzw. *Diplo-Mitosporen*.

S., deren Bildung eine Reduktionsteilung oder Meiose vorangeht, nennt man *Meiosporen* oder *Gonosporen*. Sie stehen in einer kausalen Beziehung zu dem bei Pflanzen ausgeprägten Kernphasenwechsel, der häufig mit einem Generationswechsel verbunden ist. Die Generation, die Meiosporen ausbildet, wird als *Sporophyt* bezeichnet, die aus den haploiden S. hervorgehende Generation als *Gametophyt*. Auf diesem entstehen in verschieden gestalteten Gametangien die Geschlechtszellen (→ Gamet). Aussehen und Anteil des Sporophyten (bzw. Gametophyten) am gesamten Entwicklungszyklus der Pflanze wechseln bei den einzelnen Gruppen außerordentlich stark. Bei niederen Pflanzen, Algen, Pilzen u. a., überwiegt meist der Gametophyt, bei höheren dagegen der Sporophyt. Bei den Blütenpflanzen z. B. ist der gesamte Pflanzenkörper als Sporophyt anzusehen, während der haploide Gametophyt auf eine kleine Zellgruppe im Pollenkorn bzw. in der Samenanlage beschränkt ist. Eine Zwischenstellung nehmen die Moose und Farne ein. Ein Moospflänzchen stellt einen Gametophyten dar, auf dem sich der Sporophyt in Form einer gestielten Sporenkapsel (*Sporogon*) entwickelt. Bei Farnen ist der Gametophyt auf das kleine Prothallium beschränkt, und der Sporophyt wird durch die eigentliche Farnpflanze gebildet, die verschiedenartige Sporangien trägt. Bei vielen Farnarten sind ebenso wie bei den Moosen alle S. von gleicher Beschaffenheit (*Isosporie, Homosporie*). Bei einigen Gruppen entstehen jedoch zweierlei Sporenformen: große *Makrosporen (Megasporen, Gynosporen)* in → Makrosporangien und kleine *Mikrosporen (Androsporen)* in → Mikrosporangien. Aus den Makrosporen entwickeln sich weibliche und aus den Mikrosporen männliche Prothallien. Die Ausbildung unterschiedlich großer, geschlechtlich differenzierter S. bezeichnet man als *Heterosporie,* den Vorgang der Sporenbildung selbst als *Sporogenese.*

Auch auf eine Anzahl von Zellen, die nicht den Charakter von Keimzellen (→ Fortpflanzung) tragen, ist die Bezeichnung S. angewendet worden. So werden neben echten S. auch andere derbwandige Ruhezellen (Dauerzellen), bei denen es sich um Gameten, Zygoten oder vegetative Zellen handeln kann, als S. bezeichnet. Zur Vermeidung von Verwechslungen sollte man in diesen Fällen besser von → Zysten sprechen. Das gilt beispielsweise für die Dauerzustände (Mikrozysten) von Myxamöben, also von Gameten bzw. Zygoten oder für die → Bakteriensporen.

Phytopathologisch von Bedeutung sind die S. der Rostpilze (→ Äzidiosporen, → Basidiosporen, Pyknosporen, → Teleutosporen, → Uredosporen) und der Brandpilze (*Brandsporen*).

Sporenbehälter, → Sporangium.
Sporenbildner, Bakterien, die im Zellinneren eine → Spore bilden können. Aufgrund der Eigenschaften dieser Sporen sind die S. gegen hohe Temperaturen und andere Einflüsse außerordentlich widerstandsfähig, weshalb diese Bakterien bei der Sterilisation in Medizin, Industrie u. ä. besondere Bedeutung haben. Die aeroben S. werden in der Gattung *Bacillus* (→ Bazillus), die anaeroben S. in der Gattung → *Clostridium* zusammengefaßt. Mit der Sporenbildung verändern manche S. ihre Zellform. Man unterscheidet dabei die **Plektridiumform** mit trommelschlegelartig aufgetriebener Zelle und die **Klostridiumform** mit spindelförmiger Zelle.

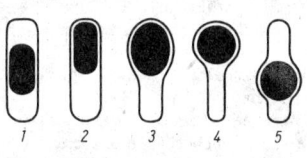

Bakterienzellen mit Sporen: *1* und *2* Zellform unverändert, *3* und *4* Plektridiumform, *5* Klostridiumform

Sporenlager, svw. Hymenium.
Sporenmorphologie, → Pollenmorphologie.
Sporenpaläontologie, *Paläopalynologie,* Spezialrichtung der → Palynologie, die die pollen- und sporenanalytische Untersuchung älterer geologischer Schichten zum Gegenstand hat. Da es vielfach nicht möglich ist, die Pollen bzw. Sporen oder Sporomorphen dieser Schichten mit Sicherheit bestimmten taxonomischen Einheiten, z. B bestimmten Art oder Gattung, zuzuordnen, müssen sie zu künstlichen morphologischen Gruppen zusammengefaßt werden (→ Formarten, → Formgattungen u. a.). Daher spielt bei diesen Arbeiten die Rekonstruktion des früheren Vegetationsbildes im allgemeinen keine große Rolle, während bei der → Pollenanalyse gerade diese Fragen im Vordergrund stehen. Bei der S. sind vielmehr stratigraphische Fragen wichtig. Die S. ist zu einem weit ausgebauten Spezialgebiet geworden, das z. B. besondere Bedeutung für die Stratigraphie der Kohlenlagerstätten besitzt.
Sporenpflanzen, → Kryptogamen.
Sporenschlauch, svw. Askus.
Sporenständer, → Basidiosporen.
Sporentierchen, svw. Sporozoen.
Sporenverbreitung, der Transport der Vermehrungseinheiten bei den sporenbildenden niederen Pflanzen. Ihre Verbreitung erfolgt durch → Spritzbewegungen, Wasser, Luftströmungen, Wind, Tiere u. a., was infolge der Kleinheit der Sporen sehr leicht möglich ist. Bei wasserbewohnenden Pflanzen gibt es Sporen, die sich mit Hilfe von Geißeln aktiv schwimmend bewegen (Zoosporen).
Spörgel, → Nelkengewächse.
Sporidien, vom Promyzel mancher Brandpilze, z. B. von *Tilletia tritici,* durch Abschnürung gebildete, dünnwandige Sporen, die den → Basidiosporen homolog sind. Kurz nach ihrer Entstehung bildet sich zwischen zwei geschlechtlich konträren S. eine Kopulationsbrücke, und die paarkernig gewordenen S. wachsen zu einem paarkernigen Myzel aus, an dem bald → Sichelkonidien entstehen.
Sporogenese, → Sporen.
Sporogon, → Moospflanzen, → Sporen.
Sporogonie, Fortpflanzung durch → Sporen.
Sporokarpien, die von einer Hülle, dem Indusium, umgebenen Makro- und Mikrosporenhaufen der Wasserfarne.
Sporophyll, ein sporangientragendes Blatt. Bei Farnen haben die S. häufig einfachere Gestalt als die assimilierenden Blätter (*Trophophylle*). Zu Sporophyllständen angeordnete S., kann man als Blüten bezeichnen.
Sporophyt, Meiosporen bildende Generation, → Generationswechsel, → Sporen.
Sporopollenine, Hauptbestandteile der Wandsubstanzen von Pollen und Sporen, die ihrer chemischen Natur nach wahrscheinlich zu den Polyterpenen gehören.
Sporozoen, *Sporentierchen, Sporozoa,* Klasse der Protozoen, deren Angehörige ausschließlich parasitisch leben

Sporozyste

und durch ungeschlechtliche Vermehrung der Zygote *(Sporogonie)* gekennzeichnet sind. Dabei entstehen die Sporozoiden, durch die der Befall neuer Wirte erfolgt. Die Sporogonie folgt in einem Generationswechsel der geschlechtlichen Fortpflanzung *(Gamogonie),* der ein oder mehrere ungeschlechtliche Vermehrungsschritte zur Überschwemmung des Wirtes *(Schizogonie)* vorausgehen können (z. B. *Plasmodium).* Fortgeschrittene Gruppen haben als Zwischenwirte blutsaugende Gliederfüßer in den Zyklus eingeschaltet. Die vegetativen Stadien zeigen elektronenoptisch am Vorderpol einen Organellenkomplex, der das Eindringen in Wirtszellen unterstützt. Den S. fehlen Nahrungs- und Fortbewegungsorganellen.

Die wesentlichen Ordnungen sind die *Gregarinida* (in Darm und Leibeshöhle von Wirbellosen), die *Coccidia* (in Darm, Leber, Lunge, Muskulatur oder Blut von Warmblütern und Mensch mit *Eimeria, Toxoplasma, Sarcoystis* und *Plasmodium*) und die *Piroplasmida* als Blutparasiten von Säugetieren.

Die früher zu den S. gestellten *Myxosporidia* und *Microsporidia* werden heute als eigene Klasse *Cnidosporidia* betrachtet. Siehe auch → Telosporidien.

Sporozyste, → Larve, → Leberegel, → Pärchenegel.
Sports, → Chimäre.
Sporulation, die Bildung von Sporen, z. B. bei Bazillen und Pilzen.
Spottdrosseln, *Mimidae,* Familie der → Singvögel mit etwa 30 Arten. Die Gruppe ist in Süd- bis Nordamerika verbreitet. Sie ahmen viele Laute nach, daher ihr Name sowie die Bezeichnung *Spötter* (→ Grasmücken).
Spötter, → Grasmücken, → Spottdrosseln.
Spreizklimmer, → Kletterpflanzen.
Springfrosch, *Rana dalmatina,* schlanker, kleiner (6 bis 7 cm), spitzköpfiger europäischer Frosch mit hellbraunem, rotbraunem oder ziegelrotem Rücken, ungeflecktem weißem Bauch und sehr langen Hinterbeinen. Er springt bis 2 m weit und 0,75 m hoch. Das Männchen hat keine Schallblasen. Der S. ist hauptsächlich ein Tieflandbewohner Mittel- und Osteuropas, in der DDR kommt er nur vereinzelt, vor allem im Küstengebiet, vor. Er bevorzugt Laubwälder, die oft auch weit vom Wasser entfernt liegen. Die Paarung erfolgt März bis April, der Laich wird in kleinen Klumpen zu etwa 1000 Eiern abgelegt.
Springheuschrecken, *Saltatoptera, Saltatoria,* eine Ordnung der Insekten mit etwa 100 Arten in Mitteleuropa (Weltfauna: 15500). S. sind fossil bereits aus dem Oberkarbon bekannt.

Vollkerfe. Sie sind 0,3 bis 25 cm lang (mitteleuropäische Arten höchstens 6,5 cm), haben nach unten gerichtete beißende Mundwerkzeuge, faden- oder borstenförmige, vielgliedrige Fühler und relativ kleine Facettenaugen. Das erste Brustsegment ist stets größer als das zweite und dritte, letztere sind unbeweglich miteinander verbunden. Die Vorderflügel sind schmal und fester als die breiteren Hinterflügel, die in der Ruhe fächerartig gefaltet unter die Vorderflügel gelegt werden. Beide Flügelpaare sind reich geädert, zuweilen verkürzt oder vollständig zurückgebildet, mit Ausnahme der → Wanderheuschrecken nur zum Kurzstreckenflug tauglich. Die Vorderbeine sind z. T. zu Grabbeinen (z. B. bei der Maulwurfsgrille), die Hinterbeine in der Regel zu Sprungbeinen ausgebildet. Am Hinterleibsende finden sich zwei kurze, ein- oder mehrgliedrige Schwanzfäden (Cerci). Die Weibchen sind an ihrem meist recht langen Legrohr kenntlich. Alle bei uns freilebenden Arten besitzen Zirp- (Stridulations-) und Gehörorgane. Die meisten S. sind Pflanzenfresser und leben vorwiegend in trockenwarmen Gebieten. Ihre Entwicklung ist eine Form der unvollkommenen Verwandlung (Paurometabolie).

Eier. Die Eiablage erfolgt mit Hilfe des Legrohrs entweder in den Boden (3 bis 8 cm tief) oder in pflanzliches Gewebe; meist werden die Eier zu Eipaketen zusammengekittet. Die Eier sind abgeflacht oder länglich-zylindrisch. Die Weibchen legen ihre 40 bis 500 Eier in mehreren Gelegen ab. Im Spätsommer oder Herbst abgelegte Eier überwintern.

Larven. Die Junglarven wirken durch ihren unverhältnismäßig großen Kopf recht unproportioniert. Die Flügelanlagen treten früh auf, so daß die Larven den Vollkerfen sehr ähnlich sind; auch in der Lebensweise gleichen sie diesen. Nach fünf bis sechs Häutungen (Feldheuschrecken) bzw. nach sechs bis neun Häutungen (Laubheuschrecken und Grillen) schlüpfen die Vollkerfe. Die Larvenzeit dauert in unseren Breiten im Durchschnitt drei bis vier Monate, die Gesamtentwicklung meist neun Monate.

Wirtschaftliche Bedeutung. In der UdSSR wie auch in Nordamerika kommt es nicht selten zu Getreideverwüstungen durch mehrere Feldheuschreckenarten; der hier auftretende Schaden steht jedoch in keinem Verhältnis zu den verheerenden Verwüstungen, die Wanderheuschrecken in Afrika und anderen wärmeren Ländern anrichten. In Mitteleuropa treten kaum Schäden auf.

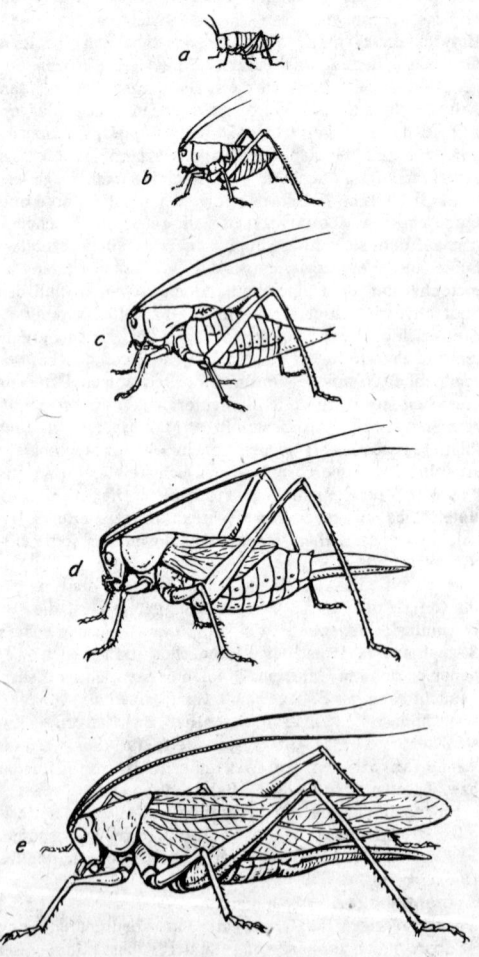

1 Verwandlung des Großen Heupferdes *(Tettigonia viridissima* L.): *a* bis *d* Larvenstadien, *e* Vollkerf (♀)

System.
1. Unterordnung: *Langfühlerschrecken (Ensifera)* Fühler von Körperlänge oder länger. Zirpen durch Aneinanderreiben der Vorderflügel (Schrillader und Schrillkante), Gehörorgane an den Schienen der Vorderbeine.
Überfamilie Laubheuschrecken *(Tettigonioidea)* z. B. Säbelschrecken *(Barbitistes)*, Warzenbeißer *(Decticus verrucivorus* L.), Großes Heupferd *(Tettigonia viridissima* L.)
Überfamilie Grillen *(Grylloidea)* z. B. Feldgrille *(Gryllus campestris* L.), Heimchen *(Acheta domesticus* L.), Maulwurfsgrille, Werre *(Gryllotalpa gryllotalpa* L.)

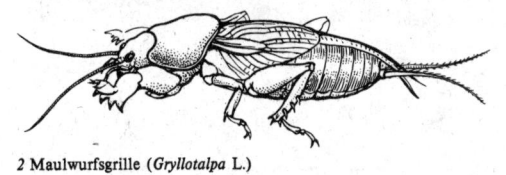

2 Maulwurfsgrille (Gryllotalpa L.)

2. Unterordnung: *Kurzfühlerschrecken (Caelifera)* Fühler kürzer als der Körper. Zirpen, indem die Hinterbeine (mit Schrilleiste) an einer vorspringenden Ader der Vorderflügel gerieben werden; Gehörorgane am Hinterleib an den Seiten des ersten Segmentes.
Überfamilie Feldheuschrecken *(Acridioidea)* z. B. Rotflügelige Schnarrschrecke *(Psophus stridulus* L.), Sandheuschrecken *(Oedipoda)* → Wanderheuschrecken *(Locusta, Schistocerca* u. a.)
Lit.: M. Beier u. F. Heikertinger: Grillen und Maulwurfsgrillen (Wittenberg 1954); M. Beier: Laubheuschrecken (Wittenberg 1955); M. Beier: Feldheuschrecken (Wittenberg 1956); K. Harz: Saltatoria, Die Tierwelt Deutschlands, Tl 46 (Jena 1960).

Springkrautgewächse, *Balsaminaceae,* eine Familie der Zweikeimblättrigen Pflanzen mit nur zwei Gattungen und etwa 450 Arten, die überwiegend in feuchten Wäldern tropischer Gebiete Afrikas und Asiens beheimatet sind. Es sind krautige Pflanzen mit wechsel- oder gegenständigen Blättern ohne Nebenblätter und mit zwittrigen, meist lebhaft gefärbten, zweiseitig symmetrischen, 5zähligen Blüten, deren kronartiger Kelch gespornt ist. Der 5fächerige Fruchtknoten entwickelt sich zu einer 5klappigen Kapsel, die bei Berührung aufspringt. Die zahlreichen kleinen Samen werden dabei fortgeschleudert. Chemisch ist die Familie durch das Vorkommen von essigsäurehaltigen Glyzeriden in den Samenölen gekennzeichnet.
Das *Echte Springkraut* oder *»Rührmichnichtan«, Impatiens noli-tangere,* ist eine von Europa bis Japan verbreitete Pflanze mit hängenden, goldgelben, innen rot punktierten Blüten. Als lästiges Wald- und Gartenunkraut hat sich seit 150 Jahren das aus Sibirien stammende **Kleinblütige Springkraut,** *Impatiens parviflora,* in vielen Gebieten Europas eingebürgert. In Gärten angepflanzt wird die südasiatische, verschiedenfarbig blühende **Gartenbalsamine,** *Impatiens balsamina,* und das bis zu 2 m hoch werdende, aus dem Himalaja stammende, rotblühende **Drüsige Springkraut,** *Impatiens glandulifera,* das häufig verwildert und vor allem Flußufer besiedelt.

Springmäuse, *Dipodidae,* eine Familie der Nagetiere. Die S. haben sehr lange Hinterbeine und einen langen, am Ende mit einer Quaste versehenen Schwanz. Sie bewohnen Steppen und Wüsten Asiens und Nordafrikas und können außerordentlich geschwind hüpfen. Vertreter der S. sind z. B. die *Wüstenspringmaus, Jaculus jaculus,* und der in den Steppengebieten der Sowjetunion vorkommende *Pferdespringer, Alactaga sibiricus.*

Springschwänze, *Collembolen, Collembola,* nach der Individuenzahl häufigste Ordnung der Insekten. Die S. sind kleine, 0,3 bis etwa 9 mm, meist aber 1 bis 2 mm lange, zarthäutige Bodentiere, die mit etwa 5000 Arten, davon 1500 in Europa, in hoher Individuendichte weltweit bis in die polaren und alpinen Gebiete verbreitet sind. Das älteste fossil bekannte Insekt, *Rhyniella praecursor* aus dem Mitteldevon, gehört zu der noch rezenten Familie *Neanuridae* der S.

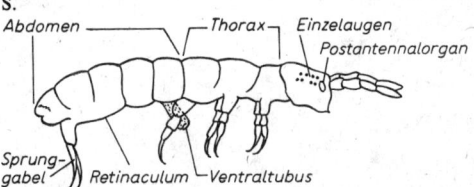

1 Springschwanz (Isotomide)

Körperbau. Die S. sind primär flügellos und besitzen kauende, ritzende oder stechend-saugende Mundwerkzeuge, die in eine Tasche eingesenkt sind; sie zählen daher zu den entognathen → Urinsekten. Charakteristisch sind die primär nur viergliedrigen Gliederantennen und der nur sechsgliedrige Hinterleib (Abb. 1). Der Kopf trägt beiderseits 8 bis 10 Einzelaugen (Ommen) und ein paariges, ring- oder rosettenförmiges Postantennalorgan, das als Feuchtigkeits-, Chemo- oder Thermorezeptor wirken kann. Der Prothorax ist dorsal oft kaum entwickelt. Die 3 Paar Beine tragen Klauen und oft Empodialanhänge. Die Beinanlagen des Abdomens sind umgebildet, und zwar am 1. Abdominalsegment zum *Ventraltubus (Collophor),* einen unpaarigen Anhang, aus dem durch Blutdruck paarige Blasen oder Schläuche gepreßt werden können; als Funktion läßt sich Flüssigkeitsaufnahme und -abgabe, Atmung und (bei Sminthuriden) Putztätigkeit nachweisen und Festhaften an glatten Flächen vermuten. Als Beinanlagen des 3. Abdominalsegmentes wird das *Retinaculum (Tenaculum),* eine Haltevorrichtung für die *Sprunggabel (Furca)* gedeutet. Diese gliedert sich in ein unpaariges *Stammglied (Manubrium)* und paarige *Griffel (Dentes),* die mit meist mehrspitzigen, hakenförmigen *Endstücken (Mucro)* enden. Eine kräftige Sprungmuskulatur kann die Gabel plötzlich gegen das Substrat schnellen, wobei ziellose Fluchtsprünge von 5 bis 20 cm resultieren (je nach Schwerpunktlage Salto vorwärts oder rückwärts). Die Mehrzahl der S. besitzt keine besonderen Atmungsorgane, nur Sminthuriden haben z. T. ein redu-

Springkrautgewächse: a Gartenbalsamine, *b* Kleinblütiges Springkraut

Springschwänze

ziertes Tracheensystem mit einem Stigma zwischen Kopf und Thorax. Ein exkretorisches System fehlt bis auf die Labialnieren gleichfalls; die Exkretspeicherung erfolgt im Fettkörper und im regelmäßig mit gehäuteten Darmepithel.

Entwicklung. Die Samenübertragung erfolgt indirekt durch meist gestielte Samentröpfchen, die das Männchen unabhängig, seltener in einem Liebesritual in Kontakt mit dem Weibchen absetzt. Die Eier werden in Häufchen zu 5 bis 20 je Gelege an das Substrat geheftet. Die Entwicklung verläuft ohne abweichende Larvenformen (Epimetabolie); nach etwa 6 bis 10 Häutungen wird das erste geschlechtsaktive Stadium erreicht. Weiter wechseln sich je ein inaktives und ein geschlechtstätiges Stadium ab; so können etwa 30 bis 45 Häutungen erreicht werden. Einige Arten *(Folsomia candida)* erreichen etwa 4 Wochen Generationsdauer bei 6 bis 9 Monaten Lebensdauer, andere haben nur eine Generation im Jahr oder sind sogar 2 bis 3jährig. Fakultative und obligatorische Parthenogenese treten häufig auf. Extreme Temperatur- und Feuchtebedingungen während der Entwicklung führen oft zu Erscheinungen der → Ökomorphose.

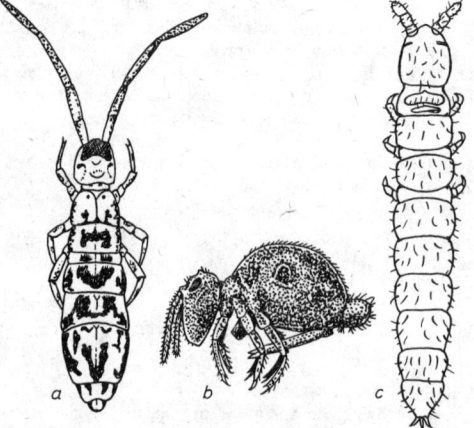

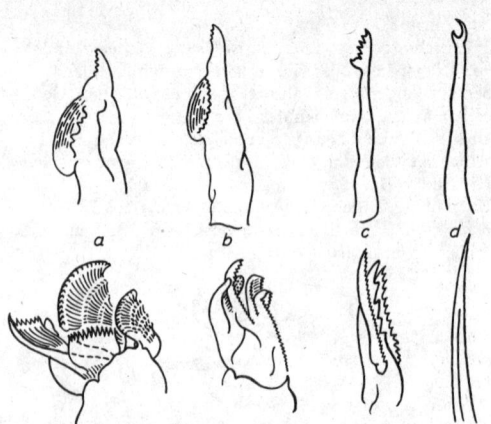

3 Mundwerkzeuge von Springschwänzen. Obere Reihe: Mandibeln; untere Reihe: Maxillen. *a* kauend, harte Nahrung; *b* kauend, weiche Nahrung; *c* ritzend-saugend; *d* stechend-saugend

2 Epedaphische (*a* und *b*) und euedaphische (*c*) Springschwänze: *a* *Orchesella alticola* (4 mm), *b* *Bourletiella hortensis* (1 mm), *c* *Tullbergia quadrispina* (1 mm)

Ökologie. Die S. treten in sehr verschiedenen Lebensformen auf, die Anpassungen an das Leben in verschiedener Bodentiefe darstellen (Abb. 2). Arten der Bodenoberfläche klettern zuweilen bis in die Baumkronen (Epedaphon, Atmobios). Sie sind groß, dicht behaart oder beschuppt und stark pigmentiert (braun, violett, grünlich). Sie tragen z. T. überkörperlange Antennen (hier auch sekundär 5- bis vielgliedrig), lange Beine und eine lange Sprunggabel. Ihre Augen und Spürhaare sind gut entwickelt, das Postantennalorgan fehlt (viele *Entomobryomorpha, Symphypleona)*. Arten der oberen Bodenschicht (Hemiedaphon) und besonders des Bodeninneren (Euedaphon) sind dagegen klein, kurz und schwach behaart und kaum pigmentiert. Sie tragen kurze Beine und Fühler; die Sprunggabel und die Augen können bis zum völligen Schwund rückgebildet werden. Solche Arten haben meist sehr komplizierte Postantennalorgane (viele *Poduromorpha*).

Die Mehrzahl der S. ernährt sich von Pilzhyphen, Sporen, Algen, toter organischer Substanz (Laubstreu, morsches Holz) und gelegentlich von Tierleichen. Arten mit ritzend-saugenden Mundwerkzeugen *(Friesea, Anurida)* scheinen regelmäßig Rädertiere, Nematoden und Einzeller zu fressen. Arten mit stechend-saugenden Mundwerkzeugen ernähren sich dagegen von flüssigen Zersetzungsprodukten und Bakterienschleim *(Neanura, Pseudachorutes;* Abb. 3). Lebende Pflanzenteile werden selten befressen, an Keimpflanzen können einige Arten besonders in atlantischen Klimaten schädlich werden *(Bourletiella, Sminthurus, Onychiurus)*.

Verbreitung. Die S. besiedeln alle Böden, erreichen aber in hohlraumreichen Rohhumus- und Moderböden unter Wald maximale Siedlungsdichten bis zu 700 000 Individuen je m^2 Bodenoberfläche. Durchschnittlich kann man mit 10 bis 40 000 Individuen je m^2 rechnen. Die S. sind vorrangig als »Katalysatoren« für die Tätigkeit der Mikroorganismen von hoher bodenbiologischer Bedeutung. Einige S. leben auf der Oberfläche stehender Gewässer *(Podura aquatica, Sminthurides*-Arten). Subaquatische Lebensweise kommt nicht vor. Frühjahrsüberschwemmungen überstehen S. oft unbeschadet in einer Lufthülle, die sich um die unbenetzbare Haut bildet; Überstauung in der warmen Jahreszeit überleben oft nur die Eier. Herabsetzung der Luftfeuchtigkeit ertragen nur wenige Arten für einige Stunden. Die Vorzugstemperatur liegt meist bei 10 bis 15°C, bei Gletscherfloh *(Isotoma saltans)* jedoch bei +5 bis −5°C. Die Mehrzahl der Arten ist zwischen −2 und +28°C aktiv. Die meisten S., auch die blinden Arten, sind lichtscheu. Die Bewohner tieferer Bodenschichten, z. B. *Onychiurus*, können noch bei nur 1% Sauerstoff und bis zu 3,5% Kohlendioxyd in der Bodenluft atmen; Oberflächenarten stellen höhere Ansprüche.

System. Die Unterordnung *Arthropleona* umfaßt S. mit gegliedertem Hinterleib. In der Überfamilie *Poduromorpha*, S. mit gut ausgebildetem Prothorax, dominieren z. B. die hemiedaphischen, pigmentierten *Hypogastruridae* und die euedaphischen, weißen und blinden *Onychiuridae*. Hierzu gehören auch die seit dem Devon belegten *Neanuridae*. In der Überfamilie *Entomobryomorpha* werden vorrangig epidaphische bis atmobiotische Familien mit reduziertem Prothorax zusammengefaßt *(Isotomidae, Entomobryidae, Tomoceridae* u. a.). Die Unterordnung *Symphypleona, Kugelspringer*, mit kuglig verwachsenem Abdomen, wird in 7 Familien geteilt. Hierzu zählen vorrangig mittlere bis große, gut pigmentierte Bewohner der Kraut- und Strauchschicht. Einige winzige, weiße Bewohner des Bodeninneren mit kugligem Hinterleib werden als Unterordnung *Neelipleona* abgetrennt.

Lit.: W. Dunger: Tiere im Boden (3. Aufl. Wittenberg 1983); H. Gisin: Collembolenfauna Europas (Genf 1960); A. Palissa: Collembola, in: P. Brohmer, P. Ehrmann, G. Ulmer: Die Tierwelt Mitteleuropas (Leipzig 1964).

Springspinnen, *Salticidae,* mit etwa 2800 Arten die artenreichste Familie der Spinnen. Die Tiere gehen tagsüber auf Fang aus und springen ihrer Beute, z. B. Fliegen, auf den Rücken, um sie mit den Chelizeren zu packen und ihnen Gift zu injizieren. Die Männchen müssen vor der Begattung genau festgelegte, rituelle Tänze vor den Weibchen aufführen, um deren Beutetrieb auszuschalten. Die S. können außerordentlich gut sehen und z. T. sogar Farben unterscheiden.

Spritzbewegungen, bei Pflanzen eine besondere Form der → Schleuderbewegungen, die zur Verbreitung von Sporen und Samen dienen. Durch S., die durch Platzen einzelner, turgeszent gespannter Zellen zustande kommen, werden z. B. die Askussporen der Schlauchpilze oder die Sporangien von *Pilobolus* weggeschleudert. Bei der Spritzgurke, *Ecballium,* wird bei Berührung der reifen Frucht deren unter einem Turgordruck von etwa 15 MPa stehender Inhalt zusammen mit den Samen einige Meter weit herausgespritzt.

Spritzen, im → Pflanzenschutz angewandte Methode zur Ausbringung von in Lösung, Suspension oder Emulsion vorliegenden → Pflanzenschutzmitteln. Die durchschnittliche Tröpfchengröße beträgt beim S. mehr als 0,15 mm, beim Sprühen dagegen 0,05 bis 0,15 mm und beim Nebeln weniger als 0,05 mm.

Spritzgurke, → Kürbisgewächse.

Spritzloch, *Spiraculum,* vor den Kiemenspalten zwischen Kiefer- und Zungenbeinbogen gelegene kleine Kiemenöffnung der Haifische und einiger ursprünglicher Strahlenflosser. Ein größeres S. haben lediglich Rochen und Engelhaie, bei denen es als Einströmöffnung für das Atemwasser dient. Von den schwanzlosen Lurchen an aufwärts wird das S. zur Paukenhöhle (→ Gehörorgan).

Spritzschäden, Fleckenbildungen auf Blättern oder Früchten oder ähnliche Beeinträchtigungen an Kulturpflanzen, die durch Spritzen von Pflanzenschutzmitteln zu falscher Zeit, in der falschen Konzentration oder auf empfindliche Pflanzenarten hervorgerufen werden.

Spritzwürmer, Sipunculida, ein Stamm der Protostomier mit rund 320 Arten, von denen etwa 15 in der Nord- und Ostsee vorkommen.

Morphologie. Die 1 bis 66 cm langen S. sind annähernd zylindrische, ungegliederte Tiere, deren Körper aus einem dickeren, oft längs- und quergefurchten oder mit Warzen besetzten Rumpf und einem schmaleren Rüssel *(Introvert)* besteht. Der Rüssel nimmt $1/3$ bis $2/3$ der Körperlänge ein, ist in den Rumpf rückziehbar und trägt vorn die fast stets von einem Kranz kurzer Tentakeln umgebene Mundöffnung. Der After ist dorsal weit nach vorn verschoben. Die Leibeshöhle ist ein einheitliches, nicht unterteiltes Zölom. Ein Blutgefäßsystem fehlt. Die S. sind getrenntgeschlechtlich, ihre Hoden bzw. Eierstöcke sitzen der Zölomwand bandartig auf. Die Spermien und Eier gelangen durch die Ausführgänge der einen oder zwei Metanephridien nach außen.

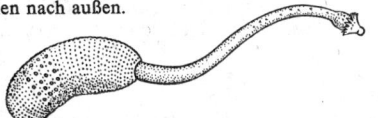

Spritzwurm

Biologie. Die S. leben im Sand- und Schlammgrund hauptsächlich der tropischen Meere vielfach in eigenen Röhren, Felsspalten oder in Gehäusen anderer Tiere. Sie ernähren sich von tierischen oder pflanzlichen Stoffen, die zusammen mit dem Sand oder Schlamm gefressen werden. Die Entwicklung der S. verläuft über ein schwimmendes, der Trochophoralarve der Vielborster ähnliches Larvenstadium.

System. Es werden vier Familien unterschieden, die etwa siebzehn Gattungen umfassen.

Sammeln und Konservieren. S. werden aus ebbenahen Sandböden mit Hilfe des Spatens ausgegraben. Aus größeren Tiefen holt man sie mit einer großen Zackendredge. S. sitzen auch sehr gern in sekundären Hartböden, die aufgebrochen werden müssen. Die Ausstülpung des rüsselartigen Vorderkörpers erfolgt im Laufe der Betäubung, die meist gelingt, wenn man in das Meerwasser 70%igen Alkohol tropft oder salzsaures Kokain zusetzt. Die Konservierung kann sowohl in 70%igem Alkohol als auch in 2%iger Formaldehydlösung erfolgen.

Lit.: Lehrbuch der Speziellen Zoologie. Begr. von A. Kaestner, Hrsg. von H.-E. Gruner. Bd I Wirbellose Tiere, Tl 3, 4l. Aufl. (Jena 1982).

Sprock, → Köcherfliegen.

Sproß, *Trieb,* in der Regel oberirdisch wachsender Teil des Körpers der höheren Pflanze (→ Kormus), der aus der zylindrischen, stabförmigen → Sproßachse und den Blättern (→ Blatt) besteht und sich nach unten in die → Wurzel fortsetzt. Über Sproßbildung an Wurzeln → Adventivsprosse.

Sproßachse, *Stengel, Stamm,* zylindrischer, stabförmiger Teil des Körpers der höheren Pflanze (→ Kormus), der die Blätter trägt, der Stoffleitung zwischen Wurzeln und Blättern dient und häufig Reservestoffe speichert. Oberirdische S. krautiger Pflanzen besitzen Chloroplasten und vollziehen in gewissem Umfang die Photosynthese.

1) Entwicklung der S. Sie nimmt ihren Ausgang vom *Sproßvegetationspunkt,* der sich durch eine ständige Folge von Zellteilungen vom Embryo herleitet und deshalb ein *Urmeristem* darstellt. Der Sproßvegetationspunkt bildet bei Wasserpflanzen oft einen ansehnlichen Kegel, bei den meisten Landpflanzen eine flach gewölbte Kuppe. Die äußeren Zellen des Sproßvegetationspunktes vermehren sich nur durch Zellteilungen, die zur Bildung von Zellwänden senkrecht zur Zelloberfläche *(antikline Zellwände)* führen. Hierdurch kommt es zur Bildung von ein bis fünf mantelförmigen Schichten, die in ihrer Gesamtheit als *Tunika* bezeichnet werden. Die äußere Tunikaschicht wird *Dermatogen* genannt, da sich aus dieser die Epidermis entwickelt. Die Tunikaschichten umhüllen einen inneren Gewebebezirk, das *Korpus.* In diesem kommen auch Zellteilungen vor, die zu parallel zur Oberfläche des Vegetationspunktes angeordneten, d. h. zu *periklinen Zellwänden,* führen. Hierdurch geht einerseits der schlauchförmige Bau der Tunika verloren, andererseits kommt es zu einer Erstarkung (Verdickung) des Vegetationspunktes. An den Vegetationspunkt, die *Initialzone* der S., schließt sich ohne sichtbare Grenze die *Determinationszone* oder *Zone der Organogenese* an (0,02 bis 0,08 mm hinter dem Sproßscheitel), in der der künftige Bauplan des Sprosses, unter anderem eine erste Sonderung in künftiges Rinden-, Strang- (Leitbündel-) und Markgewebe, festgelegt wird, was z. T. aufgrund besonderer Färbemethoden und spezifischer Fermentreaktionen nachweisbar ist. Gleichzeitig werden die Anlagen für die Blätter gebildet, indem sich an bestimmten Stellen auch Tunikaschichten, und zwar meist die zweite Schicht, periklinal teilen. Hierdurch kommt es zu höckerförmigen Vorwölbungen der Tunika, aus denen sich die Blätter entwickeln. Sie werden deshalb als *Blattanlagen* bezeichnet. Die Blattanlagen entwickeln sich oft sehr rasch zu Blättern, die dann oft den Sproßvegetationspunkt schützend umhüllen und eine → Knospe bilden. Die Stellen der S., an denen Blätter inseriert sind, werden als *Stengelknoten (Nodien)* bezeichnet, die blattlosen, sich im Laufe der Entwicklung streckenden Teile der Sproßachse sind die *Stengelglieder (Internodien).* Wenn in der sich an die Determinationszone gleitend an-

Sproßachse

schließenden *Differenzierungszone* oder *Zone der Histogenese* die bereits eingeleiteten Sonderentwicklungen der Zellen bei gleichzeitiger Zellstreckung auch automatisch erkennbar werden, indem sich neben Parenchymgewebe auch Leitgewebe, Festigungsgewebe u. a. herausbilden, können an der Basis der Internodien meristematische Zellen erhalten bleiben, die nach einiger Zeit ihre Teilungstätigkeit wieder aufnehmen und die *interkalaren Vegetationspunkte* bilden. Diese *Restmeristeme* (→ Bildungsgewebe) sorgen für eine rasche, starke Verlängerung der jeweiligen Internodien und tragen, es gibt sie oft an einer S., z. B. am Getreidehalm, in Vielzahl vorhanden sind, zum raschen Schossen der S. bei. Interkalare Vegetationspunkte erzeugen nur Achsenteile. Sie bilden keine Blätter.

2) Anatomie der S. Nach vollendeter Differenzierung ergibt sich der primäre Bau der S. In diesem umgibt die leitbündelfreie Rinde mit der Epidermis den leitbündelführenden Zentralzylinder. Die *Rinde* besteht in der Hauptsache aus Parenchym, das bei den Luftsprossen in den Schichten nahe der Oberfläche Chloroplasten enthält, während die inneren Schichten farblos sein können und oft Reservestoffe speichern. In dem Rindenparenchym ist meist Festigungsgewebe in Form von Kollenchym oder Sklerenchym eingelagert, das den Pflanzensprossen hohe Stand- und Biegungsfestigkeit verleiht. Die innerste Rindenschicht hat in der Regel keine Interzellularen. Sie gleicht bei vielen Wasserpflanzen und Erdsprossen der Endodermis der Wurzel, oder sie enthält in den Luftsprossen große, leichtbewegliche Stärkekörner und ist als eine Stärkescheide anzusehen. Vielfach ist aber eine deutliche Abgrenzung der Rinde gegenüber dem Zentralzylinder nicht vorhanden. Im *Zentralzylinder*, aus dessen äußerster Schicht, dem *Perizykel*, die sproßbürtigen Wurzeln hervorgehen können, sind bei den zweikeimblättrigen Pflanzen und bei den Nacktsamern die Leitbündel in einem Kreis angeordnet und durch radiale Streifen von Parenchymgewebe, die *Markstrahlen*, voneinander getrennt. Letztere dienen unter anderem dem Stoffaustausch zwischen Mark und Rinde. In den Leitbündeln weist das Phloem nach außen, das Xylem nach innen. Zwischen Phloem und Xylem verbleibt oft bei zweikeimblättrigen Pflanzen eine Zone von meristematischem Gewebe, das *Kambium*, das im Verlauf des sekundären Dickenwachstums wieder aktiv wird. Die Leitbündel mit derartigem Bau nennt man *offene kollaterale Bündel*. Innerhalb des Leitbündelringes liegt eine zentrale Zone von großzelligem Parenchymgewebe, das *Mark*. Die einkeimblättrigen Pflanzen besitzen Leitbündel, bei denen sich Phloem- und Xylemgewebe berühren, ohne daß Kambium zwischengeschaltet ist. Diese *geschlossen kollateralen Bündel* sind im Monokotylenstengel nicht in einem Kreis, sondern zerstreut angeordnet. Nach außen zu finden sich im Querschnitt zahlreiche kleinere Bündel. Nach innen zu werden die Bündel seltener und größer. Mark und Markstrahlen gibt es bei einkeimblättrigen Pflanzen nicht. Im Zentralzylinder mancher Erdsprosse, z. B. des Wurzelstocks des Maiglöckchens sowie einiger einkeimblättriger Pflanzen, befinden sich konzentrische Bündel mit Außenxylem. In derartigen Bündeln umgibt das Xylem das im Innern gelegene Phloem. Im Zentralzylinder der meisten Farne sind demgegenüber konzentrische Bündel mit Innenxylem vorhanden, bei denen ein zentraler Xylemstrang allseits von Phloem umgeben ist. Im Zentralzylinder bestimmter Bärlappgewächse finden sich wie in den Wurzeln *radiale Leitbündel*. Diese enthalten jeweils mehrere Gefäß- und Siebstränge, die durch Parenchymgewebe voneinander getrennt sind, miteinander abwechseln und wie die Speichen eines Rades angeordnet sind. Im Querschnitt ergibt sich demnach eine sternförmige Figur.

Die Leitbündel aller Typen sind oft von einer *Bündelscheide* umgeben, die entweder aus Parenchym mit Stärkekörnern oder aus Sklerenchym besteht und an bestimmten Stellen zum besseren Austausch von Wasser und Nährstoffen zwischen Bündel und Parenchym *Durchlaßstreifen* besitzen kann. Die Anordnung der Leitbündel in der S. der einzelnen Pflanzengruppen ist sehr unterschiedlich und typisch. Als ursprünglich ist ein einziges zentrales Bündel anzusehen, wie es in der S. mancher Farnpflanzen, Holzgewächse und Kräuter vorkommt. Dieses zentrale Leitbündel ist dann meist die direkte Fortsetzung des Wurzelbündels. Sind im Stengel mehrere Bündel vorhanden, so bilden sie die Fortsetzungen einer bestimmten Aufgliederung des Wurzelbündels. Verlaufen die Bündel nur in der S., ohne in die Blätter auszubiegen, nennt man sie *stammeigen*. Sie sind bei vielen Farnen als netzartig durchbrochene Rohre vorhanden, an die sich die *blatteigenen* Leitbündel anschließen, wenn sie aus den Blättern ausgetreten sind. In vielen Fällen aber biegen die Stengelbündel der Samenpflanzen, nachdem sie eine bestimmte Strecke in der S. zurückgelegt haben, in die Blätter ein, ohne daß sich eine scharfe Grenze zwischen stamm- und blatteigenen Bündeln ziehen läßt. Man spricht in diesen Fällen von gemeinsamen Bündeln. Die Gesamtheit der Bündel, die in ein Blatt einbiegen, wird als *Blattspur* bezeichnet. In den Knoten der Achsen sind die einzelnen Blattspurbündel meist durch stammeigene, querverlaufende Stränge verbunden. Der Bündelverlauf ist bei den einzelnen Pflanzenarten sehr unterschiedlich, aber innerhalb einer Art typisch und sehr regelmäßig.

Mit einer möglichen phylogenetischen Ableitung der Leitbündeltypen voneinander und ihrer Anordnung in der Achse beschäftigt sich die *Stelärtheorie*. Nach dieser bildet die *Stele*, d. h. der Zentralzylinder mit der Gesamtheit seiner Leitungsbahnen, seiner stammesgeschichtlichen Herkunft nach eine morphologisch-funktionelle Einheit. Diese läßt sich auf die zentral gelegene Tracheidensäule der Urlandpflanzen, die *Protostele*, zurückführen, deren innere, parenchymatische Gewebebezirke von einem Mantel aus noch verhältnismäßig wenig differenzierten, langgestreckten, mit ihren zugespitzten Enden gleichsam ineinandergekeilten, d. h. *prosenchymatischen Zellen*, umgeben ist, die als primitives Phloem gedeutet werden. Noch heute sind die Jungstadien vieler Farne mit typischen Protostelen ausgestattet. Durch Zerklüftung und Aufspaltung eines derartigen Stelenkörpers kann es zur Ausbildung einer *Polystele* kommen, die ein über die gesamte Querschnittsfläche verteiltes System einzelner Leitbündelstränge darstellt, wie es z. B. beim Adlerfarn zu finden ist. Aus dieser kann man sich die *Eustele* der Samenpflanzen entstanden denken, indem mit der im Laufe der Stammesgeschichte eingetretenen Verdickung der Stämme eine periphere Anordnung der Einzelbündel eingetreten ist. Auf weitere Stelentypen und Alternativhypothesen soll nicht eingegangen werden.

3) Das Dickenwachstum der S. ist die Voraussetzung dafür, daß eine der Größenzunahme von Wurzel und Sproß entsprechende Anzahl von Leitungsbahnen für den Transport von Wasser, Mineralstoffen und Assimilaten sowie ausreichend Festigungsgewebe entstehen können. Der Verdickung der S. liegen zwei Prozesse zugrunde, das primäre und das sekundäre Dickenwachstum. Das *primäre Dickenwachstum (Erstarkungswachstum)* spielt sich in unmittelbarer Nähe des Vegetationspunktes ab und hält nur eine begrenzte Zeit an. Pflanzen mit ausschließlich primärem Dickenwachstum, zu denen die meisten einkeimblättrigen Pflanzen zählen, bleiben daher notwendigerweise schlank, wie z. B. die Palmen. Das primäre Dickenwachstum der Einkeimblättrigen nimmt seinen Ausgang von einer mantelförmigen, zwischen Tunika und Korpus gelegenen *Meri-*

stemzone, in der sich die Zellen fortgesetzt periklinal teilen. Bei vielen Einkeimblättrigen, z. B. bei den Getreidearten, ist die Tätigkeit dieser Meristemzone gering, und die S. bleibt sehr dünn. Bei den Palmen erreichen demgegenüber die vom Meristemmantel gebildeten Gewebe eine solche Mächtigkeit, daß die spitzenfernen Teile des Vegetationskegels an diesem vorbeigeschoben werden und ihn gewissermaßen übergipfeln. Hierdurch kommt der eigentliche Vegetationspunkt in einer als *Scheitelgrube* bezeichneten kraterförmigen Vertiefung zu liegen. Bereits in kurzer Entfernung vom Vegetationspunkt stellt der primäre Meristemmantel seine Teilungstätigkeit ein. Der bis dahin erreichte, z. T. beachtliche Durchmesser der S. wird bis zum Tod der einkeimblättrigen Pflanze beibehalten. Bei den zweikeimblättrigen Pflanzen vollzieht sich das primäre Dickenwachstum nicht mit Hilfe einer ringförmigen Zone meristematischen Gewebes, sondern es beruht auf einer in unmittelbarer Nähe des Vegetationskegels erfolgenden unregelmäßigen Zellvermehrung des Markparenchyms (medulläre Form des primären Dickenwachstums, z. B. bei der Knolle des Kohlrabi, des Sellerie bzw. der Kartoffel) oder des Rindenparenchyms (kortikale Form des primären Dickenwachstums, z. B. bei Kakteen und in begrenztem Ausmaß bei der Kartoffelknolle). Diese primären Wachstumsvorgänge können ebenfalls solche Ausmaße erreichen, daß sich Scheitelgruben bilden, z. B. bei der Kartoffelknolle die »Augen«.

Das *sekundäre Dickenwachstum* stellt eine nachträgliche Verdickung der S. der zweikeimblättrigen Pflanzen und Nacktsamer dar, die erst dann in Gang kommt, wenn sich das primäre Dickenwachstum des betreffenden Sproßabschnitts seinem Abschluß nähert. Es geht vom *Kambium* oder *Verdickungsring* aus. Hierunter wird eine ringförmige Zone meristematischen Gewebes mit schmalen, langgestreckten Zellen verstanden. Die Bildung des Kambiums nimmt von einem Rest des Urmeristems ihren Ausgang, der in den offenen kollateralen Bündeln zwischen Xylem und Phloem erhalten geblieben ist und sich schließlich zu den Zellen des *Bündelkambiums (faszikuläres Kambium)* umbildet. Ausgehend von diesen Bündelkambien wandeln sich auch benachbarte Parenchymzellen der Markstrahlen zu Kambiumzellen um, die in ihrer Gesamtheit das *Zwischenbündelkambium (interfaszikuläres Kambium)* darstellen.

Als Ergebnis liegt schließlich ein geschlossener Kambiumring vor, der nach außen und innen Zellen abgibt. Dabei kommt es vor allem zu einer Vermehrung des Leitgewebes. Bereits vorhandenem Xylem wird neues Xylem hinzugefügt, wobei sich die Leitbündel immer mehr verbreitern. Im Bereich des Zwischenbündelkambiums wird parenchymatisches Markstrahlgewebe erzeugt. Hierdurch werden die Mark und Rinde verbindenden primären Markstrahlen in dem Maße verlängert, in dem die S. an Umfang gewinnt. Zu einer Verbreiterung der Markstrahlen kommt es jedoch nicht. An bestimmten Stellen bildet das Bündelkambium statt Xylem- bzw. Phloemelementen Parenchymzellen aus, die sekundären Markstrahlen, die blind im Xylem bzw. Phloem enden. Alle vom Kambium nach innen abgegebenen Gewebselemente werden, unabhängig von der Art und Weise ihrer Differenzierung, als → Holz, alle nach außen abgegebenen als → Bast bezeichnet. Durch die fortgesetzte Bildung von Holzelementen wird der Kambiumring immer weiter nach außen geschoben. Er muß daher ebenso wie der außerhalb gelegene Bast seinen Umfang durch antiklinale Zellteilungen ständig vergrößern. Dieser Vorgang wird als *Dilatation* bezeichnet. Infolge eines starken sekundären Dickenwachstums werden die Epidermis und die primäre Rinde meist aufgerissen und oft zerstört. Das primäre Abschlußgewebe muß dann durch ein sekundäres ersetzt werden. Die Bildung dieses sekundären → Abschlußgewebes, das als *Korkgewebe* oder *Periderm* bezeichnet wird, erfolgt durch ein neu entstehendes Folgemeristem, das *Korkkambium* oder *Phellogen.*

4) V e r z w e i g u n g d e r S. Vor allem einjährige Pflanzen bleiben oft unverzweigt. Kommt es zur Verzweigung der S., so ist zwischen dichotomer Verzweigung (Bärlappgewächse und einige diesen nahestehenden Gruppen der Farnpflanzen) und seitlicher Verzweigung (übrige Farnpflanzen, alle Samenpflanzen) zu unterscheiden. Bei der *dichotomen* Verzweigung teilt sich der Sproßscheitel in zwei neue Scheitel. Diese können entweder gleich groß oder gleichwertig sein (isotome dichotome Verzweigung), oder der eine Scheitel übertrifft in seiner Größe den anderen (anisotome dichotome Verzweigung). Bleibt die Entwicklung des kleineren Scheitels gegenüber derjenigen des großen zurück, so wird seitliche Verzweigung vorgetäuscht.

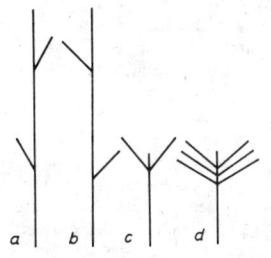

Verzweigungstypen: *a* Monopodium, *b* Sympodium, *c* Dichasium, *d* Pleiochasium

Die *seitliche* Verzweigung geht von *Seitenknospen (Achselknospen)* aus, die sich in der Regel als periphere (exogene) Auswüchse des Muttersprosses an der Basis der Blattanlagen bilden, und zwar wie diese spitzenwärts fortschreitend, d. h. akropetal. Das Blatt, in dessen Achsel die *Seitensprosse (Achselsprosse)* entstehen, wird als *Trag-, Stütz-* oder *Deckblatt* bezeichnet. Durch interkalare Wachstumsvorgänge im basalen Gewebe bedingt, können die einzelnen Knospen viel höher am Stengel sitzen als ihre Tragblätter *(Konkauleszenz),* oder die Achselknospe kann auf die Basis des Blattprimordiums verschoben sein *(Rekauleszenz).*

Ordnen sich die Seitenachsen in ihrer Entwicklung der Mutterachse unter, d. h. bleiben sie in ihrer Entwicklung hinter dieser zurück, so entsteht ein *monopodiales Sproßsystem.* Bei diesem geht eine echte, einheitliche Hauptachse, das *Monopodium,* durch das gesamte Verzweigungssystem hindurch (z. B. Fichte, Tanne, andere Nadelhölzer, Pappel). Werden demgegenüber die Seitenachsen stärker als die Hauptachse gefördert, so entsteht ein *sympodiales Sproßsystem.* Setzt jeweils ein Seitensproß, der die Hauptachse zur Seite drängt und diese zu einem scheinbaren Seitensproß werden läßt, die Verzweigung fort, so spricht man von *monochasialer Verzweigung.* Indem sich die Seitenachse 1. Ordnung in die Richtung der Mutterachse einstellt, die Seitenachse 2. Ordnung in die der Seitenachse 1. Ordnung usw., kommt es zur Bildung eines *Scheinstammes (Sympodium),* der ein Monopodium vortäuschen kann (z. B. Weinstock, Linde, Hainbuche). Setzen jeweils 2 Seitenzweige gleicher Ordnung die Verzweigung fort, so entsteht ein *Dichasium* (Mistel, Kreuzdorn, Flieder). Wenn drei und mehr Achselknospen zu einander gleichwertigen, die Mutterachse übergipfelnden Seitensprossen austreiben, kommt es zur Bildung von *Pleiochasien* (z. B. trugdoldige Blütenstände der Wolfsmilch). Oft entwickeln sich an einer S. die Seitenzweige unterschiedlich stark. So entstehen z. B. bei Obstbäumen spitzenwärts *Langtriebe,* d. h. Seitensprosse mit gestreckten Internodien und meist unbegrenztem Wachstum. In der mittleren Region entstehen demgegenüber *Kurztriebe,* d. h. Seitensprosse mit gestauchten Internodien und

Sproßdornen

beschränkter Längenentwicklung. Bei vielen Obstbäumen, z. B. bei Apfel, Birne und Kirsche, ist die Blütenbildung auf die Kurztriebe beschränkt. *Erneuerungs- (Innovations-) Sprosse* treten auf, wenn der primäre Sproß unter Blütenbildung oder infolge Erschöpfung sein Wachstum abschließt oder einstellt. *Bereicherungssprosse* erhöhen die Zahl der Blätter und Blüten.

5) Metamorphosen der S. Die S. mancher Pflanzen zeigen morphologische und funktionelle Anpassungen an besondere ökologische Bedingungen oder sonstige spezielle Anforderungen. In trockenem Klima z. B. können die Blätter fehlen, die S. enthält dann Blattgrün zum Assimilieren. Derartige Pflanzen nennt man *Rutensprosse (Rutensträucher)*. Als Anpassungen an trockene Standorte sind auch die *Phyllokladien* zu werten. Diese stellen blattartig ausgebildete Seitenachsen dar, die anatomisch Laubblättern ähnlich sind und auch die Assimilation übernehmen. Sind Phyllokladien als *Flachsprosse* ausgebildet, nennt man sie *Platykladien;* haben sie eine nadelblattartige Form, werden sie als *Kladodien* (z. B. Spargel) bezeichnet. *Sukkulente Sprosse* (z. B. Kakteen) haben fleischig verdickte S., die der Wasserspeicherung dienen. Im Dienste der Stoffspeicherung stehen *Rhizome (Wurzelstöcke)*.

Hierunter werden ausdauernde, zumeist unterirdisch wachsende, bisweilen auch kletternde Sproßachsen mit kurzen, verdickten Internodien verstanden (z. B. Spargel, Schwertlilie). Bei starker Internodienstauchung und kräftigem Dickenwachstum der Internodien entstehen (zumeist einjährige) *Sproßknollen* (z. B. Kohlrabi). Bei der Knolle des Alpenveilchens ist auch das Hypokotyl in die Verdickung einbezogen. Reine *Hypokotylknollen* finden sich bei der Roten Rübe und bestimmten Radieschensorten.

Schwellen die Enden von Ausläufern knollenförmig an, so spricht man von *Ausläuferknollen*. An unterirdischen Ausläufern entstehen z. B. die Kartoffelknollen, die Knollen der Erdmandel und des Knollenziest. Als Speicherorgane dienen ferner die *Zwiebelsprosse*, die denen an einem scheibenförmig abgeflachten Körper mit extrem gestauchten Internodien, der als Zwiebelscheibe oder Zwiebelkuchen bezeichnet wird, verdickte, der Stoffspeicherung dienende Blätter inseriert sind. *Sproßdornen* sind zu Dornen umgewandelte Kurztriebe (z. B. Schlehe, Sanddorn, Ginster, Hauhechel). Verzweigte, dreispitzige Dornen treten bei der Gleditschie (Christusdorn) auf. Gelegentlich entwickeln Sproßdornen noch kleine, zumeist hinfällige Blätter. Bisweilen können Dornen auch Assimilationsfunktionen übernehmen. *Sproßranken* sind umgebildete, für Berührungsreize empfindliche Seitensprosse, die der Anheftung kletternder Sprosse an Unterlagen dienen, z. B. bei der Weinrebe und bei Passionsblumengewächsen.

Bei Schmarotzerpflanzen und Xerophyten zeigt sich oft eine starke Reduktion der S.; sie kann bis zum vollständigen Fehlen von Laubblättern gehen.

Sproßdornen, → Sproßachse.
Sprosser, → Drosseln.
Sproßknollen, → Knollenbildung. → Sproßachse.
Sproßkonidien, *Blastosporen,* durch → Sprossung gebildete Sporen ein- oder mehrzelliger Pilze. S. sind häufig zu verzweigten Zellketten vereint. Sie kommen vor allem bei einigen Hefearten vor.
Sproßmutation, → Chimäre.
Sproßmyzel, → Myzel.
Sproßpflanzen, *Kormophyten,* Pflanzen einer bestimmten Organisationsstufe, die im Gegensatz zu den → Lagerpflanzen in Wurzel und Sproß gegliedert sind. In den meisten Fällen trifft dies auf die Vertreter der beiden Abteilungen des Pflanzenreiches *Pteridophyta* (→ Farnpflanzen) und *Spermatophyta* (→ Samenpflanzen) zu.

Sproßranken, → Sproßachse.
Sproßscheitel, → Bildungsgewebe.
Sproßstreckung, eine Form des → Streckungswachstums von Pflanzenstengeln durch Zellstreckung in bestimmten Wachstumszonen, die hauptsächlich in der Sproßspitze hinter dem Vegetationskegel liegen (→ Spitzenwachstum) und außerdem vielfach in der Nähe der Knoten vorhanden sind (→ interkalares Wachstum).
Sproßsystem, → Sproßachse.
Sprossung, eine Form der vegetativen Vermehrung (→ Fortpflanzung), bei der eine neue Zelle *(Sproßzelle)* durch Abschnürung von einer Elternzelle gebildet wird. S. finden wir verbreitet bei Hefen. Ferner können z. B. Basidiosporen durch S. entstehen. Bei der *bipolaren* S. werden die Sprosse an den Zellenden ovaler oder länglicher Zellen gebildet, während sie bei der *multilateralen* S. nach allen Richtungen entstehen. Werden Tochterzellen nicht von der Mutterzelle abgeschnürt, so kommen lockere *Sproßverbände* zustande. Der der S. entsprechende Vorgang bei Tieren wird Knospung (→ Fortpflanzung) genannt.
Sproßverbände, Sproßzelle, → Sprossung.
Sprotte, *Sprattus sprattus,* bis 15 cm langer Heringsfisch, der in Schwärmen an der europäischen Küste vorkommt. Am Bauchkiel bilden scharfe Schuppen eine Reihe von Sägezähnen. Zur Laichzeit tritt ein goldfarbener Seitenstrich deutlich hervor. Die S. ist ein wichtiger Nutzfisch.
Sprühen, → Spritzen.
Sprunggabel, → Springschwänze.
Sprungschicht, → See.
Spulwürmer (Tafel 43), zur Ordnung *Ascaridida* gehörende große Fadenwürmer mit spindelförmigem Körper und drei Lippen am Vorderende, die im Darm von Wirbeltieren schmarotzen. Der bis 40 cm lange Menschenspulwurm, *Ascaris lumbricoides,* lebt im Dünndarm des Menschen und der Schweine; er kann durch Verstopfung oder Perforation des Darmes und durch Giftwirkung schwere Erkrankungen hervorrufen. Die Infektion erfolgt durch Verschlucken der Eier mit der Nahrung, meist durch rohes, unsauberes Gemüse oder Obst. Die im Darm schlüpfenden Larven wandern mit dem Blutstrom zur Lunge, von da aus durch die Luftröhre in den Mund, werden verschluckt und wachsen dann im Darm heran. Ähnliche S. kommen z. B. bei Pferd, Hund, Katze und beim Geflügel vor.
Spumavirinae, → Virusfamilien.
Spurenelemente, in kleinsten Mengen für die Funktionstüchtigkeit von Organismen erforderliche chemische Elemente, zu denen vor allem Bor, Kupfer, Eisen, Mangan, Molybdän und Zink gehören. Der Mangel von S. ruft bei Mensch, Tier und Pflanze schwere physiologische Schäden hervor. Bekannte Mangelerscheinungen sind die Herz- und Trockenfäule (Bor) sowie die Dörrfleckenkrankheit des Hafers (Kupfer).
Squalen, ein zu den Triterpenen gehörender Kohlenwasserstoff mit sechs Doppelbindungen, ein farbloses Öl. S. wurde zuerst aus Haifischleber isoliert, es ist in vielen tierischen und pflanzlichen Ölen in geringer Menge enthalten. Die Verbindung entsteht in der lebenden Zelle aus Azetyl-Koenzym A (→ Koenzym A) über Isopentenylpyrophosphat und tritt als wichtige Zwischenstufe bei der Biosynthese der Steroide auf.

Squamata, → Schuppenkriechtiere.
SR, → endoplasmatisches Retikulum.
ssp., Abk. für Subspecies, → Unterart.
Staatenbildung, bei Tieren höchstentwickelte Form eines Verbandes auf der Basis einer Familiengemeinschaft (→ Soziologie der Tiere). Die Angehörigen zeigen Arbeitsteilung, oft auf der Grundlage entsprechender morphologischer und physiologischer Differenzierung (Kastenbildung). *Tierstaaten* erhalten sich über mehrere Jahre und stellen gewissermaßen einen Organismus höherer Ordnung dar.

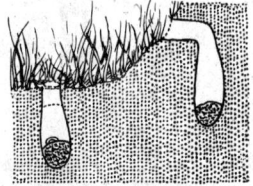

1 Nestanlagen der solitären Biene *Osmia papaveris*; die Zellen sind mit Mohnblütenblättern austapeziert (nach Goetsch 1953)

S. gibt es nur bei Insekten (Termiten, Ameisen und Bienen). Während Termiten und Ameisen durchweg staatenbildend sind, existieren in der Verwandtschaft der Bienen zahlreiche Übergänge von solitären zu staatenbildenden Formen. Diese Vorstufen staatlichen Lebens geben für die Deutung der S. interessante Aufschlüsse.

Viele solitäre Hautflügler legen bereits einen Nahrungsvorrat für ihre Nachkommen an und müssen dafür entsprechende Vorratszellen bauen (z.B. die Mohnbiene, *Osmia papaveris*). Oft unterstützen die älteren Töchter das Muttertier durch weiteren Zellenbau, z.B. bei der Furchenbiene *Halictus malachurus*. Das Muttertier legt weiter die Eier, während die Töchter ausschließlich die Pflege der Nachkommen übernehmen. Dies ist bei den Hummeln der Fall, die gleichzeitig den Zellenbau durch Verwendung körpereigenen Wachses weiter vervollkommnen, auch bei Faltenwespen (Wespen und Hornissen), die ihre Zellen schon zu sechseckigen Waben zusammenfügen. Über längere Zeit erhalten sich die Familiengemeinschaften der stachellosen Bienen (Meliponinen) der Tropen, die bereits echte Arbeiterinnen besitzen, also nicht nur verkümmerte Weibchen wie bei den Hummeln, sondern mit Sondermerkmalen (z. B. Wachsdrüsen) versehene Tiere. Echte S. beruht auf folgenden Merkmalen:

1) **Wohnbauten.** Brutpflege, Nahrungsspeicherung und Schutz des Staates werden durch mannigfaltige ober- und unterirdische Bauten sichergestellt, die unter Benutzung von Fremdstoffen (Erde, Holz, Pflanzenteile) und körpereigenen Stoffen (Speichel, Kot, Wachs) errichtet werden (→ Tierbauten).

2) **Kollektives Nahrungsverhalten.** Die Gemeinschaft so zahlreicher Individuen (Bienenvölker 35000 bis 50000, Wanderameisen bis 20 Millionen) auf engem Raum schafft für die Ernährung besondere Probleme. Bienen als Fliegenvölker nutzen ihren Aktionsradius und legen Vorräte (Honig) an. Auch Termiten und Ameisen tragen Vorräte ein (Ernteameisen). Die Nutzung ektosymbiontischer Organismen durch Anlage von Pilzkulturen (*Hypomyces*, *Rhozites*) auf Nährsubstraten (zerkautem Holz oder Blättern, Kot) ist bei Termiten und Ameisen verbreitet (→ Symbiose).

Die *Trophobiosen* (→ Beziehungen der Organismen untereinander) vieler Ameisen mit Blatt- und Staubläusen nutzen deren zuckerhaltigen Kot (Honigtau); die Ameisen pflegen und schützen die Blattläuse als ihre »Milchkühe«. Die Treiberameisen (*Dorylidae*) leben räuberisch und nomadisieren zeitweise.

3) **Arbeitsteilung.** Ernährung, Errichten der Wohnbauten, Brutpflege und Schutz werden durch arbeitsteilige,

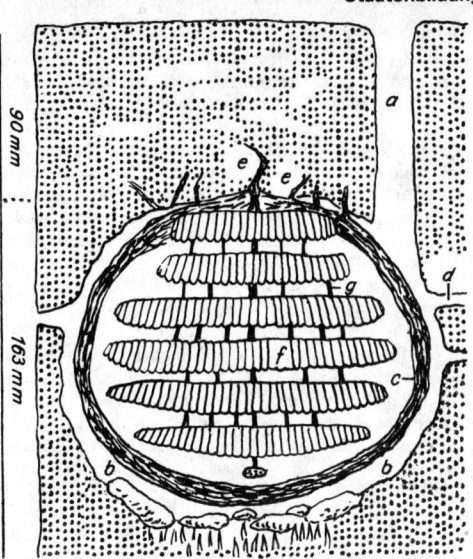

2 Schnitt durch ein Wespennest (*Vespa germanica*): *a* Eingang, *b* gegrabene Höhle, *c* Nesthülle aus Papiermasse, *d* Nebengalerien, *e* Deckenbefestigungen, *f* Waben, *g* Säulchen (nach Janet)

differenzierte Tätigkeiten sichergestellt. Am schärfsten ist die Trennung der Fortpflanzungsfähigkeit von den übrigen Verrichtungen und die Beschränkung auf ein oder wenige Geschlechtstiere (bei Termiten ein Königspaar, bei den übrigen eine oder mehrere Königinnen). Die Masse der Individuen hat verkümmerte Geschlechtsorgane und fungiert als Arbeiter, Arbeiterinnen oder Soldaten. Vielfach ändern sich die Funktionen, bei der Honigbiene in der Folge Zellenreinigung, Larvenfütterung, Futterverarbeitung und Zellenbau, Wachdienst und zuletzt Futtersammeln.

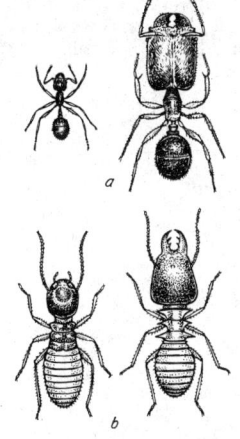

3 Verschiedene Funktionstypen bei staatenbildenden Insekten: *a* Arbeiterin und Soldat der Ameisen, *b* Arbeiter und Soldat der Termiten

4) **Kommunikation.** Das komplizierte Zusammenwirken zahlreicher Individuen verlangt leistungsfähige Verständigung, also hochentwickelte Sinnesorgane und Assoziationszentren im Gehirn. Optische, chemische und mechanische Signale dienen der gegenseitigen Erkennung und Verständigung, z.B. über Futterquellen, der Wegemarkierung und der Alarmierung. Termiten alarmieren durch Klopfsignale, Ameisen verständigen sich durch Berührungen und erkennen sich am Nestgeruch. Bienen teilen Entfernung und Richtung einer Trachtquelle durch gerichtete

Staatsquallen

Bewegungen (Tänze) mit. Als Bezugsgröße dient der Sonnenstand bzw. das polarisierte Himmelslicht, im dunklen Stock jedoch die Erdschwerkraft. Eine genaugehende »innere Uhr« berücksichtigt den sich ändernden Sonnenstand.

5) Soziale Regulation. Entscheidende Funktionen im Tierstaat werden durch → Pheromone gesteuert. Durch Abgabe eines Hemmstoffes wird die weitere Aufzucht von Königinnen im Bienenstaat verhindert. Die Ausbildung der weiblichen Geschlechtstiere hängt von der andersartigen Qualität des gebotenen Futters ab.

Das Kennzeichen der *Insektenstaaten* ist die instinktgebundene Einordnung des Individuums unter die funktionelle Ordnung seines Staates als Überorganismus. Damit tritt das Individuum wieder in die Anonymität zurück und wird austauschbar.

Es ist interessant, daß sich Ameisen und Bienenarten als Schmarotzer, Räuber oder Sklavenhalter Nahrung, Arbeitsleistungen oder die Brut anderer Arten zunutze machen.

Lit.: K. v. Frisch: Aus dem Leben der Bienen (Berlin, Göttingen, Heidelberg 1953). W. Goetsch: Vergleichende Biologie der Insektenstaaten (Leipzig 1953).

Staatsquallen, *Siphonophora,* Ordnung der Klasse *Hydrozoa,* frei im Meer schwebende Polypenstöcke mit großer Vielgestaltigkeit der Einzelpolypen. Den oberen Pol des Stockes bildet eine der Fortbewegung des ganzen Stockes dienende sterile Meduse ohne Mund und Tentakel, die Schwimmglocke; oft sind auch mehrere Glocken vorhanden. Vor der Glocke hängt ein langer Faden mit Seitenzweigen herab, an denen Freßpolypen und Nesselkapselbatterien stehen und an denen Geschlechtsmedusen knospen. Manche Arten tragen am obersten Ende auch noch einen → Pneumatophor, mit dessen Hilfe die Tiere im Wasser auf- und absteigen können. Bei einigen Formen ist die Schwimmglocke mit Luft gefüllt und ragt wie ein Segel über die Wasseroberfläche. Die Nahrung (kleine Fische, Ruderfußkrebse u. a.) wird mit Hilfe der oft außerordentlich langen Fangfäden gefischt.

Es sind 150 Arten bekannt, die alle in der Hochsee leben und wunderbar bunt gefärbt sind. Zu ihnen gehören z. B. die → Portugiesische Galeere und die → Segelqualle.

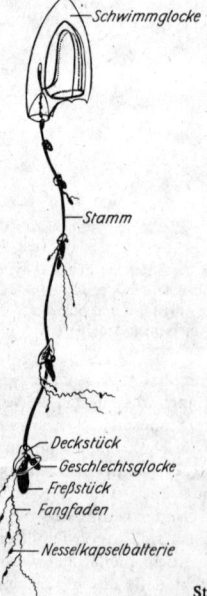

Staatsqualle *Muggiaea*

Stäbchen, → Lichtsinnesorgane.
Stäbchenbakterien, nach ihrer zylinderförmigen Zellgestalt bezeichnete Bakterien, die einzeln, in Paaren oder in Ketten liegen können. Die S. gehören verschiedenen systematischen Gruppen an.

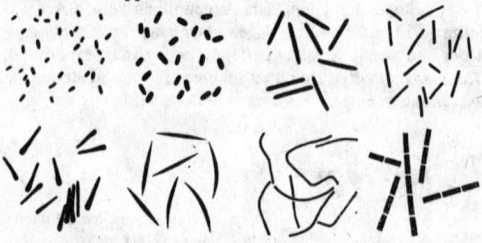

Verschiedene Formen von Stäbchenbakterien

Stäbchenkugler, → Doppelfüßer.
Stäbchensaum, → Mikrovilli.
Stabheuschrecken, → Gespenstheuschrecken.
Stachelaalverwandte, *Mastacembeloidei,* zu den Barschartigen gehörende aal- bis bandförmige Fische mit rüsselartig beweglicher Schnauze; Binnengewässer Afrikas und Süd- bis Ostasiens.

Stachelbeergewächse, *Grossulariaceae,* eine Familie der Zweikeimblättrigen Pflanzen mit etwa 150 Arten, die hauptsächlich in der gemäßigten Zone der nördlichen Erdhalbkugel vorkommen. Es sind Sträucher mit einfachen, häufig gelappten, wechselständigen Blättern. Die Blüten sind meist klein, 4- bis 5zählig und überwiegend in traubenähnlichen Blütenständen angeordnet. Sie werden von Insekten bestäubt. Die einfächerigen, unterständigen Fruchtknoten entwickeln sich zu Beeren, die von manchen Arten als Obst verwendet werden, wie von der in Europa

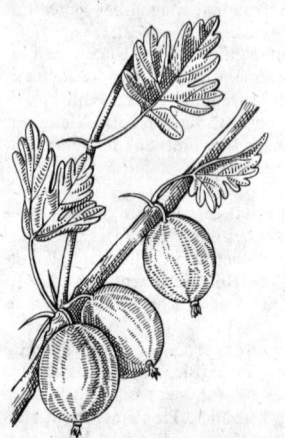

Stachelbeere, fruchtender Zweig

und Asien beheimateten, durch das Vorhandensein von einfachen oder geteilten Stacheln gekennzeichneten *Stachelbeere, Ribes uva-crispa,* und der *Roten Johannisbeere, Ribes rubrum,* aus Westeuropa. Auch die in Europa und Asien an feuchten Orten wild vorkommende *Schwarze Johannisbeere, Ribes nigrum,* wird wegen ihrer vitaminreichen Früchte häufig kultiviert. Einige Vertreter der Gattung *Ribes* sind beliebte Zierpflanzen, besonders die auch als Veredlungsunterlage für hochstämmige Stachel- und Johannisbeeren benutzte gelbblühende **Goldjohannisbeere,** *Ribes aureum,* und die rotblühende, eigenartig duftende **Blutjohannisbeere,** *Ribes sanguineum.* Beide stammen aus Nordamerika.

Stacheldinosaurier, → Stegosaurus.

Stachelhäuter

Stachelhäuter, *Echinodermata,* Stamm der Deuterostomier. Die S. sind die wohl eigenartigsten Tierformen und wirken innerhalb der Tierwelt als ausgesprochene Fremdlinge. Sie sind im erwachsenen Zustand radiärsymmetrisch, meist fünfstrahlig gebaut und von kelch-, stern-, kugel-, scheiben- oder walzenförmiger Gestalt (Abb. 1). Alle Arten leben im Meer, fast immer auf dem Meeresboden. Charakteristisch für den gesamten Stamm sind die kalkigen Skelettelemente, die im Unterhautgewebe entstehen und – wie bei den Seewalzen – winzige Körperchen bleiben oder – wie bei den übrigen Klassen – als große Platten den ganzen Körper bedecken; oft tragen die Platten stachelige Anhänge. Die Fünfstrahligkeit ist äußerlich gut sichtbar durch die Anordnung der Körperfortsätze (Arme) und der Skelettplatten. Innerlich wird sie deutlich durch den Verlauf der Zölomkanäle und der Nervensysteme. Im Zentrum des fünfstrahligen Gebildes und meist dem Meeresboden zugekehrt, liegt die Mundöffnung; diese Körperseite wird Oralseite genannt. Auf der entgegengesetzten, aboralen Seite mündet der After. Eine Bauch- und Rückenseite ist nicht zu unterscheiden.

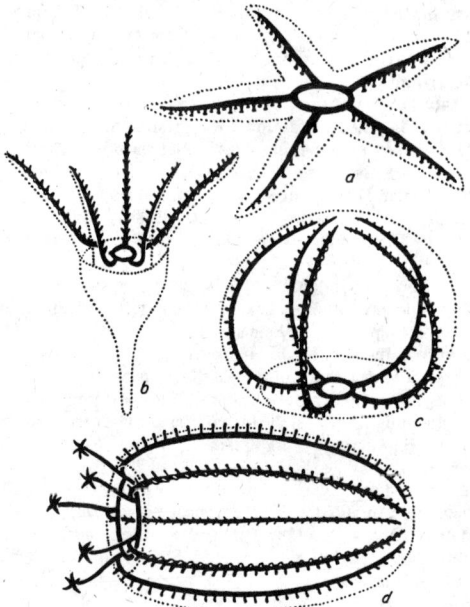

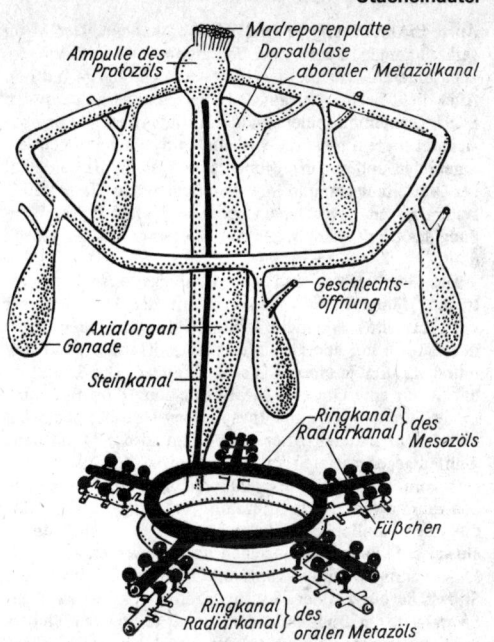

2 Schema der Zölomräume eines Stachelhäuters, Mesozöl mit Füßchen schwarz

1 Habitustypen der Stachelhäuter: *a* Seestern, *b* Haarstern, *c* Seeigel, *d* Seewalze. (Mesozölkanäle mit Füßchen und Tentakeln schwarz)

Die von anderen Tierstämmen völlig abweichenden Symmetrieverhältnisse sind sekundär entstanden und treten erst im Verlaufe der Entwicklung auf. Die Larven der S. sind bilateralsymmetrisch gebaut und enthalten wie die Eichel- und Bartwürmer drei hintereinanderliegende Zölomabschnitte, und zwar Proto-, Meso- und Metazöl, die bei den S. gewöhnlich als Axo-, Hydro- und Somatozöl bezeichnet werden. Erst während einer tiefgreifenden Metamorphose entsteht die fünfstrahlige Gestalt. Die Umwandlung beginnt damit, daß sich bei der Larve die linke Mesozölblase ringförmig um den Vorderdarm biegt und dann fünf fingerförmige Ausbuchtungen aussendet, die zu langen Schläuchen, den Radiärkanälen, auswachsen. Der damit gewonnenen Fünfstrahligkeit ordnen sich alle anderen Organe ein. Dabei verschwindet nicht nur die bilaterale Symmetrie der Larve völlig, sondern auch von der ursprünglichen Drei-

gliedrigkeit des Zöloms ist beim erwachsenen Tier keine Spur mehr zu erkennen. Die einzelnen Teile des mittleren Keimblatts sind nämlich ganz unterschiedlichen Umwandlungen unterworfen (Abb. 2). Das linke Protozöl wird zu einem unpaaren Axialorgan, das vom oralen zum aboralen Körperpol zieht, sich dort zu einer Ampulle erweitert und mit der Madreporenplatte nach außen mündet; das rechte Protozöl bildet eine kleine Dorsalblase. Bei den Haarsternen und Seewalzen ist das Protozöl stark zurückgebildet. Aus dem linken Mesozöl geht das Wassergefäßsystem (Ambulakralsystem) hervor, das auf die Oralseite beschränkt bleibt und aus einem den Vorderdarm umgebenden Ring mit fünf radiären Kanälen besteht. Die Kanäle geben zahlreiche Seitenäste ab, die in kleinen Hautausstülpungen enden. Diese bilden papillen- oder tentakelförmige Körperanhänge, auf der dem Boden zugekehrten Körperfläche aber werden sie zu kleinen Füßchen, die der Fortbewegung dienen und oftmals mit Haftscheiben versehen sind. Eine vorgeschaltete Ampulle kann Zölomflüssigkeit in die Tentakeln und Füßchen pressen. Vom Ringkanal geht außerdem noch der mit Kalk versteifte Steinkanal aus, der zur aboralen Körperseite zieht und in die Protozölampulle mündet; das Mesozöl steht damit auch indirekt (durch Vermittlung der Madreporenplatte) mit der Außenwelt in Verbindung. Das rechte Mesozöl verschwindet. Aus dem hinteren Zölompaar (Metazöl) entsteht neben der allgemeinen Leibeshöhle ein orales Kanalsystem (Hyponeuralsystem), das sich ebenfalls aus einem Ringkanal und Radiärkanälen zusammensetzt und parallel zum Wassergefäßsystem verläuft. Auf der aboralen Körperseite bildet das Metazöl außerdem einen weiteren Ringkanal, den Genitalkanal, an dem interradiär als sackförmige Ausbuchtungen fünf Gonadenhöhlen hängen. Der Hyponeuralring steht mit dem Axialorgan, der aborale Genitalring mit der Dorsalblase des Protozöls in Verbindung.

Das Blutgefäßsystem besteht aus Lakunen und Sinus ohne eigene Wandung und läuft parallel zu den Zölomringen und -kanälen sowie den Darm entlang; ein Herz fehlt.

Stachelhäutergifte

Auch Exkretionsorgane sind nicht vorhanden. Der Darm verläuft gerade oder in einer Schlinge von einem Körperpol zum anderen. Nur bei den Haarsternen liegen Mund und After dicht beieinander auf der Oberseite des Kelches; den Schlangensternen fehlen Enddarm und After. Der nervöse Apparat besteht aus drei epithelialen Systemen: einem ektoneuralen und einem hyponeuralen System, die beide auf der Oralseite liegen und im wesentlichen dem Wassergefäßsystem folgen, sowie einem aboralen System in der Wandung des Genitalkanals, das den Seesternen und Seewalzen fehlt.

Die Geschlechter sind bis auf wenige Ausnahmen getrennt, Männchen und Weibchen unterscheiden sich aber nur ganz selten. Die meist in Fünfzahl vorhandenen Gonaden hängen am aboralen Metazölring (Genitalkanal) und münden durch je einen Kanal nach außen. Die Seewalzen haben nur eine Gonade. Die Entwicklung führt über eine totale Furchung zu einer Invaginationsgastrula, deren Urmund zum späteren After wird, während der Mund nahe dem entgegengesetzten Pol neu entsteht. Das Zölom faltet sich vom Urdarm ab. Es schlüpfen im Wasser treibende Schwimmlarven, deren Grundform die Dipleurulalarve ist, die große Ähnlichkeit mit der Tornaria der Eichelwürmer aufweist. Je nach den einzelnen Klassen werden dann verschiedenartige Wimperschnüre, zipfelige Anhänge und Stützstäbe ausgebildet. So entstehen die Auricularia der Seewalzen, die Bipinnaria der Seesterne und der Pluteus der Schlangensterne (Ophiopluteus) und der Seeigel (Echinopluteus).

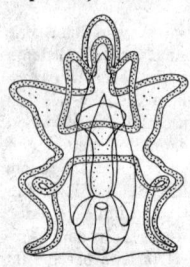

3 Stachelhäuterlarve (Bipinnaria) der Seesterne

Verwandtschaftlich gehören die S. in die Nähe der Hemichordaten. Von wirtschaftlicher Bedeutung sind vor allem die Seewalzen (→ Trepang) sowie die Seeigel und Seesterne. Es sind etwa 6000 lebende Arten bekannt.
System.
1. Klasse: Haarsterne (*Crinoidea*)
2. Klasse: Seewalzen (*Holothuroidea*)
3. Klasse: Seeigel (*Echinoidea*)
4. Klasse: Seesterne (*Asteroidea*)
5. Klasse: Schlangensterne (*Ophiuroidea*)
Geologische Verbreitung. Unteres Kambrium bis zur Gegenwart. Bei den paläozoischen Vertretern der S. handelt es sich vor allem um stieltragende Formen, die überwiegend zu den Seelilien und verschiedenen heute ausgestorbenen Klassen, z. B. zu den Beutelstrahlern, gehören. Frei bewegliche S. kommen ebenfalls bereits im Paläozoikum vor; sie gewinnen jedoch erst im Mesozoikum und im Känozoikum an Übergewicht und bilden heute den Hauptteil dieser Tiergruppe.

Stachelhäutergifte, niedermolekulare steroidartige Giftstoffe, die von den Drüsen der Stachelhäuter gebildet werden. Am besten untersucht sind die *Holothurine* der Seegurke, *Holothuria*, und die *Asteriotoxine* der Seesterne, *Asteroidea*.

Stachelleguane, *Sceloporus*, stachlig beschuppte, meist bräunlich gefärbte, mittelgroße, bodenlebende Leguane Mexikos und Nordamerikas, die stellenweise als Kulturfolger sehr häufig sind und dann als »*Zaunleguane*« bezeichnet werden. Die Männchen haben oft blaue Kehlen. Die meisten S. legen Eier, einige Gebirgsarten sind lebendgebärend.

Stachelmäuse, *Acomys*, mittelgroße Mäuse, deren Rückenfell aus stacheligen Haaren besteht. Die S. bewohnen Trockengebiete Afrikas und Vorderasiens. Im Gegensatz zu den übrigen Mäusen mit ihren nackt und blind geborenen Jungen bringen S. nur wenige, aber bereits voll entwickelte Junge zur Welt.

Stacheln, 1) → Emergenzen. 2) → Haare.

Stachelschwanzsegler, → Seglerartige.

Stachelschweine, *Hystricidae*, eine Familie der → Nagetiere. Die S. sind große Säugetiere, deren Körper mit langen Stacheln besetzt ist. Die Stacheln werden bei Gefahr aufgerichtet und können dem Angreifer entgegengeschleudert werden. Die S. sind in Südeuropa, Südasien und Afrika beheimatet.
Lit.: E. Mohr: Altweltliche S. (Wittenberg 1965).

Stachelskinke, *Egernia*, kräftig gebaute, 20 bis 40 cm lange, meist rötlichbraun gefärbte australische → Glattechsen mit bestachelten Schwänzen und gekielten Schuppen. Sie bewohnen trockene, steinige Gebiete und verbergen sich in Felsspalten, wobei der Schwanz dem Angreifer zugekehrt wird.

Stachel-Weichtiere, *Urmollusken*, *Aculifera*, *Amphineura*, etwa 1240 Arten umfassender Unterstamm der Weichtiere. Der Rücken dieser Arten ist von einer stachligen Kutikula oder von 8 Kalkplatten bedeckt. Der Kopf ist ohne Augen und Fühler. Die nur im Meer vorkommenden S.-W. werden in die beiden Klassen → Wurmmollusken (*Aplacophora*) und → Käferschnecken (*Polyplacophora*, *Placophora*) eingeordnet.

Stadium, 1) pflanzenphysiologische Bezeichnung für einen floristisch abgrenzbaren Abschnitt innerhalb einer → Sukzession. 2) svw. Semaphoront.

Staffelschwanz, → Grasmücken.

stagnikol, *lenitisch*, ruhige Gewässer bewohnend. S. Lebensgemeinschaften bestehen aus Stillwasserformen, deren Verbreitung durch strömendes Wasser Grenzen gesetzt sind. Gegensatz: → torrentikol.

Stamen, → Blüte.

Staminodium, *Plur.* Staminodien, unfruchtbare, oft rudimentäre Staubblätter ohne Staubbeutel oder mit blütenstaublosen Staubbeuteln. Oft sind S. mehr oder weniger blumenblattartig ausgebildet und führen zu »gefüllten« Blüten. → Blüte.

Stamm, 1) → Taxonomie.
2) svw. Sproßachse.
3) in der Mikrobiologie svw. *Rasse*, kleinste systematische Einheit. Zwischen den verschiedenen Stämmen einer Art bestehen gewöhnlich geringe physiologische oder morphologische Unterschiede. S. werden gewöhnlich hinter dem Artnamen durch Buchstabensymbole und Zahlen gekennzeichnet. *Hochleistungsstämme* sind durch Mutation und Auslese erzielte Stämme, die, etwa vergleichbar mit den Kulturpflanzen, für den Menschen besonders günstige physiologische Leistungen erreichen, z. B. eine im Vergleich zum Wildstamm um ein Vielfaches höhere Antibiotikabildung.

Stammbaum, → Taxonomie.

Stammblütigkeit, *Kauliflorie*, das Hervorbrechen der Blüten aus schlafenden Knospen an bereits verholzten Teilen des Stammes, z. B. beim Kakaobaum.

Stammesgeschichte, svw. Phylogenie.

Stammknospe, → Samen.

Stammsammlung, svw. Kulturensammlung.

Stammsukkulente, → Trockenpflanzen.

Standard, svw. Typus.
Standardabweichung, → Biostatistik.
Standardbikarbonat, ein Maß für das Säurebindungsvermögen des Blutplasmas. Seine Größe wird bei standardisierten Bedingungen durch Austreibung der Kohlensäure mittels starker Säuren und Abzug des gelösten Kohlendioxidanteils bestimmt. Das S. dient der → Blutpufferung.
Standardtyp, in der Genetik ein bestimmter Genotyp, der als Grundlage und Bezugsbasis für genetische Studien verwendet wird. Die Gene des S., der ein Wildtyp sein kann, werden in Erbformeln in der Regel durch ein + symbolisiert.
Ständerpilze, *Basidiomycetes,* eine Klasse der Pilze, deren Vertreter durch die Ausbildung eines typischen Sporenständers (Sporangium), der *Basidie,* gekennzeichnet sind. Sie haben meist ein gut ausgebildetes, ausdauerndes Myzel, das aus vielen septierten, chitinhaltigen Hyphen besteht, deren Querwände tonnenförmige Tüpfel (Doliporus) aufweisen, die auf beiden Seiten von einem Parenthosom bedeckt sind.

Die ungeschlechtliche Vermehrung ist bei den meisten Gruppen nicht so stark ausgeprägt wie bei den Schlauchpilzen. Dafür ist die geschlechtliche Fortpflanzung sehr einheitlich und charakteristisch für alle S. Typisch ist dabei die völlige Unterdrückung von Geschlechtsorganen; dabei bleibt jedoch die Sexualität erhalten, da die Basidiosporen verschiedengeschlechtig sind und sich das auf die aus ihnen entstehenden Hyphen, die einkernige Zellen aufweisen, überträgt. Diese haploide Phase, die dem Gametophyten entspricht, ist bei den S. relativ kurz. Sobald sich nämlich zwei verschiedengeschlechtige Hyphen nähern, findet eine Zellverschmelzung (Somatogamie) statt. Die Kerne vereinigen sich jedoch noch nicht, und es kann eine sehr lange Paarkernphase (Dikaryophase) des Myzels auftreten. Am Paarkernmyzel der S. erfolgt jede Zellteilung unter sogenannter Schnallenbildung. Dieses Schnallenmyzel kann praktisch unbegrenzt in einem geeigneten Substrat weiterwachsen, oder es bildet unter bestimmten, zum größten Teil noch unbekannten Bedingungen Fruchtkörper. Im Gegensatz zu den Schlauchpilzen wird der Fruchtkörper der S. von dem dikaryotischen Myzel gebildet. Bei rückgebildeten Gruppen können die Fruchtkörper auch fehlen. Die Kernverschmelzung (Karyogamie) geschieht erst in der Basidie, die an ihrer Spitze nach der Reduktionsteilung meist vier endogen angelegte Sporen durch Sprossung abschnürt. Diese Basidiosporen stehen auf kleinen Stielchen, den Sterigmen.

Die systematische Gliederung der S. wird im wesentlichen nach der Ausbildung der Basidien (septiert oder unseptiert) und dem Fruchtkörperbau vorgenommen.

1. Unterklasse *Phragmobasidiomycetidae:* Hierzu werden S. gerechnet, deren Basidien meist in vier Zellen geteilt sind, entweder durch Querwände (Rostpilze, z. T. Brandpilze, Ohrlappenpilze) oder durch Längswände (Zitterpilze). Eine Gruppe der Brandpilze hat ungeteilte Basidien. Der größte Teil der *Phragmobasidiomycetidae* bildet keine Fruchtkörper aus und wird gegenüber der 2. Unterklasse, den *Holobasidiomycetidae,* als ursprünglicher angesehen.

1. Ordnung *Uredinales,* **Rostpilze:** Es sind ausschließlich Pflanzenparasiten, die die Rostkrankheiten höherer Pflanzen verursachen. Sie sind durch eine vierzellige, quergeteilte Basidie, fehlende Fruchtkörperbildung und eine große Mannigfaltigkeit ihrer Sporen, deren Abfolge meist mit einem Wirtswechsel verbunden ist, charakterisiert. Diese Sporen werden in für die einzelnen Vertreter typischen Formen und typischen Lagern an der Oberfläche der befallenen Pflanzen ausgebildet. Insgesamt können im Laufe der Entwicklung eines Rostpilzes fünf Sporentypen vorkommen: Spermatien, einkernige, kleine Konidien; Äzidiosporen, paarkernige Sporen, die in Äzidien gebildet werden; Uredosporen, paarkernige Konidien; Teleutosporen, zweizellige Sporen, in denen die Kernverschmelzung stattfindet, und schließlich Basidiosporen. Den Wirtswechsel vollziehen im allgemeinen die Äzidiosporen. Die auf der Oberfläche der Wirtspflanzen hervorbrechenden Sporenlager rufen den Eindruck rostartiger Überzüge hervor. Die Rostpilze können auf Kulturpflanzen sehr schädlich sein, vor allem der Erreger des Getreideschwarzrostes, *Puccinia graminis,* der weltweit verbreitet ist und dessen Zwischenwirt die Berberitze ist, dann *Puccinia glumarum,* der den Gelbrost des Getreides und verschiedener anderer Gräser hervorruft, dessen Zwischenwirt unbekannt ist, und *Puccinia coronata,* der Kronenrost des Hafers, dessen Zwischenwirt der Kreuzdorn ist. Außer den genannten gibt es noch eine weitere Anzahl von *Puccinia*-Arten, die auf Getreide und Wildgräsern, aber auch auf anderen Kulturpflanzen parasitieren. Weitere wichtige Gattungen der Rostpilze, deren Vertreter die verschiedensten Pflanzenarten befallen, sind *Uromyces, Gymnosporangium, Melampsora* und *Cronartium.*

2. Ordnung *Ustilaginales,* **Brandpilze:** Sie bilden ebenfalls keine Fruchtkörper aus, leben auch parasitisch und verursachen die Brandkrankheiten höherer Pflanzen. Dabei bilden sie in auffälligen Sporenlagern durch Zerfall des dikaryotischen Myzels eine große Menge von Brandsporen, deren dunkle Farbe den Pflanzenteil, in dem sie gebildet werden, wie verbrannt aussehen läßt. Aus der Brandspore, die der Teleutospore der Rostpilze homolog ist, entsteht die Basidie, die ohne Sterigmenbildung Basidiosporen erzeugt. Die keimenden Basidiosporen vereinigen sich wieder zu einem Paarkernmyzel. Man unterscheidet bei den Brandpilzen zwei Familien, die *Ustilaginaceae* mit mehrzelligen Basidien und die *Tilletiaceae,* denen die Querwände in den Basidien fehlen. Zu beiden Familien gehören wichtige Pflanzenschädlinge, so *Ustilago zeae,* der Erreger des Maisbeulenbrandes, dessen Brandsporenlager blasenartige Wucherungen auslösen, und andere *Ustilago*-Arten, die den Flugbrand der Gerste, des Hafers und Weizens hervorrufen. *Tilletia tritici* verursacht den Stink- oder Steinbrand des Weizens; die Sporenlager dieses Pilzes riechen nach Heringslake.

Die Vertreter der 3. Ordnung, *Auriculariales,* **Ohrlappenpilze,** und der 4. Ordnung, *Tremellales,* **Zitterpilze,** bilden fast immer Fruchtkörper aus, nur ihre primitiven Formen sind noch fruchtkörperlos. Die Ohrlappenpilze haben quergeteilte, die Zitterpilze längsgeteilte Basidien. Zu den Zitterpilzen gehört unter anderem *Calocera viscosa,* der **Klebrige Hörnling,** ein ziegenbartähnlicher, gelber, an totem Holz wachsender, kleiner Pilz unserer Nadelwälder.

2. Unterklasse *Holobasidiomycetidae:* Die hierher gehörenden Pilze haben fast immer ein ausdauerndes Myzel, und die meisten Arten bilden z. T. recht ansehnliche Fruchtkörper. Fast alle unsere bekannten Speise- und Giftpilze gehören zu dieser Unterklasse. Charakteristisches Merkmal ist unter anderem die unseptierte Basidie, die gemeinsam mit sterilen Hyphen, den Pseudoparaphysen, und der ebenfalls sterilen Einzelzellen, den für die Systematik wichtigen Zystiden, das Hymenium bilden. Die Einteilung dieser Unterklasse in mehrere Ordnungen geschieht nach der Art des Baus und der Entwicklung der Fruchtkörper und des Hymeniums.

1. Ordnung *Exobasidiales:* Die hierher gehörenden Arten sind Pflanzenparasiten, die keine Fruchtkörper bilden; die Basidien werden an der Oberfläche der befallenen Pflanzen gebildet.

2. Ordnung *Poriales (Aphyllophorales),* **Nichtblätterpilze:** Hier werden die S. zusammengefaßt, deren Fruchtkörperoberfläche von vornherein ganz oder teilweise vom Hyme-

Ständerpilze

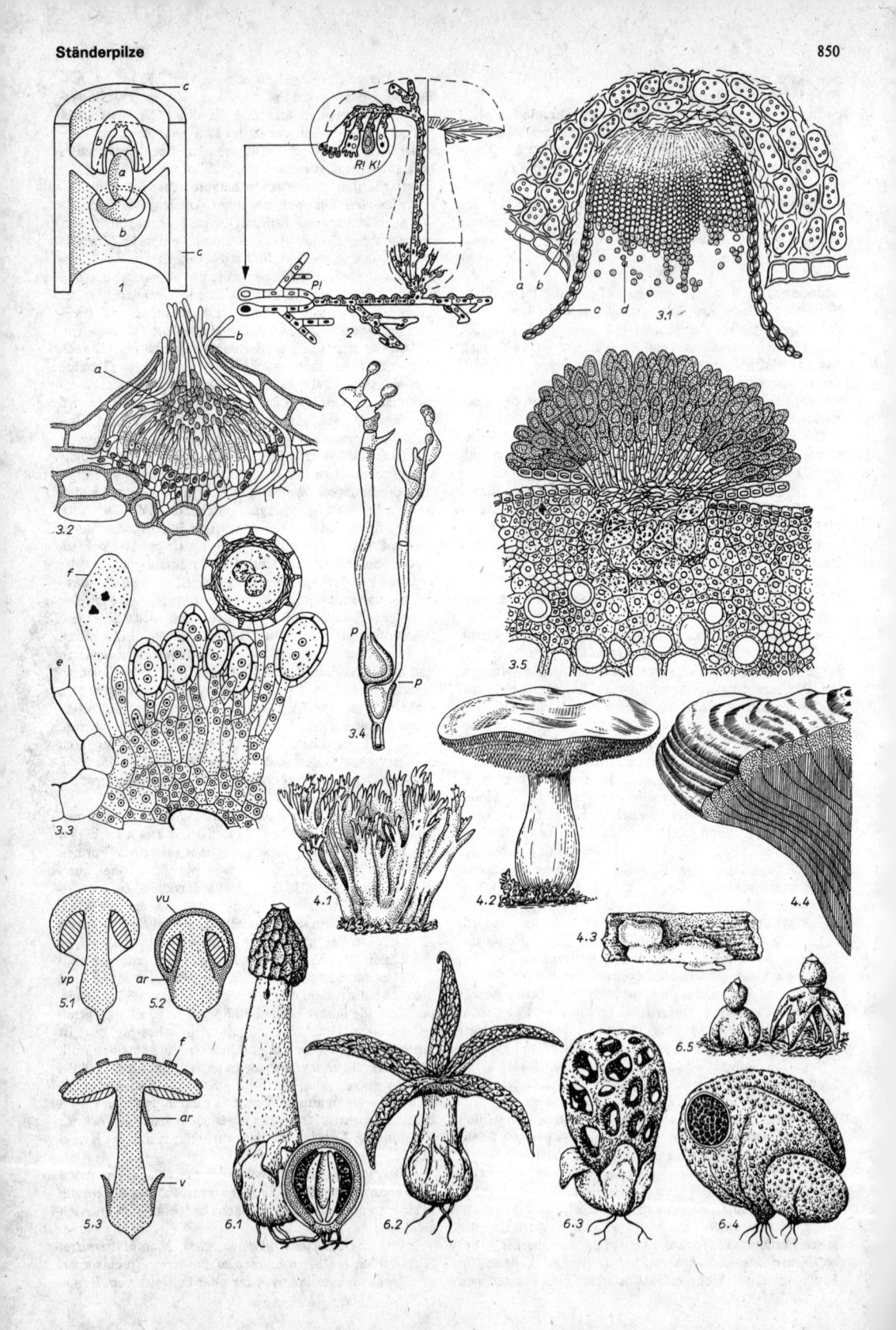

nium bedeckt ist, das bei Vergrößerung des Fruchtkörpers ebenfalls immer neuen Zuwachs erhält. Die das Hymenium tragende Oberfläche der Pilze, das Hymenophor, kann verschieden gestaltet sein, z. B. faltig, warzig, stachlig oder röhrenförmig.

Krustenförmige Fruchtkörper mit einem faltigen Hymenium hat der **Hausschwamm**, *Serpula lacrymans*, ein gefährlicher Bauholzzerstörer, der in Gebäuden großen Schaden anrichten kann. Bei den **Schichtpilzen**, *Stereum*-Arten, ist das Hymenium glatt und ungegliedert, der Fruchtkörper ist meist aus drei Schichten aufgebaut. Man findet sie häufig auf morschem Holz. Ein guter Speisepilz ist der **Pfifferling**, *Cantharellus cibarius*, dessen Hymenophor leistenartig aufgebaut ist. Die **Korallenpilze** und **Keulenpilze**, *Clavaria*-Arten, haben verschiedengestaltete Fruchtkörper mit glatter Fruchtschicht, die **Stoppelpilze**, *Hydnum*-Arten, bilden an der Unterseite der Pilzhüte ein stachliges oder warziges Hymenophor aus. Ein aus dichten Röhren bestehendes Hymenophor und oft konsolenförmige Fruchtkörper, die meist an Holz wachsen, haben die früher als **Porlinge** in der Gattung *Polyporus* zusammengefaßten Arten. Heute unterscheidet man mehrere Gattungen, z. B. *Fomes* mit der Art *Fomes fomentarius*, **Zunderschwamm**, auf Buchen wachsend, und *Phellinus igniarius*, **Feuerschwamm**, an Obstbäumen; beide mit ausdauernden, jährlich größer werdenden Fruchtkörpern. Zur Gattung *Polyporus* zählt man heute Porlinge mit einjährigen Fruchtkörpern, z. B. den auf Laubhölzern parasitierenden **Schuppenporling**, *Polyporus squamosus*.

3. Ordnung *Agaricales*, **Blätterpilze, Hutpilze**: Diese Ordnung enthält die meisten der bekannten Speise- und Giftpilze. Sie zeichnen sich durch einen gestielten Fruchtkörper mit hutförmiger Kappe aus, an deren Unterseite sich das nicht nach und nach, sondern auf einmal angelegte Hymenium befindet. Es überzieht meist radial stehende Lamellen (Blätterpilze im engeren Sinne) oder bekleidet die inneren Wandungen von Röhren, die zu vielen zu einer leicht ablösbaren Fruchtschicht vereinigt sind und porenartige Öffnungen aufweisen (Röhrenpilze). Bei den meisten Vertretern ist an den jungen Fruchtkörpern der Hutrand mit dem Stiel verwachsen und bildet ein Velum partiale, wodurch das sich darunter befindende Hymenium erst bei Streckung des Hutes freigelegt wird. Das Velum bleibt als Ring oder als Schleier am Stiel zurück, es kann auch ganz verschwinden. Einige Arten haben ein Velum universale, das Hut und Stiel zusammen einhüllt.

Viele der hierher gehörenden Pilze sind ausgesprochene Mykorrhizabildner und im Vorkommen an bestimmte Partner, meist Laub- oder Nadelbäume, gebunden.

Die wichtigsten *Blätterpilze* sind:

A) Speisepilze:

a) **Champignon** oder **Egerling**, *Agaricus*, der Fruchtkörper ist weiß, hat rosafarbene, später schokoladenbraune Blätter und einen beringten Stiel. Der **Wiesenchampignon**, *Agaricus campestre*, wächst auf gedüngten Wiesen, der nach Anis duftende, gelb anlaufende **Schafchampignon**, *Agaricus arvensis*, auf Feldern und in Gebüschen. Kultiviert wird der **Gartenchampignon**, *Agaricus bisporus*.

b) Der **Parasol**, *Macrolepiota procera*, ist ein großer, brauner Pilz mit schirmförmigem Habitus, schuppigem Hut und beringtem Stiel mit knolliger Basis. Er wächst in Wäldern und Gebüschen.

c) Der **Perlpilz**, *Amanita rubescens*, hat einen Fruchtkörper mit rotbraunem Hut, auf dem graue oder rötliche Hautreste vorhanden sind. Der Stiel hat eine Knolle, das weiße Fleisch wird bei der Berührung rötlich. Er wächst häufig in Wäldern.

d) **Milchlinge**, **Reizker**, *Lactarius*-Arten, sind Pilze mit brüchigen Lamellen und verschiedenfarbiger Milch, die beim Anbrechen heraustropft. Mild schmeckende Arten sind eßbar, scharf schmeckende, meist ungenießbar. Gute Speisepilze sind der **Echte Reizker**, *Lactarius deliciosus*, und der **Brätling**, *Lactarius volemus*.

e) **Täublinge**, *Russula*-Arten, haben Fruchtkörper mit brüchigen Lamellen ohne Milchsaft. Alle mild schmeckenden Arten sind eßbar, so besonders der rote Speisetäubling, *Russula vesca*, und der violettgrünliche **Frauentäubling**, *Russula cyanoxantha*.

f) **Stockschwämmchen**, *Kuehneromyces mutabilis*, haben Fruchtkörper mit gelbbräunlichem, glattem Hut und bräunlich beschupptem Stiel. Der Pilz wächst büschelig an Laubhölzern.

g) Der **Hallimasch**, *Armillariella mellea*, hat einen Fruchtkörper mit braunem, beschupptem Hut und gelbbraunem Stiel. Er ist ein häufiger Spätherbstpilz an Bäumen, roh ist er giftig. Als Baumparasit kann er in der Forstwirtschaft großen Schaden anrichten.

B) Giftpilze:

a) Grüner **Knollenblätterpilz**, *Amanita phalloides*. Fruchtkörper mit grünlichem Hut, weißen Blättern und weißem Stiel mit Ring und großer Knolle. Der Pilz wächst in Eichenwäldern und ist unser gefährlichster Giftpilz, dem 95 % aller tödlichen Pilzvergiftungen zugeschrieben werden. Die Giftwirkung beruht auf Phalloidinen und Amanitinen, die Leber- und Nierenschädigungen, Muskelkrämpfe und Atemlähmungen hervorrufen. Ähnlich in ihrer Wirkung sind der **Weiße Knollenblätterpilz**, *Amanita verna*, und der **Spitzhütige Knollenblätterpilz**, *Amanita virosa*, die beide vollkommen weiß und wesentlich seltener als der Grüne Knollenblätterpilz sind.

b) Der **Pantherpilz**, *Amanita pantherina*, hat einen Fruchtkörper mit braunem Hut, auf dem sich weißliche Hüllreste befinden. Der beringte Stiel trägt eine gut abgesetzte Knolle. Das Fleisch bleibt im Gegensatz zu dem ähnlich aussehenden Perlpilz weiß. Der Pantherpilz kommt in Wäldern vor.

c) Der **Fliegenpilz**, *Amanita muscaria*, hat einen roten Hut, auf dem sich weiße Hüllfetzen befinden, weiße Blätter und einen weißen, beringten Stiel mit Knolle. Er tritt besonders unter Birken und Nadelhölzern auf.

d) Der **Ziegelrote Rißpilz**, *Inocybe patouillardi*, hat einen Fruchtkörper mit weißem, oft rötlich anlaufendem Hut, weißen Blättern und weißem oder rötlichem Stiel. Er kommt in Gebüschen, Parkanlagen und auf Wiesen vor und wird manchmal mit dem Champignon verwechselt.

Ständerpilze: *1* Querwand einer Ständerpilzhyphe; *a* Doliporus, *b* Parenthosom, *c* Zellwand. *2* Entwicklungszyklus eines Ständerpilzes; hell: haploide Phase, dunkel: dikaryontische Phase; *P!* Plasmogamie, *K!* Karyogamie, *R!* Reduktionsteilung. *3.1* bis *3.5* verschiedene Sporenlager der Rostpilze. *3.1* Aezidium mit Aezidiosporen; *a* Epidermis der Blattunterseite, *b* interzellulares Myzel, *c* Pseudoperidie, *d* Aezidiosporenketten. *3.2* Spermatien im Spermogonium; *a* Spermatien, *b* Periphysen. *3.3* Uredosporenlager; *e* Epidermis, *f* Paraphyse. *3.4* keimende Teleutospore mit 2 Basidien und abgeschnürten Basidiosporen. *3.5* Teleutosporenlager. *4.1* bis *4.4* Fruchtkörper verschiedener *Poriales*. *4.1* Korallenpilz (*Clavaria botrytis*). *4.2* Stoppelpilz (*Hydnum repandum*). *4.3* Schichtpilz (*Stereum hirsutum*). *4.4* Feuerschwamm (*Phellinus igniarius*), mehrjähriger Fruchtkörper mit Jahreszuwachszonen. *5.1* bis *5.3* Fruchtkörperentwicklung bei Ständerpilzen, Ordnung *Agaricales*. Schematische Längsschnitte durch Fruchtkörper: *5.1* mit Velum partiale (*vp*), *5.2* mit Velum universale (*vu*) im jungen Stadium, *5.3* im reifen Stadium; *ar* Armilla, *v* Volva, *f* Reste des Velum universale am Stiel. *6.1* bis *6.5* Gastromycetales, verschiedene Fruchtkörper. *6.1* Stinkmorchel (*Phallus impudicus*); reifer Fruchtkörper mit Gleba-Tropfen am Hut und junger Fruchtkörper im Längsschnitt. *6.2* Tintenfischpilz (*Anthurus archerie*). *6.3* Gitterling (*Clathrus ruber*). *6.4* Kartoffelbovist (*Scleroderma aurantium*), am Anschnitt gefelderte Gleba erkennbar. *6.5* Erdstern (*Geastrum quadrifidum*)

Ständersporen

Giftige *Amanita*- und *Inocybe*-Arten, außer den Knollenblätterpilzen, enthalten unter anderem Muskarin, ein Nervengift.

e) Der **Kahle Krempling**, *Paxillus involutus*, ein Massenpilz unserer Herbstwälder, galt ehemals nach genügend langem Erhitzen als guter Speisepilz, er ist aber jetzt zu meiden, da sich Vergiftungen nach seinem Genuß häufen.

Die **Röhrenpilze** sind bis auf wenige Ausnahmen, z. B. den äußerst seltenen, giftigen **Satanspilz**, *Boletus satanas*, mit blaßgrauem Hut und purpurroten Röhren und den bitteren **Gallenröhrling**, *Tylopilus felleus*, mit weißen bis rosa Röhren, nur eßbare Pilze. Gute Speisepilze sind z. B. der **Steinpilz**, *Boletus edulis*, mit braunem Hut, weißen bis grünlichen Röhren und hell genetztem Stiel, der **Maronenpilz**, *Xerocomus badius*, ein häufiger Pilz der Nadelwälder mit dunkelbraunem Hut, grüngelben Blättern und braunem Stiel, der in Kiefernwäldern vorkommende **Butterpilz**, *Ixocomus luteus*, mit klebriger, brauner Huthaut, gelben Röhren und gelbem Stiel und die unter Birken heimischen Arten **Birkenpilz**, *Leccinum scabrum*, und **Rotkappe**, *Leccinum aurantiacum*, mit dunkel beschupptem Stiel.

4. Ordnung *Gastromycetales*, **Bauchpilze, Kugelpilze**: Die Vertreter dieser Ordnung haben meist rundliche, geschlossene Fruchtkörper, deren äußere Haut, die Peridie, nach der Sporenreife aufplatzt. Die Fruchtschicht wird hier als **Gleba** bezeichnet. Die Sporen werden passiv verbreitet. Hierher gehören die *Boviste*, *Bovista*, die **Stäublinge**, *Lycoperdon*, die eigenartigen **Erdsterne**, *Geastrum*, und der giftige **Kartoffelbovist**, *Scleroderma aurantium*. Auch der **Stinkmorchel**, *Phallus impudicus*, zählt zu den Bauchpilzen, obwohl hier stiel- und hutähnliche Gebilde vorhanden sind. Der junge Fruchtkörper, das sogenannte **Hexenei**, ist eßbar. Zum Teil bizarre Fruchtkörper haben die auch als **Blumenpilze** bezeichneten Vertreter dieser Ordnung, die meist in den Tropen beheimatet, vereinzelt aber auch bei uns zu finden sind, wie der **Tintenfischpilz**, *Anthurus*, und der **Gitterling**, *Clathrus*.

Ständersporen, svw. Basidiosporen.
Standort, Wuchsort einer Pflanze oder Pflanzengesellschaft mit allen auf sie einwirkenden Umweltfaktoren.
Standorttreue, svw. Biotopbindung.
Standortzeiger, svw. Indikatorpflanzen.
Staphylokokken, zu den Mikrokokken gehörende, bis 1,5 μm große, fakultativ anaerobe Kugelbakterien. S. kommen oft auf der Haut vor, z. T. sind sie Krankheitserreger. *Staphylococcus aureus* z. B. kann Eiterungen, aber auch Lebensmittelvergiftungen hervorrufen.
Stare, *Sturnidae*, Familie der → Singvögel mit über 100 Arten. Sie brüten paarweise und suchen in Verbänden nach Nahrung. Diese besteht aus Insekten und Früchten. Einige S. brüten in Höhlen und Spalten, andere bauen ein freies kugelförmiges Nest mit seitlichem Eingang. Einige Arten, wie der *Beo*, spotten viel und lernen »sprechen«. Die **Madenhacker** befreien Großsäuger von Zecken.
Stärke, ein makromolekulares Polysaccharid der Summenformel $(C_6H_{10}O_5)_n$, das zu 20% aus wasserlöslicher → Amylase und zu 80% aus wasserunlöslichem → Amylopektin aufgebaut ist. Als Reservekohlenhydrat höherer Pflanzen besitzt S. größte Bedeutung und wird vor allem in Wurzeln, Knollen und im Mark gespeichert. Als Assimilationsprodukt im pflanzlichen Stoffwechsel gebildet, erfolgt nach Abbau, Translokalisation und Resynthese die Ablagerung der S. in charakteristischer Anordnung (einfache, zusammengesetzte, zentrische oder azentrische Stärkekörner). Der Aufbau der Stärke erfolgt mit Hilfe von Adenosindiphosphatglukose, der Abbau bei der Verdauung durch hydrolytische Spaltung mittels Amylasen und Maltase. Endprodukte der Spaltung sind → Glukose (über Maltose) und → Dextrine, die durch den Abbruch des Abbaus an Verzweigungsstellen des Amylopektins entstehen.

Die Remobilisierung der Glukose aus dem Stärkereservoir der Pflanzen erfolgt durch phosphorolytische Spaltung mittels anorganischen Phosphats zu Glukose-1-phosphat.

Der tägliche Kohlenhydratbedarf des Menschen, der etwa 500 Gramm beträgt, wird hauptsächlich durch Stärke gedeckt, die in größeren Mengen Bestandteil vor allem der Kartoffel, des Weizens, von Reis, Mais, aber auch von Bananen ist.

Starklichtpflanzen, *Lichtpflanzen*, *Sonnenpflanzen*, *Heliophyten*, Pflanzenarten, die an Standorte mit hohen Lichtintensitäten angepaßt sind, z. B. Bewohner von Wüsten, Steppen und Felsenheiden. Häufig stellen solche Pflanzen ihre Blätter so, daß sie nicht von der vollen Strahlung getroffen werden. Oftmals sind als Strahlungsschutz dicke Epidermis, Kutikula und Behaarung ausgebildet; auch Verkleinerung der Oberfläche kann ein solcher Schutz sein. Zudem besitzt der Protoplast oft eine ausgesprochene Strahlenresistenz, über deren Natur man aber noch wenig auszusagen vermag. Den entgegengesetzten Typus stellen die *Schwachlicht-* oder *Schattenpflanzen* dar. Sie vermögen mit $1/25$, in extremen Fällen mit $1/400$ der am Freistandort herrschenden Lichtmenge auszukommen. Sie erreichen beste Photosyntheseleistung bereits bei einem Lichtgenuß, der für S. weit unteroptimal ist, und zeigen befriedigende Leistungen unter Bedingungen, die Sonnenpflanzen noch keine positive Bilanz ermöglichen. Dabei ist ein erhöhter

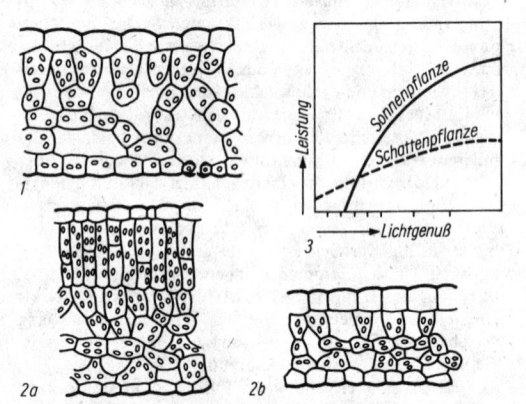

Anpassungen von Pflanzen an die Lichtintensität am Standort: *1* Blattquerschnitt einer Schattenpflanze (*Impatiens*); *2* Querschnitt durch ein Lichtblatt (*a*) und ein Schattenblatt (*b*) der Rotbuche; *3* Assimilationsleistung von Starklichtpflanzen (Sonnenpflanzen) und Schwachlichtpflanzen (Schattenpflanzen) in Abhängigkeit vom Lichtgenuß

CO_2-Gehalt der bodennahen Luftschichten ebenso wichtig wie die Anatomie der Schattenpflanzen, die z. B. durch dünne Blätter und große Interzellularen gute Lichtausnutzung und leichten Gasaustausch ermöglicht. Vielfach liegt eine besondere Schwachlichtanpassung des Plasmas selbst vor; solche Typen werden durch starke Belichtung meist nachhaltig geschädigt. Oftmals wird aber durch Herabschlagen der Blätter oder Verlagerung der Chloroplasten in den Zellen Strahlenschäden entgegengewirkt. Den Licht- und Schattenpflanzen vergleichbar sind → Lichtblätter und → Schattenblätter, die sich am Außenrand bzw. im Kroneninneren der Bäume befinden. Für sie gilt das bei Stark- und Schwachlichtpflanzen Gesagte. Zwischen die zwei Extreme ordnen sich die Pflanzen ein, die in Bezug auf Lichtansprüchen und Leistungen eine Mittelstellung einnehmen.

Stärlinge, *Icteridae,* Familie der → Singvögel mit über 90 Arten. Diese amerikanischen, meist starengroßen Vögel haben einen spitzen Schnabel, dessen Hornscheide bis auf die Stirn reicht und hier sogar zu einer Stirnplatte verbreitert sein kann. Sie fressen Insekten, Würmer, Früchte und Körner. Einige Arten sind Brutparasiten.

Starlingsche Gesetze, die von E. Starling entdeckten Leistungsanpassungen eines isolierten Herzens.

Erstes Starlingsches Gesetz. Ein isoliertes Herz wirft ein größeres → Schlagvolumen aus der linken Kammer aus, wenn sie in der Diastole stärker gefüllt wird. Dadurch sammelt sich bald mehr Blut im rechten Herzen an, das seinerseits ebenfalls das Überangebot ausstößt. Dieser herzeigene Mechanismus sorgt dafür, daß Leistungsunterschiede zwischen beiden Herzteilen ausgeglichen werden, und linkes sowie rechtes Herz jeweils die gleiche Blutmenge in den Körper- und Lungenkreislauf auswerfen. Im Organismus gilt dieses Gesetz nur eingeschränkt, da dort Reflexwirkungen des Herzsympathikus eine Überdehnung des Herzens verhindern.

Zweites Starlingsches Gesetz. Wenn am isolierten Herzen die Füllung konstant gehalten, aber der Aortendruck erhöht wird, nimmt zunächst das Schlagvolumen ab. Im Körper sinkt bei Abnahme des Schlagvolumens der venöse Blutrückstrom, so daß die Dehnung auch abnimmt und sich das Gesetz nicht voll auswirken kann.

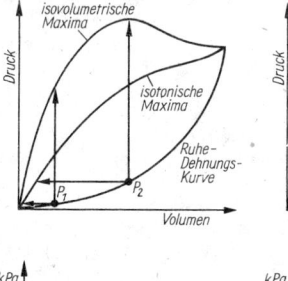

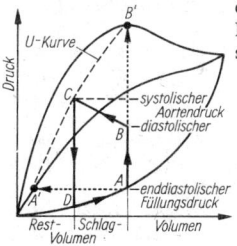

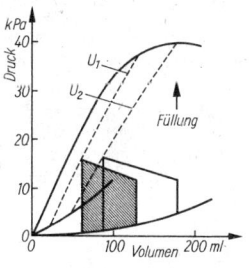

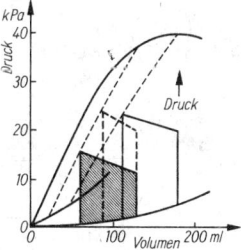

Beide Gesetze demonstriert die Abb. Außerdem zeigt sie, wie eine Erregung des Herzsympathikus die Kontraktionskraft verstärkt und das Restblutvolumen verringert.

Starre, svw. Immobilität.

Starterkulturen, *Säurewecker,* Milchsäurebakterien, die bei der industriellen Herstellung von Käse, Sauermilcharten und Butter zur Säuerung der Milch oder des Rahms und zur Bildung von Aromastoffen zugegeben werden. S. sind Mischkulturen besonders geeigneter säure- und aromabildender Stämme von → Laktobazillen und → Streptokokken.

stationäre Phase, → Wachstumskurve.

Stationärzustand, svw. Fließgleichgewicht.

statisches Organ, svw. Statozyste.

statistischer Test, → Biostatistik.

Statoblasten, → Moostierchen.

Statolithentheorie, → Geotropismus.

Statozyste, *statisches Organ,* Gleichgewichtsorgan bei vielen Hohltieren, Plattwürmern, Rundwürmern, Weichtieren, Krebsen u. a. Die S. besteht im Prinzip aus einer mit Flüssigkeit gefüllten Blase, in der ein einzelner oder mehrere Kristalle auf den Sinneshärchen eines Sinnesepithels liegen.

Status der Distanzverminderung, → affiner Status.

Staubblatt, → Blüte.

Staubblattbewegungen, → Blütenbewegungen.

Stäubemittel, staubförmige → Pflanzenschutzmittel mit Teilchen in der Größe von 0,02 bis 0,06 mm, die zur Anwendung als Staub (Stäuben) bestimmt sind.

Staubfädenreizbarkeit, seismonastische Empfindlichkeit (→ Seismonastie) der Staubfäden einiger Pflanzenarten. → Blütenbewegungen.

Staubgefäß, veraltete Bezeichnung für Staubblatt, → Blüte.

Staubläuse, *Holzläuse, Rindenläuse, Flechtlinge, Psocoptera, Copeognatha, Corrodentia,* eine Ordnung der Insekten mit etwa 100 Arten in Mitteleuropa (Weltfauna: fast 2000). Die S. sind fossil seit dem Perm nachgewiesen.

Vollkerfe. Die Körperlänge beträgt 0,1 bis 1 cm. Der Kopf ist im Verhältnis zum Körper ziemlich groß und mit faden- oder borstenförmigen Fühlern und kauenden Mundwerkzeugen versehen. Der Brustabschnitt trägt zwei Paar häutige Flügel, die aber auch verkürzt oder vollständig zurückgebildet sein können. Der ganze Körper ist fein behaart oder mit Schuppen besetzt. Im Freien leben die S. unter Baumrinden, an Flechten oder in Tiernestern und ernähren sich überwiegend von Algen, Pilzen und Flechten. Einige Arten, z.B. die Gemeine Staublaus (*Trogium pulsatorium* L.) und die Bücherlaus (*Liposcelis divinatorius* Müller), leben in Häusern an Papier, Leder- und Polsterwaren, wo sie sich meistens von Schimmelpilzen ernähren. Ihre Entwicklung ist eine Form der unvollkommenen Verwandlung (Pauro-

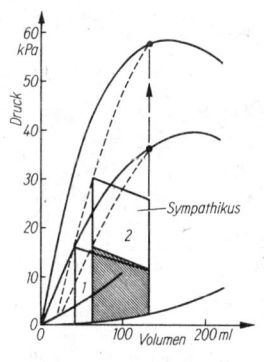

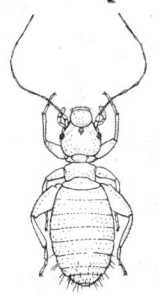

Druck-Volumen-Diagramm des Herzens. Grundlagen (*oben*), Anpassungen an Belastungen (*Mitte*), gesteigerter Auswurf unter Sympathikuswirkung (*unten*)

Bücherlaus (*Liposcelis divinatorius* Müller)

Stäublinge

metabolie). Die Fortpflanzung erfolgt zweigeschlechtlich oder durch Jungfernzeugung.

Eier. Ein Weibchen legt bis 100 Eier (etwa 0,5 mm groß) einzeln oder in Grüppchen ab. Die Gelege werden von manchen Arten mit Kittsubstanz, Staub, Nahrungssubstrat oder seidigen Gespinsten bedeckt. Bei vielen Arten überwintern die Eier.

Larven. Sie sind Vollkerfen sehr ähnlich; bereits nach der ersten Häutung treten Flügelanlagen auf. Nach einer Zeit von 15 bis 30 Tagen, in der sie 5 bis 8 Häutungen durchmachen, schlüpfen die Vollkerfe. Die meisten freilebenden Arten haben in unseren Breiten nur eine Generation, die in Gebäuden lebenden dagegen mehrere.

Wirtschaftliche Bedeutung haben die S. kaum, die freilebenden Arten gar nicht. Die in Gebäuden lebenden Arten treten in großer Zahl meist erst dort auf, wo durch erhöhte Luftfeuchtigkeit bereits Schimmelbildung im Gang ist; erwiesenes Schadauftreten ist bisher nur an Insektensammlungen und Herbarien bekannt.

System. Man unterscheidet neuerdings zwei Unterordnungen mit etwa dreißig Familien, von denen acht auch in Mitteleuropa vorkommen.
1. Unterordnung: *Atropida*
   Vorderbrust gut ausgebildet
2. Unterordnung: *Psocida*
   Vorderbrust stark zurückgebildet

Lit.: K. K. Günther: S., Psocoptera, die Tierwelt Deutschlands, Tl 61 (Jena 1974); S. von Kéler: Stabläuse (Leipzig 1953).

Stäublinge, → Ständerpilze.

Stauden, ausdauernde, krautige Pflanzen, deren über den Boden hinausragende Laub- und Infloreszenzsprosse alljährlich bis auf ihre basalen Teile absterben und entweder von dicht über dem Erdboden gelegenen (→ Hemikryptophyten) oder von in der Erde liegenden Erneuerungsknospen (→ Geophyten) fortgeführt werden.

Staudenfluren, → Charakterartenlehre.

Stauromedusae, → Skyphozoen.

Stauropteris, fossile Farngattung mit stielrunden »Blättern«, → Farne.

steady-state, svw. Fließgleichgewicht.

Stearinsäure, *Talgsäure*, $CH_3-(CH_2)_{16}-COOH$, eine höhere Fettsäure, die eine weiße, wasserunlösliche Kristallmasse bildet und in Form von Glyzerinestern (Glyzeriden) als wesentlicher Bestandteil in festen und halbfesten tierischen und pflanzlichen Fetten vorkommt. S. wird unter anderem zur Kerzenfabrikation verwendet.

Steatopygie, *Hottentottensteiß, Fettsteiß*, eine extreme Fettablagerung, die bei Hottentotten- und Buschmannfrauen häufig auftritt und in erster Linie in der Steißregion, weniger an der seitlichen Partie des Oberschenkels konzentriert ist. Das Hervortreten des Gesäßes wird außerdem durch eine starke Lendenlordose der Wirbelsäule verstärkt. Die S. beginnt bereits bei jungen Mädchen, nimmt während der Pubertät beträchtlich zu und ist in besonders exzessiver Ausprägung bei schwangeren Frauen zu beobachten. Sie ist bis zu einem gewissen Grade vom jeweiligen Ernährungszustand abhängig.

Stechapfel, → Nachtschattengewächse.

Stechmücken, *Moskitos, Culicidae*, eine Familie der Zweiflügler mit etwa 2500 bekannten Arten, in Mitteleuropa 50. Die Vollkerfe haben beschuppte Flügel und eine Körperlänge bis etwa 1 cm; die blutsaugenden Weibchen besitzen einen langen Stechrüssel und sind potentielle Seuchenüberträger, besonders bei warmblütigen Tieren und Menschen, z. B. Vogelmalaria, Menschenmalaria, Gelbfieber, Elephantiasis. Die Entwicklung der S. erfolgt in stehenden Gewässern und Sümpfen.

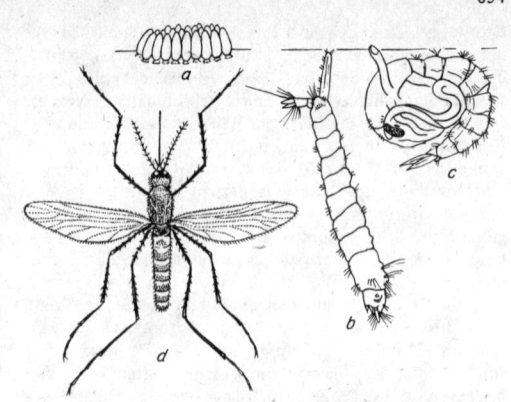

Stechmücke (*Culex* spec.): *a* Eierschiffchen auf der Wasseroberfläche, *b* Larve (mit einer Atemröhre), *c* Puppe (mit zwei Atemröhren), *d* Vollkerf (♀)

Stechsauger, → Ernährungsweisen.
Stechwespen, → Hautflügler.
Stecklinge, → Adventivsprosse.
Stegosaurus [griech. stegos 'Dach', sauros 'Eidechse'], *Stacheldinosaurier*, zu den vierfüßig gehenden Ornithischiern gehörende Unterordnung der Dinosaurier mit sehr kleinem Schädel und extrem kleinem Gehirn. Ein mächtiges Hautskelett, bestehend aus einer alternierenden Doppelreihe dicker, senkrecht stehender Knochenplatten und Stacheln, diente den bis zu 10 m langen Tieren zum Schutz. Die Vorderextremitäten waren kürzer als die hinteren, dadurch erfolgte eine bogenförmige Krümmung des Rückens. Die Tiere waren Pflanzenfresser.

Verbreitung: Dogger und Malm Europas, Ostafrikas, Chinas und Nordamerikas.

Stegozephalen [griech. stegos 'Dach', kephale 'Kopf'], *Stegocephalia, Dachschädler, Panzerlurche*, alte zusammenfassende Bezeichnung für die Tetrapoden des Paläozoikums und der Trias. Unter diesem Begriff wurden Formen ohne Rücksicht auf verwandtschaftliche Beziehungen vereinigt, so daß er keine systematische Einheit darstellt. Viele hier eingeordnete Formen gehören zu den → Labyrinthodonten. Kennzeichnend ist ihr stark verknöchertes festes Schädeldach ohne Schläfenöffnungen.

stehende Gewässer, ausdauernde Binnengewässer wie → Seen, Stauseen, → Weiher, Teiche und periodische Gewässer wie Tümpel.

Steigbügel, → Gehörorgan, → Schädel.
Steigrohrsegler, → Seglerartige.
Steinadler, → Habichtartige.
Steinbarsch, → Zackenbarsche.
Steinbeißer, *Cobitis taenia*, zu den Schmerlen gehörender kleiner Grundfisch der europäischen Binnengewässer mit sehr spitzem, gebogenem Dorn unter dem Auge.
Steinbock, *Capra ibex*, eine stattliche Wildziege mit säbelförmigen, durch Querrippen verdickten Hörnern. Der S. bewohnt die Alpen und die zentralasiatischen Hochgebirge.
Steinbrechgewächse, *Saxifragaceae*, eine Familie der Zweikeimblättrigen Pflanzen mit etwa 700 Arten, die überwiegend in den Gebirgen der nördlichen Erdhalbkugel vorkommen. Die meist wechselständigen, verschieden gestalteten Blätter haben keine Nebenblätter. Die regelmäßigen Blüten sind fast immer 5zählig und haben einen Fruchtknoten mit 2 bis 5 Griffeln. Sie werden von Insekten bestäubt; die Frucht ist eine Kapsel.

Viele Zierpflanzen der artenreichen Gattung *Steinbrech*, *Saxifraga*, die fast ausschließlich Gebirgs- und Felspflanzen umfaßt, werden in Steingärten angepflanzt. Bekannt ist der

Schattensteinbrech, auch *Porzellanblümchen* genannt, *Saxifraga umbrosa*, mit rosettigen Grundblättern, kahlem, blattlosem Stengel und weißen, in lockerrispigen Blütenständen stehenden Blüten. Auch die anspruchslosen, aus Gebirgen Asiens stammenden *Bergenien*, *Bergenia* div. spec., mit großen, lederartig glänzenden Blättern und großen, weißen oder rötlichen Blüten und die fiederblättrigen **Astilben**, *Astilbe-Arendsii*-Hybriden, deren Stammarten in Ostasien beheimatet sind, werden in Gärten häufig angepflanzt.

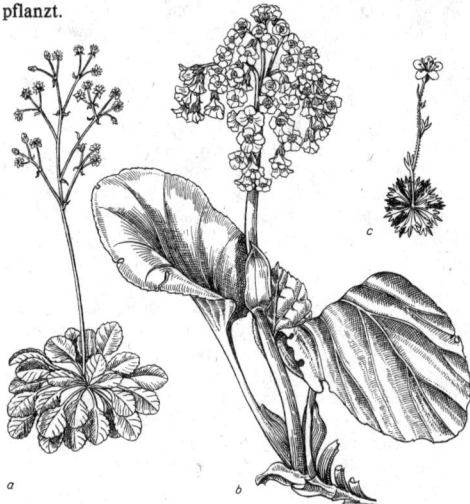

Steinbrechgewächse: *a* Schattensteinbrech, *b* Bergenie, *c* Rasiger Steinbrech

Steinbutt, → Butte.
Steinfliegen, *Uferfliegen*, *Plecoptera*, eine Ordnung der Insekten mit 112 Arten in Mitteleuropa (Weltfauna: etwa 1700). Fossil sind S. seit dem Perm nachgewiesen.
Vollkerfe. Die Körperlänge beträgt 0,5 bis 3 cm. Der Kopf ist mit langen, borstenförmigen Fühlern und kauenden Mundwerkzeugen versehen. Es sind zwei Paar gleich lange, häutige und reich geäderte Flügel vorhanden, die hinteren breiter als die vorderen; in der Ruhe werden sie um den Hinterleib gelegt, der am Ende zwei lange Schwanzfäden (Cerci) trägt. Die S. sind fast durchweg von bräunlich-düsterer Färbung. Die wenig fluggewandten Vollkerfe findet man meist in der Nähe von Gewässern auf Steinen ruhend. Ihre Entwicklung ist eine Form der unvollkommenen Verwandlung (Hemimetabolie).

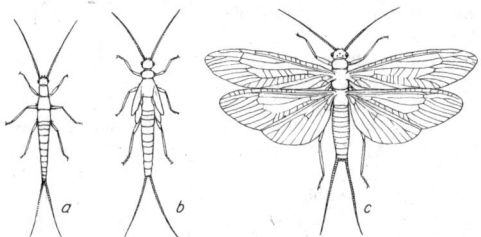

Verwandlung einer Steinfliege (*Perla* spec.): *a* flügelloses Larvenstadium, *b* ältere Larve mit Flügelscheiden, *c* Vollkerf

Eier. Die Eier werden nicht direkt abgelegt, sondern vom Weibchen erst einige Stunden oder Tage in Form eines schleimigen Klümpchens, das am Ende des Hinterleibs klebt, mit umhergetragen. Ein solches Klümpchen enthält 300 bis 1000 Eier. Die Ablage erfolgt ins Wasser, wo sich das Klümpchen löst und die einzelnen Eier an Pflanzen oder Steinen festkleben. Meist werden von einem Weibchen in gewissen zeitlichen Abständen zwei bis drei Eiklümpchen abgelegt.

Larven. Sie sind den Vollkerfen durch den Besitz der Flügelanlagen sehr ähnlich, namentlich in den letzten der durchschnittlich 20 Larvenstadien. Von den recht ähnlichen Larven der Eintagsfliegen lassen sie sich durch die nur in der Zweizahl vorhandenen Schwanzfäden und durch die stets zweikralligen Füße unterscheiden. Sie leben räuberisch in klaren, fließenden Gewässern und atmen mit Hilfe von meist an der Brust befindlichen Tracheenkiemen. Die Gesamtentwicklung dauert 1 bis 3 Jahre.

System. Die heimischen Arten gehören zu sechs Familien, für die es keine Vulgärnamen gibt.

Lit.: J. Illies: S. oder Plecoptera, Die Tierwelt Deutschlands, Tl 43 (Jena 1955).
Steinfrüchte, → Frucht.
Steinheim, nördlich von Stuttgart an der Murr (BRD) gelegener Fundort eines menschlichen Schädels aus dem Mindel-Riß-Interglazial. → Anthropogenese.
Steinkanal, → Stachelhäuter.
Steinkauz, → Eulen.
Steinkern, eine Form der Erhaltung fossiler Organismen; Erhaltung des Innenraumes des Fossils durch Sedimentausfüllung.
Steinkohlenformation, svw. Karbon.
Steinkorallen, *Madreporaria*, zu den *Hexacorallia* gehörende Ordnung der Korallentiere, die meist in Stöcken leben. Ihre Fußscheibe sondert ein Kalkskelett ab, das sich rippenartig in die Gastraltaschen vorschiebt. Das Skelett wächst immer höher, es wird aber immer nur der oberste Abschnitt vom Tier bewohnt, die unteren Zonen werden durch Querböden abgeschnürt. Durch Knospung können gewaltige Stöcke mit manchmal vielen Millionen Individuen entstehen.

Die S. sind die Hauptbildner der → Korallenriffe. Es sind ungefähr 2500 rezente Arten bekannt, die vom Litoral bis in 6000m Tiefe leben, und etwa doppelt so viele fossile Arten.
Steinläufer, → Hundertfüßer.
Steinmarder, *Martes foina*, ein zu den Mardern gehörendes, 70 cm langes Raubtier mit graubraunem Fell und unterseits gegabeltem weißem Kehlfleck. Der S. lebt im Mittelgebirge und im Flachland und bevorzugt schlupfwinkelreiches Gelände; er kommt auch bis in menschliche Ansiedlungen. Sein Verbreitungsgebiet ist ganz Europa außer den Britischen Inseln und Skandinavien.
Steinpilz, → Ständerpilze.
Steinrötel, → Drosseln.
Steinschmätzer, → Drosseln.
Steinzellen, → Festigungsgewebe.
Steißbein, → Achsenskelett, → Beckengürtel.
Steißfleck, *Sakralfleck*, *Mongolenfleck*, Pigmentanhäufungen (Chromatophoren) zwischen den Zellen des Koriumgewebes in der Kreuzbeingegend des Menschen. Je nach der Pigmentkonzentration tritt der S. in grauen bis bläulichgrauen Tönen auf. Der S. kann sehr verschieden groß sein und wurde bei allen Rassen nachgewiesen. Besonders häufig kommt er bei Mongoliden (80 bis 90%) vor, bei Europäern ist er sehr selten. In der Regel ist er schon bei der Geburt vorhanden, verschwindet aber mehr oder weniger rasch während der ersten Lebensjahre.
Steißfüße, Bezeichnung für die → Lappentaucher, mitunter auch für die → Seetaucher.
Steißhühner, *Tinamiformes* (auch *Crypturi*), Ordnung der Vögel mit über 40 Arten in Mittel- und Südamerika. Sie sind Bodenvögel, aber mit den Hühnern nicht näher verwandt. Nur das Männchen brütet und führt die Jungen.

Stelärtheorie, → Sproßachse.
Stele, Zentralzylinder mit der Gesamtheit der Leitungsbahnen, → Sproßachse, → Telomtheorie.
Stellenäquivalenz, die Erscheinung, daß ähnlich strukturierte Biozönosen in unterschiedlichen Gebieten (Isozönosen) äquivalente Planstellen (→ Nischen) besitzen. Diese werden von ganz bestimmten, teilweise konvergent entstandenen Lebensformentypen eingenommen, z. B. wird der Typ der zoophagen unterirdisch lebenden Wühl- und Schaufelgräber in den eurasiatischen Steppen vom Maulwurf, in Afrika vom Goldmull, in Nordamerika vom Steppenmaulwurf, in Südamerika vom Gürtelmull und in Australien vom Beutelmull repräsentiert.
Stellknorpel, → Kehlkopf.
Stelzen, *Motacillidae*, Familie der → Singvögel mit 50 Arten. Sie bilden 2 Verwandtschaftsgruppen, die Pieper und die Stelzen. Die *Pieper*, zu denen Brach-, Baum- und Wiesenpieper gehören, haben ein braunes und gesprenkeltes Gefieder und einen relativ kurzen Schwanz. Sie sind Bodenbrüter. Die *Stelzen* (Bach-, Gebirgs- und Schafstelze) haben eine weiße oder leuchtend gelbe Körperunterseite. Mit dem Schwanz wippen sie häufig. Ihre Nester bauen sie auf dem Boden, unter Wurzeln oder in dichte Büsche. Sie fressen vorwiegend Insekten.
Stelzenläufer, → Regenpfeifervögel.
Stelzenrallen, → Kranichvögel.
Stemmata, → Lichtsinnesorgane.
Stemmkletterer, → Bewegung.
Stemmschlängler, → Bewegung.
Stempel, → Blüte.
Stengel, svw. Sproßachse.
Stengelälchen, → Stengelnematode.
Stengelnematode, *Stengelälchen, Stockälchen, Ditylenchus dipsaci*, eine Nematodenart (→ Älchen), die ein Wirtsspektrum von über 250 Pflanzenarten hat. Die S. lebt in vielen Kulturpflanzen in Interzellulärräumen oberirdischer Sproßteile oder unterirdisch in Knollen und Zwiebeln. Die Folge des Befalls sind Verkümmerungen und Stauchungen der Pflanzenteile (Stockkrankheit). Die hauptsächlichsten Wirtspflanzen sind Roggen, Hafer, Buchweizen, Mais, Raps, Rübsen, Klee. Die Bekämpfung erfolgt durch weitgestellten Fruchtwechsel.
steno..., Vorsilbe, die eine geringe Toleranz eines Organismus gegenüber einem Umweltfaktor ausdrückt, z. B. stenohalin, an einen bestimmten Salzgehalt streng gebunden. Gegensatz: → eury...
stenochor, → Areal.
stenohalin, → Salzpflanzen.
stenök, → ökologische Valenz.
stenophot, → Lichtfaktor.
stenopotent, → ökologische Valenz.
Stenostomata, → Cyclostomata.
stenotherm, → Temperaturfaktor.
stenotop, → Biotopbindung.
Steppe, baumfreie oder fast baumlose Vegetationsformation mit vorherrschenden Gräsern, die mit hochwüchsigen Stauden, Knollen- und Zwiebelgeophyten und Einjährigen eine mehr oder minder geschlossene Pflanzendecke bilden. Sie ist in kontinentalen und subkontinentalen Gebieten mit Sommertrockenheit und geringen Niederschlägen (meist unter 400 bis 500 mm im Jahr) verbreitet. In Europa kommt es unter der S. auf Löß zur Ausbildung von Schwarzerde. Die Hauptvegetationszeit der S. sind Frühjahr und Frühsommer; im Spätsommer und Herbst herrscht Trockenruhe. S. kommen in den Gebirgen Asiens als *Bergsteppen* (*Gebirgssteppen*) und in den Ebenen und Hügelländern Südsibiriens, der Mongolei, der Ukraine bis Mitteleuropa vor. Entsprechende Formationen werden in Nordamerika *Prärien* und in Südamerika (besonders Argentinien) *Pampas* genannt. Mit abnehmender Niederschlagshöhe und Zunahme der Temperaturen von Norden nach Süden zeigt sich in Osteuropa eine Vegetationszonierung von der *Waldsteppe*, eine meist inselartige Verteilung von Wald aus Stieleiche, Ulme und Wildobstarten mit dazwischen gelegenen Steppenflächen, zur südlich anschließenden im Frühjahr buntblühenden, artenreichen *Wiesensteppe*. Die bei abnehmenden Niederschlägen südlich angrenzende *Federgrassteppe* wird vor allem von Horstgräsern (*Stipa, Festuca*), wenigen Stauden, aber zahlreichen Annuellen bestimmt. Noch artenärmer sind im Süden folgende *Kurzgrassteppen* aus xerophytischen Schwingel-Arten (*Festuca*), zwischen deren niedrigen Grashorsten ebenfalls Frühjahrsannuelle, auch Moose und Flechten wachsen. Letztere leiten zu den *Wüstensteppen* (Halbwüsten) über. Osteuropäische S. reichen in inselartigen Vorkommen als extrazonale Vegetation (→ zonale Vegetation) weit nach Mitteleuropa hinein. → Steppenheide. Die Bergsteppen Vorderasiens und Zentralasiens erreichen Höhen bis über 3 000 m und sind sehr artenreich.
Steppenfuchs, → Füchse.
Steppenheide, gehölzarme Vegetationsformation trockener Standorte Mitteleuropas, die vorwiegend von kontinental-subkontinental verbreiteten Gräsern und Kräutern aufgebaut wird. → Steppe. Die Ausbildungen auf flachgründigen Felsstandorten mit Arten mediterran-submediterraner Herkunft werden auch als *Felsheide* bezeichnet. Die S. umfaßt die floristisch reichsten Pflanzengesellschaften trockener Standorte Mitteleuropas. → Xerothermrasen.
Steppenheidetheorie, pflanzengeographisch-siedlungshistorische Theorie. Sie geht von der Beobachtung aus, daß das Verbreitungsgebiet der jungsteinzeitlichen und bronzezeitlichen Siedlungen weitgehend mit dem gehäuften Vorkommen der Steppenheiden zusammenfällt. Nach Gradmann sollen diese Gebiete während des nacheiszeitlichen Klimaoptimums (→ Pollenanalyse) überwiegend waldfrei gewesen sein oder höchstens eine lichte waldsteppenartige Vegetation getragen haben, die dem neolithischen Menschen eine dauernde Besiedlung ermöglichte. Als später das Klima wieder feuchter und damit günstiger für den Wald wurde, soll das Vorrücken des Waldes in diese offenen Landschaften durch den Menschen verhindert worden sein.
Steppenkerze, → Liliengewächse.
Steppenschildkröte, svw. Vierzehenschildkröte.
stepping-stone-model, → Trittsteinmodell.
Sterberate, → Mortalität.
Sterbeziffer, → Mortalität.
Sterblichkeit, svw. Mortalität.
Sterculiaceae, → Kakaobaumgewächse.
Stereomikroskop, Mikroskop mit großem Arbeitsabstand, das ein seitenrichtiges räumliches Bild liefert. Das wird erreicht durch die Verwendung von 2 Objektiven, 2 Tuben und 2 Okularen. Prismen zwischen Objektiv und Okular kehren das Bild um. Das S. wird zum Präparieren bei schwachen Vergrößerungen (~ 100fach) verwendet.
Stereozilien, → Zilien.
Sterigma, ein Zellfortsatz, an dem bei vielen Pilzformen Sporen inseriert sind, z. B. bei vielen Algenpilzen und bei den → Ständerpilzen. Im Gegensatz zu den → Phialiden sind die S. keine ganzen Zellen, sondern nur Zellteile. Der Begriff S. wird jedoch oft im Sinne von Phialide gebraucht.
steril, 1) keimfrei, keine lebenden Mikroorganismen enthaltend. 2) unfruchtbar.
Sterilfiltration, die Entkeimung von Flüssigkeiten oder Gasen mit Hilfe von bakteriendichten Filtern. Diese Bakte-

rienfilter bestehen z. B. aus unglasiertem Porzellan (Chamberlandfilter), gepreßtem Kieselgur (Berkefeldfilter), Glassinter oder dünnen folieartigen Membranen (→ Membranfilter). Die S. wird vor allem angewendet zur Sterilisation hitzeempfindlicher Lösungen oder zur Luftentkeimung. Streng genommen ist die Filtration nicht in jedem Fall eine Sterilisationsmethode, da die meisten der genannten Filter Viren nicht zurückhalten.

Sterilisation, das Keimfreimachen von Geräten, Materialien oder Nahrungsmitteln durch Abtöten oder Entfernen der Mikroorganismen und ihrer Dauerstadien (Sporen) und durch Inaktivieren oder Entfernen der Viren. Sterilisiert werden z. B. ärztliche Instrumente, Verbandmaterialien, Nährböden für Mikroorganismen, Konserven. Die S. kann nach verschiedenen physikalischen oder chemischen Verfahren vorgenommen werden. Grundsätzlich kann man unterscheiden zwischen Hitze- und Kaltsterilisation.

1) Die Hitzesterilisation kann erfolgen: a) durch trockenes Erhitzen für zwei Stunden bei 160 bis 180 °C im Heißluftsterilisator, z. B. zur S. von Glasgeräten; b) durch Dampfsterilisation (20 bis 60 Minuten bei 100 °C im → Dampftopf). Da hierbei nicht alle Bakteriensporen abgetötet werden, wird oft die fraktionierte S. (Tyndallisation) angewendet (je 20 Minuten Erhitzen auf 100 °C an drei aufeinanderfolgenden Tagen), z. B. zur S. von empfindlichen Nährböden; c) durch Autoklavieren, d. h. Erhitzen im → Autoklaven (10 bis 20 Minuten bei überhitztem Dampf bei 120 bis 135 °C), zur S. von weniger hitzeempfindlichen Gütern, z. B. Fleischkonserven. Bei z. T. noch höheren Temperaturen wird die → Ultrahocherhitzung durchgeführt; d) durch Ausglühen oder Abbrennen in der Flamme zur S. von Impfösen, Impfnadeln, Scheren, Messern u. a.

Eine Hitzebehandlung bei Temperaturen unter 100 °C, die nicht zur S. führt, ist die → Pasteurisation.

2) Die Kaltsterilisation dient vor allem zur S. hitzeempfindlicher Geräte und Materialien, aber auch zur S. von Gasen. Sie kann erfolgen: a) auf chemischem Weg durch Einwirken z. B. von Ethylenoxid, Formaldehyd, Ethanol, β-Propiolakton und Halogenkohlenwasserstoffen zur S. von Räumen, Apparaten, Plasterzeugnissen, lebenden Organen, Geweben u. a.; b) auf physikalischem Wege durch Bestrahlung mit ultraviolettem Licht, Röntgen- und anderen Strahlen besonders zur S. von Geräten und Räumen, c) durch → Sterilfiltration zur S. von Flüssigkeiten und Gasen. → Desinfektion.

Lit.: Przyborowski u. Würfel: Leitfaden für die Sterilisationspraxis (Leipzig 1966).

Sterilität, Unfruchtbarkeit, das teilweise oder vollständige Unvermögen eines Individuums, unter gegebenen Umweltbedingungen funktionsfähige Gameten und im weiteren Sinne lebensfähige Zygoten zu bilden. Liegen der S. genetische Ursachen zugrunde, kann zwischen *genischer*, durch Sterilitätsgene bedingter und *chromosomaler*, durch fehlende oder unzureichende Homologie der Chromosomensätze verursachter S. unterschieden werden. *Somatoplastische* S. liegt bei botanischen Objekten dann vor, wenn die S. auf Unverträglichkeit zwischen Endosperm und Embryo zurückzuführen ist, die sich in Störungen bei der Samenentwicklung und in Embryoabortion ausdrücken. Weiteres über S. → Intersterilität, → Kreuzungssterilität, → Selbststerilität.

Sterine, *Sterole,* natürlich vorkommende Steroide mit charakteristischer 3β-Hydroxygruppe und 17β-ständiger aliphatischer Seitenkette. S. werden nach ihrem Vorkommen in Zoosterine, Phytosterine, Mykosterine und marine S. eingeteilt.

Wichtige S. sind → Cholesterin, → Stigmasterin und → Ergosterin.

S. sind als primäre Zellbestandteile im Tier- und Pflanzenreich weit verbreitet und treten dabei frei, glykosidisch oder esterartig gebunden auf.

Sterkobilin, → Gallenfarbstoffe.
Sterkobilinogen, → Gallenfarbstoffe.
Sterlet, → Störe.
Sternganglion, → Nervensystem.
Sterngucker, svw. Himmelsgucker.
Sternhaare, → Pflanzenhaare.
Sternmoos, → Laubmoose.
Sternite, → Sklerite.
Sternmull, *Condylura cristata*, ein langschwänziger, wasserbewohnender Vertreter der Maulwürfe aus Nordamerika, dessen Nase einen Kranz von 22 nackten, beweglichen Tentakeln trägt.

Sternmull

Sternorrhynchi, → Gleichflügler.
Sternum, → Brustkorb, → Schultergürtel.
Steroide, eine umfangreiche Klasse biologisch aktiver Naturstoffe, zu denen besonders Sterine, Gallensäuren, herzwirksame Glykoside, Steroidsaponine, -alkaloide und -hormone gehören. Die entsprechenden Stammkohlenwasserstoffe werden durch Substitution an den C-Atomen 10, 13 und 17 des Gonans erhalten. Die wichtigsten Vertreter sind in der Tab. (s. u.) zusammengefaßt.

Je nach Konfiguration am C-Atom 5 spricht man bei trans-Verknüpfung der Ringe A/B von der 5α-Reihe, bei cis-Verknüpfung von der 5β-Reihe. S. unterscheiden sich vor allem durch die Art, Anzahl, Stellung und Konfiguration der Substituenten sowie durch Anzahl und Stellung von Doppelbindungen. Die Biosynthese der S. erfolgt aus Squalen über Zyklopentanoperhydrophenanthren zum Lanosterin bzw. Zykloartenol.

5α-Reihe   5β-Reihe

Von den bis jetzt bekannten 20 000 S. sind etwa 2 % in der Medizin bedeutsam.

Stammkohlenwasserstoffe der Steroide

Verbindung	R_1	R_2	R_3
Gonan	H	H	H
Östran	H	CH_3	H
Androstan	CH_3	CH_3	H
Pregnan	CH_3	CH_3	C_2H_5
Cholan	CH_3	CH_3	$CH(CH_3)CH_2CH_2CH_3$
Cholestan	CH_3	CH_3	$CH(CH_3)CH_2CH_2CH_2CH(CH_3)_2$
Ergostan	CH_3	CH_3	$CH(CH_3)CH_2CH_2CH(CH_3)CH(CH_3)_2$
Stigmastan	CH_3	CH_3	$CH(CH_3)CH_2CH_2CH(C_2H_5)CH(CH_3)_2$

Steroidhormone, eine umfangreiche Gruppe tierischer Hormone, die sich biogenetisch vom Cholesterin ableiten und denen das tetrazyklische Zyklopentanoperhydrophenanthrengerüst zugrunde liegt. Die S. lassen sich je nach Anzahl vorhandener C-Atome unterteilen: 1) C_{27}-Ste-

Sterole

roide (die Insektenhormone → Ekdyson und → Ekdysteron); 2) C_{21}-Steroide (→ Progesteron, → Nebennierenrindenhormone); 3) C_{19}-Steroide (→ Androgene); 4) C_{18}-Steroide (→ Östrogene).

Nach der biologischen Wirkung unterscheidet man die Häutungshormone der Insekten (→ Insektenhormone), bei Mensch (und Säugetier) → Glukokortikoide, → Mineralokortikoide, → Androgene, → Östrogene und → Gestagene.

Bildungsorte der humanen S. sind vor allem die Nebennierenrinde und die Keimdrüsen. Die Biosynthese der S. erfolgt über Cholesterin, dessen Seitenkette oxidativ verkürzt wird. Wichtige Schlüsselprodukte in der Biosynthesekette sind Pregnenolon und Progesterin. Die S. werden im Organismus nicht wie die Peptidhormone gespeichert, sondern entsprechend ihrer Bildungsrate freigesetzt. Ihr Transport erfolgt im allgemeinen über die Blutbahn, meist gebunden an ein Trägerprotein. Der hormonspezifische Rezeptor der S. ist im Zytosol lokalisiert. Dort entfalten sie ihre Wirkung durch Genaktivierung (→ Hormone). Der Abbau der S. geschieht in der Leber, die Ausscheidung der Metabolite im Harn.

Künstlich strukturmodifizierte S. haben als Ovulationshemmer oder als anabole Steroide sowie als entzündungshemmende oder antiallergische Arzneimittel pharmakologische Bedeutung.

Sterole, svw. Sterine.
Sterroblastula, → Furchung.
Stert, svw. Bürzel.
Stetigkeit, svw. Präsenz.
STH, Abk. für somatotropes Hormon (→ Somatotropin).
Stichkultur, → Kultur.
Stichlinge, *Gasterosteidae,* kleine Fische mit stacheligen Flossen und freien Stacheln vor der Rückenflosse. An den Körperseiten haben sie oft eine Reihe von Knochenschildern. Die Männchen bauen Nester aus Pflanzenteilen, die sie mit Nierensekret verbinden. Später treiben sie Brutpflege. Im Meer-, Brack- und Süßwasser der nördlichen Halbkugel finden sich der Dreistachlige S., *Gasterosteus aculeatus,* und der Neunstachlige S. oder Zwergstichling, *Pungitius pungitius,* in der Nord- und Ostsee lebt der Seestichling, *Spinachia spinachia.* S. sind interessante Fische für das Kaltwasseraquarium.

Lit.: A. Heilborn: Der S. (Leipzig u. Wittenberg 1949).

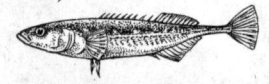

Neunstachliger Stichling
(*Pungitius pungitius*)

Stichprobe, → Biostatistik.
Stickstoff, N, ein Nichtmetall, für die Pflanze ein lebensnotwendiger und in großer Menge erforderlicher Nährstoff (→ Pflanzennährstoffe), der als wesentlicher Bestandteil der Nukleinsäuren, Eiweißstoffe und zahlreicher weiterer Biomoleküle grundlegende biologische Bedeutung besitzt.

Im Stickstoffkreislauf der Natur bildet der hohe Stickstoffgehalt der Luft (etwa 80%) das ständige Reservoir, das allerdings von den höheren Pflanzen nicht direkt ausgenutzt werden kann. Nur eine Reihe von Mikroorganismen ist befähigt, den *Luftstickstoff* zu assimilieren. Zu diesen gehören freilebende Bodenbakterien, z. B. *Azotobacter chroococcum, Clostridium pasteurianum* u. a., einige Bodenhefen und Pilze sowie symbiotisch lebende Bakterien und Strahlenpilze (→ Wurzelknöllchen). Die durch Knöllchenbakterien, z. B. *Rhizobium leguminosarum,* fixierte Stickstoffmenge ist wesentlich größer als die der freilebenden Bodenorganismen. Ein für den Gesamthaushalt unbedeutender Anteil des Luftstickstoffs wird durch atmosphärische Entladungen oxidiert und gelangt in pflanzenverfügbarer Form durch das Regenwasser in den Boden. Zur Synthese bestimmter Stickstoffdünger, z. B. des Ammoniumsulfats, des Harnstoffs oder auch des Natriumnitrats, wird im großtechnischen Maßstab der Stickstoffgehalt der Luft ausgenutzt.

Im Boden erfolgen außer der *Stickstoff-Fixierung,* d. i. die Überführung des elementaren S. in chemische Verbindungen, weitere Stickstoffumsetzungen. Die in Wurzel- und Stoppelresten, abgestorbenen Mikroorganismen und organischem Dünger enthaltenen organischen Stickstoffverbindungen werden durch die Tätigkeit zahlreicher Bakterien zu anorganischen Substanzen abgebaut. Bei dieser *Mineralisierung* entsteht vorwiegend Ammoniak NH_3. Dieser wird in gut durchlüfteten Böden mit schwach saurer bis neutraler Reaktion durch nitrifizierende Bakterien (→ Chemosynthese) rasch zunächst zu Nitrit NO_2^- und dann zur Nitrat NO_3^- oxidiert. Nitrit- und Nitratbildner kommen stets vergesellschaftet vor. Diese Vorgänge der NH_3-Oxidation zu NO_3^- bezeichnet man als *Nitrifikation.* Unter ungünstigen Bodenverhältnissen kann auch eine mikrobielle *Denitrifikation* eintreten, d. h. eine Reduktion von Nitrat zu Ammoniak, elementarem S., Stickoxid oder Distickstoffoxid (→ Chemosynthese). Diese gasförmigen Verbindungen können aus dem Boden entweichen und somit der Pflanzenernährung verlorengehen. Weitere Stickstoffverluste im Boden sind möglich durch Fixierung von Ammoniumionen NH_4^+ in kolloidreichen Böden sowie durch Auswaschung der löslichen anorganischen Stickstoffverbindungen. Demgegenüber, erfolgt aus dem Zerfall von Mineralien kein Zufluß N-haltiger Verbindungen, denn Mineralien sind frei von S.

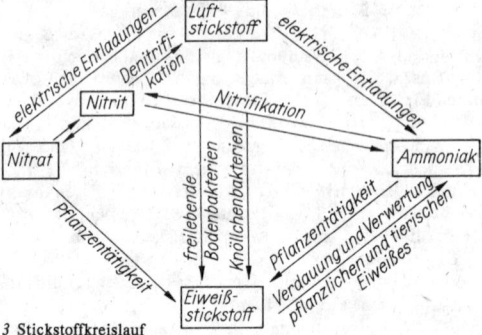

3 Stickstoffkreislauf

Die wichtigsten Stickstoffverbindungen, die von der Pflanze aufgenommen werden, sind Ammoniumsalze, z. B. $(NH_4)_2SO_4$ (Ammoniumsulfat); und Nitrate, z. B. $NaNO_3$ (Natriumnitrat); außerdem können organische Verbindungen, z. B. Harnstoff, aufgenommen werden. Das normale Aufnahmeorgan ist die Wurzel; jedoch ist auch Blattdüngung mit anorganischen und organischen Stickstoffverbindungen möglich.

Aufgenommene Nitrationen werden zunächst bis zur NH_3-Stufe reduziert:

$$HNO_3 + 8e^- + 8H^+ \rightarrow NH_3 + 3H_2O.$$

Die *Nitratreduktion* erfolgt auch in der Pflanze in zwei Schritten:

Nitrat $\xrightarrow[\text{Nitratreduktase}]{2e^-}$ Nitrit

$\xrightarrow[\text{Nitritreduktase}]{6e^-}$ Ammoniak.

Durch das Enzym *Nitratreduktase* wird Nitrat unter Zufuhr von zwei Elektronen zunächst zu Nitrit reduziert.

Während seiner Bindung an das zweite Enzym, die *Nitritreduktase*, erhält der Stickstoff dreimal zwei Elektronen. Dabei tritt offenbar wenigstens ein enzymgebundenes Intermediat auf, das *Hydroxylamin* ($HONH_2$), in dem der S. die Wertigkeitsstufe -1 besitzt. Das erforderliche Reduktionsmittel, Elektronen und Wasserstoff, kann aus der Dissimilation stammen oder, in grünen Geweben bei Belichtung, aus der photolytischen Wasserspaltung. Im zuerst angeführten Fall werden Elektronen und Protonen aus der Atmungskette abgezweigt, in der sie normalerweise auf Sauerstoff überführt werden. Daher sinkt bei Nitratreduktion der O_2-Verbrauch, und der Atmungsquotient ($\rightarrow$ respiratorischer Quotient) steigt auf Werte über 1 an.

Das durch Reduktion von Nitrat oder durch Aufnahme in der Zelle befindliche NH_3 (bzw. NH_4^+) wird durch *Aminierung* oder *Amidierung* in organische Bindung überführt. Die einzige für höhere Pflanzen wichtige *Aminierung* ist die *reduktive Aminierung*, d. h. die unter Verbrauch von $NADPH + H^+$ (= Oxidation von reduziertem Nikotinsäureamid-adenin-dinukleotidphosphat) erfolgende Aminierung der α-Ketoglutarsäure zu Glutaminsäure durch das Enzym Glutaminsäuredehydrogenase. Sie verläuft wie folgt:

1 Reduktive Animierung von α-Ketoglutarsäure zu Glutaminsäure

Die aus dem Zitronensäurezyklus stammende α-Ketoglutarsäure und die aus dieser entstehende Glutaminsäure nehmen eine zentrale Stellung im Stickstoff-Stoffwechsel der Pflanzen ein. Die reduktive Aminierung anderer α-Ketosäuren, z. B. von Brenztraubensäure, die bei bestimmten Mikroorganismen auftritt, spielt demgegenüber bei höheren Pflanzen höchstens eine untergeordnete Rolle. Bei der Amidierung wird NH_3 unter Bildung einer Säureamidgruppe auf Aminosäuren, vor allem auf Glutaminsäure und Asparaginsäure, übertragen, wodurch Glutamin bzw. Asparagin entstehen. Die Amidierung ist energiebedürftig. Sie wird durch ATP-Spaltung ermöglicht. Die Amidierung von Glutaminsäure zu Glutamin ist nachfolgend dargestellt.

2 Amidierung von Glutaminsäure zu Glutamin

Durch *Transaminierung* bzw. *Transamidierung* wird die Aminogruppe der primär synthetisierten Aminosäure bzw. dem entstandenen Amin auf andere α-Ketosäuren bzw. Aminosäuren übertragen. So können die primär synthetisierten Verbindungen den S. für die übrigen Aminosäuren, Amide und viele andere Substanzen liefern.

Stickstoffverbindungen können in der Pflanze leicht transportiert werden. Vorwiegend erfolgt der Transport in organischer Form. Nur im Transpirationsstrom können bei Kräutern größere Nitratmengen vorkommen. Die Stickstofftransportformen sind z. T. art-, gattungs- bzw. familienspezifisch. Sie dienen z. T. auch der Stickstoffspeicherung und Ammoniakentgiftung. Wichtige Stickstofftransportformen der Pflanze sind Glutaminsäure, Glutamin (z. B. Rizinus, Möhre, Gurke), Asparaginsäure, Asparagin (z. B. Spargel, Kreuzblütler, Hülsenfrüchtler), Zitrullin (z. B. Birkengewächse), Allantoin (z. B. Rauhblattgewächse) und Allantoinsäure (z. B. Ahorngewächse).

Die Wertigkeit der beiden Hauptstickstoffquellen, NO_3^- und NH_4^+, für die Pflanzenernährung war Gegenstand zahlreicher Untersuchungen. Obwohl NO_3^- zunächst zu NH_4^+ reduziert werden muß, sind Nitrate den NH_4-Salzen etwa gleichwertig. Bei starker Nitraternährung wird jedoch die Aufnahme von Anionen zurückgedrängt, während bei entsprechender NH_4^+-Ernährung die Aufnahme von Kationen zurückgedrängt und diejenige von Anionen, besonders Phosphat, begünstigt wird. Die Aufnahme von NH_4^+ in Pflanzen wird wesentlich stärker vom pH-Wert des Bodens beeinflußt als diejenige von NO_3^-. Die Düngewirkung von NH_4-Salzen ist bei einem pH-Bereich von 5,5 bis 6,5 sehr gut. Demgegenüber besitzen NO_3-Verbindungen einen wesentlich breiteren Reaktionsbereich (*pH* etwa 4,5 bis 7) für ein optimales Pflanzenwachstum. Daher ist im allgemeinen auf Böden mit extremen Reaktionsverhältnissen die NO_3-Ernährung derjenigen mit NH_4-Stickstoff überlegen. Die NH_4-haltigen Mineraldünger wirken *physiologisch sauer*, d. h., sie erhöhen die Wasserstoffionenkonzentration im Boden, da sie von der Pflanzenwurzel in der Regel im Austausch gegen Protonen aufgenommen werden. Die einzelnen Pflanzenarten reagieren auch aus diesem Grund unterschiedlich auf die beiden Stickstoff-Formen. NH_4-Salze sind besonders geeignet für Pflanzen, die niedrige pH-Werte lieben bzw. vertragen, z. B. Kartoffeln, Roggen, Hafer, Mais und Reis. Für eine späte Herbstdüngung eignen sich NH_4-Dünger besser als Nitrate; denn im Spätherbst und Winter ist die Nitrifikation und damit auch die Auswaschungsgefahr relativ gering. Demgegenüber wirken die Nitrat-Düngemittel (Natriumnitrat, Kalziumnitrat) besonders rasch und eignen sich deshalb zur Frühjahrsdüngung. Reine NH_4-Dünger sind Ammoniumchlorid und Ammoniumsulfat; Mischdünger, die sowohl NH_4- als auch NO_3-Stickstoff enthalten, sind z. B. Kalkammonsalpeter und Ammonsulfatsalpeter. Die Höhe der Düngergabe richtet sich im einzelnen nach der Pflanzenart und dem Stickstoffhaushalt des Bodens.

Mangelnde Stickstoffversorgung wirkt sich auf das gesamte Stoffwechselgeschehen der Pflanze negativ aus, denn S. ist ein Grundbaustein aller physiologisch wichtigen Strukturen. *Stickstoffmangelpflanzen* sind klein und kümmerlich entwickelt. Sie haben fahlgelbe oder rötliche Blätter, die häufig vorzeitig abgeworfen werden. Bei Getreide ist die Bestockung eingeschränkt, die generative Phase beginnt eher; die Ähren bleiben kurz und enthalten unvollkommen ausgebildete Körner. Bei *Stickstoffüberernährung* erscheinen dagegen die Pflanzen dunkelgrün, saftig und mit großen Blättern, jedoch sind die Gewebe weich und schwammig infolge mangelnder Ausbildung von Festigungselementen und demzufolge besonders anfällig gegenüber Krankheiten und Schädlingen. Bei Getreide ist die Standfestigkeit stark vermindert.

Besonderheiten der Stickstoffernährung zeigen fleischfressende Pflanzen und heterotrophe Organismen ($\rightarrow$ Heterotrophie).

Im Tierkörper ist S. wie in der Pflanze Bestandteil vieler lebenswichtiger Verbindungen, z. B. der Nukleotide, Nukleinsäuren, Aminosäuren sowie der Proteine und Proteide einschließlich der Fermente. Das Tier ist, im Gegensatz zur Pflanze, stickstoffheterotroph. Es kann in der Regel anorganischen S. nicht verwerten.

Stiefmütterchen, → Veilchengewächse.
Stieglitz, → Finkenvögel.
Stielaugen, die auf Augenstielen sitzenden Komplexaugen vieler Krebse, → Lichtsinnesorgane.
Stieleibengewächse, *Podocarpaceae*, eine Familie der Nadelhölzer mit etwa 140 Arten, die ihre Hauptverbreitung in tropischen und subtropischen Gebirgen der Südhalbkugel haben. Es sind Bäume, selten Sträucher, mit meist spiralig angeordneten schuppen- oder nadelförmigen Blättern, z. T. mit blattartig ausgebildeten Kurztrieben und zweihäusig verteilten Blüten. Es werden keine Holzzapfen gebildet, der Samen wird bei der Reife von der Samenschuppe wulstartig umhüllt. Charakteristische Harze und ätherische Öle wurden nachgewiesen.

Die wichtigsten Gattungen dieser Familie sind *Podocarpus*, die mit etwa 100 Arten zur größten Nadelholzgattung der Südhalbkugel zählt und eine weite Verbreitung aufweist, sowie *Dacrydium*, die überwiegend in Südostasien zu finden ist.

Stielquallen, → Skyphozoen.
stiftführender Sensillus, svw. Skolopidium.
stiftführendes Sinnesorgan, svw. Skolopalorgan.
Stigma, *1)* Augenfleck, → Lichtsinnesorgane, → Plastiden; *2) Pterostigma, Flügelmal*, im Flügelgeäder der Insekten eine am Vorderrand der Flügel liegende stark sklerotisierte, dunkle Stelle; *3)* → Stigmen.
Stigmasterin, *Stigmasterol*, ein weitverbreitetes Phytosterin, das z. B. aus Sojabohnen, Zuckerrohr und Mohrrüben isoliert wurde. Es wird als Ausgangsstoff für Steroidhormonsynthesen verwendet.

β-Sitosterin

Stigmen, bei Stummelfüßern, Spinnen, Vielfüßern und Insekten die im allgemeinen in der seitlichen Körperhaut liegenden Öffnungen der Tracheen. Im einfachsten Falle sind die S. offene Mündungen, die unmittelbar in eine Trachee führen. Diese primäre Öffnung, der *Stigmenmund*, wird aber in den meisten Fällen durch Ausbildung eines chitinigen Vorhofes nach innen versenkt. Der Vorhof kann stark sklerotisiert und besonders bei Insekten mit Reuseneinrichtungen, die das Eindringen von Fremdstoffen verhindern, versehen sein. In fast allen Fällen sind die S. mit besonderen Muskeln ausgestattet, so daß die Luftventilation geregelt werden kann. Bei primitiven Insekten (Geradflügler) kann außerdem durch wechselndes Schließen der S. ein gerichteter Luftstrom im Tracheensystem erzeugt werden.

Die S. sind primär stets segmental angeordnet, indem, außer bei den Stummelfüßern, jedem Körpersegment ein Paar zugeordnet ist. So haben noch die meisten Vielfüßer an jedem beintragenden Segment, ausgenommen das erste und letzte, ein Stigmenpaar. Im Grundbauplan der Insekten ist im 2. und 3. Brustsegment und an den 8 ersten Hinterleibssegmenten je ein Stigmenpaar vorhanden (Holopneustier). Häufig sind aber einzelne Stigmenpaare verschlossen oder reduziert worden (Hemi- und Hypopneustier). Bei im Wasser lebenden Insektenlarven können sämtliche S. verschlossen (Branchiopneustier mit Tracheenkiemenatmung) oder reduziert sein (Apneustier mit Hautatmung). In wieder anderen Fällen können die S. am Ende besonderer Körperanhänge, der *Siphonen*, angebracht sein, so daß der Luftaustausch an der Wasseroberfläche erfolgen kann, z. B. bei Mücken- und Schwebfliegenlarven und Wasserwanzen. Die Larven der Schilfkäfer haben besonders gestaltete S., mit deren Hilfe sie die mit Luft gefüllten Interzellularräume von Wasserpflanzen anbohren können. Bei den Spinnentieren ist die Anordnung und Zahl der S. verschieden. Sie liegen als paarige Öffnungen besonders in der Nähe der Beinansätze und Mundwerkzeuge oder als paarige und unpaarige Öffnungen auf der Unterseite des Hinterleibes, z. B. bei Webespinnen. Die Weberknechte haben außerdem sekundär erworbene S. an den sehr langen Beinen.

Stimme, → Kehlkopf.
Stimmungsübertragung, *Sozialstimulation*, durch Ausdrucksverhalten (*Stimmungsübermittlung*) anderer Gruppenangehöriger ausgelöste Verhaltensmotivationen in sozialen Verbänden (→ soziale Verständigung). Hierher gehören auch der *Gruppen- (Artgenossen-)effekt* und der *Partnereffekt*. Ersterer äußerst sich in erhöhter Futteraufnahme je Tier im Gruppenverband, in der Beruhigung des Einzeltieres nach Trennung von der Gruppe sowie in der Gleichschaltung vieler Handlungen. Der Partnereffekt bewirkt bei vielen Tieren vor allem den Gleichlauf von Fortpflanzungshandlungen.
Stinkmorchel, → Ständerpilze.
Stinktier, svw. Skunk.
Stint, *Osmerus eperlanus*, zu den Lachsfischartigen gehörender, bis 30 cm langer, schlanker Fisch mit stark bezahntem Maul, der der Fischbrut nachstellt. Küstengewässer Westspaniens bis Skandinavien. Massenfänge werden regional verschieden verwertet, das Fleisch riecht dumpfig.

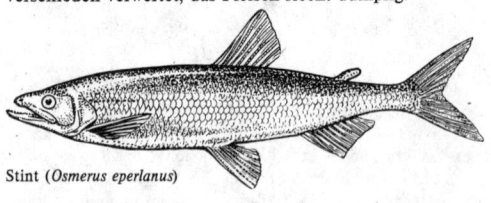

Stint (*Osmerus eperlanus*)

Stipeln, → Blatt.
Stirnaugen, → Lichtsinnesorgane.
Stirnbein, → Schädel.
Stirnrind, svw. Gayal.
STNV, → defiziente Viren.
Stocherfink, → Spechtfink.
Stockälchen, → Stengelnematode.
Stockausschläge, → Adventivsprosse.
Stockbildung, → Organismenkollektiv.
Stockente, → Hausente.
Stöcker, *Trachurus trachurus*, **Bastardmakrele**, zu den Barschartigen, Familie Stachelmakrelen, gehörender, räuberischer Meeresfisch mit gekrümmter Seitenlinie, die gekielte Schuppenschilde trägt. Der bis 40 cm lange S. ist im Schwarzen Meer häufig, kommt aber auch im Mittelmeer, im Atlantik und in der westlichen Ostsee vor.
Stockrose, → Malvengewächse.
Stockschwämmchen, → Ständerpilze.
Stoffaufnahme, a) die Versorgung autotropher Lebewesen mit anorganischen Nährsalzen zum Aufbau organischer Stoffe (→ Mineralstoffwechsel), b) die Versorgung heterotropher Lebewesen mit energiereichen organischen Nährstoffen zur Stoffwechselunterhaltung (→ Stoffwechsel).
Stoffausscheidung, die Absonderung von Stoffen aus Organen des Körperinnere nach außen.

Bei Pflanzen werden in gleicher Weise wie bei Tieren ständig gewisse Stoffe aus dem Stoffwechsel entfernt. Dabei sind folgende Unterschiede zur tierischen Exkretion zu verzeichnen: Die Pflanze verwertet die aufgenommenen Nährstoffe sehr rationell, so daß mengenmäßig viel weniger Abfallstoffe entstehen. Stickstoffhaltige Endprodukte des Eiweißstoffwechsels werden von der Pflanze nicht oder in nur geringfügigem Maße ausgeschieden. Ein Teil der aus dem laufenden Stoffwechsel entfernten Substanzen wird von der Pflanze nicht nach außen abgegeben, sondern innerhalb des Pflanzenkörpers an bestimmte Stellen transportiert und abgelagert bzw. abgekapselt. Bei herbstlichem Laubfall können mit den Blättern zahlreiche Abfallprodukte abgestoßen werden. Dagegen gibt es bei Pflanzen keine Ausscheidung geformter Stoffwechselprodukte oder Exkremente.

Man unterscheidet *Rekretion,* d. h. die Abgabe unveränderter, scheinbar nicht in den Stoffwechsel eingetretener anorganischer Stoffe, z. B. Wasser, Kalzium, Kalium, *Exkretion,* d. h. Abscheidung von Abfallprodukten (Exkreten), die keine weitere Verwendung im Organismus finden, und *Sekretion,* d. i. Bildung und Ausscheidung funktionell wichtiger Substanzen (Sekrete). Oft ist die Entscheidung schwierig, ob es sich um ein Rekret, ein Exkret oder ein Sekret handelt, zumal oft ausreichende Kenntnisse über die physiologische Funktion vieler sekundärer Pflanzenstoffe bisher fehlen. Darüber hinaus können ausgeschiedene und abgelagerte Substanzen ökologische Bedeutung erlangen, z. B. durch Beeinflussung anderer Organismen (→ Allelopathie).

Eine echte S. kann bei höheren Pflanzen durch Drüsenzellen und Drüsengewebe erfolgen. Die Sekrete und Exrete werden durch die Zellwand hindurch entweder in Hohlräume, wie Interzellularen, oder aus dem Pflanzenkörper heraus sezerniert. Bekannte Beispiele sind die Guttation, die Ausscheidung zuckerhaltiger Flüssigkeiten durch Nektarien, die Drüsenprodukte fleischfressender Pflanzen sowie die Bildung und Abscheidung von ätherischen Ölen, Harzen, Pflanzengummi, Pflanzenschleim u. a. Wichtig für das Mikroorganismenleben in der Rhizosphäre sind die → Wurzelausscheidungen.

Auch von Mikroorganismen werden verschiedene Stoffe ausgeschieden, so z. B. Gärungsprodukte, wie Alkohol oder Essigsäure, Enzyme von vielen Parasiten und Saprophyten, Antibiotika sowie Welketoxine u. a. Toxine von bestimmten Krankheitserregern.

Die Abscheidung von Stoffwechselprodukten innerhalb des Pflanzenkörpers erfolgt in Exkret- bzw. Sekretzellen und -geweben. Auf diese Weise werden häufig Gerbstoffe, ätherische Öle u. a. festgelegt. Auch die Milchsäfte können hier aufgeführt werden.

Über S. bei Tieren → Exkretion, → Sekretion.

Stofftransport, der Stoffumlauf in pflanzlichen und tierischen Körpern. In höheren Pflanzen sind zwei Transportvorgänge großen Ausmaßes vorherrschend:

1) Der Ferntransport von Wasser und darin gelösten Nährstoffen (*Nährstofftransport*) aus der Wurzel in das Sproßsystem erfolgt vorzugsweise in den Gefäßen unter Ausnutzung des *Transpirationsstromes.* Allerdings bestehen keine unmittelbaren Beziehungen zwischen der Intensität von Wasseraufnahme und Transpiration einerseits und dem Ionentransport andererseits, sondern die verschiedenen Ionen können eine teilweise unterschiedliche Beweglichkeit aufweisen. Der Ferntransport von Assimilaten von den Stätten der Bildung, den Blättern, zu den Stätten des Verbrauchs, z. B. Wurzeln, Früchten, Sproßspitzen, erfolgt durch den *Assimilatenstrom.* Er verläuft in den Siebröhren des Phloems mit einer Geschwindigkeit von 0,5 bis 1 m je Stunde. Der Siebröhrensaft stellt eine 10 bis 25 %ige Lösung von Assimilaten dar. Ihre Konzentration ist tagsüber höher als nachts. Im allgemeinen sind etwa 90 % der gelösten Stoffe Kohlenhydrate, vor allem Saccharose. Bei einigen Pflanzen wird Saccharose durch Raffinose vertreten. Neben Saccharose kommt fast immer in geringeren Mengen Raffinose, Stachyose und Verbascose, d. h. Saccharose mit 1, 2 bzw. 3 Galaktoseresten, vor, gelegentlich auch Mannitol und Sorbitol. Daneben sind verschiedene Aminosäuren, Nukleotide, Karbonsäuren, Vitamine und Phytohormone sowie ATP vorhanden. Es spricht vieles dafür, daß diese Inhaltsstoffe und Wasser als Lösungsströmung gemeinsam fließen. Bezüglich Ursachen dieses Druckstromes sowie Alternativhypothesen → Druckströmungstheorie.

2) Der Nahtransport zu den Transportgeweben bzw. aus diesen heraus verläuft durch die Zellen unspezialisierter Gewebe. Dabei kann zwischen drei gegeneinander kompartimentierten Systemen unterschieden werden: a) dem *Symplasten,* das ist das durch die Plasmodesmen im Zusammenhang stehende Protoplasma aller Zellen. Der Symplast dient dem Nahtransport von organischen und anorganischen Substanzen sowie von Wasser. Näheres hierüber → Mineralstoffwechsel. b) dem *Apoplasten,* zu dem das zusammenhängende System aller Intermizellar- und Interfibrillarräume der Zellwände und der Vakuolen gerechnet wird. Er dient dem Nahtransport von Wasser und anorganischen Ionen. c) dem diskontinuierlichen System der *Vakuolen.* Es kommt ausschließlich für den Wassertransport in Betracht.

Dem Fern- und Nahtransport (der Diffusion) von Gasen, vor allem von Kohlendioxid, Sauerstoff und Wasserdampf, dient ein Durchlüftungssystem aus Interzellularräumen, das mit der Außenluft durch Spaltöffnungen und Lentizellen in Berührung steht. Über *aktiven S.* → Carrier.

Bei höheren Tieren erfolgt der S. durch das → Blut, das im → Blutkreislauf den Körper durchfließt.

Stoffwechsel, *Metabolismus,* die Gesamtheit der im lebenden Organismus ablaufenden Reaktionen, die zu einem ständigen Wechsel seiner stofflichen Bestandteile führen. Lebewesen nehmen Stoffe aus ihrer Umgebung auf und formen diese in körpereigene organische Verbindungen um. Diesen Vorgang nennt man → Assimilation, die Gesamtheit der aufbauenden Stoffwechselreaktionen Anabolismus. Die hierbei ablaufenden Biosynthesereaktionen sind meist energieverbrauchend oder endergon. Die erforderliche Energie wird bei grünen Pflanzen aus dem Sonnenlicht entnommen (→ Photosynthese), von anderen autotrophen Organismen aus der Umwandlung anorganischer Substanzen (→ Chemosynthese). Die heterotrophen Organismen gewinnen sie durch energieliefernde oder exergone Reaktionen im Verlauf des Abbaus von organischen Nahrungsstoffen oder zelleigener organischer Verbindungen. Dieser Teil des Stoffwechsels wird als → Dissimilation bezeichnet. Umbauprozesse vermitteln im *Intermediär-* oder *Zwischenstoffwechsel* zwischen assimilatorischen und dissimilatorischen Vorgängen. Da Lebewesen offene Systeme sind, bestehen im S. vielstufige → Fließgleichgewichte, die dauernd auf eine Gleichgewichtslage hin reagieren, ohne sie ganz zu erreichen. Weiteres → Atmung, → Baustoffwechsel, → Betriebsstoffwechsel, → Mineralstoffwechsel.

Stoffwechselansprüche, Umweltansprüche, die zur Sicherung des Stoffwechsels einer Art oder eines Individuums erforderlich sind. *S. 1. Ordnung* sichern die physische Existenz des Körpers, *S. 2. Ordnung* gewährleisten einen selektiven Nahrungserwerb, *S. 3. Ordnung* optimieren den Stoffwechsel und die dazu erforderliche Ressourcennutzung in Populationen oder Gruppen. Mit diesen Ansprüchen verbindet sich das *stoffwechselbedingte Verhalten.* Hierzu gehören die Atmung (der Gasaustausch), die Thermoregulation, der Stoff- und Energieaustausch mit der Umwelt, die Steuerung des Muskelstoffwechsels und anderer physiologischer Funktionen etwa durch Gähnen oder Rekelbewegungen sowie die Verhaltensweisen der Ruhe und des Schlafes. Die

stoffwechselbedingtes Verhalten

Vielfalt der Umweltanpassungen in diesem Zusammenhang ist außerordentlich groß.

stoffwechselbedingtes Verhalten, → Stoffwechselansprüche.

Stoffwechselregulation, System von Kontrollmechanismen, die einen hohen Grad der Anpassung des lebendigen Organismus an die jeweilige Situation sichern und einen sinnvollen Ablauf der Lebensvorgänge gewährleisten. Die S. verhindert ein unkontrolliertes Nebeneinander von enzymatischen Reaktionen und schaltet eine damit verbundene Energieverschwendung aus.

Hauptaufgaben der S.: 1) Jeder Reaktionsschritt muß zum vorausgehenden und zum nachfolgenden koordiniert sein. Im Regelfall dürfen sich Stoffwechselzwischenprodukte weder anhäufen noch zu stark verdünnen. 2) Im Stoffwechsel einer Zelle dürfen die Reaktionen, die biologisch verwertbare Energie in Form von Adenosintriphosphat (ATP) nachliefern, nicht schneller ablaufen als die Reaktionen, die ATP wieder verwerten. Der Energiehaushalt muß ausgeglichen sein. Der Stoffwechsel muß auch entsprechend geschaltet werden, wenn z. B. ein Übergang von körperlicher Ruhe zu motorischer Aktivität oder umgekehrt erfolgt. 3) Je nach Stoffwechsellage (d. h. dem Substratangebot) müssen bestimmte Stoffwechselwege an-, andere abgeschaltet werden. Die S. bedient sich verschiedener Mechanismen, z. B. der Regulation durch begrenzende Metabolite, der allosterischen Kontrolle von Schlüsselenzymen, der negativen Rückkopplung *(feedback control).* Die Kompartimentierung der Zelle u. a. Defekte in der S. können schwerwiegende, z. T. letale Folgen haben (z. B. Diabetes mellitus; Tumore).

Es ist statthaft, die S. mit dem Modell eines technischen Regelkreises zu vergleichen: Die Regelgröße ist die Stoffwechselgeschwindigkeit. Als Regler dienen die Enzyme. Die Meßfühler der Regler sind die Substrat-/Produkt-Bindungsstellen. Die Regler senden Signale aus: Effektoren bzw. Hormone. Die Signale verändern die Stellglieder an den Enzymen, die die Stoffwechselgeschwindigkeit konstant halten. Stellglieder sind die Enzymaffinität, die Enzymaktivität oder die Enzymkonzentration (nach Jungermann/Möhler).

Stoffwechselwasser, → Wasserhaushalt.
Stolidobranchiata, → Seescheiden.
Stolonen, *Sing.* Stolo(n), **Ausläufer, 1)** Lufthyphen, die gewöhnlich horizontal über das Nährsubstrat wachsen und an den Berührungspunkten Rhizoiden und Büschel von Sporangienträgern entwickeln. S. sind ein typisches Kennzeichen der Pilzgattung *Rhizopus;* **2)** plagiotrop (waagerecht) wachsende *Seitensprosse* mit stark verlängerten Internodien und oft stark reduzierten Blättern. Sie bewurzeln sich in einigem Abstand von der Mutterpflanze. Durch Absterben der Zwischenteile entstehen neue Pflanzen. Oberirdische S. bilden z. B. Erdbeere, Weißklee, Fingerhut, unterirdische S. Kartoffel, Quecke, Baldrian sowie viele ausdauernde Wiesengräser. S. dienen der vegetativen Vermehrung (→ Fortpflanzung); **3)** wurzelähnliche, auf der Unterlage wachsende Ausläufer, aus denen weitere Individuen ausknospen, z. B. bei Moostierchen und Seescheiden. → Stolo prolifer.

Stolo prolifer, bei Salpen und Seescheiden entstehender Auswuchs oder Ausläufer, an dem sich ungeschlechtlich Knospen zur Vermehrung der Arten entwickeln. Diese Art der Vermehrung ist meist Teil eines komplizierten Generationswechsels.

Stomachus, → Verdauungssystem.
Stomata, svw. Spaltöffnungen.
Stomatopoda, → Fangschreckenkrebse.
Stomium, → Kohäsionsmechanismen.

Stomochord, *Notochord,* bei den Hemichordaten ein vom Vorderdarm ausgehender und in den vordersten Körperabschnitt ragender unpaarer Blindschlauch, der als Stützstab fungiert und ähnlich gebaut ist wie die Chorda dorsalis der Chordatiere. Das S. stellt aber nicht etwa den Vorläufer der Chorda dar, sondern lediglich eine analoge Bildung.

Stomodaeum, → Verdauungssystem.
Stoppelpilze, → Ständerpilze.
Störartige, *Acipenseriformes,* große Meeresfische mit teilweise knorpeligem Skelett und anderen ursprünglichen Merkmalen. Haut mit Knochenplatten, die in isolierten Reihen angeordnet sind. Die S. wandern zum Laichen in die Flüsse. Wichtige Nutzfische, der Rogen liefert den echten Kaviar. Familien: Störe, Löffelstöre.

Störche, *Ciconiidae,* Familie der → Schreitvögel mit knapp 20 Arten. Sie brüten auf Bäumen. Ihre Jungen sind Nesthocker. Die Nahrung suchen sie in sumpfigem Gelände und auf nassen Wiesen. Der *Marabu* frißt Aas, der *Klaffschnabel* vor allem Sumpfdeckelschnecken. Außerhalb der Brutzeit leben sie gesellig. Sie vermögen im Aufwind zu segeln. Mit Ausnahme der Marabus fliegen sie mit ausgestrecktem Hals.

Storchschnabelgewächse, *Geraniaceae,* eine Familie der Zweikeimblättrigen Pflanzen mit etwa 800 Arten, die in allen Gebieten der Erde vorkommen. Es sind Kräuter, Halbsträucher, selten Bäume, mit wechselständigen Blättern und Nebenblättern und regelmäßigen, 5zähligen Blüten, die von Insekten bestäubt werden. Der 5fächerige Fruchtknoten entwickelt sich zu einer Kapsel oder zerfällt nach der Reife in 5 einsamige Teilfrüchte, die bei den Vertretern der Gattungen *Storchschnabel, Geranium,* und *Reiherschnabel, Erodium,* am oberen Ende eine schnabelartige Verlängerung haben und außerdem meist mit hygroskopischen Grannen versehen sind, die der Verbreitung der Samen dienen. Für die *Geranium*-Arten sind handförmig eingeschnittene Blätter, für die *Erodium*-Arten gefiederte Blätter charakteristisch. Die aus Südafrika stammenden *Pelargonium*-Arten und -Hybriden sind beliebte Zierpflanzen. Einige von ihnen liefern ätherische Öle, die zur Parfümherstellung verwendet werden.

Störe, *Acipenseridae,* zu den Störartigen gehörende Fische mit in 5 Reihen angeordneten Hautknochenplatten. Maul vorstreckbar, an der Unterseite der spitz vorspringenden Schnauze gelegen. Vor dem Maul 4 Bartfäden in einer Reihe. Die S. sind Meeresfische der nördlichen Hemisphäre, die zum Laichen in große Flüsse aufsteigen. Sehr wichtige Nutzfische, das Fleisch ist sehr wohlschmeckend, der Rogen wird zu Kaviar verarbeitet. Der *Stör, Acipenser sturio,* kommt in der Nord- und der Ostsee, im Mittelmeer und im Atlantik vor. Er wird bis 3 m lang und 200 kg schwer, er frißt kleine Fische, Muscheln und andere Bodentiere. Der *Hausen, Acipenser huso,* der bis 9 m lang und 1,5 t schwer werden kann, kommt im Schwarzen Meer, im Kaspischen Meer und im Mittelmeer vor, er liefert den Beluga-Kaviar; der bis zu 80 cm lange *Sterlet, Acipenser ruthenus,* der sich vor allem von Wasserinsekten ernährt, ist ein Bewohner des Schwarzen und des Kaspischen Meeres und der Ostsee. Der *Waxdick, Acipenser güldenstaedti,* aus dem Schwarzen und Kaspischen Meer erreicht 2 m Länge, er liefert den Malossol-Kaviar. *(Tafel 2)*

Störlicht, → Photoperiodismus.
Stoßreize, svw. Erschütterungsreize.
Strahlenbiophysik, Teilgebiet der Biophysik, das die Wirkungsweise von → ionisierender Strahlung mit biologischer Materie untersucht. Die S. steht in enger Beziehung zur Strahlenchemie und Photobiologie. Von erheblicher Bedeutung ist, daß oftmals über Kettenmechanismen minimale

Strahlenenergiebeträge große biologische Effekte auslösen. Ein Modell zur Beschreibung der Strahlenwirkung ist die → Treffertheorie.

Die S. hat sich historisch als erstes Gebiet der Biophysik entwickelt, begründet durch die medizinische Notwendigkeit des Strahlenschutzes und der Strahlentherapie.

Strahlenflosser, → Knochenfische.

Strahlengenetik, Arbeitsgebiet der Genetik, das die Wirkung ionisierender Strahlen auf die Erbsubstanz in der Zelle untersucht und sich mit den dabei auftretenden zytologischen und genetischen Phänomenen beschäftigt. Im Vordergrund strahlengenetischer Forschung stehen vor allem drei Fragen: 1) Welche Arten von Mutationen werden durch ionisierende Strahlen hervorgerufen? 2) Wie häufig sind die verschiedenen Arten von Mutationen bei einer bestimmten Strahlungsdosis? 3) Wie hoch ist die »genetisch tragbare« Strahlungsdosis beim Menschen? Begründer der S. ist der amerikanische Biologe H. J. Muller. Er erbrachte auf Grund entsprechender Untersuchungen an der Fruchtfliege, *Drosophila melanogaster*, als erster den Nachweis, daß durch Röntgenstrahlen Mutationen ausgelöst werden können.

Strahlenpilze, svw. Aktinomyzeten.

Strahlenquelle, der Entstehungsort ionisierender Strahlung. Man unterscheidet *natürliche S.*, z. B. die Sonne, die Höhenstrahlung, natürliche radioaktive Isotope, und *künstliche S.*, wie Röntgenröhren, Beschleuniger, künstlich erzeugte Isotope, Kernspaltung.

Strahlenschildkröte, *Testudo (Asterochelys) radiata*, wärmeliebende → Landschildkröte trockener Gebiete Madagaskars mit heller Strahlenzeichnung auf dem hochgewölbten, dunklen Panzer. Die S. ist heute vom Aussterben bedroht.

Strahlenschutz, die Verminderung der Strahlenbelastung. Wichtigste Grundlage des S. sind die genaue Kenntnis der natürlichen Strahlenbelastung und die Feststellung und Überwachung der künstlichen Strahlenbelastung. Die natürliche Strahlenbelastung beträgt im Durchschnitt 1 mSv/Jahr (Sv = Sievert). Örtlich kann die Belastung durch natürliche Strahlenquellen im Boden bis auf das Hundertfache steigen. Kernwaffentests haben etwa eine Verdopplung der natürlichen Strahlenbelastung bewirkt. In der Umgebung von Kernkraftwerken soll der zusätzliche Einfluß etwa $\frac{1}{3}$ der natürlichen Belastung nicht überschreiten. Die medizinische Anwendung von Strahlen ist in ihrer Gesamtbelastung nicht zu unterschätzen. Auf den Durchschnitt der Bevölkerung bezogen beträgt sie auch etwa $\frac{1}{3}$ der natürlichen Belastung.

Von der ICRP (International Commission for Radiation Protection) wurden international verbindliche Belastungsgrenzen empfohlen.

Strahlentierchen, svw. Radiolarien.

Strahlenwirkung, Reaktion biologischer Systeme auf absorbierte ionisierende Strahlung. Man unterscheidet zwischen **direkter** und **indirekter** S. Die indirekte S. besteht in der Erzeugung hochreaktiver chemischer Verbindungen, die in der Regel nur kurzlebig sind und sofort mit weiteren Molekülen reagieren. Von besonderer Bedeutung ist hier die *Radiolyse* des Wassers, die nach etwa 10^{-7} s zu folgenden reaktiven Endprodukten führt: H˙, OH˙, e^-_{aq}, H_2, H_2O_2. Diese schädigen jetzt die biologischen Makromoleküle vorwiegend durch Oxidationsreaktionen unter Beteiligung des stets vorhandenen Sauerstoffs O_2.

SH-Verbindungen können durch Dimerenbildung bereits gebildete organische Radikale durch Bildung von Disulfidbrücken wieder »heilen«:

$$R˙ + RSH \rightarrow RH˙ + RS˙$$
$$RS˙ + RS˙ \rightarrow RS - SR.$$

Solche *Strahlenschutzstoffe* sind aber nur wirksam, wenn sie bereits bei der Bestrahlung vorhanden sind.

Die einzelnen Systemebenen biologischer Objekte haben eine unterschiedliche Empfindlichkeit. Proteine werden erst bei einigen 10 Gy (Gray) hauptsächlich durch indirekte S. geschädigt. Nukleinsäuren werden durch direkte S. geschädigt, da die Histone einen gewissen Schutz vor indirekten S. gewährleisten. Membranprozesse lassen sich schon bei sehr geringen Dosen beeinflussen. Besonders gefährlich ist hier die Schädigung lysosomaler Membranen und damit verbunden die Freisetzung von Enzymen, die ebenfalls Schäden setzen können. Bei äußerst geringen Dosen lassen sich bei Zellen Erhöhungen der Mutationsraten nachweisen. Die Verdopplungsdosis beim Menschen beträgt etwa 0,5 Gy.

strahliger Bau, → Symmetrie.

Stranddistel, → Doldengewächse.

Strandhüpfer, *Talitridae*, Familie der Flohkrebse (Unterordnung *Gammaridea*). Die S. leben oft an Meeresküsten, wo sie sich am Tage eingraben, nachts dagegen auf Nahrungssuche gehen. Bei Störungen können sie kraftvoll springen.

Strandigel, *Psammechinus miliaris*, in der Gezeitenzone der Nordsee und der westlichen Ostsee lebender Seeigel, der sich zwischen Wasserpflanzen, unter Steinen und an Felsen aufhält.

Strandkrabbe, → Schwimmkrabben.

Strandläufer, → Schnepfen.

Strandschnecke, → Littorina.

Stratifikation, 1) die Lagerung von Samen bei niedrigen Temperaturen (0° bis +5°C) in feuchtem Sand oder Torfmull zur Beschleunigung der Nachreife (→ Samen) bzw. Verkürzung der Ruheperiode (→ Samenruhe) und Steigerung der Keimungsbereitschaft. Weniger gebräuchliche deutsche Bezeichnungen für S. sind »Feucht-Kühl-Lagerung« oder »Kalt-Naß-Behandlung«. Wesentlich ist eine gute Sauerstoffversorgung während der S. Die optimale Dauer der S., die insbesondere bei den Samen von Obst-, Zier- und Forstgehölzen häufig angewendet wird, hängt von der Pflanzenart, dem Zustand der Samen, der aufgewendeten Temperatur und weiteren Faktoren ab; sie kann wenige Tage bis mehrere Monate betragen. In gewissen Fällen können Gibberelline eine S. ganz oder teilweise ersetzen.

2) → Vegetationsaufnahme.

Stratiomyidae, → Zweiflügler.

Stratozönosen, → Biozönose, → Stratum.

Stratum, *Schicht, Horizont,* vertikale Zonierung des Bodens und der Vegetation, es werden unterschieden: *Boden-, Streu-, Kraut-, Strauch-* und *Baumschicht (Stamm-* und *Kro-*

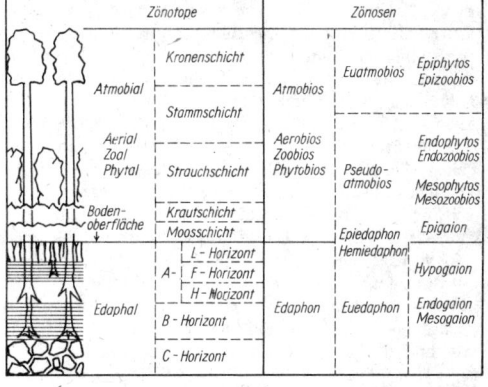

Zönotope			Zönosen	
Atmobial	Kronenschicht	Atmobios	Euatmobios	Epiphytos Epizoobios
Aerial Zoal Phytal	Stammschicht Strauchschicht	Aerobios Zoobios Phytobios	Pseudo- atmobios	Endophytos Endozoobios Mesophytos Mesozoobios
Bodenoberfläche	Krautschicht Moosschicht		Epiedaphon Hemiedaphon	Epigaion
Edaphal	L - Horizont A - F - Horizont H - Horizont B - Horizont C - Horizont	Edaphon	Euedaphon	Hypogaion Endogaion Mesogaion

Vertikale Gliederung terrestrischer Zönotope und Zönosen

nenschicht), die ihrerseits wieder feiner aufgegliedert werden können (Abb.). Die Lebewelt dieser Schichten wird als *Stratozönose* bezeichnet. Die Stratozönosen setzen sich aus verschiedenen *Choriozönosen* zusammen, das sind Lebensorte typisch wiederkehrender Artenkombination (z. B. die Blüten bestimmter Pflanzen u. a.).

Besondere Bedeutung kommt dem Bodenoberflächenhorizont zu, der in Wäldern als typische Streuschicht ausgebildet ist. Dieses S. ist für globale Vergleiche besonders geeignet, da es im Gegensatz zu anderen Strata überall vorhanden ist und die Verbindung zwischen Bodenhorizonten und Vegetationsschichten herstellt.

Strauch, ein ausdauerndes, meist nur bis 3 m hohes Holzgewächs, dessen Verzweigung in Bodennähe besonders gefördert ist (→ Basitonie). Oft sind anstelle einer Hauptachse mehrere gleichwertige Stämmchen vorhanden. S. von weniger als 0,5 m Länge nennt man *Zwergsträucher*.

Straucherbse, → Schmetterlingsblütler.

Strauße, *Struthioniformes,* Ordnung der Vögel, von der rezent noch eine Art lebt. In Anpassung an das Laufen hat der S. nur noch 2 Zehen an jedem Fuß. Er frißt Tiere und Pflanzenteile. Die Flügel dieser flugunfähigen Art spielen bei der Balz eine wichtige Rolle. Männchen und Weibchen brüten und führen die Jungen gemeinsam. Diese größte lebende Vogelart ist vom Aussterben bedroht.

Streber, *Aspro streber,* langgestreckter Barsch der Donau und ihrer Nebenflüsse, der vor allem als Köderfisch verwendet wird.

Strecker, svw. Extensoren.

Streckungswachstum, bei Pflanzen auf Zellstreckung beruhende irreversible Volumenzunahme, die mit starker Wasseraufnahme in die Zellen, Vakuolenbildung und Flächenwachstum der Zellwand verbunden ist. Das S. erfolgt im allgemeinen ohne wesentliche Substanzzunahme des Plasmas. Es geht z. T. mit erstaunlicher Schnelligkeit vor sich, z. B. beim Austreiben der Knospen im Frühjahr, beim → Schossen des Getreides, bei der Entfaltung der Blüten u. a. Bei den Staubfäden der Gräser z. B. kann die Wachstumsgeschwindigkeit etwa 2 mm/min betragen. Die Hauptwurzel der Saubohne, *Vicia faba,* verlängert sich je Tag etwa 5 bis 15 mm. Die normale mittlere Wachstumszunahme von Pflanzenorganen beträgt 0,003 bis 0,01 mm/min. Streckungsfähig sind lediglich junge, undifferenzierte Zellen, deren Zellwand noch als Primärwand ausgebildet ist. Derartige Zellen finden sich in den *Streckungs-* oder *Wachstumszonen*. Im Sproß der höheren Pflanze (→ Sproßstreckung) sind im allgemeinen eine mehr oder weniger lange *apikale Wachstumszone* unterhalb des Vegetationspunktes und daneben oft mehrere *interkalare Wachstumszonen* (→ interkalares Wachstum) ausgebildet, z. B. am Grund von Blättern, an den Knoten von Grashalmen. Das Längenwachstum der Wurzel erfolgt ausschließlich in einer schmalen Streckungszone unmittelbar hinter der Wurzelspitze. Das läßt sich beweisen, indem z. B. bei einem jungen Keimling der Saubohne an der Wurzelspitze Tuschemarkierungen im gleichen Abstand angebracht werden. 1 Tag später sind die Tuschestriche infolge des ungleichen Wachstums der einzelnen Zonen verschieden weit auseinandergerückt. Auf ähnliche Weise läßt sich auch die Wachstumsgeschwindigkeit messen, z. B. durch einfache Beobachtung unter dem Horizontalmikroskop. Daneben gibt es eine Reihe mehr oder weniger komplizierter Apparaturen und Methoden zur Messung des S. Das S. jeder wachsenden Zelle zeigt einen charakteristischen Verlauf. Die Wachstumsintensität ist dicht hinter dem Vegetationskegel gering, wird rasch größer bis zur Erreichung eines Optimums und sinkt dann wieder ab.

Das S. beginnt damit, daß die Zellwand unter Auxineinfluß dehnbarer wird. Diese erhöhte plastische Verformbarkeit der Zellwand entsteht durch Lockerung ihres Mikrofibrillengerüstes und wird deshalb auch als *Wandlockerung* bezeichnet. Offenbar erfolgt sie, indem Wasserstoffbrücken gelöst werden, die die Zellulosemoleküle mit Hemizellulosemolekülen verbinden und dadurch in der Wandmatrix verankern. Eine Anzahl von hierfür erforderlichen Enzymen wird unter Auxineinfluß aktiviert. Durch die Lockerung der Zellwand vermindert sich der Wanddruck, eine osmotisch bedeutsame Größe (→ Osmose). Nach der osmotischen Zustandsgleichung führt das zur Erhöhung der Saugkraft, mit der Wasser osmotisch in die Zelle gelangt. Eine hierdurch mögliche Verringerung des osmotischen Wertes wird durch Osmoregulation verhindert, die in diesem Falle vor allem durch verstärkte Aufnahme von Salzen und Zuckern erfolgt. Das somit unvermindert einströmende Wasser dehnt daher die Zellwand, und der primär treibende Prozeß beim S. ist dementsprechend die Osmose.

Durch die Dehnung wird die Dicke der ursprünglichen Primärlamelle vermindert. Das wird durch sukzessive Auflagerung (→ Appositionswachstum) neuer Lamellen (»Netze«) ausgeglichen, die auf der Innenseite der Zellwand erfolgt. Zelluloseeinlagerung (→ Intussuszeption) in vorhandene Wandlamellen ist demgegenüber untergeordnet. Sie ist vor allem bei Substanzen der Wandmatrix zu verzeichnen. Jede neu aufgelagerte Lamelle besitzt *Streuungstextur (Folientextur),* d. h., die Zellulosefibrillen sind ungeordnet kreuz und quer in dieser verteilt, so daß sich der Eindruck eines lockeren Netzwerkes ergibt. Daher rührt die Bezeichnung »Netz« für Lamelle, und das geschilderte Wachstum der Zellwand mit der Auflagerung vieler aufeinander folgender Lamellen wird als *Multinetzwachstum* bezeichnet. Durch fortwährende Wanddehnung im Verlauf des S. werden die ursprünglich regellos angeordneten Zellulosemikrofibrillen z. T. geordnet und in stärkerem Maße in die Längsrichtung orientiert. Die ältesten, vom Zellplasma am weitesten entfernten Mikrofibrillen weisen die stärkste diesbezügliche Orientierung auf. Der Wechsel der »Streichrichtung« der verschiedenen Lamellen soll unter Mitwirkung der Mikrotubuli erfolgen. Material für die Bildung der Zellwand wird von den Golgi-Vesikeln geliefert, die oft in unmittelbarer Nähe der wachsenden Zellwand konzentriert auftreten. Auxin stimuliert die Wandsynthese unter Induktion von Zellulosesynthase und anderen Enzymen der Synthese von Zellulose, Hemizellulose und Pektinsäure. Osmoregulation und Zellwandsynthese sind energiebedürftig. Ohne Energienachschub in Form von ATP setzt das S. aus.

Streckungszone, → Streckungswachstum.

Streifenhörnchen, Burunduk, *Eutamias sibiricus,* ein kleines, graues Nagetier aus der Familie der → Hörnchen mit fünf schwarzbraunen Längsstreifen auf dem Rücken. Es bewohnt weite Teile Asiens und legt unterirdische Baue mit Vorratskammern an. Nahe Verwandte sind die nordamerikanischen *Chipmunks, Tamias.*

Streifenhyäne, → Hyänen.

Streifgebiet, home range, raumzeitlicher Ausschnitt aus dem Lebensraum einer Art, in dem sich ein Individuum wenigstens innerhalb eines bestimmten Lebensabschnittes längere Zeit aufhält und alle Umweltansprüche wahrnimmt. Das Gebiet ist damit jeweils für ein bestimmtes Individuum charakterisiert, kann aber analog auch für Gruppen oder Biosozialeinheiten in dieser Weise gekennzeichnet werden.

Strelitzia, → Bananengewächse.

Strepsiptera, → Fächerflügler.

Streptokokken, im weiteren Sinne Bezeichnung für eine Familie kugelförmiger, in Ketten oder Paaren auftretender, unbeweglicher, grampositiver Bakterien mit Gärungsstoffwechsel. Zu ihnen gehören z. B. das →Froschlaichbakterium und die Gattung *Streptococcus*, die S. im engeren Sinne. Letztere sind in saurer Milch, auf Pflanzen, in Silage oder im Magen-Darm-Kanal zu finden. Einige Arten werden für technische Zwecke verwendet, z. B. *Streptococcus lactis* zur Herstellung von Sauermilchprodukten und *Streptococcus cremoris* als Starterkultur in der Butter- und Käseproduktion. Andere Arten können als Krankheitserreger auftreten.

Streptomyzeten, zu den Aktinomyzeten gehörende artenreiche Gruppe aerober, im Boden vorkommender Bakterien, die in Form hyphenartiger Zellfäden wachsen und zahlreiche Luftsporen (Konidien) bilden können. S. erzeugen Antibiotika, z. B. *Streptomyces griseus* das Streptomyzin, *Streptomyces aureofaciens* das Chlortetrazyklin.

Streptomyzin, ein wichtiges Antibiotikum, das von *Streptomyces griseus* gebildet wird. Es ist aktiv gegen Mykobakterien, viele gramnegative Bakterien sowie einige Staphylokokken. Das Streptomyzinmolekül ist zusammengesetzt aus der Base *Streptidin,* einem Abkömmling des Inosits, und dem *Streptobiosamin,* einem glykosidischen Anteil, bestehend aus *Streptose* und *N-Methyl-L-glukosamin.* S., 1944 von Waksman entdeckt, wird zur Bekämpfung der Tuberkulose eingesetzt. Es wird großtechnisch auf fermentativem Wege gewonnen.

Streptoneura, → Vorderkiemer.
Streptoneurie, svw. Chiastoneurie.
Streß, von Selye eingeführte Bezeichnung für die die Norm übersteigende, unspezifische außergewöhnliche physische oder psychische Belastung eines Organismus und seine Reaktion darauf, z. B. bei Ermüdung.
Streufrüchte, → Frucht.
Streuschicht, oberste, noch völlig unveränderte (frische) Schicht des → Bestandesabfalles in Wäldern und Naturwiesen; im weiteren Sinne die organische Auflage auf dem Mineralboden (→ Humus).
Streuung, → Biostatistik.
Strichkultur, → Kultur.
Strickleiternervensystem, → Nervensystem.
Stridulation, Lauterzeugung bei Tieren mit Hilfe von *Stridulationsorganen.* Ein solches Organ besteht im allgemeinen aus einer Pars stridens, meist kammzinkenartig aufgerauht, sowie einem kantenartigen Plektrum; beide reiben gegeneinander und erzeugen damit ein Geräusch. Diese Organe können bei Gliederfüßern zwischen den verschiedensten Körperteilen, die gegeneinander beweglich sind, gebildet werden. Danach erhalten sie den Namen, wobei der passive Teil, wenn er nicht bewegt wird, zuerst genannt ist: Das Stridulationsorgan der Feldheuschrecken heißt demnach Organum stridens tegmine metafemorale; das besagt, daß der Hinterschenkel (Metafemur) am Deckflügel (Tegmen) reibt. Gut 30 verschiedene Typen solcher Organe sind bei Insekten bisher bekannt geworden. Bei Fischen können Zähne, Kiefer, Schlundknochen oder andere Skeletteile sowie Flossenstrahlen aneinander reiben. Die durch S. erzeugten Geräusche lassen sich unterteilen in: Pulse als kleinste Signalstruktur, zusammengesetzt aus Elementarschwingungen; die Pulse können als höhere Einheit Silben (Phrasen) konstituieren, Silben können zu Versen zusammengeschlossen sein, diese können eine Sequenz 1. Ordnung bilden, auch Strophe genannt; Strophenfolgen schließlich können eine Sequenz 2. Ordnung aufbauen, auch als »Gesang« bezeichnet.

Stridulationsverhalten, Verhalten im Dienst der Lauterzeugung durch Stridulationsorgane, bei welchen durch Reiben bestimmter Körperteile gegeneinander ein Geräusch mit Signalfunktion erzeugt wird. Grillen, Laub- und Feldheuschrecken sind bekannte Beispiele dafür. Das S. kombiniert diese Lauterzeugung mit bestimmten Stellungen und/oder Bewegungen im Raum und sichert auch das arttypische Zeitmuster beim Einsatz dieser Signale, die meist im Dienst der Partnersuche, der Partnerwahl und auch der Paarung selbst stehen und daher mit komplexen Verhaltensmustern kombiniert sind, die auch die Abwehr sexueller Rivalen einschließen können.

Strigiformes, → Eulen.
Stringocephalus [griech. strinx 'Eule', kephale 'Kopf'], Gattung der Armfüßer mit schleifenartigem Armgerüst, Schloßanlage und biokonvexen meist glatten Klappen. Die Stielklappe ist stark gewölbt mit einem eulenartig gekrümmten Wirbel; die Armklappe ist weniger stark gewölbt.

Verbreitung: Mitteldevon, weltweit; leitend für Givet.

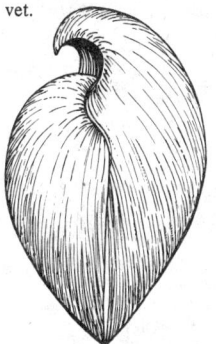

Schale von *Stringocephalus burtini* Defr.; Vergr. 0,5:1

Strobila, → Bandwürmer.
Strobilation, [griech. strobilos 'Tannenzapfen'], eine Form der ungeschlechtlichen Fortpflanzung bei den Skyphozoen. Die festsitzenden Polypen erzeugen durch Knospung freischwimmende Quallen, indem sie an ihrem freien oberen Ende durch ringförmige Einschnürungen eine scheibenförmige Quallenvorstufen bilden. Letztere können sich sofort ablösen oder auch an dem Polypen sitzen bleiben, bis eine größere Anzahl der Scheiben gebildet ist. Da diese wie ein Satz Teller übereinanderstehen, hat das Gebilde eine gewisse Ähnlichkeit mit einem Tannenzapfen. Die abgelösten Scheiben schwimmen als junge Quallen im Wasser.

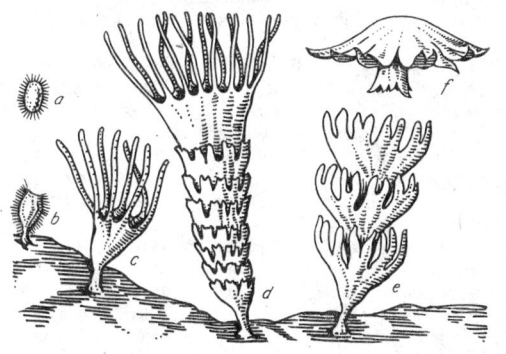

Strobilation bei der Ohrenqualle *Aurelia aurita*: *a* schwimmende Wimperlarve, *b* sich festsetzende Larve, *c* junger Polyp im Skyphistomastadium, *d* Strobilastadium, *e* Abschnürung der Quallen, *f* freischwimmende junge Qualle (*Ephyra*)

Strom, → Fließgewässer.
Stroma, → Plastiden.
Strömchentheorie, von Hermann 1872 aufgestellte Theo-

rie über die Fortleitung der Erregungen in Nerven und Muskeln. Danach soll sich die Potentialdifferenz, die zwischen einer erregten Stelle und der benachbarten unerregten Region vorhanden ist, durch lokale Ströme ausgleichen. Diese Ströme führen zu einer Depolarisation des Nachbarbereiches, wodurch es zur → Erregung kommt. Die *Strömchen* stellen also fasereigene Reizströme dar. → Erregungsleitung.

Strömling, Ostseerasse des → Herings.

Strömung, Bewegung von Flüssigkeiten und Gasen. Bewegt sich eine Flüssigkeit entlang einer benetzbaren Oberfläche, so bildet sich an dieser Oberfläche eine *Haftschicht* aus. In dieser Schicht sind die Flüssigkeitsmoleküle an die Oberfläche fixiert. An die Haftschicht schließt sich eine *Grenzschicht* an, in der die Geschwindigkeit der S. eine Funktion des Abstandes von der Oberfläche ist. Erfolgt die S. in der Grenzschicht ausschließlich parallel zur Oberfläche, so ist die S. *laminar.* Die Ableitung der Geschwindigkeit nach dem Abstand ist die *Schergeschwindigkeit.* Bei *Newtonschen Flüssigkeiten* ist die Reibungskraft proportional der Schergeschwindigkeit. Bei *Nicht-Newtonschen Flüssigkeiten* ist die → Viskosität dagegen selbst eine Funktion der Schergeschwindigkeit. Erreicht die Geschwindigkeit der S. einen kritischen Wert, so treten Wirbel auf. Die S. ist *turbulent.* Der kritische Wert ist abhängig von den geometrischen Abmessungen des Körpers, der Dichte und der Zähigkeit des strömenden Mediums. Es ist von großem Interesse, Körper gleicher geometrischer Gestalt, aber unterschiedlicher Größe in bezug auf ihr Strömungsverhalten zu vergleichen. Dazu dient die → Ähnlichkeitsanalyse. Es wird ein dimensionsloser Parameter, die → Reynolds-Zahl, berechnet. Ähnliche Körper unterschiedlicher Größe zeigen in unterschiedlichen Medien bei gleichen Reynolds-Zahlen gleiches Strömungsverhalten.

Sehr einfache Verhältnisse liegen bei der S. durch ein Rohr vor. Hier liegt die kritische Reynolds-Zahl etwa bei 1160. Nach Anlegen eines Druckgradienten bildet sich im Rohr ein parabolisches Profil aus. Nach dem Poiseuilleschen Gesetz ist die Durchflußmenge der vierten Potenz des Radius proportional. Für die Blutströmung gelten allerdings die Voraussetzungen des Poiseuilleschen Gesetzes nicht. Bedingt durch die Struktur der Gefäßwände liegen ganz andere Verhältnisse in der Grenzschicht vor. Die geformten Bestandteile des Blutes bewirken durch Orientierung und Deformierung ein ausgesprochen Nicht-Newtonsches Verhalten des Blutes. Bei S. durch Kapillaren in biologischen Systemen hat die Haftschicht Einfluß auf das Strömungsverhalten. Oftmals weisen die Wände biologischer Transportsysteme elastisches Verhalten auf, demzufolge ist der Radius eine Funktion des Druckes. Strömungsmechanische Betrachtungen sind wichtig für das Verständnis der Biomechanik des → Fliegens und des → Schwimmens sowie der → Hämorheologie.

Lit.: R. Glaser: Einführung in die Biophysik (Jena 1976).

Strömungsgeschwindigkeit des Blutes, → Puls.

Strömungsgesetze im Blutkreislauf, die physikalischen Größen und physiologischen Faktoren, die die Gefäßdurchblutung bestimmen. Die *Blutströmung* im Kreislauf ist eine Schichtströmung. Die innerste Schicht wird am schnellsten vorangetrieben, und zu den Gefäßwänden hin nimmt die Transportgeschwindigkeit stetig ab. So entsteht ein parabolisches Strömungsprofil. Diese *laminäre Strömung* ist Voraussetzung für eine optimale Durchblutung. Bei einer Abflachung des Strömungsprofils oder dem Auftreten von Wirbeln wächst der Strömungswiderstand und wird die Durchblutung schlechter.

Durchströmungsmessungen bei steigendem Druck zeigen eine klare Gesetzmäßigkeit. In starren Rohren, bei Verwendung homogener Flüssigkeiten, wie Wasser, und Einhaltung eines konstanten Druckgefälles gilt das *Hagen-Poiseuillesche Gesetz.* Es lautet: $V/t = \frac{\Delta P \cdot \pi \cdot r^4}{8 \cdot L \cdot \eta}$, wobei V/t das Stromzeitvolumen, ΔP der treibende Druck, r der Gefäßradius, L die Gefäßlänge, η die Viskosität und die Zahl 8 ein empirisch gefundener Faktor sind. Seine wesentliche Aussage heißt: Die Durchflußmenge steigt mit dem Druck in linearer Weise, aber ändert sich mit dem Radius in der vierten Potenz. Ein Beispiel soll diese Abhängigkeit verdeutlichen: Bei einer Verdoppelung des Drucks verdoppelt sich die Durchflußmenge, aber sie steigt um das 16fache, wenn der Radius verdoppelt wird. Das ist der entscheidende physikalische Hinweis, daß jede ökonomische → Kreislaufregulation eine Gefäßweitenregulation ist.

Im Kreislauf gilt gewöhnlich nicht das Hagen-Poiseuillesche Gesetz, da Gefäßwände elastisch sind, Blut wegen seiner Zusammensetzung aus Plasma und Blutzellen eine heterogene Flüssigkeit ist, und die treibende Kraft rhythmisch erfolgt. Im normalen Druckbereich besteht zwischen dem Blutdruck und der *Durchblutungsgröße* eine exponentielle Beziehung (Abb.). Je nach dem Aufbau eines Gefäßes, ob es zum elastischen, kontraktilen oder plastischen Typ gehört, öffnet es sich bei verschieden hohen Drücken und nimmt auch die Durchblutung in unterschiedlicher Weise zu. Die meisten Gefäße zeigen bei ihrer Überdehnung eine lineare Abhängigkeit zwischen Blutdruck und Stromvolumen, d. h., erst dann gilt das Hagen-Poiseuillesche Gesetz.

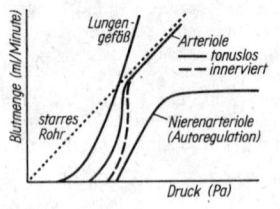

Blutdruckabhängige Durchblutung von Gefäßen (Druck-Volumendiagramm)

Gefäße in einigen lebenswichtigen Organen, wie in der Nierenrinde und im Gehirn, sind zur *Autoregulation* befähigt. Das bedeutet, daß auch bei Blutdrucksteigerung ihre Durchblutung konstant bleibt. Die Dehnung der Gefäßwand durch den hohen Blutdruck sorgt nämlich für eine Depolarisation der glatten Gefäßmuskulatur, die sich daraufhin kontrahiert.

Strontium, Sr, ein Erdalkalimetall. In Pflanzen wurden Mengen von etwa 1 bis 10 mg% in der Trockensubstanz nachgewiesen. Aufnahme und Verteilung ähnlich wie bei → Kalzium, dessen physiologische Funktionen jedoch durch S. nicht übernommen werden können. Vielmehr führen größere Mengen von S. in Pflanzen zu Schädigungen, die sich unter anderem durch Braunfärbung und Absterben der unteren Blätter äußern.

Im tierischen Organismus kann S. ebenfalls nachgewiesen werden, seine Bedeutung ist aber dort noch unklar.

Strophanthine, *Strophanthoside,* zur Untergruppe der Kardenolide gehörende → herzwirksame Glykoside aus den Samen von *Strophanthus*-Arten, z. B. g-Strophanthin *(Quabain)* aus *Strophanthus kombé.* Quabain enthält als Zuckerkomponente L-Rhamnose, die an *Quabagenin* als Aglykon gebunden ist. Im k-Strophanthin ist das Genin *Strophanthidin* mit Zymarose und β-Glukose glykosidisch verknüpft. Strophanthidin kommt auch in anderen herzwirksamen Glykosiden, z. B. in Konvallatoxin, vor.

S. sind starke Gifte und fanden seit langem als wirksame Substanzen afrikanischer Pfeilgifte Anwendung. In der Me-

k-Strophanthin β : R = Zymarose + β-Glukose
Konvallatoxin : R = Rhamnose

dizin haben S. als herzstärkende Mittel von schnellerer Wirkung als Digitalisglykoside große Bedeutung.
Strophanthoside, svw. Strophanthine.
Strophanthus, → Hundsgiftgewächse.
Strophe, im Zusammenhang mit der Lautgebung bei Tieren als bioakustisches Phänomen eine zeitlich und strukturell abgegrenzte Sequenz von Lauten. Dabei liegen bestimmte Regelhaftigkeiten zugrunde, die arttypisch sind und innerhalb einer S. Substrukturen formen können, die als *Phrasen* bezeichnet werden. Der Begriff S. wird gewöhnlich nur in solchen Fällen gebraucht, bei denen Strophenfolgen gegeben sind, die → Gesang genannt werden. Variable können dabei zu bestimmten Typen von S. führen, so daß eine Regelhaftigkeit in der Abfolge der Strophentypen in einem Gesang nachweisbar wird. Die Abfolge der Elemente innerhalb der S. wird über Elementsyngraphen (Flußdiagramme) erfaßt.
Strophiolum, → Samen.
Strudelwürmer, *Turbellaria,* eine Klasse der Plattwürmer. Die S. leben frei im Wasser oder auf bzw. in feuchter Erde selten auch parasitisch. Von den etwa 3000 Arten kommen mehr als 300 in Mitteleuropa vor.
  Morphologie. Die S. sind in der Regel kleine, meist nicht über 20 mm lange Tiere, nur die Landbewohner können bis über 50 cm lang werden. Ihre Körpergestalt zeigt alle Übergänge von stark abgeplatteten Formen mit ovalem, blattförmigem oder lanzettlichem Umriß bis zu spindelförmigen oder schnurartig langgestreckten Arten mit abgeflachter Unterseite als Kriechsohle. Die kleinen Arten sind oft durchscheinend oder weißlich, z.T. auch braun, grau oder schwarz gefärbt, während viele große, im Meer oder auf dem Lande lebende Formen lebhaft bunt gezeichnet sind. Einige Arten erhalten durch einzellige Grün- und Braunalgen, die Zoochlorellen bzw. Zooxanthellen, die symbiotisch in ihnen leben, eine gelbe bis grüne Färbung. Die Haut ist völlig oder teilweise von Wimpern bedeckt, die der Fortbewegung und zur Erneuerung des umgebenden Wassers dienen. In ihr liegen stäbchenartige Körper, die, ins Wasser ausgestoßen, verquellen, die Rhabdoide, und z. T. noch Sekretkapseln mit einer feinen ausstoßbaren Nadel, die Sagittozysten; beide dienen dem Nahrungserwerb und der Abwehr von Feinden. Lichtsinnesorgane in Form von Pigmentflecken oder einfachen Becheraugen kommen in einem bis drei Paar am Vorderende oder zu mehreren bis 1000 auf der Rückenfläche oder an den Körperrändern vor. Der Darm ist bei allen S. blind geschlossen, sack- oder stabförmig, z. T. mit seitlichen Aussackungen, oder er ist in mehrere Äste verzweigt. Einige ursprüngliche Arten *(Acoela)* haben an Stelle des Darmes ein zentrales Verdauungsgewebe. Der Mund liegt meist auf der Bauchseite in einigem Abstand vom Vorderende. Die S. sind bis auf wenige sich parthenogenetisch fortpflanzende Arten Zwitter. Ihr sehr vielfältig gestalteter Geschlechtsapparat enthält neben den Hoden und Eierstöcken noch Organe, die der Eibildung dienen.

Biologie. Die S. leben meist frei im Meer- und Süßwasser, hauptsächlich am Grunde unter Steinen oder an Wasserpflanzen, oder in feuchten Landbiotopen; einige Arten sind Kommensalen oder Parasiten von wirbellosen Wassertieren, besonders Krebsen. Sie bewegen sich mittels der Hautbewimperung kriechend, seltener auch schwimmend fort. Ihre Nahrung besteht vorwiegend aus lebenden und toten tierischen Stoffen; viele größere Arten sind ausgesprochene Räuber, die kleine wirbellose Tiere verschlingen.

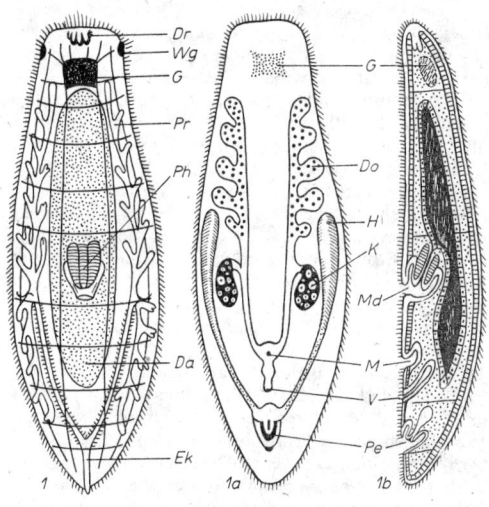

Bau eines Strudelwurmes: *1* u. *1a* Rückenansicht, *1b* Längsschnitt. *Da* Darm, *Do* Dottersack, *Dr* Frontaldrüse, *Ek* Mündung des Exkretionssystems, *G* Gehirn, *H* Hoden, *K* Keimstock, *M* Eileitermündung, *Md* Mund, *Pe* Penis, *Ph* Pharynx, *Pr* Protonephridiën, *V* Begattungsöffnung, *Wg* Wimpergrube (nach Remane)

System.
1. Unterklasse: *Archoophora*
   1. Ordnung: *Acoela*
   2. Ordnung: *Macrostomida*
   3. Ordnung: *Catenulida*
   4. Ordnung: *Polycladida*
2. Unterklasse: *Neoophora*
   1. Ordnung: *Prolecithophora*
   2. Ordnung: *Lecithoepitheliata*
   3. Ordnung: *Seriata* (mit den → Planarien)
   4. Ordnung: *Neorhabdocoela*

Entwicklung. Die S. entwickeln sich in der Regel direkt. Aus den Eiern schlüpfen junge Tiere, die den erwachsenen ähnlich sind. Nur bei einem Teil der im Meer lebenden *Polycladida* geht die Entwicklung über ein wasserlebendes Larvenstadium, die → Müllersche Larve oder Goettesche Larve, vor sich. Einige Arten können neben den normalen Eiern Subitaneier bilden, die zur Erhaltung der Art bei ungünstigen Außenbedingungen dienen. Eine ungeschlechtliche Vermehrung durch Querteilung mit vorangehender Neubildung verlorengegangener Organe kommt in den Ordnungen *Catenulida* und *Macrostomida* vor, wobei Tierketten aus mehreren bis vielen Einzelindividuen, den Zooiden, entstehen. Nicht selten findet ein regelmäßiger Wechsel zwischen einer solchen ungeschlechtlichen Gene-

Strudler

ration und einer geschlechtlichen Generation statt. Auch andere S., besonders die Planarien, sind zur Selbstzerstückkelung des Körpers mit nachfolgender Regeneration der Teilstücke befähigt.
Lit.: G. Henke: Die S. des Süßwassers (Wittenberg 1962).

Strudler, → Ernährungsweisen.

strukturelle Charakteristika, → biozönologische Charakteristika.

Strukturfarben, optische Farbwirkung, die nicht durch Farbstoffe, sondern durch Interferenz, Beugung oder Streuung von Licht bedingt ist. Beispiele für S. sind insbesondere die Flügelfärbung mancher Schmetterlinge und die Gefiederfärbung bei Vögeln.

Strukturgene, Gene, die die Synthese und den Molekülbau (die Aminosäuresequenz) von Polypeptiden determinieren (→ Operon, → Regulatorgene). Das bei der Realisierung der in den S. verschlüsselten genetischen Information gebildete Primärprodukt ist die Messenger-RNS.

Strukturheterozygotie, Zustand, der im Gegensatz zur Strukturhomozygotie dann vorliegt, wenn die Zelle, das Gewebe oder das Individuum heterozygot für eine oder mehrere Chromosomenmutationen ist. Die Meiose strukturheterozygoter Formen ist durch das Auftreten besonderer Paarungskonfigurationen gekennzeichnet (→ Inversionen, → Translokation). Formen von S., die auf sehr kleine chromosomale Strukturveränderungen zurückgehen und sich auf das Paarungsgeschehen wenig oder gar nicht auswirken, aber zu mehr oder weniger ausgeprägter Sterilität Anlaß geben können, werden unter dem Begriff *kryptische S.* zusammengefaßt.

Strukturhybriden, Bastarde, deren Heterozygotie sich auf Unterschiede struktureller Art zwischen den in der Prophase der Meiose paarenden Chromosomen bezieht und durch chromosomale Strukturumbauten entstanden ist.

Strukturmodifikation, reversible Veränderung der Struktur von Chromosomenabschnitten, die im allgemeinen der Oberflächenvergrößerung dient (→ puffs) und durch lokale Entspiralisierung entsteht. S. sind Ausdruck zeitlich begrenzter genetischer Aktivität der in ihrem Bereich lokalisierten Gene und wurden in ihrer typischen Form bei den Polytänchromosomen (→ Polytänie) der Dipteren nachgewiesen.

Strukturtheorie, → Hitzeschäden.

Strukturtyp, → Lebensform 2).

Strumpfbandnattern, *Thamnophis,* in vielen mehr oder weniger feuchtigkeitsliebenden Arten von Kanada bis Mexiko verbreitete häufigste nordamerikanische → Nattern. Die S. werden 0,50 bis 1,50 m lang und sind meist auf dunklerem Grund hell längsgestreift. Ihre Vorzugsnahrung bilden Regenwürmer, die mehr ans Wasser gebundenen Vertreter fressen auch Frösche und Fische. Alle S. bringen lebende Junge zur Welt; sie sind echt lebendgebärend (vivipar; mit Plazentabildung).

Struthioniformes, → Strauße.

Strychnin, ein sehr giftiges Alkaloid aus dem Samen der Brechnuß, *Strychnos nux-vomica,* und weiteren *Strychnos*-Arten, in denen es zusammen mit anderen *Strychnos-Alkaloiden,* z. B. vorkommt. S. bildet farblose, sehr bitter schmeckende Kristalle und besitzt eine komplizierte Struktur aus sieben miteinander verknüpften Ringen. S. bewirkt eine erhöhte Reflexerregbarkeit des Rückenmarks, die bei höheren Dosen plötzlichen Starrkrampf der quergestreiften Muskeln bei vollem Bewußtsein zur Folge hat. Auch das Atem- und Kreislaufzentrum wird erregt. Medizinisch angewendet wird S. in Form des Nitrats in kleinen Dosen bei Schwächezuständen und Kreislaufstörungen.

Strychnos-Alkaloide, → Strychnin.

Studentenblumen, → Korbblütler.
Stufe des ewigen Schnees, → Höhenstufung.
Stummelaffen, svw. Guerezas.
Stummelfüßer, *Onychophora,* ein Tierstamm der Protostomier mit etwa 90 Arten, die in den Tropen und in den südlichen gemäßigten Zonen auftreten. Die S. sind auf feuchtes Klima angewiesene Landbewohner. Der maximal 15 cm lange Körper ist dicht geringelt. Es tritt weder äußerlich eine echte Segmentierung auf, noch ist ein Kopf abgegliedert. Auf die ursprüngliche Segmentierung weisen nur noch die kurzen Extremitäten hin, von denen jedes Paar einem Segment zugehört. Am Vorderende liegt der Kopflappen (Prostomium, Akron) mit einem Paar kleiner Blasenaugen. Darauf folgt das erste echte Segment mit den geringelten Antennen (erstes Gliedmaßenpaar). Die zweiten Gliedmaßen sind ein Paar spitze, von einem Papillenkranz umgebene Kiefer. Dann folgen ein Paar Oralpapillen mit den Mündungen der Wehrdrüsen. Alle anderen Extremitäten sind Laufbeine; es treten 14 bis 43 Paare auf. Die Laufbeine stellen hohle, geringelte Körperausstülpungen dar, an deren Spitze je ein Krallenpaar sitzt. Diese Stummelbeine unterscheiden sich sowohl von den Parapodien der Ringelwürmer als auch von den Gliederbeinen der Gliederfüßer. Fast in jedem Segment liegt ein Paar Metanephridien als Exkretionsorgane; im dritten Segment, das die Oralpapillen trägt, sind sie zu langen Speicheldrüsen umgewandelt. Die Atmung erfolgt durch Tracheen. Die Tiere sind getrenntgeschlechtlich. Die Genitalöffnungen liegen zwischen dem letzten oder vorletzten Beinpaar. Das Männchen heftet dem Weibchen eine Spermatophore auf den Körper. Einem Weibchen können dabei von verschiedenen Männchen zahlreiche Samenkapseln angeklebt werden. Die Spermien dringen durch die Haut und über die Leibeshöhlenflüssigkeit bis in die Ovarien vor und befruchten dort die Eier. Die meisten Arten sind lebendgebärend. Die Lebensdauer beträgt mindestens sechs bis sieben Jahre. Während dieser ganzen Zeit häuten sich die Tiere in regelmäßigen Abständen von 13 bis 18 Tagen.

Die S. sind ausgesprochene Nachttiere und leben unter Fallaub, Steinen und ähnlichem, meist in der Nähe von Wasser. Sie sind Fleischfresser, es fehlen jedoch Freiland-

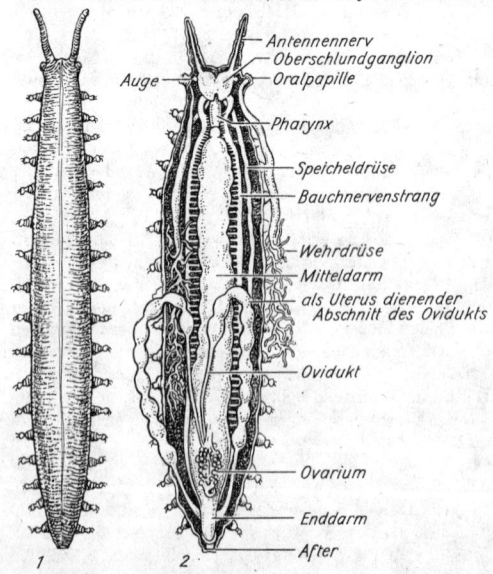

Stummelfüßer: *1* Rückenseite von *Peripatopsis,* *2* Bau eines Stummelfüßers

beobachtungen über ihre Nahrungstiere. In Gefangenschaft nehmen sie Insekten, Schnecken, Asseln und dergleichen. Gegen Feinde wird der klebrige Schleim der Wehrdrüsen ausgespritzt, der in reichlicher Menge etwa 15 bis 30 cm weit geschleudert werden kann und den Gegner wie mit einem Netz überzieht und am Boden festleimt.

Die S. zeigen einerseits Verwandtschaft zu den Ringelwürmern (sie haben eine gleichförmige Gliederung des Körpers, Metanephridien in fast allen Segmenten und Blasenaugen), andererseits zu den Gliederfüßern (sie haben Kaukiefer, Beinkrallen, Tracheen u. a.).

Die rund 90 Arten werden zwei Familien zugeordnet. Die bekannteste Gattung ist *Peripatus*.

Sammeln und Konservieren. S. findet man unter Fallaub, modernden Bäumen oder Steinen; diese Standorte verlassen die Tiere nur, wenn die relative Luftfeuchtigkeit nahezu 100% beträgt. Die S. werden mit Essigester oder Chloroform getötet. In die Leibeshöhle der S. injiziert man etwas von einem Gemisch von 40%iger Formaldehydlösung und Alkohol und gibt sie anschließend zur Aufbewahrung in die gleiche Flüssigkeit.

Lit.: Lehrb. der Speziellen Zoologie. Begr. von A: Kaestner. Hrsg. von H.-E. Gruner. Bd I Wirbellose Tiere, Tl 3 (4. Aufl. Jena 1982).

Stummelfußfrösche, *Atelopodidae*, artenreiche südamerikanische Familie der Froschlurche mit starrem Brustschultergürtel und meist rückgebildeten inneren Zehen, während die äußeren zu langen Krallen verwachsen sind. Die S. sind meist auffallend schwarz-gelb-rot gefärbt, beide Geschlechter haben eine glockenhelle Stimme. Der *Argentinische Stummelfuß*, *Atelopus stelzneri*, wendet bei Gefahr dem Angreifer die leuchtend orangeroten Unterseiten der Hände und Füße zu.

Stumpfkrokodil, *Osteolaemus tetraspis*, sehr kurzschnauziges, nur 1,5 m lang werdendes → Echtes Krokodil West- und Mittelafrikas. Das S. kommt ausschließlich im Süßwasser vor und ist für den Menschen ungefährlich.

Sturmschwalben, **Sturmvögel**, → Röhrennasen.
Stützblatt, → Sproßachse.
Stützgewebe, 1) bei Pflanzen svw. Festigungsgewebe.

2) das im Körperinneren der Tiere gelegene Gewebe, das dem Körper Festigkeit und Stütze gibt und seine Teile untereinander verbindet. Zum S. gehören das → Bindegewebe, das Knorpelgewebe (→ Knorpel) und das Knochengewebe (→ Knochen), im engeren Sinn nur das Knorpelgewebe und das Knochengewebe. Das S. stammt fast ausschließlich vom Mesoderm ab und hat einen lockeren zellulären Aufbau. Zwischen den Zellen befindet sich reichlich Interzellularsubstanz, die ungeformt und geformt auftreten kann. Ungeformte Interzellularsubstanz tritt auf als dünnflüssige, solartige Gewebeflüssigkeit oder als Gel von unterschiedlicher Konsistenz. Die geformte Interzellularsubstanz hat die Struktur von feinen Fasern, die als Kollagenfasern, Retikulinfasern und elastische Fasern ausgebildet sind.

Stützlamelle, → Hohltiere.
Stygobionten, → Grundwasserfauna.
Stylommatophora, Ordnung der → Lungenschnecken, deren Augen an der Spitze einziehbarer Fühler liegen. Die S. leben fast ausschließlich an Lande, sind aber infolge ihrer feuchten Haut und ihrer reichen Sekretabgabe (Schleim) nur bei hohem Feuchtigkeitsgehalt aktiv. Die Fähigkeit, Trockenperioden eingezogen lange zu überdauern, ermöglicht ihnen aber auch ein Vordringen in Gebiete mit nur geringen Regenfällen. Die bekanntesten Vertreter sind Bernsteinschnecken, Egelschnecken, Schließmundschnecken, Schnirkelschnecken und Wegschnecken.

Stylopodium, → Extremitäten.
Stylus, svw. Hüftgriffel.
Styrol, *Monostyrol*, der Ausgangsstoff für das Polymerisationsharz Polystyrol. S. stellt in reinem Zustand eine farblose, nach Benzol riechende Flüssigkeit dar. Es ist sehr unbeständig und polymerisiert bereits bei Zimmertemperatur zu flüssigem Distyrol und festem Polystyrol.

$$\langle\!\!\!\bigcirc\!\!\!\rangle\!-\!CH\!=\!CH_2$$

Suberinsäure, svw. Korksäure.
Subassoziation, *Untergesellschaft*, Vegetationseinheit unterhalb der Größenordnung einer Assoziation. Sie wird nur durch Differentialarten (Trennarten) von ähnlichen Untergesellschaften der gleichen Gesellschaft unterschieden. Eine typische S. ist nach Tüxen eine S. ohne eigene Differentialarten. → Charakterartenlehre.

Subatlantikum, *Nachwärmezeit*, nacheiszeitlicher Vegetations- und Klimaabschnitt, der von etwa 500 v. u. Z. bis zur Gegenwart reicht. Das S. ist in seinem ersten Abschnitt durch die starke Ausbreitung von Buche und Hainbuche gekennzeichnet, im zweiten Abschnitt durch anthropogene Eingriffe in die natürliche Vegetation. Es entstehen »Kulturforsten« und »Kultursteppen«. → Pollenanalyse.

Subboreal, *Späte Wärmezeit*, nacheiszeitlicher Vegetations- und Klimaabschnitt, der von etwa 300 bis 500 v. u. Z. dauerte, beginnend mit der Eichenmischwald-Erlenzeit, der die Eichen-Rotbuchen-Übergangszeit folgte. Es herrschte mehr oder weniger kontinentales, kühler werdendes Klima. → Pollenanalyse.

Subdominanz, Statuswert unterhalb der dominanten Individuen als Rollenfunktion in einer biosozialen Rangordnung. Bei manchen Tierarten, die in nicht-anonymen Biosozialverbänden leben, gehört zur Stabilisierung der Gruppe eine funktionelle Dominanzhierarchie, bei welcher die einzelnen Dominanzwerte als Rollenfunktion aufzufassen sind. Der Status der S. kann auch die Gesamtfitness der dominanten Tiere oder des dominanten Individuums wesentlich fördern, was bei Gruppen, deren Individuen miteinander verwandt sind, eine erhebliche Bedeutung haben kann.

Suberin, hochmolekulare Korksubstanz, die bei der Hydrolyse z. T. hydroxylierte Fettsäuren liefert.

subfossil, Bezeichnung für in historischer Zeit ausgestorbene Organismen. Die erhaltenen Überreste dieser frühen Lebewesen vermitteln in zeitlicher und in biologischer Hinsicht von den eigentlichen Fossilien zur heutigen Tier- und Pflanzenwelt.

Subimago, letztes, bereits flugfähiges Larvalstadium der Eintagsfliegen (*Ephemeroptera*) mit voll entwickelten Flügeln, das erst nach Häutung zur geschlechtsreifen Imago wird.

Subitaneier, → Ei.
Subkultur, svw. Abimpfung.
Subkutis, → Haut.
Sublitoral, → See, → Meer.
submerse Pflanzen, Pflanzen, die völlig untergetaucht im Wasser leben. → Hydrophyten.
Submerskultur, → Kultur.
Subspecies, → Unterart.
Substantia, → Plazenta.
Substantia compacta, → Knochen.
Substantia spongiosa, → Knochen.
Substanz P, ein Polypeptid, das vor allem im Hirn von Menschen, Säugetieren, Vögeln, Reptilien und Fischen gefunden wurde, blutdrucksenkend und speichelfördernd wirkt. S. P zeigt außerdem viele physiologische und pharmakologische Effekte.

Substanzumwandlung, → Chemosynthese, → Photosynthese.
Substitutionsbürde, → genetische Bürde.
substomatärer Hohlraum, → Blatt.
Substratfaktoren, → Umweltfaktoren.
Substratfresser, → Ernährungsweisen.
Substrathyphe, Hyphe, die in oder auf einem Substrat wächst. Gegensatz: → Lufthyphe.
Substratmyzel, aus → Substrathyphen gebildeter Pilzrasen. Das S. besteht im Gegensatz zum reproduktiven Luftmyzel vorwiegend aus vegetativen Hyphen.
Substratspezifität, → Enzyme.
Subtilin, ein von *Bacillus subtilis* gebildetes Antibiotikum. S. ist ein basisches Polypeptid, es hemmt die Entwicklung einiger grampositiver und gramnegativer Bakterien.
Subumbrella, → Medusen.
Succineidae, → Bernsteinschnecken.
Suchbewegungen, kreisende Nutationsbewegungen von wachsenden Spitzen pflanzlicher Organe, insbesondere Ranken (→ Rankenbewegungen). → Zyklonastie, → Zirkumnutation.
Suchtmittel, → Rauschgifte.
Suctoria, → Ziliaten.
Südamerikanischer Ochsenfrosch, → Echte Pfeiffrösche.
Südfrösche, *Leptodactylidae*, in Amerika, Australien und in einer Gattung auch in Südafrika beheimatete, sehr vielgestaltige Familie der Froschlurche, auch als *Pfeiffrösche* im weiteren Sinne bezeichnet. Die S. haben zwar anatomische Merkmale, wie den Bau der Wirbelsäule und des Gliedmaßenskeletts, gemeinsam, ihr Brustschultergürtel ist (außer bei Nasenfröschen) beweglich, sie sind aber sonst in ihrem Körperbau an die verschiedensten ökologischen Bedingungen angepaßt. Die Pupille ist meist waagerecht. Bei baumbewohnenden Arten sind Haftscheiben vorhanden, andere haben Knochenplatten in der Rückenhaut und graben sich ein, wieder andere leben wie die einheimischen → Wasserfrösche, haben aber keine Schwimmhäute. Viele Arten legen ihre Eier in Schaumnestern im oder nahe am Wasser ab. Die größeren Arten, vor allem unter den Echten Pfeiffröschen, haben laut pfeifende oder flötende, seltener auch dumpf brüllende Stimmen. Zu den S. gehören unter anderem die → Echten Pfeiffrösche, → Antillenfrösche, → Hornfrösche, → Nasenfrösche, → Australischen Sumpffrösche, → Zirpfrösche, → Gespenstfrösche.
südhemisphärisches Florenreich, → Paläophytikum.
Suidae, → Schweine.
Sukkulenten, Pflanzen trockener Standorte, → Trockenpflanzen.
sukkulente Sprosse, → Sproßachse.
Sukzession, zeitliche Aufeinanderfolge von verschiedenen Organismenkollektiven infolge gerichteter Veränderungen der Lebensbedingungen. Im Gegensatz zu den normalen Schwankungen in der quantitativen Zusammensetzung von Biozönosen, wie sie unter anderem durch den Witterungsverlauf hintereinander folgender Jahre bedingt ist, gleichen sich diese Unterschiede im Verlauf einer S. nicht aus, vielmehr nimmt die → Divergenz zwischen dem Ausgangsstadium und den weiteren Sukzessionsstadien ständig zu. Je nach Art der S. können zwischenzeitlich stabilere Zustände (Phasen) mit über eine Anzahl von Jahren nur geringen Veränderungen der Artenzusammensetzung durchlaufen werden. Die S. verläuft so lange, bis sich erneut ein → Fließgleichgewicht zwischen den auf- und abbauenden Prozessen einstellt und damit das für die konkreten Bedingungen typische Endstadium (Klimaxstadium) erreicht ist, das über einen längeren Zeitraum keine weiteren Veränderungen erkennen läßt. S. können als Kriterium für die Gliederung bzw. Anordnung von Pflanzengesellschaften herangezogen werden.

Die Ursachen für S. können sehr verschiedener Art sein. Sie können *autogen*, d. h. durch die Organismengesellschaft selbst induziert werden (z. B. Verlandung eines Sees), oder *allogen* sein, d. h. durch äußere Einflüsse ausgelöst werden (z. B. durch Störmaßnahmen des Menschen). Bei Wegfall der Störgröße (z. B. Herausnehmen von Grünland aus der Bewirtschaftung) setzt sekundär *progressive S*. ein, und es entwickelt sich nach einer Reihe von Jahren die für die entsprechenden Boden- und Klimabedingungen typische Klimax-Gesellschaft.

Als *primäre S*. wird der völlige Neuaufbau einer ökischen Struktur auf organismenfreiem Substrat bezeichnet, Neubesiedlung von frisch entstandenen Inseln oder künstlich durch den Menschen geschaffenen Lebensstätten. Bei *sekundären S*. wird von einem bereits vorhandenen Organismenbestand ausgegangen, der entsprechenden Veränderungen unterworfen wird (Brandrodung, Melioration u. a.). Das Endergebnis der S. kann aber auch in entscheidendem Maße von den sich zufällig in einer bestimmten Sukzessionsphase einstellenden Organismenarten bestimmt werden, so ist die Wiederbegrünung von Abraumhalden in Tagebaugebieten und deren mögliche Entwicklung zu wertvollen Forsten ganz wesentlich von dem sich zufällig einstellenden Regenwurmbestand abhängig.

Der Sukzessionsforschung kommt in zunehmendem Maße eine unmittelbare Bedeutung für die Planung und Durchsetzung landeskultureller Maßnahmen zu.
Sukzinit, svw. Bernstein.
Sulfataktivierung, → Schwefel, Abschnitt Assimilation.
Sulfatasen, zu den Esterasen gehörende Enzyme, die die Hydrolyse von Schwefelsäureestern katalysieren und in tierischen Geweben verbreitet sind.
Sulfatassimilation, → Schwefel.
Sulfatatmung, → Schwefel.
Sulfate, Salze der Schwefelsäure H_2SO_4; Sulfatanion SO_4^{2-}; → Schwefel.
Sulfide, Salze der Schwefelwasserstoffsäure H_2S; Sulfidanion S^{2-}; → Schwefel.
Sulfitablaugen, → Lignin.
Sultanshuhn, → Rallen.
Sumachgewächse, *Anacardiaceae*, eine Familie der Zweikeimblättrigen Pflanzen mit etwa 600 Arten, die fast ausschließlich in den Tropen vorkommen. Es sind Holzgewächse, meist Bäume, mit wechselständigen, einfachen oder unpaarig gefiederten Blättern ohne Nebenblätter. Die kleinen, regelmäßigen, 5zähligen Blüten sind zwittrig oder eingeschlechtig, sie haben 5 bis 10 Staubblätter und einen meist 3fächerigen Fruchtknoten, der sich zu verschieden gestalteten Früchten entwickelt. Charakteristisch für die ganze Familie ist das Vorhandensein von Harzgängen, in denen an ätherischen Ölen reiche oder gummiartige Balsame, z. T. auch Milchsäfte, vorhanden sind. Abb. S. 871.

Als Obstbäume in tropischen Gebieten weit verbreitet sind der **Mangobaum**, *Mangifera indica*, mit großen, rötlichgelben Früchten und der **Kaschu-, Nieren-** oder **Acajubaum**, *Anacardium occidentale*, dessen saftige Fruchtstiele apfelartig aussehen und schmecken und dessen nierenförmige harte Früchte wie Mandeln verwendet werden. Von der im Mittelmeergebiet, in West- und Ostasien sowie Mittelamerika vorkommenden Gattung **Pistazie** sind einige Arten Nutzpflanzen, so der **Mastixstrauch**, *Pistacia lentiscus*, dessen Harz genutzt wird, und die **Echte Pistazie**, *Pistacia vera*, deren Samen als Pistazienkerne verwendet werden. Von Südeuropa bis Mittelasien ist der **Perückenstrauch**, *Cotinus coggygria*, verbreitet. Er hat ungeteilte Blät-

Sumpfzypressengewächse

Sumachgewächse: *1* Mangobaum: *a* blühender Zweig, *b* Blüte, *c* Frucht. *2* Kaschubaum: Zweig mit Blüten und jungen Früchten. *3* Pistazie: Zweig mit Blättern und Früchten

ter und kleine Blüten, deren Stiele sich während des Fruchtens stark verlängern und dann mit lang abstehenden geröteten Haaren besetzt sind.
   Als Zierbaum in Anlagen und Gärten wird häufig der nordamerikanische **Essigbaum** oder *Hirschkolbensumach, Rhus typhina,* angepflanzt, der große, gefiederte Blätter hat. Einige Arten der Gattung *Rhus* sind außerordentlich giftig. Sie rufen schon bei bloßer Berührung unangenehme Hautausschläge hervor, so z. B. *Rhus radicans, Rhus toxicodendron (Toxicoderdvon quercifolium)* und *Rhus vernix* aus den USA und *Rhus vernicijlua* aus Japan. Die Blätter des *Gerbersumachs, Rhus coriaria,* enthalten etwa 25 % Gerbstoffe, die in der Gerberei Verwendung finden.
Summation, → Bahnung.
Summenkurve, → Biostatistik.
Summenpotential, → Aktionspotential.
Sumpfaalartige, svw. Kurzschwanzaale.
Sumpfbiber, svw. Biberratte.
Sumpfdeckelschnecken, Schnecken der Ordnung *Monotocardia,* mit zwei Arten auch in Mitteleuropa vertreten. Diese Schnecken können schlechte Wasserverhältnisse und auch längeres Einfrieren im Eis ertragen.
Sumpfdotterblume, → Hahnenfußgewächse.
Sumpfhuhn, → Rallen.
Sumpfläufer, → Schnepfen.
Sumpfluchs, svw. Rohrkatze.
Sumpfotter, → Nerz.
Sumpfpflanzen, svw. Helophyten.
Sumpfporst, → Heidekrautgewächse.
Sumpfried, → Riedgräser.
Sumpfschildkröten, *Emydidae,* artenreichste und vielgestaltigste Familie der Schildkröten, die in etwa 27 Gattungen und 80 Arten (in über 140 Unterarten) weltweit, vor allem in den Tropen und Subtropen Amerikas und Asiens, doch auch in gemäßigten Breiten vorkommt. Der Panzer ist im allgemeinen oval und nur flach gewölbt, oft gekielt und nicht halbkugelig wie bei Landschildkröten. Bauch- und Rückenpanzerschilder grenzen aneinander, Reste der Zwischenschilderreihe urtümlicherer Familien sind nur noch als einzelne Achsel- und Weichenschilder vorhanden oder fehlen völlig. Die Füße sind abgeflacht und an das Rudern im Wasser angepaßt, Finger und Zehen meist durch Schwimmhäute verbunden. Der Kopf trägt häufig auffallende gelbe oder rote Farbabzeichen. Neben fast ausschließlich wasserlebenden Formen gibt es viele Arten, die auch das feuchte Land aufsuchen, sowie einige wenige völlig ans Landleben angepaßte Vertreter mit hochgewölbtem Panzer. Bei vielen S. ist der Bauchpanzer durch ein Scharnier beweglich. Die Hauptnahrung bilden lebende und tote Fische, dazu Würmer und kleine Wassertiere, oft auch Pflanzenteile. Einige Formen mit kräftigen Hakenkiefern sind auf Schneckennahrung spezialisiert. Die Eier werden stets an Land vergraben. In vielen Gebieten der Erde dienen S. als Nahrungsmittel. Zu den S. gehören unter anderem → Europäische Sumpfschildkröte, → Wasserschildkröten, → Chinesische Dreikielschildkröte, → Dachschildkröten, → Diamantschildkröte, → Schmuckschildkröten, → Dosenschildkröten.
Sumpfzypressengewächse, *Taxodiaceae,* eine Familie der Nadelhölzer mit 15 Arten, die sich auf 10 Gattungen mit reliktartigem Vorkommen verteilen. Ihre Hauptverbreitung haben sie auf der nördlichen Erdhalbkugel, ihre Hauptentfaltung hatten sie in der Kreidezeit und im Tertiär. Es sind z. T. sehr große Bäume mit spiralig angeordneten Nadeln und verholzenden Zapfen. Ihre Pollen haben keine Luftsäcke. Zu den höchsten und ältesten Bäumen der Erde gehören die **Mammutbäume,** *Sequoiadendron giganteum* aus der Sierra Nevada und *Sequoia sempervirens* aus den Küstenbergen des westlichen Nordamerikas, deren Exemplare über 100 m hoch werden können und ein Alter von 1500 bis über 3000 Jahre erreichen können. Die 1944 in China erstmalig lebend gefundene *Metasequoia glyptostroboides* war bis dahin nur fossil aus dem Mesozoikum und Tertiär bekannt. Daß eine Pflanze zuerst fossil beschrieben und dann rezent entdeckt wird, ist bis jetzt einmalig. *Metasequoia glyptostroboides* wird bis zu 35 m hoch und wirft im Herbst ihre benadelten Kurztriebe ab. Sie wächst rasch und wird jetzt in vielen botanischen Gärten der Erde kultiviert. Eine weitere sommergrüne Art dieser Familie ist die

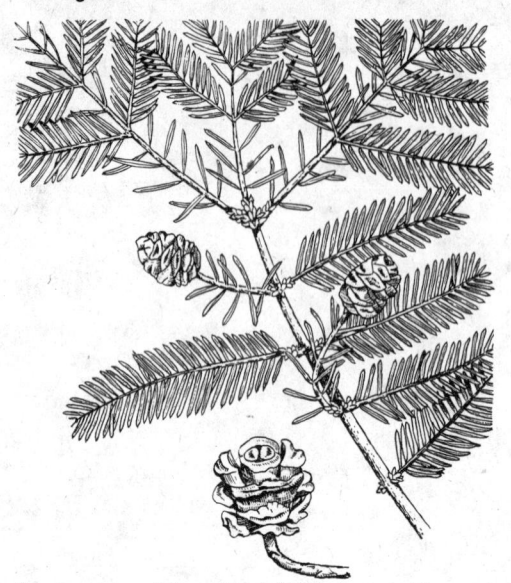

Sumpfzypressengewächse: Urwelt-Mammutbaum (*Metasequoia glyptostroboides*). Zweig mit Zapfen

Sumpfzypresse, *Taxodium distichum,* ein bis zu 50 m hoch werdender Baum mit Atemwurzeln, der in Sümpfen und an Flußufern in Mittel- und Nordamerika zu Hause ist.
Sundagavial, *Tomistoma schlegeli,* auf den Sundainseln beheimatetes, bis 5 (angeblich sogar 7) m langes → Echtes Krokodil, das durch seine stark verlängerte Schnauze den → Gavialen ähnelt und sich hauptsächlich von Fischen ernährt. Wie die meisten Krokodile der S. vom Aussterben bedroht.
Superdominanz, Erscheinung, daß sich eine heterozygote Allelenkombination (+a) beim Vergleich mit den beiden homozygoten Typen (++ und aa) als leistungsfähiger erweist.
Supernukleosom, → Nukleosomen, → Chromatin.
Superposition, Überlagerung von Elementen des Signalverhaltens, die zwei verschiedenen Verhaltensbereitschaften zugehören; am häufigsten finden sich Kombinationen von Angriffs- und Fluchtmotivationen. Durch → Ritualisierung kann ein solches Superpositionsmuster des Verhaltens selbst wieder eine echte, durch typische Intensität ausgezeichnete Signalbewegung geworden sein. Im Zusammenhang mit der Chronobiologie wird die Überlagerung von zwei verschiedenen Perioden ebenfalls als S. bezeichnet.
Superpositionsauge, → Lichtsinnesorgane.
Superregenerate, → Regeneration.
Superspecies, → Art.
Suppenschildkröte, *Chelonia mydas,* bis 1,50 m lange und 200 kg schwere, ausschließlich Tang und Meerespflanzen fressende → Seeschildkröte, deren Fleisch (»Schildkrötensuppe« aus den Knorpelteilen) und Eier als Delikatesse gelten. Die Weibchen versammeln sich nur alle 2 bis 3 Jahre zum Legen, doch setzen sie während einer Nistzeit 2 bis 3 Gelege, zusammen etwa 200 Eier, im Küstensand ab. Bekannte Eiablageplätze befinden sich auf Kalimantan und anderen Sundainseln sowie in der Karibik. Die S. ist vom Aussterben bedroht.
Suppressormutation, *kompensierende Mutation,* eine Mutation, die funktionell, aber nicht genetisch den Effekt einer anderen Mutation kompensiert, die Umwandlung des Mutantenphänotyps zum Wildtyp bewirkt und somit den Eintritt einer echten Rückmutation vortäuscht. Zu unterscheiden sind *intragene S.* und *extragene S.* Im ersten Fall ist die S. im gleichen Funktionsgen (Cistron) eingetreten wie die Mutation, deren Effekt kompensiert wird, im zweiten in einer anderen funktionellen Region. Extragene S. kompensieren den Mutationseffekt in der Regel nur partiell und können meist schon aufgrund dieser Tatsache von echten Rückmutationen unterschieden werden. Sie können spezifisch oder auch unspezifisch für den betreffenden Mutationsort sein. Dem Kompensationseffekt von S. liegen verschiedene Mechanismen zugrunde.
Supralitoral, → Meer.
Supraoccipitale, → Schädel.
Supraösophagalganglion, svw. Gehirn.
Supraphonation, *überindividuelle Lautstruktur,* Lautäußerungen von mehr als einem Individuum mit regelhafter Zuordnung der individuellen Anteile. Diese Form der Lautgebung kann als »Duo« von zwei Tieren geäußert werden und dabei alternierend oder weitgehend zeitverschränkt sein, dann auch als »Duett« bezeichnet. Man hat in diesem Zusammenhang auch von *Antiphonie* oder *antophonem Gesang* gesprochen. Darüber hinaus gibt es Gruppenphonationen, von mehr als zwei Tieren erzeugt, wie bei den Brüll-Rufreihen der Löwen oder dem »Chorheulen« der Wölfe und Kojoten. Die Funktionen solcher S. sind vielfältig und bei den einzelnen Arten auch etwas unterschiedlich. Sie können den Zusammenhalt der Partner stabilisieren, die Gruppe oder das Paar als solches anzeigen, ein Paar- oder Gruppen-Territorium markieren, die raumzeitliche Verteilung der Partner steuern, einen bestimmten Status anzeigen und vielleicht noch andere Aufgaben haben. Manche Fragen sind noch offen.
Surra, → Trypanosomen.
Suspension, → kolloide Lösungen.
Suspensor, → Samen.
Süßgräser, *Poaceae, Gramineae,* eine Familie der Einkeimblättrigen Pflanzen mit etwa 8 000 Arten, die über die gesamte Erde verbreitet sind. Sie sind in vielen Gebieten die vorherrschenden Bestandteile der Vegetation, so z. B. in den Steppen- und Grünlandgebieten Europas und Asiens, in der Prärie Nordamerikas, in den Savannen und Pampas Südamerikas und den Savannen Afrikas.

Es handelt sich überwiegend um annuelle oder perennierende krautige Pflanzen; verholzte Formen sind selten. Sie bestehen aus hohlen, knotigen, meist stielrunden Stengeln, hier als Halme bezeichnet, und länglich linealischen, zweizeilig angeordneten Blättern, die aus Blattscheide, Blatthäutchen (Ligula) und Blattspreite bestehen. Die Blüten stehen in viel- bis einblütigen Teilblütenständen, den Ähr-

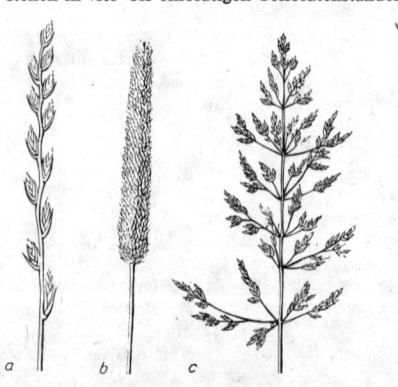

1 Blütenstandsformen: *a* Ährengras, *b* Ährenrispengras, *c* Rispengras

chen, die wiederum zu ährigen, traubigen oder rispigen Gesamtblütenständen vereinigt sind. Man unterscheidet nach der Gestalt des Blütenstandes drei verschiedene Gruppen von Gräsern, die **Ährengräser** (Ähre oder Traube), die *Rispengräser* (Rispe) und die **Ährenrispengräser** (Rispe mit stark verkürzten Rispenästen). Das Ährchen ist am Grunde meist von 2 Hochblättern umschlossen, die hier Hüllspelzen genannt werden. Die einzelnen Blüten werden in der Regel noch von einer Deckspelze und der ihr nach innen zu gegenüberstehenden Vorspelze umgeben, dazwischen befinden sich noch die Schwellkörper (Lodiculae). Die meist zwittrigen Blüten haben einen oberständigen Fruchtknoten, zwei Narben und meist drei Staubblätter und werden vom Wind bestäubt. Die Samen sind fast stets mit der Fruchtschale verwachsen. Diese besondere Fruchtform bezeichnet man als Grasfrucht oder Karyopse.

Chemisch ist die Familie vor allem durch das Vorkommen der Proteine, Prolamine und Glutamine gekennzeichnet, die das Klebereiweiß Gluten der Getreidekörner bilden.

Viele S. haben eine wirtschaftliche Bedeutung erlangt. Besonders wichtig sind die Kohlenhydrate liefernden Getreidearten. In der gemäßigten Zone werden vor allem Weizen, Roggen, Gerste, Hafer und z. T. auch der aus wärmeren Gebieten stammende Mais angebaut.

Der **Weizen**, *Triticum*, ein Ährengras, ist eine alte Kulturpflanze und eines der wichtigsten Getreide der Weltwirtschaft, das die größte Anbaufläche aller Kulturpflanzen der Erde einnimmt. Seine Körner werden unter anderem zu Mehl, Grieß und Stärke verarbeitet. Von den 21 Wild- und Kulturarten des Weizens unterscheidet man morphologisch, besonders aber nach ihrer Chromosomenzahl, drei Entwicklungsreihen: die diploide **Einkornreihe,** die tetraploide **Emmerreihe** und die hexaploide **Dinkelreihe.** Die am weitesten verbreitete und wichtigste Art ist der **Saatweizen,** *Triticum aestivum,* aus der Dinkelreihe.

Der **Roggen**, *Secale cereale*, ein Ährengras, ist die wichtigste einheimische Brotgetreideart, außerdem dienen seine Körner zur Branntweinherstellung, z. T. wird Roggen auch als Grünfutter gebaut.

Die **Gerste** mit der wichtigsten Art *Hordeum vulgare* ist ein Ährenrispengras, bei dem an jedem Glied der Spindel drei einblütige Ährchen sitzen. Bei den vielzeiligen Formen, die überwiegend als Futtergerste gebaut werden, sind alle drei Ährchen fertil, bei den zweizeiligen Formen, die häufig als Braugerste verwendet werden, ist nur das mittlere Ährchen fertil. Auch Graupen, Malzkaffee u. a. werden aus Gerste hergestellt.

Bei Weizen, Roggen und Gerste unterscheidet man zwischen Winter- und Sommergetreide. Das Wintergetreide wird im Herbst ausgesät, überwintert und wird im nächsten Jahr 8 bis 14 Tage vor dem Sommergetreide reif, das im Frühjahr ausgesät wird.

Die wichtigste Art der zu den Rispengräsern zählenden Gattung **Hafer**, *Avena*, ist der **Saathafer,** *Avena sativa,* dessen Körner überwiegend als Futter für Pferde, aber auch zur Herstellung von Haferflocken, Hafermehl u. ä. verwendet werden.

Sehr vielfältig verwendet wird der **Mais**, *Zea mays,* ein wahrscheinlich aus Mittelamerika stammendes kräftiges Gras, dessen männliche Blütenstände am Halm endständig sind, während die von großen Blattscheiden umgebenen weiblichen Blütenstände in den Achseln der Blätter sitzen. Aus den Körnern wird Mehl, Grieß und Stärke gewonnen, sie werden als Viehfutter genutzt oder unreif als Gemüse gegessen. Auch als Grünfutter wird Mais gebaut.

Der **Reis**, *Oryza sativa,* ein Rispengras, ist eines der wichtigsten Getreide der Tropen und Subtropen. Nach der An-

2 Reis: *a* Pflanze, *b* Rispe, *c* Blüte, *d* Ährchen, *e* Korn (Karyopse)

baumethode unterscheidet man zwischen **Trocken-** oder **Bergreis** (der Boden wird nur berieselt) und **Sumpf-** oder **Wasserreis** (der Boden ist überwiegend mit stehendem Wasser bedeckt). Am meisten geschätzt ist der Wasserreis. Die Körner werden gedämpft oder gekocht gegessen. In Ostasien werden aus Reis durch Vergärung alkoholische Getränke hergestellt (Reisbier, Reiswein, Arrak). Reisstärke wird in der Lebensmittel- und Textilindustrie verwendet, das Stroh dient zur Herstellung von Geflechten und als Rohstoff für die Papierfabrikation; das beste Zigarettenpapier entsteht ebenfalls aus Reisstroh. Nicht mehr so häufig wie früher wird die **Hirse,** *Panicum miliaceum,* angebaut. Ihre Körner werden als Brei oder Fladen gegessen sowie zur Bier- und Branntweinherstellung genutzt. In Afrika ist die wichtigste Brotfrucht die **Mohrenhirse** oder **Durrha,** *Sorghum bicolor.* Der **Korakan,** *Eleusine coracan,* wird in Afrika und Asien als Nahrungsmittel angebaut und auch zur Bierbereitung verwendet. In Äthiopien wird der **Tef,** *Eragrostis tef,* als Getreide kultiviert. Ebenfalls eine bedeutende Kulturpflanze ist das **Zuckerrohr,** *Saccharum officinarum.* Dieser aus dem tropischen Asien stammende Zuckerlieferant wird heute in den Tropen überall angebaut.

Das **Vetivergras,** *Vetiveria zizanioides,* und die **Zitronelle,** *Cymbopogon confertiflorus,* liefern ätherische Öle, hauptsächlich für die kosmetische Industrie.

Besonders als Baumaterial oder zu anderen technischen Zwecken wird **Bambus** verwendet. Diese riesenhaften Gräser, die z. T. 30 m hoch werden können und z. T. verholzen, kommen fast nur in den Tropen und Subtropen vor. Es gehören etwa 250 Arten zur Gruppe der Bambusartigen. Sie zählen zu verschiedenen Gattungen, von denen die wichtigsten *Bambus, Dendrocalamus, Phyllostachys, Arundinaria* und *Sasa* sind.

Wichtige Futtergräser unseres Grünlandes sind von den

Süßholz

Ährengräsern das *Ausdauernde Weidelgras* oder *Englische Raygras, Lolium perenne,* und das *Welsche Weidelgras* oder *Italienische Raygras, Lolium multiflorum;* von den Ährenrispengräsern das *Wiesenlieschgras* oder *Timotheegras, Phleum pratense,* und der *Wiesenfuchsschwanz, Alopecurus pratensis;* von den Rispengräsern *Gemeines Straußgras, Agrostis tenuis, Weißes Straußgras, Agrostis stolonifera, Glatthafer, Arrhenaterum elatius, Goldhafer, Trisetum flavescens, Wolliges Honiggras, Holcus lanatus, Knauelgras, Dactylis glomerata, Wiesenrispengras, Poa pratensis, Aufrechte Trespe, Bromus erectus, Wiesenschwingel, Festuca pratensis, Rotschwingel, Festuca rubra,* und *Schafschwingel, Festuca ovina.*
Süßholz, → Schmetterlingsblütler.
Süßkartoffel, → Windengewächse.
Süßwasser, fließende und stehende Wasseransammlungen mit einem Salzgehalt unter 0,02%.
Süßwassergesellschaften, → Charakterartenlehre.
Süßwasserkrabben, *Potamonidae,* zur Ordnung der Zehnfüßer gehörende Krabben, die im Süßwasser der Tropen und Subtropen verbreitet sind. Auch zur Fortpflanzung brauchen sie S. nicht das Meer aufzusuchen, das sie sich ohne Larvenstadien entwickeln.
Süßwasserschwämme, zur Ordnung *Haplosclerida* (Klasse *Demospongiae*) gehörende Schwämme. Es gibt sechs einheimische Arten, die in stehenden und fließenden Gewässern vorkommen und zu den Gattungen *Ephydatia* und *Spongilla* gehören.
Suszeption, in der Reizphysiologie zeitlich primärer, rein physikalischer Teilvorgang der Reizaufnahme.
Sutur, svw. Lobenlinie.
SV-40-Virus, → Tumorviren.
S-Wert, → Sorption.
Sylphe, → Kolibris.
Sylvestren, ein zyklisch-ungesättigter Kohlenwasserstoff aus der Gruppe der Monoterpene, der als Bestandteil in ätherischen Ölen von Nadelhölzern auftritt. S. ist nach seinem Vorkommen in der Gemeinen Kiefer, *Pinus sylvestris,* benannt.
Sylvinische Wasserleitung, → Ventrikel.
Symbionten-Hypothese, Erklärungsmöglichkeit für die phylogenetische Entwicklung der Plasten (Mitochondrien und Plastiden) aus prokaryotischen intrazellulären Symbionten. Die → Mitochondrien leiten sich nach der S. von bakterienartigen, die → Plastiden von blaualgenartigen Symbionten ab. Ein »Ur-Euzyt« soll durch Phagozytose diese Prokaryoten aufgenommen und in das Leben der Zelle einbezogen haben. Für die S. sprechen folgende, Mitochondrien und Plastiden gleichermaßen betreffende Eigenschaften: die doppelten Hüllmembranen und die Unterschiedlichkeit in Struktur und Funktion der äußeren und inneren Membran, das Vorhandensein von eigener, ringförmiger DNS und eigenem RNS- und Proteinbiosynthese-System. Dieses genetische System entspricht dem von Prokaryoten.

Auch die Existenz zahlreicher rezenter Eukaryoten mit intrazellulärer Symbiose von Prokaryoten ist ein wesentliches Argument für die S. Zum Beispiel fungieren bei der mitochondrienlosen Amöbe *Pelomyxa palustris* symbiontische Bakterien als Mitochondrien, und der Pilz *Geosiphon pyriforme* kann durch intrazelluläre Symbiose mit Blaualgen photosynthetisch aktiv sein. Die Tatsache, daß die meisten plastenspezifischen Proteine nach Informationen aus der Kern-DNS außerhalb der Plasten synthetisiert werden, steht nicht im Einklang mit der S. Möglicherweise ist ein Gentransfer in den Kern hinein erfolgt.

Ein starkes Argument für die S. sind in jüngster Zeit gewonnene Befunde aus Sequenzvergleichen analoger Proteine und Nukleinsäuren von Plastiden und rezenten Pro- und Eukaryoten, außerdem die Nichtmischbarkeit von Plastiden- und Mitochondrienplasma (Matrix) mit dem übrigen Zytoplasma.

Symbiose, eine zeitweilige oder dauernde Vergesellschaftung artverschiedener Organismen mit ausgeprägter gegenseitiger Abhängigkeit, die auf wechselseitigem Nutzen beruht. Zur *S. im weiteren Sinne* gehören Allianz und Mutualismus (→ Beziehungen der Organismen untereinander) und die *S. im engeren Sinne.* Die Beteiligten sind die Symbiosepartner; der kleinere und einfacher organisierte wird auch als Symbiont bezeichnet.

Pflanzen bilden in Gestalt der Flechten eine enge S. zwischen Algen und Pilzen, wobei letztere einen Teil der von den Algen synthetisierten Kohlenhydrate erhalten, die Algen mit Wasser und Nährsalzen durch die Pilze versorgt werden. Wichtig sind die S. zwischen höheren Pflanzen und Bakterien, die ebenfalls eine Stoffwechselgemeinschaft bilden. Die Knöllchenbakterien vermögen den Luftstickstoff zu binden, den die Leguminosen nutzen. 1 ha Lupinen vermag während der Vegetationszeit 200 kg Luftstickstoff zu binden. Allerdings liegt der Nutzen vorwiegend bei der höheren Pflanze, da die Bakterien schließlich von ihr zerstört werden.

S. zwischen höheren Pflanzen und Pilzen sind als → Mykorrhiza bekannt.

Tiere gehen vielfältige symbiontische Beziehungen ein, die als *Ektosymbiosen* bezeichnet werden, wenn der eine Partner außerhalb des Körpers des anderen verbleibt. *Endosymbiosen* sind durch Einbeziehung des kleineren Partners (des Symbionten) in den Organismus des größeren gekennzeichnet. Beide Formen lassen sich durch ihre Hauptfunktionen weiter untergliedern.

Unter den Ektosymbiosen werden oft die *Bestäubungssymbiosen* zwischen Blütenpflanzen und Insekten, Vögeln und Fledermäusen genannt, aber auch z. T. dem Mutualismus zugeordnet. Das gleiche gilt für die Verbreitung von Samen und Früchten (Zoochorie) durch Tiere.

Dem Schutz vor Ektoparasiten oder Hautkrankheiten dienen die *Putzsymbiosen* zwischen Großtieren und Madenhackern oder Fischen und ihren Putzerfischen. Für letztere ist ihre wichtige Rolle zur Gesunderhaltung ihrer Partner durch Wegfangen der Putzer nachgewiesen.

Schutz vor Feinden vermitteln S. zwischen Korallenfischen und nesselnden Knidariern. Das bekannteste Beispiel ist die S. des Einsiedlerkrebses *Eupagurus bernhardus* mit der Seerose *Calliactis parasitica.* Der Krebs fällt ohne den Nesselschutz viel häufiger Tintenschnecken zum Opfer; die Seerose profitiert von der Beute des Krebses und seiner Beweglichkeit.

Ernährungssymbiosen treten als Trophobiose zwischen Ameisen und Pflanzensäfte saugenden Insekten (Blattläusen, Schildläusen und Zikaden) auf, wobei die Ameisen den zuckerhaltigen Kot (Honigtau) der Saftsauger aufnehmen. Die Ameisen schützen ihre »Milchkühe« vor natürlichen Feinden. – Blattschneiderameisen, Termiten, einige Käfer- und Holzwespenarten kultivieren in besonderen

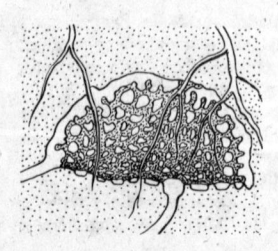

Schnitt durch eine Pilzkammer der Blattschneiderameise *Atta*

Kammern ihrer Baue oder in ihren Fraßgängen Pilze, die ihrer Ernährung dienen. Vielfach übertragen die Insekten die Pilzsporen durch Aufnahme in ihren Verdauungstrakt oder in Vaginal- und Intersegmentaltaschen.

Die Endosymbiosen nutzen als Symbionten Bakterien, Algen, Pilze und Protozoen, die im Körperinneren ihrer Partner in natürlichen Hohlräumen oder speziellen Organen (Myzetomen) beherbergt werden und oft in raffinierter Weise auf die Folgegeneration übertragen werden. Auch hier stellen die Ernährungssymbiosen den größten Anteil: Protozoen, Schwämme, Knidarier, Turbellarien und Mollusken nutzen die Assimilate und den Sauerstoff einzelliger Grün- oder Blaualgen, die in deren Zellen oder Geweben leben, während die Algen den Sauerstoff ihrer Partner verwenden. Beispiele sind die Thekamöbe *Paulinella chromatophora* mit ihren Blaualgen, der Polyp *Chlorohydra viridissima* mit Zoochlorellen und die Riesenmuschel *Tridacna* mit Zooxanthellen. Insekten mit zellulosereicher Nahrung beherbergen in Aussackungen des Darmes (Gärkammern) Massen von zellulosespaltenden Bakterien; diese und Hefepilze liefern vielfach auch Eiweiße und Vitamine an ihre Partner. Termiten und Schaben nutzen Flagellaten, die unter anaeroben Bedingungen aus Glukose weitere organische Stoffe aufbauen. Hier lassen sich die zellulosespaltenden Bakterien und Ziliaten im Pansen der Wiederkäuer und in den Blinddärmen vieler Nagetiere anschließen. Die bizarr geformten Pansenziliaten stellen nach ihrem Tode eine wichtige Eiweiß- und Vitaminquelle für den Wirt dar. Je g Panseninhalt können bei Wiederkäuern bis 13 Mrd. Bakterien und 1 Mio. Ziliaten auftreten. Nager fressen ihren Blinddarminhalt (Coecotrophie), um die darin enthaltenen Vitamine zu nutzen. Der menschliche Säugling ist auf *Lactobacillus bifidus* zum Abbau der Oligosaccharide der Muttermilch angewiesen; der Symbiont gelangt bei der Geburt über die Vaginalflora in den Mund der Neugeborenen.

Endosymbiontisch lebende Mikroorganismen sind notwendige Vitaminlieferanten im Darm oder speziellen Myzetomen der Saftsauger unter den Insekten (Wanzen, Blatt- und Schildläuse, Zikaden). Gleiches trifft für Hornfresser (Mallophagen) und Blutsauger (Blutegel, Zecken, Wanzen, Läuse und einige Fliegen) zu. Die Infektion erfolgt vielfach transovariell. Für Zikaden sind bis zu sechs verschiedene Symbiontenarten je Wirt, der dann *polysymbiont* ist, nachgewiesen. Besonders bei Ernährungssymbiosen kann ein Partner größere Vorteile genießen. Man spricht dann von *Helotismus*.

Zu den Endosymbiosen gehören schließlich die *Leuchtsymbiosen* (→ Biolumineszenz) und die *Stoffwechselsymbiosen*. Letztere lassen sich nicht immer klar von den Ernährungssymbiosen (s. o.) trennen. Bei Korallenpolypen wird die Abscheidung von $CaCO_3$ in das Skelett durch die Assimilation der symbiontischen Algen unterstützt. Für die im Exkretionssystem einiger Ringelwürmer (*Lumbricus, Hirudo*) auftretenden Bakterien ist ihre Fähigkeit, Eiweiße und Fette zu spalten sowie Nitrate zu reduzieren, nachgewiesen worden.

Lit.: P. Buchner: Endosymbiose der Tiere mit pflanzlichen Mikroorganismen (Basel, Stuttgart 1953); F. Füller: S. im Tierreich (Wittenberg 1958); D. Matthes: Tiersymbiosen und ähnliche Formen der Vergesellschaftung (Stuttgart 1978); Schaede: Die pflanzlichen S. (3. Aufl. Stuttgart 1962).

Symmetrie, geordnete Wiederholung gleichartiger oder ähnlicher Bauglieder. Wenn sich gleichartige Elemente entlang einer Geraden wiederholen, ergibt sich *longitudinale S. (Translationssymmetrie).* Bei Tieren, besonders bei vielen Insekten, z. B. bei den Tausendfüßern, bekundet sich die longitudinale S. vor allem in einer Segmentierung des Körpers.

Die in der Längsrichtung aufeinanderfolgenden Segmente werden hier als Folgestücke oder Metameren bezeichnet. Bei Pflanzen ergibt sich die longitudinale S. unter anderem durch den rhythmischen Wechsel der Achsenrichtung der Teilungsspindel in Scheitelzellen bei der Dichotomie oder durch die inäquale Teilung von Segmentzellen (Fadenthalli) bzw. die Ausgliederung von Blattanlagen (Samenpflanzen), die zur Gliederung in Knoten und Internodien führen. Gleiches kann bezüglich der Ausbildung von Seitenzweigen gelten. Wiederholen sich gleichartige Gestaltungselemente in der Querrichtung, ergibt sich *laterale S.* Hier ist zwischen Drehsymmetrie und Spiegelsymmetrie zu unterscheiden. *Drehsymmetrie* liegt vor, wenn gleichartige Glieder zur Deckung gebracht werden können, indem eine Drehung um eine durch das Symmetriezentrum verlaufende gedachte Symmetrieachse erfolgt. *Spiegelsymmetrie* setzt voraus, daß durch Spiegelung an einer Spiegelachse bzw. einer in deren Richtung durch den Organismus bzw. das Organ verlaufenden Ebene die sich spiegelnden Hälften zur Deckung gebracht werden können. Häufig ist die Spiegelsymmetrie auch mit Drehsymmetrie kombiniert. Kann man mehr als zwei gleichwertige Spiegelebenen durch die Hauptachse legen, spricht man von *radiärer S., multilateraler S.* bzw. von *Polysymmetrie.* Diese bedingt einen strahligen oder radiären Bau (*Aktinomorphie*). Letzterer ist unter den Tieren bei Hohltieren und Stachelhäutern verbreitet (Beispiel: Seestern). Bei Samenpflanzen ergibt sich radiärer Bau oft durch die Gleichmäßigkeit der Verzweigung, z. B. bei Nadelbäumen sowie bei vielen Blüten. Können nur zwei sich kreuzende Symmetrieebenen gelegt werden, so liegt *Disymmetrie* vor, die in der Botanik auch als *bilaterale S.* bezeichnet wird (z. B. bei Sproßgliedern der Opuntie sowie bei Blüten der Kreuzblütler bzw. des Zweisporns *Dicentra spectabilis*). Ist nur noch eine einzige Spiegelebene vorhanden, da Ober- und Unterseite ungleich ausgebildet sind (Rücken- und Bauchseite), so liegt *Monosymmetrie* oder *Dorsiventralität* vor. Diese wird in der Zoologie im Gegensatz zu der in der Botanik üblichen Nomenklatur auch als *Bilateralität* bezeichnet. Dorsiventralität ist bei Tieren weit verbreitet. Auch der Mensch besitzt einen dorsiventralen Bau. Bei Pflanzen finden wir Dorsiventralität bei den meisten Blättern. Dorsiventrale Blüten (z. B. des Stiefmütterchens) werden häufig auch als *zygomorph* bezeichnet. Kann überhaupt keine Symmetrieebene gelegt werden, so daß keine Lateralsymmetrie nachweisbar ist, wie das z. B. bei den Blüten von *Canna* der Fall ist, so spricht man in solchen Fällen von *Asymmetrie*.

Sympädium, die Gesellung von Jungtieren, oft Geschwistern. Jungspinnen oder Schmetterlingslarven bilden S. Während sich die Jungspinnen mit dem Übergang zum eigenen Beuteerwerb zerstreuen, bleiben die Raupen des Eichenprozessionsspinners beim Fressen, Ruhen, Häuten und bei ihren Wanderungen stets zusammen.

Auch Schwärme von Jungfischen stellen S. dar. Elritzen nehmen neue Mitglieder nur auf, wenn diese in ihrem Körpermaß höchstens um 1,2 cm von der Durchschnittslänge der Schwarmgenossen abweichen. Krippenbildungen sind bei Jungvögeln von Pinguinen, Pelikanen und Brandenten bekannt. Auch bei Walrossen treten sie zeitweise auf. Diese Krippen sind jedoch keine reinen Jugendgruppen, sondern werden von einem oder mehreren Alttieren betreut.

Die Bindung in einem S. ist unterschiedlich fest. Als Ursachen kommen unter anderem eine Tendenz zur sozialen Bindung, gemeinsame Nahrungsaufnahme oder Schutzbedürfnis sowie die Bindung an eine gemeinsame Örtlichkeit in Frage.

sympathetisches Verhalten, svw. allelomimetisches Verhalten.

Sympathikotonus, → Herznervenwirkung, → vegetatives Nervensystem.
Sympathikus, *Orthosympathikus, sympathisches Nervensystem,* Anteil des → vegetativen Nervensystems.
Sympatrie, gemeinsames Vorkommen zweier Taxa in einem Gebiet. Aufgrund des → Konkurrenz-Ausschluß-Prinzips wird das sympatrische Vorkommen zweier nächstverwandter Sippen als wichtiger Hinweis für ihre genetische Trennung und damit für ihren Status als selbständige Arten angesehen. (Beachte: → Polymorphismus).
Sympetalae, → zweikeimblättrige Pflanzen.
Symphilie, → Beziehungen der Organismen untereinander, → Myrmekophilie.
Symphylen, → Zwergfüßer.
Symphypleona, → Springschwänze.
Symphyta, → Hautflügler.
Symplast, → Stofftransport.
symplastischer Transport von Nährsalzen, → Mineralstoffwechsel, Teil Pflanze.
Symplesiomorphie, → Plesiomorphie, → Verwandtschaft.
sympodiales Sproßsystem, → Sproßachse.
Sympodium, → Sproßachse.
Symport, → Transport.
Symptom, in weitestem Sinne Anzeichen, Merkmal, z. B. als Äußerung einer Erkrankheit; in der Phytopathologie äußerlich sichtbare Erscheinungen oder Veränderungen am erkrankten oder beschädigten Organismus, die durch einen Schaderreger oder abiotische Faktoren ausgelöst wurden. S. sind eine wichtige Grundlage der Diagnose.
Symptomatologie, Lehre von den sichtbaren Veränderungen der Pflanzen im Verlauf einer Krankheit oder eines Schaderregerbefalls bzw. nach einer Beschädigung.
Synangium, miteinander verwachsene Sporangien bei einigen Nacktfarnen, Farnen und Samenfarnen.
Synanthropie, Bezeichnung für die enge Bindung einiger Organismen an den Menschen, seine Wohnstätten oder durch ihn stark geprägte Habitate; solche Organismen, z. B. Stubenfliege, Wanderratte, werden auch als → Kulturfolger bezeichnet. Die Anzahl der synanthropen Organismen nimmt zum kälteren Klima hin zu (*Synanthropieregel*).
Synanthropieregel, → ökologische Regeln, Prinzipien und Gesetze.
Synapomorphie, → Apomorphie, → Verwandtschaft.
Synapse, Kontaktstelle zwischen Zellen zur Übertragung von → Erregung. S. bestehen aus drei morphologisch abgrenzbaren Bereichen, einer Nervenfaser- bzw. Sinneszellenendigung, dem *präsynaptischen Anteil,* dem *synaptischen Spalt,* einem Funktionsraum zwischen den Zellen, und dem Membranbereich der Folge – (Effektor-)zellen, dem *postsynaptischen Anteil* (Abb.). Letzterer kann einer Nervenzelle (*neuro-neuronale S.*), einer Drüsenzelle (*neuro-glanduläre S.*), einer Muskelfaser (*neuro-muskuläre S.*) zugehören. Neuro-neuronale S. werden noch unterteilt in *axo-dendritische S., axo-somatische S., axo-axonale S.* und *dendro-dendritische S.,* je nachdem, von welchen Anteilen der Neuronen die Prä- bzw. Postsynapse gebildet wird. Es wird zwischen elektrischen und chemischen S. unterschieden. *Elektrische S.* kommen bei Wirbellosen vor, jedes in der Präsynapse eintreffende → Aktionspotential wirkt als Reiz auf die postsynaptische Membran und löst ebenfalls ein Aktionspotential aus. Bei den für Wirbellose und Wirbeltieren typischen *chemischen S.* führen im präsynaptischen Bereich eintreffende Impulse zur Freisetzung von Transmittersubstanzen in den synaptischen Spalt. Die Transmittersubstanzen erreichen die postsynaptische Membran und werden dort an → Rezeptoren gebunden. Es erfolgen Änderungen der Potentialdifferenzen im postsynaptischen Bereich (→ Azetylcholin).

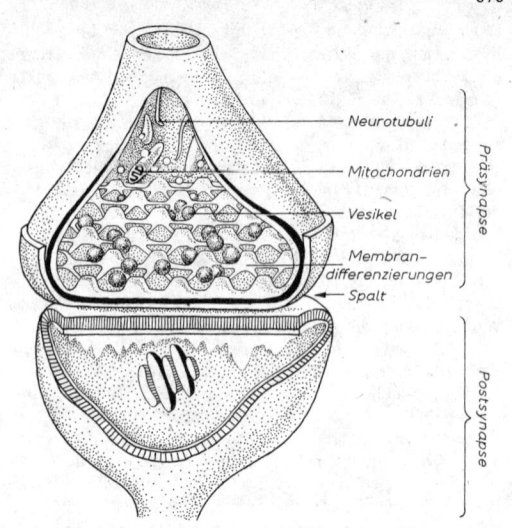

Schematische Darstellung einer neuro-neuronalen Synapse (nach Akert, verändert)

Die Transmittersubstanzen befinden sich in der Präsynapse hauptsächlich oder ausschließlich in den *synaptischen Vesikeln* (Bläschen), d. h., die Moleküle sind von einer Membran umschlossen. Die Vesikel haben einen Durchmesser von etwa 40 bis 200 nm, nach dem Durchmesser und im Elektronenmikroskop identifizierbaren Charakteristika werden verschiedene Typen unterschieden, z. B. sind Vesikel, die Noradrenalin enthalten, elektronendicht, solche, die Azetylcholin enthalten, klar. Nach dem Dale-Prinzip enthält jede Nervenendigung den gleichen Transmitter, neuerdings konnten aber in einer Nervenendigung zwei Transmittersubstanzen wahrscheinlich gemacht werden. Die Freisetzung der Transmitter erfolgt gequantelt in den etwa 15 bis 150 nm breiten synaptischen Spalt. S. können im allgemeinen Erregung nur in einer Richtung übertragen, neuerdings wird aber in einigen Fällen auch bei chemischen S. nicht nur die Erregungsübertragung von der Prä- zur Postsynapse, sondern auch umgekehrt diskutiert. S. gewährleisten gleichzeitig mit der Erregungsübertragung die Zuordnung von Zellen zu → Schaltungen. Die Anzahl der auf einer Effektorzelle befindlichen Präsynapsen variiert von 1 bis etwa 120000 (Purkinje-Zellen im Kleinhirn des Menschen), man rechnet im Mittel mit etwa 1000 präsynaptischen Endigungen auf einer Nervenzelle als Effektor, so daß sich für ein menschliches Gehirn die Gesamtanzahl von S. bei etwa 10^{11} Nervenzellen mit etwa 10^{14} ergibt. Wegen der geringen Größe der S. ist ihre Masse sehr klein.
Synapsis, → Meiose.
Synaptinemalkomplex, elektronenmikroskopisch in pflanzlichen und tierischen Zellen im Zygotän und Pachytän der → Meiose zwischen den homologen, gepaarten Chromosomen zu beobachtende Struktur. Der etwa 160 bis 200 nm breite S. läßt an beiden Seiten fibrilläre Elemente und dazwischen ein fibrilläres Zentralelement erkennen. Es ist noch unklar, ob und in welcher Weise der S. bei der Chromosomenpaarung und Chiasmatabildung eine Rolle spielt. Da solche S. in einigen Fällen auch zwischen nicht-homologen Chromosomen festgestellt wurden, handelt es sich möglicherweise um relativ unspezifische Strukturen.
synaptischer Spalt, → Neuron.
synaptisches Potential, postsynaptische Potentialänderungen, die entstehen, wenn Transmitter Rezeptoren an der postsynaptischen Membran besetzen. Die Membran kann

entweder depolarisiert werden, d. h. es besteht ein *exzitatorisches (erregendes) postsynaptisches Potential* (Abk. *EPSP*) oder es entsteht Hyperpolarisation, d. h. ein *inhibitorisches (hemmendes) postsynaptisches Potential* (Abk. *IPSP*). → Erregung, → Endplattenpotential.
synaptische Vesikel, → Neuron.
Synascidiae, *Ascidiae compositae,* koloniebildende Seescheiden, deren Individuen von gemeinsamer Hülle umgeben und die vielfach einen gemeinsamen Kloakenraum haben.
Synbotanik, die Lehre von den Pflanzengesellschaften. Gegensatz: → Idiobotanik.
Synbranchiformes, → Kurzschwanzaale.
Syncarida, eine Überordnung der → *Malacostraca* (Klasse Krebse), deren 55 Vertreter den Ordnungen *Anaspidacea* und *Bathynellacea* angehören. Die S. sind auf das Süßwasser beschränkt.
Synchore, → Art.
Synchorologie, die Lehre von der geographischen Verbreitung der Pflanzengesellschaften (Gesellschaftsareal), die sich auch mit der Kartierung der höheren Vegetationseinheiten befaßt. → Soziologie der Pflanzen.
Synchronisation, im Verhalten zeitliche Abstimmung von Ereignisfolgen des Individuums mit solchen im Ökosystem oder in der Population. Viele Organismen synchronisieren ihren Verhaltensablauf im Tagesgang mit dem Hell-Dunkelwechsel. Zwischen Artgenossen kann die S. im Kontaktfeld auftreten, so bei der Kopulation eine zeitliche Abstimmung der Bewegungsfolgen im Körperkontakt. Bei der Balz tritt oft eine S. zwischen den aufeinander orientierten Partnern im Nahfeld auf. Im chronobiologischen Sinne handelt es sich bei der S. um die Herstellung einer bestimmten quasi-stationären Phasenbeziehung zwischen zwei oder mehr Schwingungen.
Synchronkultur, eine Kultur von Einzellern, in der sich alle Zellen zur gleichen Zeit (synchron) teilen. Mit S. können Mikroorganismen während ihrer einzelnen Entwicklungsstadien untersucht werden. Bei Bakterien kann man S. z. B. durch periodischen Temperaturwechsel, durch kurzzeitige Einwirkung hoher Temperaturen, durch Steuerung der Nährstoffkonzentration oder durch Auslesen gleichgroßer Zellen mittels Filtration erhalten. Die Synchronisation der Zellteilungen geht meist nach wenigen Generationen wieder verloren.

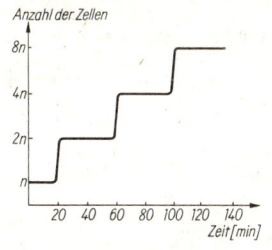

Wachstumsverlauf einer Synchronkultur von Mikroorganismen

Syndese, → Meiose.
Syndrom, Zusammentreffen verschiedener → Symptome, die zusammengehören und für eine bestimmte Krankheit eines Organismus kennzeichnend sind.
Syndynamik, *Syngenetik,* Lehre von der gegenwärtig ablaufenden, gesetzmäßigen Entwicklung innerhalb der Pflanzenbestände und den Abfolgen von Pflanzenbeständen. → Sukzession, → Soziologie der Pflanzen.
Synechococcus, → Chroococcales.
Synechthren, → Myrmekophilie.
Synergiden, die beiden Zellen, die zusammen mit der Eizelle den Eiapparat des Embryosacks bilden. → Makrosporogenese, → Blüte.

Synergismus, Form des Zusammenwirkens von Stoffen oder Faktoren, bei der sich die Einzelkomponenten gegenseitig fördern, so daß die Gesamtwirkung größer ist als die Summe der Einzelwirkungen. Man kennt z. B. S. zwischen Ionen im Mineralstoffwechsel der Pflanzen. S. von verschiedenen Phytohormonen und synergistische Wirkungen von Umweltfaktoren auf bestimmte Stoffwechsel-, Wachstums- oder Entwicklungsprozesse sowie von Pharmaka einschließlich der Phytopharmaka (Pflanzenschutzmittel). Gegensatz: → Antagonismus.
Synergisten, 1) Stoffe bzw. Faktoren, die die Wirkung anderer Stoffe bzw. Faktoren heraufsetzen, für sich genommen, aber weniger wirksam sind. 2) Muskeln, die sich durch gleiche Wirkungsweise auszeichnen.
Synfloreszenzen, → Blüte.
Syngenetik, svw. Syndynamik.
Syngenote, eine Bakterienzelle, Merozygote, die zusätzlich zu ihrem Genom noch ein Genomfragment, eine Exogote, enthält und durch Transduktion oder Konjugation entsteht.
Syngnathoidei, → Büschelkiemer.
synkarp, → Blüte, Abschnitt Fruchtblätter.
Synkaryon, → Zellfusion.
Synlokalisation, Herstellung bestimmter Ortsbeziehungen zwischen zwei oder mehr Organismen durch Einsatz des Synverhaltens, die einen Informationsaustausch oder einen physischen Kontakt sichern.
Synökie, → Myrmekophilie.
Synökologie, Teilgebiet der Ökologie, das sich mit den Lebensgemeinschaften (heterotypischen Organismenkollektiven) und ihren Beziehungen zur Umwelt befaßt. Wichtige Teilgebiete sind: → Soziologie der Pflanzen, → Biozönologie und → Produktionsbiologie, aber auch angewandte Wissenschaften wie Bodenökologie, Agrarökologie, Meeresökologie und Limnologie sind synökologisch ausgerichtet. Enge Beziehungen bestehen außerdem zur Biogeographie und Geomorphologie. Gegensatz: → Autökologie.
Synorganisation, Zusammenordnung verschiedener vorher unabhängiger Teile des Organismus zu einem funktionellen System. Ein Beispiel für S. ist das Entstehen des Saugrüssels der Wanzen aus ursprünglich selbständigen Mundwerkzeugen. Die Mandibeln bilden gesägte Stechborsten; die 1. Maxillen bilden die Röhren für den Speichelfluß und die Nahrungsaufnahme; aus den 2. Maxillen entsteht die Rüsselscheide, die diese Strukturen umhüllt und die nach vorn von der Oberlippe abgeschlossen wird.
Synovialflüssigkeit, → Lymphe.
synözisch, → Blüte.
Synsoziologie, → Soziologie der Pflanzen.
Syntaxonomie, → Soziologie der Pflanzen.
Synthasen, → Lyasen.
Synthetasen, → Ligasen.
synthetische Theorie der Evolution, aus der Verschmelzung der Selektionstheorie Darwins mit der mendelistischen Vererbungslehre hervorgegangene Vorstellung über die Ursachen des Evolutionsprozesses. Gewöhnlich werden 5 *Evolutionsfaktoren* angenommen: 1) *Mutation,* Gen-, Chromosomen- und Genommutationen führen ständig zu richtungslosen Änderungen der Erbanlagen, Chromosomenstrukturen und Chromosomenzahlen. Die hierdurch innerhalb von Populationen hervorgerufene genetische und phänotypische Variabilität wird durch 2) *Rekombination* noch vergrößert. Rekombination beschleunigt unter anderem deshalb Evolutionsvorgänge, weil sie in verschiedenen Chromosomenabschnitten, Chromosomen oder Individuen entstandene Mutantenallele vereinigt. Dadurch entgehen die Erbanlagen dieser Eigenschaften der gegenseitigen

Syntrophismus

Konkurrenz. Der Bestand der Erbanlagen der Population verändert sich durch 3) → *Selektion*, d. h. durch bevorzugtes Überleben und überdurchschnittliche Vermehrung der am besten angepaßten Individuen entsprechend den jeweiligen Umweltverhältnissen. Außerdem beeinflußt 4) → *genetische Drift* die genetischen Veränderungen in einer Population. Weiterhin ist 5) geographische → *Isolation* für die Evolution wesentlich. Sie ist eine Voraussetzung für die Bildung neuer Arten, d. h. für das Entstehen genetisch bedingter reproduktiver Isolation zwischen Populationen. Während 4 dieser Faktoren in bezug auf die Lebensverhältnisse mehr oder weniger zufällig und richtungslos sind, wird die Richtung stammesgeschichtlicher Entwicklung vor allem durch den Faktor Selektion bestimmt. Auch die Großabläufe der Stammesgeschichte lassen sich letztlich auf diese innerhalb von Populationen ablaufenden Vorgänge zurückführen.

Geschichtliches: Die Grunderkenntnisse der s. T. d. E. wurden erstmals 1926 von S. S. Četverikov (1880–1959) zusammenfassend dargelegt. Zum Durchbruch kam sie aber erst durch das 1937 erschienene Buch »Genetics and the origin of species« (dtsch. »Die genetischen Grundlagen der Artbildung«) von Th. Dobzhansky (1900–1975).

Lit.: G. L. Stebbins: Evolutionsprozesse (Jena 1968).

Syntrophismus, das gemeinsame Wachstum zweier verschiedener Mikroorganismenarten oder -stämme auf bestimmten Nährmedien, die dem einen oder beiden Partnern für sich allein kein Wachstum ermöglichen. Dabei werden benötigte Wachstumsfaktoren, die im Nährmedium fehlen, vom anderen Mikroorganismenstamm gebildet. S. findet sich z. B. zwischen auxotrophen Bakterienmutanten.

Synusie, *1)* Vegetationseinheit, die aus Pflanzenarten mit gleicher Lebensform besteht und unter einheitlichen Standortbedingungen gedeiht. Die floristische, artenmäßige Zusammensetzung bleibt bei der Fassung der S. unberücksichtigt. Im Gegensatz zu den Formationen sind die S. sehr kleine Einheiten, die sich nur auf eine Vegetationsschicht beziehen. Die S. gehört wie die Formation zu den Vegetationseinheiten auf physiognomischer Basis (→ Soziologie der Pflanzen). Mit S. wird nur noch selten gearbeitet.

2) in der Tierökologie eine Gruppe von Arten, die die gleiche Lebensform repräsentieren und an einer bestimmten Lebensstätte auftreten.

Synzytium, → Zelle.
Syrinx, → Kehlkopf.
Syrphidae, → Zweiflügler.
System, *1)* Menge von Elementen, zwischen denen Beziehungen bestehen. Die auf ein S. von außen einwirkenden Größen, z. B. Reize, Flüsse, Energiezufuhr, Informationen, werden in ihrer Gesamtheit als *Eingang* bezeichnet. Die Antwortreaktion des S. ist der *Ausgang*. Die Art und Weise des Zusammenhangs zwischen Eingang und Ausgang wird durch das *Gesetz des Systemverhaltens* beschrieben.

Besonders interessant sind dynamische S., z. B. der Stoffwechselprozeß, bei denen zwischen den Elementen Wechselwirkungen bestehen. Dynamische S. können sehr interessante Eigenschaften, wie Schwingungen, mehrere stationäre Zustände, unter Umständen sogar völlig regelloses Verhalten, zeigen, das man als *chaotisch* bezeichnet. Man muß bei S. lineare und nichtlineare S. unterscheiden. **Lineare S.** verhalten sich wie die Summe der einzelnen Teilsysteme. Sie können die obengenannten Eigenschaften nicht aufweisen, da kooperative Wechselwirkungen zwischen den Untersystemen fehlen. **Nichtlineare S.** bekommen dagegen durch die Wechselwirkungen zwischen den Untersystemen qualitativ neue Eigenschaften, die sich nicht auf die Eigenschaften der einzelnen Teile zurückführen lassen.

2) → Erdzeitalter. *3)* → Taxonomie.

Systematik, svw. Taxonomie.
systemische Mittel, *innertherapeutische Mittel*, Pflanzenschutzmittel, deren Wirkstoffe durch Wurzeln, Blätter oder Schnittflächen an Stengeln in die Pflanze eindringen, dort eine bestimmte Zeit gespeichert werden und in dieser Zeit gegen Schaderregerbefall schützen. Systematisch wirken z. B. organische Phosphorverbindungen aus der Gruppe der → Insektizide sowie bestimmte → Fungizide.

systemische Verteilung, Fähigkeit eines → Pflanzenschutzmittels, sich nach Aufnahme durch die Wurzel oder über die oberirdischen Organe in der Pflanze auszubreiten und gegenüber Schaderregern eine Wirkung (*innertherapeutische Wirkung*) auszuüben.

systemische Virusinfektion, Infektionstyp, der eine Verbreitung von Pflanzenviren in der gesamten Pflanze zuläßt. → Tabakmosaikvirus.

Systemmutation, svw. Makromutation.
Systemtheorie, Teilgebiet der Kybernetik, das das Verhalten eines → Systems auf die Wechselwirkungen zwischen den Systembausteinen zurückführt und umgekehrt. Das Hauptanliegen der S. ist die Analyse von Systemen. Man kann drei Hauptaufgaben unterscheiden: 1) Es sind der Eingang sowie das Gesetz des Systemverhaltens bekannt. Gesucht ist der Ausgang. Diese direkte Ausgabe ist in der Praxis sehr häufig, z. B. die Frage nach der Reaktion eines bestimmten Ökosystems auf Veränderungen der Umwelt. 2) Gegeben sind das Gesetz des Systemverhaltens und der Ausgang. Gefragt ist nach der Ursache der beobachteten Systemreaktion. 3) Es sind Eingang und Ausgang eines Systems gegeben. Gesucht ist das Systemgesetz. Im Experiment können die Reaktionen eines Systems auf verschiedene Reize verfolgt werden. Der Forscher steht vor der Aufgabe, aus diesen Reaktionen das unbekannte Systemgesetz, die »black box«, aufzuklären. Diese Frage ist die schwierigste Aufgabe der S.

Eine Hauptmethode der S. ist die Einteilung sehr komplexer Systeme, z. B. eines Organismus in Untersysteme, und die Erforschung dieser einzelnen Elementarbausteine des Gesamtsystems. Zusätzlich müssen aber auch die Wechselwirkungen zwischen den Untersystemen aufgeklärt werden. Diese Wechselwirkungen werden mit Hilfe der Graphentheorie veranschaulicht. Sehr wichtig ist die Aufklärung hierarchischer Prinzipien in Systemen, die es gestatten, sehr große komplexe Systeme durch relativ einfache Gesetze zu beschreiben. Die S. in der Biologie ist eng mit Fragen der Evolution und des Wachstums auf biochemischer, zellulärer und organismischer Ebene bis hin zur Entwicklung von Populationen und ganzen Ökosystemen beschäftigt.

Lit.: W. Beier, K. Dähnert, M. Rödenbeck: Medizinische Physik, Einführung in die biophysikalische Analyse medizinischer Systeme (Jena 1972); K. Unger (Hrsg.): Biophysikalische Analyse pflanzlicher Systeme (Jena 1977); Varju: S. für Biologen und Mediziner (Berlin 1977).

Systole, → Aktionsphasen des Herzens.

T

Tabak, → Nachtschattengewächse.
Tabakalkaloide, in Tabak vorkommende Alkaloide, wie Nikotin, Nornikotin, Nikotyrin und Anabasin.
Tabakmauchevirusgruppe, → Virusgruppen.

Tabakmosaikvirus (Tafel 19), Abk. *TMV,* weltweit verbreitetes helikales Virus mit einem stäbchenförmigen Virion von 300 nm Länge und 18 nm Durchmesser. In einer befallenen Wirtszelle werden in der Regel 1 bis 10 Millionen Viruspartikeln vorgefunden. Das leicht mechanisch übertragbare Virus befällt unter den kultivierten Nachtschattengewächsen neben Tabak vor allem Tomate und Paprika. In geringen Konzentrationen wurde es auch in Obstbäumen und in der Weinrebe gefunden. TMV kommt in zahlreichen Stämmen vor, die helldunkelgrüne Mosaikscheckung, Gelbmosaiksymptome oder ausgeprägte Blattdeformationen hevorrufen können. Oft hat Befall mit TMV starke Wachstumsdepressionen zur Folge. Normalerweise, z. B. in *Nicotiana tabacum,* wozu die meisten Kultursorten des Tabaks zählen, verbreitet sich das Virus innerhalb der gesamten Pflanze. Lediglich die Meristeme bleiben in der Regel befallsfrei. Ein derartiger Virusbefall wird als *systemisch* bezeichnet, da die Viren in diesem Fall im Leitbündelsystem der Pflanzen, und zwar in der Regel im Phloem, transportiert werden. In anderen Pflanzenarten, z. B. in *Nicotiana glutinosa,* wird das Virus infolge von Überempfindlichkeitsreaktionen in einer begrenzten Anzahl von Zellen abgekapselt. Es kommt in den Infektionsherden zur Bildung von nekrotischen *Lokalläsionen.* Diese sind leicht zu zählen. Ihre Anzahl gibt Hinweise auf die Konzentration oder Aktivität des Virus im Impfmaterial (Inokulum).

Das äußerst infektiöse Virus ist sehr widerstandsfähig gegen Austrocknung, Erhitzung und zahlreiche chemische Agenzien. Nicht zuletzt hierdurch ist es zu einem der wichtigsten Modellobjekte der pflanzlichen Virusforschung geworden, an dem unter anderem zahlreiche Grundfragen der Molekularbiologie geklärt worden sind. Der Replikationszyklus dieses Virus ist weitgehend aufgeklärt worden, nachdem es durch Einführung der *Protoplastenkultur,* d. h. der Kultur durch geeignete Enzyme ihrer Zellwand entblößter Zellen, möglich geworden war, auch die Synchronreplikation von Pflanzenviren (*Virussynchronreplikation*) zu erreichen. Er soll nachfolgend als Beispiel für ein Virus, dessen genetisches Material aus RNS besteht, angeführt werden. Nachdem die infizierenden Viruspartikeln, in der Regel durch Wunden, in die Zelle gelangt sind, wird ein Teil des Proteins der Nukleokapsel (→ Viren) abgestreift. Dabei wird zunächst ein Genbezirk (Zistron) freigelegt, der die frühe Proteine kodiert enthält. Deren Funktion ist noch nicht sicher bekannt. Eines induziert oder beschleunigt jedoch offensichtlich die Bildung eines Enzyms, das RNS nach dem Muster eines RNS-Stranges und nicht, wie bei der Bildung von m-RNS des Wirts, nach dem Muster eines DNS-Stranges repliziert, und als RNS-abhängige RNS-Polymerase bezeichnet wird. Entgegen früherer Annahmen ist dieses Enzym im Genom des Wirts kodiert. Mit Hilfe der RNS-abhängigen RNS-Polymerase beginnt die Replikation der infizierenden TMV-RNS. Zunächst wird vor allem doppelsträngige RNS gebildet, die als RF-Form (replikative Form) bezeichnet wird. Gleichzeitig sind bezüglich ihrer Größe heterogene replikative Intermediate (RI-Formen) nachweisbar. Letztere bestehen aus infizierenden Matrizensträngen und den an diesen wachsenden Tochtersträngen, die durch Replikasen zusammengehalten werden. Sehr bald wird auch, und zwar mit fortschreitender Zeit in immer wachsendem Umfang, replizierte RNS, die der RNS der infizierenden Partikeln gleicht, nachweisbar. Nunmehr beginnt die exponentielle Phase der Replikation der Virus-RNS, die in Protoplasten etwa bis zu zehn Stunden nach der Infektion andauert. Bereits zu Beginn der exponentiellen Phase der RNS-Replikation setzt auch die Translation des Hüllproteins ein. Bald werden viel mehr Hüllproteinuntereinheiten als Replikasemoleküle gebildet. Wieso das möglich ist, ist noch weitgehend ungeklärt. Es besteht jedoch Grund zur Annahme, daß die Translation des Hüllproteins an einer gesonderten, monozistronischen m-RNS erfolgt, die entweder durch Verkürzung (processing) der neu gebildeten Virus-RNS oder durch Transkription eines Teils der Virus-RNS erfolgt. Die außerordentlich umfangreiche Produktion von Hüllprotein bewirkt, daß immer größere Mengen von neu gebildeter TMV-RNS in eine Nukleokapsel eingebaut werden können, obwohl je RNS-Strang 2130 Hüllproteineinheiten benötigt werden. Etwa 20 Stunden nach der Infektion sind im Protoplasten nahezu alle gebildeten Virus-RNS-Stränge umhüllt. Unklar ist, wie die neu gebildeten Virusteilchen vor einem erneuten Uncoating geschützt werden. Es liegt nahe, daß der Angriff der entsprechenden Enzyme durch Einschluß der Virusteilchen in Membranvesikeln verhindert wird. Die TMV-Partikeln lagern sich, wie auch die Partikeln anderer Viren, in den Zellen oft zu größeren, auch bereits lichtmikroskopisch sichtbaren *Einschlußkörpern* zusammen, die bei Pflanzenviren die Bezeichnung *X-Körper* erhalten haben.

Tabakmosaikvirusgruppe, → Virusgruppen.
Tabak-Nekrose-Virus, → defiziente Viren.
Tabanidae, → Zweiflügler.
Tabascoschildkröten, *Dermatemydidae,* von Mexiko bis Guatemala beheimatete wasserbewohnende Schildkröten, deren Panzer noch ursprüngliche Merkmale aufweist (vollständige Reihe von Zwischenschildern trennt Rücken- und Bauchschilder). Die in erdgeschichtlich früherer Zeit weit verbreitete Familie enthält heute lediglich eine, bis 40 cm lange Art, *Dermatemys mawii,* die sich von Wasserpflanzen ernährt.

Tabulata, Bödenkorallen, ausgestorbene Unterklasse der → Korallentiere mit hohen röhrenförmigen oder prismatischen Kalkskeletten, die massive, z. T. verästelte Stöcke bis zu 2 m Durchmesser bilden. Charakteristisch sind die die Röhren unterteilenden Querböden (Tabulae) und die zu Dornen rückgebildeten Septen. Zu den T. gehören die *Favosites* und die *Halysites.*

Verbreitung: Kambrium?, Ordovizium bis Perm.

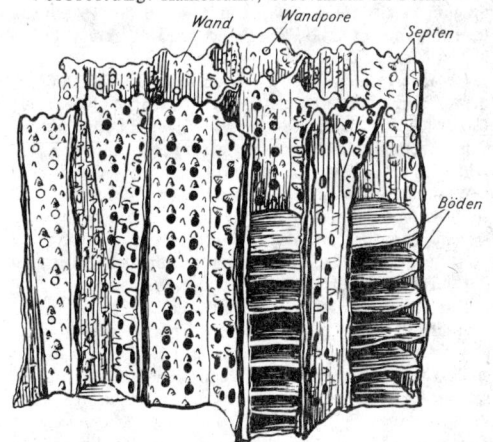

Teil eines Stockes von *Favosites* mit Böden, Wandporen und kleinen dornenförmigen Septen; Vergr. 4:1

Tachinidae, → Zweiflügler.
Taenia, eine Gattung der Bandwürmer aus der Ordnung *Cyclophyllidea* mit vielen bis über 12 m langen, im Darm von Säugetieren schmarotzenden Arten. Zu ihnen gehören unter anderem der Schweinebandwurm und der Rinderbandwurm.

Der *Schweinebandwurm* oder *Bewaffnete Menschenband-*

wurm, *Taenia solium,* hat einen kugeligen Kopf, der vier Saugnäpfe und zwei Hakenkränze trägt, und weist eine bis 8 m lange, aus 600 bis 900 Gliedern bestehende Gliederkette auf. Seine Larve, ein Zystizerkus (→ Bandwürmer), lebt in der Muskulatur des Schweines.

Der *Rinderbandwurm* oder *Unbewaffnete Menschenbandwurm, Taenia saginata,* hat einen keulenförmigen Kopf, der nur vier Saugnäpfe trägt, und weist eine bis 14 m lange, aus bis zu 2000 Gliedern bestehende Gliederkette auf. Sein Zystizerkus kommt in der Muskulatur und den serösen Häuten von Wiederkäuern, besonders Rindern, vor.

Der Mensch infiziert sich mit diesen Bandwürmern durch den Genuß von rohem Schweine- oder Rindfleisch, das die Finnen enthält. Abb. → Bandwürmer.

Taenioglossa, → Radula.

Tagesbedarf, der tägliche Energiebedarf eines Organismus. Zur Ermittlung des T. müssen die Höhe des → Grundumsatzes gemessen und das → Kostmaß bekannt sein. Nach Berücksichtigung der → spezifisch-dynamischen Wirkung kann über den → Brennwert der Nahrungsstoffe die Menge der aufzunehmenden Nahrung berechnet werden. So gilt für einen ruhenden Menschen als T. die Faustregel: 30% Zusatzenergie zum Grundumsatzwert. 10% Zusatzenergie sorgen für den Ausgleich der mittleren spezifisch-dynamischen Wirkung einer Mischkost; 20% dienen als Leistungszuwachs, vor allem als Energiebedarf für die notwendigen Muskelbewegungen.

Tageslänge, → Photoperiodismus.

Tagesrhythmik, *1)* endogene T., svw. physiologische Uhr, *2) Tagesperiodizität,* svw. zirkadiane Rhythmik.

Tageszeitenkonstitution, von der tageszeitlichen (zirkadianen) Rhythmik abhängige Körperverfassung. Meßbare physiologische und psychische Funktionen weisen innerhalb von 24 Stunden jeweils einen Minimal- und einen Maximalwert auf. Diese Rhythmen werden im wesentlichen durch die Wechselwirkung der orthosympathischen und parasympathischen Anteile des vegetativen Nervensystems verursacht, wobei außer physikalischen Faktoren, wie Licht-Dunkel-Wechsel, beim Menschen auch soziale Bedingungen als Auslöser wirksam sind. In der Tagesphase überwiegt die Funktion des Orthosympathikus und in der Nachtphase die des Parasympathikus.

Der tageszeitlichen Rhythmik unterworfen sind unter anderem Körpertemperatur, Atmungsfrequenz, Pulsfrequenz, Blutdruck, Kreislauf, Nierenwerte, Magensäureproduktion, Schmerzempfindlichkeit, Reaktionszeit, Lernfähigkeit. Hinsichtlich der geistigen und körperlichen Aktivität werden zwei *Rhythmustypen* unterschieden. Wenn die Leistungskurve in den Morgenstunden ihren Gipfel aufweist, spricht man vom *Morgentyp,* während beim *Abendtyp* die Leistungskurve in den Morgenstunden nur langsam ansteigt und ihren Gipfel erst in den Abendstunden erreicht.

Die Kenntnis der biorhythmischen Konstitution des Menschen ist bei der Einschätzung der Rhythmusänderungen bei Schicht- und Nachtarbeit von Bedeutung, die zu subjektiven Beschwerden (Konzentrationsstörungen, Kopfschmerzen, Übelkeit, Schlafschwierigkeiten u. a.) führen können.

Tagfalter, *Diurna,* Sammelbezeichnung für die in den Überfamilien *Echte Tagfalter (Papilionoidea)* und *Unechte Tagfalter (Hesperioidea)* zusammengefaßten Schmetterlingsfamilien (→ Schmetterlinge, System). Die T. fliegen ausschließlich am Tage und klappen in der Ruhe ihre Flügel senkrecht über dem Körper zusammen (Tafel 1, Zitronenfalter). Eine nähere Verwandtschaft der beiden Überfamilien ist umstritten. Mit Ausnahme einiger Weißlinge stehen alle heimischen Arten unter Naturschutz.

Taggeckos, *Phelsuma,* vorwiegend auf Madagaskar und benachbarten Inseln beheimatete → Geckos, die sich durch runde Pupillen und oft sehr auffallende Körperfärbung auszeichnen. Im Gegensatz zu anderen Geckos sind sie tagaktiv, viele fressen neben Insekten auch süße Früchte. Der *Madagassische Taggecko, Phelsuma madagascariensis,* trägt auf leuchtend blattgrünem Grund rote Abzeichen.

Taghafte, → Landhafte.

tagneutrale Pflanzen, photoperiodisch unempfindliche Pflanzen (→ Photoperiodismus), bei denen die → Blütenbildung von der Länge der täglichen Licht- und Dunkelphasen unabhängig ist.

Tagpfauenauge, → Pfauenauge.

Tagschläfer, → Nachtschwalben.

Tahr, *Hemitragus jemlahicus,* ein ziegenähnliches Tier mit kurzen breiten Hörnern, das im Himalaya, in Indien und Arabien lebt. Die Männchen tragen eine seidig glänzende Mähne.

Taiga, nordeuropäisch-sibirisches Nadelwaldgebiet der borealen Florenzone. Die T. wird vor allem von Kiefern, Fichten, Tannen und Lärchen aufgebaut und ist kennzeichnend für Gebiete mit großen Temperaturschwankungen, relativ hohen Sommer-, aber sehr tiefen Wintertemperaturen (auch in Gebieten Nordwest- und Ostsibiriens mit Dauerfrostböden) und insgesamt kurzer Vegetationszeit.

Taipan, *Oxyuranus scutellatus,* über 3,50 m Länge erreichende, düster schwarzbraune → Giftnatter Nordostaustraliens, eine der größten und gefährlichsten Giftschlangen der Erde, deren Biß einen Menschen in wenigen Minuten töten kann, falls nicht spezifisches Serum (Antitoxin) injiziert wird. Das Taipangift enthält sowohl neurotoxische als auch hämotoxische Anteile (→ Schlangengifte). Der T. legt Eier und frißt hauptsächlich Ratten.

Takahe, *Notornis mantelli,* flugunfähige große → Ralle von Neuseeland. Galt bereits als ausgestorben.

Takin, *Budorcas taxicolor,* ein gedrungener, etwa 1 m hoher Hornträger mit rinder- und gemsenartigen Merkmalen, den man systematisch keiner anderen Paarhufergruppe eingliedern kann. Er bewohnt die zentralasiatischen Hochgebirge.

Talgsäure, svw. Stearinsäure.

Talitridae, → Strandhüpfer.

Talpidae, → Maulwürfe.

Tamandua, → Ameisenbären.

Tamarindenbaum, → Johannisbrotbaumgewächse.

Tamias, → Streifenhörnchen.

Tanaidacea, → Scherenasseln.

Tangaren, *Thraupidae,* Familie der →.Sperlingsvögel mit über 230 Arten. Es sind sehr bunte Vögel, die wie Finken aussehen. Ihre Heimat ist Mittel- und Südamerika, nur 4 Arten gibt es in Nordamerika.

Tange, Bezeichnung für große, Meeresalgen aus den Klassen der Braun-, Rot- und z.T. auch Grünalgen.

Tangelhumus, bis 40 cm starke Humusauflage aus schwer zersetzlichen, rohfaserreichen Pflanzenresten von Erika, Rhododendron, Kiefer u. a. auf biologisch stark tätigem, über Kalkstein liegendem Mullhumus. Infolge starker Fraßaktivität und Durchmischungstätigkeit von Bodentieren bildet sich trotz unvollständiger, langsamer Zersetzung der *Tangelstreu* kein Rohhumus. T. tritt hauptsächlich auf Rendzinaböden auf (Tangelrendzina).

Tangelstreu, → Tangelhumus.

Tangzeit, → Eophytikum.

Tanne, → Kieferngewächse.

Tannenhäher, → Rabenvögel.

Tannenzapfenechse, → Blauzungenskinke.

Tannin, *Gallusgerbsäure,* Gemische von Glukosiden der Gallussäure und des Depsids m-Digallussäure, die mit Säure oder enzymatisch in D-Glukose und Gallussäure zerlegt werden können. T. bildet ein gelblichweißes, zusammenziehend schmeckendes Pulver, das zu den → Gerbstoffen zählt und in Galläpfeln (besonders türkischen und chinesischen) vorkommt. Tannine wirken stark gerbend und zusammenziehend. Sie werden außer in der Leder- und Textilindustrie auch in der Medizin angewendet, z. B. bei Durchfall, als Antiseptikum und als Blutstillungsmittel.

Tanrek, → Borstenigel.

Tapetum, innerste Schicht der Wandung der Sporangien der Farnpflanzen und der Pollensäcke der Samenpflanzen, → Blüte.

Taphozönose [griech. tafos 'Grab', koinoo 'Gemeinschaft'], rezente oder fossile Grabgemeinschaft; aus autochthonen und allochthonen Elementen aufgebaute, eingebettete → Thanatozönose.

Taphrinales, → Schlauchpilze.

Tapire, *Tapiridae,* eine Familie der → Unpaarhufer. Die T. sind größere, kurz und z. T. spärlich behaarte Säugetiere, deren Nase zu einem kurzen Rüssel umgestaltet ist. Die Vordergliedmaßen tragen vier, die Hintergliedmaßen drei Zehen. T. leben als Einzelgänger und fressen Blätter und Früchte. Oft suchen sie das Wasser auf, um zu baden. Der in Hinterindien und auf Sumatera beheimatete *Schabrakkentapir, Tapirus indicus,* ist eigenartig kontrastreich gezeichnet mit schwarzem Vorder- und Hinterkörper und breit weiß abgesetztem Mittelkörper. Das Junge ist einheitlich dunkel mit heller frischlingsartiger Streifung. Von den drei mittel- und südamerikanischen Arten ist der einheitlich braun gefärbte *Flachlandtapir, Tapirus terrestris,* am weitesten verbreitet.

Geologische Verbreitung: Oligozän bis zur Gegenwart, mit Vorläufern (→ Lophiodon) im Eozän. Bis zum Eiszeitalter lebten die T. in Europa und Nordamerika, dann zogen sie sich in tropische Regionen zurück.

Taranteln, Bezeichnung für verschiedene Spinnentiere, die nach dem Volksglauben als besonders gefährlich für den Menschen gelten. Im Mittelmeerraum wird eine Reihe von Wolfsspinnen als T. bezeichnet. Über deren Giftigkeit liegen die erstaunlichsten Erzählungen vor, jedoch sind diese Tiere ganz harmlos. In Amerika belegt man oft auch Vogel- und Geißelspinnen mit dem Namen T.

Tardigrada, → Bärtierchen.

Tarnung, → Schutzanpassungen.

Tarpune, *Megalopidae,* heringsartige größere Fische mit verlängertem letztem Rückenflossenstrahl. Der *Atlantische T., Megalops atlanticus,* wird 2 m lang, er gilt als guter Sportfisch.

Tarsenspinner, *Spinnfüßer, Embioptera,* eine Ordnung der Insekten mit etwa 300 Arten, die in den Tropen und Subtropen verbreitet sind, in Europa nur im Mittelmeerraum. Die Vollkerfe sind gelb oder braun, ihr Körper schlank, meist unter 12 mm lang, mit großem Kopf und kauenden Mundwerkzeugen; die geflügelten Männchen ähneln unseren Steinfliegen, andere sind wie die Weibchen stets flügellos. Beiden Geschlechtern gemeinsam sind bis zu 100 ganz feine Spinndrüsen am vergrößerten 1. Tarsenglied der Vorderfüße (auch bei den Larven), womit sie am Boden zwischen spärlichem Bewuchs, Wurzelwerk, Streu oder Steinen röhrenförmige Wohngespinste herstellen, die sie tagsüber kaum verlassen. Die T. ernähren sich von frischen oder trockenen Pflanzenteilen. Ihre Entwicklung ist eine unvollkommene Verwandlung (Paurometabolie) und dauert in Südeuropa etwa 10 Monate. Die Männchen sterben bald nach der Paarung ab, die Weibchen betreiben Brutpflege. Bei einigen T. ist Parthenogenese nachgewiesen.

Lit.: → Ohrwürmer.

Tarsiidae, → Koboldmakis.

Tarsiustheorie, → Anthropogenese.

Tarsonemus, → Zyklamenmilben.

Taschenfalten, → Kehlkopf.

Taschenklappen, → Herzklappen.

Taschenkrebs, *Cancer pagurus,* zur Ordnung der Zehnfüßer gehörende, an der Nordseeküste häufige Krabbe. Sie wird bis 30 cm breit und gilt als guter Speisekrebs.

Tasmanischer Sumpffrosch, → Australische Sumpffrösche.

Tastborsten, → Tastsinn.

Taster, *1)* → Mundwerkzeuge. *2)* → Ernährungsweisen.

Tasthaare, → Tastsinn.

Tastreize, svw. Berührungsreize.

Tastsinn, zu den mechanischen Sinnen gehörende Rezeptoren und Empfindungen, die Scherungs- und Biegungs- bzw. Druckkräfte widerspiegeln. Rezeptoren des T. sind über Oberflächen oder in Hohlorganen (Gastrointestinal-, Urogenitalsystem) verteilt, z. T. auch in den Körper verlagert. Vielfach konzentrieren sich die *Tastsinnesrezeptoren* auf bzw. in Verbindung mit Körperfortsätzen: »Tasthaare« vieler Arthropoden, Schnurrhaare und Schnauzenspitze von Säugern, Schnabelspitze von Vögeln, Fußballen, Fingerspitzen. Es gibt verschiedene Rezeptoren, die sich aber grundsätzlich von zwei Typen herleiten: zilienbesetzte primäre bzw. sekundäre Sinneszellen einerseits sowie freie Nervenendigungen andererseits. Ziliaten besitzen z. T. versteifte *Zilien,* denen Tastfunktion zukommt. Tastsinneszellen von Turbellarien, Nemertinen, Chaetognathen u. a. tragen oft mehrere Zilien und stehen eng zusammen, so daß von *Tastborsten* gesprochen wird. Die Zilien der Sinneszellen können auch von der Kutikula scheidenartig umhüllt sein, z. B. bei Anneliden. Vergleichbar sind die sekundären Sinneszellen (*Neuromasten*) des Seitenlinienorganes von Fischen und wasserlebenden Amphibien. Hier wird ein Kinozilium von Stereozilien umgeben. Beide Zilientypen umhüllt eine Gallertkappe (Cupula). Wasserströmung bringt die Cupula aus der Normallage, wodurch sich die Kinozilie in Richtung der Stereozilien verlagert, was Änderungen der Erregungsbildung in den Nervenfasern bewirkt. Bei den Tastsinnesorganen der Arthropoden sind die *Haarsensillen* ein Grundtyp (Abb. 1). Die Zilie einer Rezeptorzelle, die an

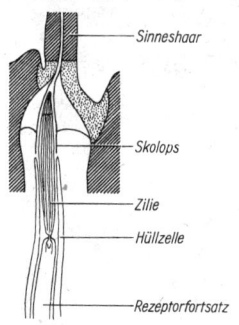

1 Sinneshaar der Honigbiene (nach Welsch und Storch, 1973)

ihrer Spitze einen Tubularkörper besitzt, steht mit einer Kutikulascheide, dem Stift (Skolops), in Verbindung. Übertragung von Kräften des Skolops auf die Zilie, z. B. durch Bewegung des Haares, führt zur Erregung der Sinneszelle. Auf Luftbewegungen reagieren *Trichobothrien (Becherhaare, Hörhaare),* bei Spinnen und Insekten vorhandene, in Gruben versenkte Tasthaare mit langen beweglichen Fortsätzen (Abb. 2, S. 882). Als weitere rezeptorische Organe des T. bei Wirbellosen gelten die *Sinnesspalten* von Spinnen und die kammförmigen Organe von Skorpionen.

Freie Nervenendigungen sind bei Wirbellosen selten. Bei

Tätigkeitsumsatz

Wirbeltieren sind sie feine Endausläufer von Nervenzellkörpern in Spinalganglien der dorsalen Wurzeln am Rückenmark. Die freien Nervenendigungen befinden sich zwischen Zellen der Epidermis, Kutis oder Subkutis. Das sensible Ende einer Nervenfaser des T. kann aber auch als Endkörperchen, insbesondere bei höheren Wirbeltieren, ausgebildet sein. Dann ist die Nervenendigung von Hüllzellen umgeben. Die *Vater-Pacinischen Körperchen* (Abb. 3)

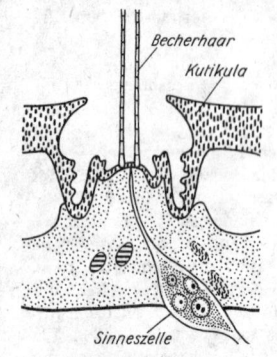

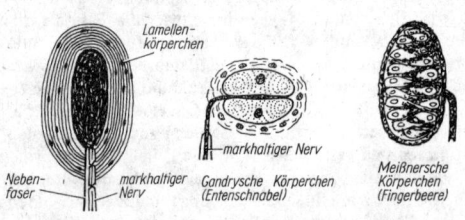

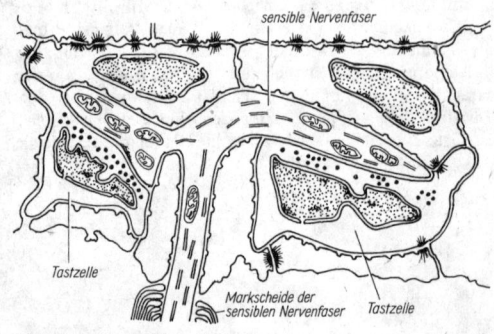

Verschiedene Mechanorezeptoren

sind etwa 1 mm groß, sie reagieren bei stärkerem Druck auf Körperoberflächen (z. B. Fingerspitze, Ballen) oder des Körperinneren, wenn sie im Bindegewebe an Sehnen oder Gelenken bzw. Blutgefäßen plaziert sind. Weitere Typen von Endkörperchen sind die *Herbstschen* sowie die *Gandryschen Körperchen* der Vögel und die *Meißnerschen Tastkörperchen* sowie die *Merkelschen Tastscheiben* (Abb. 3) der Säuger. Tastrezeptoren adaptieren schnell, wenn sie dem phasischen Typ zugehören, langsam, wenn sie dem phasisch-tonischen Typ zugehören. Manche Rezeptoren des T., z. B. die Sinnesspalten der Spinnen und die Pacinischen sowie Herbstschen Körperchen bei Wirbeltieren, reagieren sensibel auf Vibrationen. Dann wird vom *Erschütterungssinn* gesprochen.

Tätigkeitsumsatz, → Energieumsatz.

Taubenvögel, *Columbiformes,* Ordnung mit mehr als 300 Arten. Es sind gute Flieger. Männchen und Weibchen füttern ihre Jungen in der ersten Zeit mit »Kropfmilch«, einer Bildung des Kropfes. Die Jungen sind Nesthocker. Viele Arten (Gattung *Columba, Streptopelia* u. a.) fressen vorwiegend Körner und grüne Pflanzenteile, die *Fruchttauben* (Gattungen *Treron, Ducula* u. a.) hauptsächlich Früchte. *Zwerg-, Erd-* und *Krontauben, Kragen-* und *Zahntaube* sind Vertreter von Verwandtschaftsgruppen innerhalb der Ordnung T. Zu den T. gehören auch die ausgerotteten *Dronteögel* (mit Dronte und Einsiedler). Die systematische Stellung der *Flughühner* ist noch nicht restlos geklärt.

Täublinge, → Ständerpilze.

Taubwarane, *Lanthanotidae,* langgestreckte, bis 40 cm lange, kurzbeinige → Echsen ohne äußere Ohröffnung, die ihrer Gestalt nach eine Mittelstellung zwischen Waranen und Krustenechsen einnehmen und deren Vorfahren wahrscheinlich mit denen der Schlangen nahe verwandt waren. Die Familie enthält nur eine Art, den nächtlich lebenden, im Nordwesten von Kalimantan beheimateten, sehr seltenen *Taubwaran, Lanthanotus borneensis.*

Tauchenten, → Gänsevögel.

Tauchsturmvögel, → Röhrennasen.

Taufliegen, → Zweiflügler.

Tauglichkeit, svw. Fitness.

Taunutzung, Verwertung des Taues durch die Pflanze. Einige Epiphyten und die Flechten besitzen die Fähigkeit, ihren Wasserbedarf teilweise aus Tau- und Nebelfeuchtigkeit zu decken. Dabei erfolgt die Wasseraufnahme vor allem durch Quellung. Bei anderen, bodenbewohnenden Pflanzen ist noch umstritten, ob T. bei deren Wasserversorgung eine größere Rolle spielt.

Taurin, Aminoethansulfonsäure, $H_2N-CH_2-CH_2-SO_3H$, eine weit verbreitete Verbindung, die z. B. in der Wirbeltiergalle als Bestandteil der Taurocholsäuren (→ Gallensäuren) vorkommt.

Taurocholsäuren, → Gallensäuren.

Tauröste, → Flachsröste.

Tausendfüßer, Vielfüßer, Myriapoden, *Myriapoda,* eine Klasse der Tracheata mit etwa 10 500 Arten, die alle terrestrisch leben. Der Rumpf besteht aus einer oft recht großen Anzahl gleichartiger, meist beintragender Segmente. Alle Antennenglieder besitzen eigene Muskeln.
System:
1. Unterklasse: Hundertfüßer (*Chilopoda*)
2. Unterklasse: Doppelfüßer (*Diplopoda*)
3. Unterklasse: Wenigfüßer (*Pauropoda*)
4. Unterklasse: Zwergfüßer (*Symphyla*)

Die Unterklassen 2, 3 und 4 werden als *Progoneata* zusammengefaßt. Bei den Hundertfüßern münden die Gonaden im letzten Segment vor dem After. Bei den *Progoneata* befindet sich die Geschlechtsöffnung (paarig oder unpaar) im dritten oder vierten Rumpfsegment.

Tausendgüldenkraut, → Enziangewächse.

Taxa, → Taxonomie.

Taxaceae, → Eibengewächse.

Taxis, Komponente der Raumorientierung bei freibeweglichen Pflanzen und Tieren im Sinne der Einstellung und Beibehaltung einer Richtung zum Reiz. Als Verhaltenselement ist die Wendebewegung dabei der entscheidende Mechanismus. Bei einer Fortbewegung stellt allein die Richtungskomponente die eigentliche T. dar. Ein Organismus kann sich auf die Reizquelle zu (*positive* T.) oder von ihr fort bewegen (*negative* T.). Die Taxien werden häufig nach den Sinnesmodalitäten und -qualitäten unterteilt in Chemo-, Thigmo-, Rheo-, Anemo-, Phono-, Geo- und Phototaxis. *Chemotaxis* orientiert mittels chemische Reize, *Thigmotaxis* mittels Berührungsreize, *Rheotaxis* mittels

Wasserströmungen, *Anemotaxis* mittels Luftströmungen, *Phonotaxis* mittels Schallfeldern, *Geotaxis* mittels Schwerkraftfeldern, *Phototaxis* mittels Lichtreizen. Der Begriff *Phobotaxis* wird verwendet, um ungerichtete Wendungen (»Schreckreaktionen«) zu kennzeichnen, während bei gerichteten Wendungen von *Topotaxis* gesprochen wird. *Tropotaxis* steht für Orientierung auf Grund einer Erregungssymmetrie, beispielsweise durch zwei Sinnesorgane, während *Telotaxis* als unmittelbar zielorientierte Wendebewegung definiert wird. Weitere Arten von T. sind → Thermotaxis, → Hydrotaxis, Osmotaxis, → Aerotaxis, → Galvanotaxis und → Traumatotaxis.
Die moderne Orientierungsforschung kommt zu teilweise neuartigen Vorstellungen, die eine Anwendung dieser Begriffe relativieren.
Lit.: H. Schöne: Orientierung im Raum (Stuttgart 1980).

Taxodiaceae, → Sumpfzypressengewächse.

Taxonomie, *Systematik,* Teilgebiet der Biologie, das sich mit dem Beschreiben, Benennen und Ordnen der Organismen und Organismengruppen nach ihren natürlichen, durch die Stammesgeschichte bedingten Beziehungen beschäftigt, d. h., die moderne T. erforscht vorwiegend die Verwandtschaftsverhältnisse der Lebewesen. Sie liefert dabei gleichzeitig eine klassifikatorische Einteilung der Organismen, die der praktischen Notwendigkeit, die ungeheure Formenfülle der Organismenwelt zu ordnen, gerecht wird. Man kennt gegenwärtig auf der Erde etwa 400 000 Pflanzen- und fast 2 Millionen Tierarten, und täglich kommen neue hinzu.
Die älteren *Systeme* des Pflanzen- und Tierreiches dienten zunächst nur dem praktischen Bedürfnis nach Ordnung. Solche »Systeme«, die eigentlich nur eine ganz grob – z. B. nach dem Wuchsform – geordnete Zusammenstellung von Arten waren, schufen bereits im Altertum Aristoteles (384–322 v. d. Z.), Dioskorides (etwa 30 bis 80 u. Z.) u. a. Sie galten bis ins Mittelalter und umfaßten genau wie die vorwiegend im 16. Jahrhundert erschienen *Kräuterbücher* (Brunfels 1530, Fuchs 1539, Bock 1542) nur einen kleinen Bruchteil der tatsächlich vorhandenen Arten. Carl von Linné (1707–1778), der viele neue Pflanzen- und Tierarten beschrieb, stellte 1735 ein System der Pflanzen auf, bei dem die Anordnung nach Zahl und Beschaffenheit der Staubgefäße in den Blüten erfolgte, es wurde deshalb als *Sexualsystem* bezeichnet und war, wie die vorher geschaffenen auch, ein *künstliches System,* da die Ordnung nur auf einem oder wenigen Merkmalen beruhte. Im Gegensatz dazu waren die Begründer *natürlicher Systeme* bemüht, bei der Klassifizierung möglichst viele Merkmale zu berücksichtigen. Solche Systeme schufen z. B. für Pflanzen A. L. de Jussieu (1789), A. P. De Candolle (1813) und A. Brongniart (1843). Diese natürlichen Systeme basierten zunächst ebenfalls nicht auf der Abstammungslehre, lieferten aber das Bild einer objektiv gegebenen graduierten Ähnlichkeit in der Organismenwelt, die später als Ausdruck einer natürlichen Verwandtschaft und damit als wichtigster Beweis für die Evolutionstheorie gewertet wurde.
Die modernen *phylogenetischen Systeme* beruhen auf der Abstammungslehre und sind ständig Veränderungen und Verbesserungen unterworfen, die sich auf neue Forschungsergebnisse gründen. Solche Systeme wurden z. B. in neuerer Zeit für die höheren Pflanzen u. a. von Takthajan, Cronquist bzw. Dahlgren aufgestellt.
Die T. bedient sich heute der Erkenntnisse der meisten anderen biologischen Teildisziplinen und verwendet für eine möglichst natürliche Gruppierung der Organismen außer den immer noch vorrangigen morphologischen Merkmalen eine Reihe anderer wichtiger Merkmale, die aus Forschungsergebnissen von Anatomie, Histologie, Zytogenetik, Palynologie, Embryologie, Chorologie, Ökologie u. a. resultieren. Das Ordnungsprinzip beruht dabei auf der Feststellung gemeinsamer oder trennender Merkmale der einzelnen Gruppen, denn jede Verwandtschaftsgruppe ist durch einen nur für sie zutreffenden Merkmalskomplex (die Summe aller Merkmale) charakterisiert. Je näher zwei Sippen verwandt sind, um so zahlreicher sind die ihnen gemeinsamen Merkmale, d. h. um so ähnlicher sind sie sich. Dabei muß aber unter anderem berücksichtigt werden, daß die Bedeutung der einzelnen Merkmale unterschiedlich ist, daß nur → Homologien, also auf gemeinsamer Abstammung beruhende Ähnlichkeiten, Schlüsse auf die Verwandtschaft zulassen, dagegen → Konvergenzen, also Ähnlichkeiten, die sich in verschiedenen Gruppen auf verschiedenen Wegen und von verschiedenen Ausgangspunkten her entwickelt haben, für die Feststellung der Verwandtschaft ungeeignet sind. Die als homolog erkannten Merkmale müssen darüber hinaus noch bewertet werden, d. h., es muß unterschieden werden, ob es sich um ursprüngliche (*plesiomorphe*) oder abgeleitete (*apomorphe*) Merkmale handelt.
Mit Hilfe dieser Wertung kann man innerhalb der Gruppen Entwicklungstendenzen erkennen, die es ermöglichen, der Gruppe einen Platz im System zuzuweisen. Erschwert wird dies allerdings dadurch, daß durch unterschiedliche Evolutionsgeschwindigkeit der Merkmale, bei ein und derselben Gruppe sowohl ursprüngliche als auch abgeleitete Merkmale auftreten können (*Heterobathmie*).
Angestrebt wird ein System oder – je nach Darstellungsart – ein *Stammbaum* der Organismen, der auf *monophyletischen,* d. h. von einer Stammart ableitbaren Organismengruppen beruht. *Polyphyletische,* also Gruppen, die auf zwei oder mehr verschiedene Entwicklungslinien zurückzuführen sind, und *paraphyletische,* also Gruppen, die nicht alle Nachkommen einer Stammart umfassen, sollen aufgelöst werden. Bei der Rekonstruktion eines solchen Stammbaumes aufgrund rezenter Sippen wird vor allem in der Zoologie jetzt vielfach das *Hennigsche Prinzip* angewandt. Es beruht auf der Hypothese, daß nur der gemeinsame Besitz solcher abgeleiteter Merkmale, die Umsetzungen des gleichen Ausgangsmerkmals sind, die Monophylie einer Gruppe beweisen, dagegen nicht der gemeinsame Besitz ursprünglicher Merkmale. Bei einer solchen Merkmalswertung ergeben sich Schwesterngruppenverhältnisse, die in Form dichotom verzweigten Stammbaumschemata dargestellt werden können.
Ansonsten bedient man sich zur Klassifizierung der Organismen eines *hierarchischen Systems,* d. h., man verwendet international festgelegte, einander untergeordnete Rangstufen oder taxonomische Kategorien, die als Taxa (Einzahl *Taxon*) bezeichnet werden, wenn sie sich auf eine konkrete Sippe beziehen. Die wichtigste Kategorie ist die *Art,* die als Summe aller in den wesentlichen Merkmalen übereinstimmender, untereinander kreuzbarer und auf ein definiertes Areal beschränkter Individuen charakterisiert werden kann und somit für Pflanzen und Tiere mit geschlechtlicher Fortpflanzung eine durch objektive Kriterien festgelegte Kategorie ist. Innerhalb der Art können meist durch geographische Isolation entstandene *Unterarten* oder *Rassen* abgetrennt werden; in der Botanik werden darüber hinaus wenig abweichende, genetisch festgelegte Sippen als *Varietäten* und *Formen,* bei Kulturpflanzen als *Sorten* unterschieden. Die wichtigsten Kategorien oberhalb der Art sind Gattung, Familie, Ordnung, Klasse, Stamm oder Abteilung und Reich. Außerdem gibt es eine Anzahl von Zwischenkategorien, wie Unterfamilie, Überordnung oder Unterklasse u. a., die dann verwendet werden, wenn die Zahl der Kategorien

taxonomische Gruppen

zur Wiedergabe objektiv vorhandener Gruppierungsstufen nicht ausreicht.

Die Benennung der einzelnen Taxa wird durch internationale Regeln der botanischen und zoologischen → Nomenklatur festgelegt.

Die wesentlichen systematischen Kategorien sind in der folgenden Tabelle am Beispiel der Einordnung der Hauspflaume und Hausmücke dargestellt.

Reich (Regnum)	Pflanzen	*Eukaryota-Plantae*
Abteilung (Phylum)	Samenpflanzen	*Spermatophyta*
Unterabteilung (Subphylum)	Decksamer	*Magnoliophytina*
Klasse (Classis)	Zweikeimblättr. Pflanzen	*Magnoliatae*
Ordnung (Ordo)	Rosenartige	*Rosales*
Familie (Familia)	Rosengewächse	*Rosaceae*
Gattung (Genus)	Pflaume	*Prunus*
Art (Spezies)	Hauspflaume	*Prunus domestica*
Unterart (Subspezies)	Edelpflaume	*Prunus domestica* subsp. *italica*
Reich (Regnum)	Tiere	*Eukaryota-Animalia*
Stamm (Phylum)	Gliederfüßer	*Arthropoda*
Unterstamm (Subphylum)	Tracheenatmer	*Tracheata*
Klasse (Classis)	Insekten	*Insecta*
Ordnung (Ordo)	Zweiflügler	*Diptera*
Familie (Familia)	Stechmücken	*Culicidae*
Gattung (Genus)		*Culex*
Art (Spezies)	Hausmücke	*Culex pipiens*

taxonomische Gruppen, → Virustaxonomie.
Tayassuidae, → Nabelschweine.
TCLV, Abk. für T-Zell-Lymphom-Virus, → Tumorviren.
technische Hydrobiologie, umfaßt die Trink-, Brauch- und Abwasserbiologie und beschäftigt sich hauptsächlich mit Organismen, die für die Wasserwirtschaft von Bedeutung sind.

Lit.: D. Uhlmann: Hydrobiologie (2. Aufl. Jena 1981).

technische Mikrobiologie, *industrielle Mikrobiologie,* das Teilgebiet der angewandten Mikrobiologie, das die Verwendung von Mikroorganismen für Produktionsverfahren oder andere technische Prozesse sowie die Verfahren zur Verhinderung schädlicher Wirkungen von Mikroorganismen auf Rohstoffe, Nahrungsmittel und andere Materialien zum Gegenstand hat. Wesentliche Aufgaben hat die t. M. in der Gärungsindustrie zur Erzeugung von Bier, Wein, Essig. u. a., in der Nahrungsmittelindustrie zur Herstellung von Brot und Hefegebäck, Sauerkraut, Quark, Käse, Joghurt und zahlreichen anderen Milchprodukten. Viele Produktsynthesen werden mit Mikroorganismen in großtechnischem Rahmen durchgeführt zur Gewinnung z. B. von Antibiotika, Vitaminen, Enzymen, Wuchsstoffen, Alkaloiden, Alkoholen, Aminosäuren und anderen organischen Säuren, Polysacchariden u. a. Ein Sonderfall ist die Synthese von Steroidhormonen, bei der Mikroorganismen eingesetzt werden, um unwirksame Steroide in biologisch aktive Verbindungen umzuformen. Auch mikrobiologische Prozesse bei der Fasergewinnung aus Pflanzen (→ Flachsröste) und Verfahren der Erzauslaugung mit Hilfe von Mikroorganismen, die aus Erzen leicht verwertbare Metallverbindungen herauslösen, sind Gegenstand der t. M. Die Massenproduktion von Hefen dient der Erzeugung von Futter-, Nähr- und Backhefe, die Massenproduktion von Bakterien und Algen wird für die Gewinnung von Futtermitteln aus billigen Rohstoffen bedeutsam, in einigen Ländern auch bereits durchgeführt. Durch die Produktion mikrobieller Nahrungsmittel werden von der t. M. künftig umfassende Beiträge zur Sicherung der Ernährung der Menschheit erwartet. Ein weiteres Problem für die t. M. ist die biologische Abwasserreinigung, wobei angestrebt wird, zugleich aus diesem Prozeß Biomasse für Futterzwecke zu erzielen. Ein neuer Bereich der t. M. hat sich in der Raumfahrt entwickelt, wo für längere bemannte Flüge ein Stoffkreislauf im Raumflugkörper mit Hilfe von Mikroorganismen erreicht werden könnte. Unter den technisch angewendeten Verfahren zum Schutz vor schädlichen Wirkungen der Mikroorganismen ist das bedeutsamste die Konservierung in der Lebensmittelindustrie.

Lit.: Fritsche: Biochemische Grundlagen der Industriellen Mikrobiologie (Jena 1978); Rehm: Einführung in die industrielle Mikrobiologie (Berlin, Heidelberg, New York 1971).

Teestrauchgewächse, *Theaceae,* eine Familie der Zweikeimblättrigen Pflanzen mit etwa 600 Arten, die überwiegend in tropischen und subtropischen Gebieten verbreitet sind. Es handelt sich um Bäume oder Sträucher mit wechselständigen, einfachen, derben Blättern ohne Nebenblätter und mit regelmäßigen, meist zwittrigen, oft 5- bis 7zähligen Blüten mit zahlreichen Staubgefäßen und einem 2- bis vielfächerigen Fruchtknoten, der sich zu einer Kapsel oder Schließfrucht entwickelt.

Die aus Ostasien stammende **Kamelie,** *Camellia japonica,* mit dunkelgrünen, glänzenden Blättern und weißen, rosa oder roten Blüten ist hier eine häufige Zimmerpflanze. In ihrer Heimat wird sie ein bis 15 m hoher Baum, dessen Blüten von Vögeln bestäubt werden. Die Blätter des immergrünen **Teestrauches,** *Camellia sinensis,* in denen die anregend wirkenden Alkaloide Koffein, Theobromin und Theophyllin enthalten sind, kommen nach bestimmter Zubereitung als schwarzer oder grüner Tee in den Handel. Die Wirkung des z.T. sehr hohen Koffeingehaltes wird durch einen antagonistischen Stoff, das Adenin, gemindert. Der Teestrauch wird in verschiedenen Kultursorten überwiegend in Ost- und Südostasien angebaut.

Teestrauch: Zweig einer blühenden Pflanze

Tef, → Süßgräser.
Tegmente, → Blatt.
Teich, → Weiher.
Teichfledermaus, → Glattnasen.
Teichfrosch, → Wasserfrösche.
Teichhuhn, → Rallen.
Teichjungfern, → Libellen.
Teichläufer, → Wanzen.
Teichlinse, → Wasserlinsengewächse.

Teichmannsche Kristalle, → Hämoglobin.
Teichmolch, *Triturus vulgaris,* bis 11 cm langer, in Nord-, Mittel- und Südosteuropa verbreiteter häufigster einheimischer → Echter Wassermolch. Der Bauch ist weißlichgelb mit runden schwarzen Flecken. Das Männchen trägt zur Fortpflanzungszeit (März bis Mai) einen hohen, wellenförmigen Rückenkamm, der ohne Einschnitt in den Schwanzsaum übergeht. Der T. bewohnt alle Arten stehender Gewässer von Januar/Februar bis August, die übrige Zeit verbringt er versteckt an Land.
Teichmuschel, *Anodonta,* bis 20 cm lange Süßwassermuschel mit blaugrünen Schalen. In heimischen Seen leben mehrere Arten. Die T. sind wie die Flußmuschel als Filtrierer wichtig für die biologische Reinigung der Gewässer. Die Larven der T. (→ Glochidium) parasitieren in der Haut und den Kiemen von Süßwasserfischen.
Teichrose, → Seerosengewächse.
Teilungsgewebe, svw. Bildungsgewebe.
Teilungskern, → Mitose, → Zellkern.
Teilungsspindel, svw. Spindelapparat.
Teiste, zu den → Alken gehörender Regenpfeifervogel.
Tejus, 1) svw. Schienenechsen.
2) **Teju,** *Tupinambis nigropunctatus,* bis 1,20 m langer, schwarz, gelb und bläulich gezeichneter Vertreter der → Schienenechsen Mittel- und Südamerikas mit rundem Schwanz und kräftigen Gliedmaßen. Die Eier werden in Termitennestern abgelegt. Die 4 Arten der Gattung *Tupinambis* werden auch als »Großtejus« bezeichnet, die größte Form ist der bis 1,40 m lange, schwarze, mit gelben Flecken quergebänderte *Bindenteju, Tupinambis teguixin.*
Telekommunikation, Biokommunikation im Distanz- und Nahfeld, bei der die Telerezeptoren, die Informationen über einen räumlichen Abstand aufnehmen, beim Empfänger eingesetzt werden. Den Gegenbegriff bildet die *Kontaktkommunikation* auf Grund des Einsatzes von Kontaktrezeptoren.
Telenzephalon, → Gehirn.
Teleosaurus [griech. teleos 'vollkommen', sauros 'Eidechse'], meeresbewohnende ausgestorbene Krokodilgattung, deren lange Schnauze mit scharfen Zähnen auf einen Fischräuber weist. Bauch und Rücken waren gepanzert, am langgeschwänzten Körper saßen zu Ruderorganen abgewandelte, noch fünfzehige Gliedmaßen, von denen die vorderen kürzer und stärker umgebildet waren.
Verbreitung: Jura von Europa.
Teleostei, → Knochenfische.
Teleskopfisch, → Goldfisch.
Teleutosporen, ein- oder mehrzellige, diploide, derbwandige Dauerorgane (→ Dauersporen) der Rostpilze. Die T. überwintern (→ Wintersporen) und entwickeln im Frühjahr die Ständer (Basidien) mit den → Basidiosporen.
Tellerschnecken, *Planorbiden, Planorbidae,* Lungenschnecken des Süßwassers mit spiraliger, in einer Ebene aufgerollter, posthornförmiger Schale. Die Mündung ist rundlich und sehr weit. Die T. sind wichtige Zwischenwirte für die Entwicklungsstadien der Helminthen. Die bekannteste Gattung ist die *Posthornschnecke, Planorbis.*
Geologische Verbreitung: Malm bis Gegenwart. Biostratigraphisch bedeutsam sind die T. im Miozän.

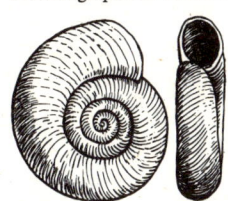

Schale von *Planorbis* aus dem jüngeren Tertiär; Vergr. 3,5:1

Teloblastie, → Mesoblast.
Telomtheorie, eine von W. Zimmermann entwickelte Theorie, die die Herausbildung und weitere Entwicklung bzw. Differenzierung der Kormophytenorgane (→ Sproßpflanzen) erklären will. Der Ausgangspunkt ist der *Urtelomstand* (Abb. 1), der aus Telomen und Mesomen besteht. Die

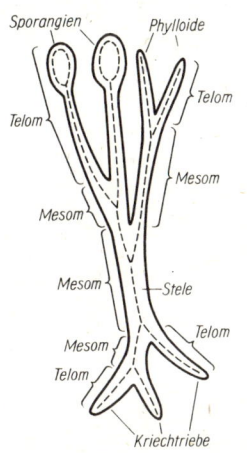

1 Schema des Urtelomstandes

obersten, unverzweigten Sproßstücke werden als *Telome* bezeichnet; sie reichen vom Organscheitel bis zur Vereinigung mit anderen Telomen. Sproßteile, die zwischen solchen Telomen liegen, werden als *Mesome* bezeichnet. Das Schema des Urtelomstandes entspricht etwa dem Wuchsschema von *Rhynia,* einem Nacktfarn. Die Telome können steril sein und werden dann auch als *Phylloide* bezeichnet; stehen sie bzw. Teile von ihnen im Dienste der Fortpflanzung (fertile Telome), werden sie zu *Sporangien.* Die Entstehung der Organe der höheren Pflanzen (besonders Blatt und Wurzel) und die Herausbildung der mannigfachen Formen werden auf fünf phylogenetische Elementarprozesse zurückgeführt (Abb. 2, S. 886): 1) Übergipfelung. Von den ursprünglich gabeligen, gleichwertigen Telomen wird das Wachstum des einen Triebes gefördert. Er übernimmt die Führung, während der andere Trieb zu einem seitlichen Anhangsorgan wird. 2) Planation (Verflächung). Telome und Mesome eines Telomstandes rücken in eine Ebene, werden zweidimensional. Durch diesen Vorgang wird z. B. die Voraussetzung für die Entstehung ebenflächiger Blätter geschaffen. 3) Verwachsung. Telome und Mesome können direkt verwachsen oder durch Parenchyme verbunden werden. Werden die durch Planation in eine Ebene eingerückten Telome untereinander verbunden, so entsteht die typische Blattgestalt. Durch Verwachsung in der Achse (III b) entsteht ein umfangreicher »Stamm«, der mehrere Leitbündel umfaßt. 4) Vereinfachung (Reduktion). Einzelne Teile von Telomständen können reduziert werden, so daß Vereinfachungen entstehen. Reduktionsvorgänge können an den verschiedensten Stellen vorkommen. Unter anderem könnten die kleinen, einadrigen Blättchen (Mikrophylle) der Bärlappgewächse und *Asteroxylon*-Arten auf diese Weise entstanden sein. 5) Einkrümmung (Inkurvation). Sie beruht auf dem ungleichen Längenwachstum zweier gegenüberliegender Seiten eines Teloms und spielt vor allem bei der Ausbildung der Fortpflanzungsorgane eine große Rolle. Diese fünf Elementarprozesse können völlig unabhängig voneinander verlaufen bzw. sich kombinieren.

Auf Grund dieser Vorstellungen gelang unter anderem die ungezwungene und mit den paläobotanischen Befun-

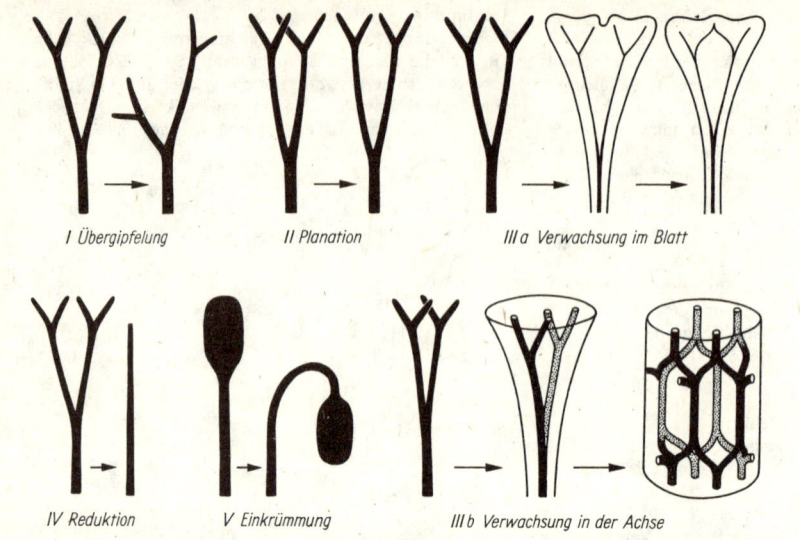

Telophase

2 Die fünf phylogenetischen Elementarprozesse

I Übergipfelung

II Planation

III a Verwachsung im Blatt

IV Reduktion

V Einkrümmung

III b Verwachsung in der Achse

den übereinstimmende Erklärung der Entstehung und Ableitung der Hauptmerkmale der verschiedenen Klassen der Farnpflanzen.

Telophase, → Mitose.

Telosporidien, *Telosporidia,* vor Abtrennung der *Cnidosporidia* eine Unterklasse der → Sporozoen, die die Sporentierchen in engerem Sinne umfaßten und jetzt mit den Sporozoen vielfach als synonym angesehen werden. Sie gliedern sich in die beiden Ordnungen *Gregarinida* und *Coccidia.*

Die **Eugregarinen** haben keine Schizogonie als ungeschlechtliche Vermehrung. Ihre geschlechtliche Vermehrung erfolgt als Gamontogamie in einer Zyste, die darin gebildeten Zygoten werden zu den Sporen. In jeder Spore entstehen durch 3 Kernteilungen 8 Sporozoiten (Sporogonie). Die **Schizogregarinen** führen vor der Gamogonie eine Schizogonie durch. Die Gregarinen sind Parasiten von Anneliden, Arthropoden, Echinodermen und Ascidien, meist in deren Körperhöhlen.

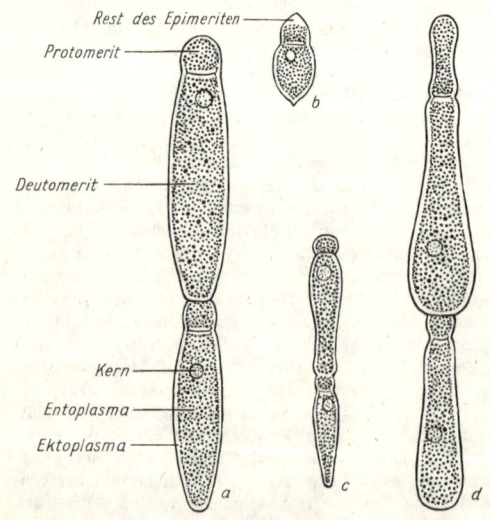

Die **Coccidia** sind Zellparasiten (Darmepithel, Leber- und Blutzellen). Ihr Wirtsspektrum umfaßt Wirbellose und Wirbeltiere bis zum Menschen. Die Schizogonie ist meist zu einer wirkungsvollen Vermehrung zur Überschwemmung des Wirtes geworden; die dabei entstehenden Teilungsstadien sind die *Merozoiten.* Die Gamogonie ist als Oogametie entwickelt. Die Zygote wird zur Oozyste, in der sich in zwei Vermehrungsperioden zunächst die Sporozysten- und darin die Sporozoitenbildung vollziehen (Sporogonie). Die ausgelösten Erkrankungen sind von großer Bedeutung: Kokzidiosen der Rinder, Kaninchen und des

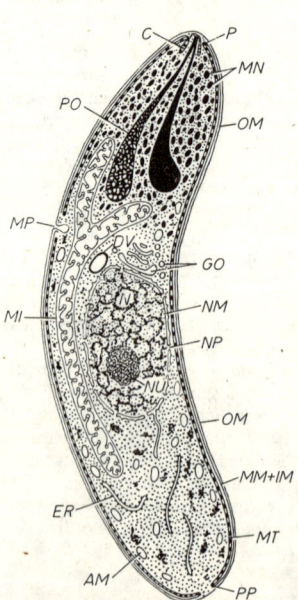

1 Gregarinen aus dem Darm des Mehlwurms: a Gregarina polymorpha, b Jugendstadium von a, c Gregarina steini, d Gregarina cuneata; Vergr. 100:1

2 Schema eines Merozoiten im Längsschnitt. AM Amylopektin, *C* Conoid, *DV* dickwandiges Vesikel, *ER* endoplasmatisches Retikulum, *GO* Golgiapparat, *IM* innere Elementarmembran, *Mi* Mitochondrien, *MM* mittlere Membran, *MN* Mikronemata, *MP* Mikropore, *MT* Mikrotubuli, *N* Kern, *NM* Kernmembran, *NP* Porus, *NU* Nukleolus, *OM* äußere Elementarmembran, *P* Polring, *PO* Rhoptrien, *PP* hinterer Polring

Temperaturfaktor

3 Entwicklungszyklus von *Eimeria schubergi* im Darm des Tausendfußes *Lithobius forficatus*

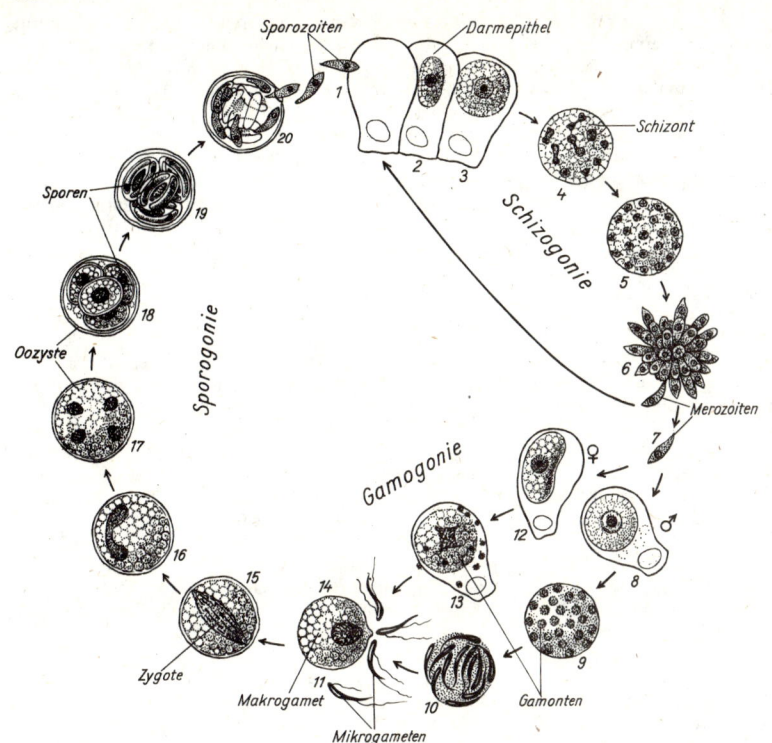

Geflügels durch *Eimeria*-Arten, die → Toxoplasmose des Menschen durch *Toxoplasma gondii* und die Malaria durch *Plasmodium*-Arten.

Telotaxis, taxische Körpereinstellung auf eine von mehreren Reizquellen, d. h. auf ein Ziel.

telozentrisch, → Chromosomen.

Telson, 1) Schwanzplatte vieler Krebse, sie besitzt im Gegensatz zu echten abdominalen Segmenten weder ein Ganglion noch ein Extremitätenpaar; 2) das den After enthaltende Segment des Insektenkörpers, das meist in Form von drei Afterklappen erhalten ist.

Temperaturfaktor, 1) die auf eine Pflanze am Wuchsort einwirkenden, ihren Bau und ihre Leistung beeinflussenden Temperaturverhältnisse. Existenzmöglichkeit für Pflanzen und Mikroorganismen ist in sehr weitem Temperaturbereich gegeben. Arktisch-alpine Pionierpflanzen ertragen Kälte bis zu −70 °C. Dauerformen mancher niederer Pflanzen halten Temperaturen bis −200 °C für kurze Zeit ebenso aus wie die Sporen einiger Bakterien infolge Entquellung ihrer Protoplasten einen einstündigen Aufenthalt in der Siedehitze. Die Temperaturwerte für aktive biologische Leistungen der Pflanzen liegen jedoch normalerweise viel enger, im allgemeinen zwischen 0 und +45 °C, wobei sich die Pflanzenarten unterschiedlich verhalten. Sie unterscheiden sich oft bezüglich des *Temperaturminimums* bzw. des *Temperaturmaximums*, d. h. der niedrigsten bzw. höchsten Temperatur, bei der die entsprechenden Pflanzenarten gerade noch existieren können. Ebenso unterscheiden sie sich oft bezüglich der *Temperaturoptima*, d. h. der Temperatur, bei der der betreffende Organismus das beste Wachstum und (meist auch) die beste Entwicklung zeigt. Minimum, Optimum und Maximum werden als Kardinalpunkte der Temperatur bezeichnet.

Von den verschiedenen Pflanzenarten zeigen die eurythermen Arten innerhalb eines ziemlich weit gespannten Temperaturbereiches aktives Leben; außerdem sind bei ihnen zwischen Minimum und Kältetod oder Maximum und Hitzetod noch Starreperioden eingeschaltet. Bei stenothermen Pflanzen dagegen fehlen diese weitgehend; ihre Temperaturamplitude ist nur schmal. Je nachdem, ob das Optimum der Temperaturkurve bei höheren oder niederen Temperaturwerten liegt, werden Wärme- und Kältepflanzen unterschieden, zwischen denen es alle Übergänge gibt. Die Kältepflanzen vermögen durch rasches Umschalten aus der Kälteruhe in den aktiven Lebenszustand überzugehen und haben die Möglichkeit, schon bei niederen Temperaturen Stoffgewinn zu erzielen, die meist kurze Vegetationsperiode an ihrem Standort relativ gut zu nutzen. Förderlich dabei sind vielfach unter Schneeschutz liegende, weit entwickelte Winterknospen und ganzjährige, im Hinblick auf die winterliche Frosttrocknis oft xeromorphe Belaubung. Das plötzliche Erwachen und Blühen der hochalpinen und polaren Vegetation findet so seine Erklärung. Viele Kältepflanzen zeichnen sich durch ihre Frosthärte aus, d. h. die Resistenz ihrer Organe gegenüber niederen Extremtemperaturen. Die Frosthärte unterliegt einer jahreszeitlichen Periodik; im Experiment zeigen die Pflanzenteile im Sommer eine geringere Frosthärte, während sie im Winter erheblich größer ist. Hinsichtlich Photosynthese und Atmung werden bereits bei wenigen Graden über dem Gefrierpunkt ausreichend Stoffe erzeugt und genügend Energie für die Lebensvorgänge gewonnen. Das Optimum für Photosynthese und Atmung liegt bei niedrigen Temperaturen. Bei Wärmepflanzen fehlen oft Stoff- und Energieproduktion fast vollständig bei Temperaturen, bei denen Kältepflanzen das Optimum an Leistung bringen. Viele Wärmepflanzen »erfrieren« bereits bei Temperaturen, die merklich über dem Gefrierpunkt des Wassers liegen, in extremen Fällen schon um +10 °C bis +20 °C. Das Temperaturoptimum liegt bei relativ hohen Temperaturen. Ebenso

Temperaturkoeffizient

kann die obere Temperaturgrenze für vegetative Zellen relativ hoch sein, manchmal sogar über der Gerinnungstemperatur der Eiweiße liegen. Einige Blaualgen und Bakterien leben in Thermalquellen bei Temperaturen bis +75 °C. Die Ursache für diese Widerstandsfähigkeit der Zellen ist noch unbekannt. Bei Landpflanzen wird der Gefahr einer Überhitzung der Organe in verschiedener Weise entgegengewirkt, z. B. durch erhöhte Transpiration, Profilstellung der Blätter (→ Kompaßpflanzen), Säulenstellung der Achse, wie bei vielen Kakteen und ähnlich gebauten Sukkulenten.

2) Für ein Tier ist die Temperatur wohl der wichtigste abiotische Umweltfaktor. Wichtigste Quelle für die Wärmeenergie ist die Sonnenstrahlung. Die Stoffwechseltätigkeit der Tiere führt zu eigener Wärmeproduktion. Diese ist bei **wechselwarmen Tieren** nur gering und wird leicht an die Umgebung abgegeben; ihre Körpertemperatur ändert sich damit mit der Außentemperatur. Eine gewisse Temperaturregulation ist jedoch auch bei ihnen möglich, so führen körpereigene Wärmeentwicklung und Massenansammlungen bei Bienen oder Kornkäfern zu Temperaturerhöhungen. Veränderungen der Lage, der Körperhaltung, der Transpiration und der Verbrennungsvorgänge im Stoffwechsel sind ebenfalls Mittel zur Regulierung der Körpertemperatur.

Sehr viel stärker ist die → Temperaturregulation bei den **gleichwarmen Tieren** (Vögel und Säugetiere), die über hohe Wärmeproduktion und guten Wärmeschutz verfügen. Ihre Temperaturkonstanz wird durch eine sinnvolle Abstimmung zwischen → Wärmebildung im Kern und → Wärmeabgabe der Schale erreicht. Dabei ist nur die Kerntemperatur wirklich konstant; die Schalentemperatur wechselt mit der Umgebungstemperatur.

Der Bereich der erträglichen bzw. günstigen Temperatur ist für die Tiere außerordentlich verschieden. Lage und Größe des Toleranzbereiches charakterisieren die Tiere als *eurytherm* (weite Temperaturspanne), *kühl-stenotherm* (enge Temperaturspanne im kühlen Bereich) und *warm-stenotherm* (enge Temperaturspanne im warmen Bereich).

Die untere Temperaturgrenze liegt für wechselwarme Tiere meist unter 0 °C, Ausnahmen bilden tropische Arten, die schon oberhalb des Nullpunktes absterben können. Hingegen können Rundwürmer und Rädertiere in Anabiose extreme Minustemperaturen überstehen. Die Kälteempfindlichkeit hängt weiter von Wassergehalt, Salzkonzentration, Entwicklungszustand, Geschlecht und zusätzlichen Schutzmöglichkeiten ab. Die Einwirkungsdauer kühler Temperaturen und die Schnelligkeit der Abkühlung sind für den Grad der Schädigung maßgebend.

Die untere Temperaturgrenze äußert sich häufig in einer Bewegungsunfähigkeit, der *Kältestarre*. Sie ist mit einer weitgehenden Herabsetzung des Stoffwechsels verbunden und daher ein wesentliches Mittel zur Überwinterung der wechselwarmen Tiere. Ihr Eintritt ist artspezifisch an bestimmte Außentemperaturen gebunden.

Gleichwarme Tiere werden bereits geschädigt, wenn die Körpertemperatur auf 15 bis 20 °C absinkt (Ausnahme: Winterschlaf). Dies kann durch Wärmebildung und Isolation lange verhindert werden, setzt jedoch eine ständige Nahrungszufuhr voraus. Fehlende Nahrung im Winter führt daher bei Kleinvögeln und Kleinnagern besonders schnell zum Tode, weil bei kleinen Tieren das Verhältnis Oberfläche zu Volumen ungünstiger ist als bei größeren.

Für die obere Temperaturgrenze gilt für alle Lebewesen, die Spanne enger und durch die Veränderung des Eiweißes gegeben. Meist werden 50 °C nicht überschritten. *Wärmestarre* ist ein Anzeichen für das Erreichen der oberen Temperaturgrenze. Sie tritt im allgemeinen bei 40 bis 50 °C ein und ist nur auf einen engen Temperaturbereich beschränkt.

Eine geringfügige Steigerung führt zum schnellen Eintritt des Wärmetodes. Eine relativ hohe Lage des Wärmetodpunktes ist bei Bewohnern von heißen Quellen zu verzeichnen. Kaltstenotherme Tiere, wie junge Bachforellen, gehen schon bei 15 °C zugrunde. Auch auf den Grad der Wärmeschädigung nehmen zahlreiche innere und äußere Faktoren Einfluß. Innerhalb des Toleranzbereiches besitzt jede Art eine *Vorzugstemperatur*. Diese kann durch andere Einflüsse, z. B. Tages- und Jahreszeit, Entwicklungsstadium u. a. verändert werden. Durch Gewöhnung lassen sich die Vorzugstemperatur und die *Temperaturtoleranz* in gewissen Grenzen verändern.

Die Temperatur kann auf körperliche Merkmale Einfluß nehmen und bei Auftreten mehrerer Generationen im Jahr zum Saisondimorphismus führen, wie dies für Schmetterlinge bekannt ist. Wasserflöhe zeigen ebenfalls im Laufe des Jahres eine Gestaltänderung, die als → Zyklomorphose bezeichnet wird. Auffallend sind auch die Änderungen in der Ausfärbung und Zeichnung. Niedere Temperaturen führen zu verstärkter Melaninbildung bei Insekten, extrem hohe und tiefe Temperaturen haben oft die gleiche Wirkung. Damit erklären sich auch im Freiland auftretende jahreszeitliche Farbunterschiede.

Temperaturabhängig sind praktisch alle Lebensäußerungen der Wechselwarmen, vor allem ihre Stoffwechselintensität und damit ihre Aktivität. Auch die Lebensdauer ist temperaturbedingt. Im verträglichen Temperaturbereich wirken kühlere Temperaturen lebensverlängernd. Durch Verzögerung des Eintritts der Geschlechtsreife und Verlangsamung der Entwicklung der Nachkommen wird dieser scheinbar positive Effekt ökologisch eliminiert.

Für die Entwicklung *poikilothermer* Tiere liegt ein Optimum bei derjenigen Temperatur, die den größten Prozentsatz der Individuen in kürzester Zeit seine Entwicklung beenden läßt. Da eine bestimmte Wärmemenge für die Entwicklung einer Art nötig ist, kann man bei Kenntnis der Temperatur die Entwicklungszeit berechnen.

Temperaturkoeffizient, Q_{10}, in der Pflanzenphysiologie die Geschwindigkeitsänderung eines Prozesses je Temperaturänderung um 10 °C. $Q_{10} = 2$ bedeutet z. B., daß sich bei 10 °C Temperaturerhöhung die Reaktionsgeschwindigkeit verdoppelt.

Temperaturregulation, ein komplexes Funktionssystem, das bei Vögeln, Säugetieren und Menschen der Aufrechterhaltung der Körpertemperatur dient.

Im Hypothalamus des Zwischenhirns existieren Nervenzellen, die mit dem → Kühlzentrum und dem → Erwärmungszentrum das *funktionelle Regulationszentrum*, kurz *Regler* genannt, bilden. Die Erregbarkeit des Reglers stellt den Sollwert der Körpertemperatur dar. Seine Größe ist gewöhnlich konstant (Mensch 37 °C). Normalerweise schwankt er geringfügig im Tagesverlauf. Stärker verstellt

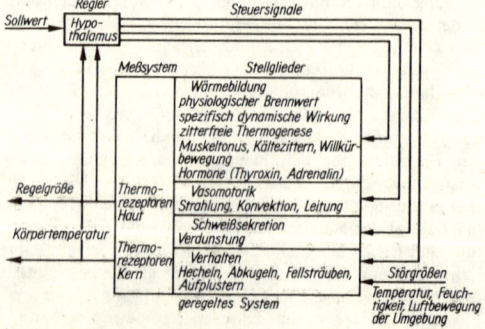

Schema der Temperaturregelung

wird er im →Fieber und drastisch gesenkt im Winterschlaf (→Überwinterung).

Gleichwarme Organismen besitzen →Thermorezeptoren, die ständig die Körpertemperatur messen und als Erregungsfluß dem Regler zuführen. Er ändert daraufhin seine eigene Impulsfrequenz und leitet so »Stellvorgänge« ein. Über das vegetative und das motorische Nervensystem steuert er die Wärmeproduktion, die Weite der Blutgefäße (*Vasomotorik*) und die Schweißsekretion (Abb. S. 888). Alle Mechanismen, die eine →Wärmebildung herbeiführen, werden als *chemische T.* bezeichnet; alle Prozesse, die eine →Wärmeabgabe ermöglichen, nennt man *physikalische T.*

temperaturregulierende Zentren, svw. Thermoregulationszentren.

Temperaturtoleranz, →Temperaturfaktor.

Temperaturwerte, →Temperaturfaktor.

temperente Phagen, *temperierte Phagen, gemäßigte Phagen,* Phagen, bei denen es nach der Infektion des Wirts nicht immer sofort zu einer Neubildung von Phagenpartikeln und zur Lyse des Wirts kommt. Das als »Prophage« bezeichnete genetische Material des Phagen wird dann meist ins Wirtsgenom eingebaut, mit diesem synchron vermehrt und auf die Nachkommen weitergegeben, bis es schließlich, oft erst nach mehreren 100 Wirtsgenerationen, zur Vollendung des Replikationszyklus der t. P. und zur Lyse des Wirts kommt. Bakterien, die einen derartigen Prophagen tragen und dadurch zur Lyse »vorbestimmt« sind, werden als *lysogene Bakterien* bezeichnet, der Vorgang selbst als *Lysogenie*. Durch Integration des Genoms t. P. in das Genom lysogener Bakterien kann es zur Ausbildung neuer Wirtscharaktere kommen. Die Diphtheriebakterien bilden erst nach Befall mit bestimmten t. P. Toxine. Darüber hinaus vermögen bestimmte t. P. unbewegliche Bakterien in bewegliche zu verwandeln, d. h., die Befähigung zur Geißelbildung hervorzurufen. Eine derartige unter der Kontrolle des Genoms der t. P. erfolgende Ausbildung neuer Eigenschaften der Wirtszelle wird als *lysogene Konversion* bezeichnet.

Die regulatorischen Prozesse, die sich bei der Etablierung der Lysogenie zwischen t. P. und ihren Wirtszellen abspielen, sind am besten am *Escherichia-coli*-Phagen λ untersucht worden und sollen an diesem Beispiel dargestellt werden. Die vereinfachte lineare Genkarte des Phagen λ (Abb. 1) zeigt, daß neben den Strukturgenen, die z. B. den

A B C D E F G H M L K I J	b_2 int.	$C_{III} N C_I × C_{II}$ OP	Q R
Phage (Kopf)	Phage (Schwanz) Integration	Regulation DNS	Lysozym spätes Protein

1 Vereinfachte lineare Genkarte des Phagen λ

Phagenkopf und den Phagenschwanz kodieren, und anderweitigen, die lytische Entwicklung steuernden Genen A-R auch noch Gengruppen vorhanden sind, deren Aktivität das Zustandekommen, die Beibehaltung bzw. den Verlust der Lysogenie bedingen. Zu diesen gehören die Gene C_I, C_{II} und C_{III}, die kurz nach der Penetration des Phagen in die Wirtszelle die lytische Entwicklung (→Phagen) des λ-Phagen unterdrücken. In diesem Zusammenhang kommt dem C_I-Gen als Regulatorgen besondere Bedeutung zu. Es kodiert den λ-Repressor. Dieser stellt ein tetrameres Protein mit einer Molekülmasse von etwa 30 000 dar, das eine hohe Affinität zu bestimmten DNS-Sequenzen, den Operatorgenen, besitzt und die Transkription großer Teile des Phagengenoms verhindert. Dadurch reprimiert der λ-Repressor die Gene X, C_{II} und O, die zusammen ein Operon bilden, das von X nach O abgelesen (transkribiert) wird, sowie das Gen N. Dabei ist bedeutsam, daß einige dieser Gene frühe Proteine (→Viren, →Phagen) kodieren, von deren Bildung

unter anderem die Replikation der Phagennukleinsäure abhängig ist. Darüber hinaus werden auch Neuinfektionen mit dem gleichen Phagentyp unterdrückt, sobald der λ-Repressor gebildet ist. Die Bakterien sind dann gegen Superinfektionen immun.

In der zweiten Phase der Etablierung der Lysogenie wird das nunmehr reprimierte lineare Genom des λ-Phagen, sog. Prophage, in ein ringförmiges Genom umgewandelt. Das wird ermöglicht, indem an den beiden Enden der offenen Doppelstrang-DNS kurze, etwa 15 Nukleotide umfassende, einsträngige DNS-Ketten herausragen. Diese besitzen einander komplementäre Nukleotidsequenzen und können daher durch Basenpaarungen vereinigt werden, wodurch es zum Ringschluß kommt. Dieses ringförmige Phagengenom wird nunmehr unter Mitwirkung von Produkten der Genbezirke der Integrationszone (Abb. 1) in das Bakteriengenom eingebaut (Abb. 2). Es legen sich Phagen- und

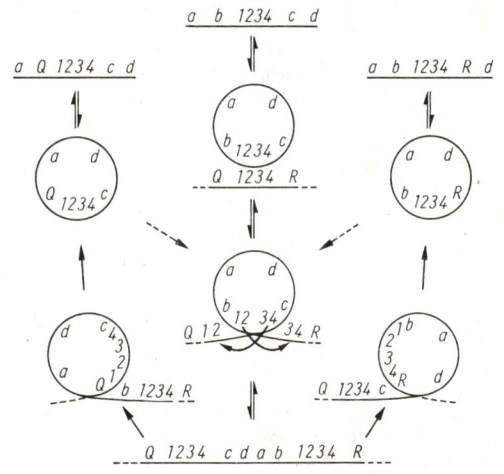

2 Das Campbell-Modell für die Integration und Exzission des Genoms des λ-Phagen. Das Phagengenom mit den genetischen Markern, *a, b, c, d* ist nach erfolgter Integration von je einer homologen Region begrenzt. Links und rechts: die Bildung transduzierender Phagen, die den Bakterienmarker Q (gal-Region) im Austausch gegen den Phagenmarker *b* (links) bzw. R (bio-Region) im Austausch gegen *c* (rechts) tragen

Bakterien-DNS in der *homologen Region* aneinander, in der die Sequenzen der Nukleotidbasen von Virus- und Wirts-DNS einander entsprechen (in Abb. 2 als 1, 2, 3, 4 symbolisiert). In der Mitte dieser Region werden durch Endonukleasen die beiden DNS-Ringe aufgeschnitten und durch andere Enzymaktivitäten, die denjenigen von Reparaturenzymen gleichen, kreuzweise miteinander verknüpft, d. h., es wird jeweils Virus- mit Bakterien-DNS vereinigt. Hierdurch wird das Virus»chromosom« in das Bakterienchromosom in ähnlicher Weise integriert, wie auch Plasmide in den »Haupt«-DNS-Strang eines Bakteriums eingebaut werden können. Der Einbau des Prophagen erfolgt zwischen den gal- und bio-Genen des Wirtsbakteriums, d. h. zwischen den die Galaktose- bzw. Biotinbildung steuernden Genen. Es bedeutet, daß der Prophage fortan zusammen mit der Bakterien-DNS vermehrt und an die Nachkommen des Bakteriums weitergegeben wird.

Die Umkehrung des Lysogenisierungsprozesses, die Prophageninduktion (*PI*), leitet die Entwicklung von neuen Phagenpartikeln ein. Die PI kann, allerdings oft erst nach Hunderten oder Tausenden von Wirtsgenerationen, spontan erfolgen. Es gibt aber auch Fälle von Lysogenie, in denen der Prophage nicht in das Genom des Wirtsbakteriums eingebaut wird. Eine derartige »extrachromosomale Lysogenie« wird besonders vom Coli-Phagen P_1 ausgelöst. Experimentell sind UV-Bestrahlung und Behandlung mit Mitomycin C am wirkungsvollsten. Die PI beruht auf einer Inaktivierung bzw. Neutralisierung der Phagenrepressoren, unter anderem des λ-Repressors. Die folgenden Ereignisse stellen eine Umkehrung der angeführten Vorgänge dar. Die Phagen-DNS wird aus dem Wirtsgenom herausgelöst. Dann erfolgen Transkription früher Gene, Replikation und Linearisierung der Phagen-DNS, Produktion von Virusproteinen, Reifung der Phagenteilchen und Lyse der Wirtszelle (→ Phagen).

Gelegentlich, etwa einmal unter 10^6 Teilchen, kommt es bei der Ausscheidung (Exzision) des Prophagen zu Fehlern. Anstelle von Teilen des Phagen-Genoms werden Gene des Wirts, die den Phagengenen benachbart liegen, also Gene der gal- und bio-Region, in die Phagen-DNS eingebaut. Infolge des Verlustes eines Teiles ihres eigenen Genbestandes sind entsprechende Phagen *defekt*, d. h., sie können ihren Replikationszyklus nicht allein vollenden. Das ist nur in Kombination mit einem den Wirt superinfizierenden Phagen möglich, der die ausgefallenen Funktionen der fehlenden Genabschnitte zur Verfügung stellt und somit bei der Replikation hilft. Er wird deshalb als *Helferphage* bezeichnet. Wenn Phagen, die einen Teil des Wirtsgenoms aufgenommen haben, mit Hilfe von Helferviren andere Wirte infizieren und in deren Genom eingebaut werden, können sie das vom vorherigen Wirt übernommene Gen auf den neuen Wirt übertragen und zusammen mit dem Phagengenom in dessen Genom integrieren. *Escherichia-coli*-Stämme, denen die Befähigung zur Galaktoseverwertung abging, können auf diese Weise zu Galaktoseverwertern gemacht werden, insofern der integrierte Prophage vom vorherigen Wirt die gal-Region aufgenommen hatte. Diese Übertragung genetischen Materials durch t. P. wird als *Transduktion* bezeichnet.

temperente Viren, Tierviren, die ähnlich den → temperenten Phagen nur in einem Teil der infizierten Zellen den Replikationszyklus beenden, d. h. neue Partikeln bilden und dabei stark zellschädigende Reaktionen auslösen. In anderen Zellen ist dagegen der Replikationszyklus aus unterschiedlichen Gründen unterbrochen, und das Virusgenom wird in das Wirtsgenom eingebaut und mit diesem zumindest in manchen Fällen ähnlich dem Prophagen bei jeder Zellteilung repliziert und auf die Tochterzellen weitergegeben. Durch die Anwesenheit des reprimierten Virusgenoms kann die Wirtszelle neue Eigenschaften erwerben. Oft beginnen sich t. V. unkontrolliert zu teilen. T. V. sind daher in der Regel → Tumorviren.

temperierte Phagen, svw. temperente Phagen.
temporale Ansprüche, svw. Zeitansprüche.
Temporalvariationen, → Plankton.
temporäre Gewässer, *periodische Gewässer, Tümpel,* flache, einer zeitweiligen Austrocknung unterworfene Gewässer. Zu den t. G. gehören die Schmelzwassertümpel des Frühjahrs, die nach Überschwemmungen der Flüsse zurückbleibenden Tümpel und die Regenlachen. Die Bewohner solcher Gewässer müssen befähigt sein, in kurzer Zeit eine zahlreiche Nachkommenschaft hervorzubringen und als Zyste, Ei, Larve oder erwachsenes Tier zeitweilig ohne Wasser leben zu können. Der Wasserfloh *Daphnia magna* pflanzt sich bereits im Alter von 7 bis 8 Tagen fort und bringt dann alle drei Tage 12 bis 60 Individuen hervor. Seine Nachkommenschaft würde ohne Dezimierung nach einem Monat 30 Mio. Individuen zählen. Der oft in Schmelzwassertümpeln vorkommende Blattfußkrebs *Lepidurus apus* erreicht nur eine Generation im Jahr, legt jedoch wochenlang täglich 300 bis 400 Eier. Trocknet der Lebensort aus, verlassen ihn alle die Bewohner, die dazu befähigt sind, wie flugfähige Insekten, Lurche und Wasserschildkröten. Viele der Bewohner, wie *Branchipus, Lepidurus* und Wasserflöhe, gehen zugrunde, nachdem sie große Mengen von Dauereiern abgelegt haben (Latenzeier). Diese ertragen nicht nur jahrelange Trockenheit, sondern auch niedere Temperaturen sehr gut. Eine große Anzahl von Arten vergräbt sich im Schlamm und vermag dort lange Trockenzeiten zu überdauern. Solche Formen finden sich besonders in den Tropen. Die Lungenfische Australiens, Afrikas und Südamerikas rollen sich während der Trockenzeiten in Kapseln aus Schleim und Schlamm ein und erwarten so die Regenzeit. Von den einheimischen Tieren können viele Schnecken, Muscheln, Würmer, Kleinkrebse, Insektenlarven, Lurche und auch Fische, wie Schlammpeitzger und Karausche, auf ähnliche Weise die zeitweilige Austrocknung der Gewässer überleben.

Tenaculum, svw. Retinaculum.
Tenrecidae, → Borstenigel.
Tenrek, → Borstenigel.
Tentaculata, → Kranzfühler.
Tentaculifera, → Rippenquallen.
Tentakel, Fühler, Fühlerfäden, *1)* längliche, bewegliche Körperanhänge bei Wirbellosen im Dienste des Tastsinnes, der Ernährung oder der Abwehr von Feinden. Bei den Nesseltieren sind sie mit Nesselkapseln, bei den Rippenquallen mit Klebzellen ausgestattet. T. sind charakteristische Körperbildungen der → Kranzfühler *(Tentaculata). 2)* → fleischfressende Pflanzen.
Tentakuliten [lat. tentaculum 'Fühler'], *Tentaculitida,* zur Klasse der *Cricoconarida* innerhalb der Weichtiere gehörig. Die millimeter- bis zentimetergroßen langen spitzkonischen Gehäuse bestehen aus einer äußeren und inneren Prismen- und einer mittleren Perlmuttschicht. Eine glatte zugespitzte Embryonalblase tritt auf. Neben glatten Formen können solche mit Längs- und Querrippen unterschieden werden.

V e r b r e i t u n g : Unteres Ordovizium bis Oberdevon. Von Bedeutung sind die T. zwischen Oberem Silur und Mitteldevon. T. sind z. T. gesteinsbildend (Tentakulitenkalke und -schiefer des Devons).
Tenthredinidae, → Blattwespen.
Tepalen, → Blüte.
Teratologie, Wissenschaftszweig, der sich mit den → Mißbildungen beschäftigt. Etwa 3 % aller geborenen Menschen weisen Mißbildungen auf. Dem genetischen und entwicklungsphysiologischen Studium ihrer Entstehung kommt daher in der Humangenetik eine große Bedeutung zu (→ humangenetische Beratung). Auch in anderer Weise, z. B. für die Einsicht in die Bildungsvorgänge bei normaler Gestaltung, haben derartige Untersuchungen großen Wert.
Terebrantes, → Hautflügler.
Terebrantia, → Fransenflügler.
Terebratula [lat. terebratus 'durchbohrt'], zur Ordnung der

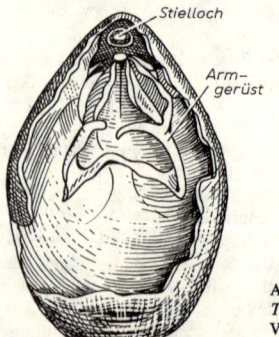

Aufgebrochenes Exemplar von *Terebratula grandis,* Vergr. 0,5:1

Terebratulida gehörende Armfüßer mit rundlicher bis ovaler, glatter oder konzentrisch gestreifter und am Stirnrand gefalteter Schale. Der Schloßrand ist kurz und gebogen, der Wirbel der Stielklappe mit großem Stielloch überragt die Armklappe. Das schleifenartige Armgerüst ist ankylopegmat (Abb. S. 890).

Verbreitung: Die Ordnung der *Terebratulida* ist vom Obersilur bis heute mit zahlreichen Leitfossilien zu verfolgen, die Gattung T. im engeren Sinne ist heute auf Miozän bis Pliozän beschränkt.

Teredo, → Schiffsbohrwurm.
Tergite, → Sklerite.
Terminalblüte, → Blüte, Abschnitt Blütenstände.
Terminalfilament, svw. Schwanzfaden.
Terminalisation, → Meiose.
Terminalisations-Koeffizient, → Chiasmaterminalisation.
Terminalzelle, → Protonephridien.
Terminator, → Skripton.
Termiten, *Isoptera*, eine fast ausschließlich in den Tropen vorkommende Ordnung staatenbildender Insekten mit sechs Familien und etwa 1 860 Arten. In Europa kommen nur 2 Arten vor, die im Mittelmeergebiet heimisch sind. Gelegentlich werden T. mit Holzimporten auch in die mitteleuropäischen Hafenstädte eingeschleppt. T. sind fossil seit dem Eozän bekannt, auch aus Mitteleuropa.

Vollkerfe. Die Körperlänge beträgt 0,2 bis 2 cm; trächtige, prall mit Eiern gefüllte Weibchen (Königinnen) erreichen allerdings eine Größe bis zu 10 cm. Die T. sind meist weiß oder blaßgelblich gefärbt und werden daher oft fälschlich als *Weiße Ameisen* bezeichnet. Entsprechend der sozialen Lebensweise besteht bei den T. eine hochentwickelte Arbeitsteilung (Kasten) zwischen den Geschlechtstieren und den geschlechtlich degenerierten Arbeitern und Soldaten. Die Geschlechtstiere sind ursprünglich geflügelt, werfen jedoch nach dem Hochzeitsflug die Flügel ab. Den flügellosen und häufig sogar blinden Arbeitern obliegen der Nestbau, die Nahrungsbeschaffung und die Aufzucht der Brut. Die Soldaten, die einen großen Kopf und kräftige Kiefer aufweisen, haben den Bau zu bewachen. Ihre Nester legen die T. in der Erde, in ausgehöhlten Bäumen oder über der Erde in Form von Hügeln oder bizarren Säulen aus Erde, zerkauten Pflanzenteilen, Holz und Kot an; das Baumaterial wird an der Luft steinhart. Die Entwicklung der T. ist eine Form der unvollständigen Verwandlung (Paurometabolie).

Eier. Da in der Regel in einer Kolonie nur ein Pärchen Geschlechtstiere vorhanden ist, muß die Eiproduktion des Weibchens sehr groß sein. Zeitweise werden je Tag über tausend Eier abgelegt.

Larven. Sie sind den Vollkerfen ähnlich; nach vier bis zehn Häutungen werden die Tiere geschlechtsreif. Bis zur zweiten Häutung sind alle Larven gleich, vom dritten Stadium ab beginnen sich dann die Merkmale der einzelnen Kasten zu entwickeln.

Wirtschaftliche Bedeutung. Die T. ernähren sich vorzugsweise von Holz und gehören in den Tropen zu den gefürchtetsten Zerstörern von lebenden, lagernden und verbauten Hölzern. Auch andere Kulturpflanzen, z. B. Getreide, Kaffee und Kakao, werden befallen. Die T. werden auch durch ihre Wühltätigkeit in wirtschaftlich genutztem Boden schädlich. In Afrika und Südamerika sind sie regional aber auch ein wichtiges Nahrungsmittel; die schwärmenden Geschlechtstiere enthalten hochwertiges Eiweiß und Fett.

Lit.: H. Schmidt: Termiten (2. Aufl., Leipzig 1953).

Termone, geschlechtsspezifische Wirkstoffe bei Pflanzen, die an der Ausbildung der Geschlechtsmerkmale beteiligt sein sollen.

Terpene, *Terpenoide, Isoprene, Isoprenoide,* eine umfangreiche Gruppe von Naturstoffen, die sich strukturell vom Isopren ableiten und die Bruttozusammensetzung $(C_5H_8)_n$ aufweisen. Je nach Molekülgröße bzw. Anzahl der verknüpften Isopreneinheiten unterscheidet man Mono-, Sesqui-, Tri-, Tetra- und Polyterpene. Zu den T. zählen zahlreiche Riechstoffe, Kampfer, Abszisinsäure, Gibberelline, Harzsäuren, Steroide, Karotinoide, Kautschuk u. v. a. Bei den bisher mehr als 5 000 strukturell aufgeklärten, im Pflanzen- und Tierreich vorkommenden T. handelt es sich um Alkohole, Aldehyde, Ketone, Karbonsäuren u. a., die z. T. eine große physiologische bzw. technische Bedeutung besitzen. Die Biosynthese der T. erfolgt aus dem Azetyl-Koenzym A. Wichtige Zwischenstufen sind Mevalonsäure und Isopentenylpyrophosphat (»aktives Isopren«).

Terpenoide, svw. Terpene.

Terpentin, ein Balsam, der beim Anritzen aus der Rinde harzreicher Nadelhölzer (Kiefer, Lärche u. a.) ausfließt und aus einer Lösung von 70 bis 85 % festen Harzbestandteilen in 15 bis 30 % flüchtigem *Terpentinöl* besteht. Letzteres wird durch Wasserdampfdestillation des T. als farbloses bis hellgelbes ätherisches Öl vom nichtflüchtigen Kolophonium abgetrennt. Terpentinöl stellt ein Gemisch aus Monoterpenen, vor allem Pinenen, dar; es wird als Lösungsmittel für Lacke, Farben, Schuhkrem sowie als Ausgangsmaterial für die Herstellung von Kampfer verwendet.

Terpinen, ein ungesättigter, zyklischer Kohlenwasserstoff aus der Gruppe der Monoterpene, der je nach Lage der Doppelbindungen in drei verschiedenen isomeren Formen (α-, β- und γ-T.) vorkommt. T. tritt als Bestandteil von ätherischen Ölen auf.

Terpineol, ein natürlich vorkommendes Gemisch von drei isomeren Alkoholen (α-, β- und γ-T.) aus der Gruppe der Monoterpene. T. ist eine ölige, angenehm fliederartig riechende Flüssigkeit, sie tritt als Bestandteil von ätherischen Ölen auf. T. wird in der Parfümerie verwendet.

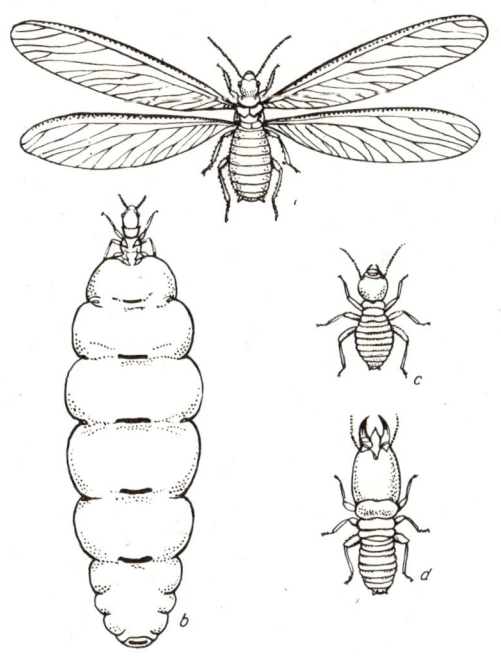

Kasten der Termiten (*Macrotermes bellisocus* Smeathman): *a* geflügeltes Geschlechtstier, *b* Königin, *c* Arbeiter, *d* Soldat

Terramycin®, → Oxytetrazyklin.
terrestrisch, das Land betreffend, landbewohnend, auf dem Land entstanden. Gegensätze: aquatil, → limnisch und → marin.
Territorialverhalten, Verhaltensweisen, die auf ein Territorium (→ Heimrevier) bezogen sind. Es lassen sich drei Klassen von Territorialverhaltensweisen unterscheiden: 1) Beschränkung einiger oder aller Verhaltensformen auf ein Territorium, 2) Verteidigung dieses Gebietes und 3) »Selbstkundgabe« innerhalb dieses Areals, funktionell als Anzeige des Reviers, seiner Ausmaße, des Status und der Eigenschaften des Individuums, das dieses Revierverhalten zeigt.

Im Prinzip handelt es sich beim T. um einen populationsspezifischen Sonderfall der → Kompetition, des innerartlichen Konkurrenzverhaltens. Beim *stationären T.* werden ortsfeste Markierungen vorgenommen, meist als Duftmarken, bei manchen Arten auch als Sichtmarken, so die Fegebäume der Hirsche oder die Signalpyramiden mancher Winkerkrabben. *Nichtstationäres T.* ist im allgemeinen an das Individuum gebunden, wie bei der akustischen Revieranzeige oder der Anzeige durch körpereigene visuelle Signale. Bei manchen Arten gibt es auch eine Revieranzeige durch Paare, vor allem wenn eine länger anhaltende oder lebenslange Paarbindung besteht.
Territorium, svw. Heimrevier.
Tertiär [franz. tertiaire 'die dritte Stelle einnehmend'], das älteste System des Känozoikums. Der Name bezieht sich auf die dritte Gemeinschaft in der Entwicklung der Lebewesen und wurde früher für das gesamte Känozoikum verwandt. Das T. dauerte 70 Mill. Jahre und wird in 5 Stufen gegliedert. Neben marinen Ablagerungen treten in erhöhtem Umfange limnische bis kontinentale Ablagerungen auf. In den marinen Sedimenten sind Foraminiferen, Nannoplankton und Mollusken als Leitfossilien von größter Bedeutung. Die vor allem im alpinen Bereich verbreiteten Nummuliten sind lokal gesteinsbildend und erreichen 11 cm Durchmesser. Die Muscheln und Schnecken erlangten eine bemerkenswerte Blütezeit mit großem Arten- und Individuenreichtum. Sie lieferten wichtige Indexfossilien. Die Schnecken zeigen bereits enge Beziehungen zu den heute lebenden Formen (Aufblühen der Känogastropoden). In größerer Zahl treten die Landschnecken auf. Weitere Leitfossilien sind die Seeigel. Schwämme, Korallen, Moostierchen und Armfüßer sind ebenfalls in großer Zahl vorhanden, besitzen aber keine wesentliche stratigraphische Bedeutung. Ferner sind aus dem T. reiche Insektenfaunen bekannt (Geiseltal, Bernstein). Die Säugetiere erlangten in den kontinentalen Ablagerungen Leitcharakter mit z. T. durchgehenden stammesgeschichtlichen Entwicklungsreihen (Equiden, Rüsseltiere). Alle Ordnungen der Säugetiere sind vorhanden und erfahren noch im T. eine vielfältige und mehrfache Differenzierung und explosive Entwicklung.

Nach der Entwicklung der Pflanzenwelt gehört das T. zum → Känophytikum und weist Decksamer wie auch Nacktsamer auf. Wie aus den Fossilfunden zu entnehmen ist, herrschte besonders während des Alttertiärs in Mitteleuropa ein wärmeres (teils subtropisches, teils tropisches) Klima. Im Jungtertiär erfolgte eine allmähliche Abkühlung bis ans Ende des T. → Erdzeitalter.
Tertiärstruktur, → Proteine.
Tertiärwand, → Zellwand.
Testa, → Samen.
Testazeen, *Thekamöben, beschalte Amöben, Testacea,* Ordnung der Wurzelfüßer, Urtierchen vom Amöbentyp mit einer einkammerigen, schüssel-, urnen- oder ampullenförmigen Schale, die eine mehr oder weniger große Öffnung, das *Pseudostom,* hat, durch die die Pseudopodien austreten (Abb.). Am Pseudostom besteht der hauptsächlichste Kontakt des Tieres mit der Schale. Die Schale ist aus organischem Material, in das häufig Kieselsäureplättchen oder Fremdkörper eingelagert sind, aufgebaut. Erstere werden im Laufe des vegetativen Lebens gebildet und gespeichert. Bei der Teilung wandern diese Plättchen ins Tochtertier und ordnen sich an der Oberfläche regelmäßig an. Die meisten T. leben in Mooren, Torf und Moosrasen, wo sie artenreiche Faunen bilden. Bestimmte Arten findet man auch im Schlamm von Teichen und Seen.

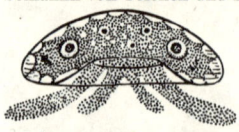

Arcella vulgaris mit chitiniger Schale (Seitenansicht)

Testicardines, → Articulata 1).
Testiculus, Testikel, Testis, svw. Hoden.
Testosteron, 17β-Hydroxy-androst-4-en-3-on, das wichtigste männliche Keimdrüsenhormon. Es gehört zur Gruppe der Androgene und leitet sich chemisch vom Androstan ab; F. 155 °C. T. ist das eigentliche männliche Sexualhormon, die androgene Wirkform ist jedoch 5α-Dehydrotestosteron. T. wird in den Zwischenzellen des Hodengewebes gebildet, wobei die Biosynthese vom Cholesterin über Progesteron, 17α-Hydroxyprogesteron und Androstendion oder alternativ vom Pregnenolon über 17α-Hydroxypregnenolon, Androstenolon und Androstendion verläuft. Beim erwachsenen Mann werden täglich bis zu 12 mg T. sezerniert. Der Transport im Blut erfolgt größtenteils nach Bindung von T. an ein Trägerprotein. Die Inaktivierung von T. geschieht im wesentlichen durch Reduktion des A-Ringes. Wichtige Ausscheidungsprodukte des Testosteronabbaues sind Androsteron und 3α-Hydroxy-5β-androstan-17-on.

T. stimuliert Wachstum und Entwicklung der männlichen Fortpflanzungsorgane, ist für die Ausbildung der sekundären männlichen Geschlechtsmerkmale verantwortlich und fördert die Reifung der Spermien. Neben dieser androgenen Wirkung weist T. anabole Hormonaktivität auf und stimuliert die Proteinsynthese und Stickstoffretention. T. wurde 1935 erstmals aus Stierhoden isoliert.

Einige strukturmodifizierte T., z. B. 19-Nortestosteron, weisen im Vergleich zu T. eine höhere anabole, jedoch abgeschwächte androgene Wirkung auf und werden als »anabolische Steroide« therapeutisch angewandt.
Testudines, → Schildkröten.
Tetanus, → Muskelkontraktion.
Tentanusbakterium, *Clostridium tetani,* ein zu den Sporenbildnern gehörendes, anaerobes, bis 5 μm langes Bakterium, das den Wundstarrkrampf (Tetanus) hervorruft. Das im Boden oder Staub vorkommende T. bildet, wenn es in Wunden gelangt und sich dort unter Sauerstoffabschluß vermehren kann, ein Bakteriengift, das auf das Nervensystem wirkt.
Tethys [nach der Gemahlin des griech. Meeresgottes Okeanos benannt], zentrales ost-west-gerichtetes Mittelmeer zwischen Laurasia und → Gondwana, das vom Paläozoikum bis zum Tertiär bestand und von Nordafrika, West- und Südeuropa bis nach Asien ausgedehnt war. Aus den Sedimenten der T. erfolgte die Auffaltung des alpiden Gebirgsgür-

tels. Die Ausbreitung der Tierwelt im Sinne einer Barriere für Landfaunen und einem Wanderungsweg für Meeresfaunen wurde durch dieses Gürtelmeer in entscheidendem Maße beeinflußt. Das heutige Mittelmeer ist der stark eingeengte Rest der T.

Tetrabranchiata, → Vierkiemer.

Tetrachlorkohlenstoff, CCl_4, farblose, giftige Flüssigkeit, Lösungsmittel für Fette und Harze, wird unter anderem zur Vergiftung von trockenen konservierten Pflanzen verwandt.

Tetracorallia, → Korallentiere.

Tetrade, *1)* ein aus vier Chromatiden bestehender Paarungsverband (ein Bivalent) in der ersten meiotischen Teilung (→ Meiose).

2) die vier im Verlauf der Meiose aus einem Gonotokonten entstandenen Zellen mit gametischer (reduzierter) Chromosomenzahl. Im Hinblick auf ihre genetische Konstitution können di- und tetratype T. unterschieden werden. Ist das Objekt, in dem die Meiose abläuft, durch die Vereinigung von Gameten mit der Konstitution ab$^+$ und a$^+$b entstanden, d. h. heterozygot für zwei Allelenpaare, so können folgende Tetradentypen entstehen: ab$^+$, ab$^+$, a$^+$b, a$^+$b (*elterliche ditype T.*), a$^+$b$^+$, a$^+$b$^+$, ab, ab (*nichtelterliche ditype T.*) und ab$^+$, a$^+$b, a$^+$b$^+$, ab (*tetratype T.*). Gehören die in Frage stehenden Genpaare verschiedenen Kopplungsgruppen an, werden die drei Tetradentypen in gleicher durchschnittlicher Häufigkeit gebildet, und es entstehen 50% Rekombinationstypen (a$^+$b$^+$ und ab); sind sie gekoppelt, ist der Rekombinantenprozentsatz (→ Rekombination) stets kleiner als 50%, d. h., die Gene sind nicht frei, sondern nur beschränkt durch Crossing-over rekombinierbar.

Die Erfassung und Untersuchung der vier im Mioseablauf aus einem Gonotokonten entstehenden Tetradenzellen im Hinblick auf ihre genetische Konstitution wird als *Tetradenanalyse* bezeichnet. Sie dient zur Erfassung der Verteilungsweise der elterlichen Chromosomen und Gene im Meioseverlauf.

Tetraen-Antibiotika, → Polyen-Antibiotika.

5,6,7,8-Tetrahydrofolsäure, *Koenzym F,* Koenzym für die Übertragung von aktivierten C_1-Verbindungen, wie Hydroxymethyl- und Formylgruppen. Diese werden an die Stickstoffatome N^5 und N^{10} der Folsäure (→ Vitamine) gebunden und zur Biosynthese bestimmter Aminosäuren, wie Methionin, sowie bei der Bildung des Purinringes eingesetzt.

Tetrahymena, Gattung der Ziliaten mit einer Mundziliatur aus 3 Membranellen und einer undulierenden Membran. Sie lassen sich in sterilen, genau definierten Nährlösungen züchten und werden daher häufig zu physiologischen Versuchen verwendet.

Tetranychidae, → Spinnmilben.

Tetraodontiformes, → Kugelfischartige.

Tetraploidie, Form der Polyploidie, wobei Zellen, Gewebe oder Individuen vier Chromosomensätze aufweisen, also tetraploid sind.

Tetrapoda, → Wirbeltiere.

Tetrapodili, → Gallmilben.

tetrarch, → Wurzel.

Tetrasomie, eine Form der Aneuploidie, die dadurch gekennzeichnet ist, daß Zellen oder Individuen in ihrem sonst diploiden Chromosomenbestand ein Chromosom viermal vorliegen haben ($2n+2$). Spontane T. ist selten. Häufiger treten tetrasome Formen nach Kreuzung trisomer Objekte (→ Trisomie) auf, wenn das Extrachromosom über die weiblichen und männlichen Gameten weitergegeben werden kann, → Polysomie.

Tetrazoliumsalze, die Salze des 2,3,5-trisubstituierten Tetrazols. Von besonderer Bedeutung unter den T. ist das farblose wasserlösliche *2,3,5-Triphenyltetrazoliumchlorid,* Abk. *TTC, TTZ, TPTZ.* T. werden durch Reduktionsmittel leicht zu meist rot gefärbten, schwer wasserlöslichen Formazanen hydriert. Auch hydrierende Enzymsysteme, die in lebenden Organismen vorkommen, können diese Umwandlung bewirken. Darauf beruhen die vielfältigen Anwendungsmöglichkeiten von T. in der Biologie, z. B. als Indikatorsubstanz für die Bestimmung der Lebensfähigkeit von Mikroorganismen bzw. der Keimfähigkeit von Samen oder zum histochemischen Nachweis (→ Histochemie) von hydrierenden Enzymen in verschiedenen Geweben.

Lit.: B. Jambor: T. in der Biologie (Jena 1960).

$$\left[H_5C_6 \underset{N=N-C_6H_5}{\overset{N-N-C_6H_5}{\diamond}} \right] Cl^-$$

Tetrazykline, Sammelbegriff für eine Gruppe von Antibiotika mit Tetrazyklin als Grundkörper. Zu den T. gehören außerdem → Chlortetrazyklin und → Oxytetrazyklin. T. werden von verschiedenen Strahlenpilzarten gebildet, wie *Streptomyces rimosus* und *Streptomyces aureofaciens.* Sie haben ein breites Wirkungsspektrum und sind gegen grampositive und gramnegative Bakterien, Viren und Rickettsien wirksam. T. werden in großtechnischem Maßstab gewonnen und für medizinische Zwecke sowie in der Tierernährung als Futtermittelzusatz eingesetzt.

Tetrazyklin

Tetrosen, Monosaccharide der allgemeinen Summenformel $C_4H_8O_4$, zu denen z. B. Erythrose und Threose gehören. T. treten als Zwischenprodukte im Kohlenhydratstoffwechsel auf.

Teufelskralle, → Glockenblumengewächse.

Teufelszwirn, → Seidengewächse.

Texanischer Brunnenmolch, *Typhlomolge rathbuni,* Brunnenschächte und Höhlengewässer bewohnender, bis 12 cm langer neotener → Lungenloser Molch (»Dauerlarve«) mit dünnen Beinen, zeitlebens vorhandenen Kiemen, farbloser Haut und rückgebildeten Augen. Er ist vom Aussterben bedroht.

Textularien [lat. textus 'geflochten'], *Textularia,* Gattung der agglutinierenden sandschaligen Foraminiferen von zopfartiger, bis 4 mm langer Gestalt. Die ersten Kammern sind planspiral gerollt, die folgenden zweizeilig angeordnet, an Größe zunehmend.

Geologische Verbreitung: Devon bis Gegenwart, in nicht zu tiefen Meeren.

Thalamophoren, svw. Foraminiferen.

Thalamus, → Gehirn.

Thaliaceae, → Salpen.

Thallophyten, → Lagerpflanzen.

Thallus, *Plur.* Thalli, wenig gegliederter, vielzelliger oder zumindest polyenergider Vegetationskörper, der typische Merkmale des Kormus, z. B. die Gliederung in Wurzel, Sproßachse und Blätter, vermissen läßt. Die äußere Organisation führt von einfachen kugel- oder fadenförmigen Zellverbänden bis zu äußerlich hochdifferenzierten Formen, die jedoch im Gegensatz zum Kormus keine spezialisierte Gewebe besitzen. Echte T. können durch Zusammenlagerung zuvor freier Einzelzellen entstehen. Man spricht in diesem Falle von *Aggregationsverbänden.* Sie sind z. B. bei den Grünalgen *Pediastrum* und *Hydrodictyon* zu finden, wo sich vor der vegetativen Fortpflanzung eine größere Zahl zunächst frei beweglicher Einzelzellen zu einem einheitlichen, vielzelligen Organismus zusammenlagert. Meist entstehen echte T. jedoch durch unvollkommene Trennung der Tochterzellen nach der Zellteilung und durch Ausbildung gemeinsamer Zellmembranen (echte Vielzeller). Im einfachsten Fall sind die einzelnen Zellen des T. noch gleichwertig und teilungsfähig. Etwas höher entwickelte Formen lassen eine polare Differenzierung erkennen, sie wachsen mit Hilfe einer sich ständig teilenden Scheitelzelle und sitzen vielfach mit zu Haftorganen (→ Rhizoide) umgebildeten Zellen der Unterlage auf. Eine gabelige oder dichotome Verzweigung des T. entsteht, indem sich in der Scheitelzelle die Richtung der Teilungsspindel ändert. Das führt zu einer Längsteilung und somit zur Ausbildung von zwei Scheitelzellen und hierdurch zur Ausbildung von zweifädigen Zweigen. Erfolgt die Achsendrehung der Teilungsspindel nicht in der Scheitelzelle, sondern in einiger Entfernung von dieser in einer wieder teilungsfähig gewordenen Zelle des T., so kommt es zur seitlichen Verzweigung.

Der T. der höchstentwickelten Algen, der Braunalgen, besteht aus echten Geweben. Sie haben auch in vielen Fällen bereits blattartige Assimilatoren (*Phylloide*), stengelartige Tragorgane (*Cauloide*) und wurzelartige Haftorgane (*Rhizoide*) ausgebildet.

Die T. der Rotalgen und die Fruchtkörper der höheren Pilze sind vielfach aus Flecht- oder Scheingeweben aufgebaut, die echte Geweben sehr ähnlich sein können. Die eigentlichen T. der Pilze durchziehen jedoch als fädige, reich verzweigte Hyphen, die insgesamt als Myzel bezeichnet werden, den Boden oder die von ihnen besiedelte Unterlage.

Thanatose, → Schutzanpassungen.

Thanatozönose [griech. thanatos 'Tod', koinos 'gemeinsam'], Todesgemeinschaft aller an einem Fundort verendeten und eingebetteten Fossilien, die oft aus den verschiedenen Lebensbereichen zusammengeschwemmt wurden. Diese Gemeinschaft kann *autochthon* sein, d. h., sie entstand am Lebens- und Sterbeort der Organismen. Sind die Fossilien jedoch an einem anderen Ort als dem Sterbeort eingebettet, so bezeichnet man die T. als *allochthon*.

Thaumatin, süß schmeckendes, stark basisches kohlenhydrat- und histidinfreies Einkettenprotein.

Theaceae, → Teestrauchgewächse.

Theca externa, → Oogenese.

Theca folliculi, → Oogenese.

Theca interna, → Oogenese.

Thecodontia, → Thekodontier.

Thecosomata, → Flügelschnecken.

Thein, svw. Koffein.

Theka, 1) chitinartige Decke des Ektoderms der Hydrozoen, die bei den Athekaten (→ *Hydroidea*) den Körper des Einzeltieres bis auf das Hydranthenköpfchen bedeckt, bei den Thekaphoren aber eine kleine Glocke (Hydrothek) bildet; 2) Steinkelch der Steinkorallen; 3) chitiniger Becher der Graptolithen, in dem das Zooid einer Kolonie lebt; 4) Knochenpanzer der Schildkröten.

Thekamöben, svw. Testazeen.

Thekaphoren, → Hydroidea.

Theke, → Blüte.

thekodont, → Zähne.

Thekodontier [griech. theke 'Behälter', odontes 'Zähne'], *Thecodontia*, äußerlich den Krokodilen ähnliche Ordnung ausgestorbener Kriechtiere, aus denen sich die Dinosaurier entwickelt haben. Die T. waren räuberische kleine fleischfressende Tiere, die in halbaufrechter, bipeder Stellung auf den Hinterbeinen liefen und ihren kräftig entwickelten Schwanz als Balancierorgan benutzten. Sie sind durch Zähne, die auf den Kiefern in tiefen Zahnhöhlen liegen, charakterisiert.

Verbreitung: Trias.

Thelytokie, → Parthenogenese.

Theobromin, ein Alkaloid der Puringruppe (→ Purin), in Wasser schwer lösliche, bitter schmeckende Kristalle. T. ist bis zu 1,8 % in den Bohnen des Kakaos, *Theobroma cacao*, enthalten und stellt dessen pharmakologisch wirksame, anregende Substanz dar. In der Medizin findet T. in Form von Doppelverbindungen vor allem als stark harntreibendes Mittel Anwendung.

Theophyllin, ein Alkaloid der Puringruppe (→ Purin), in Wasser schwer lösliche Kristalle, kommt in geringen Mengen in den Blättern des Teestrauches vor. T. wirkt ähnlich anregend wie Koffein, jedoch stärker auf das Zentralnervensystem. Es gilt als stark harntreibendes Mittel.

Theriodontier [griech. therion 'Tier', odontes 'Zähne'], *Theriodontia*, 'Säugetierzähner', Unterordnung der Therapsiden (*Synapsida*), Vertreter säugetierähnlicher Reptilien. Das Gebiß der etwa tigergroßen Raubtiere war bereits in einzelne Funktionsabschnitte differenziert: Schneide-, Eck- und Backenzähne. Die T. bilden ein wichtiges Glied in der Entwicklungsreihe von den Pelykosauriern über die Therapsiden bis zu den Iktidosauriern, die als unmittelbare Stammgruppe der Säugetiere gelten.

Verbreitung: Perm bis Trias, vor allem in Südafrika.

Thermalgewässer, Wasseraustritte, die infolge Erdwärme oder vulkanischer Erscheinungen konstant hohe Temperaturen besitzen. Über die in T. lebenden Organismen → Quelle.

Thermen, → Quelle.

Thermobia domestica, → Fischchen.

Thermodynamik irreversibler Prozesse, svw. irreversible Thermodynamik.

Thermoeklektor, in vielen Variationen üblicher, auf Wärmeanwendung beruhender Apparat zum Austreiben von Bodentieren aus einer Bodenprobe, z. B. Berlese-, Tullgren-Apparat; → Bodenorganismen.

Thermoinduktion, → Blütenbildung.

Thermomorphosen, Gestaltsveränderungen bei Pflanzen, bewirkt durch Temperatureinflüsse.

Thermonastien, durch Temperaturwechsel hervorgerufene Bewegungen von Pflanzenteilen, die auf einem verschiedenen starken Wachstum von Organseiten beruhen (→ Nastie). Auffallende und bekannte T. sind die Öffnungs- und Schließbewegungen von Blüten (→ Blütenbewegungen). Auch die Blütenstiele einiger Pflanzenarten, z. B. Anemonen, Sauerklee, Storchschnabel u. a., reagieren thermonastisch. Bei Ranken können nach Temperaturerhöhung bzw. -erniedrigung Einzelbewegungen auftreten. Laubblätter zeigen dagegen im allgemeinen keine T.; allerdings können thermonastische Reaktionen an Spaltöffnungsbewegungen beteiligt sein.

Thermoperiodismus, bei Pflanzen rhythmischer Tag/Nacht-Wechsel der Temperaturoptima für Wachstum und Entwicklung. Eine thermoperiodisch reagierende Pflanze ist z. B. die Tomate.

Thermophile, Mikroorganismen, deren optimale Wachstumstemperatur über 45 °C liegt. Zu den T. gehören vor allem sporenbildende Bakterien und Aktinomyzeten. Sie kommen z. B. in heißen Quellen vor, andere sind an der biologischen Selbsterhitzung von Heu, Stallmist u. ä. beteiligt. Zuweilen verursachen T. Schäden in der Konservenindustrie, da sie z. T. Temperaturen bis 80 °C überleben können.

Thermopräferendum, svw. Vorzugstemperatur.

Thermoregulationszentren, *temperaturregulierende Zentren*, *Wärmeregulationszentren*, funktionsspezifische

Systeme, die an der Regelung der Körpertemperatur beteiligt sind. Die Homoiothermie der Säuger, in ähnlicher Weise der Vögel, wird maßgeblich durch zwei Neuronensysteme im Hypothalamus gewährleistet, von denen eines bei Temperatursteigerung, das andere bei Temperatursenkung erregt wird. Die bei Temperatursteigerung aktivierten Neuronensysteme lösen im Körper eine Zunahme der Hautdurchblutung sowie Schweißsekretion, insgesamt einen Wärmeabstrom nach außen aus, weshalb man von den Nervenzellen als einem *Kühlungszentrum* spricht. Die bei Temperatursenkung erregbaren Neuronen werden als *Erwärmungszentrum* oder als Teil eines solchen Systems aufgefaßt, das Maßnahmen zur Körpertemperatursteigerung einleitet. An der Thermoregulation sind aber auch thermosensitive Neuronen im Mittelhirnbereich und im Rückenmark beteiligt.

thermoregulatorisches Verhalten, Verhalten im Dienst der Sicherung einer jeweils optimalen Körpertemperatur, das zusätzlich zur physiologischen Thermoregulation bei manchen Tierarten eingesetzt wird. Beim *thermolytischen Verhalten* wird eine Verringerung, beim *thermogenetischen Verhalten* ein Anstieg der Körpertemperatur erreicht.

Thermorezeptoren, Sinnesendigungen, die von der Körpertemperatur erregt werden. Nach ihrer Lage unterscheidet man die im Körperinnern gelegenen *zentralen* T. von den in der Haut befindlichen *peripheren* T. Wegen ihrer unterschiedlichen Ansprechbarkeit auf Temperaturreize werden sie in *Kalt-* und *Warmrezeptoren* unterschieden. Periphere T. sind unregelmäßig über den Körper verstreut. Beim Menschen kommen sie gehäuft in der Kopfregion und an den Extremitäten vor; außerdem sind die Kaltrezeptoren etwa zehnmal häufiger als die Warmrezeptoren. Die periphere T. vermitteln die Temperaturverhältnisse in der Haut als Empfindungen und greifen in die → Temperaturregulation ein. Zentrale T. sind stets Wärmerezeptoren und liegen im Hypothalamus und im Rückenmark. Sie liefern keine Temperaturempfindungen, sondern dienen nur der Regulierung der Körpertemperatur. Bei einer Kältebelastung werden die peripheren Kaltrezeptoren erregt. Sie verengen die Blutgefäße und sorgen für eine starke → Wärmebildung. Gewöhnlich schießt die Wärmeproduktion über das notwendige Maß hinaus. Dann setzt die Erregung der zentralen T. ein und beendet die Wärmebildung. Sie verhindern ebenfalls eine Überwärmung des Körperkerns, wenn bei körperlicher Arbeit eine überschießende Wärmeproduktion stattfindet. Für das rasche Einsetzen der Temperaturregulation bei einer Abkühlung sind die peripheren T. verantwortlich, für das rasche Stoppen bei einer Überwärmung die zentralen T. Bei einer Hitzebelastung werden sowohl die zentralen als auch die peripheren Wärmerezeptoren erregt. Sie veranlassen den Regler zu einer besonders intensiven Wärmeabgabe, beispielsweise zur verstärkten Schweißsekretion beim Menschen.

Thermosbaenacea, eine Ordnung der Krebse (Unterklasse *Malacostraca*) mit bisher nur sechs Arten, die in Höhlen, im Grundwasser oder in Thermalquellen leben. Die T. sind nahe verwandt mit den *Peracarida,* tragen ihre Eier aber auf dem Rücken unter dem kurzen Carapax.

Thermostat, ein mit einer Heizung ausgestattetes Gerät, z. B. ein Brutschrank oder ein Wasserbad, in dem wählbare Temperaturen automatisch konstant gehalten werden.

Thermotaxis, durch Temperaturdifferenzen gerichtete Bewegung von frei beweglichen Organismen oder Zellorganellen (→ Taxis). T. ist von Spirillen, Flagellaten, Diatomeen sowie von den Plasmodien bestimmter Schleimpilze bekannt. Letztere kriechen zum Bereich höherer Temperaturen hin. Als Reiz genügt ein Temperaturgefälle von 0,05 °C/cm.

Thermotropismus, das Wachstum von Pflanzenorganen in Richtung einseitiger Wärmestrahlung. Die eigenartige Blattstellung der Kompaßpflanzen ist z. B. Ausdruck eines mit Phototropismus gekoppelten T. Lokal begrenzte Wärmeeinstrahlung führt z. B. bei Sporangienträgern gewisser Pilze, unter anderem von *Phycomyces,* zu negativ thermotropischen Krümmungen.

Theromorphen [griech. therion 'Tier', morphe 'Gestalt'], *Theromorpha,* ausgestorbene Ordnung ältester Kriechtiere, die in ihrem Bau Merkmale der Lurche und der primitiven Kriechtiere (→ Kotylosaurier) vereinte und darüber hinaus in der Gruppe der *Pelykosaurier* erste Anzeichen für die spätere Herausbildung der Säugetiere liefert. Das Schädeldach der T. war jederseits von einem Schläfenloch durchbrochen, die Zähne waren am Boden einer Grube festgewachsen und andeutungsweise differenziert. Die T. bewegten sich schreitend.

Verbreitung: Oberkarbon bis Trias.

Therophyten, wurzelnde, einjährige (annuelle) Pflanzen. Sie überdauern die ungünstige Jahreszeit (Winterkälte oder periodische Trockenheit) meist in Form von Samen. Dieser Tatsache und der leichten Verbreitungsmöglichkeit verdanken sie ihr Vorkommen auch in vegetationsfeindlichen Flächen. Es werden *Sommerannuelle* (einjährige Sommerpflanzen) von *Winterannuellen* (einjährig-überwinternd) unterschieden. Letztere können den Winter als Rosettenpflanzen überleben. Zu den T. gehören viele Wüstenpflanzen und Unkräuter. → Lebensform.

Theropoden, *Theropoda,* zur Ordnung der Saurischier gehörende Dinosaurier mit *Tyrannosaurus* als größtem Raubtier. Einige T. sind auch Pflanzenfresser.

Verbreitung: Trias bis Kreide.

Thiamin, svw. Vitamin B_1, → Vitamine.

Thienemannsche Regeln, → ökologische Regeln, Prinzipien und Gesetze.

thigmische Reize, svw. Berührungsreize.

Thigmomorphosen, → Mechanomorphosen.

Thigmonastie, svw. Haptonastie.

Thigmoreaktionen, svw. Haptoreaktionen.

Thigmotaxis, durch Berührungsreize ausgelöste → Taxis.

Thigmotropismus, svw. Haptotropismus.

Thiobacillus, eine Gattung stäbchenförmiger, polar begeißelter oder unbeweglicher, gramnegativer, meist aerober Bakterien. Ihrer autotrophen Ernährungsweise nach sind sie → Schwefelbakterien, die Energie aus Schwefelwasserstoff, Schwefel u. a. durch Oxidation gewinnen. Sie kommen im Meeres- und Süßwasser, in Abwässern und im Boden vor.

Thioktansäure, svw. Liponsäure.

Thiozyansäure, svw. Rhodanwasserstoffsäure.

Thoracica, → Rankenfüßer.

thorakale Atmung, → Atemmechanik.

Thorakomeren, die Segmente des Thorax der → Krebse.

Thorakopoden, die am Thorax stehenden Beine der → Krebse.

Thorax, 1) → Brustkorb. 2) Brust, Mittelleib, → Gliederfüßer.

Thorium-Uran-Test, → Datierungsmethoden.

Thr, Abk. für L-Threonin.

L-Threonin, Abk. *Thr,* $H_3C-CH(OH)-CH(NH_2)-COOH$, eine proteinogene, essentielle, glukoplastisch wirkende Aminosäure, die zu α-Ketobuttersäure desaminiert wird. Sie dient als Zusatzstoff für Kosmetika.

Thripse, svw. Fransenflügler.

Thrombin, → Blutgerinnung.

Thrombozyten, → Blut, → Blutgerinnung, → Hämozyten.

Thrombus, ein in den Blutgefäßen auftretendes Blutgerinnsel (→ Blutgerinnung). Er kann eine Behinderung oder Aufhebung der Strömung in der Blutbahn hervorrufen (Thrombose).

Thujamoos, → Laubmoose.

Thujon, *Absinthol*, ein zyklisches, kampferähnliches Keton aus der Gruppe der Monoterpene, ein farbloses Öl, das in Thuja-, Wermut-, Rainfarn- und Salbeiöl vorkommt.

Thunfisch, *Thunnus thynnus*, zu den Makrelenartigen gehörender, sehr wertvoller Nutzfisch des Meeres, der bis 3 m lang werden kann. Besonders häufig kommt er in wärmeren Meeren, z. B. im Mittelmeer, vor, tritt aber auch in der Nordsee und im Nordatlantik auf. Er jagt Schwarmfische. Dem T. nahe verwandt ist der Bonito.

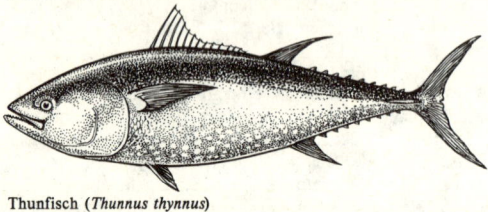

Thunfisch (*Thunnus thynnus*)

Thuringium, → Zechstein.

Thylakoide, flache, pigmenthaltige Doppelmembranen im Inneren der Chloroplasten. → Membran, → Plastiden.

Thyllen, → Holz.

Thylogale, → Känguruhs.

Thymelaeaceae, → Seidelbastgewächse.

Thymian, → Lippenblütler.

Thymol, *3-Hydroxy-4-isopropyltoluol*, in ätherischen Ölen von Thymianarten vorkommende Verbindung, deren typischen Geruch sie bedingt; bildet große farblose Kristalle. Wegen seiner stark antiseptischen Eigenschaften wird T. in der Medizin angewendet, z. B. bei Bronchitis, Keuchhusten und Verdauungsstörungen.

Thymovirusgruppe, → Virusgruppen.

Thymus, *Bries*, hinter dem Brustbein liegendes paariges Organ der Wirbeltiere. Der T. ist ein primäres lymphatisches Organ bzw. Immunorgan. Im T. werden Lymphozyten in besonderer Weise geprägt. Man bezeichnet sie nach ihrer Auswanderung in den Kreislauf bzw. in die peripheren lymphatischen Organe als thymusabhängige Lymphozyten oder *T-Lymphozyten*. Der T. ist funktionell das Gegenstück zur → Bursa Fabricii der Vögel. Die T-Lymphozyten sind die entscheidenden Zellen bei allen zellvermittelten Immunreaktionen, z. B. bei der Abstoßung von Transplantaten, der Abwehr von Tumoren und bei zellvermittelten allergischen Reaktionen.

Die Differenzierung der Lymphozyten im T. erfolgt unter dem Einfluß von Stoffen, die von den Thymusepithelzellen gebildet und abgegeben werden. Hierzu gehören Thymopoietin und Thymosin.

Bei Fehlen oder Unterentwicklung des T. kommt es zu schweren Immundefekten, die lebensbedrohlich sind.

Thyreostatika, Sammelbegriff für Stoffe, die die Funktion der Schilddrüse hemmen, z. B. Kaliumiodid, Pantothensäure, Reserpin, p-Aminosalizylsäure, viele Sulfonamide, Phenole u. a. Diese Wirkung beruht meist auf einer Störung der Biosynthese des Thyroxins. Synthetische T. finden bei Schilddrüsenüberfunktionen Anwendung.

Thyreotropin, *thyreotropes Hormon*, Abk. TSH, ein in den basophilen Zellen des Hypophysenvorderlappens gebildetes glanduläres Hormon mit Wirkung auf die Schilddrüsenfunktion. T. ist ein Glykoprotein mit etwa 15 bis 20% Kohlenhydratanteil (Molekülmasse 30000). Der aus 201 Aminosäureresten aufgebaute Peptidteil besteht aus zwei Peptidketten, die als α-T. und β-T. bezeichnet werden und keine biologische Aktivität haben. Ihre Assoziation ergibt erst das hormonaktive Protein. α-T. ist mit der α-Untereinheit des Lutropins identisch. T. wirkt über Stimulation des Adenylat-Zyklase-Systems (→ Hormone) und aktiviert die Schilddrüse zu Wachstum und Stoffwechselaktivität, insbesondere den Thyroxinstoffwechsel. Durch Zunahme der Iodidaufnahme und erhöhte Biosynthese kommt es zu einer vermehrten Ausschüttung von Thyroxin und Triiodthyronin. Die Sekretion von T. wird durch das aus dem Hypothalamus stammende Hormon Thyroliberin reguliert und durch Thyroxin gehemmt. Die Inaktivierung von T. erfolgt in der Leber.

Thyroxin, $3,5,3',5'$-Tetroiodthyronin, ein für Wachstum und Entwicklung unentbehrliches iodhaltiges Hormon, das neben einem zweiten Hormon, dem $3,5,3'$-Triiodthyronin, in der Schilddrüse gebildet wird. Beide Hormone leiten sich chemisch von der iodfreien aromatischen Aminosäure Thyronin ab und entstehen biosynthetisch aus Prothyreoglobulin. Einige der in diesem spezifischen Schilddrüsenprotein enthaltenen Thyrosinmoleküle werden iodiert und in der Seitenkette modifiziert unter Bildung der unmittelbaren Thyroxinvorstufe Thyreoglobulin. Dessen proteolytische Spaltung führt zur Freisetzung von T. und $3,5,3'$-Triiodthyronin. Voraussetzung für Synthese dieser beiden Hormone ist eine mit der Nahrung zugeführte ausreichende Menge von Iodid. Bildung und Sekretion von T. werden durch das hypophysäre Hormon Thyreotropin reguliert. T. wird über den Blutkreislauf an ein Trägerprotein gebunden transportiert. Der Abbau von T. erfolgt durch Deiodierung, Desaminierung, Dekarboxylierung sowie Konjugation mit Glukuronsäure. T. beeinflußt in vielfältiger Weise den Gesamtstoffwechsel. Mangel an T. führt bei Jugendlichen zu schweren Entwicklungsstörungen. Überfunktion der Schilddrüse führt zur Basedowschen Krankheit, die sich in einer Erhöhung des Grundumsatzes und gesteigerter Herzfrequenz äußert.

T. ist bereits 1915 isoliert und 1925 in seiner Struktur aufgeklärt worden.

Thyrsus, → Blüte, Abschn. Blütenstände.

Thysanoptera, svw. Fransenflügler.

Thysanuren, svw. Borstenschwänze.

TIBA, → 2,3,5-Triiodbenzoesäure.

Tiefensensibilität, die Gesamtheit der Sinnesleistungen, die an die Rezeptoren der Eingeweide, des Bindegewebes, der Blutgefäße, der Hirnhäute und der Muskulatur gebunden sind. Die Unterscheidung zwischen T. und Oberflächen- bzw. Hautsensibilität hat rein lokalisatorischen Charakter. Zur T. gehören der Tiefenschmerz, Vibrationsempfindungen im Körperinneren, Kraftempfindungen bei Muskelbewegungen, die Wahrnehmung der Gliederstellung u. a.

Tiefenwahrnehmung, → räumliches Sehen.

Tiefenwirkung, bei → Pflanzenschutzmitteln die Eigenschaft des → Wirkstoffes, nach der Anwendung von der Blattoberseite her in das Blattgewebe einzudringen und Schaderreger, die die Blattunterseite besiedeln, abzutöten.

Tiefsee, Tiefenzone der Ozeane ab 1000 m Tiefe. Die T. ist durch völlige Dunkelheit, fehlende und extrem langsame Wasserbewegung, gleichbleibende niedere Temperatur von 1 bis 2°C und hohen hydrostatischen Druck gekennzeichnet. Die in der T. lebenden Tiere sind den extremen Umweltbedingungen angepaßt (→ Tiefseefauna), Pflanzen fehlen.

Tiefseefauna, Tierwelt der lichtlosen Tiefe des Weltmeeres. Arten aus fast allen Tierstämmen haben sich den Daseinsbedingungen der Tiefsee angepaßt. Grundnetzfänge im Nordpazifik erbrachten aus 1000 m Tiefe 120 verschiedene Arten; aus 8500 m Tiefe enthielten drei Fänge 6, 8 und 17 Arten. Während die Quantität der Bodentiere auf dem Schelf 500 g/m² und mehr (bis 4000 g/m²) betragen kann, wurden in 5000 m Tiefe von 2 bis 5 g/m² und in 10000 m Tiefe noch 20 bis 30 mg/m² gefunden. Nach den Ergebnissen der Tiefseefänge des sowjetischen Forschungsschiffes »Witjas« und der dänischen »Galathea-Expedition« ergeben sich als unterste Verbreitungsgrenze der Tiergruppen folgende Tiefen (in Meter):

Gruppe	Tiefe
Foraminiferen	10687
Schwämme	8660
Hydrozoen	8300
Oktokorallen	8660
Hexakorallen	10710
Schnurwürmer	7230
Fadenwürmer	10687
Ringelwürmer	10710
Muschelkrebse	7657
Ruderfußkrebse	10002
Rankenfüßer	7000
Flohkrebse	10687
Asseln	10710
Schwebgarnelen	7230
Zehnfußkrebse	5300
Gespenstkrebse	6860
Moostierchen	5850
Armfüßer	5457
Schnecken	10687
Muscheln	10687
Kopffüßer	8100
Seesterne	7614
Schlangensterne	8006
Seeigel	7290
Seegurken	10710
Haarsterne	9735
Seescheiden	7230
Fische	7579

Entsprechend den gleichbleibend niedrigen Temperaturen besteht die T. in der Hauptsache aus Kaltwasserformen. Die Lichtsinnesorgane dieser Tiere sind entweder verkümmert oder extrem groß und leistungsfähig, oft in Form von Teleskopaugen ausgebildet. Blinde Formen haben zur Kontaktaufnahme mit der Umwelt unter anderem lange Fühler. Weit verbreitet sind artspezifisch angeordnete Leuchtorgane. Durch sie erkennen Artgenossen einander, und oft dienen sie dem Anlocken von Beutetieren. Da Licht fehlt, gibt es keine Produzenten, alle Tiefseetiere sind Detritusfresser oder Räuber. Bei Fischen fallen die großen Mundöffnungen und die langen spitzen Zähne auf. Trotz des großen hydrostatischen Drucks (in 10000 m Tiefe über 100000 kPa) besteht die T. meist aus zarten, leichtgebauten Formen. Da der Außendruck dem Innendruck gleich ist, bestehen keine Druckdifferenzen. Die Schwimmblasen der Fische sind zurückgebildet oder mit Fettstoffen gefüllt. Mit Gas gefüllte Schwimmblasen werden vom starken Innendruck durch die Mundöffnung getrieben, wenn der Fisch plötzlich an die Oberfläche gezogen wird (»Trommelsucht«).

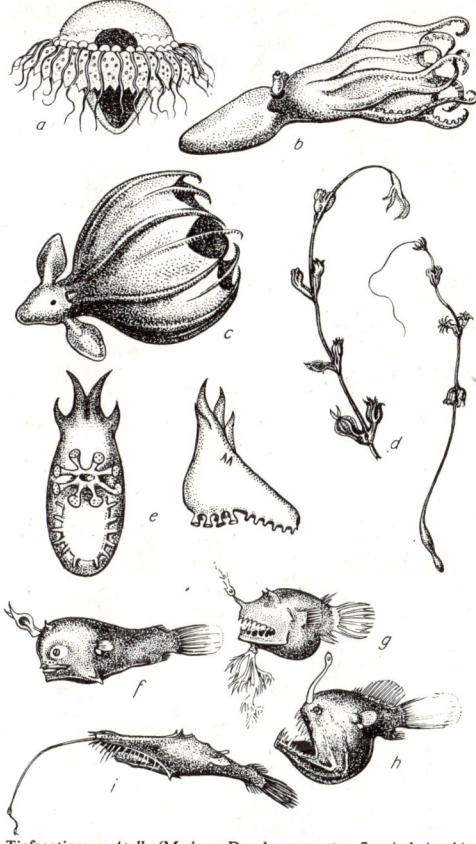

Tiefseetiere: *a Atolla* (Meduse, Durchmesser etwa 7 cm); *b Amphitretus pelagicus* (Tintenschnecke mit Teleskopaugen, Länge 12 cm); *c Cirrothauma murrayi* (Tintenschnecke mit degenerierten Augen, Länge 15 cm); *d Umbellula* (Korallentier), *rechts* ein vollständiges Tier, *links* Einzelheiten; *e Pentagone wyvillei* (Seewalze), von unten und von der Seite, Länge 9 cm; *f* bis *i* ♀ aus der Familie *Ceratiidae*, Länge 1,5 bis 8 cm

Lit.: N. B. Marshall: Tiefseebiologie (Jena 1957).

Tiefseequallen, → Skyphozoen.

Tiefwurzler, → Wurzel.

Tierbauten, vom Tier unter Benutzung körperfremder Stoffe selbst hergestellte Einrichtungen, die dem Schutz des Tieres oder seiner Nachkommenschaft, der Jungenaufzucht oder dem Nahrungserwerb dienen. Als T. sollen konstruktive Veränderungen im Lebensbereich des betreffenden Tieres verstanden werden, die dem Tier einen biologischen Nutzen bringen. Schalen, Hüllen, Kokons und Gespinste sind keine T. im eigentlichen Sinne, ebenso nicht die beim Nahrungserwerb und bei der Fortbewegung gebildeten Gänge und Hohlräume im Substrat, wie etwa die Minen bei pflanzenfressenden Insekten, obwohl sie zum Schutz dienen können. Übergänge treten jedoch z. B. bei Borkenkäfern auf, die Fraßgänge und Brutgänge in einem System vereinigen.

Wohnbauten sind im Tierreich stark verbreitet, z. B. die Röhren bei vielen Ringelwürmern, die selbstgegrabenen Verstecke im Untergrund bei Krebsen, die Wohnröhren und -höhlen in Erde und Pflanzen bei Insekten, die *Erdhöhlen* bei vielen Lurchen. Besonders häufig sind Wohnbauten

Tierblütigkeit

bei Vögeln und Säugetieren. Viele Vögel bauen Schlaf- und Spielnester. Die Wohnhöhlen der Nagetiere, mancher Raubtiere, Insektenfresser u. a. sind fast ausschließlich in die Erde gebaut, soweit nicht natürliche Höhlen benutzt werden.

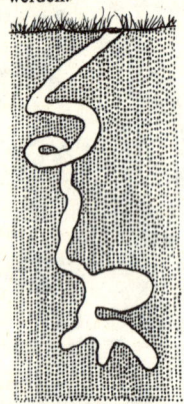

1 Zieselbau mit Wohnkammer und darunter angelegten Drainröhren gegen ansteigendes Grundwasser (nach Krumbiegel 1955)

2 Erdbau des Fischotters mit Eingang unter dem Wasserspiegel und Notausgang zur Landseite (aus Krumbiegel 1955)

Viele Wohnbauten dienen gleichzeitig oder in erster Linie der Fortpflanzung und der Brutpflege, besonders bei den staatenbildenden Insekten, deren Bauten von einfachen *Erdnestern* bis zu mächtigen oberirdischen Bauten (bis 6 m bei australischen Termiten) reichen. Als Baustoff dient Erde, oft mit Speichel vermischt, teils auch anfallender Kot oder zerkautes Holz zur Herstellung von Kartonnestern, wie bei den Wespen. Die rote Waldameise benutzt Holzteilchen und Nadeln. Die Weberameisen nützen die Spinnfähigkeit ihrer Larven aus, um *Blattnester* zu errichten. *Halictus*-Arten fertigen Mörtelnester an. Landschnecken, einige Fische, Lurche und Kriechtiere schaffen Bodenvertiefungen zur Ablage der Eier. Die *Erdbauten* der Säugetiere dienen als Aufenthaltsorte und nehmen die Jungen auf, wobei oft besondere Kammern für die Aufzucht der Jungtiere angelegt und zusätzlich mit Nistmaterial ausgestattet werden. *Baumnester* (Kobel) fertigen die Eichhörnchen an, Wasserbauten der Biber.

Die Vielfalt der *Vogelnester* ist bemerkenswert. Allgemein sind die Nester der Nestflüchter einfacher und meist am Boden angelegt, während Nesthocker größere Ansprüche an das Nest stellen. Besondere Sorgfalt müssen Freibrüter, die im Geäst bauen, anwenden, um ein dauerhaftes Nest auf fester Unterlage zu errichten. Als Baumaterial dienen meist Pflanzenteile, aber auch Schlamm und Lehm, mit Speichel vermischt, wie bei den Schwalben und südamerikanischen Töpfervögeln. Die Salanganen fertigen ihr Nest ausschließlich aus erhärtetem Speichel.

Reine Brutbauten sind die großen Laubhaufen der Großfußhühner, in denen die Eier durch Gärungswärme erbrütet werden. Auch die Erdbauten der Weg- und Grabwespen und die Gangsysteme der brutpflegenden Käferarten sichern den Nachkommen die ungestörte Entwicklung der Nachkommen.

Dem Nahrungserwerb dienen die Sandtrichter des Ameisenlöwen und die U-förmigen Röhren des marinen Borstenwurmes *Arenicola*. Sie werden aber gleichzeitig auch von ihren Erbauern bewohnt.

Lit.: M. Freude: Tiere bauen (Leipzig, Jena, Berlin 1982); I. Krumbiegel: Biologie der Säugetiere, 2 Bde (Krefeld 1954); W. Makatsch: Der Vogel und sein Nest (Leipzig 1965); G. Olberg: Bauwerke der Tiere (Wittenberg 1960).

Tierblütigkeit, → Bestäubung.

Tiere, ein- oder mehrzellige Lebewesen, die zur Aufrechterhaltung ihrer Lebensfunktion organische Stoffe benötigen. In den einfachsten Lebensformen sind T. von Pflanzen nicht immer zu trennen.

Im einzelnen haben die T. gegenüber den Pflanzen folgende prinzipielle Eigenschaften: Die T. sind in ihrer Ernährungsweise vom Licht unabhängig, müssen aber zur Aufrechterhaltung ihrer komplizierten Lebenstätigkeit hochmolekulare organische Verbindungen als Nahrung zu sich nehmen; sie ernähren sich im Gegensatz zu den autotrophen Pflanzen heterotroph. Der Stoffaustausch mit der Umgebung findet bei den T. vornehmlich in inneren Körperhohlräumen und nicht wie bei den Pflanzen an der Körperoberfläche statt. Die T. haben demzufolge eine reiche innere Gliederung bei kleiner Oberfläche im Verhältnis zur Körpermasse, die Pflanzen eine stärkere äußere Gliederung. Die tierischen Zellen besitzen gegenüber den starkwandigen Pflanzenzellen sehr dünne, zellulosefreie Zellwände. Sie enthalten stets im Plasma einen Zentralkörper (Zentrosom). Besonderheiten des geweblichen Aufbaues der T. stellen die Interzellularsubstanzen, wie Knorpel- und Knochengrundsubstanz, elastische und kollagene Fasern, Hornsubstanzen und Chitin, dar, die neben anorganischen Stoffen, z. B. Kalk und Kieselsäure, an dem Aufbau eines eigenen Stützapparates in Gestalt des Innen- bzw. Außenskelettes beteiligt sind. Das Wachstum der T. wird entgegen dem ununterbrochenen Wachstum der Pflanzen im Alter in der Regel eingeschränkt oder ganz eingestellt, indem die Teilungsfähigkeit jugendlicher, undifferenzierter Zellen mehr oder weniger erlischt. Im Gegensatz zu Pflanzen sind T. ein »geschlossenes System«. Besondere Wachstumszonen, wie Kambium und Knospen (Vegetationspunkte), gibt es bei T. nicht. Mit dem Auftreten des Nervengewebes sind speziell den T. zukommende Eigenschaften, wie Erregbarkeit, Sinneswahrnehmung und Bewegungskoordination, verbunden. Sie sind unter anderem die Voraussetzungen für die oft recht komplizierten Verhaltensweisen der T. in ihrer Umwelt. Die Fortpflanzungsorgane der T. liegen meist in Körperhohlräumen, während die der Pflanzen fast ohne Ausnahme an der Körperoberfläche entwickelt sind. Darüber hinaus zeigen zahlreiche T. eine Brutpflege, die sich in einer bestimmten Art der Sorge um die Nachkommenschaft äußert.

tierfangende Pflanzen, svw. fleischfressende Pflanzen.

Tiergeographie, *Zoogeographie*, Teilgebiet der Biogeographie, das die gegenwärtige und ehemalige Verbreitung der Tiere auf der Erde beschreibt (*deskriptive T.*) und unter Einbeziehung der Möglichkeiten ihrer Ausbreitung ursächlich deutet (*kausale T.*). In der Erklärung der Verbreitungsbilder spielen die Beziehungen zwischen ökologischen Gegebenheiten und Ansprüchen eine bedeutende Rolle (*ökologische T.*). Auch Ausmaß und Ablauf von → Tierwanderungen sind Bestandteil tiergeographischer Forschungen.

Die T. baut auf den Ergebnissen faunistischer Bestandsaufnahmen und den Erkenntnissen anderer biologischer Disziplinen sowie von Geologie, Geographie, Paläontologie und Klimatologie auf. Sie trägt mit ihren Ergebnissen jedoch auch zur Lösung von Problemen dieser Wissenschaftszweige bei. So ist die Kenntnis des Ablaufes der Kontinentalverschiebung (→ Kontinentalverschiebungshypothese) heute eine überaus wichtige Grundlage für die Klärung vieler ehemaliger Ausbreitungswege; andererseits waren es lange Zeit fast nur noch Tiergeographen, die die Anschauungen Alfred Wegeners vertraten. Diese gegenseitige Abhängigkeit führte nicht selten zu Zirkelschlüssen.

Steht die Tierwelt eines bestimmten Gebietes mit dem Ziel einer vergleichenden Faunistik im Mittelpunkt, spricht man auch von *zoologischer Geographie*, umgekehrt von *geographischer Zoologie*, wenn die Verbreitung einzelner Tiergruppen untersucht wird. Die komplexen Forschungen der modernen T. lassen sich jedoch meist nicht entsprechend einordnen.

So hat die Erforschung der → Areale von Arten aus verschiedenen Verwandtschaftskreisen und deren Überlappung als Mittel zur Feststellung von → Ausbreitungszentren große Bedeutung erlangt. Ein überaus wichtiger methodischer Fortschritt war die konsequente Frage nach den Schwestergruppen im Sinne der phylogenetischen Systematik, die Fossilbelege für die Klärung ehemaliger Verbreitungsbilder und die Existenz von Ausbreitungswegen weitgehend entbehrlich macht. Wichtiges Rüstzeug für das Verständnis der Besiedlung isolierter Habitate und die Gefährdung ihrer Biota lieferte die auch auf insuläre Vorkommen auf dem Festland anwendbare → Inseltheorie.

Da das heutige Verbreitungsgebiet der Tiere in starkem Maße durch geographische Verhältnisse vergangener Epochen geprägt ist, wäre es unbefriedigend, seiner Beschreibung allein die heutige Konfiguration der Erdoberfläche oder gar politische Grenzen zugrunde zu legen. Beispielsweise ist die Ähnlichkeit der Tierwelt Nordamerikas und Eurasiens trotz Fehlens einer Landverbindung größer als die der nordamerikanischen und der südamerikanischen, die Tierwelt Nordafrikas stärker von der transsaharischen als von der europäischen unterschieden. Daher hat man eine Reihe von tiergeographischen Regionen ausgeschieden.

Lit.: P. Dănărescu u. N. Boșcaiu: Biogeographie (Jena 1978); F. Dahl: Grundlagen einer ökologischen T. (Jena 1921 u. 1923); R. Hesse: T. auf ökologischer Grundlage (Jena 1924); G. de Lattin: Grundriß der Zoogeographie (Jena 1967); E. Marcus: Tiergeographie, in Handbuch d. geographischen Wissenschaften (Potsdam 1933); P. Müller: Arealsysteme und Biogeographie (Stuttgart 1981); B. Rensch: Verteilung der Tierwelt im Raum, in Handbuch der Biologie, Bd 5, Tl 1 (Potsdam o.J.); F. A. Schilder: Lehrbuch der allgemeinen Zoogeographie (Jena 1956); J. Schmithüsen (Hrsg.): Atlas zur Biogeographie (Mannheim, Wien, Zürich 1976); U. Sedlag: Die Tierwelt der Erde (7. Aufl. Leipzig, Jena, Berlin 1981); E. Thenius: Grundzüge der Faunen- und Verbreitungsgeschichte der Säugetiere (2. Aufl. Jena 1980).

tiergeographische Regionengliederung, Einteilung der Erdoberfläche in → Regionen, deren rezente Fauna einen hohen Grad von Gemeinsamkeit aufweist. Die terrestrischen Regionen werden meist in unterschiedlicher Weise zu Reichen (→ Arctogäa, → Neogäa und → Notogäa) zusammengefaßt und in Unterregionen (Subregionen) und Provinzen untergliedert; allerdings werden diese Bezeichnungen auch in anderer hierarchischer Reihenfolge angewendet oder durch andere (Bezirk, Gebiet, Zone) ersetzt. Es gibt allein für die terrestrische Fauna Dutzende von Einteilungs- und Klassifizierungsvorschlägen, doch entspricht die t. R. in ihren Grundzügen auch heute noch den von P. L. Sclater (1859) für Vögel und von A. R. Wallace (1876) für Säugetiere vorgeschlagenen Einteilungen, in denen die holarktischen Gemeinsamkeiten aber noch nicht zum Ausdruck kamen.

Frühere Kontroversen über Grenzverläufe haben durch die Erkenntnis an Bedeutung verloren, daß die Gebietsabgrenzung in den verschiedenen Tierklassen je nach Alter und Ausbreitungsmöglichkeiten eigentlich unterschiedlich sein müßte. Beim Fehlen von wirksamen Ausbreitungsschranken gibt es zwischen den Regionen mehr oder weniger breite → Übergangsgebiete wie in Mittelamerika oder im Gebiet der indonesischen Inseln, für das eine Reihe von Grenzlinien vorgeschlagen wurde, von dem heute aber meist ein → indoaustralisches Zwischengebiet abgetrennt wird.

Die Karte der terrestrischen Regionen (Abb.) weicht durch Anerkennung von → Ozeanis und Abtrennung der → Arktis als 3. Subregion der → Holarktis von der herkömmlichen t. R. ab. In neuerer Zeit wurden ferner die Zusammenfassung von → Orientalis und → Äthiopis zur Paläotropis und die Ausscheidung eines mittelamerikanischen → Übergangsgebietes vorgeschlagen.

Für die litorale, pelagische und abyssale Meeresfauna, d. h. die der Flachsee (Schelfbereiche), der Hoch- und der Tiefsee, wurden jeweils unterschiedliche Regionen abgegrenzt, die für die allgemeinen Probleme der Tiergeogra-

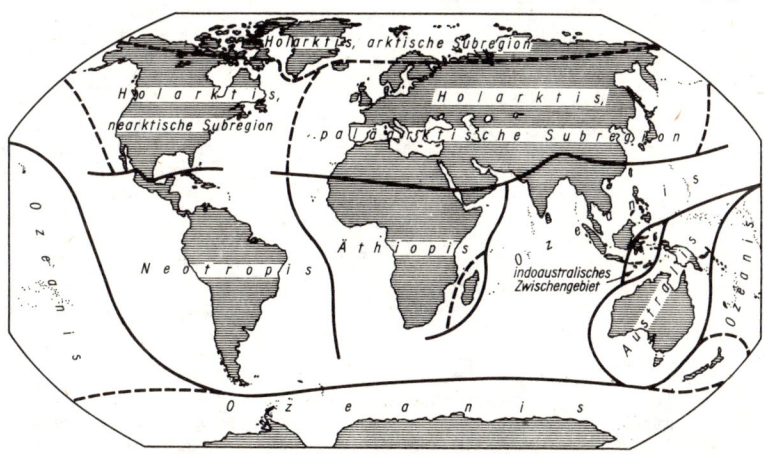

Die tiergeographischen Regionen des Festlandes

Tierkunde

phie von geringerer Bedeutung sind als die des Festlandes.

Tierkunde, svw. Zoologie.

Tierläuse, *Phthiraptera,* eine Ordnung der Insekten mit etwa 550 Arten in Mitteleuropa (Weltfauna: 3600). T. lassen sich fossil seit dem Pleistozän nachweisen.

Vollkerfe. Der Körper hat eine Länge von 0,8 bis 14 mm und ist abgeflacht. Der Kopf ist mit drei- bis fünfgliedrigen Fühlern versehen, die zuweilen in Gruben verborgen sind. Die Facettenaugen sind oft reduziert oder fehlen ganz. Die Mundwerkzeuge sind bei den Läuslingen beißend, bei den Läusen stechend-saugend. Alle Formen sind flügellos, die meist kurzen Beine tragen eine oder zwei einschlagbare Krallen. Die T. leben als Außenparasiten auf Säugetieren und Vögeln. Während die Läuslinge vorwiegend Haare, Federn oder Hautteilchen fressen, sind die Läuse ausgesprochene Blutsauger. Ihre Entwicklung ist eine Form der unvollkommenen Verwandlung (Paurometabolie).

Eier. Alle Arten legen Eier. Die Eier, bei den Läusen *Nissen* genannt, werden an die Haare oder Federn der Wirtstiere gekittet, bei Läuslingen oft in Klümpchen. Die Eier sind meist länglich und haben am oberen Pol einen Deckel. Ein Weibchen legt bis zu 300 Eier (Kleiderlaus).

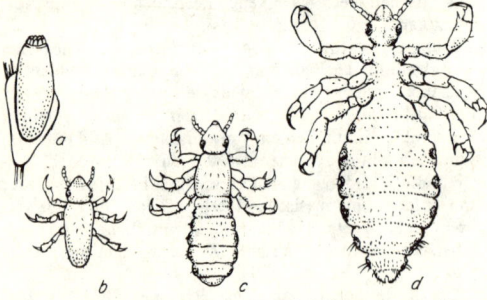

Kleiderlaus (*Pediculus corporis* Deg.): *a* Ei, *b* jüngere Larve, *c* ältere Larve, *d* Vollkerf (♀)

Larven. Man kennt drei Larvenstadien, die in ihrem Aussehen wie auch in der Lebensweise den Vollkerfen sehr ähnlich sind. Die Entwicklung vom Ei bis zum Vollkerf ist meist nach zwei bis fünf Wochen abgeschlossen.

Wirtschaftliche Bedeutung. Der Befall von Haustieren durch Läuslinge ist meist harmlos; er bewirkt lediglich Juckreiz, der nur in seltenen Fällen zum Wundreiben und zur Abmagerung führen kann. Der Hundehaarling ist Überträger eines Hundebandwurms. Der Stich der Läuse erzeugt bei Tier und Mensch Quaddelbildung, Ekzeme oder eiternde Geschwüre; einige Arten sind Seuchenüberträger, z. B. übertragen Kopf- und Kleiderlaus Fleckfieber und andere epidemische Fieberkrankheiten.

System.

1. Unterordnung: *Läuslinge, Kieferläuse* (*Mallophaga*) Mundwerkzeuge beißend, mit kräftigen Oberkiefern. Die im Haarkleid der Säugetiere lebenden Arten werden als *Haarlinge* bezeichnet, z. B. Hundehaarling (*Trichodectes canis* Deg.), die im Federkleid der Vögel lebenden Arten als *Federlinge.* Die beiden Familiengruppen *Amblycera* (mit viergliedrigen Kiefertastern) und *Ischnocera* (ohne Kiefertaster) werden heute von einigen Autoren als selbständige Unterordnungen angesehen.

2. Unterordnung: *Läuse* (*Anoplura*) Mundwerkzeuge zu Stechborsten umgewandelt, stechend-saugend; z. B. Kopflaus (*Pediculus capitis* Deg.), Kleiderlaus (*Pediculus corporis* Deg.), Filzlaus (*Phthirus pubis* L.).

Nach jüngsten Untersuchungen werden Kopflaus und Kleiderlaus als Unterarten der Menschenlaus, *Pediculus humanus* L., aufgefaßt.

3. Unterordnung: *Elefantenläuse* (*Rhynchophthirina*) Mundwerkzeuge mit kräftigen Oberkiefern, die nicht wie bei den Läuslingen wie eine Zange funktionieren, sondern nach außen wirken. Die einzige bisher bekannte Art ist die Elefantenlaus (*Haematomyzus elephantis* Piaget), die sowohl auf dem Afrikanischen und Indischen Elefanten als auch auf dem Warzenschwein schmarotzt.

Lit.: Wd. Eichler: Federlinge (Wittenberg 1956); S. von Kéler: Federlinge und Haarlinge, Mallophaga. Die Tierwelt Mitteleuropas Bd IV, Lieferung 2 (Leipzig 1963); L. Freund: Läuse, Anoplura, Die Tierwelt Mitteleuropas Bd IV, Lieferung 3 (Leipzig 1965).

Tier-Mensch-Übergangsfeld, Stadium der menschlichen Stammesgeschichte, in dem sich die wesentlichen Merkmale des Menschen herausgebildet haben und das theoretisch im oberen Pliozän bis unteren Pleistozän gelegen haben muß.

Tierökologie, die Lehre von den Wechselbeziehungen zwischen Tieren und ihrer Umwelt. Sie steht in enger Verbindung zur → Tiergeographie.

Tierpsychologie, heute durch die Verhaltensbiologie bzw. vergleichende Verhaltensforschung abgelöste Wissenschaftsdisziplin. Der Begriff Psychologie wird heute nur noch in Verbindung mit dem Menschen (Humanpsychologie) gebraucht, da wesentliche Fragestellungen und Methoden der Psychologie nur dort einsetzbar sind, weil an bestimmte Formen des Bewußtseins, an damit zusammenhängende kognitive Eigenschaften, an die Sprache und an eine gesellschaftliche Existenz gebunden.

Tierschutz, → Artenschutz.

Tiersoziologie, svw. Soziologie der Tiere.

Tierstaat, → Staatenbildung.

Tierstock, Form dauernder Vergesellschaftung von Individuen einer Art zu einer Tierkolonie (Kormus) infolge Knospung oder unvollkommener Ablösung vom Muttertier, z. B. bei Schwämmen, Nesseltieren und Moostierchen.

Tierwanderungen, aktive Ortsveränderungen von Teilen von Populationen oder ganzer Populationen, die die räumliche Verteilung (→ Dispersion) ändern. Wandern nur Teile einer Population, liegt *Migration* vor. Dabei können Individuen aus dem bisher besiedelten Gebiet auswandern (*Emigration*), ortsfremde Tiere in ein Siedlungsgebiet eindringen (*Immigration*) oder ein bereits besiedeltes Gebiet durchwandern (*Permigration*). Ist der aufgesuchte Raum nicht von der Art besiedelt, findet eine → Invasion statt (z. B. durch den sibirischen Tannenhäher nach Mitteleuropa).

Die *Migrationsrate* kennzeichnet den Anteil wandernder Tiere einer Population. Sie beträgt für Jungvögel der Kohlmeise 64% und führt oft zu einer Auflockerung des Bestandes im Brutgebiet (Frühsommerzug der Kiebitze). Massenhafte Immigrationen und Invasionen führen die Wanderheuschrecken, die Wanderfalter (Distelfalter, Oleanderschwärmer) und die Lemminge durch.

Nicht immer scharf zu trennen sind Wanderformen, die aperiodisch oder periodisch ganze Populationen erfassen und oft erhebliche Entfernungen überbrücken. Sie sind z. T. mit der Rückkehr in das angestammte Wohngebiet verbunden und werden der Migration auch als *Translokationen* gegenübergestellt. Erfolgen die Umsiedlungen nahezu ständig (oft nahrungsbedingt), so liegt *Nomadismus* vor. Beispiele sind viele Huftiere Afrikas, die den Weidemöglichkeiten folgen oder der Rosenstar, der den Heuschreckenschwärmen folgt.

Periodische Translokationen können tageszeitlich erfolgen (Aufsuchen bestimmter Wasserschichten durch marine Kleinkrebse, Wechsel von Nahrungs- und Schlafplätzen bei

1 Hauptrichtungen wandernder Vögel auf der Nordhalbkugel (nach Creutz 1951)

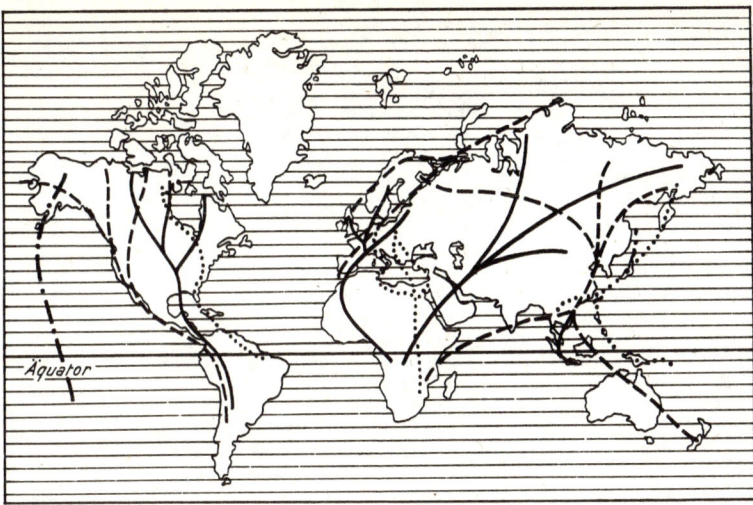

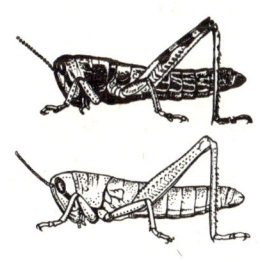

2 Wanderheuschrecken: *a* Gregariaphase (Wanderphase), *b* Solitariaphase (stationäre Phase) der Larven der Wanderheuschrecke *Schistocerca paranensis* (nach Dampf)

Staren) oder jahreszeitlich gebunden sein. Diese können durch verschiedene Ansprüche der Entwicklungsstadien oder Generationen bedingt sein (Sommer- und Winterwirte der Blattläuse), durch die Nahrungsverteilung bestimmt werden (Nahrungswanderungen von Kabeljau und Schellfisch) oder fortpflanzungsgebunden sein (Palolo-Wurm, viele Weichtiere und Stachelhäuter, Wollhandkrabben, Lachse, Aale, Amphibien, Pinguine und Robben). Letztlich auch nahrungsbedingt sind die Überwinterungswanderungen der Zugvögel, Fledermäuse und einiger Insekten. Der *Vogelzug* kann als Breitfrontzug (Singdrossel) oder Schmalfrontzug (Weißstorch) erfolgen. Greifvögel sind Einzelzieher, kleine Vogelarten ziehen gesellig. Tagzieher sind Storch, Schwalben und Segler, Nachtzieher Grasmücken, Rotkehlchen, viele Enten. Die maximale Zugleistung bringt die Küstenseeschwalbe mit 17000 km. In den Tropen ist die Verteilung der Niederschläge für Auslösung und Richtung des Zuges ausschlaggebend.

Lit.: G. Creutz: Geheimnisse des Vogelzuges (7. Aufl. Wittenberg 1976); S. A. Gerlach: Tierwanderungen. In Bertalanffy u. Gessner: Handb. der Biologie Bd V (Wiesbaden 1965); E. Schüz: Grundriß der Vogelzugkunde (2. Aufl. Berlin, Hamburg 1971); C. B. Williams: Die Wanderflüge der Insekten (Berlin, Hamburg 1961).

Tiger, *Panthera tigris,* eine rostbraune, mit schwarzer Querstreifung versehene Großkatze, die als Einzelgänger in den Wäldern und Schilfdickichten Asiens vom Iran bis nach Sibirien und südlich bis Sumatera und Djawa lebt. Der T. schwimmt gern. Seine Hauptnahrung besteht aus Wildschweinen. – Tafel 36.

Lit.: V. Mazák: Der T. (3. Aufl. Wittenberg 1983).

Tigerfrosch, *Rana tigrina,* bis 15 cm langer, kräftiger, wasserlebender Vertreter der → Echten Frösche Süd- und Südostasiens mit Längsrunzeln auf der braun-grün marmorier-

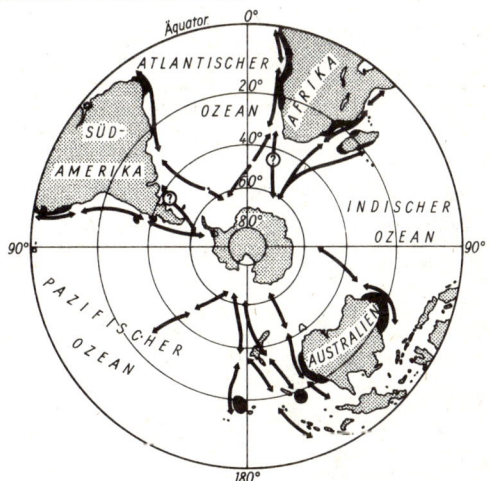

3 Zugwege und Fanggebiete (schwarz) des Buckelwals während seines Tropenaufenthaltes (nach Slijper 1958)

4 Singdrossel (*Turdus philomelos*) als Beispiel für Breitfrontzug (nach Eichler 1934)

ten Haut. Der T. wird intensiv als Nahrungsmittel verwertet.

Tigersalamander, *Ambystoma tigrinum,* bis 35 cm langer, helldunkel gefleckter → Querzahnmolch des nordamerikanischen Tieflandes. Der T. ist der größte Landmolch der Erde. Er hält sich nur zur Fortpflanzung im Wasser auf, das Weibchen kann über 1000 Eier legen. Die westlichen Unterarten dieser Form zeigen häufig → Neotenie, was auf Iodmangel in dortigen Gewässern zurückgeführt wird.

Tigerschlange, *Python molurus,* in Vorder- und Hinterindien sowie auf dem Indoaustralischen Archipel verbreitete, maximal 6 bis 7 m lange → Riesenschlange mit rötlichbrauner Fleckenzeichnung. Die kleinere und hellere Nominatform, die *Helle T., Python molurus molurus,* bewohnt Vorderindien und Sri Lanka, die größere *Dunkle T., Python molurus bivittatus,* ist die häufigste Riesenschlange Hinterindiens und der Sundainseln. In Lebensweise und Fortpflanzung ist die T. dem → Netzpython ähnlich.

tight junctions, → Epithelgewebe, → Plasmamembran.
Tiglinsäure, → Angelikasäure.
Tigroidsubstanz, → Neuron.
Tiliaceae, → Lindengewächse.
Timalien, *Timaliidae,* weit verbreitete Familie der → Singvögel mit über 280 Arten. Es ist eine systematisch sehr schwierige Gruppe. Viele Arten wurden anderen Familien zugeordnet, weil man die tatsächliche Verwandtschaft nicht erkannte. Manche sehen wie Rabenvögel aus, andere wie Würger oder Finken, wieder andere wie Pittas oder Meisen u. a. So ist z. B. auch die bei uns heimische *Bartmeise* eine T. Auch *Häherlinge* und *Sonnenvögel* sind T.
Tinamiformes, → Steißhühner.
Tineidae, → Motten 2).
Tintenfische, svw. Kopffüßer.
Tipulidae, → Zweiflügler.
T-Lymphozyten, → Thymus.
TMV, → Tabakmosaikvirus.
TNV, → defiziente Viren.
Tobamovirusgruppe, → Virusgruppen.
Tobiasfische, svw. Sandaale.
Tobravirusgruppe, → Virusgruppen.
Tochterchromosomen, svw. Chromatiden.
Tochtergeschwülste, → Krebszelle.
Tod, → Lebensdauer.
Todis, → Rackenvögel.
Togaviren, → Virusfamilien.
Togaviridae, → Virusfamilien.
Tokeh, *Panthergecko, Gekko gecko,* bis 30 cm langer, häufiger Gecko Südostasiens mit rötlichen Abzeichen auf olivbraunem Grund, sehr breitem Kopf und lauter Stimme. Der Ruf klingt wie »to-kee«.
Tokogonie, svw. Fortpflanzung.
Tokopherol, svw. Vitamin E, → Vitamine.
Toleranz, *1) Leistungstoleranz,* in der Phytopathologie die Eigenschaft einer Wirtspflanze, Infektion oder Befall ohne spürbare Schäden zu ertragen. Um T. zu erkennen bzw. zu bestimmen, ist es erforderlich, die Konzentration des Parasiten zu bestimmen. T. ist eine Form der → Resistenz.
2) → ökologische Valenz.
Tollkirsche, → Nachtschattengewächse.
Tölpel, → Ruderfüßer.
Tolubalsam, ein braungelber, zähflüssiger, angenehm vanilleartig riechender Balsam, der besonders in Kolumbien und Venezuela aus *Myroxylon balsamum* gewonnen wird. T. besteht aus Estern der Zimt- und Benzoesäure, Vanillin, Terpenen und Harzen, er wird medizinisch als Hustenmittel verwendet.
Tolypophagie, *Knäuelverdauung,* Form der Verdauung bei endotropher → Mykorrhiza. Die in die Rindenzellen der Wurzeln eingedrungenen knäuelförmigen Hyphen werden abgetötet und verdaut. T. ist bei Orchideen verbreitet.
Tomate, → Nachtschattengewächse.
Tomatenzwergbuschvirusgruppe, → Virusgruppen.
Tomatin, charakteristisches Alkaloid der Tomatenpflanze, *Lycopersicum esculentum.* T. ist ein Glykosid (Glykoalkaloid), das bei saurer Hydrolyse das Aglykon *Tomatidin* liefert, ein zu den Steroiden gehörendes Derivat, sowie als Zuckeranteil D-Galaktose, D-Xylose und 2 Moleküle D-Glukose. T. wirkt auf den Kartoffelkäfer fraßabschreckend. Es besitzt antibiotische Wirkung gegen die Erreger der Tomatenwelke und andere pathogene Pilze und Flechten.
Tombusvirusgruppe, → Virusgruppen.
Tönnchen, *1)* Puparium, → Puppe. *2)* Dauerstadium der → Bärtierchen.
Tonnenschnecken, Schnecken der Ordnung *Monotocardia* mit sehr bauchigem, tonnigem Gehäuse bis 40 cm Höhe. Zu ihnen gehören auch Arten, die in ihren Speicheldrüsen Schwefelsäure produzieren können.
Tonofibrillen, feine, im polarisierten Licht doppelbrechende faserige Strukturen, die besonders in Epidermiszellen, aber auch in anderen Zelltypen der Wirbeltiere vorkommen. T. sind aus Bündeln von nichtkontraktilen Zytofilamenten, den *Tonofilamenten,* mit einem Durchmesser von etwa 10 nm zusammengesetzt. Sie enden häufig in der Nähe von Desmosen oder Zonulae adhaerentes. Als relativ zugfeste Elemente tragen die T. zur Erhöhung der mechanischen Widerstandsfähigkeit der Zellen bzw. des Zellverbandes bei.
Tonofilamente, → Plasmamembran.
Tonoplast, → Lysosom, → endoplasmatisches Retikulum.
Tonsillen, svw. Mandeln.
Tonus, → Herznervenwirkung.
Töpfervögel, *Furnariidae,* Familie der → Sperlingsvögel mit über 200 Arten. Am bekanntesten ist der *Töpfervogel, Furnarius rufus,* der aus Schlamm und anderem Material ein kugelförmiges Nest mit seitlichem Eingang baut. Die Nistkammer ist durch eine hohe Schwelle vom Vorraum getrennt.
Topinambur, → Korbblütler.
topische Ansprüche, svw. Raumansprüche.
Topochronogramm, Erfassung tierischen Verhaltens mittels eines kombinierten *Raum-Zeit-Kataloges* (→ Chronogramm, → Topogramm).
Topogramm, Raumkatalog des Verhaltens, Liste der Auftrittsorte und der ortsspezifischen Auftrittshäufigkeiten sowie Verzeichnis der Übergangshäufigkeiten zwischen diesen. Damit können »Ortswechselalgorithmen« erfaßt werden.
Topoklima, *Geländeklima, Mesoklima,* Klima der bodennahen Luftschichten, das durch die Eigenheiten des Geländes geprägt wird.
Tor, *Gate,* regelbarer Eingang eines Ionenkanals. Die im Verlaufe eines Aktionspotentials auftretenden Potentialänderungen bedeuten Feldstärkeänderungen in der Membran. Ein Sensor für die Feldstärke in der Membran, der ein Dipolmoment besitzt, steht auf noch nicht ganz geklärte Weise mit einem T. in Verbindung und regelt dadurch z. B. den Na^+-Fluß durch einen → Na^+-Kanal.
Torf, unter Sauerstoffabschluß nur teilweise zersetzte Pflanzen des Moores, vor allem Torfmoose (*Sphagnum*).
Torfmoose, → Laubmoose.
Tormillares, von Zwergsträuchern bestimmte Strauchformation des westlichen Mittelmeergebietes. → Hartlaubvegetation.

Tornarialarven, → Hemichordaten.

torrentikol, *lotisch,* Sturzbäche bewohnend. T. Organismen haben einen hohen Sauerstoffbedarf und leben deshalb nur in heftig bewegtem Wasser der Gebirgsbäche oder der Brandungsufer der Seen. Im Stillwasser ersticken sie meistens bald. Vielgestaltig sind die Anpassungen, die den Organismen die Besiedlung schnellfließender Gewässer ermöglichen. Vorherrschendes Prinzip ist bei den Tieren die Abflachung des Körpers. Schildförmig gewölbt, liegt er an der Unterlage (z. B. bei Mützenschnecken oder Käfer- und Eintagsfliegenlarven). Verbreitet ist die Bildung von Saugnäpfen, mit deren Hilfe sich t. Formen selbst in sehr schnellen Strömungen halten können. Mehrere Saugnäpfe hat z. B. die Larve der Netzflügelmücke *Liponeura,* einen haben z. B. der Panzerwels *Lithogenes* und die Kaulquappe der Kröte *Bufo penangensis.* Viele Insekten heften sich mit Gespinstfäden an der Unterlage an, wobei die Gespinste häufig zugleich dem Nahrungserwerb dienen, z. B. bei der Köcherfliege *Hydropsyche.* Neben morphologischen finden sich auch verhaltensbiologische Anpassungen an das t. Leben. So sind die freibeweglichen Formen positiv thigmotaktisch, d. h., sie streben zum ständigen Kontakt mit der Unterlage. Beim Atmen suchen sie nicht die Wasseroberfläche auf, sondern atmen durch Kiemen oder über die gesamte Körperoberfläche.

Torsion, die Bewegung von Pflanzenorganen oder Organteilen, bei der sich diese unter Beibehaltung ihrer Wuchsrichtung um die eigene Achse drehen, während die Basis in Ruhe bleibt. T. können durch autonome oder durch Reize induzierte Wachstumsbewegungen (→ Geotorsion) zustande kommen, z. B. bei Blütenstielen, oder sie treten im Gefolge von → hygroskopischen Bewegungen auf, z. B. am Schnabel der Teilfrüchte des Reiherschnabels.

Tortricidae, → Wickler.

Torus, → Tüpfel.

Torus occipitalis transversus, *querer Hinterhauptwulst,* die zwischen der oberen und der unteren Nackenlinie quer über die Hinterhauptsschuppe verlaufende wulstförmige Erhebung, die bei vielen fossilen Menschenschädeln und beim rezenten Menschen, besonders häufig bei Australiern, Ozeaniern und Indianern, vorkommen kann.

totale Ruhe, → Ruheperioden.

tote Haare, → Pflanzenhaare.

Totipotenz, *Omnipotenz,* die Erscheinung, daß alle lebenden Zellen eines Organismus in ihrem Bestand an Erbinformation der Eizelle und somit auch untereinander gleich sind. Die T. ist darauf zurückzuführen, daß bei den mitotischen Teilungen die gesamte DNS und somit auch die in dieser vorhandene Erbinformation gleichmäßig auf beide Tochterzellen verteilt wird. Bei der Differenzierung erfolgt kein Verlust der T., sondern nur eine Potenzunterdrückung (Potenzbeschränkung). Das kann experimentell überzeugend demonstriert werden, wenn aus einer einzigen spezialisierten Zelle nach Dedifferenzierung eine neue Pflanze entsteht. So entwickeln sich an isolierten Begonienblättern, die auf feuchten Sand gelegt wurden, jeweils aus einer einzigen Epidermiszelle, besonders an durchschnittenen Blattnerven, Adventivsprosse und schließlich vollständige Begonienpflanzen. Auch aus künstlich isolierten Zellen, z. B. aus Möhrenwurzeln oder aus dem Markparenchym des Tabakstengels, kann man ganze Pflanzen gewinnen. Das zeigt, daß diese differenzierten Zellen noch totipotent waren, daß aber mit der Differenzierung ein Teil der Potenz unterdrückt worden war. Die Bildung von Wundkallus stellt an Wundstellen auftretende Dedifferenzierung von Parenchymzellen und somit eine Reaktivierung unterdrückter Potenzen bzw. eine Reaktivierung von Genen und eine vorübergehende Rückgewinnung der T. dar. Auch bei Tieren kann man die T. differenzierter Zellen im Experiment nachweisen. Wenn beispielsweise Zellkerne aus differenziertem Muskelgewebe bzw. aus dem Darmepithel von Larven des Krallenfrosches in zuvor kernlos gemachte aktivierte Eizellen transplantiert werden, können sich diese anschließend zu völlig normalen Larven entwickeln.

Totraum, Gebiete des Atmungstraktes, die am Gasaustausch nicht teilnehmen. Der *effektive* oder *physiologische* T. ist die Summe von anatomischem und alveolärem T. Der *anatomische* T. umfaßt jene Luftleitungswege (vom Nasen- und Mundraum bis zu den Bronchien), denen das respiratorische Epithel fehlt. Er läßt sich entweder durch einen Paraffinausguß an der Leiche oder am Lebenden nach Messung des Atemzugvolumens, der Atemgaskonzentration in der Ein-, der Ausatmungs- sowie der Alveolarluft und Einsetzen der ermittelten Werte in die Bohrsche Formel bestimmen. Seine Größe beträgt beim Erwachsenen rund 150 ml. Der anatomische T. dient der Befreiung der Einatmungsluft von Schmutzteilchen, indem sich diese im Schleim der Atemwege verfangen und abgehustet werden, ihrer Aufwärmung auf die Körpertemperatur und einer Sättigung mit Wasserdampf. Zum *alveolären* T. zählen jene Alveolen, die zwar belüftet, aber nicht durchblutet werden. Ihre Anzahl schwankt mit den atmungsphysiologischen Bedürfnissen des Körpers. Das Hecheln der Vögel und einiger Säugetiere ist eine gesteigerte Totraumbelüftung zur stärkeren Wasserverdunstung und damit einer erhöhten Wärmeabgabe.

Totstellreflex, → Schutzreflexe.

Toxine, mikrobielle, pflanzliche oder tierische Giftstoffe mit spezifischer Wirksamkeit.

Toxizität, *Giftigkeit,* die Giftwirkung einer Substanz, gemessen am Grad der Schädigung eines Organismus oder an der Todesrate einer Population, besonders bei Prüfung chemischer Stoffe. Je nach dem Bezugssystem unterscheidet man z. B. zwischen *Phytotoxizität* (giftig gegenüber Pflanzen), *Zytotoxizität* (giftig gegenüber Zellen) u. a.

Toxoglossa, → Radula.

Toxoplasmose (Tafel 42), durch das Sporentierchen *Toxoplasma gondii* verursachte, weltweit verbreitete Infektionskrankheit. Endwirt, in dem die geschlechtliche Vermehrung erfolgt, ist die Katze. Zwischenwirte, die mehrfach hintereinandergeschaltet sein können, sind zahlreiche Säugetiere und der Mensch, dazu auch Vögel. In ihnen erfolgt eine besondere Form der ungeschlechtlichen Vermehrung, die *Endodyogenie,* die die akute Erkrankungsphase bewirkt. Ihr folgt das chronische Stadium, das durch massenhafte Dauerstadien in Gehirn oder Muskulatur gekennzeichnet ist. Die Symptome sind unspezifisch mit Kopfschmerz, Fieber und Lymphopathien. Da der Erreger leicht die Plazenta passiert, kann es zu Schädigungen des Foetus, zu Fehl- und Frühgeburten, kommen. Die Infektion des Menschen erfolgt durch Schmutz- und Schmierinfektion oder durch Genuß nicht garen Fleisches anderer Zwischenwirte. Bis 50 % aller Menschen werden im Laufe ihres Lebens von einer T. befallen.

TPN, → Nikotinsäureamid-adenin-dinukleotidphosphat.

Trachea, svw. Luftröhre.

Trachealorgane, *Weiße Körper,* die Luftatmungsorgane vieler Landasseln. Die T. sind Hohlräume in den Hinterleibsbeinen (Pleopoden), die durch ihre Luftfüllung weiß erscheinen.

Tracheaten, *Tracheata, Antennata,* zu den Gliederfüßern gehörender Unterstamm der *Mandibulata.* Die T. sind mit Hilfe von Tracheen atmende Landtiere mit nur einem Paar Antennen. Dieser Unterstamm enthält rund 860 000 Arten, also etwa $^3/_4$ aller Tierformen überhaupt. Den Hauptanteil haben dabei die Insekten mit ungefähr 850 000 Arten. Alle

Tracheen

T. bewohnen ursprünglich das Land, nur wenige Arten sind als Larven oder Imagines zu Wasserbewohnern geworden. Bei den einzelnen Gruppen ist die Zahl der Atemöffnungen (Stigmen) in verschieden hohem Maße reduziert. Der Kopf trägt stets nur ein Antennenpaar, das der Antennulae der Krebse entspricht; es wird vom Deutozerebrum innerviert. Im folgenden Segment, das der zweiten Antenne der Krebse entspricht, liegt zwar auch ein Ganglienpaar (Tritozerebrum), eine Gliedmaße fehlt aber immer; man bezeichnet diesen Abschnitt als Interkalarsegment. Im Kauteil des Kopfes findet man ein Paar Mandibeln und ein Paar Maxillen. Eine zweite Maxille besitzen nur die Zwergfüßer und Insekten. Bei den Hundertfüßern ist zwar dieses Segment auch in den Kopf einbezogen, seine Gliedmaßen sind aber beinförmig. Bei den Doppelfüßern und Wenigfüßern enthält der Kauteil des Kopfes überhaupt nur zwei Segmente, nämlich die der Mandibel und der ersten Maxille; das Segment der zweiten Maxille ist vom Kopf deutlich abgesetzt und trägt keine Gliedmaßen; es wird Collum genannt. Die ursprünglich kauenden Mundwerkzeuge sind bei vielen Insekten zu Stech- oder Saugapparaten umgewandelt. Der Rumpf besteht bei den Tausendfüßern aus gleichartigen Segmenten, die außer dem ersten und letzten je ein Beinpaar tragen. Bei den Insekten dagegen sind deutlich zwei Abschnitte, Thorax und Abdomen, zu unterscheiden. Der Thorax setzt sich immer aus drei Segmenten zusammen und trägt drei Beinpaare sowie bei den meisten Arten zwei Paar Flügel; das Abdomen hat in der Regel neun Segmente und weist bei den erwachsenen Tieren keine Gliedmaßen auf. Die Extremitäten der T. sind im Gegensatz zu den Krebsen immer einästig, Scherenbildungen treten nur ganz selten auf. Als → Exkretionsorgane dienen Gefäße. Die Exkrete, vor allem Harnsäure, werden durch den After nach außen befördert. Die T. sind fast durchweg getrenntgeschlechtlich. Sie haben paarige Gonaden.

System:
1. Klasse: Tausendfüßer *(Myriapoda)*
2. Klasse: Insekten *(Insecta)*

Geologische Verbreitung und Bedeutung. Algonkium (?), Kambrium bis Gegenwart. Die beiden Klassen Tausendfüßer (Silur bis Gegenwart) und Insekten (Devon bis Gegenwart) sind biostratigraphisch bedeutungslos.

Tracheen, 1) dünne, stets mit Luft gefüllte röhren- oder sackartige Einstülpungen der Körperhaut, die primär metamer und paarig angelegt werden und in ihrer Gesamtheit das Atmungssystem der auf dem Land lebenden Stummelfüßer und Gliederfüßer darstellen. Die Tracheenwandung besteht von außen nach innen aus einer zelligen Matrix, dem Tracheenepithel, und der durch Spiralfäden, die Tanidien, versteiften chitinigen Intima. Die Intima stellt eine Fortsetzung der Hautkutikula dar und wird wie diese bei jeder Häutung erneuert. Die T. beginnen an der Körperoberfläche mit besonderen Öffnungen, den → Stigmen, die bei den Insekten mit einem Verschlußmechanismus versehen sind, der die Luftventilation in den T. regelt. Im Körperinnern verzweigen sich die T. als Röhrentracheen in einer bei den einzelnen Arten verschiedenen Art und Weise. Dabei können die T. auf das Körpersegment beschränkt bleiben, in dem ihr Stigma liegt, z. B. bei zahlreichen Vielfüßern und primitiven Insekten, oder mit den Tracheenröhren der Nachbarsegmente in Verbindung treten, so daß den ganzen Körper durchziehende Längsstämme entstehen können, von denen die einzelnen Tracheenäste abzweigen, z. B. bei höheren Insekten. Die feineren Endverzweigungen der T. gehen in feinste Tracheenkapillaren (→ Tracheolen) über.

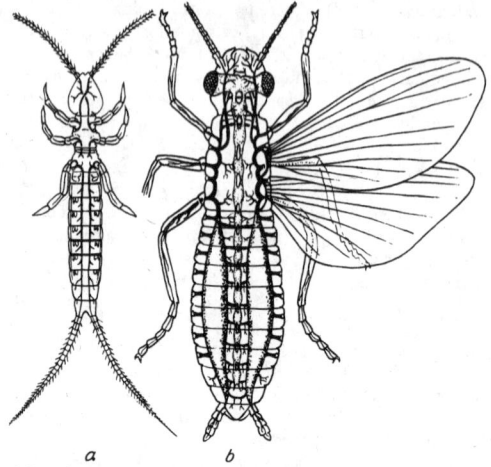

1 Grundschemata des Tracheensystems von Insekten: *a* primär flügelloses Insekt *(Campodea)* von der Bauchseite, *b* geflügeltes Insekt

Im Gegensatz zu den T. werden sie nicht gehäutet. Der in den T. und Tracheolen vorhandene Sauerstoff tritt durch Diffusion in das umgebende Gewebe bzw. die Hämolymphe über. Die Erneuerung der Atemluft in den Tracheenröhren erfolgt bei zahlreichen Vielfüßern, Insektenlarven und -puppen ebenfalls durch Diffusion über die Stigmen oder bei geflügelten Insekten durch Ausdehnen und Zusammenziehen des Hinterleibes (»Pumpen«) in zumeist dorsoventraler Richtung. Auf diese Weise werden dickere Tracheenstämme oder ihre wenig versteiften Erweiterungen, die → Tracheenblasen, erweitert und zusammengepreßt. Bei einigen sekundär im Wasser lebenden Insektenlarven sind sämtliche Stigmen geschlossen, häufig aber auch die T. ganz oder teilweise reduziert. Bei ihnen erfolgt der Gasaustausch entweder über → Tracheenkiemen oder über die Haut (Hautatmung). Hautatmung tritt auch bei den sehr kleinen, in anderen Insekten schmarotzenden Junglarven der Schlupfwespen auf. Neben den normalen Röhrentracheen haben viele Insektenlarven → Tracheenlungen. Neben der respiratorischen Bedeutung erfüllen die T. – besonders bei Insekten – ganz allgemein die Funktion

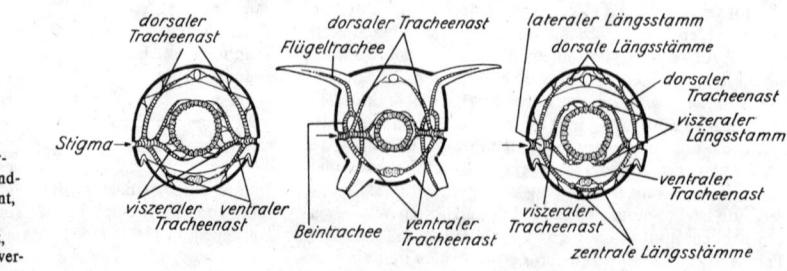

2 Anordnung des Tracheensystems im Querschnitt: *a* Grundschema im Hinterleibssegment, *b* Grundschema im Brustsegment, *c* sekundär kompliziert, mit Längsstämmen und Querverbindungen

eines Aufhängeapparates, indem ihre Äste und Verzweigungen die Organe umspinnen und in ihrer Lage halten.

2) → Holz, → Leitgewebe.

Tracheenblasen, besonders bei Insekten blasenförmige Erweiterungen der Tracheen, die als Luftspeicher, Schwimmblasen oder schallverstärkende Organe arbeiten. Die T. haben im allgemeinen keinen die chitinige Intima verstärkenden Spiralfaden wie die Tracheen. Sie können aber feine Tracheenäste an die umgebenden Organe abgeben. T., die sich ganz oder teilweise der Körperhaut anlegen, werden als *Luftkammern* bezeichnet. T. finden sich als Erweiterungen der Tracheenwurzeln besonders bei gut fliegenden Insekten, z.B. bei Honigbiene und Stubenfliege. Sie übernehmen hier die Rolle eines Luftspeichers und ermöglichen während des Fliegens einen Druckausgleich im Tracheensystem. Bei den im Wasser lebenden Larven der Zuckmücken wirken die T. als hydrostatischer Apparat.

Tracheenkapillaren, svw. Tracheolen.

Tracheenkiemen, *Pseudobranchien,* blatt-, finger-, büschel- oder fiederförmige, dünnwandige Körperanhänge der im Wasser lebenden Larven von Eintagsfliegen, Libellen, Steinfliegen und Köcherfliegen. Die T. sind reich mit Tracheen versorgt und dienen dem Gasaustausch im Wasser.

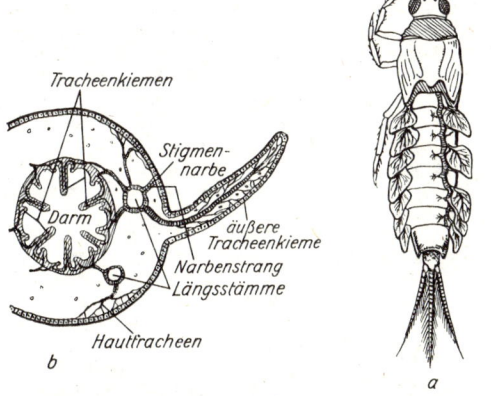

Tracheenkiemen der Insekten: *a* blattförmige Tracheenkiemen einer Eintagsfliegenlarve (*Siphlurus*), *b* kombiniertes Schema der Tracheenkiemen bei geschlossenem Tracheensystem

Die T. treten besonders an den Beinen, den Brust- und Hinterleibssegmenten auf oder stellen – bei den Schlammfliegen – umgebildete Hinterleibsbeine (Abdominalextremitäten) dar. Die Larven der Eintagsfliegen und Schlammfliegen haben T., die mit eigenen Muskeln versehen sind und zum Herbeistrudeln von frischem Wasser benutzt werden. Die Larven der anisopteren Libellen (*Odonata, Anisoptera*) besitzen im Enddarm septenartige Längsfalten (rektale T.), durch die eine Darmatmung möglich ist. Seltener erfolgt bei Wasserinsekten mit geschlossenem Tracheensystem der Gasaustausch durch diffuse Hauttracheenatmung, die durch eine reiche Tracheenversorgung der Körperhaut (Hauttracheen) ermöglicht wird, z.B. bei einigen Köcherfliegenlarven und -puppen.

Tracheenlungen, *Buchlungen, Fächerlungen, Fächertracheen, Phyllotracheen,* paarige Atmungsorgane, die bei vielen auf dem Land lebenden Spinnentieren im 2. und 3. (Geißelskorpione, Webspinnen) oder im 4. bis 7. (Skorpione) Hinterleibssegment z.T. neben Röhrentracheen auftreten. Sie entstehen in enger Verbindung mit den embryonal angelegten Beinknospen des Hinterleibes, indem sich an deren Hinterseite tiefe Furchen einsenken, die zusammen mit den Beinanlagen in den Körper einsinken.

Die T. setzen sich aus einer grubenförmigen Einsenkung der Körperhaut, dem Atemvorhof, und den wie Buchseiten parallel nebeneinanderliegenden flachen Atemtaschen zusammen, die an der Vorderwand des Atemvorhofes mit dicht stehenden Schlitzöffnungen in diesen einmünden. Auf der Bauchseite des Hinterleibes mündet jeder Atemvorhof mit einem spaltförmigen schlitzförmigen Stigma nach außen. Wie der Atemvorhof sind die Atemtaschen mit einer Chitinintima ausgekleidet, auf der sich verschieden gestaltete Chitinbalken erheben, die das Zusammenfallen der Taschen verhindern. Gegeneinander sind die Atemtaschen durch Epidermissäulen gestützt. Die Zwischenräume der einzelnen Fächer stehen mit einem ventralen Blutsinus in Verbindung, der über eine Lungenvene mit dem Herz direkt verbunden ist. An der Hinterseite des Atemvorhofs setzen Muskeln an, die ihn erweitern und das Stigma öffnen können. Die Atemtaschen selbst entbehren jeder Muskulatur. In ihnen erfolgt der Gasaustausch lediglich durch Diffusion.

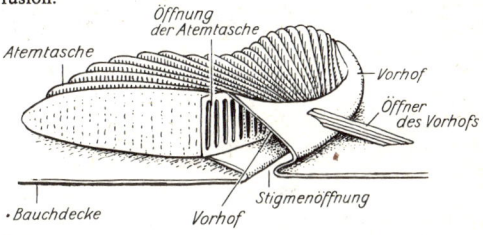

Schema einer Tracheenlunge

Echte T. weisen unter den Krebstieren auch einige Asseln (*Isopoda*) in Anpassung an das Landleben auf. Bei ihnen haben sich am Außenast (Exopodit) der Hinterleibsbeine sackartige und sehr dünnwandige Einstülpungen entwickelt, von denen blind endende Röhren in den bluterfüllten Binnenraum des Exopoditen hineinziehen. Unter den Tausendfüßern haben die Spinnenläufer 7 unpaarige T., die auf dem Rücken mit einem Stigma nach außen münden. Sie bestehen aus einer Atemhöhle, von der jederseits bis zu 600 kurze, in den Herzbeutel hineingestülpte Tracheenkapillaren ausgehen.

Tracheiden, → Holz, → Leitgewebe.

Tracheolen, *Tracheenkapillaren,* blind endende, fadenförmige oder verästelte feinste Endverzweigungen der Tracheen. Die T. stellen die Verbindung zwischen den Tracheenästen und den sauerstoffverbrauchenden Organen her. Bei den Insekten haben die T. einen Durchmesser von 1 μm und weniger. Sie sind röhrenförmige, dünnwandige Hohlräume, deren chitinige Intima einen nur elektronenmikroskopisch nachweisbaren Spiralfaden aufweist und bei der Häutung nicht abgestoßen wird. Die T. entwickeln sich innerhalb einer bei Insekten nachgewiesenen Tracheenendzelle und schieben sich sowohl zwischen als auch in die Gewebezellen, die sie direkt mit Sauerstoff versorgen. In Ruhe sind die T. mit Flüssigkeit gefüllt. Bei Tätigkeit der Organe wird die Flüssigkeit vom Gewebe resorbiert, so daß der Sauerstoff an die Verbrauchsorgane herantreten kann. Bei einigen Fliegen- und Schmetterlingslarven sowie im Thorax von Wasserwanzen kommen besonders gestaltete Tracheolenbüschel vor, die als → Tracheenlungen bezeichnet werden.

Tracht, 1) der von Honigbienen gesammelte und eingetragene Nektar und Pollen.

2) die äußere Erscheinung eines Tieres, wie Färbung und Oberflächenbeschaffenheit, die nach ihrer biologischen Funktion als Warn-, Schreck-, Verbergetracht, Brut- und Ruhekleid bezeichnet wird (→ Schutzanpassungen).

Trächtigkeit

Trächtigkeit, *Gravidität,* beim weiblichen Säugetier mit der Befruchtung beginnender und mit der Ausstoßung der ausgebildeten Frucht während der Geburt endender Zustand (beim Menschen *Schwangerschaft*). Die *Trächtigkeitsdauer* oder *Tragzeit* ist bei den einzelnen Tierarten sehr unterschiedlich und kann in weiten Grenzen schwanken (Tab.). Einfluß haben Körpergröße, Reifezustand der Frucht u. a. *Trächtigkeitszeichen* bei Tieren sind Ausbleiben der Brunst, Vergrößerung des Leibesumfanges, Eutervergrößerungen u. a.

Dauer der Trächtigkeit (nach Tagen)

Tierart	Durchschnitt	Schwankungen
Pferd	336	310...360
Rind	285	270...295
Schaf und Ziege	150	146...151
Schwein	115	104...133
Hund	63	59... 65
Katze	60	56... 60
Kaninchen	28	27... 33
Nashorn	520	510...540
Elefant	630	610...650
Schimpanse	240	210...270
Mensch	280	265...295

Trachyceras [griech. trachys ›rauh‹], leitende Ammonitengattung der mittleren bis oberen alpinen Trias. Das scheibenförmige, planspiral eingerollte Gehäuse zeigt eine gerundete Außenseite mit einer Medianfurche. Diese wird beiderseits von einer Knötchenreihe begrenzt. Die einfachen bis gegabelten Rippen der Schalenoberfläche werden von zahlreichen Knötchen bedeckt. Die Lobenlinie ist total gezackt.

Trachylina, → Hydrozoen.

Tractus respiratorius, → Kiemendarm.

Tradition, *biotradiertes Verhalten,* Weitergabe von individuell erworbenen Verhaltensinteraktionen mit der Umwelt über Nachahmung oder vergleichbare Lernprozesse nach einem Vorbild, auch im Zusammenhang mit biosozialer Anregung. Die Grundlagen für Biotraditionen können sowohl durch ein motorisches Nachahmen als auch über sensorisches Nachahmen geliefert werden. Im letzten Fall werden gehörte oder beobachtete Vorgänge in das eigene Verhalten eingebaut. Bei Primaten sind in den letzten Jahren zahlreiche Beispiele für die Entstehung biosozialer Traditionen nachgewiesen worden, die auch die Nutzung von Gegenständen beim Nahrungserwerb einschließen.

Traditionshomologie, *Homologie 2. Ordnung,* auf gemeinsamer individuell tradierter Information beruhend. Es gibt verschiedene Formen solcher Homologien, die als *Erb-Erwerb-Homologien* bezeichnet werden, wenn die eine Merkmalsstruktur genetisch vorgegeben, die andere aber erworben ist, während bei der reinen *Erwerbhomologie* beide Strukturen erworben wurden. Wenn ein Papagei das Bellen eines Hundes imitiert, liegt eine Erb-Erwerb-Homologie vor, denn beim Hund ist das Bellen »angeboren«; imitiert der Papagei aber menschliche Worte, ist eine reine Erwerbhomologie gegeben, da auch die Worte beim Menschen über Lernvorgänge erworben werden.

Lit.: K. Meissner: Homologieforschung in der Ethologie (Jena 1976).

Tragant, → Schmetterlingsblütler.

Tragblatt, → Blatt, → Knospe, → Sproßachse.

Tragelaphus, → Kudus.

Träger, sww. Carrier.

Trägspinner, *Lymantriidae,* eine den Eulenfaltern verwandte Familie der → Schmetterlinge, zu denen bekannte Schädlinge unserer Laub- und Nadelbäume gehören, z. B. → Goldafter, → Nonne, → Schwammspinner.

Tragulidae, → Zwergböckchen.

Tragzeit, → Trächtigkeit.

Trampeltier, *Camelus bactrianus,* ein → Kamel mit zwei Höckern auf dem Rücken. In diesen Höckern, die bei gut ernährten Tieren steif aufrecht stehen, wird Fett gespeichert, das als Nahrungsreserve dient. Die T. können eine Woche lang dursten und dabei einen Wasserverlust von 30 % der Körpermasse ertragen. Als Flüssigkeitsspeicher dient bei ihnen wie bei anderen Säugetieren auch die Muskulatur. Durch Schwankungen der Körpertemperatur um 6 °C können die Temperaturdifferenz zur Umwelt und damit die Verdunstung verringert werden. Das T. ist als genügsames Reit- und Lasttier in Vorder-, West- und Zentralasien sehr geschätzt.

Transamidasen, → Transferasen.

Transamidierung, → Stickstoff.

Transaminasen, → Transferasen.

Transaminierung, wichtige Reaktion im Stoffwechsel der Aminosäuren, bei der unter dem Einfluß von pyridoxalphosphatabhängigen Transaminasen (→ Transferasen) die Aminogruppe einer Aminosäure reversibel auf eine α-Ketosäure, wie α-Ketoglutarsäure oder Oxalessigsäure, übertragen wird: Aminosäure + α-Ketoglutarsäure → α-Ketosäure + Glutaminsäure. Die Bedeutung der T. liegt vor allem darin, daß der Aminostickstoff über Glutaminsäure und Asparaginsäure in den Harnstoffzyklus eingeführt wird und in das Ausscheidungsprodukt Harnstoff übergeht. An der T. können fast alle Aminosäuren teilnehmen, besonders wichtig sind jedoch Asparagin- und Glutaminsäure. Die T. ist eine äußerst wichtige Reaktion zur Gruppenübertragung im Aminosäurestoffwechsel.

Transazylasen, → Transferasen.

Transduktion, die Übertragung von Genen oder Genomfragmenten von Bakterien einer Zelle in eine andere, vermittelt durch Virus- bzw. Bakteriophagen-DNS als Vektor. Die Empfängerzelle wird dadurch zur Merozygote. Die transduzierte DNS verbleibt entweder im Zytoplasma der Empfängerzelle und wird bei der Zellteilung auf eine der beiden Tochterzellen verteilt, oder sie paart mit homologen Abschnitten der DNS des Empfängergenoms, wird mit diesen vermehrt und verbleibt integriert in der Empfängerzelle.

Transferasen, Hauptklasse von Enzymen, die im Stoffwechsel aller lebenden Zellen von großer Bedeutung sind. Sie katalysieren die reversible Übertragung einer chemischen Gruppierung R zwischen zwei Substraten S und S': $R-S + S' \rightleftharpoons R-S' + S$. Aus der umfangreichen Klasse der T. sind folgende Untergruppen besonders wichtig: 1) C_1-*Transferasen* für den Transfer von C_1-Gruppen, wie Methyl-, Formyl- und Karboxygruppen. Bei den Methyltransferasen wird die Methylgruppe —CH_3 auf C-, N- oder 0-Atome geeigneter Akzeptoren übertragen, wobei meistens S-Adenosylmethionin als Methylgruppendonator fungiert. Für die Übertragung von Hydroxymethyl- (—CH_2OH) und Formyl-(—CHO)gruppen stellt Tetrahydrofolsäure das Koenzym (→ Vitamine) dieser Reaktion dar. Der Transfer von Karboxygruppen —COOH auf karboxylierende Verbindungen erfolgt mit Biotin (→ Vitamine) als Koenzym.

2) *Azyltransferasen (Transazylasen)* bewirken die Übertragung von Azylgruppen —R—CO—, insbesondere von Azetylgruppen CH_3CO— durch Azetyl-Koenzym A, auf einen Akzeptor. Dieser Prozeß ist bei Synthese und Abbau von Fettsäuren, bei der Bildung von konjugierten Gallensäuren und vielen anderen Reaktionen von Bedeutung.

3) *Aminotransferasen (Transaminasen)* katalysieren die

reversible Übertragung einer Aminogruppe von einer bestimmten α-Aminosäure auf eine α-Ketosäure, wobei Pyridoxalphosphat (→ Vitamine) als Kosubstrat wirkt. Für den Aminosäurestoffwechsel sind besonders die Glutamat-Oxalazetat-Transaminase (Abk. GOT) und die Glutamat-Pyruvat-Transaminase (Abk. GPT) wichtig.

4) *Aldehyd-* und *Ketotransferasen*, z. B. die Transketolase, sind wichtige T. des Kohlenhydratstoffwechsels. Von der Transketolase wird das C_2-Fragment Glykolaldehyd von einer Ketose auf eine Aldose übertragen, wobei Thiaminpyrophosphat (→ Vitamine) als Koenzym fungiert.

5) *Transglykosidasen (Glykosyltransferasen)* übertragen einen glykosidisch gebundenen Zuckerrest auf geeignete Akzeptormoleküle mit entsprechenden Hydroxygruppen. Sie sind besonders wichtig bei Synthesen von Polysacchariden.

6) *Transamidasen* übertragen den Säureamidstickstoff von L-Glutamin und nehmen eine wichtige Rolle im Stickstoffstoffwechsel ein.

7) *Transphosphatasen (Phosphokinasen)*, z. B. → Kinase, bewirken die Übertragung von Phosphatresten auf geeignete Akzeptormoleküle. Dabei wirken Adenosintriphosphat, aber auch Uridin- und Zytidintriphosphat als Koenzyme. Diese Enzyme spielen im Kohlenhydrat- und Nukleinsäurestoffwechsel eine wichtige Rolle.

Transferrin, → Siderophiline.

Transfer-RNS, *t-RNS, Aminosäure-Akzeptor-RNS, lösliche RNS*, aus etwa 80 Nukleotiden bestehende RNS-Moleküle mit der Funktion, die Aminosäuren im Verlauf der Realisierung der genetischen Information (→ Transkription, → Adaptorhypothese) in die von der → Messenger-RNS bestimmten Positionen der zu bildenden Polypeptidkette zu bringen. Für jede der 20 verschiedenen Aminosäuren ist mindestens eine spezifische t-RNS erforderlich, tatsächlich ist ihre Zahl aber größer als 20. Für die spezifische Funktion der t-RNS als Aminosäureträger sind zwei Stellen im Molekül von besonderer Bedeutung: die Aminosäure-Erkennungsregion und die Matrizen-Erkennungsregion. Die erste bestimmt unter Enzymmitwirkung, welche der 20 Aminosäuren an das für alle t-RNS-Moleküle identische Ende mit der Nukleotidsequenz Zytosin-Zytosin-Adenin (CCA) angehängt wird. Die zweite ist die Stelle des t-RNS-Moleküls, die sich an die als Matrize dienende Messenger-RNS anlegt und die Aminosäure ordnungsgemäß in das Polypeptid einfügt. Dieser Bereich ist ein Nukleotid-Triplett (das Antikodon), d. h. eine Folge von 3 benachbarten Nukleotiden, die für t-RNS-Moleküle mit verschiedenen Aminosäuren spezifisch und unterschiedlich ist. Die Anlagerung zwischen der Matrizen-Erkennungsregion der t-RNS und dem entsprechenden Nukleotid-Triplett der Messenger-RNS erfolgt über Wasserstoffbrücken, die zwischen den komplementären Nukleotiden gebildet werden. Die t-RNS macht etwa 10 % des Gesamt-RNS-Gehaltes der Zellen aus.

Transferzellen, → Plasmamembran.

Transformation, die Übertragung der aus einem Donorstamm gewonnenen genetischen Information (DNS) auf einen Akzeptorstamm ohne oder mit Hilfe von Überträgern (Vektoren) wie Plasmiden, Viren und Liposomen und die Ausprägung der übertragenen Gene im Transformanten sowie dessen Nachkommen (Gentransfer).

transformierte Zelle, svw. Krebszelle.

Transglykosidasen, → Transferasen.

Transgression, die Erscheinung, daß in einer Spaltungsgeneration (→ Mendelspaltung) Genotypen auftreten, die in ihrer Leistungsfähigkeit die Elternformen und die F_1 übertreffen. Derartige Effekte sind besonders dann zu erwarten, wenn es sich um quantitative, durch zahlreiche Gene (→ Polygene) kontrollierte Merkmale handelt. Im Gegensatz zur Heterosis sind diese Effekte jedoch fixierbar.

Transition, → Genmutationen.

Transitionsgebiet, svw. Übergangsgebiet.

Trans-Konfiguration, Anordnung, in der sich die Allele zweier gekoppelter Gene (→ Koppelung) oder die Heteroallele eines Cistrons befinden, in heterozygoten (→ Heterozygotie) oder heterogenoten (→ Heterogenote) Zellen jeweils ein normales und ein mutiertes Allel in jeder Koppelungsstruktur (Chromosom oder Genophor) lokalisiert sind und die Zelle etwa folgende genotypische Konstitution hat: + b/a + . → Cis-Konfiguration.

Transkription, in der Genetik der erste Schritt der Ausprägung der genetischen Information durch die Synthese von RNS (messenger RNS, transfer RNS, ribosomaler RNS) an der DNS durch eine Reihe unterschiedlicher Enzyme (RNA-Polymerase I, II und III) und Proteinfaktoren (Sigma-Faktor, psi-Faktor, Rho-Faktor). Die transkribierenden Enzyme werden als *Transkriptosen* bezeichnet.

Translation, der zweite Schritt der Dechiffrierung der in der DNS verschlüsselten genetischen Information, wobei der genetische Kode (→ Aminosäurekode) und der im Verlauf der → Transkription von der chromosomalen DNS auf die → Messenger-RNS übertragen wird, dem korrekten Aufbau spezifischer Aminosäuresequenzen und damit Polypeptidketten dient. Im Verlauf der T. wird der genetische Kode der mRNS in Sequenzen von 3 Nukleotiden abgelesen. Jedes Nukleotid-Triplett oder Kodon ist spezifisch für eine bestimmte Aminosäure, die wiederum durch die → Transfer-RNS markiert ist. Die zukünftige Reihenfolge der Aminosäuren ist bestimmt durch die Reihenfolge der Kodonen der mRNS. Die Verknüpfung der Aminosäuren erfolgt am → Ribosom.

Translokation, 1) eine chromosomale Strukturveränderung (→ Chromosomenmutationen), in deren Verlauf ein Chromosomensegment in neuer Lage im gleichen Chromosom eingebaut oder auf ein anderes Chromosom übertragen wird oder zwei Segmente zwischen homologen oder inhomologen Chromosomen wechselseitig ausgetauscht werden. Im ersten Fall handelt es sich um den intrachromosomalen Translokationstyp, der häufig auch als *Transposition* oder *Shift* bezeichnet wird, im zweiten um den interchromosomalen Translokationstyp, die *reziproke T*. Entstehen durch reziproke T. dizentrische Chromosomen oder Chromatiden mit zwei Zentromeren und azentrische Fragmente, wird die T. als asymmetrisch bezeichnet. Im Gegensatz dazu ist die T. symmetrisch, wenn nach der reziproken Segmentumlagerung weiterhin monozentrische Chromosomen vorliegen. Asymmetrische T. wirken oft zell-letal.

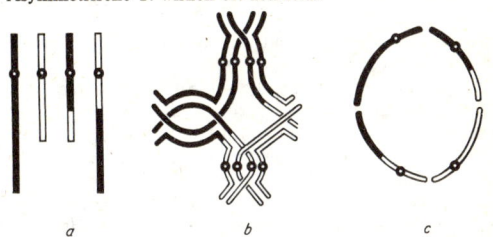

1 Chromosomenpaarung bei Heterozygotie für eine reziproke Translokation

T. können homo- und heterozygot vorliegen und sind vor allem im heterozygoten Zustand durch eine Reihe zytologischer und genetischer Besonderheiten ausgezeichnet. Bei Individuen, die für eine reziproke T. heterozygot sind, treten aufgrund der veränderten Homologieverhältnisse vier Chromosomen in der Prophase der ersten meiotischen Tei-

Translokon

lung im Normalfall zu einer charakteristischen Kreuzkonfiguration zusammen. Bei entsprechender Crossing-over- und Chiasmabildung in drei oder allen vier homologen Segmentpaaren ist diese Vierergruppe als Kette bzw. Ring bis zur Anaphase I beständig. Während der Anaphase werden in Abhängigkeit von der jeweiligen Koorientierung der vier Zentromere entweder alternierende oder benachbarte Chromosomen der Konfiguration auf den gleichen Zellpol verteilt. Je nach dem im Einzelfall realisierten Verteilungstyp

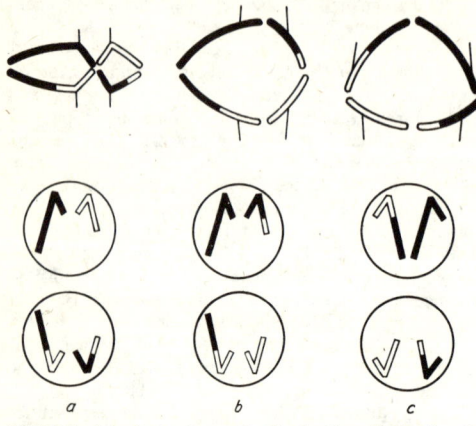

2 Mögliche Orientierungsformen der Ringkonfiguration bei Translokationsheterozygotie und dabei entstehende Gametentypen: *a* uneingeschränkt funktionsfähige Gameten, *b* und *c* unbalancierte Gametentypen mit fehlender oder eingeschränkter Funktionsfähigkeit

entstehen als Meioseergebnis Zelltetraden (→ Tetrade), deren Einzelzellen (Gonen) entweder ein komplettes Genom enthalten oder Segmentausfälle (Deletionen) bzw. Segmentverdoppelungen (Duplikationen) erfahren haben. Wird der genetisch unbalancierte Chromosomenbestand dieser Gameten bei der Befruchtung nicht durch den anderer Gameten kompensiert, entstehen häufig nichtentwicklungsfähige Zygoten, wenn die betreffenden Gameten überhaupt befruchtungsfähig sind. Deshalb sind translokationsheterozygote Formen in der Regel teilweise steril.

Reziproke T. haben ebenso wie Inversionen erhebliche Bedeutung für die Evolution der Karyotypen.

2) → Tierwanderungen.

Translokon, → Transposon.
Transmission, → Extinktion.
Transmissionselektronenmikroskop, → Elektronenmikroskop.
Transmissionsrasterelektronenmikroskop, → Rasterelektronenmikroskop.
Transmitter, Substanzen, die von Nervenfaserendigungen (→ Synapse) in den synaptischen Spalt freigesetzt werden und postsynaptische Potentialänderungen auslösen. T. werden daher auch als Substanzen der chemischen Erregungsübertragung, als *Überträgersubstanzen* oder *Mittlersubstanzen* bezeichnet (→ Kommunikation). Als T. wurden nachgewiesen: → Azetylcholin, Noradrenalin, Serotonin (5-Hydroxytryptamin), Dopamin, Gammaaminobuttersäure, Glutamat und Glyzin. Weitere, den genannten z. T. chemisch ähnliche Substanzen gelten als mutmaßliche T. Zu diesen zählt man neuerdings auch zahlreiche Peptide, z. B. Substanz P, Vasopressin, Oxytozin, Endorphine, Releasing-Hormone, Angiotensin, Proktolin (bei Insekten) (→ Neuropeptide). T. von Wirbellosen und Wirbeltieren können, müssen aber nicht identisch sein. T. lösen postsynaptisch Exzitation (→ Erregung) oder Inhibition (→ Hemmung) aus. Sie wer-

den daher gelegentlich in erregende und hemmende T. unterteilt; dies führt zu Mißverständnissen, weil T., abhängig vom postsynaptischen Zelltyp, beide Typen von Potentialänderungen auslösen können. Die durch Peptide ausgelösten postsynaptischen Änderungen sind oft langzeitiger als die durch erwiesene T. ausgelösten Änderungen. Deshalb wird auch vorgeschlagen, Peptide als Modulatoren synaptischer Aktivität zu betrachten, doch auch diese Bezeichnung ist mehrdeutig (→ Schaltung).

Transphosphatase, → Transferase.

Transpiration, *1)* bei Pflanzen Abgabe von Wasserdampf an die Atmosphäre, besonders durch die Blätter. Dabei wird der Hauptteil des Wassers, und zwar 90 bis 95 %, durch die *stomatäre T.* abgegeben. Hierunter wird die Wasserabgabe durch die → Spaltöffnungen verstanden, die vorwiegend auf der Unterseite der Blätter liegen und deren Weite in Abhängigkeit von den Witterungsbedingungen aktiv regulierbar ist. Die Spaltöffnungen stehen mit dem Interzellularsystem des Blattes in Verbindung, an das die Zellen im Blattinneren durch die Verdunstung Wasser verlieren. Obwohl die Gesamtfläche aller Spaltöffnungen, von denen mehrere Hundert je mm² Blattfläche vorhanden sein können, nur 1 bis 2 % der Blattfläche ausmacht, kann die stomatäre T. 50 bis 70 % der Verdunstung einer gleichgroßen Wasserfläche erzielen. Man führt dies auf den *Randeffekt* zurück, d. h. darauf, daß die am Rand der Spaltöffnungen austretenden Wasserdampfmoleküle auch nach der Seite freies Diffusionsfeld haben, während die aus der Mitte diffundierenden auf allen Seiten durch Nachbarmoleküle behindert werden. Eine geringe Menge von Wasserdampf, und zwar im allgemeinen 5 bis 10 %, verläßt das Blatt auch durch die Kutikula. Diese *kutikuläre T.* ist nicht regulierbar, nimmt aber bei Pflanzen feuchter Standorte (→ Hygrophyten), die eine sehr dünne Kutikula haben, größere Werte an als bei Pflanzen sehr trockener Standorte (→ Trockenpflanzen), die durch eine sehr stark entwickelte Kutikula, Wachsschichten u. a. geschützt sind.

Treibende Kraft der T. ist die hohe Saugspannung der nicht wasserdampfgesättigten Luft, die bereits bei 99 % relativer Luftfeuchte einen Wert erreicht, der der Bodensaugspannung beim permanenten → Welkepunkt der meisten landwirtschaftlichen Nutzpflanzen gleichkommt. Die Pflanze muß daher aufgrund ihres vergleichsweise hohen Wasserdampfdruckes auf dieselbe Weise Wasser verlieren wie beispielsweise ein Gewässer durch Verdunstung. Dabei ist die *Transpirationsintensität* vom Wasserdampfdruckgefälle zwischen Pflanze und Luft abhängig. Alle Faktoren, die dieses Gefälle vergrößern, steigern auch die T. In diesem Zusammenhang ist insbesondere die Temperaturerhöhung anzuführen, die bei gleichbleibender absoluter Luftfeuchtigkeit die relative Luftfeuchtigkeit und damit den Wasserdampfdruck der Luft vermindert bzw. die Saugspannung erhöht. Ebenso erhöhen der Wind, der wasserdampfreiche Luftschichten über den Blättern fortbläst, oder hoher Wassergehalt der Pflanze, der gleichbedeutend ist mit hohem Wasserdampfdruck in der Pflanze, die T. Auch alle Faktoren, die eine Öffnungsbewegung der Spaltöffnung induzieren, wie Belichtung, Temperaturerhöhung oder hoher Wassergehalt der Pflanze, steigern die T. Im allgemeinen zeigt die T. der höheren Pflanzen bei normalen Witterungsbedingungen eine gewisse Tagesrhythmik: langsamer Anstieg am Morgen bis zu einem Maximum am späten Vormittag und Abfall gegen Abend. Häufig erfolgt um die Mittagszeit eine Einschränkung der T. infolge Spaltenschluß. Durch die bei der Verdampfung des Wassers entstehende Verdunstungskälte wirkt die T. einer Erhitzung der Pflanzen durch Wärmeeinstrahlung geringfügig entgegen. Bedeutsamer ist, daß der *Transpirationsstrom* die Versorgung der oberirdischen Pflanzenteile mit Nährstoffen aus dem Boden ermöglicht.

Die durch T. abgegebene und normalerweise von den Wurzeln nachgelieferte Wassermenge ist infolge der großen Oberfläche beblätterter Pflanzen von beachtlicher Größe. So kann z. B. eine Sonnenblume an einem Sonnentag etwa 1 l und eine Birke etwa 60 bis 70 l, an besonders heißen und trockenen Tagen sogar bis zu 400 l Wasser verdunsten. Wird die T. durch Wasserdampfsättigung der Luft unterbunden, so tritt an ihre Stelle die Wasserabgabe durch → Guttation.

Die je kg erzeugter Trockensubstanz in der Vegetationszeit verbrauchte Wassermenge wird als *Transpirationskoeffizient* bezeichnet. Der Transpirationskoeffizient beträgt im allgemeinen für unsere Kulturpflanzen 300 bis 900 l und ist bei wasseranspruchsvollen Pflanzen, in trockenem Klima und in trockenen Jahren sowie auf leichteren Böden höher als unter gegenteiligen Bedingungen. Durch gute Düngung kann er ebenso wie die T. verringert werden. Pflanzenarten mit niedrigen Transpirationskoeffizienten (z. B. Mais, Hirse) vermögen bei geringem Vorrat an Bodenwasser noch relativ viel Erntegut zu bilden.

Das Ausmaß der T. läßt sich durch wiederholte Wägung einer Pflanze oder mit dem → Potometer feststellen.

2) T. bei Mensch und Tier → Perspiratio.

Transplantation, 1) bei Pflanzen Übertragung eines Pflanzenteils auf einen anderen. *Zelltransplantationen,* d. h. Übertragung von Teilen einer einzelligen Pflanze auf eine andere, sind vor allem bei der Schlauchalge *Acetabularia* erfolgt. Sie haben wesentlich zur Klarstellung der Rolle des Zellkerns bei der Zelldifferenzierung beigetragen. Auch bei Pilzfruchtkörpern sind T. möglich. Bei höheren Pflanzen bezeichnet man die T., die meist in Form einer Übertragung eines in der Regel kleineren, Reis genannten Pflanzenteils auf einen anderen, als Unterlage dienende Pflanze durchgeführt wird, als *Pfropfung.*

2) bei Tier und Mensch die Übertragung von Organen oder Geweben. Erfolgt die T. innerhalb eines Organismus, bezeichnen wir dies als *Autotransplantation.* Sie dient z. B. als Hauttransplantation der Beseitigung großer Hautschäden im Gesicht, wie sie durch Verbrennung oder Verätzung entstehen können.

Eine T. zwischen genetisch gleichen Individuen, z. B. eineiigen Zwillingen oder Mäusen eines Inzuchtstammes, nennt man *Isotransplantation.* Da eine genetische Übereinstimmung zwischen Spender und Empfänger vorliegt, wird das Transplantat wie eigenes Gewebe des Empfängers behandelt. Es kommt daher nicht zu einer Immunreaktion mit nachfolgender Abstoßung des Transplantats.

Die medizinisch wichtigste Form der T. ist die *Allotransplantation,* früher *Homotransplantation* genannt. Hier erfolgt die T. zwischen genetisch nicht übereinstimmenden Individuen der gleichen Spezies. Das Transplantat wird vom Immunsystem des Empfängers als »fremd« erkannt, und die ausgelöste Immunantwort führt zur Vernichtung des Transplantats, falls keine immunsuppressive Therapie erfolgt. Eine T. menschlicher Organe beschränkt sich bisher im wesentlichen auf die Niere. Für die erfolgreiche T. ist zunächst eine genaue *Typisierung* von Spender und Empfänger erforderlich. Da fast ausschließlich Leichennieren transplantiert werden, typisiert man alle in Frage kommenden Empfänger, d. h. die Patienten an der chronischen Dialyse. Die Typisierung ist die Feststellung des beim jeweiligen Patienten vorhandenen Musters des Leukozyten-Antigensystems, des *HLA-Systems.* Hierzu bedient man sich hauptsächlich geeigneter Antiseren mit spezifischen Bindungseigenschaften für die einzelnen Membranantigene des HLA-Systems.

Steht z. B. bei einem Unfalltoten eine Niere für die T. zur Verfügung, so muß sofort wiederum die Typisierung im HLA-System erfolgen. Die erhaltenen Daten werden dann in einen Computer eingegeben, der auch die Angaben aller möglichen Nierenempfänger enthält. Er druckt aus, welche Patienten wegen ihrer großen Ähnlichkeit im HLA-System mit der Spenderniere in erster Linie für die T. in Frage kommen. Nach sofortigem Transport des ausgewählten Empfängers und der Niere in ein Nierentransplantationszentrum erfolgt dann die T.

Da bei jeder Nierentransplantation das Transplantat für den Empfänger fremd ist, muß mit einer Immunreaktion, die letztlich zur Abstoßung des Transplantats führt, gerechnet werden. Daher wird unmittelbar nach der T. mit einer *immunsuppressiven Therapie* begonnen, die über mehrere Wochen fortgeführt wird. Sie unterdrückt die Ausbildung der Immunreaktion und führt im günstigsten Fall zu einer spezifischen Nichtreaktivität gegenüber dem Transplantat. Trotz der auch später nicht notwendigen ärztlichen Betreuung der Transplantatempfänger können die meisten von ihnen wieder voll in den Arbeitsprozeß eingegliedert werden und haben eine gute Lebenserwartung.

Bisher nur von theoretischem Interesse ist die T. zwischen Individuen, die unterschiedlichen Spezies angehören, z. B. von Schaf auf Ziege oder vom Affen auf den Menschen. Diese Form der T. wird **Xenotransplantation,** früher *Heterotransplantation,* genannt. Die durch die T. ausgelöste Immunreaktion ist so stark, daß sie auch durch eine intensive immunsuppressive Therapie nicht gehemmt werden kann. Daher verbietet sich die T. tierischer Organe auf den Menschen.

Im Gegensatz zur Nierentransplantation hat die T. anderer menschlicher Organe bisher keine große Rolle gespielt. Bei den bisher vorgenommenen Herz- oder Lebertransplantationen zeigten sich dieselben immunologischen Probleme wie bei der Nierentransplantation. Diese Organe sind aber offenbar empfindlicher gegen die Immunreaktion als die Niere, außerdem werden sie durch die immunsuppressive Therapie geschädigt. Immerhin kann ein Patient, dessen Nierentransplantat versagt, an die Dialyse angeschlossen und am Leben erhalten werden. Eine ähnliche Möglichkeit besteht bei Herz oder Leber nicht. Hier ist es besonders dringlich, durch eine unmittelbare Beeinflussung des Immunsystems die Entwicklung der unerwünschten Abstoßungsreaktion zu verhindern. Im Tierexperiment ist dies durch die Erzeugung einer spezifischen immunologischen Nichtreaktivität, der *Immuntoleranz,* bereits gelungen. Wegen der großen theoretischen und praktischen Bedeutung der Immuntoleranz haben der englische Zoologe Medawar und der australische Biologe Burnet für ihre grundlegenden Experimente zur Immuntoleranz den Nobelpreis erhalten.

Transport, Durchtritt von Stoffen durch biologische Membranen zur Aufrechterhaltung des Stoffwechsels und zur Gewährleistung physiologischer Membranfunktionen.

Die Abgrenzung der Zellen vom Umgebungsmilieu und die Kompartimentierung innerhalb der Zellen als wesentliche Voraussetzungen der Existenz lebender Systeme erfordern selektive Mechanismen der Stoffaufnahme und Stoffausscheidung. Dazu gibt es an biologischen Membranen eine Vielzahl verschiedener *Transportsysteme.* Man kann zwischen dem T. gelöster Stoffe und dem T. von Kolloiden durch Bläschenbildung (Endo- und Exozytose) unterscheiden. Der T. durch Bläschenbildung steht in enger Beziehung zur → Fusion. Der T. gelöster Stoffe wird mit Hilfe der → irreversiblen Thermodynamik beschrieben und mit Methoden der → Membranbiophysik und der → Molekularbiophysik untersucht.

Der T. in Richtung des Gradienten des elektrochemischen Potentials verläuft ohne Energieverbrauch und wird als passiver T. bezeichnet. Wird der T. durch Verbrauch von Energie, d. h. entgegen dem Gradienten des elektrochemischen Potentials, realisiert, so spricht man von aktivem T.

1) Der *passive T.* (*»Bergab«-T.*) kann durch einfache oder erleichterte Diffusion und durch Kopplung von Flüssen erfolgen. Die einfache Diffusion setzt voraus, daß der zu transportierende Stoff lipidlöslich ist, damit er entsprechend dem Konzentrationsgefälle die Membran permeieren kann. Für wichtige Metabolite, z. B. Glukose und Aminosäuren, ist dieser Transportmechanismus in seiner Effektivität unzureichend. Auch gewährleistet die einfache Diffusion nur ungenügend eine ausreichende Selektivität. Viel größere Bedeutung hat deshalb die erleichterte Diffusion (Abb. 1 und 2). Dieser Mechanismus ist durch die Existenz

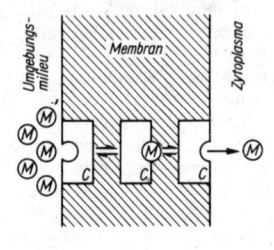

1 Modellvorstellung der erleichterten Diffusion durch einen Carriermechanismus. Der freibewegliche Carrier C bindet außen einen Metaboliten M. Auf der Zytoplasmaseite der Membran ist das Gleichgewicht in Richtung Freisetzung des Metaboliten verschoben

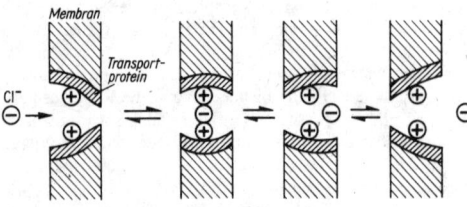

2 Modellvorstellung der erleichterten Diffusion von Cl-Ionen in der Erythrozytenmembran. Das Protein ändert nach Cl^--Bindung seine Konformation und entläßt das Cl-Ion auf der Transseite

eines spezifischen Transportsystems gekennzeichnet, das den zu transportierenden Stoff erkennt und ihn mit hoher Wirksamkeit durch die Membran schleust. Ursprünglich wurde angenommen, daß in der Membran freibewegliche → Carrier existieren, die die erleichterte Diffusion durch Beladung auf der einen Seite und Abgabe des Stoffes auf der anderen Seite ermöglichen. Heute ist jedoch bekannt, daß in den meisten Fällen Transportproteine durch Konformationsänderungen diese Aufgabe erfüllen. Dennoch gibt es Carrier als natürliches Transportprinzip, und zwar in Form makrozyklischer Antibiotika, die als Membrangifte von verschiedenen Bakterien produziert werden. Die Transportmechanismen für den Ionentransport durch erleichterte Diffusion werden auch als Poren oder Kanäle bezeichnet. Beim Ionentransport muß neben dem Konzentrationsgradienten noch die Differenz des elektrischen Potentials berücksichtigt werden. Besonders wichtig sind die regelbaren Kanäle für den K^+-, Na^+- und Ca^{++}-Ionentransport bei Erregungsprozessen. Eine kurzzeitige Permeabilität für Na^+-, K^+- und Cl^--Ionen wird z. B. in der motorischen Endplatte des Muskels bei Ausschüttung von Azetylcholin in den synaptischen Spalt induziert.

Beim passiven T. durch Flußkopplung wird der T. einer Teilchensorte an den passiven T. einer anderen Teilchensorte gekoppelt. Damit kann ein scheinbarer »Berg-auf«-T. erreicht werden. Erfolgt der T. beider Teilchenarten in die gleiche Richtung, so bezeichnet man diesen als *Symport*. Im Falle entgegengesetzter Flüsse wird der T. als *Antiport* bezeichnet. Sehr häufig ist die Kopplung an den Wasserfluß und an den Na^+-Fluß. Die Kopplung an den Na^+-Fluß ist aber in den meisten Fällen eigentlich ein Beispiel für den aktiven T., da ein dazu notwendiger Na^+-Konzentrationsgradient aktiv aufgebaut wird.

2) *Aktiver T.* Alle bekannten tierischen und einige pflanzliche Zellen haben einen Transportmechanismus, der Na^+-Ionen aus der Zelle hinaus- und K^+-Ionen in die Zelle hineinpumpt. Dieser Vorgang verläuft unter Spaltung des energiereichen ATP in ADP und Phosphat. Chemische Energie wird benutzt, um einen T. der Ionen entgegen dem Konzentrationsgefälle hervorzurufen. Dabei wird eine Potentialdifferenz, das → Membranpotential, zwischen Zellinnerem und Umgebungsmilieu aufgebaut, die aus der unterschiedlichen Permeabilität der Membran in bezug auf die asymmetrisch verteilten Ionen resultiert. Dieses Ionengleichgewicht diente auf einem frühen Stadium der Evolution sicherlich dazu, ein osmotisches Schwellen der Zelle zu verhindern. Später wurde der Na^+-Gradient dann für den Stofftransport durch Flußkopplung genutzt. Diesen T. bezeichnet man als *sekundären* aktiven T. (Abb. 3). Transportenzyme, die den Ionentransport unter ATP-Spaltung realisieren, sind die ATPasen. Neben der K-Na-ATPase ist eine Ca-Mg-ATPase im sarkoplasmatischen Retikulum von Muskelfasern von großer Bedeutung.

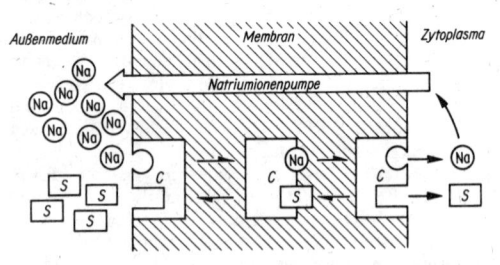

3 Modellvorstellung des sekundär aktiven Transportes eines Substrates S durch Kopplung an den Natriumionenfluß über einen Carrier C

Ein ganz anderes Prinzip des aktiven T. ist in der inneren Mitochondrienmembran bei der oxidativen Phosphorylierung verwirklicht. Hier werden Protonen durch die Oxidation von Substratwasserstoff nach außen gepumpt. Der entstehende Protonengradient wird jetzt umgekehrt zur Synthese von ATP genutzt. Protonencarrier entkoppeln die ATP-Synthese vom Protonentransport, indem sie den Protonengradienten kurzschließen, und wirken somit als schwere Atemgifte. Ganz analog ist die Situation in Chloroplasten, wo aber für den Protonentransport die Energie durch Lichtquanten angeregter Moleküle genutzt wird. Die Lichtenergie wird sogar direkt für den Protonentransport im Salzbakterium *Halobacterium halobium* genutzt.

Die molekularen Mechanismen des T. sind bis heute nur ungenügend erforscht, da die Transportproteine nur in der Membran in der für den T. notwendigen Konformation vorliegen, bei membrangebundenen Makromolekülen Strukturanalyseverfahren aber häufig versagen.

Lit.: R. Harrison u. G. G. Lunt: Biologische Membranen (Jena 1977); Höfer: Transport durch biologische Membranen (Weinheim, New York 1977).

Transport-Adenosin-5'-triphosphat, → Carrier.
Transportproteine, → Carrier, → Membran.
Transportwirt, meist ein Zwischenwirt, der weniger der Ernährung und Weiterentwicklung als vielmehr der Ortsveränderung und räumlichen Ausbreitung des Parasiten dient.

Transposition, → Translokation.

Transposon, bewegliches genetisches Element, das aus einer Position in einem DNS-Molekül in eine andere selbständig übertragen wird und Gene, z. B. Resistenzgene, mit sich führt (»Springende Gene«). T. werden in der Regel von Insertionssequenzen flankiert, die für den Einbau in das DNS-Molekül im Zusammenhang mit speziellen Enzymen, den *Transposasen,* verantwortlich sind. T. sind verantwortlich für die Übertragung von Resistenzeigenschaften und können an den Orten ihres Einbaus Mutationen (z. B. Deletionen und Translokationen) auslösen.

Transsaprobität, → Saprobiensysteme.

transspezifische Evolution, svw. Makroevolution.

Transversion, → Genmutationen.

Transzytose, → Endozytose.

Trapaceae, → Wassernußgewächse.

Trappen, *Otididae,* Familie der → Kranichvögel mit etwa 22 Arten. Zu ihnen gehören die schwersten flugfähigen Vögel. Die Männchen einiger Arten erreichen eine Körpermasse von 14 kg. Ihr Verbreitungsgebiet erstreckt sich von Afrika und Europa bis Australien. Sie sind Steppenbewohner, die nicht aufbaumen. Das Weibchen brütet und führt die Jungen. – Tafel 37.

Traube, → Blüte, Abschn. Blütenstände.

Traubenwickler, zwei an Wein schädlich auftretende Schmetterlinge: *Einbindiger T.* (*Eupoecilia ambiguella* Hb.) aus der Familie der Blütenwickler und *Bekreuzter T.* (*Lobesia botrana* D. u. S.) aus der Familie der Wickler. Ihre Raupen, in der 1. Generation »Heuwurm«, in der 2. Generation »Sauerwurm« genannt, zerfressen die Blütenknospen und unreifen Beeren der Reben.

Traubenzucker, svw. D-Glukose.

Traubesche Zelle, aus einer semipermeablen Kupferhexazyanoferrat(II)-Membran bestehendes, einfaches osmotisches System (→ Osmose), das sich bildet, wenn man einen Kupfersulfatkristall in eine etwa 5%ige Lösung von Kaliumhexazyanoferrat(II) einlegt. Die Niederschlagsmembran wird gedehnt, indem die konzentrierte $CuSO_4$-Lösung im Inneren der T. Z. osmotisch Wasser aufnimmt. Sie platzt, und es bildet sich weiter außen eine neue Membran usw. Hierdurch kommt es zu einer ständigen Vergrößerung der T. Z.

Traumatinsäure, → Wundhormone.

Traumatochorismus, bei Pflanzen durch Verwundung ausgelöste Abstoßung von Organen, insbesondere Blütenteilen.

Traumatodinese, durch Verwundung ausgelöste Beschleunigung der Plasmaströmung (→ Dinese).

Traumatonastie, durch Verwundung induzierte → Nastie. Eine T. liegt z. B. vor, wenn der bekannte, normalerweise seismonastische (→ Seismonastie) reagierende Bewegungsmechanismus von Mimosen durch Verletzung ausgelöst wird.

Traumatotaxis, durch Verwundung bedingte Taxis. In Pflanzenzellen tritt häufig eine traumatotaktische Kernverlagerung ein, und zwar erfolgt in unmittelbarer Nähe der Wunde *negative T.,* in größerer Entfernung häufig *positive T.* Diese Kernbewegungen (Zellkernbewegungen) hängen mit der Plasmaströmung zusammen.

Traumatotropismus, durch Verwundung bedingte Wachstumskrümmung von Pflanzenorganen, die entweder auf den Wundreiz hin- (*positiver T.*) oder von diesem weggerichtet ist (*negativer T.*). T. ist z. B. an Wurzeln und Gräserkoleoptilen nachgewiesen. → Tropismus.

Treffertheorie, Modell zur quantitativen Beschreibung der biologischen Wirksamkeit von Strahlung. Man trägt den Logarithmus eines quantitativ angebbaren Strahleneffektes, z. B. die Überlebensrate, gegen die Dosis auf und erhält *Do-*

siseffektkurven. Aus der Form der Dosiseffektkurven versucht man auf den Mechanismus der Strahlenwirkung zu schließen. Genügt ein Treffer, um das System zu inaktivieren, erhält man als Dosiseffektkurve eine Gerade. Mehrere Treffer verändern das Bild der Kurve, es treten »Schultern« auf. Manchmal findet man Stimulationskurven, d. h., bei geringen Dosen wird das System sogar angeregt. Das ist ein Hinweis auf Reparaturprozesse, die die entstandenen Schäden sogar überkompensieren.

Die T. geht davon aus, daß ein direkter Schaden durch die Strahlung gesetzt wurde. Jedoch sind sicherlich die indirekten Strahlenwirkungen über chemisch hochreaktive Radikale von größerer Bedeutung.

Lit.: N. V. Timofeeff-Ressovsky, V. J. Ivanov, V. I. Korogodin: Die Anwendung des Trefferprinzips in der Strahlenbiologie (Jena 1972).

Trehalose, ein nichtreduzierendes Disaccharid, das durch αα-, αβ- oder ββ-glykosidische Verknüpfung von Glukopyranosidresten gebildet wird. T. wurde in Pilzen, Bakterien und Algen gefunden. Für Insekten stellt T. den »Blutzucker« dar.

Trematoden, svw. Saugwürmer.

Tremellales, → Ständerpilze.

Trennart, svw. Differentialart.

Trenngewebe, → Abszission.

Trepang, hochwertiges und leicht verdauliches Nahrungsmittel, das 50 bis 60 % Eiweiß enthält. Man gewinnt T. aus dem Hautmuskelschlauch mancher → Seewalzen. Die Tiere werden aufgeschnitten und nach Entfernen des Darmes und der übrigen Eingeweide gekocht, getrocknet und geräuchert. T. wird vor allem in Ostasien und in den Mittelmeerländern gegessen.

Treponema, eine zu den Spirochäten gehörende Bakteriengattung. Die bis zu 18 μm langen Bakterien leben anaerob und sind Parasiten in Mensch und Tier, wo sie z. T. auch Krankheiten hervorrufen. Bekanntester Vertreter ist *T. pallidum,* der Erreger der Geschlechtskrankheit Syphilis. Abb. → Spirochäten.

Trespenmosaikvirusgruppe, → Virusgruppen.

Treue, → Charakterartenlehre.

Triaden, → Muskelgewebe, → endoplasmatisches Retikulum.

triarch, → Wurzel.

Trias [griech. trias ›Dreiheit‹], ältestes System des Mesozoikums, das im Germanischen Binnenbecken in Buntsandstein, Muschelkalk und Keuper untergliedert wird. Im marinen alpinmediterranen, pelagischen Bereich (z. B. in den Alpen) findet eine Untergliederung in sechs Stufen (Skythium, Anisium, Ladinium, Karnium, Norium, Rhätium) statt. Die T. dauerte 30 Mill. Jahre. Ihre wichtigsten Leitfossilien sind Ammoniten (Mesoammoniten). Wegen ihrer vielfältigen Verzierungen und der kurzlebigen Arten dienen die Ammoniten der biostratigraphischen Schichtengliederung. Neben den glattschaligen Altammoniten dominieren Formen, die eine teilweise oder vollkommene kleinblättrige zweite Verfaltung der Lobenlinie und ausgeprägte Rippen, Stacheln und Dornen aufweisen. Einfachripper kennzeichnen die unterste Stufe der T. Gabelripper sind charakteristisch für die folgenden zwei Stufen. Spaltripper stellen in der oberen T. den höchsten Entwicklungsgrad dar. An zweiter Stelle in der Feingliederung stehen die Muscheln. Anisomyarier (*Pectinacea, Limacea, Mytilacea*) überwogen gegenüber den Heteromyariern (*Unionidae, Trigonidae, Megalodontidae*). Die Schnecken gewannen in der T. an Mannigfaltigkeit und Verzierung. Foraminiferen, Schwämme, Korallen, Armfüßer, Moostierchen, Stachelhäuter und Fische treten z. T. häufig auf, sind aber für die Feingliederung der abgelagerten Sedimente meist ohne Be-

Triazine

deutung. Die großwüchsigen Lurche werden durch die Stegozephalen vertreten; die Kriechtiere sind reich entfaltet. Das erste Auftreten von primitiven Säugern in der obersten T. ist von besonderer stammesgeschichtlicher Bedeutung. Es sind die *Eozostrodontidae* Europas, Chinas und Afrikas sowie die *Kuehneotheriidae* aus Wales.

In der Pflanzenwelt entwickeln sich vor allem die im Perm erschienenen Nacktsamer weiter. → Mesophytikum.

Triazine, → Herbizide.

Triceratops [griech. treis ›drei‹, keras ›Horn‹, ops ›Gesicht‹], das ›Dreihorn‹, zu den vierfüßig gehenden Ornithischiern gehörende Gattung pflanzenfressender Dinosaurier von 5 bis 8 m Länge und etwa 2,5 bis 3 m Höhe mit schnabelförmig gestaltetem Oberkiefer. Der mächtige, über 2 m lange Schädel war mit 3 Hörnern bewehrt und lief in einen Knochenschild aus, der Hals und Nacken schützte. Die Vorder- und Hintergliedmaßen waren fast gleich lang.

Verbreitung: Oberkreide von Nordamerika.

Trichine, *Trichinella spiralis*, ein zu den Fadenwürmern gehörender Parasit, der als erwachsenes Tier im Darm *(Darmtrichine)* bzw. während des Larvenstadiums in der Muskulatur *(Muskeltrichine)* fleischfressender Säugetiere und des Menschen die Trichinenkrankheit (Trichinose, Trichinellose) hervorruft. Die Infektion erfolgt durch den Genuß trichinösen Fleisches und äußert sich in Übelkeit, Fieber und Darmkatarrh (Darmtrichinose), wenn sich aus den Larven die geschlechtsreifen Tiere entwickeln. Die etwa 1,5 mm großen Männchen gehen nach der Begattung zugrunde, die bis zu 4 mm langen Weibchen dringen in die Lymphgefäße der Darmwand ein und gebären junge Larven, die durch das Blutgefäßsystem in die Muskelfasern eindringen und hier eingekapselt werden, was sich in Muskelschmerzen, Kreislaufbeschwerden u. a. äußert. Befallen werden Schweine, Hunde, Ratten, Katzen, Füchse, Dachse und der Mensch.

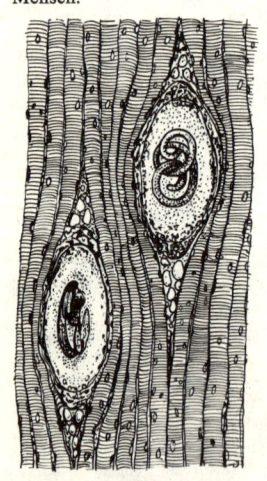

In der Muskulatur eingekapselte Muskeltrichinen

Seit der Einführung der Trichinenschau zur Prüfung des auf den Markt kommenden Fleisches ist die Trichinenkrankheit selten geworden.

Trichobothrium, in einer Vertiefung stehendes Tasthaar bei Spinnen und manchen Insekten. → Tastsinn.

Trichogyne, → Schlauchpilze.

Trichome, *1)* fadenförmige Zellverbände, die für die *Hormogonales* unter den Blaualgen und für einige blaualgenähnliche Bakterien typisch sind. In den T. stehen die Zellen miteinander über Poren in Verbindung. Oft sind T. von einer Scheide umgeben. *2)* svw. Pflanzenhaare.

Trichomhydathoden, → Ausscheidungsgewebe.
Trichoplax adhaerens, → Placozoa.
Trichoptera, → Köcherfliegen.
Trichozysten, ausschleuderbare fadenförmige Mechanismen der Ziliaten und mancher Flagellaten. Sie sind teils Angriffswaffen, teils unbekannter Funktion.
Tridacna, → Riesenmuscheln.
Trieb, *1)* svw. Sproß. *2)* heute ungebräuchlicher Begriff zur Kennzeichnung einer → Motivation.
Triele, → Regenpfeifervögel.
Trigger, → Auslöser.
2,3,5-Triiodbenzoesäure, Abk. TIBA, $C_6H_2I_3COOH$, ein synthetisches Auxin, das mit dem Transport von Auxin, Gibberellinen und anderen Substanzen interferiert, möglicherweise durch Konkurrenz um dieselben Carriermoleküle. T. wird bisweilen in der selektiven chemischen Unkrautbekämpfung eingesetzt.
Triiodthyronin, 3,5,3'-Triiodthyronin, neben → Thyroxin wichtiges Hormon der Schilddrüse.
Trikarbonsäurezyklus, svw. Zitronensäurezyklus.
Trilobiten [griech. trilobos ›dreilappig‹], *Trilobita*, **Dreilapperkrebse**, ausgestorbene Klasse der Gliederfüßer mit einem aus Chitin, Kalziumkarbonat und Kalziumphosphat bestehenden dreigeteilten Panzer. Der Dorsalpanzer ist der Länge nach in Kopfschild (Cephalon), Rumpf (Thorax) und Schwanzschild (Pygidium) gegliedert. Der Kopfschild besitzt eine segmentierte, eingeschnürte Aufwölbung, die Glatze (Glabella), die beiderseitig von den Wangen umgeben wird. Die Wangen tragen die halbmondförmigen bis runden Facettenaugen, die mitunter auf einem Stiel aufsitzen. Auch augenlose Formen sind bekannt. Durch eine unterschiedlich verlaufende Gesichtsnaht werden die Wangen meist in Fest- und Freiwangen geteilt. Der Rumpf besteht aus 2 bis 42 gegeneinander beweglichen Segmenten, die aus einem von 2 Furchen begrenzten Mittelteil, der Spindel (Rhachis) und 2 zu Spitzen ausgezogenen Seitenteilen (Pleuren) bestehen. Letztere sind vielfach zu Dornen ausgezogen. Der Schwanzschild entstand durch eine Verschmelzung mehrerer Rumpfsegmente; er ist beweglich mit dem Thorax verbunden. Er hat eine platten- bis halbkreisförmige Gestalt und weist vielfach Stacheln auf. Die Segmente tragen auf der Unterseite Spaltfüße. Manche T. besaßen ein Einrollvermögen. Sie lebten in küstennahen, flachen Meeresbereichen auf dem Meeresboden kriechend bzw. waren Schlammwühler.

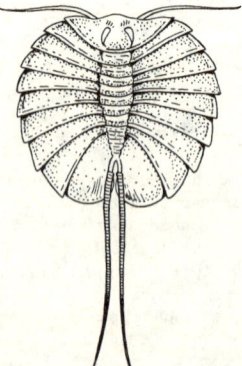

Fossiler Trilobit

Verbreitung: Die T. traten im gesamten Paläozoikum auf. Ihre maximale Entwicklung lag im Kambrium mit weltweit erkennbaren Trilobiten-Provinzen und im Ordovizium, im Perm starben sie aus. Besonders in diesen Systemen sind sie wichtige Leitfossilien.

Trilobitomorpha, zu den Gliederfüßern gehörender Unterstamm der Arthropoda. Die T. sind die primitivsten bekannten Gliederfüßer. Sie waren bereits im Kambrium fertig ausgebildet, sind aber im Perm schon wieder ausgestorben. Es sind etwa 1 300 Gattungen mit über 4 000 fossilen Arten bekannt. Sie unterscheiden sich von allen heute lebenden Gliederfüßern durch die Einförmigkeit ihrer Extremitäten. Außer einer stark gegliederten Antenne sind lediglich nahezu gleichartige Laufbeine vorhanden, die als zweiästige Spaltbeine gebaut sind. Es sind also keine Mundgliedmaßen, spezielle Kauladen oder Greiforgane, keine besonderen Atembeine und Schwimmgliedmaßen ausgebildet. Diese Gleichförmigkeit der ›trilobitomorphen‹ Extremitäten sowie der gesamten Körpergliederung muß als sehr ursprünglich angesehen werden.
Trinken, → Durst.
Trinucleus [lat. tria 'drei', nucleus 'Kern'], leitende Gattung der Trilobiten des Ordoviziums bis Mittelsilurs. Der Kopfschild ist mit nach vorn leicht verbreiterter dreigefurchter Glatze versehen. Die freien Wangen haben sehr lange Wangenstacheln. Der Rumpf hat 5 bis 7 Segmente. Der Schwanzschild ist kleiner als der Kopfschild, von dreieckiger Gestalt und deutlich dreigegliedert.
Triosen, einfachste Monosaccharide, die sich vom Glyzerin ableiten. Wichtigste Vertreter der T. sind D-Glyzerinaldehyd und Dihydroxyazeton. In phosphorylierter Form sind die T. wesentliche Zwischenprodukte des Kohlenhydratstoffwechsels, z. B. bei der Photosynthese, der alkoholischen Gärung und der Glykolyse.
Triphosphopyridinnukleotid, svw. Nikotinsäureamidadenin-dinukleotidphosphat.
Triplett, → Aminosäurekode.
triplex, → nulliplex.
Triploidie, eine Form der Polyploidie, wobei Zellen, Gewebe oder Individuen drei Chromosomensätze aufweisen, d. h. triploid sind.
Tripton, svw. Detritus.
Trisaccharide, aus drei glykosidisch verknüpften Monosacchariden bestehende Oligosaccharide, die in der Natur nur selten vorkommen. Wichtigster Vertreter ist die → Raffinose.
Trisomie, eine Form der Aneuploidie. T. liegt vor, wenn im sonst diploiden Chromosomenbestand von Zellen, Geweben oder Individuen ein oder mehrere Chromosomen nicht zweimal, sondern dreimal vertreten sind (einfache, doppelte, dreifache T. usw.: $2n+1$, $2n+1+1$, $2n+1+1+1$). Trisome Chromosomenbestände entstehen durch Non-Disjunktion. → Polysomie.
Tritanopie, → Farbsinnstörungen.
Triterpene, Terpene mit einem Grundgerüst aus 30 Kohlenstoffatomen (16 Isopren-Einheiten). T. kommen vor allem im Pflanzenreich als Bestandteil von Harzen in großer Vielfalt vor. Sie sind meist zyklisch aufgebaut; der einzige wichtige offenkettige Vertreter ist das → Squalen.
Tritometameren, → Mesoblast.
Tritometamerie, Ausbildung von Segmenten (*Tritometameren*), während der Larvalentwicklung in der Gruppe der Gliedertiere (*Articulata*). T. kommt durch teloblastische Bildung der Somatozöls im Anschluß an die Bildung der Deutometameren zustande (→ Deutometamerie).
Trittsteinmodell, *stepping-stone-model*, populationsgenetisches Modell zum Untersuchen der Folgen von → Genfluß. Im T. wird angenommen, daß in jeder Generation nur zwischen benachbarten Populationen Individuen hin und her wandern. Besonders übersichtlich ist die eindimensionale T., in dem jede Population mit nur zwei benachbarten Populationen Gene austauscht.
Trivalent, ein aus drei Chromosomen bestehender, durch Chiasmen bis zur Anaphase der ersten meiotischen Teilung zusammengehaltener Paarungsverband bei polyploiden oder aneuploiden Formen.
Trivialnamen, svw. Volksnamen.
t-RNS, Abk. für → Transfer-RNS.
Trochiten [griech. trochos 'Rad, Scheibe'], Stielglieder der Seelilien, die nicht selten gesteinsbildend auftreten. Besonders ausgeprägt ist dies in den Trochitenkalken des Oberen Muschelkalkes.
Trochophora, in die Entwicklung der Vielborster sowie vieler mariner Weichtiere (außer Kopffüßer) eingeschaltetes Larvenstadium, in dem die Larve in der Regel frei im Wasser schwimmt, bei manchen Weichtieren aber im Ei verbleibt. Die T. läßt äußerlich eine Teilung in zwei Regionen erkennen, die durch einen Wimpernkranz (*Prototroch*) voneinander getrennt sind. Die obere Region trägt meist einen Wimpernschopf, die untere kann mit einem oder zwei weiteren Wimpernkränzen, manchmal auch mit Schwebefortsätzen versehen sein. Bei den Vielborstern wächst die T. durch Sprossung der Segmente von zwei Keimzonen aus zum erwachsenen Tier heran; bei den Weichtieren entwickelt sie sich weiter zur Veligerlarve. → Mesoblast; Abb. → Vielborster.
Trochus, → Räderorgan.
Trockenhärtung, → Dürreresistenz.
Trockenhefe, gewaschene, abgepreßte und bei 25 bis 30 °C getrocknete Backhefe. Durch das vorsichtige Trocknen sollen das Enzymsystem erhalten und die Autolyse verhindert werden. T. enthält etwa 30 % lebende Zellen.
Trockennährböden, zur Herstellung von mikrobiologischen → Nährböden dienende und vorgefertigt in den Handel kommende Mischungen der trockenen organischen und anorganischen Bestandteile dieser Nährböden. Vor der Verwendung werden die T. in einer bestimmten Wassermenge aufgelöst, abgefüllt und sterilisiert. T. werden industriell hergestellt, sie besitzen eine garantierte Qualität und sind lange haltbar.
Trockenperiode, svw. Dürre.
Trockenpflanzen, *Xerophyten*, Pflanzen trockener Standorte, die Bedingungen langer Dürre, ohne auszutrocknen, überdauern. T. besitzen morphologische Einrichtungen zur dauernden oder wenigstens vorübergehenden Hemmung der Wasserabgabe durch Transpiration (→ Xeromorphie) und oft sehr lange Wurzeln. Die xeromorphen T. wachsen in den extremen Trockengebieten, vor allem in den Wüsten, Steppen, auf trockenen Felsen und als Epiphyten, aber auch in winterkalten Gebieten als immergrüne Holzarten (Schutz gegen Frosttrocknis).
Sie können in die zwei Gruppen: *hartblättrige* oder *blattlose, sklerophylle* T. und *weichblättrige, meist behaarte malakophylle* T. unterteilt werden. Die kleinen harten, immergrünen Blätter der Sklerophyllen weisen meist eine starke Einschränkung des Schwammparenchyms und der Interzellularen zugunsten des Palisadenparenchyms und der Leit- und Festigungselemente auf. Die Epidermisaußenwände sind wie die Kutikula häufig verdickt und mit Wachs-, Harz- oder Kalküberzügen versehen. Ferner haben einige T. mehrschichtige Epidermen und subepidermale Sklerenchymschichten (Festigungsgewebe). Die Blätter selbst sind oft gefaltet und stellen sich senkrecht zur Sonneneinstrahlung. Durch Verengung und Versenkung der Spaltöffnungen oder deren Überwölbung mit Haarfilzen wird die Verdunstung eingeschränkt. Hingegen ist die Anzahl der Spaltöffnungen je Blattflächeneinheit zugunsten der Photosynthese häufig besonders groß.
Der wirksamste Transpirationsschutz erfolgt durch die Reduktion der transpirierenden Oberflächen, dabei auch durch Blattfall, durch Zwergwuchs, geringere Verzweigung,

Trockenresistenz

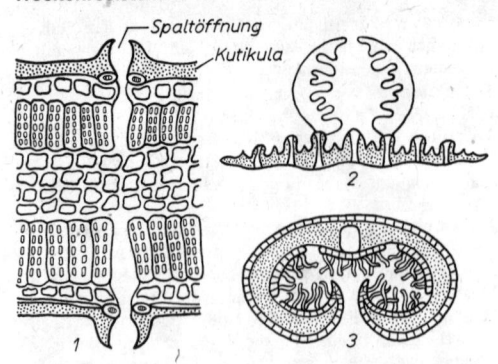

Anpassungsmerkmale bei Trockenpflanzen: *1* Blattbau der xerophyten Pflanze *Calistemon*; *2* Faltblatt (Federgras) im normalen, ausgebreiteten Zustand und eingerollt, während der Dürreperioden (Querschnitt); *3* Rollblatt bei *Tylanthus*, einer Trockenpflanze aus Kapland (Querschnitt)

Verminderung der Blattmenge und Reduktion der Sproßachsen und Blattspreiten und deren Umbildung zu Blatt- und Sproßdornen, seltener auch Wurzeldornen. Oft ist die Reduktion der Blätter mit einer Abflachung und blattähnlichen Ausbildung der grünen Sproßachsen (Flachsprosse, Platycladium) gepaart, oder nur die Blattspreite wird reduziert, und die spreitenähnlich abgeflachten Blattstiele dienen als Phyllodien der Assimilation. Bei manchen epiphytischen Orchideen sind nicht nur die Blätter, sondern auch die Sproßachsen reduziert; abgeplattete, grüne Luftwurzeln übernehmen auch Funktionen der Blätter.

Die Sklerophyllen sind vorwiegend Hartlaubgewächse sommerwarmer, frostfreier Gebiete (z. B. Mittelmeergebiet, Kapland), darunter Lorbeerbaum, Ölbaum, Myrte, Johannisbrotbaum, *Erica*-Arten und zahlreiche Nadelhölzer wie die Kiefern auch temperater und borealer Breiten.

Die Malakophyllen besitzen weiche Blätter, meist mit einem dichten Haarfilz als Verdunstungsschutz überzogen, die bei Trockenheit welken und bei länger andauernder Dürre abgeworfen werden, so daß nur die jüngsten Blattanlagen in den dicht behaarten Knospen erhalten bleiben, z. B. viele Lippenblütler, Rachenblütler, Borretschgewächse, Korbblütler. Die genannten T. müssen während der Dürrezeit wenigstens etwas Wasser aufnehmen können.

Zu den T. gehören auch die Sukkulenten, Pflanzen, die meist einen xeromorphen Bau zeigen, jedoch auch in Wassergeweben in Blättern, Sprossen oder Wurzeln während der feuchten Perioden Wasser für die oft langen Dürrezeiten speichern können. Während der Dürrezeit nehmen sie kein Wasser auf, ihre Saugwurzeln sterben ab. Nach den Speicherorganen werden Blattsukkulente, Stammsukkulente und Wurzelsukkulente unterschieden. *Blattsukkulente* Pflanzen haben verdickte Blätter, die Walzenform annehmen können, z. B. Dickblatt-, *Aloe*-, Agaven-, Mittagsblumengewächse. Die *stammsukkulenten* Pflanzen sind durch Reduktion der Blätter oder durch frühzeitigen Blattwurf besonders gut an Trockenklimate der Wüsten und Halbwüsten angepaßt, wobei die säulen- und kugelförmige Wuchsform die geringsten transpirierenden Oberflächen bietet. Solche konvergente Ausbildung der Stammsukkulenz liegt bei Kakteen, Wolfsmilch-, *Stapelia*-, *Kleinia*- und *Cissus*-Arten vor. Die *wurzelsukkulenten* Pflanzen mit unterirdischen, verdickten Speicherwurzeln sind weniger zahlreich. Zu ihnen gehören die Rübenpflanzen und z. B. einige Steppen und Wüsten bewohnende Vertreter der Gattungen *Pelargonium* und *Oxalis*. Die Wurzeln sind hier zu Wasserspeichern ausgebildet.

Die Zellsaftkonzentration dieser Sukkulenten ist sehr niedrig und steigt auch bei großen Wasserverlusten während langer Trockenzeiten nicht an.

Bestimmte → Salzpflanzen sind auch sukkulent. Sie nehmen Salze im Zellsaft auf, können sie nicht wieder ausscheiden (Chloridspeicherung) und erhöhen damit die Zellsaftkonzentration soweit, daß sie die Bodensaugkraft überwinden. Während der Trockenzeiten nehmen sukkulente Salzpflanzen Wasser und Nährstoffe auf, einige mehrjährige Salzsträucher werfen bei zu hohen Zellsaftkonzentrationen ihre Blätter ab.

Pflanzen der Trockengebiete, die sich in kurzen feuchten Perioden entwickeln (→ Ephemere) und die übrige Zeit als Samen (→ Therophyten) oder im Boden (→ Geophyten) überdauern, weisen außer diesem Rhythmus keine besonderen Anpassungen an den Wassermangel auf. → Tropophyten. Den Ephemeren steht eine Gruppe poikilohydrischer Pflanzen nahe, die ihre vegetativen Organe während der Dürrezeit behalten, aber völliges Austrocknen ohne Schaden ertragen und bei Befeuchtung wieder lebensfähig werden, z. B. Bakterien, bestimmte Flechten und Moose sowie dicht mit Schuppen bedeckte oder hartblättrige Farne.

Trockenresistenz, svw. Dürreresistenz.
Trockenwald, → Monsunwald.
Troddelblume, → Primelgewächse.
Troglobionten, svw. Höhlenbewohner.
Trogons, *Trogoniformes,* Ordnung der Vögel mit reichlich 30 Arten. Sie bewohnen die Wälder der Tropen. Die meisten leben in Amerika. Das Gefieder der Oberseite ist leuchtend grün, das der Unterseite rot oder gelb. Sie brüten in Baumhöhlen und Termitenbauten. Zur Gruppe der T. gehört der *Quezal,* eine Art mit verlängerten Schwanzfedern, das Wappentier von Guatemala.
Trollblume, → Hahnenfußgewächse.
Trommelfell, → Gehörorgan.
Trompetervögel, → Kranichvögel.
Tropan, bizyklisches Ringsystem, N-Methylderivat des 8-Aza-bizyklo[3,2,1]-oktans. Von ihm leiten sich zahlreiche Alkaloide der Atropin- und Kokaingruppe ab (Tropanalkaloide).

$$H_2C \underset{6}{\overset{7}{-}} \underset{5}{\overset{1}{C}} \underset{H}{\overset{H}{|}} \underset{4}{\overset{2}{-}} CH_2 \\ 8NH \quad 3CH_2 \\ H_2C - - CH_2$$

Tropasäure, tritt als Esterkomponente im Atropin als Razemat und im Hyoszyamin als linksdrehende Form auf und kann aus diesen Alkaloiden durch Verseifung gewonnen werden.
Tropfkörper, → biologische Abwasserreinigung.
Trophallaxis, → Ethoparasiten.
Trophie, Intensität der photoautotrophen Produktion im Gewässer.
trophische Beziehungen, svw. Nahrungsbeziehungen.
trophische Faktoren, → Umweltfaktoren.
trophische Funktion, in der Neurobiologie Leistungen von Nervenzellen im Rahmen der eigenen Erhaltung und der Versorgung anderer Zellen mit bestimmten Substanzen, → Neurodynamik.
trophische Umweltansprüche, eine Klasse von Umweltansprüchen, die sich speziell auf Nahrungsansprüche (→ Stoffwechselansprüche) bezieht.
Trophobiose, → Beziehungen der Organismen untereinander; Staatenbildung.
Trophoblast, → Furchung.
trophogene Schicht, Oberflächenschicht der Gewässer

mit überwiegendem Aufbau der organischen Substanz durch Assimilation der litoralen Pflanzen und des Phytoplanktons. Die Mächtigkeit der t. S. ist abhängig von der Lichtdurchlässigkeit des Wassers.

tropholytische Schicht, Tiefenschicht der Gewässer mit überwiegendem Abbau der organischen Substanz. Wegen Lichtmangel findet hier keine Assimilation mehr statt.

Trophophylle, → Sporophyll.

trophotrope Wirkung, → vegetatives Nervensystem.

Trophozyten, Nährzellen, → Nährei.

Tropikvögel, → Ruderfüßer.

Tropin, → Atropin.

Tropismus, *tropistische Krümmungsbewegung,* bei nicht freibeweglichen (sessilen) Pflanzen und Tieren durch Reize ausgelöste Bewegung einzelner Organe, die eine Beziehung zur Richtung des Reizes bzw. zum Reizgefälle erkennen läßt. Die physikalische Asymmetrie des Reizgefälles führt zu einer physiologischen Asymmetrie, die vor allem in einer asymmetrischen Auxinverteilung zum Ausdruck kommt. Die konvex werdende (die der Krümmungsrichtung entgegengesetzte) Seite des Pflanzenteils enthält mehr Auxin, das zu der die Krümmung bedingenden einseitigen Wachstumsverstärkung führt. Nach der Art des wirksamen Reizes unterscheidet man → Phototropismus, → Geotropismus, → Haptotropismus, → Traumatotropismus, → Thermotropismus und → Chemotropismus. Wenn sich der gereizte Pflanzenteil in die Richtung der Reizquelle wendet, so wird dies als *positiver T.,* wenn er sich abwendet, als *negativer T.* bezeichnet. Positiver und negativer T. werden auch als *Orthotropismus* zusammengefaßt. Bei schräger Krümmung zur Reizquelle (zwischen 1° und 179°) spricht man von *Plagiotropismus.* Ein Sonderfall des Plagiotropismus ist der *transversale T.,* bei dem sich die Pflanzenorgane senkrecht (im Winkel von 90°) zur Reizrichtung einstellen. Das Bestreben der Pflanze, eine einmal erfolgte Reizkrümmung wieder auszugleichen und in die Normallage zurückzukehren, wird als → Autotropismus bezeichnet.

Tropomyosin, ein fibrilläres Muskelprotein, das am Aufbau der Muskelfasern, besonders der glatten Muskulatur, beteiligt ist.

Troponin-Tropomyosin-System, → Myosinfilamente.

Tropophyten, wandlungsfähige Pflanzen, die sich dem jahresperiodischen Wechsel von Feucht- und Trockenzeiten, warmen und kalten Jahreszeiten am Standort, im Wuchsrhythmus und in der Ausbildung der Organe anpassen. Die Wasseraufnahme ist auch während der Frostzeiten bei gefrorenem Boden unmöglich (Frosttrocknis).

Die Holzgewächse werfen in den ungünstigen Jahreszeiten oft die Blätter ab und schützen die Laubknospen (Ruheknospen) meist durch harz- oder harzschleimüberzogene Knospenschuppen (geschlossene Knospen) oder durch dichte Behaarung der jungen Blätter (offene Knospen) vor der Austrocknung. Nur die Arten mit xeromorphem Blattbau, z. B. zahlreiche Nadelhölzer, behalten die Blätter. Die Stauden, ausdauernden Kräuter und die zweijährigen Pflanzen überdauern mit oberirdischen Erneuerungsknospen an Luft- oder Erdsprossen nahe der Erdoberfläche (→ Hemikryptophyten, → Chamaephyten) oder mit unterirdischen Erneuerungsknospen an Erdsprossen (Geophyten), die auch als Speicherorgane dienen können. Die Knospen der Stauden sind durch die Bodendecke oder Laub- bzw. Schneedecke geschützt. Die einjährigen Pflanzen überdauern durch Samen oder als dem Boden anliegende Rosettenpflanze. → Lebensform.

Tropotaxis, taktische Körpereinstellung nach der Norm, daß in symmetrisch angeordneten Sinnesorganen, z. B. Augen, Erregungsgleichgewicht herrscht.

Trp, Abk. für L-Tryptophan.

Trüffel, → Schlauchpilze.

Trugdolde, → Blüte, Abschn. Blütenstände.

Trugmotten, → Schmetterlinge (System).

Trugnattern, *Boiginae,* arten- und formenreiche Unterfamilie baum- oder bodenbewohnender, meist eierlegender → Nattern, die oft mit den Echten Land- und Baumnattern zu einer Unterfamilie vereinigt werden. Doch zeichnen sich sämtliche T. durch Giftdrüsen mit opisthoglyphe Bezahnung (→ Schlangen) aus; sie sind »schwach giftig« bis auf 2 Arten, deren Biß auch für den Menschen tödlich sein kann (Boomslang und Graue Baumnatter). T. sind in Amerika (→ Bananenschlangen, → Mussurana), Afrika (→ Boomslang, → Graue Baumnatter), Europa (→ Eidechsennatter) und ganz Süd- und Südostasien (→ Baumschnüffler, → Nachtbaumnattern, → Schmuckbaumschlangen) verbreitet.

Trugratten, *Octodontidae,* eine Familie der → Nagetiere. Die T. sind stumpfschnäuzige, rattengroße Säugetiere Südamerikas. Zu ihnen gehört der Degu, *Octodon degus,* der in Mittelchile vorkommt; er lebt in Kolonien und legt Erdbaue an.

Truncus arteriosus, → Blutkreislauf.

Truthühner, Hühnervögel, die entweder zu den → Fasanenvögeln gestellt oder als eigene Familie *Meleagrididae* geführt werden. Eine Art lebt in Amerika. Die T. wurden bereits von den Indianern Mexikos domestiziert. Die *Hauspute* stammt von diesen ab.

Trypanosomen (Tafel 42), zur Gattung *Trypanosoma* gehörende parasitäre Flagellaten, die je nach Habitat in unterschiedlicher Gestalt auftreten. In den Körperflüssigkeiten des Endwirtes liegt die *trypomastigote* Form mit langer Geißel vor, die mit dem Zellkörper durch eine undulierende Membran verbunden ist. Im Insektenzwischenwirt treten *pro-* und *epimastigote* Formen auf, die Geißel entspringt hier vorn bzw. in der Mitte des Zellkörpers. Schließlich sind geißellose (*amastigote*) Formen möglich. Charakteristisch ist weiter ein DNS-haltiger Kinetoplast, der neben dem Basalkörper der Geißel liegt und dem Energiestoffwechsel dient.

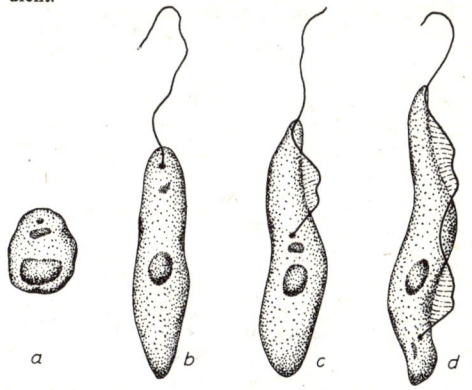

1 Die vier Morphen der *Trypanosomatidae*: *a* amastigot, *b* promastigot, *c* epimastigot, *d* trypomastigot

Die T. als Erreger der *Trypanosomiasen* werden meist von blutsaugenden Insekten (Fliegen, Wanzen) auf den Endwirt übertragen. Es ist nur ungeschlechtliche Vermehrung bekannt. Im Endwirt erfolgt im Bereich der Eintrittspforte lebhafte Vermehrung mit lokalen Reaktionen, dann der Eintritt in die Blutbahn, weiter in das Lymphsystem und schließlich in die Zerebrospinalflüssigkeit (Schlafkrankheit) oder andere Organe.

Wichtige Trypanosomiasen sind: 1) **Naganaseuche** der

Trypetidae

Pferde; auch Esel, Hunde, Katzen und Nager werden befallen. Erreger: *Trypanosoma brucei*, Überträger: *Glossina morsitans*, Zentralafrika. 2) **Schlafkrankheit** des Menschen. Erreger: *Trypanosoma gambiense* (vor allem West- und Zentralafrika) und *Trypanosoma rhodesiense* (Ostafrika),

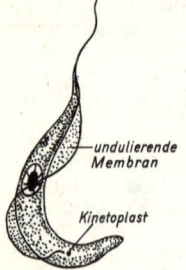

2 Trypanosoma gambiense (undulierende Membran, Kinetoplast)

Überträger: Tsetsefliegen, vor allem *Glossina morsitans* und *Glossina palpalis*, besonders die *rhodesiense*-Gruppe mit großem Parasitenreservoir unter Haus- und Wildtieren. 3) **Chagaskrankheit** des Menschen. Erreger: *Trypanosoma cruzi* (Süd- und Mittelamerika); Überträger: Raubwanzen, vor allem *Triatoma*. Nager, Hunde, Katzen u. a. als Parasitenreservoire. 4) **Beschälseuche** der Pferde. Erreger: *Trypanosoma equiperdum*; Übertragung direkt beim Deckakt. Verbreitung fast weltweit. 5) **Surra** der Pferde und Kamele. Erreger: *Trypanosoma evansi*; Überträger: Stechfliegen, Bremsen, Vampire. Nordafrika, südliches Asien, Süd- und Mittelamerika.

Trypetidae, → Bohrfliegen.
Trypsin, zu den Proteinasen (→ Proteasen) zählendes Enzym, das als C-N-Hydrolase bei allen Wirbeltieren ein wichtiges Verdauungsenzym darstellt. T. wird aus der in der Bauchspeicheldrüse gebildeten und in den Zwölffingerdarm sezernierten Vorstufe *Trypsinogen* gebildet. Dabei wird durch die *Enteropeptidase*, d. i. eine Proteinase des Dünndarms, ein N-endständiges Hexapeptid abgespalten und das Proenzym in das proteolytisch wirksame T. überführt. T. ist das wichtigste eiweißspaltende Enzym, dessen Wirkungsoptimum bei *p*H 7 bis 9 liegt. Es spaltet ausschließlich Bindungen mit Lysin und Arginin der Nahrungsproteine zu Oligopeptiden, und zwar so, daß die entstehenden Peptide Lysin oder Arginin als C-terminale Endgruppe haben.

Die Primär- und Sekundärstruktur ist weitgehend bekannt. Rindertrypsin ist aus 223 Aminosäuren aufgebaut und hat eine Molekülmasse von 24000. Es zeigt enge strukturelle Verwandtschaft mit → Chymotrypsin.

Trypsinogen, proteolytisch inaktive Vorstufe des → Trypsins.
Tryptamin, ein → biogenes Amin, das unter Einwirkung von bakteriellen Aminosäure-Dekarboxylasen durch Dekarboxylierung von Tryptophan entsteht. T. ist auch in Pflanzen in kleinen Mengen weit verbreitet. Die Verbindung wirkt blutdrucksteigernd und wehenauslösend, auf Pflanzen ähnlich wie Auxine wachstumsfördernd.
L-Tryptophan, Abk. *Trp*, eine aromatische, proteinogene und essentielle Aminosäure. L-T. fungiert als Ausgangsverbindung der Synthesen von Tryptamin, Indol-3-essigsäure, Serotonin und Melatonin.

(Strukturformel: Indolring mit $-CH_2-CH(NH_2)-COOH$)

Tryptophyten, Parasiten, die lebendes Gewebe durch Enzyme gegenüber Umwelteinflüssen empfindlich machen und dieses nach erfolgtem Absterben besiedeln.

T-System, → endoplasmatisches Retikulum.
T-Tubuli, → Muskelgewebe.
Tuatara, → Brückenechsen.
Tuba uterina, svw. Eileiter.
Tuberales, → Schlauchpilze.
Tuberkelbakterium, → Mykobakterien.
Tubificidae, → Röhrenwürmer.
Tubulidentata, → Röhrenzähner.
Tubulifera, → Fransenflügler.
Tubulin, → Mikrotubuli.
Tubulus-Typ, → Mitochondrien.
Tui, → Honigfresser.
Tukane, → Spechtvögel.
Tullgren-Apparat, Auslesegerät für größere Bodentiere, → Bodenorganismen.
Tulpe, → Liliengewächse.
Tulpenbaum, → Magnoliengewächse.
Tulu, → Dromedar.
Tümmler, → Delphine, → Schweinswale.
Tumorimmunologie, ein Teilgebiet der → Immunologie. Die T. befaßt sich mit den immunologischen Reaktionen des Tumorträgers gegenüber seinem Tumor. Sie hat das Ziel, der Klinik durch die Immundiagnostik der Tumoren sowie durch eine Immuntherapie des Krebses neue Möglichkeiten der Krebsbekämpfung in die Hand zu geben.

Alle Tumorzellen besitzen Antigene, die sich von denen der normalen Körperzellen unterscheiden. Dadurch kommt es zu einer Immunreaktion des Organismus gegen den Krebs. Allerdings führt die Immunreaktion nicht immer zur Vernichtung des Tumors. Die wohl immer vorhandene Sensibilisierung des Tumorträgers ist die Grundlage der immunologischen Tumordiagnostik.

Die Immuntherapie des Krebses befindet sich gegenwärtig noch im Anfangsstadium. Bisher werden nur Verfahren einer unspezifischen Stimulierung des Immunsystems, die auch zu einer Verstärkung der Abwehrreaktion gegen den Tumor führen sollen, in der Klinik eingesetzt. Das Fernziel ist aber eine spezifische Immuntherapie, bei der die Immunreaktion des Patienten gegen seinen Krebs unmittelbar stimuliert wird.

Tumorviren, *Krebsviren, onkogene Viren,* Viren, die beim Tier, zum Teil aber auch beim Menschen bösartige Tumoren hervorrufen bzw. die als »Risikofaktoren« zusammen mit anderen (chemischen, genetischen, hormonellen, physikalischen) Einflüssen an deren Entstehung beteiligt sind. T. werden unter den Retroviren sowie bei nahezu allen Hauptgruppen tierischer DNS-Viren, vor allem bei Papova-, Adeno- und Herpesviren gefunden (→ Virusfamilien). In der Regel sind T. auch befähigt, in vitro kultivierten Zellen eine sog. *maligne Transformation* auszulösen, die unter anderem mit veränderten Wachstums- und Vermehrungseigenschaften verbunden ist. Zumindest manche maligne transformierte Zellen entwickeln sich nach Implantation in geeignete tierische Wirtsorganismen zu bösartigen Geschwülsten, so daß ihre Entstehung als in-vitro-Modell der Kanzerogenese (Krebsentstehung) betrachtet werden kann. Es gibt aber zahlreiche Viren (z. B. menschliche Adenoviren), die menschliche Zellen transformieren können, aber beim Menschen selbst mit großer Wahrscheinlichkeit nicht krebserregend wirken. Andererseits gibt es onkogene Viren, die (wie z. B. chronische Oncornaviren oder das Hepatitis-B-Virus) Zellen in vitro nicht zu transformieren vermögen.

Das Genom nahezu aller T. (vermutlich mit Ausnahme der Papillomviren) kann durch nicht homologe Rekombination (→ Molekulargenetik) als Provirus in das Genom der Wirtszelle eingebaut werden. Selbst bei RNS-Tumorviren (Oncornaviren) ist dies möglich, weil diese wie andere Retroviren in ihren Virionen eine RNS-abhängige DNS-Polymerase (*Revertase, Umkehrtranskriptase*) enthalten, die virusspezifische doppelsträngige DNS synthetisiert. Der Einbau der Tumorviren-DNS dient vor allem der genetischen Fixierung der malignen Entartung, d. h. der regelmäßigen Replikation und Weitergabe des Tumorvirengenoms. Zumindest bei chronischen Oncornaviren scheint die Provirus-Integration auch für die Auslösung der malignen Entartung notwendig zu sein (s. u.). Die Proviren der Oncornaviren haben sehr viele Gemeinsamkeiten mit springenden Genen. Außerdem ähneln die Proviren aller T. den Prophagen temperenter Bakteriophagen, jedoch konnte in mit Tumorviren infizierten Zellen keine Aktivität analoger Repressoren nachgewiesen werden.

T. sind nur in jeweils bestimmten Spezies und dort meist auch nur in bestimmten Zellorganen und -geweben onkogen wirksam. In der Regel lassen die betroffenen Zellen keine Virusvermehrung zu, sie sind für das betreffende Virus »nicht permissiv«. Darauf ist auch zurückzuführen, daß die meisten T. jeweils spezifische Tumoren (mit) verursachen: Papillomviren Hauttumoren, Hepatitis-B-Virus Leberkrebs usw. Die Abhängigkeit von genetischen und Umweltfaktoren wird bei der Wirkung des *Epstein-Barr-Virus (EBV)*, eines Herpesvirus, besonders deutlich. In Europa und Nordamerika verursacht es bei nicht immunen Personen eine gutartige, fiebrige Erkrankung, die infektiöse Mononukleose (Pfeiffersches Drüsenfieber). In Afrika ist es – in Abhängigkeit von einer Infektion mit dem Malaria-Erreger *Plasmodium falciparum* und von einer Chromosomenmutation – für die Entstehung eines bösartigen Tumors des lymphatischen Gewebes, des *Burkitt-Lymphoms*, mitverantwortlich. In Südostasien verursacht es – gemeinsam mit noch unbekannten Kofaktoren – bösartige Tumoren des Nasen-Rachen-Raumes. Somit kann das Epstein-Barr-Virus mit an Sicherheit grenzender Wahrscheinlichkeit als menschliches Tumorvirus bzw. als Risikofaktor für die Verursachung menschlicher Tumoren eingestuft werden. Weitere menschliche T. sind das *Papillom-Virus Typ 5 (HPV5)* aus der Familie der Papovaviren, das – wieder in Abhängigkeit von anderen Faktoren – auf der Grundlage einer sehr seltenen Warzenform bösartige Hauttumoren verursacht, das *Hepatitis-B-Virus (HBV)*, der Erreger der Serum-Hepatitis, der vor allem in Afrika – gemeinsam mit anderen Einflüssen – primäre Lebertumoren, eine der am häufigsten vorkommenden menschlichen Geschwülste bewirkt. Unter den Retroviren konnte ein humaner Risikofaktor, das mindestens in Südostasien aktive *T-Zell-Lymphom-Virus (TCLV)* identifiziert werden. Weitere Viren, speziell andere Papillom-Virus-Typen, sowie das Herpes-simplex-Virus Typ II, sind zumindest verdächtig, an der Entstehung menschlicher Tumoren, z. B. des Genitales (mit) beteiligt zu sein. Darüber hinaus spielen sehr viele T., vor allem Retroviren, als Erreger bösartiger Tumoren bei praktisch allen Wirbeltiergruppen eine – z. T. auch ökonomisch sehr bedeutungsvolle – Rolle.

Die durch T. verursachte maligne Transformation bzw. Geschwulstentstehung erfolgt nicht nach einem einheitlichen Mechanismus und kann schon bei Angehörigen ein und derselben Virusgattung unterschiedlich verlaufen. Beispielsweise ist für die onkogene Wirkung des Maus-Papovavirus, des Polyomavirus (Tafel 19), das Produkt eines Gens verantwortlich, das bei dem zur gleichen Gattung gehörenden Affenvirus SV40 überhaupt nicht vorkommt.

Prinzipiell gibt es mindestens drei verschiedene Mechanismen der virusinduzierten Krebsentstehung: 1) Für die onkogene Wirkung sind *virusspezifische Gene* und deren Produkte verantwortlich. Das scheint bei Polyoma- und Adenoviren der Fall zu sein. 2) Durch das T. wird ein *zelluläres Onkogen (c-onc)* aktiviert. Darauf beruht die Wirkung der zu den Retroviren gehörenden chronischen Oncornaviren, die kein virales Onkogen besitzen. Durch Einbau ihres Provirus vor einem c-onc wird letzteres aktiviert. Eine derartige Aktivierung erfolgt offenbar auch durch von Tumorviren induzierte chromosomale Umbauten, wie sie etwa durch das Epstein-Barr-Virus (s. o.) ausgelöst werden und bei der Entstehung des Burkitt-Lymphoms beteiligt sind. 3) Durch Infektion mit einem T. wird ein *virales Onkogen (v-onc)* in die Zelle eingeführt, das einem von 15 bis 20 zellulären *onc*-Genen homolog ist, aber während der Evolution des betreffenden akuten Oncornavirus vor kürzerer oder längerer Zeit in dessen Genom einrekombiniert worden war. Prototyp eines solchen Virustyps, zu dem alle akuten Oncornaviren gehören, ist das *Rous-Sarkom-Virus*, das 1911 von Peyton Rous als erstes Tumorvirus entdeckt worden war, wofür dieser aber erst 1966 mit dem Nobelpreis ausgezeichnet wurde.

Von vielen T. ist aber noch nicht bekannt, worauf ihre onkogene Wirkung beruht. Da beim Menschen auch Tumoren vorkommen, die offenbar auf eine Mutation eines (zuvor kaum aktiven) c-onc-Gens zurückzuführen sind, und da andererseits zahlreiche T. *mutagen* wirken, kann nicht ausgeschlossen werden, daß T. zumindest unter anderem auch durch Auslösung von Mutationen von c-onc-Genen krebserregend wirken. Dies könnte zu einer Vereinheitlichung unserer Vorstellungen der Kanzerogenese-Mechanismen führen, da auch die überwiegende Mehrheit der chemischen und physikalischen krebsauslösenden Faktoren mutagen wirkt.

Tümpel, svw. temporäre Gewässer.

Tundra, baumlose Vegetationsform der arktischen Florenzone jenseits der nördlichen Waldgrenze. Eine Übergangszone, die *Waldtundra,* wird in den ozeanischen Gebieten von Krüppelbirken (*Betula tortuosa* u. a.) und in den kontinentalen Gebieten von Fichten und Lärchen gebildet. In der T. bestimmen Zwerg- und Halbsträucher und dem Boden anliegende Spaliersträucher, z. B. Weidenarten, wie *Salix polaris, S. herbacea* und *S. retusa,* Zwergbirke, Silberwurz und Pflanzen der Moore, wie Wollgras (*Eriophorum*) und Seggenarten den Vegetationsaufbau. Flache Erhebungen tragen frostwechselbedingte Steinstrukturböden (Frostnetzböden, Polygonböden). Die Dauerfrostböden tauen nur oberflächlich während der kurzen Vegetationszeit auf; an Hängen kommt es dann zum Bodenfließen (Solifluktion). Es können eine *Felstundra* mit Spaliersträuchern und Polsterpflanzen, eine *Zwergstrauchtundra* auf trockeneren Böden mit stellenweise starker Humusbildung, in der die Bärentraube, Krähenbeere, Rauschbeere u. a. vorherrschen, und eine *Flechtentundra* mit dichtem Besatz an Strauchflechten, wie Rentierflechte, Isländisch Moos u. a. unterschieden werden.

Tundrenzeit, → Dryaszeit, → Pollenanalyse.
Tungölbaum, → Wolfsmilchgewächse.
Tunica muscularis, → Verdauungssystem.
Tunica propria, → Verdauungssystem.
Tunica serosa, → Perimetrium.
Tunika, 1) **Mantel,** Kutikulabildung der → Manteltiere. 2) → Bildungsgewebe, 3) → Sproßachse.
Tunikaten, svw. Manteltiere.
Tupaiidae, → Spitzhörnchen.
Tüpfel, unverdickt gebliebene Stellen in den pflanzlichen Zellwänden. In Zellen mit stark verdickten Zellwänden, z. B. in Sklerenchymzellen, erscheinen T. im Querschnitt als englumige Kanäle. T. benachbarter Zellen treffen aufeinander und werden durch die *Schließhaut* voneinander getrennt. Diese besteht aus der Mittellamelle mit den beiderseits aufgelagerten Primärwänden. In ihr sind besonders

Tüpfelhyäne

viele Plasmodesmen vorhanden, die häufig von Ausläufern des endoplasmatischen Retikulums durchsetzt sind, so daß die Zisternen des endoplasmatischen Retikulums benachbarter Zellen in röhrenförmigem, offenem Kontakt miteinander stehen und der Stoffaustausch sehr erleichtert ist. T. der beschriebenen Form heißen *einfache T.* Ihnen stehen die *Hoftüpfel* gegenüber, die besonders für die Tracheiden der Nadelhölzer und für Tüpfelgefäße charakteristisch sind. Bei diesen sind die Tüpfelkanäle zur Schließhaut hin stets trichterförmig erweitert. Daher beobachtet man in der Aufsicht um die zentrale Öffnung, den *Porus,* eine zweite konzentrische Kreislinie, den *Hof,* der die Stellen der Ablösung der Sekundärwand von der Schließhaut kennzeichnet. Die Schließhaut ist in der Mitte zum *Torus* verdickt. Wenn sie sich nach der einen oder anderen Seite vorwölbt, wird der Torus gegen den Porus der entsprechenden Seite gepreßt und verschließt diesen ventilartig. Der Stoffaustausch durch Hoftüpfel ist dementsprechend regulierbar.

Tüpfelhyäne, → Hyänen.

Tüpfelkuskus, *Phalanger maculatus,* ein katzengroßer Kletterbeutler mit großen, dunklen Flecken auf dem Fell. In Anpassung an eine nächtliche Lebensweise besitzt er relativ große Augen.

Turakos, → Kuckucksvögel.

Turbanigel, *Cidaris,* Gattung der regulären Seeigel von rundem Umriß. Mund und After liegen einander polar auf der Unter- bzw. Oberseite gegenüber, das Mundfeld ist ganzrandig. Schmale Ambulakralfelder liegen zwischen breiten Interambulakralfeldern, die mit kräftigen Stacheln und Dornen versehen sind.

Geologische Verbreitung: Jura bis Gegenwart. Einzelne Arten haben in der Oberkreide stratigraphische Bedeutung.

Turbellaria, → Strudelwürmer.

Turbidostat, → kontinuierliche Kultur.

Turdidae, → Drosseln.

Turgeszenz, → Turgordruck.

Turgor, svw. Turgordruck.

Turgorbewegungen, durch Turgordifferenzen ausgelöste Bewegungen pflanzlicher Organe: 1) → Variationsbewegungen, 2) → Schleuderbewegungen.

Turgordruck, *Turgor,* osmotisch bedingter Druck von Pflanzenteilen auf die Zellwand (→ Osmose). Bei ausreichend hohem osmotischem Wert des Zellsaftes saugt die Zelle aus dem Außenmedium Wasser an. Die Vakuole vergrößert sich und preßt das Protoplasma gegen die elastisch dehnbare Zellwand. Der so entstandene T. ist Ursache der *Turgeszenz* der Zelle. T. und → Gewebespannung sind an der Festigung des Pflanzenkörpers beteiligt. Wird den Zellen durch hohe Saugkräfte der Umgebung, z. B. durch hohe Transpiration bei vermindertem Wassernachschub, Wasser entzogen, so kommt es zur Herabsetzung des T. und schließlich zum Erschlaffen und Welken der Zellen bzw. Pflanzenteile.

Turgorextremitäten, svw. Blattbeine.

Turionen, svw. Hibernakeln.

Türkischer Scheibenfinger, → Halbzeher.

Turmschädel, svw. Akrozephalus.

Turmschnecken, *Turritella,* Gattung der Schnecken mit hohem, aus zahlreichen Umgängen bestehendem Gehäuse. Die Oberfläche ist spiral durch Rippen oder Streifen verziert, die Mündung ganzrandig und rundlich. Die Formen können gelegentlich sehr groß werden.

Geologische Verbreitung: Untere Kreide bis zur Gegenwart. Die heutigen Vertreter leben in wärmeren Meeren.

Turner-Syndrom, → Geschlechtschromosomen.

Turritella, → Turmschnecken.

Tuschepräparat, → Kapsel 2)

t-Verteilung, → Biostatistik.

T-Wert, → Sorption.

tychozän, → Biotopbindung.

Tylopoda, → Paarhufer.

Tympanalorgane, Sinnesorgane bei Insekten, z. B. an Beinen von Heuschrecken, die als Druckgradientenempfänger den Schalldruck wahrnehmen können. Sie stehen mit Tracheen in Verbindung, die der Reizleitung dienen. Das gesamte System dient als → Gehörorgan.

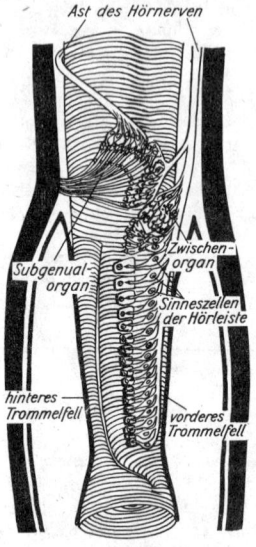

1 Tibiales Hörorgan der Laubheuschrecke

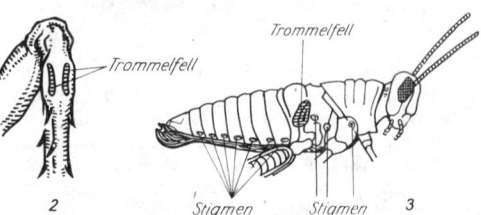

2 Schiene des Vorderbeins einer Laubheuschrecke mit den zum Tympanalorgan führenden Schlitzen; *3* Seitenansicht einer Feldheuschrecke, deren Flügel entfernt wurden, um die Lage des Trommelfells zu zeigen

Tympanum, → Gehörorgan.

Tyndall-Effekt, → kolloide Lösungen.

Tyndallisation, → Sterilisation.

Typisierung, → Transplantation.

Typogenese, → Typostrophe.

Typolyse, → Typostrophe.

Typostase, → Typostrophe.

Typostrophe, die stammesgeschichtliche Entwicklung einer Organismengruppe von ihrem Entstehen bis zu ihrem Erlöschen. Die Typostrophenlehre erfaßt eine tatsächlich vorhandene, allerdings oft stark abgewandelte phylogenetische Regelhaftigkeit. Eine T. besteht aus drei Phasen, die mehr oder weniger deutlich ausgeprägt sind: 1) *Typogenese,* Phase der relativ raschen Herausbildung einer neuen Organisationsform (Typus), die schnell in mehrere Subtypen zerfällt. 2) *Typostase,* Phase einer allmählich fortschreitenden Entwicklung im Rahmen des neuen Bauplans durch Anpassung an die verfügbaren Lebensräume. 3) *Typolyse,* Phase des Abstiegs, in der vom Typ stark abweichende Arten entstehen und die Gruppe verarmt oder erlischt.

Diese mehr oder weniger ausgeprägte dreiphasige Entwicklung systematischer Einheiten höherer Ordnung wurde von manchen Paläontologen als Ausdruck autonomer Entwicklungsvorgänge gewertet, sie läßt sich aber auch auf der Grundlage der synthetischen Theorie der Evolution verstehen. Beispielsweise ist der Zerfall des neuentstandenen Typus in seine Untertypen – z. B. die außerordentlich rasche Herausbildung der verschiedenen Säugetierordnungen im frühen Tertiär – vermutlich eine Folge des Fehlens von Konkurrenten. Nachdem sich alle prinzipiell möglichen Lebensformtypen herausgebildet hatten, z. B. Huftiere, Raubtiere, Nager konnte ihre weitere Entwicklung nur im Rahmen dieser Ordnungen, also typostatisch, erfolgen.

Die »Formenverwilderungen« während der Typolyse verschiedener Gruppen kamen wahrscheinlich dadurch zustande, daß die Lebensbedingungen, an die der Typ angepaßt war, verschwanden und die verschiedenen Arten der betreffenden systematischen Einheit sich den neuen Verhältnissen auf verschiedenen Wegen anpaßten.

Typus, *1) Standard, Basis*, Vertreter einer bestimmten, neu beschriebenen Organismengruppe, an den der Name gebunden bleibt, auch wenn die Gruppe durch neue Erkenntnisse geändert werden muß. So ist z. B. eine bestimmte Gattung der T. einer Familie, eine bestimmte Art der T. einer Gattung, und für eine Art oder darunter stehende systematische Einheit wird als T. ein Individuum festgelegt, nach dem die Beschreibung vorgenommen wurde. Das Originalexemplar des Autors wird als *Holotypus* bezeichnet. *Isotypen* sind alle Duplikate des Holotypus, also gleichzeitig am gleichen Ort gesammelte Exemplare. Als *Syntypen* werden dagegen solche Exemplare bezeichnet, die vom Autor nur zitiert werden, und wo die Benennung eines Holotypus unterblieben ist. Ist der Holotypus verlorengegangen, so wird als Ersatz ein Lecto- oder auch ein Neotypus benannt. Ein *Lectotypus* kann aus etwa vorhandenen Iso- oder Syntypen ausgewählt werden. Sind keine dieser T. vorhanden, wird ein anderes Exemplar als *Neotypus* bestimmt, das solange als nomenklatorischer T. gilt, solange das Originalmaterial nicht auffindbar ist. Weiterhin unterscheidet man den *Paratypus*, ein bei der Erstveröffentlichung genanntes Exemplar eines anderen Fundortes, das mit zur gleichen Sippe gestellt wurde, und den *Topotypus*, ein anderes Exemplar vom Originalfundort, dem *locus classicus*.

2) svw. Bauplan.

Tyr, Abk. für L-Tyrosin.

Tyramin, ein → biogenes Amin, das unter der Einwirkung von Aminosäure-Dekarboxylasen in Bakterien und tierischen Geweben durch Dekarboxylierung von Tyrosin entsteht. T. kommt auch in manchen Pflanzen vor, z. B. Mariendistel, Besenginster und Hirtentäschelkraut. T. wird in der Medizin angewendet wegen seiner blutdrucksteigernden und uteruskontrahierenden Wirkung.

Tyrannen, *Tyrannidae*, Familie amerikanischer → Sperlingsvögel mit über 350 Arten. Wie die → Fliegenschnäpper fangen sie von einer Warte aus Insekten.

Tyrannosaurus (griech. tyrannos 'Gewaltherrscher', sauros 'Eidechse'], Gattung der Theropoden, mit über 15 m Länge und 6 m Höhe bei aufgerichteter Stellung der gewaltigste, landlebende, bipede Fleischfresser. Der Schädel war etwa 1,4 m lang und trug zahlreiche 15 cm große dolchartige Zähne. Dieser zweibeinig schreitende Dinosaurier besaß kräftige, dreizehige Hinterbeine, aber verkümmerte, funktionslose Vorderextremitäten. Gewaltige Krallen an den Hinterfüßen bildeten wirksame Angriffswaffen. Die an den hinterlassenen Fährten (Fußabdruck: 79 cm breit, 76 cm lang) gemessene Schrittweite beträgt 3,76 m.

Verbreitung: Oberkreide Nordamerikas.

Tyrocidine, → Tyrothrizin.

L-Tyrosin, Abk. *Tyr*, eine aromatische, proteinogene, sowohl keto- als auch glukoplastisch wirkende Aminosäure. L-T. kann im Körper aus L-Phenylalanin aufgebaut werden und ist selbst unmittelbare Vorstufe der Synthesen von Adrenalin und Thyroidhormonen. Bei Störungen der Schilddrüsentätigkeit wird L-T. medizinisch angewendet.

HO—⟨⟩—CH$_2$—CH(NH$_2$)—COOH

Tyrosinase, svw. Phenoloxidase.

Tyrothrizin, ein Gemisch verschiedener Polypeptid-Antibiotika. T. wurde bereits 1939 in Kulturfiltraten von *Bacillus brevis* entdeckt. Das Gemisch besteht aus etwa 80 % basisch reagierenden Tyrocidinen (zyklische Dekapeptide) und etwa 20 % neutral reagierenden → Gramizidinen.

tyrphobiont, → Biotopbindung.

T-Zell-Lymphom-Virus, → Tumorviren.

U

Überaugenwulst, svw. Augenbrauenwulst.

Überdauern, Beibehalten einer Reizantwort über die Reizeinwirkungszeit hinaus. Der Ausdruck wird vor allem in der Verhaltensbiologie verwendet.

Übergangsbewegungen, Bewegungen, die in zwei oder mehr Verhaltensabläufen auftreten können.

Übergangsepithel, → Epithelgewebe.

Übergangsgebiet, *Transitionsgebiet*, biogeographisches Mischgebiet, dessen Fauna und Flora teils aus der einen, teils aus der anderen der beiden angrenzenden Regionen stammen, wobei eine Grenzziehung oft selbst bei Berücksichtigung einer bestimmten Tierklasse unbefriedigend bleiben muß. Die bedeutendsten Ü. umfassen Mittelamerika und das südliche Nordamerika, den Wüstengürtel von Westafrika bis Mittelasien und einen Teil der indoaustralischen Inseln.

In Nordafrika kamen noch in historischer Zeit einerseits Elefanten, Giraffen, Leoparden und Löwen, andererseits Hirsche, Wildschweine und Bären nebeneinander vor. Besonders umstritten war lange Zeit die Grenzziehung zwischen der → Orientalis und → Australis. Heute wird meist die Ausscheidung eines von Rensch vorgeschlagenen → indoaustralischen Zwischengebietes akzeptiert.

Viel unübersichtlicher und weniger erforscht und diskutiert ist das Ü. zwischen → Nearktis und → Neotropis. Hier hatte schon Heilprin 1887 ein *sonorisches* Ü. ausgeschieden, das einen großen Teil der südlichen Nearktis umfaßte, während Schmidt (1954) als Ü. eine hauptsächlich Teile der Neotropis umfassende karibische Subregion (Mittelamerika und karibische Inseln) einführte, die der → Holarktis anschloß. Im Vergleich mit dem indoaustralischen Zwischengebiet ist das *karibische Ü.* viel artenreicher und ausgedehnter, in seinem Durchmischungsgrad viel stärker von unterschiedlichen Ausbreitungsvermögen der einzelnen Tiergruppen abhängig; bei den Wirbeltieren wäre es für die Fische beispielsweise viel enger zu begrenzen als für die Vögel, die sich weit in die beiden Invasionsregionen ausgebreitet haben.

überindividuelle Lautstruktur, svw. Supraphonation.

Überlagerungsphänomen, Überlagerung einer Signalbewegung über ein Gebrauchsverhalten.

übernormaler Kennreiz, → Kennreiz.

Überpflanzen

Überpflanzen, svw. Epiphyten.
Überschwemmungsmethode, → biologische Bekämpfung.
Übersommerung, → Überwinterung.
Übersprungbewegung, svw. deplazierte Bewegung.
Überträgersubstanzen, → Transmitter.
Überwinterung, *Hibernation,* die Fähigkeit der Tiere, die in den gemäßigten und kalten Klimabereichen im Winter auftretenden erschwerten Bedingungen zu überstehen oder ihnen auszuweichen.

Zahlreiche wechselwarme Tiere suchen geeignete Verstecke bereits vor Eintritt der kalten Jahreszeit auf, wobei dieses Verhalten oft photoperiodisch ausgelöst wird. Sie verfallen dann in → Kältestarre, die durch steigende Temperatur rückgängig gemacht wird. Diese unmittelbar vom auslösenden Faktor bewirkte Inaktivität wird auch als *Quieszenz* bezeichnet.

Hingegen ist die *Diapause* (→ Dormanz) an ein bestimmtes Entwicklungsstadium gebunden und kann vorausschauend (prospektiv) ausgelöst werden. Sie ist für viele Insekten die charakteristische Form der Ü.

Warmblüter führen z. T. großräumige Ausweichbewegungen durch und ziehen vor Eintritt des Winters in günstigere Klimabereiche (→ Tierwanderungen). Einige Fledermäuse reduzieren bei abnehmenden Temperaturen ihren Stoffwechsel und verfallen dann in eine *Kältelethargie.* Gleichzeitig sinkt auch ihre Körpertemperatur stark ab; sie sind heterotherm. – Ähnliche Starrzustände mit zeitweilig reduzierter Körpertemperatur zeigen einige Vögel (Nachtschwalben, Kolibris, Mauersegler, Schwalben). Sie ermöglichen die Überdauerung von Nahrungsmangel während Schlechtwetterperioden oder sehr kühler Nachttemperaturen, dienen also nicht unmittelbar der Ü.

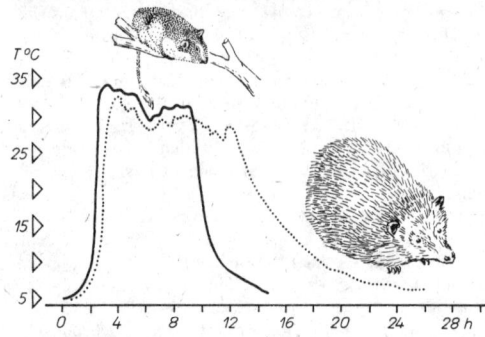

Unterbrechung des Winterschlafes durch kurzdauernden Wachzustand: Die Körpertemperatur steigt sehr schnell auf über 30°C an (ausgezogene Kurve: Gartenschläfer, punktierte Kurve: Igel) (nach Raths 1975)

Einige Säugetiere (Dachs, Braunbär, Waschbär) verlängern und vertiefen ihren normalen Schlaf in der kalten Jahreszeit, ohne daß die Körpertemperatur absinkt. Wiederkehrende Aktivitätsphasen zur Nahrungssuche und -aufnahme unterbrechen diese *Winterruhe.*

Im *Winterschlaf* liegt eine hormonal gesteuerte und durch die Photoperiode vorbereitete Form der Ü. vor. Der Eintritt des Winterschlafes erfolgt bei artspezifisch unterschiedlichen Temperaturen (Feldhamster um 9°C, Haselmaus um 15°C, Igel 17°C, Siebenschläfer 18 bis 20°C). Die Körpertemperatur sinkt bis zu einem fixierten Minimalwert (knapp über 0°C) ab, entsprechend reduzieren sich Blutumlauf, Herztätigkeit, Atemfrequenz und Reizbeantwortung. Das drohende Unterschreiten der kritischen Körpertemperatur führt zu ihrem Anstieg, oft mit Erwachen und Nahrungsaufnahme verbunden. Vorbereitungen für den Winterschlaf bestehen im Anlegen besonders geschützter Winterbaue und -nester (Murmeltier, Ziesel, Bilche) oder durch zusätzliches Eintragen von Nahrungsvorräten (Feldhamster), durchweg aber durch Vergrößerung der körpereigenen Fettreserven.

Allgemeine Hilfen für winteraktive Warmblüter liegen im Dichterwerden und Umfärben des Feder- oder Haarkleides, im Ansatz von Fettdepots, auch in der Umstellung im Nahrungsspektrum.

Wirbellose Tiere nutzen bestimmte Entwicklungsstadien bevorzugt für die Ü. (Ei- oder Puppenstadium bei Insekten), leben auf aktive Larven im Wasser (Libellen, Steinfliegen) oder überdauern als Zysten (Protozoen), Gemmulae (Süßwasserschwämme) oder Wintereier (Daphnien, Blattläuse). Andere können ohne besondere Hilfen winteraktiv bleiben (einige Spinnen, Milben, Kollembolen, Glasschnecken).

Das Gegenstück zur Ü. ist die *Übersommerung (Ästivation),* das Überstehen trocken-warmer Jahreszeiten durch weitgehende Inaktivität.

Lit.: M. Eisentraut: Der Winterschlaf mit seinen ökologischen und physiologischen Begleiterscheinungen (Jena 1956); P. Raths: Tiere im Winterschlaf (Leipzig, Jena, Berlin 1975).

überzählige Chromosomen, svw. B-Chromosomen.
Ubichinon, *Koenzym Q,* 2,3-Dimethoxy-5-methylchinon, das in 6-Stellung eine isoprenoide Seitenkette unterschiedlicher Kettenlänge trägt. Je nach Anzahl der in der Seitenkette befindlichen Kohlenstoffatome werden die einzelnen U. als U-30, U-35, U-40, U-45 und U-50 unterschieden. U. sind im Tier- und Pflanzenreich weit verbreitet und zeigen Strukturähnlichkeit zu den Vitaminen K und E. Sie sind aber keine Vitamine, da sie im Organismus aus Tyrosin als Vorstufe des aromatischen Ringes und aus Isoprenresten für die Seitenkette aufgebaut werden. Es sind lipophile Verbindungen, die zu den mitochondrialen Lipiden gehören.

U. sind an biologischen Oxidationsvorgängen beteiligt und wirken in der Mitochondrienmembran als Hilfssubstrat beim Elektronentransport in der Atmungskette, wo sie zwischen Flavoproteine und Zytochrom eingeschaltet sind. Ihre Funktion beruht auf der stufenweisen Reduktion des U. durch ein spezifisches Flavoprotein zum *Ubihydrochinon,* wobei Elektronen auf Zytochrom b übertragen werden. Die Rückoxidation des Ubihydrochinons erfolgt durch spezifische Oxidoreduktasen. Ubichinon/Ubihydrochinon stellt somit ein Redoxsystem dar.

Ubiquist, in verschiedenen Lebensräumen auftretende euryöke Tier- oder Pflanzenart ohne Bindung an einen bestimmten Standort. Während U. nur manchmal weit verbreitet vorkommen, haben → Kosmopoliten eine weltweite Verbreitung. Die Bezeichnung U. bezieht sich auf den Standort, die Bezeichnung Kosmopolit dagegen auf die Verbreitung.

Uca, → Winkerkrabben.
UCR, → bedingter Reflex.
UCS, → bedingter Reflex.
Uferfliegen, svw. Steinfliegen.
Ufergesellschaften, → Charakterartenlehre.
Uhu, → Eulen.
UICN, → IUCN.
Ukelei, *Alburnus alburnus,* zu den Weißfischen gehörender,

kleiner Schwarmfisch. Er kommt in stehenden und langsam fließenden Gewässern Europas nördlich der Alpen vor. Aus den Guaninkristallen der Haut wird Perlessenz gewonnen. Der U. wird weiter als Köderfisch und Futtermittel genutzt. Zur Gattung *Alburnus* gehört auch der *Schneider (Alandblecke), Alburnus bipunctatus,* der vor allem die Flüsse besiedelt.

Ulmengewächse, *Ulmaceae,* eine Familie der Zweikeimblättrigen Pflanzen, mit etwa 150 Arten, die überwiegend in den gemäßigten Gebieten der nördlichen Erdhalbkugel vorkommen. Es sind Holzpflanzen mit einfachen, asymmetrischen Blättern mit Nebenblättern und eingeschlechtigen oder zwittrigen, 4- bis 6zähligen Blüten mit unscheinbarer Blütenhülle. Die Blüten stehen einzeln oder in büscheligen Blütenständen und werden durch den Wind bestäubt. Der oberständige Fruchtknoten entwickelt sich zu einer einsamigen geflügelten Nuß.

Die einheimischen Ulmen- (Rüster-)Arten sind sommergrüne, über 30 m hoch werdende Bäume, so die **Feldulme,** *Ulmus minor,* und die **Bergulme,** *Ulmus glabra,* die beide auch als Allee- oder Parkbäume häufig angepflanzt wurden. Seit einiger Zeit werden sie durch das Ulmensterben stark dezimiert; das ist eine Krankheit, die durch den Pilz *Ceratocystis ulmi* hervorgerufen und durch Borkenkäfer übertragen wird. Da der Pilz die Wasserleitungsbahnen verstopft, sterben befallene Bäume in kurzer Zeit ab.

Ulmengewächse: *a* Feldulme, *b* Zürgelbaum

Die **Flatterulme,** *Ulmus laevis,* wird bis zu 35 m hoch; sie ist seltener als die beiden oben genannten Arten, ihre überhängenden Zweige sind bis zum zweiten Jahre behaart. Der nordamerikanische **Westliche Zürgelbaum,** *Celtis occidentalis,* hat kirschartige Früchte und wird gelegentlich als Zierbaum angepflanzt. Der **Südliche Zürgelbaum,** *Celtis australis,* der in ganz Südeuropa bis Oberitalien hin verbreitet ist, trägt schlehenartige, braune, süße Früchte. Er liefert das »Triester Holz«, das zu Bildhauerarbeiten und zur Herstellung von Musikinstrumenten (Flöten) verwendet wird.

Ulotrichales, → Grünalgen.
Ulrich-Turner-Syndrom, → Chromosomenaberrationen, → Geschlechtschromosomen.
ultraabyssale Zone, → Meer.
ultradianer Rhythmus, → Aktivitätsrhythmus.
Ultrafiltertheorie der Permeabilität, eine Vorstellung in der Pflanzenphysiologie, die die Beziehung zwischen der Größe und Gestalt der Moleküle und der Leichtigkeit ihres Durchtritts durch die Plasmagrenzschichten Plasmalemma und Tonoplast und somit Fragen der selektiven Stoffaufnahme erklärt, indem sie in den Membranen ultramikroskopisch kleine Poren voraussetzt, die zu große und eventuell auch elektrisch geladene Moleküle zurückhalten und somit als ein Filter wirken.
Ultrafiltration, → Nierentätigkeit.
Ultrahocherhitzung, *Ultrapasteurisation,* schonendes Verfahren zum Sterilisieren von Lebensmitteln, insbesondere von Milch. Bei der U. wird an die übliche Pasteurisation eine Kurzzeiterhitzung (1 bis 2 Sekunden) auf Temperaturen von 135 bis 150°C angeschlossen.
Ultramikrotom, → Mikrotom.
Ultrapasteurisation, svw. Ultrahocherhitzung.
Ultrasaprobität, → Saprobiensysteme.
Umbelliferae, → Doldengewächse.
Umbelliferon, ein Derivat des Kumarins, das durch trockene Destillation von Doldenblütlerharz gewonnen wird. U. findet sich auch in der Rinde von Seidelbast, *Daphne mezereum,* in Kamillenöl, Hortensien, Möhren u. a.
Umberfische, *Sciaenidae,* zu den Barschartigen gehörende, größere Meeresfische der Tropen und Subtropen, die laute, rhythmische, artspezifische Klopf-, Quak-, Grunz-, Schnarch- oder Trommeltöne erzeugen können. Viele Arten sind wichtige Nutzfische und Sportfische.
Umbilikalkreislauf, → Allantois.
Umkehrmikroskop, Mikroskop in umgekehrter Bauweise für die Untersuchung von Zell- und Gewebekulturen und von Sedimenten und Aufschwemmungen in größeren Gefäßen bei schwachen bis mittleren Vergrößerungen. Die Objekte werden von oben beleuchtet, das Objektiv befindet sich unterhalb des Objektes. Auf diese Weise ist auf dem Objekttisch genügend Platz für größere Gefäße.
Umkehrtranskriptase, → Tumorviren.
Umkehrungen, → Lernen-Lernen.
Umlaufbewegungen, Bewegungserscheinungen, bei denen ein Teil eines Pflanzenorgans eine mehr oder weniger kreis- oder ellipsenförmige Bahn beschreibt. U., die auf Wachstumsvorgängen beruhen (→ Nutationsbewegungen), sind z. B. → Zyklonastie und → Zirkumnutation. Ähnlich zyklisch wechselnde Wachstumsförderungen sind neben induzierten Reizbewegungen am Winden der Windepflanzen beteiligt. Bestimmte autonome Turgor- oder Variationsbewegungen sind ebenfalls U., z. B. die kreisende Blattbewegung bei *Desmodium gyrans.*
umorientiertes Verhalten, → fehlgerichtete Bewegungen.
Umtauschkapazität, → Sorption.
Umwelt, 1) *Milieu, Wirkwelt,* Ausschnitt der realen Außenwelt, der auf den jeweiligen Organismus direkt oder indirekt einwirkt. Aus verhaltensbiologischer Sicht können die informationelle und die nicht-informationelle U. unterschieden werden. Die *informationelle* U. wirkt über entsprechende Sinnesorgane oder Exterorezeptoren auf den Organismus ein, und diese Organe gestatten es, über die Reize und Reizkonstellationen Informationen zu bilden, die strukturellen Eigenschaften der U. informationell zu nutzen. Bei der *nicht-informationellen* U. ist jener Wirkungsanteil auf den Organismus gemeint, der nicht über die Rezeptoren die Lebensvorgänge beeinflußt. Nach den Quellen der Informationen und dem Wirkungsfeld des Verhaltens lassen sich drei Umweltklassen unterscheiden: 1) *Eigen-Umwelt:* der Körper und seine Eigenschaften sind die Funktionsbereich des Verhaltens; 2) das *Ökosystem,* die Biogeozönose bildet den Funktionalbereich des Verhaltens; 3) das *Populationssystem* ist Quelle der Information und Wirkungsfeld des Verhaltens. Bei Umsetzung eines motivierten Verhaltens gibt es die Funktionsobjekte, beispielsweise Mäuse als Beutetiere, funktionelle Randbedingungen, etwa das Gangsystem der Mäuse, und unspezifische Randbedingungen, wie allgemeines Milieu, die Witterung und entsprechende mittelbare wirksame Umweltvektoren.
2) im genetischen Sinne die Gesamtheit aller inneren und äußeren Faktoren und Bedingungen, die die Realisation der genetischen Information und damit die Merkmalsbildung beeinflussen. Der Phänotyp eines Organismus ist das Produkt aus Genotyp und Umweltbedingungen. Der Genotyp legt die Reaktionsnorm fest, die Umwelt entscheidet,

Umweltansprüche

welcher Ausschnitt der Reaktionsnorm realisiert werden kann. Die Umweltkomponente bei der Realisation spezifischer Merkmale ist unterschiedlich groß (→ Heritabilität) und führt zu der Unterscheidung relativ umweltstabiler bzw. umweltlabiler Merkmale.

Umweltansprüche, Ansprüche, die ein Lebewesen an die Umwelt stellen muß, um seine Existenz und den Ablauf der Lebensprozesse sichern zu können. Wir unterscheiden sechs Modalitäten: → Raumansprüche, → Zeitansprüche, → Informationsansprüche, → Stoffwechselansprüche, → Schutzansprüche und → Partneransprüche. Sie können sich in drei Qualitäten realisieren: 1) bezogen auf den eigenen Körper und seine Eigenschaften, 2) bezogen auf das Ökosystem und 3) bezogen auf das Populationssystem.

Umweltbeziehungen, *ökologische Beziehungen,* Beziehungen von Organismen, Populationen und Lebensgemeinschaften zu ihrer Umwelt. Es können trophische, chemische, mechanische, energetische, psychische u. a. Beziehungen unterschieden werden. Diese Komponenten sind jeweils Teilaspekte der Gesamtheit der U. Hinsichtlich der Wirkungsrichtung werden unterschieden: 1) *Relation* (A → B), irreziproke Beziehungen; 2) *Korrelation* (A ⇄ B), reziproke Beziehungen. Diese können in beiden Richtungen positiv (Symbiose) oder in beiden Richtungen negativ (Konkurrenz) bzw. in einer Richtung positiv und in der anderen negativ sein (Konsument/Konsumierter). 3) *Interrelation* $\left(C\begin{smallmatrix}\nearrow A\\ \searrow B\end{smallmatrix}\right)$. Spezielle Beispiele dazu → Beziehungen der Organismen untereinander.

Umweltbiophysik, Gebiet der Biophysik, das die verschiedenartigsten physikalischen Umwelteinflüsse auf biologische Systeme untersucht. Eine wichtige Aufgabe der U. ist die Modellierung der Energie- und Stoffflüsse in Ökosystemen. Diese Arbeiten sind von großer praktischer Bedeutung, weil nur über das Verständnis dieser komplexen Wechselwirkungsprozesse die anthropogenen Umwelteinflüsse reguliert werden können. Zur Lösung dieser Aufgaben werden umfangreiche experimentelle Daten erhoben. Man versucht, auf Großrechenanlagen den Prozeß zu modellieren, um Voraussagen der Entwicklung des Systems zu treffen und Möglichkeiten der Steuerung zu finden.

Lit.: Glaser, Unger, Koch (Hrsg.): Umweltbiophysik (Berlin 1976); Montheith: Grundzüge der U. (Darmstadt 1978).

Umweltfaktoren, *ökologische Faktoren,* Umweltgrößen, die auf Individuen, Populationen oder Lebensgemeinschaften einwirken. Nach der Antwortreaktion der Organismen auf die U. werden unterschieden: 1) *Reizwirkungen,* z. B. das direkte Anfliegen einer Lichtquelle (Phototaxis) oder das Aufsuchen einer bestimmten Vorzugstemperatur (Thermopräferenz). 2) *modifizierende Wirkungen,* die den Organismus verändern (Lebensformentypen, → Klimaregeln, → Ökomorphosen). 3) *limitierende Wirkungen,* die der Existenz eines Lebewesens absolute Grenzen setzen (so kommen Riffkorallen nur in Gebieten vor, deren Wassertemperatur nicht unter 22°C absinkt). Der Organismus reagiert auf den jeweiligen Faktor entweder mit der Alles-oder-Nichts-Reaktion, oder die Wirkung ist abhängig von der Intensität des Faktors (→ ökologische Valenz).

Hinsichtlich der Ausbeutbarkeit durch den Organismus lassen sich *extensive* (nicht ausbeutbare, z. B. Temperatur der Umgebung) und *intensive Faktoren* (ausbeutbare, wie Nahrung) unterscheiden.

Abiotische Faktoren (physiographische Faktoren, Abiozön), hierzu gehören alle unbelebten Umweltgrößen wie: klimatische Faktoren (Licht, Temperatur, Luftfeuchte) und die anorganischen Bestandteile der Nahrung und des Lebenssubstrates, z. B. im Boden: edaphische Faktoren. Von größter Bedeutung für die Existenz des Lebens auf der Erde ist das Licht als die entscheidende Energiequelle der autotrophen Produzenten. Für die Existenz tierischer Organismen ist vor allem das hydrothermische Regime bestimmend. Bewegungen des Substrats (Wasserströmung, Wind), Luft- und Wasserdruck, der osmotische Wert, die H^+-Ionen-Konzentration und die chemische Zusammensetzung des Substrats sind einige wichtige abiotische Faktoren.

Biotische Faktoren umfassen alle belebten Umweltgrößen und die von ihnen ausgehenden Wirkungen (psychische, sexuelle u. a.), auch Beziehungen wie → Konkurrenz und → Interferenz werden hierzu gerechnet.

Eine Sonderstellung nehmen die *Substratfaktoren* und die *trophischen Faktoren (Nahrungsfaktoren)* ein, die sowohl biotischer als auch abiotischer Natur sein können.

Wird ein U. von der sich verändernden Dichte einer Population nicht beeinflußt, so ist er dichteunabhängig, hierzu zählen z. B. Klimafaktoren. Intensitätsschwankungen *dichteunabhängiger Faktoren* rufen Schwankungen der Populationsdichte hervor. Im Gegensatz dazu wirken *dichteabhängige Faktoren* (z. B. Konkurrenz, Interferenz) auf Populationsschwankungen ausgleichend.

Umweltkapazität, *Fassungsvermögen,* maximal tragbare Individuenzahl einer Population in einer konkreten Umwelt. Diese wird im wesentlichen durch Angebot und Verfügbarkeit von limitierten Ressourcen bestimmt.

Umweltschutz, → Landeskultur.

unbedingte Reaktion, → bedingter Reflex.

unbedingter Reiz, → bedingter Reflex.

Uncoating, → Viren, Abschn. Virusvermehrung.

undulierende Membran, bei Ziliaten eine aus verklebten Zilien bestehende, wellenförmige Bewegungen durchführende Organelle in der Mundgrube; bei Flagellaten eine Pellikulafalte zwischen dem Körper und einer an ihm entlang verlaufenden Geißel. Eine u. M. kann auch am Schwanz von Spermien, z. B. bei denen der Molche, entwickelt sein. Abb. → Polymastiginen, → Trypanosomen.

Undulipodien, → Zilien.

Unfruchtbarkeit, svw. Sterilität.

Ungastlichkeit, svw. Axenie.

Ungleichbiß, → Gebiß.

Ungleicherbigkeit, svw. Heterozygotie.

Ungleichflügler, → Wanzen.

Ungulata, → Huftiere.

unifaziale Blätter, → Blatt.

Uniformitäts- und Reziprozitätsgesetz, → Mendelgesetze.

Univalent, im Gegensatz zu Bi- und Multivalenten ein einzelnes, ungepaartes Chromosom in der ersten meiotischen Teilung (→ Meiose), das entweder durch Ausfall der Chromosomenpaarung (→ Asynapsis, → Monosomie) oder durch vorzeitige Auflösung eines Paarungsverbandes aufgrund fehlender Chiasmabildung entstand. Von diesen echten werden falsche U. unterschieden, die durch unregelmäßige Verteilung der Partnerchromosomen von Multivalenten entstehen und während der Anaphase der ersten meiotischen Teilung im Äquator der Zelle zurückbleiben.

univariate Verfahren, → Biostatistik.

Unken, *Bombina,* eurasiatische Gattung der → Scheibenzüngler. Die U. sind vorwiegend wasserlebende kleine Froschlurche mit warzigem Rücken und dreieckiger Pupille. Ein Trommelfell ist nicht vorhanden. Der Bauch ist farbig gefleckt. Bei Gefahr werfen sich die U. auf den Rücken und zeigen die grelle Bauchfärbung (»Unkenreflex«). Ihr Ruf klingt wie dumpfer Glockenton. Die Eier werden bei der Paarung in kleinen Klumpen an Wasserpflanzen ab-

gelegt. Die einheimischen Arten sind *Rotbauch-* oder *Tieflandunke, Bombina bombina,* bei der das Männchen innere Schallblasen hat, und *Gelbbauch-* oder *Bergunke, Bombina variegata,* ohne Schallblasen. Die Populationen gehen durch Umweltveränderungen stark zurück. Größter Vertreter der U. ist die bis 8 cm lange *Chinesische Riesen-* oder *Feuerbauchunke, Bombina maxima.*
unkonditionierte Reaktion, → bedingter Reflex.
unkonditionierter Reiz, → bedingter Reflex.
Unkrautbekämpfungsmittel, → Herbizide.
Unkräuter, → Segetalpflanzen, → Ruderalpflanzen.
Unpaarhufer, *Perissodactyla,* eine Ordnung der Säugetiere. Die U. sind große Pflanzenfresser mit meist unpaarer Anzahl huftragender Zehen. Die dritten Zehen sind stark entwickelt, die übrigen zurückgebildet oder ganz fehlend. Zu den U. gehören die Familien der → Einhufer, → Tapire und → Nashörner.
Unsinnmutationen, → Genmutationen.
Unterart, *Subspecies, geographische Rasse,* Abk. ssp. *Plur.* sspp., infraspezifische, d. h. die → Art weiter untergliedernde Kategorie. U. sind durch genetische Unterschiede und (in der Fortpflanzungszeit) allopatrisches Vorkommen (→ Allopatrie) gekennzeichnet, die mit anderen U. der gleichen Art kreuzen und fruchtbare Nachkommen ergeben, so daß sich die Unterschiede bei → Sympatrie verwischen würden. Ein gutes Beispiel ist die Aaskrähe, deren beide U., Nebel- und Rabenkrähe, in Mitteleuropa etwa entlang der Elbe zusammenstoßen. Wie im Kontaktgebiet anderer U. kommt es zwar gelegentlich zu Kreuzungen, doch allenfalls zu lokalen Mischpopulationen. Bei genügend langer und ausreichend wirksamer Isolation können U. zu Arten werden. Sie werden ternär benannt: Die Aaskrähe heißt *Corvus corone,* die Rabenkrähe als Nominatform (d. h. erster Träger dieses Namens) *Corvus corone corone,* die Nebelkrähe *Corvus corone cornix.* Im Gegensatz zu anderen infraspezifischen Kategorien (Varietät, Standort- oder Saisonform u. a.) unterliegt die Benennung der U. den internationalen Nomenklaturregeln.
Untergesellschaft, svw. Subassoziation.
Unterhefen, → Bierhefen.
unterirdische Keimung, → Samenkeimung.
Unterkiefer, → Mundwerkzeuge.
Unterlippe, → Mundwerkzeuge.
Unterscheidungslernen, svw. Diskriminationslernen.
Unterscheidungsschwelle, → Webersches Gesetz.
Unterschiedsempfindlichkeit, das Vermögen der Sinnessysteme, zwei Reize, die in der Größe eines Parameters, beispielsweise der Reizintensität, verschieden sind, zu unterscheiden. Die minimale Differenz im Betrag des entsprechenden Reizparameters, bei dem eben ein Reaktionsunterschied des Sinnessystemes, z. B. als Empfindung, bemerkbar wird, ist die *absolute Unterschiedsschwelle.* Wenn die Minimaldifferenz auf den Betrag des Reizparameters bezogen wird (*Webersches Gesetz*), erhält man die *relative Unterschiedsschwelle.* Die relativen Unterschiedsschwellen beim Menschen betragen: Gehörsinn 1/5 bis 1/10, Geschmackssinn 1/7 bis 1/10, Tastsinn 1/30, Helligkeitsempfindungen 1/100 bis 1/200, Kraftempfindungen bis zu 1/400.
Unterschiedsschwelle, → Unterschiedsempfindlichkeit, → Webersches Gesetz.
unvollkommene Verwandlung, → Metamorphose.
Unvollständige Pilze, *Deuteromycetes, Fungi imperfecti,* eine Gruppe der Pilze, zu der etwa 20000 Arten gehören, von denen bisher nur die Nebenfruchtformen (Konidien) bzw. nur die sterilen Mycelien bekannt sind. Wahrscheinlich ist bei einigen die Fähigkeit zur Bildung der Hauptfruchtform verlorengegangen. Viele der U. P. gehören wahrscheinlich zu den Schlauchpilzen, nur wenige zu den Ständerpilzen oder den Klassen der Niederen Pilze. Zu den U. P. gehört eine Anzahl wichtiger Pflanzenschädlinge, z. B. *Septoria apii,* der Erreger des Sellerie-Rostes, oder *Fusarium oxysporum,* der Erreger der Welkekrankheit der Tomaten, und viele andere mehr. Auch Haar- und Hautkrankheiten des Menschen werden von einigen Vertretern dieser Gruppe hervorgerufen *(Trichophyton, Epidermophython, Microsporium* u. a.). *Geotrichum candidum* kommt als sogenannter **Milchschimmel** vor allem in Milch und Milchprodukten vor.
Nach der Art der Sporen unterscheidet man bei den U. P. vier Formordnungen:
1) *Sphaeropsidales,* die Konidien werden in Behältern oder Höhlungen gebildet,
2) *Melanconiales,* die Konidien werden auf stromaartigen Lagern gebildet,
3) *Moniliales,* die Konidien werden an typischen Konidienträgern gebildet,
4) *Mycelia sterilia,* Mycel ohne jegliche Konidien oder andere Fortpflanzungserscheinungen.
Unzertrennliche, → Papageien.
Ur, svw. Auerochse.
Urachus, → Allantois.
Uräusschlange, → Kobras.
urbane Ökologie, ökologische Disziplin, die sich mit der Stadt (meist Großstadt) als Lebensraum für Menschen, Tiere und Pflanzen befaßt. Gekennzeichnet ist dieser Lebensraum durch eine Fülle spezieller ökologischer → Lizenzen, extreme mikroklimatische Bedingungen, spezifische Rhythmik, hohe Schadstoffkonzentration in der Luft und in den Gewässern u. a. Das häufige Auftreten von wärmeliebenden Organismen (in dauerwarmen Räumen), Felsbewohnern (an Häuserwänden), Höhlentieren (in Kellern, unter Trümmern), halophiler Arten (in Anlagen der chemischen Industrie), sowie die durch anthropogene Noxen sich vollziehende Veränderung der physiologischen Leistungen verschiedener Schädlinge sind bekannte Erscheinungen in Städten. Spezielle Indikatoren unter diesen Organismen zeigen komplexe Wirkungen der Urbanisierung viel genauer an, als dies mit entsprechenden Meßgeräten möglich ist.
Dieser biologische Teilaspekt der u. Ö. gewinnt zunehmend Beachtung. Die wichtigsten Stoff- und Energieströme in der u. Ö. sind gesellschaftlich determiniert und werden von Wissenschaftsdisziplinen wie ökonomische Geographie, Demographie und den klassischen humanökologischen Wissenschaften (z. B. kommunale und soziale Hygiene) untersucht.
Urbanisierung, Verstädterung, auf den Menschen bezogenes Wirkungsgefüge, das sich mit zunehmender Wohndichte, mit der Entstehung großer, dichter Siedlungsräume herausgebildet hat. Auf das Verhalten von Tieren können diese Faktoren ebenfalls einwirken als Veränderungen des Lichtregimes, des Schallpegels und der klimatischen Bedingungen. Auch höhere Besatzdichten können sich damit verbinden, also mehr Individuen je Flächeneinheit.
Urdarmdivertikel, → Mesoblast.
Urdarmhöhle, → Gastrulation.
Urease, zur Gruppe der Hydrolasen zählendes Enzym mit hoher Substratspezifität, das die hydrolytische Spaltung von Harnstoff in Kohlensäure und Ammoniak bewirkt:

$$O=C\!\!\begin{array}{c}NH_2\\NH_2\end{array} + 2H_2O \rightarrow H_2CO_3 + 2NH_3$$

Die Spaltung des Harnstoffs ist ein wichtiges Zwischenglied im Kreislauf des Stickstoffs, der dadurch der Pflanze wieder zugänglich gemacht wird. U. ist in höheren Pflanzen, besonders Pflanzensamen, verbreitet und findet sich auch bei Bakterien und Pilzen. Im Wirbeltierorganismus kommt U. nicht vor.

Die U. der Sojabohne ist ein Protein mit einer Molekülmasse von 489000, das aus 8 Untereinheiten aufgebaut ist. U. war das erste Enzym, das in reiner kristalliner Form erhalten werden konnte (Sumner 1926).

Uredinales, → Ständerpilze.

Uredosporen, paarkernige, oft mit Warzen, Stacheln oder Leisten besetzte, einzellige *Sommersporen* der Rostpilze. Sie keimen unmittelbar nach der Reife mit einem einfachen Keimschlauch aus und dienen hauptsächlich der raschen Verbreitung der Art im Pflanzenbestand.

Ureizelle, → Oogenese.

Ureter, → Exkretionsorgane.

Urethra, → Harnröhre.

Urfarne, *Psilophytatae, (Psilopsida),* primitivste Klasse der Farnpflanzen. Ihre Sprosse sind dichotom verzweigt; Blätter fehlen oder sind nur schuppen- oder stachelförmig entwickelt. Echte Wurzeln sind noch nicht vorhanden. Die Sporangien befinden sich an den Sproßenden. Die Mehrzahl der U. ist nur fossil bekannt.

1. Ordnung: *Psilophytales,* **Nacktfarne.** Hierher gehören die ältesten mit Leitbündel und Spaltöffnungen versehenen Landpflanzen, die nur fossil aus dem Silur und Devon bekannt sind. Die *Rhyniaceae* umfassen die primitivsten Landpflanzen. Wichtigste Gattung ist *Rhynia,* die »Urlandpflanze«, von der 2 Arten gefunden wurden. Sie ist nach dem Ort Rhynie in Schottland benannt, der in der Nähe der klassischen Fundstelle liegt. Die Rhynien waren bis zu $1/2$ m hohe, wurzellose Sumpfpflanzen, deren gegabelte einfache Luftsprosse von einem Rhizom ausgingen und Spaltöffnungen besaßen (Abb. 1a). Die Sporangien waren endständig, hatten eine mehrschichtige Wand, jedoch noch keinen Öffnungsmechanismus. Die Sporen waren gleichgestaltet (isospor). Der Gametophyt war wahrscheinlich das Rhizom, denn hier konnten Archegonien nachgewiesen werden.

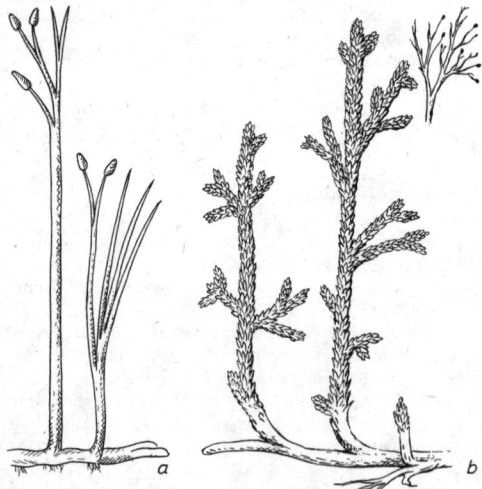

1 Urfarne (Rekonstruktionen): *a Rhynia major* aus dem Mitteldevon, *b Asteroxylon mackiei* aus dem Mitteldevon

Die *Zosterophyllaceae* waren algenähnliche Flachwasserpflanzen mit schmalen, bandartigen Sprossen. Sie sind vom Silur bis zum Mitteldevon bekannt und waren damals wohl weltweit verbreitet. Wichtigste Gattungen sind *Zosterophyllum* (Abb. 2) und *Taeniocrada.*

Die *Asteroxylaceae* besaßen nadel- oder stachelartige

2 Urfarne (Rekonstruktion): *Zosterophyllum rhenanum* aus dem Unterdevon

Emergenzen, die nicht von Leitbündeln durchzogen waren. Es sind mehrere *Asteroxylon*-Arten bekannt (Abb. 1b).

2. Ordnung: *Psilotales.* Hierher werden rezente Urfarne gestellt, die durch 2 Gattungen, *Psilotum* und *Tmeripteris,* mit nur je 2 Arten repräsentiert werden. Es sind kleine, krautige, gabelartig verzweigte, wurzellose Pflanzen, deren Sprosse schuppenartige oder etwas größere, blattartige Emergenzen aufweisen (Abb. 3). Fossilien sind von dieser Gruppe nicht bekannt. Ihre systematische Stellung ist unsicher.

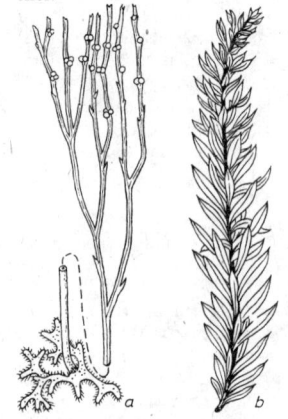

3 Urfarne (Rekonstruktionen): *a Psilotum, b Tmesipteris*

Urfische, → Aphetohyoidea.

Urfrösche, *Leiopelmatidae,* urtümlichste, heute nur noch in 3 Arten in feuchten Bergwäldern Neuseelands vorkommende Familie der Froschlurche. Im Bau der Wirbel und der erhalten gebliebenen Schwanzmuskulatur zeigt sich ihr entwicklungsgeschichtlich hohes Alter. Schallblasen fehlen. Die Jungen schlüpfen voll entwickelt aus den wenigen, aber großen, an feuchten Stellen abgelegten Eiern und sind wasserunabhängig. Die neuseeländischen U. (Gattung *Leiopelma*) werden auch mit den → Schwanzfröschen zur eigenen Unterordnung U. zusammengefaßt. Sie stehen unter Naturschutz.

Urgeschlechtszelle, → Gameten.

Urhufer, *Condylarthra,* **Kondylarthren,** ausgestorbene Ordnung der Säugetiere, die als primitive Vorläufer der Huftiere angesehen wird.

Verbreitung: Oberkreide bis Alttertiär Europas und Amerikas.

Urikase, ein zu den Oxidasen gehörendes Enzym, das die

Oxidation der schwerlöslichen Harnsäure in Gegenwart von Sauerstoff in das leichtlösliche Allantoin katalysiert. U. kommt außer beim Menschen, den Affen und den meisten Insekten bei allen Wirbeltieren und Wirbellosen vor. U. findet sich vor allem in der Leber. U. aus Schweinen hat eine Molekülmasse von 125 000 und ist aus 4 Untereinheiten aufgebaut.

Urin, svw. Harn.

Urinsekten, *Apterygoten, Apterygota, Apterygogenea,* paraphyletische Gruppe relativ ursprünglicher Insekten, die primär flügellos (apterygot) sind. Sie umfassen die wahrscheinlich monophyletischen *Entognatha* und die *Thysanura.* Die U. haben noch relativ viele Reste ursprünglicher Mandibulatenmerkmale bewahrt, z. B. Flügellosigkeit, abdominale Beinanlagen und Gliederantennen, können jedoch nicht als phylogenetisches Zwischenglied zwischen Myriapoden und »echten« Insekten betrachtet werden. Sie erscheinen viel mehr als sekundär hochspezialisierte Bodentiergruppen.

Die *Entognatha* bilden mit etwa 5000 bis 6000 Arten der → Springschwänze, → Beintaster und → Doppelschwänze den Kern der U. Ihre Unterlippe ist mit den Seitenwänden der Kopfkapsel zu einer Tasche verwachsen, die die eingesenkten Mandibeln und Maxillen umhüllt (Abb.) und so eine beißend-, ritzend- oder stechend-saugende Ernährungsweise ermöglicht. Auch die Reduktion der Komplexaugen zu maximal 8 Einzelaugen und die Tendenz zur Rückbildung der Malpighischen Gefäße vereint die sonst sehr heterogenen entognathen U. Eine nähere Verwandtschaft von 2 der 3 hierher gehörenden Ordnungen, wie sie Henning unter der Bezeichnung *Ellipura* für Springschwänze und Beintaster annimmt, kann gegenwärtig nicht bewiesen werden.

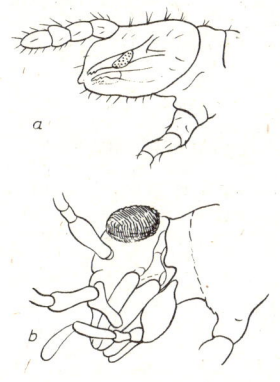

a Entognathe (Springschwanz) und *b* ektognathe (Felsenspringer) Mundwerkzeuge

Unter den ektognathen Insekten mit freiliegenden Mundwerkzeugen gehören zwei zweifellos eng miteinander verwandte Ordnungen zu den U.: die bislang als *Borstenschwänze (Thysanura)* vereinten → Felsenspringer und → Fischchen. Das Auftreten eines doppelten Gelenkhöckers der Mandibel bei Fischchen und pterygoten Insekten gilt als entscheidender Entwicklungsschritt und begründet die scharfe Trennung zwischen Felsenspringern als monokondyle *Ektognatha* und Fischchen und Pterygoten als dikondyle *Ektognatha*.

Lit.: W. Dunger: Tiere im Boden (3. Aufl. Wittenberg 1983); B. Klausnitzer und K. Richter: Stammesgeschichte der Gliedertiere (Wittenberg 1981); J. Paclt: Biologie der primär flügellosen Insekten (Jena 1956).

Urkeimzelle, → Gameten.
Urmenschen, → Homo, → Anthropogenese.
Urmeristeme, → Bildungsgewebe.
Urmesodermzellen, → Mesoblast.
Urmollusken, svw. Stachel-Weichtiere.
Urmund, → Gastrulation.
Urmundtiere, svw. Protostomier.
Urnenpflanze, → Schwalbenwurzgewächse.
Urniere, → Exkretionsorgane.
Urobilin, → Gallenfarbstoffe.
Urodela, → Schwanzlurche.
Urogenitalsystem, zusammenfassender Begriff für das Exkretions- und Genitalsystem der Wirbeltiere aufgrund gemeinsamer entwicklungsgeschichtlicher Verknüpfungen.

Uronsäuren, entstehen durch Oxidation der endständigen Alkoholgruppe (zur Karboxylgruppe) von Aldosen. Aus Glukose und Galaktose entstehen so die beiden wichtigen U. Glukuronsäure und Galakturonsäure.

Uropoden, das letzte Gliedmaßenpaar am Hinterleib der *Malacostraca* (Krebse).

Uroporphyrin, *Uroporphyrin III,* am längsten bekanntes natürliches Porphyrin, stellt biogenetisch eine Vorstufe des Hämoglobins, der Zytochrome und der Chlorophylle dar.

Uroporus, → Nephridien.
Uropterin, → Pterine.
Uropygi, → Geißelskorpione.
Urostyl, → Achsenskelett.

Urpferd, *Hyracotherium, Eohippus,* ausgestorbene älteste Gattung der Pferde. Charakteristisch für die fuchsgroßen Zehengänger sind vier funktionstüchtige Zehen an den Vorderfüßen und drei an den Hinterfüßen, vierhöckerige, niedrigkronige Zähne. Es lebte in tropischen Urwaldgebieten als Buschschlüpfer, der sich von Laub ernährte.

Verbreitung: Eozän Europas und Nordamerikas.
Abb. 1 auf S. 926.

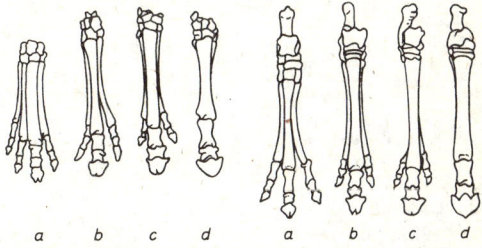

2 Phylogenetische Entwicklungsreihe des Pferdefußes (links Vorderfuß, rechts Hinterfuß) von der ältesten Form *a* (*Hyracotherium*) aus dem Eozän über oligozäne *b* und miozäne *c* Zwischenformen zum rezenten Pferd *d*; Vergr. 0,15:1

Urraubtiere, *Creodontia, Kreodontier,* ausgestorbene Unterordnung der Raubtiere, die als deren Vorläufer ein Gebiß ohne Reißzähne, bzw. eine unvollkommen entwickelte Brechschere, besaßen. Weitere primitive Merkmale waren die fünfzehigen Extremitäten und das kleine, kaum gefurchte Gehirn.

Verbreitung: Tertiär, im germanischen Tertiär (Untereozän bis Untermiozän) besonders aus der eozänen Braunkohle des Geiseltales bei Halle bekannt.

Ursamenzellen, → Spermatogenese.
Urschaltiere, → Monoplacophora.
Ursegmentstiel, → Mesoblast.
Ursidae, → Bären.

Ursolsäure, eine zur Gruppe der Triterpene gehörende Karbonsäure der Bruttozusammensetzung $C_{30}H_{48}O_3$, tritt frei oder als Glykosid in der Wachsschicht von Blättern und Früchten, z. B. auf den Fruchtschalen von Äpfeln, Preiselbeeren, Birnen, weit verbreitet auf.

Urson, → Baumstachler.
Ursprungszentren, svw. Genzentren.

Urticaceae

1 Stammbaum der Pferde (nach Simpson und Thenius)

Urticaceae, → Brennesselgewächse.
Urtierchen, svw. Protozoen.
Urvögel, → Vögel.
Urwalddingo, → Dingo.
Urwirbel, → Achsenskelett.
Urzeugung, → Biogenese.
Urzölomtiere, *Archicoelomata,* eine Gruppe von Tierstämmen der *Bilateria,* deren Angehörige sich durch eine Dreigliederung des Körpers auszeichnen, wobei jeder Abschnitt eine Zölomhöhle enthält, die Archimetameren, die durch Abfaltung vom Urdarm entstehen. Hierher gehören die Stämme der Kranzfühler, Hemichordaten, Bartwürmer, Stachelhäuter und Pfeilwürmer. Da die *Bilateria* jedoch in Protostomier (Entwicklung des definitiven Mundes aus dem Urmund) und Deuterostomier (Entwicklung des definitiven Mundes an anderer Stelle des Urdarms) eingeteilt werden, müssen auch von diesen Stämmen, die zweifellos entwicklungsgeschichtlich sehr alt sind, die Kranzfühler den Protostomiern, alle übrigen den Deuterostomiern zugeordnet werden.
Ustilaginales, → Ständerpilze.
Uterus, *Delphys, Gebärmutter, Fruchthalter,* Abschnitt der inneren weiblichen Geschlechtsorgane, in dem sich die Weiterentwicklung der befruchteten Eier abspielt und der in die → Vagina mündet. Bei lebendgebärenden (viviparen) Tieren werden im U. verschiedene Möglichkeiten der Embryonalernährung geschaffen (→ Plazenta).

Bei wirbellosen Tieren, z. B. bei Gliederfüßern, können Teile des Eileiters oder der Vagina zu einem U. erweitert sein. So erfolgt bei lebendgebärenden Stummelfüßern, *Onychophora,* zeitweilig eine direkte Verbindung von Keim und Uteruswand unter Bildung eines plazentaähnlichen Ernährungsorganes. Bei lebendgebärenden Fliegen, z. B. Raupenfliegen, Laus- und Tsetsefliegen, ist der vordere Teil der Vagina zu einem U. entwickelt, in dem die Larven ausschlüpfen und ihre Entwicklung bis zur Verpuppung ganz oder teilweise durchmachen können. Dabei werden z. B. bei den Tsetsefliegen die Larven von einem milchigen Sekret stark entwickelter Anhangsdrüsen ernährt.

Bei Wirbeltieren ist der U. ein differenzierter Teil des *Müllerschen Ganges,* der entweder als Abfaltung vom *Urnierengang* (Haie, Schwanzlurche) oder als selbständige Bildung lateral der Urogenitalleiste (höhere Wirbeltiere) entsteht. Bei den Säugern ist der U. sehr variabel gestaltet. Man unterscheidet: *U. duplex,* bei dem die beiden U. völlig getrennt sind, *U. bipartitus,* bei dem die U. zum Teil verwachsen sind, *U. bicornis,* dessen Uteruskörper ungeteilt ist und dem die restlichen paarigen Uteruskanäle wie zwei Hörner aufsitzen, und *U. simplex* der höheren Primaten mit vollständiger Vereinigung beider U. (Abb.).

Der menschliche U. ist außen vom *Perimetrium* (Bauchfell) eingehüllt. Den Hauptanteil stellt die *Muskularis* oder das *Myometrium* dar. Die innere Schicht bildet das *Endometrium* oder die Uterusschleimhaut. Sie besteht aus einem feinfaserigen Bindegewebe, in das sich von der Oberfläche aus geschlängelte Uterusdrüsen *(Glandulae uterinae)* einsenken, die bis zur Muskelschicht reichen. Bedeckt wird das Endometrium durch eine einschichtige Lage von Flimmerepithelzellen. Bei Schwangerschaft ist der U. großen Volumenveränderungen unterworfen.

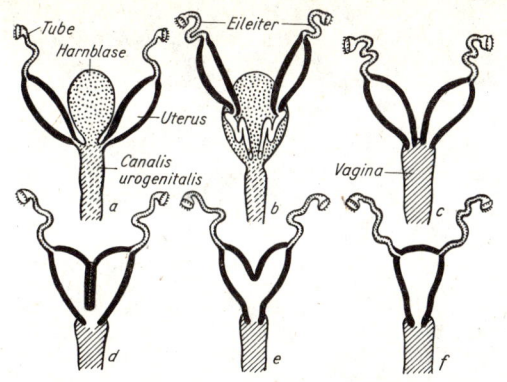

1 Uterusformen (schematisch): *a* Kloakentiere, *b* Beuteltiere, *c* Nagetiere (Uterus duplex), *d* Raubtiere (Uterus bipartitus), *e* Insektenfresser (Uterus bicornis), *f* Primaten (Uterus simplex)

Im Endometrium spielen sich während des 28tägigen *Menstruationszyklus* periodische Veränderungen ab, die in Abhängigkeit von den hormonalen Vorgängen im Eierstock, die wiederum von der Hypophyse gesteuert werden, ablaufen. Während der Reifungsphase eines Graafschen Follikels und unter dem Einfluß des Follikelhormons kommt es zum Aufbau der Uterusschleimhaut *(Proliferationsphase)*, die sich bis zu einer Höhe von 7 mm verdickt. Nach dem Follikelsprung *(Ovulation)* und der damit verbundenen Progesteronwirkung des *Gelbkörpers (Corpus luteum,* → Plazenta) im Eierstock, findet eine gesteigerte sekretorische Aktivität der Uterusdrüsen statt, wodurch die *Sekretionsphase* beginnt, die vom 14. bis 28. Tag andauert. Zu Beginn dieser Zeit wird das Ei von der Schleimhaut aufgenommen. Kommt es nicht zur Schwangerschaft und damit zum Aufhören des Progesteroneinflusses, verbunden mit fettiger Degeneration des Gelbkörpers, wird in der *Desquamationsphase* (3 bis 6 Tage) ein großer Teil der Uterusschleimhaut *(Decidua menstruationis),* die *Funktionalis,* samt Ei abgestoßen, während die *Basalis* erhalten bleibt, von der der Neuaufbau der Schleimhaut ausgeht. Die Abstoßung der Funktionalis, die auch als *Hinfallhaut* bezeichnet wird, zeigt sich in der *Menstruationsblutung* (Regel). Ist jedoch das Ei befruchtet worden, kommt es zur Bildung der Trophoblasten (→ Plazenta).
Utriculus, → Gehörorgan.
UV-Effekt, → Lichtfaktor.

V

Vorgänge an der Uterusschleimhaut und im Eierstock bei der Frau infolge Nichtbefruchtung und nachfolgende Menstruation

Vagilität, → Sessilität.
Vagina, *Scheide,* der letzte Abschnitt der inneren weiblichen Fortpflanzungsorgane, der dazu dient, bei der Begattung das männliche Begattungsorgan (→ Zirrus, → Penis) aufzunehmen und die Eier oder bei lebendgebärenden Tieren die Jungen nach außen zu leiten. Der Oberseite der V. sitzen bei Wirbellosen oft ein unpaarer Samenbehälter (→ Receptaculum seminis) und paarige, meist eine Kittsubstanz liefernde Anhangsdrüsen an. Auf der Unterseite der V. der Wirbellosen findet sich häufig eine besondere *Begattungstasche (Bursa copulatrix),* in die die Spermien bei der Begattung gelangen, bevor sie in den Samenbehälter aufgenommen werden. Die Begattungstasche kann z. B. bei den Schmetterlingen eine eigene Öffnung an der Körperoberfläche besitzen.
Am Eingang zur V. der Frau liegt das *Hymen (Jungfernhäutchen),* das bei der ersten Begattung einreißt *(Defloration).* Zyklische Erscheinungen werden durch das Follikelhormon ausgelöst, erkennbar im *Vaginalabstrich* (Mäuse, Ratten, Meerschweinchen) an verhornten Epithelzellen (Schollenstadium).
Vagotonus, → Herznervenwirkung, → vegetatives Nervensystem.
Vagus, → Herznerven.
Vagusnerv, → vegetatives Nervensystem.
Vakuole, → endoplasmatisches Retikulum, → Zelle.
Vakzine, Impfstoff. Der Begriff geht auf Edward Jenner zurück, der mit dem Erreger der Kuhpocken (Vaccinia-Virus) eine Schutzimpfung gegen Menschenpocken vornahm. Heute wird nicht nur der Pockenimpfstoff als V. bezeichnet, vielmehr ist V. ein Sammelbegriff für alle Impfstoffe; → Immunität.
Val, Abk. für L-Valin.
Valenz, → ökologische Valenz.
Valerianaceae, → Baldriangewächse.
n-Valeriansäure, Pentansäure, $CH_3-(CH_2)_3-COOH$, eine flüssige, farblose, unangenehm riechende Fettsäure, die in veresterter Form z. B. in Äpfeln vorkommt.
L-Valin, Val, $(CH_3)_2CH-CH(NH_2)-COOH$, eine proteinogene, essentielle, glukoplastisch wirkende Aminosäure, deren Biosynthese aus Pyruvat erfolgt und die zu Propionsäure abgebaut wird. L-V. ist Bestandteil des Elastins und z. B. mit 17,4% in Rindersehnen enthalten.
Valvifera, → Asseln.
Vampire, *Desmodontidae,* eine Familie der Fledermäuse (Kleinfledermäuse). Die V. haben eine verkürzte Schnauze. Mit ihren großen und scharfen oberen Schneidezähnen ritzen sie die Haut von Wirbeltieren an und lecken das austretende Blut auf. Die V. sind in Mittel- und Südamerika als Krankheitsüberträger gefürchtet.
Lit.: U. Schmidt: Vampirfledermäuse (Wittenberg 1978).

Vampyromorpha, → Zweikiemer.
Vanadin, *Vanadium,* V, ein Metall, das in geringer Menge in der Asche zahlreicher Pflanzen nachgewiesen wurde. V. wird vorwiegend im fünfwertigen Zustand aufgenommen. In der Zelle erfolgt die Reduktion von V^{5+} zu V^{3+}. Dieses stimuliert unter anderem die Oxidation von Phospholipiden und verlangsamt die Synthese des Cholesterins. V. wird für das optimale Wachstum bestimmter Grünalgen benötigt. Die Bindung des Luftstickstoffs durch *Azotobacter* wird durch V. gesteigert. Demgegenüber hemmt V. das Wachstum der Tuberkelbazillen. Im Säugetierorganismus weist V. besondere Beziehungen zum Fettstoffwechsel auf.
Vanadiumchromogen, → Blut.
Van-der-Waals-Kräfte, *London-Kräfte, Dispersionskräfte,* zwischen beliebigen Körpern herrschende Anziehungskräfte, die auf der Wechselwirkung zwischen induzierten Dipolen beruhen. Die V.-d.-W.-K. können streng nur quantenmechanisch berechnet werden. Die Existenz dieser Kräfte ist durch wechselseitige Beeinflussung der Fluktuationen der elektrischen Felder der einzelnen Moleküle bedingt. Grob vereinfacht bilden sich antiparallel orientierte, fluktuierende Dipole aus, die sich anziehen. Somit sind die V.-d.-W.-K. elektrodynamische Kräfte. Da eine theoretische Beschreibung sehr kompliziert ist, bestimmt man eine effektive Wechselwirkungskonstante, die Hamaker-Konstante, aus Experimenten und kann damit recht gut V.-d.-W.-K. zwischen unterschiedlichen Körpern in unterschiedlichen Medien beschreiben. Von besonderer Bedeutung sind V.-d.-W.-K. bei der → Zell-Zell-Wechselwirkung.
Vangawürger, *Vangas, Vangidae,* Familie der → Singvögel mit 14 Arten. Ihre Heimat sind die Wälder Madagaskars. Wie die → Würger fressen sie Insekten und kleine Wirbeltiere.
Vanille, → Orchideen.
Vanillin, ein aromatischer Aldehyd, der farblose, angenehm riechende Kristallnadeln bildet. V. ist der charakteristische Duftstoff der Vanilleschoten, er findet sich weiterhin im Nelkenöl, in den Blüten der Schwarzwurzel, des Spierstrauches u. a. V. wird in der Lebensmittelindustrie vielfältig verwendet.

van't Hoffsche Regel, svw. RGT-Regel.
Variabilität, die sich in Form nichterblicher Modifikationen und erblicher, durch Rekombinationen und Mutationen entstehender Variationen manifestierende Veränderlichkeit des Organismus im Verlauf einer Generation oder innerhalb einer Population. Die von der Norm (Standardtyp) abweichenden Typen werden als *Varianten* bezeichnet. Phänotypisch kann die V. durch gleitende Übergänge zwischen den Varianten (*kontinuierliche, fluktuierende* oder *quantitative V.*) oder durch sprunghafte, nicht über Zwischenformen verbundene Varianten (*diskontinuierliche, alternative* oder *qualitative V.*) gekennzeichnet sein (→ Biometrie).
Im Falle der genotypischen (erblichen) V. wird zweckmäßig noch zwischen freier und potentieller V. unterschieden. Die *freie V.* wird an den durch Mendelspaltung und Rekombination auftretenden neuen Phänotypen erkennbar; unter dem Begriff *potentielle* oder *kryptische V.* wird demgegenüber das gesamte, in einer Population vorhandene, aber phänotypisch noch nicht realisierte Variabilitätsreservoir verstanden, das erst nach Mendelspaltung und Rekombination verfügbar wird. Die Bedeutung der potentiellen V. liegt darin, daß sie das Material darstellt, mit dessen Hilfe durch Selektion neue Geno- und Phänotypen in der Population etabliert werden können.
Die durch Kreuzung und Spaltung erfolgende Variabilitätsbewegung innerhalb einer Population, in deren Verlauf potentielle in freie V. (und umgekehrt) verwandelt wird, wird als *Variabilitätsfluß* bezeichnet.
Variable, → Biometrie.
Variante, *1)* Vegetationseinheit, die sich durch eine bestimmte, oft wiederkehrende Artenverbindung auszeichnet, ohne daß eigentliche Differentialarten vorhanden wären. Nach der → Charakterartenlehre ist die V. die kleinste, durch Differentialarten unterscheidbare Vegetationseinheit.
2) → Variabilität.
Varianz, → Biostatistik.
Variationsbewegungen, Bewegungen pflanzlicher Organe, die durch reversible Turgorschwankungen zustande kommen. Vielfach werden an den betreffenden Organen besondere Spannungs- oder Schwellgewebe ausgebildet, die aus großen, stark vakuolisierten Zellen bestehen und deshalb beträchtliche Turgeszenzeffekte erzielen können. Nicht selten sind sie als Gelenkpolster oder Blattpolster am Blattgrund oder, wie z. B. bei der Bohne, am Grund von Spreitenfiedern deutlich sichtbar. V. können durch äußere Bedingungen (Temperatur, Licht, Wasser, Nährstoffe) induziert oder autonom sein. Unter den *induzierten V.* kennt man vorwiegend Nastien (→ Seismonastie und → Spaltöffnungsbewegungen). Zu den *autonomen* oder *endogenen V.* gehören z. B. die bei verschiedenen Leguminosen beobachteten rhythmischen Bewegungen der Blätter. So bewegt z. B. der in Ostindien beheimatete Hülsenfrüchtler *Desmodium gyrans* die kleinen Seitenblättchen bei ausreichend hoher Temperatur (z. B. 35 °C) so schnell, daß die Spitze in etwa 30 Sekunden eine Ellipse beschreibt. Wesentlich langsamer und nur bei Dunkelheit schwingen die Blättchen des Rotklees, *Trifolium pratense,* auf und ab.
Variegation, zusammenfassende Bezeichnung für die auf verschiedene Mechanismen zurückzuführenden somatischen Fleckungsmuster (Mosaikfleckung), deren Entstehung unter anderem auf die Entmischung genetisch verschiedener Plastiden, Instabilität von Genen, Positionseffekte, somatisches Crossing-over und verschiedene Typen von Chromosomenmutationen zurückzuführen ist.
Varietät (lat. varietas, Verschiedenheit), systematische Kategorie unterhalb der Art, → Taxonomie. In der Züchtung sind statt V. die Ausdrücke Rasse und Sorte gebräuchlich.
Vasokonstriktoren, → Gefäßtonus, → Kreislaufregulation.
Vasomotorenzentrum, das wichtigste Zentrum der → Kreislaufregulation. Es liegt in der Medulla oblongata des Hirnstammes und steuert auf nervösem Wege die Weite der peripheren Blutgefäße, die Herztätigkeit und die Adrenalinausschüttung aus dem Nebennierenmark (Abb. S. 929).
Vasomotorik, → Temperaturregulation.
Vasopressin, *Adiuretin, antidiuretisches Hormon,* Abk. *ADH,* ein neurosekretorisches Peptidhormon mit antidiuretischer und blutdrucksteigernder Wirkung, Cys-Tyr-Phe-Gln-Asp-Cys-Pro-Arg-Gly-NH$_2$. V. ist ein Nonapeptid, Molekülmasse 1084, bei dem die beiden Zysteine eine Disulfidbrücke bilden. Das Arginin in Position 8 kann auch durch Lysin ersetzt sein. Im strukturverwandten → Oxytozin sind Phenylalanin und Arginin durch Isoleuzin und Leuzin ersetzt.

V. wird im Hypothalamus durch proteolytische Spaltung entsprechender Prohormone gebildet, an das Trägerprotein Neurophysin II gebunden zum Hypophysenhinterlappen transportiert, gespeichert und bei physiologischem Bedarf an das Blut abgegeben. Die Ausschüttung ist vom Hydratationsgrad des Organismus abhängig.
V. erhöht langanhaltend den Blutdruck und wirkt in der Niere antidiuretisch. Therapeutisch wird V. zur Schockbekämpfung eingesetzt.

Vasotozin, ein Peptidhormon der Reptilien, Amphibien und Fische, das in der Neurohypophyse gebildet wird und in seiner chemischen Struktur den Säugetierhormonen Oxytozin und Vasopressin ähnelt. Es enthält in Position 3 Isoleuzin und in Position 8 Lysin (→ Vasopressin).

Vater-Pacinische Körperchen, → Tastsinn.

Vaterschaftsbegutachtung, → gerichtliche Anthropologie.

Vegetation, Gesamtheit der Pflanzen, die ein Gebiet bedecken und in Pflanzengesellschaften zusammen wachsen. Dagegen wird unter → Flora der Bestand an systematischen Pflanzensippen eines Gebietes verstanden. Als *natürliche V.* wird allgemein eine gegenwärtig vorhandene V. bezeichnet, die sowohl direkt als auch indirekt vom Menschen unbeeinflußt ist und sich mit den Umweltfaktoren im Gleichgewicht befindet. In der heutigen Kulturlandschaft gibt es nur noch Reste der natürlichen V., z. B. Wasserpflanzengesellschaften in unbeeinflußten Gewässern, Röhrichte, Teile von Salzwiesen, Dünen, Moore, Brüche, Felsfluren an unzugänglichen Steilhängen u. dgl. Ohne den Einfluß des Menschen wäre Mitteleuropa zum überwiegenden Teil von Wald bedeckt. Wenn die absolute Natürlichkeit der V. nicht nachweisbar ist, dann spricht man besser von *naturnaher V.* oder von naturnahen Pflanzengesellschaften. Von der natürlichen V. ist die *ursprüngliche V.* zu unterscheiden, d. h. diejenige natürliche V., die vor dem Einsetzen des menschlichen Einflusses vorhanden war. Sie muß mit historischen Methoden ermittelt werden. Für weite Teile Mitteleuropas kann der Beginn eines stärkeren menschlichen Einflusses auf die V. im frühen Neolithikum (Jungsteinzeit) angenommen werden. Da sich seitdem erhebliche Klimaveränderungen vollzogen haben, kann die damalige ursprüngliche V. meist nicht mit einer heutigen natürlichen V. gleichgesetzt werden. Für die landeskulturelle Praxis ist die Erforschung der *potentiellen natürlichen V.* bedeutsam. Es wird darunter diejenige natürliche V. verstanden, die sich nach dem Aufhören des menschlichen Einflusses herausbilden würde. Im Gegensatz zur natürlichen V. spiegelt die potentielle natürliche V. auch die Standortveränderungen wider, die durch die menschliche Tätigkeit hervorgerufen wurden, aber nicht mehr rückgängig zu machen sind (irreversible Standortveränderungen). Da eine natürliche V. ein Spiegelbild der Leistungsfähigkeit eines bestimmten Standorts ist, dient die Konstruktion der potentiellen natürlichen V. vor allem der Ermittlung der gegenwärtigen und der künftigen Leistungsfähigkeit der Standorte, d. h. ihres Potentials. Diese Kenntnisse können für wirtschaftliche Maßnahmen genutzt werden. Weiteres über V. → Hartlaubvegetation, → zonale Vegetation.

Vegetationsanalyse, → Charakterartenlehre.

Vegetationsaufnahme, analytische Untersuchung zur Erfassung der wichtigsten Merkmale eines Pflanzenbestandes (Einzelbestand). Die V. erfolgt auf einer begrenzten Fläche, der *Aufnahme-* oder *Probefläche.* Diese muß drei Forderungen erfüllen: 1) Sie muß so groß sein, daß alle in der betreffenden Pflanzengesellschaft regelmäßig vorkommenden Arten erfaßt werden. Die Mindestgröße eines solchen Minimalareals hängt von der jeweiligen Pflanzengesellschaft ab. 2) Sie muß homogen (einheitlich) sein, d. h. darf keine Lücken aufweisen und nicht in verschiedenen Teilen von verschiedenen Arten beherrscht werden. 3) Sie muß einheitliche Standortbedingungen aufweisen; z. B. einheitliche Neigung, Belichtung, Wasserführung u. a.

Die V. hat die listenmäßige Erfassung aller auf einer solchen Aufnahmefläche vorkommenden Pflanzen hinsichtlich der Arten, Menge, Verteilung, Wuchsfreudigkeit u. a. zum Ziel. Außerdem werden noch Angaben über die Lebensformen der Arten, eventuelle Aspektbildungen notiert. Wenn möglich, werden auch Bodenuntersuchungen bei V. vorgenommen. Es werden im allgemeinen bei einer V. angegeben: 1) *Schichtung* (*Stratifikation*) in Baumschicht, Strauchschicht, Feldschicht, Moosschicht. Von jeder Schicht wird der *Schichtdeckungsgrad* festgestellt. Darunter versteht man die senkrechte Projektion des gesamten Blatt- und Sproßwerkes der betreffenden Schicht auf den Boden, d. h. den Beschattungsanteil bei senkrechter Beleuchtung. 2) Mengenanteile der Arten. Hier werden *Abundanz,* d. h. die Häufigkeit (Individuenzahl) jeder Art, und *Dominanz,* d. h. der *Deckungsgrad* oder der Platzbedarf einer Art in einer Pflanzengesellschaft kennzeichnet, fast durchweg kombiniert und als *Abundanz-Dominanz-Wert* oder als → Artmächtigkeit angegeben. 3) → *Soziabilität.* Sie kennzeichnet die Häufungsweise und Verteilung der Individuen einer Art. Manche Arten wachsen in bestimmten Pflanzengesellschaften z. B. stets truppweise, in anderen herdenweise u. a. 4) *Vitalität.* Die Wuchskraft bzw. Wuchsfreudigkeit der Arten einer V. wird nur bei den Individuen angegeben, die vom Normalen auffallend abweichen, sei es als Kümmerformen oder als besonders üppig wachsende Exemplare.

Zur vollständigen V. gehören Datum, Ortsangabe, Standortbeschreibung, einschließlich Angaben zu wirtschaftlichen Einflüssen.

Vegetationseinheiten, → Charakterartenlehre.

Vegetationsfärbung, → Wasserblüte.

Vegetationsformation, → Formation.

Vegetationskegel, → Bildungsgewebe.

Vegetationskunde, → Soziologie der Pflanzen.

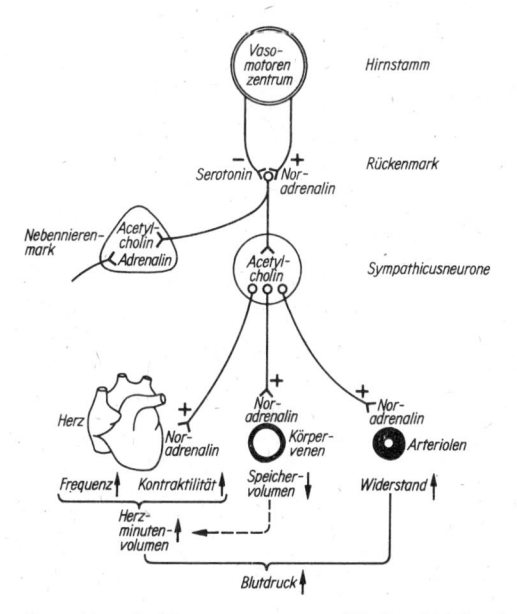

Steuerwirkung des Vasomotorenzentrums auf die Herztätigkeit und die Gefäßweite

Vegetationsperiode

Vegetationsperiode, *Vegetationszeit,* im Gegensatz zur Vegetationsruhe der Zeitraum, in dem das Pflanzenwachstum stattfindet und die Pflanzen blühen, fruchten und reifen.

Vegetationspunkt, → Bildungsgewebe.
Vegetationsschichtung, → Vegetationsaufnahme.
Vegetationsstufen, → Höhenstufung.
Vegetationszonierung, → Sukzession.

vegetative Phase, der Entwicklungsabschnitt der Pflanze, in dem nur vegetative Organe, also Sprosse, Blätter und Wurzeln, gebildet werden. Sie dauert je nach Art wenige Wochen bis mehrere Jahre und geht der → reproduktiven Phase voraus.

vegetatives Nervensystem, *autonomes Nervensystem, Eingeweidenerven,* alle Anteile des Nervensystems der Wirbeltiere, die Brust- und Bauchorgane, Drüsen, Gefäße und die innere Augenmuskulatur innervieren. Nach funktionellen Merkmalen lassen sich zwei Hauptteile unterscheiden, die sich morphologisch kaum exakt trennen lassen: der Sympathikus und der Parasympathikus. Die zentralen Ganglienzellen des *Sympathikus* liegen im Brust- und Lendenabschnitt des Rückenmarks. Die Nervenfasern dieser Zellen ziehen nicht direkt zum Erfolgsorgan, sondern werden in einem oder mehreren der Ganglien außerhalb des Rückenmarks auf weitere Neuronen umgeschaltet. Die Ganglienketten des der Wirbelsäule rechts und links anliegenden Grenzstranges stellen Anhäufungen derartiger Synapsen dar. Die zentralen, präganglionären Neuronen stehen funktionell mit Zentren in höheren Abschnitten des Zentralnervensystems (ZNS) in Verbindung, von denen sie fortlaufend Nervenimpulse erhalten. Der Sympathikus befindet sich daher, je nach der Aktivität dieser Zentren, jederzeit in einem veränderbaren Erregungszustand. Das Niveau dieses Zustandes wird *Sympathikotonus* genannt.

Die zentralen Ganglienzellen des *Parasympathikus* liegen im Hirnstamm und im Kreuzbeinabschnitt des Rückenmarks. Die Nervenfasern laufen ebenfalls nicht direkt zu den Erfolgsorganen, sondern werden in peripheren Ganglien, die jedoch nie im Grenzstrang liegen, umgeschaltet. Die von den Hirnstammzentren des Parasympathikus ausgehenden Nervenfasern verlassen das ZNS über vier Hirnnerven. Der bedeutungsvollste ist der *Vagusnerv,* der in die Brust- und Bauchhöhle zieht und fast alle Organe innerviert. Wie beim Sympathikus bezeichnet der *Parasympathikotonus* bzw. der *Vagotonus* (soweit es sich auf den Vagusnerv bezieht) den Erregungszustand des Systems.

Es gelingt relativ leicht, in den peripheren vegetativen Ganglien durch bestimmte chemische Substanzen, z. B. durch Nikotin, eine Leitungsunterbrechung zu bewirken. Diese *Ganglienblocker* wendet man in der Humanmedizin an, wenn die Einflüsse des v. N. gemindert werden sollen.

Fast alle Organe werden von beiden Systemen innerviert. Ihre Wirkungen sind in den meisten Fällen antagonistisch. Der Sympathikus bewirkt eine Leistungssteigerung des Gesamtorganismus, die als *ergotrope Reaktion* bezeichnet wird. Demgegenüber fördert der Parasympathikus vorwiegend jene Vorgänge, die der Erholung dienen, d. h., er hat eine *trophotrope Wirkung.*

vegetative Vermehrung, → Fortpflanzung.
Veilchengewächse, *Violaceae,* eine kosmopolitisch verbreitete Familie der Zweikeimblättrigen Pflanzen mit etwa 850 Arten. Es sind z. T. Sträucher oder Kletterpflanzen, meist aber Kräuter mit wechselständigen, einfachen Blättern und Nebenblättern. Die zwittrigen, meist unregelmäßigen, gespornten Blüten sind 5zählig und haben ein oberständigen, einfächerigen Fruchtknoten, der sich zu einer vielsamigen, meist 3klappig aufspringenden Kapsel entwickelt. Die zahlreichen kleinen Samen enthalten ein fettreiches Nährgewebe. Die Bestäubung geschieht meist durch Insekten, vielfach kommt Selbstbestäubung vor (Kleistogamie). Die artenreichste und am weitesten verbreitete Gattung ist *Viola,* **Veilchen, Stiefmütterchen,** deren verschiedene einheimische Arten meist blau blühen und in Laub- und Nadelwäldern, in Gebüschen, auf Triften, Wiesen und Äckern wachsen. Das *Ackerstiefmütterchen, Viola tricolor,* hat weißgelbliche oder mehrfarbige Blüten. Es ist ein Akkerunkraut, das wegen seiner schleimreichen Blätter und Blüten auch als Arzneipflanze genutzt wird. Das *Gartenstiefmütterchen, Viola wittrockiana,* wird in einer großen Anzahl verschiedener Sorten für die Frühjahrsbepflanzung von Anlagen, Friedhöfen und Gärten verwendet.

Vektoren, → Virusvektoren.
vektorieller Ladungstransport, Elektronenleitung in einem anisotropen Redoxsystem. Bei der Photo- und oxidativen Phosphorylierung werden – bedingt durch die membrangebundene Orientierung der Elektronentransportkette – elektrische Potentialgradienten aufgebaut. Dabei wird die chemische Energie in elektrische Energie umgewandelt und kann für die ATP-Synthese genutzt werden. Grundvoraussetzung für das Funktionieren dieses elektrochemischen Reaktionssystems sind die Existenz der Membran und die Anisotropie der Membrankomponenten. Energieleitung und Energieumwandlungsprozesse in biologischen Systemen sind stets an Membranen gebunden. Dadurch werden sehr große Wirkungsgrade bei der Energieumwandlung erreicht.

Velamen, → Absorptionsgewebe, → Epiphyten.
Veligerlarve, eine der Trochophoralarve der Ringelwürmer ähnliche Larve der marinen Muscheln (einschließlich *Dreissena*) und zahlreicher Schnecken. Sie trägt vorn ein zwei- oder mehrlappiges, randständig bewimpertes Segel (Velum) und auf dem Rücken deutliche Anlagen des Fußes, des Mantels und der Schale. Die V. ist ein typischer Planktonorganismus, der je nach Art verschieden lange planktisch lebt, Nahrung aufnimmt und sich schließlich zur Jungschnecke oder Jungmuschel umwandelt.

Velum, 1) bei Hydromedusen (→ Hydrozoen) eine am Schirmrand nach innen vorspringende Ektodermlamelle.

2) bewimperter segelartiger Anhang der Veligerlarve.

3) bei Lamellen- oder Blätterpilzen (*Agaricales*) eine an jungen Fruchtkörpern auftretende Hülle, die entweder nur die Unterseite des Hutes bedeckt (*V. partiale*) oder Hut und Stiel vollkommen umschließt (*V. universale*). Wenn der Fruchtkörper stark wächst, reißt das V. partiale am Rand ab und bildet am Stiel des Fruchtkörpers eine herabhängende Manschette, die *Armilla,* oder einen Ring, den *Anulus,* oder es verschwindet völlig. Die Reste des V. universale bilden bei ausgewachsenen Fruchtkörpern oft am Grunde des Stiels eine becherförmige »Knolle«, die *Volva,* z. B. beim Knollenblätterpilz. In anderen Fällen bleibt sie auf dem Hut in Form weißer Hautfetzen zurück, z. B. beim Fliegenpilz.

Vena portae, → Blutkreislauf.
Venedig-System, → Brackwasser.
Venen, → Blutkreislauf.
Veneriden, svw. Venusmuscheln.
Ventilationsgröße, *Atemminutenvolumen,* das Produkt aus dem Atemzugvolumen und der Atemfrequenz. Beim ruhenden erwachsenen Menschen beträgt die V. 5 bis 8 l/Minute. Durch körperliche Arbeit kann sie bis auf 120 l/Minute gesteigert werden. → Lungenvolumen.

Ventilationskoeffizient, → Gasaustausch.
Ventraldrüsen, paarige, selbständige Häutungsdrüsen bei hemimetabolen Insekten, die in Lage, Form, Herkunft und Funktion den Prothorakaldrüsen der holometabolen Insekten gleichen. Auch die V. verkümmern im Imaginalsta-

dium; eine Ausnahme bilden die Arbeiter und Soldaten der Termiten. In den Larvenstadien sind die V. für die Produktion des Häutungshormons (→ Ekdyson) verantwortlich.

Lit.: O. Pflugfelder: Entwicklungsphysiologie der Insekten (2. Aufl. Leipzig 1958).

Ventralsäckchen, svw. Coxalbläschen.
Ventraltubus, → Springschwänze.
Ventriculus, → Verdauungssystem.
Ventrikel, 1) System miteinander kommunizierender Hohlräume im Innern der einzelnen Hirnabschnitte, die mit Cerebrospinalflüssigkeit gefüllt sind. Man unterscheidet 4 V.: der 1. und 2. V. befinden sich innerhalb der Endhirnhemisphären, der 3. V. liegt im Zwischenhirn, der 4. V. ist der Hohlraum des Nachhirns, der hier zur Rautengrube erweitert ist. Der 3. und 4. V. sind durch die **Sylvinische Wasserleitung** miteinander verbunden.
2) svw. Herzkammer (→ Herz).
Venusfächer, → Hornkorallen.
Venusfliegenfalle, → Sonnentaugewächse.
Venusgürtel, → Rippenquallen.
Venusmuscheln, *Veneriden, Veneridae,* Muscheln der Ordnung Blattkiemer. Die V. haben eine gleichklappige, ovale oder längliche Schale und sind meist konzentrisch berippt. Die Ränder sind glatt oder fein gekerbt, die Mantellinie verläuft sinupalliat, d. h., sie ist eingebuchtet.

Geologische Verbreitung: Jura bis Gegenwart, besonders häufig ab Tertiär.
Venusschuh, → Orchideen.
Veratrumalkaloide, eine Gruppe von Alkaloiden des Steroid-Typs, die in Liliengewächsen, vor allem in verschiedenen Arten des Germers, *Veratrum,* vorkommen. Zu den wichtigsten Vertretern gehören Jervin, Veratramin, Cevin, Veracevin, Rubijervin und Isorubijervin. V. bewirken vielfach Blutdrucksenkung und werden deshalb medizinisch verwendet.
Veratrumsäure, eine aromatische Karbonsäure, die in verschiedenen Germerarten, vor allem in *Veratrum sabadilla,* vorkommt.
Verband, *Allianz, Föderation,* Vereinigung floristisch und soziologisch mehr oder weniger nahe verwandter Assoziationen. Verbände werden durch die ihnen eigene charakteristische Artengruppenkombination gekennzeichnet. Vertreter der → Charakterartenlehre nennen für die Verbände *Verbandscharakterarten.*
Verbänderung, *Fasziation,* bei Pflanzen bandförmige Verbreiterung der Stengel. V. wird durch einseitige Ausdehnung des Vegetationskegels und Störung der nachfolgenden Entwicklungsprozesse bedingt. Oft sind verbänderte Organe bizarr gekrümmt. Zur V. werden auch die *Zwangsdrehungen* (*Biostrepsis*) gestellt, die durch schraubenförmig verdrillte, oft auch blasig aufgetriebene Stengel gekennzeichnet sind.
verborgene Bürde, → genetische Bürde.
Verbreitung, in der Biogeographie das Vorkommen einer Tier- oder Pflanzensippe bezogen auf die Erdoberfläche, im ökologischen Sinn auch das Vorkommen in bestimmten Biotopen oder Klimazonen. Die V. im biogeographischen Sinn ist das Ergebnis von Ausbreitungsvorgängen (→ Samenverbreitung) und oft auch von Rückzugsbewegungen (gebietsweisem Aussterben). Während in der Tiergeographie von fast allen Autoren eindeutig zwischen V. und Ausbreitung unterschieden wird, wird in Pflanzengeographie und -ökologie häufig auch der zur V. führende dynamische Prozeß, die → Ausbreitung, als V. bezeichnet.
Verbreitungskarte, *Arealkarte,* kartenmäßige Darstellung des Siedlungsgebietes einer Sippe. Für kleine, gut bekannte Gebiete eignen sich *Punktkarten,* auf denen jedes Einzelvorkommen durch einen Punkt dargestellt ist, so daß sich auch die Häufigkeit widerspiegelt. Für größere Gebiete kommt stattdessen eine *Flächenverbreitungskarte* in Frage, in der die einzelnen Areale flächig markiert werden, oder man verbindet in einer *Umrißverbreitungskarte* die äußersten Vorkommen durch eine Linie. Die Umrißkarte ist besonders geeignet, das Vorkommen mehrerer Taxa auf der gleichen Karte einzutragen. Punktkarten haben oft den Nachteil, daß sie eher Wohn- und Urlaubsorte von Spezialisten und die Lage einschlägiger Institute als das tatsächliche Vorkommen wenig gesammelter Arten erkennen lassen. Flächen- und Umrißverbreitungskarten täuschen ein geschlossenes Verbrei-

Punktkarte

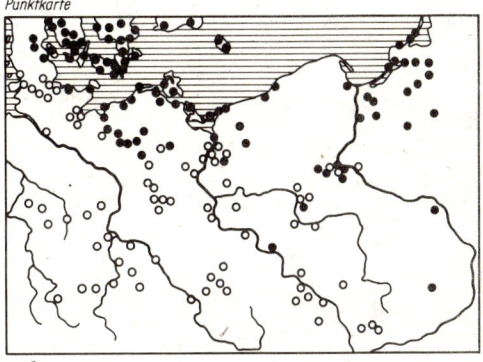

● Sprosser
○ Nachtigall

Umrißkarte

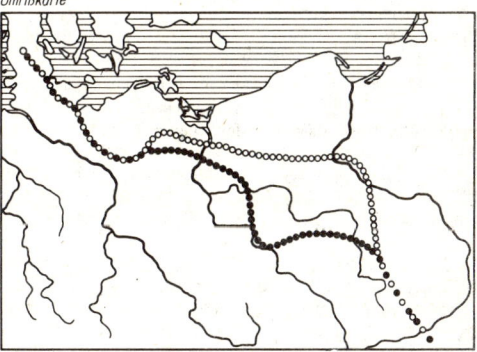

●●●●●●● SW-Grenze Sprosser
○○○○○○○ NO-Grenze Nachtigall

Flächenkarte

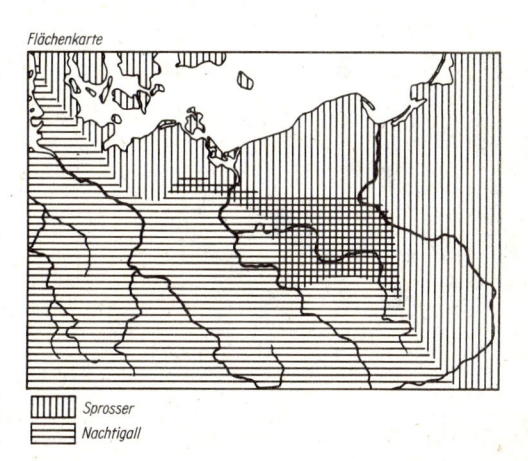

||||| Sprosser
≡ Nachtigall

Verdauung

Gitternetzkarte

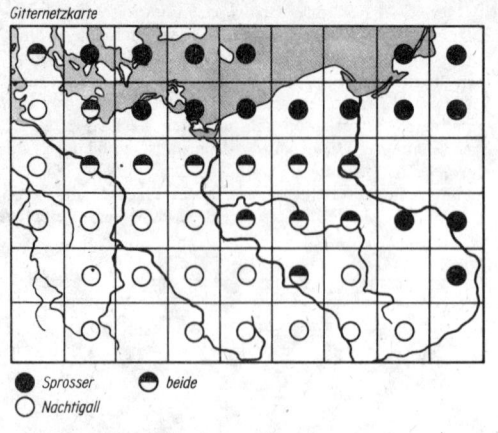

● Sprosser   ◐ beide
○ Nachtigall

Das Vorkommen von Nachtigall und Sprosser in einem Teil ihres Areals in verschiedener Darstellungsweise. Das grobe 100 × 100-km-Raster läßt nicht erkennen, ob die Areale aneinanderstoßen oder überlappen

tungsgebiet vor, wo es sich tatsächlich um sehr lückenhafte Vorkommen handelt. Besondere Bedeutung kommt heute der auf *Gitternetzkarten* vorgenommenen Rasterkartierung zu. Bei der Gitternetzkarte entfällt auf jedes Feld eines vorgegebenen Rasters ein Punkt. Oft ist sie nur Arbeitskarte, deren Netz bei der Publikation entfällt.

In Europa ist international ein Netz von 100 km Kantenlänge üblich, das für feinere Untersuchungen in kleinere Planquadrate, z. B. in solche von 10 × 10 km Kantenlänge, unterteilt wird. Vorteile der einheitlichen Rasterkartierung sind: Zwang zu Negativaussagen (Nichtvorkommen auf einer Rasterfläche, fehlende Bearbeitung), Anreiz, auch wenig attraktive Biotope zu untersuchen, Vergleichbarkeit der Verbreitungsbilder (Korrelation) verschiedener Tier- und Pflanzensippen, statistische Auswertbarkeit und Grundlage für eine Computerbearbeitung. Sehr wertvoll ist die Möglichkeit, den Rückgang einer Art schon vor ihrem Aussterben in einem größeren administrativen oder politischen Gebiet durch Verminderung der Anzahl besiedelter Planquadrate zu belegen. Nachteile: geringere Genauigkeit als bei Punktkarten, Störungen im großflächigen Netz durch Notwendigkeit der Anpassung an die Kugelgestalt der Erde.

Verdauung, *Digestion,* die Aufschließung der Nahrung in resorptionsfähige Stoffe. Die dabei zu beobachtenden chemischen Umsetzungen, die Aufspaltung der Eiweiße bis zu den Aminosäuren, der Fette zu Glyzerin und Fettsäuren, sind sämtlich hydrolytische Spaltungen, die durch streng spezifische Verdauungsfermente eingeleitet und unterhalten werden.

Über die Verdauungsvorgänge im Magen-Darmkanal der Wirbeltiere informiert die folgende Abb. Bei ihnen beginnt die V. bereits in der Mundhöhle durch das im Speichel enthaltene kohlenhydratspaltende Ptyalin. Der zerkleinerte und mit Speichel durchmischte Nahrungsbrei gelangt durch die Speiseröhre in den Magen. In dem anfangs noch schwach alkalischen Nahrungsbrei läuft die Kohlenhydratspaltung so lange weiter, bis er von der Salzsäure des Magens durchsäuert ist. Dann beginnen die eiweißspaltenden Enzyme Pepsin und Kathepsin zu wirken. Bei manchen Säugern (Schwein, Hamster, Wiederkäuer) ist der Magen in funktionell verschiedene Abschnitte gegliedert, in denen eine räumliche Trennung von Kohlenhydrat- und Eiweißverdauung erfolgt. Wiederkäuer, Flußpferde, Faultiere sowie einige blätterfressende Affenarten besitzen geräumige

Vormägen, in denen eine bakterielle Vergärung der Kohlenhydrate (besonders Zellulose) stattfindet. Im Pansen der Wiederkäuer beteiligen sich daran auch Ziliaten. Bei Pflanzenfressern ohne gegliederten Magen sind der Dickdarm und der Blinddarm Orte der bakteriellen Kohlenhydratvergärung.

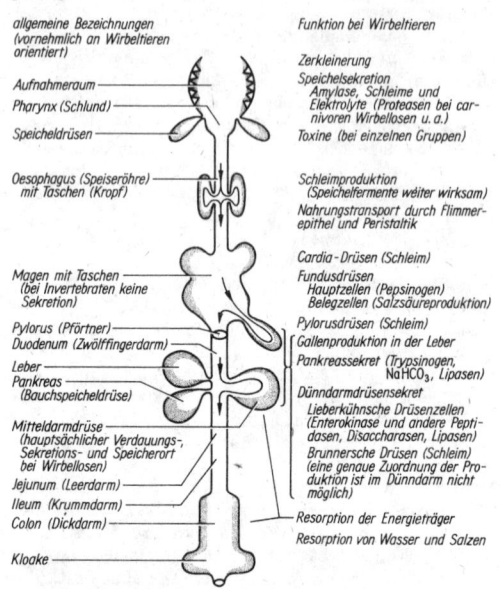

allgemeine Bezeichnungen (vornehmlich an Wirbeltieren orientiert)

Aufnahmeraum
Pharynx (Schlund)
Speicheldrüsen

Oesophagus (Speiseröhre) mit Taschen (Kropf)

Magen mit Taschen (bei Invertebraten keine Sekretion)
Pylorus (Pförtner)
Duodenum (Zwölffingerdarm)
Leber
Pankreas (Bauchspeicheldrüse)

Mitteldarmdrüse (hauptsächlicher Verdauungs-, Sekretions- und Speicherort bei Wirbellosen)

Jejunum (Leerdarm)
Ileum (Krummdarm)
Colon (Dickdarm)

Kloake

Funktion bei Wirbeltieren

Zerkleinerung
Speichelsekretion
  Amylase, Schleime und
  Elektrolyte (Proteasen bei carnivoren Wirbellosen u. a.)
Toxine (bei einzelnen Gruppen)

Schleimproduktion
(Speichelfermente weiter wirksam)
Nahrungstransport durch Flimmerepithel und Peristaltik

Cardia-Drüsen (Schleim)
Fundusdrüsen
  Hauptzellen (Pepsinogen)
  Belegzellen (Salzsäureproduktion)
Pylorusdrüsen (Schleim)
Gallenproduktion in der Leber
Pankreassekret (Trypsinogen, NaHCO₃, Lipasen)

Dünndarmdrüsensekret
  Lieberkühnsche Drüsenzellen
  (Enterokinase und andere Peptidasen, Disaccharasen, Lipasen)
  Brunnersche Drüsen (Schleim)
  (eine genaue Zuordnung der Produktion ist im Dünndarm nicht möglich)

Resorption der Energieträger
Resorption von Wasser und Salzen

Funktionen des Magen-Darmkanals

Die Verweildauer im Magen hängt von der Art der aufgenommenen Nahrung ab. Nach einigen Stunden wird der Mageninhalt schubweise in den Zwölffingerdarm abgegeben und durch die Sekrete der Bauchspeicheldrüse und des Darmes wieder auf schwach alkalische Reaktion gebracht. Die Enzyme des Magens stellen ihre Wirkung ein; es beginnen die Enzyme der Bauchspeicheldrüse und des Darmes zu wirken. Die Galle ist für die Fettverdauung und -resorption notwendig. Die Resorption der gespaltenen und gelösten Nährstoffe erfolgt im gesamten Darm, vor allem aber im Dünndarm. Im Dickdarm werden der Nahrungsbrei eingedickt und die Fäzes gebildet. Außerdem erfolgt im Dickdarm und Blinddarm eine weitere Aufspaltung der Nahrung durch Bakterien.

Verdauungsorgane, svw. Verdauungssystem.

Verdauungssystem, *Verdauungsorgane,* die Gesamtheit derjenigen Organe und Organelle, die der Aufnahme und dem Transport, der physikalischen und chemischen Einwirkung auf die Nahrung, der Resorption der Nährstoffe, der Verarbeitung und Umwandlung der Nahrungsbestandteile sowie der Ausscheidung der unverdaulichen Nahrungsreste dienen. Der Bau der Verdauungsorgane ist weitestgehend auf die Ernährungsweise der Tiere abgestimmt und deshalb sehr unterschiedlich (Abb. s. S. 934).

Während bei den einzelligen Tieren, abgesehen von speziellen Einrichtungen zur Nahrungsaufnahme, das V. auf die Bildung von *Nahrungsvakuolen* im Plasma beschränkt bleibt, verfügen die mehrzelligen Tiere über ein speziell der Verdauung dienendes Organsystem, das bei den höheren Tieren als *Darmsystem* (Gastroma) entwickelt ist. Dabei handelt es sich um einen mit Epithel ausgekleideten Hohlraum (*Darmhöhle, Gastrozöl*). Stammes- und entwicklungsgeschichtlich geht das V. im wesentlichen aus dem den Urdarm bildenden inneren Keimblatt (Entoderm) des

Becherkeimes (Gastrula) hervor. Ein V. fehlt nur manchen Parasiten, z. B. den *Mesozoa* und Bandwürmern.

Die Schwämme besitzen kein echtes V. An seine Stelle tritt bei einfachen Schwämmen ein einheitlicher Hohlraum, das *Spongiozöl* (*Gastralraum*), das von Kragengeißelzellen (*Choanozyten*), die ein gemeinsames *Gastrallager* bilden, begrenzt wird. Das Spongiozöl mündet mit einer Ausfuhröffnung (*Osculum*) nach außen. Als Einfuhröffnungen für das Wasser dienen zahlreiche intra- oder interzelluläre Poren der Körperoberfläche, die mit einem zuleitenden Kanalsystem innerhalb des Dermallagers in Verbindung stehen. Das Kanalsystem und die Anordnung der Kragengeißelzellen sind bei den einzelnen Schwammtypen verschieden ausgebildet.

Der Gastralraum der Hohltiere, der zugleich die Verteilung der Nährstoffe im Körper übernimmt und deshalb gefäßartig verzweigt ist, wird auch als *Gastrovaskularraum* oder *Gastrovaskularsystem* bezeichnet. Bei den Medusen ist dieser in einen peripheren *Ringkanal*, der durch 4 *Radiärkanäle* mit dem zentralen Magenraum in Verbindung steht, gegliedert. Bei den Rippenquallen ist der Gastralraum ein verzweigtes Röhrensystem, das im wesentlichen aus einem Zentralkanal und 8 peripheren Längskanälen besteht. Der Gastralraum der Korallentiere (Anthozoen) ist durch 6 oder 8 Scheidewände (*Gastralsepten*) radiär in *Gastraltaschen* unterteilt. Der zentrale freie Rand der Septen ist zu einem gewundenen Wulst (*Mesenterialfilament*) umgebildet, dessen Drüsenzellen einen Verdauungssaft absondern. Der schlauchförmige Körper der Hydropolypen enthält einen einheitlichen Gastralraum mit einer einzigen, als *Mund* (*Os*) und *After* (*Anus*) dienenden Öffnung im Tentakelfeld.

Ein afterloses V. besitzen unter den Plattwürmern die Strudel- und Saugwürmer. Die unverdauten Reste werden durch den Mund wieder ausgeschieden. Ihr V. besteht im einfachsten Falle aus einem vorderen und 2 hinteren *Darmästen*, die z. B. bei den Strudelwürmern unmittelbar hinter dem auf der Bauchseite gelegenen, oft ausstülpbaren, muskulösen *Schlund* (*Pharynx*) abzweigen können. Bei den größeren Formen, z. B. *Planaria* und *Fasciola*, bildet das V. einen reich verzweigten Gastrovaskularraum.

Bei den übrigen Tieren ist ein aus einer ektodermalen Körpereinstülpung hervorgegangener After vorhanden, der in einzelnen Fällen, z. B. beim Ameisenlöwen und bei einigen Milben, sekundär rückgebildet sein kann. Bei den Protostomiern wird der Urmund oder ein Teil desselben zum bleibenden Mund, während bei den Deuterostomiern der Urmund zum After wird. Bei den letzteren wird nahe dem Vorderende auf der Bauchseite ein neuer Mund gebildet. Mit der Bildung eines Afters gliedert sich der Darm in einen ektodermalen *Vorderdarm* (*Stomodaeum*), der bei den Wirbeltieren auf den vorderen Abschnitt der Mundhöhle beschränkt ist, den entodermalen *Mitteldarm* (*Mesodaeum*, *Mesenteron*) und den ektodermalen *Enddarm* (*Proctodaeum*). Bei den Gliederfüßern sind die aus dem Ektoderm entstandenen Darmabschnitte mit einer Chitinschicht (Intima) ausgekleidet, die bei jeder Häutung mitgehäutet wird. Jeder dieser 3 Darmabschnitte übernimmt seine besondere Aufgaben: der Vorderdarm das Ergreifen, Zerkleinern, Erweichen und Vorverdauen der Nahrung, der Mitteldarm mit seinen Anhangdrüsen die endgültige Spaltung in resorbierbare einfache Verbindungen und der Enddarm neben der Flüssigkeitsresorption die Ausscheidung der unverdauten Nahrungsreste und Schlackenstoffe. Dabei tritt eine Arbeitsteilung zwischen eigentlichem Darm und den Darmanhängen, wie Drüsen, Blindsäcke, Mundteile u. a., ein.

Bei allen Tieren mit einer Leibeshöhle ist die Darmwand mehrschichtig aufgebaut. Von den Gliedertieren ab besteht z. B. das Darmrohr von innen nach außen aus dem einschichtigen *Darmepithel*, einer bindegewebigen Schicht (*Tunica propria*) und einer aus Ring- und Längsmuskeln zusammengesetzten Muskelschicht (*Tunica muscularia*). Die beiden innersten Schichten bilden die *Darmschleimhaut* (*Mucosa*). Über dem Darmrohr verlaufen von vorne nach hinten wellenförmige autonome Kontraktionen der Muskulatur (*Darmperistaltik*), die vom vegetativen Nervensystem gesteuert werden und den Darminhalt in Richtung After befördern. Mit der Anlage der sekundären Leibeshöhle wird der Darm durch ein dorsales und ventrales → *Mesenterium* an der Bauchhöhlenwand befestigt.

Der *Vorderdarm* ist bei den wirbellosen Tieren entsprechend ihrer Lebensweise und der Art der aufgenommenen Nahrung in mannigfacher Weise ausgebildet. Er beginnt mit einem *Mund*, der mit mehr oder weniger kompliziert gebauten Einrichtungen zum Ergreifen und Zerkleinern der Nahrung oder Beute versehen ist, z. B. Chitinzähne und Stachelapparat der Rundwürmer, Kiefer der Blutegel, hornige Ober- und Unterkiefer der Kopffüßer. Die diesen Aufgaben in entsprechender Weise angepaßten → Mundwerkzeuge der Gliederfüßer sind dagegen keine in der Mundhöhle entstandenen Bildungen, sondern umgebildete Beine (Mundgliedmaßen), die, um die Mundöffnung gruppiert, gleichzeitig einen Mundvorraum (»Mundhöhle«) bilden.

In die mehr oder weniger geräumige Mundhöhle münden Anhangsdrüsen (*Speicheldrüsen*), die ursprünglich die Gleitfähigkeit der Nahrung fördern. Speicheldrüsen fehlen den meisten Wassertieren, so z. B. allen Muscheln und Krebsen. Bei vielen Landtieren, z. B. bei pflanzenfressenden Schnecken und Insekten, erfahren die Speicheldrüsen eine Funktionserweiterung, indem bereits in der Mundhöhle eine Vorverdauung durch enzymatische Wirkung erfolgt (Kohlenhydratspaltung). Besonders abgewandelte Speicheldrüsen stellen die Giftdrüsen zahlreicher Spinnen, Insekten u. a. oder die Spinndrüsen vieler Schmetterlingsraupen dar. Auf den Mund folgt der muskulöse *Schlund* (*Pharynx*), der z. B. bei Borstenwürmern mit kräftigen Kiefern oder bei den Weichtieren mit einer *Reibplatte* (→ *Radula*) versehen sein kann. Der Schlund setzt sich in die *Speiseröhre* (*Ösophagus*) fort, die im wesentlichen der Beförderung der Nahrung in die die eigentliche Verdauung bewirkenden Darmabschnitte dient. An der Verdauung oder ihrer Vorbereitung kann die Speiseröhre bei schwer aufschließbarer Nahrung teilnehmen, indem die Nahrung für längere Zeit in Erweiterungen oder Aussackungen (*Kröpfe* und *Kaumägen*) zusätzlich einer chemischen oder mechanischen Einwirkung ausgesetzt wird. Kropfbildungen finden sich besonders bei vielen Pflanzenfressern (Schnecken, Ringelwürmer und Insekten). Bei saugenden Insekten, z. B. bei Stechmücken und *Drosophila*, bildet der Kropf (*Ingluvies*) einen gestielten sackartigen Anhang. Die Webespinnen besitzen z. B. in Anpassung an die Aufnahme flüssiger Nahrung einen kompliziert gebauten *Saugmagen*. Bei vielen Insekten ist häufig im Anschluß an den Kropf ein *Vor-* oder *Kaumagen* (*Proventriculus*) mit Chitinzähnen und -leisten vorhanden. An den Proventriculus schließt bei vielen Vorderdarm gebildete Epithelringfalte (*Valvula cardiaca*) an, die in den Mitteldarm hineinhängt und als Rücklaufventil arbeitet.

Der *Mitteldarm* besteht im allgemeinen aus 2 Hauptabschnitten, dem *Magen* (*Ventriculus*, *Gaster*, *Stomachus*), in dem die eigentliche Vorverdauung abläuft, und dem *Dünndarm* (*Mesogaster*, *Chylusdarm*), in dem gleichzeitig die Resorption der Abbauprodukte aus dem Nahrungsbrei (Chymus) erfolgt. Bei den Rundwürmern z. B. verläuft der noch nicht in Magen und Darm gegliederte Mitteldarm gerade

Verdauungssystem

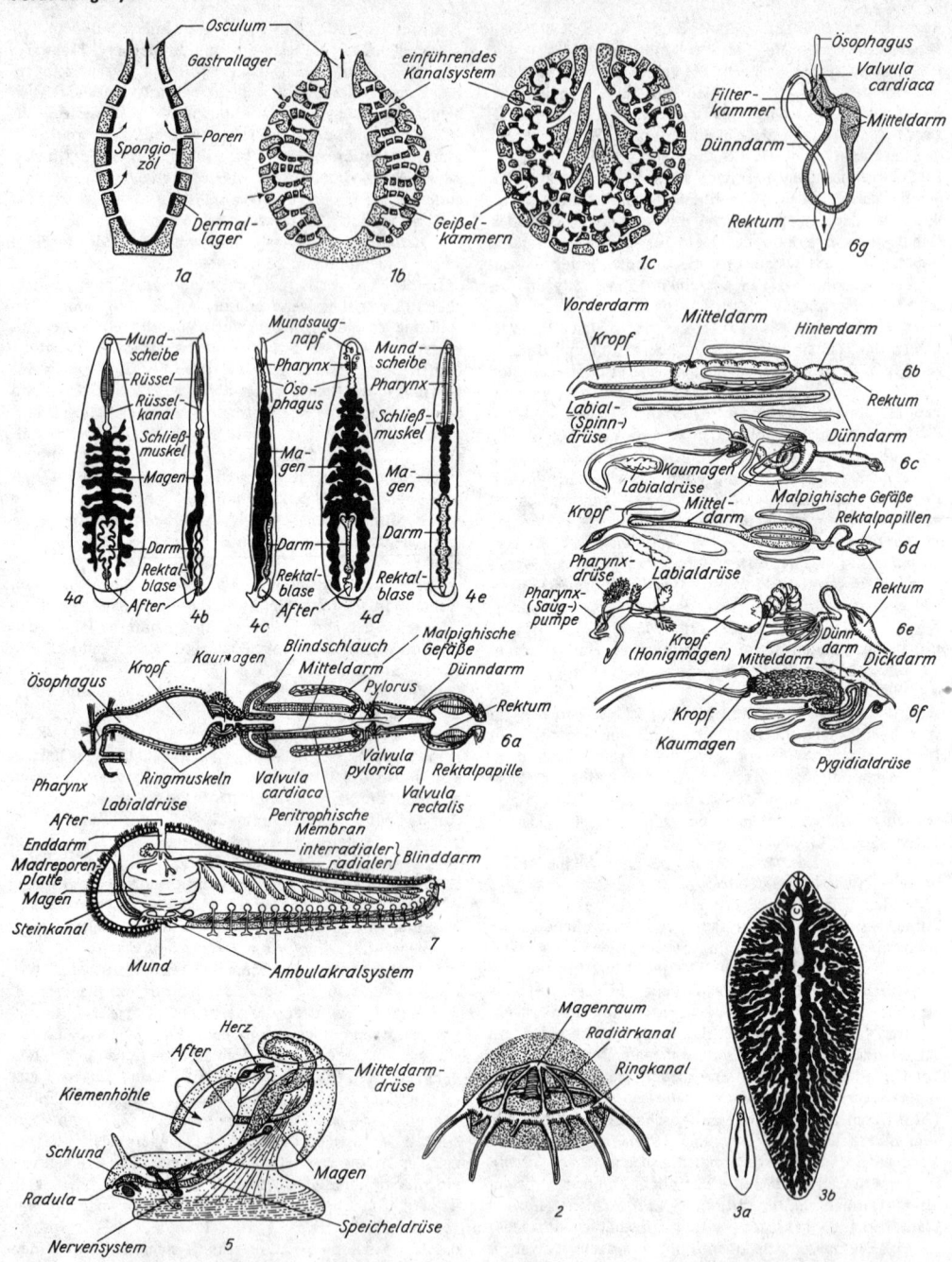

Verdauungssysteme der Wirbellosen. *1* Schematische Längsschnitte durch die drei Bauplantypen der Schwämme: *1a* Ascontypus, *1b* Sycontypus, *1c* Leucontypus. *2* Gastrovaskularsystem einer Meduse (*Coelenterata*). *3* Darmkanal von Saugwürmern: *3a* Kleiner Leberegel (*Dicrocoelium dentriticum*), *3b* Großer Leberegel (*Fasciola hepatica*). *4* Darmkanal der Egel: *4a* und *4b* Froschegel (*Brachobdella paludosa*), *4c* und *4d* Medizinischer Blutegel (*Hirudo medicinalis*), *4e* Schlundegel (*Herpobdella*). *5* Schematischer Längsschnitt durch eine Schnecke (Vorderkiemer). *6* Verdauungssystem der Insekten: *6a* Schematischer Längsschnitt durch einen Insektendarm. *6b* Darmkanal einer Spinnerraupe, *6c* Darmkanal einer Schabe, *6d* Darmkanal einer Stechmücke, *6e* Darmkanal einer Biene, *6f* Darmkanal eines Raubkäfers, *6g* Schema einer einfachen Filterkammer bei Homopteren (Pflanzensaftsauger). *7* Verdauungssystem eines Seesternes

durch den Körper. In vielen Fällen erfolgt aber eine Oberflächenvergrößerung der Darmwand. Bei Plattwürmern finden sich regelmäßige symmetrische Aussackungen. Bei Ringelwürmern, z. B. bei Regenwürmern und Muscheln, bildet sich eine rückwärts gelegene, nach innen vorspringende Darmfalte (Typhlosolis). Bei Weichtieren ist der vordere Abschnitt des Mitteldarms zu einem meist schlauchförmigen Magen erweitert. Die Muscheln besitzen in einer sackförmigen Ausbuchtung des hinteren Magenabschnittes eine gallertige, enzymhaltige Sekretmasse (→ Kristallstiel). An der Grenze zwischen Magen und Dünndarm münden die unterschiedlich großen Mitteldarmdrüsen (»Leber«), die verschieden geformte, paarige oder unpaarige, drüsenreiche Ausstülpungen der Darmwand darstellen. Der Mitteldarm der Spinnentiere und Krebse ist je ein gestrecktes Rohr von oft geringer Länge. Charakteristisch sind in beiden Tiergruppen die großen schlauchförmigen oder verästelten Mitteldarmdivertikel, die als Mitteldarmdrüsen bei Krebsen (z. B. beim Flußkrebs) allein die Verdauung und Resorption übernehmen. Der Mitteldarm der Insekten bildet ein weites, primär ungegliedertes Rohr, an dem sich nur ursprünglich höchstens kranzförmig oder paarig um die Einmündung des Vorderdarmes angeordnete *Blindsäcke* (*Caeca*) befinden. Der Nahrungsbrei wird von einer das schleimdrüsenlose Epithel schützenden Hülle (*peritrophische Membran*) umgeben, die in der Regel von einem um die Valvula cardiaca herum gelegenen Ring spezialisierter Mitteldarmzellen abgesondert wird. Der Mitteldarm der Seesterne besteht aus einem sackförmigen Magen, von dem 5 Paar mit drüsigen Anhängen ausgestattete *Blindschläuche* in die Arme ausstrahlen. Seeigel haben dagegen einen schlauchförmigen, in Schlingen gelegten Mitteldarmabschnitt mit einem parallel verlaufenden Nebendarm.

Der *Enddarm* der wirbellosen Tiere umfaßt den ektodermalen Endabschnitt des V., der mit dem After endet. Bei den Rundwürmern ist er ein einfacher, schwach erweiterter Darmabschnitt, der häufig zu einer Kloake erweitert ist, in die noch die Geschlechtsorgane einmünden. Bei den Blutegeln ist der mit quergestellten Schleimhautfalten versehene Enddarm in seinem hinteren Abschnitt zu einem glatten Afterdarm umgebildet. Der Enddarm der Gliederfüßer ist wie der ektodermale Vorderdarm mit einer chitinigen Intima ausgekleidet. Im Verhältnis zum endodermalen Mitteldarm erlangt er oft eine beträchtliche Länge.

Bei den Spinnentieren ist er in der Regel kurz und blasig aufgetrieben. Er mündet in eine Kloake, die die Malpighischen Gefäße (→ Exkretionsorgane) aufnimmt.

Reich gegliedert ist der Enddarm der Insekten. Im allgemeinen lassen sich 3 Abschnitte unterscheiden: Pylorus, Intestinum und Rektum. Der *Pylorus* oder *Pförtner* stellt einen mit hohen Epithelzellen und Ringmuskeln versehenen Verschlußmechanismus gegen den Mitteldarm dar. In seinen vorderen Abschnitt münden die Malpighischen Gefäße ein. Sein Übergang in das Intestinum kann als besonders kräftige Ringfalte (Valvula pylorica) ausgebildet sein. Das *Intestinum* ist meist als »Dünndarm« röhrenförmig gestaltet und leitet die Nahrungsreste samt den Ausscheidungsprodukten der Malpighischen Gefäße in das Rektum. Das *Rektum* ist meist ein kurzer, oft zu einer *Rektalblase* erweiterter Abschnitt, in dem die Nahrungsreste zu Kotballen geformt werden. Häufig mündet das Intestinum seitlich in die Rektalblase ein, die dann als *Rektalsack, Rektaltasche* oder *Rektalampulle* bezeichnet wird. Bei den Larven der Blattdornkäfer ist diese z. B. besonders groß und dient unter Mitwirkung symbiotischer Mikroorganismen als Gärkammer für die zellulosehaltige Pflanzennahrung. Rektaltaschen dienen auch den holzfressenden Insekten, z. B. den Bockkäfern und Termiten, als Gärkammern. Bei im Wasser lebenden Formen (Libellenlarven) kann das Rektum im Dienste der Atmung stehen (*Darmatmung*). Bei sehr vielen Insekten treten im Rektum nach innen vorspringende, reich mit Tracheen versorgte Epithelverdickungen in Form der Rektalpapillen auf. Sie fehlen aber den meisten Käfern, Schnabelkerfen, Eintagsfliegen und vielen Larven höherer Insekten. Sie gelten als Orte besonders intensiver Wasserresorption. Besondere Modifikationen des V. stellen die Filterkammern vieler pflanzensaftsaugender Insekten (Gleichflügler) dar, die mit der Aufnahme großer Mengen Flüssigkeit in Zusammenhang stehen. Sie entstehen dadurch, daß sich ursprünglich weit auseinanderliegende Darmabschnitte durch Schlingenbildung eng aneinanderlegen und von einer gemeinsamen Bindegewebshülle umgeben werden. In der Regel legt sich der Endabschnitt des Mitteldarmes oder der Anfangsteil des Intestinums an einen vorderen Mitteldarmteil an. Auf diese Weise kann der mit der Nahrung aufgenommene Wasser- und Kohlenhydratüberschuß durch Diffusion direkt in den Enddarm geleitet werden.

Der Enddarm der Stachelhäuter ist kurz. Bei Seeigeln ist er mit einigen unregelmäßig verzweigten Schläuchen, den *Rektaldivertikeln* besetzt. Bei den Seewalzen erweitert er sich zu einer Kloake, in die die meist paarigen und verzweigten → Wasserlungen einmünden.

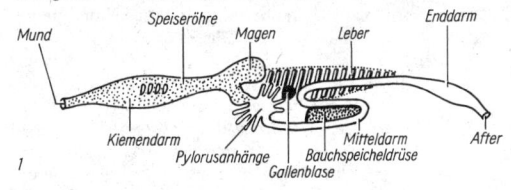

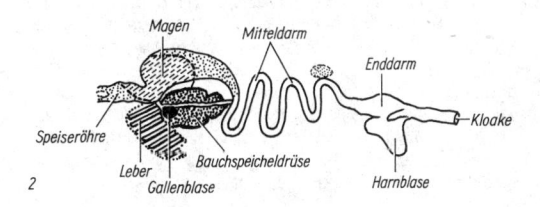

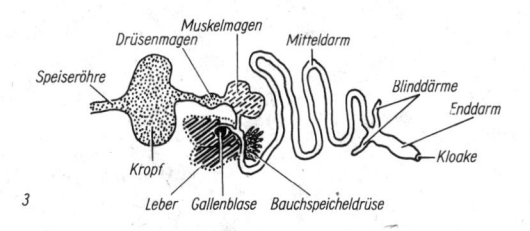

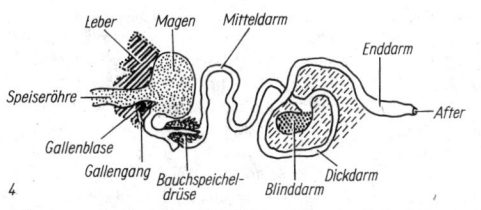

1 Verdauungstrakt einiger Wirbeltiere: *1* Knochenfisch, *2* Frosch, *3* Taube, *4* Meerschweinchen

Verdoglobin

Bei den Wirbeltieren wird die Nahrung mit dem *Mund* aufgenommen. Der Mund wird begrenzt von den → Lippen und öffnet sich in die aus der embryonalen Mundbucht und zum Teil aus dem embryonalen Pharynx hervorgegangene *Mundhöhle*. Sie enthält bei Säugern die charakteristischen Strukturen → Zähne, → Zunge und Mundspeicheldrüsen, die bei anderen Wirbeltieren jedoch fehlen können. Das Munddach wird vom harten Gaumen gebildet, der bei Säugern oft verhornte Querleisten aufweist, die bei Bartenwalen zu meterlangen, parallelen Platten aus Fischbein, den Barten, ausgewachsen sind. An ihren Randfransen sammeln sich kleine Meerestiere, die mit der Zunge in den Schlund befördert werden. Die Wangen mancher Nager und Affen sind zu Backentaschen ausgestaltet. Die nur bei Landwirbeltieren vorkommenden *Mundspeicheldrüsen* produzieren Sekrete zum Schlüpfrigmachen der Nahrung und ihr Enzym Ptyalin leitet die Verdauung ein. Manche Schlangen haben am Grund der Giftzähne Giftdrüsen. Schwalben und Segler benutzen ihr an der Luft erhärtendes Speicheldrüsensekret zum Bau ihrer Nester.

Den Weitertransport der Nahrung übernimmt nach Passage durch den Pharynx (Speise-Luftwegkreuzung) die *Speiseröhre (Ösophagus)*. Sie ist bei Greif-, Hühner-, Entenvögeln u. a. zum *Kropf* erweitert, der ein Einweichen der Nahrung vornimmt. Bei Tauben wird hier die »Kropfmilch« zur Atzung der Jungen gebildet. Die Speiseröhre mündet in den *Magen (Ventriculus, Gaster, Stomachus)*, der bei Vögeln in einen Drüsen- zur chemischen Aufschließung, und einen Muskelmagen zur mechanischen Verarbeitung unterteilt ist. Der Säugermagen gliedert sich in drei Regionen: *Cardia* um die Eintrittsstelle des Ösophagus, *Fundus* mit den Hauptzellen, die das eiweißspaltende Pepsin produzieren und den salzsäurebildenden Belegzellen sowie den *Pförtner (Pylorus)*, der den Magenausgang markiert und den Nahrungsbrei in den Dünndarm entläßt. Die Magengliederung in einzelne Höhlen (z. B. Nager, Fledermäuse) findet ihre extreme Ausbildung im Wiederkäuermagen (Abb.). Dieser ist in die Abschnitte *Pansen, Netz-, Blätter-* und *Labmagen* unterteilt, von denen die beiden ersten Vorratsräume und Orte für die Zellulosefermentation sind und der Blättermagen der Entwässerung dient. Nur der Labmagen ist dem Magen der übrigen Säuger homolog.

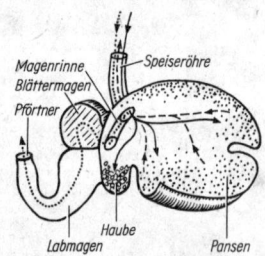

2 Magen eines Wiederkäuers (Schaf)

Im *Dünndarm* erfolgen die meisten chemischen Aufschlüsse der Nahrung, wozu auch die Sekrete von → Leber und → Bauchspeicheldrüse, die in ihn abgegeben werden, beitragen. Zur Vergrößerung der resorbierenden Oberfläche besitzen z. B. Haie eine Spiralfalte, Knochenfische blindsackartige Anhänge, während im Dünndarm der Säuger Zotten ausgebildet sind. Außerdem erfährt das Darmrohr ausgedehnte Schlingenbildungen. Fleischfresser haben einen kürzeren Darm als Pflanzenfresser. Die Grenze zum Dickdarm bildet der → Blinddarm.

Im *Dickdarm (Colon)* geht in erster Linie die Rückresorption von Wasser vor sich. Der anschließende *Mastdarm (Rectum)* mündet bei der Mehrzahl der Wirbeltiere in die Kloake, bei Säugern öffnet er sich separat durch den *After (Anus)* nach außen.

Verdoglobin, → Gallenfarbstoffe.
Verdrängen, → Aggressionsverhalten.
Verdunstung, Abgabe von Wasser als Wasserdampf, entweder als Evaporation, Evapotranspiration oder Transpiration.
Vererbung, die Weitergabe von genetischer Information während der vegetativen und generativen Vermehrung, die bewirkt, daß bei Vor- und Nachfahren gleiche oder ähnliche Erbmerkmale auftreten. Nach der Lokalisation der Erbträger in der Zelle als dem Grundbaustein aller lebenden Systeme kann zwischen *karyotischer, außerkaryotischer* und *akaryotischer* V. unterschieden werden. Im ersten Fall handelt es sich um Vererbungserscheinungen, die an chromosomal lokalisierte Erbanlagen gebunden sind, im zweiten um Plasmavererbung und im dritten um die Vererbung bei Bakteriophagen und Bakterien, die keinen echten Zellkern aufweisen.

Die karyotische V. ist *geschlechtsgekoppelt,* wenn die betreffenden Gene nicht in den Autosomen, sondern in den Geschlechtschromosomen lokalisiert sind, *geschlechtsbegrenzt,* wenn die genotypisch kontrollierte Merkmalsbildung nur in einem der beiden Geschlechter möglich ist.
Vererbung erworbener Eigenschaften, Übertragung von Anpassungen, die im individuellen Leben entwickelt wurden, auf die Nachkommen. Eine V. e. E. ließ sich niemals experimentell nachweisen und ist auch aus theoretischen Gründen wegen der als »Zentrales Dogma der Molekularbiologie« beschriebenen Unidirektionalität der Genexpressionsprozesse höchst unwahrscheinlich. → Molekulargenetik.
Vererbungslehre, svw. Genetik.
Veresterung, chemische Reaktion, bei der aus einer Säure und einem Alkohol unter Wasserabspaltung ein *Ester* entsteht: R—COOH + R′—OH ⇌ R—COOR′ + H_2O. In der Biochemie spielen enzymatische V. eine große Rolle (→ Transferasen). Die Umkehrung der V. ist die *Verseifung,* d. h. die Hydrolyse von Estern in Alkohole und Säuren.
Vergärung, die mikrobiologische Umsetzung eines Substrates auf dem Wege von → Gärungen. Bedeutsam ist die V. unterschiedlicher Stoffe für eine Reihe von Fermentationen in der technischen Mikrobiologie, z. B. ist die V. von Molke mit Milchsäurebakterien ein Verfahren zur Gewinnung von Milchsäure.
Vergeilen, Verspillern, Etiolement, durch Lichtmangel bedingte Gestaltungsabweichungen bei Pflanzen, die bei Dikotylen durch starke Streckung der Internodien und Blattstiele bei gleichzeitiger Verkleinerung der Blattspreite gekennzeichnet sind. In der dünnen Sproßachse werden kaum Festigungselemente und Leitbündel ausgebildet. Auch unterbleibt meist die Pigmentsynthese, d. h. die Ausbildung von Chlorophyll, Karotinoiden und Anthozyanen. Zarte etiolierte Sprosse oder Blätter sind vom Spargel oder Endiviensalat (Chicorée) sowie von den Dunkelkeimen der Kartoffelknollen allgemein bekannt. Bei Monokotylen werden die Sprosse verlängert. Das V. ermöglicht im Dunkeln wachsenden Pflanzen die rationale Ausnutzung der verfügbaren Baustoffe und die Assimilationsorgane an das Licht zu bringen. Schon eine tägliche Belichtungszeit von wenigen Minuten führt zur Ausbildung einer normalen Pflanzengestalt (*Deetiolierung*).
Vergißmeinnicht, → Borretschgewächse.
vergleichende Verhaltensforschung, Anwendung der Fragestellungen und Methoden der Ethologie auf das Verhalten von Lebewesen auf der Grundlage einer evolutionsbiologischen Betrachtungsweise. Die v. V. geht daher von der Veränderlichkeit der Arten und ihres Verhaltens aus

und versucht die ursächlichen Zusammenhänge dieser Wandlungen zu verstehen. Der Begriff wird im gleichen Sinne wie → Ethologie gebraucht.

Lit.: K. Lorenz: Vergleichende Verhaltensforschung (Wien 1978), G. Tembrock: Verhalten bei Tieren (3. Aufl. Wittenberg 1984).

Vergrünung, *Vireszenz, Phyllomanie,* Einlagerung von Chlorophyll in Pflanzenteile, die normalerweise nicht grün sind, besonders im Bereich der Blüten. V. wird häufig durch Viren und Mykoplasmen, bisweilen auch durch physiologische Störungen verursacht.

Verhaltensansteckung, svw. allelomimetisches Verhalten.

Verhaltensbiologie (Tafel 26), die Beschreibung und Analyse organismischen Verhaltens mit Fragestellungen und Methoden der Biologie. Dabei ist die vergleichende Betrachtungsweise (→ vergleichende Verhaltensforschung) einer von mehreren möglichen methodischen Ansätzen.

Verhaltensentartung, svw. Verhaltensstörung.

Verhaltensforschung, svw. Ethologie.

Verhaltens-Output, → Ethogramm.

Verhaltensphysiologie, Untersuchung physiologischer Vorgänge mit verhaltensbiologischen Fragestellungen. Besondere Bedeutung hat in diesem Zusammenhang die *Neuroethologie.* Sie befaßt sich mit den Grundlagen der Informationsaufnahme und -verarbeitung, den dabei auftretenden Filterprozessen, der Merkmalsextraktion, der Identifikation, der Erfassung von Raum- und Zeit-»Gestalten«, den Speichervorgängen, den Voraussetzungen für Motivationen, Emotionen und das Aktivierungsniveau, der zentralnervösen Kontrolle des Verhaltens, aber auch mit den neuralen Vorgängen während der Ontogenese. Die V. setzt dabei alle modernen Methoden der Physiologie ein, geht aber stets von Fragestellungen aus, die sich aus der Analyse des Verhaltens ableiten und zum Verständnis seines Ursachengefüges beitragen.

Lit.: J.-P. Ewert: Neuro-Ethologie (Berlin 1976).

Verhaltenssequenz, Zeitreihe von Verhaltensakten, Folge definierbarer Verhaltenseinheiten oder -elemente mit nicht-zufälliger Reihung. Die Untersuchung erfolgt mittels *Sequenzanalysen,* die im einfachsten Ansatz zunächst die Übergangswahrscheinlichkeiten für aufeinanderfolgende Verhaltenseinheiten erfassen; ein wichtiges methodisches Werkzeug liefert die Interpretation als »Markoff-Prozeß«, so daß Markoff-Ketten erster bis n-ter Ordnung erfaßt werden können. Die Regelhaftigkeit einer V. kann auch über Strukturmaße bestimmt werden, die von der Anzahl der Elementtypen, der Wiederholung von Elementen eines Typs, der relativen Häufigkeit und ähnlichen Parametern ausgehen und damit ein formales Maß zur Beschreibung des Strukturierungsgrades ermöglichen. Auch die klassische Informationstheorie und vergleichbare Ansätze (Diversitätsmaße) dienen solchen Sequenzanalysen. Es lassen sich dabei *Flußdiagramme* oder *Verhaltens-Algorithmen* ableiten. Ein Beispiel wäre das Futtervergraben bei Hundeartigen (Caniden): Aufnahme des Fleisches – Verlagern in den Molarbereich – Suchlaufen – Scharren – Ablegen – Schnauzenstoßen auf das abgelegte Fleisch – Schnauzenschieben gegen das Fleisch, das dadurch mit Bodenmaterial bedeckt wird, abwechselnd mit Schnauzenstoßen. Auch Körperpflege-Abfolgen liefern gute Voraussetzungen für Analysen von V. Geht man nicht nur vom Ethogramm aus, sondern auch vom Chronogramm, dann können in solche Analysen auch die auftretenden Zeitintervalle einbezogen werden, etwa die Dauer eines Verhaltensaktes oder der Pausen zwischen den Verhaltenseinheiten.

Verhaltensstörung, *Verhaltensentartung,* in der Verhaltensbiologie als Abweichung definiert, die aus dem arttypischen Normbereich fällt. Bei den *Bioneurosen* liegt ein von der Norm abweichendes Verhalten vor, das aufgrund von Fehlanpassungen oder Belastungen erworben wurde und damit als individuelle Fehlentwicklung des Verhaltens aufgefaßt werden kann. *Ethopathien* sind krankhafte Verhaltensentartungen, denen konstitutionelle Erkrankungen zugrundeliegen; so beruht die »Drehkrankheit« des Schafes oder anderer Wiederkäuer auf der Anwesenheit von Finnen eines Bandwurmes (*Coenurus cerebralis*) im Gehirn. Bei den Bioneurosen liegen Störungen im Informationswechsel vor. Es können Statusformen auftreten, für die keine Steuerung möglich ist, und die als »Angst« bezeichnet werden; Angstsymptome selbst sind jedoch noch keine Bioneurosen, können aber dazu führen. Eine gut fundierte Neurosenlehre für das Tierverhalten gibt es gegenwärtig noch nicht, Ansätze dazu wurden nur für einige Nutztiere entwickelt, speziell für den Hund.

Lit.: F. Brunner: Der unverstandene Hund (Radebeul 1974).

Verhaltensstrategie, Verhaltensmuster, das über biologische Evolutionsmechanismen umweltangepaßt ist; dabei ist der Begriff im Sinne der Spieltheorie gemeint.

Verhaltenssyndrom, hierarchisch oder zeitlich geordnete Kombination von Verhaltensnormen, wobei die Verhaltensnormen als gut definierbare Einheiten gekennzeichnet sind. Ein typisches Beispiel ist das Rekelsyndrom als raumzeitliche Kombination motorischer Einheiten zu einem arttypischen Gefüge. Auch die Sequenzen des Aufstehens oder Niederlegens bei Huftieren zeigen die Kriterien solcher V. Das gilt auch für echte → Verhaltenssequenzen, wenn ein hinreichend starker Kopplungsgrad nachweisbar ist.

Verhältnisskale, → Biometrie.

Verhefung, → Fermentation.

Verholzung, sekundäre Veränderung pflanzlicher Zellwände durch Einlagerung von Lignin (Holzstoff) in Intermizellar- und Interfibrillarräume ihres Zellulosegerüstes (*Lignifizierung*). Durch V. werden die Quell- und Dehnbarkeit der Zellwände bedeutend verringert und die Starrheit und Druckfestigkeit erhöht, ohne die Durchlässigkeit für Wasser und in diesem gelöste Stoffe völlig aufzuheben. Die V. von Zellwänden läßt sich im mikroskopischen Präparat durch histochemische Farbreaktionen leicht nachweisen, z. B. färbt sich Lignin mit Anilinsulfat- oder Chlorzinkjodlösung gelb, mit Phloroglucin und Salzsäure dagegen rot. Das Lignin kann aus den verholzten Zellwänden mikroskopischer Schnitte durch Javellesche Lauge herausgelöst werden. Technisch wird es durch längeres Kochen mit Kalziumbisulfitlösung oder Natronlauge unter Druck entfernt. Es bleiben die Kohlenhydratanteile zurück. Auf diese Weise werden aus Holz Zellstoff und Papier gewonnen.

Verjüngung, → Lebensdauer.

Verknöcherung, svw. Knochenbildung.

Verkorkung, sekundäre Veränderung pflanzlicher Zellwände durch Auflagerung von dünnen, wasserundurchlässigen Lamellen aus Suberin (Korkstoff), die den Durchtritt von Wasser und Gasen in starkem Maße vermindern. Ein histochemischer Nachweis von Suberin ist durch Anfärbung mit lipophilen Farbstoffen, z. B. Sudanrot, möglich. → Abschlußgewebe, → Wundheilung.

Verlandungsgesellschaften, → Charakterartenlehre.

verlängertes Mark, → Gehirn.

Verlängerungszone, → Wurzel.

Verlaubung, *Phyllodie, Phyllomorphie,* Umbildung von Teilen der Blüte, insbesondere von Staubblättern und Fruchtblättern, in grünen, blattähnlichen Strukturen. V. wird häufig durch Viren und Mykoplasmen, aber auch durch physiologische Störungen verursacht.

Verletzungspotential, → Ruhepotential.

Vermehrung, → Fortpflanzung.
Vermeidungskonditionierung, bedingte Aversion, avoidance conditioning, Verknüpfung arttypischer Verhaltensweisen mit Reizen oder Reizkonstellationen, die eine negative Bedeutung erlangt haben und damit einen diffusen Status auslösen. Als Grundlage für die bedingte Aversion kann folgender Zusammenhang angenommen werden: Wenn sich mit Umweltbedingungen, die bisher neutral oder positiv bewertet wurden, eine negative Erfahrung durch Schmerz auslösende oder Angst hervorrufende Bedingungen und Folgen verknüpft, wird diese Umweltkonstellation in Zukunft gemieden. Bei der Negativdressur wird nach diesem Prinzip verfahren. Die Positivdressur baut dagegen eine bedingte Appetenz auf, da sie positive Erfahrung mit einer Umweltkonstellation verknüpft.
Vermes, → Würmer.
Vermoderungsschicht, *Fermentationsschicht, F-Schicht,* zwischen Förna und Humusstoffschicht liegende Schicht der Humusauflage, besonders in leicht bis stark sauren Waldböden, in der stark zersetztes, aber noch deutlich strukturiertes Streumaterial lagert. Die V. ist infolge des Nahrungsreichtums und der starken Entwicklung von Pilzhyphen Ort der stärksten Konzentration von Kleinarthropoden, z. B. Milben, Springschwänze; → Humus.
Vernalin, → Blütenbildung.
Vernalisation, *Jarowisation,* Einleitung der Blütenbildung, d. h. des Übergangs einer Pflanze aus der vegetativen in die generative Phase ihrer Entwicklung durch Kälte. Die V. ist für die Blütenbildung vieler bienner (zweijähriger) und winterannueller, d. h. im Herbst keimender und den Winter als Keimpflanze überdauernder Gewächse bedeutsam. Auch zahlreiche perennierende (mehrjährige) Pflanzen, besonders Stauden, benötigen zur Blütenbildung niedrige Temperaturen. Es gibt Pflanzen mit absolutem Kältebedürfnis. Diese bleiben bei fehlender V. jahrelang vegetativ, z. B. *Beta-* und *Brassica*-Rüben, Kohl und Sellerie sowie bienne Rassen von *Hyoscyamus niger* in den Tropen. Demgegenüber kommen Pflanzen mit *relativem Kältebedürfnis,* z. B. Salat, Radieschen, Wintergetreide, auch ohne V. zur Blüte. Die Blütenbildung ist jedoch in diesen Fällen sehr verzögert.
Fast alle kältebedürftigen Pflanzen benötigen zur Blütenbildung als zweiten induzierenden Außenfaktor Langtag. Dieser muß nach der V. einwirken. Die V. wirkt demnach nicht blühinduzierend. Sie macht die Zellen des Vegetationskegels lediglich reaktionsfähig für den blühinduzierenden Langtag.
Die Perzeption der Kältewirkung erfolgt nur durch Gewebe, in denen Zellteilungen ablaufen. In der Regel ist das das Sproßmeristem. Bei manchen Pflanzen, bei denen, wie z. B. beim Ausdauernden Silberblatt (*Lunaria rediviva*), auch in Blättern Zellteilungen vorkommen, wird der Kälteeinfluß auch von den Blättern aufgenommen. Manche Pflanzen sind schon im embryonalen Zustand vernalisierbar, z. B. gequollene Karyopsen des Wintergetreides und gequollene Samenkörner. Bei anderen Pflanzen, z. B. *Beta-*Rüben, ist die V. gleich nach der Keimung möglich, bei wieder anderen erst längere Zeit nach der Keimung, z. B. bei *Hyoscyamus* noch 10 bis 30 Tagen, bei *Lunaria* noch nach etwa 8 Wochen. Die optimalen *Vernalisationsbedingungen* sind artspezifisch verschieden. Im allgemeinen müssen Temperaturen zwischen 1 bis 7 °C 2 bis 10 Wochen einwirken. Wintergetreide, dessen Körner vor der Aussaat angequollen und niedrigen Temperaturen ausgesetzt und somit vernalisiert wurden, kann auch bei Aussaat im Frühjahr noch im gleichen Jahr zur Ernte, während es ohne V. im Herbst ausgesät werden muß, um den gleichen Erntetermin zu erreichen. Selbst bei vielen Sorten von Sommergetreide wirkt V. entwicklungsbeschleunigend. Bei Getreide hat die V. praktische Anwendung gefunden. Dieser Anwendung kommt entgegen, daß die Getreidekörner nach erfolgter V. rückgetrocknet werden können.

Der *Vernalisationsprozeß* verläuft in mehreren Stufen. In den ersten Tagen der Kältebehandlung kann der Vernalisationseffekt rückgängig gemacht werden, indem die entsprechenden Objekte in höhere Temperaturen, etwa von 35 °C, überführt werden. Dieser Vorgang wird als *Revernalisation* bezeichnet. Für erneute *Revernalisation* ist wieder die volle Vernalisationsdauer erforderlich. Mehrere Tage nach der Kältebehandlung wird jedoch ein stabiler Zustand erreicht, in dem Revernalisation nicht mehr möglich ist. Der Vernalisationsprozeß kann nunmehr durch Überführung der Pflanzen in Temperaturen zwischen 7 und etwa 22 °C unterbrochen werden, ohne daß die Gesamtdauer der Kälteeinwirkung erhöht werden muß.

V. ist nur in Gegenwart von Sauerstoff möglich. Auch muß ausreichend Substrat für die Atmung (Kohlenhydrate) zur Verfügung stehen. Durch die V. scheint das genetische System beeinflußt zu werden. Im Sinne einer sehr stabilen differentiellen Genaktivierung (stabile Determination) werden auf im einzelnen noch nicht bekannten Wegen Gene aktiv bzw. regulierbar gemacht, die vorher inaktiv waren. Hierfür sprechen einmal Veränderungen der Histonfraktionen, wie sie z. B. nach der V. von Wintergetreide festgestellt worden sind. Auch können Vernalisationseffekte durch Zellteilung so lange von Zelle zu Zelle weitergegeben werden, bis schließlich nach Wochen, Monaten oder sogar Jahren Langtagbedingungen die Blüte induzieren.
Vernation, → Knospe.
Verockerung, Ablagerung von Eisenoxidhydrat (»Ocker«) an Rohrwandungen im Wasserleitungsnetz infolge mikrobiologischer Prozesse. Die V. wird hauptsächlich durch die Bakteriengattung *Gallionella* hervorgerufen.
Verregnung, → biologische Abwasserreinigung.
Verrieselung, → biologische Abwasserreinigung.
Verschiedenblättrigkeit, → Blatt.
Verschleppung, die passive Ausbreitung einer Tier- oder Pflanzenart durch Wind, Wasser, Tiere oder durch den Menschen, ohne daß darunter ein zielgerichtetes Aussetzen verstanden werden kann, z. B. die heute weltweite Verbreitung der ursprünglich nordchinesischen Wanderratte durch die Schiffahrt.
Verschlußzone, → Epithelgewebe, → Plasmamembran.
Verseifung, in engerem Sinne hydrolytische Spaltung von Estern, insbesondere Fetten, zu Karbonsäuren und Alkoholen; im weiteren Sinne jede Hydrolyse von Karbonsäurederivaten.
Versonsche Drüsen, svw. Häutungsdrüsen.
Verspillern, svw. Vergeilen.
Verstärkefekt, Verstärkung von Reizwirkungen in Biosozialeinheiten. Dadurch können Reize, die im Mittel für ein Einzeltier in einem Schwarm unterschwellig sind, dennoch alle Mitglieder des Schwarmes zu einer Reizantwort veranlassen, vorausgesetzt, daß es Individuen in der Gruppe gibt, die auf den Reiz ansprechen.
Versteinerungskunde, svw. Paläontologie.
Versuch, → Biostatistik.
Versuchsanlagen, → Biostatistik.
Versuchspläne, → Biostatistik.
Versuchs- und Irrtumslernen, → Lernformen.
Vertebra, → Achsenskelett.
Vertebraten, svw. Wirbeltiere.
Verteilung, → Biostatistik.
Verteilungsdichte, → Biostatistik.
verteilungsfreie Tests, → Biostatistik.
Verteilungsfunktion, → Biostatistik.

Vertifolia-Effekt, die bei der Züchtung von Kulturpflanzen auf → vertikale Resistenz entstehende Erosion → horizontaler Resistenz.
vertikale Resistenz, in der Phytopathologie pathotypenspezifische → Resistenz auf der Basis von Gen-für-Gen-Beziehungen zwischen Wirt und Pathogen mit vorwiegend mono- oder oligogener Vererbung.
Vertorfung, stark gehemmte Form der Zersetzung pflanzlicher Stoffe unter der Einwirkung von Kälte und Nässe. Infolge Fehlens von Sauerstoff und starker Säureentwicklung werden alle Organismengruppen ferngehalten, die eine intensivere Zersetzung bewirken könnten.
Vertrauensbereich, → Biostatistik.
Vertrocknen, → Auswinterung.
Verwandlung, svw. Metamorphose.
Verwandtenehen, Ehen zwischen nahen Verwandten. In allen menschlichen Populationen existieren zahlreiche nachteilige rezessive Erbfaktoren, von denen aber gewöhnlich nur sehr wenige einmal homozygot werden und sich dann nachteilig auf die Lebenstüchtigkeit ihres Trägers auswirken. Bei nahe verwandten Eltern steigt die Wahrscheinlichkeit, daß sich identische nachteilige Gene in ihren Kindern kombinieren. Bei Kindern aus Vetternehen sind rund $1/16$ aller Genorte homozygot. Unter diesen können sich nachteilige rezessive Allele befinden. In einer ländlichen Gegend Frankreichs starben 12% der geborenen Kinder vor der Geschlechtsreife. Bei Kindern aus Vetternehen waren es aber 25%.
Verwandtschaft, der Besitz gemeinsamer Ahnformen. Das Feststellen von V. im stammesgeschichtlichen Sinn, auf der das natürliche System der Organismen beruht, erfolgt durch Ermittlung von → Homologien. Jede natürliche Gruppe von Organismen besitzt gemeinsame, phylogenetisch alte homologe Merkmale (*Symplesiomorphien*), die auch ihren Verwandten eigen sind, und gemeinsame, phylogenetisch jüngere homologe Merkmale (*Synapomorphien*), die nur der betreffenden Gruppe zukommen. Das Auffinden von Synapomorphien ist der Weg zum Erkennen natürlicher Taxa und damit zum Aufstellen eines konsequent phylogenetischen Systems, das jeweils diejenigen Arten zu einer taxonomischen Einheit vereinigt, die auf eine gemeinsame Stammart zurückgehen.
Verwandtschaftsselektion, svw. Sippenselektion.
Verwesung, Sonderform der → Dekomposition, wobei sich organische Substanzen unter Einwirkung von Wärme und Trockenheit und freiem Luftzutritt zersetzen. Aerobe Bakterien bewirken eine völlige oxidative Mineralisation; Ammoniak und Kohlendioxid entweichen ungenutzt. Stickstoffreiche Substanzen mit hoher Anfangsfeuchtigkeit (Tierleichen) verwesen rasch, stickstoffarme, trockene Substanz (Holz) langsam; hierzu gehört auch die durch Holzpilze verursachte V. von Holz unter Abbau nur der Zellulosen (»Rotfäule«) oder auch der Lignine (»Weißfäule«). Die V. wird von trockenresistenten Holzinsekten, z. B. Ameisen oder Bockkäfern, gefördert, dagegen von Tieren, die solche Stoffe im Boden vergraben, z. B. Totengräber, verhindert, so daß → Fäulnis eintreten kann. Die V. endet mit dem Verschwinden der organischen Substanz.
Verwilderung, der Domestikation entgegenlaufender Prozeß bei der Zurückversetzung von Haustieren in natürlichen Bedingungen.
Verwilderte Haustierpopulationen, z. B. Dingos in Australien oder Mustangs in Nordamerika, zeigen genetische Veränderungen. Die Domestikationsmerkmale schwächen sich mit der Zahl der Generationen ab, z. B. nimmt die Hirnmasse, die bei Haustieren oft gegenüber ihren wildlebenden Ahnen verringert ist, wieder zu. Das bedeutet aber nicht, daß die Wildform genetisch wiederhergestellt wird.

Merkmale der wilden Stammform, z. B. die Stehmähne der Wildpferde, werden trotz jahrhundertelanger V. nicht wieder erworben. Durch V. können Faunenverfälschungen entstehen.
Verzögerer, svw. Hemmstoffe.
verzögerte Überempfindlichkeit, auf zellvermittelten Immunreaktionen beruhende Form der → Allergie. Durch Kontakt mit einem Allergen wird die Sensibilisierung ausgelöst, die zum Zustand der verzögerten Überempfindlichkeit führt. Sie zeigt sich bei erneutem Kontakt mit dem auslösenden Allergen. Aktivierte Lymphozyten (→ Thymus) sind die spezifisch bei der v. Ü. wirksamen Zellen. Sie lösen bei Antigenkontakt entzündliche Reaktionen aus, die bis zur Zerstörung ganzer Gewebebezirke führen können, z. B. bei der Abstoßungsreaktion gegen Organtransplantate (→ Transplantation).
Verzwergung, → Zwergwuchs.
Vesica fellea, → Gallenblase.
Vesica urinaria, → Harnblase.
Vesiculae seminales, svw. Bläschendrüsen.
Vesikel [lat. vesica 'Blase'], Bezeichnung für verschiedenartige bläschenförmige Gebilde, z. B. Anschwellungen bzw. bläschenartige Abschnürungen von Golgiapparaten oder bläschen- bzw. sackartige Hyphenanschwellungen bei Mykorrhizapilzen, → vesikuläre Strukturen.
vesikuläre Strukturen, rundliche bis ovale, von einer einzelnen Elementarmembran umgebene Bläschen unterschiedlicher Größe, z. B. Lysosomen, Peroxysomen oder Glyoxysomen. Sie sind mit unterschiedlichen Enzymen ausgestattet. Die Art der vorhandenen Enzyme ist das einzige sichere Unterscheidungsmerkmal für die verschiedenen v. S.
Vespertilionidae, → Glattnasen.
Vespidae, → Wespen.
Vestibulum vaginae, → Vulva.
Vetivergras, → Süßgräser.
Vibrakularien, → Moostierchen.
Vibrionen, eine Familie meist kommaförmiger, durch polar angeordnete Geißeln beweglicher, fakultativ anaerober, gramnegativer Bakterien. Sie kommen als Saprophyten im Süß- und Meereswasser vor oder als Krankheitserreger in Mensch und Tier. Das *Cholerabakterium*, *Vibrio cholerae*, wurde von R. Koch als Erreger der Cholera entdeckt und von ihm *Kommabazillus* genannt. Ebenfalls zu den V. gehören verschiedene Leuchtbakterien (→ Biolumineszens) der Gattung *Photobacterium*.

Vibrionen

Im morphologischen Sinne wird der Begriff V. auch für alle kommaförmigen Bakterien verwendet, unabhängig von ihrer Zugehörigkeit zu verschiedenen systematischen Gruppen.
Vicugna, *Vikunja*, *Vicuña*, ein zierliches und relativ kurzköpfiges Schafkamel aus den Hochgebirgsregionen der Anden. Wegen seines weichen Fells ist es an den meisten Stellen seines Verbreitungsgebietes bereits ausgerottet.
Vielborster, *Borstenwürmer*, *Polychaeta*, eine Klasse fast ausschließlich im Meer lebender Ringelwürmer, bei denen die Borsten auf seitlichen Stummelfüßen sitzen. Die Klasse umfaßt etwa 13 000 Arten, von denen etwa 150 an der Nord- und Ostseeküste vorkommen.
Morphologie. Die wenige Millimeter bis zu 3 m langen V. haben einen langgestreckten, oft etwas abgeplatteten, aus bis zu 700 Segmenten bestehenden Körper. Die er-

Vielfachteilung

sten 2 bis 3 Segmente sind zu einem Kopfabschnitt vereint, der vorn einen die Mundöffnung überragenden Kopflappen sowie mehrere Fühlerpaare und manchmal einen Kranz aus langen, befiederten Tentakeln trägt. Die Mundöffnung ist mit starken Kiefern versehen, die z. T. auf einem ausstülpbaren Fangrüssel sitzen. Alle Rumpfsegmente sind innerlich gleich gebaut in der für die Ringelwürmer typischen Weise. Außen hat jedes Rumpfsegment ein Paar seitliche Stummelfüße, die *Parapodien*, die innerhalb der Klasse große Gestaltunterschiede aufweisen und auch an bestimmten Körperregionen eines Tieres verschieden gebaut sein können. Vielfach sind die Parapodien in einen oberen und einen unteren Ast gespalten, von denen jeder zahlreiche Borsten, der obere oft noch einen Kiemenanhang trägt. Am Hinterkörper vieler röhrenbewohnender oder festsitzender V. sind die Parapodien zurückgebildet. Das Hinterende wird von einem umgebildeten Segment, dem *Pygidium*, gebildet, das den After und häufig einige Analfühler, aber keine Parapodien trägt. Die V. sind sehr unterschiedlich, nicht selten leuchtend bunt gefärbt. Das Blutgefäßsystem ist geschlossen. Das Nervensystem besteht aus einem Gehirn und einer anschließenden Bauchganglienkette.

Lichtsinnesorgane kommen am Vorderende, aber auch an den Körperseiten in Form von Gruben-, Blasen- oder zusammengesetzten Facettenaugen vor. Die V. sind größtenteils getrenntgeschlechtlich; ihre Hoden bzw. Eierstöcke liegen paarweise in den Segmenten einer bestimmten (meist der hinteren) Körperregion, seltener in allen Segmenten. Die Befruchtung der Eier findet erst nach der Ablage im Wasser statt.

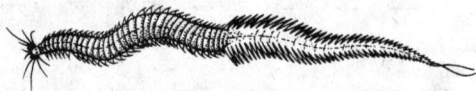

1 Nereis spec.: ein häufiger, freilebender Vertreter der marinen Vielborster

Biologie. Die meisten V. sind Meerestiere, nur einige tropische Arten kommen im Süßwasser vor, ganz wenige Arten haben den terrestrischen Lebensraum erobert. Die V. leben entweder freischwimmend, mit Hilfe der Parapodien auf dem Grunde kriechend, oder sie sitzen in selbstgegrabenen Gängen im Meeresboden und nicht selten auch in ihnen abgeschiedenen Röhren, die am Substrat festgeheftet sind. Die Nahrung ist sehr unterschiedlich. Die räuberischen Arten fressen kleine Meerestiere, andere leben von Pflanzenteilen, Mikroorganismen und Detritus. Viele festsitzende Arten strudeln mit Hilfe ihrer Tentakelkrone die im Wasser schwebenden Nahrungsteilchen herbei und seihen sie ab. Viele röhrenbildende V. können sich an Stellen mit guten Lebensbedingungen kolonieartig anhäufen und so wesentlich an der Bildung von Riffen beteiligt sein. Einige Arten, z. B. der Palolowurm, stoßen zur Fortpflanzungszeit den hinteren, die geschlechtsreifen Keimdrüsen enthaltenden Körperabschnitt ab; diese Teile vereinigen sich dann an bestimmten Meeresstellen zu großen Laichschwärmen.

Entwicklung. Die Entwicklung der V. erfolgt mit Verwandlung über ein meist freischwimmendes Larvenstadium, die → Trochophora, die bei den einzelnen Familien sehr unterschiedlich gestaltet ist.

Wirtschaftliche Bedeutung. Ein Teil der V. dient den Meeresfischen zur Nahrung und kommt so indirekt der menschlichen Ernährung zugute. Der → Palolowurm gilt in der Südsee als Delikatesse. Einige Arten dienen den Fischern als Köder, z. B. der Pierwurm. Eine schädigende Rolle spielen einige → Serpuliden durch ihren Kalkröhrenbewuchs an Schiffen, Schleusentoren, Industrierohren u. ä.

System. Die systematische Gliederung der V. ist sicher noch nicht endgültig. Neuerdings werden 17 Ordnungen mit 79 Familien unterschieden. Die bekannteste Gliederung ist:
1. Ordnung: → *Archiannelida*
2. Ordnung: *Errantia* (mit dem → Palolowurm und den → Seemäusen)
3. Ordnung: *Sedentaria* (mit dem → Pierwurm)

Über das Sammeln und Konservieren → Ringelwürmer.

Lit.: Lehrb. der Speziellen Zoologie. Begr. von A. Kaestner, Hrsg. von H.-E. Gruner, Bd I Wirbellose Tiere, Tl 3, (4. Aufl. Jena 1982); V. Storch: Meeresborstenwürmer (Wittenberg 1971).

Vielfachteilung, → Fortpflanzung, → Zellvermehrung.

Vielfraß, *Gulo gulo,* ein großes, bis 45 cm Widerristhöhe erreichendes, plumpes, zu den Mardern gehörendes Raubtier mit verhältnismäßig kurzem Schwanz. Der V. lebt als Einzelgänger in den nördlichen Gebieten Eurasiens und Nordamerikas und erbeutet Tiere bis zur Größe von Hirschkälbern.

Lit.: P. Krott: Der V. oder Järv (Wittenberg 1960).

Vielfüßer, → Tausendfüßer.

Vielzeller, Metazoen, *Metazoa,* Tiere, deren Körper sich aus zahlreichen Zellen zusammensetzt, die sich zumindest in Körper- und Fortpflanzungszellen differenziert haben. Das individuelle Leben beginnt aber auch bei den V. stets mit einer Einzelzelle, der befruchteten Eizelle. Andere Verhältnisse treten allerdings bei ungeschlechtlicher Vermehrung auf. Die V. werden oft in drei Divisionen unterteilt: Morulatiere (*Mesozoa*), Schwämme (*Parazoa*) und Gewebetiere (*Eumetazoa*). Diese Einteilung stellt keine verwandtschaftlichen Beziehungen dar, die bisher noch ungeklärt sind. Es ist vorläufig günstiger, die einzelnen Stämme nach ihrer Organisationshöhe aufeinander folgen zu lassen.

Lit.: A. Remane, V. Storch, U. Welsch: Systematische Zoologie (Jena 1976). M. Renner: Leitfaden für das zoologische Praktikum. Begr. von W. Kükenthal, (18. Aufl. Jena 1982).

Vielzitzenmäuse, *Mastomys,* mittelgroße Mäuse, deren Weibchen 12 bis 24 Zitzen besitzen. Diese anspruchslosen, vermehrungsfreudigen Nagetiere aus den Steppengebieten Afrikas dringen häufig in die menschlichen Behausungen ein und sind als Vorratsschädlinge und als Pestüberträger von Bedeutung.

Vierauge, *Anableps anableps,* zu den Zahnkarpfen gehörender, bis 20 cm langer, schlanker Oberflächenfisch, der von Mexiko bis in das nördliche Südamerika verbreitet ist. Seine hochstehenden Augen sind durch ein waagerechtes Septum unterteilt. Die obere Hälfte dient der Feinderkennung, die untere dem Sehen im Wasser. Beim normalen

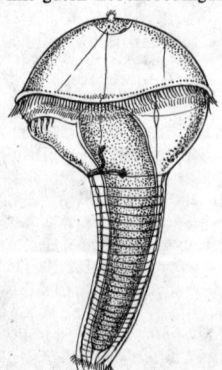

2 Trochophora-Larve eines Vielborsters mit beginnender Segmentbildung

Schwimmen wird der Kopf so gehalten, daß sich das Augensystem in Höhe des Wasserspiegels befindet.

Vierfingerfurche, *Affenfurche,* die Furche des Handtellers, die als Fortsetzung der oberen, queren Beugefurche (Dreifingerfurche) unterhalb vom Zeigefinger bis zum äußeren Handrand verläuft. Die V. ist beim Menschen selten, beim Affen stets vorhanden.

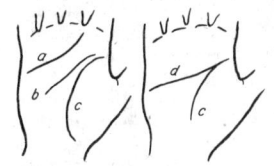

Schema der wichtigsten Beugefurchen der Handinnenfläche des Menschen (nach H. Bach): *a* Dreifingerfurche, *b* Fünffingerfurche, *c* Daumenfurche, *d* Vierfingerfurche

Vierfüßigkeit, svw. Quadrupedie.

Vierkiemer, *Alt-Tintenfische, Tetrabranchier, Tetrabranchiata,* **Nautiliden,** *Nautiloidea, Protocephalopoda,* Unterklasse der Kopffüßer. Die V. haben eine spiralige Schale, die durch Septen gekammert ist. Der Kopf trägt etwa 90 Arme, deren dorsale Scheiden zu einer festen Kopfkappe verschmolzen sind. Hiermit kann das zurückgezogene Tier die Schalenöffnung verschließen. Der Körper sitzt nur in der äußeren Kammer der Schale, ist aber mit allen Kammern durch einen Schalensiphon verbunden. Das typische Trichterorgan der Kopffüßer ist hier noch nicht geschlossen, als funktioneller Trichter sind seitliche Lappen des Fußes übereinandergelegt, aber nicht miteinander verwachsen. Die Augen der V. sind mit Wasser gefüllte offene Blasen ohne Linse und Glaskörper. Die V. besitzen keine Tintenbeutel. Über die Biologie der in über 100 m Tiefe am Meeresboden lebenden Tiere ist wenig bekannt. Sie können durch Trichterstöße schwimmen, dabei wirkt die gekammerte Schale als hydrostatischer Apparat.

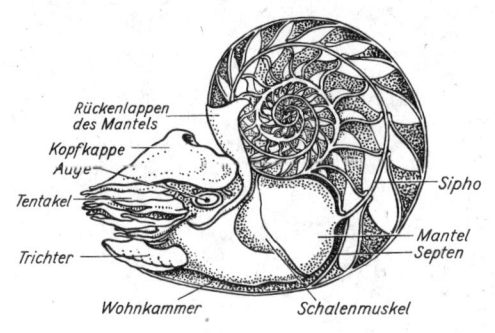

Nautilus mit geöffnetem Gehäuse

Die V. sind vom Oberkambrium bis zur Gegenwart bekannt. Im Großablauf der stammesgeschichtlichen Entwicklung der V. macht sich eine regressive Tendenz bemerkbar. Seit dem Ordovizium, aus dem die größte Formenmannigfaltigkeit bekannt wurde, hat sich die Zahl der Gattungen kontinuierlich verringert, so daß in der Gegenwart als einziger Vertreter die Gattung *Nautilus* (Schiffsboot, Perlboot) mit sechs Arten vorkommt.

Vierstrang-Austausch, reziproker Segmentaustausch in der Meiose zwischen gepaarten Chromosomen nach Eintritt von zwei Crossing-over-Vorgängen, wobei das zweite Crossing-over zwischen den beiden Chromatiden des Bivalents

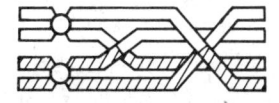

Vierstrang-Austausch

erfolgt, die am ersten nicht beteiligt waren (Abb.). → Dreistrang-Austausch, → Zweistrang-Austausch, → Rekombination.

Vierstreifennatter, *Elaphe quatuorlineata,* über 2 m Länge erreichende und bis unterarmstarke größte → Natter Europas, die in mehreren Unterarten trockene, bebuschte Gebiete Süd- und Südosteuropas bewohnt. Die Jungtiere sind grau mit schwarzen Flecken, die Alttiere braun mit 4 schwarzen Längsstreifen. Die V. legt Eier und frißt hauptsächlich Mäuse und Ratten.

Vierzehenschildkröte, Steppenschildkröte, *Testudo (Agrionemys) horsfieldi,* bis 20 cm lange, Steppen- und Wüstengebiete Mittelasiens bewohnende → Landschildkröte mit leicht abgeflachtem Rückenpanzer und nur 4 Zehen an jedem Bein. Die V. hält lange Sommer- und Winterruhe in bis zu 2 m langen Erdgängen.

Vigilanz, Aktivierungsniveau, Arousal, Bezeichnung für den jeweiligen mittleren Erregungsgrad im gesamten Verhaltenssystem, wobei der traumlose Tiefschlaf und die höchste Erregung die Grenzwerte kennzeichnen. Zwischen den drei Begriffen besteht nicht völlige Deckungsgleichheit in ihrem praktischen Gebrauch. In der Wachphase werden oft drei Zustandsformen der V. unterschieden: 1) der relaxierte Wachzustand, 2) der Zustand der wachen Aufmerksamkeit und 3) der Zustand der starken Erregung, die sich neben anderen Merkmalen auch in den Hirnstrombildern beim Menschen deutlich unterscheiden lassen. In jüngerer Zeit wurden auch bei wirbellosen Tieren, wie Mollusken und Arthropoden, vergleichbare Stadien nachgewiesen, offenbar gebunden an die Existenz zentralisierter Nervensysteme. In der Forschungspraxis wird die V. vor allem über die Messung von Reaktionszeiten auf definierte Reize bestimmt.

Vikarianz, das gegenseitige Vertreten nahe verwandter Sippen in verschiedenen geographischen Gebieten oder in unterschiedlichen Lebensgemeinschaften. Die *geographische V.* ist bei bisexuellen Arten ein wichtiges Kriterium für das Erkennen geographischer Rassen, die sich im typischen Fall gegenseitig geographisch ersetzen und nur schmale Bastardierungszonen an den Grenzen ihrer Areale aufweisen.

Ökologische V. ist typisch für ökologische Rassen, hierbei sind aber die Grenzen zur sympatrischen Artenbildung (z. B. bei Parasiten oder Pflanzenschädlingen) oft schwer zu ziehen. Auch nähe verwandte Arten können vikariieren, so zeigen heute die Areale vieler Großraubtiere (Löwe und Tiger; Großbärenarten) weitgehend V., nur in relativ kleinen Gebieten kommen zwei dieser Arten gemeinsam vor, dort unterscheiden sie sich dann meist noch ökologisch (→ Konkurrenz-Ausschluß-Prinzip). Zur ökologischen V. im weiteren Sinn kann auch die → Stellenäquivalenz gerechnet werden. Als *pflanzensoziologische V.* wird das Auftreten floristisch ähnlicher Pflanzengesellschaften bezeichnet, die sich geographisch ersetzen.

Villikinin, → Darmhormone.

Violaceae, → Veilchengewächse.

Violaxanthin, ein zu den → Karotinoiden gehörender orangefarbener Blütenfarbstoff, der in gelben Stiefmütterchen, Ackerhahnenfuß, Löwenzahn, Goldregen u. a. verbreitet auftritt. V. ist chemisch das Diepoxid des → Zeaxanthins.

Vipern, Ottern, *Viperidae,* in Europa, Asien und Afrika verbreitete Giftschlangenfamilie, deren Vertreter sich durch einen meist plumpen Körper, kurzen Schwanz und dreieckigen, deutlich vom Hals abgesetzten Kopf auszeichnen. Im Gegensatz zu den → Nattern und → Giftnattern sind die großen Kopfschilder bei den meisten V. in viele kleine Schuppen aufgelöst. Der kurze, bewegliche Oberkiefer trägt 2 mitsamt dem Oberkieferknochen »hochklappbare« Gift-

virales Onkogen

zähne, die solenoglyph sind (→ Schlangen), bei geschlossenem Maul umgeklappt liegen und beim Aufreißen des Rachens durch einen hochentwickelten Hebelmechanismus mehrerer Gelenke aufgerichtet werden. Die meisten V. sind nächtlich lebende Bodentiere mit senkrechter Pupille. Sie ernähren sich vorwiegend von kleinen Nagetieren, die durch Giftbiß getötet bzw. gelähmt, dann erneut gepackt und verschlungen werden. Das Gift der V. hat im Gegensatz zu dem der Giftnattern eine hauptsächlich blut- und gefäßschädigende (hämotoxische) Wirkung, → Schlangengifte. Mehrere Arten gehören zu den gefährlichsten Giftschlangen. Zu den etwa 60 Arten der V. gehören die einheimische → Kreuzotter, ferner → Sandotter, → Kettenviper, → Puffottern, → Hornvipern und → Sandrasselotter.

virales Onkogen, → Tumorviren.

Viren (Tafeln 19 und 28), sehr kleine, durch bakteriendichte Filter filtrierbare Partikeln, die von Proteinen umhüllte RNS oder DNS enthalten und sich nur in geeigneten lebenden Zellen replizieren (vermehren). Dabei drängen sie die genetische Information des Wirts zurück und nutzen dessen Ribosomen, Energie bereitstellende Mechanismen sowie zahlreiche Wirtsenzyme zur Reproduktion von Viruspartikeln.

Vorkommen und Verbreitung. V. treten in nahezu allen Organismengruppen auf. Bereits von den Schizophyta (Bakterien und Blaualgen) sind zahlreiche V. bekannt. Diese werden oft als → Phagen bezeichnet. In letzter Zeit wurden V. in größerer Anzahl bei Pilzen (→ Mykoviren) und in geringerer Zahl bei Grünalgen aufgefunden. Während bei Moosen Viruserkrankungen noch nicht mit Sicherheit nachgewiesen werden konnten, ist bei Farnen eine Reihe von V. bekannt. Die Samenpflanzen werden von vielen hundert Virusarten befallen. Virusartige Agenzien sind auch bei Protozoen als Erreger von Infektionskrankheiten aufgefunden worden. V. sind ferner von Würmern, besonders von Nematoden, insbesondere aber von Insekten isoliert worden, bei denen verschiedene zu schweren Epidemien führen können (→ Insektenviren), andere jedoch den Insektenwirt kaum schädigen. Es darf angenommen werden, daß V. auch bei weiteren Gruppen der Wirbellosen in stärkerem Maße verbreitet sind, als es zur Zeit den Anschein hat, zumal jährlich immer neue V. isoliert werden. Ein Gleiches gilt für die verschiedenen Gruppen der Wirbeltiere, wo unter den Kaltblütern Viruskrankheiten von Fischen und Reptilien bekannt sind. Besondere Bedeutung aber kommt den V. der Warmblüter einschließlich des Menschen zu. Hier sind viele hundert verschiedene, z. T. schwere Erkrankungen hervorrufende Virusarten isoliert worden.

Gestalt und Feinbau. Größe und Form der Viruspartikeln sind innerhalb einer Virusart in der Regel einheitlich, differieren jedoch zwischen verschiedenen Virusarten beträchtlich (vgl. Abb. 1). Der Durchmesser isodiametrischer (rundlicher) Viruspartikeln schwankt in Abhängigkeit von der Virusart zwischen 15 und 300 nm. Die Länge gestreckter (stäbchenförmiger, helikaler) Virusteilchen differiert zwischen 180 und 2000 nm.

Die meisten Virusarten enthalten ein einziges Nukleinsäuremolekül je Virusteilchen. Bei einer Anzahl von Virusarten, z. B. beim Wundtumorenvirus, ist das genetische Material im gleichen Virusteilchen jedoch auf mehrere Nukleinsäurestränge verteilt. In diesen Fällen spricht man von *V. mit geteiltem Genom.* Wenn das genetische Material auf mehrere, oft unterschiedlich lange Nukleinsäurestränge verteilt ist, aber nicht im gleichen Viruspartikel, sondern in verschiedenen, oft unterschiedlich großen Teilchen untergebracht ist, spricht man von → Koviren. Bei den meisten Pflanzenviren und einer größeren Anzahl von Tierviren sowie einigen Bakterienviren besteht das genetische Material aus einsträngiger RNS. Es gibt aber auch V. mit doppelsträngiger RNS, z. B. das Reisverzwergungsvirus, die Reoviren oder einige Insektenviren. Andere Tier- und Bakteriensowie einige wenige Pflanzenviren enthalten Doppelstrang-DNS, sehr kleine V. auch Einstrang-DNS. In vielen Fällen sind die Nukleinsäurestränge zu Ringen geschlossen.

Die Nukleinsäure wird in der Regel von Proteinen umhüllt und so vor Beschädigungen, z. B. vor dem Zugriff von Nukleasen, geschützt. Eine Ausnahme bilden die → Viroide, die ohne eigene Proteine sind. Das *Hüllprotein* besteht in der Regel aus einer Vielzahl miteinander identischer Untereinheiten, die als *Struktureinheit* bezeichnet werden. Die Struktureinheit des TMV (→ Tabakmosaikvirus) umfaßt 158 Aminosäuren, deren Sequenz voll aufgeklärt ist. 2100 bis 2700 derartige Struktureinheiten sind im Virusteilchen des TMV wie die Stufen einer Wendeltreppe aneinandergereiht, wobei der Nukleinsäurestrang in Form einer Spirale

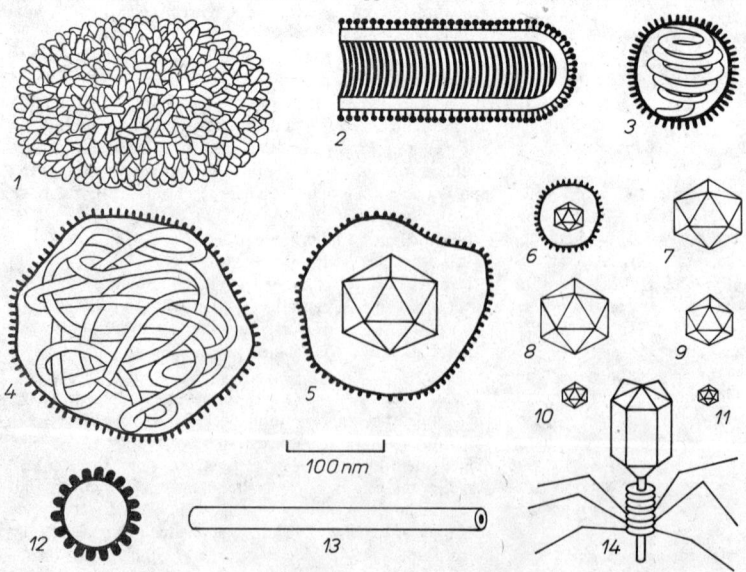

1 Viruspartikeln (schematisch unter Wahrung der Größenverhältnisse). *Umhüllte* Viren: *1* Pockenvirus (DNS-Genom), *2* Tollwutvirus (RNS), *3* Grippevirus (RNS), *4* Masernvirus (RNS), *5* Kükenpockenvirus (DNS); *nackte* Viren: *6* Gelbfiebervirus (RNS), *7* Adenovirus (DNS), *8* Reovirus (RNS), *9* Warzenvirus (DNS), *10* Kinderlähmungsvirus (RNS), *11* Parvovirus (RNS), *12* Coronavirus (RNS), *13* Tabakmosaikvirus (RNS), *14* Bakteriophage T 2 (DNS)

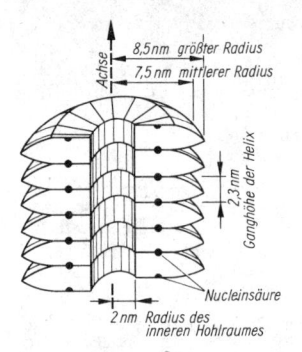

2 Strukturmodell des Tabakmosaikvirus

in einer Furche der Struktureinheit verläuft. Im Inneren der Partikeln verbleibt ein Hohlraum, so daß die Teilchen gewissermaßen einem Rohr gleichen (Tafel 19, Abb. 1). Virusteilchen, die so gebaut sind, nennt man *stäbchenförmig* oder *gestreckt*, die sich ergebende Symmetrie *helikal*. Bei anderen V. lagern sich jeweils mehrere, oft 2 oder 4, Struktureinheiten zu *Kapsomeren* (morphologischen Einheiten) zusammen, die ihrerseits zu einem Hohlkörper mit kubischer Symmetrie, dem *Kapsid*, zusammentreten. Dieses bildet eine schützende Hülle für den Nukleinsäurestrang, der sich spiralig oder in anderer Weise gewunden im Inneren befindet. Ein Kapsid mit eingebautem Nukleinsäurestrang wird als *Nukleokapsid* bezeichnet. Virusteilchen mit entsprechendem Bau sind meist Vielflächner, z. B. Ikosaeder. Man bezeichnet sie daher als isodiametrisch, isometrisch oder, oft unzutreffend, auch als kugelförmig (Tafel 19, Abb. 3). Verschiedentlich, z. B. bei den Adenoviren, besitzen die Kapsomeren, die die Ecken des Vielflächners bilden, einen faserförmigen, oft Glykoproteide enthaltenden Anhang, dem eine Rolle beim Anheften der Virusteilchen an die Wirtszelle zugesprochen wird (Tafel 19, Abb. 3). Bei manchen Bakterienviren (→ Phagen) kann mit einem isodiametrischen Kapsid, das als *Kopf* bezeichnet wird und die Nukleinsäure enthält, ein stäbchenförmiges Gebilde aggregiert sein, das an seinem freien Ende oft eine mit kurzen, dornenartigen Fortsätzen und/oder längeren Fasern besetzte Platte trägt und als *Schwanz* bezeichnet wird. Hierdurch ergeben sich Nukleokapseln von binaler Symmetrie (Tafel 19). Bei einer Anzahl von Virusarten werden die Nukleokapseln noch von einer zweiten Hülle, dem *Peplos*, umgeben. Solche sekundären Hüllmembranen enthalten neben Protein auch oft Kohlenhydrate und Lipide. An ihrem Aufbau sind außer Virusmaterial vielfach Bestandteile der Wirtszelle, besonders Membranen, beteiligt. Die Nukleokapsel helikaler V. ist in der sekundären Hülle häufig spiralig gewunden (Tafel 19, Abb. 4 und 5). V. mit Hüllmembranen werden als *umhüllt* bezeichnet, V., die nur Nukleokapseln ausbilden, als *nackt*. Das vollständige Virusteilchen einer Art wird auch → Virion genannt.

Über Einteilung und Benennung von V. → Virusfamilien, → Virusgruppen, → Virustaxonomie.

Vermehrung. Der erste Schritt besteht bei vielen Phagen und Tierviren in der Adsorption der V. an spezifischen Stellen der Zellmembran, den *Rezeptorarealen*. Es konnten vielfach aus Zellmembranen virusspezifische Rezeptorsubstanzen abgetrennt und als Glykoproteide erkannt werden. Die Anwesenheit geeigneter Rezeptorsubstanzen ist in diesen Fällen die Voraussetzung dafür, daß die entsprechenden V. die Zelle unter natürlichen Verhältnissen infizieren können. Viele Phagen »durchbohren« nach vollzogener Adsorption mit dem vorderen Abschnitt des Phagenschwanzes die Zellmembran und injizieren die Nukleinsäure ins Zytoplasma (Penetration; Tafel 19, Abb. 6 und 7). Die *Tierviren* werden zumeist durch eine Art Phagozytose aufgenommen. Wenn das V. in einem Rezeptorareal adsorbiert ist, bildet sich dort eine sich ständig vertiefende Einbuchtung, die schließlich durch Abschnürung ins Innere der Zelle gelangt. *Pflanzenviren* gelangen durch Wunden in die Zellen, insofern sie nicht, wie auch viele Tierviren, durch den Stich von Insekten, z. B. von Blattläusen oder Läusen, injiziert werden. Anschließend wird die Virusnukleinsäure aus der Nukleokapsel und gegebenenfalls aus der Virushülle freigesetzt. Dieser Vorgang wird als *Uncoating* bezeichnet. Er erfordert oft komplizierte Mechanismen, die unter anderem spezifische, Eiweiß abbauende Enzyme (Proteasen) umfassen. Je komplizierter und fester die Verpackung eines V. ist, desto mehr Zeit und Aufwand sind hierfür erforderlich. Bei kleinen V., z. B. bei Picornaviren (→ Virusfamilien) erfordert der Vorgang nur etwa 2 Stunden, bei Poxviren (Pockenviren) dagegen 10 bis 12 Stunden. Nach dem Uncoating werden durch Ablesung eines Teils der in der Virusnukleinsäure verschlüsselten genetischen Information mit Hilfe von Wirtsenzymen zunächst *frühe Proteine* gebildet, die in der Regel Enzym- oder Wirkstoffcharakter haben. Bei vielen RNS-Viren zählt die RNS-abhängige RNS-Polymerase-(Replikase), die für die Replikation der Virusnukleinsäure benötigt wird und in einer Anzahl von Wirten nicht vorhanden ist, zu diesen frühen Proteinen. In anderen Wirten, z. B. im Tabak und weiteren Solanaceen, ist dieses Enzym vom Wirt kodiert. Seine Bildung wird offensichtlich durch ein viruskodiertes Frühprotein aktiviert, oder es wird seine Aktivität gesteigert. Andere frühe Proteine scheinen bei DNS-Viren die Transkription früher m-RNS, bei RNS-Viren die Umschaltung der Messengerfunktion des Virusgenoms auf die Matrizenfunktion zu bewirken. Es wird erwogen, daß frühe Proteine gleichzeitig die Biosynthese wirtseigener Nukleinsäuren und Proteine verlangsamen oder gar stoppen. Nach der Bildung der frühen Proteine beginnt die Vermehrung (Replikation) der Virusnukleinsäure. Diese kann in Abhängigkeit von der Virus-Wirtkombination im Zellkern, vor allem im Nukleolus, oder auch im Zytoplasma, möglicherweise auch an anderweitigen Zellorganellen, stattfinden. In der Regel ist dabei ein enger Kontakt der als Matrize dienenden Virusnukleinsäure mit Endomembranen erforderlich. Bei V., deren Genom in den Viruspartikeln in Form von Einstrang-RNS oder -DNS vorliegt, wird zunächst eine doppelsträngige Replikationsform gebildet, die dann in der Regel zunächst weitere Doppelstränge repliziert, bis schließlich auch wieder Einzelstränge entstehen. Nach einiger Zeit beginnt bei gleichzeitiger Ver-

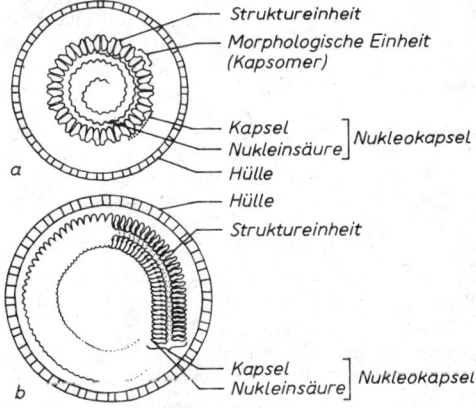

3 Schematische Darstellung von umhüllten isodiametrischen (a) und helikalen (b) Viren

langsamung der Replikation der Virusnukleinsäure die Periode der Bildung von *späten Proteinen*, die neben Reifungsproteinen und anderen Proteinen vor allem Strukturproteine, d. h. Kapsid- und Hüllproteine, umfassen. Gleichzeitig wird die Replikation der Nukleinsäure verlangsamt. Wenn genügend Strukturproteine gebildet sind, setzt die Reifephase ein, die durch Vereinigung der Nukleinsäure mit dem Hüllprotein zu kompletten Virusteilchen gekennzeichnet ist. Schließlich folgt, vor allem bei Phagen und Tierviren, in der Regel eine Phase der Freisetzung des V. Letztere kann, besonders bei umhüllten V., kontinuierlich durch Zellknospung oder Sekretion der V. (Tafel 19) erfolgen, wobei die Wirtszelle zunächst unversehrt erhalten bleibt. In anderen Fällen erfolgt sie durch Zell-Lysis und damit verbundenen Zelltod. Bei Pflanzenviren bleiben die neu gebildeten Virusteilchen oft monate- bis jahrelang in der Wirtszelle erhalten, bis sie durch Wundkontakt oder durch Insekten u. a. (→ Virusvektoren) in die Zellen eines neuen Wirtsorganismus übertragen werden. Durch die Virusvermehrung kommt es oft im Wirtsorganismus zu funktionellen Störungen, die als → Viruskrankheiten bezeichnet werden.

Der geschilderte Replikationszyklus kann in Abhängigkeit von V. und Wirt, unter anderem in Abhängigkeit vom Typ der Virusnukleinsäure, erhebliche Abweichungen aufweisen (→ Phagen, → Tabakmosaikvirus). Mitunter kann der Replikationszyklus bestimmter V. nicht vollendet werden, z. B. wenn bei Bakterienviren Gene für frühe Proteine reprimiert werden. In diesem Fall kann es zum Einbau von Virusnukleinsäure in die Nukleinsäure des Wirtsbakteriums kommen. Oder aber es fehlen V. bestimmte, für die Replikation erforderliche Enzyme etwa infolge von Defektmutationen. Bei derartiger Abhängigkeit (Dependence) bedürfen die V. der Ergänzung (Complementation) durch ein Helfervirus oder durch Helferzellen (→ defiziente Viren), die das entsprechende Enzym zur Verfügung stellen. Sind diese nicht vorhanden, kann das Genom des defizienten V. unter Umständen in das Genom des Wirtes integriert werden, wodurch es zur Bildung von Tumoren kommen kann (→ Tumorviren).

Lit.: H. Fraenkel-Conrat: Chemie und Biologie der V. (Jena 1974); M. Klinkowski: Pflanzliche Virologie, 5 Bde (3. Aufl. Berlin 1977); G. Schuster: Virus und Viruskrankheiten (3. Aufl. Wittenberg 1972); G. Starke u. P. Hlinak: Grundriß der allgemeinen Virologie (2. Aufl. Jena 1974)

Viren der Blaugrünen Algen, → Phagen.

Viren mit geteiltem Genom, → Koviren, → Viren.

Virenzperiode, Phase raschen Entstehens neuer Arten, Gattungen oder systematischer Einheiten höherer Ordnung innerhalb einer Organismengruppe. Beispielsweise erschienen bei den Muscheln im Ordovizium 12 neue Familien, während im vorhergehenden Kambrium nur 2, im folgenden Gotlandium nur eine neue Familie entstanden. Auch für verschiedene andere Tiergruppen war das Ordovizium die Zeit einer V. Verschiedene systematische Einheiten hatten unmittelbar nach ihrem Entstehen eine V. Bei anderen trat sie erst nach einer gewissen »Anlaufzeit« ein. Beispielsweise entstanden die Säugetiere schon in der Trias, erreichten aber erst im Alttertiär ihre noch heute vorhandene Formenfülle, als innerhalb einer kurzen explosiven Phase 17 Säugetierordnungen mit vielen Familien und Gattungen entstanden (*explosive Formbildung*). Manche Organismengruppen, z. B. die Ammonoideen, hatten mehrere V.

Ursachen für V. sind das Entstehen überlegener Organisationstypen oder das Fehlen von Konkurrenten. Daher werden V. oft dadurch ausgelöst, daß Konkurrenten aussterben oder wenn die erfolgreiche Organismengruppe einen bisher ungenutzten oder nur von unterlegenen Formen besiedelten Lebensraum erreicht. Oft hat die V. einer Gruppe die V. einer anderen zur Folge. Beispielsweise nimmt mit der Zahl der Wirtsarten gewöhnlich auch diejenige ihrer Parasiten zu.

Vireszenz, svw. Vergrünung.

Virginiahirsch, svw. Weißwedelhirsch.

Virion, *Plur.* Viria (auch Virionen und Virions gebräuchlich), Bezeichnung für ein vollständiges Virusteilchen. Nach Einführung des Begriffs V. kann nunmehr die Bezeichnung Virus für das gesamte reproduktionsfähige System vorbehalten bleiben.

Viroide, virusähnliche Gruppe von Pflanzenkrankheitserregern, deren Formen allein aus freier, kurzsträngiger, nur 150 bis 200 Nukleotide umfassender RNS bestehen. Bei letzterer wechseln verhältnismäßig kurze Abschnitte, in denen die Nukleotide gepaart sind (Doppelstrangabschnitte), mit einsträngigen, schleifenförmigen Gebilden, den *loops*, ab. Die RNS kann auch ringförmig geschlossen sein. In geeigneten Wirtszellen ist sie zur Replikation befähigt. Die V. sind in keinem Replikationsstadium durch eine Proteinhülle geschützt. Zu den V., die bisweilen scherzhaft als »nackte Mini-Viren« bezeichnet werden, gehört z. B. der Erreger der Spindelknollenkrankheit der Kartoffel (Potato spindle tuber viroid), der 128 Pflanzenarten aus 11 Familien zu befallen vermag. Weiterhin sind der Erreger der Exocortis-Krankheit der Zitrone sowie der Erreger der Chrysanthemen-Stauche zu nennen (vgl. Tabelle). Bei der Replikation ist die V. nahezu vollständig auf Replikationssysteme der Wirtszelle angewiesen. Es wurde nachgewiesen, daß auch in der DNS nicht infizierter Wirte des Potato spindle tuber viroids Nukleotidsequenzen vorhanden sind, die denjenigen der Viroid-RNS komplementär sind. In dieser Hinsicht besteht somit eine Analogie zu den RNS-Tumorviren.

Tab. Die bisher bekannten Viroide (nach Gross, 1980)

Nr.	Viroid	Abk.	Ausgelöste Krankheit
1	Potato spindle tuber viroid	PSTV	Spindelknollensucht der Kartoffel
2	Citrus exocortis viroid	CEV	Exocortis-Krankheit von Zitrusgewächsen
3	Cucumber pale fruit viroid	CPFV	Gelbfrüchtigkeit der Gurke
4	Chrysanthemum stunt viroid	CSV	Stauche-Krankheit der Chrysantheme
5	Chrysanthemum chlorotic mottle viroid	CCMV	Chlorotische Blattfleckenkrankheit der Chrysantheme
6	Coconut cadang-cadang viroid	CCCV	Cadang-Cadang-Krankheit der Kokospalme
7	Hop stunt viroid	HSV	Hopfen-Stauden-Krankheit
8	Columnea erythrophae viroid	CV	
9	Acocado sunblotch viroid	ASV	

Virologie, die Lehre von den → Viren und → Viruskrankheiten. Sie untersucht Gestalt, Größe, Aufbau und chemische Zusammensetzung der Viren sowie deren Wechselwirkung mit Tier- und Pflanzenzellen, ferner Nachweis, Züchtung, Vermehrung und Übertragung von Viren, vor al-

lem im Hinblick auf Viruskrankheiten. Schließlich erstrebt die V. eine Einteilung (Klassifizierung) der Viren unabhängig von den Krankheitserscheinungen nur nach dem Grade der Verwandtschaft. Molekularbiologie und Molekulargenetik haben durch die V. eine wesentliche Förderung erfahren.
Virosen, svw. Viruskrankheiten.
virulkente Phagen, → Phagen.
Virulenz, in der Phytopathologie der Grad der wirtsspezifischen → Pathogenität.
Virus, → Viren.
Virusfamilien, taxonomische Gruppen, die aus gut untersuchten, einander ähnlichen Viren aufgrund chemischer, physikalischer und biologischer Daten gebildet worden sind und nach den Festlegungen des Internationalen Komitees zur Taxonomie der Viren (ICTV) den Rang einer Familie erhalten. Gleichzeitig wurde der zumeist latinisierte Name festgelegt, der die Endsilbe -idea trägt. In der Regel wurden innerhalb der Familien auch bereits Gattungen angegeben. Wesentliche Familien, deren Vertreter vorwiegend Vertebraten befallen, in einigen Fällen jedoch auch daneben Pflanzen und Insekten, sind: *Poxviridae* (Pockenviren), die große, quaderförmige, DNS-haltige, mit mehreren Hüllmembranen umgebene Viruspartikeln bilden. Hierzu gehören unter anderem die Erreger der Pocken und der Myxomatose der Kaninchen; *Herpesviridae* (Herpesviren), die große, umhüllte Partikeln mit etwa 200 nm Durchmesser besitzen. Die Hülle umschließt isodiametrische Nukleokapseln. Typisch für die Herpesviren sind Virusansammlungen in den Zellkernen der Wirtsorganismen. Zu dieser Gruppe gehören die Erreger des Herpes simplex, der Gürtelrose, der Windpocken. Andere Arten dieser Familie verursachen Krankheiten bei Affen, Kaninchen, Rindern und Schweinen. Das Epstein-Barr-Virus ist der Erreger der infektiösen Mononukleose (Pfeiffersches Drüsenfieber) und ist darüber hinaus als »Risikofaktor« vermutlich ursächlich bei der Entstehung bestimmter bösartiger Tumoren, des Burkitt-Lymphoms (in Afrika) und des Nasopharynx-Karzinoms (in Südostasien) beteiligt. *Adenoviridae* (Adenoviren) mit mittelgroßen, DNS-haltigen, nackten isometrischen Partikeln, die häufig aus adenoidem (drüsenähnlichem) Gewebe, z. B. aus den Tonsillen (Mandeln), isoliert werden können (Name!). Die Viren vermehren sich im Zellkern und führen oft zur Bildung kristallähnlicher Aggregate von Viruspartikeln. Viele Formen rufen Erkältungskrankheiten hervor. Es sind auch defiziente Formen bekannt, die bei Tieren zur Tumorbildung führen; *Papovaviridae (Papovaviren),* kleine, nackte etherresistente DNA-haltige, isometrische Virionen ausbildende Viren, deren Replikation im Zellkern erfolgt. Zur Familie gehören die Gattungen Papillomavirus und Polyomavirus. *Papillomviren* verursachen bei Mensch und Tier verschiedenartige Warzen. Einige wenige Papillomviren, z. B. das humane Papillom-Virus Typ 5 (HPV5) sind ganz offenbar als Risikofaktoren bei der Entstehung bösartiger Geschwülste beteiligt. Zur Gattung *Polyomavirus* gehören zwei menschliche Papovaviren, BKV und JCV. Letzteres ist vermutlich für die Entstehung einer chronisch-degenerativen Erkrankung des Nervensystems, der progressive multifokale Leukoenzephalopathie (PML) (mit)verantwortlich. Weitere Polyomaviren sind das Affenvirus SV40, das bei Hamstern onkogen wirkt, das Maustumorvirus sowie weitere Erreger. Papovaviren, speziell SV40 und Polyomavirus, gehören zu den am besten bekannten tierischen Viren. SV40 und Papillomviren spielen in der Gentechnik als molekulare Vehikel (→ Molekulargenetik) eine hervorragende Rolle.

Retroviridae (Retroviren), RNS-haltige Viren mit lipidhaltiger Hülle, die in ihren Virionen zwei identische RNS-Einzelstränge aus acht- bis zehntausend Nukleotiden sowie eine RNS-abhängige RNS-Polymerase (Revertase, Umkehr-Transkriptase) enthalten. Die Retroviridae werden in drei Subfamilien eingeteilt: *Oncovirinae* (Oncornaviren, onkogene RNS-Viren) umfassen alle RNS-Tumorviren sowie einige nicht onkogene Verwandte; *Lentivirinae* sind »slow Viren«, die chronisch-degenerative Erkrankungen des Nervensystems auslösen können. *Spumavirinae* verursachen persiistierende Infektionen ohne klinische Symptome. Besonders gut sind die Oncornaviren untersucht. Beim Tier verursachen sie durch Besitz eines sog. *onc-Genes* (v-onc) aus, das ein für die maligne Entartung (mit)verantwortliches Protein, eine tyrosinspezifische Proteinkinase kodiert. Normalzellen enthalten homologe Sequenzen (c-onc), die durch chronische Oncornaviren und/oder durch chromosomale Umbauten aktiviert werden können; *Paramyxoviridae (Paramyxoviren),* Viren mit umhüllten Partikeln. Die häufig isodiametrische Hülle (Peplos) umschließt eine helikale, RNS-haltige, oft vielfach gewundene Nukleokapsel. Die Partikeln können Hämagglutination, d. h. Verklumpung von Erythrozyten, hervorrufen. Sowohl Nukleokapsel als auch Hülle werden im Zellkern gebildet. Als wichtige Vertreter sind die Erreger der Parainfluenza, der Masern, des Ziegenpeters, der Rinderpest, der atypischen Geflügelpest und der Staupe anzuführen; *Orthomyxoviridae (Orthomyxoviren),* mit umhüllten Partikeln, die denjenigen der Paramyxoviren ähnlich, aber etwas kleiner als diese sind. Auch ist das Genom oft auf mehrere helikale Nukleokapseln verteilt, die alle in der gleichen Hülle vereint sind. Neben runden sind oft auch filamentöse Partikeln anzutreffen. Die helikale Nukleokapsel wird im Zellkern, die Hülle im Zytoplasma gebildet. Die Reife des Virions erfolgt an der Zellmembran. Wichtige Vertreter sind die Erreger der Influenza (Grippe) und Schweineinfluenza; *Rhabdoviridae (Rhabdoviren),* mit gedrungen-stäbchenförmigen nichthelikalen, oft an einem Ende abgeflachten Partikeln (bazillenförmigen Partikeln). Hierher gehören unter anderem die Erreger der Tollwut, der hämorrhagischen Septikämie der Regenbogenforelle, der Gelbverzwergung der Kartoffel, der Kräuselkrankheit der *Beta*-Rübe und anderer Pflanzenkrankheiten; *Togaviridae (Togaviren),* Familie mit kleineren, RNS-haltigen Partikeln, die in mehreren Gattungen eingeteilt wurde. Die Gattungen der A- und B-*Arboviren* werden durch Arthropoden übertragen (arthropod-*borne*) und überleben meist mit Hilfe eines komplexen ökologischen Systems, bei dem stechende Insekten eine wesentliche Rolle spielen. Die Viren mit ihren mehr als 160 Arten vermögen sich unter anderem in Menschen, Pferden, Fledermäusen, Vögeln, Schlangen, Mücken und Zecken zu vermehren. Ein gefürchteter Vertreter dieser Viren ist der Erreger des Gelbfiebers. Aus der Gattung *Rubiovirus* ist der Erreger der Röteln, aus der Gattung *Pestivirus* der Erreger der Schweinecholera bekannt; *Reoviridae (Reoviren)* mit Nukleokapseln, die eine doppelte Proteinhülle aufweisen und ein Genom umhüllen, das neben mehreren Strängen von Doppelstrang-RNS auch kürzerkettige Einstrang-RNS umfassen kann. Einige Formen infizieren Warmblüter einschließlich Menschen und

Virusfreimachung

rufen bei letzteren in der Regel milde verlaufende Erkrankungen des Respirations- oder Darmtrakts hervor (*respiratorische, enterale, orphan*-Viren). Andere Formen bewirken bei Insekten Polyedrosen (→ Insektenviren). Wieder andere sind, wie z. B. das Wundtumorenvirus, Erreger von Pflanzenkrankheiten, die sich auch im übertragenden Insekt vermehren können; *Picornaviridae (Picornaviren)* mit sehr kleinen (pico), RNS-haltigen, isodiametrischen Partikeln. Die Vertreter der Gattung *Enterovirus* sind säureresistent. Sie umfassen Erreger von grippösen Infekten, die oft mit Durchfällen und anderen Darmerkrankungen einhergehen, ferner die Erreger der spinalen Kinderlähmung. Die Formen der Gattung *Rhinovirus* sind säurelabil. Sie umfassen mehr als 60 Typen (Arten?), von denen viele Erreger von Erkältungskrankheiten des Menschen sind. Von den tierischen Rhinoviren ist das Virus der Maul- und Klauenseuche bekannt und gefürchtet.

Virusfreimachung, → Viruskrankheiten.

Virusfreisetzung, → Viren.

Virusgattungen, → Virustaxonomie.

Virusgruppen, taxonomische Gruppen, die nach den gleichen Gesichtspunkten wie die →Virusfamilien aufgestellt worden sind, aber vom Internationalen Komitee zur Taxonomie der Viren noch nicht den Status von Familien erhalten haben. Insbesondere die *Pflanzenviren* sind zunächst in Gruppen zusammengefaßt. Diese sind häufig nach einer typischen Virusart der Gruppe benannt, wobei der Gruppenname oft aus einer Abkürzung des entsprechenden englischen Trivialnamens dieser Art gebildet wurde. Die wichtigsten Gruppen von Pflanzenviren sind: Die *Caulimovirusgruppe (Blumenkohlmosaikvirusgruppe),* die als einzige Gruppe von Pflanzenviren DNS als genetisches Material besitzt. Es werden isodiametrische Partikeln ausgebildet. Bekannte Vertreter sind das Blumenkohlmosaikvirus und das Nelkenätzringvirus; die *Cucomovirusgruppe (Gurkenmosaikvirusgruppe),* die wie alle übrigen Gruppen der Pflanzenviren RNS-haltige Partikeln ausbildet. Diese sind isodiametrisch und haben einen Durchmesser von 30 bis 40 nm. Sie können mechanisch und nichtpersistent von Blattläusen übertragen werden. Wichtigster Vertreter ist das Gurkenmosaikvirus, das viele Hunderte von Pflanzenarten befällt und in den gemäßigten Zonen der Erde eine ungewöhnlich weite Verbreitung besitzt; die *Luteovirusgruppe (Gerstengelbverzwergungsvirusgruppe, Blattrollvirusgruppe),* deren Formen Partikeln von 25 bis 30 nm ausbilden, die in der Regel von Insekten persistent übertragen werden. Die Viren sind auf das Phloem der Pflanzen beschränkt und führen vorwiegend zur Verzwergung befallener Pflanzen oder zur Vergilbung. Wichtige Vertreter sind das Gerstengelbverzwergungsvirus und das Blattrollvirus der Kartoffel; die *Nepovirusgruppe* mit isodiametrischen Partikeln von 25 bis 30 nm Durchmesser. Sämtliche Formen können durch Nematoden übertragen werden (daher Gruppenbezeichnung: *ne*matode-*po*rtable). Die Viren dieser Gruppe sind aber auch gut mechanisch übertragbar und werden darüber hinaus vielfach zu hohen Prozentsätzen über die Samen auf die Tochterpflanzen weitergegeben. Hierher gehören unter anderem das Tabakringflecken-, Arabismosaik-, Tomatenschwarzring-, latente Erdbeerflecken- und Tomatenringfleckenvirus. In der Regel schwächen sich die Krankheitssymptome, zumeist Ringflecken, in jüngeren Blättern ab und verschwinden schließlich ganz. Diese Erscheinung wird als *Recovery*-Phänomen bezeichnet; die *Tombusvirusgruppe (Tomatenzwergbuschvirusgruppe)* mit 30 nm großen, isodiametrischen Partikeln. Das Tomatenzwergbuschvirus, das vor allem an Tomaten und Pelargonien auftritt, ist der wesentliche Vertreter dieser Gruppe; die *Ilarvirusgruppe (Gruppe des Isometrischen, labilen Ringfleckenvirus)* mit isodiametrischen Partikeln von 26 bis 35 nm Durchmesser. In mindestens 3 verschiedenen Partikeln kommen mindestens 4 verschiedene RNS-Komponenten vor (→ Koviren). Bekannte Vertreter sind das Tabakstrichkrankheitsvirus, das Nekrotische Ringfleckenvirus der Pflaume, das Apfelmosaik- und das Rosenmosaikvirus. Die Viren sind mechanisch übertragbar. Einige werden auch durch Pollen übertragen; die *Thymovirusgruppe (Wasserrübengelbmosaikvirusgruppe),* isodiametrische Viren mit 32 Kapsomeren je Virion. Die befallenen Pflanzen zeigen eine z. T. auffallend gelbe Mosaikscheckung. Natürliche Überträger sind Käfer. In diese Gruppe gehören neben dem Wasserrübengelbmosaik- das Wildgurkenmosaik- sowie das Kakaogelbmosaikvirus; die *Comovirusgruppe (Kundebohnenmosaikvirusgruppe),* mit isodiametrischen, multikomponenten Partikeln (→ Koviren). Bekannte Vertreter sind neben dem Kundebohnenmosaikvirus das Kürbismosaik-, Rettichmosaik- und Echte Ackerbohnenmosaikvirus. Die Verbreitung erfolgt nicht nur mechanisch, sondern auch durch Käferfraß; die *Bromovirusgruppe (Trespenmosaikvirusgruppe)* mit isodiametrischen Partikeln von 25 nm Durchmesser. Bekannte Vertreter sind neben dem Trespenmosaikvirus, das zahlreiche Gramineen befällt, das Ackerbohnenscheckungsvirus. Bezüglich der Überträger besteht noch keine volle Klarheit; die *Hordeivirusgruppe (Gerstenstreifenmosaikvirusgruppe)* mit gestreckten Partikeln mit helikaler Symmetrie mit einer Länge von 110 bis 160 nm und einem Durchmesser von 20 bis 25 nm. Es handelt sich um multikomponente Viren (→ Koviren), die jeweils aus 2 bis 4 Komponenten bestehen, von denen 2 bis 3 RNS-haltige Komponenten für die Infektion erforderlich sind. Der bekannteste Vertreter ist das Gerstenstreifenmosaikvirus. Es ist durch Vektoren, aber auch durch Samen und Pollen übertragbar; die *Tobravirusgruppe (Tabakmauchevirusgruppe),* bei deren Vertretern das Genom auf Stäbchen unterschiedlicher Länge verteilt ist (→ Koviren). Das bekannteste Virus der Gruppe ist das Tabakmauchevirus, das außer auf Tabak auf vielen holzigen und krautigen Pflanzen aus zahlreichen Familien auftritt und nekrotische Flecke, Muster und Ringe sowie Blattkräuselung hervorruft. Die Viren sind mechanisch übertragbar. Daneben treten Samen- und Nematodenübertragung auf; die *Tobamovirusgruppe (Tabakmosaikvirusgruppe)* mit starren helikalen Stäbchen, denen eine Normallänge von etwa 300 nm und ein Durchmesser von 18 nm zukommt. Die Viren sind mechanisch übertragbar und erreichen in der Wirtspflanze hohe Konzentrationen; die *Potexvirusgruppe (Kartoffel-X-Virusgruppe)* mit flexiblen, helikalen Stäbchen, deren Normallänge zwischen 480 und 580 nm schwankt. Der Durchmesser beträgt 15 nm. Die Viren sind mechanisch und z. T. auch durch Blattläuse übertragbar und können in den Wirtspflanzen hohe Konzentrationen erreichen. Neben dem Kartoffel-X-Virus gehören das Kartoffelaucubavirus, das Narzissenmosaikvirus, das Virus der Hortensienringfleckigkeit, das Virus der X-Krankheit der Kakteen und andere in diese Gruppe; die *Carlavirusgruppe (Gruppe des Latenten Nelkenvirus)* mit flexiblen Stäbchen. Hierher gehört unter anderem die symptomlose Lilienvirus; die *Potyvirusgruppe (Kartoffel-Y-Virusgruppe)* mit flexiblen, helikalen Partikeln, deren Normallänge zwischen 720 und 800 nm schwankt. Ihr Durchmesser beträgt 15 nm. Die Übertragung ist mechanisch oder durch Blattläuse möglich. In den Wirtspflanzen werden selbst bei beträchtlichen Pflanzenschäden nur schwache Viruskonzentrationen erreicht. Zu der Gruppe sind sehr viele Virusarten mit z. T. weiter Verbreitung zu stellen, unter anderem das Kartoffel-A-Virus, das Rübenmosaik-, Erbsenmosaik-, Bohnenmosaik-, Sojabohnenmosaik-, Zuckerrohrmosaik-, Salatmosaik- und das Pflaumenscharkavirus; die *Closterovirusgruppe*

(*Rübenvergilbungsvirusgruppe*) mit sehr flexiblen Stäbchen, denen eine Normallänge von 1250 nm bis 2000 nm und ein Durchmesser von etwa 15 nm zukommt. Die entsprechenden Viren, die die längsten aller Pflanzenviren darstellen, sind nicht oder nur schwer mechanisch, leicht jedoch durch Blattläuse übertragbar. Neben dem Rübenvergilbungsvirus gehören unter anderem das *Festuca*-Nekrosevirus und das Tristezavirus der Zitrone in diese Gruppe. Vergilbungen und Nekrosen, insbesondere des Phloems, sind für diese Gruppe charakteristisch.

Virushüllproteine, Proteine mit der größten bekannten Molekülmasse, die bis $40 \cdot 10^6$ betragen kann. Sie sind meist aus identischen Untereinheiten aufgebaut.

Virusinfektion, → systemische Virusinfektion.

Virusinterferenz, die gegenseitige Hemmung oder Förderung der Vermehrung zweier Virusarten im gleichen Wirt. Die V. kann bei bestimmten Phagen sowie Pflanzenviren so weit führen, daß sich einzelne Virusarten bzw. -stämme gegenseitig von der Vermehrung ausschließen. So kann durch vorangehende Infektion (*Präinfektion*) mit einem Stamm des Tabakmosaikvirus, mitunter auch mit einem sehr milden, d. h. kaum zu Schäden führenden Stamm, die nachfolgende Infektion mit aggressiven Stämmen des gleichen Virus vollständig unterdrückt werden. Der Mechanismus dieser auch als *Prämunität* bezeichneten, mitunter zum Schutz von Pflanzenbeständen, z. B. Tomaten, vor aggressiven Viren genutzten Erscheinung ist noch unbekannt. Bei Tierviren kann die V. unspezifisch durch Bildung von → Interferonen bedingt sein.

Viruskrankheiten, *Virosen,* funktionelle Störungen mit Viren infizierter Organismen, die besonders durch mit der Virusvermehrung einhergehende Veränderungen des Wirtsstoffwechsels hervorgerufen werden.

Symptome von V. Die V. manifestieren sich oft in äußeren oder inneren Symptomen. Welche Umsetzungen bei Ausbildung von Symptomen von V. durchlaufen werden, ist allerdings z. T. noch ungeklärt. Bei **Samenpflanzen** werden durch Befall mit V. vielfach Prozesse beschleunigt, die beim Altern der Blätter in Erscheinung treten, z. B. verstärkter Eiweißabbau, Chlorophyllabbau, Veränderungen in der Aktivität bestimmter Enzyme. Das führt zu Anomalien im Chlorophyllapparat, den Chlorosen, die sich unter anderem in Mosaikscheckungen oder Vergilbungen äußern können. Vielfach haben V. auch Absterbeerscheinungen zur Folge, die mehr oder weniger große Gewebepartien umfassen können und als Nekrosen bezeichnet werden. Durch Eingriffe in den Phytohormonhaushalt kommt es zu Wuchsumbildungen, z. B. zu Kräuselerscheinungen, blasigen Auftreibungen der Blätter, Sproßanschwellung, übermäßiger Verzweigung (Hexenbesen), Wuchshemmung, die bis zur Rückbildung der Blattspreite auf einige Mittel- und Seitenrippen (Fadenblättrigkeit) oder zur Verzwergung führen kann. Darüber hinaus sind im Gefolge von V. Degenerationserscheinungen, z. B. die Unterdrückung von Fruktifikationsorganen, ferner die Bildung krebsartiger Auswüchse (z. B. bei Befall mit dem Wundtumorenvirus) bekannt. Auf Blütenblättern können fleckenförmige oder strichförmige Farbänderungen auftreten (z. B. Buntstreifigkeit der Tulpe). In anderen Fällen wandeln sich Blütenteile in laubblattähnliche Gebilde um (Verlaubung). Auf Früchten können Flecken, Ringe, blasige Aufwerfungen, Nekrosen und Formveränderungen auftreten. Die Fruchtschale zeigt mitunter warzige Auswüchse. Das Fruchtfleisch wird häufig lederartig und hart. Die Erträge an Pflanzenmasse (Futter), Früchten und Samen werden durch V. stark verringert. Daneben ist oft eine Verminderung der Qualität des Ernteguts zu verzeichnen. Die V. der Kartoffel vermindern die Erträge im Durchschnitt der Jahre um 20 %. Ähnliche Schäden können im Obstbau auftreten. Befall mit der Scharka- oder Pockenkrankheit der Pflaume, die vorzeitiges Abfallen sowie Notreife der Früchte bewirkt, war der Anlaß, in Westbulgarien Hunderttausende, in Jugoslawien 16 Millionen Bäume zu roden und durch gesunde Bäume zu ersetzen. Im Gebiet des heutige Ghana mußten in den Jahren 1945 bis 1955 über 40 Millionen Kakaobäume gerodet werden, die an der Sproßschwellungskrankheit erkrankt waren. Bei **Warmblütern** hat Virusbefall häufig nichteitrige Entzündungen, z. B. der Schleimhäute, zur Folge. Oft äußern sich Entzündungen in der Bildung von roten Flecken, z. B. bei Masern. Es kann aber auch zu Zellnekrosen, d. h. zum Absterben der infizierten Zellen, kommen. Durch entsprechende Schäden oder Ausfälle bei Nervenzellen entstehen z. B. die Erscheinungen der Tollwut oder Kinderlähmung. Schäden und Nekrosen von Leberzellen äußern sich in Gelbsucht. Weitere Veränderungen betreffen Zellexsudationen im Lungengewebe, in Alveolen und Bronchiolen oder in der Luftröhre, durch die unter anderem verschiedene Erkältungskrankheiten hervorgerufen werden. Viele Viren, z. B. das Influenzavirus, führen zur Bildung von toxischen Substanzen, die wesentlich zur Erkrankung des Wirtsorganismus beitragen können. Andere Viren regen zu Zellteilungen an, so daß es zur Bildung von Wucherungen, z. B. von Pocken, bei Befall mit den Erregern der Windpocken oder Pocken, kommt. Viele Viren, unter anderem die Erreger der Röteln, rufen Schäden an heranwachsenden Embryonen, Embryopathien, hervor. Die V. verlaufen bei Warmblütern häufig in zwei Phasen, die durch eine diphasische Fieberkurve gekennzeichnet sind. In der ersten Phase, in der die Viren nach anfänglicher Vermehrung in der Nähe der Infektionsstelle vielfach im gesamten Körper verbreitet werden, treten vor allem Störungen vegetativer Art auf. In der zweiten Phase kommt es zur Organlokalisation der Krankheit. Beim Menschen und bei warmblütigen Tieren ruft das Eindringen der meisten Viren eine heftige Reaktion von häufig verhältnismäßig kurzer Dauer hervor. Entweder stirbt dabei der Wirtsorganismus, oder er überlebt, da sich Antikörper bilden, die das Virus neutralisieren oder abtöten können. In **Insekten** werden dagegen durch viele Viren häufig nur geringe oder keine Krankheitssymptome verursacht. Diese Viren verbleiben jedoch dann während des gesamten Lebens des Insekts in diesem inaktiven Zustand. Daher sind Insekten oft gefährliche Überträger von V. der Pflanze, des Tieres und des Menschen. Häufig stellen sie auch gefährliche Virusreservoire dar. Es gibt aber auch für Insekten stark pathogene Viren. → Insektenviren.

Die Bekämpfung der V. bereitet infolge der engen Bindung der Viren an den Stoffwechsel ihrer Wirtsorganismen weit größere Schwierigkeiten als die Bekämpfung anderer Gruppen von Krankheitserregern. Daher sind viele Maßnahmen auf Infektionsverhinderung ausgerichtet (vorbeugende Maßnahmen). Der Verhinderung der Virusübertragung dienen zahlreiche *Quarantänemaßnahmen.* Ferner ist das Entfernen erkrankter Organismen, z. B. viruskranker Kartoffelpflanzen aus Zuchtmaterial, viruskranker Obstbäume oder das Ausmerzen an Rinderpest erkrankter Tierbestände, anzuführen. Von großer Bedeutung sind vorbeugende *Desinfektionsmaßnahmen,* die z. B. die Verbreitung von Tomatenviren mit dem Geizmesser oder, zusammen mit strengen Absonderungsmaßnahmen, die Verbreitung des Erregers der Maul- und Klauenseuche verhindern sollen. Als weitere vorbeugende Maßnahme zur Verhinderung der Virusübertragung ist die *Bekämpfung der Virusüberträger* anzusehen. Durch Bekämpfung virusübertragender Blattläuse durch Insektizide werden oft Kartoffelzuchtbestände vor Neuinfektionen geschützt. Die Bekämpfung der Stechmücken-(Moskito-)Arten dient unter anderem dem

Virus-Parasiten

Schutz vor Infektionen mit dem Gelbfiebervirus. Die Übertragung verschiedener Pflanzenviren, z. B. des Gurkenmosaikvirus oder der Kartoffelviren A und Y, kann auch durch Spritzungen mit Magermilch oder emulgierten Ölen behindert werden. *Virusfreimachung* von Pflanzen, die durch höhere Temperaturen weniger geschädigt werden, ist möglich, indem sie im Rahmen der Wärmetherapie längere Zeit höheren Temperaturen ausgesetzt werden, insofern es sich um relativ temperaturempfindliche Viren handelt. Der Aufbau gesunder Klone vegetativ vermehrter Pflanzen aus total virusverseuchtem Ausgangsmaterial gelingt in vielen Fällen auch durch Meristemkultur. Da die Viren meist nicht in die Spitzenmeristeme eindringen, werden diese abgetrennt und steril in einer Nährlösung oder auf Agar angezogen, bis sie Sprosse und Wurzeln bilden. Auf diese Weise, oft auch in Kombination mit der Wärmetherapie, wird jetzt verbreitet z. B. virusfreies Zuchtmaterial der Kartoffel, der Chrysanthemen oder der Nelken gewonnen. V. der Warmblüter können in vielen Fällen durch passive oder aktive Immunisierung bekämpft werden. Unter passiver Immunisierung wird die Injektion geeigneter Antiseren verstanden, die aus Organismen gewonnen werden, welche die gleiche V., z. B. die infektiöse Gelbsucht oder die Röteln, gerade überwunden haben. Zur aktiven Immunisierung werden entweder lebende Viren wenig virulenter, d. h. stark abgeschwächter Virusstämme oder aber durch Behandlung mit Formaldehyd, Phenol oder anderen Chemikalien abgetötete Viren virulenter Virusstämme parenteral, d. h. unter Umgehung des Magen-Darm-Kanals, in den zu schützenden Organismus eingeführt. Hierdurch kommt es zur Bildung von spezifischen Antikörpern, die die Viren eliminieren. Einmal gebildet, bleiben die Antikörper im Blut längere Zeit erhalten und schützen den Organismus auch vor Infektion mit virulenten, stark pathogenen Formen der gleichen Virusart. Als Musterbeispiel einer aktiven Immunisierung unter Verwendung wenig virulenter Virusstämme kann die Pockenschutzimpfung gelten. Die orale Immunisierung (Schluckimpfung) gegen das Virus der Spinalen Kinderlähmung nach Sabin ist ebenfalls in diesem Zusammenhang zu nennen. Auch gegen Masern ist jetzt die aktive Immunisierung möglich. Inaktivierte Viruspräparate kommen unter anderem zur Bekämpfung der Maul- und Klauenseuche, der Geflügelpest und anderer Tierseuchen zur Anwendung. In neuester Zeit wurden auch bedeutsame Ansätze für eine *Chemotherapie der V.* erzielt. Vor allem Herpesviren (→ Virusfamilien), aber auch Pockenviren und einige Myxo- und Paramyxo- sowie Adenoviren sind einer Behandlung mit Adamantin- oder Thiosemikarbazonpräparaten zugänglich. Beachtliche Ergebnisse wurden ferner mit Analoga von Pyrimidin- oder Purinbasen oder deren Ribosiden erzielt. In diesem Zusammenhang sind besonders 5-Brom-2'-desoxyuridin und 5-Iod-2'-desoxyuridin zu nennen. Umfangreich klinisch erprobt wurde Virazol (1-β-D-Ribofuranosyl-1,2,4-triazol-3-carboxamid), ein Analogon eines Intermediärs der Biosynthese von Purinbasen, das sich gegen zahlreiche Humanviren und darüber hinaus gegen viele Pflanzenviren als wirksam erwiesen hat.

Virus-Parasiten, → defizitente Viren.
virusspezifische Gene, → Tumorviren.
Virussynchronreplikation, → Tabakmosaikvirus.
Virustaxonomie, der Zweig der Virologie, der sich mit der Beschreibung, Benennung und Einordnung der Viren in ein System auf Grund des Baus des Virions sowie biochemischer und serologischer Daten befaßt. Für die Klassifizierung der Viren besteht jedoch kaum eine logische Basis, da bei Viren noch keine entwicklungsgeschichtlich eindeutigen Verwandtschaften nachgewiesen werden konnten. Einige Viren könnten durchaus durch Regression von parasitischen Organismen abstammen, andere von Zellorganellen. Besonders Bakterienviren, vor allem → temperente Phagen, ferner → Tumorviren könnten aus Plasmiden entstanden sein. Trotz der Kenntnislücken hat es nicht an Versuchen gefehlt, Systeme der Viren aufzustellen. Es hat sich jedoch keines durchsetzen können. Wesentliche Beiträge zur allmählichen Abtragung der bei einer umfassenden Klassifikation und Nomenklatur der Viren aufgetretenen Schwierigkeiten werden durch die Bildung *taxonomischer Gruppen* aus experimentell gut untersuchten, einander ähnlichen Viren geleistet. Dabei werden vorwiegend chemische, physikalische und biochemische Daten sowie Eigenschaften des Virus berücksichtigt. Eine Vielzahl taxonomischer Gruppen hat nach den Festlegungen des *Internationalen Komitees zur Taxonomie der Viren* (ICTV) den Rang von Familien erhalten (→ Virusfamilien). In diesen Fällen lassen sich in der Regel innerhalb der Gruppen deutlich *Virusgattungen* abgrenzen. Bei verschiedenen anderen einander ähnlichen Virusarten sind die Kenntnisse geringer, und diese wurden daher vorläufig nur zu → *Virusgruppen* zusammengefaßt. Das betrifft vor allem die an Pflanzen auftretenden Viren.

Virusüberträger, svw. Virusvektoren.
Virusübertragung, die Ausbreitung der Virusinfektion von Wirt zu Wirt. Die Form der V. kann von Virusart zu Virusart stark variieren. Widerstandsfähige Viren können *mechanisch* übertragen werden, besonders durch Kontakt von viruskranken und gesunden Individuen. Die mechanische V. erfolgt bei Viren von Mensch und Tier durch Speicheltröpfchen (Tröpfcheninfektion), mit Nahrungsmitteln, Schmutz und verunreinigtem Wasser. Die Tollwut wird durch den Biß erkrankter Individuen übertragen. Pflanzenviren werden oft durch Geizmesser, bei der Pflege der Pflanzenbestände durch Landmaschinen, übertragen. Bei anderen Viren erfolgt die Übertragung durch *Vektoren* (→ Virusvektoren), d. h. durch Tiere, und zwar meist durch saugende Insekten, in einigen Fällen auch durch niedere Pilze oder durch Schmarotzerpflanzen, z. B. Seide-(*Cuscuta-*)Arten, die verschiedene Individuen miteinander verbinden. Einige Pflanzenviren können durch *Samen* und *Pollen,* andere durch den *Boden* übertragen werden.

Virusvektoren, *Virusüberträger,* Lebewesen, die aufgrund ihrer Fortbewegung oder sonstiger Aktivitäten Virusinfektionen vermitteln. Die weitaus größte Bedeutung als V. kommt Arthropoden und unter diesen den saugenden Insekten zu. Als Überträger tierischer und menschlicher Viren sind vor allem Läuse, Flöhe, Stechmücken und Zecken bekannt. In einer Anzahl von Überträgern können sich die Viren auch vermehren. So vermehrt sich z. B. das Virus des Gelbfiebers in der Stechmücke *Aedes aegypti.* Pflanzenviren werden unter anderem durch Zikaden, Blattwanzen, Blasenfüße, besonders aber durch Hunderte von Blattlausarten übertragen. Der wichtigste Überträger ist die Grüne Pfirsichblattlaus, *Myzus persicae,* die Hunderte von Pflanzenarten befällt und über 50 Virusarten zu übertragen vermag. Ein weiterer wichtiger Überträger ist die Schwarze Rübenlaus, *Aphis fabae.*

Nach ihrem Verhältnis zu den V. lassen sich die Virusarten in zwei Gruppen einteilen: Die *persistenten Viren,* die oft nicht mechanisch übertragbar sind, bleiben in ihren V. lange Zeit, oft sogar bis zu deren Lebensende, infektionstüchtig. Die V. sind nach der Aufnahme aber erst nach einer bestimmten Zeit, der *Celations-* oder *Latenzzeit,* infektionstüchtig. Während der Celationszeit, die von Virusoder Insektenart eine Stunde bis mehrere Tage betragen kann, gelangt das Virus von der Darmwandung der V. in das Blut und schließlich in die Speicheldrüse. Dabei kann sich das Virus auch im Insekt vermehren. Mit dem Speichel wird es schließlich, wenn die V. Pflanzensäfte saugen, beim Anstich in das Gewebe der Pflanzen injiziert. Die *nichtpersistenten Viren*, die meist auch leicht mechanisch übertragbar sind, können sofort nach der Aufnahme durch das Insekt übertragen werden, verlieren aber im V. verhältnismäßig rasch ihre Infektionsfähigkeit. Durch Bekämpfung der Vektoren mit Insektiziden wird vor allem die Übertragung persistenter Viren eingeschränkt. Die Übertragung nichtpersistenter Viren wird dagegen eher gefördert, da die Insekten nach der Begiftung zunächst besonders aktiv werden, von Pflanze zu Pflanze fliegen und somit für eine rasche Virusübertragung sorgen.

Neben Arthropoden sind unter anderem Nematoden als Virusüberträger bekannt. Aber auch bodenbewohnende parasitische Pilze können Pflanzenviren übertragen. Als wesentlicher V. wurde der Urpilz *Olpidium brassicae* erkannt. Aber auch andere Arten der Gattung *Olpidium*, ferner Arten der Gattungen *Synchytrium*, *Polymyxa* sowie *Spongospora* können als V. dienen. Schließlich sind auch Schmarotzerpflanzen, z. B. Seide-(*Cuscuta*-)Arten, die verschiedene Individuen miteinander verbinden, als V. bekannt.

Virusvermehrung, → Viren.
Viscacha, → Chinchillas.
Viscera, svw. Eingeweide.
Viskosität, *Zähigkeit*, die innere Reibung von Flüssigkeiten und Gasen. Der reziproke Wert der V. ist die Fluidität. Die V. gibt an, welche Kraft nötig ist, um in einer Flüssigkeitsschicht von 1 m² Fläche und 1 m Schichtdicke die obere Fläche gegenüber der unteren mit einer Geschwindigkeit von 1 m/s in Bewegung zu halten. Die Einheit der V. ist Pascal · Sekunden (Pa · s). Die so definierte V. wird auch als *dynamische V.* bezeichnet. Das Verhältnis aus dynamischer V. und Dichte ist die *kinematische V.* Bei Suspensionen bestimmt man die *relative V.* als Verhältnis der V. der Suspension zur V. des Suspensionsmittels. Im Idealfall ist die V. unabhängig von der Schergeschwindigkeit (Newtonsche Flüssigkeiten). Biologische Flüssigkeiten weisen, bedingt durch Orientierung und Deformierung von Proteinen und anderen kolloiden Bestandteilen, meist Nicht-Newtonsches Verhalten auf. Vergrößert sich die V. mit zunehmender Schergeschwindigkeit, so liegt *Dilatanz* vor, nimmt sie ab, so bezeichnet man den Vorgang als *Tixotropie*.

Man mißt die V. mit Viskosimetern, die man in Rotationsviskosimeter, Kapillarviskosimeter und Kugelfallviskosimeter einteilen kann. In *Rotationsviskosimetern* mißt man die V. über die Kraftwirkung auf einen Rotor mit Hilfe einer Torsionseinrichtung. Diese Methode erlaubt definierte scherkraftabhängige Messungen. Im *Kapillarviskosimeter* bestimmt man die Zeit des Durchflusses einer bestimmten Flüssigkeitsmenge durch ein enges Rohr und berechnet die V. nach dem Poiseuilleschen Gesetz. Beim *Kugelfallviskosimeter* wird die Fallzeit einer Kugel in einem mit der Untersuchungsflüssigkeit gefüllten Rohr ermittelt.

Viskositätsmessungen in vivo hat man durch Einführen kleiner magnetischer Partikeln und nachfolgende Bestimmung der Beweglichkeit dieser Partikeln im Magnetfeld realisiert. Anhand der Brownschen Molekularbewegung kann man ebenfalls die V. bestimmen. Grundlage für diese Methoden ist das Stokessche Gesetz, das die Bewegung kleiner kugelförmiger Teilchen in viskösen Medien beschreibt. Dieses Gesetz gilt nur für sehr kleine Reynolds-Zahlen.

Lit.: Adam, Läuger, Stark: Physikalische Chemie und Biophysik (Berlin, Heidelberg, New York 1977).
Visnadin, → Khellin.
Viszeralbogen, → Schädel.
Viszeralganglion, → Nervensystem.

Viszeralskelett, zusammenfassender Begriff für die ursprünglich das → Kiemenskelett bildenden Skelettelemente der Wirbeltiere. Als ursprüngliche Grundelemente liegen die Knorpel- oder Knochenstücke des Kiemenapparates zwischen den Kiemenöffnungen und dienen als Kiemenstützen. Im vollausgebildeten Zustand ist das V. nur bei kiemenatmenden Wirbeltieren, als knorpeliges V. nur bei Knorpelfischen zu finden. Als phylogenetisch sehr wandlungsfähiger Skelettabschnitt, der funktionell vorwiegend für die Atmung und die Nahrungsaufnahme genützt wird, unterliegt das V. mannigfachen Änderungen. Die vorderen Viszeralbögen werden zu Kiefer- und Zungenbeinbogen (→ Schädel), die übrigen Viszeralbögen gehen z.T. im Kehlkopfskelett auf. In der Schleimhaut des Mundraumes und Vorderdarmes entwickeln sich im Laufe der Stammesgeschichte Deckknochen, die häufig Zähne tragen.
Vitaceae, → Weinrebengewächse.
Vitaidtheorie, → Hitzeschäden.
Vitalismus, Auffassung, daß die Lebenserscheinungen nicht allein auf physikalische und chemische Vorgänge zurückgeführt werden können, vielmehr nur dem Leben zukommende Faktoren (»Lebenskraft«, »Lebenskräfte«, »Entelechie« oder dgl.) die Lebenserscheinungen hervorrufen, zumindest die Ganzheitsfunktionen des Organismus zustandebringen, während die einzelnen Vorgänge rein physikalischer oder chemischer Art sein können. Als *Neovitalismus* ist diese Lehre auf die einseitige Auslegung experimenteller Ergebnisse der Entwicklungsmechanik und Entwicklungsphysiologie, insbes. die Versuche H. Drieschs gegründet, der aus einzelnen Furchungszellen des Seeigeleies normal gestaltete Zwerglarven erhielt und diese Erscheinung im Sinne eines nichtmateriellen Kausalfaktors als »prospektive Potenz« der Keimzelle deutete.
Vitalkapazität, *maximales Atemvolumen*, die Summe aus Atemzugvolumen, inspiratorischem und exspiratorischem Reservevolumen, → Lungenvolumen.
Vitaminantagonisten, → Antivitamine.
Vitamine (lat. vita 'Leben' und Amin), eine Gruppe von organischen Verbindungen unterschiedlicher chemischer Struktur, die für das Wachstum und die Aufrechterhaltung des tierischen und menschlichen Organismus lebensnotwendig sind und in geringer Menge mit der Nahrung zugeführt werden müssen. Pflanzen und die meisten Mikroorganismen können im allgemeinen die für ihren Stoffwechsel benötigten Verbindungen aus geeigneten Kohlenstoff- und Stickstoffquellen selbst aufbauen. Diese Fähigkeit hat der »höhere« Organismus infolge Genmutation jedoch vielfach verloren und ist somit auf die Zufuhr dieser für ihn essentiellen Verbindungen angewiesen. Nur in Einzelfällen, wie bei den Vitaminen A und D, kann der menschliche Organismus als *Provitamine* bezeichnete biologisch unwirksame Vorstufen unmittelbar in V. umwandeln. Da Provitamine und V. im Tierreich und vor allem im Pflanzenreich weit verbreitet sind, erfolgt die Deckung des Vitaminbedarfs durch die Nahrung und außerdem durch die Stoffwechselleistung der Darmbakterien, die in diesem Sinne als Symbionten anzusehen sind. Der Vitamin-K-Bedarf des Menschen wird z. B. weitgehend von Bakterien gedeckt.

V. sind keine Nahrungsstoffe wie Kohlenhydrate, Proteine und Fette zur Bereitstellung von chemischer Energie oder von Bausubstanz. Sie wirken auch nicht als Regulationsstoffe wie die Hormone, sondern zeichnen sich vor allem durch ihre biokatalytische Funktion aus, was den mengenmäßig geringen Tagesbedarf erklärt, der mit Ausnahme von Askorbinsäure im allgemeinen unter 10 mg liegt. Die meisten V. sind Bestandteil von Koenzymen oder prosthetischen Gruppen von Enzymen und haben somit eine äußerst wichtige Rolle im Intermediärstoffwechsel zu erfüllen.

Vitamine

Bei normaler Ernährung treten keine vitaminbedingten Mangelkrankheiten auf. Eine durch einseitige Ernährung verursachte unzureichende Vitaminzufuhr sowie eine gestörte Resorption oder eine gehemmte Umwandlung von Provitaminen in V. bzw. von V. in die biologisch aktive Form können zu Vitaminmangel führen. Als Ergebnis treten in leichteren Fällen *Hypovitaminosen* oder in schwererer Form *Avitaminosen* mit typischen Krankheitsbildern auf. Bekannte Mangelkrankheiten beim Menschen sind Rachitis, Beriberi, Pellagra, perniziöse Anämie, Skorbut u. a. Ihre Bekämpfung erfolgt durch Therapie mit den betreffenden V. Eine Überdosierung kann zu *Hypervitaminosen* führen, z. B. bei Vitamin A und Vitamin D.

Die mengenbezogene Wirkung der einzelnen V. wird als Internationale Einheit ausgedrückt.

Man kennt etwa 15 bis 20 V., die früher nach dem betreffenden Krankheitsbild bezeichnet wurden, z. B. antineuritisches V., antiskorbutisches V. Besser ist jedoch die gebräuchliche Bezeichnung der einzelnen V. mit großen lateinischen Buchstaben und bei Bedarf zusätzlich mit arabischen Ziffern als Indizes, z. B. Vitamin B_1, oder mit Trivialnamen, z. B. Pyridoxol für Vitamin B_6.

Die einzelnen V. gehören chemisch sehr unterschiedlichen Stoffklassen an. Vielfach erfolgte ihre Unterteilung in *fettlösliche V.* (A, D, E, K) und *wasserlösliche V.* (B_1, B_2, B_6, B_{12}, C, H). Der Name V. ist 1912 von dem polnischen Chemiker C. Funk für den von ihm aus Reiskleie isolierten Antiberiberifaktor geprägt worden.

Vitamin A (*Axerophthol, Xerophthol*) ist ein fettlösliches V., das chemisch zu den Isoprenoidlipiden gehört und formal ein aus 4 Isoprenresten aufgebauter Alkohol ist. Man unterscheidet das *Vitamin A_1* (*Retinol*) und das *Vitamin A_2* (*3-Dehydroretinol*), das im Ring zwischen den C-Atomen 3 und 4 eine zusätzliche konjugierte Doppelbindung hat. Vitamin A kommt vorwiegend in tierischen

Vitamin A_1

Vitamin A_2

Produkten vor, wie Eigelb, Lebertran, Milch, Butter und dem Körperfett verschiedener Tiere. Es wird dem Säugetierorganismus entweder direkt mit der Nahrung zugeführt oder in der Leber aus dem in grünen Pflanzen und Früchten enthaltenen β-Karotin gebildet. Das als Provitamin fungierende β-Karotin wird durch oxidative Spaltung mit Hilfe des Enzyms β-Karotin-15,15'-dioxygenase zu *Vitamin-A_1-aldehyd* (*Retinal*) gespalten, das durch die Alkoholdehydrogenase zu Retinol reduziert wird. Enzymatisch katalysierte Veresterung des Retinols mit Fettsäuren, vor allem Palmitinsäure, führt zur Speicherform des Retinols. Auf diese Weise kann Vitamin A für mehrere Monate in der Leber gespeichert und bei Bedarf durch eine spezifische Esterase wieder gespalten und freigesetzt werden. Wegen der Wasserunlöslichkeit des Retinols erfolgt der Transport im Blut durch Bindung an ein $α_1$-Globulin. Vitamin A hat eine wichtige Funktion beim Sehvorgang. Es ist in Form des 11-cis-Retinals Bestandteil des Sehpurpurs Rhodopsin.

Bei Vitamin-A-Mangel kommt es zur Nachtblindheit, Xerophthalmie, Verhornung der Epithelzellen der Haut und Schleimhaut und Störung des Körperwachstums.

Der Tagesbedarf beträgt für Erwachsene 1,5 bis 2 mg.

Vitamin B_1 (*Thiamin, Aneurin, Antiberiberifaktor, antineuritisches V.*) ist ein wasserlösliches V., das chemisch aus einem substituierten Pyrimidinring besteht, der über eine Methylengruppe mit dem Stickstoffatom von 4-Methyl-5-hydroxyethylthiazol verknüpft ist. Bei der Biosynthese werden beide Ringsysteme getrennt aufgebaut und nachfolgend über phosphorylierte Derivate miteinander verbunden. Vitamin B_1 ist in der Natur weit verbreitet und findet sich in allen tierischen und pflanzlichen Nahrungsstoffen, wie Getreide, Leber, Herz, Nieren, Kartoffeln, Gemüse und in Hefen.

Vitamin B_1

Als *Thiaminpyrophosphat* ist Vitamin B_1 Koenzym der oxidativen Dekarboxylierung von α-Ketosäuren, wie Pyruvat und α-Ketoglutarat, und Koenzym des Enzyms Transketolase.

Eine typische Vitamin-B_1-Mangelkrankheit ist die in Ostasien verbreitete Krankheit Beriberi, die bei ausschließlicher Ernährung mit poliertem Reis auftritt und sich durch neuritische Symptome und Herzfunktionsstörungen äußert. Der Tagesbedarf liegt bei etwa 1 mg.

Als *Vitamin-B_2-Komplex* wird eine Gruppe wasserlöslicher V. bezeichnet, zu denen Riboflavin, Folsäure, Nikotinsäure und Nikotinsäureamid sowie Pantothensäure gehören.

1) *Riboflavin* (*Laktoflavin*), chemisch 7,8-Dimethyl-10-ribitylisoalloxazin, ist ein im Tier- und Pflanzenreich weit verbreitetes gelb gefärbtes Flavinderivat, das häufig als das *eigentliche Vitamin B_2* angesehen wird. Biosynthetische Ausgangsstufen sind Guanin, Ribitol und Azetoin. Riboflavin kommt in Hefe, Leber, Herzmuskel, Gemüse und

Riboflavin

Milch vor. Mit Ausnahme von Milch liegt Riboflavin meist in gebundener Form vor, und zwar als Flavinnukleotid oder als Koenzym wasserstoffübertragender Flavoproteine, die Flavinmononukleotid (Abk. FMN) oder Flavin-adenin-dinukleotid (Abk. FAD) als prosthetische Gruppe enthalten. Das Isoalloxazinsystem des Riboflavins wirkt dabei als reversibles Redoxsystem und kann durch Elektronenaufnahme von der chinoiden Form über das Semichinon zum Hydrochinon übergehen (→ Flavoproteine). Die biochemische Bedeutung des Riboflavins beruht im Aufbau von FMN und FAD. Bei Riboflavinmangel kommt es vor allem zu Wachstumsstörungen, Hautschäden und Haarausfall. Der tägliche Bedarf liegt bei 1 bis 2 mg.

Riboflavin kann totalsynthetisch oder durch mikrobielle Fermentation hergestellt werden, es findet als Vitaminpräparat in der Medizin und als Lebensmittelfarbstoff Verwendung.

2) *Folsäure* (*Pteroylglutaminsäure*) ist eine besonders in der Leber, in Hefen und grünen Pflanzen vorkommende Verbindung, die chemisch aus 2-Amino-4-hydroxypteridin, p-Aminobenzoesäure und Glutaminsäure aufgebaut ist. Die biologisch aktive Form ist die → 5,6,7,8-Tetrahydrofolsäure. Für verschiedene Mikroorganismen stellt Folsäure einen Wuchsstoff dar. Folsäuremangel oder eine gestörte

Folsäureverwertung führen beim Menschen zu einer krankhaften Veränderung des Blutbildes (megaloblastäre Anämie, Thrombozytopenie). Ursache ist vor allem die gestörte Biosynthese der Nukleinsäuren, insbesondere von Purinvorstufen. Der Tagesbedarf an Folsäure liegt beim Erwachsenen bei 0,5 bis 1 mg.

Folsäure

Folsäureantagonisten, wie Aminopterin (4-Aminofolsäure) und Amethopterin (4-Amino-N[10]-methylfolsäure), werden als Therapeutika bei Leukämien eingesetzt. Die Wirkung von therapeutisch bei Infektionskrankheiten eingesetzten Sulfonamiden beruht darauf, daß strukturanaloge Verbindungen der p-Aminobenzoesäure, z. B. p-Aminobenzolsulfonsäureamid, von Mikroorganismen statt dieser in Folsäure eingebaut werden. Diese modifizierte Folsäure kann nicht mehr als Koenzym fungieren, so daß es zu einer kompetitiven Hemmung des Bakterienwachstums kommt.

3) *Nikotinsäure* (*Niazin*), chemisch Pyridin-3-carbonsäure, und *Nikotinsäureamid* (*Niazinamid, Pellagraschutzstoff*), chemisch Pyridin-3-carboxamid, sind im Tier- und Pflanzenreich vorkommende einfache Pyridinverbindungen. Nikotinsäureamid ist Bestandteil von Nikotinsäureamid-adenin-dinukleotid (NAD$^+$) und Nikotinsäureamid-adenin-dinukleotidphosphat (NADP$^+$), die als wasserstoffübertragende Koenzyme von großer Wichtigkeit sind. Nikotinsäure und ihr Amid werden normalerweise bei Mensch und Säugetier durch oxidativen Abbau der Aminosäure Tryptophan gebildet; bei der höheren Pflanze und bei den meisten Bakterien entstehen diese Pyridinverbindungen durch Kondensation von Asparaginsäure und einer C_3-Verbindung, wie Glyzerin.

Nikotinsäure   Nikotinsäureamid

Mangel an Nikotinsäure, z. B. durch einseitige Maisernährung, oder ein gestörter Tryptophanstoffwechsel führen zur Pellagra, die durch Verhornung der Haut unter Schuppenbildung, Verdauungs- und nervöse Störungen gekennzeichnet ist. Pellagra kann durch Verabreichen von Tryptophan geheilt werden. Der Tagesbedarf liegt bei 1 bis 2 mg Nikotinsäure.

4) *Pantothensäure* ist ein im Tier- und Pflanzenreich weit verbreitetes Dipeptid, das aus β-Alanin und 2,4-Dihydroxy-3,3-dimethylbuttersäure (Pantoinsäure) aufgebaut ist. Die Biosynthese verläuft bei Pflanzen und Mikroorganismen von Pyruvat über Valin und Pantoinsäure. Beim Menschen ist die Kondensation mit β-Alanin blockiert. Die biologisch aktive (+)-Form der Pantothensäure verbindet sich aktiv mit Zysteamin unter Bildung von Pantethein, das als Baustein des Koenzyms A und des Multienzymkomplexes der Fettsäuresynthese große Bedeutung hat. Wegen des aus-

Pantothensäure

reichenden Angebotes mit der Nahrung sind beim Menschen keine durch Pantothensäure verursachten Mangelerscheinungen bekannt. Der tägliche Bedarf wird auf 10 mg geschätzt.

Vitamin-B$_6$-Komplex, eine aus *Pyridoxol* (*Pyridoxin, Adermin*), *Pyridoxal* und *Pyridoxamin* sowie deren Phosphaten bestehende Vitamingruppe. Diese wasserlöslichen V. kommen in Hefe, Weizen, Mais, Leber, Kartoffeln, Gemüse u. a. vor. *Pyridoxalphosphat* ist eines der wichtigsten Koenzyme im Stoffwechsel der Aminosäuren und katalysiert vor allem Transaminierungen, Dekarboxylierungen und Eliminierungen.

Pyridoxol (Pyridoxin)   Pyridoxal

Pyridoxamin-phosphat   Pyridoxal-phosphat

Die Vitamine B$_6$ sind in allen Grundnahrungsmitteln ausreichend vorhanden, so daß beim Menschen keine typischen Mangelerscheinungen bekannt sind. Bei der Ratte verursacht Vitamin-B$_6$-Mangel Pellagra, wobei es zu Haarausfall sowie Rötung und Schuppenbildung der Haut kommt. Der tägliche Bedarf liegt bei 1,5 bis 2 mg.

Vitamin B$_{12}$ (*Kobalamin, Anti-Perniziosa-Faktor,* engl. *extrinsic factor, animal protein factor*) ist eine biologisch hochwirksame Verbindung mit einer äußerst komplizierten chemischen Struktur. Charakteristischer Grundkörper ist das als *Korrin* bezeichnete Ringsystem mit Kobalt als komplex gebundenem Zentralatom. Es gibt einige strukturähnliche Verbindungen, die sich in der Art des Komplexliganden, d. i. der an Kobalt gebundene einwertige Gruppe, oder im Basenanteil unterscheiden. Zyanokobalamin enthält eine Zyanogruppe und wird ebenfalls als Anti-Perniziosa-Faktor bezeichnet. 5'-*Desoxyadenosyl*- und *Methylkobalamin* spielen eine wichtige Rolle als Koenzyme von Umlage-

Vitamin B$_{12}$

Vitamine

rungsreaktionen. Vitamin B_{12} kommt vor allem in tierischen Produkten wie Milch, Eigelb, Leber u. dgl. vor. Es kann nur von Mikroorganismen, z. B. der Darmflora, gebildet werden. Einseitige pflanzliche Ernährung führt bei Tieren zu Stoffwechselstörungen.

In der Medizin wird Vitamin B_{12} unter anderem zur Behandlung der perniziösen Anämie (bösartige Blutarmut) angewendet. Diese Krankheit zeichnet sich durch eine in hohem Maße gestörte Bildung roter Blutkörperchen und fehlende Magensaftsekretion aus. Ursache ist nicht ein ernährungsbedingter Mangel an Vitamin B_{12}, sondern eine gestörte intestinale Resorption. Vitamin B_{12} kann vom Darm nur resorbiert werden, wenn der → intrinsic factor vorhanden ist. Der Tagesbedarf des Menschen liegt bei 0,005 mg Vitamin B_{12}.

Vitamin C (*Askorbinsäure, antiskorbutisches V.*) ist ein in der Natur weit verbreitetes wasserlösliches V., das chemisch als γ-Lakton der 2-Ketogulonsäure ein Derivat der Kohlenhydrate darstellt. Die meisten Säugetiere synthetisieren Vitamin C aus D-Glukuronat, nur der Mensch, die Menschenaffen und das Meerschweinchen können einen der enzymatisch gesteuerten Reaktionsschritte nicht vollziehen, da das Enzym L-Gulonolaktonoxidase fehlt. Für diese Organismen stellt Askorbinsäure ein V. dar. Vitamin C kann unter Bildung von Dehydroaskorbinsäure reversibel Wasserstoff abgeben und wirkt somit als biochemisches Redoxsystem.

Vitamin C

Das hitzeempfindliche Vitamin C tritt vor allem im Pflanzenreich weit verbreitet auf, z. B. in Frischgemüse, in Sanddornbeeren, Zitronen, Hagebutten, Tomaten und Paprikaschoten. Bei Mangel an Vitamin C kommt es zu Skorbut, einer seit langem bekannten Avitaminose, deren Symptome in Zahnfleischentzündungen, Lockerung der Zähne, Blutungen der Haut und Schleimhäute sowie in schmerzhaften Gelenkschwellungen bestehen. Die Abwehrkraft des Organismus ist durch Vitamin-C-Mangel herabgesetzt. Der Bedarf des Menschen liegt zwischen 10 und 75 mg Vitamin C je Tag und damit weitaus höher als für die anderen V.

Vitamin D (*Kalziferol, antirachitisches V.*) ist eine Gruppe fettlöslicher Vitamine, die den Steroiden chemisch nahestehen. Sie enthalten jedoch nicht mehr deren charakteristisches Vierringsystem, sondern sind photochemisch in einer durch UV-Licht katalysierten Reaktion im Ring B zwischen den C-Atomen 9 und 10 aufgespalten und umgelagert. Als wichtige Provitamine fungieren entsprechende $\Delta^{5,7}$-ungesättigte Sterine, z. B. Ergosterin und 7-Dehydrocholesterin. Letzteres kann vom menschlichen Organismus selbst aus Cholesterin synthetisiert werden.

Man unterscheidet 1) *Vitamin D_1*, eine Molekülverbindung aus Lumisterin und Ergokalziferol, die beide aus Präkalziferol durch UV-Einwirkung entstehen; 2) *Vitamin D_2* (*Ergokalziferol*), das aus Ergosterol über Präkalziferol gebildet wird, wobei die wirksame Form jedoch 1α,25-Dihydroxykalziferol ist und Hormoncharakter hat; 3) *Vitamin D_3* (*Cholekalziferol*), das aus dem als Provitamin fungierenden 7-Dihydrocholesterin entsteht. Das in Leber und Haut gebildete Provitamin wird in der Haut durch Sonnenlicht oder UV-Bestrahlung in Cholekalziferol umgewandelt. Dieses wird in der Leber in Position 25 und dann in der Niere in 1α-Stellung zum eigentlich wirksamen 1α,25-Dihydroxycholekalziferol hydroxyliert, das wegen seiner physiologischen Eigenschaften zu den Hormonen gerechnet wird. 4) *Vitamin D_4* (*22-Dihydroergokalziferol*) entsteht durch UV-Bestrahlung von 22-Dihydroergosterol.

Vitamin D_2 Vitamin D_3

Die V. der D-Gruppe finden sich vor allem im Lebertran sowie in Eigelb, Butter, Milch, Schweineleber und Speisepilzen. Sie haben eine wichtige Funktion im Kalziumstoffwechsel und fördern die Kalziumresorption und die Mineralisierung der Knochen. Vitamin-D-Mangel führt zu schweren Mineralisierungsstörungen des Skelettsystems (Rachitis). Der Tagesbedarf an Vitamin D liegt beim Menschen während der Wachstumsphase bei 0,1 mg, beim Erwachsenen bei 0,02 mg.

Vitamin E (*Tokopherol*) ist eine Gruppe fettlöslicher V., die aus einem Chromanring und einer isoprenoiden Seitenkette in Position 2 aufgebaut sind. Sie unterscheiden sich

α-Tokopherol

in Anzahl und Stellung der Methylgruppen am aromatischen Ring und werden als α-, β-, γ-Tokopherol usw. bezeichnet. Von den bisher 8 in ihrer chemischen Struktur bekannten Tokopherolen ist das aus Weizenkeimöl isolierte α-Tokopherol der biologisch wichtigste Vertreter. Vitamin E wird ausschließlich in grünen Pflanzen gebildet, Tiere sind auf die Zufuhr mit der Nahrung angewiesen. Die Tokopherole können leicht zu den entsprechenden Chinonen, den *Tokochinonen*, umgewandelt werden. Sie wirken in dieser Form als Antioxidans und unterbinden eine spontane Oxidation stark ungesättigter Fettsäuren. Daneben hat Vitamin E eine Reihe weiterer Wirkungen, wobei der Wirkungsmechanismus jedoch noch unbekannt ist. Im Tierexperiment bewirkt Vitamin-E-Mangel Fortpflanzungsstörungen. Beim Menschen sind Mangelerscheinungen nicht eindeutig nachgewiesen worden. Der Tagesbedarf beträgt etwa 20 mg.

Vitamin F ist eine frühere Bezeichnung für → Fettsäuren, die vom Säugetierorganismus nicht selbst aufgebaut werden können und die als Bestandteile der Membranlipide und Vorstufen der Prostaglandine von Bedeutung sind. Dazu gehören vor allem ungesättigte Fettsäuren der Linolsäurereihe, z. B. Arachidonsäure.

Vitamin H (*Biotin, Bios II, Koenzym R*) ist ein wasserlösliches V., dem chemisch eine stickstoff- und schwefelhaltige Karbonsäure mit zwei kondensierten Fünfringen zugrunde liegt. Vitamin H wurde als Wuchsstoff für Hefe entdeckt und gehört zu den Biowuchsstoffen. Biotinreich sind Leber, Niere, Eigelb und Hefe. Die Biosynthese erfolgt aus Zystein, Pimelinsäure und Karbamylphosphat. Von den 8 stereoisomeren Formen ist die D-Form biologisch die wichtigste. Im tierischen Gewebe liegt Vitamin H als Aminosäurekonjugat (ε-N-Biotinyllysin) vor, das als *Biozytin* bezeichnet wird.

Vitamin H

Vitamin H fungiert als Koenzym vieler wichtiger Karboxylierungsreaktionen und katalysiert die Bindung von Kohlendioxid sowie die Übertragung der Karboxygruppe auf die zu karboxylierenden Verbindungen. Dabei ist Vitamin H kovalent über eine Säureamidbindung an die ε-Aminogruppe eines Lysinrestes der Peptidkette gebunden.

Beim Menschen ist ernährungsbedingter Vitamin-H-Mangel selten, da der Bedarf (täglich etwa 0,25 mg) im allgemeinen durch die Darmbakterien gedeckt wird. Übermäßiger Genuß roher Eier kann zu Mangelerscheinungen an Vitamin H führen, da das im Hühnereiweiß enthaltene Glykoprotein Avidin Vitamin H fest bindet.

Vitamin K (*Koagulationsvitamin, antihämorrhagisches V.*), eine Gruppe fettlöslicher V., die sich vom 2-Methyl-1,4-naphthochinon ableiten und in 3-Position isoprenoide Seitenketten unterschiedlicher Länge tragen. **Vitamin K_1** (*Phyllochinon*) hat eine Phytylseitenkette. Es kommt vor allem in grünen Pflanzen und Früchten vor. **Vitamin K_2** trägt eine Difarnesylseitenkette und wird als **Menachinon-6** (die Seitenkette besteht aus 6 Isoprenresten) oder **Menachinon-30** (die Seitenkette ist aus 30 C-Atomen aufgebaut) bezeichnet. Es findet sich vor allem in Bakterien und ersetzt dort verschiedentlich in der Atmungskette das Ubichinon. **Vitamin K_3** (*Menadion*) entspricht dem natürlichen Grundkörper 2-Methyl-1,4-naphthochinon. Da im Säugetierorganismus die Seitenkette selbst synthetisiert werden kann, ist Menadion das eigentliche Provitamin. Vitamin K ist für die Bildung und Ausscheidung der für die Blutgerinnung notwendigen Gerinnungsfaktoren II, VII, IX und X verantwortlich. Beim Menschen sind Vitamin-K-Avitaminosen selten, da die Darmbakterien ausreichend Vitamin K produzieren. Der Bedarf des Menschen wird mit etwa 1 mg je Tag angegeben.

Wichtige Vitamin-K-Antagonisten mit therapeutischer Bedeutung für die Herabsetzung der Gerinnungsfähigkeit des Blutes sind Kumarin- und Indan-1,3-dion-Derivate.

Vitellarium, svw. Dotterstock.

Vitellin, ein Phosphoprotein, das neben dem Lezithin das wichtigste phosphorhaltige Reservematerial des Eidotters darstellt, obwohl es nur 1% Phosphat enthält.

Vitellophagen, → Furchung.

Vitellus, svw. Dotter.

Viverridae, → Schleichkatzen.

Viviparie, *Lebendgebären,* 1) bei Tieren das Gebären lebendiger Junger, die die Keimesentwicklung und in manchen Fällen auch die ersten nachembryonalen Entwicklungsstadien bereits im Mutterkörper durchlaufen haben. Die Eihüllen werden vor oder während der Geburt durchbrochen. Vivipar sind alle Säugetiere, manche Fische und Kriechtiere. Scharfe Grenzen zwischen den Begriffen V. und → Ovoviviparie bestehen nicht zu ziehen. So bringt die schlafkrankheitsübertragende Tsetsefliege *Glossina* Larven zur Welt, die sich unmittelbar nach der »Geburt« verpuppen. Gegensatz: → Oviparie.

2) bei Pflanzen das Auskeimen der Samen bereits auf der Mutterpflanze. Echte V. ist für viele Mangroven typisch, bei denen sich auf der Mutterpflanze relativ große Jungpflanzen entwickeln, die dann abfallen. Auch das »Auswachsen« des Getreides auf dem Halm ist eine Viviparieerscheinung. Bei unechter V. werden statt Blüten Laubsprosse gebildet, die sich ablösen und zu neuen Individuen heranwachsen, z. B. beim Brutblatt, *Bryophyllum*. Unechte V. ist bei verschiedenen Grasarten und Knöterichgewächsen anzutreffen. Bei landwirtschaftlichen Nutzpflanzen beeinträchtigt sie die Saatguterzeugung.

Viviparus, *Paludina,* Gattung der Sumpfschnecken (Unterklasse Vorderkiemer), die lebende Junge zur Welt bringt. Das kreiselförmige Gehäuse hat meist glatte rundliche oder auch gekantete Windungen, die zuweilen mit Kielen verziert sind.

Geologische Verbreitung: seit dem unteren Karbon im Brack- und Süßwasser, besonders häufig im Tertiär in den pliozänen Paludinenschichten des Balkans und im Pleistozän. *Paludina diluviana* ist ein Leitfossil für interglaziale Ablagerungen.

Vögel (Tafel 6), *Aves,* Klasse der Wirbeltiere. Die V. stammen von Reptilien ab, weshalb sie auch zusammen mit diesen innerhalb der Wirbeltiere zur Verwandtschaftsgruppe der → Sauropsida zusammengefaßt werden. Ihre nächsten Verwandten unter den Reptilien sind die Archosaurier mit ihren rezenten Vertretern, den Krokodilen.

Anatomie und Physiologie. Im Unterschied zu den Reptilien sind V. *homoiotherm.* Mit der Homoiothermie sind eine erhöhte Aktivität der Tiere und ein gesteigerter Stoffwechsel verbunden. Damit in Zusammenhang stehen die vollkommene Herzkammerung und Trennung des großen und kleinen Blutkreislaufs und die Feinstruktur der Lungen für die Deckung des Sauerstoffbedarfs. Das *Federkleid* dient der Wärmeisolation. Ferner hat es Schutzfunktion (Tarnung), steht im Dienst der Werbung (Prachtkleid, Balz), der Fortbewegung in der Luft und im Wasser (Überwinden des Widerstandes, Tragflächen, Erzeugung von Auf- und Vortrieb). Die Federn sind komplizierte tote Horngebilde, die regelmäßig erneuert werden müssen (*Mauser*), weil sie sich abnützen und weil sich ihre Funktion im Laufe des Lebens und eines Jahres (Jugendkleid, Brut- und Schlichtkleid) ändert. Flugunfähig sind die großen Laufvögel (Strauß, Emu, Kasuare, Nandus, Kiwis), die Pinguine, von den Enten die Riesendampfschiffente, von den Kormoranen die Stummelscharbe und von den Lappentauchern der Stummeltaucher. Ferner waren es die Drontevögel und der Riesenalk.

Vogelbeere

Entwicklung. Die *Urvögel, Archaeopterygiformes,* hatten unter anderem noch Zähne und eine lange Schwanzwirbelsäule, aber bereits nur noch 4 Zehen und 3 Finger. Die meisten rezenten V. haben noch 4 Zehen, einige nur noch die 3 vorderen, und der Afrikanische Strauß nur noch 2. Bei den flugfähigen V. und den Flügeltauchern (→ Pinguine) sind 3 Finger erhalten. Die Schwungfedern setzen am Unterarm, der Mittelhand und dem verlängerten 2. Finger an. Seine 2 Glieder haben Dellen für die Spulen der am Vortrieb beteiligten äußeren Handschwingen. Der Schnabel ist eine evolutive Neubildung. Einmal entstanden, konnten sich seine Gestalt und Größe in Anpassung an die Ernährungsweise der betreffenden Arten abwandeln. Die meisten V. ergreifen ihre Beutetiere und die pflanzliche Nahrung mit dem Schnabel. Nur die Greifvögel und Eulen tun dies mit den Füßen. Sie vermögen auch Beute in den Fängen zu transportieren. Damit im Zusammenhang stehen auch die Gestalt der Füße und Zehen (Schwimm-, Kletter-, Klammer-, Greiffuß), die Halslänge, die Struktur des Magens (Muskelmagen bei Körnerfressern), die Ausbildung eines Kropfes und von Blinddärmen. Die Ausbildung der → Flugmuskulatur entspricht der Flugweise. So ist der Große Brustmuskel am stärksten bei solchen V. ausgebildet, die schnell starten und/oder im windstillen Raum (Wald) ohne Anlauf auffliegen müsen.

Lebensweise. V. treiben *Brutpflege*. Die auf einer Dotterkugel schwimmenden Eizellen, die im Eierstock heranreifen, werden nach dem Follikelsprung vom Trichter des Eileiters aufgenommen und müssen auch bald befruchtet werden (innere Befruchtung, die eine Begattung voraussetzt), bevor die Eihüllen aus Eiklar und Kalk in den weiteren Abschnitten des Ovidukts gebildet werden. Die Eier müssen ausgebrütet werden (Ausnahme Großfußhühner, → Hühnervögel), was entweder nur die Männchen, nur die Weibchen oder beide Partner besorgen. Manche Arten bilden keine Paare (viele Hühnervögel, Kampfläufer u. a.), die meisten jedoch tun dies zumindest für die Zeit der Paarung (Enten) oder die Jungenaufzucht. Bei verschiedenen Arten bleiben die Paare das ganze Leben zusammen (Kleiber, Elster, Graugans u. a.).

Nicht alle V. bauen Nester. Die Zahl der Eier je Gelege ist von Art zu Art verschieden und hängt ferner vom Alter der Weibchen, dem Nahrungsangebot, der Siedlungsdichte und anderen Faktoren ab. In der Regel wird täglich nur 1 Ei gelegt, so daß bei großen Gelegen (z. B. bei Meisen) mehrere Tage vergehen, ehe das Gelege vollständig ist. Die Jungen schlüpfen aber fast alle zur gleichen Zeit. Das wird dadurch erreicht, daß die V. erst do brüten beginnen, wenn die meisten Eier bereits gelegt sind, und durch Stimmkontakt zwischen den noch im Ei befindlichen Jungen, der der Synchronisation zwischen ihnen dient. Die Jungen sind entweder *Nestflüchter* (Hühner, Gänsevögel u. a.), *Platzhokker* (Möwen), oder *Nesthocker* (Schrei-, Greif-, Specht-, Sperlingsvögel, Segler, Eulen u. a.). Nach dem Verlassen des Nestes werden die Jungen von den Altvögeln geführt. Dabei wird das angeborene Verhalten durch Lernen ergänzt.

Partnerbindung, Revierverhalten (Territorialität). Beziehungen zwischen Altvögeln und Jungen, zwischen den Jungen derselben Brut und den Nachbarn u. a. verlangen jeweils spezifische Verhaltensweisen, Posen und Stimmäußerungen. So wird deren Vielfalt bei jeder Vogelart verständlich. Ernährungsweise, Schutzbedürfnis u. a. verlangen ihrerseits weitere bestimmte Verhaltensweisen. Der Wechsel zwischen Fortpflanzungs- und Überwinterungsgebiet bei V. (*Vogelzug*) ist sehr intensiv studiert worden. Die Orientierung der V. ist nicht völlig geklärt. Vogelzug und Eiszeit haben nichts miteinander zu tun, wie das oft behauptet wird.

Die wirtschaftliche Bedeutung der V. ist örtlich und zeitlich verschieden. Jagd- und Naturschutz-Gesetzgebung sind in jedem Lande anders. V. liefern Fleisch, Federn (Dunen, Schmuck u. a.), Eier. Sie vertilgen Schadinsekten, verursachen Schaden auf Getreidefeldern oder in Obstgärten. Viele Menschen erfreuen sich an ihrem Gesang und dem farbenprächtigen Gefieder. Viele Arten sind infolge starker Verfolgung durch den Menschen oder der Veränderung der Umwelt vom Aussterben bedroht (→ Rotes Buch), andere vermehren sich stark in den vom Menschen beeinflußten Gebieten (Möwen und viele andere). V. sind Indikatoren für eine gesunde Landschaft. *Vogelschutz* im Rahmen des Naturschutzes und Umweltschutzes ist eine weltweite Aufgabe.

Lit. R. Berndt u. W. Meise: Naturgeschichte der V., 3 Bde (Stuttgart 1959–66); U. N. Glutz, K. M. Bauer u. E. Bezzel: Handb. der V. Mitteleuropas (Frankfurt/M. 1966); D. Luther: Die ausgestorbenen V. der Welt (Wittenberg 1970); W. Makatsch: Der Brutparasitismus in der Vogelwelt (Radebeul u. Berlin 1955), Die Eier der V. Europas (Leipzig u. Radebeul 1974–1976); B. Stephan: Urvögel, Archaeopterygiformes (2. Aufl. Wittenberg 1978); E. Stresemann: Aves, in Kükenthal, Handb. der Zoologie Bd 7 (Berlin u. Leipzig 1927–1934), Die Entwicklung der Ornithologie (Aachen 1951); H. E. Wolters: Die Vogelarten der Erde (Hamburg u. Berlin 1975–1982).

Vogelbeere, → Rosengewächse.
Vogelblütigkeit, → Bestäubung.
Vogelkunde, svw. Ornithologie.
Vogelmiere, → Nelkengewächse.
Vogelnester, → Tierbauten.
Vogelspinnen, *Aviculariidae,* eine in den Tropen lebende Familie der Spinnen, deren Vertreter bis 9 cm Länge erreichen können. Die meist lang behaarten Nachttiere fressen große Insekten, manchmal auch kleine Wirbeltiere. Einige Arten springen regelrecht auf die Beute, um sie mit dem Gift der Cheliceren zu töten. Das Gift kann z.T. auch für den Menschen gefährlich werden.
Vogelzug, → Tierwanderungen, → Zugverhalten.
Volkmannsche Kanäle, → Knochen.
Volksnamen, *Trivialnamen, nomina vernacularia,* die im Volksmund üblichen, meist nur in bestimmten Gebieten verwendeten Namen für Pflanzen und Tiere. Sie können innerhalb eines Sprachgebietes sehr verschieden sein. So gibt es z. B. für *Taraxacum officinale* einige Dutzend deutsche V., von denen Hundeblume, Kuhblume, Saustock, Butterblume, Eierblume, Ringelblume, Lichterblume, Kettenblume, Milchstock, Märzenblume, Kuckucksblume und Pusteblume nur die wichtigsten sind. V. der Griechen und Römer waren im Mittelalter der Ausgangspunkt für die wissenschaftliche Pflanzen- und Tierbenennung. → Nomenklatur.
Vollfliegen, → Zweiflügler.
vollkommene Verwandlung, → Metamorphose.
Vollzirkulation, → See.
voltage clamp, svw. Spannungsklemme.
Volterrasche Regeln, *Fluktuationsgesetze,* Gesetzmäßigkeiten, die die Populationsdynamik von Räuber und Beute (Parasit und Wirt) unter vereinfachten Bedingungen erklären. 1) *Gesetz der periodischen Zyklen:* Die Populationszyklen von Räuber und Beute schwanken auch bei konstanten Außenbedingungen. 2) *Gesetz von der Erhaltung der Durchschnittszahl:* Über einen längeren Zeitraum betrachtet, schwanken die Zyklen jeweils um einen Mittelwert. 3) *Gesetz von der Störung der Durchschnittszahl:* Werden Räuber und Beute gleichermaßen negativ beeinflußt, so nimmt zunächst immer die Zahl des Räubers ab und die der Beute zu.

Wie May (1980) nachweisen konnte, sind die V. R. nur in einem engen Bereich gültig. In Abhängigkeit von der Relation zwischen den spezifischen Vermehrungsraten von Räuber und Beute können die Populationszyklen stabil sein, periodisch um 2, 4, 8, 16 und mehr Punkte bzw. chaotisch schwanken.

Volumenregulation, Regelung des Wasserhaushalts, vorrangig des Blutvolumens im Organismus. Die V. geht häufig mit einer → Osmoregulation einher. *Volumenrezeptoren* messen ständig die Menge der extrazellulären Flüssigkeit. Die wichtigsten unter ihnen sind die Dehnungsrezeptoren des Nervus vagus in den Vorhofwänden des Herzens (Abb.).

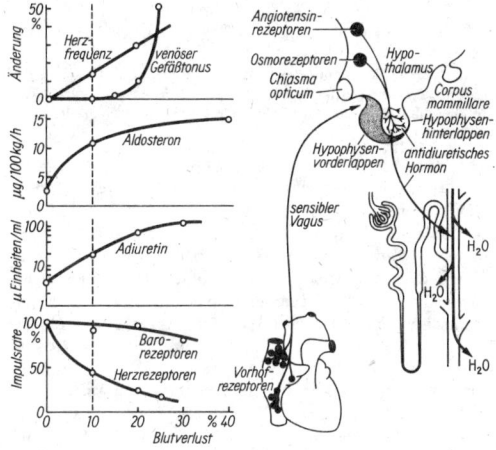

Diuretischer Herzreflex. Ursachen und Ablauf

Sie kontrollieren direkt den Füllungszustand des Niederdrucksystems im → Blutkreislauf, indirekt aber auch den Füllungszustand des extrazellulären Raumes, weil Wasser und Elektrolyte unbehindert von dem einen Raum in den anderen diffundieren können. Eine verstärkte Füllung der Herzvorhöfe erregt jene Dehnungsrezeptoren, die daraufhin über Regulationszentren im Zwischenhirn die Sekretion von antidiuretischem Hormon im Hypothalamus sowie von Aldosteron in der Nebennierenrinde drosseln und außerdem die Aktivität des Nierensympathikus hemmen. Die verminderte Sympathikusaktivität erhöht über die gesteigerte Ultrafiltration im Nierenkörperchen die Primärharnmenge, und wegen der sinkenden Adiuretin- und Aldosteronkonzentration im Blut werden im Tubulus weniger Wasser und Kochsalz resorbiert, so daß mehr Harn ausgeschieden, die Füllung des Niederdrucksystems vermindert und die Erregung der Volumenrezeptoren gesenkt werden. Eine Hemmung der Adiuretinsekretion bewirken außerdem Glukokortikoide, Ethylalkohol, Licht- sowie Kältereize. Die Aldosteronwirkung am Tubulus wird abgeschwächt von Progesteron, Glukokortikoiden und einem Anstieg des Blut-pH-Wertes (Alkalose).

Volventen, → Nesselkapseln.
Volvocales, → Grünalgen.
Vorderdarm, → Verdauungssystem.
Vorderhirn, → Gehirn.
Vorderkiemer, *Streptoneura, Prosobranchia,* etwa 60000 Arten umfassende Unterklasse der Schnecken. Die V. weisen einen nach vorn gedrehten Pallialkomplex aus, so daß die Kiemen vor dem Herzen liegen. Die Visceralkonnektive verlaufen gekreuzt. Diese Erscheinung wird als Streptoneurie oder → Chiastoneurie bezeichnet. Die V. haben in der Regel sehr kräftige, vielfach auffällig gefärbte oder auch bizarre, napfförmige bis spiralige Gehäuse, deren Mündung meist mit einem Deckel (Operkulum) verschlossen werden kann.

Die Kiemen sind unterschiedlich. Es gibt Gruppen, zu denen *Pleurotomaria* und *Patella* gehören, die über zwei bipektinate (doppelt gekämmte oder gefiederte) Kiemen verfügen, bei anderen V. sind sie zu einer unipektinaten Kieme reduziert. Entsprechend erfolgt auch eine Rückbildung der linken Herzvorkammer. Die Radula ist gruppenspezifisch ausgebildet, sie entwickelt sich von einfachen Fächerzungen zu vielzähnigen oder sehr spezialisierten Formen. Die V. sind fast alle getrenntgeschlechtlich, daneben gibt es Zwittrigkeit in verschiedener Ausprägung, z. B. Geschlechtsumstimmung. Die meisten V. entwickeln sich mit Metamorphose über Larvenformen. Mit Ausnahme einiger Familien, die im Süßwasser vorkommen, leben alle V. im Meer. Ihre Lebensweise ist sehr unterschiedlich. Als Nahrung dienen Pflanzen und Tiere, viele Arten sind räuberisch oder Aasfresser.
System:
1. Ordnung: → *Diotocardia (Archaeogastropoda)*
2. Ordnung: → *Monotocardia* (Alt- und Neuschnecken)

Vorderseitenstrangbahnen, → Rückenmark.
Vorfluter, im weiteren Sinne jedes Gerinne, in dem Wasser abfließen kann; im engeren Sinne Fließgewässer zur Aufnahme von Wasser aus Entwässerungsanlagen aller Art (Melioration, Abwässer aus Haushalten, Industrie, Kläranlagen).
Vorhaut, → Penis.
Vorhof, → Herz.
Vorkambrium, svw. Präkambrium.
Vormagen, → Verdauungssystem.
Vormahlzähne, → Gebiß.
Vormenschen, → Anthropogenese.
Vorniere, → Exkretionsorgane.
Vorratsschädlinge, pflanzliche und tierische Lebewesen, die Vorräte an Nahrungs-, Futter-, Genußmitteln oder Haushaltsgegenstände schädigen oder vernichten, z. B. Ameisen, Kornkäfer, Samenkäfer, Milben, Ratten, Pelzkäfer, Kleidermotten, Schimmelpilze, Hausschwamm u. a.
Vorratsschutz, Maßnahmen zur Bekämpfung von Schaderregern in Vorratslagern und an bzw. in Vorräten mit dem Ziel, Verluste durch die Organismen zu verhindern bzw. zu vermindern.
Vorratsschutzmittel, Mittel zur Bekämpfung von Schaderregern in Vorratslagern bzw. an oder in Vorräten.
Vorsteherdrüse, svw. Prostata.
Vorwärmezeit, svw. Präboreal.
vorweggenommene Bewegungen, Verhaltensweisen, die im Nahfeld bereits die Koordinationen vollziehen, die im Kontakt mit dem Funktionsobjekt des Verhaltens erforderlich sind. Diese Verläufe können dabei Signaleigenschaften annehmen. Das Anheben eines Vorderbeines unter Körperberührung des Partners ist bei Hundeartigen ein Element der Kontaktaufnahme, es kann auch vom Partner abgelöst ausgeführt werden; es gibt beim Menschen viele solche Gesten, z. B. das Handreichen oder Vorstrecken beider Arme (vorweggenommene Umarmung).
Vorzugsnahrung, → Nahrungsbeziehungen.
Vorzugstemperatur, *Thermopräferendum,* beim Menschen auch als *Behaglichkeitsbereich* bezeichnet, ein Temperaturbereich, innerhalb dessen weder ein Wärme- noch ein Kälteempfinden auftritt. Es handelt sich demnach um thermische Indifferenzzonen, die sich bei den Tierarten deutlich unterscheiden und auch innerhalb der Art vom jeweiligen Verhaltensstatus beeinflußt werden. Wenn man die Orientierung in einem Temperaturgradienten als Thermotaxis bezeichnet, ist mit der Vorzugstemperatur das thermotaktische Optimum gemeint.

Vriesea, → Bromeliengewächse.
Vulva, Cunnus, Schamspalte, Scheidenvorhof, Vestibulum vaginae, bei weiblichen Säugern eine aus der Harngeschlechtshöhle (Sinus urogenitalis) hervorgegangene spaltförmige Einsenkung, an deren Grund die Vagina und die Harnröhre ausmünden. Seitlich wird die V. von den *Schamlippen* begrenzt. Die Bezeichnung V. wird auch allgemein für die äußeren Geschlechtsteile der Frau verwendet.
V-Wert, → Sorption.

W

Waben, → Honigbiene.
Wabenkröte, *Pipa pipa,* die Urwaldflüsse Brasiliens und Guayanas bewohnende, bis 20 cm große Art der → Zungenlosen Frösche. Der Körper ist unscheinbar graubraun und plattgedrückt, der Kopf dreieckig. Die langen, biegsamen Finger tragen an der Spitze sternförmige Polster drüsiger Fäden (Tastorgane). Zur Paarung umklammert das Männchen das Weibchen vor den Hinterbeinen. Unter charakteristischen, ritualisierten gemeinsamen Körperdrehungen läßt das Weibchen jeweils einige Eier auf den Bauch des Männchens fallen. Nach einer erneuten Drehung gleiten die Eier auf den Rücken des Weibchens und werden befruchtet. In der Rückenhaut entstehen wabenartige, mit einem hornigen Deckel verschlossene Hautwucherungen um jedes der insgesamt bis 60 Eier, in denen die Entwicklung und Metamorphose der Jungen erfolgt. Wenn diese nach 3 bis 4 Monaten voll ausgebildet sind, schlüpfen sie aus den Rückenwaben, die sich darauf zurückbilden.
Wacholder, → Zypressengewächse.
Wachsblume, → Schwalbenwurzgewächse.
Wachse, Ester langkettiger, geradzahliger Fettsäuren, wie Laurin-, Palmitin- und Montansäure, mit aliphatischen Alkoholen, wie Zetyl- und Myrizylalkohol, die einen ausgeprägt hydrophoben Charakter besitzen. W. dienen Pflanzen als Verdunstungsschutz, Tieren zum Einfetten von Haut und Gefieder. Bekannteste Vertreter sind Bienenwachs und Carnaubawachs.
Wachsmotte, *Bienenmotte,* Bezeichnung für zwei unscheinbar graubraune Arten der Zünsler, deren Raupen in Bienenstöcken Wachs fressen. Die Falter der *Großen W.* (*Galleria mellonella* L.) haben eine Spannweite von etwa 30 mm, die der *Kleinen W.* (*Achroia grisella* F.) von nur etwa 20 mm.
Wachstum, eine an die Lebenstätigkeit des Protoplasmas gebundene, irreversible qualitative Veränderung (Substanzzunahme) lebender Teile, die oft mit Volumenzunahme und Formveränderung verbunden ist. W. stellt ein obligates Attribut der lebenden Materie dar. Die Grundlage jeder Art von W. ist das *Zellwachstum.* Dazu gehören drei Prozesse: Zellteilung, Plasmawachstum und Streckungswachstum. Das W. der Pflanzen und das der Tiere unterscheiden sich in wesentlichen Punkten.
Bei den Pflanzen finden Zellteilung und → Plasmawachstum vorwiegend in Meristemen, der embryonalen Zone, statt und können deshalb als *embryonales W.* zusammengefaßt werden. Da in der Regel bis zum Tod der Pflanze Meristeme vorhanden sind, kann das W. bis zum Tod andauern. Das *Streckungswachstum* erfolgt bei pflanzlichen Zellen im Gegensatz zu tierischen Zellen nach dem Plasmawachstum. Die → Zelldifferenzierung ist bei Pflanzen oft mit Wachstumsvorgängen verknüpft. Man spricht daher von *Differenzierungswachstum.* Weitere Formen pflanzlichen W. sind das → Appositionswachstum, das Dickenwachstum (→ Sproßachse, → Wurzel), das Flächenwachstum (→ Intussuszeption), das → interkalare Wachstum, das → Interpositionswachstum und das → Spitzenwachstum. Das W. der Pflanzen wird von → Phytohormonen reguliert.

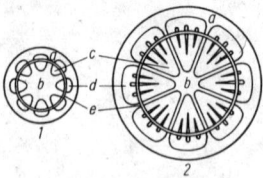

Wachstum: *1* Querschnitt des unverdickten, *2* des in die Dicke gewachsenen Dikotylenstengels, darin *a* Rinde, *b* Mark, *c* Holzteil der Gefäßbündel, *d* Rindenteil (Siebteil), *e* Kambium (schematisch vergrößert

Beim Menschen vollziehen sich die intensivsten Wachstumsprozesse während der vorgeburtlichen Entwicklung, indem aus dem befruchteten Ei von etwa 0,12 mm Durchmesser das über 4 000mal größere Neugeborene hervorgeht, während von der Geburt bis zum Wachstumsabschluß eine nur etwa 3,4fache Körperhöhenzunahme erfolgt. Mit dem W. ist eine Massenzunahme und durch unterschiedliche Wachstumsgeschwindigkeiten der einzelnen Körperabschnitte auch eine Formendifferenzierung verbunden. Das W. vollzieht sich beim Menschen nicht kontinuierlich, sondern in schneller oder langsamer ablaufenden Phasen. Das rasche W. während der vorgeburtlichen Entwicklung dauert bis zu einem gewissen Grade noch im 1. Lebensjahr an, wird dann deutlich langsamer und erfährt im 5. bis 6. Lebensjahr eine weitere Verlangsamung. Bei Knaben setzt um das 12., bei Mädchen um das 11. Lebensjahr der für die Pubertätszeit charakteristische puberale Wachstumsschub ein, bis das W. beim Mann im Alter von 18 bis 20 und bei der Frau von 16 bis 18 Jahren im wesentlichen aufhört. Während der stationären Phase, die beim Mann etwa bis zum 60. Lebensjahr, bei der Frau bis zum 50. Lebensjahr dauert, erfolgt nur noch eine geringe Körperhöhenzunahme, die aber mit zunehmendem Alter durch Rückbildungserscheinungen kompensiert wird. Durch die Abflachung des Schenkelhalswinkels am Oberschenkel, die Abflachung des Fußgewölbes und eine irreversible Kompression der Gelenkknorpel sowie der Zwischenwirbelscheiben tritt im hohen Alter sogar ein Rückgang der Körperhöhe um etwa 3 % ein.

Der Wachstumsablauf wird hormonell gesteuert und ist offenbar von zahlreichen Erbanlagen, aber auch von Ernährungsfaktoren abhängig. Bei in Hungerzeiten aufgewachsenen Kindern ist das W. gehemmt. Die Bedeutung von Erbfaktoren für das W. wird vor allem bei Zwillingsuntersuchungen sichtbar. Die durch die besonderen Verhältnisse der Zwillingsschwangerschaft verursachten Größenunterschiede von neugeborenen eineiigen Zwillingen gleichen sich durch unterschiedliche Wachstumsgeschwindigkeiten während des späteren Lebens normalerweise weitestgehend aus, so daß die Differenzen in der endgültigen Körperhöhe wesentlich geringer sind als die bei zweieiigen Zwillingen oder einzeln geborenen Geschwistern.

Bei Störung der innersekretorischen Organe kann sich das W. verändern. Entfernung der Keimdrüsen hat Riesenwuchs der Gliedmaßen zur Folge. Vergrößerung der Hypophyse führt zu Riesenwuchs, die Entfernung der Schilddrüse im jugendlichen Zustand ebenso wie die Entfernung der Hypophyse zu Zwergwuchs.

Bei den meisten Tieren dauert das W. bis kurz nach der

Geschlechtsreife, Fische z. B. nehmen jedoch bis ins hohe Alter stetig an Größe zu. Bei noch nicht erwachsenen Säugetieren tritt bei frühzeitiger Geschlechtstätigkeit eine Wachstumshemmung ein, während ein Hinausschieben der Geschlechtstätigkeit ein gesteigertes W. zur Folge haben kann. Kurzlebige Tiere wachsen im allgemeinen schnell und erlangen frühzeitig die Fortpflanzungsfähigkeit. Das W. der einzelnen Körperteile ist infolge deren unterschiedlicher → Wachstumsintensität verschieden.

Wachstumsbeschleunigung, svw. Akzeleration.

Wachstumsbewegungen, svw. Nutationsbewegungen.

Wachstumsgesetz nach Verhulst-Pearl, → ökonomische Regeln, Prinzipien und Gesetze, → Populationsökologie.

Wachstumshormon, svw. Somatotropin.

Wachstumsintensität, die jedem Lebewesen eigene, erblich bedingte und Umwelteinflüssen zugängliche Geschwindigkeit und das Ausmaß des Wachstums, die sich in der Entwicklung von Körpermasse und Körpermaßen äußern. Die W. ist während der Wachstumsperiode nicht gleichbleibend und kann nur unter günstigsten Ernährungsbedingungen voll entfaltet und ausgeschöpft werden.

Wachstumskurve, 1) in der Mikrobiologie die graphische Darstellung der Veränderung der Zellanzahl von Einzellern in einer Nährlösung in Abhängigkeit von der Zeit. W. werden zur Kennzeichnung des Wachstumsverlaufs besonders von Bakterien- und Hefekulturen aufgestellt. An einer W. unterscheidet man charakteristische Abschnitte: Die *Anlauf-* oder *lag-Phase* beginnt nach dem Einbringen der Organismen in die Nährlösung, die Zellteilungen kommen allmählich in Gang. Am Ende der Anlaufphase erreichen die Mikroorganismen ihre maximale Teilungsrate. Die Dauer der Anlaufphase hängt vom Alter und physiologischen Zustand des Impfmaterials sowie vom Nährmedium ab. Die Ursache für das Auftreten der Anlaufphase liegt darin, daß die Mikroorganismen zunächst die Vorbedingungen für einen intensiven Stoffwechsel, vor allem die Synthese von Ribonukleinsäure und Enzymen, schaffen müssen. Die *logarithmische,* log- oder *exponentielle Phase* ist durch eine konstante, maximale Teilungsrate der Zellen gekennzeichnet. In dieser Phase steigt der Logarithmus der Zellanzahl linear mit der Zeit an, d. h., die Teilungsrate der Zellen ist konstant. Die Verdopplungsrate der Zellen hat in der log-Phase ihren für die jeweils gegebenen Bedingungen maximalen Wert, der Stoffwechsel verläuft mit höchster Intensität. Die log-Phase hat praktische Bedeutung bei der Massenzüchtung von Mikroorganismen, z. B. bei der Erzeugung von Backhefe.

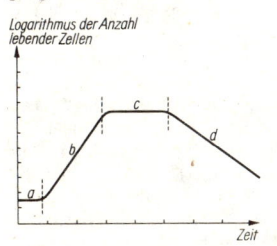

Wachstumskurve einer Mikroorganismenkultur. *a* Anlaufphase, *b* logarithmische Phase, *c* stationäre Phase, *d* Absterbephase

Mit der Abnahme der Nährstoffe und Anreicherung schädlicher Stoffwechselprodukte stellt sich die *stationäre Phase* ein, die erreichte Anzahl lebender Zellen verändert sich nicht mehr. Sie nimmt schließlich ab in der nachfolgenden *Absterbephase.* Die einzelnen Wachstumsphasen sind durch Übergangsphasen miteinander verbunden. 2) → Populationswachstum.

Wachstumsquotient, → Wachstumsrate.

Wachstumsrate, 1) der Zuwachs eines Körpergewebes, besonders aber des Gesamtkörpers, in einer bestimmten Zeiteinheit als Ergebnis der erblich bedingten Wachstumsintensität und der Ernährung sowie anderer Umweltbedingungen. Die W. kann dargestellt werden als die *absolute W.* in verschiedenem Alter, als Zuwachs je Zeiteinheit oder als Zuwachs im Verhältnis zur Gesamtmasse. Das Verhältnis von täglichem Zuwachs zur jeweiligen Körpermasse wird als *Wachstumsquotient* bezeichnet. 2) die Geschwindigkeit des Wachstums einer → Population. Sie kann als *exponentielle W.* das Wachstum als relative Zunahme pro Zeiteinheit beschreiben oder als *geometrische W.* die Veränderung der Populationsgröße in einem bestimmten Zeitraum angeben.

Wachstumsregulatoren, organische Verbindungen, die in geringen Konzentrationen Wachstumsprozesse in der Pflanze fördern, hemmen oder anderweitig beeinflussen. Zu den W. zählen sowohl natürliche (native) Wirkstoffe, z. B. → Phytohormone und → Hemmstoffe, als auch zahlreiche synthetische Verbindungen, insbesondere → Herbizide und → Retardanzien.

Wachstumsretardanzien, svw. Retardanzien.

Wachstumsruhe, → Ruheperioden.

Wachstumsverzögerer, svw. Retardanzien.

Wachstumszone, → Streckungswachstum, → Wurzel.

Wachtel, → Fasanenvögel.

Wachtelweizen, → Braunwurzgewächse.

Waddington-Effekt, genetische Assimilation, selektives Anreichern von Erbfaktoren, die dadurch der Auslese zugänglich werden, daß ein Umweltfaktor sie phänotypisch (→ Phänotyp) ausprägt. Durch diesen Mechanismus können ursprünglich modifikatorische (→ Modifikation) Eigenschaften später rein genetisch, ohne die Hilfe des Umweltfaktors entstehen. Waddington brachte Puppen der Taufliege *Drosophila melanogaster* für wenige Stunden in eine Temperatur von 40°C. Danach fehlte einigen wenigen Fliegen eine Querader im Flügel. Waddington wiederholte in jeder Generation den Hitzeschock und benutzte immer nur queraderlose Fliegen zur Weiterzucht. Nach 23 Generationen fehlten 96,7% aller Fliegen die Querader. Einigen Tieren fehlte sie auch dann, wenn ihre Puppen keinen Hitzeschock erhalten hatten. Auf diese Weise könnten auch adaptive Eigenschaften erblich werden. Vielleicht entstand so die dunkle Hautfarbe der in den Tropen lebenden Menschen.

Wadenbein, → Extremitäten.

Waffenfliegen, → Zweiflügler.

Wahlund-Gesetz, Regel über die Verteilung der Genotypen in einer in mehrere Teilpopulationen aufgeteilten Gesamtpopulation. Wegen der Inzucht in den kleineren Populationen gibt es in der Gesamtpopulation mehr homozygote und weniger heterozygote Individuen als es aufgrund der → Hardy-Weinberg-Regel zu erwarten ist, obgleich die einzelnen Teilpopulationen dieser Regel folgen. Die Zunahme der Homozygotie in der Gesamtpopulation hängt von der Varianz der Häufigkeit der Erbfaktoren zwischen den Teilpopulationen ab.
Sind die Häufigkeiten der Allele A und a eines Genorts in der Gesamtpopulation p und q, dann verhalten sich die Häufigkeiten der drei Genotypen AA, Aa und aa wie $p^2 + \sigma p^2 : 2pq - 2\sigma p^2 : q^2 + \sigma p^2$. Hierbei ist σp^2 die Varianz der Häufigkeit von A zwischen den Teilpopulationen.

Wahrscheinlichkeit, → Biostatistik.

Wahrscheinlichkeitsdichte, → Biostatistik.

Wahrscheinlichkeitsverteilung, → Biostatistik.

Walaas, → Flügelschnecken.

Walaat, → Flügelschnecken.

Wald, eine im Aufbau von Bäumen beherrschte, meist mehrschichtige, natürliche, naturnahe oder halbnatürliche

Waldeidechse

Pflanzenformation. Man spricht von W., wenn die Fläche dieser Baumbestände so groß ist, daß durch sie ein für den W. typischer Bodenzustand entsteht und sich ein vom freien Feld erheblich abweichendes Waldinnenklima ausbilden kann. Künstlich geschaffene Gehölze werden als *Kulturforste* bezeichnet. Feuchtigkeitsbegünstigte Klimagebiete, fast 30% der Landfläche der Erde, sind mit W. bedeckt; auch Mitteleuropa ist klimatisch ein Waldland.

Der *Nadelwald* hat im Bereich kontinentaler, winterkalter Klimate mit starken Frösten und langwährender Schneedecke und mäßig warmen Sommern zwei ausgedehnte Hauptverbreitungsgebiete, das nordosteuropäisch-sibirische und das kanadische Gebiet.

Die *sommergrünen Laubwälder* wachsen in regenreichen Gebieten mit warmen Sommern und kalten Wintern. Sie werden in West- und Zentraleuropa von Buche, Hainbuche, Trauben- und Stieleiche, Ahorn-, Ulmen-, Birkenarten, Esche, Erle u. a. aufgebaut.

Die *regengrünen W.* (*Trockenwald, Monsunwald*) gedeihen in frostfreien Gebieten mit wechselnden Trocken- und Regenperioden.

Immergrüne W. sind die *Hartlaubwälder* im Mittelmeergebiet, z. B. aufgebaut von immergrünen Eichen (Stein-, Kork-, Kermeseiche), dem Ölbaum und Johannisbrotbaum (→ *Hartlaubvegetation*), die *Lorbeerwälder* in Gebieten mit warmen, trockenen Sommern und milden, feuchten Wintern (→ *Holarktis*) und die *Regenwälder* der feuchten Tropen und Subtropen.

Die ursprünglichen, natürlichen W. wurden durch den Eingriff des Menschen zunehmend verändert. *Urwald*, d. h. vom menschlichen Eingriff verschonter W., ist nur noch an wenigen entlegenen Orten erhalten. Meist enthalten Urwälder im Gegensatz zum *Wirtschaftswald* oder Kulturforst eine Vielzahl von Baumarten und Bäume im verschiedenen Alter (bis 400 Jahre und mehr), die nach dem Absterben durch Vermodern im Stoffkreislauf des W. verbleiben.

Einseitige forstwirtschaftliche Nutzung des W. kann zu schweren Störungen des natürlichen Gefüges führen. Monokulturen begünstigen die Ausbreitung tierischer Schädlinge. Die Forstwirtschaft bemüht sich neuerdings um die Schaffung standortgerechter Kulturforste und Wirtschaftswälder mit naturnaher Holzartenkombination und um die Erhaltung und den Schutz des W.

W. und Forste sind Erzeuger pflanzlicher Rohstoffe; sie haben eine bestimmte Wirkung auf den Landschaftshaushalt, darunter auf Klima, Wasserhaushalt, Boden, Temperaturhaushalt, Luftströmung u. a. → *Landschaft*.

Waldeidechse, svw. Bergeidechse.

Waldfrosch, *Rana sylvatica*, brauner, schlanker nordamerikanischer → Echter Frosch, der von allen amerikanischen Froschlurchen am weitesten nach Norden, bis Südalaska, vordringt.

Waldgeschichte, → Pollenanalyse.

Waldgrenze, Grenze geschlossener Waldbestände an für das Waldwachstum ungünstigen Standorten, besonders durch Frost und Wassermangel (z. B. *polare* und *alpine W.*) oder durch hohe Temperaturen und Trockenheit (z. B. *aride W.*) bedingt.

Der oberen W. ist in Gebirgen noch die → Baumgrenze vorgelagert. Wald- und Baumgrenzen werden in den verschiedenen Gebieten von unterschiedlichen Baumarten gebildet, z. B. in Nordskandinavien durch Kiefern und Birken, in Sibirien durch Lärchen, in den Zentralalpen durch Lärchen und Arven, in den Nordalpen durch Fichten, selten durch Arven. Die *obere W.* liegt wegen des Abfallens der Temperaturen vom Äquator zu den Polen um so höher, je weniger weit sie vom Äquator entfernt ist. Ural 500 bis 550 m, Bayerische Alpen 1700 bis 1800 m, Kaukasus (Elbrus) 2400 m, Himalaja (Nanga Parbat) 3800 m, Kilimandscharo 3900 bis 4000 m.

In den Gebirgen der Trockengebiete ist eine *untere W.* beim Übergang vom Wald zur Steppe bzw. vom Wald zur Savanne ausgebildet.

In dicht besiedelten Gebieten sind die aktuellen Wald- und Baumgrenzen, durch Holznutzung und Viehhaltung bedingt, tiefer gelegen als die potentiellen, klimatisch möglichen Wald- und Baumgrenzen.

Waldhyazinthe, → Orchideen.

Waldkauz, → Eulen.

Waldmaus, *Apodemus sylvaticus*, ein der Hausmaus ähnelndes Nagetier, das häufig auch in Gebäude eindringt und dort an Vorräte geht.

Waldmeister, → Rötegewächse.

Waldrapp, → Schreitvögel.

Waldrebe, → Hahnenfußgewächse.

Waldsalamander, *Plethodon*, artenreiche Gattung kleinerer → Lungenloser Molche Nordamerikas. Die Entwicklung der Jungen erfolgt ohne Kiemenlarvenstadium unabhängig vom Wasser, direkt in unter Moos und Steinen abgelegten Eiern, die vom Weibchen bewacht werden.

Waldsänger, *Parulidae*, Familie der → Singvögel mit etwa 100 Arten. In ihrer Gestalt ähneln sie Grasmücken, Fliegenschnäppern oder kleinen Finken. Ihre Heimat ist Amerika.

Waldschildkröte, *Testudo* (*Chelonoidis*) *denticulata*, bis 0,5 m lange, im tropischen Südamerika östlich der Anden beheimatete Vertreterin der → Landschildkröten mit dunklem, hell geflammtem Rückenpanzer.

Waldsteigerfrösche, *Leptopelis*, afrikanische → Ruderfrösche mit senkrechter Pupille und rückgebildeten Haftscheiben, die meist am Boden leben und deren Weibchen die großen, dotterreichen Eier an Gewässerufern eingraben. Die Kaulquappen schlängeln sich nach dem Schlüpfen selbst ins Wasser.

Waldsteppe, Vegetationsformation im Grenzbereich zwischen → Wald und → Steppe, in dem auf kleinem Raum der Wald inselartig aufgelockert und dazwischen die Steppenvegetation ausgebildet ist.

Waldtyp, in verschiedenem Sinn in der Forstwirtschaft und Vegetationskunde verwendeter Ausdruck. Nach Cajander versteht man unter W. eine Waldvegetationseinheit, die auf statistischem Wege aufgrund der Zusammensetzung und Häufigkeit der Arten der Kraut- und Moosschicht (→ *Vegetationsaufnahme*) ermittelt wird. Die so gewonnenen W. stellen meist → Soziationen dar.

Waldvogel, Gattung *Pachyptila*, zur Familie der Sturmvögel gehörende → Röhrennasen mit relativ breitem Schnabel.

Waldvöglein, → Orchideen.

Waldwühlmaus, svw. Rötelmaus.

Wale, *Cetacea*, eine Ordnung der Säugetiere. Die W. sind große bis riesige Wasserbewohner, die im Meer leben (der größte W. und das größte Säugetier überhaupt ist der → Blauwal). Ihre Vordergliedmaßen sind zu Flossen umgestaltet, die Hintergliedmaßen zu im Körper verborgenen Resten verkümmert. Die Fortbewegung geschieht durch Schlagen der quergestellten Schwanzflosse. Nach einer Tragzeit von 10 bis 13 Monaten gebiert das Weibchen ein Junges, dem beim Saugakt die fettreiche Milch von der Mutter aktiv in die Mundhöhle gespritzt wird. Rezente Unterordnungen der W. sind → Zahnwale und → Bartenwale. Viele W. sind in ihrem Bestand gefährdet.

Wallabys, → Känguruhs.

Wallacea, → indoaustralisches Zwischengebiet.

Walläuse, *Cyamidae*, Familie der Flohkrebse mit breitem, flachem Körper, die als Parasiten auf Walen leben.

Walnußgewächse, *Juglandaceae*, eine Familie der Zweikeimblättrigen Pflanzen mit etwa 60 Arten, die in Südosteuropa, Asien und Amerika beheimatet sind. Es handelt sich ausschließlich um Holzpflanzen mit wechselständigen, unpaarig gefiederten Blättern ohne Nebenblätter. Die eingeschlechtigen, einhäusigen Blüten haben eine unscheinbare Blütenhülle, werden vom Wind bestäubt und stehen in kätzchenförmigen Blütenständen. Die weiblichen Blüten sind meist von Hochblättern umgeben, die um die ausgereifte Steinfrucht eine fleischige Hülle bilden oder zu einem Flugorgan umgewandelt werden.

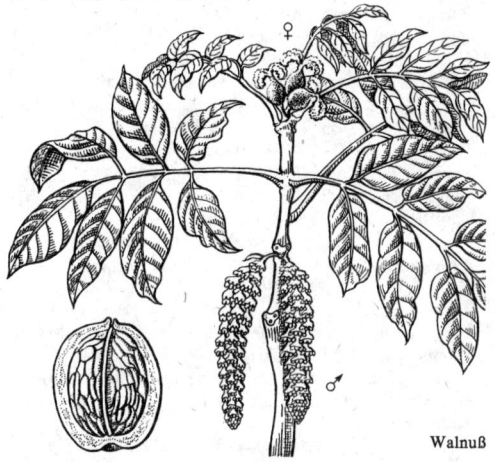

Walnuß

Die **Walnuß**, *Juglans regia*, wird wegen ihrer Früchte und ihres Holzes kultiviert. Die eßbaren Samen enthalten etwa 50% Öl, die Blätter sind offizinell, das harte Holz ist ein wertvolles Möbel- und Furnierholz. Der Walnußbaum ist von Südosteuropa bis zum Himalaja und Burma verbreitet, er wird auch als Parkbaum angepflanzt. Die **Schwarze Walnuß**, *Juglans nigra*, hat ebenfalls eßbare Samen, sie wird überwiegend in Nordamerika kultiviert. Auch verschiedene nordamerikanische Arten der **Hickorynuß**, *Carya*, liefern eßbare Nüsse und sehr wertvolles Holz, z. B. die **Pecannuß**, *Carya illinoiensis*.
Walrat, ein tierisches Wachs, das dem Pottwal als Wärmeschutz dient. Je Tier werden bis zu 5 000 kg gewonnen. W. findet in der pharmazeutischen und kosmetischen Industrie als Zusatz für Salbengrundstoffe Verwendung.
Walrosse, *Odobenidae*, eine Familie der → Robben. Die W. sind große, bis 4,5 m Länge erreichende Säugetiere, deren obere Eckzähne auswachsen. Diese Zähne dienen als Waffe und zum Herauswühlen von Muscheln aus dem Bodengrund. Die W. leben in zwei Arten gesellig an nordpolaren Meeresküsten.
Lit.: A. Pedersen: Das Walroß (Wittenberg 1962).
Walzenechsen, *Chalcides*, von den Mittelmeerländern über Ostafrika bis Indien verbreitete → Glattechsen mit glänzenden Schuppen und unterschiedlicher Rückbildung der Gliedmaßen. Die afrikanische *Gefleckte W.*, *Chalcides ocellatus*, hat normale, kurze, fünfzehige Beine, die *Erzschleiche*, *Chalcides chalcides*, aus dem westlichen Mittelmeerraum nur noch winzige, dreizehige, funktionslose Füßchen. Sie wird 40 cm lang und wirkt äußerlich blindschleichenähnlich.
Walzenspinnen, *Solifugae*, eine Ordnung der zu den Gliederfüßern gehörenden Spinnentiere. Der relativ große, bis 7 cm lange Körper setzt sich zusammen aus einem Prosoma, das in ein Proterosoma und zwei freie Segmente gegliedert ist, und einem segmentierten Opisthosoma. Die Chelizeren stellen gewaltige Zangen dar, enthalten aber niemals Giftdrüsen wie bei den echten Spinnen. Die Pedipalpen sind laufbeinartig, an der Spitze jedoch mit einer ausstülpbaren Haftblase versehen. Von den vier Paar Laufbeinen ist das erste oft kurz und schwach.
Es sind etwa 800 Arten bekannt. Die W. leben in Wüsten und Steppen, viele sind Nacht- oder Dämmerungstiere.

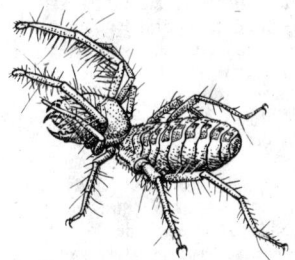

Walzenspinne in Verteidigungsstellung

Treffen sie auf einen Gegner, so nehmen sie sofort eine charakteristische Verteidigungsstellung ein, halten die aufgesperrten Chelizeren dem Feind entgegen und lassen außerdem ein fauchendes Geräusch vernehmen. Die Beute wird lediglich durch den Biß der Chelizeren, niemals durch Gift getötet. Als Nahrung dienen andere Gliederfüßer.
Wanddruck, → Osmose.
Wandelndes Blatt, → Gespenstheuschrecken.
Wanderdüne, Düne, bei der die sandbindende Vegetationsdecke weitgehend zerstört ist und der Wind den feinen Flugsand verweht und an benachbarten Orten erneut anhäuft, z. B. Barchane, unregelmäßige, wandernde Dünenketten, die senkrecht zur Windrichtung verlaufen.
Wanderfalter, Bezeichnung für eine Reihe von Schmetterlingen, die aus ihrem Entwicklungsgebiet heraus einzeln oder in größerer Anzahl gerichtete Wanderungen unternehmen (→ Tierwanderungen). Welche Faktoren den Wandertrieb auslösen, ist noch nicht erwiesen; auch die Gruppierung der W. in Saisonwanderer, Binnenwanderer 1. und 2. Ordnung u. a. ist noch umstritten. Die Wanderfalterforschung, die besonders in Nordamerika und Mitteleuropa betrieben wird, ist ein relativ junger Zweig der Entomologie. In Mitteleuropa sind bis heute etwa 40 Arten bekannt geworden, die gelegentlich oder regelmäßig in mehr oder weniger großer Anzahl von Nordafrika und den Mittelmeerländern einwandern (z. B. Distelfalter, Admiral, Totenkopf, Windenschwärmer, Taubenschwänzchen, Gammaeule) oder innerhalb unserer Breiten Wanderungen unternehmen (Binnenwanderer, z. B. Großer Kohlweißling, Kleiner Fuchs). Die erstgenannte Gruppe umfaßt südliche Arten, die unsere Winter nicht oder nur ausnahmsweise überstehen; ein Teil von ihnen wandert im Spätsommer oder Herbst wieder nach Süden zurück. Die Binnenwanderer sind dagegen in Mitteleuropa heimisch, d. h., sie überdauern unsere Winter. Daneben gibt es solche Arten, die in Mitteleuropa ebenfalls heimisch sind, deren Zahl jedoch durch wechselnde Einwanderung aus südlicheren Gegenden verstärkt wird. Zu diesen Zuzüglern gehören z. B. Trauermantel, Kleiner Perlmutterfalter, Goldene Acht.
Lit.: K. Harz u. H. Wittstadt: Wanderfalter (Wittenberg 1957).
Wanderfische, Fische, die regelmäßig Wanderungen in ihre Fortpflanzungs- oder Nahrungsräume unternehmen, z. B. Lachse, Aale, Heringe (→ Tierwanderungen).
Wanderheuschrecken, Sammelbezeichnung für mehr als ein Dutzend Arten der → Springheuschrecken (Überfamilie Feldheuschrecken), die zur Massenvermehrung neigen und aus ihrem Entwicklungsgebiet heraus in oft riesigen Schwärmen zu neuen Nahrungsplätzen wandern (→ Inva-

sion). Hierbei handelt es sich besonders um in Afrika und Asien heimische Arten der Gattungen *Locusta, Schistocerca* u. a. Die Schwärme erreichen z. T. eine Ausdehnung von 100 km und legen Entfernungen bis zu 1 000 oder sogar 2 000 km zurück. Wo sie sich niederlassen, wird meist die gesamte Vegetation kahlgefressen. In früheren Jahrhunderten kamen Schwärme der W. *Locusta migratoria* L. zuweilen bis nach Deutschland und richteten auch hier größere Schäden an, zuletzt 1889 in der Mark Brandenburg.
   Lit.: H. Weidner: Wanderheuschrecken (Leipzig 1953).
Wandermuschel, → Dreikantmuschel.
Wanderratte, *Rattus norvegicus,* ein über die ganze Erde verbreitetes Nagetier aus der Familie der Mäuse. Ohren und Schwanz sind kürzer als bei der Hausratte. Die W. bevorzugt feuchteres Gelände und hält sich mehr in den unteren Räumen der Gebäude auf. Sie schwimmt und gräbt gut. Die *Laborratte* ist eine domestizierte Form der W.
Wanderu, Bartaffe, *Macaca silenus,* ein schwärzlicher → Makak, dessen Gesicht durch einen langen grauen Haarkranz eingerahmt wird. Seine Heimat ist das südliche Indien.
Wanderung, → Migrationsverhalten, → Tierwanderungen.
Wanderverhalten, svw. Migrationsverhalten.
Wandlockerung, → Streckungswachstum.
Wandmatrix, → Zellwand.
Wanzen, *Ungleichflügler, Heteroptera,* eine Ordnung der Insekten mit etwa 800 Arten in Mitteleuropa (Weltfauna: etwa 40000). Die W. sind fossil seit dem Perm nachgewiesen.
   Vollkerfe. Die Körperlänge beträgt 0,1 bis 10 cm, bei heimischen Vertretern bis 4 cm. Der Kopf ist mit stechendsaugenden Mundwerkzeugen versehen (→ Schnabelkerfe), der Stechrüssel in der Ruhe an die Bauchseite zurückgeklappt. Die Fühler sind bei den Wasserwanzen sehr kurz, bei den Landwanzen länger. Die Beine sind je nach Lebensweise als Schreit-, Raub- oder Schwimmbeine ausgebildet, die Tarsen meist zwei- bis dreigliedrig. Die W. haben ungleiche Flügel: Die Vorderflügel sind Halbdecken (Hemielytren), d. h. zu etwa ⅔ stark chitinisiert (Corium), das äußere Drittel ist häutig (Membran); die Hinterflügel sind häutig. Die Flügel liegen dem meist abgeflachten Körper eng an, sind zuweilen aber auch teilweise oder völlig zurückgebildet. Viele Arten haben Stinkdrüsen. Die meisten W. sind Pflanzensauger, eine Anzahl lebt räuberisch (Wasserwanzen, Raubwanzen) von Insektenlarven und anderen Kleintieren. Die Entwicklung der W. ist eine Form der unvollkommenen Verwandlung (Paurometabolie).
   Eier. Die Ablage erfolgt einzeln oder in Form von Gelegen. Die Eier sind im allgemeinen länglich, rundlich oder birnenförmig. Eine Bettwanze legt z. B. 150 bis 250 Eier. Bei mehreren Familien sind die Eier mit einem »Eizahn« (Eisprenger) versehen. Nur wenige Arten sind lebendgebärend.
   Larven. Sie sind in allen Stadien (in der Regel fünf) den Vollkerfen ähnlich. Die Flügelanlagen treten nach der zweiten Häutung auf. Die Entwicklungszeit bis zum Vollkerf schwankt zwischen acht Wochen und fünf Jahren.
   Wirtschaftliche Bedeutung. Eine Anzahl Arten aus der Gruppe der Pflanzensauger sind Schädlinge an Kulturpflanzen, z. B. Rübenblatt-, Kohl- und Getreidewanze. Die flache, flügellose Bettwanze ist ein sehr lästiger Blutsauger des Menschen.
System
1. Unterordnung: *Wasserwanzen (Hydrocorisae)*
   Leben im Wasser, Fühler sehr kurz und kaum sichtbar
   Familie Ruderwanzen (*Corixidae*)
   Familie Rückenschwimmer (*Notonectidae*)
2. Unterordnung: *Landwanzen (Geocorisae)*
   Mit Ausnahme der auf der Wasseroberfläche lebenden Arten der ersten drei Familien Landbewohner, Fühler länger als der Kopf
   Familie Wasserläufer (*Gerridae*)
   Familie Bachläufer (*Veliidae*)
   Familie Teichläufer (*Hydrometridae*)
   Familie Raubwanzen (*Reduviidae*)
   Familie Plattwanzen (*Cimicidae*) z. B. Bettwanze (*Cimex lectularius* L.)
   Familie Blindwanzen (*Miridae*)
   Familie Feuerwanzen (*Pyrrhocoridae*)
   Familie Rübenwanzen (*Piesmidae*) z. B. Rübenblattwanze (*Piesma quadrata* Fieb.)
   Familie Schildwanzen (*Pentatomidae*) z. B. Kohlwanze (*Eurydema oleraceum* L.), Getreidewanze (*Eurygaster maura* L.)
   Lit.: E. Wagner: W. oder Heteroptera, Die Tierwelt Deutschlands, Tl 41, 54, 55 (Jena 1952–1967); K. H. C. Jordan: Wasserwanzen (Wittenberg 1960), Wasserläufer (Leipzig 1952), Landwanzen (Wittenberg 1962).
Wapiti, → Rothirsch.
Warane, *Varanidae,* in Afrika, Asien und Australien verbreitete Familie der → Echsen. Diese W. sind große Kriechtiere mit kleinen, gekörnten Schuppen, langem Kopf und Hals, deutlichen Ohröffnungen, kräftigen Beinen mit langen scharfen Krallen und starkem, als Ruder und auch als Waffe dienendem Schwanz (»Schlagschwanz«). Die Zunge ist tief gespalten und weit vorstreckbar. Die im allgemeinen 1 bis 2 m langen Tiere (kleinste Art: *Australischer Kurzschwanzwaran, Varanus brevicauda,* mit 20 cm; größte Art: → Komodowaran) sind die größten heute noch lebenden Vertreter der Echsen und leiten stammesgeschichtlich zu den Schlangen über. W. und Schlangen haben gemeinsame direkte Vorfahren. Die W. sind tagaktiv, leben räuberisch und fressen neben Kleinsäugern, Vögeln und Kriechtieren auch Eier und Aas. Die mit Zähnen und Krallen abgerissenen Beutestücke werden – wie bei den Schlangen – unzerkaut verschlungen. Die W. sind meist dunkelgrau gefärbte Bodentiere, die Jungen sind lebhafter gezeichnet. Sie graben sich Erdhöhlen, einige wenige grüne Arten sind ans Baumleben angepaßt, viele lieben das Wasser und haben einen seitlich abgeflachten Schwanz. Sämtliche W. legen Eier, die im Boden oder in Baumhöhlen vergraben werden. Wegen ihres eßbaren Fleisches und auch zur Ledergewinnung werden sie in manchem Ländern stark bejagt. Zu den 31 Arten der W. gehören → Komodowaran, → Bindenwaran, → Nilwaran, → Buntwaran.
Warburgsches Atmungsferment, → Atmungskette.
Warmbrüter, → Kaltbrüter.
Wärmeabgabe, die Mechanismen der physikalischen → Temperaturregulation. Wärmeabgabeprozesse verhindern die Überwärmung gleichwarmer Organismen und dienen somit der Aufrechterhaltung der Körpertemperatur.

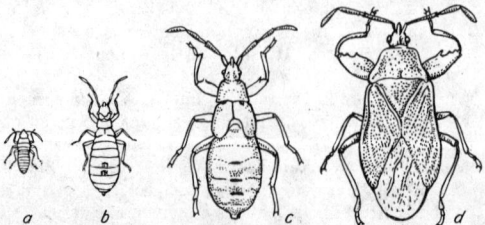

Verwandlung einer Landwanze (*Gastrodes* spec.): *a* Junglarve, *b* drittes Larvenstadium, *c* fünftes Larvenstadium, *d* Vollkerf

An der Körperoberfläche wird Wärme abgegeben durch Strahlung, Leitung bzw. Konvektion (Wärmetransport mit der Blutzirkulation) und durch Verdunstung (Abb.). Physikalische Einflußgrößen der W. sind die Temperaturdifferenz zwischen Körper und Umgebung (verantwortlich für die Strahlungsintensität), der Druck, die Feuchte sowie die Bewegung der Luft, denn sie beeinflussen die Leitung und Konvektion. Physiologisch wird die W. vom → Kühlzentrum des Hypothalamus über die Änderung der Hautdurchblutung gesteuert: Eine Erweiterung der Hautgefäße verstärkt die Strahlung und Konvektion. Bei Überwärmung werden Fasern des Nervus sympathicus gehemmt. Die Blutgefäße erweitern sich, und die Haut strahlt mehr Wärme ab. Hitze erregt cholinerge Fasern des Nervus sympathicus, die die Schweißdrüsen zur Sekretion veranlassen.

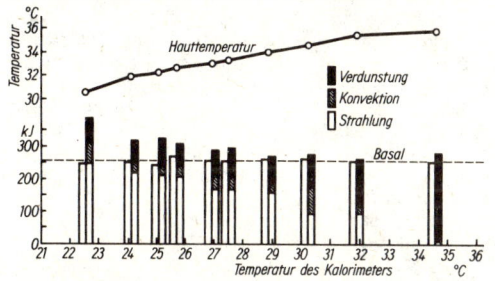

Wärmeabgabeprozesse bei verschiedenen Hauttemperaturen

Im Dienst der W. steht auch das tierische Verhalten. Änderungen der Körperhaltung wie Ausstrecken oder Abkugeln verändern die Strahlungsfläche, Sträuben von Fell oder Aufplustern von Federn verstärkt die isolierende Luftschicht und verschlechtert so Leitung und Konvektion, Bewegung großer Wärmeaustauschflächen wie des Elefantenohres verbessert die Leitung und Strahlung. Die Verdunstung wird über die → Perspiratio sensibilis und insensibilis gesteuert.

Wärmebildung, die Mechanismen der chemischen Wärmebildungsprozesse. Sie verhindern eine Unterkühlung gleichwarmer Organismen. Körperwärme entsteht durch die Ausnutzung des Brennwertes und der spezifisch-dynamischen Wirkung der Nahrungsstoffe. Während der Körperruhe erfolgt bei Säugern die W. vorwiegend in Organen des »Körperkerns«, also im Schädel, im Brust- und Bauchraum; wohingegen Organe der »Körperschale«, das sind Haut und Muskulatur, trotz ihrer größeren Masse einen geringeren Teil der Wärme produzieren. Bei schwerster Muskelarbeit kehrt sich das Verhältnis um. Temperaturregulatorisch bietet der Wechsel Vorteile. Konstant gehalten wird stets die Kerntemperatur; die Schalentemperatur kann schwanken. In Ruhe wird die für die Temperaturregulation benötigte Wärme direkt im Kern gebildet. Bei Muskeltätigkeit wird die zusätzlich in der Schale anfallende Wärme auf kurzem Weg an die Umgebung abtransportiert.

Langfristige Wärmebildungsprozesse erfolgen über das Hormonsystem, kurzfristige über das Nervensystem.

1) Hormonale Steuerung der W. Kältereize erregen → Thermorezeptoren, die eine Freisetzung von TSH (Thyreoidea Stimulierendes Hormon) aus dem Hypophysenvorderlappen veranlassen, welches die Schilddrüse zur Produktion ihrer Hormone Tetraiodthyronin (Thyroxin) und Triiodthyronin anregt. Bei geringer Kältebelastung werden sie als biologisch inaktives Thyreoglobulin gespeichert. Im Kältestreß setzt TSH durch Proteolyse aus dem Thyreoglobulin beide Hormone frei. Sie zirkulieren im Blut und dringen am Wirkort in die Zellen ein. Parallel dazu steigert der Kältestreß die Produktion und Ausschüttung von Adrenalin und Noradrenalin, die zusätzlich die Freisetzung von Tetra- und Triiodthyronin verstärken. Schilddrüsenhormone setzen Wärme frei; Kohlenhydrate, Fette und Eiweiße werden gesteigert verbrannt, Eiweiße nicht mehr resynthetisiert.

2) Nervale Steuerung des W. Das → Erwärmungszentrum im Hypothalamus ruft über Gehirn- und Rückenmarksbahnen des motorischen Nervensystems eine abgestufte und gut dosierbare Kontraktion der Skelettmuskulatur hervor. Dabei nimmt die W. in drei Stufen zu: Der Anstieg ist mäßig bei Erhöhung des Muskeltonus, kräftig bei Auslösung des → Kältezitterns und maximal mit dem Einsetzen der Willkürmotorik. Das sympathische Nervensystem steuert die W. im braunen Fettgewebe. Braunes Fettgewebe, das unter den Schulterblättern, den Achseln, in der Herzgegend und entlang der Aorta vorhanden ist, unterscheidet sich vom weißen durch seinen Reichtum an Mitochondrien, Zytochrom C und Enzymen. Bei der Ausschüttung des Sympathikuswirkstoffes Noradrenalin werden aus dem braunen Fettgewebe freie Fettsäuren mobilisiert, die auf nahegelegene Mitochondrien einwirken, in denen durch Entkopplung der oxidativen Phosphorylierung eine starke W. einsetzt. Diese Art der W. wird im Gegensatz zum sichtbaren Kältezittern *zitterfreie W.* genannt. Sie läuft außer im braunen Fettgewebe auch in der Muskulatur, im Herzen und in der Leber ab.

Wärmehaushalt, → Temperaturregulation.
Wärmpflanzen, → Temperaturfaktor.
Wärmeregulationszentren, svw. Thermoregulationszentren.
Wärmestarre, 1) bei Pflanzen svw. Hitzestarre. 2) bei Tieren → Kältestarre, → Temperaturfaktor.
Wärmetod, → Kältetod.
Wärmezeit, svw. Atlantikum.
Warmrezeptoren, → Thermorezeptoren.
Warntracht, → Schutzanpassungen.
Warwen-Kalender, → Datierungsmethoden.
Warwen-Methode, → Datierungsmethoden.
Warzenbeißer, → Springheuschrecken.
Warzenschlangen, *Acrochordidae,* urtümliche, in die weitere Verwandtschaft der → Riesenschlangen einzuordnende, völlig ans Wasserleben angepaßte, lebendgebärende Schlangen der Mündungszonen der Flüsse Süd- und Südostasiens bis zum Indoaustralischen Archipel. Ihre Nasenlöcher und Augen befinden sich auf der Oberseite der Schnauze. Die W. haben eine sehr rauhe Haut, die zu »Wasserschlangenleder« verarbeitet wird. Die *Javanische W., Acrochordus javanicus,* wird 2 m lang und frißt Fische.
Warzenschwein, *Phacochoerus aethiopicus,* ein wenig behaartes, graues Schwein aus den afrikanischen Savannengebieten. Die Männchen besitzen gewaltige Hauer und jederseits am Kopf zwei große Warzen. Das W. verkriecht sich vor der Tageshitze unter anderem in verlassenen Erdferkelbauen.
Warzenvirus, → Virusfamilien.
Waschbär, *Procyon lotor,* ein graubrauner Kleinbär mit dichtem Fell, langem, buschig behaartem Schwanz und spitzer Schnauze. Der W. ist vorwiegend in der Dämmerung und nachts aktiv und ernährt sich von kleinen Wirbeltieren, Insekten und Früchten. Sein Name geht auf die Eigenheit zurück, die Nahrung häufig am Wasser zwischen den Vorderpfoten zu »waschen«. Ursprünglich nur in Nord- und Mittelamerika verbreitet, ist der W. als Pelztier nach Europa gelangt und hat sich hier stellenweise eingebürgert.
Washingtoner Abkommen, → Artenschutzabkommen.
Wasser, H_2O, eine Verbindung von Wasserstoff und

Wasserabgabe

Sauerstoff. W. ist ein lebenswichtiger Faktor, der das Leben der Tiere und Pflanzen in starkem Maße beeinflußt.

W. ist als Quellungsmittel der Eiweiße und Lösungsmittel vieler Stoffe Träger der chemischen und physikalischen Vorgänge in der Zelle und vermittelt durch Strömen der Gewebs- und Nahrungssäfte die Aufnahme und den Transport der Nährstoffe. W. ermöglicht die zur Verdauung notwendige hydrolytisch-enzymatische Spaltung von Nahrungsmitteln. Es ist an der → Temperaturregulation der gleichwarmen Organismen beteiligt. Wasserentzug und Wassermangel führen bei höheren Tieren zu schweren Schädigungen und sehr bald zum Tode. Die Deckung des Wasserbedarfs erfolgt bei Tieren unmittelbar durch Trinken oder durch die Nahrungsaufnahme; teils ist die Körperoberfläche zur Wasser- oder Wasserdampfabsorption befähigt, z.B. bei vielen Schnecken und Insekten, oder es kann durch Oxidation von Nahrungs- und Reservestoffen, vor allem von Fett, aber auch von Kohlenhydraten und Eiweißen, W. gewonnen werden, wie etwa bei Wüstenbewohnern oder Trockenholzfressern unter den Insekten.

Das Tier unterliegt einem ständigen Feuchtigkeitsverlust durch Ausscheidungsvorgänge. Je nach Lebensweise kann man dabei *Wassersparer* mit trockenem Kot und konzentrierten Exkretstoffen (Kaninchen, Mehlkäfer) und *Wasserverschwender* mit breiigem Kot und großen Harnmengen (Rinder, Blut- und Saftsauger, Wasserbewohner) unterscheiden. Bei Landtieren außerhalb feuchtigkeitsgesättigter Räume tritt außerdem ein Wasserverlust durch Verdunstung auf, der durch Luftfeuchtigkeit, Temperatur und Luftbewegung beeinflußt wird.

Für Tiere in verdunstungsfördernder Umwelt sind deshalb zahlreiche Schutzeinrichtungen wie Chitin-, Horn- und Kalkschalenbildungen, Verschluß der Körperöffnungen und Verhaltensweisen zum Wassersparen ausgebildet. Der Grad des erträglichen Wasserverlustes ist sehr unterschiedlich: Säugetiere sterben, wenn sie etwa 15% Wasser verlieren, Nacktschnecken können bis zu 80% und Rundwürmer sogar 86% abgeben. Dabei ist die Toleranz für die einzelnen Entwicklungsstadien sehr unterschiedlich, z. B. kann der Häutungs- und Schlüpfvorgang bei Landgliederfüßern durch geringe Luftfeuchtigkeit stark behindert werden.

Auch Entwicklungsdauer und Sterblichkeit werden bei wechselwarmen Tieren vom Wasserangebot beeinflußt. Im allgemeinen verkürzt ausreichende Feuchtigkeit die Entwicklung und verlängert die Lebensdauer, soweit bei Trockenheit keine Ruhepausen eingelegt werden. Unter ungünstigen Feuchtigkeitsbedingungen können Insektengruppen über die normale Zeit hinaus in diesem Stadium verharren. Einzeller, Rädertiere, Rundwürmer und Bärtierchen verfallen in anabiotische Zustände als Überdauerungsstadien und können so viele Jahre überleben.

Ein Überangebot an Feuchtigkeit führt bei Tieren, deren Haut wasserdurchlässig ist, zu Schäden. Es kommt zu Quellungserscheinungen, etwa bei Engerlingen während Überschwemmungen. Andererseits können viele Käfer lange im W. überdauern. Diese Fähigkeit hängt von der Durchlässigkeit des Integuments, seiner Benetzbarkeit und vom osmotischen Wert der Körperflüssigkeit ab.

Die Anpassung an feuchte oder trockene Lebensstätten wird durch die Begriffe *Hygrophilie* bzw. *Xerophilie*, zwischen denen alle Übergänge bestehen, umrissen. Die betreffenden Tiere zeigen ein Vorzugsverhalten für die ihnen zusagenden Feuchtigkeitsbedingungen. Durch Änderung der Wasserbilanz im Tierkörper, etwa durch Wasserentzug, suchen auch indifferente Arten die günstigste Feuchtigkeit.

Häufig wirkt die Feuchtigkeit aktivierend und stimulierend auf luftlebende Tiere, bei feuchtem Wetter sind Lurche, Schnecken und Regenwürmer sehr aktiv, Stechmücken sehr aggressiv. Zunehmende Trockenheit der Umgebung kann bei Asseln oder einigen Insekten Unruhe und Suchbewegungen (*Hygrokinese*) auslösen. Als Orientierungsfaktor spielt das W. eine Rolle, wenn es gerichtete Bewegungen (*Hygrotaxis*) herbeiführt, z. B. bei Mücken, Bienen, Drahtwürmern und Asseln.

Wasserabgabe, → Wasserhaushalt.

Wasseragamen, *Physignathus,* in Australien und auf dem südostasiatischen Festland beheimatete, bis 80 cm lange Agamen. Die W. sind meist grünlich mit dunkleren Querbinden. Ähnlich dem südamerikanischen → Grünen Leguan leben sie auf Bäumen am Wasser. Sie sind gute Schwimmer, der Schwanz dient als Ruder. Die Gelege werden am Ufer vergraben.

Wasseramseln, *Cinclidae,* in Eurasien und Amerika verbreitete Familie der → Singvögel mit nur 4 Arten. W. leben an Gebirgsbächen. Ihre Nahrung besteht aus Flohkrebsen, Wasserasseln und im Wasser lebenden Insektenlarven. Sie erbeuten sie unter Wasser. Sie können sogar unter Wasser laufen.

Wasserassel, *Asellus aquaticus,* im Süßwasser Europas weit verbreitete und häufige Assel, die vor allem in stehenden Gewässern lebt und sich im Pflanzenwuchs und unter Fallaub aufhält.

Wasseraufnahme, → Wasserhaushalt.

Wasserbilanz, → Wasserhaushalt.

Wasserblüte, Massenentwicklung von Geißel-, Blau-, Grün-, Kiesel- oder Jochalgen und durch sie hervorgerufene, meist grünliche oder bräunliche Verfärbung des Wassers (*Vegetationsfärbung*). So erscheinen Massenentwicklungen von *Chromophyton* auf Waldtümpeln häufig als goldigglänzender Überzug. *Euglena sanguinea* bildet besonders auf Hochgebirgsseen rote W. Solche rotgefärbten Gewässer werden dann als *Blutsee* oder *Blutregen* bezeichnet. W. sind typisch für nährstoffreiche Gewässer. W. können die Nutzung des Wassers als Trink- und Brauchwasser stark beeinträchtigen.

Wasserblüten, → Eintagsfliegen.

Wasserblütigkeit, → Bestäubung.

Wasserbock, *Kobus ellipsiprymnus,* eine hirschgroße afrikanische Antilope mit strähnigem, öligem Fell. Sie hält sich bevorzugt in Gewässernähe auf und flüchtet bei Gefahr oft ins Wasser.

Wasserbüffel, → Büffel.

Wasserdrüsen, → Guttation.

Wasserfalle, → Sonnentaugewächse.

Wasserfarne, → Farne.

Wasserfasan, → Regenpfeifervögel.

Wasserfledermaus, → Glattnasen.

Wasserflöhe, *Cladocera,* zu den → Blattfußkrebsen gehörende Süßwasserbewohner, deren Körper bis auf den Kopf von einer zweiklappigen Schale eingehüllt wird. Durch Schläge mit den großen Antennen bewegen sich die W. sprunghaft im Wasser vorwärts (daher der Name). Bei der Fortpflanzung wechseln parthenogenetische und zweigeschlechtliche Generationen (Heterogonie). Einige Arten wandeln die äußere Körperform im Laufe des Jahres von einer Generation zur anderen mehr oder weniger stark ab (Zyklomorphose). Der *Große Wasserfloh, Daphnia magna,* kommt besonders in kleinen und kleinsten Gewässern vor.

Organisationsschema eines Wasserflohes (*Cladocera*) mit Ephippium, das zwei Dauereier enthält

Die W. werden in großem Umfange als Futter für Aquarienfische verwandt, sind aber auch in der Natur von großer Bedeutung als Fischnahrung.

Wasserflorfliegen, → Großflügler.

Wasserfrösche, Sammelname für Frösche, die sich meist im Wasser aufhalten. Erst neuere Forschungen haben gezeigt, daß die Grünfrösche Mitteleuropas neben dem → Seefrosch durch weitere 2 Arten (und nicht, wie früher angenommen, nur den W., *Rana esculenta*) vertreten sind. Der *Kleine W., Rana lessonae*, ist grasgrün (selten braun), zur Fortpflanzungszeit oft gelblich, mit runden, schwärzlichen Flecken. Die Hinterseite des Oberschenkels ist gelb. Der innere Fersenhöcker ist groß, halbkreisförmig hochgewölbt, das Verhältnis Zehen- zu Fersenhöckerlänge kleiner als 2,1. Die Männchen haben weiße Schallblasen. Der Kleine W. bewohnt stehende, vegetationsreiche Kleingewässer ganz Europas, die Paarung erfolgt von Mai bis Juni, etwas später als beim Seefrosch. – Der *Teichfrosch, Rana esculenta*, ist eine Bastardform, die ursprünglich aus Kreuzungen zwischen Seefrosch und Kleinem W. hervorgegangen ist, in den meisten Kennzeichen zwischen diesen Arten steht und oft schwer abgrenzbar ist. Der innere Fersenhöcker ist stärker hochgewölbt als beim Seefrosch, bildet aber keinen Halbkreis wie bei *Rana lessonae*. Das Verhältnis Zehen- zu Fersenhöckerlänge beträgt 2,0 bis 2,8. Färbung und Zeichnung ähneln *Rana lessonae* (doch Schallblasen meist grau, Oberschenkel weniger gelb). In vielen Gewässertypen heimisch, kommt der Teichfrosch in Mitteleuropa bis zu 800 m Höhe vor.

Wassergefäßsystem, *Ambulakralsystem,* bei den Stachelhäutern ein auf der Mundseite verlaufendes Kanalsystem, das aus einem den Vorderdarm umgebendem Ring und 5 von diesem ausgehenden Radiärkanälen besteht. Jeder Radiärkanal gibt zahlreiche Seitenkanäle ab, die in einer kleinen Ausstülpung enden und auf der dem Boden zugekehrten Körperseite zu Füßchen, sonst zu Papillen und Tentakeln werden. Das W. geht aus dem linken Mesozöl (Hydrozöl) hervor und steht durch den Steinkanal mit dem Axialorgan (linkes Protozöl, Axozöl) in Verbindung.

Wassergehalt, → Wasserhaushalt.

Wasserharnuhr, → Diurese.

Wasserhaushalt, der Komplex von Aufnahme, Leitung und Abgabe des Wassers. Er ist ein grundlegend wichtiger Teil des Stoffwechsels, denn ausreichende Versorgung des Pflanzen- und Tierkörpers mit Wasser ist eine wesentliche Voraussetzung für den normalen Ablauf der Lebensvorgänge.

1) W. der Pflanzen. a) *Wasseraufnahme.* Die höheren Landpflanzen nehmen Wasser mit ihren Wurzeln aus dem Erdboden vor allem auf osmotischem Wege (→ Osmose) auf. Ferner kann Wasser durch → Quellung aufgenommen werden. Triebkraft für die Wasseraufnahme ist in beiden Fällen ein Gefälle im chemischen Potential des Wassers. Der Vorgang selbst ist meist eine Diffusion. Diese wird dadurch erleichtert, daß im Bereich der Wasserzone und besonders auf den Wurzelhaaren, die vornehmlich zur Aufnahme des Wassers und der darin gelösten Nährstoffe dienen, keine oder nur eine sehr schwache Kutikula ausgebildet ist. Die Wasseraufnahme durch die Wurzel erfordert, daß deren Saugkräfte (→ Osmose, → Quellung) diejenigen des Bodens übertreffen. Da das Wasser im Erdboden in der Regel als eine verdünnte Salzlösung mit niedrigen osmotischen Werten vorliegt, ist diese Voraussetzung im allgemeinen erfüllt. In Salzböden kann das Bodenwasser aber osmotische Werte von etwa 100 bar ($\approx$ 100 at) erreichen. Überdies wird ein Teil des Bodenwassers selbst in normalen Böden durch Adsorption an Bodenpartikeln und Quellung von Bodenpartikeln sehr fest gebunden, wobei die entsprechenden Kräfte auf Tonböden außerordentlich hoch sind. Um unter diesen Bedingungen zu existieren, müssen die entsprechenden Pflanzen bestimmte Anpassungen aufweisen, z.B. hohe osmotische Werte in den Wurzelzellen und die Fähigkeit, diese zu ertragen.

Die Laubblätter höherer Landpflanzen vermögen bis zu einem gewissen Grad Tau und Regen aufzunehmen. Einige der → Epiphyten nehmen mit Hilfe besonderer Saughaare Wasser überwiegend aus der Luft auf, andere resorbieren es aus ihren Blattrosetten, die zisternenartig Regenwasser speichern. Epiphytische Orchideen besitzen zur Wasseraufnahme besonders eingerichtete »Luftwurzeln«. Viele Hautfarne, die nur an Standorten hoher Luftfeuchtigkeit gedeihen, sind ebenfalls auf atmosphärische Wasserzufuhr angewiesen. Bei den Moosen erfolgt die Wasseraufnahme ausschließlich über die Blätter. Die Wasserpflanzen resorbieren Wasser auf osmotischem Wege entweder durch die ganze Oberfläche, wie submers lebende Wasserpflanzen, oder mit Hilfe von wurzelartig umgebildeten Blättern, wie Schwimmfarne.

b) *Wasserleitung.* Durch Wurzelhaar- bzw. Epidermiszellen aufgenommenes Wasser wird zunächst durch die Wurzelrinde bzw. in die Leitbündel transportiert. Bei diesem *extravaskulären Wassertransport* kann das Wasser auf osmotischem Wege von Vakuole zu Vakuole und somit von Zelle zu Zelle wandern (*extravaskulärer Wasserstrom*). Es kann aber auch im zusammenhängenden Kapillarsystem der Zellwände (durch deren Intermizellar- und Interfibrillarräume), also auf dem *Apoplastenweg*, erfolgen, bis dieses in der Endodermis durch den wasserundurchlässigen → Casparyschen Streifen gesperrt ist, so daß das Wasser in die Endodermiszellen eintreten muß. Aus diesen gelangt es dann unter direkter oder indirekter Mitwirkung aktiver Transportvorgänge in den Zentralzylinder, und zwar in die Gefäße der Leitbündel (*Gefäßleitung*), in denen von der Wurzel bis in die Blätter ein kontinuierlicher Wasserstrom (*vaskulärer Wasserstrom*) fließt, der das in den Blättern durch Transpiration abgegebene Wasser ersetzt. Bei diesem *vaskulären Wassertransport* kann das Wasser bei Bäumen 30 bis 50 m, bei *Eucalyptus*-Arten und einigen Lianen sogar über 100 m transportiert werden. Bei diesen Kletterpflanzen fand man Strömungsgeschwindigkeiten von mehr als 100 m/h. In krautigen Pflanzen können Werte von 60, bei weitporigen Hölzern, wie Eiche, von 20 bis 45 m/h erreicht werden. Bei engporigen Laubholzarten, wie Buche, beträgt die Geschwindigkeit 1 bis 4 m/h und bei Nadelhölzern, die lediglich einfach gebaute Gefäße besitzen, nur etwa 1 m/h.

Zu den Kräften, die zur Hebung des Wassers entgegen der Schwerkraft erforderlich sind, gehört der Wurzeldruck. Er spielt vornehmlich im Frühjahr vor dem Laubaustrieb eine besondere Rolle, reicht aber bei zunehmender Transpiration nach der Laubentfaltung allein als treibende Kraft nicht aus. Überdies vermag der normalerweise höchstens 1 bar ($\approx$ 1 at) betragende Wurzeldruck Wasser nur bis zu einer Höhe von 10 m zu heben. Entscheidende Triebkraft ist eine von den transpirierenden Blattflächen ausgehende Saugwirkung, durch die das Wasser in den Gefäßen regelrecht emporgezogen wird. Ein solcher Sog bleibt jedoch nur wirksam, solange die zusammenhängenden Wasserfäden in den Gefäßbahnen nicht abreißen. Das ist gewährleistet durch die außerordentlich hohen Kohäsionskräfte von über 250 bar ($\approx$ 250 at), die die einzelnen Wasserteilchen zusammenhalten, solange nicht Gasblasen in die Gefäße eindringen und zu Gasembolien führen. Man spricht von einer *Kohäsionstheorie* des Wassersteigens, obwohl die Kohäsion lediglich Voraussetzung und nicht Triebkraft der Wasserleitung darstellt. Die eigentliche Hubkraft liegt in dem zwischen Erdoberfläche und Atmosphäre

Wasserkreislauf

bestehenden Dampfdruckgefälle begründet, das letztlich durch die Wärmeenergie der Sonne aufrechterhalten wird. In dieses Gefälle ist die Pflanze lediglich eingeschaltet, so daß kein zusätzlicher eigener Energieaufwand zur Wasserleitung erforderlich ist, mit Ausnahme des durch den Wurzeldruck geleisteten Anteils.

Wenn das Wasser schließlich aus den Gefäßen in das Blattparenchym gelangt ist, erfolgt der extravaskuläre Transport überwiegend apoplastisch.

c) *Wasserabgabe.* Die hauptsächlichste Form der Wasserabgabe bei Pflanzen ist die → Transpiration. Bei nicht ausreichender Transpiration kann Wasser durch → Guttation ausgeschieden werden. Nach Verletzung von Pflanzen erfolgt → Blutung.

Ausschlaggebend für den W. der Pflanzen ist deren *Wasserbilanz*, d. h. das Verhältnis des aufgenommenen Wassers zu dem durch Transpiration abgegebenen. Die Wasserbilanz muß über längere Zeiträume ausgeglichen sein, doch kann sie auch vorübergehend negativ werden. Wenn sie längere Zeit negativ bleibt, beginnen die Pflanzen jedoch zunächst reversibel, später dann irreversibel zu welken.

Pflanzen, die durch ein stark entwickeltes Wurzelsystem, durch empfindliche Regulation der Spaltöffnungen und oft auch durch den Besitz von Wasserspeichern ihre Wasserbilanz im Tagesgang weitgehend ausgeglichen haben, bezeichnet man als hydrostabile Arten. Zu diesen zählen z.B. Bäume, Schattenpflanzen und Sukkulente, ferner manche Gräser. Demgegenüber zeigen die hydrolabilen Arten, zu denen viele Pflanzen warmer Standorte und eine Reihe von Gräsern gehören, viel größere Schwankungen der Wasserbilanz, die jedoch von deren Zellen ertragen werden.

Experimentell wird die Wasserbilanz ermittelt, indem der Sättigungswassergehalt (W_s) und der aktuelle Wassergehalt (W_a) eines Pflanzenorgans bestimmt werden. Nach der Formel

$$WSD\,[\%] = \frac{W_s - W_a}{WS} \cdot 100$$

ergibt sich hieraus das *Wassersättigungsdefizit (WSD)*, das als Maßzahl für die Wasserbilanz dienen kann. Ein konkretes Maß für die Wasserbilanz ist ferner die Bestimmung des → Wasserpotentials der Organe.

2) W. der Tiere und des Menschen. Landlebende Wirbeltiere bestehen zu 60 bis 75% aus Wasser, wobei der Wassergehalt auf Fett gezüchteter Haustiere bis auf 50% sinken kann. Zu 97 bis 99% aus Wasser bestehen Medusen. Ein Wasserverlust von wenigen Prozent führt bei den meisten Tieren zu schweren körperlichen Schäden. So erleiden Wirbeltiere bei einem Wasserverlust von 10 bis 15% den Tod. Wirbellose sind gegen Austrocknung z.T. widerstandsfähiger.

Die Gesamtwassermenge verteilt sich bei den Wirbeltieren auf drei Räume, die miteinander über semipermeable Membranen in Verbindung stehen: 1) Das Wasser im Blutkreislauf, das 4% der Körpermasse beim Menschen ausmacht. 2) Der Wasserraum außerhalb der Körperzellen; jener interstitielle Raum nimmt beim Menschen 16% der Körpermasse ein. 3) Der intrazelluläre Wasserraum ist mit 40% der Körpermasse eines Menschen der größte.

Starke Veränderungen des *Salz-Wasser-Verhältnisses* im Blut können mit Wasser so abgepuffert werden, daß sich der osmotische Druck des Blutes und sein Volumen nur wenig ändern (→ Osmoregulation, → Volumenregulation).

Wasseraufnahme. Sie erfolgt entweder durch die Haut; das gilt für sämtliche im Wasser und viele in feuchten Bereichen des Landes lebende Wirbellose sowie mundlose Parasiten, die in anderen Tieren leben, und für die Lurche; oder sie erfolgt mit der Nahrungsaufnahme. Eine Anzahl landlebender Wirbelloser sowie die Kriechtiere, Vögel und Säugetiere decken ihren Wasserbedarf durch Trinken von Wasser oder aus dem Wassergehalt der aufgenommenen Nahrung. Besonders viel Wasser benötigen die Säugetiere. Sie müssen den wasserlöslichen Harnstoff, ein giftiges Stoffwechselendprodukt, schnell aus dem Körper entfernen. Vögel und Kriechtiere, die die schwerlösliche und daher weniger gefährliche Harnsäure bilden, brauchen weniger Wasser. Außer dem Trink- und Nahrungswasser können die Tiere das beim Abbau der Nährstoffe anfallende *Stoffwechsel-* oder *Oxidationswasser* verwenden. Dieses hat besondere Bedeutung für die Tiere, die kein Wasser trinken, wie Holzkäfer und Kleidermotten, oder für Kamele, Zebus und Fettsteißschafe, die lange Zeit ohne Wasser auskommen können. Folgende Tabelle zeigt, wieviel Wasser 100 g eines Nährstoffes freisetzen:

100 g Eiweiß	41,3 g Wasser
100 g Kohlenhydrat	55,9 g Wasser
100 g Fett	107,0 g Wasser

Wasserabgabe. Überschüssiges Wasser gibt der Organismus ab. Ein großer Teil davon wird durch die → Nierentätigkeit bereitgestellt und bei der → Miktion abgegeben. Verdunstendes Wasser an der Außenhaut oder an Schleimhäuten dient der → Temperaturregulation vieler gleichwarmer Organismen. Ein erwachsener Mensch gibt normalerweise innerhalb 24 Stunden über Harn, Lunge, Haut und Kot 2,5 l ab, die über Speisen, Getränke und das Oxidationswasser wieder eingenommen werden müssen.

Wasserkreislauf, → Wasserhaushalt.

Wasserkultur, Anzucht von höheren Pflanzen in wäßrigen Lösungen bestimmter Nährsalze (→ Pflanzennährstoffe). Versuche mit der erdlosen Kultur von Pflanzen (*erdeloser Pflanzenbau*) wurden schon frühzeitig durchgeführt, z. B. 1699 von Woodward. Die moderne W. basiert auf Arbeiten von Sachs (1860); wenig später, 1865, veröffentlichte Knop seine berühmt gewordene → Nährlösung, die bis heute Verwendung findet. Das wissenschaftliche Anwendungsgebiet der W. hat sich seitdem erheblich ausgeweitet. Die eingehende Erforschung des Mineralstoffwechsels der Pflanzen und zahlreicher agrikulturchemischer Probleme war nur durch die Methoden der W. möglich. Darüber hinaus dient die W. häufig bei anderweitigen Untersuchungen in Pflanzenphysiologie, Phytopathologie und Pflanzenzüchtung als exakt reproduzierbares Anzuchtverfahren für Versuchspflanzen.

Als Nährmedium verwendet man je nach Problemstellung entweder vollständige Nährlösungen, die sämtliche Makro- und Mikronährstoffe enthalten, oder Mangellösungen, denen einzelne oder mehrere lebensnotwendige Elemente fehlen. Bei »stehender Kultur« wird das Medium während des Versuches nicht oder periodisch gewechselt; bei »fließender Kultur« erfolgt demgegenüber eine kontinuierliche Erneuerung, so daß Zusammensetzung und Eigenschaften der Nährlösung gleich bleiben. In bestimmten Fällen ist eine sterile Kultur nötig, die allerdings eine Reihe zusätzlicher Einrichtungen erfordert. Eine Sonderform bildet die *Luftkultur*, bei der die Pflanzenwurzeln nicht in Wasser, sondern in feuchter Luft wachsen und von Zeit zu Zeit mit Nährlösung besprengt werden. Bei der Verwendung von reinem, mit Nährlösung getränktem Quarzsand spricht man von → Sandkultur.

Als Kulturgefäße für W. dienen meist Zylinder oder weithalsige Flaschen verschiedener Größe aus Glas (für Spezialuntersuchungen eventuell Quarzglas), emailliertem Eisenblech oder Kunststoffen. Zum Abdecken der Gefäße und zur gleichzeitigen Befestigung der Pflanzen verwendet man häufig Lochplatten aus verschiedenem Material. Gegen zu starke Lichteinwirkung und Erwärmung sowie zur Eindämmung des Algenwachstums ist eine Umhüllung der Gefäße oder ein lichtundurchlässiger Außenanstrich empfehlenswert. Bei bestimmten Methoden werden die Nährmedien belüftet. Die Versuchspflanzen müssen bei einer W. vorgekeimt werden und zum Zeitpunkt des Einsetzens bereits eine gewisse Ausbildung der Wurzeln und Sprosse aufweisen. Die weiteren Einzelheiten der Methodik wechseln je nach Versuchsziel, Pflanzenart und sonstigen Gegebenheiten.

Eine für praktische Belange vereinfachte und abgewandelte W. von Pflanzen, die insbesondere gärtnerisch angewendet wird, ist die *Hydroponik* oder *Hydrokultur*. Ihre technische Durchführung ist prinzipiell in verschiedener Weise möglich: 1) *Tank-Wasserkultur*. Die Nährlösung befindet sich in großen Behältern aus Holz, Eisenblech oder Beton. Als Deckel dienen Rahmen mit einem Drahtgitter, dem eine Schicht aus Torf, Stroh oder ähnlichem Material aufliegt. In diese Deckschicht werden die Pflanzen entweder direkt eingesät oder gepflanzt; die Wurzeln wachsen durch das Drahtgitter in die Nährlösung. 2) *Mineralstau-* oder *Kieskultur*. Entsprechende Tanks, Wannen oder Töpfe enthalten eine Schicht von grobkörnigem Sand, Quarzkies, Schlacke, Bimssteingrus, Ziegelgrus oder dgl. Die Zuführung der Nährlösung kann verschieden erfolgen: a) periodische Durchspülung von oben; b) periodische Berieselung mit Hilfe eines Rohrleitungssystems; c) Einpumpen der Lösung von unten mit anschließendem Ablauf.

Neben dem Einsatz in größeren Gärtnereien für verschiedene Pflanzenarten hat die Hydroponik in zunehmendem Maße auch für die Kultur von Zimmerpflanzen Anwendung gefunden. Dafür sind im Handel spezielle Hydroponiktöpfe und komplette Nährsalzmischungen in Tablettenform erhältlich. Anstelle von Kies u. a. werden gelegentlich Kunststoffborsten (Biolaston) benutzt.

Lit.: W. Schropp: Der Vegetationsversuch. 1. Die Methodik der W. höherer Pflanzen. – Methodenbuch, Bd. 8 (Radebeul u. Berlin 1951).

Wasserläufer, *1)* → Schnepfen. *2)* → Wanzen.
Wasserleitung, → Wasserhaushalt.
Wasserlinsengewächse, *Lemnaceae,* eine Familie der Einkeimblättrigen Pflanzen mit etwa 25 Arten, die z. T. kosmopolitisch verbreitet sind. Es sind ausschließlich sehr kleine, frei schwimmende oder untergetaucht lebende Wasserpflanzen mit einem stark reduzierten, linsenförmigen oder gestielt-lanzettlichen Vegetationskörper und nur selten auftretenden eingeschlechtigen Blüten ohne Hülle, die entweder nur aus einem Staubblatt oder nur aus einem Fruchtblatt bestehen und bei einigen Vertretern von einem Hochblatt, der Spatha, umgeben sind. Die Bestäubung erfolgt durch Wasserinsekten. Häufigste mitteleuropäische Art ist die **Kleine Wasserlinse,** *Lemna minor,* die an jedem Laubglied eine Wurzel hat und oft die gesamte Oberfläche stehender oder langsam fließender, nährstoffreicher Gewässer bedeckt. Sie dient vor allem Wasservögeln als Nahrung und wird daher auch als Entengrütze bezeichnet. Ähnlich verbreitet ist die **Vielwurzelige Teichlinse,** *Spirodela polyrhiza,* die an jedem Laubglied ein Wurzelbüschel trägt. Viel seltener ist in unseren Gewässern die kleinste Blütenpflanze des Pflanzenreichs überhaupt zu finden, die **Zwergwasserlinse,** *Wolffia arrhiza,* die nur 1 bis 1,5 mm groß wird und wurzellos ist.

Wasserlungen, bei zahlreichen Seewalzen paarige Ausstülpungen des Enddarmes in die Leibeshöhle, die, mit sauerstoffreichem Wasser versorgt, neben der Exkretion und der Aufrechterhaltung des Leibeshöhlendruckes als *Kiemenlungen* der Atmung dienen. Die W. sind baumförmig reich verzweigte, dünnwandige Röhren und durchziehen oft einen großen Teil der Leibeshöhle. Die Hauptstämme und Äste sind aus den gleichen Schichten wie die Darmwand aufgebaut. Ihre zahllosen Verzweigungen enden blind und werden allseitig von der Leibeshöhlenflüssigkeit umspült. Bei der Atmung wird durch abwechselndes Öffnen und Schließen der Afteröffnung und der Öffnung der W. in den Enddarm und mit Hilfe von Kontraktionen der Gefäßwandungen eine Ventilation des Atemwassers erreicht. Während dieser Tätigkeit wird der Mitteldarm an der Einmündung in den Enddarm durch Muskelkontraktion geschlossen. Der von den W. aufgenommene Sauerstoff wird direkt an die Leibeshöhlenflüssigkeit abgegeben.

Wassermilben, *Hydrachnella, Hydracarina,* eine Gruppe der zu den Spinnentieren gehörenden Milben, die sekundär zum Wasserleben übergegangen sind. Als W. werden mehrere Familien mit insgesamt 2 800 Arten zusammengefaßt, die offenbar nicht näher miteinander verwandt sind. Sie treten im Meer und Süßwasser auf. Fast alle sind Räuber, die vor allem kleine Krebse anfallen, mit den Chelizeren anstechen und aussaugen. Einige Arten können schwimmen.

Wassermokassinschlange, *Agkistrodon piscivorus,* häufige, bis 1,50 m lange → Grubenotter Nordamerikas, vor allem der Südstaaten der USA. Die Jungtiere sind lebhaft rotbraun, weiß und schwarz gebändert, die Alttiere einfarbig blauschwarz. Die W. ist eine feuchtigkeitsliebende, gern das Wasser aufsuchende Giftschlange, die sich vor allem von Fischen und Fröschen ernährt. Das Weibchen bringt 5 bis 15 lebende Junge zur Welt.

Wassermolche, → Echte Wassermolche.
Wassermotten, → Köcherfliegen.
Wassernetz, → Grünalgen.
Wassernußgewächse, *Trapaceae,* eine Familie der Zweikeimblättrigen Pflanzen mit einer Gattung und drei Arten, die in Europa und Asien vorkommen. Es sind Schwimmpflanzen mit wechselständigen Blättern und kleinen Nebenblättern und zwittrigen, 4zähligen Blüten. Die Fruchtbildung erfolgt unter Wasser, es entstehen dornige Nußfrüchte, wobei die hornartigen Dornen aus den umgewandelten Kelchblättern gebildet werden. Einheimisch ist in Mitteleuropa die **Wassernuß,** *Trapa natans,* die allerdings nur noch selten in wärmeren, stehenden Gewässern anzutreffen ist.

Wasserpflanzen, svw. Hydrophyten.
Wasserpotential, Differenz der chemischen Potentiale des Wassers zwischen einem gegebenen Ort, z.B. in der Vakuole der Pflanzen (μ_w), und reinem Wasser unter Atmosphärendruck (μ_{ow}). Unter Berücksichtigung des partiellen Molvolumens des Wassers (V_w) ist das W. (ψ_w) durch die Formel

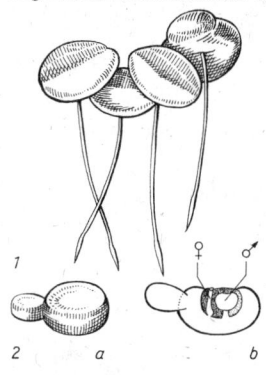

$$\psi_w = \frac{\mu_w - \mu_{ow}}{V_w}$$

Wasserlinsengewächse: *1* Kleine Wasserlinse (*Lemna minor*), *2* Zwergwasserlinse (*Wolffia arrhiza*): *a* Pflanze, *b* blühender Sproß im Längsschnitt

Wasserratten

beschrieben. Das W. ist sowohl auf osmotische Erscheinungen als auch auf Quellungserscheinungen anwendbar.

Wasserratten, *Schermäuse*, *Arvicola*, große an das Wasserleben angepaßte einheimische → Wühlmäuse.

Wasserreh, *Hydropotes inermis*, ein kleiner geweihloser Hirsch, dessen Männchen verlängerte obere Eckzähne besitzen. Das W. ist von China bis Korea beheimatet.

Wasserröste, → Flachsröste.

Wasserrübe, → Kreuzblütler.

Wasserrübengelbmosaikvirusgruppe, → Virusgruppen.

Wassersättigungsdefizit, → Wasserhaushalt.

Wasserschierling, → Doldengewächse.

Wasserschildkröten, *Clemmys*, von Amerika über Süd- und Südosteuropa bis Ostasien verbreitete, formenreiche und in verschieden benannte Untergruppen eingeteilte Gattung der → Sumpfschildkröten. Die *Kapsische W.*, *Clemmys caspica*, bewohnt die Balkanländer, das Kaukasusgebiet und Vorderasien. Sie hat einen flachen Panzer und gelbe Kopfstreifen und hält sich bevorzugt, bei Gefahr im Bodengrund eingewühlt, in flachen Gewässern auf.

Wasserschweine, → Riesennager.

Wasserspalten, → Ausscheidungsgewebe, → Guttation.

Wasserspaltung, → Photosynthese.

Wasserspinne, *Argyroneta aquatica*, die einzige zeitlebens im Wasser lebende Spinne. Sie ist aber wie alle anderen Vertreter der Spinnentiere auf Luftatmung angewiesen. Ihr Körper ist deshalb dicht behaart und von einer Luftschicht überzogen, die zwischen den Haaren haftet. Von Zeit zu Zeit wird an der Oberfläche ein Luftaustausch vorgenommen. Die Tiere legen außerdem Wohnglocken an, indem sie ein kuppelartiges Gewölbe spinnen und mit Luft füllen, die mit den Beinen vom Körper abgestreift wird. Die Eier werden in besonderen Eiglocken abgelegt, entwickeln sich also ebenfalls in einer Lufthülle. Die Tiere können unter Wasser laufen und schwimmen. Als Nahrung dienen vor allem Wasserasseln.

Wassersterngewächse, *Callitrichaceae*, eine kosmopolitisch verbreitete Familie der Zweikeimblättigen Pflanzen mit nur einer Gattung und etwa 25 Arten, zu der ausschließlich Wasserpflanzen bzw. an feuchte Standorte angepaßte Pflanzen gehören, die bevorzugt stehende und langsam fließende Gewässer besiedeln. Es sind einhäusige Kräuter mit quirligen, gegenständigen Blättern und Blüten ohne Blütenhülle, aber von 2 Vorblättern umgeben. Die männlichen Blüten enthalten meist nur ein Staubblatt, die weiblichen einen 2blättrigen Fruchtknoten, der durch falsche Scheidewände 4fächerig wird. Die Frucht zerfällt in 4 einsamige Teilfrüchte. Die häufigste mitteleuropäische Art ist der *Sumpfwasserstern*, *Callitriche palustris*, von dem eine Wasser- und eine Landform bekannt ist.

Wasserstoffionenkonzentration, Konzentration der freien Wasserstoffionen H⁺ (exakt Hydroniumionen H_3O^+) in einer Flüssigkeit, die deren Azidität bzw. Basizität bestimmt. Sie wird nach Sörensen durch den *pH*-Wert angegeben, der als negativer dekadischer Logarithmus (Abk. lg) der W. definiert ist: $pH = -\lg c\,(H^+)$. Der *pH*-Wert des reinen (neutralen) Wassers beträgt 7, da infolge Dissoziation des Wassers in H⁺- und OH⁻-Ionen eine H⁺-Ionenkonzentraton von 10^{-7} mol/l vorliegt. Saure Lösungen zeigen einen *pH*-Wert <7; bei alkalischen Lösungen liegt der *pH*-Wert zwischen 7 und 14.

Die W. ist für biochemische Reaktionen von großer Bedeutung, z. B. läuft ein enzymatischer Vorgang nur bei einem bestimmten *pH*-Wert optimal ab.

Die Messung der W. erfolgt durch Messung des Farbumschlages von Indikatoren bei einem bestimmten *pH*-Wert, durch Titration oder durch elektrometrische Messung mit Hilfe verschiedener Elektroden.

Wasserstoffperoxid, in pflanzlichen und tierischen Geweben in geringen Mengen bei biologischen Redoxvorgängen entstehendes starkes Zellgift, das sofort durch die Katalase sowie Peroxidasen zerstört wird.

Wassertransport, → Wasserhaushalt.

Wasserwanzen, → Wanzen.

Wasserwurzler, → Hydrophyten.

Watsonsche Regel, Bezeichnung für die Erscheinung der → Mosaikevolution.

Watvögel, → Regenpfeifervögel.

Waxdick, → Störe.

Weben → Bewegungsstereotypie.

Weber-Fechnersches Gesetz, svw. Webersches Gesetz.

Weberknechte, *Kanker*, *Opiliones*, eine Ordnung der zu den Gliederfüßern gehörenden Spinnentiere. Der annähernd eiförmige Körper gliedert sich in ein Prosoma, das meist in ein Proterosoma und zwei freie Segmente geteilt ist, und in ein breit ansetzendes, gegliedertes Opisthosoma. Die Laufbeine sind oft sehr lang, ihr Tarsus ist in viele Einzelglieder zerlegt und ermöglicht deshalb ein festes Umgreifen der Halme und Zweige. Die Chelizeren sind kräftig und tragen Scheren. Die Pedipalpen sind wie Laufbeine gebildet. Die Legeröhre der Weibchen und der Penis der Männchen sind oft sehr lang. Die Eier werden in kleineren und größeren Häufchen in Erdspalten, unter Borke oder unter Steinen abgelegt.

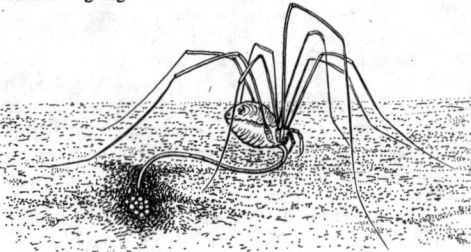

Weberknechtweibchen bei der Eiablage

Es sind etwa 3 200 Arten bekannt, die in der Bodenstreu, unter Steinen, im Moos, auf Gebüschen und sogar auf Bäumen leben, manche auch in Höhlen. Die W. ernähren sich überwiegend von lebender und toter tierischer Nahrung, vor allem von kleinen Insekten, Milben, Spinnen, selten auch von kleinen Gehäuseschnecken, aber auch von pflanzlicher Nahrung, vor allem verfaulenden Pflanzenresten. Die Beute wird in den Chelizeren zerzupft. Die wehrhaften Tiere schützen sich gegen Feinde, indem sie sich totstellen oder das vom Gegner erfaßte Laufbein abwerfen (Autotomie).

Die größten Vertreter haben einen 0,6 cm langen Rumpf und 16 cm lange Hinterbeine, während die milbenähnliche Gestalt der kleinsten Arten nur 2 mm mißt.

Lit.: J. Martens: Spinnentiere, *Arachnida*: W., *Opiliones*. In Dahl: Die Tierwelt Deutschlands Tl 64 (Jena 1978).

Weber-Linie, → indoaustralisches Zwischengebiet.

Webersche Knöchelchen, Kette kleiner Knochen zwischen Schwimmblase und Innenohr mancher Knochenfische, die von vorderen Wirbeln und Rippen abstammen. Die W. K. sind mit dem schalleitenden Apparat im Mittelohr der Landwirbeltiere vergleichbar, obwohl die Fische kein Mittelohr haben. Einige Knochenfische, z. B. Welse und Karpfen, benutzen die Schwimmblase als Resonanzraum und leiten Schwingungen mit Hilfe der W. K. zum Innenohr weiter.

Webersches Gesetz, *Weber-Fechnersches Gesetz*, von

Weber 1834 aufgestellte Relation dI/I = konstant, in der I die Intensität eines wirkenden Reizes und dI den gerade wahrgenommenen Zuwachs der Reizintensität bei der Versuchsperson darstellen. Von Fechner (1859) wurde daraus das Weber-Fechner-Gesetz formuliert: Stärke der Empfindung = K log I, wobei K eine Proportionalitätskonstante einer Rezeptorart und I die Reizintensität darstellen. Fechner betrachtet dieses Gesetz als »psychophysische Maßformel«. Es gilt im Bereich mittlerer Reizintensitäten. Weiterhin nimmt bei Temperaturrezeptoren und bestimmten Mechanorezeptoren die Reaktion etwa direkt proportional und nicht proportional dem Logarithmus der Reizintensität zu. Das W. G. ist von grundlegender Bedeutung für die Beurteilung der Empfindlichkeit von Sinneszellen, der Ermittlung von → Unterschiedsempfindlichkeiten sowie ein Beweis dafür, daß psychischen Erfahrungen Beziehungen unterliegen können, die physikalisch und mathematisch faßbar sind.

Das W. g. erwies sich, obwohl es insgesamt nicht überbewertet werden darf, auch bei zahlreichen Erscheinungen der Pflanzenphysiologie, z. B. Chemotaxis, Phototropismus und Geotropismus, als gültig. So krümmt sich beispielsweise eine von zwei Lichtquellen in entgegengesetzter Richtung angestrahlte Haferkoleoptile nur dann nach der stärkeren Lichtquelle, wenn diese die zweite um mindestens 3% übertrifft. Dieser für die Haferkoleoptile innerhalb gewisser Grenzen konstante Mindestfaktor wird auch als *Unterscheidungsschwelle* bzw. *Unterschiedsschwelle* bezeichnet.

Webspinnen, → Spinnen.
Wechselkröte, *Bufo viridis,* im Hügelland und im Gebirge Europas, Asiens und Nordafrikas vorkommende, trockenheitsliebende → Eigentliche Kröte mit großen olivgrünen Flecken auf dem Rücken. Das Männchen hat eine große, innere Schallblase und einen langgezogen trillernden Ruf. Die W. ist sowohl nachts als auch tags aktiv, ihre Bewegungen sind gewandter als die der → Erdkröte. Die Paarung erfolgt April bis Mai; der Laich wird in 2 Schnüren mit 10000 bis 12000 Eiern abgelegt.
wechselseitige Anziehung, svw. mutuelle Attraktion.
wechselständige Blattstellung, → Blatt.
Wechseltierchen, selten gebrauchte Bezeichnung für → Amöben, die ihre Gestalt dauern ändern können.
Wechselzahl, → Enzyme.
Weckamine, pharmakologisch und chemisch dem Adrenalin verwandte Amine, die aufgrund ihrer das Zentralnervensystem erregenden Wirkung als Leistungsstimulanzien verwendet werden. Bekannte W. sind → Methamphetamin (Pervitin®) und → Amphetamin (Benzedrin®). Mißbräuchliche Anwendung kann zur Sucht führen!
Weckschwelle, → Schlafverhalten.
Wedel, → Farne.
Wegerichgewächse, *Plantaginaceae,* eine Familie der Zweikeimblättrigen Pflanzen mit etwa 250 Arten, die über die ganze Erde verbreitet sind. Es sind meist Kräuter, selten Sträucher mit ungeteilten, wechselständigen Blättern ohne Nebenblätter und eingeschlechtigen oder zwittrigen, 4zähli-

Wegerichgewächse: *a* Breitwegerich, *b* Spitzwegerich, *c* Mittlerer Wegerich

Webervögel, *Ploceidae,* Familie der → Singvögel mit etwa 260 Arten. Die Echten Weber bauen Hängenester mit meist seitlichem Eingang, die Sperlinge Kugelnester. Ihre Jungen füttern sie mit Insekten. Viele brüten kolonieweise. Nach der Brutzeit streichen sie in großen Scharen umher und ernähren sich von Pflanzensamen. 2 Arten *Büffelweber,* 8 Arten *Sperlingsweber,* 30 Arten *Sperlinge,* etwa 70 Arten *Echte Weber,* 25 Arten *Widahfinken,* 8 Arten *Witwen,* über 100 Arten *Astrilde* (*Prachtfinken*) u. a. bilden die Verwandtschaftsgruppe *Ploceidae.* Die Männchen der Widahfinken und der Witwen haben verlängerte Schwanzfedern. Die Witwen sind wie die *Kuckucksweber* Brutparasiten. Wirte der Kuckucksweber sind zu den Grasmücken gehörende Cistensänger und Prinien, die Witwen lassen ihre Eier von Astrilden ausbrüten.

gen, meist unscheinbaren Blüten, die sehr lange Staubgefäße haben. Die Blüten stehen meist in ährigen oder köpfchenförmigen Blütenständen, sie werden durch den Wind, selten durch Insekten bestäubt. Der oberständige Fruchtknoten entwickelt sich zu einer Kapsel oder zu einer Nuß. Als Arzneipflanzen verwertet werden der **Breitwegerich,** *Plantago major,* der als häufige Trittpflanze auf Wegen, Triften und Grasplätzen ursprünglich in Europa und Asien verbreitet war, und der fast die gleichen Standorte besiedelnde **Spitzwegerich,** *Plantago lanceolata.* Einige *Plantago*-Arten werden als Zierpflanzen in Steingärten gezogen. Die im Wasser stark schleimenden Samen der Art **Flohsame,** *Plantago psyllium,* werden in Medizin und Kosmetik verwendet.
Wegwarte, → Korbblütler.

Wegwespen

Wegwespen, → Hautflügler.
Wehrvögel, → Gänsevögel.
Weichkäfer, → Käfer.
Weichschildkröten, *Trionychidae,* 40 bis 90 cm lange süßwasserbewohnende Schildkröten Amerikas, Afrikas und Asiens ohne Hornschilder. Der knöcherne Rücken- und Bauchpanzer ist stark rückgebildet, von einer dicken Haut überzogen und sehr flach, die Schnauze endet in einem Rüssel. Die Gliedmaßen sind flossenartig umgestaltet, Finger und Zehen durch Schwimmhäute verbunden. Die meisten der 22 Arten (aus 6 Gattungen) verlassen das Wasser nur zur Eiablage. Vertreter sind die *Chinesische W., Trionyx sinensis,* von allen Arten am weitesten verbreitet (von Hinterindien bis zur Mongolei und zum Amurgebiet), die *Dornige W., Trionyx spiniferus,* aus dem Mississippibecken und die bis 90 cm lange *Afrikanische Dreiklaue, Trionyx triunguis,* mit nur 3 Krallen an den Gliedmaßen. Alle W. sind bissig, sie schwimmen gewandt und leben räuberisch; ihre Hauptnahrung sind Fische.

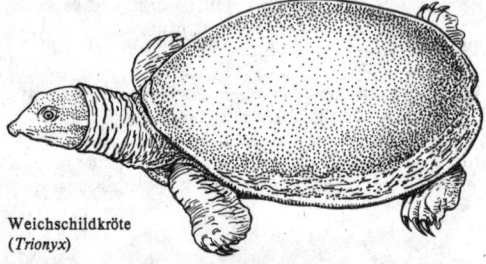

Weichschildkröte
(*Trionyx*)

Weichselkirschen, → Rosengewächse.
Weichtiere, *Mollusken, Mollusca,* Stamm der Protostomier von großem Formenreichtum und unterschiedlichem Bautyp. Insgesamt kennt man etwa 130000 Arten, von denen in Mitteleuropa etwa 475 Arten vorkommen. Nach den Gliederfüßern sind die W. der artenreichste Tierstamm, angefangen von nur wenigen Millimeter großen Schnecken und Muscheln bis hin zu riesigen Kopffüßern, die einschließlich der Arme 18 m lang werden können.
  Morphologie. Der Körper ist bilateral-symmetrisch, bei den Schnecken wird dieser Bauplan durch die Drehung des Eingeweidesackes scheinbar verändert. Die Körperhaut ist reich mit Schleimdrüsen versehen und dadurch dem Aufenthalt im Wasser und an feuchten Plätzen angepaßt. Der Kopf ist vom Rumpf mehr oder weniger deutlich abgesetzt. Bei einigen Schnecken und Stachel-Weichtieren ist er reduziert, bei allen Muscheln nicht mehr vorhanden. Der Kopf trägt die Mundöffnung, die Zentralteile des Nervensystems und die wichtigsten Sinnesorgane. Der Rumpf enthält im oberen Teil, dem gewölbten und vielfach spiralig eingerollten Eingeweidesack, die vegetativen Organe. Die ventralen Teile des Rumpfes entwickeln sich zu einem meist sehr muskulösen, unpaaren Fuß, der nach den verschiedenen Bewegungsformen der W. unterschiedlich ausgebildet ist. Oberhalb des Fußes zieht sich um den Rumpf, seltener auch um den Kopf eine Mantelfalte; die oberhalb liegende Körperwand wird als Mantel bezeichnet. Zwischen Fuß und Mantel sind Mantelhöhlen ausgebildet, in denen die Atemorgane liegen. Vom Mantel wird bei den meisten W. ein äußeres Kalkskelett in Form von Stacheln oder primär einheitlicher Schale aus mehreren Schichten abgeschieden. Ein inneres Skelett tritt nur bei Kopffüßern als Knorpelkapsel um das Zentralnervensystem auf.
  Anatomie. Der Darmkanal besteht aus drei Abschnitten, dem Vorderdarm mit der zähnchenbewehrten Radula, dem Mitteldarm mit meist umfangreicher Mitteldarmdrüse und dem Enddarm, der kaudal in die Mantelhöhle, bei Formen mit asymmetrischem Eingeweidesack an einer Körperseite mündet. Als Respirationsorgane dienen ursprünglich ein oder mehrere Paare doppelfiedriger Kiemen in den Mantelhöhlen, die bei Schnecken der Drehung wegen auf eine Kieme reduziert sind. Statt der Kiemen haben diese vielfach ein respiratorisches Gefäßnetz an der inneren oberen Mantelfläche oder in der Nähe des Afters bzw. auf der Körperoberseite. Wichtig ist bei W. auch die Hautatmung. Der Blutkreislauf ist offen mit in Vor- und Hauptkammer gegliedertem, arteriellem Herzen sowie einem arteriellen und einem venösen Kanalsystem. Bei Muscheln und Kopffüßern entsteht vielfach der Eindruck eines geschlossenen Kreislaufes, da sich oftmals Blutlakunen gefäßähnlich umbilden. Das Zölom der W. ist gewöhnlich auf den Herzbeutel beschränkt (Perikard), mit ihm steht die sackförmige, paarige oder unpaare Niere (Nephridium) in Verbindung, teilweise auch die Geschlechtsorgane, die vor allem bei Zwittern kompliziert ausgebildet sind. Bei allen W. besteht das Nervensystem aus dem Zerebralganglion (-strang), das Nerven für den Kopf und den Vorderdarm entläßt und mit zwei ventralen Pedalsträngen oder -knoten für den Fuß in Verbindung steht. Dazu kommen bei den Stachel-Weichtieren zwei seitliche Pleuralstränge, die mit den Pedalsträngen und miteinander kaudal oberhalb des Enddarmes in Verbindung stehen. Von ihnen werden die Eingeweide und der Mantel innerviert. Bei den Konchiferen entwickeln sich Pleuralganglien, die mit den Zerebralganglien und den Pedalganglien verbunden sind und denen eine ventral vom Darm verlaufende Viszeralschlinge mit Ganglien und verschiedene Mantelnerven entspringen. An Sinnesorganen sind bekannt: Tastorgane besonders an den Tentakeln, Geschmacksorgane an verschiedenen Stellen und Geruchsorgane am Kopf oder in der Nähe der Atemorgane. Die Lichtsinnesorgane sind sehr verschieden; von einfachen Lichtsinneszellen über Grubenaugen bis zu hochentwickelten Blasenaugen mit Linse und Retina findet man alle Zwischenstufen. Statische Organe (Statozysten) sind allgemein den Zerebral- oder Pedalganglien angelagert.

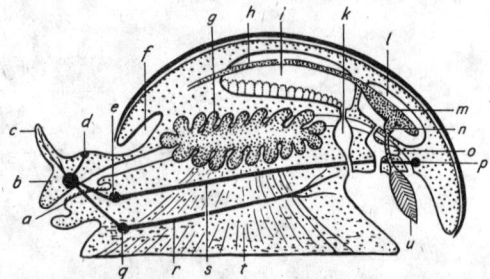

Bauplan des Weichtierkörpers: *a* Radula, *b* Kopf, *c* Tentakel, *d* Auge, *e* Pleuralganglion, *f* Mantelhöhle, *g* Mitteldarmdrüse, *h* Aorta, *i* Gonadenzölom mit Gonade, *k* Gonodukt, *l* Perikard, *m* Herzkammer, *n* Vorkammer, *o* Niere, *p* Viszeralganglion, *q* Pedalganglion, *r* Pedalstrang, *s* Pleuroviszeralstrang, *t* Fuß, *u* Kieme

  Biologie. Die W. sind getrenntgeschlechtlich oder zwittrig. Die Fortpflanzung ist immer geschlechtlich. Selbstbefruchtung ist Zwittern möglich. Die Entwicklung läuft über ein Larvenstadium ähnlich der Trochophoralarve, die jedoch eine Schalendrüse besitzt. Daraus entsteht bei marinen Tieren vielfach die → Veligerlarve. Die Lungenschnecken entwickeln sich vielfach direkt ohne besonderes Larvenstadium. Die W. besiedeln aufgrund ihrer Anpassungsfähigkeit zahlreiche Lebensräume. Vom Meer aus wurden das Süßwasser und das Land von kalten Regionen bis zur Wüste erobert. Die Tiere sind sessil und nur langsam in der Bewegung, mit Ausnahme der Kopffüßer, die

blitzschnell reagieren und große Strecken schnell zurücklegen können. Die W. sind Allesfresser, manche Arten leben räuberisch, die Muscheln sind fast immer Filtrierer.
Wirtschaftliche Bedeutung. Die W. werden vielfach genutzt. So sind viele Arten, wie Austern, Weinbergschnecken und Kraken, wichtige Nahrungsmittel, andere für die Schmuckwarenindustrie bedeutend (→ Perlen, → Perlmutter). Häufig sind W. Pflanzen- und Vorratsschädlinge oder wichtige Zwischenwirte von Parasiten. Früher war die Nutzung vielfältiger. W. wurden unter anderem als Färbemittel, als Zahlungsmittel, als Gebrauchsgegenstände oder als wertvolle Kalkquelle für die Industrie verwendet.
System.
1. Unterstamm: Stachel-Weichtiere (*Aculifera*)
   1. Klasse: Wurmmollusken (*Aplacophora*)
   2. Klasse: Käferschnecken (*Polyplacophora*)
2. Unterstamm: Schalen-Weichtiere (Konchiferen, *Conchifera*)
   1. Klasse: *Monoplacophora*
   2. Klasse: Schnecken (*Gastropoda*)
   3. Klasse: Grabfüßer (*Scaphopoda*)
   4. Klasse: Muscheln (*Bivalvia*)
   5. Klasse: Kopffüßer (*Cephalopoda*)
Phylogenie. Die verwandtschaftlichen Beziehungen der W. sind noch immer weitgehend ungeklärt.
Geologische Verbreitung: Kambrium bis Gegenwart. Wichtige Leitfossilien finden sich vor allem unter den Kopffüßern und Muscheln sowie – von geringer Bedeutung – unter den Schnecken.
Sammeln und Konservieren. Man sammelt die W. mit den Händen oder Netzen und Rechen in der Strandregion, in tieferen Gewässern mit der Dredge. Die marinen Käferschnecken finden sich in der Gezeitenzone der Felsenküste. Man konserviert sie in 80%igem Alkohol oder 2%iger Formaldehydlösung. Die histologische Fixierung erfolgt in Bouins Gemisch. Falls Schalen-Weichtiere (Konchiferen) in ausgestrecktem Zustand konserviert werden sollen, muß man sie vor dem Fixieren betäuben. Bei Süßwasserformen hat sich das Aufstreuen von Mentholkristallen, bei Meerwasserformen die tropfenweise Anwendung von Urethan bewährt. Notfalls kann man die W. auch in abgekochtem Wasser ersticken. Zur Konservierung ganzer Exemplare eignet sich am besten 80%iger Alkohol. In Formaldehydlösung werden die Schalen angegriffen. Falls man nur die Schalen sammelt, werden die W. in kochendes Wasser geworfen und 1 bis 2 Minuten gekocht. Dann versucht man, den Körper mit einem gebogenen Drahthaken möglichst ganz aus der Schale zu ziehen. Besitzen die Schnecken einen Deckel, wird dieser mit der Schale aufgehoben. Die Schalen dürfen niemals an der Sonne getrocknet werden. Kopffüßer werden durch Injektionen von Chloroform oder Ether in die Mantelhöhle getötet. Größere Kopffüßer öffnet man zur Fixierung; empfehlenswert ist es, 4%ige Formaldehydlösung zu injizieren. Vor den Härten in Formaldehydlösung werden die Arme ausgerichtet, und das Tier wird auf eine geeignete Unterlage gespannt. Kopffüßer bewahrt man in 70%igem Alkohol auf.
Lit.: Lehrbuch der Speziellen Zoologie. Begr. von A. Kaestner, Hrsg. von H.-E. Gruner, Bd. 1 Wirbellose Tiere, Tl. 1 (4. Aufl. Jena 1982).

Weichtierkunde, svw. Malakozoologie.
Weidegänger, → Ernährungsweisen.
Weidelgras, → Süßgräser.
Weidengewächse, Salicaceae, eine Familie der Zweikeimblättrigen Pflanzen mit etwa 350 Arten, die bis auf wenige Ausnahmen in der nördlichen gemäßigten Zone vorkommen. Es sind Bäume oder Sträucher mit einfachen, wechselständigen Blättern mit Nebenblättern und nackten, unscheinbaren, meist zweihäusigen Blüten, deren Blütenhülle reduziert ist. Sie stehen in den Achseln schuppenartiger Tragblätter und sind zu kätzchenförmigen Blütenständen vereint. Die Blühreife wird in der Regel schon vor der Ausbildung der Blätter erreicht, die Bestäubung erfolgt durch den Wind oder durch Insekten. der oberständige Fruchtknoten entwickelt sich zu einer Kapsel mit zahlreichen Samen, die einen Haarschopf tragen.
Zu den W. gehören zwei Gattungen: *Populus*, **Pappel**, und *Salix*, **Weide**. In Europa heimisch sind die **Zitterpappel** oder **Espe**, *Populus tremula*, mit fast kreisrunden, durch den Wind sehr leicht beweglichen Blättern, die **Silberpappel**, *Populus alba*, deren Blätter auf der Unterseite weißfilzig behaart sind, die **Schwarzpappel**, *Populus nigra*, deren Kulturform, die Pyramidenpappel, steil aufrecht stehende Äste hat. Diese und einige amerikanische Pappelarten werden häufig als Zier- und Forstbäume angepflanzt. Sie sind sehr raschwüchsig, ihr Holzwert ist allerdings gering. Pappeln eignen sich außerdem als Pionierpflanzen für neu zu besiedelnde Halden und Kippen. Von den Weiden gibt es viele Bastarde. Die wichtigsten mitteleuropäischen Arten sind die als Flechtweiden kultivierte **Mandelweide**, *Salix triandra*, **Silberweide**, *Salix alba*, und **Korbweide**, *Salix viminalis*, deren jüngere, rutenförmige Zweige zu Körben geflochten werden. Als Zierbäume häufig angepflanzt werden die bis zu 9 m hoch werdende Silberweide, deren Blätter seidig behaart sind, und die durch hängende Zweige ausgezeichnete **Trauerweide**, *Salix alba* cv. »Tristis«. Ein niedrig blei-

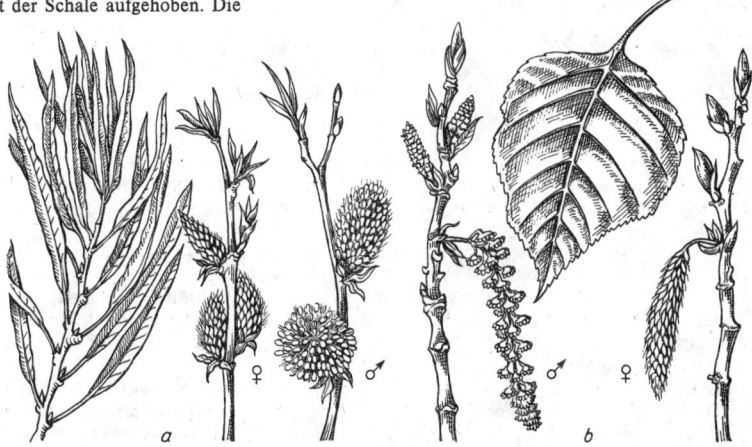

Weidengewächse: a Korbweide, b Schwarzpappel

Weidenröschen

bender Strauch mit unterirdisch kriechendem Stamm ist die **Kriechweide**, *Salix repens*, die auf Mooren und anderen feuchten Stellen vorkommt. Die in Europa bis Mittelasien und im Himalaja beheimatete **Schimmelweide**, *Salix daphnoides*, und die **Kaspische Weide**, *Salix acutifolia*, in der UdSSR bis Ostasien verbreitet, werden zur Dünenbefestigung benutzt.

Weidenröschen, → Nachtkerzengewächse.
Weigelie, → Geißblattgewächse.
Weihen, → Habichtartige.
Weiher, nicht austrocknendes, flaches Gewässer ohne Gliederung in Litoral und Profundal. Viele W. sind verlandende Seen (→ Seenalterung). Die Lebensbedingungen sind denen des Seelitorals ähnlich. Das Wasser ist bis zum Grund durchlichtet, so daß Wasserpflanzen überall gedeihen können. Im Sommer werden oft hohe Temperaturen erreicht; die täglichen Temperaturschwankungen in dieser Zeit sind sehr groß. Lenitische Tiere und Pflanzen des Seelitorals stellen den Hauptteil der Bewohner dar, Organismen des Profundals und Pelagials der Seen fehlen. Sind W. künstlich angelegt und ablaßbar, nennt man sie *Teiche*.
Weihnachtskaktus, → Kakteengewächse.
Weihnachtsstern, → Wolfsmilchgewächse.
Weinbergschnecke, *Helix pomatia*, die größte heimische schalentragende Landschnecke. Die W. kam früher als Schädling der Reben häufig in Weinbergen vor; heute ist sie überall durch den Menschen verbreitet worden. In verschiedenen Ländern, in Europa vor allem in Frankreich, ist die W. ein wichtiges Nahrungsmittel; sie wird daher aus Mittel- und Südosteuropa in erheblichen Mengen exportiert. Die Tiere werden auch vielerorts in besonders angelegten Schneckenfarmen gehalten.

Lit.: R. Kilias: Weinbergschnecken. Ein Überblick über die Biologie und wirtschschatliche Bedeutung (Berlin 1960).

Weinhefen, ausgelesene Kulturheferassen von *Saccharomyces cerevisiae*, die zur Vergärung von Traubensaft für die Weinherstellung verwendet werden. Sie werden unter der Bezeichnung *Saccharomyces ellipsoideus* auch als selbständige Art betrachtet. Die verschiedenen Rassen benennt man meist nach der Herkunft, z. B. Bordeauxhefe, Tokajerhefe usw. Die W. besitzen ovale bis länglich ovale Zellen und unterscheiden sich in ihren Rassen vor allem durch die Aromabildung und ihr Gärvermögen. Die Rassen bringen unterschiedliche Alkoholkonzentrationen hervor und sind an unterschiedliche Zuckerkonzentrationen angepaßt.
Weinraute, → Rautengewächse.
Weinrebengewächse, *Vitaceae*, eine Familie der Zweikeimblättrigen Pflanzen mit etwa 700 Arten, die überwiegend in den Tropen, einige auf der nördlichen Halbkugel verbreitet sind. Es handelt sich in der Mehrzahl um holzige Kletterpflanzen, die mit Hilfe von Sproßranken klettern. Sie haben wechselständige, verschiedenartig gelappte, gefingerte, einfache oder geteilte Blätter, teilweise mit Nebenblättern. Die meist unscheinbaren Blüten sind regelmäßig, 4- bis 5zählig und fast immer zwittrig. Sie stehen in doldentraubigen oder rispigen Blütenständen und werden von Insekten bestäubt. Der zweifächerige Fruchtknoten entwickelt sich zu einer meist saftigen Beere.

Die wichtigste Art ist die **Weinrebe,** *Vitis vinifera*, eine alte Kulturpflanze. Die reifen Beeren sind ein beliebtes Obst; getrocknete vollreife, samenlose, großfrüchtige Weinbeeren aus den Balkanländern kommen als Rosinen oder Sultaninen in den Handel, kleinfrüchtige, samenlose, blauschalige als Korinthen. In vielen Landschaften haben sich Rebsorten mit eigenen Qualitätsmerkmalen entwickelt, deren Traubensaft zu Wein vergoren wird.

Als kletternde Zierpflanzen werden verschiedene Arten

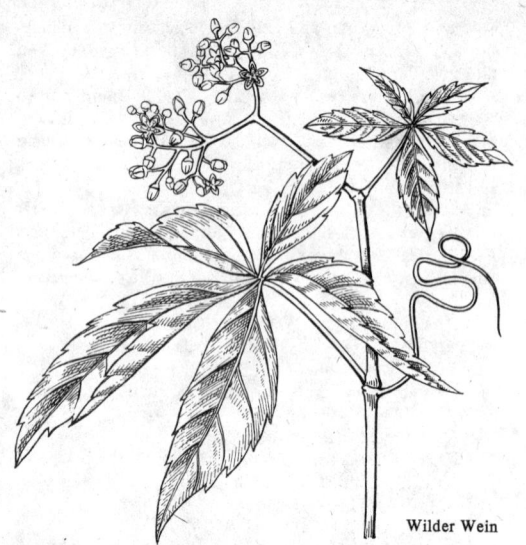

Wilder Wein

des **Wilden Weins,** *Parthenocissus* div. spec., häufig angepflanzt. Er klettert mit Ranken, die in Haftscheiben enden.
Weinsäure, Weinsteinsäure, Dihydroxybernsteinsäure, eine kristalline zweibasige organische Säure, die 2 asymmetrische Kohlenstoffatome enthält. Sie bildet farblose Kri-

$$\begin{array}{l} \text{COOH} \\ | \\ \text{HC—OH} \\ | \\ \text{HO—CH} \\ | \\ \text{COOH} \end{array} \quad \text{L(+)-Weinsäure}$$

stalle und tritt in der L(+)-Form frei oder als Salz (Tartrat) in Pflanzen weit verbreitet auf. Die W. wurde unter anderem in Weintrauben, Aprikosen, Vogelbeeren, Weichselkirschen, Weißdorn und Löwenzahn gefunden. Bei der Weinbereitung scheidet sich das schwerlösliche Kaliumhydrogentartrat als *Weinstein* ab. W. findet vor allem in der Lebensmittel- und Textilindustrie vielfältige Anwendung.
Weinsteinsäure, svw. Weinsäure.
Weisel, → Honigbiene.
Weismannscher Ring, *Ringdrüse, Retrozerebralkomplex,* aus den Corpora cardiaca und den Corpora allata unter Beteiligung der Zerebralganglien gebildeter offener oder geschlossener Ring, dessen Anlage schon bei verschiedenen Mücken erkennbar ist. Der W. R. legt sich vorn an die Lobi optici des Gehirns und umschließt allseitig die Aorta. Der dorsale Teil besteht aus den ebensfalls verschmolzenen Corpora cardiaca und den Prothorakaldrüsen. Der W. R. ist also ein Zusammenschluß zwischen dem neuroendokrinen System und den phylogenetisch jüngeren Hormondrüsen (Prothorakaldrüsen).
Weißbartruderfrosch, *Rhacophorus leucomystax*, bis 6 cm langer, bräunlicher, nachtaktiver häufigster südostasiatischer → Ruderfrosch, der in überschwemmten Reisfeldern und über Gewässern wie der → Flugfrosch Schaumnester baut.
Weißbuche, → Haselgewächse.
Weißbuntscheckung, svw. Panaschierung.
Weißdorn, → Rosengewächse.
Weiße Ameisen, → Termiten.
Weiße Fliege, → Gleichflügler.
Weiße Körper, svw. Trachealorgane.
Weißer Bärenspinner, *Hyphantria cunea* Drury, ein 1940

nach Südosteuropa eingeschleppter, aus Nordamerika stammender, etwas plumper, rein weißer Schmetterling mit einer Spannweite von 2 bis 3 cm. Die gefräßigen Raupen haben seitlich auffällige, bis zu 12 mm lange weiße Haare, sie richten an allen Obstarten starke Fraßschäden an.

weiße Substanz, → Rückenmark.
Weißfisch, → Karpfenfische.
Weißfuchs, → Füchse.
Weißhai, → Heringshaie.
Weißlinge, *Pieridae*, eine Familie der Tagfalter, der so bekannte Arten wie → Kohlweißling und → Zitronenfalter angehören.
Weißmoos, → Laubmoose.
Weißscheckung, → Albinismus.
Weißwal, → Gründelwale.
Weißwedelhirsch, *Virginiahirsch, Odocoileus virginianus,* ein mittelgroßer, von Nord- bis Südamerika verbreiteter Hirsch mit korbartig gebogenem Geweih. Die weiße Schwanzunterseite tritt, wenn die Tiere beim Flüchten den Schwanz hochstellen, als artcharakteristisches Folgesignal in Erscheinung.
Weißzeder, → Zypressengewächse.
Weitab-vom-Gleichgewicht, Bezeichnung für ein thermodynamisches System unter Bedingungen fern des thermodynamischen Gleichgewichtes. In den meisten biologischen Systemen gilt die lineare Kraft-Fluß-Beziehung nicht mehr. Die Gesetze der linearen irreversiblen Thermodynamik sind nicht mehr anwendbar. Allgemeingültige Prinzipien der Behandlung solcher Systeme sind bisher noch nicht gefunden worden. Besonders nachhaltig werden die Linearitäten durch chemische Reaktionen mit autokatalytischem Verhalten verletzt, während Diffusionstransport in biologischen Systemen meist in den linearen Bereich fällt.

Charakteristisch für das Verhalten von Systemen W.-v.-G. ist das Auftreten von *Bifurkationen,* die zu mehreren stabilen und instabilen stationären Zuständen führen können. Eine Folge von Bifurkationen kann zu räumlichen und zeitlichen Mustern (Inhomogenitäten) führen. Diese Musterbildungsprozesse stellen interessante Modelle der Morphogenese dar. Zeitliche Inhomogenitäten kann man sich als ungedämpfte Oszillationen vorstellen. In biologischen Systemen treten Oszillationen auf allen Ebenen auf. Molekulare Oszillatoren bilden anscheinend die Elemente der biologischen Uhr. Die Kombination von räumlichen und zeitlichen Oszillationen führt zu chemischen Wellen. Bei noch größerer Entfernung vom Gleichgewicht kann es zu völlig irregulären Änderungen in der Zeit kommen (»chaotisches« Verhalten).

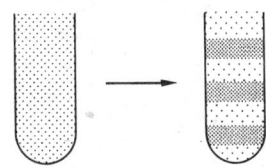

Erzeugung räumlicher Inhomogenitäten

Alle diese Phänomene wurden durch chemische Reaktionen experimentell nachgewiesen. Voraussetzung ist ein autokatalytischer Prozeß und ausreichende Stoff- und Energiezufuhr. Mit geeigneten autokatalytischen Reaktionen können im Reagenzglas periodische räumliche Inhomogenitäten der Reaktionspartner erzeugt werden, die sich durch unterschiedliche Färbung, *p*H-Wert u.dgl. sichtbar machen lassen (Abb.). Biologische Systeme sind durch die Selbstreproduktion autokatalytisch. Die irreversible Thermodynamik W.-v.-G. erlaubt somit die Erklärung der Existenz des Lebens auf der Basis der Grundgesetze der Physik.

Lit.: Ebeling: Strukturbildung bei irreversiblen Prozessen (Leipzig 1976).

Weizen, → Süßgräser.
Weizenälchen, → Radekrankheit.
Weizeneule, *Euxoa tritici* L., ein Eulenfalter, dessen gelb- bis rotbraune Raupen (→ Erdraupen) zuweilen schädlich an Weizen auftreten.
Weizengallmücke, → Gallmücken.
Weizennematode, → Radekrankheit.
Welken, reversibles oder irreversibles Erschlaffen von Pflanzenorganen, das auf dem Nachlassen des Turgors beruht und dann eintritt, wenn die Wasserabgabe größer als der Wassernachschub ist. Als Ursachen kommen verminderte Wasseraufnahme, behinderte Wasserleitung und erhöhte Wasserabgabe in Frage. Auslösende Faktoren sind entweder abiotische Umweltbedingungen (*physiologisches W.*) oder Krankheitserreger (*parasitäres W.*). So führen Dürre und Frost u. a. zu Welkeerscheinungen. Auch Mangel an Nährstoffen, insbesondere an Kalium, kann das W. begünstigen. Die von pflanzenpathogenen Bakterien und Pilzen verursachten Welkekrankheiten führen zu irreversiblen Schädigungen, die durch Welketoxine, bestimmte Enzyme und weitere Stoffwechselprodukte der Parasiten sowie Gefäßverstopfung u. a. Veränderungen zustande kommen können. Das Ausmaß dieser parasitären Welke wird häufig von Umweltfaktoren beeinflußt, insbesondere von der Wasserversorgung und Temperatur.
Welkepunkt, *Welkungskoeffizient,* der durch Welken der Pflanzen gekennzeichnete Wassergehalt des Bodens (in g je 100 g Bodentrockenmasse), der für die Pflanzen nicht mehr verfügbar ist. Man bestimmt diesen, indem man in einem Gefäß mit der zu untersuchenden Bodenart nach Abdichtung der Bodenoberfläche Pflanzen ohne jede Wasserzufuhr solange wachsen läßt, bis sie welken und sich auch in einem feuchten Raum nach 24 Stunden nicht mehr erholen. Der W. schwankt in Abhängigkeit von der Pflanze und vom Boden. Er beträgt z. B. für Roggen in Feinsand 3,1 und in Mergel 15,5.
Welkeschäden, → Dürreschäden.
Welketoxine, *Welkestoffe, Marasmine,* durch pflanzenpathogene Mikroorganismen gebildete Toxine, die bei höheren Pflanzen ein irreversibles Welken hervorrufen. Außer Welkeerscheinungen verursachen die Stoffwechselprodukte der Krankheitserreger meist auch andersartige Schädigungen. Dadurch wird eine Abgrenzung der W. gegenüber anderen pflanzlichen Toxinen problematisch. Enge Berührungspunkte bestehen außerdem zu gewissen Antibiotika.

Bekannte W. sind → Fusarinsäure und → Lykomarasmin. Beide Substanzen werden von Pilzen der Gattung *Fusarium* gebildet und verursachen Welkeerscheinungen, die in physiologischer Hinsicht einander ähnlich sind. Das meist irreversible Welken der befallenen Pflanzen beruht primär auf einer toxischen Schädigung der Protoplasten von Parenchymzellen, die Permeabilitätsstörungen und eine nachfolgende Turgorverminderung erkennen lassen. Durch Chelatbildung mit Schwermetallen, insbesondere Eisen, können diese W. außerdem schwerwiegende Störungen im Enzymhaushalt der Zellen bewirken.

Weitere von *Fusarium*-Arten gebildete W. sind unter anderem die *Enniatine,* ringförmige Peptide mit auch antibakterieller Wirkung gegen Mykobakterien. Darüber hinaus besitzen eine Reihe weitere Stoffwechselprodukte von Mikroorganismen Eigenschaften von W.

Von den pflanzenpathogenen Bakterien und Pilzen gebildete Polysaccharide können ebenfalls Welkeerscheinungen auslösen, indem sie die Wasserleitbahnen der Wirtspflanzen verstopfen, z. B. bei einer bakteriellen Tomatenwelke.

Welkungskoeffizient

An derartigen Gefäßverstopfungen dürften vielfach außerdem pektinspaltende Enzyme der Krankheitserreger beteiligt sein.

Lit.: G. Fröhlich (Hrsg.): Phytopathologie und Pflanzenschutz (Jena 1979).

Welkungskoeffizient, svw. Welkepunkt.

Welsartige, *Siluriformes,* mit den Karpfenartigen verwandte Bodenfische, deren Körper nackt oder mit Knochenplatten und Dornen bedeckt ist. Von den Maulrändern entspringen meist mehrere Barteln. Einige W. treiben Brutpflege, ganz wenige Arten Südamerikas sind Pseudoparasiten. Die W. kommen hauptsächlich in Binnengewässern vor

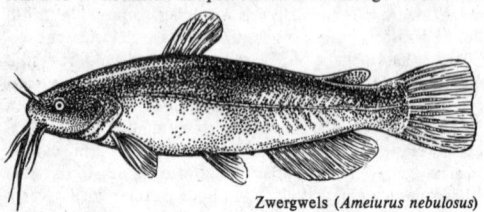

Zwergwels (*Ameiurus nebulosus*)

und haben große wirtschaftliche Bedeutung. In Europa lebt der bis 3 m lange *Wels* oder *Waller, Silurus glanis.* Der *Zwergwels* oder *Katzenwels, Ameiurus nebulosus,* stammt aus Amerika. Im tropischen Afrika kommt der *Zitterwels, Malapterurus electricus,* vor, der mit seinem hochentwickelten elektrischen Organ Stromstöße bis zu einer Spannung von 400 V austeilen kann. Viele W. sind beliebte Aquarienfische.

Lit.: E. Mohr: Der Wels (Wittenberg 1957).

Weltnaturschutzfonds, → Naturschutz.

Welwitschie, → Gnetatae.

Wendeglied, svw. Pedicellus.

Wendehalsfrösche, *Phrynomeridae,* in Afrika südlich der Sahara beheimatete, artenarme, den → Engmaulfröschen verwandte Familie der Froschlurche, deren Vertreter im Gegensatz zu allen anderen Fröschen den Kopf seitlich drehen können. Die W. haben Haftscheiben und bewohnen Baumhöhlen und Bananenstauden. Sie graben im Erdboden nach Termiten. Das Wasser wird nur zur Fortpflanzung aufgesucht. Der *Zweistreifen-Wendehalsfrosch, Phrynomerus bifasciatus,* trägt 2 leuchtend rote Längsbinden.

Wenigborster, *Oligochaeta,* eine Unterklasse im Wasser oder in der Erde lebender Ringelwürmer, bei denen die Borsten zu Bündeln vereinigt in der Haut sitzen. Von den etwa 3 100 Arten kommen über 200 in Mitteleuropa vor.

Morphologie. Die 1 mm bis über 2 m langen W. haben einen spindel- bis walzenförmigen, drehrunden Körper, der aus 10 bis mehr als 600 Segmenten zusammengesetzt ist. Am Vorderende überragt ein Kopflappen, das Prostomium, die im ersten Segment liegende Mundöffnung. Die innerlich in der für die Ringelwürmer typischen Weise gebauten Rumpfsegmente weisen jederseits zwei, seltener ein oder drei Bündel von Borsten auf, die in Borstentaschen der Haut sitzen. Zum Teil sind die Borsten einzelner Körperregionen je nach ihrer Funktion als Kriech-, Haft-, Schwimm-, oder Tastborsten u. a. verschieden gestaltet. Das letzte, stets borstenlose Segment enthält den After. Das Hinterende mancher wasserlebenden Arten trägt Kiemenanhänge, bei einigen parasitischen Formen ist es zu einem Saugnapf umgebildet. Kleine Arten sind oft durchsichtig; größere Formen weisen Hautpigmente auf und sind oft rot, braun oder violett, manchmal auch lebhaft bunt gefärbt. Das Blutgefäßsystem ist geschlossen. Das Nervensystem besteht aus dem Gehirn und einer anschließenden Bauchganglienkette. Als Sinnesorgane kommen über den Körper verstreute Tasthaare und Sinnesknospen, am Vorderende manchmal auch bewimperte Riechgruben und ein bis zwei Paar Pigmentbecheraugen vor. Alle W. sind Zwitter; ihre Geschlechtsorgane, je ein oder zwei Paar Hoden und Eierstöcke, liegen in bestimmten Segmenten des Vorderkörpers hintereinander. Diese Segmente sind immer oder während der Fortpflanzungszeit zu einem drüsigen Gürtel, dem Clitellum, angeschwollen, der die zur Aufnahme der Eier bestimmten Kokons abscheidet.

Wenigborster bei der Begattung

Biologie. Die W. leben am Grunde und in der Vegetationszone aller Süßgewässer und des Meeres oder in feuchtem Erdreich in z. T. mehrere Meter tiefen Röhren. Die Tiere bewegen sich vor allem kriechend, sehr selten auch schwimmend fort. Die Nahrung besteht meist aus toten pflanzlichen und tierischen Stoffen, jedoch werden auch lebende Pflanzenteile oder kleine Wassertiere aufgenommen. Einige Arten leben parasitisch auf Süßwasserkrebsen und -fischen. Zur Begattung legen sich zwei Würmer mit entgegengesetzt gerichteten Vorderenden aneinander und entlassen ihre Samen, die in Samentaschen des Partners gespeichert werden. Wenn sich die Würmer später rückwärts aus ihrem Kokon mit den abgelegten Eiern herausziehen, ergießen sich die Samen über die Eier und befruchten sie.

Entwicklung. Alle W. entwickeln sich ohne Verwandlung. Die jungen Würmer bleiben so lange in dem mit einer eiweißhaltigen Nährflüssigkeit gefüllten Kokon, bis sie zum selbständigen Leben befähigt sind. Sie wachsen durch Sprossung neuer Segmente vom Hinterende her. Manche Arten können sich durch Querteilung des Körpers mit nachfolgender Regeneration der Teilstücke ungeschlechtlich vermehren. Manchmal findet ein regelmäßiger Wechsel zwischen ungeschlechtlicher und geschlechtlicher Fortpflanzung statt.

Wirtschaftliche Bedeutung. Die erdbewohnenden W., besonders die Regenwürmer, sind in der Landwirtschaft nützlich, indem sie durch ihre Lebenstätigkeit den Boden lockern, durchlüften, ihn mit ihren Exkrementen düngen und sein Wasserhaltevermögen verbessern. Hierdurch ist eine Ertragssteigerung bis über 50 % möglich. Einige Arten, z. B. die Röhrenwürmchen und Enchyträen, werden als Zierfischfutter, die Regenwürmer als Angelköder benutzt.

System. Nach der unterschiedlichen Lage der männlichen Geschlechtsöffnung hinter dem Hodensegment werden drei (manchmal auch vier) Ordnungen unterschieden.

1. Ordnung: *Plesiopora* mit den → Röhrenwürmchen (*Tubificidae*) und den → Enchyträen (*Enchytraeidae*).
2. Ordnung: *Prosopora.*
3. Ordnung: *Opisthopora* mit den → Regenwürmern (*Lumbricidae*).

Wenigfüßer, *Pauropoden, Pauropoda,* eine Unterklasse der → Tausendfüßer, kleine, zarthäutige Tiere mit neun Beinpaaren. Die Geschlechtsöffnung mündet am Vorderkopf. Die W. atmen nur durch die Haut, sind blind und meist pigmentlos. Einige Rückenplatten sind zu Syntergiten verschmolzen, die je zwei Segmente überdecken. Die W. haben Antennen mit drei Geißeln und einem kugeligen Sinnesorgan (Globulus). Die Länge der Tiere beträgt nicht über 1,5 mm. Neben schlanken langbeinigen W., z. B. *Pauropus sylvaticus,* kommen gedrungene, kurzbeinige Arten,

z. B. *Eurypauropus ornatus*, vor. Die W. leben unter Streu und Rinde oder in der oberen Bodenschicht. Sie ernähren sich saprophag von Zersetzungsprodukten oder durch Aussaugen von Pilzhyphen. Die Entwicklung durchläuft 4 Larvenstadien mit 3, 5, 6 und 8 Beinpaaren. Von rund 360 bekannten Arten, die in 8 Familien zusammengefaßt werden, treten in Mitteleuropa etwa 50 Arten auf. Ihre Verbreitung ist noch fast unbekannt. In frischen Waldböden können 300 bis 500 Individuen je m² Bodenoberfläche leben.

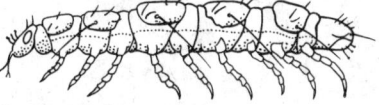

Pauropus sylvaticus

Wenlock [nach dem Gebirge Wenlock Edge in Shropshire], Stufe des → Silur.
Werkzeuggebrauch, Gebrauch von Gegenständen, Benutzung von Gegenständen oder Hilfsmitteln bei Verhaltensinteraktionen mit der Umwelt. Wir können drei Typen des Gebrauchs von Gegenständen unterscheiden: 1) Benutzung eigener Körperteile oder -organe, die dafür keine spezielle funktionelle Anpassung erfahren; manche Meerkatzen führen mit der Pfote den Schwanz so, daß er in Wasser eintaucht, an das sie nur auf diesem Wege gelangen können; vielleicht gehört auch die Nutzung von Hörnern oder Geweihen als Mittel der Körperpflege hierher. 2) Die Nutzung von Gegenständen aus dem Ökosystem; Seeottern, die auf dem Rücken schwimmend sich einen Stein auf die Brust legen und darauf hartschalige Nahrungsobjekte zerschlagen, Schmutzgeier, die mit Steinen Straußeneier öffnen, oder Spechtfinken, die mit Stäben in Öffnungen von Ästen und Stämmen stochern, um damit Insektenlarven herauszutreiben, sind Beispiele hierfür. Dabei ist hier offen gelassen, wie weit solche Verhaltensmuster genetisch determiniert oder individuell erworben sind. 3) Nutzung von Gegenständen im Populationssystem; bestimmte Ameisenarten benutzen ihre Larven als »Weberschiffchen«, um Blätter beim Nestbau miteinander zu verbinden, fädige Sekrete der Larven dabei einsetzend. Auch der tradierte Gebrauch von Gegenständen gehört hierher, da er Artgenossen als »Vorbilder« voraussetzt; als Beispiel seien die mit Grasstengeln und kleinen Zweigen nach Termiten stochernden Schimpansen genannt, ein Verhalten, das nur bei wenigen Schimpansengruppen bekannt ist. Die große Mehrzahl des Einsatzes von Gegenständen gehört in den Funktionskreis des stoffwechselbedingten Verhaltens. Bei der Behandlung der Gegenstände gibt es mehrere Möglichkeiten: a) Keine Behandlung, b) Bearbeitung durch Körperorgane (Hände, Gebiß), c) Bearbeitung mit Hilfe von anderen Gegenständen, d) Entwicklung einer Bearbeitungstradition. Die beiden letztgenannten Möglichkeiten haben ihre eigene Qualität erst im Verlauf der Menschwerdung gewonnen, aus Werkzeugen wurden »Geräte«.
Wermut, → Korbblütler.
Werre, → Springheuschrecken.
Wertigkeitseffekt, → Donnan-Prinzip.
Wespen (Tafel 1 und 2), im weiteren Sinne alle → Hautflügler mit Ausnahme von Bienen und Ameisen, im engeren Sinne die zu den Stechwespen gehörende Familie der Faltenwespen (*Vespidae*). Zu letzteren gehören die schwarzgelb gezeichneten staatenbildenden W., die im Spätsommer besonders an Obst und Backwaren zu finden sind und an Dachbalken und anderen Orten die bekannten »Papiernester« bauen, ebenso die bis 35 mm große, braungelbe *Hornisse* (*Vespa crabro* L.) sowie einzeln lebende Arten wie Feld- und Mauerwespen.
Wespenbussard, → Habichtartige.
Wicke, → Schmetterlingsblütler.
Wickel, → Blüte.
Wickelbär, Kinkaju, *Potos flavus,* der einzige mit Greifschwanz ausgestattete Kleinbär der Tropenwälder Mittel- und Südamerikas.
Wickler, *Tortricidae,* eine Familie der Schmetterlinge mit nahezu 500 Arten in Mitteleuropa. Die Flügelspanne der Falter schwankt zwischen 10 und 25 mm, die relativ breiten Vorderflügel sind meist in verschiedenen Braun- oder Grautönen gezeichnet oder gemustert, die Hinterflügel sind überwiegend einfarbig. Die Raupen leben zwischen zusammengewickelten und versponnenen Blättern oder bohren in Früchten, Stengeln oder Wurzeln. Zu den zahlreichen Pflanzenschädlingen gehören z. B. → Apfelwickler, → Apfelschalenwickler, → Erbsenwickler, → Knospenwickler, → Pflaumenwickler und → Traubenwickler.
Widahfinken, → Webervögel.
Widderchen, → Schmetterlinge.
Widerrist, bei den Haustieren der vorderste, vielfach höchste, nach hinten sich allmählich senkende Teil des Rückens, gebildet von den stark entwickelten Dornfortsätzen des 3. bis 12. Brustwirbels. Die Höhe des W. wird beim Pferd auf den 5. Brustwirbel gemessen.
Widerstandsfähigkeit, → Resistenz.
Widertonmoose, → Laubmoose.
Wiedehopf, → Rackenvögel.
Wiederfangmethode, svw. Rückfangmethode.
Wiederkauen, bei Wiederkäuern das portionsweise Zurücktreten der zunächst wenig zerkaut verschlungenen, zellulosehaltigen Pflanzennahrung aus dem Pansenvorhof (Schleudermagen) in die Mundhöhle, wo diese gründlich gekaut und aufs neue in den Pansen geschluckt wird.

Zum Zurückbringen der Nahrung wird zunächst Speichel geschluckt, um die Speiseröhre schlüpfrig zu machen; die Glottis schließt sich, und die Ansaugphase beginnt mit einer ruckartigen inspiratorischen Bewegung des Zwerchfells; dadurch erniedrigt sich der Druck im Brustraum, und die Speiseröhre weitet sich. Anschließend öffnet sich reflektorisch die Kardia, und breiige Nahrung strömt in die Speiseröhre. Nun schließt sich die Kardia locker, das Zwerchfell erschlafft, und eine Antiperistaltik setzt ein (Auspressungsphase). Die ganze Brustwand macht bei geschlossener Glottis eine Exspirationsbewegung, und – unterstützt durch ein Zusammenziehen der Bauchmuskulatur – wird der Inhalt der Speiseröhre unter Druck in die Mundhöhle geschleudert. Hier wird die überflüssige Flüssigkeit abgepreßt und geschluckt, und das W. beginnt. Wenn der Panseninhalt gründlich durchgekaut und dünnflüssig ist, gelangt die Nahrung unter Umgehung des Pansens durch die Schlundrinne in den Netzmagen.
Wiederkäuer, → Paarhufer.
Wiederkäuerreflex, → Kaureflexe.
Wiedernutzbarmachung, → Landeskultur.
Wiederurbarmachung, → Landeskultur.
Wielandiella, fossile Pflanzengruppe der → Bennettitatae.
Wiese, von meist ausdauernden Sauer- und Süßgräsern und Kräutern aufgebaute, gehölzfreie Pflanzenformation mit geschlossener Grasnarbe, die durch Mahd genutzt wird.
Wiesel, → Hermelin, → Mauswiesel.
Wiesenknopf, → Rosengewächse.
Wiesenpieper, → Stelzen.
Wildabwehrmittel, chemische Verbindungen mit abschreckenden Eigenschaften gegenüber Wildtieren, z. B. Fischöl, säurefreier Baumteer, Erdöldestillationsrückstände u. a.

Wildesel, *Equus asinus*, ein → Einhufer mit verhältnismäßig schmalen Hufen, langen Ohren und nur am Ende behaartem Schwanz. Das graue bis rötlichgraue Fell trägt auf dem Rücken einen dunklen Aalstrich und meist auch einen dunklen Schulterstrich. Der W. ist in seiner nordostafrikanischen Heimat weitgehend ausgerottet. Von ihm stammt der Hausesel ab.
Wildkaninchen, → Hasen.
Wildkatze, *Felis silvestris*, eine in zahlreichen, verschieden gefärbten Unterarten über Europa, Afrika und große Teile Asiens verbreitete → Katze. In Europa ist die W. vielerorts ausgerottet. Die nordafrikanische Unterart, die *Falbkatze*, ist die Stammform der Hauskatze, *Felis silvestris f. catus*.
Lit.: Th. Haltenorth: Die W. (Wittenberg 1957).
Wildpferd, *Equus przewalskii*, ein rötlich-gelbbrauner → Einhufer mit schwarzem Aalstrich, schwarzer Stehmähne, lang behaartem Schwanz und weißlich abgesetzter Schnauze. Es lebt in kleinen Herden, die von einem Hengst angeführt werden, und begnügt sich mit dürren Steppenpflanzen. Nach dem Erlöschen des letzten freilebenden Bestandes in der Mongolei existiert es nur noch in Gefangenschaft. Das W. ist die Stammform des Hauspferdes.
Lit.: E. Mohr u. J. Volf: Das Urwildpferd (3. Aufl. Wittenberg 1984).
Wildschwein, *Sus scrofa*, eine in zahlreichen Unterarten über weite Teile Europas und Asiens sowie in Nordafrika verbreitete Schweineart mit borstiger, schwarzer bis bräunlicher Behaarung. Die 6 bis 12 Jungen, die das Weibchen nach einer Tragzeit von 16 bis 20 Wochen setzt, haben eine braun-gelb gestreifte Tarnfärbung. Das W. ist die Stammform des Hausschweines.
Wildtyp, der Phänotyp (oder die Phänotypenreihe), durch den die Mehrheit aller unter natürlichen Umweltbedingungen auftretenden Wildformen einer Rasse oder einer Art gekennzeichnet ist. Die die Ausprägung der Einzelmerkmale des Wildphänotyps kontrollierenden Gene werden in Genformeln mit einem + symbolisiert.
Williamsonia [benannt nach dem engl. Geologen Williamson], fossile Pflanzengruppe der → Bennettitatae.
Wimperlarve, → Larve, → Leberegel.
Wimpern, svw. Zilien.
Wimpertierchen, svw. Ziliaten.
Wimperurne, eine im Dienst der Ausscheidung und Exkretspeicherung stehende Einrichtung der Stachelhäuter.
Windblütigkeit, → Bestäubung.
Winden, eine schraubenförmige Bewegung von Schlingpflanzen (→ Kletterpflanzen) um eine Achse. Windepflanzen klettern an senkrechten Stützen empor, indem sie sich mit ihren dünnen Sprossen um diese herumwinden, und zwar meist als *Linkswinder*, z. B. die Feuerbohne. Nur wenige winden rechts *(Rechtswinder)*, z. B. Hopfen und Geißblatt. Einige Pflanzen, z. B. der Windenknöterich, können die Winderichtung ändern.
Der Keimsproß einer Windepflanze wächst zunächst durch negativen Geotropismus orthotrop. Später setzt eine ausgeprägte → Zyklonastie ein. Dabei beschreibt z. B. eine Hopfenspitze Kreisbahnen von etwa 50 cm Durchmesser. Die Umlaufgeschwindigkeit beträgt bei den einzelnen Pflanzenarten 2 bis 9 Stunden. Trifft die Sproßspitze bei dieser Suchbewegung auf eine Stütze, so wird diese umschlungen, wobei dünne Drähte allein durch fortdauernde Zyklonastie umwunden werden, dickere unter stärkerer Beteiligung des → Lateralgeotropismus. In anderen Fällen führen die windenden Sprosse zusätzlich autonome Drehbewegungen (→ Torsionen) aus.
Windengewächse, *Convolvulaceae*, eine kosmopolitisch verbreitete Familie der Zweikeimblättrigen Pflanzen mit etwa 1600 Arten. Es sind Kräuter oder Sträucher, selten Bäume, mit meist sich windenden Stengeln, wechselständigen, einfachen oder geteilten Blättern und regelmäßigen, 5zähligen, zwittrigen Blüten, die in der Regel von Insekten, seltener von Vögeln, bestäubt werden. Der oberständige Fruchtknoten entwickelt sich zu einer 2- bis 4fächerigen Kapsel. Chemisch sind die W. durch das Vorkommen von Glykoretinen charakterisiert, Harzkörper, die stark abführend wirken.

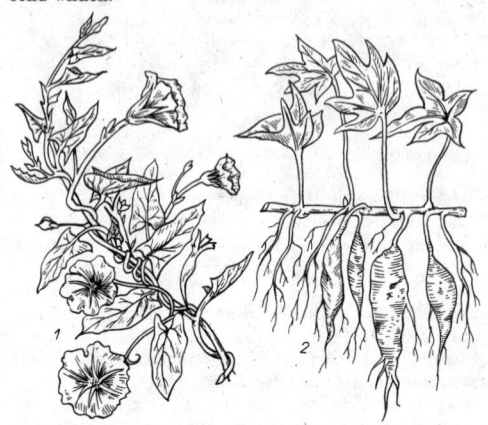

Windengewächse: *1* Ackerwinde; *2* Süßkartoffel, beblätterter Sproß mit Wurzelknollen

In tropischen und subtropischen Gebieten wird als eine der wichtigsten Knollenpflanze die *Batate* oder *Süßkartoffel*, *Ipomoea batatas*, angebaut, deren stärkereiche Knollen die verdickten sproßbürtigen Wurzeln sind. Andere *Ipomoea*-Arten sind beliebte Zierpflanzen, auch in außertropischen Gebieten, so die in verschiedenen Sorten angepflanzten **Prunkwinden**, *Ipomoea tricolor*, mit himmelblauen Blüten und die rotblühende **Trichterwinde**, *Ipomoea purpurea*. Beide stammen ursprünglich aus dem tropischen Amerika. In den gemäßigten Zonen aller Erdteile kommt die rein weißblühende **Zaunwinde**, *Calystegia sepium*, vor. Sie ist oft ein lästiges Unkraut, genau wie die weiß- oder rosablühende **Ackerwinde**, *Convolvulus arvensis*, die auf Äckern, Schuttplätzen und an Wegrändern häufig ist.
Windepflanzen, → Kletterpflanzen.
Windfaktor, Wirkung des Windes auf den pflanzlichen oder tierischen Organismus. Bei den Pflanzen wirkt der Wind unmittelbar bei der Bestäubung und der Samenverbreitung und als Sturm durch Windwurf und Windbruch. Wesentlich bedeutsamer ist der mittelbare Einfluß des Windes, indem er die Wirkung anderer Faktoren modifiziert. So wirkt er stark fördernd auf die Transpiration und verändert damit sehr erheblich die Wasserbilanz der Pflanzen; bei winterlich gefrorenem Boden und Erschwerung des Wassernachschubs z. B. kann es dadurch zu Vertrocknungsschäden (Frosttrocknis) kommen. Soweit die Pflanze der austrocknenden Wirkung des Windes durch Spaltenschluß entgegenwirkt, bedeutet dies verschlechterten Gasaustausch und somit Verringerung der Assimilationsleistung. Im Experiment bleiben dauernd dem Wind ausgesetzte Pflanzen wesentlich kleiner und bilden weniger Blattmasse als nicht dem Wind ausgesetzte Exemplare. Da die Windgeschwindigkeit in Bodennähe gebremst wird, aber mit zunehmender Höhe sehr stark zunimmt (z. B. von 0,01 m/s in 2 cm Höhe auf 6 m/s in 2 m Höhe), sind vor allem Bäume und emporragende Pflanzenteile vom Wind beeinflußt.

Bei den Tieren wirkt der Wind vielfach auf die Orientierung ein. Eine Einstellung oder die Bewegung zur Windrichtung wird als *Anemotaxis* bezeichnet. So bewegen sich

Wanderheuschrecken gegen den Wind, viele Vögel und Säugetiere stellen sich in Ruhe mit dem Kopf gegen den Wind ein. Andere Tiere, wie die Getreidewanze und manche Käfer, fliegen mit dem Wind. Insekten, die höhere Gebirge oder windexponierte Küsten bewohnen, stellen bei Wind den Flug ein und verkriechen sich bzw. zeigen Flügelreduktion (z. B. Kerguelenfliegen).

Auf die aktive und passive Verbreitung fliegender Tiere hat der Wind durch Ablenkung von der Flugrichtung, durch Vergrößerung oder Verringerung der Flugleistung und durch passiven Windtransport ebenfalls Einfluß. Letzteres tritt bei kleinen Tieren auf, wenn die Windenergie die Flugleistung der Tiere übersteigt. Durch anemochoren Transport können Vögel und Insekten über große Entfernungen, oft über 1000 km weit getragen werden, z. T. sind dafür besondere Hilfsmittel ausgebildet, z. B. Spinnfäden (Altweibersommer), Wachsfäden, (bei Blattläusen) oder lange Haare (bei Eiraupen des Schwammspinners). Aufwinde dienen vielen Vögeln zum Segelflug, und viele Kleininsekten werden als *Luftplankton* in große Höhen getragen. Starke Luftbewegungen können jedoch auch katastrophale Folgen haben, wie Massenanschwemmungen toter Insekten an den Küsten zeigen.

Durch Wind wird die Verdunstung erhöht und die Temperatur verringert, was je nach sonstigen klimatischen und physiologischen Bedingungen nachteilig oder auch förderlich sein kann. Im kontinentalen Mittel- und Osteuropa ist deshalb der Windschutz durch Gehölzschutzstreifen und Hecken von so großer Bedeutung für die Landwirtschaft und Tierwelt wie an den Küsten, da durch sie nicht nur die Bodenerosion verhindert, sondern auch die Durchschnittstemperatur erhöht, der Niederschlag gefördert und die Verdunstung herabgesetzt worden.

Windkesselfunktion, eine aus der Technik entlehnte Bezeichnung für die Druckspeicherwirkung zentraler Arterien. Die großen Arterien der Säugetiere besitzen viele elastische Bauelemente, die ihnen ihre W. ermöglichen. Während des Blutauswurfs aus der linken Kammer treibt der systolische Blutdruck eine Hälfte des → Schlagvolumens zur Peripherie und dehnt gleichzeitig die Arterienwand. Jene potentielle Energie wird während der Diastole in kinetische überführt und bewegt dann die andere Hälfte des Schlagvolumens. Auf diese Weise wandelt der arterielle Windkessel die rhythmischen Pumpstöße des Herzens in einen gleichmäßigen Bluttransport um. Wegen der enormen Länge des arteriellen Windkessels ist die Ausbauchung seiner Wandung mit 2 bis 10 % seines normalen Durchmessers sehr gering.

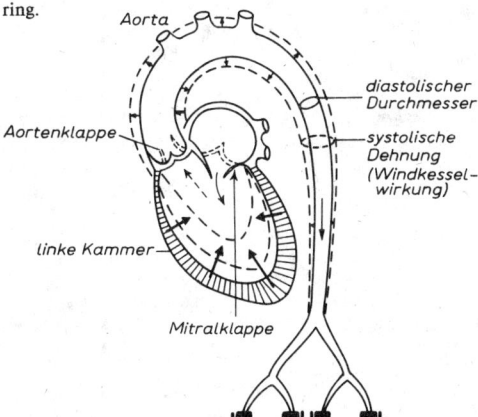

Windkesselfunktion des Arteriensystems

Windröschen, → Hahnenfußgewächse.
Winkelfalte, svw. Epikanthus.
Winkelorientierung, → Menotaxis.
Winkelzahnmolche, *Hynobiidae,* durch V-förmig angeordnete Gaumenzähne gekennzeichnete, entwicklungsgeschichtlich alte Familie der → Schwanzlurche. Die Füße haben vier Zehen. Die Weibchen legen ihre Eier in 2 Säckchen ins Wasser ab (meist an Steinen festhaftend), anschließend erfolgt die äußere Befruchtung durch das Männchen. Das Verbreitungsgebiet ist auf Asien beschränkt, nur der → Sibirische Winkelzahnmolch erreicht im Gebiet Gorki europäischen Boden. Es gibt neben Tieflandarten auch viele Bergbachbewohner (bis in 4000 m Höhe). Zu den etwa 20 Arten der W. gehören unter anderem der → Japanische Krallenfingermolch und der → Sibirische Froschzahnmolch.

Winkerkrabben, *Uca,* zur Ordnung der Zehnfüßer gehörende Krabben, die an den Küsten aller warmen Meere meist in großen Gesellschaften leben. Sie graben in der Gezeitenzone Wohngänge. Beim Männchen ist eine Schere stark vergrößert und wird zu Anlockung eines Weibchen »winkend« auf und ab bewegt.

winterannuelle Pflanzen, → annuelle Pflanzen.
Winterdeckel, svw. Epiphragma.
Wintereier, → Ei.
Wintergrüngewächse, *Pyrolaceae,* eine Familie der Zweikeimblättrigen Pflanzen mit etwa 45 Arten, die in den Waldgebieten der nördlichen gemäßigten und kühlen Zone, z. T. in tropischen Gebirgen vorkommen. Es sind immergrüne Kräuter oder Halbsträucher mit wechselständigen Blättern, 4- bis 5zähligen Blüten mit meist freien Kronblättern. Der oberständige Fruchtknoten entwickelt sich zu einer Kapsel mit sehr vielen kleinen Samen. Die W. sind Mykorrhiza-Pflanzen, d. h., sie leben in Symbiose mit einem Pilz. Alle einheimischen Vertreter der W. stehen unter Naturschutz. Relativ häufig sind in Nadelwäldern und bodensauren Laubmischwäldern das *Rundblättrige Wintergrün, Pyrola rotundifolia,* und das *Kleine Wintergrün, Pyrola minor.*

Kleines Wintergrün, blühende Pflanze

Winterknospen, → Hibernakeln.
Winterruhe, → Überwinterung.
Wintersaateule, *Scotia segetum* D. u. S., ein Eulenfalter,

Winterschlaf

dessen Raupen im Herbst als → Erdraupen an den Wurzeln junger Wintersaaten fressen.
Winterschlaf, → Überwinterung.
Wintersporen, der Überwinterung dienende, meist dickwandige Sporenformen der Pilze, z. B. die → Teleutosporen.
Winterstagnation, → See.
Winterzwiebel, → Liliengewächse.
Wirbel, 1) → Achsenskelett, 2) → Fingerbeerenmuster.
Wirbelkanal, → Achsenskelett.
Wirbellose, von Lamarck eingeführte Sammelbezeichnung für alle Tiere, die im Unterschied zu den Wirbeltieren keine Wirbelsäule besitzen. Neun Zehntel aller Tiere sind W. Zu ihnen gehören die Einzeller und 23 Stämme der Vielzeller.
Wirbelsäule, → Achsenskelett.
Wirbeltiere, *Vertebraten, Kranioten, Schädeltiere, Vertebrata, Craniota,* der bei weitem umfangreichste Unterstamm der Chordatiere mit einem inneren, aus der Chorda dorsalis hervorgehenden Achsenskelett (Wirbelsäule), einem knorpeligen oder knöchernen Schädel, einem hochentwickelten Zentralnervensystem, dessen Neuralrohr vorn zu dem im Kopf gelegenen Gehirn erweitert ist. Der Grundbauplan mit einem in Kopf-, Rumpf- und Schwanzregion gegliederten Körper kann vielfältig abgewandelt sein. Ursprünglich haben die W. stets zwei Extremitätenpaare, die jedoch sekundär eine Rückbildung erfahren können (Schlangen).

Die W. weisen komplizierte Sinnesorgane und ein geschlossenes Blutgefäßsystem auf; die meist durch hämoglobinhaltige Blutkörperchen rotgefärbte Blutflüssigkeit wird von als Hohlmuskeln ausgebildeten Herzen getrieben. Als Bestandteile des Verdauungssystems treten stets ein (oder mehrere) Magen sowie eine Leber und eine Bauchspeicheldrüse auf. Die Atmung erfolgt ursprünglich durch Kiemen, die jedoch nur bei den Rundmäulern und Fischen erhalten geblieben sind. Bei allen anderen W. sind sie im Laufe der stammesgeschichtlichen Entwicklung zurückgebildet worden; an ihre Stelle sind Lungen getreten. Die hohe Anpassungsfähigkeit der W. ermöglichte ihnen ein Vordringen in die verschiedensten Lebensräume. Wie vor ihnen die Insekten haben sie wasser-, land- und luftlebende Formen hervorgebracht. In etwas vereinfachter systematischer Ordnung lassen sich folgende Gruppen der W. unterscheiden: Agnathen (Kieferlose) mit der einzigen rezenten Klasse der Rundmäuler, Fische im weiteren Sinne, Lurche, Kriechtiere, Vögel und Säugetiere. Den beiden erstgenannten Gruppen werden die anderen auch als *Tetrapoda* (Vierfüßer) gegenübergestellt.

Geologische Verbreitung. Oberes Kambrium (?), mittleres Ordovizium bis Gegenwart. Fossilien treten regelmäßig erst ab Silur auf, wobei stets nur Hartteile erhalten geblieben sind. Diese lassen sich jedoch sehr weitgehend dem in engen Beziehungen zu den inneren Organen stehenden Innenskelett zuordnen und können daher gut für die Deutung stammesgeschichtlicher Abläufe ausgewertet werden. Als Leitfossilien sind Wirbeltierreste wegen ihrer Seltenheit überwiegend nicht nutzbar; Ausnahmen bilden die Agnathen und Fische im kontinentalen Devon (Old Red), Lurche und Kriechtiere der südafrikanischen Karru-Formation und die tertiären und diluvialen Säugetiere.

Wirkstoffe, allgemeine Bezeichnung für natürlich vorkommende oder für synthetische, meist organische Verbindungen mit hoher und spezifischer biologischer Wirkung. Geringste Wirkstoffmengen lösen bei Applikation in einem Organismus spezifische biochemische Reaktionen aus. Bekannte Wirkstoffgruppen sind Hormone, Vitamine, Arzneimittel, Pflanzenschutzmittel, Mittel zur Steuerung pflanzlicher Wachstums- und Entwicklungsprozesse u. a.

Wirkungsgesetz der Wachstumsfaktoren, *Mitscherlichsches Wirkungsgesetz, Gesetz vom abnehmenden Ertragszuwachs,* eine von E. A. Mitscherlich formulierte, den Wirkungsgrad verschiedener Wachstumsfaktoren auf die → Ertragsbildung der Pflanzen kennzeichnende Regel. Diese besagt, daß der Ertragszuwachs von einem jeden Wachstumsfaktor mit einer ihm eigenen Intensität abhängig ist, und zwar ist er proportional zu dem am Höchstertrag fehlenden Ertrag. Es beeinflußt also jeder einzelne Wachstumsfaktor, z. B. Wasser, Stickstoff, Kali, Phosphorsäure oder andere Makro- bzw. Mikronährstoffe, Licht, Wärme, Standweite u. a., den Ernteertrag mit einem charakteristischen *Wirkungsfaktor (Intensitätsfaktor).* Dieser wird auch als *c-Wert* bezeichnet. Steigern bereits geringe Mengen eines Wachstumsfaktors, z. B. des Makronährstoffes Phosphorsäure, den Ertrag beachtlich, so kommt diesem ein hoher c-Wert zu. Je geringere Nährstoffmengen vorher vorhanden waren, um so größer ist also die bewirkte Ertragssteigerung. Dabei nimmt der Ertrag nicht linear mit der Erhöhung der Gabe des entsprechenden Düngers (Wachstumsfaktors) zu. Verdoppelt man z. B. eine Nährstoffeinheit, nach deren Gabe 50% des Höchstertrages erzielt worden war, so bringt das eine Steigerung des Ertrages auf 75%, bei Verdreifachung auf 87,5% des Höchstertrages. Da mit steigenden Aufwandmengen der durch eine zusätzliche Nährstoffeinheit erhaltene Ertragszuwachs immer geringer wird, müssen entsprechende Ertragskurven nicht nur unter pflanzenphysiologischen und ackerbaulichen, sondern auch unter betriebswirtschaftlichen Gesichtspunkten ausgewertet werden. Gleichzeitig ist zu beachten, daß ein Wachstumsfaktor nur dann optimal wirkt, wenn auch die übrigen Wachstumsfaktoren in ausreichendem Maße verfügbar sind.

Wirkungsgesetze der Umweltfaktoren, näheres → Umweltfaktoren und → ökologische Regeln, Prinzipien und Gesetze.

Wirkungsgrad, Kriterium für die Bewertung eines Pflanzenschutzmittels bzw. einer -maßnahme bei der Bekämpfung eines Schaderregers.

W. nach Abbott:

$$WG\% = \frac{C-T}{C} \cdot 100$$; dabei bedeuten C Befall bzw. Anzahl lebender Individuen in der Kontrolle, T Befall bzw. Anzahl lebender Individuen in der behandelten Variante.

W. nach Henderson und Tilton:

$$WG\% = 100 \cdot 1 - \frac{Ta \cdot Cb}{Tb \cdot Ca}$$; dabei bedeuten T Anzahl lebender Individuen (a) nach der Behandlung, (b) vor der Behandlung, C Anzahl lebender Individuen in der Kontrolle, (a) nach der Behandlung, (b) vor der Behandlung.

W. nach Schneider-Orelli:

$$WG\% = \frac{b-k}{100-k} \cdot 100$$; dabei bedeuten b % der toten Individuen in der behandelten Variante, k % der toten Individuen in der Kontrolle.

Wirkungsmuster, die Gesamtheit der primären und sekundären Vorgänge, die der Wirkung eines Gens zugeordnet werden können und entsprechende Merkmalsbildungen nach sich ziehen. Zur Festlegung des W. dient der Vergleich von Mutante und Wildtyp, wobei alle gesicherten Unterschiede zwischen beiden direkte oder indirekte Folge des in Frage stehenden Mutationsschrittes sind, der ein Normalallel verändert, inaktiviert oder eliminiert hat. Die Mutationswirkung manifestiert sich somit als Differenzmuster, das die phänotypischen Unterschiede vor und nach der Mutation anzeigt. Ob im Einzelfall ein nicht erfaßbares Restmuster verbleibt, das übereinstimmende Wirkungen von Normallel und mutiertem Gen betrifft, hängt von der

jeweiligen Mutation ab. Im Falle von Letalfaktoren stellt das W. ein Schädigungsmuster dar.
Wirkungsspezifität, → Enzyme.
Wirkwelt, svw. Umwelt.
Wirsing, → Kreuzblütler.
Wirt, der ökologisch notwendige Partner eines Parasiten, auf oder in dem der Parasit zeitweise oder dauernd lebt, Nahrung aufnimmt und sich fortpflanzt. Bei Brutparasitismus versorgt der W. die Parasiten aktiv. In jedem Falle ist der pflanzliche oder tierische W. benachteiligt. Je nach Stellung im Entwicklungsgang des Parasiten unterscheidet man → Endwirt und → Zwischenwirt, → Hauptwirt und → Nebenwirt, weiter → Gelegenheitswirt, → Reservewirt und → Transportwirt.
Wirtel, → Blatt.
wirtelige Blattstellung, → Blatt.
Wirtelschwanzleguane, *Cyclura,* auf den Antillen beheimatete, große, steingraue Leguane mit niedrigem Rückenkamm und verbreitertem Hinterkopf. Der Schwanz ist mit wirteligen Schuppenringen versehen und dient als Schlagwaffe. Die W. bewohnen offene Landschaften und Felsgebiete, sie klettern nicht auf Bäume. Ihre Hauptnahrung bilden Pflanzenteile und Früchte, daneben auch große Insekten und junge Nagetiere. Die W. sind vom Aussterben bedroht. Das Männchen des *Nashornleguans, Cyclura cornuta,* aus Haïti trägt 3 spitze Hornkegel auf der Schnauze.
Wirtsspezifität, Beschränkung der Entwicklungsmöglichkeit einer Parasitenart auf eine oder wenige Wirtsarten. Beispiele liefern Kokzidien der Gattung *Eimeria,* viele Saugwürmer und bestimmte Phytonematoden.
Wirtswechsel, der in der Entwicklung solcher Parasiten, die verschiedene Wirte brauchen, d. h. *Heteroxenie,* aufweisen, notwendige Übergang auf eine zweite oder weitere Wirtsarten. Der Gegensatz ist Gleichwirtigkeit *(Homoxenie)* als stammesgeschichtlich ältere Form. W. erfolgt durch körperliches Zusammentreffen der Wirte (translatorisch) oder durch Verbreitung widerstandsfähiger Parasitenstadien in die Außenwelt (disseminatorisch).
Wischreflex, → Schutzreflexe.
Wisent, *Bison bonasus,* ein großes Wildrind mit vorn überbautem Körper und verhältnismäßig kurzen, gebogenen Hörnern. Die braune, zottige Behaarung ist besonders am Vorderkörper stark ausgebildet. Ursprünglich ein Bewohner West-, Mittel- und Osteuropas, kommt der W. jetzt nur noch in Gefangenschaft und in Reservaten vor. Als Waldbewohner ernährt er sich vorwiegend von Laub und Zweigen.
Lit.: E. Mohr: Der W. (Wittenberg 1952).
Wittling, Merlan, *Merlangus merlangus,* zu den Dorschartigen gehörender, bis 50 cm langer, blaß rötlichbrauner Fisch des Ostatlantiks, des Mittel- und Schwarzen Meeres. Er wird vor allem als Bratfisch geschätzt.
Witwen, → Webervögel.
Wohnbauten, → Tierbauten.
Wohndichte, → Abundanz.
Wolf, *Canis lupus,* ein starkes, zu den Hunden gehörendes Raubtier, das im Sommer als Einzelgänger oder im Familienverband, im Winter aber in größeren Rudeln lebt und oft weite Wanderungen ausführt. Der W. ist über die ganze nördliche Halbkugel verbreitet, manchenorts aber ausgerottet. Er ist die Stammform des Haushundes.
Wolffscher Körper, → Exkretionsorgane.
Wolfsmilchgewächse, *Euphorbiaceae,* eine Familie der Zweikeimblättrigen Pflanzen mit etwa 8 000 Arten, die überwiegend in den Tropen vorkommen, einige Arten sind Kosmopoliten. Es sind Kräuter oder Sträucher mit meist wechselständigen, ungeteilten Blättern mit Nebenblättern; auch verschiedene sukkulente Formen, deren Blätter zurückgebildet sind, kommen vor. Die stets eingeschlechtigen Blüten sind sehr mannigfaltig. Oft fehlt die Blütenhülle, und häufig stehen die Blüten in ähren-, rispen- oder knäuelförmigen Blütenständen. Eine Besonderheit sind die als Cyathien bezeichneten Scheinblüten der Gattung **Wolfsmilch,** *Euphorbia.* Jedes Cyathium besteht aus einer weiblichen Gipfelblüte, die nach unten umgewendet ist, 5 Gruppen männlicher Blüten und 5 blütenhüllartigen Hochblättern, zwischen denen meist eine halbmondförmige Drüse sitzt (Abb.). Insektenbestäubung ist vorherrschend. Die kapselartigen Früchte zerfallen meist in 2 oder 3 Teilfrüchte. Viele Arten der W. haben Milchsaft, der häufig

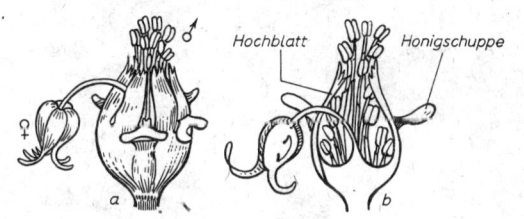

1 Wolfsmilch: *a* Cyathium, *b* Längsschnitt durch *a*

2 Wolfsmilchgewächse: *1* Kautschukbaum; Blütenzweig, *a* Frucht (Kapsel). *2* Maniok; Zweig mit Blüten und Früchten, *b* Sproßstück mit Wurzelknollen

Wolfsspinnen

Kautschuk enthält und bei einigen Arten giftig ist. Die wichtigsten Kautschukpflanzen sind die in Brasilien beheimateten, jetzt in vielen tropischen Ländern angebauten Arten **Kautschukbaum**, *Hevea brasiliensis*, von dem der Parakautschuk stammt, und der den Cearakautschuk liefernde *Manihot glaziovii*. Die Tapiokastärke gewinnt man aus den Wurzelknollen des ebenfalls in den Tropen häufig angebauten krautigen *Manioks, Manihot utilissima*. Maniok ist eine der wichtigsten stärkeliefernden Kulturpflanzen der Tropen und in vielen tropischen Gebieten Amerikas und Afrikas Hauptnahrungsmittel. Die bis zu 40 % Stärke enthaltenden Wurzelknollen werden zu Mehl verarbeitet oder als Brei bzw. Fladen gegessen. Die Knollen enthalten glykosidisch gebundene Blausäure, die vor dem Genuß entfernt werden muß. Der **Tungölbaum**, *Aleurites fordii*, wird wegen seiner ölreichen Samen angepflanzt, die das technisch wertvolle Tungöl liefern.

Die wichtigste Öl- und Arzneipflanze der Familie ist der **Rizinus** oder **Wunderbaum**, *Ricinus communis*, aus dem tropischen Afrika. Die Samen enthalten etwa 45 % Öl, das Rizinusöl, dessen Hauptanteil die abführend wirkende Rizinolsäure ist.

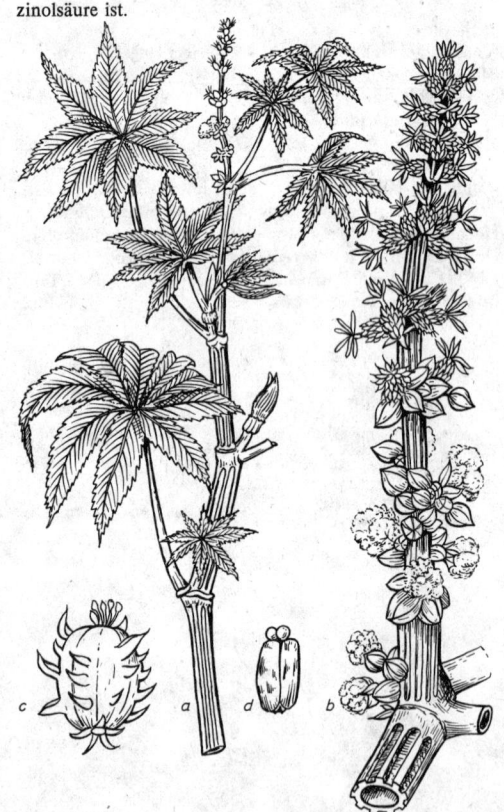

gegrabenen Erdröhren, die sie mit Spinnfäden auskleiden. Am Röhreneingang lauern sie auf Beute oder gehen auch nachts auf Fang aus. Viele Arten leben in Gewässernähe. Zu den W. gehört auch die in Südeuropa als Tarantel bezeichnete Spinne, *Hogna tarentula*, die aber entgegen dem allgemeinen Volksglauben für den Menschen ganz harmlos ist.

Wollaffen, *Lagothrix*, kräftige, rundköpfige → Neuweltaffen aus der Familie der Kapuzinerartigen mit dichtem, wolligem Fell und gut ausgebildetem Greifschwanz. Sie sind in den Wäldern des Amazonasgebietes beheimatet.

Wollbaumgewächse, *Bombacaceae*, eine Familie der Zweikeimblättrigen Pflanzen mit etwa 200 Arten, deren Vorkommen auf die tropischen Gebiete beschränkt ist. Es sind Bäume mit einfachen oder gefingerten Blättern und großen, meist lebhaft gefärbten, zwittrigen, 5zähligen Blüten, deren Staubblätter oft röhrenförmig verwachsen sind. Die Bestäubung erfolgt durch Insekten oder Vögel. Als Frucht wird eine trockene oder fleischige Kapsel ausgebildet.

1 Wollbaumgewächse: Affenbrotbaum

Der bekannteste Vertreter ist der afrikanische **Affenbrotbaum** oder **Baobab**, *Adansonia digitata*, ein nur zur Regenzeit belaubter, bis 18 m hoch werdender Baum mit meist mächtigem, bis zu 40 m Umfang und 12 m Durchmesser erreichendem Stamm. Das Mark der herabhängenden, gurkenähnlichen Früchte ist ebenso wie die ölhaltigen Samen ein Nahrungsmittel. Auch alle anderen Teile der Pflanzen werden in Afrika von den Einheimischen genutzt. Die Früchte des **Kapokbaumes**, *Ceiba pentandra*, und des

3 Wolfsmilchgewächse: Rizinus: *a* Sproß; *b* Blütenstand, oben ♀, unten ♂ Blüten; *c* Frucht; *d* Samen

Eine durch ihre roten Hochblätter auffallende Zierpflanze ist der im Dezember blühende **Advents-** oder **Weihnachtsstern**, *Euphorbia pulcherrima*, der in Mexiko beheimatet ist.

Die einheimischen W. kommen meist als Unkräuter in Gärten, auf Äckern, Wiesen und in Wäldern vor.

Wolfsspinnen, *Lycosidae*, eine Familie der Spinnen mit teilweise sehr großen Arten. Die W. wohnen meist in selbst-

2 Wollbaumgewächse: Kapokbaum; Zweig mit Blättern und Früchten

Seidenwollbaumes, Bombax malabarium, und andere Arten, enthalten statt des Markes Wollhaare, die als Füllmaterial für Polster u. a. Verwendung finden. Der **Durianbaum** oder **Zibetbaum,** *Durio zibethinus,* wird ebenfalls seiner Früchte wegen angebaut. Das sehr leichte Holz des in den Tropen kultivierten **Balsabaumes,** *Ochroma lagopus* (Dichte 0,12 bis 0,30), findet im Flugzeugbau und auf anderen technischen Gebieten Verwendung.
Wollgras, → Riedgräser.
Wollhaare, → Pflanzenhaare.
Wollhandkrabbe, *Eriocheir sinensis,* eine zur Ordnung der Zehnfüßer gehörende Krabbe, deren Männchen an den Scheren einen dichten Haarpelz haben. Die aus China stammende Krabbe wurde nach Europa eingeschleppt und wandert hier in den Flüssen weit aufwärts. Zur Fortpflanzung müssen die W. aber stets ins Meer zurück.

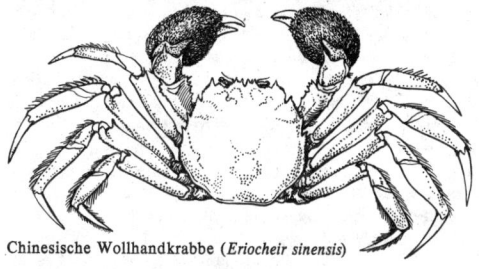

Chinesische Wollhandkrabbe (*Eriocheir sinensis*)

Wollschweber, → Zweiflügler.
Wombats, svw. Plumpbeutler.
World Wildlife Fund, *WWF,* 1961 zum Schutz der vom Aussterben bedrohten Tiere gegründete, in der Schweiz (Gland) ansässige und in vielen Ländern vertretene internationale Organisation, die in enger Zusammenarbeit mit der → IUCN aus Spenden stammende Mittel für Projekte bereitstellt, die die Möglichkeiten der betreffenden Länder oder nationaler Naturschutzorganisationen übersteigen. Besonders hat sich der WWF durch Ankauf gefährdeter Habitate verdient gemacht.
Wormsche Knöchelchen, *Nahtknochen,* in die Schädelnähte eingelagerte kleine Knochen.
Wright-Verteilung, *Sewall-Wright-Verteilung,* Regel, die das Zahlenverhältnis der Genotypen in einer Population mit Inzucht bei verschiedenen relativen Häufigkeiten der Erbfaktoren an einem Genort angibt. Die W.-V. ist eine Modifikation der → Hardy-Weinberg-Regel: $p^2(1-f) + pf : 2pq(1-f) : q^2(1-f) + qf$. Hier ist f der Inzuchtkoeffizient. Bei $f = 0$ ergibt sich die Hardy-Weinberg-Verteilung; bei $f = 1$ sind nur homozygote Individuen in der Population vorhanden.
WSD, → Wasserhaushalt.
Wucherblume, → Körbblütler.
Wuchsform, *1)* bei Pflanzen die Gesamtheit der den → Habitus einer Pflanze bestimmenden Merkmale einschließlich ihrer Veränderungen durch Wachstum und Entwicklung und ihrer Beziehungen zum Standort. Die W. wird bestimmt durch die Vegetations- und Überdauerungsorgane, die Sproßerneuerung und die Lebensdauer einer Pflanze an ihrem Standort. → Lebensform. *2)* bei Tieren die Ausbildung der Körperform hinsichtlich Größe, Länge, Breite und Tiefe.
Wuchsstoffherbizide, synthetische Unkrautbekämpfungsmittel (→ Herbizide), die ein übermäßig starkes Wachstum, besonders zweikeimblättriger Pflanzen hervorrufen, die dabei an Erschöpfung zugrunde gehen.
Wühler, *Cricetidae,* eine verschiedengestaltige und artenreiche Familie der → Nagetiere, deren Vertreter meist ein bodengebundenes Leben führen und unterirdische Baue anlegen. Zu den W. gehören unter anderem → Hamster, → Goldhamster, → Zwerghamster, → Wühlmäuse und → Rennmäuse.
Wühlmäuse (Tafel 7), *Microtinae,* vorwiegend kleine Nagetiere aus der Familie der Wühler mit stumpfer Schnauze und mittellangem bis kurzem Schwanz. Zu den W. gehören → Lemminge, → Feldmaus, → Erdmaus, → Rötelmaus, → Wasserratten und → Bisamratte. Einige Arten werden durch Anfressen von Wurzeln und Aufwühlen des Bodens besonders schädlich. Die nicht einfache Bekämpfung erfolgt durch Fallen, Räucherpatronen und Fraßgifte.
Wunderbaum, → Wolfsmilchgewächse.
Wundgewebe, → Wundheilung.
Wundheilung, bei Pflanzen der selbständige Verschluß von Verletzungen. Bei geringfügigen Verletzungen sterben die betroffenen Zellen ab. In den darunterliegenden unverletzten Zellen lagern sich Suberinlamellen an. Es bildet sich *Wundkork.* An größeren Wunden entsteht durch Zellwucherung ein *Kallus (Wundkallus, Wundgewebe).* In den meisten Fällen bildet sich an der Peripherie des Kallusgewebes ein Korkkambium aus, das nach außen Kork erzeugt. Nach Abschluß der W. können → Restitutionen einsetzen.
Wundhormone, *Nekrohormone,* erstmals 1914 von Haberlandt postulierte Stoffe, die aus verletzten Pflanzenzellen frei werden und angrenzende Zellen zu Zellteilung und Kallusbildung anregen sollen. Aus Bohnenhülsen konnte zwar eine entsprechende, als Traumatinsäure (2-Dodezendisäure) bezeichnete Substanz isoliert werden, die an jungen Bohnenhülsen Kallusbildung hervorruft, doch sind das Vorkommen und die Wirkung offenbar auf die Bohne beschränkt. Jetzt wird in Erwägung gezogen, daß bei Zellverletzungen frei werdende Zytokinine Nachbarzellen zur Teilung bringen.
Wundkallus, → Wundheilung.
Wundkork, → Wundheilung.
Würfelnatter, *Natrix tessellata,* schlanke, olivgraue, von Westchina bis Westeuropa verbreitete, vor allem in Südosteuropa häufige → Natter mit dunklen Würfelflecken. Die W. lebt überwiegend im Wasser, ihre Hauptnahrung sind Fische. Die W. legt Eier. Im Osten ihres Areals erreicht die W. eine Länge von 1,50 m. Die mitteleuropäischen Vertreter, die nur an wärmebegünstigten Stellen, z. B. im Rhein-Main-Gebiet vorkommen, werden 0,75 m lang.
Würfelquallen, *Cubomedusae,* Ordnung der Skyphozoen, kommen überwiegend in warmen Meeren vor. Mit ihren Tentakeln greifen sie Fische, die größer als sie selbst sein können. Einige Arten des indo-australischen Bereiches gehören mit zu den gefürchtetsten Meerestieren; ihre Nesselkapseln können einen Menschen innerhalb weniger Minuten töten.
Würger, *Laniidae,* Familie der → Singvögel mit über 70 Arten fast ausschließlich der Alten Welt. Sie fressen Insekten und kleine Wirbeltiere.
Würmer, *Vermes,* eine Habitusbezeichnung, der keine taxonomische Bedeutung mehr zukommt.
Wurmfortsatz, → Blinddarm.
Wurmmollusken, *Aplacophora,* Klasse der Weichtiere (Unterstamm Stachel-Weichtiere) mit etwa 240 Arten.
Morphologie. Die W. haben einen wurmförmigen Körper ohne Schale und ausgeprägten Fuß. Sie sind meist nur 0,5 bis 3 cm lang, können aber auch eine Länge von 30 cm erreichen. Die Epidermis scheidet auf der gesamten Körperoberfläche eine Kutikula ab, die meist mit soliden Kalkstacheln – oft in mehreren Schichten – besetzt ist. Der Fuß ist auf eine schmale Bauchfurche reduziert. Der Kopf ist nur bei wenigen Arten vom Rumpf abgesetzt.

Wurmmull

Biologie. Die Entwicklung der W. ist direkt oder geht über eine Trochophoralarve, die nach wenigen Tagen aus den im Analraum verbleibenden Eiern ausbricht, nach kurzer Zeit die Wimpernkränze abwirft und dann dem erwachsenen Tier gleicht. Alle Arten leben im Meer (18 bis 6000 m Tiefe) im Bodenschlamm, oder sie kriechen auf Hydrozoen und Korallenstöcken umher. Die W. ernähren sich von Mikroorganismen und von Korallenpolypen bzw. dem Zönosark. Die Bewegung erfolgt meist wurmartig mit Hilfe des Hautmuskelschlauches; andere Formen bewegen sich schneckenähnlich auf der Bauchseite, wahrscheinlich durch die Wimpern der Bauchfurche.

Wurmmolluske (*Proneomenia*)

System.
1. Unterklasse: → Schildfüßer (*Caudofoveata*)
2. Unterklasse: → Furchenfüßer (*Solenogastres*)

Lit.: L. von Salvini-Plawen: Schild- und Furchenfüßer (*Caudofoveata* und *Solenogastres*) (Wittenberg 1971).

Wurmmull, → Humus.

Wurmsalamander, Schlangensalamander, *Batrachoseps*, dünne, langgestreckte → Lungenlose Molche des westlichen Nordamerika mit rückgebildeten Beinen. Sie bewegen sich schlängelnd fort und leben hauptsächlich unterirdisch, oft in Regenwurmgängen. Die Entwicklung der Jungen erfolgt ohne Kiemenlarvenstadium direkt an Land.

Wurmsamen, → Korbblütler.

Wurmwühlen, *Caeciliidae*, umfangreichste Familie der → Blindwühlen mit über 100 Arten in Asien, Afrika und Südamerika. Die W. bilden keine einheitliche Verwandtschaftsgruppe, viele legen Eier, andere sind lebendgebärend, unter letzteren gibt es ovovivipare und vivipare Formen. Die Entwicklung der Jungen kann mit oder ohne Wasserlarvenstadium erfolgen.

Wurzel, *1)* Grundorgan des → Kormus (der Farn- und Samenpflanzen), das sich meist in der Erde befindet, den Sproß im Boden verankert, Wasser und Nährstoffe aufnimmt und an den Sproß weiterleitet und oft Reservestoffe speichert. Je nach ihrer Funktion werden W. als *Anker-, Nähr-* oder *Speicherwurzeln* bezeichnet; oft erfüllt eine W. mehrere dieser Aufgaben gleichzeitig. Wichtige Merkmale der W. sind völlige Blattlosigkeit, Schutz des Vegetationspunktes durch eine Wurzelhaube, radiale Anordnung der Leitbündel im Zentralzylinder, Entstehung der Nebenwurzeln endogen, d. h. im Inneren der Mutterwurzel, und Besitz einer Zone mit Wurzelhaaren.

An den *primären*, noch wachsenden W. können äußerlich von der Spitze aus vier aufeinanderfolgende Regionen unterschieden werden: 1) der Vegetationspunkt, 2) die Wachstumszone, 3) die Zone der Wurzelhaare, 4) die entblößte Zone bzw. die Zone der Wurzelverzweigung. Bei W. zweikeimblättriger Pflanzen schließt sich die Zone des sekundären Dickenwachstums an. Der *Vegetationspunkt* besteht aus einem stumpfkegelförmigen Urmeristem, das bei Farnpflanzen aus einer Scheitelzelle, bei den Samenpflanzen aus mehreren *Initialzellen* gebildet wird. Durch Zellteilung entstehen hier fortgesetzt embryonale Zellen, so daß der Vegetationspunkt ständig weiter in den Boden vordringt. Den Schutz des empfindlichen embryonalen Gewebes übernimmt dabei die *Wurzelhaube*, die *Kalyptra*, eine Kappe aus parenchymatischen Dauerzellen. Die Mittellamellen der äußeren Wurzelhaubenzellen verschleimen und erleichtern damit der W. das Weiterkriechen im Boden. Die vorn abgelösten Zellen sterben ab und werden vom Bildungsgewebe ergänzt. In den Zellen der Wurzelhaube sind meist große, bewegliche Stärkekörner vorhanden, die zur geotropischen Orientierung der W. dienen sollen (*Statolithenstärke*). Die *Wachstumszone (Streckungszone, Verlängerungszone)* der W. beginnt an der Basis des Vegetationskegels, wo die Umwandlung der embryonalen Zellen in Dauerzellen unter gleichzeitigem Streckungswachstum erfolgt. Sie ist meist nur 5 bis 10 mm lang und leitet unmittelbar zur Zone der *Wurzelhaare* über. Die Wurzelhaare sind dünnwandige, schlauchförmige Ausstülpungen der Epidermis, die die wasseraufnehmende Oberfläche der W. um ein Vielfaches vergrößern. Da die Wurzelhaare nur wenige Tage lebensfähig sind, ist in der Regel nur ein kurzes Stück der neugebildeten W. von ihnen umgeben. Viele Wasser- und Sumpfpflanzen haben keine Wurzelhaare. Hier dient allein die *Rhizodermis*, die einschichtige, aus dünnwandigen Zellen bestehende Epidermis der W., zur Stoffaufnahme. Die Rhizodermis hat weder eine ausgeprägte Kutikula noch Spaltöffnungen und ist genauso kurzlebig wie die Wurzelhaare. Sie wird in älteren Wurzelteilen durch die *Exodermis*, ein sekundäres Abschlußgewebe, ersetzt, deren Zellwände verkorken und ein *Kutisgewebe* bilden, in dem unregelmäßig dünnwandige Durchlaßzellen vorhanden sind.

In der Zone der Wurzelhaare kommt es zur Ausdifferenzierung aller Zellen. Ist diese erfolgt, liegt der primäre Bau der W. vor. Bei diesem ist zwischen einem parenchymatischen äußeren Gewebemantel, der *Wurzelrinde*, und einem zentralen, die Leitgewebe umfassenden Strang, dem *Zentralzylinder*, zu unterscheiden. Die innerste, dem Zentralzylinder zugekehrte Zellreihe der Wurzelrinde ist die *Endodermis*. In ihren Radialwänden sind in einer die gesamte Zelle umgebenden, streifenförmigen Zone, die als → Caspary scher Streifen bezeichnet wird, in die Zellwände suberinartige Substanzen eingelagert, die die Permeabilität der betreffenden Wandteile stark herabsetzen, so daß der apoplastische → Stofftransport an dieser Stelle unterbunden ist. Später werden die Innenwände der Endodermis meist beträchtlich verdickt. Dabei ist die Substanzauflagerung oft mit Verholzung verbunden. Nur einige Durchlaßzellen bleiben unverdickt und unverholzt. An die Endodermis schließt sich nach innen der *Perizykel (Perikambium)* als äußerste Zone des Zentralzylinders an. Er umfaßt meist nur eine Lage von parenchymatischen Zellen, die bei der Bildung von Seitenwurzeln und bei der Erzeugung von Periderm (→ Abschlußgewebe) ihre Teilungsfähigkeit rückgewinnen können.

Die Leitungsbahnen bilden im Zentralzylinder ein zentrales, radiales Leitbündel, in dem jeweils ein Siebstrang mit einem Gefäßstrang abwechselt. Nach der Zahl der im Bündel vorkommenden Xylemstränge wird die W. als ein-, zwei-, drei-, vier- bis vielstrahlig (*monarch, diarch, triarch, tetrarch* bis *polyarch*) bezeichnet.

Durch sekundäres Dickenwachstum, das bei Nackt- und Bedecktsamern möglich ist und im Wurzelkörper im Anschluß an die Wurzelhaarzone in der Zone des sekundären Dickenwachstums erfolgt, kommt es zum sekundären Bau der W. Das sekundäre Dickenwachstum vollzieht sich durch ein Folgemeristem, das sich zunächst wellenartig zwischen Xylem und Phloem hindurchschlängelt und auch den Perizykel mit umfaßt. Durch ungleiches Dickenwachstum wird der wellenförmige Verlauf jedoch allmählich beseitigt, und das Kambium wird kreisförmig wie dasjenige des Sprosses. Der sekundäre Bau der W. unterscheidet sich dann nur wenig von dem des Sprosses. Infolge des sekundären Dickenwachstums wird die Exodermis zerrissen, und es entsteht ein neues, sekundäres Abschlußgewebe, das *Wurzelperiderm,* als eine Bildung des Perizykels.

Den Rübenkörper der *Beta*-Rüben bildet die verdickte Hauptwurzel, indem nacheinander eine Vielzahl von Kambien aktiv werden. Hierdurch entsteht ein System konzentrisch angeordneter Zuwachszonen, von denen jede einen Holzring und einen Bastring umfaßt.

Die Bildung von Seitenwurzeln erfolgt bei den Samenpflanzen *endogen,* d. h. im Inneren des Wurzelkörpers, und zwar im Perizykel. Die Seitenwurzeln, die die gesamte Wurzelrinde durchbrechen müssen und meist schwächer als die Hauptwurzeln sind, können sich wieder verzweigen, so daß schließlich ein die Erde durchziehendes, reich verzweigtes *Wurzelsystem* entsteht. Dabei kann eine senkrecht nach unten wachsende *Pfahlwurzel* vorherrschend sein, z. B. bei der Eiche, der Tanne, der Luzerne und anderen Pfahl- oder Tiefwurzlern. Bei anderen Pflanzen streichen die W. flach nach allen Seiten aus und bilden eine *Wurzelscheibe,* wie bei der Fichte und den Gräsern, die als Flachwurzler bezeichnet werden. Am Sproß gebildete W. nennt man sproßbürtig. Sproßbürtige W. werden oft als *Adventivwurzeln* bezeichnet. Nach anderen Vorstellungen sollten sproßbürtige W., deren Ausbildung zur normalen Entwicklung gehört, jedoch *Nebenwurzeln* oder *Beiwurzeln* genannt werden, während die Bezeichnung Adventivwurzel unter Zurückführung auf ihre ursprüngliche Bedeutung auf solche W. beschränkt bleiben sollte, die zu ungewöhnlichen Zeiten an ungewöhnlichen Orten entstehen, z. B. nach Verletzung an Blättern oder nach Hormonbehandlung an Stengeln.

W. können in Anpassung an besondere Funktionen die unterschiedlichsten anatomisch-morphologischen Umbildungen (Metamorphosen) erfahren. Werden Nebenwurzeln oder Seitenwurzeln zu Speicherwurzeln, so spricht man von *Wurzelknollen.* Übernimmt die Hauptwurzel diese Funktion, so wird sie als *Rübe* bezeichnet. Andere Wurzelumbildungen sind die *Stütz-* und *Stelzwurzeln* verschiedener einkeimblättriger Pflanzen, die schmalen, wandartig aus dem Boden aufragenden *Brettwurzeln* mancher Tropenbäume, die *Haft-* und *Kletterwurzeln* der Lianen, die *Atemwurzeln* tropischer Sumpfpflanzen sowie die *Luftwurzeln* (→ Absorptionsgewebe) vieler Orchideen, von denen manche Blattgrün enthalten und zur Assimilation befähigt sind (*Assimilationswurzeln*). Zu Saugorganen umgewandelte W. vieler halb- oder ganzparasitisch lebender Pflanzen sind die → Haustorien.

Über die Entwicklung der W. → Wurzelbildung.

2) → Zähne.

Wurzelausscheidungen, die Ausscheidung verschiedener Substanzen durch Pflanzenwurzeln. Viele Substanzen verlassen die Pflanze passiv *(Efflux),* oft im Wege von Austauschvorgängen. Dabei werden z. B. Kationen gegen Protonen, Anionen gegen HCO_3^- ausgetauscht. Auch durch ständige Auflösung von Zellen der Wurzelhaube gelangen viele Substanzen in den Boden. Die ausgeschiedenen Stoffe, z. B. CO_2, Aminosäuren, Kohlenhydrate, Kumarinderivate, Alkaloide und Vitamine, beeinflussen nachhaltig den Nährstoffzustand und das Leben in der Rhizosphäre, d. h. der unmittelbaren Umgebung der Wurzel. Das geschieht unter anderem durch → Austauschadsorption. Eine über eine polierte Marmorplatte wachsende Wurzel hinterläßt eine Ätzspur, d. h., durch die ausgeschiedene Kohlensäure wurde das Kalziumkarbonat (Marmor) an der Berührungsstelle aufgelöst. Ausgeschiedene organische Substanzen sind für die Mikroorganismen der Rhizosphäre von großer Bedeutung, und zwar sowohl als Nahrungsstoffe, z. B. Aminosäuren und Zucker, als auch als Wirkstoffe, wie Vitamine u. a. Art und Menge der abgegebenen Stoffe wechseln von Pflanzenart zu Pflanzenart und hängen außerdem bis zu einem gewissen Grad von der Intensität des Wurzelwachstums und der Beschaffenheit des Bodens ab. Auch für eine gegenseitige Beeinflussung höherer Pflanzen (→ Allelopathie) können von Wurzeln ausgeschiedene Stoffe, unter anderem Kumarinderivate, die Ursache sein. Gewisse Wechselbeziehungen bestehen weiterhin zwischen W. und einigen pflanzenparasitären Nematoden. So bewirken von Wirtspflanzen ausgeschiedene Schlüpfstoffe eine Schlüpfaktivierung von Kartoffelnematodenlarven.

Wurzelbazillus, *Bacillus cereus* var. *mycoides,* ein aerober, sporenbildender, unbeweglicher, bis 5 µm langer, stäbchenförmiger Bazillus, der häufig im Boden vorkommt. Auf festen Nährböden wächst der W. in Form wurzelartig verzweigter Kolonien.

Wurzelbildung, *Rhizogenese,* die Entwicklung des Wurzelsystems der höheren Pflanzen. Die bereits im Embryo der Samenpflanzen angelegte *Keimwurzel* durchbricht bei der Samenkeimung die Samenschale, wächst positiv geotrop in den Boden und wird zur *Primärwurzel,* die bei vielen zweikeimblättrigen Pflanzen und den Nadelhölzern die bleibende Hauptwurzel darstellen. Diese verzweigt sich; es entstehen *Seitenwurzeln* I. und II. Ordnung und an diesen meist Saugwurzeln. Man nennt dies *Allorhizie.* Die Anlage der Seitenwurzeln erfolgt endogen, d. h. im Perizykel der Mutterwurzel. Bei einkeimblättrigen Pflanzen stirbt die Primärwurzel meist frühzeitig ab und wird durch gleichfalls endogen entstehende *sproßbürtige Nebenwurzeln* ersetzt. Es liegt dann *Homorhizie* vor. Schlafende Wurzelanlagen sind in den Stengeln vieler Pflanzenarten vorhanden. Sie wachsen nach Verletzung zu sproßbürtigen Wurzeln aus; ihre Bildung kann durch bestimmte Phytohormone stark gefördert werden. Die Erd- und Kriechsprosse von Stauden, z. B. Erdbeeren, tragen an ihrer Unterseite normalerweise Nebenwurzeln oder Beiwurzeln. Kommen bei ein und derselben Pflanze verschiedenartige Wurzeln vor, spricht man von *Heterorhizie.*

Das Längenwachstum bei Erdwurzeln ist auf eine sehr kurze, höchstens 5 bis 10 mm lange Streckungszone dicht hinter dem Vegetationspunkt beschränkt. Die Wurzeln zweikeimblättriger Pflanzen und von Nadelhölzern zeigen oft ausgeprägtes sekundäres Dickenwachstum.

Wurzelbohrer, → Schmetterlinge.

Wurzeldruck, → Blutung.

Wurzelfüßer, *Rhizopoden, Rhizopoda,* Urtierchen, die für Bewegung und Nahrungsaufnahme formveränderliche Pseudopodien bilden. Sie sind mit den Flagellaten verwandt. Zu ihnen werden gezählt: Gymnamöben, → Testazeen, → Foraminiferen, → Heliozoen, → Radiolarien und → Akanthorien. Die letzten 3 Ordnungen werden auch als *Aktinopoden, Actinopoda,* zusammengefaßt und von den W. im engeren Sinne abgetrennt.

Geologische Verbreitung: Kambrium bis Gegenwart. Durch die Ausbildung ihrer kalkigen oder kieseligen Skelette sind in der geologischen Überlieferung vor allem die Foraminiferen und Radiolarien von Bedeutung.

Wurzelgallennematoden, *Wurzelgallenälchen, Meloidogyne* spec., zu den Älchen gehörende Fadenwürmer, die keine Zysten bilden, sondern an den befallenen Wurzeln gallenartige Geschwüre verursachen. Die W. schädigen besonders im Gewächshaus Gurken, Tomaten u. a. Die W. werden hauptsächlich durch weitgestellte Fruchtfolge bekämpft.

Wurzelhaare, → Pflanzenhaare, → Wurzel.

Wurzelhaube, → Bildungsgewebe, → Wurzel.

Wurzelkletterer, → Kletterpflanzen.

Wurzelknöllchen, unterschiedlich gestaltete, an den Wurzeln verschiedener Pflanzenarten auftretende Wucherungen, in denen Bakterien (→ Knöllchenbakterien) symbiotisch leben und in denen eine Bindung von molekularem Stickstoff aus der Luft stattfindet. Die Symbiose besteht darin, daß die Bakterien Nährstoffe und günstige Bedingungen durch die Wirtspflanze erhalten, während diese den gebundenen Stickstoff mit ausnutzt. Wirtschaftlich sehr bedeutsam sind die W. der Hülsenfrüchtler (Leguminosen). Die Knöllchenbakterien dringen aus dem Erdboden meist durch die Wurzelhaare bis in das Rindengewebe ein und verursachen hier unter Beteiligung von Phytohormonen Zellteilungen. Die Bakterien befinden sich zunächst in Infektionsfäden, die eine von der Pflanze gebildete Zellulosehülle aufweisen. Später treten die Bakterien aus den Infektionsfäden aus, vermehren sich rasch und liegen dann, von einer Membran umgeben, im Zytoplasma der Wurzelzellen. Hier wachsen sie zu mehrfacher Größe heran und verändern ihre Form; sie werden zu → Bakterioiden. Im W. bildet sich ein roter Farbstoff, das Legoglobin. Die Gemeinschaft aus Knöllchenbakterien und Wurzelzellen ist dann zur Stickstoffbindung befähigt. Bei mehrjährigen Hülsenfrüchtlern können auch die W. mehrere Jahre funktionsfähig bleiben, wobei sie sich in den einzelnen Jahren weiter vergrößern.

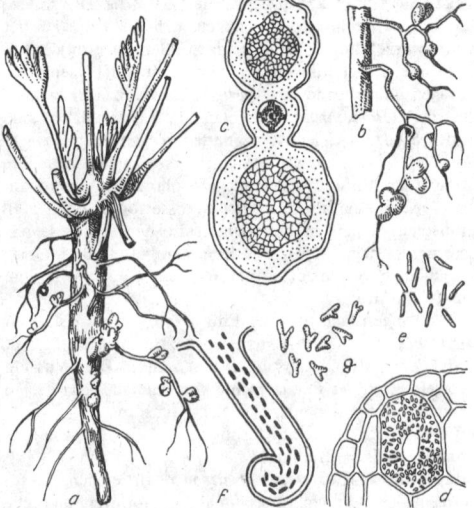

Knöllchenbakterien: Hülsenfrüchte als Stickstoffsammler: *a* Wurzel der Esparsette mit Wurzelknöllchen, *b* Knöllchen in etwas größerer Darstellung, *c* Wurzel- und Knöllchenquerschnitt, *d* Knöllchengewebe mit einer vergrößerten, bakteriengefüllten Zelle, *e* normale Knöllchenbakterien, *f* Eindringen der Bakterien in ein Wurzelhaar, *g* umgestaltete Bakterien eines Knöllchens

Die Stickstoffbindung ist recht erheblich; z. B. kann 1 ha Lupinen im Laufe der Vegetationsperiode bis zu 200 kg Stickstoff binden. Sollen auf einem Boden bestimmte Hülsenfrüchtler zum ersten Mal angebaut werden, so ist eine vorherige Impfung mit den für diese Hülsenfrüchtler spezifischen Knöllchenbakterien zweckmäßig.

W. kommen auch bei anderen Pflanzen, z. B. Erle, Sanddorn oder Ölweide, vor. Hier sind die W. verzweigte Gebilde, die **Rhizothamnien** genannt werden. Sie enthalten Symbionten der Gattung → *Frankia*.

Wurzelknollen, → Knollenbildung, → Wurzel.
Wurzelkrebse, *Rhizocephala,* Ordnung der Rankenfüßer. Die W. leben parasitisch auf anderen Krebsen, meist auf Zehnfüßern. Sie bilden im Wirt ein weitverzweigtes Wurzelgeflecht, das der Ernährung dient. Der von außen sichtbare Teil des Parasiten hängt an einem kurzen Stiel und besteht fast nur aus den vom Mantel (Carapax) eingehüllten Geschlechtsorganen. Als Krebse sind die Tiere nur noch aufgrund ihrer Larven (Nauplius, Cypris) zu erkennen.
Wurzelkultur, → Zellzüchtung.
Wurzelmundquallen, → Skyphozoen.
Wurzelnematoden, wandernde Nematoden (→ Fadenwürmer), die erst in den letzten Jahren stärker in den Vordergrund des Interesses gerückt sind. Ihre Bedeutung als Pflanzenschädlinge hat man lange Zeit nicht erkannt bzw. unterschätzt. Die W. bilden keine Zysten oder Gallen, sie können von einer Wurzel zur anderen und von einer Pflanze zur anderen wandern, z. T. auch im Wurzelrindengewebe. Viele Wachstumsschäden, deren Ursachen bislang ungeklärt waren, konnten auf derartige Wurzelschädlinge zurückgeführt werden.

Zu den W. gehören verschiedene Familien. Sie leben entweder endo- oder ektoparasitisch an fast allen Kulturen (z. B. Obstbäumen, Getreide, Gemüsearten). Die bekanntesten Gattungen sind *Paratylenchus, Pratylenchus, Helicotylenchus, Rotylenchus, Trichodorus.*

Das Einhalten einer vielseitigen Fruchtfolge und die Schaffung guter Wachstumsbedingungen sind empfehlenswerte prophylaktische Maßnahmen.
Wurzelscheitel, → Bildungsgewebe.
Wurzelsproß, aus Wurzeln hervorgehender Adventivsproß. W. werden im Innern der Wurzel (endogen) angelegt, und zwar im Perizykel, und durchbrechen die Wurzelrinde. W. treten entweder schon an der unverletzten Wurzel auf *(obligative Wurzelsproßbildung)* oder erst nach Verletzung des Wurzelsystems *(fakultative Wurzelsproßbildung).* Meerrettich, Batate, Pflaume, Pappel, Hasel und andere Kulturpflanzen können durch W. vermehrt werden. Ackerdistel, Ackerwinde und andere Unkräuter sind nahezu unausrottbar, weil jedes Wurzelstück, das bei der Bearbeitung des Feldes im Boden verbleibt, W. und somit neue Pflanzen bildet.
Wurzelstock, → Sproßachse, → Fortpflanzung.
Wurzelsukkulente, → Trockenpflanzen.
Wüstenfuchs, → Füchse.
Wüstenluchs, → Luchse.
Wüstenrenner, *Eremias,* 15 bis 25 cm lange, in vielen Arten in den Wüsten und Steppen Nordafrikas und vor allem Mittelasiens verbreitete, spitzköpfige, langschwänzige → Eidechsen. Die W. haben feinkörnige Rückenschuppen und sind meist längsgestreift oder gefleckt. 2 Arten kommen auch im südöstlichsten Europa vor. Es gibt sowohl eierlegende als auch (vor allem in den mongolischen Wüstenregionen) lebendgebärende Formen.
Wüstenspringmaus, → Springmäuse.
WWF, → World Wildlife Fund, → Naturschutz.

X

Xanthin, *2,6-Dihydroxypurin,* kleine farblose Blättchen mit 1 Mol Kristallwasser. X. kommt unter anderem in Blut, Harn, Leber, Harnsteinen, Rübensaft und Kaffeebohnen vor. Es entsteht im Stoffwechsel der höheren Tiere durch Desaminierung von Guanin bzw. Oxidation von Hypoxanthin. Die Purinalkaloide Koffein, Theobromin und Theophyllin sind methylierte X.
Xanthinoxidase, *Schardinger-Enzym,* zu den Oxidasen gehörendes eisen- und molybdänhaltiges Enzym, das Flavin-adenin-dinukleotid als prosthetische Gruppe enthält. Die X. spielt beim Abbau der Purine, insbesondere bei der

Oxidation von Hypoxanthin zu Xanthin und weiter zur Harnsäure eine wichtige Rolle. Die Substratspezifität von X. ist nicht sehr groß; es werden auch bestimmte aliphatische, aromatische und N-heterozyklische Verbindungen oxidiert. X. ist weit verbreitet und findet sich besonders reichlich in Leber und Milch.

Xanthommatin, → Ommochrome.

Xanthomonas, eine Gattung stäbchenförmiger, gramnegativer Bakterien, die gelbe Farbstoffe bilden und eine Geißel tragen. Sie sind Erreger von Pflanzenkrankheiten; meist kommt es zum Absterben der Gewebeteile, die von den Bakterien infiziert wurden.

Xanthophyceae, → Gelbgrünalgen.

Xanthophyll, zu den Karotinoiden gehörender gelber Farbstoff, auch als → Lutein bezeichnet.

Xanthopterin, → Pterine.

Xanthozillin, ein von *Penicillium notatum* gebildetes Antibiotikum. Es wird z. B. bei Wundinfektionen eingesetzt.

X-Chromatin, → Kerngeschlechtsbestimmung.

X-Chromosomen, → Geschlechtschromosomen.

Xenien, bei Pflanzen durch Fremdbefruchtung entstandene Bastardkörner. Die Bastardnatur der Samen kommt in Farb-, Form- oder Größenunterschieden sowie der chemischen Zusammensetzung zum Ausdruck *(Farb-, Form-, Größen-* und *Chemoxenien).* Xenienbildungen sind von Mais, Roggen, Hirse, aber auch von Wicken, Erbsen, Bohnen und Lupinen bekannt.

Xenogamie, → Bestäubung.

Xenopneusta, → Igelwürmer.

Xenotransplantat, → Transplantation.

xenozön, → Biotopbindung.

Xenusion, bilateral symmetrisches, segmentiertes Tier. Vorkommen im *Xenusion*-Sandstein oder -Quarzit Schwedens; gefunden im Geschiebe im mitteleuropäischen Vereisungsgebiet. X. ist systematisch einzuordnen zwischen Anneliden (Ringelwürmern) und Arthropoden (Gliederfüßern). Zwei fast vollständige Exemplare gibt es im Museum für Naturkunde in Berlin und im Geiseltalmuseum Halle/S.

Xeromorphie, strukturelle Anpassung an das Leben auf trockenen Standorten, → Trockenpflanzen.

Xerophilie, → Wasser.

Xerophthol, svw. Vitamin A, → Vitamine.

Xerophyten, svw. Trockenpflanzen.

Xerothrasen, allgemeine Bezeichnung für von Gräsern beherrschte Pflanzenbestände trockenwarmer Standorte. → Steppe.

Xiphosura, → Schwertschwänze.

X-Körper, → Tabakmosaikvirus.

X-Organ, zwei morphologisch getrennte Bildungen am Lobus opticus der dekapoden Krebse. Das *Hanströmsche X-O. (Sinnespapillen-X-Organ)* liegt als blasiges Gebilde an der Basis der Augenpapille. Es besteht bei einigen Krebsen aus einem sekretorisch tätige Zellen enthaltenden Teil, dem Pars-ganglionaris-X-Organ, und einem anderen Teil, dem Pars-distalis-X-Organ, das als Speicherorgan dient und damit wie ein Neurohämalorgan aufgebaut ist. Neben dem Hanströmschen X-O. liegen im Lobus opticus bestimmte neurosekretorische Zellgruppen, deren Axone meist zur Sinusdrüse, aber auch zum Sinnespapillen-X-Organ führen. Sie werden als *Medulla-terminalis-X-Organ, Medulla-externa-X-Organ* und *Medulla-interna-X-Organ* beschrieben. Während bei den meisten Dekapoden das Hanströmsche X-O. isoliert liegt, ist es bei den Krabben mit dem Medulla-terminalis-X-Organ zu einer Einheit verschmolzen. Die neurosekretorischen Zellen des X-O. produzieren ein häutungshemmendes Hormon, das in die Sinusdrüse abgeleitet wird. Verringert sich die Konzentration des häutungshemmenden Hormons im Blut, so wird das Y-Organ angeregt, mit seinem Hormon die Häutung einzuleiten. Wahrscheinlich wird im X-O. auch ein häutungsförderndes Hormon gebildet.

XO-Typ, → Geschlechtschromosomen.

Xylan, → Xylit.

Xylem, → Leitgewebe.

Xylit, ein optisch inaktiver C_5-Zuckeralkohol, der aus *Xylan,* einem zu den Hemizellulosen zählenden Polysaccharid, gewonnen wird. Da die Süßkraft des X. der der Saccharose entspricht, X. aber im Zahnbelag nicht zu organischen Säuren vergoren wird, dient es der Kariesprophylaxe.

Xylol, *Dimethylbenzol,* $C_6H_4(CH_3)_2$, ein Gemisch der drei Isomeren o-, m- und p-Xylol, einer brennbaren Flüssigkeit mit charakteristischem Geruch. X. wird als Lösungsmittel für Paraffin, Kanadabalsam u. a. gebraucht. Es ist mit Wasser nicht mischbar.

Xylophage, → Ernährungsweisen.

D-Xylose, *Holzzucker,* eine zu den Monosacchariden zählende Pentose. D-Xylose kann aus Xylan gewonnen werden und dient Diabetikern als Zuckerersatz.

XY-Typ, → Geschlechtschromosomen.

Y

Yak, *Jak, Grunzochse, Bos grunniens,* ein großes, mit langem, zottigem, braunschwarzem Fell bekleidetes Wildrind der Hochländer Zentralasiens. Aus dem Y. gezüchtete Haustierformen sind etwas kleiner und z. T. gefleckt und hornlos.

Y-Chromatin, → Kerngeschlechtsbestimmung.

Y-Chromosom, → Geschlechtschromosomen.

Yersinia, → Pestbakterium.

Yeti, svw. Schneemensch.

Y-Mechanismus, → DNS-Replikation.

Yohimbin, Hauptalkaloid aus Rinde und Blättern des in Kamerun heimischen Baumes *Corynanthe yohimba.* Y. wirkt gefäßerweiternd und wird als Aphrodisiakum medizinisch und veterinärmedizinisch angewendet.

Yoldia, eine Gattung der Kammkiemer (Muscheln) mit nach hinten verlängerter, abgestutzter und etwas klaffender Schale. Die Oberfläche ist nur schwach skulpturiert. Ein Leitfossil für die Ablagerung der Yoldiazeit, eines nacheiszeitlichen Entwicklungsstadiums der Ostsee, ist die auch in der Gegenwart noch in nördlichen Bereichen vorkommende *Y. arctica.*

Y-Organ, *Carapaxdrüse,* paarige, selbständige Häutungsdrüse der Krebse. Das Y-O. liegt entweder im 1. Maxillarsegment oder im Antennensegment. Es ist ontogenetisch vom Ektoderm abzuleiten, wird in seiner Tätigkeit von Neurohormonen gesteuert und ist die Quelle des Häutungshormons. Es ist aber wahrscheinlich, daß das Y-O. außer der Häutung auch andere Lebensvorgänge steuert, z. B. den Kalkstoffwechsel.

Lit.: M. Gersch: Vergleichende Endokrinologie der wirbellosen Tiere (Leipzig 1964).

Yponomeutidae, → Gespinstmotten.

Ysop, → Lippenblütler.

Yucca, → Agavengewächse.

Yurumi, → Ameisenbären.

Z

Zackenbarsche, *Serranidae,* **Sägebarsch,** zu den Barschartigen gehörende große Fische tropischer und subtropischer Meere, vereinzelt im Süßwasser. Viele Arten sind Nutzfische, andere geschätzte Sportfische. Zu den Z. gehören z. B. der bis 2 m lange *Steinbarsch (Polyprion americanus),* der noch größere *Judenfisch (Stereolepis gigas)* und der bis 25 cm lange *Schriftbarsch (Serranellus scriba).* Viele kleinere und farbenprächtige Arten sind ausdauernde Objekte der Seewasseraquaristik.

Zähigkeit, svw. Viskosität.

Zahlenschlüssel, → Bestimmungsschlüssel.

Zählkammer, ein zum mikroskopischen Zählen von Mikroorganismen, Blutzellen u. dgl. verwendetes Hilfsgerät. Die Z. besteht aus einem speziellen Objektträger, dessen Oberfläche eine feine Netzteilung und zwei Auflageflächen für ein Deckglas trägt. Aus der Netzfläche und dem vorgegebenen Abstand zwischen Objektträger und Deckglas ergibt sich ein bestimmtes Volumen, in dem die Zellen ausgezählt werden. Die Z. *nach Thoma* z. B. ist in quadratischen Flächen von 0,0025 mm^2 unterteilt und hat eine Kammertiefe von 0,1 mm.

Zähmung, Aufhebung der Entfernungsschranke zwischen Tier und Mensch. Diesem Vorgang liegt ein komplexes Geschehen zugrunde, dessen wesentliche Komponente ein Abbau der Fluchtbereitschaft ist. Der Vorgang kann bei gesellig lebenden Arten durch die Anwesenheit »zahmer« Individuen stark beschleunigt werden; bei der *Eingewöhnung,* die der Z. vorausgeht, wird bei asiatischen Elefanten von dieser Eigenschaft Gebrauch gemacht.

Zahnarme, *Edentata,* eine Ordnung altertümlicher, hochspezialisierter Säugetierfamilien, von denen die Vertreter der einen zahnlos sind, die der anderen nur wenige Zähne und die der dritten zahlreiche stiftchenförmige Zähne haben. Zu den Z. gehören die Familien → Ameisenbären, → Faultiere und → Gürteltiere.

Zahnbein, → Zähne.

Zähne, *Dentes,* in der Mundhöhle der Wirbeltiere befindliche Hartgebilde, die umgewandelte Strukturen des Hautskeletts darstellen und den Plakoidschuppen der Haie homolog sind. Ihre Gesamtheit bildet das → Gebiß.
Bei Säugern unterscheidet man am ausgebildeten Zahn die im *Zahnfach (Alveole)* des Kiefers eingelassene *Wurzel,* den vom *Zahnfleisch (Gingiva)* umfaßten *Hals* und die frei in die Mundhöhle ragende *Krone.* Grundsubstanz der Z. ist das *Zahnbein (Dentin),* das von Zahnschmelz *(Email),* einer äußerst harten Substanz, im Wurzelbereich von *Zahnzement* überzogen ist. Im Innern der Z. befindet sich die *Pulpahöhle,* die von dem weichen Zahnmark, einem blut- und nervenreichen Bindegewebe (der »Zahnnerv« des Volksmundes), ausgefüllt wird.
Der *Zahnhalteapparat (Parodontium),* der sich aus Zahnfleisch, Zahnzement, Wurzelhaut und den die Wurzel umgebenden Knochen aufbaut, verankert den Zahn fest. Die Art der Befestigung der Z. im Kiefer kann *akrodont,* d. h. mitten auf der Kante der Kiefer (Lurche, Schlangen, einige Eidechsen), *pleurodont,* d. h. seitlich an der Innenleiste des Kieferrandes (viele Kriechtiere), oder *thekodont,* d. h. in Zahnfächern (Säuger), sein. Im einfachsten Fall sind die Z. konisch und einspitzig, häufiger mehrspitzig und schneidezahnartig. Lurche haben spitze, kleine Z., die auf Kiefern, Gaumenbein und Flügelbein stehen. Eidechsen und Schlangen tragen die Z. auf den Kiefern, ferner auf Gaumen-, Flügel- sowie Pflugscharbein. Abgesehen von den Urvögeln fehlen den Vögeln wie den Schildkröten die Z. Die Struktur der Z. der Säuger kann *bunodont,* d. h., die Krone ist mit stumpfen Höckern versehen (Schweine), *hypselodont,* d. h. zylindrische Z. mit hoher Krone (Stoßzähne des Elefanten), oder *lophodont* sein, d. h. die Zahnhöcker sind zu Leisten verbunden (Rinder). Ununterbrochenes Wachstum infolge Offenbleiben der Wurzel zeichnet die Stoßzähne (Schneidezähne) der Elefanten, die Nagezähne der Hasenartigen und Nager und die Hauer (Eckzähne) der Eber aus.

Zahnen, svw. Dentition.

Zahnformel, → Gebiß.

Zahnhalteapparat, → Zähne.

Zahnkarpfenverwandte, *Cyprinodontoidei,* Unterordnung der Ährenfischartigen. Kleine Süßwasserfische der tropischen und subtropischen Regionen aller Erdteile (Ausnahme Australien). Die wichtigsten Familien sind die *Eierlegenden Zahnkarpfen, Cyprinodontidae,* und die *Lebendgebärenden Zahnkarpfen, Poeciliidae.* Vertreter beider Familien gehören zu den bekanntesten und beliebtesten Aquarienfischen, z. B. Guppy, Schwertträger. Viele Z. haben regional große Bedeutung als Mückenlarvenvertilger.

Zahnknochen, → Schädel.

Zahnschmelz, → Zähne.

Zahnspinner, → Schmetterlinge (System).

Zahnwale, *Odontoceti,* eine Unterordnung der → Wale. Die Kiefer der Z. sind im Gegensatz zu denen der Bartenwale mit Zähnen besetzt. Die Z. fressen Fische, Wasservögel, Robben und Kopffüßer. Zu ihnen gehören die Familien der → Flußdelphine, → Pottwale, → Gründelwale, → Delphine und → Schweinswale.

Zahnwechsel, → Dentition.

Zander, *Lucioperca lucioperca,* bis 120 cm langer, räuberischer Barsch der Süß- und Brackgewässer Nord-, Mittel- und Osteuropas. Vielerorts als wertvoller Nutzfisch ausgesetzt. Begehrter Sportfisch.
Lit.: H. H. Wundsch: Barsch und Z. (Wittenberg 1963).

Zänogenese, *Caenogenese,* von E. Haeckel 1874 geprägter Begriff für »Störungsentwicklungen«. Gemeint ist das Auftreten ontogenetischer Eigentümlichkeiten (z. B. Larvalanpassungen), die im Gegensatz zur → Palingenese keine Anhaltspunkte für die Rekonstruktion der Phylogenese bieten. Z. »verfälschen« das Bild der Ontogenese, die damit von einer Rekapitulation der Phylogenese abweicht. So können bei wasserlebenden Schnecken *(Prosobranchia)* Veligerlarven während der Entwicklung auftreten oder fehlen, ohne daß dadurch die Organisation der erwachsenen Tiere verändert wird.

Zapfen, → Lichtsinnesorgane.

Zapfenglöckner, → Schmuckvögel.

Zapodidae, → Hüpfmäuse.

Zauneidechse, *Lacerta agilis,* bis 20 cm lange, stumpfschnauzige, noch relativ häufige Mittel- und osteuropäische → Halsbandeidechsen. Die Oberseite, bei Männchen grün, bei Weibchen braun, trägt dunkle, hellkernige Augenflecke. Die Z. bewohnt als wärmeliebendes Tagtier das Tief- und Hügelland. Sie frißt Insekten, Würmer und Schnecken. Die Paarung erfolgt im Zeitraum April bis Juli, das Weibchen vergräbt die 10 bis 15 pergamentschaligen Eier im Boden. Durch Umweltveränderungen sind die Bestände auch dieser Kriechtierart stark zurückgegangen.

Zaunkönige, → Singvögel.

Zaunleguane, → Stachelleguane.

Zaunrübe, → Kürbisgewächse.

Zeatin, → Zytokinine.

Zeaxanthin, *3,3'-Dihydroxy-β-Karotin,* ein zur Gruppe

der Xanthophylle gehörendes → Karotinoid. Z. bedingt die gelbe Farbe des Maiskornes, *Zea mays,* sowie gelber Vogelfedern und kommt frei oder verestert in vielen Blüten und Früchten vor, z. B. in Krokus (Safran), Hagebutten, Paprika, Orangen, Pfirsichen, auch bei Algen und Bakterien. Der wachsartige, tiefrote Dipalmitinsäureester des Z., das *Physalin,* findet sich reichlich in der Blasenkirsche, *Physalis alkekengi.*

Zebras, schwarzweiß gestreifte → Einhufer, die in kleineren oder größeren Herden Steppengebiete und z. T. auch gebirgige Gegenden Afrikas bewohnen. Man unterscheidet dort verschiedene Arten. Das *Bergzebra, Equus zebra,* kommt in Südwestafrika vor. Das *Steppenzebra* oder *Quagga, Equus quagga,* ist in verschiedenen Unterarten über das östliche und südliche Afrika verbreitet. Das *Grévyzebra, Equus grevyi,* die größte Zebraart mit besonders enger Streifung, bewohnt Steppen in Äthiopien und Somalia.

Zebu, Buckelochse, ein kurzhörniges Rind mit einem buk-

Von links nach rechts: Grévyzebra, Bergzebra (Hartmannzebra), zwei Formen des Steppenzebras (Böhm- u. Damara-Zebra)

kelförmigen Fetthöcker, das vorwiegend in Indien und Ostafrika als Arbeits-, Fleisch-, Milch- und Reittier gehalten wird. Z. wurden in Afrika und Nordamerika zur Einkreuzung in Rinderrassen verwendet.

Zechstein [nach den bergmännischen 'Zechen', alte Bezeichnung für Bergwerke in Kupferschiefer-Verbreitungsgebieten], auch *Thuringium* genannt, obere Abteilung des → Perms im Germanischen Becken. → Erdzeitalter, Tab.

Zecken, *Ixodides,* eine Unterordnung der zu den Spinnentieren gehörenden Milben, von großer medizinischer und wirtschaftlicher Bedeutung. Besonders in warmen Ländern sind die Z. Überträger gefährlicher Krankheiten von Mensch und Haustieren. Sie leben als Ektoparasiten und bohren sich mit den Mundwerkzeugen in die Haut des Wir-

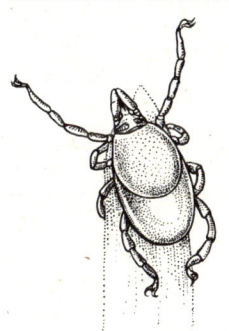

Zecke (Holzbock) auf einem Grashalm lauernd

tes ein, um sich mit Blut vollzusaugen. Nach mehreren Tagen, wenn sie gesättigt sind, lassen sie sich wieder abfallen.

In Mitteleuropa tritt vor allem der *Holzbock, Ixodes ricinus,* in Erscheinung, der auf die Spitzen von Gräsern und Sträuchern klettert und sich auf Säugetiere und Menschen fallen läßt. Das Weibchen schwillt während des Saugens von 4 mm auf 11 mm Körperlänge an. Das Männchen saugt kein Blut, es sucht auf dem Wirt lediglich nach einem Weibchen. Die Larven und Nymphen des Holzbockes sind ebenfalls Blutsauger.

Zeder, → Kieferngewächse.
Zehe, → Extremitäten.
Zehenkoppler, → Sperlingsvögel.
Zehnfüßer, *Zehnarmer, Dekapoden, Decapoda,* 1) *Decabrachia,* Ordnung der Kopffüßer (Unterklasse Zweikiemer) mit 10 Kopfarmen, von denen 2 länger und mit einer Endkeule ausgestattet sind. Die Saugnäpfe sind stets gestielt und mit Konchinringen oder -haken bewehrt. Der Körper trägt seitlich Flossen. Die Z. sind Bewohner der Hoch- und Tiefsee, teilweise mit besonderen Einrichtungen, z. B. mit großen Augen (bis zu 40 cm Durchmesser) und Leuchtorganen. Viele Arten sind schnelle Schwimmer und folgen den Fischschwärmen. Hierher gehören die größten wirbellosen Tiere, deren Gesamtlänge man auf 25 oder mehr Meter schätzt. Das bisher größte gefundene Tier war etwa 22 m lang. Zu den Z. gehören die Gattungen *Sepia* und *Loligo.* Die Z. sind geologisch seit dem Perm und Karbon bekannt.

2) eine Ordnung der Krebse (Unterklasse *Malacostraca*). Sie haben entweder einen langgestreckten Körper mit kräftigem Hinterleib (Garnelen), oder der Hinterleib ist kurz und flach und unter den Vorderkörper geschlagen, so daß der Körper kurz und breit ist (Krabben). Immer ist ein großer Carapax vorhanden, der fast stets mit allen Thoraxsegmenten verwächst. Es entsteht so ein einheitlicher Zephalothorax. An den Seiten ist der Carapax abgehoben und überdacht einen geräumigen Kiemenraum, durch den ein Wasserstrom an den Kiemen vorbeiläuft. Die ersten drei Thoraxbeine sind zu Kieferfüßen geworden, während die folgenden fünf Paare einästige Laufbeine (Peräopoden) darstellen. Die ersten Peräopoden tragen meist große Scheren. Die Hinterleibsbeine (Pleopoden) sind bei den Garnelen gut entwickelt und dienen zum Schwimmen, bei den Krabben sind sie zurückgebildet. An die Pleopoden heften die Weibchen die Eier an, aus denen meist eine Zoëalarve, selten ein Nauplius schlüpft. Es sind etwa 8300 Arten bekannt, von denen der größte Teil im Meer lebt. Einige Formen besiedeln das Süßwasser (Flußkrebse, Süßwasserkrabben); andere sind Landbewohner (Palmendieb, Landkrabben), die aber zur Fortpflanzung das Meer aufsuchen müssen. Die meisten Formen sind Allesfresser, nur wenige

Zeidlerei

filtrieren Geschwebe oder Bodenmaterial. Viele Arten dienen wegen ihrer Größe und ihres Individuenreichtums dem Menschen als Nahrungsmittel, und zwar viele Garnelen, Langusten, Hummern, Flußkrebse und viele Krabben.

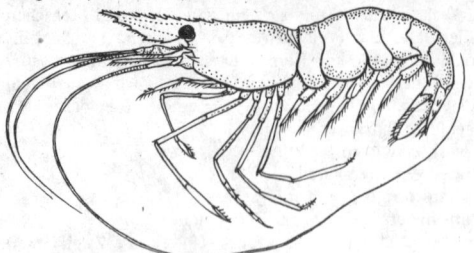

1 Palaemon longirostris, eine in der Ostsee vorkommende Garnele

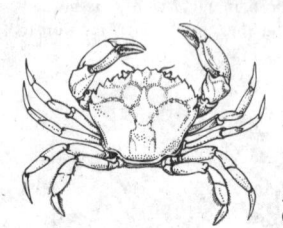

2 Strandkrabbe (Carcinus maenas)

System. Im folgenden werden nur die wichtigsten Familien der Z. angeführt.
1. Unterordnung: *Natantia* (Garnelen)
   Familie *Penaeidae*
   Familie *Pandalidae*
   Familie *Palaemonidae* (mit der Ostseegarnele)
   Familie *Crangonidae* (mit der Nordseegarnele)
2. Unterordnung: *Reptantia*
   1. Abteilung: *Palinura*
   Familie *Palinuridae* (Langusten)
   Familie *Scyllaridae* (Bärenkrebse)
   2. Abteilung: *Astacura*
   Familie *Homaridae* (Hummern)
   Familie *Astacidae* (Flußkrebse)
   3. Abteilung: *Anomura*
   Familie *Paguridae* (Einsiedlerkrebse)
   Familie *Coenobitidae* (mit dem Palmendieb)
   Familie *Lithodidae* (mit der Kamtschatkakrabbe)
   4. Abteilung: *Brachyura* (Krabben)
   Familie *Calappidae* (Schamkrabben)
   Familie *Majidae* (Seespinnen)
   Familie *Cancridae* (mit dem Taschenkrebs)
   Familie *Portunidae* (Schwimmkrabben)
   Familie *Potamonidae* (Süßwasserkrabben)
   Familie *Ocypodidae* (mit der Winkerkrabbe)
   Familie *Grapsidae* (mit der Wollhandkrabbe)
   Familie *Gecarcinidae* (Landkrabben)

Geologische Verbreitung. Muschelkalk bis Gegenwart. Die stammesgeschichtlichen Beziehungen zwischen fossilen und rezenten Formen sind bisher erst ungenügend geklärt.

Zeidlerei, → Honigbiene.
Zeilenschlange, → Seeschlangen.
Zeisige, → Finkenvögel.
Zeitansprüche, *temporale Ansprüche,* Modalität der → Umweltansprüche, es lassen sich dementsprechend drei Ordnungsgrade unterscheiden: Z. *1. Ordnung* werden durch die Eigenschaften des Körpers und seiner Zeitverläufe bestimmt, Z. *2. Ordnung* durch die Verhaltensinteraktionen und stofflich-energetischen Beziehungen zum Ökosystem (z. B. »Tagtiere«, »Nachttiere«, »Dämmerungstiere«), Z. *3. Ordnung* werden durch die Population, die Wechselbeziehungen zu Artgenossen bestimmt. In Kombination mit den → Raumansprüchen entsteht ein »*Raum-Zeit-System*« des Verhaltens. Mit der Umsetzung der übrigen Umweltansprüche ergibt sich daraus das komplexe Raum-Zeit-System: Was wird Wo und Wann vollzogen?

Zeitgeber, Faktoren, zu denen periodische Verläufe organismischer Prozesse eine bestimmte Phasenbeziehung herstellen. Der bekannteste universell wirksame Z. ist der Hell-Dunkel-Wechsel im Tagesgang. Es lassen sich aktuelle und latente Z. unterscheiden: Ein *aktueller Z.* ist der gerade wirksame, *latente Z.,* sind solche, die bei seinem Ausfall wirksam werden können. Nicht selten gibt es eine Hierarchie der Z.: Mehrere sind mit unterschiedlicher Stärke wirksam, so etwa bei Nutztieren ein Fütterungsregime, der Hell-Dunkel-Wechsel und ein biosozialer Z.

Zeitgedächtnis, → Zeitsinn.
Zeitmessung, → Zeitsinn.
Zeitmuster, → Aktivitätsperiodik.
Zeitorientierung, → Orientierungsverhalten.
Zeitsinn, Fähigkeit zur Zeitbestimmung und zur Zeitmessung. Mit diesen Fähigkeiten können sich auch die Leistungen eines *Zeitgedächtnisses* verbinden. Bienen lassen sich auf bis zu 9 verschiedene Zeiten am Tag gleichzeitig dressieren, deren Mindestabstand jedoch 20 Minuten betragen muß. Doch können sie nicht auf Intervalle dressiert werden, die von der 24-Stunden-Periode abweichen. Bei der *Zeitmessung* handelt es sich um die Erfassung von Zeitintervallen; diese Leistung wird über Zeitschätzungsversuche bestimmt. Hier scheinen bestimmte individuelle Zeitkonstanten als Bezugswerte wirksam zu werden, die einem 24-Stunden-Rhythmus unterworfen sind, so daß systematische Fehler in Abhängigkeit von der Tageszeit auftreten. Der Z. ist keine echte Sinnesleistung, da spezifische Rezeptoren fehlen.

Zellafter, → Zelle.
Zellatmung, → Mitochondrien.
Zellbiologie, svw. Zytologie.
Zelldifferenzierung, während der Entwicklung mehrzelliger Lebewesen sich ausbildende Unterschiede in Struktur und Funktion von Zellen. Die Z. beginnt in der Regel in der Periode der Zellvermehrung. Die meisten Zellen erwerben während der Z. bestimmte morphologische, biochemische und physiologische Eigenschaften, die Spezialisierungen fü bestimmte Funktionen im Organismus im Sinn einer Arbeitsteilung darstellen. Da jeder Zelltyp einen spezifischen Proteinbestand hat, ist die Z. vor allem auf Änderungen der Genaktivität zurückzuführen, bei jedem Zelltyp sind andere Gene aktiv (*differentielle Genaktivität*).

Nach experimentellen Befunden (z. B. aus Kerntransplantationen, → Zellfusion) sind DNS-Mengen und Genbestand in differenzierten Zellen und in der befruchteten Eizelle im allgemeinen gleich. Chromosomenelimination (Verlust von Chromosomen und -teilen) tritt bei *Ascaris* in solchen Blastomeren auf, aus denen sich Somazellen entwickeln. Ein solcher Genverlust kommt anscheinend nicht allgemein vor. Dennoch müssen als Ursache der Z. außer der differentiellen Genaktivität auch Chromosomenelimination und *Genamplifikation* (Vermehrung bestimmter Gene) in Betracht gezogen werden. Forschungsschwerpunkt der Entwicklungsbiologie ist gegenwärtig das Problem, wie die unterschiedliche Genaktivität während der Z. bei gleichartigem Bestand an genetischem Material zustandekommt.

Zelldynamik, → Zelle.
Zelle (Tafeln 20 und 21), kleinste Bau- und Funktionseinheit aller Lebewesen, die alle Grundeigenschaften des Lebens aufweist.

1) Die Eigenschaften jeder lebenden Z. sind die Fähigkeit zur Synthese von Proteinen und zur → Zellvermehrung aufgrund des Informationsgehalts an Nukleinsäuren, ständiger Stoff- und Energieaustausch mit der Umgebung, Fähigkeit zur Selbstregulation und Anpassung im Sinn der Lebenserhaltung, zur Stoff- und Energiespeicherung und -umwandlung, zu Wachstum und Differenzierung, Reizaufnahme und -verarbeitung, Bewegung. Alle diese Lebenserscheinungen sind mit der Synthese und Wirkung von *Biomolekülen* verknüpft. Große Biomoleküle unterscheiden sich wesentlich von Molekülen der anorganischen Materie durch die kompliziertere und z. T. veränderliche räumliche Anordnung. Sie liegen in der Z. hochgeordnet in bestimmten Strukturelementen vor. Charakteristische supramolekulare Zellstrukturen sind die aus Lipiden und Proteinen bestehenden Membransysteme und Zellorganellen. Letztere führen Teilfunktionen in der Z. aus und weisen bestimmte morphologische, biochemische und physikalische Eigenschaften auf. Bakterien und Blaualgen (*Protozyten*) besitzen nur einen Teil der Organellen der Eukaryotenzellen (*Euzyten*). Alle Membranen, Zellorganellen und die meisten anderen Zellbestandteile werden ständig umgebaut, z. B. werden → Mikrotubuli laufend auf- und abgebaut. Zahlreiche Reaktionen können isoliert von der Z. untersucht werden und vermitteln Einblicke in den Ablauf einzelner Zellfunktionen.

Da → Viren nicht alle Eigenschaften des Lebens aufweisen (sie haben keinen eigenen Stoffwechsel, sind nicht erregbar und wachsen nicht selbst), handelt es sich bei ihnen lediglich um relativ selbständig existierende Zellbestandteile.

Der außerordentlich großen Mannigfaltigkeit der ein- und mehrzelligen Lebewesen und den schon unterschiedlichen *Zelltypen* steht eine erstaunliche Einheitlichkeit eines Teils der wesentlichen zellulären Bau- und Funktionselemente und der wichtigsten Stoffwechselwege in allen Z. gegenüber.

Z. sind das Resultat der Entwicklungsprozesse der lebenden Materie, die vor etwa 3 Milliarden Jahren begannen. Dabei war die Wechselwirkung zwischen Proteinen und Nukleinsäuren von entscheidender Bedeutung. Wesentliche molekulare und supramolekulare Strukturen der gegenwärtig lebenden pro- und eukaryotischen Z. und die an diese Strukturen geknüpften Stoffwechselprozesse waren bereits auf der Stufe der *Prokaryoten* entwickelt.

Alle gegenwärtig lebenden Z. gehen nur aus Z. hervor. Die lebende Z. ist ein offenes, dynamisches, hochgeordnetes System. Sie steht durch die → Plasmamembran in ständigem Stoff-, Energie- und Informationsaustausch mit ihrer Umgebung. Dabei werden durch ständigen Energieaufwand Fließgleichgewichte aufrechterhalten: Ständig fließen Material und Energie durch die Z., dennoch werden die Konzentrationen an Baustoffen relativ konstant gehalten. Energiefreisetzende Reaktionen sind mit energiefordernden gekoppelt. Die Plasmamembran ermöglicht die Aufrechterhaltung eines spezifischen, von der Zellumgebung abweichenden Stoffbestandes, da sie den Stoffein- und -austritt reguliert.

Bei Einzellern laufen alle Lebensfunktionen in einer einzigen Z. ab. Ziliaten besitzen unter anderem *Zellmund* (*Zytostom*) und *Zellafter* (*Zytopyge*). Bei Vielzellern entwickeln sich im allgemeinen aus einer befruchteten Eizelle durch Zellvermehrung sehr zahlreiche Z. (der etwa 1 mm lange Nematode *Caenorhabditis elegans* besteht mit Ausnahme der Geschlechtszellen aus 600 Z., ein erwachsener Mensch aus etwa $6 \cdot 10^{13}$ Z.), die sich während der Ontogenese zu verschiedenen *Zelltypen*, z. B. Muskelzellen, Nervenzellen (→ Neuron) differenzieren.

2) Während der → Zelldifferenzierung erwerben die meisten Z. bestimmte morphologische, biochemische und physiologische Eigenschaften, die weitgehende Spezialisierungen für bestimmte Funktionen im Gesamtorganismus im Sinn einer Arbeitsteilung darstellen. Dabei wird eine höhere Leistung in den einzelnen Spezialisierungsrichtungen erzielt, als es selbst bei den höchstentwickelten Einzellern (Ziliaten) möglich ist. Die einzelnen Zelltypen sind elektronenmikroskopisch aufgrund ihrer Feinstruktur unterscheidbar, z. T. auch lichtmikroskopisch. Verbände gleichartig differenzierter Z. werden als *Gewebe* bezeichnet. Beim Vielzeller treten zu den prinzipiell bei den Einzellern vorhandenen strukturellen und funktionellen Eigenschaften auch neue hinzu, die sich aus den Erfordernissen des Zusammenwirkens der Z. und Gewebe (Kooperation und Koordination), der Stoff- und Erregungsleitung, der Zellteilungsfolge und der mechanischen Festigung ergeben. Mitose und Meiose kommen nur bei Eukaryoten vor. Jedoch sind beim Bakterium *Escherichia coli* sehr selten Konjugation und Rekombination (parasexuale Vorgänge) festgestellt worden. Der Lebenslauf der einzelnen Z. vielzelliger Organismen von einer Mitose zur nächsten (→ Zellzyklus) ist charakteristisch für die verschiedenen Zelltypen und wird in mehrere Phasen unterteilt. Die Lebensdauer der meisten Z. ist genetisch bestimmt (→ Zelltod). Viele Krebszellen differenzieren sich nicht über eine frühe Entwicklungsstufe hinaus. Sie können sich graduell von ihren Ausgangszellen in morphologischen, biochemischen und/oder physiologischen Eigenschaften unterscheiden.

3) Bau- und Funktionselemente. Die meisten Z. der Eukaryoten besitzen einen → Zellkern als Informationszentrum. Verschmelzen Z. miteinander, entstehen mehr- oder vielkernige (*polyenergide*) Z. (*Synzytien*, z. B. Skelettmuskelzellen der Wirbeltiere). Vielkernige Z. können sich auch bilden, wenn der Kernteilung keine Zellteilung folgt (Plasmodium).

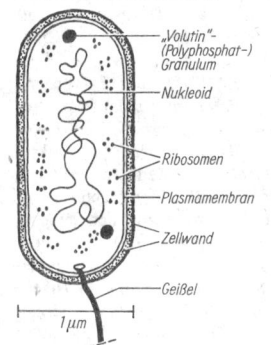

1 Bakterium (Schema)

Die Z. der Prokaryoten (Bakterien und Blaualgen) wird wegen ihres einfacheren Aufbaus und ihrer geringeren Größe (Zellvolumen 1 bis 30 μm^3) als *Protozyt* bezeichnet (Abb. 1). Die *Mykoplasmen* sind mit $\approx$ 100 nm Zelldurchmesser die kleinsten bekannten Organismen und die kleinsten bekannten Z. Wahrscheinlich stellen ihre sehr geringen Dimensionen die für eine Z. erforderlichen Mindestwerte dar. Das Bakterium *Escherichia coli* (2 μm lang, 0,8 μm dick) gilt als das zur Zeit am besten untersuchte Lebewesen. Die kurze Generationsdauer der Protozyten (etwa 20 Minuten unter Optimalbedingungen) erklärt sich aus ihrer geringen Größe und der dadurch bedingten großen spezifischen Oberfläche. In 11 Stunden könnten unter Optimalbedingungen aus einer Z. von *Escherichia coli* etwa $8,6 \cdot 10^9$ Z. entstehen, in 43 Std. würden die Zellmassen dem Erdvolumen (knapp $1,1 \cdot 10^{12}$ km^3) entsprechen. Protozyten fehlt eine Kernhülle, die genetische Substanz (DNS) liegt mehr oder weniger zentral und wird als *Kernäquivalent (Nukleoid)* bezeichnet. Die DNS-Menge beträgt nur etwa $1/1000$ des DNS-Gehalts von Euzytenzellkernen. Bei den gut untersuchten Bakterien liegt die DNS in Form einer ringförmigen, geknäulten Doppelhelix vor. Histone fehlen. Die Zellorganellen der Proteinsynthese, die → Ribosomen, weisen nur einen Durchmesser von etwa 15 nm auf und liegen – außer im Nukleoid – dichtgepackt in der Z. In vielen Eigenschaften ähneln diese 70S-Ribosomen den in Mitochondrien und Plastiden vorkommenden Ribosomen.

Intrazelluläre → Membranen (*Zytomembranen*) sind nur bei Blaualgen (Thylakoide) und bei bestimmten Bakterien vorhanden. Ihre Bildung geht von der Plasmamembran aus, mit der sie meist noch verbunden sind. Ihre chemische Zusammensetzung unterscheidet sich wesentlich von der Plasmamembran der Euzyten. Membranumgrenzte Mitochondrien oder Plastiden fehlen. Als → Mesosomen bezeichnete Einstülpungen der Plasmamembran sind möglicherweise methodenbedingte Artefakte. Die meisten Protozyten weisen eine die Zellform stabilisierende *Zellwand* auf. Sie enthält unter anderem Peptidoglykan, das in der Zellwand der pflanzlichen Euzyten fehlt. Mikrotubuli und aus ihnen aufgebaute Zellorganellen (Spindelapparat, Zentriolen) sind in Protozyten nicht vorhanden. Die nur etwa 20 nm dicken → Bakteriengeißeln unterscheiden sich in Bau und Funktion wesentlich von den Geißeln und Zilien der Euzyten. Viele Prokaryoten sind im Gegensatz zu Eukaryoten fähig, Luftstickstoff zu assimilieren.

Die tierischen *Euzyten* haben eine mittlere Zellmasse von 2 ng, sie sind etwa $1000 \times$ schwerer als die relativ großen Protozyten von *Escherichia coli*.

Das Zytoplasma und der → Zellkern sind durch die *Kernhülle* voneinander getrennt (Abb. 2 und Tafel 21). Der Zellkern enthält den Hauptanteil der genetischen Information für die Stoffwechsel-, Wachstums-, Vermehrungs- und Entwicklungsprozesse. Im → Chromatin bzw. in den → Chromosomen werden die Informationen in Form von DNS gespeichert, durch Botenstoffe (mRNS) in das Zytoplasma übertragen und durch die an → Ribosomen ablaufende Proteinbiosynthese realisiert. Die Porenkomplexe der Kernhülle (→ Zellkern) regulieren den Austausch von Makromolekülen zwischen Zytoplasma und Zellkern. DNS ist außerdem in Mitochondrien und Plastiden nachweisbar. Diese semiautonomen Organellen besitzen auch Ribosomen (70S-Ribosomen). Die relativ geringen DNS-Mengen ermöglichen die Synthese eines Teils der für diese Organellen spezifischen Proteine. Die → Plasmamembran ist ein komplexes Oberflächensystem, das den Stoff- und Energieaustausch reguliert, Zellkontakte herstellt oder verhindert, spezifische Informationen empfängt, verarbeitet und weiterleitet bzw. spezifische Informationen abgibt und die Z. auch schützt. Die Zelloberfläche kann vielfältige Differenzierungen aufweisen, z. B. starke Oberflächenvergrößerung durch Ausbildung von → Mikrovilli. An der Innenseite der Plasmamembran ist besonders bei tierischen Z. ein *zytoplasmatisches Skelett* ausgebildet, das sich aus → Aktin, → Myosin, intermediären Filamenten (aus Strukturprotein bestehend, Durchmesser etwa 10 nm) und → Mikrotubuli zusammensetzen kann. Pflanzenzellen werden im wesentlichen durch die → Zellwand stabilisiert, jedoch sind auch bei ihnen während der Interphase Mikrotubuli innen an der Plasmamembran konzentriert.

Das Zytoplasma wird durch → Membranen in zahlreiche Reaktionsräume (*Kompartimente*) untergliedert. Die spezifischen Eigenschaften dieser verschiedenen Zytomembranen ermöglichen sowohl den gleichzeitigen Ablauf gegenläufiger chemischer Prozesse in der Z. als auch Unterschiede in Zusammensetzung und Stoffwechsel in den einzelnen Reaktionsräumen. Membranen sind Bestandteile einer Reihe von Zellorganellen: → Mitochondrien und → Plastiden, → Golgi-Apparat, → endoplasmatisches Retikulum, → Lysosomen, → Peroxysomen. Mitochondrien dienen der Energiegewinnung in der Z., und in den meisten Plastiden, den Chloroplasten, laufen Photosyntheseprozesse ab. Im Golgi-Apparat werden insbesondere Sekrete zur Exozytose vorbereitet und Polysaccharide synthetisiert. Das endoplasmatische Retikulum (ER) durchzieht weite Teile des Zytoplasmas. Beim granulären ER sind die Membranen mit → Ribosomen, den Organellen der Proteinsynthese, besetzt. Die agranuläre Ausbildungsform des ER dient besonders Lipid- und Steroidsynthesen. Lysosomen sind Organellen der intrazellulären Verdauung, und in Peroxysomen finden oxidative Stoffwechselreaktionen und die Spaltungen des für die Z. giftigen Wasserstoffsuperoxids statt.

Das → Grundplasma tierischer und menschlicher Z. ist gewöhnlich im Gel-Zustand. Diese Verfestigung wird teilweise durch ein ausgedehntes *Zytoskelett* erreicht, das aus Mikrotubuli, intermediären Filamenten und Aktin bestehen kann. Aktinfilamente sind auch bei der Plasmaströmung, bei der amöboiden Bewegung von Z. und bei der Verlagerung von Zellbestandteilen beteiligt. Mikrotubuli bilden zu Beginn der Mitose den → Spindelapparat aus. Sie sind Bau- und Funktionselemente des → Zentriols sowie der → Zilien und Geißeln und sind indirekt an intrazellulären Bewegungsvorgängen beteiligt. Die weite Verbreitung des charakteristischen 9 + 2-Musters der Mikrotubuli-Anordnung in Kinozilien und Geißeln bei eukaryotischen Protozoen- und Metazoenzellen läßt auf eine gemeinsame Wurzel der heute lebenden Eukaryoten schließen. Außer Aktinfilamenten enthalten Muskelzellen auch → Myosinfilamente. Aktin und Myosin verbinden sich reversibel zum kontraktilen *Aktomyosinkomplex*. In Nichtmuskelzellen kommt Myosin nicht in Filament-, sondern in oligomerer Form vor.

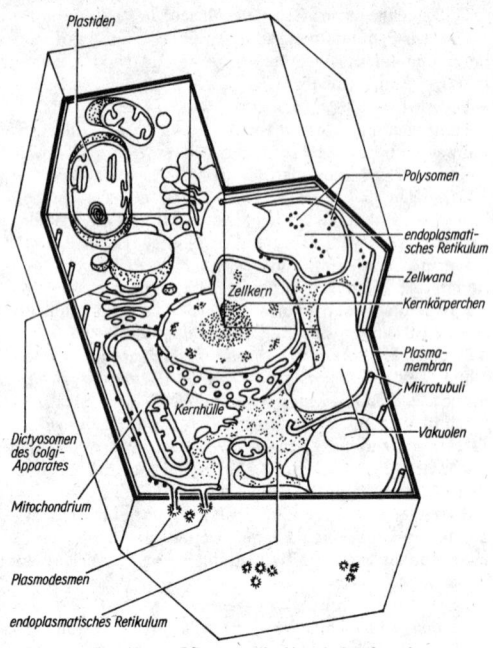

2 Feinbau einer jungen Pflanzenzelle (Anschnittschema)

Vakuolen und *Vesikeln* mit unterschiedlichem Inhalt sind Speicher- und Reaktionsräume der Z. Reservestoffe (z. B. Glykogen und Fetttröpfchen) können im Zytoplasma abgelagert sein (→ paraplasmatische Einschlüsse).

Zellenlehre, svw. Zytologie.

Zellforschung, → Zytologie.

Zellfusion (Tafel 28), *Zellhybridisierung,* die Technik, somatische (vegetative) Zellen gleicher oder unterschiedlicher Organismenarten in Zellkulturen zur Verschmelzung zu bringen. Durch Z. entstehen *Hybridzellen,* die entweder die Zellkerne der Ausgangszellen getrennt enthalten, oder es kommt auch zur *Kernverschmelzung.* Im letzten Fall werden die einkernigen, teilungsfähigen Zellhybriden *Synkarya* genannt. Hybridzellen, deren genetisch unterschiedliche Zellkerne getrennt bleiben, sind *Heterokarya. Homokarya* sind das Fusionsprodukt von Zellen der gleichen Art, deren genetisch identische Zellkerne (noch) getrennt sind. Z. kann in vielen Fällen auch zwischen Zellen sehr unterschiedlicher Organismenarten erreicht werden (z. B. zwischen menschlichen und tierischen Zellen). Bei Pflanzenzellen muß vor der Z. die Zellwand enzymatisch abgelöst und die negative Oberflächenladung beseitigt werden (→ Protoplast). Zur Z. können normale oder → Krebszellen eingesetzt werden, und zwar sowohl embryonale als auch differenzierte Zellen. Die Erzielung von Z. wird durch bestimmte Zusätze gefördert, z. B. durch bestimmte Viren mit agglutinierenden Eigenschaften oder durch bestimmte Chemikalien, besonders Polyethylenglykol. Diese Zusätze erleichtern die Kontaktaufnahme zwischen den Zellen. Virusbehandelte Zellen bilden zahlreiche → Mikrovilli aus. An den Kontaktstellen entstehen Zytoplasmabrücken, die sich anschließend bis zur vollständigen Fusion zweier oder mehrerer Zellen vergrößern. Nach beendeter Zytoplasmafusion kann bereits während der ersten → Mitose ein gemeinsamer → Spindelapparat entstehen. Die Kerne der Tochterzellen enthalten beide Genome. Diese *Zellhybriden* teilen sich rasch, jedoch können einzelne oder mehrere → Chromosomen verlorengehen. In zahlreichen Heterokarya wurde Genaktivität in beiden oder mehreren Zellkernen nachgewiesen. Diese Tatsache weist auf den Einfluß des Zytoplasmas auf die Zellkernfunktion hin.

Die Anwendung der Technik der Z. ermöglicht bei Verwendung bestimmter Zellmutationen unter anderem die Zuordnung bestimmter Genaktivitäten zu bestimmten Chromosomen (Kartierung von Genen). In manchen Fällen gelingt auch die Aufzucht von Pflanzen (vegetative Hybriden) aus Zellfusionsprodukten von Protoplasten sexuell nicht kreuzbarer Arten.

Zellgrenzschicht, → Plasmamembran.

Zellhybriden, → Zellfusion.

Zellhybridisierung, svw. Zellfusion.

Zellkern, *Nukleus,* strukturelle Einheit, die die Informationszentrale der Euzyten (eukaryotische Zellen) darstellt. Der Z. (Tafel 21, 22) wird durch die Kernhülle vom Zytoplasma abgegrenzt. Bei Prokaryoten (Bakterien und Blaugrünen Algen) ist keine Kernhülle ausgebildet. Das meist zentral liegende genetische Material wird daher im Gegensatz zum Eukaryon der Eukaryoten als *Kernäquivalent (Nukleoid)* bezeichnet. Die Prokaryoten werden wegen des Fehlens eines abgegrenzten Z. auch als *Anukleobionten* und die Eukaryoten als *Nukleobionten* bezeichnet.

Der Z. enthält den Hauptanteil der genetischen Information der Zellen für die Stoffwechsel-, Entwicklungs- und Wachstumsprozesse. Diese Informationen werden im → Chromatin bzw. in den Chromosomen in Form von DNS gespeichert, durch Botenstoffe (mRNS) in das Zytoplasma übertragen und von Zelle zu Zelle unverändert weitergegeben durch die identische Replikation der DNS vor der Kern- und Zellteilung. Die meisten Zellen enthalten einen Z., manche Zellarten können zwei (Leberzellen, Herzmuskelzellen) oder mehrere Z. (z. B. Osteoklasten) aufweisen. Einige Zellarten sind im ausdifferenzierten Zustand kernlos, z. B. Erythrozyten der Säuger. Die Z. sind gewöhnlich kugelförmig, bei langgestreckten Zellen länglich. Das Verhältnis zwischen dem Volumen des Z. und des Zytoplasmas, die *Kern-Plasma-Relation,* ist für jede Zellart charakteristisch.

Abhängig vom → Zellzyklus durchlaufen die Zellkernstrukturen einen Form- und Funktionswandel. Während der Interphase werden insbesondere DNS und RNS synthetisiert (*Arbeitskern*), während der Mitose und Meiose erfolgt die Übertragung der genetischen Substanz auf die Tochterzellen (*Teilungskern*).

Das → Chromatin und die Kernkörperchen sind im Kernplasma (Nukleoplasma) eingebettet. Das Chromatin- oder Kerngerüst des Arbeitskernes besteht aus den Interphasechromosomen. Die *Kernkörperchen (Nukleoli,* Sing. *Nukleolus.* sind Orte der Synthese und vorübergehenden Speicherung von Ribosomenvorstufen. Aufgrund ihres Gehaltes an DNS sind die Kernkörperchen dem genetischen Apparat der Zelle zuzuordnen. Diese meist kugelförmigen Bestandteile des Arbeitskernes sind nicht von einer Membran umgeben und kommen in Ein- oder Mehrzahl im Z. vor, selten fehlen sie (z. B. in Spermatozyten und Hefezellen). Mehrere Nukleoli sind in Zellen vorhanden, die viel Protein synthetisieren, z. B. Drüsen- und Nervenzellen. Wegen ihrer starken Lichtbrechung sind die Nukleoli auch in der lebenden Zelle erkennbar. Im Teilungskern wird die Synthese der rRNS unterbrochen, daher verschwinden die Nukleoli. Sie werden bei der Kernteilung am *Nukleolus-Organisator,* einem aufgelockerten Abschnitt eines → SAT-Chromosoms, wieder gebildet. Dabei entsteht zunächst ein aus RNP-Fibrillen bestehender *Pränuklearkörper.* Dieser wird im Verlauf der Bildung von RNP-Granula zum Nukleolus.

Entsprechend ihrer Funktion enthalten die Nukleoli über 80 % Protein (Histone fehlen), etwa 15 % RNS, ferner DNS im Nukleolus-Organisator mit Genen für die Synthese von 45S-rRNS (Precursor-rRNS). Diese Gene sind durch wiederholte Verdoppelung vervielfacht (*repetitive* oder *redundante Gene*) und liegen dicht zu Hunderten oder Tausenden hintereinander. In Oozyten von Amphibien kann die Zahl der rRNS-Gene über 10^6 je Zellkern betragen.

Elektronenmikroskopisch sind in der Nukleolarsubstanz unscharf gegeneinander abgegrenzte feinfibrilläre und granuläre Bereiche zu unterscheiden, die zentral gelegene Pars fibrosa und die sie umschließende Pars granulosa. Die *Pars fibrosa* enthält frisch gebildete Ribonukleoprotein-(RNP-) Fibrillen mit einem Durchmesser von 5 bis 10 nm und in aufgelockerten Strukturen das Chromatin des Nukleolus-Organisators. Dieses Chromatin kann den Nukleolus auch teilweise umgeben (peri- und intranukleäres Chromatin). Häufig, besonders in Zellen höherer Tiere, liegt dem Nukleolus eine aus → Heterochromatin bestehende Kappe an (Nukleolus-assoziiertes Chromatin). Die *Pars granulosa* enthält Ribonukleoprotein-(RNP-) Granula (Durchmesser 15 bis 20 nm). Ein lichtmikroskopisch in manchen Nukleoli erkennbares Netzwerk (Nukleolonema) stellt wahrscheinlich von RNP-Fibrillen umhülltes Chromatin dar.

Aus der 45S-rRNS entstehenden durch Anlagerung von Proteinen die RNP-Fibrillen der Pars fibrosa. Aus dieser 45S-prae-RNS werden in einem mehrstufigen Prozeß die endgültigen 25S- bis 28S-, 16S- bis 18S- und eventuell 5,8S- bis 7S-rRNS ›herausgeschnitten‹ und gleichzeitig mit ribosomalen, aus dem Zytoplasma stammenden Proteinen beladen. Die RNP-Granula der Pars granulosa stellen ver-

Zellkernbewegung

mutlich solche Zwischenstufen dar. Die schließlich resultierenden 40S- und 60S-Untereinheiten der Ribosomen (die unmittelbaren Vorstufen der großen und kleinen Ribosomenuntereinheiten) gelangen getrennt in das Zytoplasma. Dabei passieren sie die Porenkomplexe der Kernhülle oder werden sofort nach ihrer Auflösung des Nukleolus während der Kernteilung in das Zytoplasma gebracht. Ein geringer Teil der Ribosomenuntereinheiten verbleibt im Z. und dient dem Aufbau von Ribosomen für die dort erfolgende Proteinsynthese.

Das *Kernplasma* (*Nukleoplasma*) unterscheidet sich vom Zytoplasma durch höhere Dichte und stärkere Lichtbrechung. In das Kernplasma eingelagert sind unter anderem fibrilläre oder granuläre Ribonukleoproteinstrukturen und Ribosomen. Der Großteil der RNP-Strukturen enthält Vorstufen von mRNS (prä-mRNS). Die Vorstufen der mRNS werden sofort nach ihrer Synthese zwecks Stabilisierung an Proteinkomplexe (Molekülmasse etwa 800000) gebunden. Diese Proteine werden als *Informoferen* bezeichnet. Nach einem umfangreichen Aufbereitungsprozeß werden 10 bis 20 % der prä-mRNS als mRNS in das Zytoplasma überführt. Dabei kommt es zu einem Austausch der Proteine, die mRNS bildet im Zytoplasma mit spezifischen Proteinen zusammen die kleineren *Informosomen*. Der grundplasmatische Anteil des Kernplasmas, die *Kernproteinmatrix*, ist physikalisch und chemisch dem → Grundplasma ähnlich. Sie ist reich an Enzymen, z. B. sind Enzyme für die Synthese des nur im Kernplasma entstehenden Koenzyms NAD oder für die im Kernplasma oder im Grundplasma ablaufende Glykolyse vorhanden. Diese Kernproteinmatrix wird von manchen Autoren auch als *Kernsaft* (*Karyolymphe*) bezeichnet. Als relativ flüssige Phase des Z. stellt der Kernsaft ein Medium für den Transport von Stoffen im Z. und zwischen Z. und Zytoplasma dar.

Die *Kernhülle* ist ein perinukleärer, membranumgrenzter flacher Raum (*perinukleäre Zisterne*), der den Z. gegen das Zytoplasma abgrenzt und den Stoffaustausch zwischen Z. und Zytoplasma reguliert. Sie stellt eine lokale Differenzierung des endoplasmatischen Retikulums dar. Die perinukleäre Zisterne ist je nach Stoffwechselaktivität 15 bis 75 nm weit. Bei den meisten Zellen weist die Kernhülle elektronenoptisch sichtbare ›Poren‹ mit einem Durchmesser von 60 bis 100 nm auf (s. Abb. unten). Es handelt sich um *Porenkomplexe*, die wie Schleusen und Pumpen arbeiten. Sie befördern die im Zytoplasma synthetisierten Pro-

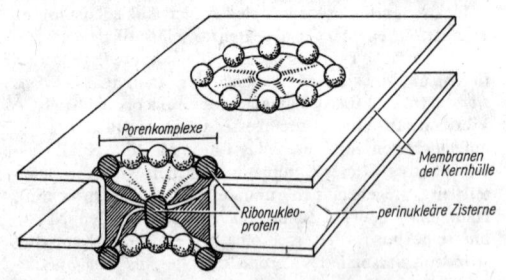

Porenkomplexe der Kernhülle

teine (Ribosomenproteine, Histone, Nichthistone, Polymerasen) in den Z. und in entgegengesetzter Richtung RNS sowie Ribonukleoproteine aus dem Z. in das Zytoplasma. Dieser Austausch von Makromolekülen ist mindestens teilweise ATP-abhängig, im Porenkomplexbereich ist gesteigerte ATP-Aktivität festzustellen. Im ringförmig verdickten Porenrand (Anulus) sind bei sehr hoher Vergrößerung meist 8 *Granula* erkennbar. Sie bestehen aus Ribonukleoprotein, ebenfalls ein zentral gelegenes Granulum. Das Zentralgranulum füllt meist eine enge zentrale Öffnung (Durchmesser 15 nm) aus. Der übrige Porenbereich ist mit amorpher Substanz ausgefüllt, die Stoffe mit einem größeren Molekülradius als 4,5 nm zurückhält oder im Transport behindert. Die Porenkomplexe liegen je nach Zelltyp und -aktivität unterschiedlich dicht. Bei den großkernigen Speicheldrüsenzellen von Insekten und Oozyten von Amphibien ist die Dichte besonders hoch (70 und mehr je μm^2). Bei manchen Zellen wird die Zellkernoberfläche und damit die Anzahl der Proenkomplexe durch Abweichung von der Kugelgestalt (Einfaltungen, gelappte Z., z. B. in peptidergen Neuronen von Wirbeltieren) vergrößert.

An der inneren Kernmembran ist Heterochromatin angelagert, der äußeren Kernmembran vieler Zellen liegen Ribosomen bzw. Polysomen an. Stellenweise ist ein Übergang der äußeren Kernmembran in Membranen des endoplasmatischen Retikulums erkennbar (Tafel 21). In der Prophase der Mitose zerfällt die Kernhülle in kleine Vesikeln, während der Telophase wird sie aus Anteilen des endoplasmatischen Retikulums neu gebildet.

Bei Wimpertierchen (*Ciliata*) sind die Funktionen des Z. auf einen *Großkern* (*Makronukleus*) und einen *Kleinkern* (*Mikronukleus*) verteilt (*Kerndimorphismus*). Der polyploide Großkern steuert die Stoffwechselprozesse, der Kleinkern enthält die Informationen für die Vermehrung.

Zellkernbewegung, → Traumatotaxis.
Zellkonstanz, → Zellvermehrung.
Zellkontakt, → Zell-Zell-Wechselwirkung.
Zellkultur, → Zellzüchtung.
Zellmembran, → Plasmamembran.
Zellmund, → Zelle.

Zellobiose, ein reduzierendes Disaccharid, das β-1,4-glykosidisch aus zwei Molekülen D-Glukose aufgebaut ist. Z. ist die Grundeinheit einiger Polysaccharide, z. B. der Zellulose und des Lichenins. Z. wird von Hefe nicht vergoren und von Maltase nicht gespalten.

β−Zellobiose

Zellorganellen, → Zelle.
Zellplatte, → Zellwand.
Zellsprossung, → Fortpflanzung.
Zelltapete, → Samen.
Zellteilung, → Mitose, → Zellvermehrung.

Zelltod, *programmierter Z.*, Hypothese, daß die Lebensdauer von Zellen genetisch bestimmt wird. Die Lebensdauer der meisten Zellen ist begrenzt, wie besonders aus Zellkulturversuchen hervorgeht. Zum Beispiel hängt die Anzahl der Zellteilungen (→ Mitose) menschlicher Fibroblastenzellen vom Alter des Spenders dieser Zellen ab: Aus Embryonen stammende Zellen teilen sich in Kultur etwa 50mal, Zellen älterer Menschen nur einige Male. Krebszellen können eine unbegrenzte Teilungsfähigkeit haben. Bei manchen pflanzlichen Zellen, z. B. Kalluskulturen) ist die Teilungsfähigkeit vermutlich nicht eingeschränkt.

Die Ansammlung von Oxidationsprodukten in tierischen Zellen wird als eine der möglichen Ursachen für den Z. angesehen.

Die Zellen der einkernigen Einzeller können als potentiell unsterblich angesehen werden, da ihre gesamte Zellsubstanz bei jeder Fortpflanzung (Teilung) restlos in die Tochterzellen eingeht.

Bei den Vielzellern bleiben nur die relativ wenigen *Keim*-

zellen potentiell unsterblich und totipotent, sie dienen der kontinuierlichen Arterhaltung. Die meisten Zellen der höheren Metazoen verlieren im Prozeß ihrer funktionellen Spezialisierung (Differenzierung) ihre Totipotenz und damit auch ihre unbegrenzte Teilungsfähigkeit, es sind zeitlich nur begrenzt lebensfähige *Somazellen*.

zelluläre Immunität, sowohl ältere Bezeichnung für → zellvermittelte Immunität als auch auf der Aktivität von Makrophagen im Zusammenwirken mit dem Immunsystem beruhende Form der Immunität. Spezifische Immunzellen (Lymphozyten) geben nach Kontakt mit dem Antigen Substanzen ab, die zu einer Aktivierung der Makrophagen führen. Dadurch werden auch vorher nicht abbaubare, in den Makrophagen enthaltene Mikroorganismen durch die aktivierten Makrophagen zerstört.

zelluläres Onkogen, → Tumorviren.

Zellulasen, zu den Glykosidasen gehörende Enzyme, die die hydrolytische Spaltung von Zellulose zu Zellobiose katalysieren. Z. sind bei niederen Pflanzen, holzzerstörenden Pilzen, Termiten und einigen anderen niederen Organismen verbreitet. Höhere Tiere können keine Z. bilden, obwohl die Nahrung der meisten Pflanzenfresser vorwiegend aus Zellulose besteht. Die Verwertung der Zellulose geschieht in diesen Fällen, z. B. im Pansen der Wiederkäuer, durch ein besonderes Verdauungssystem mit zellulasebildenden symbiontischen Bakterien.

Zellulose, ein pflanzliches Polysaccharid der Summenformel $(C_6H_{10}O_5)_n$. Die Molekülmasse liegt zwischen 300 000 und 500 000. Z. besteht aus β-1,4-glykosidisch verknüpften D-Glukopyranosidresten. Bei Behandlung mit konzentrierten Säuren, wie 41%iger Salzsäure (HCl) oder 70%iger Schwefelsäure (H_2SO_4), wird Z. in D-Glukose gespalten und somit zu gärfähigen Zucker überführt. Dieser Prozeß wird als Holzverzuckerung bezeichnet.

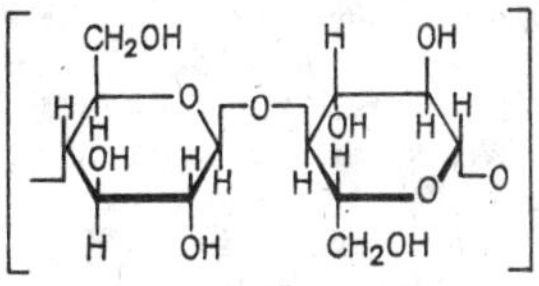

Z. stellt den Hauptbestandteil der Pflanzenzellwände. Baumwolle, Hanf, Flachs und Jute bestehen aus fast reiner Z., Holz enthält 40 bis 60 % Z. Z. ist mengenmäßig der bedeutendste Naturstoff. Die Gesamtmenge an jährlich im pflanzlichen Stoffwechsel gebildeter Z. beträgt etwa 10 Billionen Tonnen.

Enzyme zum Zelluloseabbau sind in niederen Pflanzen, holzzerstörenden Pilzen, Termiten und einigen Schnecken enthalten, nicht dagegen im Menschen und in fleischfressenden Tieren.

Zellvermehrung, Prozeß, in dessen Verlauf sich Zellen nach vorausgegangenem *Zellwachstum* teilen. Diese Zellteilungen erfolgen bei Eukaryoten im Anschluß an die → Mitose. Z. ist Grundlage für das Wachstum und die Vermehrung der Organismen und für den Ersatz abgestorbener Zellen (Regeneration). Embryonale Z. bei Tieren sind → Furchungen; nach diesen Mitosen wachsen die Zellen nicht. Die Anzahl der Zellteilungen je Zeiteinheit (*Teilungsrate*) und der Zeitraum zwischen zwei Zellteilungen (Generationszeit) sind für die einzelnen Zelltypen charakteristisch (→ Zellzyklus).

Bei Bakterien ist die *Dynamik der Z.* (Zunahme von Zellzahl und -masse) besonders gut zu verfolgen wegen der kurzen Generationszeit (unter Optimalbedingungen etwa 20 Minuten). Manche Protozoen teilen sich in mehrere oder viele gleich große Zellen. Bei einer solchen äqualen *Vielfachteilung* (multiple Teilung) entstehen die Tochterzellen bei nacheinander ablaufenden Kernteilungen auch nacheinander (sukzedan), z. B. bei der aus 32 Zellen bestehenden *Eudorina*-Kolonie. Erfolgen die Kernvermehrungen zunächst ohne Zellteilung, können sich anschließend die Zellen gleichzeitig (simultan) abgrenzen, z. B. bei Sporozoen.

Gewebe oder Organe einer Organismenart können sich aus einer bestimmten Anzahl von Zellen zusammensetzen. Diese *Zellkonstanz* ist bei Nemathelminthen verbreitet.

zellvermittelte Immunität, besondere Form der → Immunität. Die z. I. beruht auf dem Vorhandensein aktivierter thymusabhängiger Lymphozyten (→ Thymus). Diese T-Lymphozyten produzieren keine Antikörper, sie werden vielmehr selbst zu den Effektoren des Immunsystems. Ihre bekannteste Form ist die zytotoxisch wirksame *Killerzelle*. Sie spielt die Hauptrolle bei der Abstoßung von Organtransplantaten und bei der Abtötung von Tumorzellen.

T-Lymphozyten geben bei Kontakt mit dem spezifischen Antigen zahlreiche Faktoren, die *Lymphokine*, ab. Sie wirken auf verschiedene bewegliche Zellen in unterschiedlicher Weise ein und bewirken z. B. die Anlockung von Makrophagen und Granulozyten. Andererseits halten sie diese Zellen im Bereich der T-Lymphozyt-Antigen-Reaktion fest und fördern damit die Phagozytose bzw. Vernichtung des Antigens, z. B. eingedrungener Bakterien.

Zellwachstum, → Zellvermehrung.

Zellwand, bei Prokaryoten und Pflanzenzellen der Plasmamembran außen anliegendes, von den Zellen gebildetes organisches Material, das insbesondere Stabilisierungsfunktion hat. Charakteristisch für die Pflanzenzelle ist die für Wasser und gelöste Stoffe durchlässige, aus Polysacchariden bestehende Z., die dem hohen Turgordruck der Zentralvakuole Widerstand leistet und der Zelle Elastizität und Festigkeit gibt. Die elastischen *Zellulosemikrofibrillen* sind eingebettet in die plastische, aus Hemizellulosen und Protopektin bestehende *Wandmatrix*. Die Mikrofibrillen (Durchmesser 10 bis 25 nm) sind einige μm lang und bestehen aus Zellulosemolekülen, die durch Wasserstoffbindungen verknüpft sind. In den Mikrofibrillen sind ein oder mehrere 3 bis 7 nm breite mikrokristalline Bereiche (*Mizellen*) ausgebildet (s. Schema 1), in denen die Zellulosemoleküle achsen- und flächenparallel liegen. Unregelmäßiger sind sie außerhalb der Mizellen verteilt. Bei Pilzen bestehen die Mikrofibrillen aus Chitin. Die Bildung der Z. ist noch nicht in allen Punkten bekannt. Gesichert ist unter anderem, daß bei der Zellteilung zwischen den beiden Tochterkernen Golgi-Vesikeln zur Bildung der jungen zellulosefreien Z., der *Primordialwand* (*Zellplatte*) verschmelzen. Der Inhalt der Vesikeln (niedermolekulare Polygalakturonsäure) ist ein Grundbaustein für die Primordialwand,

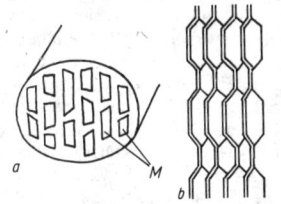

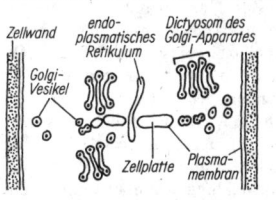

1 Strukturmodell einer Mikrofibrille: *a* Mikrofibrille quer, *b* achsen- und flächenparallele Anordnung der Zellulosemoleküle in den Mizellen (*M*)

2 Bildung der Primordialwand (Zellplatte)

Zellwandmatrix

während die Membranen der Golgi-Vesikeln verschmelzen und zu den neuen Plasmamembranen beidseits der Primordialwand werden (s. Abb. 2, S. 991). Die Primordialwand wird als *Mittellamelle* bezeichnet, wenn zellulosehaltige Schichten beidseits angelagert sind, sie selbst bleibt zellulosefrei.

Die zuerst an die Mittellamelle angelagerten *Primärwände* weisen Zellulosemikrofibrillen in fast regelloser Verteilung (*Streutextur*) auf. Nach Abschluß des Streckungswachstums umschnüren diese Mikrofibrillen die Zelle fast parallel zu ihrer Längsachse. Die sich anschließend bildende *Sekundärwand* weist parallele Mikrofibrillenanordnung auf (*Paralleltextur*), jedoch wechselt die Richtung in aufeinanderfolgenden Schichten, so daß hohe Festigkeit erzielt wird: Die Zugfestigkeit von Stahl beträgt etwa 150 kg/mm^2, diejenige von Flachsfasern etwa 110 kg/mm^2. Als *Tertiärwand* wird eine dünne, an die Plasmamembran grenzende Schicht bezeichnet. Sie weist verflochtene Mikrofibrillen auf und kann durch Einlagerung von Lignin in die Matrix verholzen. Bei der Bildung der Primär- und Sekundärwand transportieren Golgi-Vesikeln Anteile des Zellwandmaterials zur Plasmamembran. Die Vesikelmembranen werden nach Exozytose des Materials in die Plasmamembran eingebaut (*Membranfluß*, → Membran). Die Synthese der Zellulose soll gewöhnlich an der Außenseite der Plasmamembran erfolgen. Wie die geordnete Ablagerung der Mikrofibrillen zustande kommt, ist noch ungeklärt. Vermutlich sind bei ihrer Orientierung Mikrotubuli beteiligt, da sie dicht an und z. T. auch außerhalb der Plasmamembran liegen und Mikrotubuli und Mikrofibrillen meist parallel zueinander verlaufen. Nach experimenteller Ausschaltung der Mikrotubuli durch Kolchizin werden weiter Mikrofibrillen gebildet, aber ihre Orientierung ist nicht mehr korrekt. Es konnte festgestellt werden, daß Mikrofibrillen an ihren Enden »wachsen«.

Mit dem → Gefrierätzverfahren wurden in der Plasmamembran granuläre Partikeln (Durchmesser etwa 10 nm) nachgewiesen. Sie liegen z. T. auch in Reihen an den Enden der Mikrofibrillen. Es sind vermutlich Proteine, und zwar synthetisch aktive Enzymkomplexe. Mit der Methode der elektronenmikroskopischen Autoradiographie konnte z. B. mit [6 - ^{3}H] Glucose der Transport von Zellwandbausteinen besonders in Golgi-Vesikeln zur Plasmamembran und nach Exozytose bis in die Z. verfolgt werden. Vermutlich sind Mikrotubuli beim Transport der zum Aufbau der Z. erforderlichen Organelle und Stoffe (Golgi-Vesikeln, Zellulose-Synthetasen u. a.) beteiligt. Benachbarte Pflanzenzellen werden über *Plasmodesmen* durch die Z. hindurch miteinander verbunden. Die Z. kann enzymatisch (z. B. durch Lysozymbehandlung) vollständig und schonend abgelöst werden. Die entstehenden → Protoplasten können für Versuche (z. B. Zellhybridisierung) verwendet werden.

Zellwandmatrix, → Zellwand.

Zell-Zell-Wechselwirkung, Gesamtheit aller Stoff-, Energie- und Informationsaustauschprozesse zwischen Zellen. Man unterscheidet biochemische und biophysikalische Aspekte der Z.-Z.-W.

Im Rahmen der Biophysik wurden bisher im wesentlichen die elektrischen Kommunikationen und die Energetik der Z.-Z.-W. untersucht. Zur Untersuchung der elektrischen Informationsaustausches bedient man sich der Mikroelektrodentechnik. Dabei werden gezielt Zellen elektrisch gereizt, und man mißt an benachbarten oder weiter entfernten Zellen Änderungen des Potentials oder registriert den Stromfluß durch die Membran. Von besonderem Interesse ist das Verfolgen der Embryonalentwicklung. Man gewinnt auf diese Weise tiefere Einblicke in den Prozeß der Steuerung der Gewebeentwicklung. Ähnlich untersucht man auch Prozesse der primären Informationsverarbeitung in den Sinnesorganen.

Ein wichtiges Problem der Z.-Z.-W. ist die Untersuchung der Adhäsion der Zellen. Um physikalische Wechselwirkungen von chemischen Prozessen abgrenzen zu können, untersucht man in der Biophysik nur die Primäretappe der Z.-Z.-W. Man versteht darunter die erste Phase der Annäherung von Zellen, in der noch keine biochemischen Reaktionen eingesetzt haben. In dieser Phase bestimmen → Van-der-Waals-Kräfte, elektrostatische Kräfte und u. U. schwache chemische Bindungen sowie *sterische Wechselwirkungen* die mechanischen Kräfte zwischen den Zellen. Van-der-Waals-Kräfte bewirken stets eine Anziehung. Dagegen bewirken die elektrostatischen Kräfte fast immer eine Abstoßung, da Zellen eine negative Oberflächenladung tragen und der Fall einer in Wechselwirkung befindlichen netto-positiv-geladenen Zelle mit einer negativ-geladenen in der Praxis ausgeschlossen werden kann. Beide Kräfte sind relativ weitreichend und können damit den *Zellkontakt* fördern bzw. verhindern. Sterische Kräfte und chemische Bindungen müssen erst bei Abständen berücksichtigt werden, in denen ein Kontakt der Makromoleküle der Zelloberfläche durch Fluktuationen möglich wird. Dabei kann zwischen den Zellmembranen durchaus ein Abstand von einigen Nanometern vorhanden sein. Aus diesen Gründen ist die elektronenmikroskopische Charakterisierung des Kontaktes nicht immer eindeutig, weil die Existenz von wenigen chemischen Kontakten im *Interzellularspalt* nicht nachgewiesen werden kann.

Da in Elektrolytlösungen elektrische Ladungen durch die Ausbildung einer → elektrischen Doppelschicht abgeschirmt werden, können elektrostatische Wechselwirkungen erst bei Abständen auftreten, bei denen die Doppelschicht gestört wird. Deshalb herrscht bei größeren Abständen fast immer Anziehung vor, da Zellen untereinander stärkere Dispersionswechselwirkungen als mit dem Lösungsmittel haben. Bei geringeren Abständen bestimmt dagegen die elektrische Abstoßung die Wechselwirkung. Erst bei sehr geringen Abständen werden die Van-der-Waals-Kräfte praktisch beliebig groß, wogegen die elektrostatischen Kräfte nicht unbegrenzt anwachsen. Dieses unterschiedliche Abstandsverhalten dieser beiden Kräfte bedingt eine nichtmonotone Wechselwirkungs-Energie-Abstandsfunktion, die durch das Auftreten zweier Minima ausgezeichnet ist, die sich aber in ihren Eigenschaften wesentlich unterscheiden

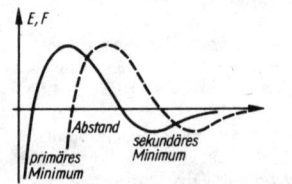

Energieabstandsfunktionen (———) und Kraftabstandsfunktionen (– – – –) nach der DLOV-Theorie

(Abb.). Bei größeren Abständen tritt das *sekundäre Minimum* auf, in dem zwischen anziehenden Dispersionskräften und abstoßenden elektrostatischen Kräften ein Gleichgewicht herrscht. Ist dieses Minimum der Wechselwirkungsenergie tief genug, so kann eine stabile Gleichgewichtslage der wechselwirkenden Zellen eintreten, die allerdings durch mechanische Kräfte reversibel aufgehoben werden kann. Man benutzt dazu hydrodynamische Scherfelder oder durch Zentrifugation erzeugte Schwerefelder. Das *primäre Minimum* bei geringeren Abständen ist dagegen so tief, daß der Zellkontakt praktisch irreversibel ist. Diese Vorstellungen sind aus der Kolloidchemie übernommen, sie werden als DLOV-Theorie bezeichnet. Da den Makromolekülen der Zelloberfläche beim Zellkontakt eine besondere Bedeutung zukommt, kann die einfache DLOV-Theorie nur sehr grob die realen Verhältnisse beschreiben. Es werden deshalb viele Erweiterungen der DLOV-Theorie diskutiert.

Lit.: Sonntag u. Strenge: Koagulation und Stabilität disperser Systeme (Berlin 1970).

Zellzüchtung, Fachgebiet der Zellbiologie, das Zellen, Gewebe- und Organteile, Organanlagen und Organe studiert, die sich außerhalb des Organismus (in vitro) in einem künstlich geschaffenen Milieu unter sterilen Bedingungen länger als 24 Stunden erhalten oder zur Vermehrung bringen lassen.

Es werden zunächst die bei Zellen und Gewebe tierischer oder menschlicher Herkunft angewandten Methoden der Z. beschrieben.

Die älteste Kultivierungsart ist die *Gewebekultur (Explantatkultur).* Dabei werden frisch aus dem Organismus entnommene sehr kleine Gewebestückchen (Explantate) in geeignetes Nährsubstrat, entweder arteigener Herkunft (Blutplasma, Embryonalextrakt) oder künstlich zusammengesetzt, gebracht. Aus den auf einer Unterlage (Plasma, Kollagen, Glas) festsitzenden Explantaten wandern nach einer gewissen Zeit fibroblastenartige und/oder epithelioide Zellen aus und umgeben das Explantat mit einer Zellschicht. Sauerstoffmangel und sich anreichernde Stoffwechselendprodukte machen nach wenigen Tagen das Umsetzen von Gewebeteilen in neue Medien erforderlich. Die klassische Gewebekulturtechnik ist die *Deckglaskultur*, die Züchtung im sog. »hängenden Tropfen«. Sie wird auch heute noch auf einigen Gebieten angewandt, hauptsächlich für morphologische Untersuchungen.

Ziel der *Organkultur* ist im Gegensatz zur Gewebekultur nicht das Auswachsen von Zellen aus Explantaten, sondern die Erhaltung der Struktur und Funktion von Geweben, Organteilen oder Organen auf einem bestimmten Entwicklungsstadium bzw. die Untersuchung ihrer Weiterentwicklung in einem den in vivo-Bedingungen ähnlichen Milieu. Die Organkultur erfordert verschiedene hochspezialisierte Techniken, die sich von den Gewebekulturmethoden unterscheiden. Die Kulturmedien sind im allgemeinen jedoch die gleichen, synthetische und halbsynthetische Medien sind heute sehr gebräuchlich.

Die breiteste Anwendung und größte Entwicklung hat in den letzten Jahrzehnten zweifelsohne die *Zellkultur* erfahren. Im Unterschied zur Gewebekultur geht die Zellkultur von isolierten Einzelzellen aus, die mit Hilfe proteolytischer Enzyme (z. B. Trypsin, Elastase, Pronase) aus Gewebe- oder Organfragmenten freigesetzt werden. Diese Zellen setzen sich in geeigneten Kulturgefäßen auf Glas- oder Plasteunterlagen fest und vermehren sich zu einschichtigen Zellrasen. Die erforderlichen Nährmedien bestehen aus Lösungen von Aminosäuren, Vitaminen und Salzen mit Serumzusätzen. Mit Trypsin oder anderen Substanzen können Zellen von ihren Unterlagen gelöst und in neue Versuchsgefäße übertragen werden.

Es wurden Zellkulturtechniken entwickelt, mit deren Hilfe in kurzer Zeit große Mengen Zellen produziert werden können. Die Z. ist deshalb heute für viele wissenschaftliche Disziplinen unentbehrlich, z. B. für die Virologie. Sie spielt eine wichtige Rolle bei der Gewinnung biologischer Produkte, z. B. von Hormonen, Interferon u. a. In der Krebsforschung ist sie zusammen mit anderen Methoden zu einem Routinewerkzeug geworden. Die Z. war die wesentliche Voraussetzung für die Entwicklung der somatischen Zellgenetik und hat der medizinischen Genetik neue Möglichkeiten eröffnet. Sie ist die Grundlage für die Molekularbiologie der Eukaryoten, und mit fortschreitender Entwicklung erschließen sich ihr neue Anwendungsmöglichkeiten.

Auch von Pflanzen können Zellen, Gewebe oder Organe in vitro kultiviert werden. In mancher Hinsicht sind die Kulturmethoden denen für tierische Zellen ähnlich, jedoch den spezifischen Anforderungen der Pflanzenzellen angepaßt. So genügen aufgrund des anderen Stoffwechsels der Pflanzen für die in flüssiger oder halbfester Form verwendeten Nährmedien meist anorganische Salze, Glukose und Vitamine mit einigen natürlichen Zusätzen, wie z. B. Hefeextrakt, wobei einzelne Gewebearten spezielle Nährstoffbedürfnisse haben.

Klassische Arten der Kultivierung sind die Kultur isolierter Wurzeln und die Kalluskultur.

Bei der Kultivierung von Wurzeln (*Wurzelkultur*) bringt man abgeschnittene Wurzelspitzen steril angezogener Keimlinge in geeignetes flüssiges Nährmedium, in dem sie zu Wurzeln auswachsen. Periodische Übertragung von Wurzelabschnitten und -spitzen in ein neues Medium ermöglicht deren praktisch unbegrenzte Kultivierbarkeit in vitro. An Wurzelkulturen entwickeln sich nur sehr selten Sproßknosspen, es liegt eine echte Organkultur vor. Demgegenüber bilden sich bei der Kultivierung von Sproßspitzen meist regelmäßig Wurzelanlagen, so daß bald eine sterile Gesamtpflanze entsteht. Auch die Kultur von isolierten Embryonen (*Embryokultur*), die bei vielen Pflanzenarten experimentell geprüft wurde, führt zur Bildung vollständiger Pflanzen.

Eine Gewebekultur im engeren Sinne ist die Kultur von Kallusgewebe (*Kalluskultur*). Kallus entsteht normalerweise, wenn Stengelscheiben oder andere Organstücke unter sterilen Bedingungen auf ein festes Nährsubstrat gebracht werden. Nach einer gewissen Zeit überträgt man Teile der Wucherung auf ein neues Nährsubstrat.

Am schwierigsten ist die Kultur von Einzelzellen (*Einzelzellkultur*). Bei der Anlage von Zellkulturen geht man meist von Kalluskulturen aus. Der Gewebeverband wird mechanisch oder enzymatisch aufgelöst, und die Zellen werden entweder in Vielzahl als Suspension in flüssigen Medien oder mehr oder weniger vereinzelt auf halbfesten Substraten weiterkultiviert. Dabei kann sich aus einer Einzelzelle eine vollständige Pflanze entwickeln, wie bei vielen Pflanzenarten gezeigt wurde. Das beweist die Totipotenz dieser Zellen.

Die pflanzliche Zell- und Gewebezüchtung wurde rasch zu einer wichtigen Methode der botanischen Forschung, die ihr neue Aspekte eröffnete. Als Anwendungsmöglichkeiten seien die Produktion bestimmter Pflanzenstoffe, genetische Untersuchungen sowie ihr Einsatz für die Pflanzenzüchtung und für viele Gebiete der Pflanzenpathologie genannt.

Lit.: W. Halle: Zell- und Gewebezüchtung bei Tieren (Jena 1976); H. Koblitz: Zell- und Gewebezüchtung bei Pflanzen (Jena 1972); B. Mauersberger (Hrsg.): Aktuelle Probleme der Z. (Jena 1971); M. Theile u. S. Scherneck: Zellgenetik (Berlin 1978).

Zellzyklus, der Lebenslauf der Eukaryotenzelle von einer Mitose zur folgenden, der in mehrere nicht umkehrbare Phasen eingeteilt werden kann, die man als M-, G_0-, G_1, S- und G_2-Phase (G von engl. gap, Zwischenraum) bezeichnet (s. Abb. S. 994). Ein Z. kann 12 Stunden, aber auch mehrere Wochen dauern, je nach Gattung, Art und Zellinie. Auch Milieufaktoren spielen dabei eine wesentliche Rolle. In der *M-Phase*, die 30 bis 60 Minuten dauert, erfolgt die Mitose. Nach beendeter Mitose beginnen sich manche Zellen (z. B. Neurone) so stark zu differenzieren, daß sie sich nicht mehr teilen können, aber in einem als G_0-*Phase* bezeichneten Abschnitt bis zu mehreren Jahrzehnten lebensfähig sind. Andere Zellen (z. B. Leberzellen, Lymphozyten) können trotz Differenzierung nach Wochen

a Zellzyklus (Schema), *b* Syntheseleistungen während des Zellzyklus. G_0, G_1, G_2 und S sind Phasen des Zellzyklus

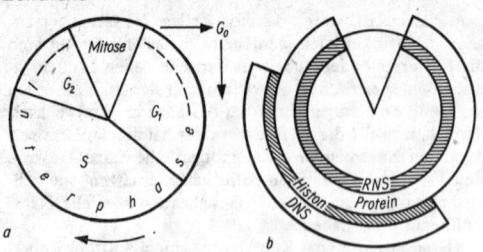

oder Monaten wieder eine Teilung vorbereiten, d. h. von der G_0- zur G_1-Phase übergehen. Dieser Übergang wird durch das cAMP/cGMP-Gleichgewicht sowie durch Wachstumsfaktoren, durch das Angebot an Aminosäuren u. a. Faktoren gesteuert. Eine weitere Gruppe von Zellen teilt sich regelmäßig, sie durchläuft ständig den Z. Hinsichtlich der Dauer variiert die G_1-Phase am stärksten (etwa 5 Stunden bis mehrere Wochen). In dieser Phase erfolgt oft das eigentliche Zellwachstum. Es werden unter anderem RNS, Tubuline und z. T. auch schon Enzyme für die in der S-Phase erfolgende DNS- und Proteinsynthese (unter anderem DNS-Polymerase) gebildet. Die *S-Phase* kann unterteilt werden in S_1: Replikation des Euchromatins findet statt, und S_2: das Heterochromatin wird repliziert. S_1 und S_2 überlappen sich. Am Ende der S-Phase ist die Chromatinmenge verdoppelt, aber die Chromosomenzahl ist noch unverändert. Nach der G_2-*Phase* beginnt mit dem Zerfall der Kernhülle und der Kondensation der Chromosomen die Prophase der Mitose.

Durch Hormone und gewebsspezifische, die Teilung hemmende Stoffe (*Chalone*) sowie durch *Mitogene* (teilungsfördernde Substanzen, z. B. Phytohämagglutinine) können Dauer der Phasen und auch das Wiedereintreten in den Z. reguliert werden. Chalone, von differenzierten Zellen abgegeben, können den Eintritt von Zellen in die S-Phase bzw. von G_2- zur M-Phase hemmen. *Antichalone* und andere Faktoren heben die Hemmung z. T. auf.

Krebszellen entziehen sich der Regulation und Kontrolle durch den Organismus teilweise, meist sogar völlig. Sie teilen sich autonom, und der Z. wird meist rascher durchlaufen als bei Normalzellen. Krebszellen können jedoch z. T. auch länger als vergleichbare Normalzellen leben.

Die Anzahl der Zentriolen ist für die einzelnen Phasen des Z. charakteristisch: Am Ende der G_1-Phase entfernen sich die 2 Zentriolen voneinander, die in der vorangegangenen Mitose als Zentriolenpaar an einem Pol lagen. Während der S-Phase induziert jedes der bei den Zentriolen die Bildung eines kleinen Tochterzentriols. In der G_2-Phase sind daher 4 Zentriolen vorhanden, je 2 sind rechtwinklig zueinander angeordnet. In der Prophase der folgenden Mitose wandert je 1 Zentriolenpaar nach der Teilung des Zentrosoms an entgegengesetzte Pole.

Die Rezeptoren der Zellen sind in verschiedenen Phasen des Z. unterschiedlich.

Zentifolie, → Rosengewächse.
Zentralkörperchen, svw. Zentriol.
Zentralnervensystem, → Nervensystem.
Zentralscheide, → Zilien.
Zentralspindeltyp, → Spindelapparat.
Zentralvakuole, → endoplasmatisches Retikulum, → Lysosom.
Zentralzylinder, → Sproßachse, → Wurzel.
Zentriol, *Zentralkörperchen,* im Zytoplasma der meisten menschlichen und tierischen Zellen sowie in Zellen einiger niederer Pflanzen vorhandenes Zellorganell, das aus röhrenförmigen Bauelementen (→ Mikrotubuli) besteht und bei der Bildung von Kinozilien und Geißeln beteiligt ist. Vermutlich spielt das Z. auch beim Aufbau des → Spindelapparates eine Rolle. Z. liegen paarweise in einem verdichteten Plasmabereich, dem → Zentrosom.

Das Z. hat einen Durchmesser von etwa 150 nm und eine Länge von 300 bis 600 nm. Die Zylinderwand besteht aus einem Zytoplasmabereich geringer Dichte, in dem Mikrotubuli in 9 Dreiergruppen (Tripletts) angeordnet sind

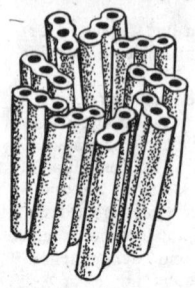

Zentriol (Schema). Anordnung der Mikrotubuli in 9 Dreiergruppen

(s. Abb.). In den Z. sind möglicherweise DNS und RNS enthalten. Die DNS soll als Doppelhelix in einem Granum (Durchmesser 70 nm) vorliegen und Informationen für die Reproduktion von Z. und vielleicht auch für die Zilien- und Geißelbildung enthalten. Jedes Z. induziert in der S-Phase des → Zellzyklus die Bildung eines zunächst kleineren Z., das senkrecht zum ersten liegt. Je 1 Zentriolenpaar gelangt während der Prophase der Mitose zu den Zellpolen. Von dort aus induzieren die Z. eine Asterstrahlung (Polstrahlung). Nach der Polstrahlung orientieren sich die Zugfasern (Chromosomenfasern) des Spindelapparats. Fehlen Z., wie z. B. bei den meisten Samenpflanzen, wird keine Polstrahlung beobachtet.

Hinweise auf eine Neubildung von Z. ergeben sich bei vielen Farnpflanzen und höher organisierten Algen aus dem Auftreten von Z. bei der Bildung begeißelter männlicher Gameten, obwohl die entsprechenden vegetativen Zellen zentriolenlos sind. Z. können sich an der Plasmamembran zu *Basalkörpern* (*Kinetosomen*) umwandeln. Aus ihnen entwickeln sich Kinozilien bzw. Geißeln.

zentrische Fusion, eine Translokationsform (→ Translokation), in deren Verlauf die großen Arme zweier akrozentrischer Chromosomen zu einem metazentrischen Chromo-

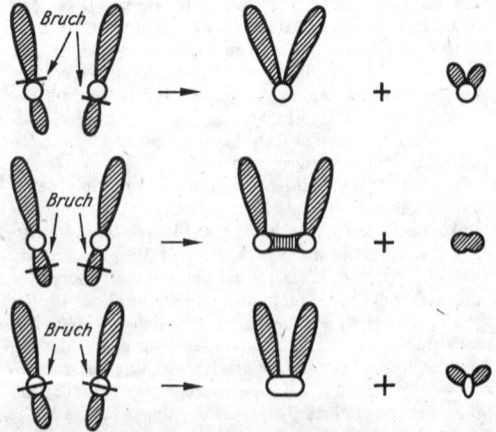

Drei Typen zentrischer Fusionen, in deren Verlauf aus zwei stabförmigen ein V-förmiges Chromosom und ein kleines Fragment entstehen

som vereinigt werden, wobei sich die Chromosomenzahl in der Regel um ein Chromosom vermindert. Z. F. sind häufig an evolutionären Veränderungen des Chromosomenapparates (des Karyotypes) ursächlich beteiligt. Der zur z. F. führende Umbauvorgang wird auch als *Fusionstranslokation* bezeichnet (Abb. S. 994).

zentroazinäre Zellen, → Bauchspeicheldrüse.

zentrolezithal, → Ei.

Zentromer, *Kinetochor, Spindelansatzstelle,* Ansatzstelle der Spindelmikrotubuli (Zugfasern) am Chromosom während der Mitose und Meiose. Als Ansatzort der Spindelmikrotubuli eine plattförmige oder halbkugelförmige Struktur im Bereich der Primäreinschnürung des Chromosoms. Diese Struktur ist möglicherweise auch beim Aufbau der Spindelmikrotubuli (→ Spindelapparat) beteiligt. Bei Chromosomen einiger Pflanzen- und Tierarten ist kein lokalisiertes, sondern ein ›diffuses‹ Z. vorhanden, die Zugfasern setzen an verschiedenen Stellen des Chromosoms an.

Meist bestehen die dem Z. unmittelbar anliegenden Chromosomenabschnitte aus Heterochromatin.

Zentromer-Autoorientierung, → Zentromer-Koorientierung.

Zentromerdistanz, der an der Rekombinationshäufigkeit zwischen einem Gen und dem Zentromer gemessene Genabstand vom Zentromer, → Rekombination.

Zentromerinterferenz, vom Zentromer ausgehender, hemmender Einfluß auf die Crossing-over- und Chiasmabildung in seiner Umgebung, → Differentialabstand, → Interferenz.

Zentromer-Koorientierung, der Prozeß der gegenseitigen Ausrichtung der Zentromeren eines aus zwei (Bivalent) oder mehr Chromosomen (Multivalent) bestehenden Paarungsverbandes in der Metaphase der ersten meiotischen Teilung, der zu seiner Einordnung in die Äquatorialebene der Zelle führt und die Verteilung der Paarungspartner auf die Zellpole in der Anaphase mitbestimmt. Die zu einer geregelten Verteilung der Chromatiden jedes Chromosoms in der Mitose und Meiose II führende Einordnungsform der Chromatidenzentromeren wird als *Zentromer-Autoorientierung* bezeichnet.

Zentromermißteilung, eine anomale Quer- statt Längsteilung der Zentromerregion, die einem Bruch im Zentromerbereich entspricht, der in den verschiedenen, strukturell unterscheidbaren Zonen eintreten kann und in Abhängigkeit davon zu unterschiedlichen Konsequenzen führt. Erfolgt der Bruch in der innersten Zone, so entstehen Isochromosomen.

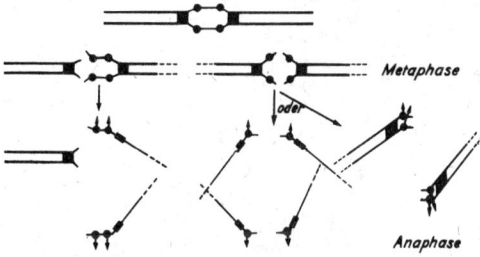

Zentromermißteilungstypen und ihre Konsequenzen

Zentroplasma, → Chromosomen, → Zentriol.

Zentrosom, ein besonderer, verdichteter Grundplasmabereich mit den in ihm liegenden Zentriolen. In der Regel (in der G₁-Phase des Zellzyklus) sind zwei Zentriolen vorhanden *(Diplosom).* Während der Zellkernteilung wird auch das Z. geteilt. Die Tochterzentrosomen mit je einem Zentriolenpaar wandern zu entgegengesetzten Polen. Die Bildung der Tochterzentriolen erfolgte in der vorangegangenen S-Phase des Zellzyklus.

Zentrum, Begriff der Neurobiologie, nach dem abgegrenzte Bereiche des Zentralnervensystems bestimmte Hirnleistungen hervorbringen oder maßgeblich bestimmen. Aus der extremen Betonung des Begriffes Z. entstand eine Zentrenlehre, der später eine Plastizitätslehre, die die Zuordnung räumlicher Bezirke zu bestimmten Leistungen des Zentralnervensystems nicht anerkannte, entgegengesetzt wurde. Da der Begriff Z. mißdeutbar und in Betonung der Lokalisation auch nur für einige Leistungen des Zentralnervensystems anwendbar ist, verliert er seine Bedeutung für neurobiologische Theorien. Die Meßdaten führen heute zu dem Begriff des »funktionsspezifischen Systems« (v. Holst), der aussagt, daß verschaltete Neuronenpopulationen (→ Schaltung) Leistungen hervorbringen, wobei die Nervenzellen durchaus in unterschiedlichen oder gleichen Bereichen des Nervensystems liegen können. Der Begriff Z. wird auch im Sinne einer zentralen Schaltstelle oder Schalteinheit, z. B. übergeordnetes Z., Atemzentrum, Hungerzentrum, gebraucht.

Zephalometrie, die Messung am menschlichen oder tierischen Kopf, → Anthropometrie.

Zephalopoden, svw. Kopffüßer.

Zephalothorax, *Kopfbruststück,* bei den Krebsen der vordere Körperabschnitt, der aus dem Kopf und einer verschieden großen Anzahl mit ihm verwachsener Brustsegmente (Thorakomere) besteht. Die übrigen, freien Thorakomere bilden das Peraeon.

Zerebralganglien, → Gehirn.

Zerebralisation, die zunehmende Volumenvergrößerung und Differenzierung der Einzelabschnitte und der Feinstrukturen des Kopfhirns. Der Mensch besitzt den höchsten Grad der Z., den er aber erst in einem relativ späten Stadium seiner Stammesgeschichte in der für ihn charakteristischen Ausprägung erworben hat.

Zerebralkommissur, → Gehirn.

Zerebron, → Zerebroside.

Zerebroside, eine phosphorfreie Gruppe von Lipoiden, die den Sphingomyelinen verwandt sind und aus je 1 Molekül Sphingosin, Galaktose bzw. Glukose sowie einem variablen Fettsäureanteil bestehen. So entsteht bei Anwesenheit von Zerebronsäure $C_{24}H_{48}O_3$ das am häufigsten vorkommende *Zerebron,* mit Nervonsäure das *Nervon.* Z. finden sich vor allem in der weißen Substanz der Hirn- und Nervenzellen.

Zerebrospinalflüssigkeit, svw. Liquor cerebrospinalis.

Zerebrum, svw. Gehirn.

Zerfallsteilung, → Fortpflanzung.

Zerkarie, → Larve, → Leberegel, → Pärchenegel.

Zersetzung, svw. Dekomposition.

zerstreute Blattstellung, → Blatt.

Zertation, die Verschiebung des Geschlechtsverhältnisses aufgrund unterschiedlicher Befruchtungschancen männchen- und weibchenbestimmender Gameten. Bei Samenpflanzen sind die Ursachen der Z. unter anderem in einer verschiedenen Wachstumsgeschwindigkeit der Pollenschläuche zu suchen.

Zestoden, svw. Bandwürmer.

Zetanol, svw. Palmitylalkohol.

Zetylalkohol, svw. Palmitylalkohol.

Zetylsäure, svw. Palmitinsäure.

Zeugmatographie, → NMR-Spektroskopie.

Zeugopodium, → Extremitäten.

Zezidiologie [lat. cecidium ›Galle‹, griech. logos ›Lehre‹], biologische Arbeitsrichtung, die sich mit Pflanzengallen und den Vorgängen bei der Gallenbildung beschäftigt.

Zezidophyten, → Gallen.

Zezidozoen

Zezidozoen, → Gallen.
Zibetbaum, → Wollbaumgewächse.
Zibetkatzen, durch die Gattungen *Viverra* und *Civettictis* vertretene, in Afrika und Asien beheimatete → Schleichkatzen. Die Z. haben am After große Drüsensäcke, deren stark nach Moschus riechender Inhalt für die Herstellung von Riechstoffen verwendet wird.

Asiatische Zibetkatze

Zibeton, ein ungesättigtes zyklisches Keton mit 17 Ringgliedern, farblose Kristalle von stark moschus- und zibetartigem Geruch. Z. wird aus Zibet, einem salbenartigen Drüsensekret der Afrikanischen Zibetkatze, *Civettictis civetta,* gewonnen und ist dessen wichtigster Geruchsstoff. Die in konzentriertem Zustand widerwärtig riechende Verbindung wird als wichtiges Fixiermittel in der Parfümerie verwendet.
Zichorie, → Korbblütler.
Ziege, 1) *Pelecus cultratus,* bis 50 cm langer, messerklingenförmiger Karpfenfisch mit gewellter Seitenlinie, der vor allem im Gebiet des Asowschen Meeres wirtschaftliche Bedeutung hat.
2) → Ziegen.
Ziegelroter Rißpilz, → Ständerpilze.
Ziegen, *Capra,* mittelgroße Paarhufer mit großen, schwach gebogenen oder schraubig gedrehten Hörnern, kurzem Schwanz und Kinnbart beim Männchen. Die Z. leben in mehreren Arten in Gebirgen Europas, Asiens und Nordafrikas. Zu den Wildziegen gehören → Schraubenziege, → Bezoarziege und → Steinbock. Zu den Schafen leitet das Mähnenschaf über. Die Bezoarziege ist die Stammform der Hausziege, *Capra aegagrus* f. *hircus.*
Ziegenmelker, → Nachtschwalben.
Zielfinden, *Zielorientierung,* Orientierungsverhalten, das ein Tier zu einem bereits vorgegebenen Zielort führt. Der Begriff Zielorientierung wird im umfassenderen Sinne gebraucht als Z. und schließt auch Zielorte ein, die bereits im Sinnesbereich liegen, während das eigentliche Z. auf Orientierungsziele gerichtet ist, die sich noch außerhalb der Reichweite der Sinnesorgane, also im Distanzfeld befinden. Es handelt sich dann um eine *Distanzorientierung,* auch *Fernorientierung* oder *indirekte Orientierung* genannt, indirekt, weil sie Raumbezüge nutzen muß, die nicht unmittelbar mit dem Zielort zusammenhängen.
Zieralgen, → Grünalgen.
Zierpflanzen, Kulturpflanzen, die nicht als Nutzpflanzen, sondern als Schmuckpflanzen gezogen werden.
Zierschildkröte, → Schmuckschildkröten.
Ziesel, *Citellus citellus,* ein kleines Nagetier aus der Familie der → Hörnchen, das in den Steppengebieten Südosteuropas in Kolonien lebt und Erdbaue anlegt.
Zikaden, → Gleichflügler.
Ziliaten, *Ziliophora, Infusorien, Wimpertierchen, Ciliata, Ciliophora,* hochentwickelte Klasse der Urtierchen mit Zilien oder Zilienorganellen, Kerndualismus, Querteilung und Konjugation. Die Z. sind relativ groß (durchschnittlich 100 bis 250 µm) und im ursprünglichsten Falle am ganzen Körper gleichmäßig in Längsreihen bewimpert. Die einfachsten Formen besitzen am Vorderende einen spaltförmigen Mund, der sich beim Verschlingen der Beute stark erweitern kann. Mit der Ausbildung eines Mundfeldes, eines besonderen Bezirks der Körperoberfläche, dessen Zilien im Dienste der Nahrungsaufnahme stehen, findet eine Trennung in Körper- und Mundziliatur statt. Erstere wird im Laufe der Stammesentwicklung in verschiedene Felder aufgeteilt oder zu zusammengesetzten Zilienorganellen umgebildet. Von diesen seien besonders die *Zirren* erwähnt, kräftige verklebte Zilienbüschel, die einheitlich funktionieren. Die Mundziliatur kann ebenfalls weitgehend umgebildet werden, besonders zu undulierenden Membranen und Membranellen.

Bei den Z. sind stets wenigstens 2 Kerne vorhanden, ein großer Makronukleus und ein kleiner Mikronukleus. Der *Makronukleus* oder somatische Kern ist hochgradig polyploid, steht in einem gewissen Verhältnis zur Körpergröße und ist stoffwechselphysiologisch aktiv. Der *Mikronukleus* oder generative Kern besitzt sexuelle Funktionen im Verlaufe der Konjugation.

Die vegetative Vermehrung der Z. geschieht durch Zweiteilung, die immer eine Querteilung ist oder sich von einer solchen ableiten läßt. Dabei teilen sich der Mikronukleus mitotisch, der Makronukleus amitotisch. Morphogenetische Prozesse von z. T. beträchtlichem Ausmaß lassen in der vorderen und hinteren Körperhälfte des Muttertieres aus dessen Ziliatur zwei identische Zilienmuster entstehen.

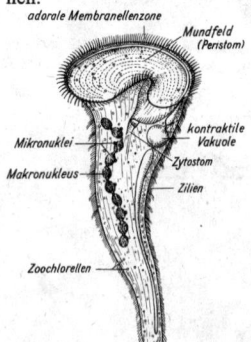

1 Prorodon teres

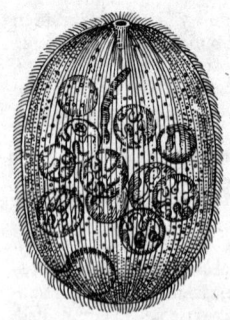

2 Stentor polymorphus

Die Geschlechtsprozesse verlaufen in Form der *Konjugation.* Dazu legen sich 2 Tiere meist längs aneinander und verschmelzen mit einem Teil ihrer Körperoberfläche. Das Verhalten der Kerne läßt sich auf folgendes Muster zurückführen: Der Mikronukleus vergrößert sich und macht die Reduktionsteilungen durch. Von den 4 entstehenden haploiden Kernen werden 3 resorbiert; der übrigbleibende teilt sich in Stationär- und Wanderkern. Die *Wanderkerne* der beiden Tiere werden über die Verschmelzungszone ausgetauscht und verschmelzen mit dem *Stationärkern* des Partners zum Synkarion. Die Partner trennen sich dann. Das *Synkarion* teilt sich in den neuen Mikronukleus und die Makronukleusanlage. Aus ihr entsteht durch Endomitosen der neue Makronukleus. Während dieses Prozesses zerfällt der alte Makronukleus und wird resorbiert.

Die Z. können in jeder Art von Wasseransammlung leben. Selbst dünne Wasserhäutchen, wie sie im Erdboden oder in Moosrasen zeitweilig auftreten, genügen vielen Arten. Auch temporäre Gewässer, wie Regenpfützen, werden bewohnt. Diese Arten leben meistens in Zystenruhe, und nur bei genügender Anfeuchtung gehen sie in kürzester Frist zur freien Lebensweise über. In den ausdauernden Gewässern und im Meer kommen neben planktischen Formen viele Bewohner des Schlammes am Gewässergrund vor. Einige Z. leben im Wanst von Wiederkäuern und im Blind- und Dickdarm pflanzenfressender Säuger. Sie sind zur Zelluloseverdauung befähigt.

System.

1. Ordnung: *Holotricha*. Sie sind gleichmäßig bewimpert und haben keine adorale Membranellenzone (→ Membranellen). Hierzu gehören die Unterordnungen *Gymnostomata, Trichostomata, Apostomea, Hymenostomata, Thigmotricha* und *Astomata*.

2. Ordnung: *Spirotricha*. Die adorale Membranellenzone ist zum Munde hin rechts gewunden.

Unterordnung *Oligotricha*: Die Körperbewimperung ist reduziert oder fehlt ganz.

Unterordnung *Entodiniomorpha*: Bewohner des Pansens von Wiederkäuern und des Blinddarmes und Dickdarmes von pflanzenfressenden Säugern.

Unterordnung *Heterotricha*: Der Körper ist gleichmäßig bewimpert.

Unterordnung *Ctenostomata*: Der Körper ist seitlich abgeflacht und mit wenigen Wimpern versehen.

Unterordnung *Hypotricha*: Der Körper ist dorsoventral abgeflacht und auf der Ventralseite mit Zirren besetzt.

3. Ordnung: *Peritricha*. Sie sind in der Regel seßhaft, meist gestielt und haben nur im beweglichen Schwärmerstadium Körperzilien. Die Mundziliatur, mit der die Nahrung eingestrudelt wird, ist hochspezialisiert. Hierher gehören die Unterordnungen *Mobilia* und *Sessilia* (Glockentierchen).

4. Ordnung: *Chonotricha*.

5. Ordnung: *Suctoria* (Sauginfusorien). Sie haben nur im freischwimmenden Jugendstadium Zilien. Die festsitzenden erwachsenen Tiere ernähren sich räuberisch mit Hilfe von Fang- und Saugtentakeln.

Zilien, 1) Kinozilien, Wimpern, bewegliche Zellfortsätze mancher eukaryotischer Zellen, die von der Plasmamembran umgeben sind, eine charakteristische Innenstruktur (9+2-Muster) aufweisen und der Fortbewegung von Zellen in flüssigen Medien oder bei festsitzenden Zellen der Erzeugung eines Flüssigkeitsstromes entlang der Zelloberfläche dienen. Z. und *Geißeln (Flagellen)* stimmen hinsichtlich ihrer Struktur im wesentlichen überein, sie werden als *Undulipodien* zusammengefaßt. Z. sind gewöhnlich kurz (5 bis 10 µm) und in großer Zahl je Zelle ausgebildet, z. B. bei Ziliaten oder bei Flimmerepithelzellen der Bronchien, der Luftröhre und des Eileiters (beim Bronchialepithel 10^9 Z. je cm^2). Geißeln sind langgestreckt und meist in Einzahl vorhanden (z. B. Spermien»schwänze« und Spermatozoidengeißeln von Farnen). Abgesehen von wenigen Ausnahmen (z. B. Spermienschwanzgeißeln einiger Insekten), läßt der Zilien- bzw. Geißelquerschnitt Strukturelemente in charakteristischer Anordnung und Zahl erkennen: 20 → Mikrotubuli bilden den Ziliar- bzw. Geißelkörper, das *Axonema* (*Axonem*, Abb.). Es hat einen bei allen Eukaryoten konstanten Durchmesser von 200 nm und ist von der Plasmamembran umgeben. Peripher liegen 9 Doppel-Tubuli (Dubletts), zentral 2 einzelne Tubuli. Im Querschnitt erscheinen die Mikrotubuli als Ringe. Bei sehr hoher elektronenmikroskopischer Vergrößerung ist erkennbar, daß sich die 2 Tubuli der peripheren Dubletts unterscheiden. Der vollständige, aus 13 Tubulinfilamenten bestehende Tubulus wird als *A-Tubus* bezeichnet. Der *B-Tubus* enthält nur 10 Protofilamente, die restlichen 3 haben A- und B-Tubuli gemeinsam. Die A-Tubuli weisen 2 »Arme« auf, die aus dem hochmolekularen Protein *Dynein* bestehen. Dynein besitzt ATPase-Aktivität, erweist sich im Längsschnitt als periodische Struktur mit einer Periodenlänge von 22,5 nm und ist hinsichtlich seiner Funktion mit dem Myosin vergleichbar. Die Dyneinarme reagieren mit den B-Tubuli der benachbarten Dubletts. Sie ziehen die elastischen peripheren Dubletts unter ATP-Spaltung aneinander vorbei. Dieser Mechanismus entspricht dem *Gleitfasermodell*: Dynein ist mit dem Myosin vergleichbar, die Dubletts mit dem Aktin. Das zentrale Tubuluspaar dient bei dem Gleitprozeß vermutlich als Widerlager bzw. der Koordination und bestimmt die Schlagrichtung des Undulipodiums. Die Schlagrichtung liegt senkrecht zur Verbindungs»linie« der zentralen Tubuli, die Verbindung erfolgt durch Protein. Eine schraubenförmige *Zentralscheide* umgibt diese Tubuli. Von ihr aus ziehen Radialspeichen zu den A-Tubuli.

Die Dubletts sind untereinander locker durch das Strukturprotein *Nexin* (Molekülmasse 165 000) verbunden, das der Versteifung dient. Isolierte Axonemen führen nach Zugabe von ATP wieder die charakteristischen Bewegungen aus.

Der Zilien- oder Geißelbewegung in einer Fläche liegt eine rhythmische Aktivität einander gegenüberliegender Dubletts zugrunde. Dabei erfolgen ein rascher Zilienschlag in eine Richtung und eine langsamere Rückschwingphase nach der entgegengesetzten. Die Zilienbewegung erreicht eine Frequenz bis 30 Hz und an der Zilienspitze die Geschwindigkeit bis 2,5 mm je Sekunde. Rotierende Bewegungen kommen durch zyklische Aktivität der Dubletts zustande (Reihenfolge 1 bis 9 usw.).

Die Steuerung der Rhythmik geht möglicherweise vom *Kinetosom* (Basalkörper) aus. Auch eine auf dem Gleitmechanismus beruhende Selbsterregungskomponente ist nicht auszuschließen. Bei Ziliaten und bei Flimmerepithelzellen werden die Bewegungen der einzelnen Z. synchronisiert. Eine »Zwangs«synchronisation liegt z. B. bei hypotrichen Ziliaten oder bei den »Kämmen« der Ctenophoren durch

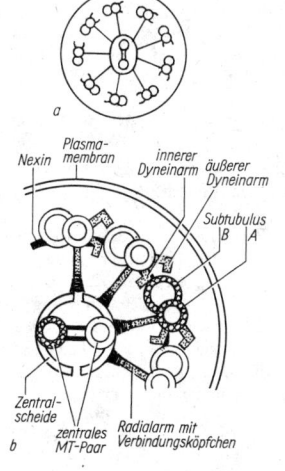

a Kinozilie quer (Schema); »9+2-Muster« der Mikrotubuli-Anordnung; peripher 9 Doppel-MT, zentral 2 einzelne bilden das Axonem. *b* stärker vergrößerter Ausschnitt aus *a*

Ziliophoren

Verschmelzung der Z. zu *Blättchen* oder *Zirren* vor (z. B. »Schreitborsten« von *Stylonychia*).

Das Vorkommen des komplexen 9+2-Musters bei zahlreichen, ganz unterschiedlichen Eukaryoten von den Protophyten und Protozoen bis zu den Säugern und zum Menschen läßt darauf schließen, daß alle heute lebenden Eukaryoten aus einer einzigen phylogenetischen Wurzel hervorgegangen sind.

Die Spermienschwanzgeißeln einiger Insekten und einiger Vertreter anderer Tiergruppen lassen Abweichungen vom 9+2-Muster erkennen. Solche Spermien sind in ihrer Beweglichkeit gehemmt.

Stereozilien (sensorische Z.) haben meist kein zentrales Tubulus-Paar und sind im Gegensatz zu Kinozilien u n b e w e g l i c h. Sie kommen bei vielen Sinneszellen vor, z. B. bei sekundären Sinneszellen des Seitenlinienorganes von Fischen. Die Außenglieder der Stäbchen- und Zapfenzellen des Wirbeltierauges sind modifizierte Z.. Das Verbindungs-(Hals-)stück zwischen Außen- und Innenglied hat Zilienstruktur, die zentralen Tubuli-Paare fehlen. Die peripheren Tubuli haben Kontakt mit Membrankomplexen, die aus der Plasmamembran entstanden sind.

Z. und Geißeln entwickeln sich aus Basalkörpern, diese gehen direkt aus → Zentriolen hervor. Bei dieser Umwandlung orientieren sich die Zentriolen senkrecht zur Plasmamembran. Die Anordnung der Mikrotubuli bleibt die gleiche wie beim Zentriol (9 periphere Tripletts, keine zentralen Mikrotubuli). Zur Verankerung im Zytoplasma setzen meist Mikrotubuli-Bündel oder quergestreifte »Wurzelfasern« am Basalkörper an. An den Stellen des Basalkörpers, von denen die Z. oder Geißeln »auswachsen«, entsteht je eine Basalplatte. An diesen Platten ist nach außen das für Z. typische 9+2-Mikrotubuli-Muster ausgebildet.

Bakteriengeißeln sind Hohlzylinder aus dem Protein Flagellin und strukturell sowie funktionell n i c h t mit den Z. und Geißeln der Eukaryoten vergleichbar.

2) die aus vielen kurzen Gliedern bestehende Endpartie einer Gliedmaße der Gliedertiere.

Ziliophoren, svw. Ziliaten.
Zimmerbock, → Bockkäfer.
Zimmerlinde, → Lindengewächse.
Zimmertanne, → Araukariengewächse.
Zimtaldehyd, C_6H_5—CH=CH—CHO, ein aromatischer Aldehyd, der ein hellgelbes, angenehm nach Zimt riechendes Öl bildet und in Balsamen und ätherischen Ölen vor allem der Zimtbäume, *Cinnamomum*-Arten, als charakteristischer Bestandteil auftritt.
Zimtbär, → Baribal.
Zimtbaum, → Lorbeergewächse.
Zimtsäure, C_6H_5—CH=CH—COOH, eine aromatische Karbonsäure, die in der trans-Form frei oder verestert in vielen Balsamen, Harzen u. a. verbreitet ist.
Zinchonidin, → Chinin.
Zinchonin, → Chinin.
Zineol, svw. Eukalyptol.
Zingel, *Aspro zingel*, flacher, großköpfiger Barsch des Donaugebietes mit schmackhaftem Fleisch.
Zingiberaceae, → Ingwergewächse.
Zink, Zn, ein Schwermetall. Für die P f l a n z e ist Z. lebensnotwendiger Mikronährstoff, der als Kation Zn^{2+} von den Wurzeln aufgenommen wird. Im Boden wird Z. von den Sorptionskomplexen fest gebunden; in der Bodenlösung ist die Zinkkonzentration gering. Außerdem kommen schwerlösliche Zinksalze vor, deren Verfügbarkeit mit steigendem pH-Wert abnimmt. Dadurch beeinträchtigt eine Kalkung die Zinkaufnahme, die auch durch hohe Phosphatgehalte eingeschränkt ist. Von Mineralien enthalten Biotit, Augit und Hornblenden Z.

Der Zinkgehalt der Pflanzen liegt im allgemeinen zwischen 10 und 100 mg/kg Trockensubstanz. Z. ist unter anderem Bestandteil von *Zink-Metalloenzymen*, bei denen es fest in die Proteingrundsubstanz eingebaut ist, und von *Zink-Metallenzymkomplexen*, deren Aktivität durch Z. stimuliert wird. Es gibt etwa 20 zinkhaltige Metalloenzyme, z. B. Dehydrogenasen, Phosphatasen, Karboxypeptidasen und Karbonsäureanhydrase. Z. aktiviert auch die Biosynthese von Tryptophan und greift auf diesem Wege in den Wuchsstoffhaushalt ein. Aufgrund seiner hohen Affinität zu stickstoff- und schwefelhaltigen Liganden kommt Z. in zahlreichen Verbindungen, z. B. Aminosäuren, Proteinen und Nukleinsäuren vor.

Der Zinkbedarf der Kulturpflanzen ist unterschiedlich. Besonders empfindlich gegen Zinkmangel sind Mais, Hopfen, Flachs, *Phaseolus*-Bohnen und Obstbäume, bei denen am häufigsten Mangelsymptome auftreten. Die Bäume zeigen dann eine spärliche Belaubung; die Blätter sind klein, lanzettlich, häufig chlorotisch und rosettenförmig angeordnet. Das Wachstum der Zweige ist eingestellt; auch andere Pflanzenarten können bei Zinkmangel Zwergwuchs aufweisen. Wenn im Obstbau eine Zinkdüngung erforderlich ist, sollte diese als Blattspritzung oder durch Bodendüngung mit Zinkchelaten erfolgen, da meist eine Zinkfixierung, nicht aber eine absolute Zinkarmut im Boden vorliegt. Über die Bedeutung von Z. im Tierkörper → Mineralstoffwechsel.
Zinnamein, → Perubalsam.
Zinnie, → Korbblütler.
Zinnkraut, → Schachtelhalmartige.
Zirbeldrüse, → Epiphyse.
zirkadiane Rhythmik, *Tagesperiodizität, Tagesrhythmik*, Schwankungen von Stoffwechsel-, Wachstums-, Entwicklungs- und Bewegungsprozessen im 24-Stunden-Rhythmus, wie sie bei zahlreichen Pflanzen und Tiere vorkommen. Optisch auffällig und daher sehr bekannt sind das abendliche Schließen und morgendliche Öffnen von Blüten bzw. das Heben und Senken von Blättern. Der Zeitablauf derartiger Prozesse ist oft direkt umweltgesteuert. So wird z. B. das Öffnen der Blüten von *Crocus* durch Temperaturerhöhung und der Blütenstände von *Taraxacum* durch Belichtung hervorgerufen. In anderen Fällen wird der Zeitablauf durch inneres, zeitmessendes System, die → physiologische Uhr, kontrolliert. So bewegen z. B. Bohnenpflanzen, die von der Keimung an unter konstanten Bedingungen im Dauerdunkel stehen, die Blätter zirkadian, ohne sie durch ein einziges Lichtsignal zum Schwingen »angestoßen« werden. Die Rhythmik der Keimpflanzen ist auch dann zirkadian, wenn der Mutterpflanze experimentell ein anderer Rhythmus, z. B. ein 16stündiger, aufgezwungen worden war. Einmal in Gang gesetzt, werden diese tagesrhythmischen Bewegungen, unter anderem die tagesrhythmische Schwankung der Wachstumsgeschwindigkeit von *Avena*-Koleoptilen oder die Konidienbildung des Pilzes *Neurospora*, unter konstanten Bedingungen tage- bis monatelang ungedämpft oder mit langsamer Dämpfung der Schwingungsamplitude fortgesetzt.

Bei den meisten Tieren unterliegt die Aktivität einer z. R. *(Aktivitätsperiodik)*. → Biorhythmen, → Orientierung.
Zirkulardichroismus, elliptische Polarisation des Lichtes nach Durchgang linearpolarisierten Lichtes durch eine optisch aktive Substanz. Der Z. wird zusätzlich zur optischen Rotation durch unterschiedliche Extinktionskoeffizienten der rechts- und linkszirkularpolarisierten Komponenten hervorgerufen. Die quantenmechanische Ursache der optischen Aktivität besteht in der Existenz des magnetischen Übergangsmomentes, womit bei asymmetrischen Atomen

rechts- und linkszirkularpolarisiertes Licht nicht mehr gleichberechtigt absorbiert wird. Der Z. wird in der *CD-Spektroskopie* zur Untersuchung der Konformation von Makromolekülen angewendet.

zirkumarktische Region, → Holarktis.

zirkumboreale Region, → Holarktis.

Zirkumnutation, eine Nutationsbewegung wachsender Pflanzenorgane, die darauf beruht, daß das Längenwachstum von Sprossen, Wurzeln, Blättern u. a. nicht genau geradlinig verläuft, sondern eine Flanke meist stärker wächst als die andere. Die Zone des intensivsten Wachstums verschiebt sich ohne feste Regel nacheinander auf die verschiedenen Organseiten, so daß von der Spitze im Laufe der Z. unregelmäßige, komplizierte Bahnen beschrieben werden. Im Gegensatz hierzu ist die → Zyklonastie eine regelmäßig kreisende Bewegung.

Zirpfrösche, *Crinia,* im australischen Raum beheimatete Gattung der → Südfrösche. Die Rufe der nur 2 cm großen Tiere erinnern an das Zirpen von Insekten. In der Gattung finden sich alle Übergänge von wasserlaichenden Arten mit Kiemenlarven bis zur wasserunabhängigen Eiablage in Erdhöhlen und Direktentwicklung.

Zirrus, 1) bei den Plattwürmern das gekrümmte, oft mit Widerhaken versehene männliche Paarungsorgan (Penis). Der Z. liegt in einer Zirrustasche, aus der er bei der Begattung vorgestülpt wird. *2) Zirren* im weiteren Sinne, rankenartige Körperfortsätze oder entsprechend umgebildete Gliedmaßen, die als Tastorgane, Bewegungsorganelle, Strudelorgane oder zum Anhaften am Untergrund dienen können, z. B. die als Strudelapparat dienenden Beine der Rankenfußkrebse. 3) → Zilien, → Ziliaten.

Zisternenpflanzen, → Epiphyten.

Zitral, *Geranial,* ein zur Gruppe der Monoterpene zählender, nach Zitronen riechender, zweifach ungesättigter Aldehyd. Er findet sich in zahlreichen ätherischen Ölen, vor allem in Lemongrasöl (etwa 80 %) und im Zitronenöl (bis 5 %).

Zitronat-Zitrone, → Rautengewächse.

Zitrone, → Rautengewächse.

Zitronellal, ein zur Gruppe der Monoterpene zählender, einfach-ungesättigter Aldehyd. Die rechtsdrehende Form ist Hauptbestandteil ätherischer Öle verschiedener Eukalyptusarten. Für Ameisen der Gattung *Lasius* dient Z. als Alarmpheromon.

Zitronelle, → Süßgräser.

Zitronellol, ein nach Rosen riechender ungesättigter Alkohol aus der Gruppe der Monoterpene. Z. ist optisch aktiv; es tritt in Rosenöl linksdrehend, im Zitronenöl rechtsdrehend und im Geraniumöl als Razemat auf.

Zitronenfalter, *Gonepteryx rhamni* L., ein Tagfalter aus der Familie der Weißlinge mit zitronengelben Flügeln (Tafel 1), beim Weibchen heller. Die Falter fliegen ab Juni und nach der Überwinterung im zeitigen Frühling des Folgejahres; ihre Raupen leben an Kreuzdorn. Der Z. steht unter Naturschutz!

Zitronensäure, eine organische Trikarbonsäure (→ Karbonsäuren), die im Pflanzenreich außerordentlich stark verbreitet ist. Sie findet sich z. B. im Zitronensaft (5 bis 7 %), woraus sie 1784 von Scheele erstmalig dargestellt wurde, ferner in Äpfeln, Birnen, Himbeeren, Johannisbeeren, Milch, Nadelhölzern, Pilzen, Tabakblättern, Wein u. a. Z. tritt im Zitronensäurezyklus auf und kommt deshalb in allen Organismen stets in kleinen Mengen vor. Ihre Darstellung erfolgt heute durch Fermentation von Kohlenhydraten

```
        COOH
         |
HOOC—CH₂—C—CH₂—COOH
         |
         OH
```

mit bestimmten Schimmelpilzen, z. B. *Aspergillus niger.* Z. wird unter anderem in der Medizin, in der Lebensmittelindustrie und in der Textilindustrie verwendet.

Zitronensäurezyklus, *Trikarbonsäurezyklus, Krebszyklus,* wichtigster Weg des oxidativen Endabbaus von Azetyl-Koenzym A (aktivierte Essigsäure; → Koenzym A), das beim Abbau von Kohlenhydraten, Fetten und manchen Aminosäuren anfällt. Durch oxidative Dekarboxylierung von Hydroxy- bzw. Ketosäuren entsteht CO_2. In Verbindung mit der Atmungskette erfolgt der Energieumsatz zur Synthese des energiereichen → Adenosin-5'-triphosphat. Die Zwischenprodukte des Z. können als Ausgangsmaterial für den Aufbau neuen zelleigenen Materials dienen. Daher wird der Z. auch als *Sammelbecken des Intermediärstoffwechsels* bezeichnet. Der Z. findet in den *Mitochondrien* statt. Die meisten Enzyme dieses Kreisprozesses, der 1937 gleichzeitig von Krebs sowie von Martius und Knoop entdeckt wurde, sind locker an die innere Membran der Mitochondrien gebunden.

Im ersten Schritt reagiert das energiereiche Azetyl-Koenzym A mit Oxalessigsäure zu Zitronensäure, die über die cis-Akonitsäure mit Isozitronensäure im reversiblen Gleichgewicht steht. Die Gleichgewichtseinstellung wird hierbei durch das Enzym Akonitase katalysiert. Unter Einfluß der Isozitronensäuredehydrogenase erfolgt Dehydrierung zur Oxalbernsteinsäure, die durch eine Dekarboxylase Dekarboxylierung zu α-Ketoglutarsäure erfährt. Diese Ketosäure geht durch oxidative Dekarboxylierung bei

Schema des Zitronensäurezyklus

Zitrovorumfaktor

gleichzeitiger Dehydrierung irreversibel in Bernsteinsäure über, die durch Bernsteinsäuredehydrogenase zu Fumarsäure dehydriert wird. Das Enzym Fumarase katalysiert eine Wasseranlagerung unter Bildung von Äpfelsäure, die im letzten Schritt des Kreisprozesses durch Äpfelsäuredehydrogenase wieder zu Oxalessigsäure dehydriert wird.

Bei einem Umlauf des Z. wird die Atmungskette viermal mit je 2 H versorgt. Es entsteht dreimal NADH + H$^+$ (hydriertes Nikotinsäureamidadenin-dinukleotid) und einmal FADH$_2$ (hydriertes Flavin-adenin-dinukleotid), vgl. Schema. Von diesem Koenzym wird der Wasserstoff an die Enzyme der Atmungskette abgegeben, wo er schrittweise auf Sauerstoff übertragen und somit zu Wasser oxidiert wird. In dieser gelenkten Knallgasreaktion wird einerseits energiereiche Adenosintriphosphorsäure (ATP) gebildet, andererseits wird Wärme frei, die bei Warmblütern zur Aufrechterhaltung der Körpertemperatur Verwendung finden kann.

Zitrovorumfaktor, svw. Leukovorin.

L-Zitrullin, H$_2$N—CO—NH—(CH$_2$)$_3$—CH(NH$_2$)—COOH, eine nichtproteinogene Aminosäure, die in Tieren und Pflanzen, z. B. im Blutungssaft von Birken und Erlen, frei vorkommt. L-Z. wurde zuerst aus Wassermelonen isoliert. Im Harnstoffzyklus wird L-Arginin aus L-Z. gebildet.

Zitteraal, → Messeraalverwandte.

Zitterpilze, → Ständerpilze.

Zitwersamen, → Korbblütler.

Zitzen, → Milchdrüsen.

ZNS, Abk. für Zentralnervensystem, → Nervensystem.

Zoantharia, → Hexacorallia.

Zobel, *Martes zibellina*, ein zu den Mardern gehörendes Raubtier des nördlichen Asiens mit rauchbraunem bis bläulichgrauem Fell, spitzkegelförmigem Kopf und verhältnismäßig großen Ohren. Der Z. lebt in Nadel- und Mischwäldern, er bevorzugt die Gebiete um den Oberlauf kleinerer Flüsse. Die Nahrung besteht vorwiegend aus kleinen Wirbeltieren, aber auch aus pflanzlicher Kost. Der Z. ist wegen seines kostbaren Felles begehrt. In der UdSSR sichern strenge Schutzmaßnahmen seinen Bestand und die weitere Vermehrung.

Lit.: W. N. Pawlinin: Der Z. (Wittenberg 1966).

Zoëa, pelagische Larvenform der meisten Zehnfüßer unter den Krebsen. Sie schlüpft direkt aus dem Ei.

Zoidiogamie, bei Pflanzen Befruchtung der Eizelle durch Spermatozoiden, z. B. bei *Cycas*-Arten.

Zölenteraten, svw. Hohltiere.

Zöloblastula, → Furchung.

Zölom, die sekundäre → Leibeshöhle, → Mesoblast.

Zölomodukt, → Nephridien.

zonale Vegetation, die dem Großklima eines ausgedehnten Vegetationsgebietes, z. B. einer Steppen-, Laubwald-, Nadelwaldzone entsprechende und dort vorherrschende Vegetation. *Extrazonale V.* sind die einer Vegetation fremden, aus anderen, meist benachbarten Zonen stammenden Vegetationseinheiten, z. B. das Vorkommen von Pflanzengesellschaften mit Steppenpflanzen auf trocken-warmen Lößstandorten im Mansfelder Hügelland, einem Gebiet der temperaten Laubwaldzone. *Azonale V.* sind Vegetationseinheiten ohne Bindung an eine bestimmte Vegetationszone, z. B. Röhrichte, Wasserpflanzengesellschaften, bei denen ein edaphischer Standortfaktor überwiegt.

Zona pellucida, → Oogenese.

Zona radiata, → Ei.

Zonationskomplexe, → Biozönose.

Zone der Histogenese, → Sproßachse.

Zone der Organogenese, → Sproßachse.

Zonite, die Segmente, in die die → Kinorhyncha äußerlich gegliedert sind.

zönobiont, → Biotopbindung.

zönokarp, → Blüte, Abschn. Fruchtblätter.

zönophil, → Biotopbindung.

Zönosark, *Sarkosom*, bei den stockbildenden Nesseltieren die die einzelnen Individuen verbindenden Teile des Stockes.

Zönose, → Lebensstätte.

Zonoskelette, → Extremitäten.

Zönotop, → Lebensstätte.

Zonula adhaerens, → Plasmamembran.

Zonula occludens, → Plasmamembran.

Zönurus, → Quesenbandwurm.

Zooarium, → Moostierchen.

Zoobenthos, tierische Organismen des → Benthos.

Zoochlorellen, in tierischen Zellen symbiontisch lebende Grünalgen.

Zoochorie, → Samenverbreitung.

Zoogamie, → Bestäubung.

zoogene Gesteine, → organogene Gesteine.

Zoogeographie, svw. Tiergeographie.

Zoogloea, eine in Schleimmassen eingebettete Bakterienkolonie. Der die Bakterien zusammenhaltende Schleim wird von ihnen selbst gebildet.

Zooid, → Moostierchen.

Zoolithe, → organogene Gesteine.

Zoologie, *Tierkunde*, als Teilgebiet der Biologie die Wissenschaft vom Bau und von den Lebensäußerungen der tierischen Lebewesen. Die Z. befaßt sich mit allen Erscheinungen tierischen Lebens und wird entsprechend dieser Vielseitigkeit in eine Anzahl Forschungsgebiete gegliedert: Die *Morphologie* mit der *Zellenlehre (Zytologie), Gewebelehre (Histologie), Organlehre (Organographie)* und *Anatomie* behandeln den inneren und äußeren Bau der Tiere. Die *Physiologie* befaßt sich mit den Funktionen und Leistungen des Tierkörpers und seiner Teile. Die *Ökologie* umfaßt die Erforschung der Vielfalt von Wechselbeziehungen zwischen den Tieren und ihrer belebten und unbelebten Umwelt. Die *Taxonomie* und die *systematische Z.* bemühen sich um die Einordnung der Artenfülle auf der Erde und die Erfassung der natürlichen Verwandtschaftsgruppen mit dem Ziel, ein natürliches System aufzustellen. Dazu werden die Erkenntnisse der meisten anderen Zweige der Z. herangezogen. Weitere spezielle Richtungen der Z. dienen der Erforschung der Entwicklung *(Embryologie),* Verbreitung *(Tiergeographie),* Vererbung *(Genetik),* der psychischen Leistungen und des Verhaltens *(Tierpsychologie, Verhaltensforschung),* der Stammesgeschichte *(Phylogenetik)* und anderer Probleme. Daneben gibt es Forschungszweige für bestimmte Tiergruppen, z. B. *Säugetierkunde (Mammalogie), Vogelkunde (Ornithologie), Insektenkunde (Entomologie)* und *Weichtierkunde (Malakozoologie).*

Lit.: → Biologie.

zoologische Geographie, → Tiergeographie.

Zoonose, eine Krankheit, die zwischen Wirbeltieren und dem Menschen unter natürlichen Bedingungen übertragen wird. Die Wirbeltiere stellen das Parasitenreservoir dar. Beispiele: Tollwut, Toxoplasmose, Trichinose, Ornithose.

Zoophage, → Ernährungsweisen.

Zoophagie, eine Ernährungsweise bestimmter Pflanzen, die darin besteht, Tiere zu fangen und deren Körpersubstanzen nach Verdauung aufzunehmen. *Zoophag* sind z. B. einige niedere Pilze, die durch schlingenartige Fanghyphen Rundwürmer (»Älchen«) erbeuten oder mit Hilfe von Klebfallen Rädertierchen einfangen, und auch die → fleischfressenden Pflanzen.

Zoophilie, → Bestäubung.

Zoophobie, Ausbildung von Anpassungen und Einrichtungen der Pflanze, wie Dornen, Geruchs-, Geschmacks-,

Giftstoffe oder Dornpolsterwuchs, die als Schutz gegen Tierfraß erscheinen.

Zooplankton, tierische Organismen des → Planktons.

Zoosemiotik, Lehre von den tierischen Zeichen im Dienst der Nachrichtenübertragung, → Biokommunikation.

Zoosporangium, ein Sporenbehälter niederer Pilze, in dem die beweglichen Schwärmsporen (→ Zoosporen) gebildet werden.

Zoosporen, *Schwärmsporen,* begeißelte, aktiv bewegliche Sporen, die vor allem von Wasserpilzen und -algen gebildet werden. Wenn an das Landleben angepaßte Pilze Z. ausbilden, wie das z. B. bei *Phytophthora infestans* und anderen phytopathogenen Pilzen der Fall ist, so ist deren Verbreitung an Regenwasser oder Tau gebunden. Die entsprechenden Pilzkrankheiten treten daher bei feuchtem Wetter besonders heftig auf.

Zoosterine, Sterine, die im tierischen Organismus gebildet werden. Wichtige Vertreter sind → Cholesterin, → Chalinasterin, → Cholestanol, → 7-Dehydrocholesterin, → Koprosterin, Lanosterol und → Poriferasterin.

Zootomie, → Anatomie.

Zoozezidien, → Gallen.

Zoözium, → Moostierchen.

Zope, → Blei.

Zoraptera, → Bodenläuse.

Zornnattern, *Coluber,* artenreiche, weit über Amerika, Europa, Nordafrika und Asien verbreitete Gattung sehr schneller und gewandter, schlanker → Nattern mit deutlich abgesetztem Kopf und langem Schwanz. Die Schuppen sind glatt oder gekielt. Die Hauptnahrung der Z. bilden Eidechsen, kleine Schlangen und Nagetiere; einige Formen besitzen (nicht mit den Zähnen verbundene) Giftdrüsen. Sämtliche Z. legen Eier. Die bis 2 m lange *Pfeilnatter, Coluber jugularis,* mit hellen und dunklen Längslinien bewohnt Südosteuropa und Westasien. Die nordamerikanische *Schwarznatter, Coluber constrictor,* wird 1,50 m lang und wegen ihrer Geschwindigkeit auch als »Rennatter« bezeichnet.

Zosterophyllaceae, → Urfarne.

Zosterophyllum, → Urfarne.

Zotten, *1)* → Mikrovilli. *2)* → Plazenta.

Zottenhaut, → Embryonalhüllen, → Plazenta.

Z-Streifen, → Muskelgewebe.

Zuchtwahl, svw. Selektion.

Zucker, im weiteren Sinne Bezeichnung für → Kohlenhydrate, die zur Gruppe der Mono- und Oligosaccharide gehören, im engeren Sinne → Saccharose.

Zuckergast, → Fischchen.

Zuckerhaushalt, die Regulierung des Blutzuckerspiegels. Der im Darm vom Blut aufgenommene Traubenzucker wird in der Leber zu Glykogen umgewandelt und gespeichert. Bei Absinken des Zuckerspiegels im Blut infolge energieverbrauchender Stoffwechselprozesse, z. B. Muskeltätigkeit, wird Glykogen wieder zum leicht transportierbaren Traubenzucker umgewandelt. Diese Umwandlung wird durch Steuervorgänge im Gehirn und durch eine verstärkte Abgabe des Nebennierenmarkhormons Adrenalin verursacht. Eine zu hohe Steigerung wird durch das Insulin, ein Hormon der Langerhansschen Inseln der Bauchspeicheldrüse, das als Gegenspieler des Adrenalins wirkt, verhindert. Störungen dieses Gleichgewichts führen zur *Zuckerkrankheit,* dem *Diabetes mellitus.*

Zuckerkrankheit, → Zuckerhaushalt.

Zuckerrohr, → Süßgräser.

Zuckersäuren, hydroxylierte Dikarbonsäuren (→ Karbonsäuren) der allgemeinen Zusammensetzung HOOC—(CHOH)$_n$—COOH, die bei der Oxidation von Kohlenhydraten, z. B. mit Salpetersäure, entstehen. D-Glukose liefert so die D-Zuckersäure im engeren Sinne. Mannose ergibt Mannozuckersäure, Galaktose die Schleimsäure usw.

$$\begin{array}{c} \text{COOH} \\ | \\ \text{H}-\text{C}-\text{OH} \\ | \\ \text{HO}-\text{C}-\text{H} \\ | \\ \text{H}-\text{C}-\text{OH} \\ | \\ \text{H}-\text{C}-\text{OH} \\ | \\ \text{COOH} \end{array} \quad \text{D-Zuckersäure}$$

Zuckerspiegel, die Traubenzuckerkonzentration im Blut. Beim Menschen sind in 1 l Blut 0,7 bis 1,2 g Traubenzucker enthalten.

Zuckertang, → Braunalgen.

Zuckervögel, *Coerebidae,* amerikanische Familie der → Singvögel, die wie die → Nektarvögel der Alten Welt Blüten besuchen und Nektar aufnehmen.

Zuckmücken, → Zweiflügler.

Zuckungsdauer, die Zeit, die für eine Einzelzuckung eines Muskels (→ Muskelkontraktion) benötigt wird. Die geringste Z. weisen Insektenflügelmuskeln auf (Stubenfliege: 0,003 s, Biene: 0,005 s, Libelle: 0,035 s). Bei der Extremitätenmuskulatur der Säugetiere finden sich meistens Werte zwischen 0,1 und 0,3 s. Bei glatten Muskeln reicht die Z. bis in den Minutenbereich.

Zuckungsfasern, → Muskelkontraktion.

zufällige Faktoren, → Biostatistik.

zufälliger Versuch, → Biostatistik.

zufällige Variable, svw. Zufallsgröße.

zufällige Veränderliche, svw. Zufallsgröße.

Zufallsgröße, *Zufallsvariable, Zufallsveränderliche, zufällige Variable, zufällige Veränderliche,* eine Variable, die bei Durchführung eines zufälligen Versuchs, also in Abhängigkeit vom Zufall, Zahlenwerte annimmt. Diese werden durch Messen oder Zählen festgestellt.

Zufallsstichproben, → Biostatistik.

Zufallsvariable, svw. Zufallsgröße.

Zufallsveränderliche, svw. Zufallsgröße.

Zufallswirt, svw. Gelegenheitswirt.

Zugfestigkeit, mechanische Festigkeit gegen Zug, die bei Pflanzen besonders in Wurzeln und Wurzelstöcken von Landpflanzen sowie in den Sprossen flutender Wasserpflanzen ausgeprägt ist. Als Festigungselemente dienen vorwiegend Stränge aus Sklerenchymfasern, die nach den Regeln der Mechanik zentral, d. h. im Inneren der Organe angeordnet sind.

Zugunruhe, typisches Verhalten bei Zugvögeln (→ Zugverhalten) während der Zugzeit aufgrund einer spontanen Zugaktivität, die sich auch bei gehälterten Tieren äußert, bei Nachtziehern während der Dunkelphase.

Zugverhalten, Sondertyp des → Migrationsverhaltens, vorrangig zur Kennzeichnung der Wanderungen bei Vögeln als *Vogelzug* verwendeter Begriff. Es handelt sich um periodische Flugwanderungen zwischen zwei Gebieten. Im Gegensatz zu den *Standvögeln* verlassen die *Zugvögel* saisonal ihre Brutheimat und suchen Winter- und Ruhequartiere auf, wobei der Weg durch Zwischenaufenthalte unterbrochen sein kann. Im Gegensatz zu den *Kurzstreckenziehern* weisen die *Langstreckenzieher* besondere Anpassungen an dieses Verhalten auf. Man spricht von einem *Zwischenzug,* wenn dieses Verhalten noch besondere Wanderungen eingeschaltet sind, beispielsweise zu bestimmten Mauserplätzen. Man schätzt, daß jährlich 4 bis 5 Milliarden Vögel aus der Paläarktis nach Afrika ziehen und entsprechend wieder in das Brutgebiet zurückkehren. Vergleichbare Wanderungen gibt es in Amerika. Nicht wenige Arten legen dabei mehr als 9 000 km in einer Zugrichtung zurück, darun-

Zugvögel

ter solche mit *Schleifenzug,* bei dem Hin- und Rückweg verschiedene Strecken haben. Es gibt Breitfront- und Schmalfrontwanderer. Die entscheidenden Orientierungsleistungen basieren auf Richtungs- und Kompaßorientierung und Zielorientierung oder Navigation. Als Kompaßsysteme werden von Zugvögeln (je nach Art) genutzt: Sonnenkompaß, Sternkompaß und Magnetkompaß. Innere und äußere Faktoren sind an der Umsetzung des Z. in komplexer und bei den einzelnen Arten unterschiedlicher Weise beteiligt. Viele Fragen sind heute noch offen.

Zugvögel, → Tierwanderungen, → Zugverhalten.
Zunderschwamm, → Ständerpilze.
Zunge, *Lingua, Glossa,* vom Boden der Mundhöhle sich erhebendes muskulöses Organ der Wirbeltiere, das am Zungenbein befestigt ist. Die Z. fehlt fast allen Fischen oder ist nur eine leichte Erhebung des Mundhöhlenbodens. Einige Lurche sind zungenlos, bei den meisten jedoch ist die zweizipfelige Z. vorn angeheftet und wird beim Beutefang herausgeklappt. Bei Schlangen und Eidechsen ist die Z. häufig an der Spitze gespalten und sehr beweglich. Starke Verhornungen treten an der Zungenspitze der Vögel auf. Bei Enten bildet sie mit entsprechenden Hornbildungen des Oberschnabels einen Seihapparat. Pinselartig aufgespalten ist die Z. bei den Bananenfressern. Sehr weit vorschnellbar ist die Spechtzunge aufgrund einer mächtigen Entwicklung der Zungenbeinhörner, die in der Ruhelage schleifenförmig um die Augen liegen. Für die Säugetiere ist eine muskulöse, drüsenreiche Z. charakteristisch. Infolge ihrer Beweglichkeit wird sie zum Ergreifen und zum Transport der Nahrung verwendet. Weit vorstreckbar ist sie bei Ameisenbären und Fledermäusen. Sie hat Anteil an der Lautbildung, an der Körperpflege und ist Sitz vom → Geschmacksorgan.

Zungenbein, → Schädel.
Zungenbeinbogen, → Schädel.
Zungenlose Frösche, *Pipidae,* in Afrika südlich der Sahara und Südamerika beheimatete Familie der Froschlurche, deren Vertreter ständig im Wasser leben. Die bei den Kaulquappen noch vorhandenen freien Rippen verschmelzen nach der Metamorphose mit den Wirbeln. Zu den insgesamt 16 Arten gehören → Wabenkröte und → Krallenfrosch.

Zungenmuskelnerv, → Hirnnerven.
Zungenschlundnerv, → Hirnnerven.
Zungenwürmer, *Pentastomida, Linguatulida,* ein Tierstamm der Protostomia mit etwa 80 ausschließlich parasitisch lebenden Arten. Der bis zu 14 cm lange Körper ist fast immer langgestreckt, bisweilen zungenförmig und äußerlich geringelt. Es sind ein kurzer Vorderkörper mit dem Mund und zwei Paar Krallen sowie ein langer Rumpf zu unterscheiden. Die Ringelung des Rumpfes entspricht wahrscheinlich einer echten inneren Segmentierung, obwohl Zölomhöhlen bisher auch embryonal noch nicht nachgewiesen werden konnten. Die Haut scheidet eine Chitinkutikula ab. Die Geschlechter sind getrennt, das Weibchen speichert das Sperma in einem großen Receptaculum seminis.

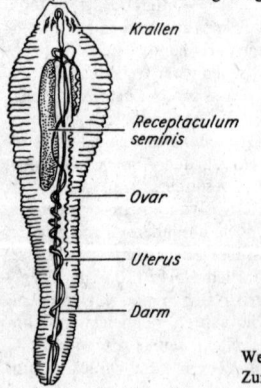

Die erwachsenen Tiere parasitieren in den Atmungsorganen von Landwirbeltieren: in der Lunge von Kriechtieren, in den Luftsäcken von Vögeln und in den Nasengängen von Raubtieren. Sie saugen Blut oder nehmen Nasenschleim auf, wobei der Vorderdarm als Saugpumpe dient.

Die Weibchen erzeugen riesige Mengen von Eiern, die ihre Entwicklung im Uterus der Mutter durchmachen. Es schlüpft eine Larve, die bereits die beiden Hakenpaare aufweist, aber noch einen sehr kurzen Rumpf hat. Die Larve dringt bei manchen Arten erst in einen Zwischenwirt ein, z. B. in Fische, Lurche oder Landwirbeltiere. Dieser Zwischenwirt wird dann vom Endwirt gefressen. Hier wandert die Larve im Darmkanal aufwärts bis in die Atmungsorgane. Einen regelmäßigen Wirtswechsel zeigt z. B. der Nasenwurm, *Linguatula serrata,* der als erwachsenes Tier im Nasengang von Füchsen, Wölfen und Hunden lebt, während als Zwischenwirte Pflanzenfresser (z. B. Nager und Huftiere) fungieren. Die Eier und die fertigen Larven werden vom Endwirt ausgeniest und fallen auf Pflanzen.

System. Der Stamm wird in zwei Ordnungen unterteilt, in die *Cephalobaenida* und die *Porocephalida.*

Sammeln und Konservieren. Z. findet man in den gemäßigten Breiten sehr selten. Die bei der Sektion von Landwirbeltieren gesammelten Z. reinigt man in physiologischer Kochsalzlösung, streckt sie durch Einlegen in 10%igen Alkohol und konserviert sie in einem Gemisch von 40%iger Formaldehydlösung und Alkohol.

Lit.: Lehrb. der Speziellen Zoologie. Begr. von A. Kaestner. Hrsg. von H.-E. Gruner. Bd. I Wirbellose Tiere, Tl 3, (4. Aufl. Jena 1982).

Zünsler, *Pyralididae* (oft fälschlich *Pyralidae*), eine Familie der Schmetterlinge mit rund 10000 Arten, davon etwa 300 in Mitteleuropa. Die Spannweite der Falter beträgt überwiegend 3 cm. Die Flügelform ist sehr unterschiedlich, meist mit schnabelartig nach vorn gerichteten Lippentastern. Wie die Spanner besitzen die Z. Tympanalorgane im Hinterleib, wovon bei heimischen Arten am ersten oder zweiten Segment eine kleine Grube erkennbar ist. Die Z. werden in fünf bis sechs Unterfamilien aufgeteilt, die – je nach Auffassung der Autoren – auch als Familien angesehen werden. Die Raupen haben eine sehr unterschiedliche Lebensweise, einige werden an Kulturpflanzen oder an pflanzlichen bzw. tierischen Produkten und Vorräten schädlich, z. B. → Maiszünsler, → Mehlmotte, → Wachsmotte.

Zupfpräparat, → mikroskopische Präparate.
Zürgelbaum, → Ulmengewächse.
Zustandsvektor, Vektor des organismischen Verhaltens, der das Übertragungsverhalten unter Einfluß von Leiten, Wandeln und Speichern für die Information vollzieht sowie Sollwerte und Regelgrößen erzeugt. Bei den mehrzelligen Organismen bilden Nervensysteme und neuroendokrine Vorgänge die entscheidenden Voraussetzungen für den Prozeß, der als → Zustandsverhalten bezeichnet wird.

Zustandsverhalten, die Verhaltensinteraktionen mit der Umwelt bestimmende Vorgänge im → Zustandsvektor. Wesentliche Funktionale im Z. sind → Motivationen, → Vigilanz und Emotionen, denen komplexe physiologische Vorgänge im Nervensystem und Endokrinium zugrundeliegen. Auch der motorische Status mit der Alternative »dynamisch« (bewegt) und »statisch« (unbewegt) bildet einen Bestandteil dieser Prozesse: Das System spricht prinzipiell

Krallen
Receptaculum seminis
Ovar
Uterus
Darm

Weibchen eine Zungenwurms

verschieden an, ob ein Reiz im dynamischen oder statischen Status einwirkt. Im emotionalen Bereich können zwei grundsätzliche Umweltbewertungen (Umweltgewichtungen) unterschieden werden: positiv (+) (→ affiner Status), negativ (−) (→ diffuger Status). Die Speicherfunktionen (→ Gedächtnis) bilden einen weiteren wesentlichen Bestandteil des Z. Beim *erzwungenen* z. bestimmen die Eingangsgrößen (Reize) den internen Zustand und damit auch das Ausgangsverhalten; beim *integrierten* Z. werden die Zustandsgrößen partiell von den eingehenden Informationen mitbestimmt; beim *freien* Z. wid das Ausgangsverhalten ausschließlich von internen Zustandsgrößen determiniert; das entspricht dem → Spontanverhalten.

Zwangsdrehungen, → Verbänderung.
Zwangsruhe, → Ruheperioden, → Samenruhe.
Zweifarbenblattsteiger, → Blattsteigerfrösche.
Zweiflügler, *Mücken* und *Fliegen, Diptera,* eine Ordnung der Insekten mit etwa 7 000 Arten in Mitteleuropa (Weltfauna: etwa 85 000). Fossile Z. sind seit dem Jura nachgewiesen.

Vollkerfe. Die Körperlänge beträgt 1 bis 55 mm. Der Kopf ist frei beweglich und durch einen dünnen Hals mit dem Thorax verbunden. Die Fühler sind bei den Mücken lang und bestehen aus sechs bis einundvierzig gleichgestalteten, perlschnurartig aneinandergereihten Gliedern; bei den Fliegen sind sie kurz, die Zahl der Glieder ist auf drei reduziert. Die Mundwerkzeuge sind gewöhnlich stechend-saugend oder leckend-saugend. Von den drei Brustsegmenten ist das erste stets klein, das mittlere dagegen groß und reich gegliedert. Charakteristisch und namengebend ist das Vorhandensein von nur zwei Flügeln (Vorderflügel). Diese sind in der Regel durchsichtig und besonders bei den Mücken reich geädert. Die Hinterflügel sind bei allen Gruppen zu flugsichernden Schwingkölbchen (Halteren) rückgebildet. Bei einigen Familien sind auch die Vorderflügel verkümmert, z. B. bei Bienenläusen und Fledermausfliegen; die Lausfliegen werfen sie nach Aufsuchen des Wirtstieres ab. Die Beine haben gewöhnlich einen fünfgliedrigen Fuß, zwei Klauen und Haftläppchen, dazwischen befindet sich bei einigen Familien ein lappen- oder borstenförmiger Anhang (Empodium). Der Hinterleib ist bei den Mücken gestreckt, bei den Fliegen in der Regel kurz und dick. Bei den Weibchen bilden die letzten Hinterleibssegmente eine Legeröhre, die bei einigen Fliegenfamilien teleskopartig einund ausziehbar ist. Die Vollkerfe sind stets echte Landinsekten. Sie leben von Kot, Pflanzensäften und Blut oder ernähren sich räuberisch von kleineren Insekten. Die Lebens- und Ernährungsweise der Vollkerfe unterscheidet sich oft von der ihrer Larven. Ihre Entwicklung ist eine vollkommene Verwandlung (Holometabolie).

Eier. Die Weibchen der meisten Z. sind eierlegend, doch gibt es auch lebendgebärende, d. h., es werden Larven geboren, die bereits im Muttertier die Eihülle verlassen haben (Viviparie). Letzteres ist besonders bei den Fliegen aus der Gruppe der Deckelschlüpfer verbreitet. Gestalt und Anzahl der Eier sowie die Art der Eiablage sind sehr unterschiedlich. Bekannt ist die Eiablage der Schmeißfliegen, die ihre Eier portionsweise an frisches Fleisch, Tierkadaver oder die Wunden verletzter Tiere legen; Bremsen kitten ihre Eier meist in Form von Eipaketen an oberirdische Pflanzenteile, Bohrfliegen versenken sie in pflanzliches Gewebe; die Eier der Stechmücken schwimmen auf der Oberfläche stehender Gewässer; die Raupenfliegen setzen ihre Eier an die Haut lebender Schmetterlingsraupen.

Larven. Aus den abgelegten Eiern schlüpfen die fußlosen Larven (Maden) in der Regel schon nach kurzer Zeit und sind nach drei bis acht Häutungen verpuppungsreif. Man findet sie meist in faulenden Stoffen pflanzlicher oder tierischer Herkunft, in der Erde oder im Schlamm. Die Larven vieler Mücken (Stech-, Kriebel-, Zuckmücken) und auch einiger Fliegen (z. B. Waffenfliegen) leben frei im Wasser. Charakteristisch für die Larven der Z. ist nicht nur das Fehlen der Füße, sondern auch die Tendenz zur Rückbildung der Kopfkapsel. Während bei den Mückenlarven die Kopfkapsel meist noch gut erkennbar ist, ist sie bei den Fliegen mehr oder weniger (hemicephal) oder vollständig (acephal) zurückgebildet; letzteres ist besonders bei den Deckelschlüpfern der Fall. Hier fehlen auch die Augen; von den Mundwerkzeugen sind lediglich zwei kleine Mundhaken übriggeblieben. Die Außenhaut ist in der Regel weich und kaum pigmentiert. Die Fortbewegung ist wurmartig, die im Wasser lebenden Larven schwimmen durch Schlagen mit dem Hinterende. Bei den Laus- und Fledermausfliegen verlassen die Larven erst im verpuppungsreifen Stadium den Leib des Muttertieres (Pupiparie).

Puppen. Die Puppen der Mücken und der ursprünglichen Familien der Fliegen sind Freie Puppen bzw. Mumienpuppen. Die Larven der höher entwickelten Fliegen verwandeln sich ebenfalls in Freie Puppen, jedoch ohne nochmalige Häutung innerhalb der letzten Larvenhaut; diese erhärtet zu einem festen Tönnchen. Die Fliegen sind entweder *Spaltschlüpfer,* d. h., sie schlüpfen aus der Mumienpuppe durch einen Längsspalt oder einen T-förmigen Spalt, oder sie sind *Deckelschlüpfer,* d. h., sie schlüpfen aus der Tönnchenpuppe durch Absprengen eines Deckels, den die Aschiza mit Hilfe des Untergesichts, die Schizophora durch Ausstülpen einer Stirnblase abheben.

Wirtschaftliche Bedeutung. Den Nützlingen unter den Fliegen, zu denen die Schwebfliegen gehören (Tafel 1), deren Larven Blattlausfeinde sind, sowie die Raupenfliegen, deren Larven in Schmetterlingsraupen parasitieren, und die als Vollkerfe neben einigen anderen Familien auch als Blütenbestäuber eine Rolle spielen, steht eine große Anzahl von Schädlingen und Lästlingen gegenüber. Besonders schädlich für den Menschen direkt sind die blutsaugenden → Stechmücken, die die Malaria und andere Krankheiten übertragen, sowie die zu den Vollfliegen gehörende afrikanische Tsetsefliege, die Übertägerin der Schlafkrankheit. Auch die Stubenfliegen, besonders die Groß Stubenfliege, sind nicht nur Lästlinge, sondern auch Überträger von Typhus, Tuberkulose, Poliomyelitis und anderen Krankheiten. Biesfliegen (z. B. Dasselfliegen, Nasen- und Rachenbremsen) und Magenfliegen (z. B. Pferdemagenfliege) gehören zu den wichtigsten Schmarotzer der Haustiere und des Wildes. Daneben gibt es eine Reihe von Pflanzenschädlingen, besonders unter den → Gallmücken, → Bohrfliegen, → Halmfliegen und → Blumenfliegen. Schmeiß- und Käsefliegen sind bekannte Haus- und Vorratsschädlinge.

System. Man unterscheidet zwei Unterordnungen: Mücken mit etwa fünfunddreißig Familien und Fliegen mit etwa hundert Familien.

1. Unterordnung: **Mücken** *(Nematocera)*
Familie Schnaken *(Tipulidae)*
Familie Stechmücken *(Culicidae)*
Familie Zuckmücken *(Chironomidae)*
Familie Gnitzen *(Ceratopogonidae)*
Familie Kriebelmücken *(Simuliidae)*
Familie Pilzmücken *(Mycetophilidae)*
Familie Gallmücken *(Cecidomyidae)*
2. Unterordnung: **Fliegen** *(Brachycera)*
Infraordnung: *Spaltschlüpfer (Orthorrhapha)*
Familie Bremsen *(Tabanidae)*
Familie Waffenfliegen *(Stratiomyidae)*
Familie Raubfliegen *(Asilidae)*
Familie Wollschweber *(Bombyliidae)*
Infraordnung: *Deckelschlüpfer (Cyclorrhapha)*

Zweifüßigkeit

Sektion: *Aschiza*
Familie Buckelfliegen *(Phoridae)*
Familie Schwebfliegen *(Syrphidae)*
Sektion: *Schizophora*
Familie Nacktfliegen *(Psilidae)*
Familie Bohrfliegen *(Trypetidae)*
Familie Taufliegen *(Drosophilidae)*
Familie Bienenläuse *(Braulidae)*
Familie Halmfliegen *(Chloropidae)*
Familie Blumenfliegen *(Anthomyiidae)*
Familie Vollfliegen *(Muscidae)*
Familie Aasfliegen *(Calliphoridae)*
Familie Magenfliegen *(Gastrophilidae)*
Familie Biesfliegen *(Oestridae)*
Familie Raupenfliegen *(Tachinidae)*

Lit.: G. Enderlein: Z., Diptera, Die Tierwelt Mitteleuropas, Bd. VI, Lief. 2 (Leipzig 1936); F. Hendel: Z. oder Diptera, Die Tierwelt Deutschlands, Tl 11 (Jena 1929); E. Lindner: Die Fliegen der palaearktischen Region (Stuttgart 1924 ff., noch nicht abgeschlossen).

Zweifüßigkeit, svw. Bipedie.
Zweig, Nebenachse des Sprosses.
Zweigsucht, svw. Hexenbesen.
zweihäusig, → Blüte.
zweijährige Pflanzen, svw. bienne Pflanzen.
Zweikeimblättrige Pflanzen, (Tafel 15), **Dikotyle,** *Dicotyledoneae, Magnoliatae,* eine Klasse der Decksamer, deren Keimlinge bis auf wenige Ausnahmen stets zwei Keimblätter (Kotyledonen) ausbilden. Die offenen Leitbündel sind im Stengelquerschnitt ringförmig angeordnet, sie durchziehen die Sproßachse und deren Verzweigungen als parallele Stränge, bis sie in die Blätter einmünden. Sekundäres Dikkenwachstum ist fast überall vorhanden. Die Laubblätter der Z. P. sind in der Regel netznervig, oft gestielt und von sehr mannigfaltiger Form. In den einzelnen Blütenkreisen überwiegt die Fünfzahl, aber auch Blüten mit 2-, 3- oder 4zähligen Wirteln kommen vor. Die Hauptwurzel ist meist reich verzweigt und langlebig (Allorrhizie). Als chemische Charakteristika sind für die Z. P. das verbreitete Vorkommen von ätherischen Ölen, Alkaloiden und Gerbstoffen zu nennen, außerdem ist Ellagsäure häufig, Saponine liegen fast immer als Triterpensaponine vor und Kalziumoxalat in verschiedenen Kristallformen.

Die rund 172000 Arten der Z. P. werden 6 Unterklassen zugeordnet: *Magnoliidae, Caryophyllidae, Hamamelididae, Dilleniidae, Rosidae* und *Asteridae*. Die *Magnoliidae* stehen an der Basis des Systems, sie weisen die meisten Primitivmerkmale auf, unter anderem spiralig angeordnete freie Frucht- und Staubblätter in großer Zahl. Von den Vorfahren dieser Gruppe stammen wahrscheinlich die Einkeimblättrigen Pflanzen ab. Außerdem sind dem Anschein nach die *Caryophyllidae* mit meist vielen Samenanlagen an einer zentralen Säule ein frühzeitig abgespaltener Seitenzweig der *Magnoliidae,* deren Vertreter sich in verschiedener Beziehung stark spezialisiert haben (Standorte, Inhaltsstoffe). Zu den anderen vier Unterordnungen gehören 90% aller Z. P.

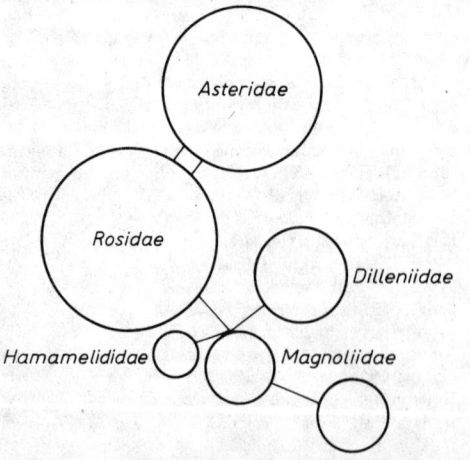

Dilleniidae und *Rosidae* repräsentieren nahe verwandte Entwicklungslinien, die weder durch besonders ursprüngliche noch durch besonders abgeleitete Merkmale ausgezeichnet sind (freie Blütenblätter, Blütenglieder meist in 5 Kreisen angeordnet, sekundär vermehrte Zahl von Staubblättern, zentrifugal angelegt bei den *Dilleniidae,* zentripetal bei den *Rosidae*). Von den *Rosidae* spalteten sich einerseits die durch Windbestäubung und damit verbundene Reduktion der Blüten gekennzeichneten *Hamamelididae* ab und andererseits wahrscheinlich auch die *Asteridae,* deren Vertreter die meisten abgeleiteten Merkmale aufweisen (Verwachsung der Blütenblätter, Blütenglieder in 4 Kreisen angeordnet, höchstens 5 Staubblätter, meist nur 2 Fruchtblätter).

Zweikiemer, Dibranchier, *Dibranchiata,* Unterklasse der Kopffüßer. Die Z. haben 8 oder 10 mit Saugnäpfen besetzte Kopfarme mit oder ohne kalkige oder hornige innere Schale. Der sack- bis torpedoförmige Körper ist seitlich fast immer mit Flossen oder Flossensäumen versehen. Die Kiemen sind bis auf 2 reduziert, entsprechend auch die Kiemengefäße und die Nieren. Der Trichter ist zu einem Rohr verwachsen. Die Augen der Z. sind hochentwickelt und den Wirbeltieraugen mit Linse, Iris und Hornhaut ähnlich. Die Z. sind Meeresbewohner. Sie leben auf dem Boden und kriechen dann mit den Armen, wie die → Achtfüßer, oder sie leben pelagisch oder vorwiegend schwimmend in der Hoch- und Tiefsee. Die Bewegung erfolgt durch Rückstoß mit Hilfe des Trichters, durch den der muskulöse Mantel das aufgenommene Wasser ausstößt, oder durch undulierende Flossensäume. Die Rückstoßbewegung treibt das Tier mit dem Rumpf nach vorn; durch Änderung der Trichterstellung kann aber jede Richtung eingeschlagen werden. Viele Z. zeigen durch Chromatophoren in der Haut ein lebhaftes Farbenspiel. Auch haben viele einen Tintenbeutel.

Geologische Verbreitung: Oberkarbon bis zur Gegenwart mit einem Entwicklungsmaximum im Lias.
System.
1. Ordnung: → Achtfüßer *(Octopoda)* mit *Octopus, Argonauta*
2. Ordnung: → Zehnfüßer *(Decapoda)* mit *Sepia, Loligo*
3. Ordnung: *Vampyromorpha*

Zweiphasentheorie der photoperiodischen Blühinduktion, → Blütenbildung.
Zweistichproben-t-Test, → Biostatistik.
Zweistrang-Austausch, reziproker Segmentaustausch in der Meiose zwischen gepaarten Chromosomen nach Ein-

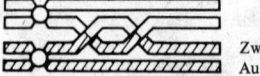

Zweistrang-Austausch

tritt von zwei Crossing-over-Vorgängen, wobei das zweite Crossing-over zwischen den gleichen Chromatiden wie das erste erfolgt, → Dreistrang-Austausch, → Vierstrang-Austausch.
Zweiteilung, → Fortpflanzung.

Mutmaßliche Verwandtschaftsbeziehungen zwischen den 6 Unterklassen der Zweikeimblättrigen Pflanzen

Zweitmünder, → Deuterostomier.
Zweitzersetzer, → Dekomposition.
zweizeilige Blattstellung, → Blatt.
Zwerchfell, *Diaphragma,* nur bei den Säugern ausgebildeter wichtiger Atemmuskel, der Brust- und Bauchhöhle voneinander trennt. Durch Reduktion der Muskulatur bildet sich im Zentrum ein sehniger Teil aus. Bei Kontraktion des Z. wird es bauchwärts vorgewölbt, wodurch der Brustraum vergrößert und die Einatmung gefördert werden. Umgekehrt erfolgt bei Erschlaffung die Ausatmung. Bei Walen ist das Z. sehr schräg gestellt, so daß die Lungen sich weit nach hinten ausdehnen können und somit eine hydrostatische Funktion übernehmen.
Zwerchfellatmung, → Atemmechanik.
Zwergböckchen, *Tragulidae,* eine Familie primitiver, kaninchen- bis hasengroßer Paarhufer. Die Z. treten in wenigen Arten in Westafrika sowie Vorderindien und Südostasien auf.
Zwergdommel, → Reiher.
Zwergfledermaus, → Glattnasen.
Zwergflußpferd, → Flußpferde.
Zwergfüßer, *Symphylen, Symphyla,* eine Unterklasse der → Tausendfüßer, weiße, zarthäutige Tiere mit 11 bis 12 Beinpaaren, schnurförmigen Antennen und großen Spinngriffeln am Analsegment. Die Geschlechtsöffnung liegt im Vorderkörper. Die Länge beträgt 4 bis 5, höchstens 10 mm, die Breite etwa 0,5 mm. Augen fehlen. Das Tracheensystem mündet mit einem Stigmenpaar unter den Antennen. Die vielfach vermutete nähere Verwandtschaft der Z. zu den Insekten ist nicht gesichert. Die knapp 130 bekannten Arten gehören zu den Familien *Scolopendrellidae, Scutigerellidae* und *Geophilellidae.* Sie leben in frischen, humosen Böden bis zu 50 cm tief oder in der Streu unter Moos oder Rinde. Die Nahrung besteht aus abgestorbener organischer Substanz, besonders bei *Scutigerella immaculata* auch aus feinen Saugwurzeln höherer Pflanzen. Hierdurch kann bei Besatzdichten von 1000 bis 20000 Individuen je m² Bodenoberfläche starker Schaden an Kulturpflanzen eintreten. Die Eier werden in Erdhöhlen auf einem kurzen Stiel befestigt; die Larven schlüpfen mit sechs Beinpaaren. Man schätzt die Lebensdauer auf sieben Jahre.

Symphylella vulgaris

Zwerghamster, *Phodopus* u. a., mehrere Arten sehr kleiner Hamster aus den asiatischen Steppengebieten, von denen einige neuerdings auch als Heim- und Labortiere gehalten werden.
Lit.: W. E. Flint: Die Z. der paläarktischen Fauna (Wittenberg 1966).
Zwergmaus, *Micromys minutus,* eine sehr kleine Maus mit Greifschwanz. Sie klettert geschickt und legt sich erhöht Kugelnester zwischen Getreide- und Schilfstengeln an. Bei uns hat die Z. keinerlei Bedeutung, in ostasiatischen Reiskulturen wird sie zum Massenschädling. Tafel 7.
Lit.: S. Piechocki: Die Z. (Wittenberg 1958).
Zwergmispel, → Rosengewächse.
Zwergmotten, → Schmetterlinge (System).
Zwergpflanzen, → Chamaephyten.
Zwergschimpanse, *Bonobo, Pan paniscus,* ein kleiner, schlanker Verwandter des → Schimpansen, der nur im Kongogebiet vorkommt.
Zwergsträucher, → Lebensform, → Strauch.
Zwergstrauchheiden, → Charakterartenlehre.

Zwergtaucher, → Lappentaucher.
Zwergwuchs, *Nanismus, Nanosomie,* das Auftreten von Zwergformen bzw. mangelhaft ausgebildeten Individuen, insbesondere bei ungenügender Ernährung oder infolge erblicher Disposition. Beim Menschen wird eine Körperhöhe unter 120 cm als Z. bezeichnet. Die Mehrzahl der bekannten Fälle beruht auf pathologischer, z. T. erblicher Basis. Beim *primordialen* oder *chondrodystrophischen* Z. ist das Neugeborene schon abnorm klein, während beim *infantilen* oder *hypoplastischen* Z. die Wachstumshemmung erst zwischen dem 2. und 8. Lebensjahr eintritt und die Ausbildung der primären und sekundären Geschlechtsmerkmale unvollkommen bleibt. Als Rassenmerkmal kommt der Z. bei den Pygmäen Zentralafrikas und anderen kleinwüchsigen Stämmen in Süd- und Südostasien vor. → Körperhöhe.
Z. bei Tieren hat im wesentlichen die gleiche Ursache wie beim Menschen. Er kann erblich bedingt oder die Folge unzureichender Ernährung und anderer Entwicklungshemmungen, z. B. Unterfunktion bestimmter Drüsen, sein.

Bei Pflanzen sind verschiedene Typen von Z. bekannt. Erbliche Zwergformen, die z. B. durch Mutation aus normalwüchsigen Ausgangsformen entstehen können, sind vielfach von Pflanzenzüchtern als erwünschte Sonderformen ausgelesen und zu neuen Kultursorten gemacht worden, z. B. Zwergerbsen, Buschbohnen, Buschtomaten, Zwergastern u. a. Die physiologischen Grundlagen dieses *genetisch bedingten* Z. sind noch weitgehend unbekannt und z. T wahrscheinlich sehr kompliziert. In manchen Fällen dürften Störungen im Haushalt von Phytohormonen eine Rolle spielen. So können z. B. Zwergerbsen, Buschbohnen u. a. durch Anwendung von Gibberellinen zu normalem Längenwachstum angeregt werden. Bei vielen Arten, z. B. Erbsen, tritt Z. nur bei Lichteinwirkung in Erscheinung, andere bleiben auch im Dunkelheit gestaucht, wie gewisse Mais-Zwergmutanten.

Nicht erblicher Z. kann als eine Folge von Wasser- und Nährstoffmangel in Erscheinung treten (*Kümmerwuchs*). Ein vorübergehender entwicklungs- und temperaturbedingter Z. ist von den Sämlingen einiger Rosengewächse bekannt, deren Samenkeimung durch tiefe Temperaturen gefördert wird, z. B. Apfel, Pfirsich und Weißdorn. Z. durch Pfropfung kann bei Obstgehölzen, z. B. Apfel, auftreten. Bestimmte synthetische Gibberellinantagonisten bewirken durch Hemmung des Internodienwachstums eine mehr oder weniger ausgeprägte *Verzwergung,* die durch Gibberelline aufhebbar ist.

Zwetsche, → Rosengewächse.
Zwiebel, 1) knospenförmiger, meist unterirdischer → Sproß, an dessen scheibenförmiger Achse (Zwiebelstock, Zwiebelkuchen) fleischige Speicherblätter (→ Blatt) sitzen, die von einer Schutzhülle aus trockenhäutigen Blättern umgeben sind. 2) → Liliengewächse.
Zwiebelkuchen, → Sproßachse, Abschn. Metamorphosen.
Zwiebelscheibe, → Sproßachse, Abschn. Metamorphosen.
Zwiebelsprosse, → Sproßachse.
Zwiewuchs, → Knollenbildung.
Zwillinge, → Mehrlingsgeburten, → Eiigkeitsdiagnose, → Zwillingsforschung.
Zwillingsarten, morphologisch sehr ähnliche Arten, die reproduktiv voneinander isoliert sind und das gleiche geographische Gebiet besiedeln (→ Sympatrie). In Fällen, wo eine Unterscheidung solcher Arten nach morphologischen Merkmalen sehr schwierig ist, gelingt diese mittels zytologischer, physiologischer oder ethologischer Methoden.
Zwillingsforschung, Forschungsrichtung, die sich mit der bei Pflanze, Tier und Mensch vorkommenden Zwillings-

zwischenartliche Beziehungen

bzw. Mehrlingsbildung befaßt. Von den *echten, eineiigen* (genauer: *monozygotischen*) Zwillingen, deren Entstehung auf der Spaltung einer ursprünglich einheitlichen Keim- oder Organanlage beruht, sind die *zweieiigen (dizygotischen)* oder *Geschwisterzwillinge* zu unterscheiden, die nur den einfachsten Fall der Mehrfrüchtigkeit infolge der Befruchtung mehrerer gleichzeitig reifender Eier darstellen.

In erster Linie ist die Z. eine Methode der → Humangenetik. Zweieiige Zwillinge (ZZ) verhalten sich genetisch wie normale Geschwister, d. h., sie stimmen nur in 50% ihrer Erbanlagen überein, während eineiige Zwillinge (EZ) völlig gleiche genetische Strukturen aufweisen, wobei theoretisch allerdings Erbverschiedenheiten durch erbungleiche Zellteilungen und nur bei einem Paarling auftretende Mutationen möglich sind.

Die Z. ermöglicht es festzustellen, inwieweit an der Herausbildung des Erscheinungsbildes (Phänotypus) einerseits Erbanlagen, andererseits Umwelteinflüsse beteiligt sind. Übereinstimmung (→ Konkordanz) bei EZ ist in der Regel erbbedingt, kann allerdings z. B. auch auf gleichartigen Entwicklungsbedingungen beruhen. Unterschiedliche Merkmalsausprägungen (→ Diskordanz) gehen hingegen zumeist auf den Einfluß von Umweltfaktoren zurück. Die Umweltstabilität oder -labilität von Erbanlagen läßt sich am besten bei EZ studieren, die von früher Kindheit an unter sehr verschiedenen Umweltbedingungen aufgewachsen sind.

Die Z. allein kann allerdings kein vollständiges Bild von den genetischen Verhältnissen des Menschen vermitteln, sie bedarf der Ergänzung durch Familienuntersuchungen, die Erbgangsanalysen ermöglichen, und durch populationsgenetische Untersuchungen, die sich mit der Erforschung der Erbstruktur ganzer Bevölkerungen befassen. → Mehrlingsgeburten, → Eiigkeitsdiagnose.

zwischenartliche Beziehungen, → Beziehungen der Organismen untereinander.
Zwischenbündelkambium, → Sproßachse.
Zwischenformen, fossile Tierformen, die Merkmale von zwei oder mehreren heute scharf getrennten systematischen Gruppen in sich vereinigen, z. B. *Ichthyostega, Gephyrostegus, Archaeopteryx.* → Kollektivtypen.
Zwischenhirn, → Gehirn.
Zwischenwarmzeit, → Eiszeit, → Pleistozän.
Zwischenwirt, *Intermediärwirt*, ein Organismus, in dem bestimmte Entwicklungsphasen des Parasiten ablaufen müssen, ehe die Weiterentwicklung im Endwirt erfolgen kann. Bisweilen sind mehrere Z. erforderlich, z. B. Kleinkrebs und Fisch beim Breiten Fischbandwurm. Parasiten mit Z. nennt man heteroxen, solche ohne Z. homoxen.
Zwischenknotenstück, → Sproßachse.
Zwischenzell-stimulierendes Hormon, svw. Lutropin.
Zwitterbildung, → Hermaphroditismus.
Zwitterdrüse, *Ovariotestis*, bei zweigeschlechtigen (zwittrigen) Weichtieren die unpaare Keimdrüse, die aus einer Verschmelzung von Hoden und Eierstock hervorgegangen ist. Die Z. kann entweder Ei- und Samenzellen in allen Teilen oder getrennt in gesonderten Keimbezirken erzeugen. Die Ei- und Samenzellen werden zu verschiedenen Zeiten in der Z. gebildet und über den *Zwittergang (Spermovidukt)* abgeleitet.
Zwittergang, → Zwitterdrüse.
zwittrig, → Blüte.
Zwittrigkeit, → Hermaphroditismus.
Zyanidin, ein → Aglykon zahlreicher → Anthozyane. Es ist im Pflanzenreich weit verbreitet und für die rote Farbe vieler Blüten und Früchte (Tulpe, Rose, Klatschmohn) verantwortlich. Man kennt mehr als 20 Glykoside des Z., z. B.

Zyanin (3,5-Di-β-glukosid) aus der blauen Kornblume, dem Veilchen und anderen Pflanzen. Komplexbildung mit Eisen- oder Aluminiumionen führt zu tiefblau gefärbten Verbindungen, die z. B. als *Protozyanin* die blaue Farbe der Kornblume bedingen.

$$\left[\text{HO}\underset{\text{OH}}{\bigcirc}\overset{\text{OH}}{\underset{\oplus}{\bigcirc}}\underset{\text{OH}}{\bigcirc}\overset{\text{OH}}{\underset{\text{OH}}{\bigcirc}} \right] \text{OH}^-$$

Zyanin, → Zyanidin.
Zyanobakterien, svw. Blaualgen.
Zyanokobalamin, zum Vitamin B_{12} gehörendes → Vitamin.
Zyanwasserstoff(säure), svw. Blausäure.
Zybride, durch → Zellfusion aus einem zellkernfreien und einem normalen Protoplasten entstandene Zelle, die damit das Genom aus dem Zellkern eines Partners und die Zytoplasmen beider Elternzellen besitzt.
Zygapophysen, → Achsenskelett.
Zygentoma, → Fischchen.
zygomorph, 1) svw. dorsiventral, 2) → Symmetrie.
Zygomycetes, → Niedere Pilze.
Zygoptera, → Libellen.
Zygosporen, große, vor allem von den Schimmelpilzen bekannte, dickwandige, durch Gametangiogamie entstandene → Dauersporen. Wenn zwei geschlechtsreife, bei heterothallischen Formen überdies geschlechtlich entgegengesetzte Hyphen entsprechender Pilzformen in geringer Entfernung voneinander wachsen bzw. sich berühren, bilden sie durch chemotropische Reizung bzw. durch Kontaktreiz je einen Seitenzweig, den *Kopulationsast*. Die beiden Kopulationsäste gliedern je ein vielkerniges Gametangium ab. Die beiden morphologisch gleichartigen, aber physiologisch verschiedenen Gametangien verschmelzen miteinander, und das Verschmelzungsprodukt entwickelt sich zur Z.
Zygotän, → Meiose.
Zygote, *befruchtete Eizelle*, diploide Zelle der Eukaryoten, die aus der Zell- und Kernverschmelzung je eines haploiden ♀ und ♂ Gameten (Befruchtung) entstanden ist. Aus je einer Z. entwickelt sich bei Diplonten ein Lebewesen. Bei Haplonten erfolgt unmittelbar nach der Befruchtung zunächst die → Meiose, bei der vier haploide Gonen entstehen. Aus ihnen entwickeln sich die haploiden Organismen.
Zygotensterblichkeit, → Isolation.
Zyklamenmilben, *Tarsonemus*, eine Gattung mit mehreren Arten aus der Familie der Fadenfußmilben (*Tarsonemidae*). Die Z. sind Gewächshausschädlinge, die bei Zyklamen und anderen Zierpflanzen Mißbildungen des Laubes, der Blütenknospen und Blütenblätter verursachen. Die Bekämpfung erfolgt mit entsprechenden Präparaten.
Zyklite, vom 1,2,3,4,5,6-Hexahydroxyzyklohexan abgeleitete Naturstoffe mit der Summenformel $C_6H_{12}O_6$, die sich von Hexosen durch eine isozyklische Ringstruktur und Sesselform des Hexanringes unterscheiden. Wichtigste Vertreter sind Inosit und Szyllit sowie die Methylether des D-Inosits Pinit und Quebrachit.
Zyklomorphose, zwischen den einzelnen Generationen einer Art innerhalb eines Jahreszyklus auftretende Gestaltveränderungen, die sich in Abhängigkeit von den jahreszeitlichen Bedingungen periodisch wiederholen. Zum Beispiel verändern sich bei Wasserflöhen der Gattungen *Daphnia* und *Bosmina* die Form des Carapax, die Länge der Körperfortsätze u. a.

Zyklonastie, bei Pflanzen als Suchbewegung ausgeprägte kreisende Bewegung von wachsenden Sproßspitzen oder z. B. Ranken. Z. kommt dadurch zustande, daß eine Flanke des entsprechenden Pflanzenteils stärker wächst als die andere. Die Zone des intensivsten Wachstums umwandert allmählich in regelmäßiger Folge das Organ, so daß dessen Spitze eine elliptische oder kreisförmige Bahn beschreibt (Abb.), im Gegensatz zu der unregelmäßigen → Zirkumnutation. Die Umlaufzeit liegt bei den einzelnen Pflanzenarten zwischen 40 Minuten und mehreren Stunden. Die Z. ist autonom, d. h. durch innere Faktoren bedingt, kann jedoch bis zu einem gewissen Grade durch äußere Reize, insbesondere die Schwerkraft, beeinflußt werden.

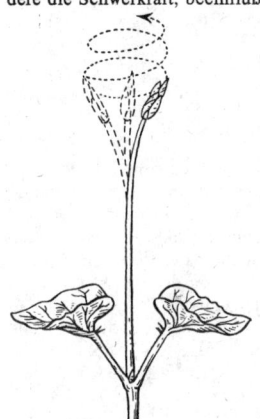

Zyklonastie der links windenden Bohnensproßspitze

Zylinderephithel, → Deckepithel, → Epithelgewebe.
Zylinderplattentest, → Diffusionsplattentest.
Zylinderrosen, *Ceriantharia,* zu den *Hexacorallia* gehörende Ordnung der Korallentiere mit solitären Formen ohne Skelett. Z. können sich sehr schnell in ihre Wohnröhren zurückziehen, man kann daher auch dichte Bestände leicht übersehen.
Zymase, ältere Bezeichnung für ein aus Hefe isoliertes Gemisch von Enzymen, das die alkoholische Gärung bewirkt. Z. wurde 1897 von E. und H. Buchner in zellfreien Hefepreßsäften gefunden und von diesen Forschern als einheitliches Enzym angesehen. Mit der Entdeckung der Z. wurde die Enzymologie begründet und die bis dahin herrschende Ansicht widerlegt, daß für die alkoholische Gärung die Gegenwart intakter Zellen notwendig ist.
Zymogene, Vorstufen der Verdauungsenzyme, die durch proteolytische Spaltung in die eigentlich wirksamen Proteinasen überführt werden. Diese Umwandlung erfolgt im Magen oder Dünndarm, so daß in den sekretorischen Zellen z. B. der Bauchspeicheldrüse keine aktiven Proteinasen vorhanden sind. Ein Beispiel dafür ist die Bildung von Trypsin aus Trypsinogen (→ Trypsin).
Zymol, *p-Zymol,* ein aromatischer Kohlenwasserstoff, der als Bestandteil ätherischer Öle, z. B. Kümmel- und Eukalyptusöl, vorkommt. Z. besitzt enge strukturelle Beziehungen zu den → Terpenen.
zymös, → Blüte.
Zymosterin, *Zymosterol,* ein Mykosterin, das in der Hefe und in Pilzen vorkommt und als Zwischenprodukt der biogenetischen Umwandlung von Lanosterin in Cholesterin auftritt.
Zymosterol, svw. Zymosterin.
Zypressengewächse, *Cupressaceae,* eine Familie der Nadelhölzer mit etwa 130 Arten, die über die ganze Erde verbreitet sind. Es handelt sich um Bäume oder Sträucher mit meist schuppenförmigen Blättern und ledrigen oder holzi-

gen Zapfen. Eine Ausnahme bildet der auf der nördlichen Halbkugel verbreitete **Wacholder,** *Juniperus communis,* der nadelförmige, in Dreierwirteln stehende Blätter und fleischige Beerenzapfen hat. Diese dunklen Wacholderbeeren werden zu alkoholischen Getränken und als Gewürz sowie aufgrund ihres Gehalts an ätherischen Ölen auch in der Medizin verwendet. Der Wacholder steht unter Naturschutz. Der ein stark hautreizendes Öl enthaltende, giftige, ebenfalls zu dieser Gattung gehörende *Sadebaum, Juniperus sabina,* hat schuppenförmige Blätter, aber auch fleischige Beerenzapfen. Er kommt in den Alpen und Gebirgen Südeuropas bis Zentralasiens vor.

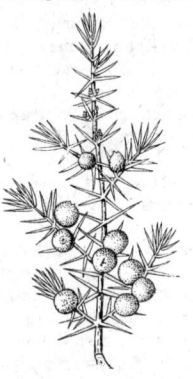

Zypressengewächse: Wacholder, Sproß mit Beerenzapfen

Die 25 bis 50 m hoch werdende, in Mittelmeerländern beheimatete **Zypresse,** *Cupressus sempervirens,* wird ebenso wie die verschiedenen Arten der Gattungen **Lebensbaum,** *Thuja,* und **Scheinzypresse,** *Chamaecyparis,* auf Friedhöfen und in Parkanlagen häufig angepflanzt.
Zysteamin, $H_2N—CH_2—CH_2—SH$, ein durch Dekarboxylierung der Aminosäure Zystein entstehendes → biogenes Amin, das als Baustein des → Koenzyms A auftritt, → Vitamine.
L-Zystein, Abk. *Cys,* $HS—CH_2—CH(NH_2)—COOH$, eine schwefelhaltige, proteinogene Aminosäure, die einen zentralen Platz im Schwefelstoffwechsel einnimmt. L-Z. hat bei Oxidoreduktionsreaktionen große Bedeutung. Ebenso wie das durch Oxidation gebildete L-Zystin bestimmt L-Z. wesentlich die Proteinstruktur und die biologische Aktivität der Proteine. L-Z. entsteht bei Hydrolyse von Proteinen, biosynthetisch aus Methionin und wird zu oxidierten Schwefelverbindungen abgebaut.
Zysten, Hüllbildungen, die unter bestimmten Umständen bei Urtierchen durch Sekretion entstehen und das Tier vollständig gegen die Außenwelt abschließen. Sie sind besonders häufig bei Arten des Süßwassers und als Parasiten, auch bei Bakterien (Gattung *Azotobacter*) kommen Z. vor. Oft wird die Bildung von Z. durch ungünstige Veränderung der Umwelt veranlaßt, z. B. durch Austrocknung des Wohngewässers (*Dauerzysten*) oder Nahrungsmangel (*Hungerzysten*). Reichlich aufgenommene Nahrung kann in Z. verdaut werden (*Verdauungszysten*), woran sich oft Teilungen anschließen (*Vermehrungszysten*). Auch die Befruchtung kann innerhalb von Z. erfolgen. Den Parasiten dienen die Z. zur Übertragung auf neue Wirte. Bei der Exzystierung reißt die Zyste auf, das Tier schlüpft und läßt die Hülle als tote Bildung zurück. Bei phytopathologisch wichtigen Rundwürmern, insbesondere der Gattung *Heterodera,* sind die Z. kugelige Dauerformen, die sich unter der Wurzeloberhaut der Wirtspflanze aus den Weibchen bilden und die Eier und später auch die geschlüpften Larven enthalten.
Zystiden, 1) größere, sterile Endhyphen von mannigfalti-

Zystizerkoid

ger Form, die im Sporenlager (Hymenium) der Ständerpilze neben den → Pseudoparaphysen zu finden sind. Ihnen kommt oft Schutz- und Ausscheidungsfunktion zu. Ihre Gestalt stellt für die Systematik ein wichtiges Merkmal dar.
2) → Moostierchen.
Zystizerkoid, → Bandwürmer.
Zystizerkose, svw. Finnenkrankheit.
Zystizerkus, → Bandwürmer.
Zytochemie, svw. Histochemie.
Zytochrome, eine Gruppe lebenswichtiger Hämoproteide, die als elektronenübertragene Enzyme bei der biologischen Oxidation wirken. Die mitochrondrialen Z. sind fest in den Membranen der Mitochondrien der Eukaryoten gebunden unf fungieren als Redoxkatalysatoren in der Atmungskette, wo sie entsprechend ihres Redoxpotentials angeordnet sind. Die mikrosomalen Z. sind an Hydroxylierungsreaktionen beteiligt.

Man unterscheidet nach ihrer chemischen Struktur und nach der typischen Lage ihrer Absorptionsbanden im langwelligen Bereich des sichtbaren Lichtes drei Gruppen, die als Z. a, Z. b und Z. c und zusätzlich durch Indizes unterschieden werden. Es sind hochmolekulare eisen- oder kupferhaltige Proteoporphyrine mit komplizierter Struktur. Als prosthetische Gruppe enthalten sie das Prophyrinsystem. Die Z. b, c_1/c und a/a_3 sind in der Atmungskette an der Elektronenübertragung beteiligt, die durch Valenzwechsel des zwei- bzw. dreiwertigen Eisenatoms zustande kommt. Dabei fließen die Elektronen vom Ubichinon zum Z. b und c_1/c und weiter zum Zytochromkomplex a/a_3, der als Endglied fungiert und die Elektronen auf den molekularen Sauerstoff überträgt. Z. a_3 ist mit der *Zytochromoxidase (Warburgsches Atmungsferment)* identisch. Das wasserlösliche **Z. c** ist am besten untersucht. Die Aminosäuresequenz zeigt charakteristische Speziesspezifität. Z. c der Wirbeltiere ist aus 104 Aminosäuren aufgebaut (Molekülmasse 12 400), das der Pflanzen aus 111 Aminosäuren. Z. c_1 hat eine Molekülmasse von 37 000.

Die Z. b und c sind eisenhaltig, Z. a/a_3 dagegen ist kupferhaltig.

Das mikrosomale Z. P_{450} ist nach seiner typischen Adsorptionsbande benannt und fungiert als prosthetische Gruppe verschiedener Monooxygenasen, die in der Leber die Hydroxylierung verschiedener Steroide, Pharmaka und Fremdstoffe bewirken.

Zytochromoxidase, → Zytochrome.
Zytogenetik, genetische Arbeitsrichtung, deren Untersuchungen im wesentlichen den Beziehungen zwischen dem Erbverhalten und den jeweils vorliegenden zytologischen Verhältnissen gelten.
Lit.: A. Prokofiewa: Grundlagen der Z. des Menschen (Berlin 1978).
Zytogonie, → Fortpflanzung.
Zytokinese, → Mitose.
Zytokinine, eine Gruppe von Phytohormonen mit multipler Wirkung auf Wachstum und Entwicklung von höheren Pflanzen. Als Phytohormone sind die Z. ubiquitär in höheren Pflanzen verbreitet, finden sich aber auch in tierischen Geweben sowie in Bakterien, Pilzen und Algen. Z. liegen im Pflanzengewebe in freier Form oder gebunden in spezifischen t-Ribonukleinsäuren (tRNS) vor. Die Konzentration an Z. im Pflanzengewebe ist äußerst niedrig und vom Pflanzenorgan und dessen Entwicklungszustand abhängig.

Die wichtigsten natürlichen Z. sind *cis-* und *trans-Zeatin,* Zeatinribosid und -ribotid, *Dihydrozeatin* und *Isopentenyladenin* [N^6-(Δ^2-Isopentenyl)adenin, Abk. i^6Ade], d. s. Derivate des Adenins mit einer isoprenoiden C_5-Seitenkette (R) am exozyklischen Stickstoffatom N^6. Ze-

Kinetin   Zeatin

N-Benzyladenin   SD 8339

atin wurde als erstes natürliches Z. aus unreifen Maiskörnern isoliert und ist in höheren Pflanzen weit verbreitet. Neben diesen basischen Z. kommen in Pflanzen auch die entsprechenden Ribonukleoside (9-Riboside) und Ribonukleotide (9-Ribosid-5'-monophosphate) sowie N-7- oder N-9- sowie O-4-Glukoside vor. Von den synthetischen Z., d. s. organische Verbindungen mit Zytokininaktivität, sind besonders **Kinetin** (6-Furfurylaminopurin) und *6-Benzylaminoadenin* sowie einige N,N-Diphenylharnstoffderivate von Bedeutung, z. B. Kinetin in der Phytohormonforschung als Modellsubstanz.

Die Biosynthese der natürlichen Z. ist eng mit dem RNS-Stoffwechsel verbunden und erfolgt entweder de novo aus niedermolekularen Verbindungen über den Purinring oder durch Freisetzung von Z. durch Abbau von zytokininhaltiger tRNS. Hauptbiosyntheseort sind die Wurzelspitze sowie junge Früchte oder Samen. Der Transport erfolgt im Xylem. Z. haben ein breites Wirkungsspektrum, das mit dem anderer Phytohormone überlappt. Charakteristisch für Z. sind unter anderem die Stimulierung der Zellteilung in Kallusgeweben und intakten Pflanzen und die Förderung des Streckungswachstums. Z. regulieren in enger Wechselwirkung mit anderen Phytohormonen, vor allem Auxinen und Abszisinsäure, und bestimmten Umweltfaktoren, wie Licht, vielfältig pflanzliche Wachstums- und Differenzierungsprozesse, z. B. Verzögerung des Alterungsprozesses bei Pflanzen. Über den Wirkungsmechanismus und Angriffsort ist bisher wenig bekannt.

Zytologie (Tafeln 20, 21 und 22), *Zellenlehre, Zellbiologie,* Zweig der allgemeinen Biologie, der sich mit dem Aufbau und den Leistungen der Zellen befaßt. Sie basiert in zunehmendem Maß auf den Erkenntnissen der Molekularbiologie und umfaßt die bisherigen Ergebnisse und die noch zu lösenden Aufgaben der *Zellforschung.* Von den sehr zahlreichen Arbeitsrichtungen und Methoden der modernen Zellforschung haben in den letzten ein bis zwei Jahrzehnten besonders die Molekularbiologie, immunologische Verfahren, die Gentechnologie, Elektronenmikroskopie, Isotopenmethode und Zellfusion zu wichtigen Erkenntnissen geführt.

Zytolysosom, → Lysosom.
Zytomembranen, → Membran.
Zytomixis, der Übertritt meist strukturloser Chromatintropfen von einer in eine andere Zelle.
Zytoökologie, ein Teilgebiet der Ökologie, das die Beziehung zwischen einer Zelle eines vielzelligen Organismus und ihrer intraorganischen Umwelt untersucht.
Zytopempsis, → Endozytose.

zytophile Antikörper, Antikörper, die an Zellen angelagert werden können. Die entsprechenden Zellen besitzen Rezeptoren für bestimmte Strukturen des Antikörpers und fixieren daher den Antikörper an der Zellmembran.

Zytoplasma, außerhalb des Zellkerns gelegenes Zellplasma der eukaryotischen Zellen. Es besteht im wesentlichen aus dem elektronenmikroskopisch strukturlos erscheinenden → Grundplasma und den darin eingebetteten Zellorganen sowie den → paraplasmatischen Einschlüssen. In der lichtmikroskopisch strukturlos erscheinenden Grundsubstanz (*Hyaloplasma*) lassen sich im Elektronenmikroskop zahlreiche Zellbestandteile erkennen.

zytoplasmatische Grundsubstanz, svw. Grundplasma.

zytoplasmatisches Skelett, *Zytoskelett*, die im Zytoplasma der Zelle vorwiegend das stützende Gerüst bilden → Mikrotubuli.

zytoplasmatische Vererbung, svw. Plasmavererbung.

Zytoplasmon, die Gesamtheit der zytoplasmatischen Erbanlagen mit Ausnahme der in den Plastiden gelegenen, → Plastidotyp.

Zytorrhyse, Zellschrumpfung, die Verringerung der Zellgröße bei Mikroorganismen, insbesondere Hefen, durch die Einwirkung konzentrierter Salz- oder Zuckerlösungen. Die Z. ist bedingt durch den osmotischen Wasseraustritt aus den Zellen, wobei im Gegensatz zur Plasmolyse der Protoplast nicht von der Zellwand getrennt wird.

Zytoskelett, svw. zytoplasmatisches Skelett.

Zytosol, svw. Grundplasma.

Zytostatika, Substanzen, die das Zellwachstum hemmend beeinflussen. Dem Wirkungsmechanismus und Angriffspunkt nach kann man die Z. in verschiedene Gruppen einteilen: 1) → *Mitosegifte.* 2) *Ruhekerngifte:* Der Angriff erfolgt an einem ruhenden Zellkern, die Schädigung zeigt sich erst bei der Zellteilung. 3) *Antimetabolite:* Substanzen, die den Nukleinsäurestoffwechsel hemmen. 4) *Zytotoxische Substanzen,* die allgemein in den Zellstoffwechsel eingreifen.

Zytostom, → Zelle.

zytotoxische Substanzen, → Zytostatika.

Zytotoxizität, eine Form der Zerstörung von Zellen. Die Z. kann sowohl durch gegen Zellen gerichtete Antikörper als auch durch aktivierte Lymphozyten ausgelöst werden.

Zytotrophoblast, → Embryonalhüllen, → Plazenta.

ZZ, Abk. für zweieiige Zwillinge, → Zwillingsforschung.

Ausführliche Legenden (deutsche und lateinische Bezeichnungen) der in den Tafeln 8 und 9 eingezeichneten Begriffe

Tafel 8: Anatomie des Menschen I.

Oben: Schädel (*Cranium*), Halswirbel (*Vertebrae cervicales*), erste Rippe, Schlüsselbein (*Clavicula*), Oberarmkopf, Brustbein (*Sternum*), Rippen (*Costae*), Rippenknochen, Rippenknorpel, Schwertfortsatz (*Processus xiphoideus*), falsche Rippen (*Costae spuriae*), Lendenwirbel (*Vertebr. lumbales*), Ellenbogengelenk, Darmbein (*Os ilium*), Kreuzbein (*O. sacrum*), Hüftgelenk (*Articulatio coxae*), Handgelenk, Sitzbein (*O. ischii*), Schoßfuge (*Symphyse*), Oberschenkel (*Femur*), Oberschenkelschaft, Kniescheibe (*Patella*), Kniegelenk, Wadenbeinköpfchen, Schienbeinkante, Fußwurzel (*Tarsus*), Fußwurzelknochen, Kahnbein (*O. naviculare*), Mittelfuß (*Metatarsus*), Mittelfußknochen, Zehenknochen (*Ossa digitorum pedis*), Würfelbein (*O. cuboideum*), Handgriff (*Manubrium*), Rabenschnabelfortsatz (*Processus coracoideus*), Schulterhöhe (*Acromion*), Schulterblatt (*Scapula*), Oberarm (*Humerus*), Oberarmschaft, Brustkorb (*Thorax*), 12. Rippe, Elle (*Ulna*), Speiche (*Radius*), Darmbeinsaum, Handwurzel (*Carpus*), Handwurzelknochen, Mittelhand (*Metacarpus*), Mittelhandknochen, Fingerknochen (*Ossa digitorum manus*), Großer Rollhügel (*Trochanter major*), Schambein (*O. pubis*), Wadenbein (*Fibula*), Schienbein (*Tibia*), Schienbeinschaft, Sprungbein (*Talus*), Fersenbein (*Calcaneus*).

Unten: Stirnbein (*O. frontale*), Scheitelbein (*O. parietale*), Keilbein (*O. sphenoidale*), Siebbein (*O. ethmoidale*), Tränenbein (*O. lacrimale*), Nasenbein (*O. nasale*), Jochbein (*O. zygomaticum*), Oberkiefer (*Maxilla*), Unterkiefer (*Mandibula*), Schläfenbein (*O. temporale*), Hinterhauptsbein (*O. occipitale*), Eingang des äußeren Gehörganges, Warzenfortsatz (*Processus mastoideus*), Jochbeinfortsatz des Schläfenbeins.

Tafel 9: Anatomie des Menschen II.

Oben: Stirnmuskel (*Musculus frontalis*), Schläfenmuskel (*M. temporalis*), Augenringmuskel (*M. orbicularis oculi*), Oberlippen- und Nasenflügelheber (*M. levator labii superioris alaeque nasi*), kleiner Jochbeinmuskel (*M. zygomaticus minor*), großer Jochbeinmuskel (*M. zygomaticus major*), Kaumuskel (*M. masseter*), Kopfwender (*M. sternocleidomastoideus*), Brust-Zungenbeinmuskel (*M. sternohyoideus*), Schulter-Zungenbeinmuskel (*M. omohyoideus*), Kappenmuskel (*M. trapezius*), Deltamuskel (*M. deltoideus*), großer Brustmuskel (*M. pectoralis major*), zweiköpfiger Armmuskel (*M. biceps brachii*), Armstrecker (*M. triceps brachii*), vorderer Sägemuskel (*M. serratus anterior*), äußerer schräger Bauchmuskel (*M. obliquus externus abdominis*), Oberarm-Speichenmuskel (*M. brachioradialis*), langer und kurzer radialer Handstrecker (*M. extensor carpi radialis longus* und *brevis*), radialer Handbeugemuskel (*M. flexor carpi radialis*), Fingerstrecker (*M. extensor digitorum*), kurzer Daumenstrecker (*M. extensor pollicis brevis*), großer Lendenmuskel (*M. psoas major*), Kammuskel (*M. pectineus*), Faszienspanner (*M. tensor fasciae latae*), langer Schenkelanzieher (*M. adductor longus*), Schlankmuskel (*M. gracilis*), vierköpfiger Schenkelstrecker (*M. quadriceps femoris*), Schneidermuskel (*M. sartorius*), vorderer Schienbeinmuskel (*M. tibialis anterior*), Schollenmuskel (*M. soleus*), langer Wadenbeinmuskel (*M. peroneus longus*), langer Zehenstrecker (*M. extensor digitorum longus*), Augenbrauenrunzler (*M. corrugator supercilii*), Nasenmuskel (*M. nasalis*), Mundringmuskel (*M. orbicularis oris*), Unterlippensenker (*M. depressor labii inferioris*), Mundwinkelsenker (*M. depressor anguli oris*), vorderer Rippenhalter (*M. scalenus anterior*), Brustbeinschildknorpelmuskel (*M. sternothyreoideus*), Unterschlüsselbeinmuskel (*M. subclavius*), kleiner Brustmuskel (*M. pectoralis minor*), Hakenarmmuskel (*M. coracobrachialis*), äußere Zwischenrippenmuskeln (*Musculi intercostales externi*), innere Zwischenrippenmuskeln (*Mm. intercostales interni*), Armbeuger (*M. brachialis*), gerader Bauchmuskel (*M. rectus abdominis*), Oberarm-Speichenmuskel (*M. brachioradialis*), oberflächlicher Fingerbeuger (*M. flexor digitorum superficialis*), langer Daumenbeuger (*M. flexor pollicis longus*), viereckiger Einwärtsdreher (*M. pronator quadratus*), kurzer Daumenabzieher (*M. abductor pollicis brevis*), kurzer Daumenbeuger (*M. flexor pollicis brevis*), Kleinfingerabzieher (*M. abductor digiti minimi manus*), Regenwurmmuskeln (*Mm. lumbricales manus*), kurzer Schenkelanzieher (*M. adductor brevis*), großer Schenkelanzieher (*M. adductor magnus*), mittlerer Schenkelmuskel (*M. vastus medialis*), Zwillingswadenmuskel (*M. gastrocnemius*), Schollenmuskel (*M. soleus*).

Unten: Kopfschlagader (*A. carotis communis*), innere Drosselvene, (*Vena jugularis interna*), Schlüsselbeinschlagader (*Arteria subclavia*), Schlüsselbeinvene (*V. subclavia*), obere Hohlvene (*V. cava superior*), Herzbeutel, aufgeschnitten, rechte Lunge, rechtes Herzohr, Zwischenrippenmuskulatur, Brustbein, Speiseröhre, Luftröhre, Brustbein, Aorta, Lungenschlagader (*Arteria pulmonalis*), linkes Herzohr, linke Lunge, Herzkranzgefäße (*Aa.* und *Vv. coronariae*), Zwerchfell.

Quellennachweis

Tafelabbildungen (Tafel/Abb.)
Herbert Bach, Jena: 27/2 und 4; Karl-Heinz Barnekow, Leipzig: 42 und 43; Michael Barz, Berlin: 39/8; Ludwig Bauer, Halle: 47/1; D. Bierwolf, Berlin: 18/4; Detlev Brandt, Halle: 30/1 bis 8, 31/1 bis 8; Brånemark und Bagge, Blood Cells 3(1977): 28/1; Kurt Brauer, Leipzig: 24/1 bis 6, 25/1 und 2; Gerhard Budich, Berlin: 36/1 bis 8, 37/1 bis 6, 38/5 und 7, 39/2, 4 und 7, 40/1 und 3 bis 6, 41/1 bis 6; M. Dornbusch, Steckby: 37/8; Armin Ermisch, Leipzig: 25/7; Fraenkel-Conrat, Chemie und Biologie der Viren, VEB Gustav Fischer Verlag Jena: 19/2 und 7; Burkhard Günther, Greifswald: 44/1 bis 9; Erich Günther, Leipzig: 39/5; Jörg Hennersdorf, Radeberg: 37/7; Kurt Herschel, Holzhausen: 32/1 bis 6, 33/1 bis 9, 34/1 bis 9, 35/1 bis 9; Walter Hiekel, Jena: 47/3; Alfred Hilprecht, Magdeburg: 47/6; Hochschul-Film- und Bildstelle der KMU Leipzig: 16/1 bis 4; Erhard Höhne, Leipzig: 29/5, 7 und 8; Hoppe, Lohmann, Markl, Ziegler, Biophysik, Springer-Verlag, Berlin, Heidelberg, New York 1982: 28/5; Institut für Anthropologie und Humangenetik des Bereiches Medizin der FSU Jena: 27/3; Lebrecht Jeschke, Greifswald: 47/2; Lothar Kalbe, Potsdam: 29/1; F. Klingberg, Leipzig: 25/6; M. Lau, Berlin: 38/4; VEB Leuna-Werke »Walter Ulbricht«, Leuna: 29/4; Lietz, Berlin: 17/1 bis 4; Michael Lissmann, Markkleeberg: 1 und 4 bis 6; Günther Lück, Eberswalde: 48/1 bis 4; H. Meyer, Jena: 18/2; Gerd Müller, Leipzig: 11, 14 und 15; Gunther Müller, Berlin: 16/5 und 6, 17/5 und 6; Hildegard Müller, Leipzig: 21/1 bis 5, 22/1 bis 5; Dieter Neumann, Halle: 18/1, 3 und 6, 20/2 bis 6; U. zur Nieden, Halle: 18/5; Joa-

chim Nitschmann, Kleinmachnow: 23/1 bis 9; Gerd Ohnesorge, Magdeburg: 3 und 7 bis 9; H. Petter, Leipzig: 25/3 und 4; Annelies Rammner, Markkleeberg: 29/2; Klaus Rudloff, Berlin: 38/1 bis 3 und 7, 39/1, 3 und 6, 40/2; Kurt Rudolf, Magdeburg: 29/6; Sächsische Landesbibliothek – Deutsche Fotothek, Dresden: 32/7 und 8, 47/5 (Thonig), 48/5 (Möbius); Schmid-Schönbein, Bild der Wissenschaft 2(1982): 28/2; D. J. Schneck, Biofluid Mechanics 2, Plenum Press, New York und London 1980: 28/3; Schulz, Berlin: 26/1, 2 und 8; Schuster, Virus und Viruskrankheiten, A. Ziemsen Verlag, Wittenberg: 19/1, 3 bis 6, 8 bis 10; Ulrich Sedlag, Eberswalde: 2/1 bis 9, 10/1 bis 9, 12/1 bis 6, 13/1 bis 6, 38/6, 45/1 bis 9, 46/1 bis 9; Stanford, Foundations of Biophysics, Academic Press Inc., New York 1975: 28/6a bis 6c; Gerhard Stöcker, Halle: 47/4; Günter Tembrock, Berlin: 26/3 bis 7; Tesla, Brno: 20/1; Dietrich Uhlmann, Leipzig: 29/3; Universitätsfrauenklinik Jena: 27/1; R. Wegelin, Leipzig: 25/5; Zimmermann, Bild der Wissenschaft 4(1982): 28/4

Textabbildungen
Bach, Der Mensch, Urania-Verlag Leipzig – Jena – Berlin, 1965; Bach u. Dušek, Slawen in Thüringen, Hermann Böhlaus Nachfolger, Weimar 1971; Balogh, Lebensgemeinschaft der Landtiere, Akademie-Verlag, Berlin 1958; Bernhardt u. a., Evolution und Stammesgeschichte der Organismen, VEB Gustav Fischer Verlag Jena; Bertalanffy u. Gessner, Handb. der Biologie, Akademische Verlagsgesellschaft Athenaion, Wiesbaden 1977; Boenig u. Bertolini, Leitfaden der Entwicklungsgeschichte des Menschen, VEB Georg Thieme Leipzig, 1971; Brehms Tierleben, Bibliographisches Institut, Leipzig u. Wien 1912; Brockhaus ABC Biochemie, 2. Aufl., VEB F. A. Brockhaus Verlag Leipzig, 1981; Brockhaus ABC Biologie, 5. Aufl., VEB F. A. Brockhaus Verlag Leipzig; Brockhaus ABC Landwirtschaft, 3. Aufl., VEB F. A. Brockhaus Verlag Leipzig, 1974; Brockhaus ABC Naturwissenschaft und Technik, 13. Aufl., VEB F. A. Brockhaus Verlag Leipzig, 1980; Brockhaus Enzyklopädie, Bde 5, 10, 19, F. A. Brockhaus Wiesbaden; Bünning, Die physiologische Uhr, Springer-Verlag Berlin – Heidelberg – New York, 1963; Bürger, Sedlag, Zieger, Zooführer, Urania-Verlag Leipzig – Jena – Berlin, 1980; Clara, Entwicklungsgeschichte des Menschen, Verlag Quelle & Meyer, Leipzig 1938; Crow u. Kimura, An introduction to population genetics theory, New York, Evanston, London; Czihak, Langer, Ziegler, Biologie, Springer-Verlag Berlin – Heidelberg – New York, 1981; Der Große Brockhaus, F. A. Brockhaus, Leipzig 1930; Dönges, Parasitologie, Georg Thieme Verlag, Stuttgart 1980; Dunger, Tiere im Boden, A. Ziemsen Verlag, Wittenberg 1974; Environmental Control of Plant Growth, Academic Press, New York 1963; Friese, Meyers Taschenlexikon Insekten, VEB Bibliographisches Institut Leipzig, 1979; Frohne u. Jensen, Systematik des Pflanzenreiches, VEB Gustav Fischer Verlag Jena, 1973; Geiler, Allgemeine Zoologie, VEB Georg Thieme Leipzig, 1962; Geißler, Molekulargenetik, Akademische Verlagsgesellschaft Geest & Portig K.-G., Leipzig 1975; Gersch u. Richter, Das peptiderge Neuron, VEB Gustav Fischer Verlag Jena, 1981; Geyer, Histologie und mikroskopische Anatomie, VEB Georg Thieme Leipzig, 1982; Grzimeks Tierleben, Kindler Verlag, Zürich 1972; Gunning u. Steer, Biologie der Pflanzenzelle, VEB Gustav Fischer Verlag Jena, 1977; Haltenorth u. Trense, Das Großwild der Erde und seine Trophäen, Bayerischer Landwirtschaftsverlag, Bonn – München – Wien 1956; Harrison u. Lunt, Biological Membranes, The Blackie Group of Publishers, Glasgow 1975; Heberer, Die Evolution der Organismen, Gustav Fischer Verlag, Stuttgart 1967; Hegi, Illustrierte Flora von Mitteleuropa, J. F. Lehmanns Verlag, München; Hohl, Die Entwicklungsgeschichte der Erde, VEB F. A. Brockhaus Verlag Leipzig, 1981; Jacobs u. Seidel, Wörterb. der Biologie, Systematische Zoologie, Insekten, VEB Gustav Fischer Verlag Jena, 1975; Janke u. Dickscheit, Handb. der mikrobiologischen Laboratoriumstechnik, Theodor Steinkopff, Dresden 1967; Kämpfe, Kittel, Klapperstück, Leitfaden der Anatomie der Wirbeltiere, VEB Gustav Fischer Verlag Jena, 1980; Keidel, Kurzgefaßtes Lehrb. der Physiologie, Georg Thieme Verlag, Stuttgart 1979; Klausnitzer u. Richter, Stammesgeschichte der Gliedertiere, A. Ziemsen Verlag, Wittenberg 1981; Kleiber, Der Energiehaushalt von Mensch und Haustier, Verlag Paul Parey, Hamburg u. Berlin 1967; Kleine Enzyklopädie Leben, VEB Bibliographisches Institut Leipzig, 1976; Klinkowski u. a., Krankheiten und Schädlinge landwirtschaftlicher Kulturpflanzen, Akademie-Verlag, Berlin 1974; Kosmos-Lexikon der Naturwissenschaften, Franckh'sche Verlagshandlung, Stuttgart; Krstić, Ultrastruktur der Säugetierzelle, Springer-Verlag Berlin – Heidelberg – New York, 1976; Krumbiegel, Biologie der Säugetiere, Agis-Verlag, Krefeld, Baden-Baden 1955; Krumbiegel, Fossilien der Erdgeschichte, VEB Deutscher Verlag für Grundstoffindustrie, Leipzig 1980; Krumbiegel u. Walther, Fossilien – Sammeln, Präparieren, Bestimmen, Auswerten, VEB Deutscher Verlag für Grundstoffindustrie, Leipzig 1979; Libbert, Kompendium der Allgemeinen Biologie, VEB Gustav Fischer Verlag Jena, 1977; Marshall, Tiefseebiologie, VEB Gustav Fischer Verlag Jena, 1957; May, Theoretische Ökologie, Verlag Chemie GmbH, Weinheim 1980; Mc Kusick, Humangenetik, VEB Gustav Fischer Verlag Jena, 1968; Mende, Zur Energieflußanalyse der ökologischen Grundsituation, Forschungsbeiträge zur Ökologie und zum Umweltschutz, Greifswald 1980; Meyers Neues Lexikon, Bd 2, VEB Bibliographisches Institut Leipzig, 1972; Müller, Lehrb. der Paläozoologie, VEB Gustav Fischer Verlag Jena, 1976; Müller, Grundlagen der Lebensmittelmikrobiologie, VEB Fachbuchverlag Leipzig 1977; Nitschmann, Entwicklung bei Mensch und Tier, Akademie-Verlag, Berlin 1976; Osche, Ökologie, Herder Verlag, Freiburg – Basel – Wien 1974; Penzlin, Lehrb. der Tierphysiologie, VEB Gustav Fischer Verlag Jena, 1980; Raths, Tiere im Winterschlaf, Urania-Verlag Leipzig – Jena – Berlin, 1975; Rauh, Morphologie der Nutzpflanzen, Quelle und Meyer, Heidelberg 1950; Rein u. Schneider, Einführung in die Physiologie des Menschen, Springer-Verlag Berlin – Heidelberg – New York, 1980; Remane, Storch, Welsch, Systematische Zoologie, VEB Gustav Fischer Verlag Jena, 1976; Rieger, Meyers Taschenlexikon, Molekularbiologie, VEB Bibliographisches Institut Leipzig, 1972; Schilder, Lehrb. der Allgemeinen Zoogeographie, VEB Gustav Fischer Verlag Jena, 1956; Schlieper, Praktikum der Zoophysiologie, VEB Gustav Fischer Verlag Jena, 1977; Schröder, Mikrobiologisches Praktikum, Volk und Wissen Volkseigener Verlag, Berlin 1977; Schuster, Virus und Viruskrankheiten, A. Ziemsen Verlag, Wittenberg 1972; Schüz, Grundriß der Vogelzugskunde, Verlag Paul Parey, Berlin u. Hamburg 1971; Schwerdtfeger, Ökologie der Tiere, Verlag Paul Parey, Hamburg u. Berlin 1978; Sedlag, Die Tierwelt der Erde, Urania-Verlag Leipzig – Jena – Berlin, 1981; Seeliger, Taschenb. der medizinischen Bakteriologie, Johann Ambrosius Barth, Leipzig 1978; Sengbusch, Molekular- und Zellbiologie, Springer-Verlag Berlin – Heidelberg – New York, 1978; Shepherd u. Vanhoutte, The Human Cardiovascular System, Raven Press, New York 1980; Sperlich, Populationsgenetik, VEB Gustav Fischer Verlag Jena, 1973; Sprössing u. Anger, Mikrobiologisches Vademekum, VEB Gustav Fischer Verlag Jena, 1976; Stöcker, Ökosystem, Begriff und Konzeption,

Arch. Landschaftsforschung u. Naturschutz 19/1979; Storch u. Welsch, Einführung in die Cytologie und Histologie der Tiere, VEB Gustav Fischer Verlag Jena, 1973; Strasburger, Lehrb. der Botanik, VEB Gustav Fischer Verlag Jena, 1978; Streble u. Krauter, Das Leben im Wassertropfen, Mikroflora und Mikrofauna des Süßwassers, Franckh'sche Verlagshandlung, Stuttgart 1978; Stugren, Grundlagen der allgemeinen Ökologie, VEB Gustav Fischer Verlag Jena, 1972; Thenius, Versteinerte Urkunden, Springer-Verlag Berlin – Heidelberg – New York, 1972; Thimann, Das Leben der Bakterien, VEB Gustav Fischer Verlag Jena, 1964; Thrum u. Bocker, Antibiotika – woher, wofür? Urania-Verlag Leipzig – Jena – Berlin, 1971; Timofeeff-Ressovsky, Jablokov, Glotov, Grundriß der Populationslehre, VEB Gustav Fischer Verlag Jena, 1977; Tischler, Synökologie der Landtiere, Gustav Fischer Verlag, Stuttgart 1955; Urania Pflanzenreich, Urania-Verlag Leipzig – Jena – Berlin; Urania Tierreich, Urania-Verlag Leipzig – Jena – Berlin, 1975; Vogel u. Angermann, Taschenb. der Biologie, Bd 1, VEB Gustav Fischer Verlag Jena, 1979; Voss u. Herrlinger, Taschenb. der Anatomie, VEB Gustav Fischer Verlag Jena, 1972; Warburg, Die Pflanzenwelt, Bibliographisches Institut Leipzig, 1913; Weymar, Buch der Farne, Bärlappe und Schachtelhalme, Neumann Verlag, Radebeul 1955; Weymar, Buch der Moose, Neumann Verlag, Radebeul 1958; Zimmermann, Die Phylogenie der Pflanzen, Gustav Fischer Verlag, Stuttgart 1959; Ztschr. Wissenschaft u. Fortschritt, Heft 5/1978, 7/1980, Akademie-Verlag, Berlin

Tafelverzeichnis

Insekten	1
Schutzanpassungen bei Insekten	2
Brutpflege im Tierreich	3
Fische	4
Lurche und Kriechtiere	5
Einheimische Vögel	6
Mitteleuropäische Kleinsäuger	7
Anatomie des Menschen I	8
Anatomie des Menschen II	9
Blütenbiologie	10
Pflanzengesellschaften	11
Pflanzengallen I	12
Pflanzengallen II	13
Einkeimblättrige Pflanzen	14
Zweikeimblättrige Pflanzen	15
Mikrobiologie I	16
Mikrobiologie II	17
Elektronenmikroskopische Methoden	18
Viren und Phagen	19
Zellbiologie I	20
Zellbiologie II	21
Zellbiologie III	22
Embryologie und Entwicklungsphysiologie	23
Neurobiologie I	24
Neurobiologie II	25
Verhaltensforschung	26
Humangenetik	27
Biophysik	28
Biologische Abwasserreinigung	29
Paläobotanik	30
Paläozoologie	31
Moose und Farne	32
Farne und Flechten	33
Blüten und Früchte von Laubhölzern	34
Blüten und Früchte von Nadelhölzern	35
Vom Aussterben bedrohte Tiere I	36
Vom Aussterben bedrohte Tiere II	37
Säugetiere I	38
Säugetiere II	39
Säugetiere III	40
Säugetiere IV	41
Parasitenzyklen I	42
Parasitenzyklen II	43
Tiere mit unterschiedlichen Ernährungsweisen	44
Tierische Schädlinge I	45
Tierische Schädlinge II	46
Landschaftspflege und Naturschutz	47
Bäume als Naturdenkmäler	48

Tafel 1

Insekten. 1 Schwebfliege (*Syrphus contuscus*) auf einer Blüte der Wegwarte. **2** Zitronenfalter (*Gonepteryx rhamni*) saugt an einer Bohnenblüte. **3** Schildwanze (*Picromerus bidens*) beim Ansaugen einer Kohlweißlingsraupe. **4** Raupenfliege (*Sturmia sentellata*) hat eine Schwammspinnerraupe mit Eiern belegt. **5** Goldlaufkäfer (*Carabus auratus*) mit erbeutetem Maikäfer. **6** Florfliegenlarve (Blattlauslöwe, *Chrysopa*) beim Aussaugen einer Blattlaus. **7** Blattlausschlupfwespe (*Diaeretus rapae*) injiziert ihre Eier in eine Blattlaus (parasitiert bes. *Brevicoryne brassicae*). **8** Schlupfwespe (*Pimpla instigator*) sticht zur Eiablage eine Puppe der Nonne an.

Tafel 2

Schutzanpassungen bei Insekten. Starke Behaarung: **1** Raupe der Ahorneule (*Acronicta aceris*). Gespinste: **2** Gespinstmottenraupen (*Yponomeuta* spec.). Gehäuse: **3** Verpuppungskokon einer bachbewohnenden Köcherfliege. Abwehrbewegungen: **4** Blattwespenlarve (*Croesus septentrionalis*). Tarnbedeckung: **5** Florfliegenlarve unter Blattlaushäuten. Tarnfärbung und Tarngestalt: **6** Ödlandschrecke (*Oedipoda caerulescens*), **7** Blattwespenlarve an Erle (*Platycampus luridiventris*). Mimese: **8** Raupe des Beifußmönches (*Cucullia artemisiae*), **9** Raupe des Birkenspanners (*Biston betularia*).

Tafel 3

Brutpflege im Tierreich. 1 Plattegel (*Helobdella stagnalis*) mit Eiern (bis 12 mm lang, Kosmopolit). **2** Ohrwurm (*Forficula auricularia*), sein Gelege beleckend. **3** Skorpion mit aufgerittenen Jungen. **4** Männchen der Geburtshelferkröte (*Alytes obstetricans*, Harz bis Frankreich) mit Eiern. **5** Maulbrütender Buntbarsch. **6** Das Männchen des Zweifarbblattsteigers (*Phyllobates bicolor*) trägt die Kaulquappen auf dem Rücken. **7** Blindwühle (*Ichthyophis glutinosus*) mit Gelege. **8** Brütender Netzpython (*Python reticulatus*). **9** Straußenhahn (*Struthio camelus*) bei der Betreuung seiner Nachkommen. **10** Mutter und Kind beim Großen Ameisenbären (*Myrmecophaga tridactyla*).

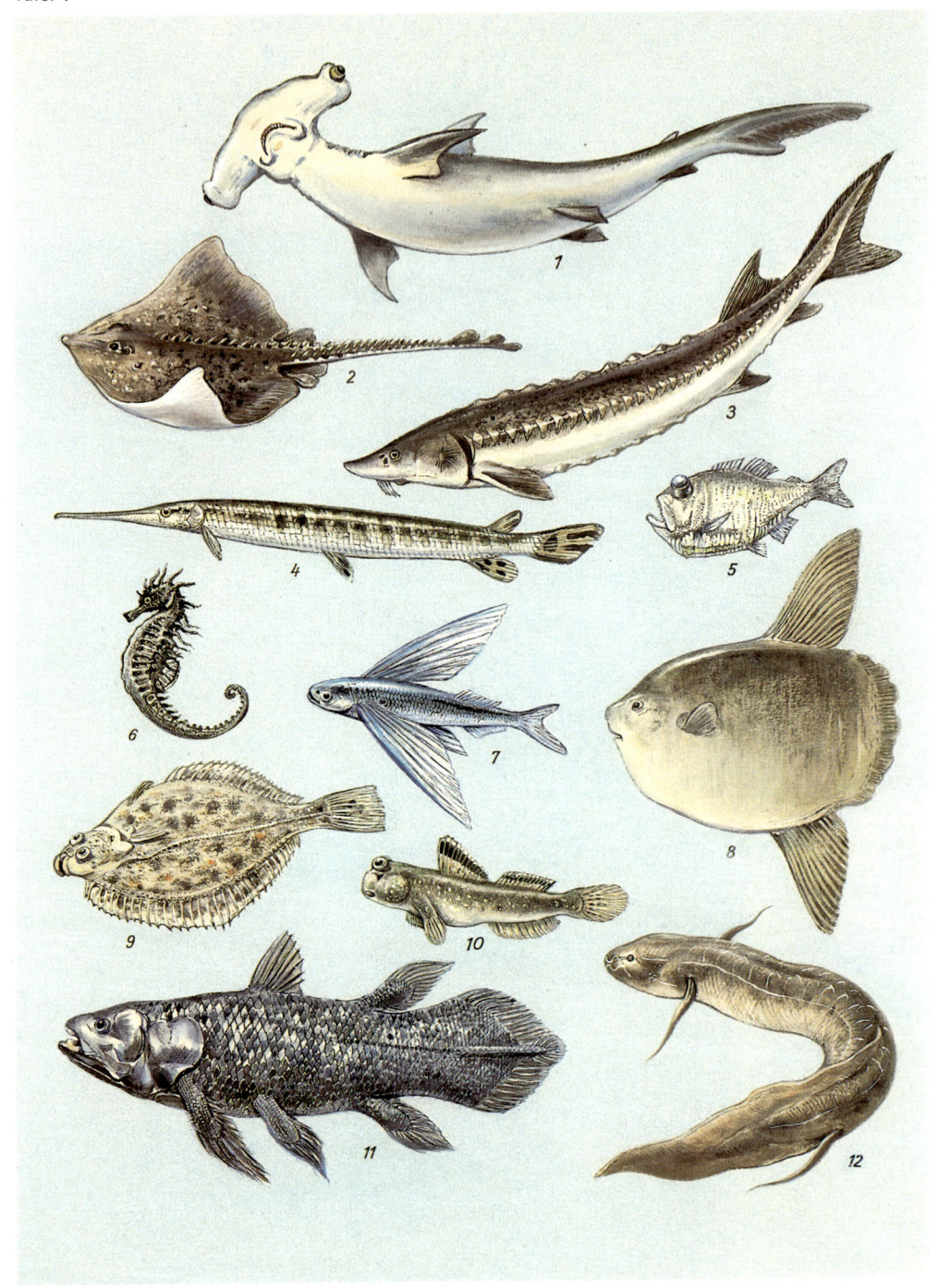

Fische. **1** Hammerhai (*Sphyrna zygaena*), 4 m. **2** Nagelroche (*Raja clavata*), ♂ bis 70 cm, ♀ bis 1,25 m. **3** Stör (*Acipenser sturio*), 2 bis 4 m. **4** Knochenhecht (*Lepisosteus osseus*), 1,50 m. **5** Tiefsee-Beilfisch (*Argyropelecus* spec.), 9 cm. **6** Seepferdchen (*Hippocampus guttulatus*), 12 cm. **7** Fliegender Fisch (*Exocoëtus* spec.), 20 cm. **8** Mondfisch (*Mola mola*), 2,50 m. **9** Flunder (*Pleuronectes flesus*), 30 cm. **10** Schlammspringer (*Periophtalmus barbarus*), 15 cm. **11** Quastenflosser (*Latimeria chalumnae*), 1,50 m. **12** Afrikanischer Lungenfisch (*Protopterus dolloi*), 85 cm.

Lurche und Kriechtiere. 1 Feuersalamander (*Salamandra salamandra*), 20 cm. **2** Wabenkröte (*Pipa americana*), 20 cm. **3** Wechselkröte (*Bufo viridis*), 8 cm. **4** Laubfrosch (*Hyla arborea*), 4 cm. **5** Hornfrosch (*Ceratophrys* spec.), 15 cm. **6** Ochsenfrosch (*Rana catesbyana*), 20 cm. **7** Brückenechse (*Sphenodon punctatus*), 70 cm. **8** Rotwangen-Schmuckschildkröte (*Pseudemys scripta elegans*), 28 cm. **9** Brillenkaiman (*Caiman crocodilus*), 2,50 m. **10** Perleidechse (*Lacerta lepida*), 60 cm. **11** Komodowaran (*Varanus komodoensis*), 3 m. **12** Anakonda (*Eunectes murinus*), 7 m. **13** Leopardnatter (*Elaphe situla*), 1,10 m. **14** Gabunviper (*Bitis gabonica*), 1,50 m.

Einheimische Vögel. **1** Schwarzhalstaucher (*Podiceps nigricollis*). **2** Zwergdommel (*Ixobrychus minutus*). **3** Teichralle (*Gallinula chloropus*). **4** Krickente (*Anas crecca*). **5** Sperber (*Accipiter nisus*). **6** Flußregenpfeifer (*Charadrius dubius*). **7** Flußseeschwalbe, fliegend (*Sterna hirundo*). **8** Türkentaube (*Streptopelia decaocto*). **9** Kuckuck (*Cuculus canorus*). **10** Waldkauz (*Strix aluco*). **11** Mauersegler (*Apus apus*). **12** Grünspecht (*Picus viridis*). **13** Mehlschwalbe (*Delichon urbica*). **14** Schafstelze (*Motacilla flava*). **15** Neuntöter (*Lanius collurio*). **16** Dorngrasmücke (*Sylvia communis*). **17** Gartenrotschwanz (*Phoenicurus phoenicurus*). **18** Goldammer (*Emberiza citrinella*). **19** Gimpel (*Pyrrhula pyrrhula*). **20** Kleiber (*Sitta europaea*). **21** Elster (*Pica pica*).

Tafel 7

Mitteleuropäische Kleinsäuger. Bilche (Gliridae): **1** Haselmaus (*Muscardinus avellanarius*), **2** Siebenschläfer (*Glis glis*). Wühlmäuse, Kurzschwanzmäuse (Microtinae): **3** Feldmaus (*Arvicola terrestris*), **4** Rötelmaus (*Clethrionomys glareolus*). Echte Mäuse, Langschwanzmäuse (Muridae): **5** Zwergmaus (*Micromys minutus*), **6** Gelbhalsmaus (*Apodemus flavicollis*), **7** Hausmaus (*Mus musculus*), **8** Waldmaus (*Apodemus sylvaticus*). Rotzahnspitzmäuse: **9** Waldspitzmaus (*Sorex araneus*), **10** Zwergspitzmaus (*Sorex minutus*). Weißzahnspitzmäuse, Wimperspitzmäuse (Crocidurinae): **11** Hausspitzmaus (*Crocidura russula*). Schädel: **12** Wühlmaus, **13** Rotzahnspitzmaus, **14a** und **14b** vordere Zähne einer Rot- und einer Weißzahnspitzmaus.

Tafel 8

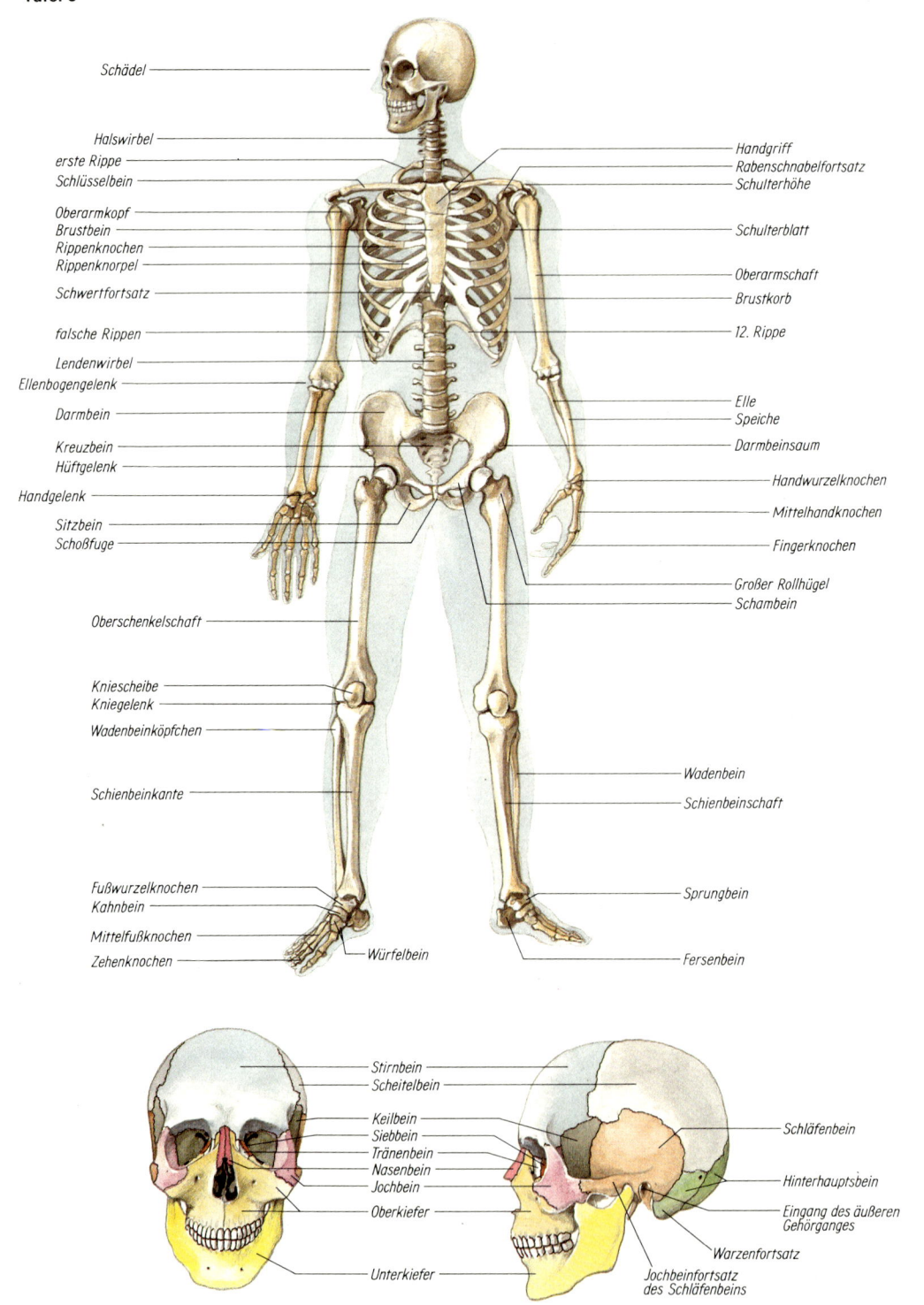

Anatomie des Menschen I. Oben: Skelett. Unten links: Schädel Vorderansicht, unten rechts: Schädel Seitenansicht. – Ausführliche Legende (deutsche und lateinische Bezeichnungen der hier eingezeichneten Begriffe) am Ende des ABC-Teils.

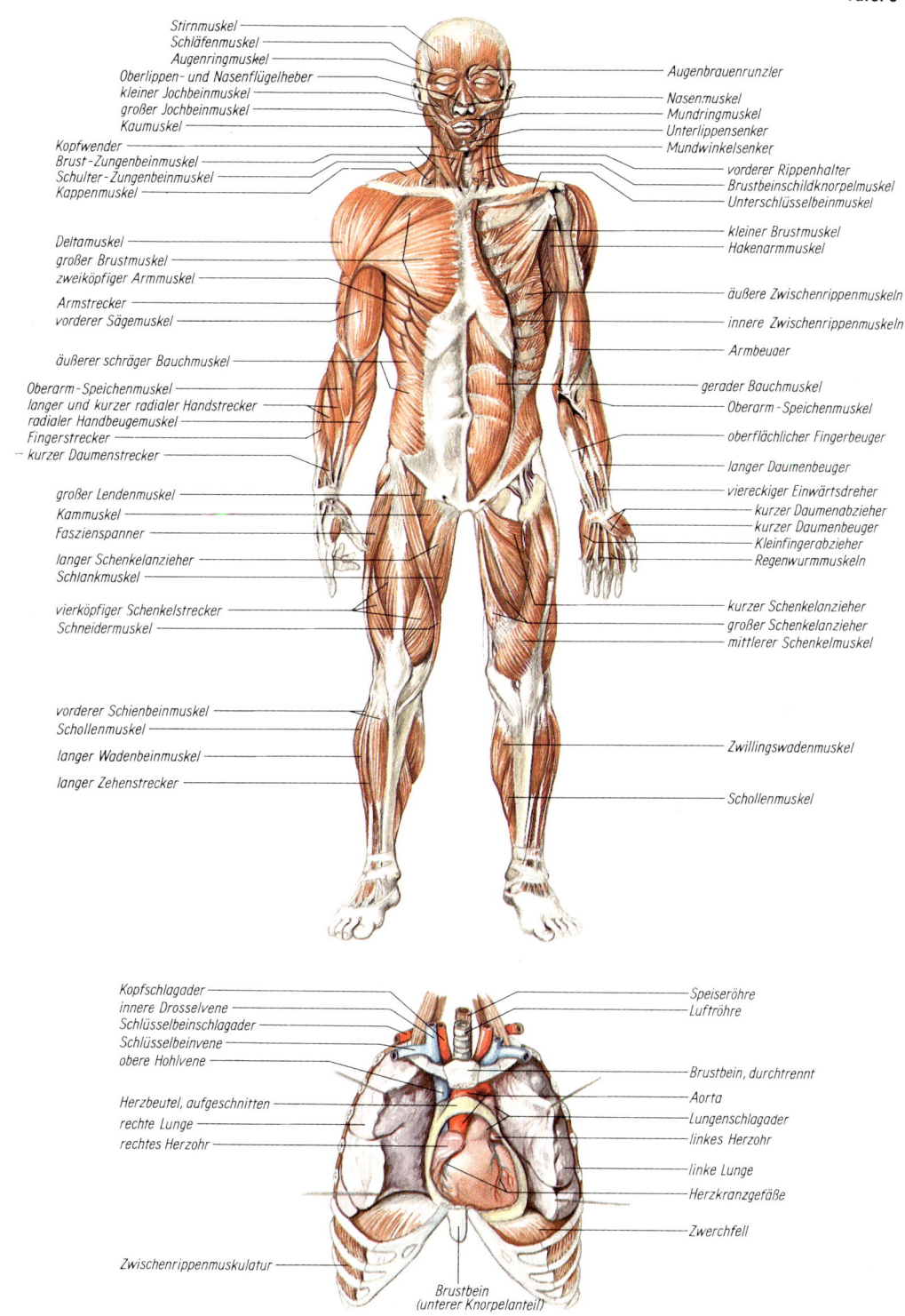

Tafel 9

Stirnmuskel
Schläfenmuskel
Augenringmuskel
Oberlippen- und Nasenflügelheber
kleiner Jochbeinmuskel
großer Jochbeinmuskel
Kaumuskel
Kopfwender
Brust-Zungenbeinmuskel
Schulter-Zungenbeinmuskel
Kappenmuskel

Deltamuskel
großer Brustmuskel
zweiköpfiger Armmuskel
Armstrecker
vorderer Sägemuskel

äußerer schräger Bauchmuskel

Oberarm-Speichenmuskel
langer und kurzer radialer Handstrecker
radialer Handbeugemuskel
Fingerstrecker
kurzer Daumenstrecker

großer Lendenmuskel
Kammuskel
Faszienspanner
langer Schenkelanzieher
Schlankmuskel

vierköpfiger Schenkelstrecker
Schneidermuskel

vorderer Schienbeinmuskel
Schollenmuskel

langer Wadenbeinmuskel

langer Zehenstrecker

Augenbrauenrunzler
Nasenmuskel
Mundringmuskel
Unterlippensenker
Mundwinkelsenker
vorderer Rippenhalter
Brustbeinschildknorpelmuskel
Unterschlüsselbeinmuskel

kleiner Brustmuskel
Hakenarmmuskel

äußere Zwischenrippenmuskeln
innere Zwischenrippenmuskeln
Armbeuger

gerader Bauchmuskel
Oberarm-Speichenmuskel
oberflächlicher Fingerbeuger
langer Daumenbeuger
viereckiger Einwärtsdreher
kurzer Daumenabzieher
kurzer Daumenbeuger
Kleinfingerabzieher
Regenwurmmuskeln

kurzer Schenkelanzieher
großer Schenkelanzieher
mittlerer Schenkelmuskel

Zwillingswadenmuskel

Schollenmuskel

Kopfschlagader
innere Drosselvene
Schlüsselbeinschlagader
Schlüsselbeinvene
obere Hohlvene

Herzbeutel, aufgeschnitten
rechte Lunge
rechtes Herzohr

Zwischenrippenmuskulatur

Speiseröhre
Luftröhre

Brustbein, durchtrennt
Aorta
Lungenschlagader
linkes Herzohr
linke Lunge
Herzkranzgefäße
Zwerchfell

Brustbein
(unterer Knorpelanteil)

Anatomie des Menschen II. Oben: Die wichtigsten Muskeln (in der Abb. links oberflächliche, rechts tiefe Schicht). Unten: Brustsitus. – Ausführliche Legende (deutsche und lateinische Bezeichnungen der hier eingezeichneten Begriffe) am Ende des ABC-Teils.

Tafel 10

Blütenbiologie. 1 und **2** Männliche und weibliche Blüten der einhäusigen, windblütigen Walnuß, (*Juglans regia*). **3** Bei der »Einzelblüte« (Cyathium) der Wolfsmilch (*Euphorbia* spec.) mit ihren auffallenden, mondsichelförmigen Nektarien handelt es sich tatsächlich um einen Blütenstand. **4** Bei vielen Blüten – hier beim Fingerhut (*Digitalis purpurea*) – weisen Saftmale den Bestäubern den Weg ins Innere der Blüte. **5** Die von einer Spatha umgebene Kolbenblüte der Schlangenwurz (*Calla palustris*) besteht aus einer Anzahl nektarloser Zwitterblüten. Durch ihren unangenehmen Duft werden vor allem Fliegen angelockt. **6** Der Mohn gehört zu den ergiebigsten Pollenlieferanten. Beim Klatschmohn (*Papaver rhoeas*) wurden in einer Blüte 2,6 Millionen Pollenkörner gezählt. Die Blüte reflektiert in starkem Maße UV-Strahlen und ist dadurch auch für die rotblinden Bienen und Fliegen auffällig. **7** Eine Honigbiene hat sich mit Blütenstaub der Wegwarte (*Cichorium intybus*) eingepudert, der anschließend zusammengebürstet und den schon umfangreichen »Pollenhöschen« angefügt wird. Pollen gibt es in der Wegwartenblüte nur etwa von 7 bis 12 Uhr. **8** Nächst den Bienen spielen Schwebfliegen (hier *Episyrphus balteata*) eine große Rolle als Blütenbestäuber. **9** Eine Hummel hat den Hebelmechanismus der Salbeiblüte betätigt, der ihr die Staubgefäße in den Pelz drückt. Hier handelt es sich um die südlich-montane Klebsalbei (*Salvia glutinosa*).

Tafel 11

Pflanzengesellschaften. 1 Ruderalvegetation: Eselsdistelgesellschaft (*Onopordetum acanthii*). **2** Ackerunkrautvegetation: Kamillengesellschaft (*Aphano-Matricarietum*). **3** Wasservegetation: Seerosengesellschaft (*Nymphaeetum albo-candidae*). **4** bis **6** Grünlandvegetation: **4** Silbergrasflur (*Spergulo-Corynephoretum*). **5** Fettwiese (*Arrhenotheretum elativris*). **6** Borstgrasmatte (*Nardetum*). **7** bis **9** Waldvegetation: **7** Auenwald (*Fraxino-Ulmetum*). **8** Traubeneichen-Hainbuchen-Lindenwald (*Tilio-Carpinetum*). **9** Fichtenwald (*Piceetum hercynicum*).

Tafel 12

1
2
3
4
5
6

Pflanzengallen I. Erreger Strahlenpilze: **1** Wurzelknöllchen an Erle – *Frankia alni*. Erreger Blattläuse: **2** Ananasgalle an Fichte – *Sacchiphantes viridis*. Erreger Blattwespen: **3** Bohnengallen an Weide – *Pontania proxima*. Erreger Gallwespen: **4** bis **6** an Eiche. **4** *Andricus ostrea* (Hauptader) und Linsengallen von *Neuroterus quercusbaccarum* (parthenogenetische Generation). **5** Weinbeerengalle der zweigeschlechtlichen Generation von *Neuroterus quercusbaccarum* in männlicher Blüte. **6** *Neuroterus laeviusculus* am Boden unter einer Eiche, an der sich schätzungsweise 1 Million Gallen entwickelt hatten.

Tafel 13

Pflanzengallen II. Erreger Gallwespen: **1** und **2** an Eiche. **1** *Cynips longiventris.* **2** *Andricus foecundatrix.* **3** Schnitt durch einen alten »Schlafapfel« an Rose – *Diplolepis rosae.* Erreger Gallmücken: **4** *Harmandia tremulae* an Zitterpappel. **5** Weidenrose – *Rabdophaga rosaria* (an einem Blatt die Galle der Blattwespe *Pontania vesicator*). **6** *Didymomyia tiliacea* an Linde. Links schiebt sich die zu Boden fallende Binnengalle heraus, rechts ein bereits leerer Krater.

Tafel 14

Einkeimblättrige Pflanzen. 1 Vriesea (*Vriesea* spec.). **2** Gelbe Kaiserkrone (*Fritillaria imperialis* cv. »*lutea*«). **3** Sterntulpe (*Tulipa tarda*). **4** Große Händelwurz (*Gymnadenia conopsea*). **5** Venusschuh »Aladin« (*Paphiopedilum* cv. »*Aladin*«). **6** Großwurzelige Alokasie (*Alocasia macrorrhiza*).

Tafel 15

Zweikeimblättrige Pflanzen. 1 Adonisröschen (*Adonis vernalis*). **2** Fuchsrose (*Rosa foetida*). **3** Gemeiner Schneeball (*Viburnum opulus*). **4** Rote Passionsblume (*Passiflora racemosa*). **5** Japanischer Rhododendron (*Rhododendron japonicum*). **6** Silberdistel (*Carlina acaulis*).

Tafel 16

1

2

3

4

5

6

Mikrobiologie I. 1 Mikroorganismenkolonien, die sich in einer Petrischale auf einem Agarnährboden entwickelt haben, nachdem er für einige Zeit offen der Luft ausgesetzt worden war. Es handelt sich vorwiegend um Bakterienkolonien. **2** Schrägröhrchen mit Reinkulturen von Bakterien. Von links nach rechts: Heubazillus *Bacillus subtilis, Serratia marcescens, Micrococcus luteus.* **3** Riesenkolonie der Hefe *Saccharomyces cerevisiae.* **4** Riesenkolonie des Gießkannenschimmels *Aspergillus niger.* Die Luftsporen (Konidien) sind schwarz gefärbt. **5** Rosaschimmel *Trichothecium* (= *Cephalothecium*), ein Brotschimmel. **6** Moniliapilz *Monilinia fructigena* auf Apfel, Erreger der Moniliafäule.

Tafel 17

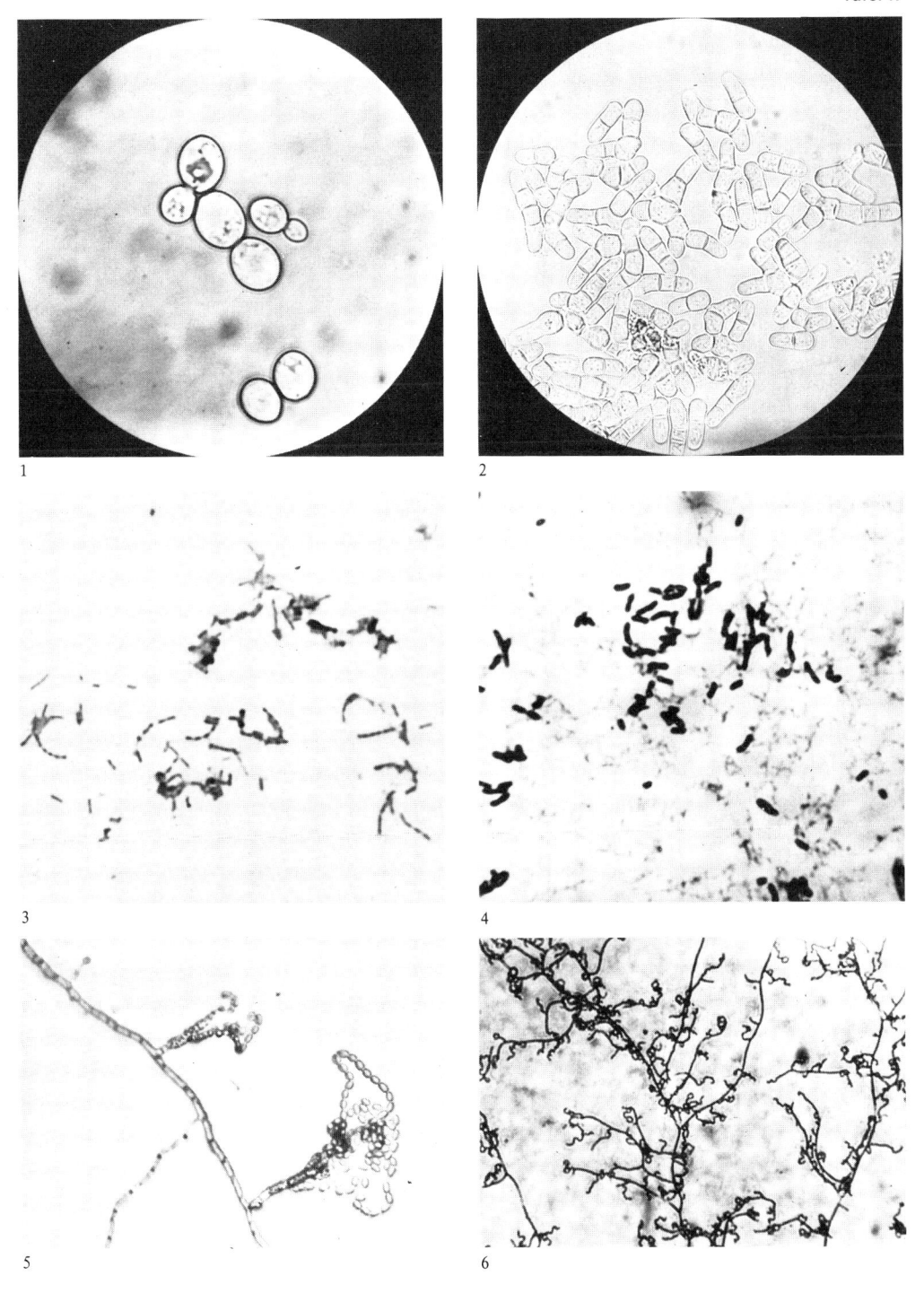

Mikrobiologie II. 1 und **2** Kulturhefen: **1** *Saccharomyces cerevisiae*, Vergr. etwa 600fach, **2** *Schizosaccharomyces octosporus*, Vergr. etwa 600fach. **3** Milchsäurebakterium *Lactobacillus delbrueckii*, Vergr. 400fach. **4** Essigsäurebakterium *Acetobacter aceti*, Vergr. etwa 900fach. **5** Schimmelpilz *Scopulariopsis brevicaulis*, Vergr. etwa 200fach. **6** Aktinomyzet *Streptomyces albus*, Vergr. etwa 200fach.

Tafel 18

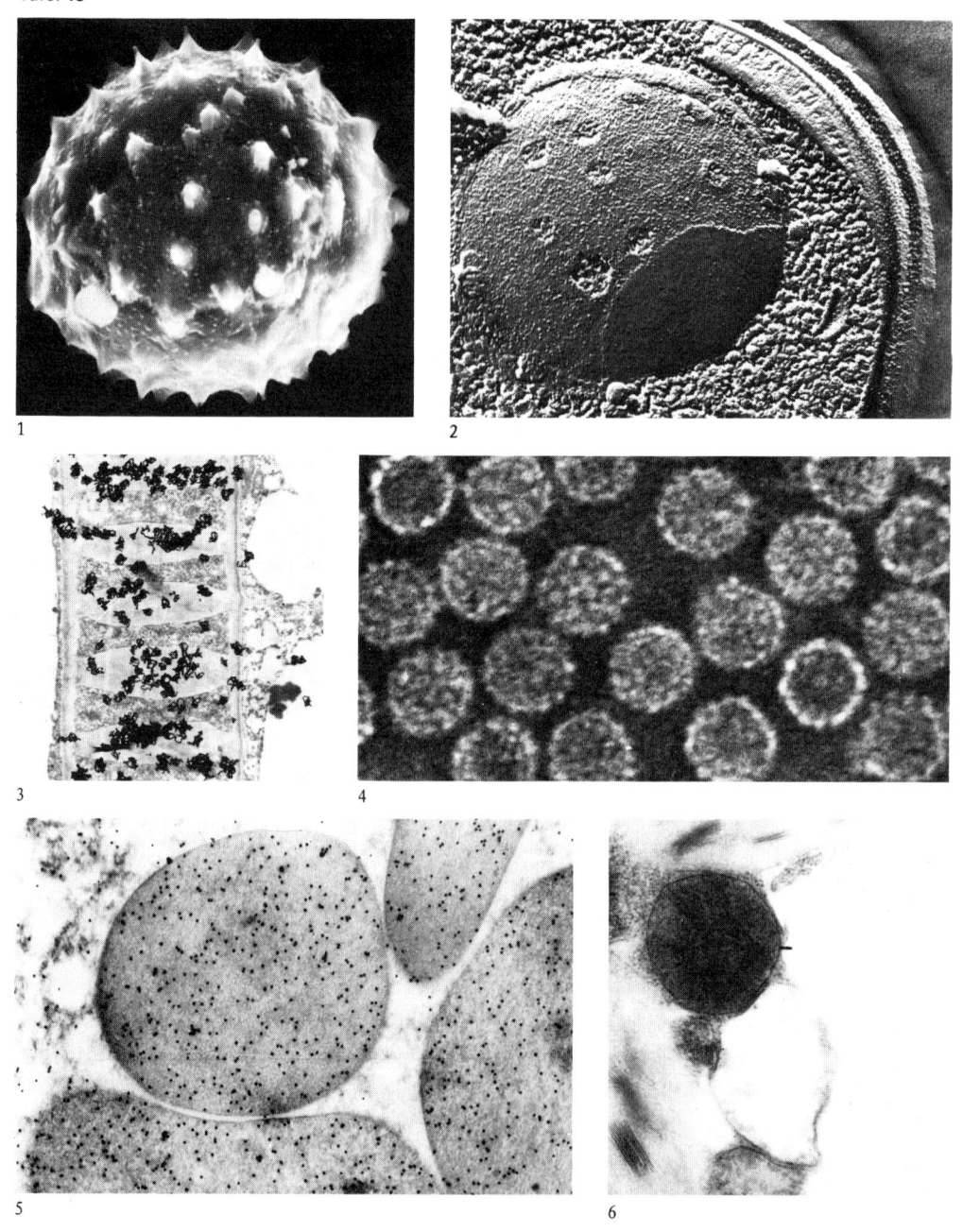

Elektronenmikroskopische Methoden. 1 Rasterelektronenmikroskopische Aufnahme (Sekundärelektronenbild) eines Pollenkorns von *Arbutilon*. 3000fach. **2** Gefrierätzung einer Hefezelle. Der Gefrierbruch hat Spaltflächen von den beiden Membranen der Kernhülle freigelegt. An der äußeren Zellbegrenzung hat die Ätzung zwischen quer gebrochener Zellwand und Eisniveau einen schmalen Saum der Zelloberfläche freigelegt. 50000fach. **3** Autoradiogramm eines jungen Gefäßes vom Tabak nach Fütterung mit radioaktivmarkiertem Nikotin. Die schwarzen Filamente sind Silberkörner. Sie geben Aufschluß über die Verteilung der radioaktiven Verbindung in dem biologischen Objekt. 5400fach. **4** Negativkontrastierung von Hamster-Papova-Viren aus Hautwarzen. Durch Negativkontrastierung mit Phosphorwolframsäure lassen sich die Proteine der Virushülle deutlich darstellen. 300000fach. **5** Immunhistochemischer Nachweis von Speicherproteinen in den Samen der Ackerbohne. Die Antikörper sind mit kolloidalem Gold markiert, das im Elektronenmikroskop als kontrastreiche Punkte abgebildet wird. 33600fach. **6** Histochemischer Nachweis von Katalase in Blättern der Gerste. Die kontrastreiche Darstellung bestimmter Teile der Zelle zeigt an, daß das Enzym nur in den Cytosomen (−) lokalisiert ist. 24000fach.

Tafel 19

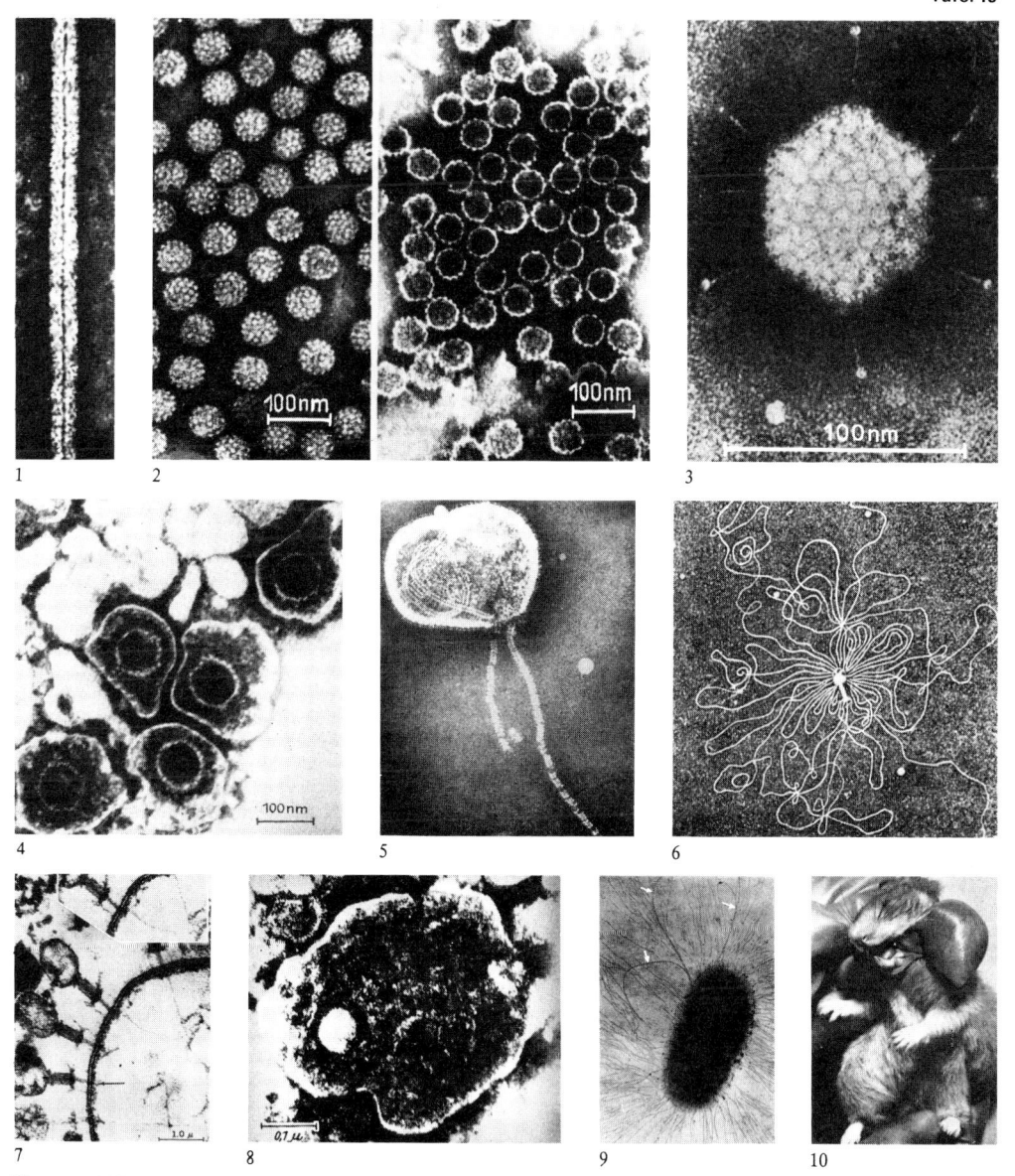

Viren und Phagen. 1 Teilchen des Tabakmosaikvirus in elektronenmikroskopischer Darstellung. Negativkontrastverfahren. Der Zentralkanal ist deutlich sichtbar (→ Viren). Nach Leberman. **2** Menschliches Warzenvirus, links volle Teilchen (Nukleokapseln), rechts nukleinsäurefreie, »leere« Teilchen (Kapside). Negativkontrastverfahren (→ Viren). Nach Follet. **3** Adenovirus. Die Kapsomeren an den Ecken des Isokaeders (= Pentons) besitzen faserförmige, durch ein knopfartiges Gebilde abgeschlossene Anhänge (→ Viren). Nach Valentine und Pereira. **4** *Herpes simplex* – Virus, ein umhülltes Virus mit isodiametrischer Nukleokapsel (→ Viren). Negativkontrastverfahren (→ Viren). Nach Watson und Wildy. **5** Masernvirus, ein umhülltes Virus mit einer langgestreckten, helikalen, vielfach gewundenen Nukleokapsel, die bei der Präparation zum Teil aus der Hülle ausgetreten ist (→ Viren). Vergr. 200000fach. Nach Pereira. **6** Geplatztes Phagenteilchen vom Typ T2. Neben der Proteinumhüllung ist die aus dem Kopf herausgeschleuderte Umhüllung als Fadenknäuel sichtbar. Vergr. etwa 40000fach (→ Phagen). Nach Kleinschmidt. **7** An der Zellwand von *Escherichia coli* adsorbierte T4-Phagen. Der Pfeil zeigt auf eine Schwanzröhre, die die Zellwand durchdrungen hat. Die dünnen Fäden (Durchmesser ≈ 2 nm) sind wahrscheinlich die Phagen-DNS (→ Viren, → Phagen). Nach Simon und Anderson. **8** Inkorporation des Influenzavirus in eine Wirtszelle. Die an der Wirtszelle adsorbierten Teilchen werden von dieser allmählich eingeschlossenen (phagozytiert) → Viren. Nach Hoyle. **9** Kontinuierlich ablaufende Freisetzung des fadenförmigen *Escherichia coli* – Phagen M13. Die Geißeln des Bakteriums (Pfeile!) können deutlich von den Phagenteilchen unterschieden werden (→ Viren, → Phagen). Nach Mach. **10** Tumor in der Backentasche eines Hamsters, dem kurz nach der Geburt Polymavirus subkutan injiziert worden war. → Tumorviren. Nach Eddy.

Tafel 20

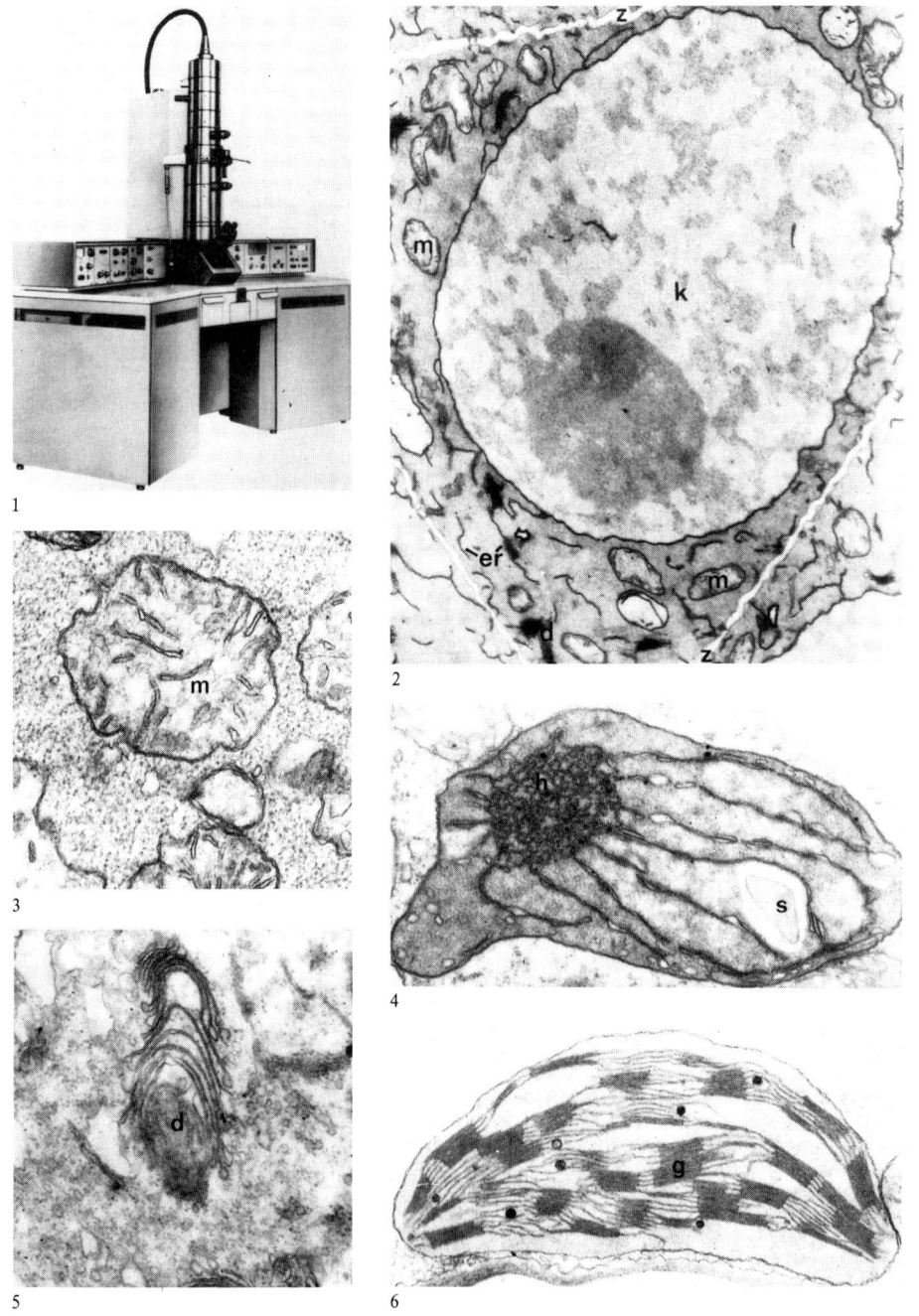

Zellbiologie I. Zellorganellen im Elektronenmikroskop: **1** Standardelektronenmikroskop BS 500. **2** Zelle aus der Wurzelspitze einer Zwiebel. Das Bild dieser embryonalen Zelle wird beherrscht von dem großen Zellkern (k). Die anderen Zellorganellen sind noch sehr klein, oft fehlen die Strukturmerkmale der ausgewachsenen Organellen. Mitochondrien (m), Dictyosomen (d), endoplasmatisches Retikulum (er), Zellwand (z), 9000fach. **3** Mitochondrien (m) aus dem Phytoflagellaten *Euglena gracilis,* 40000fach. **4** Leukoplast aus dem Schlafmohn. Leukoplasten sind ein Entwicklungsstadium während der Bildung von Chloroplasten. Sie enthalten wenige Membranen, ein kristallartiges Gebilde (Heitz-Leyon'scher Kristall h), das bei Belichtung verschwindet und Stärke (s), 40000fach. **5** Dictyosomen (d) aus dem Phytoflagellaten *Euglena gracilis.* Diese Organellen bestehen aus Membranstapeln, die kleine Vesikel abschnüren. Dictyosomen spielen bei Exkretionsprozessen eine Rolle, 36000fach. **6** Chloroplast aus Mais. Die Membranen, die das für die Photosynthese notwendige Chlorophyll tragen, sind in bestimmten Abständen regelmäßig gestapelt (Grana g), 27000fach.

Tafel 21

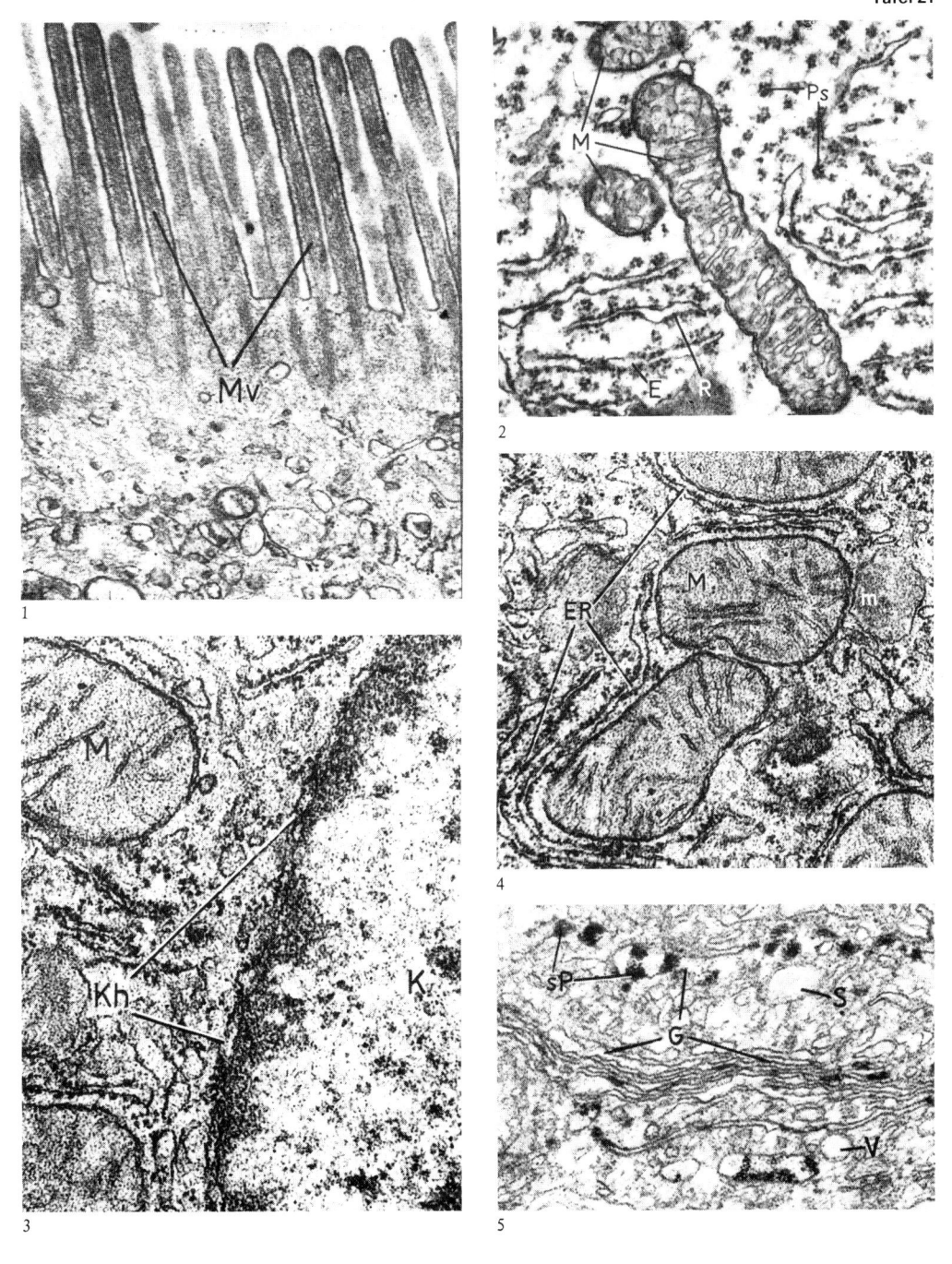

Zellbiologie II. Ausschnitte aus verschiedenen Zellen (elektronenmikroskopische Aufnahmen): **1** Dünndarmepithelzelle (Maus), Vergr. 45000fach. **2** Neuron (aus Hirn der Ratte), Vergr. 43000fach. **3** und **4** Leberzelle (Ratte), Vergr. 62000fach. **5** Sekretorische Ependymzelle (Frosch *Rana esculenta*), ultrahistochemischer Nachweis der sauren Phosphatase (dunkle Reaktionsprodukte) im Golgi-Apparat, Vergr. 61000fach. ER granuläres endoplasmatisches Retikulum, G Golgi-Zisternen, K Zellkern, Kh Kernhülle, M Mitochondrium (Crista-Typ), m microbody, Mv Mikrovilli, Ps Polysom, S Sekretvesikel, s. P. Reaktionsprodukt für Nachweis der sauren Phosphatase, V Golgi-Vesikel.

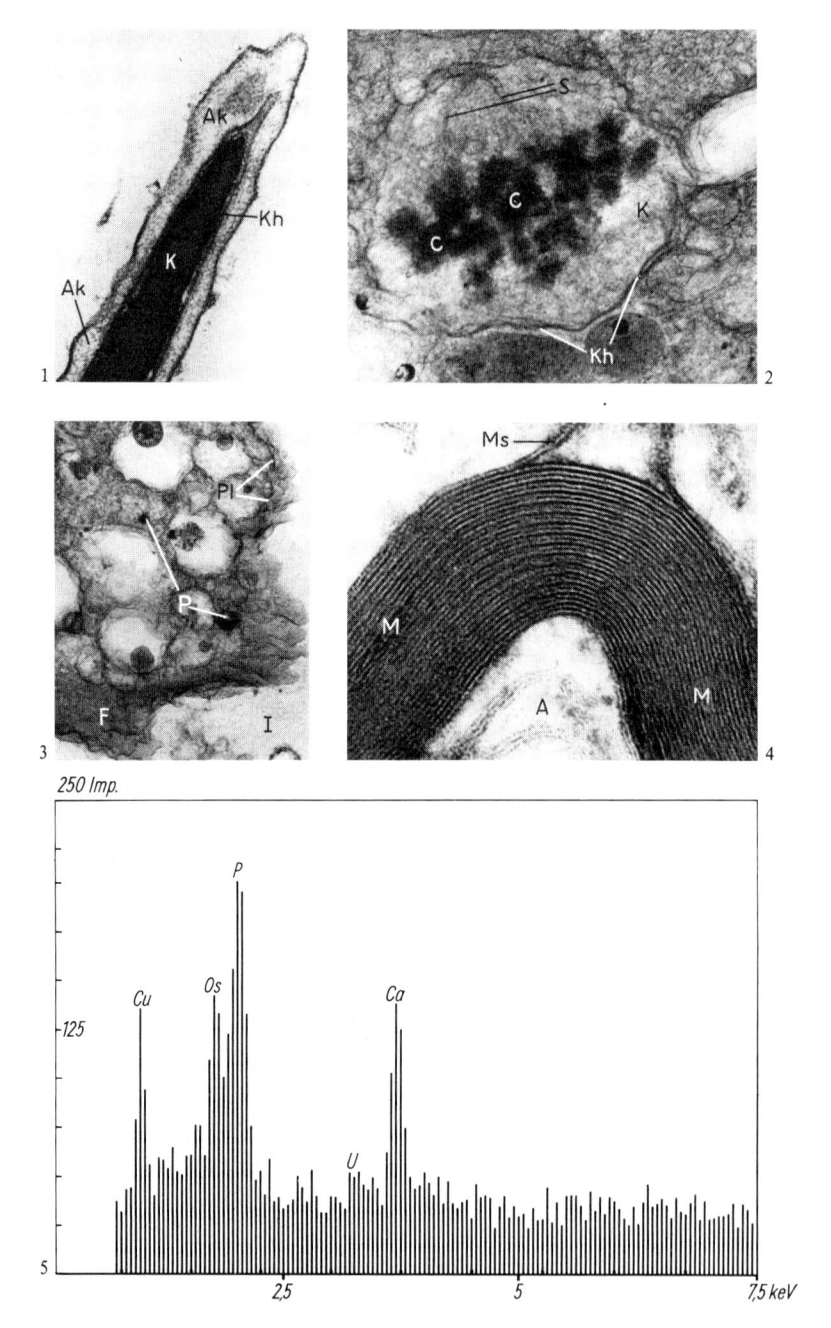

Zellbiologie III. Elektronenmikroskopische Aufnahmen: **1** Spermium des Schafbockes, vorderer Bereich; Vergr. 86000fach. **2** Ausschnitt aus dem Ektoplasma eines Plasmodiums des Schleimpilzes *Physarum polycephalum*: intranukleäre Mitose, Schnittdicke 1 µm, Aufnahme mit Höchstspannungs-Elektronenmikroskop JEM-1000 des Instituts für Festkörperphysik und Elektronenmikroskopie der Akademie der Wissenschaften der DDR, Halle, bei 1000 kV; Vergr. 18000fach. **3** Ektoplasma aus Plasmodium von *Physarum polyc.*, Schnittdicke und Aufnahme wie Abb. 2, Vergr. 12000fach. **4** Myelinhülle einer Nervenfaser (Ausschnitt, Hirn der Ratte), Schnittdicke 0,5 µm, Aufnahme wie Abb. 2; Vergr. 170000fach. **5** Röntgenmikroanalyse elektronenoptisch dichter Ca-Phosphat-Partikel in *Physarum polyc.* (vergl. Abb. 3): Energieverteilung der emittierten Röntgenstrahlung. EDAX-System des Instituts für Festkörperphysik und Elektronenmikroskopie der Akademie der Wissenschaften der DDR, Halle. – A Axon, Ak Akrosom, C Chromosom (Metaphase), F Aktomyosinfibrille, I Lumen des Invaginationssystems, K Zellkern, Kh Kernhülle, M Myelinhülle, Ms äußeres Mesaxon, P Ca-Phosphat-Partikel (vergl. Abb. 5), Pl Plasmamembran, S Spindel.

Tafel 23

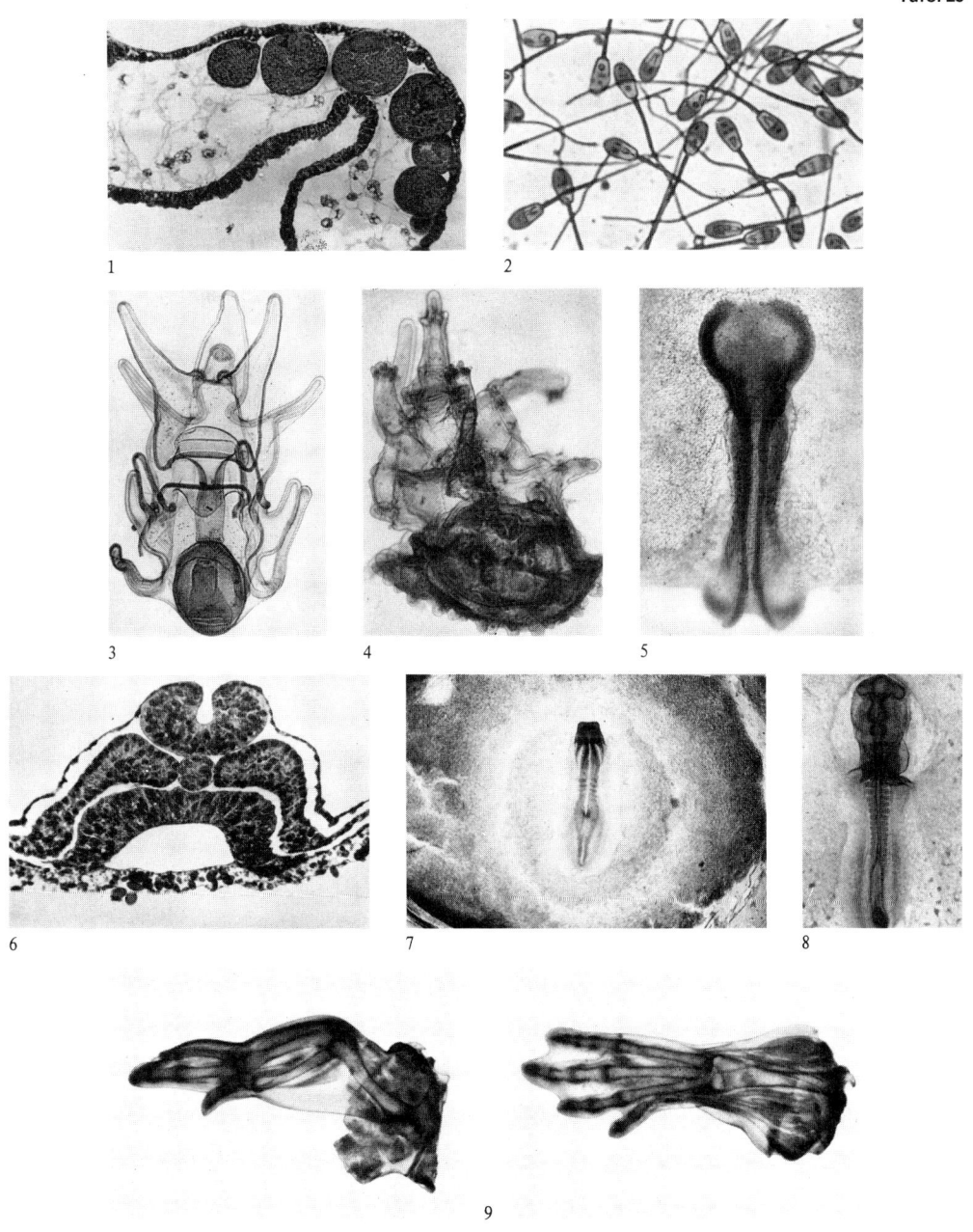

Embryologie und Entwicklungsphysiologie (Abb. Präp. Prof. Nitschmann). **1** Schnitt durch das Ovar einer Ohrenqualle *Aurelia aurita* mit solitärer Eibildung. **2** Spermien des Ziegenbocks *Capra hircus*. **3** Brachiolarialarve eines Seesterns. **4** Metamorphose des Seesterns innerhalb der Brachiolarialarve. **5** Früher Embryonalkörper des Katzenhaies *Scylliorhinus* spec. auf der Keimscheibe. Oben die Gehirnanlage. **6** Schnitt durch die Mitte des Katzenhaiembryos von Abb. **5**. Oben Neuralrinne, darunter Chorda dorsalis als kleiner Kreis. Rechts und links von ihr ein paar Ursegmente (leicht gebogen). Sie liegen der oberen Wölbung des Darmrohrs auf, das ein Darmlumen über dem Rand der hier nicht aufgenommenen Dotterkugel freiläßt. **7** Hühnchenkeimscheibe nach etwa 25 Stunden Bebrütung. Der vordere (in der Abb. oben) Teil des Keimes auf dem Stadium der frühen Kopf- und Gehirnbildung. Vier Somiten (Ursegmente) ausgebildet. Hinter dem Ende der Neuralrinne liegt noch der hinterste Abschnitt der Primitivrinne. **8** Hühnchenkeim am Ende des zweiten Bebrütungstages. Die fünf Gehirnteile und etwa 20 Somitenpaare sind ausgebildet, die Neuralrinne kurz vor dem Verschluß. Am Ende des vorderen Körperdrittels wölbt sich der Herzschlauch nach rechts heraus. **9** Differenzierung der Vogelextremitäten. Hühnchenflügel und -bein vom 8. Tag.

Tafel 24

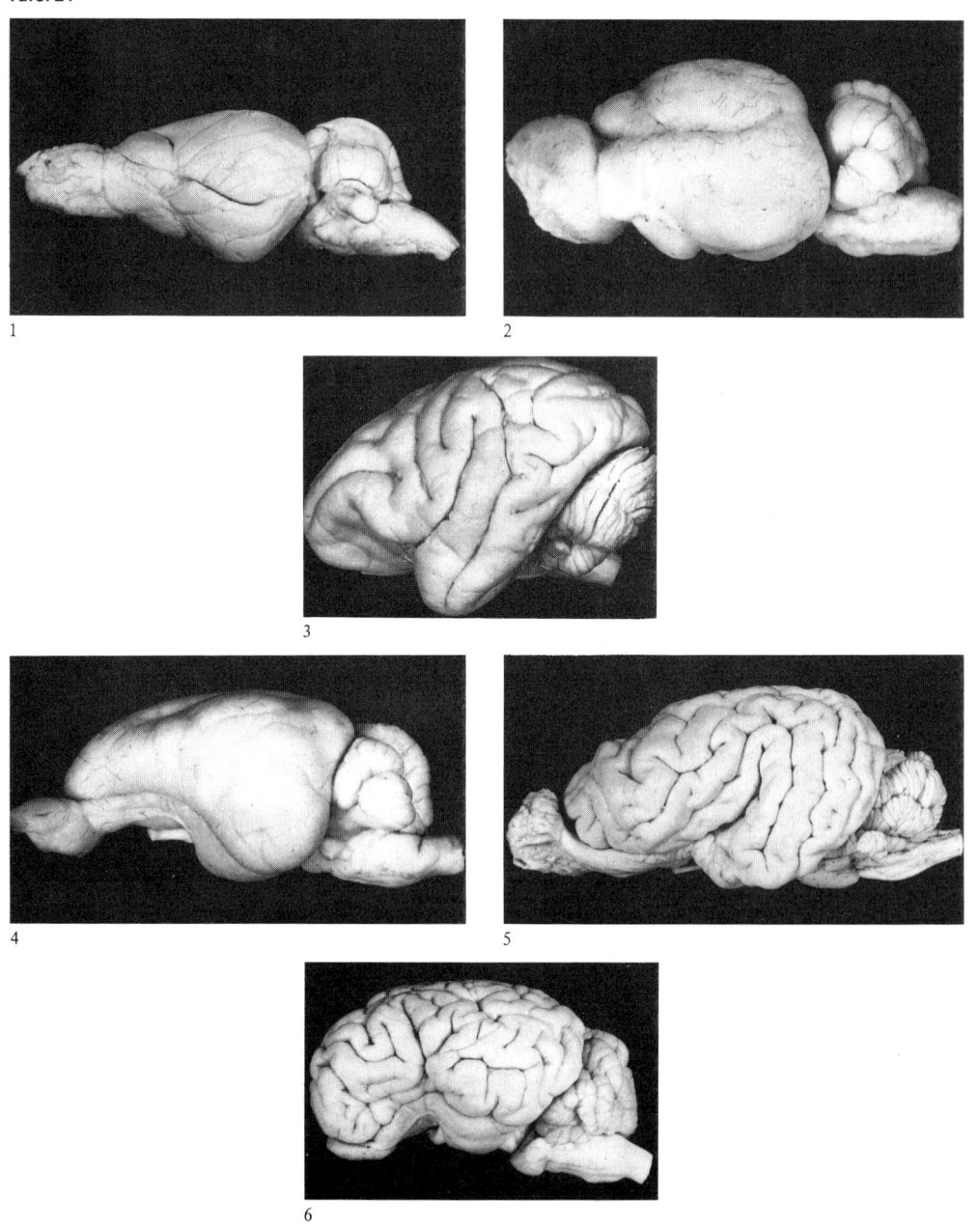

Neurobiologie I. Seitenansicht von Gehirnen verschiedener Säugetierarten. **1** Beutelratte (*Metachirus* spec., Marsupialia). **2** Igel (*Erinaceus europaeus,* Insectivora). **3** Silbergibbon (*Hylobates moloch,* Primates). **4** Feldhase (*Lepus capensis,* Lagomorpha). **5** Eisbär (*Thalarctos maritimus,* Carnivora). **6** Mähnenspringer (*Ammotragus lervia,* Artiodactyla).

Tafel 25

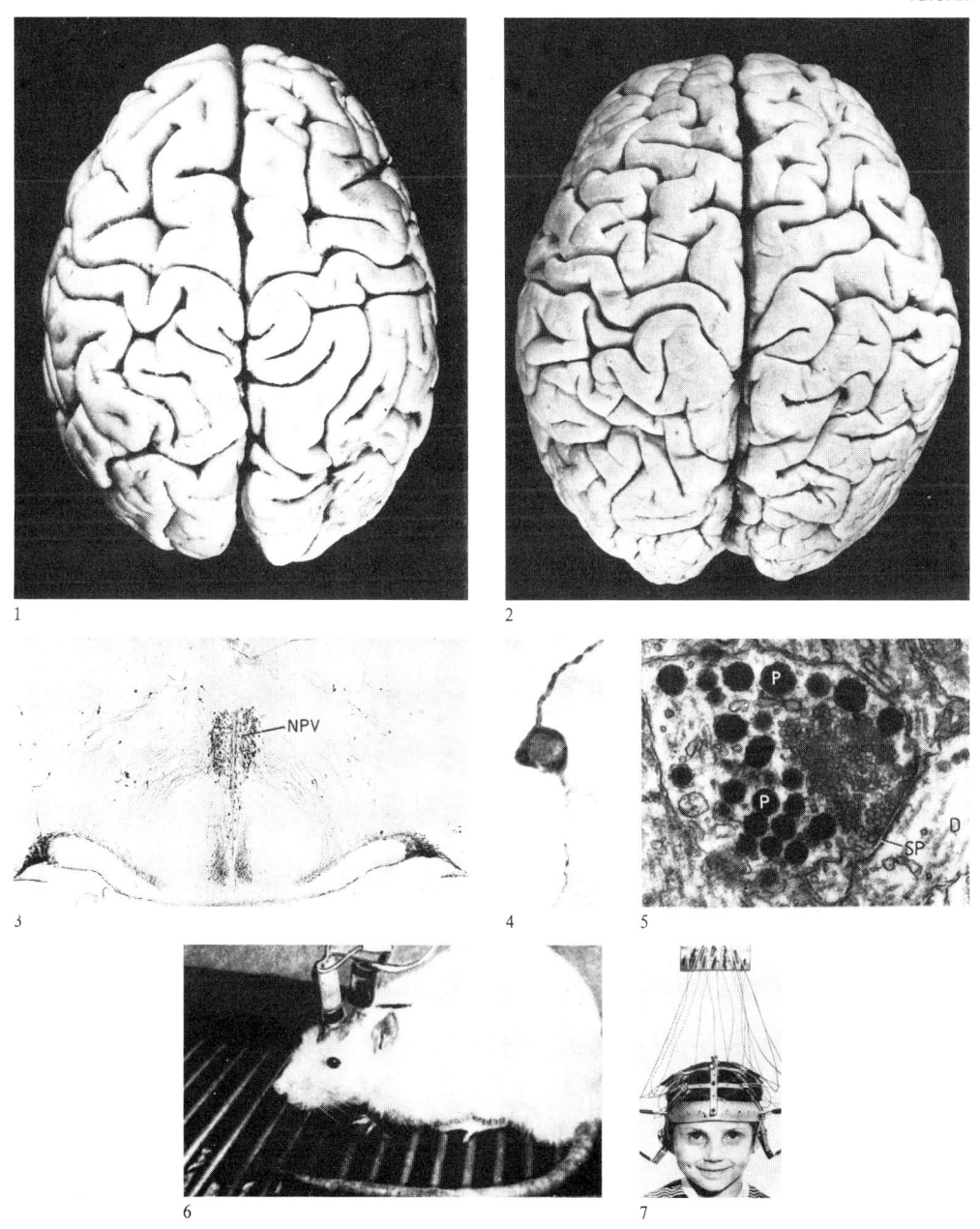

Neurobiologie II. **1** und **2** Gehirn eines Schimpansen (**1**) (Masse etwa 400 g) und eines Menschen (**2**) (Masse etwa 1210 g) in Aufsicht. Beachte die unterschiedliche Anzahl der Hirnfurchen. Originale Dr. Kurt Brauer, Paul-Flechsig-Institut der Karl-Marx-Universität Leipzig, aus A. Ermisch, 1978. **3** Frontalschnitt durch das Gehirn einer Maus. Die dunklen Anteile stellen Nervenzellkörper und Nervenfasern dar, in denen durch immunzytologische Methoden ein bestimmtes Peptid, Neurophysin, welches wiederum Träger für andere Peptide (Oxytocin, Vasopressin) ist, selektiv nachgewiesen wird. Vergr. etwa 50fach. **4** Neuron mit Fortsätzen aus dem in Abb. **3** oben dargestelltem Kerngebiet, dem *Nucleus pataventricularis* (NPV). Vergr. etwa 1500mal. **3** und **4** Originale H. Petter, Sektion Biowissenschaften der Karl-Marx-Universität Leipzig. **5** Synaptische Endigung einer Nervenfaser im Gehirn des Molches *Pleurodeles walltii*. Im präsynaptischen Bereich Granula die Peptide enthalten (P), deutlich auch der synaptische Spalt (SP) und der Anteil eines Dendriten als postsynaptischer Bereich. Vergr. etwa 4300mal. Original Dr. R. Wegelin, Sektion Biowissenschaften der Karl-Marx-Universität Leipzig. **6** Ratte mit in das Gehirn eingeheilten Elektroden und einem beweglichen Ableitekabel, das Anschluß an ein EEG-Gerät hat. Original Prof. Dr. F. Klingberg, Paul-Flechsig-Institut der Karl-Marx-Universität Leipzig, aus A. Ermisch, 1978. **7** Elektroenzephalogramm-Ableitung, aus A. Ermisch, 1978.

Tafel 26

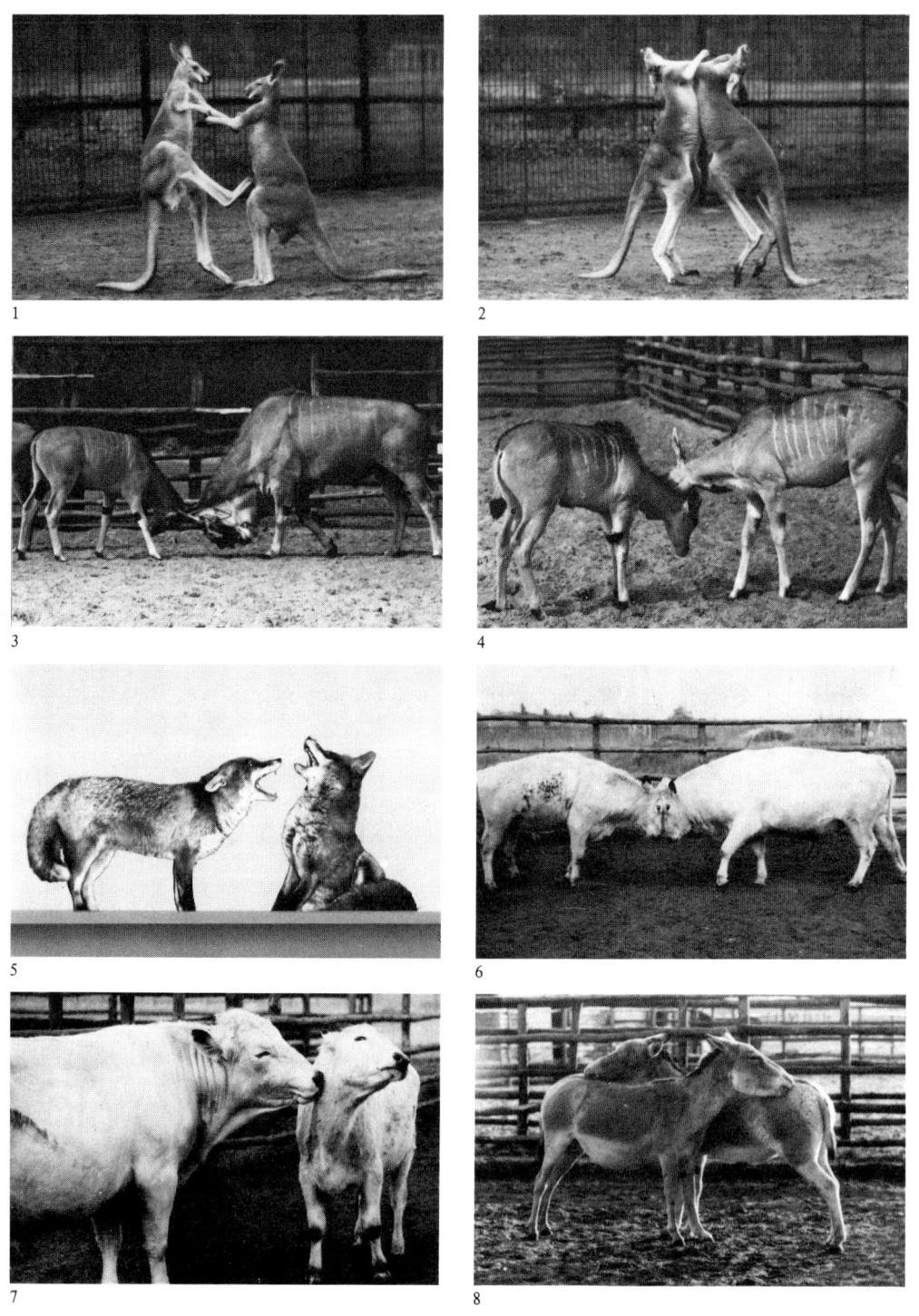

1
2
3
4
5
6
7
8

Verhaltensforschung. 1 bis 6 Agonistisches Verhalten. Rotes Riesenkänguruh: **1** Beinschlag, **2** Pfotenschlagen mit Nackenbeuge. Elenantilope: **3** Spielerischer Stirnhornkampf, **4** Halskampf bei Jungtieren. Rotfuchs: **5** Agonistische Elemente im Ranzverhalten; rechts der Rüde mit »Halsdarbieten«, das hemmend wirkt. Fjällrind (hornlos): **6** Stirnkampf 2. Phase (Stemmen). **7** und **8** Sozialverhalten (epimiletisches Verhalten). Fjällrind (hornlos): **7** Belecken (unritualisiert). Onager: **8** Belecken (ritualisiert, wechselseitig, nur in bestimmten Körperregionen).

Tafel 27

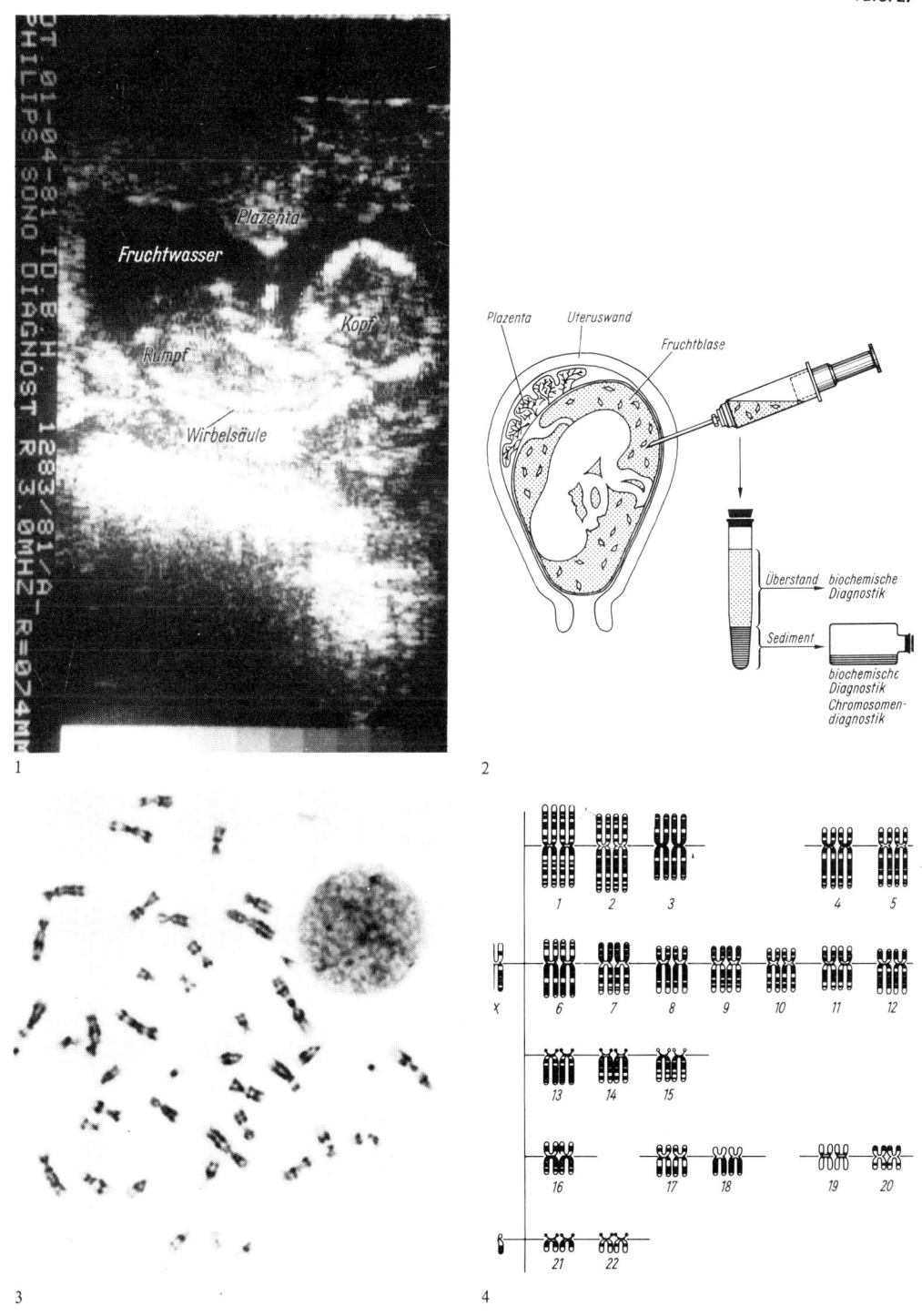

1

2

3

4

Humangenetik. 1 Ultraschallaufnahme eines Feten in der 15. Schwangerschaftswoche. 2 Amniozentese (Fruchtwasserentnahme) zum Zwecke des Nachweises biochemischer oder zytogenetischer Veränderungen beim Feten. 3 Chromosomen des Menschen im Metaphase-Stadium des Zellzyklus. 4 Seriierung der menschlichen Chromosomen (Schema) als Voraussetzung zur Erkennung von Chromosomenaberrationen.

Tafel 28

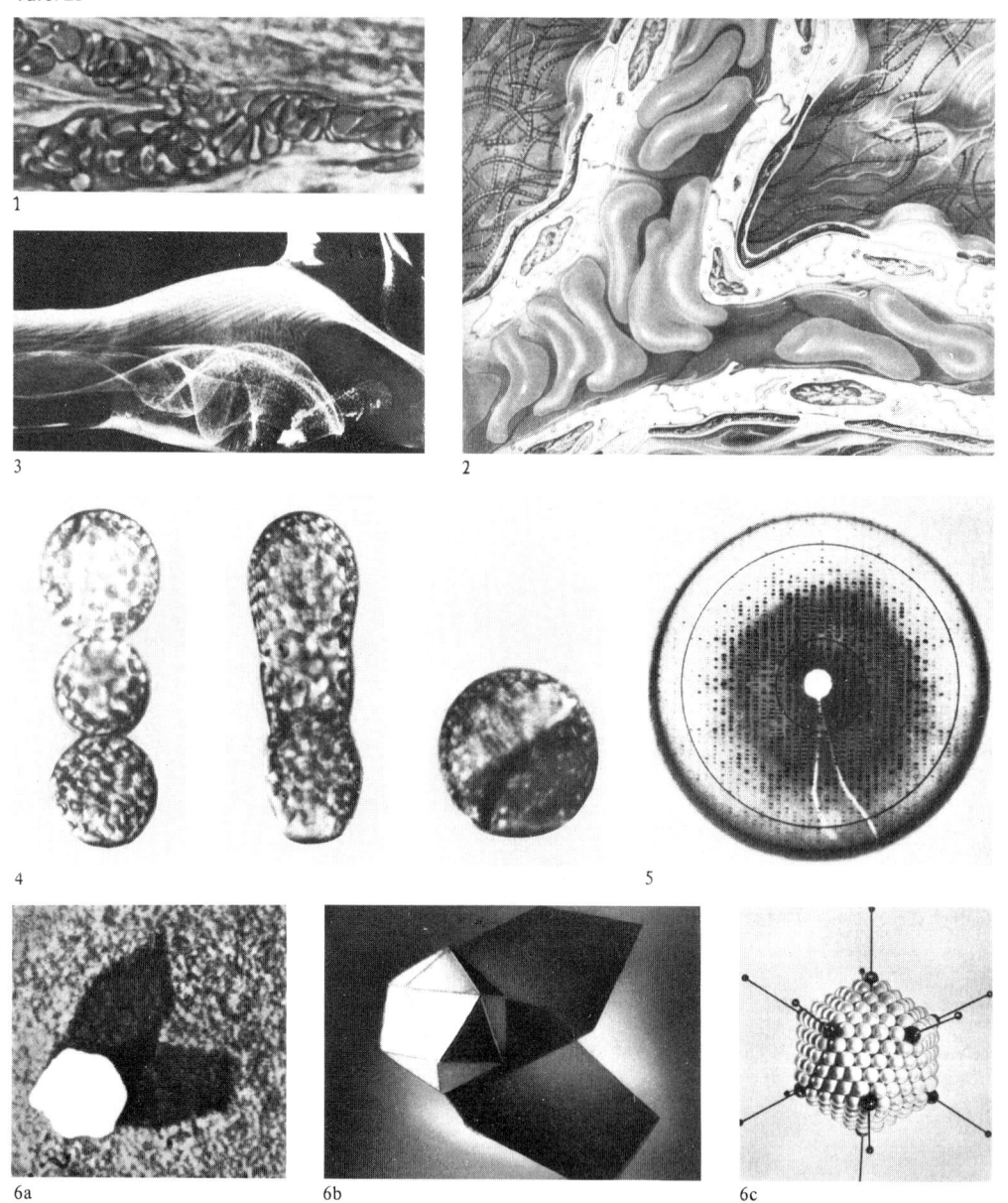

Biophysik. 1 bis **3**: Die Biorheologie untersucht Strömungsvorgänge in biologischen Systemen. Ein wichtiges Teilgebiet dieser biophysikalischen Disziplin ist die Hämorheologie. Die Deformierungseigenschaften der roten Blutzellen in Kapillaren (**1** Photographie einer freigelegten Kapillare, **2** eine Zeichnung dieser Situation) sind für medizinische Fragestellungen (z. B. Durchblutungsstörungen) ebenso wichtig wie das Strömungsverhalten in großen Gefäßen (**3** Schlierenaufnahmen der Strömung in einem, der Aorta nachgebildeten durchsichtigen Plastikrohr). **4** Mit Hilfe kurzer Spannungsimpulse kann man Zellen zur Fusion bringen. Im hochfrequenten Wechselfeld geringer Feldstärke bringt man die Zellen zunächst in Kontakt (Perlkettenbildung), dann durchschlägt ein kurzer Feldimpuls (ca. 2 000 V/cm) die sich berührenden Membranen und schließlich kugelt sich die neue Hybridzelle ab. Diese, hier an isolierten Haferzellen demonstrierte Methode gewinnt zunehmend Bedeutung für die Gentechnik. **5** Moleküle sind so klein, daß man elektromagnetische Wellen kürzester Wellenlänge benötigt, um Beugungsbilder zu erzielen. Mit Röntgenstrahlen ist dies erreichbar. Eine Auswertung der zahlreichen Schwärzungen des Beugungsbildes eines Myoglobin-Moleküls erlaubt es, durch aufwendige Computerrechnung ein Bild des kristallisierten Moleküls zu rekonstruieren. **6** Durch spezielle biophysikalische Verfahren läßt sich die Methode der Elektronenmikroskopie optimal nutzen. Wird ein Virus aus definierten Winkeln bedampft, so bilden sich Schatten (**6a**), die durch Rekonstruktionen an geometrischen Modellen (**6b**) zu einem molekularen Bild des Virus (**6c**) führen können.

Tafel 29

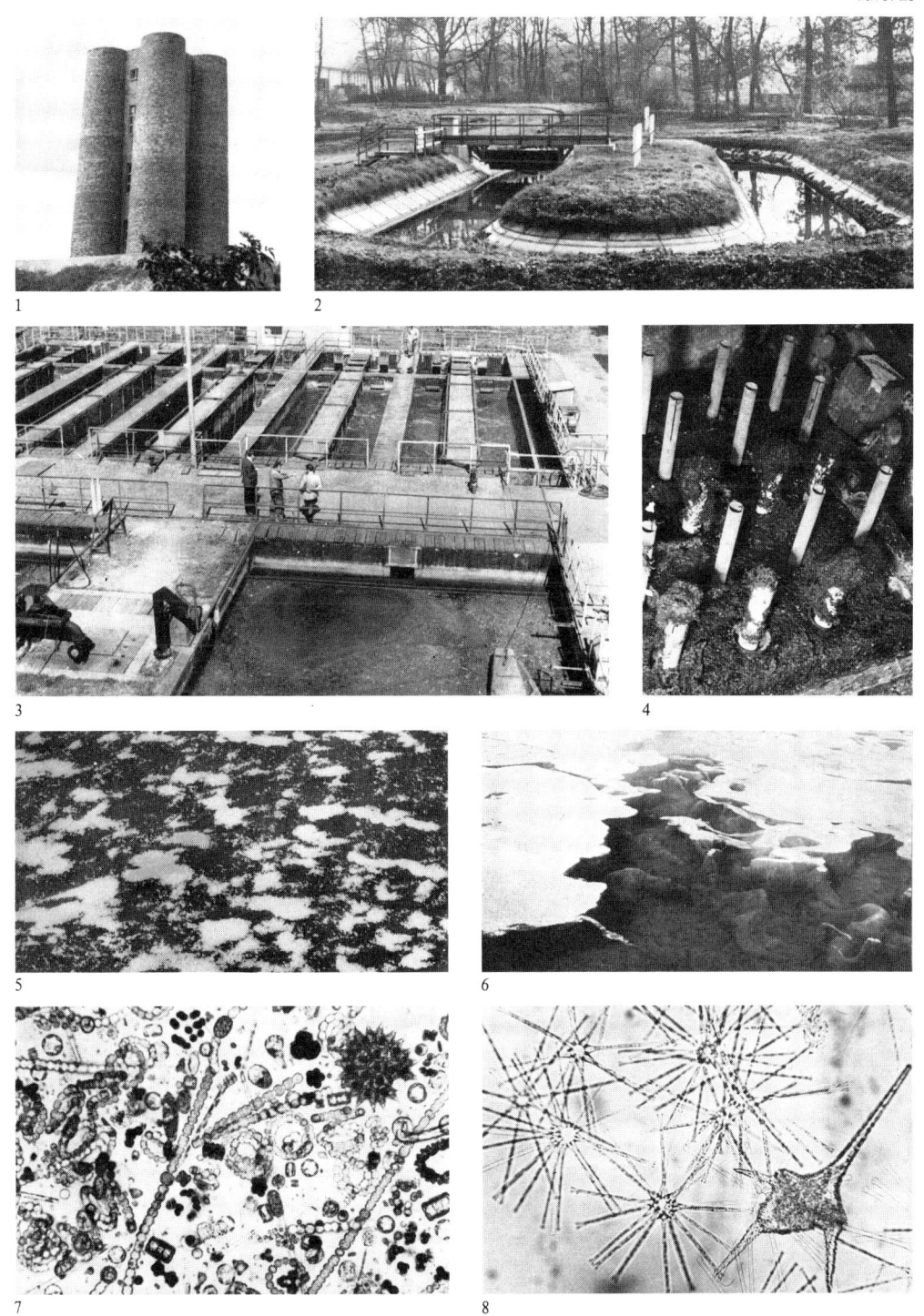

Biologische Abwasserreinigung. 1 Turmtropfkörper. **2** Oxidationsgraben. **3** Belebungsbecken einer städtischen Kläranlage. **4** Massenentwicklung von Bakterien der Gattung *Sphaerotilus* in einer Kesselspeisewasseraufbereitungsanlage. **5** Massenentwicklung der Blaualge *Anabaena flosaquae* (Wasserblüte); Durchmesser der Flocken 10 bis 15 cm. **6** Massenentwicklung von Grünalgen der Gattung *Cladophora*. **7** und **8** Mikroaufnahmen von Phytoplankton.

Tafel 30

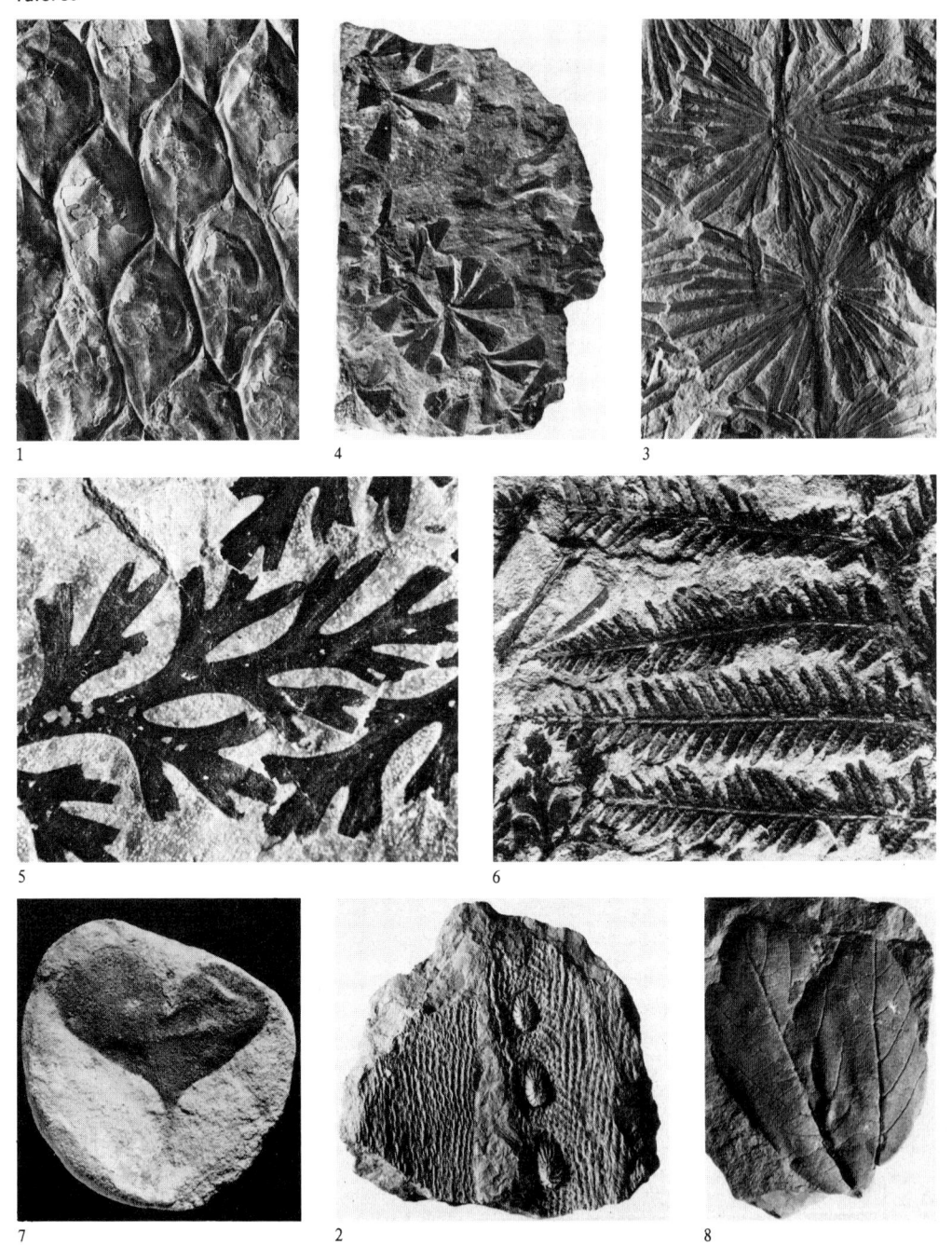

Paläobotanik. **1** *Lepidodendron aculeatum* (Schuppenbaum) aus dem Oberkarbon des Saargebietes. Stammoberfläche mit den Narben der ehemaligen Blattpolster. Länge 3,5 bis 4 cm. **2** *Lepidodendron veltheimii* (Schuppenbaum) aus dem Kulm von Dolny Sląsk. Stammoberfläche mit schüsselförmigen Narben (Durchmesser 2,5 bis 3 cm) kurzer Äste, die Sporenzapfen trugen. **3** *Annularia stellata* (Schachtelhalm). »Blatt«rosetten (Durchmesser etwa 3 cm) aus dem Oberkarbon von Wettin. **4** »Blatt«wirtel von *Sphenophyllum emarginatum* (Keilblättler) aus dem Oberkarbon von Zwickau. Durchmesser der Wirtel 2,5 bis 3 cm. **5** Fiederchen eines Wedels von *Sphenopteris divaricata* (Pteridospermae) aus dem Oberkarbon von Dolny Sląsk. Länge 1,2 bis 1,5 cm. **6** Fiederchen eines fertilen Wedels von *Scolecopteris plumosa* (Pteridospermae) aus dem Oberkarbon des Saargebietes. Einzelfieder etwa 3 bis 4 cm. **7** Neokomsandstein mit fertilem Wedel von *Hausmannia kohlmanni* (Farn) aus der subherzynen Kreide von Quedlinburg. Maximale Breite 5 cm. **8** Blattabdruck von *Credneria triacuminata* (Platanaceen) aus der Oberkreide von Blankenburg (Harz). Länge 18 cm.

Tafel 31

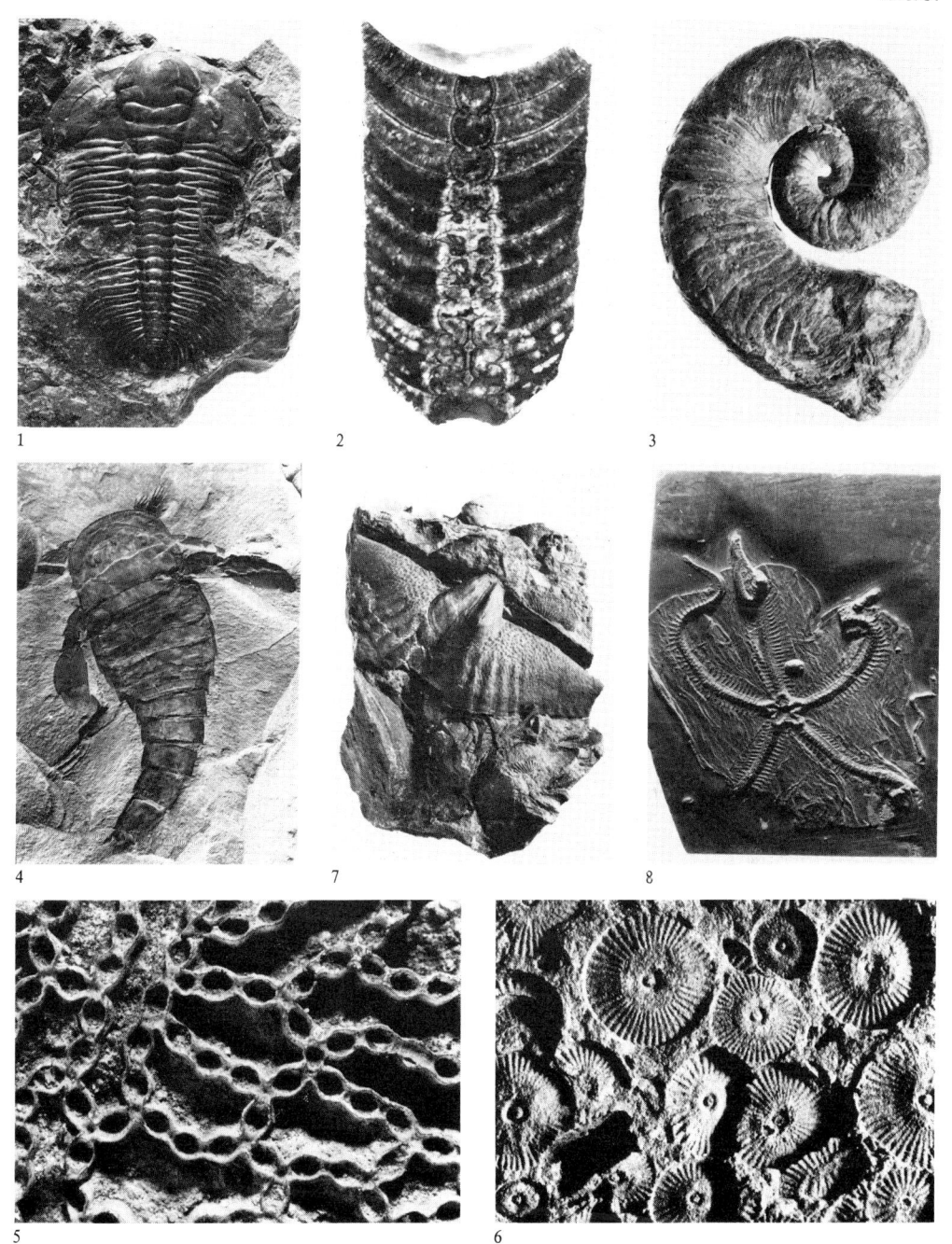

Paläozoologie. 1 *Paradoxides gracilis* (Trilobit), ein Leitfossil des Mittelkambriums im Barrandium Böhmens. Länge 9 cm.
2 *Actinoceras* sp. (Nautiloide). Längsschnitt durch einen Teil des gekammerten Gehäuses. Silur von Lochkov (Böhmen). Länge 7,5 cm, Breite 5 cm. **3** *Discoceras antiquissimum* (Nautiloide) aus dem Ordovizium Südschwedens mit deutlicher Anwachsstreifung. Durchmesser der Gehäusespirale 4,2 cm. **4** *Eurypterus lacustris* (Gliederfüßer, Gigantostrake) aus dem Silur Nordamerikas. Gesamtlänge 24 cm. **5** Querschnitte durch die Polypare von *Halysites catenularia* (Kettenkoralle) aus dem Ordovizium bis zum Silur Englands. Durchmesser der einzelnen Röhrchen 1 mm. **6** *Ctenocrinus typus* (Crinoide). Gelenkflächen von Seelilienstielgliedern aus dem Devon Westfalens. Durchmesser 2 bis 4 mm. **7** *Euryspirifer paradoxus* (Brachiopode). Steinkern eines schloßtragenden Armfüßers aus dem Unterdevon des Rheinischen Schiefergebirges. Breite 7,6 cm. **8** *Euzonosoma tischbeiniana* (Ophioroidea), ein Schlangenstern aus den Bundenbacher Schiefern des Unterdevons der Eifel. Diagonaldurchmesser 13 cm.

Tafel 32

Moose und Farne. 1 Weißmoos (*Leucobryum glaucum*). **2** Silber-Birnmoos (*Bryum argenteum*). **3** Kegelkopfmoos (*Conocephalum conicum*). **4** Vielteiliges Riccardsmoos (*Riccardia multifida*). **5** Brunnenlebermoos (*Marchantia polymorpha*). **6** Rosenmoos (*Rhodobryum roseum*). **7** Schwimmfarn (*Salvinia natans*). **8** Hirschzunge (*Scolopendricum vulgare*).

Tafel 33

Farne und Flechten. 1 Schriftfarn (*Ceterach officinarum*). **2** Brauner Streifenfarn (*Asplenium trichomonas*). **3** Kugelpillenfarm (*Pilularia globulifera*). **4** Becherflechte (*Cladonia pyxidata*). **5** Astflechte (*Parmelia* spec.). **6** Flechte (*Baeomyces roseus*). **7** Flechte (*Peltigera* spec.). **8** Flechte (*Lecanora* spec.). **9** Nabelflechte (*Umbilicaria hirsuta*).

Tafel 34

Blüten und Früchte von Laubhölzern. 1 Blüten des Zauberstrauchs (*Hamamelis virginiana*). **2** Blüte und **3** Frucht des Tulpenbaums (*Liriodendron tulipifera*). **4** Blüten der Edelkastanie (*Castanea sativa*). **5** und **6** Frucht der Lilienmagnolie (*Magnolia yulan*). **7** Früchte der Platane (*Platanus acerifolia*). **8** Früchte der Mahonie (*Mahonia aquifolium*). **9** Blüten der Stechpalme (*Ilex aquifolium*).

Tafel 35

Blüten und Früchte von Nadelhölzern. 1 Veitchs Tanne (*Abies veitchii*). **2** Douglasie (*Pseudotsuga taxifolia douglasi*). **3** Blaufichte (*Picea pungens glauca*). **4** Omorikafichte (*Picea omorica*). **5** Weymouthskiefer (*Pinus strobus*). **6** Goldkiefer (*Pinus ponderosa* Dougl.). **7** Blütenansatz bei der Nutka Lebensbaumzypresse (*Chamaecyparis nutkaensis*). **8** Japanische Lärche (*Larix leptolepis*). **9** Eibe (*Taxus baccata*).

Tafel 36

Vom Aussterben bedrohte und davor gerettete Säugetiere und Vögel I. 1 Mongoz (*Lemur mongoz mongoz*). **2** Langschwanz-Chinchilla (*Chinchilla laniger*, als Haustier gesichert). **3** Mähnenwolf (*Chrysoxyon brachyurus* – die kleine Restpopulation ist über ein riesiges Areal zerstreut). **4** Tiger (*Panthera tigris*, einzelne Unterarten stark bedroht oder schon ausgestorben). **5** Urwildpferd (*Equus przewalskii*). **6** Onager (*Equus hemionus onager*). **7** Panzernashorn (*Rhinoceros unicornis*). **8** Spitzmaulnashorn (*Diceros bicornis*, in den letzten Jahren durch Wilderei rapide zurückgegangen).

Tafel 37

Vom Aussterben bedrohte und davor gerettete Säugetiere und Vögel II. 1 Guanako (*Lama guanicoe*, in weiten Teilen des Areals ausgerottet). **2** Sambarhirsch (*Cervus unicolor*, in einzelnen Unterarten bedroht). **3** Wisent (*Bison bonasus*). **4** Bison (*Bison bison*). **5** Bezoarziege (*Capra aegagrus* – auch durch Einkreuzung von Hausziegen gefährdet). **6** Strauß (*Struthio camelus* – in vielen Gebieten völlig verschwunden, arabische Unterart völlig ausgerottet). **7** Wanderfalk (*Falco peregrinus* – gebietsweise, namentlich in Mitteleuropa vom Aussterben bedroht). **8** Großtrappe (*Otis tarda*). – Vom Aussterben bedroht sind auch Bambusbär, Okapi, Arabische Oryx (Tafel 38 und 39) und viele andere Arten.

Tafel 38

1   2   4

3   5

6   7

Säugetiere I. Beuteltiere (Marsupialia). Kletterbeutler (Phalangeridae): **1** Fuchskusu (*Trichosurus vulpecula*). Känguruhs (Macropodidae): **2** Baumkänguruh (*Dendrolagus* spec. – Zahnlose (Edentata). Gürteltiere (Dasypodidae): **3** Zwerggürteltier (*Euphractus pichiy*). – Nagetiere (Rodentia). Hörnchen (Sciuridae): **4** Präriehund (*Cynomys ludovicianus*). – Raubtiere (Carnivora). Bambusbären (Ailuropodidae): **5** Bambusbär, Riesenpanda (*Ailuropoda melanoleuca*). Schleichkatzen (Viverridae): **6** Sumpfmanguste, etwas Hartes knackend (*Herpestes paludinosus*). Hundeartige (Canidae): **7** Hyänenhund (*Lycaon pictus*).

Tafel 39

Säugetiere II. Raubtiere (Carnivora). Katzen (Felidae): **1** Serval, *Felis* (*Leptailurus*) *serval.* **2** Gepard (*Acinonyx jubatus*). – Unpaarhufer (Perissodactyla). Pferde (Equidae): **3** Kulan (*Equus hemionus kulan*). – Paarhufer (Artiodactyla). Hirsche (Cervidae): **4** Davidshirsch (*Elaphurus davidianus*). Giraffen (Giraffidae): **5** Okapi (*Okapia johnstoni*). Hornträger (Bovidae): **6** Arabische Oryx (*Oryx gazella leucoryx*). **7** Saigaantilope (*Saiga tatarica*). **8** Moschusochse (*Ovibos moschatus*).

Tafel 40

Säugetiere III. Primaten (Primates). Halbaffen (Prosimiae). Loris (Lorisidae): **1** Plumplori (*Nycticebus coucang*). Lemuren (Lemuridae): **2** Katta (*Lemur catta*). Koboldmakis (Tarsiidae): **3** Koboldmaki (*Tarsius* spec.). – Neuweltaffen (Platyrrhina). Krallenäffchen (Callithricidae): **4** Weißbüscheläffchen (*Callithrix jacchus*). **5** Löwenäffchen (*Leontideus* spec.). – Altweltaffen (Catarrhina). Meerkatzenartige (Cercopithecidae): **6** Rhesusaffe (*Macaca mulatta*).

Tafel 41

1
2
3
4
5
6

Säugetiere IV. Primaten (Primates). Altweltaffen (Catarrhina). Meerkatzenartige (Cercopithecidae): **1** Rotnasenmeerkatze (*Cercopithecus cephus erythrotis*). **2** Mantelpavian (*Papio hamadryas*). Gibbons (Hylobatidae): **3** *Ungka (Hylobates agilis)*. Menschenaffen (Pongidae): **4** Orang-Utan (*Pongo pygmaeus*). **5** Gorilla (*Gorilla gorilla*). **6** Schimpanse (*Pan troglodytes*).

Tafel 42

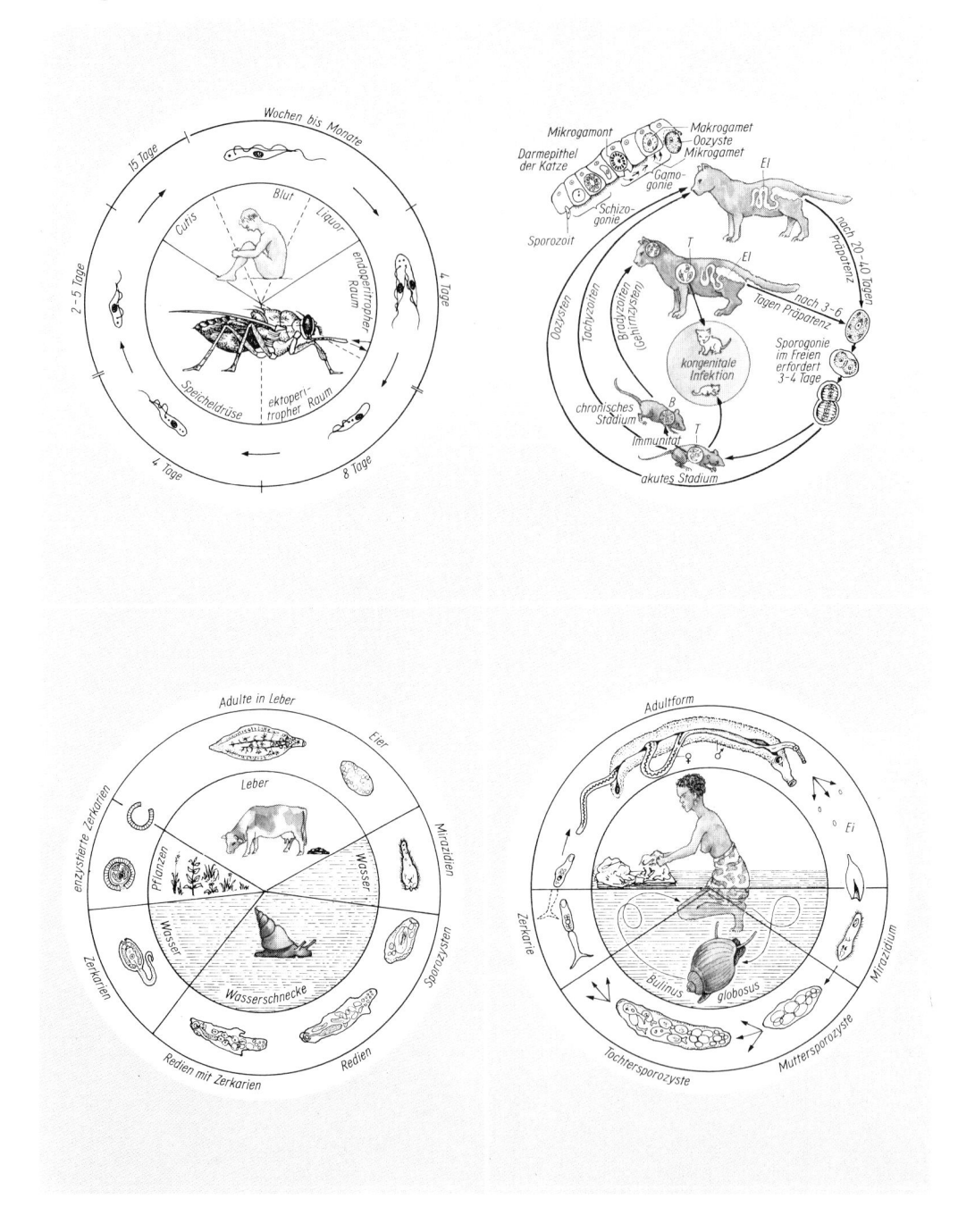

Parasitenzyklen I. Entwicklungszyklen ausgewählter Parasitenarten. Links oben: *Trypanosoma gambiense* (Zooflagellata), Erreger der Schlafkrankheit. Der innere Kreis zeigt die Wirte, der äußere die jeweiligen Parasitenstadien. Die Zeitangaben sind die jeweiligen Mindestentwicklungszeiten (nach Dönges 1980). Rechts oben: *Toxoplasma gondii* (Sporozoa), Erreger der Toxoplasmose. Natürlicher Zwischenwirt ist die Maus, potentielle Zwischenwirte viele Warmblüter einschließlich des Menschen. B Bradyzoiten, EI Enteroepitheliale Infektion (nur in der Katze), T Tachyzoiten im Lymphsystem (aus Dönges 1980). Links unten: *Fasciola hepatica* (Trematoda), Großer Leberegel (nach Kämpfe 1983). Rechts unten: *Schistosoma haematobium* (Trematoda), Erreger der Bilharziose (nach Dönges 1980).

Tafel 43

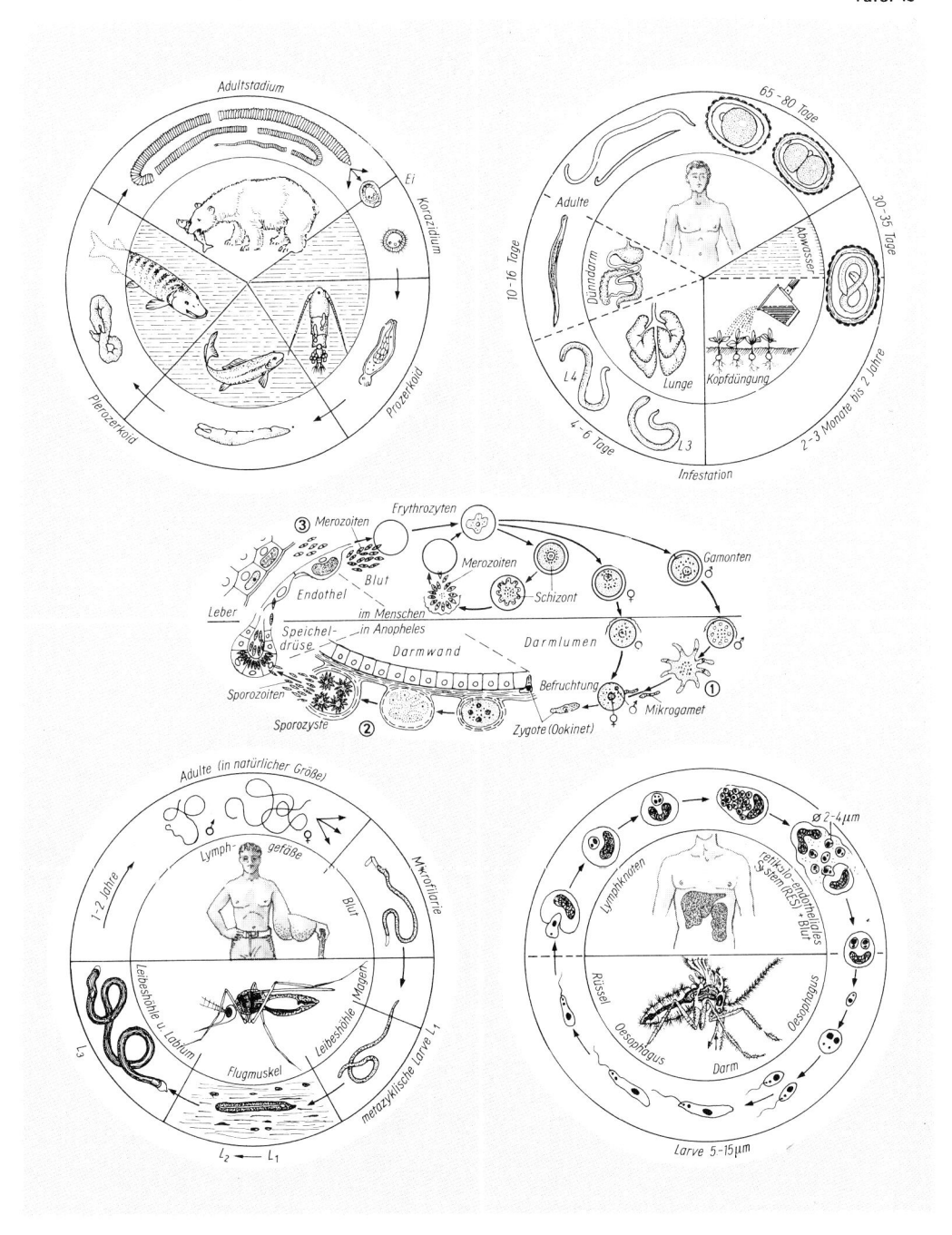

Parasitenzyklen II. Entwicklungszyklen ausgewählter Parasitenarten. Links oben: *Diphyllobothrium latum* (Cestoda), Breiter Fischbandwurm (nach Dönges 1980). Rechts oben: *Ascaris lumbricoides* (Nematoda), Spulwurm (nach Kämpfe 1983). Mitte: *Plasmodium*, Malariaerreger, mit Wirts- und Generationswechsel. **1** Gametogonie beginnt in Erythrozyten des Menschen und endet im Darm der Mücke. **2** Sporogonie im Körper der Mücke. **3** Schizogonie im Retikuloendothel und Leberparenchym, später in Erythrozyten des Menschen (aus Remane, Storch, Welsch 1980). Links unten: *Wuchereria bancrofti* (Nematoda), Erreger der Elaphantiasis. L1, L2, L3 Larvenstadien 1 bis 3 (nach Dönges 1980). Rechts unten: *Leishmania donovani* (Zooflagellata), Erreger der Splenomegalie (nach Dönges 1980).

Tafel 44

Tiere mit unterschiedlichen Ernährungsweisen. **1** Filtrierer: Kiemenfuß (*Chirocephalus grubei*). **2** Taster: Wachsanemone (*Anemone sulcuta*). **3** Weidegänger: Kaninchen (*Oryctolagus cuniculus*). **4** Jäger: Schreiadler (*Aquila pomarina*). **5** Jäger: Dünensandlaufkäfer (*Cicindela hybrida*). **6** Lecker: Landkärtchen (*Araschnia levana*). **7** Lauerjäger: Gottesanbeterin (*Mantis religiosa*). **8** Fallensteller: Spinne (*Argiope* spec.). **9** Stechsauger: Schweinelaus (*Haematopinus suis*).

Tafel 45

1 2 3
4
5 6 7
8 9

Tierische Schädlinge I. 1 Spargelfliege (*Platyparea poeciloptera*). **2** Larve einer Rosenbürstenhornblattwespe (*Arge* spec.) **3** Apfelblattfloh, Larve (*Psylla mali*). **4** Großer Kohlweißling, Raupenfraß (*Pieris brassicae*). **5** Frostspannerweibchen. **6** Kartoffelkäfer (*Leptinotarsa decemlineata*). **7** Durch den Großen Kohltriebrüßler (*Ceutorrhynchus napi*) geschädigte Rapspflanze im Feldbestand. **8** Gammaeule (*Autographa gamma*). **9** Engerling des Juni- oder Brachkäfers (*Amphimallon solstitiale*).

Tafel 46

Tierische Schädlinge II. 1 Goldafter (*Euproctis chryssorrhoea*), kahlgefressene Eichenkronen mit Winternestern. **2** Goldafter, Winternest mit auswandernden Jungraupen. **3** Großer Ulmensplintkäfer (*Scolytus scolytus*), Brutbild. **4** Schwammspinner (*Lymantria dispar*), Weibchen. **5** Gespinstmottenraupen (*Yponomeuta* spec.). **6** Nonnenfalter (*Lymantria monacha*). **7** Nonnenraupe. **8** Brutbild des Kleinen Waldgärtners (*Tomicus minor*). **9** Küchenschabe (*Blatta orientalis*) mit frischer Eikapsel.

Landschaftspflege und Naturschutz. **1** Stark verunreinigtes, biologisch verödetes Gewässer; tiefschwarze Wasserfarbe von Kohleschlick, Schaumbildung durch Phenolabwässer. **2** Verlandungshochmoor, durch Einleiten von Fäkalabwässern zerstört. **3** Ufererosion infolge fehlenden Ufergehölzes. **4** Moorfichtenwald in einem Naturschutzgebiet. **5** Durch Sanierung eines alten Tagebau-Restloches und planmäßige Gestaltung der Landschaft entstandener See. Die Abbildung zeigt deutlich die alten Steilhänge, nunmehr zum größten Teil durch Gehölze begrünt und gefestigt. **6** Lachmöwen über der Brutkolonie.

Tafel 48

Bäume als Naturdenkmäler. 1 Etwa 1000 Jahre alte Eiche. **2** Alte Dorfulme. **3** Roßkastanie. **4** Linde. **5** Rotbuche.